저자추천 3회독 완벽 플랜

구분	내용	1회독	2회독	3회독
핵심이론	PART 1. 가스 설비 (수소 및 안전관리 관련 출제예상문제 포함)	DAY 1 ☐ 2 ☐ DAY 3 ☐ 4 ☐	☐ DAY 35 ☐ DAY 36	☐ DAY 52
	PART 2. 가스 안전관리	DAY 5 ☐ 6 ☐ DAY 7 ☐ 8 ☐	☐ DAY 37 ☐ DAY 38	☐ DAY 53
	PART 3. 연소공학	DAY 9 ☐ 10 ☐ DAY 11 ☐ 12 ☐	☐ DAY 39 ☐ DAY 40	☐ DAY 54
	PART 4. 계측기기	DAY 13 ☐ 14 ☐ DAY 15 ☐ 16 ☐	☐ DAY 41 ☐ DAY 42	☐ DAY 55
	PART 5. 유체역학	DAY 17 ☐ 18 ☐ DAY 19 ☐ 20 ☐	☐ DAY 43 ☐ DAY 44	☐ DAY 56
최근 8개년 기출문제	2017년 제1/2/3회 기출문제	☐ DAY 21	☐ DAY 45	☐ DAY 57
	2018년 제1/2/3회 기출문제	☐ DAY 22		
	2019년 제1/2/3회 기출문제	☐ DAY 23	☐ DAY 46	
	2020년 제1·2/3/4회 기출문제	☐ DAY 24		
	2021년 제1/2/3회 기출문제	☐ DAY 25	☐ DAY 47	☐ DAY 58
	2022년 제1/2/3회 기출문제	☐ DAY 26		
	2023년 제1/2/3회 CBT 기출복원문제	☐ DAY 27	☐ DAY 48	
	2024년 제1/2/3회 CBT 기출복원문제	☐ DAY 28		
쿠폰 제공 과년도 기출문제	2011년 제1/2/3회 기출문제	☐ DAY 29	☐ DAY 49	☐ DAY 59
	2012년 제1/2/3회 기출문제	☐ DAY 30		
	2013년 제1/2/3회 기출문제	☐ DAY 31	☐ DAY 50	
	2014년 제1/2/3회 기출문제	☐ DAY 32		
	2015년 제1/2/3회 기출문제	☐ DAY 33	☐ DAY 51	
	2016년 제1/2/3회 기출문제	☐ DAY 34		
CBT	CBT 온라인 모의고사(1~3회)	–	–	☐ DAY 60
핵심이론	별책부록(핵심이론정리집) (시험 전 최종마무리로 한번 더 반복학습)	–	–	☐ DAY 61

단기완성 1회독 맞춤 플랜

구분	내용	31일 꼼꼼코스	15일 집중코스	10일 속성코스
핵심이론	PART 1. 가스 설비 (수소 및 안전관리 관련 출제예상문제 포함)	DAY 1 ☐ 2 ☐ DAY 3 ☐	☐ DAY 1 ☐ DAY 2	☐ DAY 1
	PART 2. 가스 안전관리	DAY 4 ☐ 5 ☐ DAY 6 ☐	☐ DAY 3 ☐ DAY 4	☐ DAY 2
	PART 3. 연소공학	DAY 7 ☐ 8 ☐ DAY 9 ☐	☐ DAY 5 ☐ DAY 6	☐ DAY 3
	PART 4. 계측기기	DAY 10 ☐ 11 ☐ DAY 12 ☐	☐ DAY 7 ☐ DAY 8	☐ DAY 4
	PART 5. 유체역학	DAY 13 ☐ 14 ☐ DAY 15 ☐	☐ DAY 9 ☐ DAY 10	☐ DAY 5
최근 8개년 기출문제	2017년 제1/2/3회 기출문제	☐ DAY 16	☐ DAY 11	☐ DAY 6
	2018년 제1/2/3회 기출문제	☐ DAY 17		
	2019년 제1/2/3회 기출문제	☐ DAY 18	☐ DAY 12	☐ DAY 7
	2020년 제1·2/3/4회 기출문제	☐ DAY 19		
	2021년 제1/2/3회 기출문제	☐ DAY 20	☐ DAY 13	☐ DAY 8
	2022년 제1/2/3회 기출문제	☐ DAY 21		
	2023년 제1/2/3회 CBT 기출복원문제	☐ DAY 22	☐ DAY 14	☐ DAY 9
	2024년 제1/2/3회 CBT 기출복원문제	☐ DAY 23		
쿠폰 제공 과년도 기출문제	2011년 제1/2/3회 기출문제	☐ DAY 24	–	–
	2012년 제1/2/3회 기출문제	☐ DAY 25		
	2013년 제1/2/3회 기출문제	☐ DAY 26		
	2014년 제1/2/3회 기출문제	☐ DAY 27		
	2015년 제1/2/3회 기출문제	☐ DAY 28		
	2016년 제1/2/3회 기출문제	☐ DAY 29		
CBT	CBT 온라인 모의고사(1~3회)	☐ DAY 30	☐ DAY 15	☐ DAY 10
핵심이론	별책부록(핵심이론정리집) (시험 전 최종마무리로 한번 더 반복학습)	☐ DAY 31		

유일무이 나만의 합격 플랜

구분	내용	나만의 합격코스	1회독	2회독	3회독	MEMO
핵심이론	PART 1. 가스 설비 (수소 및 안전관리 관련 출제예상문제 포함)	월 일	☐	☐	☐	
	PART 2. 가스 안전관리	월 일	☐	☐	☐	
	PART 3. 연소공학	월 일	☐	☐	☐	
	PART 4. 계측기기	월 일	☐	☐	☐	
	PART 5. 유체역학	월 일	☐	☐	☐	
최근 8개년 기출문제	2017년 제1/2/3회 기출문제	월 일	☐	☐	☐	
	2018년 제1/2/3회 기출문제	월 일	☐	☐	☐	
	2019년 제1/2/3회 기출문제	월 일	☐	☐	☐	
	2020년 제1·2/3/4회 기출문제	월 일	☐	☐	☐	
	2021년 제1/2/3회 기출문제	월 일	☐	☐	☐	
	2022년 제1/2/3회 기출문제	월 일	☐	☐	☐	
	2023년 제1/2/3회 CBT 기출복원문제	월 일	☐	☐	☐	
	2024년 제1/2/3회 CBT 기출복원문제	월 일	☐	☐	☐	
쿠폰 제공 과년도 기출문제	2011년 제1/2/3회 기출문제	월 일	☐	☐	☐	
	2012년 제1/2/3회 기출문제	월 일	☐	☐	☐	
	2013년 제1/2/3회 기출문제	월 일	☐	☐	☐	
	2014년 제1/2/3회 기출문제	월 일	☐	☐	☐	
	2015년 제1/2/3회 기출문제	월 일	☐	☐	☐	
	2016년 제1/2/3회 기출문제	월 일	☐	☐	☐	
CBT	CBT 온라인 모의고사(1~3회)	월 일	☐	☐	☐	
핵심이론	별책부록(핵심이론정리집) (시험 전 최종마무리로 한번 더 반복학습)	월 일	☐	☐	☐	

저자쌤의 합격플래너 활용 Tip.

01. Choice

시험대비를 위해 여유 있는 시간을 확보해 제대로 공부하여 시험합격은 물론 고득점을 노리는 수험생들은 **Plan 1 (61일 3회독 완벽코스)**를, 폭넓고 깊은 학습은 불가능해도 꼼꼼하게 공부해 한번에 시험합격을 원하시는 수험생들은 **Plan 2 (31일 꼼꼼코스)를**, 시험준비를 늦게 시작하였으나 짧은 기간에 온전히 학습할 수 있는 많은 시간확보가 가능한 수험생들은 **Plan 3 (15일 집중코스)**를, 부족한 시간이지만 열심히 공부하여 60점만 넘어 합격의 영광을 누리고 싶은 수험생들은 **Plan 4 (10일 속성코스)**가 적합합니다!
단, 저자쌤은 위의 학습플랜 중 충분한 학습기간을 가지고 제대로 시험대비를 할 수 있는 **Plan 1**을 추천합니다!!!

02. Plus

Plan 1~4까지 중 나에게 맞는 학습플랜이 없을 시, **Plan 5**에 **나에게 꼭~ 맞는 나만의 학습계획**을 스스로 세워보거나, 또는 **Plan 2 + Plan 3**, **Plan 2 + Plan 4**, **Plan 3 + Plan 4** 등 제시된 코스를 활용하여 나의 시험준비기간에 잘~ 맞는 학습계획을 세워보세요!

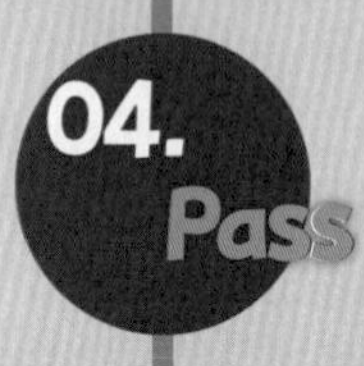

03. Unique

유일무이 나만의 합격 플랜에는 계획에 따라 3회독까지 학습체크를 할 수 있는 공란과, 처음 1회독 시 학습한 날짜를 기입할 수 있는 공간을 따로 두었습니다!

04. Pass

별책부록에 수록되어 있는 필기시험에 자주 출제되고 꼭 알아야 하는 중요내용을 일목요연하게 정리한 **"핵심이론정리집"**은 플래너의 학습일과 상관없이 기출문제를 풀 때 수시로 참고하거나 모든 학습이 끝난 후 한번 더 반복하여 봐주시길 바랍니다.

※ 합격플래너를 활용해 계획적으로 시험대비를 하여 필기시험에 합격하신 수험생분께는 「문화상품권(2만원)」을 보내드립니다.(단, 선착순(10명)이며, 온라인서점에 플래너 활용사진을 포함한 도서리뷰 or 합격후기를 올려주신 후 인증사진을 보내주신 분에 한합니다.)
☎ 관련문의 : 031-950-6371

더플러스

더 쉽게 더 빠르게 합격 플러스

가스기사

양용석 지음

BM (주)도서출판 성안당

도서 A/S 안내

성안당에서 발행하는 모든 도서는 저자와 출판사, 그리고 독자가 함께 만들어 나갑니다.

좋은 책을 펴내기 위해 많은 노력을 기울이고 있습니다. 혹시라도 내용상의 오류나 오탈자 등이 발견되면 **"좋은 책은 나라의 보배"**로서 우리 모두가 함께 만들어 간다는 마음으로 연락주시기 바랍니다. 수정 보완하여 더 나은 책이 되도록 최선을 다하겠습니다.

성안당은 늘 독자 여러분들의 소중한 의견을 기다리고 있습니다. 좋은 의견을 보내주시는 분께는 성안당 쇼핑몰의 포인트(3,000포인트)를 적립해 드립니다.

잘못 만들어진 책이나 부록 등이 파손된 경우에는 교환해 드립니다.

저자 문의 e-mail : 3305542a@daum.net(양용석)

본서 기획자 e-mail : coh@cyber.co.kr(최옥현)

홈페이지 : http://www.cyber.co.kr 전화 : 031) 950-6300

머리말

가스기사 자격증을 취득하시려는 독자 수험생 여러분 반갑습니다. 한국산업인력공단의 새 출제기준에 맞추어 새롭게 발행된 가스기사 수험서입니다.

현재 가스 관련 분야에 근무하고 있거나 관심을 갖고 있는 공학도, 그리고 가스기사 국가기술자격증을 취득하기 위하여 준비하시는 수험생 여러분께 큰 도움이 되기 위하여 이 책을 발행하게 되었습니다.

이 책은 각 단원마다 핵심이론과 문제로 나뉘어 있으며 충분한 해설로 이해가 쉽게 되도록 하였으며, 문제편을 공부한 후에 핵심이론편을 정리하시면 더욱 효과적인 학습방법이 될 것입니다.

이 책의 특징을 요약하면 다음과 같습니다.

1. 한국산업인력공단의 출제기준에 의한 가스기사 필기 전용의 수험서입니다.
2. 과목별 기출문제를 철저히 분석, 출제예상문제 및 기출문제에 충분한 해설을 달아 독자 여러분의 학습에 많은 도움이 될 수 있도록 심혈을 기울여 집필하였습니다.
3. 최근까지 시행된 기출문제(2017~2024년)를 구성하여 알차고 정확한 해설을 덧붙여 문제에 대한 이해도를 높였습니다.
4. 책의 뒷부분에 첨부된 부록집은 빈번하게 출제되는 기출문제 이론편을 집대성하여 출제경향을 확실하게 파악하도록 하였습니다.

끝으로, 이 책의 집필을 위하여 자료 제공 및 여러 가지 지원을 아끼지 않으신 관계자 분들과 성안당 이종춘 회장님 이하 편집부 직원 여러분께 진심으로 감사드리며 수험생 여러분께 꼭 합격의 영광이 함께하시길 바랍니다.

저자 양용석

이 책을 보시면서 궁금한 점이 있으시면 **저자 직통(010-5835-0508)**이나 **저자 메일(3305542a@daum.net)**로 언제든지 질문을 주시면 성실하게 답변드리겠습니다.
또한, 이 책 발행 이후의 오류사항은 성안당 홈페이지 – 자료실 – 정오표 게시판에 올려두겠으며, 시험문제를 제공해 주시는 독자께는 문화상품권을 제공해 드리겠습니다.

시험 및 별책부록집 안내

자격명	가스기사	영문명	Engineer Gas
관련부처	산업통상자원부	시행기관	한국산업인력공단

1 시험 안내

(1) 개요

고압가스가 지닌 화학적, 물리적 특성으로 인한 각종 사고로부터 국민의 생명과 재산을 보호하고 고압가스의 제조과정에서부터 소비과정에 이르기까지 안전에 대한 규제대책, 각종 가스용기, 기계, 기구 등에 대한 제품검사, 가스취급에 따른 제반시설의 검사 등 고압가스에 관한 안전관리를 실시하기 위하여 자격제도 제정하였다.

(2) 수행 직무

고압가스 및 용기제조의 공정관리, 가스의 사용방법 및 취급요령 등을 위해 예방을 위한 지도 및 감독업무와 저장, 판매, 공급 등의 과정에서 안전관리를 위한 지도 및 감독업무 수행한다.

(3) 진로 및 전망

① 고압가스 제조업체 · 저장업체 · 판매업체에 기타 도시가스 사업소, 용기제조업소, 냉동기계제조업체 등 전국의 고압가스 관련업체로 진출할 수 있다.

② 최근 국민생활수준의 향상과 산업의 발달로 연료용 및 산업용 가스의 수급규모가 대형화되고 있으며, 가스시설의 복잡 · 다양화됨에 따라 가스사고건수가 급증하고 사고 규모도 대형화되는 추세이다. 또한 가스설비의 경우 유해 · 위험물질을 다량으로 취급할 뿐만 아니라 복잡하고 정밀한 장치나 설비가 자동제어가 되는 연속공정으로 거대 시스템화되어 있어 이들 설비의 잠재위험요소를 확인 · 평가하고 그 위험을 제거하거나 통제할 수 있는 전문인력의 필요성은 계속 증가할 것이다. 또한 정부에서는 도시가스의 공급비율을 올리고 있어 가스의 사용량은 증가하고 이에 따라 가스기사의 인력 수요도 증가할 것이다.

(4) 시험 수수료

① 필기 - 19,400원

② 실기 - 24,100원

(5) 출제 경향

① 필답형 - 출제기준 참조
② 작업형 - 가스제조 및 가스설비, 운전, 저장 및 공급에 대한 취급과 가스장치의 고장 진단 및 유지관리와 가스기기 및 설비에 대한 검사업무 및 가스안전관리에 관한 업무를 수행할 수 있는지의 능력을 평가

(6) 취득 방법

① 시행처 : 한국산업인력공단
② 관련학과 : 대학과 전문대학의 화학공학, 가스냉동학, 가스산업학 관련학과
③ 시험과목 • 필기 - 1. 가스유체역학
2. 연소공학
3. 가스설비
4. 가스안전관리
5. 가스계측
• 실기 - 가스 실무
④ 검정방법 • 필기 - 객관식 4지 택일형 과목당 20문항(2시간 30분)
• 실기 - 복합형[필답형(1시간 30분)+작업형(1시간 30분 정도)]
※ 배점 - 필답형 60점, 작업형(동영상) 40점
⑤ 합격기준 • 필기 - 100점을 만점으로 하여 과목당 40점 이상, 전과목 평균 60점 이상
• 실기 - 100점을 만점으로 하여 60점 이상

(7) 시험 일정

구 분	필기원서접수 (인터넷)	필기시험	필기합격 (예정자) 발표	실기 원서접수	실기시험	최종합격자 발표일
제1회	1.13(월) ~1.16(목)	2.7(금) ~3.4(화)	3.12(수)	3.24(월) ~3.27(목)	4.19(토) ~5.9(금)	1차 : 6.5(목) 2차 : 6.13(금)
제2회	4.14(월) ~4.17(목)	5.10(토) ~5.30(금)	6.11(수)	6.23(월) ~6.26(목)	7.19(토) ~8.6(수)	1차 : 9.5(금) 2차 : 9.12(금)
제3회	7.21(월) ~7.24(목)	8.9(토) ~9.1(월)	9.10(수)	9.22(월) ~9.25(목)	11.1(토) ~11.21(금)	1차 : 12.5(금) 2차 : 12.24(수)

★ 자세한 시험 일정은 Q-Net 홈페이지(www.q-net.or.kr)의 "시험 일정 안내 > 연간 국가기술자격 시험 일정 > 국가기술자격(정기) > 종목 검색(가스기사)"에서 확인하시기 바랍니다. ★

2 별책부록집 안내

▶ 별책부록집 사용방법 (1)

책의 뒷부분에 "별책부록"으로 수록되어 있는 〈시험에 잘 나오는 핵심이론정리집〉에 대해 설명드리겠습니다.

〈시험에 잘 나오는 핵심이론정리집〉은 기출문제 해설집인 동시에 핵심내용의 관련 이론을 모두 한곳에서 정리함으로써 출제된 문제 이외에 유사한 문제가 다시 출제되더라도 풀어낼 수 있도록 출제가능이론을 일목요연하게 정리하였습니다. 이 별책부록집을 잘 활용하시면 관련 이론에서 95% 이상 적중하리라 확신합니다.
그럼 학습방법을 살펴볼까요?

49 내용적 50L의 용기에 내압시험을 하고자 한다. 이 경우 30kg/cm^{2}인 수압을 걸었을 때 용기의 용적이 50.6L로 늘어났고, 압력을 제거하여 대기압으로 하였더니 용기의 용적은 50.03L로 되었다. 이때 영구증가율은 얼마인가? **[안전 18]**

① 0.3% ② 0.5%
③ 3% ④ 5%

해설
영구증가율 $= \dfrac{50.13-50}{50.6-50} \times 100 = 5\%$

예를 들어, 과년도 기출문제에서 '안전 18'이면, 별책부록집 '안전관리' 부분을 확인!

핵심 18 〈 항구증가율(%)

항 목		세부 힉
공식		항구증가 / 전증가
합격기준	신규검사	10%
	재검사	10% 이하(질량검
		6% 이하(질량검사 90%

▶▶ 별책부록집 사용방법 (2)

부취제에 대한 문제가 출제 시, 부취제의 관련 이론을 한 곳에 모음으로써 어떠한 문제가 출제되어도 별책부록집 하나로 모두 해결 가능합니다.

74 도시가스의 누출 시 그 누출을 조기에 발견하기 위해 첨가하는 부취제의 구비조건이 아닌 것은? **[안전 19]**

① 배관 내의 상용의 온도에서 응축하지 않을 것
② 물에 잘 녹고 토양에 대한 흡수가 잘 될 것
③ 완전히 연소하고 연소 후에 유해한 성질이나 냄새가 남지 않을 것
④ 독성이 없고 가스관이나 가스미터에 흡착되지 않을 것

46 다음 부취제 주입방식 중 액체식 주입방식이 아닌 것은? **[안전 19]**

① 펌프주입식
② 적하주입식
③ 위크식
④ 미터연결 바이패스식

핵심 19 부취제

(1) 부취제 관련 핵심내용

종 류 / 특 성	TBM (터시어리부틸메르카부탄)	THT (테트라하이드로티오페)	DMS (디메틸설파이드)
냄새 종류	양파 썩는 냄새	석탄가스 냄새	마늘 냄새
강도	강함	보통	약간 약함
혼합 사용 여부	혼합 사용	단독 사용	혼합 사용
부취제 주입설비			
액체주입식	펌프주입방식, 적하주입방식, 미터연결 바이패스방식		
증발식	위크 증발식, 바이패스방식		
부취제 주입농도	$\frac{1}{1000}=0.1\%$ 정도		
토양의 투과성 순서	DMS > TBM > THT		
부취제 구비조건	① 독성이 없을 것 ② 화학적으로 안정할 것 ③ 보통 냄새와 구별될 것 ④ 토양에 대한 투과성이 클 것 ⑤ 완전연소할 것 ⑥ 물에 녹지 않을 것		

과년도 출제문제와 부록집을 비교하여 공부하신 후 앞편에 정리되어 있는 과목별 이론을 보시면 가장 바람직하고 이상적인 학습방법이 될 것입니다.

★ 합격의 행운이 함께 하시길 바랍니다~

시험 접수에서 자격증 수령까지 안내

☑ 원서접수 안내 및 유의사항입니다.

- 원서접수 확인 및 수험표 출력기간은 접수당일부터 시험시행일까지 출력 가능(이외 기간은 조회불가)합니다. 또한 출력장애 등을 대비하여 사전에 출력 보관하시기 바랍니다.
- 원서접수는 온라인(인터넷, 모바일앱)에서만 가능합니다.
- 스마트폰, 태블릿 PC 사용자는 모바일앱 프로그램을 설치한 후 접수 및 취소/환불 서비스를 이용하시기 바랍니다.

STEP 01

필기시험 원서접수

- 필기시험은 온라인 접수만 가능
- Q-net(www.q-net.or.kr) 사이트 회원 가입
- 응시자격 자가진단 확인 후 원서 접수 진행
- 반명함 사진 등록 필요 (6개월 이내 촬영본 / 3.5cm×4.5cm)

STEP 02

필기시험 응시

- 입실시간 미준수 시 시험 응시 불가 (시험시작 30분 전에 입실 완료)
- 수험표, 신분증, 계산기 지참 (공학용 계산기 지참 시 반드시 포맷)

STEP 03

필기시험 합격자 확인

- CBT 형식으로 치러지므로 시험 완료 즉시 합격 여부 확인 가능
- 문자 메시지, SNS 메신저를 통해 합격 통보 (합격자만 통보)
- Q-net(www.q-net.or.kr) 사이트 및 ARS (1666-0100)를 통해서 확인 가능

STEP 04

실기시험 원서접수

- Q-net(www.q-net.or.kr) 사이트에서 원서접수
- 응시자격서류 제출 후 심사에 합격 처리된 사람에 한하여 원서 접수 가능 (응시자격서류 미제출 시 필기시험 합격예정 무효)

"성안당은 여러분의 합격을 기원합니다"

STEP 05 실기시험 응시
- 수험표, 신분증, 필기구, 공학용 계산기, 종목별 수험자 준비물 지참
(공학용 계산기는 허용된 종류에 한하여 사용 가능하며, 수험자 지참 준비물은 실기시험 접수기간에 확인 가능)

STEP 06 실기시험 합격자 확인
- 문자 메시지, SNS 메신저를 통해 합격 통보
(합격자만 통보)
- Q-net(www.q-net.or.kr) 사이트 및 ARS (1666-0100)를 통해서 확인 가능

STEP 07 자격증 교부 신청
- 상장형 자격증, 수첩형 자격증 형식 신청 가능
- Q-net(www.q-net.or.kr) 사이트를 통해 신청

STEP 08 자격증 수령
- 상장형 자격증은 합격자 발표 당일부터 인터넷으로 발급 가능
(직접 출력하여 사용)
- 수첩형 자격증은 인터넷 신청 후 우편수령만 가능
(수수료 : 3,100원 / 배송비 : 3,010원)

★ 필기/실기 시험 시 허용되는 공학용 계산기 기종

1. 카시오(CASIO) FX-901~999
2. 카시오(CASIO) FX-501~599
3. 카시오(CASIO) FX-301~399
4. 카시오(CASIO) FX-80~120
5. 샤프(SHARP) EL-501-599
6. 샤프(SHARP) EL-5100, EL-5230, EL-5250, EL-5500
7. 캐논(CANON) F-715SG, F-788SG, F-792SGA
8. 유니원(UNIONE) UC-400M, UC-600E, UC-800X
9. 모닝글로리(MORNING GLORY) ECS-101

※ 자세한 사항은 Q-net 홈페이지(www.q-net.or.kr)를 참고하시기 바랍니다.

NCS 안내

1 국가직무능력표준(NCS)이란?

국가직무능력표준(NCS, National Competency Standards)은 산업현장에서 직무를 행하기 위해 요구되는 지식 · 기술 · 태도 등의 내용을 국가가 산업 부문별, 수준별로 체계화한 것이다.

(1) 국가직무능력표준(NCS) 개념도

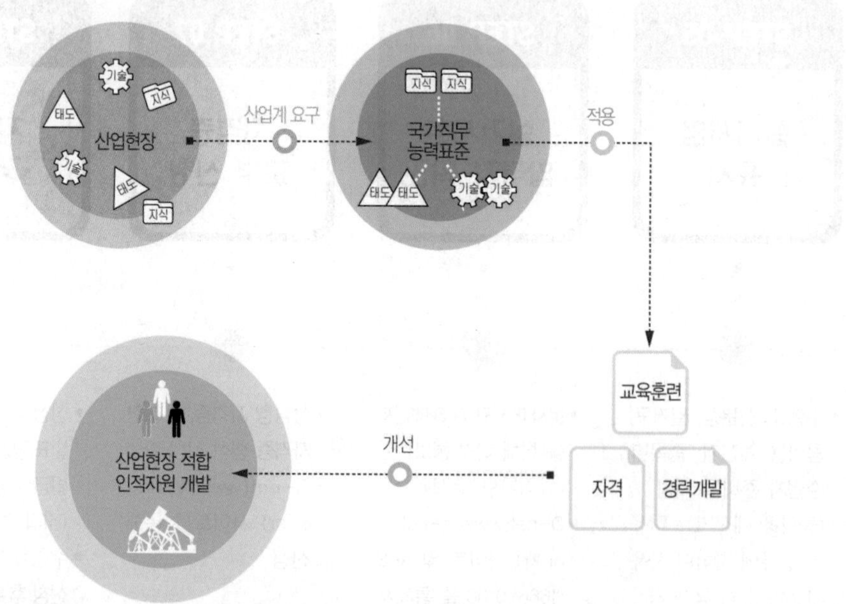

〈직무능력 : 일을 할 수 있는 On-spec인 능력〉

① 직업인으로서 기본적으로 갖추어야 할 공통능력 → **직업기초능력**

② 해당 직무를 수행하는 데 필요한 역량(지식, 기술, 태도) → **직무수행능력**

〈보다 효율적이고 현실적인 대안 마련〉

① 실무중심의 교육 · 훈련 과정 개편

② 국가자격의 종목 신설 및 재설계

③ 산업현장 직무에 맞게 자격시험 전면 개편

④ NCS 채용을 통한 기업의 능력중심 인사관리 및 근로자의 평생경력 개발 관리 지원

(2) 국가직무능력표준(NCS) 학습모듈

국가직무능력표준(NCS)이 현장의 '**직무 요구서**'라고 한다면, **NCS 학습모듈**은 **NCS 능력단위를 교육훈련에서 학습할 수 있도록 구성한 '교수 · 학습 자료'**이다. NCS 학습모듈은 구체적 직무를 학습할 수 있도록 이론 및 실습과 관련된 내용을 상세하게 제시하고 있다.

2 국가직무능력표준(NCS)이 왜 필요한가?

능력 있는 인재를 개발해 핵심 인프라를 구축하고, 나아가 국가경쟁력을 향상시키기 위해 국가직무능력표준이 필요하다.

(1) 국가직무능력표준(NCS) 적용 전/후

지금은

- 직업 교육 · 훈련 및 자격제도가 산업현장과 불일치
- 인적자원의 비효율적 관리 운용

→ 국가직무 능력표준 →

이렇게 바뀝니다.

- 각각 따로 운영되었던 교육 · 훈련, 국가직무능력표준 중심 시스템으로 전환 (일–교육 · 훈련–자격 연계)
- 산업현장 직무중심의 인적자원 개발
- 능력중심사회 구현을 위한 핵심 인프라 구축
- 고용과 평생직업능력 개발 연계를 통한 국가경쟁력 향상

(2) 국가직무능력표준(NCS) 활용범위

CBT 안내

1 CBT란?

CBT란 Computer Based Test의 약자로, 컴퓨터 기반 시험을 의미한다.

정보기기운용기능사, 정보처리기능사, 굴삭기운전기능사, 지게차운전기능사, 제과기능사, 제빵기능사, 한식조리기능사, 양식조리기능사, 일식조리기능사, 중식조리기능사, 미용사(일반), 미용사(피부) 등 12종목은 이미 오래 전부터 CBT 시험을 시행하고 있으며, 나머지 **기능사는 2016년 5회 시험부터, 산업기사는 2020년 마지막 시험(3회 또는 4회)부터, 가스기사 포함 모든 기사는 2022년 마지막 시험(3회 또는 4회)부터 CBT 시험이 시행되었다.**

CBT 필기시험은 컴퓨터로 보는 만큼 수험자가 답안을 제출함과 동시에 합격여부를 확인할 수 있다.

2 CBT 시험과정

한국산업인력공단에서 운영하는 홈페이지 **큐넷(Q-net)**에서는 누구나 쉽게 **CBT 시험**을 볼 수 있도록 실제 자격시험 환경과 동일하게 구성한 **가상 웹 체험 서비스를 제공**하고 있으며, 그 과정을 요약한 내용은 아래와 같다.

(1) 시험시작 전 신분 확인절차

수험자가 자신에게 배정된 좌석에 앉아 있으면 신분 확인절차가 진행된다.

이것은 시험장 감독위원이 컴퓨터에 나온 수험자 정보와 신분증이 일치하는지를 확인하는 단계이다.

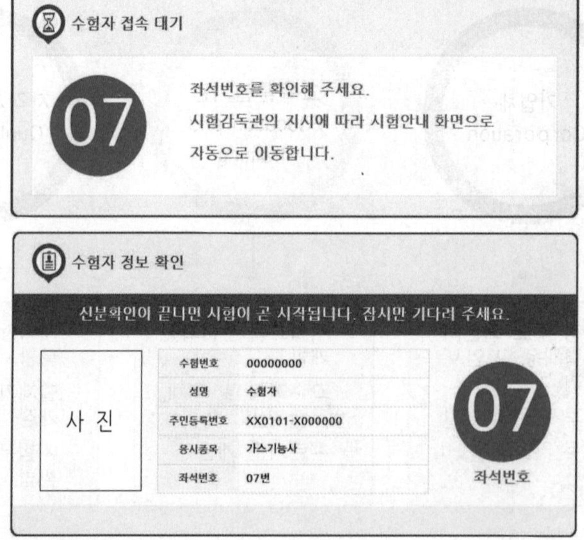

(2) CBT 시험안내 진행

신분 확인이 끝난 후 시험시작 전 CBT 시험안내가 진행된다.

안내사항 > 유의사항 > 메뉴 설명 > 문제풀이 연습 > 시험준비 완료

① 시험 [**안내사항**]을 확인한다.

- 시험은 총 5문제로 구성되어 있으며, 5분간 진행된다.
  (자격종목별로 시험문제 수와 시험시간은 다를 수 있다.(가스기사 필기－100문제/2시간 30분))
- 시험도중 수험자 PC 장애 발생 시 손을 들어 시험감독관에게 알리면 긴급장애조치 또는 자리이동을 할 수 있다.
- 시험이 끝나면 합격여부를 바로 확인할 수 있다.

② 시험 [**유의사항**]을 확인한다.
시험 중 금지되는 행위 및 저작권 보호에 관한 유의사항이 제시된다.

③ 문제풀이 [**메뉴 설명**]을 확인한다.
문제풀이 기능 설명을 유의해서 읽고 기능을 숙지해야 한다.

④ 자격검정 CBT [**문제풀이 연습**]을 진행한다.
실제 시험과 동일한 방식의 문제풀이 연습을 통해 CBT 시험을 준비한다.

- CBT 시험 문제화면의 기본 글자크기는 150%이다. 글자가 크거나 작을 경우 크기를 변경할 수 있다.
- 화면배치는 1단 배치가 기본 설정이다. 더 많은 문제를 볼 수 있는 2단 배치와 한 문제씩 보기 설정이 가능하다.

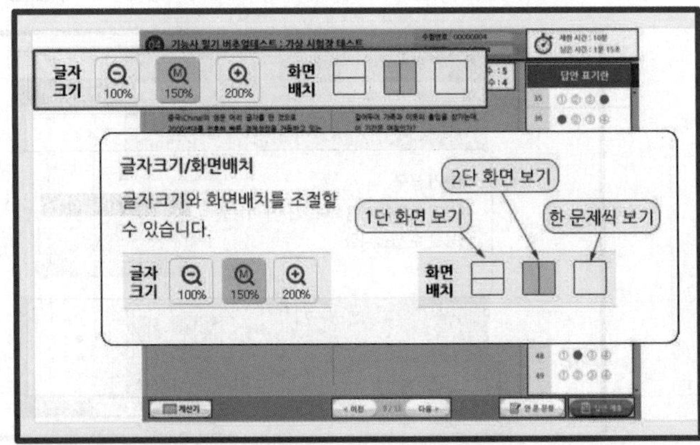

- 답안은 문제의 보기번호를 클릭하거나 답안표기 칸의 번호를 클릭하여 입력할 수 있다.
- 입력된 답안은 문제화면 또는 답안표기 칸의 보기번호를 클릭하여 변경할 수 있다.

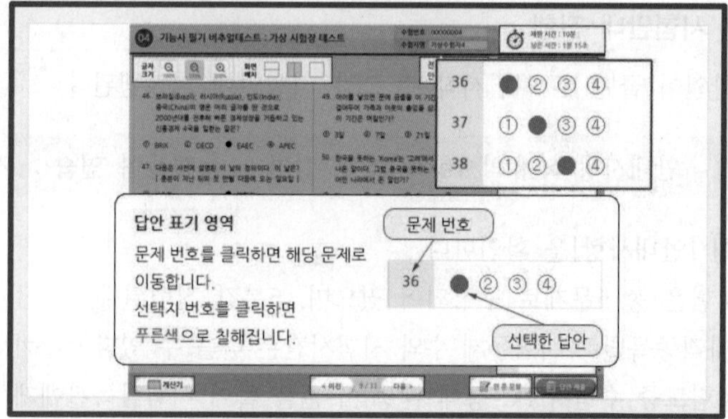

- 페이지 이동은 아래의 페이지 이동 버튼 또는 답안표기 칸의 문제번호를 클릭하여 이동할 수 있다.

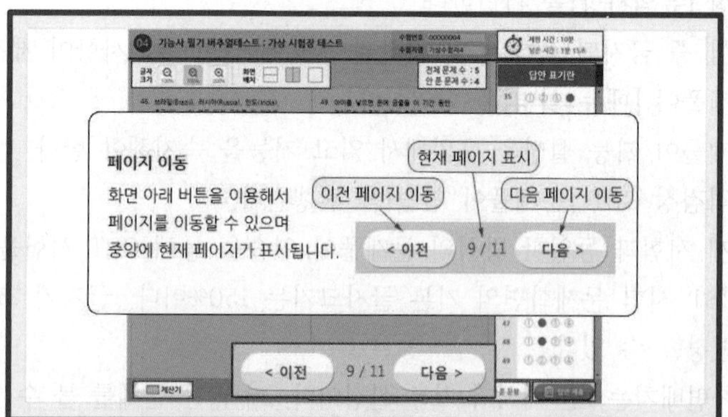

- 응시종목에 계산문제가 있을 경우 좌측 하단의 계산기 기능을 이용할 수 있다.

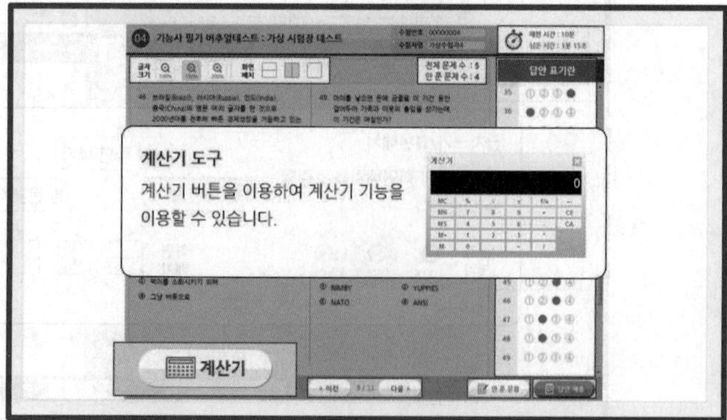

• 안 푼 문제 확인은 답안 표기란 좌측에 안 푼 문제 수를 확인하거나 답안 표기란 하단 [안 푼 문제] 버튼을 클릭하여 확인할 수 있다. 안 푼 문제번호 보기 팝업창에 안 푼 문제번호가 표시된다. 번호를 클릭하면 해당 문제로 이동한다.

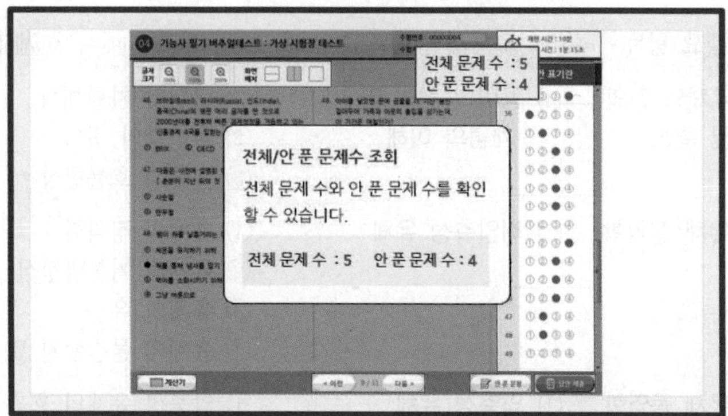

• 시험문제를 다 푼 후 답안 제출을 하거나 시험시간이 모두 경과되었을 경우 시험이 종료되며 시험결과를 바로 확인할 수 있다.
• [답안 제출] 버튼을 클릭하면 답안 제출 승인 알림창이 나온다. 시험을 마치려면 [예] 버튼을 클릭하고 시험을 계속 진행하려면 [아니오] 버튼을 클릭하면 된다. 답안 제출은 실수 방지를 위해 두 번의 확인 과정을 거친다. 이상이 없으면 [예] 버튼을 한 번 더 클릭하면 된다.

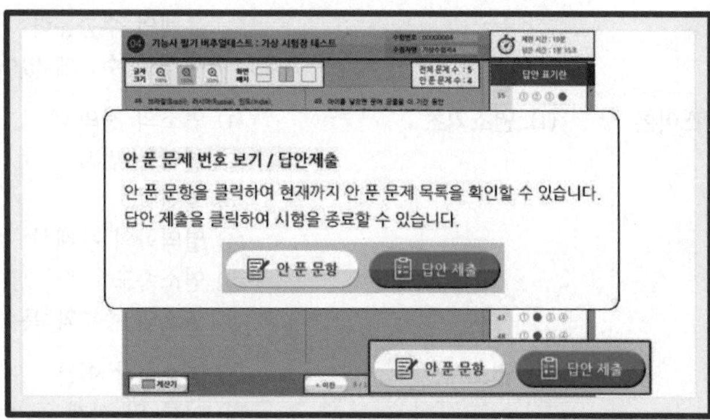

⑤ [**시험준비 완료**]를 한다.
시험 안내사항 및 문제풀이 연습까지 모두 마친 수험자는 [시험준비 완료] 버튼을 클릭한 후 잠시 대기한다.

(3) CBT 시험 시행

(4) 답안 제출 및 합격 여부 확인

★ 더 자세한 내용에 대해서는 Q-Net 홈페이지(www.q-net.or.kr)를 참고해 주시기 바랍니다. ★

출제기준 (적용기간 : 2024.1.1. ~ 2027.12.31.)

▮가스기사 필기

필기 과목명	주요 항목	세부 항목	세세 항목
가스 유체역학	1. 유체의 정의 및 특성	(1) 용어의 정의 및 개념의 이해	① 단위와 차원해석 ② 물리량의 정의 ③ 유체의 흐름현상
	2. 유체 정역학	(1) 비압축성 유체	① 유체의 정역학 ② 유체의 기본방정식 ③ 유체의 유동 ④ 유체의 물질수지 및 에너지 수지
	3. 유체 동역학	(1) 압축성 유체	① 압축성 유체의 흐름공정 ② 기체상태 방정식의 응용 ③ 유체의 운동량 이론 ④ 경계층 이론 ⑤ 충격파의 전달속도
		(2) 유체의 수송	① 유체의 수송장치 ② 액체의 수송 ③ 기체의 수송 ④ 유체의 수송동력 ⑤ 유체의 수송에 있어서의 두 손실
연소공학	1. 연소이론	(1) 연소기초	① 연소의 정의 ② 열역학 법칙 ③ 열전달 ④ 열역학의 관계식 ⑤ 연소속도 ⑥ 연소의 종류와 특성
		(2) 연소계산	① 연소현상 이론 ② 이론 및 실제 공기량 ③ 공기비 및 완전연소 조건 ④ 발열량 및 열효율 ⑤ 화염온도 ⑥ 화염전파 이론
	2. 연소설비	(1) 연소장치의 개요	① 연소장치 ② 연소방법 ③ 연소현상

필기 과목명	주요 항목	세부 항목	세세 항목
		(2) 연소장치 설계	① 고부하 연소기술 ② 연소부하산출
	3. 가스폭발/방지대책	(1) 가스폭발이론	① 폭발범위 ② 확산 이론 ③ 열 이론 ④ 기체의 폭굉현상 ⑤ 폭발의 종류 ⑥ 가스폭발의 피해(영향) 계산
		(2) 위험성 평가	① 정성적 위험성 평가 ② 정량적 위험성 평가
		(3) 가스화재 및 폭발방지대책	① 가스폭발의 예방 및 방호 ② 가스화재 소화이론 ③ 방폭구조의 종류 ④ 정전기 발생 및 방지대책
가스설비	1. 가스설비의 종류 및 특성	(1) 고압가스 설비	① 고압가스 제조설비 ② 고압가스 저장설비 ③ 고압가스 사용설비 ④ 고압가스 충전 및 판매설비
		(2) 액화석유가스 설비	① 액화석유가스 충전설비 ② 액화석유가스 저장 및 판매설비 ③ 액화석유가스 집단공급설비 ④ 액화석유가스 사용설비
		(3) 도시가스설비	① 도시가스 제조설비 ② 도시가스 공급충전설비 ③ 도시가스 사용설비 ④ 도시가스 배관 및 정압설비
		(4) 수소설비	① 수소 제조설비 ② 수소 공급충전설비 ③ 수소 사용설비 ④ 수소 배관설비
		(5) 펌프 및 압축기	① 펌프의 기초 및 원리 ② 압축기의 구조 및 원리 ③ 펌프 및 압축기의 유지관리

필기 과목명	주요 항목	세부 항목	세세 항목
		(6) 저온장치	① 가스의 액화사이클 ② 가스의 액화분리장치 ③ 가스의 액화분리장치의 계통과 구조
		(7) 고압장치	① 고압장치의 요소 ② 고압장치의 계통과 구조 ③ 고압가스 반응장치 ④ 고압저장 탱크설비 ⑤ 기화장치 ⑥ 고압측정장치
		(8) 재료와 방식, 내진	① 가스설비의 재료, 용접 및 비파괴 검사 ② 부식의 종류 및 원리 ③ 방식의 원리 ④ 방식설비의 설계 및 유지관리 ⑤ 내진설비 및 기술사항
	2. 가스용 기기	(1) 가스용 기기	① 특정설비 ② 용기 및 용기밸브 ③ 압력조정기 ④ 가스미터 ⑤ 연소기 ⑥ 콕 및 호스 ⑦ 차단용 밸브 ⑧ 가스누출경보/차단기
가스 안전관리	1. 가스에 대한 안전	(1) 가스 제조 및 공급, 충전에 관한 안전	① 고압가스 제조 및 공급 · 충전 ② 액화석유가스 제조 및 공급 · 충전 ③ 도시가스 제조 및 공급 · 충전 ④ 수소 제조 및 공급 · 충전
		(2) 가스저장 및 사용에 관한 안전	① 저장탱크 ② 탱크로리 ③ 용기 ④ 저장 및 사용시설
		(3) 용기, 냉동기 가스용품, 특정설비 등의 제조 및 수리에 관한 안전	① 고압가스 용기제조, 수리 및 검사 ② 냉동기기 제조, 특정설비 제조 및 수리 ③ 가스용품 제조 및 수리
	2. 가스취급에 대한 안전	(1) 가스운반 취급에 관한 안전	① 고압가스의 양도, 양수 운반 또는 휴대 ② 고압가스 충전용기의 운반 ③ 차량에 고정된 탱크의 운반

필기 과목명	주요 항목	세부 항목	세세 항목
		(2) 가스의 일반적인 성질에 관한 안전	① 가연성 가스 ② 독성 가스 ③ 기타 가스
		(3) 가스안전사고의 원인 조사분석 및 대책	① 화재사고 ② 가스폭발 ③ 누출사고 ④ 질식사고 등 ⑤ 안전관리 이론, 안전교육 및 자체검사
가스계측	1. 계측기기	(1) 계측기기의 개요	① 계측기 원리 및 특성 ② 제어의 종류 ③ 측정과 오차
		(2) 가스계측기기	① 압력계측 ② 유량계측 ③ 온도계측 ④ 액면 및 습도계측 ⑤ 밀도 및 비중의 계측 ⑥ 열량계측
	2. 가스분석	(1) 가스분석	① 가스 검지 및 분석 ② 가스 기기분석
	3. 가스미터	(1) 가스미터의 기능	① 가스미터의 종류 및 계량 원리 ② 가스미터의 크기 선정 ③ 가스미터의 고장처리
	4. 가스시설의 원격감시	(1) 원격감시장치	① 원격감시장치의 원리 ② 원격감시장치의 이용 ③ 원격감시 설비의 설치 · 유지

▮가스기사 실기 [필답형 : 1시간 30분, 작업형 : 1시간 30분 정도]

실기 과목명	주요 항목	세부 항목	세세 항목
가스 실무	1. 가스설비 실무	(1) 가스설비 설치하기	① 고압가스설비를 설계 · 설치 관리할 수 있다. ② 액화석유가스설비를 설계 · 설치 관리할 수 있다. ③ 도시가스설비를 설계 · 설치 관리할 수 있다. ④ 수소설비를 설계 · 설치 관리할 수 있다.
		(2) 가스설비 유지 관리하기	① 고압가스설비를 안전하게 유지 관리할 수 있다. ② 액화석유가스설비를 안전하게 유지 관리할 수 있다. ③ 도시가스설비를 안전하게 유지 관리할 수 있다. ④ 수소설비를 안전하게 유지 관리할 수 있다.
	2. 안전관리 실무	(1) 가스안전 관리하기	① 용기, 가스용품, 저장탱크 등 가스설비 및 기기의 취급 운반에 대한 안전대책을 수립할 수 있다. ② 가스폭발 방지를 위한 대책을 수립하고, 사고 발생 시 신속히 대응할 수 있다. ③ 가스시설의 평가, 진단 및 검사를 할 수 있다.
		(2) 가스안전검사 수행하기	① 가스관련 안전인증 대상 기계 · 기구와 자율안전 확인 대상 기계 · 기구 등을 구분할 수 있다. ② 가스관련 의무안전인증 대상 기계 · 기구와 자율안전 확인대상 기계 · 기구 등에 따른 위험성의 세부적인 종류, 규격, 형식의 위험성을 적용할 수 있다. ③ 가스관련 안전인증 대상 기계 · 기구와 자율안전 대상 기계 · 기구 등에 따른 기계 · 기구에 대하여 측정장비를 이용하여 정기적인 시험을 실시할 수 있도록 관리계획을 작성할 수 있다. ④ 가스관련 안전인증 대상 기계 · 기구와 자율안전 대상 기계 · 기구 등에 따른 기계 · 기구 설치방법 및 종류에 의한 장단점을 조사할 수 있다. ⑤ 공정진행에 의한 가스관련 안전인증 대상 기계 · 기구와 자율안전 확인 대상 기계 · 기구 등에 따른 기계 · 기구의 설치, 해체, 변경 계획을 작성할 수 있다.

실기 과목명	주요 항목	세부 항목	세세 항목
		(3) 가스 안전조치 실행하기	① 가스설비의 설치 중 위험성의 목적을 조사하고 계획을 수립할 수 있다. ② 가스설비의 가동 전 사전 점검하고 위험성이 없음을 확인하고 가동할 수 있다. ③ 가스설비의 변경 시 주의 사항의 기본 개념을 조사하고 계획을 수립할 수 있다. ④ 가스설비의 정기, 수시, 특별 안전점검의 목적을 확인하고 계획을 수립할 수 있다. ⑤ 점검 이후 지적사항에 대한 개선방안을 검토하고 권고할 수 있다.

Contents

Contents

PART 02 가스 안전관리

PART 03 연소공학

Contents

PART 05 유체역학

Contents

Contents

부록 과년도 출제문제

2011~2017까지의 7개년 기출문제는 성안당 홈페이지에 탑재되어 있습니다.
(자세한 이용방법은 책 앞쪽에 있는 '쿠폰 사용안내'를 참고하시기 바랍니다.)

별책부록 시험에 잘 나오는 핵심이론정리집

빨리 성장하는 것은 쉬 시들고,

서서히 성장하는 것은 영원히 존재한다.

- 호란드 -

'급히 먹는 밥이 체한다'는 말이 있지요.
'급하다고 바늘허리에 실 매어 쓸까'라는 속담도 있고요.
그래요, 속성으로 성장한 것은 부실해지기 쉽습니다.
사과나무가 한 알의 영롱한 열매를 맺기 위해서는
꾸준하게 비바람을 맞고 적당하게 햇볕도 쪼여야 하지요.
빠른 것만이 꼭 좋은 것이 아닙니다.
주위를 두리번거리면서 느릿느릿, 서서히 커나가야 인생이 알차지고 단단해집니다.
이른바 "느림의 미학"이지요.

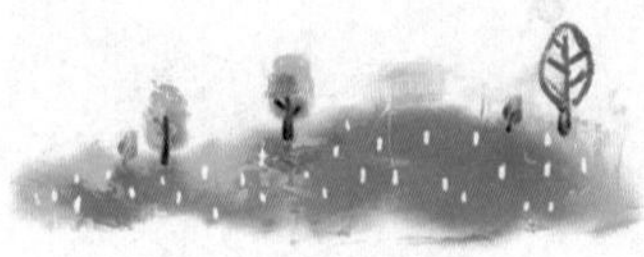

PART 1

가스 설비

1 기초역학 및 가스개론
2 각종 가스의 성질, 제조법 및 용도
3 연소 · 폭발 · 폭굉
4 고압장치
5 압축기 및 펌프
6 LP가스 · 도시가스 설비

제1편에서는 가스 설비에 대한 일반적인 내용과 금속재료, 가스용기 · 기기 등에 관한 핵심 내용이 출제됩니다.

가스기사 필기

PART 1. 가스 설비

chapter 1 기초역학 및 가스개론

가스 설비 과목에서 제1장의 핵심 포인트를 알려주세요.

제1장은 가스의 개론부터 가스를 공부하기 위한 기초사항을 정리하여 비전공 분야의 수험생들도 이 부분을 학습하시면 공부하는 데 어려움이 없도록 기초사항만을 정리한 부분입니다.

01 기초역학

1 중량

(1) 1kgf(중)=1kg×9.8m/s^2

1kg(중)은 몇 dyne?

$1kg(중)=1kg\times9.8m/s^2(9.8kg\cdot m/s^2=9.8N)$

$=10^3g\times9.8\times10^2cm/s^2$

$=9.8\times10^5g\cdot cm/s^2(dyne=g\cdot cm/s^2)$

$=9.8\times10^5dyne$

2 원자량과 분자량

(1) 원자량

C=12g을 기준으로 다른 원자들의 질량비로 나타낸 값

예 H=1g, C=12g, N=14g, O=16g, Cl=35.5g, Ar=40g

(2) 분자량

원자량의 총합

예 $CH_4=12\times1+1\times4=16g$

$C_3H_8=12\times3+1\times8=44g$

$3H_2O=3\times(1\times2+16)=54g$

$O_2=16\times2=32g$

3 가스의 정의

분자의 집합체이며, 항상 어떠한 속도로 운동을 하고 있는 물질

예

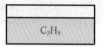

H_2O	C_3H_8
H_2O 내부는 속도가 없고 정지되어 있음	C_3H_8 속도가 있음 (탱크 내 분자가 움직이고 있음)

02 가스개론

1 상태에 따른 분류

(1) 압축가스(무이음용기)

O_2(−183℃), H_2(−252℃), N_2(−196℃), Ar(−186℃)

※ (   )은 비등점

위의 가스를 최고충전압력(Fp) 약 15MPa로 압축하는 것

(2) 액화가스(용접용기)

C_3H_8(−42℃), NH_3(−33.3℃), Cl_2(−33.8℃)

※ (   )은 비등점

(3) 용해가스(용접용기) : C_2H_2 가스와 같이 압축하면 분해폭발

① C_2H_2

㉠ 용제(아세틸렌을 녹일 수 있는 물질) : DMF, 아세톤

㉡ 다공물질 : 석면, 규조토, 목탄, 석회, 다공성 플라스틱

② C_2H_2의 폭발성

㉠ 분해폭발 : $C_2H_2 \rightarrow 2C + H_2$

㉡ 동아세틸라이트 폭발 : $2Cu + C_2H_2 \rightarrow Cu_2C_2 + H_2$

㉢ 산화폭발 : $C_2H_2 + 2.5O_2 \rightarrow 2CO_2 + H_2O$

아세틸렌(C_2H_2)

C_2H_2은 분해폭발로 인하여 녹이면서 충전하므로 용해가스라 하며, C_2H_2을 녹일 수 있는 물질이 용제이며, 용기 내 가스를 충전 후 공간확산을 방지하기 위하여 다공물질을 넣는다.

2 연소성에 따른 분류

(1) 가연성 가스 : C_3H_8, NH_3, H_2, CH_4, C_2H_4O 등(폭발성이 있는 가스 → 연료로 사용한다.)

※ 안전관리법규상 가연성 가스의 정의 : 폭발한계의 하한이 10% 이하, 상한과 하한의 차가 20% 이상이다.

(2) 지연성(조연성) 가스 : 공기, O_2, O_3, Cl_2

불이 타는 것을 도와주는 가스이다.

(3) 불연성 가스(불에 타지 않는 가스)

고압장치의 치환용으로 사용한다.

3 독성에 의한 분류

(1) 독성 가스 : $COCl_2$, NH_3, Cl_2, CO, HCN, C_2H_4O

호흡 시 중독의 우려가 있는 가스

(2) 법규상 독성 가스의 정의 : ~~허용농도~~가 5000ppm 이하인 가스(LC_{50}의 정의)

$1ppm = 1/10^6$

$1ppb = 1/10^9$

4 압력

단위면적당 작용하는 힘(kg/cm^2)

$$P = \frac{W}{A}$$

여기서, W : 하중(kg), A : 면적(cm^2)

예제 원관 4cm에 하중 10kg이 걸릴 때의 압력은 몇 kg/cm^2인가?

풀이 $P = \frac{W}{A} = \frac{10kg}{\frac{\pi}{4} \times (4cm)^2} = 0.796 kg/cm^2$

(1) 표준대기압

$1atm = 1.033kg/cm^2 = 76cmHg = 30inHg = 14.7psi = 101.325kPa = 0.101325MPa$

(2) 절대압력

완전 진공상태를 0으로 보고 측정한 압력으로, 압력값의 단위 끝에 a, abs를 붙여 표현한다.

(3) 게이지압력

대기압을 0으로 보고 측정한 압력으로 일반적으로 압력계의 압력을 나타낸다. 압력값 끝에 g, gage를 붙여 표현한다.

(4) 진공압력

대기압보다 낮은 압력으로, (−)값을 나타내므로 환산하여 절대값으로 표현하고 압력값 끝에 v를 붙여 표시한다.

∴ 절대압력 = 대기압 + 게이지압력 = 대기압 − 진공압력

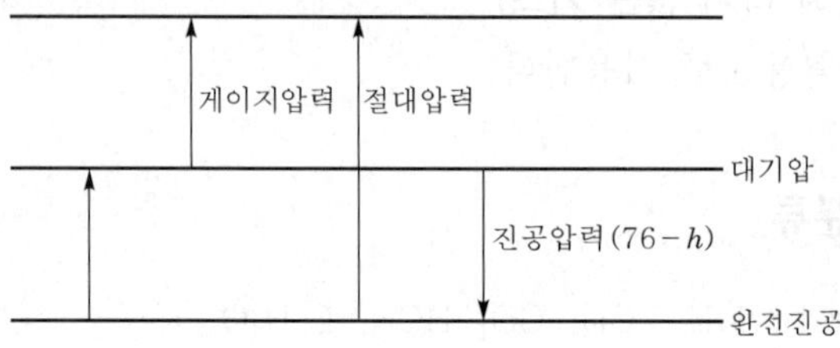

압력에 대한 보충 설명입니다.

1. 대기압 : 공기가 누르는 지표면의 압력을 말한다.

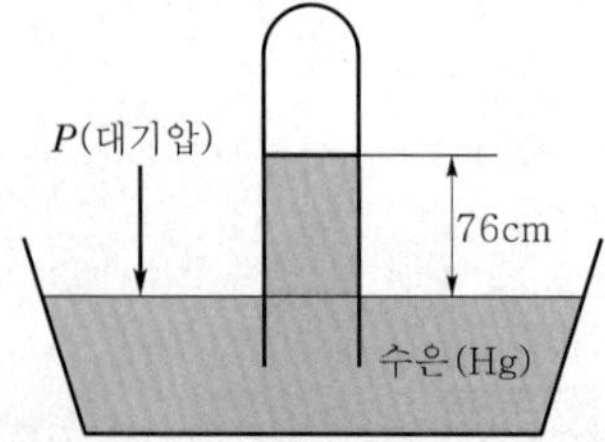

토리첼리의 실험에서 1atm=76cmHg이다.

2. 절대압력=대기압+게이지압력=대기압−진공압력
3. 압력단위 환산

1atm=1.033kg/cm²=76cmHg=30inHg=14.7psi=101.325kPa이므로

10kg/cm²를 psi로 환산 시

$$\frac{10\text{kg/cm}^2}{(\ ㉠\ )\text{kg/cm}^2}\times(\ ㉡\ )\text{psi}=\frac{10\text{kg/cm}^2}{1.033\text{kg/cm}^2}\times 14.7\text{psi}=142.30\text{psi}$$

㉠은 같은 단위 대기압 1.033kg/cm²이며

㉡은 환산하고자 하는 대기압 14.7psi가 들어간다.

예제 3kg/cm²g는 몇 cmHga인가?

풀이 절대압력=대기압+게이지압력이므로

=1.0332kg/cm²+3kg/cm²=4.0332kg/cm²a (같은 단위의 대기압으로 절대로 환산)

∴ $\frac{4033\text{kg/cm}^2}{1.033\text{kg/cm}^2}\times 76\text{cmHga}=296.67\text{cmHga}$이다. (요구하는 단위로 환산)

5 온도

물체의 차고 더운 정도를 수량적으로 표시한 물리학적 개념

(1) 섭씨온도(℃)

물의 어는점을 0℃, 끓는점을 100℃로 하고, 그 사이를 100등분한 값

(2) 화씨온도(℉)

물의 어는점을 32℉, 끓는점을 212℉로 하고, 그 사이를 180등분한 값

(3) 절대온도

자연계에서 존재하는 가장 낮은 온도

① 켈빈온도(K) : 0K = −273°C(섭씨의 절대온도)

② 랭킨온도(°R) : 0°R = −460°F(화씨의 절대온도)

∴ K = ℃ + 273

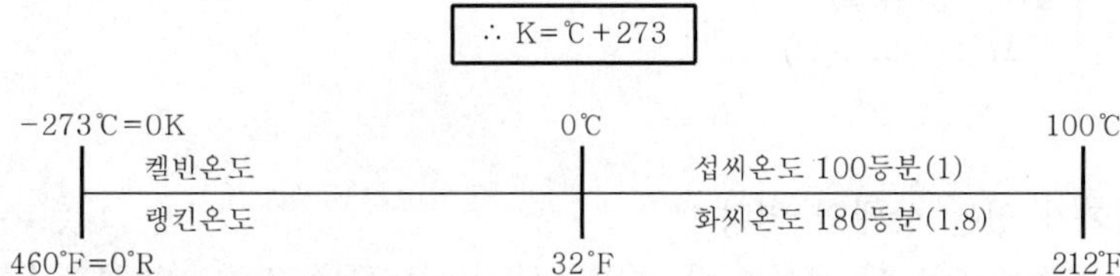

TiP 온도의 계산 공식입니다.

1. °F = °C × 1.8 + 32
2. $°C = \frac{1}{1.8}(°F - 32)$
3. K = °C + 273
4. °R = °F + 460

예제 0℃는 몇 °F, 몇 K, 몇 °R인가?

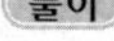

풀이
- °F = °C × 1.8 + 32 = 0 × 1.8 + 32 = 32°F
- K = 0 + 273 = 273K
- °R = 32 + 460 = 492°R

6 열량

열의 에너지를 양적으로 나타낸 값

(1) 단위

① 1kcal = 물 1kg의 온도를 1℃(14.5~15.5℃) 높이는 데 필요한 열량

② 1BTU = 물 1lb의 온도를 1℉ 높이는 데 필요한 열량

③ 1CHU=물 1lb의 온도를 1℃ 높이는 데 필요한 열량

④ 열량 환산표

kcal	BTU	CHU
1	3.968	2.205

7 현열과 잠열

(1) 현열(감열)

온도 변화가 있는 상태의 열량

$$Q = Gc\Delta t$$

여기서, Q : 열량(kcal)
c : 비열(kcal/kg℃)
G : 중량(kg)
Δt : 온도차(℃)

(2) 잠열

상태 변화가 있는 상태의 열량

$$Q = Gr$$

여기서, Q : 열량(kcal)
G : 중량(kg)
r : 잠열량(kcal/kg)

TIP **상기 내용에 대한 보충설명과 예제입니다.**

1kg =2.205lb
1℃만큼의 눈금차 =1.8℉만큼의 눈금차
1. 1kcal=1kg×1℃=2.205lb×1.8℉=3.968lb℉=3.968BTU
2. 1kcal=1kg×1℃=2.205lb×1℃=2.205CHU
∴ 1kcal=3.968BTU=2.205CHU

예제 1. 100kg의 물을 10℃에서 80℃까지 높이는 데 필요한 열량은?

풀이 $Q = Gc\Delta t$ =100kg×1kcal/kg℃×(80－10)℃=7000kcal(물의 비열 : 1, 얼음의 비열 : 0.5)

예제 2. 0℃ 얼음 100kg이 녹는 데 필요한 열량은?

풀이 $Q = Gr$ =100kg×79.68kcal/kg=79680kcal
100℃ 물 100kg이 증발하는 데 필요한 열량
$Q = Gr$ =100kg×539kcal/kg=53900kcal
• (0℃ 얼음 ↔ 0℃ 물) 잠열량 : 79.68kcal/kg
• (100℃ 물 ↔ 100℃ 수증기) 잠열량 : 539kcal/kg

8 물리학적 단위 개념

종 류		단 위	정 의
엔탈피		kcal/kg	단위중량당 열량
엔트로피		kcal/kg · K	단위중량당 열량을 절대온도로 나눈 값
비열		kcal/kg · ℃	어떤 물질 1kg을 1℃ 높이는 데 필요한 열량
		정압비열(C_P)	기체의 압력을 일정하게 하고, 측정한 비열
		정적비열(C_V)	기체의 체적을 일정하게 하고, 측정한 비열
		비열비(K)	$K=\dfrac{C_P}{C_V}$이고, $C_P > C_V$이므로 $K>1$이다.
비중	기체비중	무차원 (단위 없음)	공기와 비교한 기체의 무거운 정도 $\dfrac{M}{29}$으로 계산 (여기서, 29 : 공기 분자량, M : 기체 분자량)
	액비중	kg/L	물의 비중 1을 기준으로 하여 비교한 액체의 무게
밀도		g/L, kg/m³	단위체적당 질량값, 밀도 중 가스의 밀도 Mg/22.4L로 계산
비체적(밀도의 역수)		L/g, m³/kg	단위질량당 체적 가스의 비체적 22.4L/Mg

상기 내용의 보충 설명입니다.

1. 엔트로피 증가의 공식은 $\Delta S=\dfrac{dQ}{T}$로 계산한다.
   예를 들어, 일정온도에서 얻은 열량이 100kcal이고 온도가 50℃ 상태의 엔트로피 증가값은,
   $\Delta S=\dfrac{100}{(273+50)}=0.309$kcal/kg · K이다.
2. 기체의 비중은 각 가스의 분자량을 알면 계산할 수 있다.
   CH_4(메탄)=16g, C_3H_8(프로판)=44g인 경우
   메탄의 비중은 $\dfrac{16}{29}=0.55$, 프로판의 비중은 $\dfrac{44}{29}=1.52$이다.
   메탄은 공기보다 가벼워 누설 시 상부에 머물고, 프로판은 공기보다 무거워 누설 시 아래로 가라앉는다. 그러므로 누설을 감지하는 가스검지기를 설치 시 메탄은 천장에서 30cm 이내로, 프로판은 지면에서 30cm 이내로 설치한다.
3. 액의 비중은 물의 비중 1, C_3H_8의 액비중 0.5를 암기하고 있어야 한다. 단위는 kg/L이다. 물의 비중 1kg/L를 풀어 쓰면 1kg의 무게가 1L란 뜻이다. 그러면 물 20L는 20kg이 되며, 마찬가지로 프로판이 0.5kg/L이므로 1L=0.5kg이면 20L는 10kg이 된다.
4. 가스의 밀도와 비체적을 구하려면 이 역시 분자량을 알면 된다.
   H_2(수소)=2g이므로 수소의 밀도는 2g/22.4L=0.089g/L, 비체적은 22.4L/2g=11.2L/g이 된다.

9 완전가스(이상기체)의 성질

① 액화하지 않는다.
② 분자 간의 충돌은 탄성체이다.
③ 분자의 크기는 없다.
④ 이상기체는 부피가 없다.

(1) 보일의 법칙

온도가 일정할 때 기체의 체적은 압력에 반비례한다.

$PV = K$(일정)

$$P_1V_1 = P_2V_2$$

(2) 샤를의 법칙

압력이 일정할 때 기체의 체적은 온도에 비례한다.

$\frac{V}{T} = K$(일정)

$$\frac{V_1}{T_1} = \frac{V_2}{T_2}$$

(3) 보일-샤를의 법칙

이상기체의 체적은 압력에는 반비례하고, 온도에는 비례한다.

$\frac{PV}{T} = K$(일정)

$$\frac{P_1V_1}{T_1} = \frac{P_2V_2}{T_2}$$

도면은 ④사항입니다. 예제를 이해할 수 있도록 숙지하세요.

보일의 법칙, 샤를의 법칙, 보일-샤를의 법칙은 체적, 절대온도, 절대압력의 상관관계식이다.
즉, 이상기체의 체적은 압력에는 반비례하고, 절대온도에는 비례하므로 다음의 선도로 표시된다.

1. 보일의 법칙

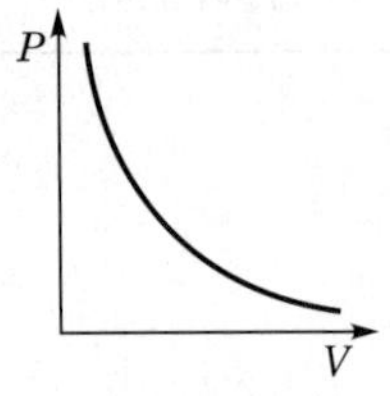

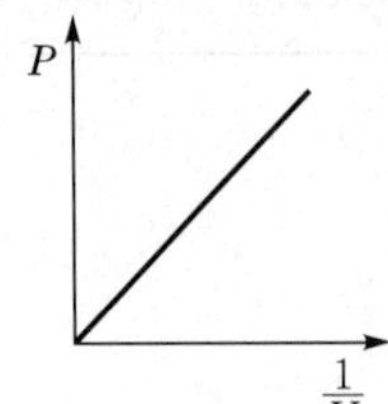

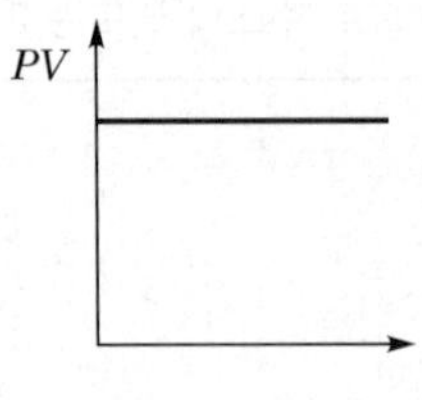

2. 샤를의 법칙

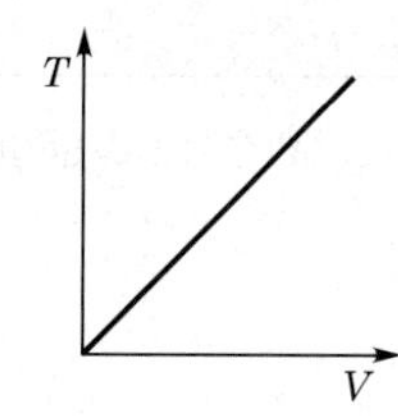

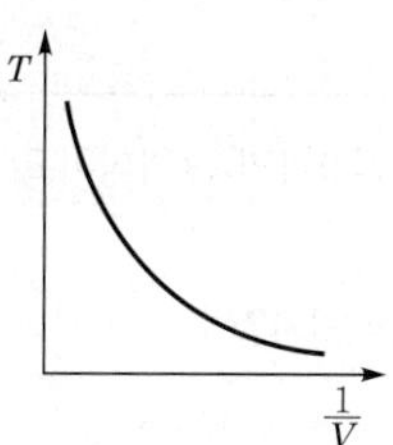

예제 0℃, 50L, 3atm의 기체를 273℃, 20L로 변화시키면 압력은 얼마인가?

풀이 $\frac{P_1 V_1}{T_1} = \frac{P_2 V_2}{T_2}$

$\therefore P_2 = \frac{P_1 V_1 T_2}{T_1 V_2} = \frac{3 \times 50 \times (273+273)}{(273+0) \times 20} = 15\text{atm}$

(4) 이상기체의 상태방정식

질량(g)을 구하거나 질량(g)값이 주어지고 체적, 압력, 온도 등을 계산할 때는 이상기체 상태방정식을 이용한다.

$$PV = nRT$$

여기서, P : 압력(atm)

V : 체적(L)[※ $1\text{m}^3 = 1000\text{L}$]

n : 몰수$= \frac{W}{M}$ (W : 질량(g), M : 분자량(g))

$R = 0.082\text{atm} \cdot \text{L/mol} \cdot \text{K}$

T : 절대온도(K)

- $PV = \frac{W}{M} RT$
- $PV = Z\frac{W}{M} RT \Rightarrow$ 압축계수(Z)가 주어질 때

TIP 상기 내용의 보충설명입니다.

보일-샤를의 법칙은 V(체적), T(절대온도), P(절대압력)과의 관계식이고, 이상기체의 상태방정식은 질량(g), 분자량(g)의 개념이 추가된 것이다.

예제 0℃, 1atm, O_2 10kg이 차지하는 부피는 몇 m^3인가?

풀이 $PV=\frac{W}{M}RT$

$$V=\frac{WRT}{PM}$$

$$=\frac{10\times0.082\times273}{1\times32}$$

$=6.99m^3$ (W가 g일 때 V는 L, W가 kg일 때 V는 m^3이다.)

(5) 실제기체 상태방정식(※ 실제기체 상태방정식은 빈번하게 출제되지 않으므로 참고로 보세요.)

$$\left(P+\frac{n^2a}{V^2}\right)(V-nb)=nRT$$

$$\therefore\ P=\frac{nRT}{V-nb}-\frac{n^2a}{PV^2}$$

여기서, a : 기체 분자 간 인력

b : 기체 자신이 차지하는 부피

(6) 이상기체와 실제기체의 차이점

구 분	온 도	압 력	액 화	비 고
이상기체	고온	저압	액화 안 됨	이상기체가 실제기체처럼 행동하는 조건 : 저온, 고압
실제기체	저온	고압	액화 가능	실제기체가 이상기체처럼 행동하는 조건 : 고온, 저압

※ 실제기체 상태방정식은 빈번하게 출제되지 않으므로 참고로 보세요.

10 돌턴의 분압 법칙

혼합기체가 가지는 전압력은 각 성분 기체가 나타내는 압력의 합과 같다.

$$P=\frac{P_1V_1+P_2V_2}{V}$$

$$\therefore\ \text{분압}=\text{전압}\times\frac{\text{성분몰수}}{\text{전몰수}}=\text{전압}\times\frac{\text{성분부피}}{\text{전부피}}$$

여기서, P : 전압

P_1, P_2 : 분압

V : 전부피

V_1, V_2 : 성분부피

예제 1. 5L의 탱크에는 9atm의 기체가, 10L의 탱크에는 6atm의 기체가 있다. 이 탱크를 연결 시 전압력은?

풀이 $P=\dfrac{P_1V_1+P_2V_2}{V}$

$=\dfrac{9\times5+6\times10}{5+10}=7\text{atm}$

예제 2. 5L의 탱크에는 9atm의 기체가, 10L의 탱크에는 6atm의 기체가 있다. 이 탱크를 20L의 용기에 담을 때 전압력은?

풀이 $P=\dfrac{P_1V_1+P_2V_2}{V}$

$=\dfrac{9\times5+6\times10}{20}=5.25\text{atm}$

예제 3. N_2 20mol, O_2 30mol로 구성된 혼합가스가 용기에 8kg/cm^{2}으로 충전되어 있다. 질소와 산소의 분압은 각각 몇 kg/cm^{2}인가?

풀이 • $P_{N_2}=8\text{kg/cm}^2\times\dfrac{20}{20+30}=3.2\text{kg/cm}^2$

• $P_{O_2}=8\text{kg/cm}^2\times\dfrac{3}{20+30}=4.8\text{kg/cm}^2$

11 물질의 상태변화

(1) 등온변화

압축 전후의 온도가 같은 변화(일량 없음)

(2) 폴리트로픽 변화

압축 후 약간의 열손실이 있는 변화(실제 압축변화)

(3) 단열변화

외부와 열의 출입이 없는 변화

일량의 대소 → 단열 > 폴리트로픽 > 등온

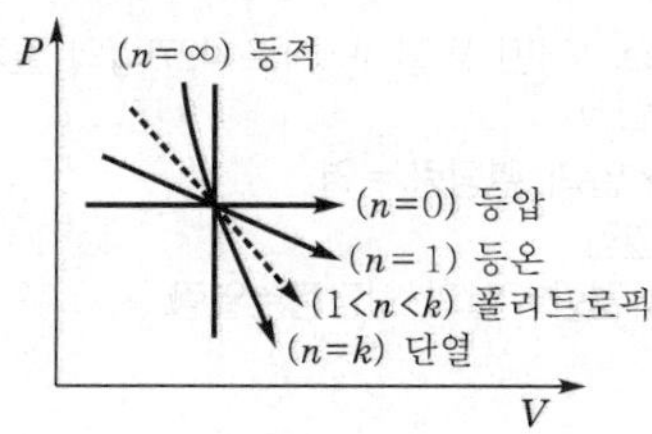

12 열역학의 법칙

(1) 열역학 제1법칙(에너지 보존의 법칙=이론적인 법칙)

열은 일로 변환하며, 일도 열로 변환이 가능한 법칙

- $Q = AW$
- $W = JQ$

여기서, Q : 열량(kcal)

A : 일의 열당량$\left(\frac{1}{427}\text{kcal/kg}\cdot\text{m}\right)$

W : 일량(kg · m)

J : 열의 일당량(427kg · m/kcal)

(2) 열역학 제2법칙(엔트로피 법칙=실제적인 법칙)

일은 열로 변환이 가능하나, 열은 일로 변환이 불가능하다. 열은 스스로 고온에서 저온으로 흐르기에 효율이 100%인 열기관은 없다. 이에 제2종 영구기관의 제작은 불가능한 것이라 하는 법칙이다.

(3) 열역학 제3법칙

어떤 방법으로도 물체의 온도를 절대온도 0K로 내리는 것은 불가능하다.

(4) 열역학 제0법칙(열평형의 법칙)

온도가 서로 다른 물체를 접촉할 때 높은 것은 내려가고 낮은 것은 올라가 두 물체 사이에 온도차가 없어지게 된다. 이것을 열평형이 되었다고 하며, 열역학 제0법칙이라 한다.

TIP 상기 내용에 대한 3분 강의록입니다. 정독하셔서 부디 이해하시기 바랍니다.

1. 열량(kcal), 일량(kg · m)

A(일의 열당량) $=\frac{1}{427}$kcal/kg · m (어떤 물질 1kg을 1m 움직이는 데 $\frac{1}{427}$kcal가 필요함)

J(열의 일당량) =427kg · m/kcal (어떤 물질 1kcal로 427kg의 물체를 1m 움직일 수 있음)

- Q(열) $=A$(일의 열당량)$\times W$(일량)

∴ 일을 열로 변환 시 : 일량×일의 열당량 =열

- W(일) $=J$(열의 일당량)$\times Q$(열량)

∴ 열량을 일량으로 환산 시 : 열량×열의 일당량=일량

2. 열은 스스로 고온에서 저온으로 흐른다. 만약 열이 저온에서 고온으로 된다면 열도 일이 될 수 있다. 그러나 이것은 열기관의 힘을 빌리지 않고서는 불가능하다.

예 30℃ 물 —열기관으로 가열 시→ 30℃보다 높아진다.

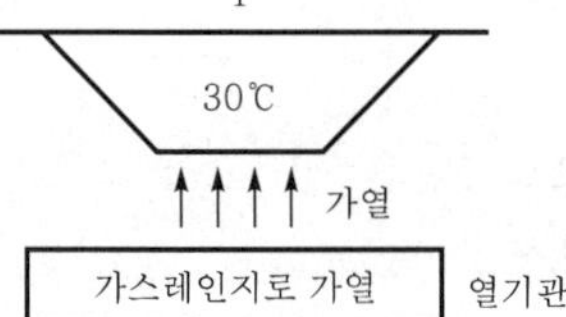

이 경우 100℃ 이상되면 용기 뚜껑이 움직인다. 뚜껑이 움직이는 것은 열이 일로 변한 것이다.

3. 열역학 0법칙(열평형의 법칙)

예제 1. 500kg · m의 일량을 열량으로 환산 시 몇 kcal인가?

풀이 500kg · m$\times\frac{1}{427}$kcal/kg · m=1.17kcal

예제 2. 5kcal의 열량을 일량으로 환산 시 몇 kg · m인가?

풀이 5kcal×427kg · m/kcal=2135kg · m

예제 3. 100℃ 물 100kg과 50℃ 물 300kg 혼합 시 평균온도는?

풀이 $(100\times1\times100)+(300\times1\times50)=(100+300)\times1\times t$

$\therefore\ t=\frac{100\times100+300\times50}{(100+300)}$=62.5℃ (혼합의 온도는 100℃와 50℃의 사이값이 계산된다.)

13 엔탈피, 엔트로피

(1) 엔탈피(i)

단위중량당 열량(kcal/kg) 물체가 가지는 총 에너지

$$i=U+APV$$

여기서, i : kcal/kg(엔탈피)

u : 내부에너지(kcal/kg)

A : 일의 열당량$\left(\frac{1}{427}\text{kcal/kg}\cdot\text{m}\right)$

P : 압력(kg/m^2)

V : 비체적(m^3/kg)

(2) 엔트로피(kcal/kg · K)

단위중량당 열량을 그때의 절대온도로 나눈 값

$$\Delta S=\frac{dQ}{T}$$

여기서, ΔS : 엔트로피 변화량

T : 절대온도(K)

dQ : 열량 변화량

14 르 샤틀리에 법칙

각 가스가 단독으로 가지고 있는 연소범위가 다른 몇 종류의 가스를 부피 비율로 혼합 시 혼합가스 폭발한계를 구하는 식

$$\frac{100}{L} = \frac{V_1}{L_1} + \frac{V_2}{L_2} + \frac{V_3}{L_3} + \cdots$$

여기서, L : 혼합가스 폭발한계(%)

L_1, L_2, L_3, $\cdots$: 각 가스의 폭발한계

V_1, V_2, V_3, $\cdots$: 각 가스의 부피(%)

Chapter 1 ••• 기초역학 및 가스개론

출/제/예/상/문/제

01 다음 고압가스의 상태에 따른 분류 중 틀린 것은?

① 용해가스 ② 액화가스
③ 압축가스 ④ 충전가스

해설

고압가스를 상태에 따라 분류 시 압축, 액화, 용해가스가 있다.

요약 압축가스 : O_2(−183℃), H_2(−252℃), N_2(−196℃), CH_4(−162℃), Ar(−186℃), CO(−192℃), He(−269℃) 등과 같이 비점이 낮으므로 쉽게 액화할 수 없는 가스를 압축가스라 하며, 용기의 충전상태는 기체상태이고 압축가스는 무이음용기에 충전한다.

02 다음 중 용접용기인 것은?

① 산소용기 ② LPG용기
③ 질소용기 ④ 아르곤용기

해설

용접용기는 액화가스용기이다.

03 다음 가스 중 상온에서 액화할 수 있는 것은 어느 것인가?

① CH_4 ② Cl_2
③ O_2 ④ H_2

04 다음 가스 중 용접용기에 충전되는 가스가 아닌 것은?

① H_2 ② NH_3
③ Cl_2 ④ H_2S

05 다음 물질 중 고압강제용기에 가스상태로 충전되어 시판되는 것은?

① 프레온 ② 염소
③ 아황산가스 ④ 아르곤

06 다음 가스의 종류를 연소성에 따라 구분한 것이 아닌 것은?

① 가연성 가스
② 조연성 가스
③ 압축가스
④ 불연성 가스

해설

고압가스를 연소성에 따라 분류 시 가연성, 조연성, 불연성으로 구분한다.

요약 ① 가연성 가스 : 불에 타는 가스를 가연성 가스라고 하며, 법규상 정의는 폭발하한이 10% 이하이고 상한과 하한의 차이가 20% 이상인 가스를 말한다. NH_3, CH_3Br은 폭발범위와 관계없이 가연성 가스이다.
② 조연성 가스 : 가연성 가스가 연소하는 것을 도와주는 가스이며, 보조 가연성 가스라고 한다(O_2, O_3 공기, Cl_2 등이 있다).
• O_2 : 압축가스인 동시에 조연성 가스
• Cl_2 : 액화가스, 독성 가스, 조연성 가스
④ 불연성 가스 : 불에 타지 않는 가스로서 N_2, CO_2, He, Ne, Ar 등이 있다.

07 다음 중 지연성(조연성) 가스가 아닌 것은?

① 오존 ② 염소
③ 산소 ④ 수소

해설

④ 수소는 가연성 가스이다.

08 가스 중독의 원인이 되는 가스가 아닌 것은?

① 일산화탄소
② 염소
③ 이산화유황
④ 메탄

해설

④ CH_4는 가연성 가스이다.

정답 01.④ 02.② 03.② 04.① 05.④ 06.③ 07.④ 08.④

09 폭발하한계가 가장 낮은 가스는?

① C_2H_2 ② C_2H_4
③ H_2 ④ CH_4

해설

C_2H_2(2.5~81%), C_2H_4(2.7~32%), H_2(4~75%), CH_4(5~15%)

10 가연성 가스 중에서 가장 위험한 것은?

① 아세틸렌 ② 수소
③ LP가스 ④ 산화에틸렌

해설

폭발범위가 가장 넓은 가스가 위험하다.

11 다음 중 가연성 가스가 아닌 것은?

① 폭발한계의 하한이 10% 이상인 것
② 폭발한계의 하한이 10% 이하인 것
③ 폭발한계의 하한이 8% 이하인 것
④ 폭발한계의 하한이 8%인 것

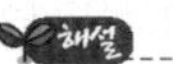

가연성 가스
㉠ 폭발한계 하한이 10% 이하
㉡ 폭발한계 상한-하한 20% 이상

12 다음 가스 중 독성 가스가 아닌 것은?

① 일산화탄소(CO) ② 암모니아(NH_3)
③ 프로판(C_3H_8) ④ 포스겐($COCl_2$)

13 다음 가스 중 고압가스의 제조장치에서 누설하고 있는 것을 그 냄새로 알 수 있는 것은?

① 일산화탄소 ② 이산화탄소
③ 염소 ④ 아르곤

해설

독성 가스는 CO, Cl_2이나 CO는 무색무취이다.

14 다음 가스 중 폭발범위가 넓은 것에서 좁은 순서로 나열된 것은?

① H_2, C_2H_2, CH_4, CO
② CH_4, CO, C_2H_2, H_2
③ C_2H_2, H_2, CO, CH_4
④ C_2H_2, CO, H_2, CH_4

해설

C_2H_2(2.5~81%), H_2(4~75%), CO(12.5~74%), CH_4(5~15%)

15 다음 중 지연성 가스(조연성 가스)가 아닌 것은?

① 산소 ② 질소
③ 염소 ④ 플루오르

16 폭발범위(폭발한계)의 설명 중 옳은 것은?

① 폭발한계 내에서만 폭발한다.
② 상한계 이상이면 폭발한다.
③ 하한계 이상이면 폭발한다.
④ 하한계 이하에서만 폭발한다.

17 다음 중 공기와 혼합하여도 폭발성이 없는 기체는 어느 것인가?

① 사이클론헥산 ② 아세톤
③ 염소 ④ 벤젠

염소는 독성, 조연성 액화가스이다.

18 다음 가스 중에서 공기와 혼합할 때 폭발성 혼합기체로 되는 것은?

① 염소 ② 암모니아
③ 이산화황 ④ 산화질소

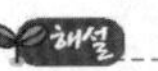

NH_3 : 독성, 가연성

19 다음 가스 중 지연성 가스인 것은?

① 아세틸렌 ② 수소
③ 아르곤 ④ 산소

해설

산소는 조연성 압축가스이다.

20 다음 가스 중 공기보다 무겁고, 가연성인 것은 어느 것인가?

① 메탄 ② 염소
③ 부탄 ④ 헬륨

정답 09.① 10.① 11.① 12.③ 13.③ 14.③ 15.② 16.① 17.③ 18.② 19.④ 20.③

해설

C_4H_{10}
- 분자량 : 58g
- 폭발범위 : 1.8~8.4%

21 다음 중 불연성 가스가 아닌 것은?

① 아르곤 ② 탄산가스
③ 질소 ④ 일산화탄소

해설

CO는 독성, 가연성 가스이다.

22 불연성 가스와 관계없는 것은?

① 이산화탄소 ② 암모니아
③ 수증기 ④ 아르곤

해설

NH_3 : 독성, 가연성

23 TLV-TWA의 기준으로 건강한 성인 남자가 작업장에서 1일 8시간 일을 하였을 때 인체에 아무런 해를 끼치지 않는 독성 가스의 농도를 무엇이라고 하는가?

① 한계농도 ② 안전농도
③ 위험농도 ④ 허용농도

24 다음 가스 중 가연성이면서 유독한 것은?

① NH_3 ② H_2
③ CH_4 ④ N_2

해설

가연성이면서 독성 : NH_3

25 다음 보기의 가스 중 가연성이면서 유독한 것으로 보이는 것은?

> ㉠ NH_3
> ㉡ H_2
> ㉢ CO
> ㉣ SO_2

① ㉠, ㉡, ㉢ ② ㉠, ㉢
③ ㉠, ㉡, ㉣ ④ ㉡, ㉣

해설

가연성, 독성(NH_3, CO)

요약 독성, 가연성에 동시 해당되는 가스
아크릴로니트릴, 벤젠, 시안화수소, 일산화탄소, 산화에틸렌, 염화메탄, 황화수소, 이황화탄소, 석탄가스, 암모니아, 브롬화메탄
(**암기법** 암모니아와 브롬화메탄이 일산신도시에 누출되어 염화메탄과 같이 석탄과 벤젠이 도시를 황색으로 변화시켰다.)

26 다음 중 공기보다 무거운 것은?

① H_2 ② N_2
③ C_3H_8 ④ He

해설

H_2=2g, N_2=28g, C_3H_8=44g, He=4g, Air=29g

27 표준상태에서 C_3H_8 88g이 차지하는 몰수와 체적은 몇 L인가?

① 11.2L$\left(\frac{1}{2}\text{몰}\right)$ ② 22.4L(1몰)
③ 33.6L(1.5몰) ④ 44.8L(2몰)

해설

몰수$(n)=\frac{W(\text{질량})}{M(\text{분자량})}$, C_3H_8의 분자량은 44g,

$n=\frac{88}{44}=2\text{mol}$, 1mol=22.4L이므로

$\therefore\ 2\times22.4=44.8\text{L}$

28 다음 기체 중 같은 무게를 달면 가장 체적이 큰 것은?

① H_2 ② He
③ N_2 ④ O_2

해설

H_2=2g=22.4L이므로 1g=11.2L이다.

29 모든 기체는 같은 온도와 같은 압력 하에서 같은 체적과 같은 수의 분자를 함유한다는 법칙은?

① 돌턴의 법칙
② 보일-샤를의 법칙
③ 아보가드로의 법칙
④ 기체 용해도의 법칙

정답 21.④ 22.② 23.④ 24.① 25.② 26.③ 27.④ 28.① 29.③

해설

요약 아보가드로의 법칙 : 같은 온도, 같은 압력, 같은 부피의 기체는 종류에 관계없이 같은 수의 분자가 존재하며, 모든 기체 1mol은 표준상태에서 22.4L, 그때의 무게는 분자량(g)만큼이고 개수는 6.02×10^{23}개이다.

- H_2=1mol=2g=22.4L=6.02×10^{23}개
- N_2=1mol=28g=22.4L=6.02×10^{23}개
- O_2=1mol=32g=22.4L=6.02×10^{23}개

30 어떤 유체의 무게가 5kg이고 이때의 체적이 2m^{3}일 때, 이 액체의 밀도(g/L)는 얼마인가?

① 10g/L ② 5g/L
③ 2.5g/L ④ 1g/L

해설

$\frac{5kg}{2m^3}=2.5kg/m^3=2.5g/L$

요약 1. 밀도(ρ) : 단위체적당 유체의 질량(kg/m^3)(g/L)
2. 가스의 밀도 : Mg(분자량)/22.4L로 계산한다.
3. 비중량(γ) : 단위체적당 유체의 중량(kgf/m^3)
 - 액체의 비중량=액비중×1000
 - 물의 비중=1
 - 물의 비중량=1×1000=1000kgf/m^3
4. 질량(g) : 물체가 가지는 고유의 무게로 장소에 따른 변동이 없다.
5. 중량(kgf · kg중) : 물체가 가지는 고유의 무게에 중력가속도가 가해진 값으로서 장소에 따른 변동이 있다(지구에서의 중력가속도 g=9.8m/s^2).
 예 지구에서 6kgf인 무게는 달에 가면 1kgf이다. 지구에서의 중력이 달에서보다 6배 크므로 1N=1kg · m/s^2, 1dyne=1g · cm/s^2, erg=dyne×cm

31 1kg중은 몇 N, 몇 dyne인가?

① 9.8N, 9.8×10^4dyne
② 9.8N, 9.8×10^5dyne
③ 9.8N, 9.8×10^3dyne
④ 9.8N, 9.8×10^2dyne

해설

- 1kg중=1kg×9.8m/s^2
 =1×9.8kg · m/s^2=9.8N
- 9.8kg · m/s^2=9.8×10^3g×10^2cm/s^2
 =9.8×10^5g · cm/s^2
 =9.8×10^5dyne

32 C_3H_8=75%, C_4H_{10}=25%인 혼합가스의 밀도는 얼마인가?

① 3.21kg/m^3
② 2.12kg/m^3
③ 2.21kg/m^3
④ 4.21kg/m^3

해설

$\frac{44g}{22.4L}\times0.75+\frac{58g}{22.4L}\times0.25=2.12g/L=2.12kg/m^3$

33 질소의 비체적은 얼마인가?

① 0.5L/g ② 0.6L/g
③ 0.7L/g ④ 0.8L/g

$\frac{22.4L}{28}=0.8L/g$

34 다음 중 C_3H_8의 기체비중과 액비중이 맞는 것은?

① 1, 0.5 ② 1.5, 0.5
③ 2, 0.5 ④ 2.5, 0.5

해설

C_3H_8의 기체비중은 $\frac{44}{29}=1.52$, 액체비중은 0.5

35 −40°C는 몇 °F인가?

① −10°F ② −20°F
③ −32°F ④ −40°F

해설

°F=℃×1.8+32 또는 °F=$\frac{9}{5}$℃+32

∴ °F=−40×1.8+32=−40

36 50°F는 몇 °C인가?

① 10℃ ② −10℃
③ 20℃ ④ 21℃

해설

°F=℃×1.8+32

∴ $℃=\frac{°F-32}{1.8}=\frac{50-32}{1.8}=10$

정답 30.③ 31.② 32.② 33.④ 34.② 35.④ 36.①

37 0℃는 몇 °F, 몇 K, 몇 R인가?

① 30°F, 273K, 490R
② 32°F, 273K, 492R
③ 30°F, 270K, 491R
④ 32°F, 273K, 493R

해설

- °F=0×1.8+32=32°F
- K=0+273=273K
- R=32+460 또는 273×1.8≒492R

38 다음 중 가장 높은 온도는?

① 32°F ② 460R+32°F
③ 5℃ ④ 273K

해설

① 32°F=0℃
② 460R+32°F=0°F+32°F=32°F=0℃
④ 273K=0℃

39 다음 중 물의 비등점인 것은?

① 100℃ ② 32°F
③ 273K ④ 492R

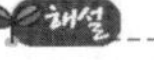

32°F=0℃

40 섭씨온도(℃)와 화씨온도(°F)의 관계식 중 맞는 것은?

① $℃=\frac{9}{5}(°F-32)$
② °F=℃×1.8+32
③ $°F=\frac{9}{5}\times ℃$
④ $℃=\frac{1}{1.8}(°F+32)$

$°F=\frac{9}{5}℃+32$

41 직경 4cm의 원관에 400kg의 하중이 작용할 때 압력은 얼마인가?

① 30.8kg/cm^2 ② 40.8kg/cm^2
③ 31.8kg/cm^2 ④ 41.8kg/cm^2

해설

$$P=\frac{W}{A}=\frac{400\text{kg}}{\frac{\pi}{4}\times(4\text{cm})^2}=31.8\text{kg/cm}^2$$

요약 압력이란 단위면적당 작용하는 힘(kg/cm^2) 또는 하중(kg)을 단면적으로 나눈 값이다.

$$P=\frac{W}{A}=SH$$

여기서, P : 압력(kg/cm^2)
W : 하중(kg)
A : 단면적(cm^2)
S : 액비중(kg/L)(kg/10^{3}cm^3)
→ 1L=10^{3}cm^3
H : 액주높이(m)(cm)

42 수은주의 높이가 0.76m일 때 압력은? (단, 수은비중은 13.6이다.)

① 1.000kg/cm^2
② 1.033kg/cm^2
③ 1.053kg/cm^2
④ 1.063kg/cm^2

$P=SH=13.6(\text{kg}/10^3\text{cm}^3)\times 76\text{cm}=1.0336\text{kg/cm}^2$

43 다음 ( ) 안에 알맞은 수치는?

1atm=1.0332kg/cm^2=( )cmHg
=760mmHg=( )psi
=( )inH_2O=10.332mH_2O
=1033.2cmH_2O=10332mmH_2O
=1.01325bar=( )mbar
=( )N/m^2(Pa)

① 76, 14.7, 407, 1013.25, 101325
② 76, 14.2, 407, 1013.25, 101325
③ 65, 14.7, 407, 1013.25, 101325
④ 75, 14.7, 407, 1013.25, 101325

해설

1atm=76cmHg=14.7psi(lb/in^2)=407inH_2O
=1013.25mbar=101325N/m^2=1.01325bar
=1013.25mbar=101325N/m^2(Pa)

44 3kg/cm^{2}는 몇 inH_2O인가?

① 1000 ② 1500
③ 1181 ④ 1191

정답 37.② 38.③ 39.① 40.② 41.③ 42.② 43.① 44.③

해설

1atm=1.0332kg/cm^2=407inH$_2$O이므로
1.0332kg/cm^2 : 407inH$_2$O
3kg/cm^2 : x(inH$_2$O)

$$\therefore\ x=\frac{3\text{kg/cm}^2}{1.0332\text{kg/cm}^2}\times 407\text{inH}_2\text{O}=1181.765\text{inH}_2\text{O}$$

45 10mH$_2$O는 몇 kg/cm^{2}인가?

① 1kg/cm^2　② 2kg/cm^2
③ 3kg/cm^2　④ 4kg/cm^2

해설

$$\frac{10}{10.332}\times 1.0332\text{kg/cm}^2=1\text{kg/cm}^2$$

(mH$_2$O의 대기압 10.332kg/cm^{2}의 대기압 1.0332)

46 다음 압력 중 제일 높은 압력은?

① 1atm　② 1bar
③ 1lb/in^2　④ 1kg/cm^2

해설

모두 같은 단위로 환산하면,
② $\frac{1}{1.01325}$atm, ③ $\frac{1}{14.7}$atm, ④ $\frac{1}{1.033}$atm

47 다음 압력 중 가장 높은 압력은?

① 1000kg/m^2　② 10kg/cm^2
③ 1g/mm^2　④ 100kg/mm^2

모두 kg/cm^{2}로 환산하면
① 1000kg/10000cm^2(1m^2=10000cm^2)=0.1kg/cm^2
② 10kg/cm^2
③ 1g/mm^2=0.001kg/$\frac{1}{100}$cm^2
$\left(1\text{mm}^2=\frac{1}{100}\text{cm}^2\right)=0.1\text{kg/cm}^2$
④ 100kg/$\frac{1}{100}$cm^2=10000kg/cm^2
$\left(1\text{mm}^2=\frac{1}{100}\text{cm}^2\right)$

48 2kg/cm^{2}g는 절대압력으로 몇 kg/cm^{2}a인가?

① 3kg/cm^2　② 3.033kg/cm^2
③ 4kg/cm^2　④ 4.033kg/cm^2

절대압력=대기압+게이지압력
=1.0332+2=3.0332kg/cm^{2}a

요약

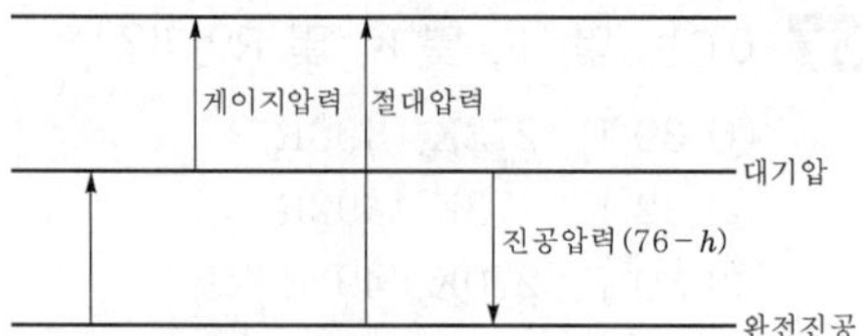

- 게이지압력 : 대기압력을 기준으로 환산하는 압력(gauge)
- 대기압력 : 대기권 내의 지표면에 존재하는 압력
- 절대압력 : 완전진공을 기준으로 대기압보다 높은 압력(abs)
- 진공압력 : 대기압보다 낮은 압력이며, 압력값에 v를 붙여 표현하고 절대압력으로 계산하여 나타낸다.

∴ 절대압력=대기압력+게이지압력
=대기압력−진공압력

49 10psi(g)은 몇 atm(a)인가?

① 1.68　② 2.68
③ 3.68　④ 4.68

해설

절대압력=대기압+게이지압력=14.7+10=24.7psi

$$\therefore\ \frac{24.7}{14.7}\times 1\text{atm}=1.68\text{atm(a)}$$

50 38cmHg(v)는 몇 kg/cm^2(a)인가?

① 0.36kg/cm^2(a)　② 0.46kg/cm^2(a)
③ 0.49kg/cm^2(a)　④ 0.52kg/cm^2(a)

해설

절대압력=대기압−진공압력
=76cmHg−38cmHg=38cmHg(a)

$$\therefore\ \frac{38}{76}\times 1.0332\text{kg/cm}^2=0.516\text{kg/cm}^2\text{(a)}$$

51 h[inHg(v)]를 kg/cm^2(a)로 표현하는 식이 맞는 것은?

① $\left(1-\frac{h}{14.7}\right)\times 1.0332$
② $\left(1-\frac{h}{30}\right)\times 1.0332$
③ $\left(1-\frac{h}{30}\right)\times 14.7$
④ $\left(1-\frac{h}{76}\right)\times 1.0332$

정답 45.① 46.① 47.④ 48.② 49.① 50.④ 51.②

해설

절대압력=대기압력−진공압력

$=30\text{inHg}-h(\text{inHg})=(30-h)\text{inHg(a)}$

$=\dfrac{30-h}{30}\times 1.0332\text{kg/cm}^2\text{(a)}$

$\therefore \left(1-\dfrac{h}{30}\right)\times 1.0332\text{kg/cm}^2\text{(a)}$

52 1kcal는 몇 BTU인가?

① 0.252 ② 1.8
③ 0.454 ④ 3.968

1kcal=3.968BTU=2.205CHU(PCU)

53 다음 중 열량의 정의가 맞지 않는 것은?

① 1BTU=0.252kcal이다.
② 1kcal는 물 1kg을 1℃ 높이는 데 필요한 열량이다.
③ 1PCU는 물 1lb를 1℉ 높이는 데 필요한 열량이다.
④ 1kcal는 2.205CHU이다.

해설

1PCU(CHU)=물 1lb×1℃

54 다음 중 1kcal/kg℃는 몇 BTU/lb℉인가?

① 3.968BTU/lb℉
② 2.205BTU/lb℉
③ 0.252BTU/lb℉
④ 1BTU/lb℉

55 다음 중 비열의 단위는?

① kcal/kg℃ ② kcal/kgK
③ kcal/kg ④ kcal/kg · m

해설

② 엔트로피, ③ 엔탈피

요약 비열(kcal/kg℃)
단위중량당 열량을 섭씨온도로 나눈 값(어떤 물체의 온도를 1℃ 높이는 데 필요한 열량)
1. 정압비열(C_p) : 기체의 압력을 일정하게 하고, 1kg을 1℃ 높이는 데 필요한 열량
2. 정적비열(C_v) : 기체의 체적을 일정하게 하고, 1kg을 1℃ 높이는 데 필요한 열량
3. 비열비(K) : $\dfrac{C_p}{C_v}$(정압비열을 정적비열로 나눈 값) $C_p > C_v$이므로 $K>1$이다.
4. 정압비열, 정적비열을 비열비로 표시하면
$C_p=\dfrac{K}{K-1}AR$, $C_v=\dfrac{1}{K-1}AR$
여기서, A : 일의 열당량(kcal/kg · m)
R : 상수$\left(\dfrac{848}{M}\right)$

56 물 100kg을 10℃에서 80℃까지 높이는 데 필요한 열량은?

① 7000kcal ② 8000kcal
③ 9000kcal ④ 10000kcal

해설

$Q=GC\Delta t=100\text{kg}\times 1\text{kcal/kg℃}\times 70℃=7000\text{kcal}$

57 79680kcal의 열로 얼음 몇 kg을 융해할 수 있는가?

① 100kg ② 1000kg
③ 10000kg ④ 100000kg

해설

얼음의 융해잠열 79.68kcal/kg이므로

1kg : 79.68kcal=x(kg) : 79680kcal

$\therefore x=\dfrac{79680\text{kcal}}{79.68\text{kcal/kg}}=1000\text{kg}$

58 −10℃ 얼음 10kg을 130℃의 과열증기까지 높이는 데 필요한 열량은 몇 kcal인가? (단, 얼음의 융해잠열은 80kcal/kg이며, 물의 기화잠열은 539kcal/kg이다.)

① 3240 ② 4240
③ 6240 ④ 7378

해설

−10℃ 얼음 $\underset{Q_1}{\rightarrow}$ 0℃ 얼음 $\underset{Q_2}{\rightarrow}$ 0℃ 물 $\underset{Q_3}{\rightarrow}$ 100℃ 물 $\underset{Q_4}{\rightarrow}$ 100℃ 수증기 $\underset{Q_5}{\rightarrow}$ 130℃ 과열증기

- Q_1(감열)$=GC_1\Delta t_1$
$=10\text{kg}\times 0.5\text{kcal/kg℃}\times 10℃=50\text{kcal}$
- Q_2(감열)$=Gr_1$
$=10\text{kg}\times 80\text{kcal/kg}=800\text{kcal}$
- Q_3(감열)$=GC_2\Delta t_2$
$=10\text{kg}\times 1\text{kcal/kg℃}\times 100℃=1000\text{kcal}$

정답 52.④ 53.③ 54.④ 55.① 56.① 57.② 58.④

• Q_4(감열) $= Gr_2$
$= 10kg \times 539kcal/kg = 5390kcal$

• Q_5(감열) $= GC_3 \Delta t_3$
$= 10kg \times 0.46kcal/kg \times 30℃ = 138kcal$

$\therefore Q = Q_1 + Q_2 + Q_3 + Q_4 + Q_5$
$= 50 + 800 + 1000 + 5390 + 138$
$= 7378kcal$

참고 잠열상태는 0℃ 얼음, 0℃ 물의 상태, 100℃ 물, 100℃ 수증기 상태에 있으므로 물을 기준으로 하면 0℃, 100℃이다.

59 다음 물질 중 안정된 순서로 맞는 것은?

① 액체 > 고체 > 기체
② 고체 > 액체 > 기체
③ 기체 > 고체 > 액체
④ 고체 > 기체 > 액체

안정도 순서 : 고체 > 액체 > 기체

요약 모든 물질은 기체, 액체, 고체의 3가지 형태로 존재한다. 이것을 물질의 삼태(Three States of Matter)라 한다.

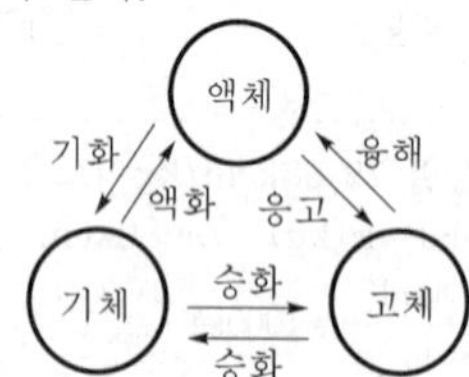

60 다음 중 열역학 1법칙을 나타내는 것은?

① 열평형의 법칙이다.
② 100% 효율의 열기관은 존재하지 않는다.
③ 열은 고온에서 저온으로 이동한다.
④ 에너지 보존의 법칙이다.

해설

① 0법칙, ② 2법칙, ③ 2법칙, ④ 1법칙

요약 열역학 1법칙(에너지 보존의 법칙, 이론적인 법칙 → 실제는 불가능)
일(kg · m)과 열(kcal)은 상호변환이 가능하며, 이들의 비는 일정하다.

$Q = AW$
$W = JQ$

여기서, Q : 열(kcal)
W : 일(kg · m)
A : 일의 열당량$\left(\frac{1}{427}kcal/kg \cdot m\right)$
J : 열의 일당량(427kg · m/kcal)

• A(일의 열당량) : 1kg 물체를 1m 움직이는 데 필요한 열량은 1/427kcal이다.
• J(열의 일당량) : 1kcal의 열을 가지고 427kg 물체를 1m 움직일 수 있다.
일(kg · m)을 열로 변환 시는 일의 열당량 $\frac{1}{427}$kcal/kg · m을, 열(kcal)을 일로 변환 시는 열의 일당량 427kg · m/kcal을 곱하면 된다.

61 50kg · m을 열로 환산한 값이 맞는 것은?

① 0.115kcal　② 0.117kcal
③ 0.119kcal　④ 0.210kcal

해설

$50kg \cdot m \times \frac{1}{427}kcal/kg \cdot m = \frac{50}{427}kcal = 0.117kcal$

62 50kcal를 일로 환산한 값이 맞는 것은?

① 21350kg · m　② 21370kg · m
③ 21570kg · m　④ 21970kg · m

해설

50kcal × 427kg · m/kcal = 21350kg · m

63 열역학 1법칙을 정의한 식은? (단, Q : kcal, W : kg · m, A : $\frac{1}{427}$kcal/kg · m, J : 427kg · m/kcal)

① $Q = JW$　② $J = QW$
③ $W = JQ$　④ $W = AQ$

해설

$Q = AW$, $W = JQ$

64 1kW는 몇 kcal/hr인가?

① 632.5　② 641
③ 75　④ 860

해설

1kW = 102kg · m/s이므로

$1kW = 102kg \cdot m/s \times \frac{1}{427}kcal/kg \cdot m$
$= \frac{102}{427} \times 3600kcal/hr = 860kcal/hr$

정답 59.② 60.④ 61.② 62.① 63.③ 64.④

참고 1PS=75kg · m/s이므로

$1PS = 75kg \cdot m/s \times \frac{1}{427} kcal/kg \cdot m$

$= \frac{75}{427} \times 3600kcal/hr = 632.5kcal/hr$

같은 방법으로 1HP=76kg · m/s=641kcal/hr

65 1kW는 몇 PS인가?

① 0.36 ② 3.36
③ 1.36 ④ 4.36

1PS=75kg · m/s
1kW=102kg · m/s이므로

$\therefore 1kW = \frac{102}{75} PS = 1.36PS$

66 다음 중 열역학 0법칙의 정의는?

① 일은 열로, 열은 일로 상호변환이 가능한 법칙
② 에너지 변환의 방향성을 표시한 법칙
③ 두 물체의 온도차가 없어지게 되어 열평형이 되는 법칙
④ 어떤 계를 절대 0도에 이르게 할 수 없는 법칙

열역학 0법칙
온도가 서로 다른 물체를 혼합 시 높은 온도를 지닌 물체는 내려가고, 낮은 온도를 지닌 물체는 올라가 두 물체의 온도차가 없게 되는데 이것을 열평형되었다고 하며, 열역학 0법칙이라 한다.

67 30℃ 물 800kg, 80℃ 물 300kg 혼합 시 평균온도는?

① 15℃ ② 12.3℃
③ 28.5℃ ④ 43.6℃

30~80℃ 사이에 혼합온도가 있다.
$800 \times 30 + 300 \times 80 = (800 + 300) \times t$

$\therefore t = \frac{800 \times 30 + 300 \times 80}{1100} = 43.6℃$

68 다음 중 액화의 조건은?

① 저온, 고압 ② 고온, 고압
③ 고온, 저압 ④ 저온, 저압

액화의 조건(임계온도 이하, 임계압력 이상)
온도는 내리고, 압력은 올림

요약 1. 임계온도 : 가스를 액화할 수 있는 최고온도
2. 임계압력 : 가스를 액화할 수 있는 최소압력

69 다음은 완전가스(Perfect Gas)의 성질을 설명한 것이다. 틀린 것은?

① 비열비$\left(K = \frac{C_p}{C_v}\right)$는 온도에 비례한다.
② 아보가드로의 법칙에 따른다.
③ 내부에너지는 줄의 법칙이 성립한다.
④ 분자 간의 충돌은 완전탄성체이다.

비열비
$K = \frac{C_p}{C_v}$는 온도에 관계없이 일정하다.

70 어떠한 방법으로든지 100% 효율을 가진 열기관이 없다는 법칙은?

① 열역학 0법칙 ② 열역학 1법칙
③ 열역학 2법칙 ④ 열역학 3법칙

71 부피 40L의 용기에 100kg/cm^2(a) 압력으로 충전되어 있는 가스를 같은 온도에서 25L의 용기에 넣으면 압력(kg/cm^2(a))은?

① 25 ② 40
③ 80 ④ 160

해설

$\frac{PV}{T} = \frac{P'V'}{T'}$ ($T = T'$ 같은 온도이므로)

$\therefore P' = \frac{PV}{V'} = \frac{100 \times 40}{25} = 160kg/cm^2$

72 20℃에서 600mL의 부피를 차지하는 기체는 압력의 변화없이 온도를 40℃로 하면 부피는 얼마가 되는가?

① 641mL ② 850mL
③ 1000mL ④ 1200mL

정답 65.③ 66.③ 67.④ 68.① 69.① 70.③ 71.④ 72.①

해설

온도, 부피의 관계이므로 보일-샤를의 법칙에서 샤를의 법칙이다.

$$\frac{P_1V_1}{T_1}=\frac{P_2V_2}{T_2}(P_1=P_2)$$

$$\therefore\ V_2=\frac{V_1T_2}{T_1}$$

$$=\frac{600\times(273+40)}{(273+20)}=640.9\text{mL}\fallingdotseq 641\text{mL}$$

73 용기에 산소가 충전되어 있다. 이 용기가 15℃일 때 압력은 150kg/cm²이다. 이 용기가 직사광선을 받아서 온도가 40℃로 상승하였다면 이때의 압력은 몇 kg/cm²가 되는가?

① 100　　② 123
③ 143　　④ 163

해설

15℃ 150kg/cm²이면 40℃일 때 150kg/cm²보다 높은 압력을 유지하므로 163kg/cm²이다.

$$\frac{P_1V_1}{T_1}=\frac{P_2V_2}{T_2}(V_1=V_2)\text{이므로}$$

$$\therefore\ P_2=\frac{T_2P_1}{T_1}$$

$$=\frac{(273+40)\times150}{(273+15)}=163\text{kg/cm}^2$$

74 다음 중 보일의 법칙이 아닌 것은?

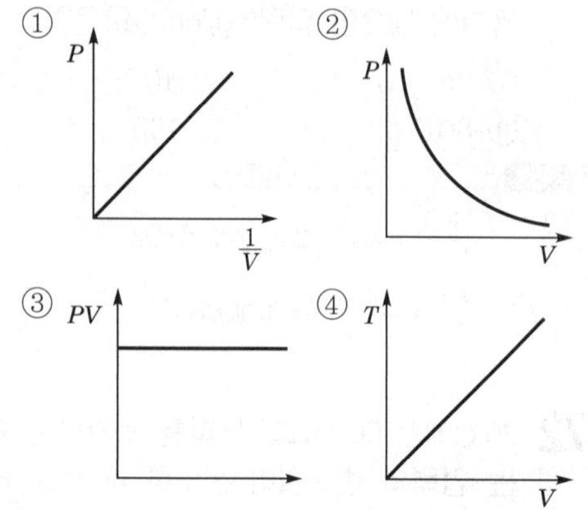

해설

보일의 법칙은 압력과 부피가 반비례이므로 ④항은 비례선도이다.

요약 $\dfrac{P_1V_1}{T_1}=\dfrac{P_2V_2}{T_2}$

여기서, P_1 : 처음 압력
P_2 : 나중 압력
V_1 : 처음 체적
V_2 : 나중 체적
T_1 : 처음 온도
T_2 : 나중 온도

75 0℃, 1atm 기체를 546℃, 190mmHg로 하면 부피는 몇 배로 되겠는가?

① 6배　　② 9배
③ 12배　　④ 15배

해설

$$\frac{P_1V_1}{T_1}=\frac{P_2V_2}{T_2}$$

$$\therefore\ V_2=\frac{P_1V_1T_2}{T_1P_2}$$

$$=\frac{760\times V_1\times(273+546)}{(273+0)\times190}(1\text{atm}=760\text{mmHg})$$

$$=12V_1=12\text{배}$$

76 최고사용압력이 5kg/cm²(g)인 용기에 20℃ 2kg/cm²(g)인 가스가 채워져 있다. 이 가스는 몇 ℃까지 상승할 수 있는가?

① 300℃　　② 310℃
③ 320℃　　④ 330℃

해설

$$\frac{P_1}{T_1}=\frac{P_2}{T_2}$$

$$\therefore\ T_2=\frac{T_1P_2}{P_1}$$

$$=\frac{(273+20)\times(5+1.033)}{(2+1.033)}=582.8\text{K}$$

$$\therefore\ 582.8-273=309.8℃=310℃$$

77 0℃, 3atm(g), 50L 부피가 273℃로 될 때의 압력은 몇 kg/cm²(g)인가?

① 7.23kg/cm²(g)
② 8.23kg/cm²(g)
③ 9.23kg/cm²(g)
④ 10.23kg/cm²(g)

정답 73.④ 74.④ 75.③ 76.② 77.①

해설

$$\frac{P_1V_1}{T_1}=\frac{P_2V_2}{T_2}(V_1=V_2)$$

$$P_2=\frac{P_1T_2}{T_1}=\frac{(3+1)\times(273+273)}{(273+0)}=8\text{atm(a)}$$

$$\therefore\ 8-1=7\text{atm(g)}=7\times1.033=7.23\text{kg/cm}^2\text{(g)}$$

78 일정 압력하에서 −40℃ 수소가스 체적은 0℃의 몇 배인가?

① 0.853 ② 2
③ 0.953 ④ 3

해설

$$\frac{V_1}{T_1}=\frac{V_2}{T_2}$$

$$V_1=\frac{T_1}{T_2}V_2=\frac{273-40}{273}V_2=0.853$$

79 일정 압력하에서 −40℃ 수소가스 체적을 0℃로 변화시키면 부피는 몇 배로 되는가?

① 0.17 ② 1.17
③ 2.17 ④ 3

해설

$$\frac{V_1}{T_1}=\frac{V_2}{T_2}$$

$$\therefore\ V_2=\frac{T_2}{T_1}\times V_1=\frac{273}{273-40}V_1=1.17$$

80 0℃, 3atm에서 40L의 산소가 가지는 질량은 몇 kg인가?

① 0.57kg ② 0.67kg
③ 0.07kg ④ 0.17kg

해설

$$PV=\frac{W}{M}RT$$

$$W=\frac{PVM}{RT}$$

$$=\frac{3\times40\times32}{0.082\times273}=171.535\text{g}=0.171\text{kg}$$

참고 $R=8.314$J/molK
$R=1.987$cal/molK
$R=8.314\times107$erg/molK
$R=82.05$atm · mL/molK

81 기체상수 R은 보통 L · atm/deg, mol로 표시된다. SI단위로는 그 값이 J/molK로 얼마나 되는가?

① 1.987 ② 62.363
③ 82.05 ④ 8.314

해설

$$PV=nRT$$

$$R=\frac{PV}{nT}$$

$$=\frac{10.13\times10^5\times22.4\times10^3\text{cm}^3}{1\text{mol}\times273\text{K}}$$

$$=8.314\times10^7\text{erg/molK}$$

$$\therefore\ 8.314\times10^7\text{erg/molK}=8.314\text{J/molK}$$

82 수소가 30L, 750mmHg(g)에서의 질량이 8g일 때 온도는 몇 K인가?

① 170K ② 180K
③ 190K ④ 200K

해설

$$PV=\frac{W}{M}RT$$

$$\therefore\ T=\frac{PVM}{WR}$$

$$=\frac{\frac{750+760}{760}\times30\times2}{8\times0.082}$$

$$=181.72\text{K}\fallingdotseq180\text{K}$$

83 CO_2 4kg을 30℃에서 0.6m^3 압축 시 압력은 몇 kg/cm^{2}인가? (단, R=19.27kg · m/kmolK이다.)

① 3.89kg/cm^2 ② 4.89kg/cm^2
③ 5kg/cm^2 ④ 6kg/cm^2

해설

$$PV=GRT$$

$$\therefore\ P=\frac{GRT}{V}$$

$$=\frac{4\times19.27\times(273+30)}{0.6}$$

$$=38930.90\text{kg/m}^2=3.89\text{kg/cm}^2$$

요약 이상기체 상태식
$PV=GRT$
여기서, P : 압력(kg/m^2)
V : 체적(m^3)
G : 질량(kg)

정답 78.① 79.② 80.④ 81.④ 82.② 83.①

$R : \frac{848}{M}$ (kg · m/kmol · K)

T : K

$PV = nRT$와 비교 시 단위의 차이가 있고, 단위 자체가 클 때 사용한다.

84 $PV = GRT$에서 R의 값은 얼마인가? (단, 단위는 kg · m/kmol · K이다.)

① 427 ② 848
③ 26.5 ④ 0.082

$PV = GRT$

$R = \frac{PV}{GT}$

$(0℃,\ 1\text{atm} = 1.0332\text{kg/cm}^2 = 1.0332 \times 10^4\text{kg/m}^2$
$1\text{kmol} = 22.4\text{L} \times 10^3 = 22.4\text{m}^3)$

$= \frac{1.0332 \times 10^4 \text{kg/m}^2 \times 22.4\text{m}^3}{1\text{kmol} \times M \times 273\text{K}}$

$= \frac{848}{M}\text{kg} \cdot \text{m/kmol} \cdot \text{K} (G = \text{kmol} \times M)$

85 다음 가스 중 기체상수의 값이 가장 큰 것은?

① CO_2 ② N_2
③ O_2 ④ H_2

$H_2 = \frac{848}{2}$

86 일정 압력하에서 기체의 체적은 온도에 비례하며, 0℃ 체적의 1/273씩 증가한다는 법칙은?

① 보일의 법칙
② 샤를의 법칙
③ 보일-샤를의 법칙
④ 돌턴의 분압 법칙

87 O_2가스 32g을 내용적 5L인 용기에 충전 시 30℃의 압력은 얼마인가? (단, 반 데르 발스 식을 이용하며 $a = 4.17\text{L}^2 \cdot \text{atm/mol}^2$, $b = 3.72 \times 10^{-2}\text{L/mol}$이다.)

① 6.01atm ② 12.4atm
③ 7.2atm ④ 4.84atm

해설

$\left(P + \frac{n^2 a}{V^2}\right)(V - nb) = nRT$

$\therefore\ P = \frac{nRT}{V - nb} - \frac{n^2 a}{V^2}$

$= \frac{\left(\frac{32}{32}\right) \times 0.082 \times (273 + 30)}{5 - \left(\frac{32}{32}\right) \times 3.72 \times 10^{-2}} - \frac{\left(\frac{32}{32}\right)^2 \times 4.17}{5^2}$

$= 4.839\text{atm} = 4.84\text{atm}$

88 $\left(P + \frac{n^2 a}{V^2}\right)(V - nb) = nRT$의 식에서 $\frac{a}{V^2}$가 가지는 의미는?

① 기체의 압력
② 기체분자의 부피
③ 기체의 체적
④ 기체분자 간의 인력

89 공기가 드래프트 4in H_2O의 압력으로 덕트 속을 흐르고 있다. 기압계는 대기압이 730mmHg임을 나타내고 있을 때 공기의 절대압력은? (단, 1inch는 2.54cm이다.)

① 26.9inHg
② 28.6inHg
③ 29.2inHg
④ 30.2inHg

해설

절대압력 = 대기압 + 게이지압력

$= 730\text{mmHg} + 4\text{inH}_2\text{O}$

$= \frac{730}{760} \times 30\text{inHg} + \frac{4\text{inH}_2\text{O}}{407\text{inH}_2\text{O}} \times 30\text{inHg}$

$= 29.11\text{inHg} ≒ 29.2\text{inHg}$

90 C_2H_2 20kg을 400kg의 공기로 완전연소할 때 생성되는 CO_2는 몇 kg인가? (단, 공기는 20wt%가 산소, 80wt%가 질소이다.)

① 67.69
② 73.3
③ 80.9
④ 93.3

정답 84.② 85.④ 86.② 87.④ 88.④ 89.③ 90.①

해설

$C_2H_2 + 2.5O_2 \rightarrow 2CO_2 + H_2O$

26kg 400(공기) 88kg

20kg 307.69kg x(kg)

26 : 88 = 20 : x

∴ x = 67.69kg

91 물 18톤을 전기분해하여 수소와 산소를 얻었다. 이 중 산소를 20L들이 용기에 150atm으로 충전시켰다. 용기 몇 개가 필요한가? (단, 표준상태에서 충전이다.)

① 9956개 ② 6356개
③ 3734개 ④ 3225개

해설

$2H_2O \rightarrow 2H_2 + O_2$

36kg : 22.4L

18×10^3kg : $x(m^3)$

$$x = \frac{22.4\times18\times10^3}{36}m^3 = 11200m^3$$

용기 1개의 충전량

$M = PV = 150\times20 = 3000L = 3m^3$

$$\therefore \frac{11200m^3}{3m^3} = 3733.3\text{개}$$

92 5L의 탱크에는 6atm의 기체가, 10L의 탱크에는 5atm의 기체가 있다. 이 탱크를 연결했을 때와 20L의 용기에 담을 때 전압은 각각 얼마인가?

① 2.33atm, 2atm
② 3.33atm, 3atm
③ 5.33atm, 4atm
④ 6.33atm, 5atm

해설

• $P = \dfrac{P_1V_1 + P_2V_2}{V} = \dfrac{6\times5+5\times10}{5+10} = 5.33\text{atm}$

• $P = \dfrac{P_1V_1 + P_2V_2}{V} = \dfrac{6\times5+5\times10}{20} = 4\text{atm}$

요약 돌턴의 분압 법칙 : 혼합가스가 나타내는 전압력은 각 성분기체가 나타내는 압력의 합과 같다.

93 공기의 압력이 1atm일 때 공기 중 질소와 산소의 분압은? (단, 질소가 80%, 산소가 20%이다.)

① 0.1, 0.8 ② 0.8, 0.2
③ 0.3, 0.8 ④ 0.4, 0.8

해설

$$P_N = 1\times\frac{80}{80+20} = 0.8\text{atm}$$

$$P_O = 1\times\frac{20}{80+20} = 0.2\text{atm}$$

또는 $1-0.8 = 0.2$atm (또는 1atm − 0.8atm = 0.2atm)

94 5L의 탱크에는 20atm(g), 18L의 탱크에는 8atm(g)이 있다. 이 두 기체를 연결 시 절대압력은 얼마인가?

① 11.61atm ② 17atm
③ 18.4atm ④ 19atm

해설

$$P = \frac{P_1V_1 + P_2V_2}{V} = \frac{21\times5+9\times18}{5+18}$$

$= 11.6086\text{atm} \fallingdotseq 11.61\text{atm}$

95 질소 4몰, 산소 3몰의 혼합기체 전압이 10atm일 때 산소의 분압은?

① 2atm ② 4.28atm
③ 5atm ④ 6atm

$$P_O = 10\times\frac{3}{3+4} = 4.28\text{atm}$$

96 질소 60%, 산소 20%, 탄산가스 20%일 때 이것이 용량(%)이라면 산소의 중량(%)은 얼마인가?

① 10% ② 20%
③ 52.5% ④ 27.5%

해설

$$O_2(\%) = \frac{32\times0.2}{28\times0.6+32\times0.2+44\times0.2}\times100 = 20\%$$

$$N_2(\%) = \frac{28\times0.6}{28\times0.6+32\times0.2+44\times0.2}\times100 = 52.5\%$$

$$CO_2(\%) = \frac{44\times0.2}{28\times0.6+32\times0.2+44\times0.2}\times100 = 27.5\%$$

요약 부피(용량)% = 몰(%) ⇄ 무게(중량)% (→ 분자량을 곱한다. ← 분자량을 나눈다.)

정답 91.③ 92.③ 93.② 94.① 95.② 96.②

97 N_2 70%(w), O_2 20%(w), CO_2 10%(w)일 때 질소의 부피(%)는?

① 70% ② 71%
③ 73% ④ 75%

$$N(\%) = \frac{\frac{0.7}{28}}{\frac{0.7}{28}+\frac{0.2}{32}+\frac{0.1}{44}}\times 100 = 74.576\%$$

참고 $$O_2(\%) = \frac{\frac{0.2}{32}}{\frac{0.7}{28}+\frac{0.2}{32}+\frac{0.1}{44}}\times 100 = 18.644\%$$

$$CO_2(\%) = \frac{\frac{0.1}{44}}{\frac{0.7}{28}+\frac{0.2}{32}+\frac{0.2}{44}}\times 100 = 6.779\%$$

98 어떤 기체에 15kcal/kg의 일을 하였다. 외부 일량이 800kg · m/kg일 때 내부에너지 증가량(kcal/kg)은 얼마인가?

① 10 ② 11
③ 12 ④ 13

$i = u + APV$

$\therefore\ u = i - APV$

$= 15\text{kcal/kg} - \frac{1}{427}\text{kcal/kg}\cdot\text{m}\times 800\text{kg}\cdot\text{m/kg}$

$= 13.1\text{kcal/kg}$

99 다음 중 엔탈피의 변화가 없는 과정은?

① 단열압축
② 교축과정
③ 등온압축
④ 등온팽창

100 온도가 100℃인 열기관에서 1kg당 200kcal의 열량이 주어질 때 엔트로피의 변화값(kcal/kg · K)은 얼마인가?

① 0.54 ② 0.64
③ 0.74 ④ 0.84

해설

$$\Delta S = \frac{dQ}{T} = \frac{200}{273+100} = 0.536\text{kcal/kg}\cdot\text{K}$$

요약 엔트로피(S) : 단위중량당의 열량을 그때의 절대온도로 나눈 값(kcal/kg · K), 단열변화의 경우 열의 출입이 없으므로 엔트로피는 일정하다.

101 다음 선도 중 단열변화는 어느 것인가?

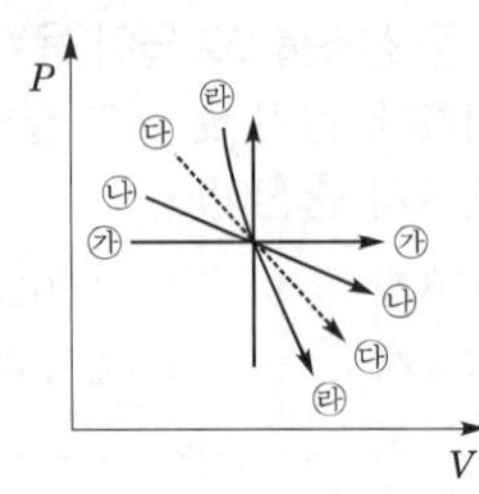

① ㉮ ② ㉯
③ ㉰ ④ ㉱

해설

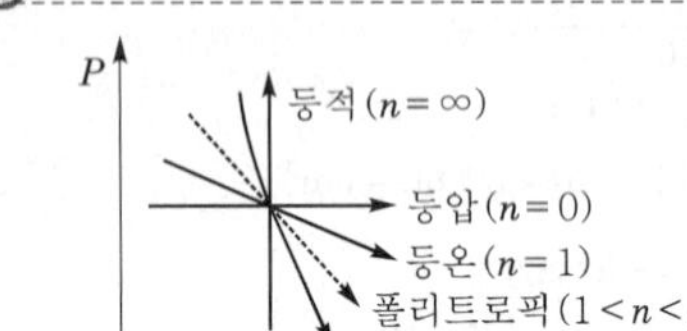

정답 97.④ 98.④ 99.② 100.① 101.④

chapter 2 각종 가스의 성질, 제조법 및 용도

제2장의 학습방법에 대하여 설명해 주세요.

제2장은 각종 가스의 특성, 성질을 공부하고, 그 특성을 파악하므로 그에 따른 위험성과 안전하게 사용취급 해야 하는 내용을 학습합니다.
출제기준과 더불어 실제 현장에서 근무 시에도 적용시킬 수 있는 내용이 수록되어 있습니다.
그러면 수소부터 학습을 시작하실까요?

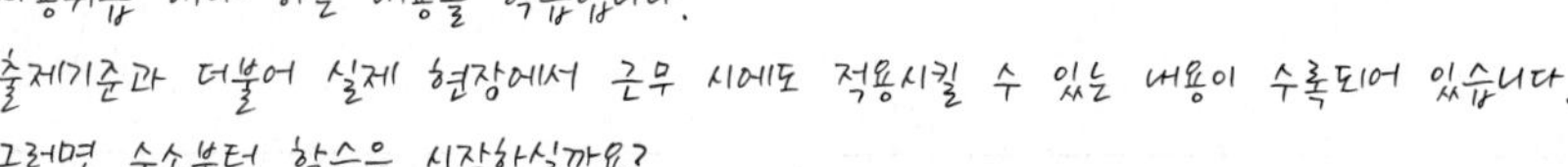

01 수소(H_2) ⇨ 압축가스, 가연성

① 밀도 : 가스 중에서 최소의 밀도를 갖는다.

② 확산속도 : 기체의 확산속도는 분자량의 제곱근에 반비례한다.

$$\frac{U_1}{U_2} = \sqrt{\frac{M_2}{M_1}}$$

③ 폭발범위 : 4~75%(공기 중), 4~94%(산소 중)

④ 폭굉속도 : 1400~3500m/s

※ 폭굉속도의 경우 H_2 이외는 모두 1000~3500m/s이다.

⑤ 폭명기

- $2H_2+O_2 \rightarrow 2H_2O$ ⇨ 수소폭명기
- $H_2+Cl_2 \rightarrow 2HCl$ ⇨ 염소폭명기
- $H_2+F_2 \rightarrow 2HF$ ⇨ 불소폭명기

⑥ 수소취성 방지법 : 5~6%의 Cr강에 Ti, V, W, Mo 등을 첨가한다.

⑦ 제조법 : 물의 전기분해(순도가 높고, 비경제적이다.)

⑧ 용도 : NH_3 제조에 주로 쓰인다.

상기 내용의 핵심요점입니다.

1. 가스밀도 : $\frac{M(\text{분자량, g})}{22.4\text{L}}$ 이므로 ⇨ 2g/22.4L=0.089g/L
   ※ 수소의 분자량은 2g이며, 모든 가스 중 제일 가볍다.
2. 가벼운 가스는 확산속도가 빠르다.
3. 폭명기 : 촉매 없이도 반응이 폭발적으로 일어난다.
4. 수소가스 부식명 : 수소취성=강의탈탄
5. 제조법의 종류 : 소금물의 전기분해, 석유의 분해, 수성가스법, 천연가스 분해, 물의 전기분해
   ※ 금속에 산을 가하는 방법 등이 있으나 가장 순도가 높은 수소를 제조하는 방법은 물의 전기분해이다.
6. 상기 이외에도 기구부양, 유지공업, 염산제조 등이 있다.

02 산소(O_2) ⇨ 압축가스, 조연성

〈산소(O_2)가스의 핵심 key Point〉

항 목		핵심내용
공기 중 함유량	부피	21%
	무게	23.2%
대기 중 산소의 유지농도		18% 이상 22% 이하
산소가스와 고온고압하에서 접촉 시 일어나는 현상(부식명)		산화 ※ 산화방지 금속 : Cr(크롬), Al(알루미늄), Si(규소)
제조법	물의 전기분해	$2H_2O \rightarrow 2H_2+O_2$
	공기액화분리법	액화산소(−183℃), 액화아르곤(−186℃), 액화질소(−196℃)의 순으로 제조 ※ ( ) 안의 수치는 비등점이다.
산소의 농도가 높아지면 변화하는 사항		① 연소범위 : 넓어짐 ② 연소속도 : 빨라짐 ③ 화염온도 : 높아짐 ④ 발화점, 인화점 : 낮아짐
산소가스가 폭발하는 경우		① 가연성 가스와 혼합하여 연소범위를 형성할 때 ② 녹, 이물질, 특히 유지류와 결합 시 연소폭발이 일어남
산소가스를 압축 시 압축기에 사용되는 윤활유		물, 10% 이하 글리세린수

〈공기액화분리장치〉

항 목	핵심내용
정의	기체공기를 고압, 저온(임계압력 이상, 임계온도 이하)으로 하여 액으로 만들어 O_2, Ar, N_2로 제조하는 장치
폭발원인	① 공기 취입구로부터 C_2H_2 혼입 ② 압축기용 윤활유 분해에 따른 탄화수소 생성 ③ 액체공기 중 O_3의 혼입 ④ 공기 중 NO, NO_2(질소산화물)의 혼입
폭발에 따른 대책	① 공기 취입구는 C_2H_2을 혼입할 수 없는 맑은 곳에 설치 ② 부근에 카바이드 작업을 피할 것 ③ 윤활유는 양질의 광유를 사용 ④ 연 1회 사염화탄소(CCl_4)로 세척 ⑤ 장치 내 여과기를 설치
분리장치의 불순물	① CO_2 : 드라이아이스가 되어 배관 흐름을 방해 ② H_2O : 얼음이 되어 장치 내를 동결시킴
불순물 제거방법	CO_2는 NaOH로, 얼음은 건조제(실리카겔, 알루미나, 소바비드, 몰리큘러시브 등)로 건조

TiP 산소의 핵심요점 사항입니다. 암기하려 하지 마시고 가볍게 읽어보세요.

1. 산소의 부피%는 공기 중 21%, 무게%는 공기 중 23.2%이다.
   • 공기 $100m^3$ 중 산소는 $21m^3$
   • 공기 100kg 중 산소는 23.2kg
2. 대기 중 산소는 21%가 제일 적당하며, 아무리 적어도 18% 이상, 아무리 많아도 22% 이하를 유지해야 한다. 16% 이하에서 질식의 우려가 있고, 25% 이상에서는 이상 연소의 우려가 있다.
3. 산소의 부식명은 산화이며 부식은 고온, 고압에서 발생한다.
4. 공기액화 시(비등점 이하로 온도를 낮추면 액화가 가능하므로) 비등점이 −183℃인 O_2, −186℃인 Ar, −196℃인 N_2의 순으로 액화가 되며, 기화 시에는 비등점이 낮은 순으로 기화가 된다.
5. 산소 농도가 높아지면 발화온도가 낮아지며, 점화에너지가 감소하고 연소범위가 넓어지며, 화염온도가 높아지고 연소속도가 빨라진다.
6. 산소는 유지류와 접촉 시 폭발을 일으키며, 산소가스로 인하여 일어나는 폭발을 연소폭발이라 한다. 그래서 산소가스에 사용되는 압력계에는 "금유"라고 명시되어 있다.
7. 산소가스에는 유지류를 사용하지 못하므로 산소가스를 압축하는 압축기에는 윤활유로 물 10% 이하 글리세린을 사용한다.
8. 무급유 작동압축기란 윤활유로 기름을 사용치 못하는 압축기로 산소를 비롯해 양조, 약품 등에 사용되는 압축기에 무급유식이 사용되며 주로 피스톤링에 고무의 신축성을 이용한 것이 사용되고, 피스톤링의 종류로는 카본링, 테프론링, 다이어프램링 등이 있다.
9. 공기액화장치에서 CO_2를 제거하는 이유 : CO_2는 저온으로 되면 드라이아이스가 되어 공기액화장치의 배관을 폐쇄시키므로 저온으로 만들기 전 NaOH(가성소다)로 제거를 한다.
   $2NaOH + CO_2 \rightarrow Na_2CO_3 + H_2O$
   가성소다로 CO_2를 제거 시 생성물에 H_2O이 생기므로, 물은 건조제로 제거하여 배관의 동결을 방지한다.

03 아세틸렌(C_2H_2) ⇨ 용해가스, 가연성

〈아세틸렌(C_2H_2)가스의 핵심 key Point〉

항 목		핵심내용
폭발범위	공기 중	2.5~81%
	산소 중	2.5~93%
분자량		26g(공기보다 가볍고 무색인 가스)
폭발성	분해폭발	$C_2H_2 \rightarrow 2C+H_2$
	화합폭발	$2Cu+C_2H_2 \rightarrow Cu_2C_2+H_2$
	산화폭발	$C_2H_2+2.5O_2 \rightarrow 2CO_2+H_2O$
용제	정의	C_2H_2 충전 시 C_2H_2을 녹이는 물질
	종류	아세톤, DMF
다공물질	정의	C_2H_2 충전 후 빈 공간이 있으면 C_2H_2이 공간으로 확산하여 폭발되는 것을 방지
	종류	석면, 규조토, 목탄, 석회, 다공성 플라스틱
	다공도	75% 이상 92% 미만
	다공도 공식	$\frac{V-E}{V} \times 100\%$ (여기서, V : 다공물질의 용적, E : 침윤 잔용적)
충전	순서	용제를 충전 → C_2H_2가스 충전 → 다공물질 주입
	충전압력	2.5MPa 이하로 충전 ※ 2.5MPa 이상으로 충전하는 경우 폭발방지를 위해 N_2, CH_4, CO, C_2H_4의 희석제 첨가
	충전 후	15℃, 1.5MPa 정도 유지
	제조방법	카바이드에서 제조($CaC_2+2H_2O \rightarrow C_2H_2+Ca(OH)_2$)
제조	제조 시 불순물	H_2S(황화수소), PH_3(인화수소), NH_3(암모니아), SiH_4(규화수소), N_2(질소), O_2(산소), CH_4(메탄)
	불순물 제거 청정제	카타리솔, 리가솔, 에퓨렌
	불순물 존재 시 영향	① C_2H_2 순도 저하 ② 아세틸렌이 아세톤에 용해되는 것 저해 ③ 폭발의 원인
	제조발생기의 종류	주수식, 투입식, 침지식
C_2H_2 압축기	윤활제	양질의 광유
	작동장소	수중에서 작동(이때 냉각수 온도는 20℃ 이하)
	회전수	100rpm, 저속
C_2H_2 용기 밸브	재료	동함유량 62% 미만 단조황동, 단조강
안전밸브 종류		가용전식

아세틸렌(C_2H_2)에 대한 핵심내용입니다. 필독을 부탁드립니다.

1. 가연성 가스 중 폭발범위가 가장 넓다. 산소 중 폭발범위는 공기 중 폭발범위보다 넓다.
2. 순수한 C_2H_2은 불순물이 없으나 순도가 낮은 C_2H_2에는 불순물이 존재한다.
3. C_2H_2은 3가지의 폭발성이 있다.
   ① 분해폭발 : C_2H_2의 대표적인 폭발이며, 분해폭발 때문에 압력은 가하여 충전할 수 없고 녹이면서 충전하므로 용해가스라 한다.
   ② 동아세틸라이트 폭발 : 화합폭발이라고 하며 Cu, Ag, Hg 등과 화합 시 폭발성 물질인 CuC_2(동아세틸라이트), Ag_2C_2(은아세틸라이트), Hg_2C_2(수은아세틸라이트) 등을 생성하므로 Cu를 사용 시 62% 미만의 합금을 사용한다.
   ③ 산화폭발 : 공기, 산소 중에 일어나는 폭발로서 모든 가연성 가스는 산화폭발을 가지고 있다.
4. ① C_2H_2가스를 녹이면서 충전하면 충전된 액면 이하로 빈 공간이 생긴다. 이러한 공간으로 이동하면서 C_2H_2이 폭발할 우려가 있으므로 이러한 공간을 폭발성이 없는 안정된 물질로 채우는 데 그것이 다공물질이다.
   ② C_2H_2은 압력을 가하여 충전할 수 없으나 전혀 압력을 가하지 않으면 용기 내부에 가스가 충전되지 않으므로 충전 중 압력은 2.5MPa 이하, 충전 후 압력은 15℃에서 1.5MPa이다. 그러나 부득이 2.5MPa 이상으로 충전할 경우 위험성을 방지하기 위하여 희석제를 넣는다.

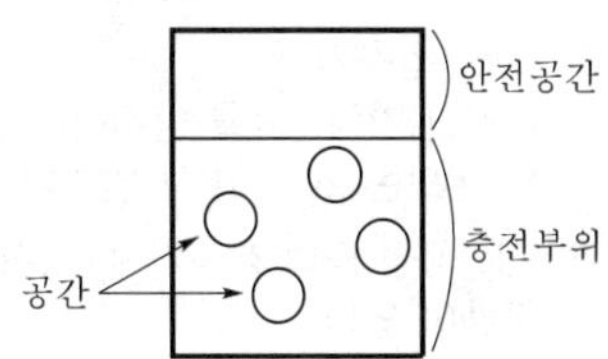

5. 아세틸렌 제조공정
   카바이드(CaC_2)+물($2H_2O$) → C_2H_2+$Ca(OH)_2$

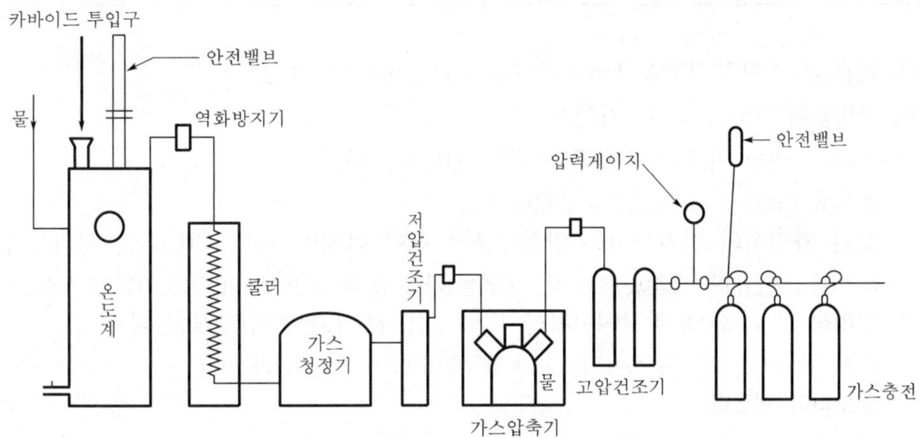

6. 발생기를 형식에 따라 분류 시
   ① 주수식 : 카바이드에 물을 넣는 방법(불순물이 많음)
   ② 침지식 : 카바이드와 물을 소량씩 접촉시키는 방법
   ③ 투입식 : 물에 카바이드를 넣는 방식으로, 대량 생산에 적합

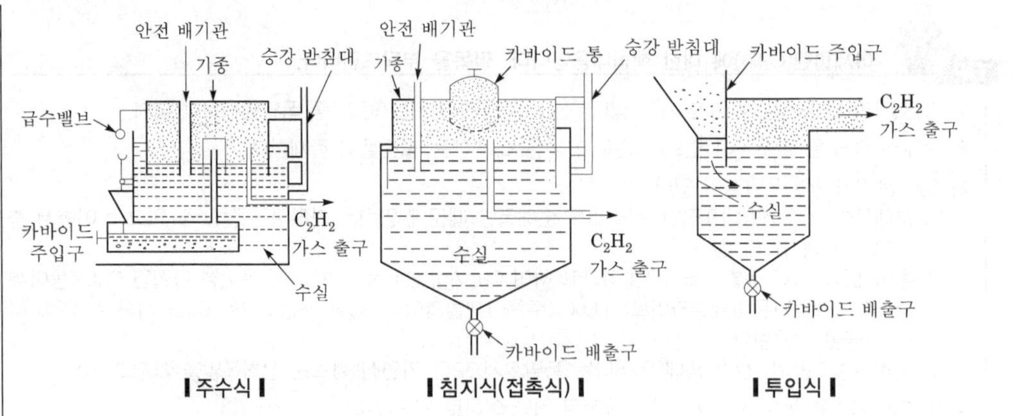

▮주수식▮ ▮침지식(접촉식)▮ ▮투입식▮

7. C_2H_2 압축기
   급격한 압력상승을 방지하기 위하여 압축기는 물 안에, 모터는 물 밖에 두고 압축기를 가동하며 이때 물의 온도는 20℃ 이하 압축기 회전수는 100rpm 정도이다.
8. 제조공정 중의 청정기에서 불순물을 제거하며(제조공정도 참조) 청정제의 종류로는 카타리솔, 리가솔, 에퓨렌이 있다.

04 암모니아(NH_3) ⇨ 독성, 가연성

① 허용농도 : TLV-TWA 25ppm, LC_{50} 7338ppm) ⇨ 독성

② 폭발범위 : 15~28% ⇨ 가연성

③ 모든 가연성 가스의 충전구 나사는 왼나사이다.
   ※ NH_3, CH_3Br(브롬화메탄) ⇨ 오른나사

④ 모든 가연성의 전기설비는 방폭구조로 해야 하지만 NH_3, CH_3Br은 제외한다.
   ※ 이유 : 가연성의 정의에 벗어나는 가연성 가스이므로 폭발하한이 다른 가연성 가스보다 높다.

⑤ 물리적 성질 : 물에 잘 녹는다(물 1L에 NH_3 800L(800배)가 녹는다).
   ※ NH_3는 부식, C_2H_2는 폭발되므로 동함유량이 62% 미만이어야 한다.

⑥ 암모니아 제조법
   ㉠ 하이보시법 : $N_2+3H_2 \rightarrow 2NH_3$
   ㉡ 석회질소법 : $CaCN_2+3H_2O \rightarrow 2NH_3+CaCO_3$

⑦ 압력에 따른 합성법
   ㉠ 60~100MPa : 클로우드법, 카자레법(고압합성)
   ㉡ 30MPa 전후 : IG법, 동공시법(중압합성)
   ㉢ 15MPa 전후 : 후우데법, 케로그법(저압합성)

암모니아(NH_3)의 참고사항입니다.

1. 가스가 들어가고 나오는 부분을 충전구라 하며 충전구는 왼쪽으로 회전하며 차단되는 왼나사와 오른쪽으로 회전하면 차단되는 오른나사로 구분되고 모든 가연성 가스의 충전구 나사는 왼나사이다.
2. NH_3와 CH_3Br은 가연성 가스 중 위험성이 적기 때문에 충전구 나사가 오른나사이고, 전기설비도 방폭구조가 아닌 일반구조이다.
   ※ 가스 충전구의 나사형식에 따른 분류 : 밖으로 나사가 돌출되어 있는 숫나사(A형), 안으로 나사가 있는 암나사(B형), 충전구에 나사가 없는 것(C형)
3. 암모니아 가스는 물에 용해도가 높으므로 헨리의 법칙이 적용되지 않으며 약알칼리성에 속하므로 중화액으로 물, 묽은 염산, 묽은 황산이 사용된다.
   구리를 사용할 때 부식을 일으키므로 구리를 사용 시 C_2H_2과 같이 62% 미만의 구리합금을 사용하여야 한다.
   ※ 구리를 사용해서는 안 되는 가스 : C_2H_2(폭발), NH_3(부식), H_2S(Cu와 접촉 시 분말가루로 변함)

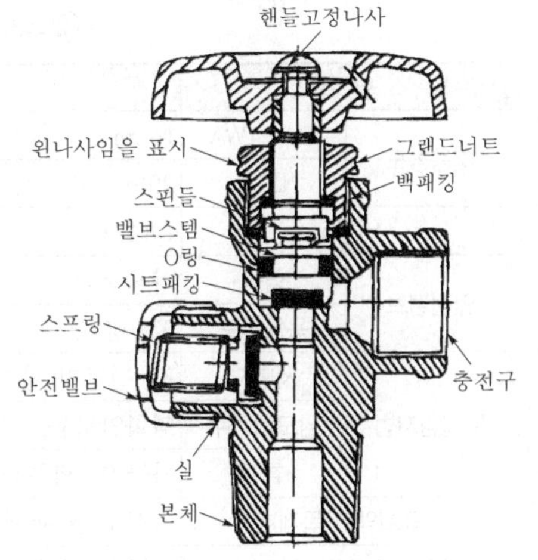

▌LP가스 용기밸브의 구조▐

4. 모든 가스용 밸브 재질은 대부분 단조황동이다.
   ※ NH_3, C_2H_2은 동함유량 62% 미만인 단조황동 또는 단조강이다.
5. 암모니아 제법으로는 하버보시법과 석회질소법이 있다.
   ① 용도 : 냉동기의 냉매, 질소비료 원료, 요소 제조
   ② 누설검지 시험지 : 적색 리트머스지(청변)
   ③ 누설검출법 : 적색 리트머스지(청변), 네슬러시약(황갈색), 취기, 염산과 접촉 시 염화암모늄의 흰 연기

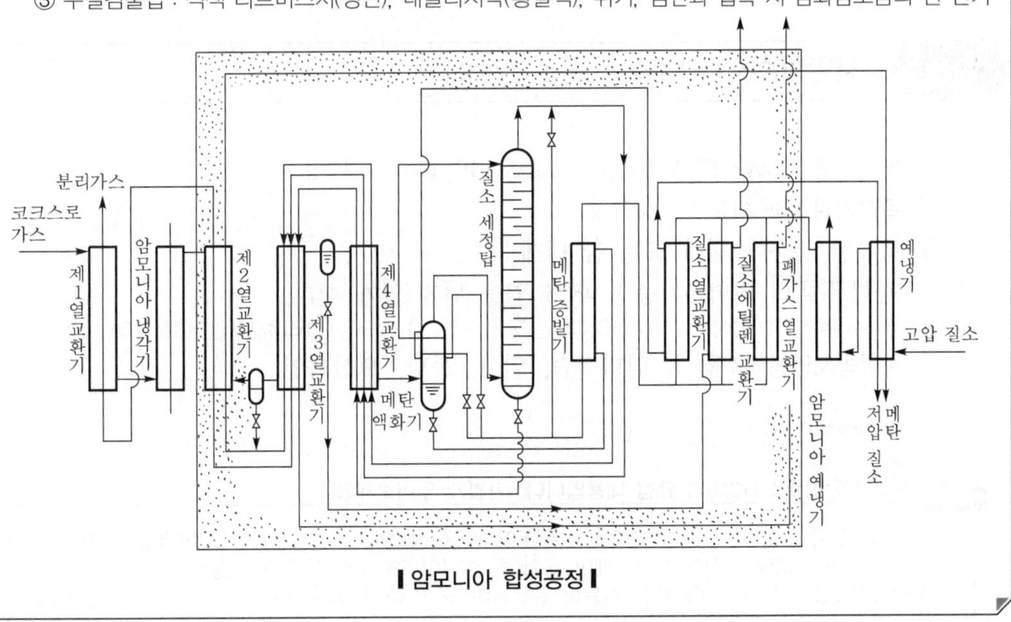

▌암모니아 합성공정▐

05 염소(Cl_2) ⇨ 독성, 액화 조연성 가스

〈염소(Cl_2)가스의 핵심 key Point〉

항 목		핵심내용
허용농도	TLV-TWA	1ppm
	LC_{50}	293ppm
비등점		-34℃
안전밸브	형식	가용전식
	용융온도	65~68℃
누설검지법	시험지	KI 전분지(청색)
	암모니아수	염화암모늄, 흰 연기 발생
	취기	자극적, 황록색 기체
중화액(제독제)		가성소다수용액, 탄산소다수용액, 소석회
제조법(수은법, 격막법)		소금물 전기분해($2NaCl+2H_2O \rightarrow 2NaOH+Cl_2+H_2$)
용도		표백제, 수돗물의 살균소독
압축기의 윤활유		진한 황산
건조제		
부식성		수분이 없는 건조상태에서는 부식성이 없으나 수분 존재 시 염산 생성으로 부식

06 시안화수소(HCN) ⇨ 독성, 가연성

① 허용농도 : TLV-TWA 10ppm, LC_{50} 140ppm ⇨ 독성

② 폭발범위 : 6~41% ⇨ 가연성

③ 특유한 복숭아 냄새 또는 감 냄새

④ '중합폭발'의 위험 ⇨ 충전 후 60일을 넘지 않게 한다.
↳ 수분이 2% 이상 ↳ HCN의 순도가 98% 이상되면 그러하지 않아도 된다.

⑤ 중합방지안정제 : 황산, 염화칼슘, 인산, 동망, 오산화인

TiP 시안화수소(HCN)의 요점 내용입니다. 가볍게 읽어보세요.

1. 시안화수소의 대표적인 폭발은 중합폭발(수분이 2% 이상 침투 시 일어나는 폭발)이다. 그러므로 시안화수소의 순도를 98% 이상으로 유지해야 공기 중 수분이 2% 이상 응축되지 않는다.
   시안화수소를 충전 시 60일 동안 사용하지 못하며, 공기 중 2%의 수분이 침투할 우려가 있으므로 다른 용기에 다시 충전을 한다.
2. 수분에 의한 중합방지제의 종류로는 동, 동망, 염화칼슘, 오산화인 등이 있다.
3. 제법으로는 폼아미드법, 앤드류쇼법이 있고, 살충제로 사용된다.

07 산화에틸렌(C_2H_4O) ⇨ 독성, 가연성

① 허용농도 : TLV-TWA 1ppm, LC_{50} 2900ppm ⇨ 독성
② 폭발범위 : 3~80% ⇨ 가연성
③ 분해폭발을 일으키는 가스 : C_2H_2, C_2H_4O, N_2H_4
④ 산화에틸렌은 분해 · 중합폭발을 동시에 가지고 있으나 금속염화물과 반응 시는 중합폭발을 일으킨다.

TIP 산화에틸렌(C_2H_4O)의 참고 내용입니다.

1. 산화에틸렌은 C_2H_2 다음으로 폭발성이 강하여 용기 내 충전 시 미리 안정한 가스인 N_2, CO_2 수증기를 $4kg/cm^2$(0.4MPa) 정도 충전한 후 C_2H_4O을 충전한다.
   그러므로 C_2H_4O의 안정제는 N_2, CO_2, 수증기이다.
2. 제법 : $C_2H_4 + \frac{1}{2}O_2 \rightarrow C_2H_4O$(에틸렌의 접촉기상 산화법)

08 질소(N_2)

① 불연성 압축가스이다.
② 공기 중에 78%가 함유되어 있다.
③ 비등점은 −196℃이다.
④ 용도
   ㉠ 비료에 이용
   ㉡ 액체질소의 비등점을 이용하여 식품의 급속동결용으로 이용
   ㉢ 암모니아의 제조원료, 고온장치의 치환용 가스로 이용
⑤ 부식명 : 질화
   ※ 부식방지 금속 : Ni

09 희가스(불활성 가스) ⇨ 비활성 기체(He, Ne, Ar, Kr, Xe, Rn)

① 희가스를 충전한 방전관의 발광색

기 체	발광색	기 체	발광색
He	황백색	Kr	녹자색
Ne	주황색	Xe	청자색
Ar	적색	Rn	청록색

② 용도 : 가스 크로마토그래피의 캐리어가스(He, Ar) 등으로 사용

TiP 희가스의 참고 내용입니다.

1. 희가스란 주기율표의 0족에 속하는 가스로서 다른 원소와 화학결합이 없으나 Xe(크세논)과 F_2(불소) 사이에 몇 가지 화합물이 있다.
2. 캐리어 가스란 시료를 분석하기 위하여 시료를 운반해 주는 가스로서 He, Ar 이외에 H_2, N_2도 있다.

10 포스겐($COCl_2$) ⇨ 독성

① 허용농도 : TLV-TWA 0.1ppm, LC_{50} 5ppm ⇨ 독성

② 건조상태에서는 공업용 금속재료가 거의 부식하지 않으나 수분이 존재하면 가수분해 시 염산이 생성되므로 부식이 일어난다.

$COCl_2 + H_2O \rightarrow CO_2 + 2HCl$

③ 중화제 : NaOH(가성소다), $Ca(OH)_2$(소석회)

TiP 포스겐($COCl_2$)의 참고 내용입니다.

1. 포스겐은 허용농도(TLV-TWA) 0.1ppm의 독성가스로서 법규상 가장 독성이 강함
2. 〈수분 접촉 시 부식이 일어나는 가스〉
   - Cl_2, $COCl_2$ → 염산 생성으로 부식
   - SO_2 → 황산 생성으로 부식
   - CO_2 → 탄산 생성으로 부식
3. 건조제, 윤활제는 진한 황산을 사용
   ※ 포스겐은 염소와 성질이 유사하여 중화액, 건조제 등이 동일하다.
4. 제법 : $CO + Cl_2 \xrightarrow{\text{활성탄}} COCl_2$ ⇨ 촉매로는 활성탄이 사용됨

11 일산화탄소(CO) ⇨ 독성, 가연성

① 허용농도 : TLV-TWA 50ppm, LC_{50} 3760ppm ⇨ 독성

② 폭발범위 : 12.5~74% ⇨ 가연성

③ 완전연소 시 생성되는 가스 : CO_2, H_2O

④ 불완전연소 시 생성되는 가스 : CO, H_2

⑤ 성질

㉠ $Ni+4CO \rightarrow \underset{\text{니켈카보닐}}{\underline{Ni(CO)_4}}$

㉡ $Fe+5CO \rightarrow \underset{\text{철카보닐}}{\underline{Fe(CO)_5}}$

※ CO의 부식명 : 카보닐(침탄)

⑥ 상온에서 염소와 반응하여 포스겐을 생성한다.

$CO+Cl_2 \rightarrow \underset{\text{포스겐}}{\underline{COCl_2}}$

⑦ 압력을 올리면 폭발범위는 좁아진다.

㉠ CO 외의 다른 모든 가스는 넓어진다(단, 수소는 압력을 올리면 폭발범위가 좁아지다가 계속 압력을 올리면 다시 넓어진다).

㉡ CO의 부식방지법

- 고온고압 하에서 Ni, Cr계 스테인리스강을 사용하는 것이 좋다.
- 고온고압 하에서 내면을 '구리'나 '알루미늄' 등으로 피복한다.

⑧ 누설검지시험지 : 염화파라듐지(흑변)

TIP 일산화탄소(CO)에 대한 핵심사항입니다. 암기하시기 바랍니다.

1. CO가스에 부식을 일으키는 금속 : Fe, Ni
   ※ 부식을 방지하기 위하여 장치 내면을 피복하거나 Ni을 사용 시 Cr을 함유한 Ni-Cr계 STS를 사용한다.
2. 압력을 올리면 폭발범위가 좁아지는 가스 : CO
   압력을 올리면 폭발범위가 좁아지다가 계속 압력을 올리면 폭발범위가 다시 넓어지는 가스 : H_2

12 이산화탄소(CO_2)

① 허용농도 : TLV-TWA 5000ppm(독성은 아님)

② 대기 중의 존재량은 약 0.03%이다.

③ 공기 중에 다량으로 존재하면 산소 부족으로 질식한다.

※ 1일 8시간 노동에 있어서 허용농도 : 5000ppm(TLV-TWA의 허용농도의 정의)

④ 드라이아이스 제조에 사용한다(CO_2를 100atm까지 압축한 뒤에 −25℃까지 냉각시키고 단열팽창시키면 드라이아이스가 얻어진다).

⑤ 흡수제 : KOH

TIP 이산화탄소(CO_2)에 대한 주요내용입니다. 가볍게 읽어보세요.

1. 불연성 액화가스로서 증기압이 높으므로 무이음용기에 충전하여 대기 중 다량 존재 시 질식의 우려가 있으므로 허용농도를 기억한다.
2. 가스, 유류 등의 소화제 및 청량음료수에 이용된다.
3. 물에 약간 용해하므로 헨리 법칙이 적용된다. 물에 약간 용해되는 기체는 O_2, H_2, N_2, CO_2 등이며, 물에 다량 용해하는 NH_3는 헨리 법칙이 적용되지 않는다.
   ※ 헨리 법칙 : 기체 용해도의 법칙

13 황화수소(H_2S) ⇨ 독성, 가연성

항 목		핵심내용
허용농도	TLV-TWA	10ppm
	LC_{50}	144ppm
연소범위		4.3~45%
누설검지시험지		연당지(흑변)
중화액		가성소다 수용액, 탄산가스 수용액

14 메탄(CH_4) ⇨ 가연성, 압축가스, 분자량 16g

① 폭발범위 : 5~15% ⇨ 가연성

② 비등점 : −162℃

※ 부취제 : 가스 누설 시 조기발견을 위하여 첨가하는 향료

③ CH_4 계열 탄화수소는 무색무취이므로 가정에서는 부취제를 혼합하여 사용한다.

㉠ THT : 석탄가스 냄새

㉡ TBM : 양파 썩는 냄새

㉢ DMS : 마늘 냄새

④ CH_4과 염소를 반응시키면 생성되는 물질

㉠ 염화메틸(CH_3Cl) : 냉동

㉡ 염화메틸렌(CH_2Cl_2) : 소독제

㉢ 클로로포름($CHCl_3$) : 마취제

㉣ 사염화탄소(CCl_4) : 소화제

TiP 메탄(CH_4)의 참고사항입니다.

1. LNG의 주성분인 CH_4과 LPG 등은 누설 시 색, 맛, 냄새가 없으므로 냄새가 나는 물질을 혼합함으로써 누설을 조기에 발견하여 위해를 예방한다.
2. 탈수소반응
   - $CH_4 + Cl_2 \rightarrow CH_3Cl + HCl$
   - $CH_3Cl + Cl_2 \rightarrow CH_2Cl_2 + HCl$
   - $CH_2Cl_2 + Cl_2 \rightarrow CHCl_3 + HCl$
   - $CHCl_3 + Cl_2 \rightarrow CCl_4 + HCl$

15 LP가스 ⇨ 프로판(C_3H_8), 부탄(C_4H_{10})

① 공기 중의 비중은 공기의 약 1.5~2배로, 낮은 곳에 체류하기 쉽고 인화폭발의 위험성이 크다.

② 천연고무를 잘 용해한다.

※ 배관 시 패킹제로는 합성고무제인 실리콘 고무를 사용한다.

③ 폭발범위

㉠ C_3H_8 : 2.1~9.5%, 비등점 −42℃, 자연기화방식(가정용)

㉡ C_4H_{10} : 1.8~8.4%, 비등점 −0.5℃, 강제기화방식(공업용)

④ LP가스의 특성

㉠ 가스는 공기보다 무겁다.

㉡ 액은 물보다 가볍다.

㉢ 기화, 액화가 용이하다.

㉣ 기화 시 체적이 커진다(액체 1L → 기체 250L).

㉤ 증발잠열이 크다.

⑤ LP가스의 연소특성

㉠ 연소속도가 늦다.

㉡ 연소범위가 좁다.

㉢ 연소 시 다량의 공기가 필요하다.

㉣ 발열량이 크다.

㉤ 발화온도가 높다.

상기 내용에 대한 3분 강의록입니다. 필독하십시오.

LPG(액화석유가스) : C_3, C_4로 이루어진 탄화수소

1. 분자량이 C_3H_8=44g, C_4H_{10}=58g이므로 비중은 $\frac{44}{29}=1.52$, $\frac{58}{29}=2$이다.
2. 누설 시 낮은 곳에 체류하므로 검지기는 지면에서 30cm 이내에 부착한다.
3. ① C_3H_8 비등점은 −42℃이므로 외기의 기온이 −42℃보다 높으면 자연적으로 기화가 가능하므로 기화기가 필요 없는 대기 중의 열을 흡수하여 기화시키는 자연기화방식을 채택한다. 그러나 대량 사용처에서는 기화기를 사용할 수도 있다.
   ② C_4H_{10} 비등점은 −0.5℃이므로 외기의 기온이 −1℃만 되어도 기화가 불가능하기 때문에 기화기를 이용하여 가스를 기화시키는 강제기화방식을 선택한다.
4. 기화기 사용 시 이점
   ① 한랭 시에도 가스공급이 가능하다.
   ② 공급가스 조성이 일정하다.
   ③ 기화량을 가감할 수 있다.
   ④ 설치면적이 적어진다.
5. 기화기를 사용하여 가스를 공급하는 방식을 강제기화방식이라 하며 강제기화방식에는 생가스 공급방식, 공기혼합가스 공급방식, 변성가스 공급방식 등이 있다.

Chapter 2 ••• 각종 가스의 성질, 제조법 및 용도

출/제/예/상/문/제

01 수소의 공업적 용도가 아닌 것은?

① 수증기
② 수소첨가분해
③ 메틸알코올의 합성
④ 암모니아 합성

해설

수소의 용도로는 메틸알코올의 합성($CO+2H_2 \rightarrow CH_3OH$), 암모니아 합성($N_2+3H_2 \rightarrow 2NH_3$), 수소첨가분해 등이 있으며, 수소와 산소가 2 : 1로 되면 물이 되고 그것이 증발하면 수증기가 되며, 수증기는 수소의 용도가 아니다.
$2H_2+O_2 \rightarrow 2H_2O$

02 순도가 가장 높은 수소를 공업적으로 만드는 방법은?

① 수성가스법
② 물의 전기분해법
③ 석유의 분해
④ 천연가스의 분해

해설

수소가스의 제법
- 물의 전기분해($2H_2O \rightarrow 2H_2+O_2$)
- 소금물 전기분해($2NaCl+2H_2O \rightarrow 2NaOH+Cl_2+H_2$)
- 천연가스 분해, 수성가스법($C+H_2O \rightarrow CO+H_2$)
- 석유의 분해, 일산화탄소 전화법($CO+H_2O \rightarrow CO_2+H_2$)

이 중 순도가 높은 제조법은 물의 전기분해이나 비경제적인 단점이 있다.

03 상온 · 상압일 경우 수소(H_2)의 공기 중 폭발범위는?

① 4~94% ② 15~28%
③ 2.5~81% ④ 4~75%

해설

폭발범위란 가연성 가스와 공기를 혼합하여 전체로 하였을 때, 그 중 가연성 가스가 가진 용량 %로 수소의 경우는 4~75%이다.

04 수소의 용도로서 부적당한 것은?

① 식품, 야채 등의 급속동결용으로 사용
② 니켈 환원 시 촉매제로 사용
③ 수소불꽃을 이용한 인조보석이나 유리 제조용
④ 암모니아 제조 및 합성가스의 원료

해설

식품, 야채의 급속동결용으로 사용하는 가스는 N_2이다(비점 −196℃). 상기 용도 외에 기구부양용 염산 제조, 금속 제련 등에 이용한다.

05 수소의 순도는 피로카롤 또는 하이드로설파이드 시약을 사용한 오르자트법에 의해서 순도가 몇 % 이상이어야 하는가?

① 98.5% ② 90%
③ 99.9% ④ 99.5%

해설

품질검사 대상 가스는 H_2, O_2, C_2H_2이 해당되며 이 가스는 순도에 따라 사용 기능에 현저한 차이가 있으므로 제조 후 반드시 품질검사를 하여야 한다. 그 순도는 다음과 같다.
O_2 : 99.5%, H_2 : 98.5%, C_2H_2 : 98%

06 고온 · 고압하에서 수소를 사용하는 장치 공장의 재질은 일반적으로 다음 중 어느 재료를 사용하는가?

① 탄소강 ② 크롬강
③ 조강 ④ 실리콘강

해설

수소의 부식명은 수소취성(강의탈탄)이라 하며, 이것은 수소가 강 중의 탄소와 반응, CH_4를 생성하여 강을 약화시키는 것을 말하는데, 반응은 다음과 같다.
$Fe_3C+2H_2 \rightarrow CH_4+3Fe$ 수소취성을 방지하기 위하여 5~6% Cr강에 W, Mo, Ti, V 등을 첨가한다.

정답 01.① 02.② 03.④ 04.① 05.① 06.②

07 가스회수장치에 의해 제일 먼저 발생되는 가스는?

① 수소 ② 산소
③ 프로판 ④ 부탄

해설

비등점이 낮은 가스일수록 먼저 회수되며, 중요한 가스의 비등점은 다음과 같다.
O_2 : −183℃, Ar : −186℃, N_2 : −196℃, CH_4 : −162℃, C_3H_8 : −42℃, C_4H_{10} : −0.5℃, H_2 : −252.5℃

08 H_2의 공업적 제법이 아닌 것은?

① 물의 전기분해법
② 석유 및 석탄에서 만드는 법
③ 천연가스에서 만드는 법
④ 금속을 산에 반응시키는 법

해설

금속에 산을 반응시키는 법은 실험적 제법이다.
예 $Zn + H_2SO_4 \rightarrow ZnSO_4 + H_2$

09 수소의 성질에 대한 설명 중 옳은 것은?

> ㉠ 수소가 공기와 혼합된 상태에서의 폭발범위는 2.0~65.0이다.
> ㉡ 무색, 무취이므로 누설되었을 경우 색깔이나 냄새를 발견할 수 없다.
> ㉢ 수소는 고온고압에서는 강(鋼) 중의 탄소와 반응하여 수소취성을 일으킨다.

① ㉠, ㉡
② ㉡, ㉢
③ ㉠, ㉢
④ ㉠, ㉡, ㉢

10 수소취성에 대한 다음 설명 중 맞는 것은?

① 수소는 환원성의 가스로 상온에서 부식을 일으킨다.
② 수소가 고온고압에서 철과 화합하는 것이다.
③ 니켈강은 수소취성을 일으키지 않는다.
④ 수소는 고온고압에서 강 중의 탄소와 화합하여 메탄을 생성하며, 수소취성을 일으킨다.

11 다음 중 수소의 일반적 성질이 아닌 것은?

① 무색, 무미, 무취의 기체이다.
② 가스 중 비중이 가장 작다.
③ 기체 중에서 확산속도가 느리다.
④ 수소는 산소, 염소, 불소와 폭발반응을 일으킨다.

해설

수소는 분자량이 2g으로 기체 중 가장 가볍고 색, 맛, 냄새가 없으며 산소, 염소, 불소와는 폭발적인 반응을 일으키고 가장 가벼운 기체이기 때문에 확산속도가 가장 빠르다.

12 수소의 성질 중 폭발, 화재 등의 재해발생 원인이 아닌 것은?

① 가벼운 기체이므로 가스가 누출되기 쉽다.
② 고온, 고압에서 강에 대해 탈탄작용을 일으킨다.
③ 공기와 혼합된 경우 폭발범위가 4~75%이다.
④ 증발잠열로 수분이 동결하여 밸브나 배관을 폐쇄시킨다.

13 수소의 재해발생 원인이다. 틀린 것은?

① 확산속도가 가장 크다.
② 구리와 반응하여 폭발한다.
③ 가장 가벼운 가스이다.
④ 가연성 가스이다.

14 수소와 산소는 600℃ 이상에서 폭발적으로 반응한다. 이때의 반응식은?

① $H_2 + O \rightarrow H_2O + 136.6kcal$
② $H_2 + O \rightarrow H_2O + 83.3kcal$
③ $2H_2 + O_2 \rightarrow 2H_2O + 136.6kcal$
④ $H_2 + O \rightarrow \frac{1}{2} H_2O + 83.3kcal$

해설

㉠ 수소(H_2) : 압축가스, 가연성
㉡ 분자량 : 2g
㉢ 가스 중에서 최소의 밀도 : 2g/22.4L=0.089g/L

정답 07.① 08.④ 09.② 10.④ 11.③ 12.④ 13.② 14.③

㉣ 확산속도 : 기체의 확산속도는 분자량의 제곱근에 반비례한다. $\frac{U_1}{U_2}=\sqrt{\frac{M_2}{M_1}}$

㉤ 폭발범위=4~75%(공기 중), 4~94%(산소 중)
폭굉속도=1400~3500m/s
└ H_2 이외는 모두 1000~3500m/s

㉥ $2H_2+O_2 \rightarrow 2H_2O$(수소폭명기)
$H_2+Cl_2 \rightarrow 2HCl$(염소폭명기)
$H_2+F_2 \rightarrow 2HF$(불소폭명기)

㉦ 수소취성방지법 : 5~6%의 Cr강에 Ti, V, W, Mo 등을 첨가

- 제조법 → 물의 전기분해(순도가 높다, 비경제적이다)
- 용도 → NH_3 제조에 주로 쓰인다. 기구의 부양용, 유지공업, 금속 제련, 염산 제조 등에 쓰인다.

15 산소에 관한 설명 중 옳은 것은?

① 물질을 잘 태우는 가연성 가스이다.
② 유지류에 접촉하면 발화한다.
③ 가스로서 용기에 충전할 때는 25MPa로 충전한다.
④ 폭발범위가 비교적 큰 가스이다.

해설

- 산소는 가연성의 연소를 돕는 조연성 가스이며, Fp =15MPa이다.
- 산소는 녹, 이물질, 석유류, 유지류 등과 화합 시 연소폭발이 일어나므로 유지류 혼입에 주의해야 하고 기름 묻은 장갑으로 취급하지 않아야 한다.
- 압력계는 금유라고 명시된 산소 전용의 것을 사용하며, 윤활제는 물 또는 10% 이하의 글리세린수를 사용한다.

16 산소분압이 높아짐에 따라 물질의 연소성은 증대하는데 연소속도와 발화온도는 어떻게 되는가?

① 증가되고 저하된다.
② 증가되고 상승된다.
③ 감소되고 저하된다.
④ 감소되고 상승된다.

해설

산소의 농도가 높아짐에 따라 발화, 점화, 인화는 감소하고 다른 사항은 모두 증가한다.

요약 산소의 양이 많아짐에 따라 연소가 잘 되므로 발화점, 점화에너지, 인화점은 낮아지고 연소속도, 연소범위, 화염온도 등은 커지고 넓어지며 높아진다. 발화온도가 낮아지는 것은 연소가 빨리 일어나는 것을 말한다. 발화온도가 5℃인 물질과 10℃인 물질을 비교했을 때 5℃인 쪽이 연소가 빨리 일어난다.

17 산소를 제조하는 설비에서 산소배관과 이에 접촉하는 압축기 사이에는 안전상 무엇을 설치해야 하는가?

① 체크밸브와 역화방지장치
② 압력계와 유량계
③ 마노미터
④ 드레인 세퍼레이터

해설

산소는 비점이 −183℃이므로 수분 혼입 시 동결이 되어 밸브배관을 폐쇄시킬 우려가 있으므로 수취기(드레인 세퍼레이터)를 설치, 산소 중의 수분을 제거해야 한다.

18 다음 [보기]는 압축기 실린더부의 내부 윤활제에 대하여 설명한 것이다. 이 중 옳은 것으로만 된 것은?

> ㉠ 산소압축기에는 머신유를 사용한다.
> ㉡ 염소압축기에는 농황산을 사용한다.
> ㉢ 아세틸렌 압축기에는 양질의 광유(鑛油)를 사용한다.
> ㉣ 공기압축기에는 광유를 사용한다.

① ㉠, ㉡
② ㉠, ㉢
③ ㉠, ㉡, ㉢
④ ㉡, ㉢, ㉣

19 산소를 취급할 때의 주의사항으로 틀린 것은 어느 것인가?

① 액체 충전 시에는 불연성 재료를 밑에 깔 것
② 가연성 가스 충전용기와 함께 저장하지 말 것
③ 고압가스설비의 기밀시험용으로 사용하지 말 것
④ 밸브의 나사부분에 그리스(Grease)를 사용하여 윤활시킬 것

정답 15.② 16.① 17.④ 18.④ 19.④

20 다음은 산소(O_2)에 대하여 설명한 것이다. 틀린 것은?

① 무색, 무취의 기체이며, 물에는 약간 녹는다.
② 가연성 가스이나 그 자신을 연소하지 않는다.
③ 용기의 도색은 일반 공업용이 녹색, 의료용이 백색이다.
④ 용기는 탄소강으로 무계목용기이다.

해설

물에 약간 녹는 기체(H_2, O_2, N_2, CO_2) : 용기 내에 기체상태로 충전되는 가스(O_2, H_2, N_2, CH_4, Ar, CO) 등을 압축가스라 하며, 압축가스는 무이음용기에 충전된다. 상기 가스 외의 가스는 액화가스라고 하며, 액화가스는 용접용기에 충전된다.

21 다음 설비 중 산소가스와 관련이 있는 것은?

① 고온고압에서 사용하는 강관 내면이 동라이닝 되어 있다.
② 압축기에 달린 압력계에 금유라고 기입되어 있다.
③ 제품탱크 압력계의 부르동관은 강제였다.
④ 모두 관련이 없다.

22 다음 중 산소용기밸브의 제조에 가장 적당한 것은?

① SKH
② SWS
③ BSEF
④ BSDF

해설

용기밸브 재질은 단조황동이며 C_2H_2, NH_3, 용기밸브 재질은 동함유량 62% 미만의 단조황동 또는 단조강을 사용한다.

23 [보기]와 같은 성질을 가지고 있는 가스는?

> ㉠ 공기보다 무겁다.
> ㉡ 지연성 가스이다.
> ㉢ 염소산칼륨을 이산화망간 촉매하에 가열하면 얻을 수 있는 가스이다.

① 산소 ② 질소
③ 염소 ④ 수소

해설

- 산소의 실험적 제법 : 염소산칼륨($KClO_3$)을 가열분해시킨다.

$2KClO_3 \xrightarrow{MnO_2} 2KCl + 3O_2$

이때 촉매로 MnO_2를 사용하는데, 이는 폭발을 방지하기 위함이다.

- 산소의 공업적 제법 : 물의 전기분해법, 공기액화분리법 등

24 다음은 고압가스를 공업적으로 제조하는 방법을 쓴 것인데 실험실에서 제조하는 방법은 어느 것인가?

① 산소는 염소산칼륨에 이산화망간을 넣고 가열하여 얻는다.
② 염화수소는 수소와 염소를 반응시켜서 얻는다.
③ 아세틸렌은 칼슘카바이드를 물과 반응시켜 얻는다.
④ 포스겐은 일산화탄소와 염소를 반응시켜서 얻는다.

25 산소가스 설비의 수리 및 청소를 위한 저장탱크 내의 산소를 치환할 때 산소의 농도가 몇 % 이하가 될 때까지 계속 치환해야 하는가?

① 22% ② 28%
③ 31% ④ 33%

해설

대기 중 산소의 농도는 21%이며, 고압장치 내 산소의 농도는 18~22%를 유지해야 한다. 16% 이하이면 질식의 위험, 25% 이상이면 이상연소의 위험이 있다.

26 액화산소의 저장탱크 방류제는 저장능력 상당용적의 몇 %인가?

① 40 ② 60
③ 80 ④ 100

해설

방류둑의 용량
㉠ 독 · 가연성 : 저장능력 상당용적의 100%
㉡ 산소 : 저장능력 상당용적의 60%

정답 20.② 21.② 22.③ 23.① 24.① 25.① 26.②

27 차량에 고정된 탱크에 산소를 충전할 경우 안전관리상 탱크의 내용적은 몇 L를 초과하지 않도록 규정하는가?

① 10000L ② 12000L
③ 15000L ④ 18000L

고압가스를 운반 시 가연성 · 산소 가스는 18000L 이상은 운반금지이며, 독성 가스는 12000L 이상 운반을 금지한다.

28 공기의 액화분리를 이용하여 제조하는 가스는?

① 수소 ② 질소
③ 염소 ④ 불소

해설

산소의 공업적 제법 중 대표적인 방법은 공기액화분리법이며 공기 속에는 산소, 아르곤, 질소 등이 있고, CO_2도 0.03% 함유되어 있다. 액화 시에는 산소가 −183℃에 액화되며 아르곤 −186℃, 질소 −196℃에서 액화된다. 또한 공기액화분리법에는 전저압식 공기분리장치, 중압식 공기분리장치, 저압식 액산 플랜트 등이 있다.

29 공기액화분리장치의 압력에 따른 분류가 아닌 것은?

① 초고압식 공기분리장치
② 전저압식 공기분리장치
③ 저압식 액산 플랜트
④ 중압식 공기분리장치

30 산소제조장치의 건조제로 사용되는 것이 아닌 것은?

① Al_2O_3 ② NaOH
③ 사염화탄소 ④ SiO_2

해설

공기액화분리 시 CO_2 제거에 NaOH가 사용되며, 이 과정에서 수분이 생성되고, 수분의 건조제로는 가성소다, 실리카겔, 알루미나, 소바비드 등이 있다.

요약 산소(O_2) : 압축가스, 조연성

1. 공기 중에 약 21% 함유
   - 부피(L, m^3) : 21%
   - 무게(kg, ton, gr) : 23.2%
2. 산소는 18~22%를 유지해야 산소부족 현상이 일어나지 않는다.
3. 금속은 산소와 작용하여 산화물(부식물)을 만드므로 부식방지는 Cr, Al, Si 등의 금속으로 한다.
4. 공기액화분리
   - 비등점 : 질소 −195.8℃, 산소 −183℃, Ar 중간 비등점
   - 액화순서 : O_2-Ar-N_2
   - 기화순서 : N_2-Ar-O_2
5. 산소농도가 높음에 따라 : 발화, 점화, 인화↓(저하), 나머지↑(상승)
6. 산소+녹, 이물질, 석유류(유지류) → 화합하면 → 연소폭발
7. 주의사항 : 기름이 묻은 손이나 장갑으로 취급하지 말 것
8. 산소과잉, 즉 60% 이상 12시간 흡입 시에는 폐에 충혈이 되어 사망
9. 산소압축기 : 윤활제는 물 혹은 10% 이하의 묽은 글리세린수 사용
10. 무급류 작동압축기 : 카본링, 테프론링, 라비린스 피스톤 등을 채택

31 다음 아세틸렌의 성질 중 옳은 것은?

① 액체 아세틸렌보다 고체 아세틸렌이 비교적 안전하다.
② 발열화합물이다.
③ 분해폭발을 일으킬 염려가 전혀 없다.
④ 압축하여 용기에 충전할 수 있다.

해설

- 안정도의 순서 : 고체 > 액체 > 기체
- C_2H_2는 흡열화합물이므로 분해폭발의 우려가 있다.
- 분해폭발로 인하여 압력을 가하여 충전할 수 없기 때문에 용제에 녹이면서 충전하므로 용해가스라 한다.

32 아세틸렌에 관한 설명으로 옳은 것은?

① 연소범위는 공기 중에서 약 2.2~9.5 이다.
② 용기 속에 아세톤만은 반드시 채운 뒤 가스를 충전하여야 한다.
③ 용기밸브는 동(銅)이 62% 이상 함유된 것은 사용하면 안 된다.
④ 용접 시 편리하도록 충전압력을 산소와 동일하게 하는 것이 좋다.

정답 27.④ 28.② 29.① 30.③ 31.① 32.③

해설

- C_2H_2은 가연성 가스로서 폭발범위가 2.5~81%로 모든 가연성 중에서 폭발범위가 가장 넓다.
- C_2H_2은 용해가스로 용제로는 아세톤, DMF 등이 있으며 분해폭발을 방지하기 위해 다공물질을 넣는다.
- C_2H_2은 동, 은, 수은 등과 화합(아세틸라이트) 폭발을 일으키므로 동함유량 62% 미만의 동합금을 사용한다.

요약 1. C_2H_2 : 분자량 26g, 가연성 2.5~81%의 용해가스

2. C_2H_2의 폭발성

- 분해폭발 : $C_2H_2 \rightarrow 2C+H_2$
- 동아세틸라이트 폭발 : $2Cu+C_2H_2 \rightarrow Cu_2C_2+H_2$
- 산화폭발 : $C_2H_2+2.5O_2 \rightarrow 2CO_2+H_2O$

분해폭발로 인하여 압력을 가하여 충전할 수 없고 녹이면서 충전하므로 용해가스라 하며, 용제는 아세톤, DMF 등이며 용기 내부의 공간확산을 방지하기 위하여 다공물질을 넣는다. 다공물질의 종류에는 석면, 규조토, 목탄, 석회, 다공성 플라스틱, 탄산마그네슘 등이 있다. 법규상의 다공도는 75~92%이며,

다공도(%) = $\dfrac{V-E}{V} \times 100$

여기서, V : 다공물질의 용적(m^3)

E : 침윤 잔용적(m^3)

Cu, Ag, Hg 등과 화합 시 폭발성 물질인 Cu_2C_2, Ag_2C_2, Hg_2C_2 등이 생성하여 약간의 충격에도 폭발의 우려가 있으므로 동 사용 시 함유량 62% 미만의 동합금을 사용한다.

충전 중 압력은 2.5MPa 이하로 하여야 하나 2.5MPa 이상으로 압축 시 N_2, CH_4, CO, C_2H_4, H_2, C_3H_8 등의 희석제를 첨가하고 충전 후는 15℃에서 1.5MPa 정도이다.

제조법은 CaC_2(카바이드)에 물을 가하면 C_2H_2이 생성된다.

$CaC_2+2H_2O \rightarrow C_2H_2+Ca(OH)_2$

3. 카바이드 취급 시 주의사항

① 우천 시 수송금지
② 저장실은 통풍을 양호하게 할 것
③ 드럼통은 안전하게 취급
④ 타 가연물과 혼합적재 금지

※ C_2H_2 용도 : 초산비닐, 염화비닐, 폴리비닐의 제조, 산소아세틸렌 용접용으로 사용

33 아세틸렌(C_2H_2)의 용도를 설명한 것 중에서 틀린 것은?

① 아세톤의 제조
② 초산비닐의 제조
③ 폴리비닐에테르의 제조
④ 폴리부타디엔고무 제조

34 아세틸렌의 충전작업 시 올바른 것은?

① 충전 중의 압력은 온도에 관계없이 2.5MPa 이하로 할 것
② 충전 후의 압력은 15℃에서 2.05MPa 이하로 할 것
③ 충전 후 12시간 정치할 것
④ 충전은 빠르게 할 것이며, 2~3회 걸쳐서 한다.

해설

- 모든 가스는 충전 후 24시간 정치한다.
- 충전은 서서히 한다.

35 다음 중 아세틸렌용기에 충전하는 다공성 물질이 아닌 것은?

① 폴리에틸렌
② 규조토
③ 탄화마그네슘
④ 다공성 플라스틱

36 다음 ( ) 안에 알맞은 것은?

> 아세틸렌가스를 용기에 충전 시는 온도에 관계없이 ( )MPa 이하로 하고, 충전한 후의 압력은 ( )℃에서 1.5MPa 이하가 되도록 한다.

① 46.5, 35 ② 35, 20
③ 2.5, 15 ④ 1.8, 1.5

37 용해아세틸렌(Soluble Acetylene)에 대한 설명 중 틀린 것은?

① 아세틸렌을 압축해서 액화시킨다.
② 아세톤의 존재하에서는 폭발이 일어나지 않는다.
③ 가열, 충격, 마찰 등의 원인으로 탄소와 수소로 자기분해한다.
④ 구리, 은, 수은 또는 그 화합물과 화합하면 폭발하여 착화원으로 된다.

정답 33.④ 34.① 35.① 36.③ 37.①

38 아세틸렌 제조설비에 관한 사항 중 틀린 것은?

① 아세틸렌 충전용 지관에는 탄소 함유량 0.1% 이하의 강을 사용한다.
② 아세틸렌에 접촉하는 부분에는 동 함유량이 60% 이상 70% 이하의 것이 허용된다.
③ 아세틸렌 충전용 교체밸브는 충전장소와 격리하여 설치한다.
④ 압축기와 충전장소 사이에는 보안벽을 설치한다.

해설

- C_2H_2 충전용 지관은 탄소 함유량 0.1% 이하의 강을 사용한다.
- 동 함유량은 62% 미만이어야 한다.

39 아세틸렌에 관한 다음 사항 중 틀린 것은?

① 아세틸렌은 공기보다 가볍고, 무색인 가스이다.
② 아세틸렌은 구리, 은, 수은 및 그 합금과 폭발성의 화합물을 만든다.
③ 폭발범위는 수소보다 좁다.
④ 공기와 혼합되지 아니하여도 폭발하는 경우가 있다.

해설

③ 가연성 가스 중 C_2H_2의 폭발범위가 가장 넓다.

40 다음 가스 중에서 폭발범위가 가장 넓은 것은?

① 수소
② 아세틸렌
③ 일산화탄소
④ 메탄

41 다음 중 분해폭발을 일으키는 가스는 어느 것인가?

① 마그네슘
② 아세틸렌
③ 액화가스
④ 탄닌

42 다음은 아세틸렌의 성질이다. 이 중 틀린 것은 어느 것인가?

① 고체 아세틸렌은 융해하지 않고, 승화한다.
② 액체 아세틸렌보다 고체 아세틸렌이 안정하다.
③ 무색 기체로서 에테르와 같은 향기가 있다.
④ 황산수은을 촉매로 수화 시 포름알데히드가 된다.

해설

$C_2H_2 + H_2O \rightarrow CH_3CHO$(아세트알데히드)

43 아세틸렌가스 충전 시에 희석제로서 부적합한 것은?

① 메탄　② 프로판
③ 수소　④ 이산화황

44 카바이드에 물을 작용시키거나 메탄나프타를 열분해함으로써 얻어지는 가스는?

① 산화에틸렌　② 시안화수소
③ 아세틸렌　④ 포스겐

45 다음 중 아세틸렌가스의 제조법으로 올바른 것은?

① 석회석을 물과 작용시킨다.
② 탄화칼슘을 물과 작용시킨다.
③ 수산화칼슘을 물과 작용시킨다.
④ 칼슘을 물과 작용시킨다.

해설

$CaC_2 + 2H_2O \rightarrow C_2H_2 + Ca(OH)_2$

46 수소, 아세틸렌 등과 같은 가연성 가스가 배관의 출구 등에서 대기 중에 유출연소하는 경우 다음 중 옳은 것은?

① 확산연소　② 증발연소
③ 분해연소　④ 표면연소

해설

공기보다 가벼운 C_2H_2, H_2 등은 확산연소이다.

정답 38.② 39.③ 40.② 41.② 42.④ 43.④ 44.③ 45.② 46.①

47 습식 아세틸렌 제조법 중에서 투입식의 특징이 아닌 것은?

① 대량 생산이 용이하다.
② 불순가스 발생이 적다.
③ 후기가스 발생이 많다.
④ 온도 상승이 느리다.

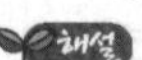

C_2H_2 발생기를 발생 형식에 따라 분류 시 주수식, 투입식, 침지식으로 나뉜다.
(1) 투입식의 특징
㉠ 공업적 대량 생산에 적합하다.
㉡ 불순가스 발생이 적다.
㉢ 온도 상승이 느리다.
(2) C_2H_2 발생기를 압력에 따라 분류 시
㉠ 저압식(7kPa 미만)
㉡ 중압식(7~130kPa)
㉢ 고압식(130kPa 이상)

48 습식 아세틸렌가스 발생기의 표면유지온도는?

① 110℃ 이하 ② 100℃ 이하
③ 90℃ 이하 ④ 70℃ 이하

습식 C_2H_2 발생기의 표면온도는 70℃ 이하이며, 최적온도는 50~60℃이다.

49 아세틸렌용기에 다공질물을 충전할 때 다공도의 기준은?

① 75~92% ② 65~75%
③ 90~98% ④ 45~60%

50 다음 화합물 중 유기화합물인 것은?

① 산소 ② 아세틸렌
③ 탄산가스 ④ 수소

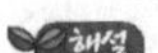

유기화합물이란 C, H, O로 이루어진 물질이며, C_2H_2, C_3H_8, C_2H_4O 등은 유기화합물에 속한다.

51 아세틸렌(Acetylene) 가스 용기에 대한 설명 중 맞지 않는 것은?

① 용기 내에 목탄, 규조토, 석면 등 다공성 물질이 들어있다.
② 용기 내에 일정비율 이상의 안전공간을 두어야 한다.
③ 용기 내에 아세톤을 넣고 아세틸렌가스는 그 아세톤에 용해시켜 저장한다.
④ 아세틸렌가스 용기로 용접용기를 쓸 수 없다.

④ C_2H_2은 용접용기에 속한다.

52 아세틸렌은 그 폭발범위가 넓어 매우 위험하다. 따라서 충전 시 아세톤에 용해시키는데, 15℃에서 아세톤 용적의 약 몇 배로 녹일 수 있는가?

① 10배 ② 15배
③ 20배 ④ 25배

25배 용해

53 다음은 아세틸렌 사용의 일반적인 주의사항이다. 틀린 것은?

① $1kg/cm^2$ 이상의 압력으로 사용하지 않는다.
② 용기밸브는 핸들을 1.5회전 이상 열지 않는다.
③ 아세틸렌은 용기 속의 전량을 소비하지 않는다.
④ 배관 등의 수리 시에는 용기밸브관을 닫고 수리한다.

① $1.5kg/cm^2$ 이상으로 사용하지 않는다.

54 아세틸렌 폭발 예방장치를 위한 조치로서 적당한 것은?

① 62% 이상 구리를 함유한 금속을 사용하지 않을 것
② 배관의 길이를 40m 이상으로 하지 않을 것
③ 발화물질과는 10cm 이상의 거리를 유지할 것
④ 배관용 파이프의 지름을 1인치보다 적은 것을 사용할 것

정답 47.③ 48.④ 49.① 50.② 51.④ 52.④ 53.① 54.①

55 아세틸렌용기에 불이 붙었을 때 취해야 할 조치 중 가장 좋지 않은 것은?

① 젖은 거적으로 용기를 덮는다.
② 소화기로 신속하게 소화한다.
③ 밸브를 닫는다.
④ 용기를 옥외로 내놓는다.

해설

① 가스 소화에는 분말소화기를 사용하므로 젖은 거적으로 소화하기에는 부적당하다.

56 아세틸렌은 일정압력에 도달하면 탄소와 수소로 분해하여 다량의 열을 발산한다. 아세틸렌의 분해한계압에 대한 설명 중 틀린 것은?

① 아세틸렌용기의 크기에 따라 분해한계압이 다르다.
② 아세틸렌의 온도에 따라 분해한계압이 다르다.
③ 아세틸렌에 물이 존재하면 분해한계압이 극히 낮아져 분해폭발을 일으킨다.
④ 아세틸렌은 혼합가스의 종류에 따라 분해한계압이 다르다.

57 공기액화분리장치에 들어가는 공기 중 아세틸렌가스가 혼합되면 안 되는 이유는?

① 산소와 반응하여 산소의 증발을 방해한다.
② 응고되어 돌아다니다가 산소 중에서 폭발할 수 있다.
③ 파이프 내에서 동결되어 파이프가 막히기 때문이다.
④ 질소와 산소의 분리작용을 방해하기 때문이다.

해설

공기액화분리장치의 폭발원인은 공기취입구로부터 C_2H_2의 혼입이다.

58 어느 가스용기에 구리관을 연결시켜 사용하고 있다. 사용 도중 구리관에 충격을 가하였더니 폭발사고가 발생하였다. 이 용기에 충전된 가스의 명칭은?

① 수소 ② 아세틸렌
③ 암모니아 ④ 염소

해설

Cu_2C_2(동아세틸라이트) 생성으로 폭발을 일으킴

59 아세틸렌가스 또는 압력이 9.8MPa 이상의 압축가스를 충전하는 데 있어서 압축기와 충전장소 사이 및 압축기와 당해 가스 충전용기 보관장소 사이에는 다음 중 어느 것을 설치하여야 하는가?

① 가스방출장치
② 방호벽
③ 파열판
④ 안전밸브

60 1kg의 카바이드(CaC_2)로 얻을 수 있는 아세틸렌의 체적은 표준상태에서 약 몇 L가 되겠는가? (단, 카바이드의 순도는 85%이고, CaC_2의 분자량은 64이다.)

① 180L ② 300L
③ 380L ④ 440L

해설

$CaC_2 + 2H_2O \rightarrow C_2H_2 + Ca(OH)_2$

1kg×0.85 : x(m³)

64kg : 22.4m³

$$\therefore x = \frac{1 \times 0.85 \times 22.4}{64} = 0.2975\text{m}^3 = 297.5\text{L} \fallingdotseq 300\text{L}$$

61 다음 염소에 대한 설명 중 틀린 것은?

① TLV-TWA 기준 허용농도 1ppm이다.
② 표백작용을 한다.
③ 독성이 강하다.
④ 기체는 공기보다 가볍다.

해설

허용농도 TLV-TWA, 허용농도 TLV-TWA(1ppm) LC_{50}(293ppm)

요약 염소(Cl_2)

1. 독성 가스, 조연성, 액화가스(용접용기)
2. 중화액 : NaOH 수용액, Na_2CO_3 수용액, [$Ca(OH)_2$=소석회]
3. 수분과 접촉 시 HCl(염산) 생성으로 부식을 일으키므로 수분 접촉에 주의

정답 55.① 56.③ 57.② 58.② 59.② 60.② 61.④

4. 윤활제, 건조제 : 진한 황산
5. 용도 : 상수도 살균, 염화비닐 합성 등에 사용
6. 누설검지 시험지 : KI 전분지(청변)
7. NH_3와 반응 시 NH_4Cl(염화암모늄)의 흰 연기가 발생하므로 누설검지액으로 암모니아수 사용

62 염소 기체를 건조하는 데 가장 적당한 것은?

① 생석회 ② 가성소다
③ 진한 황산 ④ 진한 질산

63 다음 중 조연성 기체는 무엇인가?

① NH_3 ② C_2H_4
③ Cl_2 ④ H_2

64 염소의 성질과 고압장치에 대한 부식성에 관한 설명으로 틀린 것은?

① 고온에서 염소가스는 철과 직접 심하게 작용한다.
② 염소는 압축가스 상태일 때 건조한 경우에는 심한 부식성을 나타낸다.
③ 염소는 습기를 띠면 강재에 대하여 심한 부식성을 가지고 용기밸브 등이 침해된다.
④ 염소는 물과 작용하여 염산을 발생시키기 때문에 장치재료로는 내산도기, 유리, 염화비닐이 가장 우수하다.

65 염소가스에 대한 보기의 설명은 모두 잘못되었다. 옳게 고쳐진 것은?

> ㉠ 건조제 : 진한 질산
> ㉡ 압축기용 윤활유 : 진한 질산
> ㉢ 용기의 안전밸브 종류 : 스프링식
> ㉣ 용기의 도색 : 흰색

① ㉠ 진한 염산 ② ㉡ 묽은 황산
③ ㉢ 가용전식 ④ ㉣ 녹색

해설
- 안전밸브 형식(가용전식)
- 가용전식으로 쓰는 가스의 종류 : Cl_2, C_2H_2
- 염소용기 도색(갈색)

66 염소의 제법을 공업적인 방법으로 설명한 것이다. 틀린 것은?

① 격막법에 의한 소금의 전기분해
② 황산의 전해
③ 수은법에 의한 소금의 전기분해
④ 염산의 전해

해설
황산을 전해 시 염소가스가 생성되지 않는다.
- 소금물 전기분해법(수은법, 격막법)
  $2NaCl + 2H_2O \rightarrow 2NaOH + H_2 + Cl_2$
- 염산의 전해 : $2HCl \rightarrow H_2 + Cl_2$

67 액화염소 142g을 기화시키면 표준상태에서 몇 L의 기체염소가 되는가?

① 34L ② 34.8L
③ 44L ④ 44.8L

$\frac{142}{71} \times 22.4L = 44.8L$

68 염소가스를 다량 소비하는 경우에 해당되지 않는 공급방식은?

① 저장탱크방식
② 집합장치방식
③ 용기방식
④ 반응탱크방식

해설
염소가스의 공급방식
㉠ 저장탱크방식
㉡ 집합장치방식
㉢ 용기방식

69 액체염소 제조설비에서 염소가스의 액화방법에 해당하지 않는 것은?

① 고압법 ② 중압중냉법
③ 상압저온법 ④ 냉각흡수법

해설
염소가스의 액화방법
㉠ 고압법
㉡ 상압저온법
㉢ 냉각흡수법

정답 62.③ 63.③ 64.② 65.③ 66.② 67.④ 68.④ 69.②

70 염소에 다음 물질을 혼합했을 때 폭발의 위험이 있는 것은?

① 일산화탄소
② 탄소
③ 수소
④ 이산화탄소

해설

염소는 조연성이므로 가연성과 혼합 시 폭발의 위험이 있다.

71 염소 저장실에는 염소가스 누설 시 제독제로서 적당하지 않은 것은?

① 가성소다
② 소석회
③ 탄산소다 수용액
④ 물

72 [보기]의 성질을 만족하는 기체는 다음 중 어느 것인가?

> ㉠ 독성이 매우 강한 기체이다.
> ㉡ 연소시키면 잘 탄다.
> ㉢ 물에 매우 잘 녹는다.

① HCl ② NH_3
③ CO ④ C_2H_2

해설

NH_3(암모니아)

㉠ 분자량 17g, 독성 TLV－TWA 25ppm, 가연성 15~28%
㉡ 물 1L에 NH_3를 800배 용해하므로 중화제로는 물을 사용한다.
㉢ 동, 은, 수은 등과 화합 시 착이온 생성으로 부식을 일으키므로 동 함유량 62% 미만이어야 한다.
㉣ 충전구 나사는 오른나사(다른 가연성 가스는 왼나사)이며, 전기설비는 방폭구조가 필요없다.
㉤ 누설검지 시험지 : 적색 리트머스지(청변)

> NH_3 누설검지법
> － 적색 리트머스지(청변)
> － 네슬러시약(황갈색)
> － 염산과 반응 시 염화암모늄(NH_4Cl) 흰 연기
> － 취기냄새

㉥ 비등점 : －33.4℃
㉦ 증발잠열을 이용해 냉동제로 사용한다.

73 독성이고 가연성이 있으며, 냉동제로 이용할 수 있는 것은?

① $CHCl_3$ ② CO_2
③ Cl_2 ④ NH_3

74 암모니아 합성법 중 특수한 촉매를 사용하여 낮은 압력 하에서 조작하는 방법은?

① 하버－보시법
② 클로우드법
③ 카자레법
④ 후우데법

해설

반응압력에 따른 구분
㉠ 고압합성(60~100MPa) : 클로우드법, 카자레법
㉡ 중압합성(30MPa) : 뉴파우더법, IG법, 케미그법, 동공시법
㉢ 저압합성(15MPa) : 케로그법, 후우데법

75 다음 금속 중 암모니아와 착이온을 생성하는 금속류가 아닌 것은?

① Cu ② Zn
③ Ag ④ Fe

76 암모니아가스의 저장용 탱크로 적합한 재질은 다음 중 어느 것인가?

① 동합금 ② 순수 구리
③ 알루미늄합금 ④ 철합금

77 실험실에서 제조된 암모니아의 건조제는?

① CaO ② $CaCl_2$
③ c－H_2SO_4 ④ PO_3

해설

CaO(산화칼슘)(＝생석회)

78 다음 암모니아 합성공정에서 중압법이 아닌 것은?

① IG법 ② 뉴파우더법
③ 카자레법 ④ 동공시법

정답 70.③ 71.④ 72.② 73.④ 74.④ 75.④ 76.④ 77.① 78.③

79 암모니아가 공기 중에서 완전연소됨을 나타내는 식은?

① $4NH_3+3O_2 \rightarrow 2N_2+6H_2O$
② $4NH_3+5O_2 \rightarrow 4NO+6H_2O$
③ $4NH_3+7O_2 \rightarrow 4NO+6H_2O$
④ $2NH_3+2O_2 \rightarrow 4NO+6H_2O$

80 다음 기체 중 헨리의 법칙에 적용되지 않는 것은 어느 것인가?

① CO_2　② O_2
③ H_2　④ NH_3

헨리의 법칙 : 물에 약간 녹는 기체(O_2, H_2, N_2, CO_2) 등에만 적용되며, NH_3와 같이 물에 다량으로 녹는 기체는 적용되지 않는다.

81 상온의 9기압에서 액화되며, 기화할 때 많은 열을 흡수하기 때문에 냉동제로 쓰이는 것은?

① 암모니아　② 프로판
③ 이산화탄소　④ 에틸렌

82 암모니아 제조법으로 맞는 것은?

① 격막법　② 수은법
③ 석회질소법　④ 액분리법

암모니아 제법
- 하버보시법 : $N_2+3H_2 \rightarrow 2NH_3$
- 석회질소법 : $CaCN_2+3H_2O \rightarrow 2NH_3+CaCO_3$

83 시안화수소를 장기간 저장하지 못하는 이유는?

① 중합폭발 때문에
② 산화폭발 때문에
③ 분해폭발 때문에
④ 촉매폭발 때문에

HCN는 중합폭발이 있다.

요약 시안화수소(HCN) → 독성(허용농도 TLV-TWA 10ppm), 가연성(폭발범위 6~41%)

1. 특유한 복숭아 냄새, 감 냄새
2. 중합폭발의 위험 → 충전 후 60일을 넘지 않게 한다.
   ↳ 수분이 2% 이상 함유되면 폭발　↳ HCN의 순도가 98% 이상이면 그러하지 않아도 된다.
3. 중합방지 안정제 : 황산, 염화칼슘, 인산, 동망, 오산화인, 동
4. 아세틸렌과 반응 시 아크릴로니트릴이 생성된다.
   $C_2H_2+HCN \rightarrow CH_2=CHCN$(아크릴로니트릴)
5. 제법
   - 앤드류소법 : 메탄과 암모니아가 반응, 백금로듐을 촉매로 사용하여 제조
     $CH_4+NH_3+\frac{3}{2}O_2 \rightarrow HCN+3H_2O$
   - 폼아미드법 : 일산화탄소 암모니아 반응, 폼아마드 생성, 탈수 후 제조
     $CO+NH_3 \rightarrow HCONH_2 \rightarrow HCN+H_2O$
6. 누설검지 시험지 : 질산구리벤젠지(초산벤젠지)(청변)
7. 용도 : 살충제

84 (　) 안에 알맞은 것은 어느 것인가?

> 용기에 충전한 시안화수소는 충전 후 (　)을 초과하지 아니할 것. 다만, 순도 (　) 이상으로서 착색되지 않은 것에 대하여는 그렇지 않다.

① 30일, 90%
② 30일, 95%
③ 60일, 98%
④ 60일, 90%

85 시안화수소를 저장할 때는 1일 1회 이상 충전용기의 가스누설검사를 해야 하는데 이때 쓰이는 시험지명은?

① 질산구리벤젠　② 발연황산
③ 질산은　④ 브롬

해설

시험지	검지가스	반 응
KI-전분지	Cl_2(염소)	청색
염화제1동착염지	C_2H_2(아세틸렌)	적색
하리슨씨 시험지	$COCl_2$(포스겐)	심등색(귤색)
염화파라듐지	CO(일산화탄소)	흑색
연당지	H_2S(황화수소)	흑색
질산구리벤젠지	HCN(시안화수소)	청색

정답 79.① 80.④ 81.① 82.④ 83.① 84.③ 85.①

86 시안화수소(HCN) 제법 중 앤드류소(Andru-ssow)법에서 사용되는 주원료는?

① 일산화탄소와 암모니아
② 포름아미드와 물
③ 에틸렌과 암모니아
④ 암모니아와 메탄

87 시안화수소를 용기에 충전하고 정치할 때 정치시간은 얼마로 하여야 하는가?

① 5시간 ② 20시간
③ 14시간 ④ 24시간

88 시안화수소(HCN) 가스의 취급 시 주의사항으로서 가장 관계가 없는 것은?

① 누설주의 ② 금속부식주의
③ 중독주위 ④ 중합폭발주의

89 다음 물질을 취급하는 장치의 재료로서 구리 및 구리합금을 사용해도 좋은 것은?

① 황화수소 ② 아르곤
③ 아세틸렌 ④ 암모니아

구리를 사용해서는 안 되는 가스는 H_2S, C_2H_2, NH_3, SO_2 등이며, 특히 구리와 반응이 심한 분말을 만드는 가스는 H_2S, SO_2 등이다.

90 산화에틸렌을 금속염화물과 반응 시 예견되는 위험은?

① 분해폭발 ② 중합폭발
③ 축합폭발 ④ 산화폭발

산화에틸렌(C_2H_4O)
㉠ 독성 1ppm, TLV－TWA 가연성 3~80%
㉡ 분해폭발 및 중합폭발을 동시에 가지고 있으며, 산화에틸렌이 금속염화물과 반응 시 일어나는 폭발은 중합폭발이다.
㉢ 중화액 : 물
㉣ 법규상 35℃에 0Pa 이상이면 법의 적용을 받는다.
㉤ 충전 시 45℃에서 0.4MPa 이상이 되도록 N_2, CO_2를 충전한다.
㉥ 제법 : C_2H_4의 접촉 기상산화법

$$C_2H_4 + \frac{1}{2}O_2 \rightarrow H_2C-CH_2 + 29kcal \quad (H_2C-CH_2 \text{ bridged by } O)$$

91 다음 중 산화에틸렌(C_2H_4O) 중화제로 쓰이는 것은?

① 물
② 가성소다
③ 알칼리수 용액
④ 암모니아수

92 구리와 접촉하면 심한 반응을 일으켜 분말상태로 만드는 가스는 다음 중 어느 것인가?

① 암모니아 ② 프레온 12
③ 아황산가스 ④ 탄산가스

93 다음 중 TLV－TWA 허용농도 0.1ppm으로서 농약 제조에 쓰이는 독성 가스는?

① CO ② $COCl_2$
③ Cl_2 ④ C_2H_4O

포스겐($COCl_2$)의 허용농도 : 0.1ppm(독성)

요약 포스겐
1. 제법 : $CO+Cl_2=COCl_2$
2. 가수분해 시 CO_2와 HCl(염산)이 생성(수분 접촉에 유의한다.)
   $COCl_2+H_2O \rightarrow CO_2+2HCl$
3. 중화액 : NaOH 수용액, 소석회
4. 건조제 : 진한 황산
5. 누설 시험지 : 하리슨씨 시험지(심등색, 귤색, 오렌지색)
6. 포스겐은 Cl_2와 거의 성질이 유사하다.

94 포스겐 운반 시 운반책임자를 동승하여야 하는 운반용량은?

① 10kg ② 100kg
③ 1000kg ④ 10000kg

법규상 (LC_{50}) 200ppm 미만인 독성은 $10m^3$, 100kg 이상 운반 시 운반책임자를 동승하여야 한다.

정답 86.④ 87.④ 88.② 89.② 90.② 91.① 92.③ 93.② 94.②

95 다음은 CO가스의 부식성에 대한 내용이다. 틀린 것은?

① 고온에서 강재를 침탄시킨다.
② 부식을 일으키는 금속은 Fe, Ni 등이다.
③ 고온, 고압에서 탄소강 사용이 가능하다.
④ Cr은 부식을 방지하는 금속이다.

해설

CO 부식명 : 카보닐(침탄)이며,
$Fe+5CO \rightarrow Fe(CO)_5$: 철카보닐
$Ni+4CO \rightarrow Ni(CO)_4$: 니켈카보닐
카보닐(침탄)은 고온고압에서 현저하며, 고온고압에서 CO를 사용 시 탄소강의 사용은 불가능하며, Ni－Cr계 STS를 사용하거나 장치 내면을 Cu, Al 등으로 라이닝한다.

요약 CO(일산화탄소)

1. 독성 25(TLV－TWA)ppm, 가연성 12.5~74%
2. 불완전연소 시 생성되는 가스
3. 상온에서 Cl_2와 반응하여 포스겐을 생성
4. 압력을 올리면 폭발범위가 좁아진다(다른 가스는 압력 상승 시 폭발범위가 넓어진다).
5. 누설검시 시험지 : 염화파라듐지(흑변)
   흡수액 : 염화제1동암모니아 용액
6. 압축가스로서 무이음용기에 충전
7. 제법
   • 개미산에 진한 황산을 가하여 얻는다.
   $HCOOH \rightarrow CO+H_2O$
   • 수성 가스법 : $C+H_2O \rightarrow CO+H_2$

96 다음 중 CO의 부식명은?

① 산화　② 강의 탈탄
③ 황화　④ 카보닐

97 일산화탄소는 상온에서 염소와 반응하여 무엇을 생성하는가?

① 포스겐　② 카보닐
③ 카복실산　④ 사염화탄소

98 다음 가스 중 공기와 혼합된 가스가 압력이 높아지면 폭발범위가 좁아지는 것은 어느 것인가?

① 메탄　② 프로판
③ 일산화탄소　④ 아세틸렌

99 다음 중 황화수소의 부식을 방지하는 금속이 아닌 것은?

① Cr　② Fe
③ Al　④ Si

해설

H_2S의 부식명은 황화이며, 이것을 방지하는 금속은 Cr, Al, Si이나 Cr은 40% 이상이면 오히려 부식을 촉진시킨다.

요약 황화수소(H_2S)

1. 독성 : 10ppm, 가연성 : 4.3~45%
2. 수분 함유 시 황산(H_2SO_4) 생성으로 부식을 일으킨다.
3. 누설검지 시험 시 연당지(초산납 시험지)는 황갈색 또는 흑색이다.
4. 중화제 : 가성소다 수용액, 탄산소다 수용액
5. 연소 반응식
   $2H_2S+3O_2 \rightarrow 2H_2O+2SO_2$(완전연소식)
   $2H_2S+O_2 \rightarrow 2H_2O+2S$(불완전연소식)

참고 모든 가스 제조에 황을 제거하는 탈황장치가 있는 이유는 황은 모든 금속에 치명적인 부식을 일으키는 가스이므로 반드시 제거하여야 하며, 대표적인 탈황장치로는 수소화 탈황장치가 사용된다.

100 가스 분석 시 이산화탄소 흡수제로 가장 많이 사용되는 것은?

① KCl　② $Ca(OH)_2$
③ KOH　④ NaCl

CO_2의 흡수액은 KOH 공기(산소) 중 CO_2의 흡수제는 NaOH, CO_2 중 수분흡수제는 CaO이다.

요약 CO_2(이산화탄소)

• 분자량 44g, 불연성 액화가스
• 허용농도 5000ppm → 독성은 아니다.
• 대기 중의 존재량은 약 0.03%인데 공기분리장치에서는 드라이아이스가 되므로 제거한다.
• 공기 중에 다량으로 존재하면 산소 부족으로 질식한다.
• 물에 용해 시 탄산을 생성하므로 청량 음료수에 이용된다.
  $H_2O+CO_2 \rightarrow H_2CO_3$
• 의료용 용기는 회색, 공업용은 청색이다.
• 제법
  － 대리석에 묽은 염산을 가하여 얻는다.
  $CaCO_3+2HCl \rightarrow CaCl_2+H_2O+CO_2$

정답 95.③ 96.④ 97.① 98.③ 99.② 100.③

– 탄산칼슘을 가열·열분해하여 얻는다.
$CaCO_3 \rightarrow CaO + CO_2$

• 용도
– 청량음료수 제조
– 소화제(가연성, 유류의 CO_2 분말소화제 사용)
– 드라이아이스 제조

참고 드라이아이스 제조 : CO_2를 100atm까지 압축한 뒤에 −25℃까지 냉각시키고 단열팽창하면 드라이아이스가 얻어진다.

101 CO_2의 성질에 대한 설명 중 맞지 않는 것은?
① 무색, 무취의 기체로 공기보다 무겁고 불연성이다.
② 독성 가스로 허용농도는 5000ppm이다.
③ 탄소의 연소 유기물의 부패발효에 의해 생성된다.
④ 드라이아이스 제조에 쓰인다.

102 질소의 용도가 아닌 것은?
① 비료에 이용
② 질산 제조에 이용
③ 연료용에 이용
④ 냉동제

질소는 불연성 가스이므로 연료로 사용되지 않는다.

요약 질소(N_2)
1. 분자량 28g 불연성 압축가스(모든 압축가스의 Fp(최고충전압력)은 150kg/cm^2(15MPa)이다.)
2. 공기 중 78.1% 함유
3. 고온고압에서 H_2와 작용해 NH_3를 생성
$N_2 + 3H_2 \rightarrow 2NH_3$
4. 비등점 : −195.8℃(식품의 급속동결용으로 사용)
5. 불활성이므로 독성·가연성 가스를 취급하는 장치의 수리, 청소 시 치환용 가스로 사용
6. 부식명 : 질화(방지금속 Ni)
7. 제법 : 공기액화분리법으로 제조(산소제법 참조)
8. 용도 : 식품 급속냉각용, 기밀시험용 가스, 암모니아, 석회질소, 비료의 원료

103 질소가스 용도가 아닌 것은?
① 고온용 냉동기의 냉매
② 가스설비의 기밀시험용
③ 금속의 산화방지용
④ 암모니아 석회질소의 비료원료

104 극저온용 냉동기의 급속동결냉매로 사용되는 것은?
① 프레온
② 암모니아
③ 질소
④ 탄산가스

105 다음 중 냉동기의 냉매로 사용되며, 독성이 없는 안정된 가스는?
① 암모니아 ② 프레온
③ 수소 ④ 질소

해설
프레온 가스는 냉동기의 냉매로 사용되는 대표적인 가스로서 F_2, Cl_2, C의 화합물이며 불연성, 독성이 없는 대단히 안정된 가스이다.

106 다음 비활성 기체는 방전관에 넣어 방전시키면 특유한 색상을 나타낸다. 빨간색을 나타내는 것은?
① Ar ② Ne
③ He ④ Kr

해설

희가스	발광색	희가스	발광색
He	황백색	Kr	녹자색
Ne	주황색	Xe	청자색
Ar	적색	Rn	청록색

107 Al의 용접 시에 특별히 사용되는 기체는?
① C_2H_2
② H_2
③ Ar
④ Propane

해설
Ar의 용도 : 전구에 사용, Al과 용접 시 사용한다.

108 전구에 넣어서 산화방지와 증발을 막는 불활성 기체는?
① Ar ② Ne
③ He ④ Kr

정답 101.② 102.③ 103.① 104.③ 105.② 106.① 107.③ 108.①

해설

희가스
- 종류 : He, Ne, Ar, Kr, Xe, Rn
- 주기율표 0족, 타원소와 화합하지 않으나 Xe와 불소 사이에 몇 가지 화합물이 있다.
- 용도

 ┌가스 크로마토그래피에서 운반용 가스(캐리어가스)로 사용
 └Ne : 네온사인용, Ar : 전구 봉입용

109 가스 크로마토그래프에서 운반용 가스(캐리어가스)로 사용하지 않는 것은?

① H_2 ② He
③ N_2 ④ O_2

110 프레온 냉매가 실수로 눈에 들어갔을 경우 눈 세척에 쓰이는 약품으로 적당한 것은?

① 와세린
② 희붕산 용액
③ 농피크린산 용액
④ 유동 파라핀과 점안기

111 다음 중 충전한 방전관의 발광색으로 옳지 않은 것은?

① He : 황백색 ② Ne : 주황색
③ Ar : 적색 ④ Rn : 청자색

Rn : 청록색

112 LP가스의 성질 중 옳지 않은 것은?

① 상온 · 상압에서 기체이다.
② 비중은 공기의 0.8~1배가 된다.
③ 무색 투명하다.
④ 물에 녹지 않고 알코올에 용해된다.

해설

LP가스의 성질
- 상온 · 상압에서는 기체이다.
- 비중은 공기의 1.5~2배이다.

요약 1. LP가스
- C_3H_8(프로판), C_4H_{10}(부탄), C_3H_6(프로필렌), C_4H_8(부틸렌), C_4H_6(부타디엔) 등
- 공기 중의 비중은 공기의 약 1.5~2배, 낮은 곳에 체류하기 쉽고 인화폭발의 위험성이 크다.
- 천연고무를 잘 용해한다(배관 시 패킹제로는 합성고무제(실리콘 고무)를 사용한다).

2. 폭발범위
- C_3H_8=2.1~9.5%, 비등점 −42℃, 기화방식=자연기화방식(가정용)
- C_4H_{10}=1.8~8.4%, 비등점 −0.5℃, 기화방식=강제기화방식(공업용)

3. LP가스의 특성
- 가스는 공기보다 무겁다$\left(\frac{44}{29}=1.52,\ \frac{58}{29}=2\right)$.
- 액은 물보다 가볍다(액비중 0.5).
- 기화, 액화가 용이하다.
- 기화 시 체적이 커진다(액체 1L~기체 250L).

4. LP가스 연소특성
- 연소속도가 늦다 : 타 가연성 가스에 비하여 연소속도가 느리다.
- 연소범위가 좁다 : 타 가연성 가스에 비하여 연소범위가 좁다.
- 연소 시 다량의 공기가 필요하다.
- 발열량이 크다.
- 발화온도가 높다 : 타 가연성 가스에 비하여 불이 늦게 붙는다.

특성 / 가스 종류	분자량	기체 비중	액비중	비등점	기화 방식	1mol에 대한 공기배수
C_3H_8	44g	1.52	0.509	−42℃	자연 기화방식	24mol
C_4H_{10}	58g	2	0.582	−0.5℃	강제 기화방식	31mol

113 C_3H_8 액체 1L는 기체로 250L가 된다. 10kg의 C_3H_8을 기화하면 몇 m^3가 되는가? (단, 액비중은 0.5이다.)

① $1m^3$ ② $2m^3$
③ $3m^3$ ④ $5m^3$

해설

10kg÷0.5kg/L= 20L
∴ 20×250=5000L= $5m^3$

114 C_3H_8 10kg은 표준상태에서 몇 m^3인가?

① $1m^3$ ② $2m^3$
③ $3m^3$ ④ $5m^3$

정답 109.④ 110.② 111.④ 112.② 113.④ 114.④

해설

문제 113번과 비교할 것

10kg : $x(m^3)$

44kg : $22.4m^3$

$\therefore x = \frac{10}{44} \times 22.4 = 5.09m^3$

115 C_3H_8 1mol당 발열량은 530kcal이다. 1kg당 발열량은 얼마인가?

① 10000kcal/kg ② 11000kcal/kg
③ 12000kcal/kg ④ 13000kcal/kg

해설

$C_3H_8 + 5O_2 \rightarrow 3CO_2 + 4H_2O + 530kcal/mol$

44g : 530kcal

1kg(1000g) : x

$\therefore x = \frac{1000 \times 530}{44} = 12045kcal/kg \fallingdotseq 12000kcal/kg$

같은 방법으로 $1m^3$당 발열량은

$C_3H_8 + 5O_2 \rightarrow 3CO_2 + 4H_2O + 530kcal$

22.4L : 530kcal

$1m^3(1000L)$: x

$\therefore x = \frac{1000 \times 530}{22.4} = 23660kcal/m^3 \fallingdotseq 24000kcal/m^3$

C_4H_{10}의 1mol당 발열량은 700kcal/mol이므로 동일한 방법으로 계산하면 31000kcal/m^3이 계산된다.

116 LP가스의 장점이 아닌 것은?

① 점화 · 소화가 용이하며, 온도조절이 간단하다.
② 발열량이 높다.
③ 직화식으로 사용할 수 있다.
④ 열효율이 낮다.

해설

④ 열효율이 높다.

117 액화석유가스(LPG)의 주성분은?

① 메탄 ② 에탄
③ 프로판 ④ 옥탄

118 액화석유가스가 누설된 상태를 설명한 것이 아닌 것은?

① 공기보다 무거우므로 바닥에 고이기 쉽다.
② 누설된 부분의 온도가 급격히 내려가므로 서리가 생겨 누설 개소가 발견될 수 있다.
③ 빛의 굴절률이 공기와 달라 아지랑이와 같은 현상이 나타나므로 발견될 수 있다.
④ 대량 누설되었을 때도 순식간에 기화하므로 대기압하에서는 액체로 존재하는 일이 없다.

119 LPG란 액화석유가스의 약자로서 석유계 저급탄화수소의 혼합물이다. 이의 주성분으로서 틀린 것은?

① 프로필렌 ② 에탄
③ 부탄 ④ 부틸렌

120 다음 설명 중 옳은 것은?

① 프로판은 공기와 혼합만 되면 연소한다.
② 프로판은 혼합된 공기와의 비율이 폭발범위 안에서 연소한다.
③ LPG는 충격에 의해 폭발한다.
④ LPG는 산소가 적을수록 완전연소한다.

121 LP가스 수송관의 연결부에 사용되는 패킹으로 적당한 것은?

① 종이 ② 구리
③ 합성고무 ④ 실리콘고무

해설

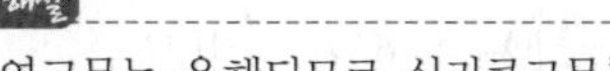

천연고무는 용해되므로 실리콘고무를 사용한다.

122 알칸족 탄화수소의 일반식은?

① C_nH_{2n}
② C_nH_{2n-2}
③ C_nH_{2n+1}
④ C_nH_{2n+2}

해설

알칸족 C_nH_{2n+2}(−안), 알켄족 C_nH_{2n}(−엔), 알킨족 C_nH_{2n-2}(−인), 알코올기 C_nH_{2n+1}

요약 탄화수소란 탄소와 수소의 화합물로서 다음과 같은 종류가 있다.

정답 115.③ 116.④ 117.③ 118.④ 119.② 120.② 121.④ 122.④

알칸족 C_nH_{2n+2}	알켄족 C_nH_{2n}	알킨족 C_nH_{2n-2}	비 고
$n=1$ CH_4(메탄)	–	–	$n=1\sim4$: 기체
$n=2$ C_2H_6(에탄)	C_2H_4 (에틸렌)	C_2H_2 (아세틸렌)	$n=5\sim15$: 액체
$n=3$ C_3H_8(프로판)	C_3H_6 (프로펜)	C_3H_4 (프로핀)	$n=16$ 이상 : 고체
$n=4$ C_4H_{10}(부탄)	C_4H_8 (부텐)	C_4H_6 (부틴)	알칸 : 단일결합
$n=5$ C_5H_{12}(펜탄)	C_5H_{10} (펜텐)	C_5H_8 (펜틴)	알켄 : 이중결합 알킨 : 삼중결합 알킨족이 반응성이 가장 크다.

일반식이 같은 것으로 되어 있는 탄화수소를 동족체라 한다.

123 다음 중 동족체가 아닌 것은?

① CH_4 ② C_3H_4
③ C_2H_6 ④ C_4H_{10}

124 C_3H_8 연소반응식이 맞는 것은?

① $C_3H_8+5O_2 \rightarrow 2CO_2+3H_2O$
② $C_3H_8+4O_2 \rightarrow 3CO_2+4H_2O$
③ $C_3H_8+5O_2 \rightarrow 3CO_2+4H_2O$
④ $C_3H_8+3O_2 \rightarrow 3CO_2+4H_2O$

해설

$C_3H_8+5O_2 \rightarrow 3CO_2+4H_2O$

요약 탄화수소의 완전연소 시 생성물은 CO_2와 H_2O가 생성된다.

$C_mH_n+\left(m+\frac{n}{4}\right)O_2 \rightarrow mCO_2+\frac{n}{2}H_2O$

〈연소반응식을 완성하는 방법〉
탄화수소는 연소(산소와 결합) 시 CO_2와 H_2O가 생성되므로
$C_3H_8+(\quad)O_2 \rightarrow (\quad)CO_2+(\quad)H_2O$
C=3이므로 CO_2의 계수는 3
H=8이므로 H_2O의 계수는 4
$3CO_2$, $4H_2O$에서 산소 개수는 3×2=6, 4×1=4이므로 10개가 되며, 이것은 반응족의 산소와 계수를 맞추면 $5O_2$가 된다.
∴ $C_3H_8+5O_2 \rightarrow 3CO_2+4H_2O$이다.
$CH_4+2O_2 \rightarrow CO_2+2H_2O$
$C_2H_2+2.5O_2 \rightarrow 2CO_2+H_2O$
$C_4H_{10}+\frac{13}{2}O_2 \rightarrow 4CO_2 \rightarrow 5H_2O$ 또는
$2C_4H_{10}+13O_2 \rightarrow 8CO_2+10H_2O$
$C_2H_4O+2.5O_2 \rightarrow 2CO_2+2H_2O$

125 용기에 충전된 액화석유가스(LPG)의 압력에 대하여 틀린 것은?

① 가스량이 반이 되면 압력도 반이 된다.
② 온도가 높아지면 압력도 높아진다.
③ 압력은 온도에 관계없이 가스충전량에 비례한다.
④ 압력은 규정량을 충전했을 때 가장 높다.

해설

① 가스량이 반일 때 압력이 반이 되는 것은 압축가스에 해당되며, 액화가스와는 다르다.

126 C_3H_8 10kg 연소 시 필요한 산소는 몇 m^3인가?

① $20m^3$ ② $21m^3$
③ $22m^3$ ④ $25m^3$

해설

$C_3H_8+5O_2 \rightarrow 3CO_2+4H_2O$
44g : 5×22.4L
10kg : $x(m^3)$
$\therefore x=\frac{10\times5\times22.4}{44}=25.45m^3$

요약 탄화수소의 계산식

C_3H_8	+	$5O_2$	→	$3CO_2$	+	$4H_2O$
1mol		5mol		3mol		4mol
22.4L		5×22.4L		3×22.4L		4×22.4L
44g		5×32g		3×44g		4×18g

상기 내용은 반응식 자체의 값이므로 C_3H_8 1mol당 산소 5mol이므로 C_3H_8 2mol당 산소는 10mol의 계산이 된다.
단, 공기량 계산 시 체적을 구할 때는 산소$\times\frac{100}{21}$=공기가 되고, 중량을 구할 때는 산소$\times\frac{100}{23.2}$=공기가 된다.
공기 중 산소의 부피(체적)%는 21%이며, 무게(중량)%는 23.2%이다.
공기 $100m^3$ 산소의 양은 $21m^3$, 공기 100kg 중 산소의 양은 23.2kg이므로 산소 $21m^3$을 얻기 위한 공기량은 $100m^3$가 되므로 계산과정은 $21\times\frac{100}{21}=100$이 된다. 중량도 동일한 내용이다.

정답 123.② 124.③ 125.① 126.④

127 CH_4 48g 연소 시 필요한 공기는 몇 L, 몇 g인가?

① 600L, 510g ② 610L, 532g
③ 630L, 542g ④ 640L, 828g

$CH_4 + 2O_2 \rightarrow CO_2 + 2H_2O$
16g : 2×22.4L
48g : x(L)

$x = \frac{48}{16} \times 2 \times 22.4L = 134.4L$

$\therefore\ 134.4 \times \frac{100}{21} = 640L$

$CH_4 + 2O_2 \rightarrow CO_2 + 2H_2O$
16g : 2×32g
48g : x(g)

$x = \frac{48 \times 2 \times 32}{16} = 192g$

$\therefore\ 192 \times \frac{100}{23.2} = 827.5g$

128 프로판 충전용 용기로 쓰이는 것은?

① 이음매 없는 용기 ② 용접용기
③ 리벳용기 ④ 주철용기

129 다음 원소 중 이온화에너지가 제일 큰 것은?

① Ar ② Ne
③ He ④ Kr

130 이황화탄소(CS_2)의 폭발범위는?

① 1.2~44% ② 1~44.5%
③ 12~44% ④ 15~49%

131 다음 중 LNG의 주성분은?

① CH_4 ② C_2H_8
③ C_3H_8 ④ C_4H_{10}

LNG(액화천연가스) : 주성분은 CH_4이다.

요약 CH_4(메탄)
1. 분자량 : 16g, 비등점 : −162℃, 폭발범위(5~15%)
2. 염소와 반응 시 염소화합물을 생성
- $CH_4 + Cl_2 \rightarrow HCl + CH_3Cl$(염화메틸) : 냉동제
- $CH_3Cl + Cl_2 \rightarrow HCl + CH_2Cl_2$(염화메틸렌) : 소독제
- $CH_2Cl_2 + Cl_2 \rightarrow HCl + CHCl_3$(클로로포름) : 마취제
- $CHCl_3 + Cl_2 \rightarrow HCl + CCl_4$(사염화탄소) : 소화제

132 메탄(CH_4) 가스에 대한 다음 사항 중 틀린 것은?

① 고온도에서 수증기와 작용하면 일산화탄소와 수소의 혼합가스를 생성한다.
② 무색, 무취의 기체로서 잘 연소하며, 분자량은 16.04이다.
③ 폭발범위는 5~15% 정도이다.
④ 임계압력은 85.4atm 정도이다.

해설

① $CH_4 + H_2O \rightarrow CO + 3H_2$
④ 임계압력 : 45.8atm

133 표준상태에서 산소 1g mol의 밀도는 얼마인가?

① 0.0149g/L ② 0.1429g/L
③ 1.429g/L ④ 14.29g/L

해설

가스의 밀도가 $\frac{M(g)}{22.4L}$ 이므로

$\frac{32g}{22.4L} = 1.429g/L$

134 다음 중 메탄의 제조방법이 아닌 것은?

① 천연가스에서 직접 얻는다.
② 석유정제의 분해가스에서 얻는다.
③ 석탄의 고압건류에 의하여 얻는다.
④ 코크스를 수증기 개질하여 얻는다.

135 나프타에 수증기를 사용하여 수소와 일산화탄소의 제조 시 다음 반응식에서 수소의 몰수는?

$$C_nH_m + nH_2O \rightleftarrows nCO + (\quad)H_2$$

① $m+n$ ② $\frac{m}{2}+n$
③ $2m+n$ ④ $m+\frac{n}{2}$

정답 127.④ 128.② 129.③ 130.① 131.① 132.④ 133.③ 134.④ 135.②

136 메탄(CH_4) 가스 10L를 완전연소시켰을 때 필요한 이론공기량은? (단, 공기 중의 산소량은 20%로 계산한다.)

① 100L ② 200L
③ 300L ④ 400L

$CH_4+2O_2 \rightarrow CO_2+2H_2O$

$\therefore\ 20\times\frac{1}{0.2}=100L$

137 아세틸렌가스가 공기 중에서 완전연소하기 위해서는 약 몇 배의 공기가 필요한가? (단, 공기는 질소가 80%, 산소가 20%이다.)

① 2.5배
② 5.5배
③ 10.5배
④ 12.5배

$C_2H_2+2.5O_2 \rightarrow 2CO_2+H_2O$

$\therefore\ 1:2.5\times\frac{100}{20}=12.5$

138 다음 [보기]에서 공기 중에 유출되면 낮은 곳으로 흘러 머무는 가스로만 된 것은?

> ㉠ 액화석유가스
> ㉡ 수소
> ㉢ 아세틸렌
> ㉣ 포스겐

① ㉠, ㉣ ② ㉡, ㉢
③ ㉢, ㉠ ④ ㉣, ㉡

해설

LPG(44.58g), H_2(2g), C_2H_2(26g), $COCl_2$(99g)

139 1mol의 메탄을 완전연소시키는 데 필요한 산소의 몰수는?

① 2mol ② 3mol
③ 4mol ④ 5mol

해설

$CH_4+2O_2 \rightarrow CO_2+2H_2O$

140 실험실에서 연료로 메탄올(CH_3OH)을 많이 사용한다. 메탄올 1분자를 완전연소시키는 데 필요한 산소의 분자수는?

① $\frac{2}{3}$ ② $\frac{3}{2}$
③ 2 ④ 3

해설

$CH_3OH+\frac{3}{2}O_2 \rightarrow CO_2+2H_2O$

141 다음 비활성 기체 중 1L의 중량이 제일 큰 것은 어느 것인가?

① He ② Ne
③ Kr ④ Rn

142 아르곤(Ar)의 비등점은 몇 ℃인가?

① −248.67℃
② −272.2℃
③ −186.2℃
④ −157.2℃

143 고압가스 제조장치의 기밀시험을 할 때 사용할 수 없는 기체는 어느 것인가?

① 공기 ② 이산화질소
③ 이산화탄소 ④ 질소

144 다음 기체 중에서 독성도 없고 가연성도 없는 것은?

① Cl_2 ② NH_3
③ $CHClF_2$ ④ C_2H_4O

145 다음 반응식 중 아세틸렌의 산화폭발에 해당하는 반응식은?

① $C_2H_2 \rightarrow 2C+H_2$
② $C_2H_2+2.5O_2 \rightarrow 2CO_2+H_2O$
③ $C_2H_2+2Cu \rightarrow Cu_2C_2+H_2$
④ $C_2H_2+2Ag \rightarrow Ag_2C_2+H_2$

정답 136.① 137.④ 138.① 139.① 140.② 141.④ 142.③ 143.② 144.③ 145.②

146 프로판이 공기와 혼합하여 완전연소할 수 있는 프로판의 최소 농도는 약 몇 %인가?

① 3　　② 4
③ 5　　④ 6

$C_3H_8 + 5O_2 \rightarrow 3CO_2 + 4H_2O$

1　5

$\therefore \dfrac{1}{1+5\times\dfrac{100}{21}} \times 100 \fallingdotseq 4\%$

147 염소가스 재해설비에서 흡수탑의 흡수효율은?

① 10% 이내　　② 10~20%
③ 90% 이내　　④ 90% 이상

정답 146.② 147.④

chapter 3 연소 · 폭발 · 폭굉

제3장의 핵심 포인트를 알려주세요.

제3장은 연소, 폭발, 폭굉에 대한 내용으로서 반드시 알고 넘어가야 할 내용이니 숙지하시길 바랍니다.

01 연 소

(1) 점화원의 종류

타격, 마찰, 충격, 전기불꽃, 단열압축, 정전기, 열복사, 자외선 등(점화원=불씨)

(2) 연소의 종류

① 증발연소 : 액체(알코올, 에테르), 고체(황, 나프탈렌)의 연소

② 분해연소 : 종이, 목재, 섬유(고체 물질의 연소)

③ 표면연소 : 코크스, 목탄(고체 물질의 연소)

④ 확산연소 : 가스의 연소

TIP 참고사항입니다. 가볍게 읽어보세요.

1. 고체 물질의 연소 : 증발(양초), 분해(종이, 목재), 표면(코크스) 연소 등
2. 액체 물질의 연소 : 증발, 분무 연소 등
3. 기체 물질의 연소 : 확산, 예혼합 연소 등이 있다.

02 발 화

(1) 착화온도(발화온도)

① 가연성 물질을 가열 시 점화원없이 스스로 연소하는 최저온도이다.
② 탄화수소의 발화점은 탄소수가 많을수록 낮아진다.

(2) 발화가 생기는 원인

온도, 압력, 조성, 용기의 크기와 형태

(3) 발화점에 영향을 주는 인자

① 가연성 가스와 공기의 혼합비(조성)
② 발화가 생기는 공간의 형태와 크기(용기의 크기와 형태)
③ 가열속도와 지속시간
④ 기벽의 재질과 촉매효과
⑤ 점화원의 종류와 에너지 투여법

03 폭굉(Detonation)

가스 중의 음속보다 화염전파속도가 큰 경우로 파면선단에 충격파라는 압력파가 발생, 격렬한 파괴작용을 일으키는 원인이다(화염전파속도=폭발속도).

(1) 폭굉유도거리(DID)

최초의 완만한 연소가 격렬한 폭굉으로 발전하는 거리

(2) 폭굉유도거리가 짧아지는 조건

① 정상연소속도가 큰 혼합가스일수록
② 관 속에 방해물이 있거나 관경이 가늘수록
③ 압력이 높을수록
④ 점화원이 에너지가 클수록

(3) 폭굉이 일어날 때

① 파면압력은 폭발 시의 2배 정도
② 폭발범위 측정 점화원 : 전기불꽃
③ 가연성 물질의 위험도의 기준 : 인화점
※ 인화점 : 가연물 가열 시 가연성 증기가 연소하한에 달하는 최저온도

04 소화기

① A급 화재(백색) : 목재, 종이
② B급 화재(황색) : 유류, 가스
③ C급 화재(청색) : 전기
④ D급 화재(없음) : 금속

05 위험도(H)

$$위험도(H)=\frac{U-L}{L}$$

여기서, U : 폭발상한값(%)
L : 폭발하한값(%)

예제 C_2H_2의 폭발범위가 2.5~81%일 때 위험도는?

풀이 $위험도(H)=\frac{81-2.5}{2.5}=31.4$

06 연소 및 폭발

(1) 연소

산소와 가연성 물질이 결합하여 빛과 열을 수반하는 산화반응

① 연소의 3요소 : 가연물, 산소공급원, 점화원
② 연소파 : 화염의 진행속도
 ㉠ 가스의 정상연소속도 : 0.03~10m/sec
 ㉡ 폭굉의 속도 : 1000~3500m/sec
 ㉢ 수소가스의 폭굉속도 : 1400~3500m/sec
 ㉣ 정전기 방지대책 : 공기이온화, 접지, 상대습도 70% 이상 유지

(2) 폭발

① 분해폭발 : C_2H_2, C_2H_4O, N_2H_4
② 밀폐공간의 가스폭발 : 가스가 팽창하여 0.7~0.8MPa의 고압이 되어 용기를 파괴
③ 밀폐공간에서 가스가 폭발하여 기물과 건물을 파괴 시 : 압력은 1.5~1.6MPa

(3) 안전간격 및 폭발등급

① 일반적으로 가연성 가스의 폭발범위는 압력이 높을수록 넓어진다(CO는 제외).

② 안전간격 : 8L의 구형 용기 안에 폭발성 혼합가스를 채우고 화염전달 여부를 측정, 화염이 전파되지 않는 간격이다.

③ 안전간격에 따른 폭발등급

㉠ 1등급 : 안전간격 0.6mm 이상(메탄, 에탄, 프로판)(주로 폭발범위가 좁은 가스)

㉡ 2등급 : 안전간격 0.6~0.4mm(에틸렌, 석탄가스)

㉢ 3등급 : 안전간격 0.4mm 이하(수소, 아세틸렌, 수성 가스, 이황화탄소 등)(폭발범위가 넓은 가스)

TIP 안전간격에 대한 보충내용입니다. 가볍게 읽어보세요.

1. 안전간격 : 화염이 전파되지 않는 한계의 틈
2. 안전간격이 넓은 가스는 안전하고, 안전간격이 좁은 가스는 위험하다.

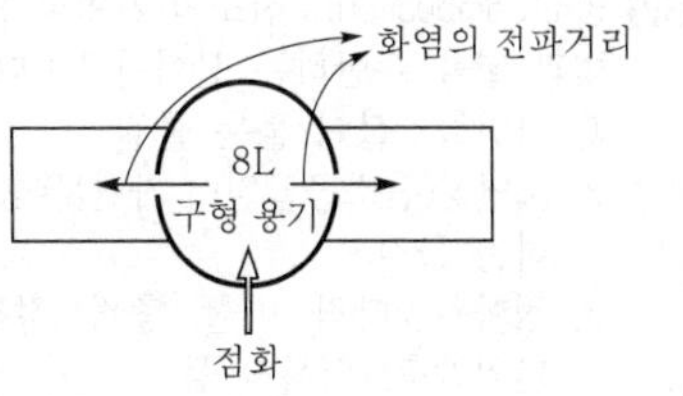

출/제/예/상/문/제

01 다음 중 연소의 3요소에 해당하는 것은?

① 가연물, 공기, 조연성
② 가연물, 조연성, 점화원
③ 가연물, 산소, 열
④ 가연물, 탄산가스, 점화원

연소의 3요소 : 가연물, 산소공급원(조연성), 점화원

요약 연소(Combustion) : 산소와 가연성 물질과 결합하여 빛과 열을 수반하는 산화반응이다.
1. 가연물 : 불이 붙는 물질
2. 조연성(산소공급원) : 가연물이 불 붙는데 보조하는 물질
3. 점화원 : 타격, 마찰, 충격, 정전기, 전기불꽃, 단열압축, 열복사 등

02 액체물질의 가장 효과적인 연소는?

① 표면연소
② 액적(분무)연소
③ 증발연소
④ 확산연소

해설

액체물질이 가지는 가장 효과적인 연소는 분무연소이며, 액체의 보편적인 연소는 증발연소이다.

요약 1. 기체연소 : 예혼합, 확산
2. 액체연소 : 증발, 분무, 분해
3. 고체연소 : 표면, 분해, 증발, 자기
• 분해 : 종이, 목재, 섬유
• 표면 : 코크스, 목탄

03 다음 중 가스의 정상연소속도는?

① 0.5~10m/s ② 0.03~10m/s
③ 10~20m/s ④ 20~30m/s

해설

• 가스의 정상연소속도 : 0.03~10m/s
• 폭굉의 연소속도 : 1000~3500m/s(수소의 폭굉속도는 1400~3500m/s)

04 연소속도가 빨라지는 조건에 해당되지 않는 것은?

① 온도가 높을수록
② 압력이 높을수록
③ 농도가 클수록
④ 열전도가 빠를수록

열전도가 작을수록 연소속도가 빠르며, 압력이 높을수록 연소속도가 빨라지고 연소범위도 넓어지나 CO는 압력이 높을수록 연소범위가 좁아진다.

05 다음 중 착화온도가 가장 높은 기체는?

① CH_4 ② C_2H_6
③ C_3H_8 ④ C_4H_{10}

탄화수소에서 탄소수가 많을수록 착화점이 낮다.

요약 1. 착화(발화)점 : 가연성 물질이 연소 시 점화원 없이 스스로 연소하는 최저온도
2. 인화점 : 가연성 물질이 연소 시 점화원을 가지고 연소하는 최저온도(가연증기가 하한에 도달)

참고 위험성의 척도 : 인화점
탄화수소에서 탄소수가 많을수록
• 폭발하한이 낮아진다.
• 비등점이 높아진다.
• 폭발범위가 좁아진다.
• 발화점이 낮아진다.

06 다음 중 발화가 생기는 요인이 아닌 것은?

① 온도 ② 농도
③ 조성 ④ 압력

해설

(1) 발화가 생기는 요인
㉠ 온도
㉡ 압력
㉢ 조성
㉣ 용기의 크기와 형태

정답 01.② 02.② 03.② 04.④ 05.① 06.②

(2) 발화점에 영향을 주는 인자
㉠ 가연성 가스와 공기의 혼합비
㉡ 발화가 생기는 공간의 형태와 크기
㉢ 가열속도와 지속시간
㉣ 기벽의 재질과 촉매효과
㉤ 점화원의 종류와 에너지 투여법

07 다음 중 폭발범위가 가장 넓은 가스는?

① C_3H_8　② C_2H_6
③ C_2H_4O　④ CH_4

해설

C_2H_4O : 3~80%

요약 폭발범위 : 가연성 가스가 공기 중에서 연소하는 농도의 부피(%)로 최고농도를 폭발상한, 최저농도를 폭발하한이라 한다.

08 다음 중 공기가 전혀 없어도 폭발을 일으킬 수 있는 물질이 아닌 것은?

① C_2H_2　② C_2H_4O
③ C_3H_8　④ N_2H_4

분해폭발을 일으키는 물질 : C_2H_2, C_2H_4O, N_2H_4

09 다음 중 폭굉유도거리가 짧아지는 조건이 아닌 것은?

① 정상연소속도가 큰 혼합가스일수록
② 관 속에 방해물이 있거나 관경이 클수록
③ 압력이 높을수록
④ 점화원의 에너지가 클수록

해설

폭굉유도거리가 짧아지는 조건 : 관 속에 방해물이 있거나 관경이 가늘수록

요약
1. 폭발 : 가연성 물질이 일시에 연소함으로써 급격한 팽창을 일으켜 격렬한 음향이나 파열을 일으키는 현상
2. 폭굉 : 폭발의 다음 단계로서 가스 중의 음속보다 화염전파속도가 큰 경우로 파면선단에 충격파라는 솟구치는 압력파가 발생, 격렬한 파괴작용을 일으키는 원인
3. 폭굉속도 : 1000~3500m/s
4. 폭굉유도거리 : 최초의 완만한 연소가 격렬한 폭굉으로 발전하는 거리

10 다음 ( ) 속에 적당한 단어는?

> 폭굉이란 가스 중의 ( )보다 ( )가 큰 경우로 파면선단에 ( )라는 압력파가 생겨 격렬한 파괴작용을 일으키는 원인이다.

① 음속, 화염전파속도, 충격파
② 음속, 폭발속도, 화염속도
③ 폭발속도, 음속, 충격파
④ 음속, 충격파, 폭발속도

11 다음 중 폭발의 종류가 아닌 것은?

① 중합폭발　② 분해폭발
③ 산화폭발　④ 정압폭발

해설

폭발의 종류
㉠ 화학적 폭발 : 폭발성 혼합가스에 의한 폭발(산화폭발)
㉡ 압력폭발 : 보일러 폭발, 폭발성 혼합가스에 의한 폭발
㉢ 분해폭발 : C_2H_2 등 분해에 의한 폭발
㉣ 중합폭발 : HCN 등 수분 2% 이상 함유 시 일어나는 폭발
㉤ 촉매폭발 : 수소, 염소 등 혼합가스의 촉매에 의한 폭발

12 폭발 범위에 관한 설명 중 옳은 것은?

① 완전연소가 될 때 산소의 범위
② 물질이 연소하는 최저온도
③ 연소하는 가스와 공기의 혼합비율
④ 발화점과 인화점의 범위

13 다음 중 금속화재는?

① A급 화재　② B급 화재
③ C급 화재　④ D급 화재

해설

화재등급
㉠ A급(백색) : 목재, 종이
㉡ B급(황색) : 유류 · 가스
㉢ C급(청색) : 전기화재
㉣ D급(색 없음) : 금속화재

정답 07.③ 08.③ 09.② 10.① 11.④ 12.③ 13.④

14 전부 밀폐되어 내부의 폭발성 가스가 폭발했을 때 그 압력에 견디면서 내부 화염이 외부로 전달되지 않도록 설치하는 방폭구조는?

① 유입방폭구조
② 내압(耐壓)방폭구조
③ 압력방폭구조
④ 본질안전방폭구조

해설

㉠ **내압(耐壓)방폭구조** : 전폐구조로서 용기 내부에 폭발성 가스가 폭발할 때 그 압력에 견디고 폭발화염이 외부로 전해지지 않도록 한 구조
㉡ **안전증방폭구조** : 상시 운전 중에 불꽃, 아크 또는 과열이 발생하면 안 되는 부분에 이들이 발생되지 않도록 구조상 온도 상승에 대하여, 특히 안전성을 높인 구조
㉢ **압력방폭구조** : 용기 내부에 공기, 질소 등의 보호기체를 압입, 내압을 갖도록 하여 폭발성 가스가 침입하지 않도록 한 구조
㉣ **유입방폭구조** : 전기기기의 불꽃 또는 아크가 발생하는 부분에 절연유를 격납함으로써 폭발성 가스에 점화되지 않도록 한 구조
㉤ **본질안전방폭구조** : 상시 운전 중 사고 시(단락, 지락, 단선)에 발생되는 불꽃, 아크열에 의하여 폭발성 가스에 점화될 우려가 없음이 점화시험으로 확인된 구조

15 전기불꽃에 의한 발화원이라 볼 수 없는 것은?

① 정전기　② 고전압 방전
③ 스파크 방전　④ 접점 스파크

16 폭발등급 3등급에 속하는 가스는 어느 것인가?

① CH_4　② C_2H_2
③ CO　④ C_2H_4

17 다음 중 자연발화가 아닌 것은?

① 분해열에 의한 발열
② 중합열에 의한 발열
③ 촉매열에 의한 발열
④ 산화열에 의한 발열

해설

자연발화 : 분해열, 발화열, 산화열, 중합열

18 공기 중에서 가연물을 가열 시 점화원 없이 스스로 연소하는 최저온도를 무엇이라 하는가?

① 인화점
② 착화점
③ 점화점
④ 임계점

해설

인화점 : 가연물을 가열 시 점화원을 가지고 가연성 증기가 연소범위하한에 도달하는 최저온도

19 다음 중 폭발등급 2등급에 해당하는 가스는?

① C_3H_8, CH_4
② C_2H_4, C_2H_2
③ H_2, 수성가스
④ C_2H_4, 석탄가스

해설

폭발등급 2등급 : C_2H_4, 석탄가스

요약 안전간격 : 8L의 구형 용기 안에 폭발성 혼합가스를 채우고 점화시켜 화염전달 여부를 측정, 화염이 전파되지 않는 간격이며, 안전간격이 작은 가스일수록 위험하다.

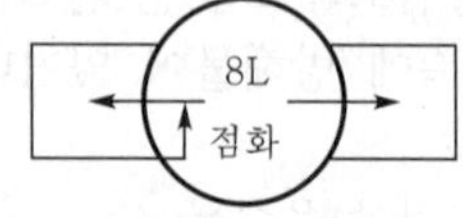

1. 폭발등급 1등급 : 안전간격이 0.6mm 초과(CO, C_3H_8, NH_3, 아세톤, 가솔린, 벤젠, CH_4 등)
2. 폭발등급 2등급 : 안전간격이 0.4~0.6mm(C_2H_4, 석탄가스)
3. 폭발등급 3등급 : 안전간격이 0.4mm 이하인 가스(H_2, C_2H_2, CS_2, 수성 가스)

20 2매의 평행판에서 면 간의 거리를 좁게 하면서 화염전달 여부를 측정, 화염이 전파되지 않는 한계의 틈을 무엇이라 하는가?

① 안전간격
② 폭발범위
③ 소염거리
④ 연소속도

정답 14.② 15.① 16.② 17.③ 18.② 19.④ 20.③

21 C_2H_2의 폭발범위는 2.5~81%이다. C_2H_2의 위험도는?

① 10.2　② 31.4
③ 21.4　④ 40

위험도$=\dfrac{U-L}{L}=\dfrac{81-2.5}{2.5}=31.4$

여기서, U : 폭발상한(%)
L : 폭발하한(%)

22 내용적 47L 용기에 C_3H_8을 규정대로 충전 시 안전공간은 몇 %인가? (단, 액비중은 0.5이다.)

① 15%　② 16%
③ 16.5%　④ 18%

$G=\dfrac{V}{C}=\dfrac{47}{2.35}=20\text{kg}$

$20\div0.5=40\text{L}$

$\therefore\ \dfrac{47-40}{47}\times100=14.8\%$

23 액화가스를 충전 시 안전공간을 두는 이유는?

① 안전밸브 작동 시 액을 분출시키려고
② 액체는 비압축성이므로 액팽창에 의한 파괴를 방지하려고
③ 액 충만 시 외부 충격으로 파괴의 우려가 있으므로
④ 온도 상승 시 액체에 의하여 화재의 우려가 있으므로

24 폭굉에 대한 설명 중 잘못된 것은?

① 폭굉속도는 1~3.5km/s이다.
② 폭굉 시 온도는 가스연소 시보다 40~50% 상승한다.
③ 밀폐된 공간에서 폭굉이 일어나면 7~8배의 압력이 상승한다.
④ 폭발 중에 격렬한 폭발을 폭굉이라 한다.

해설

② 폭굉 시 온도는 가스의 연소 시보다 10~20% 상승한다.

25 프로판가스가 공기와 적당히 혼합하여 밀폐용기 내나 폐쇄장소에 존재 시 순간적으로 연소팽창하여 기물과 건물을 파괴할 경우 압력은?

① 1~2atm
② 7~8atm
③ 10~12atm
④ 15~16atm

26 연소를 잘 일으키는 요인이 아닌 것은?

① 산소와 접촉이 양호할수록 연소는 잘 된다.
② 열전도율이 좋을수록 연소는 잘 된다.
③ 온도가 상승할수록 연소는 잘 된다.
④ 화학적 친화력이 클수록 연소는 잘 된다.

27 사염화탄소(CCl_4)로 소화 시 밀폐장소에서는 사용하지 않는다. 그 이유는?

① 가연성 가스이므로
② 증기비중이 크므로
③ 독성 가스를 발생시키므로
④ 소화가 안 되므로

Cl_2를 발생시킨다.

28 연소범위의 설명 중 옳은 것은?

① 상한계 이상이면 폭발
② 하한계 이하에서 폭발
③ 폭발한계 내에서만 폭발
④ 하한계 이상에서 폭발

29 르 샤틀리에의 식을 이용해 폭발하한계를 구하면? (단, CH_4 80%, C_2H_6 15%, C_3H_8 4%, C_4H_{10} 1%이며, 각 가스의 폭발하한은 메탄 5%, 에탄 3%, 프로판 2.1%, 부탄 1.8%이다).

① 23.1%
② 10.2%
③ 2.3%
④ 4.26%

정답　21.② 22.① 23.② 24.② 25.④ 26.② 27.③ 28.③ 29.④

해설

$$\frac{100}{L}=\frac{V_1}{L_1}+\frac{V_2}{L_2}+\frac{V_3}{L_3}+\frac{V_4}{L_4}$$

$$\frac{100}{L}=\frac{80}{5}+\frac{15}{3}+\frac{4}{2.1}+\frac{1}{1.8}=23.46$$

$\therefore\ L=4.26\%$

참고 CH_4 50%, C_2H_6 10%, 공기 40% 함유 시 폭발하한계는

$\frac{60}{L}=\frac{50}{5}+\frac{10}{3}$ 공기혼합 정도를 감하여 계산한다.

30 다음의 가스를 혼합 시 위험한 것은?

① 염소, 아세틸렌 ② 염소, 질소
③ 염소, 산소 ④ 염소, 이산화탄소

해설

가연성 가스와 조연성은 폭발위험이 있다.

정답 30.①

chapter 4 고압장치

제4장의 학습방법을 설명해 주세요.

제4장은 고압장치 부분으로서 출제기준의 가스사용 기기(용기, 용기밸브, 연소기)를 포함하여 배관 등에 금속재료와 비파괴검사 부분을 학습해야 합니다.

01 용 기

1 용접용기와 무이음용기의 구분

용기의 구분		용기의 종류
무이음용기	압축가스	O_2, H_2, N_2, Ar, CH_4, CO
	액화가스	CO_2(CO_2는 하계에 증기압이 4~5MPa까지 상승하여 액화가스이나 강도가 높은 무이음용기에 충전한다.)
용접용기	액화가스	C_3H_8, C_4H_{10}, Cl_2, NH_3 등

2 고압가스 용기 관련 핵심내용

항 목 \ 구 분		핵심내용		
원소 성분의 함유량(%)	원 소	C	P	S
	무이음용기	0.55% 이하	0.04% 이하	0.05% 이하
	용접용기	0.33% 이하	0.04% 이하	0.05% 이하
용기의 장점	무이음용기	① 고압에 견딜 수 있다. ② 응력분포가 균일하다.		
	용접용기	① 경제적이다. ② 모양치수가 자유롭다. ③ 두께공차가 적다.		
용기재료의 구비조건		① 내식성, 내마모성을 가질 것 ② 가볍고 충분한 강도를 가질 것 ③ 저온 사용 중에 견디는 연성·점성 강도를 가질 것 ④ 용접성·가공성이 뛰어나고, 가공 중 결함이 없을 것		
비열처리 재료의 정의		오스테나이트계 스테인리스강, 내식 알루미늄합금판, 내식 알루미늄합금 단조품 등과 같이 열처리가 필요 없을 것		

3 용기두께 계산식(t)

<table>
<tr><th>용기 구분</th><th colspan="2">공 식</th><th colspan="2">해 설</th></tr>
<tr><td>용접용기 동판</td><td colspan="2">$t=\frac{PD}{2S_1-1.2P}+C$</td><td colspan="2" rowspan="4">t : 용기두께(mm)
S_1 : 허용응력(인장강도×$\frac{1}{4}$)
S_2 : 인장강도
η : 용접효율
D : 내경(mm)
C : 부식여유치(mm)</td></tr>
<tr><td>프로판용기</td><td colspan="2">$t=\frac{PD}{0.5S_2\eta-P}+C$</td></tr>
<tr><td>산소용기</td><td colspan="2">$t=\frac{PD}{2S_2E}$</td></tr>
<tr><td>염소용기</td><td colspan="2">$t=\frac{PD}{2S_2}$</td></tr>
<tr><td rowspan="3">부식여유치</td><td colspan="2">NH_3</td><td colspan="2">Cl_2</td></tr>
<tr><td>1000L 이하</td><td>1mm</td><td>1000L 이하</td><td>1000L 초과</td></tr>
<tr><td>1000L 초과</td><td>2mm</td><td>3mm</td><td>5mm</td></tr>
<tr><td>기타 사항</td><td colspan="4">① 이음매 있는 용기 동체의 최대두께와 최소두께의 차이는 평균두께의 20% 이하이다.
② 용접용기 동판의 최대두께와 최소두께의 차이는 평균두께의 10% 이하이다.
③ 내용적 20L 이상 125L 미만의 LPG용기에는 부식 및 넘어짐을 방지하고, 넘어짐에 의한 충격을 완화하기 위하여 적절한 재질 및 구조의 스커트를 부착할 것</td></tr>
</table>

02 고압가스 용기용 밸브

1 밸브

항 목		세부 핵심내용
종류	글로브(스톱)밸브	개폐가 용이, 유량조절용
	슬루스(게이트)밸브	대형 관로의 유로의 개폐용
	볼밸브	① 배관 내경과 동일, 관내 흐름이 양호 ② 압력손실이 적으나 기밀유지가 곤란
	체크밸브	① 유체의 역류방지 ② 스윙형(수직, 수평 배관에 사용), 리프트형(수평 배관에 사용)
고압용 밸브 특징		① 주조품보다 단조품을 가공하여 제조한다. ② 밸브 시트는 내식성과 경도 높은 재료를 사용한다. ③ 밸브 시트는 교체할 수 있도록 한다. ④ 기밀유지를 위해 스핀들에 패킹이 사용된다.

안전밸브		
설치 목적		① 용기나 탱크 설비(기화장치) 등에 설치 ② 내부압력이 급상승 시 안전밸브를 통하여 일부 가스를 분출시켜 용기, 탱크 설비 자체의 폭발을 방지하기 위함
종류	스프링식	가장 많이 사용(스프링의 힘으로 내부 가스를 분출)
	가용전식	① 내부 가스압 상승 시 온도가 상승, 가용전이 녹아 내부 가스를 분출 ② 가용합금으로 구리, 주석, 납 등이 사용되며, 주로 Cl_2(용융온도 65~68℃), C_2H_2(용융온도 105±5℃)에 적용
	파열판(박판)식	주로 압축가스에 사용되며, 압력이 급상승 시 파열판이 파괴되어 내부 가스를 분출
	중추식	거의 사용하지 않음
파열판식 안전밸브의 특징		① 구조 간단, 취급 점검이 용이하다. ② 부식성 유체에 적합하다. ③ 한번 작동하면 다시 교체하여야 한다(1회용이다).
충전구 나사 형식에 따른 분류	A형	충전구 나사가 숫나사
	B형	충전구 나사가 암나사
	C형	충전구에 나사가 없음
	왼나사	NH_3, CH_3Br을 제외한 모든 가연성의 충전구 나사
	오른나사	NH_3, CH_3Br을 포함한 모든 가연성 이외의 모든 가스

03 고압가스 배관장치

1 밸브장치

(1) 배관의 종류 및 기호

기 호	명 칭	사용 특성
SPP	배관용 탄소강관	1MPa 이하
SPPS	압력배관용 탄소강관	1~10MPa 이하
SPPH	고온배관용 탄소강관	10MPa 이상
SPLT	저온배관용 탄소강관	빙점 이하에 사용
SPPW	수도용 아연도금강관	수도용 배관에 사용

※ 법령사항에서 고압에 중압, 저압에 사용하는 배관과 구별하여야 한다.

(2) 배관설계 시 고려사항

① 가능한 옥외에 설치할 것(옥외)

② 은폐매설을 피할 것=노출하여 시공할 것(노출)

③ 최단거리로 할 것(최단)

④ 구부러지거나 오르내림이 적을 것=굴곡을 적게 할 것=직선배관으로 할 것(직선)

(3) 배관의 SCH(스케줄 번호)

개 요	SCH가 클수록 배관의 두께가 두껍다는 것을 의미함	
공식의 종류	단위 구분	
	S(허용응력)	P(사용압력)
$\text{SCH}=10\times\dfrac{P}{S}$	kg/mm^2	kg/cm^2
$\text{SCH}=100\times\dfrac{P}{S}$	kg/mm^2	MPa
$\text{SCH}=1000\times\dfrac{P}{S}$	kg/mm^2	kg/mm^2
S는 허용응력$\left(\text{인장강도}\times\dfrac{1}{4}=\text{허용응력}\right)$		

(4) 배관의 이음

종 류		도시기호	관련 사항
영구이음	용접	—×—	〈배관재료의 구비조건〉 ① 관내 가스 유통이 원활할 것 ② 토양, 지하수 등에 대하여 내식성이 있을 것 ③ 절단가공이 용이할 것 ④ 내부 가스압 및 외부의 충격하중에 견디는 강도를 가질 것 ⑤ 누설이 방지될 것
	납땜	—○—	
일시이음	나사	—┼—	
	플랜지	—╫—	
	소켓	—(—	
	유니언	—╫╫—	

(5) 열응력 제거 이음(신축이음) 종류

이음 종류	설 명
상온 스프링, (콜드)스프링	배관의 자유팽창량을 미리 계산, 관을 짧게 절단하는 방법(절단길이는 자유팽창량의 1/2)이다.
루프이음	신축곡관이라고 하며, 관을 루프모양으로 구부려 구부림을 이용하여 신축을 흡수하는 이음방법으로 가장 큰 신축을 흡수하는 이음방법이다.
벨로스이음	펙레스 신축조인트라고 하며, 관의 신축에 따라 슬리브와 함께 신축하는 방법이다.
스위블이음	두 개 이상의 엘보를 이용, 엘보의 공간 내에서 신축을 흡수하는 방법이다.
슬리브이음 (슬립온형, 슬리드형)	조인트 본체와 슬리브 파이프로 되어 있으며, 관의 팽창·수축은 본체 속을 슬라이드하는 슬리브 파이프에 의하여 흡수된다.
신축량 계산식	$\lambda=l\alpha\Delta t$ 여기서, λ : 신축량 l : 관의 길이 α : 선팽창계수 Δt : 온도차

(6) 배관의 유량식

압력별	공 식	기 호
저압배관	$Q=K_1\sqrt{\frac{D^5H}{SL}}$	Q : 가스 유량(m^3/hr) K_1 : 폴의 정수(0.707) K_2 : 콕의 정수(52.31) D : 관경(cm) H : 압력손실(mmH_2O) L : 관 길이(m) P_1 : 초압(kg/cm^2(a)) P_2 : 종압(kg/cm^2(a))
중 · 고압 배관	$Q=K_2\sqrt{\frac{D^5(P_1^{\ 2}-P_2^{\ 2})}{SL}}$	

(7) 배관의 압력손실 요인

종 류	관련 공식		세부 항목
마찰저항(직선배관)에 의한 압력손실	$h=\frac{Q^2 \cdot S \cdot L}{K^2 \cdot D^5}$	h : 압력손실 Q : 가스유량 S : 가스비중 L : 관 길이 D : 관 지름	① 유량의 제곱에 비례(유속의 제곱에 비례) ② 관 길이에 비례 ③ 관 내경의 5승에 반비례 ④ 가스비중 유체의 점도에 비례
입상(수직상향)에 의한 압력손실	$h=1.293(S-1)H$	H : 입상높이(m)	
안전밸브에 의한 압력손실			
가스미터에 의한 압력손실			

(8) 배관의 응력원인 · 진동원인

응력원인	진동 원인
① 열팽창에 의한 응력 ② 내압에 의한 응력 ③ 냉간 가공에 의한 응력 ④ 용접에 의한 응력	① 바람, 지진의 영향(자연의 영향) ② 안전밸브 분출에 의한 영향 ③ 관내를 흐르는 유체의 압력변화에 의한 영향 ④ 펌프 압축기에 의한 영향 ⑤ 관의 굽힘에 의한 힘의 영향

04 저장탱크

1 원통형 저장탱크

$$V=\frac{\pi}{4}d^2\times L$$

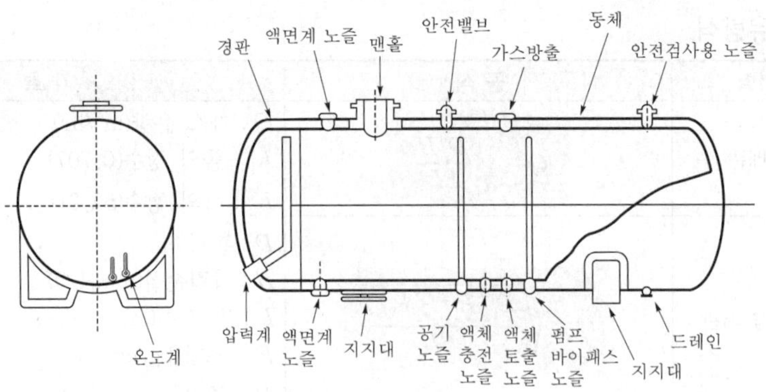

▌원통형 저장탱크의 구조▐

원통형 탱크에는 안전밸브, 압력계, 온도계, 액면계, 긴급차단밸브, 드레인밸브 등이 있다.

2 구형 저장탱크

$$V=\frac{\pi}{4}d^3=\frac{4}{3}\pi r^3$$

여기서, V : 탱크 내용적(m^3)

d : 탱크의 지름(m)

r : 탱크의 반지름(m)

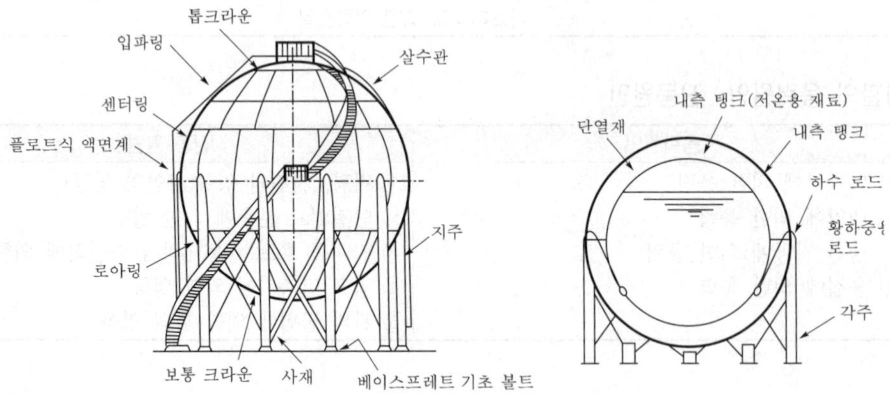

▌단각식과 2중 각식 구형 저장탱크의 구조▐

(1) 구형 저장탱크의 특징

① 모양이 아름답다.

② 표면적이 작다.

③ 강도가 높다.

④ 누설이 방지된다.

⑤ 건설비가 저렴하다.

05 고압제조장치

1 오토클레이브

구 분		내 용
정의		고온 · 고압 하에서 화학적인 합성이나 반응을 하기 위한 고압반응 가마솥
종류	교반형	전자코일을 이용하거나 모터에 연결된 베일을 이용하는 것
	회전형	오토클레이브 자체를 회전하는 방식(교반효과는 떨어짐)
	진탕형	수평이나 전후 운동을 함으로써 내용물을 교반하는 형식
	가스교반형	가늘고 긴 수평반응기로 유체가 순환되어 교반하는 형식(레페반응장치에 이용)
부속품		압력계, 온도계, 안전밸브
재료		스테인리스강
압력측정		부르동관 압력계로 측정
온도측정		수은 및 열전대 온도계
레페반응장치		
정의		C_2H_2을 압축하는 것은 극히 위험하나 레페가 종래 합성되지 않았던 위험한 화합물의 제조를 가능하게 한 다수의 신 반응을 말한다.
종류		① 비닐화 ② 에틸린산 ③ 환 중합 ④ 카르보닐화

2 암모니아 합성탑(신파우더법)

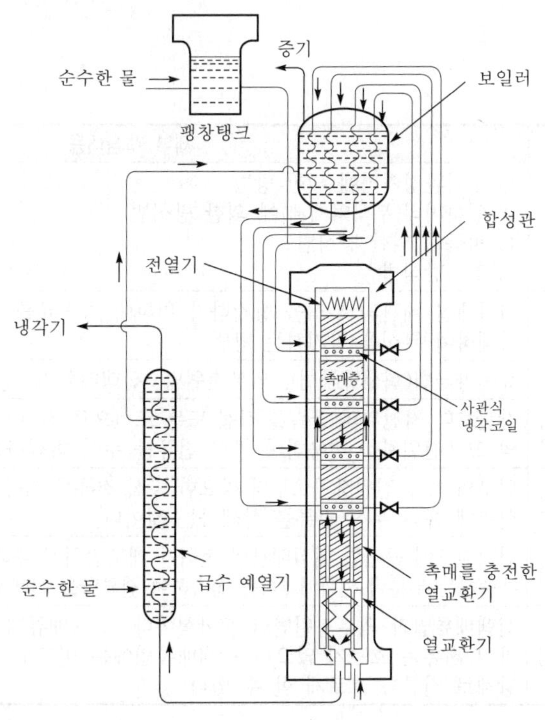

① 촉매 : 산화철에 Al_2O_3, K_2O, CaO, MgO 첨가
② 촉매 크기 : 5~15mm 정도의 입도
③ 촉매는 5단으로 나누어 충전, 최하단은 촉매를 충전한 열교환기
④ 상부 4단에는 촉매층과 촉매층 사이에 사관식 냉각코일이 있음
⑤ 촉매관의 구조 재료는 15-8STS 사용

06 부식과 방식

1 부식

항 목		세부 핵심내용
지하매설 강관의 부식의 원인		① 이종금속의 접촉에 의한 부식 ② 농염전지작용에 의한 부식 ③ 국부전지에 의한 부식 ④ 미주전류에 의한 부식 ⑤ 박테리아에 의한 부식
부식의 형태	전면부식	전면이 균일하게 되는 부식이며, 부식의 양은 크지만 대처가 쉽다.
	국부부식	특정부분에 집중으로 일어나는 부식으로 부식의 정도가 커 위험성이 높다.
	선택부식	합금 중 특정성분만이 선택적으로 용출되거나 전체가 용출된 다음, 특정성분만 재석출이 일어나는 부식이다.
	입계부식	결정입자가 선택적으로 부식되는 형식이다.
부식속도에 영향을 주는 인자		pH, 온도, 부식액 조성, 금속재료 조성, 응력, 표면상태 등

2 방식

항 목		세부 핵심내용
금속재료의 부식억제방식법		① 부식환경처리에 의한 방법 ② 인히비터(부식억제제)에 의한 방식법 ③ 피복에 의한 방식법 ④ 전기방식법
전기방식법	정의	지하매설 배관의 부식을 방지하기 위하여 양전류를 흘러 보내 토양의 음전류와 상쇄하여 부식을 방지하는 방법
	종류	유전양극법(희생양극법), 외부전원법, 선택배류법, 강제배류법
	희생양극법	강관보다 저전위의 금속을 직접 또는 도선으로 전기적으로 접속하여 양극금속 간의 고유전위차를 이용하여 방식 전류를 주어 방식하는 것이다.
	외부전원법	외부의 직류 전원장치로부터 필요한 방식 전류를 지중에 설치한 전극을 통하여 매설관에 흘려 부식 전류를 상쇄하는 것이다.
	선택배류법	전기철도에 근접한 매설배관의 전위가 궤도전위에 대해 양전위로 되어 미주전류가 유출하는 부분이 선택배류기를 접속하여 전류만을 선택하여 궤도에 보내는 방법이다.
	강제배류법	선택배류법과 외부전원법의 혼합형이다. 선택배류법에는 레일의 전위가 높으면 방식 전류는 흐르지 않으나 강제배류법에는 별도로 전원을 가지고 있기 때문에 강제로 전류를 흐르게 할 수 있다.

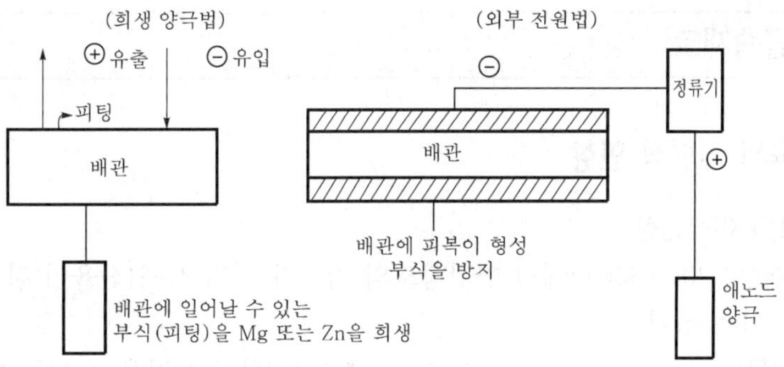

3 전기방식의 장·단점

구 분	장 점	단 점
외부 전원법	① 효과범위가 넓다. ② 장거리의 pipe line에는 수가 적어진다. ③ 전극의 소모가 적어서 관리가 용이하다. ④ 전압, 전류의 조정이 용이하다. ⑤ 전식에 대해서도 방식이 가능하다.	① 초기투자가 약간 크다. ② 강력하기 때문에 다른 매설금속체와의 장해에 대해서 충분히 검토를 해야 한다. ③ 전원이 없는 경우는 전지, 충전기 등을 필요로 한다. ④ 과방식이 될 수도 있다.
유전 양극법	① 간편하다. ② 단거리의 pipe line에는 설비가 저렴한 값이다. ③ 다른 매설 금속체의 장해는 거의 없다. ④ 과방식의 염려가 없다. ⑤ 관로의 도막 저항이 충분히 높다면 장거리에도 효과가 좋다.	① 도장이 나쁜 배관에서는 효과범위가 적다. ② 장거리의 pipe line에서는 소모가 높기 때문에 어떤 기간 안에 보충할 필요가 있다. ③ 도장 나쁜 pipe line에서는 소모가 높기 때문에 어떤 기간 안에 보충할 필요가 있다. ④ 평상의 관리 개소가 많게 된다. ⑤ 강한 전식에 대해서는 미력하다.
선택 배류법	① 전기철도의 전류를 이용하므로 유지비가 극히 적다. ② 전기철도와의 관계 위치에 있어서는 대단히 효율적이다. ③ 설비는 비교적 저렴하다. ④ 전기철도의 운행 시에는 자연부식방지도 된다.	① 다른 매설 금속체의 장해에 대하여 충분한 검토를 요한다. ② 전기철도와의 관계 위치에 있어서는 효과범위가 좁으며, 설치 불능의 경우도 있다. ③ 전기철도의 휴지기간(야간 등)은 전기방식으로 사용되지 않는다. ④ 과방식이 될 수도 있다.
강제 배류법	① 효과범위 넓다. ② 전압전류 조절이 용이하다. ③ 전식에 대하여 방식이 가능하다. ④ 외부전원법에 대하여 경제적이다. ⑤ 전철의 운휴기간에도 방식이 가능하다.	① 타매설물 장애에 대한 검토가 있어야 한다. ② 전원을 필요로 한다. ③ 전철신호장애에 대한 검토가 있어야 한다.

07 금속재료

1 금속재료의 일반적 현상

(1) 금속재료의 이상현상

① 청열취성 : 200~300℃에서 인장강도의 경도가 커지고, 연신율이 감소되어 강이 취약하게 되는 성질

② 적열취성 : 900℃ 이상에서 산화철, 황화철이 되어 부작용이 되는 현상

(2) 금속재료의 용어

① 안전율 $= \dfrac{\text{인장강도}}{\text{허용능력}}$

② 변형률 $= \dfrac{\text{변형된 길이}}{\text{처음 길이}} \times 100 = \dfrac{\lambda(L' - L)}{L} \times 100$

③ 가공도 $= \dfrac{\text{나중 단면적}}{\text{처음 단면적}} \times 100 = \dfrac{A}{A_0} \times 100$

④ 단면수축률 $= \dfrac{\text{변형 단면적}}{\text{처음 단면적}} \times 100 = \dfrac{A - A_0}{A_0} \times 100$

⑤ 클리프 현상 : 어느 온도(350℃) 이상에서 재료에 하중을 가하면 변형이 증대되는 현상

⑥ 취성 : 금속재료가 저온이 되면 부서지거나 깨져버리는 성질

(3) 응력

재료에 하중을 가하면 하중과 반대방향의 내력이 생길 때 하중의 크기에 따라 그때의 단면적으로 나눈 값

① $\sigma = \dfrac{W}{A}$

여기서, σ : 응력(kg/cm^2), W : 하중(kg), A : 단면적(cm^2)

② 용기에서의 응력

㉠ 원주방향

$$\sigma_t = \frac{Pd}{2t} = \frac{P(D-2t)}{2t}$$

여기서, σ_t : 원주방향 응력
P : 내압
d : 내경
D : 외경
t : 용기두께

㉡ 축방향

$$\sigma_z = \frac{Pd}{4t} = \frac{P(D-2t)}{4t}$$

여기서, σ_z : 축방향 응력

2 금속재료 원소에 대한 현상

(1) 탄소강

구 분		내 용
정의		보통 강이라 부르며, Fe, C를 주성분으로 망간, 규소, 인, 황 등을 소량씩 함유
함유 성분의 영향	C(탄소)	강의 인장강도 항복점 증가, 신율·충격치 감소
	Mn(망간)	황의 악영향을 완화, 강의 경도·강도·점성강도 증대
	P(인)	상온취성의 원인, 0.05% 이하로 제한
	S(황)	적열취성의 원인
	Si(규소)	유동성을 좋게 하나 단접성 및 냉간 가공성을 저하

(2) 동(Cu)

구 분		내 용
특징		전성·연성이 풍부하고 가공성, 내식성이 우수
사용금지 가스	NH_3	착이온 생성으로 부식을 일으키므로 62% 미만의 경우 사용 가능
	C_2H_2	동아세틸라이트 생성으로 폭발하므로 62% 미만의 경우 사용 가능
합금 종류	황동	Cu+Zn(동+아연)
	청동	Cu+Sn(동+주석)

(3) 고온·고압용 금속재료의 종류

① 5% 크롬(Cr)강

② 9% 크롬(Cr)강

③ 18-8 스테인리스강(오스테나이트계 스테인리스강)

④ 니켈, 크롬, 몰리브덴강

08 열처리의 종류

(1) 열처리 종류 및 특성

종 류	특 성
담금질(소입, 퀀칭)	강도 및 경도를 증가시키기 위해 가열 후 급냉
불림(소준, 노멀라이징)	결정조직을 미세화하거나 정상상태로 하기 위해 가열 후 공냉
풀림(소둔, 어닐링)	잔류응력 제거 및 조직의 연화강도 증가
뜨임(소려, 템퍼링)	내부응력 제거, 인장강도 및 연성 부여
심랭처리법	오스테나이트계 조직을 마텐자이트 조직으로 바꿀 목적으로 0℃ 이하로 처리하는 방법

09 비파괴검사

1 정의

피검사물의 파괴 없이 결함 유무를 판정

2 종류

항 목 명 칭	정 의	장 점	단 점
음향검사 (AE)	테스트 해머 사용, 두드려 음향에 의해 결함유무 판단	간단한 공구를 사용하므로 검사방법 간단	① 숙련을 요하고, 개인차가 있다. ② 결과의 기록이 되지 않는다.
침투(PT) 탐상시험 (형광침투, 연료침투)	표면장력이 적고, 침투력이 강한 액을 표면에 도포, 균열 등의 부분에 액을 침투, 표면투과액을 씻어내고 현상액 사용, 균열 등에 남은 침투액을 표면에 출연시키는 방법	표면에 생긴 미소결함 검출	① 내부결함 검출이 안 됨 ② 결과가 즉시 나오지 않음
자분(MT) 탐상시험	피검사물을 자화한 상태에서 표면 또는 표면에 가까운 손상에 의해 생기는 누설 자속을 사용하여 검출하는 방법	육안으로 검사할 수 없는 미세표면 피로파괴, 취성파괴에 적당	① 비자성체 적용 불가능 ② 전원이 필요 ③ 종료 후 탈지처리 필요
방사선(RT) 투과시험	X, γ선으로 투과하여 결함의 유무를 검출하는 방법	내부결함 검출 가능, 사진으로 촬영	① 장치가 크고, 가격이 고가 ② 취급상 주의 필요 ③ 선과 평행한 크랙 발견은 어렵다.
초음파(UT) 탐상시험	초음파를 피검사물의 내부에 침입 반사파를 이용, 내부 결함 검출	① 내부결함 불균일층의 검사 ② 용입부족, 용입부 결함 검출 ③ 검사비용 저렴	① 결함형태 부적당 ② 결과의 보존성이 없다.

출/제/예/상/문/제

01 무이음용기에 충전하는 가스가 아닌 것은?

① 산소 ② 수소
③ 질소 ④ LPG

압축가스(산소, 수소, 질소, Ar, CH_4, CO)는 무이음용기에 충전하고, 액화가스(C_3H_8, C_4H_{10}, NH_3, Cl_2)는 용접용기에 충전한다.

02 무이음용기의 제조방법이 아닌 것은?

① 만네스만식(Mannes-man)
② 웰딩식
③ 디프드로잉식(Deep drawing)
④ 에르하르트식(Ehrhardt)

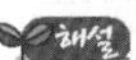

무이음용기의 제조법
① 만네스만식 : 이음매 없는 강관을 단접성형하는 방식
③ 디프드로잉식 : 강판을 재료로 하는 방식
④ 에르하르트식 : 각 강편을 적열상태에서 단접성형하는 상태

03 무이음용기의 화학성분이 맞는 것은?

① C : 0.22%, P : 0.04%, S : 0.05% 이하
② C : 0.33%, P : 0.04%, S : 0.05% 이하
③ C : 0.55%, P : 0.04%, S : 0.05% 이하
④ C : 0.66%, P : 0.04%, S : 0.05% 이하

해설

항목 / 용기 구분	C	P	S
용접용기	0.33% 이하	0.04% 이하	0.05% 이하
무이음용기	0.55% 이하	0.04% 이하	0.05% 이하

04 다음 중 용접용기의 장점이 아닌 것은?

① 고압에 견딜 수 있다.
② 경제적이다.
③ 두께 공차가 적다.
④ 모양, 치수가 자유롭다.

(1) 용접용기의 장점
㉠ 저렴한 강판을 사용하므로 경제적이다.
㉡ 용기의 형태, 모양, 치수가 자유롭다.
㉢ 두께 공차가 적다.
(2) 무이음용기의 장점
㉠ 응력분포가 균일하다.
㉡ 고압에 견딜 수 있다.

05 초저온용기란 임계온도가 몇 ℃ 이하인 용기인가?

① −10℃ ② −20℃
③ −30℃ ④ −50℃

해설

초저온용기 : 임계온도가 −50℃ 이하인 용기로서 단열재로 피복하거나 냉동설비로 냉각하여 용기 내 온도가 상용온도를 초과하지 않도록 조치한 용기

06 이음매 없는 용기 동판의 최대·최소 두께는 평균두께의 몇 % 이하인가?

① 10% 이하 ② 20% 이하
③ 30% 이하 ④ 40% 이하

용접용기의 경우에는 10% 이하

07 다음 중 용기 재료의 구비조건이 아닌 것은?

① 중량이고 충분한 강도를 가질 것
② 저온, 사용온도에 견디는 연성·점성 강도를 가질 것
③ 내식성, 내마모성을 가질 것
④ 가공성, 용접성이 좋을 것

① 경량이고 충분한 강도를 가질 것

정답 01.④ 02.② 03.③ 04.① 05.④ 06.② 07.①

08 다음 중 가스충전구 형식이 암나사인 것은?

① A형　　② B형
③ C형　　④ D형

해설

충전구나사의 형식
㉠ A형 : 충전구가 숫나사
㉡ B형 : 충전구가 암나사
㉢ C형 : 충전구에 나사가 없는 것

09 고압가스 용기밸브의 그랜드 너트에 V자형으로 각인되어 있는 것은 무엇을 뜻하는가?

① 그랜드 너트 개폐방향 왼나사
② 충전구 개폐방향
③ 충전구나사 왼나사
④ 액화가스 용기

그랜드 너트의 개폐방향에는 왼나사, 오른나사가 있으며, 왼나사인 것은 V형 홈을 각인한다.

10 다음 중 밸브 구조의 종류가 아닌 것은?

① 패킹식　　② O링식
③ 백시트식　　④ 카본식

해설

①, ②, ③항 외에 다이어프램식도 포함된다.

11 다음 중 밸브 누설의 종류가 아닌 것은?

① 패킹 누설　　② 시트 누설
③ 밸브 본체 누설　　④ 충전구 누설

해설

밸브의 누설 종류
- 패킹 누설 : 핸들을 열고 충전구를 막은 상태에서 그랜드 너트와 스핀들 사이로 누설
- 시트 누설 : 핸들을 잠근상태에서 시트로부터 충전구로 누설
- 밸브 본체의 누설 : 밸브 본체의 홈이나 갈라짐으로 인한 누설

12 유체를 한 방향으로 흐르게 하며 역류를 방지하는 밸브로서 스윙식, 리프트식이 있는 밸브는?

① 스톱밸브　　② 앵글밸브
③ 역지밸브　　④ 안전밸브

해설

역지밸브( )
㉠ 리프트형 : 수평 배관
㉡ 스윙형 : 수직 · 수평 배관

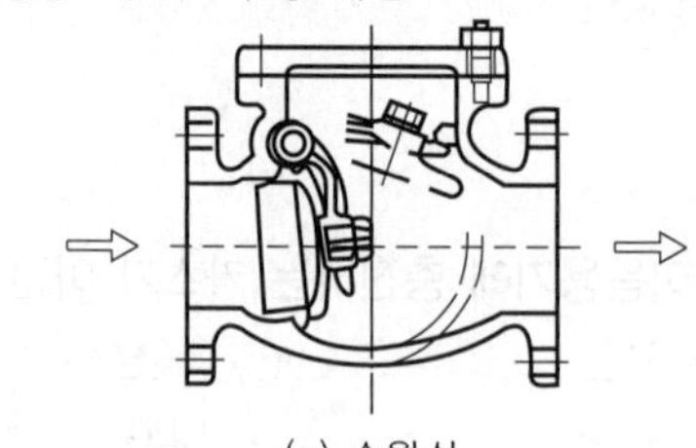

(a) 스윙식

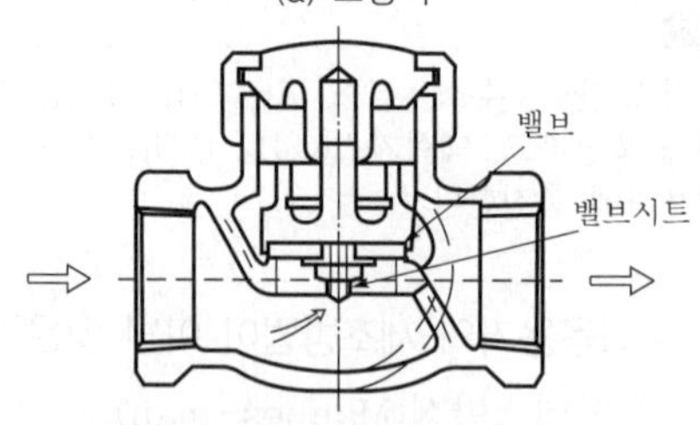

(b) 리프트식

▎역류방지밸브의 구조▐

요약 1. 고압밸브의 종류
- 체크밸브(역지밸브) : 유체를 한 방향으로 흐르게 하는 밸브
- 스톱밸브 : 유체의 흐름단속이나 유량조절에 적합한 밸브(앵글밸브, 글로브밸브)
- 감압밸브 : 고압측 압력을 저압으로 낮추거나 저압측 압력을 일정하게 유지하기 위해 사용하는 밸브

2. 고압밸브의 특징
- 주조보다 단조품이 많다.
- 밸브시트는 내식성과 경도 높은 재료를 사용한다.
- 밸브시트만을 교체할 수 있는 구조로 되어 있다.
- 기밀 유지를 위해 스핀들에 나사가 없는 직선 부분을 만들고 밸브 본체 사이에는 패킹을 끼워넣도록 되어 있다.

13 안전밸브의 종류가 아닌 것은?

① 피스톤식　　② 가용전식
③ 스프링식　　④ 박판식

해설

안전밸브의 종류 : 스프링식, 가용전식, 박판식(파열판식), 중추식

요약 1. 안전밸브의 형식 중 가장 많이 쓰이는 것 : 스프링식
2. 가용전식으로 사용되는 것 : Cl_2, C_2H_2

정답 08.② 09.① 10.④ 11.④ 12.③ 13.①

3. 파열판식 안전밸브의 특징
   - 구조 간단, 취급점검이 용이하다.
   - 부식성, 괴상물질을 함유한 유체에 적합하다.
   - 스프링식 안전밸브와 같이 밸브시트 누설이 없다.
   - 한 번 작동 시 새로운 박판과 교체해야 한다(1회용이다).

14 안전장치의 종류가 아닌 것은?

① 안전밸브　② 앵글밸브
③ 바이패스밸브　④ 긴급차단밸브

앵글밸브는 일반밸브이다.

앵글밸브 :

15 다음 중 배관재료의 구비조건이 아닌 것은?

① 관내 가스유통이 원활할 것
② 토양, 지하수에 내식성이 있을 것
③ 절단가공이 용이할 것
④ 연소폭발성이 없을 것

해설

이외에 내부 가스압과 외부로부터의 하중 및 충격하중에 견디는 강도를 가질 것, 관의 접합이 용이할 것, 누설이 방지될 것 등이 있다.

16 가스배관 경로 선정 4요소가 아닌 것은?

① 최단거리로 할 것
② 구부러지거나 오르내림이 적을 것
③ 가능한 한 옥내에 설치할 것
④ 은폐매설을 피할 것

해설

가스배관 경로 선정 4요소
㉠ 최단거리로 할 것(최단)
㉡ 구부러지거나 오르내림이 적을 것(직선)
㉢ 가능한 한 옥외에 설치할 것(옥외)
㉣ 은폐매설을 피할 것(노출)

17 공기액화분리장치의 안전밸브 분출면적을 구하는 식으로 옳은 것은?

① $h=1293(S-1)H$

② $Q=K\sqrt{\dfrac{D^5h}{SL}}$

③ $a=230H\sqrt{\dfrac{M}{T}}$

④ $a=\dfrac{w}{230P\sqrt{\dfrac{M}{T}}}$

해설

안전밸브 분출면적

$$a=\frac{w}{230P\sqrt{\dfrac{M}{T}}}$$

여기서, w : 시간당 분출가스량(kg/h)
P : 분출압력(kg/cm^2)
M : 분자량
T : 분출 직전의 절대온도(K)

∴ P(MPa)이면 $a=\dfrac{w}{2300P\sqrt{\dfrac{M}{T}}}$ 이다.

18 다음 배관이음 중 분해할 수 있는 이음이 아닌 것은?

① 나사이음　② 플랜지이음
③ 용접이음　④ 유니언

해설

(1) 관이음
  ㉠ 영구이음 : 용접(—✕—), 납땜(—○—)
  ㉡ 분해이음 : 나사(—|—), 플랜지(—||—), 유니언(—|||—), 소켓(턱걸이)(—⊂—) 등이 있다.
(2) 스케줄 번호(SCH No) : 관 두께를 나타내는 번호로서 스케줄 번호가 클수록 관의 두께가 두꺼운 것을 의미한다.

$SCH=10\times\dfrac{P}{S}$

여기서, P : 사용압력(kg/cm^2)
S : 허용응력(kg/mm^2)

허용응력 : 인장강도 $\times\dfrac{1}{4}$

또는

$SCH=1000\times\dfrac{P}{S}$

여기서, P : 사용압력(MPa)
S : 허용응력(N/mm^2)

$SCH=100\times\dfrac{P}{S}$

여기서, P : 사용압력(MPa)
S : 허용응력(kg/mm^2)

정답 14.② 15.④ 16.③ 17.④ 18.③

(3) 강관의 표시방법

관의 명칭	기 호	특 징
배관용 탄소강관	SPP	1MPa 이하에 사용
압력배관용 탄소강관	SPPS	1~10MPa 이하에 사용
고압배관용 탄소강관	SPPH	10MPa 이상에 사용
배관용 아크용접탄소강관	SPW	1MPa 이하에 사용
저온배관용 탄소강관	SPLT	빙점 이하에 사용
수도용 아연도금강관	SPPW	급수관에 사용

(4) 신축이음의 종류
- ㉠ 루프이음(U밴드) : 가장 큰 신축을 흡수(Ω)
- ㉡ 벨로스이음 :
- ㉢ 슬리브이음 :
- ㉣ 스위블이음 : 2개 이상의 엘보를 이용하여 신축을 흡수
- ㉤ 상온스프링(cold) : 배관의 자유팽창량을 미리 계산하여 관을 짧게 절단하는 강제배관을 함으로써 신축을 흡수하는 방법(절단길이는 자유팽창량의 1/2)

(5) 배관 도시기호 : 공기(A), 가스(G), 오일(O), 수증기(S), 물(W), 증기(V)

19 사용압력이 1MPa, 인장강도가 $40N/mm^2$인 배관의 SCH No는?

① 100 ② 200
③ 300 ④ 400

해설

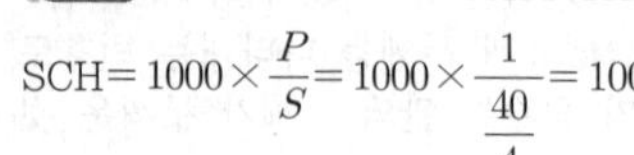

$$SCH = 1000 \times \frac{P}{S} = 1000 \times \frac{1}{\frac{40}{4}} = 100$$

20 대기 중 6m 배관을 상온스프링으로 연결 시 온도 차가 50℃일 때 절단길이는 몇 mm인가? (단, $\alpha = 1.2 \times 10^{-5}$/℃이다.)

① 1.2mm ② 1.5mm
③ 1.8mm ④ 2mm

해설

$\lambda = l\alpha\Delta t$
$= 6000mm \times 1.2 \times 10^{-5}/℃ \times 50℃$
$= 3.6mm$

절단길이는 자유팽창량의 $\frac{1}{2}$이므로

$\therefore 3.6 \times \frac{1}{2} = 1.8mm$

21 다음 중 신축이음의 종류가 아닌 것은?

① 플랜지이음 ② 루프이음
③ 상온스프링 ④ 벨로스이음

22 다음 중 수증기를 뜻하는 배관 도시기호는?

① $\underrightarrow{A}$ ② $\underrightarrow{W}$
③ $\underrightarrow{O}$ ④ $\underrightarrow{S}$

해설

① 공기, ② 물, ③ 오일, ④ 수증기 이외에 $\underrightarrow{V}$(증기)도 있다.

23 배관계에서 응력의 원인이 아닌 것은?

① 열팽창에 의한 응력
② 펌프압축기에 의한 응력
③ 용접에 의한 응력
④ 내압에 의한 응력

해설

①, ③, ④항 이외에 냉간가공에 의한 응력, 배관부속물의 중량에 의한 응력 등이 있다.

요약 배관계의 진동원인
1. 바람, 지진의 영향(자연의 영향)
2. 관내 속을 흐르는 유체의 압력변화에 의한 진동
3. 안전밸브 분출에 의한 진동
4. 관의 굽힘에 의한 힘의 영향
5. 펌프압축기에 의한 진동

24 다음 중 저압배관 설계의 4요소에 해당되지 않는 것은?

① 가스유량 ② 압력손실
③ 가스비중 ④ 관길이

해설

③항 대신에 관지름이 들어간다.
관경 결정 4요소에는 가스유량, 압력손실, 가스비중, 관길이가 해당된다.

(1) 저압배관 유량식

$$Q = K\sqrt{\frac{1000HD^5}{SLg}}$$

여기서, Q : 가스유량(m^3/hr)
K : Pole 상수(0.707)
H : 압력손실(kPa)
D : 관지름(cm)
S : 가스비중

정답 19.① 20.③ 21.① 22.④ 23.② 24.③

L : 관길이(m)
g : 중력가속도(9.81)

또는 $Q=K\sqrt{\dfrac{D^5H}{SL}}$ (H : mmH_2O)

(2) 중고압배관 유량식

$$Q=K\sqrt{\frac{10000(P_1{}^2-P_2{}^2)D^5}{SLg^2}}$$

여기서, Q : 가스유량(m^3/hr)
K : Cox 상수(52.31)
P_1 : 배관의 시점압력(MPa)
P_2 : 배관의 종점압력(MPa)
S : 가스비중
L : 배관길이(m)
g : 중력가속도(9.81)

또는 $Q=K\sqrt{\dfrac{D^5(P_1{}^2-P_2{}^2)}{SL}}$ (P_1, P_2 : kg/cm^2)

25 다음 중 저압배관 유량식이 맞는 것은?

① $Q=K\sqrt{\dfrac{1000HD^5}{SLg}}$

② $Q=K\sqrt{\dfrac{SL}{D^5H}}$

③ $Q=K\sqrt{\dfrac{D^5L}{SH}}$

④ $Q=\sqrt{\dfrac{DH}{SL}}$

26 다음 중 배관 내 압력손실의 원인에 해당되지 않는 것은?

① 직선배관에 의한 압력손실
② 입상배관에 의한 압력손실
③ 안전밸브에 의한 압력손실
④ 사주배관에 의한 압력손실

해설

압력손실 요인은 ①, ②, ③항 이외에 가스미터, 콕에 의한 압력손실이 있다.

요약 배관의 압력손실 요인

1. 직선배관에 의한 압력손실(마찰저항에 의한 압력손실)
저압배관 유량식에서
$Q=K\sqrt{\dfrac{1000HD^5}{SLg}}\left(Q=K\sqrt{\dfrac{D^5H}{SL}}\right)$

$\therefore\ H=\dfrac{Q^2\times S\times L\times g}{1000K^2\times D^5}$

- 유량의 2승에 비례하고($Q=A\cdot V$이므로)
- 유속의 2승에도 비례
- 관 길이에 비례
- 관 내면의 거칠기에 비례
- 유체의 점도에 비례
- 관 내경의 5승에 반비례

2. 입상배관에 의한 압력손실
$h=1.293(S-1)H$
여기서, h : 압력손실(mmH_2O)
1.293 : 공기의 밀도
(29g/22.4L=1.293)
S : 가스비중
H : 입상높이(m)

27 C_3H_8 입상 30m지점의 압력손실은?

① $18mmH_2O$　　② $19mmH_2O$
③ $19.39mmH_2O$　　④ $20.39mmH_2O$

$h=1.293(S-1)H=1.293(1.5-1)\times30=19.395mmH_2O$

28 고압가스 이음매 없는 용기의 재료 검사항목이 아닌 것은?

① 충격시험　　② 인장시험
③ 압궤시험　　④ 단열성능시험

재료 검사항목 : 인장시험, 압궤시험, 충격시험, 굽힘시험 등

29 다음 중 ( ) 안에 알맞은 단어를 기입하면?

> 압궤시험이란 꼭지각 (　　)로서 그 끝을 반지름 (　　)의 원호로 다듬질된 강제틀을 써서 시험용기의 중앙부에서 원통축에 대하여 직각으로 서서히 눌러 균열이 없는 것을 합격으로 한다.

① 10°, 5mm　　② 20°, 10mm
③ 30°, 13mm　　④ 60°, 13mm

해설

압궤시험
꼭지각 60°로서 그 끝을 반지름 13mm의 원호로 다듬질한 강제틀을 써서 시험용기의 중앙부에서 원통축에 대하여 직각으로 천천히 눌러서 2개의 꼭지각 끝의 거리가 일정량에 달하여도 균열이 생겨서는 안 된다. (KGS AC 211)

정답 25.① 26.④ 27.③ 28.④ 29.④

※ 압궤시험 부적당 시 용기에서 채취한 시험편에 대한 굽힘시험으로 갈음할 수 있다.

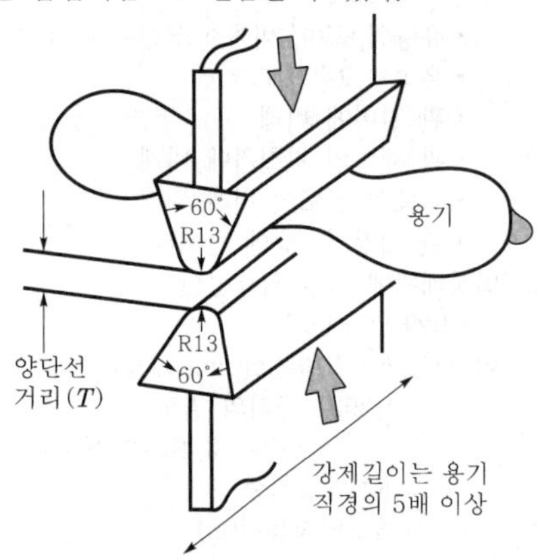

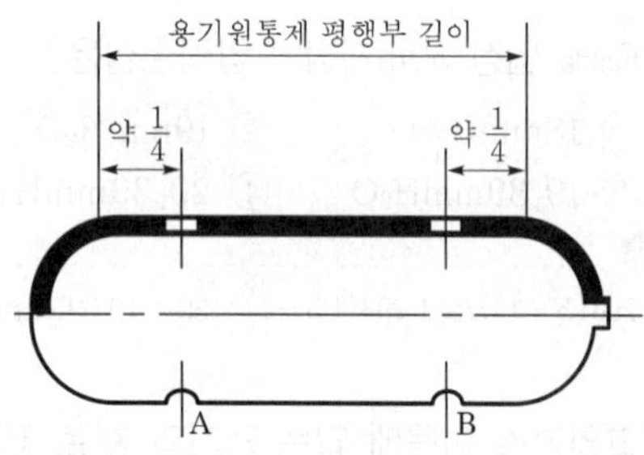

▌압궤시험과 두께측정▐

30 수조식 내압시험장치의 특징이 아닌 것은?

① 대형 용기에서 행한다.
② 팽창이 정확하게 측정된다.
③ 신뢰성이 크다.
④ 용기를 수조에 넣고 수압으로 가압한다.

① 소형 용기에서 행한다.

31 액체산소탱크에 20℃ 산소가 200kg이 있다. 이 용기 내용적이 100L일 때 10시간 방치 시 산소가 100kg 남아 있었다. 이 탱크가 단열성능시험에 합격할 수 있는지 계산하면? (단, 증발잠열은 51kcal/kg이며, 산소의 비점은 −183℃이다.)

① 0.05kcal/hr℃L(합격)
② 0.025kcal/hr℃L(불합격)
③ 0.02kcal/hr℃L(합격)
④ 0.005kcal/hr℃L(불합격)

$$Q=\frac{W\cdot q}{H\cdot \Delta t\cdot V}$$
$$=\frac{100\text{kg}\times 51\text{kcal/kg}}{10\times(20+183)\times 100}=0.0251\text{kcal/hr℃L}$$

∴ 0.0005kcal/hr℃L 초과하므로 불합격

요약 1. 초저온용기 단열성능시험 합격기준
- 내용적이 1000L 미만인 경우 : 0.0005kcal/hr℃L 이하가 합격
- 내용적이 1,000L 이상한 경우 : 0.002kcal/hr℃L 이하가 합격

2. 단열성능시험 : 액화질소, 액화산소, 액화아르곤 같은 초저온용기의 단열상태를 보는 것으로서 시험 시 충전량은 저온액화가스의 용적이 용기 내용적의 $\frac{1}{3}$ 이상 $\frac{1}{2}$ 이하가 되도록 하고 침입열량에 의한 기화가스량의 측정은 저울 또는 유량계에 의한다. 또한 합격기준은 다음 산식에 의해 침입열량이 내용적 1000L 이하인 경우 0.0005kcal/Lh℃ 이하, 내용적 1000L를 초과하는 것에 있어서는 0.002kcal/Lh℃ 이하의 경우를 합격으로 한다.

$$Q=\frac{W\cdot q}{H\cdot \Delta t\cdot V}$$

여기서, Q : 침입열량(kcal/L · h℃)
W : 측정 중의 기화가스량(kg)
H : 측정시간(hr)
V : 용기 내용적(L)
q : 시험용 액화가스의 기화잠열(kcal/kg)
Δt : 시험용 저온액화가스의 비점과 외기와의 온도차(℃)

단, 시험용 저온액화가스의 비점 및 기화잠열은 다음 값에 의한다.
- 액화질소 : 비점 −196℃, 기화잠열 48kcal/kg
- 액화산소 : 비점 −183℃, 기화잠열 51kcal/kg

32 용기의 재검사기준에서 다공물질을 채울 때 용기 직경의 $\frac{1}{200}$ 또는 몇 mm의 틈이 있는 것은 무방한가?

① 1mm ② 2mm
③ 3mm ④ 4mm

법 규정상 재검사를 받아야 할 용기
㉠ 산업통상자원부령이 정하는 기간이 경과된 용기
㉡ 손상이 발생된 용기
㉢ 합격표시가 훼손된 용기
㉣ 충전할 고압가스의 종류를 변경할 용기

정답 30.① 31.② 32.③

33 다음 중 원통형 저장탱크의 내용적을 구하는 식은?

① $\frac{4}{3}\pi r^3$　　② $\frac{\pi r^3}{6}$

③ $\frac{\pi}{6}d^3$　　④ $\frac{\pi}{4}d^2 \times L$

(1) 원통형 저장탱크

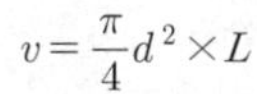

$v = \frac{\pi}{4}d^2 \times L$

여기서, v : 내용적(m^3)
d : 직경(m)
L : 길이(m)

(2) 구형 저장탱크

$v = \frac{\pi}{6}d^3$

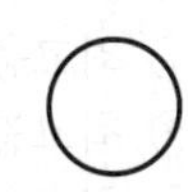

여기서, v : 내용적(m^3)
d : 직경(m)

요약 고압저장설비 - 원통형 저장탱크

1. 동판과 경판으로 구분되며, 설치방법에 따라 횡형과 입형으로 구분된다.
2. 저장탱크에는 안전밸브, 압력계, 온도계, 액면계, 긴급차단밸브, 드레인밸브 등이 설치된다.
3. 동일 용량일 때 구형 탱크보다 무겁다.
4. 구형 탱크에 비해 제작이 용이하다.

34 다음 중 구형 탱크의 특징에 해당되지 않는 것은?

① 건설비가 저렴하다.
② 표면적이 크다.
③ 강도가 높다.
④ 모양이 아름답다.

구형 탱크의 특징

㉠ 모양이 아름답다.
㉡ 동일 용량의 가스 액체를 저장 시 표면적이 작고 강도가 높다.
㉢ 누설이 방지된다.
㉣ 건설비가 저렴하다.
㉤ 구조가 단순하고, 공사가 용이하다.

35 직경 7m의 구형 탱크에 18kg/cm^2(g)로 기밀시험을 할 때 800L/min 압축기를 사용 시 기밀시험을 완료하는 데 몇 시간이 걸리는가?

① 65hr　　② 66hr

③ 67.3hr　　④ 68.5hr

해설

$v = \frac{\pi}{6}d^3 = \frac{\pi}{6} \times (7m)^3 = 179.59438m^3$ 에서

$M = pv = 18 \times 179.59438 = 3232.69 \fallingdotseq 3232.70m^3$

$\therefore$ $3232.70m^3 \div 0.8m^3/min = 4040.87min = 67.34hr$

36 고온 · 고압하에서 화학적인 합성이나 반응을 하기 위한 고압반응 가마솥을 무엇이라 하는가?

① 반응기
② 합성관
③ 교반기
④ 오토클레이브

해설

오토클레이브(Autoclave)의 종류

㉠ 교반형 : 전자코일을 이용하거나 모터에 연결 베인을 회전하는 형식
㉡ 진탕형 : 수평이나 전후 운동을 함으로써 내용물을 교반시키는 형식
㉢ 회전형 : 오토클레이브 자체를 회전시키는 방식
㉣ 가스교반형 : 가늘고 긴 수직형 반응기로서 유체가 순환되어 교반되는 형식으로 화학공장 등에서 이용

37 오토클레이브의 종류에 해당되지 않는 것은?

① 피스톤형　　② 교반형

③ 가스교반형　　④ 진탕형

38 다음 중 석유화학장치에서 사용되는 반응장치 중 아세틸렌, 에틸렌 등에서 사용되는 장치는?

① 탱크식 반응기　　② 관식 반응기

③ 탑식 반응기　　④ 축열식 반응기

해설

석유화학 반응장치의 종류

㉠ 탱크식 반응기 : 아크릴로라이드 합성, 디클로로에탄 합성
㉡ 관식 반응기 : 에틸렌의 제조, 염화비닐의 제조
㉢ 탑식 반응기 : 벤졸의 염소화, 에틸벤젠의 제조
㉣ 축열식 반응기 : 아세틸렌 제조, 에틸렌 제조
㉤ 유동층식 접촉 반응기 : 석유개질
㉥ 내부 연소식 반응기 : 아세틸렌 제조, 합성용 가스의 제조

정답 33.④ 34.② 35.③ 36.④ 37.① 38.④

39 다음은 이음매 없는 용기에 관한 사항이다. 해당되지 않는 것은?

① 제조법은 만네스만식, 에르하르트식이 있다.
② 산소, 수소 등의 용기에 해당된다.
③ C 0.55% 이하, P 0.04% 이하, S 0.05% 이하이다.
④ 저압용기에는 망간강, 고압용기에는 탄소강을 사용한다.

④ 고압에는 망간강, 저압용기에는 탄소강이 사용된다.

40 단열재의 구비조건에 해당되지 않는 것은?

① 화학적으로 안정할 것
② 경제적일 것
③ 흡습성, 열전도가 클 것
④ 밀도가 작고 시공이 쉬울 것

③ 흡습성, 열전도가 작을 것

41 다음 중 밸브의 재료가 잘못 연결된 것은?

① NH_3 : 강재 ② Cl_2 : 황동
③ LPG : 단조황동 ④ C_2H_2 : 동

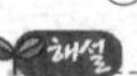

C_2H_2은 동 함유량이 62% 미만이어야 한다.

42 용기의 인장시험의 목적이 아닌 것은?

① 경도 ② 인장강도
③ 연신율 ④ 항복점

해설

인장시험 시 연신율, 인장강도, 항복점, 단면수축률을 알 수 있다.

43 아세틸렌용기의 내압시험압력은 얼마인가?

① 1.55MPa ② 2.7MPa
③ 4.5MPa ④ 5MPa

해설

Fp=1.5MPa이므로
∴ 1.5×3=4.5MPa

44 내용적 40L 용기에 30kg/cm^2 수압을 가하였다. 이때 40.5L가 되었고 수압을 제거했을 때 40.025L가 되었다. 이때 항구증가율은 몇 %인가?

① 5% ② 3%
③ 0.3% ④ 0.5%

해설

$$\text{항구증가율(\%)} = \frac{\text{항구증가량}}{\text{전 증가량}} \times 100 = \frac{40.025-40}{40.5-40} \times 100 = 5\%$$

45 초저온용기의 기밀시험압력은 얼마인가?

① 최고충전압력의 2배
② 최고충전압력의 1.2배
③ 최고충전압력의 1.5배
④ 최고충전압력의 1.1배

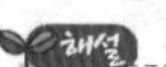

초저온 · 저온 용기의 Ap=Fp×1.1배

46 원통형 저장탱크의 부속품에 해당되지 않는 것은?

① 드레인밸브 ② 유량계
③ 액면계 ④ 안전밸브

해설

원통형 용기의 부속품
안전밸브, 압력계, 온도계, 액면계, 긴급차단밸브, 드레인밸브

47 납붙임 접합용기의 고압 가압시험은 최고충전압력의 몇 배인가?

① 5배 ② 4배
③ 3.6배 ④ 5.6배

48 용량 1000L인 액산탱크에 액산을 넣어 방출밸브를 개방하여 10시간 방치 시 5kg 방출되었다. 증발잠열이 50kcal/kg일 때 시간당 탱크에 침입하는 열량은 얼마인가?

① 20kcal/hr ② 25kcal/hr
③ 30kcal/hr ④ 40kcal/hr

정답 39.④ 40.③ 41.④ 42.① 43.③ 44.① 45.④ 46.② 47.② 48.②

해설

$\frac{5kg \times 50kcal/kg}{10hr} = 25kcal/hr$

49 고압가스 용기 재료에 사용되는 강의 성분 중 탄소, 인, 황의 함유량이 제한되어 있다. 다음 중 틀린 것은?

① 황은 적열취성의 원인이 된다.
② 인은 상온취성이 생긴다.
③ Mn은 황의 악영향을 가속시킨다.
④ Ni은 저온취성을 개선시킨다.

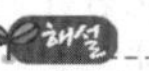

S : 적열취성, P : 상온취성, Mn : 황의 악영향을 완화, Ni : 저온취성을 개선

50 내압시험 시 전증가량 150cc일 때 용기의 내압시험에 합격하려면 항구증가량은 얼마인가?

① 10cc ② 15cc
③ 20cc ④ 25cc

10% 이하가 합격이므로 15cc

51 원통형 용기의 원주방향 응력을 구하는 식은?

① $\sigma = \frac{W}{A}$ ② $\sigma_z = \frac{PD}{4t}$
③ $\sigma_t = \frac{PD}{2t}$ ④ $P = \frac{W}{A}$

• 원통형 용기 원주방향 응력 : $\sigma_t = \frac{PD}{2t}$
• 축방향 응력 : $\sigma_z = \frac{PD}{4t}$

요약 원통형 용기의 내압강도 $P = \frac{\sigma_t \times 2 \times t}{D}$ 는 두께가 두꺼울수록, 관경이 작을수록 크다.

52 원통형 탱크에 대하여 잘못 설명된 것은?

① 구형 탱크보다 운반이 쉽다.
② 구형 탱크보다 제작이 어렵다.
③ 구형 탱크보다 표면적이 크다.
④ 횡형으로 설치 시 안정감이 있다.

53 다음 중 안전밸브의 설치장소가 아닌 것은?

① 감압밸브 뒤의 배관
② 펌프의 흡입측
③ 압축기의 토출측
④ 저장탱크의 기상부

해설

② 펌프의 토출측이다.
①, ③, ④항 이외에 압축기 최종단 등이 있다.

54 LPG 50L 용기에 300kg을 충전 시 용기 몇 개가 필요한가? (단, C=2.35)

① 15개 ② 16개
③ 17개 ④ 18개

$G = \frac{V}{C} = \frac{50}{2.35} = 21.276kg$

∴ 300 ÷ 21.276 = 14.1개 = 15개

아무리 적은 양이라도 1개의 용기에 충전한다.

55 질소용기의 기밀시험압력과 내압시험압력은 얼마인가?

① 10MPa, 20MPa ② 25MPa, 35MPa
③ 15MPa, 25MPa ④ 30MPa, 40MPa

Fp=15MPa이므로 Fp=Ap=15MPa

$Tp = Fp \times \frac{5}{3} = 15 \times \frac{5}{3} = 25MPa$

56 내용적 $40m^3$인 액화산소탱크에 충전하는 가스량은 몇 톤인가? (단, 산소의 비중은 1.14이다.)

① 36톤 ② 37톤
③ 39톤 ④ 41톤

해설

$G = 0.9dV = 0.9 \times 1.14 \times 40 = 41.04$톤

57 초저온용기나 저온용기의 단열재 선정 시 주의사항이 아닌 것은?

① 밀도가 작고 시공이 쉬울 것
② 흡습성, 열전도가 클 것
③ 불연성, 난연성일 것
④ 화학적으로 안정하고 반응성이 작을 것

정답 49.③ 50.② 51.③ 52.② 53.② 54.① 55.③ 56.④ 57.②

해설

② 흡습성, 열전도가 작을 것

58 용기밸브를 구조에 따라 분류한 것이 아닌 것은?

① O링식　　② 다이어프램식
③ △링식　　④ 패킹식

해설

①, ②, ④항 이외에 백시트식이 있다.

59 압축가스를 단열팽창하면 온도와 압력이 강하하는 현상을 무엇이라 하는가?

① 돌턴의 분압 법칙
② 줄-톰슨 효과
③ 르 샤틀리에의 법칙
④ 열역학 1법칙

60 다음 중 액화장치의 종류가 아닌 것은?

① 린데식　　② 클로우드식
③ 필립스식　　④ 백시트식

해설

액화장치의 종류 : 린데식, 클로우드식, 필립스식

요약 액화의 원리 : 가스를 액체로 만드는 액화의 조건은 저온 고압(임계온도 이하, 임계압력 이상)이며, 임계온도가 낮은 O_2, N_2, 공기 등은 단열팽창의 방법으로 액화시킨다.

참고 단열 팽창의 방법 : 팽창밸브에 의한 방법(린데식), 팽창기에 의한 방법(클로우드식)

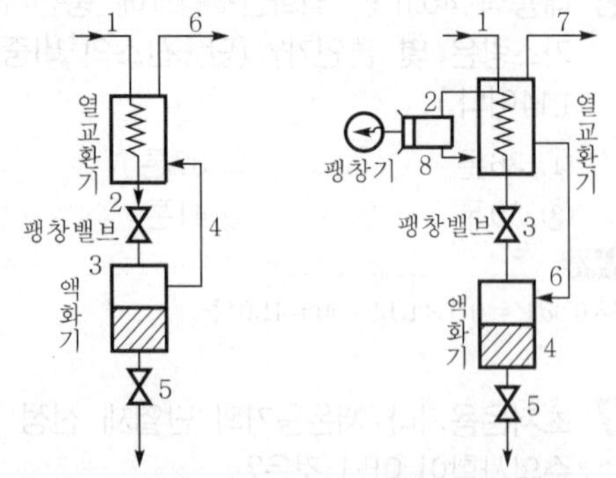

▌린데식 액화장치▐　　▌클로드식 액화장치▐

참고 가스액화분리장치의 구성요소 : 한랭발생장치, 정류장치, 불순물제거장치

61 고압식 공기액화분리장치의 압축기에서 압축되는 최대압력은?

① 50~100atm　　② 100~150atm
③ 150~200atm　　④ 200~250atm

150~200atm

요약 고압식 액체산소분리장치 : 원료 공기는 여과기를 통해 불순물이 제거된 후 압축기에 흡입되어 약 15atm 정도의 중간단에서 탄산가스 흡수기로 이송된다. 여기에서 8% 정도의 가성소다 용액에 의해 탄산가스가 제거된 후 다시 압축기에서 150~200atm 정도로 압축되어 유분리기를 통하면서 기름이 제거되고 난 후 예냉기로 들어간다.
예냉기에서는 약간 냉각된 후 수분리기를 거쳐 건조기에서 흡착제에 의해 최종적으로 수분이 제거된 후 반 정도는 피스톤 팽창기로, 나머지 팽창밸브를 통해 약 5atm으로 팽창되어 정류탑 하부에 들어간다. 나머지 팽창기로 이송된 공기는 역시 5atm 정도로 단열팽창하여 약 −150℃ 정도의 저온이 되고, 팽창기에서 혼입된 유분을 여과기에서 제거한 후 고온, 중온, 저온 열교환기를 통하여 복식정류탑으로 들어간다. 여기서 정류판을 거쳐 정류된 액체공기는 비등점 차에 의해 액화산소와 액화질소로 되어 상부탑 하부에서는 액화산소가, 하부탑 상부에서는 액화질소가 각각 분리되어 저장탱크로 이송된다.

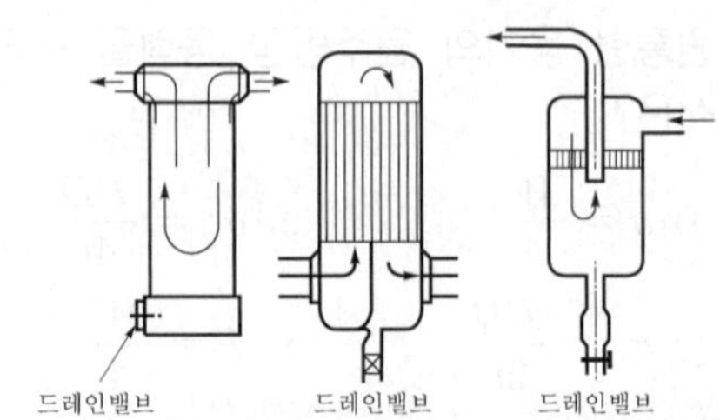

▌수 · 유분리기의 구조▐

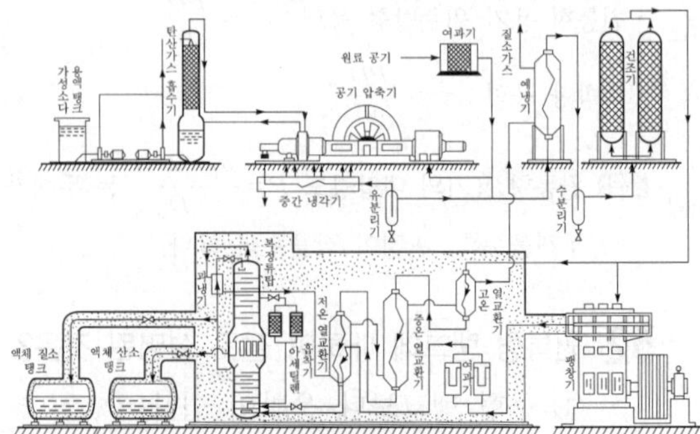

▌고압식 액체산소분리장치 계통도▐

정답 58.③ 59.② 60.④ 61.③

62 다음 중 공기액화분리장치의 폭발원인이 아닌 것은?

① 공기취입구로부터 C_2H_2 혼입
② 압축기용 윤활유 분해에 대한 탄화수소 생성
③ 액체공기 중 O_3의 혼입
④ 공기 중 N_2의 혼입

(1) 공기액화분리장치의 폭발원인
㉠ 공기취입구로부터 아세틸렌 혼입
㉡ 압축기용 윤활유 분해에 따른 탄화수소의 생성
㉢ 공기 중 질소화합물(NO, NO_2)의 혼입
㉣ 액체공기 중 오존(O_3)의 혼입
(2) 대책
㉠ 장치 내에 여과기를 설치한다.
㉡ 공기가 맑은 곳에 공기취입구를 설치한다.
㉢ 윤활유는 양질의 것을 사용한다.
㉣ 1년에 1회 이상 사염화탄소(CCl_4)로 내부를 세척한다.
㉤ 부근에 CaC_2 작업을 피한다.

63 공기액화분리장치에서 내부 세정제로 사용되는 것은?

① H_2SO_4 ② CCl_4
③ NaOH ④ KOH

64 공기액화분리장치에서 액산 35L 중 CH_4 2g, C_4H_{10}이 4g 혼입 시 5L 중 탄소의 양은 몇 mg인가?

① 500mg ② 600mg
③ 687mg ④ 787mg

$$\frac{12}{16}\times 2000\text{mg}+\frac{48}{58}\times 4000\text{mg}=4810.3\text{mg}$$

$$\therefore\ 4810.3\times\frac{5}{35}=687.19\text{mg}$$

액화산소 5L 중 C_2H_2의 질량이 5mg 이상이거나 탄화수소 중 탄소의 양이 500mg 이상 시 폭발위험이 있으므로 운전을 중지하고 액화산소를 방출하여야 한다.

65 이상기체의 엔탈피가 변하지 않는 과정은?

① 비가역 단열과정 ② 등압과정
③ 교축과정 ④ 가역 단열과정

엔탈피가 변하지 않는 과정 : 교축과정

66 공기액화분리장치에서 CO_2 1g 제거에 필요한 가성소다는 몇 g인가?

① 0.82g ② 1.82g
③ 2g ④ 2.82g

$2NaOH+CO_2 \rightarrow Na_2CO_3+H_2O$
$2\times 40g$: 44g
x(g) : 1g

$$\therefore\ x=\frac{2\times 40\times 1}{44}=1.82\text{g}$$

67 초저온 액화가스를 취급 시 사고 발생의 원인에 해당되지 않는 것은?

① 동상
② 질식
③ 화학적 변화
④ 기체의 급격한 증발에 의한 이상압력 상승

해설

④ 액체의 급격한 증발에 의한 이상압력의 상승

68 복식 정류탑에서 얻어지는 질소의 순도는 몇 % 이상인가?

① 90~92%
② 93~95%
③ 94~98%
④ 99~99.8%

69 공기액화분리장치에서 CO_2와 수분 혼입 시 미치는 영향이 아닌 것은?

① 드라이아이스 얼음이 된다.
② 배관 및 장치를 동결시킨다.
③ 액체공기의 흐름을 방해한다.
④ 질소, 산소 순도가 증가한다.

공기액화분리장치에서 CO_2는 드라이아이스, 수분은 얼음이 되어 장치 내를 폐쇄시키므로 CO_2는 NaOH로, 수분은 건조제(NaOH, SiO_2, Al_2O_3, 소바비드)로 제거한다.

정답 62.④ 63.② 64.③ 65.③ 66.② 67.④ 68.④ 69.④

70 한국 1냉동톤의 시간당 열량은 얼마인가?

① 632kcal ② 641kcal
③ 860kcal ④ 3320kcal

한국 1냉동톤(1RT) : 0℃ 물 1톤을 0℃ 얼음으로 만드는 데 하루동안 제거하여야 할 열량
$Q=Gr=1000\text{kg}\times79.68\text{kcal/kg}/24\text{hr}=3320\text{kcal/hr}$

요약 미국 1냉동톤(1USRT)=0℃ 물 1톤(2000lb)을 0℃ 얼음으로 만드는 데 하루동안 제거하여야 할 열량을 시간당으로 계산한 값

$\therefore Q=Gr$
$=2000\text{lb}\times144\text{BTU/lb}$
$(79.68\text{kcal/kg}=79.68\times3.968/2.205\text{lb}$
$\fallingdotseq144\text{BTU/lb})$
$=288000\text{BTU}/24\text{hr}$
$=12000\text{BTU/hr}=3024\text{kcal/hr}$

71 냉동의 4대 주기의 순서가 올바르게 된 것은?

① 압축기 – 증발기 – 팽창밸브 – 응축기
② 증발기 – 압축기 – 응축기 – 팽창밸브
③ 증발기 – 응축기 – 팽창밸브 – 압축기
④ 압축기 – 응축기 – 증발기 – 팽창밸브

증발기 – 압축기 – 응축기 – 팽창밸브

요약

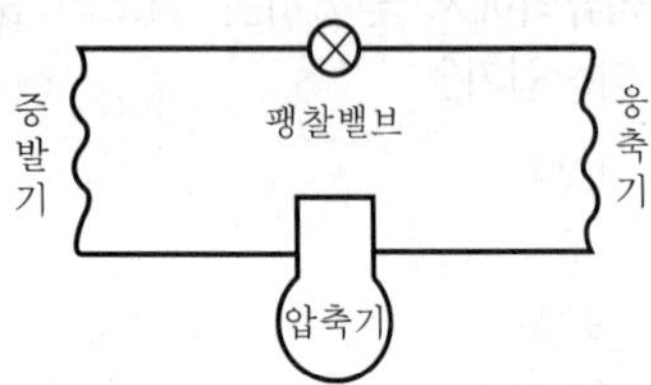

※ 팽창밸브 : 열을 흡수하여 적정량으로 냉매량을 조절

72 고압가스 용기의 재료에 사용되는 강의 성분 중 탄소, 인, 황의 함유량이 제한되어 있다. 그 이유는?

① 탄소량이 증가하면 인장강도 충격치는 증가한다.
② 황은 적열취성의 원인이 된다.
③ 인은 많은 것이 좋다.
④ 탄소량이 많으면 인장강도는 감소하나 충격치는 증가한다.

해설

탄소량이 증가하면 인장강도 경도는 증가하고, 충격치 연신율은 감소하며, S은 적열취성의 원인이 되고 P은 상온취성의 원인이 된다.

요약 S : 적열취성의 원인
P : 상온취성
Mn : S과 결합하여 S의 악영향을 완화
Ni : 저온취성을 개선

73 저온장치용 금속재료에 있어서 가장 중요시하여야 할 사항은 무엇인가?

① 금속재료의 물리적, 화학적 성질
② 금속재료의 약화
③ 저온취성에 의한 취성파괴
④ 저온취성에 의한 충격치 강화

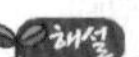

저온취성에 의한 취성파괴

74 어떤 고압용기의 지름을 2배, 재료의 강도를 2배로 하면 용기 두께는 몇 배인가?

① 0.5
② 1.5
③ 3
④ 변함 없다.

$\sigma_t=\dfrac{PD}{2t}$

$\therefore t=\dfrac{PD}{2\sigma_t}=\dfrac{P\times2D}{2\times2\sigma_t}=\dfrac{PD}{2\sigma_t}$ (변함 없음)

75 같은 강도이고 같은 두께의 원통형 용기의 내압 성능에 대하여 옳은 것은?

① 길이가 짧을수록 강하다.
② 관경이 작을수록 강하다.
③ 관경이 클수록 강하다.
④ 길이가 길수록 강하다.

해설

$\sigma_t=\dfrac{PD}{2t}$

$\therefore P=\dfrac{\sigma_t\times2\times t}{D}$

원통형 용기의 내압성능은 관경이 작을수록, 두께가 두꺼울수록 강하다.

정답 70.④ 71.② 72.② 73.③ 74.④ 75.②

76 내경 15cm의 파이프를 플랜지 접속 시 40kg/cm^{2}의 압력을 걸었을 때 볼트 1개에 걸리는 힘이 400kg일 때 볼트 수는 몇 개인가?

① 15개
② 16개
③ 17개
④ 18개

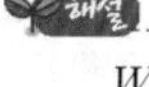

$P = \dfrac{W}{A}$

$W = PA = 40\text{kg/cm}^2 \times \dfrac{\pi}{4} \times (15\text{cm})^2 = 7065\text{kg}$

$\therefore\ 7065 \div 400 = 17.6 = 18$개

77 지름 16mm 강볼트로 플랜지 접합 시 인장력이 4000kg/cm^{2}이다. 지름 12mm 볼트로 같은 수를 사용 시 인장력은 얼마인가?

① 5100kg/cm^2 ② 6100kg/cm^2
③ 7100kg/cm^2 ④ 8100kg/cm^2

$\sigma_1 \times \dfrac{\pi}{4} {d_1}^2 \times n_1 = \sigma_2 \times \dfrac{\pi}{4} {d_2}^2 \times n_2 \ (n_1 = n_2)$

$\therefore\ \sigma_2 = \dfrac{\frac{\pi}{4}{d_1}^2}{\frac{\pi}{4}{d_2}^2} \times \sigma_1 = \dfrac{{d_1}^2}{{d_2}^2} \times \sigma_1$

$= \dfrac{16^2}{12^2} \times 4000\text{kg/cm}^2$

$= 7111.11\text{kg/cm}^2 \fallingdotseq 7100\text{kg/cm}^2$

78 지름 1cm의 원관에 500kg의 하중이 작용할 경우 이 재료에 걸리는 응력은 몇 kg/mm^{2}인가?

① 4.5kg/mm^2 ② 5.5kg/mm^2
③ 6.4kg/mm^2 ④ 7.5kg/mm^2

해설

$\sigma = \dfrac{W}{A}$

$= \dfrac{500\text{kg}}{\frac{\pi}{4} \times (10\text{mm})^2} = 6.36\text{kg/mm}^2 \fallingdotseq 6.4\text{kg/mm}^2$

요약 응력이란 하중을 단면적으로 나눈 값이며, 하중에 대항하여 발생되는 반대방향인 내력을 말한다.

79 클리프 현상이 발생되는 온도는 몇 ℃ 이상인가?

① 100℃
② 200℃
③ 350℃
④ 450℃

해설

클리프 현상 : 350℃ 이상에서 재료에 하중을 가하면 시간과 더불어 변형이 증대되는 현상

80 응력을 표현한 것은 어느 것인가?

① 응력 = 하중 × 단면적
② 응력 = $\dfrac{\text{단면적}}{\text{하중}}$
③ 응력 = $\dfrac{\text{하중}}{\text{단면적}}$
④ 응력 = $\dfrac{\text{체적}}{\text{하중}}$

81 단면적이 100mm^{2}인 봉을 매달고 100kg인 추를 자유단에 달았더니 허용응력이 되었다. 인장강도가 100kg/cm^{2}일 때 안전율은?

① 1 ② 2
③ 3 ④ 4

해설

안전율 $= \dfrac{\text{인장강도}}{\text{허용응력}} = \dfrac{100\text{kg/cm}^2}{100\text{kg/cm}^2} = 1$

허용응력 $= \dfrac{100\text{kg}}{100\text{mm}^2} = 1\text{kg/mm}^2 = 100\text{kg/cm}^2$

82 지름이 10mm, 길이 100mm의 재료를 인장 시 105mm일 때 이 재료의 변율은 얼마인가?

① 0.01
② 0.02
③ 0.03
④ 0.05

해설

변율 $= \dfrac{l' - l}{l} = \dfrac{\text{변형된 길이}}{\text{처음 길이}} = \dfrac{105 - 100}{100} = 0.05$

참고 연신율(%) $= \dfrac{\lambda}{l} \times 100$

정답 76.④ 77.③ 78.③ 79.③ 80.③ 81.① 82.④

83 금속재료에서 탄소량이 많을 때 증가하는 것은?

① 연신율 ② 변형률
③ 인장강도 ④ 충격치

탄소량이 증가하면 인장강도 항복점은 증가, 연신율 충격치는 감소한다.

84 지름 5mm의 금속재료를 4mm로 축소할 경우 단면수축률 및 가공도는 얼마인가?

① 20%, 50% ② 39%, 40%
③ 30%, 60% ④ 36%, 64%

㉠ 단면수축률$=\dfrac{A_0-A}{A_0}\times 100$

$=\dfrac{\frac{\pi}{4}(5^2-4^2)}{\frac{\pi}{4}\times 5^2}\times 100=36\%$

㉡ 가공도 : $\dfrac{A}{A_0}\times 100=\dfrac{\frac{\pi}{4}\times 4^2}{\frac{\pi}{4}\times 5^2}\times 100=64\%$

85 고압가스에 사용되는 금속재료의 구비조건이 아닌 것은?

① 내알칼리성 ② 내식성
③ 내열성 ④ 내마모성

금속재료의 구비조건 : 내식성, 내열성, 내구성, 내마모성

86 고압장치용 금속재료에서 구리 사용이 가능한 가스는?

① H_2S ② C_2H_2
③ NH_3 ④ N_2

해설

동 사용이 금지된 가스 : NH_3, H_2S(부식), C_2H_2(폭발)

87 용기의 제조공정에서 쇼트브라스팅을 실시하는 목적은 다음 중 어느 것인가?

① 방청도장 전 용기에 존재하는 녹이나 이물질을 제거하기 위하여
② 용기의 강도를 증가시키기 위하여
③ 용기에 존재하는 잔류응력을 제거하기 위하여
④ 용기의 폭발을 방지하기 위하여

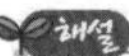

쇼트브라스팅 : 용기에 존재하는 녹이나 이물질을 제거하여 방청도장이 용이하도록 하기 위하여

88 금속재료의 열처리 중 풀림의 목적이 아닌 것은?

① 잔류응력 제거
② 금속재료의 인성 증가
③ 금속재료의 조직 개선
④ 기계적 성질 개선

풀림의 목적
- 잔류응력 제거
- 강도의 증가
- 기계적 성질 및 조직의 개선 등이 있다.

요약 금속의 열처리 : 금속을 적당히 가열하거나 냉각하여 특별한 성질을 부여하기 위한 작업

1. 담금질(Qwenching, 소입) : 강의 경도나 강도를 증가시키기 위하여 적당히 가열한 후 급냉시킨다(단, Cu, Al은 급냉 시 오히려 연해진다).
2. 뜨임(Tempering, 소려) : 인성을 증가시키기 위해 담금질 온도보다 조금 낮게 가열한 후 공기 중에서 서냉시킨다.
3. 불림(Normalizing, 소준) : 소성가공 등으로 거칠어진 조직을 미세화하거나 정상상태로 하기 위해 가열 후 공냉시킨다.
4. 풀림(Annealing, 소둔) : 잔류응력을 제거하거나 냉간가공을 용이하게 하기 위해서 뜨임보다 약간 높게 가열하여 노 중에서 서냉시킨다.

89 금속재료의 부식 중 특정부분에 집중적으로 일어나는 부식의 형태를 무엇이라 하는가?

① 전면부식 ② 국부부식
③ 선택부식 ④ 입계부식

해설

(1) 부식 : 금속재료가 화학적 변화를 일으켜 소모되는 현상
(2) 부식의 형태
㉠ 전면부식 : 전면이 균일하게 부식되어 부식량은 크나 전면에 파급되므로 큰 해는 없고 대처하기 쉽다.

정답 83.③ 84.④ 85.① 86.④ 87.① 88.② 89.②

㉡ 국부부식 : 부식이 특정한 부분에 집중되는 형식으로 부식속도가 빠르고 위험성이 높으며, 장치에 중대한 손상을 입힌다.
㉢ 입계부식 : 결정입계가 선택적으로 부식되는 양상으로 스테인리스강의 열 영향을 받아 크롬탄화물이 석출되는 현상
㉣ 선택부식 : 합금 중에서 특정 성분만이 선택적으로 부식하므로 기계적 강도가 적은 다공질의 침식층을 형성하는 현상(예 주철의 흑연화, 황도의 탈아연화 부식)
㉤ 응력부식 : 인장응력이 작용할 때 부식환경에 있는 금속이 연성재료임에도 불구하고 취성파괴를 일으키는 현상(예 연강으로 제작한 NaOH 탱크에서 많이 발생한다.)

요약 1. 부식속도에 영향을 주는 인자
- 내부 인자 : 금속재료의 조성, 조직, 응력, 표면상태
- 외부 인자 : 수소이온농도(pH), 유동상태, 온도, 부식액의 조성 등

2. 방식법
- 부식 억제제(인히비터)에 의한 방식
- 부식 환경처리에 의한 방식
- 전기방식법
- 피복에 의한 방식

90 다음 중 전기방식법의 종류가 아닌 것은?

① 유전양극법 ② 외부전원법
③ 선택배류법 ④ 인히비터법

전기방식법의 종류
㉠ 유전양극법
㉡ 외부전원법
㉢ 선택배류법
㉣ 강제배류법

91 다음 중 고온 고압용에 사용되는 금속의 종류가 아닌 것은?

① 5% Cr강 ② 9% 크롬강
③ 탄소강 ④ 니켈-크롬강

해설

(1) 고온 고압용 금속재료 : 상온용 재료에는 일반적으로 탄소강이 사용되나 고압용으로는 탄소강에 기계적으로 개선시킨 합금강이 사용된다.
(2) 종류
㉠ 5% 크롬강 : 탄소강에 Cr, Mo, W, V을 소량 첨가시킨 것으로 내식성 및 강도는 탄소강보다 뛰어나며, 암모니아 합성장치 등에 사용된다.
㉡ 9% 크롬강 : 일명 '반불수강'이라고도 하며, 탄소에 크롬을 함유한 것으로 내식성이 뛰어나다.
㉢ 스테인리스강 : 13% Cr강이나 오스테나이트계 스테인리스강을 말한다.
㉣ 니켈-크롬-몰리브덴강 : 탄소강에 니켈, 크롬, 몰리브덴을 함유한 강으로 바이블랙강이라 한다.

92 다음 [그림]은 응력과 변형의 선도이다. 파괴점은 어느 것인가?

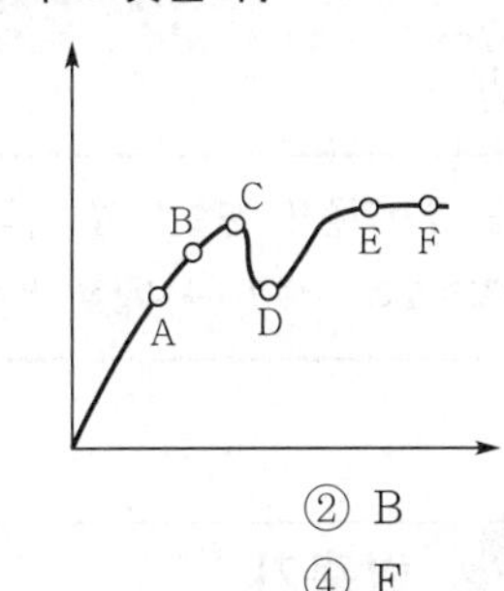

① A ② B
③ C ④ F

해설

- A : 비례한도
- B : 탄성한도
- C : 상항복점
- D : 하항복점
- E : 인장강도
- F : 파괴점

93 금속재료의 용도로 적당하지 못한 것은?

① 상온, 고압수소 용기 : 보통강
② 액체 산소탱크 : 알루미늄
③ 수분이 없는 염소 용기 : 보통강
④ 암모니아 : 동

해설

NH_3는 착이온 생성으로 부식을 일으키므로 동 함유량 62% 미만의 동합금을 사용하여야 한다.

정답 90.④ 91.③ 92.④ 93.④

chapter 5 압축기 및 펌프

제5장의 학습 방법을 설명해 주세요.

제5장은 출제기준의 압축기 및 펌프부분으로서 압축기의 종류, 특성, 펌프의 분류나 이상현상, 고장원인과 대책, 유지관리 부분을 학습하여야 합니다.

01 압축기

(1) 작동압력에 따른 분류

① 압축기 : 토출압력 0.1MPa(1kg/cm^2)g 이상

② 송풍기 : 토출압력 10kPa~0.1MPa(1000mmH_2O~1kg/cm^2)g 미만

③ 통풍기 : 토출압력 10kPa(1000mmH_2O)g 미만

(2) 압축방식에 의한 분류

① 터보형 : 원심, 축류, 사류

② 용적형 : 왕복, 회전, 나사

(3) 안전장치

① 안전두 : 정상압력+0.3~0.4MPa(3~4kg/cm^2)

② 고압차단 스위치(HPS) : 정상압력+0.4~0.5MPa(4~5kg/cm^2)

③ 안전밸브 : 정상압력+0.5~0.6MPa(5~6kg/cm^2)

(4) 왕복압축기

스카치요크형 : 실린더 내 피스톤을 왕복운동시켜 기체를 흡입 · 압축 · 토출하는 형식

① 왕복동 압축기의 특징

㉠ 오일윤활식, 무급유식

㉡ 용량조절이 쉽다.

㉢ 압축효율이 높다.

㉣ 소음, 진동이 발생하고 설치면적이 크다.

㉤ 압축이 단속적이다.
㉥ 왕복압축기의 내부 압력은 저압이다.

② 왕복동 압축기의 용량제어방법

㉠ 연속적 용량제어방법
- 타임드밸브에 의한 방법
- 바이패스밸브에 의한 방법
- 회전수 변경법
- 흡입 주밸브 폐쇄법

㉡ 단속적 용량제어 방법
- 흡입밸브 강제개방법
- 클리어런스 밸브에 의한 방법

③ 피스톤 압출량

$$V = \frac{\pi}{4}d^2 \times L \times N \times n \times n_v$$

여기서, V : 피스톤 압출량(m^3/min)
L : 행정(m)
n : 기통수
d : 내경(m)
N : 회전수(rpm)
n_v : 체적효율

④ 고속다기통 압축기의 특징

㉠ 체적효율이 낮다.
㉡ 부품교환이 간단하다.
㉢ 용량제어가 용이하다.
㉣ 소형 경량, 동적, 정적 밸런스가 양호하다.
㉤ 고장 발견이 어렵다.
㉥ 실린더 직경이 행정보다 크거나 같다.

⑤ 밸브 구비조건

㉠ 개폐 확실
㉡ 작동 양호
㉢ 운전 중 분해하지 말 것
㉣ 충분한 통과단면을 가질 것
㉤ 유체저항이 적을 것

⑥ 압축기 효율

㉠ 체적효율(n_v)$=\dfrac{\text{실제가스 흡입량}}{\text{이론 가스 흡입량}}$

㉡ 압축효율(n_c)$=\dfrac{\text{이론 동력}}{\text{지시 동력}}$

㉢ 기계효율(n_m)$=\dfrac{\text{지시 동력}}{\text{축 동력}}\left(\text{축 동력}=\dfrac{\text{이론 동력}}{n_c\times n_m}\right)$

여기서, n_c : 압축효율

n_m : 기계효율

⑦ 압축비

$$a={}^{n}\sqrt{\frac{P_2}{P_1}}$$

여기서, n : 단수

P_1 : 흡입압력

P_2 : 토출압력

⑧ 압축비 증대 시 영향

㉠ 체적효율 저하

㉡ 소요동력 증대

㉢ 실린더 내 온도상승

㉣ 토출량 감소

㉤ 윤활유 열화 탄화

㉥ 윤활기능 저하

⑨ 다단압축의 목적

㉠ 일량 절약

㉡ 온도상승 방지

㉢ 힘의 평형 양호

㉣ 효율 증가

⑩ 실린더 냉각의 목적

㉠ 체적효율 증대

㉡ 압출효율 증대

㉢ 윤활기능 향상

㉣ 기계수명 연장

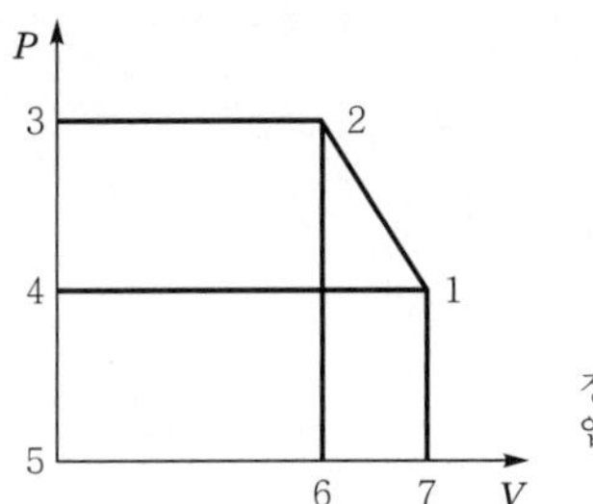

정미소요일량(1-2-3-4)
압축일량(1-2-6-7)

(5) 원심압축기

① 원심압축기의 특징
   ㉠ 무급유식이다.
   ㉡ 용량조정이 어렵다.
   ㉢ 소음, 진동이 없다.
   ㉣ 압축이 연속적이다.
   ㉤ 설치면적이 작다.

② 원심용량 조정방법
   ㉠ 속도제어에 의한 방법
   ㉡ 바이패스에 의한 방법
   ㉢ 안내깃 각도(베인컨트롤) 조정
   ㉣ 흡입, 토출밸브 조정법

③ 임펠러깃 각도
   ㉠ 다익형 : 90°보다 클 때
   ㉡ 레이디얼형 : 90°
   ㉢ 터보형 : 90°보다 작을 때

④ 서징 방지법
   ㉠ 속도제어에 의한 방법
   ㉡ 바이패스법
   ㉢ 안내깃 각도 조절법
   ㉣ 교축밸브를 근접 설치하는 방법
   ㉤ 우상특성이 없게 하는 방법

⑤ 무급유 압축기(왕복, 원심, 나사)

⑥ 무급유 윤활방식에 따른 링의 종류 : 카본링, 테프론링, 다이어프램링, 라비런스 피스톤

(6) 윤활유

① 윤활유의 사용목적

㉠ 원활한 운전

㉡ 과열압축 방지

㉢ 가스누설 방지

㉣ 마찰저항 감소

㉤ 기계수명 연장

② 윤활유의 구비조건

㉠ 경제적일 것

㉡ 화학적으로 안정되어 사용 가스와 반응하지 않을 것

㉢ 인화점이 높고 응고점이 낮을 것

㉣ 수분 및 산 등의 불순물이 적을 것

㉤ 점도가 적당하고 항유화성이 클 것

㉥ 저온(왁스분)이 분리되지 않을 것

㉦ 고온(슬러지)이 생기지 않을 것

③ 압축기 운전, 관리 및 이상현상

㉠ 운전 중 점검사항 : 압력, 온도, 누설, 진동, 소음, 윤활유, 냉각수 이상 유무 점검

㉡ 가연성 압축기 정지 시 작업순서

- 전동기 스위치를 내린다.
- 최종 스톱밸브를 닫는다.
- 드레인밸브를 열어 둔다.
- 각 단의 압력저하를 확인 후 흡입밸브를 닫는다.
- 냉각수를 배출한다.

㉢ 일반 압축기 정지 작업순서

- 드레인밸브, 조정밸브를 열어 응축수 및 기름을 배출한다.
- 각 단의 압력을 0으로 하여 정지시킨다.
- 주밸브를 잠근다.
- 냉각수 밸브를 잠근다.

㉣ 압축기 관리상 주의사항

- 단기간 정지 시에도 1일 1회 운전
- 장기간 정지 시 윤활유 교환 냉각수 제거
- 냉각사관은 무게를 재어 10% 이상 감소 시 교환

㉤ 운전개시 전 주의사항
- 모든 볼트, 너트 조임상태 확인
- 압력계, 온도계 점검
- 냉각수 확인
- 윤활유 점검
- 무부하상태에서 회전시켜 이상 유무 확인

㉥ 중간단 압력 이상저하 원인
- 전단 흡입토출밸브 불량
- 전단 바이패스 밸브 불량
- 전단 클리어런스 밸브 불량
- 전단 피스톤링 불량
- 중간단 냉각기 능력 과대

㉦ 중간단 압력 이상상승 원인
- 다음단 흡입토출밸브 불량
- 다음단 바이패스 밸브 불량
- 다음단 클리어런스 밸브 불량
- 다음단 피스톤링 불량
- 중간단 냉각기 능력 과소

㉧ 흡입온도 이상상승 원인
- 전단 냉각기 능력 저하
- 흡입밸브 불량에 의한 역류
- 관로의 수열

㉨ 토출온도 이상상승 원인
- 전단 냉각기 불량에 의한 고온가스 흡입
- 흡입밸브 불량에 의한 고온가스 흡입
- 토출밸브 불량에 의한 역류
- 압축비 증가

02 펌프(pump)

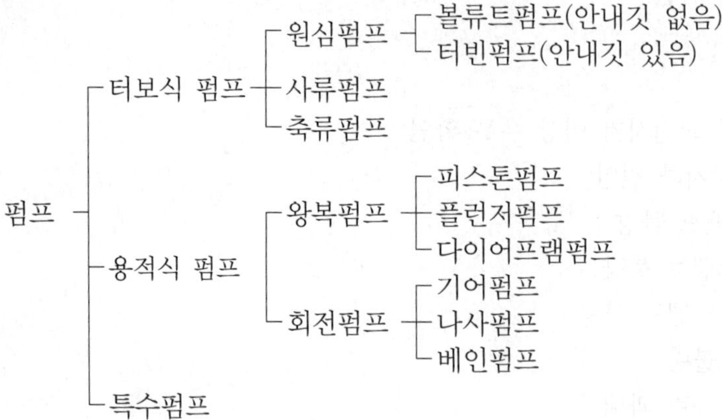

(1) 펌프의 구비조건

① 고온, 고압에 견딜 것
② 작동이 확실, 조작이 간편할 것
③ 부하변동에 대응할 수 있을 것
④ 병렬운전에 지장이 없을 것

(2) 펌프의 운전방법

① 직렬운전 : 양정 증가, 유량 불변
② 병렬운전 : 유량 증가, 양정 불변

(3) 펌프 정지순서

① 원심펌프(토출밸브를 닫는다 → 모터를 정지시킨다 → 흡입밸브를 닫는다 → 펌프 내 액을 뺀다)
② 왕복펌프(모터를 정지시킨다 → 토출밸브를 닫는다 → 흡입밸브를 닫는다 → 펌프 내 액을 뺀다)
③ 기어펌프(모터를 정지시킨다 → 흡입밸브를 닫는다 → 토출밸브를 닫는다 → 펌프 내 액을 뺀다)

(4) 진공펌프로 사용하는 펌프 : 회전펌프

(5) 펌프에서 일어나는 현상

① 캐비테이션(공동현상) : 유수 중에 그 수온의 증기압보다 낮은 부분이 생기면 물이 증발을 일으키고 기포를 발생하는 현상

㉠ 발생조건
- 회전수가 빠를 때 → 회전수 낮춤
- 흡입관경이 좁을 때 → 흡입관경 넓힘, 양 흡입펌프 사용
- 설치위치가 높을 때 → 설치위치 낮춤, 두 대 이상 펌프 사용

㉡ 발생에 따른 현상 : 소음, 진동, 깃의 침식, 양정효율곡선 저하

② **베이퍼록 현상** : 저비점 액체 이송 시 펌프의 입구에서 발생하는 현상으로 액의 끓음에 의한 동요

㉠ 방지법
- 실린더라이너 냉각
- 외부와 단열조치
- 흡입관경 넓힘
- 설치위치 낮춤

③ **수격작용(워터 햄머링)** : 펌프 운전 중 정전 등에 의한 심한 속도변화에 따른 심한 압력변화가 생기는 현상

㉠ 수격작용 방지법
- 관내 유속을 낮춘다.
- 펌프에 플라이 휠을 설치한다.
- 조압수조를 설치한다.
- 밸브를 송출구에 설치하고 적당히 제어한다.

(6) 펌프의 계산식

① 축마력

$$L_{PS} = \frac{\gamma QH}{75\eta} = \frac{P \times Q'}{75\eta}$$

② 축동력

$$L_{kW} = \frac{\gamma QH}{102\eta}$$

$$L_{kW} = \frac{\gamma QH}{\eta} \text{이면 } (\gamma : \text{비중량}(kN/m^3))$$

여기서, γ : 비중량(kg/m^3)
P : 압력(kg/m^2)
Q : 유량(m^3/sec)
H : 양정(m)
L_{PS} : 펌프의 마력
L_{kW} : 펌프의 동력
Q' : 피스톤 압출량(m^3/sec)
η : 효율

③ 마찰손실수두

$$h_f = \lambda \frac{l}{d} \cdot \frac{v^2}{2g}$$

여기서, h_f : 마찰손실수두(m)　　v : 유속(m/s)
λ : 관마찰계수　　g : 중력가속도(9.8m/s^2)
d : 관경(m)　　l : 관길이(m)

④ 비교회전도

$$N_s = \frac{N\sqrt{Q}}{\left(\frac{H}{n}\right)^{\frac{3}{4}}}$$

여기서, N_s : 비교회전도　　H : 양정(m)
N : 회전수(rpm)　　n : 단수
Q : 유량(m^3/min)

⑤ 전동기 직결식 원심펌프의 회전수

$$N = \frac{120f}{P}\left(1 - \frac{S}{100}\right)$$

여기서, N : 전동기 직결식 원심펌프 회전수(rpm)
f : 전기주파수(60Hz)
P : 모터극수
S : 미끄럼률

(7) 펌프운전 중 회전수를 $N \rightarrow N'$로 변경 시

① 변경 시

㉠ $$송수량(유량) : Q' = Q \times \left(\frac{N'}{N}\right)^1$$

㉡ $$양정 : H' = H \times \left(\frac{N'}{N}\right)^2$$

㉢ $$동력 : P' = P \times \left(\frac{N'}{N}\right)^3$$

② 상사로 운전 시

㉠ $$Q' = Q \times \left(\frac{N'}{N}\right)^1 \left(\frac{D'}{D}\right)^3$$

㉡ $$H' = H \times \left(\frac{N'}{N}\right)^2 \left(\frac{D'}{D}\right)^2$$

㉢ $$P' = P \times \left(\frac{N'}{N}\right)^3 \left(\frac{D'}{D}\right)^5$$

여기서, Q : 처음 유량 　　Q' : 변경된 유량
H : 처음 양정 　　H' : 변경된 양정
P : 처음 동력 　　P' : 변경된 동력
N : 처음 회전수 　　N' : 변경된 회전수
D : 처음 직경 　　D' : 변경된 직경

(8) 펌프 축봉장치에 사용되는 Seal의 종류

① 메커니컬실
㉠ 특징
- 누설방지
- 특수액에 사용
- 동력손실이 적고, 효율이 좋다.
- 구조가 복잡, 교환, 조립이 힘들다.

② 언밸런스실 : $4kg/cm^2$(0.4MPa) 이하에 사용
③ 밸런스실 : $4\sim5kg/cm^2$(0.4~0.5MPa) 이상(저비점 액체)
④ 더블실이 사용되는 경우
㉠ 유독액, 인화성이 강한 액
㉡ 보냉, 보온 시
㉢ 누설되면 응고되는 액일 때
㉣ 고진공일 때
㉤ 기체를 실할 때

(9) 공기압축기 내부 윤활유 규격

탄소 질량 \ 항목	인화점	교반 시 온도	교반 시간
1% 이하	200℃	170℃	8시간
1~1.5% 이하	230℃	170℃	12시간

(10) 펌프의 고장원인과 대책

① 펌프가 액을 토출하지 않을 때

원 인	대 책
• 탱크 내의 액면 낮음 • 흡입 관로 막힘 • 여과기 막힘	• 액면 높임 • 밸브 완전 개방 • 여과기 분해 청소

② 펌프의 소음 · 진동 발생

원 인	대 책
• 흡입 관로 막힘 • 공기혼입 • 캐비테이션 발생 • 과도한 회전수	• 여과기 분해 청소 • 공기빼기 드레인 개방 • 정상회전수 확인 • 흡입관경 및 펌프 설치 • 위치 확인

③ 펌프의 토출량 감소 시

원 인	대 책
• 임펠러 마모 및 부식 • 공기혼입 시 • 이물질 혼입 • 캐비테이션 발생	• 임펠러 교환 • 공기빼기 실시 • 펌프 관로 점검

④ 펌프의 액압강하

원 인	대 책
• 펌프가 액을 토출하지 않음 • 릴리프 밸브 불량	• 흡입 토출 관로 점검 • 릴리프 밸브 점검

⑤ 펌프에 공기혼입 시 영향

㉠ 소음 · 진동 발생

㉡ 압력계 지침 흔들림

㉢ 기동 불능

⑥ 전동기 과부하의 원인

㉠ 임펠러 이물질 혼입

㉡ 양정 유량 증가 시

㉢ 액점도 증가 시

㉣ 모터 소손 시

Chapter 5 ··· 압축기 및 펌프

출/제/예/상/문/제

01 압축기를 작동압력에 따라 분류 시 송풍기의 압력에 해당하는 것은?

① 0.1MPa 이상
② 10kPa 이상~0.1MPa 미만
③ 10kPa 미만
④ 10kPa 미만

압축기의 작동압력에 따른 분류
㉠ 압축기 : 토출압력 0.1MPa 이상
㉡ 송풍기 : 토출압력 10kPa 이상~0.1MPa 미만
㉢ 통풍기 : 토출압력 10kPa 미만

요약 1. 압축기(Compressor) : 기체에 기계적 에너지를 전달하여 압력과 속도를 높이는 기계
2. 압축기의 용도
• 고압으로 화학반응을 촉진시킨다.
$$N_2+3H_2 \xrightarrow[\text{(저온, 고압)}]{} 2NH_3+Q$$
• 가스를 압축하여 액화가스로 저장운반에 이용된다.
• 냉동장치, 저온장치에 이용된다.
• 배관을 통하여 가스의 수송에 이용된다.

02 다음 중 왕복압축기의 특징이 아닌 것은?

① 압축이 연속적이며, 맥동이 생기기 쉽다.
② 오일윤활식, 무급유식이다.
③ 압축효율이 높아 쉽게 고압을 얻을 수 있다.
④ 소음 · 진동이 심하다.

왕복압축기 특징
㉠ 용적형이다.
㉡ 오일윤활식 또는 무급유식이다.
㉢ 용량 조절범위가 넓고 쉽다.
㉣ 압축효율이 높아 쉽게 고압을 얻을 수 있다.
㉤ 토출압력변화에 의한 용량변화가 작다.
㉥ 실린더 내 압력은 저압이며, 압축이 단속적이다.
㉦ 저속회전이며, 형태가 크고 중량이며, 설치면적이 크다.
㉧ 접촉 부분이 많아 소음 · 진동이 생긴다.

요약 왕복압축기 : 실린더 내에서 피스톤을 왕복운동시켜 기체를 흡입, 압축, 토출하는 형식으로(스카치요크형) 압축기라고 한다.
1. 종류
• 입형 압축기 : 실린더가 수직으로 설치되어 있고 단동식이다.
• 횡형 압축기 : 실린더가 수평으로 설치되어 있고 복동식이다(체적효율이 나빠 사용하지 않음).
• 고속 다기통 압축기 : 실린더 크기가 작고 기동이 경쾌하다.
2. 고속 다기통 압축기의 특징
• 기통 수가 많아 실린더 직경이 작고 정적, 동적 밸런스가 양호하며, 진동이 작다.
• 고속이므로 소형으로 제작되고 가볍다.
• 용량제어가 용이하고, 자동운전이 가능하다.
• 체적효율이 낮으며, 부품교환이 간단하다.
• 고장 발견이 어렵다.
• 실린더 직경이 행정보다 크거나 같다.

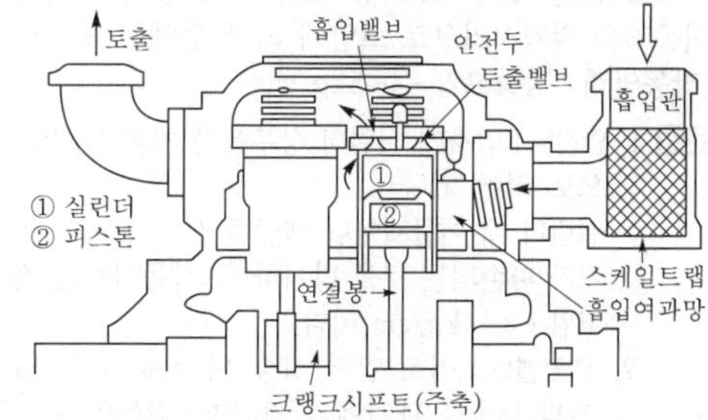

▎입형 압축기의 구조 및 명칭▎

03 다음 중 고속 다기통 압축기의 특징이 아닌 것은?

① 실린더 직경이 작고, 정적 밸런스가 양호하다.
② 체적효율이 좋으며, 부품교환이 간단하다.
③ 용량제어가 용이하고, 자동운전이 가능하다.
④ 소형이며, 자동운전이 가능하다.

정답 01.② 02.① 03.②

해설

② 고속 다기통 압축기는 체적효율이 낮다.

04 다음 압축기 중 분류방법이 다른 압축기는?

① 왕복식 ② 회전식
③ 나사식 ④ 원심식

해설

압축방식에 따른 분류
(1) 용적형
㉠ 왕복식 : 피스톤의 왕복운동으로 압축하는 방식
㉡ 나사식 : 한 쌍의 나사가 돌아가면서 압축
㉢ 회전식 : 임펠러 회전운동으로 압축
(2) 터보형
㉠ 원심식 : 원심력에 의해 가스를 압축하는 방식
㉡ 축류식 : 축방향으로 흡입, 토출하는 방식
㉢ 사류(혼류) : 축방향으로 흡입, 경사지게 토출하는 방식

05 압축기를 운전 중 고압이 이상 상승 시 작동하여 고압에 의한 위해를 방지하는 기구는?

① LPS ② HPS
③ 안전두 ④ 안전밸브

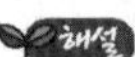

HPS(고압차단 스위치) : 이상 고압 시 작동하여 압축기 전동기를 정지시키므로 고압에 의한 위해를 방지한다(작동압력 : 정상고압+4~5kg/cm^2).

요약 1. 안전두 : 압축기 실린더 상부에 설치되며, 스프링으로 되어 있다.
실린더 내 이물질이나 액압축 시 작동하여 압축기가 파손되는 것을 방지하며, 작동압력은 정상고압+3~4kg/cm^{2}이다.
2. 안전밸브 : 이상 압력 상승 시 작동하며, 압축기의 토출측 배관에 설치되며, 작동압력은 정상고압+5~6kg/cm^2 또는 Tp×$\frac{8}{10}$이다(안전밸브는 일반적인 이상 압력 상승에 작동하여 내부 가스를 분출하여 배관이나 저장탱크 등의 자체 폭발을 방지하는 밸브로서, 고압차단 스위치와 구분되어야 한다).

06 압축기 운전 중 용량조정의 목적은 어느 것인가?

① 소요동력 증대 ② 회전수 증가
③ 토출량 증가 ④ 무부하 운전

해설

용량조정의 목적 : 경부하 운전(경제적 운전), 기계수명 연장, 소요동력 절감, 압축기 보호, 수요와 공급의 균형 유지
(1) 연속적으로 조절하는 법
㉠ 회전수 변경법
㉡ 바이패스법
㉢ 타임드밸브에 의한 방법
㉣ 흡입 주밸브를 폐쇄하는 방법
(2) 단계적으로 조절하는 법
㉠ 클리어런스 밸브에 의한 방법
㉡ 흡입밸브를 개방하여 흡입하지 못하도록 하는 방법

07 다음 중 왕복압축기의 용량조정방법이 아닌 것은?

① 회전수 가감법
② 바이패스법
③ 흡입밸브 개방법
④ 안내깃 각도 조정법

해설

④항은 원심압축기의 용량 조정법이다.

08 실린더 단면적 50cm^2, 행정 10cm, 회전수 200rpm, 효율이 80%인 왕복압축기의 피스톤 압출량은 몇 L/min인가?

① 50L/min ② 60L/min
③ 70L/min ④ 80L/min

해설

$Q=\frac{\pi}{4}d^2\times L\times N\times n_v$
$=50\text{cm}^2\times 10\text{cm}\times 200\times 0.8$
$=80000\text{cm}^3/\text{min}$
$=80\text{L/min}$

09 왕복동 압축기에서 실린더 내경이 200mm, 행정 100mm, 회전수 500rpm, 효율이 80%일 때 토출량은 몇 m^3/hr인가?

① 50.60m^3/hr
② 60.50m^3/hr
③ 75.40m^3/hr
④ 80m^3/hr

정답 04.④ 05.② 06.④ 07.④ 08.④ 09.③

$Q=\frac{\pi}{4}d^2\times L\times N\times n_v\times 60$

$=\frac{\pi}{4}(0.2\text{m})^2\times 0.1\text{m}\times 500\times 0.8\times 60$

$=75.398\text{m}^3/\text{hr}=75.40\text{m}^3/\text{hr}$

요약 왕복동 압축기의 피스톤 압출량 : 피스톤이 가스를 흡입하여 토출하는 양

$Q=\frac{\pi}{4}d^2\times L\times N\times n\times n_v\times 60$

여기서, Q : 피스톤 압출량(m^3/hr)
d : 실린더 내경(m)
N : 회전수(rpm)(분당 회전수이므로 시간당으로 계산시 60을 곱한다.)
n : 기통수
η_v : 체적효율(이 수치가 없으면 효율이 100%이므로 그때를 이론적인 피스톤 압출량이라 한다.)

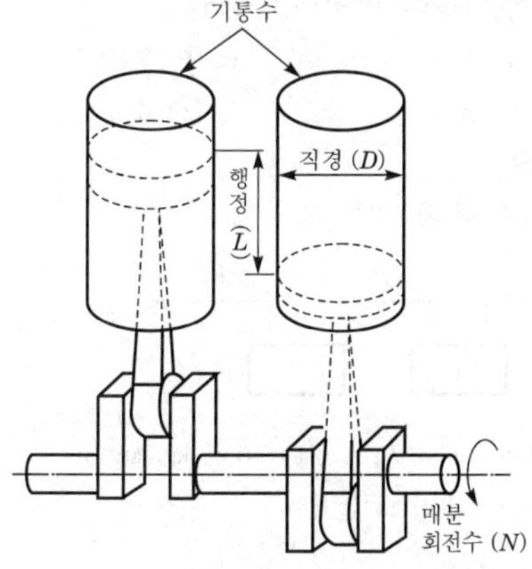

10 왕복압축기에서 체적효율에 영향을 주는 요소가 아닌 것은?

① 톱클리어런스에 의한 영향
② 흡입토출밸브에 의한 영향
③ 불완전 냉각에 의한 영향
④ 기체 누설에 의한 영향

해설

체적효율에 영향을 주는 인자 ①, ③, ④항 이외에 사이드 클리어런스에 의한 영향, 밸브의 하중과 기체의 마찰에 의한 영향 등이 있다.

요약 체적효율$(n_v)=\frac{\text{실제가스 흡입량}}{\text{이론가스 흡입량}}$

이론가스 흡입량은 실린더 내의 체적이 정해져 있으므로 실제가스 흡입량이 클수록 체적효율이 좋으며, 체적효율이 좋을수록 압축기의 성능이 양호한 것을 뜻한다.

11 왕복압축기에서 $n_m=\frac{\text{지시동력}}{\text{축동력}}$ 일 경우 이때 n_m은 무엇인가?

① 체적효율　② 압축효율
③ 토출효율　④ 기계효율

해설

$n_m(\text{기계효율})=\frac{\text{지시동력(실제가스 소요동력)}}{\text{축동력}}$

요약 $n_c(\text{압축효율})=\frac{\text{이론동력}}{\text{실제가스 소요동력(지시동력)}}$

$n_m(\text{기계효율})=\frac{\text{지시동력}}{\text{축동력}}$

$\therefore$ 축동력 $-\frac{\text{이론동력}}{n_m\times n_c}$

12 압축기의 이론동력이 20kW, 압축기계 효율이 각각 80%일 때 축동력은 얼마인가?

① 18.25kW　② 20kW
③ 31.25kW　④ 40kW

해설

$\text{축동력}=\frac{\text{이론동력}}{n_c\times n_m}=\frac{20\text{kW}}{0.8\times 0.8}=31.25\text{kW}$

13 다음 중 일량이 가장 큰 압축방식은?

① 등온압축　② 폴리트로픽 압축
③ 다단압축　④ 단열압축

일량의 대소 : 단열압축 > 폴리트로픽 압축 > 등온압축

14 왕복동 압축기에서 토출량을 Q, 실린더 단면적을 A, 피스톤 행정을 L, 회전수를 N이라 할 때 효율 η_v는?

① $\eta_v=\frac{\pi}{4}ALN$　② $\eta_v=ASN$
③ $\eta_v=\frac{Q}{ALN}$　④ $\eta_v=\frac{ALN}{Q}$

해설

$Q=ALN\times\eta_v$

$\therefore \eta_v=\frac{Q}{ALN}$

정답 10.② 11.④ 12.③ 13.④ 14.③

15 피스톤 행정량 $0.00248m^3$, 회전수 163rpm으로 시간당 토출량이 90kg/hr이며, 토출가스 1kg의 체적이 $0.189m^3$일 때 토출효율은 몇 %인가?

① 70.13%　② 71.7%
③ 7.17%　④ 65.2%

$$토출효율 = \frac{실제가스\ 흡입량}{이론가스\ 흡입량} \times 100 = \frac{90 \times 0.189}{0.00248 \times 163 \times 60} \times 100 = 70.13\%$$

16 다음 중 다단압축의 목적이 아닌 것은?

① 일량이 증가된다.
② 힘의 평형이 좋아진다.
③ 이용효율이 증가된다.
④ 가스 온도상승을 피한다.

다단압축의 목적
㉠ 일량이 절약된다.
㉡ 힘의 평형이 양호하다.
㉢ 효율이 증가된다.
㉣ 가스 온도상승을 피한다.

요약 1. 1단 압축

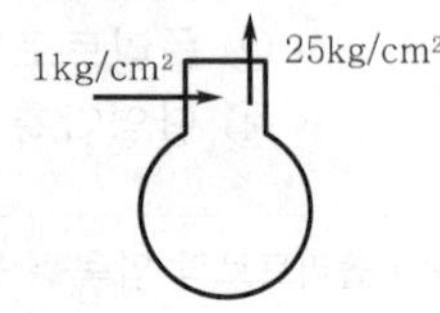

압축비$(a) = \frac{25}{1} = 25$

2. 다단압축

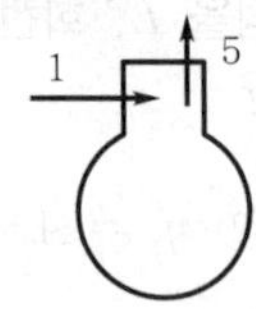

압축비$(a) = \frac{5}{1} = 5$　$a = \frac{25}{5} = 5$

압축비가 적으므로 일량이 절약 → 가스 온도상승을 피한다. → 이용효율이 증가 → 힘의 평형이 양호하다.

17 흡입압력이 대기압과 같으며, 토출압력이 $26kg/cm^2$(g)인 3단 압축기의 압축비는? (단, 대기압은 $1kg/cm^2$로 한다.)

① 1　② 2
③ 3　④ 4

$a = \sqrt[3]{\frac{26+1}{1}} = 3$

요약 1. 1단 압축비 : $a = \frac{P_2}{P_1}$

2. n단 압축비 : $a = n\sqrt{\frac{P_2}{P_1}}$

여기서, P_1 : 흡입절대압력
P_2 : 토출절대압력
n : 단수

18 대기압으로부터 $15kg/cm^2$(g)까지 2단 압축 시 중간압력은 몇 kg/cm^2(g)이 되는가? (단, 대기압은 $1kg/cm^2$이다.)

① 1　② 2
③ 3　④ 4

2단 압축 시 중간압력 P_0

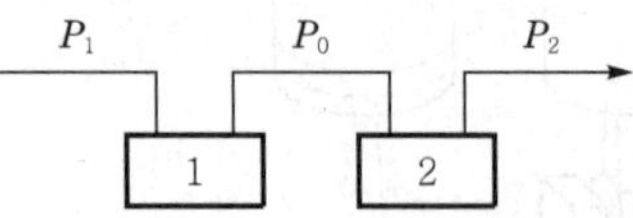

$\therefore P_0 = \sqrt{P_1 \times P_2} = \sqrt{1 \times 16} = 4kg/cm^2(a)$
$\therefore 4 - 1 = 3kg/cm^2(g)$

19 PV^n = 일정일 때 이 압축은 무엇에 해당하는가? (단, $1 < n < k$)

① 등적압축
② 등온압축
③ 폴리트로픽 압축
④ 단열압축

해설

$n = 1$(등온), $1 < n < k$(폴리트로픽), $n = k$(단열)

20 흡입압력이 $5kg/cm^2$(a)인 3단 압축기에서 압축비를 3으로 하면 각 단의 토출압력은 몇 kg/cm^2(g)인가?

① 10−40−130　② 11−41−131
③ 13−43−134　④ 14−44−134

정답 15.① 16.① 17.③ 18.③ 19.③ 20.④

해설

각 단의 토출압력

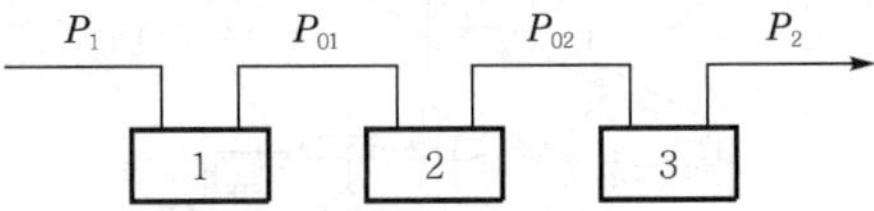

1단 : $a=\dfrac{P_{01}}{P_1}$　1단의 토출압력 $P_{01}=a\times P_1$

2단 : $a=\dfrac{P_{02}}{P_{01}}$　$\therefore\ P_{02}=a\times P_{01}=a\times a\times P_1$

3단 : $a=\dfrac{P_2}{P_{02}}$　$\therefore\ P_2=a\times P_{02}=a\times a\times a\times P_1$

- 1단 토출압력
  $P_{01}=a\times P_1=3\times 5=15\text{kg/cm}^2$
  $\therefore\ 15-1.033=13.96\text{kg/cm}^2 \doteqdot 14\text{kg/cm}^2(\text{g})$
- 2단 토출압력
  $P_{02}=a\times a\times P_1=3\times 3\times 5=45\text{kg/cm}^2$
  $\therefore\ 45-1.033=43.967\text{kg/cm}^2 \doteqdot 44\text{kg/cm}^2(\text{g})$
- 3단 토출압력
  $P_2=a\times a\times a\times P_1=3\times 3\times 3\times 5=135\text{kg/cm}^2$
  $\therefore\ 135-1.033=133.967\text{kg/cm}^2(\text{g}) \doteqdot 134\text{kg/cm}^2(\text{g})$

21 다음 중 압축비 증대 시 일어나는 영향이 아닌 것은?

① 소요동력이 감소한다.
② 체적효율이 저하한다.
③ 실린더 내 온도가 상승한다.
④ 윤활기능이 저하한다.

해설

압축비 증대 시 영향
㉠ 소요동력 증대
㉡ 체적효율 감소
㉢ 실린더 내 온도 상승
㉣ 윤활유 열화 탄화
㉤ 윤활유 기능 저하

참고 실린더 냉각의 목적
1. 체적효율 증대
2. 압축효율 증대
3. 윤활유 열화탄화방지
4. 윤활기능 향상
5. 기계수명 연장

22 다음 선도 중 압축일량에 해당하는 것은?

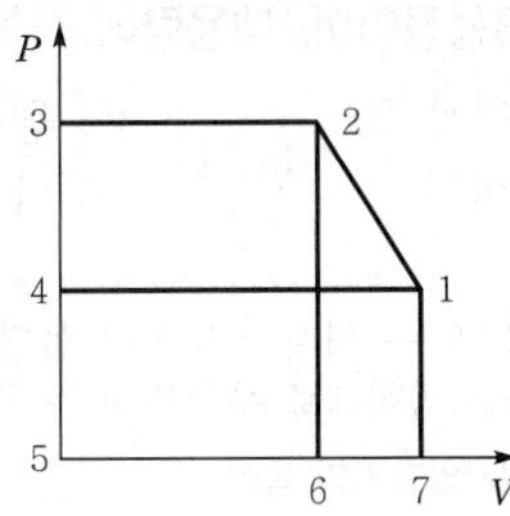

① 4−1−5−7
② 1−2−6−7
③ 2−3−5−6
④ 1−2−3−4

해설

흡입일량(4−1−5−7), 압축일량(1−2−6−7), 토출일량(2−3−5−6), 정미소요일량(1−2−3−4)

참고 정미소요일량 : 압축일량, 토출일량에서 흡입일량을 뺀 실제적 압축에서 토출까지의 일량을 말한다.

23 실린더 내경이 200mm, 피스톤 외경이 150mm, 두께가 100mm인 회전베인형 압축기의 회전수가 200rpm일 때 피스톤 압출량은 몇 m^3/hr인가?

① $15\text{m}^3/\text{hr}$
② $16.49\text{m}^3/\text{hr}$
③ $17\text{m}^3/\text{hr}$
④ $18.54\text{m}^3/\text{hr}$

해설

회전베인형 압축기의 피스톤 압출량

$$Q=\frac{\pi}{4}\times(D^2-d^2)\times t\times N\times 60$$
$$=\frac{\pi}{4}\times(0.2^2-0.15^2)\times 0.1\times 200\times 60$$
$$=16.49\text{m}^3/\text{hr}$$

요약 회전압축기의 특징
1. 용적형이다.
2. 오일윤활식이다.
3. 왕복압축기에 비해 소형이며, 구조가 간단하다.
4. 베인의 회전에 의해 압축하며, 압축이 연속적이다.
5. 흡입밸브가 없고 크랭크케이스 내의 압력은 고압이다.

정답 21.① 22.② 23.②

24 용적형 압축기의 일종으로 흡입, 압축, 토출의 3행정이며, 대용량에 적합한 압축기는?

① 왕복 ② 원심
③ 회전 ④ 나사

나사압축기 : 암수 나사가 맞물려 돌면서 연속적인 압축을 행하는 방식으로 무급유 또는 급유식이다.

요약 1. 나사압축기의 특징
- 용적형이다.
- 무급유, 급유식이다.
- 설치면적이 작다.
- 맥동이 없고, 연속 송출된다.
- 흡입, 압축, 토출의 3행정을 갖는다.
- 고속회전 형태가 작고 경량이며 대용량에 적합하다.

2. 나사압축기 토출량 계산식
$Q = K \times D^2 \times L \times N \times 60$
여기서, Q : 시간당 토출량(m^3/hr)
D : 암로터 지름(m)
L : 로터 길이(m)
K : 로터 모양에 의한 상수
N : 숫로터 분당회전수(rpm)

25 다음 중 원심압축기의 특징이 아닌 것은?

① 무급유식이다.
② 토출압력변화에 의한 용량변화가 작다.
③ 용량조정이 어렵다.
④ 기체에 맥동이 없고, 연속 송출된다.

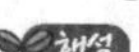

원심압축기(Centrifugal Compressor) : 일반적으로 터보압축기라 하며, 회전축상에 임펠러를 설치하여 축을 고속회전시켜 원심력을 이용하여 가스를 압축하는 방식이다.

(1) 구조 : 축방향에서 베인을 통하여 가스를 흡입하게 되면 임펠러로 들어가 고속회전을 통한 원심력을 이용하여 속도에너지를 압력에너지로 바꾸어서 압축하는 방식이다.
속도에너지(임펠러) → 압력에너지(디퓨저)

(2) 특징
- 원심식이며, 무급유 압축기이다.
- 토출압력변화에 의한 용량변화가 크다.
- 용량조정은 가능하나 비교적 어렵다(70~100%).
- 유체 중 기름이 혼입되지 않는다.
- 기체에 맥동이 없고 연속적으로 송출된다.
- 경량이고 대용량에 적합하며, 효율은 나쁘다(경량 : 무게가 가볍다, 대용량 : 연속 송출되므로 토출량이 많다).
- 운전 중 서징현상에 주의해야 한다.

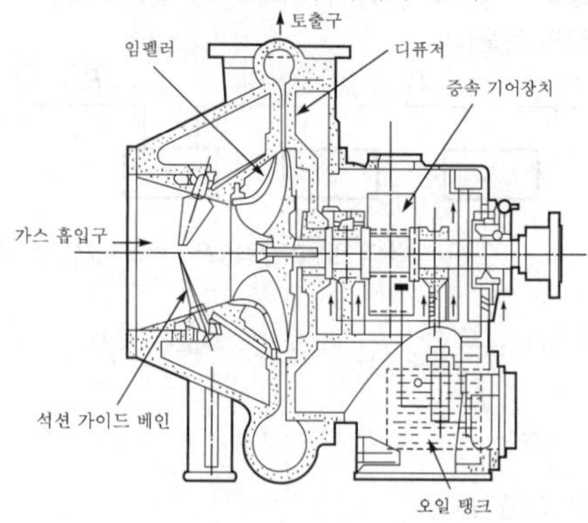

| 터보압축기의 구조 |

26 원심압축기에서 일어나는 현상으로 토출측 저항이 증대하면 풍량이 감소하고 불안정한 운전이 되는 것을 무엇이라 하는가?

① 정격현상 ② 서징현상
③ 공동현상 ④ 바이패스현상

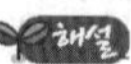

서징(Surging)현상 : 송풍기와 압축기에서 토출측 저항이 증대하면 풍량이 감소하고, 어느 풍량에 대하여 일정한 압력으로 운전이 되지만 우상 특성의 풍량까지 감소하면 관로에 심한 공기의 진동과 맥동을 발생시키며, 불완전한 운전이 되는 현상

27 원심압축기에서 임펠러깃 각도에 따른 분류에 해당되지 않는 것은?

① 스러스트형 ② 다익형
③ 레디얼형 ④ 터보형

해설

임펠러깃 각도에 따른 분류
㉠ 다익형 : 90°보다 클 때
㉡ 레디얼형 : 90°일 때
㉢ 터보형 : 90°보다 작을 때

28 터보압축기의 용량조정법에 해당되지 않는 것은?

① 클리어런스 밸브에 의한 방법
② 바이패스법
③ 속도제어에 의한 방법
④ 안내깃 각도조정법

정답 24.④ 25.② 26.② 27.① 28.①

해설

원심(터보)압축기 용량조정방법

㉠ 속도제어(회전수 가감)에 의한 방법 : 회전수를 변경하여 용량을 제어하는 방법
㉡ 바이패스법 : 토출관 중에 바이패스관을 설치하여 토출량을 흡입측으로 복귀시킴으로써 용량을 제어하는 방법
㉢ 안내깃 각도(베인컨트롤) 조정법 : 안내깃의 각도를 조정함으로써 흡입량을 조절하여 용량을 조정하는 방법
㉣ 흡입밸브 조정법 : 흡입관 밸브의 개도를 조정하는 방법
㉤ 토출밸브 조정법 : 토출관 밸브의 개도를 조정하는 방법

29 다음 중 윤활유의 구비조건이 아닌 것은?

① 인화점이 낮을 것
② 점도가 적당할 것
③ 불순물이 적을 것
④ 항유화성이 클 것

윤활유의 구비조건 : 인화점이 높을 것(인화점이 높아야 불에 타지 않음)

요약 1. 윤활유 사용목적
- 과열압축방지
- 기계수명 연장
- 기밀 보장 : 활동부에 유막을 형성하여 가스의 누설을 방지
- 윤활작용 : 마찰저항 감소
- 냉각작용 : 활동부의 마찰열 제거
- 방청효과 : 운전을 원활하게 하며, 부식을 방지하고, 기계 수명을 연장

윤활유의 특성은 고온에서 슬러지(찌꺼기)를 형성하지 않고 저온에서 왁스분(기름성분)이 분리되지 않아야 한다.

2. 각종 가스의 윤활유
- O_2 : 물 또는 10% 이하의 글리세린수
- Cl_2 : 진한 황산
- LP가스 : 식물성유
- 수소, 공기, C_2H_2 — 양질의 광유

30 다음 (　)에 알맞은 수치 또는 단어를 기입하시오.

공기압축기 내부 윤활유는 재생유 이외의 것으로 잔류탄소의 질량이 전 질량의 1% 이하인 것은 인화점이 (　)℃ 이상으로 170℃에서 (　)시간 교반하여 분해되지 않아야 한다.

① 200, 8　　② 230, 12
③ 250, 15　　④ 300, 18

산업통상자원부 고시에 규정된 공기압축기 내부 윤활유 규격 : 재생유 이외의 윤활유로서 잔류 탄소질량이 전질량의 1% 이하이며, 인화점이 200℃ 이상으로서 170℃에서 8시간 이상 교반하여 분해되지 않을 것. 또는 잔류탄소질량이 1%를 초과하고 1.5% 이하이며, 인화점이 230℃ 이상으로서 170℃에서 12시간 이상 교반하여 분해되지 않을 것

31 다음 중 무급유 압축기에서 사용하는 피스톤링의 종류에 해당하지 않는 것은?

① 카본링　　② 테프론링
③ 다이어프램링　　④ 오일필름링

④항 대신 라비린스 피스톤링이 해당된다.

32 다음 압축기 운전 중 점검사항이 아닌 것은?

① 압력 이상 유무
② 누설이 없는가 점검
③ 볼트 너트 조임상태 확인
④ 진동 유무 점검

해설

③항은 운전개시 전 점검사항이다.

요약 1. 운전 중 점검 및 확인사항
- 압력계는 규정압력을 나타내고 있는가 확인한다.
- 작동 중 이상음이 없는가 확인(점검)한다.
- 누설이 없는가 확인(점검)한다.
- 진동 유무를 확인(점검)한다.
- 온도가 상승하지 않았는가를 확인(점검)한다.

2. 운전개시 전 주의사항
- 압축기에 부착된 모든 볼트, 너트가 적절히 조여져 있는가 확인한다.
- 압력계 및 온도계를 점검한다.
- 냉각수의 통수상태 확인 및 점검을 한다.
- 윤활유를 점검한다(규정된 윤활유가 채워져 있는가 확인).
- 무부하상태에서 수회전시켜 이상 유무를 확인한다.

정답 29.① 30.① 31.④ 32.③

33 다음은 압축기 관리상 주의사항이다. 맞지 않는 것은?

① 정지 시에도 1번 정도 운전하여 본다.
② 장기 정지 시 깨끗이 청소, 점검을 한다.
③ 밸브, 압력계 등의 부품을 점검하여 고장 시 새 것으로 교환한다.
④ 냉각사관은 무게를 재어 20% 이상 감소 시 교환한다.

해설

④ 10% 감소 시 교환하여야 된다.

요약 압축기 관리 시 주의사항
1. 단기간 정지 시에도 하루 한 번쯤은 운전하여 본다.
2. 장기간 정지 시에는 분해 소제하여 마모부분을 교환하고 윤활유는 새 것과 교환해야 하며, 냉각수는 제거해야 한다.
3. 냉각사관은 6개월 또는 1년마다 분해해서 무게를 재어 10% 이상 감소되었을 때는 교환한다.
4. 밸브 및 압력계, 여과기 등은 수시로 점검하여 고장을 미연에 방지한다.

34 4단 압축기에서 3단 안전밸브 분출 시 점검항목이 아닌 것은?

① 4단 흡입토출밸브 점검
② 4단 피스톤링 점검
③ 3단 냉각기 점검
④ 2단 바이패스 밸브 점검

해설

㉠ 안전밸브 분출 시는 중간압력 이상 상승 시 분출하며, 중간압력 이상 상승의 원인은 다음과 같다.
- 다음 단 흡입토출밸브 불량
- 다음 단 바이패스 밸브 불량
- 다음 단 피스톤링 불량
- 다음 단 클리어런스 밸브 불량
- 그 단 냉각기 능력 과소

㉡ 압력 상승 시 다음 단이 불량이며, 보편적으로 냉각기는 그 단이 불량이다.

35 다음 중 매시간 점검해야 할 항목이 아닌 것은?

① 흡입토출밸브 ② 압력계
③ 온도계 ④ 드레인 밸브

36 왕복동식 압축기에서 토출온도 상승원인이 아닌 것은?

① 토출밸브 불량에 의한 역류
② 흡입밸브 불량에 의한 고온가스 흡입
③ 압축비 감소
④ 전단냉각기 불량에 의한 고온가스 흡입

해설

③ 압축비 증가

참고 토출온도 저하원인
1. 흡입가스 온도 저하
2. 압축비 저하
3. 실린더의 과냉각

37 왕복압축기의 부속기기가 아닌 것은?

① 크랭크 샤프트 ② 압력계
③ 실린더 ④ 커넥팅로드

해설

38 왕복압축기에서 피스톤링이 마모 시 일어나는 현상이 아닌 것은?

① 압축기 능력이 저하한다.
② 실린더 내 압력이 증가한다.
③ 윤활기능이 저하한다.
④ 체적효율이 일정하다.

해설

④ 체적효율이 감소한다.
①, ②, ③항 이외에도 압축비가 증가하며, 기계수명이 단축된다는 현상도 있다.

39 왕복압축기의 토출밸브 누설 시 일어나는 현상은?

① 압축기 능력 향상
② 소요동력 증대
③ 토출가스 온도 저하
④ 체적효율 증대

정답 33.④ 34.④ 35.① 36.③ 37.② 38.④ 39.②

해설

가스 누설 시 압축비가 증대하며, 동시에 소요동력이 증대한다.

40 원심압축기의 서징현상 방지법이 아닌 것은?

① 우상특성이 없게 하는 방법
② 방출밸브에 의한 방법
③ 흡입밸브에 의한 방법
④ 안내깃 각도 조정법

해설

③ 대신 교축밸브를 근접 설치하는 방법이다.

요약 1. 서징(Surging)현상 : 압축기를 운전 중 토출측 저항이 커지면 풍량이 감소하고 불안정한 상태가 되는 현상

2. 방지법
- 우상 특성이 없게 하는 방법(우상 특성 : 운전점이 오른쪽 상향부로 치우치는 현상)
- 바이패스법(방출밸브에 의한 방법)
- 안내깃 각도 조정법(베인컨트롤에 의한 방법)
- 교축밸브를 근접 설치하는 방법

41 왕복압축기에서 피스톤의 상사점에서 하사점까지의 거리를 무엇이라고 하는가?

① 실린더 ② 압축량
③ 체적효율 ④ 행정

해설

행정 : 상사점과 하사점까지의 거리

요약 톱클리어런스(간극 용적) : 피스톤이 상사점에 있을 때 차지하는 용적
톱클리어런스가 커지면
1. 체적효율 감소
2. 압축비 증대
3. 소요동력 증대
4. 윤활기능 저하
5. 기계수명 단축

42 압축기 운전 중 온도, 압력이 저하했을 때 우선적으로 점검해야 되는 사항은?

① 크로스헤드 ② 실린더
③ 피스톤링 ④ 흡입토출밸브

해설

온도, 압력 이상 시 점검해야 되는 곳 : 흡입토출밸브

43 가연성 압축기 운전 정지 시 최종적으로 하는 일은?

① 냉각수를 배출한다.
② 드레인밸브를 개방한다.
③ 각 단의 압력을 0으로 한다.
④ 윤활유를 배출한다.

해설

가연성 압축기 정지 시 주의사항
㉠ 전동기 스위치를 내린다.
㉡ 최종 스톱밸브를 닫는다.
㉢ 드레인을 개방한다.
㉣ 각 단의 압력저하를 확인 후 흡입밸브를 닫는다.
㉤ 냉각수를 배출한다.

44 압축기 보존 및 점검에서 1500~2000시간마다 점검해야 되는 것은?

① 압력계, 온도계 ② 드레인밸브
③ 흡입토출밸브 ④ 유압계

해설

압축기 보전 · 점검에서 1500~2000시간마다 점검해야 되는 항목
㉠ 흡입토출밸브
㉡ 실린더 내면
㉢ 프레임 윤활유

45 다음 원심압축기의 정지순서가 올바른 것은?

㉠ 드레인을 개방한다.
㉡ 토출밸브를 서서히 닫는다.
㉢ 전동기 스위치를 내린다.
㉣ 흡입밸브를 닫는다.

① ㉠-㉡-㉢-㉣ ② ㉡-㉢-㉣-㉠
③ ㉢-㉣-㉠-㉡ ④ ㉣-㉠-㉡-㉢

해설

원심압축기 정지순서
㉠ 드레인을 개방한다.
㉡ 토출밸브를 서서히 닫는다.
㉢ 전동기 스위치를 내린다.
㉣ 흡입밸브를 닫는다.

참고 왕복압축기 정지순서
1. 전동기 스위치를 내린다.
2. 토출밸브를 서서히 닫는다.
3. 흡입밸브를 닫는다.
4. 드레인을 개방한다.

정답 40.③ 41.④ 42.④ 43.① 44.③ 45.②

46 실린더 내경 200mm, 행정 100mm, 회전수 300rpm의 압축기에서 지시압력이 $2kg/cm^2$일 때 전동기는 몇 kW인가? (단, 효율은 80%이다.)

① 3.24kW
② 3.85kW
③ 4.54kW
④ 5.45kW

$$P_{kW} = \frac{P \times Q}{102\eta}$$

$(\because\ P : 2kg/cm^2 = 2\times 10^4 kg/m^2$

$$Q = \frac{\pi}{4}\times(0.2m)^2\times 0.1m\times 300$$

$$= 0.942m^3/min = 0.0157m^3/s)$$

$$\therefore\ P_{kW} = \frac{2\times 10^4\times 0.0157}{102\times 0.8}$$

$$= 3.849kW \fallingdotseq 3.85kW$$

47 원심압축기에서 누설이 자주 일어나는 부분이 아닌 것은?

① 흡입토출밸브
② 축이 케이싱을 관통하는 부분
③ 밸런스 피스톤 부분
④ 임펠러 입구 부분

②, ③, ④항 이외에 다이어프램 부시가 있다.

요약 축봉장치 : 축이 케이싱을 관통 시 기체 누설을 방지하는 것을 말하며, 위험성이 없을 때는 라비린스실(공기 등), 위험성이 있을 때는(가연성 · 독성) 오일필름실을 사용한다.

48 다음 중 왕복형 펌프에 속하는 항목이 아닌 것은?

① 피스톤
② 플런저
③ 다이어프램
④ 원심

왕복형 펌프 : 피스톤, 플런저, 다이어프램

요약 펌프(Pump) : 낮은 곳의 액을 높은 곳으로 끌어올리는 데 사용되는 기계

작동상 분류
- 용적식
  - 왕복펌프(피스톤, 플런저, 다이어프램)
  - 회전펌프(기어펌프)
- 터보식
  - 원심펌프(볼류트, 터빈펌프)
  - 축류식 펌프
  - 사류식 펌프
- 특수펌프 : 기포펌프, 수격펌프, 재생펌프, 제트펌프

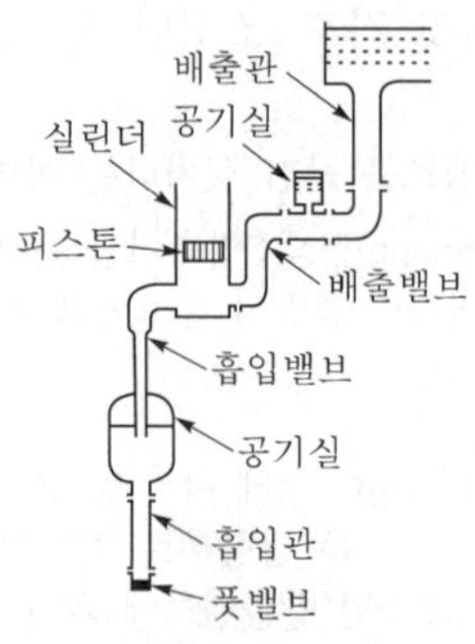

| 왕복펌프 |

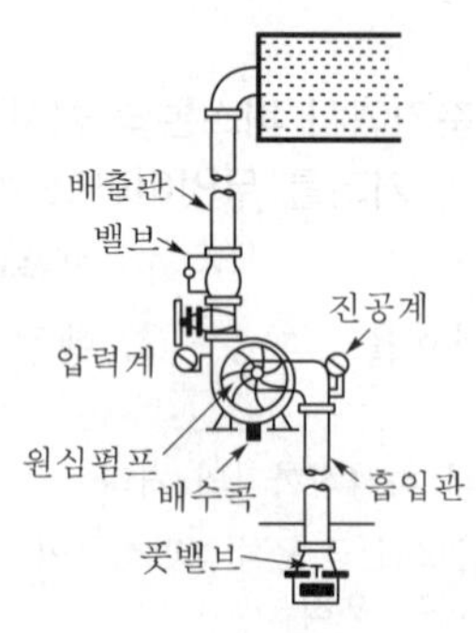

| 원심펌프 |

49 원심펌프의 특성에 해당되지 않는 것은?

① 소형이고 맥동이 없다.
② 설치면적이 크고 대용량에 적합하다.
③ 프라이밍이 필요하다.
④ 임펠러의 원심력으로 이송된다.

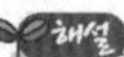

② 설치면적이 작다.

요약 원심펌프(Centrifugal pump) : 임펠러의 원심력으로 흡입토출을 행하여 액체를 수송하는 펌프이다.

1. 안내날개에 의한 분류
   - 볼류트펌프 : 안내 베인이 없는 것으로 볼류터 케이싱을 유도하며 저양정에 사용된다.

정답 46.② 47.① 48.④ 49.②

• 터빈펌프 : 안내 베인이 있으며, 임펠러에서 나온 유속이 안내 베인을 통하여 볼류트 케이싱에 유도되는 형식이다.

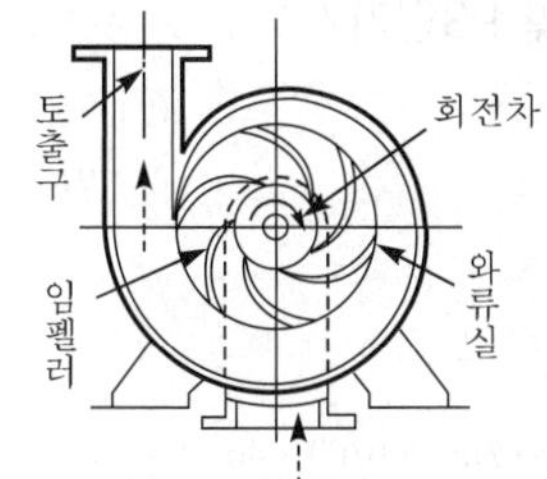

▎볼류트 펌프▎

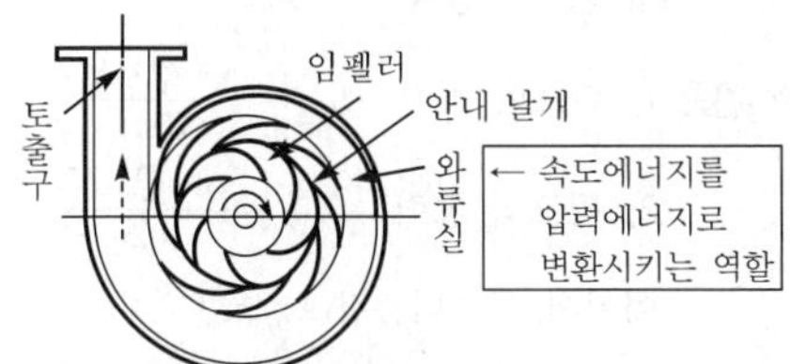

▎터빈 펌프▎

2. 단수에 의한 분류 : 1단 펌프, 다단펌프
3. 흡입구에 의한 분류 : 단흡입 펌프, 양흡입 펌프
4. 원심펌프의 특징
   • 왕복펌프에 비해 소형이고 맥동이 없다.
   • 원심력에 의해 액을 이송시킨다.
   • 용량에 비해 설치면적이 작고 대용량에 적합하다.
   • 펌프에 액을 채워 운전을 개시하는 프라이밍 작업이 필요하다.

50 펌프 운전 시 공회전을 방지하기 위하여 액을 채워넣는 작업을 무엇이라고 하는가?

① 서징
② 프라이밍
③ 캐비테이션
④ 수격현상

프라이밍(Priming) : 펌프를 운전 시 공회전을 방지하기 위하여 운전 전 미리 액을 채우는 작업이며, 원심펌프에 필요하다.

51 원심펌프를 병렬 운전 시 일어나는 현상은?

① 유량 증가, 양정 일정
② 유량 증가, 양정 증가
③ 유량 일정, 양정 일정
④ 유량 증가, 양정 감소

해설

원심펌프
㉠ 직렬 운전 : 양정 증가, 유량 일정
㉡ 병렬 운전 : 유량 증가, 양정 일정

52 다음 중 펌프의 구비조건에 해당되지 않는 것은?

① 고온 · 고압에 견딜 것
② 작동이 확실하고 조작이 쉬울 것
③ 직렬 운전에 지장이 없을 것
④ 부하변동에 대응할 수 있을 것

해설

펌프의 구비조건
㉠ 작동이 확실하고 조작이 간단할 것
㉡ 병렬 운전에 지장이 없을 것
㉢ 부하변동에 대응할 수 있을 것
㉣ 고온 · 고압에 견딜 것

53 원심펌프의 정지순서가 올바르게 된 것은?

㉠ 토출밸브를 서서히 닫는다.
㉡ 모터를 정지시킨다.
㉢ 흡입밸브를 닫는다.
㉣ 펌프 내의 액을 뺀다.

① ㉠-㉡-㉢-㉣　② ㉡-㉢-㉠-㉣
③ ㉠-㉡-㉣-㉢　④ ㉣-㉢-㉡-㉠

54 다음 중 특수펌프가 아닌 것은?

① 기포펌프　② 원심펌프
③ 수격펌프　④ 제트펌프

해설

특수펌프 : 제트, 수격, 마찰, 기포펌프

55 토출측의 맥동을 완화하기 위하여 공기실을 설치하여야 하는 펌프는?

① 원심펌프　② 특수펌프
③ 회전펌프　④ 왕복펌프

해설

왕복펌프의 특징
㉠ 일정한 용적에 액을 흡입하여 토출하는 펌프
㉡ 소유량 고양정에 적합
㉢ 토출측의 맥동을 완화하기 위해 공기실을 설치

정답 50.② 51.① 52.③ 53.① 54.② 55.④

56 물의 압력이 5kg/cm²를 수두로 환산하면 몇 m인가?

① 20m ② 30m
③ 40m ④ 50m

해설

압력수두$=\frac{P}{\gamma}=\frac{5\times10^4\text{kg/m}^2}{1000\text{kg/m}^3}=50\text{m}$

요약 1. 위치수두 : h
2. 압력수두 : $\frac{P}{\gamma}$
3. 속도수두 : $\frac{V^2}{2g}$
여기서, h : 높이(m)
P : 압력(kg/m²)
γ : 비중량(kg/m³)
V : 유속(m)
g : 중력가속도(9.8m/s²)
∴ 전수두$(H)=h+\frac{P}{\gamma}+\frac{V^2}{2g}$

57 물의 유속이 5m/s일 때 속도수두는 몇 m인가?

① 5.5m ② 3.5m
③ 1.3m ④ 0.3m

해설

속도수두 : $\frac{V^2}{2g}=\frac{5^2}{2\times9.8}=1.275\text{m}\doteqdot1.3\text{m}$

58 관경 10cm인 관에 어떤 유체가 3m/s로 흐를 때 100m 지점의 손실수두는 얼마인가? (단, 손실계수는 0.03이다.)

① 1.1m ② 1.2m
③ 1.3m ④ 13.7m

해설

$h_f=\lambda\frac{l}{d}\times\frac{V^2}{2g}$

$=0.03\times\frac{100}{0.1}\times\frac{3^2}{2\times9.8}=13.7$

여기서, h_f : 관마찰손실수두(m)
λ : 관마찰계수
l : 관길이(m)
d : 관경(m)
V : 유속(m/s)
g : 중력가속도(9.8m/s²)

59 원심펌프의 송수량 6000L/min, 전양정 40m, 회전수 1000rpm, 효율이 70%일 때 소요마력은 몇 PS인가?

① 70 ② 72
③ 74 ④ 76

해설

$L_{PS}=\frac{\gamma\cdot Q\cdot H}{75\eta}$

$=\frac{1000\text{kg/m}^3\times6/60\times40}{75\times0.7}$

$=76.19=76.2\text{PS}$

요약 1. 펌프의 마력 : $L_{PS}=\frac{\gamma\cdot Q\cdot H}{75\eta}$
2. 펌프의 동력 : $L_{kW}=\frac{\gamma\cdot Q\cdot H}{102\eta}$
여기서, γ : 비중량(kg/m³)
Q : 유량(m³/s)
H : 양정(m)
η : 효율
또는 $L_{PS}=\frac{P\cdot Q}{75\eta}$
$L_{kW}=\frac{P\cdot Q}{102\eta}$
여기서, $P=\gamma H$
P : 압력(kg/m²)

60 양정 10m, 유량 3m³/min 펌프의 마력이 10PS일 때 효율은 몇 %인가?

① 67% ② 68%
③ 69% ④ 70%

해설

$L_{PS}=\frac{\gamma\cdot Q\cdot H}{75\eta}$

$\therefore\ \eta=\frac{\gamma\cdot Q\cdot H}{L_{PS}\times75}$

$=\frac{1000\times\frac{3}{60}\times10}{10\times75}$

$=0.666=66.6\%\doteqdot67\%$

61 양정 4m, 유량 1.3m³/s인 펌프의 효율이 80%일 때 소요동력은 몇 kW인가?

① 60.52kW ② 63.72kW
③ 64.56kW ④ 72.52kW

정답 56.④ 57.③ 58.④ 59.④ 60.① 61.②

$$L_{\text{kW}} = \frac{\gamma \cdot Q \cdot H}{102\eta} = \frac{1000 \times 1.3 \times 4}{102 \times 0.8} = 63.725\text{kW}$$

62 송수량 6000L/min, 전양정 50m, 축동력 100PS일 때 이 펌프의 회전수를 1000rpm에서 1100rpm으로 변경 시 변경된 송수량은 몇 m^3/min인가?

① 3.6 ② 4.6
③ 5.6 ④ 6.6

$$Q' = Q \times \left(\frac{N'}{N}\right)^1 = 6\text{m}^3/\text{min} \times \left(\frac{1100}{1000}\right)^1 = 6.6\text{m}^3/\text{min}$$

요약 펌프의 회전수를 $N-N'$으로 변경 시 변경된

1. 송수량 : $Q' = Q \times \left(\frac{N'}{N}\right)^1$
2. 양정 : $H' = H \times \left(\frac{N'}{N}\right)^2$
$$= 50\text{m} \times \left(\frac{1100}{1000}\right)^2 = 60.5\text{m}$$
3. 동력 : $P' = P \times \left(\frac{N'}{N}\right)^3$
$$= 100\text{PS} \times \left(\frac{1100}{1000}\right)^3 = 133.1\text{PS}$$

63 송수량 $5m^3$/min, 전양정 100m, 축동력이 200kW일 때 이 펌프의 회전수가 30% 증가 시 변한 축동력은 처음의 몇 배인가?

① 1.1배 ② 2.2배
③ 3.3배 ④ 4.5배

해설

$$P' = P \times \left(\frac{N'}{N}\right)^3 = P \times 1.3^3 = 2.197P \fallingdotseq 2.2P$$

64 다음 중 비교회전도의 식이 맞는 것은?

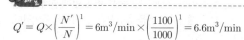

① $N_s = \dfrac{Q\sqrt{N}}{(H)^{\frac{3}{4}}}$ ② $N_s = \dfrac{N\sqrt{Q}}{\left(\frac{H}{n}\right)^{\frac{3}{2}}}$

③ $N_s = \dfrac{N \cdot Q}{\left(\frac{H}{n}\right)^{\frac{3}{4}}}$ ④ $N_s = \dfrac{N\sqrt{Q}}{\left(\frac{H}{n}\right)^{\frac{3}{4}}}$

해설

N_s(비교회전도) : 한 개의 회전차에서 유량, 회전수 등 운전상태를 상세하게 유지하면서 그 크기를 바꾸고, 단위유량에서 단위수두 발생 시 그 회전차에 주는 회전수를 원래의 회전수와 비교한 값

$$N_s = \frac{N\sqrt{Q}}{\left(\frac{H}{n}\right)^{\frac{3}{4}}}$$

여기서, N : 회전수(rpm)
Q : 유량(m^3/min)
H : 양정(m)
n : 단수

65 비교회전도 175, 회전수 3000rpm, 양정 210m, 3단 원심펌프에서 유량은 몇 m^3/min인가?

① 1.99 ② 2.32
③ 3.45 ④ 4.45

해설

$$N_s = \frac{N\sqrt{Q}}{\left(\frac{H}{n}\right)^{\frac{3}{4}}}$$

$$\therefore Q = \left\{\frac{N_s \times \left(\frac{H}{n}\right)^{\frac{3}{4}}}{N}\right\}^2$$

$$= \left\{\frac{175 \times \left(\frac{210}{3}\right)^{\frac{3}{4}}}{3000}\right\}^2 = 1.99\text{m}^3/\text{min}$$

66 전동기 직렬식 원심펌프에서 모터 극수가 4극이고 주파수가 60Hz일 때 모터의 분당 회전수를 구하면? (단, 미끄럼률은 0이다.)

① 1000rpm ② 1500rpm
③ 1800rpm ④ 2000rpm

해설

$$N = \frac{120f}{P}\left(1 - \frac{S}{100}\right)$$
$$= \frac{120 \times 60}{4}\left(1 - \frac{0}{100}\right) = 1800\text{rpm}$$

여기서, N : 회전수(rpm)
f : 전기주파수(60Hz)
P : 모터극수
S : 미끄럼률

정답 62.④ 63.② 64.④ 65.① 66.③

67 다음 중 캐비테이션 방지법이 아닌 것은?

① 양흡입펌프 또는 두 대 이상의 펌프를 사용한다.
② 펌프의 회전수를 증가시킨다.
③ 흡입관경을 넓히며, 사주배관을 피한다.
④ 펌프의 설치위치를 낮춘다.

해설

② 펌프의 회전수를 낮춘다.

요약 캐비테이션 현상 : 유수 중에 그 수온의 증기압력보다 낮은 부분이 생기면 물이 증발을 일으키고, 또 수중에 용해되어 있는 증기가 토출하여 적은 기포를 다수 발생시키는 현상

1. 캐비테이션의 발생조건
   - 펌프와 흡수면 사이의 수직거리가 부적당하게 너무 길 때
   - 펌프에 물이 과속으로 인하여 유량이 증가할 때
   - 관 속을 유동하고 있는 물속의 어느 부분이 고온도일수록 포화증기압에 비례해서 상승할 때
2. 캐비테이션 발생에 따라 일어나는 현상
   - 소음과 진동이 생긴다.
   - 양정곡선과 효율곡선의 저하를 가져온다.
   - 깃(임펠러)에 대한 침식이 생긴다.
3. 캐비테이션 발생 방지법
   - 펌프의 설치높이를 될 수 있는 대로 낮추어 흡입양정을 짧게 한다.
   - 입축펌프를 사용하고 회전차를 수중에 완전히 잠기게 한다.
   - 펌프의 회전수를 낮추어 흡입 비교회전도를 적게 한다.
   - 양흡입펌프를 사용한다.
   - 두 대 이상의 펌프를 사용한다.

68 다음 중 캐비테이션의 발생 현상이 아닌 것은?

① 소음　② 회전수 증가
③ 진동　④ 임펠러 침식

69 저비등점의 액체를 이송 시 펌프 입구에서 발생하는 현상으로 액의 끓음에 의한 동요를 무엇이라고 하는가?

① 캐비테이션　② 수격현상
③ 서징현상　④ 베이퍼록 현상

해설

베이퍼록 현상 : 저비점의 액화가스 펌프에서 발생

요약 베이퍼록(Vaper-rock) 발생방지법

1. 실린더 라이너의 외부를 냉각한다(자킷으로).
2. 흡입관 지름을 크게 하거나 펌프의 설치위치를 낮춘다.
3. 흡입배관을 단열조치한다.
4. 흡입관로의 청소를 철저히 한다.

참고 가능하면 베이퍼록은 발생하지 않도록 해야 하며, 부득이한 경우는 다음과 같은 조치를 해야 한다.

1. 펌프의 밸브를 열어 기체를 외기로 방출한다.
2. 흡입배관을 가압한다.
3. 다소 액의 손실이 있더라도 펌프 및 배관계의 액을 모두 제거하고 액을 충만시킨 후 펌핑에 들어간다.

70 다음 중 수격작용의 방지법이 아닌 것은?

① 관의 직경을 줄인다.
② 관 내 유속을 낮춘다.
③ 조압수조를 관선에 설치한다.
④ 펌프에 플라이휠을 설치한다.

해설

(1) 수격작용 : 펌프에서 물을 압송하고 있을 때 정전 등으로 급히 펌프가 멈출 경우와 수량 조절밸브를 급히 개폐한 경우 관 내에 유속이 급변하면 물에 심한 압력변화가 생기는 현상

(2) 수격작용의 방지법
㉠ 토출관로 내의 유속을 낮게 한다(단, 관의 직경을 크게 할 것).
㉡ 펌프에 플라이휠(Fly wheel)을 설치하여 펌프의 속도가 급격히 변화하는 것을 막는다.
㉢ 조압수조(Surge tank)를 관로에 설치한다(조압수조 : 다량의 물이 역류 시 탱크에 물을 받음으로 압력변화를 조절할 수 있는 탱크).
㉣ 완폐 체크밸브를 토출구에 설치하여 역류와 압력의 상승을 막는다.
㉤ 토출관로의 체크밸브 외측에 자동 수압조절밸브를 설치하여 압력 상승 시 자동적으로 열려 유체를 밖으로 도피시키고 일정시간 후 자동적으로 서서히 닫히도록 한다.

71 원심압축기에서 서징현상의 방지법이 아닌 것은?

① 방출밸브에 의한 방법
② 안내깃 각도 조정법
③ 우상 특성으로 하는 방법
④ 교축밸브를 근접 설치하는 방법

정답 67.② 68.② 69.④ 70.① 71.③

(1) 서징(Surging)현상 : 압축기와 송풍기에서 토출측 저항이 커지면 풍량이 감소하고 어느 풍량에 대하여 일정한 압력으로 운전되나 우상 특성의 풍량까지 감소하면 관로에 심한 공기의 맥동과 진동을 발생하여 불안정 운전이 되는 현상을 말한다.

(2) 서징현상의 방지법
- ㉠ 우상(右上)이 없는 특성으로 하는 방식(배관 내 경사를 완만하게)
- ㉡ 방출밸브에 의한 방법(흡입측에 복귀시키거나 대기로 방출)
- ㉢ 베인컨트롤에 의한 방법
- ㉣ 회전수를 변화시키는 방법
- ㉤ 교축밸브를 기계에 근접 설치하는 방법

72 다음 중 펌프에서 서징현상의 발생조건이 아닌 것은?

① 펌프의 양정곡선이 산고곡선일 때
② 배관 중에 물탱크나 공기탱크가 있을 때
③ 유량조절밸브가 탱크 앞쪽에 있을 때
④ 유량조절밸브가 탱크 뒤쪽에 있을 때

(1) 서징현상의 발생조건
- ㉠ 펌프의 양정곡선이 산고곡선이고 곡선의 산고 상승부에 운전했을 때
- ㉡ 배관 중에 물탱크나 공기탱크가 있을 때
- ㉢ 유량조절밸브가 탱크 뒤쪽에 있을 때

(2) Pump에서 서징현상 : 펌프, 송풍기 등이 운전 중에 한숨을 쉬는 것과 같은 상태가 되어 펌프인 경우 입구와 출구의 진공계, 압력계의 지침이 흔들리고, 동시에 송출유량이 변화하는 현상, 즉 송출압력과 송출유량 사이에 주기적인 변동이 일어나는 현상

73 내압이 4~5kg/cm^{2}이며, LPG와 같이 저비점일 때 사용되는 메커니컬실의 종류는?

① 밸런스실 ② 언밸런스실
③ 카본실 ④ 오일필름실

해설

형 식	구 분	특 성
사이드 형식	인사이드형	고정환이 펌프측에 있는 것으로 일반적으로 사용된다.
	아웃사이드형 (외장형)	• 구조재, 스프링재가 액의 내식성에 문제가 있을 때 • 점성계수가 100cP를 초과하는 고점도 액일 때 • 저응고 점액일 때 • 스타핑, 박스 내가 고진공일 때

형 식	구 분	특 성
면압 밸런스 형식	언밸런스실	• 일반적으로 사용된다(제품에 의해 차이가 있으나 윤활성이 좋은 액으로 약 7kg/cm^2 이하, 나쁜 액으로 약 2.5 kg/cm^2 이하 사용된다).
	밸런스실	• 내압 4~5kg/cm^2 이상일 때 • LPG, 액화가스와 같이 저비점 액체일 때 • 하이드로 카본일 때
실형식	싱글실형	일반적으로 사용된다.
	더블실형	• 유독액 또는 인화성이 강한 액일 때 • 보냉, 보온이 필요할 때 • 누설되면 응고되는 액일 때 • 내부가 고진공일 때 • 기체를 실할 때

74 다음의 축봉장치 중 더블실형에 사용되는 것이 아닌 것은?

① 유독액 인화성이 강한 액일 때
② 보냉, 보온이 필요할 때
③ 누설되면 응고되는 액일 때
④ 액체를 실할 때

④ 기체를 실할 때

75 펌프의 운전 시 소음과 진동의 발생원인에 해당되지 않는 것은?

① 캐비테이션 발생 시
② 서징 발생 시
③ 회전수가 빠를 때
④ 임펠러 마모 시

해설

펌프의 운전 시 소음과 진동의 발생원인
- ㉠ 캐비테이션의 발생 때문
- ㉡ 임펠러에 이물질이 혼입되었기 때문
- ㉢ 서징 발생 때문
- ㉣ 임펠러의 국부마모 부식 때문
- ㉤ 베어링의 마모 또는 파손 때문
- ㉥ 기초 불량 또는 설치 및 센터링 불량 때문

76 Oilless Compressor(무급유 압축기)의 용도가 아닌 것은?

① 양조공업 ② 식품공업
③ 산소압축 ④ 수소압축

정답 72.③ 73.① 74.④ 75.③ 76.④

해설

무급유 압축기란 오일 대신 물을 윤활제로 쓰거나 아무 것도 윤활제로 쓰지 않는 압축기로 양조·약품, 산소가스 압축에 쓰인다.

77 다음 펌프 중 진공펌프로 사용하기에 적당한 것은?

① 회전펌프 ② 왕복펌프
③ 원심펌프 ④ 나사펌프

78 압축비와 체적효율의 관계 설명 중 틀린 것은?

① 압축비가 높으면 체적효율은 높아진다.
② 같은 압축비일 때 단수가 많을수록 효율이 좋다.
③ 체적효율은 실제적인 피스톤 압출량을 이론적인 피스톤 압출량으로 나눈 값이다.
④ 압축비가 높으면 토출량이 증가한다.

해설

① 압축비와 체적효율은 반비례 관계에 있다.

79 완전가스를 등온압축 시 열량과 엔탈피는 어떻게 변하는가?

① 방열 증가 ② 방열 일정
③ 흡열 감소 ④ 흡열 증가

80 펌프 축봉장치의 메커니컬실의 장점이 아닌 것은?

① 위험한 액의 실에 사용된다.
② 완전 누설이 방지된다.
③ 균열이 없으므로 진동이 많은 부분의 실에 사용된다.
④ 마찰저항이 적어 효율이 높고 실의 마모가 적다.

해설

메커니컬실의 특징
㉠ 누설을 거의 완전하게 방지할 수 있다.
㉡ 위험성이 있거나 특수한 액 등에 사용할 수 있다.
㉢ 마찰저항 및 동력손실이 적으며 효율이 좋다.
㉣ 구조가 복잡하여 교환이나 조립이 힘들다.
㉤ 다듬질에 초정밀도가 요구되며 가격이 저렴하다.
㉥ 이물질이 혼입되지 않도록 주의가 요구된다.

81 다음 중 메커니컬실의 냉각방법에 해당되지 않는 것은?

① 플래싱 ② 풀림
③ 퀜칭 ④ 쿨링

해설

메커니컬실의 냉각방법
① 플래싱 : 냉각제를 고압측 액이 있는 곳에 주입하여 윤활을 좋도록 한 방식
③ 퀜칭 : 냉각제를 고압측이 아닌 곳의 실 단면에 주입시키는 방식
④ 쿨링 : 실의 단면이 아닌 곳에 냉각제를 접하도록 주입하는 방식

82 LP가스용 펌프를 취급할 때 주의할 사항 중 틀린 것은?

① 펌프의 축봉에 메커니컬실을 사용할 때는 파손이 없으므로 정기적으로 교환할 필요는 없다.
② 축봉장치에 패킹을 사용하는 경우는 누설에 주의하며, 약간 더 조여두고 가끔 패킹 교환을 한다.
③ 펌프가 작동되고 있을 때는 항상 기계의 작동상태를 점검해야 한다.
④ 과부하 발견은 모터의 전류에 영향을 주므로 평소 운전 시 암페어를 알아두어야 한다.

① 정기적으로 교환할 필요가 있다.

83 원심펌프에서 공동현상이 일어나는 곳은 어디인가?

① 회전차 날개의 표면에서 일어난다.
② 회전차 날개의 입구를 조금 지난 날개의 이면에서 일어난다.
③ 펌프의 토출측은 토출밸브 입구에서 일어난다.
④ 펌프의 흡입측은 풋밸브에서 일어난다.

정답 77.① 78.① 79.② 80.③ 81.② 82.① 83.②

chapter 6 LP가스 · 도시가스 설비

제6장의 학습방법을 설명해 주세요.

제6장의 제목은 LP가스 · 도시가스 설비로서 출제기준의 배관재료와 배관설계, 배관의 유량 계산, 기화장치, 조정기, 정압기의 특성 등을 학습해야 합니다.

01 LP가스 설비

(1) 공급방식

① 자연기화(C_3H_8) : 비등점(−42℃)

② 강제기화(C_4H_{10}) : 비등점(−0.5℃)

강제기화방식의 종류는 다음과 같다.

㉠ 생가스 공급방식

㉡ 공기혼합가스 공급방식

㉢ 변성가스 공급방식

(2) 공기혼합가스의 공급 목적

① 재액화방지

② 발열량 조절

③ 누설 시 손실 감소

④ 연소효율 증대

(3) 기화장치(Vaporizer)

기화기는 전열기나 온수에 의해 LPG액을 기화시키는 장치로 열발생부와 열교환부, 기타 각종 제어장치로 구성되어 있다.

① 기화기를 사용했을 때의 이점

㉠ LP가스의 종류에 관계없이 한냉 시에도 충분히 기화시킬 수 있다.

㉡ 공급가스의 조성이 일정하다.

㉢ 설치면적이 작아도 되고, 기화량을 가감할 수 있다.

㉣ 설비비 및 인건비가 절감된다.

② 장치구성 형식에 따른 분류 : 단관식, 다관식, 사관식, 열판식

③ 증발형식에 따른 분류 : 순간증발식, 유입증발식

④ 작동원리에 따른 분류

㉠ 가온감압식 : 열교환기에 의해 액상의 LP가스를 보내 온도를 가하고 기화된 가스를 조정기로 감압공급하는 방식으로 많이 사용된다.

㉡ 감압가온식 : 액상의 LP가스를 조정기 감압밸브로 감압, 열교환기로 보내 온수 등으로 가열하는 방식

⑤ 가열방식에 따른 분류

㉠ 간접(열매체 이용)가열 : 온수를 매개체로 하여(전기가열, 가스가열, 증기가열)

㉡ 대기온도 이용방식

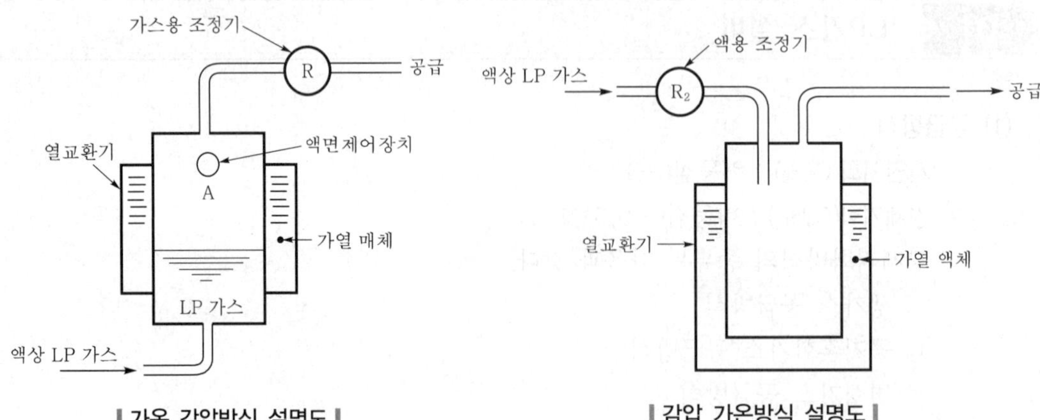

▌가온 감압방식 설명도▐　　▌감압 가온방식 설명도▐

(4) LP가스 이송설비 방법

① 압축기에 의한 방법

② 펌프에 의한 방법

③ 차압에 의한 방법

(5) 압축기 이송

장 점	단 점
• 충전시간이 짧다. • 잔가스 회수가 용이하다. • 베이퍼록의 우려가 없다.	• 재액화의 우려가 있다. • 드레인의 우려가 있다.

(6) 펌프 이송

장 점	단 점
• 재액화의 우려가 없다. • 드레인의 우려가 없다.	• 충전시간이 길다. • 잔가스의 회수가 불가능하다. • 베이퍼록의 우려가 있다.

(7) 조정기

① 사용목적 : 유출압력을 조절하여 안정된 연소를 얻기 위함이다.

㉠ 고장 시 영향 : 누설 및 불안전연소

② 조정기의 종류

㉠ 1단 감압식 : 한 번에 소요압력으로 감압한다.

• 장점 : 장치, 조작이 간단하다.

• 단점 : 최종압력 부정확, 배관이 굵어진다.

㉡ 2단 감압식 : 용기 내 압력을 소요압력보다 약간 높게 감압 후 소요압력으로 감압한다.

• 장점 : 공급압력이 일정, 각 연소기구에 알맞은 압력으로 공급 가능, 입상에 의한 압력손실 보정, 중간 배관이 가늘어도 된다.

• 단점 : 설비 · 검사방법 복잡, 조정기가 많이 든다, 재액화가 우려된다.

③ 자동교체식 조정기의 이점

㉠ 전체 용기의 수량이 수동보다 적어도 된다.

㉡ 잔액이 없어질 때까지 소비된다.

㉢ 용기교환주기의 폭을 넓힐 수 있다.

㉣ 분리형을 사용할 때 단단감압식 조정기보다 압력손실이 커도 된다.

(8) 가스미터

① 사용 목적 : 소비자에게 공급하는 가스체적을 측정, 요금환산의 근거로 삼는다.

② 가스미터 종류

┌ 실측식 : 건식, 습식
└ 추량식 : 오리피스, 벤투리, 와류, 터빈, 선근차식

• 감도유량(가정용 LP가스 : 15L/hr, 막식 : 3L/hr)

• 검정공차 : 사용 최대유량의 20~80% 범위에서 ±1.5%

③ 가스미터 선정 시 주의사항

㉠ 액화가스용일 것

㉡ 용량에 여유가 있을 것

㉢ 유효기간 내일 것

㉣ 외관검사를 행할 것

(9) LP가스 설비의 완성검사 항목

내압시험, 기밀시험, 가스치환, 기능검사

(10) 용기수량 결정조건

① 최대소비량(피크 시 사용량)

② 용기의 종류(크기)

③ 용기 1개당 가스발생 능력

$$Q = q \times N \times n$$

여기서, Q : 피크 시 사용량(kg/hr)
q : 1일 1호당 평균가스 소비량(kg/d)
N : 세대수
n : 소비율

$$\text{용기수} = \frac{\text{피크 시 사용량}}{\text{용기 1개당 가스발생 능력}}$$

$$\text{용기교환주기} = \frac{\text{사용 가스량}}{\text{1일 사용량}} (\text{사용 가스량} = \text{용기질량} \times \text{용기수} \times \text{사용\%})$$

(11) LP가스 수입기지 플랜트

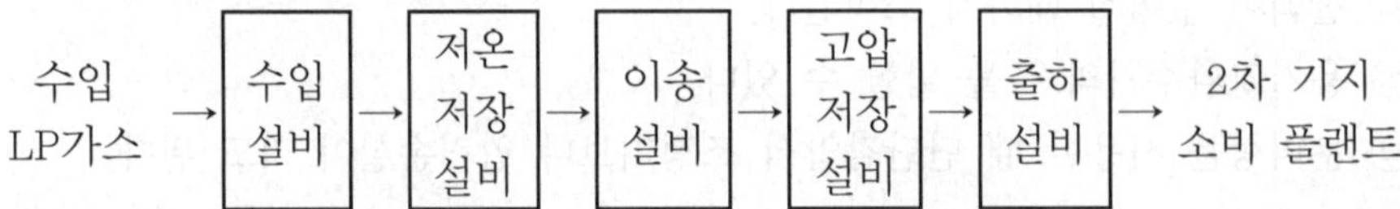

02 도시가스 설비

(1) 도시가스 원료

원료의 종류
- 기체연료 : 천연가스, 정유가스(업가스)
- 액체연료 : LNG, LPG, 나프타
- 고체연료 : 코크스, 석탄

① 천연가스 : 지하에 발생하는 탄화수소를 주성분으로 한 가연성 가스이며, 도시가스 사용 시

㉠ 천연가스를 그대로 공급

㉡ 천연가스를 공기로 희석해 공급

㉢ 종래의 도시가스에 혼입해 공급

㉣ 종래의 도시가스와 유사한 성질로 개질하여 공급하는 방식이 있다.

② **액화천연가스(LNG)** : 천연가스를 −162℃까지 냉각, 액화한 것

액화 전에 제진, 탈유, 탈탄산, 탈수, 탈습 등의 전처리를 행하여 탄산가스, 황화수소 등이 정제되었기 때문에 기화한 LNG는 불순물이 없는 청정연료이다.

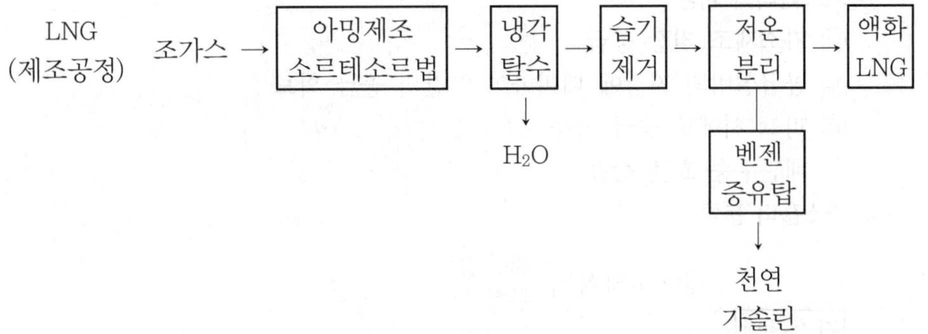

③ **정유가스(off 가스)** : 석유정제, 석유화학공업의 부산물로서 9800kcal/m^{3}의 발열량을 가진다.

④ **나프타(납사)** : 원유를 상압 증류 시 얻어지는 비점 200℃ 이하의 유분

㉠ P : 파라핀계 탄화수소

㉡ N : 나프텐계 탄화수소

㉢ O : 올레핀계 탄화수소

㉣ A : 방향족 탄화수소

(2) 부취제

누설 시 조기 발견을 위하여 첨가하는 향료

① **부취제의 종류**

㉠ TBM : 양파 썩는 냄새

㉡ THT : 석탄가스 냄새

㉢ DMS : 마늘 냄새

② **착취농도** : 1/1000 상태

③ **부취제의 구비조건**

㉠ 독성이 없을 것

㉡ 보통 존재하는 냄새와 구별될 것

㉢ 가스관 가스미터에 흡착되지 않을 것

㉣ 물에 녹지 않을 것

㉤ 화학적으로 안정할 것

㉥ 경제적일 것

④ 부취제 주입방식

㉠ 액체주입식 : 펌프주입식, 적하주입식, 미터연결 바이패스 방식

㉡ 증발식 : 바이패스 증발식, 워크 증발식

(3) 가스홀더

① 가스홀더의 기능

㉠ 가스제조 저장 공급

㉡ 공급설비의 지장에 대비하여 약간의 공급 확보

㉢ 피크 시에도 공급 가능

㉣ 배관수송 효율 상승

② 가스홀더 분류

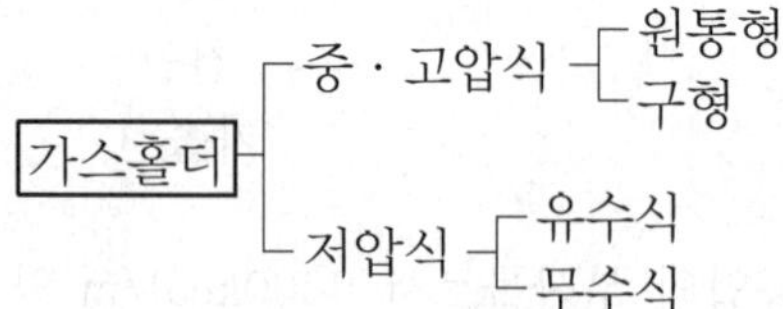

㉠ 유수식 가스홀더의 특징

- 물의 동결방지 필요하다.
- 유효 가동량이 구형보다 크다.
- 다량의 물이 필요하다.
- 기초공사비가 많이 든다.

㉡ 무수식 가스홀더의 특징

- 건조상태로 가스를 저장한다.
- 기초공사 간단하다.
- 유효 가동량이 구형보다 크다.

③ 압송기 : 공급 압력이 부족 시 압력을 높여 주는 기기

④ 정압기(고압 → 중압 → 저압 → 소요압력으로 감압시켜 주는 기기)

㉠ 압력에 의한 분류

- 저압정압기(0.1MPa 미만)
- 중압정압기(0.1~1MPa 미만)
- 고압정압기(1MPa 이상)

㉡ 구조에 따른 분류

- 레이놀즈식(구조기능 우수, 가장 많이 사용)
- 피셔식
- AFV식

㉢ 작동상 기본이 되는 정압기 : 직동식 정압기

㉣ 정압기 설치 시 주의점
- 가스차단장치 및 침수방지조치를 할 것
- 정압기 필터는 가스 공급 개시 후 1월 이내 점검

┌그 이후는 1년 1회 점검
├일반(지역) 정압기는 2년 1회 분해 점검
└사용자 시설 정압기는 3년 1회 분해 점검

- 불순물 제거장치를 할 것
- 이상압력 상승 방지장치를 할 것
- 동결방지장치를 할 것
- 가스누출검지 통보설비를 할 것
- 경보장치가 있을 것
- 출입문 개폐 통보장치가 있을 것
- 정압기의 안전밸브는 지면에서 5m 떨어진 위치에 안전밸브의 가스방출관을 설치할 것(단, 전기시설물의 접촉 우려가 있는 곳에는 3m 이상으로 할 수 있다.)

⑤ 도시가스의 제조 프로세스

㉠ 열분해 프로세스 : 분자량이 큰 탄화수소(중유, 원유, 나프타) 원료를 고온(800~900℃)으로 분해 10000kcal/Nm^3 정도의 고열량 가스를 제조하는 방법

㉡ 접촉분해(수증기 개질) 프로세스 : 촉매를 사용, 반응온도 400~800℃로 반응하여 CH_4, H_2, CO, CO_2로 변환하는 방법으로 종류는 다음과 같다.
- 사이클링식 접촉분해 프로세스
- 고압수증기 개질 프로세스
- 저온수증기 개질 프로세스
- 중온수증기 개질 프로세스

TIP 나프타 접촉분해법에서 온도압력에 따른 증감 요소

1. 압력상승 온도 하강 시(감소 : H_2, CO / 증가 : CH_4, CO_2)
2. 압력하강 온도 상승 시(감소 : CH_4, CO_2 / 증가 : H_2, CO)
3. 접촉분해 반응에서 카본 생성을 방지하는 방법
   2CO → CO_2+C (발열) 반응에서는 → 반응온도 높게, 반응압력 낮게
   CH_4 → $2H_2$+C (흡열) 반응에서는 → 반응온도 낮게, 반응압력 높게

㉢ 부분연소 프로세스 : 메탄에서 원유까지의 탄화수소를 산소, 공기, 수증기를 이용하여 CH_4, H_2, CO, CO_2로 변환하는 방법

㉣ 수소화 분해 프로세스 : 수소기류 중 탄화수소를 열분해하여 CH_4을 주성분으로 하는 고열량의 가스를 제조하는 방법

㉤ 대체 천연가스 제조 프로세스 : 천연가스 이외의 석탄, 원유, 나프타 등 각종 탄화수소 원료에서 천연가스의 열량 조성, 연소성이 일치하는 가스를 제조하는 프로세스이다.

※ $CO+H_2 \rightarrow C+H_2O+Q$에서 압력↑, 온도↓하면 카본 생성방지

㉥ 도시가스의 원료 송입법에 의한 제조 프로세스

- 연속식 : 원료가 연속으로 송입, 가스발생도 연속적으로 행하여지며, 가스량 조절은 원료 송입량의 조절에 기인한다. 장치능력에 비해 60~100% 사이로 가스 발생량 조절이 가능
- 사이클링식 : 일정시간 원료를 송입하여 가스를 발생시키면 장치온도가 내려감에 의해 원료 송입을 중지하고 가스발생을 행한다(운전은 자동운전).
- 배치식 : 원료를 일정량 취해 가스실에 넣고 가스화하여 가스를 발생시키는 방법

㉦ 가열방식에 의한 분류

- 자열식 : 가스화에 필요열을 산화, 수첨의 발열반응으로 처리
- 부분연소식 : 원료에 소량의 공기(산소)를 혼합한 뒤 가스화용 용기에 넣어 원료를 연소시켜 생긴 열을 나머지 가스화용 열원으로 한다.
- 축열식 : 반응기 내 원료를 태워 원료를 송입해서 가스화용 열원으로 한다.
- 외열식 : 원료가 들어 있는 용기를 외부에서 가열한다.

Chapter 6 ••• LP가스 · 도시가스 설비

출/제/예/상/문/제

01 LPG 연소 특성이 아닌 것은?

① 연소 시 물과 탄산가스가 생성된다.
② 발열량이 크다.
③ 연소 시 다량의 공기가 필요하다.
④ 발화온도가 낮다.

해설

LP가스의 연소 특성
㉠ 연소 시 발열량이 크다.
㉡ 연소범위(폭발한계)가 좁다. LP가스는 연소범위가 아주 좁아 타 연료가스에 비해 안전성이 크다. 공기 중 프로판의 연소범위는 2.1~9.5%, 부탄은 1.8~8.4%이다.
㉢ 연소속도가 느리다. LP가스는 다른 가스에 비하여 연소속도가 비교적 느리므로 안전성이 있다. 프로판의 연소속도는 4.45m/s, 부탄은 3.65m/s, 메탄은 6.65m/s이다.
㉣ 착화온도(발화온도)가 높다. LP가스의 발화온도는 타 연료에 비하여 높으므로 가열에 따른 발화확률이 적어 안전성이 크나 점화원(불꽃)이 있을 경우는 발화온도에 관계없이 영하의 온도에서도 인화하므로 주의를 요한다.
㉤ 연소 시 많은 공기가 필요하다.
- 프로판 연소반응식
$C_3H_8+5O_2 \rightarrow 3CO_2+4H_2O+530kcal/mol$
- 부탄 연소반응식
$C_4H_{10}+6.5O_2 \rightarrow 4CO_2+5H_2O+700kcal/mol$

$(C_3H_8 : Air)\ 5\times\frac{100}{21}=24$배

$(C_4H_{10} : Air)\ 6.5\times\frac{100}{21}=31$배

02 LPG의 일반적 특성이 아닌 것은?

① LPG는 공기보다 무겁다.
② 액은 물보다 무겁다.
③ 기화와 액화가 용이하다.
④ 기화 시 체적이 커진다.

해설

LP가스의 일반적 특성
㉠ 가스는 공기보다 무겁다(비중 1.5~2).
㉡ 액은 물보다 가볍다(비중 0.5).
㉢ 기화, 액화가 용이하다.
㉣ 기화 시 체적이 커진다(C_3H_8 250배, C_4H_{10} 230배).
㉤ 증발잠열이 크다.

03 LPG와 도시가스를 비교했을 때 LP가스의 장점이 아닌 것은?

① 특별한 가압장치가 필요없다.
② 어디서나 사용이 가능하다.
③ 연소 시 다량의 공기가 필요하다.
④ 작은 관경으로 많은 양의 공급이 가능하다.

해설

도시가스와 비교한 LP가스의 특성
(1) 장점
㉠ 열량이 높기 때문에 작은 관경으로 공급이 가능하다.
㉡ LP가스 특유의 증기압을 이용하므로 특별한 가압장치가 필요없다.
㉢ 발열량이 높기에 최소의 연소장치로 단시간 온도상승이 가능하다.
(2) 단점
㉠ 저장탱크 용기의 집합장치가 필요하다.
㉡ 부탄의 경우 재액화방지가 필요하다.
㉢ 연소 시 다량의 공기가 필요하다(C_3H_8 24배, C_4H_{10} 31배).
㉣ 공급을 중단시키지 않기 위해 예비용기 확보가 필요하다.

04 다음 중 LP가스 수송방법이 아닌 것은?

① 압축기에 의한 방법
② 용기에 의한 방법
③ 탱크로리에 의한 방법
④ 유조선에 의한 방법

정답 01.④ 02.② 03.③ 04.①

해설

수송방법 : 용기, 탱크로리, 철도차량, 유조선(탱커), 파이프라인에 의한 방법

요약 LP가스 이송방법 : 압축기, 펌프, 차압에 의한 방법

1. 압축기의 이송방법

장 점	단 점
• 충전시간이 짧다. • 잔가스 회수가 용이하다. • 베이퍼록의 우려가 없다.	• 드레인의 우려가 있다. • 재액화의 우려가 있다.

2. 펌프의 이송방법

장 점	단 점
• 드레인의 우려가 없다. • 재액화의 우려가 없다.	• 충전시간이 길다. • 잔가스 회수가 불가능하다. • 베이퍼록의 우려가 있다.

05 탱크로리에서 저장탱크로 LPG를 이송하는 방법이 아닌 것은?

① 차압에 의한 방법
② 압축기에 의한 방법
③ 압축가스 용기에 의한 방법
④ 펌프에 의한 방법

06 LP가스를 자동차 연료로 사용 시 장점이 아닌 것은?

① 엔진 수명이 연장된다.
② 공해가 적다.
③ 급속한 가속이 가능하다.
④ 완전연소된다.

해설

LP가스를 자동차용 연료로 사용 시 특징

(1) 장점
㉠ 발열량이 높고 기체로 되기 때문에 완전연소한다.
㉡ 완전연소에 의해 탄소의 퇴적이 적어 점화전(Spark plug) 및 엔진의 수명이 연장된다.
㉢ 공해가 적다.
㉣ 경제적이다.
㉤ 열효율이 높다.

(2) 단점
㉠ 용기의 무게와 장소가 필요하다.
㉡ 급속한 가속은 곤란하다.
㉢ 누설가스가 차 내에 오지 않도록 밀폐시켜야 한다.

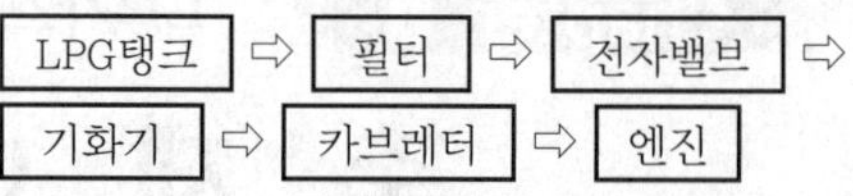

Ⅰ LP가스 자동차의 연료공급과정 Ⅰ

07 다음 LP가스 이송방법 중 펌프 사용 시 단점이 아닌 것은?

① 잔가스 회수가 어렵다.
② 베이퍼록 현상이 없다.
③ 충전시간이 길다.
④ 베이퍼록이 발생한다.

08 LP가스 공급 시 관이 보온되었을 경우 어떤 공급방식에 해당되는가?

① 생가스 공급방식
② 개질가스 공급방식
③ 공기혼합가스 공급방식
④ 변성가스 공급방식

해설

생가스 공급방식 : 기화기에서 기화한 가스를 그대로 공급하는 방식으로 겨울에 동결의 우려가 있으므로 반드시 보온조치를 하여야 한다.

09 다음 중 강제기화방식의 종류가 아닌 것은?

① 생가스 공급방식
② 직접 공급방식
③ 공기혼합가스 공급방식
④ 변성가스 공급방식

해설

LP가스를 도시가스로 공급하는 형식
㉠ 직접 혼입식
㉡ 변성 혼입식
㉢ 공기 혼입식

10 LP가스 사용시설 중 기화기 사용 시 장점이 아닌 것은?

① 한랭 시 가스공급이 가능하다.
② 기화량을 가감할 수 있다.
③ 설치면적이 커진다.
④ 공급가스 조성이 일정하다.

정답 05.③ 06.③ 07.② 08.① 09.② 10.③

③ 설치면적이 작아진다.

11 LP가스를 공급 시 공기희석의 목적이 아닌 것은?

① 재액화 방지
② 발열량 조절
③ 연소효율 증대
④ 누설 시 손실 증대

④ 누설 시 손실 감소

12 다음 중 자연기화방식의 특징이 아닌 것은?

① 기화능력에 한계가 있어 소량 소비처에 사용한다.
② 조성변화가 크다.
③ 발열량의 변화가 크다.
④ 용기 수량이 적어도 된다.

④ 자연기화는 용기 수량이 많아야 된다.

특징 \ 가스 종류	C_3H_8	C_4H_{10}
비등점	−42℃	−0.5℃
기화방식	자연기화방식	강제기화방식
분자량	44g	58g
연소범위	2.1~9.5%	1.8~8.4%

13 LP가스 사용시설에서 조정기의 사용목적은?

① 유출압력 조절 ② 유량 조절
③ 유출압력 상승 ④ 발열량 조절

해설

조정기의 사용목적 : 유출압력 조절, 안정된 연소

요약 1. 조정기(Regulator)의 역할
- 용기로부터 유출되는 공급가스의 압력을 연소기구에 알맞은 압력(통상 일반연소기는 2~3.3kPa 정도)까지 감압시킨다.
- 용기 내 가스를 소비하는 동안 공급가스 압력을 일정하게 유지하고 소비가 중단되었을 때는 가스를 차단한다.

2. 조정기의 사용목적 : 용기 내의 가스유출압력(공급압력)을 조정하여 연소기에서 연소시키는 데 필요한 최적의 압력을 유지시킴으로써 안정된 연소를 도모하기 위해 사용된다.

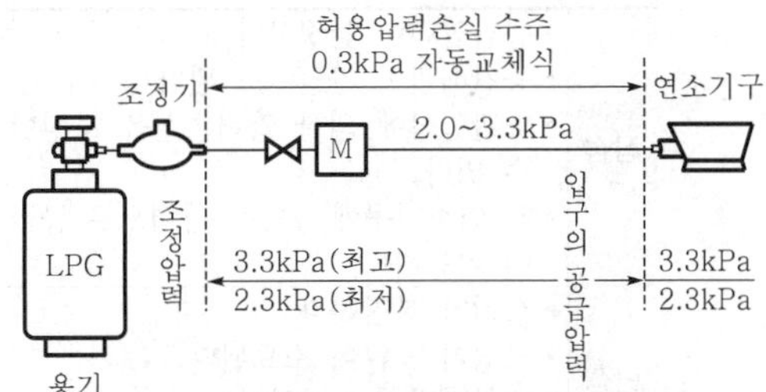

┃단단감압식 저압조정기의 성능┃

입구 압력	조정 압력	폐지 압력	안전장치 작동압력	내압시험 압력		기밀시험 압력	
				입구	출구	입구	출구
0.07~1.56 MPa	2.3~3.3 kPa	3.5 kPa 이하	7±1.4 kPa	3 MPa	0.3 MPa	1.56 MPa	5.5 kPa

1단(단단) 감압식 준저압조정기 : 음식점 등의 조리용으로 사용되는 것으로 조정압력은 5~30kPa 이내에서 제조자가 설정한 기준압력의 ±20%

14 일반 가정용에서 널리 사용되는 조정기는?

① 1단 감압식 저압조정기
② 1단 감압식 준저압조정기
③ 자동교체식 일체형 조정기
④ 자동교체식 분리형 조정기

15 다음 중 1단 감압식의 특징이 아닌 것은?

① 압력조정이 정확하다.
② 장치가 간단하다.
③ 조작이 간단하다.
④ 배관이 굵어진다.

해설

① 압력조정이 부정확하다.

요약 조정기의 감압방식

1. 1단 감압방식 : 용기 내의 가스압력을 한 번에 사용압력까지 낮추는 방식이다.

구분	내용
장점	• 조작이 간단하다. • 장치가 간단하다.
단점	• 최종 공급압력의 정확을 기하기 힘들다. • 배관의 굵기가 비교적 굵어진다.

2. 2단 감압방식 : 용기 내의 가스압력을 소비압력보다 약간 높은 상태로 감압하고 다음 단계에서 소비압력까지 낮추는 방식이다.

정답 11.④ 12.④ 13.① 14.① 15.①

장점	• 공급압력이 안정하다. • 중간배관이 가늘어도 된다. • 배관입상에 의한 압력손실을 보정할 수 있다. • 각 연소기구에 알맞은 압력으로 공급이 가능하다.
단점	• 설비가 복잡하다. • 조정기가 많이 소요된다. • 검사방법이 복잡하다. • 재액화의 문제가 있다.

참고 1. 자동 교체식 조정기 사용 시 이점
- 용기 교환주기의 폭을 넓힐 수 있다.
- 잔액이 거의 없어질 때까지 소비된다.
- 전체 용기 수량이 수동 교체식의 경우보다 작아도 된다.
- 자동절체식 분리형을 사용할 경우 1단 감압식의 경우에 비해 도관의 압력손실을 크게 해도 된다.

2. 조정기의 기능
- 조정압력은 항상 2.3~3.3kPa 범위일 것
- 조정기의 최대 폐쇄압력은 3.5kPa 이하일 것
- 저압조정기 안전장치 작동개시압력은 7±1.4kPa일 것

3. 조정기의 설치 시 주의사항
- 조정기와 용기의 탈착작업은 판매자가 할 것
- 조정기의 규격 용량은 사용 연소기구 총 가스 소비량의 150% 이상일 것
- 용기 및 조정기는 통풍이 양호한 곳에 설치할 것
- 용기 및 조정기 부근에 연소되기 쉬운 물질을 두지 말 것
- 조정기에 부착된 압력나사는 건드리지 말 것
- 조정기 부착 시 접속구를 청소하고, 나사는 정확하고 바르게 접속 후 너무 조이지 말 것
- 조정기를 부착 후 접속부는 반드시 비눗물 등으로 검사할 것

16 자동 교체식 조정기의 장점이 아닌 것은?

① 전체 용기 수량이 수동보다 많이 필요하다.
② 잔액이 없어질 때까지 사용이 가능하다.
③ 용기교환주기가 넓다.
④ 분리형 사용 시 압력손실이 커도 된다.

17 LPG 사용시설 중 2단 감압식의 장점이 아닌 것은?

① 공급압력이 안정하다.
② 장치가 간단하다.
③ 중간 배관이 가늘어도 된다.
④ 최종압력이 정확하다.

18 다음 중 기화기의 구성요소에 해당되지 않는 것은?

① 안전밸브 ② 과열방지장치
③ 긴급차단장치 ④ 온도제어장치

해설

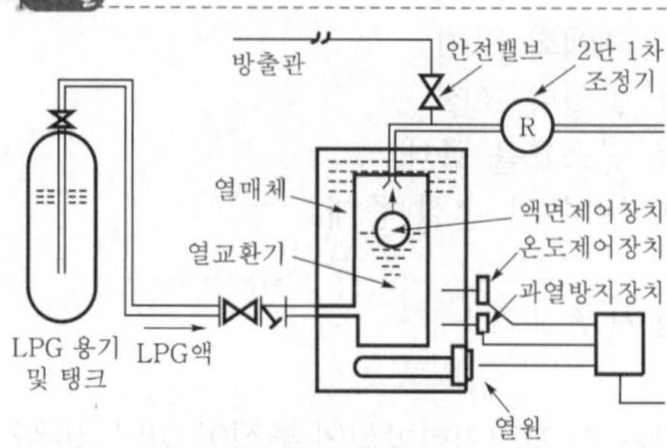

▌기화장치의 구조도▐

㉠ 기화부(열교환기) : 액체상태의 LP가스를 열교환기에 의해 가스화시키는 부분
㉡ 열매 온도제어장치 : 열매온도를 일정범위 내로 보존하기 위한 장치
㉢ 열매 과열방지장치 : 열매가 이상하게 과열되었을 경우 열매로의 입열을 정지시키는 장치
㉣ 액면제어장치 : LP가스가 액체상태로 열교환기 밖으로 유출되는 것을 방지하는 장치
㉤ 압력조정기 : 기화부에서 나온 가스를 소비목적에 따라 일정한 압력으로 조정하는 부분
㉥ 안전밸브 : 기화장치의 내압이 이상 상승했을 때 장치 내의 가스를 외부로 방출하는 장치

요약 1. 기화장치(Vaporizer)
기화는 전열기나 온수에 의해 LPG액을 기화시키는 장치로 열발생부와 열교환부, 기타 각종 제어장치로 구성되어 있다. 기화기를 사용했을 때의 이점
- LP가스의 종류에 관계없이 한랭 시에도 충분히 기화시킬 수 있다.
- 공급가스의 조성이 일정하다.
- 설치면적이 작아도 되고 기화량을 가감할 수 있다.
- 설비비 및 인건비가 절감된다.

2. 장치구성 형식에 따른 분류
단관식, 다관식, 사관식, 열판식

3. 증발형식에 따른 분류
- 가온감압식 : 열교환기에 의해 액상의 LP가스를 보내 온도를 가하고 기화된 가스를 조정기로 감압공급하는 방식으로 많이 사용된다.
- 감압가온식 : 액상의 LP가스를 조정기 감압밸브로 감압, 열교환기로 보내 온수 등으로 가열하는 방식

정답 16.① 17.② 18.③

19 다음 중 기화기의 종류에 해당되지 않는 것은?

① 열판식　② 쌍관식
③ 단관식　④ 다관식

20 부탄을 고온의 촉매로서 분해하여 메탄, 수소 등의 가스로 변성시켜 공급하는 강제기화방식의 종류는?

① 생가스 공급방식
② 직접 공급방식
③ 변성가스 공급방식
④ 공기혼합 공급방식

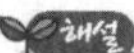

변성가스 공급방식
부탄을 고온의 촉매로서 분해하여 메탄, 수소, 일산화탄소 등의 연질가스로 변성시켜 공급하는 방식으로 금속의 열처리나 특수제품의 가열 등 특수용도에 사용하기 위해 이용되는 방식이다.

요약 강제기화방식
용기 또는 탱크에서 액체의 LP가스를 도관으로 통하여 기화기에 의해 기화시키는 방식으로서 생가스 공급방식, 공기혼합가스 공급방식, 변성가스 공급방식 등이 있다.

1. 생가스 공급방식 : 기화기(베이퍼라이저)에 의하여 기화된 그대로의 가스를 공급하는 방식으로 0℃ 이하가 되면 재액화되기 쉽기 때문에 가스배관은 고온처리를 한다.
2. 공기혼합가스 공급방식 : 기화한 부탄에 공기를 혼합하여 공급하는 방식으로 기화된 가스의 재액화방지 및 발열량을 조절할 수 있으며, 부탄을 다량 소비하는 경우에 사용된다.

   참고 공기혼합(Air dilute)의 공급목적 : 재액화방지, 발열량 조절, 누설 시의 손실 감소, 연소효율의 증대

21 LP가스 이송설비 중 펌프에 의한 방식은 충전시간이 많이 소요되는 단점이 있는데 이것을 보완하기 위해 설치하는 것은 무엇인가?

① 안전밸브
② 역지밸브
③ 기화기
④ 균압관

해설

균압관 : 저장탱크의 상부 압력을 탱크로리로 보냄으로써 충전시간을 단축할 수 있는 장점이 있다.
펌프에 의한 이송 : 펌프를 액라인에 설치하여 탱크로리의 액상가스를 도중에 가압시켜 저장탱크로 이송시키는 방식으로 LP가스 이송펌프로는 주로 기어펌프나 원심펌프 등이 이용된다.

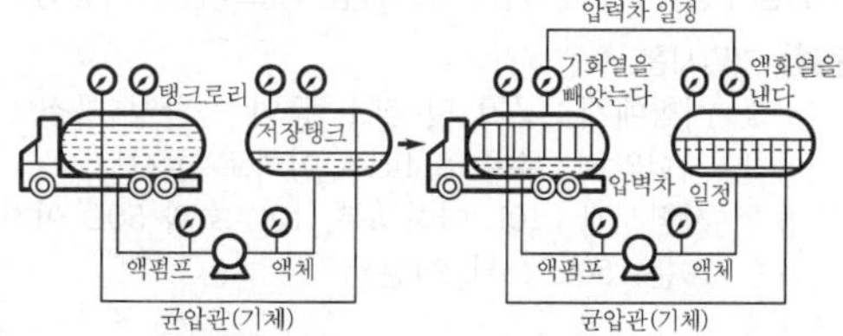

▮ 액체펌프 이송방식(균압관이 있는 경우) ▮

요약 LP가스 이송설비 : LP가스를 탱크로리로부터 저장탱크에 이송하는 경우에 사용되는 설비로서 액펌프나 압축기가 주로 사용된다.

1. 압축기에 의한 이송 : 압축기를 사용하여 저장탱크 기상부에서 가스를 흡입시켜 가압한 후 베이퍼라인(기체도관)을 통해서 탱크로리로 보내 그 압력으로 저장탱크에 액을 이송시키는 방식이다.

▮ 압축기 사용의 장 · 단점 ▮

구분	내용
장점	• 펌프에 비해 이송시간이 짧다. • 베이퍼록 현상의 우려가 없다. • 잔가스 회수가 용이하다.
단점	• 압축기 오일이 저장탱크에 들어가 드레인의 원인이 된다. • 저온에서 부탄이 재액화될 우려가 있다.

2. 탱크 자체 압력에 의한 이송 : 탱크로리는 수송도중 외부열(태양열) 등을 받아 온도가 상승하면 압력도 높아져 저장탱크와 압력차가 생긴다. 그 차압을 이용하여 설비 등을 사용하지 않고 저장탱크에 이송시키는 방식이다.
3. 펌프에 의한 이송

22 LP가스 저압배관 완성검사 방법 중 (　)에 적당한 수치는?

> 배관의 기밀시험은 불연성 가스로 실시하며, 압력은 (　)kPa이고 시험시간은 가스미터로 5분간, 자기압력계로 (　)분간 실시한다.

① 8.4, 24　② 8.4, 5
③ 3.3, 24　④ 3.3, 5

정답 19.② 20.③ 21.④ 22.①

23 LP가스용 배관설비의 완성검사에 속하지 않는 것은?

① 외관검사 ② 내압시험
③ 기밀시험 ④ 가스치환

완성검사 항목 : 내압시험, 기밀시험, 가스치환, 기능검사

요약 기밀시험
1. 시험매체 : 공기 및 질소 등의 불활성 가스
2. 시험압력 : 수주 8.4kPa 이하로 실시
3. 시험시간 : 10L 이하 5분, 10L 초과 50L 이하 10분, 50L 초과 24분

24 어느 집단 공급 아파트에서 1일 1호당 평균 가스 소비량이 1.33kg/day, 가구수가 60이며 피크 시 평균가스 소비율이 80%일 때 평균 가스 소비량은 몇 kg/hr인가?

① 40.24 ② 50.84
③ 55.80 ④ 63.84

해설

$Q = q \times N \times n = 1.33 \times 60 \times 0.8 = 63.84\text{kg/hr}$

여기서, Q : 피크 시 평균가스 소비량(kg/hr)
q : 1일 1호당 평균가스 소비량(kg/day)
N : 세대수
n : 소비율

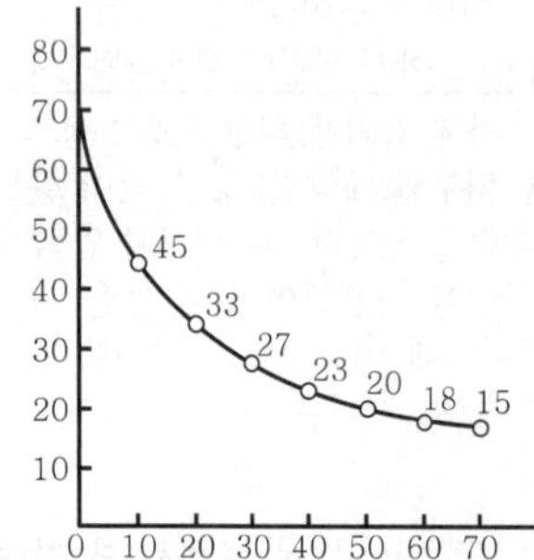

요약 용기수량 설계
1. 최대소비수량 : 평균가스 소비량×소비자 호수×평균가스 소비율
2. 피크 시의 평균가스 소비량(kg/h) : 1호당 평균가스 소비량×호수×피크 시의 가스 평균 소비율
3. 필요 최저용기 개수
$= \dfrac{\text{피크 시 평균가스 소비량(kg/h)}}{\text{피크 시 용기 1개당 발생능력(kg/h)}}$
4. 2일분의 용기 개수
$= \dfrac{\left(\begin{array}{c}\text{1호당 1일의 평균가스 소비량(kg/day)} \\ \times\text{2일}\times\text{호수}\end{array}\right)}{\text{용기의 질량(크기)}}$
5. 표준용기 설치 개수=필요 최저용기 개수+2일분 충당용기 개수
6. 2열의 합계용기 개수=표준용기 설치 개수×2

25 상기 문제에서 용기 1개당 가스발생 능력이 5.07kg/hr일 때 용기는 몇 개가 필요한가?

① 13 ② 14
③ 15 ④ 16

해설

용기수$= \dfrac{\text{피크 시 사용량}}{\text{용기 1개당 가스발생 능력}}$
$= \dfrac{63.84}{5.07} = 12.59 = 13$개

26 어느 식당에서 가스 소비량이 0.5kg/hr이며, 5시간 계속 사용하고 테이블 수가 8대일 때 용기교환주기는 며칠인가? (단, 잔액이 20%일 때 교환하고, 용기 1개당 가스발생능력은 850g/hr이며, 용기는 20kg이다.)

① 1일
② 2일
③ 3일
④ 4일

해설

- 용기수$= \dfrac{0.5\times 8}{0.85}$
$= 4.705 = 5$개
- 용기교환주기$= \dfrac{\text{사용가스량}}{\text{1일 사용량}}$
$= \dfrac{20\times 5\times 0.8}{0.5\times 8\times 5} = 4$일

참고 용기수 계산에서 자동교체 조정기 사용 시에는 계산값에서 산출된 용기수×2이다.

27 다음 중 LP가스 연소기구가 갖추어야 할 구비조건이 아닌 것은?

① 취급이 간단하고 안정성이 높아야 한다.
② 전가스 소비량은 표시치의 ±5% 이내이어야 한다.
③ 열을 유효하게 이용할 수 있어야 한다.
④ 가스를 완전연소시킬 수 있어야 한다.

해설

전가스 소비량 ±10% 이내이어야 한다.

정답 23.① 24.④ 25.① 26.④ 27.②

28 LP가스 연소방식 중 연소용 공기를 1차 및 2차 공기로 취하는 방식은?

① 적화식　② 분젠식
③ 세미분젠식　④ 전1차 공기식

① 적화식 : 2차 공기만을 취하는 방식이다.
② 분젠식 : 1차 및 2차 공기를 취한다.
③ 세미분젠식 : 적화식과 분젠식의 중간 형태이다.
④ 전1차 공기식 : 2차 공기를 취하지 않고 모두 1차 공기로 취한다.

29 LPG 사용시설의 저압배관의 내압시험압력은 몇 MPa이어야 하는가?

① 0.3　② 0.8
③ 1.5　④ 2.6

30 급배기방식에 따른 연소기구 중 실내에서 연소공기를 흡입하여 폐가스를 옥외로 배출하는 형식은?

① 밀폐형　② 반밀폐형
③ 개방형　④ 반개방형

① 밀폐형 : 연소용 공기를 옥외에서 취하고 폐가스도 옥외로 배출한다.
② 반밀폐형 : 연소용 공기를 실내에서 취하며, 연소 폐가스는 옥외로 방출한다.
③ 개방형 : 실내의 공기를 흡입하여 연소를 지속하고 연소폐가스를 실내에 배출한다.

31 LPG $50m^3$의 탱크에 20톤을 충전 시 저장탱크 내 액상의 용적은 몇 %인가? (단, 액비중은 0.55로 한다.)

① 70%　② 71%
③ 72%　④ 73%

$20 \div 0.55t/m^3 = 36.3636m^3$

$\therefore \frac{36.36}{50} \times 100 = 72.727\% \fallingdotseq 73\%$

32 LPG 용기에 대한 설명 중 잘못된 것은?

① Tp(3MPa)
② 안전밸브(가용전식)
③ 용접용기
④ 충전구(왼나사)

LP가스 용기 안전밸브(스프링식)

33 LP가스 기화기 C_3H_8의 입구압력은?

① 1.56~0.07MPa　② 0.5~0.04MPa
③ 2.3~3.3kPa　④ 2.8±0.5kPa

②항은 C_4H_{10}의 입구압력이다.

34 LP가스 저장탱크에서 반드시 부착하지 않아도 되는 부속품은?

① 긴급차단밸브　② 온도계
③ 안전밸브　④ 액면계

온도계는 반드시 부착하는 부속품이 아니다.

35 긴급차단장치에 대한 설명이다. 잘못된 것은?

① 긴급차단밸브는 역류방지밸브로 갈음할 수 있다.
② 긴급차단밸브는 주밸브와 겸용할 수 있다.
③ 원격조작온도는 110℃이다.
④ 작동하는 동력원은 액압, 기압, 전기압 등이다.

② 긴급차단밸브는 주밸브와 겸용할 수 없다.

36 LP가스 탱크로리에서 저장탱크로 가스 이송이 끝난 다음의 작업순서로 올바른 것은?

> ㉠ 차량 및 설비의 각 밸브를 잠근다.
> ㉡ 밸브에 캡을 부착한다.
> ㉢ 호스를 제거한다.
> ㉣ 어스선을 제거한다.

① ㉠-㉡-㉢-㉣　② ㉠-㉢-㉡-㉣
③ ㉡-㉢-㉠-㉣　④ ㉡-㉠-㉢-㉣

정답 28.② 29.② 30.② 31.④ 32.② 33.① 34.② 35.② 36.②

37 다음 접촉분해 프로세스 중 카본 생성을 방지하는 방법은?

$$CH_4 \rightleftarrows 2H_2 + C$$

① 반응온도 : 높게, 반응압력 : 높게
② 반응온도 : 낮게, 반응압력 : 낮게
③ 반응온도 : 높게, 반응압력 : 낮게
④ 반응온도 : 낮게, 반응압력 : 높게

해설

반응이 진행방향에서 압력을 올리면 몰수가 적은 쪽으로, 진행압력을 낮추면 몰수가 많은 쪽으로 진행(단, 고체는 몰수 계산에서 제외)

- 온도를 올리면 흡열($-Q$)방향으로 진행
- 온도를 낮추면 발열($+Q$)방향으로 진행

결국 카본 생성을 방지하기 위하여 반응이 CH_4쪽으로 진행되어야 하는데, $C+2H_2 \rightarrow CH_4+Q$이면 CH_4쪽이 몰수가 적으므로 압력은 올리고, CH_4쪽의 열량이 $+Q$이므로 반응온도는 낮추어야 한다.

38 비열이 0.6인 액체 7000kg의 온도를 30℃에서 80℃까지 상승시킬 때 몇 m^3의 C_3H_8이 소비되는가? (단, 열효율은 90%, 발열량은 24000kcal/m^3이다.)

① 5.6m^3 ② 6.6m^3
③ 8.7m^3 ④ 9.7m^3

$(7000 \times 0.6 \times 50)$kcal : $x(m^3)$
24000kcal $\times 0.9$: $1m^3$

$$\therefore x = \frac{7000 \times 0.6 \times 50 \times 1}{24000 \times 0.9}(m^3) = 9.72m^3 \fallingdotseq 9.7m^3$$

39 석유화학공업에서 부산물로 얻어지는 업가스의 발열량은 어느 정도인가?

① 8800kcal/m^3 ② 9800kcal/m^3
③ 10000kcal/m ④ 20000kcal/m^3

40 원유를 상압 증류 시 얻어지는 도시가스의 원료로 사용되는 가솔린을 무엇이라 하며 비점은 어느 정도인가?

① 액화석유가스
② 업가스(100℃)
③ 납사(200℃)
④ 액화천연가스(−160℃)

41 가스용 나프타의 성상 중 PONA값이 있다. 다음 중 틀린 것은?

① P : 파라핀계 탄화수소
② O : 올레핀계 탄화수소
③ N : 나프텐계 탄화수소
④ A : 알칸족 탄화수소

해설

A : 방향족 탄화수소

요약 가스용 나프타의 성상
1. 파라핀계 탄화수소가 많다.
2. 유황분이 적게 함유되어 있다.
3. 촉매의 활성에 영향을 미치지 않는다.
4. 카본 석출이 적다.
5. 파라핀계 탄화수소가 많을수록 가스화에 유리하다.

42 도시가스 원료 중 액체연료에 해당되지 않는 것은?

① LPG ② LNG
③ 나프타 ④ 천연가스

해설

도시가스의 원료
㉠ 기체연료 : 천연가스, 정유가스(업가스)
㉡ 액체연료 : LNG, LPG, 나프타
㉢ 고체연료 : 코크스, 석탄

43 다음 중 연소기에서 일어나는 선화의 원인이 아닌 것은?

① 가스의 공급압력이 높을 때
② 노즐구경이 클 때
③ 공기조절장치가 많이 열렸을 때
④ 환기 불량 시

해설

선화의 원인
㉠ 버너의 염공에 먼지 등이 끼어 염공이 작게 된 경우
㉡ 가스의 공급압력이 너무 높은 경우
㉢ 노즐의 구경이 너무 작은 경우
㉣ 연소가스의 배기 불충분이나 환기 불충분 시
㉤ 공기조절장치(Damper)를 너무 많이 열었을 경우

요약 1. 선화(Lifting) : 가스의 연소속도보다 유출속도가 빨라 화염이 염공에 접하여 연소하지 않고 염공을 떠나 연소하는 현상
2. 역화(Back fire) : 가스의 연소속도가 유출속도보다 커서 불꽃이 염공에서 연소기 내부로 침투하여 연소기 내부에서 연소되는 현상

정답 37.④ 38.④ 39.② 40.③ 41.④ 42.④ 43.②

3. 역화의 원인
   - 염공이 크게 되었을 때
   - 노즐구경이 클 때, 노즐의 부식
   - 콕에 먼지나 이물질이 부착되었을 때
   - 가스압력이 낮을 때
   - 콕이 충분히 열리지 않았을 때
   - 버너의 과열

44 다음 중 역화의 원인에 해당되지 않는 것은?

① 염공이 클 때
② 노즐구경이 클 때
③ 가스압력이 높을 때
④ 콕 개방이 불충분할 때

45 다음 접촉분해 반응 중 카본 생성을 방지하는 방법은?

$$2CO \rightleftarrows CO_2 + C$$

① 반응온도 : 낮게, 반응압력 : 높게
② 반응온도 : 높게, 반응압력 : 낮게
③ 반응온도 : 낮게, 반응압력 : 낮게
④ 반응온도 : 높게, 반응압력 : 높게

해설

카본 생성을 방지하기 위해 반응의 방향이 2CO로 진행되면 몰수가 많은 쪽으로 진행되어야 하므로 반응압력은 낮게 $-Q$이므로 반응온도는 높인다.

46 다음 부취제의 주입방식 중 액체 주입식이 아닌 것은?

① 펌프 주입방식
② 바이패스 증발식
③ 적하 주입방식
④ 미터 연결 바이패스방식

해설

부취제 주입방식

(1) 액체 주입식 : 부취제를 액체상태 그대로 직접 가스흐름에 주입하는 방식이다.
   ㉠ 펌프 주입방식 : 소용량의 다이어프램 펌프 등으로 부취제를 직접 가스 중에 주입하는 방식이다.
   ㉡ 적하 주입방식 : 부취제 주입용기를 사용해 중력에 의해 부취제를 가스흐름 중에 떨어뜨리는 방식이다.
   ㉢ 미터 연결 바이패스방식 : 가스미터에 연결된 부취제 첨가장치를 구동해 가스 중에 주입하는 방식이다.

(2) 증발식 : 부취제의 증기를 가스흐름에 직접 혼합하는 방식이다.
   - 종류 : 바이패스 증발식, 워크 증발식 등이 있다.

참고 부취제를 제거하는 방법 : 활성탄에 의한 흡착, 화학적 산화처리, 연소법

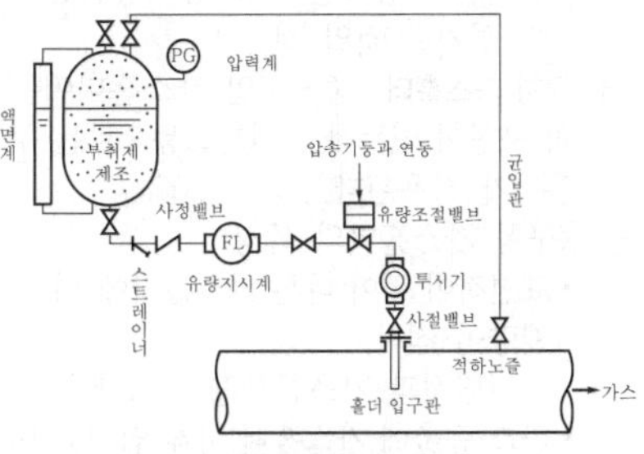

▌적하 주입방식▐

47 도시가스 공장에서 사용 중인 가스홀더 중 유수식의 특징이 아닌 것은?

① 한랭지에서 물의 동결방지가 필요하다.
② 유효가동량이 구형에 비해 적다.
③ 제조설비가 저압인 경우에 사용된다.
④ 기초공사비가 많이 든다.

해설

가스홀더의 분류

- 저압식 가스홀더
  - 유수식 가스홀더
  - 무수식 가스홀더
- 중 · 고압식 가스홀더
  - 원통형 가스홀더
  - 구형 가스홀더

요약 1. 유수식 가스홀더 : 유수식 가스홀더는 물탱크 내에 가스를 띄워 가스의 출입구에 따라 가스탱크가 상승하고 수봉에 의하여 외기와 차단하여 가스를 저장하며, 가스량에 따라 가스탱크가 상하로 자유롭게 움직인다.
〈유수식 가스홀더의 특징〉
- 한랭지에서 물의 동결방지장치가 필요하다.
- 유효 가동량의 구형 가스홀더에 비해 크다.
- 제조설비가 저압인 경우에 사용한다.
- 물탱크 수분 때문에 가스에 습기가 포함되어 있다.
- 다량의 물 때문에 기초공사비가 많이 든다.

2. 무수식 가스홀더 : 가스가 피스톤 하부에 저장되며 저장 가스량의 증감에 따라 피스톤이 상하로 자유롭게 움직이는 형식으로 대용량 저장에 사용된다.
〈무수식 가스홀더의 특징〉
- 물탱크가 없어 기초가 간단하며, 설치비가 절감된다.

정답 44.③ 45.② 46.② 47.②

- 건조한 상태로 가스가 저장된다.
- 유수식에 비해 작업 중 가스의 압력변동이 적다.

〈무수식 가스홀더의 구비조건〉
- 피스톤이 원활히 작동되도록 설치한 것일 것
- 봉액을 사용하는 것은 봉액공급용 예비펌프를 설치한 것일 것

3. 구형 가스홀더 : 중 · 고압 가스홀더에는 원통형과 구형이 있는데 도시가스용으로는 구형 가스홀더가 사용된다.

〈구형 가스홀더의 특징〉
- 표면적이 적어 다른 가스홀더에 비해 사용 강재량이 적다.
- 부지면적과 기초공사량이 적다.
- 가스 송출에 가스홀더 자체 압력을 이용할 수 있다.
- 가스를 건조상태로 저장할 수 있다.
- 움직이는 부분이 없어서 롤러 간격, 실상황 등의 감시를 필요로 하지 않고 관리가 용이하다.

참고 1. 구형 저장탱크의 특징
- 고압 저장탱크로서 건설비가 저렴하다.
- 표면적이 작고 강도가 높다.
- 기초구조가 단순하고 공사가 용이하다.
- 보존면에서 유리하고 누설이 방지된다.
- 형태가 아름답다.

2. 구형 가스홀더의 기능
- 가스 수요의 시간적 변동에 대하여 일정한 가스량을 안전하게 공급하고 남은 가스를 저장한다.
- 조성이 변화하는 제조가스를 저장 · 혼합하여 공급가스의 열량, 성분, 연소성 등을 균일화한다.
- 정전, 배관공사, 공급 및 제조설비의 일시적 지장에 대해 어느 정도 공급을 확보한다.
- 각 지역에 가스홀더를 설치하여 피크 시 각 지구의 공급을 가스홀더에 의해 공급함과 동시에 배관의 수송효율을 높인다.

3. 고압 가스홀더의 구비조건
- 관의 입구 및 출구에는 온도나 압력의 변화에 의한 신축을 흡수하는 조치를 할 것
- 응축액을 외부로 뽑을 수 있는 장치를 설치할 것
- 맨홀 또는 검사구를 설치할 것
- 응축액의 동결을 방지하는 조치를 할 것
- 고압가스안전관리법에 의한 특정설비의 검사를 받은 것일 것

48 다음 중 무수식 가스홀더의 특징이 아닌 것은?

① 설치비가 저렴하다.
② 가스 중에 수분이 포함되어 있다.
③ 압력변동이 적다.
④ 물탱크가 필요없다.

해설

② 가스 중 수분이 포함되어 있는 것은 유수식 가스홀더이다.

49 다음 중 구형 가스홀더의 기능이 아닌 것은?

① 가스 수요의 변동에 대하여 가스를 일정량 공급하고 남는 것은 저장한다.
② 조성변동하는 가스를 혼합하여 열량, 성분 등을 균일화한다.
③ 공급설비의 지장 시 공급이 중단된다.
④ 각 지역의 가스홀더에 의해 배관의 수송효율이 향상된다.

해설

③ 공급설비의 지장 시 어느 정도 공급을 확보한다.

50 다음 도시가스 설비에서 사용하는 압송기의 용도로 부적당한 것은?

① 가스홀더의 압력으로 가스 수송이 불가능 시
② 원거리 수송 시
③ 재승압 필요 시
④ 압력 조정 시

해설

④ 압력 조정 시에는 정압기 또는 조정기가 사용된다.

요약 1. 압송기 : 배관을 통하여 공급되는 가스압력이 공급지역이 넓어 압력이 부족할 때 다시 압력을 높여주는 기기

2. 용도
- 도시가스를 재승압 시
- 도시가스를 제조공장으로부터 원거리 수송 시
- 가스홀더 자체압력으로 전량 수송 불가능 시

51 압송기의 종류가 아닌 것은?

① 나사압송기
② 터보압송기
③ 회전압송기
④ 왕복압송기

정답 48.② 49.③ 50.④ 51.①

52 가스의 시간당 사용량이 다음과 같을 때 조정기 능력은? (단, 가스레인지 0.5kg/hr, 가스스토브 0.35kg/hr, 욕조통 0.9kg/hr)

① 1.775kg/hr ② 1.85kg/hr
③ 2.625kg/hr ④ 3.2kg/hr

조정기 능력은 총 가스 사용량의 1.5배이므로 (0.5+0.35+0.9)×1.5=2.625kg/hr

53 가스홀더의 종류에 해당되지 않는 것은?

① 유수식 ② 무수식
③ 원통형 ④ 투입식

54 도시가스에서 공급지역이 넓어 압력이 부족할 때 사용되는 기기는?

① 계량기 ② 정압기
③ 가스홀더 ④ 압송기

55 도시가스의 연소성은 표준 웨베지수의 얼마를 유지해야 하는가?

① ±4.5% ② ±5%
③ ±5.5% ④ ±6%

웨베지수 $WI=\dfrac{H}{\sqrt{d}}$

여기서, WI : 웨베지수
d : 비중
H : 발열량($kcal/m^3$)

56 총 발열량이 9000kcal/m^3이며, 비중이 0.5일 때 웨베지수는?

① 9000 ② 10000
③ 12727 ④ 23050

$WI=\dfrac{H}{\sqrt{d}}=\dfrac{9000}{\sqrt{0.5}}=12727$

57 도시가스에서 고압공급의 특징이 아닌 것은?

① 유지관리가 쉽다.
② 압송비가 많이 든다.
③ 작은 관경으로 많은 양을 보낼 수 있다.
④ 공급의 안전성이 높다.

① 유지관리가 어렵다.

58 원거리 지역에 대량의 가스를 공급 시 사용되는 방법은?

① 초고압 공급방식 ② 고압 공급방식
③ 중압 공급방식 ④ 저압 공급방식

가스의 압력에는 고압·중압·저압이 있으며, 원거리 지역에 공급 시 고압 공급방식이 사용된다.

59 도관 내 수분에 의하여 부식이 되는 것을 방지하기 위하여 주로 산소나 천연메탄의 수송배관에 설치하는 것은?

① 드레인 세퍼레이터
② 정압기
③ 압송기
④ 세척기

수취기(드레인 세퍼레이터)

60 도시가스 배관에서 중압 A의 압력범위는?

① 0.1MPa 미만 ② 0.3~1MPa
③ 0.1~0.3MPa ④ 1MPa

- 고압 : 1MPa 이상
- 중압 A : 0.3~1MPa
- 중압 B : 0.1~0.3MPa
- 저압 : 0.1MPa 미만

61 정압기를 사용 압력별로 분류한 것이 아닌 것은?

① 저압정압기 ② 중압저압기
③ 고압정압기 ④ 상압정압기

① 저압정압기 : 가스홀더의 압력을 소요압력으로 조정하는 감압설비
② 중압정압기 : 중압을 저압으로 낮추는 감압설비
③ 고압정압기 : 제조소에 압송된 고압을 중압으로 낮추는 감압설비

정답 52.③ 53.④ 54.④ 55.① 56.③ 57.① 58.② 59.① 60.② 61.④

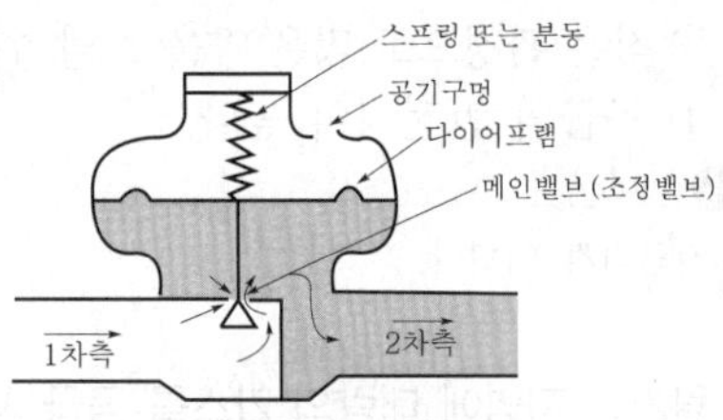

❙ 직동식 정압기 ❙

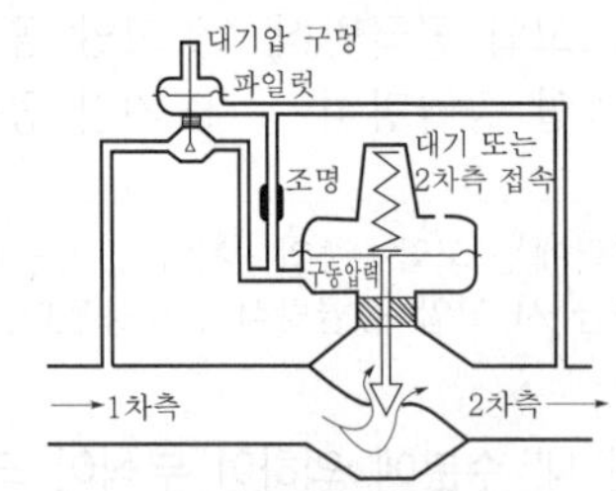

❙ 파일럿 로딩형 정압기 ❙

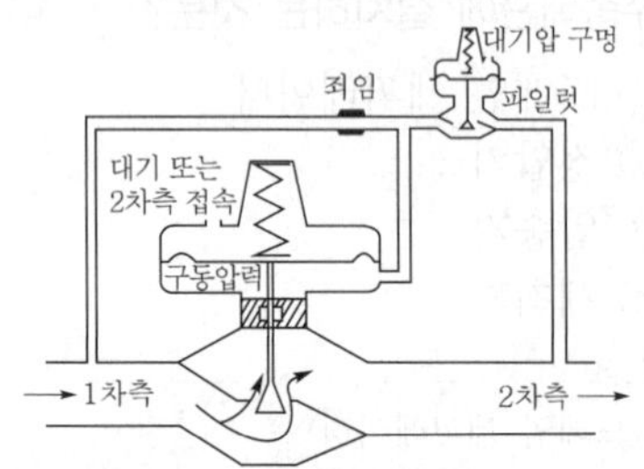

❙ 파일럿 언로딩형 정압기 ❙

62 도시가스 설비에 사용되는 정압기 중 가장 기본이 되는 정압기는?

① 파일럿 정압기
② 직동식 정압기
③ 레이놀즈식 정압기
④ 피셔식 정압기

- 레이놀즈식 정압기 : 기능이 가장 우수한 정압기
- 직동식 정압기 : 작동상 가장 기본이 되는 정압기

63 정압기의 특성 중 유량과 2차 압력의 관계를 말하는 특성은 어느 것인가?

① 사용 최대차압 및 작동 최소차압
② 유량특성
③ 동특성
④ 정특성

정특성 : 정상상태에서 유량과 2차 압력과의 관계

요약 정압기 특성 : 정압기를 평가 선정할 경우 다음의 각 특성을 고려해야 한다.

1. 정특성(靜特性) : 유량과 2차 압력과의 관계
2. 동특성(動特性) : 부하변화가 큰 곳에 사용되는 정압기이며, 부하변동에 대한 응답의 신속성과 안정성
3. 유량특성 : 메인밸브의 열림과 유량과의 관계
4. 사용 최대차압 : 1차 압력과 2차 압력의 차압이 작용하여 정압 성능에 영향을 주나 이것이 실용적으로 사용할 수 있는 범위에서 최대로 되었을 때 차압
5. 작동 최소차압 : 정압기가 작동할 수 있는 최소 차압

64 다음 중 지역 정압기의 종류에 해당되지 않는 것은?

① 피셔식 ② 레이놀즈식
③ AFV식 ④ 파일럿식

65 정압기 설치 시 분해 점검 등에 의해 공급을 중지시키지 않기 위해 설치하는 것은?

① 인밸브 ② 스톱밸브
③ 긴급차단밸브 ④ 바이패스 밸브

해설

정압기를 설치하였을 때에는 분해 점검 등에 의하여 정압기를 정지할 때가 있으므로 가스의 공급을 정지시키지 않기 위하여 바이패스관을 만들어야 한다. 다만, 개별로 작동되는 정압기를 그 기(基) 병렬로 설치하였을 때는 만들 필요가 없다.
바이패스관의 크기는 유량, 유입측의 압력, 바이패스관의 길이 등으로 결정된다. 또 유량조절 바이패스 밸브는 조작을 용이하게 할 수 있는 밸브, 예를 들면 스톱밸브(Stop valve), 글로브 밸브를 부착하는 것이 좋다. 또한 유량조절용 바이패스 밸브로서 먼지(Dust), 모래 등이 끼워져 완전 차단이 될 수 없는 구조의 밸브를 사용해야 할 때에는 차단용 바이패스 밸브를 부가해야 한다.

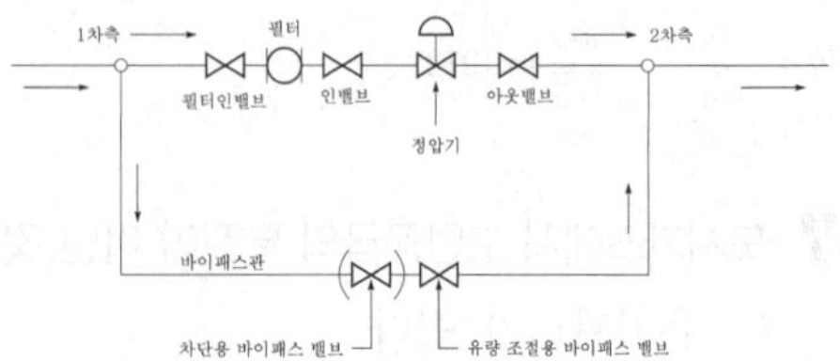

정답 62.② 63.④ 64.④ 65.④

66 도시가스기구에서 In put이란 무엇인가?

① 연소기구에 유효하게 주어진 열량
② 연소기구에서 분출되는 총 열량
③ 목적물에 주어진 열량
④ 연소기구에서 주어진 총 발열량을 가스량으로 나눈 값

• In put : 연소기구에서 분출되는 총 발열량
• Out put : 목적물에 유효하게 주어진 열량

$\therefore \ \eta(\text{열효율}) = \frac{O}{I} \times 100$

67 4호 가스 순간온수기의 In put이 8000kcal/hr일 때 열효율은 몇 %인가? (단, 4호 가스 순간온수기란 25℃ 상승한 온수가 1분간 4L의 출탕 능력을 갖는다.)

① 60% ② 65%
③ 70% ④ 75%

$\eta = \frac{O}{I} \times 100 = \frac{4 \times 1 \times 25 \times 60}{8000} \times 100 = 75\%$

68 도시가스 공급장치에서 가스홀더로 가장 많이 사용되고 있는 장치는?

① 무수식 ② 유수식
③ 구형 ④ 원통형

69 가스제조공장 공급지역이 가깝거나 공급면적이 좁을 때 적당한 공급방법은?

① 저압공급 ② 중압공급
③ 고압공급 ④ 초고압공급

70 접촉분해 프로세스 중 온도에 관하여 틀린 것은?

① 반응온도를 낮게 하면 고열량의 가스 생성
② 반응온도를 낮게 하면 CH_4, CO_2가 많이 생성
③ 반응온도 상승 시 CH_4, CO_2가 많이 생성
④ 반응온도 상승 시 CO, H_2가 많이 생성

71 도시가스의 압력 측정장소 부분이 아닌 것은?

① 압송기 출구
② 정압기 출구
③ 가스공급시설 끝부분
④ 가스홀더 출구

도시가스 정압기의 압송기 출구, 정압기 출구, 가스공급시설의 끝부분 압력이 1~2.5kPa이어야 된다.

72 접촉분해 프로세스 중 압력에 관하여 바르게 설명된 것은?

① 압력상승 시 H_2, CO 증가
② 압력상승 시 CH_4, CO_2 감소
③ 압력이 내려가면 CH_4, CO_2 감소
④ 압력이 내려가면 H_2, CO 감소

73 도시가스 제조공정 중 발열량이 가장 많은 제조공정은?

① 열분해공정
② 접촉분해공정
③ 수첨분해공정
④ 부분연소공정

해설

열분해공정 : 원유, 중유, 나프타 등의 분자량이 큰 탄화수소 원료를 고온 800~900℃으로 분해하여 10000kcal/Nm^3 정도의 고열량 가스를 제조하는 방식이다.

74 도시가스 공급압력에서 고압공급일 때의 특징이 아닌 것은?

① 고압홀더가 있을 때 정전 등에 대하여 공급의 안정성이 높다.
② 압송기, 정압기의 유지관리가 어렵다.
③ 적은 관경으로 많은 양의 공급이 가능하다.
④ 공급가스는 고압으로 수분 제거가 어렵다.

정답 66.② 67.④ 68.③ 69.① 70.③ 71.④ 72.③ 73.① 74.④

75 SNG에 대한 내용 중 맞지 않는 것은?

① 합성 또는 대체천연가스이다.
② 주성분은 CH_4이다.
③ 발열량은 9000kcal/m^3 정도이다.
④ 제조법은 수소와 탄소를 첨가하는 방법이 있다.

해설

SNG 제조 공정
㉠ 석탄
㉡ 석탄 전처리
㉢ 석탄의 가스화
 ↳ 수소, 산소 첨가
㉣ 정제
㉤ CH_4 합성
㉥ 탈탄산
㉦ SNG 제조
※ 공정상 수소가스만 사용 시 생략할 수 있는 공정 : CH_4 합성, 탈탄산 공정

76 오조작으로 인한 사고를 미연에 방지하기 위하여 긴급 운전 시 자동으로 정지되게 하는 장치는?

① 인터록기구 ② 플레어스택
③ 압송기 ④ 수봉기

77 다음 중 용도별로 분류한 정압기의 종류가 아닌 것은?

① 수요자 전용 정압기
② 기정압기
③ 지구 정압기
④ 공급자 전용 정압기

78 파일럿 정압기에서 2차 압력을 감지하여 그 압력의 변동을 메인밸브에 전달하는 장치는?

① 스프링 ② 조절밸브
③ 다이어프램 ④ 주밸브

79 도시가스 제조공정 중에서 접촉분해방식이란 무엇인가?

① 중질탄화수소에 가열하여 수소를 얻는다.
② 탄화수소에 산소를 접촉시킨다.
③ 탄화수소에 수증기를 접촉시킨다.
④ 나프타를 고온으로 가열한다.

해설

도시가스에 사용되는 접촉분해반응은 탄화수소와 수증기를 반응시킨 수소, 일산화탄소, 탄산가스, 메탄, 에틸렌, 에탄 및 프로필렌 등의 저급 탄화수소로 변화하는 반응을 말한다.

참고 접촉분해 프로세스 항목
㉠ 사이클링식 접촉분해
㉡ 고압수증기 개질
㉢ 저온수증기 개질

정답 75.④ 76.① 77.④ 78.③ 79.③

Chapter 7 ••• 수소 경제 육성 및 수소 안전관리에 관한 법령

출/제/예/상/문/제

[수소 경제 육성 및 수소 안전관리에 관한 법령]

〈목 차〉

1. 수소연료 사용시설의 시설 · 기술 · 검사 기준
   - 일반사항(적용범위, 용어, 시설 설치 제한)
   - 시설기준(배치기준, 화기와의 거리)
     - 수소 제조설비
     - 수소 저장설비
     - 수소가스 설비(배관 설비, 연료전지 설비, 사고예방 설비)
2. 이동형 연료전지(드론용) 제조의 시설 · 기술 · 검사 기준
   - 용어 정의
   - 제조 기술 기준
   - 배관 구조
   - 충전부 구조
   - 장치(시동, 비상정지)
   - 성능(내압, 기밀, 절연저항, 내가스, 내식, 배기가스)
3. 수전해 설비 제조의 시설 · 기술 · 검사 기준
   - 제조시설(제조설비, 검사설비)
   - 안전장치
   - 성능(제품, 재료, 작동, 수소, 품질)
4. 수소 추출설비 제조의 시설 · 기술 · 검사 기준
   - 용어 정의
   - 제조시설(배관재료 적용 제외, 배관 구조, 유체이동 관련기기)
   - 장치(안전, 전기, 열관리, 수소 정제)
   - 성능(절연내력, 살수, 재료, 자동제어시스템, 연소상태, 부품, 내구)

1. 수소연료 사용시설의 시설 · 기술 · 검사 기준

01 다음 중 용어에 대한 설명이 틀린 것은 어느 것인가?

① "수소 제조설비"란 수소를 제조하기 위한 것으로서 법령에 따른 수소용품 중 수전해 설비 수소 추출설비를 말한다.
② "수소 저장설비"란 수소를 충전 · 저장하기 위하여 지상 또는 지하에 고정 설치하는 저장탱크(수소의 질을 균질화하기 위한 것을 포함)를 말한다.
③ "수소가스 설비"란 수소 제조설비, 수소 저장설비 및 연료전지와 이들 설비를 연결하는 배관 및 속설비 중 수소가 통하는 부분을 말한다.
④ 수소 용품 중 "연료전지"란 수소와 전기화학적 반응을 통하여 전기와 열을 생산하는 연료 소비량이 232.6kW 이상인 고정형, 이동형 설비와 그 부대설비를 말한다.

연료전지 : 연료 소비량이 232.6kW 이하인 고정형, 이동형 설비와 그 부대설비

02 물의 전기분해에 의하여 그 물로부터 수소를 제조하는 설비는 무엇인가?

① 수소 추출설비
② 수전해 설비
③ 연료전지 설비
④ 수소 제조설비

정답 01.④ 02.②

03 수소 설비와 산소 설비의 이격거리는 몇 m 이상인가?

① 2m ② 3m
③ 5m ④ 8m

해설

수소-산소 : 5m 이상
참고 수소-화기 : 8m 이상

04 다음 [보기]는 수소 설비에 대한 내용이나 수치가 모두 잘못되었다. 맞는 수치로 나열된 것은 어느 것인가? (단, 순서는 (1), (2), (3)의 순서대로 수정된 것으로 한다.)

[보기]
(1) 유동방지시설은 높이 5m 이상 내화성의 벽으로 한다.
(2) 입상관과 화기의 우회거리는 8m 이상으로 한다.
(3) 수소의 제조 · 저장 설비의 지반조사 대상의 용량은 중량 3ton 이상의 것에 한한다.

① 2m, 2m, 1ton
② 3m, 2m, 1ton
③ 4m, 2m, 1ton
④ 8m, 2m, 1ton

해설

(1) 유동방지시설 : 2m 이상 내화성의 벽
(2) 입상관과 화기의 우회거리 : 2m 이상
(3) 지반조사 대상 수소 설비의 중량 : 1ton 이상
참고 지반조사는 수소 설비의 외면으로부터 10m 이내 2곳 이상에서 실시한다.

05 수소의 제조 · 저장 설비를 실내에 설치 시 지붕의 재료로 맞는 것은?

① 불연 재료
② 난연 재료
③ 무거운 불연 또는 난연 재료
④ 가벼운 불연 또는 난연 재료

해설

수소 설비의 재료 : 불연 재료(지붕은 가벼운 불연 또는 난연 재료)

06 다음 [보기]는 수소의 저장설비에서 대한 내용이다. 맞는 설명은 어느 것인가?

[보기]
(1) 저장설비에 설치하는 가스방출장치의 탱크 용량은 $10m^3$ 이상이다.
(2) 내진설계로 시공하여야 하며, 저장능력은 5ton 이상이다.
(3) 저장설비에 설치하는 보호대의 높이는 0.6m 이상이다.
(4) 보호대가 말뚝 형태일 때는 말뚝이 2개 이상이고 간격은 2m 이상이다.

① (1) ② (2)
③ (3) ④ (4)

해설

(1) 가스방출장치의 탱크 용량 : $5m^3$ 이상
(3) 보호대의 높이 : 0.8m 이상
(4) 말뚝 형태 : 2개 이상, 간격 1.5m 이상

07 수소연료 사용시설에 안전확보 정상작동을 위하여 설치되어야 하는 부속장치에 해당되지 않는 것은?

① 압력조정기
② 가스계량기
③ 중간밸브
④ 정압기

08 수소가스 설비의 T_p, A_p를 옳게 나타낸 것은?

① T_p = 상용압력×1.5
A_p = 상용압력
② T_p = 상용압력×1.2
A_p = 상용압력×1.1
③ T_p = 상용압력×1.5
A_p = 최고사용압력×1.1 또는 8.4kPa 중 높은 압력
④ T_p = 최고사용압력×1.5
A_p = 최고사용압력×1.1 또는 8.4kPa 중 높은 압력

정답 03.③ 04.① 05.④ 06.② 07.④ 08.③

09 다음 [보기]는 수소 제조 시의 수전해 설비에 대한 내용이다. 틀린 내용으로만 나열된 것은?

> [보기]
> (1) 수전해 설비실의 환기가 강제환기만으로 이루어지는 경우에는 강제환기가 중단되었을 때 수전해 설비의 운전이 정상작동이 되도록 한다.
> (2) 수전해 설비를 실내에 설치하는 경우에는 해당 실내의 산소 농도가 22% 이하가 되도록 유지한다.
> (3) 수전해 설비를 실외에 설치하는 경우에는 눈, 비, 낙뢰 등으로부터 보호할 수 있는 조치를 한다.
> (4) 수소 및 산소의 방출관과 방출구는 방출된 수소 및 산소가 체류할 우려가 없는 통풍이 양호한 장소에 설치한다.
> (5) 수소의 방출관과 방출구는 지면에서 5m 이상 또는 설비 상부에서 2m 이상의 높이 중 높은 위치에 설치하며, 화기를 취급하는 장소와 8m 이상 떨어진 장소에 위치하도록 한다.
> (6) 산소의 방출관과 방출구는 수소의 방출관과 방출구 높이보다 낮은 높이에 위치하도록 한다.
> (7) 산소를 대기로 방출하는 경우에는 그 농도가 23.5% 이하가 되도록 공기 또는 불활성 가스와 혼합하여 방출한다.
> (8) 수전해 설비의 동결로 인한 파손을 방지하기 위하여 해당 설비의 온도가 5℃ 이하인 경우에는 설비의 운전을 자동으로 차단하는 조치를 한다.

① (1), (2)
② (1), (2), (5)
③ (1), (5), (8)
④ (1), (2), (7)

해설

(1) 강제환기 중단 시 : 운전 정지
(2) 실내의 산소 농도 : 23.5% 이하
(5) 화기를 취급하는 장소와의 거리 : 6m 떨어진 위치

10 수소 추출설비를 실내에 설치하는 경우 실내의 산소 농도는 몇 % 미만이 되는 경우 운전이 정지되어야 하는가?

① 10.5%　② 15.8%
③ 19.5%　④ 22%

11 다음 ( ) 안에 공통으로 들어갈 단어는 무엇인가?

> 연료전지가 설치된 곳에는 조작하기 쉬운 위치에 ( )를 다음 기준에 따라 설치한다.
> - 수소연료 사용시설에는 연료전지 각각에 대하여 ( )를 설치한다.
> - 배관이 분기되는 경우에는 주배관에 ( )를 설치한다.
> - 2개 이상의 실로 분기되는 경우에는 각 실의 주배관마다 ( )를 설치한다.

① 압력조정기　② 필터
③ 배관용 밸브　④ 가스계량기

12 배관장치의 이상전류로 인하여 부식이 예상되는 장소에는 절연물질을 삽입하여야 한다. 다음의 보기 중 절연물질을 삽입해야 하는 장소에 해당되지 않는 것은?

① 누전으로 인하여 전류가 흐르기 쉬운 곳
② 직류전류가 흐르고 있는 선로(線路)의 자계(磁界)로 인하여 유도전류가 발생하기 쉬운 곳
③ 흙속 또는 물속에서 미로전류(謎路電流)가 흐르기 쉬운 곳
④ 양극의 설치로 전기방식이 되어 있는 장소

13 사업소 외의 배관장치에 설치하는 안전제어장치와 관계가 없는 것은?

① 압력안전장치
② 가스누출검지경보장치
③ 긴급차단장치
④ 인터록장치

정답 09.② 10.③ 11.③ 12.④ 13.④

14 수소의 배관장치에는 이상사태 발생 시 압축기, 펌프 긴급차단장치 등이 신속하게 정지 또는 폐쇄되어야 하는 제어기능이 가동되어야 하는데 이 경우에 해당되지 않는 것은?

① 온도계로 측정한 온도가 1.5배 초과 시
② 규정에 따라 설치된 압력계가 상용압력의 1.1배 초과 시
③ 규정에 따라 압력계로 측정한 압력이 정상운전 시보다 30% 이상 강하 시
④ 측정유량이 정상유량보다 15% 이상 증가 시

15 수소의 배관장치에 설치하는 압력안전장치의 기준이 아닌 것은?

① 배관 안의 압력이 상용압력을 초과하지 않고, 또한 수격현상(water hammer)으로 인하여 생기는 압력이 상용압력의 1.1배를 초과하지 않도록 하는 제어기능을 갖춘 것
② 재질 및 강도는 가스의 성질, 상태, 온도 및 압력 등에 상응되는 적절한 것
③ 배관장치의 압력변동을 충분히 흡수할 수 있는 용량을 갖춘 것
④ 압력이 상용압력의 1.5배 초과 시 인터록기구가 작동되는 제어기능을 갖춘 것

16 수소의 배관장치에서 내압성능이 상용압력의 1.5배 이상이 되어야 하는 경우 상용압력은 얼마인가?

① 0.1MPa 이상　② 0.5MPa 이상
③ 0.7MPa 이상　④ 1MPa 이상

17 수소 배관을 지하에 매설 시 최고사용압력에 따른 배관의 색상이 맞는 것은?

① 0.1MPa 미만은 적색
② 0.1MPa 이상은 황색
③ 0.1MPa 미만은 황색
④ 0.1MPa 이상은 녹색

해설
(1) 지상배관 : 황색
(2) 지하배관
① 0.1MPa 미만 : 황색
② 0.1MPa 이상 : 적색

18 다음 [보기]는 수소배관을 지하에 매설 시 직상부에 설치하는 보호포에 대한 설명이다. 틀린 내용은?

> [보기]
> (1) 두께 : 0.2mm 이상
> (2) 폭 : 0.3m 이상
> (3) 바탕색
> – 최고사용압력 0.1MPa 미만 : 황색
> – 최고사용압력 0.1MPa 이상 2MPa 미만 : 적색
> (4) 설치위치 : 배관 정상부에서 0.3m 이상 떨어진 곳

① (1), (2)
② (1), (3)
③ (2), (3), (4)
④ (1), (2), (3)

해설
(2) 폭 : 0.15m 이상
(3) 바탕색
– 최고사용압력 0.1MPa 미만 : 황색
– 최고사용압력 0.1MPa 이상 1MPa 미만 : 적색
(4) 설치위치 : 배관 정상부에서 0.4m 이상 떨어진 곳

19 연료전지를 연료전지실에 설치하지 않아도 되는 경우는?

① 연료전지를 실내에 설치한 경우
② 밀폐식 연료전지인 경우
③ 연료전지 설치장소 안이 목욕탕인 경우
④ 연료전지 설치장소 안이 사람이 거처하는 곳일 경우

해설
연료전지를 연료전지실에 설치하지 않아도 되는 경우
• 밀폐식 연료전지인 경우
• 연료전지를 옥외에 설치한 경우

정답 14.① 15.④ 16.① 17.③ 18.③ 19.②

20 다음 중 틀린 설명은?

① 연료전지실에는 환기팬을 설치하지 않는다.
② 연료전지실에는 가스레인지의 후드등을 설치하지 않는다.
③ 연료전지는 가연물 인화성 물질과 2m 이상 이격하여 설치한다.
④ 옥외형 연료전지는 보호장치를 하지 않아도 된다.

해설
연료전지는 가연물 인화성 물질과 1.5m 이상 이격하여 설치한다.

21 다음 중 연료전지에 대한 설명으로 올바르지 않은 것은?

① 연료전지 연통의 터미널에는 동력팬을 부착하지 않는다.
② 연료전지는 접지하여 설치한다.
③ 연료전지 발열부분과 전선은 0.5m 이상 이격하여 설치한다.
④ 연료전지의 가스 접속배관은 금속배관을 사용하여 가스의 누출이 없도록 하여야 한다.

해설
전선은 연료전지의 발열부분과 0.15m 이상 이격하여 설치한다.

22 연료전지를 설치 시공한 자는 시공확인서를 작성하고 그 내용을 몇 년간 보존하여야 하는가?

① 1년　② 2년
③ 3년　④ 5년

23 수소의 반밀폐식 연료전지에 대한 내용 중 틀린 것은?

① 배기통의 유효단면적은 연료전지의 배기통 접속부의 유효단면적 이상으로 한다.
② 배기통은 기울기를 주어 응축수가 외부로 배출될 수 있도록 설치한다.
③ 배기통은 단독으로 설치한다.
④ 터미널에는 직경 20mm 이상의 물체가 통과할 수 없도록 방조망을 설치한다.

해설
방조망 : 직경 16mm 이상의 물체가 통과할 수 없도록 하여야 한다.
그 밖에 터미널의 전방·측면·상하 주위 0.6m 이내에는 가연물이 없도록 하며, 연료전지는 급배기에 영향이 없도록 담, 벽 등의 건축물과 0.3m 이상 이격하여 설치한다.

24 수소 저장설비를 지상에 설치 시 가스 방출관의 설치위치는?

① 지면에서 3m 이상
② 지면에서 5m 이상 또는 저장설비의 정상부에서 2m 이상 중 높은 위치
③ 지면에서 5m 이상
④ 수소 저장설비 정상부에서 2m 이상

25 수소가스 저장설비의 가스누출경보기의 가스누출자동차단장치에 대한 내용 중 틀린 것은?

① 건축물 내부의 경우 검지경보장치의 검출부 설치개수는 바닥면 둘레 10m 마다 1개씩으로 계산한 수로 한다.
② 건축물 밖의 경우 검지경보장치의 검출부 설치개수는 바닥면 둘레 20m마다 1개씩으로 계산한 수로 한다.
③ 가열로 등 발화원이 있는 제조설비에 누출가스가 체류하기 쉬운 장소의 경우 검지경보장치의 검출부 설치개수는 바닥면 둘레 10m마다 1개씩으로 계산한 수로 한다.
④ 검지경보장치 검출부 설치위치는 천장에서 검출부 하단까지 0.3m 이하가 되도록 한다.

해설
③ 가열로 등 발화원이 있는 제조설비에 누출가스가 체류하기 쉬운 장소의 경우 : 20m마다 1개씩으로 계산한 수

정답 20.③ 21.③ 22.④ 23.④ 24.② 25.③

26 수소 저장설비 사업소 밖의 가스누출경보기 설치장소가 아닌 것은?

① 긴급차단장치가 설치된 부분
② 누출가스가 체류하기 쉬운 부분
③ 슬리브관, 이중관 또는 방호구조물로 개방되어 설치된 부분
④ 방호구조물에 밀폐되어 설치되는 부분

해설

③ 슬리브관, 이중관 또는 방호구조물로 밀폐되어 설치된 부분이 가스누출경보기 설치장소이다.

27 수소의 저장설비에서 천장 높이가 너무 높아 검지경보장치·검출부를 천장에 설치 시 대량누출이 되어 위험한 상태가 되어야 검지가 가능하게 되는 것을 보완하기 위해 설치하는 것은?

① 가스웅덩이
② 포집갓
③ 가스용 맨홀
④ 원형 가스공장

28 수소 저장설비에서 포집갓의 사각형의 규격은?

① 가로 0.3m×세로 0.3m
② 가로 0.4m×세로 0.5m
③ 가로 0.4m×세로 0.6m
④ 가로 0.4m×세로 0.4m

해설

참고 원형인 경우 : 직경 0.4m 이상

29 수소의 제조·저장 설비 배관이 시가지 주요 하천, 호수 등을 횡단 시 횡단거리 500m 이상인 경우 횡단부 양끝에서 가까운 거리에 긴급차단장치를 설치하고 배관연장설비 몇 km마다 긴급차단장치를 추가로 설치하여야 하는가?

① 1km ② 2km
③ 3km ④ 4km

30 수소가스 설비를 실내에 설치 시 환기설비에 대한 내용으로 옳지 않은 것은?

① 천장이나 벽면 상부에 0.4m 이내 2방향 환기구를 설치한다.
② 통풍가능 면적의 합계는 바닥면적 $1m^2$당 $300cm^2$의 면적 이상으로 한다.
③ 1개의 환기구 면적은 $2400cm^2$ 이하로 한다.
④ 강제환기설비의 통풍능력은 바닥면적 $1m^2$마다 $0.5m^3/min$ 이상으로 한다.

해설

0.3m 이내 2방향 환기구를 설치한다.

31 수소가스 설비실의 강제환기설비에 대한 내용으로 맞지 않는 것은?

① 배기구는 천장 가까이 설치한다.
② 배기가스 방출구는 지면에서 5m의 높이에 설치한다.
③ 수소연료전지를 실내에 설치하는 경우 바닥면적 $1m^2$당 $0.3m^3/min$ 이상의 환기능력을 갖추어야 한다.
④ 수소연료전지를 실내에 설치하는 경우 규정에 따른 $45m^3/min$ 이상의 환기능력을 만족하도록 한다.

해설

배기가스 방출구는 지면에서 3m 이상 높이에 설치한다.

32 수소 저장설비는 가연성 저장탱크 또는 가연성 물질을 취급하는 설비와 온도상승방지 조치를 하여야 하는데 그 규정으로 옳지 않은 것은?

① 방류둑을 설치한 가연성 가스 저장탱크
② 방류둑을 설치하지 아니한 조연성 가스 저장탱크의 경우 저장탱크 외면으로부터 20m 이내
③ 가연성 물질을 취급하는 설비의 경우 그 외면에서 20m 이내
④ 방류둑을 설치하지 아니한 가연성 저장탱크의 경우 저장탱크 외면에서 20m 이내

정답 26.③ 27.② 28.④ 29.④ 30.① 31.② 32.②

해설

② 방류둑을 설치하지 아니한 가연성 가스 저장탱크의 경우 저장탱크 외면으로부터 20m 이내

33 수소 저장설비를 실내에 설치 시 방호벽을 설치하여야 하는 저장능력은?

① $30m^3$ 이상 ② $50m^3$ 이상
③ $60m^3$ 이상 ④ $100m^3$ 이상

34 수소가스 배관의 온도상승방지 조치의 규정으로 옳지 않은 것은?

① 배관에 가스를 공급하는 설비에는 상용온도를 초과한 가스가 배관에 송입되지 않도록 처리할 수 있는 필요한 조치를 한다.
② 배관을 지상에 설치하는 경우 온도의 이상상승을 방지하기 위하여 부식방지도료를 칠한 후 은백색 도료로 재도장하는 등의 조치를 한다. 다만, 지상설치 부분의 길이가 짧은 경우에는 본문에 따른 조치를 하지 않을 수 있다.
③ 배관을 교량 등에 설치할 경우에는 가능하면 교량 하부에 설치하여 직사광선을 피하도록 하는 조치를 한다.
④ 배관에 열팽창 안전밸브를 설치한 경우에는 온도가 40℃ 이하로 유지될 수 있도록 조치를 한다.

해설

열팽창 안전밸브가 설치된 경우 온도상승방지 조치를 하지 않아도 된다.

35 수소가스 배관에 표지판을 설치 시 표지판의 설치간격으로 맞는 것은?

① 지하 배관 500m마다
② 지하 배관 300m마다
③ 지상 배관 500m마다
④ 지상 배관 800m마다

해설

• 지하 설치배관 : 500m마다
• 지상 설치배관 : 1000m마다

36 물을 전기분해하여 수소를 제조 시 1일 1회 이상 가스를 채취하여 분석해야 하는 장소가 아닌 것은?

① 발생장치
② 여과장치
③ 정제장치
④ 수소 저장설비 출구

37 수소가스 설비를 개방하여 수리를 할 경우의 내용 중 맞지 않는 것은?

① 가스치환 조치가 완료된 후에는 개방하는 수소가스 설비의 전후 밸브를 확실히 닫고 개방하는 부분의 밸브 또는 배관의 이음매에 맹판을 설치한다.
② 개방하는 수소가스 설비에 접속하는 배관 출입구에 2중으로 밸브를 설치하고, 2중 밸브 중간에 수소를 회수 또는 방출할 수 있는 회수용 배관을 설치하여 그 회수용 배관 등을 통하여 수소를 회수 또는 방출하여 개방한 부분에 수소의 누출이 없음을 확인한다.
③ 대기압 이하의 수소는 반드시 회수 또는 방출하여야 한다.
④ 개방하는 수소가스 설비의 부분 및 그 전후 부분의 상용압력이 대기압에 가까운 설비(압력계를 설치한 것에 한정한다)는 그 설비에 접속하는 배관의 밸브를 확실히 닫고 해당 부분에 가스의 누출이 없음을 확인한다.

해설

대기압 이하의 수소는 회수 또는 방출할 필요가 없다.

38 수소 배관을 용접 시 용접시공의 진행방법으로 가장 옳은 것은?

① 작업계획을 수립 후 용접시공을 한다.
② 적합한 용접절차서(w.p.s)에 따라 진행한다.
③ 위험성 평가를 한 후 진행한다.
④ 일반적 가스 배관의 용접방향으로 진행한다.

정답 33.③ 34.④ 35.① 36.② 37.③ 38.②

39 수소 설비에 설치한 밸브 콕의 안전한 개폐 조작을 위하여 행하는 조치가 아닌 것은?

① 각 밸브 등에는 그 명칭이나 플로시트(flow sheet)에 의한 기호, 번호 등을 표시하고 그 밸브 등의 핸들 또는 별도로 부착한 표지판에 그 밸브 등의 개폐 방향(조작스위치로 그 밸브 등이 설치된 설비에 안전상 중대한 영향을 미치는 밸브 등에는 그 밸브 등의 개폐상태를 포함한다)이 표시되도록 한다.
② 밸브 등(조작스위치로 개폐하는 것을 제외한다)이 설치된 배관에는 그 밸브 등의 가까운 부분에 쉽게 식별할 수 있는 방법으로 그 배관 내의 가스 및 그 밖에 유체의 종류 및 방향이 표시되도록 한다.
③ 조작하여 그 밸브 등이 설치된 설비에 안전상 중대한 영향을 미치는 밸브 등(압력을 구분하는 경우에는 압력을 구분하는 밸브, 안전밸브의 주밸브, 긴급차단밸브, 긴급방출용 밸브, 제어용 공기 등)에는 개폐상태를 명시하는 표지판을 부착하고 조정밸브 등에는 개도계를 설치한다.
④ 계기판에 설치한 긴급차단밸브, 긴급방출밸브 등의 버튼핸들(button handle), 노칭디바이스핸들(notching device handle) 등(갑자기 작동할 염려가 없는 것을 제외한다)에는 오조작 등 불시의 사고를 방지하기 위해 덮개, 캡 또는 보호장치를 사용하는 등의 조치를 함과 동시에 긴급차단밸브 등의 개폐상태를 표시하는 시그널램프 등을 계기판에 설치한다. 또한 긴급차단밸브의 조작위치가 3곳 이상일 경우 평상시 사용하지 않는 밸브 등에는 "함부로 조작하여서는 안 된다"는 뜻과 그것을 조작할 때의 주의사항을 표시한다.

긴급차단밸브의 조작위치가 2곳 이상일 경우 함부로 조작하여서는 안 된다는 뜻과 주의사항을 표시한다.

참고 안전밸브 또는 방출밸브에 설치된 스톱밸브는 수리 등의 필요한 때를 제외하고는 항상 열어둔다.

40 수소 저장설비의 침하방지 조치에 대한 내용이 아닌 것은?

① 수소 저장설비 중 저장능력이 $50m^3$ 이상인 것은 주기적으로 침하상태를 측정한다.
② 침하상태의 측정주기는 1년 1회 이상으로 한다.
③ 벤치마크는 해당 사업소 앞 50만m^2당 1개소 이상을 설치한다.
④ 측정결과 침하량의 단위는 h/L로 계산한다.

저장능력 $100m^3$ 미만은 침하방지 조치에서 제외된다.

41 정전기 제거설비를 정상으로 유지하기 위하여 확인하여야 할 사항이 아닌 것은 어느 것인가?

① 지상에서의 접지 저항치
② 지상에서의 접속부의 접속상태
③ 지하에서의 접지 저항치
④ 지상에서의 절선 및 손상유무

42 수소 설비에서 이상이 발행하면 그 정도에 따라 하나 이상의 조치를 강구하여 위험을 방지하여야 하는데 다음 중 그 조치사항이 아닌 것은?

① 이상이 발견된 설비에 대한 원인의 규명과 제거
② 예비기로 교체
③ 부하의 상승
④ 이상을 발견한 설비 또는 공정의 운전 정지 후 보수

부하의 저하

정답 39.④ 40.① 41.③ 42.③

43 다음 중 틀린 내용은?

① 수소는 누출 시 공기보다 가벼워 누설 가스는 상부로 향한다.
② 수소 배관을 지하에 설치하는 경우에는 배관을 매몰하기 전에 검사원의 확인 후 공정별 진행을 한다.
③ 배관을 매몰 시 검사원의 확인 전에 설치자가 임의로 공정을 진행한 경우에는 그 검사의 성실도를 판단하여 성실도의 지수가 90 이상일 때는 합격 처리를 할 수 있다.
④ 수소의 저장탱크 설치 전 기초 설치를 필요로 하는 공정의 경우에는 보링조사, 표준관입시험, 베인시험, 토질시험, 평판재하시험, 파일재하시험 등을 하였는지와 그 결과의 적합여부를 문서 등으로 확인한다. 또한 검사신청 시험한 기관의 서명이 된 보고서를 첨부하며 해당 서류를 첨부하지 않은 경우 부적합한 것으로 처리된다.

해설

검사원의 확인 전에 설치자가 임의로 공정을 진행한 경우에는 검사원은 이를 불합격 처리를 한다.

44 수소 설비 배관의 기밀시험압력에 대한 내용 중 틀린 것은?

① 기밀시험압력은 상용압력 이상으로 한다.
② 상용압력이 0.7MPa 초과 시 0.7MPa 미만으로 한다.
③ 기밀시험압력에서 누설이 없는 경우 합격으로 처리할 수 있다.
④ 기밀시험은 공기 등으로 하여야 하나 위험성이 없을 때에는 수소를 사용하여 기밀시험을 할 수 있다.

해설

상용압력이 0.7MPa 초과 시 0.7MPa 이상으로 할 수 있다.

45 수소가스 설비의 배관 용접 시 내압기밀시험에 대한 다음 내용 중 틀린 것은?

① 내압기밀시험은 전기식 다이어프램 압력계로 측정하여야 한다.
② 사업소 경계 밖에 설치되는 배관에 대하여 가스시설 용접 및 비파괴시험 기준에 따라 비파괴시험을 하여야 한다.
③ 사업소 경계 밖에 설치되는 배관의 양 끝부분에는 이음부의 재료와 동등 강도를 가진 엔드캡, 막음플랜지 등을 용접으로 부착하여 비파괴시험을 한 후 내압시험을 한다.
④ 내압시험은 상용압력의 1.5배 이상으로 하고 유지시간은 5분에서 20분간을 표준으로 한다.

해설

내압기밀시험은 자기압력계로 측정한다.

46 수소 배관의 기밀시험 시 기밀시험 유지시간이 맞는 것은? (단, 측정기구는 압력계 또는 자기압력기록계이다.)

① $1m^3$ 미만 20분
② $1m^3$ 이상 $10m^3$ 미만 240분
③ $10m^3$ 이상 50분
④ $10m^3$ 이상 시 1440분을 초과 시에는 초과한 시간으로 한다.

해설

압력 측정기구	용적	기밀시험 유지시간
압력계 또는 자기압력 기록계	$1m^3$ 미만	24분
	$1m^3$ 이상 $10m^3$ 미만	240분
	$10m^3$ 이상	$24\times V$분 (다만, 1440분을 초과한 경우는 1440분으로 할 수 있다.)
$24\times V$는 피시험 부분의 용적(단위 : m^3)이다.		

정답 43.③ 44.② 45.① 46.②

2. 이동형 연료전지(드론용) 제조의 시설 · 기술 · 검사 기준

47 다음 설명에 부합되는 용어는 무엇인가?

> 수소이온을 통과시키는 고분자막을 전해질로 사용하여 수소와 산소의 전기화학적 반응을 통해 전기와 열을 생산하는 설비와 그 부대설비를 말한다.

① 연료전지
② 이온전지
③ 고분자전해질 연료전지(PEMFC)
④ 가상연료전지

48 위험부분으로부터의 접근, 외부 분진의 침투, 물의 침투에 대한 외함의 방진보호 및 방수보호 등급을 표시하는 용어는?

① UP
② Tp
③ IP
④ MP

49 다음 중 연료전지에 사용할 수 있는 재료는?

① 폴리염화비페닐(PCB)
② 석면
③ 카드뮴
④ 동, 동합금 및 스테인리스강

50 배관을 접속하기 위한 연료전지 외함의 접속부 구조에 대한 설명으로 틀린 것은?

① 배관의 구경에 적합하여야 한다.
② 일반인의 접근을 방지하기 위하여 외부에 노출시켜서는 안 된다.
③ 진동, 자충 등의 요인에 영향이 없어야 한다.
④ 내압력, 열하중 등의 응력에 견뎌야 한다.

외부에서 쉽게 확인할 수 있도록 외부에 노출되어 있어야 한다.

51 연료전지의 구조에 대한 맞는 내용을 고른 것은?

> (1) 연료가스가 통하는 부분에 설치된 호스는 그 호스가 체결된 축 방향을 따라 150N의 힘을 가하였을 때 체결이 풀리지 않는 구조로 한다.
> (2) 연료전지의 안전장치가 작동해야 하는 설정값은 원격조작 등을 통하여 변경이 가능하도록 한다.
> (3) 환기팬 등 연료전지의 운전상태에서 사람이 접할 우려가 있는 가동부분은 쉽게 접할 수 없도록 적절한 보호틀이나 보호망 등을 설치한다.
> (4) 정격입력전압 또는 정격주파수를 변환하는 기구를 가진 이중정격의 것은 변환된 전압 및 주파수를 쉽게 식별할 수 있도록 한다. 다만, 자동으로 변환되는 기구를 가지는 것은 그렇지 않다.
> (5) 압력조정기(상용압력 이상의 압력으로 압력이 상승한 경우 자동으로 가스를 방출하는 안전장치를 갖춘 것에 한정한다)에서 방출되는 가스는 방출관 등을 이용하여 외함 외부로 직접 방출하여서는 안 되는 구조로 하여야 한다.
> (6) 연료전지의 배기가스는 방출관 등을 이용하여 외함 외부로 직접 배출되어서는 안 되는 구조로 하여야 한다.

① (2), (4)　　② (3), (4)
③ (4), (5)　　④ (5), (6)

해설

(1) 147.1N
(2) 임의로 변경할 수 없도록 하여야 한다.
(5) 외함 외부로 직접 방출하는 구조로 한다.
(6) 외함 외부로 직접 배출되는 구조로 한다.

52 연료 인입 자동차단밸브의 전단에 설치해야 하는 것은?

① 1차 차단밸브　　② 퓨즈콕
③ 상자콕　　④ 필터

정답 47.③ 48.③ 49.④ 50.② 51.② 52.④

인입밸브 전단에 필터를 설치하며, 필터의 여과재 최대직경은 1.5mm 이하이고 1mm 초과하는 틈이 없어야 한다.

53 연료전지 배관에 대한 다음 설명 중 틀린 것은?

① 중력으로 응축수를 배출하는 경우 응축수 배출배관의 내부 직경은 13mm 이상으로 한다.
② 용기용 밸브의 후단 연료가스 배관에는 인입밸브를 설치한다.
③ 인입밸브 후단에는 그 인입밸브와 독립적으로 작동하는 인입밸브를 병렬로 1개 이상 추가하여 설치한다.
④ 인입밸브는 공인인증기관의 인증품 또는 규정에 따른 성능시험을 만족하는 것을 사용하고, 구동원 상실 시 연료가스의 통로가 자동으로 차단되는 fail safe로 한다.

직렬로 1개 이상 추가 설치한다.

54 연료전지의 전기배선에 대한 아래 (　) 안에 공통으로 들어가는 숫자는?

- 배선은 가동부에 접촉하지 않도록 설치해야 하며, 설치된 상태에서 (　)N의 힘을 가하였을 때에도 가동부에 접촉할 우려가 없는 구조로 한다.
- 배선은 고온부에 접촉하지 않도록 설치해야 하며, 설치된 상태에서 (　)N의 힘을 가하였을 때 고온부에 접촉할 우려가 있는 부분은 피복이 녹는 등의 손상이 발생되지 않도록 충분한 내열성능을 갖는 것으로 한다.
- 배선이 구조물을 관통하는 부분 또는 (　)N의 힘을 가하였을 때 구조물에 접촉할 우려가 있는 부분은 피복이 손상되지 않는 구조로 한다.

① 1　　② 2
③ 3　　④ 5

55 연료전지의 전기배선에 대한 내용 중 틀린 것은?

① 전기접속기에 접속한 것은 5N의 힘을 가하였을 때 접속이 풀리지 않는 구조로 한다.
② 리드선, 단자 등은 숫자, 문자, 기호, 색상 등의 표시를 구분하여 식별 가능한 조치를 한다. 다만, 접속부의 크기, 형태를 달리하는 등 물리적인 방법으로 오접속을 방지할 수 있도록 하고 식별조치를 하여야 한다.
③ 단락, 과전류 등과 같은 이상 상황이 발생한 경우 전류를 효과적으로 차단하기 위해 퓨즈 또는 과전류보호장치 등을 설치한다.
④ 전선이 기능상 부득이하게 외함을 통과하는 경우에는 부싱 등을 통해 적절한 보호조치를 하여 피복 손상, 절연 파괴 등의 우려가 없도록 한다.

물리적인 방법으로 오접속 방지 조치를 할 경우 식별조치를 하지 않을 수 있다.

56 연료전지의 전기배선에 있어 단자대의 충전부와 비충전부 사이 단자대와 단자대가 설치되는 접촉부위에 해야 하는 조치는?

① 외부 케이싱　　② 보호관 설치
③ 절연 조치　　④ 정전기 제거장치 설치

57 연료전지의 외부출력 접속기에 대한 적합하지 않은 내용은?

① 연료전지의 출력에 적합한 것을 사용한다.
② 외부의 위해요소로부터 쉽게 파손되지 않도록 적절한 보호조치를 한다.
③ 100N 이하의 힘으로 분리가 가능하여야 한다.
④ 분리 시 케이블 손상이 방지되는 구조이어야 한다.

150N 이하의 힘으로 분리가 가능하여야 한다.

정답 53.③ 54.② 55.② 56.③ 57.③

58 연료전지의 충전부 구조에 대한 틀린 설명은 어느 것인가?

① 충전부의 보호함이 드라이버, 스패너 등의 공구 또는 보수점검용 열쇠 등을 이용하지 않아도 쉽게 분리되는 경우에는 그 보호함 등을 제거한 상태에서 시험지를 삽입하여 시험지가 충전부에 접촉하지 않는 구조로 한다.
② 충전부의 보호함이 나사 등으로 고정 설치되어 공구 등을 이용해야 분리되는 경우에는 그 보호함이 분리되어 있지 않은 상태에서 시험지를 삽입하여 시험지가 충전부에 접촉하지 않는 구조로 한다.
③ 설치한 상태에서 사람이 쉽게 접촉할 우려가 없는 설치면의 충전부에 시험지가 접촉하여도 된다.
④ 질량이 40kg을 넘는 몸체 밑면의 개구부에서 0.4m 이상 떨어진 충전부에 시험지가 접촉하지 않는 구조로 한다.

해설

충전부에 시험지가 접촉하여도 되는 경우
- 설치한 상태에서 사람이 쉽게 접촉할 우려가 없는 설치면의 충전부
- 질량 40kg을 넘는 몸체 밑면의 개구부에서 0.4m 이상 떨어진 충전부
- 구조상 노출될 수밖에 없는 충전부로서 절연변압기에 접속된 2차측의 전압이 교류인 경우 30V(직류의 경우 45V) 이하인 것
- 대지와 접지되어 있는 외함과 충전부 사이에 1MΩ의 저항을 설치한 후 수전해 설비 내 충전부의 상용주파수에서 그 저항에 흐르는 전류가 1mA 이하인 것

59 다음 중 연료전지의 비상정지제어기능이 작동해야 하는 경우가 아닌 것은?

① 연료가스의 압력 또는 온도가 현저하게 상승하였을 경우
② 연료가스의 누출이 검지된 경우
③ 배터리 전압에 이상이 생겼을 경우
④ 비상제어장치와 긴급차단장치가 연동되어 이상이 발생한 경우

해설

비상제어기능이 작동해야 하는 경우
①, ②, ③ 및
- 제어 전원전압이 현저하게 저하하는 등 제어장치에 이상이 생길 우려가 있는 경우
- 스택에 과전류가 생겼을 경우
- 스택의 발생전압에 이상이 생겼을 경우
- 스택의 온도가 현저하게 상승 시
- 연료전지 안의 온도가 현저하게 상승, 하강 시
- 연료전지 안의 환기장치가 이상 시
- 냉각수 유량이 현저하게 줄어든 경우

60 연료전지의 장치 설치에 대한 내용 중 틀린 것은?

① 과류방지밸브 및 역류방지밸브를 설치하고자 하는 경우에는 용기에 직접 연결하거나 용기에서 스택으로 수소가 공급되는 라인에 직렬로 설치해야 한다.
② 역류방지밸브를 용기에 직렬로 설치할 때에는 충격, 진동 및 우발적 손상에 따른 위험을 최소화하기 위해 용기와 역류방지밸브 사이에는 반드시 차단밸브를 설치하여야 한다.
③ 용기 일체형 연료전지의 경우 용기에 수소를 공급받기 위한 충전라인에는 역류방지 기능이 있는 리셉터클을 설치하여야 한다.
④ 용기 일체형 리셉터클과 용기 사이에 추가로 역류방지밸브를 설치하여야 한다.

해설

용기와 역류방지밸브 사이에 차단밸브를 설치할 필요가 없다.

61 연료전지의 전기배선 시 용기 및 압력 조절의 실패로 상용압력 이상의 압력이 발생할 때 설치해야 하는 장치는?

① 과압안전장치
② 역화방지장치
③ 긴급차단장치
④ 소정장치

해설

참고 과압안전장치의 종류 : 안전밸브 및 릴리프밸브 등

정답 58.④ 59.④ 60.② 61.①

62 연료전지의 연료가스 누출검지장치에 대한 내용 중 틀린 것은?

① 검지 설정값은 연료가스 폭발하한계의 1/4 이하로 한다.
② 검지 설정값의 ±10% 이내의 범위에서 연료가스를 검지하고, 검지가 되었음을 알리는 신호를 30초 이내에 제어장치로 보내는 것으로 한다.
③ 검지소자는 사용 상태에서 불꽃을 발생시키지 않는 것으로 한다. 다만, 검지소자에서 발생된 불꽃이 외부로 확산되는 것을 차단하는 조치(스트레이너 설치 등)를 하는 경우에는 그렇지 않을 수 있다.
④ 연료가스 누출검지장치의 검지부는 연료가스의 특성 및 외함 내부의 구조 등을 고려하여 누출된 연료가스가 체류하기 쉬운 장소에 설치한다.

해설

20초 이내에 제어장치로 보내는 것으로 한다.

63 연료전지의 내압성능에 대하여 ( ) 안에 들어갈 수치로 틀린 것은?

> 연료가스 등 유체의 통로(스택은 제외한다)는 상용압력의 (㉮)배 이상의 수압으로 그 구조상 물로 실시하는 내압시험이 곤란하여 공기·질소·헬륨 등의 기체로 내압시험을 실시하는 경우 1.25배 (㉯)분간 내압시험을 실시하여 팽창·누설 등의 이상이 없어야 한다. 공통압력시험은 스택 상용압력(음극과 양극의 상용압력이 서로 다른 경우 더 높은 압력을 기준으로 한다)의 1.5배 이상의 수압으로 그 구조상 물로 실시하는 것이 곤란하여 공기·질소·헬륨 등의 기체로 실시하는 경우 (㉰)배 음극과 양극의 유체통로를 동시에 (㉱)분간 가압한다. 이 경우, 스택의 음극과 양극에 가압을 위한 압력원은 공통으로 해야 한다.

① ㉮ 1.5 ② ㉯ 20
③ ㉰ 1.5 ④ ㉱ 20

㉰ 1.25배

64 연료전지 부품의 내구성능에 관한 내용 중 틀린 것은?

① 자동차단밸브의 경우, 밸브(인입밸브는 제외한다)를 (2~20)회/분 속도로 250000회 내구성능시험을 실시한 후 성능에 이상이 없어야 한다.
② 자동제어시스템의 경우, 자동제어시스템을 (2~20)회/분 속도로 250000회 내구성능시험을 실시한 후 성능에 이상이 없어야 하며, 규정에 따른 안전장치 성능을 만족해야 한다.
③ 이상압력차단장치의 경우, 압력차단장치를 (2~20)회/분 속도로 5000회 내구성능시험을 실시한 후 성능에 이상이 없어야 하며, 압력차만 설정값의 ±10% 이내에서 안전하게 차단해야 한다.
④ 과열방지안전장치의 경우, 과열방지안전장치를 (2~20)회/분 속도로 5000회 내구성능시험을 실시한 후 성능에 이상이 없어야 하며, 과열차단 설정값의 ±5% 이내에서 안전하게 차단해야 한다.

해설

③ 이상압력차단장치 설정값의 ±5% 이내에서 안전하게 차단하여야 한다.

65 드론형 이동연료전지의 정격운전조건에서 60분 동안 5초 이하의 간격으로 측정한 배기가스 중 수소의 평균농도는 몇 ppm 이하가 되어야 하는가?

① 100
② 1000
③ 10000
④ 100000

해설

참고 이동형 연료전지(지게차용)의 정격운전조건에서 60분 동안 5초 이하의 간격으로 배기가스 중 H_2, CO, 메탄올의 평균농도가 초과하면 안 되는 배기가스 방출 제한 농도값

- H_2 : 5000ppm
- CO : 200ppm
- 메탄올 : 200ppm

정답 62.② 63.③ 64.③ 65.③

66 수소연료전지의 각 성능에 대한 내용 중 틀린 것은?

① 내가스 성능 : 수소가 통하는 배관의 패킹류 및 금속 이외의 기밀유지부는 5℃ 이상 25℃ 이하의 수소를 해당 부품에 인가되는 압력으로 72시간 인가 후 24시간 동안 대기 중에 방치하여 무게변화율이 20% 이내이고 사용상 지장이 있는 열화 등이 없어야 한다.
② 내식 성능 : 외함, 습도가 높은 환경에서 사용되는 것, 연료가스, 배기가스, 물 등의 유체가 통하는 부분의 금속재료는 규정에 따른 내식성능시험을 실시하여 이상이 없어야 하며, 합성수지 부분은 80℃±3℃의 공기 중에 1시간 방치한 후 자연냉각 시켰을 때 부풀음, 균열, 갈라짐 등의 이상이 없어야 한다.
③ 연료소비량 성능 : 연료전지는 규정에 따른 정격출력 연료소비량 성능시험으로 측정한 연료소비량이 표시 연료소비량의 ±5% 이내인 것으로 한다.
④ 온도상승 성능 : 연료전지의 출력 상태에서 30분 동안 측정한 각 항목별 허용최고온도에 적합한 것으로 한다.

해설

온도상승 성능 : 1시간 동안 측정한 각 항목별 최고온도에 적합한 것으로 한다.

참고 그 밖에

(1) 용기고정 성능
용기의 무게(완충 시 연료가스 무게를 포함한다)와 동일한 힘을 용기의 수직방향 중심높이에서 전후좌우의 4방향으로 가하였을 때 용기의 이탈 및 고정장치의 파손 등이 없는 것으로 한다.

(2) 환기 성능
① 환기유량은 연료전지의 외함 내에 체류 가능성이 있는 수소의 농도가 1% 미만으로 유지될 수 있도록 충분한 것으로 한다.
② 연료전지의 외함 내부로 유입되거나 외함 외부로 배출되는 공기의 유량은 제조사가 제시한 환기유량 이상이어야 한다.

(3) 전기출력 성능
연료전지의 정격출력 상태에서 1시간 동안 측정한 전기출력의 평균값이 표시정격출력의 ±5% 이내인 것으로 한다.

(4) 발전효율 성능
연료전지는 규정에 따른 발전효율시험으로 측정한 발전효율이 제조자가 표시한 값 이상인 것으로 한다.

(5) 낙하 내구성능
시험용 판재로부터 수직방향 1.2m 높이에서 4방향으로 떨어뜨린 후 제품성능을 만족하는 것으로 한다.

67 연료전지의 절연저항 성능에서 500V의 절연저항계 사이의 절연저항은 얼마인가?

① 1MΩ ② 2MΩ
③ 3MΩ ④ 4MΩ

68 수소연료전지의 절연거리시험에서 공간거리 측정의 오염등급 기준 중 1등급에 해당되는 것은?

① 주요 환경조건이 비전도성 오염이 없는 마른 곳 오염이 누적되지 않는 곳
② 주요 환경조건이 비전도성 오염이 일시적으로 누적될 수도 있는 곳
③ 주요 환경조건이 오염이 누적되고 습기가 있는 곳
④ 주요 환경조건이 먼지, 비, 눈 등에 노출되어 오염이 누적되는 곳

해설

①: 오염등급 1
②: 오염등급 2
③: 오염등급 3
④: 오염등급 4

69 연료전지의 접지 연속성 시험에서 무부하 전압이 12V 이하인 교류 또는 직류 전원을 사용하여 접지단자 또는 접지극과 사람이 닿을 수 있는 금속부와의 사이에 기기의 정격전류의 1.5배와 같은 전류 또는 25A의 전류 중 큰 쪽의 전류를 인가한 후 전류와 전압 강하로부터 산출한 저항값은 얼마 이하가 되어야 하는가?

① 0.1Ω ② 0.2Ω
③ 0.3Ω ④ 0.4Ω

정답 66.④ 67.① 68.① 69.①

70 연료전지의 시험연료의 성분부피 특성에서 온도와 압력의 조건은?

① 5℃, 101.3kPa
② 10℃, 101.3kPa
③ 15℃, 101.3kPa
④ 20℃, 101.3kPa

71 연료전지의 시험환경에서 측정불확도의 대기압에서 오차범위가 맞는 것은?

① ±100Pa
② ±200Pa
③ ±300Pa
④ ±500Pa

해설

측정 불확도(오차)의 범위
- 대기압 : ±500Pa
- 가스 압력 : ±2% full scale
- 물 배관의 압력손실 : ±5%
- 물 양 : ±1%
- 가스 양 : ±1%
- 공기량 : ±2%

72 연료전지의 시험연료 기준에서 각 가스 성분 부피가 맞는 것은?

① H_2 : 99.9% 이상
② CH_4 : 99% 이상
③ C_3H_8 : 99% 이상
④ C_4H_{10} : 98.9% 이상

시험연료 성분 부피 및 특성

구분	성분 부피(%)						특성		
	수소 (H_2)	메탄 (CH_4)	프로판 (C_3H_{10})	부탄 (C_4H_{10})	질소 (N_2)	공기 (O_2 21% N_2 79%)	총발열량 MJ/m^3N	진발열량 MJ/m^3N	비중 (공기=1)
시험연료	99.9	–	–	–	0.1	–	12.75	10.77	0.070

73 다음은 연료전지의 인입밸브 성능시험에 대한 내용이다. 밸브를 잠근 상태에서 밸브 위 입구측에 공기, 질소 등의 불활성 기체를 이용하여 상용압력이 0.9MPa일 때는 몇 MPa로 가압하여 성능시험을 하여야 하는가?

① 0.7 ② 0.8
③ 0.9 ④ 1

해설

- 밸브를 잠근 상태에서 밸브의 입구측에 공기 또는 질소 등의 불활성 기체를 이용하여 상용압력 이상의 압력(0.7MPa을 초과하는 경우 0.7MPa 이상으로 한다)으로 2분간 가압하였을 때 밸브의 출구측으로 누출이 없어야 한다.
- 밸브는 (2~20)회/분 속도로 개폐를 250000회 반복하여 실시한 후 규정에 따른 기밀성능을 만족해야 한다.

74 연료전지의 인입배분 성능시험에서 밸브 호칭경에 대한 차단시간이 맞는 것은?

① 50A 미만 1초 이내
② 100A 미만 2초 이내
③ 100A 이상 200A 미만 3초 이내
④ 200A 이상 3초 이내

밸브의 차단시간

밸브의 호칭 지름	차단시간
100A 미만	1초 이내
100A 이상 200A 미만	3초 이내
200A 이상	5초 이내

75 연료전지를 안전하게 사용할 수 있도록 극성이 다른 충전부 사이나 충전부와 사람이 접촉할 수 있는 비충전 금속부 사이 가스 안전수칙 표시를 할 때 침투전압 기준과 표시 문구가 맞는 것은?

① 200V 초과, 위험 표시
② 300V 초과, 주의 표시
③ 500V 초과, 위험 표시
④ 600V 초과, 주의 표시

정답 70.③ 71.④ 72.① 73.① 74.③ 75.④

76 연료전지를 안전하게 사용하기 위해 배관 표시 및 시공 표지판을 부착 시 맞는 내용은?

① 배관 연결부 주위에 가스 위험 등의 표시를 한다.
② 연료전지의 눈에 띄기 쉬운 곳에 안전관리자의 전화번호를 게시한다.
③ 연료전지의 눈에 띄기 쉬운 곳에 제조자의 상호가 표시된 시공 표지판을 부착한다.
④ 연료전지의 눈에 띄기 쉬운 곳에 제조자의 상호 소재지 제조일을 기록한 시공 표지판을 부착한다.

참고 배관 연결부 주위에 가스, 전기 등을 표시

3. 수전해 설비 제조의 시설 · 기술 · 검사 기준

77 다음 중 수전해 설비에 속하지 않는 것은?

① 산성 및 염기성 수용액을 이용하는 수전해 설비
② AEM(음이온교환막) 전해질을 이용하는 수전해 설비
③ PEM(양이온교환막) 전해질을 이용하는 수전해 설비
④ 산성과 염기성을 중화한 수용액을 이용하는 수전해 설비

78 수전해 설비의 기하학적 범위가 맞는 것은?

① 급수밸브로부터 스택, 전력변환장치, 기액분리기, 열교환기, 수분제거장치, 산소제거장치 등을 통해 토출되는 수소, 수소배관의 첫 번째 연결부위까지
② 수전해 설비가 하나의 외함으로 둘러싸인 구조의 경우에는 외함 외부에 노출되지 않는 각 장치의 접속부까지
③ 급수밸브에서 수전해 설비의 외함까지
④ 연료전지의 차단밸브에서 수전해 설비의 외함까지

참고 ② 수전해 설비가 외함으로 둘러싸인 구조의 경우 외함 외부에 노출되는 장치 접속부까지가 기하학적 범위에 해당한다.

79 수전해 설비의 비상정지등이 발생하여 수전해 설비를 안전하게 정지하고 이후 수동으로만 운전을 복귀시킬 수 있게 하는 용어의 설명은?

① IP 등급
② 로크아웃(lockout)
③ 비상운전복귀
④ 공정운전 재가 등

80 수전해 설비의 외함에 대하여 틀린 설명은 어느 것인가?

① 유지보수를 위해 사람이 외함 내부로 들어갈 수 있는 구조를 가진 수전해 설비의 환기구 면적은 $0.05m^2/m^3$ 이상으로 한다.
② 외함에 설치된 패널, 커버, 출입문 등은 외부에서 열쇠 또는 전용공구 등을 통해 개방할 수 있는 구조로 하고, 개폐상태를 유지할 수 있는 구조를 갖추어야 한다.
③ 작업자가 통과할 정도로 큰 외함의 점검구, 출입문 등은 바깥쪽으로 열리는 구조여야 하며, 열쇠 또는 전용공구 없이 안에서 쉽게 개방할 수 있는 구조여야 한다.
④ 수전해 설비가 수산화칼륨(KOH) 등 유해한 액체를 포함하는 경우, 수전해 설비의 외함은 유해한 액체가 외부로 누출되지 않도록 안전한 격납수단을 갖추어야 한다.

환기구의 면적은 $0.003m^2/m^3$ 이상으로 한다.

정답 76.④ 77.④ 78.① 79.② 80.①

81 수전해 설비의 재료에 관한 내용 중 틀린 것은 어느 것인가?

① 수용액, 산소, 수소가 통하는 배관은 금속재료를 사용해야 하며, 기밀을 유지하기 위한 패킹류 시일(seal)재 등에도 가능한 금속으로 기밀을 유지한다.
② 외함 및 습도가 높은 환경에서 사용되는 금속은 스테인리스강 등 내식성이 있는 재료를 사용해야 하며, 탄소강을 사용하는 경우에는 부식에 강한 코팅을 한다.
③ 고무 또는 플라스틱의 비금속성 재료는 단기간에 열화되지 않도록 사용조건에 적합한 것으로 한다.
④ 전기절연물 단열재는 그 부근의 온도에 견디고 흡습성이 적은 것으로 하며, 도전재료는 동, 동합금, 스테인리스강 등으로 안전성을 기하여야 한다.

기밀유지를 위한 패킹류에는 금속재료를 사용하지 않아도 된다.

82 수전해 설비의 비상정지제어기능이 작동해야 하는 경우가 맞는 것은?

① 외함 내 수소의 농도가 2% 초과할 때
② 발생 수소 중 산소의 농도가 2%를 초과할 때
③ 발생 산소 중 수소의 농도가 2%를 초과할 때
④ 외함 내 수소의 농도가 3%를 초과할 때

해설

비상정지제어기능 작동 농도
- 외함 내 수소의 농도 1% 초과 시
- 발생 수소 중 산소의 농도 3% 초과 시
- 발생 산소 중 수소의 농도 2% 초과 시

83 수전해 설비의 수소 정제장치에 필요 없는 설비는?

① 긴급차단장치
② 산소제거 설비
③ 수분제거 설비
④ 각 설비에 모니터링 장치

84 수전해 설비의 열관리장치에서 독성의 유체가 통하는 열교환기는 파손으로 인해 상수원 및 상수도에 영향을 미칠 위험이 있는 경우 이중벽으로 하고 이중벽 사이는 공극으로서 대기 중으로 개방된 구조로 하여야 한다. 독성의 유체 압력이 냉각 유체의 압력보다 몇 kPa 낮은 경우 모니터를 통하여 그 압력 차이가 항상 유지되는 구조인 경우 이중벽으로 하지 않아도 되는가?

① 30kPa
② 50kPa
③ 60kPa
④ 70kPa

85 수전해 설비의 정격운전 2시간 동안 측정된 최고허용온도가 틀린 항목은?

① 조작 시 손이 닿는 금속제, 도자기, 유리제 50℃ 이하
② 가연성 가스 차단밸브 본체의 가연성 가스가 통하는 부분의 외표면 85℃ 이하
③ 기기 후면, 측면 80℃
④ 배기통 급기구와 배기통 벽 관통부 목벽의 표면 100℃ 이하

기기 후면, 측면 100℃ 이하

4. 수소 추출설비 제조의 시설·기술·검사 기준

86 수소 추출설비의 연료가 사용되는 항목이 아닌 것은?

① 「도시가스사업법」에 따른 "도시가스"
② 「액화석유가스의 안전관리 및 사업법」(이하 "액법"이라 한다)에 따른 "액화석유가스"
③ "탄화수소" 및 메탄올, 에탄올 등 "알코올류"
④ SNG에 사용되는 탄화수소류

정답 81.① 82.③ 83.① 84.④ 85.③ 86.④

87 수소 추출설비의 기하학적 범위에 대한 내용이다. ( ) 안에 공통으로 들어갈 적당한 단어는?

> 연료공급설비, 개질기, 버너, ( )장치 등 수소 추출에 필요한 설비 및 부대설비와 이를 연결하는 배관으로 인입밸브 전단에 설치된 필터부터 ( )장치 후단의 정제수소 수송배관의 첫 번째 연결부까지이며 이에 해당하는 수소 추출설비가 하나의 외함으로 둘러싸인 구조의 경우에는 외함 외부에 노출되는 각 장치의 접속부까지를 말한다.

① 수소여과 ② 산소정제
③ 수소정제 ④ 산소여과

88 수소 추출설비에 대한 내용으로 틀린 것은?

① "연료가스"란 수소가 주성분인 가스를 생산하기 위한 연료 또는 버너 내 점화 및 연소를 위한 에너지원으로 사용되기 위해 수소 추출설비로 공급되는 가스를 말한다.
② "개질가스"란 연료가스를 수증기 개질, 자열 개질, 부분 산화 등 개질반응을 통해 생성된 것으로서 수소가 주성분인 가스를 말한다.
③ 안전차단시간이란 화염이 있다는 신호가 오지 않는 상태에서 연소안전제어기가 가스의 공급을 허용하는 최소의 시간을 말한다.
④ 화염감시장치란 연소안전제어기와 화염감시기로 구성된 장치를 말한다.

해설

안전차단시간 : 공급을 허용하는 최대의 시간

89 수소 추출설비에서 개질가스가 통하는 배관의 재료로 부적당한 것은?

① 석면으로 된 재료
② 금속 재료
③ 내식성이 강한 재료
④ 코팅된 재료

90 수소 추출설비에서 개질기와 수소 정제장치 사이에 설치하면 안 되는 동력 기계 및 설비는 무엇인가?

① 배관
② 차단밸브
③ 배관연결 부속품
④ 압축기

91 수소 추출설비에서 연료가스 배관에는 독립적으로 작동하는 연료인입 자동차단밸브를 직렬로 몇 개 이상을 설치하여야 하는가?

① 1개 ② 2개
③ 3개 ④ 4개

92 수소 추출설비에서 인입밸브의 구동원이 상실되었을 때 연료가스 통로가 자동으로 차단되는 구조를 뜻하는 용어는?

① Back fire ② Liffting
③ Fail-safe ④ Yellow tip

93 다음 보기 내용에 대한 답으로 옳은 것으로만 묶여진 것은? (단, (1), (2), (3)의 순서대로 나열된 것으로 한다.)

> (1) 연료가스 인입밸브 전단에 설치하여야 하는 것
> (2) 중력으로 응축수를 배출 시 배출 배관의 내부직경
> (3) 독성의 연료가스가 통하는 배관에 조치하는 사항

① 필터, 15mm, 방출장치 설치
② 필터, 13mm, 회수장치 설치
③ 필터, 11mm, 이중관 설치
④ 필터, 9mm, 회수장치 설치

해설

연료가스 전단에 필터를 설치하며, 필터의 여과재 최대직경은 1.5mm 이하이고, 1mm를 초과하는 틈이 없어야 한다. 또한 메탄올 등 독성의 연료가스가 통하는 배관은 이중관 구조로 하고 회수장치를 설치하여야 한다.

정답 87.③ 88.③ 89.① 90.④ 91.② 92.③ 93.②

94 수소 추출설비에서 방전불꽃을 이용하는 점화장치의 구조로서 부적합한 것은?

① 전극부는 상시 황염이 접촉되는 위치에 있는 것으로 한다.
② 전극의 간격이 사용 상태에서 변화되지 않도록 고정되어 있는 것으로 한다.
③ 고압배선의 충전부와 비충전 금속부와의 사이는 전극간격 이상의 충분한 공간 거리를 유지하고 점화동작 시에 누전을 방지하도록 적절한 전기절연 조치를 한다.
④ 방전불꽃이 닿을 우려가 있는 부분에 사용하는 전기절연물은 방전불꽃으로 인한 유해한 변형 및 절연저하 등의 변질이 없는 것으로 하며, 그 밖에 사용 시 손이 닿을 우려가 있는 고압배선에는 적절한 전기절연피복을 한다.

해설
전극부는 상시 황염이 접촉되지 않는 위치에 있는 것으로 한다.

참고 점화히터를 이용하는 점화의 경우에는 다음에 적합한 구조로 한다.
- 점화히터는 설치위치가 쉽게 움직이지 않는 것으로 한다.
- 점화히터의 소모품은 쉽게 교환할 수 있는 것으로 한다.

95 수소 추출설비에서 촉매버너의 구조에 대한 내용으로 맞지 않는 것은?

① 촉매연료 산화반응을 일으킬 수 있도록 의도적으로 인화성 또는 폭발성 가스가 생성되도록 하는 수소 추출설비의 경우 구성요소 내에서 인화성 또는 폭발성 가스의 과도한 축적위험을 방지해야 한다.
② 공기과잉 시스템인 경우 연료 및 공기의 공급은 반응 시작 전에 공기가 있음을 확인하고 공기 공급을 준비하며, 반응장치에 연료가 들어갈 수 있도록 조절되어야 한다.
③ 연료과잉 시스템인 경우 연료 및 공기의 공급은 반응 시작 전에 연료가 있음을 확인하고 연료 공급이 준비될 때까지 반응장치에 공기가 들어가지 않도록 조절되어야 한다.
④ 제조자는 제품 기술문서에 반응이 시작되는 최대대기시간을 명시해야 한다. 이 경우 최대대기시간은 시스템 제어장치의 반응시간, 연료-공기 혼합물의 인화성 등을 고려하여 결정되어야 한다.

해설
공기 공급이 준비될 때까지 반응장치에 연료가 들어가지 않도록 조절되어야 한다.

96 다음 중 개질가스가 통하는 배관의 접지기준에 대한 설명으로 틀린 것은?

① 직선배관은 100m 이내의 간격으로 접지를 한다.
② 서로 교차하지 않는 배관 사이의 거리가 100m 미만인 경우, 배관 사이에서 발생될 수 있는 스파크 점프를 방지하기 위해 20m 이내의 간격으로 점퍼를 설치한다.
③ 서로 교차하는 배관 사이의 거리가 100m 미만인 경우, 배관이 교차하는 곳에는 점퍼를 설치한다.
④ 금속 볼트 또는 클램프로 고정된 금속 플랜지에는 추가적인 정전기 와이어가 장착되지 않지만 최소한 4개의 볼트 또는 클램프들마다에는 양호한 전도성 접촉점이 있도록 해야 한다.

해설
직선배관은 80m 이내의 간격으로 접지를 한다.

97 수소 추출설비의 급배기통 접속부의 구조가 아닌 것은?

① 리브 타입
② 플랜지이음 방식
③ 리벳이음 방식
④ 나사이음 방식

정답 94.① 95.② 96.① 97.③

98 다음 중 수소 정제장치의 접지기준에 대한 설명으로 틀린 것은?

① 수소 정제장치의 입구 및 출구 단에는 각각 접지부가 있어야 한다.
② 직경이 2.5m 이상이고 부피가 $50m^3$ 이상인 수소 정제장치에는 두 개 이상의 접지부가 있어야 한다.
③ 접지부의 간격은 50m 이내로 하여야 한다.
④ 접지부의 간격은 장치의 둘레에 따라 균등하게 분포되어야 한다.

해설

접지부의 간격은 30m 이내로 하여야 한다.

99 수소 추출설비의 유체이동 관련 기기 구조와 관련이 없는 것은?

① 회전자의 위치에 따라 시동되는 것으로 한다.
② 정상적인 운전이 지속될 수 있는 것으로 한다.
③ 전원에 이상이 있는 경우에도 안전에 지장 없는 것으로 한다.
④ 통상의 사용환경에서 전동기의 회전자는 지장을 받지 않는 구조로 한다.

해설

① 회전자의 위치에 관계없이 시동이 되는 것으로 한다.

100 수소 추출설비의 가스홀더, 압축기, 펌프 및 배관 등 압력을 받는 부분에는 그 압력부 내의 압력이 상용압력을 초과할 우려가 있는 장소에 안전밸브, 릴리프밸브 등의 과압안전장치를 설치하여야 한다. 다음 중 설치하는 곳으로 틀린 것은?

① 내·외부 요인으로 압력상승이 설계압력을 초과할 우려가 있는 압력용기 등
② 압축기(다단압축기의 경우에는 각 단을 포함한다) 또는 펌프의 출구측
③ 배관 안의 액체가 1개 이상의 밸브로 차단되어 외부열원으로 인한 액체의 열팽창으로 파열이 우려되는 배관
④ 그 밖에 압력조절 실패, 이상반응, 밸브의 막힘 등으로 인해 상용압력을 초과할 우려가 있는 압력부

해설

③ 배관 안의 액체가 2개 이상의 밸브로 차단되어 외부열원으로 인한 액체의 열팽창으로 파열이 우려되는 배관

101 수소 추출설비 급배기통의 리브 타입의 접속부 길이는 몇 mm 이상인가?

① 10mm ② 20mm
③ 30mm ④ 40mm

102 수소 추출설비의 비상정지제어 기능이 작동하여야 하는 경우에 해당되지 않는 것은?

① 제어 전원전압이 현저하게 저하하는 등 제어장치에 이상이 생겼을 경우
② 수소 추출설비 안의 온도가 현저하게 상승하였을 경우
③ 수소 추출설비 안의 환기장치에 이상이 생겼을 경우
④ 배열회수계통 출구부 온수의 온도가 50℃를 초과하는 경우

해설

④ 배열회수계통 출구부 온수의 온도가 100℃를 초과하는 경우

상기항목 이외에

- 연료가스 및 개질가스의 압력 또는 온도가 현저하게 상승하였을 경우
- 연료가스 및 개질가스의 누출이 검지된 경우
- 버너(개질기 및 그 외의 버너를 포함한다)의 불이 꺼졌을 경우

참고 비상정지 후에는 로크아웃 상태로 전환되어야 하며, 수동으로 로크아웃을 해제하는 경우에만 정상운전하는 구조로 한다.

103 수소 추출설비, 수소 정제장치에서 흡착, 탈착 공정이 수행되는 배관에 산소농도 측정설비를 설치하는 이유는 무엇인가?

① 수소의 순도를 높이기 위하여
② 산소 흡입 시 가연성 혼합물과 폭발성 혼합물의 생성을 방지하기 위하여
③ 수소가스의 폭발범위 형성을 하지 않기 위하여
④ 수소, 산소의 원활한 제조를 위하여

정답 98.③ 99.① 100.③ 101.④ 102.④ 103.②

104 압력 또는 온도의 변화를 이용하여 개질가스를 정제하는 방식의 경우 장치가 정상적으로 작동되는지 확인할 수 있도록 갖추어야 하는 모니터링 장치의 설치위치는?

① 수소 정제장치 및 장치의 연결배관
② 수소 정제장치에 설치된 차단배관
③ 수소 정제장치에 연결된 가스검지기
④ 수소 정제장치와 연료전지

해설

참고 모니터링 장치의 설치 이유 : 흡착, 탈착 공정의 압력과 온도를 측정하기 위해

105 수소 정제장치는 시스템의 안전한 작동을 보장하기 위해 장치를 안전하게 정지시킬 수 있도록 제어되는 것으로 하여야 한다. 다음 중 정지 제어해야 하는 경우가 아닌 것은?

① 공급가스의 압력, 온도, 조성 또는 유량이 경보 기준수치를 초과한 경우
② 프로세스 제어밸브가 작동 중에 장애를 일으키는 경우
③ 수소 정제장치에 전원공급이 차단된 경우
④ 흡착 및 탈착 공정이 수행되는 배관의 수소 함유량이 허용한계를 초과하는 경우

해설

④ 흡착 및 탈착 공정이 수행되는 배관의 산소 함유량이 허용한계를 초과하는 경우
그 이외에 버퍼탱크의 압력이 허용 최대설정치를 초과하는 경우

106 수소 추출설비의 내압성능에 관한 내용이 아닌 것은?

① 상용압력 1.5배 이상의 수압으로 한다.
② 공기, 질소, 헬륨인 경우 상용압력 1.25배 이상으로 한다.
③ 시험시간은 30분으로 한다.
④ 안전인증을 받은 압력용기는 내압시험을 하지 않아도 된다.

해설

시험시간은 20분으로 한다.

107 수소 추출설비의 각 성능에 대한 내용 중 틀린 것은?

① 충전부와 외면 사이 절연저항은 1MΩ 이상으로 한다.
② 내가스 성능에서 탄화수소계 연료가스가 통하는 배관의 패킹류 및 금속 이외의 기밀유지부는 5℃ 이상 25℃ 이하의 n-펜탄 속에 72시간 이상 담근 후, 24시간 동안 대기 중에 방치하여 무게 변화율이 20% 이내이고 사용상 지장이 있는 연화 및 취화 등이 없어야 한다.
③ 수소가 통하는 배관의 패킹류 및 금속 이외의 기밀유지부는 5℃ 이상 25℃ 이하의 수소가스를 해당 부품에 작용되는 상용압력으로 72시간 인가 후, 24시간 동안 대기 중에 방치하여 무게 변화율이 20% 이내이고 사용상 지장이 있는 연화 및 취화 등이 없어야 한다.
④ 투과성 시험에서 탄화수소계 비금속 배관은 35±0.5℃ 온도에서 0.9m 길이의 비금속 배관 안에 순도 95% C_3H_8가스를 담은 상태에서 24시간 동안 유지하고 이후 6시간 동안 측정한 가스 투과량은 3mL/h 이하이어야 한다.

해설

순도 98% C_3H_8가스

108 다음 중 수소 추출설비의 내식 성능을 위한 염수분무를 실시하는 부분이 아닌 것은 어느 것인가?

① 연료가스, 개질가스가 통하는 부분
② 배기가스, 물, 유체가 통하는 부분
③ 외함
④ 습도가 낮은 환경에서 사용되는 금속

해설

습도가 높은 환경에서 사용되는 금속 부분에 염수분무를 실시한다.

정답 104.① 105.④ 106.③ 107.④ 108.④

109 옥외용 및 강제배기식 수소 추출설비의 살수성능 시험방법으로 살수 시 항목별 점화성능 기준에 해당하지 않는 것은?

① 점화　　② 불꽃모양
③ 불옮김　　④ 연소상태

110 다음은 수소 추출설비에서 촉매버너를 제외한 버너의 운전성능에 대한 내용이다. (　) 안에 맞는 수치로만 나열된 것은?

> 버너가 점화되기 전에는 항상 연소실이 프리퍼지되는 것으로 해야 하는데 송풍기 정격효율에서의 송풍속도로 프리퍼지하는 경우 프리퍼지 시간은 (　)초 이상으로 한다. 다만, 연소실을 (　)회 이상 치환할 수 있는 공기를 송풍하는 경우에는 프리퍼지 시간을 30초 이상으로 하지 않을 수 있다. 또한 프리퍼지가 완료되지 않는 경우 점화장치가 작동되지 않는 것으로 한다.

① 10, 5　　② 20, 5
③ 30, 5　　④ 40, 5

111 수소 추출설비에서 촉매버너를 제외한 버너의 운전성능에 대한 다음 내용 중 (　) 안에 들어갈 수치가 틀린 것은?

> 점화는 프리퍼지 직후 자동으로 되는 것으로 하며, 정격주파수에서 정격전압의 (㉮)% 전압으로 (㉯)회 중 3회 모두 점화되는 것으로 한다. 다만, 3회 중 (㉰)회가 점화되지 않는 경우에는 추가로 (㉱)회를 실시하여 모두 점화되는 것으로 한다. 또한 점화로 폭발이 되지 않는 것으로 한다.

① ㉮ 90　　② ㉯ 3
③ ㉰ 1　　④ ㉱ 3

해설
3회 중 1회가 점화되지 않는 경우에는 추가로 2회를 실시하여 모두 점화되어야 하므로 총 5회 중 4회 점화

112 수소 추출설비 버너의 운전성능에서 가스공급을 개시할 때 안전밸브가 3가지 조건을 모두 만족 시 작동되어야 한다. 3가지 조건에 들지 않는 것은?

① 규정에 따른 프리퍼지가 완료되고 공기압력감시장치로부터 송풍기가 작동되고 있다는 신호가 올 것
② 가스압력장치로부터 가스압력이 적정하다는 신호가 올 것
③ 점화장치는 안전을 위하여 꺼져 있을 것
④ 파일럿 화염으로 버너가 점화되는 경우에는 파일럿 화염이 있다는 신호가 올 것

점화장치는 켜져 있을 것

113 수소 추출설비의 화염감시장치에서 표시가스 소비량이 몇 kW 초과하는 버너는 시동 시 안전차단시간 내에 화염이 검지되지 않을 때 버너가 자동폐쇄 되어야 하는가?

① 10kW
② 20kW
③ 30kW
④ 50kW

114 수소 추출설비의 화염감시에서 불꺼짐 시 안전장치 작동의 주역할은 무엇인가?

① 생가스 누출 방지
② 누출 시 검지장치 작동
③ 누출 시 퓨즈콕 폐쇄
④ 누출 시 착화 방지

115 수소 추출설비의 화염감시에서 불꺼짐 시 안전장치가 작동되어야 하는 화염의 형태는 어느 것인가?

① 리프팅
② 백파이어
③ 옐로팁
④ 블루오프

정답 109.② 110.③ 111.④ 112.③ 113.④ 114.① 115.④

116 수소 추출설비 운전 중 이상사태 시 버너의 안전장치가 작동하여 가스의 공급이 차단되어야 하는 경우가 아닌 것은?

① 제어에너지가 단절된 경우 또는 조절장치나 감시장치로부터 신호가 온 경우
② 가스압력감시장치로부터 버너에 대한 가스의 공급압력이 소정의 압력 이하로 강하하였다고 신호가 온 경우
③ 가스압력감시장치로부터 버너에 대한 가스의 공급압력이 소정의 압력 이상으로 상승하였다고 신호가 온 경우. 다만, 공급가스압력이 8.4kPa 이하인 경우에는 즉시 화염감시장치로 안전차단밸브에 차단신호를 보내 가스의 공급이 차단되도록 하지 않을 수 있다.
④ 공기압력감시장치로부터 연소용 공기압력이 소정의 압력 이하로 강하하였다고 신호가 온 경우 또는 송풍기의 작동상태에 이상이 있다고 신호가 온 경우

해설

③ 공급압력이 3.3kPa 이하인 경우에는 즉시 화염감시장치로 안전차단밸브에 차단신호를 보내 가스의 공급이 차단되도록 하지 않을 수 있다.

117 수소 추출설비의 버너 이상 시 안전한 작동정지의 주기능은 무엇인가?

① 역화소화음 방지
② 선화 방지
③ 블루오프 소음음 방지
④ 옐로팁 소음음 방지

해설

안전한 작동정지(역화 및 소화음 방지) : 정상운전상태에서 버너의 운전을 정지시키고자 하는 경우 최대연료소비량이 350kW를 초과하는 버너는 최대가스소비량의 50% 미만에서 이루어지는 것으로 한다.

118 수소 추출설비의 누설전류시험 시 누설전류는 몇 mA이어야 하는가?

① 1mA ② 2mA
③ 3mA ④ 5mA

119 수소 추출설비의 촉매버너 성능에서 반응실패로 잠긴 시간은 정격가스소비량으로 가동 중 반응실패를 모의하기 위해 반응기 온도를 모니터링하는 온도센서를 분리한 시점부터 공기과잉 시스템의 경우 연료 차단시점, 연료과잉 시스템의 경우 공기 및 연료 공급 차단시점까지 몇 초 초과하지 않아야 하는가?

① 1초
② 2초
③ 3초
④ 4초

120 수소 추출설비의 연소상태 성능에 대한 내용 중 틀린 것은?

① 배기가스 중 CO 농도는 정격운전 상태에서 30분 동안 5초 이하의 간격으로 측정된 이론건조연소가스 중 CO 농도(이하 "CO%"라 한다)의 평균값은 0.03% 이하로 한다.
② 이론건조연소가스 중 NO_x의 제한농도 1등급은 70(mg/kWh)이다.
③ 이론건조연소가스 중 NO_x의 제한농도 2등급은 100(mg/kWh)이다.
④ 이론건조연소가스 중 NO_x의 제한농도 3등급은 200(mg/kWh)이다.

해설

등급별 제한 NO_x 농도

등급	제한 NO_x 농도(mg/kWh)
1	70
2	100
3	150
4	200
5	260

121 수소 추출설비의 공기감시장치 성능에서 급기구, 배기구 막힘 시 배기가스 중 CO 농도의 평균값은 몇 % 이하인가?

① 0.05% ② 0.06%
③ 0.08% ④ 0.1%

정답 116.③ 117.① 118.④ 119.③ 120.④ 121.②

122 다음 보기 중 수소 추출설비의 부품 내구성능에서의 시험횟수가 틀린 것은?

(1) 자동차단밸브 : 250000회
(2) 자동제어시스템 : 250000회
(3) 전기점화장치 : 250000회
(4) 풍압스위치 : 5000회
(5) 화염감시장치 : 250000회
(6) 이상압력차단장치 : 250000회
(7) 과열방지안전장치 : 5000회

① (2), (3)
② (4), (5)
③ (4), (6)
④ (5), (6)

해설

(4) 풍압스위치 : 250000회
(6) 이상압력차단장치 : 5000회

123 수소 추출설비의 종합공정검사에 대한 내용이 아닌 것은?

① 종합공정검사는 종합품질관리체계 심사와 수시 품질검사로 구분하여 각각 실시한다.
② 심사를 받고자 신청한 제품의 종합품질관리체계 심사는 규정에 따라 적절하게 문서화된 품질시스템 이행실적이 3개월 이상 있는 경우 실시한다.
③ 수시 품질검사는 종합품질관리체계 심사를 받은 품목에 대하여 1년에 1회 이상 사전통보 후 실시한다.
④ 수시 품질검사는 품목 중 대표성 있는 1종의 형식에 대하여 정기 품질검사와 같은 방법으로 한다.

해설

1년에 1회 이상 예고없이 실시한다.

124 수소 추출설비에 대한 내용 중 틀린 것은?

① 정격 수소 생산 효율은 수소 추출시험방법에 따른 제조자가 표시한 값 이상이어야 한다.
② 정격 수소 생산량 성능은 수소 추출설비의 정격운전상태에서 측정된 수소 생산량은 제조사가 표시한 값의 ±5% 이내인 것으로 한다.
③ 정격 수소 생산 압력성능은 수소 추출설비의 정격운전상태에서 측정된 수소 생산압력의 평균값을 제조사가 표시한 값의 ±5% 이내인 것으로 한다.
④ 환기성능에서 환기유량은 수소 추출설비의 외함 내에 체류 가능성이 있는 가연가스의 농도가 폭발하한계 미만이 유지될 수 있도록 충분한 것으로 한다.

해설

환기유량은 폭발하한계 1/4 미만

125 수소 추출설비의 부품 내구성능의 니켈, 카르보닐 배출제한 성능에서 니켈을 포함하는 촉매를 사용하는 반응기에 대한 ( ) 안에 알맞은 온도는 몇 ℃인가?

운전시작 시 반응기의 온도가 ( )℃ 이하인 경우에는 반응기 내부로 연료가스 투입이 제한되어야 한다.

① 100
② 200
③ 250
④ 300

해설

참고 비상정지를 포함한 운전 정지 시 및 종료 시 반응기의 온도가 250℃ 이하로 내려가기 전에 반응기의 내부로 연결가스 투입이 제한되어야 하며, 반응기 내부의 가스는 외부로 안전하게 배출되어야 한다.

126 아래의 보기 중 청정수소에 해당되지 않는 것은?

① 무탄소 수소
② 저탄소 수소
③ 저탄소 수소화합물
④ 무탄소 수소화합물

정답 122.③ 123.③ 124.④ 125.③ 126.④

해설
- 무탄소 수소 : 온실가스를 배출하지 않는 수소
- 저탄소 수소 : 온실가스를 기준 이하로 배출하는 수소
- 저탄소 수소 화합물 : 온실가스를 기준 이하로 배출하는 수소 화합물
- 수소발전 : 수소 또는 수소화합물을 연료로 전기 또는 열을 생산하는 것

127 다음 중 수소경제이행기본계획의 수립과 관계없는 것은?

① LPG, 도시가스 등 사용연료의 협의에 관한 사항
② 정책의 기본방향에 관한 사항
③ 제도의 수립 및 정비에 관한 사항
④ 기반조성에 관한 사항

해설
②, ③, ④ 이외에
- 재원조달에 관한 사항
- 생산시설 및 수소연료 공급시설의 설치에 관한 사항
- 수소의 수급계획에 관한 사항

128 수소전문투자회사는 자본금의 100분의 얼마를 초과하는 범위에서 대통령령으로 정하는 비율 이상의 금액을 수소전문기업에 투자하여야 하는가?

① 30
② 50
③ 70
④ 100

129 다음 중 수소 특화단지의 궁극적 지정대상 항목은?

① 수소 배관시설
② 수소 충전시설
③ 수소 전기차 및 연료전지
④ 수소 저장시설

130 수소 경제의 기반조성 항목 중 전문인력 양성과 관계가 없는 것은?

① 수소 경제기반 구축에 부합하는 기술인력 양성체제 구축
② 우수인력의 양성
③ 기반 구축을 위한 기술인력의 재교육
④ 수소 충전, 저장 시설 근무자 및 사무요원의 양성기술교육

해설
상기 항목 이외에
수소경제기반 구축에 관한 현장 기술인력의 재교육

131 수소산업 관련 기술개발 촉진을 위하여 추진하는 사항과 거리가 먼 것은?

① 개발된 기술의 확보 및 실용화
② 수소 관련 사업 및 유사연료(LPG, 도시)
③ 수소산업 관련 기술의 협력 및 정보교류
④ 수소산업 관련 기술의 동향 및 수요 조사

132 수소 사업자가 하여서는 안 되는 금지행위에 해당하지 않는 것은?

① 수소를 산업통상자원부령으로 정하는 사용 공차를 벗어나 정량에 미달하게 판매하는 행위
② 인위적으로 열을 증가시켜 부당하게 수소의 부피를 증가시켜 판매하는 행위
③ 정량 미달을 부당하게 부피를 증가시키기 위한 영업시설을 설치, 개조한 경우
④ 정당한 사유 없이 수소의 생산을 중단, 감축 및 출고, 판매를 제한하는 행위

해설
산업통상자원부령 → 대통령령

133 수소연료 공급시설 설치계획서 제출 시 관련 없는 항목은?

① 수소연료 공급시설 공사계획
② 수소연료 공급시설 설치장소
③ 수소연료 공급시설 규모
④ 수소연료 사용시설에 필요한 수소 수급방식

해설
④ 사용시설 → 공급시설
상기 항목 이외에 자금조달방안

정답 127.① 128.② 129.③ 130.④ 131.② 132.① 133.④

134 다음 중 연료전지 설치계획서와 관련이 없는 항목은?

① 연료전지의 설치계획
② 연료전지로 충당하는 전력 및 온도, 압력
③ 연료전지에 필요한 연료공급 방식
④ 자금조달 방안

해설

② 연료전지로 충당하는 전력 및 열비중

135 다음 중 수소 경제 이행에 필요한 사업이 아닌 것은?

① 수소의 생산, 저장, 운송, 활용 관련 기반 구축에 관한 사업
② 수소산업 관련 제품의 시제품 사용에 관한 사업
③ 수소 경제 시범도시, 시범지구에 관한 사업
④ 수소제품의 시범보급에 관한 사업

해설

② 수소산업 관련 제품의 시제품 생산에 관한 사업
상기 항목 이외에
- 수소산업 생태계 조성을 위한 실증사업
- 그 밖에 수소 경제 이행과 관련하여 산업통상자원부 장관이 필요하다고 인정하는 사업

136 수소 경제 육성 및 수소 안전관리자의 자격 선임인원으로 틀린 것은 어느 것인가?

① 안전관리총괄자 1인
② 안전관리부총괄자 1인
③ 안전관리책임자 1인
④ 안전관리원 2인

137 수소 경제 육성 및 수소의 안전관리에 따른 안전관리책임자의 자격에서 양성교육 이수자는 근로기준법에 따른 상시 사용하는 근로자 수가 몇 명 미만인 시설로 한정하는가?

① 5인 ② 8인
③ 10인 ④ 15인

해설

안전관리자의 자격과 선임인원

안전관리자의 구분	자격	선임인원
안전관리 총괄자	해당사업자 (법인인 경우에는 그 대표자를 말한다)	1명
안전관리 부총괄자	해당 사업자의 수소용품 제조시설을 직접 관리하는 최고책임자	1명
안전관리 책임자	일반기계기사 · 화공기사 · 금속기사 · 가스산업기사 이상의 자격을 가진 사람 또는 일반시설 안전관리자 양성교육 이수자 (「근로기준법」에 따른 상시 사용하는 근로자 수가 10명 미만인 시설로 한정한다)	1명 이상
안전관리원	가스기능사 이상의 자격을 가진 사람 또는 일반시설 안전관리자 양성교육 이수자	1명 이상

138 수소 판매 및 수소의 보고내용 중 틀린 항목은?

① 보고의 내용은 수소의 종류별 체적단위(Nm^3)의 정상판매가격이다.
② 보고방법은 전자보고 및 그 밖의 적절한 방법으로 한다.
③ 보고기한은 판매가격 결정 또는 변경 후 24시간 이내이다.
④ 전자보고란 인터넷 부가가치통신망(UAN)을 말한다.

해설

보고의 내용은 수소의 종류별 중량(kg)단위의 정상판매가격이다.

139 수소용품의 검사를 생략할 수 있는 경우가 아닌 것은?

① 검사를 실시함으로 수소용품의 성능을 떨어뜨릴 우려가 있는 경우
② 검사를 실시함으로 수소용품에 손상을 입힐 우려가 있는 경우
③ 검사 실시의 인력이 부족한 경우
④ 산업통상자원부 장관이 인정하는 외국의 검사기관으로부터 검사를 받았음이 증명되는 경우

정답 134.② 135.② 136.④ 137.③ 138.① 139.③

140 다음 [보기]는 수소용품 제조시설의 안전관리자에 대한 내용이다. 맞는 것은?

> ㉮ 허가관청이 안전관리에 지장이 없다고 인정하면 수소용품 제조시설의 안전관리책임자를 가스기능사 이상의 자격을 가진 사람 또는 일반시설 안전관리자 양성교육 이수자로 선임할 수 있으며, 안전관리원을 선임하지 않을 수 있다.
> ㉯ 수소용품 제조시설의 안전관리책임자는 같은 사업장에 설치된 「고압가스안전관리법」에 따른 특정고압가스 사용신고시설, 「액화석유가스의 안전관리 및 사업법」에 따른 액화석유가스 특정사용시설 또는 「도시가스사업법」에 따른 특정가스 사용시설의 안전관리책임자를 겸할 수 있다.

① ㉮의 보기가 올바른 내용이다.
② ㉯의 보기가 올바른 내용이다.
③ ㉮는 올바른 보기, ㉯는 틀린 보기이다.
④ ㉮, ㉯ 모두 올바른 내용이다.

정답 140.④

성공하려면
당신이 무슨 일을 하고 있는지를 알아야 하며,
하고 있는 그 일을 좋아해야 하며,
하는 그 일을 믿어야 한다.

-윌 로저스(Will Rogers)-

☆

때론 지치고 힘들지만 언제나 가슴에 큰 꿈을 안고 삽시다.
노력은 배반하지 않습니다.^^

PART 2

가스 안전관리

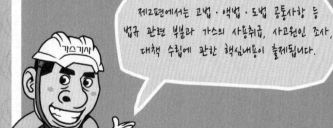

제2편에서는 고법 · 액법 · 도법 공통사항 등 법규 관련 부분과 가스의 사용취급, 사고원인 조사, 대책 수립에 관한 핵심내용이 출제됩니다.

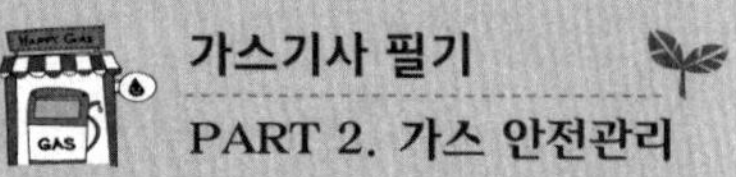
가스기사 필기
PART 2. 가스 안전관리

chapter 1 고압가스 안전관리

가스 안전관리 과목에서 제1장의 핵심내용을 알려주세요.

제1장은 고압가스의 제조 및 공급 · 충전과 가스의 성질에 관한 안전으로서 가연성, 독성, 기타 가스의 사용취급에 관련된 내용입니다.

01 고압가스 안전관리

1 고압가스 안전관리법

(1) 고압가스 안전관리법의 적용을 받는 고압가스와 법의 적용을 받지 않는 고압가스

적용 고압가스	적용범위에서 제외되는 고압가스
① 상용 35℃에서 1MPa(g) 이상 압축가스 ② 15℃에서 0Pa(g)을 초과하는 아세틸렌가스 ③ 상용온도에서 0.2MPa(g) 이상 액화가스로서 실제 그 압력이 0.2MPa(g) 이상되는 것 또는 0.2MPa(g)되는 경우 35℃ 이하인 액화가스 ④ 35℃에서 0Pa를 초과하는 액화가스 중 액화시안화수소, 액화브롬화메탄 및 액화산화에틸렌가스	① 에너지이용합리화법의 적용을 받는 그 도관 안의 고압증기 ② 철도차량의 에어컨디셔너 안의 고압가스 ③ 선박안전법의 적용을 받는 선박 안의 고압가스 ④ 광산보안법의 적용을 받는 광산 · 광업 설비 안 고압가스 ⑤ 전기사업법에 따른 가스를 압축, 액화, 그 밖의 방법으로 처리하는 그 전기설비 안의 고압가스 ⑥ 원자력법의 적용을 받는 원자로 및 그 부속설비 안의 고압가스 ⑦ 내연기관 또는 토목공사에 사용되는 압축장치 안의 고압가스 ⑧ 오토클레이브 안의 고압가스(단, 수소, 아세틸렌, 염화비닐은 제외) ⑨ 액화브롬화메탄 제조설비 외에 있는 액화브롬화메탄 ⑩ 등화용의 아세틸렌 ⑪ 청량음료수, 과실수, 발포성 주류 고압가스 ⑫ 냉동능력 3톤 미만 고압가스 ⑬ 내용적 1L 이하 소화기용 고압가스

(2) 독성, 가연성 가스의 정의

구 분		정 의
독성 가스	LC_{50} (1hr, rdt)	성숙한 흰쥐의 집단에서 1시간 흡입실험에 의해 14일 이내에 실험동물의 50%가 사망할 수 있는 농도로서 허용농도 100만분의 5000 이하가 독성 가스이다.
	TLV-TWA	정상인이 1일 8시간 주 40시간 통상적인 작업을 수행함에 있어 건강상 나쁜 영향을 미치지 아니하는 정도의 공기 중 가스의 농도를 말한다. 100만분의 200 이하가 독성 가스이다.
가연성 가스		① 폭발한계 하한이 10% 이하 ② 폭발한계 상한과 하한의 차이가 20% 이상인 것

※ 현행 법규에는 LC_{50}을 기준으로 하며

1. TLV-TWA는 ① 가스누설경보기
   ② 벤트스택 착지농도
   ③ 0종, 1종 독성 가스 종류 등 일부에만 적용
2. LC_{50}을 기준으로 200ppm 이하를 맹독성 가스라고 함.

(3) 중요 독성 가스의 폭발범위

가스 명칭	폭발범위(%)	가스 명칭	폭발범위(%)
C_2H_2(아세틸렌)	2.5~81	CH_4(메탄)	5~15
C_2H_4O(산화에틸렌)	3~80	C_2H_6(에탄)	3~12.5
H_2(수소)	4~75	C_2H_4(에틸렌)	2.7~36
CO(일산화탄소)	12.5~74	C_3H_8(프로판)	2.1~9.5
HCN(시안화수소)	6~41	C_4H_{10}(부탄)	1.8~8.4
CS_2(이황화탄소)	1.2~44	NH_3(암모니아)	15~28
H_2S(황화수소)	4.3~45	CH_3Br(브롬화메탄)	13.5~14.5

※ NH_3, CH_3Br은 가연성 정의에 관계 없이 안전관리법의 규정으로 가연성 가스라 간주함.

(4) 중요 독성 가스의 허용농도

LC_{50}값이 200ppm 이하인 경우에는 맹독성으로 분류

가스명	허용한도(ppm)		가스명	허용한도(ppm)		가스명	허용한도(ppm)	
	LC_{50}	TLV-TWA		LC_{50}	TLV-TWA		LC_{50}	TLV-TWA
암모니아(NH_3)	7338	25	염화수소	3120	5	벤젠	13700	1
일산화탄소(CO)	3760	50	니켈카보닐	20	–	오존(O_3)	9	0.1
이산화황	2520	10	모노메틸아민	7000	10	포스겐($COCl_2$)	5	0.1
브롬화수소	2860	3	디에틸아민	11100	5	요오드화수소	2860	0.1
염소(Cl_2)	293	1	불화수소	966	3	트리메틸아민	7000	5
불소	185	0.1	황화수소(H_2S)	444	10	알진	20	0.05
디보레인	80	0.1	세렌화수소	2	0.05	포스핀	20	0.3
산화에틸렌 (C_2H_4O)	2900	1	시안화수소 (HCN)	140	10	브롬화메탄 (CH_3Br)	850	20

(5) 독성, 가연성이 동시에 해당되는 가스

아크릴로니트릴, 벤젠, 시안화수소, 일산화수소, 산화에틸렌, 염화메탄, 황화수소, 이황화탄소, 석탄가스, 암모니아, 브롬화메탄

☞ **암기법** : **암**모니아와 **브롬**화메탄이 **일산** 신도**시**에 누출되어 **염**화메탄과 같이 **석**탄 **벤젠이** 도시를 황색으로 변화시켰다.

TiP 상기 내용에 대한 보충설명입니다.

1. LC_{50} 기준으로 독성 가스를 분류
   암모니아, 염화메탄, 실란, 삼불화질소가 5000ppm 이상일 경우 독성 가스에 해당된다.
2. 맹독성 가스 : 200ppm 이하(LC_{50} 기준)
   포스겐(5ppm), 알진(20ppm), 디보레인(80ppm), 세렌화수소(2ppm), 포스핀(20ppm), 모노게르만(20ppm), 아크릴알데히드(65ppm), 불소(185ppm), 시안화수소(140ppm), 오존(9ppm), 니켈카보닐(20ppm)

(6) 용어의 정리

① **저장탱크** : 고정 설치된 것
② **용기** : 이동 가능한 것
③ **저장설비** : 저장탱크 및 충전용기 보관설비
④ **충전용기** : 가스가 $\frac{1}{2}$ 이상 충전되어 있는 것
⑤ **잔가스용기** : 가스가 $\frac{1}{2}$ 미만인 용기
⑥ **초저온용기** : 충전가스가 영하 50℃ 이하인 용기
⑦ **처리능력** : 1일에 0℃(0Pa(g)) 이상을 처리할 수 있는 양
⑧ **처리설비** : 고압가스 제조에 필요한 펌프 · 압축기 기화장치
⑨ **불연재료** : 콘크리크 · 벽돌 등 불에 타지 않는 것

(7) 보호시설

구분 / 종류	면 적	300인 이상인 장소	20인 이상인 장소	그 밖의 장소
1종	$1000m^2$ 이상인 곳	① 예식장 ② 장례식장 ③ 전시장	① 아동복지시설 ② 심신장애복지시설	학교, 유치원, 어린이집, 놀이방, 학교, 병원, 도서관, 시장, 공중목욕탕, 극장, 교회, 공회당, 호텔 및 여관, 청소년 수련시설, 경로당, 문화재
2종	① 면적 $100m^2$ 이상 $1000m^2$ 미만의 장소 ② 주택			

2 고압가스 특정제조

(1) 시설의 위치

항 목	시설별 이격거리
안전구역 내 고압가스설비	당해 안전구역에 인접하는 다른 안전구역설비와 30m 이격
제조설비	당해 제조소 경계와 20m 이격
가연성 가스 저장탱크	처리능력 20만m^3 압축기와 30m 이격
인터록(Interlock) 기구	고압설비 내에서 이상사태 발생 시 자동으로 원재료의 공급을 차단시키는 장치

(2) 고압가스 특정제조 시설·누출확산 방지조치(KGS Fp 111) (2.5.8.4)

시가지, 하천, 터널, 도로, 수로, 사질토, 특수성 지반(해저 제외) 배관 설치 시 고압가스 종류에 따라 안전한 방법으로 가스의 누출확산 방지조치를 한다. 이 경우 고압가스의 종류, 압력, 배관의 주위상황에 따라 배관을 2중관으로 하고, 가스누출검지 경보장치를 설치한다.

(3) 이중관 설치 독성 가스

구 분		해당 가스
독성 가스 중 이중관 설치 가스 및 누출확산 방지조치 대상가스		아황산, 암모니아, 염소, 염화메탄, 산화에틸렌, 시안화수소, 포스겐, 황화수소
하천수로 횡단 시	이중관	아황산, 염소, 시안화수소, 포스겐, 황화수소, 불소, 아크릴알데히드
	방호구조물에 설치하는 것	하천수로 횡단 시 이중관에 설치하는 독성 가스를 제외한 그 이외의 독성 가스
이중관의 규격		외층관 내경=내층관 외경×1.2배 이상

(4) 산업통상자원부령으로 정하는 고압가스 관련 설비(특정설비)

① 안전밸브·긴급차단장치·역화방지장치

② 기화장치

③ 압력용기

④ 자동차용 가스 자동주입기

⑤ 독성 가스 배관용 밸브

⑥ 냉동설비(일체형 냉동기는 제외)를 구성하는 압축기·응축기·증발기 또는 압력용기

⑦ 특정고압가스용 실린더 캐비닛

⑧ 자동차용 압축천연가스 완속충전설비(처리능력이 시간당 18.5m^3 미만인 충전설비를 말함)

⑨ 액화석유가스용 용기 잔류가스 회수장치

(5) 특정고압가스 · 특수고압가스

특정고압가스	특수고압가스	특정고압가스인 동시에 특수고압가스
수소, 산소, 액화암모니아, 아세틸렌, 액화염소, 천연가스, 압축모노실란, 압축디보레인, 액화알진, 포스핀, 셀렌화수소, 게르만, 디실란, 오불화비소, 오불화인, 삼불화인, 삼불화질소, 삼불화붕소, 사불화유황, 사불화규소	포스핀, 압축모노실란, 디실란, 압축디보레인, 액화알진, 세렌화수소, 게르만	포스핀, 셀렌화수소, 게르만, 디실란

(6) 가스누출경보기 및 자동차단장치 설치(KGS Fu 2.8.2) (KGS Fp 211)

항 목		간추린 세부 핵심내용	
설치 대상가스		독성 가스, 공기보다 무거운 가연성 가스 저장설비	
설치 목적		가스누출 시 신속히 검지하여 대응조치하기 위함	
검지경보장치	기능	가스누출을 검지농도 지시함과 동시에 경보하되 담배연기, 잡가스에는 경보하지 않을 것	
	종류	접촉연소방식, 격막갈바니 전지방식, 반도체방식	
가스별 경보농도	가연성	폭발하한계의 1/4 이하에서 경보	
	독성	TLV-TWA 기준농도 이하	
	NH_3	실내에서 사용 시 TLV-TWA 50ppm 이하	
경보기 정밀도	가연성	±25% 이하	
	독성	±30% 이하	
검지에서 발신까지 걸리는 시간	NH_3, CO	경보농도의 1.6배 농도에서	60초 이내
	그 밖의 가스		30초 이내
지시계 눈금	가연성	0 ~ 폭발하한계값	
	독성	TLV-TWA 기준농도의 3배값	
	NH_3	실내에서 사용 시 150ppm	

TiP 상기 내용에 대한 보충설명입니다.

1. 가스누출 시 경보를 발신 후 그 농도가 변화하여도 계속 경보하고 대책강구 후 경보가 정지되게 한다.
2. 검지에서 발신까지 걸리는 시간에서 CO, NH_3가 다른 가스와 달리 60초 이내 경보하는 이유
   폭발하한이 CO는 12.5%, NH_3는 15%로 너무 높아 그 농도 검지 시간이 다른 가스에 비해 많이 소요되기 때문이다.

(7) 가스누출 검지경보장치의 설치장소 및 검지경보장치 검지부 설치 수

법규에 따른 구분	바닥면 둘레(m)	1개 이상의 비율로 설치
고압가스	10	건축물 내
	20	건축물 밖
	20	가열로 발화원이 있는 제조설비 주위
	10	특수반응설비
액화석유가스	10	건축물 내
	20	용기보관장소, 용기저장실, 건축물 밖
도시가스	20	지하정압기실을 포함한 정압기실
그 밖의 1개 이상의 설치장소	① 계기실 내부 1개 이상 ② 방류둑 내 저장탱크마다 1개 이상 ③ 독성 가스 충전용 접속군 주위 1개 이상	

(8) 배관의 감시장치에서 경보하는 경우와 이상사태가 발생한 경우

구 분 / 변동사항	경보하는 경우	이상사태가 발생한 경우
배관 내 압력	상용압력의 1.05배 초과 시(단상용 압력이 4MPa 이상 시 상용압력에 0.2MPa를 더한 압력)	상용압력의 1.1배 초과 시
압력변동	정상압력보다 15% 이상 강하 시	정상압력보다 30% 이상 강하 시
유량변동	정상유량보다 7% 이상 변동 시	정상유량보다 15% 이상 증가 시
고장밸브 및 작동장치	긴급차단밸브 고장 시	가스누설 검지경보장치 작동 시

(9) 긴급차단장치

구 분	내 용
기능	이상사태 발생 시 작동하여 가스 유동을 차단하여 피해확대를 막는 장치(밸브)
적용시설	내용적 5000L 이상 저장탱크
원격조작온도	110℃
동력원(밸브를 작동하게 하는 힘)	유압, 공기압, 전기압, 스프링압
설치위치	① 탱크 내부 ② 탱크와 주밸브 사이 ③ 주밸브의 외측 ※ 단, 주밸브와 겸용으로 사용해서는 안 된다.
긴급차단장치를 작동하게 하는 조작원의 설치위치	
고압가스, 일반 제조시설, LPG법 일반 도시가스사업법	① 고압가스 특정 제조시설 ② 가스도매사업법
탱크 외면 5m 이상	탱크 외면 10m 이상
수압시험 방법	① 연 1회 이상 ② KS B 2304의 방법으로 누설검사

(10) 과압안전장치(KGS Fu 211, KGS Fp 211)

항 목		간추린 세부 핵심내용
설치개요(2.8.1)		설비 내 압력이 상용압력 초과 시 즉시 상용압력 이하로 되돌릴 수 있도록 설치
종류(2.8.1.1)	안전밸브	기체 증기의 압력상승방지를 위하여
	파열판	급격한 압력의 상승, 독성 가스 누출, 유체의 부식성 또는 반응생성물의 성상에 따라 안전밸브 설치 부적당 시
	릴리프밸브 또는 안전밸브	펌프 배관에서 액체의 압력상승방지를 위하여
	자동압력제어장치	상기 항목의 안전밸브, 파열판, 릴리프밸브와 병행 설치 시
설치장소(2.8.1.2) 최고허용압력 설계압력 초과 우려 장소	액화가스 고압설비	저장능력 300kg 이상 용기집합장치 설치장소
	압력용기 압축기 (각단) 펌프 출구	압력 상승이 설계압력을 초과할 우려가 있는 곳
	배관	배관 내 액체가 2개 이상 밸브에 의해 차단되어 외부 열원에 의해 열팽창의 우려가 있는 곳
	고압설비 및 배관	이상반응 밸브 막힘으로 설계압력 초과 우려 장소

(11) 벤트스택

가스를 연소시키지 않고 대기 중에 방출시키는 파이프 또는 탑, 가스확산 촉진을 위하여 150m/s 이상의 속도가 되도록 파이프경을 결정한다.

① 착지농도
  ㉠ 가연성 : 폭발하한 미만
  ㉡ 독성 : TLV-TWA 허용농도 미만의 값

② 방출구의 위치
  ㉠ 긴급용 및 공급시설 벤트스택 : 10m
  ㉡ 그 밖의 벤트스택 : 5m

③ 액화가스가 방출되거나 급랭될 우려가 있는 곳에서 기액분리기 설치

(12) 플레어스택(Flare stack)

가연성 가스를 연소에 의하여 처리하는 파이프 또는 탑(복사열 4000kcal/m^2 · h 이하)

(13) 방류둑

액상의 가스가 누설 시 한정된 범위를 벗어나지 않도록 액화가스 저장탱크 주위에 둘러 쌓는 제방

① 적용시설
  ㉠ 고압가스 일반제조(가연성, 산소 : 1000톤, 독성 : 5톤 이상)
  ㉡ 고압가스 특정제조(가연성 : 500톤, 산소 : 1000톤, 독성 : 5톤 이상)
  ㉢ 냉동제조시설(독성 가스를 냉매로 사용 시 수액기 내용적 10000L 이상)

㉣ 일반 도시가스사업(1000톤 이상)

㉤ 가스도매사업(500톤 이상)

㉥ 액화석유가스사업(1000톤 이상)

② 방류둑 용량

㉠ 독 · 가연성 가스 : 저장탱크의 저장능력 상당 용적

㉡ 액화산소 탱크 : 저장탱크의 저장능력 상당 용적의 60% 이상

③ 방류둑의 구조

㉠ 성토의 각도 : 45° 이하

㉡ 정상부 폭 : 30cm 이상

㉢ 출입구 : 둘레 50m마다 1곳씩 계단사다리 출입구를 설치(전 둘레가 50m 미만 시 2곳을 분산 설치)

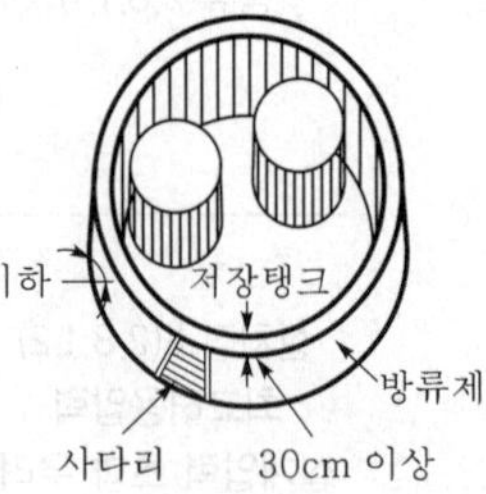

(14) 배관의 설치

① 사업소 밖

㉠ 매몰 설치

건축물 : 1.5m, 지하도로 터널 : 10m, 독성 가스 혼입 우려 수도시설 : 300m, 다른 시설물 : 0.3m

㉡ 도로 밑 매설 : 도로경계와 1m

㉢ 시가지의 도로 노면 밑 : 노면에서 배관 외면 1.5m(방호구조물 안에는 1.2m)

㉣ 시가지 외 도로 노면 밑(노면에서 배관 외면 1.2m)

㉤ 철도부지 밑 매설(궤도 중심 : 4m, 철도부지 경계 : 1m)

㉥ 배관을 지상설치 시 유지하는 공지의 폭

사용압력	공지의 폭
0.2MPa 미만	5m 이상
0.2~1MPa 미만	9m 이상
1MPa 이상	15m 이상

㉦ 하천 횡단 매설(하천을 횡단 시 교량에 설치)

㉧ 해저설치

- 다른 배관과 교차하지 않을 것
- 다른 배관과 수평거리 30m 이상

② 사업소 안의 배관 매몰설치

㉠ 배관은 지면으로부터 1m 이상 깊이에 매설

㉡ 도로 폭 8m 이상 공도의 횡단부 지하에는 지면으로부터 1.2m 이상 깊이 매설

㉢ ㉠, ㉡의 매설깊이 유지 불가능 시 커버플레이트 강제 케이싱을 사용하여 보호

㉣ 철도 횡단부 지하에는 지면 1.2m 이상 깊이 또는 강제 케이싱으로 보호

㉤ 지하철도(전철) 등을 횡단하여 매설하는 배관에는 전기방식 조치 강구

02 고압가스 일반제조

1 제조

(1) 저장능력 계산

압축가스	액화가스		
	저장탱크	소형 저장탱크	용 기
$Q=(10P+1)V$	$W=0.9dV$	$W=0.85dV$	$W=\frac{V}{C}$
여기서, Q : 저장능력(m^3) P : 35℃의 Fp(MPa) V : 내용적(m^3)	여기서, W : 저장능력(kg) d : 액비중(kg/L) V : 내용적(L) C : 충전상수(Cl_2 : 0.8, NH_3 : 1.86, C_3H_8 : 2.35, CO_2 : 1.47)		

예제 1. 액비중 0.45인 산소탱크 10000L의 저장탱크의 저장능력은?

풀이 $W=0.9dV=0.9\times0.45\text{kg/L}\times10000\text{L}=4050\text{kg}$

예제 2. 내용적 50L 암모니아 용기의 충전량(kg)은?

풀이 $W=\frac{V}{C}=\frac{50}{1.86}=26.88\text{kg}$

(2) 방호벽

법 규	적용 시설			
	시설 구분		설치장소	
고압가스	일반제조	C_2H_2 가스 또는 압력 9.8MPa 이상 압축가스 충전 시의 압축기	압축기	① 당해 충전장소 사이 ② 당해 충전용기 보관장소 사이
			당해 충전장소	① 당해 가스 충전용기 보관장소 ② 당해 충전용 주관 밸브
	고압가스 판매시설		용기보관실의 벽	
	충전시설		저장탱크	가스 충전장소, 사업소 내 보호시설
	특정고압가스 사용 시설		압축가스	저장량 60m^3 이상 용기보관실벽
			액화가스	저장량 300kg 이상 용기보관실벽
LPG	판매시설		용기보관실의 벽	
도시가스	지하 포함		정압기실	

방호벽의 종류				
종류 / 구조	철근콘크리트	콘크리트블록	강판제	
			후강판	박강판
높이	2000mm 이상	2000mm 이상	2000mm 이상	2000mm 이상
두께	120mm 이상	150mm 이상	6mm 이상	3.2mm 이상
규격	① 직경 9mm 이상 ② 가로, 세로 400mm 이하 간격으로 배근 결속	① 직경 9mm 이상 ② 가로, 세로 400mm 이하 간격으로 배근 결속 블록 공동부에 콘크리트 몰탈을 채움	1800mm 이하의 간격으로 지주를 세움	30mm×30mm 앵글강을 가로, 세로 400mm 이하로 용접 보강한 강판을 1800mm 이하 간격으로 지주를 세움

(3) 물분무장치

시설별 / 구분	저장탱크 전표면	준내화구조	내화구조
탱크 상호 1m 또는 최대 직경 1/4 길이 중 큰 쪽과 거리를 유지하지 않은 경우	8L/min	6.5L/min	4L/min
저장탱크 최대 직경의 1/4보다 적은 경우	7L/min	4.5L/min	2L/min

① 조작위치 : 15m(탱크 외면 15m 이상 떨어진 위치) ② 연속분무 가능시간 : 30분

③ 소화전의 호스 끝 수압 : 0.35MPa ④ 방수능력 : 400L/min

물분무장치가 없을 경우 탱크의 이격거리	탱크의 직경을 각각 D_1, D_2라고 했을 때	
	$(D_1+D_2)\times\frac{1}{4} > 1\text{m}$일 때	그 길이 유지
	$(D_1+D_2)\times\frac{1}{4} < 1\text{m}$일 때	1m 유지
저장탱크를 지하에 설치 시	상호간 1m 이상 유지	

(4) 에어졸 제조설비

구 조	내 용	기타 항목
내용적	1L 미만	① 정량을 충전할 수 있는 자동충전기 설치 ② 인체, 가정 사용, 제조시설에는 불꽃길이 시험장치 설치 ③ 분사제는 독성이 아닐 것 ④ 인체에 사용 시 20cm 이상 떨어져 사용 ⑤ 특정부위에 장시간 사용하지 말 것
용기재료	강, 경금속	
금속제 용기두께	0.125mm 이상	
내압시험압력	0.8MPa	
가압시험압력	1.3MPa	
파열시험압력	1.5MPa	
누설시험온도	46~50℃ 미만	
화기와 우회거리	8m 이상	
불꽃길이 시험온도	24℃ 이상 26℃ 이하	
시료	충전용기 1조에서 3개 채취	
버너와 시료간격	15cm	
버너 불꽃길이	4.5cm 이상 5.5cm 이하	

제품 기재사항	
가연성	① 40℃ 이상 장소에 보관하지 말 것 ② 불 속에 버리지 말 것 ③ 사용 후 잔가스 제거 후 버릴 것 ④ 밀폐장소에 보관하지 말 것
가연성 이외의 것	상기 항목 이외에 ① 불꽃을 향해 사용하지 말 것 ② 화기부근에서 사용하지 말 것 ③ 밀폐실 내에서 사용 후 환기시킬 것

(5) 시설별 이격거리

시 설	이격거리
가연성 제조시설과 비가연성 제조시설	5m 이상
가연성 제조시설과 산소 제조시설	10m 이상
액화석유가스 충전용기와 잔가스 용기	1.5m 이상
탱크로리와 저장탱크	3m 이상

(6) 고압가스 제조설비의 정전기 제거설비 설치

항 목		내 용
가연성 제조설비의 접지 저항치	총합	100Ω
	피뢰설비가 있는 경우	10Ω
단독으로 접지하는 설비		탑류, 저장탱크 열교환기, 회전기계, 벤트스택
본딩용 접속선으로 접속하여 접지하는 경우		기계가 복잡하게 연결되어 있는 경우 및 배관 등으로 연속되어 있는 경우

(7) 안전밸브 작동 검사주기

구 분	점검주기
압축기 최종단	1년 1회
그 밖의 안전밸브	2년 1회

(8) 안전밸브 형식 및 종류

종 류	해당 가스
가용전식	C_2H_2, Cl_2, C_2H_2O
파열판식	압축가스
스프링식	가용전식, 파열판식을 제외한 모든 가스(가장 널리 사용)
중추식	거의 사용 안함

(9) 용기밸브 충전구나사

구 분		해당 가스
왼나사	해당 가스	가연성 가스(NH_3, CH_3Br 제외)
	전기설비	방폭구조로 시공
오른나사	해당 가스	NH_3, CH_3Br 및 가연성 이외의 모든 가스
	전기설비	방폭구조로 시공할 필요 없음
A형		충전구 나사 숫나사
B형		충전구 나사 암나사
C형		충전구에 나사가 없음

(10) 고압가스 저장시설

구 분		이격거리 및 설치기준
화기와 우회거리	가연성 산소설비	8m 이상
	그 밖의 가스설비	2m 이상
유동방지시설	높이	2m 이상 내화성의 벽
	가스설비 및 화기와 우회 수평거리	8m 이상
불연성 건축물 안에서 화기 사용 시	수평거리 8m 이내에 있는 건축물 개구부	방화문 또는 망입유리로 폐쇄
	사람이 출입하는 출입문	2중문의 시공

2 고압가스 용기

(1) 용기 안전점검 유지관리(고법 시행규칙 별표 18)

① 내·외면을 점검하여 위험한 부식, 금, 주름 등이 있는지 여부 확인
② 도색 및 표시가 되어 있는지 여부 확인
③ 스커트에 찌그러짐이 있는지, 사용할 때 위험하지 않도록 적정간격을 유지하고 있는지 확인
④ 유통 중 열영향을 받았는지 점검하고, 열영향을 받은 용기는 재검사 실시
⑤ 캡이 씌워져 있거나 프로텍터가 부착되어 있는지 여부 확인
⑥ 재검사 도래 여부 확인
⑦ 아랫부분 부식상태 확인
⑧ 밸브의 몸통 충전구나사, 안전밸브에 지장을 주는 흠, 주름, 스프링 부식 등이 있는지 확인
⑨ 밸브의 그랜드너트가 고정핀에 의하여 이탈방지 조치가 되어 있는지 여부 확인
⑩ 밸브의 개폐조작이 쉬운 핸들이 부착되어 있는지 여부 확인
⑪ 충전가스 종류에 맞는 용기 부속품이 부착되어 있는지 여부 확인

(2) 용기의 C, P, S 함유량(%)

성 분 / 용기 종류	C(%)	P(%)	S(%)
무이음용기	0.55 이하	0.04 이하	0.05 이하
용접용기	0.33 이하	0.04 이하	0.05 이하

(3) 항구증가율(%)

항 목		세부 핵심내용
공식		$\dfrac{\text{항구증가량}}{\text{전증가량}} \times 100$
합격기준	신규검사	10% 이하
	재검사	10% 이하(질량검사 95% 이상 시)
		6% 이하(질량검사 90% 이상 95% 미만 시)

(4) 용기의 각인사항

기 호	내 용	단 위
V	내용적	L
W	초저온용기 이외의 용기에 밸브 부속품을 포함하지 아니한 용기 질량	kg
T_W	아세틸렌용기에 있어 용기 질량에 다공물질 용제 및 밸브의 질량을 합한 질량	kg
Tp	내압시험압력	MPa
Fp	최고충전압력	MPa
t	500L 초과 용기 동판 두께	mm
그 외의 표시사항		
① 용기 제조업자의 명칭 또는 약호 ② 충전하는 명칭 ③ 용기의 번호		

(5) 용기 종류별 부속품의 기호

기 호	내 용
AG	C_2H_2 가스를 충전하는 용기의 부속품
PG	압축가스를 충전하는 용기의 부속품
LG	LPG 이외의 액화가스를 충전하는 용기의 부속품
LPG	액화석유가스를 충전하는 용기의 부속품
LT	초저온 · 저온 용기의 부속품

(6) 법령에서 사용되는 압력의 종류

구 분	세부 핵심내용
Tp (내압시험압력)	용기 및 탱크 배관 등에 내압력을 가하여 견디는 정도의 압력
Fp (최고충전압력)	① 압축가스의 경우 35℃에서 용기에 충전할 수 있는 최고의 압력 ② 압축가스는 최고충전압력 이하로 충전 ③ 액화가스의 경우 내용적의 90% 이하 또는 85% 이하로 충전
Ap (기밀시험압력)	누설 유무를 측정하는 압력
상용압력	내압시험압력 및 기밀시험압력의 기준이 되는 압력으로 사용상태에서 해당 설비 각 부에 작용하는 최고사용압력
안전밸브 작동압력	설비, 용기 내 압력이 급상승 시 작동 일부 또는 전부의 가스를 분출시킴으로 설비 용기 자체가 폭발 파열되는 것을 방지하도록 안전밸브를 작동시키는 압력

상호관계	용기별	용기 분야			
	용기 구분 / 압력별	압축가스	저온 · 초저온 용기	액화가스 용기	C_2H_2 용기
	Fp	$Tp \times \frac{3}{5}$ (35℃의 용기충전 최고압력)	상용압력 중 최고의 압력	$Tp \times \frac{3}{5}$	15℃에서 1.5MPa
	Ap	Fp	Fp×1.1	Fp	Fp×1.8=1.5×1.8 =2.7MPa
	Tp	$Fp \times \frac{5}{3}$	$Fp \times \frac{5}{3}$	법규에서 정한 A, B로 구분된 압력	Fp×3=1.5×3 =4.5MPa
	안전밸브 작동압력	$Tp \times \frac{8}{10}$ 이하			
	설비별	저장탱크 및 배관용기 이외의 설비 분야			
	법규 구분 / 압력별	고압가스 액화석유가스	냉동장치	도시가스	
	상용압력	Tp, Ap의 기준이 되는 사용상태에서 해당 설비 각부 최고사용압력	설계압력	최고사용압력	
	Ap	상용압력	설계압력 이상	공급시설	사용시설 및 정압기시설
				최고사용압력×1.1배 이상	8.4kPa 이상 또는 최고사용압력×1.1배 중 높은 압력
	Tp	사용(상용)압력×1.5(물, 공기로 시험 시 상용압력×1.25배)	• Tp=설계압력×1.5(공기, 질소로 시험 시 설계압력×1.25) : 냉동제조 • Tp=설계압력×1.3(공기, 질소로 시험 시 설계압력×1.1) : 냉동기 설비	최고사용압력×1.5배 이상(공기, 질소로 시험 시 최고사용압력×1.25배 이상)	
	안전밸브 작동압력	$Tp \times \frac{8}{10}$ 이하(단, 액화산소탱크의 안전밸브 작동압력은 상용압력×1.5배 이하)			

(7) 압력계 기능 검사주기, 최고눈금의 범위

압력계 종류	기능 검사주기
충전용 주관 압력계	매월 1회 이상
그 밖의 압력계	3월 1회 이상
최고눈금 범위	상용압력의 1.5배 이상 2배 이하

(8) 압축금지 가스

가스 종류	압축금지(%)	가스 종류	압축금지(%)
가연성 중 산소 (C_2H_2, H_2, C_2H_4 제외)	4% 이상	C_2H_2, H_2, C_2H_4 중 산소	2% 이상
산소 중 가연성 (C_2H_2, H_2, C_2H_4 제외)	4% 이상	산소 중 C_2H_2, H_2 C_2H_4	2% 이상

3 저장탱크

(1) 저장탱크 설치방법(지하매설)

① 천장, 벽, 바닥 : 30cm 이상 철근콘크리트로 만든 방
② 저장탱크 주위 : 마른 모래로 채움
③ 탱크 정상부와 지면 : 60cm 이상
④ 탱크 상호간 : 1m 이상
⑤ 가스방출관 : 지상에서 5m 이상
(지상탱크의 방출관 : 탱크 정상부에서 2m 지면에서 5m 중 높은 위치에 설치)

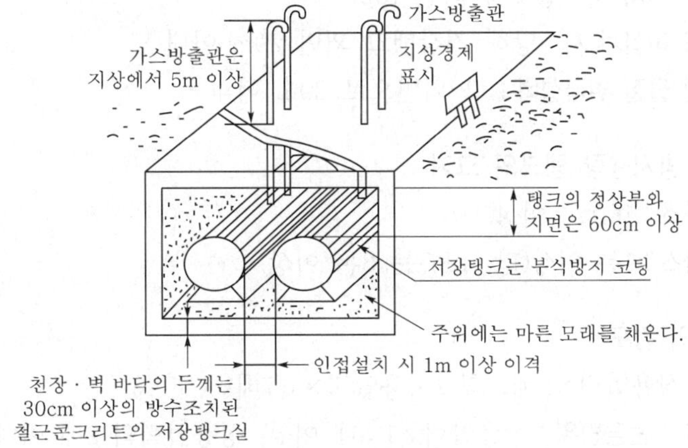

▌저장탱크를 지하에 매설하는 경우▐

(2) 액면계

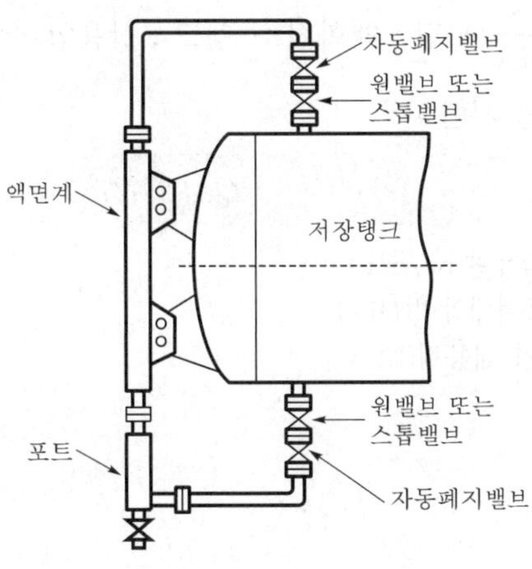

▌액면계 구조▐

① 액화가스 저장탱크에는 환형 유리관을 제외한 액면계를 설치(단, 산소, 불활성 초저온 저장탱크의 경우는 환형 유리관 가능)
② 액면계의 상하배관에는 자동 및 수동식 스톱밸브 설치
③ 인화중독의 우려가 없는 곳에 설치하는 액면계의 종류 : 고정튜브식, 회전튜브식, 슬립튜브식 액면계

4 시설

(1) 온도상승 방지조치를 하는 거리

① 방류둑 설치 시 : 방류둑 외면 10m 이내
② 방류둑 미설치 시 : 당해 저장탱크 외면 20m 이내
③ 가연성 물질 취급설비 : 그 외면으로 20m 이내

(2) 지반침하 방지용량 탱크의 크기

① 압축가스 : $100m^3$ 이상
② 액화가스 : 1톤 이상(단, LPG는 3톤 이상)

(3) 고압설비의 강도

① 항복 : 상용압력×2배, 최고사용압력×1.7배
② 압력계의 눈금범위 : 상용압력×1.5배 이상, 상용압력의 2배 이하에 최고 눈금이 있어야 한다.

(4) 안전밸브

① 작동압력 : $Tp \times \frac{8}{10}$배(단, 액화산소 탱크 : 상용압력×1.5배)
② 안전밸브의 분출량 시험

$$Q = 0.0278PW$$

여기서, Q : 분출유량(m^3/min)
P : 작동절대압력(MPa)
W : 용기 내용적(L)

(5) 통신시설

통보범위	통보설비
① 안전관리자가 상주하는 사무소와 현장사무소 사이 ② 현장사무소 상호 간	• 구내 전화 • 구내 방송설비 • 인터폰 • 페이징 설비
사업소 전체	• 구내 방송설비 • 사이렌 • 휴대용 확성기 • 페이징 설비 • 메가폰
종업원 상호 간	• 페이징 설비 • 휴대용 확성기 • 트란시바 • 메가폰
비고	메가폰은 $1500m^2$ 이하에 한한다.

(6) 가연성 산소제조 시 가스분석장소

발생장치, 정제장치, 저장탱크 출구에서 1일 1회 이상

(7) 공기액화분리기 불순물 유입금지

① 액화산소 5L 중 C_2H_2 5mg 이상 시

② 액화산소 5L 중 탄화수소 중 C의 질량이 500mg 이상 시 운전을 중지하고, 액화산소를 방출

③ 공기압축기 내부 윤활유

구 분 / 잔류탄소 질량	인화점	교반조건	교반시간
1% 이하	200℃	170℃	8시간
1~1.5%	230℃	170℃	12시간

(8) 나사게이지로 검사하는 압력

상용압력 19.6MPa 이상

(9) 음향검사 및 내부 조명검사 대상가스

액화암모니아, 액화탄산가스, 액화염소

(10) 가스의 폭발종류 및 안정제

항 목 / 가스 종류	폭발의 종류	안정제
C_2H_2	분해	N_2, CH_4, CO, C_2H_4
C_2H_4O	분해, 중합	N_2, CO_2, 수증기
HCN	중합	황산, 아황산, 동·동망, 염화칼슘, 오산화인

(11) 밀폐형의 수전해조

액면계, 자동급수장치 설치

(12) 다공도의 진동시험

다공도	바닥기준	낙하높이	낙하횟수	판 정
80% 이상	강괴	7.5cm	1000회 이상	침하 공동 갈라짐이 없을 것
80% 미만	목재연와	5cm	1000회 이상	공동이 없고, 침하량이 3mm 이하일 것

03 냉동기 제조

(1) 초음파 탐상을 실시하여 적합한 것으로 하여야 하는 재료의 종류

① 50mm 이상 탄소강

② 38mm 저합금강

③ 19mm 이상 인장강도 $568.4N/m^2$ 이상인 강

④ 13mm 이상(2.5%, 3.5%) 니켈강

⑤ 6mm 이상(9% 니켈강)

(지상탱크의 방출관 : 탱크 정상부에서 2m, 지면에서 5m 중 높은 위치에 설치)

(2) 기계시험 종류

이음매 인장시험, 자유굽힘시험, 측면굽힘시험, 이면굽힘시험, 충격시험

04 특정 설비제조

(1) 기준

① 두께 8mm 미만의 판 스테이를 부착하지 말 것
② 두께 8mm 이상의 판에 구멍을 뚫을 때는 펀칭가공으로 하지 않을 것
③ 두께 8mm 미만의 판에 펀칭을 할 때 가장자리 1.5mm 깎아낼 것
④ 가스로 구멍을 뚫은 경우 가장자리 3mm 깎아낼 것
⑤ 확관 관부착 시 관판, 관구멍 중심 간의 거리는 관외경의 1.25배
⑥ 확관 관부착 시 관부착부 두께는 10mm 이상
⑦ 직관을 굽힘가공하여 만드는 관의 굽힘가공부분의 곡률반경은 관외경의 4배

05 공급자의 안전점검자 자격 및 점검장비

(1) 자격

안전관리책임자로부터 10시간 이상 교육을 받은 자

(2) 점검장비

① 산소, 불연성(가스누설검지액)
② 가연성(누설검지기, 누설검지액)
③ 독성(누설시험지, 누설검지액)

(3) 점검기준

① 충전용기 설치위치
② 충전용기와 화기와의 거리
③ 충전용기 및 배관설치 상태
④ 충전용기 누설 여부

(4) 점검방법

① 공급 시마다 점검
② 2년 1회 정기점검

06 초저온용기 단열성능시험 시 침투열량의 정도

(1) 1000L 이상

0.002kcal/hr · ℃ · L 이하가 합격

(2) 1000L 미만

0.0005kcal/hr · ℃ · L 이하가 합격

(3) 단열성능 시험식

$$Q = \frac{W \cdot q}{H \cdot \Delta t \cdot V}$$

여기서, Q : 침입열량(kcal/hr · ℃ · L), W : 측정 중 기화가스량(kg)
H : 측정시간(hr), V : 용기 내용적(L)
q : 기화잠열(kcal/kg)

(4) 시험가스 종류와 비점

시험용 액화가스 종류	비점(℃)
액화질소	−196℃
액화산소	−183℃
액화아르곤	−186℃

07 특정 고압가스 사용 신고를 하여야 하는 경우

(1) 저장능력 500kg 이상인 액화가스 저장설비를 갖추고 특정 고압가스를 사용하려는 자

(2) 저장능력 $50m^3$ 이상인 압축가스 저장설비를 갖추고 특정 고압가스를 사용하려는 자

(3) 배관으로 특정 고압가스(천연가스는 제외)를 공급받아 사용하려는 자

(4) 압축모노실란 · 압축디보레인 · 액화알진 · 포스핀 · 셀렌화수소 · 게르만 · 디실란 · 오불화비소 · 오불화인 · 삼불화인 · 삼불화질소 · 삼불화붕소 · 사불화유황 · 사불화규소 · 액화염소 또는 액화암모니아를 사용하려는 자. 다만, 시험용(해당 고압가스를 직접 시험하는 경우만 해당)으로 사용하려 하거나, 시장 · 군수 또는 구청장이 지정하는 지역에서 사료용으로 볏짚 등을 발효하기 위하여 액화암모니아를 사용하려는 경우를 제외한다.

(5) 자동차 연료용으로 특정 고압가스를 공급받아 사용하려는 자

Chapter 1 ··· 고압가스 안전관리

출/제/예/상/문/제

01 고압가스의 종류 및 범위에 속하지 않는 것은?

① 35℃의 온도에서 아세틸렌가스의 게이지압력이 0.3Pa 이상이 되는 것
② 35℃의 온도에서 액화브롬화메탄의 게이지압력이 0Pa 초과하는 것
③ 35℃ 이하의 온도에서 게이지압력이 0.2MPa 이상이 되는 액화가스
④ 상용의 온도에서 게이지압력이 1MPa 이상이 되는 압축가스

해설

① C_2H_2 가스는 15℃에서 0Pa이다.

요약 고압가스의 정의

㉠ 상용의 온도에서 1MPag 이상되는 압축가스로서 실제로 그 압력이 1MPag 이상 되는 것 또는 35℃에서 압력이 1MPag 이상되는 압축가스
㉡ 상용에서 0.2MPa 이상 액화가스로서 실제 그 압력이 0.2MPa 이상되는 것 또는 0.2MPa 되는 경우 35℃ 이하인 액화가스
㉢ 15℃에서 0Pa를 초과하는 C_2H_2
㉣ 35℃의 온도에서 0Pa를 초과하는 액화(HCN, C_2H_4O, CH_3Br)

02 가연성 가스의 정의로서 적합한 것은?

① 폭발한계의 상한과 하한의 차가 20% 이상의 것
② 폭발한계의 하한이 10% 이하의 것
③ 폭발한계의 하한이 10% 이하의 것과 폭발한계의 상한과 하한의 차가 20% 이상의 것
④ 허용농도가 100만 분의 200 이하의 것

해설

가연성 가스
① 폭발한계 하한이 10% 이하
② 폭발한계 상한-하한이 20% 이상
* ④항은 독성 가스의 정의이다.(TLV-TWA)

03 다음 가스의 폭발범위를 설명한 것 중 틀린 것은? (단, 공기 중)

① 수소 : 4~75%
② 산화에틸렌 : 3~70%
③ 일산화탄소 : 12.5~74%
④ 암모니아 : 15~28%

해설

② 산화에틸렌 3~80%

요약 주요 가스의 폭발범위(상온, 상압)

가스명	공기 중	
	하 한	상 한
아세틸렌(C_2H_2)	2.5	81.0
산화에틸렌(C_2H_4O)	3.0	80.0
수소(H_2)	4.0	75.0
일산화탄소(CO)	12.5	74.0
에탄(C_2H_6)	3	12.5
암모니아(NH_3)	15	28
프로판(C_3H_8)	2.1	9.5
이황화탄소(CS_2)	1.2	44.0
황화수소(H_2S)	4.3	45.0
시안화수소(HCN)	6.0	41.0
에틸렌(C_2H_4)	2.7	36
메탄올(CH_3OH)	7.3	36.0
메탄(CH_4)	5	15
브롬화메탄(CH_3Br)	13.5	14.5
부탄(C_4H_{10})	1.8	8.4

※ 아세틸렌(C_2H_2), 산화에틸렌(C_2H_4O), 히드라진(N_2H_4) 등은 공기가 전혀 없어도 폭발(분해)할 수 있다.

정답 01.① 02.③ 03.②

04 가연성 가스의 위험성에 대한 설명 중 틀린 것은?

① 온도나 압력이 높을수록 위험성이 커진다.
② 폭발한계가 좁고 하한이 낮을수록 위험이 적다.
③ 폭발한계 밖에서는 폭발의 위험성이 적다.
④ 폭발한계가 넓을수록 위험하다.

해설

㉠ 위험성 : 폭발하한이 낮을수록, 폭발범위가 넓을수록
㉡ 위험도 $= \dfrac{\text{폭발상한} - \text{폭발하한}}{\text{폭발하한}}$
∴ 위험도는 폭발범위가 넓은 정도로 계산한다.

05 다음의 가스 중 폭발범위에 대한 위험도가 가장 큰 가스는?

① 메탄
② 아세틸렌
③ 수소
④ 부탄

위험도 $= \dfrac{81-2.5}{2.5} = 31.4$
(C_2H_2의 폭발범위 2.5~81%)

06 고압가스 안전관리법상 독성 가스라 하면 그 가스의 허용농도는?

① 100만분의 5000 이하
② 100만분의 100 이하
③ 10만분의 200 이하
④ 10만분의 100 이하

해설

㉠ 독성 가스(LC_{50}) : 공기 중에 일정량 이상 존재 시 인체에 유해한 독성을 가진 가스로서 허용농도(해당 가스를 성숙한 흰쥐 집단에게 대기 중에서 1시간 동안 계속하여 노출시킨 경우 14일 이내 그 흰쥐의 1/2 이상이 죽게 되는 가스의 농도) 100만분의 5000 이하
㉡ 독성 가스(TLV-TWA) 허용농도 : 건강한 성인 남자가 그 분위기 속에서 1일 8시간(주 40시간) 연속적으로 근무해도 건강에 지장이 없는 농도로서 100만분의 200 이하

07 다음 중 옳은 것은?

① $1\% = \dfrac{1}{10^3}$　② $1\text{ppb} = \dfrac{1}{10^8}$
③ $1\text{ppm} = \dfrac{1}{10^6}$　④ 1%=1000ppm

해설

① $1\% = \dfrac{1}{10^2}$　② $1\text{ppb} = \dfrac{1}{10^9}$
③ $1\text{ppm} = \dfrac{1}{10^6}$　④ $1\% = 10^4\text{ppm}$

08 다음 가스 중 독성이 강한 순서로 나열된 것은?

㉠ NH_3　㉡ HCN
㉢ $COCl_2$　㉣ Cl_2

① ㉡ − ㉣ − ㉢ − ㉠
② ㉡ − ㉠ − ㉢ − ㉣
③ ㉢ − ㉣ − ㉡ − ㉠
④ ㉣ − ㉢ − ㉡ − ㉠

해설

㉠ NH_3 : 25ppm　㉡ HCN : 10ppm
㉢ $COCl_2$: 0.1ppm　㉣ Cl_2 : 1ppm

09 다음 중 독성이 강한 순으로 나열된 것은?

① 암모니아 − 이산화탄소 − 황화수소
② 암모니아 − 황화수소 − 이산화탄소
③ 이산화탄소 − 암모니아 − 황화수소
④ 황화수소 − 암모니아 − 이산화탄소

해설

H_2S(10ppm) − NH_3(25ppm) − CO_2(독성 아님)

10 다음 중 가연성 가스이면서 독성 가스로만 되어 있는 것은?

① 트리메틸아민, 석탄가스, 아황산가스, 프로판
② 아크릴로니트릴, 산화에틸렌, 황화수소, 염소
③ 일산화탄소, 암모니아, 벤젠, 시안화수소
④ 이황화탄소, 모노메틸아민, 브롬메틸, 포스겐

정답 04.② 05.② 06.① 07.③ 08.③ 09.④ 10.③

독 · 가연성 가스
아크릴로니트릴 · 벤젠 · 시안화수소 · 일산화탄소 · 산화에틸렌 · 염화메탄 · 이황화탄소 · 황화수소 · 석탄가스 · 암모니아 · 브롬화메탄

11 다음 용어의 설명 중 틀린 것은?

① 충전용기라 함은 고압가스의 충전질량 또는 충전압력의 1/2 이상 충전되어 있는 상태의 용기를 말한다.
② 고압가스 설비라 함은 가스설비 중 고압가스가 통하는 부분을 말한다.
③ 저장탱크라 함은 고압가스를 충전, 저장하기 위하여 지상 또는 지하에 이동 · 설치된 것을 말한다.
④ 저장설비라 함은 고압가스를 충전, 저장하기 위한 설비로서 저장탱크 및 충전용기 보관설비를 말한다.

저장탱크 : 고정설치
- 용기 : 이동할 수 있는 것(차량에 고정된 탱크, 탱크로리는 이동이 가능하므로 용기에 해당)

참고

1	액화가스	가압 · 냉각에 의하여 액체상태로 되어 있는 것으로서 대기압에서의 비점이 40℃ 이하 또는 상용의 온도 이하인 것을 말한다.
2	압축가스	상온에서 압력을 가하여도 액화되지 아니하는 가스로서 일정한 압력에 의하여 압축되어 있는 것을 말한다.
3	저장설비	고압가스를 충전 · 저장하기 위한 설비로서 저장탱크 및 충전용기 보관설비를 말한다.
4	저장능력	저장설비에 저장할 수 있는 고압가스의 양을 말한다.
5	저장탱크	고압가스를 충전 · 저장하기 위하여 지상 또는 지하에 고정설치된 탱크를 말한다.
6	초저온 저장탱크	-50℃ 이하의 액화가스를 저장하기 위한 저장탱크로서 단열재로 피복하거나 냉동설비로 냉각하는 등의 방법으로 저장탱크 내의 가스온도가 상용의 온도를 초과하지 아니하도록 한 것을 말한다.
7	저온 저장탱크	액화가스를 저장하기 위한 저장탱크로서 단열재로 피복하거나 냉동설비로 냉각하는 등의 방법으로 저장탱크 내의 가스온도가 상용의 온도를 초과하지 아니하도록 한 것 중 초저온 저장탱크와 가연성 가스, 저온 저장탱크를 제외한 것을 말한다.
8	가연성 가스 저온 저장탱크	대기압에서의 비점이 0℃ 이하인 가연성 가스를 0℃ 이하 또는 당해 가스의 기상부의 상용압력이 0.1MPa 이하의 액체상태로 저장하기 위한 저장탱크로서 단열재로 피복하거나 냉동설비로 냉각하는 등의 방법으로 저장탱크 내의 가스온도가 상용의 온도를 초과하지 아니하도록 한 것을 말한다.
9	차량에 고정된 탱크	고압가스의 수송 · 운반을 위하여 차량에 고정설치된 탱크를 말한다.
10	초저온용기	-50℃ 이하의 액화가스를 충전하기 위한 용기로서 단열재로 피복하거나 냉동설비로 냉각하는 등의 방법으로 용기 내의 가스온도가 상용의 온도를 초과하지 아니하도록 한 것을 말한다.
11	저온용기	액화가스를 충전하기 위한 용기로서 단열재로 피복하거나 냉동설비로 냉각하는 등의 방법으로 용기 내의 가스온도가 상용의 온도를 초과하지 아니하도록 한 것 중 초저온용기 이외의 것을 말한다.
12	충전용기	고압가스의 충전질량 또는 충전압력의 1/2 이상이 충전되어 있는 상태의 용기를 말한다.
13	잔가스 용기	고압가스의 충전질량 또는 충전압력의 1/2 미만이 충전되어 있는 상태의 용기를 말한다.
14	가스설비	고압가스의 제조 · 저장 설비(제조 · 저장 설비에 부착된 배관을 포함하며, 사업소 외에 있는 배관을 제외한다) 중 가스(당해 제조 · 저장하는 고압가스, 제조공정 중에 있는 고압가스가 아닌 상태의 가스 및 당해 고압가스 제조의 원료가 되는 가스)를 말한다.
15	고압가스 설비	가스설비 중 고압가스가 통하는 부분을 말한다.
16	처리설비	압축 · 액화 그 밖의 방법으로 가스를 처리할 수 있는 설비 중 고압가스의 제조(충전을 포함한다)에 필요한 설비와 저장탱크에 부속된 펌프 · 압축기 및 기화장치를 말한다.
17	감압설비	고압가스의 압력을 낮추는 설비를 말한다.

정답 11.③

12 고압가스 안전관리법에서 처리능력은 어느 상태를 기준으로 하는가?

① 0℃, 0Pa(g)
② 15℃, 0Pa(abs)
③ 0℃, 0Pa(abs)
④ 20℃, 1MPa(g)

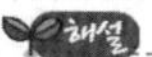

㉠ 안전관리법의 압력은 모두 게이지압력이다.
㉡ '처리능력'이라 함은 처리설비 또는 감압설비에 의하여 압축·액화 그 밖의 방법으로 1일에 처리할 수 있는 가스의 양(온도 : 0℃, 게이지압력 0파스칼의 상태를 기준으로 한다. 이하 같다)을 말한다.

13 다음 중 불연재료에 포함되지 않는 것은?

① 유리섬유, 목재, 모르타르
② 알루미늄, 기와, 슬레이트
③ 철재, 모르타르, 슬레이트
④ 콘크리트, 기와, 벽돌

해설

불연재료 : 콘크리트, 벽돌, 기와, 등불에 타지 않는 재료, 목재는 가연물질이다.

14 방호벽 설치요령에 관한 사항 중 적합한 것은?

① 높이 2m, 두께 12cm 이상의 철근콘크리트벽 또는 그 이상의 강도를 가지는 구조물
② 높이 3m, 두께 5cm 이상의 철근콘크리트벽 또는 그 이상의 강도를 가지는 구조물
③ 높이 3m, 두께 12cm 이상의 철근콘크리트벽 또는 그 이상의 강도를 가지는 구조물
④ 높이 2.5m, 두께 15cm 이상의 철근콘크리트벽 또는 그 이상의 강도를 가지는 구조물

방호벽의 종류 및 규격

구분 / 종류	규격: 두께	규격: 높이	구조
철근 콘크리트	120mm 이상	2000mm 이상	9mm 이상의 철근을 40cm×40cm 이하의 간격으로 배근 결속한다.
콘크리트 블록	150mm 이상	2000mm 이상	9mm 이상의 철근을 40cm×40cm 이하의 간격으로 배근 결속하고 블록 공동부에는 콘크리트 모르타르로 채운다.
박강판	3.2mm 이상	2000mm 이상	30mm×30mm 이상의 앵글강을 40cm×40cm 이하의 간격으로 용접 보강하고 1.8m 이하의 간격으로 지주를 세운다.
후강판	6mm 이상	2000mm 이상	1.8m 이하의 간격으로 지주를 세운다.

15 고압가스 일반제조시설에서 아세틸렌가스 또는 압력 9.8MPa 이상인 압축가스를 용기에 충전하는 경우 방호벽 설치조건이 아닌 것은?

① 가연성 가스의 저장탱크
② 당해 충전장소와 당해 가스충전용기 보관장소 사이
③ 압축기와 당해 가스충전용기 보관장소 사이
④ 압축기와 당해 충전장소 사이

방호벽의 적용시설
(1) 고압가스 일반제조시설 중 아세틸렌가스 또는 압력이 9.8MPa 이상인 압축가스를 용기에 충전하는 경우
  ㉠ 압축기와 당해 충전장소 사이
  ㉡ 압축기와 당해 가스충전용기 보관장소 사이
  ㉢ 당해 충전장소와 당해 가스충전용기 보관장소 사이 및 당해 충전장소와 당해 충전용 주관밸브
(2) 핵심 기억 단어
  압축기 – 충전장소 – 충전용기 보관장소 – 충전용 주관밸브

정답 12.① 13.① 14.① 15.①

16 방호벽을 설치하지 않아도 되는 것은?

① 아세틸렌가스 압축기와 충전장소 사이
② 아세틸렌가스 발생장치와 당해 가스 충전용기 보관장소 사이
③ 판매업소의 용기보관실
④ LPG 충전업소의 LPG 저장탱크와 가스충전장소 사이

해설

㉠ 특정 고압가스 사용시설 중 액화가스 저장능력 300kg(압축가스의 경우는 1m³을 5kg으로 본다) 이상인 용기보관실 벽(단, 안전거리 유지 시는 제외)
㉡ 고압가스 저장시설 중 저장탱크와 사업소 내의 보호시설과의 사이(단, 안전거리 유지 시 또는 시장, 군수, 구청장이 방호벽의 설치로 조업에 지장이 있다고 인정할 경우는 제외)
㉢ 고압가스 판매시설의 고압가스 용기보관실 벽
㉣ LP가스 충전사업소에서 저장탱크와 가스 충전장소와의 사이
㉤ LP가스 판매업소에서 용기저장실의 벽

17 다음 중 방호벽을 설치하지 않아도 되는 시설은?

① 아세틸렌 압축기와 충전용기 보관장소
② 아세틸렌 압축기와 충전장소 사이
③ 액화석유가스 판매업소의 용기저장실
④ 액화석유가스 영업소의 용기저장실(저장능력 50톤)

18 다음 중 제2종 보호시설인 것은?

① 호텔 ② 학원
③ 학교 ④ 주택

19 A업소에서 Cl_2가스를 1일 35000kg을 처리하고자 할 때 1종 보호시설과의 안전거리는 몇 m 이상이어야 하는가? (단, 시·도지사가 별도로 인정하지 않은 지역이다.)

① 27m ② 24m
③ 21m ④ 17m

해설

안전거리 : 염소는 독성 가스이므로 35000kg 1종 27m, 2종 18m이다.

처리 및 저장능력 (m^3 또는 kg) (압축 : m^3, 액화 : kg) ＼ 구 분	독성·가연성	독성·가연성(산소)	산소(기타)	기 타
	1종	2종(1종)	2종(1종)	2종
1만 이하(m^3/kg)	17m	12m	8m	5m
1만~2만 이하(m^3/kg)	21m	14m	9m	7m
2만~3만 이하(m^3/kg)	24m	16m	11m	8m
3만~4만(m^3/kg)	27m	18m	13m	9m
4만 초과(m^3/kg)	30m	20m	14m	10m

20 산소처리능력 및 저장능력이 30000m³ 초과 40000m³ 이하인 저장설비에 있어서 제1종 보호시설과의 안전거리는?

① 18m ② 30m
③ 20m ④ 27m

21 고압가스 저장능력 산출 계산식이다. 잘못된 것은?

V_1 : 내용적(m^3)
V_2 : 내용적(L)
W : 저장능력(kg)
C : 가스 정수
Q : 저장능력(m^3)
d : 상용온도에서 액화가스 비중(kg/L)
P : 35℃에서의 최고충전압력(MPa)

① 압축가스의 저장탱크 $Q=(10P+1)/V_1$
② 압축가스의 저장탱크 및 용기 $V_1=Q/(10P+1)$
③ 액화가스의 용기 및 차량에 고정된 탱크 $W=V_2/C$
④ 액화가스의 저장탱크 $W=0.9dV_2$

해설

저장능력 산정 기준
㉠ 압축가스 저장탱크 및 용기 : $Q=(10P+1)V_1$
㉡ 액화가스 저장탱크 : $W=0.9dV_2$
㉢ 액화가스 용기 : $W=\frac{V_2}{C}$

여기서, Q : 저장능력(m^3), P : 35℃의 Fp(MPa)
V_1 : 내용적(m^3), W : 저장능력(kg)

정답 16.② 17.④ 18.④ 19.① 20.① 21.①

V_2 : 내용적(L), C : 충전상수
d : 상용온도에서 액화가스 비중(kg/L)
• 충전상수 : C_3H_8 : 2.35, C_4H_{10} : 2.05, NH_3 : 1.86, Cl_2 : 0.8, CO_2 : 1.47

22 내부 용적이 25000L인 액화산소 저장탱크의 저장능력은 얼마인가? (단, 비중은 1.14로 본다.)

① 25650kg ② 27520kg
③ 24780kg ④ 26460kg

$W = 0.9dV = 0.9 \times 1.14 \times 25000 = 25650\text{kg}$

23 내용적 3000L인 용기에 액화암모니아를 저장하려고 한다. 동 시설 저장설비의 저장능력은 얼마인가? (단, 액화암모니아의 정수는 1.86이다.)

① 5583kg ② 2796kg
③ 2324kg ④ 1613kg

$W = \frac{V}{C} = \frac{3,000}{1.86} = 1612.91\text{kg} = 1613\text{kg}$

24 원심압축기의 구동능력이 240kW라고 하면, 이 냉동장치의 법정 냉동능력은 얼마인가?

① 250냉동톤 ② 100냉동톤
③ 150냉동톤 ④ 200냉동톤

해설

원심식 압축기를 사용하는 냉동설비는 그 압축기의 원동기 정격출력 1.2kW를 1일의 냉동능력 1톤으로 보고, 흡수식 냉동설비는 발생기를 가열하는 1시간의 입열량 6640kcal를 1일의 냉동능력 1톤으로 본다(원심식 압축기 1.2kW : 1톤, 흡수식 냉동설비 : 6640kcal : 1톤).
∴ 240kW÷1.2kW=200톤

25 흡수식 냉동설비에서 발생기를 가열하는 1시간의 입열량이 몇 kcal를 1일의 냉동능력 1톤으로 보는가?

① 6640 ② 3320
③ 8840 ④ 7740

26 고압가스 특정제조시설 기준 및 기술기준에서 설비와 설비 사이의 거리가 옳은 것은?

① 가연성 가스의 저장탱크는 그 외면으로부터 처리능력이 20m^3 이상인 압축기까지 20m 거리를 유지할 것
② 다른 저장탱크와의 사이에 두 저장탱크의 외경지름을 합한 길이의 1/4이 1m 이상인 경우 1m 이하로 유지할 것
③ 안전구역 내의 고압가스 설비(배관을 제외한다)는 그 외면으로부터 다른 안전구역 안에 있는 고압가스 설비의 외면까지 30m 이상의 거리를 유지할 것
④ 제조설비는 그 외면으로부터 그 제조소의 경계까지 15m 유지할 것

해설

① 처리능력 20만m^3, 압축기와 30m 거리 유지
② 1/4이 1m 이상인 경우 그 길이를 유지
④ 제조소 경계 20m 유지

27 최대직경이 6m인 2개의 저장탱크에 있어서 물분무장치가 없을 때 유지되어야 할 거리는?

① 3m ② 2m
③ 1m ④ 0.6m

해설

6m+6m=12m
$12 \times \frac{1}{4} = 3\text{m}$
∴ 3m는 1m보다 큰 길이이므로 3m가 해당된다.

28 법 규정에 의한 저장탱크의 종류와 물분무장치의 시설기준 설명으로 옳은 것은?

① 방류제를 설치한 저장탱크에 있어서는 당해 방류제 안에서 조작할 수 있는 것일 것
② 물분무장치 등은 당해 저장탱크의 외면으로부터 10m 떨어진 안전한 위치에서 조작할 수 있는 것일 것
③ 당해 저장탱크 표면적 1m^2당 3L/분을 표준으로 계산된 수량을 저장탱크의 전표면에 균일하게 방사할 수 있는 것일 것
④ 물분무장치 등은 동시 방사에 소요되는 최대수량을 공급할 수 있는 수원에 접속되어 있을 것

정답 22.① 23.④ 24.④ 25.① 26.③ 27.① 28.④

해설

㉠ 방류제의 내측 및 외면으로부터 10m 이내는 부속 설비를 설치하지 않는다.
㉡ 물분무장치의 조작위치 15m(살수장치는 5m)
㉢ 물분무장치의 방사능력은 탱크구조에 따라 수량이 달라진다.

29 내화구조의 가연성 가스의 저장탱크 상호간의 거리가 1m 또는 두 저장탱크의 최대 지름을 합산한 길이의 1/4 길이 중 큰 쪽의 거리를 유지하지 않은 경우, 물분무장치의 수량으로서 옳은 것은?

① $7L/m^2 \cdot min$ ② $6L/m^2 \cdot min$
③ $5L/m^2 \cdot min$ ④ $4L/m^2 \cdot min$

해설

1/4 길이 중 큰 쪽과 거리를 유지하지 않은 경우

시 설	수 량
내화구조	4L/min
준내화구조	6.5L/min
저장탱크 전표면	8L/min

30 가연성 가스의 준내화구조 저장탱크가 상호인접하여 있을 때 큰 쪽과 규정거리를 유지하지 못했을 경우 물분무장치의 방사능력은?

① $2L/m^2 \cdot min$ ② $6.5L/m^2 \cdot min$
③ $4L/m^2 \cdot min$ ④ $87L/m^2 \cdot min$

해설

두 저장탱크 최대직경을 합한 길이의 1/4보다 적을 경우

시 설	수 량
내화구조	2L/min
준내화구조	4.5L/min
저장탱크 전표면	7L/min

31 물분무장치를 설치할 때 동시에 방사할 수 있는 최대 수량은 몇 시간 이상 연속하여 방사할 수 있는 수원에 접속되어 있어야 하는가?

① 30분 이상
② 2시간 이상
③ 1시간 이상
④ 1시간 20분 이상

32 고압가스 특정제조시설에서 내부 반응 감시장치의 특수반응설비에 해당되지 않는 것은?

① 수소화 분해반응기
② 수소화 접촉반응기
③ 암모니아 2차 개질로, 에틸렌 제조시설의 아세틸렌수첨탑
④ 산화에틸렌 제조시설의 에틸렌과 산소 또는 공기와의 반응기

해설

내부 반응 감시장치(온도 · 압력 · 유량 감시장치)
고압가스 설비 중 반응기 또는 이와 유사한 설비로서 현저한 발열반응 또는 부차적으로 발생하는 2차 반응에 의하여 폭발 등의 위해가 발생할 가능성이 큰 반응설비(암모니아 2차 개질로, 에틸렌 제조시설의 아세틸렌수첨탑, 산화에틸렌 제조시설의 에틸렌과 산소 또는 공기와의 반응기, 사이크로헥산 제조시설의 벤젠수첨반응기, 석유정제에 있어서 중유 직접 수첨탈황반응기 및 수소화분해반응기, 저밀도 폴리에틸렌중합기 또는 메탄올합성반응탑을 말한다. 이하 '특수반응설비'라 한다)

33 다음 고압가스 설비 중 반응기의 사용이 잘못된 것은?

① 관식 반응기 : 에틸렌의 제조, 염화비닐의 제조
② 이동상식 반응기 : 석유개질
③ 탑식 반응기 : 에틸벤젠의 제조, 벤졸의 염소화
④ 조식 반응기 : 아크릴로라이드의 합성, 디클로로에탄의 합성

해설

반응기의 사용 예
㉠ 조식 반응기 : 아크릴클로라이드의 합성, 디클로로에탄의 합성
㉡ 탑식 반응기 : 에틸벤젠의 제조, 벤졸의 염소화
㉢ 관식 반응기 : 에틸렌의 제조, 염화비닐의 제조
㉣ 내부연소식 반응기 : 아세틸렌의 제조, 합성용 가스의 제조
㉤ 축열식 반응기 : 아세틸렌의 제조, 에틸렌의 제조
㉥ 고정촉매 사용기상 접촉반응기 : 석유의 접촉개질, 에틸알코올 제조
㉦ 유동층식 접촉반응기 : 석유개질
㉧ 이동상식 반응기 : 에틸렌의 제조

정답 29.④ 30.② 31.① 32.② 33.②

34 가연성 가스 또는 독성 가스의 제조시설에서 누출되는 가스가 체류할 우려가 있는 장소에 가스누출검지 경보장치를 설치해야 한다. 이때 가스누출검지 경보장치에 해당되지 않는 것은?

① 가스누출검지기
② 격막갈바니 전지방식
③ 반도체방식
④ 접촉연소방식

해설

가스누출검지 경보장치 : 가연성 가스 또는 독성 가스의 누설을 검지하여 그 농도를 지시함과 동시에 경보를 울리는 것으로서 그 기능은 가스의 종류에 따라 적절히 설치할 것

㉠ 접촉연소방식
㉡ 격막갈바니 전지방식
㉢ 반도체방식(가연성 가스경보기는 담배연기 등에, 독성 가스용 경보기는 담배연기, 기계세척유가스, 등유의 증발가스, 배기가스 및 탄화수소계가스 등 잡가스에는 경보하지 아니할 것)

35 다음은 가스누출경보기의 기능에 대하여 서술한 것이다. 옳지 않은 것은?

① 담배연기 등의 잡가스에 울리지 않는다.
② 경보가 울린 후에 가스농도가 변하더라도 계속 경보를 한다.
③ 폭발하한계의 1/2 이하에서 자동적으로 경보를 울린다.
④ 가스의 누출을 검지하여 그 농도를 지시함과 동시에 경보를 울린다.

해설

경보 농도

㉠ 가연성 가스 : 폭발하한계의 1/4 이하
㉡ 독성 가스 : TLV-TWA 허용농도
㉢ NH_3를 실내에서 사용하는 경우 : TLV-TWA 농도 50ppm 이하

36 다음 중 가스누출검지 경보설비에 설정하는 가스의 농도(경보 설정값)에 관한 설명 중 옳은 것은?

㉠ 가연성 가스 : 폭발하한계의 1/2 이하의 값
㉡ 산소가스 : 14%
㉢ 독성 가스 : TLV-TWA 허용농도 이하의 값
㉣ 산소가스 : 25%

① ㉡, ㉢ ② ㉢, ㉣
③ ㉠, ㉡ ④ ㉠, ㉢

37 암모니아를 실내에서 사용하는 경우 가스누출검지 경보장치의 TLV-TWA 경보 농도는 얼마인가?

① 50ppm ② 25ppm
③ 150ppm ④ 100ppm

38 가스누출검지 경보기가 갖추어야 할 성능 중 틀린 것은?

① 검지경보장치의 검지에서 발신까지 걸리는 시간은 암모니아인 경우 1분 이내로 한다.
② 지시계의 눈금은 가연성 가스는 0~폭발하한계값의 눈금범위일 것
③ 전원 · 전압 변동이 ±10%일 때에도 경보기의 성능에 영향이 없어야 한다.
④ 경보기의 정밀도는 경보농도 설정치에 대하여 가연성 가스용은 ±30% 이하로 한다.

해설

경보기의 정밀도는 경보농도 설정치에 대하여 가연성 가스용은 ±25% 이하로 한다.

참고 1. 경보기의 정밀도
- 가연성 가스 : ±25% 이하
- 독성 가스 : ±30% 이하

2. 검지경보장치의 검지에서 발신까지 걸리는 시간
- 경보농도의 1.6배에서 보통 30초 이내
- NH_3, CO 또는 이와 유사한 가스는 1분 이내

3. 전원의 전압변동 : ±10% 정도

4. 지시계의 눈금
- 가연성 가스 : 0~폭발하한계값
- 독성 가스 : 0~TLV-TWA 허용농도의 3배 값
- NH_3를 실내에서 사용하는 경우 : TLV-TWA 농도 150ppm 이하

정답 34.① 35.③ 36.② 37.① 38.④

39 암모니아 누출 시 검지경보장치의 검지에서 발신까지 걸리는 시간은?

① 30초 ② 20초
③ 1분 ④ 10초

NH_3, CO는 1분이 소요된다.

40 배관시설에 검지경보장치의 검지부를 설치하여야 하는 장소로 부적당한 곳은?

① 누출된 가스가 체류하기 쉬운 구조인 배관의 부분
② 슬리브관, 이중관 등에 의하여 밀폐되어 설치된 배관의 부분
③ 긴급차단장치의 부분
④ 방호구조물 등에 의하여 개방되어 설치된 배관의 부분

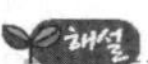

방호구조물 등에 의하여 밀폐되어 설치된 배관의 부분에 검출부를 설치하여야 한다.

41 가연성 가스의 경우 작업원이 정상작업을 하는 데 필요한 장소 및 작업원이 항시 통행하는 장소로부터 긴급용 벤트스택 방출구의 위치는 몇 m 이상 떨어진 곳에 설치하는가?

① 10m ② 20m
③ 5m ④ 15m

긴급용 벤트스택 : 10m, 그 밖의 벤트스택 : 5m

참고 벤트스택(Vent stack) : 가스를 연소시키지 아니하고 대기 중에 방출시키는 파이프 또는 탑을 말한다. 또한 확산을 촉진시키기 위하여 150m/sec 이상의 속도가 되도록 파이프경을 결정한다.

(1) 긴급용 벤트스택
 ㉠ 벤트스택 방출구 높이(가연성 : 폭발하한계 값 미만, 독성 : 허용농도 미만이 되는 위치)
 ㉡ 가연성 벤트스택 : 정전기, 낙뢰 등에 의한 착화방지조치, 착화 시 소화할 수 있는 조치를 할 것
 ㉢ 응축기의 고임을 방지하는 조치
 ㉣ 기액분리기 설치
(2) 그 밖의 벤트스택
 긴급용 벤트스택과 ㉠, ㉡, ㉢ 동일, 그 외에 액화가스가 급랭될 우려가 있는 곳에 액화가스가 방출되지 않는 조치를 할 것(방출구의 위치는 5m)

42 액화가스가 함께 방출되거나 또는 급랭될 우려가 있는 긴급용 벤트스택에는 벤트스택과 연결된 고압가스 설비의 가장 가까운 곳에 어느 것을 설치해야 하는가?

① 역류방지밸브 ② 드레인장치
③ 역화방지기 ④ 기액분리기

43 가연성 가스 또는 독성 가스 제조설비에 계기를 장치하는 회로에 안전확보를 위한 주요 부분에 설비가 잘못 조작되거나 정상적인 제조를 할 수 없는 경우 자동으로 원재료의 공급을 차단하는 장치는?

① 벤트스택 ② 긴급차단장치
③ 인터록기구 ④ 긴급이송설비

인터록기구 : 가연성 가스 또는 독성 가스의 제조설비, 이들 제조설비에 계기를 장치하는 회로에는 제조하는 고압가스의 종류 · 온도 및 압력과 제조설비의 상황에 따라 안전확보를 위한 주요 부분에 설비가 잘못 조작되거나 정상적인 제조를 할 수 없는 경우에 자동으로 원재료의 공급을 차단시키는 등 제조설비 안의 제조를 제어할 수 있는 장치를 설치하는 것

44 고압가스 제조장치로부터 가연성 가스를 대기 중에 방출할 때 이 가연성 가스가 대기와 혼합하여 폭발성 혼합기체를 형성하지 않도록 하기 위해 설치하는 것은?

① 플레어스택 ② 긴급이송설비
③ 긴급차단장치 ④ 벤트스택

해설

플레어스택(Flare stack) : 가연성 가스를 연소에 의하여 처리하는 파이프 또는 탑을 말한다. 플레어스택의 설치위치 및 높이는 플레어스택 바로 밑의 지표면에 미치는 복사열이 4000kcal/m^2 · h 이하가 되도록 할 것

참고 다음의 기준에 따라 플레어스택을 설치할 것
1. 긴급이송설비에 의하여 이송되는 가스를 안전하게 연소시킬 수 있는 것일 것
2. 플레어스택에서 발생하는 복사열이 다른 제조시설에 나쁜 영향을 미치지 아니하도록 안전한 높이 및 위치에 설치할 것
3. 플레어스택에서 발생하는 최대열량에 장시간 견딜 수 있는 재료 및 구조로 되어 있을 것
4. 파일럿버너를 항상 점화하여 두는 등 플레어스택에 관련된 폭발을 방지하기 위한 조치가 되어 있을 것

정답 39.③ 40.④ 41.① 42.④ 43.③ 44.①

45 특정설비의 내압시험에서 구조상 물을 사용하기 적당하지 않은 경우 설계압력의 몇 배의 시험압력으로 질소, 공기 등을 사용하여 합격해야 하는가?

① 1.5배
② 1.25배
③ 1.1배
④ 3배

46 특정고압가스에 해당되는 것만 나열한 것은?

① 수소, 산소, 아세틸렌, 액화염소, 액화아르곤
② 수소, 산소, 액화염소, 액화암모니아, 프로판
③ 수소, 질소, 아세틸렌, 프로판, 부탄
④ 포스핀, 셀렌화수소, 게르만, 디실란

해설

특정고압가스 : 압축모노실란, 압축디보레인, 액화알진, 액화염소, 액화암모니아 등

47 특정고압가스 사용시설기준 및 기술상 기준으로 옳은 것은?

① 산소의 저장설비 주위 5m 이내에서는 화기취급을 하지 말 것
② 사용시설은 당해 설비의 작동상황을 1월마다 1회 이상 점검할 것
③ 액화염소의 감압설비와 당해 가스의 반응설비 간의 배관에는 역화방지장치를 할 것
④ 액화가스 저장량이 200kg 이상인 용기보관실은 방호벽으로 하고 또한 보호거리를 유지할 것

해설

① 산소와 화기와의 거리 5m 이내
② 설비의 작동사항은 1일 1회 점검
③ 액화가스의 저장량이 300kg 이상(압축가스는 $60m^3$)은 방호벽으로 하며, 방호벽 설치 시 안전거리 유지 의무는 없다.
④ 액화염소의 감압설비와 당해 가스의 반응설비 간의 배관 : 역류방지 밸브설치

48 다음은 고압가스 특정제조의 시설기준 중 플레어스택에 관한 설명이다. 옳지 않은 것은 어느 것인가?

① 파일럿 버너를 항상 점화하여 두는 등 플레어스택에 관련된 폭발을 방지하기 위한 조치가 되어 있을 것
② 플레어스택에서 발생하는 최대 열량에 장시간 견딜 수 있는 재료 및 구조로 되어 있을 것
③ 플레어스택에서 발생하는 복사열이 다른 제조시설에 나쁜 영향을 미치지 아니하도록 안전한 높이 및 위치에 설치할 것
④ 가연성 가스인 경우에는 방출된 가연성 가스가 지상에서 폭발한계에 도달하지 아니하도록 할 것

해설

④항은 벤트스택의 기준이며 상기 사항 이외에 연소능력은 긴급이송설비에 의하여 이송되는 가스를 안전하게 연소시킬 수 있는 것 등이 있다.

49 고압가스 특정제조시설에 설치되는 플레어스택의 설치위치 및 높이는 플레어스택 바로 밑의 지표면에 미치는 복사열이 몇 $kcal/m^2 \cdot h$ 이하로 되도록 하여야 하는가?

① 4000 ② 12000
③ 5000 ④ 8000

50 고압가스 설비 내의 가스를 대기 중으로 폐기하는 방법에 관한 설명 중 올바른 것은?

① 통상 플레어스택에는 긴급 시에 사용하는 것과 평상시에 사용하는 것 등의 2종류가 있다.
② 플레어스택에는 파일럿 버너 등을 설치하여 가연성 가스를 연소시킬 필요가 있다.
③ 독성 가스를 대기 중으로 벤트스택을 통하여 방출할 때에는 재해조치는 필요 없다.
④ 가연성 가스용의 벤트스택에는 자동점화장치를 설치할 필요가 있다.

정답 45.② 46.④ 47.① 48.④ 49.① 50.②

51 고압가스 특정제조의 시설기준에서 액화가스 저장탱크의 주위에는 액상의 가스가 누출된 경우 유출을 방지할 수 있는 방류둑의 시설기준에 적합하지 않은 것은?

① 기타는 저장능력이 500톤 이상
② 가연성 가스는 저장능력이 500톤 이상
③ 독성 가스는 5톤 이상
④ 산소는 저장능력이 1000톤 이상

해설

방류둑 설치기준
㉠ 고압가스 특정제조 : 독성 5톤 이상, 가연성 500톤 이상, 산소 1000톤 이상
㉡ 고압가스 일반제조 : 독성 5톤 이상, 가연성 1000톤 이상, 산소 1000톤 이상
㉢ LPG : 1000톤 이상
㉣ 냉동제조시설 : 수액기 내용적 10000L 이상
㉤ 일반 도시가스사업 : 1000톤 이상
㉥ 가스도매사업 : 500톤 이상

참고 1. 방류둑의 기능
저장탱크 내 액화가스의 누설 시 한정된 범위를 벗어나지 않도록 탱크 주위에 쌓아올린 제방
2. 방류둑 용량
• 독 · 가연성 : 저장탱크의 저장능력 상당 용적
• 산소 : 저장탱크의 저장능력 상당 용적의 60%
3. 방류둑 구조
• 재료 : 철근콘크리트, 철골, 금속, 흙 등
• 성토의 기울기 : 45°
• 정상부 폭 : 30cm 이상
• 둘레 50m마다 출입구 설치(전둘레가 50m 미만 시 출입구를 2곳 분산 설치)
4. 방류둑 구비조건
• 액밀한 구조일 것
• 액이 체류한 표면적은 적게 할 것
• 높이에 상당하는 액두압에 견딜 수 있을 것
• 금속은 방청, 방식 조치를 할 것
• 가연성, 조연성, 독성 가스를 혼합, 배치하지 말 것

52 고압가스 특정제조시설에서 방류둑의 내측 및 그 외면으로부터 몇 m 이내에는 그 저장탱크의 부속설비 또는 시설로서 안전상 지장을 주지 않아야 하는가?

① 20m ② 8m
③ 10m ④ 15m

해설

방류둑 내측 및 외면으로부터 10m 이내에는 설치하지 않는다. 단, 10m 이내 설치할 수 있는 설비 : 해당 저장탱크에 속하는 송출 · 송액설비, 저장탱크, 냉동설비, 열교환기, 기화기, 가스누출 검지경보설비 등

53 고압가스 특정제조시설에서 가연성 또는 독성 가스의 액화가스 저장탱크는 그 저장탱크의 외면으로부터 몇 m 이상 떨어진 위치에서 조작할 수 있는 긴급차단장치를 설치하는가?

① 20
② 15
③ 10
④ 5

해설

(1) 긴급차단장치의 작동조작위치(탱크 외면으로부터)
㉠ 고압가스 특정제조 : 10m
㉡ 고압가스 일반제조 : 5m
㉢ 액화석유가스사업법 : 5m
㉣ 일반 도시가스사업 : 5m
㉤ 가스 도매사업 : 10m
(2) 긴급차단장치를 수압시험방법으로 누출검사 시 KSB 2304(밸브검사 통칙)으로 누출검사 실시 공기 또는 질소로 검사 시 차압 0.5~0.6MPa에서 분당 누출량이 50mL×[호칭경(mm)/25mL] (330mL를 초과 시 330mL)를 초과하지 아니하는 것으로 한다.

54 프로판 제조시설에서 계기실의 입구 바닥면의 위치가 지상에서 몇 m 이하이거나 그 밖에 누출된 가스가 침입할 우려가 있는 경우에 그 출입문을 이중문으로 해야 하는가?

① 2.5
② 2
③ 1.5
④ 1

해설

아세트알데히드, 이소프렌, 에틸렌, 염화비닐, 산화에틸렌, 산화프로필렌, 프로판, 프로필렌, 부탄, 부틸렌, 부타디엔의 제조시설로서 계기실의 입구 바닥면의 위치가 지상에서 2.5m 이하이거나 그 밖에 누출된 가스가 침입할 우려가 있는 계기실에는 외부로부터의 가스 침입을 막기 위하여 필요한 압력을 유지하고 출입문을 이중문으로 할 것

정답 51.① 52.③ 53.③ 54.①

55 고압가스 특정제조시설에서 계기실의 출입문을 이중문으로 해야만 되는 가스가 아닌 것은?

① 프로판
② 염소
③ 에틸렌
④ 부탄

56 고압가스 특정제조시설에서 배관을 사업소 밖에 매몰하는 경우 그 외면으로부터 건축물, 터널, 그 밖의 시설물에 대하여 수평거리 이상을 유지해야 한다. 잘못된 것은?

① 배관은 지하가 및 터널과 10m 이상 유지해야 한다.
② 배관은 건축물과 1.5m 이상 유지해야 한다.
③ 독성 가스 이외의 고압가스 배관은 지하가 약 1.5m 이상 수평거리를 유지해야 한다.
④ 독성 가스의 배관은 그 가스가 혼입될 우려가 있는 수도시설과는 300m 이상 유지해야 한다.

해설

배관의 설치 : 배관을 지하에 매설하는 경우에는 다음의 기준에 적합해야 한다.
㉠ 배관은 건축물과는 1.5m, 지하가 및 터널과는 10m 이상의 거리를 유지할 것
㉡ 독성 가스의 배관은 그 가스가 혼입될 우려가 있는 수도시설과는 300m 이상의 거리를 유지할 것
㉢ 배관은 그 외면으로부터 지하의 다른 시설물과 0.3m 이상의 거리를 유지할 것
㉣ 지표면으로부터 배관의 외면까지 매설깊이는 산이나 들에서는 1m 이상, 그 밖의 지역에서는 1.2m 이상으로 할 것. 다만, 방호구조물 안에 설치하는 경우에는 그 방호구조물의 외면까지의 깊이를 0.6m 이상으로 할 것

57 고압가스 특정제조에서 배관은 그 외면으로부터 지하의 다른 시설물과 몇 m 이상 거리를 유지해야 하는가?

① 1m ② 0.5m
③ 0.3m ④ 0.2m

58 고압가스 특정제조에서 지표면으로부터 배관의 외면까지 매설깊이는 산이나 들에서 몇 m 이상 유지해야 하는가?

① 1.5m ② 1.2m
③ 1m ④ 0.3m

59 고압가스 특정제조에서 배관의 외면으로부터 굴착구의 측벽에 대해 몇 cm 이상의 거리를 유지하도록 시공하는가?

① 30cm
② 20cm
③ 15cm
④ 10cm

해설

굴착 및 되메우기의 안전확보를 위한 방법
㉠ 배관의 외면으로부터 굴착구의 측벽에 대해 15cm 이상의 거리를 유지하도록 시공할 것
㉡ 굴착구의 바닥면 모래 또는 사토질을 20cm(열차하중 또는 자동차 하중을 받을 우려가 없는 경우는 10cm) 이상의 두께로 깔거나 모래주머니를 10cm 이상의 두께로 깔아서 평탄하게 할 것

60 고압가스 특정제조시설 기준 중 도로 밑에 매설하는 배관에 대하여 기술한 것이다. 옳지 않은 것은?

① 배관은 그 외면으로부터 다른 시설물과 30cm 이상의 거리를 유지한다.
② 배관은 자동차 하중의 영향이 적은 곳에 매설한다.
③ 배관은 외면으로부터 도로의 경계까지 60cm 이상의 수평거리를 유지한다.
④ 배관의 접합은 원칙적으로 용접한다.

해설

도로 밑 매설
㉠ 원칙적으로 자동차 등 하중의 영향이 적은 곳에 매설할 것
㉡ 배관의 외면으로부터 도로의 경계까지 1m 이상의 수평거리를 유지할 것
㉢ 배관(방호구조물 안에 설치하는 경우에는 그 방호구조물을 말한다)은 그 외면으로부터 도로 밑의 다른 시설물과 0.3m 이상의 거리를 유지할 것

정답 55.② 56.③ 57.③ 58.③ 59.③ 60.③

61 고압가스 특정제조시설 기준 중 시가지의 도로 노면 밑에 매설하는 경우에는 노면으로부터 배관의 외면까지의 깊이를 몇 m 이상으로 하는가?

① 2m
② 1.5m
③ 1.2m
④ 1m

해설

시가지의 도로 노면 밑에 매설하는 경우에는 노면으로부터 배관의 외면까지 깊이를 1.5m 이상으로 할 것. 다만, 방호구조물 안에 설치하는 경우에는 노면으로부터 그 방호구조물의 외면까지의 깊이를 1.2m 이상으로 할 수 있다. 시가지 외의 도로 노면 밑에 매설하는 경우에는 노면으로부터 배관의 외면(방호구조물 안에 설치하는 경우에는 그 방호구조물의 외면을 말한다)까지의 깊이를 1.2m 이상으로 할 것

62 고압가스 특정제조시설 중 철도부지 밑에 매설하는 배관에 대하여 설명한 것이다. 옳지 않은 것은?

① 배관의 외면으로부터 그 철도부지의 경계까지는 1m 이상 유지한다.
② 배관의 외면으로부터 궤도 중심까지 4m 이상 유지한다.
③ 배관의 외면과 지면과의 거리는 1m 이상으로 한다.
④ 배관은 그 외면으로부터 다른 시설물과 30cm 이상의 거리를 유지한다.

해설

철도부지 밑 매설
㉠ 궤도 중심과 4m 이상
㉡ 철도부지 경계와 1m 이상
㉢ 배관의 외면과 지표면과의 거리 1.2m 이상
㉣ 다른 시설물과 0.3m 이상

63 배관을 철도부지 밑에 매설할 경우 그 철도부지의 경계까지는 몇 m인가?

① 1m 이상
② 1.3m 이상
③ 1.4m 이상
④ 1.5m 이상

64 고압가스 특정제조시설에서 배관을 지상에 설치하는 경우에는 불활성 가스 이외의 가스배관 양측에 상용압력 구분에 따른 폭 이상의 공지를 유지하는 경우 중 틀린 것은?

① 산업통상자원부장관이 정하여 고시하는 지역에 설치하는 경우에는 규정 폭의 1/3로 할 것
② 상용압력 1MPa 이상 : 15m
③ 상용압력 0.2~1MPa 미만 : 10m
④ 상용압력 0.2MPa 미만 : 5m

해설

지상설치 : 배관을 지상에 설치하는 경우에는 다음의 기준에 의한다.
㉠ 배관은 고압가스의 종류에 따라 주택, 학교, 병원, 철도 그 밖의 이와 유사한 시설과 안전확보상 필요한 거리를 유지할 것
㉡ 불활성 가스 이외의 배관 양측에는 다음 표에 의한 상용압력 구분에 따른 폭 이상의 공지를 유지할 것. 다만, 안전에 필요한 조치를 강구한 경우에는 그러하지 아니 한다.

상용압력	공지의 폭	비 고
0.2MPa 미만	5m	공지의 폭은 배관 양쪽의 외면으로부터 계산하되 산업통상자원부 장관이 정하여 고시하는 지역에 설치하는 경우에는 표에서 정한 폭의 1/3로 할 수 있다.
0.2~1MPa 미만	9m	
1MPa 이상	15m	

65 하천 또는 수로를 횡단하여 배관을 매설할 경우에 방호구조물 내에 설치하여야 하는 고압가스는?

① 염화메탄 ② 포스겐
③ 불소 ④ 황화수소

해설

하천 등 횡단설치의 방법 : 하천 또는 수로를 횡단하여 배관을 매설할 경우에는 이중관으로 하고 방호구조물 내에 설치해야 할 고압가스의 종류 및 당해 이중관 또는 방호구조물
㉠ 하천수로 횡단 시 이중관으로 해야 할 고압가스의 종류 : 염소, 포스겐, 불소, 아크릴알데히드, 아황산가스, 시안화가스, 황화수소
㉡ 하천수를 횡단 시 방호구조물 내에 설치해야 할 고압가스의 종류 : ㉠ 이외의 독성 가스 또는 가연성 가스

정답 61.② 62.③ 63.① 64.③ 65.①

참고 독성 가스 중 이중관으로 설치하는 가스는 아황산(SO_2), 암모니아(NH_3), 염소(Cl_2), 염화메탄(CH_3Cl), 산화에틸렌(C_2H_4O), 시안화수소(HCN), 포스겐($COCl_2$), 황화수소(H_2S)이다.
(**암기법**아암염염산시포황)
이 중 물로써 중화가 가능한 가스는 암모니아, 염화메탄, 산화에틸렌으로 독성 가스 중 이중관으로 설치하는 가스 중 물로 중화할 수 있는 3가지를 제외하고 불소와 아크릴알데히드를 첨가하면 하천수로를 횡단할 때 이중관으로 설치하는 가스가 되며, 이중관을 제외한 나머지 독성 가스는 방호구조물에 설치하는 가스가 된다(이중관의 규격 : 외층관 내경=내층관 외경×1.2배).

66 배관을 해저에 설치하는 경우 다음 기준에 적합하지 않은 것은?

① 배관의 입상부에는 방호시설물을 설치할 것
② 배관은 원칙적으로 다른 배관과 20m 이상의 수평거리를 유지할 것
③ 배관은 원칙적으로 다른 배관과 교차하지 아니할 것
④ 배관은 해저면 밑에 매설할 것

해설

해저 설치 : 배관을 해저에 설치하는 경우에는 다음 이 기준에 적합해야 한다.
㉠ 배관은 해저면 밑에 매설할 것(단, 닻 내림 등에 의한 배관 손상의 우려가 없거나 그 밖에 부득이한 경우에는 그러하지 아니 하다)
㉡ 배관은 원칙적으로 다른 배관과 교차하지 아니할 것
㉢ 배관은 원칙적으로 다른 배관과 30m 이상의 수평거리를 유지할 것
㉣ 두 개 이상의 배관을 동시에 설치하는 경우에는 배관이 서로 접촉하지 아니하도록 필요한 조치를 할 것
㉤ 배관의 입상부에는 방호시설물을 설치할 것

67 고압가스 특정제조시설에서 하천 밑을 횡단하여 배관을 매설하는 경우 수로 밑 몇 m 이상 깊이에 매설하는가?

① 10m
② 4m
③ 2.5m
④ 1.2m

해설

하천수로 등의 밑을 횡단하여 매설 시
㉠ 좁은 수로 밑 : 1.2m
㉡ 수로 밑 : 2.5m

68 고압가스 특정제조시설에서 배관을 해면 위에 설치하는 경우 다음 기준에 적합하지 않은 것은?

① 배관은 다른 시설물과 배관의 유지관리에 필요한 거리를 유지할 것
② 선박의 충돌 등에 의하여 배관 또는 그 지지물이 손상을 받을 우려가 있는 경우에는 방호설비를 설치할 것
③ 배관은 선박에 의하여 손상을 받지 아니하도록 해면과의 사이에 필요한 공간을 두지 아니할 것
④ 배관은 지진, 풍압, 파도압 등에 대하여 안전한 구조의 지지물로 지지할 것

해상 설치 : 배관을 해면 위에 설치하는 경우에는 다음의 기준에 적합해야 한다.
㉠ 배관은 지진, 풍압, 파도압 등에 대하여 안전한 구조의 지지물로 지지할 것
㉡ 배관은 선박의 항해에 의하여 손상을 받지 아니하도록 해면과의 사이에 필요한 공간을 확보하여 설치할 것
㉢ 선박의 충돌 등에 의하여 배관 또는 그 지지물이 손상받을 우려가 있는 경우에는 방호설비를 설치할 것
㉣ 배관은 다른 시설물(그 배관의 지지물은 제외한다)과 배관의 유지관리에 필요한 거리를 유지할 것

69 고압가스 특정제조시설에서 시가지, 하천상, 터널상, 도로상 중에 배관을 설치하는 경우 누출확산 방지조치를 할 가스의 종류는 이중 배관으로 해야 한다. 다음 중 해당하지 않는 것은?

① 일산화탄소 ② 시안화수소
③ 포스겐 ④ 염소

배관을 이중관으로 해야 하는 곳은 고압가스가 통과하는 부분으로서 가스의 종류에 따라 주위의 상황이 다음과 같다.

정답 66.② 67.③ 68.③ 69.①

가스의 종류	주위의 상황 지상설치 (하천 위 또는 수로 위를 포함한다)
염소, 포스겐, 불소, 아크릴알데히드(아크롤레인)	주택 등의 시설에 대한 지상배관의 수평거리 등에 정한 수평거리의 2배(500m를 초과하는 경우는 500m로 한다) 미만의 거리에 배관을 설치하는 구간
아황산가스, 시안화수소, 황화수소	주택 등의 시설에 대한 지상배관의 수평거리 등에 정한 수평거리의 1.5배 미만의 거리에 배관을 설치하는 구간

70 배관장치에는 압력 또는 유량의 이상상태가 발생한 경우 그 상황을 경보하는 장치를 설치해야 하는 경우 틀린 것은?

① 긴급차단밸브의 조작회로가 고장난 때
② 배관 내의 유량이 정상운전 시의 유량보다 7% 이상 변동한 경우
③ 배관 내의 압력이 정상운전 시의 압력보다 10% 이상 강하한 경우
④ 배관 내의 압력이 상용압력의 1.05배를 초과한 경우

해설

경보장치가 울리는 경우
㉠ 배관 내의 압력이 상용압력의 1.05배(상용압력이 4MPa 이상인 경우에는 상용압력에 0.2MPa를 더한 압력)를 초과한 때
㉡ 배관 내의 압력이 정상운전 시의 압력보다 15% 이상 강하한 경우
㉢ 배관 내의 유량이 정상운전 시의 유량보다 7% 이상 변동한 경우
㉣ 긴급차단밸브의 조작회로가 고장난 때 또는 긴급차단밸브가 폐쇄된 때

71 배관장치에서 이상상태가 발생한 경우 재해의 발생 방지를 위해 신속하게 정지 또는 폐쇄하는 제어기능을 갖추어야 한다. 이때 이상상태가 발생한 경우에 해당하지 않는 것은?

① 가스누출 검지경보장치가 작동했을 때
② 압력이 정상운전 시의 압력보다 30% 이상 강하했을 때
③ 유량이 정상운전 시의 유량보다 15% 이상 증가했을 때
④ 압력이 상용압력의 1.5배를 초과했을 때

해설

이상상태가 발생한 경우
㉠ 압력이 상용압력의 1.1배를 초과했을 때
㉡ 유량이 정상운전 시의 유량보다 15% 이상 증가했을 때
㉢ 압력이 정상운전 시의 압력보다 30% 이상 강하했을 때
㉣ 가스누설 검지경보장치가 작동했을 때

72 고압가스 특정제조시설 중 배관장치에 설치하는 피뢰설비 규격은?

① KS C 9609　② KS C 8006
③ KS C 9806　④ KS C 8076

피뢰설비 : 배관장치에는 필요에 따라 KS C 9609(피뢰침)에 정하는 규격의 피뢰설비를 설치할 것

73 고압가스 특정제조시설에서 배관장치의 안전을 위한 설비에 해당하지 않는 것은?

① 경계표지
② 가스누출 검지경보설비
③ 제독설비
④ 안전제어장치

해설

배관장치의 안전을 위한 설비
㉠ 운전상태 감시장치
㉡ 안전제어장치
㉢ 가스누설검지 경보설비
㉣ 제독설비
㉤ 통신시설
㉥ 비상조명설비
㉦ 기타 안전상 중요하다고 인정되는 설비

74 튜브게이지 액면표시장치에 설치해야 하는 것은?

① 플레어스택
② 스톱밸브
③ 방충망
④ 프로텍터

정답 70.③ 71.④ 72.① 73.① 74.②

해설

액면계 : 액화가스의 저장탱크에는 액면계(산소 또는 불활성 가스의 초저온 저장탱크의 경우에 한하여 환형 유리제 액면계도 가능)를 설치하여야 하며, 그 액면계가 유리제일 때에는 그 파손을 방지하는 장치를 설치하고, 저장탱크(가연성 가스 및 독성 가스에 한한다)와 유리제 게이지를 접속하는 상하 배관에는 자동식 및 수동식의 스톱밸브를 설치할 것

75 액면계로부터 가스가 방출되었을 때 인화 또는 중독의 우려가 없는 가스의 경우에 사용할 수 있는 것이 아닌 것은?

① 슬립튜브식 액면계
② 회전튜브식 액면계
③ 평형튜브식 액면계
④ 고정튜브식 액면계

76 가스방출장치를 설치해야 하는 가스저장탱크의 규모는?

① $6m^3$ 이상 ② $5m^3$ 이상
③ $4m^3$ 이상 ④ $3m^3$ 이상

해설

저장탱크 등의 구조 : 저장탱크 및 가스홀더는 가스가 누출하지 아니하는 구조로 하고, $5m^3$ 이상의 가스를 저장하는 것에는 가스방출장치를 설치할 것(긴급차단장치를 설치하는 탱크 용량 5000L 이상, 가스방출장치를 설치하는 탱크 용량 $5m^3$ 이상($5m^3$=5000L)

참고 저장탱크 간의 거리 : 가연성 가스의 저장탱크(저장능력이 $300m^3$ 또는 3톤 이상의 것에 한한다)와 다른 가연성 가스 또는 산소의 저장탱크와의 사이에는 두 저장탱크의 최대 지름을 합산한 길이의 $\frac{1}{4}$ 이상에 해당하는 거리(두 저장탱크의 최대 지름을 합산한 길이의 $\frac{1}{4}$이 1m 미만의 경우에는 1m 이상의 거리)를 유지할 것. 다만, 저장탱크에 물분무장치를 설치한 경우에는 그러하지 아니 한다.

77 저장탱크 A의 최대 직경이 4m, 저장탱크 B의 최대 직경이 2m일 때 저장탱크 간의 이격거리는 얼마인가?

① 3m ② 2m
③ 1.5m ④ 1m

$4m+2m=6m$

$\therefore\ 6m\times\frac{1}{4}=1.5m$

78 방류둑의 기능에 대한 설명으로 가장 적합한 것은?

① 저장탱크의 부등침하를 방지하기 위한 것이다.
② 태풍으로부터 저장탱크를 보호하기 위한 것이다.
③ 액체상태로 누출되었을 때 액화가스의 유출을 방지하기 위한 것이다.
④ 홍수가 났을 경우 저장탱크의 침수를 방지하기 위한 것이다.

79 액화산소의 저장탱크 방류둑은 저장능력 상당 용적의 몇 % 이상으로 하는가?

① 100% ② 80%
③ 60% ④ 40%

80 방류둑에는 승강을 위한 계단 사다리를 출입구 둘레 몇 m마다 1개 이상 두어야 하는가?

① 60 ② 50
③ 40 ④ 30

81 다음 저장탱크를 지하에 묻는 경우 시설기준에 틀린 것은?

① 저장탱크를 매설한 곳의 주위에는 지상에 경계표지를 할 것
② 저장탱크를 2개 이상 인접하여 설치하는 경우에는 상호 간에 90cm 이상의 거리를 유지할 것
③ 지면으로부터 저장탱크의 정상부까지의 깊이는 60cm 이상으로 할 것
④ 저장탱크 주위에 마른 모래를 채울 것

저장탱크의 설치방법 : 저장탱크를 지하에 매설하는 경우에는 다음의 기준에 의한다.

정답 75.③ 76.② 77.③ 78.③ 79.③ 80.② 81.②

㉠ 저장탱크를 외면에는 부식방지 코팅과 전기적 부식방지조치를 하고, 저장탱크는 천장, 벽 및 바닥의 두께가 각각 30cm 이상인 방수조치를 한 철근콘크리트로 만든 곳(이하 '저장탱크실'이라 한다)에 설치할 것
㉡ 저장탱크의 주위에 마른 모래를 채울 것
㉢ 지면으로부터 저장탱크의 정상부까지의 깊이는 60cm 이상으로 할 것
㉣ 저장탱크를 2개 이상 인접하여 설치하는 경우에는 상호 간에 1m 이상의 거리를 유지할 것
㉤ 저장탱크를 매설한 곳의 주위에는 지상에 경계표지를 할 것
㉥ 저장탱크에 설치한 안전밸브에는 지면에서 5m 이상의 높이에 배출구가 있는 가스방출관을 설치할 것
㉦ 가변성 독성 가스 저장탱크 처리설비실에는 가스누출 검지경보장치를 설치한다.
㉧ 저장탱크 처리설비실의 출입문은 따로 설치하고 자물쇠 채움 등의 봉인조치를 한다.

참고 저장탱크를 지하에 매설하는 경우

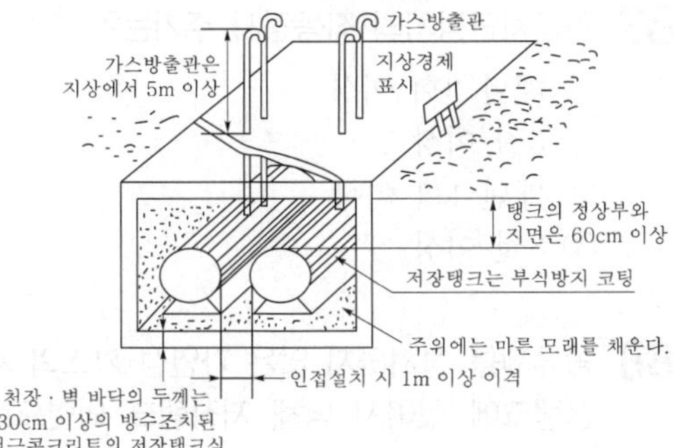

82 고압가스 일반제조의 저장탱크 기준으로 틀린 것은?

① 액상의 가연성 가스 또는 독성 가스를 이입하기 위하여 설치된 배관에는 역류방지밸브와 긴급차단장치를 반드시 설치할 것
② 독성 가스의 액화가스 저장탱크로서 내용적이 5000L 이상의 것에 설치한 배관에는 저장탱크 외면으로부터 5m 이상 떨어진 위치에서 조작할 수 있는 긴급차단장치를 설치할 것
③ 저장능력이 5톤 이상인 독성 가스의 액화가스 저장탱크에는 방류둑을 설치할 것
④ 가연성 가스 저장탱크 저장능력이 1000톤 이상 주위에는 유출을 방지할 수 있는 방류둑 또는 이와 동등 이상의 효과가 있는 시설을 설치할 것

해설

고압가스 일반제조의 긴급차단장치
㉠ 가연성 가스 또는 독성 가스의 저장탱크(내용적 5000L 미만의 것을 제외한다)에 부착된 배관(액상의 가스를 송출 또는 이입하는 것에 한하며, 저장탱크와 배관과의 접속부분을 포함한다)에는 그 저장탱크의 외면으로부터 5m 이상 떨어진 위치에서 조작할 수 있는 긴급차단장치를 설치할 것. 다만, 액상의 가연성 가스 또는 독성 가스를 이입하기 위하여 설치된 배관에는 역류방지밸브로 갈음할 수 있다.
㉡ ㉠의 규정에 의한 배관에는 긴급차단장치에 딸린 밸브 외에 2개 이상의 밸브를 설치하고, 그 중 1개는 배관에 속하는 저장탱크의 가장 가까운 부근에 설치할 것. 이 경우 그 저장탱크의 가장 가까운 부근에 설치한 밸브는 가스를 송출 또는 이입하는 때 이외는 잠그어 둘 것

참고 긴급차단장치 : 화재, 배관의 파열, 오조작 등의 사고시 탱크에서 가스가 다량으로 유출되는 것을 방지하기 위해 설치되는 장치를 말한다.

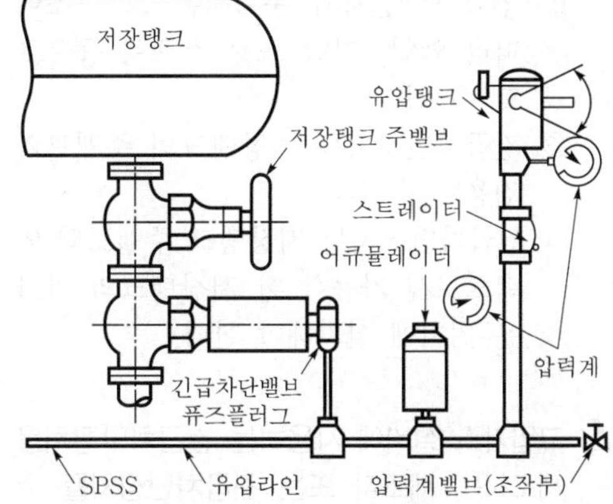

(1) 긴급차단장치의 적용시설
㉠ 액화석유가스 저장탱크(내용적 5000L 이상)의 액상의 가스를 이입, 이충전하는 배관
㉡ 가연성 가스, 독성 가스, 산소(내용적 5000L 이상)의 액상의 가스를 이입, 이충하는 배관, 다만, 액상의 가스를 이입하기 위한 배관은 역류방지밸브로 갈음할 수 있다.

정답 82.①

(2) 긴급차단장치 또는 역류방지밸브의 부착위치 저장탱크 주밸브(main valve)의 외측으로서 저장탱크에 가까운 위치 또는 저장탱크 내부에 설치하되 저장탱크의 주밸브와 겸용하여서는 안 된다.
(3) 차단조작기구(mechanism)
㉠ 동력원 : 액압, 기압 또는 전기압, 스프링압
㉡ 조작위치 : 당해 저장탱크로부터 5m 이상 떨어진 곳, 방류둑을 설치한 곳에는 그 외측
※ 작동 레버는 3곳 이상(사무실, 충전소, 탱크로리 충전장)에 설치해야 하며, 작동온도는 110℃이고 재료로는 Bi, Cd, Pb, Sn, Hg 등이 사용된다.
(4) 제조자 또는 수리자가 긴급차단장치를 제조 또는 수리하였을 경우에는 KS B 2304에 정한 수압시험방법으로 누설검사를 할 것
(5) 긴급차단장치의 작동검사 : 매년 1회 이상

83 다음은 긴급차단장치에 관한 설명이다. 이 중 옳지 않은 것은?

① 긴급차단장치는 당해 저장탱크로부터 5m 이상 떨어진 곳에서 조작할 수 있어야 한다.
② 긴급차단장치의 동력원은 그 구조에 따라 액압, 기압 또는 스프링 등으로 할 수 있다.
③ 긴급차단장치는 저장탱크의 주밸브와 겸용할 수 있다.
④ 긴급차단장치는 저장탱크 주밸브의 외측으로서 가능한 한 저장탱크의 가까운 위치에 설치해야 한다.

84 고압가스 설비에 사용하는 긴급차단장치를 제조하는 제조자 또는 긴급차단장치를 수리하는 수리자가 긴급차단장치를 제조 또는 수리할 때의 수압시험방법은?

① KS B 0014
② KS B 2108
③ KS B 0004
④ KS B 2304

85 긴급차단장치의 성능시험을 할 때 긴급차단장치의 부속품이 장치 또는 용기 및 배관 외면의 온도가 몇 ℃가 될 때 자동적으로 작동될 수 있어야 하는가?

① 110 ② 105
③ 100 ④ 80

해설

긴급차단장치의 원격(자동)작동온도 : 110℃

86 긴급차단장치의 재료에 해당되지 않는 것은?

① Cd
② Zn
③ Bi
④ Pb

87 긴급차단장치의 작동검사 주기는?

① 매년 3회 이상
② 6월 이상
③ 매년 1회 이상
④ 3월 이상

88 방류제를 설치하지 않은 가연성 가스의 저장탱크에 있어서 당해 저장탱크 외면으로부터 몇 m 이내에 온도상승 방지조치를 해야 하는가?

① 20m ② 15m
③ 10m ④ 5m

해설

㉠ 온도상승 방지조치 : 가연성 가스 및 독성 가스의 저장탱크(그 밖의 저장탱크 중 가연성 가스 저장탱크 또는 가연성 물질을 취급하는 설비의 주위에 있는 저장탱크를 포함한다) 및 그 지주에는 온도의 상승을 방지할 수 있는 조치를 할 것
㉡ 가연성 가스 저장탱크의 주위 또는 가연성 물질을 취급하는 설비 주위
• 방류둑을 설치한 가연성 가스 저장탱크는 당해 방류둑 외면으로부터 10m 이내
• 방류둑을 설치하지 아니한 가연성 가스 저장탱크는 당해 저장탱크 외면으로부터 20m 이내
• 가연성 물질을 취급하는 설비는 그 외면으로부터 20m 이내

정답 83.③ 84.④ 85.① 86.② 87.③ 88.①

89 고압가스 설비는 그 두께가 상용압력의 몇 배 이상의 압력으로 하는 내압시험에 합격한 것이어야 하는가?

① 2.5배 ② 2배
③ 1.5배 ④ 1배

해설

Tp(내압시험압력=상용압력×1.5배)

90 다음 ( ) 안에 맞는 것은?

> '기밀시험압력'이라 함은 아세틸렌용기에 있어서 최고충전압력은 ( )의 압력을 말한다.

① 0.8배
② 1.1배
③ 1.5배
④ 1.8배

91 고압가스 설비의 내압시험과 기밀시험에 대한 설명 중 맞는 것은?

① 내압시험 : 상용압력 이상, 기밀시험 : 상용압력의 1.5배 이상
② 내압시험 : 상용압력의 1.5배 이상, 기밀시험 : 상용압력 이상
③ 내압시험 : 상용압력의 2배 이상, 기밀시험 : 사용압력의 1.5배 이상
④ 내압시험 : 상용압력의 1.5배 이상, 기밀시험 : 상용압력

92 용기의 기밀시험압력에 관한 설명 중 맞는 것은?

① 초저온용기 및 저온용기에 있어서는 최고충전압력의 1.8배의 압력
② 초저온용기 및 저온용기에 있어서는 최고충전압력의 2배
③ 초저온용기 및 저온용기에 있어서는 최고충전압력의 1.1배의 압력
④ 아세틸렌가스용기에 있어서는 최고충전압력의 1.1배의 압력

93 고압가스 설비는 상용압력의 몇 배 이상의 압력에서 항복을 일으키지 않는 두께를 가져야 하는가?

① 2.5배 ② 2배
③ 1.5배 ④ 1배

해설

㉠ 상용압력×2배
㉡ 최고사용압력×1.7배

94 고압가스 설비에 장치하는 압력계의 최고눈금에 대하여 옳은 것은?

① 상용압력의 2배 이상 2.5배 이하
② 상용압력의 1.5배 이상 2배 이하
③ 상용압력의 2.5배 이하
④ 상용압력의 1.5배 이하

해설

압력계의 최고눈금=상용압력×1.5배 이상 2배 이하

95 고압가스 설비에 압력계를 설치하려고 한다. 상용압력이 20MPa라면 게이지의 최고눈금은 다음의 어떤 것이 가장 좋은가?

① 70~80MPa
② 45~65MPa
③ 30~40MPa
④ 20~25MPa

해설

20×1.5~20×2=30~40MPa

96 가연성 가스의 가스설비는 그 외면으로부터 화기를 취급하는 장소까지 몇 m 이상의 우회거리를 두어야 하는가?

① 10 ② 8
③ 5 ④ 2

해설

㉠ 화기와 우회거리(8m-가연성, 산소가스 설비, 에어졸 충전설비 / 2m-기타 가스설비, 입상관, 가스계량기 가정용 시설, LPG 판매시설)
㉡ 화기와 직선(이내)거리 : 2m(단, 산소가스 설비의 직선거리 : 5m)

정답 89.③ 90.④ 91.② 92.③ 93.② 94.② 95.③ 96.②

97 가연성 가스의 저장탱크에 설치하는 방출관의 방출구 위치는 지면으로부터 몇 m 높이의 주위에 화기 등이 없는 안전한 위치에 설치하는가?

① 15　　② 10
③ 5　　④ 2

해설

㉠ 지상탱크 방출관의 방출구 위치 : 지면에서 5m 이상, 탱크 정상부에서 2m 이상 중 높은 위치
㉡ 지하탱크 방출관의 방출구 위치 : 지면에서 5m 이상

98 다음 (　) 안에 맞는 것은?

> 가연성 가스 제조시설의 고압가스 설비는 그 외면으로부터 산소 제조시설의 고압가스 설비에 대하여 (　) 이상의 거리를 유지한다.

① 3m
② 5m
③ 8m
④ 10m

해설

㉠ 가연성 설비-가연성 설비 : 5m
㉡ 가연성 설비-산소설비 : 10m

99 독성 가스의 제독작업에 필요한 보호구의 장착훈련은?

① 6개월마다 1회 이상
② 3개월마다 1회 이상
③ 2개월마다 1회 이상
④ 1개월마다 1회 이상

보호구의 장착훈련 : 작업원에게는 3개월마다 1회 이상 사용훈련 실시

참고 (1) 중화설비 · 이송설비
㉠ 독성 가스의 가스설비실 및 저장설비실에는 그 가스가 누출된 경우에는 이를 중화설비로 이송시켜 흡수 또는 중화할 수 있는 설비를 설치할 것
㉡ 독성 가스를 제조하는 시설을 실내에 설치하는 경우에는 흡입장치와 연동시켜 중화설비에 이송시키는 설비를 갖출 것

(2) 독성 가스의 제독조치 : 독성 가스가 누설된 때에 확산을 방지하는 조치를 해야 할 독성 가스의 종류 : SO_2, NH_3, Cl_2, CH_3Cl, C_2H_4O, HCN, $COCl_2$, H_2S

(3) 제독작업에 필요한 보호구의 종류와 수량
㉠ 공기호흡기 또는 송기식 마스크(전면형)
㉡ 격리식 방독마스크(농도에 따라 전면 고농도형, 중농도형, 저농도형)
㉢ 보호장갑 및 보호장화(고무 또는 비닐제품)
㉣ 보호복(고무 또는 비닐제품)

100 액화가스가 통하는 가스공급시설에서 발생하는 정전기를 제거하기 위한 접지접속선의 단면적은 얼마 이상인가?

① 5.5mm^2
② 5mm^2
③ 1.5mm^2
④ 2mm^2

해설

정전기 제거 접지접속선 단면적 5.5mm^2 이상

참고 ㉠ 정전기 제거 : 가연성 가스 제조설비에는 그 설비에서 생기는 정전기를 제거하는 조치를 할 것
㉡ 정전기 제거기준
- 접지저항치의 총합 100Ω 이하
- 피뢰설비를 설치한 것은 10Ω 이하
- 접지접속은 단면적 5.5mm^2 이상의 것

101 안전관리자가 상주하는 사무소와 현장사무소와의 사이 또는 현장사무소 상호 간에 신속히 통보할 수 있도록 통신시설을 갖추어야 하는데 해당되지 않는 것은?

① 페이징 설비
② 인터폰
③ 메가폰
④ 구내 방송시설

해설

안전관리자가 상주하는 사무소와 현장사무소 사이 또는 현장사무소 상호 간 통보설비(구내 전화, 구내 방송설비, 인터폰, 페이징 설비)

참고 통신시설 : 사업소 안에는 긴급사태가 발생한 경우에 이를 신속히 전파할 수 있도록 사업소의 규모 · 구조에 적합한 통신시설을 갖추어야 한다. 통신시설은 다음과 같다.

정답 97.③ 98.④ 99.② 100.① 101.③

통보범위	통보설비
• 안전관리자가 상주하는 사무소와 현장사무소 사이 • 현장사무소 상호 간	구내 전화, 구내 방송설비, 인터폰, 페이징 설비
• 사업소 내 전체	구내 방송설비, 사이렌, 휴대용 확성기, 페이징 설비, 메가폰
• 종업원 상호 간	페이징 설비, 휴대용 확성기, 트란시바, 메가폰

〈비고〉
1. 메가폰은 당해 사업소 내 면적이 1500m^2 이하의 경우에 한한다.
2. 사업소 규모에 적합하도록 1가지 이상 구비한다.
3. 트란시바는 계기 등에 영향이 없는 경우에 한한다.

102 사업소 내에서 긴급사태 발생 시 필요한 연락을 신속히 할 수 있도록 구비하여야 할 통신시설 중 메가폰은 당해 사업소 내 면적이 몇 m^2 이하인 경우에 한하는가?

① 2000m^2 이하 ② 1500m^2 이하
③ 1200m^2 이하 ④ 1000m^2 이하

103 사업소 내에서 긴급사태 발생 시 종업원 상호간 연락을 신속히 할 수 있는 통신시설 중 해당 없는 것은?

① 구내 전화 ② 메가폰
③ 휴대용 확성기 ④ 페이징 설비

104 고압가스 안전관리법상 압축기의 최종단 그 밖의 고압설비에는 상용압력이 초과하는 경우 그 압력을 직접 받는 부분마다 안전밸브를 설치해야 하는 바, 이의 작동압력 중 옳은 것은? (단, 액화산소탱크의 것은 제외한다.)

① 내압시험압력의 8/10 이하의 압력
② 기밀시험압력의 8/10 이하
③ 내압시험압력의 1.5배 이하의 압력
④ 사용압력의 8/10배 이하의 압력

105 고압장치의 상용압력이 15MPa일 때 안전밸브의 작동압력은?

① 22.5MPa ② 18MPa
③ 16.5MPa ④ 12MPa

$$\text{안전밸브 작동압력} = T_P \times \frac{8}{10}$$
$$= \text{상용압력} \times 1.5 \times \frac{8}{10}$$
$$= F_P \times \frac{5}{3} \times \frac{8}{10}$$
$$= 15 \times 1.5 \times \frac{8}{10} = 18\text{MPa}$$

106 다음 공식은 안전밸브 분출 유량식이다. 틀린 사항은?

$$Q = 0.0278PW$$

① P : 작동절대압력(kg/cm^2)
② Q : 분출유량(m^3/min)
③ W : 용기 내용적(L)
④ 안전밸브 분출 유량은 상기 공식의 계산값보다 커야 한다.

안전밸브는 2.0MPa 이상 2.2MPa 이하에서 작동하여 분출 개시하고 1.7MPa 이상에서 분출 정지되어야 한다. [P : MPa]

예 W : 30L, P : 3MPa일 때 분출유량(m^3/hr)를 구하여라.
$Q = 0.0278 \times 3 \times 30$
$= 2.502\text{m}^3/\text{min} = 2.502 \times 60 = 150.12\text{m}^3/\text{hr}$

107 고압가스 안전관리법규에 규정된 역화방지장치의 설명이다. 틀린 것은?

① 아세틸렌을 압축하는 압축기의 유분리기와 고압건조기의 사이 배관
② 아세틸렌 충전용 지관
③ 아세틸렌의 고압건조기와 충전용 교체밸브 사이의 배관
④ 가연성 가스를 압축하는 압축기와 오토클레이브와의 사이 배관

정답 102.② 103.① 104.① 105.② 106.① 107.①

해설

㉠ 역화방지장치 : 가연성 가스를 압축하는 압축기와 오토클레이브 사이의 배관, 아세틸렌의 고압건조기와 충전용 교체밸브 사이의 배관 및 아세틸렌 충전용 지관 산소, 수소, 아세틸렌 화염사용 시설에는 역화방지장치를 설치할 것
- 핵심단어 : C_2H_2 충전용 지관, C_2H_2 충전용 교체밸브, 오토클레이브 화염사용 시설

㉡ 역류방지밸브 : 가연성 가스를 압축하는 압축기와 충전용 주관 사이, 아세틸렌을 압축하는 압축기의 유분리기와 고압건조기 사이, 암모니아 또는 메탄올의 합성탑 및 정제탑과 압축기 사이의 배관에는 각각 역류방지밸브를 설치할 것
- 핵심단어 : 유분리기－암모니아, 메탄올의 합성탑, 정제탑

108 독성 가스의 식별표지의 바탕색은?

① 백색
② 청색
③ 노란색
④ 흑색

해설

독성 가스의 표지

항 목 / 표지의 종류	바탕색	글자색	적색으로 표시하는 것	글자크기 (가로×세로)	식별 거리
식별표지	백색	흑색	가스 명칭	10cm×10cm	30m
위험표지	백색	흑색	주의	5cm×5cm	10m

109 독성 가스의 가스설비에 관한 배관 중 이중관으로 하여야 하는 대상 가스로만 된 것은?

① 포스겐, 염소, 석탄가스, 아세트알데히드
② 산화에틸렌, 시안화수소, 아세틸렌, 염화에탄
③ 황화수소, 아황산가스, 에틸벤젠, 브롬화메탄
④ 염소, 암모니아, 염화메탄, 포스겐

이중관으로 하는 독성 가스 : SO_2, NH_3, Cl_2, CH_3Cl, C_2H_4O, HCN, $COCl_2$

110 독성 가스 배관 중 2중관의 규격으로 옳은 것은?

① 외층관 외경은 내층관 외경의 1.2배 이상
② 외층관 외경은 내층관 내경의 1.2배 이상
③ 외층관 내경은 내층관 외경의 1.2배 이상
④ 외층관 내경은 내층관 내경의 1.2배 이상

해설

이중관 규격, 외관내경＝내관외경×1.2배

111 압축 또는 액화 그 밖의 방법으로 처리할 수 있는 가스의 용적이 1일 $100m^3$ 이상인 사업소는 표준압력계를 몇 개 이상 배치해야 하는가?

① 4
② 3
③ 2
④ 1

해설

표준압력계 : 압축 · 액화 그 밖의 방법으로 처리할 수 있는 가스의 용적이 1일 $100m^3$ 이상인 사업소에는 표준이 되는 압력계를 2개 이상 비치할 것

112 공기액화분리기의 액화공기탱크와 액화산소 증발기와의 사이에는 석유류, 유지류, 그 밖의 탄화수소를 여과, 분리하기 위한 여과기를 설치해야 한다. 이에 해당하지 않는 것은?

① 공기압축량이 $1500m^3/hr$ 초과
② 공기압축량이 $1500m^3/hr$ 이하
③ 공기압축량이 $1000m^3/hr$ 초과
④ 공기압축량이 $1000m^3/hr$ 이하

해설

여과기 : 공기액화분리기(1시간의 공기압축량이 $1000m^3$ 이하인 것을 제외한다)의 액화공기탱크와 액화산소 증발기와의 사이에는 석유류 · 유지류 그 밖의 탄화수소를 여과 · 분리하기 위한 여과기를 설치할 것

정답 108.① 109.④ 110.③ 111.③ 112.④

113 가연성 가스 또는 독성 가스 배관설치 기준이 잘못된 것은?

① 환기가 양호한 곳에 설치
② 건축물 내에 배관을 노출하여 설치
③ 건축물 내의 배관은 단독 피트 내에 설치
④ 건축물의 기초의 밑 등을 이용하여 배관을 설치

해설

④ 배관은 건축물 내부 또는 기초의 밑에 설치하지 말 것

114 배관을 온도의 변화에 의한 길이의 변화에 대비하여 설치하는 장치는?

① 신축흡수장치 ② 자동제어장치
③ 역화방지장치 ④ 역류방지장치

115 고압가스 일반제조시설에서 액화가스 배관에 설치해야 하는 장치는?

① 온도계, 압력계
② 드레인 세퍼레이터
③ 스톱밸브
④ 압력계, 액면계

해설

압축가스 배관에는 압력계를 설치한다.

116 아세틸렌은 그 폭발범위가 넓어 매우 위험하다. 따라서 충전 시 아세톤에 용해시키는데 15℃에서 아세톤 용적이 약 몇 배로 녹일 수 있는가?

① 25배 ② 20배
③ 15배 ④ 10배

117 고압가스를 제조하는 경우 가스를 압축할 수 있는 것은?

① 아세틸렌, 에틸렌 또는 수소 중의 산소용량이 전용량의 2% 이상의 것
② 산소 중의 아세틸렌, 에틸렌 및 수소의 용량 합계가 전용량의 2% 이상의 것
③ 산소 중의 가연성 가스의 용량이 전용량의 2% 이상의 것
④ 가연성 가스(아세틸렌, 에틸렌 및 수소는 제외) 중 산소용량이 전용량의 4% 이상의 것

해설

압축금지 가스

가스 종류 \ 구 분	농 도
가연성 중 산소(C_2H_2, H_2, C_2H_4 제외)	4% 이상
산소 중 가연성(C_2H_2, H_2, C_2H_4 제외)	4% 이상
C_2H_2, H_2, C_2H_4 중 산소	2% 이상
산소 중 C_2H_2, H_2, C_2H_4	2% 이상

참고 고압가스 일반제조 중 압축금지 가스
고압가스를 제조하는 경우 다음의 가스는 압축하지 아니 한다.
- 가연성 가스(아세틸렌, 에틸렌 및 수소를 제외한다) 중 산소용량이 전용량의 4% 이상의 것
- 산소 중의 가연성 가스의 용량이 전용량의 4% 이상의 것
- 아세틸렌, 에틸렌 또는 수소 중의 산소용량이 전용량의 2% 이상의 것
- 산소 중의 아세틸렌, 에틸렌 및 수소의 용량 합계가 전용량의 2% 이상의 것

118 공기액화분리기(공기압축량이 1000m^3/hr 이하 제외) 내에 설치된 액화산소통 내의 액화산소 분석주기는?

① 1년에 1회 이상 ② 1월 1회 이상
③ 1주일 1회 이상 ④ 1일 1회 이상

119 공기액화장치의 안전에 관한 설명 중 옳은 것을 모두 고른 것은?

> ㉠ 원료 공기 중에 포함된 미량의 가연성 가스가 장치의 폭발원인이 되는 경우가 많다.
> ㉡ 공기압축기의 윤활유는 비점이 낮은 것일수록 좋다.
> ㉢ 정기적으로 장치 내부를 불연성 세제로 세척할 필요가 있다.

① ㉠, ㉢ ② ㉠, ㉡, ㉢
③ ㉠, ㉡ ④ ㉡, ㉢

정답 113.④ 114.① 115.① 116.① 117.③ 118.④ 119.①

120 용기에 표기된 각인 기호 중 서로 연결이 잘못된 것은?

① Fp : 최고충전압력
② Tp : 검사일
③ V : 내용적
④ W : 질량

용기의 각인 또는 표시방법
㉠ 용기 제조업자의 명칭 또는 약호
㉡ 충전하는 가스의 명칭
㉢ 용기의 번호
㉣ 내용적(기호 : V, 단위 : L)
㉤ 초저온용기 외의 용기는 밸브 및 부속품(분리할 수 있는 것에 한한다)을 포함하지 아니한 용기의 질량(기호 : W, 단위 : kg)
㉥ 아세틸렌가스 충전용기는 ㉤의 질량에 용기의 다공질물, 용제 및 밸브의 질량을 포함한 질량(기호 : Tw, 단위 : kg)
㉦ 내압시험에 합격한 년월
㉧ 압축가스를 충전하는 용기는 최고충전압력(기호 : Fp, 단위 : MPa)
㉨ 내용적이 500L를 초과하는 용기에는 동판의 두께(기호 : t, 단위 : mm)
㉩ 내압시험압력(기호 : Tp, 단위 : MPa)

121 공기액화분리장치 내의 C_2H_2 흡착기에서 C_2H_2 제거의 가장 큰 목적은?

① 장치 내에서 응축되어 이동 시 금속아세틸리드 생성으로 재해 발생
② 산소와 질소의 비등점 차 분리 시 장애를 일으킨다.
③ 저온장치 내에서의 우선 응축으로 인한 액 햄머링 발생
④ 산소의 순도 저하

C_2H_2의 영향 : 폭발의 원인, 산소의 순도 저하

122 공기를 액화분리하여 질소를 제조할 때 주로 사용되는 방법은?

① 팽창, 가열, 증발법
② 팽창, 냉각, 증발법
③ 압축, 가열, 증발법
④ 압축, 냉각, 증발법

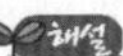

액화 : 고압(압축), 저온(냉각) 증발

123 다음 ( ) 안에 들어갈 올바른 것은?

> 고압가스 일반제조시설의 충전용 주관 압력계는 매월 ( )회 이상, 기타의 압력계는 3월에 ( )회 이상 표준압력계로 그 기능을 검사하여야 한다.

① 1, 1
② 1, 3
③ 2, 6
④ 1, 2

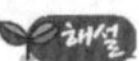

충전용 주관의 압력계는 매월 1회 기타의 압력계는 3월에 1회 그 기능을 검사할 것

124 고압가스 안전밸브 중 압축기의 최종단에 설치한 것과 그 밖의 안전밸브의 점검기간은?

① 압축기 최종단은 2년에 1회 이상, 그 밖의 안전밸브는 1년에 1회 이상
② 압축기 최종단은 1년에 1회 이상, 그 밖의 안전밸브는 6월에 1회 이상
③ 압축기 최종단은 1년에 1회 이상, 그 밖의 안전밸브는 2년에 1회 이상
④ 압축기 최종단은 6월에 1회 이상, 그 밖의 안전밸브는 1년에 1회 이상

㉠ 압축기 최종단 안전밸브 : 1년 1회
㉡ 기타 안전밸브 : 2년 1회

125 액화산소탱크에 설치할 안전밸브의 작동압력은?

① 내압시험압력×1.5배 이하
② 상용압력×0.8배 이하
③ 내압시험압력×0.8배 이하
④ 상용압력×1.5배 이하

정답 120.② 121.④ 122.④ 123.① 124.③ 125.④

126 고압가스 일반제조의 기술기준이다. 잘못된 것은?

① 석유류, 유지류 또는 글리세린 산소압축기의 내부 윤활제로 사용하지 말 것
② 습식 아세틸렌가스 발생기의 표면은 100℃ 이하의 온도를 유지할 것
③ 용기에 충전하는 시안화수소는 순도가 98% 이상이고, 아황산가스 등의 안정제를 첨가한 것일 것
④ 충전용 주관의 압력계는 매월 1회 이상 표준이 되는 압력계로 그 기능을 검사할 것

습식 C_2H_2 발생기의 표면온도 70℃ 이하(최적온도 50~60℃)

127 산화에틸렌 저장탱크 및 충전용기는 몇 ℃에서 내부 가스의 압력이 몇 MPa가 되도록 질소가스 또는 탄산가스를 충전하는가?

① 70℃, 0.5MPa ② 60℃, 0.54MPa
③ 45℃, 0.4MPa ④ 40℃, 0.4MPa

C_2H_4O을 충전 시 45℃에서 0.4MPa 이상되도록 N_2, CO_2를 충전하고 산화에틸렌을 충전
• C_2H_4O의 안정제 : N_2, CO_2 수증기

128 액화가스를 이음매 없는 용기에 충전할 때에는 그 용기에 대하여 음향검사를 실시하고 음향이 불량한 용기는 내부 조명검사를 하여 내부에 부식, 이물질 등이 있을 때에는 사용할 수 없다. 이때 액화가스 중 내부 조명검사를 하지 않아도 되는 가스는?

① LPG ② 액화염소
③ 액화탄산가스 ④ 액화암모니아

해설

음향 불량 시 내부 조명검사를 하는 가스 : 액화염소, 액화탄산가스, 액화암모니아

참고 고압가스 일반제조 중 음향검사 및 조명검사
압축가스(아세틸렌을 제외한다) 및 액화가스(액화암모니아, 액화탄산가스 및 액화염소에 한한다)를 이음매 없는 용기에 충전하는 때에는 그 용기에 대하여 음향검사를 실시하고 음향이 불량한 용기는 내부 조명검사를 하여야 하며, 내부에 부식, 이물질 등이 있을 때에는 그 용기를 사용하지 아니 한다.

129 고압가스 일반제조의 기술기준에서 차량에 고정된 탱크에 고압가스를 충전하거나 가스를 이입받을 때에는 차량이 고정되도록 그 차량에 차량 정지목을 설치하여 고정시키는가?

① 4000L 이상 ② 3000L 이상
③ 2000L 이상 ④ 1000L 이상

㉠ 고압가스 일반제조 중 차량에 고정된 탱크의 차량 정지목 설치기준 : 2000L 이상
㉡ 액화석유가스 사업법의 차량에 고정된 탱크의 차량 정지목 설치기준 : 5000L 이상

130 고압가스 일반제조의 기술기준이다. 에어졸 제조기준에 맞지 않는 것은?

① 에어졸을 충전하기 위한 충전용기를 가열할 때는 열습포 또는 40℃ 이하의 더운 물을 사용할 것
② 에어졸 제조설비의 주위 4m 이내에는 인화성 물질을 두지 말 것
③ 에어졸 제조는 35℃에서 그 용기의 내압을 0.8MPa 이하로 할 것
④ 에어졸의 분사제는 독성 가스를 사용하지 말 것

해설

㉠ 이내(직선)거리 : 2m(산소가스와 화기와의 이내 거리 : 5m)
㉡ 우회거리 : 2m(가연성 가스, 산소가스, 에어졸 충전설비 : 8m)

참고 고압가스 일반제조 중 에어졸의 제조기준
1. 에어졸의 제조는 그 성분 배합비(분사제의 조성 및 분사제와 원액과의 혼합비를 말한다) 및 1일에 제조하는 최대수량을 정하고 이를 준수할 것
2. 에어졸의 분사제는 독성 가스를 사용하지 아니할 것
3. 인체에 사용하거나 가정에서 사용하는 에어졸의 분사제는 가연성 가스가 아닌 것. 다만, 산업통상자원부 장관이 정하여 고시하는 경우에는 그러하지 아니 하다. 에어졸의 제조는 다음 기준에 적합한 용기에 의한다.

정답 126.② 127.③ 128.① 129.③ 130.②

- 용기의 내용적이 1L 이하이어야 하며, 내용적이 $100cm^3$를 초과하는 용기의 재료는 강 또는 경금속을 사용한 것일 것
- 금속제의 용기는 그 두께가 0.125mm 이상이고 내용물에 의한 부식을 방지할 수 있는 조치를 한 것이어야 하며, 유리제 용기에 있어서는 합성수지로 그 내면 또는 외면을 피복한 것일 것
- 용기는 50℃에서 용기 안의 가스압력의 1.5배 압력을 가할 때에 변형되지 않고, 50℃에서 용기 안의 가스압력의 1.8배 압력을 가할 때에 파열되지 않는 것일 것. 다만, 1.3MPa의 압력을 가할 때에 변형되지 않고, 1.5MPa의 압력을 가할 때에는 파열되지 않는 것은 아닐 것
- 내용적이 $100cm^3$를 초과하는 용기는 그 용기의 제조가 명칭 또는 기호가 표시되어 있을 것
- 사용 중 분사제가 분출하지 않는 구조의 용기는 사용 후 그 분사제인 고압가스를 용기로부터 용이하게 배출하는 구조일 것
- 내용적이 $30cm^3$ 이상인 용기는 에어졸의 제조에 재사용하지 아니할 것

4. 에어졸의 제조설비 및 에어졸 충전용기 저장소는 화기 또는 인화성 물질과 8m 이상의 우회거리를 유지할 것
5. 에어졸의 제조는 건물의 내면을 불연재료로 입힌 충전실에서 하여야 하며 충전실 안에서는 담배를 피우거나 화기를 사용하지 아니할 것
6. 충전실 안에는 작업에 필요한 물건 외의 물건을 두지 아니할 것
7. 에어졸은 35℃에서 그 용기의 내압이 0.8MPa 이하이어야 하고, 에어졸의 용량이 그 용기 내용적의 90% 이하일 것
8. 에어졸을 충전하기 위한 충전용기·밸브 또는 충전용 지관을 가열하는 때에는 열습포 또는 40℃ 이하의 더운 물을 사용할 것
9. 에어졸이 충전된 용기는 그 전수에 대하여 온수시험 탱크에서 그 에어졸의 온도를 46℃ 이상 50℃ 미만으로 하는 때에 그 에어졸이 누출되지 아니하도록 할 것
10. 에어졸이 충전된 용기(내용적이 $30cm^3$ 이상인 것에 한한다)의 외면에는 그 에어졸을 제조한 자의 명칭·기호·제조번호 및 취급에 필요한 주의사항(사용 후 폐기 시의 주의사항을 포함한다)을 명시할 것
11. 에어졸 용기 핵심사항
    - 금속제 용기 두께 : 0.125mm, 용기 재료 : 강, 경금속
    - 내용적 : 1L 미만, 내압시험압력 0.8MPa
    - 가압시험압력 1.3MPa, 파열시험압력 1.5MPa
    - 우회거리 : 8m, 누출시험온도 : 46~50℃
    - 불꽃길이 시험을 위해 채취한 시료온도 : 24~26℃ 이하

131 인체용 에어졸 제품의 용기에 기재할 사항 중 틀린 것은?

① 사용 후 불 속에 버리지 말 것
② 온도 40℃ 이상의 장소에 보관하지 말 것
③ 가능한 한 인체에서 30cm 이상 떨어져서 사용할 것
④ 특정 부위에 계속하여 장시간 사용하지 말 것

해설

인체용 에어졸 제품의 용기에는 '인체용'이라는 표시와 다음의 주의사항을 표시할 것
㉠ 특정 부위에 계속하여 장시간 사용하지 말 것
㉡ 가능한 한 인체에서 20cm 이상 떨어져서 사용할 것
㉢ 온도 40℃ 이상의 장소에 보관하지 말 것
㉣ 사용 후 불 속에 버리지 말 것
㉤ 에어졸 제조시설에는 자동충전기를 설치, 인체·가정용에 사용 시 불꽃길이 시험장치를 설치할 것

132 에어졸 용기에 기재하여야 할 사항의 표시방법이 아닌 것은?

① 대표자의 명칭　② 사용가스의 명칭
③ 주의사항의 표시　④ 연소성의 표시

해설

에어졸 용기에 기재하여야 할 사항의 표시방법
㉠ 연소성의 표시
㉡ 주의사항의 표시
㉢ 사용가스의 명칭

133 에어졸 제조시설에는 온수시험탱크를 갖추어야 한다. 충전용기의 가스누출시험 온수온도는?

① 56℃ 이상 60℃ 미만
② 46℃ 이상 50℃ 미만
③ 36℃ 이상 40℃ 미만
④ 25℃ 이상 30℃ 미만

134 다음 가스 중 품질검사 시 순도가 잘 기술된 것은?

① 산소 98.5%, 아세틸렌 98.5%, 수소 99.5%
② 산소 98.5%, 아세틸렌 98%, 수소 99.5%
③ 산소 99.5%, 아세틸렌 98%, 수소 98.5%
④ 산소 98%, 아세틸렌 99.5%, 수소 98.5%

정답 131.③ 132.① 133.② 134.③

품질검사 대상가스 : 산소 99.5%, 수소 98.5%, 아세틸렌 98%의 순도

항목 / 검사 대상가스	순도	시약	검사방법	충전상태
O_2	99.5%	동·암모니아	오르자트법	35℃ 11.8MPa
H_2	98.5%	피로카롤 하이드로 설파이드	오르자트법	35℃ 11.8MPa
C_2H_2	98%	발연황산	오르자트법	질산은 시약을 사용한 정성시험에 합격할 것
		브롬시약	뷰렛법	

135 아세틸렌의 정성시험에 사용되는 시약은?

① 동·암모니아 시약
② 발연황산 시약
③ 질산은 시약
④ 발연황산 시약

136 다음 냉동제조시설 기준을 설명한 것 중 틀린 것은?

① 압축기, 유분리기와 이들 사이에 배관은 화기를 취급하는 곳에 인접 설치하지 않는다.
② 독성 가스를 사용하는 냉동제조설비에는 흡수장치가 되어 있으며, 보호거리 유지가 필요 없다.
③ 방호벽이나 자동제어장치를 설치한 경우에는 보호거리 12m 이상이다.
④ 냉매설비에는 압력계를 달아야 한다.

③ 방호벽이나 자동제어장치가 있을 때 안전거리는 유지하지 않아도 된다.

137 독성 가스를 냉매가스로 하는 냉매설비 중 수액기의 내용적이 얼마 이상일 때 가스유출을 방지할 수 있는 방류둑을 설치해야 하는가?

① 1000L ② 2000L
③ 5000L ④ 10000L

138 냉동설비 수액기의 방류둑 용량을 결정하는 데 있어서 수액기 내의 압력이 0.7~2.1MPa일 경우 내용적은?

① 방류둑에 설치된 수액기 내용적의 90%
② 방류둑에 설치된 수액기 내용적의 80%
③ 방류둑에 설치된 수액기 내용적의 70%
④ 방류둑에 설치된 수액기 내용적의 60%

해설

냉동설비 수액기의 방류둑 용량

수액기 내의 압력(MPa)	0.7~2.1 미만	2.1 이상
압력에 따른 비율(%)	90	80

139 냉동제조의 시설기준 및 기술기준이다. 잘못된 것은?

① 냉동제조설비 중 특정설비는 검사에 합격한 것일 것
② 냉동제조설비 중 냉매설비는 자동제어장치를 설치할 것
③ 제조설비는 진동, 충격, 부식 등으로 냉매가스가 누출되지 아니할 것
④ 압축기 최종단에 설치한 안전장치는 6월에 1회 이상 압력시험을 할 것

해설

압축기 최종단에 설치한 안전장치는 1년에 1회, 그 밖의 안전장치는 2년에 1회, 내압시험압력이 8/10 이하의 압력에서 작동할 것

140 다음 중 고압가스 저장시설기준 및 기술기준 중 틀린 것은?

① 가연성 가스 저장실과 조연성 가스 저장실은 각각 구분하여 설치할 것
② 저장탱크에는 가스용량이 그 저장탱크의 사용온도에서 내용적 90%를 초과하지 아니하도록 할 것
③ 저장실 주위 5m 이내에는 화기 또는 인화성 물질이나 발화성 물질을 두지 아니할 것
④ 공기보다 무거운 가연성 가스 및 독성 가스의 저장설비에는 가스누출 검지경보장치를 한다.

이내거리 : 2m

정답 135.③ 136.③ 137.④ 138.① 139.④ 140.③

141 냉매설비에서 기밀시험은 얼마 이상이어야 하는가?

① 설계압력의 1.5배 이상
② 상용압력의 1.5배 이상
③ 설계압력 이상
④ 상용압력 이상

해설

냉동제조의 기밀시험 및 내압시험
냉매설비는 설계압력 이상으로 행하는 기밀시험(기밀시험을 실시하기 곤란한 경우에는 누출검사)에 냉매설비 중 배관 외의 부분은 설계압력의 1.5배 이상의 압력으로 행하는 내압시험에 합격한 것일 것. 다만, 부득이한 사유로 물을 채우는 것이 부적당한 경우에는 설계압력의 1.25배 이상의 압력에 의하여 내압시험을 실시할 수 있으며, 이 경우에는 기밀시험을 따로 실시하지 아니할 수 있다.

142 고압가스 판매 및 수입업소시설의 시설기준 및 기술기준이다. 잘못된 것은?

① 판매시설에는 고압가스 용기보관실을 설치하고 그 보관실의 벽은 방호벽으로 할 것
② 가연성 가스의 충전용기 보관실의 전기설비는 방폭성능을 가진 것일 것
③ 판매시설 및 고압가스 수입업소시설에는 압력계 및 계량기를 갖출 것
④ 공기보다 가벼운 가연성 가스의 보관실에는 가스누출검지 경보장치를 설치할 것

해설

공기보다 무거운 독·가연성 가스 용기보관실에 가스누출검지 경보장치를 설치한다.

참고 고압가스 일반제조 중 판매·수입업소시설 기준
다음 기준에 적합한 용기보관실을 설치할 것
- 안전거리 : 고압가스 용기의 보관실은 그 보관할 수 있는 고압가스의 용적이 300m³(액화가스는 3톤)를 넘는 보관실은 그 외면으로부터 보호시설(사업소 안의 보호시설 및 전용 공업지역 안에 있는 보호시설을 제외한다)까지 규정된 안전거리를 유지할 것
- 방호벽 : 용기보관실의 벽은 방호벽으로 할 것

143 냉동기제조의 기술기준에서 재료는 초음파 탐상시험에 합격해야 하는 것 중 틀린 것은?

① 두께가 10mm 이상이고, 최소인장강도가 568.4N/mm² 이상인 강(단, 알루미늄으로 탄산처리한 것은 제외)
② 두께가 6mm 이상인 9% 니켈강
③ 두께가 38mm 이상인 저합금강
④ 두께가 50mm 이상인 탄소강

해설

초음파 탐상시험에 합격하여야 하는 경우
㉠ 두께가 50mm 이상인 탄소강
㉡ 두께가 38mm 이상인 저합금강
㉢ 두께가 19mm 이상이고, 최소인장강도가 568.4N/mm² 이상인 강
㉣ 두께가 19mm 이상이고, 저온(0℃ 미만)에서 사용하는 강(알루미늄으로서 탈산처리를 한 것을 제외한다)
㉤ 두께가 13mm 이상인 2.5% 니켈강 또는 3.5% 니켈강
㉥ 두께가 6mm 이상인 9% 니켈강

144 스테이를 부착하지 않는 판의 두께는?

① 15mm 미만
② 13mm 미만
③ 10mm 미만
④ 8mm 미만

해설

고압가스 일반제조의 특정설비 제조의 기술기준
- 스테이 부착 : 두께 8mm 미만인 판에는 스테이를 부착하지 아니할 것. 다만, 봉스테이로서 스테이의 피치가 500mm(스테이의 길이가 200mm 이하인 경우에는 200mm) 이하인 것을 용접하여 부착하는 경우에는 그러하지 아니 하다.

145 두께 8mm 미만의 판에 펀칭가공으로 구멍을 뚫은 경우에는 그 가장자리를 몇 mm 이상 깎아야 하는가?

① 2mm
② 1.5mm
③ 0.9mm
④ 0.7mm

정답 141.③ 142.④ 143.① 144.④ 145.②

고압가스 일반제조의 특정설비 제조의 기술기준

- 절단·성형 및 다듬질 : 재료의 절단·성형 및 다듬질은 다음의 기준에 적합하도록 할 것
  - ㉠ 동판 또는 경판에 사용하는 판의 재료의 기계적 성질을 부당하게 손상하지 아니하도록 성형하고, 동체와의 접속부에 있어서의 경판 안지름의 공차는 동체 안지름의 1.2% 이하로 할 것
  - ㉡ 두께 8mm 이상의 판에 구멍을 뚫을 경우에는 펀칭가공으로 하지 아니할 것
  - ㉢ 두께 8mm 미만의 판에 펀칭가공으로 구멍을 뚫은 경우에는 그 가장자리를 1.5mm 이상 깎아낼 것
  - ㉣ 가스로 구멍을 뚫은 경우에는 그 가장자리를 3mm 이상 깎아낼 것. 다만, 뚫은 자리를 용접하는 경우에는 그러하지 아니 하다.

146 확관에 의하여 관을 부착하는 관판의 관부착부 두께는 몇 mm 이상으로 하는가?

① 30mm　② 20mm
③ 15mm　④ 10mm

고압가스 일반제조의 특정설비 제조의 기술기준

- 관부착 방법 : 열교환기 그 밖에 이와 유사한 것의 관판에 관을 부착하는 경우에는 다음의 기준에 의할 것
  - ㉠ 확관에 의하여 관을 부착하는 관판의 관구멍 중심간의 거리는 관바깥지름의 1.25배 이상으로 할 것
  - ㉡ 확관에 의하여 관을 부착하는 관판의 관부착부 두께는 10mm 이상으로 할 것

147 이음매 없는 용기는 얼마의 압력시험으로 시험했을 때 항복을 일으키지 않아야 하는가?

① 상용압력의 1.8배 이하
② 최고사용압력의 1.7배 이상
③ 상용압력의 1.5배 이하
④ 상용압력의 1.7배 이상

148 고압가스 파열사고 주원인은 용기의 내압력 부족이다. 내압력 부족의 원인이 아닌 것은?

① 과잉충전
② 용기 내부의 부식
③ 용접불량
④ 강재의 피로

149 고압가스 공급자의 안전점검기준에서 독성 가스시설을 점검하고자 할 때 갖추지 않아도 되는 점검장비는?

① 점검에 필요한 시설 및 기구
② 가스누출검지액
③ 가스누출시험지
④ 가스누출검지기

가스의 종류에 관계 없이 누출검지액과 점검에 필요한 시설기구는 꼭 필요한 장비이며, 독성 가스는 누출시험지가, 가연성 가스는 누출검지기가 필요하다.

참고 고압가스 안전관리법 중 공급자 안전점검기준의 점검장비

점검장비	산 소	불연성 가스	가연성 가스	독성 가스
가스누출검지기			○	
가스누출시험지				○
가스누출검지액	○	○	○	○
그 밖에 점검에 필요한 시설 및 기구	○	○	○	○

150 고압가스 공급자의 안전점검방법 중 맞지 않는 것은?

① 시설기준의 적합 여부
② 정기점검의 실시기록을 작성하여 2년간 보존
③ 2년에 1회 이상 정기점검
④ 가스공급 시마다 점검

해설

(1) 점검방법
  - ㉠ 가스공급 시마다 점검 실시
  - ㉡ 2년에 1회 이상 정기점검 실시

(2) 점검기록의 작성·보존 : 정기점검 실시기록을 작성하여 2년간 보존

151 고압가스 안전관리자가 공급자 안전점검 시 갖추지 않아도 되는 장비는?

① 가스누출검지액
② 가스누출시험지
③ 가스누출차단기
④ 가스누출검지기

정답 146.④ 147.② 148.① 149.④ 150.① 151.③

152 용기검사기준에 관한 사항 중 옳지 않은 것은?

① 수입용기에 대하여는 재검사기준을 중용한다.
② 파열시험을 한 용기에 대하여는 인장시험 및 압궤시험을 하여야 한다.
③ 압궤시험이 부적당한 용기는 시험편에 대한 굴곡시험으로 대신할 수 있다.
④ 인장시험은 용기에서 채취한 시험편에 대하여 행한다.

해설

파열시험을 한 용기는 인장시험, 압궤시험으로 생략할 수 있다.

참고 압궤시험이 부적당할 때 굽힘시험을 갈음할 수 있다.

153 이음매 없는 용기의 재료가 탄소강(탄소의 함유량이 0.35% 초과)일 때 인장강도와 연신율이 얼마일 때 합격할 수 있는가?

① 539N/mm^2 이상, 18% 이상
② 520N/mm^2 이상, 32% 이상
③ 420N/mm^2 이상, 20% 이상
④ 380N/mm^2 이상, 30% 이상

해설

이음매 없는 용기의 탄소강 함유율에 따른 인장강도와 연신율

탄소함유율	인장강도	연신율
0.35% 초과	539N/mm^2 이상	18% 이상
0.28~0.35% 이하	412N/mm^2 이상	20% 이상
0.28% 이하	372N/mm^2 이상	30% 이상

154 용기재검사기준 중 내용적이 500L 이하인 용기로서 내압시험에서 영구팽창률이 6% 이하인 것은 질량검사 몇 % 이상인 것을 합격으로 규정하고 있는가?

① 98% ② 95%
③ 90% ④ 86%

해설

용기의 내압시험의 합격기준
㉠ 신규검사 : 영구증가율 10% 이하가 합격
㉡ 재검사 : 영구증가율 10% 이하가 합격(질량검사가 95% 이상 시)
단, 질량검사가 90% 이상 95% 미만 시에는 영구증가율 6% 이하가 합격이다.

155 고압가스 용기의 동체두께가 20mm 이하인 경우 용기의 길이 이음매 및 원주 이음매에 대한 방사선검사 실시 부위는?

① 길이의 1/5 이상
② 길이의 1/4 이상
③ 길이의 1/3 이상
④ 길이의 1/2 이상

해설

방사선 검사 실시 부위
㉠ 20mm 초과 : 용기의 길이 이음매, 원주 이음매의 1/2
㉡ 20mm 이하 : 용기의 길이 이음매, 원주 이음매의 1/4

156 용기 종류별 부속품의 기호표시가 틀린 것은?

① AG : 아세틸렌가스를 충전하는 용기의 부속품
② PG : 압축가스를 충전하는 용기의 부속품
③ LG : 액화석유가스를 충전하는 용기의 부속품
④ LT : 초저온용기 및 저온용기의 부속품

해설

㉠ LPG : 액화석유가스를 충전하는 용기의 부속품
㉡ LG : 액화석유가스 외의 액화가스를 충전하는 용기의 부속품

157 다음 일반 공업용기의 도색 중 잘못된 것은?

① 액화염소 – 갈색
② 액화암모니아 – 백색
③ 아세틸렌 – 황색
④ 수소 – 회색

158 다음 중 고압가스와 그 충전용기의 도색이 알맞게 짝지어진 것은?

① 염화염소 – 황색
② 아세틸렌 – 주황색
③ 수소 – 회색
④ 액화암모니아 – 백색

정답 152.② 153.① 154.③ 155.② 156.③ 157.④ 158.④

159 의료용 가스용기 중 아산화질소의 도색은 어느 것인가?

① 주황색
② 흑색
③ 백색
④ 청색

160 다음은 용기의 각인 순서에 관한 것이다. 순서가 옳은 것은?

① 제조자 명칭 – 용기기호 – 내용적 – 가스 명칭
② 제조자 명칭 – 내용적 – 용기기호 – 가스 명칭
③ 제조자 명칭 – 용기기호 – 가스 명칭 – 내용적
④ 제조자 명칭 – 가스 명칭 – 용기기호 – 내용적

해설

용기의 각인 순서
㉠ 용기 제조업자의 명칭 또는 약호
㉡ 충전하는 가스의 명칭
㉢ 용기의 번호
㉣ 내용적(기호 : V, 단위 : L)
㉤ 밸브 및 부속품을 포함하지 아니한 용기 질량 W(kg)
㉥ C_2H_2 용기 질량 T_W(kg)
㉦ 내압시험압력 Tp(MPa)
㉧ 최고충전압력 Fp(MPa 압축가스에 한함)
㉨ 동판두께 t(mm)(500L 이상에 한함)

161 고압가스 충전용기를 차량에 적재할 때 경계표시는 보기 쉬운 곳에 어떤 색으로 어떻게 표시하는가?

① '청색'으로 '위험고압가스'
② '적색'으로 '위험고압가스'
③ '적색'으로 '위험'
④ '황색'으로 '고압가스'

해설

적색으로 '위험고압가스'

참고 고압가스 운반 등의 기준

(1) 독성 가스 외의 고압가스 용기에 의한 운반기준 경계표시 : 충전용기(납붙임 또는 접합용기에 충전하여 포장한 것을 포함한다. 이하 같다)를 차량에 적재하여 운반하는 때에는 그 차량의 앞뒤 보기 쉬운 곳에 각각 붉은 글씨로 '위험고압가스'라는 경계표시와 전화번호를 표시할 것(독성의 경우 위험고압가스, 독성가스라고 표시)

(2) 차량의 경계표시(고압가스 운반차량)
㉠ 차량의 전후에서 명료하게 볼 수 있도록 '위험고압가스'라 표시하고 '적색삼각기'를 운전석 외부의 보기 쉬운 곳에 게양, 다만, RTC의 경우는 좌우에서 볼 수 있도록 할 것
㉡ 경계표의 크기(KS M 5334 적색발광도료 사용)
- 가로치수 : 차체 폭의 30% 이상
- 세로치수 : 가로치수의 20% 이상의 직사각형으로 표시
- 정사각형의 경우 : 면적을 600cm^2 이상의 크기로 표시

㉢ 표시의 예

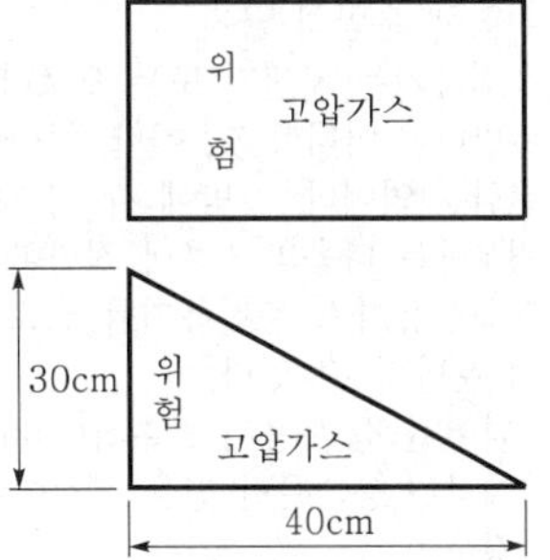

162 고압가스를 운반하는 차량의 경계표시 도료는?

① KS M 5226　② KS M 5883
③ KS M 4334　④ KS M 5334

163 다음 고압가스 운반차량의 경계표시에 대한 설명 중 틀린 것은?

① 경계표시의 크기는 세로치수의 차체폭의 30% 이상으로 한다.
② 경계표시는 KS M 5334 적색 발광도료를 사용한다.
③ RTC의 차량의 경우는 좌우에서 볼 수 있도록 한다.
④ 차량의 전후에서 명료하게 볼 수 있도록 '위험고압가스'라 표시하고, '적색삼각기'를 운전석 외부의 보기 쉬운 곳에 게양한다.

정답 159.④ 160.④ 161.② 162.④ 163.①

164 고압가스 충전용기의 운반기준 중 틀리는 것은?

① 독성 가스 충전용기 운반 시에는 목재 칸막이 또는 패킹을 할 것
② 차량통행이 가능한 지역에서 오토바이로 적재하여 운반할 것
③ 운반 중의 충전용기는 항상 40℃ 이하를 유지할 것
④ 충전용기를 운반하는 때에는 충격을 방지하기 위해 단단하게 묶을 것

해설

차량통행이 곤란한 지역에서 자전거, 오토바이 등에 20kg 용기 2개 이하를 운반할 수 있다(단, 용기운반 전용 적재함이 장착된 것인 경우).

참고 1. 위험한 운반의 금지
충전용기는 자전거 또는 오토바이에 적재하여 운반하지 아니할 것. 다만, 차량이 통행하기 곤란한 지역이나 그 밖에 시 · 도지사가 지정하는 경우에는 다음의 기준에 적합한 경우에 한하여 액화석유가스 충전용기를 오토바이에 적재하여 운반할 수 있다.
- 넘어질 경우 용기에 손상이 가지 아니하도록 제작된 용기운반 전용 적재함이 장착된 것인 경우
- 적재하는 충전용기는 충전량이 20kg 이하이고, 적재수가 2개를 초과하지 아니한 경우

2. 차량에의 적재
- 충전용기를 차량에 적재하고 운반하는 때에는 차량운행 중의 동요로 인하여 용기가 충돌하지 아니하도록 고무링을 씌우거나 적재함에 넣어 세워서 운반할 것. 다만, 압축가스의 충전용기 중 그 형태 및 운반차량의 구조상 세워서 적재하기 곤란한 때에는 적재함 높이 이내로 눕혀서 적재할 수 있다.
- 차량의 최대 적재량을 초과하여 적재하지 아니할 것

165 충전된 용기를 운반할 때에 용기 사이에 목재칸막이 또는 고무패킹을 사용하여야 할 가스는?

① 액화석유가스
② 독성 가스
③ 산소
④ 가연성 가스

166 가연성 가스 이동 시 휴대하는 공작용 공구가 아닌 것은?

① 소석회
② 가위
③ 렌치
④ 해머

해설

보호장비 등
㉠ 가연성 가스 또는 산소를 운반하는 차량에는 소화설비 및 재해발생방지를 위한 응급조치에 필요한 '자재 및 공구' 등을 휴대할 것
㉡ 소석회는 독성 가스 운반 시의 중화제

167 가연성 가스 저장실에는 소화기를 설치하게 되어 있는데, 이때 사용되는 소화제는?

① 중탄산
② 질산나트륨
③ 모래
④ 물

해설

가연성 가스, 산소가스 운반차량에 구비하여야 하는 소화제는 분말소화제를 사용한다.

168 독성 가스 운반 시 응급조치에 필요한 것이 아닌 것은?

① 제독제
② 고무장갑
③ 소화기
④ 방독면

해설

독성 가스 운반 시 그 독성 가스의 종류에 따른 방독면, 고무장갑, 고무장화 그 밖의 보호구와 재해발생방지를 위한 응급조치에 필요한 제독제, 자재 및 공구 등을 휴대할 것
- 소화기는 가연성 산소 운반 시 필요한 것이다.

169 독성 가스를 운반할 때 휴대하는 자재가 아닌 것은?

① 비상삼각대　② 비상등
③ 자동안전바　④ 누설검지액

정답 164.② 165.② 166.① 167.① 168.③ 169.②

해설

독성 가스의 운반 시에 휴대하는 자재

품 명	규 격
비상삼각대 비상신호봉	–
휴대용 손전등	–
메가폰 또는 휴대용 확성기	–
자동안전바	–
완충판	–
물통	–
누설검지액	비눗물 및 적용하는 가스에 따라 10% 암모니아수 또는 5% 염산
차바퀴 고정목	2개 이상
누출검지기	가연성의 경우에 감축과 자연발화성의 경우는 제외

170 독성 가스의 제독작업에 필요한 보호구의 장착훈련은?

① 6개월마다 1회 이상
② 3개월마다 1회 이상
③ 2개월마다 1회 이상
④ 1개월마다 1회 이상

171 고압가스 충전용기의 운반기준 중 차량에 고정된 용기에 의하여 운반하는 경우를 제외한 용기의 운반기준 설명으로 옳은 것은?

① 암모니아와 수소는 동일차량에 적재 운반하지 않는다.
② 가연성 가스와 산소는 동일차량에 적재 운반하지 않는다.
③ 아세틸렌과 암모니아는 동일차량에 적재 운반하지 않는다.
④ 염소와 아세틸렌은 동일차량에 적재 운반하지 않는다.

해설

혼합적재의 금지

㉠ 염소와 아세틸렌, 암모니아 또는 수소는 동일차량에 적재하여 운반하지 않을 것
㉡ 가연성 가스와 산소를 동일차량에 적재하여 운반하는 때에는 그 충전용기의 밸브가 서로 마주보지 않도록 적재할 것
㉢ 충전용기와 소방기본법이 정하는 위험물과는 동일차량에 적재하여 운반하지 않을 것

172 다음의 두 가지 물질이 공존하는 경우 가장 위험한 것은?

① 수소와 일산화탄소
② 염소와 이산화탄소
③ 염소와 아세틸렌
④ 암모니아와 질소

173 고압가스의 운반기준으로 적합하지 않은 것은?

① 고압가스 운반차량은 제1종 보호시설에서만 주차할 수 있다.
② 독성 가스 운반차량은 방독면, 고무장갑 등을 휴대한다.
③ 프로판 3톤 이상은 운반책임자를 동승시킨다.
④ 산소를 운반하는 차량은 소화설비를 갖춘다.

해설

㉠ 주차의 제한 : 충전용기를 차량에 적재하여 운반하는 도중에 주차하고자 하는 때에는 충전용기를 차에 싣거나 차에서 내릴 때를 제외하고는 보호시설 부근을 피하고, 주위의 교통상황, 지형조건, 화기 등을 고려하여 안전한 장소를 택하여 주차하여야 하며, 주차 시에는 엔진을 정지시킨 후 주차제동장치를 걸어 놓고 차바퀴를 고정목으로 고정시킬 것
㉡ 운반책임자 : 다음 표에 정하는 기준 이상의 고압가스를 차량에 적재하여 운반하는 때에는 운전자 외에 공사에서 실시하는 운반에 관한 소정의 교육을 이수한 자, 안전관리책임자 또는 안전관리원 자격을 가진 자(이하 '운반책임자'라 한다)를 동승시켜 운반에 대한 감독 또는 지원을 하도록 할 것. 다만, 운전자가 운반책임의 자격을 가진 경우에는 운반책임자의 자격이 없는 자를 동승시킬 수 있다.
※ 차량고정탱크(200km 운반 시)

가스의 종류		기 준
압축가스	독성	$100m^3$ 이상
	가연성	$300m^3$ 이상
	조연성	$600m^3$ 이상
액화가스	독성	1000kg 이상
	가연성	3000kg (납붙임, 접합 용기 2000kg 이상)
	조연성	6000kg 이상

정답 170.② 171.④ 172.③ 173.①

174 다음의 고압가스 양을 차량에 적재하여 운반할 때 운반책임자를 동승시키지 않아도 되는 것은?

① 액화염소 6000kg
② 액화석유가스 2000kg
③ 일산화탄소 700m^3
④ 아세틸렌가스 400m^3

175 충전용기 등을 적재하여 운반책임자를 동승하는 차량의 운행거리가 3km일 때 현저하게 우회하는 도로의 경우 이동거리는?

① 12km 이상 ② 9km 이상
③ 6km 이상 ④ 3km 이상

해설

현저하게 우회하는 도로는 이동거리의 2배
∴ 3km×2=6km

참고 운반책임자를 동승하는 차량의 운행에 있어서는 다음 사항을 준수해야 한다.
1. 현저하게 우회하는 도로인 경우 및 부득이한 경우를 제외하고 번화가 또는 사람이 붐비는 장소는 피할 것
 • 현저하게 우회하는 도로는 이동거리가 2배 이상이 되는 경우
 • 번화가란 도시의 중심부 또는 번화한 상점을 말하며, 차량의 너비에 3.5m를 더한 너비 이하인 통로의 주위를 말한다.
2. 200km 거리 초과 시 충분한 휴식
3. 운반계획서에 기재된 도로를 따라 운행할 것

176 충전용기 등을 적재하여 운반책임자를 동승하는 차량의 운행에 있어 몇 km 초과 시마다 충분한 휴식을 취하는가?

① 300km ② 250km
③ 200km ④ 100km

177 차량에 고정된 탱크가 있다. 차체폭이 A, 차체길이가 B라고 할 때 이 탱크의 운반 시 표시해야 하는 경계표시의 크기는?

① 가로 : A×0.3 이상
 세로 : B×0.3×0.2 이상
② 가로 : A×0.3 이상
 세로 : A×0.3×0.2 이상
③ 가로 : B×0.3 이상
 세로 : A×0.2 이상
④ 가로 : A×0.3 이상
 세로 : B×0.2 이상

해설

㉠ 가로 : 차폭의 30% 이상
㉡ 세로 : 가로의 20% 이상

178 차량에 고정된 2개 이상을 상호 연결한 이음매 없는 용기에 운반 시 충전관에 설치하는 것이 아닌 것은?

① 긴급 탈압밸브 ② 압력계
③ 안전밸브 ④ 온도계

해설

차량에 고정된 탱크의 2개 이상의 탱크의 설치 : 2개 이상의 탱크를 동일한 차량에 고정하여 운반하는 경우에는 다음 기준에 적합해야 한다.
㉠ 탱크마다 탱크의 주밸브를 설치할 것
㉡ 탱크 상호간 또는 탱크와 차량의 사이를 단단하게 부착하는 조치를 할 것
㉢ 충전관에는 안전밸브, 압력계 및 긴급탈압밸브를 설치할 것

179 차량에 고정된 탱크에 독성 가스는 얼마나 적재할 수 있는가?

① 16000L 이하 ② 15000L 이하
③ 18000L 이하 ④ 12000L 이하

해설

차량에 고정된 탱크에 의한 운반기준
㉠ 경계표시 : 차량의 앞뒤 보기 쉬운 곳에 각각 붉은 글씨로 '위험고압가스'라는 경계표시를 할 것
㉡ 탱크의 내용적 : 가연성 가스(액화석유가스를 제외한다) 및 산소탱크의 내용적은 18000L, 독성 가스(액화암모니아를 제외한다)의 탱크의 내용적은 12000L를 초과하지 아니할 것. 다만, 철도차량 또는 견인되어 운반되는 차량에 고정하여 운반하는 탱크를 제외한다.
㉢ 온도계 : 충전탱크는 그 온도(가스온도를 계측할 수 있는 용기에 있어서는 가스의 온도)를 항상 40℃ 이하로 유지할 것. 이 경우 액화가스가 충전된 탱크에는 온도계 또는 온도를 적절히 측정할 수 있는 장치를 설치할 것
㉣ 액면요동 방지조치
 • 액화가스를 충전하는 탱크는 그 내부에 액면요동을 방지하기 위한 방파판 등을 설치할 것
 • 탱크(그 탱크의 정상부에 설치한 부속품을 포함한다)의 정상부의 높이가 차량 정상부의 높이보다 높을 경우에는 높이를 측정하는 기구를 설치할 것

정답 174.② 175.③ 176.③ 177.② 178.④ 179.④

180 고압가스 안전관리법상 액화가스를 충전하는 용기에 액면요동을 방지하기 위하여 설치하는 것은?

① 탄성이 있는 물질
② 액면정지장치
③ 방파판
④ 안전칸막이

181 고압가스 운반기준 중 후부취출식 용기 이외의 용기에 있어서는 용기의 후면 및 차량의 후면과 후범퍼와의 수평거리가 몇 cm 이상이 되도록 용기를 차량에 고정시켜야 하는가?

① 40cm ② 30cm
③ 20cm ④ 10cm

해설

차량에 고정된 탱크 및 부속품의 보호
㉠ 가스를 송출 또는 이입하는 데 사용되는 밸브(이하 '탱크 주밸브'라 한다)를 후면에 설치한 탱크(이하 '후부취출식 탱크'라 한다)에는 탱크 주밸브 및 긴급차단장치에 속하는 밸브와 차량의 뒷범퍼와의 수평거리가 40cm 이상 떨어져 있을 것
㉡ 후부취출식 탱크 외의 탱크는 후면과 차량의 뒷범퍼와의 수평거리가 30cm 이상이 되도록 탱크를 차량에 고정시킬 것
㉢ 탱크 주밸브 : 긴급차단장치에 속하는 밸브, 그 밖의 중요한 부속품이 돌출된 저장탱크는 그 부속품을 차량의 좌측편이 아닌 곳에 설치한 단단한 조작상자 내에 설치할 것. 이 경우 조작상자와 차량의 뒷범퍼와의 수평거리는 20cm 이상 떨어져 있어야 한다.
㉣ 부속품이 돌출된 탱크는 그 부속품의 손상으로 가스가 누출되는 것을 방지하기 위하여 필요한 조치를 할 것

182 안전밸브의 가스 방출관에 알맞은 단어는?

- 가스 방출관 끝에는 (㉠), 설치 하부에는 (㉡)를 설치한다.
- 가스 방출관의 단면적은 안전밸브 (㉢) 면적 이상으로 한다.

① ㉠ 캡, ㉡ 드레인밸브, ㉢ 분출
② ㉠ 드레인밸브, ㉡ 캡, ㉢ 분출
③ ㉠ 캡, ㉡ 앵글밸브, ㉢ 분출
④ ㉠ 캡, ㉡ 슬루스밸브, ㉢ 분출

183 가스 방출관에서 가스 방출구의 방향은 수직상방향으로 분출 시 그 연장선으로부터 수평거리 이내 장애물이 없는 안전한 곳이어야 한다. 입구 호칭경에 따른 수평거리가 틀린 것은?

① 15A 이하(0.3m)
② 15A 초과 20A 이하(0.5m)
③ 15A 초과 25A 이하(0.7m)
④ 25A 초과 40A 이하(1.8m)

㉠ 25A 초과 40A 이하 : 1.3m
㉡ 40A 초과 : 2.0m

184 밸브가 돌출한 용기(내용적 5L 미만 제외)에 조치하여야 할 내용이 아닌 것은?

① 충전용기는 바닥이 평탄한 장소에 보관한다.
② 충전용기는 물건의 낙하 우려가 없는 장소에 저장한다.
③ 고정프로텍터가 없는 용기는 캡을 씌워 보관한다.
④ 충전용기를 이동하면서 사용 시 2인 이상이 운반한다.

④ 이동 시 손수레에 단단히 묶어 사용

185 고압가스 특정제조사업소 안 배관의 노출 설치 시 올바른 항목은?

① 배관의 부식방지와 검사 보수를 위하여 지면으로부터 20cm 이상의 거리를 유지한다.
② 배관의 손상을 방지하기 위하여 방책이나 가드레일의 방호조치를 한다.
③ 배관이 건축물의 벽을 통과 시 통과라는 부분에 부식방지 피복조치를 하면 보호관은 설치하지 않아도 된다.
④ 배관의 신축에는 굽힘과 루프, 벨로우즈, 플랜지 등으로 신축을 한다.

정답 180.③ 181.② 182.① 183.④ 184.④ 185.②

해설

① 30cm 이상
③ 보호관을 설치
④ 굽힘관, 루프, 벨로스, 슬라이드 등으로 신축

186 아세틸렌용기의 내용적이 10L 이하이고, 다공물질의 다공도가 90%일 때 디메틸포름아미드의 최대 충전량은 얼마인가?

① 36.3%　② 38.7%
③ 41.8%　④ 43.5%

해설

C_2H_2 용기에 침윤시키는 용제의 규격 및 침윤량
㉠ 아세톤의 최대 충전량

다공물질의 다공도(%) \ 용기 구분	내용적 10L 이하	내용적 10L 초과
90 이상 92 이하	41.8% 이하	43.4% 이하
87 이상 90 미만	–	42.0% 이하
83 이상 87 미만	38.5% 이하	–
80 이상 83 미만	37.1% 이하	–
75 이상 80 미만	–	40.0% 이하
75 이상 80 미만	34.8% 이하	–

㉡ 디메틸포름아미드의 최대 충전량

다공물질의 다공도(%) \ 용기 구분	내용적 10L 이하	내용적 10L 초과
90 이상 92 이하	43.5% 이하	43.7% 이하
85 이상 90 미만	41.1% 이하	42.8% 이하
80 이상 85 미만	38.7% 이하	40.3% 이하
75 이상 80 미만	36.3% 이하	37.8% 이하

187 다음 고압가스 특정제조의 저장탱크 및 처리설비의 실내 설치에 관한 내용 중 틀린 것은?

① 저장탱크실과 처리설비실은 구분 설치하고 자연환기시설을 갖춘다.
② 저장탱크 처리설비실은 천장벽 바닥의 두께가 30cm 이상 철근콘크리트로 만든 실로서 방수처리가 된 것으로 한다.
③ 가연성, 독성 가스의 처리설비실에는 가스누출 검지경보장치를 설치한다.
④ 저장탱크 및 그 부속설비에는 부식방지 도장을 하고 안전밸브 설치 시 지상 5m 이상의 높이에 가스방출구가 있는 가스방출관을 설치한다.

188 저장탱크에 충전된 독성 가스가 90%로 도달 시 검지하는 방법은?

① 액면 또는 액두압 검지
② 체적 감지
③ 무게 감지
④ 육안 확인

189 저장탱크에 과충전방지조치를 하여야 할 독성 가스가 아닌 것은?

① 아황산
② 암모니아
③ 산화에틸렌
④ 일산화탄소

해설

①, ②, ③항 외에 HCN, $COCl_2$, H_2S 등

190 압력계, 온도계, 액면계 등 계기류를 부착하는 부분은 반드시 용접이음으로 한다. 호칭지름 몇 mm 초과 배관에 해당하는가?

① 15mm　② 20mm
③ 25mm　④ 30mm

해설

25mm 이하 배관은 용접이음에서 제외

191 냉매설비 중 냉매가스 안의 압력이 상용압력을 초과하는 경우 즉시 상용압력 이하로 되돌릴 수 있는 장치가 아닌 것은?

① 고압차단장치
② 안전밸브
③ 파열판
④ 감압밸브

해설

과압안전장치 종류 : ①, ②, ③ 이외에 용전, 압력 릴리프 장치, 자동압력제어장치

정답 186.④ 187.① 188.① 189.④ 190.③ 191.④

chapter 2 LPG 안전관리

이번 과목은 어떤 내용인가요?

제2장은 액화석유가스 제조 및 공급 · 충전부분으로서 가스저장 및 사용(저장탱크, 탱크로리 사용시설)에 관한 안전으로 구성된 내용입니다.

01 안전거리

저장능력	1종	2종
10톤 이하	17m	12m
10톤 초과 20톤 이하	21m	14m
20촌 초과 30톤 이하	24m	16m
30톤 초과 40톤 이하	27m	18m
40톤 초과	30m	20m

02 허가대상 가스용품

(1) 허가대상 가스용품의 범위

㉠ 압력조정기(용접 절단기용 액화석유가스 압력조정기를 포함한다.)
㉡ 가스누출자동차단장치
㉢ 정압기용 필터(정압기에 내장된 것은 제외한다.)
㉣ 매몰형 정압기
㉤ 호스
㉥ 배관용 밸브(볼밸브와 글로브밸브만을 말한다.)
㉦ 콕(퓨즈콕, 상자콕, 주물연소기용 노즐콕 및 업무용 대형연소기용 노즐콕만을 말한다.)
㉧ 강제혼합식 가스버너
㉨ 연소기[가스버너를 사용할 수 있는 구조로 된 연소장치로서 가스소비량이 232.6kW(20만 kcal/h) 이하인 것]

㉧ 다기능가스안전계량기(가스계량기에 가스누출 차단장치 등 가스안전기능을 수행하는 가스안전장치가 부착된 가스용품을 말한다. 이하같다)

㉨ 연료전지[가스소비량이 232.6kW(20만 kcal/h) 이하인 것을 말한다. 이하같다]

㉩ 다기능보일러[온수보일러에 전기를 생산하는 기능 등 여러 가지 복합기능을 수행하는 장치가 부착된 가스용품으로서 가스소비량이 232.6kW(20만 kcal/h) 이하인 것을 말한다.]

03 액화석유가스 충전사업의 시설기준 및 기술기준

(1) 용기충전시설기준

① 저장, 충전설비 안전거리 유지(지하 1/2 유지)

② 저장탱크 및 가스충전장소에는 방호벽 설치

③ 살수장치(5m)

(2) 내열구조 및 유효한 냉각장치와 온도상승 방지 조치

① 방류둑 설치, 가연성 : 10m 이내

② 방류둑 미설치, 가연성 : 20m 이내

③ 가연성 물질을 취급하는 설비 : 20m 이내

(3) 지반침하 방지 탱크의 용량

3톤 이상(고법은 1톤, $100m^3$)

(4) 충전시설의 규모 등

① 안전밸브 분출면적 : 배관 최대지름부 단면적의 1/10 이상

② 납붙임 접합용기에 LPG 충전 시 자동계량충전기로 충전

③ 충전시설 : 연간 1만 톤 이상을 처리할 수 있는 규모

④ 저장탱크 저장능력 : 1만 톤의 1/100(주거지역, 상업지역에서 다른 곳으로 이전 시 1/200)

⑤ 차량정지목을 설치하는 탱크용량 : 5000L 이상(고법에는 2000L 이상)

⑥ 충전설비(충전기, 잔량측정기, 자동계량기 등 구비) : 충전시설은 용기보수를 위한 잔가스 제거장치, 용기질량측정장치, 밸브탈착기, 도색설비 등을 구비

⑦ 소형 저장탱크에 LPG 공급 시 : 펌프 또는 압축기가 부착된 액화석유가스 전용 운반차량(벌크로리)을 구비할 것

(5) 자동차용기 충전시설 기준

① 황색바탕에 흑색글씨 : 충전 중 엔진정지

② 백색바탕에 붉은글씨 : 화기엄금

(6) 화기와 우회거리

① 충전, 집단 공급시설 : 8m 이상

② 판매시설 : 2m 이상

③ 사용시설

저장능력	우회거리
1톤 미만	2m
1톤~3톤 미만	5m
3톤 이상	8m

(7) 충전시설 중 저장설비의 저장능력에 따른 사업소 경계와의 거리

저장능력	사업소 경계와의 거리
10톤 이하	24m
10톤 초과 20톤 이하	27m
20톤 초과 30톤 이하	30m
30톤 초과 40톤 이하	33m
40톤 초과 200톤 이하	36m
200톤 초과	39m

※ 충전시설 중 충전설비는 사업소 경계까지 24m 이상 유지

04 LPG 집단 공급사업

(1) 저장탱크(소형 저장탱크 제외) 안전거리 유지(지하설치 시는 제외)

(2) 저장설비 주위 경계책 1.5m

(3) 집단공급시설의 저장설비(저장탱크, 소형 저장탱크)로 설치(용기집합시설은 설치하지 않는다)

(4) 지하매몰 가능 배관

KS D 3589(폴리에틸렌 피복강관), KS D 3607(분말융착식 폴리에틸렌 피복강관), KS M 3514(가스용 폴리에틸렌관)

(5) 소형 저장탱크를 제외한 저장탱크에는 살수장치를 설치

(6) 배관의 유지거리

① 지면과 1m 이상

② 차량통행도로 1.2m 이상

③ 공동 주택부지 및 1m의 매설깊이 유지가 곤란한 곳 0.6m 이상

④ 보호관-보호관 : 0.3m
⑤ 배관의 접합은 용접시공을 할 것(부적당 시 플랜지 접합 가능)

(7) 차량에 고정된 탱크에 가스충전 시 가스충전 중의 표시를 하고 내용적 90%(소형 저장탱크는 85%)를 넘지 않을 것

(8) LPG 판매

① 용기저장실에는 분리형 가스누설경보기를 설치
② 판매업소, 영업소에는 계량기를 구비
③ 용기보관실의 벽은 방호벽, 지붕은 불연성, 난연성의 재료로 설치할 것
④ 용기보관실 우회거리 2m
⑤ 용기보관실 면적은 $19m^2$, 사무실은 $9m^2$, 주차장면적은 $11.5m^2$ 이상이며, 동일 부지에 설치
⑥ 조정압력이 3.3kPa 이하인 조정기 안전장치 작동압력
㉠ 작동 표준압력 : 7kPa
㉡ 작동 개시압력 : 5.6~8.4kPa
㉢ 작동 정지압력 : 5.04~8.4kPa
⑦ 압력조정기 권장사용기간 : 6년

(9) 배관용 밸브

① 개폐동작의 원활한 작동
② 유로 크기는 구멍지름 이상
③ 개폐용 핸들휠은 열림방향이 시계바늘 반대
④ 볼밸브 표면 5μ 이상

(10) 콕

호스콕, 퓨즈콕, 상자콕, 노즐콕 등이 있다.

(11) 염화비닐 호스

① 6.3mm(1종)
② 9.5mm(2종)
③ 12.7mm(3종)
④ 내압시험(3MPa)
⑤ 파열시험(4MPa)
⑥ 기밀시험(0.2MPa)

(12) 가스누설 자동차단기

전기충전부 비충전금속부 절연저항 1MΩ 이상

(13) 자동차용 기화기

① 안정성, 내구성, 호환성 고려
② 혼합비 조정할 수 없는 구조
③ 내부 가스를 용이하게 방출할 수 있는 구조
④ 엔진 정지 시 가스공급되지 않는 구조
⑤ 내압시험압력(고압부 3MPa, 저압부 1MPa)

(14) LPG 저장소

① 저장설비는 안전거리 유지(지하는 제외)
② 기화장치 주위에는 경계책을 설치(경계책과 용기보관장소는 20m 이상 거리)
③ 충전용기와 잔가스 용기보관장소 : 1.5m 이상 유지
④ 압력계는 표준압력계로 매월 1회 검사

05 LPG 사용시설기준, 기술기준

① 저장능력 250kg 이상 보관 시 안전장치 설치
② 건축물 내 가스사용시설[가스누설(자동, 경보)차단장치]
③ 가스사용시설 저압부분 배관(0.8MPa 이상-내압시험을 실시)
④ 매몰가능 배관(동관, 스테인리스강관, 가스용 플렉시블 호스)
⑤ 호스콕, 배관용 밸브를 설치할 수 있는 LP가스 연소기 19400kcal/hr 이상
⑥ 소형 저장탱크를 설치하여야 하는 저장능력 : 500kg 이상(소형 저장탱크 : 저장능력 3톤 미만의 저장탱크)
⑦ 기밀시험 : 조정기 출구 연소기까지 배관의 기밀시험압력(8.4kPa 이상), 압력이 3.3 ~ 30kPa 이내의 기밀시험압력(35kPa)
⑧ 연소기 설치방법 : 개방형 연소기 설치 시 환풍기, 환기구 설치, 반밀폐형 연소기는 급기구 배기통 설치

06 액화석유가스 안전관리법규 부분

1 다중이용시설의 종류(시행규칙 [별표 2])

(1) 유통산업발전법에 따른 대형백화점, 쇼핑센터 및 도매센터

(2) 항공법에 따른 공항의 여객청사
(3) 여객자동차운수사업법에 따른 여객자동차 터미널
(4) 국유철도의 운영에 관한 특례법에 따른 철도 역사
(5) 도로교통법에 따른 고속도로의 휴게소
(6) 관광진흥법에 따른 관광호텔 관광객 이용시설 및 종합유원시설 중 전문 종합휴양업으로 등록한 시설
(7) 한국마사회법에 따른 경마장
(8) 청소년 기본법에 따른 청소년 수련시설
(9) 의료법에 따른 종합병원
(10) 항만법에 따른 종합여객시설
(11) 기타 시·도지사가 안전관리상 필요하다고 지정하는 시설 중 그 저장능력 100kg을 초과하는 시설

2 액화석유가스 판매 용기저장소 시설기준[시행규칙 (별표 6)]

구분	기준
배치기준	① 사업소 부지는 그 한 면이 폭 4m 이상 도로와 접할 것 ② 용기보관실은 화기를 취급하는 장소까지 2m 이상 우회거리를 두거나 용기를 보관하는 장소와 화기를 취급하는 장소 사이에 누출가스가 유동하는 것을 방지하는 시설을 할 것
저장설비기준	① 용기보관실은 불연재료를 사용하고, 그 지붕은 불연성 재료를 사용한 가벼운 지붕을 설치할 것 ② 용기보관실의 벽은 방호벽으로 할 것 ③ 용기보관실 면적은 $19m^2$ 이상으로 할 것
사고설비 예방기준	① 용기보관실은 분리형 가스누설경보기를 설치할 것 ② 용기보관실의 전기설비는 방폭구조일 것 ③ 용기보관실은 환기구를 갖추고 환기불량 시 강제통풍시설을 갖출 것
부대설비기준	① 용기보관실 사무실은 동일 부지 안에 설치하고 사무실 면적은 $9m^2$ 이상일 것 ② 용기운반자동차의 원활한 통행과 용기의 원활한 하역작업을 위하여 보관실 주위 $11.5m^2$ 이상의 부지를 확보할 것

3 저장탱크 및 용기에 충전

설비 \ 가스	액화가스	압축가스
저장탱크	90% 이하	상용압력 이하
용기	90% 이하	최고충전압력 이하
85% 이하로 충전하는 경우	① 소형 저장탱크 ② LPG 차량용 용기 ③ LPG 가정용 용기	–

4 액화석유가스 사용 시 중량판매하는 사항

(1) 내용적 30L 미만 용기로 사용 시
(2) 옥외 이동하면서 사용 시
(3) 6개월 기간 동안 사용 시
(4) 산업용, 선박용, 농축산용으로 사용 또는 그 부대시설에서 사용 시
(5) 재건축, 재개발 도시계획대상으로 예정된 건축물 및 허가권자가 증개축 또는 도시가스 예정건축물로 인정하는 건축물에서 사용 시
(6) 주택 이외 건축물 중 그 영업장의 면적이 $40m^2$ 이하인 곳에서 사용 시
(7) 노인복지법에 따른 경로당 또는 영유아복지법에 따른 가정보육시설에서 사용 시
(8) 단독주택에서 사용 시
(9) 그 밖에 체적판매방법으로 판매가 곤란하다고 인정 시

5 용기보관실 및 용기집합설비 설치(KGS Fu 431)

용기저장능력에 따른 구분	세부 핵심내용
100kg 이하	직사광선 빗물을 받지 않도록 조치
100kg 초과	① 용기보관실 설치 용기보관실 벽 문은 불연재료, 지붕은 가벼운 불연재료로 설치, 구조는 단층구조 ② 용기집합설비의 양단 마감조치에는 캡 또는 플랜지 설치 ③ 용기를 3개 이상 집합하여 사용 시 용기집합장치 설치 ④ 용기와 연결된 측도관 트윈호스 조정기 연결부는 조정기 이외의 설비와는 연결하지 않는다. ⑤ 용기보관실 설치곤란 시 외부인 출입방지용 출입문을 설치하고 경계표시

6 폭발방지장치와 방파판(KGS Ac 113) (p13)

구 분		세부 핵심내용
방파판	정의	액화가스 충전탱크 및 차량 고정탱크에 액면요동을 방지하기 위하여 설치되는 판
	면적	탱크 횡단면적의 40% 이상
	부착위치	원호부 면적이 탱크 횡단면적의 20% 이하가 되는 위치
	재료 및 두께	3.2mm 이상의 SS 41 또는 이와 동등 이상의 강도(단, 초저온탱크는 2mm 이상 오스테나이트계 스테인리스강 또는 4mm 이상 알루미늄 합금판)
	설치 수	내용적 $5m^3$마다 1개씩
폭발방지장치	설치장소와 설치탱크	주거 · 상업지역, 저장능력 10t 이상 저장탱크(지하설치 시는 제외), 차량에 고정된 LPG 탱크
	재료	알루미늄 합금박판
	형태	다공성 벌집형

7 LPG 저장탱크 설치규정 · 소형 저장탱크 설치규정

LPG 저장탱크 지하설치			
구 조	재 료	수밀성 콘크리트	레드믹스콘크리트
천장, 벽, 바닥구조		두께 30cm 이상 철근콘크리트의 구조	
이격거리	저장탱크 상호간	1m 이상	
	저장탱크실 바닥과 저장탱크 하부	60cm 이상	
	저장탱크실 상부 원면과 저장탱크 상부	60cm 이상	
저장탱크 빈 공간에 채우는 물질		세립분을 함유하지 않은 마른 모래(※ 고압가스 저장탱크의 경우 일반 마른 모래 채움)	
저장탱크 묻은 곳의 지상		경계표시	
점검구	설치 수	① 20t 이하 : 1개소 ② 20t 초과 : 2개소	
	크기	① 사각형 : 0.8m×1m ② 원형 : 0.8m	
가스방출관 위치		지면에서 5m 이상	

소형 저장탱크			
시설기준	지상 설치, 옥외 설치, 습기가 적은 장소, 통풍이 양호한 장소, 사업소 경계는 바다, 호수, 하천, 도로의 경우 토지 경계와 탱크 외면간 0.5m 이상 안전공지 유지		
전용 탱크실에 설치하는 경우	① 옥외 설치할 필요 없음 ② 환기구 설치(바닥면적 $1m^2$당 $300cm^2$의 비율로 2방향 분산 설치) ③ 전용 탱크실 외부(LPG 저장소, 화기엄금, 관계자 외 출입금지 등을 표시)		
살수장치	저장탱크 외면 5m 떨어진 장소에서 조작할 수 있도록 설치		
설치기준	① 동일장소 설치 수 : 6기 이하 ② 바닥에서 5m 이상 콘크리트 바닥에 설치 ③ 충전질량 합계 : 5000kg 미만 ④ 충전질량 1000kg 이상은 높이 3m 이상 경계책 설치 ⑤ 화기와 거리 5m 이상 이격		
기초	지면 5cm 이상 높게 설치된 콘크리트 위에 설치		
보호대	재질		철근콘크리트, 강관재
	높이		80cm 이상
	두께	강관재	100A 이상
		철근콘크리트	12cm 이상
기화기	① 3m 이상 우회거리 유지 ② 자동안전장치 부착	소화설비	① 충전질량 1000kg 이상 ABC용 분말소화기 B-12 이상의 것 2개 이상 보유 ② 충전호스 길이 10m 이상

8 액화석유가스 자동차에 고정된 충전시설의 가스설비 기준(KGS Fp 332) (2.4)

(1) 충전시설의 건축물 외부에 로딩암을 설치한다.

① 건축물 내부에 설치 시 환기구 2방향 설치

② 환기구면적은 바닥면적의 6% 이상

(2) 충전기 외면과 가스설비실 외면의 거리 8m 이하 시 로딩암을 설치하지 않는다.

(3) 보호대

① 높이 80cm 이상

② 두께(철근콘크리트 12cm, 배관용 탄소강관 100A 이상)

(4) 캐노피

충전기 상부에 공지면적의 $\frac{1}{2}$ 이상 되게 설치한다.

(5) 충전기 충전호스 길이는 5m 이내로 한다.

(6) 충전호스에 과도한 인장력이 가해졌을 때 충전기와 가스주입기가 분리될 수 있는 안전장치를 설치한다.

(7) 가스주입기는 원터치형으로 정전기제거장치가 있다.

9 LPG 자동차 충전소에 설치할 수 있는 건축물

설치시설의 종류	용 도
작업장	① 충전을 하기 위한 곳 ② 자동차 점검 간이정비를 위한 곳(용접, 판금, 도정, 화기작업은 제외)
사무실, 회의실	충전소 업무
대기실	충전소 관계자 근무를 위함
용기재검사시설	충전사업자가 운영하고 있는 시설
숙소	충전소 종사자용
면적 100m^2 이하 식당	충전소 종사자용
면적 100m^2 이하 창고	비상발전기실 또는 공구보관용
세차시설	자동차 세정용
자동판매기 · 현금자동지급기	충전소 출입 대상자용
소매점 및 전시장	① 충전소 출입 대상자용 ② 액화석유가스를 연료로 사용하는 자동차를 전시하는 공간
그 밖에 산업통상자원부 장관이 안전관리에 지장이 없다고 인정하는 건축물, 시설	충전사업에 직접 관계되는 가스설비실 및 압축기실 해당 충전사업과 직접 연관이 있는 건축물

Chapter 2 ••• LPG 안전관리

출/제/예/상/문/제

01 LP가스 집단공급시설 중 저장능력이 15000kg 이하의 저장설비가 주택과 유지하여야 할 안전거리는?

① 12m　② 14m
③ 16m　④ 17m

고압가스 일반제조와 동일, 주택은 2종

LPG(가연성) 저장능력	안전거리	
	1종(m)	2종(m)
10톤 이하	17	12
10톤 초과 20톤 이하	21	14
20톤 초과 30톤 이하	24	16
30톤 초과 40톤 이하	27	18
40톤 초과 50톤 이하	30	20

02 부피가 25000L인 LPG 저장탱크의 저장능력은 몇 kg인가? (단, LPG의 비중은 0.52이다.)

① 10400
② 13000
③ 11700
④ 12000

고압가스 일반제조 액화가스 저장탱크의 저장능력 산정식과 동일하다.
$G=0.9dV=0.9\times0.52\times25000=11700$

03 액화석유가스를 사용하기 위한 허가대상 가스용품이 아닌 것이 포함된 것은?

① 가스레인지, 호스밴드
② 염화비닐호스, 가스누출 자동차단장치
③ 콕, 볼밸브
④ 고압 고무호스, 압력조정기

해설

허가대상 가스용품의 범위
㉠ 압력조정기(용접 절단기용 액화석유가스 압력조정기를 포함한다.)
㉡ 가스누출자동차단장치
㉢ 정압기용 필터(정압기에 내장된 것은 제외한다.)
㉣ 매몰형 정압기
㉤ 호스
㉥ 배관용 밸브(볼밸브와 글로브밸브만을 말한다.)
㉦ 콕(퓨즈콕, 상자콕, 주물연소기용 노즐콕 및 업무용 대형연소기용 노즐콕만을 말한다.)
㉧ 강제혼합식 가스버너
㉨ 연소기[가스버너를 사용할 수 있는 구조로 된 연소장치로서 가스소비량이 232.6kW(20만 kcal/h) 이하인 것]
㉩ 다기능가스안전계량기(가스계량기에 가스누출 차단장치 등 가스안전기능을 수행하는 가스안전장치가 부착된 가스용품을 말한다. 이하같다)
㉪ 연료전지[가스소비량이 232.6kW(20만 kcal/h) 이하인 것을 말한다. 이하같다]
㉫ 다기능보일러[온수보일러에 전기를 생산하는 기능 등 여러 가지 복합기능을 수행하는 장치가 부착된 가스용품으로서 가스소비량이 232.6kW(20만 kcal/h) 이하인 것을 말한다.]

04 허가대상 가스용품 범위 중 배관용 밸브에 해당하는 것은?

① 역류방지 밸브
② 볼 밸브
③ 게이트 밸브
④ 앵글 밸브

배관용 밸브에는 볼 밸브와 글로브 밸브가 있다.

정답 01.② 02.③ 03.① 04.②

05 허가대상 가스용품의 연소장치 중 가스버너를 사용할 수 있는 구조의 것으로서 가스소비량이 얼마 이하인가?

① 400000kcal/hr ② 300000kcal/hr
③ 200000kcal/hr ④ 100000kcal/hr

06 액화석유가스 충전사업의 시설기준에서 지상에 설치된 저장탱크와 가스 충전장소 사이에 어느 것을 설치해야 하는가?

① 물분무장치 ② 안전거리
③ 방호벽 ④ 경계표시

방호벽
지상에 설치된 저장탱크와 가스 충전장소 사이에 방호벽을 설치할 것. 다만, 방호벽 설치로 인하여 조업이 불가능할 정도로 특별한 사정이 있다고 시·도지사가 인정하거나 그 저장탱크와 가스 충전장소 사이에 사업소 경계와의 거리와 같은 거리가 유지된 경우에는 방호벽을 설치하지 아니할 수 있다.

07 다음 ( ) 안에 맞는 것은?

> 액화석유가스 제조시설기준 중 지상에 설치하는 저장탱크 및 그 지주에는 외면으로부터 ( ) 이상 떨어진 위치에서 조작할 수 있는 냉각용 살수장치를 설치해야 한다.

① 10m ② 5m
③ 3m ④ 2m

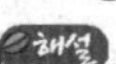

저장탱크 등의 구조
지상에 설치하는 저장탱크 및 그 지주는 내열성의 구조로 하고, 저장탱크 및 그 지주에는 외면으로부터 5m 이상 떨어진 위치에서 조작할 수 있는 냉각살수장치 그 밖에 유효한 냉각장치를 설치할 것. 다만, 소형저장탱크의 경우에는 그러하지 않는다.

08 액화석유가스의 저장설비에서 통풍구조를 설치할 수 없는 경우에는 강제통풍시설을 설치하여야 한다. 다음 중 그 기준에 적합한 것은?

① 배기가스 방출구를 지면에서 0.2m 이상의 높이에 설치
② 배기가스 방출구를 지면에서 0.5m 이상의 높이에 설치
③ 통풍능력이 바닥면적 $1m^2$마다 $0.8m^3/min$ 이상
④ 통풍능력이 바닥면적 $1m^2$마다 $0.5m^3/min$ 이상

㉠ 강제통풍장치 : 바닥면적 $1m^2$당 $0.5m^3/min$ 이상
㉡ 자연통풍장치 : 바닥면적 $1m^2$당 $300cm^2$ 이상(바닥면적의 3% 이상)

09 LP가스의 용기보관실 바닥면적이 $30m^2$라면 통풍구의 크기는 얼마로 하여야 하는가?

① $12000cm^2$ ② $9000cm^2$
③ $6000cm^2$ ④ $3000cm^2$

$1m^2 = 10000cm^2$이므로
$30m^2 = 300000cm^2$
$\therefore 300000 \times 0.03 = 9000cm^2$

10 액화석유가스 저장탱크에 부착된 배관에는 저장탱크의 외면으로부터 몇 m 이상 떨어진 위치에서 조작할 수 있는 긴급차단장치를 설치하는가?

① 20m ② 15m
③ 10m ④ 5m

해설

긴급차단장치
㉠ 저장탱크(소형 저장탱크를 제외한다)에 부착된 배관(액상의 액화석유가스를 송출 또는 이입하는 것에 한하여, 저장탱크와 배관과의 접속부분을 포함한다)에는 그 저장탱크의 외면으로부터 5m 이상(저장탱크를 지하에 매몰하여 설치하는 경우에는 그러하지 않다) 떨어진 위치에서 조작할 수 있는 긴급차단장치를 설치할 것. 다만, 액상의 액화석유가스를 이입하기 위하여 설치된 배관에는 역류방지밸브로 갈음할 수 있다.
㉡ ㉠의 규정에 의한 배관에는 긴급차단장치에 딸린 밸브 외에 2개 이상의 밸브를 설치하고 그 중 1개는 배관에 속하는 저장탱크의 가장 가까운 부근에 설치할 것. 이 경우 그 저장탱크의 가장 가까운 부근에 설치한 밸브는 가스를 송출 또는 이입하는 때 외에는 잠가 둘 것

정답 05.③ 06.③ 07.② 08.④ 09.② 10.④

11 LPG 저장탱크 외부에는 도료를 바르고 주위에서 보기 쉽도록 '액화석유가스' 또는 'LPG'라고 주서로 표시하여야 하는데 이 저장탱크의 외부 도료 색깔은?

① 은백색 ② 황색
③ 청색 ④ 녹색

해설

액화석유가스 충전사업기준 중 저장탱크의 설치
지상에 설치하는 저장탱크(국가보안 목표시설로 지정된 것을 제외한다)의 외면에는 은백색 도료를 바르고 주위에서 보기 쉽도록 '액화석유가스' 또는 'LPG'를 붉은 글씨로 표시할 것

12 액화석유가스 저장탱크 주위에는 방류둑을 설치해야 한다. 저장능력이 얼마 이상일 때인가?

① 3000톤 ② 1000톤
③ 500톤 ④ 100톤

해설

고압가스 일반제조기준과 동일
LPG(가연성) : 1000톤 이상 방류둑 설치

13 액화석유가스 용기 충전시설 방류둑의 내측과 그 외면으로부터 몇 m 이내에는 저장탱크 부속설비 외의 것을 설치하지 않는가?

① 15m ② 10m
③ 7m ④ 5m

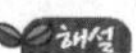

고압가스 일반제조기준과 동일

14 액화석유가스 제조시설기준 중 고압가스설비의 기초는 지반침하로 당해 고압가스설비에 유해한 영향을 끼치지 않도록 해야 하는데 이 경우 저장탱크의 저장능력이 몇 톤 이상일 때를 말하는가?

① 4톤 이상 ② 3톤 이상
③ 2톤 이상 ④ 1톤 이상

해설

지반침하를 방지하기 위해 기초를 튼튼히 하여야 하는 저장탱크의 용량
㉠ 고압가스 일반제조기준 : 1톤 이상, $100m^3$ 이상
㉡ 액화석유가스 충전사업기준 : 3톤 이상

참고 액화석유가스 충전사업기준 중 가스설비 등의 기초
저장설비 및 가스설비의 기초는 지반침하로 그 설비에 유해한 영향을 끼치지 아니하도록 할 것. 이 경우 저장탱크(저장능력이 3톤 미만의 저장설비를 제외한다)의 지주(지주가 없는 저장탱크에는 그 아래부분)는 동일한 기초 위에 설치하고, 지주 상호간은 단단히 연결할 것

15 액화석유가스 충전설비가 갖추어야 할 사항에 해당되지 않는 것은?

① 자동계량기 ② 잔량측정기
③ 충전기 ④ 강제통풍장치

해설

액화석유가스 충전사업 중 충전설비에는 충전기, 잔량측정기, 자동계량기를 구비하여야 한다.

참고 액화석유가스 충전사업 중 충전시설의 규모
1. 충전시설은 연간 1만 톤 이상의 범위에서 시·도지사가 정하는 액화석유가스 물량을 처리할 수 있는 규모일 것. 다만, 내용적 1L 미만의 용기와 용기내장형 가스난방기용 용기에 충전하는 시설의 경우에는 그렇지 않다.
2. 충전설비에는 충전기, 잔량측정기 및 자동계량기를 갖출 것
3. 충전용기(납붙임 또는 접합용기를 제외한다)의 전체에 대하여 누출을 시험할 수 있는 수조식 장치 등의 시설을 갖출 것
4. 충전시설에는 용기 보수에 필요한 잔가스 제거장치, 용기질량 측정기, 밸브 탈착기 및 도색설비를 갖출 것. 다만, 시·도지사의 인정을 받아 용기 재검사기관의 설비를 이용하는 경우에는 그렇지 않다.
5. 납붙임 또는 접합용기에 액화석유가스를 충전하는 때에는 자동계량 충전기로 충전할 것
6. 액화석유가스가 충전된 납붙임 또는 접합용기를 46℃ 이상 50℃ 미만으로 가스누출시험을 할 수 있는 온수시험 탱크를 갖출 것

16 액화석유가스 용기보관장소에 관한 설명 중 틀린 것은?

① 용기보관장소에는 화재경보기를 설치할 것
② 용기보관장소의 지붕은 불연성, 난연성 재료를 사용할 것
③ 용기보관장소는 양호한 통풍구조로 할 것
④ 용기보관장소에는 보기 쉬운 곳에 경계표시를 할 것

정답 11.① 12.② 13.② 14.② 15.④ 16.①

해설

① 용기보관장소에는 가스누출경보기를 설치

참고 1. LPG 충전사업 기술기준 중 용기보관장소
- 가스설비설치실 및 충전용기보관실을 설치하는 경우에는 불연재료를 사용하고 건축물의 창의 유리는 망입유리 또는 안전유리로 할 것
- 용기보관장소에는 용기가 넘어지는 것을 방지하는 시설을 갖출 것

2. 저장설비실 · 가스설비실
- 저장설비실 및 가스설비실에는 산업통상자원부 장관이 정하여 고시하는 바에 따라 통풍구를 갖추고, 통풍이 잘 되지 아니하는 곳에는 강제통풍시설을 설치할 것
- 가스누출경보기 : 저장설비 및 가스설비실에는 산업통상자원부 장관이 정하여 고시하는 바에 따라 가스누출경보기를 설치할 것
- 충전장소 등의 지붕 : 충전장소 및 저장설비에는 불연성의 재료 또는 난연성의 재료를 사용한 가벼운 지붕을 설치할 것

17 다음과 같은 LPG 용기보관소 경계표시 (연)자 표시의 색상은?

LPG 용기 저장실(연)

① 흰색 ② 노란색
③ 적색 ④ 흑색

해설

독성 가스에 표시하는 (독), 가연성 가스에 표시하는 (연)은 모두 적색으로 표시한다.

참고 LPG 충전사업 기술기준 중 사업소 등의 경계표지
1. 사업소의 경계표지는 당해 사업소의 출입구(경계 울타리, 담 등에 설치되어 있는 것) 등 외부에서 보기 쉬운 곳에 게시할 것
2. 사업소 내 시설 중 일부만이 액화석유가스의 안전 및 사업관리법의 적용을 받을 때에는 당해 시설이 설치되어 있는 구획건축물 또는 건축물 내에 구획된 출입구 등의 외부로부터 보기 쉬운 곳에 게시할 것. 이 경우 당해 시설에 출입 또는 접근할 수 있는 장소가 여러 곳일 때에는 그 장소마다 게시할 것
3. 경계표지는 액화석유가스의 안전 및 사업관리법의 적용을 받고 있는 사업소 또는 시설이란 것을 외부 사람이 명확하게 식별할 수 있는 크기로 할 것이며, 당해 사업소에 준수하여야 할 안전확보에 필요한 주의사항을 부기하여도 좋다.

〈표시의 예〉

LPG 충전사업소	LPG 저장소	출입금지
LPG 집단공급사업소	화기엄금	

18 다음 중 LPG 용기보관소에 설치해야 하는 것은?

① 역화방지장치
② 자동차단밸브
③ 가스누설경보기
④ 긴급차단장치

19 액화석유가스 충전시설의 배관에 대한 설명 중 적합하지 않은 것은?

① 지상에 설치한 배관에는 온도의 변화에 의한 길이의 변화에 따른 신축을 흡수하는 조치를 할 것
② 배관에는 물분무장치를 설치할 것
③ 배관의 적당한 곳에는 안전밸브를 설치할 것
④ 배관의 적당한 곳에는 압력계 및 온도계를 설치할 것

해설

물분무장치는 저장탱크에 설치하는 것이다.
LPG 충전사업 기술기준 중 배관의 설치방법 등

참고 1. 배관은 건축물의 내부 또는 기초의 밑에 설치하지 아니할 것. 다만, 그 건축물에 가스를 공급하기 위하여 설치하는 배관은 건축물의 내부에 설치할 수 있다.
2. 배관을 지상에 설치하는 경우에는 지면으로부터 떨어져 설치하고, 그 보기 쉬운 장소에 액화석유가스의 배관임을 표시할 것
3. 배관을 지상에 설치하는 경우에는 그 외면에 녹이 슬지 아니하도록 부식방지도장을 하고 지하에 매설하는 경우에는 부식방지조치 및 전기부식방지조치를 한 후 지면으로부터 1m 이상의 깊이에 매설하고 보기 쉬운 장소에 액화석유가스의 배관을 매설하였음을 표시할 것
4. 배관을 수중에 설치하는 경우에는 선박 · 파도 등의 영향을 받지 아니하는 깊은 곳에 설치할 것
5. 지상에 설치한 배관에는 온도의 변화에 의한 길이의 변화에 따른 신축을 흡수하는 조치를 할 것

정답 17.③ 18.③ 19.②

6. 배관에는 그 온도를 항상 40℃ 이하로 유지할 수 있는 조치를 할 것
7. 배관의 적당한 곳에 압력계 및 온도계를 설치할 것
8. 배관의 적당한 곳에 안전밸브를 설치하고, 그 분출면적은 배관의 최대지름부의 단면적의 1/10 이상으로 하여야 하며, 그 설정압력은 배관의 내압시험 압력의 8/10 이하이고, 배관의 설계압력 이상일 것

20 LP가스가 충전된 납붙임용기 또는 접합용기는 몇 도의 온도에서 가스누설시험을 할 수 있는 온수시험 탱크를 갖추어야 하는가?

① 52~60℃
② 46~50℃
③ 35~45℃
④ 20~32℃

해설

㉠ 누설시험 온도 46~50℃
㉡ 에어졸용기 불꽃길이 시험을 위해 채취한 시료의 온도 : 24~26℃ 이하

21 LP가스 충전사업시설의 배관에는 적당한 곳에 안전밸브를 설치하여야 하는데, 안전밸브의 분출면적은 배관의 최대지름부의 단면적에 얼마 이상으로 하여야 하는가?

① 1/10 이상 ② 1/8 이상
③ 1/4 이상 ④ 1/2 이상

22 액화석유가스 충전시설은 연간 몇 톤 이상의 액화석유가스를 처리할 수 있는 규모인가?

① 4만톤 이상 ② 3만톤 이상
③ 2만톤 이상 ④ 1만톤 이상

23 LP가스 충전시설의 저장탱크 저장능력은 1만 톤의 어느 정도인가?

① 1/200 이상
② 1/100 이상
③ 1/20 이상
④ 1/10 이상

LP가스 충전시설의 저장탱크 저장능력 $=$ 1만 톤 $\times \frac{1}{100}$ 이상

(주거 · 상업 지역에서 타지역 이전 시 1만 톤 $\times \frac{1}{200}$ 이상)

24 액화석유가스 충전설비에 해당하지 않는 것은?

① 도색설비
② 자동계량기
③ 잔량측정기
④ 충전기

도색설비는 용기보수를 위한 설비이다.

25 다음 설명 중 LP가스 충전 시 디스펜서(Dispenser)란?

① LP가스 충전소에서 청소하는 데 사용하는 기기
② LP가스 대형 저장탱크에 역류방지용으로 사용하는 기기
③ LP가스 자동차 충전소에서 LP가스 자동차의 용기에 용적을 계량하여 충전하는 충전기기
④ LP가스 압축기 이송장치의 충전기기 중 소량에 충전하는 기기

26 액화석유가스 충전사업의 주거 · 상업 지역에는 저장능력 몇 톤 이상의 저장탱크에 폭발방지장치를 설치하는가?

① 100톤 ② 10톤
③ 1톤 ④ 0.5톤

27 자동차 충전용 호스의 길이는 몇 m이며, 어떠한 장치를 설치하는가?

① 7m 이내, 인터록장치
② 5m 이내, 정전기제거장치
③ 3m 이내, 인터록장치
④ 1m 이내, 정전기제거장치

정답 20.② 21.① 22.④ 23.② 24.① 25.③ 26.② 27.②

㉠ 배관 중 호스길이 : 3m 이내
㉡ 충전기 호스길이 : 5m 이내, 가연성 가스인 경우 정전기제거조치를 한다.

참고 액화석유가스사업의 충전시설기준

1. 안전거리
액화석유가스 충전시설 중 저장설비 및 충전설비는 그 외면으로부터 보호시설(사업소 안에 있는 보호시설 및 전용 공업지역 안에 있는 보호시설을 제외한다)까지 다음의 기준에 의한 안전거리를 유지할 것. 다만, 저장설비를 지하에 설치하거나 저장설비 안에 액중 펌프를 설치한 경우에는 저장능력별 사업소 경계와의 거리에 0.7을 곱한 거리 이상을 유지할 것

저장능력	사업소 경계와의 거리
10톤 이하	24m
10톤 초과 20톤 이하	27m
20톤 초과 30톤 이하	30m
30톤 초과 40톤 이하	33m
40톤 초과 200톤 이하	36m
200톤 초과	39m

〈비고〉
(1) 이 표의 저장능력 산정은 다음의 산식에 의한다.
$W=0.9dV$
여기서, W : 저장탱크의 저장능력(kg)
d : 상용온도에 있어서의 액화석유가스 비중(kg/L)
V : 저장탱크의 내용적(L)
(2) 동일사업소에 두 개 이상의 저장설비가 있는 경우에는 그 저장능력별로 각각 안전거리를 유지하여야 한다.

2. 공지확보 등
㉠ 충전소에는 자동차에 직접 충전할 수 있는 고정충전설비(이하 '충전기'라 한다)를 설치하고, 그 주위에 공지를 확보할 것
㉡ ㉠의 규정에 의한 공지의 바닥은 주위의 지면보다 높게 하고, 충전기는 자동차 진입으로부터 보호할 수 있는 보호대를 갖출 것
• 게시판 : 충전소에는 시설의 안전확보에 필요한 사항을 기재한 게시판을 주위에서 보기 쉬운 위치에 설치하고 황색바탕에 흑색글씨로 '충전 중 엔진정지'라고 표시한 표지판과 백색바탕에 붉은글씨로 '화기엄금'이라고 표시한 게시판을 따로 설치할 것

28 다음 자동차 충전용 액화석유가스 제조시설 및 기술상 기준을 설명한 것 중 틀린 것은?

① 가스를 충전받은 자동차는 자동차의 연료용기와 가스충전기의 접속부를 완전히 뗀 후 발차할 것
② 주입기와 가스충전기 사이의 호스배관에는 안전장치를 설치할 것
③ 자동차용 가스충전기를 설치할 것
④ 주입기는 투터치형으로 할 것

해설

주입기는 원터치형

29 자동차용기 충전시설기준에서 충전소에는 보기 쉬운 위치에 '충전 중 엔진정지'라고 표시해야 하는데 게시판의 색상으로 맞는 것은?

① 황색바탕에 적색글씨
② 황색바탕에 흑색글씨
③ 백색바탕에 적색글씨
④ 백색바탕에 흑색글씨

30 자동차용기 충전시설기준에서 충전기 상부에는 캐노피를 설치하고, 그 면적은 공지면적의 얼마로 하는가?

① 1/10 이상 ② 1/5 이상
③ 1/4 이상 ④ 1/2 이상

31 자동차용기 충전시설기준에서 충전기 주위에는 무엇을 설치하는가?

① 계량기 ② 가스누설경보기
③ 온도계 ④ 압력계

32 정전기에 관한 설명 중 틀린 것은?

① 습도가 적은 겨울은 정전기가 축적되기 어렵다.
② 면으로 된 작업복은 화학섬유로 된 작업복보다 대전하기 어렵다.
③ 액화프로판의 충전설비, 배관, 탱크 등은 정전기를 제거하기 위하여 접지한다.
④ 액화프로판은 전기절연성이 높고, 유동에 의해 정전기를 일으키기 쉽다.

정답 28.④ 29.② 30.④ 31.② 32.①

해설

① 습도가 적은 겨울은 정전기 축적이 쉽다.

33 액화석유가스의 냄새측정에서 사용용어 중 패널(Panel)의 뜻은?

① 미리 선정한 정상적인 후각을 가진 사람으로서 냄새를 판정하는 자
② 시험가스를 청정한 공기를 희석한 판정용 기체
③ 냄새를 측정할 수 있도록 액화석유가스를 기화시킨 가스
④ 냄새농도 측정에 있어서 희석조작을 하여 냄새농도를 측정하는 자

해설

액화석유가스의 냄새측정기준의 용어 정의
㉠ 패널(panel) : 미리 선정한 정상적인 후각을 가진 사람으로서 냄새를 판정하는 자
㉡ 시험자 : 냄새농도 측정에 있어서 희석조작을 하여 냄새농도를 측정하는 자
㉢ 시험가스 : 냄새를 측정할 수 있도록 액화석유가스를 기화시킨 가스
㉣ 시료기체 : 시험가스 청정한 공기로 희석한 판정용 기체
㉤ 희석배수 : 시료기체의 양을 시험가스의 양으로 나눈 값

34 액화석유가스 냄새측정기준에서 사용하는 용어 설명으로 옳지 않은 것은?

① 희석배수 : 시료기체의 양을 시험가스의 양으로 나눈 값
② 시료기체 : 시험가스를 청정한 공기로 희석한 판정용 기체
③ 시험자 : 미리 선정한 정상적인 후각을 가진 사람으로서 냄새를 판정하는 자
④ 시험가스 : 냄새를 측정할 수 있도록 액화석유가스를 기화시킨 가스

35 액화석유가스가 공기 중에서 누설 시 그 농도가 몇 %일 때 감지할 수 있도록 부취제를 섞는가?

① 2% ② 1%
③ 0.5% ④ 0.1%

해설

LPG 충전사업 기술기준 중 가스충전
㉠ 가스를 충전하는 때에는 충전설비에서 발생하는 정전기를 제거하는 조치를 할 것
㉡ 액화석유가스는 공기 중의 혼합비율 용량이 1/1000의 상태에서 감지할 수 있도록 냄새가 나는 물질(공업용의 경우를 제외한다)을 섞어 차량에 고정된 탱크 및 용기에 충전할 것

36 액화석유가스를 충전하거나 가스를 이입받는 차량에 고정된 탱크는 내용적이 몇 L 이상인 경우 자동차정지목을 설치해야 하는가?

① 12000L 이상
② 10000L 이상
③ 5000L 이상
④ 1000L 이상

해설

㉠ 고압가스 일반제조 기술기준 중 차량정지목 설치 탱크 내용적 2000L 이상
㉡ LPG 충전사업 기술기준 중 차량정지목 설치 탱크 내용적 5000L 이상

37 액화석유가스 고압설비를 기밀시험하려고 할 때 사용해서는 안 되는 가스는?

① N_2 ② O_2
③ CO_2 ④ Ar

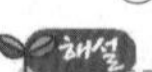

기밀시험 시 사용되는 가스 : 공기, 질소 등의 불활성 가스

38 LP가스의 저장설비나 가스설비를 수리 또는 청소할 때 내부의 LP가스를 질소 또는 물 등으로 치환하고, 치환에 사용된 가스나 액체를 공기로 재치환하여야 하는데, 이때 공기에 의한 재치환 결과가 산소농도 측정기로 측정하여 산소의 농도가 얼마의 범위 내에 있을 때까지 공기로 치환하여야 하는가?

① 18~22%
② 12~16%
③ 7~11%
④ 4~6%

정답 33.① 34.③ 35.④ 36.③ 37.② 38.①

39 다음 ( ) 안에 맞는 것은?

> 액화석유가스를 충전받는 차량은 지상에 설치된 저장탱크의 외면으로부터 ( ) 이상 떨어져 정지한다.

① 8m ② 5m
③ 3m ④ 1m

액화석유가스를 충전받는 차량(탱크로리) : 저장탱크는 3m 떨어져 정지할 것

40 차량에 고정된 탱크로 소형 저장탱크에 액화석유가스를 충전할 경우 기준에 적합하지 않은 것은?

① 충전작업이 완료되면 세이프 티 카플링으로부터의 가스누설이 없는가를 확인할 것
② 충전 중에는 액면계의 움직임, 펌프 등의 작동을 주의·감시하여 과충전방지 등 작업 중의 위해방지를 위한 조치를 할 것
③ 충전작업은 수요자가 채용한 검사원의 입회하에 할 것
④ 액화석유가스를 충전하는 때에는 소형 저장탱크 내의 잔량을 확인한 후 충전할 것

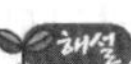

LPG 충전사업 기술기준 중 차량에 고정된 탱크로 소형 저장탱크에 액화석유가스를 충전하는 때에는 다음 기준에 의할 것
㉠ 수요자가 받아야 하는 허가 또는 액화석유가스 사용신고 여부와 소형 저장탱크의 검사 여부를 확인하고 공급할 것
㉡ 액화석유가스를 충전하는 때에는 그 소형 저장탱크 내의 잔량을 확인한 후 충전할 것
㉢ 충전작업은 수요자가 채용한 안전관리자의 입회하에 할 것
㉣ 충전 중에는 액면계의 움직임·펌프 등의 작동을 주의·감시하여 과충전방지 등 작업 중의 위해방지를 위한 조치를 할 것
㉤ 충전작업이 완료되면 세이프 티 카플링으로부터의 가스누출이 없는지를 확인할 것

41 액화석유가스 제조시설기준에 대한 설명 중 옳지 않은 것은?

① 제조설비에 당해 설비에서 발생하는 정전기를 제거할 것
② 저장탱크는 온도의 상승을 방지하는 장치를 할 것
③ 전기설비는 기폭성능을 가지는 구조일 것
④ 사업소는 그 경계선을 명시하고 외부의 보기 쉬운 곳에 경계표지를 설치할 것

전기설비는 방폭성능을 가지는 구조

42 액화석유가스의 집단공급시설을 할 때에 저장설비의 주위에는 경계책을 몇 m 이상으로 설치해야 하는가?

① 2m ② 3m
③ 1.5m ④ 1m

경계책 1.5m

43 액화석유가스 집단공급사업의 시설기준에서 저장설비의 기준에 관한 사항이 맞지 않는 것은?

① 저장설비의 벽을 설치하는 경우에는 불연성 재료로 하고, 지붕은 가벼운 불연성 재료로 할 것
② 소형 저장탱크의 저장설비는 그 외면으로부터 보호시설까지 안전거리를 유지할 것
③ 기화장치는 저장설비와 구분하여 설치할 것
④ 저장설비는 저장탱크 또는 산업통상자원부장관이 정하여 고시하는 바에 따라 소형 저장탱크로 설치할 것

소형 저장탱크는 안전거리를 유지하지 않아도 된다.

정답 39.③ 40.③ 41.③ 42.③ 43.②

44 액화석유가스 집단공급사업의 시설기준 중 배관의 외면과 지면 또는 노면 사이에서 협소한 도로에 장애물이 많아 1m 이상의 매설깊이를 유지하기가 곤란한 경우 매설깊이는?

① 0.3m 이상　　② 0.6m 이상
③ 1.5m 이상　　④ 1.2m 이상

액화석유가스 집단공급사업 시설기준 중 배관의 외면과 지면 또는 노면 사이에는 다음 기준에 의한 매설 깊이를 유지할 것
㉠ 공동주택의 부지 내에서는 0.6m 이상
㉡ 차량이 통행하는 도로에서는 1.2m 이상
㉢ ㉠ 및 ㉡에 해당하지 아니하는 곳에서는 1m 이상
㉣ ㉢에 해당하는 곳으로서 협소한 도로에 장애물이 많아 1m 이상의 매설깊이를 유지하기가 곤란한 경우에는 0.6m 이상

45 지하구조물, 암반 그 밖의 특수한 사정으로 매설깊이를 확보할 수 없는 곳의 배관에는 보호관 또는 보호판으로 매설깊이가 유지되지 아니하는 부분을 보호해야 한다. 이 경우 보호관 또는 외면과 지면 또는 노면 사이에는 얼마 이상의 거리를 유지하는가?

① 1m　　② 0.3m
③ 0.9m　　④ 0.6m

해설

㉠ 지하구조물 · 암반 그 밖에 특수한 사정으로 매설깊이를 확보할 수 없는 곳의 배관에는 당해 배관과 동등 이상의 강도를 갖는 보호관 또는 보호판(폭이 배관직경의 1.5배 이상이고, 두께가 4mm 이상인 철판)으로 매설깊이가 유지되지 아니하는 부분을 보호할 것. 이 경우 보호관 또는 보호판의 외면과 지면 또는 노면 사이에는 0.3m 이상의 거리를 유지할 것
㉡ 배관을 지하에 매설하는 경우에는 전기부식방지 조치를 할 것

46 LP가스 누출 자동차단장치에서 검지부의 설치위치는 검지부 상단이 지면 또는 바닥면으로부터 몇 cm 이내의 위치로 하는가?

① 100cm　　② 60cm
③ 30cm　　④ 10cm

해설

가스누출 자동차단장치에서 검지부의 설치위치는 검지부 상단이 지면 또는 바닥면으로부터 30cm 이내의 위치로 한다.

47 액화석유가스 집단공급시설기준에서 지상배관의 색상과 지하 매몰배관의 색상으로 적합한 것은?

① 백색, 흑색 또는 적색
② 청색, 적색 또는 황색
③ 적색, 흑색 또는 황색
④ 황색, 적색 또는 황색

해설

고압가스 일반제조기준과 동일
㉠ 지상배관 : 황색
㉡ 매몰배관 : 적색 또는 황색

48 LPG 집단공급사업에서 배관을 차량이 통행하는 도로 밑에 매설하는 경우 몇 m 이상의 깊이로 매설하는가?

① 1.8m 이상　　② 1.5m 이상
③ 1.2m 이상　　④ 1m 이상

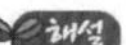

배관의 매설깊이는 1m(단, 차량 통행도로 밑 또는 도로폭이 8m 이상인 곳에 매설 시 1.2m)

49 가스를 사용할 때 시설의 배관을 움직이지 아니하도록 고정부착하는 조치에 해당되지 않는 것은?

① 관경이 25mm 이상의 것에는 3000mm마다 고정부착하는 조치를 해야 한다.
② 관경이 13mm 이상 33mm 미만의 것에는 2000mm마다 고정부착하는 조치를 해야 한다.
③ 관경이 33mm 이상의 것에는 3000mm마다 고정부착하는 조치를 해야 한다.
④ 관경이 13mm 미만의 것에는 1000mm마다 고정부착하는 조치를 해야 한다.

해설

배관의 고정부착 조치
㉠ 관경 13mm 미만 : 1m마다
㉡ 관경 13mm 이상 33mm 미만 : 2m마다
㉢ 관경 33mm 이상 : 3m마다

정답 44.② 45.② 46.③ 47.④ 48.③ 49.①

50 소형 저장탱크에 LPG를 충전하는 때에는 내용적의 몇 %를 넘지 아니하여야 하는가?

① 95%
② 90%
③ 85%
④ 80%

해설

저장탱크는 충전 시 90%를 넘지 않는다(단, 소형 저장탱크는 충전 시 85%를 넘지 않는다).

51 액화석유가스 판매업소 용기저장소의 시설기준 중 틀린 것은?

① 용기저장실의 전기시설은 방폭구조인 것이어야 하며, 전기스위치는 용기저장실 외부에 설치한다.
② 용기저장실 내에는 분리형 가스누설경보기를 설치한다.
③ 용기저장실 주위의 5m(우회거리) 이내에 화기취급을 하지 아니 한다.
④ 용기저장실을 설치하고 보기 쉬운 곳에 경계표시를 설치한다.

해설

화기와의 우회거리 2m(가정용 시설, 가스계량기와 화기와의 우회거리, 가연성 가스설비를 제외한 가스설비, 저장설비, 액화석유가스 판매사업 및 영업소의 용기보관실, 입상관 등)

- 상기 항목 이외는 우회거리 : 8m

참고 액화석유가스 판매사업 및 영업소 용기저장소 〈시설기준〉

1. 안전거리
   영업소의 용기보관실은 그 외면으로부터 보호시설까지 안전거리를 유지할 것
2. 용기보관실
   - 판매업소의 용기보관실의 벽은 방호벽의 기준에 적합한 것으로 하며, 불연성 재료 또는 난연성 재료를 사용한 가벼운 지붕을 설치할 것. 다만, 건축물의 구조로 보아 가벼운 지붕을 설치하기가 현저히 곤란한 경우로서 허가관청이 정하는 구조 또는 시설을 갖춘 경우에는 그러하지 아니 하다.
   - 용기보관실 및 사무실은 동일부지 내에 구분하여 설치하되 용기보관실의 면적은 $19m^2$, 사무실의 면적은 $9m^2$, 주차장의 면적은 $11.5m^2$ 이상

52 액화석유가스 판매사업자의 용기보관실 및 사무실은 동일부지 내에 구분하여 설치하되, 용기보관의 면적은 얼마 이상인가?

① $19m^2$
② $15m^2$
③ $9m^2$
④ $10m^2$

해설

사무실 면적 : $9m^2$(주차장 면적 $11.5m^2$) 이상

53 LPG의 판매사업자시설 중 용기보관실에 설치하여야 할 설비로서 적합한 것은?

① 공업용 가스누출경보기
② 가스누출 자동차단기
③ 분리형 가스누출경보기
④ 일체형 가스누출경보기

54 액화석유가스를 가정에 연료용으로 판매할 경우에는 사용시설에 대하여 법정기준에 적합한가를 점검 확인한 후에 충전용기를 사용할 시설의 내관에 접속해야 하는데 그 법정기준에 틀린 것은? (단, 내용적 20L 미만의 용기 및 옥외를 이동하며 사용하는 자에게 인도하는 경우를 제외한다.)

① 연소기, 조정기, 콕 및 밸브 등 사용기기의 검사품 여부 및 그 작동상황을 점검 확인할 것
② 내용적 5L 미만의 충전용기에도 전도, 전락 등에 의한 충격 및 밸브의 손상을 방지하는 조치를 할 것
③ 충전용기로부터 2m 이내에 있는 화기와는 차단조치를 할 것
④ 충전용기는 옥외에 설치할 것

해설

② 밸브 손상을 방지하는 조치를 하는 용량 5L 미만은 제외한다.

정답 50.③ 51.③ 52.① 53.③ 54.②

55 액화석유가스를 가정용 연료로 판매할 경우 다음 사용할 시설의 기준 중 틀린 것은?

① 충전용기는 부식방지와 직사광선을 차단하기 위해 밀폐된 장소에 보관한다.
② 충전용기의 밸브 또는 배관을 가열할 때에는 열습포나 40℃ 이하의 더운물을 사용할 것
③ 충전용기는 넘어짐 등으로 인한 충격을 방지하도록 할 것
④ 충전용기는 항상 40℃ 이하의 온도를 유지한다.

가연성 가스의 저장실은 폭발을 방지하기 위하여 통풍이 양호한 장소에 보관한다.

56 액화석유가스의 용기에 부착되어 있는 조정기는 어떤 기능을 가지고 있는가?

① 유속을 조정한다.
② 유량을 조정한다.
③ 유출압력을 조정한다.
④ 화재가 일어나면 자동적으로 가스의 유출을 막는다.

해설

㉠ 조정기의 역할 : 유출압력을 조정하여 안정된 연소를 시킨다.
㉡ 고장 시 영향 : 누설 및 불완전연소를 일으킨다.

참고 압력조정기의 종류에 따른 입구 · 조정 압력(KGS AA 434)

종 류	입구압력(MPa)	조정압력(kPa)
1단 감압식 저압조정기	0.07~1.56	2.30~3.30
1단 감압식 준저압조정기	0.1~1.56	5.0~30.0 이내에서 제조자가 설정한 기준압력의 ±20%
2단 감압식 1차용 조정기 (용량 100kg/h 이하)	0.1~1.56	57.0~83.0
2단 감압식 1차용 조정기 (용량 100kg/h 초과)	0.3~1.56	57.0~83.0
2단 감압식 2차용 저압조정기	0.01~0.1 또는 0.025~0.1	2.30~3.30
2단 감압식 2차용 준저압조정기	조정압력 이상~0.1	5.0~30.0 이내에서 제조자가 설정한 기준압력의 ±20%
자동절체식 일체형 저압조정기	0.1~1.56	2.55~3.30
자동절체식 일체형 준저압조정기	0.1~1.56	5.0~30.0 이내에서 제조자가 설정한 기준압력의 ±20%
그 밖의 압력조정기	조정압력 이상~1.56	5kPa를 초과하는 압력범위에서 상기압력조정기 종류에 따른 조정압력에 해당되지 않는 것에 한하며, 제조자가 설정한 기준압력의 ±20%일 것

57 1단 감압식 저압조정기(LPG용)의 입구압력과 출구압력이 맞는 것은?

① 0.07~1.56MPa와 2.8MPa
② 0.1~1.86MPa와 2.3~3.3kPa
③ 0.07~1.56MPa와 2.3~3.3kPa
④ 0.01~1.56MPa와 2.8kPa

58 일반 소비자의 가정용 이외의 용도(음식점 등)로 공급하는 고압가스 조정기의 조정압력이 5kPa 이상 30kPa까지인 조정기는?

① 단단 감압식 저압조정기
② 2단 감압식 1차 조정기
③ 단단 감압식 준저압조정기
④ 2단 감압식 2차 조정기

해설

조정압력
① 2.3~3.3kPa
② 57~83kPa
③ 5~30kPa
④ 2.3~3.3kPa

정답 55.① 56.③ 57.③ 58.③

59 가정의 LPG를 사용할 때의 압력 중 가스압력이 가장 높은 것은?

① 1단 감압식 저압조정기의 안전밸브 작동개시압력
② 1단 감압식 저압조정기의 최고폐쇄압력
③ 1단 감압식 저압조정기의 조정압력
④ 1단 감압식 저압조정기의 출구측 내압시험압력

해설

① 5.6~8.4kPa
② 3.5kPa
③ 2.3~3.3kPa
④ 0.3MPa

60 다음 압력조정기의 내압시험압력이 틀린 것은?

① 2단 감압식 1차용 조정기의 출구측 시험압력 : 0.3MPa 이상
② 자동절체식 분리형 조정기의 출구측 시험압력 : 0.8MPa 이상
③ 1단 감압식 저압조정기의 입구측 시험압력 : 3MPa 이상
④ 2단 감압식 2차용 조정기의 입구측 시험압력 : 0.8MPa 이상

해설

2단 감압식 1차용 조정기 및 자동절체식 분리형 조정기 출구측 내압시험압력 : 0.8MPa

61 다음 압력조정기의 입구측 기밀시험압력으로 틀린 것은?

① 자동절체식 분리형 조정기 : 1.8MPa 이상
② 조동절체식 일체형 조정기 : 1.8MPa 이상
③ 2단 감압식 1차용 조정기 : 1.8MPa 이상
④ 1단 감압식 저압조정기 : 5.5kPa 이상

해설

압력조정기의 기밀시험압력

종 류 \ 구 분	입구측	출구측
1단 감압식 저압조정기	1.56MPa 이상	5.5kPa
1단 감압식 준저압조정기	1.56MPa 이상	조정압력의 2배 이상
2단 감압식 1차용 조정기	1.8MPa 이상	150kPa 이상
2단 감압식 2차용 저압조정기	0.5MPa 이상	5.5kPa 이상
2단 감압식 2차용 준저압조정기	0.5MPa 이상	조정압력의 2배 이상
자동절체식 저압조정기	1.8MPa 이상	5.5kPa
자동절체식 준저압조정기	1.8MPa 이상	조정압력의 2배
그 밖의 압력조정기	최대입구압력의 1.1배 이상	조정압력의 1.5배

62 압력조정기의 입구압력이 규정한 상한의 압력일 때 최대폐쇄압력으로 틀린 것은?

① 1단 감압식 준저압조정기 : 조정압력의 1.25배 이하
② 2단 감압식 1차용 조정기 : 95kPa 이하
③ 자동절체식 일체형 조정기 : 5.5kPa 이하
④ 1단 감압식 저압조정기 : 3.5kPa

해설

압력조정기의 최대폐쇄압력
㉠ 1단 감압식 저압조정기, 2단 감압식 2차용 조정기 및 자동절체식 일체형 저압조정기는 3.5kPa 이하
㉡ 2단 감압식 1차용 조정기는 95kPa 이하
㉢ 1단 감압식 준저압, 자동절체식 일체형 준저압 및 그 밖의 압력조정기는 조정압력의 1.25배 이하

63 가정용 LP가스 저압조정기의 폐쇄압력은 몇 kPa인가?

① 0.35kPa ② 350kPa
③ 0.035kPa ④ 3.5kPa

정답 59.④ 60.① 61.④ 62.③ 63.④

64 조정압력이 3.3kPa 이하인 조정기 안전장치의 작동압력에 적합하지 않은 것은?

① 작동개시 후 압력은 5.7~9.8kPa
② 작동정지압력은 5.04~8.4kPa
③ 작동개시압력은 5.6~8.4kPa
④ 작동표준압력은 7kPa

해설

조정압력이 3.3kPa 이하인 조정기의 안전장치의 작동압력은 다음에 적합할 것
㉠ 작동표준압력은 7kPa
㉡ 작동개시압력은 5.6~8.4kPa
㉢ 작동정지압력은 5.04~8.4kPa

65 압력조정기에 표시하는 사항 중에서 옳지 않은 것은?

① 내압시험압력
② 품질보증기간
③ 제조연월일
④ 품명

해설

조정기의 표시사항
㉠ 품명
㉡ 제조자명 또는 그 약호
㉢ 제조번호 또는 로드번호
㉣ 제조연월일
㉤ 품질보증기간
㉥ 입구압력(기호 : P, 단위 : MPa)
㉦ 용량(기호 : Q, 단위 : kg/h)
㉧ 조정압력(기호 : R, 단위 : kPa 또는 MPa)
㉨ 가스흐름 방향

66 LPG 배관용 볼밸브의 볼의 표면에 도금하여야 하는 공업용 크롬도금의 두께는?

① 7마이크론 이상
② 5마이크론 이상
③ 3마이크론 이상
④ 1마이크론 이상

67 액화석유가스의 설비에 사용되는 콕의 종류가 아닌 것은?

① 볼콕 ② 상자콕
③ 퓨즈콕 ④ 호스콕

해설

LPG 가스용품 제조기술기준
㉠ 콕은 호스콕, 퓨즈콕, 상자콕 및 주물연소기용 노즐콕으로 구분한다.
㉡ 퓨즈콕은 가스유로를 볼로 개폐과류차단 안전기구가 부착배관과 호스, 호스와 호스, 배관과 배관, 배관과 카플러를 연결하는 구조로 한다.
㉢ 상자콕은 가스유로를 핸들 누름 당김 등의 조작으로 개폐 과류 차단 안전기구가 부착, 밸브 핸들이 반개방상태에서도 가스가 차단되어야 하며, 배관과 카플러를 연결하는 구조로 한다.
㉣ 주물연소기용 노즐콕은 볼로 개폐하는 구조로 한다.
㉤ 콕은 1개의 핸들 등으로 개폐하는 구조로 한다.
㉥ 콕의 핸들 등을 회전하여 조작하는 것은 핸들 회전각도를 90°나 180°로 규제하는 스토퍼를 갖추어야 한다.
㉦ 콕의 핸들은 개폐상태가 눈으로 확인할 수 있는 구조로 하고 핸들 등이 회전하는 구조의 것은 회전각도가 90°의 것을 원칙으로 열림방향은 시계바늘 반대방향 구조이며, 주물연소기용 노즐콕 핸들 열림방향은 시계바늘방향으로 한다.

68 염화비닐호스의 안지름이 2종이라 함은 몇 mm인가?

① 10mm ② 9.5mm
③ 8.5mm ④ 9.0mm

염화비닐호스 안지름
㉠ 1종 : 6.3mm
㉡ 2종 : 9.5mm
㉢ 3종 : 12.7mm

69 가스용품 중 가스누출 자동차단장치의 전기충전부와 비충전 금속부와의 절연저항은?

① 2.5MΩ 이상 ② 2MΩ 이상
③ 1MΩ 이상 ④ 0.5MΩ 이상

70 액화석유가스 저장소의 시설기준 중 경계책과 용기보관장소 사이에는 몇 m 이상 거리를 유지하는가?

① 30m ② 20m
③ 10m ④ 5m

해설

경계책과 용기보관장소 사이는 20m 유지

정답 64.① 65.① 66.② 67.① 68.② 69.③ 70.②

71 액화석유가스 저장소의 시설기준에서 충전용기와 잔가스용기의 보관장소는 몇 m 이상의 간격을 두어 구분하는가?

① 2.5m 이상　② 1m 이상
③ 2m 이상　④ 1.5m 이상

72 액화석유가스 집단공급사업자는 안전점검을 위해 수요가 몇 개소마다 1인 이상 안전점검자를 채용하는가?

① 4000가구　② 3000가구
③ 2000가구　④ 1500가구

LPG 공급자의 안전점검기준 중 안전점검자의 자격 및 인원
구분 안전점검자 자격 인원

구 분	안전점검자	자 격	인 원
액화석유가스 충전사업자	충전원	안전관리 책임자로부터 10시간 이상의 안전교육을 받은 자	충전 소요인력
	수요자시설 점검원		가스배달 소요인력
액화석유가스 집단공급사업자	수요자시설 점검원		수요가 3000개소 마다 1인
액화석유가스 판매사업자	수요자시설 점검원		가스배달 소요인력

[비고] 안전관리책임자 또는 안전관리원이 직접 점검을 행한 때에는 이를 안전점검자로 본다.

73 다음 중 액화석유가스를 사용할 때의 시설기준 및 기술기준에 적합한 것은?

① 기화장치는 직화식 구조일 것
② 가스사용시설의 저압부분의 배관은 0.8MPa 이상 내압시험에 합격할 것
③ 반밀폐형 연소기는 급기구 및 환기통을 설치할 것
④ 소형 저장탱크와 충전용기는 35℃ 이하를 유지할 것

해설

㉠ 기화장치는 직화식 가열구조가 아닐 것
㉡ 반밀폐형 연소기는 급기구 배기통을 설치
㉢ 소형 저장탱크와 충전용기는 40℃ 이하 유지

참고 1. LPG 공급자 안전점검기준 중 연소기의 설치방법
　㉠ 가스온수기나 가스보일러는 목욕탕 또는 환기가 잘 되지 않는 곳에 설치하지 않을 것
　㉡ 개방형 연소기를 설치한 실에는 환풍기 또는 환기구를 설치할 것
　㉢ 반밀폐형 연소기는 급기구 및 배기통을 설치할 것
　㉣ 배기통의 재료는 금속 · 석면 그 밖의 불연성 재료일 것
　㉤ 배기통이 가연성 물질로 된 벽 또는 천장 등을 통과하는 때는 금속 외의 불연성 재료로 단열조치를 할 것
2. 가스계량기
　㉠ 영업장의 면적이 $100m^2$ 이상인 가스시설 및 주거용 가스시설에는 액화석유가스 사용에 적합한 가스계량기를 설치할 것
　㉡ 가스계량기의 설치장소는 다음의 기준에 적합할 것
　　• 가스계량기는 화기(당해 시설 안에서 사용하는 자체 화기를 제외한다)와 2m 이상의 우회거리를 유지하는 곳으로서 수시로 환기가 가능한 장소에 설치할 것
　　• 가스계량기의 설치높이는 바닥으로부터 1.6m 이상 2m 이내에 수직 · 수평으로 설치하고, 밴드, 보호가대 등 고정장치로 고정시킬 것. 다만, 격납상자 내에 설치하는 경우에는 설치높이를 제한하지 않는다.

2m 이내 설치 가능한 경우
㉠ 기계실 내에 설치한 경우
㉡ 가정용을 제외한 보일러실에 설치한 경우
㉢ 문이 달린 파이프 덕트 내 설치한 경우

74 액화석유가스를 사용할 때의 소형 저장탱크는 저장능력이 몇 kg 이상인 경우 설치하는가?

① 500kg　② 400kg
③ 200kg　④ 100kg

75 가정용 액화석유가스를 사용할 때의 시설기준에 있어서 적용하지 않아도 무방한 것은?

① 용기의 충격방지조치
② 용기의 실내 설치
③ 반밀폐형 연소기의 급기구 및 배기통 설치
④ 호스의 길이 3m 이내

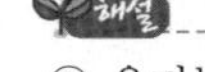

② 용기는 옥외 설치

정답 71.④ 72.② 73.② 74.① 75.②

76 LP가스를 사용할 때의 시설에서 저압부분의 배관은 몇 MPa 이상의 내압시험에 합격한 것을 사용해야 하는가?

① 0.8MPa 이상
② 0.5MPa 이상
③ 0.4MPa 이상
④ 0.2MPa 이상

77 다음 중 액화석유가스 사용할 때 시설의 기밀시험압력으로 옳은 것은?

① 10.8kPa ② 8.4kPa
③ 4.2~8.4kPa ④ 4.2kPa

78 다음 중 액화석유가스 사용할 때 시설의 압력이 3.3~30kPa의 경우 기밀시험압력으로 옳은 것은?

① 0.2MPa 이상 ② 35kPa
③ 4.2~8.4kPa ④ 4.2kPa

79 가스계량기는 영업장의 면적이 몇 m^2 이상인 가스시설 및 주거용 가스시설에는 액화석유가스 사용에 적합한 가스계량기를 설치하는가?

① 150 ② 100
③ 50 ④ 10

정답 76.① 77.② 78.② 79.②

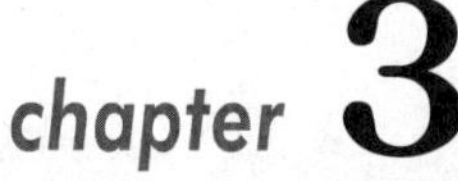

chapter 3 도시가스 안전관리

이번 과목은 어떤 내용인가요?

제3장은 도시가스 제조 및 공급 · 충전부분으로서 도시가스 사용 운반취급의 안전내용입니다.

01 도시가스 안전관리법

1 용어 정의

(1) 도시가스

천연가스(액화한 것을 포함), 배관을 통하여 공급되는 석유가스, 나프타 부생가스, 바이오가스 또는 합성천연가스로서 대통령령으로 정하는 것

(2) 가스도매사업

일반도시가스 사업자 및 나프타 부생가스, 바이오가스 제조사업자 외의 자가 일반도시가스사업자, 도시가스 충전사업자 또는 산업통상자원부령으로 정하는 대량수요자에게 도시가스를 공급하는 사업

(3) 일반도시가스사업

가스도매사업자 등으로부터 공급받은 도시가스 또는 스스로 제조한 석유가스, 나프타 부생가스, 바이오가스를 일반의 수요에 따라 배관을 통하여 수요자에게 공급하는 사업

2 도시가스 배관

(1) 도시가스 배관의 종류

<table>
<tr><th colspan="2">배관의 종류</th><th>정 의</th></tr>
<tr><td colspan="2">배관</td><td>본관, 공급관, 내관 또는 그 밖의 관</td></tr>
<tr><td rowspan="4">본관</td><td>가스도매사업</td><td>도시가스 제조사업소(액화천연가스의 인수기지)의 부지경계에서 정압기지의 경계까지 이르는 배관(밸브기지 안 밸브 제외)</td></tr>
<tr><td>일반도시가스사업</td><td>도시가스 제조사업소의 부지경계 또는 가스도매사업자의 가스시설 경계에서 정압기까지 이르는 배관</td></tr>
<tr><td>나프타 부생 바이오가스 제조사업</td><td>해당 제조사업소의 부지경계에서 가스도매사업자 또는 일반도시가스사업자의 가스시설 경계 또는 사업 경계까지 이르는 배관</td></tr>
<tr><td>합성천연가스 제조사업</td><td>해당 제조사업소 부지경계에서 가스도매사업자의 가스시설 경계 또는 사업소 경계까지 이르는 배관</td></tr>
<tr><td rowspan="4">공급관</td><td>공동주택, 오피스텔, 콘도미니엄, 그 밖의 산업통상자원부 인정 건축물에 가스공급 시</td><td>정압기에서 가스사용자가 구분하여 소유하거나 점유하는 건축물의 외벽에 설치하는 계량기의 전단밸브까지 이르는 배관</td></tr>
<tr><td>공동주택 외의 건축물 등에 도시가스 공급 시</td><td>정압기에서 가스사용자가 소유하거나 점유하고 있는 토지의 경계까지 이르는 배관</td></tr>
<tr><td>가스도매사업의 경우</td><td>정압기지에서 일반도시가스사업자의 가스공급시설이나 대량수요자의 가스사용 시설에 이르는 배관</td></tr>
<tr><td>나프타 부생가스, 바이오가스 제조사업 및 합성천연가스 제조사업</td><td>해당 사업소의 본관 또는 부지경계에서 가스사용자가 소유하거나 점유하고 있는 토지의 경계까지 이르는 배관</td></tr>
<tr><td colspan="2">사용자 공급관</td><td>공급관 중 가스사용자가 소유하거나 점유하고 있는 토지의 경계에서 가스사용자가 구분하여 소유하거나 점유하는 건축물의 외벽에 설치된 계량기의 전단밸브(계량기가 건축물 내부에 설치된 경우 그 건축물의 외벽)까지 이르는 배관</td></tr>
<tr><td colspan="2">내관</td><td>① 가스사용자가 소유하거나 점유하고 있는 토지의 경계에서 연소기까지 이르는 배관
② 공동주택 등으로 가스사용자가 구분하여 소유하거나 점유하는 건축물 외벽에 계량기 설치 시 : 계량기 전단밸브까지 이르는 배관
③ 계량기가 건축물 내부에 설치 시 : 건축물 외벽까지 이르는 배관</td></tr>
</table>

(2) 노출가스 배관에 대한 시설 설치기준

구 분		세부내용
노출 배관길이 15m 이상 점검통로 조명시설	가드레일	0.9m 이상 높이
	점검통로 폭	80cm 이상
	발판	통행상 지장이 없는 각목
	점검통로 조명	가스배관 수평거리 1m 이내 설치 70lux 이상
노출 배관길이 20m 이상 시 가스누출 경보장치 설치기준	설치간격	20m마다 설치 근무자가 상주하는 곳에 경보음이 전달
	작업장	경광등 설치(현장상황에 맞추어)

(3) 안전거리

① LNG 저장 처리설비는(1일 52500m^3 이하, 펌프, 압축기, 기화장치 제외) 50m 또는 $L = C\sqrt[3]{143000W}$ 와 동등거리를 유지한다.

여기서, L : 유지하는 거리(m)

C : 상수

W : 저장탱크는 저장능력의 제곱근

② LPG 저장 처리설비 : 30m 거리 유지

③ LNG 저장탱크 처리능력 200000m^3, 압축기와 30m 유지

(4) 설비 사이의 거리

① 고압인 가스공급시설의 안전구역 면적 : 20000m^2 미만

② 안전구역 내 고압가스 공급시설(고압가스 공급시설 사이는 30m 유지)

③ 제조소 경계 20m 유지

④ 철도부지에 매설 : 궤도중심과 4m, 철도부지 경계와 1m

⑤ 철도부지 밑 매설 시 거리를 유지하지 않아도 되는 경우

㉠ 열차하중을 고려한 경우

㉡ 방호구조물로 방호한 경우

㉢ 열차하중의 영향을 받지 않는 경우

⑥ 배관을 철도와 병행하여 매설하는 경우 : 50m의 간격으로 표지판을 설치할 것

02 일반도시가스사업

(1) 안전거리

① 제조소 공급소 내 표지판 : 500m

제조소 공급소 밖의 표지판 : 200m마다 설치

② 가스발생기, 가스홀더 : 고압 20m, 중압 10m, 저압 5m 유지

③ 가스혼합기, 가스정제설비, 배송기, 압송기, 사업장 경계까지 : 3m 유지

④ 최고사용압력이 고압인 것 : 20m, 1종 보호시설 30m

(2) 고압, 중압 가스공급시설 중 내압시험을 생략하는 경우

① 용접 배관에 방사선 투과시험 합격 시

② 15m 미만 고압, 중압 배관으로 최고압력이 1.5배로 합격 시

③ 배송기, 압송기, 압축기, 송풍기, 액화가스용 펌프, 정압기

(3) 가스공급시설 중 가스가 통하는 부분은 최고사용압력의 1.1배의 기밀시험 시 이상이 없을 것

(4) 기밀시험 생략

① 최고압력이 0Pa 이하

② 항상 대기에 개방된 시설

(5) 도시가스 사용시설의 배관, 호스의 기밀시험압력

8.4kPa 이상

(6) 사용시설 배관의 기밀시험 유지시간

내용적	기밀시험 유지시간
10L 이하	5분
10~50L 이하	10분
50L 초과	24분

(7) 안전밸브 분출압력

① 안전밸브 1개 : 최고사용압력 이하

② 안전밸브 2개 : 1개는 최고사용압력, 다른 것은 최고사용압력이 1.03

(8) 안전밸브 분출량을 결정하는 압력

① 고압, 중압 가스공급시설 : 최고사용압력의 1.1배 이하

② 액화가스가 통하는 가스공급시설 : 최고사용압력의 1.2배 이상

(9) 가스발생설비, 가스정제설비, 배송기, 압송기 등에는 가스차단장치, 액면계, 경보장치 설치

(10) 가스공급시설의 조명도

150Lux 이상

(11) 비상공급시설

① 고압 · 중압 비상공급시설

㉠ T_P=최고사용압력×1.5

㉡ A_P=최고사용압력×1.1배

② 안전거리 : 1종 15m, 2종 10m 유지

③ 비상공급시설에는 정전기 제거 조치를 한다.

④ 비상공급시설에는 원동기에서 불씨가 방출되지 않도록 한다.

(12) 가스발생설비(기화장치 제외)

① 압력상승 방지장치를 설치한다.

② 역류방지장치를 설치한다.

③ 사이클론식 가스발생설비에는 자동조정장치를 설치한다.

(13) 기화장치

① 직화식 가열구조가 아닐 것

② 온수가열 시 동결방지장치

③ 액화가스의 넘쳐 흐름을 방지하는 액유출방지장치를 설치

(14) 저압가스 정제설비에는 수봉기를 설치

(15) 가스홀더(고압, 중압 가스홀더)

① 신축흡수 조치

② 응축액을 외부로 뽑을 수 있는 장치

③ 응축액의 동결방지 조치

④ 맨홀, 검사구 설치

(16) 저압유수식 가스홀더

① 원활히 작동할 것

② 가스방출장치 설치

③ 수조에 물공급관과 물이 넘쳐 빠지는 구멍 설치

④ 동결방지 조치를 할 것

⑤ 유효가동량이 구형보다 클 것

(17) 저압무수식 가스홀더

① 피스톤이 원활히 작동할 것

② 봉액 사용 시 봉액공급용 예비펌프를 설치

(18) 긴급차단장치 설치위치(5m, 부대설비)

① 저장탱크와 가스홀더 사이는 저장탱크 최대직경의 1/2(지하설치 시는 저장탱크 및 가스홀더 최대직경의 1/4)의 길이 중 큰 것과 동등 길이를 유지할 것

② 주거지역, 상업지역에 설치되는 10톤 이상 탱크에 폭발방지장치를 할 것

③ 지반침하 방지용량(1톤 이상)

④ 방류둑 설치용량(1000톤 이상)

⑤ 가스방출관 : 지면에서 5m, 탱크 정상부에서 2m 중 높은 위치

(19) 정압기

① 입·출구에는 가스차단장치 설치

② 정압기 출구 배관에는 경보장치

③ 지하 정압기 침수방지 조치

④ 동결방지 조치

⑤ 설치 후 2년에 1회 분해점검

⑥ 1주일에 1회 이상 작동상황점검

⑦ 가스압력측정 기록장치를 설치

⑧ 불순물 제거 장치 설치

⑨ 정압기의 기밀시험

㉠ 입구측은 최고사용압력의 1.1배

㉡ 출구측은 최고사용압력의 1.1배 또는 8.4kPa 중 높은 압력

(20) 배관

도로와 평행하여 매몰되어 있는 배관으로 내경 65mm(가스폴리에틸렌관은 75mm) 초과 시 가스를 신속히 차단할 수 있는 장치 설치

(21) 배관을 옥외 공동구 내 설치 시

① 환기장치

② 방폭구조

③ 신축흡수 조치

④ 배관의 관통부에서 손상방지 조치

⑤ 격벽을 설치

⑥ 배관(관경 100mm 미만 저압배관 제외)의 노출부분의 길이 100m 이상 시 노출부분 양 끝 300m 이내 원격차단장치 설치
⑦ 굴착으로 20m 이상 노출배관 : 가스누출경보기 설치

(22) 연소기 및 보일러
① 개방형 : 환풍기 환기구 설치
② 반밀도계형 : 하부에 급기구 상부에 배기통 설치
③ 밀폐형 : 상부에 급기통과 배기통 설치

(23) 압력조정기는 바닥으로부터 1.6m 이사 2m 이내에 설치

(24) 입상관은 바닥으로부터 1.6~2m 이내에 설치

(25) 가스계량기
① 화기와의 우회거리 : 2m 이상
② 용량 $30m^3$/nr 미만 계량에 설치 높이 1.6m 이상 2m 이내
　㉠ 용량
　㉡ 보호상자내 · 기계실내 보일러실(가정용제외)에 설치
　　문이 달린 파이프 덕트내 설치=2m 이내
③ 설치 제한 장소
　㉠ 공동주택 대피공간 방거실 주방 등 사람이 거처하는 장소
　㉡ 진동의 영향을 받는 장소
　㉢ 석유류 등 위험물을 저장하는 장소
　㉣ 수전실, 변전실, 고압전기설비가 있는 장소

(26) 가스누출 자동차단장치
① 영업장 면적 $100m^2$ 이상인 경우 가스누출 경보차단장치 또는 가스누출 자동차단기 설치
② 가스누출 자동차단장치를 설치하지 않아도 되는 경우
　㉠ 월사용 예정량 : $2000m^3$ 미만 연소기로 퓨즈콕, 상자콕 안전장치 및 연소기에 소화(안전장치 부착 시)
　㉡ 가스공급 차단 시 막대한 손실이 발생하는 산업통상자원부장관이 고시하는 시설

(27) 가스사용시설에는 퓨즈콕 설치(단, 연소기가 배관에 연결된 경우 또는 소비량 19400kcal/h를 초과 또는 3.3kPa 초과하는 연소기가 연결된 배관에는 호스콕 또는 배관용 밸브를 설치할 수 있다.)

(28) 도시가스 사용시설기준 기술기준

① 공동주택의 압력조정기 설치기준 : 중압 이상 150세대 미만인 경우, 저압으로 250세대 미만인 경우 설치

② 배관의 지하매설기준 : 공동주택 부지(0.6m 이상), 폭 8m 이상 차량 통행도로(1.2m 이상), 폭 4m~8m 미만 차량 통행도로(1m 이상)

3 정압기

(1) 정압기(Governor) (KGS Fs 552)

구 분	세부내용
정의	도시가스 압력을 사용처에 맞게 낮추는 감압기능, 2차측 압력을 허용범위 내의 압력으로 유지하는 정압기능, 가스흐름이 없을 때 밸브를 완전히 폐쇄하여 압력상승을 방지하는 폐쇄기능을 가진 기기로서 정압기용 압력조정기와 그 부속설비
정압기용 부속설비	1차측 최초 밸브로부터 2차측 말단 밸브 사이에 설치된 배관, 가스차단장치, 정압기용 필터, 긴급차단장치(slamshut valve), 안전밸브(safety valve), 압력기록장치(pressure recorder), 각종 통보설비, 연결배관 및 전선
종 류	
지구정압기	일반도시가스사업자의 소유시설로 가스도매사업자로부터 공급받은 도시가스의 압력을 1차적으로 낮추기 위해 설치하는 정압기
지역정압기	일반도시가스사업자의 소유시설로서 지구정압기 또는 가스도매사업자로부터 공급받은 도시가스의 압력을 낮추어 다수의 사용자에게 가스를 공급하기 위해 설치하는 정압기
캐비닛형 구조의 정압기	정압기 배관 및 안전장치 등이 일체로 구성된 정압기에 한하여 사용할 수 있는 정압기실로 내식성 재료의 캐비닛과 철근콘크리트 기초로 구성된 정압기실

(2) 정압기와 필터(여과기)의 분해점검 주기

시설 구분	정압기, 필터		분해점검 주기
공급시설	정압기		2년 1회
	예비정압기		3년 1회
	필터	공급개시 직후	1월 이내
		1월 이내 점검한 다음	1년 1회
사용시설	정압기	처음 향후(두번째부터)	3년 1회 4년 1회
	필터	공급개시 직후	1월 이내
		1월 이내 점검 후	3년 1회
		3년 1회 점검한 그 이후	4년 1회

예비정압기 종류와 그 밖에 정압기실 점검사항	
예비정압기 종류	정압기실 점검사항
① 주정압기의 기능상실에만 사용하는 것 ② 월 1회 작동점검을 실시하는 것	① 정압기실 전체는 1주 1회 작동상황 점검 ② 정압기실 가스누출경보기는 1주 1회 이상 점검

(3) 지하의 정압기실 가스공급시설 설치규정

구 분 / 항 목	공기보다 비중이 가벼운 경우	공기보다 비중이 무거운 경우
흡입구, 배기구 관경	100mm 이상	100mm 이상
흡입구	지면에서 30cm 이상	지면에서 30cm 이상
배기구	천장면에서 30cm 이상	지면에서 30cm 이상
배기가스 방출구	지면에서 3m 이상	지면에서 5m 이상 (전기시설물 접촉 우려가 있는 경우 3m 이상)

(4) 도시가스 정압기실 안전밸브 분출부의 크기

입구측 압력		안전밸브 분출부 구경
0.5MPa 이상	유량과 무관	50A 이상
0.5MPa 미만	유량 $1000Nm^3/h$ 이상	50A 이상
	유량 $1000Nm^3/h$ 미만	25A 이상

4 융착

(1) 융착이음 종류

구 분		내 용
열융착	맞대기(바트)	① 공칭 외경 90mm 이상 직관과 이음관 연결에 적용 ② 이음관 연결오차는 배관두께의 10% 이하
	소켓	① 배관 및 이음관의 접합은 일직선 유지 ② 융착작업은 홀더를 사용하며, 용융부위는 소켓 내부 경계턱까지 완전히 삽입
	새들	접합부 전면에 대칭형의 둥근 형상 이중 비드가 고르게 형성되도록 새들 중심선과 배관의 중심선 직각 유지
전기융착	소켓	이음부는 PE 배관과 일직선 유지
	새들	이음매 중심선과 PE 배관 중심선은 직각을 유지
융착기준		가열온도, 가열유지시간, 냉각시간을 준수

5 기타 항목

(1) 도시가스의 연소성을 판단하는 지수

구 분	핵심내용
웨베지수(WI)	$$WI=\frac{H_g}{\sqrt{d}}$$ 여기서, WI : 웨베지수 H_g : 도시가스 총 발열량($kcal/m^3$) $\sqrt{d}$: 도시가스의 공기에 대한 비중

(2) 도시가스 사용시설의 월 사용예정량

$$Q = \frac{\{(A \times 240) + (B \times 90)\}}{11000}$$

여기서, Q : 월 사용예정량(m^3)
A : 산업용으로 사용하는 연소기의 명판에 기재된 가스소비량 합계(kcal/hr)
B : 산업용이 아닌 연소기의 명판에 기재된 가스소비량 합계(kcal/hr)

(3) 도시가스 배관망의 전산화 관리대상

① 배관설치 도면
② 시방서
③ 시공자
④ 시공연월일

(4) 전용 보일러실에 설치할 필요가 없는 보일러 종류

① 밀폐식 보일러
② 가스보일러를 옥외에 설치 시
③ 전용 급기통을 부착시키는 구조로 검사에 합격된 강제식 보일러

(5) LPG 저장탱크, 도시가스 정압기실 안전밸브 가스방출관의 방출구 설치위치

<table>
<tr><th colspan="3">LPG 저장탱크</th><th colspan="2">도시가스 정압기실</th><th>고압가스
저장탱크</th></tr>
<tr><td colspan="2" rowspan="2">지상설치 탱크</td><td rowspan="2">지하설치
탱크</td><td>지상설치</td><td>지하설치</td><td>설치능력</td></tr>
<tr><td colspan="2">지면에서 5m 이상</td><td>$5m^3$ 이상 탱크</td></tr>
<tr><td>3t 이상
일반탱크</td><td>3t 미만
소형 저장탱크</td><td rowspan="3">지면에서 5m 이상</td><td colspan="2">지하정압기실 배기관의
배기가스 방출구</td><td>설치위치</td></tr>
<tr><td rowspan="2">지면에서 5m 이상, 탱크 저장부에서 2m 중 높은 위치</td><td rowspan="2">지면에서 2.5m 이상, 탱크 정상부에서 1m 중 높은 위치</td><td>공기보다 무거운
도시가스</td><td>공기보다 가벼운
도시가스</td><td rowspan="2">지면에서 5m 이상, 탱크 정상부에서 2m 이상 중 높은 위치</td></tr>
<tr><td>① 지면에서 5m 이상
② 전기시설물 접촉 우려 시 3m 이상</td><td>지면에서 3m 이상</td></tr>
</table>

Chapter 3 ••• 도시가스 안전관리

출/제/예/상/문/제

01 도시가스에 해당되지 않는 것은?

① LPG
② 용기공급 되는 석유가스
③ 나프타 부생가스
④ 바이오 가스

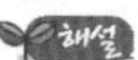

배관을 통하여 공급되는 석유가스 및 합성천연가스 등으로 대통령령으로 정하는 것

02 '도시가스사업'이란 어떤 종류의 가스를 공급하는 것을 말하는가?

① 연료용 가스
② 압축가스
③ 제조용 가스
④ 액화가스

03 액화천연가스(LNG) 제조설비 중 보일 오프 가스(Boil-Off Gas)의 처리설비가 아닌 것은?

① 가스반송기
② BOG 압축기
③ 벤트스택
④ 플레어스택

04 도시가스사업의 가스도매사업에 있어 액화천연가스 저장설비 및 처리설비는 그 외면으로부터 사업소 경계 및 연못에 인접되어 있는 경우까지 몇 m 이상의 거리를 유지하는가?

① 50m ② 40m
③ 30m ④ 20m

해설

가스도매사업의 가스공급시설

• 제조소의 안전거리

㉠ 액화천연가스(기화된 천연가스를 포함한다)의 저장설비 및 처리설비(1일 처리능력이 52500m^3 이하인 펌프 · 압축기 · 응축기 및 기화장치를 제외한다)는 그 외면으로부터 사업소 경계(사업소 경계가 바다 · 호수 · 하천(하천법에 의한 하천을 말한다. 이하 같다), 그 밖에 산업통상자원부 장관이 정하여 고시하는 연못 등의 경우에는 이들의 반대편 끝을 경계로 본다)까지 다음의 산식에 의하여 얻은 거리(그 거리가 50m 미만의 경우에는 50m) 이상을 유지할 것

$L = C\sqrt[3]{143000W}$

여기서, L : 유지하여야 하는 거리(단위 : m)
C : 저압지하식 저장탱크는 0.240, 그 밖의 가스저장설비 및 처리설비는 0.576
W : 저장탱크는 저장능력(단위 : 톤)의 제곱근, 그 밖의 것은 그 시설 내의 액화천연가스의 질량(단위 : 톤)

㉡ 액화석유가스의 저장설비 및 처리설비는 그 외면으로부터 보호시설까지 30m 이상의 거리를 유지할 것. 다만, 산업통상자원부 장관이 필요하다고 인정하는 지역의 경우에는 이 기준 외에 따로 거리를 더하여 정할 수 있다.

05 액화천연가스 저장설비의 안전거리 계산식은? (단, L : 유지거리, C : 상수, W : 저장능력 제곱근 또는 질량)

① $L = C\sqrt[3]{143000W}$
② $L = W\sqrt[2]{143000C}$
③ $L = C\sqrt[2]{143000W}$
④ $L = W\sqrt[3]{143000C}$

정답 01.② 02.① 03.③ 04.① 05.①

06 가스도매사업의 가스공급시설에서 제조소의 위치에 대한 기준으로 틀린 것은?

① 액화천연가스의 저장탱크는 그 외면으로부터 처리능력이 200000m^3 이상인 압축기와 30m 이상의 거리를 유지할 것
② 가스공급시설은 그 외면으로부터 그 제조소의 경계와 30m 이상의 거리를 유지할 것
③ 안전구역 내의 고압인 가스공급시설은 그 외면으로부터 다른 안전구역에 있는 고압가스 공급시설의 외면까지 30m 이상의 거리를 유지할 것
④ 액화석유가스의 저장설비 및 처리설비는 그 외면으로부터 보호시설까지 30m 이상의 거리를 유지할 것

해설
② 고압가스 안전관리의 특정제조의 규정과 동일
㉠ 처리능력 200000m^3 압축기와 30m
㉡ 제조소 경계 : 20m
㉢ 가스공급시설과 다른 가스공급시설과 거리 30m
㉣ 액화석유가스 저장 · 처리설비는 보호시설까지 30m

07 공급시설 벤트스택 방출구의 위치는 작업원이 정상작업을 하는데 필요한 장소 및 작업원이 항시 통행하는 장소로부터 몇 m 이상 떨어진 곳에 설치하는가?

① 15m　② 10m
③ 8m　④ 5m

해설
㉠ 긴급용 또는 공급시설 벤트스택 방출구의 위치 : 작업원이 정상작업을 하는데 필요한 장소 및 작업원이 항시 통행하는 장소로부터 10m 이상 떨어진 곳에 설치할 것
㉡ 그 밖의 벤트스택 방출구의 위치 : 5m 이상 떨어진 곳에 설치할 것

08 가스도매사업의 도시가스사업법에 의한 방류둑을 설치해야 할 경우는 액화가스 저장탱크의 저장능력이 몇 톤 이상일 때인가? (단, 인접설치된 다른 저장탱크가 없는 경우를 말한다.)

① 500톤 이상
② 300톤 이상
③ 200톤 이상
④ 100톤 이상

해설
㉠ 고압가스 특정제조의 규정과 동일한 가연성 방류둑 : 500톤 이상
㉡ 가스도매사업의 방류둑 설치용량 : 500톤 이상
㉢ 일반도시가스사업의 방류둑 설치용량 : 1000톤 이상

09 가스도매사업의 액화가스 저장탱크로서 내용적이 5000L 이상의 것에 설치한 배관에는 그 저장탱크의 외면으로부터 몇 m 이상 떨어진 위치에서 조작할 수 있는 긴급차단장치를 설치하는가?

① 20m　② 15m
③ 10m　④ 5m

해설
㉠ 고압가스 특정제조의 긴급차단장치 조작위치 : 10m 이상
㉡ 고압가스 일반제조의 긴급차단장치 조작위치 : 5m 이상
㉢ 가스도매사업의 긴급차단장치 조작위치 : 10m 이상
㉣ 일반 도시가스사업의 긴급차단장치 조작위치 : 5m 이상

10 가스도매사업의 가스공급시설 중 배관을 지하에 매설할 기준에 적합하지 않은 경우는?

① 배관을 방호구조물 내에 설치할 경우에는 법정 깊이를 유지할 필요가 없다.
② 배관은 지반이 동결됨에 따라 손상을 받지 아니할 것
③ 배관은 그 외면으로부터 지하의 다른 시설물과 0.3m 이상의 거리를 유지한다.
④ 배관의 깊이는 산과 들에서는 1.2m 이상 유지할 것

해설
지하매설 : 배관을 지하에 매설하는 경우에는 다음 기준에 적합하게 할 것
㉠ 배관은 그 외면으로부터 수평거리로 건축물까지 1.5m 이상을 유지할 것
㉡ 배관은 그 외면으로부터 지하의 다른 시설물과 0.3m 이상의 거리를 유지할 것

정답 06.② 07.② 08.① 09.③ 10.④

㉢ 지표면으로부터 배관의 외면까지의 매설깊이는 산이나 들에서는 1m 이상 그 밖의 지역에서는 1.2m 이상으로 할 것. 다만, 방호구조물 안에 설치하는 경우에는 그러하지 아니 하다.
㉣ 배관은 지반의 동결에 의하여 손상을 받지 아니하는 깊이로 매설할 것
㉤ 성토하였거나 절토한 경사면 부근에 배관을 매설하는 경우에는 흙이나 돌 등이 흘러내려서 안전확보에 지장이 오지 아니하도록 매설할 것
㉥ 배관입상부 · 지반급변부 등 지지조건이 급변하는 곳에는 곡관의 삽입 · 지반의 개량 그 밖의 필요한 조치를 할 것
㉦ 굴착 및 되메우기는 안전확보를 위하여 적절한 방법으로 실시할 것

11 가스도매사업자의 가스공급시설인 배관을 도로 밑에 매설하는 경우 기준에 적합하지 않은 것은?

① 시가지 외의 도로 노면 밑에 매설하는 경우에는 그 노면으로부터 배관의 외면까지의 깊이를 1m 이상으로 한다.
② 시가지의 도로 밑에 매설하는 경우에는 노면으로부터 배관의 외면까지의 깊이를 1.5m 이상으로 한다.
③ 배관은 그 외면으로부터 도로 밑의 다른 시설물과의 거리를 0.3m 이상 유지한다.
④ 배관의 외면으로부터 도로의 경계와 1m 이상의 수평거리를 유지한다.

해설

① 시가지 외 도로 노면 밑에 매설 시 1.2m 깊이에 매설

참고 가스도매사업의 가스공급시설 배관의 설치〈도로매설〉

1. 원칙적으로 자동차 등의 하중의 영향이 적은 곳에 매설할 것
2. 배관의 외면으로부터 도로의 경계까지 1m 이상의 수평거리를 유지할 것
3. 배관(방호구조물 안에 설치하는 경우에는 그 방호구조물을 말한다)은 그 외면으로부터 도로 밑의 다른 시설물과 0.3m 이상의 거리를 유지할 것
4. 도로 밑에 배관을 매설하는 경우에는 다음에 정하는 바에 따라 그 도로와 관련이 있는 공사에 의하여 손상을 받지 아니하도록 다음 중 하나의 조치를 할 것
   • 산업통상자원부장관이 정하여 고시하는 바에 따라 배관을 보호할 수 있는 보호판 및 가스누출 유무를 확인할 수 있는 검지공을 설치할 것
   • 배관을 단단하고 내구력을 가지며 도로 및 배관의 구조에 대하여 지장을 주지 아니하는 구조의 방호구조물 안에 설치할 것
5. 시가지의 도로 노면 밑에 매설하는 경우에는 노면으로부터 배관의 외면까지의 깊이를 1.5m 이상으로 할 것. 다만, 방호구조물 안에 설치하는 경우에는 노면으로부터 그 방호구조물의 외면까지의 깊이를 1.2m 이상으로 할 수 있다.
6. 시가지 외의 도로 노면 밑에 매설하는 경우에는 노면으로부터 배관의 외면까지의 깊이를 1.2m 이상으로 할 수 있다.
7. 포장되어 있는 차도에 매설하는 경우에는 그 포장부분의 노반(차단층이 있는 경우에는 그 차단층을 말한다. 이하 같다)의 밑에 매설하고 배관의 외면과 노반의 최하부와의 거리는 0.5m 이상으로 할 것
8. 인도 · 보도 등 노면 외의 도로 밑에 매설하는 경우에는 지표면으로부터 배관의 외면까지의 깊이는 1.2m 이상으로 할 것. 다만, 방호구조물 안에 설치하는 경우에는 그 방호구조물의 외면까지의 깊이를 0.6m(시가지의 노면 외의 도로 밑에 매설하는 경우에는 0.9m) 이상으로 할 것
9. 전선 · 상수도관 · 하수도관 · 가스관 그 밖에 이와 유사한 것(각 사용가구에 인입하기 위하여 설치되는 것에 한한다)이 매설되어 있는 도로 또는 매설할 계획이 있는 도로에 매설하는 경우에는 이들의 하부에 매설할 것

12 가스도매사업의 가스공급시설의 경우 인도, 보도 등 노면 밑 외의 도로 밑에 매설하는 경우에는 지표면으로부터 배관의 외면까지의 깊이는 몇 m 이상인가?

① 1.2m
② 0.9m
③ 0.6m
④ 0.5m

13 가스도매사업자의 가스공급시설인 배관을 철도부지 밑에 매설하는 경우 지표면으로부터 배관의 외면까지의 깊이는 몇 m 이상으로 하는가?

① 1.8m
② 1.5m
③ 1.2m
④ 1m

정답 11.① 12.① 13.③

해설

가스도매사업의 가스공급시설 중 배관을 철도부지 밑에 매설 : 배관의 외면으로부터 궤도중심까지 4m 이상, 그 철도부지 경계까지는 1m 이상의 거리를 유지할 것. 다만, 다음 ㉠ 내지 ㉢의 1에 해당하는 경우에는 그러하지 아니하며, 철도부지가 도로와 인접되어 있는 경우에는 배관의 외면과 철도부지 경계와의 거리를 유지하지 아니할 수 있다.

㉠ 배관이 열차하중의 영향을 받지 않는 위치에 매설하는 경우
㉡ 배관이 열차하중의 영향을 받지 않도록 적절한 방호구조물로 방호되는 경우
㉢ 배관의 구조가 열차하중을 고려한 것일 경우

14 다음 중 도시가스 배관의 외부에 표시하지 않아도 되는 사항은?

① 최고사용압력
② 사용가스명
③ 배관의 공급압력
④ 가스의 흐름방향

15 일반 도시가스사업의 가스공급시설의 시설기준에서 제조공급소 밖에 있어서 도로를 따라 배관이 설치되어 있을 경우에는 몇 m의 간격을 표준하여 필요한 수의 표지판을 설치하는가?

① 2000m
② 1500m
③ 1000m
④ 200m

해설

제조소, 공급소 내의 경우에는 500m, 밖은 200m마다 설치

16 일반 도시가스사업의 가스공급시설에서 가스발생기 및 가스홀더의 그 외면으로 부터 사업장의 경계까지의 안전거리로 잘못된 것은?

① 최고사용압력이 고압인 것은 20m 이상
② 최고사용압력이 저압인 것은 5m 이상
③ 최고사용압력이 중압인 것은 10m 이상
④ 최고사용압력이 초고압인 것은 30m 이상

해설

최고사용압력이 고압 : 20m, 중압 : 10m, 저압 : 5m

참고 일반 도시가스사업의 가스공급시설 중 제조소 및 공급소의 안전설비〈안전거리〉

- 가스발생기 및 가스홀더는 그 외면으로부터 사업장의 경계(사업장의 경계가 바다 · 하천 · 호수 및 연못 등으로 인접되어 있는 경우에는 이들의 반대편 끝을 경계로 본다. 이하 같다)까지의 거리가 최고사용압력이 고압인 것은 20m 이상, 중압인 것은 10m 이상, 저압인 것은 5m 이상이 되도록 할 것
- 가스혼합기 · 가스정제설비 · 배송기 · 압송기 그 밖에 가스공급시설의 부대설비(배관을 제외한다)는 그 외면으로부터 사업장의 경계까지의 거리가 3m 이상이 되도록 할 것. 다만, 최고사용압력이 고압인 것은 그 외면으로부터 사업장의 경계까지의 거리가 20m 이상, 제1종 보호시설(사업소 안에 있는 시설을 제외한다)까지의 거리가 30m 이상이 되도록 할 것

17 일반 도시가스사업의 가스공급시설에서 가스혼합기, 가스정제설비, 배송기, 압송기 그 밖의 가스공급시설의 부대설비는 그 외면으로부터 사업장의 경계까지의 거리가 몇 m 이상이 되도록 하는가?

① 5m
② 3m
③ 2m
④ 1m

18 도시가스사업법의 가스공급시설에 속하지 않는 것은?

① 내관, 연소기
② 정압기, 본관, 공급관
③ 액화가스 저장탱크, 압송기, 배송기
④ 가스발생설비, 가스정제설비, 가스홀더

해설

내관, 연소기, 가스계량기, 연소기에 연결된 중간밸브, 호스 등은 사용자 시설이다.

정답 14.③ 15.④ 16.④ 17.② 18.①

19 도시가스 제조, 공급시설 중 가스의 제조, 공급을 위한 시설이 아닌 것은?

① 내관
② 공급관
③ 정압기
④ 액화가스 저장탱크

20 도시가스사업법에서 고압 또는 중압인 가스 공급의 내압시험압력은 얼마로 규정되어 있는가?

① 최고사용압력의 1.8배 이상
② 최고사용압력의 1.5배 이상
③ 최고사용압력의 1.2배 이상
④ 최고사용압력의 1.1배 이상

21 일반 도시가스사업의 가스공급시설 중 가스가 통하는 부분의 기밀시험압력은?

① 사용압력의 1.1배 이상
② 최고사용압력의 1.5배 이상
③ 최고사용압력의 1.1배 이상
④ 최고사용압력 이상

22 일반 도시가스사업에서 가스발생설비, 가스정제설비, 가스홀더 및 그 부대설비로서 제조설비에 속하는 것 중 최고사용압력이 고압 또는 중압인 것의 안전밸브 작동압력은?

① 내압시험압력의 1.1배
② 내압시험압력 이상
③ 내압시험압력의 0.8배
④ 내압시험압력의 1.5배

해설

일반 도시가스사업의 가스공급시설 중 안전장치 등
㉠ 계측장치 : 가스발생설비 · 가스정제설비 · 가스홀더 · 배송기 · 압송기 및 액화가스 저장탱크에는 안전조업에 필요한 온도 · 압력 · 액면 등을 계측할 수 있는 장치를 설치할 것
㉡ 안전밸브 : 가스발생설비 · 가스정제설비 · 가스홀더 및 그 부대설비로서 제조설비에 속하는 것 중 최고사용압력이 고압 또는 중압인 것은 설계압력 이상 내압시험압력의 8/10 이하의 압력에서 작동하는 안전밸브 및 가스방출관을 설치하고 가스방출관의 방출구는 주위에 화기 등이 없는 안전한 위치로서 지면으로부터 5m 이상의 높이로 설치할 것

23 일반 도시가스사업의 가스발생설비, 정제설비, 가스홀더 등에 안전밸브를 설치하는데 안전밸브가 2개인 경우 1개는 최고사용압력 이하에 준하는 압력이고, 다른 한 개는 당해 설치부분의 최고사용압력의 몇 배 이상의 압력으로 하는가?

① 1.03배　② 1.8배
③ 1.5배　④ 1.1배

해설

안전밸브의 분출압력
㉠ 안전밸브가 1개인 경우 : 최고사용압력 이하의 압력
㉡ 안전밸브가 2개인 경우 : 1개는 최고사용압력 이하에 준하는 압력이고 다른 한 개는 당해 설치부분의 최고사용압력의 1.03배 이상의 압력

24 일반 도시가스사업의 고압 또는 중압의 가스공급시설에서 안전밸브의 분출량을 결정하는 압력은?

① 최고사용압력의 1.8배 이상
② 최고사용압력의 1.5배 이상
③ 최고사용압력의 1.2배 이상
④ 최고사용압력의 1.1배 이상

해설

안전밸브의 분출량을 결정하는 압력
㉠ 고압 또는 중압의 가스공급시설 : 최고사용압력의 1.1배 이상의 압력
㉡ 액화가스가 통하는 가스공급시설 : 최고사용압력의 1.2배 이상의 압력

25 일반 도시가스사업에서 비상공급시설의 기준에 적합하지 않은 것은?

① 비상공급시설 중 가스가 통하는 부분은 최고사용압력의 1.1배 이상의 압력으로 기밀시험 또는 누출검사를 실시하는 때에 누출되지 않을 것
② 고압 또는 중압의 비상공급시설을 최고사용압력의 1.2배 이상의 압력으로 실시하는 내압시험에 합격한 것일 것
③ 비상공급시설에는 접근함을 금지하는 내용의 경계표지를 할 것
④ 비상공급시설의 주위는 인화성, 발화성 물질을 저장, 취급하는 장소가 아닐 것

정답 19.① 20.② 21.③ 22.③ 23.① 24.④ 25.②

해설

비상공급시설은 다음 기준에 적합하게 설치할 것
㉠ 비상공급시설의 주위는 인화성·발화성 물질을 저장·취급하는 장소가 아닐 것
㉡ 비상공급시설에는 접근함을 금지하는 내용의 경계표지를 할 것
㉢ 고압 또는 중압의 비상공급시설은 최고사용압력의 1.5배 이상의 압력으로 실시하는 내압시험에 합격한 것일 것
㉣ 비상공급시설 중 가스가 통하는 부분은 최고사용압력의 1.1배 이상의 압력으로 기밀시험 또는 누출검사를 실시하여 이상이 없을 것
㉤ 비상공급시설은 그 외면으로부터 제1종 보호시설까지의 거리가 15m 이상, 제2종 보호시설까지의 거리가 10m 이상이 되도록 할 것
㉥ 비상공급시설의 원동기에는 불씨가 방출되지 않도록 하는 조치를 할 것
㉦ 비상공급시설에는 그 설비에서 발생하는 정전기를 제거하는 조치를 할 것
㉧ 비상공급시설에는 소화설비 및 재해발생방지를 위한 응급조치에 필요한 자재 및 용구 등을 비치할 것
㉨ 이동식 비상공급시설은 엔진을 정지시킨 후 주차제동장치를 걸어 놓고, 차바퀴를 고정목 등으로 고정시킬 것

26 일반 도시가스 공급가스기준 중 적합하지 않은 것은?

① 가스공급시설의 내압부분 및 액화가스가 통하는 부분은 최고사용압력의 1.1배 이상의 압력으로 실시하는 내압시험에 합격해야 한다.
② 액화가스가 통하는 가스공급시설에는 당해 가스공급시설에서 발생하는 정전기를 제거하는 조치를 한다.
③ 제조소 또는 공급소에 설치한 가스가 통하는 가스공급시설의 부근에 설치하는 전기설비는 방폭성능을 가져야 한다.
④ 가스공급시설을 설치하는 실(제조소 및 공급소 내에 설치된 것에 한한다)은 양호한 통풍구조로 한다.

해설

① 내압시험압력=최고사용압력×1.5배 이상

27 일반 도시가스 공급시설의 안전조작에 필요한 장소의 조도는 몇 lux 이상 확보해야 하는가?

① 750lux ② 300lux
③ 150lux ④ 75lux

가스공급시설의 안전조작에 필요한 장소의 조도는 150lux 이상 확보할 것

28 도시가스사업소에서 액화가스용 가스발생설비를 측정하는 사항이 아닌 것은?

① 노 내의 압력
② 기화장치의 기체 부분 압력
③ 가열하기 위해 온수탱크를 사용할 때 그의 액면
④ 기화장치의 가열매체 온도

29 일반 도시가스사업의 가스공급시설 중에는 수봉기를 설치하여야 한다. 수봉기를 설치하여야 할 설비는 어느 것인가?

① 부대설비
② 저압가스 정제설비
③ 가스발생설비
④ 일반 안전설비

해설

일반 도시가스사업의 가스공급시설 중 가스정제설비
㉠ 재료 및 구조 : 가스정제설비의 재료 및 구조는 가스정제설비의 안전성을 확보할 수 있는 것일 것
㉡ 수봉기 : 최고사용압력이 저압인 가스정제설비에는 압력의 이상 상승을 방지하기 위한 수봉기를 설치할 것
㉢ 역류방지장치 : 가스가 통하는 부분에 직접 액체를 이입하는 장치가 있는 가스정제설비에는 액체의 역류방지장치를 설치할 것

30 일반 도시가스사업의 가스공급시설 중 역류방지밸브를 설치하지 않아도 되는 설비는?

① 플레어스택 ② 가스정제설비
③ 기화설비 ④ 가스발생설비

정답 26.① 27.③ 28.③ 29.② 30.①

31 일반 도시가스사업의 가스공급시설은 기화장치에서 액화가스가 넘쳐흐름을 방지하는 장치는?

① 수봉기
② 액유출방지장치
③ 역류방지밸브
④ 역화방지장치

해설

일반 도시가스사업의 가스공급시설 중 기화장치
㉠ 구조
- 기화장치는 직화식 가열구조의 것이 아닐 것
- 기화장치로서 온수로 가열하는 구조의 것은 온수부에 동결방지를 위하여 부동액을 첨가하거나 불연성 단열재로 피복할 것

㉡ 액유출방지장치 : 기화장치에는 액화가스의 넘쳐 흐름을 방지하는 액유출방지장치를 설치할 것. 다만, 기화장치 외의 가스발생설비와 병용되는 것은 그렇지 않다.
㉢ 역류방지장치 : 공기를 흡입하는 구조의 기화장치는 가스의 역류에 의하여 공기흡입공으로부터 가스가 누출되지 아니하는 구조의 것일 것
㉣ 조작용 전원정지 시의 조치 : 기화장치를 전원에 의하여 조작하는 것은 자가발전기 그 밖에 조작용 전원이 정지한 때에 가스의 공급을 유지하기 위하여 필요한 장치를 설치할 것

32 다음 중 가스제조시설에서 가스홀더의 설명으로 부적당한 것은?

① 가스홀더에는 기화식과 유수식이 보편적으로 쓰인다.
② 가스홀더는 원통형과 구형이 널리 사용된다.
③ 제조량과 수요량을 조절한다.
④ 가스의 질(조성)을 균일하게 유지한다.

해설

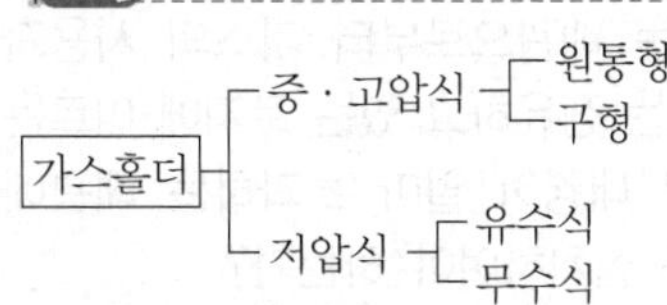

33 일반 도시가스사업에서 최고사용압력이 고압 또는 중압인 가스홀더의 기준에 적합하지 않은 것은?

① 가스발생장치를 설치한 것일 것
② 응축액의 동결을 방지하는 조치를 할 것
③ 응축액을 외부로 뽑을 수 있는 장치를 설치할 것
④ 관의 입구 및 출구에는 온도 또는 압력의 변화에 의한 신축을 흡수하는 조치를 할 것

해설

일반 도시가스사업의 가스공급시설 중 가스홀더
고압 또는 중압의 가스홀더 : 최고사용압력이 고압 또는 중압 가스홀더는 다음에 적합한 것일 것
㉠ 관의 입구 및 출구에는 온도 또는 압력의 변화에 의한 신축을 흡수하는 조치를 할 것
㉡ 응축액을 외부로 뽑을 수 있는 장치를 설치할 것
㉢ 응축액의 동결을 방지하는 조치를 할 것
㉣ 맨홀 또는 검사구를 설치할 것
㉤ 고압가스 안전관리법의 규정에 의한 검사를 받은 것일 것
㉥ 저장능력이 $300m^3$ 이상의 가스홀더와 다른 가스홀더와의 사이에는 두 가스홀더의 최대지름을 합산한 길이의 1/4 이상에 해당하는 거리(두 가스홀더의 최대지름을 합산한 길이의 1/4이 1m 미만인 경우에는 1m 미만인 경우 1m 이상의 거리)를 유지할 것

34 최고사용압력이 저압인 유수식 가스홀더는 다음 기준에 적합해야 한다. 잘못된 것은?

① 피스톤이 원활히 작동하도록 설치한 것일 것
② 수조에 물공급관과 물이 넘쳐 빠지는 구멍을 설치한 것일 것
③ 가스방출장치를 설치한 것일 것
④ 원활히 작동하는 것일 것

해설

일반 도시가스사업의 가스공급시설 중 저압의 가스홀더
㉠ 최고사용압력이 저압인 유수식 가스홀더는 다음에 적합한 것일 것
- 원활히 작동하는 것일 것
- 가스방출장치를 설치한 것일 것
- 수조에 물공급관과 물넘쳐 빠지는 구멍을 설치한 것일 것
- 봉수의 동결방지조치를 한 것일 것

㉡ 최고사용압력이 저압인 무수식 가스홀더는 다음에 적합한 것일 것
- 피스톤이 원활히 작동되도록 설치한 것일 것
- 봉액을 사용하는 것은 봉액공급용 예비펌프를 설치한 것일 것

정답 31.② 32.① 33.① 34.①

35 일반 도시가스사업에서 가스공급시설을 가스홀더에 설치한 배관에는 가스홀더와 배관과의 접속부 부근에 어느 것을 설치하는가?

① 역류방지장치 ② 액화방지장치
③ 가스차단장치 ④ 일류방지장치

일반 도시가스사업의 시설기준 중 가스홀더 외 가스차단장치 등
㉠ 가스홀더에 설치한 배관(가스를 송출 또는 이입하기 위한 것에 한한다)에는 가스홀더와 배관과의 접속부 부근에 가스차단장치를 설치한 것일 것. 다만, ㉡에 의한 긴급차단장치를 그 가스홀더와 ㉠에 의한 신축흡수조치를 한 부분과의 사이에 설치하는 경우에는 그렇지 않다.
㉡ 최고사용압력이 고압 또는 중압인 가스홀더에 설치된 배관에는 가스홀더의 외면으로부터 5m 이상 떨어진 위치에서 조작할 수 있는 긴급차단장치를 설치할 것

36 일반 도시가스사업에서 최고사용압력이 고압 또는 중압인 가스홀더에 설치된 배관에는 가스홀더의 외면으로부터 몇 m 이상 떨어진 위치에서 조작할 수 있는 긴급차단장치를 설치하는가?

① 20m ② 15m
③ 10m ④ 5m

37 일반 도시가스사업의 액화석유가스 저장탱크는 그 외면으로부터 가스홀더와 상호 간의 거리는?

① 가스홀더 최대직경의 1/2 이상의 거리
② 저장탱크 최대직경 1/2 이상의 거리
③ 가스홀더 최대직경의 1/4 이상의 거리
④ 저장탱크 1/4 이상의 거리

저장탱크와 가스홀더의 이격거리 : 저장탱크 최대직경의 1/2(지하에 설치 시는 저장탱크 및 가스홀더 최대직경의 1/4)의 길이 중 큰 것과 동등 길이를 유지

38 공급자시설의 정압기는 설치 후 얼마에서 분해점검을 실시하는가?

① 3년에 1회 이상 ② 2년에 1회 이상
③ 1년에 2회 이상 ④ 1년에 1회 이상

39 일반 도시가스 공급시설의 매설용 배관으로서 차량이 통행하는 폭 8m 이상의 도로에 매설할 배관의 깊이는 몇 m 이상으로 하여야 하는가?

① 2 ② 1.2
③ 1 ④ 0.4

배관의 매설깊이
㉠ 도로폭 4m 이상 8m 미만 : 1m 이상
㉡ 도로폭 8m 이상 : 1.2m 이상

40 일반 도시가스 공급시설의 매설용 배관으로서 도로폭 8m 미만인 곳의 배관의 매설깊이는?

① 1m ② 1.2m
③ 1.5m ④ 2m

해설

일반 도시가스사업의 시설기준 중 지하 매설배관의 설치배관(사업소 안의 배관을 제외한다. 이하 이 표에서 같다)을 지하에 매설하는 경우 배관의 외면과 지면·노면 또는 측면 사이에는 다음 기준에 의한 거리를 유지하고, 그 배관이 특별 고압 지중전선과 접근하거나 교차하는 경우에는 전기사업법에 의한 기준을 충족하도록 할 것
㉠ 공동주택 등의 부지 내에서는 0.6m 이상
㉡ 차량이 통행하는 폭 8m 이상의 도로에서는 1.2m 이상. 다만, 도로에 매설된 최고사용압력이 저압인 배관에서 횡으로 분기하여 수요자에게 직접 연결되는 배관의 경우에는 1m 이상
㉢ ㉠ 및 ㉡에 해당하지 아니하는 곳에서는 1m 이상. 다만, 도로에 매설된 최고사용압력이 저압인 배관에서 횡으로 분기하여 수요자에게 직접 연결되는 배관의 경우에는 0.8m 이상

41 도시가스 공급시설 중 도로와 평행하여 매몰되어 있는 배관으로부터 가스의 사용자가 소유 또는 점유하고 있는 토지에 이르는 배관으로서 내경이 얼마 초과하는 배관에 차단장치를 설치하여야 하는가?

① 300mm
② 150mm
③ 100mm
④ 65mm

정답 35.③ 36.④ 37.② 38.② 39.② 40.① 41.④

일반 도시가스사업 시설기준 및 기술기준의 배관의 설치기준 중 가스차단장치

㉠ 고압 또는 중압 배관에서 분기되는 배관에는 그 분기점 부근, 그 밖에 배관의 유지관리에 필요한 곳에는 위급한 때에 가스를 신속히 차단할 수 있는 장치를 설치할 것

㉡ 도로와 평행하여 매설되어 있는 배관으로부터 가스의 사용자가 소유 또는 점유한 토지에 이르는 배관으로서 관경이 65mm(가스용 폴리에틸렌관은 75mm) 초과하는 것에는 위급한 때에 가스를 신속히 차단시킬 수 있는 장치를 할 것

㉢ 지하실 · 지하도 그 밖의 지하에 가스가 체류될 우려가 있는 장소(이하 '지하실 등'이라 한다)에 가스를 공급하는 배관에는 그 지하실 등의 부근에 위급한 때에 그 지하실 등에의 가스공급을 지상에서 용이하게 차단시킬 수 있는 장치를 설치하고 지하실 등에서 분기되는 배관에는 가스가 누출된 때에 이를 차단할 수 있는 장치를 설치할 것

42 도시가스 배관의 기밀시험 주기가 틀린 것은?

① PE 배관 : 15년이 되는 해(그 이후는 5년마다)

② 폴리에틸렌 피복강관('93년 6.26 이전 설치 : 15년이 되는 해(그 이후는 3년마다))

③ 그 밖의 배관 : 15년이 되는 해(그 이후는 1년마다)

④ 공동 주택의 부지에 설치된 배관 : 2년마다

해설

④ 공동 주택 부지 내 : 3년마다

43 일반 도시가스사업에서 배관을 옥외 공동구 내에 설치하는 경우 기준에 적합하지 않은 것은?

① 배관에 가스유입을 차단하는 장치를 설치하되 그 장치를 옥외 공동구 내에 설치하는 경우에는 격벽으로 하지 말 것

② 배관은 벨로스형, 신축이음매 또는 플렉시블 튜브에 의하여 온도변화에 의한 신축을 흡수하는 조치를 할 것

③ 전기설비가 있는 것은 그 전기설비가 방폭구조의 것일 것

④ 환기장치가 있을 것

해설

일반 도시가스사업의 시설기준, 기술기준의 배관의 설치 등

• 공동구 내의 시설 : 배관을 옥외의 공동구 내에 설치하는 경우에는 다음에 적합할 것

㉠ 환기장치가 있을 것

㉡ 전기설비가 있는 것은 그 전기설비가 방폭구조의 것일 것

㉢ 배관은 벨로스형, 신축이음매 또는 주름관 등에 의하여 온도변화에 의한 신축을 흡수하는 조치를 할 것

㉣ 옥외 공동구벽을 관통하는 배관의 관통부 및 그 부근에는 배관의 손상방지를 위한 조치를 할 것

㉤ 배관에 가스유입을 차단하는 장치를 설치하되 그 장치를 옥외 공동구 내에 설치하는 경우에는 격벽을 설치할 것

44 도시가스 배관 중 입상관에 설치한 밸브의 높이 중 가장 적당한 것은 어느 것인가?

① 3.0m ② 2.2m

③ 1.8m ④ 1.2m

일반 도시가스사업의 시설 · 기술기준의 배관의 설치 등

• 입상관 : 입상관이 화기가 있을 가능성이 있는 주위를 통과할 경우에는 불연재료로 차단조치를 하고, 입상관의 밸브는 분리 가능한 것으로서 바닥으로부터 1.6m 이상 2m 이내에 설치할 것. 다만, 건축물 구조상 그 위치에 밸브 설치가 곤란한 경우에는 그러하지 아니 하다.

45 일반 도시가스사업에서 입상관에 화기가 있을 가능성이 있는 곳을 통과할 경우에는 불연재료로 차단조치를 하고, 입상관의 밸브는 바닥으로부터 얼마 이내에 설치하는가?

① 1m 이내

② 1.6m 이상 3m 이내

③ 1.6m 이상 2m 이내

④ 1.2m 이내

46 도시가스 배관의 접합은 용접시공하는 것을 원칙으로 한다. 이 경우 비파괴시험을 실시하지 않아도 되는 경우는?

① 내경이 80mm 이상인 고압배관 용접부

② 내경이 80mm 이상인 중압배관 용접부

③ 내경이 80mm 이상인 저압배관 용접부

④ 80mm 미만의 저압배관 용접부

정답 42.④ 43.① 44.③ 45.③ 46.④

해설

㉠ 비파괴시험 실시 : 지하매설배관, 최고사용압력 중압인 노출배관, 최고사용압력 저압으로 호칭지름 50A 이상 노출배관
㉡ 비파괴시험 생략 : PE 배관, 저압으로 노출된 사용자 공급관, 호칭지름 80mm 미만 저압배관

47 도시가스 사용시설에서 입상관은 화기와 몇 m 이상의 우회거리를 유지하고, 환기가 양호한 장소에 설치하는가?

① 8m
② 1.5m
③ 2m
④ 1m

해설

일반 도시가스사업의 가스사용 시설기준
- 입상관의 설치 : 입상관은 화기(그 시설 안에서 사용되는 자체 화기를 제외한다)와 2m 이상의 우회거리를 유지하고 환기가 양호한 장소에 설치하여야 하며, 입상관의 밸브는 분리가 가능한 것으로서 바닥으로부터 1.6m 이상 2m 이내에 설치할 것. 다만, 건축물 구조상 그 위치에 밸브의 설치가 곤란하다고 인정되는 경우에는 그렇지 않다.

48 도시가스 사용시설 중 배관에 있어서 부식방지조치에 의한 지상과 지하매몰배관의 색깔로 맞는 것은?

① 지상 : 황색, 지하 : 흑색 또는 적색
② 지상 : 적색, 지하 : 흑색 또는 황색
③ 지상 : 적색, 지하 : 황색 또는 녹색
④ 지상 : 황색, 지하 : 적색 또는 황색

해설

배관의 표시 및 부식방지조치는 다음 기준에 의할 것
㉠ 배관의 외부에 사용가스명 · 최고사용압력 및 가스의 흐름방향을 표시할 것. 다만, 지하에 매설하는 경우에는 흐름방향을 표시하지 않을 수 있다.
㉡ 가스배관의 표면색상은 지상배관은 황색으로, 매설배관은 최고사용압력이 저압인 배관은 황색, 중압인 배관은 적색으로 할 것. 다만, 지상배관 중 건축물의 내 · 외벽에 노출된 것으로서 바닥(2층 이상 건물의 경우에는 각 층의 바닥을 말한다)으로부터 1m의 높이에 폭 3cm의 황색띠를 이중으로 표시한 경우에는 표면색상을 황색으로 하지 않을 수 있다.

49 도시가스 사용시설에 실시하는 기밀시험은 얼마인가?

① 최고사용압력의 3배 또는 10kPa
② 최고사용압력의 1.8배 또는 8.4kPa
③ 최고사용압력의 1.5배 또는 10kPa
④ 최고사용압력의 1.1배 또는 8.4kPa

해설

일반 도시가스사업의 가스사용 시설기준 중 내압시험 및 기밀시험
㉠ 최고사용압력이 중압 이상인 배관은 최고사용압력의 1.5배 이상의 압력으로 내압시험을 실시하여 이상이 없을 것
㉡ 가스사용시설(연소실 제외한다)은 최고사용압력의 1.1배 또는 8.4kPa 중 높은 압력 이상의 압력으로 기밀시험(완성검사를 받은 후의 자체검사 시에는 사용압력 이상의 압력으로 실시하는 누출검사)을 실시하여 이상이 없을 것

50 산업용 공장에서 사용하는 연소기의 명판에서 표시된 용량이 6000kcal/hr인 경우 월 사용예정량은 몇 m^3인가?

① $50m^3$ ② $72.6m^3$
③ $88.9m^3$ ④ $130.9m^3$

해설

$$Q=\frac{A\times240+B\times90}{11000}=\frac{6000\times240}{11000}=130.9m^3$$

여기서, Q : 월 사용예정량(m^3)
A : 산업용으로 사용하는 연소기의 명판에 기재된 가스소비량의 합계(kcal/hr)
B : 산업용이 아닌 연소기의 명판에 기재된 가스소비량의 합계(kcal/hr)

51 다음은 특정 가스사용시설 외의 가스사용시설을 할 때 배관의 재료 및 부식방지 조치기준이다. 잘못된 항목은?

① 건축물 내의 매몰배관은 동관, 또는 스테인리스강관 등 내식성 재료를 사용
② 지하매몰배관은 청색으로 표시할 것
③ 지상배관은 황색으로 표시할 것
④ 배관은 그 외부에 사용가스명, 최고사용압력 및 가스흐름 방향을 표시할 것

정답 47.③ 48.④ 49.④ 50.④ 51.②

해설

일반 도시가스사업의 특정 가스사용시설 외의 가스사용시설
㉠ 배관은 외부에 사용가스명, 최고사용압력, 가스흐름 방향을 표시할 것
㉡ 가스배관의 표면색상은 지상배관 황색, 매몰배관은 적색 또는 황색으로 할 것
㉢ 건축물 내의 배관은 동관 스테인리스강관 등 내식성 재료를 사용할 것

52 다음의 도시가스 품질검사기준에서 웨베지수의 허용수치(kcal/m^3)의 범위에 알맞은 것은?

① 12500　② 14000
③ 14500　④ 15000

해설

도시가스 품질검사기준

검사항목	단 위	허용기준
열량	MJ/m^3 (0℃, 101.3kPa)	시·도지사 승인을 받은 공급 규정에서 정하는 열량
웨베지수	MJ/m^3 (0℃, 101.3kPa)	51.50~56.52MJ/m^3 (12300~13500)kcal/m^3
전유황	mg/m^3 (0℃, 101.3kPa)	30 이하
부취농도	mg/m^3 (0℃, 101.3kPa)	4~30(TBM+THT) 3~13 (MES+DMS+TBM+THT)
이산화탄소	mol－%	2.5 이하
산소	mol－%	0.03 이하 (LPG+Air 10 이하)
암모니아	mg/m^3 (0℃, 101.3kPa)	검출되지 않음

검사항목	검사방법
열량	자동열량 측정기에 의해 측정 기록한 열량 및 GC로 성분분석 후 열량계산
전유황	GC 또는 전황량 분석기로 분석
웨베지수, 수소, 황화수소, 아르곤 부취농도, CO, CO_2, O_2, N_2	GC로 성분 분석
암모니아	1R 또는 GC, 화학발광법을 통한 분석

53 도시가스 품질기준에서 암모니아의 허용기준은?

① 10 이하
② 20 이하
③ 1.0 이하
④ 검출되지 않음

54 도시가스 품질검사 시 열량, 웨베지수 전유황 부취농도의 온도압력의 조건은?

① 0℃, 10kPa
② 0℃, 50kPa
③ 0℃, 101.3kPa
④ 0℃, 105kPa

55 일반 도시가스 사용시설 중 가스누출 자동차단장치를 설치하지 않아도 되는 가스사용량의 한계는 월 몇 m^3 미만인가?

① 1000m^3
② 2000m^3
③ 3000m^3
④ 4000m^3

해설

일반 도시가스사업의 특정 가스사용시설 중 가스누출 자동차단장치

특정 가스사용시설·식품위생법에 의한 식품접객업소로서 영업상의 면적이 100m^2 이상인 가스사용시설 또는 지하에 있는 가스사용시설(가정용 가스사용시설을 제외한다)의 경우에는 가스누출 경보차단장치 또는 가스누출 자동차단기를 설치하여야 하며, 차단부는 건축물의 외부 또는 건축물 벽에서 가장 가까운 내부의 배관부분에 설치할 것. 다만, 다음의 ㉠에 해당하는 경우에는 가스누출 경보차단장치 또는 가스누출 자동차단기를 설치하지 않을 수 있다.
㉠ 월 사용예정량 2000m^3 미만으로서 연소기가 연결된 각 배관에 퓨즈콕·상자콕 또는 이와 동등 이상의 성능을 가지는 안전장치(이하 '퓨즈콕 등'이라 한다)가 설치되어 있고, 각 연소기에 소화안전장치가 부착되어 있는 경우
㉡ 가스의 공급이 불시에 차단될 경우 재해 및 손실이 막대하게 발생될 우려가 있는 가스사용시설로서 산업통상자원부장관이 정하여 고시하는 경우

정답 52.① 53.④ 54.③ 55.②

56 정압기실 밸브기지의 밸브실에 대한 내용 중 틀린 항목은?

① 밸브실은 천장, 벽, 바닥의 두께가 30cm 이상 방수조치를 한 철근콘크리트로 한다.
② 지상에 설치하는 정압기실 출입문은 두께 5mm 강판 또는 30mm×30mm 앵글강을 400mm(가로)×400mm(세로) 용접보강한 두께 3.2mm 강판으로 설치한다.
③ 정압기실 출구에는 가스의 압력을 측정기록할 수 있는 장치를 설치한다.
④ 정압기의 분해 점검에 대비 예비정압기를 설치하고 이상압력 발생의 자동으로 기능이 전환되는 구조로 한다.

해설

② 강판 두께 6mm 이상

57 다음 중 정압기실에 대한 내용이 아닌 것은?

① 정압기지 밸브기지에는 가스공급시설의 관리 및 제어를 위하여 설치한 건축물은 철근콘크리트 또는 그 이상의 강도를 갖는 구조로 한다.
② 정압기지 밸브기지의 밸브를 설치하는 장소는 계기실 및 전기실과 구분하고 누출가스가 계기실 등으로 유입하지 아니하도록 한다.
③ 정압기지 밸브기지의 밸브를 지하에 설치한 경우 동결방지조치를 하여야 한다.
④ 정압기지 밸브기지에는 가스공급시설 외의 시설물을 설치하지 아니 한다.

해설

③ 지하에는 침수방지조치를 한다.

58 도시가스 제조공정 중 프로판을 공기로 희석시켜 공급하는 방법이 있다. 이때 공기로 희석시키는 가장 큰 이유는 무엇인가?

① 원가 절감　② 안전성 증가
③ 재액화방지　④ 가스조성 일정

해설

공기 희석의 목적
㉠ 재액화방지
㉡ 발열량 조절
㉢ 누설 시 손실 감소
㉣ 연소효율 증대

59 도시가스 배관을 지하에 설치 시 되메움 재료는 3단계로 구분하여 포설한다. 이 때 "침상재료"라 함은?

① 배관침하를 방지하기 위해 배관하부에 포설하는 재료
② 배관에 작용하는 하중을 분산시켜 주고 도로의 침하를 방지하기 위해 포설하는 재료
③ 배관기초에서부터 노면까지 포설하는 배관주의 모든 재료
④ 배관에 작용하는 하중을 수직방향 및 횡방향에서 지지하고 하중을 기초 아래로 분산하기 위한 재료

60 도시가스사업법상 배관 구분 시 사용되지 않는 용어는?

① 본관
② 사용자 공급관
③ 가정관
④ 공급관

61 내진 설계 시 지반 종류와 호칭이 옳은 것은?

① S_A : 경암지반
② S_A : 보통 암지반
③ S_B : 단단한 토사지반
④ S_B : 연약한 토사지반

해설

㉠ S_A : 경암지반
㉡ S_B : 보통 암지반
㉢ S_C : 매우 조밀한 토사지반(연암지반)
㉣ S_D : 단단한 토사지반
㉤ S_E : 연약한 토사지반

정답 56.② 57.③ 58.③ 59.④ 60.③ 61.①

62 가스용 폴리에틸렌관의 설치에 따른 안전관리방법이 잘못 설명된 것은?

① 관은 매몰하여 시공하여야 한다.
② 관의 굴곡 허용반경은 외경의 30배 이상으로 한다.
③ 관의 매설위치를 지상에서 탐지할 수 있는 로케팅와이어 등을 설치한다.
④ 관은 40℃ 이상이 되는 장소에 설치하지 않아야 한다.

② 관의 굴곡 허용반경은 외경의 20배 이상

63 정압기를 선정할 때 고려해야 할 특성이 아닌 것은?

① 정특성
② 동특성
③ 유량특성
④ 공급압력 자동승압특성

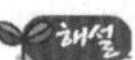

정압기의 특성 : 정특성, 동특성, 유량특성 사용 최대차압 및 작동 최소차압

64 도시가스 배관의 굴착으로 20m 이상 노출된 배관에 대하여는 누출된 가스가 체류하기 쉬운 장소에 가스누출경보기를 설치하는데, 설치간격은?

① 5m　② 10m
③ 15m　④ 20m

해설

노출된 가스배관의 안전조치
㉠ 노출된 가스배관 길이 15m 이상인 경우
- 점검통로－폭 : 80cm 이상, 가스배관과 수평거리 1m 이상 유지
- 가드레일 0.9m 이상 높이로 설치
- 조명 70Lux 이상 유지
㉡ 노출된 가스배관 길이 20m 이상인 경우 : 20m마다 가스누출경보기 설치

65 도시가스 배관을 도로매설 시 배관의 외면으로부터 도로 경계까지 얼마 이상의 수평거리를 유지하여야 하는가?

① 1.5m　② 0.8m
③ 1.0m　④ 1.2m

66 도시가스 사용시설 중 가스누출 경보차단장치 또는 가스누출 자동차단기의 설치대상이 아닌 것은?

① 특정 가스사용시설
② 지하에 있는 음식점의 가스사용시설
③ 식품접객업소로서 영업장 면적이 $100m^2$ 이상인 가스사용시설
④ 가스보일러가 설치된 가정용 가스사용시설

67 도시가스 배관의 접합부분에 대한 원칙적인 연결방법은?

① 용접 접합
② 플랜지 접합
③ 기계적 접합
④ 나사 접합

배관의 접합은 용접으로 하되 용접이음이 부적당할 때 플랜지이음으로 할 수 있다.

68 총 발열량이 $10000kcal/Nm^3$, 비중이 1.2인 도시가스의 웨버지수는?

① 12000　② 8333
③ 10954　④ 9129

해설

$$WI = \frac{H}{\sqrt{d}} = \frac{10000}{\sqrt{1.2}} = 9128.70$$

69 도시가스 배관의 내진설계기준에서 일반 도시가스사업자가 소유하는 배관의 경우 내진 1등급에 해당되는 가스 최고사용압력은?

① 1.5MPa　② 5MPa
③ 0.5MPa　④ 6.9MPa

㉠ 내진 특등급 : 6.9MPa
㉡ 내진 1등급 : 0.5MPa
㉢ 내진 2등급 : 특등급, 1등급 외의 배관

정답　62.②　63.④　64.④　65.③　66.④　67.①　68.④　69.③

70 도시가스 품질검사 시기가 맞지 않는 항목은?

① 가스도매사업 : 도시가스 제조사업소 이후 최초 정압기지 : 월 1회
② 일반 도시가스사업자 : 제조도시가스에 대하여 월 2회
③ 도시가스 충전사업자 : 제조도시가스 월 1회
④ 자가 소비용 직수입자 : 사용시설 도시가스에 대하여 분기별 1회

도시가스 품질검사의 방법 절차(시행규칙 별표 10)

사업자	검사장소	주 기
가스도매 사업자	도시가스 제조사업소 이후 최초 정압기지의 도시가스	월 1회
	공급하는 도시가스 충전사업소 액화도시가스 공급소 및 대량수요자 공급시설	분기별 1회
일반 도시가스 사업자	사업소에서 제조한 도시가스	월 1회
도시가스 충전사업자	사업소에서 제조한 도시가스	월 1회
	충전사업소의 도시가스	분기별 1회
자가 소비용 직수입자	제조도시가스	월 1회
	도시가스를 소비하는 사용시설의 도시가스	분기별 1회

71 도시가스관 이음 시 호칭경 몇 mm 이상 시 폴리에틸렌관 이음매로 하여야 하는가?

① 100 ② 150
③ 200 ④ 250

72 도시가스 중압 이하 배관과 고압배관 매설 시 이격거리(m)는?

① 1 ② 1.5
③ 2 ④ 2.5

해설

㉠ 중압 이하 배관 고압배관 2m 이상 유지
㉡ 기존 설치 배관의 침하방지를 위해 방호구조물 안에 설치 시 1m 이상 유지
㉢ 중압 이하 배관과 고압배관의 관리 주체가 같은 경우 0.3m 이상 유지

73 다음 (　　)에 알맞은 단어는?

> (㉠)과 (㉡)은 기초 밑에 설치하지 아니 한다.

① ㉠ 본관, ㉡ 내관
② ㉠ 내관, ㉡ 고압배관
③ ㉠ 공급관, ㉡ 내관
④ ㉠ 본관, ㉡ 공급관

정답 70.② 71.② 72.③ 73.④

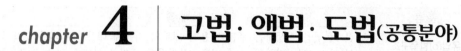

chapter 4 | # 고법·액법·도법(공통분야)

이번 과목의 핵심포인트를 알려주세요.

제4장은 고법 · 액법 · 도법의 공통 부분으로서 전반적인 가스의 사용 · 운반 취급 등에 관한 안전 내용입니다.

1 위험장소와 방폭구조

(1) 위험장소

종 류	정 의
0종 장소	상용의 상태에서 가연성 가스의 농도가 연속해서 폭발하한계 이상으로 되는 장소(폭발상한계를 넘는 경우에는 폭발한계 이내로 들어갈 우려가 있는 경우를 포함한다.)
1종 장소	상용상태에서 가연성 가스가 체류해 위험하게 될 우려가 있는 장소, 정비보수 또는 누출 등으로 인하여 종종 가연성 가스가 체류하여 위험하게 될 우려가 있는 장소
2종 장소	① 밀폐된 용기 또는 설비 안에 밀봉된 가연성 가스가 그 용기 또는 설비의 사고로 인하여 파손되거나 오조작의 경우에만 누출할 위험이 있는 장소 ② 확실한 기계적 환기조치에 따라 가연성 가스가 체류하지 아니하도록 되어 있으나 환기장치에 이상이나 사고가 발생한 경우에는 가연성 가스가 체류해 위험하게 될 우려가 있는 장소 ③ 1종 장소의 주변 또는 인접한 실내에서 위험한 농도의 가연성 가스가 종종 침입할 우려가 있는 장소

※ 0종 장소에는 원칙적으로 본질안전방폭구조만을 사용한다.

(2) 방폭구조

종 류	내 용
내압(d)방폭구조	용기의 내부에 폭발성 가스의 폭발이 일어날 경우, 용기가 폭발압력에 견디고 외부의 폭발성 가스에 인화될 위험이 없도록 한 방폭구조
압력(p)방폭구조	점화원이 될 우려가 있는 부분을 용기 안에 넣고 보호 기체(신선한 공기 또는 불활성 기체)를 용기 안에 압입함으로써 폭발성 가스가 침입하는 것을 방지하도록 되어 있는 방폭구조

종 류	내 용
유입(o)방폭구조	전기불꽃을 발생하는 부분을 용기 내부의 기름에 내장하여 외부의 폭발성 가스 또는 점화원 등에 접촉 시 점화의 우려가 없도록 한 방폭구조
안전증(e)방폭구조	정상운전 중의 내부에서 불꽃이 발생하지 않도록 전기적, 기계적, 구조적으로 온도상승에 대해 안전도를 증가시킨 구조로 내압방폭구조보다 용량이 적음
본질안전(ia, ib)방폭구조	정상 시 또는 단락, 단선, 지락 등의 사고 시에 발생하는 아크, 불꽃, 고열에 의하여 폭발성 가스나 증기에 점화되지 않는 것이 확인된 구조
특수(s)방폭구조	폭발성 가스, 증기 등에 의하여 점화하지 않는 구조로서 모래 등을 채워 넣은 사입방폭구조 등

(3) 안전간격에 따른 폭발 등급

폭발 등급	안전간격	해당 가스
1등급	0.6mm 이상	메탄, 에탄, 프로판, 부탄, 암모니아, 일산화탄소, 아세톤, 벤젠
2등급	0.4mm 이상 0.6mm 이하	에틸렌, 석탄가스
3등급	0.4mm 이하	이황화탄소, 수소, 아세틸렌, 수성 가스

2 내진설계

(1) 내진설계기준(KGS Gc 203, 204)

구 분		내 용
배관	내진 특등급	막대한 피해를 초래하는 경우로서 최고사용압력 6.9MPa 이상 배관 (독성 가스를 수송하는 고압가스 배관의 중요도)
	내진 1등급	상당한 피해를 초래하는 경우로서 최고사용압력 0.5MPa 이상 배관 (가연성 가스를 수송하는 배관의 중요도)
	내진 2등급	경미한 피해를 초래하는 경우로서 특등급, 1등급 이외의 배관 (독성, 가연성 이외의 가스를 수송하는 고압가스 배관의 중요도)
시설	내진 특등급	설비의 손상이나 기능상실이 공공의 생명, 재산에 막대한 피해 초래 및 사회정상기능 유지에 심각한 지장을 가져올 수 있는 것
	내진 1등급	설비의 손상이나 기능상실이 공공의 생명, 재산에 상당한 피해를 초래할 수 있는 것
	내진 2등급	설비의 손상이나 기능상실이 공공의 생명, 재산에 경미한 피해를 초래할 수 있는 것

(2) 내진설계 적용시설(KGS Gc 203) (지하 설치 시는 제외)

고압가스 적용 대상시설		
대상시설물 (지지구조물 및 기초와 연결부 포함)	용 량	
	독성, 가연성	비독성, 비가연성
저장탱크 및 압력용기(반응, 분리, 정제, 증류 등을 행하는 탑류로서 동체부 높이 5m 이상)	5톤, 500m^3 이상	10톤, 1000m^3 이상
세로방향으로 설치한 원통형 응축기	동체길이 5m 이상	
수액기	내용적 5000L 이상	

액화석유가스 적용 대상시설	
대상시설물(지지구조물 및 기초와 연결부 포함)	용 량
저장탱크	3톤 이상
도법 적용 대상시설	
대상시설물(지지구조물 및 기초와 연결부 포함)	용 량
저장탱크	3톤 이상
기타 대상시설	
① 액화도시가스 자동차 충전시설 ② 고정식 압축도시가스 충전시설 ③ 고정식 압축도시가스 이동식 충전차량의 충전시설 ④ 이동식 압축도시가스 자동차 충전시설	
대상시설물(지지구조물 및 기초와 연결부 포함)	용 량
가스홀더 및 저장탱크	5톤 이상, 500m^3 이상

3 고압가스 운반 등의 기준(KGS Gc 206)

(1) 운반 등의 기준 적용 제외

① 운반하는 고압가스 양이 13kg(압축의 경우 1.3m^3) 이하인 경우
② 소방자동차, 구급자동차, 구조차량 등이 긴급 시에 사용하기 위한 경우
③ 스킨스쿠버 등 여가목적으로 공기 충전용기를 2개 이하로 운반하는 경우
④ 산업통상자원부장관이 필요하다고 인정하는 경우

(2) 고압가스 충전용기 운반기준

① 충전용기 적재 시 적재함에 세워서 적재한다.
② 차량의 최대 적재량 및 적재함을 초과하여 적재하지 아니 한다.
③ 납붙임 및 접합 용기를 차량에 적재 시 용기 이탈을 막을 수 있도록 보호망을 적재함에 씌운다.
④ 충전용기를 차량에 적재 시 고무링을 씌우거나 적재함에 세워서 적재한다. 단, 압축가스의 경우 세우기 곤란 시 적재함 높이 이내로 눕혀서 적재가능하다.
⑤ 독성 가스 중 가연성, 조연성 가스는 동일차량 적재함에 운반하지 아니 한다.

⑥ 밸브돌출 충전용기는 고정식 프로텍터, 캡을 부착하여 밸브 손상방지조치를 한 후 운반한다.

⑦ 충전용기를 차에 실을 때 충격방지를 위해 완충판을 차량에 갖추고 사용한다.

⑧ 충전용기는 이륜차(자전거 포함)에 적재하여 운반하지 아니 한다.

⑨ 염소와 아세틸렌, 암모니아, 수소는 동일차량에 적재하여 운반하지 아니 한다.

⑩ 가연성과 산소를 동일차량에 적재운반 시 충전용기 밸브를 마주보지 않도록 한다.

⑪ 충전용기와 위험물안전관리법에 따른 위험물과 동일차량에 적재하여 운반하지 아니 한다.

(3) 경계표시

구 분		내 용
설치위치		차량 앞뒤 명확하게 볼 수 있도록(RTC 차량은 좌우에서 볼 수 있도록)
표시사항		위험 고압가스, 독성 가스 등 삼각기를 외부 운전석 등에 게시
규격	직사각형	가로치수 : 차폭의 30% 이상, 세로치수 : 가로의 20% 이상
	정사각형	면적 : 600cm² 이상
	삼각기	① 가로 : 40cm, 세로 : 30cm ② 바탕색 : 적색, 글자색 : 황색
그 밖의 사항		① 상호, 전화번호 ② 운반기준 위반행위를 신고할 수 있는 허가관청, 등록관청의 전화번호 등이 표시된 안내문을 부착
경계 표시 도형		위 고압가스 험 독성가스 30cm / 40cm

(4) 운반책임자 동승기준

용기에 의한 운반				
가스 종류			허용농도(ppm)	적재용량(m^3, kg)
독성 가스	압축가스(m^3)		200 초과	100m^3 이상
			200 이하	10m^3 이상
	액화가스(kg)		200 초과	1000kg 이상
			200 이하	100kg 이상
비독성 가스	압축가스	가연성	300m^3 이상	
		조연성	600m^3 이상	
	액화가스	가연성	3000kg 이상(납붙임 접합용기는 2000kg 이상)	
		조연성	6000kg 이상	

차량에 고정된 탱크에 의한 운반(운행거리 200km 초과 시에만 운반챔임자 동승)					
압축가스(m^3)			액화가스(kg)		
독성	가연성	조연성	독성	가연성	조연성
100m^3 이상	300m^3 이상	600m^3 이상	1000kg 이상	3000kg 이상	6000kg 이상

(5) 운반하는 용기 및 차량에 고정된 탱크에 비치하는 소화설비

<table>
<tr><th colspan="4">독성 가스 중 가연성 가스를 운반 시 비치하는 소화설비(5kg 운반 시는 제외)</th></tr>
<tr><th rowspan="2">운반하는 가스량에 따른 구분</th><th colspan="2">소화기 종류</th><th rowspan="2">비치 개수</th></tr>
<tr><th>소화제 종류</th><th>능력단위</th></tr>
<tr><td>압축 100m³ 이상
액화 1000kg 이상의 경우</td><td>분말소화제</td><td>BC용 또는 ABC용,
B-6(약재중량 4.5kg) 이상</td><td>2개 이상</td></tr>
<tr><td>압축 15m³ 초과 100m³ 미만
액화 150kg 초과 1000kg 미만의 경우</td><td>분말소화제</td><td>상동</td><td>1개 이상</td></tr>
<tr><td>압축 15m³
액화 150kg 이하의 경우</td><td>분말소화제</td><td>B-3 이상</td><td>1개 이상</td></tr>
</table>

<table>
<tr><th colspan="4">차량에 고정된 탱크 운반 시 소화설비</th></tr>
<tr><th rowspan="2">가스의 구분</th><th colspan="2">소화기 종류</th><th rowspan="2">비치 개수</th></tr>
<tr><th>소화제 종류</th><th>능력단위</th></tr>
<tr><td>가연성 가스</td><td>분말소화제</td><td>BC용, B-10 이상 또는
ABC용, B-12 이상</td><td rowspan="2">차량 좌우 각각 1개 이상</td></tr>
<tr><td>산소</td><td>분말소화제</td><td>BC용, B-8 이상 또는
ABC용, B-10 이상</td></tr>
<tr><th colspan="4">보호장비</th></tr>
<tr><td colspan="4">독성 가스 종류에 따른 방독면, 고무장갑, 고무장화 그 밖의 보호구 재해발생방지를 위한 응급조치에 필요한 제독제, 자재, 공구 등을 비치하고 매월 1회 점검하여 항상 정상적인 상태로 유지</td></tr>
</table>

(6) 운반 독성 가스 양에 따른 소석회 보유량(KGS Gc 207)

<table>
<tr><th rowspan="2">품 명</th><th colspan="2">운반하는 독성 가스 양, 액화가스 질량 1000kg</th><th rowspan="2">적용 독성 가스</th></tr>
<tr><th>미만의 경우</th><th>이상의 경우</th></tr>
<tr><td>소석회</td><td>20kg 이상</td><td>40kg 이상</td><td>염소, 염화수소, 포스겐, 아황산가스 등 효과가 있는 액화가스에 적용</td></tr>
</table>

(7) 차량 고정탱크에 휴대해야 하는 안전운행 서류

① 고압가스 이동계획서
② 관련자격증
③ 운전면허증
④ 탱크테이블(용량 환산표)
⑤ 차량 운행일지
⑥ 차량등록증

(8) 차량 고정탱크(탱크로리) 운반기준

항 목	내 용
두 개 이상의 탱크를 동일차량에 운반 시	① 탱크마다 주밸브 설치 ② 탱크 상호 탱크와 차량 고정부착 조치 ③ 충전관에 안전밸브, 압력계 긴급탈압밸브 설치

항 목	내 용
LPG를 제외한 가연성 산소	18000L 이상 운반금지
NH_3를 제외한 독성	12000L 이상 운반금지
액면요동방지를 위해 하는 조치	방파판 설치
차량의 뒷범퍼와 이격거리	① 후부취출식 탱크(주밸브가 탱크 뒤쪽에 있는 것) : 40cm 이상 이격 ② 후부취출식 이외의 탱크 : 30cm 이상 이격 ③ 조작상자(공구 등 기타 필요한 것을 넣는 상자) : 20cm 이상 이격
기타	돌출 부속품에 대한 보호장치를 하고, 밸브콕 등에 개폐표시방향을 할 것
참고사항	LPG 차량 고정탱크(탱크로리)에 가스를 이입할 수 있도록 설치되는 로딩암을 건축물 내부에 설치 시 통풍을 양호하게 하기 위하여 환기구를 설치, 이때 환기구 면적의 합계는 바닥면적의 6% 이상

(9) 차량 고정탱크 및 용기에 의한 운반 시 주차 시의 기준(KGS Gc 206)

구 분	내 용
주차장소	① 1종 보호시설에서 15m 이상 떨어진 곳 ② 2종 보호시설이 밀집되어 있는 지역으로 육교 및 고가차도 아래는 피할 것 ③ 교통량이 적고 부근에 화기가 없는 안전하고 지반이 좋은 장소
비탈길 주차 시	주차 Break를 확실하게 걸고 차바퀴에 차바퀴 고정목으로 고정
차량운전자, 운반책임자가 차량에서 이탈한 경우	항상 눈에 띄는 장소에 있도록 한다.
기타 사항	① 장시간 운행으로 가스온도가 상승되지 않도록 한다. ② 40℃ 초과 우려 시 급유소를 이용, 탱크에 물을 뿌려 냉각한다. ③ 노상주차 시 직사광선을 피하고 그늘에 주차하거나 탱크에 덮개를 씌운다(단, 초저온, 저온탱크는 그러하지 아니 하다). ④ 고속도로 운행 시 규정속도를 준수, 커브길에서는 신중하게 운전한다. ⑤ 200km 이상 운행 시 중간에 충분한 휴식을 한다. ⑥ 운반책임자의 자격을 가진 운전자는 운반도중 응급조치에 대한 긴급지원 요청을 위하여 주변의 제조 · 저장 판매 수입업자, 경찰서, 소방서의 위치를 파악한다. ⑦ 차량 고정탱크로 고압가스 운반 시 고압가스에 대한 주의사항을 기재한 서면을 운반책임자 운전자에게 교부하고 운반 중 휴대시킨다.

4 가스시설 전기방식기준(KGS Gc 202)

(1) 전기방식 조치대상시설 및 제외대상시설

조치대상시설	제외대상시설
고압가스의 특정 · 일반 제조사업자, 충전사업자, 저장소 설치자 및 특정고압가스사용자의 시설 중 지중, 수중에서 설치하는 강제 배관 및 저장탱크(액화석유가스 도시가스시설 동일)	① 가정용 시설 ② 기간을 임시 정하여 임시로 사용하기 위한 가스시설 ③ PE(폴리에틸렌관)

(2) 전기방식

<table>
<tr><th colspan="4">측정 및 점검주기</th></tr>
<tr><td>관대지 전위</td><td>외부전원법에 따른 외부전원점, 관대지 전위, 정류기 출력전압, 전류, 배선 접속, 계기류 확인</td><td>배류법에 따른 배류점, 관대지 전위, 배류기 출력전압, 전류, 배선 접속, 계기류 확인</td><td>절연부속품, 역전류 방지장치, 결선보호 절연체 효과</td></tr>
<tr><td>1년 1회 이상</td><td>3개월 1회 이상</td><td>3개월 1회 이상</td><td>6개월 1회 이상</td></tr>
<tr><td colspan="4">전기방식조치를 한 전체 배관망에 대하여 2년 1회 이상 관대지 등의 전위를 측정</td></tr>
<tr><th colspan="4">전위 측정용(터미널(T/B)) 시공방법</th></tr>
<tr><td colspan="2">외부전원법</td><td colspan="2">희생양극법, 배류법</td></tr>
<tr><td colspan="2">500m 간격</td><td colspan="2">300m 간격</td></tr>
</table>

<table>
<tr><th colspan="3">전기방식기준</th></tr>
<tr><td>고압가스</td><td>액화석유가스</td><td>도시가스</td></tr>
<tr><th colspan="3">포화황산동기준 전극</th></tr>
<tr><td>-5V 이상 -0.85V 이하</td><td>-0.85V 이하</td><td>-0.85V 이하</td></tr>
<tr><th colspan="3">황산염 환원박테리아가 번식하는 토양</th></tr>
<tr><td>-0.95V 이하</td><td>-0.95V 이하</td><td>-0.95V 이하</td></tr>
</table>

5 고압가스(Gc 211), 액화석유가스(Gc 231), 도시가스(Gc 251), 안전성 평가기준

(1) 안전성 평가 관련 전문가의 구성팀

① 안전성 평가전문가

② 설계전문가

③ 공정전문가 1인 이상 참여

(2) 위험성 평가방법의 분류

<table>
<tr><th>구 분</th><th>해당 기법</th><th>정 의</th></tr>
<tr><td rowspan="4">정량적</td><td>FTA(결함수분석기법)</td><td>사고를 일으키는 장치의 이상이나 운전자의 실수의 조합을 연역적으로 분석하는 기법</td></tr>
<tr><td>ETA(사건수분석기법)</td><td>초기사건으로 알려진 특정한 장치의 이상이나 운전자의 실수로부터 발생되는 잠재적 사고결과를 평가하는 기법</td></tr>
<tr><td>CCA(원인결과분석기법)</td><td>잠재된 사고의 결과와 사고의 근본원인을 찾아내고 결과와 원인의 상호관계를 예측 평가하는 기법</td></tr>
<tr><td>HEA(작업자분석기법)</td><td>설비 운전원 정비보수와 기술자 등의 작업에 영향을 미칠 요소를 평가, 그 실무의 원인을 파악 추적하여 실수의 상대적 순위를 결정하는 평가기법</td></tr>
<tr><td rowspan="3">정성적</td><td>체크리스트</td><td>공정 및 설비의 오류, 결함, 위험상황 등을 목록화한 형태로 작성, 경험을 비교함으로써 위험성을 평가하는 기법</td></tr>
<tr><td>위험과 운전분석(HAZOP)</td><td>공정에 존재하는 위험요소들과 공정의 효율을 떨어뜨릴 수 있는 운전상의 문제점을 찾아내 원인을 제거하는 평가기법</td></tr>
<tr><td>상대위험순위 결정</td><td>설비에 존재하는 위험순위에 대하여 수치적으로 상대위험순위를 지표화하여 그 피해 정도를 나타내는 평가기법</td></tr>
<tr><td colspan="3">그 이외에 사고예방질문분석(What-if), FMECA(이상위험도분석) 등이 있음.</td></tr>
</table>

6 액화석유가스 안전관리법과 도시가스 안전관리법의 배관이음매, 호스이음매(용접 제외), 가스계량기와 전기계량기, 개폐기, 전기점멸기, 전기접속기, 절연조치를 한 전선, 절연조치를 하지 않은 전선, 단열조치를 하지 않은 굴뚝 등과 이격거리

<table>
<tr><th colspan="2">항 목</th><th>간추린 세부 핵심내용</th></tr>
<tr><td colspan="2">전기계량기
전기개폐기</td><td>법규 구분, 배관이음매, 가스계량기
구분 없이 모두 60cm 이상</td></tr>
<tr><td rowspan="2">전기점멸기
전기접속기</td><td>LPG, 도시가스 사용시설의 배관이음매,
호스이음매(용접이음매 제외)</td><td>15cm 이상</td></tr>
<tr><td>그 이외의 시설
① LPG, 도시가스 공급시설
② LPG 사용시설의 가스계량기, 배관이음매
③ 도시가스 사용시설의 가스계량기</td><td>30cm 이상</td></tr>
<tr><td colspan="2">절연조치 한 전선</td><td>가스계량기와 이격거리는 규정이 없으며,
배관이음매와는 법규 구분 없이 10cm 이상</td></tr>
<tr><td rowspan="2">절연조치 하지
않은 전선</td><td>LPG 공급시설의 배관이음매</td><td>30cm 이상</td></tr>
<tr><td>그 이외의 시설
① 도시가스 공급시설의 배관이음매
② LPG, 도시가스 사용시설의 배관이음매 가스계량기</td><td>15cm 이상</td></tr>
<tr><td rowspan="5">단열조치 하지
않은 굴뚝</td><td>LPG, 도시가스 공급시설</td><td rowspan="3">30cm 이상</td></tr>
<tr><td>LPG 사용시설 가스계량기</td></tr>
<tr><td>도시가스 사용시설 가스계량기</td></tr>
<tr><td>LPG 사용시설 배관이음매,
호스이음매</td><td rowspan="2">15cm 이상</td></tr>
<tr><td>도시가스 사용시설 배관이음매,
호스이음매</td></tr>
</table>

출/제/예/상/문/제

01 다음 중 가스사고 통계분석의 목적에 가장 거리가 먼 항목은?

① 정확한 사고의 원인 및 경향분석
② 동일사고의 재발방지
③ 가스안전의 정책 · 기술적 문제점 도출로 대응책 강구
④ 통계분석을 통한 자료확보

해설
④ 대응책 강구에 필요한 기초 자료 제공 등

02 다음 가스사고 조사에 대한 정의와 관계가 없는 항목은?

① 사고 관련 물품에 대하여 과학적으로 실점, 증명, 감정 등도 사고조사의 항목이다.
② 사고원인 발생경위 전개과정을 특정인으로부터 사실관계를 확인 판단한다.
③ 관계자 등에 대한 것을 자료수집 등의 조치를 행하는 것이다.
④ 피해조사는 관련 기간의 조사자료를 활용한다.

해설
② 전개과정을 객관적 사실관계를 확인 판단한다.

03 가스의 누출 · 누출로 인한 폭발 화재사고 또는 가스제품의 결함에 의하여 발생한 사고란?

① 폭발사고
② 가스사건으로 분류된 사고
③ 화재사고
④ 가스사고

04 다음 설명하는 사람들은 가스사고 분석 시 어떠한 용어에 해당되는가?

> 공급자, 가스시설 관리자, 사고 유발자, 발견자, 통보자, 최초 응급조치자 및 기타 참고인

① 안전관리 총괄자 ② 시설관리자
③ 가스사고 관계자 ④ 가스사고 관련자

05 가스사고가 발생하여 한국가스안전공사 및 관계자 등에 의하여 응급조치 및 조사 활동이 벌어지고 있는 장소를 가리키는 용어는?

① 사고장소 ② 사고지역
③ 사고현장 ④ 사고구역

06 다음 중 가스사건 중 단순 누출에 의한 내용이 아닌 것은?

① 사업자, 공급자, 사용자들이 자체안전점검으로 인한 경미한 가스누출
② 플랜지, 볼트 이완에 의한 가스누출
③ 밸브 연소기 오조작으로 인한 가스누출
④ 가스시설 용기 가스용품 등의 시설기준 미비 제품불량

해설
가스사건의 종류
㉠ 단순누출 : 인적 · 물적 피해를 수반하지 않는 경미한 누출로서 ①, ②, ③항 이외에 압력조정기, 가스계량기 등의 결합 불량에 의한 경미한 누출 등이 있다.
㉡ 고의사고 : 방화 자해, 가해, 고의, 흡입 등의 원인에 의하여 발생한 것
㉢ 자연재해사고 : 집중호우, 태풍, 산사태, 눈사태, 지진 등에 의하여 발생된 것
㉣ 과열사건 : 가스레인지 연소기 등 가스 사용 과정에서 취급자 · 부주의 등으로 과열발생 및 과열에 의해 인화되어 화재가 발생한 것
㉤ 교통에 의한 사건 : 가스운반 수송차량의 운행 중 전복, 추돌에 의한 고압가스 안전관리법에서 규정하는 가스 관련 설비 · 관련 시설의 손상으로 인하여 누출이 발생한 사건

정답 01.④ 02.② 03.④ 04.③ 05.③ 06.④

07 가스사고의 형태별 분류 시 연소가스 및 독성 가스에 의하여 인적피해가 발생한 사고에 해당하는 것은?

① 질식사고
② 폭발 및 연소사고
③ 산소결핍사고
④ 중독사고

사고의 형태별 분류
㉠ 누출사고 : 가스가 단순 누출만 된 사고
㉡ 폭발사고 : 누출된 가스가 발화하여 폭발 및 화재가 발생한 사고
㉢ 화재사고 : 누출된 사고가 발화하여 화재가 발생 하였으나 폭발, 파열은 일어나지 않는 사고
㉣ 파열사고 : 가스시설 · 용기 · 용품 특정설비 등이 물리 · 화학적 현상에 의하여 파괴되는 사고
㉤ 질식(산소결핍)사고 : 가스시설 등에서 산소 부족으로 인적 피해가 발생한 것
그 외에 중독사고가 있음

08 사고의 피해등급별 분류 시 1급 사고에 해당하는 사망자의 인원수는?

① 10인 이상 ② 8인 이상
③ 5인 이상 ④ 1인 이상

피해 등급별 사고의 분류

구 분	내 용
1급 사고	• 사망자 : 5인 이상 • 사망 및 중상자 : 10인 이상 • 재산 피해 : 5억원 이상
2급 사고	• 사망자 : 1인 이상 4인 이하 • 중상자 : 2인 이상 9인 이하 • 재산 피해 : 1억원 이상
3급 사고	1급 · 2급 사고 이외의 인적 재산 피해가 발생한 사고
4급 사고	가스누출로 인한 인적 · 물적 피해가 없는 것으로 공급이 중단된 경우와 가스시설 가동중단으로 인하여 간접적인 경제적 손실을 수반한 경우 또는 다수인에게 심리적 불안을 초래한 경우

09 가스사고 발생으로 인하여 발생된 사망자란 사고 발생으로부터 몇 일 이내 사망한 자를 말하는가?

① 1일 ② 2일
③ 3일 ④ 5일

㉠ 사망자 : 가스사고로 인하여 사고현장에서 사망하거나 72시간(3일) 이내에 사망한 자
㉡ 중상자 : 가스사고로 인한 3주 이상 의사로부터 치료를 요하는 소견을 받은 자
㉢ 경상자 : 사망자 및 중상자 이외의 자(단, 치료 후 즉시 귀가조치 되어 자가치료 가능자는 제외)

10 과대조리기구 사용으로 가장 많은 가스사고가 일어날 수 있는 연소기의 종류는?

① 가스보일러
② 가스레인지
③ 순간온수기
④ 이동식 부탄연소기

해설

이동식 부탄연소기 사용 시 주의점
㉠ 과대조리기구 사용 금지
㉡ 알루미늄호일을 감아 사용하는 행위 금지

11 가스보일러의 기구에서 급기 · 배기통의 이음부분 누설 시 보일러 가동으로 예상되는 사고 중 가장 적당한 것은?

① 배기가스 배기 불량으로 인한 질식
② 연소효율 불량
③ 보일러 수명 단축
④ 연료비 절감

12 다음 중 도시가스 사용 보일러에 의한 사고를 미연에 방지하기 위한 대책과 가장 거리가 먼 것은?

① 사용자가 수시로 배기통 접속부 등을 점검 이상 발견 시 관계자에게 연락 조치 후 사용할 수 있는 안전의식 고취
② 공급자는 사용자에게 주기적으로 안전의식에 대한 홍보
③ 이상 시 새로운 제품으로 수시 교체
④ 도시가스사 안전점검 시 사용자에게 주의사항을 수시로 주의

정답 07.④ 08.③ 09.③ 10.④ 11.① 12.③

13 LPG 집단공급의 저장탱크 점검 시 다음과 같은 문제점이 발생하였다. 이 문제에 대한 대책과 가장 관계가 먼 것은?

> ㉠ 저장탱크 내 잔류가스 치환작업 시 기준 위반
> ㉡ 강제배기장치의 전기설비 방폭구조의 설비 미사용
> ㉢ 방출구 덕트 기계실 내부 바닥에 설치

① 잔류가스 치환 시 규정준수
② 잔류가스 대기 방출 시 폭발하한의 $\frac{1}{3}$ 이하의 농도로 방출
③ 방출가스 전기시설은 방폭구조의 것 사용
④ 저장탱크 누설 유무 운전상태 실시간으로 점검 및 관리

14 LPG 탱크로리에서 저장탱크로 액가스 이송 시 다음과 같은 문제점이 발생 시 필요한 대책과 가장 관계가 먼 항목은?

> ㉠ 가스 이송 시 운반책임자가 이·충전 작업 실시
> ㉡ 저장탱크 충전 시 실수하여 과충전
> ㉢ 안전관리자 작업장 내 미상주

① 가스 이송 시 안전관리자 입회하에 이송작업 실시
② 과충전 시 경보장치 등 안전장치 설치
③ 저장탱크별로 이송 배관의 로딩암 설치
④ 충전설비 중 C_3H_8, C_4H_{10} 액라인 배관에 바이패스관을 설치하여 혼합충전 실시

15 LP가스 사용에 대한 다음 문제점이 도출, 이에 대한 대책항목과 거리가 먼 것은?

> ㉠ LP가스를 사용하는 열처리로 시설 변경 후 기술 검토를 받지 않았음
> ㉡ LPG 탱크로리에서 기화기를 통하여 열처리로에 연결·설치하여 운전
> ㉢ 기화기 후단 미검 가스용품의 사용
> ㉣ 기화기 후단 액유출방지장치 작동 불량

① LP가스 사용 시 법규 준수 및 허가 후 사용
② 가스용품 검사품 사용
③ 사고 미연방지를 위하여 안전관리자 추가 증원
④ 기화기 검사 시 안전밸브·액유출 방지장치 등의 작동검사 실시

16 도시가스 공급시설에서 발생한 문제점으로 적당한 대책이 아닌 항목은?

> ㉠ 사고 발생 시 보고 지연
> ㉡ 가스누출 배관에 배관 천공 가스백 설치 시 안전조치 미흡

① 가스사고 시 즉시 보고체계 강화
② 위험작업 시 안전수칙 준수
③ 안전관리 규정 이행실태 관계기관 확인 철저
④ 천공 및 가스백 설치 작업 시 외부인을 철저히 통제하기 위하여 밀폐공간에서 작업 실시

17 도시가스 배관에 기존 배관 가스차단을 위하여 가스백을 배관 내에 삽입하는 순간 가스가 누출 원인불명의 점화원으로 화재가 발생 시 대책사항으로 올바르지 않은 것은 어느 것인가?

① 배관연결 시 천공작업 실시할 때 환풍장치를 가동하여 실시한다.
② 가스치환을 위하여 산소를 주입한다.
③ 배관연결 시 천공 전 기존 배관과 신설관을 전선 등으로 본딩할 것을 계도한다.
④ 주기적으로 사고예방에 대한 교육홍보를 강화한다.

정답 13.② 14.④ 15.③ 16.④ 17.②

18 다음 도시가스 배관에 발생한 사고내용을 참고로 하여 대책사항으로 올바르지 않은 것은?

> 기존 PLP 400mm관과 새로이 250mm가스용 폴리에틸렌관을 연결 시 가스백을 기존 배관에 설치, 기존 배관 끝의 캡을 절단 후 배관연결을 위한 최초의 용접작업(가접)을 하던 중 원인불명의 가스백이 터지면서 가스 누출화재가 발생한 사고이다.

① 가스백 작업 시 SMS(가스공정안전)상 위험작업 절차서 등을 준수 시 공차에 대한 관리 감독 철저
② 분기작업 중 아차사고 근무자 실수에 의한 사고를 예방하기 위한 인력관리 철저
③ 천공작업 시 사용되는 드릴 등 전기설비는 방폭형 사용
④ 전기접속기 등은 분기장소로부터 0.5m 이격

19 고압수소 카트리지 충전 시 발생된 문제점을 보고 대책사항이 아닌 것은?

> ㉠ 안전관리 규정 미준수
> ㉡ 안전관리자가 아닌 외부 인력이 충전호스 결합
> ㉢ 가스충전 시 관계충전자 이외의 외부 인력 상주

① 고압가스 충전은 안전관리자 및 안전관리자로부터 충전교육을 8시간 이상 받은 자가 충전작업 실시
② 충전 시 안전관리자 상주
③ 충전 시 외부 인력이 상주하지 않도록 인력 통제 철저
④ 안전관리자는 시설 안전 및 규정준수 및 결합부 손상여부 등 시설의 철저한 점검 후 충전작업 실시

20 위험장소 0종에만 사용되는 방폭구조의 종류는?

① 내압방폭구조
② 안전증방폭구조
③ 유입방폭구조
④ 본질안전방폭구조

정답 18.④ 19.① 20.④

출/제/예/상/문/제

법령

01 고압가스 대형사고 예방을 위하여 낡은 고압가스 제조시설의 가동을 중지한 상태에서 가스안전관리 전문기관이 정기적으로 첨단장비기술을 이용, 잠재된 위험 요소원인을 찾아내고 제거하는 방법이란?

① 정밀가스 안전점검
② 정밀안전검진
③ 정밀사고예방검진
④ 기술안전검진

해설

고압가스 제조자는 4년의 범위 내에 해당 노후 시설에 대하여 정밀안전검진을 실시한다.

참고 1. 고압가스 안전관리의 목적 : 위해 예방, 공공의 안전 확보
2. 저장소 : 일정량 이상의 가스를 용기나 저장탱크로 저장하는 장소
3. 저장탱크 : 고정 설치된 것
4. 용기 : 이동 가능한 것
5. 특정설비 : 저장탱크+고압가스 관련 설비
6. 냉동기 : 산업통상자원부령 냉동능력 이상인 것

02 고압가스 제조 허가 또는 신고를 받은 관청이 그 사항을 관할 소방서장에게 며칠 이내에 알려야 하는가?

① 3일 ② 6일
③ 7일 ④ 10일

03 고압가스 안전관리법에 따른 안전관리자가 해임, 퇴직한 날로부터 며칠 이내에 다른 안전관리자를 선임하여야 하는가?

① 5일 ② 10일
③ 15일 ④ 30일

04 다음 중 용기의 재검사 대상의 사항에 해당되지 않는 것은?

① 산업통산자원부령으로 정하는 기간이 경과된 용기
② 손상, 합격표시가 훼손된 용기
③ 용기 도색이 탈색된 용기
④ 충전가스 종류가 변경된 용기

시행령

05 고압가스 종류 및 범위에 해당하지 않는 항목은?

① 상용온도 35℃에서 1MPa(g) 이상 압축가스
② 0℃에서 0Pa(g) 이상 아세틸렌가스
③ 상용 또는 35℃에서 0Pa을 초과하는 액화가스 중 액화시안화수소, 액화브롬화메탄, 액화산화에틸렌
④ 상용온도에서 0.2MPa(g) 이상 액화가스로서 실제 그 압력이 0.2MPa(g) 이상되는 것

15℃의 온도에서 0Pa을 초과하는 아세틸렌가스

06 다음 중 고압가스 제조 중 고압가스 충전에 해당되지 않는 것은?

① 가연성 가스의 충전
② 독성 가스의 충전
③ 가연성, 독성 이외의 충전으로 1일 처리능력 $10m^3$ 이상
④ 가연성 가스 중 액화석유가스, 천연가스의 충전

정답 01.② 02.③ 03.④ 04.③ 05.② 06.④

해설

고압가스 제조허가 등의 종류 및 기준
(1) 고압가스 특정제조
산업통산자원부령으로 정하는 시설에서 압축·액화 또는 그 밖의 방법으로 고압가스를 제조(용기 또는 차량에 고정된 탱크에 충전하는 것을 포함한다)하는 것으로서 그 저장능력 또는 처리능력이 산업통상자원부령으로 정하는 규모 이상의 것
(2) 고압가스 일반제조
고압가스 제조로서 고압가스 특정제조에 따른 고압가스 특정제조의 범위에 해당하지 아니하는 것
(3) 고압가스 충전
용기 또는 차량에 고정된 탱크에 고압가스를 충전할 수 있는 설비로 고압가스를 충전하는 것으로서 다음 각 목의 어느 하나에 해당되는 것. 다만, 고압가스 특정제조 또는 고압가스 일반제조의 범위에 해당하는 것은 제외한다.
㉠ 가연성 가스(액화석유가스와 천연가스는 제외한다) 및 독성 가스의 충전
㉡ ㉠목 외의 고압가스(액화석유가스와 천연가스는 제외한다)의 충전으로서 1일 처리능력이 10세제곱미터 이상이고 저장능력이 3톤 이상인 것
(4) 냉동제조
1일의 냉동능력(이하 "냉동능력"이라 한다)이 20톤 이상(가연성 가스 또는 독성 가스 외의 고압가스를 냉매로 사용하는 것으로서 산업용 및 냉동·냉장용인 경우에는 50톤 이상, 건축물의 냉·난방용인 경우에는 100톤 이상)인 설비를 사용하여 냉동을 하는 과정에서 압축 또는 액화의 방법으로 고압가스가 생성되게 하는 것

07 냉동으로 압축 액화 그 밖의 방법으로 고압가스가 생성되게 하는 냉동제조의 항목이 아닌 것은?

① 냉동능력 20톤 이상인 설비
② 산업용인 경우 냉동능력 50톤 이상
③ 냉동, 냉장용인 경우 50톤 이상
④ 건축물의 냉·난방용인 경우 200톤 이상

해설

④ 건축물의 냉·난방용인 경우 20톤 이상 100톤 미만

참고 고압가스 제조허가가 아닌 신고의 대상
1. 고압가스 충전
용기 또는 차량에 고정된 탱크에 고압가스를 충전할 수 있는 설비로 고압가스(가연성 가스 및 독성 가스는 제외한다)를 충전하는 것으로서 1일 처리능력이 10세제곱미터 미만이거나 저장능력 3톤 미만인 것
2. 냉동제조
냉동능력이 3톤 이상 20톤 미만(가연성 가스 또는 독성 가스 외의 고압가스를 냉매로 사용하는 것으로서 산업용 및 냉동·냉장용인 경우에는 20톤 이상 50톤 미만, 건축물의 냉·난방용인 경우에는 20톤 이상 100톤 미만)인 설비를 사용하여 냉동을 하는 과정에서 압축 또는 액화의 방법으로 공압가스가 생성되게 하는 것. 다만, 다음 각 목의 어느 하나에 해당하는 자가 그 허가 받은 내용에 따라 냉동제조를 하는 것은 제외한다.
• 고압가스 특정제조, 고압가스 일반제조 또는 고압가스 저장소 설치의 허가를 받은 자
• 「도시가스사업법」에 따른 도시가스사업의 허가를 받은 자

08 다음 중 고압가스 운반자의 등록 대상이 아닌 항목은?

① 허용농도가 100만분의 5000 이하인 독성 가스를 운반하는 차량
② 차량에 고정된 탱크로 고압가스를 운반하는 차량
③ 차량에 고정된 2개 이상을 이음매 없이 연결한 용기로 고압가스를 운반하는 차량
④ 산업통상자원부령으로 정하는 탱크 컨테이너로 고압가스를 운반하는 차량

해설

① 허용농도가 100만분의 200 이하인 독성 가스를 운반하는 차량

09 다음 중 대통령령으로 정하는 사업자(종합적 안전관리 대상자)에 해당하지 않는 것은 어느 것인가?

① 석유정제사업자 시설 저장능력 50톤 이상
② 석유화학공업자 시설 1일 처리능력 $10000m^3$ 이상
③ 석유화학공업자 시설 또는 지원사업을 하는 고압가스 시설 1일 처리능력 $10000m^3$ 이상 저장능력 100톤 이상
④ 비료생산업자 고압시설 1일 처리능력 $10000m^3$ 이상 저장능력 100톤 이상인 시설

정답 07.④ 08.① 09.①

해설

① 석유정제사업자 시설 저장능력 100톤 이상

10 다음 중 안정성 향상계획의 내용에 포함되어야 하는 사항이 아닌 것은?

① 공정안전자료
② 안전성 평가서
③ 비상조치계획
④ 설비이력 목록

해설

①, ②, ③항 이외에 안전운전계획 등이 있음

11 다음 중 특정고압가스가 아닌 항목은?

① 포스핀　② 셀렌화수소
③ 시안화수소　④ 게르만

12 다음 중 사용신고 대상가스가 아닌 것은?

① 산소　② 액화암모니아
③ 액화염소　④ 산화에틸렌

해설

사용신고 대상가스 : 수소, 산소, 액화암모니아, 아세틸렌, 액화염소, 천연가스, 압축 모노실란, 압축 디보레인, 액화알진 및 특정 고압가스

참고 1. 특정 고압가스의 종류
포스핀, 셀렌화수소, 게르만, 디실란, 오불화비소, 오불화인, 삼불화인, 삼불화질소, 삼불화붕소, 사불화유황, 사불화규소
2. 특수 고압가스의 종류
포스핀, 세렌화수소, 게르만, 디실란, 압축 모노실란, 압축 디보레인, 액화알진
※ 특정 고압가스이면서 특수 고압가스가 되는 가스(포스핀, 셀렌화수소, 게르만, 디실란)

13 다음 중 적용 범위에서 제외되는 고압가스가 아닌 것은?

① 원자력법의 적용을 받는 원자로 및 부속설비 안의 고압가스
② 오토클레이브 안의 수소, 아세틸렌 및 염화비닐
③ 등화용의 아세틸렌가스
④ 청량음료수, 과실주 또는 발포성 주류에 혼합되는 고압가스

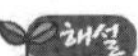

적용범위 제외 가스
㉠ 에너지이용 합리화법의 적용 보일러 및 그 안의 고압가스
㉡ 철도차량 에어컨디셔너의 고압가스 등
㉢ 오토클레이브 안의 고압가스(단, 수소, 아세틸렌, 염화수소는 제외)

14 다음 고압가스시설의 안전관리원의 명수로 틀린 항목은?

① 고압가스 특정 제조시설 : 2명 이상
② 고압가스 일반 제조충전시설(저장능력 500톤 초과, 처리능력 2400m^3/h 초과) : 2명 이상
③ 고압가스 일반 제조충전시설(저장능력 100톤 초과 500톤 이하, 처리능력 480m^3/h 초과 2400m^3/h 이하) (단, 자동차의 연료로 사용되는 특정 고압가스를 충전하는 시설 : 1명 이상 그 외는 : 2명 이상)
④ 고압가스 일반 제조충전시설(저장능력 100톤 이하, 처리능력 480m^3/h 이하) (자동차의 연료로 사용되는 특정 고압가스를 충전하는 시설의 경우 : 1명 이상)

해설

자동차의 연료로 사용되는 특정 고압가스를 충전하는 시설이 아닌 경우 : 1명 이상, 시설인 경우 안전관리원 없음

참고 고압가스 저장시설 안전관리원
1. 100톤 초과(저장능력 10000m^3/h 초과) : 2명 이상
2. 30톤 초과 100톤 이하(저장능력 3000m^3/h 초과 10000m^3/h 이하) : 1명 이상
3. 30톤 이하(3000m^3/h 이하) : 1명 이상

시행규칙

15 특정 고압가스이면서 특수 고압가스에 해당되지 않는 가스는?

① 포스핀　② 세렌화수소
③ 게르만　④ 액화알진

해설

①, ②, ③항 이외에 디실란이 해당된다.

정답 10.④ 11.③ 12.④ 13.② 14.④ 15.④

16 산업통상자원부령으로 정하는 일정 양의 기준이 아닌 것은?

① 액화가스 5톤
② 허용농도 200ppm 이하 독성은 1톤
③ 압축가스 $500m^3$
④ 독성 압축가스 $100m^3$

해설

㉠ 200ppm 이하 독성 : 액화 100kg, 압축 $10m^3$
㉡ 그 밖의 독성 : 액화 1톤, 압축 $100m^3$

17 산업통상자원부령의 고압가스 관련 설비가 아닌 항목을 모두 고른 것은?

> ㉠ 안전밸브 · 긴급차단장치 · 역화방지장치
> ㉡ 기화장치
> ㉢ 압력용기
> ㉣ 자동차용 가스 자동주입기
> ㉤ 독성 가스 배관용 밸브
> ㉥ 휴즈콕 · 상자콕
> ㉦ 냉동용 특정설비
> ㉧ 역류방지밸브 · 조정기
> ㉨ 특정 고압가스용 실린더 캐비닛
> ㉩ 처리능력 $18.5m^3/h$ 이상 자동차용 CNG 완속충전설비
> ㉪ LPG 용기 잔류가스 회수 장치

① ㉠, ㉡, ㉩ ② ㉠, ㉥, ㉩
③ ㉥, ㉧, ㉩ ④ ㉥, ㉧, ㉪

해설

$118.5m^3/h$ 미만 자동차용 CNG 완속 충전설비가 해당

18 다음 [보기]에서 설명하는 공사의 공정은 무엇을 의미하는가?

> ㉠ 가스설비 또는 배관의 설치가 완료되어 기밀시험 또는 내압시험을 할 수 있는 상태의 공정
> ㉡ 저장탱크를 지하에 매설하기 직전의 공정
> ㉢ 배관을 지하에 설치하는 경우 한국가스 안전공사가 지정하는 부분을 매몰하기 직전의 공정
> ㉣ 한국가스 안전공사가 지정하는 부분의 비파괴시험을 하는 공정
> ㉤ 방호벽 또는 저장탱크의 기초설치 공정
> ㉥ 내진설계 대상 설비의 기초설치 공정

① 완공 직전 중간검사를 받아야 하는 공정
② 완공 후 완성검사를 받아야 하는 공정
③ 정기적으로 정기검사를 받아야 하는 공정
④ 변경 공사 시 완성검사를 받아야 하는 공정

19 다음 중 특정 고압가스를 사용 시 사용신고를 하지 않아도 되는 경우는?

① 저장능력 250kg(압축인 경우 $50m^3$) 이상 저장설비를 갖추고 특정 고압가스를 사용하려는 자
② 배관으로 특정 고압가스를 공급받아 사용하려는 자
③ 자동차 연료용으로 특정 고압가스를 공급받아 사용하려는 자
④ 액화염소, 액화암모니아를 시험용으로 사용하려는 자

해설

시험용으로 사용 시 신고대상 제외
배관으로 특정 고압가스 사용 시 천연가스를 사용 시는 신고대상에서 제외

20 한국가스안전공사가 실시하는 검사업무에 종사할 검사원의 자격으로 부적당한 경우는?

① 가스 관계 법령의 안전관리자의 자격증을 가진 자 중 국가기술자격법에 의한 자격취득자
② 이공계 대학 또는 이공계 전문대학(기계, 화학, 금속 또는 안전관리 분야 학과) 졸업 후 1년 이상 가스안전관리 업무종사자
③ 공업고등학교 졸업자는 2년 이상, 공업고등학교 외 졸업자는 3년 이상 가스안전관리 업무에 종사한 경력이 있는 자

정답 16.② 17.③ 18.① 19.④ 20.②

④ 이공계 석사학위 취득자, 이공계 대학(화학, 기계, 금속, 안전관리분야 학과) 졸업자

해설

이공계 대학(기계, 금속, 화학, 안전관리 분야) 외의 학과 졸업자는 가스안전관리 분야 업무에 1년 이상 종사자

21 고압가스 저장능력 산정 시 액화가스와 압축가스가 섞여 있는 경우 액화가스 1000kg은 압축가스 몇 m^3으로 보는가?

① $100m^3$ ② $1000m^3$
③ $10000m^3$ ④ $100000m^3$

해설

압축가스 $1m^3$을 액화가스 10kg으로 산정

22 처리능력이 99만m^3 초과 독 · 가연성 설비의 1종과 2종 보호시설과 이격거리(m)는?

① 20m, 10m ② 30m, 20m
③ 40m, 30m ④ 50m, 40m

해설

구분	처리 및 저장능력 (m^3, kg)	1종 보호시설(m)	2종 보호시설(m)
독성 · 가연성 처리 저장 설비	1만 이하	17	12
	1만 초과 2만 이하 2만 초과 3만 이하 3만 초과 4만 이하 4만 초과 5만 이하	21 24 27 30	14 16 18 20
	5만 초과 99만 이하	30 (가연성 저온 저장탱크는 $\sqrt{x+10000c}$	20 (가연성 저온 저장탱크는 $\sqrt{x+10000}$
	99만 초과	30 (가연성 저온 저장탱크는 120m)	20 (가연성 저온 저장탱크는 80m)

23 다음 설명 중 틀린 항목은?

① 가연성 산소, 가스설비 저장설비는 화기와 우회거리는 8m 이상이다.
② 가연성 산소 이외 가스설비 저장설비는 화기와의 우회거리는 2m 이상이다.
③ 가연성 제조설비는 타 가연성 제조설비와 5m 이상 거리를 유지하여야 한다.
④ 가연성 제조설비와 산소제조설비와는 20m 이상을 유지하여야 한다.

24 고압가스 저장설비에서 내진설계로 시공하여야 할 탱크의 저장능력이 틀린 항목은?

① 가연성 5톤 이상의 저장탱크
② 독성 $500m^3$ 이상의 저장탱크
③ 비가연성 8톤 이상의 저장탱크
④ 비독성 $1000m^3$ 이상의 저장탱크

해설

③ 비가연성 10톤 이상의 저장탱크

참고 $5m^3$ 이상 가스를 저장하는 것에는 가스방출장치를 설치한다.

25 가연성 가스 저장탱크와 다른 가연성 가스 저장탱크 또는 산소 저장탱크 사이에는 두 저장탱크 최대지름을 더한 길이의 4분의 1 이상의 거리를 유지하는 등, 하나의 저장탱크에서 발생한 위해 요소가 다른 저장탱크로 전이되지 않도록, 저장탱크를 지하 또는 실내에 설치하는 경우에는 그 저장탱크 설치실 안에서의 가스폭발을 방지하기 위하여 필요한 조치를 하여야 한다. 이때 탱크의 저장 능력은?

① 1톤 $100m^3$ 이상 ② 2톤 $200m^3$ 이상
③ 3톤 $300m^3$ 이상 ④ 5톤 $500m^3$ 이상

해설

참고 저장탱크에는 그 저장탱크를 보호하기 위하여 부압파괴 방지조치, 과충전방지조치 등 필요한 조치를 한다.

26 가연성 가스 또는 독성 가스의 고압가스 설비 중 내용적이 몇 L 이상인 액화가스 저장탱크, 특수반응설비와 그 밖의 고압가스 설비로서 그 고압가스 설비에서 발생한 사고가 다른 가스설비에 영향을 미칠 우려가 있는 것에는 긴급할 때 가스를 효과적으로 차단할 수 있는 조치를 하고, 필요한 곳에는 역류방지밸브 및 역화방지장치 등 필요한 설비를 설치하여야 하는가?

① 1000L ② 2000L
③ 3000L ④ 5000L

정답 21.① 22.② 23.④ 24.③ 25.③ 26.④

27 폭발 등의 위해가 발생할 가능성이 큰 특수반응설비(암모니아 2차 개질로, 에틸렌 제조시설의 아세틸렌수첨탑, 산화에틸렌 제조시설의 에틸렌과 산소 또는 공기와의 반응기, 사이크로헥산 제조시설의 벤젠수첨반응기, 석유정제 시의 중유 직접 수첨탈황반응기 및 수소화분해반응기, 저밀도 폴리에틸렌중합기 또는 메탄올 합성반응탑에는 그 위해의 발생을 방지하기 위하여 조치하여야 하는 것은?

① 내부반응감시 설비 및 위험사태 발생 방지설비 설치
② 물분무 및 살수장치 설치
③ 방호벽 설치
④ 플레어스택 및 벤트스택 설치

28 다음은 고압가스 설비의 피해저감 설비 설치기준이다. 틀린 항목은?

① 압축기와 그 충전장소 사이, 압축기와 그 가스 충전용기 보관장소 사이, 충전장소와 그 가스 충전용기 보관장소 사이 및 충전장소와 그 충전용 주관밸브와 조작밸브 사이에는 가스폭발에 따른 충격에 견딜 수 있는 방호벽을 설치하고 그 한쪽에서 발생하는 위해요소가 다른 쪽으로 전이되는 것을 방지하기 위하여 필요한 조치를 할 것
② 독성 가스 제조시설에는 그 시설로부터 독성 가스가 누출될 경우 그 독성 가스로 인한 피해를 방지하기 위하여 필요한 조치를 할 것
③ 고압가스 제조시설에는 그 시설에서 이상사태가 발생하는 경우 확대를 방지하기 위하여 긴급이송설비, 벤트스택, 플레어스택 등 필요한 설비를 설치할 것
④ 가연성 가스 · 독성 가스 또는 산소 제조설비는 그 제조설비의 재해발생을 방지하기 위하여 제조설비가 위험한 상태가 되었을 경우에는 응급조치를 하기에 충분한 양의 산소와 그 밖에 불활성 가스 또는 스팀을 보유할 수 있는 설비를 갖출 것

해설

④ 응급조치를 하기에 충분한 양의 질소와 그 밖의 불활성 가스 또는 스팀을 보유할 수 있는 설비를 갖출 것

29 고압가스 특정 제조시설 안에 액화석유가스 충전시설이 동시에 설치되어 있는 경우 다음 기준에 부적당한 항목은?

① 지상에 설치된 저장탱크와 가스 충전장소 사이에는 방호벽을 설치할 것. 다만, 방호벽의 설치로 인하여 조업이 불가능할 정도로 특별한 사정이 있다고 시 · 도지사가 인정하거나, 그 저장탱크와 가스 충전장소 사이에 20m 이상의 거리를 유지한 경우에는 방호벽을 설치하지 않을 수 있다.
② 액화석유가스를 용기 또는 차량에 고정된 탱크에 충전하는 경우에는 연간 1만톤 이상의 범위에서 시 · 도지사가 정하는 액화석유가스 물량을 처리할 수 있는 규모일 것. 다만, 내용적 1리터 미만의 용기와 용기내장형 가스 난방기용 용기에 충전하는 시설의 경우에는 그러하지 아니하다.
③ 액화석유가스를 차량에 고정된 탱크 또는 용기에 공업용으로 충전할 경우 공기 중의 혼합비율 용량이 1천분의 1인 상태에서 감지할 수 있도록 냄새가 나는 물질을 섞어 충전할 수 있는 설비('부취제 혼합설비'라 한다)를 설치할 것
④ 액화석유가스를 용기 또는 차량에 고정된 탱크에 충전하는 때에는 그 용기 또는 차량에 고정된 탱크의 저장능력을 초과하지 않도록 충전할 것

해설

③ 공업용으로 충전 시 부취제 혼합설비를 설치하지 않는다.

정답 27.① 28.④ 29.③

①, ②, ④항 이외에
- 액화석유가스가 과충전된 경우 초과량을 회수할 수 있는 가스회수장치를 설치할 것
- 충전설비에는 충전기 · 잔량측정기 및 자동계량기를 갖출 것
- 용기 충전시설에는 용기 보수를 위하여 필요한 잔가스 제거장치 · 용기질량 측정기 · 밸브 탈착기 및 도색 설비를 갖출 것. 다만, 시 · 도지사의 인정을 받아 용기재검사 기관의 설비를 이용하는 경우에는 그러하지 아니하다.

30 고압가스 특정 제조시설의 기술기준에 대한 내용 중 틀린 것은?

① 용기보관장소 2m 이내 화기, 인화성, 발화성 물질을 두지 않을 것
② 충전용기(내용적 2L 이하인 것 제외)에는 넘어짐 등에 의한 충격 및 밸브의 손상을 방지하는 조치를 하고 난폭한 취급을 하지 않을 것
③ 가연성 용기 보관 장소에는 방폭형 휴대용 손전등 외 등화를 지니고 들어가지 않을 것
④ 밸브가 돌출한 용기(내용적 5L 이하인 것 제외)에는 고압가스를 충전 후 용기의 넘어짐 및 밸브의 손상을 방지하는 조치를 할 것

해설

④ 밸브가 돌출한 용기(내용적 5L 미만인 용기 제외) 밸브 손상방지 조치를 할 것

31 고압설비를 이음쇠로 접속 시 나사 게이지로 검사하여야 하는 상용압력의 값은?

① 10.5MPa ② 15MPa
③ 19.6MPa ④ 20MPa

32 압축가스 및 액화가스를 이음매 없는 용기에 충전 시 그 용기에 음향검사를 실시 음량이 불량한 용기는 내부 조명검사를 하여야 하는 용기에 해당하지 않는 것은?

① C_2H_2 ② NH_3
③ CO_2 ④ Cl_2

33 고압가스 특정 제조시설의 정밀안전검진 기준 항목이 아닌 것은?

① 안전관리 분야 ② 장치 분야
③ 특수선택 분야 ④ 일반 분야

해설

검진 분야	검진 항목
일반 분야	안전장치 관리실태, 공장안전관리 실태, 계측 및 방폭설비 유지 · 관리 실태
장치 분야	두께측정, 경도측정, 침탄측정, 내 · 외면 부식상태, 보온 · 보냉 상태
특수 · 선택 분야	음향방출시험, 열교환기의 튜브 건전성 검사, 노후설비의 성분 분석, 전기패널의 열화상 측정, 고온설비의 건전성

〈비고〉 위 검진분야 중 ㉢의 특수 · 선택 분야는 수요자가 원하거나 공공의 안전을 위해 산업통상자원부장관이 필요하다고 인정하는 경우에 실시한다.

고압가스 냉동제조의 시설 기술 검사기준

34 다음 중 냉동설비의 내진성능 확보를 위한 조치를 취하여야 할 경우에 해당되는 것은?

① 세로방향으로 설치한 동체길이 3m 이상인 원통형 응축기
② 가로방향으로 설치한 동체길이 5m 이상인 원통형 응축기
③ 내용적 5천L 이상 수액기
④ 내용적 3천L 이상 수액기

해설

냉매설비 중 내진성능 확보기준 설비
- 세로방향으로 설치한 동체 길이 5m 이상 원통형 응축기
- 내용적 5000L 이상 수액기

35 냉매설비에 관련 사항 중 틀린 것은?

① 독성 가스 및 공기보다 무거운 가연성 가스를 취급하는 제조시설 및 저장설비에는 가스가 누출될 경우 이를 신속히 검지하여 효과적으로 대응할 수 있도록 하기 위하여 필요한 조치를 마련할 것

정답 30.④ 31.③ 32.① 33.① 34.③ 35.④

② 가연성 가스(암모니아, 브롬화메탄 및 공기 중에서 자기발화하는 가스는 제외한다)의 가스설비 중 전기설비는 그 설치 장소 및 그 가스의 종류에 따라 적절한 방폭성능을 가지는 것일 것
③ 가연성 가스 또는 독성 가스를 냉매로 사용하는 냉매설비의 압축기 · 유분리기 · 응축기 및 수액기와 이들 사이의 배관을 설치한 곳에는 냉매가스가 누출될 경우 그 냉매가스가 체류하지 않도록 필요한 조치를 마련할 것
④ 냉매설비에는 긴급사태가 발생하는 것을 방지하기 위하여 긴급차단장치를 설치할 것

해설

④ 냉매설비에는 긴급사태가 발생하는 것을 방지하기 위하여 자동제어장치를 설치할 것

36 내용적 10000L 이상 수액기 주위에 액상의 가스가 누출된 경우 그 유출을 방지하는 조치를 하여야 할 경우 사용되는 가스는?

① 불활성 가스 ② 산소
③ 가연성 가스 ④ 독성 가스

고압가스 저장 · 사용의 시설 기술 검사기준

37 고압가스 저장시설의 저장설비가 유지하여야 하는 화기와의 우회거리로서 부적당한 항목은?

① 가연성의 저장설비 8m 이상
② 산소의 저장설비 8m 이상
③ 염소의 저장설비는 8m 이상
④ 암모니아의 저장설비 8m 이상

해설

저장시설의 저장설비와 화기와의 우회거리
㉠ 산소 및 가연성 : 8m 이상
㉡ 그 밖의 가스 : 2m 이상

38 고압가스 설비의 기초는 유해한 영향이 없도록 하며, 저장탱크의 받침대를 동일 기초 위에 설치하여야 하는 저장탱크의 저장능력은?

① $100m^3$ 1톤 이상
② $200m^3$ 2톤 이상
③ $300m^3$ 3톤 이상
④ $500m^3$ 5톤 이상

39 고압가스 저장탱크 및 가스홀더에 대한 내용 중 틀린 항목은?

① 가연성 저장탱크는 5톤 $500m^3$ 이상 내진설계로 시공하여야 한다.
② 독성 저장탱크는 5톤 $500m^3$ 이상 내진설계로 시공하여야 한다.
③ 비가연, 비독성 저장탱크는 10톤 $1000m^3$ 이상 내진설계로 시공하여야 한다.
④ 저장능력 $3m^3$ 이상의 가스를 저장 시 가스방출장치를 설치하여야 한다.

해설

④ 저장능력 $5m^3$ 이상 가스 저장 시 가스방출장치 설치

40 고압가스 저장시설의 사고예방 설비기준 중 맞지 않는 항목은?

① 내용적 3천L의 위험성이 높은 고압가스 설비에 부착된 배관에는 긴급시 가스의 누출을 효과적으로 차단할 수 있는 조치를 할 것
② 가연성 가스의 가스설비실 및 저장설비실에는 누출된 고압가스가 체류하지 아니하도록 환기구를 갖추는 등 필요한 조치를 할 것
③ 저장탱크 또는 배관에는 그 저장탱크가 부식되는 것을 방지하기 위하여 필요한 조치를 할 것
④ 가연성 가스 저장설비에는 그 설비에서 발생한 정전기가 점화원으로 되는 것을 방지하기 위하여 필요한 조치를 할 것

해설

① 내용적 5천L 이상 긴급 시 가스 누출을 효과적으로 차단할 수 있는 조치를 할 것

정답 36.④ 37.③ 38.① 39.④ 40.①

41 고압가스 저장설비와 사업소 안의 보호시설 사이에 가스폭발에 따른 충격에 견딜 수 있는 시설은?

① 방류둑 ② 방호벽
③ 경계책 ④ 보호철판

해설

저장설비와 사업소 안의 보호시설과의 사이에는 가스폭발에 따른 충격에 견딜 수 있는 방호벽(이하 "방호벽"이라 한다)을 설치할 것. 다만, 비가연성·비독성의 저온 또는 초저온 가스의 경우는 경계책으로 대신할 수 있으며, 방호벽의 설치로 인하여 조업이 불가능할 정도로 특별한 사정이 있다고 시장·군수 또는 구청장이 인정하거나 법에 규정된 안전거리 이상의 거리를 유지한 경우에는 방호벽을 설치하지 않을 수 있다.

42 고압가스 저장설비의 밸브에 관련된 내용 중 틀린 항목은?

① 밸브 등(조작스위치로 개폐하는 것은 제외한다)이 설치된 배관에는 그 밸브 등의 가까운 부분에 쉽게 알아볼 수 있는 방법으로 그 배관 내의 가스, 그 밖의 유체의 종류 및 방향이 표시되도록 할 것
② 조작함으로써 그 밸브 등이 설치된 저장설비에 안전상 중대한 영향을 미치는 밸브 등 중에서 항상 사용하지 않을 것(긴급 시에 사용하는 것은 제외한다)에는 자물쇠를 채우거나 봉인하는 등의 조치를 하여 둘 것
③ 밸브 등을 조작하는 장소에는 그 밸브 등의 기능 및 사용빈도에 따라 그 밸브 등을 확실히 조작하는 데 필요한 발판과 조명도를 확보할 것
④ 안전밸브 또는 방출밸브에 설치된 스톱밸브는 그 밸브의 수리 등을 위하여 특별히 필요한 때를 제외하고는 항상 완전히 잠가놓을 것

해설

①, ②, ③항 이외에 가연성 가스 또는 독성 가스의 저장탱크의 긴급차단장치에 딸린 밸브 외에 설치한 밸브 중 그 저장탱크의 가장 가까운 부근에 설치한 밸브는 가스를 송출 또는 이입하는 때 외에는 잠가둘 것

43 고압가스 안전밸브 조정주기가 맞는 것은?

① 압축기 최종단에 설치한 안전밸브 : 6월 1회 이상
② 그 밖의 안전밸브 : 1년 1회 이상
③ 고압가스 특정 제조허가를 받은 시설에 설치된 안전밸브 : 4년의 범위에서 연장 가능
④ 압축기 최종단 안전밸브 : 2년 1회 이상

해설

㉠ 압축기 최종단 : 1년 1회 이상
㉡ 그 밖의 것 : 2년 1회 이상
㉢ 특정 제조허가를 받은 시설에 설치된 것 : 4년의 범위에서 연장 가능

44 특정 고압가스에 대한 내용 중 틀린 것은?

① 산소저장설비 5m 이내에는 화기를 취급하지 말 것
② 저장능력 500kg 이상 액화염소의 1종 보호시설 15m, 2종 보호시설 12m 이상 거리를 유지할 것
③ 독성 가스의 감압설비와 그 가스의 반응설비 간의 배관에는 긴급 시 가스가 역류되는 것을 효과적으로 차단할 수 있는 조치를 마련할 것
④ 수소화염 또는 산소·아세틸렌화염을 사용하는 시설의 분기되는 각각의 배관에는 가스가 역류되는 것을 효과적으로 차단할 수 있는 조치를 마련할 것

해설

④ 가스가 역화되는 것을 효과적으로 차단할 수 있는 조치를 마련할 것

45 다음 중 충전용기 보관실 지붕이 가벼운 재료를 사용하지 않아도 되는 가스는?

① C_3H_8 ② H_2
③ NH_3 ④ C_4H_{10}

해설

가연성 가스 및 산소의 충전용기 보관실의 벽은 그 저장설비의 보호와 그 저장설비를 사용하는 시설의 안전확보를 위하여 불연재료를 사용하고, 가연성 가스의 충전용기 보관실의 지붕은 가벼운 불연재료 또는 난연재료를 사용할 것. 다만, 액화암모니아 충전용기 보관실의 지붕은 가벼운 재료를 사용하지 아니할 수 있다.

정답 41.② 42.④ 43.③ 44.④ 45.③

46 특정 고압가스 사용시설의 저장능력에 따라 방호벽 설치기준으로 맞는 항목은?

① 300kg(60m^3) ② 500kg(60m^3)
③ 700kg(60m^3) ④ 1000kg(100m^3)

고압가스 판매, 고압가스 수입업의 시설 기술 검사기준

47 용기에 의한 고압가스 판매시설에 대한 내용 중 틀린 항목은?

① 사업소 부지는 한면이 폭 4m 이상 도로에 접하여야 한다.
② 저장설비의 화기와의 우회거리는 2m 이상이다.
③ 가연성, 산소, 독성 가스 용기보관실은 구분 설치하고 각각의 면적은 19m^2 이상으로 할 것
④ 판매업소에는 압력계 계량기를 갖추고 용기보관실 주위 11.5m^2 이상 부지를 확보하고 사무실의 면적은 9m^2 이상으로 할 것

③ 10m^2 이상으로 할 것

48 용기보관장소에 대한 내용 중 틀린 것은?

① 밸브가 돌출한 용기(내용적이 5L 미만인 용기는 제외한다)에는 고압가스를 충전한 후 용기의 넘어짐 및 밸브의 손상을 방지하는 조치를 할 것
② 판매하는 가스의 충전용기는 외면에 그 강도를 약하게 하는 균열 또는 주름 등이 없고 고압가스가 누출되지 않은 것일 것
③ 판매하는 가스의 충전용기가 검사 유효기간이 지났거나, 도색이 불량한 경우에는 그 용기를 폐기할 것
④ 가연성 가스 또는 독성 가스의 충전용기를 인도할 때에는 가스의 누출 여부를 인수자가 보는 데서 확인할 것

해설

② 유효기간이 지났거나 도색이 불량한 용기는 그 용기 충전자에게 반송할 것

49 용기보관장소에 대한 내용 중 올바르지 않은 항목은?

① 용기보관장소의 주위 2m 이내에는 화기 또는 인화성 물질이나 발화성 물질을 두지 않을 것
② 충전용기는 항상 40℃ 이하의 온도를 유지하고, 직사광선을 받지 않도록 조치할 것
③ 충전용기(내용적이 3L 이하인 것은 제외한다)에는 넘어짐 등에 의한 충격 및 밸브의 손상을 방지하는 등의 조치를 하고 난폭한 취급을 하지 않을 것
④ 가연성 가스 용기보관장소에는 방폭형 휴대용 손전등 외의 등화를 지니고 들어가지 않을 것

해설

③ 5L 이하
①, ②, ④항 이외에
- 충전용기와 잔가스용기는 각각 구분하여 용기보관장소에 놓을 것
- 가연성 가스 · 독성 가스 및 산소의 용기는 각각 구분하여 용기보관장소에 놓을 것
- 용기보관장소에는 계량기 등 작업에 필요한 물건 외에는 두지 않을 것

참고 1. 내용적 5L 이하를 제외한 충전용기에 넘어짐 등에 의한 충격 및 밸브 손상방지 조치
2. 내용적 5L 미만을 제외한 밸브 돌출용기에 넘어짐 및 밸브 손상방지 조치

50 고압설비 기초가 유해한 영향을 끼치지 않도록 필요한 조치를 하는 경우 저장탱크의 받침대를 동일 기초 위에 설치하는 경우의 저장능력은?

① 100m^3 1톤
② 200m^3 2톤
③ 300m^3 3톤
④ 500m^3 5톤

정답 46.① 47.③ 48.③ 49.③ 50.①

51 다음 저장설비 기준에서 틀린 항목은?

① 가연성 독성의 경우 5톤 500m^3 이상 내진설계 적용
② 비가연성, 비독성의 경우 10톤 1000m^3 내진설계 적용
③ 높이 5m^3 이상 저장탱크 및 압력용기에 내진설계 적용
④ 300m^3 3톤 이상 가연성과 가연성 저장탱크 또는 산소저장탱크 사이에는 두 저장탱크 최대지름을 더한 길이의 1/2 이상 거리를 유지

④ 1/4 이상 거리를 유지

52 액상의 가스가 누출 시 그 유출을 방지하기 위한 조치기준으로 맞는 항목은?

① 가연성 3000L 이상
② 산소 3000L 이상
③ 독성 3톤 이상
④ 프로판 5000L 이상

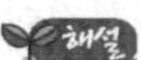

• 가연성, 산소 액화가스 저장탱크 : 5000L 이상
• 독성 : 5톤 이상

53 다음 항목 중 틀린 것은?

① 내용적 2000L 이상 차량 고정 산소탱크에 산소를 충전 시 차량 정지목을 설치하여야 한다.
② 가연성, 독성 가스를 충전하는 차량 고정탱크 및 용기는 $Tp \times \frac{8}{10}$에서 작동하는 안전밸브를 설치할 것
③ 긴급차단장치의 원격조작온도는 120℃일 때 자동적으로 작동할 수 있는 것일 것
④ 차량에 고정된 탱크에 부착되는 밸브·안전밸브·부속배관 및 긴급차단장치는 그 내압성능 및 기밀성능이 그 탱크의 내압시험압력 및 기밀시험압력 이상의 압력으로 하는 내압시험 및 기밀시험에 합격될 수 있는 것일 것

③ 긴급차단장치의 원격조작온도는 110℃일 때 자동적으로 작동할 수 있는 것일 것

고압가스 운반차량의 시설 기술 검사기준 (별표 9의 2)

54 다음은 허용농도 100만분의 200 이하인 독성가스 용기를 운반하는 기준 중 틀린 것은?

① 내용적 1000L 이상 독성 가스 충전용기를 운반하는 차량은 용기를 안전하게 취급하고, 용기에서 가스가 누출될 경우 외부에 피해를 끼치지 않도록 하기 위하여 적재함·리프트 등 적절한 구조의 설비를 갖출 것
② 독성 가스를 운반하는 차량에는 그 차량에 적재된 독성 가스로 인한 위해를 예방하기 위하여 일반인이 쉽게 알아볼 수 있도록 각각 붉은 글씨로 "위험 고압가스" 및 "독성 가스"라는 경계표시와 위험을 알리는 도형 및 전화번호를 표시할 것
③ 독성 가스를 운반하는 차량에는 그 차량에 적재된 독성 가스로 인한 위해를 예방하기 위하여 소화설비 및 응급조치장비를 구비할 것
④ 용기의 충격을 완화하기 위하여 완충판 등을 비치할 것

① 내용적 1000L 이상 충전용기 운반 시 적재함 리프트의 구조설비를 갖추지 않아도 된다.

55 차량에 고정된 탱크에 고압가스를 운반 시 그 기준에 맞는 항목은?

① 액화석유가스를 운반 시 내용적은 18000L을 초과하지 않을 것
② 액화암모니아를 운반 시 내용적은 12000L을 초과하지 않을 것
③ 염소가스를 철도 차량에 견인하여 운반 시 12000L을 초과하지 않을 것
④ 황화수소를 운반 시 12000L을 초과하지 않을 것

정답 51.④ 52.④ 53.③ 54.① 55.④

해설

철도 차량에 견인되어 운반되는 차량에 고정하여 운반 시 운반하는 탱크 내용적의 제한이 없음

참고 차량에 고정된 저장탱크에는 그 저장탱크를 보호하고 그 저장탱크로부터 가스가 누출되는 경우 재해 확대를 방지하기 위하여 온도계 및 액면계 등 필요한 설비를 설치하고, 액면요동방지 조치, 돌출 부속품의 보호조치, 밸브콕 개폐표시 조치 등 필요한 조치를 마련할 것

56 차량에 고정된 2개 이상을 서로 연결한 이음매 없는 용기 운반차량의 기준에 필요한 설비에 해당하지 않는 것은?

① 검지봉, 주밸브
② 안전밸브
③ 릴리프밸브
④ 압력계, 긴급탈압밸브

해설

- 차량에 고정된 2개 이상을 서로 연결한 이음매 없는 용기의 운반차량
- 용기 설치 : 차량에 고정된 2개 이상을 서로 연결한 이음매 없는 용기(이하 "차량에 고정된 용기"라 한다)의 운반차량에는 용기를 보호하고 그 용기로부터 가스가 누출될 경우 재해확대를 방지하기 위하여 검지봉, 주밸브, 안전밸브, 압력계 및 긴급탈압밸브 등 필요한 설비를 설치하고, 용기 고정조치, 용기, 부속품의 보호조치 및 밸브콕 개폐표시 조치 등 필요한 조치를 마련할 것

57 허용 농도 100만분의 200 이하 독성 가스 용기 운반 시 적재 및 하역에 대한 내용 중 틀린 항목은?

① 충전용기를 차량에 적재하여 운반할 때에는 고압가스 운반차량에 세워서 운반할 것
② 밸브가 돌출한 충전용기는 고정식 프로텍터 또는 캡을 부착시켜 밸브의 손상을 방지하는 조치를 하고 운반할 것
③ 충전용기를 운반할 때에는 넘어짐 등으로 인한 충격을 방지하기 위하여 충전용기를 단단하게 묶을 것
④ 충전용기를 차에 싣거나 차에서 내릴 때에는 충격을 받지 않도록 하며, 충격을 최소한으로 방지하기 위하여 고무판, 가마니 등을 차량에 갖추고 사용할 것

해설

④ 고무판, 가마니 → 완충판

58 허용 농도 100만분의 200 이하 독성 가스 용기 운반 시 운행기준에 대한 내용이 아닌 항목은?

① 고압가스 운반 도중 주차 시 법 규정에 의한 보호시설을 피하고 안전하게 육교, 고가차도 아래 부분에 주차하고 주차 시에는 엔진 정지 후 주차 제동장치를 걸고 차바퀴를 고정목으로 고정시킬 것
② 운반 중에는 충전용기를 항상 40℃ 이하로 유지할 것
③ 독성 가스를 운반하는 때에는 그 고압가스의 명칭 · 성질 및 이동 중의 재해방지를 위하여 필요한 주의사항을 적은 서면을 운반책임자 또는 운전자에게 내주고 운반 중에 지니게 할 것
④ 고압가스를 적재하여 운반하는 차량은 차량의 고장, 교통사정, 운반책임자 또는 운전자의 휴식 등 부득이한 경우를 제외하고는 장시간 정차해서는 아니되며, 운반책임자와 운전자가 동시에 차량에서 이탈하지 않을 것

해설

① 고압가스를 운반하는 도중에 주차를 하려면 충전용기를 차에 싣거나 내릴 때를 제외하고는 보호시설 부근과 육교 및 고가차도 등의 아래 또는 부근을 피하고, 주위의 교통상황 · 지형조건 · 화기 등을 고려하여 안전한 장소를 택하여 주차해야 하며, 주차 시에는 엔진을 정지시킨 후 주차제동장치를 걸어 놓고 차바퀴를 고정목으로 고정시킬 것

정답 56.③ 57.④ 58.①

59 허용 농도 100만분의 200 이하인 독성 가스 용기 운반 시 적재, 하역에 대한 내용 중 틀린 것을 모두 고르면?

㉠ 고압가스를 운반할 때에는 운반책임자 또는 고압가스 운반차량의 운전자에게 그 고압가스의 위해 예방에 필요한 사항을 주지시킬 것
㉡ 고압가스를 운반하는 자는 그 고압가스를 수요자에게 인도할 때까지 최선의 주의를 다하여 안전하게 운반해야 하며, 고압가스를 보관할 때에는 안전한 장소에 보관·분리할 것
㉢ 300km 이상의 거리를 운행하는 경우에는 중간에 충분한 휴식을 취한 후 운행할 것
㉣ 독성 가스 충전용기를 적재하여 운반하는 중 누출 등의 위해 우려가 있는 경우에는 관할 경찰서에 신고하고, 독성 가스를 도난당하거나 분실한 때에는 즉시 그 내용을 도난지역 관할(시·군·구청)에 신고할 것
㉤ 독성 가스 충전용기를 적재하여 운반할 때에는 노면이 나쁜 도로에서는 가능한 한 운행하지 말 것. 다만, 부득이하게 노면이 나쁜 도로를 운행할 때에는 운행 개시 전에 충전용기의 적재상황을 재점검하여 이상이 없는지를 확인하고 운행할 것
㉥ 독성 가스 충전용기를 적재하여 운반하는 때에는 노면이 나쁜 도로를 운행한 후 일단 정지하여 적재상황·용기밸브·로프 등의 풀림 등이 없는지 여부를 확인할 것

① ㉠, ㉡
② ㉡, ㉢, ㉣
③ ㉢, ㉣
④ ㉤, ㉥

해설

㉢ 300kg → 200km
㉣ 누출 우려는 소방서 및 경찰서에 신고하고 도난, 분실 시에는 경찰서에 신고할 것

60 허용 농도 200ppm 이하 독성 가스 용기 운반 시 운반책임자를 동승하여야 하는 적재량의 기준이 올바른 것은? (단, kg은 액화가스 m^3은 압축가스로 한다.)

① 100kg(100m^3) 이상
② 1000kg(100m^3) 이상
③ 3000kg(300m^3)
④ 100kg(10m^3) 이상

61 차량에 고정된 탱크를 운반 시 운반책임자를 동승시켜야 하는 경우는? (단, 운행거리는 200km 이상이다.)

① 액화석유가스용 차량에 고정된 탱크에 폭발방지장치가 설치되어 있을 때
② 충전능력 5톤 이하 액화석유가스 차량 고정탱크를 소형 저장탱크에 액화석유가스를 공급 시
③ 독성 가스 1000kg(100m^3) 이상 가연성 3000kg(300m^3) 이상 운반 시
④ 운전자가 운반책임자의 자격을 가진 경우

운전자가 운반책임자의 자격을 가진 경우 운반책임자의 자격이 없는 사람 동승가능(차량 고정된 탱크로 200km 이상 운반 시 운반책임자 1인 그 외의 1인으로 2명이 차량에 승차하여야 함)

용기 제조의 시설 기술 검사기준 및 용기의 재검사기준

62 복합재료 용기의 안전확보를 위하여 다음 설명 중 틀린 것은?

① 충전하는 고압가스는 가연성인 액화가스가 아닐 것
② 최고충전압력은 35MPa 이하
③ 산소의 경우 최고충전압력은 20MPa 이하
④ 충전하는 고압가스는 독성인 압축가스가 아닐 것

정답 59.③ 60.④ 61.③ 62.④

63 재충전 금지 용기에 대한 다음 설명이 틀린 것은?

① 용기와 용기부속품을 분리할 수 있는 구조일 것
② 최고충전압력(MPa)의 수치와 내용적(L)의 수치를 곱한 값이 1000 이하일 것
③ 최고충전압력이 22.5MPa 이하이고, 내용적이 25L 이하일 것
④ 최고충전압력이 3.5MPa 이상인 경우에는 내용적이 5L 이하일 것

해설

① 용기와 용기부속품을 분리할 수 없는 구조일 것
②, ③, ④항 이외에 가연성 및 독성 가스를 충전하는 것이 아닐 것

64 다음 용기의 신규검사에서 용기 성능에 필요한 항목이 아닌 것을 모두 고른 것은?

㉠ 재료의 기계적 · 화학적 성능
㉡ 용접부의 기계적 성능
㉢ 다공도 측정시험
㉣ 내압성능
㉤ 기밀성능
㉥ 용제의 침윤정도 시험
㉦ 단열 성능시험

① ㉠, ㉡
② ㉢, ㉥
③ ㉤, ㉥
④ ㉥, ㉦

65 다음 (　) 안에 들어갈 말로 알맞은 것은?

법 규정에 의한 검사대상에 해당하는 압력 용기란 35℃에서 설계압력이 액화가스인 경우 0.2MPa 이상 압축가스인 경우 1MPa 이상이다. 단, 설계압력(MPa)과 내용적(m^3)을 곱한 수치가 (　) 이하인 용기는 압력용기에 해당되지 않는다.

① 0.001　② 0.002
③ 0.003　④ 0.004

66 다음 중 고압가스 제조자의 수리 범위가 아닌 항목은?

① 초저온용기의 탈부착
② 특정설비의 몸체 용접
③ 고압가스 특정제조자의 단열재 교체
④ 고압가스 특정제조자의 용접가공

수리자격자별 수리범위

수리 자격자	수리범위
용기제조자	• 용기 몸체의 용접 • 아세틸렌용기 내의 다공질물 교체 • 용기의 스커트 · 프로텍터 및 넥크링의 교체 및 가공 • 용기부속품의 부품 교체 • 저온 또는 초저온 용기의 단열재 교체 • 초저온용기 부속품의 탈 · 부착
특정설비 제조자	• 특정 설비 몸체의 용접 • 특정 설비의 부속품(그 부품을 포함한다)의 교체 및 가공 • 단열재 교체
냉동기 제조자	• 냉동기 용접부분의 용접 • 냉동기 부속품(그 부품을 포함한다)의 교체 및 가공 • 냉동기의 단열재 교체
고압가스 제조자	• 초저온용기 부속품의 탈·부착 및 용기 부속품의 부품(안전장치는 제외한다) 교체(용기 부속품 제조자가 그 부속품의 규격에 적합하게 제조한 부품의 교체만을 말한다) • 특정 설비의 부품 교체 • 냉동기의 부품 교체 • 단열재 교체(고압가스 특정 제조자만을 말한다) • 용접가공(고압가스 특정 제조자로 한정하며, 특정 설비 몸체의 용접가공은 제외한다)
검사기관	• 특정 설비의 부품 교체 및 용접(특정 설비 몸체의 용접은 제외한다) • 냉동설비의 부품 교체 및 용접 • 단열재 교체 • 용기의 프로텍터 · 스커트 교체 및 용접(열처리 설비를 갖춘 전문 검사기관만을 말한다) • 초저온용기 부속품의 탈 · 부착 및 용기 부속품의 부품 교체

정답 63.① 64.② 65.④ 66.②

수리 자격자	수리범위
액화 석유가스 충전사업자	액화석유가스 용기용 밸브의 부품 교체(핸들 교체 등 그 부품의 교체 시 가스 누출의 우려가 없는 경우만을 말한다.
자동차 관리사업자	자동차의 액화석유가스 용기에 부착된 용기 부속품의 수리

67 다음은 공급자의 안전점검기준에서 안전점검자의 자격 및 인원에 대한 내용이다. ( )에 들어갈 것으로 알맞은 것은?

구 분	안전 점검자	자 격	인 원
고압 가스 제조 (충전)자	충전원	안전관리책임자로부터 가스 충전에 관한 안전교육을 (㉠)시간 이상 받은 사람	충전 필요 인원
	수요자 시설 점검원	안전관리책임자로부터 수요자 시설에 관한 안전 교육을 (㉡)시간 이상 받은 사람	가스 배달 필요 인원
고압 가스 판매자	수요자 시설 점검원	안전관리책임자로부터 수요자 시설에 관한 안전교육을 (㉢)시간 이상 받은 사람	가스 배달 필요 인원

① ㉠ 5, ㉡ 10, ㉢ 10
② ㉠ 10, ㉡ 10, ㉢ 10
③ ㉠ 10, ㉡ 15, ㉢ 20
④ ㉠ 15, ㉡ 20, ㉢ 30

해설

참고 점검장비

점검장비 \ 가스별	산 소	불연성 가스	가연성 가스	독성 가스
가스누출 검지지			○	
가스누출 시험지				○
가스누출 검지액	○	○	○	○
그 밖에 점검에 필요한 시설 및 기구	○	○	○	○

68 공급자의 안전점검기준에 필요한 항목이 아닌 것은?

① 충전용기에서 가스의 사용량(kg, m^3)
② 충전용기와 화기와의 거리
③ 충전용기 및 배관의 설치 상태
④ 충전용기, 충전용기로부터 압력조정기·호스 및 가스 사용기기에 이르는 각 접속부와 배관 또는 호스의 가스 누출 여부 및 그 가스의 적합 여부

해설

②, ③, ④항 이외에
㉠ 충전용기 설치위치
㉡ 독성 가스의 경우 흡수장치·재해장치 및 보호구 등에 대한 적합 여부
㉢ 역화방지장치의 설치 여부(용접 또는 용단작업용으로 액화석유가스를 사용하는 시설에 산소를 공급하는 자에 한정한다)
㉣ 시설 기준에의 적합 여부(정기점검만을 말한다) 등이 있다.

참고 점검방법(가스공급 시마다 점검, 2년 1회 정기점검하고 기록은 2년간 보존한다)

69 자율검사를 하기 위한 장비 중 접지 저항측정기 및 전위측정기가 필요한 시설은?

① 가연성·독성 제조 저장 판매자
② 용기 제조자
③ 산조 제조자
④ 암모니아 사용 냉동 제조자

70 다음 중 정기검사의 대상별 검사주기가 틀린 것은?

① 고압가스 특정 제조자 4년
② 고압가스 특정 제조자의 가연성, 독성 제조 저장 판매자 2년
③ 고압가스 특정 제조자의 불연성 제조자 2년
④ 고압가스 특정 제조자의 산소 제조자 1년

해설

② 고압가스 특정 제조자의 가연성, 독성, 산소 제조·저장 판매자 1년

정답 67.② 68.① 69.① 70.②

71 다음의 용기 재검사 기간으로 맞는 항목은?

① 제조 후 경과년수가 10년인 내용적 500L인 LPG 용기 3년
② 제조 후 경과년수가 10년인 내용적 500L인 무이음 용기 5년
③ 제조 후 경과년수가 10년인 내용적 500L인 무이음 용기 3년
④ 제조 후 경과년수가 10년인 내용적이 300L인 LPG 용기 2년

해설

용기 외 재검사 기간

용기의 종류		신규검사 후 경과년수		
		15년 미만	15년 이상 20년 미만	20년 이상
		재검사 주기		
용접용기 (액화석유가스용 용접용기는 제외한다)	500L 이상	5년마다	2년마다	1년마다
	500L 미만	3년마다	2년마다	1년마다
액화석유가스용 용접용기	500L 이상	5년마다	2년마다	1년마다
	500L 미만	5년마다		2년마다
이음매 없는 용기 또는 복합재료 용기	500L 이상	5년마다		
	500L 미만	신규검사 후 경과년수가 10년 이하인 것은 5년마다, 10년을 초과한 것은 3년마다		
액화석유가스용 복합재료 용기		5년마다(설계조건에 반영되고, 산업통상자원부로부터 안전한 것으로 인정을 받은 경우에는 10년마다)		
용기 부속품	용기에 부착되지 아니한 것, 용기에 부착된 것	2년마다 검사 후 2년이 지나 용기 부속품을 부착한 해당 용기의 재검사를 받을 때마다		

72 재검사에 불합격된 용기 및 특정 설비의 파기방법 중 잘못된 것은?

① 절단 등의 방법으로 파기하여 원형으로 가공할 수 없도록 할 것
② 잔가스를 전부 제거한 후 절단할 것
③ 검사신청인에게 파기의 사유·일시·장소 및 인수시한 등을 통지하고 파기할 것
④ 파기하는 때는 검사장소에서 검사원 입회하에 용기 및 특정 설비 제조자로 하여금 실시하게 할 것

해설

④ 파기하는 때에는 검사장소에서 검사원으로 하여금 직접 실시하게 하거나 검사원 입회하에 용기 및 특정 설비의 사용자로 하여금 실시하게 할 것

①, ②, ③항 이외에 파기한 물품은 검사 신청인이 인수시한(통지한 날부터 1개월 이내) 내에 인수하지 아니하는 때에는 검사기관으로 하여금 임의로 매각 처분하게 할 것

참고 신규의 용기 및 특정 설비 파기방법

1. 절단 등의 방법으로 파기하여 원형으로 가공할 수 없도록 할 것
2. 파기하는 때에는 검사장소에서 검사원 입회하에 용기 및 특정 설비 제조자로 하여금 실시하게 할 것

73 다음의 용기에 대한 각인 사항 중 틀린 항목은?

① 내용적(기호 : V, 단위 : L)
② 초저온용기 이외의 용기의 질량(기호 : W, 단위 : kg)
③ 아세틸렌가스 충전용기 질량(기호 : LW, 단위 : kg)
④ 내압시험(기호 : Tp, 단위 : MPa)

해설

용기에 대한 표시

(1) 용기의 각인 사항
㉠ 용기 제조업자의 명칭 또는 약호
㉡ 충전하는 가스의 명칭
㉢ 용기의 번호
㉣ 내용적(기호 : V, 단위 : L)
㉤ 초저온용기 외의 용기는 밸브 및 부속품(분리할 수 있는 것에 한한다)을 포함하지 아니한 용기의 질량(기호 : W, 단위 : kg)
㉥ 아세틸렌가스 충전용기는 ㉤의 질량에 용기의 다공물질·용제 및 밸브의 질량을 합한 질량(기호 : TW, 단위 : kg)
㉦ 내압시험에 합격한 연월
㉧ 내압시험압력(기호 : Tp, 단위 : MPa, 초저온용기 및 액화천연가스 자동차용 용기는 제외한다)
㉨ 최고충전압력(기호 : Fp 단위 : MPa, 압축가스를 충전하는 용기, 초저온용기 및 액화천연가스 자동차용 용기에 한정한다)

정답 71.② 72.④ 73.③

ⓩ 내용적이 500L를 초과하는 용기에는 동판의 두께(기호 : t, 단위 : mm)
ⓚ 충전량(기호 : g, 납붙임 또는 접합용기에 한정한다)

74 다음 용기의 도색 중 틀린 항목은? (단, 공업용 용기이다.)

① 산소(녹색) ② 암모니아(백색)
③ 수소(주황색) ④ 아세틸렌(갈색)

해설

㉠ 공업용 용기 도색
염소(갈색), 액화탄산가스(청색) 질소(회색) 그 밖의 가스(회색)
㉡ 의료용 가스 용기 도색

가스의 종류	도색의 구분	가스의 종류	도색의 구분
산소	백색	질소	흑색
액화탄산가스	회색	아산화질소	청색
헬륨	갈색	사이크로프로판	주황색
에틸렌	자색	그 밖의 가스	회색

[비고] 용기의 상단부에 폭 2cm의 백색(산소는 녹색)의 띠를 두 줄로 표시하여야 한다.

75 특정 설비별 기호 및 번호가 틀리게 되어 있는 항목은?

① AG(아세틸렌가스용)
② PG(압축가스용)
③ LG(액화가스용)
④ LT(저온 및 초저온 가스용)

해설

• LG : 그 밖의 가스용
• LPG : 액화석유가스용

76 합격 용기 및 냉동기 용기 부속품이 검사에 합격한 경우에 각인하는 기호로서 옳은 표현 방법은?

① K ② G
③ KS ④ LS

77 독성 가스의 용기를 운반 시 휴식을 취하여야 할 운행거리(km)는?

① 100 ② 200
③ 250 ④ 300

78 독성 가스 이외의 용기를 운반 시 부득이한 경우 자전거를 제외한 이륜차에도 운반할 수 있다. 이때 몇 kg 이하 용기 몇 개 이하까지 운반이 가능한가?

① 10kg 2개 ② 20kg 2개
③ 10kg 3개 ④ 20kg 1개

79 독성 가스 이외의 고압가스 용기의 적재 및 하역에 관한 내용 중 틀린 것은?

① 납붙임용기와 접합용기에 고압가스를 충전하여 차량에 적재할 때에는 포장상자(외부의 압력 또는 충격 등에 의하여 그 용기 등에 흠이나 찌그러짐 등이 발생되지 않도록 만들어진 상자를 말한다)의 외면에 가스의 종류, 용도 및 취급 시 주의사항을 적은 것만 적재하고, 그 용기의 이탈을 막을 수 있도록 보호망을 적재함에 씌울 것
② 염소와 아세틸렌, 암모니아 또는 수소는 한 차량에 적재하여 운반하지 않을 것
③ 가연성 가스와 산소를 동일차량에 적재하여 운반하지 말 것
④ 충전용기와 「소방기본법」에서 정하는 위험물과는 동일차량에 적재하여 운반하지 아니할 것

③ 가연성 가스와 산소를 동일차량에 적재하여 운반할 때는 충전용기의 밸브가 마주보지 않도록 할 것

80 다음은 허용농도 100만분의 200 이상 독성 가스와 가연성, 조연성 가스 용기를 운반 시 운반책임자 동승에 관한 적재량의 기준 중 틀린 것은? (단, kg : 액화가스, m^3 : 압축가스로 한다.)

① 독성 : $10m^3$(1000kg) 이상
② 가연성 : $300m^3$(3000kg) 이상
③ 조연성 : $600m^3$(6000kg) 이상
④ 납붙임 접합 가연성 : 2000kg 이상

① 허용농도 100만분의 200 이상 독성 가스 용기 운반 시 운반책임자 동승기준 $100m^3$(1000kg) 이상 운반 시

정답 74.④ 75.③ 76.① 77.② 78.② 79.③ 80.①

법령 종합문제편 액화석유가스 안전관리

출/제/예/상/문/제

안전관리법 · 시행령

81 다음 중 액화석유가스 안전관리법에 의한 저장설비가 아닌 것은?

① 저장탱크, 용기
② 소형 저장탱크
③ 마운드형 저장탱크
④ 충전탱크

82 가스안전관리 전문기관이 가스사고를 방지하기 위하여 가스 공급시설에 대하여 장비와 기술을 이용하여 잠재 위험요소를 찾아내는 용어는?

① 기술안전점검
② 정밀안전진단
③ 계획안전진단
④ 가스안전점검

83 안전관리자가 퇴직 · 해임한 경우 그 날로부터 몇 일 이내에 다른 안전관리자를 선임하여야 하는가?

① 10일 ② 15일
③ 20일 ④ 30일

84 다음 중 한국가스안전공사에 알려야 하는 사고에 해당하지 않는 것은?

① 사망 · 부상 · 중독된 사고
② 시공작업 중 가스 배관의 낙하에 의한 산업 재해사고
③ 누출에 의한 폭발 화재사고
④ 가스의 공급이 중단된 사고

85 대통령령으로 정하는 액화석유가스 충전사업자 및 액화석유가스 저장자로서 액화석유가스 저장능력 몇 톤 이상 저장시설을 보유한 자를 종합적 안전관리 대상자라고 하는가?

① 500톤
② 1000톤
③ 3000톤
④ 5000톤

86 산업통상자원부, 시 · 도지사가 조정 명령을 할 수 있는 사항이 아닌 것은?

① 액화석유가스 충전시설 공급방법에 관한 조정
② 액화석유가스 비축시설과 저장시설에 관한 조정
③ 액화석유가스 충전시설에 대한 가스요금 등 공급조건의 조정
④ 지역 주요 수요자별 액화석유가스 수급에 관한 조정

③ 액화석유가스 집단공급 사업자에 대한 가스요금 등 공급조건의 조정

87 산업통상자원부장관에게 액화석유가스 판매 가격을 보고하여야 하는 자가 아닌 것은?

① 저장시설 시공자
② 집단공급 사업자
③ 판매 사업자
④ 충전 사업자

정답 81.④ 82.② 83.④ 84.② 85.② 86.③ 87.①

88 액화석유가스 사업법에 의한 안전관리원의 인원수로 틀린 것은?

① 저장능력 100톤 초과 충전시설 및 저장소 시설 : 2명
② 저장능력 100톤 이하 : 1명
③ 집단공급시설 500가구 초과 1500가구 이하 : 1명
④ 집단공급시설 1500가구 초과는 500가구마다 1명 이상을 추가

해설

집단공급시설 1500가구 초과의 경우는 1000가구마다 1명 이상을 추가

참고 액화석유가스 특정 사용시설 중 공동 저장시설 안전관리원
1. 500가구 초과 1500가구 이하 : 1명 이상
2. 1500가구 초과 : 1천 가구마다 1명 이상을 추가

89 액화석유가스 집단공급시설의 안전관리자에 해당되지 않는 것은?

① 안전관리 총괄자
② 안전관리 책임자
③ 안전관리 부총괄자
④ 안전관리원

90 다음 자격을 가진 사람이 안전관리 책임자로 선임 가능한 액화석유가스의 시설은?

> 일반기계기사, 화공기사, 금속기사, 가스산업기사 이상의 자격을 가진 자 또는 일반 시설 안전관리자 양성교육 이수자(근로기준법에 따른 상시 근로자수가 10명 미만인 시설에 한정한다.)

① 액화석유가스 충전시설
② 액화석유가스 판매시설
③ 액화석유가스 집단공급시설
④ 액화석유가스 가스용품 제조시설

91 다음 항목 중 틀린 것은?

① 액화석유가스 충전시설, 액화석유가스 집단공급시설, 액화석유가스 판매시설 · 영업소시설, 액화석유가스 저장소시설 및 가스 용품 제조시설을 설치한 자가 동일한 사업장에 액화석유가스 특정사용시설을 설치하는 경우에는 해당 사용시설에 대한 안전관리자는 선임하지 아니할 수 있으나, 이 경우 해당 특정 사용시설에 대한 법의 규정에 따른 안전관리자의 업무는 액화석유가스 충전시설 등의 안전관리자로 선임된 자가 실시한다.
② 사업소 안에 둘 이상의 액화석유가스 저장소가 있고 시장 · 군수 · 구청장이 안전관리에 지장이 없다고 인정하면 안전관리자 선임 관련 저장능력 산정 시 해당 사업소 안에 설치된 저장소의 저장능력을 모두 합산한 기준으로 안전관리자를 선임할 수 있다.
③ 자동절체기로 용기를 집합한 액화석유가스 특정 사용시설의 안전관리자 선임은 저장능력의 2분의 1을 뺀 저장능력을 위의 기준에 적용하여 안전관리자를 선임한다.
④ "액화석유가스 특정 사용시설 중 공동저장시설"이란 저장능력이 250kg을 초과하는 시설(자동절체기로 용기를 집합한 액화석유가스 특정 사용시설인 경우에는 저장능력이 500kg을 초과하는 시설, 소형 저장탱크를 설치한 액화석유가스 특정 사용시설인 경우에는 저장능력이 3톤을 초과하는 시설)을 말한다.

해설

④ 저장능력 3톤 → 저장능력 1톤

액화석유가스의 안전관리 시행규칙

92 다음 설명에 부합되는 용어의 정의로 옳은 것은?

> 액화석유가스를 저장하기 위하여 지상에 설치된 원통형 탱크에 흙, 모래로 덮은 탱크로서 자동차에 고정된 탱크 충전사업 시설에 설치되는 탱크를 말한다.

정답 88.④ 89.③ 90.④ 91.④ 92.③

① 저장탱크
② 소형 저장탱크
③ 마운드형 저장탱크
④ 서지탱크

해설

㉠ 저장탱크 : 3톤 이상으로 지상, 지하에 고정 설치된 것
㉡ 소형 저장탱크 : 3톤 미만인 지상 지하에 고정 설치된 탱크

93 액화석유가스를 충전하기 위한 설비로서 충전기와 저장탱크에 부속된 펌프, 압축기의 정의는 무엇인가?

① 사용설비　② 충전설비
③ 저장설비　④ 공급설비

94 다음의 설명을 읽고 소비설비와 공급설비를 구분한 내용 중 맞는 것은?

> ㉠ 액화석유가스를 부피단위로 계량하여 판매하는 방법(이하 "체적판매방법"이라 한다)으로 공급하는 경우에는 용기에서 가스계량기 출구까지의 설비
> ㉡ 액화석유가스를 무게단위로 계량하여 판매하는 방법(이하 "중량판매방법"이라 한다)으로 공급하는 경우에는 용기
> ㉢ 체적판매방법으로 액화석유가스를 공급하는 경우에는 가스계량기 출구에서 연소기까지의 설비
> ㉣ 중량판매방법으로 액화석유가스를 공급하는 경우에는 용기 출구에서 연소기까지의 설비

① 소비설비 – ㉢, ㉣
② 공급설비 – ㉢, ㉣
③ 소비설비 – ㉠, ㉣
④ 공급설비 – ㉡, ㉣

해설

- 공급설비 : ㉠, ㉡
- 소비설비 : ㉢, ㉣

95 저장설비에서 가스 사용자가 소유, 점유하고 있는 건축물의 외벽까지의 배관과 그 밖의 공급시설을 무엇이라 하는가?

① 집단공급시설　② 다중이용시설
③ 보호시설　④ 1종 보호장소

96 다음 중 액화석유가스 집단공급사업의 허가를 받을 수 있는 경우는?

① 70개소 미만의 수요자(공동주택단지는 전체 가구수가 70가구 미만인 경우만을 말한다)에게 공급하는 경우
② 시장 · 군수 · 구청장이 집단공급사업으로 공급이 곤란하다고 인정하는 공동주택 단지에 공급하는 경우
③ 고용주가 종업원의 후생을 위하여 사원주택 · 기숙사 등에 직접 공급하는 경우
④ 소방법의 적용을 받는 주상복합 공동주택단지

해설

집단공급 사업허가 제외 대상 항목
①, ②, ③항 이외에
㉠ 자치관리를 하는 공동주택의 관리주체가 입주자 등에게 직접 공급하는 경우
㉡ 「관광진흥법」에 따른 휴양콘도미니엄 사업자가 그 시설을 통하여 이용자에게 직접 공급하는 경우

97 액화석유가스 충전 · 집단공급 판매 사업자가 수요자의 시설에 대하여 안전점검을 실시, 안전점검 일지를 작성하고 그 일지는 몇 년간 보관하여야 하는가?

① 1년　② 2년
③ 3년　④ 5년

98 공급자는 수요자의 가스 사용시설에 처음으로 액화석유가스를 공급 시 그 이후 각각 안전점검을 실시하여야 하는 기간으로 틀린 항목은?

① 체적판매방법으로 공급 시 1년 1회 이상
② 다기능 가스계량기가 설치된 경우 2년 1회 이상
③ 그 외의 가스 사용시설은 6월 1회 이상
④ 가스보일러, 가스온수기 설치 후 처음으로 가스공급 시는 시공내용 확인 후 즉시 연결부의 가스누출 확인

정답 93.② 94.① 95.① 96.④ 97.② 98.②

② 다기능 가스 안전계량기의 경우 3년 1회 이상

99 법 규정에 의하여 안정성 확인을 받아야 하는 공사가 아닌 것은?

① 저장탱크를 다중 이용시설에 설치하는 경우
② 저장탱크를 지하에 매설하기 직전의 공정
③ 배관을 지하에 설치하는 경우로서 한국가스안전공사가 지정하는 부분을 매몰하기 직전의 공정
④ 한국가스안전공사가 지정하는 부분의 비파괴시험을 하는 공정

②, ③, ④항 이외에 방호벽 또는 지상형 저장탱크의 기초설치 공정과 방호벽(철근콘크리드제 방호벽이나 콘크리트 블록제 방호벽의 경우에만 해당된다)의 벽 설치 공정이 있다.

100 다음 중 저장설비의 정밀안전진단 및 안전성 평가를 받아야 하는 경우는?

① 저장능력 100톤 이상 사업소 · 저장소에 설치된 저장시설
② 저장능력 3000톤 이상 지하암반 동굴식 저장탱크의 저장시설
③ 저장능력 1000톤 이상 사업소 · 저장소에 설치된 저장시설
④ 저장능력 3000톤 이상 판매 사업자의 판매시설

해설

정밀안전진단 및 안전성 평가의 대상
액화석유가스 충전사업자와 액화석유가스 저장자는 저장설비(지하암반 동굴식 저장탱크 제외) 저장능력 합계 1천톤 이상 사업소 · 저장소에 대하여 안전성 평가를 또한 최초 완성검사 받은 날로부터 15년이 지난 1천톤 이상 저장시설에 대하여 정밀안전 진단을 받아야 한다.

101 다음 중 시장 · 군수 · 구청장의 검사를 받아야 하는 액화석유가스 특정 사용자에 해당하지 않는 것은?

㉠ 주거용 제외 1종 보호시설이나 지하실에서 액화석유가스 사용
㉡ 식품위생법에 의한 집단급식소, 식품접객업의 영업을 하는 자
㉢ 자동차 연료용으로 액화석유가스를 사용하려는 자
㉣ 공동으로 저장능력 250kg(자동절체기를 사용하여 용기를 집합하는 경우에는 500kg으로 한다. 이하 이 목에서 같다) 이상의 저장설비를 갖추고 액화석유가스를 사용하는 공동주택의 관리주체. 다만, 관리주체가 없는 경우에는 공동으로 저장능력 250kg 이상 5톤 미만의 저장설비를 갖추고 액화석유가스를 사용하는 공동주택의 사용자의 대표를 말한다.
㉤ 저장능력이 250kg 이상 3톤 미만인 저장설비를 갖추고 이를 사용(도로의 정비 또는 보수용 자동차에 부착하여 사용하는 경우는 제외한다)하는 자. 다만, 자동절체기로 용기를 집합한 경우는 저장능력이 500kg 이상 5톤 미만인 저정설비를 갖추고 이를 사용하는 자를 말한다.

① ㉠, ㉡ ② ㉢
③ ㉣ ④ ㉤

④ 저장능력 250kg 이상 5톤 미만인 저장설비를 갖추고 이를 사용하는 자

102 다음 중 완성검사를 받아야 하는 시설의 변경공사의 항목이 아닌 것은?

㉠ 저장설비(저장능력 500kg 이상의 용기집합설비, 소형 저장탱크 및 저장탱크만을 말한다)의 위치변경 또는 설치수량의 증가를 수반하는 용량 증가 공사
㉡ 저장탱크 및 소형 저장탱크를 교체 설치하는 공사
㉢ 저장설비(용기, 소형 저장탱크 및 저장탱크만을 말한다)의 종류를 변경하는 공사

정답 99.① 100.③ 101.④ 102.④

> ㉣ 가스설비(기화장치, 펌프 및 압축기만을 말한다)의 수량을 증가하거나 용량을 증가하는 공사
> ㉤ 저장능력 250kg 이상의 저장설비를 갖추고 이를 사용하는 시설에서 배관을 15m 이상 증설하는 공사

① ㉠, ㉡　　② ㉢
③ ㉣　　④ ㉤

해설

④ 저장능력 500kg 이상의 저장설비를 갖추고 이를 사용하는 시설에서 배관을 20m 이상 증설하는 공사

103 다음 중 1종 보호시설의 종류를 나열하였다. 1종 보호시설이 아닌 것을 모두 고른 것은?

> ㉠ 학교, 유치원, 보육시설
> ㉡ 단독주택, 공동주택 및 면적 $100m^2$ 이상 $1000m^2$ 미만
> ㉢ 경로당, 어린이 놀이시설, 청소년 수련시설
> ㉣ 의료기관, 도서관, 전통시장, 숙박업소, 목욕장업 시설
> ㉤ 영화상영관, 종교시설
> ㉥ 연면적 $1000m^2$ 이상의 시설
> ㉦ 공연장, 예식장, 전시장, 장례식장, 문화재로 지정된 건축물
> ㉧ 소방시설 설치유지 및 안전관리자에 관한 법률에 따라 산정된 수용인원 200인 이상 건축물
> ㉨ 사회 복지시설에 따른 수용인원 10인 이상 건축물

① ㉡, ㉧, ㉨　　② ㉠, ㉡
③ ㉣, ㉤　　④ ㉥, ㉧

해설

㉡은 2종 보호시설
㉧은 수용인원 300인 이상 건축물
㉨은 수용인원 20인 이상 건축물

104 다음은 액화석유가스 안전관리법에 의한 다중이용시설을 나열하였다. (　)에 알맞은 숫자는?

> ㉠ 「유통산업발전법」에 따른 대형점 · 백화점 · 쇼핑센터 및 도매센터
> ㉡ 「항공법」에 따른 공항의 여객청사
> ㉢ 「여객자동차 운수사업법」에 따른 여객자동차 터미널
> ㉣ 「한국철도공사법」에 따른 철도역사
> ㉤ 「도로교통법」에 따른 고속도로의 휴게소
> ㉥ 「관광진흥법」에 따른 관광호텔 · 관광객 이용시설 및 종합유원시설 중 전문 · 종합휴양업으로 등록한 시설
> ㉦ 「한국마사회법」에 따른 경마장
> ㉧ 「청소년활동진흥법」에 따른 청소년수련시설
> ㉨ 「의료법」에 따른 종합여객시설
> ㉩ 「항만법」에 따른 종합여객시설
> ㉪ 그 밖에 시 · 도지사가 안전관리를 위하여 필요하다고 지정하는 시설 중 그 저장능력이 (　)kg을 초과하는 시설

① 50　　② 100
③ 150　　④ 200

액화석유가스 충전의 시설 · 검사 기준

105 액화석유가스 충전시설의 저장 · 가스 설비는 외면으로부터 화기취급장소까지의 우회거리는(m)?

① 2m　　② 5m
③ 8m　　④ 10m

106 액화석유가스 충전시설 중 저장능력 30톤 저장설비와 사업소 경계까지의 이격거리(m)는? (단, 저장설비는 지하에 설치하는 경우이다.)

① 21　　② 24
③ 27　　④ 30

해설

액화석유가스 충전시설 중 저장설비와 사업소 경계와의 이격거리(단, 저장설비를 지하에 설치하거나 지하에 설치된 저장설비 안에 액중 펌프를 설치하는 경우 저장능력별 사업소 경계와의 거리에 0.7을 곱한 거리 이상을 유지)

정답 103.① 104.② 105.③ 106.①

저장능력	사업소 경계와의 거리
10톤 이하	24m
10톤 초과 20톤 이하	27m
20톤 초과 30톤 이하	30m
30톤 초과 40톤 이하	33m
40톤 초과 200톤 이하	36m
200톤 초과	39m

※ 동일 사업소에 2개 이상 저장설비가 있는 경우 각 저장설비별로 안전거리를 유지

107 다음의 (　)에 공통으로 들어가는 숫자는?

> ㉠ 액화석유가스 충전시설 중 충전설비는 그 외면으로부터 사업소 경계까지 (　)m 이상 유지할 것
> ㉡ 자동차에 고정된 탱크이입 충전 장소에는 정차위치를 지면에 표시하되 그 중심으로부터 사업소 경계까지 (　)m 이상 유지할 것

① 21　② 24
③ 27　④ 30

108 액화석유가스 충전시설의 사업소 부지는 그 한 면이 폭 몇 m 이상 도로에 접하여야 하는가?

① 2m　② 5m
③ 8m　④ 10m

109 저장설비 가스설비의 기초가 지반침하로 유해한 영향을 끼치지 아니하도록 조치하는 액화석유가스 저장탱크의 용량 범위는?

① 1톤 이상　② 3톤 이상
③ 5톤 이상　④ 10톤 이상

110 지진에 견딜 수 있도록 내진설계를 적용하여야 하는 액화석유가스의 저장탱크의 용량 범위는?

① 1톤 이상　② 3톤 이상
③ 5톤 이상　④ 10톤 이상

111 시 · 도지사가 위해 예방을 위하여 필요하다고 지정하는 지역의 저장탱크는 그 저장탱크 설치실 안에 가스폭발을 방지하기 위하여 필요한 조치를 마련 후 어떻게 하여야 하는가?

① 탱크 상호간 이격거리 유지
② 긴급차단장치 추가 설치
③ 물분무장치 추가 설치
④ 탱크 지하 설치

112 다음 중 (　)에 적당한 숫자는?

> 액화석유가스 충전시설의 처리능력은 연간 1만톤 이상의 범위에서 시 · 도지사가 정하는 액화석유가스 물량을 처리할 수 있는 능력 이상일 것. 이때 저장탱크 저장능력은 연간 1만톤의 (　) 이상일 것. 단, 주거지역, 상업지역에서 다른 지역으로 이전하는 경우 (　) 이상일 것

① 1/50, 1/100　② 1/100, 1/150
③ 1/100, 1/200　④ 1/100, 1/300

113 동일 장소에 설치가능 소형 저장탱크 수와 충전질량의 합계는 몇 kg 미만이 되도록 하여야 하는가?

① 3기, 4000kg　② 4기, 5000kg
③ 5기, 6000kg　④ 6기, 5000kg

114 저장탱크에 폭발방지장치를 설치하지 않아도 되는 경우가 아닌 항목은?

① 물분무살수장치 등의 소화전을 설치하는 저장탱크
② 2중각 단열구조의 저온 저장탱크로서 그 단열재 두께가 해당 저장탱크 주변 화재를 고려하여 설계 시공된 저장탱크
③ 지하에 매몰하여 설치된 저장탱크
④ 두 탱크의 법정 이격거리가 확보된 저장탱크

정답 107.② 108.③ 109.② 110.② 111.④ 112.③ 113.④ 114.④

115 액화석유가스 충전작업에 필요한 설비가 아닌 것은?

① 충전기　　　② 긴급차단장치
③ 잔량측정기　④ 로딩암

①, ③, ④항 이외에 자동계량기가 필요하다.

116 지상에 설치된 저장탱크와 가스 충전소 사이에 조치하여야 할 2가지 조치는?

① ㉠ 방호벽 설치
　㉡ 그 한쪽에서 발생하는 위해요소가 다른 쪽으로 전이되는 것을 방지하기 위한 조치
② ㉠ 방호벽 설치
　㉡ 긴급차단장치 설치
③ ㉠ 방호벽 설치
　㉡ 물분무 장치 설치
④ ㉠ 방호벽 설치
　㉡ 온도상승 방지조치

117 LPG 충전용기 전체에 대하여 누출시험을 할 수 있는 대표적 장치는?

① 잔가스 제거장치　② 수조식 장치
③ 온수시험 탱크　　④ 소화장치

해설

잔가스 제거장치 : 용기보수에 필요한 장치

118 LPG가 충전된 납붙임 접합용기 이동식 부탄 연소기용 용접용기에 가스누출을 시험할 수 있는 장치는?

① 온수시험 탱크
② 수조식 장치
③ 잔가스 제거장치
④ 물분무장치

119 펌프 압축기가 부착된 액화석유가스 전용 운반자동차를 무엇이라 하는가?

① 소형 저장탱크　② 저장탱크
③ 서지탱크　　　④ 벌크로리

벌크로리에는 사업소 상호 전화번호를 가로, 세로 각 5cm 이상 크기의 문자로 표시

120 액화석유가스 충전시설 중 저장설비 가스설비 외면에서 화기를 취급하지 아니하는 장소의 이격거리는(m)?

① 2m 이내
② 5m 이내
③ 8m 이내
④ 10m 이내

해설

용기보관장소의 경우 주위 8m(우회거리) 이내에는 인화성, 발화성 물질을 두지 않는다.

121 다음 소형 저장탱크에 관한 내용 중 틀린 것은?

① 소형 저장탱크의 주위 5m 이내에서는 화기의 사용을 금지하고 인화성 물질이나 발화성 물질을 많이 쌓아두지 아니할 것
② 소형 저장탱크 주위에 있는 밸브류의 조작은 원칙적으로 자동조작으로 할 것
③ 소형 저장탱크의 세이프티 커플링의 주밸브는 액봉방지를 위하여 항상 열어둘 것. 다만, 그 커플링으로부터의 가스누출이나 긴급 시의 대책을 위하여 필요한 경우에는 닫아두어야 한다.
④ 소형 저장탱크에 가스를 공급하는 가스공급자가 시설의 안전유지를 위해 필요하여 요청하는 사항은 반드시 지킬 것

해설

② 소형 저장탱크 밸브류 조작은 수동으로 조작할 것

정답 115.② 116.① 117.② 118.① 119.④ 120.③ 121.②

122 용기보관장소에 충전용기를 보관하는 때 기준 중 틀린 항목은?

> ㉠ 용기보관장소에는 계량기 등 작업에 필요한 물건 외에는 두지 아니할 것
> ㉡ 용기보관장소의 주위 5m(우회거리) 이내에는 화기 또는 인화성 물질이나 발화성 물질을 두지 아니할 것
> ㉢ 충전용기는 항상 40℃ 이하를 유지하고, 직사광선을 받지 않도록 조치할 것
> ㉣ 내용적 10L 이상 충전용기에는 넘어짐 등에 의한 충격이나 밸브의 손상을 방지하는 조치를 하고 난폭한 취급을 하지 아니할 것
> ㉤ 용기보관장소에는 방폭형 휴대용 손전등 외의 등화를 지니고 들어가지 아니할 것
> ㉥ 용기보관장소에는 충전용기와 잔가스용기를 각각 구분하여 놓을 것

① ㉠, ㉡　　② ㉡, ㉣
③ ㉠, ㉣　　④ ㉤, ㉥

㉡은 8m 이내
㉣은 충전용기(내용적 5L 이하는 제외)에는 넘어짐 등에 의한 충격이나 밸브의 손상을 방지하는 조치를 하고 난폭한 취급을 하지 않는다.

123 저장탱크의 침하상태 측정 주기는?

① 6월 1회
② 1년 1회
③ 3년 1회
④ 3년 1회

124 가스 설비에 설치한 밸브 또는 콕에 종업원이 적절히 조작할 수 있도록 하는 조치 중 틀린 것은?

① 밸브 등에는 그 밸브 등의 개폐방향(조작스위치로 그 밸브 등이 설치된 설비에 안전상 중대한 영향을 미치는 밸브 등에는 그 밸브 등의 개폐상태를 포함한다)을 표시할 것
② 밸브 등(조작스위치로 개폐하는 것은 제외한다)이 설치된 배관에는 그 밸브 등의 가까운 부분에 쉽게 알아볼 수 있는 방법으로 가스의 종류와 방향을 표시할 것
③ 조작함으로써 그 밸브 등이 설치된 설비에 안전상 영향을 미치는 밸브 등 중에서 항상 사용하는 것이 아닌 긴급 시 사용하는 밸브 등에는 자물쇠를 채우거나 봉인하여 두는 등의 조치를 할 것
④ 밸브 등을 조작하는 장소에는 그 밸브 등의 기능 및 사용빈도에 따라 그 밸브 등을 확실히 조작하는 데 필요한 발판과 조명도를 확보할 것

③ 긴급 시 사용하는 밸브는 자물쇠 채움 봉인조치를 하지 않는다.

125 LPG의 제조 및 충전기준이 맞지 않는 항목은?

① 저장탱크에 가스를 충전하려면 가스의 용량이 상용온도에서 저장탱크 내용적의 90%(소형 저장탱크의 경우는 85%)를 넘지 아니하도록 충전할 것
② 자동차에 고정된 탱크는 저장탱크의 외면으로부터 5m 이상 떨어져 정지할 것. 다만, 저장탱크와 자동차에 고정된 탱크와의 사이에 방호 울타리 등을 설치한 경우에는 그러하지 아니하다.
③ 가스를 충전하려면 충전설비에서 발생하는 정전기를 제거하는 조치를 할 것
④ 액화석유가스는 공기 중의 혼합비율의 용량이 1천분의 1 상태에서 감지할 수 있도록 냄새가 나는 물질(공업용의 경우는 제외한다)을 섞어 용기에 충전할 것

② 탱크로리와 저장탱크는 3m 이상 떨어질 것

정답 122.② 123.② 124.③ 125.②

126 다음의 LPG 충전기술 항목 중 틀린 것은?

① 안전밸브 또는 방출밸브에 설치된 스톱밸브는 항상 열어둘 것. 다만, 안전밸브 또는 방출밸브의 수리·청소를 위하여 특히 필요한 경우에는 그러하지 아니한다.
② 내용적 2000L 이상 자동차에 고정된 탱크로부터 가스를 이입받을 때에는 자동차가 고정되도록 자동차 정지목 등을 설치할 것
③ 액화석유가스를 자동차에 고정된 탱크로부터 이입할 때에는 배관접속 부분의 가스누출 여부를 확인하고, 이입한 후에는 그 배관 안의 가스로 인한 위해가 발생하지 아니하도록 조치할 것
④ 자동차에 고정된 탱크로부터 저장탱크에 액화석유가스를 이입받을 때에는 5시간 이상 연속하여 자동차에 고정된 탱크를 저장탱크에 접속하지 아니할 것

차량 정지목 설치기준
㉠ 고압가스 안전관리법 : 내용적 2천L 이상 자동차에 고정된 탱크
㉡ 액화석유가스 안전관리법 : 내용적 2천L 이상 자동차에 고정된 탱크

127 액화석유가스 소형 용기 중 납붙임 또는 접합용기와 이동식 부탄연소기용 용접용기에 액화석유가스를 충전 시 충전하는 가스압력 가스성분에 대한 내용이다. 올바른 항목은?

> ㉠ 가스압력 : 40℃에서 0.4MPa 이하
> ㉡ 가스성분(프로판+프로필렌) 20mol% 이하
> ㉢ 가스성분(부탄+부틸렌) 90mol% 이상

① ㉠
② ㉡
③ ㉢
④ ㉠, ㉡, ㉢

해설

• 가스압력 : 40℃에서 0.52MPa 이하
• 가스성분 : (프로판+프로필렌) 10mol% 이하

128 다음 LPG 충전시설의 점검기준 중 틀린 항목은?

① 충전시설 중 충전설비는 1일 1회 이상 작동상황을 점검한다.
② 액화석유가스가 충전된 이동식 부탄 연소기용 용접용기는 연속공정에 의하여 55±2℃의 온수조에 30초 이상 통과시키는 누출검사를 전수에 대하여 실시하고 불합격 용기는 파기할 것
③ 압축기 최종단에 안전밸브는 1년 1회 이상 그 밖의 안전밸브는 2년 1회 이상 설정압력 이하에서 작동하도록 조정할 것
④ 가스 시설에 설치된 긴급차단장치에 대하여 1년 1회 이상 밸브시트의 누출검사 및 작동검사를 실시할 것

해설

② 55±2℃의 온수조에 60초 이상

참고 1. 물분무장치, 살수장치 소화전 매월 1회 이상 작동상황 점검
2. 슬립튜브식 액면계의 패킹을 주기적으로 점검 이상 시 교체
3. 충전용 주관의 압력계 매월 1회 이상 기타 압력계 3월 1회 이상 국가표준법에 따른 교정을 받은 압력계로 기능을 검사

129 다음의 LPG 충전시설 기준 중 수시검사 항목이 아닌 것은?

① 물분무장치와 살수장치, 강제통풍시설, 정전기 제거장치와 방폭전기기기
② 안전밸브, 긴급차단장치, 가스누출 자동차단장치 및 경보기
③ 배관 등의 가스누출 여부, 비상전력의 작동 여부
④ 방화벽 설치공정, 내진설계 적용공정

정답 126.② 127.③ 128.② 129.④

LPG 자동차에 고정된 충전용기

130 LPG 자동차에 고정된 용기 충전시설의 저장설비의 능력변경은 사업소 내 합산 저장능력이 몇 톤 이하이어야 하는가?

① 5톤 ② 10톤
③ 20톤 ④ 30톤

131 저장 · 충전설비 저장능력 50톤인 경우 1종, 2종의 보호시설과 안전거리(m)는? (단, 이 설비는 지하에 설치하는 것으로 한다.)

① 15m, 10m ② 20m, 10m
③ 30m, 20m ④ 40m, 20m

해설

저장설비와 충전설비는 그 외면으로부터 보호시설(사업소 안에 있는 보호시설과 전용공업지역 안에 있는 보호시설은 제외한다)까지 다음의 기준에 따른 안전거리를 유지할 것. 다만, 저장설비를 지하에 설치하는 경우에는 다음 표에 정한 거리의 2분의 1 이상을 유지할 수 있다.

저장능력	제1종 보호시설	제2종 보호시설
10톤 이하	17m	12m
10톤 초과 20톤 이하	21m	14m
20톤 초과 30톤 이하	24m	16m
30톤 초과 40톤 이하	27m	18m
40톤 초과	30m	20m

132 LPG 자동차 충전작업을 위한 필요한 설비가 아닌 것은?

① 로딩암
② 충전기 충전호스
③ 차양
④ 방류제

133 LPG 자동차에 고정된 용기 충전소에 설치 가능한 건축물이 아닌 것은?

① 충전작업을 위한 작업장
② 충전소의 업무를 하기 위한 사무실, 회의실
③ 충전소의 종사자가 이용하기 위한 연면적 300m^2 이하 식당
④ 비상 발전기실 공구 등을 보관하기 위한 연면적 100m^2 이하 창고

해설

③ 연면적 100m^2 이하 식당
①, ②, ④항 이외에
㉠ 충전소 관계자가 근무하는 대기실
㉡ 액화석유가스 충전사업자가 운영하고 있는 용기를 재검사 하기 위한 시설
㉢ 충전소 종사자 숙소
㉣ 자동차의 세정을 위한 세차시설
㉤ 충전소에 출입하는 사람을 대상으로 한 자동판매기와 현금 자동지급기
㉥ 충전소에 출입하는 사람을 대상으로 한 소매점
㉦ 자동차에 고정된 탱크 충전(배관을 통한 충전을 포함)

134 LPG 자동차에 고정된 충전시설의 저장탱크의 저장능력은 몇 톤 이상이어야 하는가?

① 10톤 ② 20톤
③ 30톤 ④ 40톤

135 저장능력이 40톤 마운드형 저장탱크의 1종, 2종 보호시설의 안전거리(m)로 올바른 항목은?

① 15m, 10m ② 20m, 10m
③ 20m, 15m ④ 30m, 20m

해설

- 마운드형 저장탱크는 저장탱크가 지하에 설치된 것으로 안전거리를 계산한다.
- 마운드형 저장탱크는 폭발방지장치를 설치한 것으로 본다.

136 허가 대상 가스용품의 범위 규정에 올바르지 않는 항목은?

① 용접 절단기용 액화석유가스용 압력조정기
② 정압기에 내장된 정압기용 필터
③ 매몰형 정압기
④ 볼 밸브 및 글로브 밸브로 구성된 배관용 밸브

해설

허가 대상 가스용품 범위
가스용품 제조허가를 받아야 하는 것은 다음 각 호와 같다.

정답 130.④ 131.① 132.④ 133.③ 134.④ 135.① 136.②

㉠ 압력조정기(용접 절단기용 액화석유가스 압력조정기를 포함한다)
㉡ 가스누출 자동차단장치
㉢ 정압기용 필터(정압기에 내장된 것은 제외한다)
㉣ 매몰형 정압기
㉤ 호스
㉥ 배관용 밸브(볼밸브와 글로브밸브만을 말한다)
㉦ 배관이음관
㉧ 강제혼합식 가스버너(제10호에 따른 연소기와 별표 7 제5호 나목에서 정한 연소기에 부착하는 것은 제외한다)
㉨ 연소기[연소장치 중 가스버너를 사용할 수 있는 구조의 것으로서 가스소비량 232.6kW(20만kcal/h) 이하인 것만을 말하되, 별표 7 제5호 나목에서 정하는 것은 제외한다]
㉩ 다기능 가스안전계량기(가스계량기에 가스누출차단장치 등 가스안전기능을 수행하는 가스안전장치가 부착된 가스용품을 말한다. 이하 같다.)
㉪ 로딩암
㉫ 연료전지(가스소비량이 232.6kW(20만kcal/h) 이하인 것만을 말한다. 이하 같다.)

액화석유가스 집단공급 저장소의 시설 · 기술 검사기준

137 액화석유가스 집단공급시설의 저장설비 저장능력이 30톤인 경우 사업소 경계와 이격거리가 올바른 항목은?

① 17m ② 21m
③ 24m ④ 27m

해설

액화석유가스 집단공급시설 저장설비(소형 저장탱크 제외) 외면으로부터 사업소 경계와의 이격거리

저장능력	사업소 경계와의 거리
10톤 이하	17m
10톤 초과 20톤 이하	21m
20톤 초과 30톤 이하	24m
30톤 초과 40톤 이하	27m
40톤 초과	30

〈비고〉
1. 이 표의 저장능력 산정은 별표 3 제1호 가목 1)다)의 표에서 정한 계산식에 따른다.
2. 동일한 사업소에 두 개 이상의 저장설비가 있는 경우에는 그 설비별로 각각 안전거리를 유지하여야 한다.

138 LPG 집단공급시설의 저장설비로 설치 가능한 항목은?

① 용기
② 용기집합장치
③ 마운드형 저장탱크
④ 저장탱크 및 소형 저장탱크

139 LPG 집단공급시설의 능력 2000kg 이상 소형 저장탱크의 경우 가스 충전구로부터 토지경계선에 대한 수평유지거리(m)와 탱크간의 거리(m)는?

① 0.5m, 0.3m
② 3.0m, 0.5m
③ 5.0m, 0.5m
④ 5.5m, 0.5m

해설

소형 저장탱크 설치거리

소형 저장 탱크의 충전질량 (kg)	가스 충전구로부터 토지 경계선에 대한 수평거리(m)	탱크간 거리 (m)	가스 충전구로부터 건축물 개구부에 대한 거리(m)
1000 미만	0.5 이상	0.3 이상	0.5 이상
1000 이상 2000 미만	3.0 이상	0.5 이상	3.0 이상
2000 이상	5.5 이상	0.5 이상	3.5 이상

140 다음은 LPG 집단공급시설의 기술기준에 관한 내용이다. 틀린 항목은?

① 저장설비, 가스설비 및 배관[고압부분에 한정한다. 이하 가)에서 같다]에는 그 설비 및 배관 안의 압력이 허용압력을 초과하는 경우 즉시 그 압력을 허용압력 이하로 되돌릴 수 있는 안전장치를 설치하는 등 필요한 조치를 마련할 것
② 저장설비실과 가스설비실은 가스가 누출될 경우 이를 신속히 검지하여 효과적으로 대응할 수 있도록 하기 위하여 필요한 조치를 마련 할 것
③ 지하공간에서의 가스폭발을 예방하기 위하여 지하공간에 가스를 공급하는 배

정답 137.③ 138.④ 139.④ 140.④

관에는 누출된 가스를 검지하여 자동으로 가스공급을 차단할 수 있는 조치를 마련할 것

④ 저장탱크 및 소형 저장탱크에 부착된 배관에는 긴급 시 가스의 누출을 효과적으로 차단할 수 있는 조치를 마련할 것. 다만, 액상의 액화석유가스를 이입하기 위하여 설치된 배관에는 역류방지밸브로 대신할 수 있다.

해설

소형 저장탱크를 제외한 저장탱크에 부착된 배관에는 긴급 시 가스의 누출을 효과적으로 차단할 수 있는 조치를 마련할 것(단, 액상의 가스를 이입하기 위해 설치된 배관에는 역류방지밸브로 대신할 수 있다.)

141 LPG 집단공급시설의 용기실 외 저장소에 보관 가능한 용기의 내용적은 몇 L 이하인가?

① 10L ② 20L
③ 30L ④ 40L

142 LPG 집단공급시설의 저장설비, 가스설비 외면에서 화기를 취급하지 못하는 장소는 몇 m 이내인가?

① 2m ② 5m
③ 8m ④ 10m

143 LPG 집단공급시설의 실외 저장소 충전용기와 잔가스 용기보관장소의 이격거리(m)는?

① 1m ② 1.5m
③ 2m ④ 2.5m

144 LPG 집단공급시설의 안전유지를 위한 기준 중 틀린 것은?

① 용기보관실 주위의 2m(우회거리) 이내에는 화기를 취급하거나 인화성 물질과 가연성 물질을 두지 아니할 것
② 용기보관실에서 사용하는 휴대용 손전등은 방폭형일 것
③ 용기보관실에는 계량기 등 작업에 필요한 물건 외에는 두지 아니할 것
④ 내용적 25L 미만의 용기는 2단 이상 쌓지 않을 것

해설

④ 용기는 2단 이상 쌓지 아니할 것(단, 내용적 30L 미만의 용기는 2단으로 쌓을 수 있다.)

액화석유가스 판매 · 충전사업자의 영업소에 설치하는 용기저장소의 시설 · 기술 검사기준

145 액화석유가스 판매시설의 사업소 부지는 그 한 면이 몇 m 이상의 도로에 접하여야 하는가?

① 1m ② 2m
③ 3m ④ 4m

146 액화석유가스 판매시설의 용기보관실 면적(m^2), 부대시설 중 사무실 면적(m^2), 용기보관실 주위 부지확보 면적(m^2)은?

① 19, 9, 10 ② 19, 9, 12
③ 19, 9, 11.5 ④ 19, 9, 10.5

147 액화석유가스 판매시설에서 벌크로리를 2대 이상 확보 시 벌크로리 주차위치 중심을 설정하였을 때 벌크로리간 몇 m 이격하여 각각 벌크로리 주차위치 중심을 설정하여야 하는가?

① 1m ② 2m
③ 3m ④ 4m

148 LPG 판매시설의 충전용기 운반기준이 아닌 항목은?

① 충전용기는 항상 40℃ 이하를 유지하여야 하고, 수요자의 주문에 따라 운반 중인 경우 외에는 충전용기와 잔가스 용기를 구분하여 용기보관실에 저장할 것
② 용기를 차에 싣거나 차에서 내리거나 이동 시에는 난폭한 취급을 하지 아니하여야 하고 필요한 경우에는 고무판, 가마니 등을 이용할 것

정답 141.③ 142.③ 143.② 144.④ 145.④ 146.③ 147.① 148.②

③ 용기보관실 주위의 2m(우회거리) 이내에는 화기취급을 하거나 인화성 물질과 가연성 물질을 두지 아니할 것
④ 용기보관실에 사용하는 휴대용 손전등은 방폭형일 것

② 고무판, 가마니 → 손수레(이동), 완충판(충격완화)

149 가스용품의 일반용 고압호스에 해당하는 종류는?

① 염화비닐호스
② 투윈호스, 측도관
③ 금속플렉시블 호스
④ 수지호스

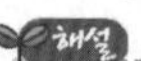

고압호스 종류 : 일반용 고압호스, 자동차용 고압고무호스, 자동차용 비금속호스 나머지는 저압호스

150 액화석유가스용 연소기의 종류에서 가스레인지의 전가스 소비량(kcal/h)은 얼마 이하인가?

① 14400 ② 5000
③ 6000 ④ 19400

오븐레인지의 경우는 19400kcal/h 이하

151 가스계량기에 가스누출 차단장치 등 가스안전장치가 부착된 가스용품의 명칭은?

① 루트 가스계량기
② 터빈형 가스계량기
③ 습식 가스계량기
④ 다기능 가스안전계량기

152 가스용품 중 연료전지는 가스소비량 몇 kW 이하인 것인가?

① 232.6kW ② 324.6kW
③ 410kW ④ 424.6kW

연료전지 232.6kW(20만kcal/h) 이하

153 액화석유가스 집단공급 사업자의 수요자 시설 점검원의 명수는 수용가 몇 가구당 1명이 되어야 하는가?

① 1000가구 ② 2000가구
③ 3000가구 ④ 4000가구

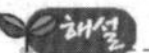

수요자 시설 점검원의 자격 : 안전관리책임자로부터 10시간 이상의 안전교육을 받은 자

액화석유가스 사용시설의 시설 · 기술 검사기준

154 액화석유가스 사용시설의 저장설비 감압설비 및 배관 등과 화기취급장소의 저장능력별 우회거리로 올바른 것은?

① 1톤, 2m 이상 ② 2톤, 2m 이상
③ 3톤, 5m 이상 ④ 4톤, 8m 이상

해설

액화석유가스 사용시설의 저장설비 저장능력별 화기와 우회거리(m)

저장능력	화기와의 우회거리
1톤 미만	2m
1톤 이상 3톤 미만	5m
3톤 이상	8m

〈비고〉 2개 이상의 저장설비가 있는 경우에는 그 설비별로 각각 거리를 유지하여야 한다.

참고 액화석유가스 사용시설
- 가스계량기와 주거용 시설과 화기와의 우회거리 : 2m 이상
- $30m^3$/h 미만 가스계량기, 입상관 밸브의 설치높이 : 지면에서 1.6m 이상 2m 이내
  (단, 가스계량기를 격납상자 내에 설치 시 설치높이를 제한하지 않는다.)

155 LP가스 저장능력 500kg 초과 시 소형 저장탱크를 설치하여야 하는데 저장설비를 용기집합식으로 500kg 초과 시 하여야 하는 조치사항 2가지는?

① 긴급차단장치 설치, 방호벽 설치
② 안전장치 설치, 방호벽 설치
③ 법정보호시설의 안전거리 유지, 방호벽 설치
④ 살수장치 설치, 방호벽 설치

정답 149.② 150.① 151.④ 152.① 153.③ 154.④ 155.③

156 LP가스 용기를 용기보관실 안에 설치하지 않아도 되는 경우가 아닌 항목은?

① 저장능력 100kg 이하 용기
② 환기가 양호한 옥외에 있는 용기
③ 용기내장형 가스 난방기 용기가 환기가 양호한 옥외에 있는 경우
④ 용기, 용기밸브 및 압력조정기를 직사광선, 눈 또는 빗물에 노출되지 아니하도록 조치되어 있는 경우

해설

③ 용기내장형 난방용기 이동식 부탄 연소기용 접합 및 용접용기의 경우는 옥외에 설치된 용기보관실에 설치하여야 한다.

157 액화석유가스 사용시설의 호스의 길이는 몇 m 이내인가?

① 1m ② 2m
③ 3m ④ 4m

해설

사용시설 호스길이는 3m 이내(단, 금속 플렉시블 호스, 용접·용단 작업용 시설 제외)

158 액화석유가스 사용시설의 배관으로 부적합한 것은?

① 강관
② 동관
③ 금속 플렉시블 호스
④ PE관

해설

사용시설의 배관은 강관·동관 또는 금속 플렉시블 호스로 할 것. 다만, 저장설비에서 압력조정기까지는 일반용 고압 고무호스(트윈호스·측도관만을 말한다)로 설치할 수 있고, 중간밸브에서 연소기 입구까지 호스로 설치할 수 있다.

159 LPG 사용시설의 가스보일러, 가스온수기 설치기준에 해당되지 않는 항목은?

① 중독사고 우려가 없는 밀폐식 가스보일러는 목욕탕 또는 환기가 잘 되지 않는 곳에 설치하지 아니할 것
② 가스보일러는 전용보일러실(보일러실 안의 가스가 거실로 들어가지 아니하는 구조로서 보일러실과 거실 사이의 경계벽은 출입구를 제외하고는 내화구조의 벽으로 한 것을 말한다. 이하 같다)에 설치할 것. 다만, 중독사고가 일어나지 않도록 적절한 조치를 한 경우에는 그러하지 아니하다.
③ 배기통의 재료는 스테인리스강판 또는 배기가스 및 응축수에 내열·내식성이 있는 것일 것
④ 가스보일러(가스온수기를 포함한다. 이하 같다)를 설치·시공한 자는 그가 설치·시공한 시설에 대하여 시공자·보일러 및 시공내역 등과 관련된 정보를 기록한 시공 표지판을 부착할 것

해설

① 가스온수기나 가스보일러는 목욕탕 또는 환기가 잘 되지 아니하는 곳에 설치하지 아니할 것. 다만, 밀폐식 가스온수기나 가스보일러로서 중독사고가 일어나지 않도록 적절한 조치를 한 경우에는 그러하지 아니하다.

160 LPG 사용시설에서 용기와 압력조정기 입구까지의 배관에 압력상승 시 방출가능한 안전장치를 설치하여야 하는 저장능력은 몇 kg 이상인가? (단, 자동절체기로 용기를 집합한 경우이다.)

① 100kg ② 200kg
③ 250kg ④ 500kg

해설

저장능력이 250kg 이상(자동절체기를 사용하여 용기를 집합한 경우에는 저장능력 500kg 이상)인 경우에는 용기에서 압력조정기 입구까지의 배관에 이상압력상승 시 압력을 방출할 수 있는 안전장치를 설치하는 등 필요한 조치를 마련할 것

161 액화석유가스 사용시설의 가스계량기와 아래 이격거리 사항이 틀린 것은?

① 전기계량기, 전기개폐기 : 60cm 이상
② 단열조치 하지 않은 굴뚝 : 30cm 이상
③ 전기점멸기, 전기접속기 : 30cm 이상
④ 절연조치 하지 않은 전선과 : 30cm 이상

정답 156.③ 157.③ 158.④ 159.① 160.④ 161.④

해설

- LPG 사용시설 가스계량기와 절연조치 하지 않은 전선 15cm 이상
- 전기계량기, 전기개폐기, 전기점멸기, 전기접속기, 절연조치한 전선과 절연조치 하지 않은 전선, 단열조치 하지 않은 굴뚝과의 가스계량기 배관이음매(용접이음매 제외)와의 이격거리

법 규 / 항 목	공급시설		사용시설			
	LPG 집단공급	도시가스(가스도매·일반도시)	LPG		도시가스	
	배관이음매(용접이음 제외)		호스 및 배관이음매(용접이음 제외)	가스계량기	배관이음매	가스계량기
전기계량기 전기계폐기	60cm 이상		60cm 이상	60cm 이상	60cm 이상	60cm 이상
전기점멸기 전기접속기	30cm 이상		30cm 이상	30cm 이상	30cm 이상	30cm 이상
절연조치한 전선	10cm 이상		10cm 이상	규정 없음	10cm 이상	규정 없음
절연조치 하지 않은 전선	30cm 이상	15cm 이상	15cm 이상	15cm 이상	15cm 이상	15cm 이상
단열조치 하지 않은 굴뚝	30cm 이상	30cm 이상	15cm 이상	30cm 이상	15cm 이상	30cm 이상

1. 절연조치 하지 않은 전선 30cm 규정 : LPG 집단공급(배관이음매) 그 외는 15cm 이상
2. 단열조치 하지 않은 굴뚝 15cm 규정 : LPG 도시가스 사용시설(배관이음매) 그 외는 30cm 이상
3. 절연조치한 전선 : LPG 사용시설 가스누출 차단장치를 작동시키기 위한 전선은 제외

162 다음 중 LPG 사용시설의 배관용접부에 비파괴시험 대상이 아닌 항목은?

① 압력 0.1MPa 이상 액화석유가스가 통하는 배관의 용접부
② 압력 0.1MPa 미만 액화석유가스가 통하는 호칭경 80A 이상 배관의 용접부
③ 압력 0.01MPa 미만 건축물 외부에 노출하여 설치된 용접부
④ 압력 0.1MPa 이상 고압가스가 통하는 배관의 용접부

해설

LPG 사용시설 비파괴시험 기준
배관의 접합은 용접시공 사용시설의 경우 압력 0.1MPa 이상 액화석유가스가 통하는 배관의 용접부와 0.1MPa 미만 액화석유가스가 통하는 호칭경 80A 이상 배관의 용접부(건축물 외부에 노출하여 설치된 사용압력 0.01MPa 미만 용접부 제외) 비파괴시험을 실시한다.

163 액화석유가스 특정 사용시설에 필요한 시설은?

① 누출가스를 검지하여 자동으로 가스공급을 차단하는 장치
② 양방향 자연환기장치 설치
③ 자연환기구 설치 불가능 시 기계통풍장치 설치
④ 한쪽에서 발생한 재해를 예방하기 위하여 방호벽 설치

164 액화석유가스 사용시설에 경계 울타리가 설치하지 않아도 되는 경우는?

① 소형 저장탱크 시설
② 용기 집합시설
③ 50kg 용기 4본 시설
④ 50kg 용기 2본 시설

해설

저장능력 100kg 이하인 용기에 의한 시설, 용기보관실이 설치된 시설은 경계 울타리를 설치하지 않을 수 있다.

165 충전용기를 옥외로 이동하면서 사용 시 용기운반 전용 손수레에 단단히 묶어 사용하여야 하는 용기 내용적은?

① 10L 이상 ② 20L 이상
③ 30L 이상 ④ 40L 이상

166 LPG를 사용 용접 또는 용단작업 중인 장소로부터 흡연화기의 사용 또는 불꽃발생 우려의 행위를 금지하여야 하는 거리는 몇 m 이내인가?

① 1m ② 2m
③ 3m ④ 5m

정답 162.③ 163.① 164.④ 165.② 166.④

167 액화석유가스 공급 시 안전공급계약에 포함되어야 할 사항이 아닌 것은?

① 액화석유가스 전달방법
② 액화석유가스의 계량방법과 가스요금
③ 공급설비와 소비설비에 대한 비용부담
④ 월간 사용예정량

해설

①, ②, ③항 이외에
• 공급설비와 소비설비의 관리 방법
• 위해 예방조치에 관한 사항
• 계약의 해지 등

168 LPG 소비자가 공급자에게 계약해지를 요청할 수 있는 항목이 아닌 것은?

① 무단으로 가스공급을 중단한 경우
② 사전 협의 없이 요금은 인상한 경우
③ 안전점검을 실시하지 아니한 경우
④ 노후설비 교체 요청 시

169 액화석유가스 품질검사 시 석유정제, 석유수입업자, 석유제품 판매업자에 대하여 보관 중 액화석유가스의 품질검사 주기는?

① 1일 1회 ② 주 1회
③ 10일 1회 ④ 월 1회

생산공장 또는 수입기지 밖의 저장시설에 보관 중인 액화석유가스에 대하여는 분기 1회 이상

참고 품질검사의 법령에 따른 자체검사
1. 석유정제업자나 부산물인 석유제품 판매업자는 국내에 판매하거나 인도할 목적으로 자기가 생산한 액화석유가스에 대하여 주 1회 이상. 다만, 공장 밖의 저장시설에 저장 중인 액화석유가스에 대하여는 월 1회 이상
2. 석유정제업자나 석유수출업자가 수입한 액화석유가스에 대하여는 판매하거나 인도하기 전

170 액화석유가스 품질검사 방법에서 액화석유가스 시료채취 방법의 검사 시료를 규정한 법령은?

① 액화석유가스 안전관리법
② 산업통상자원부령
③ 산업표준화법
④ 지방자치단체장의 고시령

171 다음 중 액화석유가스 안전교육에 대한 특별교육 대상자에 해당하지 않는 항목은?

① 액화석유가스 사용자동차 운전자
② 액화석유가스 운반자동차 운전자, 액화석유가스 배달원
③ 액화석유가스 충전시설 충전원
④ 액화석유가스 충전시설의 안전관리자가 되려는 자

해설

④항은 양성교육 대상자에 해당한다.

참고 1. 양성교육 대상
• 일반시설, 충전·판매 사용시설의 안전관리자가 되려고 하는 자
• 시공자 및 시공관리자가 되려고 하는 자
• 폴리에틸렌관 융착원이 되려는 자

2. 전문교육 대상자
• 안전관리 책임자, 안전관리원
• 특정 사용시설 안전관리 책임자, 안전관리원
• 시공관리자(1종 가스시설), 시공자(2종 가스시설), 온수보일러시공자(3종 가스시설)
• 액화석유가스 운반책임자

3. 특별교육
• 액화석유가스 사용자동차 운전자
• 액화석유가스 운반자동차 운전자와 액화석유가스 배달원
• 액화석유가스 충전시설의 충전원
• 1종, 2종 가스시설 시공업자 중 액화석유가스 자동차 정비 폐차에 종사하는 자

172 한국가스안전공사가 교육 신청자에게 교육일 며칠 전까지 교육장소, 일시를 알려야 하는가?

① 3일 ② 5일
③ 7일 ④ 10일

정답 167.④ 168.④ 169.④ 170.③ 171.④ 172.④

출 / 제 / 예 / 상 / 문 / 제

가스도매 사업분야

173 도시가스 사업법의 목적에 해당하지 않는 것은?

① 사용자 이익보호
② 도시가스사업의 건전한 발전 도모
③ 가스공급시설, 사용시설의 설치, 안전관리 유지 공공의 안전확보
④ 도시가스 배관망 증설

174 도시가스의 정의에 관한 내용이다. (　)에 적합한 것은?

> 도시가스란 (㉠) 또는 배관을 통하여 공급되는 석유가스(㉡)(㉢)등 대통령령으로 정하는 것을 말한다.

	㉠	㉡	㉢
①	바이오가스,	천연가스,	나프타 부생가스
②	바이오가스,	나프타 부생가스,	천연가스
③	천연가스,	나프타 부생가스,	바이오가스
④	나프타 부생가스,	천연가스,	바이오가스

175 도시가스 사업에 해당하지 않는 것은?

① 도시가스 제조사업자
② 가스도매사업자
③ 일반도시가스 사업자
④ 도시가스 충전사업자

해설

㉠ 가스도매사업 : 일반도시가스 사업자 외의 자가 일반도시가스 사업자, 도시가스 충전사업자 또는 산업통상자원부령으로 정하는 대량 수요자에게 천연가스를 공급하는 사업
㉡ 일반도시가스 사업 : 가스도매사업자 등으로 공급받거나 스스로 제조한 가스를 일반 수요에 따라 배관을 통하여 수요자에게 공급하는 사업
㉢ 도시가스 충전사업 : 가스도매사업자 등으로 공급받거나 스스로 제조한 가스를 용기, 저장탱크, 차량에 고정된 탱크에 충전하여 공급하는 사업으로 산업통상자원부령으로 정하는 사업

176 가스 공급시설이 아닌 항목은?

① 가스 제조시설
② 가스 저장시설
③ 가스 배관시설
④ 가스 충전시설

해설

가스 사용시설 : 공급시설 이외 사용자 시설로서 산업통상자원부령으로 정하는 것

177 굴착공사로 인한 도시가스 배관의 파손사고 예방을 위하여 정보제공 홍보 등에 필요한 매설배관 확인 등에 대한 정보지원 업무를 효율적으로 수행하기 위하여 굴착정보지원센터를 두어야 하는 기관은?

① 산업통상자원부
② 국무총리실
③ 한국가스안전공사
④ 한국가스공사

178 굴착공사 전 해당 지역에 도시가스 배관매설이 확인되면 굴착공사자, 도시가스 사업자가 조치하여야 할 사항이 해당되지 않는 것은?

① 굴착공사의 현장위치 및 도시가스 배관의 매설위치 표시
② 정보지원센터에 대한 사항의 표시 사실의 통지
③ 해당 도면의 제공, 사고예방을 위하여 산업통상자원부령으로 정하는 조치
④ 굴착공사 전 해당 지역의 안전표지판 설치

정답 173.④ 174.③ 175.① 176.② 177.② 178.④

179 도시가스 사업자가 도시가스 시설에 사고발생 시 한국가스안전공사에 통보하여야 하는 항목이 아닌 것은?

① 사망사고
② 부상 중독사고
③ 폭발 화재사고
④ 기타 가스 시설이 손괴되거나 가스가 누출된 사고로서 대통령령으로 정하는 사고

①, ②, ③항 이외에 가스누출로 인하여 인명대피나 공급 중단이 발생한 사고도 포함된다.

180 안전관리자의 업무에 속하지 않는 것은?

① 가스공급시설 또는 특정 가스사용시설 안전유지
② 도시가스 사용의 홍보
③ 정기 수시검사 부적합 시설 개선
④ 안전점검 의무이행 확인

①, ③, ④항 이외에

- 종업원에 대한 안전관리를 위하여 필요한 사항의 지휘 감독
- 정압기 도시가스 배관 및 부속설비의 순회점검 구조물의 관리
- 원격시스템의 관리 검사업무 안전에 대한 비상계획의 수급관리
- 본관 공급관의 누출검사 전기방식 시설의 관리 사용자 공급관리
- 굴착공사의 관리 배관의 구멍뚫기 작업

참고 안전관리자 종류(안전관리 총괄자, 안전관리 부총괄자, 안전관리 책임자, 안전관리원, 안전점검원)

181 배관길이 900km인 경우 일반도시가스 사업자가 선임하여야 할 안전관리원의 수는 몇 명인가?

① 5명　② 6명
③ 7명　④ 8명

해설

- 200km 이하 : 5명
- 200km 초과 1000km 이하 5+(200km마다 1명 추가 인원)
- 1000km 초과 : 10명

182 도시가스 배관에 속하지 않는 항목은?

① 도관　② 본관
③ 공급관　④ 내관

해설

(1) 본관 : 도시가스 제조사업소의 부지 경계에서 정압기까지 이르는 배관
(2) 공급관
　㉠ 공동주택 등에는 정압기에서 가스 사용자가 구분하여 소유하거나 점유하는 건축물의 외벽에 설치하는 계량기 전단 밸브까지 이르는 배관
　㉡ 공동주택 이외는 정압기에서 가스 사용자가 소유하거나 점유하고 있는 토지의 경계까지 이르는 배관
　㉢ 가스도매사업은 정압기에서 일반도시가스 사업자의 가스공급시설마다 대량수요자의 가스 사용시설까지 이르는 배관
(3) 사용자 공급관 : 공동주택 등의 공급관 중 가스 사용자가 소유 점유하고 있는 토지 경계에서 가스 사용자가 구분하여 소유하거나 점유하는 건축물의 외벽에 설치된 계량기의 전단밸브까지 이르는 배관
(4) 내관 : 가스 사용자가 소유 점유하고 있는 토지의 경계에서 연소기까지 이르는 배관
(5) 저장설비 : 저장탱크, 충전용기, 보관설비
(6) 처리설비 : 압축기, 기화기, 펌프
(7) 대량 수요자

183 배관 또는 저장탱크를 통하여 공급받은 도시가스를 압축하여 이동 충전차량에 충전하는 사업은?

① 고정식 압축도시가스 이동 충전차량 충전사업
② 고정식 압축도시가스 자동차 충전사업
③ 이동식 압축도시가스 자동차 충전사업
④ 액화도시가스 충전사업

해설

㉠ 고정식 압축도시가스 자동차 충전사업 : 배관 또는 저장탱크를 통하여 공급받은 도시가스를 압축하여 자동차에 충전하는 사업
㉡ 이동식 압축도시가스 자동차 충전사업 : 이동 충전차량을 통하여 공급받은 압축도시가스를 자동차에 충전하는 사업
㉢ 고정식 압축도시가스 이동 충전차량 충전사업 : 배관 또는 저장탱크를 통하여 공급받은 도시가스를 압축하여 이동 충전차량에 충전하는 사업

정답 179.④ 180.② 181.④ 182.① 183.①

㉣ 액화도시가스 자동차 충전사업 : 배관 또는 저장탱크를 통하여 공급받은 액화도시가스를 자동차에 충전하는 사업
㉤ 액화도시가스 선박 충전사업 : 저장탱크 또는 자동차에 고정된 탱크를 통하여 공급받은 액화도시가스를 제2항 제4호에 따른 선박에 충전하는 사업

184 비상공급시설 설치 신고서에 첨부하여야 할 서류에 해당되지 않는 항목은?

① 비상공급시설의 설치 사유서
② 비상공급시설 설치에 따른 견적서
③ 비상공급시설에 의한 공급권역을 명시한 도면
④ 안전관리자의 배치 현황

①, ③, ④항 이외에 설치위치 및 주위 상황도

185 다음 중 특정가스 사용시설에 해당하지 않는 항목은?

① 월사용량 $2000m^3$ 이상 가스 사용시설
② 1종 보호시설 안에 있는 $500m^3$ 이상 가스 사용시설
③ 월사용량 $2000m^3$ 미만 가스 사용시설로서 많은 사람이 이용하는 시설로서 시·도지사가 안전관리를 위해 필요하다고 인정하여 지정하는 가스 사용 시설
④ 도시가스를 연료로 사용하는 자동차의 가스 사용시설

해설

② 1종 보호시설 $1000m^3$ 이상 가스 사용시설
①, ③, ④항 이외에 자동차용 압축천연가스 완속충전설비를 갖추고 도시가스를 자동차에 충전하는 가스 사용시설

186 다음 중 도시가스 충전시설의 중간검사 공정에 해당하지 않는 것은?

① 기밀, 내압시험을 할 수 있는 상태의 공정
② 저장탱크를 지상에 설치하는 경우의 공정
③ 배관을 지하 설치 시 매몰 직전의 공정
④ 한국가스안전공사가 지정하는 부분의 비파괴시험을 하는 공정

- 저장탱크를 지하에 매설하기 직전의 공정
- 그 외에 방호벽 또는 저장탱크의 기초 설치 공정
- 내진설계 대상 설비의 기초 설치 공정

187 도시가스 사용시설 안전점검원의 수요가구가 적당한 항목은?

① 가스 사용시설 안전관리 수요자 2000가구 또는 사업체마다 1명 이상
② 공동주택인 경우 수요가구 3000가구 또는 사업체마다 1명 이상
③ 다기능 가스계량기 설치 시 수요가구 6000가구 또는 사업체마다 1명 이상
④ 공동주택인 경우 5000가구 또는 사업체마다 1명 이상

안전점검원 수

구 분	가 구
다기능 가스계량기 세대	6000당 1인
공동주택 세대	4000당 1인
기타 세대	3000당 1인

188 1종 보호시설이 아닌 항목을 모두 고르면?

㉠ 학교 · 유치원 · 어린이집 · 놀이방 · 어린이놀이터 · 학원 · 병원(의원을 포함한다) · 도서관 · 청소년 수련시설 · 경로당 · 시장 · 목욕장 · 호텔 · 여관 · 극장 · 교회 및 공회당
㉡ 사람을 수용하는 건축물(가설건축물은 제외한다)로서 사실상 독립된 부분의 연면적이 1천m^2 이상인 것
㉢ 예식장 · 장례식장 및 전시장, 그 밖에 이와 유사한 시설로서 300명 이상을 수용할 수 있는 건축물
㉣ 아동 · 노인 · 모자 · 장애인 그 밖에 사회복지사업을 위한 시설로서 20명 이상을 수용할 수 있는 건축물
㉤ 「문화재보호법」에 따라 지정문화재로 지정된 건축물
㉥ 주택
㉦ 사람을 수용하는 건축물(가설건축물은 제외한다)로서 사실상 독립된 부분의 연면적이 $100m^2$ 이상 1천m^2 미만인 것

정답 184.② 185.② 186.② 187.③ 188.③

① ㉠, ㉡ ② ㉠, ㉡, ㉢, ㉣
③ ㉥, ㉦ ④ ㉡, ㉢, ㉣

해설

㉥, ㉦은 2종 보호시설에 해당된다.

189 저장탱크 · 가스홀더 압축기 펌프 등의 시설은 내진설계를 하여야 하는데 다음 중 하지 않아도 되는 시설은?

① 300m^3 이상의 도시가스 홀더
② 지하에 설치되는 3톤 이상 저장탱크
③ 저장능력 1000m^3 이상 산소탱크
④ 저장능력 500m^3 이상 수소탱크

해설

② 지하에 설치되는 탱크는 내진설계에서 제외

190 다음 중 폭발방지장치가 있는 것으로 간주되는 경우가 아닌 것은?

① 물분무장치(살수장치는 포함한다)와 소화전을 설치하는 저장탱크
② 저온저장탱크(2중각 단열구조의 것을 말한다)로서 그 단열재의 두께가 해당 저장탱크 주변의 화재를 고려하여 설계 · 시공된 저장탱크
③ 지하에 매몰하여 설치하는 저장탱크
④ 저장능력 3톤 이상 지상에 설치되는 LPG 저장탱크

191 제조소 및 공급소의 가스공급시설의 도시가스가 통하는 부분에 직접 액체를 옮겨넣는 가스 발생설비, 정제설비에 설치하여야 하는 장치는?

① 긴급차단장치 ② 플레어스택
③ 역류방지장치 ④ 벤트스택

192 제조소 또는 그 제조소에 속하는 계기를 장치한 회로에는 정상적인 도시가스의 제조 조건에 벗어나는 것을 방지하기 위하여 제조설비에 도시가스의 제조를 제어하는 장치는?

① 인터록기구
② RTU
③ 방식 정류기
④ 배송기 · 압송기

193 비상공급시설을 설치하는 기준 중 틀린 것은?

㉠ 비상공급시설의 주위는 인화성 물질이나 발화성 물질을 저장 · 취급하는 장소가 아닐 것
㉡ 비상공급시설에는 접근을 금지하는 내용의 경계표지를 할 것
㉢ 고압이나 중압의 비상공급시설은 내압성능을 가지도록 할 것
㉣ 비상공급시설 중 도시가스가 통하는 부분은 기밀성능을 가지도록 할 것
㉤ 비상공급시설은 그 외면으로부터 제1종 보호시설까지의 거리가 10m 이상, 제2종 보호시설까지의 거리가 5m 이상이 되도록 할 것
㉥ 비상공급시설의 원동기에는 불씨가 방출되지 않도록 하는 조치를 할 것
㉦ 비상공급시설에는 그 설비에서 발생하는 정전기를 제거하는 조치를 할 것
㉧ 비상공급시설에는 소화설비와 재해발생방지를 위한 응급조치에 필요한 자재 및 공구 등을 비치할 것
㉨ 이동식 비상공급시설은 엔진을 정지시킨 후 주차제동장치를 걸어놓고, 자동차 바퀴를 고정목 등으로 고정시킬 것

① ㉠, ㉡ ② ㉡, ㉢
③ ㉤ ④ ㉦, ㉧

해설

비상공급시설
• 1종 : 15m
• 2종 : 10m 이상 유지

194 긴급차단장치 물분무장치 점검주기로 옳은 항목은?

① 1년 1회, 2년 1회
② 1년 1회, 1월 1회
③ 2년 1회, 1월 1회
④ 1년 1회, 6월 1회

정답 189.② 190.② 191.③ 192.① 193.③ 194.②

195 압축기 최종단 안전밸브와 기타 안전밸브의 점검주기로 옳은 것은?

① 1년 1회, 2년 1회
② 1년 1회, 1년 1회
③ 2년 1회, 3년 1회
④ 6월 1회, 1년 1회

196 가스누출 경보기의 점검주기로 옳은 것은?

① 1일 1회 ② 5일 1회
③ 1주일 1회 ④ 10일 1회

197 정밀안전진단은 제조소의 안전확보를 위하여 필요한 진단항목이 있다. 진단항목 중 장치분야의 항목에 해당되지 않는 것은?

① 배관두께 측정
② 배관용접부 결함검사
③ 외관검사
④ 방폭지역구분의 적정성

해설

정밀안전진단의 진단항목

진단분야	진단항목
일반분야	안전장치 관리실태, 공정안전 관리실태, 저장탱크 운영실태, 입·출하 설비의 운영실태
장치분야	외관검사, 배관 두께측정, 배관 경도측정, 배관 용접부 결함검사, 배관 내·외면 부식상태, 보온·보냉 상태 확인
전기·계장 분야	가스시설과 관련된 전기설비의 운전 중 열화상·절연저항 측정, 계측설비 유지관리 실태, 방폭설비 유지관리 실태, 방폭지역 구분의 적정성

198 정압기지 밸브기지에 관한 내용이다. ( ) 안에 알맞은 용어를 고르시오.

(1) 정압기지 밸브기지는 급경사 지역 붕괴우려 지역에 설치하지 아니한다.
(2) 정압기실 및 밸브실은 그 정압기 및 밸브의 보호, 정압기실 및 밸브실 안에서의 작업성 확보와 위해 발생 방지를 위하여 적절한 구조를 가지도록 하고, 예비정압기를 설치하는 등 안전 확보에 필요한 조치를 마련할 것
(3) 정압기지에는 가스공급시설 외의 시설물을 설치하지 아니할 것
(4) 가열설비 · 계량설비 · 정압설비의 지지구조물과 기초는 (①)설계기준에 따라 설계하고 이에 연결되는 배관은 안전하게 고정할 것
(5) 정압기는 도시가스를 안전하고 원활하게 수송할 수 있도록 하기 위하여 적절한 기밀성능을 가지도록 할 것
(6) 정압기지 및 밸브기지에는 (②) · (③) 누출된 도시가스를 검지하여 이를 안전관리자가 상주하는 곳에 통보할 수 있는 설비 · 불순물제거장치 · 안전밸브 등 그 정압기와 밸브의 보호 및 위해 발생 방지와 도시가스의 안정공급을 위하여 필요한 설비를 설치하고, 전기설비의 방폭조치 · 동결방지조치 등 적절한 조치를 할 것
(7) 지상에 설치하는 정압기실의 벽은 (④)으로 하고 지붕은 가벼운 (⑤) 재료로 할 것
(8) 정압기의 입구에는 압력이 이상 변동할 때 자동차단 및 원격조작이 가능한 (⑥) 장치를 설치하고 출구에는 원격조작이 가능한 (⑦) 장치를 설치할 것
(9) 정압기지 밸브기지에는 도시가스 방출을 위하여 (⑧)을 설치할 것

해설

① 내진
② 압력 감시장치
③ 지진 감시장치
④ 방호벽
⑤ 불연성
⑥ 긴급차단
⑦ 차단
⑧ 벤트스택

정답 195.① 196.③ 197.④ 198.해설 참조

199 도시가스 배관의 용접부에 비파괴시험 대상인 항목이 아닌 것은?

① 중압 이상 용접부
② 호칭경 100A 저압의 용접부
③ 저압의 노출된 사용자 공급관
④ 50A 중압의 용접부

해설

비파괴 대상
㉠ 중압의 용접부(도시가스용 폴리에틸렌관 제외)
㉡ 저압의 용접부(도시가스용 폴리에틸렌관, 노출된 사용자 공급관 및 호칭지름 80mm 미만 저압배관 제외)

200 도시가스 배관의 손상으로 가스누출의 위급 상황 발생 시 유입되는 도시가스를 신속히 차단하는 장치를 설치하여야 한다. 단, 고압배관으로 매설배관이 포함된 구간의 도시가스를 몇 분 이내 화기가 없는 장소에 안전하게 방출할 수 있는 장치가 있는 경우 차단장치를 설치하지 않아도 되는가?

① 10분 ② 20분
③ 30분 ④ 60분

201 다음 ( )에 적당한 것으로 옳은 것은?

(㉠)관은 노출배관으로 사용하지 아니할 것. 단, 지상배관과 연결을 위한 금속관을 사용하여 보호조치를 한 경우 지면에서 (㉡)cm 이하로 노출하여 시공하는 경우는 노출배관으로 사용할 수 있다.

① ㉠ PLP 강관, ㉡ 30
② ㉠ 가스용 폴리에틸렌관, ㉡ 30
③ ㉠ SPP 강관, ㉡ 30
④ ㉠ SPPS 강관, ㉡ 30

202 배관을 옥외 공동구에 설치 시 기준 중 틀린 것은?

① 환기장치가 있을 것
② 전기설비가 있는 것은 그 전기설비가 기폭성능 구조일 것
③ 배관은 벨로즈형 신축이음매나 주름관 등으로 온도변화에 따른 신축을 흡수하는 조치를 할 것
④ 옥외 공동구벽을 관통하는 배관의 관통부와 그 부근에는 배관의 손상방지를 위한 조치를 할 것

해설

② 전기설비는 방폭구조에 해당된다.

203 굴착공사로 인한 배관손상을 방지하기 위하여 보호조치를 강구하여야 하는 배관은?

① 가스용 폴리에틸렌관
② 중압 이상의 배관
③ 저압배관
④ 고압배관

204 배관장치에 배관의 작동상황 운영상태 감시를 위해 설치하는 안전장치의 종류에 들지 않는 것은?

㉠ 안전제어장치
㉡ 가스누출 검지경보장치
㉢ 안전용 접지장치
㉣ 물분무장치
㉤ 피뢰설비
㉥ 방식정류기

① ㉣, ㉥ ② ㉡, ㉢
③ ㉢, ㉣ ④ ㉤, ㉥

205 도로와 평행하여 매설되어 있는 배관으로 도시가스 사용자가 소유 점유한 토지에 이르는 배관으로서 가스용 폴리에틸렌관의 호칭경 몇 mm 초과 시 위급 시 신속히 차단하는 장치를 사용자의 동의를 얻어 설치하여야 하는가?

① 50mm ② 65mm
③ 75mm ④ 100mm

해설

일반 배관은 65mm, 가스용 폴리에틸렌관은 75mm 초과 시 차단장치를 설치한다.

정답 199.③ 200.③ 201.② 202.② 203.③ 204.① 205.③

206 다음 ( )에 적당한 단어는?

> 도시가스 배관의 표면색상은 지상배관은 (㉠)으로, 매설배관은 최고사용압력이 저압인 배관은 (㉡)·중압인 배관은 (㉢)으로 할 것. 다만, 지상배관 중 건축물의 내·외벽에 노출된 것으로서 바닥(2층 이상 건물의 경우에는 각 층의 바닥을 말한다)으로부터 1m 높이에 폭 (㉣)cm의 황색띠를 2중으로 표시한 경우에는 표면색상을 황색으로 하지 아니할 수 있다.

㉠ ㉡ ㉢ ㉣
① 황색, 황색, 적색, 3
② 황색, 황색, 적색, 5
③ 적색, 황색, 적색, 3
④ 황색, 적색, 적색, 3

207 배관망의 전산화, 관리개선 대상 시설 파악, 원격감시 및 차단장치 노후배관 교체실적, 도시가스 사고 발생빈도의 조사 등은 무엇을 위한 항목인가?

① 가스시설 개선
② 안전성 재고
③ 향후 도시가스 수급계획
④ 도시가스 시설 현대화

208 도시가스 안전성 재고를 위한 항목이 아닌 것은?

① 시공감리 실시 배관
② 배관 순찰자동차 보유
③ 노출배관 실태파악
④ 노후배관 교체실적

해설
①, ②, ③항 이외에 주민 모니터링제 매설배관의 설치 위치 등

209 배관 안전점검원의 배치 시 고려사항이 아닌 것은?

① 배관의 매설지역
② 도시가스 사업자의 경제력
③ 배관의 노출 유무 굴착공사 빈도
④ 안전장치 설치 유무

안전점검원의 배치는 사용자 공급관, 내관은 제외되며, 길이 60km 이하의 범위에서 배치계획에 따라 배치한다.

210 굴착공사로 인한 배관손상방지를 위한 조치이다. ( )에 적당한 것으로 옳은 것은?

> (1) 굴착으로 주위가 노출된 배관의 길이가 (㉠)m 이상인 것은 배관손상으로 인한 도시가스 누출 등 위급한 상황이 발생한 때에 그 배관에 유입되는 도시가스를 신속히 차단할 수 있도록 노출된 배관 양 끝에 차단장치를 설치할 것. 다만, 노출된 배관 안의 도시가스를 30분 이내에 화기 등이 없는 안전한 장소로 방출할 수 있는 장치를 설치하거나 노출된 배관의 안전관리를 위하여 (㉡)의 자격을 가진 자를 상주 배치한 경우에는 차단장치를 설치한 것으로 본다.
> (2) 중압 이하의 배관(호칭지름 100mm 미만인 저압배관은 제외한다)으로서 노출된 부분의 길이가 100m 이상인 것은 위급한 때에 그 부분에 유입되는 도시가스를 신속히 차단할 수 있도록 노출부분 양 끝으로부터 (㉢)m 이내에 차단장치를 설치하거나 (㉣)m 이내에 원격조작이 가능한 차단장치를 설치할 것
> (3) 굴착으로 인하여 20m 이상 노출된 배관에 대하여는 20m마다 누출된 도시가스가 체류하기 쉬운 장소에 가스누출 경보기를 설치할 것

㉠ ㉡ ㉢ ㉣
① 100, 안전관리책임자, 300, 500
② 100, 안전관리원, 300, 500
③ 100, 안전점검원, 300, 500
④ 100, 안전점검원, 300, 1000

211 도시가스 배관의 안정성 확보를 위한 진단항목 중 기계분야에 속하지 않은 항목은?

① 계측기 관리 실태
② 도시가스 누출 여부
③ 배관 피복 손상 여부
④ 배관 취약부분 두께 감소량 측정

정답 206.③ 207.④ 208.④ 209.② 210.③ 211.①

해설

배관의 안전성 정밀 안전진단 중 전기 분야
㉠ 방식 전위측정
㉡ 측정단자의 적정관리 여부
㉢ 계측기기의 관리 실태

212 일반도시가스 사업자의 제조소, 공급소의 배치기준에 대한 내용이다. ( )에 알맞은 것으로 옳은 것은?

> (1) 가스혼합기 · 가스정제설비 · 배송기 · 압송기 그 밖에 가스공급시설의 부대설비(배관은 제외한다)는 그 외면으로부터 사업장의 경계까지의 거리를 3m 이상 유지할 것. 다만, 최고사용압력이 고압인 것은 그 외면으로부터 사업장 경계까지의 거리를 (㉠)m 이상, 제1종 보호시설(사업소 안에 있는 시설은 제외한다)까지의 거리를 (㉡)m 이상으로 할 것
> (2) 가스발생기와 가스홀더는 그 외면으로부터 사업장의 경계(사업장의 경계가 바다 · 하천 · 호수 · 연못 등으로 인접되어 있는 경우에는 이들의 반대편 끝을 경계로 본 (㉢) 이하 같다)까지 최고사용압력이 고압인 것은 (㉢)m 이상, 최고사용압력이 중압인 것은 10m 이상, 최고사용압력이 저압인 것은 5m 이상의 거리를 각각 유지할 것

㉠ ㉡ ㉢
① 20, 30, 20
② 30, 20, 20
③ 20, 20, 30
④ 30, 30, 20

213 천연가스를 가스도매사업자의 배관으로부터 공급받지 않는 도시가스 사업자가 공급중단 등 비상사태에 대응하여 이미 공급 중인 도시가스 성상과 상호 호환성이 있는 도시가스를 안정적으로 공급할 수 있는 시설을 무엇이라 하는가?

① 공급시설 ② 사용시설
③ 예비시설 ④ 저장시설

214 일반도시가스의 예비시설 중 가스저장설비에 속하는 것은?

① 액화석유가스와 공기의 혼합(LPG/ Air) 시설
② 납사 분해시설
③ LNG 제조시설
④ 가스 홀더

해설

①, ②, ③항은 가스제조시설에 해당된다.

215 예비시설의 가스 제조설비로 도시가스를 공급하는 도시가스 사업자는 해당 연도 연 최대수요를 공급할 수 있는 가스 제조설비능력의 몇 % 이상의 예비시설을 보유하여야 하는가?

① 10% ② 20%
③ 30% ④ 40%

216 다음의 내용으로 도시가스의 해당 연도 연 최대수요를 공급할 수 있는 가스 제조설비의 능력을 산출하면 얼마인가? (단, m^3/d)

> ㉠ 해당 연도 최대수요 월의 일평균 수요 : $10^5 m^3/d$
> ㉡ 전년도 일 최대수요 : $10^4 m^3/d$
> ㉢ 전년도 최대수요 일의 평균수요 : $50000 m^3/d$
> ㉣ 가스 저장설비의 이용능력 : $3000 m^3/d$

① 10000 ② 15000
③ 17000 ④ 20000

해설

$$\text{가스 제조설비의 능력} = 10^5 \times \frac{10^4}{50000} - 3000 = 17000 m^3/d$$

217 정압기실에 설치한 안전밸브의 가스방출관의 위치는 지면으로부터 몇 m 이상의 높이에 설치하여야 하는가? (단, 전기시설물의 접촉 우려가 있는 장소이다.)

① 1m ② 2m
③ 3m ④ 5m

해설

전기시설물의 접촉 우려가 없는 경우에는 지면에서 5m 이상

정답 212.① 213.③ 214.④ 215.② 216.③ 217.③

218 정압기실에 설치하여야 하는 설비로 부적당한 것은?

① 누출가스를 검지 안전관리자가 상주하는 곳에 통보하는 설비
② 출구배관에 비정상의 압력 상승 시 통보하는 경보설비
③ 전기설비에 방폭조치
④ 지면 30cm 이내 가스 검지기

219 다음 항목 중 틀린 것은?

① 정압기 입구·출구에 가스차단장치
② 정압기 입구·출구에 수분 및 불순물 제거장치
③ 수분의 동결 우려에 의한 동결방지 조치
④ 지하에 설치되는 정압기실의 경우 원래 설치하여야 하는 가스차단장치 이외에 추가 가스차단장치를 설치할 것

해설

② 정압기 입구에 수분 및 불순물 제거장치 설치
④의 경우 정압기실 외벽 50m 이내 그 정압기실로 가스공급을 지상에서 쉽게 차단할 수 있는 장치가 있는 경우는 제외한다.

220 다음 ( )에 알맞은 단어로 옳은 것은?

(1) (㉠)에 설치되는 정압기 중 1개 이상의 정압기에는 다른 정압기의 안전밸브보다 작동압력을 낮게 설정하여 이상압력이 발생할 때 위해의 우려가 없는 안전한 장소에서 도시가스를 우선적으로 방출할 수 있도록 할 것
(2) 정압기는 설치 후 (㉡) 이상 분해점검을 실시하고 (㉢) 이상 작동상황을 점검하며, (㉣)는 가스공급 개시 후 1개월 이내 및 가스공급 개시 후 매년 1회 이상 분해점검을 실시할 것
(3) 도시가스 사업자는 정압기의 안전을 확보하기 위하여 그 설비의 작동상황을 주기적으로 점검하고, 이상이 있을 때에는 지체없이 보수 등 필요한 조치를 할 것

① ㉠ 도시가스 배관망, ㉡ 2년 1회
㉢ 1주일 1회, ㉣ 필터
② ㉠ 환상배관망, ㉡ 2년 1회
㉢ 1주일 1회, ㉣ 필터
③ ㉠ 고압가스 배관망, ㉡ 2년 1회
㉢ 1주일 1회, ㉣ 필터
④ ㉠ 가연성가스 배관망, ㉡ 2년 1회
㉢ 1주일 1회, ㉣ 필터

221 제조소, 공급소 밖의 공동주택에 압력조정기 설치 시 도시가스 압력이 중압 이상일 때 전체 세대수는 몇 세대 미만이어야 하는가?

① 50 ② 100
③ 150 ④ 200

해설

도시가스 압력이 저압일 때 압력조정기 설치 세대수는 250세대 미만이다.

222 정압기의 설치가 어려운 소규모 구역에 도시가스를 공급하기 위한 압력조정기의 명칭은?

① 중압 압력조정기 ② 저압 압력조정기
③ 구역 압력조정기 ④ 고압 압력조정기

223 다음 중 (㉠), (㉡) 의 적당한 단어는?

(1) 구역 압력조정기는 작업성 확보가 가능하고 위해발생 시 충분히 견딜 수 있는 안전한 구조로 제작 또는 설치된 구역 압력조정기 외함 안에 설치할 것
(2) 구역 압력조정기의 입구 및 출구에는 가스차단밸브를 설치할 것
(3) 도시가스 압력이 비정상적으로 상승할 경우 안전을 확보하기 위한 긴급차단장치와 안전밸브 및 가스방출관을 설치하고, 구역 압력조정기 외함에는 가스누출 경보기를 설치할 것
(4) 구역 압력조정기 외함에는 통풍구를 설치하고, 차량의 추돌 등 위험으로부터 보호하기 위한 조치를 마련할 것
(5) 구역 압력조정기 외함 외면에는 주변환경을 고려하여 적절한 색상으로 도장을 하고, 비상사태 발생 시 연락처 등이 표시된 경계표지와 자물쇠장치를 할 것

정답 218.④ 219.② 220.② 221.③ 222.③ 223.③

(6) 구역 압력조정기는 설치 후 (㉠) 이상 분해점검을 실시하고 (㉡) 이상 작동상황을 점검하며, 필터는 가스공급 개시 후 1개월 이내 및 가스공급 개시 후 매년 1회 이상 점검을 실시할 것

㉠ ㉡
① 2년 1회, 1년 1회
② 3년 1회, 1년 1회
③ 3년 1회, 3개월 1회
④ 2년 1회, 1월 1회

224 제조소, 공급소 밖의 배관설비 기준 중 중압 이하 배관과 고압배관과의 이격거리(m)는?

① 1m ② 2m
③ 3m ④ 5m

해설

입상관이 화기 통과할 우려가 있는 경우 불연성 재료로 차단조치를 하고 입상관 밸브는 지면에서 1.6m 이상 2m 이내 설치(단, 보호상자 내에 설치 시는 그러하지 아니하다.)

225 도시가스 배관의 매설에 대하여 ( ) 안에 알맞은 것은?

(1) 공동주택 등의 부지 안에서는 (㉠) 이상
(2) 폭 8m 이상의 도로에서는 (㉡) 이상. 다만, 도로에 매설된 최고사용압력이 저압인 배관에서 횡으로 분기하여 수요가에게 직접 연결되는 배관의 경우에는 1m 이상으로 할 수 있다.
(3) 폭 4m 이상 8m 미만인 도로에서는 (㉢) 이상. 다만, 다음 어느 하나에 해당하는 경우에는 0.8m 이상으로 할 수 있다.
 – 호칭지름이 300mm(KS M 3513에 따른 가스용 폴리에틸렌관의 경우에는 공칭외경 315mm를 말한다) 이하로서 최고사용압력이 저압인 배관
 – 도로에 매설된 최고사용압력이 저압인 배관에서 횡으로 분기하여 수요가에게 직접 연결되는 배관
(4) 배관을 철도부지에 매설하는 경우에는 배관의 외면으로부터 궤도 중심까지 (㉣) 이상, 그 철도부지 경계까지는 1m 이상의 거리를 유지하고, 지표면으로부터 배관의 외면까지의 깊이를 1.2m 이상
(5) 하천, 소하천, 수로 등을 횡단하여 매설하는 경우 배관의 외면과 계획 하상높이(계획 하상높이가 가장 깊은 하상높이보다 높을 때에는 가장 깊은 하상높이로 한다)와의 거리는 원칙적으로 다음의 구분에 따른 거리 이상. 다만, 한국가스안전공사로부터 안전성 평가를 받은 경우에는 안전성 평가 결과에서 제시된 거리 이상으로 하되, 최소 1.2 이상은 되어야 한다.

㉠ ㉡ ㉢ ㉣
① 1m, 0.8m, 0.4m, 0.4m
② 0.6m, 1.2, 1m, 4m
③ 1.2m, 0.8m, 0.6m, 0.4m
④ 1m, 1.2m, 1m, 4m

226 도시가스 사업자가 공급시설을 효율적으로 관리하기 위하여 전산화하여야 하는 항목이 아닌 것은?

① 시공관리자의 자격 여부
② 배관, 정압기 도면
③ 시방서
④ 시공자, 시공 년월일

227 도시가스 공급시설에 설치된 압력조정기의 점검주기는?

① 1월 1회 ② 3월 1회
③ 6월 1회 ④ 1년 1회

해설

- 압력조정기의 필터, 스트레나 청소는 2년 1회 안전점검 실시
- 도시가스 충전사업의 가스 충전시설의 시설 · 기술 검사기준
- 고정식 압축 도시가스 자동차 충전시설

정답 224.② 225.② 226.① 227.③

228 처리, 압축가스 설비로부터 30m 이내 보호시설이 있을 때 폭발에 따른 충격에 견딜 수 있게 설치하여야 하는 방호벽의 종류는?

① 콘크리트 블록
② 6mm 이상의 강판제
③ 3.2mm 이상의 강판제
④ 철근콘크리트

처리설비 및 압축가스 설비로부터 30m 이내에 보호시설(사업소에 있는 보호시설 및 전용 공업지역에 있는 보호시설은 제외한다)이 있는 경우에는 처리설비 및 압축가스 설비의 주위에 도시가스 폭발에 따른 충격을 견딜 수 있는 철근콘크리트제 방호벽을 설치할 것. 다만, 처리설비 주위에 방류둑 설치 등 액확산방지 조치를 한 경우에는 그러하지 아니하다.

229 저장능력 800000m^{3}의 가연성 저온 저장탱크의 1종, 2종 보호시설과 이격거리(m)는?

① 50, 30
② 70, 50
③ 100, 70
④ 108, 72

- 1종 : $\frac{3}{25}\sqrt{800000+10000}=108\text{m}$
- 2종 : $\frac{2}{25}\sqrt{800000+10000}=72\text{m}$

230 고정식 압축도시가스의 저장, 처리, 압축가스설비 및 충전설비의 안전 이격거리 중 틀린 항목은?

① 사업소 경계 10m 이상
② 처리 압축가스 설비에 방호벽 설치 시 5m 이상
③ 충전설비는 도로경계 8m 이상
④ 저장처리 압축 충전 설비는 철도와 20m 이상

- 철도와 30m 이상 안전거리 유지
- 액확산방지시설이 설치된 처리 설비는 안전거리를 유지하지 않아도 된다.

231 고정식 압축도시가스 자동차 충전시설의 내진설계를 하여야 하는 저장탱크의 저장능력은? (단, 반응분리 정제 증류를 위한 탑류로서 높이 5m 이상인 경우이다.)

① 100m^3, 1톤 ② 300m^3, 3톤
③ 500m^3, 5톤 ④ 1000m^3, 10톤

해설

참고 1. 저장설비, 처리설비, 압축가스 설비의 기초는 지반침하로 유해한 영향을 끼치지 아니하도록 조치하는 저장탱크의 저장능력 : 100m^3, 1톤 이상
2. 저장탱크의 저장능력 5m^3 이상에는 가스방출장치 설치
3. 저장능력 300m^3 이상 3톤 이상의 탱크는 다른 가연성 탱크, 산소탱크와 두 저장탱크 최대지름을 더한 길이의 1/4 이상의 거리를 유지

232 고정식 압축도시가스 충전소에 설치되는 배관의 안전율은?

① 1 ② 2
③ 3 ④ 4

233 고정식 압축도시가스 충전시설에 긴급 시 도시가스 누출을 차단하는 장치는 충전설비로부터 몇 m 이상 떨어진 장소에 설치하여야 하는가?

① 1m ② 2m
③ 3m ④ 5m

234 고정식 압축도시가스 충전시설에 설치되는 시설 중 부적당한 항목은?

① 압축가스설비 토출배관 압축장치 출구측 배관 등에 역류되는 것을 차단하는 장치
② 가스충전시설에 자동차 오발진으로 인한 충전기 및 충전호스의 파손을 방지하는 조치
③ 저장탱크 및 배관에 온도상승 방지조치
④ 사업소의 긴급 사태 발생방지장치

① 압축가스설비 토출배관 압축장치 입구측 배관에 역류되는 것을 차단하는 장치

정답 228.④ 229.④ 230.④ 231.③ 232.④ 233.④ 234.①

235 도시가스 설비 이음쇠 밸브류를 나사로 조일 때 나사게이지로 검사하는 상용압력 값은 몇 MPa 이상인가?

① 10MPa ② 15MPa
③ 18MPa ④ 19.6MPa

236 고정식 압축도시가스 자동차 충전시설 중 수시검사 항목이 아닌 것은?

> ㉠ 안전밸브
> ㉡ 긴급차단장치
> ㉢ 가스누출 검지경보장치
> ㉣ 물분무장치(살수장치포함) 및 소화전
> ㉤ 강제환기시설
> ㉥ 안전제어장치
> ㉦ 안전용 접지기기, 방폭전기기기
> ㉧ 방호벽 기초 설치 공정
> ㉨ 내진설계 대상설비 공정

① ㉠, ㉢ ② ㉤, ㉥
③ ㉦ ④ ㉧, ㉨

해설
㉧, ㉨는 중간검사 공정임

이동식 압축도시가스 자동차 충전

237 이동식 압축도시가스 자동차 충전시설의 기준 중 틀린 항목은?

① 차량 및 충전설비로부터 30m 이내 보호시설은 방호벽을 설치
② 가스배관구와 가스배관구 사이 이동충전차량과 충전설비 사이에는 5m 이상 거리를 유지할 것(단, 방호벽이 있는 경우는 제외된다)
③ 이동 충전차량 충전설비는 사업소 경계와 10m 이상 안전거리 유지
④ 다항의 경우 충전설비 주위에 방호벽 설치 시 5m 이상 안전거리를 유지할 수 있다.

해설
② 가스배관구 이동 충전차량과 충전설비 사이에 8m 이상 거리 유지

238 사업소에서 주정차 충전작업을 하는 이동 충전차량의 설치 대수는?

① 1대 이하 ② 2대 이하
③ 3대 이하 ④ 4대 이하

239 이동 충전차량 충전설비는 철도에서 몇 m 이상 거리를 유지하여야 하는가?

① 5m ② 10m
③ 15m ④ 20m

240 이동 충전차량 충전설비는 방호벽이 설치되어 있는 경우 도로 경계로부터 몇 m 이상 거리를 유지하여야 하는가?

① 1m ② 2.5m
③ 5m ④ 10m

해설
방호벽이 설치되지 않은 경우 : 5m

고정식 압축도시가스 이동 충전차량 충전

241 고정식 압축도시가스의 이동 충전차량의 충전에 관한 기준이다. 틀린 것은?

① 이동 충전차량 충전설비 사이에는 8m 이상 거리를 유지할 것
② 가스충전시설에는 이동 충전차량 충전설비 근처 및 충전설비로부터 5m 떨어진 장소에 도시가스 누출 시 차단할 수 있는 장치를 설치할 것
③ 이동 충전차량 충전설비는 그 외면으로부터 이동 충전차량의 진입구, 진출구까지 10m 이상의 거리를 유지할 것
④ 이동 충전차량 충전장소에는 지면에 정차위치와 진입 · 진출의 방향을 표시할 것

해설
③ 이동 충전차량 충전설비는 그 외면으로부터 이동 충전차량의 진입구, 진출구까지 12m 이상의 거리를 유지

정답 235.④ 236.④ 237.② 238.③ 239.③ 240.② 241.③

242 액화도시가스 자동차 충전의 사업소 경계와의 안전거리 기준 중 빈칸에 적당한 것은?

저장탱크의 저장능력(W)	사업소 경계와의 안전거리
25톤 이하	10m
25톤 초과 50톤 이하	15m
50톤 초과 100톤 이하	25m
100톤 초과	(　　)m

① 30　② 40
③ 50　④ 70

243 액화도시가스 자동차 충전시설 기준에서 차량에 고정된 탱크로부터 액화도시가스를 이입받는 차량에 차량 정지목을 설치하여야 하는 탱크의 용량 범위는?

① 100L 이상
② 200L 이상
③ 5000L 이상
④ 8000L 이상

244 액화도시가스 자동차 충전시설 기준 중 액화도시가스 충전 시 저장탱크와 탱크로리와의 간격은?

① 1m　② 2m
③ 3m　④ 5m

245 액화도시가스 충전시설 기준 중 저장설비, 가스설비 외면에서 화기취급장소와 이격 거리는?

① 1m 이상　② 2m 이상
③ 5m 이상　④ 8m 이상

246 액화도시가스 충전시설 기준 중 안전밸브의 조정주기는?

① 6월 1회　② 1년 1회
③ 2년 1회　④ 3년 1회

247 액화도시가스의 선박 충전에 대한 내용이다. 맞는 항목은?

① 충전장소 중심으로 선박 외면까지는 5m 이상 안전거리를 유지할 것
② 액화도시가스를 선박에 충전하기 위한 차량의 설치 대수는 3대 이하로 할 것
③ 충전장소 주위에는 흰색 바탕에 적색 글씨로 충전 중 엔진정지의 게시판을 게시할 것
④ 충전장소와 화기사이에 유지하는 거리는 8m 이상으로 할 것

해설

① 3m
② 2대 이하
③ 황색 바탕에 흑색 글씨

가스사용시설의 시설 · 기술 검사기준

248 다음 중 가스계량기 설치 금지장소가 아닌 곳은?

① 공동주택의 대피공간
② 사람이 거처하는 곳
③ 방 · 거실 및 주방
④ 직사광선 빗물을 받을 우려가 있는 보호상자 안

해설

가스계량기는 다음 기준에 적합하게 설치할 것
㉠ 가스계량기와 화기(그 시설 안에서 사용하는 자체 화기는 제외한다) 사이에 유지하여야 하는 거리 : 2m 이상
㉡ 설치장소 : 수시로 환기가 가능한 곳으로 직사광선이나 빗물을 받을 우려가 없는 곳. 다만, 보호상자 안에 설치할 경우에는 직사광선이나 빗물을 받을 우려가 있는 곳에도 설치할 수 있다.
㉢ 설치금지 장소 : 「건축법 시행령」에 따른 공동주택의 대피공간, 방 · 거실 및 주방 등으로서 사람이 거처하는 곳 및 가스계량기에 나쁜 영향을 미칠 우려가 있는 장소

249 가스계량기 설치높이에 제한을 받지 않는 경우가 아닌 항목은?

① 격납상자에 설치 시
② 기계실
③ 보일러실(가정에 설치된 보일러실 제외)
④ 직사광선 빗물을 받지 않는 환기가 양호한 장소

정답 242.② 243.③ 244.③ 245.④ 246.② 247.④ 248.④ 249.④

가스계량기($30m^3$/hr 미만인 경우만을 말한다)의 설치높이는 바닥으로부터 1.6m 이상 2m 이내에 수직 · 수평으로 설치하고 밴드 · 보호가대 등 고정장치로 고정 시킬 것. 다만, 격납상자에 설치하는 경우와 기계실 및 보일러실(가정에 설치된 보일러실은 제외한다)에 설치하는 경우에는 설치높이의 제한을 받지 아니한다.

250 입상관의 밸브를 보호상자에 설치하는 경우의 설치높이는?

① 1m~2m
② 1.6m~2m
③ 1.8m~2m
④ 설치높이에 제한이 없다.

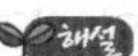

입상관과 화기(그 시설 안에서 사용하는 자체화기는 제외한다) 사이에 유지해야 하는 거리는 우회거리 2m 이상으로 하고, 환기가 양호한 장소에 설치해야 하며 입상관의 밸브는 바닥으로부터 1.6m 이상 2m 이내에 설치할 것. 다만, 보호상자에 설치하는 경우에는 그러하지 아니하다.

251 도시가스 사용시설의 가스계량기와 이격거리 중 틀린 것은?

① 전기계량기 전기개폐기 60cm
② 굴뚝(단열조치 안함) 30cm
③ 전기점멸기, 전기접속기 15cm
④ 절연조치 하지 않은 전선 15cm

해설

③ 사용시설의 가스계량기와 전기점멸기, 전기접속기와의 이격거리는 30cm

참고 도시가스 사용시설의 배관이음부(용접이음매 제외) 이격거리

1. 전기계량기, 전기개폐기 : 60cm
2. 전기점멸기, 전기접속기 : 30cm
3. 절연조치 하지 않은 전선, 단열조치 하지 않은 굴뚝 : 15cm
4. 절연전선 : 10cm

252 도시가스 사용시설 기준에서 배관을 지하에 매설 시 지면으로부터 이격거리 중 맞는 것은?

① 0.6m ② 0.8m
③ 1m ④ 1.2m

253 도시가스의 사용 저압배관이 천장, 벽, 바닥 공동구에 설치할 수 있도록 보호관으로 보호 조치하는 경우에 해당되지 않는 항목은? (단, 관의 이음매는 없는 것으로 한다.)

① 스테인리스 강관
② 동관
③ 가스용 금속 플렉시블 호스
④ 가스용 폴리에틸렌관

254 호칭지름에 따른 배관의 고정장치 설치 간격 중 맞는 것은?

① 13mm 미만은 0.5mm마다
② 13mm 이상 33mm 미만은 1m마다
③ 33mm 이상은 2m마다
④ 150mm 이상은 5m마다

배관은 움직이지 않도록 고정부착하는 조치를 하되 그 호칭지름이 13mm 미만의 것에는 1m마다, 13mm 이상 33mm 미만의 것에는 2m마다, 33mm 이상의 것에는 3m마다 고정장치를 설치할 것(배관과 고정장치 사이에는 절연조치를 할 것). 다만, 호칭지름 100mm 이상의 것에는 적절한 방법에 따라 3m를 초과하여 설치할 수 있다.

255 다음 배관 중 노출배관으로 사용이 불가능한 배관은?

① 가스용 폴리에틸렌관
② PLP 강관
③ SPPS
④ SPPH

해설

- 배관은 도시가스를 안전하게 사용할 수 있도록 하기 위하여 내압성능과 기밀성을 가지도록 할 것
- 배관은 안전을 확보하기 위하여 배관임을 명확하게 알아볼 수 있도록 다음 기준에 따라 도색 및 표시를 할 것
- 배관은 그 외부에 사용가스명, 최고사용압력 및 도시가스 흐름방향을 표시할 것. 다만, 지하에 매설하는 배관의 경우에는 흐름방향을 표시하지 아니할 수 있다.
- 지상배관은 부식방지 도장 후 표면색상을 황색으로 도색하고, 지하 매설배관은 최고사용압력이 저압인 배관은 황색으로, 중압 이상인 배관은 붉은 색으로 할 것. 다만, 지상배관의 경우 건축물의 내 · 외벽에 노출된 것으로서 바닥(2층 이상의 건물의 경우에는

정답 250.④ 251.③ 252.① 253.① 254.④ 255.①

각 층의 바닥을 말한다)에서 1m 높이에 폭 3cm의 황색띠를 2중으로 표시한 경우에는 표면색상을 황색으로 하지 아니할 수 있다.

- 가스용 폴리에틸렌관은 그 배관의 유지관리에 지장이 없고 그 배관에 대한 위해의 우려가 없도록 설치하되, 폴리에틸렌관을 노출배관용으로 사용하지 아니할 것. 다만, 지상배관과 연결을 위하여 금속관을 사용하여 보호조치를 한 경우로서 지면에서 30cm 이하로 노출하여 시공하는 경우에는 노출배관용으로 사용할 수 있다.

256 영업장의 면적이 몇 m^2 이상 지하가스 사용시설에 가스누출 경보차단장치나 가스누출 자동차단기를 설치하여야 하는가?

① 50　② 100
③ 150　④ 200

257 식품위생법에 의한 영업장의 면적 $100m^2$ 이상 지하 가스사용시설에 가스누출 경보 차단장치나 가스누출 자동차단기를 설치하지 않아도 되는 경우에 해당하지 않는 사항은?

① 월 사용예정량 $2000m^3$ 미만으로서 연소기가 연결된 각 배관에 퓨즈콕 · 상자콕 또는 이와 같은 수준 이상의 성능을 가지는 안전장치(이하 "퓨즈콕 등"이라 한다)가 설치되어 있고, 각 연소기에 소화안전장치가 부착되어 있는 경우
② 도시가스의 공급이 불시에 차단될 경우 재해와 손실이 막대하게 발생될 우려가 있는 도시가스 사용시설
③ 가스누출 경보기 연동 차단기능의 다기능 가스안전계량기를 설치하는 경우
④ 사용배관이 저압으로서 역화방지장치가 설치된 경우

258 사용시설에 설치된 정압기 필터는 (　)년 1회 이상 그 이후는 (　)년 1회 이상 분해 점검을 실시하여야 하는가?

① 3년, 4년　② 4년, 5년
③ 3년, 2년　④ 3년, 1년

259 가스보일러 설치 시 시공 확인서는 몇 년간 보존하여야 하는가?

① 1년　② 2년
③ 3년　④ 5년

260 도시가스 사용시설의 완속충전설비의 이상작동상황에 대하여 1일 1회 이상 점검하여야 한다. 완속충전설비의 외관 기초 충전호스 기능 성능의 점검주기는?

① 3월 1회　② 6월 1회
③ 1년 1회　④ 2년 1회

261 도시가스 충전사업자의 안전점검자의 자격 점검장비 기준에 관한 내용이다. (　　) 안에 알맞는 것은?

도시가스 충전사업자의 안전점검자의 자격 등
(1) 안전점검자의 자격 및 인원

안전점검자	자 격	인 원
충전원	별표 14 제4호 나목 4)의 교육을 받은 사람	충전 필요인원
수요자시설 점검원	안전관리 책임자로부터 수요자 시설에 관한 안전교육을 (　　)시간 이상 받은 사람	점검 필요인원

(2) 점검장비
㉠ 가스누출 검지기
㉡ 가스누출 검지액
㉢ 그 밖에 점검에 필요한 시설 및 기구
(3) 점검기준
㉠ 충전용기 및 배관의 설치 상태
㉡ 충전구 및 압력계 연결부에서 도시가스 누출 여부
(4) 점검시기 : 수요자가 요청할 때마다 점검 실시

① 2시간　② 3시간
③ 5시간　④ 10시간

정답 256.② 257.④ 258.① 259.④ 260.③ 261.④

262 도시가스 품질검사 시기 중 틀린 것은?

① 가스도매사업자 : 도시가스 제조사업소 이후 최초 정압기지의 도시가스에 대해서는 월 1회 이상, 정압기지(도시가스 제조사업소 이후 최초 정압기지는 제외한다)와 가스도매사업자가 공급하는 도시가스 충전사업소 · 액화도시가스 공급소 및 대량수요자 가스사용시설의 도시가스에 대해서는 분기별 1회 이상
② 일반도시가스 사업자(도시가스를 스스로 제조하는 일반도시가스 사업자만 해당한다) : 도시가스 제조사업소에서 제조한 도시가스에 대해서는 월 1회 이상
③ 도시가스 충전사업자(도시가스를 스스로 제조하는 도시가스 충전사업자만 해당한다) : 도시가스 제조사업소에서 제조한 도시가스에 대해서는 월 1회 이상, 도시가스 충전사업소의 도시가스에 대해서는 분기별 1회 이상
④ 자가소비용 직수입자 : 도시가스 제조사업소에서 제조한 도시가스에 대해서는 3월 1회 이상, 도시가스를 소비하는 도시가스 사용시설의 도시가스에 대해서는 분기별 1회 이상

자가소비용 직수입자 : 제조도시가스 월 1회 이상

263 제조도시가스의 시료채취의 방법은 어느 관련 법규에 따르도록 되어 있는가?

① 도시가스안전관리법
② 산업표준화법
③ 고압가스안전관리법
④ 산업통상자원부령

264 도시가스 안전교육의 특별교육 대상이 아닌 항목은?

① 1종, 2종 가스시설 시공업자에 채용된 시공관리자
② 도시가스 사용자동차 운전자
③ 도시가스 자동차 충전시설의 충전원
④ 도시가스 사용시설 점검원

교육의 과정 · 대상범위 및 시기

교육과정	교육대상자	교육시기
전문교육	• 도시가스 사업자(도시가스 사업자 외의 가스공급시설 설치자를 포함한다)의 안전관리책임자 · 안전관리원 · 안전점검원	신규 종사 후 6개월 이내 및 그 후에는 3년이 되는 해마다 1회
	• 가스사용시설 안전관리 업무 대행자에 채용된 기술인력 중 안전관리책임자와 안전관리원	
	• 특정가스 사용시설의 안전관리 책임자	
	• 제1종 가스시설 시공자에 채용된 시공관리자	신규 종사 후 6개월 이내 및 그 후에는 3년이 되는 해마다 1회
	• 제2종 가스시설 시공업자의 기술인력인 시공자 양성교육이수자만을 말한다)및 제2종 가스시설 시공업자에 채용된 시공관자	
	• 제3종 가스시설 시공업자에 채용된 온수보일러 시공관리자	
특별교육	• 보수 · 유지 관리원	신규 종사 시 1회
	• 사용시설 점검원	
	• 도시가스 사용 자동차 운전자	
	• 도시가스 자동차 충전시설의 충전원	
	• 도시가스 사용 자동차 정비원	

265 한국가스안전공사가 기술 검토 신청을 받았을 때 며칠 이내에 기술검토서를 작성하여 신청인에게 발급하여야 하는가?

① 3일 ② 5일
③ 7일 ④ 10일

266 도시가스 사업자가 굴착공사자에게 굴착공사 현장위치, 매설배관 위치를 굴착공사자와 공동으로 표시하는 항목이 아닌 것은?

① 매설배관이 통과하는 지점에서 도시철도를 건설하기 위한 공사
② 매설배관이 통과하는 지점에서 지하보도 차도를 건설하기 위한 공사
③ 굴착공사 예정지역에서 도시가스 배관 길이가 50m 이상인 굴착공사
④ 대규모 굴착공사

정답 262.④ 263.② 264.① 265.② 266.③

③ 굴착공사 예정지역에서 도시가스 배관길이 100m 이상인 굴착공사

267 도시가스 사업자가 굴착공사자에게 연락 매설배관 위치 등의 정보를 통지하는 기관은?

① 해당 관청
② 한국가스안전공사
③ 굴착공사 지원센터
④ 정보지원센터

268 굴착공사 현장 위치와 매설배관 위치를 공동으로 표시하기로 결정한 경우 굴착공사자와 도시가스 사업자가 준수하여야 할 조치사항에 해당되지 않는 것은?

① 굴착공사는 굴착공사 예정지역의 위치를 황색 페인트로 표시할 것
② 도시가스 사업자는 굴착예정 지역의 매설배관 위치를 굴착공사자에게 알려주어야 하며, 굴착공사자는 매설배관 위치를 매설배관 직상부의 지면에 황색 페인트로 표시할 것
③ 대규모 굴착공사, 긴급굴착공사 등으로 인해 페인트로 매설배관 위치를 표시하는 것이 곤란한 경우에는 표시말뚝, 표시깃발, 표지판 등을 사용하여 표시할 수 있다.
④ 도시가스 사업자는 표시여부를 확인해야 하며, 표시가 완료된 것이 확인되면 즉시 그 사실을 정보지원센터에 통지할 것

① 굴착공사자는 굴착공사 예정지역의 위치를 흰색 페인트로 표시할 것

269 굴착공사 현장 위치와 매설배관 위치를 각각 단독으로 표시하기로 결정한 때 굴착공사자와 도시가스 사업자가 준수하여야 할 조치사항이 아닌 항목은?

① 굴착공사자는 굴착공사 예정지역의 위치를 흰색 페인트로 표시할 것
② 정보지원센터는 통지받은 사항을 도시가스 사업자에게 통지할 것
③ 도시가스 사업자는 통지를 받은 후 24시간 이내에 매설배관의 위치를 매설배관 직상부의 지면에 황색 페인트로 표시하고, 그 사실을 정보지원센터에 통지할 것
④ 굴착공사 예정지역 위치를 흰색 페인트로 표시한 결과는 정보지원센터에 통지한다.

③ 48시간 이내이다.

270 다음은 굴착공사 종류별 작업방법이다. 틀린 것은?

① 도시가스 배관 수평거리 30cm 이내는 파일박기를 하지 말 것
② 도시가스 배관 수평거리 2m 이내 파일박기를 하는 경우 도시가스 사업자 입회아래 시험굴착으로 도시가스 배관 위치를 정확히 확인할 것
③ 도시가스 배관주위를 굴착하는 경우 도시가스 배관 좌우 2m 이내 부분은 인력으로 굴착할 것
④ 도시가스 배관주위에 다른 매설물을 설치 시 0.3m 이상 이격할 것

③ 1m 이내 부분 인력으로 굴착할 것

271 도시가스 누출로 인하여 사람이 사망 시 통보기한에서 상보의 경우 사고발생 후 며칠 이내 통보하여야 하는가?

① 10일 이내　② 15일 이내
③ 20일 이내　④ 30일 이내

해설

LPG, 도시가스 사고의 종류별 통보방법과 통보기한

사고의 종류	통보방법	통보기한	
		속보	상보
사람이 사망한 사고	전화 또는 팩스를 이용한 통보(이하 "속보"라 한다) 및 서면으로 제출하는 상세한 통보(이하 "상보"라 한다)	즉시	사고 발생 후 20일 이내

정답 267.④ 268.① 269.③ 270.③ 271.③

사고의 종류	통보방법	통보기한	
		속보	상보
사람이 부상당하거나 중독된 사고	속보 및 상보	즉시	사고 발생 후 10일 이내
도시가스 누출로 인한 폭발이나 화재사고(가목 및 나목의 경우는 제외한다)	속보	즉시	–
가스시설이 손괴되거나 도시가스 누출로 인하여 인명대피나 공급중단이 발생한 사고(가목부터 다목까지의 경우는 제외한다)	속보	즉시	–
도시가스 제조사업소의 액화천연가스용 저장탱크에서 도시가스 누출의 범위, 도시가스 누출 여부 판단방법 등에 관하여 산업통상자원부장이 정하여 고시하는 기준에 해당하는 도시가스 누출이 발생한 사고(가목부터 라목까지의 경우는 제외한다)	–	–	–

272 속보에 의한 사고 통보 시 통보내용에 포함되는 사항이 아닌 항목은?

① 통보자의 소속 직위, 성명, 연락처
② 사고발생 일지
③ 사고발생 장소, 사고내용
④ 시설 및 피해 현황

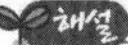

④ 속보인 경우는 시설 및 피해 현황은 생략할 수 있다.

정답 272.④

꿈을 이루지 못하게 만드는 것은 오직하나
실패할지도 모른다는 두려움일세...

-파울로 코엘료(Paulo Coelho)-

☆

해 보지도 않고 포기하는 것보다는 된다는 믿음을 가지고
열심히 해 보는 건 어떨까요?
말하는 대로 이루어지는 당신의 미래를 응원합니다. ^^

PART 3

연소공학

1 연소의 기초
2 연소의 기본계산
3 기초 열역학
4 가스폭발 / 방지대책
5 PSM(공정안전) 및 가스폭발 위험성 평가

제3편에서는 가스의 성질 부분에서 연소의 기초 · 계산, 연소 및 폭발, 가스 화재 및 폭발 방지 대책에 관한 세부내용이 출제됩니다.

가스기사 필기

PART 3. 연소공학

chapter 1 연소의 기초

제1장의 내용을 설명해주세요.

제1장은 출제기준 중 연소의 기초부분으로, 연소의 정의 및 각 연료의 특성에 대한 내용입니다.

01 연료(Fuel)

1 연료의 기초항목

항 목	세부 핵심사항
정의	연소가 가능한 가연물질로서 연료를 산소 또는 공기와 접촉시켜 태우는 것을 연소라 하며, 연소가 일어날 때는 빛과 열을 수반하게 된다.
구비조건	① 저장운반이 편리할 것 ② 안전성이 있고, 취급이 쉬울 것 ③ 조달이 편리할 것 ④ 발열량이 클 것 ⑤ 유해성이 없을 것, 경제적일 것

2 연료의 종류와 특성

(1) 고체연료

항 목	세부 핵심사항
특성	① 역화의 위험이 없다. ② 국부가열이 어렵다. ③ 열효율이 낮고, 연소조절이 어렵다. ④ 발열량이 낮다. ⑤ 부하변동에 대한 적응성이 있다. ⑥ 연소 시 다량의 공기가 필요하다.

<table>
<tr><th colspan="3">항 목</th><th>세부 핵심사항</th></tr>
<tr><td rowspan="3">종류</td><td rowspan="2">1차</td><td>석탄</td><td>① 탄화도가 진행됨에 따라 수분, 휘발분이 감소
② 고정탄소가 증가, 연료비가 증가되는 연료</td></tr>
<tr><td>목재</td><td>발열량 5000kcal/kg 정도를 가지는 일반적 나무연료</td></tr>
<tr><td>2차</td><td>코크스, 목탄</td><td>① 석탄을 1000℃ 정도의 온도로 건류해서 얻어지는 연료
② 목재연료를 전류한 것</td></tr>
</table>

TIP 고체연료에 대한 보충설명입니다.

1. 탄화도란 천연 고체연료에 포함된 C, H, O의 함량이 변해가는 현상으로 탄화도가 클수록 연료에 미치는 영향은 다음과 같다.
   - 연료비가 증가한다.
   - 매연발생이 적어진다.
   - 휘발분이 감소하고, 착화온도가 높아진다.
   - 고정탄소가 많아지고, 발열량이 커진다.
   - 연소속도가 늦어진다.
2. 1차 연료란 자연 그대로의 연료이며 목재, 무연탄, 역청탄 등이 해당되며, 2차 연료란 1차 연료를 가공한 연료로서 목탄, 코크스가 해당된다.
3. 석탄의 분석방법에는 공업분석, 원소분석 방법이 있고, 공업분석 방법은 고정탄소, 수분, 회분, 휘발분이 있으며, 원소분석 방법은 탄소(C), 수소(H), 산소(O), 황(S), 질소(N), 인(P) 등의 원소로 분석한다.
4. 마지막으로 중요 공식으로는 고정탄소와 연료비를 계산하는 공식을 알아야 한다.
   - 고정탄소 =100−(수분+회분+휘발분)
   - 연료비 $= \dfrac{\text{고정탄소}}{\text{휘발분}}$
   - 회분 : 불연성분의 석탄으로 석탄의 발열량 감소(회분 중 V(바나듐)은 고온부식, S(황)은 저온부식의 원인이 된다.)

(2) 액체연료

<table>
<tr><th>항 목</th><th>세부 핵심사항</th></tr>
<tr><td>특성</td><td>① 저장이 용이하다.
② 발열량이 높다.
③ 운송이 용이하다.
④ 연소조절이 쉽다.</td></tr>
<tr><td>종류</td><td>원유(휘발유, 등유, 경유, 중유), 나프타, 중유는 점도에 따라 A, B, C 중유로 구분</td></tr>
<tr><th>중요 용어</th><th>정 의</th></tr>
<tr><td>응고점</td><td>액체연료가 저온 시 응고하는 온도</td></tr>
<tr><td>유동점</td><td>액체연료가 유동하는 최저온도(유동점=응고점+2.5℃)</td></tr>
<tr><td>발화(착화)점</td><td>가연성 물질이 연소 시 점화원이 없이 스스로 연소를 개시하는 최저온도</td></tr>
<tr><td>인화점</td><td>가연성 물질이 연소 시 점화원을 가지고 연소하는 최저온도로서 위험성 척도의 기준이 되는 온도</td></tr>
</table>

액체연료에 대한 보충설명입니다.

1. 액체연료의 비중계산법은 API도와 Be(보메)도가 있다.
   - API도 $= \dfrac{141.5}{\text{비중}(60°F/60°F)} - 131.5$
   - Be(보메)도
     - 중액용 : $Be = 144.3 - \dfrac{144.3}{\text{비중}(60°F/60°F)}$
     - 경액용 : $Be = \dfrac{144.3}{\text{비중}(60°F/60°F)} - 134.3$
2. 발화점(착화점)이 낮아지는 경우
   - 화학적으로 발열량이 높을수록
   - 반응 활성도가 클수록
   - 산소농도가 높을수록
   - 압력이 높을수록
   - 탄화수소에서 탄소수가 많은 분자일수록(CH_4, C_2H_6, C_3H_8, C_4H_{10})
   - 분자구조가 복잡할수록
   - 활성화에너지(반응에 필요한 최소한의 에너지)가 적을수록
3. 인화점의 표현 방법으로는 가연물이 점화원을 가지고 연소하는 최저온도 이외에
   - 액체표면에서 증기 분압이 연소하한값 조성과 같아지는 온도
   - 가연성 액체가 인화하는 데 증기를 발생시키는 최저농도
4. 압력 증가 시 증기 발생이 쉽고 인화점은 낮아지며 부유물질, 찌꺼기 등이 존재 시 인화점 이하에서도 발화한다.

(3) 기체연료

항 목	세부 핵심사항
특성	① 완전연소가 쉽다. ② 발열량이 높다. ③ 국부가열이 쉽고, 단시간 온도 상승이 가능하다. ④ 연소 후 찌꺼기가 남지 않는다. ⑤ 연소효율이 높다.
종류	LNG, LPG, 수성 가스, 발생로 가스

기체연료에 대한 보충설명입니다.

1. 각 기체연료의 정의
   - LNG(액화천연가스) : CH_4을 주성분으로 하는 가연성 가스로서 유전지대, 탄전지대 등에서 발생
   - LPG(액화석유가스) : 습성 천연가스, 제유소의 분해가스로 탄소(C)수 3~4개로 구성된 탄화수소가스로 C_3H_8, C_3H_6, C_4H_{10}, C_4H_8, C_4H_6 등이 있다.
2. 천연가스의 종류
   - 습성 가스 : CH_4, C_2H_6, C_3H_8, C_4H_{10} 등을 포함하는 석유계 가스
   - 건성 가스 : 습성 가스 이외의 CH_4 가스 등
3. 가스홀더 : 가스의 시간적 변동에 대하여 공급량을 확보하는 도시가스공장에서 사용되는 다기능저장탱크 고압용(원통형 · 구형), 저압용(유수식 · 무수식)

02 연소의 형태

1 고체연료의 연소형태

(1) 분류

연료의 성질에 따른 분류	연료의 연소방법에 따른 분류
① 표면연소(Sarface combustion) ② 분해연소(Resolving combustion) ③ 증발연소(Evaporzing combustion) ④ 연기연소(Smoldering combustion)	① 미분탄연소(Pulverized Coal combustion) ② 유동층연소(Flaidized Bed combustion) ③ 화격자연소(Fire Grate combustion)

TIP 보충설명이니 가볍게 읽어보세요.

1. 성질에 따른 분류에서 표면연소란 불꽃이 닿는 부분(표면)에서만 연소반응을 일으키는 것으로서 목탄, 코크스 등이 해당된다.
2. 분해연소란 연소되는 물질이 완전히 분해되어 연소하는 것으로서 종이, 목재 등이다.
3. 증발연소란 고체물질이 고온에 의해 녹아 액으로 변한 후 그 액이 증발하면서 연소되는 것으로 양초, 파라핀 등이다.
4. 연기연소란 다량의 연기를 동반하는 표면연소이다.

(2) 연소방법에 따른 분류

① 미분탄연소란 석탄을 잘게 분쇄(200mesh 이하)하여 연소되는 부분의 표면적이 커져 연소효율이 높게 되며, 연소형식에는 U형, L형, 코너형, 슬래그 탭이 있으며, 잘게 분쇄, 작은 덩어리로 연소하기 때문에 고체물질 중 가장 연소효율이 높으며, 장 · 단점은 다음과 간다.

장 점	단 점
㉠ 적은 공기량으로 완전연소가 가능하다. ㉡ 자동제어가 가능하다. ㉢ 부하변동에 대응하기 쉽다. ㉣ 연소율이 크다.	㉠ 연소실이 커야 한다. ㉡ 타연료에 비하여 연소시간이 길다. ㉢ 화염 길이가 길어진다.

미분탄 연소형식의 종류

1. U형 연소 : 편평류 버너를 일렬로 하고, 노의 상부로부터 2차 공기와 같이 분사연소
2. L형 연소 : 선회류 버너를 사용 공기와 혼합하여 연소, 화염은 단염
3. 코너형 연소 : 노형을 정방형으로 하여 모퉁이에서 분사연소
4. 슬래그형 연소 : 노를 1차 · 2차로 구별, 1차로가 슬래그 탭이 된다.

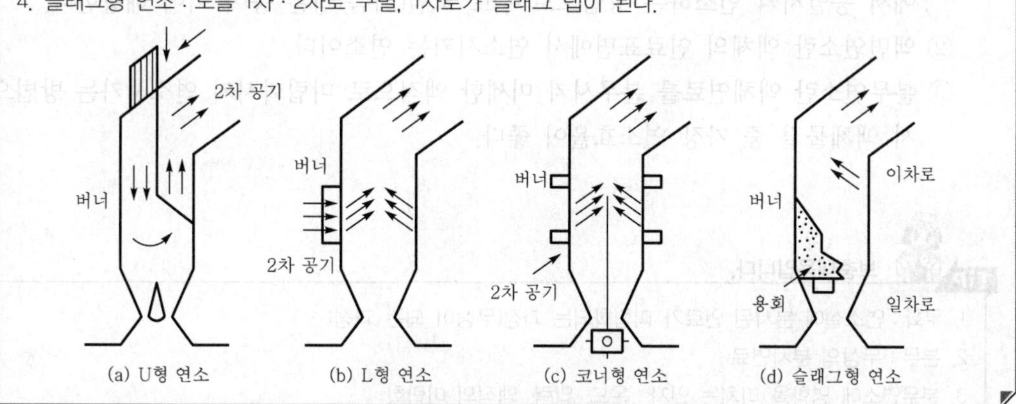

(a) U형 연소 (b) L형 연소 (c) 코너형 연소 (d) 슬래그형 연소

② 유동층 연소란 유동층을 형성하면서 700~900℃ 정도의 저온에서 연소되는 형태로서 장 · 단점이 자주 출제되었는데 특히 장점 중 질소산화물의 발생량이 감소, 연소 시 화염층이 작아지는 부분은 다음과 같다.

장 점	단 점
㉠ 연소 시 활발한 교환 · 혼합이 이루어진다. ㉡ 증기 내 균일한 온도를 유지할 수 있다. ㉢ 고부하 연소율과 높은 열전달률을 얻을 수 있다. ㉣ 유동매체로 석회석 사용 시 탈황효과가 있다. ㉤ 질소산화물의 발생량이 감소한다. ㉥ 연소 시 화염층이 작아진다. ㉦ 석탄입자의 분쇄가 필요 없어 이에 따른 동력손실이 없다.	㉠ 석탄입자 비산의 우려가 있다. ㉡ 공기 공급 시 압력손실이 크다. ㉢ 송풍에 동력원이 필요하다.

③ 화격자 연소란 화격자 위에 고정층을 만들고 공기를 불어넣어 연소하는 방법으로 다음과 같다.

㉠ 화격자 연소율($kg/m^2 \cdot h$) 시간 · 단위면적당 연소하는 탄소의 양(연소율)

㉡ 화격자 열발생률(연소실 열부하)($kcal/m^3 \cdot h$)시간 · 단위체적당 열발생률

2 액체연료의 연소형태

(1) 분류

① 증발연소(Evaporing Combustion)

② 액면연소(Liquid Surface Combustion)

③ 분무연소(Sprdy Combustion)
④ 등심연소(Wick Combustion)

(2) 액체연료의 연소형태 중요사항

① 증발연소란 액체물질에서 일어나는 보편적인 연소형태로서 증발성질을 이용, 증발관에서 증발시켜 연소하는 방법으로 주로 오일(기름)성분 등이 이에 해당한다.

② 액면연소란 액체의 연료표면에서 연소시키는 연소이다.

③ 분무연소란 액체연료를 분무시켜 미세한 액적으로 미립화시켜 연소시키는 방법으로서 액체물질 중 가장 연소효율이 좋다.

보충내용입니다.

1. 무화 : 연소실에 분사된 연료가 미립화되는 과정(무상이 되는 과정)
2. 분무 : 무상의 분사연료
3. 분무연소에 영향을 미치는 인자 : 온도, 압력, 액적의 미립화
4. 미립화 : 액적을 분산하여 공기와 혼합을 촉진하여 혼합기를 형성하는 과정

④ 등심연소란 일명 심지연소라고 하며, 램프 등과 같이 연소를 심지로 빨아올려 심지의 표면에서 연소시키는 것으로 공기온도가 높을수록, 유속이 낮을수록 화염의 높이가 커지는 특징을 가지고 있다.

3 기체연료의 연소형태

(1) 분류

혼합상태에 따른 분류	화염의 흐름상태에 따른 분류
① 예혼합연소(Premixed Combustion) ② 확산연소(Diffusion Combustion)	① 층류연소(Laminar Combustion) ② 난류연소(Turbulent Combustion)

(2) 기체연료의 연소형태에 세부 내용을 보충설명 하고, 특히 혼합상태의 분류에서 예혼합과 확산연소부분은 시험에 자주 출제된다.

① 예혼합연소란 산소, 공기들을 미리 혼합시켜 놓고 연소시키는 방법으로서 예혼합연소의 화염을 예혼합화염(Premiwed Flame)이라고 하며, 혼합기중을 전파하는 연소파이고 화학반응속도와 온도 전도율에 의존한다.

② 확산연소란 수소, 아세틸렌과 같이 공기보다 가벼운 기체를 확산시키며, 연소시키는 방법으로 확산연소 시의 화염을 확산화염(Diffusion Flame)이라고 하며, 가연성 기체와 산화제의 확산에 의해 유지된다.

‖ 확산연소와 예혼합연소의 비교 ‖

확산연소	예혼합연소
㉠ 조작이 용이하다. ㉡ 화염이 안정하다. ㉢ 역화위험이 없다. ㉣ 화염의 길이가 길다.	㉠ 조작이 어렵다. ㉡ 미리 공기와 혼합 시 화염이 불안정하다. ㉢ 역화의 위험성이 확산연소보다 크다. ㉣ 화염의 길이가 짧다.

③ 층류연소란 화염의 두께가 얇은 반응 때의 화염

④ 난류연소란 반응대에서 복잡한 형상 분포를 가지는 연소형태

⑤ 확산화염의 형상

구 분	화염의 형태	구 분	화염의 형태
대항분류	연료 → / 화염 / ← 공기	자유분류	연료 → / 화염면 / ← 공기
동축류	연료 → / 정지공기 / 화염면	대항류	공기 → / 화염면 / 연료
경계층	공기 → / 연료 → / 공기 → / 화염면		

(3) 기체연소의 용어 설명

이 부분에서는 수험생 여러분께서 연소공학 과목을 공부 시 처음 접하는 용어의 정의를 숙지함으로써 연소에 대한 이해도를 상승시키기 위하여 자주 대두되는 용어를 설명합니다.

항 목		세부 핵심내용
최소점화에너지		점화 시 필요한 최소한의 에너지로 적을수록 연소효율이 높다.
소염현상	정의	연소가 지속될 수 없는 화염이 소멸하는 현상
	원인	① 가연성 기체 산화제가 화염반응대에서 공급이 불충분할 때 ② 가연성 가스가 연소범위를 벗어날 때 ③ 산소농도가 저하할 때 ④ 가연성 가스에 불활성 가스가 포함될 때
소염거리		가연혼합기 내에서 2개의 평행판을 삽입하고 면간의 거리를 좁게하여 갈 때 화염이 전파되지 않는 면간의 거리

항 목		세부 핵심내용
보염 (Flame Holding)	정의	화염을 안정화시키는 연소법
	화염 안정화 방법	① 예연소실을 이용하는 방법 ② 대항분류를 이용하는 방법 ③ 파일럿 화염을 이용하는 방법 ④ 다공판 이용법 ⑤ 순환류 이용법

(4) 층류 예혼합연소(Premixed Combustion)

항 목		세부 핵심내용
층류 예혼합화염연소 특성의 결정요소		① 연료와 산화제의 혼합비 ② 압력 · 온도 ③ 혼합기의 물리 · 화학적 성질
연소반응에 대한 이동경로와 착화온도(T_1) 지점 ※ T_1 : 발열속도와 방열속도가 평행이며, 반응대가 시작하는 온도로서 착화온도라고 한다.		반응 전 농도 / 반응체 농도 / (T_b) 단열화염온도 / 혼합기 유출 / 반응 후 반응체 속도 / (T_i) 착화온도 / 최종생성물 농도 / 미연소측 / 연소측 / 중간생성물 농도 / 온도(T) / 반응 후 반응체 농도 / (T_u) 미연혼합기 온도 / 예열대 / 반응대 / 화염대
층류연소속도 측정	결정요소	온도, 압력, 속도, 농도 분포
	종류	① 비눗방울법(Soap Bubble Method) ② 슬롯노즐 버너법(Slot Nozzle Burner Method) ③ 평면화염 버너법(Flat Flame Method) ④ 분젠 버너법(Bunsen Burner Method)
층류연소가 크게 되는 경우		① 비중이 작을수록 ② 압력이 높을수록 ③ 온도가 높을수록 ④ 열전도율이 클수록 ⑤ 분자량이 작을수록

TIP 비눗방울법

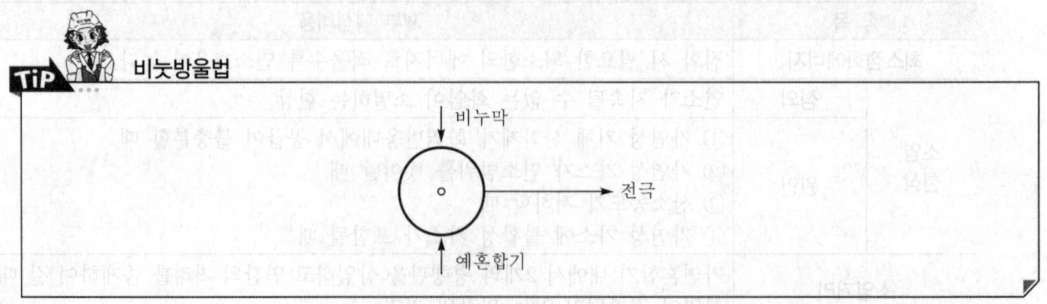

(5) 난류 예혼합연소

항 목		세부 핵심사항
난류 예혼합화염의 특징		① 화염의 휘도가 높다. ② 화염면의 두께가 두꺼워진다. ③ 연소속도가 층류 화염의 수십 배이다.
(난류, 층류) 예혼합화염의 비교	난류 예혼합화염	① 연소속도가 층류에 비해 수십 배 빠르다. ② 화염의 두께가 두껍다. ③ 연소 시 다량의 미연소분이 존재하다.
	층류 예혼합화염	① 연소속도가 느리다. ② 난류보다 화염의 두께가 얇다. ③ 층류 예혼합화염은 청색이다. ④ 난류보다 휘도가 낮다.
난류 연소의 원인		연료의 종류 혼합기체(조성온도 흐름형태)이며, 이 중 가장 큰 원인은 혼합기체의 흐름형태이다.

4 고부하연소

항 목		세부 핵심사항
촉매연소 (Catalytic Combustion)	정의	촉매 하에서 연소시켜 화염을 발하지 않고, 착화온도 이하에서 연소시키는 방법
	촉매의 구비조건	① 경제적일 것 ② 기계적 강도가 있을 것 ③ 촉매독에 저항력이 클 것 ④ 활성이 크고, 압력손실이 적을 것
펄스연소 (Pulse Combustion)	정의	내연기관의 동작과 같은 흡입, 연소, 팽창, 배기를 반복하면서 연소를 일으키는 과정
	특성	① 공기비가 적어도 된다. ② 연소조절범위가 좁다. ③ 설비비가 절감된다. ④ 소음발생의 우려가 있다. ⑤ 연소효율이 높다.
에멀전연소 (Emulson combustion)	정의	액체 중 액체의 소립자 형태로 분산되어 있는 것은 연소에 의한 방법으로 오일-알코올, 오일-석탄-물 등에 사용하는 연소방식

TiP 연소에 의한 빛의 색깔 및 상태

색	온 도	색	온 도
적열상태	500℃	황적색	1100℃
적색	850℃	백적색	1300℃
백열상태	1000℃	휘백색	1500℃

Chapter 1 ••• 연소의 기초

출/제/예/상/문/제

01 다음은 고체연료의 연소과정 중 화염이동속도에 대한 설명이다. 이 중 맞는 것은?

① 선탄화도가 높을수록 화염이동속도는 커진다.
② 발열량이 낮을수록 화염이동속도는 커진다.
③ 1차 공기온도가 높을수록 화염이동속도는 작아진다.
④ 입자지름이 작을수록 화염이동속도는 커진다.

02 액체연료는 고체연료 등에 비하여 연료로서는 우수한 것이지만 단점도 있는데 단점으로 맞지 않는 것은?

① 국내 자원이 없고, 모두 수입에 의존한다.
② 연소온도가 낮기 때문에 국부과열을 일으키기 쉽다.
③ 화재, 역화 등의 위험이 크다.
④ 사용 버너의 종류에 따라 연소할 때 소음이 난다.

해설

② 액체연료는 고체연료에 비해 연소온도가 높다.

참고 연소온도가 높은 순서
기체연료 > 액체연료 > 고체연료

03 다음 중 소화 방법이 아닌 것은?

① 냉각소화
② 질식소화
③ 산화소화
④ 외제소화

해설

산화는 연소를 촉진시키는 것으로 소화 방법이 아니다.

04 다음의 연료 중 과잉공기계수가 가장 적은 것은?

① 갈탄 ② 역청탄
③ 코크스 ④ 미분탄

해설

미분탄은 고체연료 중 연소성이 가장 우수하며, 연소성이 좋은 연료는 적은 공기량으로 완전연소가 가능하다.

05 액체연료의 시험항목 및 방법을 짝지어 놓은 것이다. 이 중 잘못 짝지어진 것은?

① 황함량 – 석영관 산소법
② 동점성 – Redwood Viscometer
③ 연료 조성 – 오르자트
④ 인화점 – 펜스키, 마이덴스 밀폐식

해설

오르자트는 흡수식 가스분석계이다.

06 CH_4 및 H_2를 주성분으로 한 기체연료는?

① 석탄가스 ② 고로가스
③ 발생로가스 ④ 수성가스

해설

① 석탄가스 : $CH_4 + H_2$
② 고로가스 : 용광로 등에서 쇳물이 녹으면서 발생한 가스
③ 발생로가스(Producer Gas) : 석탄, 코크스 등을 공기·수증기로 불완전연소로 얻은 기체연료
$CO + H_2 + CH_4$
④ 수성가스 : $CO + H_2$

07 다음 성분을 가진 중유가 있다. 연소효율이 95%라 한다면 중유 1kg당의 참발열량은 얼마인가? (단, C : 86%, H : : 12%, O : 0.4%, S : 1.2%, H_2O : 0.4%)

① 9888kcal/kg ② 9900kcal/kg
③ 9916kcal/kg ④ 9930kcal/kg

정답 01.④ 02.② 03.③ 04.④ 05.③ 06.① 07.①

해설

$$H_l = H_h - 600(9H + W)$$
$$= 8100C + 34000\left(H - \frac{0}{8}\right) + 2500S - 600(9H + W)$$
$$= 8100 \times 0.86 + 34000\left(0.12 - \frac{0.004}{8}\right) + 2500 \times 0.012 - 600(9 \times 0.12 + 0.004)$$
$$= 10408.6$$
$$\therefore\ 10408.6 \times 0.95 = 9888\text{kcal/kg}$$

08 60℃의 물 200kg과 100℃의 포화증기를 적장량 혼합하여 90℃의 물이 된다. 이때 혼합하여야 할 포화증기의 양은? (단, 100℃에서의 증발잠열은 539kcal/kg이다.)

① 66.7kg ② 2.5kg
③ 10.9kg ④ 28.2kg

해설

포화증기량이 x이면

$$200 \times 60 + 639x = (200 + x) \times 90$$
$$12000 + 639x = 18000 + 90x$$
$$\therefore\ (639 - 90)x = 18000 - 12000$$
$$x = \frac{6000}{549} = 10.928\text{kg}$$

09 $(CO_2)_{max}$는 연료가 생성될 수 있는 최대의 이산화탄소율을 나타낸다. 그러면 $(CO_2)_{max}$%는 공기비(m)가 얼마인가?

① 아무런 관계가 없다.
② $m = 0$
③ $m = 1$
④ $m = 2$

10 다음 중 자기 연소성 물질에 해당되지 않는 것은?

① $C_6H_2(OH)(NO_2)_3$
② C_6H_5OH
③ $C_3H_5(ONO_2)_3$
④ $C_6H_2(CH_3)(NO_2)_3$

자기 연소 물질 5류 위험물 : 질산에스테르류(HNO_3 첨가물), 니트로화합물($-NO_2$), 니트로소화합물(NO)

11 프로판가스의 연소과정에서 발생한 열량이 15000kcal/kg, 연소할 때 발생된 수증기의 잠열이 2000kcal/kg일 때 프로판가스의 연소효율은? (단, 프로판가스의 진발열량은 11000kcal/kg이다).

① 1.18 ② 0.85
③ 0.87 ④ 1.15

$$\text{연소효율}(\eta) = \frac{\text{가스발열량} - \text{수증기잠열}}{\text{진발열량}} = \frac{15000 - 2000}{11000} = 1.18$$

12 다음의 가스 중에서 공기 중에 압력을 증가시키면 폭발범위가 좁아지다가 보다 고압으로 되면 반대로 넓어지는 가스는?

① 에틸렌
② 수소
③ 일산화탄소
④ 메탄

- CO : 압력이 높아지면 폭발범위가 좁아진다.
- H_2 : 압력이 높아지면 폭발범위가 좁아지다가 계속 압력을 가하면 폭발범위가 넓어진다.

13 연료의 저발열량이 10000kcal/kg의 중유를 사용하여 연료소비율은 300g/PSh로서 운전하는 터빈엔진의 열효율은 얼마인가?

① 46.51% ② 30.11%
③ 32.55% ④ 21.08%

해설

1PSh = 632.5kcal/hr 이므로

$$\therefore\ \eta = \frac{632.5\text{kcal/hr/PSh}}{0.3\text{kg/PSh} \times 10000\text{kcal/kg}} \times 100 = 21.08\%$$

14 과잉공기량이 지나치게 많으면 나타나는 현상 중 틀린 것은?

① 배기가스에 의한 열손실
② 배기가스 온도의 상승
③ 연료소비량 증가
④ 연소실 온도 저하

정답 08.③ 09.③ 10.② 11.① 12.② 13.④ 14.②

해설

연소 시 공기량이 많아지면 나타나는 현상
㉠ 연소가스량 증가
㉡ 연소실 온도 저하
㉢ 질소로 인한 배기가스 온도 저하
㉣ 배기가스 열손실
㉤ 질소산화물 발생

15 HI의 분해반응식에서 몇 차 반응에 해당되는가?

$$2HI \rightarrow H_2 + I_2$$

① 1차 ② 2차
③ 3차 ④ 4차

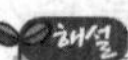

$2HI \rightarrow I_2 + H_2$에서
반응속도 $V = K[HI]^2$이므로 2차 반응이다.

16 다음 중 완전연소가 성립되기 위한 구비조건으로 적합하지 않은 것은?

① 충분한 연소시간
② 적절한 수분 공급
③ 적절한 혼합
④ 충분한 온도

② 수분은 연소를 저해하는 물질이다.

17 오토사이클에서 압축비(ε)가 10일 때 열효율은 몇 %인가? (단, 비열비 $K = 1.4$)

① 52.5% ② 60.2%
③ 58.2% ④ 56.2%

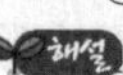

$$\eta = 1 - \left(\frac{1}{\varepsilon}\right)^{K-1}$$
$$= 1 - \left(\frac{1}{10}\right)^{1.4-1} = 0.6018 = 60.18\%$$

18 다음과 같은 부피조성을 가진 가스를 이론공기량으로 완전연소시킬 때 생성되는 건연소가스 중 탄산가스의 최대함유량은 약 몇 %인가? (단, H_2 = 38%, CO = 21%, CH_4 = 41%)

① 2.24 ② 5.60
③ 8.89 ④ 12.90

해설

반응식에서
• $H_2 + \frac{1}{2}O_2 \rightarrow H_2O$
• $CO + \frac{1}{2}O_2 \rightarrow CO_2$
• $CH_4 + 2O_2 \rightarrow CO_2 + 2H_2O$

질소량 : $\left\{\frac{1}{2}\times 0.38 + \frac{1}{2}\times 0.21 + 2\times 0.41\right\}\times \frac{1-0.21}{0.21}$
$= 4.19Nm^3/Nm^3$
CO_2량 : $0.21 + 0.41 = 0.62$
∴ 건연소가스량 $= 4.194 + 0.62 = 4.814Nm^3/Nm^3$
(건연소이므로 H_2O는 계산하지 않는다.)

$$\therefore CO_{2max} = \frac{CO_2}{GO}\times 100$$
$$= \frac{0.62}{4.814}\times 100 = 12.879\%$$

19 가스 화재 시 밸브 및 콕을 잠그는 경우의 소화 방법에 해당하는 것은?

① 억제소화 ② 질식소화
③ 제거소화 ④ 냉각소화

해설

① 억제소화 : 연소속도를 억제하는 방법으로 소화
② 질식소화 : 산소공급원 차단에 의한 소화
③ 제거소화 : 가연물 제거에 의한 소화
④ 냉각소화 : 발화점 이하의 온도로 냉각하는 소화

20 C_3H_8의 임계압력은 몇 atm 정도인가?

① 7atm ② 8atm
③ 37.46atm ④ 42.01atm

해설

• C_3H_8의 임계온도 : 96.81℃
• C_4H_{10}의 임계압력 : 37.46atm

21 다음 설명 중 맞는 것은?

① 온도압력이 낮아지면 폭굉범위가 넓어진다.
② 폭굉범위는 폭발범위보다 넓다.
③ 수소는 아세틸렌보다 폭발범위가 넓다.
④ 산화에틸렌은 수소보다 폭발범위가 넓다.

정답 15.② 16.② 17.② 18.④ 19.③ 20.④ 21.④

22 산소 64kg과 질소 14kg의 혼합기체가 나타내는 전압이 10기압이다. 이때 질소의 분압은 얼마인가?

① 2atm ② 8atm
③ 10atm ④ 18atm

$$P_N = \text{전압} \times \frac{\text{성분몰수}}{\text{전몰수}} = 10\text{atm} \times \frac{\frac{14}{28}}{\frac{64}{32}+\frac{14}{28}} = 2\text{atm}$$

23 연소할 때 배기가스 중의 질소산화물의 함량을 줄이는 방법 중 적당하지 않은 것은?

① 연소가스가 고온으로 유지되는 시간을 짧게 한다.
② 연소온도를 낮게 한다.
③ 질소함량이 적은 연료를 사용한다.
④ 연돌을 높게 한다.

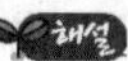

④ 연돌을 높게 하는 방법은 대기오염을 줄이는 방법이다.

문제풀이 핵심 Key Point

1. 화염이동속도 : 입경이 작을수록 커짐
2. 과잉공기계수(m)=공기비
 : 연소가 잘 될수록 적다(이때의 CO_{2max} 는 공기비가 1이다).
3. 자기연소성 물질 : 제5류 위험물(HNO_3) 첨가물, ($-NO_2$) 화합물, ($-NO$) 화합물)
 - $C_6H_2(OH)(NO_2)_3$: 트리니트로페놀
 - $C_6H_7O_2(ONO_2)_3$: 니트로셀룰로오스
 - $C_3H_5(ONO_2)_3$: 니트로글리세린
 - $C_6H_2(CH_3)(NO_2)_3$: 트리니트로톨루엔
4. 공기량이 많아질 때, 적어질 때 일어나는 현상 암기하기
5. 오토사이클 열효율 구하는 식 암기하기
6. 소화 방법의 종류 암기하기

정답 22.① 23.④

chapter 2 연소의 기본계산

제2장의 출제기준 및 중요항목에 대해 말씀해 주세요.

제2장은 한국산업인력공단 출제기준 연소계산의 산소량, 공기량, 공기비, 발열량 계산부분입니다. 각 원소의 기본 원자량 값, 기본 연소반응식 등을 숙지해야만 계산이 가능합니다.

연료는 탄소(C), 수소(H), 산소(O), 황(S), 질소(N), 회분(A), 수분(W) 등으로 구성되어 있으며, 이 중 가연성분은 C, H, S이고 연료의 주성분은 C, H, O이며 불순물은 회분, 수분 등이다.

〈연료의 원자량 및 분자량〉

기 호	물질명	원자량	분자식	분자량
H	수소	1g	H_2	2g
C	탄소	12g	C	12g
N	질소	14g	N_2	28g
O	산소	16g	O_2	32g
S	황	32g	S	32g

C, S 등은 1원자 분자이므로 원자량=분자량이 되며, 아보가드로 법칙에 의해 모든 기체 1mol=분자량(g)=22.4L이며, 1kmol=분자량(kg)=22.4Nm^3이다. 모든 연료계산은 1kg을 기준으로 하기 때문에 kmol, Nm^3을 원칙으로 계산한다.

01 산소량 · 공기량

(1) 연료의 가연성분에 대한 이론산소량(Nm^3/kg), 이론공기량(Nm^3/kg) 계산

① 탄소(C)

㉠ 이론산소량(Nm^3/kg)

$$C + O_2 \rightarrow CO_2$$

12kg : 22.4Nm^3

1kg : $x(Nm^3)$

$$\therefore x = \frac{1 \times 22.4}{12} = 1.867C(Nm^3/kg)$$

㉡ 공기량(A_o) : $1.867C \times \frac{1}{0.21} = 8.89C(Nm^3/kg)$

공기 중 산소의 체적(Nm^3)은 21%, 공기 중 산소의 무게(kg)는 23.2%

② 수소(H_2)

㉠ 이론산소량(Nm^3/kg)

$$H_2 + \frac{1}{2}O_2 \rightarrow H_2O$$

2kg : 11.2Nm^3

1kg : x

$$\therefore x = \frac{1 \times 11.2}{2} = 5.6\left(H - \frac{O}{8}\right)Nm^3/kg$$

$\frac{O}{8}$(산소) : 연료 중 산소가스가 없을 때는 관계가 없지만 연료 중 산소가 일부 포함되어 있을 때 산소 8kg당 수소 1kg은 연소하지 않고 연료 중의 산소와 결합하게 된다. 여기서 $H-\frac{O}{8}$는 유효수소라 하고, $\frac{O}{8}$는 무효수소라 한다(유효수소 : 탈 수 있는 수소, 무효수소 : 탈 수 없는 수소).

㉡ 공기량(A_o) : $5.6\left(H - \frac{O}{8}\right) \times \frac{1}{0.21} = 26.67\left(H - \frac{O}{8}\right)Nm^3/kg(A_o)$

③ 황(S)

㉠ 이론산소량(Nm^3/kg)

$$S + O_2 \rightarrow SO_2$$

32kg : 22.4Nm^3

1kg : x

$$\therefore x = \frac{1 \times 22.4}{32} = 0.7S(Nm^3/kg)$$

㉡ 공기량(A_o) : $0.7S \times \frac{1}{0.21} = 3.33S(Nm^3/kg)$

TIP C, H, S에 대한 이론산소량(Nm^3/kg)과 이론공기량(Nm^3/kg)

1. C, H, S에 대한 전체 이론산소량(Nm^3/kg)

O_o : $1.867C + 5.6\left(H - \frac{O}{8}\right) + 0.7S(Nm^3/kg)$

2. C, H, S에 대한 전체 이론공기량(Nm^3/kg)

A_o : $\frac{1}{0.21}\left\{1.867C + 5.6\left(H - \frac{O}{8}\right) + 0.7S\right\} = 8.89C + 26.67\left(H - \frac{O}{8}\right) + 3.33S(Nm^3/kg)$

(2) 연료의 가연성분에 대한 이론산소량(kg/kg), 이론공기량(kg/kg) 계산

① 탄소

㉠ 이론산소량(kg/kg)

$C + O_2 \rightarrow CO_2$

12kg : 32kg

$\therefore x = \frac{1 \times 32}{12} = 2.667C(kg/kg)$

㉡ 공기량(A_o) : $2.667 \times \frac{1}{0.232} = 11.49C(kg/kg)$

② 수소

㉠ 산소량(kg/kg)

$H_2 + \frac{1}{2}O_2 \rightarrow H_2O$

2kg : 16kg

1kg : x

$\therefore x = \frac{1 \times 16}{2} = 8$

$\therefore 8\left(H - \frac{O}{8}\right)(kg/kg)$

㉡ 공기량(A_o) : $8\left(H - \frac{O}{8}\right) \times \frac{1}{0.232} = 34.5\left(H - \frac{O}{8}\right)(kg/kg)$

③ 황

㉠ 이론산소량(kg/kg)

$$S + O_2 \rightarrow SO_2$$

32kg : 32kg

1kg : x

$$\therefore x = \frac{1 \times 32}{32} = 1S\,(kg/kg)$$

㉡ 공기량(A_o) : $1S \times \frac{1}{0.232} = 4.3S\,(kg/kg)$

TiP C, H, S에 대한 이론산소량(kg/kg)과 이론공기량(kg/kg)

1. C, H, S에 대한 전체 산소량(kg/kg)

$$O_o : 2.667C + 8\left(H - \frac{O}{8}\right) + S$$

2. C, H, S에 대한 전체 공기량(kg/kg)

$$A_o : \frac{1}{0.232}\left\{2.667C + 8\left(H - \frac{O}{8}\right) + S\right\} = 11.49C + 34.5\left(H - \frac{O}{8}\right) + 4.3S$$

(3) 탄화수소에 대한 이론산소량(Nm^3/kg), 이론공기량(Nm^3/kg) 계산

① $CH_4 + 2O_2 \rightarrow CO_2 + 2H_2O$

16kg : $2 \times 22.4Nm^3$

1kg : $x\,(Nm^3)$

$$\therefore x = \frac{1 \times 2 \times 22.4}{16} = 2.8Nm^3/kg\text{(산소량)}$$

공기량(A_o) : $2.8 \times \frac{1}{0.21} = 13.33Nm^3/kg$

② $C_2H_6 + \frac{7}{2}O_2 \rightarrow 2CO_2 + 3H_2O$

30kg : $3.5 \times 22.4Nm^3$

1kg : x

$$\therefore x = \frac{1 \times 3.5 \times 22.4}{30} = 2.61Nm^3/kg\text{(산소량)}$$

공기량(A_o) : $2.61 \times \frac{1}{0.21} = 12.44Nm^3/kg$

③ $C_3H_8 + 5O_2 \rightarrow 3CO_2 + 4H_2O$

44kg : $5 \times 22.4Nm^3$

1kg : x

$\therefore\ x = \dfrac{1 \times 5 \times 22.4}{44} = 2.55Nm^3/kg$(산소량)

공기량(A_o) : $2.55Nm^3/kg \times \dfrac{1}{0.21} = 12.12Nm^3/kg$

④ $C_4H_{10} + 6.5O_2 \rightarrow 4CO_2 + 5H_2O$

58kg : $6.5 \times 22.4Nm^3$

1kg : x

$\therefore\ x = \dfrac{1 \times 6.5 \times 22.4}{58} = 2.51Nm^3/kg$(산소량)

공기량(A_o) : $2.51Nm^3/kg \times \dfrac{1}{0.21} = 11.95Nm^3/kg$

⑤ $C_2H_2 + 2.5O_2 \rightarrow 2CO_2 + H_2O$

26kg : $2.5 \times 22.4Nm^3$

1kg : $x(Nm^3)$

$\therefore\ x = \dfrac{1 \times 2.5 \times 22.4}{26} = 2.15Nm^3/kg$(산소량)

공기량(A_o) : $2.15 \times \dfrac{1}{0.21} = 10.26Nm^3/kg$

(4) 탄화수소에 대한 이론산소량(kg/kg), 이론공기량(kg/kg) 계산

① $CH_4 + 2O_2 \rightarrow CO_2 + 2H_2O$

16kg : $2 \times 32kg$

1kg : $x(kg)$

$\therefore\ x = \dfrac{1 \times 2 \times 32}{16} = 4kg/kg$(산소량)

공기량(A_o) : $4 \times \dfrac{1}{0.232} = 17.24kg/kg$

② $C_2H_6 + 3.5O_2 \rightarrow 2CO_2 + 3H_2O$

30kg : $3.5 \times 32kg$

1kg : $x(kg)$

$\therefore\ x = \dfrac{1 \times 3.5 \times 32}{30} = 3.73kg/kg$(산소량)

공기량(A_o) : $3.73 \times \dfrac{1}{0.232} = 16.09kg/kg$

③ $C_3H_8+5O_2 \rightarrow 3CO_2+4H_2O$

44kg : 5×32kg

1kg : x(kg)

$$\therefore x=\frac{1\times5\times32}{44}=3.64\text{kg/kg}(\text{산소량})$$

$$\text{공기량}(A_o) : 3.64\times\frac{1}{0.232}=15.67\text{kg/kg}$$

④ $C_4H_{10}+6.5O_2 \rightarrow 4CO_2+5H_2O$

58kg : 6.5×32kg

1kg : x(kg)

$$\therefore x=\frac{1\times6.5\times32}{58}=3.59\text{kg/kg}(\text{산소량})$$

$$\text{공기량}(A_o) : 3.59\text{kg/kg}\times\frac{1}{0.232}=15.46\text{kg/kg}$$

⑤ $C_2H_2+2.5O_2 \rightarrow 2CO_2+H_2O$

26kg : 2.5×32kg

1kg : x(kg)

$$\therefore x=\frac{1\times2.5\times32}{26}=3.08\text{kg/kg}$$

$$\text{공기량}(A_o) : 3.08\times\frac{1}{0.232}=13.27\text{kg/kg}$$

(5) 공기비(m) = 과잉공기계수(과잉공기비 = $m-1$)

① 이론공기량(A_o)에 대한 실제공기량(A)의 비 : 연료를 연소 시 반응식에서 계산된 이론공기량(A_o)만으로 연료를 연소시키는 것은 절대 불가능하다. 따라서 연소에 필요한 여분의 공기를 보내어 연료를 산소와 접촉이 원활하게 이루어지도록 하여야 한다. 여기서 여분의 공기를 과잉공기량(P)으로 표시한다.

$$A_o(\text{이론공기량})+P(\text{과잉공기량})=A(\text{실제공기량})$$

공기비(m)란 이론공기량(A_o)에 대한 실제공기량(A)과의 비를 말하며, 일반적으로 연료를 연소 시 실제공기량(A)이 이론공기량(A_o)보다 크므로 $m>1$ 이상이 된다.

$$m=\frac{A}{A_o}=\frac{A_o+P}{A_o}=1+\frac{P}{A_o}$$

여기서, m : 공기비
A : 실제공기량
A_o : 이론공기량
P : 과잉공기량

$$\text{과잉공기률(\%)} = \frac{\text{과잉공기량}}{\text{이론공기량}} \times 100 = (m-1) \times 100$$

여기서, 기체연료 : $m = 1.1 \sim 1.3$

액체연료 : $m = 1.2 \sim 1.4$

고체연료 : $m = 1.4 \sim 2.0$

② 연소가스(배기가스) 분석에 따른 공기비

㉠ 완전연소의 경우 : 완전연소의 경우 공기 중 산소는 21%, 질소는 79%로 간주하면

$$m = \frac{N_2}{N_2 - 3.76O_2} = \frac{21}{21 - O_2}\left(3.76 = \frac{0.79}{0.21}\right)$$

㉡ 불완전연소의 경우 : 배기가스에 CO가 포함되므로

$$m = \frac{N_2}{N_2 - 3.76(O_2 - 0.5CO)}$$

③ 이것을 종합하면

$$m = \frac{A}{A_o} = 1 + \frac{P}{A_0} = \frac{CO_{2max}}{CO_2} = \frac{21}{21 - O_2} = \frac{N_2}{N_2 - 3.76O_2}$$

$$= \frac{N_2}{N_2 - 3.76(O_2 - 0.5(CO))}$$

여기서 $m = \frac{CO_{2max}}{CO_2} = \frac{21}{21 - O_2}$ 에서 $CO_{2max} = \frac{21CO_2}{21 - O_2}$ 이고

불완전연소의 경우 $CO_{2max} = \frac{21(CO_2 + CO)}{21 - O_2 + 0.395CO}$

④ 공기비가 클 경우의 영향

㉠ 연소가스 온도 저하

㉡ 배기가스량 증가

㉢ 연소가스 중 황의 영향으로 저온 부식 초래

㉣ 연소가스 중 질소산화물 증가

㉤ 연료 소비량 증가

⑤ 공기비가 적을 경우의 영향

㉠ 미연소가스에 의한 역화의 위험이 있다.

㉡ 불완전연소가 일어난다.

㉢ 매연이 발생한다.

㉣ 미연소가스에 의한 열손실이 증가한다.

(6) 최대탄산가스량(CO_{2max}(%))

연료가 이론공기량(A_o)만으로 연소 시 전체 연소가스량이 최소가 되어 CO_2(%)를 계산하면 $\frac{CO_2}{\text{연소가스량}} \times 100$은 최대가 된다. 이것은 CO_{2max}(%)라 정의한다.

그러나 연소가 완전하지 못하여 여분의 공기가 들어갔을 때 전체 연소가스량이 많아지므로 CO_2(%)는 낮아진다. 따라서 CO_2(%)가 높고 낮음은 CO_2의 농도가 저하되고 연소가 원활하여 과잉공기가 적게 들어갔을 때 CO_2의 농도는 증가하게 되는 것이다.

02 연소가스의 성분계산

(1) 원소분석에 따른 연소가스의 성분

① CO_2(Nm^3/kg) : 1.876

$$C + O_2 \rightarrow CO_2$$

12kg : 22.4Nm^3

1kg : x(Nm^3)

$$\therefore x = \frac{1 \times 22.4}{12} = 1.867 Nm^3/kg$$

② 수증기(H_2O)

㉠ 수소가 연소하여 생성된 값

$$H_2 + \frac{1}{2}O_2 \rightarrow H_2O$$

2kg : 22.4Nm^3

1kg : x(11.2Nm^3)

㉡ 연료 중에 포함된 수분(H_2O)

$22.4Nm^3/18kg = 1.25Nm^3/kg$

∴ 연소가스 중 총 수증기량 : $1.25W + 11.2H = 1.25(9H + W)Nm^3/kg$

여기서, H : 수소가 연소하여 생긴 수증기

W : 연료 중에 포함된 H_2O의 양

③ SO_2의 양(Nm^3/kg)

$$S + O_2 \rightarrow SO_2$$

32kg : 22.4Nm^3

1kg : x(Nm^3)

$$\therefore x = \frac{1 \times 22.4}{32} = 0.7 Nm^3/kg$$

④ N_2의 양(Nm^3/kg)

㉠ 공기 중 질소 : 공기 중 질소는 실제공기량, 이론공기량을 사용했는가 여부에 관계없이 모두 연소가스로 생성되므로 실제공기량으로 연소시켰다는 것을 가정할 때 $A \times 0.79(Nm^3/kg)$ 또는 $mA_o \times 0.79(Nm^3/kg)$이 된다.

㉡ 연료 중의 질소 : 연료 중에 미리 질소가 포함되어 있었다고 가정하면 질소는 분자량 28kg이 1kmol, 22.4Nm^3이므로 22.4Nm^3/28kg=0.8Nm^3/kg이 된다.

연소가스 중 총 질소량 : $0.79mA_o + 0.8N(Nm^3/kg)$

⑤ O_2의 양(Nm^3/kg)

산소가 연소가스 중에 생성이 된다는 것은 과잉공기 중의 산소이다. 왜냐하면 적당량의 산소는 가연성분과 결합하여 CO_2, H_2O, SO_2로 생성되기 때문이다.

과잉공기량 : $(m-1)A_o$이므로

$\therefore (m-1)A_o \times 0.21(Nm^3/kg)$

(2) 연소가스의 종류

> 습연소가스=건연소가스+수증기
> 실제공기량=이론공기량+과잉공기량

- 실제습연소가스(G_{sw})=실제건연소가스(G_{sd})+수증기{1.25(9H+ W)}
  =이론습연소가스(G_{ow})+과잉공기량{$(m-1)A_o$}
- 실제건연소가스(G_{sd})=이론건연소가스(G_{od})+과잉공기량{$(m-1)A_o$}
- 이론습연소가스(G_{ow})=이론건연소(G_{od})+수증기{1.25(9H + W)}
- 이론건연소가스(G_{od})

① 실제연소가스량

㉠ 실제습연소

$G_{sw}(Nm^3/kg) = (m-0.21)A_o + 1.867C + 0.7S + 0.8N + 1.25(9H + W)$

여기서 A_o값이 주어지지 않을 때는

$A_o = 8.89C + 26.67\left(H - \dfrac{O}{8}\right) + 3.33S(Nm^3/kg)$으로 계산한다.

㉡ 실제건연소

$G_{sd}(Nm^3/kg) = (m-0.21)A_o + 1.867C + 0.7S + 0.8N$

② 이론연소가스량

㉠ 이론습연소

$G_{ow} = (1-0.21)A_o + 1.876C + 0.7S + 0.8N + 1.25(9H + W)$

㉡ 이론건연소

$G_{od} = (1-0.21)A_o + 1.867C + 0.7S + 0.8N$

예제 1. 과잉공기비 1.2, 이론공기량이 $5Nm^3/kg$이고 원소분석이 다음과 같은 실제연소가스량(Nm^3/kg)은 얼마인가? (단, C : 85%, S : 5%, H : 2%, 수분은 없으며 나머지는 질소량으로 한다.)

풀이 질소는 $100-(85+5+2)=8\%$이므로

$G_{sw}=(m-0.21)A_o+1.867C+0.7S+0.8N+1.25(9H+W)$

$=(1.2-0.21)\times5+1.867\times0.85+0.7\times0.05+0.8\times0.08+1.25\times(9\times0.02)=6.86Nm^3/kg$

예제 2. 원소분석이 C : 80%, S : 10%, O : 3%, H : 5%, N : 2%인 노내의 이론건연소가스량(Nm^3/kg) 계산하여라.

풀이 $A_o=8.89C+26.67\left(H-\frac{O}{8}\right)+3.33S=8.89\times0.8+26.67\left(0.05-\frac{0.03}{8}\right)+3.33\times0.1=8.68$

$\therefore\ (1-0.21)A_o+1.867C+0.7S+0.8N$에서

$(1-0.21)\times8.68+1.867\times0.8+0.7\times0.1+0.8\times0.02=8.45Nm^3/kg$

$(m-0.21)A_o=(1-0.21)A_o+(m-1)A_o$

(3) 탄화수소가 연소 시 생성되는 연소가스량 계산

① $CH_4+2O_2 \rightarrow CO_2+2H_2O$

② $C_2H_6+3.5O_2 \rightarrow 2CO_2+3H_2O$

③ $C_3H_8+5O_2 \rightarrow 3CO_2+4H_2O$

④ $C_4H_{10}+6.5O_2 \rightarrow 4CO_2+5H_2O$

⑤ $C_2H_2+2.5O_2 \rightarrow 2CO_2+H_2O$

예제 1. C_3H_8 10kg 연소 시 생성되는 습연소가스량(Nm^3)을 계산하여라.

풀이 습연소가스량($CO_2+H_2O+N_2$양)

C_3H_8	+ $5O_2$	→ $3CO_2$	+ $4H_2O$
44kg	5×22.4	7×22.4	
10kg	$y(Nm^3)$	$x(Nm^3)$	

$(CO_2+H_2O) : x=\frac{10\times7\times22.4}{44}=35.636Nm^3$

$N_2 : y=\frac{10\times5\times22.4}{44}\times\frac{(1-0.21)}{0.21}=95.757Nm^3$

$\therefore\ x+y=131.4Nm^3$

예제 2. C_4H_{10} $10Nm^3$ 연소 시 생성되는 건연소가스량(Nm^3)을 계산하여라.

풀이 건연소가스량(CO_2+N_2)

C_4H_{10}	+ $6.5O_2$	→ $4CO_2$	+ $5H_2O$
$22.4Nm^3$	$6.5\times22.4Nm^3$	$4\times22.4Nm^3$	
$10Nm^3$	$y(Nm^3)$	$x(Nm^3)$	

$CO_2 : x=\frac{10\times4\times22.4}{22.4}=40Nm^3$

$N_2 : y=\frac{10\times6.5\times22.4}{22.4}\times\frac{(1-0.21)}{0.21}=244.52Nm^3$

$\therefore\ x+y=284.52Nm^3$

예제 3. C_2H_2 10kg 공기비 1.1로 연소 시 습연소가스량(kg)을 계산하여라.

풀이 C_2H_2 + $2.5O_2$ → $2CO_2$ + H_2O

26kg　2.5×32kg　2×44kg　18kg

10kg　x(kg)　y(kg)　z(kg)

(N_2 양) : $x = \frac{10\times2.5\times32}{26} \times \frac{(1.1-0.232)}{0.232} = 115.119\text{kg}$

(공기 중 산소의 중량(%)은 23.25)

(CO_2 양) : $y = \frac{10\times2\times44}{26} = 33.846\text{kg}$

(H_2O 양) : $z = \frac{10\times18}{26} = 6.92\text{kg}$

$\therefore\ (x+y+z) = 115.119+33.846+6.92 = 155.89\text{kg}$

예제 4. C_3H_8 5kg을 이론산소 양만으로 연소 시 건조연소가스량(Nm^3)을 구하여라.

풀이 C_3H_8 + $5O_2$ → $3CO_2$ + $4H_2O$

44kg　:　$3\times22.4Nm^3$

5kg　:　$x(Nm^3)$

$\therefore\ x = \frac{5\times3\times22.4}{44} = 7.636Nm^3$

(이론산소로 연소 시 연소가스 중 N_2는 생성되지 않는다.)

03 연료의 발열량 계산

(1) 발열량 단위

① 고체 및 액체 : kcal/kg

② 기체 : $kcal/Nm^3$

(2) 발열량 종류

① 고위발열량(총 발열량) : 연료가 연소하여 발생되는 열량 중 수증기 증발잠열{600(9H+ W)}이 포함된 열량으로 H_h로 표시

② 저위발열량(진발열량) : 고위발열량에서 수증기의 증발잠열이 제외된 열량으로 H_l로 표시

(3) 원소분석에 의한 발열량 계산

① C(탄소) 1kg에 의한 발열량

탄소(1kmol=12kg)가 연소 시 발생되는 열량은 97200kcal이므로

$C+O_2 \rightarrow CO_2+97200$

12kg　:　97200

1kg　:　x

$x = \frac{1 \times 97200}{12} = 8100\text{kcal/kg}$이므로 8100C(kcal/kg)으로 표시

② 수소 1kg 연소에 의한 발열량

㉠ $H_2 + \frac{1}{2}O_2 \rightarrow H_2O$(물) + 68000kcal

2kg : 68000

1kg : x

$x = \frac{1 \times 68000}{2} = 34000\text{kcal/kg}$

$\therefore\ 34000\left(H - \frac{O}{8}\right)$kcal/kg(물이 생성될 때는 고위발열량)

㉡ $H_2 + \frac{1}{2}O_2 \rightarrow H_2O$(수증기) + 57200kcal

2kg : 57200

1kg : x

$x = \frac{1 \times 57200}{2} = 28600\text{kcal/kg}$

$28600\left(H - \frac{O}{8}\right)$kcal/kg(수증기일 때는 저위발열량)

③ S(황) 1kg에 의한 발열량

황(1kmol=32kg) 연소 시 발생되는 열량은 80000kcal이므로

$S + O_2 \rightarrow SO_2 + 80000\text{kcal}$

32kg : 80000

1kg : x

$\therefore\ x = \frac{1 \times 80000}{2} = 2500S\,(\text{kcal/kg})$

이것을 종합한 원소분석에 의한 열량을 정리하면,

H_h(고위발열량) $= 8100C + 34000\left(H - \frac{O}{8}\right) + 2500S\,(\text{kcal/kg})$

H_l(저위발열량) $= 8100C + 28600\left(H - \frac{O}{8}\right) + 2500S\,(\text{kcal/kg})$

고위 · 저위 발열량 차이는 수증기 증발잠열의 차이 $600(9H + W)$이므로 다음과 같다.

$\therefore\ H_h = H_l + 600(9H + W)$

$H_l = H_h - 600(9H + W)$

예제 1. H_h 10000kcal/kg인 연료 3kg이 연소 시 저위발열량을 계산하여라. (단, 연료 1kg당 수소 15%, 수분은 없는 것으로 한다.)

풀이 $H_l = H_h - 600(9H + W)$에서

$10000kcal/kg - 600(9 \times 0.15 - O) = 9190kcal/kg$

$\therefore$ $9190kcal/kg \times 3kg = 27570kcal$

예제 2. 어떤 연료가 가진 성분이 C : 70%, H : 10%, O : 5%, S : 10%, 수분 : 5% 존재 시 이 연료가 가지는 저위발열량(kcal/kg)은?

풀이 수분이 존재 시 $H_l = H_h - 600(9H + W)$에서

$$= 8100C + 34000\left(H - \frac{O}{8}\right) + 2500S - 600(9H + W)$$

$$= 8100 \times 0.7 + 34000\left(0.1 - \frac{0.05}{8}\right) + 2500 \times 0.1 - 600(9 \times 0.1 + 0.05)$$

$$= 10847.5kcal/kg$$

$H_l = 8100C + 28600\left(H - \frac{O}{8}\right) + 2500S$로 계산하면 안 된다. 수분이 존재하기 때문이다.

④ 기체연료의 발열량 : 기체연료는 검량을 부피단위로 행하므로 발열량 계산도 표준상태의 부피(Nm^3) 단위로 행한다.

㉠ 수소 : $H_2 + \frac{1}{2}O_2 \rightarrow H_2O + 3050kcal/Nm^3$

㉡ 일산화탄소 : $CO + \frac{1}{2}O_2 \rightarrow CO_2 + 3035kcal/Nm^3$

㉢ 메탄 : $CH_4 + 2O_2 \rightarrow CO_2 + 2H_2O + 9530kcal/Nm^3$

㉣ 아세틸렌 : $2C_2H_2 + 5O_2 \rightarrow 2CO_2 + 2H_2O + 14080kcal/Nm^3$

㉤ 에틸렌 : $C_2H_4 + 3O_2 \rightarrow 2CO_2 + 2H_2O + 15280kcal/Nm^3$

㉥ 에탄 : $2C_2H_6 + 7O_2 \rightarrow 4CO_2 + 6H_2O + 16810kcal/Nm^3$

㉦ 프로필렌 : $2C_3H_6 + 9O_2 \rightarrow 6CO_2 + 6H_2O + 2540kcal/Nm^3$

㉧ 프로판 : $C_3H_8 + 5O_2 \rightarrow 3CO_2 + 4H_2O + 24370kcal/Nm^3$

㉨ 부틸렌 : $C_4H_8 + 6O_2 \rightarrow 4CO_2 + 4H_2O + 29170kcal/Nm^3$

㉩ 부탄 : $2C_4H_{10} + 13O_2 \rightarrow 8CO_2 + 10H_2O + 32010kcal/Nm^3$

⑤ Hess의 법칙 : 화학반응 과정에 있어서 발생 또는 흡수되는 전체의 열량은 최초의 상태와 최종상태에서 결정되며, 경로에는 무관하다.

$$C + \frac{1}{2}O_2 \rightarrow CO + 29200kcal/kmol \cdots\cdots ①$$

$$+\ CO + \frac{1}{2}O_2 \rightarrow CO_2 + 68000kcal/kmol \cdots\cdots ②$$

$$C + O_2 \rightarrow CO_2 + 97200kcal/kmol \cdots\cdots ③$$

04 연소가스의 온도

(1) 이론연소온도

이론공기량으로 연소 시 발생되는 최고온도를 말하며, 다음의 식으로 정의한다.

$Q(H_l) = G \cdot C_p t$

$\therefore\ t = \dfrac{Q(H_l)}{G \cdot C_p}$ 에서 현열은 저위발열량에 더하고 손실열은 저위발열량에서 빼주면 되므로

$$\therefore\ t = \frac{Q(H_l)}{G \cdot C_p}$$

여기서, t_1 : 이론연소온도(℃)

H_l : 저위발열량

G : 이론배기가스량(Nm³/kg)

C_p : 배기가스의 비열(kcal/Nm³℃)

(2) 실제연소온도

실제공기량으로 연료를 연소하였을 때 발생되는 최고온도를 말하며, 다음 식으로 계산된다.

$$t_1 = \frac{Q(H_l) + \text{공기현열} - \text{손실열량}}{G_s \cdot C_p} + t_2$$

여기서, t_1 : 실제연소온도

G_s : 실제배기가스량(Nm³/kg)

C_p : 배기가스 비열(kcal/Nm³ · ℃)

t_2 : 기준온도

예제 어떤 연소기구에서 연료를 온도 10℃에서 가열하였더니 저위발열량이 1000kcal이고 발생되는 배기가스가 50Nm³일 때 이론연소온도는 몇 ℃ 인가? (단, 배기가스의 비열은 0.54이었다.)

풀이 $t_1 = \dfrac{10000}{50 \times 0.54} + 10 = 380.37$℃

(3) 연소효율과 열효율

① 연소효율(η)$= \dfrac{\text{연소실 내 발생열량}}{\text{연료 1kg이 연소 시 발생하는 열량}} \times 100$

② 연소효율을 높이는 방법

㉠ 연소실 내용적을 넓힌다.

㉡ 연소실 내 온도를 높인다.

㉢ 미연소분을 줄인다.

㉣ 연료와 공기를 예열 공급한다.

③ 열효율(%)= $\frac{\text{목적률에 유효하게 전달된 열량}}{\text{연소기구에서 발생된 총 열량}} \times 100$

④ 열효율을 높이는 방법

㉠ 단속적인 조업을 피한다.

㉡ 연소기구에 알맞은 적정연료를 사용한다.

㉢ 연소가스 온도를 높인다.

㉣ 열손실을 줄인다.

⑤ 가스연소 시 생기는 열손실의 종류

㉠ 불완전연소에 의한 손실

㉡ 노벽을 통한 열손실

㉢ 배기가스에 의한 열손실 : 배기가스에 의한 손실은 연소가 끝난 단계이므로 손실을 줄이기 어렵다.

TIP 연소효율과 열효율

1. 연소효율 : 연료가 가지고 있는 열량의 발생정도
2. 열효율 : 연소장치 주위의 조건 등을 모두 고려하여 전체공정의 최종효율

출 / 제 / 예 / 상 / 문 / 제

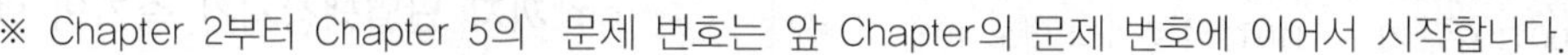

※ Chapter 2부터 Chapter 5의 문제 번호는 앞 Chapter의 문제 번호에 이어서 시작합니다.

24 프로판가스 $1Nm^3$을 공기과잉률 1.1로 완전연소시켰을 때의 건연소가스량은 몇 Nm^3인가?

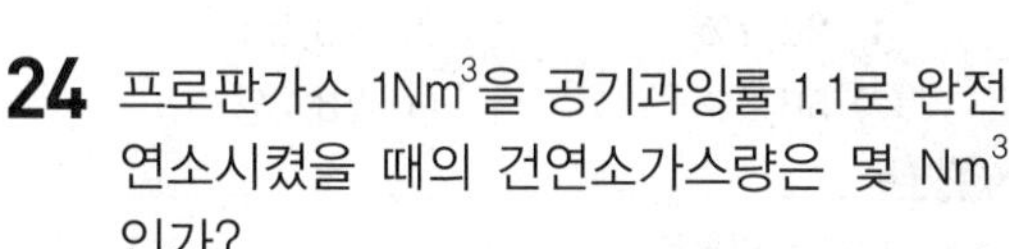

① 29.4 ② 14.9
③ 18.6 ④ 24.2

해설

$C_3H_8 + 5O_2 \rightarrow 3CO_2 + 4H_2O$에서

건연소가스량 $= N_2 + 3CO_2$이므로

$$= 5 \times \frac{1.1 - 0.21}{0.21} + 3Nm^3$$

$$= 24.19Nm^3$$

25 1atm, 30℃의 공기를 0.1atm으로 단열팽창시키면 온도는 몇 ℃가 되는가?

① 약 −8 ② 약 −156
③ 약 −116 ④ 약 −59

해설

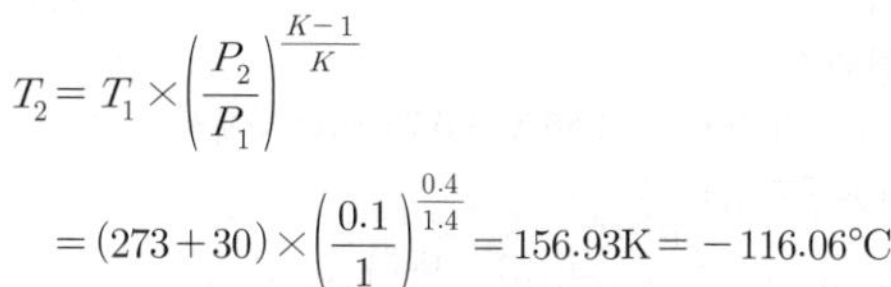

$$T_2 = T_1 \times \left(\frac{P_2}{P_1}\right)^{\frac{K-1}{K}}$$

$$= (273 + 30) \times \left(\frac{0.1}{1}\right)^{\frac{0.4}{1.4}} = 156.93K = -116.06℃$$

26 이론공기량을 옳게 설명한 것은?

① 완전연소에 필요한 최소공기량
② 완전연소에 필요한 1차 공기량
③ 완전연소에 필요한 2차 공기량
④ 완전연소에 필요한 최대공기량

27 다음 조성의 수성가스 연소 시 필요한 공기량은 약 몇 Nm^3/Nm^3인가? (단, 공기율은 1.25이고, 사용 공기는 건조하다.)

[조성비] $CO_2 = 4.5\%$, $CO = 45\%$
$N_2 = 11.7\%$, $O_2 = 0.8\%$, $H_2 = 38\%$

① 3.07 ② 0.21
③ 0.97 ④ 2.42

해설

공기량 $=$ 산소량 $\times \frac{1}{0.21} \times m$

$CO + \frac{1}{2}O_2 \rightarrow CO_2$

$H_2 + \frac{1}{2}O_2 \rightarrow H_2O$에서 가연성 가스에 대한 산소의 몰수는 각각 $\frac{1}{2}$mol이며, 연료 중 산소가 0.8%이므로

$$\therefore \left(\frac{1}{2} \times 0.45 + \frac{1}{2} \times 0.38 - 0.008\right) \times \frac{1}{0.21} \times 1.25$$

$$= 2.42Nm^3/Nm^3$$

28 수소 $1Nm^3$이 연소하면 몇 kcal의 열량이 발생하는가?

$H_2 + 1/2O_2 \rightarrow H_2O + 57600cal$

① 2570 ② 1860
③ 1980 ④ 2390

해설

$H_2 + O_2 \rightarrow H_2O + 57600cal$

22.4L : 57600cal이므로

$1Nm^3$: x(kcal)

$$\therefore x = \frac{1 \times 57600}{22.4} = 2571.42kcal$$

29 물의 비열을 1, 수증기의 비열을 0.45, 100℃ 때의 물의 증발잠열을 539kcal/kg라 할 때, 압력이 1기압이고 과열도가 10℃인 수증기의 엔탈피는 몇 kcal/kg인가? (단, 기준상태는 0℃와 1atm으로 한다.)

① 539
② 639
③ 643.5
④ 653.5

정답 24.④ 25.③ 26.① 27.④ 28.① 29.③

해설

Q_1 : 0℃ 물 → 100℃ 물까지
→ $1 \times 1 \times 100 = 100$kcal/kg
Q_2 = 100℃ 물 → 100℃ 수증기
→ $1 \times 539 = 539$kcal/kg
Q_3 = 100℃ 수증기 → 110℃ 수증기(과열도 10℃)
→ $1 \times 0.45 \times 10 = 4.5$kcal/kg
$\therefore Q_1 + Q_2 + Q_3 = 100 + 539 + 4.5 = 643.5$kcal/kg

30 다음은 물질을 연소시켜 생긴 화합물에 대한 설명이다. 맞는 것은?

① 탄소를 완전연소시켰을 때는 일산화탄소(CO)가 된다.
② 수소가 연소했을 때는 물로 된다.
③ 유황이 연소했을 때는 유화수소로 된다.
④ 탄소가 불완전연소할 때는 탄산가스로 된다.

해설

① 정상연소에서는 $C + O_2 \rightarrow CO_2$
③ $S + O_2 \rightarrow SO_2$(이산화황)
④ 불완전연소 시 : $C + \frac{1}{2}O_2 \rightarrow CO$

31 다음은 가연성 가스의 최소발화에너지와 영향인자와의 관계를 설명한 것이다. 바른 것은 어느 것인가?

① 가스의 연소속도가 클수록 최소발화에너지는 커진다.
② 가스의 전압이 높아지면 최소발화에너지는 커진다.
③ 가스를 소염거리 이하로 하면 최소발화에너지는 무한대가 된다.
④ 가스의 열전도율이 낮을수록 최소발화에너지는 커진다.

해설

① 연소속도가 클수록 발화점은 낮아진다.
② 압력이 높아지면 발화점은 낮아진다.
④ 열전도율이 낮으면 발화점은 낮아진다.

32 30kg/cm^{2}의 건포화증기를 배기압 0.5kg/cm^{2}까지 작용시키는 ranking cycle에 있어서 이론적 열효율은 얼마인가? (단, 펌프의 일량은 생략한다. 또 수증기표에서 30kg/cm^{2}에서 건포화증기의 엔탈피 : 670kcal/kg, 0.5kg/cm^{2}의 포화수의 엔탈피 : 81kcal/kg, 0.5kg/cm^{2}까지 단열팽창시킨 증기의 엔탈피 : 513kcal/kg)

① 26.7% ② 43.2%
③ 56.8% ④ 73.3%

해설

랭킨사이클로 열효율

$$\eta = \frac{\text{건포화증기 엔탈피} - \text{팽창증기 엔탈피}}{\text{건포화증기 엔탈피} - \text{포화수 엔탈피}} = \frac{670-513}{670-81} \times 100(\%) = 26.665\%$$

33 다음과 같은 조성으로 형성된 액체연료의 연소 시 생성되는 이론건연소가스량은 약 몇 Nm^{3}인가?

- 탄소 : 1.20kg
- 산소 : 0.2kg
- 질소 : 0.17kg
- 수소 : 0.31kg
- 황 : 0.2kg

① 29.8 ② 13.5
③ 17.0 ④ 21.4

해설

이론건연소가스
$G_{ok} = (1-0.21)A_o + 1.867C + 0.7S + 0.8N$에서
A_o(이론공기량)
$= 8.89 \times 1.20 + 26.67\left(0.31 - \frac{0.2}{8}\right) + 3.33 \times 0.2$
$= 18.93$Nm^3/kg
$\therefore G_{ok}$(이론건연소)
$= (1-0.21)A_o + 1.867C + 0.7S + 0.8N$에서
$= (1-0.21) \times 18.93 + 1.867 \times 1.20 + 0.7 \times 0.2$
$= 17.33$Nm^3/kg

34 연소속도에 영향을 주는 사항과 관계가 없는 것은?

① 발열량
② 가연성 물질의 종류
③ 반응계의 온도
④ 화염온도

정답 30.② 31.③ 32.① 33.③ 34.①

35 압력이 20kg/cm^2, 체적 0.4m^{3}의 기체가 일정한 압력하에서 0.7m^{3}로 되었다. 이 기체가 외부에 한 일은 얼마인가?

① 600kgf · m ② 600000kgf · m
③ 60000kgf · m ④ 6000kgf · m

해설

$$\text{일량}(W) = P \times (V_2 - V_1)$$
$$= 20 \times 10^4 \text{kg/m}^2 \times (0.7 - 0.4)\text{m}^3$$
$$= 60000\text{kgf} \cdot \text{m}$$

36 절대압력 3.5kg/cm^2, 비등점 77.8℃에서 액체프로판의 비체적은 0.00177m^3/kg이고 엔탈피는 43.1kcal/kg이다. 동일압력하에서 포화증기의 비체적은 0.104m^3/kg이며 엔탈피는 118.1kcal/kg이다. 이 증발과정에서 수반되는 내부에너지의 변화를 구하면?

① 29700kg · m/kg
② 26700kg · m/kg
③ 27700kg · m/kg
④ 28447kg · m/kg

$i = u + APV$

$u = i - APV$에서

$$= (118.1 - 43.1)\text{kcal/kg} \times 427\text{kg} \cdot \text{m/kcal} - 3.5 \times 10^4(\text{kg/m}^2) \times (0.104 - 0.00177)\text{m}^3/\text{kg}$$
$$= 28446.99\text{kg} \cdot \text{m/kg}$$

37 다음 설명 중 맞는 것은?

① 안전간격이 0.8mm 이상인 가스는 폭발등급 1이다.
② 안전간격이 0.8~0.4mm인 가스는 폭발등급 2이다.
③ 안전간격이 0.4mm 이하인 가스는 폭발등급 3이다.
④ 안전간격이 0.4mm 이하인 가스는 폭발등급 4이다.

해설

- 폭발등급 1등급 : 안전간격이 0.6mm 초과
- 폭발등급 2등급 : 안전간격이 0.6~0.4mm 이상
- 폭발등급 3등급 : 안전간격이 0.4mm 미만

38 실제연소가스량 G=8.00Nm^3, 이론연소가스량 G_o=7.50Nm^3, 이론공기량 A_o=7.00Nm^{3}일 때 실제공급된 공기량은?

① 6.5Nm^3 ② 8.5Nm^3
③ 7.5Nm^3 ④ 9.5Nm^3

해설

$$\text{공기비}(m) = \frac{A}{A_o} = \frac{G}{G_o} \text{ 이므로}$$

$$\therefore \text{ 실제공기량}(A) = \frac{A_o}{G_o} \times G = \frac{7.00}{7.50} \times 8.00 = 7.5\text{Nm}^3$$

39 연소 시 공기비가 적을 경우 연소실 내에 미치는 영향은?

① 매연 발생이 심하다.
② 연소실 내의 연소온도 저하
③ 연소가스 중에 NO_2의 발생으로 저온부식 촉진
④ 미연소가스 중 SO_3의 함유량이 많다.

공기비가 적을 경우 불완전연소로 매연이 발생한다.

40 공기비가 클 경우 연소에 미치는 영향과 관계없는 것은?

① 연소가스 중의 SO_3의 함유량이 많아져 저온부식이 촉진된다.
② 연소실 내의 연소온도가 저하한다.
③ 불완전연소가 되어 매연 발생이 심하다.
④ 통풍력이 강하여 배기가스에 의한 열손실이 많아진다.

해설

(1) 공기비가 크면
㉠ 배기가스량이 증가
㉡ 연소실 온도 저하
㉢ 질소산화물 발생
(2) 공기비가 적을 때 불완전연소로 매연 발생

41 탄화도를 기준으로 석탄을 분류할 때 탄화도 증가에 따라 석탄의 성질은 어떻게 되는가?

① 착화온도는 낮아진다.
② 고정탄소량은 감소한다.
③ 휘발성은 증가한다.
④ 발열량은 증가한다.

정답 35.③ 36.④ 37.③ 38.③ 39.① 40.③ 41.④

해설

탄화도 증가에 따라 고정탄소의 양이 증가하므로 발열량은 증가한다.

42 다음 사이클 중에서 동작유체상의 변화가 있는 사이클은?

① Brayton 사이클
② Rankine 사이클
③ Otto 사이클
④ Stirling 사이클

해설

랭킨사이클은 증기기관의 기본사이클로 증기와 물 사이에 상의변화를 가짐

43 배기가스 분석 시 CO_{2max} 10%, CO_2는 8%이였다. C_3H_8가스 500L/hr 연소 시 필요공기량은 몇 Nm^3/hr인가? (단, C_3H_8 연소 시 $A_o = 12Nm^3/kg$이고, 비중은 0.9kg/L이다.)

① 5740　② 6750
③ 7730　④ 8040

해설

$$필요공기량(A) = \frac{10}{8} \times 12 = 15Nm^3/kg$$

$$\therefore\ 15Nm^3/kg \times 0.9kg/L \times 500L/hr = 6750Nm^3/hr$$

44 고체연료 및 액체연료는 그 원소분석치로부터 발열량을 다음 식으로 구할 수 있다.

$$H_h = 8100C + 34000\left(H - \frac{O}{8}\right) + 2500S$$

위 식 중 H_h는 고위발열량, C는 탄소량, H는 수소량, O는 산소량 및 S는 유황량이다. 이때 $\left(H - \frac{O}{8}\right)$는 무엇을 의미하는가?

① 유황분　② 산소분
③ 수소분　④ 유효수소

해설

연료 중 산소가 있을 때 산소 8kg에 대하여 수소 1kg은 연소하지 않는다. 이때 연소하지 않는 수소를 무효수소라 하고 $H - \frac{O}{8}$를 유효수소라 한다.

45 다음의 연소가스 분석값을 가지고 공기비를 계산한 값은? (단, 연소가스의 분석값은 $CO_2 = 12\%$, $O_2 = 7\%$, $N_2 = 81.0\%$이다.)

① 11.1　② 1.7
③ 1.5　④ 1.3

해설

$$공기비(m) = \frac{N_2}{N_2 - 3.76O_2} = \frac{81}{81 - 3.76 \times 7} = 1.481$$

46 압력 엔탈피 선도에서 등엔트로피선의 기울기는?

① 압력
② 체적
③ 온도
④ 밀도

해설

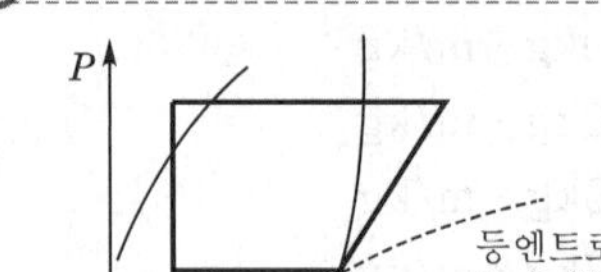

47 일반적으로 고체입자를 포함하지 않은 화염을 불휘염, 고체입자를 포함하는 화염은 휘염이라 불린다. 이들 휘염과 불휘염은 특유의 색을 가지는데 색과 화염의 종류가 옳게 짝지어진 것은?

① 불휘염 : 적색, 휘염 : 백색
② 불휘염 : 청색, 휘염 : 백색
③ 불휘염 : 청록색, 휘염 : 황색
④ 불휘염 : 적색, 휘염 : 황색

48 건조도 0.8의 습증기 10kg이 있다. 이때 포화증기는 몇 kg인가?

① 5kg　② 6kg
③ 7kg　④ 8kg

해설

10kg × 0.8 = 8kg

정답 42.② 43.② 44.④ 45.③ 46.② 47.③ 48.④

49 프로판을 완전연소시킬 때 고발열량과 저발열량의 차이는 얼마인가? (단, 물의 증발잠열은 539kcal/kg H_2O)

① 38808cal/g · mol C_3H_8
② 18000cal/g · mol C_3H_8
③ 22320cal/g · mol C_3H_8
④ 33120cal/g · mol C_3H_8

$C_3H_8+5O_2 \rightarrow 3CO_2+4H_2O$이므로
(539kcal/kg=539cal/g)
$\therefore$ 539cal/g×18g/mol×4=38808cal/g · mol

50 100℃의 공기 2kg이 어떤 탱크 속에 들어있다. 내부는 이 조건에서 100kcal/kg의 내부에너지를 갖는다. 내부에너지가 150kcal/kg이 될 때까지 가열하였다면 몇 kcal의 열이 공기에 이동되었는가?

① 520 ② 25
③ 100 ④ 400

$Q=(150-100)\text{kcal/kg}\times 2\text{kg}=100\text{kcal}$

51 가로×세로×높이가 5m×10m×5m의 실내온도가 30℃, 압력 0.1MPa에 존재하는 실내공기량(kg)을 계산하면? (단, 공기의 상수 $R=\dfrac{848}{M}$ kgf · m/kgK이다.)

① 200.5 ② 287.5
③ 300 ④ 400

해설

① $R=\dfrac{848}{M}\text{kgf}\cdot\text{m/kgK}\times\dfrac{1}{427}\text{kcal/kg}\cdot\text{m}\times 4.2\text{kJ/kcal}$

$\fallingdotseq\dfrac{8.314}{M}\text{kJ/kg}\cdot\text{k}$

$\therefore\ R=\dfrac{8.314}{29}$

$=0.287\text{kJ/kg}\cdot\text{k}$

② $PV=GRT$

$G=\dfrac{PV}{RT}$

$=\dfrac{0.1\times10^3\times(5\times10\times5)}{0.287\times(273+30)}=287.49\text{kg}$

52 배기가스의 평균온도 200℃, 외기온도 20℃, 대기의 비중량 $\gamma_1=1.29\text{kg/m}^3$, 가스의 비중량 $\gamma_2=1.354\text{kg/m}^3$일 때 연돌의 통풍력이 $Z=53.73\text{mmH}_2\text{O}$이라고 한다면 이때 연돌의 높이는 몇 m인가?

① 281 ② 60
③ 128 ④ 250

해설

$Z=273H\left(\dfrac{\gamma_1}{273+t_1}-\dfrac{\gamma_2}{273+t_2}\right)$에서

$\therefore\ H=\dfrac{53.73}{273\left(\dfrac{1.29}{273+20}-\dfrac{1.354}{273+200}\right)}=127.78\text{m}$

53 착화온도가 낮아지는 원인이 아닌 것은?

① 발열량이 많다.
② 산소 농도가 높다.
③ 분자구조가 간단하다.
④ 압력이 높다.

해설

착화온도가 낮아짐=연소가 빨리 일어남
㉠ 압력이 높을수록
㉡ 온도가 높을수록
㉢ 산소 농도가 높을수록
㉣ 열량이 높을수록
㉤ 분자구조가 복잡할수록

54 다음 반응 중에서 폭굉(Detonation)속도가 가장 빠른 것은?

① $C_3H_8+6O_2$ ② $2H_2+O_2$
③ CH_4+2O_2 ④ $C_3H_8+3O_2$

해설

• 일반 가스의 폭굉속도 : 1000~3500m/s
• 수소의 폭굉속도 : 1400~3500m/s

55 분젠버너의 가스유속을 빠르게 했을 때 불꽃이 짧아지는 이유는 무엇인가?

① 가스와 공기의 혼합이 잘 안 되기 때문에
② 유속이 빨라서 연소가 원활하지 못하기 때문에
③ 층류현상이 생기기 때문에
④ 난류현상으로 연소가 빨라지기 때문에

정답 49.① 50.③ 51.② 52.③ 53.③ 54.② 55.④

해설

가스유속을 빠르게 하면 단염현상으로 연소가 빨라진다.

56 다음 중 데토네이션에 대한 설명으로 맞는 것은?

① 충격파의 면(面)에 저온이 발생해 혼합기체가 급격히 연소하는 현상이다.
② 긴 관에서 연소파가 갑자기 전해지는 현상이다.
③ 관 내에서 연소파가 일정거리 진행 후 연소속도가 증가하는 현상이다.
④ 연소에 따라 공급된 에너지에 의해 불규칙한 온도범위에서 연소파가 진행되는 현상이다.

57 연소과정에서 공기 중 산소의 농도를 높이면 연소성질 중 일반적으로 감소하는 것은?

① 연소속도　② 점화에너지
③ 폭발한계　④ 화염속도

해설

산소의 농도 증가 시
• 증가하는 것 : 연소속도, 연소범위, 화염온도
• 감소하는 것 : 발화점, 인화점, 점화에너지

58 자연발화를 방지하고자 한다. 틀리게 설명한 것은?

① 열이 쌓이지 않게 퇴적 방법에 주의할 것
② 습도가 높은 것을 피할 것
③ 저장실의 온도를 높일 것
④ 통풍을 잘 시킬 것

해설

③ 저장실의 온도를 높이면 발화가 촉진됨

59 연소 시의 실제공기량 A와 이론공기량 A_o 사이에는 $A = mA_o$의 등식이 성립된다. 이 식에서 m이란?

① 공기의 열전도율
② 과잉공기계수
③ 연소효율
④ 공기압력계수

60 연소가스의 분석결과가 CO_2= 12%, O_2= 6%일 때 $(CO_2)_{max}$은?

① 16.8%　② 18.1%
③ 19.1%　④ 20.1%

$$(CO_2)_{max} = \frac{21CO_2}{21-O_2} = \frac{21\times 12}{21-6} = 16.8\%$$

61 다음 식에서 옳은 것은?

① $(CO_2)_{max} = \dfrac{21CO_2}{21-O_2}$

② $(CO_2)_{max} = \dfrac{21(O_2)}{(CO_2)-21}$

③ $(CO_2)_{max} = \dfrac{21(O_2)}{21-(CO_2)}$

④ $(CO_2)_{max} = \dfrac{21(CO_2)}{(O_2)-21}$

62 다음 중 실제공기량(A)을 나타낸 식은? (단, m은 공기비, A_o는 이론공기량이다.)

① $A = m/A_o$
② $A = m + A_o$
③ $A = mA_o$
④ $A = A_o + m$

63 탄소 72.0%, 수소 5.3%, 황 0.4%, 산소 8.9%, 질소 1.5%, 수분 0.9%, 회분 11.0%인 석탄의 저위발열량(kcal/kg)을 구하면?

$$H_l = 8100C + 28600\left(H - \frac{O}{8}\right) + 2500S - 600(W + 9H)$$

① 7055　② 4010
③ 5312　④ 6769

해설

$$H_l = 8100\times 0.72 + 28600\left(0.053 - \frac{0.089}{8}\right) + 2500 \times 0.004 - 600(0.009 + 9\times 0.053) = 6748.025\text{kcal/kg}$$

정답 56.③ 57.② 58.③ 59.② 60.① 61.① 62.③ 63.④

64 포화수 엔탈피 h_1 =50kcal/kg 같은 온도에서 포화증기 엔탈피 h_2 =400kcal/kg 건조도가 0.8일 때 습포화증기의 엔탈피는?

① 330kcal/kg ② 400kcal/kg
③ 530kcal/kg ④ 600kcal/kg

$h = h_1 + x(h_2 - h_1)$

$\therefore\ h = 50 + 0.8(400 - 50) = 330\text{kcal/kg}$

65 연소에 관한 다음 설명 중 옳지 않은 것은?

① 연소에 있어서는 소화반응 뿐만 아니라 열분해 및 일부 환원반응도 일어난다. 환원염은 공기 부족 시 생긴다.
② 연료가 한 번 착화하면 고온도로 되어 빠른 속도로 연소한다.
③ 환원반응이란 공기의 과잉상태에서 생기는 것으로 이때의 화염을 환원염이라 한다.
④ 고체, 액체 연료는 고온의 가스분위기 중에서 먼저 가스화된다.

해설

- 산화염 : 공기의 과잉상태에서 생기는 화염
- 환원염 : 공기의 부족상태에서 생기는 화염

66 탄소의 발열량(kcal/kg)은 얼마인가?

$C + O_2 \rightarrow CO_2 + 97600\text{cal}$

① 8130 ② 9760
③ 48800 ④ 97600

해설

C의 분자량은 12kg이므로

$\frac{97600}{12} = 8133.33\text{kcal/kg}$

$C + O_2 \rightarrow CO_2 + 97600\text{cal}$

12kg : 97600cal

1kg : x(kcal)

$\therefore\ x = \frac{1 \times 97600}{12} = 8133.33\text{kcal/kg}$

67 다음 중 연소속도에 영향을 주는 요인으로서 거리가 가장 먼 것은?

① 촉매
② 산소와의 혼합비
③ 반응계의 온도
④ 발열량

해설

촉매란 화학반응을 빠르게(정촉매) 또는 느리게(부촉매)하기 위하여 첨가하는 물질이다.

※ 문제 11번과 비교 : 발열량도 연소속도와 관계가 없으나 가장 거리가 먼 항목은 촉매이다.

68 액체의 인화점에 관한 설명 중 가장 적합한 것은?

① 액체가 뜨거운 물체와 접하여 다량의 증기가 발생될 수 있는 최저온도
② 액체표면에서 증기의 분압이 연소하한값의 조성과 같아지는 온도
③ 물질이 주위의 열로부터 스스로 점화될 수 있는 최저온도
④ 액체의 증기압이 외부 압력과 같아지는 온도

해설

- 인화점 : 연소 시 점화원을 가지고 스스로 연소하는 최저온도
- 발화점 : 연소 시 점화원 없이 스스로 연소하는 최저온도
- 위험성의 척도 : 인화점

69 다음 중 매연 발생으로 일어나는 피해 중 해당되지 않는 것은?

① 연소기 수명단축 ② 열손실
③ 환경오염 ④ 연소기 과열

해설

연소기 과열은 연소반응을 빠르게 할 수 있는 한 요인으로 매연 발생과 관계가 없다.

70 가연성 증기를 발생하는 액체 또는 고체가 공기와 혼합하여 기상부에 다른 불꽃이 닿았을 때 연소가 일어나는 데 필요한 최저의 액체 또는 고체의 온도를 나타내는 것은?

① 착화점 ② 이슬점
③ 인화점 ④ 발화점

해설

다른 불꽃=점화원이므로 인화점이다.

정답 64.① 65.③ 66.① 67.① 68.② 69.④ 70.③

71 포화증기를 단열적으로 압축하면 압력과 온도는 어떻게 변하는가?

① 엔트로피가 증가한다.
② 압력과 온도가 올라가며, 과열증기가 된다.
③ 압력은 올라가고 온도는 떨어져서 압축액체가 된다.
④ 온도는 변하지 않고 증기의 일부가 액화한다.

72 과열증기온도가 400℃일 때 포화증기온도가 600K이면 과열온도는 얼마인가?

① 73K
② 20K
③ 42K
④ 57K

과열도 = 과열증기온도 − 포화증기온도
= (273 + 400) − 600
= 73K

73 다음 중 연료비(Fuel ratio)가 맞는 것은?

① 수소/탄소
② 휘발분/고정탄소
③ 고정탄소/휘발분
④ 탄소/수소

74 다음 중 보염의 수단으로 쓰이지 않는 것은?

① 화염방지기
② 보염기
③ 선화기
④ 대항분류

해설

- 보염(Flame Holding) : 화염의 안정화를 위하여 유체흐름 중에 화염을 변동 없이 안정하게 연소 · 유지시키는 것
- 화염의 안정화 기술 : 다공판 이용법, 대항분류 이용법, 파일럿 화염이용법, 순환류 이용법(보염기), 예연소실 이용법(분사노즐과 선회기를 가진 대표적인 분사형 연소기)

75 다음 설명 중 옳은 것은?

① 최소점화에너지의 상승은 혼합기 온도 및 유속과는 무관하다.
② 최소점화에너지는 유속이 증가할수록 작아진다.
③ 최소점화에너지는 혼합기 온도가 상승함에 따라 작아진다.
④ 최소점화에너지는 유속 20m/s까지는 점화에너지가 증가하지 않는다.

해설

최소점화에너지는 반응에 필요한 최소한의 에너지로 최소점화에너지가 적을수록 연소가 잘 된다. 그러므로 온도, 압력이 높을수록 연소가 빨라 최소점화에너지는 적어진다.

76 석탄에서 수분과 회분을 제거한 나머지는?

① 고정탄소와 코크스라 한다.
② 휘발분과 고정탄소라 한다.
③ 고정탄소라 한다.
④ 휘발분이라 한다.

해설

고정탄소 : 100 − (수분 + 회분 + 휘발분)

77 고체연료의 공업분석에서 고정탄소를 산출하는 식은?

① 고정탄소(%) = 100 − [수분(%) + 황분(%) + 휘발분(%)]
② 고정탄소(%) = 100 − [수분(%) + 회분(%) + 황분(%)]
③ 고정탄소(%) = 100 − [수분(%) + 회분(%) + 질소(%)]
④ 고정탄소(%) = 100 − [수분(%) + 회분(%) + 휘발분(%)]

78 보염장치의 목적에 해당하는 것은?

① 가스의 역화를 방지
② 연소의 안정성 확보
③ 화염을 촉진
④ 연료의 분무를 촉진

정답 71.② 72.① 73.③ 74.① 75.③ 76.② 77.④ 78.②

79 다음 중 옳은 것은?

① 온도를 올리면 폭발범위가 넓어진다.
② 가연성 가스에 N_2, CO_2를 첨가 시 인화점은 낮아진다.
③ 폭굉속도는 연소속도의 20배이다.
④ 압력을 올리면 CO의 폭발상한계는 넓어진다.

80 등심연소 시 화염의 높이에 대해 맞게 설명한 것은?

① 공기유속이 높고 공기온도가 높을수록 화염의 높이는 커진다.
② 공기유속이 낮을수록 화염의 높이는 커진다.
③ 공기온도가 낮을수록 화염의 높이는 낮아진다.
④ 공기온도가 낮을수록 화염의 높이는 커진다.

등심연소 또는 심지연소(Wick type combustion)라 하며 공기유속이 낮을수록, 공기온도가 높을수록 화염의 높이가 커진다. 또한 복사대류에 의해 열이 전달되므로 확산연소방식에 가까우며, 석유버너에 사용된다.

81 건연소가스 중에 탄산가스량이 20%라면 수분 10%인 습연소가스 중에서 탄산가스가 차지하는 것은 몇 %인가?

① 6.7% ② 9.0%
③ 13.5% ④ 18%

해설

$100 : 90 = 20 : x$

$x = \frac{90}{100} \times 20 = 18\%$

82 연료의 성분이 어떠한 경우에 총(고위)발열량과 진(저위)발열량이 같아지는가?

① 일산화탄소와 질소의 경우
② 수소만인 경우
③ 수소와 일산화탄소인 경우
④ 일산화탄소와 메탄인 경우

연소가스 중 H_2O(수분)의 양이 없는 경우

83 수소가 연소 시 산소와 kmol의 관계는?

① 1 : 1 : 2 ② 1 : 1 : 1
③ 1 : 2 : 1 ④ 2 : 1 : 2

$2H_2 + O_2 \rightarrow 2H_2O$

84 연소불꽃이 백적색일 때 온도는 몇 ℃ 정도인가?

① 1300℃ ② 700℃
③ 850℃ ④ 1100℃

해설

연소 시 불꽃색깔에 따른 온도

색	암적색	적색	백적색	황적색	휘백색
온 도	700℃	850℃	1300℃	1100℃	1500℃

85 프로판가스는 다음과 같이 연소반응을 한다. 이 반응으로부터 프로판 $1Nm^3$의 연소에 필요한 이론산소량은?

① $1Nm^3$ ② $2Nm^3$
③ $4Nm^3$ ④ $5Nm^3$

해설

$C_3H_8 + 5O_2 \rightarrow 3CO_2 + 4H_2O$

$1Nm^3$ $5Nm^3$

86 다음 중 공기보다 비중이 커서 누설이 되면 낮은 곳에 고여 인화폭발의 원인이 되는 가스는?

① 프로판 ② 수소
③ 메탄 ④ 일산화탄소

해설

$C_3H_8 = 44g$으로 공기보다 무겁다.

87 다음은 완전연소시키기에 필요한 조건을 설명한 것이다. 틀린 것은?

① 공기를 예열한다.
② 공기공급을 적당히 하고, 가연성 가스와 잘 혼합시킨다.
③ 연료를 착화온도의 이하로 유지한다.
④ 가연성 가스는 완전연소하기 이전으로 냉각시키지 않는다.

정답 79.① 80.② 81.④ 82.① 83.④ 84.① 85.④ 86.① 87.③

88 중유를 완전연소시키기 위한 조건으로서 틀린 사항은 어느 것인가?

① 노 속은 되도록 고온으로 한다.
② 중유를 완전히 무화시킨다.
③ 적당량의 공기를 공급한다.
④ 공급공기의 온도는 되도록 낮게 한다.

89 다음은 폭굉을 일으킬 수 있는 기체가 파이프 내에 있을 때 폭굉방지 및 방호에 관한 내용이다. 옳지 않은 사항은?

① 파이프라인을 장애물이 있는 곳은 가급적이면 축소한다.
② 파이프의 지름 대 길이의 비는 가급적 작도록 한다.
③ 공정라인에서 회전이 가능하면 가급적 완만한 회전을 이루도록 한다.
④ 파이프라인에 오리피스 같은 장애물이 없도록 한다.

① 폭굉이 일어나는 조건 중 관경이 가늘수록 폭굉이 더욱 발생하므로 면적을 축소하면 폭굉방지와 관련이 없다.

90 다음 설명 중 옳은 것은?

① 층류연소속도는 압력이 클수록 크게 된다.
② 층류연소속도는 열전도율이 작을수록 크게 된다.
③ 층류연소속도는 비열이 클수록 크게 된다.
④ 층류연소속도는 분자량이 클수록 크게 된다.

해설

층류연소속도는 압력온도가 높을수록, 분자구조가 복잡할수록, 열전도율이 클수록, 비중이 클수록, 착화온도가 낮을수록 커진다.

91 황 3.5%의 중유 1t을 연소 시 SO_2는 몇 kg 발생하는가?

① 35kg ② 67kg
③ 70kg ④ 105kg

$S + O_2 \rightarrow SO_2$

32kg 64kg

1000×0.035 x

$$\therefore x = \frac{1000 \times 0.035 \times 64}{32} = 70\text{kg}$$

92 다음 중 층류연소속도에 대해 옳게 설명한 것은?

① 열전도율이 클수록 층류연소속도는 크게 된다.
② 비열이 클수록 층류연소속도는 크게 된다.
③ 분자량이 클수록 층류연소속도는 크게 된다.
④ 비중이 클수록 층류연소속도는 크게 된다.

93 다음 설명 중 맞지 않은 것은?

① 층류연소속도는 가스의 흐름상태에 따라 결정된다.
② 층류연소속도는 온도에 따라 결정된다.
③ 층류연소속도는 압력에 따라 결정된다.
④ 층류연소속도는 연료의 종류에 따라 결정된다.

94 다음은 폭발사고 후의 긴급안전대책을 기술한 것이다. 사고 후의 긴급안전대책이 아닌 것은?

① 폭발의 위험성이 있는 건물은 방화구조와 내화구조로 한다.
② 타 공장에 파급되지 않도록 가열원, 동력원을 모두 끈다.
③ 모든 위험물질을 다른 곳으로 옮긴다.
④ 장치 내 가연성 기체를 긴급히 비활성 기체로 치환시킨다.

해설

① 방화구조와 내화구조로 하는 것은 사고 전 대책 사항이다.

정답 88.④ 89.① 90.① 91.③ 92.① 93.① 94.①

95 다음 중 연소실 내의 노속 폭발에 의한 폭풍을 안전하게 외계로 도피시켜 노의 파손을 최소한으로 억제하기 위해 폭풍배기창을 설치해야 하는 구조에 대한 설명 중 틀린 것은?

① 크기와 수량은 화로의 구조와 규모 등에 의해 결정한다.
② 가능한 한 곡절부에 설치한다.
③ 폭풍을 안전한 방향으로 도피시킬 수 있는 장소를 택한다.
④ 폭풍으로 손쉽게 알리는 구조로 한다.

96 다음 설명 중 ( ) 안에 알맞은 것은?

> 폭굉이란 가스 속의 (㉠)보다도 (㉡)가 큰 것으로 선단의 압력파에 의해 파괴작용을 일으킨다.

① ㉠ 폭발속도, ㉡ 음속
② ㉠ 음속, ㉡ 폭발속도
③ ㉠ 연소, ㉡ 폭발속도
④ ㉠ 화염온도, ㉡ 충격파

폭발속도=화염전파속도

97 산소공급원이 아닌 것은?

① 환원제 ② 산소
③ 공기 ④ 산화제

환원제는 H_2와 같이 가연성 물질이다.

98 다음 인화점에 대한 설명으로 틀린 것은 어느 것인가?

① 가연성 액체가 인화하는 데 충분한 농도의 증기를 발생하는 최저농도이다.
② 인화점 이하에서는 증기의 가연농도가 존재할 수 없다.
③ mist, foam이 존재할 때는 인화점 이하에서는 발화가 가능하다.
④ 압력이 증가하면 증기발생이 쉽고, 인화점을 높아진다.

④ 압력이 증가하면 인화점이 낮아진다.

99 다음 총 발열량 −530600kcal/kg인 C_3H_8의 진발열량(kcal/kg · mol)을 구하면 얼마인가? (단, $H_2O(L) \rightarrow H_2O(G)$ $\triangle H$: −10520kcal/kg · mol이다.)

① −530600 ② −52080
③ −430200 ④ −488520

$C_3H_8 + 5O_2 \rightarrow 3CO_2 + 4H_2O$에서
진(저위)발열량=총 (고위)발열량−수증기 증발잠열
$= -530600 - \{4 \times (-10520)\}$
$= -488520$

100 연소온도(t_1)를 구하는 식으로 옳은 것은? (단, H_l : 저발열량, Q : 보유열, G : 연소가스량, C_p : 가스비열, η : 연소효율, t_2 : 기준온도)

① $\dfrac{H_l - Q}{GC_p} + t_2$ ② $\dfrac{H_l + \eta Q}{GC_p} + t_2$
③ $\dfrac{H_l + Q}{GC_p} + t_2$ ④ $\dfrac{H_l - \eta Q}{G_p} + t_2$

101 다음의 폭발 종류 중 그 분류가 화학적 폭발이라고 생각되는 것은?

① 압력폭발 ② 증기폭발
③ 기계적 폭발 ④ 분해폭발

102 C : 84%, H : 16%의 질량조성을 가진 연료유를 30%의 과잉공기로 완전연소시켰을 때 연소가스 중의 CO_2/O_2의 체적비는 다음 중 어느 것에 가장 가까운가?

① 6 ② 2
③ 3 ④ 4

해설

$A_o = 8.89 \times 0.84 + 26.67 \times 0.16 = 11.7348$
CO_2량$= 1.867 \times 0.84 = 1.56828$
O_2량$= 0.21(1.3 - 1) \times 11.7348 = 0.739$
$\therefore \dfrac{CO_2}{O_2} = \dfrac{1.56828}{0.739} = 2.12$

정답 95.② 96.② 97.① 98.④ 99.④ 100.② 101.④ 102.②

103 가스연료와 공기의 흐름이 난류일 때 연소 상태로서 옳은 것은?

① 층류일 때보다 열효율이 저하된다.
② 화염의 윤곽이 명확하게 된다.
③ 층류일 때보다 연소가 어렵다.
④ 층류일 때보다 연소가 잘 되며, 화염이 짧아진다.

난류일 때는 층류일 때보다 화염의 혼합속도가 빠르기 때문에 연소가 빨라지고 단염이 형성된다.

104 다음은 화재 및 폭발 시의 재난대책을 기술한 것이다. 틀리게 기술된 것은?

① 피난통로나 유도 등을 설치해야 한다.
② 폭발 시에는 급히 복도나 계단에 있는 방화문을 부수어 내부압력을 소멸시켜 주어야 한다.
③ 옥외의 피난계단은 방의 창문에서 나오는 화염을 받지 않는 위치에 놓아야 한다.
④ 필요 시에는 완강대를 설치, 운영해야 한다.

105 폭굉에 대한 설명 중 맞는 것은?

① 충격파의 면에 저온이 발생하여 혼합기체가 급격히 연소하는 현상이다.
② 긴 관에서 연소파가 갑자기 전해지는 현상이다.
③ 관 내에서 연소파가 일정거리 진행 후 급격히 연소속도가 증가하는 현상이다.
④ 연소에 따라 공급된 에너지에 의해 불규칙한 온도범위에서 연소파가 진행되는 현상이다.

106 CO_2는 고온에서 다음과 같이 분해한다.

$$2CO_2 \rightarrow 2CO + O_2$$

3000K, 1atm에서 CO_2의 60%가 분해한다면 표준상태에서 11.2L의 CO_2가 일정압력에서 3000K로 가열했다면 전체 혼합기체의 부피는 얼마인가?

① 160L
② 170L
③ 180L
④ 190L

해설

$2CO_2 \rightarrow 2CO + O_2$

$2\times22.4 \quad 3\times22.4$

$11.2\times0.6 \quad x$

$\therefore x=\dfrac{11.2\times0.6\times3\times22.4}{2\times22.4}$

$=10.08\text{L}$

11.2L 중 40%의 값 $=11.2\times0.4=4.48\text{L}$

$\therefore 10.08+4.48=14.56\text{L}$

$14.56\times\dfrac{3000}{273}=160\text{L}$

107 다음 연료 중에서 고위발열량과 저위발열량이 같은 것은?

① 석유
② 일산화탄소
③ 메탄
④ 프로판

해설

연소가스 중 H_2O가 생성되지 않는 것은 $H_h=H_l$이다.

108 다음 중 난류 예혼합화염과 층류 예혼합화염의 특징을 비교한 설명으로 틀린 것은?

① 난류 예혼합화염의 두께가 층류 예혼합화염의 두께보다 크다.
② 난류 예혼합화염의 연소속도는 층류 예혼합화염의 연소속도보다 수배 내지 수십 배 빠르다.
③ 난류 예혼합화염의 휘도는 층류 예혼합화염의 휘도보다 적다.
④ 난류 예혼합화염은 다량의 미연소분이 잔존한다.

해설

- 난류 예혼합화염의 연소속도가 층류보다 빠른 이유 : 난류성분이 층류화염보다 화염면적을 증가시키기 때문
- 난류 예혼합화염의 두께가 층류 예혼합화염의 두께보다 큰 이유 : 커다란 소용돌이로 속도가 가속되기 때문

정답 80.④ 81.② 82.③ 83.① 84.② 85.③

109 완전가스에 대한 설명으로 틀린 것은?

① H_2, CO_2 등은 20℃, 1atm에서는 완전가스로 보아도 큰 지장이 없다.
② 완전가스는 분자 상호간의 인력을 무시한다.
③ 완전가스 법칙은 저온·고압에서 성립한다.
④ 완전가스는 분자 자신이 차지하는 부피를 무시한다.

해설

③ 완전가스(이상기체)는 온도가 높을수록, 압력이 낮을수록 성립

110 연료에 고정탄소가 많이 함유되어 있을 때 발생되는 현상으로 옳은 것은?

① 열손실을 초래한다.
② 매연 발생이 많아진다.
③ 발열량이 높아진다.
④ 연소효과가 나쁘다.

해설

고정탄소=100−(수분+회분+휘발분)이므로 고정탄소가 많을수록 불순물이 적어지고 발열량이 높아지나 연소속도는 느려진다.

111 LPG 연료의 주성분은 어느 것인가?

① C_2H_2, CH_4
② CH_4, C_2H_6
③ C_3H_8, C_2H_6
④ C_3H_8, C_4H_{10}

112 산소가 20℃에서 5m³의 탱크 속에 들어있다. 이때 탱크의 압력이 10kg/cm²(g)이라면 산소의 중량은 몇 kg인가?

① 64.4kg ② 0.64kg
③ 1.55kg ④ 71kg

해설

$PV = GRT$

$\therefore G = \dfrac{PV}{RT}$

$= \dfrac{11.033 \times 10^4 \times 5}{\dfrac{848}{32} \times 293} = 71.04\text{kg}$

113 다음 중 공기 중의 습기를 흡수하거나 수분에 접촉되면 발열을 일으키는 것은?

① 금속나트륨 ② 질화면
③ 건성유 ④ 활성탄

해설

알칼리금속(Na, Ca)+수분 → 발열반응

114 CO_2가 불연성인 가장 큰 이유는?

① 연소성이 없기 때문이다.
② 산소와 화합 시 발열반응이다.
③ 산소와 화합은 하나 흡열반응이다.
④ 타 가연물과 화합하지 않는다.

115 표면연소는 다음 중 어느 것을 말하는가?

① 화염의 외부 표면에 산소가 접촉하여 연소하는 상태
② 오일 표면에서 연소하는 상태
③ 고체연료가 화염을 길게 내면서 연소하는 상태
④ 적열된 코크스 또는 숯의 표면에 산소가 접촉하여 연소하는 상태

116 다음 중 액체연료의 연소형태가 아닌 것은?

① 등심연소 ② 액면연소
③ 분해연소 ④ 분무연소

해설

분해연소 : 종이, 목재 등이 연소 시 발생되는 형태로서 고체물질의 연소형태이다.

117 석탄을 공업분석하여 수분 3.35%, 휘발분 2.65%, 회분 25.50%임을 알았다. 고정탄소분은 몇 %인가?

① 68.50% ② 37.69%
③ 49.48% ④ 59.87%

해설

고정탄소=100−(수분+회분+휘발분)
=100−(3.35+25.50+2.65)
=68.50

요약 $\text{연료비} = \dfrac{\text{고정탄소}}{\text{휘발분}}$

정답 109.③ 110.③ 111.④ 112.④ 113.① 114.③ 115.④ 116.③ 117.①

118 액체연료의 저장방법으로 틀린 것은?

① 원통형이나 구형에 저장한다.
② 통기관은 필요없다.
③ 탱크의 강판두께는 3.2mm 이상이어야 한다.
④ 증발 소모가 적어야 한다.

119 연소반응이 완료되지 않아 연소가스 중에 반응의 중간생성물이 들어 있는 현상을 무엇이라고 하는가?

① 연쇄분지반응 ② 열해리
③ 순반응 ④ 화학현상

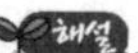

열해리(Thermal Dissociation) : 완전연소 시 손실량이 없이 발생되는 온도는 이론연소온도이며 실제연소에 있어서 연소가스 온도가 고온이 될 때 1500℃ 이상에서 연소가스량 CO_2, H_2O 등이 CO, O_2, OH 등으로 분해하는 현상이며 흡열반응이다.

120 연소에 관한 설명 중 맞지 않는 것은?

① 풍화도 일종의 연소이다. 그리고 이때 역시 열이 발생한다.
② 탄소는 불완전연소하면 일산화탄소로 된다.
③ 가연물질이 산소와 화합하면서 빛과 열을 내는 현상을 말한다.
④ 불꽃심이라는 것은 직접 공기의 접촉이 불충분한 곳이므로 잘 타고 있지는 않다.

해설

풍화 : 석탄이 바람 등의 영향으로 변질되는 현상

121 다음 중 미분탄 연소형식이 아닌 것은?

① 슬래그형 연소 ② L형 연소
③ V형 연소 ④ 코너형 연소

해설

(1) 미분탄 연소(Pulrer : zed coal combustion) : 200mesh 이하 미세한 입자로 분쇄한 미분탄을 1차 공기와 연소 버너에서 연소시키는 장치로 대용량의 연소장치 미적합

(2) 연소형식
㉠ U형 : 편평류 버너를 일렬로 나란히 하고, 2차 공기와 함께 분사연소
㉡ L형 : 선회류 버너를 사용하여 공기와 혼합하여 연소
㉢ 코너형 : 노형을 장방형으로 하고 모퉁이에서 분사연소
㉣ 슬래그형 : 노를 1차, 2차로 구별, 1차로가 슬래그탭 로이며, 재의 80%가 용융되어 배출

122 중유를 버너로 연소시킬 때 연소상태에 가장 적게 영향을 미치는 성질은?

① 유동점
② 유황분
③ 점도
④ 인화점

해설

③ 점도와 연소는 관계가 없다.

123 중유가 석탄보다 발열량이 큰 이유는?

① 수소분이 많다.
② 회분이 적다.
③ 수분이 적다.
④ 연소속도가 크다.

124 다음 메탄가스의 설명에 관한 사항 중 옳은 것은?

① 메탄은 조연성 가스이기 때문에 다른 유기화합물을 연소시킬 때 사용한다.
② 고온에서 수증기와 작용하면 반응하여 일산화탄소와 수소를 생성한다.
③ 공기 중에 메탄가스가 60% 정도 함유되어 있는 기체가 점화되면 폭발한다.
④ 수분을 함유한 메탄은 금속을 급격히 부식시킨다.

해설

$CH_4 + H_2O \rightarrow CO + 3H_2$
- CH_4의 폭발범위 : 5~15%
- 수분 함유 시 부식을 일으키는 가스 : Cl_2, $COCl_2$, CO_2, SO_2
- CH_4 : 가연성

정답 118.② 119.② 120.① 121.③ 122.③ 123.① 124.②

125 다음은 기체연료 중 천연가스에 관한 사항이다. 옳지 않은 것은?

① 대기압에서도 냉동에 의해 액화가 된다.
② 주성분은 메탄가스로 탄화수소의 혼합가스이다.
③ 발열량이 수성가스에 비하여 적다.
④ 연소가 용이하다.

• 천연가스 : 11500kcal/m^3
• 수성가스 : 2800kcal/m^3

126 다음 연료 중 고발열량이 가장 큰 것은?

① 코크스　　② 중유
③ 프로판 가스　　④ 석탄

해설

$C_3H_8 + 5O_2 \rightarrow 3CO_2 + 4H_2O + Q(\text{kcal})$

127 기체연료의 관리상 검량 시 반드시 측정해야 할 사항은?

① 부피와 습도
② 온도와 압력
③ 부피와 온도
④ 압력과 부피

128 어떤 연소성 물질의 착화온도가 80℃이다. 이것이 갖는 의미는 무엇인가?

① 80℃ 가열 시 폭발할 우려가 있다.
② 80℃까지 가열 시 점화원이 없어도 스스로 연소한다.
③ 80℃까지 가열 시 점화원이 있어야 연소한다.
④ 80℃까지 가열 시 인화한다.

129 프로판(C_3H_8) 11kg을 이론산소량으로 완전 연소시켰을 때 습연소가스의 부피(Nm^3)는?

① 144.5　　② 135.8
③ 137.9　　④ 39.2

해설

$C_3H_8 + 5O_2 \rightarrow 3CO_2 + 4H_2O$에서 이론산소량으로 연소 시 N_2량은 계산하지 않으며, 습연소이므로 $CO_2 + H_2O$이므로

$C_3H_8 + 5O_2 \rightarrow 3CO_2 + 4H_2O$
44kg　　　7×22.4Nm^3
11kg　　　x(Nm^3)

$\therefore x = \dfrac{11 \times 7 \times 22.4}{44} = 39.2\text{Nm}^3$

130 액체연료를 분석한 결과 그 성분이 다음과 같았다. 이 연료의 연소에 필요한 이론공기량은? (단, 탄소 : 80%, 수소 : 10%, 산소 : 10%)

① 13.51Nm^3/kg　　② 9.45Nm^3/kg
③ 11.23Nm^3/kg　　④ 12.46Nm^3/kg

해설

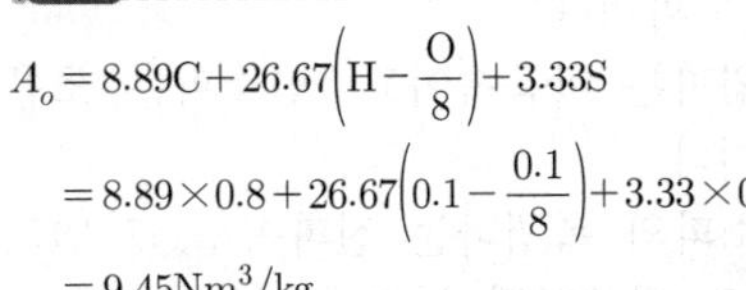

$$A_o = 8.89C + 26.67\left(H - \frac{O}{8}\right) + 3.33S$$
$$= 8.89 \times 0.8 + 26.67\left(0.1 - \frac{0.1}{8}\right) + 3.33 \times 0$$
$$= 9.45\text{Nm}^3/\text{kg}$$

131 액화석유가스(LPG)의 관리 방법 중 틀린 것은?

① 용기의 온도가 60℃ 이내가 되도록 한다.
② 찬 곳에 저장한다.
③ 접속부분의 누설여부를 정기적으로 점검한다.
④ 용기 주위에 체류가스가 없도록 통풍을 잘 시킨다.

① 용기온도 40℃ 이하가 되도록 보관한다.

132 총 발열량과 진발열량의 차이는 연료 중의 어느 성분 때문에 발생하는가?

① 질소　　② 황
③ 수소　　④ 탄소

해설

H_h(고위발열량) $= H_l$(저위발열량) $+ 600(9H + W)$

133 다음은 공기나 연료의 예열효과를 설명한 것 중 틀린 것은?

① 더 적은 이론공기량으로 연소 가능
② 착화열을 감소시켜 연료를 절약
③ 연소실 온도를 높게 유지
④ 연소효율 향상과 연소상태의 안정

정답 125.③ 126.③ 127.② 128.② 129.④ 130.② 131.① 132.③ 133.①

134 공업용 액체연료의 연소 방법으로 사용되는 연소방식은?

① 확산연소법 ② 무화연소법
③ 표면연소법 ④ 증발연소법

135 다음 연소파와 폭굉파에 대한 설명으로 옳지 않은 것은?

① 가연조건에 있을 때 기상에서의 연소반응 전파형태이다.
② 연소파와 폭굉파는 연소반응을 일으키는 파이다.
③ 폭굉파는 아음속이고, 연소파는 초음속이다.
④ 연소파와 폭굉파는 전파속도, 파면의 구조, 발생압력이 크게 다르다.

해설

• 아음속 : 음속보다 느린 속도
• 초음속 : 음속보다 빠른 속도

136 다음 중 폭발의 정의에 가장 적합한 것은?

① 물질을 가열하기 시작하여 발화할 때까지의 시간이 극히 짧은 반응
② 물질이 산소와 반응하여 열과 빛을 발생하는 현상
③ 화염의 전파속도가 음속보다 큰 강한 파괴작용을 하는 흡열반응
④ 화염이 음속 이하의 속도로 미반응물질 속으로 전파되어 가는 발열반응

137 매연의 발생과 가장 관련이 적은 것은?

① 스모그 ② 연료의 종류
③ 공기량 ④ 연소 방법

138 2차 공기란 어떤 공기를 말하는가?

① 실제공기량에서 이론공기를 뺀 값
② 연료를 무화시켜 산화반응을 하도록 공급되는 공기이다.
③ 연료를 완전연소시키기 위하여 1차 공기에서 부족한 공기를 보충하는 것
④ 이론공기량에서 과잉공기를 보충한 값

139 석탄의 원소 분석 방법과 관련이 없는 것은?

① 라이드법
② 리비히법
③ 세필드법
④ 에쉬카법

해설

석탄의 원소분석(Ultimate Analysis)은 항습시료를 사용하여 연료 중 원소를 분석하는 방법으로 리비히법, 에쉬카법, 세필드법 등이 있다.

140 다음의 폭발에 관련된 가스의 성질을 열거한 것 중 틀린 것은?

① 안전간격이 큰 것일수록 위험성이 있다.
② 연소속도가 큰 것일수록 안전하지 못하다.
③ 가스의 비중이 크면 낮은 곳으로 모여 있게 된다.
④ 압력이 높아지면 일반적으로 폭발범위가 넓어진다.

해설

① 안전간격이 큰 것은 안전하다.

141 CH_4 1Nm^{3}을 이론산소량으로 완전연소시켰을 때 습연소가스의 부피는 몇 Nm^{3}인가?

① 4 ② 1
③ 2 ④ 3

해설

$CH_4 + 2O_2 \rightarrow CO_2 + 2H_2O$
1Nm^3 1Nm^3 + 2Nm^3 = 3Nm^3

142 100kcal/kg의 내부에너지를 갖는 20℃의 공기 10kg이 강철탱크 안에 들어있다. 공기의 내부에너지가 120kcal/kg으로 증가할 때까지 가열하였을 경우 공기로 이용한 열량은 몇 kcal인가?

① 240kcal ② 160kcal
③ 167kcal ④ 200kcal

해설

(120 − 100)kcal/kg × 10kg = 200kcal

정답 134.② 135.③ 136.④ 137.① 138.③ 139.① 140.① 141.④ 142.④

143 어떤 연료를 분석하니 수소 10%(부피), 탄소 80%, 회분 10%이었다. 이 연료 100kg을 완전연소시키기 위해서 필요한 공기는 표준상태에서 몇 m^3이겠는가?

① $980m^3$　② $206m^3$
③ $412m^3$　④ $490m^3$

해설

$$8.89C + 26.67\left(H - \frac{O}{8}\right) + 3.33S = 8.89 \times 0.8 + 26.67 \times 0.1$$
$$= 9.779Nm^3/kg$$
$$\therefore\ 9.779Nm^3/kg \times 100kg = 977.9Nm^3$$

144 질소 70부피%, 산소 30부피%로 구성된 혼합가스의 1기압, 0℃에서의 비중량(g · 중/L)은?

① 2.108　② 1.304
③ 1.526　④ 2.014

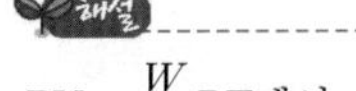

$$PV = \frac{W}{M}RT\text{에서 } P = \frac{W}{V} \times \frac{RT}{M}$$
$$\therefore\ \frac{W}{V}(g/L) = \frac{PM}{RT}$$
$$= \frac{1 \times (28 \times 0.7 + 32 \times 0.3)}{0.082 \times 273} = 1.304g/L$$

145 일반적인 정상연소에 있어서 연소속도를 지배하는 요인은?

① 배기가스 중 N_2의 농도
② 화학반응의 속도
③ 공기(산소)의 확산속도
④ 연료의 산화온도

146 다음 연료의 연소 중에 매연이 가장 잘 생기는 물질은?

① 타르　② 석유
③ 프로판　④ 중유

147 어느 반응물질의 온도가 50℃ 상승 시 반응속도는 몇 배 증가되는가?

① 32배　② 10배
③ 20배　④ 25배

해설

온도 10℃ 상승할 때마다 반응속도는 2배 증가한다. 그러므로 50℃ 상승 시 2^5배 상승한다.

148 다음 중 상온에서 물과 반응하여 가연성 기체를 생성하는 물질로 짝지어진 것은?

㉠ K
㉡ CO
㉢ NH_3
㉣ CaC_2

① ㉠, ㉢　② ㉠, ㉣
③ ㉠, ㉡　④ ㉢, ㉣

해설

- 알칼리금속(Na) : 물과 반응 시 가연성 물질 생성
- 카바이드(CaC_2) : 물과 반응 시 C_2H_2 가스 생성

149 기체연료가 다른 연료보다 과잉공기가 적게 드는 이유는 무엇인가?

① 확산으로 혼합이 용이하다.
② 착화가 용이하다.
③ 착화온도가 낮다.
④ 열전도도가 크다.

150 연료 1kg에 대한 이론산소량(Nm^3/kg)을 구하는 식은?

① $1.870C + 5.6\left(H - \frac{O}{8}\right) + 0.7S$
② $2.667 + 5.6\left(H - \frac{O}{8}\right) + 0.7S$
③ $8.890C + 26.67\left(H - \frac{O}{8}\right) + 3.33S$
④ $11.490C + 34.5\left(H - \frac{O}{8}\right) + 4.3S$

151 다음 연소 중에서 연소속도가 가장 낮은 경우는 어떤 때인가?

① 표면연소
② 확산연소
③ 증발연소
④ 분해연소

정답 143.① 144.② 145.③ 146.① 147.① 148.② 149.① 150.① 151.①

152 액체연료의 장점이 아닌 것은?

① 저장운반이 용이하다.
② 화재, 역화 등의 위험이 작다.
③ 과잉공기량이 적다.
④ 연소효율 및 열효율이 크다.

153 다음 중 확산연소로 옳은 것은?

① 고분자물질인 연료가 가연분해된 기체의 연소
② 코크스나 목탄의 연소
③ 대부분의 액체연료의 연소
④ 경계층이 형성된 기체연료의 연소

154 스토커(Stoker)를 이용하여 무연탄을 연소시키고자 할 때의 고려할 사항으로서 잘못된 것은?

① 충분한 연소가 되도록 2차 공기를 넣어둔다.
② 미분탄상태로 하고 공기는 예열한다.
③ 스토커 후부에 착화 아취를 설치한다.
④ 연소장치는 산포식 스토커가 적합하다.

② 공기예열은 열손실 증가

155 연소속도가 느릴 경우 일어나는 현상이 아닌 것은?

① 불꽃의 최고온도가 낮다.
② 취급상 안전하다.
③ 역화하기 쉽다.
④ 버너연료로 집중화염을 얻기 어렵다.

156 다음 그림은 몰리에르(mollier) 선도이다. 등엔탈피 변화과정(교축과정)은?

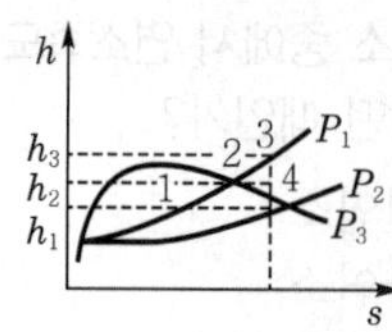

① 4−1 ② 1−2
③ 2−3 ④ 3−4

해설

3−4(가역단열, 등엔트로피) : 종축
4−1(교축, 등엔탈피) : 횡축
2−3 : 등온팽창과정
1−2 : 등온압축과정

157 공기 20kg과 증기 5kg이 $10m^3$의 용기 속에 들어있다. 만약, 이 혼합가스의 온도가 50℃라면 혼합가스의 압력은 몇 kg/cm^2이겠는가? (단, 공기와 증기의 가스정수는 각 29.5kg/kmol · K, 47.0kg/kmol · K이다.)

① $0.386kg/cm^2$ ② $2.664kg/cm^2$
③ $1.280kg/cm^2$ ④ $0.987kg/cm^2$

해설

$PV=GRT$에서 혼합가스이므로

$$PV=(G_1R_1+G_2R_2)T$$

$$\therefore\ P=\frac{(G_1R_1+G_2R_2)T}{V}$$

$$=\frac{(20\times29.5+5\times47.0)\times323}{10}$$

$$=26647kg/m^2$$

$$=2.664kg/cm^2$$

158 다음 중에서 불꽃전파 최고속도(m/s)가 가장 큰 것은?

① 석탄가스 ② 수소
③ 일산화탄소 ④ 프로판

수소의 폭굉속도 : 1400~3500m/s

159 다음 중 폭발의 위험을 나타내는 물성치에 해당하지 않는 것은?

① 빙점 ② 연소열
③ 점도 ④ 비등점

160 연소가스의 노점에 가장 큰 영향을 주는 요소는?

① 배기가스의 열회수율
② 연소가스 중의 수분함량
③ 연료의 연소온도
④ 과잉공기계수

정답 152.② 153.④ 154.② 155.③ 156.① 157.② 158.② 159.① 160.④

161 다음 중 몰리에르 선도에서 찾기 어려운 것은 어느 것인가?

① 높은 온도의 과열증기
② 건포화증기
③ 질이 낮은 습증기
④ 낮은 온도의 과열증기

해설
몰리에르 선도에서 건포화증기값은 선도상에 값을 구하기 어렵다.

162 다음 [그림]은 일반적인 수증기 사이클에 대한 엔트로피와 온도와의 관계 그림이다. 각 단계에 대한 설명 중 옳지 않은 것은 어느 것인가?

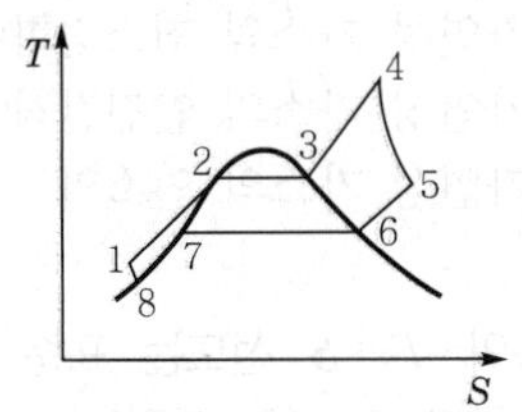

① 경로 4－5는 가역, 단열과정으로 나타난다.
② 경로 1－2－3－4는 물이 끓는 점 이하로 보일러에 들어가 증발하면서 가열되는 과정이다.
③ 경로 1－2－3－4는 다른 과정에 비하여 압력변화가 적으므로 정압과정으로 볼 수 있다.
④ 경로 4－5는 보일러에서 나가는 고온 수증기의 에너지 일부가 터빈 또는 수증기 기관으로 들어가는 과정이다.

해설
- 4－5는 비가역 단열과정으로 엔트로피 증가
- 가역단열일 경우 엔트로피 불변

163 다음 중 증기의 성질에 관한 설명 중 옳지 않은 것은?

① 증기의 압력이 높아지면 증발잠열이 커진다.
② 증기의 압력이 높아지면 엔탈피가 커진다.
③ 증기의 압력이 높아지면 현열이 커진다.
④ 증기의 압력이 높아지면 포화온도가 높아진다.

해설
① 증기압이 높아지면 증발잠열은 작아진다.

164 다음 사항 중 옳지 않은 것은?

① 과열증기는 건포화증기보다 온도가 높다.
② 과열증기는 건포화증기를 가열한 것이다.
③ 건포화증기는 포화수와 온도가 같다.
④ 습포화증기는 포화수보다 온도가 높다.

해설
④ 포화증기와 포화수 온도는 동일하다.

165 다음 중 이론연소온도를 상승시키기 위한 방법과 가장 거리가 먼 것은 어느 것인가?

① 발열량이 높은 연료를 사용한다.
② 연소효율을 높게 유지시킨다.
③ 연료 또는 공기를 예열시킨다.
④ 과잉공기량을 높게 유지시킨다.

해설

$$t_1 = \frac{H_l + \eta Q}{G C_p} + t_2$$

여기서, H_l : 저위발열량
η : 연소효율
Q : 보유열량
C_p : 가스비열
G : 연소가스량
t_2 : 기준온도

166 에탄이 공기 중에서 연소할 때 과잉공기의 양이 많을수록 어떻게 되는가?

① 에탄의 반응열이 적어진다.
② 최고단열 연소온도가 낮아진다.
③ 최고단열 연소온도가 높아진다.
④ 에탄의 반응열이 커진다.

정답 161.② 162.② 163.① 164.④ 165.④ 166.②

167 다음을 설명하는 법칙은?

> "임의의 화학반응에서 발생(또는 흡수)하는 일은 변화 전과 변화 후의 상태에 의해서 정해지며, 그 경로에는 무관하다."

① Hess의 법칙
② Dalton의 법칙
③ Henry의 법칙
④ Avogadro의 법칙

해설

헤스(Hess)의 법칙 : 총 열량 불변의 법칙

168 다음의 무게조성을 가진 중유의 저발열량은? (단, C : 84%, H : 13%, O : 0.5%, S : 2%, N : 0.5%)

① 12606kcal/kg
② 9606kcal/kg
③ 10554kcal/kg
④ 11606kcal/kg

$$H_l = 8100\text{C} + 28600\left(\text{H} - \frac{\text{O}}{8}\right) + 2500\text{S}$$
$$= 8100 \times 0.84 + 28600\left(0.13 - \frac{0.005}{8}\right) + 2500 \times 0.2$$
$$= 10554.125\text{kcal/kg}$$

169 다음의 $T-S$ 선도는 증기 냉동사이클을 표시한다. 1 → 2 과정을 무슨 과정이라고 하는가?

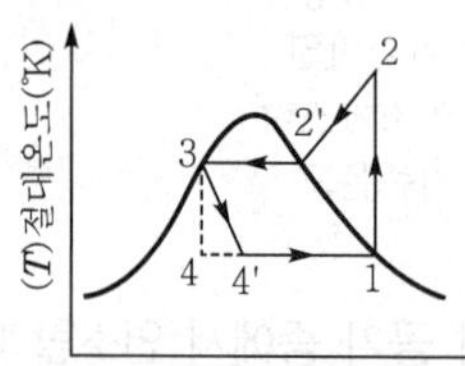

① 단열압축 ② 등온응축
③ 등온팽창 ④ 단열팽창

해설

1 → 2 : 단열압축
2 → 3 : 등온압축
3 → 4 : 단열팽창
4 → 1 : 등온팽창

170 공기와의 혼합가스의 경우 안전간격이 넓은 순서로 나열된 것은?

① 프로판, 수소, 에틸렌
② 수소, 프로판, 에틸렌
③ 에틸렌, 프로판, 수소
④ 프로판, 에틸렌, 수소

해설

- 폭발등급 1등급 : C_3H_8, C_4H_{10}, CH_4
- 폭발등급 2등급 : 에틸렌, 석탄가스
- 폭발등급 3등급 : CS_2, H_2, C_2H_2, 수성가스

171 내압방폭구조로 방폭전기기기를 설계할 때 가장 중요하게 고려해야 될 사항은?

① 가연성 가스의 발화점
② 가연성 가스의 최소점화에너지
③ 가연성 가스의 안전간격
④ 가연성 가스의 연소열

172 다음의 $T-S$ 선도는 표준 냉동사이클을 표시한다. 3-4의 과정은?

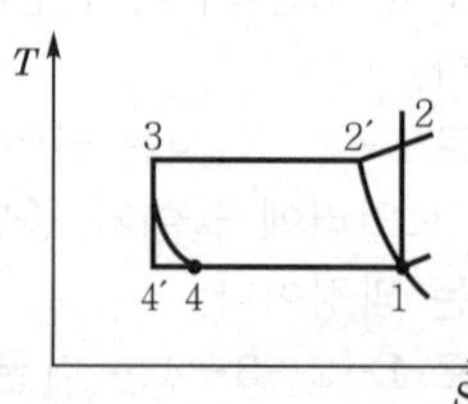

① 등엔탈피과정 ② 단열압축과정
③ 등압과정 ④ 등온과정

해설

1 → 2 : 단열압축
2 → 3 : 등압
2 → 3', 4 → 1 : 등온
3 → 4 : 등엔탈피

173 부피가 20L인 고압용기 속에 150atm 절대압으로 산소가스가 충전되어 있는데 이 가스를 1.2kg을 소비하였다면 절대압으로 몇 atm이 되겠는가?

① 약 105.20 ② 약 108
③ 약 126.83 ④ 약 119.45

정답 167.① 168.③ 169.① 170.④ 171.③ 172.① 173.②

해설

$M_1 = P_1 V = 150 \times 20 = 3000\text{L}$

$\therefore\ 3000\text{L} - \dfrac{1200}{32} \times 22.4(\text{L}) = 2160\text{L}$

$M_2 = P_2 V$

$\therefore\ P_2 = \dfrac{M_2}{V} = \dfrac{2160}{20} = 108$기압

174 수소 12%, 수분 0.3%인 고체연료의 고위발열량이 10000kcal/kg일 때 이 연료의 저위발열량은?

① 9800kcal/kg ② 9050kcal/kg
③ 9350kcal/kg ④ 9680kcal/kg

해설

$H_l = H_h - 600(9\text{H} + W)$

$= 10000\text{kcal/kg} - 600(9 \times 0.12 + 0.003)\text{kcal/kg}$

$= 9350.2\text{kcal/kg}$

175 가스연료 중에서 저위(진)발열량(kcal/Nm³)이 가장 큰 것은?

① 일산화탄소 ② 에탄
③ 메탄 ④ 수소

해설

발열량(kcal/Nm³)은 탄소와 수소수가 많을수록 높다.

176 프로판가스의 연소과정에서 발생한 열량이 12000kcal/kg 연소할 때 발생된 수증기의 잠열이 2000kcal/kg이면 프로판가스의 연소효율은 얼마인가? (단, 프로판가스의 진발열량은 11000kcal/kg이다.)

① 127 ② 79
③ 91 ④ 110

해설

$\eta(\text{연소효율}) = \dfrac{12000 - 2000}{11000} \times 100 = 90.90\%$

177 메탄, 이산화탄소 및 수증기의 생성열이 각각 18kcal/mol, 94kcal/mol 및 58kcal/mol일 때 메탄의 완전연소발열량은 얼마인가?

① 192kcal ② 121kcal
③ 142kcal ④ 161kcal

해설

$CH_4 + 2O_2 \rightarrow CO_2 + 2H_2O + Q$에서 생성열과 연소열은 부호가 반대이므로 완전연소반응식에 생성열량을 음의 부호로 대입하면

$-18 = -94 - 2 \times 58 + Q$

$\therefore\ Q = 94 + 2 \times 58 - 18 = 192\text{kcal}$

178 총(고위)발열량과 진(저위)발열량이 같은 경우는?

① 순탄소연소 ② 중유연소
③ 프로판연소 ④ 석탄연소

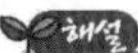

$C + O_2 \rightarrow CO_2$에서

H_2O는 발생하지 않으므로 $H_l = H_h$이다.

179 이상기체에서 정적비열(C_v)과 정압비열(C_p)과의 관계가 올바른 것은?

① $C_p - C_v = 2R$
② $C_p - C_v = R$
③ $C_p + C_v = R$
④ $C_p + C_v = 2R$

180 25℃, 1atm에서 프로필렌의 연소반응은 다음과 같다. 이때 $C_3H_6(g) + 4.5O_2(g) \rightarrow 3CO_2(g) + 3H_2O(L)$ 표준연소열은? (단, $C_3H_6(g) + H_2(g) \rightarrow C_3H_8(g)$, $\Delta H = -29.6$kcal/gmol, $H_2(g) + 1/2O_2(g) \rightarrow H_2O(L)$, $\Delta H = -68.3$ kcal/g · mol, $C_3H_8(g) + 5O_2(g) \rightarrow 3CO_2 + 4H_2O(L)$, $\Delta H = -530.6$kcal/g · mol)

① −658.1kcal/g · mol
② −491.9kcal/g · mol
③ −569.3kcal/g · mol
④ −628.5kcal/g · mol

해설

$C_3H_6 + H_2 \rightarrow C_3H_8 + 29.6$ ················ (a)

$H_2 + \dfrac{1}{2}O_2 \rightarrow H_2O + 68.3$ ················ (b)

$C_3H_8 + 5O_2 \rightarrow 3CO_2 + 4H_2O + 530.6$ ················ (c)

(a)+(c)−(b)로 식을 정리하면

$C_3H_6 + 4.5O_2 \rightarrow 3CO_2 + 3H_2O + 530.6 + 29.6 - 68.3$이므로

$\therefore\ 530.6 + 29.6 - 68.3 = 491.9$kcal/mol이므로

$\Delta H = -491.9$kcal/mol

정답 174.③ 175.② 176.③ 177.① 178.① 179.② 180.②

181 아세톤, 톨루엔, 벤젠 등 제4류 위험물이 위험물로서 분류된 이유는 무엇인가?

① 물과 접촉하여 많은 열을 방출하여 연소를 촉진시킨다.
② 분해 시에 산소를 발생하여 연소를 돕는다.
③ 니트로기를 함유한 폭발성 물질이다.
④ 공기보다 밀도가 큰 가연성 증기를 발생시키기 때문이다.

182 다음은 연소에 관한 설명이다. 가장 올바른 것은?

① 활성화에너지가 큰 것은 일반적으로 발열량이 크므로 가연성이 되기 쉽다.
② 가연성 물질이 공기 중의 산소 및 그 외 산소원의 산소와 작용하여 열과 빛을 수반하는 산화작용이다.
③ 연소는 산화반응으로 속도가 빠르고 산화열은 온도가 높게 된 경우이다.
④ 연소는 품질의 열전도율이 클수록 가연성이 되기 쉽다.

183 다음 중 정상연소의 의미를 뜻하는 것은?

① $(열의\ 생성속도)^2 > (열의\ 일산속도)^2$
② 열의 일산속도 > 열의 생성속도
③ 열의 생성속도 > 열의 일산속도
④ 열의 생성속도 = 열의 일산속도

해설

연소란 열이 생기는 속도(생성속도)와 불이 붙는(연소가 되는) 일산속도가 같음

184 방폭구조의 종류를 설명한 것이다. 틀린 것은?

① 내압방폭구조는 용기 외부의 폭발에 견디도록 용기를 설계한 구조이다.
② 본질안전방폭구조는 공적기관에서 점화시험 등의 방법으로 확인한 구조이다.
③ 안전증방폭구조는 구조상 및 온도의 상승에 대하여 특별히 안전도를 증가시킨 구조이다.
④ 유입방폭구조는 유면상에 존재하는 폭발성 가스에 인화될 우려가 없도록 한 구조이다.

해설

내압(耐壓)방폭구조 : 전폐구조로서 용기 내부에서 폭발하여도 그 압력에 견뎌 화염이 외부로 전파되지 않도록 한 구조

185 다음 가연성 기체와 공기혼합기의 폭발범위의 크기가 작은 것에서부터 순서대로 나열된 것은?

㉠ 수소
㉡ 메탄
㉢ 프로판
㉣ 아세틸렌
㉤ 메탄올

① ㉣, ㉡, ㉠, ㉤, ㉢
② ㉢, ㉡, ㉤, ㉠, ㉣
③ ㉢, ㉤, ㉡, ㉣, ㉠
④ ㉣, ㉠, ㉤, ㉡, ㉢

해설

수소(4~75%), 메탄(5~15%), 프로판(2.1~9.5%), 아세틸렌(2.5~81%), 메탄올(2.7~36%)

186 다음 연소에 대한 설명 중 틀린 것은?

① 연소범위는 온도나 압력에 따라 달라진다.
② 가연성 물질의 환원과정이다.
③ 발열반응에 의해 열을 발생한다.
④ 자발적으로 반응이 계속된다.

해설

② 연소는 산화과정이다.

187 분진의 위험성에 대한 수량적 표현을 위하여 폭발지수(S)를 이용한다. 다음 중 폭발지수를 맞게 표현한 것은? (단, I : 발화강도(Ignition sensitivity), E : 폭발강도(Explosion strength))

① $S = IE$ ② $S = E + I$
③ $S = E/I$ ④ $S = I/E$

정답 181.④ 182.② 183.④ 184.① 185.② 186.② 187.③

188 어떤 연료를 분석해 본 결과 탄소 71%, 산소 10%, 수소 3.8%, 황 3%(각각 중량%)가 함유되어 있음이 밝혀졌다. 이 연료 1kg을 완전연소시키는 데 소요되는 이론산소량을 kg－O_2/kg－연료의 단위로 구하면 얼마인가?

① 1.11 ② 1.57
③ 2.13 ④ 3.24

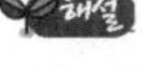

$$O_2\text{량}(kg/kg) = 2.667C + 8\left(H - \frac{O}{8}\right) + S$$
$$= 2.667 \times 0.71 + 8\left(0.038 - \frac{0.1}{8}\right) + 0.03$$
$$= 2.127kg$$

189 연료 중 발열량(kcal/kg)이 가장 큰 것은?

① 코크스 ② 중유
③ C_3H_8 ④ 석탄

190 다음의 화학반응 중 폭발의 원인과 관련이 가장 먼 반응은?

① 중합반응 ② 산화반응
③ 중화반응 ④ 분해반응

중화란 폭발성이 아니며, 산과 염기가 같은 당량 값으로 반응하여 pH=7로 변하는 것이다.

191 발화지연의 설명으로 옳은 것은?

① 화염의 색이 적색에서 청색으로 변하는 데 걸린 시간
② 어느 온도에서 발화 시까지 걸린 시간
③ 발화 후 완전연소 시까지의 시간
④ 발화 후 발열이 최대로 이동하기까지 걸린 시간

192 중유연소의 장점에 해당되지 않는 것은?

① 회분을 전혀 함유하지 않으므로 이것에 의한 여러 가지 장해가 없다.
② 발열량이 석탄보다 크고 과잉공기가 적어도 완전연소시킬 수 있다.
③ 점화 및 소화가 용이하며, 화력의 가감이 자유로와서 부하변동에 적응이 용이하다.
④ 완전연소되므로 재가 적게 남으며 발열량, 품질 등이 항상 일정하다.

193 열역학 제2법칙과 관련이 있는 물리량은?

① 내부에너지 ② 엔트로피
③ 엔탈피 ④ 열량

194 다음 기체연료를 1m^3 완전연소시켰을 때 가장 연소가스가 많이 발생하는 것은?

① 부탄
② 일산화탄소
③ 프로판
④ 수소

해설

$C_4H_{10} + 6.5O_2 \rightarrow 4CO_2 + 5H_2O$

195 출력 100PS의 기관이 30kg/hr 연료를 소모하고 있다. 발열량이 8000kcal/kg일 때 효율은 얼마인가?

① 27.52% ② 10.35%
③ 19.85% ④ 26.35%

해설

$\eta = \frac{O}{I} \times 100$에서

$$= \frac{100PS \times 632.5kcal/hr\,(PS)}{8000kcal/kg \times 30kg/hr} \times 100$$
$$= 26.35\%$$

196 밀폐된 용기 내에 1atm, 37℃로 프로판과 산소의 비율이 2 : 8로 혼합되어 있으며 그것이 연소하여 다음과 같은 반응을 하고 화염온도는 3000K가 되었다면 이 용기 내에 발생하는 압력은 몇 atm인가?

$$2C_3H_8 + 8O_2 \rightarrow 6H_2O + 4CO_2 + 2CO + 2H_2$$

① 19.5 ② 13.5
③ 15.5 ④ 16.5

정답 188.③ 189.③ 190.③ 191.② 192.① 193.② 194.① 195.④ 196.②

해설

$PV = \eta RT$ 에서 밀폐용기($V_1 = V_2$ 이므로)

$$V_1 = V_2 = \frac{\eta_1 R_1 T_1}{P_1} = \frac{\eta_2 R_2 T_2}{P_2} (R_1 = R_2)$$

$$\therefore P_2 = \frac{P_1 \eta_2 T_2}{\eta_1 T_1}$$

$$= \frac{1 \times 14 \times 3000}{10 \times 310} = 13.54\text{atm}$$

197 1몰의 메탄을 30% 과잉공기로 연소 시 산소의 몰수는?

① 0.3　② 0.4
③ 0.5　④ 0.6

해설

$CH_4 + 2O_2 \rightarrow CO_2 + 2H_2O$

이론산소량은 연소 시 반응물과 반응하며, 과잉산소 30%는 연소가스로 배출

$$\therefore (m-1) \times A_0 \times 0.21 = (1.3-1) \times \frac{2}{0.21} \times 0.21 = 0.6$$

198 다음 기상 폭발발생을 예방하기 위한 대책으로 적합하지 않은 것은?

① 집진 · 집무 장치 등에서 분진 및 분무의 퇴적을 방지한다.
② 휘발성 액체 또는 고체를 불활성 기체와의 접촉을 피하기 위해 공기로 차단한다.
③ 환기에 의해 가연성 기체의 농도상승을 억제한다.
④ 반응에 의해 가연성 기체의 발생가능성을 검토하고 반응을 억제 또는 발생한 기체를 밀봉한다.

해설

② 휘발성 액체 등을 공기로 차단 시 폭발성이 증대된다.

199 포화액의 포화온도를 일정하게 한 후 압력을 상승시키면 어느 상태가 되는가?

① 과열증기　② 압축액(과냉액)
③ 포화액　④ 습증기

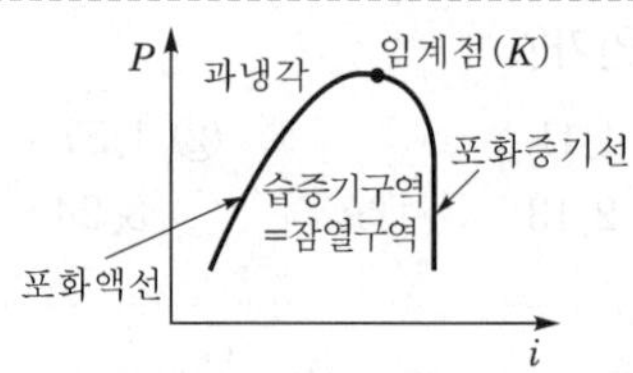

200 C_3H_8 1kmol을 공기를 이용하여 완전연소시켰을 때 발생하는 연소가스는 모두 몇 kmol인가?

① 33.32　② 5.0
③ 9.52　④ 25.8

해설

$C_3H_8 + 5O_2 \rightarrow 3CO_2 + 4H_2O$ 에서

1kmol : $5 \times \frac{0.79}{0.21} + 3 + 4$ 이므로

$$\therefore 5 \times \frac{0.79}{0.21}\text{kmol} + 3\text{kmol} + 4\text{kmol} = 25.80\text{kmol}$$

문제풀이 핵심 Key Point

1. C, H, S에 대한 산소량, 공기량(Nm^3/kg)(kg/kg) 계산법
2. C_mH_n에 대한 산소량, 공기량(Nm^3/kg)(kg/kg) 계산법
3. H_h(고위발열량), H_l(저위발열량)(kcal/kg)(kcal/Nm^3) 계산법
4. CO_{2max} 계산법
5. 연소가스량 계산법
6. 연소온도 계산법

정답 197.④ 198.② 199.② 200.④

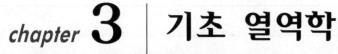

chapter 3 기초 열역학

제3장의 출제기준 및 주요사항은 무엇인가요?

제3장은 기초 열역학 부분으로 열역학 1, 2, 3의 법칙과 공기, 습기, 증기 등에 관한 내용 등을 숙지하시면 됩니다. 계산문제와 전반적인 이론을 숙지바랍니다.

01 열역학의 법칙

(1) 열역학 제1법칙

열은 에너지의 하나로서 일을 열로 교환하거나 또는 열을 일로 변환시킬 수 있는데 이것을 열역학 제1법칙이라 한다.

$$Q = AW,\quad W = JQ$$

여기서, J : 열의 일당량

A : 일의 열당량

$J = 426.7 ≒ 427\,\text{kg}\cdot\text{m/kcal},\ A = \frac{1}{J} = \frac{1}{427}\,\text{kcal/kg}\cdot\text{m}$

(2) 열역학 제2법칙

열역학 제1법칙의 에너지변환에 대한 실현 가능성을 나타내는 경험 또는 자연법칙이다. 즉, 열역학 제1법칙의 성립 방향성에 대하여 제약을 가하는 법칙이며, 제3종 영구기관의 존재 가능성을 부정하는 법칙이다.

$$\text{열효율}(\eta) = \frac{AW}{Q_1} = \frac{Q_1 - Q_2}{Q_1} = 1 - \frac{Q_2}{Q_1}$$

(3) 열역학 제3법칙

어떤 계의 온도를 절대온도 0K까지 내릴 수 없다(내부적으로 평형상태에 있는 시스템이 0K 근처에서 등온과정의 상태변화를 일으킬 때 엔트로피의 변화는 없다).

02 공 기

(1) 공기

① 건조공기(Dry air) : O_2 21%, N_2 78%, Ar 1% 등이 함유되어 있는 공기

② 습공기(Moist air, Humid air) : 수분을 함유하고 있는 공기

(2) 습도

① 절대습도(Humidity ratio) : 습공기 중 함유된 건조공기 1kg에 대한 수증기량

② 상대습도(Ralative humidity) : 대기 중 존재하는 최대 습기량과 현존하는 습기량

$$상대습도(\varphi)=\frac{P_W}{P_S}\times 100=\frac{\gamma_w}{\gamma_s}\times 100$$

여기서, P_W : 수증기 분압

P_S : 포화증기압(습공기 중 수분기 분압)

γ_w : 수증기 비중량

γ_s : 포화증기압에서의 비중량

② 비교습도(포화도)(ψ) : 습공기의 절대온도와 그와 동일온도인 포화습공기의 절대습도의 비

$$\psi=\frac{x}{x_s}\times 100$$

(3) 증기의 상태방정식

증기는 이상기체가 아니고 증기 자신의 부피와 증기 분자들의 인력을 보정해야 하므로 다음과 같은 상태방정식이 있다.

① Van der Wasals식

이 식은 기체, 액체 양상에 따른 물질의 성질을 정상적으로 충분히 표시할 수가 있다.

$$\left(P+\frac{a}{V^2}\right)(v-b)=RT$$

여기서, a, b : 물질에 따른 상수

② Clausius식

$$\left\{P+\frac{a}{T(v+V)^2}\right\}(v-b)=RT$$

③ Berthelot식

$$\left(P+\frac{a}{PV^2}\right)(v-b)=RT$$

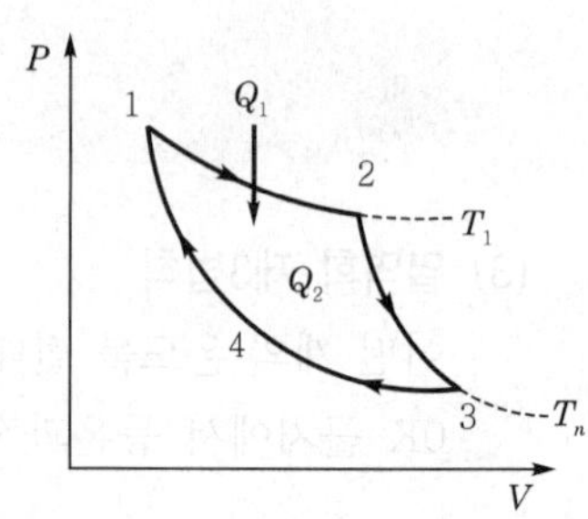

03 가스의 상태변화

(1) 등온변화(Isothermal change)

압축 전후 온도가 동일한 변화 압축일량이 최소가 된다.

외부 일량 : ${}_1W_2 = PV\ln\frac{v_2}{v_1} = GRT\ln\frac{v_2}{v_1} = GRT\ln\frac{p_1}{p_2}$

일반 에너지식에서는 $du = C_v dT$

$dQ = du + Apdv = C_v dT + ApdT$

등온변화에서는 $dT = 0$

$dQ = Apdv$이다.

$\therefore\ {}_1Q_2 = A_1W_2$

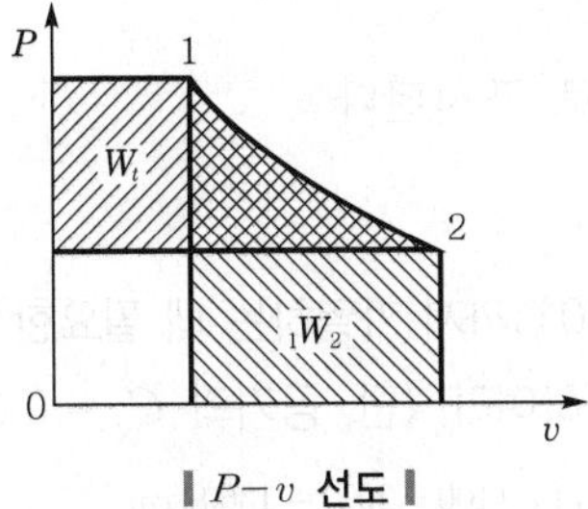

Ⅰ $P-v$ 선도 Ⅰ

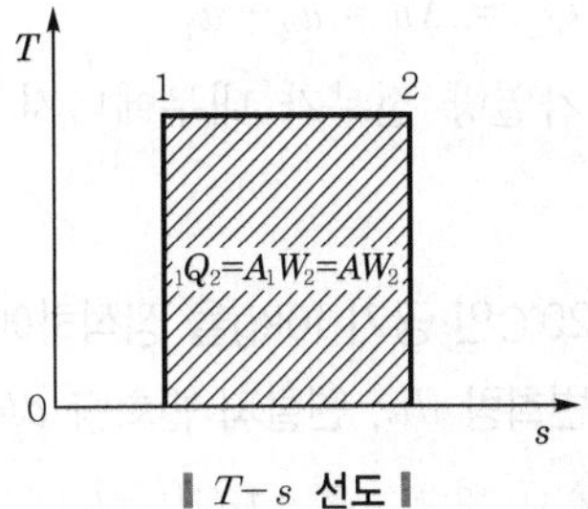

Ⅰ $T-s$ 선도 Ⅰ

예제 압력 1atm, 체적 $2m^3$, 온도 100℃인 완전가스 5kg이 등온하에서 외부로부터 열을 흡수하여 체적이 2배로 팽창 시 변화 후 압력, 열량, 일량을 구하여라.

풀이 ① 변화 후 압력 : $T_1 = T_2$이므로

$P_1V_1 = P_2V_2$에서

$$P_2 = \frac{P_1V_1}{V_2} = \frac{1\times 2V_1}{V_1} = \frac{1}{2}\text{atm}$$

② 열량 : ${}_1Q_2 = A_1W_2 = AP_1V_1\ln\left(\frac{V_2}{V_1}\right)$

$$= \frac{1}{427}\times 1\times 10^4\times 2\times\ln\left(\frac{2V_1}{V_1}\right) = 32.46\text{kcal}$$

③ 일량 : $W(\text{kg}\cdot\text{m}) = 32.46\text{kcal}\times 427\text{kg}\cdot\text{m/kcal} = 13862.94\text{kg}\cdot\text{m}$

(2) 정적변화(Isochoric change)

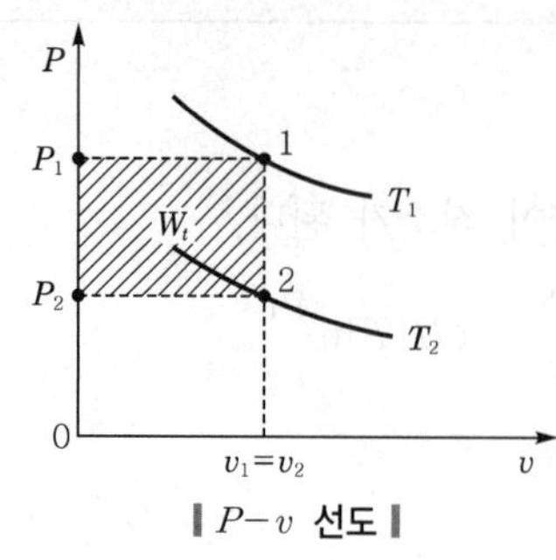

▎$P-v$ 선도▎

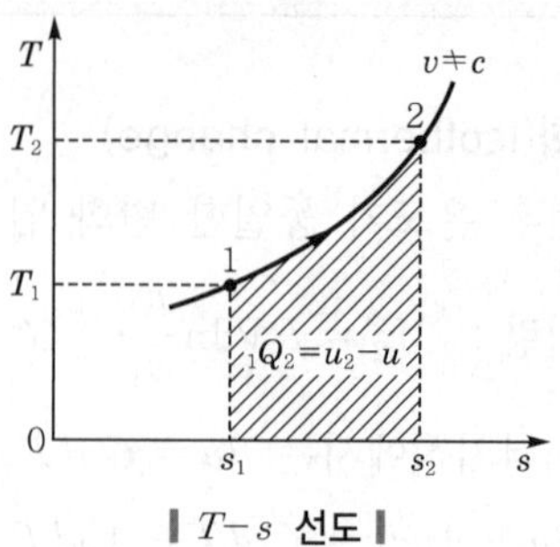

▎$T-s$ 선도▎

① 내부에너지 변화 : $du = u_2 - u_1 = C_v(T_2 - T_1)$

② 엔탈피 변화 : $\Delta h = C_p(T_2 - T_1)$

③ 열량 : $\delta q = du + APdv = dh - AvdP$

$\therefore\ {}_1Q_2 = \Delta u = u_2 - u_1$

즉, 가열량 전부가 내부에너지 변화로 표시된다.

예제 온도 20℃인 공기 10kg을 정적하에서 100℃까지 가열하는 데 필요한 열량 Q(kcal), 내부에너지 변화량 du, 엔탈피 변화량 dh를 구하여라. (단, 공기의 $C_v = 0.171$, $C_p = 0.24$이다.)

풀이 ① 열량 : ${}_1Q_2 = GC_v(t_2 - t_1) = 10 \times 0.171 \times (100 - 200) = 136.8\text{kcal}$

② 내부에너지 변화량 : $du = GC_v(t_2 - t_1) = 10 \times 0.171 \times (100 - 200) = 136.8\text{kcal}$

③ 엔탈피 변화량 : $dh = GC_p(t_2 - t_1) = 10 \times 0.24 \times (100 - 20) = 192\text{kcal}$

(3) 정압변화(Isobaric change)

기체의 압력이 일정한 상태의 변화

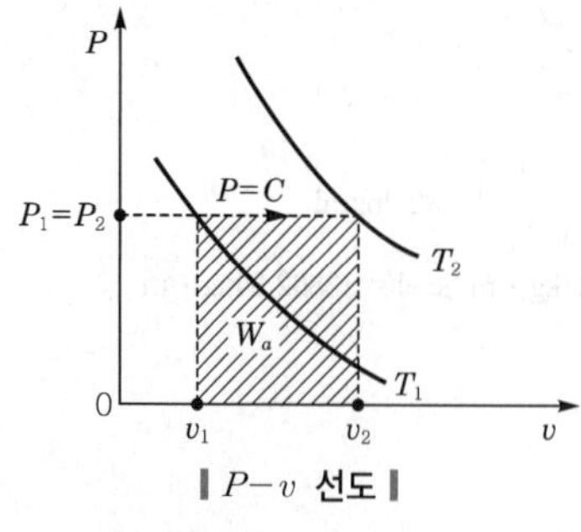

▎$P-v$ 선도▎

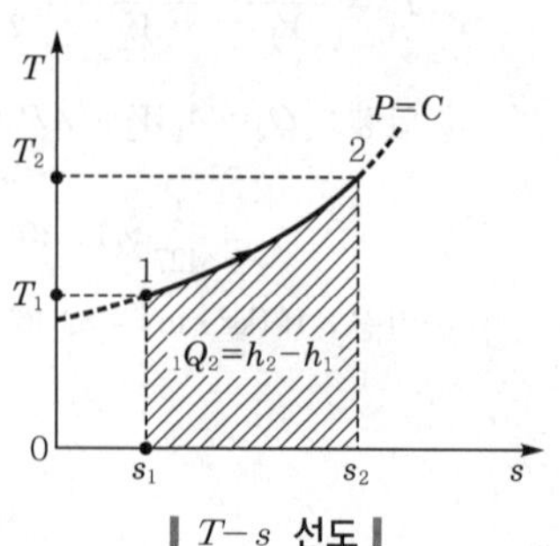

▎$T-s$ 선도▎

① 내부에너지 변화 : $du = u_2 - u_1 = C_v(T_2 - T_1)$

② 엔탈피 변화 : $dh = h_2 - h_1 = C_p(T_2 - T_1)$

$\therefore\ \delta q = dh = AvdP$

③ 열량 : $dq = du + APdv = dh - AvdP$

$\therefore\ {}_1Q_2 = \Delta h = h_2 - h_1$

즉, 가열량은 모두 엔탈피 변화로 나타낸다.

예제 온도가 5℃, 압력이 3kg/cm²인 공기 1kg이 정압하에서 가열되어 온도가 100℃로 되었을 때 다음 값을 계산하시오. (단, R=29.27kg · m/kgK, C_v =0.171, C_p =0.24kcal/kg℃이다.)

풀이 ① 공기에 가한 열량 : Q(kcal)

$dQ = GC_p(t_2 - t_1) = 1 \times 0.24 \times (100-5) = 22.8\text{kcal}$

② 처음 상태 공기의 비체적(m³/kg)

$PV = GRTV/G(\text{m}^3/\text{kg}) = \dfrac{RT}{P} = \dfrac{29.27 \times (273+5)}{3 \times 10^4} = 0.27\text{m}^3/\text{kg}$

③ 엔탈피 변화량 : $dh = GC_p(t_2 - t_1) = 1 \times 0.24(100-5) = 22.8\text{kcal}$

- 정압변화에서 가열량은 엔탈피 변화량과 같고 온도만의 함수이다.

④ 내부에너지 변화량 : $du = GC_v(t_2 - t_1) = 1 \times 0.171 \times (100-5) = 16.245\text{kcal}$

- 완전가스의 내부에너지는 온도만의 함수이다.

(4) 단열변화(Abiabatic change)

압축 전후 열손실이 전혀 없는 압축으로 온도 상승값이 최대이고, 일량도 최대값이 된다.

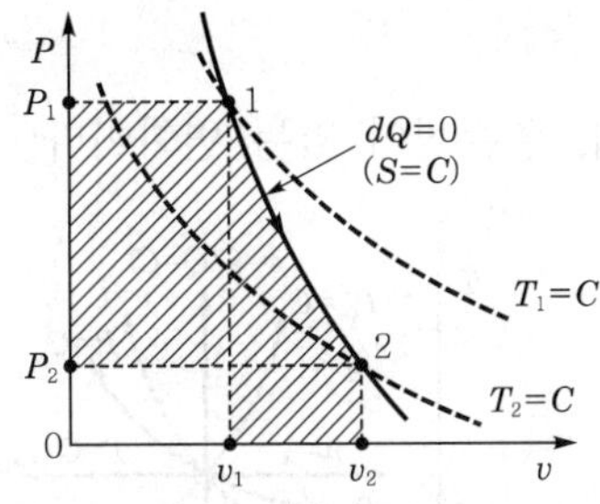

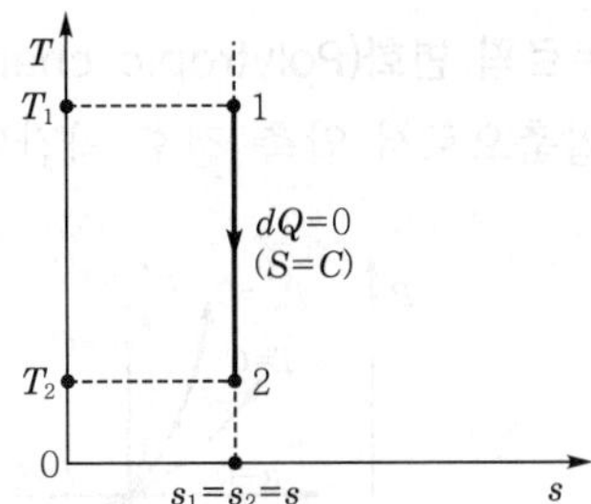

$dQ = du + Apdv$ 에서

$dQ = 0,\ du + Apdv = GC_1 dT + Apdv = 0$ 에서

PV^k = 일정, 즉 $P_1 V_1{}^k = P_2 V_2{}^k$ 가 된다.

$T_1 V_1{}^{k-1} = T_2 V_2{}^{k-1}$ = 일정

$T_1 P_1^{\frac{k-1}{k}} = T_2 P_2^{\frac{k-1}{k}}$ = 일정

$Pdv + vdP = RdT$

$$\frac{T_2}{T_1} = \left(\frac{v_1}{v_2}\right)^{k-1} = \left(\frac{P_2}{P_1}\right)^{\frac{k-1}{k}}$$

여기서, $k(k>1)$는 단열지수

단열변화의 절대 일량

$$W = \frac{1}{k-1} R T_1 \left[1 - \left(\frac{P_2}{P_1} \right)^{\frac{k-1}{k}} \right] = \frac{1}{k-1} R T_1 \left[1 - \left(\frac{V_1}{V_2} \right)^{k-1} \right]$$

$$= \frac{1}{k-1} P_1 V_1 \left[1 - \left(\frac{P_2}{P_1} \right)^{\frac{k-1}{K}} \right] = \frac{1}{k-1} (P_1 V_1 - P_2 V_2)$$

예제 공기 10kg이 0℃에서 단열압축 시 압력이 20배 증가하였다. 단열지수 $k=1.4$일 때 다음 값을 계산하시오.

풀이 ① 압축 후 공기온도(℃)

$$T_2 = T_1 \times \left(\frac{P_2}{P_1} \right)^{\frac{k-1}{k}} = 273 \times \left(\frac{20}{1} \right)^{\frac{1.4-1}{1.4}} = 642\text{K} = 369.52℃$$

② 엔탈피 변화량(dh)

$$dh = \frac{k}{k-1} A \times G \times R \times (t_2 - t_1) = \frac{1.4}{1.4-1} \times \frac{1}{427} \times 10 \times 29.27 \times (369.52 - 0) = 886.55\text{kcal}$$

③ 내부에너지 변화량(du)

$$du = \frac{1}{K-1} A \times G \times R \times (t_2 - t_1) = \frac{1}{1.4-1} \times \frac{1}{427} \times 10 \times 29.27 \times (369.52 - 0) = 72.37\text{kcal}$$

(5) 폴리트로픽 변화(Polytropic change)

실제압축으로서 압축 전후 약간의 열출입, 열손실이 있는 변화이다.

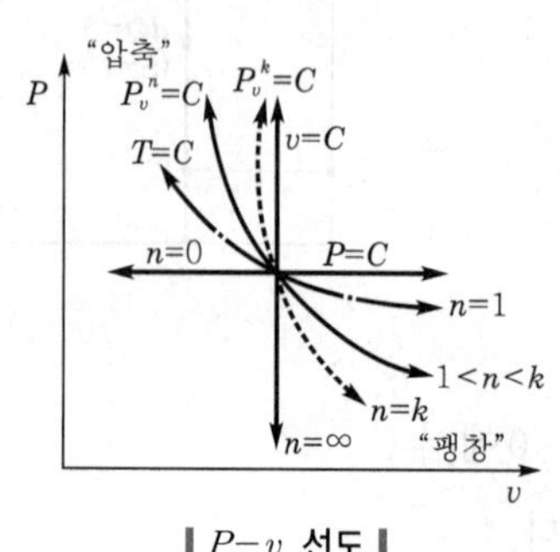

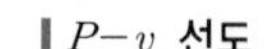

| $P-v$ 선도 |

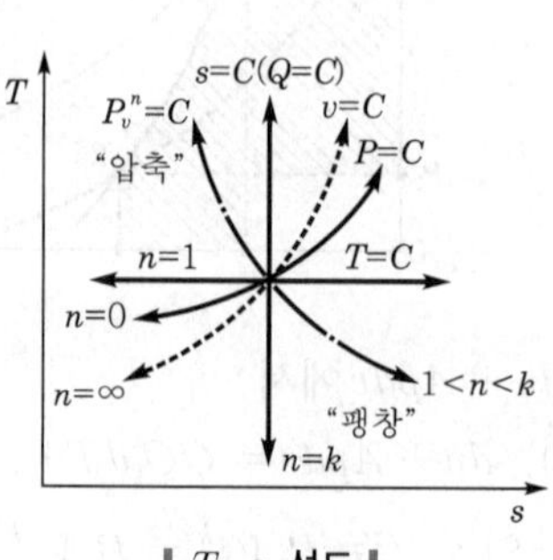

| $T-s$ 선도 |

① 내부에너지 변화 : $u = u_2 - u_1 = C_v(T_2 - T_1)$

② 엔탈피 변화 : $h = h_2 - h_1 = C_p(T_2 - T_1)$

③ 열량 : $\delta q = du + APdv = C_n(T_2 - T_1) = \left(\frac{n-k}{n-1} \right) C_v (T_2 - T_1)$

여기서, 폴리트로픽 비열 : $C_n = \left(\frac{n-k}{n-1} \right) C_v$

예제 내연기관으로 0℃, 1atm 공기를 흡입하여 $PV^{1.4}=C$에서 10atm까지 압축하여 체적이 $100m^3$ 되었을 때 다음 값을 계산하시오. (단, $C_v=0.171$, $C_p=0.240$이다.)

풀이 ① 처음 상태의 공기체적(m^3)

$$V_1=V_2\left(\frac{P_2}{P_1}\right)^{\frac{1}{n}}=100\times\left(\frac{10}{1}\right)^{1.4}=2512\text{m}^3$$

② 공기중량(kg)

$PV=GRT$

$$\therefore\ G=\frac{PV}{RT}=\frac{10332\times2512}{29.27\times273}=3248\text{kg}$$

③ 압축 후 공기온도(℃)

$$T_2=T_1\times\left(\frac{P_2}{P_1}\right)^{\frac{k-1}{k}}=(273)\times\left(\frac{10}{1}\right)^{\frac{1.4-1}{1.4}}=527\text{K}=254℃$$

④ 내부에너지 변화량(du)

$du=GC_v(t_2-t_1)=3248\times0.171\times(254-0)=141073.63\text{kcal}$

⑤ 엔탈피 변화량(dh)

$dh=GC_p(t_2-t_1)=3248\times0.24\times(254-0)=197998.08\text{kcal}$

04 완전가스 상태변화에 대한 엔트로피 변화량

(1) 등온변화에 대한 엔트로피 변화량

$$\Delta S=AR\ln\frac{V_2}{V_1}=AR\ln\frac{P_1}{P_2}$$

가열량 q는 $q=T(S_2-S_1)=ART\ln\frac{V_2}{V_1}=ART\ln\frac{P_1}{P_2}$

(2) 단열변화에 대한 엔트로피 변화량

$S_2-S_1=0$

단열변화는 외부와 열 이동이 없는 상태변화이다.

(3) 정압변화에 대한 엔트로피 변화량

$$\Delta S=C_p\ln\frac{V_2}{V_1}=C_p\ln\frac{T_2}{T_1}$$

가열한 열량은 에너지 기초식 $dq=du-Avdp$

$$q=\int_1^2 TdS=\int_1^2 dh=C_p(T_2-T_1)$$

정압하에서 엔트로피는 온도 또는 비체적(체적)만의 함수이다.

(4) 정적변화에 대한 엔트로피 변화량

$$\Delta S = \int_1^2 dS = C_v \ln\frac{T_2}{T_1} = C_v \ln\frac{P_2}{P_1}$$

가열량 q는 $q = \int_1^2 TdS = \int_1^2 du = C_v(T_2 - T_1)$

정적변화는 내부에너지 변화이고 내부에너지는 온도만의 함수이다.(엔트로피는 온도와 압력만의 함수)

(5) 폴리트로픽 변화에 대한 엔트로피 변화량

$$\Delta S = \int_1^2 \frac{dq}{T} = C_v\frac{n-k}{n-1}\ln\frac{T_2}{T_1}$$

가역 단열변화는 엔트로피가 일정하게 유지되고, 비가역과정에서는 $dS > 0$이 되므로 엔트로피는 증가한다. 따라서, 자연계는 엔트로피가 항상 증가한다.

05 증 기

(1) 정의

분자간의 거리가 비교적 작고 과열도가 적으며 분자 간의 인력을 무시할 수 없는 기체를 말한다. 또한 비점 이상 가열된 물이 기화할 때 발생된 기체를 증기라고 한다.

(2) 증기의 성질

증기는 하나의 화학조성을 가지고 있으나 1개 이상의 상(phase)으로 존재할 수 있는 물질 또는 화학적으로 균일하고 화학적 성분이 고정된 물질이다. 증기는 열에너지를 주고 받았을 때 쉽게 액화 또는 기화되는 물질이고 $f(P, u, T) = 0$의 값에 의해 완전히 상태값이 결정된다.

(3) 증기의 증발과정

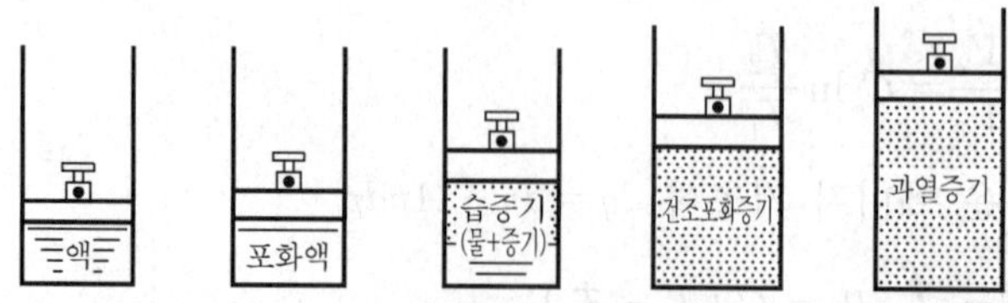

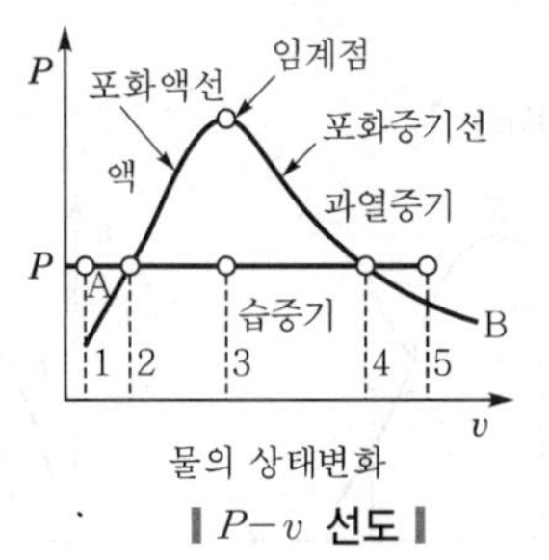

물의 상태변화

| $P-v$ 선도 |

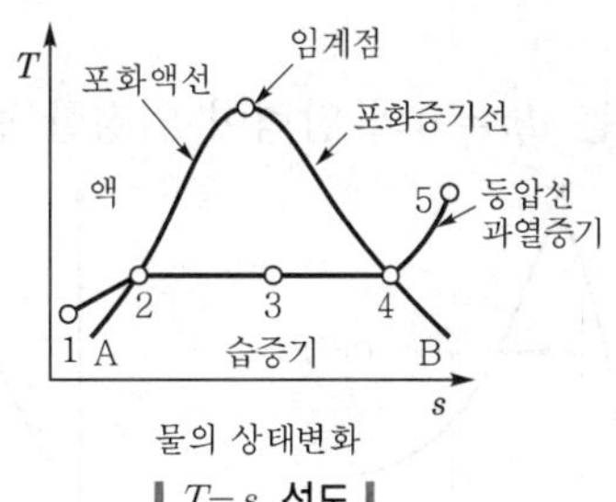

물의 상태변화

| $T-s$ 선도 |

(4) 증기의 상태

① **포화액선** : 포화액의 상태를 압력변화에 따라 그린 선

② **포화증기선** : 포화증기 상태를 압력변화에 따라 그린 선

③ **임계점** : 어떤 온도에서 증발현상이 없이 액체로부터 기체로 변화되는 점

④ **습포화증기** : 포화온도 상태에서 물방울을 함유하고 있는 증기

⑤ **건포화증기** : 포화온도 상태에서 물방울을 함유하고 있지 않는 경우의 증기

⑥ **포화압력** : 어떤 온도에서 증기와 액체가 평형상태를 유지하고 있는 압력

⑦ **과열증기**

㉠ 건조포화증기를 가열 시 생긴 증기

㉡ 포화증기온도보다 높은 온도의 증기

㉢ 과열증기 − 건조포화증기 = 과열도

06 증기의 상태변화

(1) 등적변화

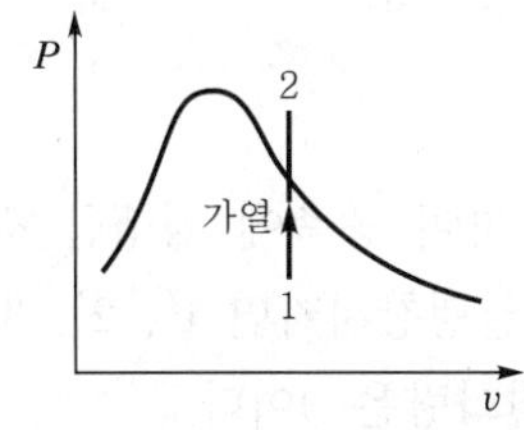

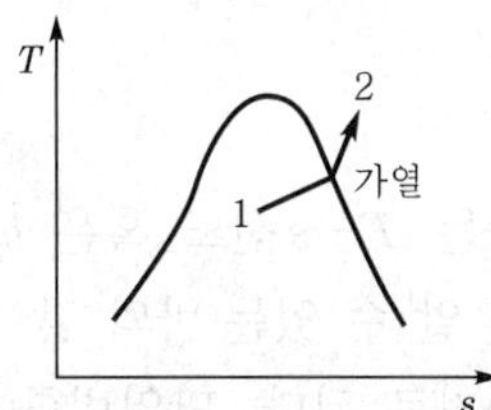

$v = C$ 또는 $dv = 0$인 체적 또는 비체적이 일정한 과정이며, 밀폐용기 속에 액체인 물을 넣고 가열하면 등적변화를 한다. 밀폐된 용기 속에서 증기가 처음의 상태 1로부터 끝의 상태 2까지 등적변화를 하였을 때 가열에 필요한 열량

$q_{12} = u_2 - u_1 + A\int pdv$에서 $dv = 0$이므로

$q_{12} = u_2 - u_1 = (h_2 - h_1) - A_v(P_2 - P_1)$

(2) 등압변화

$P=C$ 또는 $dp=0$의 압력이 일정한 변화이다.

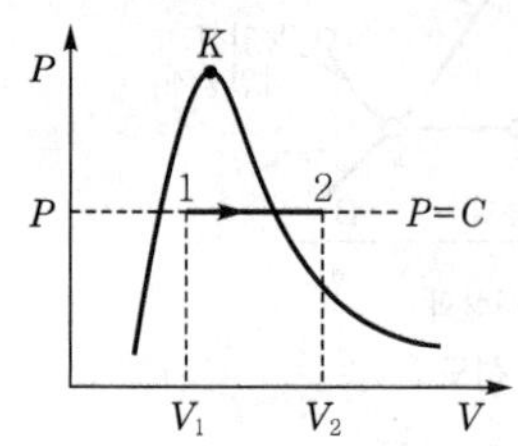

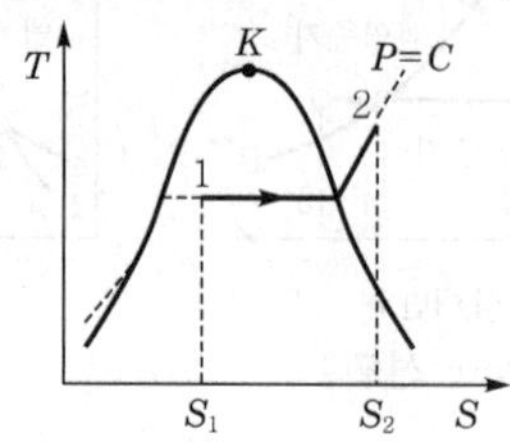

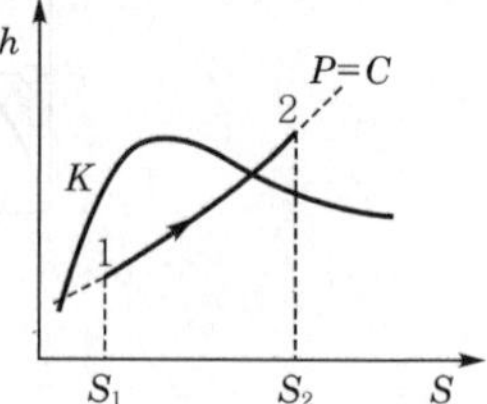

$$dq = du + Adw = du + APdv$$

$$q_{12} = \int_1^2 du + \int_1^2 APdv = (u_2 - u_1) + AP(v_2 - v_1)$$

$$= (u_2 + APv_2) - (u_1 + APv_1) = h_2 - h_1 = (x_2 - x_1) \cdot \gamma(\text{kcal/kg})$$

(3) 등온변화($dT=0$, $T_1 = T_2 = T=$일정)

습포화증기의 등온변화는 등압변화와 일치한다. 과열증기의 경우는 증기표를 이용하여 일정한 온도 밑에서 각 압력에 대한 용적을 구하여 해결한다. 증기의 등온변화는 포화영역에서는 등압변화와 일치하지만 과열영역에서는 서로 다르다.

변화 중에 출입하는 열량은 증기 1kg에 대하여

$$q = (u_2 - u_1) + AP(v_2 - v_1)[\text{kcal/kg}]$$

$$q = \int_1^2 Tds = T(s_2 - s_1)[\text{kcal/kg}]$$

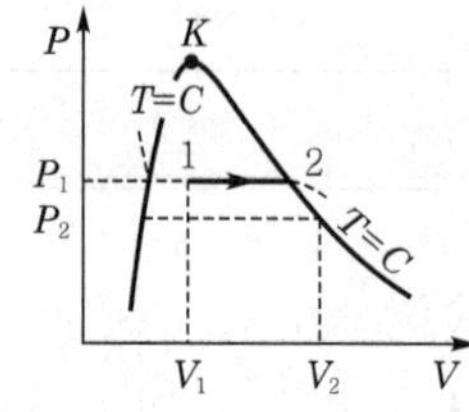

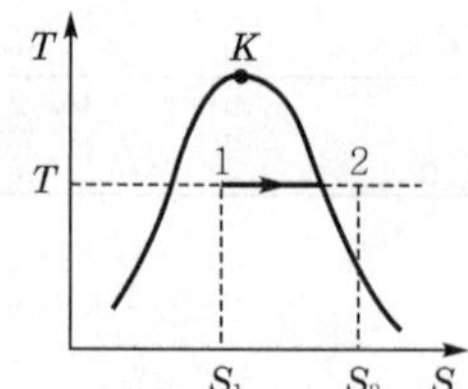

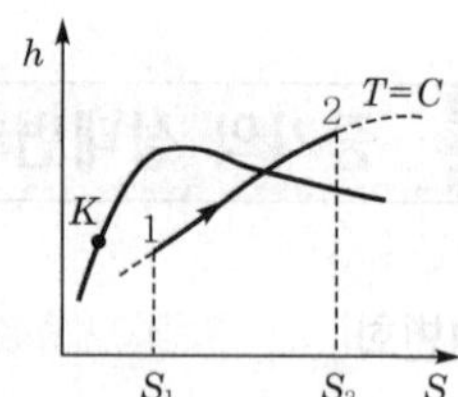

(4) 단열변화

단열변화는 $T-s$선도 혹은 $h-s$선도를 사용하여 종축에 평행한 직선으로 표시된다. 그림에서 알 수 있는 바와 같이 과열증기를 단열팽창시키면 1′, 2′, 3′와 같이 증발하여 습포화증기로 된다. 단열변화에서 엔탈피의 변화량은 0이다.

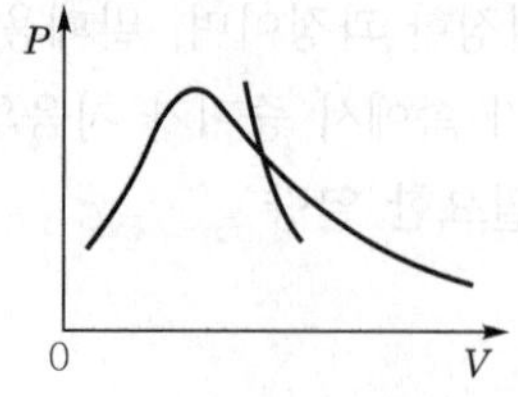

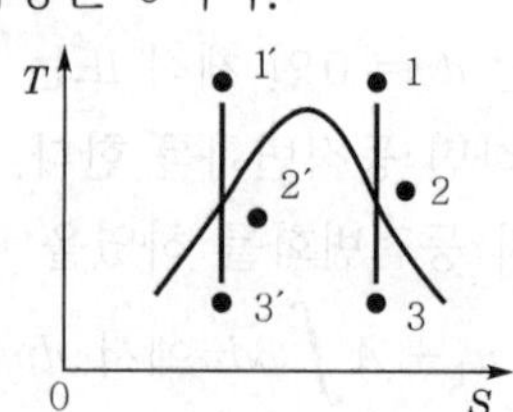

TIP 단열변화과정에서 압력, 부피, 절대온도의 관계

$$\left(\frac{P_2}{P_1}\right) = \left(\frac{T_2}{T_1}\right)^{\frac{k}{k-1}} = \left(\frac{V_1}{V_2}\right)^k$$

(5) 교축과정(등엔탈피 과정, 스로틀링 과정)

증기가 밸브나 오리피스(Orifice) 등의 작은 단면을 통과 시 외부로부터 열을 받지 않고, 일을 하지 않으며 압력강하가 일어나는데 이 현상을 교축현상(Throttling)이라 한다.

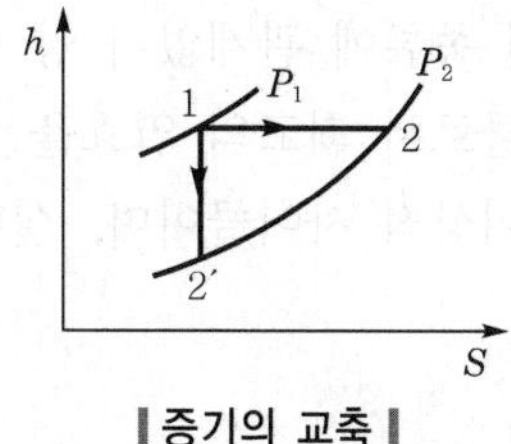

▌증기의 교축▐

(6) 물의 삼중점(Triple point)

물의 고체, 액체, 기체 상태는 그림과 같이 평형상태를 이룬다. 이때 기체, 액체, 고체가 공존하면서 서로 평행을 유지하는 점을 삼중점이라고 한다.

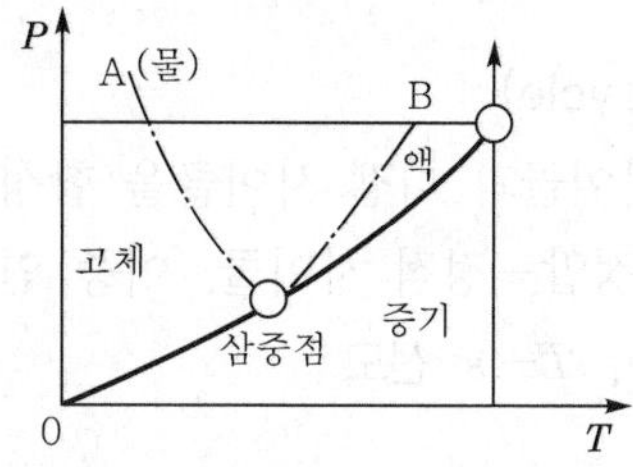

07 ● 기체동력 사이클

(1) 카르노 사이클(Carnot cycle)

가장 이상적인 이론 사이클로, 열기관 사이클의 이론적 비교의 기준이 되는 사이클로이며, 열역학 제2법칙과 엔트로피의 기초가 되는 사이클로서 현실적으로 실현 불가능하며, 2개의 가역등온과 2개의 가역단열과정이 있다.

• 1~2 : 등온팽창 : $(T_1 = T_2 = T_1)\left(Q_1 = AGRT_A \ln\frac{V_2}{V_1}\right)\left(Q = APV\ln\frac{V_2}{V_1}\right)[PV = GRT]$

• 2~3 : 단열팽창 : $\frac{T_3}{T_2} = \left(\frac{V_2}{V_3}\right)^{K-1}$

• 3~4 : 등온압축 : $(T_3 = T_4 = T_1)Q_2 = AGR\,T_B \ln\frac{V_3}{V_4} = APV_3 \ln\frac{V_3}{V_4}$

• 4~1 : 단열압축

① 카르노 사이클의 열효율

$$\eta_c = \frac{AW}{Q_1} = \frac{Q_1 - Q_2}{Q_1} = 1 - \frac{Q_2}{Q_1} = 1 - \frac{T_2}{T_1}$$

② 카르노 사이클의 특징

㉠ 열효율은 동작유체의 종류에 관계없이 양 열원의 절대온도에만 관계가 있다.

㉡ 열기관의 이상 사이클로서 최고의 열효율을 가진다.

㉢ 열기관의 이론상의 이상적 사이클이며, 실제로 운전이 불가능한 사이클이다.

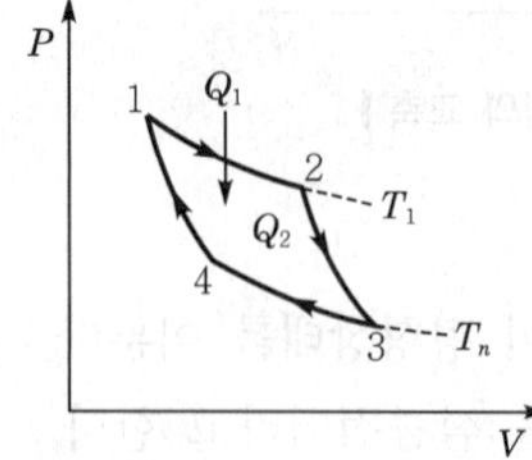

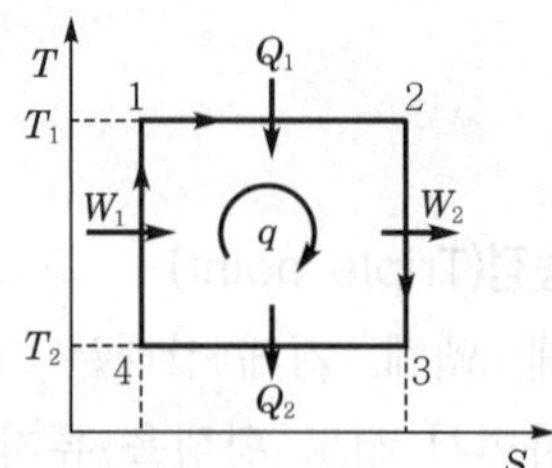

(2) 사바테 사이클(Sabathe cycle)

사바테 사이클은 오토 사이클과 디젤 사이클을 합성한 사이클로 합성 사이클, 정압 및 정적하에서 연소하므로 정압-정적 사이클, 이중 연소 사이클이라 한다.

① 사바테 사이클의 $P-v$, $T-s$ 선도

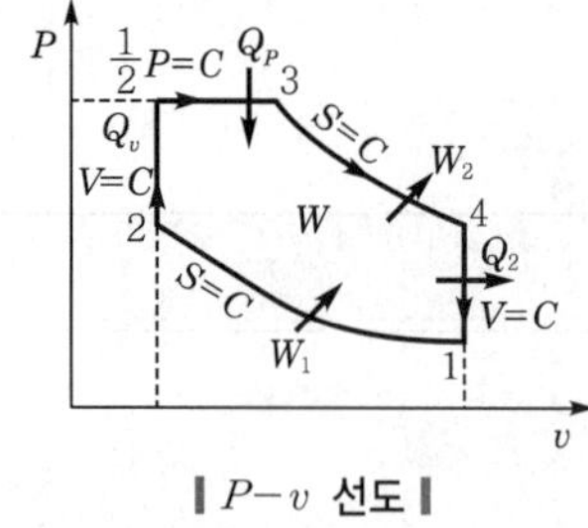

▌$P-v$ 선도▐

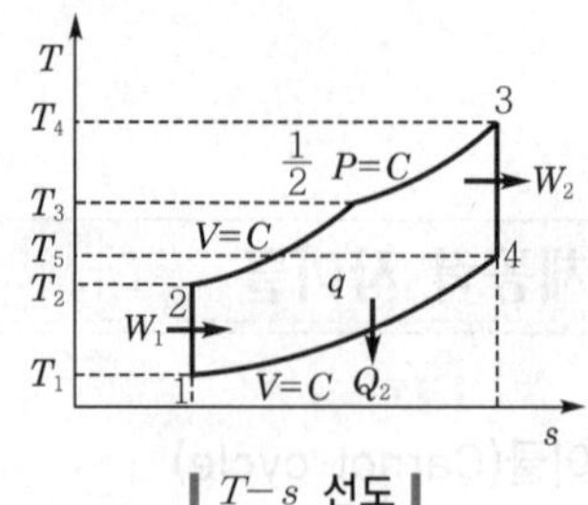

▌$T-s$ 선도▐

㉠ 단열압축과정(1 → 2 과정)

$$\frac{T_2}{T_1} = \left(\frac{v_1}{v_2}\right)^{k-1}$$

$$\therefore\ T_2 = T_1\left(\frac{v_1}{v_2}\right)^{k-1} = \varepsilon^{k-1} \cdot T_1$$

㉡ 열효율

$$\eta_s = \frac{\text{행한 일량}}{\text{공급한 열량}} = \frac{AW_a}{q_1} = \frac{q_1 - q_2}{q_1} = 1 - \frac{q_2}{q_1}$$

$$= 1 - \frac{T_5 - T_1}{(T_3 - T_2) + k(T_4 - T_3)} = 1 - \left(\frac{1}{\varepsilon}\right)^{k-1} \cdot \frac{a \cdot \sigma^k - 1}{(a-1) + k \cdot a(\sigma - 1)}$$

(3) 오토 사이클(Otto cycle)

가솔린 기관, 즉 전기 점화기관의 기본 사이클로서 동작가스에 대한 열의 출입이 정적하에서 이루어지므로 정적 사이클이라고도 하며, 고속 가솔린 기관의 기본 사이클이며 2개의 정적과정과 2개의 단열과정으로 구성된다.

① 오토 사이클의 $P-v$, $T-s$ 선도

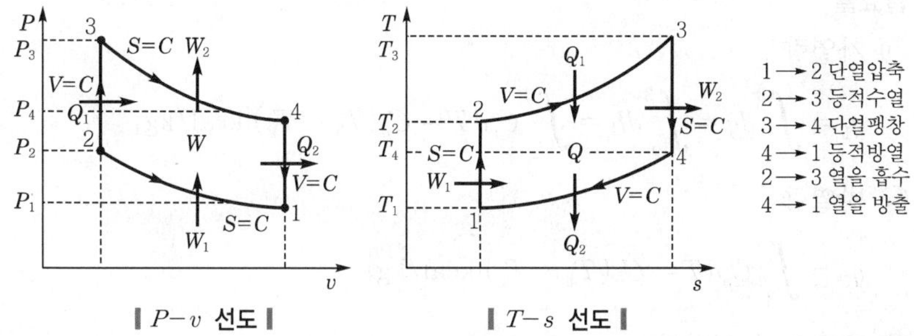

‖ $P-v$ 선도 ‖　　‖ $T-s$ 선도 ‖

② 열효율

㉠ 오토 사이클의 열효율

$$\eta_0 = \frac{\text{유효한 일량}}{\text{공급한 열량}} = \frac{AW_a}{q_1} = \frac{q_1 - q_2}{q_1}$$

$$= 1 - \frac{q_2}{q_1} = 1 - \frac{C_v(T_4 - T_1)}{C_v(T_3 - T_2)} = 1 - \frac{(T_4 - T_1)}{(T_3 - T_2)}$$

㉡ 압축비의 함수로 표시된 오토 사이클의 열효율

$$\eta_0 = 1 - \frac{(T_4 - T_1)}{(T_3 - T_2)} = 1 - \left(\frac{v_2}{v_4}\right)^{k-1} = 1 - \left(\frac{v_2}{v_1}\right)^{k-1} = 1 - \left(\frac{1}{\varepsilon}\right)^{k-1}$$

(※ 압축비가 커지면 열효율도 커진다.)

오토 사이클의 열효율은 압축비만의 함수이다. 입구 조건에 무관하며, 열투입 양도 열효율에 영향을 주지 않는다.

(4) 브레이턴 사이클(Brayton cycle)

브레이턴 사이클은 2개의 단열과정과 2개의 등압과정으로 이루어진 가스 터빈의 이상적인 사이클이다. 역브레이턴 사이클은 NG, LNG, LPG 가스의 액화용 냉동기의 기본 사이클로 사용된다.

① 브레이턴 사이클의 $P-v$, $T-s$ 선도

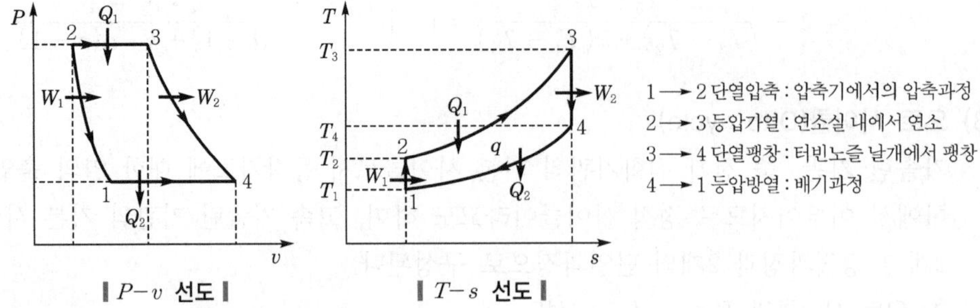
1 → 2 단열압축 : 압축기에서의 압축과정
2 → 3 등압가열 : 연소실 내에서 연소
3 → 4 단열팽창 : 터빈노즐 날개에서 팽창
4 → 1 등압방열 : 배기과정

| $P-v$ 선도 | | $T-s$ 선도 |

② 열효율

㉠ 가열량

$$q_1 = \int_2^3 dq = \int_2^3 dh = \int_2^3 C_p dT = C_p(T_3 - T_2)[\text{kcal/kg}]$$

㉡ 방열량

$$q_2 = \int_1^4 C_p dT = C_p(T_4 - T_1)[\text{kcal/kg}]$$

㉢ 유효일의 열당량

$$AW_a = q_1 - q_2 = q_{23} - q_{41}[\text{kcal/kg}]$$

㉣ 열효율

• 온도를 함수로 할 때

$$\eta_B = \frac{AW_a}{q_1} = \frac{q_1 - q_2}{q_1} = 1 - \frac{q_2}{q_1} = 1 - \frac{C_p(T_4 - T_1)}{C_p(T_3 - T_2)} = 1 - \frac{T_4 - T_1}{T_3 - T_2}$$

• 압력을 함수로 할 때

$$\eta_B = \frac{T_4 - T_1}{T_3 - T_2} = 1 - \frac{T_1}{T_2} = 1 - \left(\frac{P_1}{P_2}\right)^{\frac{k-1}{k}} = 1 - \left(\frac{1}{\psi}\right)^{\frac{k-1}{k}}$$

(5) 디젤 사이클(Diesel cycle)

디젤 사이클은 2개의 단열과정과 1개의 정적과정, 1개의 등압과정으로 구성된 사이클이며, 정압하에서 가열하므로 정압(등압) 사이클이라고 한다. 또한 저속 디젤 기관의 기본 사이클이다.

① 디젤 사이클의 $P-v$, $T-s$ 선도

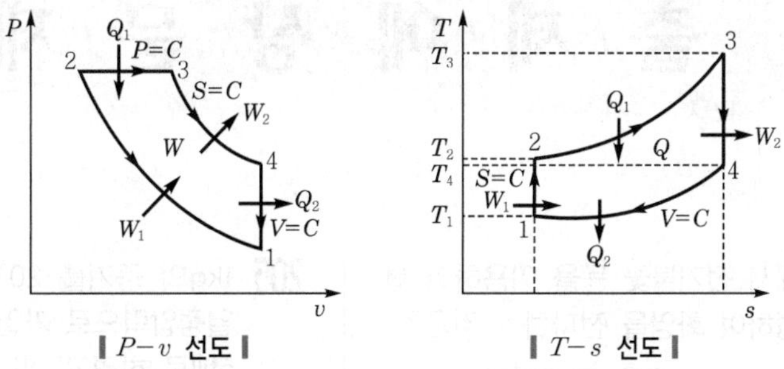

▌$P-v$ 선도▐ ▌$T-s$ 선도▐

② 디젤 사이클의 열효율

$$\eta_d = \frac{\text{유효한 일량}}{\text{공급한 열량}} = \frac{AW_a}{q_1} = \frac{q_1 - q_2}{q_1}$$

$$= 1 - \frac{q_2}{q_1} = 1 - \frac{C_v(T_4 - T_1)}{C_p(T_3 - T_2)} = 1 - \frac{(T_4 - T_1)}{k(T_3 - T_2)}$$

3 → 4 과정 : 단열팽창이므로

$$\frac{T_4}{T_3} = \left(\frac{v_3}{v_4}\right)^{k-1}$$

$$\therefore\ T_4 = T_3 \cdot \left(\frac{v_3}{v_2} \cdot \frac{v_2}{v_4}\right)^{k-1} = T_3 \cdot \left(\frac{v_3}{v_2} \cdot \frac{v_2}{v_1}\right)^{k-1}$$

$$= \left(\sigma \cdot \frac{1}{\varepsilon}\right)^{k-1} \cdot \sigma \cdot \varepsilon^{k-1} \cdot T_1 = \sigma^k \cdot T_1$$

따라서, 디젤 사이클의 열효율 η_d는

$$\eta_d = 1 - \frac{(T_4 - T_1)}{k(T_3 - T_2)} = 1 - \frac{\sigma^k \cdot T_1 - T_1}{k(T_1 \cdot \sigma \cdot \varepsilon^{k-1} - T_1 \cdot \varepsilon^{k-1})}$$

$$= 1 - \frac{T_1(\sigma^k - 1)}{T_1 \cdot k \cdot \varepsilon^{k-1}(\sigma - 1)} = 1 - \left(\frac{1}{\varepsilon}\right)^{k-1} \cdot \frac{\sigma^k - 1}{k(\sigma - 1)}$$

여기서, ε : 압축비 $\left\{\sigma : (\text{체절})\text{단절비}\left(\frac{V_3}{V_2}\right) = \text{Cutoff ratio}\right\}$

∴ 디젤 사이클의 열효율은 압축비 체절비의 함수이다.

디젤 사이클의 열효율은 압축비가 클수록 높아지고, 단절비가 클수록 감소한다.

Chapter 3 ••• 기초 열역학

출/제/예/상/문/제

201 혼합기 속에서 전기불꽃 등을 이용하여 화염핵을 형성하여 화염을 전파하는 것은?

① 열폭발 ② 강제점화
③ 자연착화 ④ 최소점화

202 어떤 연료가 완전연소 시 과잉공기계수 값으로 옳은 것은?

① $\dfrac{0.79(O_2)}{0.79(O_2)-0.21(N_2)}$

② $\dfrac{(N_2)}{(N_2)-3.76(O_2)}$

③ $\dfrac{(O_2)}{0.21(N_2)}$

④ $\dfrac{0.21(N_2)}{0.79(O_2)-0.5(CO)}$

203 연료의 이론적 공기량은 어느 것에 따라 변하는가?

① 연소온도 ② 연료조성
③ 과잉공기계수 ④ 연소장치 종류

204 저위(참)발열량 10000kcal/kg, 이론공기량(A_o) 11m^3/kg, 과잉공기율 30%, 이론습연소량 11.5m^3/kg, 외기온도 20℃인 이론 연소온도는 몇 ℃인가? (단, 연소가스 비열은 0.31kcal/m^3℃이다.)

① 1500 ② 2100
③ 2200 ④ 2500

해설

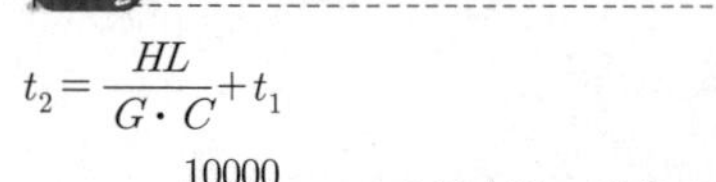

$t_2 = \dfrac{HL}{G \cdot C} + t_1$

$= \dfrac{10000}{11.5 + 11 \times 0.3} \times 0.31 + 20 = 2199.60$ ℃

205 1kg의 공기를 20℃, 1kg/cm^{2}인 상태에서 일정압력으로 가열팽창시켜 부피를 처음의 5배로 하려고 한다. 이때 필요한 온도상승은 몇 ℃인가?

① 1561℃ ② 1172℃
③ 1282℃ ④ 1465℃

$\dfrac{V_1}{T_1} = \dfrac{V_2}{T_2}$ 에서

$\therefore T_2 = \dfrac{V_2}{V_1} \times T_1 = \dfrac{5}{1} \times 293 - 273 = 1192$℃ 이므로 처음의 온도가 20℃였으므로 상승온도 $1192 - 20 = 1172$℃

206 엔탈피 700kcal/kg의 포화증기를 20000 kg/hr으로 열을 발생 시 출구엔탈피가 500kcal/kg이면 터빈출력은 몇 PS인가?

① 6324 ② 2342
③ 3424 ④ 5482

해설

$\dfrac{(700-500)\text{kcal/kg} \times 20000\text{kg/hr}}{632.5\text{kcal/hr (PS)}} = 6324\text{PS}$

207 액체연료의 연소에서 1차 공기란 무엇인가?

① 연료의 무화에 필요한 공기
② 착화에 필요한 공기
③ 연소에 필요한 계산상의 공기
④ 실제공기량에서 이론공기량을 뺀 것

208 연료의 연소에서 2차 공기란 무엇인가?

① 실제공기량에서 이론공기를 뺀 값
② 연료를 무화시켜 산화반응을 하도록 공급되는 공기
③ 연료를 완전연소시키기 위하여 1차 공기에서 부족한 공기를 보충하는 것
④ 이론공기량에서 과잉공기를 보충한 값

정답 201.② 202.② 203.② 204.③ 205.② 206.① 207.① 208.③

209 다음은 연소부하의 감소 시 조치사항으로 옳지 못한 것은?

① 연소방식 개조
② 연료의 품질개량
③ 연소실의 구조개량
④ 노상면적 축소

210 다음의 반응식을 이용하여 메탄(CH_4)의 생성열은?

㉠ $C+O_2 \rightarrow CO_2$
$\Delta H=-97.2$kcal/mol
㉡ $H_2+\frac{1}{2}O_2 \rightarrow H_2O$
$\Delta H=-57.6$kcal/mol
㉢ $CH_4+2O_2 \rightarrow CO_2+2H_2O$
$\Delta H=-194.4$kcal/mol

① $\Delta H=-20$kcal/mol
② $\Delta H=-17$kcal/mol
③ $\Delta H=-18$kcal/mol
④ $\Delta H=-19$kcal/mol

해설

CH_4의 생성반응식 $C+2H_2 \rightarrow CH_4+Q$식을 유도하면 ㉡×2+㉠−㉢을 계산 시

$2H_2+O_2 \rightarrow 2H_2O+57.6\times2$
$C+O_2 \rightarrow CO_2+97.2$ +(㉡×2+㉠)
$C+2H_2+2O_2 \rightarrow 2H_2O+CO_2+57.6\times2+97.2$
$CH_4+2O_2 \rightarrow 2H_2O+CO_2+194.4$ −(−㉢)

$C+2H_2 \rightarrow CH_4+57.6\times2+97.2-194.4$
$C+2H_2 \rightarrow CH_4+18$kcal
$\therefore \Delta H=-18$kcal

211 어떤 연료를 연소함에 이론공기량은 3Nm³/kg였고, 굴뚝 가스의 분석결과는 CO_2=12.6%, O_2=6.4%일 때 실제공기량은 얼마인가?

① 5.6Nm³/kg ② 3.3Nm³/kg
③ 4.3Nm³/kg ④ 4.6Nm³/kg

해설

$m=\frac{A}{A_o}$에서 $A=mA_o$이므로

$N_2=100-(12.6+6.4)=81\%$

$m=\frac{81}{81-3.76\times6.4}=1.42$

$\therefore A=3\times1.42=4.26\text{Nm}^3$

212 다음과 같은 카르노 사이클의 $P-v$선도를 각 단계별로 설명한 것이다. 이 중 틀린 것은?

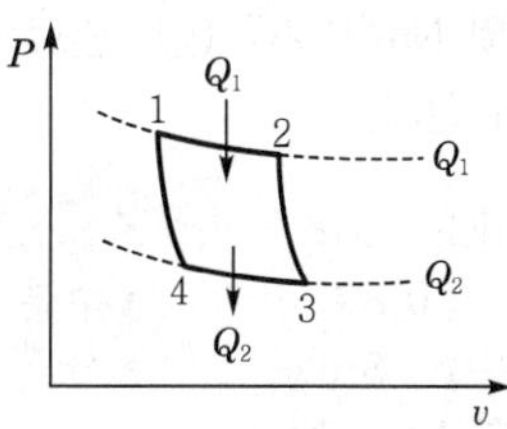

① 1−2는 온도 T_1에서 등온팽창과 일의 수취
② 2−3은 온도 T_2까지 등엔탈피 팽창
③ 3−4는 온도 T_1에서 등온압축과 일의 배출
④ 4−1은 온도 T_2까지 등엔트로피 압축

해설

2−3 : 단열팽창(등엔트로피 팽창)

213 $C+O_2=CO_2$의 반응속도에 대한 다음 설명 중 맞지 않는 것은?

① 공기 및 생성가스는 확산속도의 영향은 받지 않는다.
② 반응속도는 온도의 영향이 크다.
③ 300℃ 이하에서는 거의 생기지 않는다.
④ 1000℃ 이상에서는 순간적으로 이루어진다.

214 어떠한 가스가 완전연소할 때 이론상 필요한 공기량을 A_o(m³), 실제로 사용한 공기량을 A(m³)라 하면 과잉공기 백분율이 맞는 것은?

① $\frac{A_o}{A}\times100$ ② $\frac{A-A_o}{A}\times100$
③ $\frac{A-A_o}{A_o}\times100$ ④ $\frac{A}{A_o}\times100$

정답 209.② 210.③ 211.③ 212.② 213.① 214.③

215 다음 중 산소부족인 경우에 발생되는 불꽃은?

① 눈부신 휘염　② 산화불꽃
③ 중성불꽃　④ 탄화불꽃

216 어떤 고체연료 5kg을 공기비 1.1을 써서 완전연소시켰다면 그때의 총 사용공기량은 약 몇 Nm^3인가? (단, 연료의 조성비는 다음과 같다.)

- 탄소 : 60%　• 질소 : 13%
- 황 : 0.8%　• 수분 : 5%
- 수소 : 8.6%　• 산소 : 5%
- 회분 : 7.6%

① 75.5　② 9.6
③ 41.2　④ 48

해설

$A_o = 8.89C + 26.67\left(H - \frac{O}{8}\right) + 3.33S$ 에서

$A_o = 8.89 \times 0.6 + 26.67\left(0.086 - \frac{0.05}{8}\right) + 3.33 \times 0.008$

$= 7.4875$

$\therefore\ A = mA_o$

$= 1.1 \times 7.4875 Nm^3/kg \times 5kg = 41.18 Nm^3$

217 다음 폭굉에 대한 설명이 아닌 것은?

① 높은 압력과 충격파에 의해 일어난다.
② 폭굉범위는 폭발범위보다 넓다.
③ 연소속도는 약 1000~3500m/s이다.
④ 폭굉은 초음속으로 마하 3~10 정도이다.

해설

- 폭굉범위는 폭발범위 보다 좁다.
- 폭굉이란 폭발 중 가장 격렬한 폭발로 폭발범위 중 존재한다.

218 폭발의 용어에서 DID에 대한 설명은?

① 폭굉이 전파되는 속도
② 어느 온도에서 가열하기 시작하여 발화에 이를 때까지의 시간
③ 폭발등급을 나타낼 때와 안전간격을 나타낼 때의 거리
④ 최초의 완만한 연소가 격렬한 폭굉으로 발전할 때까지의 거리

219 어느 가스기구에서 발열량이 6000kcal/kg인 연료를 1.2ton 연소시켰다. 발생가스량으로부터 가스기구에 흡수된 열량을 계산하였더니 5860000kcal이다. 이 가스기구의 효율은 얼마인가?

① 82%　② 70%
③ 75%　④ 80%

$\eta = \frac{5860000}{1200 \times 6000} \times 100 = 81.38\%$

220 고체연료의 성질에 대한 설명 중 틀린 것은?

① 착화온도는 산소량이 증가할수록 낮아진다.
② 수분이 많으면 통풍불량의 원인이 된다.
③ 휘발분이 많으면 점화가 쉽고, 발열량이 높아진다.
④ 회분이 많으면 연소를 나쁘게 하여 열효율을 저하시킨다.

해설

③ 휘발분은 점화는 쉬우나 발열량은 그대로이며, 매연 발생이 심해진다.

221 기체연료의 관리에 대한 문제점을 열거한 내용이 아닌 것은?

① 시설비가 많이 들고, 설비공사에 기술을 요한다.
② 저장이나 수송에 어려움이 있다.
③ 누설 시 화재폭발의 위험이 크다.
④ 연소효율이 낮고, 연소제어가 어렵다.

해설

기체연료 : 연소효율이 높고 불꽃조절이 용이하다.

222 카르노 사이클로에서 열공급은 어느 변화에서 이루어지는가?

① 등온팽창
② 단열압축
③ 단열팽창
④ 등온압축

P
Q_1(등온팽창)
Q_2(등온압축)
v

정답 215.④ 216.③ 217.② 218.④ 219.① 220.③ 221.④ 222.①

223 다음의 질량 조성을 가진 중유 1000kg을 완전연소시키기 위하여 필요한 이론공기량은 약 얼마인가? (단, C : 88, H : 10, O : 2.0, S : 0(%)이다.)

① $17827Nm^3$
② $8250Nm^3$
③ $10424Nm^3$
④ $15315Nm^3$

$$A_o = 8.89 \times 0.88 + 26.67\left(0.1 - \frac{0.02}{8}\right)$$
$$= 10.42$$
$$\therefore\ 10.42 \times 1000 = 10423.52$$

224 열 pump의 성능계수(Coefficient of performance)를 나타내는 것은? (단, Q_1 : 고열원의 열량, Q_2 : 저열원의 열량, AW : cycle에 공급된 일)

① $\dfrac{Q_1 - Q_2}{Q_1}$ ② $\dfrac{Q_2}{AW}$

③ $\dfrac{Q_2}{Q_1 - Q_2}$ ④ $\dfrac{Q_1}{Q_1 - Q_2}$

225 다음은 기본적인 열역학적 관계식이다. 틀린 것은?

① $\left(\dfrac{\partial H}{\partial T}\right)_p = T\left(\dfrac{\partial S}{\partial T}\right)_p$

② $\left(\dfrac{\partial T}{\partial V}\right)_s = -\left(\dfrac{\partial P}{\partial S}\right)_v$

③ $\left(\dfrac{\partial T}{\partial P}\right)_s = \left(\dfrac{\partial V}{\partial S}\right)_p$

④ $\left(\dfrac{\partial U}{\partial T}\right)_v = -T\left(\dfrac{\partial S}{\partial T}\right)_v$

맥스웰의 식에서

④ $\left(\dfrac{\partial U}{\partial T}\right)_v = T\left(\dfrac{\partial S}{\partial T}\right)_v$

226 C_mH_n $1Nm^3$을 완전연소시켰을 때 생기는 H_2O의 양은?

① $\dfrac{n}{4}(Nm^3)$ ② $2n(Nm^3)$

③ $n(Nm^3)$ ④ $\dfrac{n}{2}(Nm^3)$

$$C_mH_n + \left(m + \frac{n}{4}\right)O_2 \rightarrow mCO_2 + \frac{n}{2}H_2O$$

227 엔트로피 증가에 대한 설명이다. 이 중 옳게 나타낸 것은?

① 비가역과정의 경우 계전체로서 에너지의 총합과 엔트로피 총합은 불변이다.
② 비가역과정의 경우 계전체로서 에너지의 총량은 변화하지 않으나 엔트로피의 총합은 증가한다.
③ 비가역과정의 경우 계전체로서 에너지의 총합과 엔트로피 총합이 함께 증가한다.
④ 비가역과정의 경우 물체의 엔트로피와 열원의 엔트로피 합은 불변이다.

228 황의 고위발열량은 2500kcal/kg이다. 저위발열량값은 얼마인가?

① 2000kcal/kg
② 3000kcal/kg
③ 4000kcal/kg
④ 2500kcal/kg

229 1기압, 20L의 공기를 4L 용기에 넣었을 때 산소의 분압은?

① 약 4기압 ② 약 1기압
③ 약 2기압 ④ 약 3기압

해설

$1 \times 20 = 4 \times x$
$x = 5$기압
∴ 부피비=몰비=압력비
∴ $5 \times 0.21 = 1.05$기압
$P_1V_1 = P_2V_2$에서
$P_2 = \dfrac{P_1V_1}{V_2} = \dfrac{1 \times 20}{4} = 5$기압
공기가 5기압일 때 산소의 압력은 $5 \times 0.21 = 1.05$기압

정답 223.③ 224.④ 225.④ 226.④ 227.② 228.④ 229.②

230 어떤 가역 열기관이 300℃에서 500kcal의 열을 흡수하여 일을 하고 50℃에서 열을 방출한다고 한다. 이때 열기관이 한 일은 몇 kcal인가?

① 218　② 154
③ 164　④ 174

$$\eta = \frac{AW}{Q_1} = \frac{T_1 - T_2}{T_1}$$

$$\therefore\ AW = Q_1\left(\frac{T_1 - T_2}{T_1}\right) = 500\left(\frac{573-323}{273+300}\right) = 218\text{kcal}$$

231 미분탄연소의 단점이 아닌 것은?

① 연소의 조절이 어렵다.
② 설비비, 유지비가 크다.
③ 연돌로부터의 비진이 많다.
④ 40% 이하에서는 안정연소가 곤란해진다.

미분탄연소의 장 · 단점

장 점	단 점
• 연소율이 크다. • 공기비가 적어도 된다. • 연소조절이 쉽다.	• 연소실이 커진다. • 분쇄장비가 필요하다. • 설비비, 유지비가 크다.

232 연료의 연소에 대한 3대 반응이 아닌 것은?

① 열분해반응　② 산화반응
③ 환원반응　④ 이온화반응

233 메탄가스 1Nm^3을 공기과잉률 1.1로 연소시킨다면 공기량은 몇 Nm^3인가?

① 약 15　② 약 7
③ 약 9　④ 약 11

해설

$CH_4 + 2O_2 \rightarrow CO_2 + 2H_2O$에서
1Nm^3 2Nm^3

$$\therefore\ 2 \times \frac{1}{0.21} \times 1.1 = 10.476\text{Nm}^3$$

234 소화제로서 물을 사용하는 이유는?

① 취급이 간단하기 때문이다.
② 기화잠열이 크기 때문이다.
③ 산소를 흡수하기 때문이다.
④ 연소하지 않기 때문이다.

해설

물은 주변의 기화잠열을 흡수한다.

235 석탄을 옥외 저장 시 자연발화의 위험이나 강우 시 유실을 줄이기 위한 조치로 올바르지 않은 것은?

① 가급적 입자가 미세한 석탄을 선정하여 탄탄히 쌓는다.
② 원만한 경사로 가급적 낮게 층을 쌓는다.
③ 내풍화성이 좋은 석탄을 선택한다.
④ 저탄면적이 넓을 경우 적절히 통기구를 설치한다.

236 습증기 1kg 중에 증기가 x(kg)이라고 하면 액체는 $(1-x)$kg이다. 이때 습도는 어떻게 표시되는가?

① $x/1-x$　② $x-1$
③ $1-x$　④ x

237 증기 속에 수분이 많을 때 일어나는 현상이 아닌 것은?

① 건조도가 높아진다.
② 수격작용이 유발된다.
③ 증기엔탈피가 감소한다.
④ 열효율이 저하된다.

238 역화의 원인으로서 틀린 것은?

① 오일배관 중에 공기가 들어있다.
② 오일의 인화점은 너무 낮다.
③ 오일에 물 또는 협잡물이 들어있다.
④ 1차 공기의 압력이 너무 높다.

해설

역화의 원인	선화의 원인
• 인화점이 낮을 때 • 콕에 먼지나 이물질 부착 시 • 가스압력이 낮을 때 • 노즐구경이 클 때 • 염공이 클 때	• 인화점이 높을 때 • 염공이 적을 때 • 노즐구경이 적을 때 • 가스압력이 높을 때

정답 230.① 231.① 232.④ 233.④ 234.② 235.① 236.③ 237.① 238.④

239 다음 집진장치 중 가장 집진효율이 높은 것은?

① 전기집진　② 원심력집진
③ 여과집진　④ 세정집진

240 다음에 열거한 집진장치 중에서 미립자 집진에 적합한 집진장치는?

① 중력집진　② 전기집진
③ 관성력집진　④ 원심력집진

241 다음 집진장치 중 가장 압력손실이 큰 것은?

① 중력집진장치　② 원심력집진장치
③ 전기집진장치　④ 벤투리스크러버

242 등유의 pot burner는 다음 중 어떤 연소의 형태를 이용한 것인가?

① 분무연소　② 등심연소
③ 액면연소　④ 증발연소

해설

액면연소(liquid surface combustion)
용기에 연료를 채우고 연료표면에 열전도에 의해 가열 증발되는 연소형태로 등유의 pot burner 등이 있으며, 이때의 화염은 확산화염이다.

243 사이클론식 집진장치는 어떤 원리를 이용한 집진장치인가?

① 점성력　② 중력
③ 원심력　④ 관성력

244 고체가연물을 연소시킬 때 나타나는 연소의 형태를 순서대로 나열한 것은?

① 증발연소 → 표면연소 → 분해연소
② 표면연소 → 증발연소 → 분해연소
③ 표면연소 → 분해연소 → 증발연소
④ 증발연소 → 분해연소 → 표면연소

245 상온 · 상압 하에서 가연성 가스의 폭발에 대한 일반적인 설명 중 틀린 것은?

① 착화점이 높을수록 안전하다.
② 폭발범위가 클수록 위험하다.
③ 인화점이 높을수록 위험하다.
④ 연소속도가 클수록 위험하다.

해설

③ 인화점은 점화원을 가지고 연소하는 최저온도로 낮을수록 연소, 폭발이 빠르다.

246 부탄 1Nm^3을 완전연소시키는 데 최소한 몇 Nm^3의 산소량이 필요한가?

① 6.5Nm^3　② 3.8Nm^3
③ 4.9Nm^3　④ 5.8Nm^3

$C_4H_{10}+6.5O_2 \rightarrow 4CO_2+5H_2O$

247 다음은 연소의 형태별 종류를 나열한 것이다. 이들 중 기체연료의 연소형태는?

① 표면연소　② 확산연소
③ 증발연소　④ 분해연소

기체연료의 대표적 연소는 확산연소와 예혼합연소가 있다.

248 연소생성물 중 CO_2, N_2 등의 농도가 높아지면 연소속도에는 어떤 영향이 미치는가?

① 연소속도에는 변화가 없다.
② 연소속도가 저하된다.
③ 연소속도가 빨라진다.
④ 처음에는 저하되나 후에는 빨라진다.

249 다음 중 매연발생 원인에 대한 설명으로 맞지 않는 것은?

① 일반적으로 과잉공기가 과대할 때는 특히 매연의 발생이 많다.
② 연료에 대한 공기량이 불충분한 경우 연료 속에 탄화수소를 불완전연소하여 매연을 발생한다.
③ 연소실 체적구조가 불완전하기 때문에 가연가스와 공기와 혼합이 되지 않았을 때 매연을 발생한다.
④ 사용연료가 연소장치에 대해서 부적당하여 연소가 완전히 행하여지지 않을 때 매연을 발생한다.

정답 239.① 240.② 241.④ 242.③ 243.③ 244.④ 245.③ 246.① 247.② 248.② 249.①

해설

① 과잉공기 과대 시는 연소는 잘 되므로 매연은 발생하지 않는다.

250 수소-산소 혼합기가 다음과 같은 반응을 할 때 이 혼합기를 무엇이라 하는가?

$$2H_2+O_2=2H_2O$$

① 과농혼합기 ② 희박혼합기
③ 희석혼합기 ④ 양론혼합기

해설

화학반응에 의한 혼합을 양론혼합이라 한다.

251 다음 중 연소의 정의를 잘못 설명한 것은?

① 분자 내 반응에 의해 열에너지를 발생하는 발열분해반응도 연소의 범주에 속한다.
② 다량의 열을 동반하는 발열화학반응이다.
③ 활성화학 물질에 의해 자발적으로 반응이 계속되는 현상
④ 반응에 의해 발생하는 열에너지로 반자발적으로 반응이 계속되는 현상이다.

해설

④ 연소반응은 자발적으로 일어난다.

252 CO_2와 연료 중의 탄소분을 알고 건연소가스량(G)을 구하는 식은?

① $G=\dfrac{21(CO_2)}{1.867C}\times 100$
② $G=\dfrac{1.867C}{(CO_2)}\times 100$
③ $G=\dfrac{(CO_2)}{1.867C}\times 100$
④ $G=\dfrac{1.867C}{21(CO_2)}\times 100$

253 일산화탄소의 성질에 대한 설명 중 맞는 것은?

① 산화성이 강한 가스이다.
② 철재 용기에는 고온, 고압에서도 안정하다.
③ 독성은 없으나 많으면 산소결핍으로 질식이 일어난다.
④ 활성탄 촉매상에서 염소와 반응하여 포스겐을 합성한다.

해설

- 고온 · 고압에서 부식을 일으킴(침탄)
- CO : 25ppm의 독성 가스

제조 : $CO+Cl_2 \xrightarrow{\text{활성탄}} COCl_2$

254 다음 가스 중 공기와 혼합될 때 폭발성 혼합가스를 형성하지 않는 것은?

① 일산화탄소 ② 염소
③ 도시가스 ④ 암모니아

해설

염소는 조연성, 액화, 독성 가스이다.

255 수소 2kg 연소 시 생성되는 수증기량(Nm^3)은?

① $44.8Nm^3$ ② $11.2Nm^3$
③ $22.4Nm^3$ ④ $33.6Nm^3$

해설

$H_2+\frac{1}{2}O_2 \rightarrow H_2O$

2kg　　　$22.4Nm^3$

256 가연성 물질의 폭굉유도거리(DID)가 짧아지는 요인에 해당되지 않는 경우는?

① 정상연소속도가 큰 혼합가스일수록
② 관 속에 방해물이 있거나 관경이 가늘수록
③ 주위의 압력이 낮을수록
④ 점화원의 에너지가 클수록

해설

③ 압력이 높을수록 폭굉유도거리가 짧아진다.

257 메탄가스를 10%의 과잉공기량으로 완전연소시켰을 때 건연소가스 중 이산화탄소(CO_2)의 함량은 몇 %인가?

① 12.4 ② 6.8
③ 8.6 ④ 10.5

정답 250.④ 251.④ 252.② 253.④ 254.② 255.③ 256.③ 257.④

해설

$CH_4+2O_2 \rightarrow CO_2+2H_2O$

$$CO_2(\%)=\frac{CO_2}{N_2+CO_2}$$

$$=\frac{1}{2\times\frac{1.1-0.21}{0.21}+1}\times 100=10.55\%$$

258 열전달계수의 단위는 다음 중 어느 것인가?

① kcal/m · h · ℃^{2}
② kcal/m · h · ℃
③ kcal/m^2 · h · ℃
④ kcal/m · h^2 · ℃

해설

- 열전달(kcal/m^{2}h℃)
- 열통과 열관류(kcal/m^{2}h℃)
- 열전도(kcal/mh℃)

259 기체상수 R은 계산한 결과 1.99가 되었다. 이때 단위는?

① Joule/mol · K
② L · atm/mol · K
③ cal/mol · K
④ erg/mol · K

해설

- $R=0.082$atm · L/mol · K
- $R=1.987$cal/mol · K
- $R=8.314\times10^7$erg/mol · K
- $R=8.314$J/mol · K
- $R=82.05$atm · mL/mol · K
- $R=0.287$kJ/kg · K

260 가스가 폭발하기 전 발화 또는 착화가 일어날 수 있는 요인과 관계가 없는 것은?

① 습도 ② 온도
③ 조성 ④ 압력

261 다음 중 랭킨 사이클을 설명하는 내용은?

① 역카르노 사이클과 유사하다.
② 내연기관의 기본 사이클이다.
③ 증기냉동 사이클이다.
④ 증기기관의 기본 사이클이다.

해설

- 랭킨 사이클 : 동작유체상의 변화가 있으며, 증기기관의 기본 사이클이다.
- 단열압축, 정압가열, 단열팽창, 정압냉각의 순서이며, 단위질량당 팽창일에 비하여 압축일이 적게 소요된다.

262 다음 중 내연기관의 기본 사이클이 아닌 것은?

① 오토
② 랭킨
③ 사바테
④ 디젤

해설

② 랭킨은 증기기관의 기본 사이클이다.

263 탄소 1kg이 불완전연소할 경우, 발생되는 열량을 나타낸 식은?

① $C+O_2 \rightarrow CO_2-8100$kcal/kg
② $C+\frac{1}{2}O_2 \rightarrow CO+2430$kcal/kg
③ $C+\frac{1}{2}O_2 \rightarrow CO-2430$kcal/kg
④ $C+O_2 \rightarrow CO_2+8100$kcal/kg

264 가정용 연료가스는 프로판과 부탄가스를 액화한 혼합물이다. 이 액화한 혼합물이 30℃에서 프로판과 부탄의 몰비가 4 : 1로 되어 있다면 이 용기 내의 압력은 몇 기압(atm)인가? (단, 30℃에서의 증기압은 프로판 9000mmHg이고, 부탄이 2400mmHg이다.)

① 10.1atm
② 2.6atm
③ 5.5atm
④ 8.8atm

해설

$P=P_A\eta_A+P_B\eta_B$

여기서, P_A, P_B : 증기압, η_A, η_B : 몰분율

$$=\frac{9000\times\frac{4}{5}+2400\times\frac{1}{5}}{760}=10.1\text{atm}$$

정답 258.③ 259.③ 260.① 261.④ 262.② 263.② 264.①

265 LNG의 유출에 관한 다음 기술 중 옳은 것은 어느 것인가?

① 메탄가스의 비중은 공기보다 크므로 증발된 가스는 지상에 체류한다.
② 메탄가스의 비중은 공기보다 작으므로 증발된 가스는 위로 분산되어 지상에 체류하는 일이 없다.
③ 메탄가스의 비중은 상온에서 공기보다 작으나 온도가 낮으면 비중이 공기보다 커지기 때문에 지상에 체류한다.
④ 메탄가스의 비중은 상온에서 공기보다 크나 온도가 낮으면 비중이 공기보다 작아지기 때문에 지상에 체류하는 일이 없다.

266 다음 기체연료의 연소 중 가장 고부하연소에 가까운 연소방식은?

① 가스 및 연소장치의 설계에 따라 달라진다.
② 층류 확산연소
③ 난류 확산연소
④ 예혼합연소

예혼합연소(Premixed Combustion) : 기체연료를 미리 공기와 혼합하여 연소하는 방식으로 화염이 자력으로 전파 가능

267 프로판 1kg을 완전연소시키면 몇 kg의 CO_2가 생성되는가?

① 5kg
② 2kg
③ 3kg
④ 4kg

해설

$C_3H_8+5O_2 \rightarrow 3CO_2+4H_2O$

44kg 3×44kg

1kg x(kg)

$\therefore x=\frac{1\times3\times44}{44}=3\text{kg}$

268 다음 중 연료의 A_o(이론공기량) 값으로 맞는 식은? (단, Nm³/kg의 단위이다.)

① $A_o=8.89\text{C}-26.67\text{H}-3.33(\text{O}-\text{S})$
② $A_o=8.89\text{C}+26.67\text{H}-3.33(\text{O}-\text{S})$
③ $A_o=8.89\text{C}+26.67(\text{H}-\text{O})+3.33\text{S}$
④ $A_o=8.89\text{C}-26.67(\text{H}-\text{O})+3.33\text{S}$

269 다음 설명 중 틀린 것은?

① 확산연소는 예혼합연소에 비하여 고온 예열이 가능하다.
② 예혼합연소는 확산연소보다 연소속도가 빠르다.
③ 확산연소는 예혼합연소보다 화염이 안정하다.
④ 확산연소는 예혼합연소에 비해 연소량의 조절범위가 넓다.

확산연소(Diffusion Combustion) : 공기 중 연료를 분출공기와 연료의 경계면에서 확산이 일어나 연소화염전파성은 없으므로 예혼합연소에 비해 고온예열이 불가능하다.

270 기체연료를 미리 공기와 혼합시켜 놓고 점화해서 연소하는 것으로 혼합기만으로도 연소할 수 있는 연소방식은?

① 분해연소 ② 확산연소
③ 예혼합연소 ④ 증발연소

271 다음 식 중 틀린 것은? (단, G_s : 실제습연소, G_o : 이론습연소, G_{sd} : 실제건연소, G_{od} : 이론건연소이다.)

① $G_s=G_{sd}+(m-1)A_o$
② $G_s=G_o+(m-1)A_o$
③ $G_o=G_{od}+1.244(9\text{H}+W)$
④ $G_s=G_{od}+1.244(9\text{H}+W)+(m-1)A_o$

정답 265.③ 266.④ 267.③ 268.② 269.① 270.③ 271.①

272 어떤 가역 열기관이 300℃에서 400kcal의 열을 흡수하여 일을 하고 50℃에서 열을 방출한다고 한다. 이때, 낮은 열원의 엔트로피 변화는 얼마인가?

① 0.998kcal/K ② 0.698kcal/K
③ 0.798kcal/K ④ 0.898kcal/K

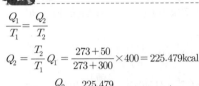

$$\frac{Q_1}{T_1}=\frac{Q_2}{T_2}$$

$$Q_2=\frac{T_2}{T_1}Q_1=\frac{273+50}{273+300}\times 400=225.479\text{kcal}$$

$$\therefore\ \Delta S_2=\frac{Q_2}{T_2}=\frac{225.479}{273+50}=0.698\text{kcal/K}$$

273 포화증기를 일정한 체적하에서 압력을 상승시키면 무엇이 되는가?

① 과열증기 ② 포화액
③ 압축액 ④ 습증기

포화액 → 포화증기 → 과열증기

274 다음 가스연료 중에서 발열량(kcal/Nm^3)이 가장 큰 것은 어떤 것인가?

① 프로판가스 ② 발생로가스
③ 수성가스 ④ 메탄가스

① 프로판가스 : 24000kcal/Nm^3
② 발생로가스 : 1536kcal/Nm^3
③ 수성가스 : 2736kcal/Nm^3
④ 메탄가스 : 9530kcal/Nm^3
탄소와 수소수가 많을수록 발열량(kcal/Nm^3)이 높다.

275 다음 기체연료 중 발열량이 제일 적은 것은?

① 수성가스 ② 천연가스
③ 석탄가스 ④ 발생로가스

276 층류연소속도의 측정 방법이 아닌 것은?

① Bunsen burner법
② Strobo burner법
③ Soap bubble법
④ 평면화염 burner법

층류의 연소속도 측정법
㉠ Soap bubble(비눗방울법)
㉡ Bunsen burner(분젠버너법)
㉢ Fleat flame burner(평면화염 버너법)
㉣ Slot nozzle burner(슬롯노즐 버너법)

277 어떤 가역 열기관이 500℉에서 1000BTU 흡수하여 일을 생산하고 100℉에서 열을 방출한다. 저열원의 엔트로피 변화는 약 얼마인가?

① 2.08BTU/°R
② −1.04BTU/°R
③ 1.04BTU/°R
④ −2.08BTU/°R

$$\frac{Q_1}{T_1}=\frac{Q_2}{T_2}$$

$$Q_2=\frac{T_2}{T_1}\times Q_1=\frac{460+100}{460+500}\times 1000=583.33$$

$$\therefore\ \Delta S_2=\frac{Q_2}{T_2}=\frac{583.33}{460+100}=1.04\text{BTU/°R}$$

278 20℃, 0.2MPa, 5kg의 기체를 0.1m^{3}까지 등온압축 시 압축 후의 압력(MPa)을 구하면? (단, R=0.5kg · K이다.)

① 3.54×10^{-2}
② 7.325
③ 6.5×10^{-2}
④ 7.52×10^{-3}

해설

(1) $PV=GRT$에서 처음의 체적

$$V_1=\frac{GRT}{P_1}=\frac{5[\text{kg}]\times0.5[\text{kJ/kg}\cdot\text{K}]\times(293)\text{k}}{0.2\times10^3[\text{kPa}]}=3.6625\text{m}^3$$

(2) 나중압력

$$P_2=\frac{V_1}{V_2}\times P_1=\frac{3.6625}{0.1}\times0.2=7.325\text{MPa}$$

정답 272.② 273.① 274.① 275.④ 276.② 277.③ 278.②

279 다음 중 열역학 제0법칙은?

① 저온체에서 고온체로 아무일도 없이 열을 전달할 수는 없다.
② 제3의 물체와 열평형에 있는 두 물체는 그들 상호간에도 열평형이 있으며, 3개 물체의 온도는 서로 같다.
③ 절대온도 0K에서 모든 완전결정체의 절대엔트로피는 0이다.
④ 에너지 보존 법칙이라고 할 수 있으며, 에너지는 창조도 소멸되지 않는다.

280 다음 그림은 랭킨사이클의 $T-S$ 선도이다. 각 상태의 엔탈피를 h_1, h_2, h_3, h_4라 할 때 이론열효율은?

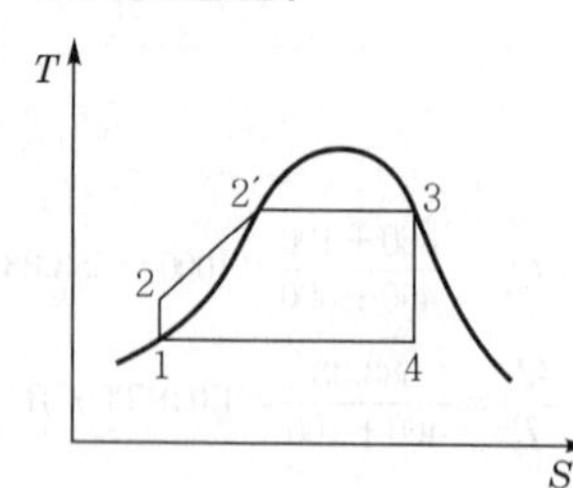

① $\eta = \frac{h_4 - h_1}{h_3 - h_2}$ ② $\eta = \frac{h_2 - h_1}{h_3 - h_4}$
③ $\eta = \frac{h_2 - h_3}{h_1 - h_4}$ ④ $\eta = \frac{h_3 - h_4}{h_3 - h_1}$

해설

랭킨사이클의 이론열효율

$= \frac{\text{사이클 중 일로 변화한 열량}}{\text{사이클 중에 가해진 열량}}$

여기서, h_1 : 포화수엔탈피
h_3 : 건조포화 증기엔탈피
h_4 : 팽창증기엔탈피

281 불꽃의 주위, 특히 불꽃의 기저부에 대한 공기의 움직임이 쎄지면 불꽃이 노즐에 정착하지 않고 떨어지게 되어 꺼져버리는 현상을 무엇이라고 하는가?

① 불완전연소
② 블로-오프(blow-off)
③ 백-파이어(back-fire)
④ 리프트(lift)

282 연소기구에 공급되는 연료의 조성과 중량비는 다음과 같다. 130%의 공기과잉률로 연소시킨다면 연료 1kg이 공급되는 공기량은 얼마인가?

C : 78%, H_2 : 6%, O_2 : 9%, 회분 : 7%

① 13.84kg/kg ② 16.67kg/kg
③ 14.73kg/kg ④ 11.56kg/kg

해설

$A_o = 11.49C + 34.5\left(H - \frac{O}{8}\right) + 4.31S$

$= 11.49 \times 0.78 + 34.5\left(0.06 - \frac{0.09}{8}\right) = 10.644$

$\therefore A = mA_o = 1.3 \times 10.644 = 13.84\text{kg/kg}$

283 용량이 2t/h인 가스보일러에 발열량이 10000kcal/kg인 연료를 투입하였다면 버너의 용량은? (단, 가스비중은 0.95)

① 130.1L/h ② 113.47L/h
③ 1181.1L/h ④ 123.5L/h

해설

버너용량(L/hr) $= \frac{2000\text{kg/hr} \times 539\text{kcal/kg}}{10000\text{kcal/kg} \times 0.95\text{kg/L}}$

$= 113.47\text{L/hr}$

284 열효율을 향상시키기 위한 대책으로 적당하지 않은 것은?

① 장치의 설치조건과 운전조건에 합치되도록 한다.
② 공급하는 연료를 회수열을 이용하여 예열하여 준다.
③ 장치에 대한 적정 작업조건을 강구하고 손실열을 줄인다.
④ 가능한 한 단속적인 작업을 하여 축열 손실을 줄인다.

④ 단속적인 조업 시 오히려 열손실이 증가한다.

285 고체연료의 석탄, 장작이 불꽃을 내면서 타는 것에 대한 설명 중 맞는 것은?

① 표면연소 ② 확산연소
③ 증발연소 ④ 분해연소

정답 279.② 280.④ 281.② 282.① 283.② 284.④ 285.④

286 증발연소에서 발생하는 화염에 대한 설명 중 옳은 것은?

① 표면화염
② 확산화염
③ 산화화염
④ 환원화염

287 다음 중 Throttling 과정을 통하여 일반적으로 변화하지 않는 성질은?

① 엔탈피
② 압력
③ 온도
④ 엔트로피

해설
교축(스로틀링)과정에 엔탈피 일정 습증기 → 과열증기가 된다.

288 이상기체의 등온과정의 설명으로 맞는 것은?

① 부피변화가 없다.
② 열의 출입이 없다.
③ 엔트로피 변화가 없다.
④ 내부에너지 변화가 없다.

289 다음 중 연소의 3요소에 해당되는 것은?

① 가연물, 산소, 빛
② 가연물, 산소, 점화원
③ 가연물, 공기, 산소
④ 가연물, 빛, 탄산가스

290 착화온도가 낮아지는 조건으로 틀린 것은?

① 압력이 낮을 때
② 발열량이 높을 때
③ 분자구조가 복잡할 때
④ 산소 농도가 높을 때

291 석탄의 풍화작용에 의한 효과에 해당되지 않는 것은?

① 탄 표면이 탈색된다.
② 휘발분이 감소한다.
③ 발열량이 감소한다.
④ 분탄으로 되기 어렵다.

해설
풍화작용 : 석탄이 바람의 영향을 받아 변질되는 것으로 분탄이 되기 쉽다.

292 메탄가스를 완전연소시켰을 때 발생하는 이산화탄소와 물의 중량비는?

① 11 : 9
② 7 : 5
③ 5 : 7
④ 9 : 11

해설
$CH_4 + 2O_2 \rightarrow CO_2 + 2H_2O$
44 : 36
∴ 44 : 36 = 11 : 9

293 아지화납, TNT 등은 다음 위험물의 분류 중 어느 분류에 속하겠는가?

① 폭발성 물질
② 가연성 물질
③ 이연성 물질
④ 자연발화성 물질

해설
폭발성 물질 = 제5류 위험물

294 폭발억제(Explosion Supression)를 가장 바르게 설명한 것은?

① 폭발성 물질이 있는 곳을 봉쇄하여 폭발을 억제함을 말한다.
② 폭발성 가스가 있을 때에는 불활성 가스를 미리 주입하여 폭발을 미연에 방지함을 뜻한다.
③ 폭발시작 단계를 검지하여 원료공급 차단, 소화 등으로 더 큰 폭발을 진압함을 말한다.
④ 안전밸브 등을 설치하여 폭발이 발생했을 때 폭발생성물을 외부로 방출하여 큰 피해를 입지 않도록 함을 말한다.

정답 286.② 287.① 288.④ 289.② 290.① 291.④ 292.① 293.① 294.②

295 연소효율 E_c를 옳게 표시한 식은? (단, H_l : 진발열량, L_c : 연사손실, L_w : 노에 흡수된 손실, L_r : 복사전도에 따른 손실, L_i : 불완전연소에 따른 손실, L_s : 배기가스의 현열손실)

① $E_c = \dfrac{H_l - L_c - L_s}{H_l} \times 100$

② $E_c = \dfrac{H_l - L_c - L_w}{H_l} \times 100$

③ $E_c = \dfrac{H_l - L_c - L_r}{H_l} \times 100$

④ $E_c = \dfrac{H_l - L_c - L_i}{H_l} \times 100$

296 연소가스 중 O_2를 옳게 표시한 것은? (단, A : 실제공기, A_o : 이론공기, G_s : 실제습연소, G_{sd} : 실제건연소, G_o : 이론습연소, G_{od} : 이론건연소)

① $O_2 = \dfrac{0.21(m-1)A_o}{G_{sd}}$

② $O_2 = \dfrac{0.21(m-1)A}{G_s}$

③ $O_2 = \dfrac{0.21(m-1)A}{G_{sd}}$

④ $O_2 = \dfrac{0.21(m-1)A_o}{G_s}$

297 순수물질로 된 계가 가열단열과정 동안 수행한 일의 양은 다음 중 어느 것과 같은가?

① 정압과정에서의 일과 같다.
② 엔탈피 변화량과 같다.
③ 내부에너지의 변화량과 같다.
④ 일의 양은 "0"이다.

298 일산화탄소와 수소의 부피비가 3 : 7인 혼합가스의 온도 100℃, 50atm에서의 밀도는 얼마인가? (단, 이상기체로 가정한다.)

① 166g/L　② 16g/L
③ 82g/L　④ 122g/L

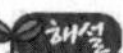

$PV = \dfrac{W}{M}RT$ 에서

$\therefore \dfrac{W}{V}(g/L) = \dfrac{PM}{RT}$

$= \dfrac{50 \times (28 \times 0.3 + 2 \times 0.7)}{0.082 \times (273 + 100)} = 16.020g/L$

299 화재의 기호와 설명이 잘못된 것은?

① D급 : 가스화재(무색)
② A급 : 일반화재(백색)
③ B급 : 유류화재(황색)
④ C급 : 전기화재(청색)

① D급 : 금속화재(규정된 색이 없음)

300 CH_4와 C_3H_8를 각각 용적으로 50%씩 혼합 기체연료 $1Nm^3$을 완전연소시키는 데 필요한 이론공기량 Nm^3은? (단, 반응식은 다음과 같다.)

① 16.7　② 13.7
③ 14.7　④ 15.7

$CH_4 + 2O_2 \rightarrow CO_2 + 2H_2O$
$C_3H_8 + 5O_2 \rightarrow 3CO_2 + 4H_2O$

$\therefore (2 \times 0.5) + (5 \times 0.5) \times \dfrac{1}{0.21} = 16.66Nm^3/Nm^3$

301 메탄의 고위발열량이 $9000kcal/Nm^3$이라면 저위발열량($kcal/Nm^3$)은? (단, 물의 증발잠열은 530kcal/kg이다.)

① 8148
② 8150
③ 1010
④ 6400

$CH_4 + 2O_2 \rightarrow CO_2 + 2H_2O$에서

$H_l = 9000 - \dfrac{530 \times 2kcal}{\dfrac{1}{18} \times 22.4m^3}$

$= 8148kcal/Nm^3$

정답 295.④ 296.① 297.③ 298.② 299.① 300.① 301.①

302 다음 중 화염의 안정범위가 넓고 조작이 용이하며, 역화의 위험이 없는 연소는?

① 예혼합연소
② 분무연소
③ 확산연소
④ 분해연소

해설

기체연료의 연소는 화염이 안전하다.

- 역화의 우려가 있는 연소 : 예혼합연소
- 역화의 우려가 없는 연소 : 확산연소

303 연소공기비가 표준보다 커지면 어떤 현상이 일어나는가?

① 매연발생량이 많아진다.
② 연소실 온도가 높아져 전열효과가 커진다.
③ 화염온도가 높아져 버너를 상하게 된다.
④ 배기가스량이 많아지고 열효율이 저하된다.

304 C_2H_6 1Nm^{3}을 연소했을 때의 건연소가스량(m^3)은 다음 수치 중 어느 것에 가장 가까운가? (단, 공기 중의 산소는 21%이다.)

① 22.4 ② 4.5
③ 15.2 ④ 18.1

해설

$C_2H_6 + 3.5O_2 \rightarrow 2CO_2 + 3H_2O$

1Nm^3 3.5Nm^3 2Nm^3

$\therefore\ 3.5 \times \frac{0.79}{0.21} + 2 = 15.16\text{Nm}^3$

305 일산화탄소(CO) 10Nm^{3}을 연소시키는 데 필요한 산소량(Nm^3)은 얼마인가?

① 5.0Nm^3 ② 27.2Nm^3
③ 23.8Nm^3 ④ 5.7Nm^3

해설

$CO + \frac{1}{2}O_2 \rightarrow CO_2$

$\therefore\ 10\text{Nm}^3 \times \frac{1}{2} = 5.0\text{Nm}^3$

306 메탄의 총(고위)발열량(kcal/Nm^3)은?

$CH_4 + 2O_2 \rightarrow CO_2 + 2H_2O$(액체) $+ 213500$kcal

① 16100 ② 5720
③ 9500 ④ 12300

해설

$CH_4 + 2O_2 \rightarrow CO_2 + 2H_2O + 213500$

$\therefore\ 213500\text{kcal}/22.4\text{Nm}^3 = 9531\text{kcal/Nm}^3$

307 탄소 72.0%, 수소 5.3%, 황 0.4%, 산소 8.9%, 질소 1.5%, 수분 0.9%, 회분 11.0%의 조성을 갖는 석탄의 고위발열량 kcal/kg을 구하면? (단, $H_h = 8100C + 34200(H - O/8) + 2500S$)

① 7265 ② 4990
③ 5896 ④ 6995

해설

$H_h = 8100 \times 0.72 + 34200\left(0.053 - \frac{0.089}{8}\right) + 2500 \times 0.004$

$= 7265.75$

308 C_2H_2의 정압비열이 800J/kg · K일 때 비열비 K는?

① 1.54 ② 1.67
③ 1.72 ④ 1.85

해설

$C_p - C_v = R$에서

$C_v = C_p - R = 0.8 - \frac{8.314}{26} = 0.48$

$\therefore\ K = \frac{0.8}{0.48} = 1.67$

309 한 카르노(Carnot)기관이 100kcal를 수취하고 175kcal를 배출한다. 효율은 얼마인가?

① 75% ② 10%
③ 25% ④ 50%

해설

$\eta = \frac{Q_1 - Q_2}{Q_1}$

$= \frac{100 - 75}{100} \times 100 = 25\%$

정답 302.③ 303.④ 304.③ 305.① 306.③ 307.① 308.② 309.③

310 완전가스의 내부에너지의 변화 du는 정압비열, 정적비열 및 온도를 각각 Cp, Cv 및 T로 표시할 때 어떻게 표시되는가?

① $du = CvCpdT$ ② $du = \frac{C_p}{Cv}dT$
③ $du = CvdT$ ④ $du = CpdT$

311 다음 중 시량 특성에 관련된 물리량이 아닌 항목은?

① 내부에너지 ② 엔탈피
③ 압력 ④ 부피

해설

구 분	내 용	물리량
시량 특성	양에 따라 변화하는 물리량	엔탈피, 엔트로피, 내부에너지, 부피
시강 특성	양이 많고 적음에 달라지지 않는 물리량	온도, 압력, 농도, 밀도

312 연소범위 내에 있는 가연성 가스와 공기의 혼합기를 스파크 등의 불꽃으로 발화시키는 최소한의 에너지를 무엇이라 하는가?

① 최대틈새 범위 ② 최소발화에너지
③ 최소화염한계 ④ 최대안전간격

해설

• 최소발화에너지(E)

$E(\text{mJ}) = \frac{1}{2}CV^2$

E : 최소발화에너지(J), C : 콘덴서 용량(F), V : 전압(V)

• 최소발화에너지에 영향을 주는 인자 : 온도, 압력, 농도 증가 시 작아짐

313 동력기관에서 기관의 효율은 어느 것인가?

① $\frac{\text{이상적인 일}}{\text{지시일}}$ ② $\frac{\text{실제일}}{\text{이상적인 일}}$
③ $\frac{\text{지시일}}{\text{이상적인 일}}$ ④ $\frac{\text{이상적인 일}}{\text{실제일}}$

314 어느 Carnot-cycle이 37℃와 -3℃에서 작동된다면 냉동기의 성적계수 및 열효율은 얼마인가?

① 성적계수 : 약 7.75, 열효율 : 약 0.87
② 성적계수 : 약 0.15, 열효율 : 약 0.13
③ 성적계수 : 약 0.47, 열효율 : 약 0.87
④ 성적계수 : 약 6.75, 열효율 : 약 0.13

해설

• 냉동기 성적계수$= \frac{T_2}{T_1 - T_2}$

$= \frac{(273-3)}{(273+37)-(273-3)} = 6.75$

• 열효율(η)$= \frac{T_1 - T_2}{T_1}$

$= \frac{(273+37)-(273-3)}{(273+37)} = 0.13$

문제풀이 핵심 Key Point

1. 생성열량으로 연소열량 계산법
2. 열펌프, 냉동기 성적계수 및 효율 계산법
3. 라울의 법칙에 의한 증기압 계산법
4. 랭킨 사이클의 이론 열효율

정답 310.③ 311.③ 312.② 313.② 314.④

chapter 4 | 가스폭발 / 방지대책

제4장의 핵심 포인트를 알려주세요.

제4장은 연소공학 출제기준의 가스화재 및 폭발방지대책에 관한 내용으로 세부 기준은 가스폭발의 예방 방호, 가스화재, 소화이론, 정전기 발생 및 방지대책에 관한 내용입니다.

01 가스폭발 및 폭발방지대책

(1) 폭발의 종류

① 산화폭발 : 가연성 가스가 산소와 접촉 시 일어나는 폭발
② 중합폭발 : HCN 등이 수분 2% 이상 함유 시 일어나는 폭발
③ 화합폭발 : C_2H_2이 Cu, Hg, Ag과 화합 시 일어나는 폭발
④ 분해폭발 : C_2H_2가스가 0.15MPa 이상 압축 시 탄소와 수소로 분해가 되면서 일어나는 폭발
⑤ 분진폭발 : 나트륨, 마그네슘 등의 가연성 고체 부유물질이 연소할 때 일어나는 폭발

(2) 폭발방호대책 진행 방법의 순서

① 가연성 가스의 위험성 검토
② 폭발방호대상 결정
③ 폭발의 위력과 피해정도 예측
④ 폭발화염의 전파확대와 압력상승의 방지
⑤ 폭발에 의한 피해 확대 방지

(3) 자연발화성 물질의 성질

① 석탄, 고무분말은 산화 시에 열에 의한 발화
② 활성탄이나 목탄은 흡착열에 의해 발화
③ 퇴비, 먼지는 발효열에 의해 발화
④ 알칼리금속(Ca, Na, K)은 습기 흡수 시 발화

(4) 발화지연(Ignition delay) 시간에 영향을 주는 요인

① 온도
② 압력
③ 가연성 가스
④ 공기혼합 정도

(5) 분진폭발을 일으킬 수 있는 물리적 인자

① 입자의 형상
② 열전도율
③ 입자의 응집특성

(6) 자연발화의 형태

① 산화열
② 미생물에 의한 발열
③ 분해열

(7) 미연소 혼합기의 화염 부근에서 층류에서 난류로 바뀔 때 나타나는 현상

① 예혼합연소 시 화염의 전파속도가 증대된다.
② 버너연소는 난류확산 연소로 연소율이 높다.
③ 확산연소에서 단위면적당 연소율이 높다.
④ 화염의 두께가 얇아진다.

(8) 폭발억제(Explosion, Supression)

폭발성 가스가 있을 때 불활성 가스를 주입하여 폭발을 미연에 방지함

(9) 결함 발생 빈도를 나타내는 용어(개연성, 희박, 장애)

(10) 폭발사고 후 긴급안전대책

① 장치 내 가연성 기체를 비활성 기체로 치환한다.
② 위험물질을 다른 장소로 옮긴다.
③ 타 공장에 파급되지 않도록 가열원, 동력원을 모두 끈다.

(11) 매연발생의 피해

① 열손실 발생
② 환경오염 발생
③ 연소기구, 가스기구 수명단축

(12) 연소실 내 폭풍배기창

① 설치목적 : 노 속의 폭발에 의한 폭풍을 외부로 도피시켜 노 안의 파손을 억제하기 위함이다.

② 설치조건

㉠ 폭풍발생 시 손쉽게 알리는 구조일 것

㉡ 되도록 노 안의 직선부에 설치할 것

㉢ 폭풍발생 시 안전하게 도피할 수 있는 장소에 설치할 것

㉣ 크기와 수량은 화로의 구조에 적정할 것

(13) 분진폭발의 위험성을 방지하기 위한 조건

① 환기장치는 가능한 한 단독집진기를 사용한다.

② 분진이 일어나는 근처에 습식의 스크레어 장치를 설치한다.

③ 분진 취급 공정의 운영을 습식으로 한다.

④ 정기적으로 분진 퇴적물을 제거한다.

(14) 연료의 완전연소 필요조건

① 연소실 온도는 높게 유지한다.

② 연소실 용적은 크게 한다.

③ 연료는 되도록 예열공급한다.

④ 연료에 따라 적당량의 공기를 사용한다.

(15) 연소가스 중 CO_2 함량을 분석하는 목적

① 공기비를 조절하기 위하여

② 열효율을 높이기 위하여

③ 산화염의 양을 알기 위하여

(16) 연소온도에 미치는 영향

① 연료의 저위발열량

② 공기비

③ 산소 농도

(17) 증기폭발(Vapor explosion)의 정의

가연성 액체가 비점 이상의 온도에서 발생한 증기가 혼합기체가 되어 증발하는 현상

(18) 폭발 위험성을 나타내는 물성치

① 연소열

② 점도

③ 비등점

(19) 기상 폭발발생 예방조건

① 분진 및 퇴적물이 쌓이지 않게 한다.
② 가연성 가스의 농도가 상승하지 않게 수시로 환기시킨다.
③ 가연성 가스가 발생치 않도록 하고 반응억제가스를 밀봉시킨다.

(20) 층류연소속도가 결정되는 조건

① 온도
② 압력
③ 연료의 종류

(21) 최소점화에너지

① 정의 : 반응이 일어나는 최소한의 에너지로 최소점화에너지가 적을수록 반응성이 좋다. 최소점화에너지가 많을수록 반응에 필요한 에너지를 많이 필요로 하므로 반응성이 좋지 않다는 것이다.
② 영향인자
㉠ 압력이 높을수록 최소발화에너지는 적어진다.
㉡ 열전도율이 적을수록 최소발화에너지는 적어진다.
㉢ 연소속도가 클수록 최소발화에너지는 적어진다.
㉣ 유속이 증가할수록 적어진다.
㉤ 혼합기 온도가 상승할수록 적어진다.

(22) 자연발화의 방지법

① 저장실의 온도를 40℃ 이하로 유지할 것
② 통풍이 양호하게 할 것
③ 습도가 높은 것을 피할 것
④ 열이 쌓이지 않게 퇴적 방법에 주의할 것

(23) 착화온도가 낮아지는 이유

① 산소 농도가 높을수록
② 반응활성도가 클수록
③ 압력이 높을수록
④ 발열량이 높을수록
⑤ 열전도율이 적을수록
⑥ 분자구조가 복잡할수록

(24) 가연성 가스의 최대폭발압력(P_m) 상승 요인

① 용기 내 최초압력이 상승할수록
② 용기 내 최초온도가 상승할수록
③ 여러 개의 격막으로 압력이 중복될 때
④ 용기의 크기와 형상에 따라서

(25) 착화발생의 원인

① 온도
② 조성
③ 압력
④ 용기의 크기와 형태

(26) 소화제로 물을 사용하는 이유

기화잠열이 크기 때문

(27) 강제점화

혼합기 속에서 전기불꽃을 이용하여 화염 핵을 형성, 화염을 전파하는 것

02 폭굉 현상 및 연소

(1) 가스의 정상연소속도

0.03~10m/s

(2) 폭굉속도(화염의 전파속도)

1000~3500m/s

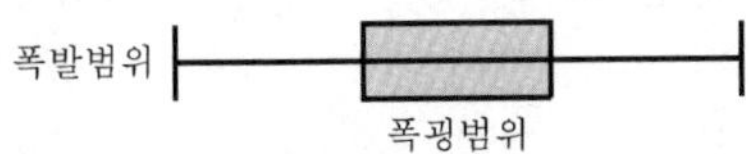

(3) 폭굉이란 폭발 중 가장 격렬한 폭발이므로, 폭발범위 중 어느 한 부분이 폭굉이 된다. 즉, 폭발범위는 폭굉범위보다 넓다.

(4) 폭발지수

$$S=\frac{E}{I}$$

여기서, S : 폭발지수
E : 폭발강도
I : 발화강도

(5) 온도와 압력이 증가하면 일반적으로 폭발범위가 넓어진다. 단, CO는 압력이 올라갈 때 폭발범위가 좁아지며 H_2는 압력이 올라갈 때 폭발범위가 좁아지다가 계속 압력을 올리면 폭발범위가 넓어진다.

(6) 연소파 · 폭굉파

① 연소반응을 일으키는 파

② 연소파는 아음속, 폭굉파는 초음속

③ 파면의 구조 발생 압력에 따라 달라진다.

④ 가연조건 시 기상에서 연소반응 전파형태를 이룬다.

(7) 폭굉유도거리

최초의 완만한 연소가 격렬한 폭굉으로 발전하는 거리

$$\text{연소} \xrightarrow[\text{폭굉범위}]{} \text{폭굉}$$

① 폭굉유도거리가 짧아지는 조건(폭굉이 빨리 일어나는 조건)

㉠ 정상연소속도가 큰 혼합가스일수록(일반적으로 연소속도가 느린 것이 안전하다.)

㉡ 관 속에 방해물이 있거나 관경이 가늘수록

㉢ 압력이 높을수록

㉣ 점화원의 에너지가 클수록

② 폭굉을 일으킬 수 있는 기체가 파이프 내에 있을 때 폭굉방지대책

㉠ 관의 지름과 길이의 비는 가급적 적게 한다.

㉡ 공정상 회전은 완만하게 한다.

㉢ 관로상에 장애물이 없도록 한다.

(8) 화학적 양론혼합

가연성 가스와 조연성 가스가 접촉 일정 비율로 반응을 일으킴

$$2H_2 + O_2 \rightarrow 2H_2O \ (\text{수소} : \text{산소} = 2 : 1)$$

(9) 연소가스 중 질소산화물의 함량을 줄이는 방법

① 연소온도를 낮게 한다.

② 질소함량이 적은 연료를 사용한다.

③ 고온지속시간을 짧게 한다.

(10) 연소생성물 N_2, CO_2의 농도가 높아질 때 연소속도에 미치는 영향

연소가스 중 연소생성물인 N_2, CO_2의 농도가 높으면 연소가 끝나가는 것이므로 연소속도는 느려진다.

(11) 수소와 산소의 연쇄반응에 의한 폭발반응에서 연쇄운반체의 종류

H^+, O^-, OH^-, HO_2

(12) 분젠버너에서 가스유속이 빠르면 단염이 형성되는 이유

가스유속이 빠르면 난류현상을 일으키며, 이때 가스가 공기 중 산소와 접촉이 잘 이루어지기 때문에 연소상태가 층류현상일 때보다 양호불꽃이 짧아진다.

(13) 액체연료를 미립화시키는 방법

① 연료를 노즐에서 빨리 분출시키는 방법
② 공기나 증기 등의 기체를 분무매체로 분출시키는 방법
③ 고압의 정전기에 의해 액체를 분입시키는 방법
④ 초음파에 의해 액체연료를 촉진시키는 방법
⑤ 회전체를 이용, 원심력으로 액을 분출시키는 방법
⑥ 액체연료를 고체면에 충돌시키는 방법

(14) 폐기가스에 대한 대기오염방지대책

① 산화 가능한 유기화합물은 연소법으로 처리한다.
② 유독성 물질은 굴뚝의 높이를 높인다.
③ 집진장치를 이용한다.

(15) Flame arrestor(화염방지기)의 특징

① 구멍지름은 화염거리 이상이다.
② 열흡수 기능을 가지고 있다.
③ 폭굉 예방용과는 무관하다.
④ 금속철망 다공성 철판으로 이루어져 있다.

(16) 고압가스 용기 속에 수분의 영향

① 용기부식 및 동결
② 밸브조정기 폐쇄
③ 수격작용을 일으킴
④ 증기엔탈피가 감소

(17) 가연물의 정의

① 발열량이 클 것
② 산소와 친화력이 좋을 것
③ 활성화에너지가 적을 것
④ 열전도율이 적을 것

⑤ 반응열이 클 것
⑥ 표면적이 클 것
⑦ 습도가 적을 것

(18) 액체연료 미립화(무화)의 목적
① 연소실의 열발생률을 높이기 위하여
② 연소효율을 높이기 위하여
③ 연료와 공기의 원활한 혼합을 위하여
④ 연료의 단위중량당 표면적을 크게 하기 위하여

03 연료의 특성 및 연소의 특성

(1) 연료의 특성
① 고체연료 : 코크스, 석탄, 목재
② 액체연료 : 나프타, 휘발유, 등유, 경유
㉠ 액체연료의 유동점 : 연료가 움직일 수 있는 온도, 응고점보다 2.5℃ 높다.
㉡ 액체연료의 응고점 : 연료가 굳어서 움직이지 않는 온도이다.
③ 기체연료 : LNG, LPG, 수성가스, 고로가스, off가스
④ 연료의 장 · 단점 비교

종류 / 장 · 단점	고체	액체	기체
장점	• 경제성이 있다. • 구입이 용이하다. • 설비비, 인건비 저렴하다.	• 저장 · 운반이 용이하다. • 회분생성이 적다. • 연소효율이 높다.	• 연소효율이 높다. • 매연발생이 없다. • 점화 · 소화가 간단하다. • 고온을 얻기 쉽고, 전열효과가 높다.
단점	• 점화 · 소화가 어렵다. • 매연발생의 우려가 있다. • 연소 후 찌꺼기가 남는다. • 연소효율이 낮다.	• 연소 시 과열의 우려 • 역화의 위험	• 연소폭발의 위험이 크다. • 누출의 위험이 크다. • 역화의 위험이 크다.

(2) 연소의 특성
① 고체물질의 연소 : 표면연소, 분해연소 증발연소, 자기연소
예 표면(숯, 코크스), 분해(종이, 목재), 증발(양초)

② 액체물질의 연소

㉠ 증발연소 : 액체물질이 증발되어 가연성 기체가 연소(화염은 확산화염)

㉡ 액면연소 : 액체물질의 표면에서 연소

㉢ 분무연소 : 액체물질이 분무 무화로 연소

㉣ 등심연소 : 액체물질의 착화 연결통로인 심지를 통해 연소(석유난로 등)

③ 기체물질의 연소

㉠ 확산연소 : 수소 · 아세틸렌과 같이 공기보다 가벼운 가스의 연소

㉡ 예혼합연소 : 가스와 공기를 미리 혼합한 후 분출시켜 연소

(3) 예혼합버너의 종류

① 송풍버너

② 고압버너

③ 저압버너

(4) 고체물질의 연소 중 미분탄 연소형식

① L형 연소

② 코너형 연소

③ 슬래그형 연소

(5) 연료에 고정탄소가 많을수록

① 매연발생이 적다.

② 발열량이 높아진다.

③ 연소효과가 좋아진다.

④ 열손실이 적다.

(6) 등심연소에서 공기유속이 낮을수록 화염의 높이가 커진다.

(7) 액체연료의 시험 방법

① 인화점 : 마이덴스 밀폐식, 펜스키

② 황함량 : 석영관 산소법

③ 동점성 : 레드우드 비스코메타

(8) 고체연료에서 탄화도가 클수록

① 고정탄소가 많아져 발생열량이 커진다.

② 연소속도가 감소한다.

③ 매연발생이 적어진다.

④ 휘발분이 감소한다.

(9) 연료비$=\dfrac{\text{고정탄소}}{\text{휘발분}}$

(10) 고체연료의 화염이동속도가 빨라지는 조건

① 1차 공기온도가 높을수록
② 발열량이 높을수록
③ 입자직경이 적을수록
④ 탄화도가 적을수록

(11) 열손실의 종류

① 불완전연소에 의한 손실
② 노벽을 통한 열손실
③ 노입구를 통한 열손실
④ 배기가스에 의한 열손실(손실을 줄이기 어렵다)

(12) 증기상태 방정식의 종류

① Van der Waals(반 데르 발스식)

$$\left(P+\frac{n^2a}{V^2}\right)\cdot(V-nb)=nRT$$

② Clausius식

$$\left(P+\frac{c}{T(V+C)^2}\right)\cdot(V-b)=RT$$

③ Berthelot식

$$\left(P+\frac{a}{TV^2}\right)\cdot(V-b)=RT$$

④ Virial(비리알) 방정식

$$Pv=RT\left(1+\frac{B}{V}+\frac{C}{V^2}+\frac{D}{V^3}+\cdots\right)$$

(13) 헤스의 법칙(총 열량 불변의 법칙)

임의의 화학반응에서 발생 또는 흡수되는 일은 변화 전후의 상태에 의해 결정되며, 그 경로에는 무관하다.

(14) 공극인자에 대한 압력

예제 30atm N_2 가스를 다음과 같은 왕복압축기로 압축 시 몇 atm이 되는가? (단, 압축기의 공극은 5%이고, 공극인자는 0.8η=1.50이다.)

풀이 $P = P_1^{\,n} + a + e = 30^{1.50} + 0.05 + 0.8 = 165.166\text{atm} = 165.17\text{atm}$

여기서, P : 공극발생 후 전체압력
P_1 : 최초압력
a : 압축기의 공극율(%)
n : 공극지수
e : 공극인자

(15) 밀폐용기에서 연소 후 발생압력(P_2)

$$P_1V_1 = n_1R_1T_1,\ P_2V_2 = n_2R_2T_2\text{에서 } (V_1 = V_2) = \frac{n_1R_1T_1}{P_1} = \frac{n_2R_2T_2}{P_2}(R_1 = R_2)$$

$$P_2 = \frac{n_2P_1T_2}{n_1T_1}$$

여기서, n_1 : 반응 전 몰수
T_1 : 처음온도
P_1 : 처음압력
n_2 : 반응 후 몰수
T_2 : 나중온도

예제 밀폐용기 내 1atm, 20℃로 C_3H_8과 O_2의 비율이 2 : 8로 혼합되어 있으며 연소 후 2930K가 되었다면 용기 내 발생하는 압력은 얼마인가? (단, 다음 반응식을 이용하여라.)

$$2C_3H_8 + 8O_2 \rightarrow 6H_2O + 4CO_2 + 2CO + 2H_2$$

풀이 $P_2 = \frac{n_2P_1T_2}{n_1T_1} = \frac{14 \times 1 \times 2930}{10 \times (273 + 20)} = 14\text{atm}$

04 소화이론 및 위험물

(1) 화재의 종류

① A급(백색) : 종이, 목재 등(소화제 : 물, 수용액)
② B급(황색) : 가스, 유류(소화제 : 분말, CO_2, 포말)
③ C급(청색) : 전기화재(소화제 : CO_2, 분말)
④ D급(색규정 없음) : 금속화재(소화제 : 건조사)

(2) 소화의 종류

① 제거소화법 : 연소반응이 일어나고 있는 가연물과 그 주위의 가연물을 제거해서 연소반응을 중지시켜 소화하는 방법이다.

㉠ 파이프라인이나 부품이 파괴되어 발생한 가스화재 시 가스가 분출되지 않도록 밸브를 잠근다(가연성 가스 공급 중지).

㉡ 연소하고 있는 액체, 고체 표면을 포말로 덮어 씌운다.

㉢ 화염을 불어 날려 보낸다(미연가스 제거).

② 질식소화법 : 가연물에 공기의 공급을 차단함으로써 공기 중 산소 농도를 15% 이하로 떨어뜨려 소화하는 방법이다.

㉠ 불연성 기체로 가연물을 덮는 방법

㉡ 불연성 포로 가연물을 덮는 방법

㉢ 고체로 가연물을 덮는 방법

㉣ 연소실을 완전히 밀폐하여 소화하는 방법

③ 냉각소화법 : 연소하고 있는 가연물에서 열을 뺏어 온도를 낮춤으로써 연소물을 인화점 및 발화점 이하로 떨어뜨려 소화하는 방법이다(기화잠열을 빼앗아 소화).

㉠ 고체를 사용하는 방법

㉡ 액체를 사용하는 방법(물)

㉢ 소화약제(CO_2)에 의한 방법

④ 억제소화법(부촉매효과) : 연소의 4요소 중 연쇄적인 산화반응을 약화시켜 연소의 계속을 불가능하게 하여 소화하는 방법으로 억제소화의 소화제는 할로겐화합물, 분말 소화약제가 주로 사용된다(연소속도를 억제하는 방법으로 소화).

⑤ 희석소화법 : 가연성 가스가 연소하려면 그것이 산소와 연소범위 내의 혼합기를 만들지 않으면 안 된다. 따라서 산소나 가연성 가스의 농도를 연소범위 아래로 내리면 소화할 수 있다. 이와 같이 기체, 액체 또는 고체에서 나오는 가연성 가스의 농도를 엷게 하여 연소를 중지시키는 방법을 희석소화법이라 한다.

㉠ 불연성 기체를 사용한 희석

㉡ 액체 농도에 의한 희석

㉢ 바람(강풍)에 의한 희석

(3) 위험물의 분류

① 1종 : 산화성 고체(염소산나트륨, 염소산염류)

② 2종 : 가연성 물질(유황, 인)

③ 3종 : 가연성 물질(K, Na)

④ 4종 : 유류

⑤ 5종 : 자기반응성 물질(벤젠, 톨루엔, 히드라진) : 화학류

※ 4류 위험물 : 공기보다 밀도가 큰 가연성 증기를 발생시키는 물질(벤젠, 톨루엔, 아세톤, 유류 등)

(4) 위험장소의 종류

① 0종 장소

② 1종 장소

③ 2종 장소

(5) 위험장소 범위 결정 시 고려사항

① 폭발성 가스의 비중

② 폭발성 가스의 방출속도

③ 폭발성 가스의 방출압력

④ 폭발성 가스의 확산속도

05 불활성화(이너팅)의 종류

① **사이폰 퍼지** : 용기에 액체를 채운 다음 용기로부터 액체를 배출시키는 동시에 증기층으로 불활성 가스를 주입하여 원하는 산소 농도를 구하는 방법

② **스위프 퍼지** : 용기의 한 개구부로 이너팅 가스를 주입, 타 개구부로부터 대기 또는 스크레버로 혼합가스를 용기에서 추출하는 방법으로, 이너팅가스를 상압에서 가하고 대기압으로 방출하는 방법이다.

③ **압력 퍼지** : 일명 가압 퍼지로서, 용기를 가압하여 이너팅가스를 주입용기 내에 가한 가스가 충분히 확산된 후 그것을 대기로 방출하여 원하는 산소 농도(MOC)를 구하는 방법이다.

④ **진공 퍼지** : 일명 저압 퍼지로 용기에 일반적으로 쓰이는 방법이며, 모든 반응기는 완전 진공에 가깝도록 하여야 한다.

06 생성열, 연소열 및 엔트로피 변화량

(1) 생성열

① $C + 2H_2 \rightarrow CH_4 + Q_1$

※ Q_1 : CH_4 1mol이 생성되었으므로 생성열이라 하며, 모든 열량은 1mol 또는 1kmol을 기준으로 한다.

② $H_2 + \frac{1}{2}O_2 \rightarrow H_2O + Q_2$

※ Q_2 : 물 1mol이 생성되었으므로 Q_2는 물의 생성열이라 한다.

③ $C+O_2 \rightarrow CO_2+Q_3$

※ Q_3 : CO_2 1mol이 생성되었으므로 Q_3는 CO_2의 생성열이라 한다.

(2) 연소열

연료가스 1mol 연소 시 생성되는 열량

$CH_4+2O_2 \rightarrow CO_2+2H_2O+Q$

※ Q는 CH_4을 기준으로 하면 CH_4 가스 1mol이 연소하였으므로 CH_4의 연소열량이라 한다.

(3) 생성열이 주어졌을 때 연소열량을 계산하는 방법

예제 1. CH_4, CO_2, H_2O의 생성열이 각각 17.9kcal, 94.1kcal, 57.8kcal일 때 CH_4의 완전연소발열량은?

풀이 $CH_4+2O_2 \rightarrow CO_2+2H_2O+Q$에서 생성열과 연소열은 화살표 반대편이므로 각각의 생성열을 부호를 반대로 하여 대입하고, O_2는 발열량이 없으므로 계산하지 않는다.

$-17.9=-94.1-2\times57.8+Q$

$\therefore\ Q=94.1+2\times57.8-17.9=191.8\text{kcal}$

예제 2. 다음 반응식에서 CH_4의 연소열은 얼마인가? (단, CH_4, CO_2, H_2O의 생성열은 각각 $\Delta H_1=-17.9$, $\Delta H_2=-94.1$, $\Delta H_3=-57.8\text{kcal}$이다.)

$$2CH_4+4O_2 \rightarrow 2CO_2+4H_2O+Q$$

풀이 ΔH는 원래 음(−)의 값을 가지므로 연소열량에 그대로 대입한다.

$-2\times17.9=-2\times94.1-4\times57.8+Q$

$Q=2\times94.1+4\times57.8-2\times17.9=383.6$

$\therefore\ 383.6\times\frac{1}{2}=191.8\text{kcal/mol}$

(4) 엔트로피 변화량

$$(\Delta S)=\frac{dQ}{T}$$

여기서, ΔS : 엔트로피 변화량(kcal/kgK)

dQ : 열량변화값(kcal/kg)

T : 절대온도(K)

예제 1. 어떤 열기관에서 온도 27℃의 엔탈피 변화가 단위중량당 100kcal일 때 엔트로피 변화량(kcal/kg°K)은 얼마인가?

풀이 $\Delta S=\frac{100}{(273+27)}=0.33\text{kcal/kgK}$

예제 2. 가역 열기관이 500°F에서 1000BTU를 흡수하여 일을 생산하고, 100°F에서 열을 방출 시 저열원의 엔트로피 변화값은?

풀이 $\dfrac{dQ_1}{T_1}=\dfrac{dQ_2}{T_2}$

$$dQ_2=\frac{100+460}{500+460}\times 1000=583.33\text{BTU}$$

$$\therefore\ \Delta S_2=\frac{dQ_2}{T_2}=\frac{583.33}{100+460}=1.04\text{BTU/°R}$$

(5) 혼합반응에 대한 정압평형상수(K_p)

$$A+B\rightarrow C+D$$

$$\therefore\ K_p=\frac{C\times D}{A\times B}$$

예제 물과 일산화탄소의 혼합물 반응 시 표준상태의 평형조성이 CO, H_2O가 30몰 H_2, CO_2가 20몰일 때 정압평형상수 K_p는 얼마인가?

풀이 $CO+H_2O\rightarrow CO_2+H_2$

30 30 20 20

$$K_p=\frac{CO_2\times H_2}{CO\times H_2O}=\frac{20\times 20}{30\times 30}=0.44$$

TIP 용어에 대한 설명입니다.

1. 발화지연 : 어느 온도에서 발화지연까지 걸린 시간
2. 임계상태 : 순수한 물질이 평형에서 증기-액체로 존재할 수 있는 상태의 온도와 압력을 나타냄.
3. 열해리 : 연소반응이 완료되지 않아 연소가스 중에 반응의 중간 생성물이 남아있는 현상
4. 노 속의 산성, 환원성 여부를 확인하는 방법 : 연소가스 중 CO의 함량을 분석
5. 연소 : 가연물이 산소 또는 공기와 접촉 시 빛과 열을 수반하는 발열화학반응(자발적인 반응)
6. 폭발 : 연소 시 폭굉으로 발전하기 전의 단계로 화염전파속도가 음속 이하인 반응

   $\text{폭발지수}=\dfrac{\text{폭발강도}}{\text{발화강도}}$
7. 폭굉 : 가스 중 음속보다 화염전파속도가 큰 경우 충격파가 발생, 격렬한 파괴작용을 일으키는 원인으로 연소파가 일정거리 진행 후 급격히 연소속도가 증가하는 현상
8. 사출률 : 연료가 연소할 때 불완전연소를 발생시키는 정도
9. 휘염과 불휘염
   ㉠ 휘염 : 고체입자를 포함하는 화염(황색)
   ㉡ 불휘염 : 고체입자를 포함하지 않는 화염(청색)
10. 공연비(air, fuel ratio) : 가연혼합기 중 연료와 공기의 질량비

11. 선화(lifting), 역화(back fire), 블로－오프(blow－off)
   ㉠ 선화(lifting) : 가스의 유출속도가 연소속도보다 빨라 염공을 떠나 연소하는 현상
      • 원인 : 염공이 적을 때, 가스공급 압력이 높을 때, 노즐구경이 적을 때, 공기조절장치가 많이 열렸을 때
   ㉡ 역화(back fire) : 가스의 연소속도가 유출속도보다 빨라 연소기 내부에서 연소하는 현상
      • 원인 : 염공이 클 때, 노즐구경이 클 때, 가스압력이 낮을 때, 인화점이 낮을 때, 공기조절장치가 작게 열렸을 때
   ㉢ 블로－오프(blow－off) : 불꽃의 주위, 불꽃의 기저부에 대한 공기의 움직임이 세어져 불꽃이 노즐에서 정착하지 않고 떨어져 꺼져버리는 현상

12. 불꽃의 정의
   ㉠ 산화불꽃 : 산소 과잉 시 형성되는 불꽃
   ㉡ 중성불꽃 : 산소와 가연성 물질의 비가 1 : 1이 될 때 형성되는 불꽃
   ㉢ 탄화불꽃 : 산소부족 시 형성되는 불꽃

13. 액체연료의 연소에서의 정의
   ㉠ 1차 공기 : 연료의 무화에 필요한 공기
   ㉡ 2차 공기 : 연료의 연소용 공기

14. 연소율(화격자 연소율)(kg/m^2 · hr) : 연료가 화상의 단위면적에 있어 단위시간에 연소하는 연료의 중량

15. 연소실부하(kcal/m^3hr) : 단위체적당 열발생률

07 효율계산 및 열역학적 선도

(1) 성능계수

① 냉동기의 성능계수 : $\dfrac{T_2}{T_1 - T_2} = \dfrac{Q_2}{Q_1 - Q_2}$

② 열펌프의 성능계수 : $\dfrac{T_1}{T_1 - T_2} = \dfrac{Q_1}{Q_1 - Q_2}$

③ 동력기관의 효율 : $\dfrac{T_1 - T_2}{T_1} = \dfrac{Q_1 - Q_2}{Q_1} = \dfrac{\text{실제 일량}}{\text{이상적인 일량}}$

여기서, T_1 : 고온, M_2 : 저온, Q_1 : 고열량, Q_2 : 저열량

(2) 열효율 및 연소효율

① 랭킨 사이클에서의 이론적인 열효율

$$\eta = \frac{i_1 - i_2}{i_1 - i_3}$$

여기서 η : 열효율
i_1 : 건포화 증기엔탈피
i_2 : 단열 시 증기엔탈피(출구 증기엔탈피)
i_3 : 포화수 엔탈피

② 카르노 사이클로 열효율

$$\eta = \frac{AW}{Q_1} = \frac{Q_1 - Q_2}{Q_1} = \frac{T_1 - T_2}{T_1}$$

③ 브레이턴 사이클의 열효율

$$\eta = 1 - \frac{T_4 - T_1}{T_3 - T_2}$$

여기서, ε : 압축비
k : 비열비(1.4)

④ 오토 사이클로의 열효율

$$\eta = 1 - \left(\frac{1}{\varepsilon}\right)^{k-1}$$

⑤ 가스의 연소효율

$$\eta = \frac{Q_A - Q_B}{Q_C}$$

여기서, Q_A : 총 발열량
Q_B : 수증기의 잠열
Q_C : 진발열량

⑥ 등온팽창 시 체적효율(η_v)

$$\lambda_v = 1 - \varepsilon\left(\frac{P_2}{P_1} - 1\right)$$

(3) 증기의 성질

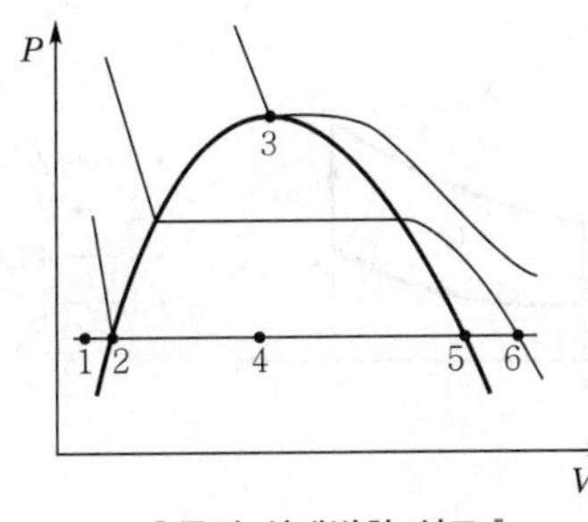

• 1 : 과냉각액 • 2 : 포화액(포화수)
• 3 : 임계점 • 4 : 습포화증기
• 5 : 건조포화증기 • 6 : 과열증기

▌물의 상태변화 선도▐

• 포화액 : 습포화증기와 건조포화증기의 온도는 같다.
• 과열도 : 과열증기온도 − 포화증기온도

① 증기압력 상승 시 높아지는 열역학적 성질 : 엔탈피 상승, 현열 상승, 포화온도 상승, 증발잠열 감소

② 건조도 : 1kg의 습증기 중 x(kg)이 포화증기이면 포화액은 $(1-x)$kg이며, 이것은 습도 x(kg)을 건조도라 한다.

$$x = \frac{\text{포화증기(kg)}}{\text{습증기(kg)}} = \frac{\text{습포화증기 비체적} - \text{포화수 비체적}(\text{m}^3/\text{kg})}{\text{포화증기 비체적} - \text{포화수 비체적}(\text{m}^3/\text{kg})}$$

(4) $P-v$, $T-s$ 선도

① 카르노 사이클

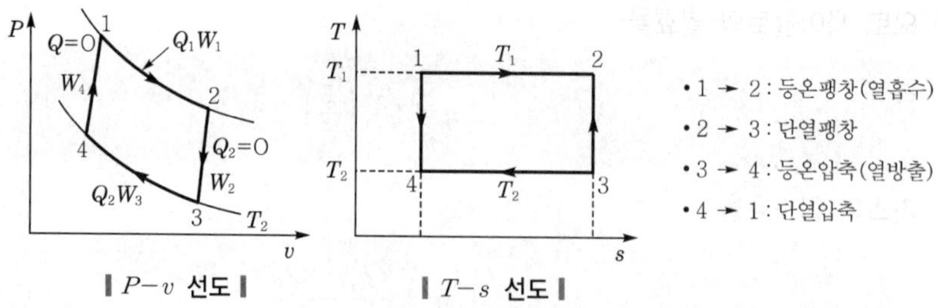

▌$P-v$ 선도▐ ▌$T-s$ 선도▐

(5) 역카르노 사이클

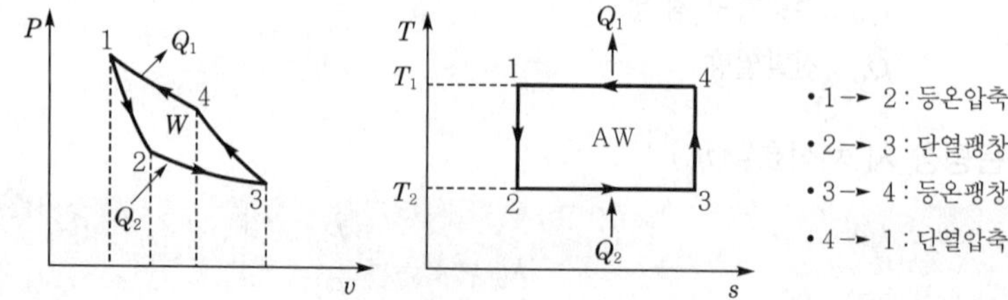

(6) 브레이톤 사이클

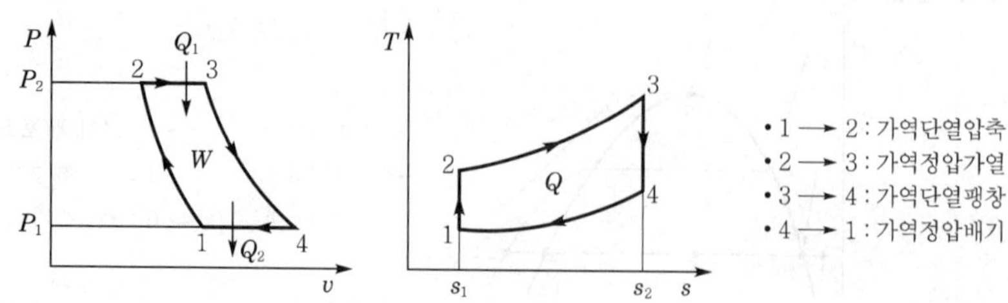

(7) 증기냉동 사이클

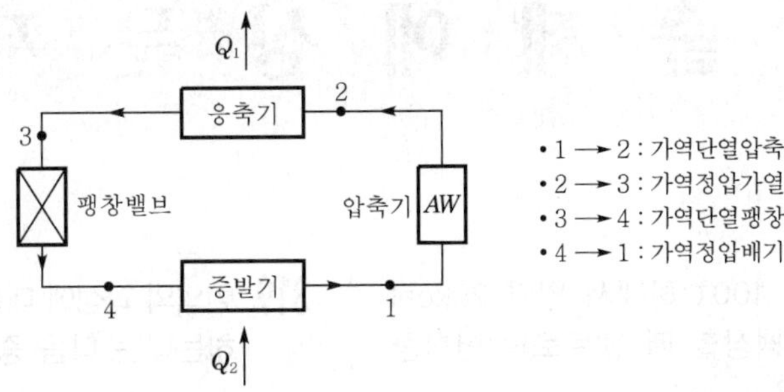

(8) 증기선도

① $T-s$ 선도 : 유체의 열량은 면적으로 표시

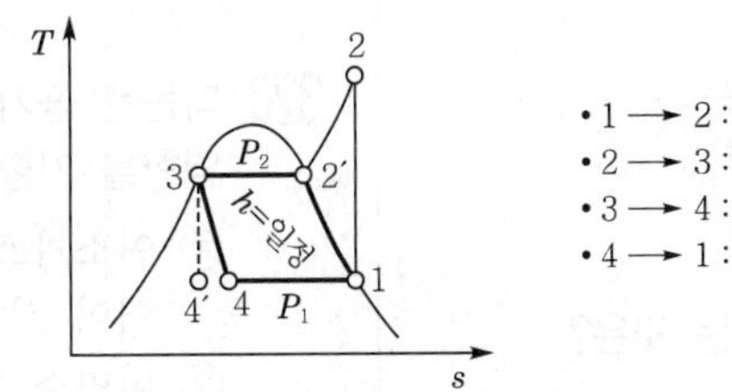

② 증기의 $P-h$ 선도

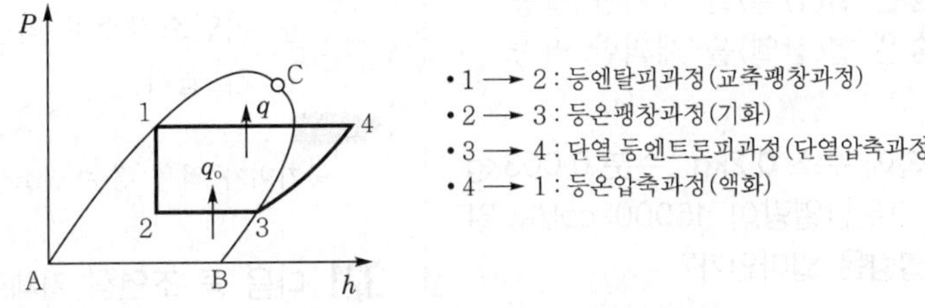

③ 몰리에르 선도 : 선도에서 구해지는 값(습증기, 과열증기)
선도에서 계산되기 어려운 값(건포화증기)

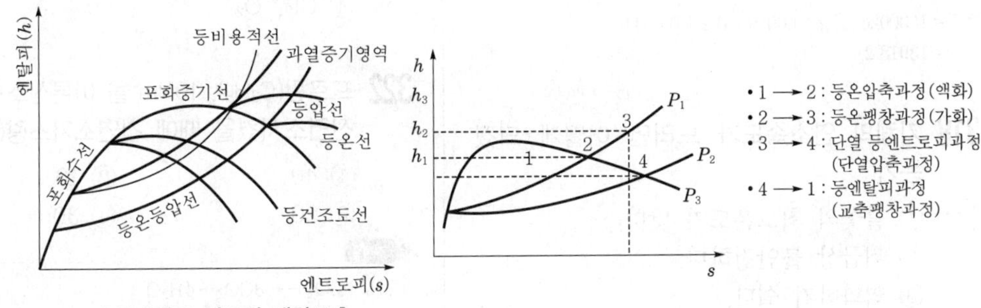

▮몰리에르 선도의 개략도▮

출/제/예/상/문/제

315 1kg의 공기가 100℃하에서 열량 25kcal를 얻어 등온팽창할 때 엔트로피 변화량(kcal/kgK)은?

① 0.067kcal/kgK
② 0.088kcal/kgK
③ 0.043kcal/kgK
④ 0.058kcal/kgK

$$\Delta S = \frac{dQ}{T} = \frac{25}{(273+100)} = 0.067\text{kcal/kgK}$$

316 연료의 저위발열량이 뜻하는 것은?

① 연료를 연소시켰을 때 생성되는 총 발열
② 고유 수분만을 제외한 열량
③ 융해 숨은 열(잠열)을 제외한 열량
④ 기화 숨은 열(잠열)을 제외한 열량

317 연료 1kg 속에 수소 0.2kg, 수분 0.003kg이 있다. 고위발열량이 15000kcal/kg일 때 저위발열량은 얼마인가?

① 14000 ② 10000
③ 11000 ④ 12000

$H_l = H_h - 600(9\text{H} + W)$
$= 15000\text{kcal/kg} - 600(9 \times 0.2 + 0.003)$
$= 13918.2$

318 기체의 연소속도가 느리면 어떻게 되겠는가?

① 불꽃의 최고온도가 낮다.
② 취급상 불안전하다.
③ 역화하기 쉽다.
④ 버너연료로서 집중화염을 얻기 쉽다.

319 임의의 과정에 대한 가역성과 비가역성을 논하는데는 다음 중 어느 것을 적용하는가?

① 열역학의 제3법칙을 적용한다.
② 열역학의 제0법칙을 적용한다.
③ 열역학의 제1법칙을 적용한다.
④ 열역학의 제2법칙을 적용한다.

320 다음은 공기비가 작을 경우 연소에 미치는 영향을 기술한 것이다. 틀린 것은?

① 연소가스 중의 NO_2가 많아져 대기오염이 심하다.
② 미연소에 의한 열손실이 증가한다.
③ 불완전연소가 되어 매연이 많이 발생한다.
④ 미연소가스로 인한 폭발사고가 발생하기 쉽다.

해설
① 공기비가 적을 경우 질소산화물이 적어진다.

321 다음 중 조연성 기체로만 짝지어진 것은?

① NH_3, He
② CO, CH_4
③ CH_4, N_2
④ Cl_2, O_2

322 프로판(C_3H_8), 10Nm³을 이론산소량으로 완전연소시켰을 때에 건연소가스량(Nm³)은?

① 40 ② 10
③ 20 ④ 30

$C_3H_8 + 5O_2 \rightarrow 3CO_2 + 4H_2O$
10Nm³ 30Nm³

정답 315.① 316.④ 317.① 318.① 319.④ 320.① 321.④ 322.④

323 공기비(m)에 대한 설명으로 옳은 것은?

① 연료를 연소시킬 경우 2차 공기량에 대한 1차 공기량의 비
② 연료를 연소시킬 경우 이론공기량에 대한 실제공급공기량의 비
③ 연료를 연소시킬 경우 실제공급공기량에 대한 이론공기량의 비
④ 연료를 연소시킬 경우 1차 공기량에 대한 2차 공기량의 비

324 연소가스 분석이 CO_2=15%, O_2=8.2%일 때 과잉공기계수(m)의 값은?

① 0.64　　② 0.24
③ 0.82　　④ 1.64

해설

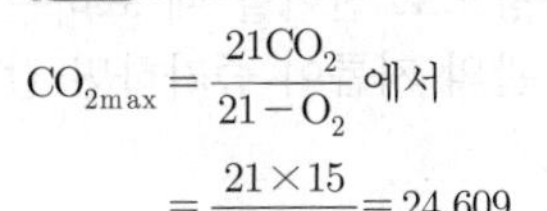

$CO_{2max} = \frac{21CO_2}{21-O_2}$에서

$= \frac{21 \times 15}{21-8.2} = 24.609$

$\therefore m = \frac{CO_{2max}}{CO_2} = \frac{24.609}{15} = 1.64$

325 기체의 연소과정에서 폭발(Explosion)과 폭굉(Detonation)현상이 나타나는데, 이를 비교한 것이다. 맞는 것은?

① 폭발한계와 폭굉한계는 서로 구별할 수 없다.
② 폭발한계는 폭굉한계보다 그 범위가 좁다.
③ 폭발한계는 폭굉한계보다 그 범위가 넓다.
④ 폭발이나 폭굉한계는 그 범위가 깊다.

326 다음 중 카르노 사이클의 특징이 아닌 것은?

① 열효율이 고온열원 및 저온열원의 온도만으로 표시된다.
② 가역사이클이다.
③ 수열량과 방열량의 비가 수열 시의 온도와 방열 시의 온도와의 비와 같다.
④ $P-v$선도에서는 직사각형의 사이클이 된다.

해설

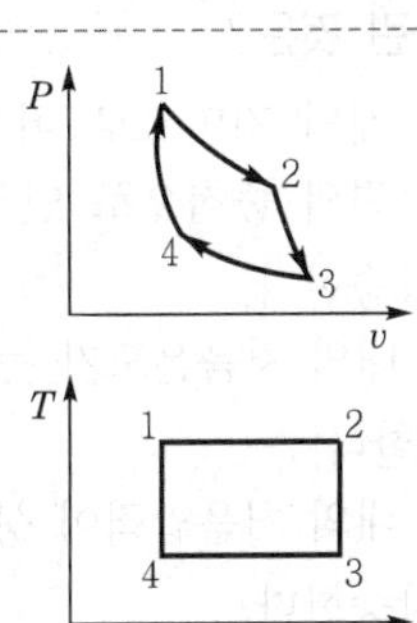

327 25℃에서 N_2, O_2, CO_2의 분압이 각각 0.7atm, 0.15atm, 0.14atm이며, 이상적으로 행동할 때 이 혼합기체의 평균분자량은 얼마인가? (단, 전압은 1atm이다.)

① 31.24　　② 29.84
③ 30.56　　④ 30.84

해설

$28 \times 0.7 + 32 \times 0.15 + 44 \times 0.14 = 30.56$

328 부피비로 메탄 40%, 수소 40%, 암모니아 20%인 혼합가스의 공기 중에서의 폭발범위는? (단, 각 가스의 공기 중에서의 폭발범위는 다음 표와 같다.)

가스의 종류	폭발범위 하한	폭발범위 상한
CH_4	5	15
H_2	4.0	75.0
NH_3	15.0	28.0

① 8.4~33.5vol(%)
② 4.2~16.8vol(%)
③ 5.17~25.54vol(%)
④ 8.2~34.7vol(%)

해설

$\frac{100}{L} = \frac{V_1}{L_1} + \frac{V_2}{L_2} + \frac{V_3}{L_3}$

(하한) $\frac{100}{L} = \frac{40}{5} + \frac{40}{4} + \frac{20}{15}$　$\therefore L = 5.17$

(상한) $\frac{100}{L} = \frac{40}{15} + \frac{40}{75} + \frac{20}{28}$　$\therefore L = 25.54$

정답 323.② 324.④ 325.③ 326.④ 327.③ 328.③

329 다음은 밀폐된 용기 내에서 가연성 가스의 최대폭발압력(P_m)에 영향을 주는 요인들이다. 틀린 것은?

① 여러 개의 격막으로 이루어진 정치에는 압력의 중첩으로 인하여 P_m은 더욱 상승한다.
② 용기 내의 처음온도가 높을수록 P_m은 상승한다.
③ 용기 내의 처음압력이 상승할수록 P_m은 상승한다.
④ P_m은 용기의 크기와 형상에는 크게 영향을 받지 않는다.

330 어떤 용기 중에 들어있는 1kg의 기체를 압축하는데 1281kg · m의 일이 소요되었으며, 이 도중에 3.7kcal의 열이 용기 외부로 방출되었다. 이 기체 1kg당 내부에너지의 변화량(kcal/kg)은?

① −1.4kcal/kg ② 0.7kcal/kg
③ −0.7kcal/kg ④ 1.4kcal/kg

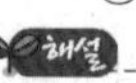

$U = i - APV$

$= 1281\text{kg} \cdot \text{m} \dfrac{1}{427}\text{kcal/kg} \cdot \text{m} - 3.7\text{kcal}$

$= -0.7\text{kcal/kg}$

331 저압공기 분무(噴霧)식 버너의 장점을 틀리게 설명한 것은?

① 연소 때 버너의 화염은 가늘고 길다.
② 구조가 간단하여 취급이 간편하다.
③ 공기압이 높으면 무화가 양호해진다.
④ 점도가 낮은 중유도 연소할 수 있다.

332 가연성 가스의 연소범위(폭발범위)의 설명으로 옳지 않은 것은?

① 프로판과 공기의 혼합가스에 질소를 첨가하는 경우 폭발범위는 넓어진다.
② 일반적으로 압력이 높을수록 폭발범위는 넓어진다.
③ 가연성 혼합가스의 폭발범위는 고압에 있어서 상압에 비해 훨씬 넓어진다.
④ 수소와 공기의 혼합가스는 고온에 있어서 폭발범위가 상온에 비해 훨씬 넓어진다.

해설

① 질소함유 시 폭발범위는 좁아진다.

333 다음 폭굉에 대한 설명 중 맞지 않는 것은?

① 가연성 가스의 조성이 동일할 때 공기보다 산소와의 혼합가스가 폭굉범위가 크다.
② 폭굉 시 화염의 진행 후면에 충격파가 발생한다.
③ 폭굉파는 음속 이상이다.
④ 관 내에서 폭굉으로 전이할 때 요하는 관의 길이는 관의 지름이 증가하면 같이 증가한다.

해설

④ 폭굉은 관경이 가늘수록 잘 일어난다.

334 1mol 50℃의 이상기체를 300kPa에서 10kPa까지 단열팽창 시 최종온도(K)는? (단, $C_p = \dfrac{5}{2}R$이다.)

① 83K ② 85K
③ 90K ④ 95K

해설

(1) $C_p - C_v = R$에서

$C_v = C_p - R = \dfrac{5}{2}R - R = \dfrac{3}{2}R$

$K = \dfrac{C_p}{C_v} = \dfrac{\left(\dfrac{5}{2}R\right)}{\left(\dfrac{3}{2}R\right)} \fallingdotseq 1.67$

(2) 단열팽창 후 온도

$T_2 = T_1 \times \left(\dfrac{P_2}{P_1}\right)^{\frac{K-1}{K}}$

$= (273 + 50) \times \left(\dfrac{10}{300}\right)^{\frac{1.67-1}{1.67}}$

$= 82.52\text{K}$

정답 329.④ 330.③ 331.① 332.① 333.④ 334.①

335 가연성 가스의 폭발범위에 대한 설명 중 옳은 것은?

① 가연성 기체와 공기의 혼합기체가 연소하는데 있어서 혼합기체의 필요한 압력범위를 말한다.
② 폭굉에 의한 폭풍이 전달되는 범위를 말한다.
③ 폭굉에 의해 피해를 받는 범위를 말한다.
④ 공기 중에서 가연성 가스가 연소될 수 있는 가연성 가스의 농도범위를 말한다.

336 이상기체를 설명한 것으로 틀린 것은?

① 온도에 대비하여 일정한 비열를 가진다.
② 압력과 부피의 곱은 온도에 비례한다.
③ 줄의 법칙에 따른다.
④ 기체분자간의 인력은 일정하게 존재하는 것으로 간주한다.

337 기체연료 연소장치 중 가스버너의 특징 설명으로 틀린 것은?

① 연소량의 공기와 연료의 비에 대한 제어가 불가능
② 연소성능이 좋고, 고부하 연소가 가능
③ 정확한 온도제어가 가능
④ 버너의 구조가 간단하고, 보수도 용이

338 석탄의 코크스화를 나타내는 것은?

① 점결성
② 밀도
③ 인화성
④ 분쇄성

339 노 내의 분위기가 산성 또는 환원성 여부를 확인하는 방법으로 가장 확실한 것은?

① 노 내의 온도분포상태를 점검한다.
② 연소가스 중의 CO 함량을 분석한다.
③ 연소가스 중의 CO_2 함량을 분석한다.
④ 화염의 색깔을 분석한다.

340 연소가스의 조정에서 (O_2)를 옳게 나타낸 것은? (단, A_o : 이론공기량, G' : 실제건연소가스량, m : 공기비)

① $O_2 = \dfrac{0.21(m-1)A_o}{G'} \times 100$

② $O_2 = \dfrac{A_o}{G'} \times 100$

③ $O_2 = \dfrac{0.21A_o}{G'} \times 100$

④ $O_2 = \dfrac{(m-1)A_o}{G'} \times 100$

341 S(황) 75%가 함유된 액체연료 30kg을 완전연소시켰다. 이때 S가 연소함에 따라 발생된 열량은?

① 320000kcal ② 56300kcal
③ 182300kcal ④ 250200kcal

해설

$S + O_2 \rightarrow SO_2 + 80000$
32 80000
30 x

$\therefore\ x = \dfrac{30}{32} \times 80000 \times 0.75 = 56250\text{kcal}$

342 다음 중 임계상태의 설명으로 옳은 것은?

① 어떤 온도, 압력에서 액상으로부터 기상으로 상경계를 통하지 않고 갈 수 있다.
② 고체, 액체, 기체가 평행으로 존재하는 상태
③ 순수한 물질이 평형에서 증기-액체로 존재할 수 있는 상태의 온도와 압력을 나타냄
④ 그 이하의 온도에서 증기-액체가 평형으로 존재할 수 없는 상태

343 $C + CO_2 \rightarrow 2CO$의 반응은?

① 연소반응이다.
② 흡열반응이다.
③ 발열반응이다.
④ 흡열 또는 발열이 아닌 반응이다.

정답 335.④ 336.④ 337.① 338.① 339.② 340.① 341.② 342.③ 343.②

344 다음 연료의 성질 중에서 매연이 발생하기 쉬운 경우는?

① 중합, 환화가 쉽다.
② C/H가 적다.
③ 탈수소가 어렵다.
④ 분해가 쉽다.

345 다음 중 착화점의 측정 방법이 아닌 것은?

① 산화에 의한 잔유물 측정
② 산화에 의한 CO_2 생성을 측정
③ 산화에 의한 온도상승을 측정
④ 산화에 의한 중량 변화를 측정

346 다음과 같은 조성의 연료가스에 이론공기량이 40%에 상당하는 1차 공기를 혼합하여 연소시킬 때 이 혼합가스의 총 발열량은? (단, CO와 H_2의 총 발열량은 각각 3000 kcal/Nm^3, 4000kcal/Nm^{3}이다. 연료의 조성 : CO=25%, H_2=12%, CO_2 및 N_2=63%)

① 2180kcal/Nm^3 ② 1121kcal/Nm^3
③ 1230kcal/Nm^3 ④ 1604kcal/Nm^3

3000kcal×0.25+4000×0.12=1230kcal

347 다음 중 연소계산에 있는 공기성분의 질량비는?

① O_2 0.768 ~ N_2 0.232
② O_2 0.210 ~ N_2 0.790
③ O_2 0.790 ~ N_2 0.210
④ O_2 0.232 ~ N_2 0.768

348 다음과 같은 조성을 가진 기체연료의 이론공기량은? (단, CO_2=5.5%, O_2=0.5%, CO=20.8%, H_2=6.7%, CH_4=10.2%, N_2=56.3%)

① 1.90Nm^3/Nm^3
② 1.60Nm^3/Nm^3
③ 1.57Nm^3/Nm^3
④ 1.71Nm^3/Nm^3

해설

$CO+\frac{1}{2}O_2 \rightarrow CO_2$

$H_2+\frac{1}{2}O_2 \rightarrow H_2O$

$CH_4+2O_2 \rightarrow CO_2+2H_2O$에서

$\therefore \left(\frac{1}{2}\times 0.208+\frac{1}{2}\times 0.067+2\times 0.102-0.005\right)\times \frac{1}{0.21}$

$=1.60$

349 공기 10kg, 10m^{3}이 팽창하여 30m^{3}일 때 100℃가 되었다. 공기의 $R=0.287$kJ/kg · K이면 이때의 일량(kcal)은?

① 270 ② 275
③ 282 ④ 285

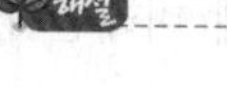

$W=GRT\ln\frac{V_2}{V_1}$

$=10\times 0.287\times(273+100)\ln\left(\frac{30}{10}\right)$

$=1176.075\text{kJ}\times 0.24\text{kcal/kJ}=282\text{kcal}$

350 물질이 연소될 때 빛을 발생한다. 백열상태의 빛을 발생하는 온도는?

① 1000℃ 이상
② 200℃ 이상
③ 500℃ 이상
④ 700℃ 이상

351 다음 중 연소 시 가장 높은 온도를 나타내는 색깔은?

① 회백색 ② 적색
③ 백적색 ④ 황적색

352 어떤 액체연료의 조성이 무게비로 탄소 84%, 수소 11.0%, 황 2.0%, 산소 3.0%인 연료가 있다. 이 연료 100kg을 완전연소시킬 때 생성되는 이산화탄소의 양을 kg으로 나타내면 얼마인가? (단, 이산화탄소의 분자량=44)

① 308kg ② 7kg
③ 137kg ④ 220kg

정답 344.① 345.① 346.③ 347.④ 348.② 349.③ 350.① 351.① 352.①

해설

$C + O_2 \rightarrow CO_2$

12 : 44

100×0.84 : x

$\therefore x = \frac{44}{12} \times 0.84 \times 100 = 308\text{kg}$

353 유체분무식 버너에 있어서 분무압이 높아질수록 일반적으로 불꽃의 길이는 어떻게 변하는가?

① 일정하다. ② 길어진다.
③ 짧아진다. ④ 무관하다.

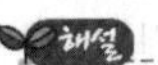

압력이 높을수록 단염이 형성된다.

354 다음과 같은 조성을 가진 연료 3kg의 완전연소 시 필요한 이론공기량은 약 몇 kg인가? (단, 연료 1kg에 대한 조성은 다음과 같다. 탄소 0.35kg, 수소 0.025kg, 황 0.01kg, 회분 0.05kg, 수분 0.515kg, 산소 0.05kg이다.)

① 14.13 ② 3.62
③ 4.31 ④ 10.86

해설

$A_o = 11.49C + 34.5\left(H - \frac{O}{8}\right) + 4.31S$

$= 11.49 \times 0.35 + 34.5\left(0.025 - \frac{0.05}{8}\right) + 4.31 \times 0.01$

$= 4.71\text{kcal/kg} = 4.71 \times 3 = 14.13\text{kg}$

355 다음 중 가연물로서 가치가 없는 것은?

① 발열량이 큰 것
② 열전도율이 큰 것
③ 활성화에너지가 작은 것
④ 산소와의 친화력이 큰 것

356 C(84%), H(12%) 및 S(4%)의 조성으로 되어 있는 중유를 공기비 1.1로 연소할 때 건(乾)연소가스량 Nm^3/kg은 다음 수치 중 어느 것에 가장 가까운가?

① 11.0 ② 8.1
③ 9.1 ④ 11.2

해설

$1.867C + 0.7S + (m - 0.21)A_o + 0.8n$에서

$A_o = 8.89 \times 0.84 + 26.67 \times 0.12 + 3.33 \times 0.04 = 10.80$

$\therefore 1.867 \times 0.84 + 0.7 \times 0.04 + (1.1 - 0.21) \times 10.80$

$= 11.20\text{Nm}^3$

357 건식 집진장치가 아닌 것은?

① 멀티클론
② 사이클론
③ 사이클론 스크러버
④ 백필터

해설

• 건식 집진장치 : 사이클론, 백필터, 멀티클론
• 습식 집진장치 : 사이클론 스크러버, 벤투리 스크러버, 충진탑

358 구리(Cu), 구리합금을 재료로 사용한 장치에서 다음 가스를 제조하면 이상현상이 생기는 가스는?

① 메탄 ② 암모니아
③ 산소 ④ 일산화탄소

해설

• NH_3, H_2S : 구리와 접촉 시 착이온 생성으로 부식
• C_2H_2 : 구리와 접촉 시 폭발

359 대기오염방지를 위한 집진장치 중 습식 집진장치가 아닌 것은?

① 충진탑
② 백필터
③ 사이클론 스크러버
④ 벤투리 스크러버

해설

② 백필터는 건식 집진장치이다.

360 집진효율이 80% 정도로 시설비가 저렴한 집진장치는?

① 백필터(Bag filter)식
② 전기식 집진장치(코트렐)
③ 벤투리 스크러버식(Ventury scrubler)
④ 사이클론식(Cyclone)

정답 353.③ 354.① 355.② 356.④ 357.③ 358.② 359.② 360.④

361 프로판 부피 30% 및 부탄 부피 70%의 혼합가스 1L가 완전연소되는데 필요한 공기량은 약 몇 L인가?

① 40L ② 10L
③ 20L ④ 30L

1L $\begin{cases} C_3H_8 : 0.3L \\ C_4H_{10} : 0.7L \end{cases}$

$C_3H_8 + 5O_2 \rightarrow 3CO_2 + 4H_2O$

$C_4H_{10} + 6.5O_2 \rightarrow 4CO_2 + 5H_2O$

$(5\times0.3+6.5\times0.7)\times\frac{1}{0.21}=28.80L$

362 중유 연소과정에서 발생하는 그을음의 원인은 무엇인가?

① 중유 중의 파라핀 성분
② 연료 중의 불순물의 연소
③ 연료 중의 미립탄소가 불완전연소
④ 연료 중의 회분과 수분이 중합

363 완전연소의 필요조건이 아닌 것은?

① 연소실의 온도는 높게 유지하는 것이 좋다.
② 연료는 되도록 인화점 이상 예열하여 공급하는 것이 좋다.
③ 연소실의 용적은 장소에 따라서 작게 하는 것이 좋다.
④ 연료의 공급량에 따라서 적당한 공기를 사용하는 것이 좋다.

③ 연소실 용적은 커야 된다.

364 어느 용기 내의 공기가 압력 1000kPa 일정부피 0.5m³ 200℃에서 냉각 후 300kPa로 변화 시 ΔS(엔트로피) 변화값 kJ/kg을 계산하면? (단, 공기의 $C_v=0.72$kJ/kg · K이다.)

① −0.85
② −2.85
③ −3.85
④ −4.85

(1) 공기량

$G=\frac{PV}{RT}=\frac{1000\times0.5}{\frac{8.314}{29}\times(273+200)}=5.595\text{kg}$

(2) 일정부피

$\Delta S=GC_v\ln\frac{P_2}{P_1}$

$=5.595\times0.72\times\ln\frac{300}{1000}=-4.85\text{kJ/K}$

365 어떤 열원에 의해 에너지를 공급받아 지속적으로 일로 변화시킨 후 아무 변화를 남기지 않는 열역학 2법칙을 부정한 영구기관은?

① 제0종 영구기관
② 제1종 영구기관
③ 제2종 영구기관
④ 제3종 영구기관

제1종 영구기관 : 외부에서 에너지 공급없이 영구히 일을 지속할 수 있는 기관(열역학 1법칙의 부정)

366 다음은 분진폭발의 위험성을 방지하기 위한 조작으로 틀린 것은?

① 환기장치는 가능한 공정별로 단독집진기를 사용한다.
② 분진의 산란이나 퇴적을 방지하기 위하여 정기적으로 분진제거
③ 분진취급 공정을 가능하면 건식법으로 한다.
④ 분진이 일어나는 근처에 습식의 스크레버장치를 설치, 분진제거

③ 분진공정을 건식법으로 하면 분진발생이 쉽다.

367 암모니아가스 누설검사에 사용할 수 없는 것은?

① 네슬러 용액 ② 헬라이드 토치
③ 염화수소 ④ 리트머스 시험지

- 염화수소+암모니아 → 흰 연기로 누출검사
- 리트머스 시험지+암모니아 → 청색, 적색
- 네슬러 시약+암모니아 → 황갈색

정답 361.④ 362.③ 363.③ 364.④ 365.② 366.③ 367.②

368 석탄을 공기로 연소하여 연도가스를 분석한 결과 CO_2 12%, O_2 4%, 나머지는 질소였다. 연소에 사용한 과잉공기율은 얼마인가?

① 0.13　② 0.22
③ 0.36　④ 0.18

과잉공기율은 $(m-1)\times 100$이므로

$N_2 = 100-(12+4) = 84$

$$m = \frac{84}{84-3.76\times 4} = 1.218$$

$\therefore\ (1.218-1) = 0.218$

369 1.0atm, 10L의 기체 A와 2.0atm, 10L인 기체 B를 전체부피 20L의 용기에 넣을 경우 용기 내 압력은 얼마인가? (단, 온도는 항상 일정하고, 기체는 이상기체라고 한다.)

① 2.0atm　② 0.5atm
③ 1.0atm　④ 1.5atm

$$P = \frac{P_1V_1+P_2V_2}{V} = \frac{1.0\times 10+2.0\times 10}{20} = 1.5\text{atm}$$

370 단열과정에 있어서 엔트로피의 변화로 알맞은 내용은? (단, 완전기체이다.)

① 증가할 수도 있고, 일정할 수도 있다.
② 증가한다.
③ 일정하다.
④ 감소한다.

해설

- 가역단열 : 엔트로피 일정
- 비가역단열 : 엔트로피 증가

371 다음 중 공기과잉률이 가장 큰 것은?

① 벙커 C유　② 무연괴탄
③ 미분탄　④ 액체천연가스

해설

공기과잉률은 연소가 잘 되지 않은 연료일수록 커진다.

372 연소온도는 어느 것의 영향이 가장 큰가?

① 연료의 발열량
② 1차 공기와 2차 공기의 비율
③ 공기비
④ 공급되는 연료의 현열

373 가스터빈 사이클로 주로 사용되는 것은?

① 터빈 사이클　② 카르노 사이클
③ 역카르노 사이클　④ 브레이턴 사이클

374 프로판 1몰을 연소시키기 위하여 공기 812g을 불어넣어 주었다. 과잉공기 %를 계산한 값은?

① 9.8%　② 58.6%
③ 32.3%　④ 17.74%

해설

$C_3H_8 + 5O_2 \rightarrow 3CO_2 + 4H_2O$

1몰　$5\times 32\text{g}\times\frac{1}{0.232} = 689.655\text{g}$

$$\text{과잉공기(\%)} = \frac{\text{과잉공기}}{\text{이론공기}}\times 100$$

$$= \frac{812-689.655}{689.655}\times 100 = 17.74\%$$

375 화격자 연소장치를 화격자의 경사에 따라 분류한 것이 아닌 것은?

① 경사화격자　② 고정화격자
③ 수평화격자　④ 단(段)화격자

376 다음 중 정상화염속도에 영향을 가장 적게 주는 요인은?

① 가스의 점도
② 가연성 가스와 공기와의 혼합비
③ 온도
④ 압력

377 다음 화염 중 연료에 대한 사출률이 작은 순서대로 나열된 것은?

> ㉠ 분무화염
> ㉡ 확산화염
> ㉢ 미분탄화염

① ㉡ → ㉢ → ㉠　② ㉠ → ㉡ → ㉢
③ ㉠ → ㉢ → ㉡　④ ㉡ → ㉠ → ㉢

정답 368.② 369.④ 370.① 371.② 372.③ 373.④ 374.④ 375.② 376.① 377.④

해설

연소가 잘 되는 순서로 나열 시
기체연료 > 액체연료 > 고체연료

378 프로판(C_3H_8) 5kg의 이론배기가스량은 얼마인가?

① $65.70Nm^3$ ② $10.14Nm^3$
③ $13.14Nm^3$ ④ $50.52Nm^3$

해설

$C_3H_8+5O_2 \rightarrow 3CO_2+4H_2O$
44kg $5\times22.4Nm^3$ $7\times22.4Nm^3$
5kg $x(Nm^3)$ $y(Nm^3)$

질소량 : $\frac{5\times5\times22.4}{44}\times\frac{0.79}{0.21}=47.87$

CO_2+H_2O : $\frac{5\times7\times22.4}{44}=17.82$

∴ 연소가스량 : $47.87+17.82=65.69$

379 탄소가 완전연소할 때 기초반응은 다음과 같다. 이때 탄소 1kg을 연소시키는 데 필요한 이론공기량은 몇 kg으로 되는가?

$C+O_2 \rightarrow CO_2$, (분자량 : C=12, O_2=32)

① 60.4kg ② 20.6kg
③ 11.49kg ④ 48.2kg

해설

$C + O_2 \rightarrow CO_2$
12kg 32kg
1kg x(kg)

$x=\frac{1\times32}{12}=2.667kg$

∴ $2.667\times\frac{1}{0.232}=11.49kg$

380 프로판가스 $1Nm^3$을 공기과잉률 1.3으로 완전연소시켰을 때의 건연소가스량은 몇 Nm^3인가?

① 29.0 ② 14.9
③ 18.6 ④ 24.2

해설

$C_3H_8+5O_2 \rightarrow 3CO_2+4H_2O$
$1Nm^3$ $5Nm^3$ $3Nm^3$

∴ $5\times\frac{1.3-0.21}{0.21}+3=28.95Nm^3$

381 다음 중 오르자트(Orsat) 분석기와 관련 없는 흡수액은?

① 염화제1동
② 과산화수소
③ 수산화칼륨
④ 피로카롤

해설

- KOH : CO_2 흡수용액
- 피로카롤 : 산소 흡수용액
- 염화제1동 : CO 흡수용액

382 다음 가스 중 공기와 혼합하였을 때 폭발성 혼합가스를 형성할 수 없는 것은?

① 황화수소 ② 일산화탄소
③ 질소 ④ 도시가스

해설

N_2는 불연성

383 다음은 랭킨(Rankine) 사이클의 온도-엔트로피($T-S$) 선도이다. 각 상태의 엔탈피 h가 다음과 같이 알려져 있을 때 열효율은 대체로 얼마인가? (단, h_1=46kcal/kg, h_2=46.4kcal/kg, h_3=669.7kcal/kg, h_4=480kcal/kg이다.)

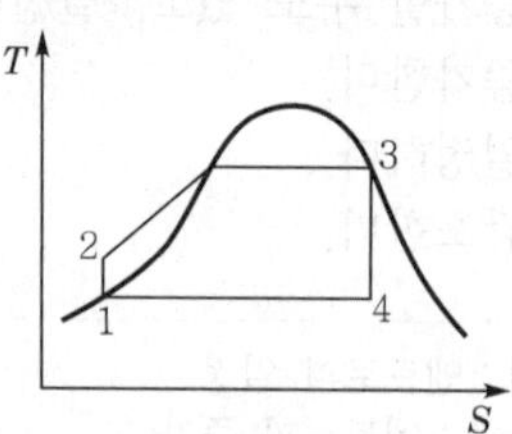

① 49.7% ② 25.3%
③ 30.4% ④ 43.6%

해설

랭킨 사이클로 열효율(η)

$$\eta=\frac{\text{사이클 중에 일로 변화한 열량 (증기가 외부로 행한 일의 열당량)}}{\text{사이클로 중 가해진 열량 (고열원으로 공급받는 열량)}}$$

$$\therefore \eta=\frac{h_3-h_4}{h_3-h_1}$$

$$=\frac{669.7-480}{669.7-46}\times100=30.41\%$$

정답 378.① 379.③ 380.① 381.② 382.③ 383.③

384 압력 80atm에서 엔탈피 783.3kcal/kg으로부터 압력 0.08kg/cm²까지 등엔트로피가 팽창되는 랭킨 사이클로의 열효율은? (단, 포화수엔탈피는 26.5kcal/kg이고, 터빈 출구에서의 엔탈피는 400.6kcal/kg이다.)

① 0.631　② 0.367
③ 0.429　④ 0.506

랭킨 사이클로 열효율(η)

$$\eta = \frac{\text{건조포화증기 엔탈피} - \text{팽창증기 엔탈피}}{\text{건조포화증기 엔탈피} - \text{포화수 엔탈피}}$$

$$\therefore \ \eta = \frac{h_3 - h_4}{h_3 - h_1} = \frac{783.3 - 400.6}{783.3 - 26.5} = 0.506$$

385 다음 용어의 해설 중 틀린 것은?

① 난류란 유체의 흐름이 빠르며, 유체의 각 입자가 흐름의 방향과 수직하게 진행하는 것을 말한다.
② 1센티포아즈(cP)는 3.6kg/m · h와 같은 양이다.
③ Reynolds수란, 유체가 직관을 흐를 때 난류인지, 층류인지를 추정하는 무차원수이다.
④ 층류란 유체의 흐름이 완만하며, 유체의 각 입자가 흐름방향과 평행하게 진행하는 것을 말한다.

① 난류는 입자의 흐름방향이 일정하지 않다.

386 에탄 5Nm³을 연소시켰다. 필요한 이론공기량과 연소공기 중 N_2량(Nm³)은?

① 83.3, 65.8
② 42.5, 35.7
③ 68.3, 47.6
④ 75.5, 54.7

해설

$C_2H_6 + 3.5O_2 \rightarrow 2CO_2 + 3H_2O$
5Nm³　5×3.5Nm³

• 공기량 $= 5 \times 3.5 \times \frac{1}{0.21} = 83.33\text{Nm}^3$

• 질소량 $= 83.33 \times 0.79 = 65.88\text{Nm}^3$

387 1atm, 100℃에서 물의 증발열은 9717cal이다. 이 온도와 압력에서 증기와 물의 몰랄부피(molal volume)는 각각 30.141l 및 0.02l이다. 이 과정에서 일어나는 일은 얼마인가? (1l · atm=0.02422kcal)

① 829cal/g · mol
② 529cal/g · mol
③ 629cal/g · mol
④ 729cal/g · mol

$(30.141 - 0.02) \times 1(\text{atm} \cdot l)$
$\times (0.02422\text{kcal/atm} \cdot l) \times 10^3$
$= 728.9282\text{cal}$

388 다음 [그림]은 증기압축 냉동사이클 $P-i$ 선도이다. 팽창밸브에서의 과정은 다음 중 어느 것인가?

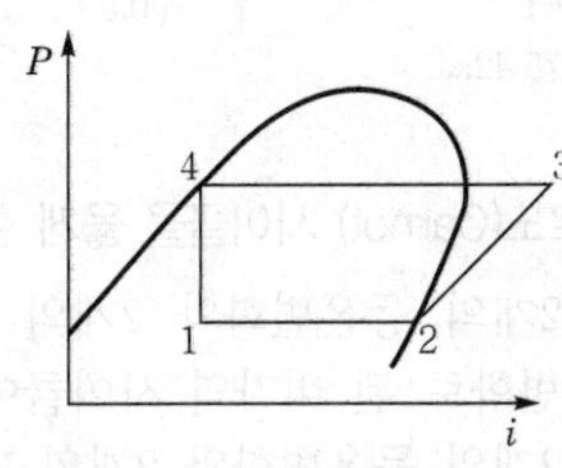

① 4−1　② 1−2
③ 2−3　④ 3−4

1−2(증발), 2−3(압축), 3−4(응축), 4−1(팽창)

389 CO_{2max}=18.0%, CO_2=14.2, CO=3.0%에서 연도가스 중의 O_2는 몇 %인가?

① 5.43　② 2.13
③ 3.23　④ 4.33

해설

$$CO_{2max} = \frac{21(CO_2 + CO)}{21 - O_2 + 0.395CO}$$

$$18.0 = \frac{21(14.2 + 3.0)}{21 - O_2 + 0.395 \times 3}$$

$$\therefore \ 21 - O_2 + 0.395 \times 3 = \frac{21(14.2 + 3.0)}{18.0}$$

$$O_2 = 21 + 0.395 \times 3 - \frac{21(14.2 + 3.0)}{18.0} = 2.12\%$$

정답 384.④ 385.① 386.① 387.④ 388.① 389.②

390 100℃ 2kg의 수소 22.4m³을 $\frac{1}{2}$ 압축 시 단열압축에서 소요되는 절대일량(kJ)은? (단, 단열비는 $K=1.4$이다.)

① 1024.75
② 2475.42
③ 3024.80
④ 4085.27

$$P=\frac{WRT}{VM}$$
$$=\frac{2\times0.082\times373}{22.4\times2}=1.365\text{atm}$$
$$=1.365\times101.325=138.35\text{kPa}$$

단열압축 후 절대일량

$$W=\frac{1}{K-1}P_1V_1\left\{1-\left(\frac{V_1}{V_2}\right)^{K-1}\right\}$$
$$=\frac{1}{1.4-1}\times138.35\times22.4\left\{1-\left(\frac{1}{0.5}\right)^{1.4-1}\right\}$$
$$=-2475.42\text{kJ}$$

391 카르노(Carnot) 사이클을 옳게 설명한 것은?

① 2개의 등온변화와 2개의 폴리트로피 변화로 된 비가역 사이클이다.
② 2개의 등온변화와 2개의 단열변화 가역 사이클이다.
③ 2개의 등온변화와 2개의 폴리트로피로 된 가역 사이클이다.
④ 2개의 등온변화와 2개의 단열변화로 비가역 사이클이다.

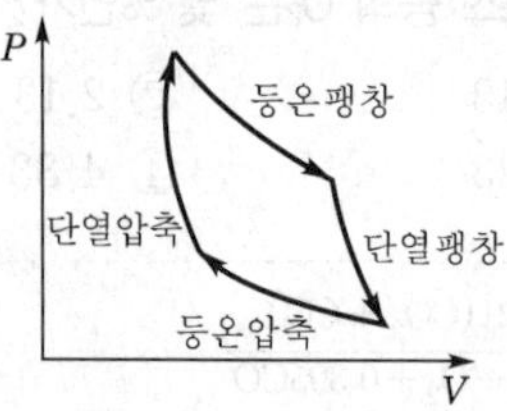

392 다음은 정압연소사이클의 대표적인 브레이톤 사이클(brayton cycle)의 $T-S$ 선도이다. 다음 설명 중 옳지 않은 것은?

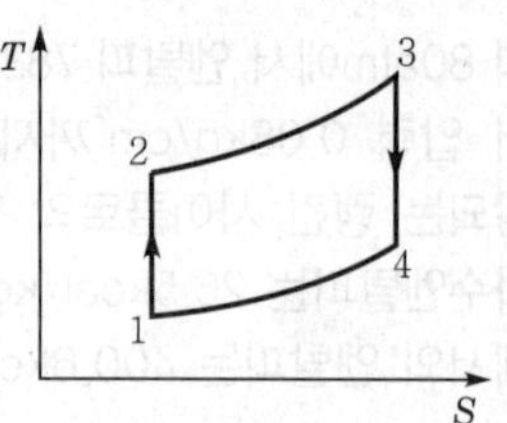

① 4－1의 과정은 가역정압배기과정이다.
② 1－2의 과정은 가역단열압축과정이다.
③ 2－3의 과정은 가역정압가열과정이다.
④ 3－4의 과정은 가역정압팽창과정이다.

• 브레이톤 사이클 : 2개의 단열변화, 2개의 정압변화로 이루어진 사이클
④ 3－4의 과정은 단열팽창과정이다.

393 열기관 사이클 중 랭킨 사이클의 설명으로 옳은 것은?

① 증기기관 사이클이다.
② 내연기관 사이클이다.
③ 냉동 사이클이다.
④ 정적 사이클이다.

랭킨 사이클(Rankine cycle) : 증기원동소의 이상적인 사이클로로 2개의 단열변화와 2개의 정압변화로 이루어진 사이클

394 다음 과정 중 가역단열과정인 것은?

① 등엔트로피과정
② 등온과정
③ 정적과정
④ 등엔탈피과정

395 고체연료 내 수분의 영향으로 맞지 않는 것은?

① 수증기로 기화 시 연소열을 흡수한다.
② 연소온도가 낮아지며, 열효율이 저하한다.
③ 점화가 어렵고 검은 연기가 발생한다.
④ 연소를 방해한다.

③ 검은 연기는 발생하지 않는다.

정답 390.② 391.② 392.④ 393.① 394.① 395.③

396 물 1kg이 50℃의 포화상태로부터 동일압력에서 건포화증기로 증발할 때까지 568.8kcal를 흡수하였다. 엔트로피의 증가는 얼마인가?

① 1.456kcal/kgK
② 1.761kcal/kgK
③ 1.562kcal/kgK
④ 1.684kcal/kgK

$$\Delta S=\frac{dQ}{T}=\frac{568.8}{273+50}=1.7609$$

397 H_2=50%, CO=50%인 기체연료의 연소에 필요한 이론공기량 Nm^3/Nm^3은 얼마인가?

① 3.30 ② 0.50
③ 100 ④ 2.38

$$H_2+\frac{1}{2}O_2 \rightarrow H_2O$$

$$CO+\frac{1}{2}O_2 \rightarrow CO_2$$

$$\therefore \left(\frac{1}{2}\times 0.5+\frac{1}{2}\times 0.5\right)\times\frac{1}{0.21}=2.38Nm^3/Nm^3$$

398 어느 엔진이 고열원으로부터 1200BTU를 공급받아 400BTU의 일을 하고 900BTU의 열을 저열원에 방출했다면 이 과정은 열역학 몇 번째 법칙에 어긋나는가?

① 3 ② 0
③ 1 ④ 2

399 디젤사이클에서 압축이 10, 팽창비 1.5일 때 열효율은?

① 72.4%
② 40.2%
③ 56.5%
④ 60.6%

해설

$$\eta=1-\frac{1}{\varepsilon^{k-1}}\times\frac{\sigma^{k}-1}{k(\sigma-1)}$$

$$=1-\frac{1}{10^{1.4-1}}\times\frac{1.5^{1.4}-1}{1.4(1.5-1)}=0.565=56.5\%$$

400 압축비가 5인 오토 사이클에서의 이론열효율은? (단, K=1.4로 한다.)

① 47.5% ② 32.8%
③ 38.3% ④ 41.6%

해설

$$\eta=1-\left(\frac{1}{\varepsilon}\right)^{K-1}=1-\left(\frac{1}{5}\right)^{1.4-1}=47.5\%$$

401 오토(Otto) 사이클을 온도-엔트로피 선도로 표시하면 다음 [그림]과 같다. 동작유체가 열을 방출하는 과정은 어느 것인가?

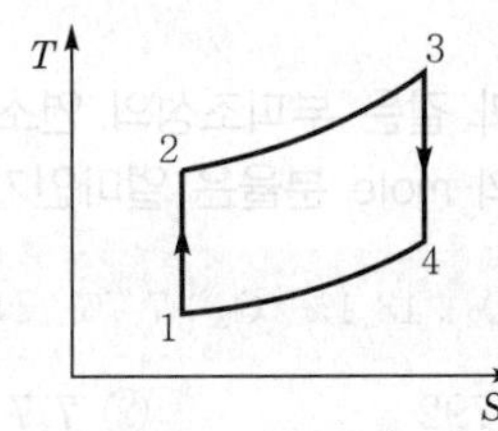

① 4 → 1과정 ② 1 → 2과정
③ 2 → 3과정 ④ 3 → 4과정

해설

1 → 2 : 단열압축
2 → 3 : 열공급
3 → 4 : 단열팽창
4 → 1 : 열방출

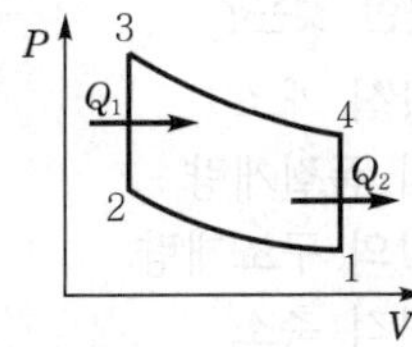

402 아세틸렌은 흡열물질이며, 그 생성열은 −54.2kcal/mol이다. 아세틸렌이 탄소와 수소를 분해되는 폭발반응의 폭발열은?

① −54.2kcal/mol ② +54.2kcal/mol
③ −44.2kcal/mol ④ +44.2kcal/mol

403 1kg/cm², 20℃의 공기를 12kg/cm²까지 압축기로부터 2단 압축하는 경우의 중간압력으로는 몇 kg/cm²(g) 정도인가?

① 4.01 ② 2.43
③ 3.46 ④ 3.87

정답 396.② 397.④ 398.③ 399.③ 400.① 401.① 402.② 403.②

해설

2단 압축 시 중간압력

$P_o = \sqrt{P_1 \times P_2} = \sqrt{1 \times 12} = 3.46$

$\therefore\ 3.46 - 1.033 = 2.43\text{kg/cm}^2$

404 과잉공기가 지나칠 때 나타나는 현상 중 틀린 것은?

① 열효율이 감소되고, 연료소비량이 증가
② 연소실온도가 저하되고 완전연소 곤란
③ 배기가스에 의한 열손실 증가
④ 배기가스 온도가 높아지고, 매연이 증가

405 다음과 같은 부피조성의 연소가스가 있다. 산소의 mole 분율은 얼마인가?

> CO_2 : 13.1%, O_2 : 7.7%, N_2 : 79.2%

① 0.792 ② 7.7
③ 0.77 ④ 0.077

해설

$$O_2(\%) = \frac{7.7}{13.1 + 7.7 + 79.2} = 0.077$$

406 다음은 연소부하의 감소 시 조치사항으로 적절치 못한 것은?

① 연소방식 개조
② 연료의 품질개량
③ 연소실의 구조개량
④ 노상면적 축소

407 고체연료의 성분 중 매연을 발생시키기 쉬운 것은?

① 휘발분 ② 수분
③ 회분 ④ 고정탄소

408 다음은 이상기체 성질에 대한 설명이다. 옳지 않은 것은?

① 내부에너지는 체적과 관계있고, 온도와는 무관하다.
② 보일-샤를의 법칙을 만족한다.
③ 아보가드로 법칙에 따른다.
④ 비열비$\left(K = \frac{C_p}{C_v}\right)$는 온도에 관계없이 일정하다.

해설

① 내부에너지는 온도만의 함수

409 Brayton cycle은 어떤 기관의 cycle인가?

① 디젤기관 ② 가스터빈기관
③ 증기기관 ④ 가솔린기관

410 물리량 중 성질이 같지 않은 것은?

① 체적 ② 온도
③ 압력 ④ 비체적

해설

온도, 압력, 비체적은 정역학적 개념이다.

411 같은 종류의 물리량이 아닌 것은?

① 열 ② 일
③ 압력 ④ 내부에너지

해설

열 · 일 · 내부에너지는 동역학적 개념이다.

412 탄화도가 높을 때 석탄의 착화온도는 어떻게 되는가?

① 착화가 되지 않는다.
② 높아진다.
③ 변함없다.
④ 낮아진다.

해설

고체연료는 탄화도가 높을수록 착화온도가 높아진다. (미분탄은 낮아진다)

413 스테판 볼츠만의 법칙에서 복사전열은 절대온도 몇 승에 비례하는가?

① 5승 ② 2승
③ 3승 ④ 4승

해설

스테판 볼츠만의 법칙

$$Q = 4.88\varepsilon\left(\frac{T}{100}\right)^4 (\text{kcal/hr})$$

복사에너지는 절대온도 4승에 비례한다.

정답 404.④ 405.④ 406.② 407.① 408.① 409.② 410.① 411.③ 412.② 413.④

414 어떤 열기관이 100kW로 10시간 운전하였더니 200kg의 연료가 소비되었을 때 방출열량 kJ을 구하면? (단, 연료의 발열량은 30×10^3kJ/kg이다.)

① 24×10^5 ② 30×10^5
③ 35×10^5 ④ 40×10^5

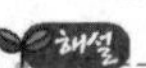

$$\eta=\frac{A_w}{Q}=\frac{Q_1-Q_2}{Q_1}=1-\frac{Q_2}{Q_1}$$

∴ 방출열량

$$Q_2=\left(1-\frac{A_w}{Q_1}\right)\times Q_1=Q_1-A_w$$
$$=\{200[\text{kg}]\times30\times10^3[\text{kJ/kg}]\}$$
$$-\{100[\text{kg}]\times3600[\text{kJ/h}\cdot\text{kW}]\times10[\text{hr}]\}$$
$$=2400000\text{kJ}$$

> 1kW=860kcal/h=860×4.2kJ/h
> ≒3600kJ/h

415 열기관의 열효율 정의 중에서 옳은 것은?

① $\dfrac{\text{받은 열}}{\text{받은 열}+\text{버린 열}}$

② $\dfrac{\text{생산한 일}}{\text{받은 열}+\text{버린 열}}$

③ $\dfrac{\text{받은 열}-\text{버린 열}}{\text{받은 열}}$

④ $\dfrac{\text{생산한 일}}{\text{받은 열}-\text{버린 열}}$

416 기체에 대한 설명 중 옳지 않은 것은?

① 분자량이 클수록 기체상수가 작다.
② 분자량이 클수록 비중이 크다.
③ 분자량이 클수록 비열이 크다.
④ 분자량이 클수록 비열비가 작다.

해설

④ 비열비는 분자량에 관계없이 일정하다.

417 석탄화의 진행순서를 맞게 설명한 것은?

① 저탄－아탄－무연탄－역청탄
② 무연탄－역청탄－아탄－저탄
③ 아탄－역청탄－저탄－무연탄
④ 저탄－아탄－역청탄－무연탄

418 가역정적과정에 대한 설명으로 올바른 것은?

① 가역정적과정은 외부 일량이다.
② 가역정적과정은 엔탈피 감소량이다.
③ 가역정적과정은 교축과정이다.
④ 내부에너지의 감소량이다.

419 탄소 1kg을 이론공기량으로 완전연소시켰을 때 나오는 연소가스량(Nm^3)은 얼마인가?

① $22.4Nm^3$ ② $8.89Nm^3$
③ $1.867Nm^3$ ④ $106.667Nm^3$

C	+	O_2	→	CO_2
12kg		$22.4Nm^3$		$22.4Nm^3$
1kg		$x(Nm^3)$		$y(Nm^3)$

• 질소량$=\dfrac{1\times22.4}{12}\times\dfrac{0.79}{0.21}=7.02$

• CO_2량$=\dfrac{1\times22.4}{12}=1.86$

∴ $7.02+1.86=8.89$

420 황(S) 1kg을 이론공기량으로 완전연소시켰을 때 발생하는 연소가스량 Nm^3은?

① 3.33 ② 0.70
③ 2.00 ④ 2.63

해설

S	+	O_2	→	SO_2
32kg		$22.4Nm^3$		$22.4Nm^3$
1kg		x		y

N_2량$=\dfrac{1\times22.4}{32}\times\dfrac{0.79}{0.21}=2.63$

SO_2량$=\dfrac{1\times22.4}{32}=0.7$

∴ $2.63+0.7=3.33Nm^3$

421 열역학 제2법칙에 대한 설명 중 틀린 것은?

① 열을 완전히 일로 바꾸는 열기관은 만들 수가 없다.
② 반응과정은 엔트로피가 감소하는 쪽으로 진행된다.
③ 제2종 영구기관은 불가능하다.
④ 자발적 변화는 엔트로피가 증가한다.

정답 414.① 415.③ 416.④ 417.④ 418.④ 419.② 420.① 421.②

해설
- 온도는 높은 곳에서 낮은 곳으로 진행
- 엔트로피는 증가하는 쪽으로 진행

$\Delta S=\dfrac{dQ}{T}$

422 프로판가스를 연소시킬 때 필요한 이론공기량은?

① $13.2Nm^3/kg$ ② $10.2Nm^3/kg$
③ $11.3Nm^3/kg$ ④ $12.1Nm^3/kg$

해설

$C_3H_8+5O_2 \rightarrow 3CO_2+4H_2O$

44kg $5\times22.4Nm^3$

1kg x

$\therefore x=\dfrac{1\times5\times22.4}{44}=2.545$

$\therefore 2.545\times\dfrac{1}{0.21}=12.12Nm^3/kg$

423 어느 이상기체가 $100kg/cm^2$, $0.5m^3$에서 체적을 2배로 할 때 등온팽창 시 소요열량(kJ)은?

① 3400 ② 3405
③ 3409 ④ 3500

해설

$Q=AGT\ln\dfrac{V_2}{V_1}$

$=APV_1\ln\dfrac{V_2}{V_1}$

$=\dfrac{1}{427}kcal/kg\cdot m\times100\times10^4kg/m^2\times0.5m^3\times\ln\dfrac{2V_1}{V_1}$

$=811.647kcal$

$\therefore 811.647\times4.2=3408.92kJ$

424 비중이 0.98(60℉/60℉)인 액체연료의 API 도는?

① 12.887 ② 11.357
③ 11.857 ④ 12.857

해설

$API도=\dfrac{141.5}{(60°F/60°F)}-131.5=\dfrac{141.5}{0.98}-131.5=12.887$

참고 $보메도(Be)=144.3-\dfrac{144.3}{(60°F/60°F)}$

425 다음 중 연소온도는 어느 것의 영향이 가장 큰가?

① 연료의 발열량
② 1차 공기와 2차 공기의 비율
③ 공기비
④ 공급되는 연료의 현열

426 다음 조성의 수성가스를 건조공기를 써서 연소시킬 때의 공기량 Nm^3/Nm^3은 얼마인가? (단, 여기서 공기과잉률은 1.30이다.)

CO_2 : 4.5%, O_2 : 0.2%
CO : 38.0%, H_2 : 52.0%

① 4.09 ② 1.95
③ 2.77 ④ 3.67

해설

$CO+\dfrac{1}{2}O_2 \rightarrow CO_2$

$H_2+\dfrac{1}{2}O_2 \rightarrow H_2O$

$\therefore \left(\dfrac{1}{2}\times0.38+\dfrac{1}{2}\times0.52-0.002\right)\times\dfrac{1}{0.21}\times1.30=2.773$

427 2차 연소란 다음 중 무엇을 말하는가?

① 점화할 때 착화가 늦어졌을 경우 재점화에 의해서 연소하는 것
② 공기보다 먼저 연료를 공급했을 경우 1차, 2차 반응에 의해서 연소하는 것
③ 불완전연소에 의해 발생한 미연가스가 연도 내에서 다시 연소하는 것
④ 완전연소에 의한 연소가스가 2차 공기에 의해서 폭발되는 현상

428 Van der Waals의 상태방정식을 옳게 표현한 것은?

① $PV=GRT$
② $PV=RT$
③ $\left(P+\dfrac{a}{V^2}\right)(V-b)=RT$
④ $\left(P+\dfrac{a}{TV^2}\right)(V-b)=RT$

정답 422.④ 423.③ 424.① 425.③ 426.③ 427.③ 428.③

429 중유연료에서 A, B, C로 구분하는 기준은 무엇인가?

① 점도　② 인화점
③ 발화점　④ 비등점

430 기체연료에서 연료량의 단위를 kg으로 표시하는 연료는?

① 오일가스　② LPG
③ 고로가스　④ 석탄가스

431 20atm의 이산화탄소를 다음과 같은 왕복식 압축기로 압축시키면 몇 atm이 되겠는가? (단, 왕복식 압축기의 공극은 8%이고 공극인자는 0.82, $n=1.15$이다.)

① 약 50.82
② 약 25.85
③ 약 32.24
④ 약 45.85

$20^{1.15}+0.82+0.08=32.24$

432 실온이 0℃이며, 과잉공기를 포함한 습연소가스의 비열은 0.33kcal/Nm · K일 때 반응식은 다음과 같다. 이때 다음과 같은 조성을 가진 연료가스의 발열량은 몇 kcal/Nm^{3}인가? (단, 반응식(발열량은 CO, H_2, CH_4 각각 1Nm^{3}당)

- $CO+\frac{1}{2}O_2=CO_2+3035\text{kcal}$
- $H_2+\frac{1}{2}O_2=H_2O$(수증기)$+2750\text{kcal}$
- $CH_4+2O_2=CO_2+2H_2O$(수증기) $+8750\text{kcal}$

가스의 성분	CO_2	CO	H_2	CH_4	N_2
연소가스의 조성(%)	3.0	40.0	50.0	3.0	4.0

① 2852　② 542
③ 1044　④ 1.825

해설

$3035\times0.4+2750\times0.5+8750\times0.03=2852$

433 증기폭발(Vapor explosion)을 바르게 설명한 것은?

① 뜨거운 액체가 차가운 액체와 접촉할 때 찬 액체가 큰 열을 받아 증기가 발생하여 증기의 압력에 의한 폭발현상
② 가연성 액체가 비점 이상의 온도에서 발생한 증기가 혼합기체가 되어 증발되는 현상
③ 가연성 기체가 상온에서 혼합기체가 되어 발화원에 의하여 폭발하는 현상
④ 수증기가 갑자기 응축하여 이로 인한 압력강화로 일어나는 폭발현상

434 다음 원소 중 고온부식의 원인물질은?

① C　② S
③ H_2　④ V

해설

• 저온부식 : S(황)
• 고온부식 : V(바나듐)

435 고로가스와 발생로가스는 주성분이 거의 비슷하다. 주성분으로 이루어진 것은?

① $CO+N_2$　② CO_2+N_2
③ H_2+CO　④ CO_2+CO

436 수증기와 CO의 물 혼합물을 반응시켰을 때 반응가스의 1000℃, 1기압에서의 평형조성이 CO, H_2O가 28mol%, H_2, CO_2가 22mol%라 하면 정압평형정수(K_p)는 얼마인가?

① 1.3　② 0.2
③ 0.6　④ 0.9

$CO+H_2O \rightarrow CO_2+H_2$

$\therefore K_p=\frac{[CO_2][H_2]}{[CO][H_2O]}=\frac{22\times22}{28\times28}=0.6$

437 엔트로피에 대한 정의가 내려진 법칙은?

① 열역학 제3법칙　② 열역학 제0법칙
③ 열역학 제1법칙　④ 열역학 제2법칙

정답 429.① 430.② 431.③ 432.① 433.② 434.④ 435.① 436.③ 437.④

438 무연탄이나 코크스 등의 탄소를 함유하는 물질을 가열하고 수증기를 통과시켜 얻는 H_2와 CO를 주성분으로 하는 기체연료는?

① 합성가스 ② 발생로가스
③ 수성가스 ④ 도시가스

439 다음 중 고체연료의 연소형태는 어느 것인가?

① 확산연소 ② 증발연소
③ 예혼합연소 ④ 분무연소

고체연료 : 표면, 분해, 증발

440 기체연료의 단위에서 Nm^3의 단위가 사용된다. Nm^3이 뜻하는 온도 · 압력의 조건은?

① 0℃, 2atm ② 0℃, 1atm
③ 20℃, 1atm ④ 30℃, 1atm

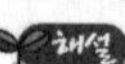

N(표준상태) : 0℃, 1atm

441 C_2H_6과 C_3H_8의 혼합가스를 1 : 1로 연소 시 건연소 중 CO_2가 5%였다. 연료 $1Nm^3$당 건연소가스량은 몇 Nm^3인가?

① $60Nm^3$ ② $30Nm^3$
③ $40Nm^3$ ④ $50Nm^3$

$C_2H_6+3.5O_2 \rightarrow 2CO_2+3H_2O$

$C_3H_8+5O_2 \rightarrow 3CO_2+4H_2O$에서

CO_2 농도$=\dfrac{CO_2\text{량}}{G_d}\times 100$

$\therefore\ G_d=\dfrac{CO_2\text{량}}{CO_2\ \text{농도}}\times 100$

$=\dfrac{(2+3)\times\frac{1}{2}}{5}\times 100$

$=50Nm^3$

442 일산화탄소(CO)의 이론공기량(Nm^3/Nm^3)으로서 옳은 것은?

① 10.52 ② 1.6
③ 2.0 ④ 2.38

해설

$CO+\frac{1}{2}O_2 \rightarrow CO_2$

$\therefore\ \frac{1}{2}\times\frac{1}{0.21}=2.38Nm^3/Nm^3$

443 연료 1kg에 대한 이론공기량 Nm^3을 구하는 식은 어느 것인가?

① $\frac{1}{0.21}(1.867C+5.60H+0.7O+0.8S)$
② $\frac{1}{0.21}(1.867C+5.60H-0.7O+0.7S)$
③ $\frac{1}{0.21}(1.767C+5.60H-0.7O+0.7S)$
④ $\frac{1}{0.21}(1.867C+5.80H-0.7O+0.7S)$

444 이론습연소가스량 G의 이론건연소가스량 G'의 관계를 옳게 나타낸 식은?

① $G=G'+(9H+W)$
② $G'=G+1.25(9H+W)$
③ $G=G'+1.25(9H+W)$
④ $G=G'+(H+W)$

습연소=건연소+수증기

445 석탄의 풍화에 대한 설명으로 맞는 것은?

① 휘발분 점결성이 증대되는 현상
② 석탄이 바람의 영향으로 변질되는 현상
③ 석탄의 발열량이 증대되는 현상
④ 석탄이 미세분탄으로 변화되는 현상

446 탄소의 발열량은 몇 cal/g인가?

$C+O_2 \rightarrow CO_2+97600$

① 6980 ② 7800
③ 8100 ④ 9000

해설

$C + O_2 \rightarrow CO_2 + 97600$

12g 97600

1g x

$\therefore\ x=\dfrac{1\times 97600}{12}=8133cal/g$

정답 438.③ 439.② 440.② 441.④ 442.④ 443.② 444.③ 445.② 446.③

447 단일기체 $10Nm^3$의 연소가스 분석결과 CO_2 : $8Nm^3$, CO : $2Nm^3$, H_2O : $20Nm^3$을 얻었다면 이 기체연료는 다음 중 어느 것에 해당하는가?

① C_2H_6 ② CH_4
③ C_2H_2 ④ C_2H_4

해설

$$C_nH_m + \left(m + \frac{n}{4}\right)O_2 \rightarrow mCO_2 + \frac{n}{2}H_2O$$

탄소 : $CO_2 + CO = 8 + 2 = 10$

$\frac{n}{2} = 20$이므로 $n = 40$이므로 $m = 10$

C : H = 1 : 4

$\therefore CH_4$

448 전기식 제어방식의 장점은 다음 중 어느 것인가?

① 신호의 전달이 빠르다.
② 배관이 용이하다.
③ 보수가 비교적 쉽다.
④ 조작력이 강하다.

449 고체연료의 연소장치가 아닌 것은?

① 수동화격자로 ② 경사화격자로
③ 확산화격자로 ④ 계단화격자로

450 저압공기 분무식 버너의 장점이 아닌 것은?

① 연소 때 버너의 화염은 가늘고 길다.
② 구조가 간단하여 취급이 간편하다.
③ 공기압이 높으면 무화가 양호해진다.
④ 점도가 낮은 중유도 연소할 수 있다.

451 미분탄연소의 장 · 단점에 관한 다음 설명 중 틀린 것은?

① 미분탄의 자연발화나 점화 시의 노내 탄진폭발 등의 위험이 있다.
② 부하변동에 대한 적응성이 없으며, 연소의 조절이 어렵다.
③ 소량의 과잉공기로 단시간에 완전연소가 되므로 연소효율이 좋다.
④ 큰 연소실을 필요로 하며 또 노벽 냉각의 특별장치가 필요하다.

해설

미분탄연소의 장점
• 적은 공기량으로 완전연소 가능하다. • 부하변동에 대응하기 쉽다. • 연소율이 크다.
미분탄연소의 단점
• 연소실이 커야 한다. • 연소시간이 길다. • 화염길이가 길어진다.

452 이론연소온도 2100℃, 이론공기량 $10.0Nm^3/kg$ 및 이론연소가스량 $12.0Nm^3/kg$의 연료가 있다. 이 연료를 과잉공기율 0.3로 완전연소시킬 때의 최고연소가스온도는? (단, 이론연소가스 및 공기의 평균비열은 각각 $0.4kcal/Nm^3℃$ 및 $0.36kcal/Nm^3℃$이며, 기준온도는 0℃이다.)

① 1700℃ ② 1714℃
③ 1829℃ ④ 1832℃

해설

$Q(Hl) = 12.0Nm^3/kg \times 0.4kcal/Nm^3℃ \times 2100℃$
$= 10080kcal/kg$

연소가스 온도

$$= \frac{10080kcal/kg}{(12 \times 0.4 + 0.3 \times 10 \times 0.36)kcal/kg℃} + 0℃$$

$= 1714.28℃$

453 기준 증발량 6000kg/h의 보일러가 있다. 보일러 효율 88%일 때에 벙커C유의 연소량은 다음 중 어느 것이 가장 가까운가? (단, 벙커C유의 저발열량은 9800kcal/kg, 비중은 0.96으로 한다.)

① 330L/h
② 450L/h
③ 400L/h
④ 390L/h

해설

$$\frac{6000 \times 539}{0.88 \times 9800 \times 0.96} = 390.62$$

정답 447.② 448.① 449.③ 450.① 451.② 452.② 453.④

454 포화액과 건포화증기의 엔탈피 차이는 무엇인가?

① 잠열 ② 현열
③ 내부에너지 ④ 엔탈피

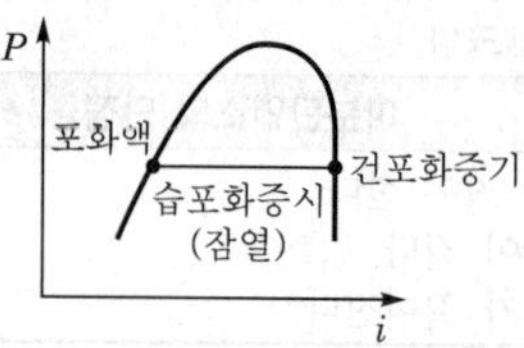

455 프로판 1kg의 발열량을 계산하면 몇 kcal인가?

$C+O_2=CO_2+97.0kcal$
$H_2+1/2O_2=H_2O+57.6kcal$

① 약 15700 ② 약 7900
③ 약 9500 ④ 약 11900

$C+O_2 \rightarrow CO_2+97$, $H_2+\frac{1}{2}O_2 \rightarrow H_2O+57.6$에서

$C_3H_8=44g$
$H_2=2g$
$(C_3=12\times3=36,\ H_8=1\times8=8)$

$$\therefore \left\{\frac{36}{44}\times97\times\frac{1}{12}+\frac{8}{44}\times57.6\times\frac{1}{2}\right\}\times10^3=11850kcal$$

456 분진폭발과 가장 관계가 깊은 것은?

① 암모니아 ② 마그네슘
③ 이산화탄소 ④ 아세틸렌

457 수소의 연소반응은 일반적으로 $H_2+\frac{1}{2}O_2 \rightarrow H_2O$로 알려져 있으나 실제반응은 수많은 소반응이 연쇄적으로 일어난다고 한다. 아래 반응은 무슨 반응에 해당하는가?

$OH+H_2=H_2O+H$
$O+HO_2=O_2+OH$

① 연쇄장치반응
② 연쇄분지반응
③ 기상정지반응
④ 연쇄이동반응

해설

수소-산소의 양론혼합반응에서 소반응의 종류
수소-산소의 양론혼합반응식에서의 화염대는 고온이며 H_2O는 해리하여 다음의 소반응을 가지고 있다.
① $OH+H_2 \rightarrow H_2O+H$ (연쇄이동반응)
② H. O. OH → 안정분자 (표면정지반응)
③ $H+O_2 \rightarrow OH+O$ (연쇄분지반응)
④ $O+H_2 \rightarrow OH+H$ (연쇄분지반응)
⑤ $H+O_2+M \rightarrow H_2O+M$ (기상정지반응)

458 기체연료의 연소장치에서 가스포트에 해당되는 사항은 어느 것인가?

① 가스는 고온으로 예열할 수 있으나 공기는 예열이 안 된다.
② 가스와 공기를 고온으로 예열할 수 있다.
③ 공기는 고온으로 예열할 수 있으나 가스는 예열이 안 된다.
④ 가스와 공기를 고온으로 예열하기가 곤란하다.

459 확산계수는 유속이나 버너관 관경에 무관하므로 화염길이 유속에 비례하는 확산화염은?

① Coaxial-Flow Diffusion Flame
② Turbulent Diffusion Flame
③ Opposed-Jet Diffusion Flame
④ Laminar Diffusion Flame

층류화염(Laminar Diffffusion Flame)

460 Mollier chart에서 종축과 횡축은 어떤 양으로 나타내는가?

① 온도-엔트로피
② 압력-체적
③ 온도-압력
④ 엔탈피-엔트로피

해설

종축(엔탈피), 횡축(엔트로피)

정답 454.① 455.④ 456.② 457.④ 458.② 459.④ 460.④

461 메탄가스를 과잉공기를 사용하여 연소시켰다. 생성된 H_2O는 흡수탑에서 흡수제거시키고 나온 가스를 분석하였더니 그 조성(용적)은 다음과 같았다. 사용된 공기의 과잉률은? (단, CO_2 : 9.6%, O_2 : 3.8%, N_2 : 86.6%)

① 40%　② 10%
③ 20%　④ 30%

해설

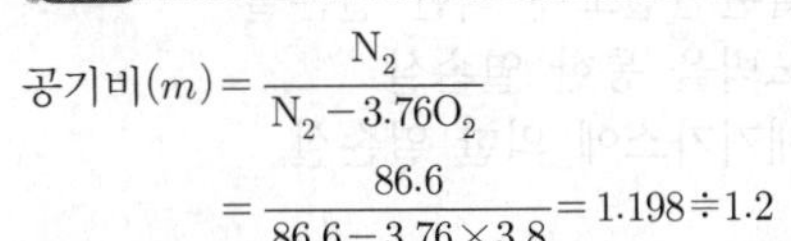

$$공기비(m) = \frac{N_2}{N_2 - 3.76O_2} = \frac{86.6}{86.6 - 3.76 \times 3.8} = 1.198 \doteqdot 1.2$$

$$\therefore 공기과잉률 = (m-1) \times 100 = (1.2-1) \times 100 = 20\%$$

462 어떤 시스템이 비가역과정에 의해 열역학적 상태가 변했을 때 이 시스템의 엔트로피 변화는?

① 시스템의 열역학적 상태에 따라 증가하기도 하고, 감소하기도 한다.
② 변화가 없다.
③ 항상 감소한다.
④ 항상 증가한다.

해설

- 가역단열 변화 : 엔트로피 일정
- 비가역단열 변화 : 엔트로피 증가

463 다음과 같은 조성을 갖고 있는 어떤 석탄의 총 발열량이 8570kcal/kg이라 할 때 이 석탄의 진발열량(kcal/kg)은? (단, 물의 증발열 600kcal/kg이다.)

성분	C	H_2	N_2	유효S	회분	O_2	계
%	72	4.6	1.6	2.2	6.6	13	100

① 8322　② 5330
③ 6336　④ 7330

해설

$$H_l = H_h - 600(9H + W) = 8570 - 600(9 \times 0.046) = 8321.6$$

464 점도(점성계수)에 대한 설명이다. 그 중에서 제일 부적당한 것은?

① 동점도의 측정은 일정량의 시료유가 일정길이에 세관(細管)을 일정온도하에 통과하는 초수(秒數)를 측정하여 산출한다.
② 고점도유는 수송이 곤란하며, 예열온도를 높여서 연소시켜야 한다.
③ 15.5℃에서의 물의 절대점도를 C.G.S 단위로 나타낸 것을 1센티포아즈라고 한다.
④ 동점도란 일정온도하에서, 절대점도를 밀도로 나눈 값이다.

해설

Re(레이놀즈수) $= \frac{\rho dv}{\mu}$에서
μ(점성계수) $= 1g/cm \cdot s = 1P$(포아즈)
1P(포아즈) = 100cP(센티포아즈)

465 밀폐된 그릇 중의 20℃, 5kg의 공기가 들어있다. 이것을 100℃까지 가열하는데 필요한 열량은 몇 kcal인가? (단, 공기의 평균 부피 비열은 0.171kcal/kg℃)

① 88.4　② 58.4
③ 68.4　④ 78.4

해설

$$Q = 5 \times 0.171 \times (100 - 20) = 68.4kcal$$

466 수소의 성질을 설명한 것 중 틀린 것은?

① 고온, 고압에서 철에 대해 탈탄작용이 있다.
② 불완전연소하면 일산화탄소가 발생된다.
③ 고온에서 금속산화물을 환원시킨다.
④ 염소와의 혼합기체에 일광을 비추면 폭발적으로 반응한다.

해설

② 수소는 불완전연소하여도 CO는 발생하지 않는다.

467 다음 중 가역 사이클이 아닌 것은?

① 브레이톤 사이클
② 카르노 사이클
③ 스터링 사이클
④ 에릭슨 사이클

정답 461.③ 462.④ 463.① 464.③ 465.③ 466.② 467.①

468 연료의 발열량 측정방법이 아닌 것은?
① 공업분석으로 측정
② 열량계로 측정
③ 점도를 이용하여 측정
④ 원소분석으로 측정

469 다음은 기체연료의 장점을 기술한 것이다. 이 중 틀린 것은?
① 연소가 안정되므로 가스폭발의 염려가 없다.
② 점화가 용이하다.
③ 연소장치가 간단하다.
④ 연소의 조절이 용이하다.

해설
① 기체연료는 연소속도가 빨라 폭발 우려가 다른 연료에 비하여 높다.

470 석탄의 저장 시 주의할 사항으로서 다음 중 틀린 것은?
① 저탄장 내부 온도는 낮을수록 좋다.
② 새로운 석탄과 오래된 석탄을 혼합시켜서 저장한다.
③ 저탄장에 물이 잘 빠지도록 한다.
④ 지반을 충분하게 견고히 한다.

471 다음 중 절대점도를 측정하는 계산식은?
① 시간/길이×질량 ② 시간/길이
③ 질량/길이×시간 ④ 길이/질량×시간

472 다음은 화염방지기(Flame arrestor)에 관한 내용이다. 옳지 않은 것은?
① 화염방지기의 형태는 금속철망, 다공성 철판, 주름진 금속리본 등 여러 가지가 있다.
② 용도에 따라 차이는 있으나 구멍의 지름이 화염거리 이하로 되어있다.
③ 화염방지기의 주된 기능은 화염 중의 열을 흡수하는 것이다.
④ 화염방지기는 폭굉을 예방하기 위하여는 사용될 수 없다.

해설
② 구멍의 지름이 화염거리 이상으로 되어 있다.

473 다음 중 기체연료의 발열량 측정방법에 속하는 것은?
① 융커스식 열량계 ② 시그마 열량계
③ 램프식 열량계 ④ 봄브 열량계

474 연료의 연소에서 발생하는 열손실 중 극소화시키기 가장 어려운 열손실은 어느 것인가?
① 노입구를 통한 열손실
② 불완전연소에 의한 열손실
③ 노벽을 통한 열손실
④ 배기가스에 의한 열손실

475 다음 사항 중 기체연료를 홀더(holder)에 저장하는 이유로 옳은 것은?
① 누기를 방지하여 인화폭발의 위험성을 줄이기 위하여
② 가스의 온도상승을 미연에 방지하기 위하여
③ 연료의 품질과 압력을 일정하게 유지하기 위하여
④ 취급과 사용이 간편하고 저장을 손쉽게 하기 위하여

476 고체연료의 전황분 측정 방법에 해당되는 것은?
① 리비히법 ② 에슈카법
③ 쉐필드 고온법 ④ 중량법

477 다음 위험성을 나타내는 성질에 관한 설명으로 옳지 않은 것은?
① 전기전도도가 낮은 인화성 액체는 유동이나 여과 시 정전기를 발생하기 쉽다.
② 비등점이 낮으면 인화의 위험성이 높아진다.
③ 유지, 파라핀, 나프탈렌 등 가연성 고체는 화재 시 가연성 액체로 되어 화재를 확대한다.
④ 물과 혼합되기 쉬운 가연성 액체는 물과의 혼합에 의해 증기압이 높아져 인화점이 낮아진다.

정답 468.③ 469.① 470.② 471.③ 472.② 473.① 474.④ 475.③ 476.② 477.④

해설

④ 물과 혼합 시 인화점은 높아진다.

478 액체연료의 비중시험에서 가장 정확한 비중 측정법은?

① 비중병법　　② 치환법
③ 영위법　　④ 편위법

479 가연성 물질을 공기로 연소시킬 경우 공기 중의 산소 농도를 증가시키면 일어나는 현상 중 올바른 것은?

① 화염온도가 낮아진다.
② 연소속도가 감소한다.
③ 폭발범위가 좁아진다.
④ 발화온도가 낮아진다.

480 고체연료에 있어 탄화도가 클수록 발생하는 성질은?

① 고정탄소가 많아져 발열량이 커진다.
② 휘발분이 증가한다.
③ 매연발생이 커진다.
④ 연소속도가 증가한다.

481 냉매에 대한 성질을 기술한 것으로 적당치 못한 것은?

① 증기의 비열은 크지만 액체의 비열은 작을 것
② 증발열이 작을 것
③ 응고점이 낮을 것
④ 압축압력이 너무 높지 않을 것

해설

② 증발열이 클 것

482 석탄의 회분 중 다음의 비는 무엇을 표시하는가?

$$\frac{SiO_2 + Al_2O_3(\%)}{Fe_2O_3 + CaO + MgO(\%)}$$

① 환원율　　② 산화율
③ 알칼리도　　④ 산도

483 연소율에 대한 설명 중 맞는 것은?

① 연소실의 단위용적으로 1시간당 연소하는 연료의 중량이다.
② 1일 석탄소비량에 의해 발생되는 최대 증발량이다.
③ 단위화상의 면적량에 대한 최대증발량이다.
④ 화상의 단위면적에 있어 단위시간에 연소하는 연료의 중량이다.

연소율($kg/m^2 \cdot hr$)

484 다음 중 연소부하율을 옳게 설명한 것은?

① 연소실의 염공면적과 입열량의 비율
② 연소실의 단위체적당 열발생률
③ 연소실의 염공면적당 입열량
④ 연소혼합기의 분출속도와 연소속도와의 비율

연소부하율($kcal/m^3 \cdot hr$)

485 단열변화에서 엔트로피 변화량은 어떻게 되는가?

① 불변
② 다른 조건이 더 필요하여 계산 곤란
③ 증가
④ 감소

486 증기의 상태방정식이 아닌 것은?

① Berthelot식
② Van der Waals식
③ Lennard－Jones식
④ Clausius식

해설

① Berthelot(베델롯)의 식

$$P + \frac{a}{Tv^2}(v-b) = RT$$

② Van der Waals(반 데르 발스)의 식

$$\left(P + \frac{n^2 a}{v^2}\right) + (v - nb) = nRT$$

④ Clausius(클라시우스)의 식

$$P + \frac{a}{T(v+c)^2}(v-b) = RT$$

정답 478.① 479.④ 480.① 481.② 482.② 483.④ 484.② 485.① 486.③

487 연소관리에서 과잉공기량은 배기가스에 의한 열손실량(L_s), 불완전연소에 의한 열손실량(L_i), 연사에 의한 열손실량(L_c) 및 열복사에 의한 열손실량(L_r) 중에서 최소가 되게 조절하여야 할 것은?

① $L_i + L_c$　② L_i
③ $L_s + L_r$　④ $L_s + L_i$

해설
손실 중 배기가스의 열손실은 최소화하기 가장 어렵다.

488 다음 중 $P-v$ 선도($P-v$ chart)에 대한 것은?

① 엔탈피－엔트로피 선도
② 온도－엔트로피 선도
③ 압력－비체적 선도
④ 온도－비체적 선도

489 오토(Otto) 사이클의 효율을 η_1, 디젤(Disel) 사이클의 효율을 η_2, 사바테(Sabathe) 사이클의 효율을 η_3라고 할 때 공급열량과 압축비가 일정하다면 효율의 크기 순은?

① $\eta_2 > \eta_3 > \eta_1$　② $\eta_1 > \eta_2 > \eta_3$
③ $\eta_1 > \eta_3 > \eta_2$　④ $\eta_2 > \eta_1 > \eta_3$

해설
• 공급열량과 압축비가 같은 경우 : $\eta_1 > \eta_3 > \eta_2$
• 공급열량과 최대압력이 같은 경우 : $\eta_2 > \eta_3 > \eta_1$

490 다음의 가스가 같은 조건에서 같은 질량이 연소할 때 가장 높은 발열량(kcal/Nm^3)을 나타내는 것은?

① 아세틸렌　② 수소
③ 메탄　④ 프로판

491 카르노 사이클로 작동되는 효율 30%인 기관이 고온체에서 100kcal의 열을 받아들일 때 방출열량은 몇 kcal인가?

① 70　② 17
③ 28　④ 44

해설
$100 \times (1-0.3) = 70\text{kcal}$

492 물질의 상태변화에만 사용되는 열량을 무엇이라 하는가?

① 비열　② 잠열
③ 반응열　④ 현열

493 절대습도의 정의는 무엇인가?

① 상대습도와 같은 개념
② 수증기 분압에 대한 포화증기 압력
③ 수증기 비중량에 대한 포화수증기 비중량
④ 건조공기 1kg에 대한 수증기량

494 다음 중 포화도의 식이 옳은 것은?

① 절대습도를 말한다.
② 건조공기 1kg에 대한 수증기량
③ 수증기 1kg에 대한 건조공기량
④ 포화증기압에 대한 수증기 분압

495 연소가 지속될 수 없는 화염이 소멸하는 현상을 무엇이라 하는가?

① 보염현상　② 인화현상
③ 화염현상　④ 소염현상

496 다음 중 층류 예혼합연소를 결정하는 항목이 아닌 것은?

① 연소장치의 특성
② 연료와 산화제의 혼합비
③ 압력
④ 혼합기의 물리화학적 성질

497 고부하연소 방법 중의 하나인 펄스 연소 특성이 아닌 것은?

① 연소조절 범위가 좁다.
② 설비비가 절감된다.
③ 다량의 공기가 필요하다.
④ 소음발생의 우려가 크다.

정답 487.④ 488.③ 489.③ 490.④ 491.① 492.② 493.④ 494.④ 495.④ 496.① 497.③

498 다음 중 보염의 방법에 속하지 않는 것은?
① 다공판을 이용하는 방법
② 대항분류를 이용하는 방법
③ 경사판을 이용하는 방법
④ 순환류를 이용하는 방법

499 폐가스를 방출하는 방법으로 올바르지 못한 것은?
① 가연성 폐가스는 플레어스택을 이용 연소 후 대기로 방출한다.
② 독성 폐가스는 물을 이용 농도를 낮춘 후 하천에 방류시킨다.
③ 노내에 집진장치가 있을 경우 집진장치를 이용하여 분리처리한다.
④ 독성 폐가스는 가능한 중화액을 이용하여 처리한다.

문제풀이 핵심 Key Point

1. 폭발 · 폭굉의 정의
2. 르 샤틀리에의 법칙 혼합가스, 폭발범위 계산법
3. 임계상태의 정의
4. 집진장치 구분(건식, 습식)
5. 화염의 사출률
6. 랭킨 사이클, 오토 사이클 열효율 계산법
7. 카르노 사이클, 브레이턴 사이클
8. 실제기체상태식
   ㉠ 반 데르 발스식
   $\left(P+\frac{n^2a}{V^2}\right)(V-nb)=nRT$
   ㉡ 클라시우스식
   $\left(P+\frac{c}{T(v+c)^2}\right)\cdot(v-b)=RT$
   ㉢ 베델롯식
   $\left(P+\frac{a}{TV^2}\right)\cdot(v-b)=RT$
9. 가역, 비가역의 정의
   ㉠ 가역 : 역반응이 가능(등온, 등적, 단열, 폴리트로픽, 등압)
   ㉡ 비가역 : 역반응이 불가능(비가역단열, 교축과정)
10. 연소열, 연소부하열의 정의 : 보염의 방법

정답 498.③ 499.②

chapter 5 PSM(공정안전) 및 가스폭발 위험성 평가

제5장의 핵심 포인트를 알려주세요.

제5장은 연소공학 출제기준의 위험성 평가부분으로서 특히 정성, 정량적 평가방법의 종류를 기억해야 합니다.

01 PSM(공정안전)

(1) 공정안전보고서의 관계 법령

제49조 2(공정안전보고서의 제출 등)

대통령령이 정하는 유해 · 위험설비를 보유한 사업장의 사업주는 당해 설비로부터 위험물질의 누출화재 폭발 등으로 인하여 사업장 내의 근로자에게 즉시 피해를 주거나 인근 지역에 피해를 줄 수 있는 사고를 예방하기 위하여 대통령령이 정하는 바에 의하여 공정안전보고서를 노동부장관에게 제출하여야 한다.

(2) 공정안전보고서에 반드시 포함되어야 할 사항

- 공정안전자료
- 공정위험성 평가서
- 안전운전계획
- 비상조치계획
- 기타 공정안전과 관련하여 노동부장관이 필요하다고 인정하여 고시하는 사항

① 공정안전자료

㉠ 취급 · 저장하고 있거나 취급 · 저장하고자 하는 유해 · 위험물질의 종류 및 수량

㉡ 유해 · 위험물질에 대한 물질안전 보건자료

㉢ 유해 · 위험설비의 목록 및 사양

㉣ 유해 · 위험설비의 운전방법을 알 수 있는 공정도면

㉤ 각종 건물 · 설비의 배치도

② 공정위험평가방법의 종류

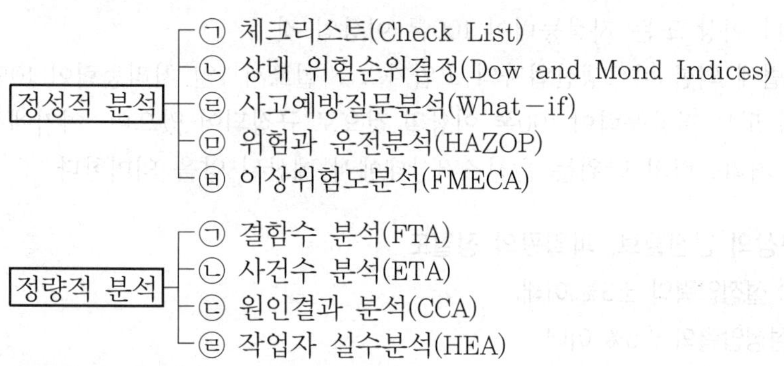

정성적 분석
㉠ 체크리스트(Check List)
㉡ 상대 위험순위결정(Dow and Mond Indices)
㉣ 사고예방질문분석(What－if)
㉤ 위험과 운전분석(HAZOP)
㉥ 이상위험도분석(FMECA)
정량적 분석
㉠ 결함수 분석(FTA)
㉡ 사건수 분석(ETA)
㉢ 원인결과 분석(CCA)
㉣ 작업자 실수분석(HEA)

※ 정성적 분석의 ㉠ 내지 정량적 분석의 ㉢과 동등 이상의 기술적 평가기법

③ 안전운전계획

㉠ 안전운전지침서

㉡ 안전작업허가

㉢ 근로자교육계획

㉣ 자체감사 및 사고조사계획

④ 비상조치계획

㉠ 비상조치를 위한 장비·인력보유 현황

㉡ 사고 발생 시 각 부서·관련 기관과의 비상연락체계

㉢ 사고 발생 시 비상조치를 위한 조직의 임무 및 수행절차

㉣ 비상조치계획에 따른 교육계획

㉤ 주민홍보계획

(3) 공정안전보고의 이중 규제의 배제

고압가스 시설이 있는 공정에 공정안전보고서를 작성하여 공단과 가스안전공사의 전문가가 공동으로 심사를 받은 경우에는 고압가스 안전관리법 제11조 및 제13조의 2의 규정에 의한 안전관리규정 및 안전성 향상계획을 제출한 것으로 갈음되며, 사업주는 공단이 발행하는 공정안전보고서의 심사결과표를 첨부하여 시·도지사에게 고압가스 설치허가를 신청할 수 있다.

이로써 지금까지 사업주가 산업안전보건법과 고압가스 안전관리법의 규정에 의해 각각 심사와 기술검토를 받던 것이 일원화되었다고 할 수 있다.

(4) 공정안전보고서 대신 고압가스 안전관리법에서 정하는 안전관리규정과 안전성 향상계획을 제출해야 하는 사업장

고압가스 제조자 중 다음 각 호의 1에 해당하는 시설을 보유한 자를 말한다.

① 석유사업법에 의한 석유정제산업자의 고압가스 시설로서 저장능력이 100톤 이상인 것

② 석유화학공업자 또는 지원사업을 하는 자의 고압가스 시설로서 1일 처리능력이 1만 세제곱미터 이상 또는 저장능력이 100톤 이상인 것

③ 비료관리법에 의한 비료생산업자의 고압가스 시설로서 1일 처리능력이 10만 세제곱미터 이상 또는 저장능력이 100톤 이상일 것으로 규정되어 있으며, 여기에서 상식적으로 1일 처리능력의 단위는 운전조건상태에서 계산된 양을 의미한다.

(5) 공정안전법규상의 안전밸브, 파열판의 정밀도

① 안전밸브 : 설정압력의 ±3% 이내

② 파열판 : 설정압력의 ±5% 이내

(6) 공정안전법규상의 독성치의 치사량(액체, 고체)

LD_{50} 쥐의 경구에 투입하여 실험 또는 치사 농도(기체) : LD_{50} 쥐를 이용하여 4시간 흡입하게 함을 기재

(7) 유해위험설비의 종류

① 원유정제 처리업

② 달리 분류되지 아니한 석유정제 분해물 재처리업

③ 석유화학계 기초 유기화합물 합성수지 제조업

④ 질소질 비료 제조업

⑤ 복합비료 제조업

⑥ 농약제조업

⑦ 화학 및 불꽃제품 제조업

(8) 유해위험설비에서 제외되는 설비

① 원자력 설비

② 군사시설

③ 사업장 내 직접 사용하기 위한 연료의 저장설비

④ LPG 충전저장시설, 도시가스 공급시설

(9) 유해위험물질 규정수량

번호	유해 · 위험물질명	규정수량(kg)	번호	유해 · 위험물질명	규정수량(kg)
1	가연성 가스	• 취급 : 50000 • 저장 : 200000	12	불화수소	1000
2	인화성 물질	• 취급 : 5000 • 저장 : 200000	13	염화수소	20000
3	메틸이소시아네이트	150	14	황화수소	1000

번호	유해 · 위험물질명	규정수량(kg)	번호	유해 · 위험물질명	규정수량(kg)
4	포스겐	750	15	질산암모늄	500000
5	아크릴로니트릴	20000	16	니트로글리세린	10000
6	암모니아	200000	17	트리니트로톨루엔	50000
7	염소	20000	18	수소	50000
8	이산화황	250000	19	산화에틸렌	10000
9	삼산화항	75000	20	포스핀	50
10	이황화탄소	5000	21	실란(Silane)	50
11	시안화수소	1000	–	–	–

02 가스폭발 위험성 평가기법

(1) HAZOP(위험과 운전분석기법)

"위험과 운전분석기법"이라 함은 공정에 위험 요소들과 공정의 효율을 떨어뜨릴 수 있는 운전상의 문제점을 찾아내어 그 원인을 제거하는 방법을 말한다(정성평가).

HAZOP : HaZard(위험성)+Operability(운전성)의 조합어

① 목적 : 위험성 작업성의 체계적 분석평가
② 대상 : 신규 공정설비 및 기존 공장설비 공정원료 등의 중요한 변경 시
③ HAZOP 접근 방법 : 자발적 접근, 점진적 접근, 교육적 접근, 급진적 접근
④ HAZOP 팀 구성원 : 5~7인
⑤ 핵심 구성원의 필수요건 : 설계전문가, 운전경험이 많은 사람, 정비 보수 경험이 많은 사람

(2) FMECA(이상위험도분석기법)

"이상위험도분석기법"이라 함은 공정 및 설비 고장의 형태 및 영향, 고장형태별 위험도 순위 등을 결정하는 방법을 말한다(정성평가).

(3) FTA(결함수분석기법)

"결함수분석기법"이라 함은 사고를 일으키는 장치의 이상이나 운전자 실수의 조합을 연역적으로 분석하는 방법을 말한다(정량적 평가).

(4) ETA(사건수분석기법)

"사건수분석기법"이라 함은 초기사건으로 알려진 특정한 장치의 이상 또는 운전자의 실수에 의해 발생되는 잠재적인 사고결과를 정량적으로 평가 · 분석하는 방법을 말한다(정량적 평가).

03 공정안전보고서의 작성자

(1) 사업주는 보고서를 작성할 때 다음 각 호의 1에 해당하는 자로서 공단이 실시하는 관련 교육을 28시간 이상 이수한 자 1인 이상을 포함시켜야 한다.

① 기계, 금속, 화공 및 요업, 전기, 전자, 안전관리 또는 환경분야 기술사 자격을 취득한 자

② 기계 · 전기 · 화공안전 분야의 산업안전지도사 자격을 취득한 자

③ 제1호 관련 분야 기사 자격을 취득한 자로서 해당 분야에서 7년 이상 근무한 경력이 있는 자

④ 제1호 관련 분야 산업기사 자격을 취득한 자로서 그 분야에서 9년 이상 근무경력이 있는 자

(2) 제1항의 규정 중 공단에서 실시하는 관련 교육은 다음 각 호의 1의 교육을 말한다.

① 화학공정위험성 평가Ⅰ(HAZOP) 과정

② 화학공정위험성 평가Ⅱ(빈도분석) 과정

③ 공정안전보고서 작성 및 평가 과정

(3) 공정안전보고서의 심사항목 및 심사자격자

① 심사항목

㉠ 위험성 평가

㉡ 공정 및 장치 설계

㉢ 기계 및 구조설계, 응력해석, 용접, 재료 및 부식

㉣ 계측제어 · 컴퓨터제어 및 자동화

㉤ 전기설비 · 방폭전기

㉥ 비상조치 및 소방

㉦ 가스, 확산 모델링 및 환경

㉧ 안전일반

② 심사자격자

㉠ 해당 분야 기술사 자격을 취득한 자

㉡ 대학에서 해당 분야의 조교수 이상의 직위에 있는 자

㉢ 해당 분야의 박사학위를 취득한 후 그 분야의 실무경력 3년 이상인 자

㉣ 기타 공단 이사장이 인정하는 자

04 안정성 향상계획에 따른 위험지역장소 분류

구 분	위험지역장소
폭발성 농도가 폭발하한치 이상으로 장시간 존재하는 위험분위기	0종 장소
보통상태에도 위험분위기가 발생될 우려가 있는 장소	1종 장소
이상상태에서만 위험분위기가 발생될 우려가 있는 장소	2종 장소

05 안정성 향상계획에 따른 안정성 평가서에 포함되어야 할 사항

① 안전성 평가목적
② 공정위험 특성
③ 안전성 평가결과에 따른 잠재위험의 종류
④ 안전성 평가결과에 따른 사고빈도 최소화 및 사고 시 피해 최소화 대책
⑤ 안전성 평가기법을 이용한 안전성 평가보고서
⑥ 안전성 평가수행자

Chapter 5 ••• PSM(공정안전) 및 가스폭발 위험성 평가

출/제/예/상/문/제

500 공정안전보고(PSM)상의 안전밸브의 설정압력값은 설정압력의 몇 % 이내인가?

① ±1 ② ±2
③ ±3 ④ ±4

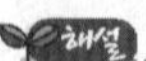

파열판인 경우 : 설정압력비 ±5% 이내

501 공정안전보고(PSM)상의 유해위험설비에 속하지 않는 것은?

① 원유정제처리업
② LPG 충전저장, 도시가스 공급시설
③ 질소질 비료 제조업
④ 농약 제조업

유해위험설비 ①, ③, ④항 이외에 석유정제분해물 재처리업, 석유화학계 유기화합물 합성수지 제조업, 복합비료 제조업 등이 있다.

502 PSM상 유해위험물질 규정수량으로 틀린 것은?

① 포스겐 700kg
② 아크릴로니트릴 20000kg
③ 암모니아 200000kg
④ 염소 20000kg

① 포스겐 750kg 이상

503 PSM상 안전운전계획에 포함되지 않는 것은?

① 안전운전지침서
② 안전작업허가서
③ 근로자 교육계획
④ 가스안전 운반계획서

504 공정안전보고서 대신 가스안전성 향상계획서를 제출하여야 하는 사업장이 아닌 것은?

① 석유사업법에 의한 저장능력 100t 이상 고압가스 저장시설
② 석유화학 공업자의 1일 10000m^3 이상 고압가스 저장시설
③ 비료생산업자의 1일 100000m^3 이상 고압가스 저장시설
④ 고압가스 안전관리법에 의한 1일 100t 이상의 고압가스 저장시설

505 다음 중 HAZOP의 접근 방법이 아닌 것은?

① 인위적 접근
② 자발적 접근
③ 점진적 접근
④ 교육적 접근

②, ③, ④항 이외에 급진적 접근이 있다.

506 다음 중 HAZOP 팀의 구성인원수로 맞는 것은?

① 2~3인
② 3~4인
③ 4~5인
④ 5~7인

507 PSM상 HAZOP 팀의 핵심 구성원의 필수 요건에 해당되지 않는 사람은?

① 설계전문가
② 운전경험이 많은 사람
③ 산업안전보건법에 의한 안전관리자
④ 정비 · 보수 경험이 많은 사람

정답 500.③ 501.② 502.① 503.④ 504.④ 505.① 506.④ 507.③

508 산업안전보건법에 의한 PSM 제출대상 사업자자 PSM 제출 시 심사자격자로서 부적당한 사람은?

① 해당 분야 기술사 자격소지자
② 대학에서 해당 분야 조교수 이상의 직위에 있는 자
③ 해당 분야의 박사학위를 취득 후 그 분야 실무경력 2년 이상인 자
④ 기타 공단 이사장이 인정하는 자

해설

③ 박사학위 취득 후 실무경력 3년 이상인 자

509 공정안전보고서 작성이 부적합한 사람은?

① 안전관리, 환경분야 기술사 자격소지자
② 기계, 화공 분야의 산업안전지도사
③ 기계, 화공 분야의 기사 자격자로서 경력 6년 이상 근무한 자
④ 기계, 화공 분야의 산업기사 자격자로서 경력 9년 이상 근무한 자

해설

③ 기사 자격자로서 경력 7년 이상 근무한 자

510 이상기체 1kg · mol이 20℃에서 부피 변화가 5배로 등온팽창 시 엔트로피(kcal/kg · K) 변화량은?

① 0.2 ② 1.2
③ 2.2 ④ 3.2

해설

등온팽창의 ΔS

$= AR\ln\left(\frac{V_2}{V_1}\right)$

$= \frac{1}{427}[\text{kcal/kg} \cdot \text{m}] \times 848[\text{kg} \cdot \text{m/kg} \cdot \text{K}] \times \ln\left(\frac{5}{1}\right)$

$= 3.19 = 3.2$

511 다음 보기 중 틀린 항목은?

① 당량비란 실제의 연공비와 이론의 연공비에 대한 비율이다.
② 공연비란 혼합공기 중 공기와 연료의 부피비이다.
③ 연공비란 가연혼합기 중 연료와 공기의 질량비이다.
④ 모든 화학반응은 당량 : 당량으로 반응이 일어난다.

해설

② 공연비란 혼합공기 중 공기와 연료의 질량비이다.

512 연료의 무화방식에 대한 설명 중 맞지 않는 것은?

① 회전이류체 : 원심력을 이용
② 충돌식 : 연료 또는 금속 판넬에 충돌하는 방식
③ 정전식 : 높은 압력으로 발생하는 정전기를 이용
④ 진동식 : 연료의 압력을 이용하는 방식

해설

- 진동식 : 음파를 이용하는 방식
- 유압식 : 연료의 압력을 이용하는 방식

문제풀이 핵심 Key Point

1. PSM의 정의
2. 유해위험설비의 종류
3. 안전운전계획
4. HAZOP의 정의

정답 508.③ 509.③ 510.④ 511.② 512.④

출/제/예/상/문/제

513 다음에서 설명하는 용어의 정의는?

> 폭발성 혼합가스를 금속성의 공간에 넣고 미세한 틈으로 분리, 한쪽에 점화하여 폭발할 때 그 틈으로 다른 쪽 가스가 인화·폭발 시험 시 틈의 간격을 증감하면서 틈의 간격이 어느 정도 이하가 되면 한쪽이 폭발해도 다른 쪽은 폭발되지 않는 한계의 틈

① 화염일주한계
② 화염특별한계
③ 폭발한계
④ 폭굉한계

514 CH_4가 정상연소 시 MOC값을 구하면?

① 0.1　② 0.2
③ 0.3　④ 0.4

최소산소농도(MOC, Minimum Oxygen for Concentration)
(1) 정의 : 가연성 혼합가스 중 산소 농도가 낮으면 화염은 전파되지 않으므로 연소 시 최소한의 필요산소농도를 말한다.
(2) 계산식 : (MOC)=(산소 몰수)×(연소하한계)
∴ $CH_4+2O_2 \rightarrow CO_2+2H_2O$
$MOC=2\times0.05=0.1$

515 대기 중 대량의 가연성 가스나 인화성 액체가 유출되어 발생증기가 대기 중 공기와 혼합 폭발성 증기운을 형성, 착화, 폭발하는 현상은?

① BLEVE
② UVCE
③ Jet Fire
④ Flash over

해설

폭발·화재 종류	정 의	비 고
BLEVE (비등액체 증기폭발)	가연성 액화가스가 외부화재에 의해 액체의 비등증기가 팽창하면서 일어나는 폭발	방지책 • 단열재로부터 외부 보호 • 탱크를 진공관(이중관)으로 시공 • 소화전 고정식 물분무설비를 이용, 용기를 수막으로 보호
UVCE (증기운 폭발)	대기 중 다량의 가연성 가스 액체가 유출되어 발생한 증기가 공기와 혼합, 가연성 혼합기체를 형성, 발화원에 의해 발생하는 폭발	특징 • 증기운 크기가 클수록 점화 우려가 높다. • 증기운 위험은 폭발보다 화재가 대부분이다. • 증기의 누출 지점에서 멀수록 착화하면 폭발력이 증가한다. • 증기와 공기의 난류혼합은 폭발력을 증대시킨다. • 폭발효율은 낮다.
Flash over (전실화재)	화재 시 가연물의 모든 노출표면에서 빠르게 열분해가 일어나 가연성 가스가 충만해져 이 가연성 가스가 빠르게 발화하여 격렬하게 타는 현상	플래시오버의 지연대책 • 불연재료 사용(천장, 벽, 바닥의 순서로 불연화) • 개구부의 크기 제한 • 가연물의 크기를 소형화하고 가연물의 수량을 적게 할 것
Jet Fire (제트화재)	고압의 LPG 누출 시 점화원에 의해 불기둥을 이루는 화재, 주로 복사열에 의해 일어남	–
Pool Fire (풀화재)	석유 저장소 등의 원통형 탱크에서 내부 위험물 액면 전체의 화재	–

정답 513.① 514.① 515.②

516 석유저장소 등에서 발생하는 원통형 탱크 내부 위험물 액면 전체의 화재는?

① Flash over ② Jet Fire
③ Pool Fire ④ Boil-over

Pool Fire(저장탱크 내 액면화재)

517 석유류 탱크의 화재발생 진행 시 물이 원인이 되어 넘침 현상에 해당되지 않는 것은?

① Boil-over ② Slop-over
③ Froth-over ④ Pool-over

① Boil-over : 고온의 열유층이 화재의 진행과 더불어 액면강하속도에 따라 점차 탱크 바닥으로 내려가 물과 기름의 에멀전 존재 시 뜨거운 열류층이 발생해 온도에 의하여 물이 급격히 증발, 부피팽창으로 유류가 불이 붙은 채로 탱크 밖으로 분출하는 현상
② Slop-over : 고온층이 형성되어 있는 상태에서 표면으로부터 소화작업으로 물이 주입되면 급격한 증발에 의하여 유면에 거품이 일어나 유면을 밀어 올려 유류가 불이 붙은 채로 탱크벽을 넘어 나오게 되는 현상
③ Froth-over : 물이 고점도 유류 아래서 비등 시 탱크 밖으로 물과 기름이 거품과 같은 상태로 넘치는 현상

518 불활성화 방법 중 일명 저압 퍼지로 용기에 일반적으로 쓰이는 방법으로 모든 반응기는 완전진공에 가깝도록 하여야 하는 퍼지 방법은?

① 사이폰 퍼지 ② 압력 퍼지
③ 스위퍼 퍼지 ④ 진공 퍼지

해설

불활성화(이너팅) 방법
① 사이폰 퍼지 : 용기에 액체를 채운 다음 용기로부터 액체를 배출시키는 동시에 증기층으로 불활성 가스를 주입, 원하는 산소 농도를 구함
② 압력 퍼지 : 일명 가압 퍼지로 용기를 가압하여 이너팅가스를 주입, 용기 내에 가한 가스가 충분히 확산된 후 그것을 대기로 방출하여 원하는 산소 농도(MOC)를 구하는 방법
③ 스위퍼 퍼지 : 용기의 한 개구로부터 대기 또는 스크레퍼로 혼합가스를 용기에서 추출하는 방법으로 이너팅가스를 상압에서 가하고 대기압으로 방출하는 방법

519 가연물에 공기공급을 차단하여 공기 중 산소 농도를 15% 이하로 떨어뜨려 소화하는 방법은?

① 제거소화
② 질식소화
③ 냉각소화
④ 억제소화

520 일명 부촉매효과에 의한 소화 방법으로 연소속도 억제에 의한 소화 방법은?

① 제거소화 ② 질식소화
③ 억제소화 ④ 희석소화

521 다음 중 질식소화와 관계없는 항목은?

① 불연성 기체로 가연물을 덮는다.
② 불연성 포로 가연물을 덮는다.
③ 조연성(공기 등) 물질로 가연물을 차단한다.
④ 연소실을 완전히 밀폐한다.

해설

①, ②, ④항 이외에 고체로 가연물을 덮는 방법도 있다.

522 건연소가스 중에 탄산가스량이 20%라면 수분 10%인 습연소가스 중에서 탄산가스가 차지하는 것은 몇 %인가?

① 6.7% ② 9.0%
③ 13.5% ④ 18%

해설

$100 : 90 = 20 : x$

$x = \frac{90}{100} \times 20 = 18\%$

523 연소반응이 완료되지 않아 연소가스 중에 반응의 중간생성물이 들어 있는 현상을 무엇이라고 하는가?

① 연쇄분지반응
② 열해리
③ 순반응
④ 화학현상

정답 516.③ 517.④ 518.④ 519.② 520.③ 521.③ 522.④ 523.②

해설

열해리(Thermal Dissociation) : 완전연소시 손실량이 없이 발생되는 온도는 이론연소온도이며 실제연소에 있어서 연소가스 온도가 고온이 될 때 1500℃ 이상에서 연소가스량 CO_2, H_2O 등이 CO, O_2, OH 등으로 분해하는 현상이며 흡열반응이다.

524 다음 중 몰리에르 선도에서 찾기 어려운 것은?

① 높은 온도의 과열증기
② 건포화증기
③ 질이 낮은 습증기
④ 낮은 온도의 과열증기

해설

몰리에르 선도에서 건포화증기값은 선도상에 값을 구하기 어렵다.

525 20℃, 0.2MPa, 5kg의 기체를 0.1m³까지 등온 압축 시 압축 후의 압력(MPa)을 구하면? (단, R=0.5kJ/kg · K이다.)

① 3.54×10^{-2}　② 5.46×10^{-3}
③ 6.5×10^{-2}　④ 7.52×10^{-3}

해설

(1) $PV=GRT$에서 처음의 체적

$$V_1=\frac{GRT}{P_1}=\frac{5[\text{kg}]\times0.5[\text{kJ/kg}\cdot\text{K}]\times(293)\text{k}}{0.2\times10^3[\text{kPa}]}=3.6625\text{m}^3$$

(2) 나중압력 $P_2=\dfrac{V_1}{V_2}\times P_1$

$$=\frac{0.1}{3.6625}\times0.2=5.46\times10^{-3}\text{MPa}$$

526 완전가스의 내부에너지의 변화 du는 정압비열, 정적비열 및 온도를 각각 C_p, C_v 및 T로 표시할 때 어떻게 표시되는가?

① $du=C_vC_pdT$
② $du=\dfrac{C_p}{C_v}dT$
③ $du=C_vdT$
④ $du=C_pdT$

527 다음 [그림]은 증기압축 냉동사이클 $P-i$ 선도이다. 팽창밸브에서의 과정은 다음 중 어느 것인가?

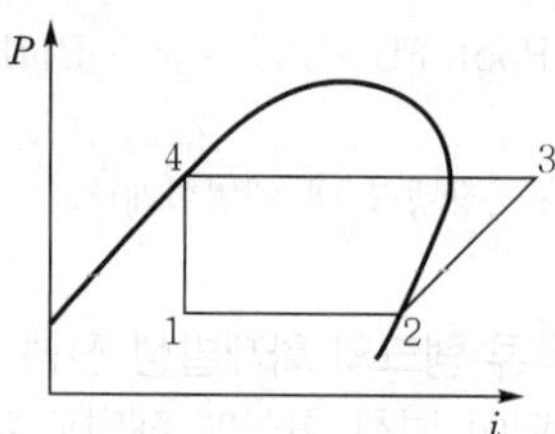

① 4−1　② 1−2
③ 2−3　④ 3−4

해설

1−2(증발), 2−3(압축), 3−4(응축), 4−1(팽창)

528 100℃ 2kg의 수소 22.4m³을 $\frac{1}{2}$압축 시 단열압축에서 소요되는 절대일량(KJ)은? (단, 단열비는 K=1.4이다.)

① 1024.75　② 2475.42
③ 3024.80　④ 4085.27

해설

$$P=\frac{WRT}{VM}=\frac{2\times0.082\times373}{22.4\times2}=1.365\text{atm}$$

$$=1.365\times101.325=138.35\text{kPa}$$

단열압축 후 절대 일량

$$W=\frac{1}{K-1}P_1V_1\left\{1-\left(\frac{V_1}{V_2}\right)^{K-1}\right\}$$

$$=\frac{1}{1.4-1}\times138.35\times22.4\left\{1-\left(\frac{1}{0.5}\right)^{1.4-1}\right\}$$

$$=-2{,}475.42\text{kJ}$$

529 디젤사이클에서 압축이 10, 팽창비 1.5일 때 열효율은?

① 72.4%　② 40.2%
③ 56.5%　④ 60.6%

해설

$$\eta=1-\frac{1}{\varepsilon^{k-1}}\times\frac{\sigma^k-1}{k(\sigma-1)}$$

$$=1-\frac{1}{10^{1.4-1}}\times\frac{1.5^{1.4}-1}{1.4(1.5-1)}$$

$$=0.565=56.5\%$$

정답 524.② 525.② 526.③ 527.① 528.② 529.③

530 어떤 열기관이 100kW로 10시간 운전하였더니 200kg의 연료가 소비되었을 때 방출열량 kJ을 구하면? (단, 연료의 발열량은 30×10^3kJ/kg이다.)

① 24×10^5　② 30×10^5
③ 35×10^5　④ 40×10^5

해설

$$\eta = \frac{Aw}{Q} = \frac{Q_1 - Q_2}{Q_1} = 1 - \frac{Q_2}{Q_1}$$

$$\therefore \text{ 방출열량 } Q_2 = \left(1 - \frac{Aw}{Q_1}\right) \times Q_1$$

$$= Q_1 - Aw$$

$$= \{200[\text{kg}] \times 30 \times 10^3 [\text{kJ/kg}]\} - \{100[\text{kW}] \times 3600[\text{kJ/h} \cdot \text{kW}] \times 10[\text{hr}]\}$$

$$= 2400000\text{kJ}$$

1kW=860kcal/h=860×4.2KJ/h≒3600kJ/h

531 이상기체 1kg · mol이 20℃에서 부피변화가 5배로 등온팽창 시 엔트로피(kcal/kg · K) 변화량은?

① 0.2　② 1.2
③ 2.2　④ 3.2

등온팽창의 $\Delta S = AR \ln\left(\frac{V_2}{V_1}\right)$

$$= \frac{1}{427}[\text{kcal/kg} \cdot \text{m}] \times 848[\text{kg} \cdot \text{m/kg} \cdot \text{K}] \times \ln\left(\frac{5}{1}\right)$$

$$= 3.19 = 3.2$$

532 최소착화에너지를 나타내는 식은? (단, C : 콘덴서 용량, V : 전극에 걸리는 전압이다.)

① $E = C \times V^2$
② $E = \frac{1}{2}(C \times V^2)$
③ $E = \frac{1}{C \times V^2}$
④ $E = \frac{1}{2}(C^2 \times V)$

정답 530.① 531.④ 532.②

성공한 사람의 달력에는
"오늘(Today)"이라는 단어가
실패한 사람의 달력에는
"내일(Tomorrow)"이라는 단어가 적혀 있고,
성공한 사람의 시계에는
"지금(Now)"이라는 로고가
실패한 사람의 시계에는
"다음(Next)"이라는 로고가 찍혀 있다고 합니다.

☆

내일(Tomorrow)보다는 오늘(Today)을,
다음(Next)보다는 지금(Now)의 시간을 소중히 여기는
당신의 멋진 미래를 기대합니다. ^^

PART 4

계측기기

제4편에서는 계측기기의 개요, 가스의 분석, 가스미터의 기능, 원격감시, 자동제어에 관한 핵심내용이 출제됩니다.

가스기사 필기

PART 4. 계측기기

chapter 1 계측의 기본개념 및 제어목적

제1장의 핵심 포인트를 알려주세요.

제1장은 계측의 기초사항으로서 목적과 용어를 중심으로 학습하시면 됩니다.

01 계측의 목적 및 기본개념

(1) 계측의 목적

① 작업조건의 안정화
② 장치의 안정조건 효율 증대
③ 작업인원 절감
④ 작업자의 위생관리
⑤ 인건비 절감
⑥ 생산량 향상

(2) 계측기기의 구비조건

① 경제적(가격이 저렴)일 것
② 설치장소의 내구성이 있어야 할 것
③ 견고하고, 신뢰성이 있어야 할 것
④ 정도가 높을 것
⑤ 연속측정이 가능하고, 구조가 간단할 것

(3) 계측의 측정법

① 편위법 : 측정량이 원인이 되어 그 결과로 생기는 지시로부터 측정량을 아는 방법으로 정밀도는 낮지만 측정이 간단하며, 부르동관의 탄성변위를 이용한다(스프링, 부르동관, 전류계).

② 영위법 : 측정결과는 별도의 크기를 조정할 수 있는 같은 종류의 양을 준비하고 미리 알고 있는 양과 측정량을 평형시켜 알고 있는 양의 크기로부터 측정량을 알아내는 방법이다. 편위법보다 정밀도가 높다(블록게이지 등).

③ 치환법 : 지시량과 미리 알고 있는 양으로 측정량을 나타내는 방법이다(다이얼게이지 두께 측정, 천칭을 이용한 물체의 질량 측정).

④ 보상법 : 측정량과 크기가 거의 같은 미리 알고 있는 양을 준비하여 측정량과 그 미리 알고 있는 양의 차이로 측정량을 알아내는 방법이다.

(4) 오차와 공차

① 오차의 정의 : 측정값−진실값(참값) $\left(\text{오차율} = \dfrac{\text{오차값}}{\text{진실값}}\right)$

(보정 : 진실값−측정값)

② 계통오차 : 평균치와 진실치의 차로 원인을 알 수 있는 오차(제거도 할 수 있고, 보정도 할 수 있다.)

㉠ 이론오차

㉡ 개인오차

㉢ 환경오차

㉣ 계기오차(고유오차)

③ 공차 : 계량기가 가지고 있는 기차의 최대허용한도를 관습 또는 규정에 의하여 정한 값으로 검정공차와 사용공차가 있다(사용공차는 검정공차의 1.5~2배).

④ 기차 : 미터 자체의 오차 또는 계측기가 가지고 있는 고유의 오차이며, 제작 당시 가지고 있는 계통적인 오차를 말한다.

$$E = \frac{I - Q}{I} \times 100$$

여기서, E : 기차(%)

Q : 기준 미터 지시량

I : 시험용 미터의 지시량

⑤ 유량에 따른 검정공차의 범위

유 량	검정공차
최대유량의 1/5 미만(20% 미만)	±2.5%
최대유량의 1/5~4/5(20~80%)	±1.5%
최대유량의 4/5 이상(80% 이상)	±2.5%

02 단위 및 단위계

단 위	종 류
• 기본단위 : 기본량의 단위	길이(m), 질량(kg), 시간(sec), 전류(A), 온도(K), 광도(cd), 물질량(mol)
• 유도단위 : 기본단위에서 유도된 단위, 또는 기본단위의 조합단위	면적(m^2), 체적(m^3), 일량(kg · m), 열량(kcal(kg · ℃)), 속도(m/s), 뉴턴(N=kg · m/s)
• 보조단위 : 정수배수 정수분으로 표현 사용상 편리를 도모하기 위해 표시하는 단위	10^1(데카), 10^2(헥토), 10^3(키로), 10^9(기가), 10^{12}(테라), 10^{-1}(데시), 10^{-6}(미크로), 10^{-9}(나노)
• 특수단위	습도, 입도, 비중, 내화도, 인장강도
• 소음측정용 단위	데시벨(dB)

03 측정 용어

(1) 감도 : 측정량의 변화에 대한 지시량의 변화의 비

$$\frac{\text{지시량의 변화}}{\text{측정량의 변화}}$$

① 감도가 좋으면 측정시간이 길어지고, 측정범위는 좁아진다.

② 계측기의 한 눈금에 대한 측정량의 변화를 감도로 표시한다.

(2) 정도 : 측정결과에 대한 신뢰도

① 정확도 : 측정값은 평균한 수치와 참값의 차로 표면의 차가 적을수록 정확도가 좋다(수에 대한 개념).

② 정밀도 : 동일한 계기류로 여러 번 측정하면 측정값이 매번 일치하지 않는다. 일치하는 수에 가까울수록 정밀도가 좋다고 표현하며, 계기의 눈금에 대한 개념이다(산포의 적은 정도를 나타냄).

Chapter 1 ··· 계측의 기본개념 및 제어목적

출/제/예/상/문/제

01 표준 계측기기의 구비조건으로 옳지 않은 것은?

① 경년변화가 클 것
② 안정성이 높을 것
③ 정도가 높을 것
④ 외부조건에 대한 변형이 적을 것

경년변화 : 세월이 경과함에 따라 서서히 변화함, 계측기에 경년변화가 일어나면 당초의 값보다 변화가 많이 일어남

02 공차를 설명한 내용은?

① 계량기 고유오차의 최대허용한도
② 계량기 고유오차의 최소허용한도
③ 계량기 우연오차의 규정허용한도
④ 계량기 과실오차의 조정허용한도

03 계측기의 정밀도를 합리적으로 나타내는 방법은?

① 산술적 평균치
② 표준편차
③ 잔차
④ 편차의 절대적 크기

04 측정기의 감도에 대한 일반적인 설명으로 옳은 것은?

① 감도가 좋으면 측정시간이 짧아진다.
② 감도가 좋으면 측정범위가 넓어진다.
③ 감도가 좋으면 아주 작은 양의 변화를 측정할 수 있다.
④ 측정량의 변화를 지시량의 변화로 나누어준 값이다.

05 설비에 사용되는 계측기기의 구비조건 중 관계가 먼 것은?

① 견고하고, 신뢰성이 높을 것
② 설치방법이 간단하고, 조작이 용이하여 보수가 쉬울 것
③ 주위 온도, 습도에 따라 용이하게 변화될 것
④ 원거리 지시 및 기록이 가능하고 연속측정도 할 수 있을 것

06 다음 중 계측기기의 보전 시 지켜야 할 사항으로 맞지 않는 것은?

① 정기점검 및 일상점검
② 검사 및 수리
③ 시험 및 교정
④ 측정대상 및 사용조건

07 다음 중 계측의 목적에 해당되지 않는 것은?

① 안정운전과 효율 증대
② 인원 증대
③ 작업조건의 안정화
④ 인건비 절감

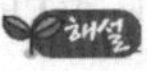

인원 절감 : 상기 항목 이외에 장치의 안정조건, 효율증대, 생산량 향상, 작업자 위생관리 등이 있음

08 다음 중 계측기의 구비조건에 해당되지 않는 것은?

① 견고하고, 신뢰성이 있어야 한다.
② 경제성이 있어야 한다.
③ 정도가 높아야 한다.
④ 연속측정과는 무관하다.

정답 01.① 02.① 03.② 04.③ 05.③ 06.④ 07.② 08.④

해설

계측기기의 구비조건
㉠ 연속측정이 가능할 것
㉡ 구조가 간단할 것
㉢ 설치장소의 내구성이 있을 것

09 계측기기 측정법 중 부르동관 압력의 탄성을 이용하여 측정하는 방법은?

① 영위법　　② 편위법
③ 치환법　　④ 보상법

해설

① 영위법 : 측정하고자 하는 상태량과 독립적 크기를 조정할 수 있는 기준량과 비교하여 측정(블록게이지 등)
② 편위법 : 측정량과 관계 있는 다른 양으로 변화시켜 측정하는 방법으로서 정도는 낮지만 측정이 간단하며, 부르동관의 탄성변위를 이용
③ 치환법 : 지시량과 미리 알고 있는 양으로 측정량을 나타내는 방법
④ 보상법 : 측정량과 크기가 거의 같은 미리 알고 있는 양을 준비하여 측정량과 그 미리 알고 있는 차이로 측정량을 알아내는 방법

10 계측기의 측정법 중 블록게이지에 이용되는 측정법?

① 보상법　　② 편위법
③ 영위법　　④ 치환법

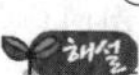

블록게이지(무눈금 게이지) : 규격화되어 있다.

11 길이계에서 측정값이 103mm이며, 진실값이 100mm일 때 오차값은?

① 1mm
② 2mm
③ 3mm
④ 4mm

해설

오차=측정값－진실값=103－100=3mm
오차에는 많이 측정한 경우와 적게 측정한 경우가 있으므로 적게 측정한 경우는 (－)값을 붙여 표시한다.

12 다음 오차의 종류 중 원인을 알 수 있는 오차에 해당되지 않는 것은?

① 과오에 의한 오차
② 계량기 오차
③ 계통오차
④ 우연오차

해설

오차의 종류
㉠ 계량기 오차 : 계량기 자체 및 외부 요인에서 오는 오차
㉡ 계통적인 오차 : 평균치와 진실치의 차로 원인을 알 수 있는 오차
㉢ 과오에 의한 오차 : 측정자의 부주의와 과실에 의한 오차
㉣ 우연오차 : 원인을 알 수 없는 오차

13 최대유량이 1/5 이상 4/5 미만 시 검정공차는 몇 %인가?

① ±1.5%　　② ±2%
③ ±2.5%　　④ ±3%

해설

유 량	검정공차
최대유량의 1/5 미만(20% 미만)	±2.5%
최대유량의 1/5~4/5(20~80%)	±1.5%
최대유량의 4/5 이상(80% 이상)	±2.5%

14 측정값이 97mm인 길이계의 참값이 100mm일 때 오차율은 몇 %인가?

① 3%　　② －3%
③ 5%　　④ －5%

$$오차율 = \frac{오차값}{참값} \times 100 = \frac{97-100}{100} \times 100 = -3\%$$

15 계측제어장치의 연결(부착)방법으로 옳지 않은 것은?

① 고온장소, 저온장소에 설치하지 말 것
② 다습장소에 설치하지 말 것
③ 진동이 있는 장소에 설치하지 말 것
④ 낮은 곳에 설치하지 말 것

정답 09.② 10.③ 11.③ 12.④ 13.① 14.② 15.④

16 원인을 알 수 없는 오차로서 측정치가 일정하지 않고 분포 현상을 일으키는 오차는?

① 계통적 오차
② 과오에 의한 오차
③ 계량기 오차
④ 우연오차

17 다음 중 기본단위에 속하지 않는 것은?

① 광도(cd)
② 시간(sec)
③ 부피(m^3)
④ 전류(A)

기본단위 ①, ②, ④항 이외에 길이(m), 질량(kg), 온도(K), 물질량(mol) 등이 있음
③ 유도단위 : 부피(m^3)

18 다음 중 기가를 표시하는 접두어는?

① 10^3 ② 10^5
③ 10^6 ④ 10^9

해설

10^{12} : 테라

19 다음 계측단위 중 소음측정에 사용되는 단위에 해당되는 것은?

① 헤르츠 ② 루멘
③ 데시벨 ④ 칸델라

20 다음 중 특수단위에 속하지 않는 것은?

① 속도 ② 인장강도
③ 습도 ④ 내화도

해설

특수단위 : ②, ③, ④항 이외에 입도가 있음
① 속도(m/s)는 유도단위

21 다음 감도를 표시한 것 중 옳지 않은 것은?

① $\dfrac{\text{측정량의 변화}}{\text{지시량의 변화}}$

② $\dfrac{\text{지시량의 변화}}{\text{측정량의 변화}}$

③ 감도가 좋으면 측정시간이 길어지고 측정범위는 좁아진다.
④ 계측기의 한 눈금에 대한 측정량의 변화를 감도로 표시한다.

22 다음 중 히스테리 오차라고 생각되어지는 것은?

① 주위의 압력과 유량
② 주위의 온도
③ 주위의 습도
④ 측정자 눈의 높이

23 공업계측기의 눈금통칙의 내용 중 맞는 것은?

① 작은 눈금의 굵기는 눈금 폭의 1/2~1/5로 한다.
② 작은 눈금의 길이는 눈금 폭의 10배 이상으로 한다.
③ 눈금의 종류는 어미눈금, 중간눈금, 아들눈금의 3종류 또는 어미눈금, 아들눈금의 2종류로 구분된다.
④ 작은 눈금이란 측정량의 최대량을 표시하는 조이는 선을 말한다.

해설

㉠ 큰눈금 : 작은 눈금의 5~10배수로 표시하는 눈금
㉡ 작은 눈금의 굵기는 눈금 폭의 1/2~1/5로 한다.
㉢ 작은 눈금의 길이는 눈금 폭의 5배 이하, 작은 눈금은 측정량의 최소량을 표시한다.

24 다음 설명에 부합되는 단위의 종류는?

> 물리학에 기준한 법칙에 의거하여 만들어진 단위이며, 기본단위가 기준값이 되는 단위

① 보조단위 ② 기본단위
③ 특수단위 ④ 유도단위

25 계량기 자체가 가지고 있는 오차 정도를 무엇이라 하는가?

① 사용공차 ② 측정공차
③ 검정공차 ④ 간접공차

정답 16.④ 17.③ 18.④ 19.③ 20.① 21.① 22.④ 23.③ 24.④ 25.③

26 편위법에 의한 계측기기가 아닌 것은?

① 스프링 저울 ② 부르돈관 압력계
③ 전류계 ④ 화학천칭

해설

④ 화학천칭은 치환법이다.

27 오발식 유량계로 유량을 측정하고 있다. 이때 지시값의 오차 중 히스테리차의 원인이 되는 것은?

① 온도 및 습도
② 측정자의 눈의 위치
③ 유체의 압력 및 점성
④ 내부 기어의 마모

28 감도에 대한 설명으로 옳은 것은?

① 지시량의 변화에 대한 측정량의 변화의 비로 나타낸다.
② 감도가 좋으면 측정시간이 길어지고, 측정범위는 좁아진다.
③ 계측기가 지시량의 변화에 민감한 정도를 나타내는 값이다.
④ 측정결과에 대한 신뢰도를 나타내는 척도이다.

29 공업계기의 특징에 대하여 설명하였다. 올바르지 않은 것은?

① 견고하고, 신뢰성이 있을 것
② 보수가 쉽고, 경제적일 것
③ 연속 측정이 가능할 것
④ 측정범위가 넓고, 다목적일 것

30 다음 중 계통오차가 아닌 것은?

① 계기오차 ② 환경오차
③ 과오오차 ④ 이론오차

해설

계통오차 : 개인오차, 환경오차, 이론(방법)오차, 계기오차

31 어떤 물질의 비중량이 1.33×10^5kg/m$^2\cdot$s^{2}일 때 이 물질의 밀도는? (단, SI 단위)

① 1×10^3kgf/m^3 ② 2×10^3kgf/m^3
③ 13.6×10^3kgf/m^3 ④ 18×10^3kgf/m^3

$$1.33\times10^5\times\frac{1}{9.8}\text{kgf}\cdot\text{s}^2/\text{m}\times\frac{1}{\text{m}^2\cdot\text{s}^2}$$
$$=0.1357\times10^5\text{kgf/m}^3=13.57\times10^3\text{kgf/m}^3$$
$$(\because\ 1\text{kg}=\frac{1}{9.8}\text{kgf}\cdot\text{s}^2/\text{m})$$

32 다음 중 계측기기의 측정방법이 아닌 것은?

① 편위법 ② 영위법
③ 대칭법 ④ 보상법

33 비중의 단위를 차원으로 표시한 것은?

① ML^{-3} ② MLT^2L^{-3}
③ MLT^1L^{-3} ④ 무차원

해설

단위와 차원

물리량	단 위		차 원	
	절대(SI)	공 학	절대(SI)	공 학
길이	m	m	L	L
질량	kg	kgf$\cdot$s^2/m	M	$FL^{-1}T^{-2}$
중량	kg$\cdot$m/s^2	kgf	MLT^{-2}	F
시간	sec	sec	T	T

참고 압력단위(kgf/cm^2)

1. 차원 FLT계 : FL^{-2}
2. MLT계 : $ML^{-1}T^{-2}$
3. 비중은 무차원

34 계측기의 특성에 대한 설명으로 옳지 않은 것은?

① 계측기의 정오차로는 계통오차와 우연오차가 있다.
② 측정기가 감지하여 얻은 최소의 변화량을 감도라고 한다.
③ 계측기의 입력신호와 정상상태에서 다른 정상상태로 변화하는 응답은 과도응답이다.
④ 입력신호가 어떤 일정한 값에서 다른 일정한 값으로 갑자기 변화하는 것은 임펄스응답이다.

정답 26.④ 27.② 28.② 29.④ 30.③ 31.③ 32.③ 33.④ 34.④

35 측정방법 중 간접 측정에 해당하는 것은?

① 저울로 물체의 무게를 측정
② 시간과 부피로써 유량을 측정
③ 블록게이지로써 작은 길이를 측정
④ 천평과 분동으로써 질량을 측정

36 측정치의 쏠림(bias)에 의하여 발생하는 오차는?

① 과오오차 ② 계통오차
③ 우연오차 ④ 오류

37 계량계측기의 교정을 나타내는 말은?

① 지시값과 참값을 일치하도록 수정하는 것
② 지시값과 오차값의 차이를 계산하는 것
③ 지시값과 참값의 차이를 계산하는 것
④ 지시값과 표준기의 지시값 차이를 계산하는 것

38 비중이 $910kg/m^3$인 기름 20L의 무게는 몇 kg인가?

① 15.4 ② 182
③ 16.2 ④ 18.2

$910kg/m^3 \times 0.02m^3 = 18.2kg$

39 마노미터(Manometer)에서 물 32.5mm와 어떤 액체 50mm가 평형을 이루었을 때 이 액체의 비중은?

① 0.65 ② 1.52
③ 2.0 ④ 0.8

$s_1 h_1 = s_2 h_2$

$\therefore s_2 = \dfrac{s_1 h_1}{h_2} = \dfrac{1 \times 32.5}{50} = 0.65$

40 30℃의 물(비중 1)이 안지름 10cm 속을 흐를 때의 임계속도는 얼마인가? (단, 물의 점도는 1cp)

① 5.1cm/sec ② 4.1cm/sec
③ 3.1cm/sec ④ 2.1cm/sec

해설

임계 레이놀드수 $Re = 2100$으로 보면

$Re = \dfrac{\rho d v}{\mu}$ 에서

$\therefore V = \dfrac{Re \cdot \mu}{\rho d} = \dfrac{2100 \times 0.01}{1 \times 10} = 2.1cm/sec$

정답 35.② 36.② 37.④ 38.④ 39.① 40.④

chapter 2 계측기기

제2장의 핵심 포인트를 알려주세요.

제2장은 각종 계측기에 대한 내용입니다. 각 계측기기의 특성에 대하여 학습하시면 됩니다.

01 압력계

1 압력의 특징

① 탄성식 압력계 : 압력변화에 의한 탄성변위를 이용한 방법
② 전기식 압력계 : 물리적 변화를 이용한 방법
③ 액주식 압력계 : 알고 있는 힘과 일치하여 측정하는 방법

2 압력계의 종류

(1) 측정방법에 따른 분류

① 1차 압력계 : 지시된 압력을 직접 측정
- 종류 : 자유(부유) 피스톤식 압력계(부르동관 압력계의 눈금교정용, 실험실용), 액주계(manometer, 1차 압력계의 기본이 되는 압력계)

② 2차 압력계 : 압력에 의해 적용받는 변화를 탄성 및 기타 힘에 의해 측정하여 그 변화율로 압력을 측정
- 종류 : 부르동관, 다이어프램, 벨로즈, 전기저항, 피에조 전기압력계 등

(2) 측정기구에 따른 분류

① 액주식 압력계

㉠ U자관 압력계

ⓐ U자관 내부에 액을 이용하여 측정한 압력계 : 내부 액체는 물, 수은, 기름 등을 사용

ⓑ 액주 높이에 의한 차압을 측정

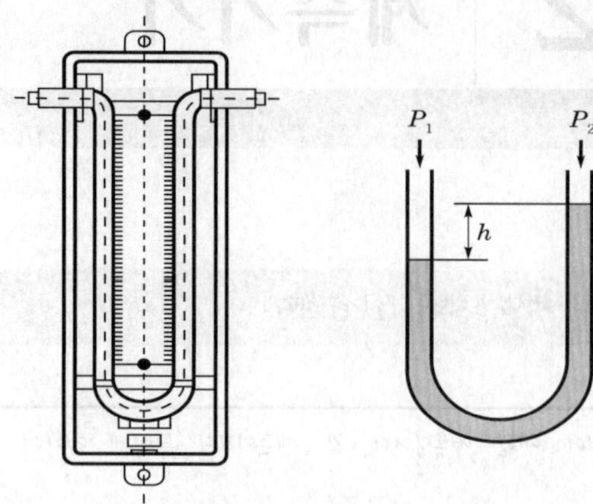

❙U자관식 압력계❙

U자관 압력계의 압력 측정

$P = sh$ 또는 $P = rh$

여기서, P : 압력

s : 액비중(kg/L)

r : 액비중량(kg/m^3)

h : 액면높이

예제 그림과 같은 수은이 든 U자관 내부에 비중 13.55인 수은이 있을 때 P_2의 압력은 몇 kg/cm^{2}인가? (단, P_1=1kg/cm^{2}이다.)

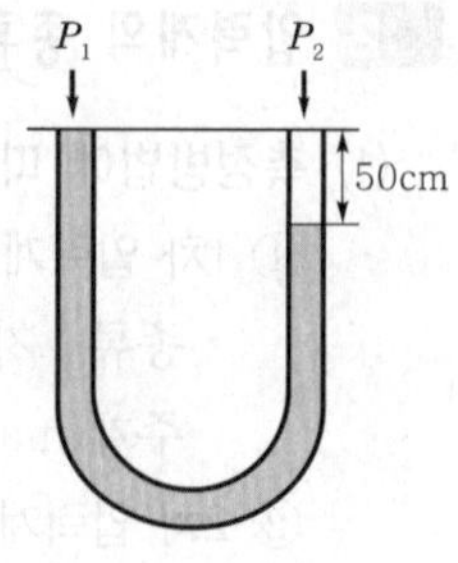

풀이 $P_2 = P_1 + sh = 1\text{kg/cm}^2 + 13.55\text{kg/L} \times 50\text{cm}$

$= 1\text{kg/cm}^2 + 13.55\left(\dfrac{\text{kg}}{10^3\text{cm}^3}\right) \times 50\text{cm}$

$= 1.677\text{kg/cm}^2$

별해 $P_2 = P_1 + rh = 1\text{kg/cm}^2 + 13.55 \times 10^3\text{kg/m}^3 \times 0.5\text{m}$

$= 1\text{kg/cm}^2 + \left(\dfrac{13.55 \times 10^3 \times 0.5}{10^4}\right)\text{kg/cm}^2$

$= 1.677\text{kg/cm}^2$

㉡ 경사관식 압력계

ⓐ 작은 단관을 경사지게 한 압력계

ⓑ 작은 압력을 정밀측정 시 사용

ⓒ 원리는 단관식 압력계와 동일

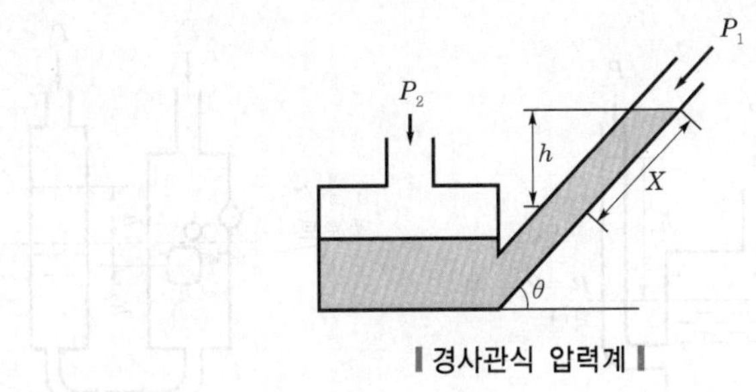

▌경사관식 압력계▐

TiP 경사관식 압력계의 보충설명입니다.

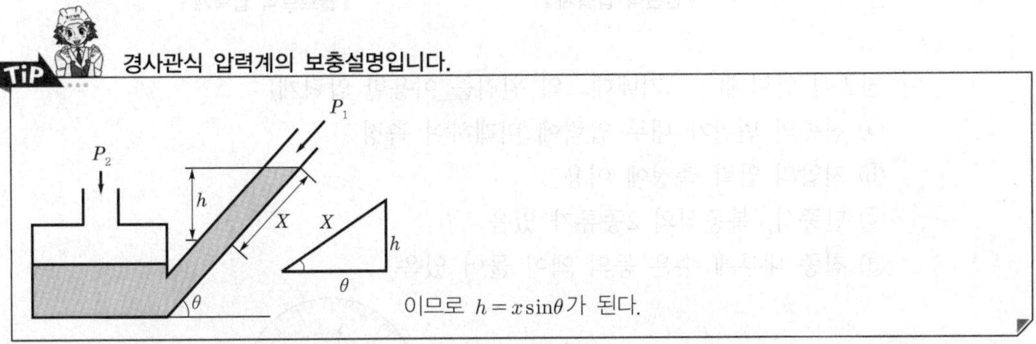

이므로 $h = x\sin\theta$가 된다.

예제 비중 0.8인 오일이 경사관 내부에서 45°로 기울어져 있을 때 P_2의 압력은 몇 kg/cm²인가? (단, 경사길이는 10cm, P_1은 대기압이다.)

풀이 $P_2 = P_1 + sh = P_1 + sx\sin\theta (h = x\sin\theta)$

$= 1.033\text{kg/cm}^2 + 0.8\text{kg}/10^3\text{cm}^3 \times 10\text{cm} \times \sin 45°$

$= 1.038\text{kg/cm}^2$

ⓒ 링밸런스식 압력계(환상천평식 압력계)

ⓐ 압력에 의해 링이 회전 시 회전하는 각도로 압력을 측정

ⓑ 하부에는 액체가 있으므로 상부의 기체압력의 압력차를 측정

ⓒ 원격 전송이 가능

ⓓ 설치 시 주의점

- 수평 · 수직으로 설치
- 진동 충격이 없는 장소에 설치
- 보수점검이 용이한 장소에 설치

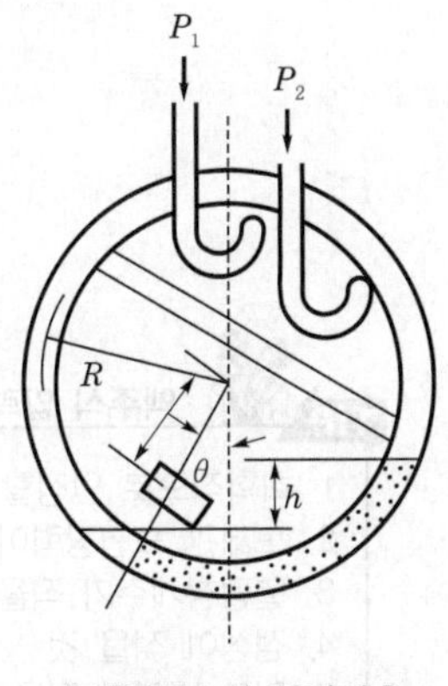

▌링밸런스식 압력계▐

ⓔ 단관식 압력계 : U자관의 변형으로 가장 간단한 압력계

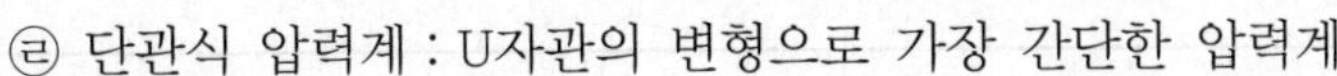

ⓜ 플로트식 압력계 : 탱크 내부에 플로트를 띄워 변화되는 액면을 이용하여 압력을 측정

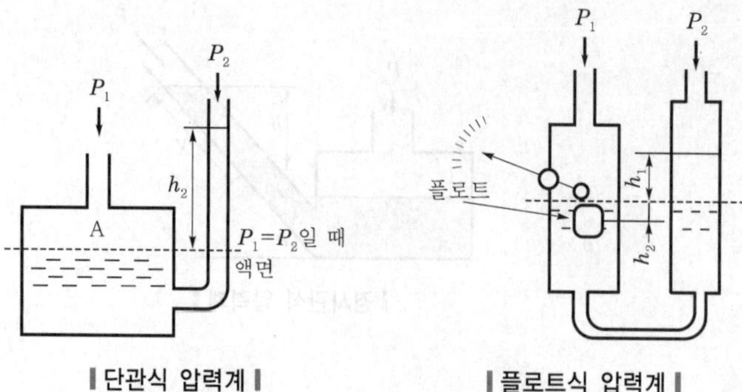

▌단관식 압력계▐ ▌플로트식 압력계▐

ⓑ 침종식 압력계(아르키메데스의 원리를 이용한 압력계)

ⓐ 침종의 변위가 내부 압력에 비례하여 측정

ⓑ 저압의 압력 측정에 이용

ⓒ 단종식, 복종식의 2종류가 있음

ⓓ 침종 내부에 수은 등의 액이 들어 있음

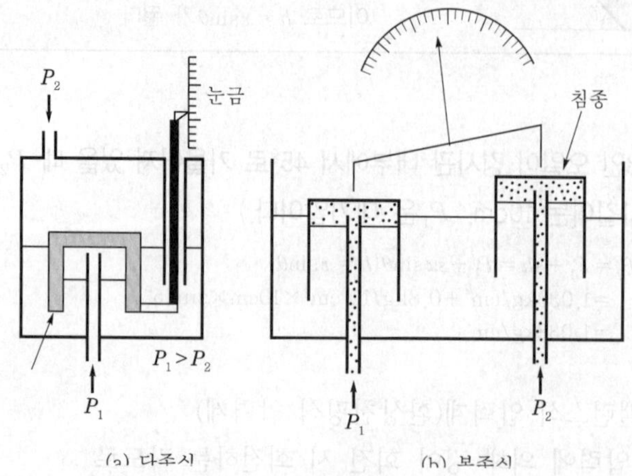

▌침종식 압력계▐

TIP 액주식 압력계 내부에 사용되는 액체의 구비조건

1. 화학적으로 안정할 것
2. 모세관 표면장력이 적을 것
3. 열팽창계수가 적을 것
4. 점성이 적을 것
5. 밀도 변화가 적을 것
6. 액면은 수평일 것

② 자유(부유) 피스톤식 압력계 : 모든 압력계의 기준기로서 2차 압력의 교정장치로 적합하다.

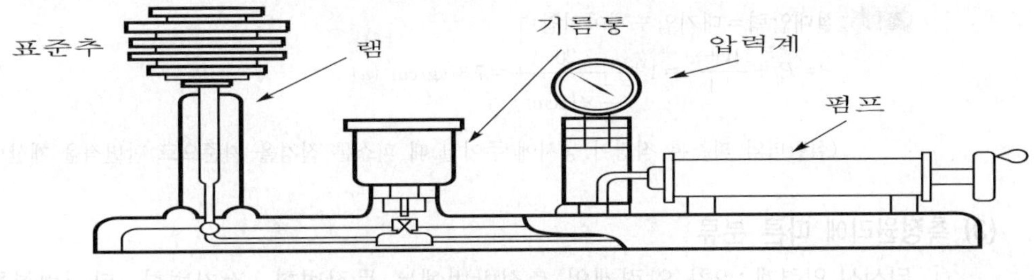

▌자유 피스톤식 압력계▐

(부르동관 압력계의 눈금교정 및 연구실용으로 사용)

㉠ 게이지압력

$$P = \frac{W+w}{A}$$

여기서, P : 게이지압력
A : 실린더의 단면적
W : 추의 무게
w : 피스톤의 무게

㉡ 대기압이 P_0이면 절대압력=대기압+게이지압력

$$\therefore \text{절대압력} = P_0 + \frac{W+w}{A}$$

㉢ 측정압력이 게이지압력보다 클 수도, 작을 수도 있으므로 큰 압력에서 작은 압력을 감하여 오차값(%)을 계산

$$\text{오차값(\%)} = \frac{\text{측정값} - \text{진실값}}{\text{진실값}} \times 100$$

$$\text{오차값(\%)} = \frac{\text{측정값} - \text{진실값}}{\text{진실값}} \times 100$$

㉣ 자유 피스톤식 압력계에서 압력 전달의 유체는 오일이며, 사용되는 오일은 다음과 같다.

- 모빌유(3000kg/cm^2)
- 피마자유($100\sim1000\text{kg/cm}^2$)
- 경유($40\sim100\text{kg/cm}^2$)

예제 추와 피스톤 무게 합계가 20kg이고 실린더 직경 4cm, 피스톤 직경이 2cm일 때 절대압력은 몇 kg/cm^2인가? (단, 대기압은 $1kg/cm^2$으로 한다.)

풀이 절대압력＝대기압＋게이지압력

$$P=P_0+\frac{W+w}{A}=1+\frac{20}{\frac{\pi}{4}\times(2cm^2)}=7.37kg/cm^2(a)$$

(실린더와 피스톤 직경이 동시에 주어질 때 피스톤 직경을 기준으로 단면적을 계산)

(3) 측정원리에 따른 분류

① 탄성식 압력계 : 2차 압력계의 측정방법에는 물질변화, 전기변화, 탄성변화를 이용한 것이 있으며, 탄성의 원리를 이용하고 가장 많이 쓰이는 압력계는 부르동관 압력계이다.

㉠ 부르동관 압력계(Bourdon Tube Gauge)

ⓐ 금속의 탄성원리를 이용한 것으로서 2차 압력계의 대표적인 압력계이며, 가장 많이 사용된다.

ⓑ 재질

- 저압인 경우 : 황동, 청동, 인청동
- 고압인 경우 : 니켈강, 스테인리스강

ⓒ 산소용 : 금유라고 명기된 산소 전용의 것을 사용한다. (산소＋유지류 → 연소폭발)

ⓓ 암모니아, 아세틸렌 : 압력계의 재질로 동을 사용 시 동함유량이 62% 미만이어야 한다. C_2H_2+Cu → 폭발, NH_3+Cu → 부식

ⓔ 최고 $3000kg/cm^2$까지 측정이 가능하다.

ⓕ 정도는 ±1~2%이다.

ⓖ 압력계의 최고눈금범위는 사용압력의 1.5~2배이다.

▮부르동관 압력계▮

TIP 부르동관(압력계)

1. 부르동관 사용 시 필요사항
   - 안전장치가 있는지 확인할 것
   - 진동 충격이 적은 장소에 설치할 것
   - 가스 유입 · 유출 시 서서히 조작할 것
   - 압력계 온도는 80℃ 이하로 유지할 것
2. 부르동관 압력계의 성능시험
   - 정압시험 : 최대압력 72시간 지속 시 클리프 현상은 1/2 눈금 이하
   - 내진시험 : 지진 등에 이상 유무를 시험(시험시간 16시간, 지침각도 4~5° 이하)
   - 시도시험 : 시험 후 기차 ±1/2 눈금 이하 유지
   - 내열시험 : 시험압력 100℃ 누설 변형이 없어야 함

㉡ 다이어프램 압력계(Diaphragm gauge)의 특징

ⓐ 부식성의 유체에 적합하고, 미소압력 측정에 사용한다.

ⓑ 온도의 영향을 받기 쉽다.

ⓒ 금속식에는 인, 청동, 구리, 스테인리스, 비금속식에는 천연고무, 가죽 등을 사용한다.

▌다이어프램 압력계▐

㉢ 벨로즈 압력계(Bellows, Gauge) : 벨로즈의 신축하는 성질을 이용하여 압력을 측정

ⓐ 구조가 간단하고, 압력검출용으로 사용한다.

ⓑ 0.01~10kg/cm^2 정도 측정, 정도는 ±1~2% 정도이다.

ⓒ 먼지의 영향이 적고, 변동에 대한 적응성이 적다.

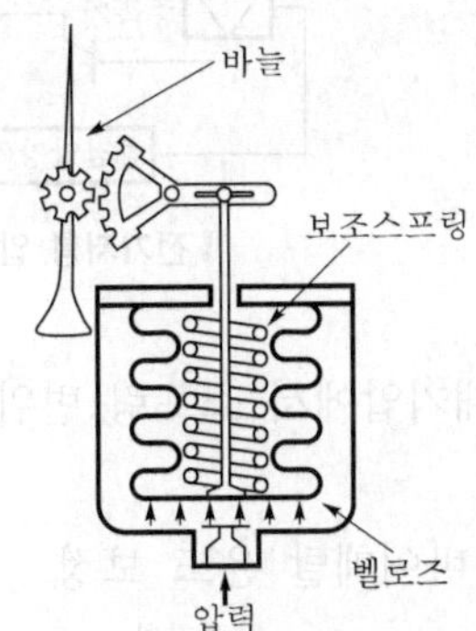

▌벨로즈식 압력계▐

② 전기식 압력계

㉠ 피에조 전기압력계

ⓐ 가스폭발 등 급속한 압력변화를 측정하는 데 유효하다.

ⓑ 수정전기석 · 롯셀염 등이 결정체의 특수방향에 압력을 가하여 발생되는 전기량으로 압력을 측정한다.

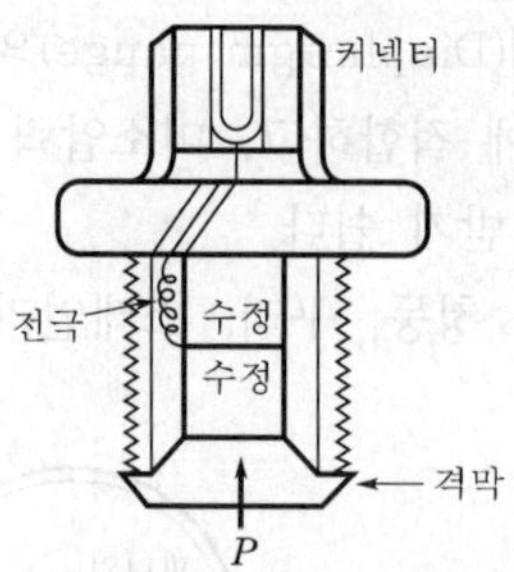

❙ 피에조 전기압력계 ❙

㉡ 전기저항 압력계 : 금속의 전기저항값이 변화되는 것을 이용하여 측정
ⓐ 망간선을 코일로 감아 전기저항을 측정
ⓑ 응답속도가 빠르고, 초고압에서 미압까지 측정

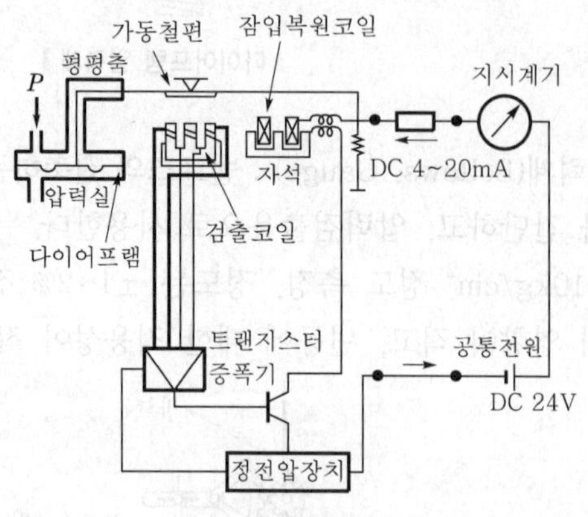

❙ 전기저항 압력계 ❙

③ 아네로이드식 압력계 : 대기압에서 스프링 변위를 이용, 변위의 확대 압력을 지시하는 형식

• 용도 : 공기압 측정, 바이메탈 온도 보정

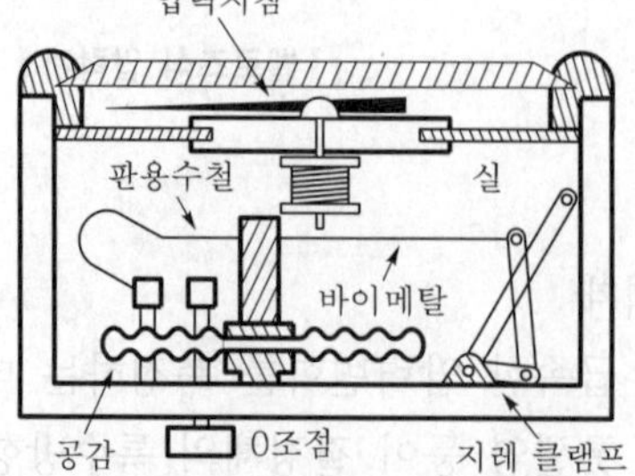

❙ 아네로이드식 압력계 ❙

Chapter 2 ··· 01 압력계

출 / 제 / 예 / 상 / 문 / 제

01 다음 중 1차 압력계는?

① 부르동관 압력계
② U자 마노미터
③ 전기저항 압력계
④ 벨로즈 압력계

02 수은(비중 13.6)을 이용한 U자형 압력계에서 P_1과 P_2의 압력차이는?

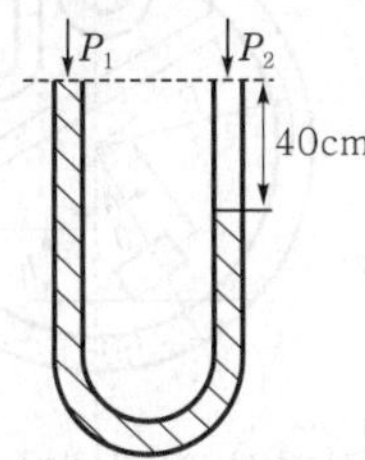

① 4.66kg/m²(a) ② 4.660kg/m²(a)
③ 0.54kg/m²(a) ④ 5440kg/m²(a)

$P_2 = P_1 + sh = P_2 - P_1 = sh$

$\therefore\ sh = 13.6\text{kg}/10^3\text{cm}^3 \times 40\text{cm}$
$= 0.544\text{kg/cm}^2 = 5440\text{kg/m}^2$

03 대기압이 750mmHg일 때 탱크 내의 기체 압력이 게이지압으로 1.96kg/cm²이었다. 탱크 내 기체의 절대압력은 몇 kg/cm²인가? (단, 1기압=1.0336kg/cm²이다.)

① 1.0 ② 2.0
③ 3.0 ④ 4.0

절대압력 = 대기압력 + 게이지압력
$= 750\text{mmHg} + 1.96\text{kg/cm}^2$
$= \frac{750}{760} \times 1.0336 + 1.96$
$= 2.98\text{kg/cm}^2 \fallingdotseq 3\text{kg/cm}^2$

04 액면높이 H를 나타내는 값으로 맞는 것은?

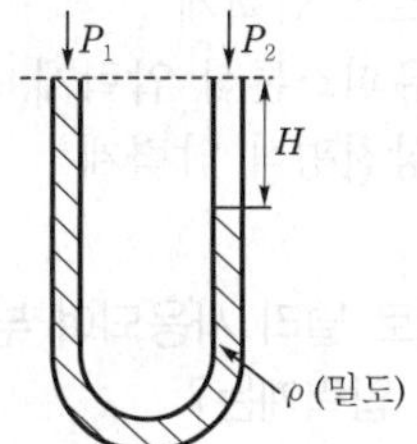

① $H = \frac{P_1 - P_2}{\rho}$ ② $H = P_1 - P_2$
③ $H = \rho(P_1 - P_2)$ ④ $H = P_2 - P_1$

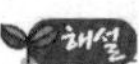

$P_1 - P_2 = \rho H$

$\therefore\ H = \frac{P_1 - P_2}{\rho}$

05 다음과 같은 U자관으로 탱크 내 압력을 측정하였더니 U자 유체인 수은의 높이차가 38cm였다. 탱크 내 기체의 절대압력은 몇 기압인가?

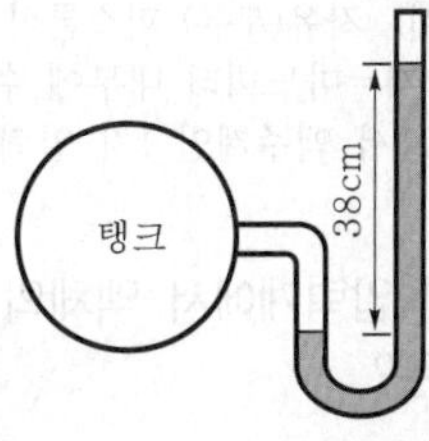

① 0.5기압 ② 1기압
③ 1.5기압 ④ 2기압

$P = P_0 + sh$
$= 1\text{기압} + 13.6\text{kg}/10^3\text{cm}^3 \times 38\text{cm}$
$= 1\text{기압} + 0.516\text{kg/cm}^2$
$= 1\text{기압} + \frac{0.5168}{1.033}\ (\text{기압})$
$= 1.5\text{기압}$

정답 01.② 02.④ 03.③ 04.① 05.③

06 계측기의 특성이 시간적 변화가 작은 정도를 나타내는 용어는?

① 안정성 ② 내산성
③ 내구성 ④ 신뢰도

07 압력계 중 탄성 압력계에 해당되는 것은?

① 수은주 압력계
② 벨로즈 압력계
③ 자유피스톤식 압력계
④ 환상천평식 압력계

08 통풍계로 널리 사용되며 부식성 가스에 사용되는 압력계는?

① 자유피스톤 압력계
② 벨로즈 압력계
③ 다이어프램 압력계
④ 링밸런스 압력계

09 다음 중 1차 압력계인 것은?

① 전기저항 압력계
② 부르동관 압력계
③ 수은주 압력계
④ 다이어프램 압력계

해설
1차 압력계 : 지시된 압력값을 직접 측정하는 압력계로 마노미터(액주계), 자유(부유) 피스톤식 압력계 등이 있다.
(수은주 압력계=마노미터 내부에 수은을 이용하여 측정한 압력계로서 액주계인 1차 압력계에 속한다.)

10 액주식 압력계에서 액체의 구비조건이 아닌 것은?

① 점성이 적을 것
② 열팽창계수가 작을 것
③ 액면은 수평을 유지할 것
④ 밀도가 클 것

해설
액주식 압력계 내부액의 구비조건(①, ②, ③항 이외)
㉠ 화학적으로 안정할 것
㉡ 모세관 표면장력이 적을 것
㉢ 밀도 변화가 적을 것 등

11 압력계 중 부르동관 압력계의 눈금교정 및 연구실용으로 사용되는 압력계는?

① 벨로즈 압력계
② 다이어프램 압력계
③ 자유피스톤식 압력계
④ 전기저항 압력계

해설
자유피스톤식 압력계 : 모든 압력계의 기준기로서 2차 압력의 교정장치로 적합하다.

12 다음 중 링 밸런스 압력계의 특징이 아닌 것은?

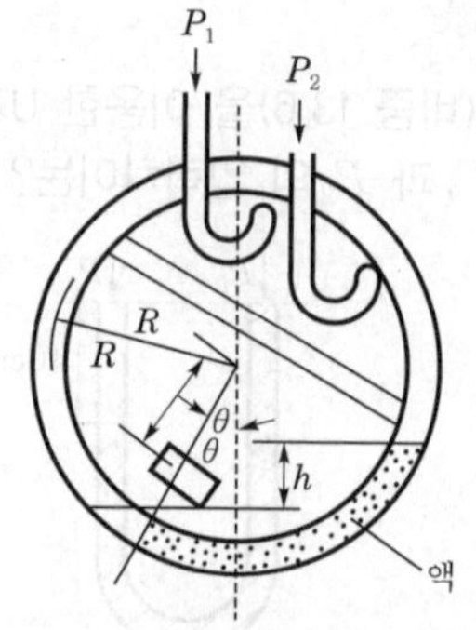

① 환상천평식 압력계라고도 한다.
② 원격전송이 가능하다.
③ 액체의 압력을 측정하다.
④ 수직 · 수평으로 설치한다.

해설
링 밸런스 압력계 : 액주식 압력계의 일종이다.
하부에는 액이므로 상부 기체압력이 측정된다.

13 2차 압력계의 대표적인 압력계로서 가장 많이 쓰이는 압력계는?

① 벨로즈 압력계
② 전기저항 압력계
③ 다이어프램 압력계
④ 부르동관 압력계

해설
부르동관 압력계의 재질
㉠ 고압용 : 니켈강, 스테인리스강
㉡ 저압용 : 황동, 청동, 인청동

정답 06.① 07.② 08.③ 09.③ 10.④ 11.③ 12.③ 13.④

14 다음 압력계 중 고압 측정에 적당한 압력계는?

① 액주식 압력계
② 부르동관 압력계
③ 벨로즈 압력계
④ 전기저항 압력계

부르동관 압력계의 측정 최고압력=3000kg/cm²

15 2차 압력계 중 미압 측정이 가능하고, 특히 부식성 유체에 적당한 압력계는?

① 부르동관 압력계
② 벨로즈 압력계
③ 다이어프램 압력계
④ 분동식 압력계

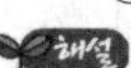

부식성 유체에 적합한 압력계 : 다이어프램

16 가스폭발 등 급속한 압력변화를 측정하는 데 사용되는 압력계는?

① 벨로즈 압력계
② 피에조 전기 압력계
③ 전기저항 압력계
④ 다이어프램 압력계

피에조 전기 압력계
㉠ 가스폭발 등 급속한 압력변화를 측정하는 데 유효하다.
㉡ 수정, 전기석·롯셀염 등이 결정체의 특수방향에 압력을 가하여 발생되는 전기량으로 압력을 측정한다.

17 2차 압력계 중 신축의 원리를 이용한 압력계로 차압 및 압력 검출용으로 사용되는 압력계는?

① 피에조 전기 압력계
② 다이어프램 압력계
③ 벨로즈 압력계
④ 전기저항 압력계

18 부유 피스톤형 압력계에서 실린더의 지름 2cm 추와, 피스톤 무게의 합계가 20kg일 때 이 압력계에 접촉된 부르동관 압력계의 읽음이 7kg/cm²를 나타내었다. 이 부르동관 압력계의 오차는?

① 0.5% ② 1.0%
③ 5.0% ④ 10%

$$\text{게이지압력} = \frac{\text{추와 피스톤 무게}}{\text{실린더 단면적}}$$
$$= \frac{20\text{kg}}{\frac{\pi}{4}\times(2\text{cm})^2} = 6.36\text{kg/cm}^2$$
$$\therefore \text{오차값} = \frac{\text{측정값} - \text{진실값}}{\text{게이지압력(진실값)}}\times 100$$
$$= \frac{7-6.36}{6.36}\times 100 = 9.95\%$$

19 자를 가지고 공작물의 깊이를 측정하였다. 시선의 경사각이 15°이고, 자의 두께가 1.5mm일 때 어느 정도의 시차가 발생하는가?

① 0.35mm ② 0.40mm
③ 0.45mm ④ 0.50mm

$h = x\sin\theta$
$= 1.5\sin 15°$
$= 0.388\text{mm}$

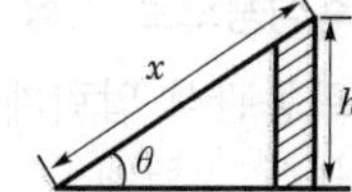

20 액주형 압력계가 아닌 것은?

① 호루단형 ② 상형
③ 링밸런스 ④ 분동식

21 부르동관 압력계의 설명이 아닌 것은?

① 격막식 압력계보다 고압측정을 한다.
② C자 관보다 나선형 관이 민감하게 작동한다.
③ 곡관에 압력이 가해지면 곡률반지름이 증대되는 것을 이용한 것이다.
④ 계기 하나로 두 공정의 압력측정이 가능하다.

정답 14.② 15.③ 16.② 17.③ 18.④ 19.② 20.④ 21.④

22 경사관식 압력계의 P_1 값으로 맞는 것은?

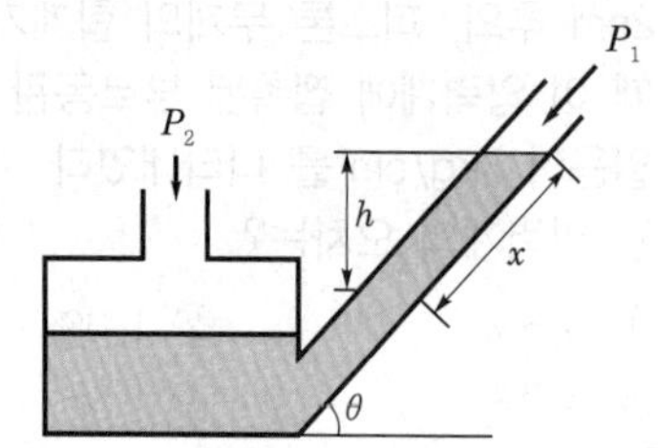

① $P_1 = P_2 + s\cos\theta$
② $P_1 = P_2 \times sx\sin\theta$
③ $P_1 = P_2 + sx\sin\theta$
④ $P_1 = P_2 \times s\cos\theta$

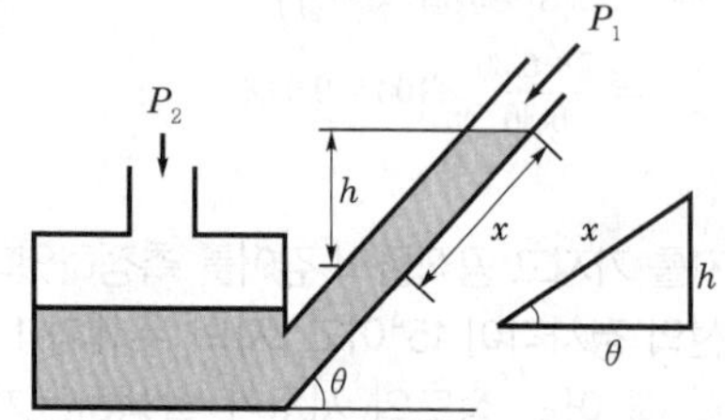

$h = x\sin\theta$이므로

$\therefore\ P_1 = P_2 + sh$
$= P_2 + sx\sin\theta$

23 미압 측정용으로 가장 적합한 압력계는?

① 부르동관식 압력계
② 분동식 압력계
③ 경사관식 압력계
④ 전기식 압력계

24 그림과 같이 원유 탱크에 원유가 차 있고, 원유 위의 가스압력을 측정하기 위하여 수은 마노미터를 연결하였다. 주어진 조건 하에서 P_g의 압력(절대압)은? (단, 수은, 원유의 밀도를 각각 13.6g/cm^3, 0.86g/cm^{3}이다.)

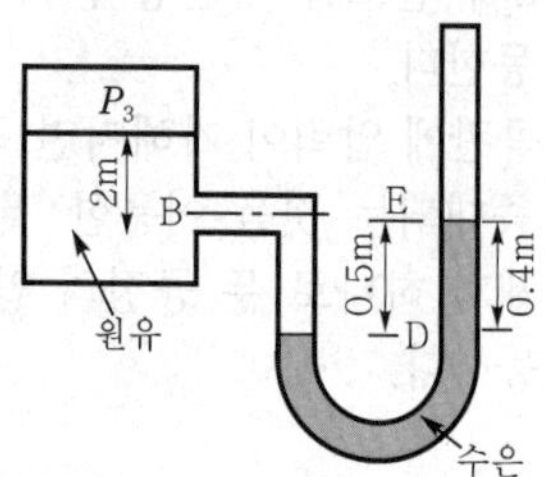

① 101.3kPa
② 74.5kPa
③ 175.8kPa
④ 133.6kPa

해설

$$P_g + 0.86\left(\frac{\text{kg}}{10^3\text{cm}^3}\right) \times 250\text{cm} = 1.0332\text{kg/cm}^2 + 13.6\text{kg}/10^3\text{cm}^3 \times 40\text{cm}$$

$$\therefore\ P_g = 1.0332\text{kg/cm}^2 + 13.6\text{kg}/10^3\text{cm}^3 \times 40\text{cm} - 0.86\left(\frac{\text{kg}}{10^3\text{cm}^3}\right) \times 250\text{cm} = 1.3622\text{kg/cm}^2$$

$$\therefore\ \frac{1.3622}{1.0332} \times 101.325 = 133.58\text{kPa} = 133.6\text{kPa}$$

25 압력계에 관한 다음 설명 중 맞는 것은?

> ㉠ 압력계는 상용압력의 1.5~2배의 최고눈금인 것을 사용한다.
> ㉡ 공기용의 압력계는 산소에 사용하더라도 좋다.
> ㉢ 아세틸렌 압력계의 부르동관은 청동제가 좋다.
> ㉣ 압력계는 눈의 높이보다 높은 위치에 부착시킨다.

① ㉠, ㉡ ② ㉠, ㉣
③ ㉢, ㉣ ④ ㉡, ㉢

해설

㉠ 산소 압력계는 금유(use no oil)라고 명기된 전용 압력계를 사용한다.
㉡ 아세틸렌가스에는 동함유량 62% 이상 동합금을 사용하면 안 된다.

26 다음 사항 중 압력계에 관한 설명으로 옳은 것을 모두 나열한 것은?

> ㉠ 부르동관 압력계는 중추형 압력계의 검정에 사용된다.
> ㉡ 압전기식 압력계는 망간선에 사용된다.
> ㉢ U자관식 압력계는 저압의 차압측정에 적합하다.

① ㉠, ㉡, ㉢ ② ㉢
③ ㉡ ④ ㉠

정답 22.③ 23.③ 24.④ 25.② 26.②

27 어떤 기체의 압력을 측정하기 위하여 그림과 같이 끝이 트인 수은 마노미터를 설치하였더니 수은주의 높이차가 50cm였다. 점 P에서의 절대압력은 몇 torr인가? (단, 기체와 수은의 밀도는 각각 $0.136g/cm^3$과 $13.6g/cm^3$이다. 그리고 대기압은 760torr이다.)

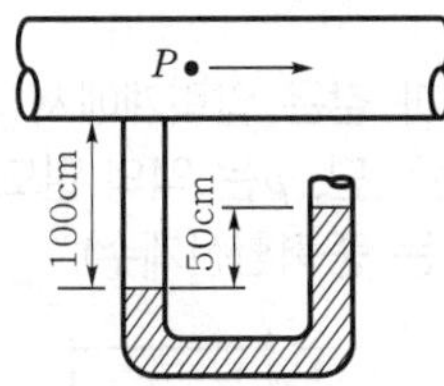

① 490torr ② 500torr
③ 1250torr ④ 1259torr

$P+0.136g/cm^3\times100cm=760torr+13.6g/cm^3\times50cm$

$\therefore\ P=760torr+(13.6\times50-0.136\times100)\times10^{-3}kg/cm^2$

$=760torr+\dfrac{(13.6\times50-0.136\times100)\times10^{-3}}{1.033}\times760torr$

$=1250.28torr$

28 압력계 중 아르키메데스의 원리를 이용한 것은?

① 부르동관식 압력계
② 침종식 압력계
③ 벨로즈식 압력계
④ U자관식 압력계

29 압력계 교정 또는 검정용 표준기로 사용되는 것은?

① 표준 부르동관식 압력계
② 기준 피스톤식 압력계
③ 표준 기압계
④ 기준 분동식 압력계(중추형)

30 비중이 0.9인 액체 개방 탱크에 탱크 하부로부터 2m 위치에 압력계를 설치했더니 지침이 $1.5kg/cm^2$를 가리켰다. 이때의 액위는 얼마인가?

① 14.7m ② 147m
③ 17.4m ④ 174m

$h=\dfrac{P}{\gamma}=\dfrac{1.5\times10^4kg/m^2}{0.9\times10^3kg/m^3}=16.66m$

$\therefore\ 16.66-2=14.66m$

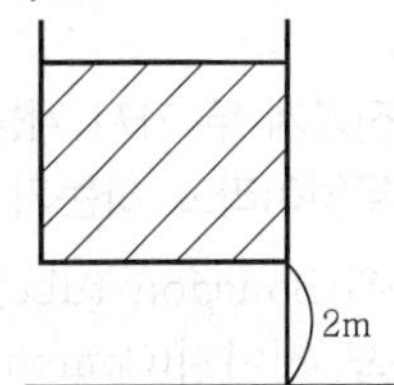

31 부르동관 압력계를 설명한 것으로 틀린 것은?

① 두 공정간의 압력차를 측정하는 데 사용한다.
② C자형에 비하여 나선형 관은 작은 압력차에 민감하다.
③ 공정압력과 대기압의 차를 측정한다.
④ 곡관의 내압이 증가하면 곡률반경이 증가하는 원리를 이용한 것이다.

① 두 공정간의 압력차를 측정하는 것은 차압식 유량계이다.

32 벨로즈식 압력계에서 압력측정 시 벨로즈 내부에 압력이 가해질 경우 원래 위치로 돌아가지 않는 현상을 의미하는 것은?

① limited 현상
② bellows 현상
③ end all 현상
④ hysteresis 현상

33 대기압이 101.5kPa일 때 호수 표면에서 15m 지점의 압력은?

① 45.5kPa
② 101.5kPa
③ 147kPa
④ 248.5kPa

해설

$101.5kPa+\dfrac{51}{10.332}\times101.5=248.85kPa$

정답 27.③ 28.② 29.④ 30.① 31.① 32.④ 33.④

34 기계식 압력계가 아닌 것은?

① 경사관식 압력계
② 피스톤식 압력계
③ 환상식 압력계
④ 자기변형식 압력계

35 압력계와 진공계 두 가지 기능을 갖춘 압력 게이지를 무엇이라고 하는가?

① 부르동관(Bourdon tube) 압력계
② 컴파운드 게이지(Compound gage)
③ 초음파 압력계
④ 전자 압력계

36 압력의 단위를 차원(dimension)으로 표시한 것은?

① MLT ② ML^2T^2
③ M/LT^2 ④ M/L^2T^2

단위 kgf/cm^2이므로 FL^{-2}이며($F=ML/T^2$이므로) $ML/T^2L^2=M/LT^2$

37 1기압에 해당되지 않는 것은?

① 1.013bar
② $1013\times10^3 dyne/cm^2$
③ 1torr
④ 29.9inHg

torr=mmHg

38 비중이 0.8인 액체의 절대압이 $2kg/cm^2$일 때 헤드는?

① 16m ② 4m
③ 25m ④ 32m

$$h=\frac{P}{\gamma}=\frac{2\times10^4 kg/m^2}{0.8\times10^3 kg/m^3}=25m$$

39 [그림]과 같은 압력계에서 가장 정확한 표현식은? (단, ρ는 액의 밀도, g는 중력가속도, g_c는 중력환산계수)

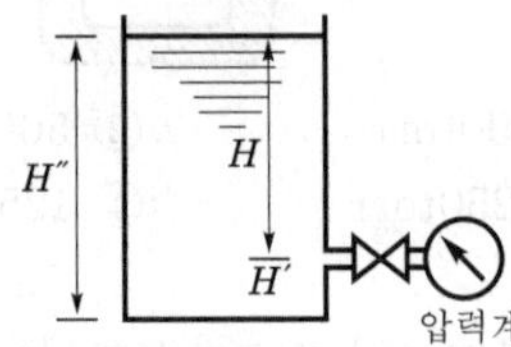

① $P=(H-H')\rho\frac{g}{g_c}$

② $P=H''\rho\frac{g}{g_c}$

③ $P=H\rho\frac{g}{g_c}$

④ $P=H'\rho\frac{g}{g_c}$

정답 34.④ 35.② 36.③ 37.③ 38.③ 39.③

02 온도계

1 온도의 측정

(1) 온도의 기본단위(K)

(2) 온도측정 시 물의 삼중점(273.16K=0.01℃)

▌국제 실용 온도▐

온도 정점	온도(℃)	온도 정점	온도(℃)
물의 삼중점	0.01	아연의 응고점	419.50
얼음의 융점	0.00	산소의 비점	−183℃
주석의 응고점	231.83	백금의 응고점	1773.0℃
물의 비등점	100.00	은의 응고점	961.03℃
납의 응고점	327.30	금의 응고점	1064.43℃

(3) 온도계 선정 시 주의점

① 측정 물체의 원격지시 자동 제어 필요 여부 검토
② 측정 범위와 정밀도가 적당
③ 지시 기록이 편리할 것
④ 온도의 변동에 대하여 반응이 신속할 것
⑤ 측정 물체와 화학반응을 일으키지 않을 것

2 온도계의 종류

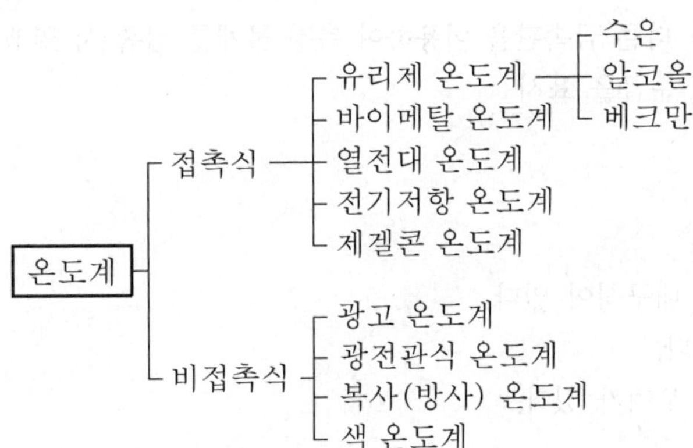

(1) 접촉식 온도계

측정하고자 하는 물체에 온도계를 직접 접촉시켜 온도를 측정

① 유리제 온도계 : 유리막대에 액체를 알코올, 수은, 펜탄 등을 봉입하여 표시된 눈금으로 온도를 측정(검정유효기간 : 3년)

- 특징
  - 취급이 간단하다.
  - 연속기록, 자동제어가 불가능하다.
  - 원격측정이 불가능하다.

㉠ 알코올 온도계

ⓐ 측정범위 : -100~100℃ 알코올의 열팽창을 이용

ⓑ 수은보다 저온 측정용

ⓒ 수은보다 정밀도가 낮음

㉡ 수은 온도계

ⓐ 측정범위 : -35~350℃

ⓑ 알코올보다 고온 측정

ⓒ 알코올보다 정밀도가 좋다.

㉢ 베크만 온도계

ⓐ 수은 온도계의 일종으로서 미소범위 온도를 정밀측정할 수 있다(0.001℃까지 측정 가능).

ⓑ 수은은 사용온도에 따라 양을 조절

ⓒ 열량계 온도 측정에 사용

ⓓ 정밀측정용

ⓔ 가격이 저렴

▌베크만 온도계▐

② 바이메탈 온도계 : 열팽창계수가 다른 금속판을 이용하여 측정 물체를 접촉 시 열팽창계수에 따라 휘어지는 정도로 눈금을 표시

㉠ 측정원리 : 열팽창계수

㉡ 정도 : 0.5~1%

㉢ 특징

ⓐ 구조 간단, 보수 용이, 내구성이 있다.

ⓑ 온도값을 직독할 수 있다.

ⓒ 오차(히스테리) 발생의 우려가 있다.

㉣ 용도 : 자동제어용

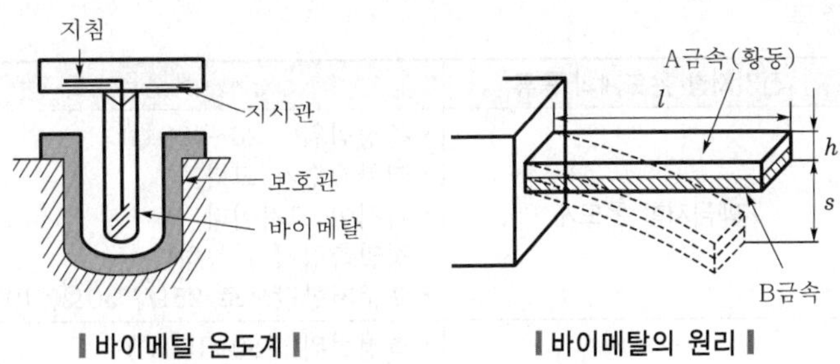

▌바이메탈 온도계▐ ▌바이메탈의 원리▐

③ 압력식 온도계(아네로이드형 온도계) : 액체, 기체, 증기 등은 온도 상승 시 체적이 팽창하는 데 팽창 또는 수축된 체적으로 압력값을 지시하여 압력의 상승변화에 따라 측정하는 온도계

㉠ 측정원리 : 압력값의 변화 정도

㉡ 특징

ⓐ 저온용의 측정에 사용

ⓑ 자동제어 가능

ⓒ 연속측정이 가능

ⓓ 조작에 숙련을 요함

ⓔ 진동, 충격의 영향을 받지 않음

ⓕ 경년변화가 있음(금속 피로에 의한 이상 현상)

㉢ 종류

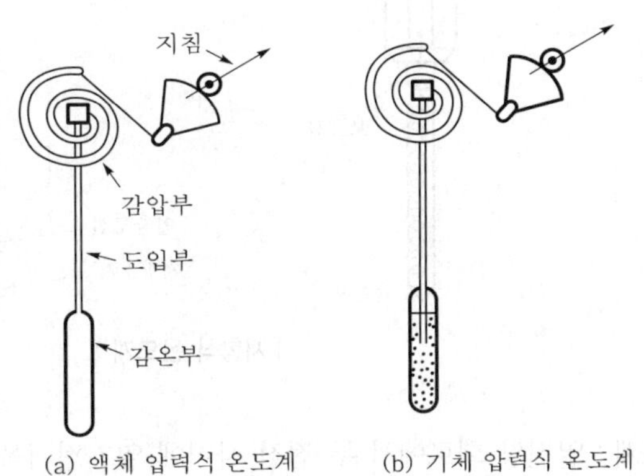

(a) 액체 압력식 온도계 (b) 기체 압력식 온도계

▌압력식 온도계▐

㉣ 구성

ⓐ 감온부 : 온도를 감지하는 부분

ⓑ 도압부 : 감지된 온도를 감압부에 전달

ⓒ 감압부 : 모세관으로 감지된 온도를 지침으로 온도를 지시

④ 전기저항 온도계 : 온도 상승 시 저항이 증가하는 것을 이용

㉠ 측정원리 : 금속의 전기저항

㉡ 종류

전기저항 온도계의 종류	특 징
백금저항 온도계	• 측정범위(−20~500℃) • 저항계수가 크다. • 가격이 고가이다. • 정밀측정이 가능하다. • 표준저항값으로 25Ω, 50Ω, 100Ω이 있다.
니켈저항 온도계	• 측정범위(−50~150℃) • 가격이 저렴하다. • 안정성이 있다. • 표준저항값(500Ω)
구리저항 온도계	• 측정범위(0~120℃) • 가격이 저렴하다. • 유지관리가 쉽다.
서미스터 온도계 Ni+Cu+Mn+Fe+Co 등을 압축 소결시켜 만든 온도계	• 측정범위(−100~200℃) • 저항계수가 백금의 10배이다. • 경년변화가 있다. • 응답이 빠르다.
저항계수가 큰 순서	• 서미스터>백금>니켈>구리

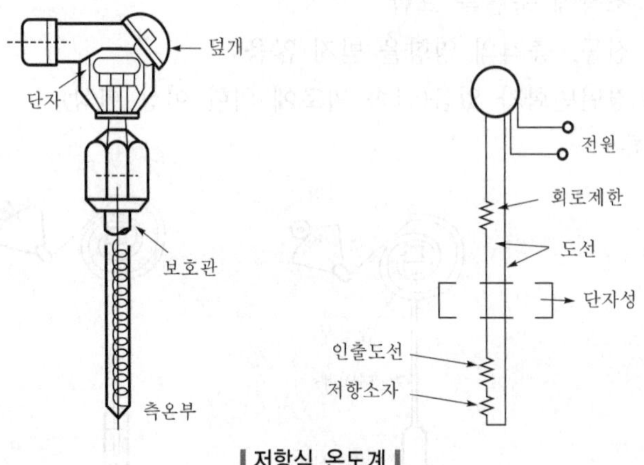

▌저항식 온도계▐

⑤ **열전대 온도계** : 열전쌍 회로에서 두 접점 사이에 열기전력을 발생시켜 그 전위차를 측정하여 두 접점의 온도차를 밀리볼트계로 온도를 측정하는 데 이것을 제백효과라 한다.

㉠ 측정원리 : 열기전력

㉡ 특징

ⓐ 접촉식 중 가장 고온용이다.

ⓑ 냉접점, 열접점이 있다.

ⓒ 원격 측정 온도계로 적합하다.

ⓓ 전원이 필요 없고, 자동제어가 가능하다.

㉢ 구성요소 : 열접점, 냉접점, 보상도선, 밀리볼트계, 보호관

㉣ 열전대의 구비조건

ⓐ 기전력이 강하고 안정되며 내열성, 내식성이 클 것

ⓑ 열전도율 전기저항이 작고, 가공하기 쉬울 것

ⓒ 열기전력이 크고, 온도 상승에 따라 연속으로 상승할 것

ⓓ 경제적이고 구입이 용이하며, 기계적 강도가 클 것

㉤ 취급 시 주의점

ⓐ 단자의 (+)(−)와 보상도선의 (+)(−)를 일치시킨다.

ⓑ 열전대 삽입길이는 보호관 외경의 1.5배 이상이다.

ⓒ 도선 접속 전 지시의 0점을 조정한다.

ⓓ 습기, 먼지 등에 주의하고, 청결하게 유지한다.

ⓔ 정기적으로 지시눈금의 교정이 필요하다.

㉥ 열전대 온도계의 측정온도범위와 특성

종 류	온도범위	특 성
PR(R형)(백금–백금로듐) P(−), R(+)	0~1600℃	산에 강하고, 환원성에 약함
CA(K형)(크로멜–알루멜) C(+), A(−)	−20~1200℃	환원성에 강하고, 산화성에 약함
IC(J형)(철–콘스탄탄) I(+), C(−)	−20~800℃	환원성에 강하고, 산화성에 약함
CC(T형)(동–콘스탄탄) C(+), C(−)	−200~400℃	수분에 약하고, 약산성에만 사용

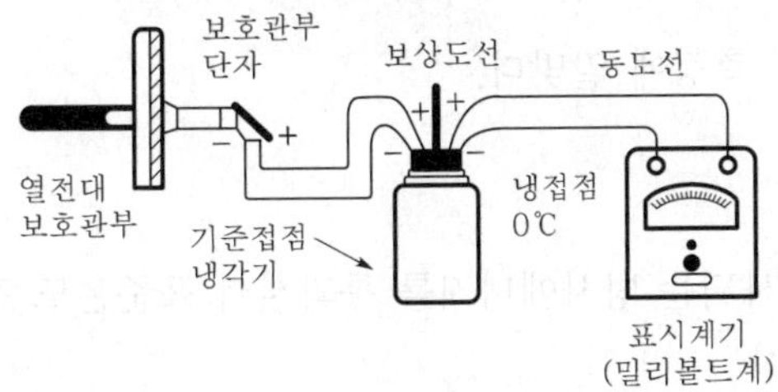

▌열전대의 원리▐

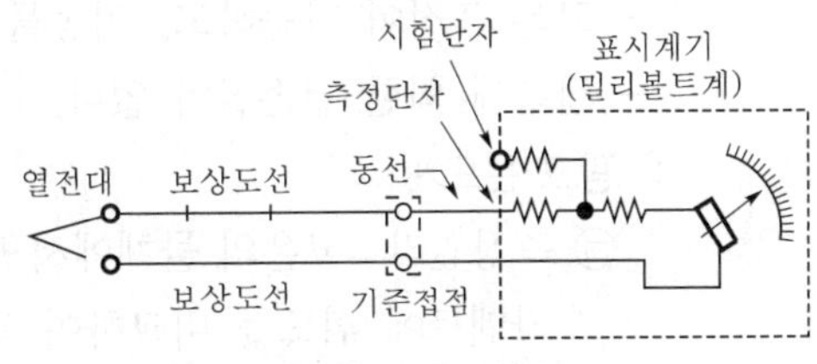

▌열전대 온도계▐

상기 내용에 대한 보충설명입니다.

1. 냉접점 0℃를 유지
2. 보상도선 : 열전선은 가격이 고가이므로 열접점에서 측정한 온도를 전달하기 위한 목적으로 보상도선을 사용
3. 보호관 : 열전대를 보호할 목적으로 사용
4. 보호관의 종류
   - 비금속관 : 카보런덤관(1700℃까지 견딤)
   - 금속관 : 자기관(알루미나+산화규소)(1500℃), 자기관(산화알루미나)(1750℃), 석영관(1000℃), 동관(800℃)
5. 보호관의 고온에 견디는 순서 : 카보런덤관>자기관(알루미나+산화규소)>석영관>동관
6. 열전대 온도계의 고온 측정의 순서 : PR>CA>IC>CC
7. 콘스탄탄의 성분 : Cu(55%)+Ni(45%)

⑥ 제겔콘 온도계 : 금속의 산화물로 만든 삼각추가 기울어지는 각도로 온도를 측정

㉠ 측정원리 : 내열성의 금속산화물이 기울어지는 각도

㉡ 측정온도 : 600~2000℃

㉢ 종류 : 59종(SK 022~SK 042)

㉣ 용도 : 요업용, 벽돌 등의 내화도

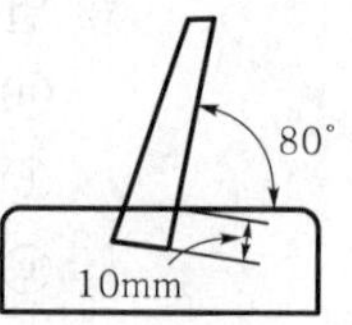

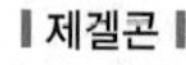

제겔콘 온도계의 종류

1. SK 022~SK 042(01, 02, 03, 04, 05, 5종 없음)
2. 042~022(64종)-(5종)=59

(2) 비접촉식 온도계

측정하고자 하는 물체에 온도계를 접촉시키지 않고 간접적으로 온도를 측정

- 특징
  - 측정온도의 오차가 크다.
  - 방사율의 보정이 필요하다.
  - 응답이 빠르고, 내구성이 좋다.
  - 고온 측정이 가능하고, 이동물체 측정에 알맞다.
  - 접촉에 의한 열손실이 없다.

① 광고 온도계

㉠ 측정원리 : 고온의 물체에서 방사되는 방사에너지를 통과시켜 표준온도 전구의 필라멘트에 휘도를 비교하여 측정

㉡ 측정범위 : 700~3000℃

㉢ 특징

ⓐ 고온 측정에 적합하다.

ⓑ 방사 온도계에 비하여 방사율의 보정이 적다.

ⓒ 비접촉식 중 정확한 측정이 가능하다.

ⓓ 측정시간이 길다.

ⓔ 구조가 간단하고, 휴대가 편리하다.

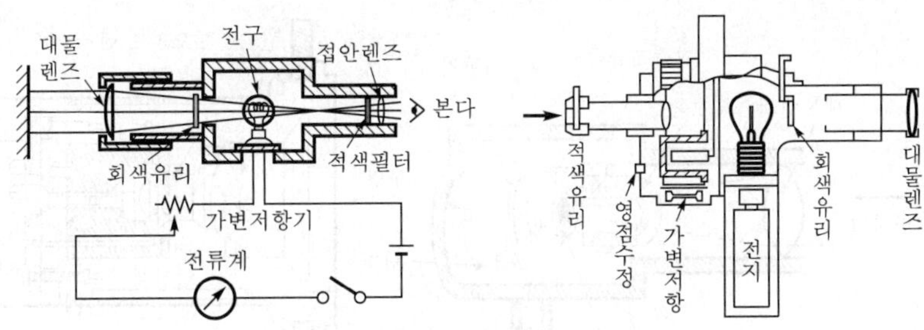

▌광고 온도계의 측정원리 및 구조▐

② 광전관식 온도계

㉠ 측정원리 : 광고 온도계를 자동화시킨 온도계

㉡ 측정온도 : 700℃ 이상

㉢ 특징

ⓐ 이동물체의 측정이 용이하다.

ⓑ 자동제어 기록이 가능하다.

ⓒ 응답시간이 빠르다.

ⓓ 구조가 복잡하다.

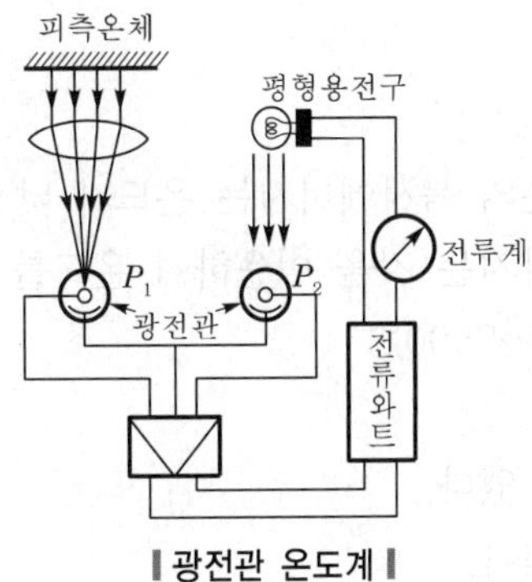

▌광전관 온도계▐

③ 방사 온도계

㉠ 측정원리 : 방사에너지를 측정하여 온도를 측정

㉡ 측정온도 : 600~2500℃

㉢ 특징

ⓐ 물체의 표면온도 측정

ⓑ 이동물체 온도 측정

ⓒ 연속측정 가능

ⓓ 오차의 우려가 있다.

ⓔ 방사율에 의한 보정량이 크고, 오차가 발생

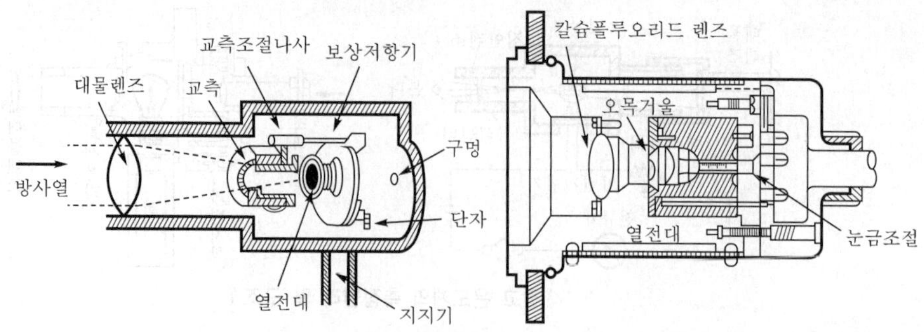

▌방사 온도계의 원리와 내부 구조▐

TiP 스테판 볼츠만의 법칙

물체에 방사되는 전방사에너지는 절대온도 4승에 비례한다.

$Q = 4.88\varepsilon\left(\frac{T}{100}\right)^4$

여기서, Q : 방사에너지(kcal/hr)

ε : 보정률

T : 절대온도

④ 색 온도계

㉠ 측정원리 : 고온의 복사에너지는 온도가 낮으면 파장이 길어지고, 온도가 상승하면 파장이 짧아지는 것을 이용하여 온도를 측정

㉡ 측정온도 : 600~2500℃

㉢ 특징

ⓐ 개인오차가 있다.

ⓑ 고장률은 적다.

ⓒ 연기, 먼지 등에 영향이 없다.

㉣ 온도와 색의 한계

온 도(℃)	색 깔
600	어두운 색
800	붉은색
1000	오렌지 색
1200	노란색
1500	눈부신 황백색
2000	매우 눈부신 흰색
2500	푸른기가 있는 흰백색

출 / 제 / 예 / 상 / 문 / 제

01 다음 온도계 중 비접촉식에 해당하는 것은?

① 유리 온도계
② 바이메탈 온도계
③ 압력식 온도계
④ 광고 온도계

해설

(1) 접촉식 온도계
㉠ 유리 온도계
㉡ 바이메탈 온도계
㉢ 압력식 온도계
㉣ 저항 온도계
㉤ 열전대 온도계
(2) 비접촉식 온도계
㉠ 광고 온도계
㉡ 광전관 온도계
㉢ 방사 온도계
㉣ 색 온도계

02 광고 온도계의 사용 시 틀린 것은?

① 정밀한 측정을 위하여 시야의 중앙에 목표점을 두고 측정하는 위치 각도를 변경하여 여러 번 측정한다.
② 온도 측정 시 연기, 먼지가 유입되지 않도록 주의한다.
③ 광학계의 먼지, 상처 등을 수시로 점검한다.
④ 1000℃ 이하에서 전류를 흘려보내면 측정에 도움이 된다.

03 측온 저항체의 종류에 해당되지 않는 것은?

① Fe ② Ni
③ Cu ④ Pt

04 니켈 저항측 온체의 측정온도 범위로 알맞은 것은?

① −200~500℃ ② −100~300℃
③ 0~120℃ ④ −50~150℃

해설

㉠ 백금 : −20~500℃
㉡ Ni : −50~150℃
㉢ Cu : 0~120℃

05 크로멜−알로멜(CA) 열전대의 (+)극에 사용되는 금속은?

① Ni−Al ② Ni−Cu
③ Mu−Si ④ Ni−Pt

06 접촉식 온도계에 대한 설명이 아닌 것은?

① 저항온도계의 특징으로는 자동제어 및 자동기록이 가능하고 정밀측정용으로 사용된다.
② 압력식 온도계에서 증기팽창식이 액체팽창식에 비하여 감도가 좋아 눈금측정이 쉽다.
③ 서미스터(thermistor)는 금속산화물을 소결시켜 만든 반도체를 이용하여 온도변화에 대한 저항변화를 온도측정에 이용한다.
④ 열전대 온도계는 접촉식 온도계 중에서 가장 고온의 측정용이다.

07 서미스터에 대한 설명 중 틀린 것은?

① 저항계수가 백금보다 10배 정도 크다.
② Ni, Cu, Mn, Fe, Co 등을 압축소결로 만들어진다.
③ 온도상승에 따라 저항률이 감소하는 것을 이용하여 온도를 측정한다.
④ 응답이 느리다.

정답 01.④ 02.① 03.① 04.④ 05.② 06.② 07.④

08 다음 중 색 온도계의 특징이 아닌 것은?

① 고장률이 적다.
② 휴대 취급이 간편하다.
③ 비접촉식 온도계이다.
④ 연기, 먼지 등에 영향을 받는다.

09 급열, 급냉에 강한 비금속 보호관의 종류는?

① 석영관
② 도기관
③ 카보런덤관
④ 자기관

10 열전대 보호관 중 상용 사용온도가 1000℃이며, 내열성이 우수하나 환원성 가스에 기밀성이 좋지 않은 보호관은?

① 자기관　② 석영관
③ 카보런덤관　④ 황동관

11 다음 중 정도가 좋은 온도계는?

① 색 온도계
② 저항 온도계
③ 기체팽창 온도계
④ 광전 온도계

12 감도가 좋으며, 충격에 대한 강도가 떨어지고 좁은 장소에 온도 측정이 가능한 측온 저항체는?

① 서미스터 측온 저항체
② 구리 측온 저항체
③ 니켈 측온 저항체
④ 금속 측온 저항체

13 400~500℃의 온도를 저항 온도계로 측정하기 위해서 사용해야 할 저항 소자는?

① 서미스터(thermistor)
② 구리선
③ 백금선
④ Ni선(nickel선)

14 온도계의 동작지연에 있어서 온도계의 최초 지시치 T_0(℃), 측정한 온도가 X(℃)일 때 온도계 지시치 T(℃)와 시간 T와의 관계식은? (단, δ = 시정수이다.)

① $d\tau/dT = (X - T_0)/\delta$
② $dT/d\tau = (X - T_0)/\delta$
③ $dT/d\tau = (T_0 - X)/\delta$
④ $dT/d\tau = \delta/(T_0 - X)$

15 방사 온도계의 흑체가 아닌 피측정체의 진정한 온도 "T"를 구하는 식이 맞는 것은? (단, t : 계기의 지시온도, E : 전방사율)

① $\dfrac{t}{\sqrt{E}}$　② $T = \dfrac{t}{\sqrt[2]{E}}$
③ $\dfrac{t}{\sqrt[3]{E}}$　④ $T = \dfrac{t}{\sqrt[4]{E}}$

방사 온도계는 절대온도의 4승에 비례

16 다음은 바이메탈 온도계이다. 자유단의 변위 X값으로 맞는 것은?

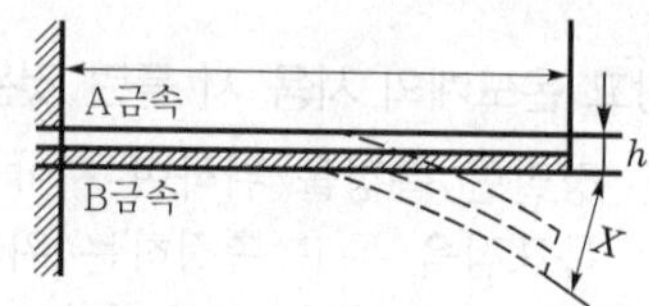

① $X = K(a_A - a_B)L^2t/h$
② $X = K(a_A - a_B)L^2t^2/h$
③ $X = (a_A - a_B)L^2t/Kh$
④ $X = (a_A - a_B)L^2t^2/Kh$

17 전기저항 온도계의 측온 저항계의 공칭저항치라고 말하는 것은 온도 몇 도 때의 저항 소자의 저항을 말하는가?

① 0℃　② 10℃
③ 15℃　④ 20℃

해설

0℃의 공칭저항(25Ω, 50Ω, 100Ω)

정답 08.④ 09.③ 10.② 11.② 12.① 13.③ 14.② 15.④ 16.① 17.①

18 서미스터 측온 저항체의 설명에 해당하는 것은?

① 호환성이 좋다.
② 온도변화에 따른 저항변화가 직선성이다.
③ 온도계수가 부특성이다.
④ 저항온도계수는 양의 값을 가진다.

해설
서미스터는 Ni, Cu, Mn, Fe, CO를 압축소결시켜 만든 것으로 응답이 빠르며, 저항온도계수가 백금의 10배이다. 특징으로는 호환성이 적고, 열화의 우려가 있다.

19 유리제 온도계의 검정유효 기간은 몇 년인가?

① 5년　② 3년
③ 2년　④ 4년

20 접촉식 온도계에 대한 다음의 설명 중 틀린 것은?

① 저항 온도계의 경우 측정회로로서 일반적으로 휘스톤 브리지가 채택되고 있다.
② 열전대 온도계의 경우 열전대로 백금선을 사용하여 온도를 측정할 수 있다.
③ 봉상 온도계의 경우 측정오차를 최소화하려면 가급적 온도계 전체를 측정하는 물체에 접촉시키는 것이 좋다.
④ 압력 온도계의 경우 구성은 감온부, 도압부, 감압부로 되어 있다.

해설
② 백금선을 사용하는 온도계는 전기저항 온도계이다.

21 서미스터(thermister)의 특징을 설명한 것은?

① 수분 흡수 시에도 오차가 발생하지 않는다.
② 감도는 크나 미소한 온도차 측정이 어렵다.
③ 온도상승에 따라 저항치가 감소한다.
④ 온도계수가 작으며, 응답속도가 빠르다.

해설
서미스터 온도계는 온도상승에 따라 저항치가 감소한다.

22 명판에 Ni 600이라고 쓰여 있는 측온 저항체의 100℃점에서의 저항값은 몇 Ω인가? (단, Ni의 온도계수는 +0.0067이다.)

① 840　② 950
③ 1002　④ 1500

해설
$R = R(1+\alpha t) = 600(1+0.0067\times100) = 1002\,\Omega$

23 다음 중 기계식 온도계에 속하지 않는 것은?

① 유리 온도계
② 색 온도계
③ 바이메탈 온도계
④ 압력식 온도계

24 다음 중 옳게 정의된 것은?

① 온도란 열, 즉 에너지의 일종이다.
② 물의 삼중점(0.01℃)을 절대온도 273.16K로 정의하였다.
③ 같은 압력 하에서 질소의 비점은 산소의 비점보다 높다.
④ 수소는 비점이 매우 낮아 삼중점을 갖지 않는다.

25 접촉방법으로 온도를 측정하려 한다. 다음 중 접촉식 방법이 아닌 것은?

① 흑체와의 색 온도 비교법
② 열팽창 이용법
③ 전기저항 변화법
④ 물질상태 변화법

해설
① 색 온도계는 비접촉식 방법이다.

26 물체에서 나오는 모든 복사열을 측정하는 온도계는?

① 저항 온도계　② 방사 온도계
③ 압력 온도계　④ 열전대 온도계

해설
복사(방사) 온도계 : 물체의 방사에너지는 절대온도의 4승에 비례한다.

정답 18.③ 19.② 20.② 21.③ 22.③ 23.② 24.② 25.① 26.②

27 다음 온도계에 대한 설명 중 틀린 것은?

① 온도계의 조성에는 순수한 물질의 비점이나 융점이 이용된다.
② 백금은 온도에 따라서 전기저항이 규칙적으로 발생한다.
③ CC 열전대의 콘스탄탄 Cu와 Ni의 합금이다.
④ 수은 온도계는 알코올 온도계보다 저온 측정에 적합하다.

해설

㉠ 수은 : −35~350℃
㉡ 알코올 : −100~100℃

28 산화성 분위기에 가장 강한 열전대는?

① PR 열전대 ② CA 열전대
③ IC 열전대 ④ CC 열전대

해설

㉠ PR : 산화에 강하고, 환원성에 약함
㉡ CA : 환원성에 강하고, 산화성에 약함
㉢ IC : 환원성에 강하고, 산화성에 약함
㉣ CC : 약산, 약환원성에 사용되며, 수분에 강함

29 다음 온도 환산식 중 틀린 것은?

① °F=9/5℃+32
② ℃=5/9(°F−32)
③ K=273.16+t(℃)
④ °R=459.69+t(℃)

°R=460+°F

30 온도 측정법에서 접촉식과 비접촉식을 비교 설명한 것이다. 타당한 것은?

① 접촉식은 움직이는 물체의 온도 측정에 유리하다.
② 일반적으로 접촉식이 더 정밀하다.
③ 접촉식은 고온의 측정에 적합하다.
④ 접촉식은 지연도가 크다.

해설

㉠ 접촉식 : 저온 측정
㉡ 비접촉식 : 고온 측정

31 스테판 볼츠만 법칙을 이용한 온도계는?

① 열전대 온도계 ② 방사 고온계
③ 수은 온도계 ④ 베크만 온도계

스테판 볼츠만의 법칙 : 전방사에너지는 절대온도의 4승에 비례

32 다음 온도계 중 가장 고온을 측정할 수 있는 것은?

① 저항 온도계
② 열전대 온도계
③ 바이메탈 온도계
④ 광고 온도계

광고 온도계 : 비접촉식

33 접촉식 온도계의 특징은?

① 최고온도 측정에 한계가 있다.
② 내열성 문제가 없어, 고온 측정이 가능하다.
③ 물체의 표면온도만 측정할 수 있다.
④ 이동하는 물체의 온도를 측정할 수 있다.

해설

접촉식 온도계는 저온 측정용이므로 높은 온도 측정에는 부적합하다.

34 표준 온도계의 온도검정은 무엇으로 하는 것이 좋은가?

① 수은 온도계
② 제겔콘
③ 시료온도
④ 온도정점

35 가스보일러의 화염온도를 측정하여 가스 및 공기의 유량을 조절하고자 한다. 가장 적당한 온도계는?

① 액체용입 유리온도계
② 저항 온도계
③ 열전대 온도계
④ 압력 온도계

정답 27.④ 28.① 29.④ 30.② 31.② 32.④ 33.① 34.④ 35.③

36 다음 온도계 중 사용온도 범위가 넓고, 가격이 비교적 저렴하며, 내구성이 좋으므로 공업용으로 가장 널리 사용되는 온도계는?

① 유리 온도계
② 열전대 온도계
③ 바이메탈 온도계
④ 반도체 저항 온도계

37 바이메탈 온도계의 특징으로 옳지 않은 것은?

① 히스테리시스 오차가 발생한다.
② 온도변화에 대한 응답이 빠르다.
③ 온도조절 스위치로 많이 사용한다.
④ 작용하는 힘이 작다.

해설

바이메탈 온도계 : 작용하는 힘이 크다.

38 열전대 온도계의 구성요소에 해당하지 않는 것은?

① 보호관 ② 열전대선
③ 보상 도선 ④ 저항체 소자

39 회로의 두 접점 사이의 온도차로 열기전력을 일으키고 그 전위차를 측정하여 온도를 알아내는 온도계는?

① 열전대 온도계 ② 저항 온도계
③ 광고 온도계 ④ 방사 온도계

40 열전 온도계를 수은 온도계와 비교했을 때 갖는 장점이 아닌 것은?

① 열용량이 크다.
② 국부온도의 측정이 가능하다.
③ 측정온도 범위가 크다.
④ 응답속도가 빠르다.

41 다음 온도계 중 노(爐) 내의 온도 측정이나 벽돌의 내화도 측정용으로 적당한 것은?

① 서미스터 ② 제겔콘
③ 색 온도계 ④ 광고 온도계

42 열전대 온도계의 종류 및 특성에 대한 설명으로 거리가 먼 것은?

① R형은 접촉식으로 가장 높은 온도를 측정할 수 있다.
② K형은 산화성 분위기에서는 열화가 빠르다.
③ J형은 철과 콘스탄탄으로 구성되며, 산화성 분위기에 강하다.
④ T형은 극저온 계측에 주로 사용된다.

해설

R형=PR, K형=CA, J형=IC, T형=CC

43 금속제의 저항이 온도가 올라가면 증가하는 원리를 이용한 저항 온도계가 갖추어야 할 조건으로 거리가 먼 것은?

① 저항온도계수가 적을 것
② 기계적으로, 화학적으로 안정할 것
③ 교환하여 쓸 수 있는 저항요소가 많을 것
④ 온도 저항곡선이 연속적으로 되어 있을 것

44 콘스탄탄의 성분으로 맞는 것은?

① Cu(60%), Ni(40%)
② Cu(50%), Ni(50%)
③ Ni(94%), Mn(%)
④ Cu(55%), Ni(45%)

45 다음 중 광고 온도계의 특징이 아닌 것은?

① 측정범위는 700~3000℃ 정도이다.
② 비접촉식 온도계이다.
③ 방사 온도계보다 방사 보정량이 크다.
④ 구조가 간단하고, 휴대가 편리하다.

해설

㉠ 방사 온도계보다 방사 보정량이 적다.
㉡ 상기 항목 이외에 연속측정, 자동제어가 불가능하다.

46 열전대 온도계의 원리는?

① 전기적으로 온도를 측정한다.
② 높은 고온을 측정하는 데 쓰인다.
③ 물체의 열전도율이 큰 것을 이용한다.
④ 두 물체의 열기전력을 이용한다.

정답 36.② 37.④ 38.④ 39.① 40.① 41.② 42.③ 43.① 44.④ 45.③ 46.④

열전대 온도계의 측정원리 : 열기전력

47 다음 [그림]에서 접점(냉접점)을 바르게 나타낸 곳은?

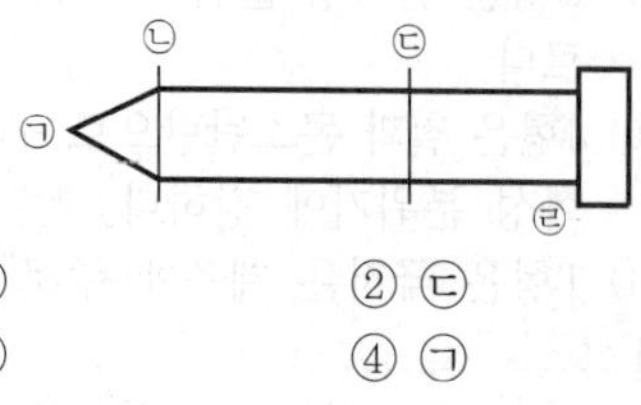

① ㉣ ② ㉢
③ ㉡ ④ ㉠

해설

㉠부분은 열접점

48 온도계의 구성요소로 적합하지 않은 것은?

① 연결부 ② 지시부
③ 감응부 ④ 감온부

해설

㉠ 일반 온도계의 구성요소 : 감온부, 지시부, 연결부
㉡ 압력식 온도계의 구성요소 : 감온부, 도압부, 감압부

49 다음 접촉식 온도계 중 가장 높은 온도를 측정할 수 있는 것은?

① CC 온도계 ② IC 온도계
③ CA 온도계 ④ PR 온도계

해설

열전대 온도계는 접촉식 온도계이며, PR은 1600℃까지 측정한다.

50 다음 열전 온도계의 취급상 주의사항 중 맞지 않는 것은?

① 지시계와 열전대를 알맞게 결합시킨 것을 사용한다.
② 열전대의 삽입길이는 정확히 한다.
③ 단자의 (+) (−)와 보상도선의 (−) (+)를 일치시켜 부착한다.
④ 도선은 접촉하기 전 지시의 0점을 조정한다.

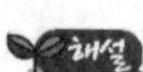

열전대 온도계의 취급상 주의점
㉠ 지시계와 열전대를 알맞게 결합시킨 것을 사용한다.
㉡ 단자의 (+) (−)와 보상도선의 (+) (−)를 일치시켜 부착한다.
㉢ 열전대의 삽입길이는 보호관의 외경의 1.5배로 한다.
㉣ 표준계기로서 정기적으로 지시눈금을 교정한다.
㉤ 열전대는 측정할 위치에 정확히 삽입하며, 사용온도 한계에 주의한다.
㉥ 도선은 접속하기 전 0점을 조정한다.

51 다음 열전대 온도계에 사용되는 보호관 중 사용온도가 1700℃ 정도가 되는 보호관은?

① 동관
② 석영관
③ 연관
④ 카보런덤관

해설

연관(600℃), 동관(800℃), 석영관(1000℃), 자기관(1500℃, 1750℃), 카보런덤관(1700℃)
※ 자기관은 재질에 따라 (산화규소+알루미나) : 1500 (산화알루미나 99% 이상 : 1750℃)로 구분한다.

52 다음은 접촉식 온도계의 원리에 따른 종류이다. 연결이 맞지 않는 것은?

① 물질상태 변화를 이용한 온도계 : 제겔콘 온도계
② 열기전력을 이용한 방법 : 크로멜−알루멜 온도계
③ 전기저항 변화를 이용한 방법 : 백금−로듐 온도계
④ 열팽창을 이용한 방법 : 바이메탈 온도계

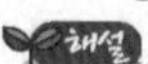

㉠ 전기저항 변화를 이용한 방법 : 전기저항 온도계
㉡ 백금−백금로듐 : 열전대 온도계

53 다음 비접촉식 온도계의 특징이 아닌 것은?

① 이동물체 측정이 가능하다.
② 고온 측정이 가능하다.
③ 측정온도의 오차가 적다.
④ 접촉에 의한 열손실이 없다.

해설

비접촉식 온도계의 특징
㉠ 측정온도의 오차가 크다.
㉡ 방사율의 보정이 필요하다.
㉢ 응답이 빠르고, 내구성이 좋다.
㉣ 고온 측정이 가능하고, 이동물체 측정에 알맞다.
㉤ 접촉에 의한 열손실이 없다.

정답 47.① 48.③ 49.④ 50.③ 51.④ 52.③ 53.③

54 수은 유리 온도계의 일반적인 온도 측정범위를 나타낸 것은?

① −100~200℃ ② −60~350℃
③ 0~200℃ ④ 100~200℃

55 접촉방법으로 온도를 측정하려 한다. 다음 중 접촉식 방법이 아닌 것은?

① 물질상태 변화법
② 전기저항 변화법
③ 열팽창 이용법
④ 물체와의 색 온도계 비교법

④ 색 온도계는 비접촉식이다.

56 바이메탈 온도계를 설명한 것이다. 해당되지 않는 것은?

① 측정원리는 두 물체 사이의 열팽창이다.
② 정도가 높다.
③ 온도변화에 따른 응답이 빠르다.
④ 온도보정장치에 이용된다.

57 수은의 양을 가감하는 것에 의해 매우 좁은 범위의 온도 측정이 가능한 온도계는?

① 아네로이드 온도계
② 베크만 온도계
③ 수은 온도계
④ 바이메탈 온도계

해설

베크만 온도계 : 수은 온도계의 일종으로 눈금을 세분화하여 매우 좁은 범위의 온도가 정밀 측정이 가능하다.

58 다음 설명에 해당되는 온도계는?

> ㉠ 자동제어가 가능하다.
> ㉡ 이동물체 온도 측정이 가능하다.
> ㉢ 증폭기가 있으며, 연속 측정이 가능하다.

① 복사 온도계 ② 광전관식 온도계
③ 광고 온도계 ④ 전기저항 온도계

59 다음 온도계 중 가장 정도가 좋은 것은?

① 복사 온도계
② 색 온도계
③ 저항 온도계
④ 광전관식 온도계

접촉식 온도계가 비접촉식보다 정도가 높다.

60 열전대 온도계의 구성요소가 아닌 것은?

① 밀리볼트계 ② 보상도선
③ 냉접점 ④ 온수 탱크

정답 54.② 55.④ 56.② 57.② 58.② 59.③ 60.④

03 유량계

1 유량 계산식

(1) 원관유량

$$Q = AV$$

여기서, Q : 유량(m^3/sec, m^3/hr)

A : 단면적(직경이 d이면 $\frac{\pi}{4}d^2$)

V : 유속(m/s)

예제 관경이 50cm인 관에 어떤 유체가 10m/s로 흐를 때 유량은 몇 m^3/hr인가?

풀이 $Q = \frac{\pi}{4}d^2 V = \frac{\pi}{4} \times (0.5\text{m})^2 \times 10\text{m/s} = 1.96\text{m/s} = 1.96 \times 3600 = 7068.58\text{m}^3/\text{hr}$

2 측정방법에 의한 유량계의 분류

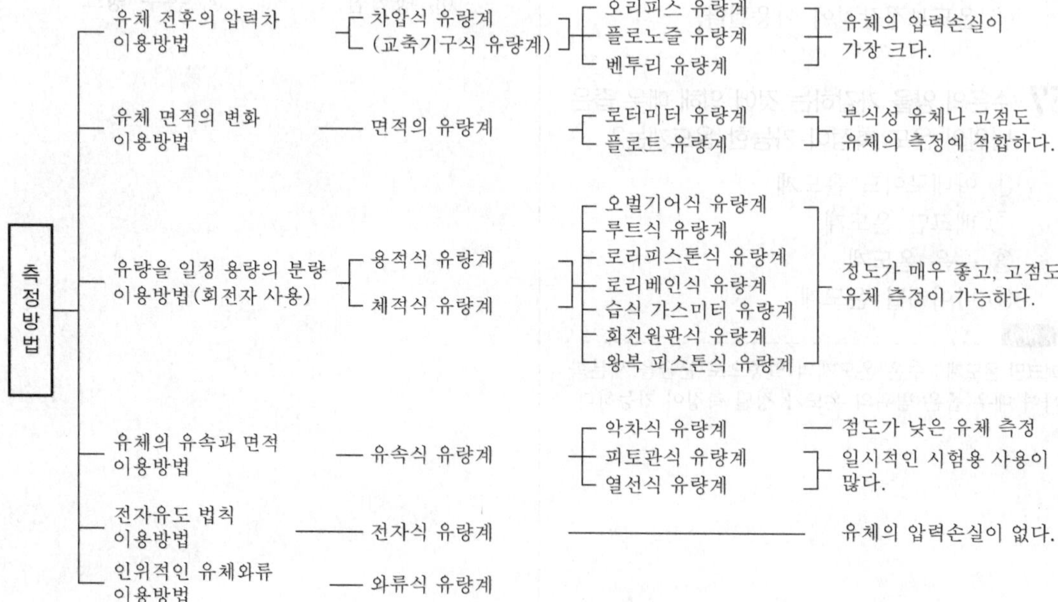

① 직접법 : 유체의 유량을 직접 측정(습식 가스미터)

② 간접법 : 유량과 관계있는 유속 단면적을 측정하고, 비교값으로 유량을 측정(오리피스, 벤투리관, 피토관, 로터미터)

3 유량계의 종류

(1) 차압식 유량계(교축기구식 유량계)

① 유량 측정은 베르누이 정리를 이용

② 교축기구 전후 압력차를 이용해 순간 유량을 측정

③ 유체가 흐르는 관로에 교축기구를 설치, 압력차를 이용하여 계산

④ 측정 유체의 압력손실이 크고, 저유량 유체에는 측정이 곤란

⑤ 종류 : 오리피스, 플로노즐, 벤투리

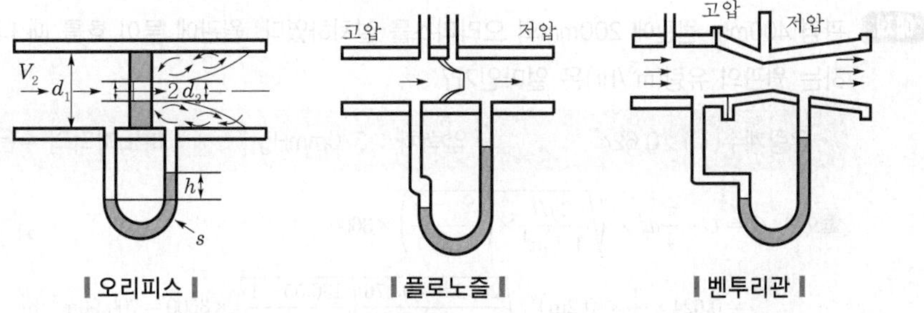

∥오리피스∥ ∥플로노즐∥ ∥벤투리관∥

⑥ 차압식 유량계의 압력손실이 큰 순서

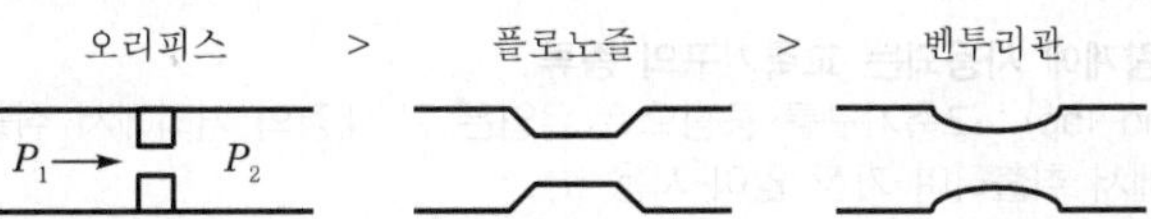

⑦ 차압식 유량계의 특징($Re = 10^5$정도)

유량계 종류 \ 특 징	장 점	단 점
오리피스	㉠ 설치가 쉽다. ㉡ 값이 저렴하다.	압력손실이 가장 크다.
플로노즐	㉠ 압력손실은 중간이다. ㉡ 고압용에 사용한다. ㉢ Re 수가 클 때 사용한다.	가격은 중간이다.
벤투리관	㉠ 압력손실이 가장 적다. ㉡ 정도가 좋다.	㉠ 구조가 복잡하다. ㉡ 가격이 비싸다.

상기 내용에 대한 보충설명입니다. 필독해주세요.

1. **차압식 유량계의 유량계산**

$$Q(\mathrm{m^3/hr}) = C \times \frac{\pi}{4} d_2^2 \times \sqrt{\frac{2gH}{1-m^4} \times \left(\frac{S_m - S}{S}\right)} \times 3600$$

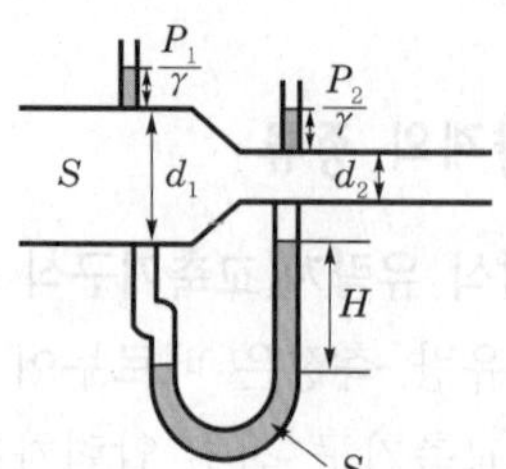

여기서, Q : 유량($\mathrm{m^3/hr}$)
g : 중력가속도($9.8\mathrm{m/s^2}$)
C : 유량계수
$\frac{\pi}{4} d_2^2$: 적은 직경의 단면적
H : 압력차(m)
S : 주관 내의 액비중
S_m : 마노미터액의 비중
m : 지름비 $\left(\frac{d_2}{d_1}(d_1 > d_2)\right)$

예제 관경 400mm 원관에 200mm의 오리피스를 설치하였다. 원관에 물이 흐를 때 다음 조건을 만족하는 원관의 유량($\mathrm{m^3/hr}$)은 얼마인가?

• 유량계수(C) : 0.624 • 압력차 : 370mmHg • 마노미터의 수은 비중 : 13.55

풀이 $Q = C \times \frac{\pi}{4} d_2^2 \times \sqrt{\frac{2gH}{1-m^4} \times \left(\frac{S_m - S}{S}\right)} \times 3600$

$$= 0.624 \times \frac{\pi}{4} \times (0.2\mathrm{m})^2 \sqrt{\frac{2 \times 9.8 \times 0.376}{1 - \left(\frac{0.2}{0.4}\right)^4} \left(\frac{136.55 - 1}{1}\right)} \times 3600 = 700.96\mathrm{m^3/hr}$$

2. **오리피스 유량계에 사용되는 교축기구의 종류**
   - 베나탭(Vend-tap) : 교축기구를 중심으로 유입은 관 내경의 거리에서 취출, 유출은 가장 낮은 압력이 되는 위치에서 취출하며 가장 많이 사용
   - 플랜지탭(Flange-tap) : 교축기구로부터 25mm 전후의 위치에서 차압을 취출
   - 코넬탭(Conner-tap) : 평균압력을 취출하며, 교축기구 직전 전후의 차압을 취출하는 형식

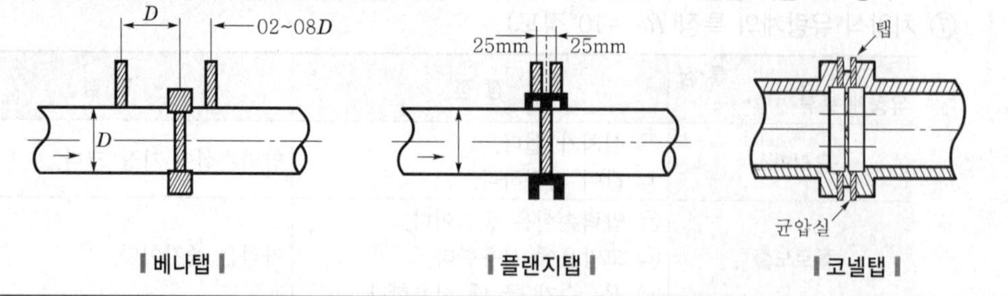

| 베나탭 | | 플랜지탭 | | 코넬탭 |

(2) 유속식 유량계

① 측정원리 : 관로에 흐르는 유체의 유속을 측정하여 단면적을 곱하면 유량이 계산

② 종류 : 피토관, 임펠러식, 열선식

③ 특징

종 류	특 징
피토관	㉠ 피토관의 두부는 유체의 흐름방향과 평행하게 설치한다. ㉡ 유속이 5m/s 이상이어야 한다. ㉢ 측정압력은 동압이다.
임펠러식(액류계)	㉠ 유체의 관로에 익차를 설치하고 유속을 측정한다. ㉡ 임펠러의 형식은 프로펠러, 터빈형이 있다.
열선식	㉠ 관로에 설치된 전열선을 이용하여 순간유량을 측정한다. ㉡ 압력손실은 적다.

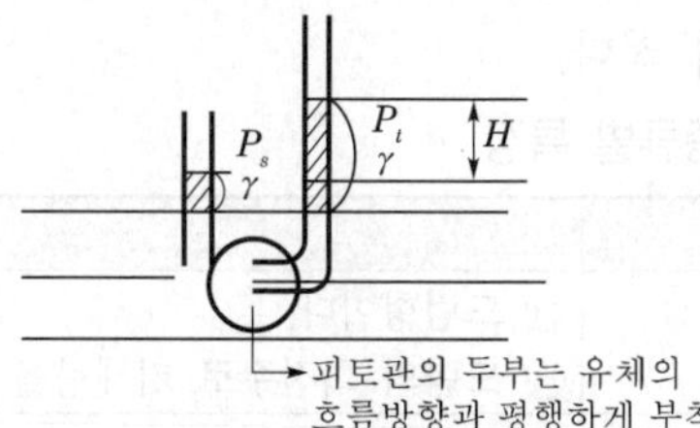

피토관의 두부는 유체의 흐름방향과 평행하게 부착

$$H(\text{동압})=\frac{P_t}{\gamma}(\text{전압})-\frac{P_s}{\gamma}(\text{정압})$$

피토관은 동압을 측정하여 유속에 대한 유량을 측정

$$\text{유속 계산식} : V=C\sqrt{2gH}=C\sqrt{2g\frac{P_t-P_s}{\gamma}}$$

여기서, V : 유속(m/s)
C : 유속계
g : 중력가속도(9.8m/s^2)
$\frac{P_t}{\gamma}$: 전압(kg/m^2)
$\frac{P_s}{\gamma}$: 정압(kg/m^2)

예제 피토관 내부의 압력차가 100mmH$_2$O일 때 유속을 계산하여라. (단, 유속계수 C=0.88이다.)

풀이 $V=C\sqrt{2gH}$
$=0.88\times\sqrt{2\times9.8\times0.1}$
$=1.23$m/s(100mmH$_2$O=100kg/m^2=0.1mH$_2$O)

(3) 용적식 유량계

① 측정원리 : 어느 정도의 체적 안에 유체의 양을 유입하여 유출되는 유량을 연속측정

② 특징

㉠ 크기가 주로 대형이다.

㉡ 내식성 재질로 제작 시 가격이 고가이다.

㉢ 적산유량을 측정한다.

㉣ 입구에는 필히 여과기를 설치한다.

㉤ 고점도 유체에 적합하다.

㉥ 진동의 영향이 적다.

③ 용적식 유량계의 종류별 특징

종 류	특 징
습식 가스미터	㉠ 드럼형이다. ㉡ 드럼의 회전수로 기체량을 적산하여 유량을 측정한다.
건식 가스미터	㉠ 격막식이다. ㉡ 계량실 내에는 4개의 계량막이 있다.
로터리 피스톤식	㉠ 수도계량기로 많이 사용된다. ㉡ 내부의 피스톤이 회전하면서 적산유량을 측정한다.
왕복 피스톤식	㉠ 내부의 피스톤 왕복운동으로 유량을 측정한다. ㉡ 부식성이 없다. ㉢ 점도가 적은 유체에 적합하다. ㉣ 주유소의 유량측정에 많이 쓰인다.

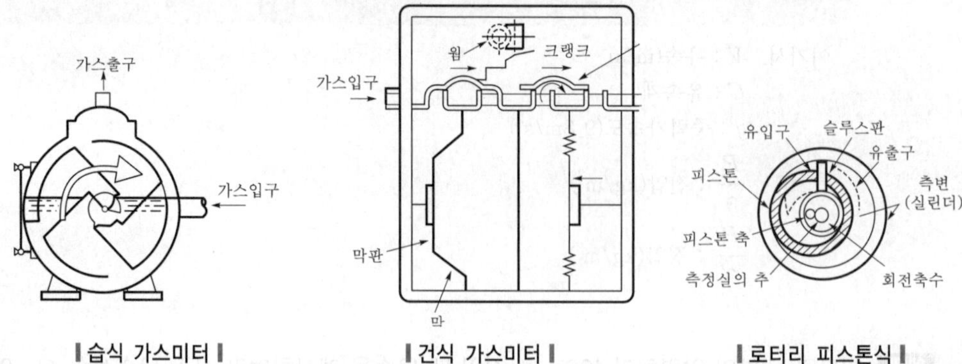

| 습식 가스미터 | | 건식 가스미터 | | 로터리 피스톤식 |

(4) 면적식 유량계

① 측정원리 : 유리관 속의 부자를 이용, 부자의 변위를 면적으로 변화시켜 순간유량을 측정

② 특징

㉠ 부식성 유체에 적합하다.

㉡ 진동의 영향이 크다.

㉢ 유체에 대하여 수직으로 부착하여야 한다.

㉣ 정도는 ±1~2%이다.

③ 종류

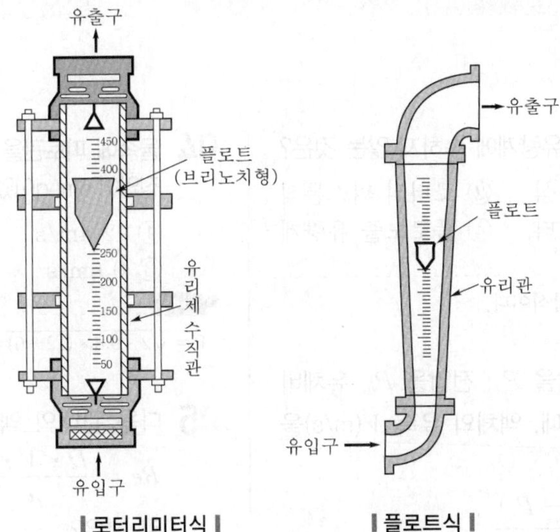

‖로터리미터식‖ ‖플로트식‖

(5) 전자유량계

① 측정원리 : 전자유도 법칙을 이용. 도전성 액체의 순간유량을 측정

② 특징

㉠ 압력손실이 적다.

㉡ 자동제어에 적용할 수 있다.

TiP 전자유도 법칙(패러데이 법칙)

1F의 전기량 96500cb으로 lg당 양 석출

1. 수소 1당량=1g=$\frac{1}{2}$mol=11.2L

2. 산소 1당량=8g=$\frac{1}{4}$mol=5.6L

예제 2F의 전기량으로 물을 전기분해 시 양극에서 석출되는 기체의 부피는 몇 L인가?

풀이 $2H_2O \rightarrow 2H_2 + O_2$

1F : (11.2L+5.6L)

2F : x(L) ∴ x=33.6L

출/제/예/상/문/제

01 다음 중 용적식 유량계에 속하지 않는 것은?

① 왕복 피스톤식 ② 로터리 피스톤식
③ 습식 가스미터 ④ 플로노즐 유량계

플로노즐 유량계는 차압식이다.

02 피토관에서 정압을 P_s, 전압을 P_t, 유체비중량을 γ라 할 때, 액체의 유속 V(m/s)을 구하는 식은?

① $V^2 = \dfrac{\gamma(P_t - P_s)}{2g}$

② $V^2 = \dfrac{2\gamma - g}{g}$

③ $V^2 = \dfrac{2\gamma\ (P_t - P_s)}{g}$

④ $V^2 = \dfrac{2g(P_t - P_s)}{\gamma}$

$V = \sqrt{2g\dfrac{(P_t - P_s)}{\gamma}}$

03 수면 10m의 물탱크에서 9m 지점에 구멍이 뚫렸을 때 유속은?

① 14.57m/s ② 13.28m/s
③ 12m/s ④ 10m/s

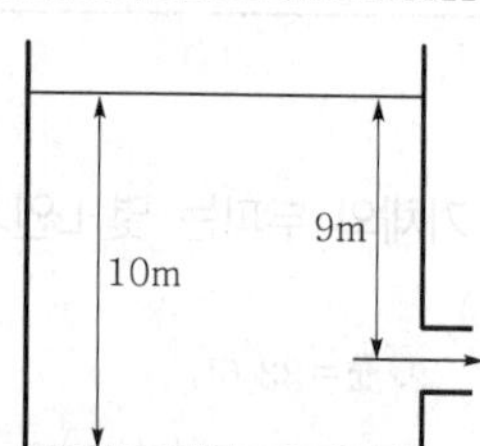

$V = \sqrt{2gh} = \sqrt{2 \times 9.8 \times 9} = 13.28\text{m/s}$

04 물속에 피토관을 설치하였더니 종압이 12mAq, 정압이 6mAq이었다. 이때, 유속은 몇 m/s인가?

① 12.4m/s ② 9.8m/s
③ 0.6m/s ④ 10.8m/s

$V = \sqrt{2 \times 9.8 \times (12-6)} = 10.84\text{m/s}$

05 다음 관내의 액체가 흐를 때 레이놀즈 수 $Re = \dfrac{D \cdot V \cdot \rho}{\mu}$이다. 기호의 설명 중 틀린 것은?

① D : 관의 안지름(cm)
② μ : 유체의 점도(g/cm, sec)
③ V : 유체의 평균속도(m/sec)
④ ρ : 유체의 밀도(g/cm³)

$Re = \dfrac{\rho d V}{\mu}$

여기서, ρ : 밀도(g/cm³)
d : 관경(cm)
V : 유속(cm/s)
μ : 점성계수(g/cm, s)

- Re란 층류와 난류를 구분하는 무차원 수
- $Re > 2300$이며 난류, $Re < 2300$ 층류(임계 레이놀즈 수를 $Re = 2100$으로 보는 경우도 있음)
- 층류 : 유체의 흐름이 일정한 것
- 난류 : 유체의 흐름이 불규칙한 것

06 다음의 공식은 질량 유량을 나타내는 공식이다. F는 무엇을 뜻하는가?

$$G = \rho Q = \rho v F(\text{kg/h})$$

① 유체가 흐르는 관로의 단면적
② 유체의 단위체적당 무게
③ 유체의 밀도
④ 유체의 평균 유속

정답 01.④ 02.④ 03.② 04.④ 05.③ 06.①

07 차압식 유량계로 유량을 측정하는 데 관로 중에 설치한 오리피스 전후의 차압이 1936mmH₂O일 때의 유량은 22m³/hr이었다. 1024mmH₂O일 때 유량은?

① $11.6m^3/h$ ② $16m^3/h$
③ $32m^3/h$ ④ $41.6m^3/h$

해설

$Q=A\sqrt{2gh}$ 에서 유량은 차압의 평방근에 비례하므로

$$22m^3/hr : \sqrt{1936}$$
$$x : \sqrt{1024}$$

$$\therefore\ x=\frac{\sqrt{1024}}{\sqrt{1936}}\times 22=16m^3/hr$$

08 안지름 D, 계수 C인 전자유량계에서 관 내에 도전성 유체가 평균속도 V(m/sec) 전기력의 세기가 H일 때 체적 유량 Q에 대한 식은? (단, E는 기전력임.)

① $Q=C\times D\times \frac{H}{E}$
② $Q=C\times D\times \frac{E}{H}$
③ $Q=C\times D\times H$
④ $Q=C\times D\times E\times H$

09 차압식 유량계에서 교축 상류 및 하류에서의 압력이 P_1, P_2일 때 체적 유량이 Q_1이라고 한다. 압력이 처음보다 2배만큼씩 증가했을 때의 유량 Q_2는 얼마인가?

① $Q_2=\sqrt{2}\,Q_1$
② $Q_2=2Q_1$
③ $Q_2=\frac{1}{2}Q_1$
④ $Q_2=\frac{1}{\sqrt{2}}Q_1$

해설

$Q_1=A\sqrt{2gH}$, $Q_2=A\sqrt{2g2H}$ 이므로

$$\frac{Q_2}{Q_1}=\frac{A\sqrt{2g2H}}{A\sqrt{2gH}}$$

$$\therefore\ Q_2=\sqrt{2}\,Q_1$$

10 직경 10cm의 관에 물의 압력차가 5kg/cm² 작용 시 유량은 몇 m³/s인가?

① $20m^3/s$ ② $0.36m^3/s$
③ $0.25m^3/s$ ④ $10m^3/s$

$$Q=A\cdot V=A\sqrt{2gH}$$
$$=\frac{\pi}{4}\times(0.1m)^2\sqrt{2\times 9.8\times\frac{5\times 10^4}{1000}}=0.2458m^3/s$$

11 다음 피토관의 유량계에 대한 설명 중 틀린 것은?

① 피토관의 두부는 유체의 흐름방향과 평행하게 부착해야 한다.
② 유속이 5m/s 이상에는 적용할 수 없다.
③ 유속식 유량계에 속한다.
④ 간접식 유량계에 속한다.

해설

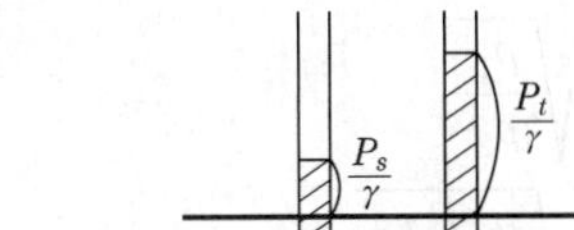

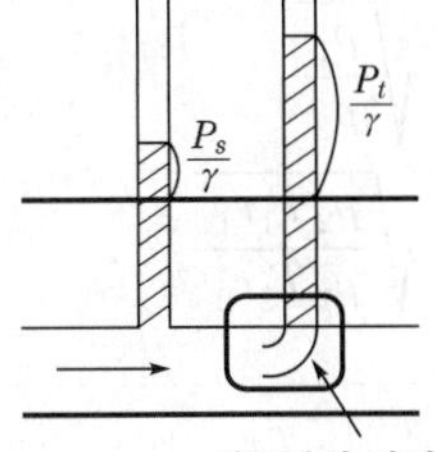

피토관의 머리부분
(유체의 흐름방향)

㉠ 유속식 유량계인 동시에 간접식 유량계
㉡ $V=\sqrt{2gH}$ 이며, $H=\frac{\Delta P}{r}$ 이다.
 여기서, ΔP : 동압=전압−정압
 P_t : 전압
 P_s : 정압
㉢ 유속이 5m/s 이하에는 적용할 수 없다.
㉣ 피토관의 두부는 유체의 흐름방향과 평행으로 부착한다.

12 와류를 이용하여 유량을 측정하는 유량계의 종류는?

① 로터미터
② 로터리 피스톤 유량계
③ 델타 유량계
④ 오발 유량계

정답 07.② 08.② 09.① 10.③ 11.② 12.③

13 플로트형 면적 유량계에 대하여 설명한 것이다. 가장 관계 없는 것은?

① 기체 및 액체용으로 적합하다.
② 일반적으로 조임 유량측정법에 비하여 유량측정 범위가 넓다.
③ 고정된 눈금을 사용해야 한다.
④ 면적 테이퍼 관로에 또는 플로어윔 뒤에 압력차를 측정하는 원리이다.

14 교축기구식 유량계에서 증기유량 보증계수에 실측치를 곱해서 보정을 하고자 할 때에 맞는 식은?

① $K_s = \sqrt{\dfrac{\rho_2}{\rho_1}}$

② $K_1 = \sqrt{\dfrac{r_1}{r_2}}$

③ $K_s = \sqrt{\dfrac{\rho_1}{\rho_2}}$

④ $K_g = \sqrt{\dfrac{\rho_2 T_1 r_1}{\rho_1 T_2 r_2}}$

해설

㉠ 기체유량 : $K=\sqrt{\dfrac{\rho_2 T_1 r_1}{\rho_1 T_2 r_2}}$

㉡ 액체유량 : $K=\sqrt{\dfrac{r_2}{r_1}}$

㉢ 증기유량 : $K=\sqrt{\dfrac{\rho_2}{\rho_1}}$

15 차압식 유량계에서 적용되는 법칙은?

① 작용 · 반작용 법칙
② 열역학 제1법칙
③ 뉴턴의 점성 법칙
④ 베르누이 정리

16 다음 유량계 중 전자유도 법칙의 원리로서 전도성 액체의 순간유량을 측정하는 유량계는?

① 전자식 유량계
② 초음파 유량계
③ 와류식 유량계
④ 열선식 유량계

해설

전자유도 법칙(패러데이 법칙)
1F의 전기량 96500cb으로 1g당량 석출

㉠ 수소 1당량=1g=$\dfrac{1}{2}$mol=11.2L

㉡ 산소 1당량=8g=$\dfrac{1}{4}$mol=5.6L

참고 2F의 전기량으로 물을 전기분해 시 양극에서 석출되는 기체의 부피는 몇 L인가?
$2H_2O \rightarrow 2H_2+O_2$
1F : 11.2L+5.6L
2F : x(L)
$\therefore\ x=33.6$L

17 토마스식 유량계는 어떤 유체의 유량을 측정하는 데 쓰이는가?

① 물의 유량 ② 가스의 유량
③ 용액의 유량 ④ 석유의 유량

18 Orifice Meter에서 유속은 다음 식에 의하여 계산된다. 다음 식에서 C_0는 오리피스 유출계수라고 하는 것으로서 Reynold No.가 얼마 이상일 때 그 값은 0.61로 일정하다고 한다. 한계의 Reynold No.는 얼마인가?

$$U_0 = \frac{C_0}{\sqrt{1-m^4}}\sqrt{\frac{2g\rho_m-\rho}{\rho}H}\,(\mathrm{m/s})$$

① 30000 이상 ② 20000 이상
③ 3000 이상 ④ 2000 이상

19 오리피스 면적 A, 유량 G, 압력차를 h라고 하고, 오리피스계수를 K라고 할 때, 이들 사이의 관계식은?

① $h = A\sqrt{2gK}$
② $h = K\sqrt{2gA}$
③ $G = \dfrac{KA}{\sqrt{2gh}}$
④ $G = KA\sqrt{2gh}$

정답 13.④ 14.① 15.④ 16.① 17.② 18.④ 19.④

20 다음 유량계 중에서 용적식 유량계 형태가 아닌 것은?

① 다이어프램　　② 오벌식
③ 피토관　　④ 드럼

③ 피토관은 유속식 유량계이다.

21 다음의 유량계 중에서 압력차에 의한 유량을 측정하는 것이 아닌 것은?

① Rota meter(로터미터)
② Venturi meter(벤투리미터)
③ Orifice meter(오리피스미터)
④ Pitot tube(피토관)

① 로터미터는 면적식 유량계이다.

22 날개에 부딪치는 유체의 운동량으로 회전체를 회전시켜 운동량과 회전량의 변화량으로 가스흐름 양을 측정하는 계량기로 측정범위가 넓고 압력손실이 적은 가스유량계는?

① Vertex 유량계
② 터빈 유량계
③ 루트식 유량계
④ 막식 유량계

23 다음 중 가스유량 측정기구가 아닌 것은?

① 토크미터　　② 벤투리미터
③ 건식 가스미터　　④ 습식 가스미터

24 다음 중 유량 측정기에 대한 설명으로 틀린 것은?

① 가스유량 측정에는 스트로 보스탑이 쓰인다.
② 오리피스미터는 배관에 붙여서 압력차를 측정한다.
③ 유체의 유량 측정에는 벤투리미터가 쓰인다.
④ 가스유량 측정에는 가스미터가 쓰인다.

25 피토관을 이용하여 내경 100mm의 수평관에 흐르는 20℃ 공기의 중심 유속을 측정하니 10.5m/s이었다. 공기의 유량은? (단, 이 상태 하의 평균유속과 최대속도와의 비는 U/U_{max}=0.81이다.)

① $66.8m^3/s$
② $0.0668m^3/s$
③ $85.05m^3/s$
④ $8.505m^3/s$

해설

$Q=AV$

$=\frac{\pi}{4}\times(0.1m)^2\times10.5m/s\times0.81=0.0668m^3/s$

26 관경 4cm의 관에 어떤 유체가 5m/s로 흐를 때 유량은 몇 m^3/hr인가?

① 10.54　　② 22.62
③ 35.71　　④ 47.48

해설

$Q=\frac{\pi}{4}d^2\cdot V=\frac{\pi}{4}\times(0.04m)^2\cdot 5m/s$

$=6.283\times10^{-13}m^3/s=22.62m^3/hr$

27 다음 중 간접식 유량계의 종류에 해당되지 않는 것은?

① 로터미터
② 피토관
③ 습식 가스미터
④ 오리피스

해설

㉠ 간접식 유량계
- 오리피스
- 벤투리관
- 로터미터
- 피토관

㉡ 직접식 유량계 : 습식 가스미터

28 오리피스 유량계의 특성이 아닌 것은?

① 침전물의 생성 우려가 크다.
② 압력손실이 작다.
③ 좁은 장소에 설치할 수 있다.
④ 구조가 간단하다.

정답 20.③ 21.① 22.② 23.① 24.① 25.② 26.② 27.③ 28.②

29 다음 차압식 유량계 중에서 압력손실이 가장 큰 유량계는?

① 플로노즐 ② 오리피스
③ 피토관 ④ 벤투리관

차압식 유량계의 압력손실이 큰 순서
㉠ 오리피스 ㉡ 플로노즐 ㉢ 벤투리관

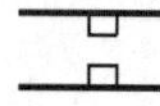

30 차압식 유량계의 압력손실의 크기가 바르게 표시된 것은?

① 벤투리>오리피스>노즐
② 노즐>벤투리>오리피스
③ 오리피스>노즐>벤투리
④ 노즐>오리피스>벤투리

31 차압식 유량계의 Re(레이놀즈) 수는 얼마 정도인가?

① $Re=10^5$ ② $Re=10^4$
③ $Re=10^3$ ④ $Re=10^2$

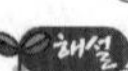

차압식 유량계수의 $Re=10^5$ 이상에서 정도가 좋다.

32 다음 중 차압식 유량계의 유량식은 어느 것인가?

① $Q=AC\sqrt{\dfrac{2gH}{1-m^4}\dfrac{(S_m-S)}{S}}$
② $Q=A\sqrt{2gH}$
③ $Q=AC\sqrt{\dfrac{2gH}{1-m^4}}$
④ $Q=A\cdot V$

33 어떤 유관의 기체속도를 알기 위하여 피토관으로 측정하여 차압이 50kg/m²임을 알았다. 피토관계수가 1일 때 유속은 몇 m/s인가? (단, 유체의 비중량은 1.5kg/m³이다.)

① 27.47m/s ② 25.56m/s
③ 30.09m/s ④ 24.67m/s

$$V=C\sqrt{2g\times\frac{\Delta P}{\gamma}}$$
$$=1\times\sqrt{2\times 9.8\times\frac{50}{1.5}}=25.56\text{m/s}$$

34 다음 유량계 중 면적식 유량계의 대표적인 유량계는?

① 플로트 유량계
② 로터미터
③ 로터리 피스톤 유량계
④ 습식 가스미터

면적식 유량계의 특징
㉠ 부식성 유체에 적합하다.
㉡ 종류는 로터미터, 플로트 등이 있다(대표적인 유량계는 로터미터).
㉢ 정도는 1~2%이다.

35 유량계의 교정방법에는 4가지 종류가 있다. 이들 중에서 기체 유량계의 교정에 가장 적합한 것은?

① 저울을 사용하는 방법
② 기준 탱크를 사용하는 방법
③ 기준 유량계를 사용하는 방법
④ 기준 체적관을 사용하는 방법

36 [그림]과 같이 A점의 유속이 1.3m/sec이고 B점의 유속이 5m/sec, 단면적이 0.8m²라면 A점의 단면적은?

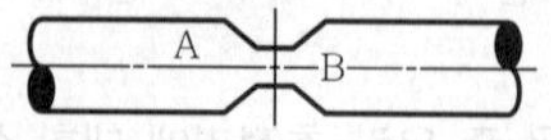

① 3.075m^2
② 6.419m^2
③ 4.785m^2
④ 5.192m^2

해설

연속의 법칙
$A_1V_1=A_2V_2$

$\therefore A_1=\dfrac{0.8\times 5}{1.3}=3.075\text{m}^2$

정답 29.② 30.③ 31.① 32.① 33.② 34.② 35.④ 36.①

37 유량 측정에 쓰이는 TAP 방식이 아닌 것은?

① Vena tap(베나탭)
② Pressure tap(프레셔탭)
③ Flange tap(플랜지탭)
④ Corner tap(코너탭)

38 교축기구 유량계에서 m이 지름비 $\left(\frac{d_2}{d_1}\right)$일 때 압력손실($H$) 값이 맞는 것은?

① H=차압×$(m-1)$
② H=차압/$(1-m^2)$
③ $H=(1-m)$/차압
④ H=차압×$(1-m^4)$

39 차압식 유량계에서 압력차가 처음보다 2배 커지고 관의 지름이 1/2배로 되었다면, 나중 유량(Q_2)과 처음 유량(Q_1)과의 관계로 옳은 것은? (단, 나머지 조건은 모두 동일하다.)

① $Q_2=1.412Q_1$
② $Q_2=0.707Q_1$
③ $Q_2=0.3535Q_1$
④ $Q_2=4Q_1$

$Q_1=\frac{\pi}{4}d^2\sqrt{2gH}$, $Q_2=\frac{\pi}{4}\times\left(\frac{d}{2}\right)^2\sqrt{2g2H}$

$\therefore \frac{Q_2}{Q_1}=\frac{\frac{\pi}{4}\times\left(\frac{d}{2}\right)^2\sqrt{2g2H}}{\frac{\pi}{4}d^2\sqrt{2gH}}$

$\therefore Q_2=0.3535Q_1$

40 내경 30cm인 관 속에 내경 15cm인 오리피스를 설치하여 물의 유량을 측정하려 한다. 압력강하는 0.1kg/cm^2이고, 유량계수는 0.72일 때 물의 유량은?

① $0.23\text{m}^3/\text{s}$ ② $0.056\text{m}^3/\text{s}$
③ $0.028\text{m}^3/\text{s}$ ④ $0.56\text{m}^3/\text{s}$

$Q=C\cdot\frac{\pi}{4}d_2{}^2\sqrt{\frac{2gH}{1-m^4}\left(\frac{S_m}{S}-1\right)}$

$=0.72\times\frac{\pi}{4}\times(0.15\text{m})^2\sqrt{2\times9.8\times1}$

$=0.056\text{m}^3/\text{s}$

41 유량을 측정하려 할 때 관계가 없는 것은?

① 유속분포를 측정해서 단면에 대하여 적분
② 압력차에서 유량을 구하는 방법
③ 용적과 시간으로부터 유량을 구하는 방법
④ 비전도성 액체 유량 측정에 적합

해설

① 유속식
② 차압식
③ 용적식

42 유량계 중 회전체의 회전속도를 측정하여 단위시간당의 유량을 알 수 있는 유량계는?

① 오리피스형 유량계
② 터빈형 임펠러식 유량계
③ 오벌식 유량계
④ 벤투리식 유량계

정답 37.② 38.④ 39.③ 40.② 41.④ 42.②

04 ◦ 액면계

1 액면의 측정방법

① 직접법 : 측정하고자 하는 액면의 높이를 직접 측정
  • 종류 : 직관식, 플로트식, 검척식

② 간접법 : 측정하고자 하는 액면의 높이를 압력차나 초음파 방사선 등을 이용하여 간접 방법으로 액면을 측정
  • 종류 : 다이어프램식, 방사선식, 차압식, 초음파식, 기포식 등

2 액면계의 구비조건

① 구조가 간단하고, 경제적일 것
② 보수점검이 용이하고, 내구 · 내식성이 있을 것
③ 고온 · 고압에 견딜 것
④ 연속 측정이 가능할 것
⑤ 원격 측정이 가능할 것
⑥ 자동제어장치에 적용 가능할 것

3 액면계의 종류

(1) 직접식 액면계

① 직관식 액면계 : 육안으로 액면의 높이를 관찰할 수 있으므로 액면계에 표시된 눈금을 읽음으로 액면을 측정(자동제어 불가능)
  • 종류 : 크린카식, 게이지 글라스식

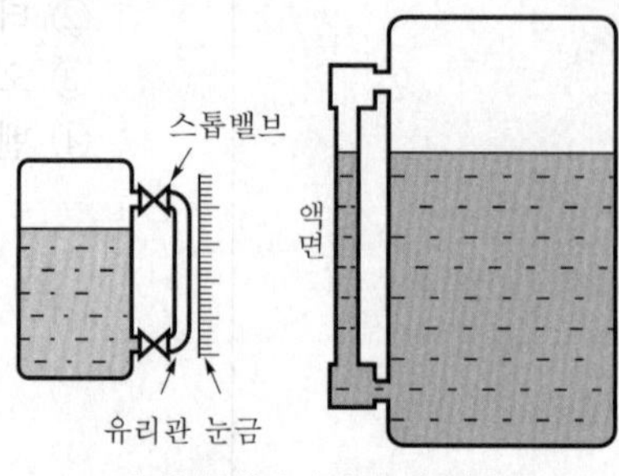

▌직관식(게이지 글라스)▐

② 검척식 액면계
  ㉠ 측정하고자 하는 액면을 직접 자로 측정

㉡ 자의 눈금을 읽음으로써 액면을 측정
㉢ 개방 탱크에 많이 사용

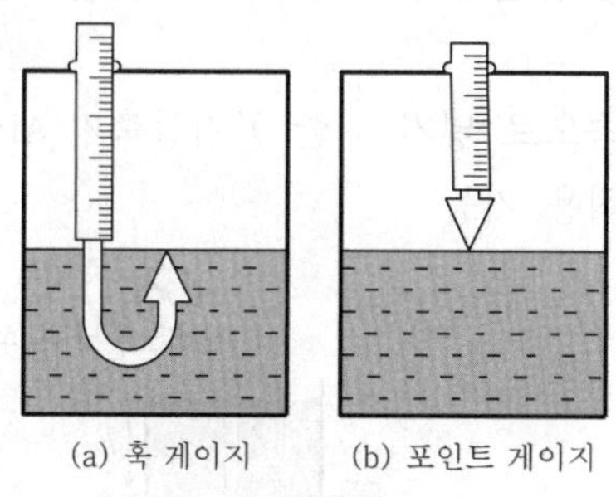

▌검척식▐

③ 클린카식 액면계 : 지상에 설치하는 LP가스 탱크에 주로 사용하는 액면계

④ 플로트(부자)식 : 액면에 플로트를 띄우고 액의 높이가 변하면 플로트가 유동하는 정도를 지침으로 가리켜 액면을 측정하는 방법으로 고압밀폐 탱크의 압력차를 측정하는 데 사용되고 있다(유리관을 이용, 액위를 직접 판독).

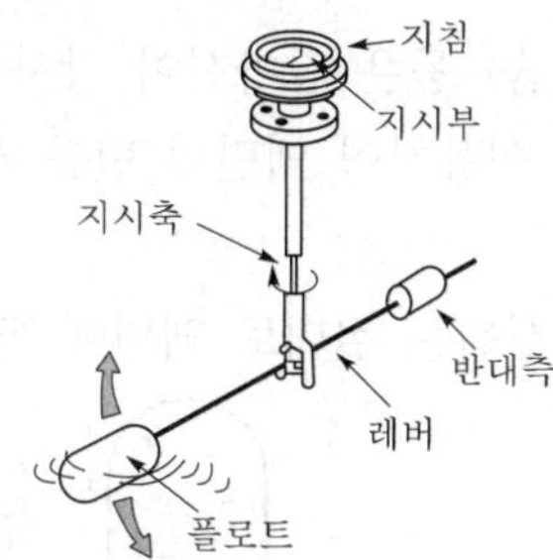

(2) 간접식 액면계

① 차압식 액면계(햄프슨식 액면계)
㉠ 자동제어장치에 적용이 쉽다.
㉡ 액면을 유지하고 있는 압력과 탱크 내 유체의 압력차를 이용하여 액면을 측정한다.
㉢ 고압밀폐 탱크의 압력차를 측정하는 데 널리 사용된다.

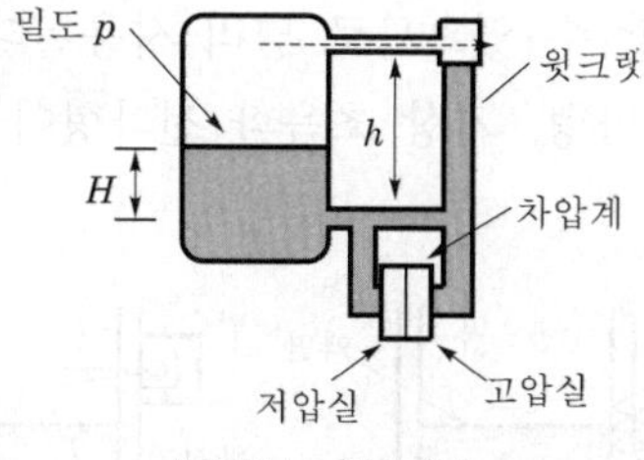

▌차압식 액면계▐

② 기포식 액면계

㉠ 탱크 속에 관을 삽입하여 이 관으로 공기를 보내면 액중에 발생하는 기포로 액면을 측정

㉡ 공기를 액면 속으로 넣기 위한 공기압축기(Air Compressor)가 필요

㉢ 모든 유체에 적용 가능

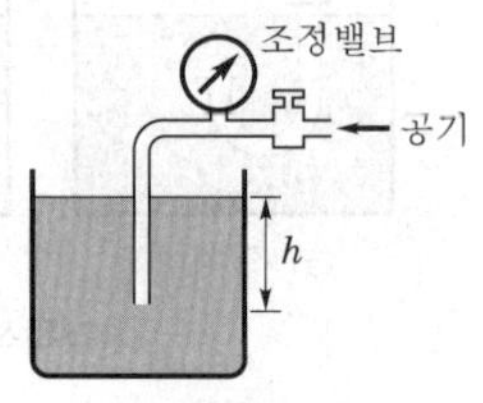

▌기포식 액면계▐

③ 다이어프램식 액면계 : 액의 높이에 따라 변화될 수 있는 압력을 다이어프램에 전달, 그 압력을 공기압으로 변환하여 액면을 측정

④ 방사선식 액면계

㉠ Co(코발트)나 Cs(세슘) 등은 감마선이 방사선을 투과시켜 탱크 상부면 측면 등에 설치된 검출기를 이용하여 액면의 변동 시 방사선의 강도변화로 액면을 측정한다.

㉡ 방사성 물질이므로 선원은 절대로 액면에 띄워서는 안 된다.

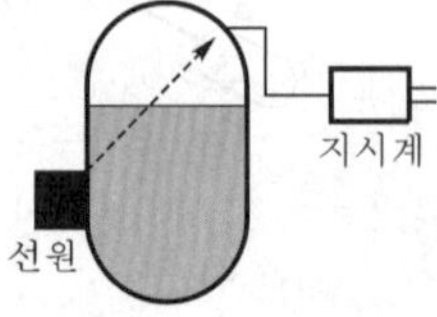

⑤ 초음파식 액면계

㉠ 초음파가 액면에서 반사되어 수신기로 돌아오는 시간으로 액면을 측정한다.

㉡ 형태가 단순하다.

㉢ 간단하게 설치할 수 있으므로 널리 사용된다.

㉣ 액상 초음파 전파형, 기상 초음파 전파형이 있다.

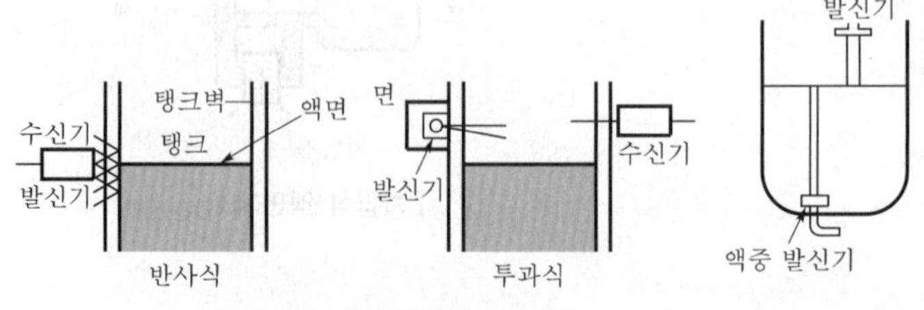

▌초음파식 액면계▐

⑥ 정전 용량식 액면계

㉠ 2개의 금속도체가 공간을 이루고 있을 때 이 도체 사이에는 정전용량이 존재하며, 그 크기는 두 도체 사이에 존재하는 물질에 따라 다르다는 원리를 이용한 것이다.

㉡ 탱크 안에 전극을 넣고 액위변화에 의한 전극과 탱크 사이의 정전용량 변화를 측정함으로써 액면을 알 수 있다.

㉢ 측정물의 유전율(전기선 속밀도 : 전기장)을 이용하여 정전용량의 변화로 액면을 측정한다.

㉣ 정전용량 C는 다음과 같다.

$$C = \frac{2\pi(\varepsilon_1 H_1 + \varepsilon_2 H_2)}{\log(R/r)}$$

여기서, ε_1 : 액체의 유전율

ε_2 : 기체의 유전율

H_1 : 액면 하에 있는 전극길이

H_2 : 액면 상에 있는 전극길이

r : 내부 전극의 외면 반경

R : 외부 전극의 내면 반경

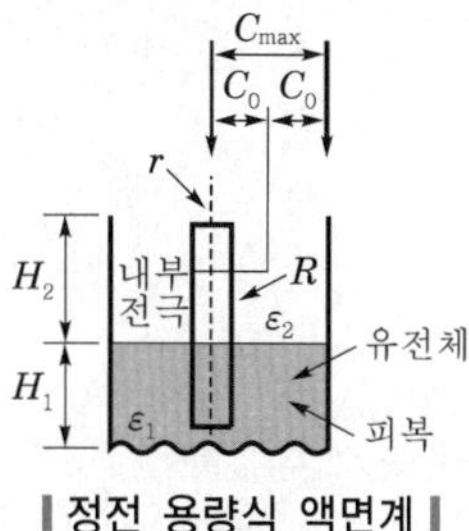

▌정전 용량식 액면계▐

⑦ 슬립튜브식 액면계 : 인화중독의 우려가 없는 곳에 사용되는 액면계의 일종으로 튜브식에는 슬립튜브식 이외에 고정튜브식, 회전튜브식 등이 있으며 주로 지하에 설치되는 LP가스 탱크에 사용된다.

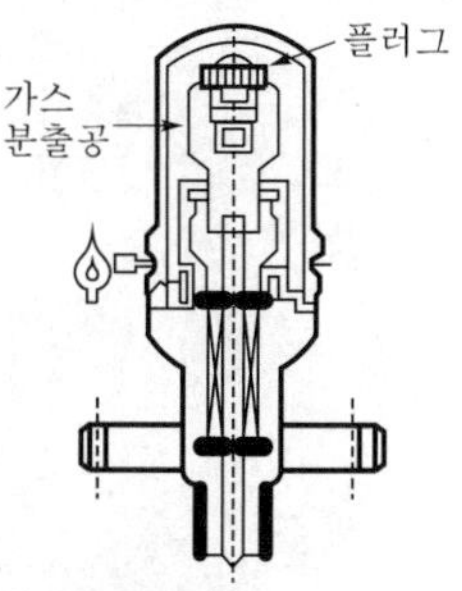

▌슬립튜브식 액면계▐

⑧ 압력검출식 액면계 : 액면으로부터 작용하는 압력을 압력계에 의해 액면을 측정밀도가 변하는 유체에는 적용이 불가능하며, 정도가 낮은 곳에 사용된다. 압력의 계산은 다음의 식으로 계산한다.

$$P = \gamma h$$

여기서, P : 압력(kg/m²)
γ : 비중량(kg/m³)
h : 액면높이(m)

출/제/예/상/문/제

01 다음 중 액면계의 구비조건이 아닌 것은?
① 투명성이 있을 것
② 자동제어장치에 적용이 가능한 것
③ 구조가 간단할 것
④ 고온·고압에 견딜 것

액면계의 구비조건
㉠ 구조가 간단하고, 경제적일 것
㉡ 보수점검이 용이하고, 내구·내식성이 있을 것
㉢ 고온·고압에 견딜 것
㉣ 연속 측정이 가능할 것
㉤ 원격 측정이 가능할 것
㉥ 자동제어장치에 적용 가능할 것

02 다음 중 간접식 액면계가 아닌 것은?
① 정전용량식 액면계
② 압력식 액면계
③ 부자식 액면계
④ 초음파 액면계

부자식(플로트식) 액면계 : 직접식

03 다음의 액면계 중에서 압력차를 이용한 액면을 측정하는 것이 아닌 것은?
① 편위평형식 액면계
② 다이어프램식 액면계
③ U자관 액면계
④ 기포식 액면계

04 다음 중 인화 또는 중독의 우려가 없는 곳에 사용할 수 있는 액면계가 아닌 것은?
① 클린카식 액면계
② 회전튜브식 액면계
③ 슬립튜브식 액면계
④ 고정튜브식 액면계

해설

인화 또는 중독의 우려가 없는 곳에 사용되는 액면계로는 고정튜브식, 슬립튜브식, 회전튜브식 등이 있다.

05 다음은 방사선식 액면계를 설명한 것이다. 옳지 않은 것은?
① 검출기의 강도 지시차가 크면 액면은 높다.
② 방사 선원을 탱크 상부에 설치한다.
③ 방사 선원을 액면에 띄운다.
④ 방사 선원은 코발트 60(Co^{60})이 사용된다.

해설

③ 방사 선원을 액면에 띄우면 방사선이 노출될 우려가 있다.

06 유리관식 액면계의 눈금을 읽는 위치로 맞는 것은?
① 메니스커스의 중간부
② 메니스커스의 상당부
③ 적당한 부분
④ 메니스커스의 하단부

해설

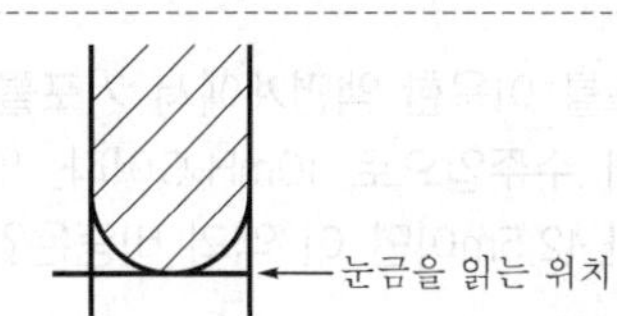

07 다음 액면계 종류를 나열하였다. 옳은 것은?
① 차압식, 퍼지식, 터빈식, Roots식
② Float식, 터빈식, Oval식, 차압식
③ Float식, 반도체식, 터빈식, 차압식
④ Float식, 퍼지식, 차압식, 정전용량식

정답 01.① 02.③ 03.① 04.① 05.③ 06.④ 07.④

08 직접 액면을 관찰할 수 있는 투시식과 빛의 반사에 의해 측정되는 반사식이 있는 액면계는?

① 클린카식 액면계
② 부자식 액면계
③ 전기저항식 액면계
④ 슬립튜브식 액면계

09 다음 중 차압식 액면계의 특징이 아닌 것은?

① 압력차로 액면을 측정한다.
② 정압측 유체와 탱크 내 유체의 밀도가 같아야 측정이 가능하다.
③ 자동액면제어에는 곤란하다.
④ 햄프슨식 액면계라고 한다.

자동액면제어장치에 용이하다.

- 차압식 액면계(햄프슨식)
  - ㉠ 자동액면제어장치에 용이하다.
  - ㉡ 정압측에 세워진 유체와 탱크 내의 유체의 밀도가 같지 않으면 측정이 곤란하다.
  - ㉢ 일정한 액면을 유지하고 있는 기준기의 정압과 탱크 내 유체의 부압과 압력차를 차압계로 보내어 액면을 측정하는 계기이다.

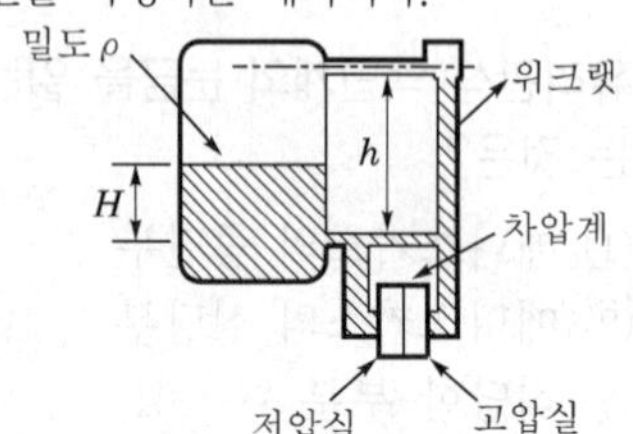

❙ 차압식 액면계 ❙

10 기포를 이용한 액면계에서 기포를 넣는 압력이 수주압으로 10mH₂O이다. 액면의 높이가 12.5m이면 이 액의 비중은?

① 0.6 ② 0.8
③ 1.0 ④ 1.2

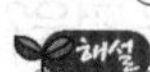

$P=\gamma H$이므로

$\gamma=\dfrac{P}{H}=\dfrac{10\times10^3\text{kg/m}^2}{12.5\text{m}}=800\text{kg/m}^3$

$\therefore\ 800=1000s$

$\therefore\ s=\dfrac{800}{1000}=0.8$

11 다음 중 유리관을 이용하여 액위를 직접 판독할 수 있는 액위계는?

① 플로트식 액위계 ② 로터리식 액위계
③ 슬립튜브 액위계 ④ 봉상 액위계

12 다음 중 액면 측정장치가 아닌 것은?

① 차압식 액면계 ② 임펠러식 액면계
③ 부자식 액면계 ④ 유리관식 액면계

13 액용 액면계 중에서 직접적으로 자동제어가 어려운 것은?

① 압력검출식 액면계
② 부자식 액면계
③ 부력검출식 액면계
④ 유리관식 액면계

14 측정물의 전기장을 이용하여 정전용량의 변화로서 액면을 측정하는 액면계는?

① 공기압식 액면계
② 다이어프램식 액면계
③ 정전용량식 액면계
④ 전기저항식 액면계

해설

정전용량식 액면계

㉠ 2개의 금속도체가 공간을 이루고 있을 때 양 도체 사이에는 정전용량이 존재하며, 그 크기는 두 도체 사이에 존재하는 물질에 따라 다르다는 원리를 이용한 것이다.
㉡ 탱크 안에 전극을 넣고 액위변화에 의한 전극과 탱크 사이의 정전용량 변화를 측정함으로써 액면을 알 수 있다.
㉢ 측정물의 유전율(전기선 속 밀도 : 전기장)을 이용하여 정전용량의 변화로 액면을 측정한다.

15 극저온 저장탱크의 액면 측정에 사용되는 차압식 액면계로 차압에 의해 액면을 측정하는 액면계는?

① 로터리식 액면계
② 고정튜브식 액면계
③ 슬립큐브식 액면계
④ 햄프슨식 액면계

정답 08.① 09.③ 10.② 11.① 12.② 13.④ 14.③ 15.④

16 액면상에 부자(浮子)를 띄워 부자의 위치를 직접 측정하는 방법의 액면계는?

① 퍼지식 액면계
② 정전용량식 액면계
③ 차압식 액면계
④ 플로트식 액면계

17 다음 중에서 고압밀폐 탱크의 액면제어용으로 가장 많이 사용하는 액면측정 방식은?

① 부자식 ② 차압식
③ 기포식 ④ 편위식

18 다음 중 간접식 액면계로 볼 수 없는 것은?

① 검척식 액면계
② 전자식 액면계
③ 방사선식 액면계
④ 초음파식 액면계

해설

검척식 : 직접 액면을 자로 측정(직접식)

19 아르키메데스의 원리를 이용한 액면 측정 방식은?

① 부자식 ② 편위식
③ 기포식 ④ 차압식

해설

아르키메데스 원리 이용
㉠ 압력계 : 침종식
㉡ 액면계 : 편위식

20 액면계의 액면조절을 위한 자동 제어 구성으로 옳은 것은?

① 액면계－밸브－조절기－전송기－조작기
② 액면계－조작기－전송기－밸브－조절기
③ 액면계－조절기－밸브－전송기－조작기
④ 액면계－전송기－조절기－조작기－밸브

21 지하 탱크에 파이프를 삽입하여 액면을 측정할 수 있는 액면계는?

① 플로트식 액면계
② 퍼지식 액면계
③ 디스플레이스먼트식 액면계
④ 정전용량식 액면계

22 초음파 레벨 측정기의 특징으로 옳지 않은 것은?

① 측정대상에 직접 접촉하지 않고 레벨을 측정할 수 있다.
② 부식성 액체나 유속이 큰 수로의 레벨도 측정할 수 있다.
③ 측정범위가 넓다.
④ 고온 · 고압의 환경에서도 사용이 편리하다.

23 액위(liquid level)를 측정할 수 있는 액면계측기가 아닌 것은?

① 부자식 액면계 ② 압력식 액면계
③ 용적식 액면계 ④ 방사선 액면계

정답 16.④ 17.② 18.① 19.② 20.④ 21.② 22.④ 23.③

05 가스분석계

1 가스검지법

(1) 가스의 검지 목적

석유화학 공장에서 가스누설 시 초기에 차단하지 않으면 대량으로 누설되어 인명, 재산의 피해가 막대하므로 현장에서 신속하게 검시하기 위해 예방과 공공의 안전을 확보함으로 인명, 재산의 피해를 줄이는 데 있다.

(2) 검지법의 종류

① 시험지법 : 가스를 시험지에 접촉 시 변색하는 현상을 이용하여 누설가스를 검지하는 방법이다.(주로 독성 가스 검지에 이용)

검지가스 시험지	시험지	변 색	감 도
NH_3	적색 리트머스지	청변	0.0007mg/L
C_2H_2	염화 제1동착염지	적변	2.5mg/L
$COCl_2$	하리슨 시험지	심등색	1mg/L
CO	염화파라듐지	흑변	0.01mg/L
H_2S	연당지	황갈색(흑색)	0.001mg/L
HCN	초산벤젠지	청변	0.001mg/L

② 검지관법 : 검지관의 가스채취기를 이용하여 내경 2~4mm 유리관 중에 발색 시약을 흡착시킨 검지제를 충전, 시료가스의 착색층 길이, 착색 정도로 성분 농도를 측정한다.

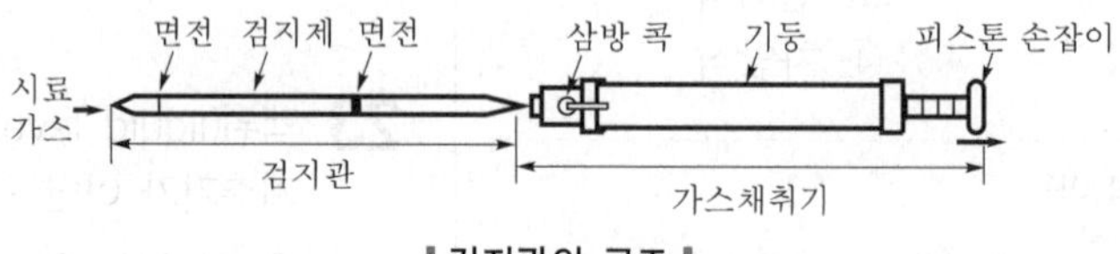

▌검지관의 구조▐

(3) 가연성 가스검출기

① 간섭계형 : 가스의 굴절률의 차이를 이용하여 농도를 측정하는 법(CH_4 및 일반 가연성 가스검출)

$$x = \frac{Z}{I(n_m - n_a)} \times 100$$

여기서, x : 성분 가스의 농도(%)

Z : 공기의 굴절률차에 의한 간섭 무늬의 이동

n_m : 성분 가스의 굴절률

n_a : 공기의 굴절률

I : 가스실의 유효길이(빛의 통로)

② 안전등형 : 탄광 내에서 메탄(CH_4)의 발생을 검출하는 데 안전등형 간이 가연성 가스 검정기를 이용, 검정기는 철망에 싸인 석유-램프의 일종으로 인화점 50℃의 등유를 연료로 사용. 이 램프가 점화하고 있는 공기 중에 CH_4이 있으면 불꽃 주위의 발열량이 증가하므로 불꽃의 모양이 커진다. 이 불꽃의 길이로 CH_4의 농도를 측정 CH_4의 연소범위에 가깝게 5.7% 정도 되면 불꽃이 흔들리기 시작하고 5.85%가 되면 등 내에서 폭발연소하여 불꽃이 작아지거나 철망 때문에 등 외에서 가스가 점화되는 경우가 있으므로 주의해야 한다.

‖ 불꽃길이와 메탄농도의 관계 ‖

청염길이(mm)	7	8	9.5	11	13.5	17	24.5	47
메탄농도(%)	1	1.5	2	2.5	3	3.5	4	4.5

③ 열선형 : 브리지 회로의 편위 전류로서 가스의 농도지시 또는 자동적으로 경보하는 것

(4) 가스검지 경보장치의 종류 및 특성

① 접촉연소방식 : 백금 필라멘트 주변에 백금 Palladium 등의 촉매를 놓고 내구 처리를 가한 검지소자에 산소를 함유한 가연성 가스가 접촉하게 되면 가연성 가스의 농도가 폭발하한계(LEL) 이하에 있어도 접촉연소반응을 일으킨다.

㉠ 반응열로 검지소자의 온도가 상승하여 전기저항이 커지게 된다.

㉡ 전기저항의 변화를 휘스톤 브리지의 불평형 전압에서 전류변화를 검출한다.

㉢ 장기 안정성에 우수하며 출력특성, 정도, 응답특성이 좋아 소자수명이 길다.

② 반도체 방식 : 금속산화물(SnO_2, ZnO 등) 소결체에 2개의 전극(1개는 히터 겸용 전극)을 밀봉하여 가열한 것으로 되어 있다. 이 가스 검출소자는 환원성 가스에 접촉하면 화학흡착이 생기며, 반도체 소자 내에서 자유전자의 이동이 생기고 소자의 전기전도도가 증대한다.

2 가스분석법

(1) 흡수분석법

① 오르자트법

㉠ 분석성분과 흡수제

ⓐ 분석 성분 : CO_2, O_2, CO, N_2

$N_2(\%) = 100 - (CO_2(\%) + O_2(\%) + CO(\%))$

ⓑ 분석 순서 : $CO_2 \rightarrow O_2 \rightarrow CO \rightarrow N_2$($N_2$는 분석기에서 분석되지 않고 전체에서 감한 나머지 양으로 계산한다)

ⓒ 흡수제

- CO_2 : KOH 33%(수산화칼륨 33% 수용액)

- O_2 : 알칼리성 피로카롤 용액
- CO : 암모니아성 염화제1동 용액

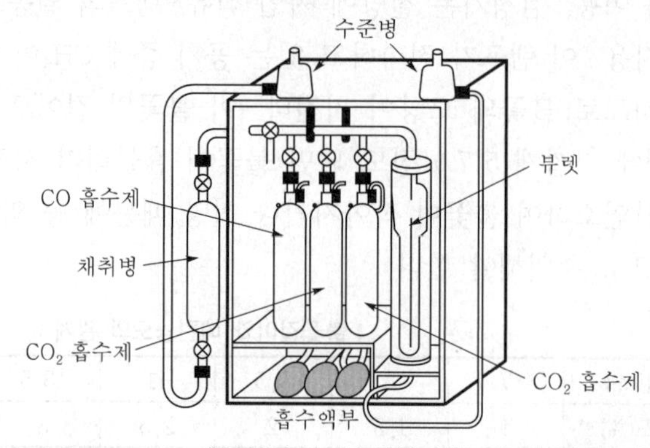

‖오르자트 가스분석기‖

㉡ 특징

ⓐ 구조가 간단하고 취급이 용이하며, 휴대가 간편하다.
ⓑ 분석 순서가 바뀌면 오차가 크다.
ⓒ 수동조작에 의해 성분을 분석한다.
ⓓ 정도가 매우 좋다.
ⓔ 뷰렛, 피펫은 유리로 되어 있다.
ⓕ 수분은 분석할 수 없고, 건배기 가스에 대한 각 성분 분석이다.
ⓖ 연속 측정이 불가능하다.

㉢ 성분 계산방법

ⓐ $CO_2(\%)=\dfrac{CO_2\text{의 체적감량}}{\text{시료채취량}}\times 100$

ⓑ $O_2(\%)=\dfrac{O_2\text{의 체적감량}}{\text{시료채취량}}\times 100$

ⓒ $CO(\%)=\dfrac{CO\text{의 체적감량}}{\text{시료채취량}}\times 100$

ⓓ $N_2(\%)$는 $100-(CO_2+O_2+CO)$

예제 100mL 시료가스를 CO_2 → O_2 → CO의 순서로 흡수시켜 남는 부피가 50mL, 30mL, 20mL일 때 가스조성을 구하여라. (단, 최종적으로 남는 가스는 N_2이다.)

풀이
- $CO_2(\%)=\dfrac{100-50}{100}\times 100=50\%$
- $O_2(\%)=\dfrac{50-30}{100}\times 100=20\%$
- $CO(\%)=\dfrac{30-20}{100}\times 100=10\%$
- $N_2(\%)=100-(50+20+10)=20\%$

② 헴펠법

㉠ 분석성분과 흡수제

ⓐ 분석성분 : CO_2, C_mH_n, O_2, CO, N_2

$N_2(\%) = 100 - (CO_2(\%) + C_mH_n(\%) + O_2(\%) + CO(\%))$

ⓑ 흡수제

- CO_2 : KOH 33%(수산화칼륨 33% 용액)
- C_mH_n(탄화수소) : 발연황산
- O_2 : 알칼리성 피로카롤 용액
- CO : 암모니아성 염화제1동 용액

③ 게겔(Gockel)법 : 저급 탄화수소의 분석용에 사용되는 것으로 CO_2(33% KOH 용액), C_2H_2(요오드수은칼륨 용액), C_3H_6, n-C_3H_8(87% H_2SO_4), C_2H_4(취소수 용액), O_2(알칼리성 피로카롤 용액), CO(암모니아성 염화제1동 용액)의 순으로 흡수된다.

(2) 연소분석법

분석하고자 하는 시료가스를 연소(공기, 산소 등)에 의해 발생된 결과를 근거로 하여 가스의 성분을 분석한다.

- 발생결과 : 산소 소비량, CO_2 생성량, 생성몰수 등
- 연소분석법의 종류 : 완만연소, 분별연소, 폭발법

① 완만연소법

㉠ 직경 0.5mm 정도의 백금선을 3~4mm의 코일로 한 적열부를 가진 완만연소 피펫으로 시료가스를 연소시키는 방법으로, 일명 우인클레법 또는 적열백금법이라고 한다.

㉡ 산소와 시료가스를 피펫에 천천히 넣고 백금선으로 연소시키므로 폭발위험성이 작다.

㉢ N_2가 혼재되어 있을 때도 질소산화물의 생성을 방지할 수 있다.

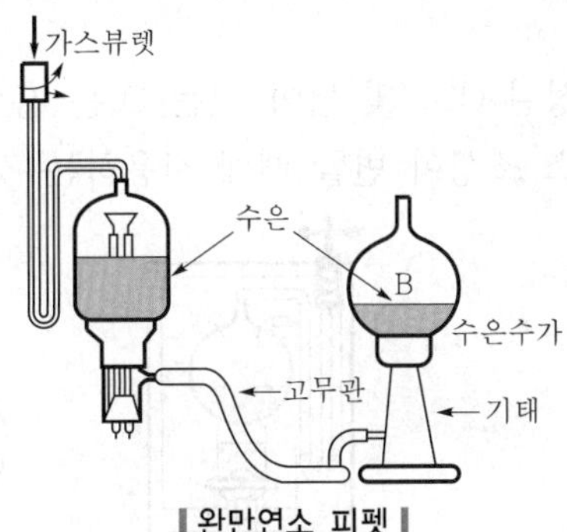

▌완만연소 피펫▐

㉣ 이 방법은 보통 흡수법과 조합하여 사용되며, H_2와 CH_4을 산출하는 것 이외에 H_2와 CO, H_2와 CH_4, C_2H_6 등 체적의 수축과 CO_2의 생성량 및 소비 산소량에서 농도를 측정한다.

② **분별연소법** : 2종 이상의 동족 탄화수소와 H_2가 혼재하고 있는 시료에서는 폭발법과 완만연소법이 이용될 수 없다. 이 경우에 탄화수소는 산화시키지 않고 H_2 및 CO만을 분별적으로 완전산화시키는 분별연소법이 사용된다.

㉠ 파라듐관 연소법 : 약 10%의 파라듐 석면 0.1~0.2g을 넣은 파라듐관을 80℃ 전후로 유지하고 시료가스와 적당량의 O_2를 통하여 연소시키면 $2H_2+O_2 \rightarrow 2H_2O$와 같으며, 연소 전후의 체적 차 2/3가 H_2량이 되어 이때 C_mH_{2n+2}는 변화하지 않으므로 H_2량이 산출된다. 촉매로서 파라듐 석면 이외에 파라듐, 흑연, 백금, 실리카겔 등도 사용된다.

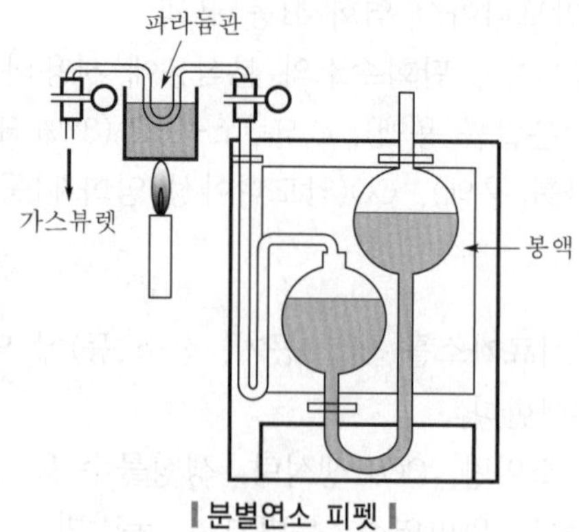

▌분별연소 피펫▐

㉡ 산화동법 : 산화동을 250~300℃ 이상 가열하여 시료가스를 통과 CO, H_2를 연소시킨 후 계속 고온 800~900℃에서 CH_4가스를 연소시켜 정량하는 방법이다.

③ **폭발법** : 일정량의 가연성 가스 시료를 뷰렛에 넣고 적정량의 산 또는 공기를 혼합하여 폭발 피펫에 옮겨 전기 스파크로 폭발시킨다.

㉠ 가스를 다시 뷰렛에 되돌려 연소에 의한 용적의 감소에서 목적성분을 구하는 방법이다.

㉡ 연소에서 생성된 CO_2 및 남아 있는 O_2는 흡수법에 의해 구할 수 있다.

㉢ 폭발법은 가스 조성이 변할 때에 사용하는 것이 안전하다.

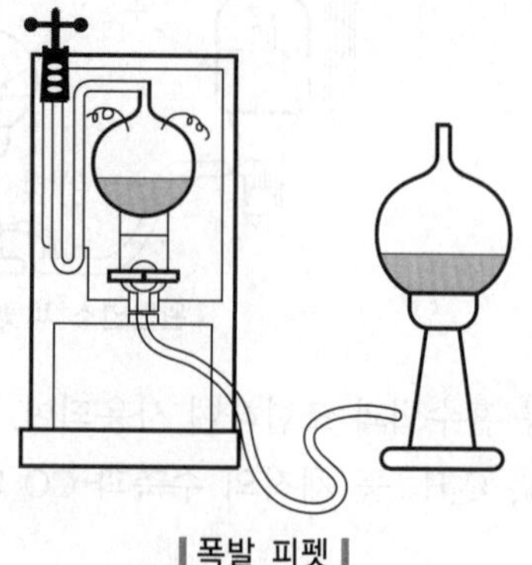

▌폭발 피펫▐

(3) 기기분석법

① 가스 크로마토그래피(Gas Chromatography)법

㉠ 흡착 크로마토그래피 : 흡착제(고정상)를 충전한 관 속에 혼합가스 시료를 넣고 용제(이동상)를 유동시켜 전개를 행하면 흡착력(용해도)의 차이에 따라 시료 각 성분의 분리가 일어난다. 주로 기체시료 분석에 널리 이용되고 있다.

㉡ 분배 크로마토그래피 : 액체를 고정상태로 하여 이것과 자유롭게 혼합하지 않는 액체를 전개제(이등상)로 하여 시료 각 성분의 분배율 차이에 의하여 분리하는 것이다. 주로 액체시료 분석에 많이 이용되고 있다.

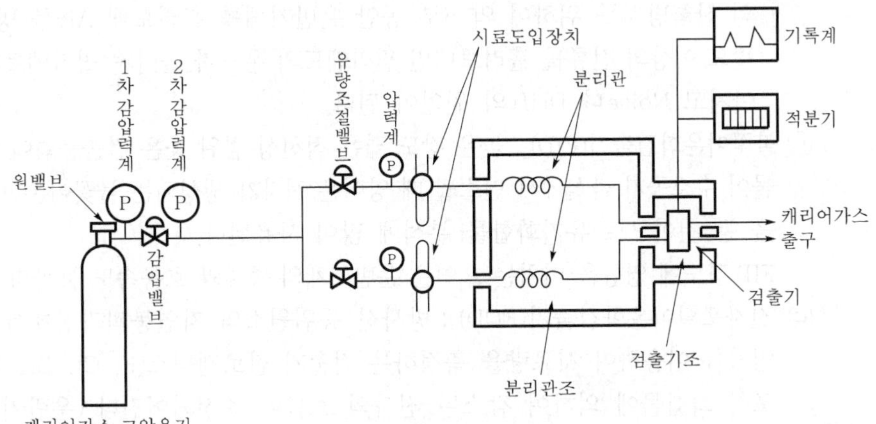

❙ 가스 크로마토그래피 ❙

GC(Gas Chromatography)

1. 측정원리 : 시료가스를 기화시켜 칼럼 충진물과 친화도(가스의 확산, 이동속도) 차이를 이용하여 유기화합물을 분리하고 각종 검출기(FID, ECD, FPD, NPD) 등을 이용하여 분석 측정
2. 용도 : 잔류 농약 독성 유기화합물 미량의 필수영양성분 유류 등을 분석 측정
3. 운반용 전개제(캐리어 가스) : H_2, He, Ne, Ar, N_2(가장 많이 사용 He, N_2)
4. 캐리어 가스의 역할 : 시료가스를 크로마토그래피 내부에서 분석을 위하여 이동시키는 전개제 역할
5. GC의 3대 장치 : 칼럼(분리관), 검출기, 기록계

② GC 검출기 : 검출기는 운반기체 중에 혼합되어 있는 시료의 양을 각종 감응장치를 통해 전기적 신호로써 나타내 주는 장치로, 현재 주로 사용되고 있는 GC용 검출기는 다음과 같다.

㉠ 열전도도검출기(TCD : Thermal Conductivity Detector)

㉡ 불꽃이온화검출기(FID : Flame Ionization Detector)

㉢ 전자포착검출기(ECD : Electron Capture Detector)(=전자포획이온화검출기)

㉣ 불꽃광도법검출기(FPD : Flame Photometric Detector)(=염광광도형검출기)

㉤ 열이온화검출기(TID : Thermionic Detector)(NPD)

㉥ 광이온화검출기(PID : Photoionic Detector)

③ 검출기의 종류

㉠ 열전도도검출기(TCD) : 기체가 열을 전도하는 물리적 성질을 응용하여 순수한 운반기체와 시료가 섞인 운반기체의 열전도도(Thermal Conductivity)의 차이를 측정하여 검출하며, 구조가 간단하고 검출기 중 가장 많이 사용한다.

- 주의사항 : 분리관이나 주입부의 탄성격막을 교체할 때에도 TCD 내부로 공기가 유입될 수 있으므로 먼저 필라멘트의 전류를 꺼야 한다. TCD 조작 전에 Filament의 산화방지를 위하여 약 5분 동안 운반기체를 흘려보내 Air를 방출시킨다.
  필요 이상의 전류를 흘려보내면 필라멘트의 온도가 높아져 필라멘트의 수명이 짧아지고 Noise나 Drift의 원인이 된다.

㉡ 불꽃이온화검출기(FID) : 높은 강도 넓은 적선성 범위 높은 검출능력이 있으며, 유기물이 수소공기 불꽃에서 연소될 때 양이온 전자가 생성되는 불꽃이온화 현상에 바탕을 둔 것이므로 유기화합물 분석에 많이 사용된다.
FID 강도에 영향을 미치는 요인은 운반기체의 종류와 흐름속도 불꽃의 온도 등이다.

㉢ 전자포획이온화검출기(ECD) : 방사선 동위원소의 자연붕괴과정에서 발생하는 β 입자를 이용하여 시료량을 측정하는 검출기 할로겐원소(F, Cl, Br, I) 등이 전자포착 화합물에 의하여 감소된 전자의 흐름이 측정되어진다.(운반기체는 질소이며, 검출기의 온도는 250~300℃)

㉣ 불꽃광도법검출기(FPD : Flame Photometric Detector)(=염광광도검출기) : 황(S)이나 인(P)을 포함한 탄화수소 화합물이 FID 형태의 불꽃으로 연소될 때 화학적 발광을 일으키는 성분을 생성한다. 이러한 성분들은 시료에 함유된 성분에 따라 나오는 특정 파장의 복사선이 광전자증배관(PMT)에 도달하여, 이에 연결된 전자회로에 신호가 전달되며 특히 S, P 화합물에 대하여 선택성이 높다. 기체의 흐름속도에 민감하게 반응한다.

㉤ 열이온화검출기(TID : Therminonic Detector)(NPD) : TID는 인 또는 질소 화합물에 선택적으로 감응하도록 개발된 검출기로서 NPD라고도 한다. 작동원리는 특정한 알칼리 금속이온이 수소가 많은 불꽃에 존재할 때, 질소 혹은 인 화합물의 이온화율이 다른 화합물보다 훨씬 증가하는 현상에 근거한 것이다.

▮칼럼 충전물▮

품 명			
흡착형	활성탄	분배형	DMF(Dimethyl Fomiamide)
	활성알루미나		DMS(Dimethyl Sulfolance)
	실리카겔		T체(Ticresyl Phosphate)
	Molecular sieves 13X		Silicone SE-30
	Porapak Q		Goaly U-90(Squalane)

④ 분석법의 종류

㉠ 질량분석법

ⓐ 측정원리 : 가스 크로마토그래피의 원리를 이용하여 분리된 성분에 전해질을 가하여 해리시켜 생성된 조각이온을 질량 · 전하비에 따라 흡수 스펙트럼을 얻고 이를 해석하여 미량 화합물질을 확인 · 정량

ⓑ 용도 : 잔류농약, 식품 중의 냄새 및 색 성분, 수질오염물질 등 확인

㉡ 적외선분석법

ⓐ 원리 : 분자가 보유하는 에너지는 전자, 진동 및 회전각의 각 에너지가 있다. 적외선 분광분석법은 분자의 진동 중 쌍극자 모멘트의 변화를 일으킬 진동에 의하여 적외선에 흡수가 일어나는 것을 이용한 것이다.

ⓑ H_2, O_2, Cl_2, N_2 등 2원자 가스는 적외선을 흡수하지 않으므로 분석이 불가능하다.

㉢ 화학분석법

ⓐ 흡광광도법

- 시료가스를 발색시켜 흡광도의 측정을 정량분석한다.
- 미량분석에 효과적이다.
- 분석 시 광전광도계를 사용한다.

램버트-비어 법칙

$$E=\varepsilon cl$$

여기서, E : 흡광도, ε : 흡광계수, c : 농도, l : 빛이 통하는 액층의 길이

㉣ 적정법

ⓐ 중화적정법 : 연소가스 중 NH_3를 H_2SO_4에 흡수시켜 나머지 황산(H_2SO_4)을 수산화나트륨(NaOH) 용액으로 적정하는 방법

ⓑ 킬레히트적정법 : EDTA 용액으로 적정

ⓒ 요오드적정법

보충설명입니다. 가볍게 읽어보세요.

1. 가스 채취장치의 필터(여과막)의 종류
   - 1차 필터 : 내열성 필터 – 카보런덤
   - 2차 필터 : 일반 필터 – 유리솜, 석면
2. 시료가스 채취 시 주의점
   - 시료가스 채취관은 수평에서 10~15° 경사 각도를 유지한다.
   - 관하부에는 드레인을 설치하여 청소와 관막힘에 대비한다.
   - 채취관에 공기 침투 시 채취에 불리하므로 공기 침입이 없도록 한다.
   - 가스 채취는 관의 중심부에서 한다.

3 가스분석계 종류에 따른 측정방법

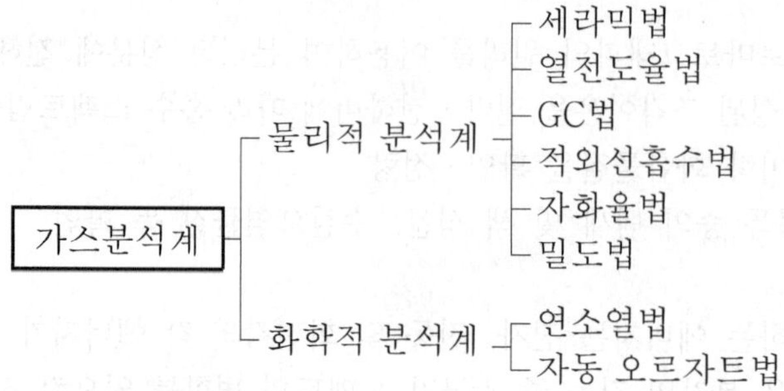

(1) 각 가스분석계의 특징

① 물리적 가스분석계

측정방법	분석 대상가스	특 징
세라믹법	O_2	가장 정량 범위가 우수함
열전도율법	CO_2	수소가스 혼입에 주의(수소가스는 열전도가 매우 높으므로)
GC법	유기화합물, 농약, S, P 화합물, 폐기물 중의 금속 등 검출기에 따라 달라짐	크로마토그래피 내부에서 캐리어가스의 이동에 의한 가스의 확산속도(이동속도) 차에 의해 분석대상 시료가스를 검출, 측정하며, 응답속도가 늦고 선택성이 우수하며, 분리능력이 좋다. 여러 종류의 가스분석이 가능
적외선흡수법	대칭 이원자 분자(H_2, N_2, O_2, Cl_2)와 단원자 분자 Ar, He) 등 이외의 모든 가스가 분석 가능	–
자화율법	O_2	선택성이 우수
밀도법	CO_2	–

② 화학적 가스분석계

측정방법	분석 대상가스	특 징
연소열법	탄화수소, CO, H_2, O_2	분석 시 폭발성 혼합가스 축적에 유의
자동 오르자트법	CO_2, O_2, CO	흡수액을 사용하여 성분가스를 흡수 분석

출/제/예/상/문/제

01 물리적 가스분석기의 종류를 열거한 것이다. 틀린 것은?

① 용액 흡수제를 이용한 것
② 적외선 흡수제를 이용한 것
③ 스펙트럼의 간섭을 이용한 것
④ 가스밀도를 이용한 것

① 용액 흡수제를 이용한 가스분석계는 화학적 분석계

02 다음 가스분석법 중 흡수분석법에 속하지 않는 것은?

① 게겔법 ② 헴펠법
③ 산화동법 ④ 오르자트법

흡수분석법 : 오르자트법, 헴펠법, 게겔법

03 비점 300℃ 이하의 액체를 측정하는 물리적 가스분석계로 선택성이 우수한 가스분석계는 어느 것인가?

① 오르자트법
② 세라믹법
③ 밀도법
④ 가스 크로마토그래프법

04 에탄올, 헵탄, 벤젠, 에틸아세테이트로 된 4성분 혼합물을 TCD를 이용하여 정량분석하려 한다. 다음 데이터를 이용하여 각 성분의 중량분율(wt%)을 구하면?

성 분	면적(cm^2)	중량인자
에탄올	5.0	0.64
헵탄	9.0	0.70
벤젠	4.0	0.78
에틸아세테이트	7.0	0.79

① 17.6, 34.7, 17.2, 30.5
② 22.5, 37.1, 14.8, 25.6
③ 22.0, 24.1, 26.8, 27.1
④ 20, 36, 16, 28

$$\text{에탄올(\%)} = \frac{\text{에탄올중량}}{\text{전체중량}} \times 100$$

$$= \frac{5.0 \times 0.64}{5.0 \times 0.64 + 9.0 \times 0.70 + 4.0 \times 0.78 + 7.0 \times 0.79}$$

$$= 17.6\%$$

헵탄(%), 벤젠(%), 에틸아세테이트(%)는 동일방법으로 계산

05 가스 크로마토그래피 분석기는 어떤 성질을 이용한 것인가?

① 연소성 ② 비열
③ 비중 ④ 확산속도

06 다음 중 흡착치환형 크로마토그래피의 충전제가 아닌 것은?

① 활성알루미나
② 몰러큘러시브
③ 소바비드
④ 활성탄

해설

분배형 G/C 충전제(DMF, DMS 등)

07 흡광광도법은 어느 분석법에 해당되는가?

① 연소분석법
② 화학분석법
③ 기기분석법
④ 흡수분석법

해설

화학분석법의 종류에는 중량법, 적정법, 흡광광도법 등이 있다.

정답 01.① 02.③ 03.④ 04.① 05.④ 06.③ 07.②

08 오르자트 가스분석기에서 CO(일산화탄소) 가스의 흡수액은 무엇을 사용하는가?

① 수산화나트륨 25% 용액
② 알칼리성 피로카롤 용액
③ 암모니아성 염화제1동 용액
④ 30% KOH 용액

해설

흡수액
㉠ CO_2 : KOH
㉡ CO : 암모니아성 염화제1동 용액
㉢ O_2 : 알칼리성 피로카롤 용액

09 다음 중 간섭계형 정밀 가연성 가스 검정기는 어느 원리를 이용한 것인가?

① 온도차
② 굴절률
③ 연소열
④ 열전도도차

10 가스누출경보기에서 검지방법이 아닌 것은?

① 반도체식
② 확산분해식
③ 접촉연속식
④ 기체열전도식

해설

①, ③, ④항 이외에 격막갈바니 전지방식이 있다.

11 다음 중 염화파라듐지로 검지하는 가스는?

① H_2S　② HCN
③ CO　④ C_2H_2

시험지법 : 가스 접촉 시 검지가스와 반응 변색되는 시약을 시험지 등에 침투시키는 것을 이용

검지가스	시험지	변 색	감 도
NH_3	적색 리트머스지	청변	0.0007mg/L
C_2H_2	염화제1동 착염지	적변	2.5mg/L
$COCl_2$	하리슨 시험지	심등색	1mg/L
CO	염화파라듐지	흑변	0.01mg/L
H_2S	연당지	황갈색(흑색)	0.001mg/L
HCN	초산벤젠지	청변	0.001mg/L

12 다음 중 검지가스와 누출확인 시험지가 옳게 연결된 것은?

① 초산벤젠지 – 할로겐
② 염화파라듐지 – HCN
③ KI 전분지 – CO
④ 리트머스지 – 산성, 염기성 가스

해설

㉠ KI 전분지 : Cl_2
㉡ 염화파라듐지 : CO
㉢ 초산벤젠지 : HCN

13 A, B 성분을 각각 0.435μg, 0.653μg을 FID 가스 크로마토그래피에 주입시켰더니 A, B 성분의 peak 면적은 각각 4.0cm², 6.5cm²이었다. A성분을 기준으로 하여 각 성분의 보정계수(correction factor)를 구하면 그 값은?

① 1.00, 0.92　② 1.00, 1.08
③ 1.00, 1.63　④ 1.00, 0.67

해설

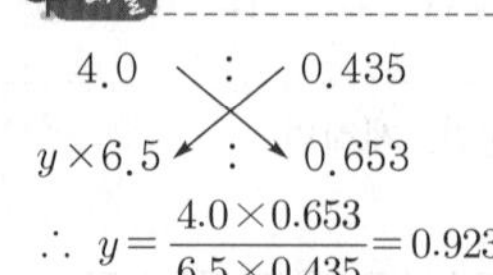

$$4.0 : 0.435, \quad y\times6.5 : 0.653$$

$$\therefore\ y=\frac{4.0\times0.653}{6.5\times0.435}=0.923$$

14 화학공장에서 가스누출을 감지할 때 사용되는 시험지가 아닌 것은?

① 염화파라듐지
② 파라핀지
③ 리트머스지
④ KI 전분지

15 어떤 기체의 크로마토그램을 분석하여 보았더니 지속용량(retention volume)이 2mL이고, 지속시간(retention time)이 5min이었다면 운반기체의 유속은 얼마인가?

① 10.0mL/min　② 5.0mL/min
③ 2.0mL/min　④ 0.4mL/min

해설

$$\text{유속}=\frac{\text{지속용량}}{\text{지속시간}}=\frac{2\text{mL}}{5\text{min}}=0.4\text{mL/min}$$

정답 08.③ 09.② 10.② 11.③ 12.④ 13.① 14.② 15.④

16 오르자트 분석기의 특징이 아닌 것은?

① 자동조작으로 성분을 분석한다.
② 휴대가 간편하다.
③ 구조가 간단하고, 취급이 용이하다.
④ 정도가 좋다.

해설

오르자트 가스분석계의 특징
㉠ 구조가 간단하고 취급이 용이하며, 휴대가 간편하다.
㉡ 분석 순서가 바뀌면 오차가 크다.
㉢ 수동조작에 의해 성분을 분석한다.
㉣ 정도가 매우 좋다.
㉤ 뷰렛, 피펫은 유리로 되어 있다.
㉥ 수분은 분석할 수 없고, 건배기 가스에 대한 각 성분 분석이다.
㉦ 연속 측정이 불가능하다.

17 다음은 시료가스를 채취 시 주의하여야 할 사항과 관계가 먼 것은?

① 배관에 경사를 붙이고 하부에 드레인을 설치한다.
② 배관은 수평으로 설치한다.
③ 가스 채취 시 공기침입에 주의한다.
④ 가스성분과 화학반응을 일으키는 배관은 사용하지 않아야 한다.

② 가스 채취 시 배관을 10° 정도 경사지게 설치한다.

18 연소 기체 분석에 적합한 기기는?

① 질량분석기
② 가스 크로마토그래피
③ 유도결합 프라즈마
④ 자기공명영상기

19 가스분석장치 중 수소가 혼입될 때 가장 큰 영향을 받는 것은?

① 오르자트(Orsat) 가스분석장치
② 열전도율식 CO_2계
③ 세라믹식 O_2계
④ 밀도식 CO_2계

해설

수소는 열전도도가 빠르므로 열전도율식 CO_2계에 수소 혼입 시 오차가 발생한다.

20 다음 사항 중에 가스분석방법이 아닌 것은?

① 가스흡수법
② 가스용적법
③ 가스연소법
④ 가스중량법

해설

가스분석방법과 가스의 검지방법을 구별한 것

21 다음 중 가스누설 시 재해를 미연에 방지하기 위하여 가스를 검지하는 방법이 아닌 것은?

① 중량법 ② 광간섭식
③ 검지관식 ④ 시험지법

해설

가스검지법에는 시험지법 검지관식, 광간섭식, 열선식 등이 있다.

22 가스검지기 검지관법에서 사용하는 검지관의 내경은 몇 mm인가?

① 1~2mm ② 6~8mm
③ 2~4mm ④ 4~6mm

해설

검지관은 내경 2~4mm의 유리관 중에 발색 시약을 흡착시킨 검지제를 충전하여 양 끝을 막는 것이다. 사용할 때는 양 끝을 절단하여 가스 채취기로 시료가스를 넣은 후 착색층의 길이, 착색의 정도에서 성분의 농도를 측정한다.

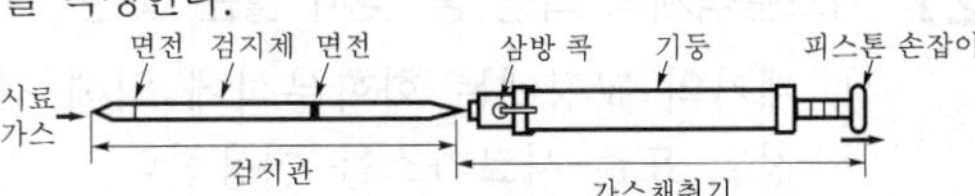

23 어떤 관의 길이 250cm에서 벤젠의 기체 크로마토그램을 재었더니 머무른 부피가 82.2mm, 봉우리의 폭(띠 나비)이 9.2mm였다. 이론단수는?

① 1277단 ② 1063단
③ 995단 ④ 812단

해설

$$\text{이론단수}(N) = 16 \times \left(\frac{\text{체류부피}}{\text{띠 나비}}\right)^2 = 16 \times \left(\frac{82.2}{9.2}\right)^2 = 1277.28$$

정답 16.① 17.② 18.② 19.② 20.② 21.① 22.③ 23.①

24 오르자트 분석기의 올바른 분석 순서는?

① CO_2 → CO → O_2
② CO_2 → O_2 → CO
③ CO → CO_2 → O_2
④ O_2 → CO_2 → CO

25 다음 중 분석가스의 흡수액이 잘못 연결된 것은?

① C_mH_n : 수산화나트륨
② CO : 암모니아성 염화제1동 용액
③ O_2 : 알칼리성 피로카롤 용액
④ CO_2 : KOH

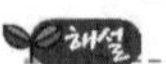

C_mH_n(탄화수소) : 발연황산

26 기체 크로마토그래피에서 운반기체(carrier gas)의 유속이 60mL/분이고, 시료주입 후 피크의 극대점을 얻기까지 걸리는 시간이 4분이라면 지속용량은 얼마이겠는가?

① 240mL　② 150mL
③ 24mL　④ 15mL

지속용량=유속×시간
=60mL/min×4min=240mL

27 가스분석계의 특징 중 맞지 않는 것은?

① 계기의 교정에는 화학분석에 의해 검정된 표준 시료가스를 이용한다.
② 시료가스는 온도, 압력 등의 변화로 측정오차를 일으킬 우려가 있다.
③ 선택성에 대해서 고려할 필요가 없다.
④ 적절한 시료가스의 채취장치가 필요하다.

28 휴대용 가스검지기의 용도가 아닌 것은?

① 가스설비 이상 시의 누설장소 발견
② 가스설비 내부작업의 누설점검
③ 가스기구와의 접속부에 대한 누설검사
④ 가스배관의 누설 연속 감시

29 가스분석계의 기기분석법 중 가스 크로마토그래피에 사용되는 캐리어가스의 종류가 아닌 것은?

① O_2　② Ar
③ He　④ H_2

해설

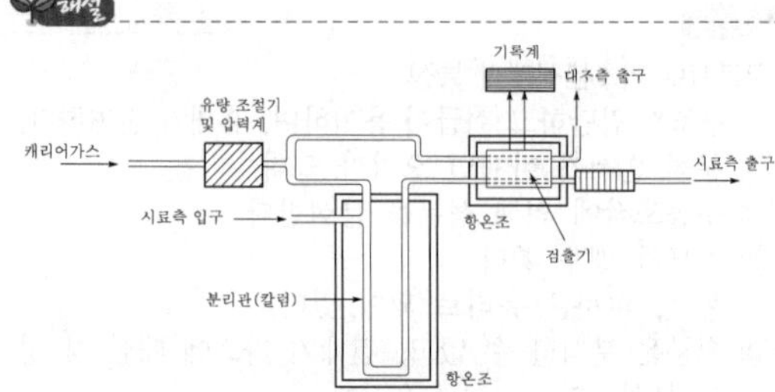

‖ 가스 크로마토그래피 ‖

(1) 가스 크로마토그래피
㉠ 전개제에 상당하는 가스를 캐리어가스라고 하며 H_2, He, Ar, N_2 등이 사용된다.
㉡ 장치는 가스 크로마토그래피라고 부르며 분리관(칼럼), 검출기, 기록계 등으로 구성된다.
㉢ 검출기에는 열전도형(TCD), 수소이온(FID), 전자포획이온화(ECD) 등으로 가장 많이 쓰이는 것은 TCD이다.
㉣ 정량, 정성 분석이 가능하다.

(2) 칼럼 충전물의 예

	품 명	적 용
흡착형	활성탄	H_2, CO, CO_2, CH_4
	활성알루미나	CO, C_1~C_4 탄화수소
	실리카겔	CO_2, C_1~C_3 탄화수소
	Molecular sieves 13X	CO, CO_2, N_2, O_2
	Porapak Q	N_2O, NO, H_2O

30 다음 중에서 가스 크로마토그래피를 이용하여 가스를 검출할 때 필요 없는 부품이나 성분은?

① UV detector　② Carrier gas
③ Gas sampler　④ Column

31 다음 가스분석법 중 연소분석법에 해당하지 않는 것은?

① 분별연소법　② 완만연소법
③ 폭발법　④ 흡광광도법

연소분석법의 종류 : 완만연소법, 분별연소법, 폭발법

정답 24.② 25.① 26.① 27.③ 28.④ 29.① 30.① 31.④

32 다음 검출기 중 무기가스나 물에 대해 거의 응답하지 않는 것은?

① 염광광도검출기(FPD)
② 전자포착검출기(ECD)
③ 열전도도검출기(TCD)
④ 수소불꽃이온검출기(FID)

33 냉동용 암모니아 탱크의 연결부위에서 암모니아 누출여부를 확인하려 한다. 가장 적절한 방법은?

① 청색 리트머스 시험지를 대어 적색으로 변하는가 확인한다.
② 적색 리트머스 시험지를 대어 청색으로 변하는가 확인한다.
③ 초산용액을 발라 청색으로 변하는가 확인한다.
④ 염화파라듐지를 대어 흑색으로 변하는가를 확인한다.

34 가스 크로마토그래피에서 사용하는 검출기가 아닌 것은?

① 열추적검출기(TTD)
② 불꽃이온화검출기(FID)
③ 방사선이온화검출기(RID)
④ 열전도도검출기(TCD)

35 기체 크로마토그래피에 사용되는 분배형 충전물의 고정상 액체의 특성으로서 가장 적합한 것은?

① 화학적으로 활성이 큰 것이어야 한다.
② 분석대상 성분들을 완전히 분리할 수 있는 것이어야 한다.
③ 사용온도에서 증기압이 높고, 점성이 큰 것이어야 한다.
④ 화학적 성분이 다양한 것이어야 한다.

36 천연가스 중의 에탄가스 함량을 기체 크로마토그램에서 계산하려 한다. 표준가스의 피크는 높이 50mm, 높이 25mm일 때의 폭은 8mm이고, 시료가스의 피크는 높이 40mm, 높이 20mm에서의 폭은 6mm이었다. 표준가스로는 에탄 90%의 혼합가스를 사용하였다. 시료가스의 에탄함량은 얼마인가?

① 43.2% ② 80%
③ 54% ④ 72%

$50\times8:90 = 40\times6:x$

$\therefore\ x=\dfrac{90\times40\times6}{50\times8}=54\%$

별해 $25\times8:90 = 20\times6:x$

$\therefore\ x=\dfrac{90\times20\times6}{25\times8}=54\%$

37 질소와 수소의 혼합가스 중에 수소를 연속적으로 기록·분석하는 경우의 시험법은?

① 염화칼슘에 흡수시키는 중량분석법
② 노점측정법
③ 염화제1동 용액에 의한 흡수법
④ 열전도법

38 C_2H_6 0.01mol과 C_3H_8 0.01mol이 혼합된 가연성 시료를 표준상태에서 과량의 공기와 혼합하여 폭발법에 의하여 전기 스파크로 완전연소시킬 때 표준상태에서 생성될 수 있는 최대 CO_2 가스 부피는?

① 896cc ② 1568cc
③ 1120cc ④ 1344cc

해설

$C_2H_6+3.5O_2 \rightarrow 2CO_2+3H_2O$
1 2

$C_3H_8+5O_2 \rightarrow 3CO_2+4H_2O$
1 3

$\therefore \{2\times0.01\times22.4+3\times0.01\times22.4\}\times10^3$
$=1120mL(cc)$

39 기기분석에 쓰이는 용어가 아닌 것은?

① Floatation
② Nitrogen Rule
③ Base Peak
④ Dead Time

정답 32.④ 33.② 34.① 35.② 36.③ 37.④ 38.③ 39.②

해설

① 부유물
② 표준 질소값
③ 최고 목표값
④ 지연시간

40 기체 크로마토그래피장치에 속하지 않는 것은?

① 직류 증폭장치
② 유량측정기
③ Column 검출기
④ 주사기

해설

④ 주사기는 액체 크로마토그래피에 필요한 장치

41 다음 중 적외선 가스분석계로 분석할 수 없는 가스는?

① CO_2
② NO
③ O_2
④ CO

해설

적외선 가스분석계는 대칭이원자 분자 및 단원자 분자는 분석 불가능

42 가스 크로마토그래피법에 많이 사용되는 캐리어 가스로 가장 적합한 것은?

① 헬륨, 아르곤
② 아르곤, 질소
③ 네온, 헬륨
④ 헬륨, 질소

43 기체 크로마토그래피에서 기기와 분리관에는 이상이 없으나 분리가 잘 안될 때 가장 먼저 검토해야 될 사항은?

① 이동상을 교체해 본다.
② 시료 주입구의 온도를 높여 본다.
③ 시료의 양을 조절하여 본다.
④ 이동상의 유속을 조절하여 본다.

44 다음에 열거한 가스 중에서 헴펠식 분석장치를 사용하여 규정의 가스성분을 정량하고자 할 때 흡수법에 의하지 않고 연소법에 의해 측정하여야 하는 것은?

① 일산화탄소 ② 산소
③ 이산화탄소 ④ 수소

45 다음 중에서 가스 크로마토그래피에서 사용되지 않는 검출기는?

① TTD ② ECD
③ FID ④ TCD

46 황화합물과 인화합물에 대하여 선택성이 높은 검출기는?

① 염광광도검출기(FPD)
② 전자포획검출기(ECD)
③ 열전도도검출기(TCD)
④ 불꽃이온검출기(FID)

47 가스 크로마토그래피 분석기 중 FID 검출기와 직접 연관되는 기체는?

① He ② H_2
③ CO ④ N_2

48 가스 크로마토그래피법에는 주로 분리관(칼럼), 검출기, 기록계의 주요장치로 되어 있다. 검출기로 쓰이지 않는 것은?

① TCA ② TCD
③ ECD ④ FID

해설

㉠ FID : 수소포획이온화검출기
㉡ ECD : 전자포획이온화검출기
㉢ TCD : 열전도형 검출기

49 기체-고체 크로마토그래피에서 분리관의 흡착제로 사용할 수 없는 것은?

① 활성탄 ② 실리카겔
③ 알루미나 ④ 나프탈렌

정답 40.④ 41.③ 42.④ 43.④ 44.④ 45.① 46.① 47.② 48.① 49.④

50 열전도식 가스검지기에 의한 가스의 농도 측정에 대한 설명으로 틀린 것은?

① 가스검지 감도는 공기와의 열전도도의 차이가 클수록 높다.
② 가연성 가스 또는 가연성 가스 중의 특정 성분만을 선택 검출할 수 있다.
③ 자기가열된 서미스터에 가스를 흘려 생기는 온도변화를 전기저항의 변화로써 가스의 농도를 측정한다.
④ 가스농도 측정범위는 원리적으로 0~100%이고 고농도의 가스를 검지하는 데 알맞다.

51 "CO+H_2" 분석계란 어떤 가스를 분석하는 계기인가?

① 질소가스계 ② 미연가스계
③ CO_2계 ④ 과잉공기계

52 연소식 O_2계에서 촉매로 사용되는 물질은?

① 구리용액 ② 갈바니
③ 파라듐 ④ 지르코니아

53 탄광 내에서 가연성 가스검출기로 농도 측정을 하는 가스는?

① C_4H_{10} ② C_3H_8
③ C_2H_6 ④ CH_4

해설

가연성 가스검출기
㉠ 안전등형 : 탄광 내에서 메탄(CH_4)의 발생을 검출하는 데 안전등형 간이 가연성 가스검정기가 이용되고 있다. 이 검정기는 2중의 철망에 둘러싸인 석유-램프의 일종으로 인화점 50℃ 정도의 등유를 연료로 사용한다.
㉡ 간섭계형 : 가스의 굴절률의 차이를 이용하여 농도를 측정하는 법이다. 다음은 성분 가스의 농도 x(%)를 구하는 식이다.

$$x=\frac{Z}{(n_m-n_n)I}\times 100$$

여기서, x : 성분가스의 농도
Z : 공기의 굴절률 차에 의한 간섭무늬의 이동
n_m : 성분가스의 굴절률
n_n : 공기의 굴절률
I : 가스실의 유효길이(빛의 통로)

㉢ 열선형 : 브리지 회로의 편위전류로서 가스 농도의 지시 또는 자동적으로 경보를 하는 것이다.
㉣ 반도체식 검지기 : 반도체 소자에 전류를 흐르게 하여 측정하고자 하는 가스를 여기에 접촉시키면 전압이 변화한다. 이 전압의 변화를 가스 농도로 변화한 것이다.

54 간접 굴절계에 의한 가스검출에서 균질계에 있어서의 간접 프린지(interference fringe)의 이동거리(Z)를 구하는 식은? (단, λ : 빛의 파장, I : 빛 통로의 길이, η_a : 공기의 굴절률, η_g : 가스의 굴절률, x : 공기 중의 가스농도, K : 상수)

① $Z=K\times I(\eta_g-\eta_a)/100x$
② $Z=K\times I(\eta_a-\eta_g)/100x$
③ $Z=KxI(\eta_a-\eta_g)/100$
④ $Z=KxI(\eta_g-\eta_a)/100$

55 흡수분석법 중 헴펠법의 분석 순서가 옳은 것은?

① $O_2 \rightarrow CO_2 \rightarrow CO \rightarrow C_mH_n$
② $CO_2 \rightarrow O_2 \rightarrow CO \rightarrow C_mH_n$
③ $CO_2 \rightarrow C_mH_n \rightarrow O_2 \rightarrow CO$
④ $CO_2 \rightarrow CI \rightarrow O_2 \rightarrow C_mH_n$

헴펠법의 분석 순서 : $CO_2 \rightarrow C_mH_n \rightarrow O_2 \rightarrow CO$
• 게겔(Gockel)법 : 저급 탄화수소의 분석용에 사용되는 것으로 CO_2(33%, KOH 용액), C_2H_2(요오드수은칼륨 용액), C_3H_6, n-C_3H_8(87% H_2SO_4), C_2H_4(취소수 용액), O_2(알칼리성 피로카롤 용액), CO(암모니아성 염화제1동 용액)의 순으로 흡수된다.

56 60mL의 시료가스를 $CO_2 \rightarrow O_2 \rightarrow CO$의 순서로 흡수시켜 그때마다 남는 부피가 34mL, 26mL, 18mL일 때 가스조성을 구하면? (단, 나머지는 질소이다.)

	CO_2(%)	O_2(%)	CO(%)	N_2(%)
①	40.33	13.33	12.33	23
②	50	10	20	20
③	43.33	13.33	13.33	30.00
④	45.23	12.33	13.33	25.00

정답 50.② 51.② 52.③ 53.④ 54.④ 55.③ 56.③

해설

각 성분 계산방법

㉠ $CO_2(\%) = \frac{CO_2\text{의 체적감량}}{\text{시료채취량}} \times 100$

$= \frac{60-34}{60} \times 100 = 43.33\%$

㉡ $O_2(\%) = \frac{O_2\text{의 체적감량}}{\text{시료채취량}} \times 100$

$= \frac{34-26}{60} \times 100 = 13.33\%$

㉢ $CO(\%) = \frac{CO\text{의 체적감량}}{\text{시료채취량}} \times 100$

$= \frac{26-18}{60} \times 100 = 13.33\%$

㉣ $N_2(\%)$는 $100-(CO_2+CO+O_2)=(x)\%$

$100-(43.33+13.33+13.33)=30\%$

57 다음은 정성 분석에 대한 설명이다. 틀린 것은?

① 흡수법이나 연소법 등은 각각의 정성 분석을 실시하여야 한다.
② 유독가스 취급 시 흡수제를 사용해야 한다.
③ 유독가스 검지에는 시험액에 의한 착색으로 판별한다.
④ 색이나 냄새로 판별한다.

58 가스분석계의 측정법 중 전기적 성질을 이용한 것은?

① 가스 크로마토그래피법
② 자동 오르자트법
③ 자율화법
④ 세라믹법

59 다음 [그림]은 가스 크로마토그래피로 얻은 크로마토그램이다. 이 경우 이론단수는 얼마인가?

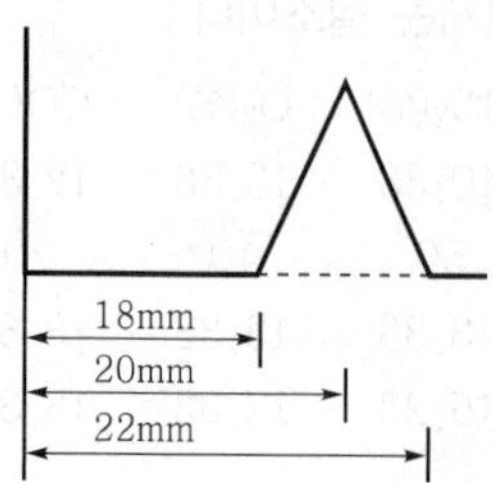

① 160 ② 400
③ 1000 ④ 1600

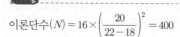

이론단수$(N) = 16 \times \left(\frac{20}{22-18}\right)^2 = 400$

60 크로마토그래피의 피크가 다음 [그림]과 같이 기록되었을 때, 피크의 넓이(A)를 계산하는 식으로 가장 적합한 것은?

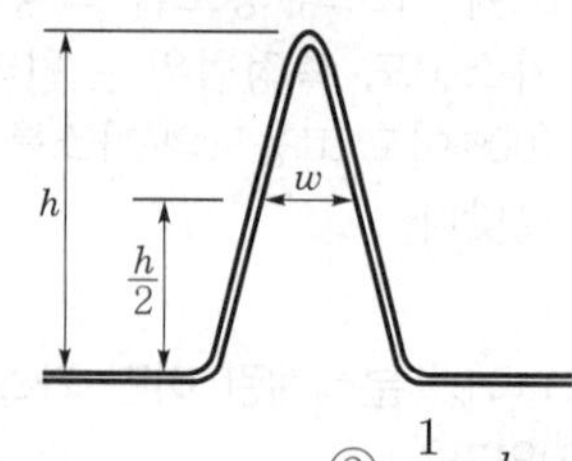

① wh ② $\frac{1}{2}wh$
③ $2wh$ ④ $\frac{1}{4}wh$

61 다음 조건으로 이론단의 높이(HETP)는?

㉠ 분리관에서 얻은 헵탄의 시료 도입점에서 피크점까지 최고길이 : 83.5mm
㉡ 봉우리 폭 : 2.36mm
㉢ 관길이 : 250cm

① 0.2 ② 0.3
③ 0.4 ④ 0.5

해설

$N = 16 \times \left(\frac{T_r}{W}\right)^2 = 16 \times \left(\frac{83.5}{2.36}\right)^2 = 1251.8 = 1252$

$\therefore \text{HETP} = \frac{L}{N} = \frac{250}{1252} = 0.199 \fallingdotseq 0.2\text{cm}$

62 어느 가스 크로마토그램의 분석결과 다음의 조건이 성립되었다. 벤젠의 농도(%)는?

㉠ 벤젠의 피크높이 : 10cm, 반치폭(반높이 선너비) : 0.58cm
㉡ 노르말 헵탄 피크높이 : 12cm, 반치폭(반높이 선너비) : 0.45cm

① 40.47 ② 51.79
③ 60.26 ④ 70.25

정답 57.① 58.④ 59.② 60.① 61.① 62.②

$$\frac{(10\times0.58)}{(10\times0.58)+(12\times0.45)}\times100=51.79\%$$

63 어느 가스 크로마토그램에서 피크폭 8mm일 때의 어느 성분의 보유시간이 8분이였다. 분리관의 길이 1500mm 기록지의 속도 10mm/min일 때 어느 성분에 대한 이론단 위높이(HETP)(mm)는?

① 0.532 ② 0.652
③ 0.759 ④ 0.938

$$N=16\times\left(\frac{T_r}{W}\right)^2=16\times\left(\frac{10\times8}{8}\right)^2=1600$$

$$\therefore\ \text{HETP}=\frac{L}{N}=\frac{1500}{1600}=0.938\text{mm}$$

64 전처리한 시료를 운반가스에 의하여 분리관 내에 전개시킨 분석법의 특징으로 틀린 것은?

① 선택성이 좋다.
② 응답속도가 타 분석기기에 비해 빠르다.
③ NO_2 분석이 불가능하다.
④ 캐리어가스가 필요하다.

해설

G/C : SO_2
• NO_2 분석 불가능, 응답속도 느림

65 나프탈렌 분석에 적당한 분석방법은?

① 요드적정법
② 중화적정법
③ 가스 크로마토그래피법
④ 흡수팽량법

66 기체 크로마토그래피(Gas Chromatography)의 칼럼(Column)은 종이 크로마토그래피의 어떤 것과 비슷한가?

① 여과지
② 발색시약
③ 전개용매
④ 실린더

67 다음 가스성분과 분석방법에 대하여 짝지어진 것 중 옳은 것은?

① 전유황－옥소적정법
② 암모니아－가스 크로마토그래피법
③ 수분－노점법
④ 나프탈렌－중화적정법

해설

가스분석방법
㉠ 암모니아 : 인도페놀법, 중화적정법
㉡ 일산화탄소 : 비분산적외선분석법
㉢ 염소 : 오르토톨리딘법
㉣ 황산화물 : 침전적정법, 중화적정법
㉤ H_2S : 메틸렌블루법, 요오드적정법
㉥ HCN : 질산은적정법
㉦ 수분 : 노점법, 중량법, 전기분해법

68 가스를 분석할 때 표준 표와 비색 측정하는 것은?

① 가스 크로마토그래피
② 적외선흡수법
③ 오르자트
④ 검지관

69 캐리어가스의 유량이 50mL/min이고, 기록지의 속도가 3cm/min일 때 어떤 성분시료를 주입하였더니 주입점에서 성분의 피크까지의 길이가 15cm이었다면 지속용량은?

① 10mL ② 250mL
③ 150mL ④ 750mL

$$\frac{15\text{cm}\times50\text{mL/min}}{3\text{cm/min}}=250\text{mL}$$

70 가스 크로마토그래피법에서 고정상 액체의 구비조건으로 옳지 않은 것은?

① 분석대상 성분의 분리능력이 높아야 한다.
② 사용온도에서 증기압이 높아야 한다.
③ 화학적으로 안정된 것이어야 한다.
④ 점성이 작아야 한다.

정답 63.④ 64.② 65.③ 66.① 67.③ 68.④ 69.② 70.②

71 다음 중 물리적 측정법에 의한 가스분석계가 아닌 것은?

① 전기식 CO_2계
② 가스 크로마토그래피
③ 연소식 O_2계
④ 밀도식 CO_2계

해설

물리적 가스분석계
㉠ 세라믹 O_2계
㉡ 열전도율식 CO_2계
㉢ G/C 분석계
㉣ 적외선 가스분석계
㉤ 자화율식 가스분석계
㉥ 밀도식 O_2계

72 다음의 가스분석방법 중에서 암모니아를 분석하는 방법은?

① 중화적정법
② 옥소적정법
③ 에틸렌블루 흡광광도법
④ 초산연시험지법

73 가스 크로마토그래피의 특징으로 맞지 않는 것은?

① 분리능력이 극히 좋고, 선택성이 우수하다.
② 연소가스의 성분이 CO_2, N_2, CO일 때 CO_2 이외 각 성분의 열전도율 차이가 없다.
③ 여러 성분의 분석을 한 장치로 할 수 있다.
④ 일정한 프로그램 조작을 하는 시퀀스가 조합되어 주기적으로 연속측정이 가능하다.

74 기기분석법에 해당하는 것은?

① 가스 크로마토그래피법
② 흡광광도법
③ 중화적정법
④ 오르자트(Orsat)법

75 다음 중 기기분석법이 아닌 것은?

① Chromatography
② Iodometery
③ Colorimetry
④ Polarography

화학분석법
Iodometery(요오드적정법), 중량법, 흡광광도법

76 정치형 가스검지기에 대한 설명으로 틀린 것은?

① 가스검지부는 내압방폭구조로 되어 있다.
② 가스검지부는 방진구조로 되어 있다.
③ 경보부는 비방폭구조로 되어 있다.
④ 경보부는 방진구조로 되어 있다.

경보부, 검지부 : 방폭구조, 방진구조

77 일차 지연요소가 적용되는 계에서 시정수(r)가 10분일 때 10분 후의 스텝(step) 응답은 최대출력의 몇 %가 될 것인가?

① 67% ② 63%
③ 50% ④ 33%

$y=1-e^{-\frac{t}{T}}$ (1차 지연요소 $y=0.63$)

$=1-e^{-\frac{t}{10}}=1-e^{-\frac{10}{10}}$

$=1-0.367879$

$=0.63=63\%$

78 시정수(Time Constant)가 10s인 1차 지연형 계측기의 스텝 응답에서 전변화의 95%까지 변화시키는 데 걸리는 시간은?

① 9.5초 ② 20초
③ 26.6초 ④ 30초

해설

$Y=1-e^{-\frac{t}{T}}$ 에서

$-t=T\ln(1-Y)$

$-t=10\times\ln(1-0.95)$

$\therefore\ t=-10\times\ln0.05=29.95\text{sec}$

정답 71.③ 72.① 73.② 74.① 75.② 76.③ 77.② 78.④

06 가스미터(가스계량기)

(1) 가스미터의 사용목적, 종류

① **가스미터의 사용목적** : 가스미터는 소비자에게 공급하는 가스의 체적을 측정하기 위하여 사용되는 것이다. 따라서 가스미터에는 다음의 것을 고려하지 않으면 안 된다.

㉠ 가스의 사용 최대유량에 적합한 계량능력의 것일 것

㉡ 사용 중에 기차변화가 없고, 정확하게 계량함이 가능한 것일 것

㉢ 내압, 내열성이 좋고 가스의 기밀성이 양호하여 내구성이 좋으며, 부착이 간단하여 유지관리가 용이할 것

(2) 가스미터의 성능

① **가스미터의 기밀시험** : 가스미터는 수주 1000mm(10kPa)의 기밀시험에 합격한 것이어야 한다.

② **가스미터의 선편** : 막식 가스미터를 통하여 출구로 나오고 있는 가스는 2개의 계량실로부터 1/4주기의 위상차를 갖고 배출되는 가스량의 합계이므로 유량에 맥동성이 있다. 이 맥동량이 압력차로 나타나는 것을 선편이라고 부른다. 선편의 양이 많은 미터를 사용하면 도시가스와 같이 말단 공급압력이 저하되었을 경우 연소불꽃이 흔들거리는 상태가 생길 염려가 있다.

③ **가스미터의 압력손실** : 30mmH_2O

④ **검정공차** : 계량법에서 정하여진 검정 시의 오차의 한계(검정공차)는 사용 최대유량의 20~80%의 범위에서는 ±1.5%이다.

㉠ 검정공차

ⓐ 최대유량의 1/5 미만 ±2.5%

ⓑ 최대유량의 1/5 이상 4/5 미만 ±1.5%

ⓒ 최대유량의 4/5 이상 ±2.5%

㉡ 검정공차와 사용공차

$$E=\frac{I-Q}{I}\times 100$$

여기서, E : 기차(%), 미터 자체가 가지는 오차
I : 시험용 미터의 지시량
Q : 기준미터의 지시량

⑤ **감도유량** : 가스미터가 작동하는 최소유량을 감도유량이라 하며, 계량법에서는 일반 가정용의 LP 가스미터는 15L/h 이하로 되어 있고, 일반 가스미터(막식)의 감도는 대체로 3L/h 이하로 되어 있다.

(3) 가스미터의 설치기준

소비설비에는 다음의 기준에 의해 일반소비자 1호에 대하여 1개소, 이상의 가스미터를 부착하는 것으로 한다.

① 가스미터는 저압배관에 부착할 것

② 가스미터 부착장소는 다음의 조건에 적합할 것

㉠ 습도가 낮을 것

㉡ 높이는 지면으로부터 1.6m 이상 2m 이내로 수직, 수평으로 설치하고 밴드 등으로 고정할 것

㉢ 화기로부터 2m 이상 떨어지고 또는 화기에 대하여 차열판을 설치하여 놓을 것

㉣ 저압전선으로부터 가스미터까지는 15cm 이상, 전기개폐기 및 안전기에 대하여는 60cm 이상 떨어진 장소일 것

㉤ 직사광선 또는 빗물을 받을 우려가 있는 곳에 설치할 때에는 격납상자 내에 설치할 것(격납상자 내에 설치 시 높이 제한을 받지 않는다)

(4) 가스미터의 종류

일반적인 가스미터는 다음의 것이 있지만 LP가스에서는 「독립내기식」이 많이 사용되고 있다. 가스미터는 사용하는 Gas질에 따라 계량법에 의하여 도시가스용, LP 가스용, 양자 병용 등으로 구별되어 시판되고 있다.

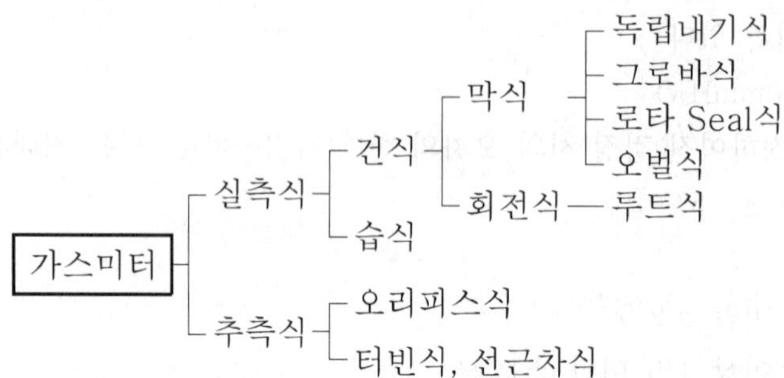

▌가스미터의 장 · 단점▐

구 분	막식 가스미터	습식 가스미터	ROOTS 미터
장점	① 값이 저렴하다. ② 설치 후의 유지관리에 시간을 요하지 않는다.	① 계량이 정확하다. ② 사용 중에 기차의 변동이 크지 않다. ③ 원리는 드럼형이다.	① 대유량의 가스측정에 적합하다. ② 중압가스의 계량이 가능하다. ③ 설치면적이 작다.
단점	대용량의 것은 설치면적이 크다.	① 사용 중에 수위조정 등의 관리가 필요하다. ② 설치면적이 크다.	① 스트레이너의 설치 및 설치 후의 유지관리가 필요하다. ② 소유량($0.5m^3/h$ 이하)의 것은 부동의 우려가 있다.
일반적 용도	일반 수용가	기준기 실험실용	대수용가
용량범위	$1.5\sim200m^3/h$	$0.2\sim3000m^3/h$	$100\sim5000m^3/h$

(5) 가스미터의 용량

최대 소비 수비량의 1.2배

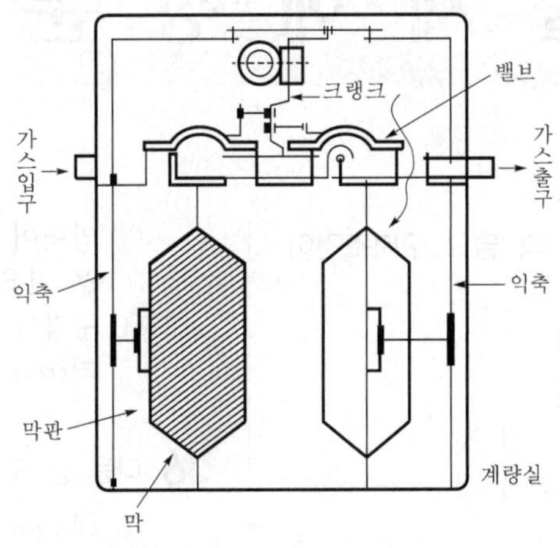

‖ 건식 가스미터 ‖

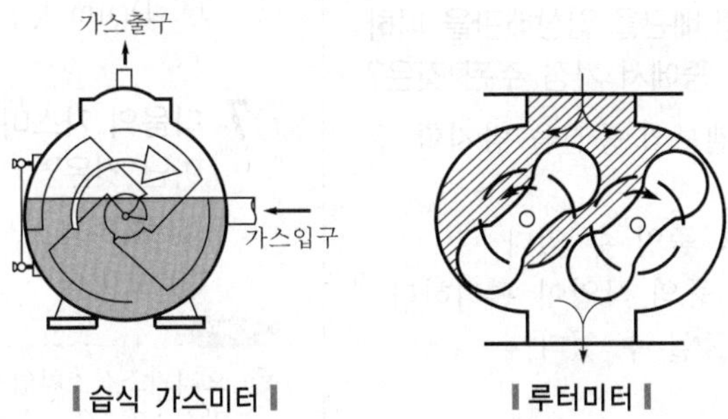

‖ 습식 가스미터 ‖ ‖ 루터미터 ‖

출/제/예/상/문/제

01 다음 중 가스미터로서의 필요 구비조건이 아닌 것은?

① 구조가 간단할 것
② 감도가 예민할 것
③ 기차의 조정이 용이할 것
④ 소형으로 용량이 작을 것

④ 용량이 클 것

02 가스미터 출구측의 배관을 입상배관을 피하여 설치하는 이유 중에서 가장 주된 것은?

① 가스미터 내 밸브의 동결을 방지할 수 있다.
② 배관의 길이를 줄일 수 있다.
③ 검침 및 수리 등의 작업이 편리하다.
④ 설치 면적을 줄일 수 있다.

03 가정용 가스미터의 1000mmH_2O가 표시하는 뜻은?

① 계량실 체적
② 압력손실
③ 최대순간유량
④ 기밀시험

04 가스미터의 검정검사 사항이 아닌 것은?

① 용접검사 ② 기차검사
③ 구조검사 ④ 외관검사

05 계량법 규정에 의하면 검정을 받지 않고 사용할 수 있는 가스미터에 해당하는 것은?

① 실측식의 것
② 추량식의 것
③ 압력이 1mmH_2O을 넘는 가스의 계량을 사용하는 실측 건식 가스미터
④ 구경이 25cm를 넘는 회전자식 가스미터(roots meter)

06 다음 중 도시가스 미터의 형태는?

① Diaphragm type flow meter
② Piston type flow meter
③ Oval type flow meter
④ Drum type flow meter

07 다음의 가스미터 종류 중 막식 가스미터가 아닌 것은?

① 오리피스식 ② 루트식
③ 오벌식 ④ 그로바식

㉠ 오리피스식 : 차압식 유량계
㉡ 막식 : ②, ③, ④항 이외의 독립내기식, 로터리식이 있다.

08 습식 가스미터의 원리는 어떤 형태에 속하는가?

① 다이어프램형
② 오벌형
③ 드럼형
④ 피스톤 로터리형

09 다음은 습식 가스미터의 특징에 대하여 설명한 것이다. 옳지 않은 것은?

① 사용 중에 수위조정 등의 관리가 필요하다.
② 설치공간이 적다.
③ 사용 중에 기차의 변동이 거의 없다.
④ 계량이 정확하다.

정답 01.④ 02.① 03.④ 04.① 05.① 06.④ 07.① 08.③ 09.②

해설

가스미터의 장 · 단점

구 분	막식 가스미터	습식 가스미터	Roots 미터
장점	• 값이 저렴하다. • 설치 후의 유지관리에 시간을 요하지 않는다.	• 계량이 정확하다. • 사용 중에 기차의 변동이 크지 않다.	• 대유량의 가스 측정에 적합하다. • 중압가스의 계량이 가능하다. • 설치면적이 작다.
단점	• 대용량의 것은 설치면적이 크다.	• 사용 중에 수위조정 등의 관리가 필요하다. • 설치면적이 크다.	• 스트레이너의 설치 및 설치 후의 유지관리가 필요하다. • 소유량(0.5m³/h 이하)의 것은 부동의 우려가 있다.
일반적 용도	일반 수요가	기준기 실험실용	대수용가
용량 범위	1.5~200m³/h	0.2~3000m³/h	100~5000m³/h

10 대유량 가스 특징에 적합한 가스미터는?

① 스프링식 가스미터
② 습식 가스미터
③ 루트식 가스미터
④ 막식 가스미터

11 계량이 비교적 정확하고 기차변동이 크지 않아 기준기용 또는 실험실용으로 사용되는 가스미터는?

① 피토식 가스미터
② 루트식 가스미터
③ 습식 가스미터
④ 막식 가스미터

12 다음은 루트미터와 습식 가스미터의 특징을 나열한 것이다. 루트미터의 특징에 해당되는 것은?

① 설치 스페이스가 작다.
② 실험실용으로 적합하다.
③ 사용 중에 수위조정 등의 관리가 필요하다.
④ 유량이 정확하다.

13 다음 가스미터 중에서 실측식 가스미터가 아닌 것은?

① Root식 가스미터
② 습식 가스미터
③ 막식 가스미터
④ 오리피스식 가스미터

추량식 : 오리피스식, 델타식, 터빈식, 벤투리식

14 빈틈 없이 맞물려 돌아가는 두 개의 회전체가 강제 케이스 안에 들어 있어서 빈 공간 사이로 유체를 퍼내는 형식의 유량계로 기계적 저항 토크를 최소화하기 위하여 윤활유를 보충하는 가스미터는?

① Root meter(로터미터)
② Orifice meter(오리피스미터)
③ Turbine meter(터빈미터)
④ Venturi meter(벤투리미터)

15 가스미터의 필요조건과 관계 없는 것은?

① 수리하기 쉬울 것
② 감도는 적으나 정밀성이 클 것
③ 소형이며, 용량이 클 것
④ 정확하게 계량될 것

16 여과기의 설치가 필요한 가스미터는?

① 습식 가스미터
② 가스홀더
③ 루트식 가스미터
④ 건식 가스미터

17 MAX $1.5m^3$/hr, 0.5L/rev라 표시되어 있는 가스미터가 1시간당 40회 회전된다면 가스 유량은?

① 60L/hr ② 30L/hr
③ 20L/hr ④ 10L/hr

0.5L/rev × 40rev/hr = 20L/hr

정답 10.③ 11.③ 12.① 13.④ 14.① 15.② 16.③ 17.③

18 회전드럼이 4실로 나누어진 습식 가스미터에서 각 실의 체적이 2L이다. 드럼이 12회전하였다면 가스의 유량은 몇 L인가?

① 96L ② 48L
③ 24L ④ 12L

$4 \times 2 \times 12 = 96L$

19 가스미터에 공기가 통과 시 유량이 $100m^3/h$라면 프로판가스를 통과하면 유량은 몇 kg/h로 환산되겠는가? (단, 프로판의 비중은 1.52, 밀도는 $1.86kg/m^3$이다.)

① 80.8 ② 100.1
③ 150.8 ④ 173.2

$Q = K\sqrt{\dfrac{D^5H}{SL}}$ 에서 $Q = \dfrac{1}{\sqrt{S}}$ 이므로

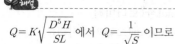

$100m^3/hr : \dfrac{1}{\sqrt{1}}$

$x(m^3/hr) : \dfrac{1}{\sqrt{1.52}}$

$\therefore x = \dfrac{100 \times \dfrac{1}{\sqrt{1.52}}}{1} = 81.1m^3/hr$

$\therefore 8.11 \times 1.86 = 150.86kg/hr$

20 어느 수요가에 설치되어 있는 가스미터의 기차를 측정하기 위하여 기준기로 지시량을 측정하였더니 $120m^3$을 나타내었다. 그 결과 기차가 4%로 계산되었다면 이 가스미터의 지시량은 몇 m^3을 나타내고 있었는가?

① 125.0 ② 124.8
③ 115.2 ④ 115.0

$$기차 = \frac{시험미터\ 지시량 - 기준\ 지시량}{시험미터\ 지시량} \times 100$$

$0.04 = \dfrac{x-120}{x}$

$\therefore x - 120 = 0.04x$

$\therefore x = \dfrac{120}{1-0.04} = 125m^3$

별해 $120m^3 : 96$

$x(m^3) : 100$

$\therefore x = \dfrac{100}{96} \times 120 = 125m^3$

21 루트식 가스미터로 측정한 유량이 $5m^3/h$이다. 기준용 가스미터로 측정한 유량이 $4.75m^3/h$라면 이 가스미터의 기차는 몇 %인가?

① 5.00%
② −5.00%
③ −5.26%
④ +5.26%

해설

$\dfrac{5-4.75}{5} \times 100 = 5\%$

22 시험대상인 가스미터의 유량이 $350m^3/h$이고, 기준 가스미터의 지시량이 $330m^3/h$이면 이 가스미터의 오차율은?

① 4.4% ② 5.7%
③ 6.1% ④ 7.1%

해설

$$오차율 = \frac{시험미터\ 지시량 - 기준미터\ 지시량}{시험미터\ 지시량} = \frac{350-330}{350} \times 100 = 5.7\%$$

23 기준 가스미터의 검정유효 기간은?

① 2년 ② 3년
③ 4년 ④ 5년

해설

가스미터 검정유효 기간
㉠ 기준 가스미터 : 2년
㉡ LPG용 가스미터
- 최대유량 $10m^3/hr$ 이하 : 5년
- 그 밖의 가스미터 : 8년

24 막식 가스미터의 경우 계량막 파손, 밸브의 탈락, 밸브와 밸브시트 사이 누설가스를 계량하고 있는 부분에서 누설이 발생하여 지침이 작동하지 않는 고장은?

① 기차불량
② 부동
③ 누설
④ 불통

정답 18.① 19.③ 20.① 21.① 22.② 23.① 24.②

25 가스가 가스미터를 통과하지 못하는 불통의 발생원인과 거리가 먼 것은?

① 축이 녹슬었을 때
② 밸브시트에 이물질이 정착되었을 때
③ 회전장치에 고장이 발생했을 때
④ 계량막이 파손되었을 때

26 가스미터기의 고장 중 내부의 누출이 일어나는 주된 원인은?

① 크랭크축의 녹슴
② 케이스의 부식
③ 패킹재료의 열화
④ 납땜 접합부의 파손

27 가스미터 중 로터미터의 용량 범위는?

① $1.5 \sim 200 m^3/h$
② $0.2 \sim 3000 m^3/h$
③ $10 \sim 2000 m^3/h$
④ $100 \sim 5000 m^3/h$

28 막식 가스미터에서 일어날 수 있는 고장에 대한 설명이다. 옳지 않은 것은?

① 누출 : 가스가 미터를 통과할 수 없는 고장
② 부동 : 가스가 미터를 통과하지만, 미터의 지침이 움직이지 않는 고장
③ 떨림 : 미터 출구측의 압력변동이 심하여 가스의 연소상태를 불안정하게 하는 고장
④ 감도 불량 : 미터에 감도유량을 통과시킬 때, 미터의 지침지시도에 변화가 나타나지 않는 고장

해설

불통 : 가스가 가스미터를 통과할 수 없는 고장

29 막식 가스미터에서 계량막의 신축으로 계량막 밸브와 밸브시트의 홈 사이 패킹부 등의 누설의 원인이 된 고장의 종류는?

① 불통 ② 부동
③ 기계오차 불량 ④ 감도 불량

30 막식 가스미터의 고장의 종류와 이의 발생원인에 대하여 설명한 것 중 틀린 것은?

① 누설 : 날개축이나 평축이 각 격벽을 관통하는 시일부분의 기밀이 파손된 경우
② 기어 불량 : 크랭크축에 이물질이 들어가거나 밸브와 밸브시트 사이에 유동 등의 점성 물질이 부착한 경우
③ 부동 : 계량막의 파손이나 밸브의 탈락, 밸브와 밸브시트의 간격에서의 누설이 있는 경우
④ 불통 : 크랭크축이 녹슬거나 밸브와 밸브시트가 닳거나 수분 등에 의해 접착되거나 고착되는 경우

해설

② 크랭크축에 이물질이 들어간 것은 이물질에 의한 불량

참고 루트식 가스미터의 불통 : 회전자 베어링 마모에 의한 회전자의 접촉, 설치공사 불량에 의한 먼지 등에 의한 불량

31 가스미터 고장에 부동이라는 말을 옳게 나타낸 것은?

① 사용공차를 넘어서는 불량
② 가스가 미터는 통과하나 계량막의 파손, 밸브의 탈착 등으로 지침이 작동되지 않는 현상
③ 가스의 누설로 통과하나 정상적으로 미터가 작동하지 않아 부정확한 양만 측정가능하다.
④ 가스가 크랭크축이 녹슬거나 밸브와 밸브시트가 타르(tar) 접착 등으로 통과하지 않는다.

32 일반 가정용 가스미터에서 감도유량은 막식 가스미터가 작동하기 시작하는 최소유량이다. 그 수치값으로 맞는 것은 몇 L/hr 인가?

① 3 ② 2.5
③ 2 ④ 1.5

해설

감도유량
막식 : 3L/hr, LP가스 : 15L/hr

정답 25.④ 26.③ 27.④ 28.① 29.③ 30.② 31.② 32.①

33 습식 가스미터의 특징이 아닌 것은?

① 사용 중에 수위조정 등의 관리가 필요하다.
② 설치면적이 크다.
③ 사용 중에 기차변동이 크지 않다.
④ 대용량의 가스 측정에 적합하다.

해설

대유량 : 루트미터

34 다음의 가스미터 중에서 막식 가스미터는?

① 그로바식 ② 벤투리식
③ 오리피스식 ④ 터빈식

해설

막식의 종류는 ① 이외에 독립내기식이 있다.

35 가스가 가스미터를 통과하지 못하는 불통의 발생원인과 거리가 먼 것은?

① 크랭크축이 녹슬었을 때
② 밸브시트에 이물질이 점착되었을 때
③ 회전장치에 고장이 발생했을 때
④ 계량막이 파손되었을 때

해설

④ 계량막의 파손은 부동의 원인

36 가스미터 사용공차 범위는 최대허용오차의 몇 배인가?

① 2배 ② 3배
③ 4배 ④ 5배

정답 33.④ 34.① 35.④ 36.①

chapter 3 기타 계측기기

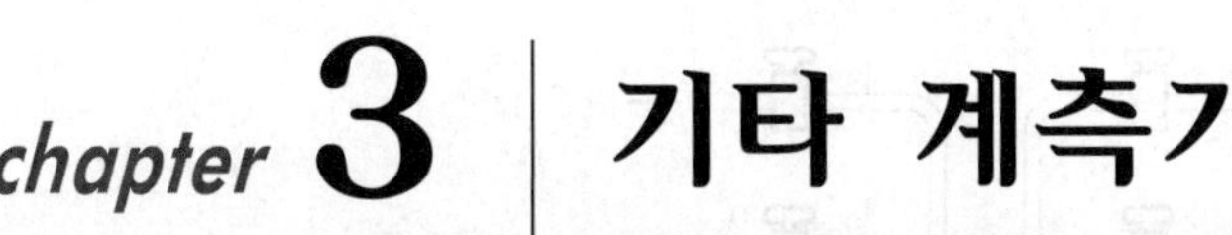

제3장의 핵심 포인트를 알려주세요.

제3장은 출제빈도는 높지 않으나 가끔 출제되므로 열량계, 습도계의 특성을 기억합시다.

01 비중계

1 비중의 측정방법

(1) 분젠시링법

시료가스를 세공에서 유출시키고 동일한 방법으로 공기를 유출하여 비중을 산출

$$S=\left(\frac{T_s}{T_a}\right)^2$$

여기서, S : 비중

T_s : 시료가스 유출시간

T_a : 공기의 유출시간

- 분젠시링법에 의한 비중측정 시 필요기구 : stop watch (스톱워치)

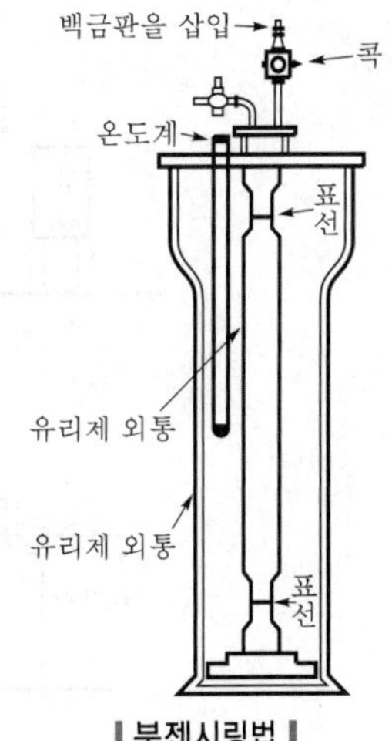

▮분젠시링법▮

(2) 비중병법

무게가 적은 동일 비중병에 건조공기와 시료가스를 충전 후 온도압력을 조정 후 비중을 계산

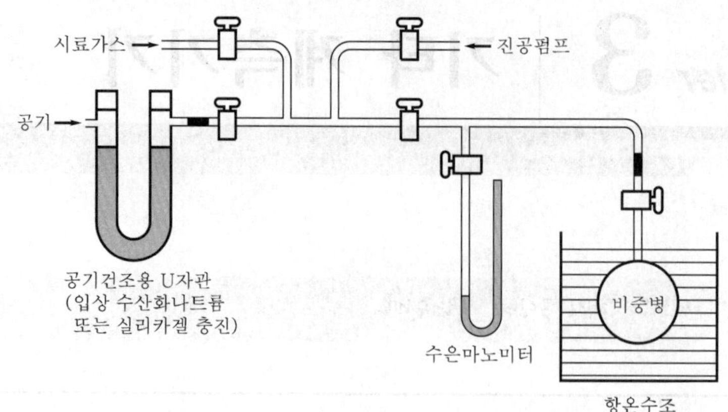

▌비중병법▐

02 열량계

(1) 융커스식 열량계

① 특징 : 가스의 발열량 측정에 가장 많이 사용됨

② 구성요소 : 가스계량기, 압력조정기, 기압계, 온도계, 저울 등

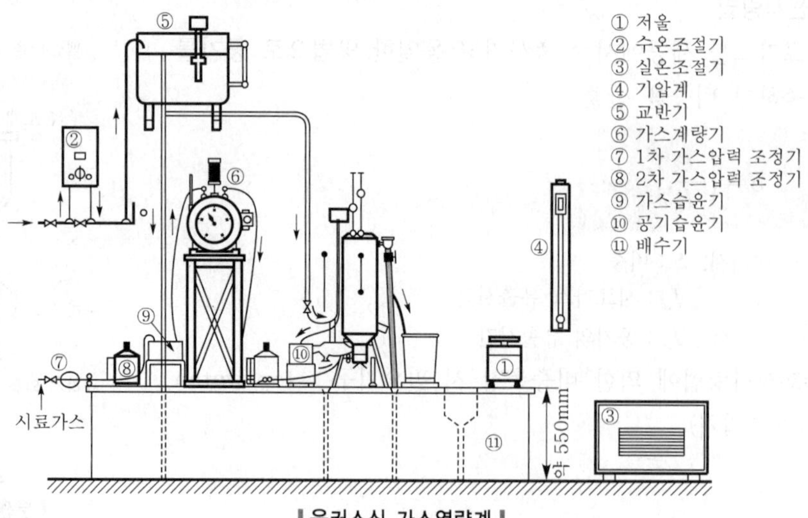

▌융커스식 가스열량계▐

③ 열량측정 시 측정항목

㉠ 시료가스 온도

㉡ 시료가스 압력

㉢ 압력계의 시도 및 부착 온도계 시도

㉣ 실온
㉤ 가스열량계의 배기온도

(2) Cutler hammer 열량계
① 가격이 고가이다.
② 온실수온이나 가압변동에 영향이 있다.
③ 안정성이 있다.

03 습도계

(1) 습도의 종류
① 절대습도 : 건조공기 1kg에 포함된 수증기 양

$$x = \frac{G_W}{G_d}$$

여기서, G_W : 습공기 1kg 중 수증기 양(kg)
G_d : 습공기 1kg 중 건조공기 양(kg)

② 상대습도 : 대기 중 존재할 수 있는 최대 수분과 현재 수분과의 비율(%)

$$\phi(\text{상대습도}) = \frac{\gamma_W}{\gamma_s} \times 100 = \frac{P_W}{P_s} \times 100$$

여기서, γ_s : 포화 습공기 $1m^3$당 수분 중량(kg)
γ_W : 수증기 중량(kg)
P_s : 포화 습공기 중 수증기 분압
P_W : 수증기 분압

③ 절대습도(x)와 상대습도(ϕ)의 관계

$$P_W = \phi P_S$$

$$x = 0.622 \frac{\phi P_S}{P - \phi P_S}$$

$$\phi = \frac{xP}{P_S(0.622 + x)}$$

여기서, P : 대기압($P_a + P_W$)
P_a : 건조 공기분압
P_W : 수증기분압

④ 비교습도(포화도)(ψ)

$$\psi = \phi \times \frac{P - P_s}{P - \phi P_s}$$

여기서, ϕ : 상대습도
P : 대기압
P_3 : 동일 온도의 포화 습공기 중 수증기 분압

(2) 습도계의 종류

종 류	용도 및 특징	세부 종류
모발 습도계	① 실내 습도 조절용 ② 재현성 우수 ③ 상대습도 즉시 측정 ④ 구조 취급 간단 ⑤ 히스테리 발생 우려	–
노점 습도계	① 구조 간단, 휴대가 편리 ② 저습도 측정 가능 ③ 오차발생이 쉽다.	① 냉각식 노점계 ② 가열식 노점계 ③ 듀셀식 노점계 ※ 듀셀 노점계의 특징 1. 고온에서 정도가 좋다. 2. 자동제어가 가능하다. 3. 습도 측정 시 가열이 필요하다.
저항식 습도계	① 염화리듐(LiCl)을 이용하여 습도를 측정 ② 전기저항의 변화에 의해 측정이 쉽다. ③ 연속 · 기록 원격 전송 자동제어에 이용	–
건습구 습도계	① 원격측정 자동제어용 ② 습도측정을 위하여 3~5m/s의 통풍이 필요 ③ 구조 간단, 휴대 취급이 편리 ④ 조건에 따라 오차가 발생	① 간이 건습구 습도계 ② 통풍형 건습 습도계

① 습도 측정 시 흡수제의 종류 : 염화칼슘, 실리카겔, 오산화인

Chapter 3 ••• 기타 계측기기

출/제/예/상/문/제

01 건조공기 단위질량에 수반되는 수증기의 질량은 다음 중 어느 습도에 해당되는가?

① 비교습도 ② 몰습도
③ 절대습도 ④ 상대습도

절대습도 : 건조공기 1kg당 포함된 수증기량

02 습한 공기 205kg 중에 수증기가 35kg 포함되어 있다고 할 때의 절대습도는? (단, 공기와 수증기의 분자량은 각각 29.18로 한다.)

① 0.106 ② 0.128
③ 0.171 ④ 0.206

해설

건조공기 : 205−35=170kg

$\therefore \frac{35}{170}=0.206$

03 습도 측정 시 가열이 필요한 단점이 있지만 상온이나 고온에서 정도가 좋으며, 자동제어에도 이용가능한 습도계는?

① 모발 습도계
② 전기저항식 습도계
③ 듀셀식 노점계
④ 전기식 건습 습도계

04 건습구 습도계에서 습도를 정확히 하려면 얼마의 통풍이 필요한가?

① 30~50m/s
② 10~15m/s
③ 5~10m/s
④ 3~5m/s

05 다음 중 상대습도를 정확히 측정하기 위하여 실내 공기습도를 측정하는 계기는?

① 모발 습도계 ② 듀셀식 노점계
③ 통풍식 건습계 ④ 건습구 습도계

06 습도 측정 시 사용되는 흡수제가 아닌 것은?

① 피로카롤 ② 오산화인
③ 실리카겔 ④ 염화칼슘

07 어떤 공기온도에서 실제습도와 그 온도 하에서의 포화습도와의 비를 무엇이라 하는가?

① 절대습도 ② 상대습도
③ 포화습도 ④ 비교습도

08 유체의 밀도 측정용 기구는?

① 벤투리미터 ② 오리피스미터
③ 피토관 ④ 피크노미터

09 열유량(heat flux)을 측정할 수 있는 기기는?

① 볼트미터(volt meter)
② 부르동(bourdon)관 게이지
③ 가돈(gardon)게이지
④ 융커스식 유수형 가스열량계

10 Cutler hammer 열량계의 특징을 나열하였다. 잘못된 것은?

① 기압변동 온실수온의 영향을 받는다.
② 값이 저렴하다.
③ 감시용에 적당하다.
④ 고점도에서 안정성이 있다.

정답 01.③ 02.④ 03.③ 04.④ 05.③ 06.① 07.② 08.④ 09.④ 10.②

11 진공계의 종류에 해당되지 않는 것은?

① 음향식 진공계
② 전리 진공계
③ 열전도형 진공계
④ 맥라우드(Mcloed) 진공계

12 진공계는 어느 것인가?

① 스트레인게이지(Strain gauge)
② 마노미터(Mano meter)
③ 바로미터(Baro meter)
④ 피라니게이지(Piraini gauge)

13 시료가스와 공기를 각각 작은 구멍으로 유출시키고 이들의 시간비로서 가스의 비중을 측정하는 방법은?

① 분젠-실링법
② 속도측정법
③ 압력측정법
④ 비중병법

분젠-실링법의 비중

$$S=\left(\frac{T_s}{T_a}\right)^2$$

여기서, T_s : 시료가스 유출시간
T_a : 공기의 유출시간

14 분젠실링법에 의한 가스의 비중 측정 시 반드시 필요한 기구는?

① balance
② gauge glass
③ stop watch
④ mano meter

15 전자밸브(solonoid valve)의 작동원리는?

① 냉매 또는 유압에 의해 작동
② 전류의 자기작용에 의해 작동
③ 냉매의 과열도에 의해 작동
④ 토출압력에 의해 작동

16 다음 중 가스관리용 계기에 포함되지 않는 것은?

① 유량계 ② 온도계
③ 압력계 ④ 탁도계

탁도계 : 물의 혼탁 정도를 표시하는 계기로서 수돗물을 생산하는 정수장 등에서 사용되는 계기

17 노점계의 종류 중 해당되지 않는 것은?

① 육안 판정식, 냉각식 노점계
② 광전관식, 냉각식 노점계
③ 염화리튬 노점계
④ 단열식 bomb 노점계

해설

④항은 열량계임

18 광학적으로 얻어지는 프린지수로부터 유동장에 대한 밀도변화를 직접 측정할 수 있는 방법은?

① 간접계에 의한 방법
② 섀도우 그래프(Shadow graph)법
③ 슈리렌(Schlieren)법
④ 스넬(Snell)법

해설

㉠ 섀도우 그래프 : 유동장에 대한 밀도변화
㉡ 슈리렌 : 기체흐름에 대한 밀도변화 측정

19 서미스터 진공계의 측정 범위는?

① $1\sim10^{-3}$mmHg
② $10\sim10^{-3}$mmHg
③ $10\sim10^{-2}$mmHg
④ $10^{-3}\sim10^{-6}$mmHg

20 일반적으로 사용되는 진공계 중 정밀도가 가장 좋은 것은?

① 격막식 탄성 진공계
② 열음극 전리 진공계
③ 맥로드 진공계
④ 피라니 진공계

정답 11.① 12.④ 13.① 14.③ 15.② 16.④ 17.④ 18.② 19.③ 20.②

chapter 4 자동제어(自動制御)

제4장의 핵심 포인트를 알려주세요.

제4장은 자동제어의 부분으로 제어계의 분류 각 동작의 특성 및 피드백에 관한 내용이 중요합니다.

01 자동제어의 정의 및 용어해설

• 제어 : 어떤 목적에 적합하도록 어떤 대상에 적당한 조작을 하는 행위

(1) 수동제어(Manual control)

제어의 행위를 인간의 손으로 하는 행위

(2) 자동제어(Automatic control)

제어대상의 행위를 인간의 손을 거치지 않고 기계장치를 이용하여 하는 행위

① 자동제어의 장·단점

장 점	단 점
• 정확도·정밀도 높아진다. • 대량생산으로 생산성이 향상 • 신뢰성이 향상	• 공장 자동화로 인한 실업률 증가 • 시설 투자비가 많이 든다. • 설비의 일부 고장 시 전라인에 영향을 미침 　– 운영에 고도의 숙련을 요한다.

㉠ 자동제어 : 유출되는 압력을 감지 다이어프램에서 가스 유입량을 자동제어하는 경우

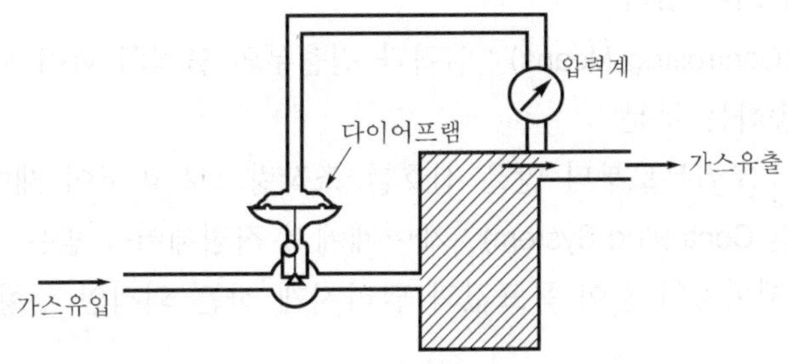

ⓛ 수동제어 : 유출되는 가스압력을 육안으로 확인하여 밸브의 개폐정도를 사람이 직접 수동으로 조작

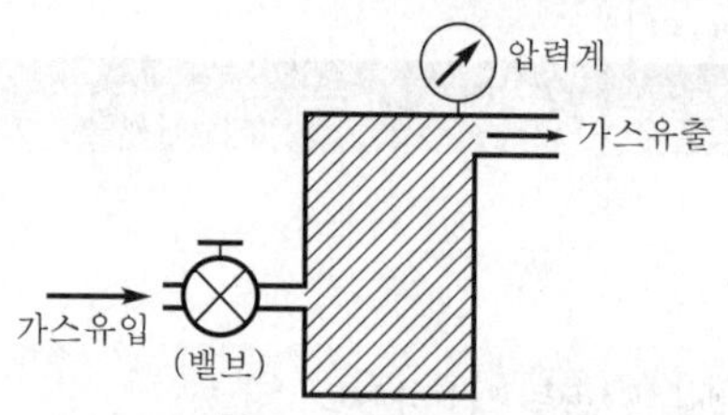

02 자동제어계의 기본 블록선도

(1) 기본 순서

검출 → 조절 → 조작(조절 : 비교 → 판단)

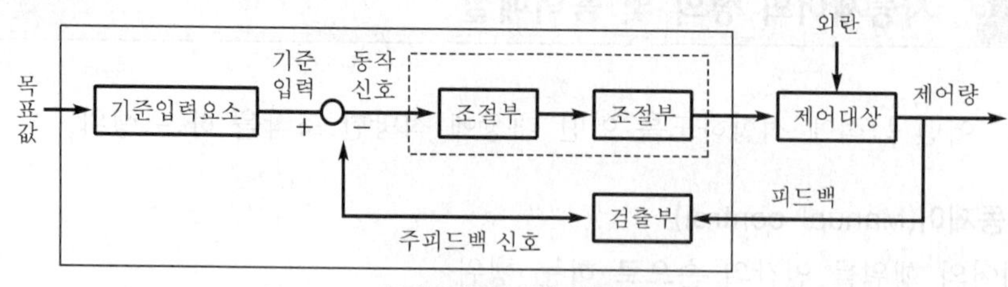

‖ 자동제어 기본 블록 ‖

(2) 용어해설

① 제어장치 : 제어대상에 조합되어 제어를 행하는 장치로서 다음 조건을 만족해야 한다.

㉠ 제어장치가 인간과 동일한 판단이 가능할 것

ⓛ 제어장치가 인간과 동일한 수정이 가능할 것

② 제어계(Control System) : 제어장치와 제어대상과의 계통적인 조합

③ 블록선도 : 제어신호의 전달 경로를 표시하는 것으로 각 요소 간 출입하는 신호연락 등을 사각으로 둘러싸 표시

④ 제어요소(Control Element) : 동작신호를 조작량으로 변환하는 요소이며, 조절부와 조작부로 되어 있다.

⑤ 조절부(Controlling Means) : 입력과 검출부의 출력의 합이 되는 신호를 받아서 조작부로 전송하는 부분

⑥ 조작부 : 조절부로부터 받은 신호를 조작량으로 바꾸어 제어대상에 보내는 부분

⑦ 제어대상(Controlled System) : 제어계에서 직접제어를 받는 제어량을 발생시키는 장치

⑧ 외란 : 제어량의 값이 목표값과 달라지게 하는 외적인 영향(주위의 온도, 압력 등)

⑨ 목표값(희망값) : 외부에서 제어량이 그 값에 맞도록 제어계에 주어지는 값

⑩ 기준입력 : 제어계를 동작시키는 기준으로 직접 제어계에 가해지는 신호

⑪ 제어편차 : 목표값－제어량

⑫ 잔류편차(오프셋) : (설정값－최종출력)

⑬ 헌팅(난조) : 제어량이 주기적으로 변화하는 좋지 못한 현상

03 제어계의 종류

(1) 개루프 제어계(Open-Loop Control System)

제어동작이 출력과 관계 없이 신호의 통로가 열려 있는 제어계통

〈특징〉

㉠ 오차가 생기는 확률이 높고, 생긴 오차의 교정이 불가능하다.

㉡ 정해놓은 순서에 따라 제어의 단계가 순차적으로 진행된다(시퀀스회로).

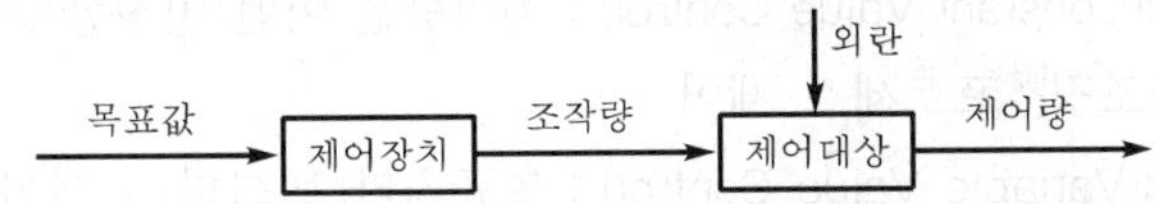

(2) 폐루프 제어계(Closed-Loop Control System)(피드백 제어계)

출력의 일부를 입력방향으로 피드백시켜 목표값과 비교되도록 폐루프를 형성하는 제어계

〈특징〉

㉠ 오차를 수정하는 귀한 경로가 있다.

㉡ 귀한 경로가 있으므로 피드백 제어계라고 한다.

㉢ 균일한 제품을 얻을 수 있다.

㉣ 작업환경의 안정성을 기할 수 있다.

㉤ 반드시 입력, 출력을 비교하는 장치가 필요하다.

㉥ 감대폭 증가(신호를 감지하는 영역)

㉦ 비선형과 외형에 대한 효과의 감소

㉧ 정확성이 증가

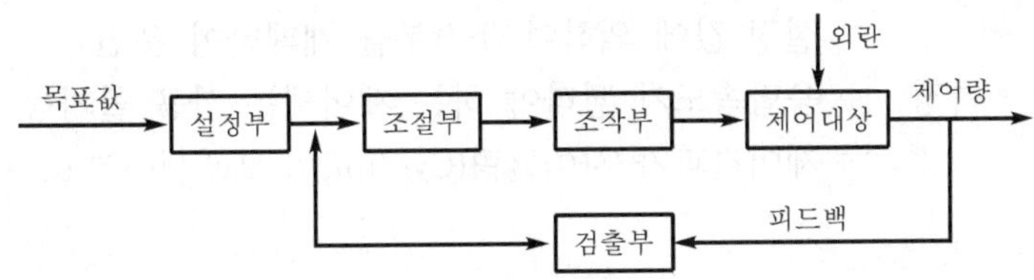

04 자동제어계의 분류

(1) 제어량의 성질에 의한 분류

① 프로세스 제어(Process Control) : 제어량이 온도, 유량, 압력, 액위, 농도 등의 플랜트나 생산공정 중의 상태량을 제어량으로 하는 제어로서 화학공장에서 원료를 이용하여 목적하는 제품을 생산하는 제어이다.

② 서보기구(Servo Mechanism) : 물체의 위치, 방위, 자세 등이 기계적 변위를 제어량으로 해서 목표값이 임의의 변화에 추종하도록 구성된 제어계(비행기, 선박의 방향제어계, 인공위성, 공업용, 로봇 등에 이용)

③ 자동조정(Automatic Regulation) : 전압, 전류, 주파수, 회전속도, 힘, 전기적, 기계적 양을 주로 제어, 응답속도가 빨라야 하는 것이 특징(전전압장치, 발전기의 조속기 제어 등)

(2) 제어목적에 의한 분류

① 정치제어(Constant Value Control) : 제어량을 어떤 일정한 목표값으로 유지하는게 목적
예 자동조정, 프로세스 제어

② 추치제어(Variable Value Control) : 목표치가 변화하는 제어

㉠ 프로그램 제어(Program Control) : 미리 정해진 프로그램에 따라 제어량을 변화
예 지하철, 건널목의 신호, 무인운전열차, 열처리 노의 온도제어

㉡ 추종제어(Followup Control) : 미지의 임의 시간적 변화를 하는 목표값에 제어량을 추종시키는 것을 목적

㉢ 비율제어(Ratio Control) : 목표값이 다른 것과 일정비율 관계를 가지고 변화하는 경우의 추종제어

(3) 제어동작에 의한 분류

• 제어동작 : 동작신호에 따라 조작량을 제어대상에 주어 제어편차를 감소시키는 동작

① 불연속 동작

㉠ ON-OFF 제어(2위치 동작) → 조작신호의 +, -에 따라서 조작량을 on, off하는 방식

• 특징
- 설정 값에 의하여 조작부를 개폐하여 운전
- 응답속도가 빨라야 하는 제어계는 사용 불가능
- 제어결과가 사이클링(Cycling) : 오프셋(off set)을 일으킴

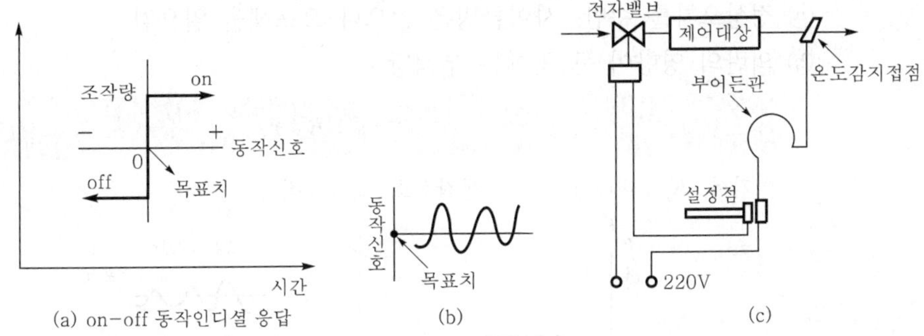

(a) on−off 동작인디셜 응답 (b) (c)

㉡ 다위치 동작 : 2단 이상의 속도를 조작량이 가지는 동작

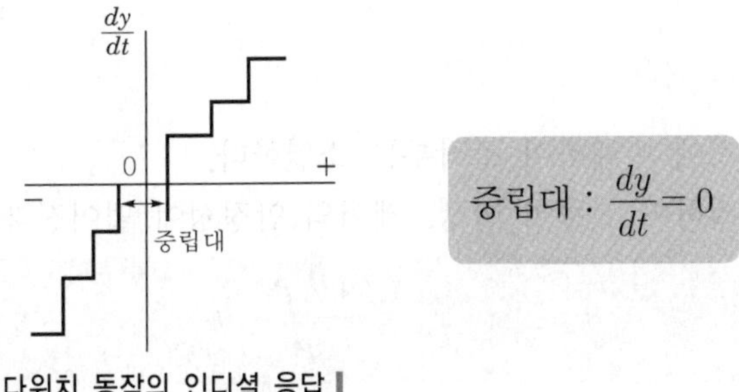

▌다위치 동작의 인디셜 응답▐

㉢ 단속도 동작(부동동작) : 동작신호의 크기에 따라 일정한 속도로 조작량이 변함

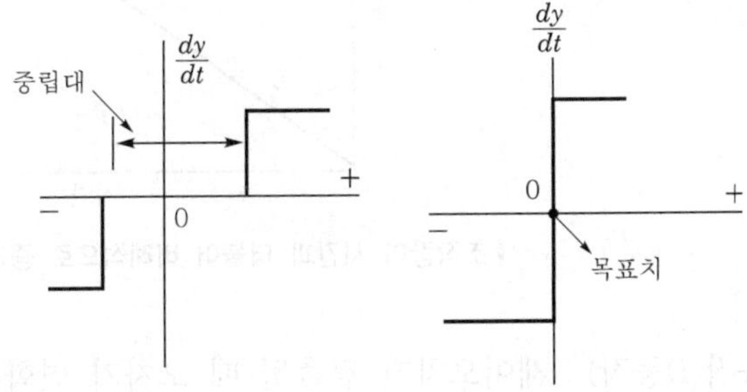

▌중립대가 없는 부동동작의 인디셜 응답▐

ⓐ 불연속 속도 동작

- 정작동 : 제어량이 목표값보다 증가함에 따라 출력이 증가하는 방향으로 동작(제어편차와 조절계의 출력이 비례)
- 역작동 : 제어량이 목표값보다 증가함에 따라 출력이 감소하는 방향으로 동작(제어편차와 조절계의 출력이 반비례)

② 연속동작

㉠ 비례동작(P동작) : 검출값 편차의 크기에 비례하여 조작부를 제어하는 것

ⓐ 정상오차를 수반, 사이클링은 없으나 오프셋을 일으킴

ⓑ 외란의 영향이 큰 곳에는 부적당

$$x_0 : K_P x_1$$

여기서, K_P : 비례감도, x_1 : 동작신호, x_0 : 조작량

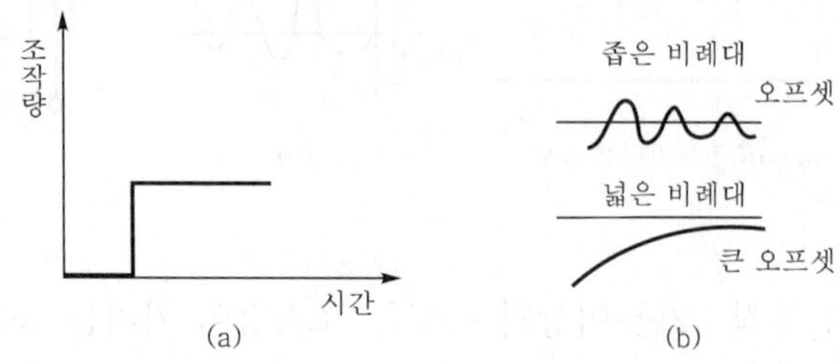

㉡ 적분동작(I동작)

ⓐ 적분값의 크기에 비례하여 조작부를 소멸한다.

ⓑ 오프셋을 소멸하여 진동이 발생, 제어의 안정성이 떨어진다.

$$x_0 = \frac{1}{T_1}\int c_i dt$$

여기서, T_1 : 적분시간

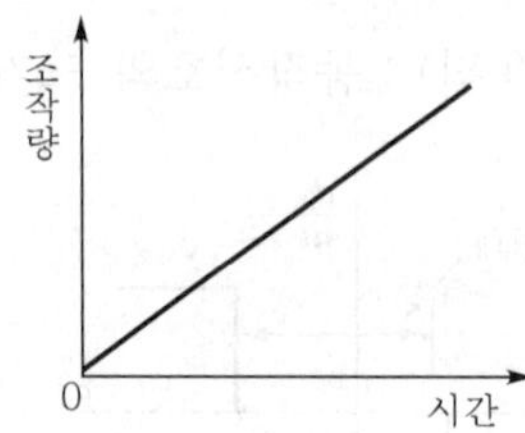

▌조작량이 시간과 더불어 비례적으로 증가▐

㉢ 미분동작(D동작) : 제어오차가 검출될 때 오차가 변화하는 속도에 비례하여 조작량을 가감하는 동작, 사이클링(진동)을 소멸시키기 위한 동작, 오차가 커지는 것을 미연에 방지한다. 비례동작과 같이 사용된다. 출력이 제어편차의 시간에 비례한다.

$$x_0 = T_d \frac{dx_i}{dt}$$

여기서, T_d : 미분시간

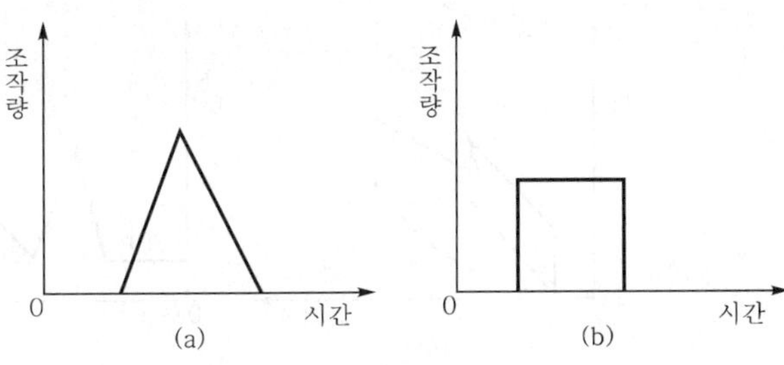

▌조작량이 증가했다가 감소함▐

㉣ 비례적분동작(PI동작) : 오프셋을 소멸시키기 위하여 적분동작을 부가시킨 제어

ⓐ 제어결과가 진동적으로 되기 쉽다.

ⓑ 반응속도가 동시에 사용된다.

ⓒ 반응속도가 빠르고, 느린 프로세스에 동시에 사용된다.

ⓓ 부하변화가 커도 잔류편차가 남지 않는다.

$$x_0 = K_P\left(x_i + \frac{1}{T_1}\int x_i dt\right)$$

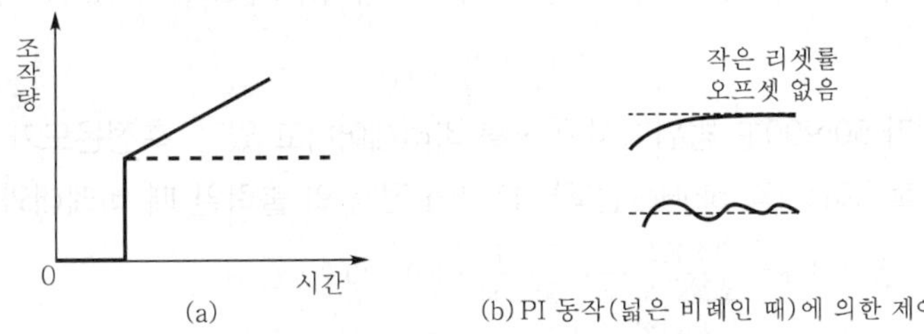

▌조작량이 일정하였다가 시간과 더불어 비례적으로 증가▐

㉤ 비례미분동작(PD동작) : 제어결과에 속응성이 있게끔 미분동작을 부가한 것

$$x_0 = K_P\left(x_i + T_D\frac{dx_i}{dt}\right)$$

㉥ 비례적분미분동작(PID동작) : 제어결과의 단점을 보완시킨 제어, 온도, 농도제어에 사용하며, 조절속도가 빠르며, 경제성이 있는 동작으로 미분동작으로 오버슈트 값을 적분동작으로는 잔류편차를 줄인다.

$$x_0 = K_P\left(x_i + \frac{1}{T_1}\int xidt + T_D\frac{dx_i}{dt}\right)$$

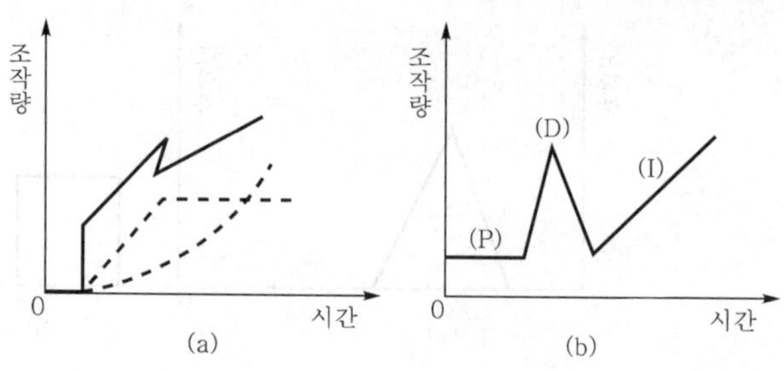

▌조작량이 일정(P), 조작량이 증가하였다가 감소(D), 조작량이 비례적으로 증가(T)▐

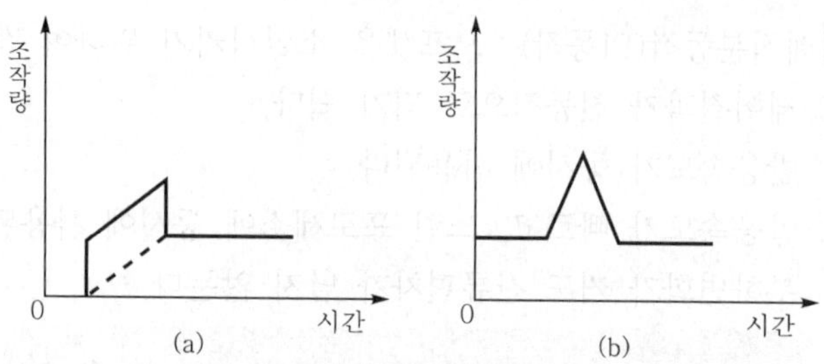

▌조작량이 일정(P), 조작량이 증가하였다가 감소(D), 조작량이 일정(P)▐

ⓢ 비례대 : 비례동작이 있어 단위크기의 동작신호를 주었을 때 조작단위 변화량

예제 조절기가 50~90℉ 범위에서 온도를 비례제어하고 있다. 측정온도가 70℉와 74℉에 대응하여 그 출력이 각각 5inHg(전폐), 17inHg(전개)의 출력일 때 비례대와 비례강도를 구하여라.

풀이 ㉠ 비례대 $= \frac{\text{측정온도차}}{\text{조절온도차}} = \frac{74-70}{90-50} \times 100 = 10\%$

㉡ 비례강도 $= \frac{\text{출력차}}{\text{측정차}} = \frac{17-5}{74-70} = 3\text{inHg/°F}$

05 제어시스템의 종류

• 응답 : 압력신호에 따른 출력의 변화

(1) 과도응답

정상상태에 있는 계에 급격한 변화의 입력을 가했을 때 생기는 출력의 변화

(2) 스텝응답(인디셜 응답)

정상상태에 있는 요소의 입력을 스텝 형태로 변화할 때 출력이 새로운 값에 도달, 스텝 입력에 의한 출력의 변화상태

(3) 주파수 응답

출력은 입력과 같은 주파수로 진동하며, 정현파상의 입력신호로 출력의 진폭과 위상각으로 특성을 규명

(4) 자동제어계의 시간응답 특성

① 오버슈트(over shoot) : 과도기간 중 응답이 목표값을 넘어감

$$\text{오버슈트}(\%) = \frac{\text{최대 오버슈트}}{\text{최종 목표값}} \times 100$$

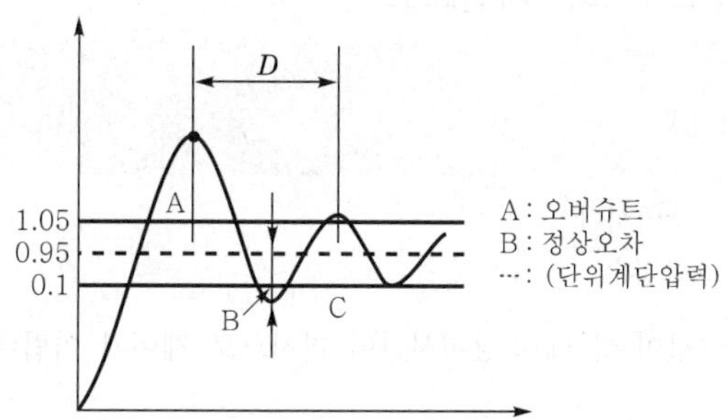

② 감쇠비(Decay Ratio) $= \frac{\text{제2 오버슈트}}{\text{최대 오버슈트}}$

③ 지연시간(Dead Time) : 응답이 최초로 목표값의 50%가 되는 데 요하는 시간

④ 상승시간(Rising Time) : 목표값의 10%에서 90%까지 도달하는 데 요하는 시간

⑤ 응답시간(Settling) : 응답이 요구하는 오차 이내로 되는 데 요하는 시간

⑥ 과도응답의 특성 방정식

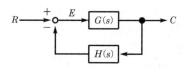

$$\frac{C(s)}{R(s)} = \frac{G(s)}{I + G(s)H(s)}$$

⑦ 정상특성 : 출력이 일정값 도달 후의 제어계 특성

(5) 1차 지연요소

입력변화에 따른 출력에 지연이 생겨 시간이 경과 후 어떤 값에 도달하는 요소

$$Y = 1 - e^{-\left(\frac{t}{T}\right)}$$

여기서, Y : 1차 지연요소
T : 시정수(출력이 최대출력 63%에 이를 때까지 시간)
t : 걸린시간

(6) 2차 지연요소

1차보다 응답속도가 느린 지연요소

$$\frac{L}{T}$$

여기서, L : 낭비시간
T : 시정수
$\frac{L}{T}$(값이 클 때) : 낭비시간이 커지므로 제어가 어렵다.
$\frac{L}{T}$(값이 적을 때) : 낭비시간이 적어지므로 제어가 쉽다.

06 신호 전송의 종류

(1) 공기압 전송

① 장점
- ㉠ 수리가 용이하다.
- ㉡ 위험성이 적다.
- ㉢ 배관작업이 용이하다.

② 단점
- ㉠ 전송거리가 짧다.
- ㉡ 신호전달에 시간이 길다.
- ㉢ 전송거리 : 100m
- ㉣ 전송공기압력 : 0.2~1kg/cm^2

(2) 유압 전송

① 장점

㉠ 선택 특성이 우수하다.

㉡ 조작속도 조작력이 크다.

㉢ 전송지연이 적다.

㉣ 응답속도가 빠르다.

② 단점

㉠ 위험성이 크다.

㉡ 오일로 인한 환경문제가 있다.

㉢ 오일로 인한 유동저항을 고려해야 한다.

㉣ 전송거리 : 300m

㉤ 전송유압 : $0.2 \sim 1\text{kg/cm}^2$

(3) 전기압 전송

① 장점

㉠ 복잡한 신호 취급에 유리하다.

㉡ 신호전달이 빠르다.

㉢ 배선작업이 용이하다.

② 단점

㉠ 조작 시 숙련을 요한다.

㉡ 조작속도가 빠른 비례 조작부를 만들기 어렵다.

㉢ 전송거리 : 300m~10km

㉣ 전류 : 4~20mA(DC)

4~20mA 수치가 아닐 때 수치를 보상하여 계산

예 15.6mA의 수치로 주어지고 유량값을 계산 시

$$\frac{15.6-4}{20-4} \times Q(\text{유량})\ \text{보상값으로 계산}$$

예제 A지역 송수관로에서 1000mm로 분기된 A 수용가 디지털 유량계의 최대용수 공급이 $24000\text{m}^3/\text{d}$ 측정 시 순시유량의 DC값이 15.6mA로 계측되었다. 이때의 유량은 몇 m^3/hr인가?

풀이 $24000\text{m}^3/24\text{hr} = 1000\text{m}^3/\text{hr}$

$$\therefore\ 1000 \times \frac{15.6-4}{20-4} = 725\text{m}^3/\text{hr}$$

07 변환요소의 종류

변환내용	해당 항목
압력 → 변위	다이어프램, 벨로즈
변위 → 압력	노즐플래퍼, 유압분사관
변위 → 임피던스	가변저항기, 가변저항 스프링
온도 → 임피던스	측온저항, 열선 서미스트, 백금, 니켈
온도 → 전압	열전대, PR, CA, IC, CC
변위 → 공기압	플래퍼 노즐

08 가스 크로마토그램의 이론단수

$$N = 16 \times \left(\frac{t_r}{w}\right)^2$$

$$N = 5.55 \times \left(\frac{t_r}{w\frac{1}{2}}\right)^2$$

여기서, t_r : 그 물질의 머문시간, 지속용량, 체류부피

w : 봉우리의 너비(봉우리 양쪽 끝의 변곡점에서 접선을 그어서 바닥선과 만나는 점으로부터 길이)

$w\frac{1}{2}$: 반치폭(피크높이 반에서의 폭)

예

18min
20min
20min

$$N = 16 \times \left(\frac{20}{20-18}\right)^2 = 400$$

* 피크의 좌우 변곡점에서 점선이 자르는 바탕선의 길이 : 5mm

$$N = 16 \times \left(\frac{20}{5}\right)^2 = 256$$

* 이론단의 높이(HETP) $= \frac{L}{N}$

여기서, L : 관길이, N : 이론단수

Chapter 4 ••• 자동제어(自動制御)

출/제/예/상/문/제

01 어떤 비례제어기가 60℃에서 100℃ 사이의 온도를 조절하는 데 사용되고 있다. 이 제어기가 측정된 온도가 89℃에서 81℃로 될 때의 비례대(Proportional Band)는 얼마인가?

① 40% ② 30%
③ 20% ④ 10%

$$\text{비례대} = \frac{\text{측정온도차}}{\text{조절온도차}} = \frac{89-81}{100-60} = 0.2 = 20\%$$

02 전기식 제어방식의 장점이 아닌 것은?

① 조작력이 가장 약하다.
② 신호의 복잡한 취급이 쉽다.
③ 신호전달 지연이 없다.
④ 배선이 용이하다.

조직력이 강한 순서
전기식 > 유압식 > 공기압식

03 자동제어장치에서 조절계의 종류에 속하지 않는 것은?

① 공기식
② 유압식
③ 수증기식
④ 전기식

04 제어장치에 있어서 다음 설명 중 틀린 것은?

① 전기식 변환기는 제작회사에 따라 신호에 사용되는 전류가 여러 종류로 불편하다.
② 공기압식 조절기의 자동제어의 조작단은 고장이 거의 없다.
③ 공기압식 조절기의 구조가 간단하므로 신뢰성이 높지 않다.
④ 공기압식인 동작방법은 화기의 위험성이 있는 석유화학 및 화약공장에서 많이 사용된다.

05 다음은 자동제어장치 중 공기압회로가 유압회로보다 좋은 점을 설명한 것이다. 틀린 것은?

① 회수관이 필요 없고 대기 중에 방출해도 좋다.
② 각종 기기의 취부 위치가 작동에 영향을 주지 않는다.
③ 배관길이는 유압회로에 비하여 효율에 영향을 주지 않는다.
④ 공기압축기 등의 공기발생장치의 사양이 직접, 회로설계에 영향을 받아 충분한 공기량과 압력을 공급하기 좋다.

공기압은 마찰에 의한 전송지연이 생겨 실용상 100~150m 범위에서 사용된다.

06 공기압식 조절계에 대하여 기술한 것이다. 타당하지 않은 것은?

① 선형 특성이 부족하다.
② 장거리 전송에 좋다.
③ 간단하게 PID 동작이 된다.
④ 신호로 된 공기압은 대체로 $0.2 \sim 1.0 \text{kg/cm}^2$의 범위이다.

조절계의 전송거리 순서
전기식(10000m) > 유압식(300m) > 공기식(150m)
①, ③, ④항 이외에 온도제어에 적합, 조작에 지연이 생기는 등의 특징이 있음

정답 01.③ 02.① 03.③ 04.③ 05.③ 06.②

07 Process계 내에 시간 지연이 크거나 외란이 심할 경우 조절계를 이용하여 설정점을 작동시키게 하는 제어방식은?

① 시퀀스 제어
② 피드백 제어
③ 캐스케이드 제어
④ 프로그램 제어

08 추치제어에 대한 설명으로 맞는 것은?

① 목표치가 시간에 따라 변하지 않지만 변화의 모양이 불규칙하다.
② 목표치가 시간에 따라 변하지 않지만 변화의 모양이 일정하다.
③ 목표치가 시간에 따라 변화하지만 변화의 모양은 예측할 수 없다.
④ 목표치가 시간에 따라 변화하지만 변화의 모양이 미리 정해져 있다.

09 자동제어장치를 제어량의 성질에 따라 분류한 것은?

① 비례제어
② 비율제어
③ 프로그램 제어
④ 프로세스 제어

해설

㉠ 제어량의 성질에 따라 분류 : 프로세스, 서보기구, 자동조정
㉡ 목표값의 시간적 성질에 의한 분류 : 정치제어, 추치제어(추종, 프로그램, 비율)
㉢ 제어동작에 의한 분류
- 연속제어(PID)
- 불연속제어(온오프, 다위치)

10 자동제어는 목표치의 변화에 따라 구분된다. 다음 중 목표치가 일정한 경우 제어방식은?

① 프로그램 제어
② 추종제어
③ 비율제어
④ 정치제어

해설

(1) 추치제어 : 목표치가 변화되어 제어
(2) 종류
㉠ 추종제어 : 목표치가 시간적으로 변화하는 제어
㉡ 비율제어 : 목표치가 다른 양과 일정한 비율관계에서 변화되는 제어
㉢ 프로그램 제어 : 목표치가 정해진 순서에 따라 시간적으로 변화하는 제어

11 자동제어계의 이득이 높을 때 일어나는 현상은?

① 응답이 빠르고, 불안정하다.
② 응답이 빠르다.
③ 안정도가 증가한다.
④ 응답이 느리다.

12 다음 자동제어장치 중 공기식 계측기에서 Flapper－Nozzle 기구는 어떤 역할을 하는가?

① 변위－전류 신호로 변환
② 변위－공기압 신호로 변환
③ 전류－전압 신호로 변환
④ 공기압－전기 신호로 변환

해설

자동제어의 변환요소의 종류
㉠ 압력 → 변위(다이어프램, 벨로즈)
㉡ 변위 → 압력(노즐플래퍼, 유압분사관)
㉢ 변위 → 전압(차동변압기)
㉣ 변위 → 임피던스(가변저항기, 가변저항 스프링)
㉤ 온도 → 임피던스(측온저항, 열선 서미스트)
㉥ 온도 → 전압(열전대)

13 자동제어계를 구성하기 위해 필요한 조건이 아닌 것은?

① 동특성(動特性)이 우수하고, 호환성(互換性)일 것
② 출력 신호가 취급하기 쉬운 양일 것
③ 최소 검출이 가능한 양과 사용한 양과 사용이 가능한 최대값의 배가 되도록 작을 것
④ 검출단의 신호변환계 및 영점이 안정되어 있을 것

정답 07.③ 08.③ 09.④ 10.④ 11.① 12.② 13.③

14 다음 설명 중 옳은 것은?

① 제어장치의 조절계의 종류는 공기식, 수증기식, 전기식 등 3가지이다.
② 제어량에서 목표값을 뺀 값을 제어편차라고 한다.
③ 미리 정해진 순서에 따라 순차적으로 제어의 각 단계를 진행하는 자동제어 방식으로 작동 명령은 기동, 정지, 개폐 등과의 타이머, 릴레이 등을 이용하여 행하는 것을 시퀀스 제어라고 한다.
④ 1차 제어장치가 제어량을 측정하여 제어명령을 발하고, 2차 제어장치가 이 명령을 바탕으로 제어량을 조절하는 측정제어는 프로그램 제어이다.

① 공기, 유압, 전기
② 제어편차 : 목표에서 제어량을 뺀 값
④ 캐스케이드 제어

15 자동제어계의 동작 순서를 바르게 나열한 것은?

① 검출 → 판단 → 비교 → 조작
② 검출 → 비교 → 판단 → 조작
③ 조작 → 비교 → 검출 → 판단
④ 비교 → 판단 → 검출 → 조작

해설

㉠ 검출 : 제어대상을 검출
㉡ 비교 : 목표값으로 물리량과 비교
㉢ 판단 : 편차가 있는지 여부를 판단
㉣ 조작 : 판단된 값을 가감하여 조작

16 1차 제어장치가 제어량을 측정하여 제어명령을 발하고 2차 제어장치가 이 명령을 바탕으로 제어량을 조절하는 측정제어와 가장 가까운 것은?

① 캐스케이드 제어(Cascade control)
② 정치제어(Constant value control)
③ 프로그램 제어(Program control)
④ 비율제어(Ratio control)

캐스케이드 제어 : 2개의 제어계를 조합 수행
예 가스의 액화(고압, 저온) 등

17 자동제어방식에서 특수값이 임의의 시간적 변화를 하는 경우를 무엇이라 하는가?

① 정치제어 ② 추치제어
③ 추종제어 ④ 비례제어

18 목표값이 미리 정해진 시간적 변화를 행할 경우 목표값에 따라서 변동하도록 한 제어는?

① 프로그램 제어 ② 캐스케이드 제어
③ 추종제어 ④ 프로세스 제어

19 자동조정의 제어량은?

① 방위 ② 주파수
③ 압력 ④ 시간

해설

자동조정(Automatic regulation) : 전압, 전류, 주파수, 회전속도, 힘, 전기적, 기계적 양을 주로 제어

20 자동차의 핸들에 의해 자동차의 방향이 연속적으로 변하게 되는데 이러한 제어방식을 무엇이라 하는가?

① 정성적 제어 ② 디지털 제어
③ 아날로그 제어 ④ 자동제어

21 출력이 입력에 전혀 영향을 주지 못하는 제어는?

① 폐회로(Closed loop) 제어
② 개회로(Open loop) 제어
③ 프로그램(Program) 제어
④ 피드백(Feedback) 제어

22 자동제어장치를 제어량의 성질에 따라 분류한 것은?

① 프로세스 제어 ② 프로그램 제어
③ 비율제어 ④ 비례제어

해설

㉠ 제어량의 성질에 의한 분류 : 프로세스, 서보기구, 자동조정
㉡ 제어목적에 의한 분류 : 정치제어, 프로그램 제어, 추종제어, 비율제어

정답 14.③ 15.② 16.① 17.③ 18.① 19.② 20.③ 21.② 22.①

23 일반적인 계측기는 3부분으로 구성되어 있다. 이에 속하지 않는 것은?

① 검출부
② 전달부
③ 수신부
④ 제어부

24 On-off 동작의 특성이 아닌 것은?

① 외란에 의해 잔류편차가 발생한다.
② 목표값을 중심으로 진동 현상이 나타난다.
③ 사이클링(cycling) 현상을 일으킨다.
④ 설정값 부근에서 제어량이 일정하지 않다.

비례동작에서 외란이 있으면 잔류편차가 발생된다.

25 조절부의 제어동작 중 연속식 제어의 기본동작이 아닌 것은?

① On-off동작
② 미분동작(D)
③ 적분동작(I)
④ 비례동작(P)

26 편차의 정(+), 부(-)에 의해서 조작신호가 최대, 최소가 되는 제어동작은?

① 온 · 오프 동작
② 비례동작
③ 적분동작
④ 다위치동작

27 다음 중 대표적인 조절동작의 종류로 맞는 것은?

① 연소동작, 간헐적 동작
② Open-Loop 동작, Closed-Loop 동작
③ On-Off 동작, P-동작, I-동작, D-동작
④ 공기식 조절동작, 전기식 조절동작

28 On-off 제어에 대한 다음의 설명 중 틀린 것은?

① 감응속도가 빠르고, 지연시간이 많은 계에 가장 적합하다.
② 간단한 기구에 의하여 고감도의 동작을 실현시킬 수 있다.
③ 증폭기 등을 특별히 둘 필요가 없다.
④ 불연속 동작이다.

해설

② 불연속 동작이므로 감도가 불량하다.

29 피드백(feedback) 제어계를 설명한 다음 사항 중 틀린 것은?

① 다른 제어계보다 제어폭이 증가한다.
② 다른 제어계보다 제어폭이 감소한다.
③ 입력과 출력을 비교하는 장치는 반드시 필요하다.
④ 다른 제어계보다 정확도가 증가된다.

30 다음 중 폐루프를 형성하여 출력측의 신호를 입력측으로 되돌리는 것은?

① 오프셋　　② 온-오프
③ 피드백　　④ 리셋

해설

㉠ 폐루프 : 출력의 일부를 입력방향으로 피드백시켜 목표값과 비교되도록 폐루프를 형성하는 제어계

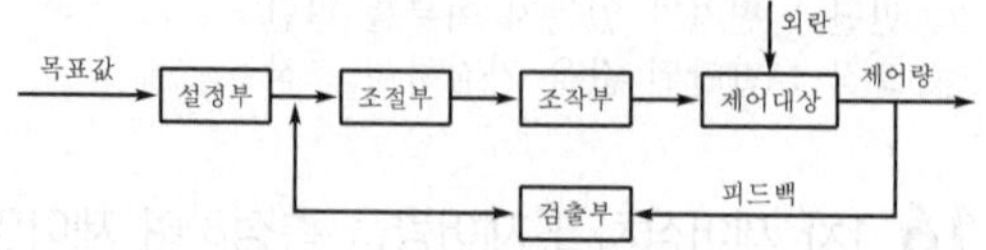

㉡ 개루프 : 제어동작이 출력과 관계 없이 신호의 통로가 열려 있는 제어계통

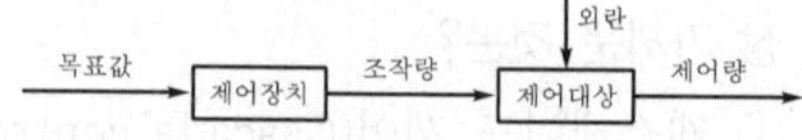

31 제어계가 불안정해서 제어량이 주기적으로 변화하는 좋지 못한 상태를 무엇이라 하는가?

① 스텝응답　　② 외란
③ 헌팅(난조)　　④ 오버슈트

정답 23.④ 24.① 25.① 26.① 27.③ 28.② 29.② 30.③ 31.③

해설

㉠ 오버슈트 : 응답 중 입력과 출력 사이의 최대 편차량
㉡ 헌팅 : 제어계가 불안정하여 제어량이 주기적으로 변함

32 계측시간이 적은 에너지의 흐름을 무엇이라고 하는가?

① 응답 ② 펄스
③ 시정수 ④ 외란

해설

㉠ 외란 : 제어량이 목표값과 달라지게 하는 외적인 영향
㉡ 펄스 : 계측시간이 작은 에너지흐름
㉢ 응답 : 어떤 계에 입력신호를 가했을 때 출력신호가 어떻게 변화하는가를 나타내는 것

33 점화를 행하려고 한다. 자동제어방법에 적용되는 것은?

① 캐스케이드 제어
② 피드백 제어
③ 인터록
④ 시퀀스 제어

해설

시퀀스 제어 : 정해진 순서에 따라 단계적으로 제어하는 것으로 보일러의 자동 점화, 소화 등을 행함

34 잔류편차(off－set)란 무엇인가?

① 입력과 출력과의 차를 말한다.
② 조절의 오차를 말한다.
③ 실제값과 측정값의 차를 말한다.
④ 설정값과 최종출력과의 차를 말한다.

35 다음 계측제어기 중에서 잔류편차가 허용될 때 사용되는 제어기는?

① PID 제어기
② PD 제어기
③ PI 제어기
④ P 제어기

해설

P(비례동작)은 잔류편차가 생기므로 잔류편차가 허용될 때 I(적분)은 잔류편차를 없애준다.

36 기준 입력과 주 피드백량의 차로서 제어동작을 일으키는 신호는?

① 기준입력 신호
② 조작 신호
③ 동작 신호
④ 주 피드백 신호

37 Process계 내에 시간지연 크기나 일량이 심할 경우 조절계를 이용하여 운전장치를 작동시키게 하는 제어방식은?

① 프로그램 제어
② 시퀀스 제어
③ 캐스케이드 제어
④ 피드백 제어

38 제어에 있어서 제어량이 그 값이 되도록 외부에서 주어지는 값을 무엇이라 하는가?

① 기준입력 ② 목표치(설정점)
③ 제어량 ④ 조작량

39 자동제어에서 미분동작이라 함은?

① 조절계의 출력변화는 편차의 변화속도에 비례하는 동작
② 조절계의 출력변화의 속도가 편차에 비례하는 동작
③ 조절계의 출력변화가 편차에 비례하는 동작
④ 조작량이 어떤 동작 신호의 값을 경계로 하여 완전히 전계 또는 전폐되는 동작

40 연속동작에 의한 제어방식이 아닌 것은?

① 복합 동작제어 ② 적분 동작제어
③ 비례 동작제어 ④ 다위치 동작제어

해설

㉠ 다위치 동작 : 불연속 동작
㉡ 불연속 동작 : On · Off(2위치 동작)
㉢ 다위치 동작
㉣ 불연속 속도 동작

정답 32.② 33.④ 34.④ 35.④ 36.③ 37.③ 38.② 39.① 40.④

41 조절계의 제어동작 중 제어편차에 비례한 제어동작은 잔류편차(offset)가 생기는 결점이 있는데 이 잔류편차를 없애기 위한 제어동작은?

① 적분동작
② 2위치 동작
③ 미분동작
④ 비례동작

42 D동작(미분제어)의 제어식을 조작량 m, 편차 e, 시간 T로 나타낸 식은?

① $m=\frac{100}{P}(e+\frac{1}{T}\int edt)$

② $m=Td\frac{de}{dt}$

③ $m=\frac{1}{\pi}\int edt$

④ $m=\frac{100}{P}e+b$

미분동작 : 조작량이 편차의 시간변화에 비례하여 제어
① 비례적분(PI)제어
③ 적분제어(I)
④ 비례제어(P)

43 설정값에 대해 얼마의 차이(off－set)를 갖는 출력으로 제어되는 방식은?

① 비례적분식
② 비례미분식
③ 비례적분－미분식
④ 비례식

비례동작은 잔류편차(off－set)이 생긴다.

44 정상상태에서 시간에 대한 변량의 변화가 없을 때 이 제어계의 응답이 다를 때의 입력신호는?

① 0 ② 1
③ 10 ④ 1001

45 출력 $m=K_P\cdot e+m_o$(e는 제어편차, K_P는 비례감도 또는 게인)에 의해 제어되는 방식은?

① 비례동작 ② 비례－적분동작
③ 개폐제어 ④ 미분제어

해설

P : 비례동작

46 편차의 크기에 비례하여 조절요소의 속도가 연속적으로 변하는 동작은?

① 적분동작 ② 비례동작
③ 미분동작 ④ 온 · 오프동작

해설

㉠ 비례동작(P동작) : 제어량의 편차에 비례하여 제어하는 동작
㉡ 적분동작(I동작) : 편차의 크기와 지속시간에 비례하는 동작
㉢ 미분동작(D동작) : 편차의 변화속도에 비례하여 제어하는 동작

47 다음 P동작에 관해서 기술한 것으로 옳은 것은?

① 비례대의 폭을 좁히는 등 오프셋은 작게 된다.
② 조작량은 제어편차의 변화속도에 비례한 제어동작이다.
③ 제어편차에 비례한 속도로서 조작량을 변화시킨 제어조작이다.
④ 비례대의 폭을 넓히는 등 제어동작이 작동할 때는 강하다.

48 다음과 같은 조작량의 변화는 어떤 동작인가?

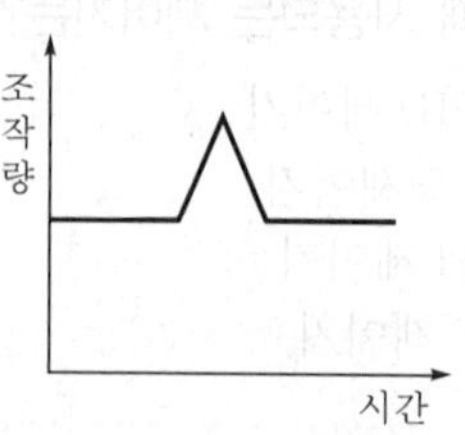

① I동작 ② PD동작
③ D동작 ④ PI동작

정답 41.① 42.② 43.④ 44.① 45.① 46.① 47.② 48.②

해설

㉠ 조작량이 일정 : P동작
㉡ 조작량이 증가 후 감소 : D동작

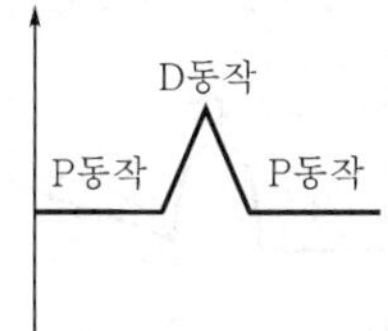

49 다음 조절기의 제어동작 중 비례적분동작을 나타내는 기호는?

① 2위치 동작
② PID
③ PI
④ P

50 적분동작(I동작)에 가장 많이 쓰이는 제어는 어느 것인가?

① 유량속도제어
② 증기속도제어
③ 유량압력제어
④ 증기압력제어

해설

(1) 적분동작 : 편차의 적분차를 가감하여 조작량의 이동속도가 비례하는 동작
(2) 특징
㉠ 제어의 안정성이 떨어진다.
㉡ 잔류편차가 제어된다.
㉢ 진동하는 경향이 있다.

51 프로세서 제어의 난이정도를 표시하는 값으로 L(지연시간), T(시정수) 의미 L/T가 클 경우 제어정도는 어떠한가?

① PID 동작 조절기를 쓴다.
② P 동작 조절기를 쓴다.
③ 제어가 쉽다.
④ 제어가 어렵다.

해설

L(낭비시간)이 클수록 제어가 어렵고, T(시정수)가 클수록 제어가 쉽다.

52 스팀을 사용하여 연료가스를 가열하기 위하여 다음 [그림]과 같이 제어계를 구성하였다. 이 중 온도를 제어하는 방식은?

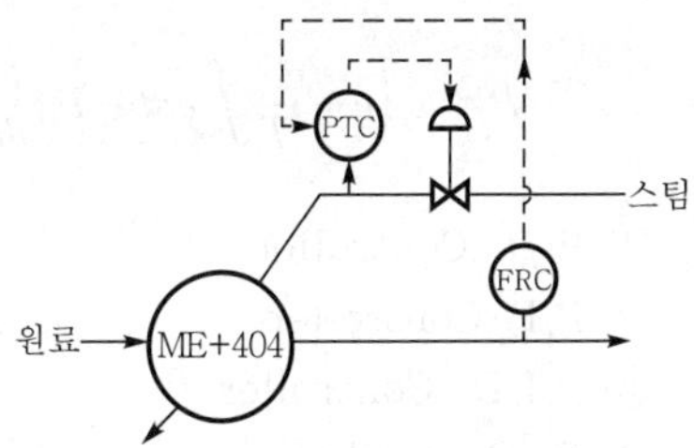

① 비례식　② Cascade
③ Forward　④ Feed back

53 제어계의 난이도가 큰 경우 적합한 제어 동작은?

① ID 동작　② PD 동작
③ PID 동작　④ 헌팅 동작

54 다음 중 오프셋(off-set)은 없앨 수 있으나 제어시간이 단축되지 않는 제어에 해당되는 것은?

① PID 제어　② PD 제어
③ PI 제어　④ P 제어

해설

중합동작 : PID 동작 중 2가지 이상이 조합된 동작
㉠ PI(비례적분) : 잔류편차는 제거되나 제어시간이 단축되지 않음
• 특징 : 잔류편차가 남지 않는다. 진동이 생긴다.
T_1 : 리셋시간, $\frac{1}{T_1}$: 리셋률이라 한다.
$$y = K_P\left(e + \frac{1}{T_1}\int edt\right)$$
㉡ PD(비례미분) : 제어결과에 속응성이 있게끔 미분동작을 부가한 것
$$y = K_P\left(e + T_D\frac{de}{dt}m_0\right)$$
㉢ PID(비례적분미분동작) : 제어결과의 단점을 보완시킨 제어로서 제어계의 난이도가 큰 경우에 사용되며 온도, 농도 제어 등에 사용
$$y = K_P\left(e + \frac{1}{T}\int edt + T_D\frac{de}{dt}\right)$$

정답 49.③ 50.③ 51.④ 52.④ 53.③ 54.③

55 이상적인 컨트롤 모드에 대한 식이 다음과 같이 표시될 때 이는 어떤 타입의 proportional controller인가?

$$P = K_D\left(e + \frac{1}{T}\int edt + T_D\frac{de}{dt}\right)$$

① P.D. Controller
② P.I. Controller
③ P.I.D. Controller
④ P. Controller

56 다음 [그림]과 같은 조작량의 변화는?

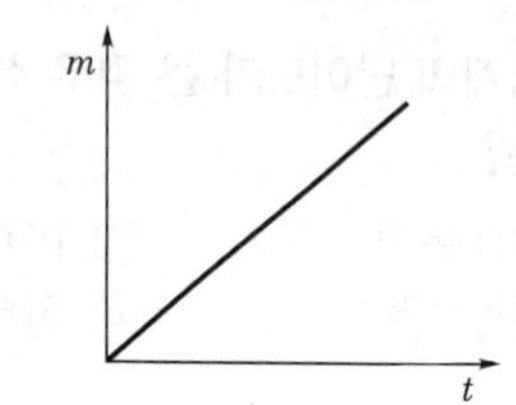

① D동작 ② PI동작
③ I동작 ④ P동작

해설

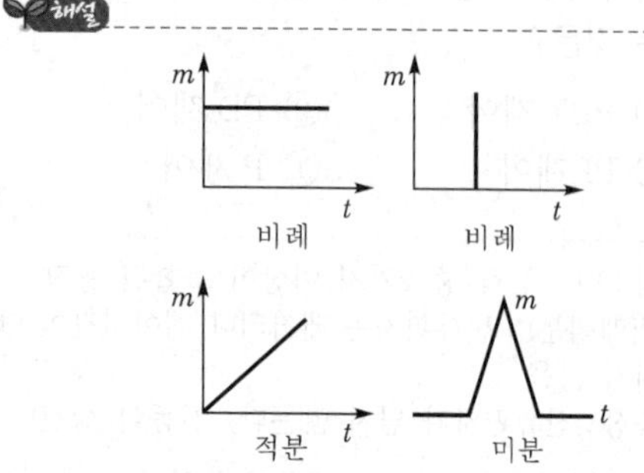

㉠ 비례 : 조작량이 시간에 대하여 일정
㉡ 적분 : 조작량이 시간에 대하여 비례하여 증가
㉢ 미분 : 조작량이 시간에 대하여 증가하였다가 감소

57 [그림]과 같은 조작량 변화는 다음 중 어느 것에 해당되는가?

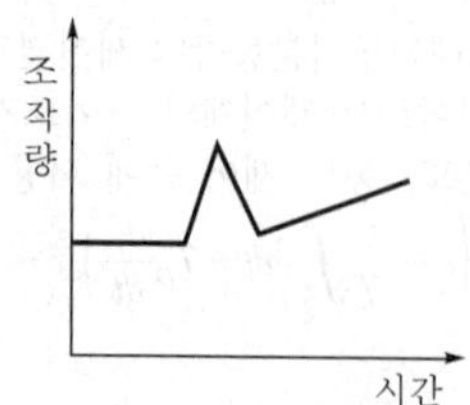

① PD 동작 ② PID 동작
③ 2위치 동작 ④ PI동작

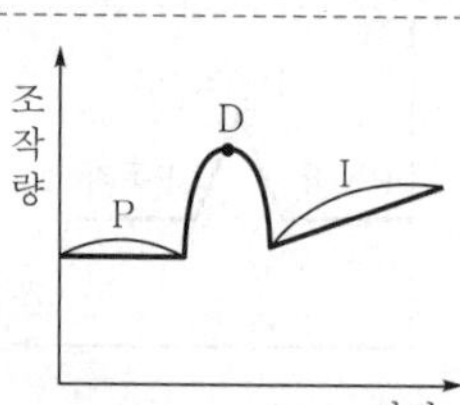

㉠ P 동작 : 조작량이 시간에 일정
㉡ D 동작 : 조작량이 증가하다가 감소
㉢ I 동작 : 조작량이 시간 비례하여 증가

58 다음 과도응답 특성에 대한 그림에서 오버슈트(over shoot)를 나타내는 지점은?

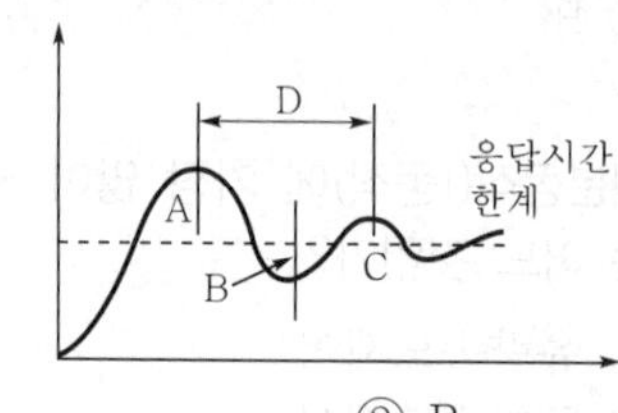

① A ② B
③ C ④ D

해설

오버슈트(over shoot) : 과도기간 중 응답이 목표값을 넘어가는 것

$$\text{오버슈트}(\%) = \frac{\text{최대초과량}}{\text{최종목표값}} \times 100$$

59 보정보율이 u, 편차를 α라고 했을 때 측정값이 $u \pm 2$m 사이에 들어갈 확률은 몇 % 인가?

① 90% ② 95%
③ 98% ④ 100%

해설

㉠ $u \pm 3$m일 경우 : 99%
㉡ $u \pm 1$m일 경우 : 70%

60 검사절차를 자동화하려는 계측작업에서 필요한 장치가 아닌 것은?

① 자동가공장치 ② 자동급속장치
③ 자동선별장치 ④ 자동검사장치

정답 55.③ 56.③ 57.② 58.① 59.② 60.①

61 적분제어(Integral Control)에서 조작량 m, 편차 e, 시간 t, 비례대 P로 표시한 식은 어느 것인가?

① $m = \dfrac{100}{P} \cdot e + b$

② $m = \dfrac{1}{\pi} \int e dt$

③ $m = T_2 \cdot \dfrac{de}{dt}$

④ $m = \dfrac{1}{\pi} \int \cdot \dfrac{t}{e} dt$

62 요구되는 입력조건이 만족되면 그에 상응하는 출력신호가 발생되는 형태를 요구하는 것으로 입출력이 1 : 1 관계에 있는 시스템의 제어는?

① 파일럿 제어
② 피드백 제어
③ 캐스케이드 제어
④ 시퀀스 제어

정답 61.② 62.①

인생의 희망은

늘 괴로운 언덕길 너머에서 기다린다.

-폴 베를렌(Paul Verlaine)-

☆

어쩌면 지금이 언덕길의 마지막 고비일지도 모릅니다.
다시 힘을 내서 힘차게 넘어보아요.
희망이란 녀석이 우릴 기다리고 있을 테니까요.^^

PART 5

유체역학

1 유체의 정의와 기본성질
2 유체 정역학
3 유체 동역학
4 운동량의 원리
5 점성유체의 운동
6 관로유동
7 개수로 유동
8 차원 해석과 상사 법칙
9 압축성 유체의 흐름
10 유체계측

제5편은 가스기사 시험에만 추가적으로 출제되는 유체역학편으로서 유체의 정의와 기본성질부터 각 단원의 핵심내용이 출제됩니다.

가스기사 필기

PART 5. 유체역학

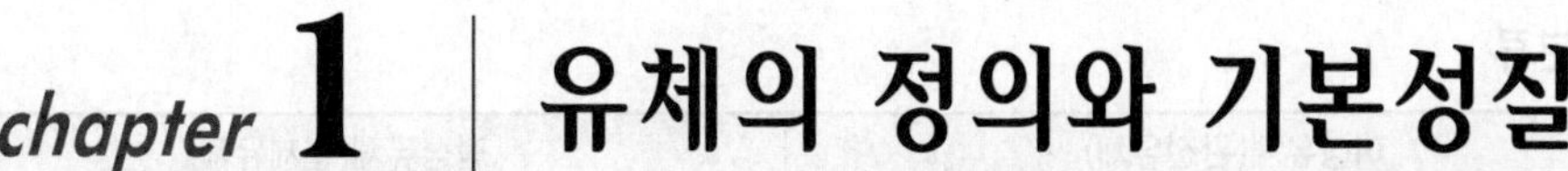

chapter 1 유체의 정의와 기본성질

제장의 출제기준은 무엇인가요?

제장은 한국산업인력공단 출제기준 중 유체의 기초성질(용어정리, 개념, 단위, 차원해석, 물리량의 정의)과 동역학의 압축성 유체부분입니다.

01 유체의 정의(Fluid)

① 아무리 작은 전단력이라도 작용하면 연속적으로 변형한다.
② 유체는 정지상태에서는 전단응력과 평형을 이룰 수 없고, 운동상태에서만 전단응력과 평형을 이룬다.
③ 유체는 분자 상호간의 거리와 운동범위가 고체보다 크다.
④ 유체는 그것을 담은 용기에 따라 형상이 달라진다.

02 유체의 분류

(1) 압축성 분류

압축성 유체	비압축성 유체
• 보통의 기체 • 수압관 속의 수격작용 • 디젤기관 연료 파이프 내의 충격파 • 음속보다 빠른 비행물체 주위의 기류	• 보통의 액체 • 달리는 물체(차량, 기차 등) 주위의 기류 • 저속항공기 주위의 기류 • 정지물체 주위를 느리게 흐르는 기류 • 잠수함 주위의 수류

(2) 점성 분류

이상유체(완전유체)	점성유체(실제유체)
• 점성이 완전히 없거나 0에 가까운 유체 • 편의상 가정된 유체 • $PV_s = RT$를 만족하는 유체	• 점성이 있는 대부분의 실존 유체 • Newton 유체와 비Newton 유체

TIP 압축성 유체와 비압축성 유체

1. 압축성 유체 : 압력변화에 대해 변화를 무시할 수 없음
   $\frac{d\rho}{dp} \neq 0 \quad \frac{dV}{dp} \neq 0 \quad \frac{d\gamma}{dp} \neq 0$
2. 비압축성 유체 : 압력변화에 대해 변화를 무시할 수 있음
   $\frac{d\rho}{dp} = 0 \quad \frac{dV}{dp} = 0 \quad \frac{d\gamma}{dp} = 0$

03 연속체

유체를 연속적으로 해석하기 위하여 분자운동을 무시한 거시적인 물체로 취급하는 조건의 운동체

① 분자의 평균 자유행로가 문제의 대표길이에 비해 매우 작은 경우의 기체(1% 미만)
② 분자충돌의 시간이 매우 짧아 분자의 통계적 특성이 보존되는 기체
③ 분자간에 큰 응집력이 작용하는 기체
④ 분자의 통계적 특성이 보존되는 대부분의 액체

TIP 연속체(Continuum)

물체의 대표길이(l), 자유경로(λ)보다 훨씬 큰 것

$l \gg \lambda$

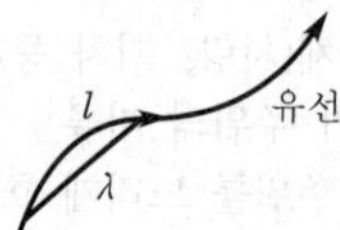

04 단위와 차원

(1) 차원

물리량의 표현

① 절대단위계(MLT계)

질량 : M, 길이 : L, 시간 : T

② 중력단위계(공학단위계, FLT계)

중량(힘) : F, 길이 : L, 시간 : T

(2) 단위

물리량의 기본 크기

① 절대단위

㉠ C.G.S계 : 길이[cm], 질량[g], 시간 [sec]

㉡ M.K.S계 : 길이[m], 질량 [kg], 시간 [sec]

② 중력단위(공학단위)

㉠ C.G.S계 : 길이[cm], 힘[gf], 시간[sec]

㉡ M.K.S계 : 길이[m], 힘[kgf], 시간[sec]

③ SI단위 : 국제규격단위

㉠ 기본단위 : 길이[m], 질량[kg], 시간[sec], 전류[A], 온도[K], 광도[cd], 물질량[mol] … 7종

㉡ 조립단위 : 힘[N], 일(열)[J], 일률(동력)[W], 압력[Pa], 주파수[Hz] … 5종

㉢ 유도단위 : 기본단위와 조립단위의 조합으로 각 물리량의 크기를 나타낸 단위

ⓐ (SI)기본유도단위 : 질량[kg]이 사용된 유도단위

ⓑ (SI)조립유도단위 : 힘[N]이 사용된 유도단위

예 하겐 윌리엄 공식

$$\Delta P(\text{kgf/cm}^2)= \frac{6.174\times10^5\times(Q(\text{L/min}))^{1.85}}{C^{1.85}\times(D(\text{mm}))^{4.87}}$$ … 단위계산이 되지 않는다.)

TiP **반드시 알아두어야 할 사항입니다.**

최근 실무에서나 시험에서 점차 SI단위를 사용하는 추세이므로 전 단위의 상호 변환관계를 충분히 숙지하여야 한다. 특히 모든 계산문제는 반드시 단위계산을 우선하여야 한다. 주어진 조건의 단위를 계산하여 얻고자 하는 답의 단위가 우선 일치됨을 확인한 후 계산기를 사용하여 답을 구하여야 한다. 그러나 단위를 계수 변환한 공식은 단위계산이 되지 않는 점을 유의할 것

(3) SI단위와 중력단위의 연관성

① $F=m\cdot a \Rightarrow [\text{kgf}]=[\text{kg}]\times[\text{m/s}^2]=[\text{kg}\cdot\text{m/s}^2]=[\text{N}]$

여기서, F : 힘(kgf) 또는 (N)

m : 질량(kg)

a : 가속도(m/s^2)

② $1\text{kN}=1000\text{N}=1000\text{kg}\cdot\text{m/s}^2=10^2\text{kgf}$

예제 1. 중력가속도가 1m/s^2인 장소에서 질량 1kg이 나타내는 힘의 크기는 몇 [N]인가?

풀이 $F=ma=1\text{kg}\times1\text{m/s}^2=1\text{kg}\cdot\text{m/s}^2=1\text{N}$

참고 $\left(1\text{N}=\frac{1}{9.8}\text{kgf}\right)$, (중력가속도($g$) : $9.8\text{m/s}^2=32.15\text{ft/s}^2$) ($1\text{lbf}=32.15\text{lbm}\cdot\text{ft/s}^2$)

예제 2. 속도가 9.8m/s^2인 장소에서 질량 1kg이 나타내는 힘의 크기는 몇 [kgf]인가?

풀이 $F=ma=1\text{kg}\times9.8\text{m/s}^2=9.8\text{N}=1\text{kgf}$ ($f=9.8\text{m/s}^2$)

예제 3. 질량 1kg인 물체가 중력가속도가 9m/s^2인 곳에서의 중량은 얼마인가?

풀이 $F=m\cdot a=1\text{kg}\times9\text{m/s}^2=9\text{kg}\cdot\text{m/s}^2=9\text{N}$ … 조립단위

※ $F=m\cdot a$로 구한 중량값은 SI단위이므로 중력단위로 환산코자 하면

$9\text{kg}\cdot\text{m/s}^2\times\left(\frac{0.102\text{kg}_\text{f}}{1\text{kg}\cdot\text{m/s}^2}\right)=0.918\text{kgf}$ … 중력단위

② 관계 : 중력가속도가 9.8m/s^2인 장소(지구)

구 분	질 량	중량(힘)
SI단위	$1\text{kg}=1\text{N}\cdot\text{s}^2/\text{m}$	$9.8\text{kg}\cdot\text{m/s}^2=9.8\text{N}$
중력단위	$1/9.8\text{kgf}\cdot\text{s}^2/\text{m}$	1kgf

즉, 1kg=질량 $1\text{N}\cdot\text{s}^2/\text{m}$=질량 $0.102\text{kgf}\cdot\text{s}^2/\text{m}$=중량 $9.8\text{kg}\cdot\text{m/s}^2$=중량 9.8N=중량 1kgf … 이것은 지구에서 전부 같은 크기의 값이다. 특히, 질량 1kg은 중량 1N이 아니고 9.8N이다.

TiP 절대단위와 중력단위

1. 절대단위 : kg 또는 kg_m
2. 중력단위 : $F=mg$ 에서

$m=\frac{F}{g}=\frac{\text{kgf}}{\text{m/s}^2}=\text{kgf}\cdot\text{s}^2/\text{m}$

힘 $F=mg$, $1\text{kgf}=9.8\text{N}$, $1\text{N}=\frac{1}{9.8}\text{kgf}$

$1\text{dyne}=\frac{1}{10^5}\text{N}$

※ 기호 a는 가속도, g는 중력가속도로 구분 표시한다.

(4) 주요 물리량의 단위와 차원

물리량	SI단위		중력단위	차 원	
	기본유도단위	조립유도단위	MKS계	MLT계	FLT계
질량	[kg]	[N · s²/m]	[kgf · s²/m]	M	$FL^{-1}T^2$
힘(중량)	[kg · m/s²]	[N]	[kgf]	MLT^{-2}	F
밀도	[kg/m³]	[N · s²/m⁴]	[kgf · s²/m⁴]	ML^{-3}	$FL^{-4}T^2$
비중량	[kg/m² · s²]	[N/m³]	[kgf/m³]	$ML^{-2}T^{-2}$	FL^{-3}
압력	[kg/m · s²]	[N/m²], [Pa]	[kgf/m²]	MLT^{-2}	FL^{-2}
점성계수	[kg/m · s]	[N · s/m²]	[kgf · s/m²]	$ML^{-1}T^{-1}$	$FL^{-2}T$
일(열, 에너지)	[kg · m²/s²]	[N · m], [J]	[kgf · m]	ML^2T^{-2}	FL
운동량	[kg · m/s]	[N · s]	[[kgf · s]	MLT^{-1}	FT
동력	[kg · m²/s³]	[N · m/s], [W]	[kgf · m/s]	$ML^{-2}T^{-3}$	FLT^{-1}
엔탈피	–	[N · m/kg] [J/kg] [m²/s²] [kcal/kg]	–	–	–
비열	–	[N · m/kg · K] [J/kg · K] [m²/s² · K] [kcal/kg · K]	–	–	–
기체상수	–	[N · m/kg · K] [J/kg · K] [J/N · K] [m²/s² · K] [m/K]	–	–	–

※ 비열의 단위와 기체상수의 단위는 같다.($R = C_p - C_v = kC_v - C_v$).

05 밀도, 비중량, 비체적, 비중

① 비중량(γ) : 체적당 중량 [kgf/m³] 또는 [N/m³] → F/V

② 밀도(ρ) : 체적당 질량[kg/m³] → m/V

③ 비체적(V_{sm}) : 질량당 체적[m³/kg] → V/m

비체적(V_{sf}) : 중량당 체적[m³/kgf] → V/F

여기서, m : 질량(kg)

V : 체적(m³)

F : 중량(kgf)

④ 비중(s) : 같은 체적의 물과의 중량비
원래 단위가 없으나 [kg/L]로 쓸 수 있다.
종합 공식은 다음과 같다.

$$\frac{F}{V}=\frac{mg}{V}=\gamma=\rho g=\frac{1}{V_{sf}}=\frac{g}{V_{sm}}=\gamma_w\cdot s$$

여기서, 1000kgf/m^3, 9800N/m^3, 9800kg/m$^2\cdot$s^2
γ_w : 물의 비중량

예제 1. 체적 15m^3, 중량 10080kgf인 유체의 비중량, 밀도, 비체적, 비중을 중력단위로 구하시오. 또 조립유도단위로 환산하시오.

풀이 ① $\gamma=\frac{F}{V}=\frac{10080\text{kgf}}{15\text{m}^3}=672\text{kgf/m}^3=6585.6\text{N/m}^3$

② $\rho=\frac{\gamma}{g}=\frac{10080\text{kgf}/15\text{m}^3}{9.8\text{m/s}^2}=68.57\text{kgf}\cdot\text{s}^2/\text{m}^4=672\text{N}\cdot\text{s}^2/\text{m}^4$

③ $V_{sf}=\frac{V}{F}=\frac{15\text{m}^3}{10080\text{kgf}}=1.48\times10^{-3}\text{m}^3/\text{kgf}=1.51\times10^{-4}\text{m}^3/\text{N}$

④ $s=\frac{\gamma}{\gamma_w}=\frac{672\text{kgf/m}^3}{1000\text{kgf/m}^3}=\frac{6585.6\text{N/m}^3}{9800\text{N/m}^3}=0.672$

예제 2. Hg의 비중이 13.6이다. 비중량, 밀도, 비체적(중량)을 구하시오. (단, ① 기본유도단위로 구하고, ② 조립유도단위로 구하시오.)

풀이 ① 기본유도단위로 구함

- 밀도(ρ)$=\frac{\gamma_w\cdot s}{g}=\frac{9800\text{kg/m}^2\cdot\text{s}^2\times13.6}{9.8\text{m/s}^2}=13600\text{kg/m}^3$
- 비중량(γ)$=\gamma_w\cdot s=9800\text{kg/m}^2\cdot\text{s}^2\times13.6=133.280\text{kg/m}^2\cdot\text{s}^2$
- 중량 비체적(Vsf)$=\frac{1}{\gamma_w\cdot s}=\frac{1}{9800\text{kg/m}^2\cdot\text{s}^2\times13.6}=7.5\times10^{-6}\text{m}^2\cdot\text{s}^2/\text{kg}$

② 조립유도단위로 구함

- 밀도(ρ)$=\frac{\gamma_w\cdot s}{g}=\frac{9800\text{N/m}^3\times13.6}{9.8\text{m/s}^2}=13600\text{N}\cdot\text{s}^2/\text{m}^4$
- 비중량(γ)$=\gamma_w\cdot s=9800\text{N/m}^3\times13.6=133.280\text{N/m}^3$
- 중량 비체적(V_{sf})$=\frac{1}{\gamma_w\cdot s}=\frac{1}{9800\text{N/m}^3\times13.6}=7.5\times10^{-6}\text{m}^3/\text{N}$

참고 질량 비체적(V_{sm})$=\frac{1}{\rho}=\frac{1}{\frac{\gamma_w\cdot s}{g}}=\frac{g}{\gamma_w\cdot s}$

- 기본유도단위 : $\frac{9.8\text{m/s}^2}{9800\text{kg/m}^2\cdot\text{s}^2\times13.6}=7.35\times10^{-5}\text{m}^3/\text{kg}$
- 조립유도단위 : $\frac{9.8\text{m/s}^2}{9800\text{N/m}^3\times13.6}=7.35\times10^{-5}\text{m}^4/\text{N}\cdot\text{s}^2$
- 중력단위 : $\frac{9.8\text{m/s}^2}{1000\text{kgf/m}^3\times13.6}=7.21\times10^{-4}\text{m}^4/\text{kgf}\cdot\text{s}^2$

참고사항입니다.

1. 질량과 중량은 표현의 차이일 뿐 그 크기는 같다.

구 분	질량(m)	중량(f)
SI기본(유도)단위	1kg	$9.8kg \cdot m/s^2$
SI조립(유도)단위	$1 \cdot Ns^2/m$	9.8N
중력단위	$0.102kgf \cdot s^2/m$	1kgf

• 위 6개의 크기(나타내는 값)는 전부 같다.
• 질량×$9.8m/s^2$=중량이 된다.
• $9.8m/s^2$=1이라는 개념을 갖는다. 곱하거나 나누어도 표현은 변하지만 그 크기는 변화없다.

2. 밀도와 비중량은 표현의 차이일 뿐 그 크기는 같다.

구 분	밀도(ρ)	비중량(γ)
SI기본(유도)단위	$1kg/m^3$	$9.8kg/m^2 \cdot s^2$
SI조립(유도)단위	$1N \cdot s^2/m^4$	$9.8N/m^3$
중력단위	$0.102kgf \cdot s^2/m^4$	$1kgf/m^3$

3. 물의 밀도와 비중량

구 분	물의 밀도(ρ_w)	물의 비중량(γ_w)
SI기본(유도)단위	$1000kg/m^3$	$9800kg/m^2 \cdot s^2$
SI조립(유도)단위	$1000N \cdot s^2/m^4(1kN \cdot s^2/m^4)$	$9800N/m^3(9.8kN/m^3)$
중력단위	$102kgf \cdot s^2/m^4$	$1000kgf/m^3$

• 위 6개의 크기는 전부 같다.
• 밀도×$9.8m/s^2$=비중량이 된다.
• $1N=1kg \cdot m/s^2=0.102kgf$(또는 $1kg=1N \cdot s^2/m=0.102kgf \cdot s^2/m$)

4. 질량 비체적과 중량 비체적은 표현의 차이일 뿐 그 크기는 같다.

구 분	질량 비체적(V_{sm})	중량 비체적(V_{sf})
SI기본(유도)단위	$1m^3/kg$	$0.102m^2 \cdot s^2/kg$
SI조립(유도)단위	$1m^4/N \cdot s^2$	$0.102m^3/N$
중력단위	$9.8m^4/kgf \cdot s^2$	$1m^3/kgf$

• 위 6개의 크기는 전부 같다.
• 질량 비체적÷$9.8m/s^2$=중량 비체적이 된다.

06 점성

(1) 점성의 원인

① 액체는 분자간 응집력 때문에 발생, 온도에 반비례한다.

② 기체는 분자간 운동 때문에 발생, 온도에 비례 … 약 $\left(\dfrac{T}{273}\right)$에 비례

(2) 전단응력

유체의 응집력을 이겨내고 미끌어지는데 필요한 단위면적당의 힘

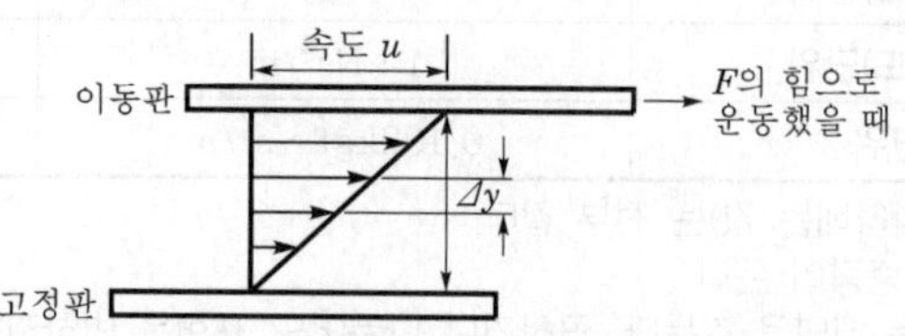

$$\tau = \frac{F}{A} = \mu \frac{du}{\Delta y}$$

여기서, τ : 전단응력(kgf/m², N/m²)
F : 이동판에 가해진 힘(kgf, N)
A : 이동판의 단면적(m²)
μ : 점성계수(kgf · s/m², N · s/m², Pa · S)
u : 이동판의 속도(m/s)
Δy : 고정판과 이동판의 거리(m)
$\dfrac{du}{\Delta y}$: 속도구배 = 각 변형률 = 전단변형률(s^{-1})

(3) 점성계수의 차원과 단위

① 점성계수의 차원 : $FL^{-2}T$, $ML^{-1}T^{-1}$

② 절대점성계수의 단위관계 : 절대점성계수는 (압력×시간)의 차원을 갖는다.

$$1N \cdot s/m^2 = 1kg/m \cdot s = 10poise = 10dyne \cdot s/cm^2 = 10g/cm \cdot s$$
$$= 1000cp = 0.102kgf \cdot s/m^2 = 0.021lbf \cdot s/ft^2$$

③ 동점성계수(ν) : 점성계수를 그 유체의 밀도로 나눈 값 → 운동의 차원을 갖는다.

$$\nu = \frac{\mu}{\rho} \Rightarrow \frac{[N \cdot s/m^2]}{[N \cdot s^2/m^4]} = [m^2/s]$$

④ 동점성계수의 단위관계

$$1m^2/s = 10^4 cm^2/s = 10^4 stokes = 10^6 cst = 1R = 10.77ft^2/s$$

예제 1. 15mm의 간격을 가진 평행평판 사이에 점성계수 μ = 15poise인 기름이 차 있다. 위 평판을 5m/s의 속도로 이동시킬 때 평판에 발생하는 전단응력은 몇 [N/m²]인가?

풀이 $\Delta y = 15\text{mm} = 15 \times 10^{-3}\text{m}$

$\mu = 15\text{poise} = 15 \times 10^{-1}\text{N} \cdot \text{s/m}^2$

$u = 5\text{m/s}$

$\therefore \ \tau = \mu \dfrac{u}{\Delta y} = 15 \times 10^{-1}\text{N} \cdot \text{s/m}^2 \times \dfrac{5\text{m/s}}{15 \times 10^{-3}\text{m}} = 500\text{N/m}^2$

예제 2. 어떤 유체의 점성계수 $\mu = 3.381\text{N} \cdot \text{s/m}^2$, 비중 $s = 1.2$이다. 이 유체의 동점성계수는 몇 [m^2/s]인가?

풀이 $\nu = \dfrac{\mu}{\rho} = \dfrac{\mu}{\dfrac{\gamma}{g}} = \dfrac{3.381\text{N} \cdot \text{s/m}^2}{\dfrac{9800 \times 1.2\text{N/m}^3}{9.8\text{m/s}^2}} = 2.82 \times 10^{-3}\text{m}^2/\text{s}$

참고 비중 1.2인 물체의 밀도는 1200kg/m^3 또는 $1200\text{N} \cdot \text{s}^2/\text{m}^4$

예제 3. 점성계수 $\mu = 0.9$poise, 밀도 $\rho = 90\text{N} \cdot \text{s}^2/\text{m}^4$인 유체의 동점성계수는 몇 [$\text{m}^2$/s]인가? 또 몇 [stocks]인가?

풀이 $\nu = \dfrac{\mu}{\rho} = \dfrac{0.9\text{poise}}{90\text{kg/m}^3} = \dfrac{0.09\text{kg/m} \cdot \text{s}}{90\text{kg/m}^3} = 0.001\text{m}^2/\text{s}$

또 $0.001\text{m}^2/\text{s} \times 10^4 = 10\text{stocks}(90\text{N} \cdot \text{s}^2/\text{m}^4 = 90\text{kg/m}^3)$

예제 4. $\mu = 0.08\text{kg/m} \cdot \text{s}$인 기름이 평면 위를 흐를 때 속도분포가 $u = 20y - 100y^2$이다. 평면과 유체면 사이에 작용하는 전단응력은 몇 [Pa]인가? 또 몇 [kgf/m^2]인가?

풀이 $\mu = 0.08\text{kg/m} \cdot \text{s} = 0.08\text{N} \cdot \text{s/m}^2 = 8.16 \times 10^{-3}\text{kgf} \cdot \text{s/m}^2$

$\left(\dfrac{du}{dy}\right)_{y=0} = 20 - 200y = 20\text{s}^{-1}$

① $\tau = \mu \dfrac{du}{dy} = 0.08\text{N} \cdot \text{s/m}^2 \times 20\text{s}^{-1} = 1.6\text{N/m}^2 = 1.6\text{Pa}$

② $\tau = \mu \dfrac{du}{dy} = 8.16 \times 10^{-3}\text{kgf} \cdot \text{s/m}^2 \times 20\text{s}^{-1} = 0.163\text{kgf/m}^2$

참고 평면상의 속도구배 $\dfrac{du}{dy}$의 값은 속도분포의 1차항의 계수값이다.

07 Newton 유체와 Non-Newton 유체

(1) Newton 유체

① Newton의 점성 법칙 $\tau = \mu \dfrac{du}{dy}$를 만족하는 유체이다.

② 점성계수 μ가 온도영향을 많이 받는다.

③ 점성계수 μ가 압력의 영향은 무시한다.

④ 점성계수 μ가 속도구배와는 무관하다.

⑤ 모든 기체와 분자량이 작은 액체가 여기에 속한다.

(2) Non-Newton 유체

뉴턴 유체를 제외한 모든 유체이다.

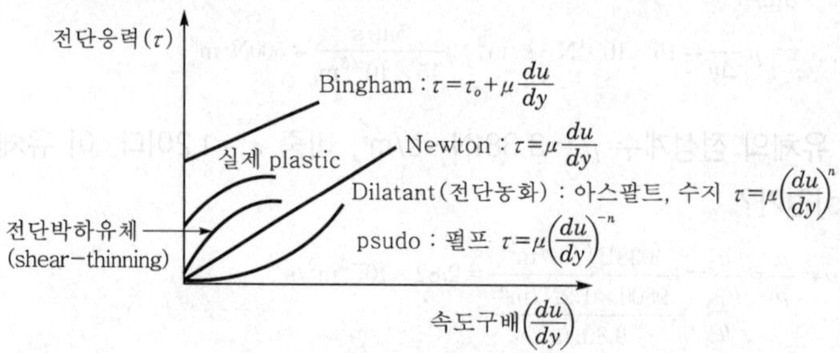

※ 그래프의 형상을 반드시 암기한다.

08 완전기체(이상기체)

(1) 완전기체(이상기체)의 조건

① 분자의 체적이 없다.

② 분자 서로 간의 인력이 없다.

③ 분자가 완전탄성충돌한다.

④ 이상기체 상태방정식을 만족한다.

(2) 상태방정식의 분류

① $PV=nRT$

여기서,		또는,
	P : 절대압력(atm)	P : (atm)
	V : 부피(L)	V : (m^3)
	n : 몰수(mol)	n : (kmol)
	R : 기체상수 0.082(atm · L/mol · K)	R : 0.082(atm · m^3/kmol · K)
	T : 절대온도(K)	T : (K)

② $PV=\frac{G}{M}RT$

여기서,		또는
	P : (N/m^2), (Pa)	P : (kgf/m^2)
	V : (m^3)	V : (m^3)
	G : (kg)	G : (kgf)
	M : 분자량(mol^{-1})	M : (mol^{-1})
	R : 8314(N · m/kg · mol · K)	R : 848(kgf · m/kgf · mol · K)
	T : (K)	T : (K)

③ $PV = GRT$

여기서,		또는	
	P : (N/m²), (Pa)		P : (kgf/m²)
	V : (m³)		V : (m³)
	G : (kg)		G : (kgf)
	M : 분자량(mol⁻¹)		M : (mol⁻¹)
	R : $\frac{8314}{M}$(N · m/kg · K)		R : $\frac{848}{M}$(kgf · m/kgf · K)
	T : (K)		T : (K)

상기 내용에 대한 참고사항입니다.

1. 식 ②와 식 ③의 R값의 차이에 유의할 것
   식 ②의 기체상수 R은 분자량이 나누어져 있지 않고 식 ③의 기체상수 R은 분자량이 나누어져 있다. 둘 다 기체상수로 취급되며, 시험에서는 주어지는 R의 단위로서 공식을 구분 선택해야 한다.
2. 기체의 질량 G의 단위는 [kg]으로 주어지나 이는 [kgf]로 해석해도 무방하다.
3. 기체상수 R의 종류
   - 압력의 단위가 [kgf/m²]이고, G가 [kgf]인 경우 : $R = \frac{848}{M}$[kgf · m/kgf · K]
   - 압력의 단위가 [Pa]이고, G가 [kgf]인 경우 : $R = \frac{8314}{M}$[N · m/kgf · K] or [J/kg · K]
   - 압력의 단위가 [kgf/m²]이고, G가 [N]인 경우 : $R = \frac{86.5}{M}$[kgf · m/N · K]
   - 압력의 단위가 [Pa]이고, G가 [N]인 경우 : $R = \frac{848}{M}$[N · m/N · K] or [J/N · K]

※ R 분모의 kg은 kgf로 해석해도 무방함. 질량 1kg의 기체는 지구에서 1kgf이고 이것은 9.8N이 된다. (1kg을 1N으로 해석하지 말 것)
$\therefore$ [J/kg · K] = [J/kgf · K]

예제 1. 절대압력 0.8bar, 온도 0℃에서 분자량이 44인 기체의 밀도는 몇 [N · s²/m⁴]인가?

풀이 $P = 0.8\text{bar} = 0.8 \times 10^5\text{N/m}^2$, $T = 0℃ = 273\text{K}$

$PV = GRT \rightarrow P = \gamma RT \rightarrow P = \rho gRT$

$$\therefore \rho = \frac{P}{gRT} = \frac{0.8 \times 10^5\text{N/m}^2}{9.8\text{m/s}^2 \times \frac{848}{44}\text{N} \cdot \text{m/N} \cdot \text{K} \times 273\text{K}} = 1.551\text{N} \cdot \text{s}^2/\text{m}^4$$

예제 2. 온도 15℃, 압력 5kgf/cm²인 연소가스의 비중량과 밀도를 [N/m³] 및 [N · s²/m⁴]으로 각각 구하시오. (단, 상수 $R = 0.287\text{kJ/kg} \cdot \text{K}$)

풀이 $P = 5\text{kgf/cm}^2 = 5 \times \frac{101325}{1.0332}\text{N/m}^2 = 490346\text{N/m}^2$, $R = 0.287\text{kJ/kgf} \cdot \text{K} = 29.29\text{N} \cdot \text{m/N} \cdot \text{K}$

$P = \gamma RT$에서

$$\therefore \gamma = \frac{P}{RT} = \frac{49034\text{N/m}^2}{29.29\text{N} \cdot \text{m/N} \cdot \text{K} \times 288\text{K}} = 58.13\text{N/m}^3$$

$$\rho = \frac{\gamma}{g} = \frac{58.13\text{N/m}^3}{9.8\text{m/s}^2} = 5.93\text{N} \cdot \text{s}^2/\text{m}^4$$

예제 3. 15℃인 공기의 밀도는 몇 [kgf · s²/m⁴]인가? (단, 대기압은 760mmHg이다.)

풀이 $P=\rho gRT$ 이므로

$$\therefore\ \rho=\frac{P}{gRT}=\frac{760\text{mmHg}\Rightarrow 10332\text{kgf/m}^2}{9.8\text{m/s}^2\times\frac{848}{29}\text{m/K}\times 288\text{K}}=0.125\text{kgf}\cdot\text{s}^2/\text{m}^4$$

절대단위로 나타내면

$$0.125\text{kgf}\cdot\text{s}^2/\text{m}^4\times\left(\frac{9.8\text{kg}\cdot\text{m/s}^2}{1\text{kgf}}\right)=1.23\text{kg/m}^3$$

예제 4. 1kg의 액화이산화탄소가 15℃에서 대기 중으로 방출된 경우 그 부피는 몇 [L]인가?

풀이 $PV=GRT$ 에서

$$V=\frac{GRT}{P}$$

$$V=\frac{9.8\text{N}\times\frac{848}{44}\text{N}\cdot\text{m/N}\cdot\text{K}\times 288\text{K}}{101325\text{N/m}^2}=0.537\text{m}^3=537\text{L}$$

($\because$ 1kg = 9.8N)

별해 $$V=\frac{1\text{kg}\times\frac{8314}{44}\text{N}\cdot\text{m/kg}\cdot\text{K}\times 288\text{K}}{101325\text{N/m}^2}=0.537\text{m}^3=537\text{L}$$

09 유체의 탄성과 압축성

(1) 압력

- 1atm=1기압=1.0332kgf/cm², at=10332kgf/m²=10332mmH₂O =101325N/m², Pa=1.013Bar=760mmHg, Torr=14.7psi
- 1kgf/cm²=10000kgf/m²=10000mmH₂O=98000N/m² =0.98Bar=736mmHg=14.23psi

- kgf/cm^2=at
- N/m^2=Pa
- mmHg=Torr
- mmH_2O=mmAq
- psi=lb/in^2

(2) 압축률(β)

유체에 압력이 가해질 때의 체적 및 밀도의 변화율

$$\beta=\frac{\frac{-dv}{V}}{dP}=\frac{\frac{d\rho}{\rho}}{dP}[\text{m}^2/\text{N}]\ \text{or}\ [\text{m}^2/\text{kgf}]$$

(3) 체적탄성계수(E : 압축률의 역수)

부피 변화율에 필요한 압력을 나타낸다.

$$E=\frac{dP}{\frac{-dV}{V}}=\frac{dP}{\frac{d\rho}{\rho}}=\frac{dP}{\frac{d\gamma}{\gamma}}[\mathrm{N/m^2}]\ \text{or}\ [\mathrm{kgf/m^2}]$$

※ 체적탄성계수의 단위는 압력단위와 같다.

$$dP=E\cdot\frac{dV}{V}=E\cdot\frac{d\rho}{\rho}\left(-\frac{dV}{V}:\text{체적 감소율},\ \frac{d\rho}{\rho}:\text{밀도 증가율},\ \frac{d\gamma}{\gamma}:\text{비중량 증가율}\right)$$

① **등온변화** : 온도가 일정하고 압력과 부피만 변화

$$P_1V_1=P_2V_2=\text{일정, 이때 } E=P$$

② **단열변화(등엔트로피 변화)** : 유체의 온도는 변할 수 있으나 외부와의 열교환은 없는 변화

$$E=KP$$

$$K=\text{비열비}\left(\frac{\text{정압비열 } C_p}{\text{정적비열 } C_v}\right)$$

$$\frac{P_1V_1}{T_1}=\frac{P_2V_2}{T_2}\text{에서 }\frac{T_2}{T_1}=\frac{P_2V_2}{P_1V_1}=\left(\frac{P_2}{P_1}\right)\left(\frac{V_2}{V_1}\right)$$

$$P_1{V_1}^K=P_2{V_2}^K=\text{일정 }\frac{P_2}{P_1}=\left(\frac{V_1}{V_2}\right)^K=\left(\frac{V_2}{V_1}\right)^{-K},\ \left(\frac{V_2}{V_1}\right)=\left(\frac{P_2}{P_1}\right)^{-\frac{1}{K}}$$

$$\frac{T_2}{T_1}=\left(\frac{P_2}{P_1}\right)\left(\frac{P_2}{P_1}\right)^{-\frac{1}{K}}=\left(\frac{P_2}{P_1}\right)^{1-\frac{1}{K}}=\left(\frac{P_2}{P_1}\right)^{\frac{K-1}{K}}$$

$$\text{또는, }\frac{T_2}{T_1}=\left(\frac{V_2}{V_1}\right)^{-K}\left(\frac{V_2}{V_1}\right)=\left(\frac{V_2}{V_1}\right)^{1-K}=\left(\frac{\rho_2}{\rho_1}\right)^{K-1}$$

$$[\text{정리}]\ \frac{T_2}{T_1}=\left(\frac{V_2}{V_1}\right)^{1-K}=\left(\frac{P_2}{P_1}\right)^{\frac{K-1}{K}}=\left(\frac{\rho_2}{\rho_1}\right)^{K-1}$$

(4) 압력파(충격파 · 음파)의 속도

어떤 물질 속을 통과하는 음파의 속도를 나타낸다.

$$a=\sqrt{\frac{E}{\rho}}\ (\text{등온변화 : 액체 속의 음속})$$

$$=\sqrt{k\cdot g\cdot R\cdot T}\,(\text{단열변화 : 기체 중의 음속})=\sqrt{kR'T}$$

여기서, a : 전파속도(음속)(m/s)
E : 체적탄성계수(kgf/m^2 또는 N/m^2)
ρ : 유체의 밀도(kgf · s^2/m^4 또는 N · s^2/m^4)
k : 비열비$\left(\dfrac{C_p}{C_v}\right)$
g : 중력가속도(m/s^2)
R : 기체상수$\left(\dfrac{848}{M}\text{N} \cdot \text{m/N} \cdot \text{K}\right.$ 또는 $\left.\dfrac{848}{M}\text{kgf} \cdot \text{m/kg} \cdot \text{K}\right)$
T : 절대온도(K)
R' : $\dfrac{8314}{M}$(N · m/kg · K), $\dfrac{8314}{M}$(m^2/s^2 · K)

TiP 기체상수(R)

1. $\dfrac{848}{M}\text{N} \cdot \text{m/N} \cdot \text{K} = \dfrac{848}{M}\text{J/N} \cdot \text{K} = \dfrac{848}{M}\text{kgf} \cdot \text{m/kg} \cdot \text{K}$
   $P=$(Pa), $G=$(N) 또는 $P=$(kgf/m^2), $G=$(kg)
2. $\dfrac{8314}{M}\text{N} \cdot \text{m/kg} \cdot \text{K} = \dfrac{8314}{M}\text{J/kg} \cdot \text{K} = \dfrac{8314}{M}\text{m}^2/\text{s}^2 \cdot \text{K}$
   $P=$(Pa), $G=$(kg)
3. 0.082atm · L/mol · K 또는 atm · m^3/kmol · K
   $P=$(atm), $G=$(kg)

(5) Mach수(마하수 : M)

유체속도와 음속에 대한 비, 유동의 압축성을 판정한다.

$$M=\frac{u}{a}$$

여기서, u : 유체(물체)의 속도(m/s)
a : 압력파(음파)의 속도(m/s)
$\dfrac{1}{2}M^2<1$일 때 : 비압축성 유동

예제 1. 체적탄성계수가 2000kPa인 유체의 체적을 1% 감소시키는 데 필요한 압력은 몇 [kPa]인가?

풀이 $dP=E \cdot \dfrac{dV}{V}$

$=2000\times\dfrac{1}{100}=20\text{kPa}$

예제 2. 표준기압, 20℃인 공기가 압축되어 체적이 30% 감소되었다. 압축 후의 압력은 몇 [MPa]인가? (단, 가역단열압축으로 가정한다.)

풀이 $P_1 = 0.101325\text{MPa},\ T_1 = 293\text{K},\ V_1 = 100,\ V_2 = 70$

$P_1 V_1^{\ K} = P_2 V_2^{\ K}$에서

$$\therefore\ P_2 = P_1\left(\frac{V_1}{V_2}\right)^K = 0.101325\text{MPa}\times\left(\frac{100}{70}\right)^{1.4} = 0.167\text{MPa}$$

예제 3. [예제 2]의 압축 후 온도는 몇 [℃]가 되는가?

풀이 가역단열공식 : $\frac{T_2}{T_1} = \frac{P_2 V_2}{P_1 V_1} = \left(\frac{V_2}{V_1}\right)^{1-K} = \left(\frac{P_2}{P_1}\right)^{\frac{K-1}{K}} = \left(\frac{\rho_2}{\rho_1}\right)^{K-1}$

① $T_2 = T_1 \times \frac{P_2 V_2}{P_1 V_1}$

$$293\text{K}\times\frac{0.167\times 70}{0.101325\times 100} = 337.92\text{K} = 64.92℃$$

② $T_2 = T_1 \times \left(\frac{V_2}{V_1}\right)^{1-K}$

$$293\text{K}\times\left(\frac{70}{100}\right)^{1-1.4} = 337.92\text{K} = 64.92℃$$

③ $T_2 = T_1 \times \left(\frac{P_2}{P_1}\right)^{\frac{K-1}{K}}$

$$293\text{K}\times\left(\frac{0.167}{0.101325}\right)^{\frac{1.4-1}{1.4}} = 337.92\text{K} = 64.92℃$$

예제 4. [예제 2]에서 압축 후의 음속은 몇 [m/s]인가? (압축된 공기 속을 통과하는 음파의 전파 속도를 묻는 문제)

풀이 ① 음속 $a = \sqrt{k\cdot g\cdot R\cdot T} = \sqrt{1.4\times 9.8\text{m/s}^2\times\frac{848}{29}\text{m/K}\times 337.92\text{K}} = 368.20\text{m/s}$

② $a = \sqrt{KR'T} = \sqrt{1.4\times\frac{8314}{29}\text{m}^2/\text{s}^2\cdot\text{K}\times 337.92\text{K}} = 368.20\text{m/s}$

예제 5. 상온, 상압 하에서 물의 체적을 1% 축소시키는 데 필요한 압력은 얼마인가? (단, 물의 압축률은 $4.66\times 10^{-7}\text{m}^3/\text{kN}$이다.)

풀이 $V = 100,\ dV = 1$

$$E = \frac{1}{4.66\times 10^{-7}}\text{kN/m}^2$$

$$\therefore\ dP = E\frac{dV}{V} = \frac{1}{4.66\times 10^{-7}}\times\frac{1}{100} = 21459.2\text{kPa}$$

예제 6. 어떤 액체에 5kgf/cm^2의 압력을 가했을 때 체적이 0.08% 감소하였다. 이 액체의 체적탄성계수는 얼마인가?

풀이 $dP = 5\times 10^4\text{kgf/m}^2,\ dV = 0.08,\ V = 100$

$$dP = E\frac{dV}{V}$$

$$\therefore\ E = \frac{dP\cdot V}{dv} = \frac{5\times 10^4\text{kgf/m}^2\times 100}{0.08} = 6.25\times 10^7\text{kgf/m}^2$$

예제 7. 비중 0.95인 어떤 기름의 체적탄성계수가 2.4×10³MPa이다. 이 기름 속에서의 음속은 몇 [m/s]인가?

풀이 음속 $a=\sqrt{\dfrac{E}{\rho}}=\sqrt{\dfrac{2.4\times10^6\text{kN/m}^2}{0.95\text{kN}\cdot\text{s}^2/\text{m}^4}}=1589.4\text{m/s}$

10 표면장력과 모세관 현상

(1) 표면장력

① 액체의 내부와 외부 사이의 힘의 불평형을 이겨내려는 에너지이다.

② 표면장력은 단위면적당의 자유표면 에너지로 표시하기도 한다.
[J/m²], [N · m/m²], [kgf · m/m²]

③ 표면장력은 단위길이당의 힘으로 표시하기도 한다.
[N/m], [kgf/m]

④ 표면장력은 '내부 힘－외부 힘'이다.

(2) 모세관 현상

액체의 성질과 표면장력에 기인한 표면높이의 변화 현상이다.

- 액체의 부착력>액체끼리의 응집력 : 표면상승
- 액체의 부착력<액체끼리의 응집력 : 표면하강

① 물방울의 내 · 외부 압력차(크기 일정)

$$\Delta P=P_i-P_o=\frac{4\sigma}{D_o}$$

$$\sigma=\frac{\Delta P\cdot D_o}{4}$$

여기서, P_i : 물방울의 내부 압력(Pa, kgf/m²)
P_o : 물방울의 외부 압력(Pa, kgf/m²)
σ : 표면장력(N/m, kgf/m)
D_o : 물방울 직경(m)

② 물방울의 크기변화(자유 표면에너지)

$$\Delta W=W_2-W_1=\sigma(A_2-A_1)$$

여기서, W_2 : 표면적 A_2 크기의 물방울 생성일(J, N · m, kgf · m)
W_1 : 표면적 A_1 크기의 물방울 생성일(J, N · m, kgf · m)
ΔW : 표면적이 늘어난 만큼의 일(J, N · m, kgf · m)

σ : 표면장력(N/m, kgf/m)

A_2 : 나중 물방울의 표면적(m^2) : $\pi D_1{}^2/4$

A_1 : 처음 물방울의 표면적(m^2) : $\pi D_2{}^2/4$

③ 모세관

$$\frac{\pi D^2 h}{4}\gamma = \pi D\sigma\cos\theta$$

$$h = \frac{4\sigma\cos\theta}{\gamma D}$$

여기서, D : 관의 직경(m)

h : 액체의 상승(하강) 높이(m) (관이 기울어져도 액면높이는 변하지 않음)

γ : 액체의 비중량(N/m^3, kgf/m^3)

σ : 액체의 표면장력(N/m, kgf/m)

θ : 접촉각

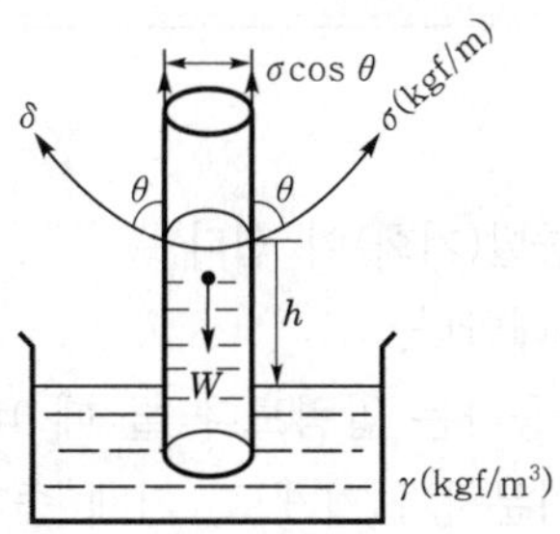

예제 1. 표면장력이 0.07N/m인 물방울의 내부 압력이 외부 압력보다 10N/m^2 크게 되려면 물방울의 지름은 몇 [cm]이어야 하는가?

풀이 σ=0.07N/m, ΔP=10N/m^2

$\Delta P = \dfrac{4\sigma}{D}$ 에서

$$\therefore\ D = \frac{4\sigma}{\Delta P} = \frac{4\times 0.07\text{N/m}}{10\text{N/m}^2} = 0.028\text{m} = 2.8\text{cm}$$

예제 2. 지름 1cm인 비눗방울을 10cm 크기로 불어내는 데 필요한 일은 몇 [kgf · m]인가? (단, 비눗물의 표면장력은 4.7×10^{-2}g/cm이다.)

풀이 D_1 =1cm=0.01m, D_2 =10cm=0.1m

$\sigma = 4.7\times 10^{-2}\text{g/cm} = 4.7\times 10^{-3}\text{kg}_\text{f}/\text{m}$

$$\therefore\ \Delta W = \sigma(A_2 - A_1) = 4.7\times 10^{-3}\text{kgf/m}\times\left\{\frac{\pi}{4}\times(0.1)^2 - \frac{\pi}{4}\times(0.01)^2\text{m}^2\right\} = 3.65\times 10^{-5}\text{kgf}\cdot\text{m}$$

예제 3. 직경 2mm의 유리관 속을 상승하는 물의 높이는 몇 [mm]인가? (단, 물의 표면장력은 8.3×10^{-2}N/m이고, 접촉각은 2°이다.)

풀이 $D=2\text{mm}=0.002\text{m},\ \sigma=8.3\times10^{-2}\text{N/m},\ \theta=2$

$\gamma\dfrac{\pi D^2 h}{4}=\pi D\sigma\cos\theta$에서

$$h=\frac{\pi D\sigma\cos\theta}{\gamma\pi D^2}=\frac{4\sigma\cos\theta}{\gamma D}=\frac{4\times8.3\times10^{-2}\text{N/m}\times\cos2°}{9800\text{N/m}^3\times0.002\text{m}}=0.0169\text{m}=16.9\text{mm}$$

예제 4. 내경 5mm인 액주계의 압력이 600mmH_2O를 가리키고 있다. 접촉각이 19°라 할 때 실제 압력을 구하라. (단, 물의 표면장력은 0.0742N/m이다.)

풀이 $D=5\text{mm}=0.005\text{m},\ \theta=19°,\ \sigma=0.0742\text{N/m}$

액주계의 실제압력은 "수주높이－모세관 현상으로 인한 상승높이"이므로

$$\therefore\ P=0.6\text{m}-\frac{4\sigma\cos\theta}{\gamma D}\text{m}=0.6\text{m}-\frac{4\times0.0742\text{N/m}\times\cos19°}{9800\text{N/m}^3\times0.005\text{m}}=0.594\text{m}=594\text{mmH}_2\text{O}$$

11 증기압

(1) 증기압의 일반적 특성

① 증기압이 높은 액체는 증발(기화)이 쉽다.

② 증기압은 주위온도에 비례한다.

③ 증기압이 액체표면에 작용하는 압력보다 클 때 비등(공동)이 일어난다.

④ 밀폐용기 속에 액체 증기분자가 기체로, 기체 증기분자가 액체로 가는 압력이 서로 평행이 되었을 때의 압력을 포화증기압이라 한다.

(2) 비등(증기압>액체에 작용하는 압력)일 때

① 격렬한 증발 현상이 일어난다.

② 액체 전체에서 일어난다.

(3) 공동(증기압>액체에 작용하는 압력)일 때

① 국부적 증발 현상이 일어난다.

② 배관의 일부분에서 일어난다.

예제 표준대기압 하에서 80℃의 물을 펌프로 끌어올릴 수 있는 높이는 몇 [m]인가? (단, 80℃ 물의 증기압은 0.4872atm이며, 마찰손실은 무시한다.)

풀이 펌프의 흡입수두압＝대기압－증기압

$1-0.4872=0.5128\text{atm}$

$\therefore\ 0.5128\times10.332=5.298\text{m}$

반드시 암기하여야 할 물리량의 단위환산

1. 힘(중량, 무게) : 1N=1kg · m/s^2=0.102kgf=0.224lb
2. 압력 : 1atm=101325N/m^2=101325Pa=101.325kPa=0.101325MPa=1.0332kgf/cm^2
   =10332kgf/m^2=10332mmH_2O=10.332mH_2O=760mmH_2O=14.7psi
3. 일(열, 에너지) : 1kN · m=1kJ=1kW · s=102kgf · m=1000kg · m^2/s^2=0.24kcal/s
   =1.36PS · s=1.34HP · s=0.95BTU/s
4. 동력(일률, 공률) : 1kN · m/s=1kJ/s=1kW=102kgf · m/s=1000kg · m^2/s^3=0.24kcal/s
   =1.36PS=1.34HP=0.95BTU/s
5. 점성계수
   - 절대감도 : 1N · s/m^2=1Pa · s=1kg/m · s=0.102kgf · s/m^2=10poise=1000cP
   - 동점도 : 1m^2/s=104stokes
6. 길이 : 1m=39.37in=3.28ft
7. 부피 : 1m^3=264.2gal

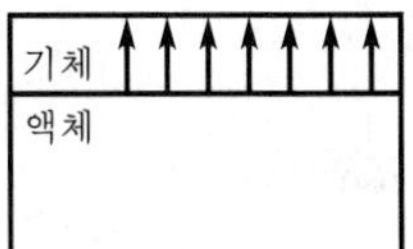

※ 액화가스가 더이상 기체로 증발할 공간이 없을 때, 기체의 압력과 액체의 압력이 평형을 이룰 때를 포화증기압이라 한다.

Chapter 1 ••• 유체의 정의와 기본성질

출/제/예/상/문/제

01 이상유체에 대한 정의로 가장 옳은 것은?

① 비압축성, 비점성인 유체
② 압축성, 비점성인 유체
③ 비압축성, 점성인 유체
④ 압축성, 점성인 유체

점성에 따른 유체의 분류
(1) 이상유체(비점성 유체)
㉠ 점성이 없다.
㉡ 비압축성이다.
㉢ 가상된 유체이다.
(2) 실제유체(점성 유체)
㉠ 점성이 있다.
㉡ 압축성도 있고, 비압축성도 있다.
㉢ 실제 존재하는 모든 유체이다.

02 체적이 $10m^3$이고 무게가 9000kgf인 디젤유가 있다. 이 디젤유의 비중량과 비중은?

① 비중량 : $900kgf/m^3$, 비중 : 0.9
② 비중량 : $950kgf/m^3$, 비중 : 0.09
③ 비중량 : $900kgf/m^3$, 비중 : 0.09
④ 비중량 : $950kgf/m^3$, 비중 : 0.8

$\gamma = \rho g = 1000s$

• $\gamma = \dfrac{9000kgf}{10m^3} = 900$

• $S = \dfrac{\gamma}{1000} = \dfrac{900}{1000} = 0.9$

03 다음 [그림]과 같이 0.1cm 떨어진 두 평판 사이에 20℃의 물이 채워져 있다. 아래쪽 평판을 10cm/s의 속도로 움직일 때, 정상 상태에서의 전단응력(Shear Stress) τ_{yx}을 구하면? (단, 20℃의 물의 점도 $\mu = 1.787cP$)

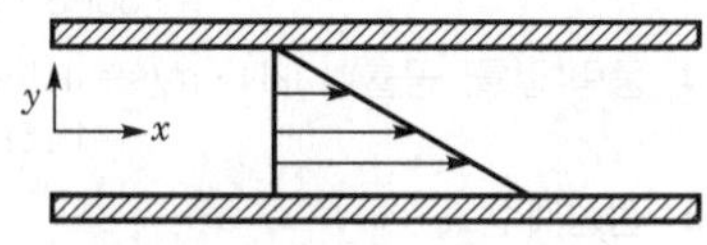

① $2.54\times10^{-3}gf/cm^2$
② $1.75\times10^{-3}gf/cm^2$
③ $1.83\times10^{-3}gf/cm^2$
④ $2.1\times10^{-3}gf/cm^2$

$\tau = \mu\dfrac{du}{dy}$

$= 1.787\times10^{-2}\times\dfrac{10}{0.1}\times\dfrac{1}{980}$

$= 1.823\times10^{-3}gf/cm^2$

$\mu = 1.78\times10^{-2}$
$u = 10cm/s$
$y = 0.1cm$
$f = 980cm/s^2$

04 유체흐름에 있어서 전단응력에 대한 속도구배의 관계가 [그림]과 같이 표시되는 유체의 종류는?

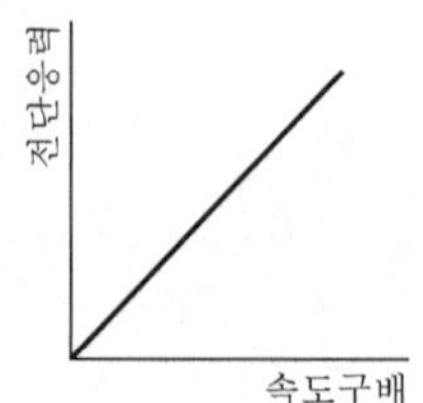

① 뉴톤 유체(Newtonian fluid)
② 빙햄 플라스틱 유체 (Bingham Plastic fluid)
③ 의소성 유체(Pseudo plastic fluid)
④ 팽창 유체(dilatant fluid)

정답 01.① 02.① 03.③ 04.①

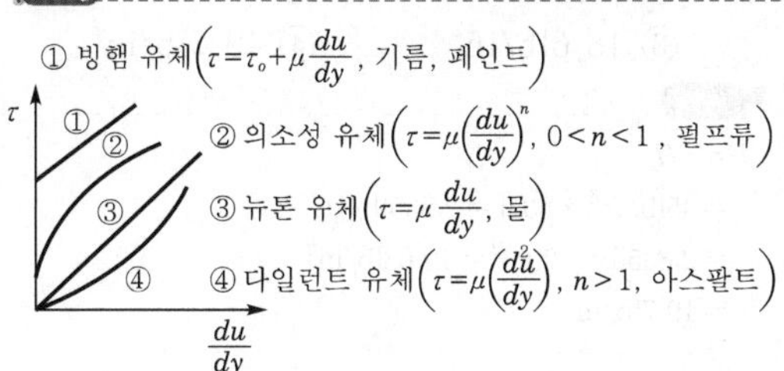

05 비중량이 1.22kgf/m^3이고, 동점성계수가 $0.15\times10^{-4}\text{m}^2\text{/sec}$인 건조한 공기의 점성계수는?

① 1.98×10^{-4}poise
② 1.26×10^{-4}poise
③ 1.87×10^{-6}poise
④ 1.83×10^{-4}poise

해설

$\mu=\nu\rho=\nu\dfrac{\gamma}{g}$

$=0.15\times10^{-4}\text{m}^2/\text{s}\times\dfrac{1.22\times9.8\text{N/m}^3}{9.8\text{m/s}^2}$

$=1.83\times10^{-5}\text{N}\cdot\text{s/m}^2$

$=1.83\times10^{-4}$poise

참고 점성계수(1poise) : $1\text{N}\cdot\text{s/m}^2$
$=1\text{kg/m}\cdot\text{s}$
$=0.102\text{kgf}\cdot\text{s/m}^2$
$=10$poise

06 전단속도가 증가함에 따라 점도가 증가하는 유체는?

① 딕소트로픽(Thixotropic) 유체
② 레오펙틱(Rheopectic) 유체
③ 빙햄 플라스틱(Bingham plastic) 유체
④ 뉴톤(Newtonians) 유체

해설

일반 유체(뉴톤 유체, 빙햄 유체, 섀도우 유체, 다일턴트 유체, 딕소트로픽 유체) 등은 전단응력이 일정할 때 점도와 속도구배는 서로 반비례한다.$\left(\tau=\mu\dfrac{du}{dy}\right)$ 레오펙틱 유체는 점도와 속도구배가 서로 비례한다.
$\left(\tau=\dfrac{\mu}{du/dy}\right)$

07 100kPa, 25℃에 있는 어떤 기체를 등엔트로피과정으로 1352kPa로 압축하였다. 압축 후의 온도는 얼마인가? (단, 이 기체의 $C_p=1.213\text{kJ/kg}\cdot\text{K}$, $C_v=0.821\text{kJ/kg}\cdot\text{K}$)

① 45.5℃　② 55.5℃
③ 65.5℃　④ 75.5℃

해설

$\dfrac{T_2}{T_1}=\left(\dfrac{V_2}{V_1}\right)^{1-k}=\left(\dfrac{P_2}{P_1}\right)^{\frac{k-1}{k}}=\left(\dfrac{\rho_2}{\rho_1}\right)^{k-1}$

$T_2=T_1\times\left(\dfrac{P_2}{P_1}\right)^{\frac{k-1}{k}}$

여기서, $k=\dfrac{C_p}{C_v}=\dfrac{1.213}{0.821}=1.48$

$=298\times\left(\dfrac{135}{100}\right)^{\frac{1.48-1}{1.48}}=55.46℃$

08 절대압력이 2kg/cm^2이고, 온도가 25℃인 산소의 비중량 $[\text{N/m}^3]$은? (단, 산소의 기체상수는 $260\text{J/kg}\cdot\text{K}$이다.)

① 12.8　② 16.4
③ 21.4　④ 24.8

해설

$P=\gamma RT$

$\therefore\ \gamma=\dfrac{P}{RT}=\dfrac{196138.2\text{N/m}^2}{26.53\text{m/K}\times298\text{K}}=24.8\text{N/m}^3$

$\because\ P:\dfrac{2}{1.0332}\times101325=196138.2\text{N/m}^2$

$R: 260\text{J/kg}\cdot\text{K}=260\text{N}\cdot\text{m}/9.8\text{N}\cdot\text{K}$
$=26.53\text{m/K}$

$T=293\text{K}$

09 압축률(β)과 체적탄성계수(K)에 대한 표현으로 옳지 않은 것은?

① $K=\dfrac{1}{\beta}=-\dfrac{1}{V}\cdot\dfrac{dP}{dV}$
② $K=kP$(단열변화)
③ $\beta=-\dfrac{1}{V}\cdot\dfrac{dV}{dP}$
④ $K=P$(등온변화)

정답 05.④ 06.② 07.② 08.④ 09.①

해설

체적탄성계수 $K=\dfrac{dP}{\dfrac{dV}{V}}=\dfrac{dP\cdot V}{dV}=\dfrac{1}{\beta}$,

$\beta=-\dfrac{dV}{dP\cdot V}\left(-\dfrac{dV}{V}\right)$: 체적감소율

- 등온변화일 경우 : $K=P$
- 단열변화일 경우 : $K=kP$

10 내경이 100mm인 관 속을 흐르고 있는 공기의 평균유속이 5m/sec이면 이 공기의 흐름은 몇 [kg/sec]인가? (단, 관 속의 정압은 3kg/cm^2 · abs, 온도 27℃, $R=$ 29.27kg · m/kg · K이다.)

① 0.134kg/sec ② 1.34kg/sec
③ 0.43kg/sec ④ 4.30kg/sec

해설

$G=\gamma AV=3.4164\times7.85\times10^{-3}\times5=0.13416\text{kg/sec}$

$\gamma=\dfrac{P}{RT}=\dfrac{3\times10^4\text{kg/m}^2}{29.27\times300}=3.4164$

$A=\dfrac{\pi}{4}\times(0.1\text{m})^2=7.85\times10^{-3}\text{m}^2$

$V=5\text{m/s}$

11 진공 게이지압력이 0.10kgf/cm^{2}이고, 온도가 20℃인 기체가 계기압력 7kgf/cm^{2}로 등온압축되었다. 이때 최후의 체적비는 얼마인가? (단, 대기압은 720mmHg이다.)

① 0.11 ② 0.24
③ 0.35 ④ 0.45

해설

등온압축 $P_1V_1=P_2V_2$에서

$\therefore\ \dfrac{V_2}{V_1}=\dfrac{P_1}{P_2}=\dfrac{0.87863}{7.9786}=0.11$

P_1 : $\dfrac{720}{760}\times1.033-0.10=0.87863\text{kg/cm}^2$

P_2 : $\dfrac{720}{760}\times1.033+7=7.9786\text{kg/cm}^2$

12 원통형 기름탱크의 깊이가 63ft인데, 밀도 45lb · m/ft^{3}인 기름이 들어 있고 상부는 대기로 열려 있다. 이 탱크 바닥에서의 계기압력은?

① 16.5lb/in^2 ② 17.7lb/in^2
③ 18.6lb/in^2 ④ 19.7lb/in^2

해설

$P=\gamma H$
$=45\text{lb/ft}^3\times63\text{ft}=2.835\text{lb/ft}^2$
$=2.835\text{lb/(12in)}^2=19.68\text{lb/in}^2$
$=19.7\text{lb/in}^2$

13 국제단위(SI단위)에서 기본단위간의 관계가 옳은 것은?

① 1N=9.8kg · m/s^2
② 1J=9.8kg · m^2/s^2
③ 1W=1kg · m^2/s^3
④ 1Pa=10^{5}kg · m/s^2

해설

$1\text{kgf}=9.8\text{N}=9.8\text{kg}\cdot\text{m/s}^2$
$1\text{J}=9.8\times10^{-5}\text{kg}\cdot\text{m}^2/\text{s}^2$
$1\text{Pa}=1\text{kg/m}\cdot\text{s}^2$
$1\text{W}=1\text{J/s}=1\text{N}\cdot\text{m/s}$
$=\dfrac{1}{9.8}\text{kg}\times9.8\text{m/s}^2\times\text{m/s}=1\text{kg}\cdot\text{m}^2/\text{s}^3$

14 다음 유체 중 교반을 하면 시간에 따라 동력소모가 큰 유체는 어느 것인가?

① 의가소성(Pseudoplastic) 유체
② 뉴톤(Newton) 유체
③ 요변성 액체(Thixotropic liquid)
④ 레오펙틱 물질(Rheopectic substance)

해설

레오펙틱 유체(Rheopectic substance)는 교반이 진행될수록 점성이 점점 증가하여 마찰손실의 증가로 인한 동력소모가 커진다.

정답 10.① 11.① 12.④ 13.③ 14.④

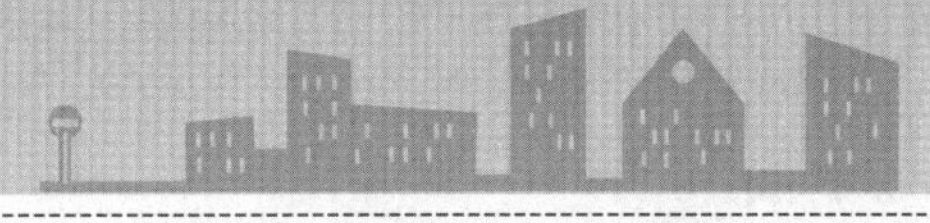

chapter 2 유체 정역학

유체 정역학의 핵심내용을 알려주세요.

제2장은 한국산업인력공단 출제기준 유체의 정역학의 기본 방정식 부분으로서 각 단원별(압력~상대적 평형) 핵심공식을 숙지하셔야 합니다.

01 압력

(1) 압력의 단위(자연대기압 1atm)

① 중력단위

$1.0332kgf/cm^2 = 10332kgf/m^2 = 10332mmH_2O = 760mmHg$, Torr

② SI단위(조립유도단위)

$1.0133bar = 101325N/m^2 = 101325Pa = 101.325kPa = 0.101325MPa$

③ 영국단위

14.7psi, lb/in^2

(2) 압력의 정의

일정한 면적에 작용하는 힘

$$P = \frac{F}{A}$$

여기서, P : 압력(N/m^2 or kgf/m^2)
F : 힘(N or kgf)
A : 면적(m^2)

(3) 유체 속 임의의 한 점에 작용하는 압력 → 모든 방향에서 같다.

$$P_x = P_y = P_z$$

$$\frac{F_x}{A_x} = \frac{F_y}{A_y} = \frac{F_z}{A_z}$$

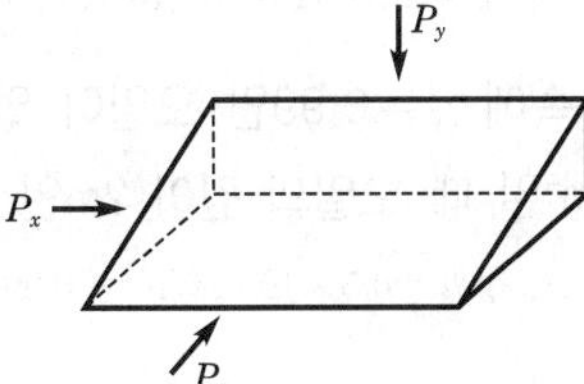

(4) 수직 방향의 압력은 유체 비중량에 비례한다.

$$P_{abs} = P_a + P_g = P_{a+}\gamma h$$

여기서, P_{abs} : 절대압력(N/m^2 or kgf/m^2)
P_a : 국소대기압(N/m^2 or kgf/m^2)
P_g : 계기압(N/m^2 or kgf/m^2)
γ : 유체비중량(N/m^3 or kgf/m^3)
h : 유체수두(m)

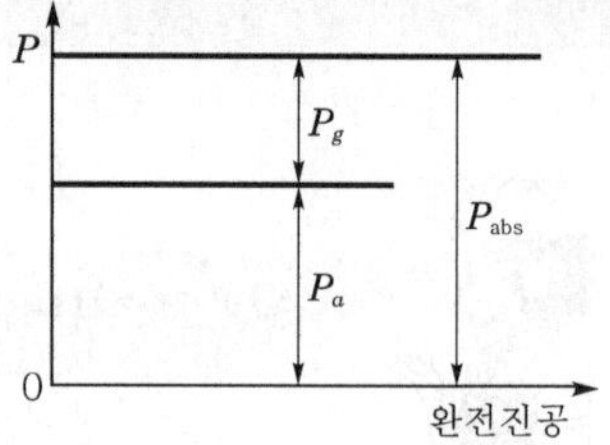

(5) 정지 유체의 기본성질

① 정지 유체 내 임의의 한 점에 작용하는 압력의 크기는 모든 방향에서 일정
② 밀폐용기 내 유체에 가한 압력은 모든 방향에서 같은 크기로 전달(파스칼의 원리)
③ 정지 유체 내 압력은 수직방향으로 작용

예제 1. 깊이 10m인 물속의 압력[kPa]은 얼마인가?

풀이 $P=\gamma h = 9800\text{N/m}^3 \times 10\text{m} = 98000\text{N/m}^2 = 98\text{kPa}$

예제 2. 직경 D_1인 피스톤에 10ton의 힘을 내려면 직경 D_2에 가해야 하는 힘은 얼마인가? (단, D_1 =20cm, D_2 =5cm)

풀이

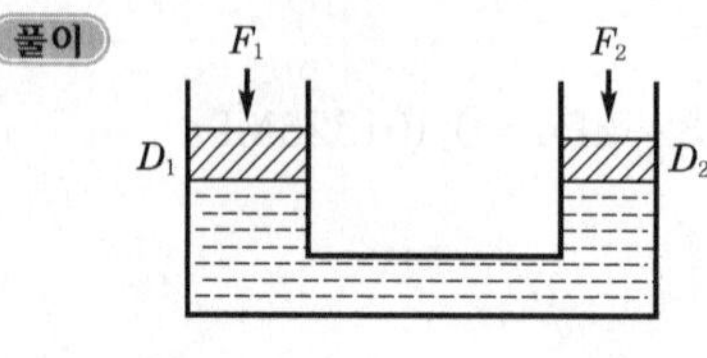

$$\frac{F_1}{A_1} = \frac{F_2}{A_2}$$

$$\therefore \ F_2 = \frac{A_2}{A_1} \times F_1 = \frac{\frac{\pi}{4} \times (0.05)^2}{\frac{\pi}{4} \times (0.2)^2} \times 10\text{ton} = 0.625\text{ton}$$

예제 3. 정지 유체 속에서의 압력변화에 대한 미분형은? (단, y는 연직방향의 거리라 한다.)

풀이 $dp = \gamma dy = \rho g dy$

예제 4. 유체 속에서 임의의 한 점에 작용하는 압력이 모든 방향에서 같은 조건은?

풀이 유체의 종류에는 무관하며, 정지 유체여야 한다.

예제 5. 밀폐용기 속에 γ=0.99인 오일이 있고 공기가 나머지 공간을 덮고 있다. 공기압력이 0.5kgf/cm²일 때 오일의 깊이 2m인 지점의 압력은 몇 [kgf/cm²]인가?

풀이 $P_{abs} = P_a + \gamma h = 0.5 \times 10^4 \text{kgf/m}^2 + 0.99 \times 10^3 \text{kgf/m}^3 \times 2\text{m} = 6980\text{kgf/m}^2 = 0.698\text{kgf/cm}^2$

예제 6. 상부가 개방된 용기 속에 비중이 1.59인 CCl_4가 2m 채워져 있고 그 위에 물이 5m 채워져 있다. 용기 밑바닥이 받는 압력은 몇 [N/m^2]인가?

풀이 $P_{abs} = P_a + \gamma h = 101325\text{N/m}^2 + 9800\text{N/m}^3 \times 5\text{m} + 1.59 \times 9800\text{N/m}^3 \times 2\text{m} = 181.489\text{N/m}^2$

02 액주계

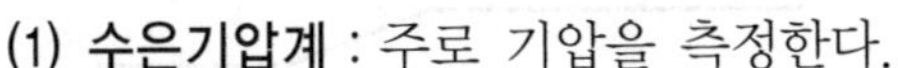

(1) 수은기압계 : 주로 기압을 측정한다.

$$P_a = P_v + \gamma_{Hg} \cdot h$$

여기서, P_a : 대기압(N/m^2 or kgf/m^2)

P_v : 수은의 증기압(N/m^2 or kgf/m^2)

γ_{Hg} : 수은의 비중량(N/m^3 or kgf/m^3)

h : 수은주의 높이(m)

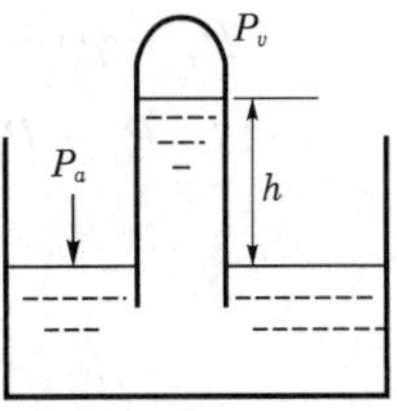

(2) 마노미터(Mano meter) : 주로 배관의 압력측정

① U자관 마노미터

$$P_x + \gamma_x h_x = P_a + \gamma_s h_s$$

$$\therefore \ P_x = P_a + \gamma_s h_s - \gamma_x h_x$$

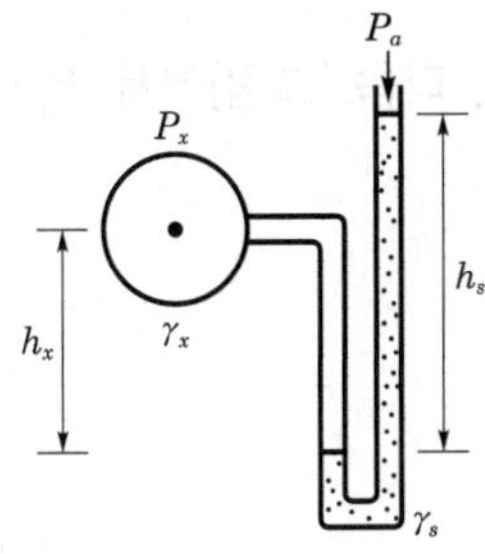

② U자관 차압계(시차액주계)

$$P_x + \gamma_x h_x + \gamma_s h_s = P_y + \gamma_y h_y$$

$$\therefore \ P_x - P_y = \gamma_y h_y - \gamma_x h_x - \gamma_s h_s$$

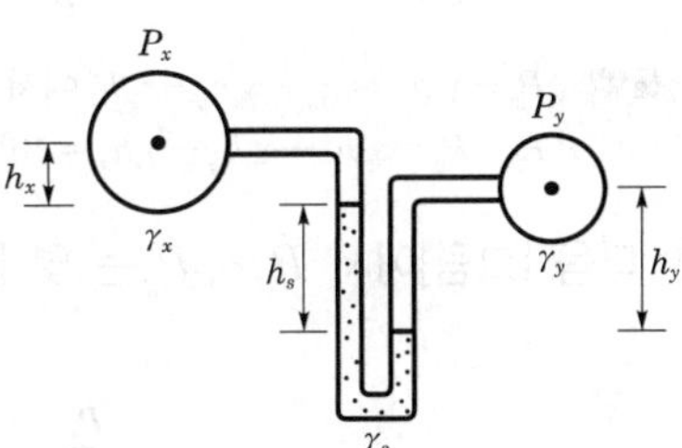

③ 역U자관 차압계

$$P_x - (\gamma_x h_x + \gamma_s h_s) = P_y - \gamma_y h_y$$

$$\therefore \ P_x - P_y = \gamma_x h_x + \gamma_s h_s - \gamma_y h_y$$

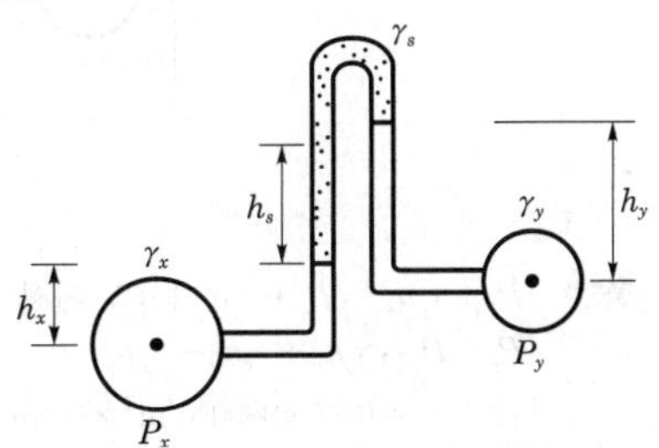

④ 경사 미압계

$$P_x = P_y + \gamma(\Delta x + h) = P_y + \gamma\left(\frac{a \cdot l}{A} + l\sin\theta\right)$$

여기서, γ : 유체비중량(N/m^3 or kgf/m^3)

a : 경사관의 단면적(m^2)

A : 압력계 몸체의 단면적(m^2)

$$\therefore\ P_x - P_y = \gamma\left(\frac{a \cdot l}{A} + l\sin\theta\right)$$

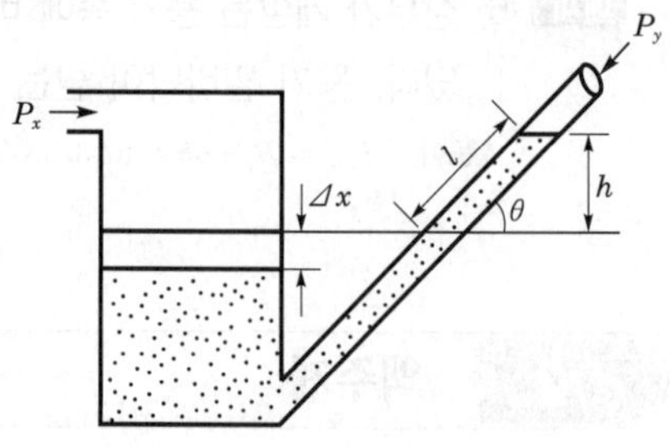

⑤ 축소관의 액주계

$$P_x + \gamma(i + h) = P_y + \gamma i + \gamma_s h$$

$$\therefore\ P_x - P_y = (\gamma_s - \gamma)h$$

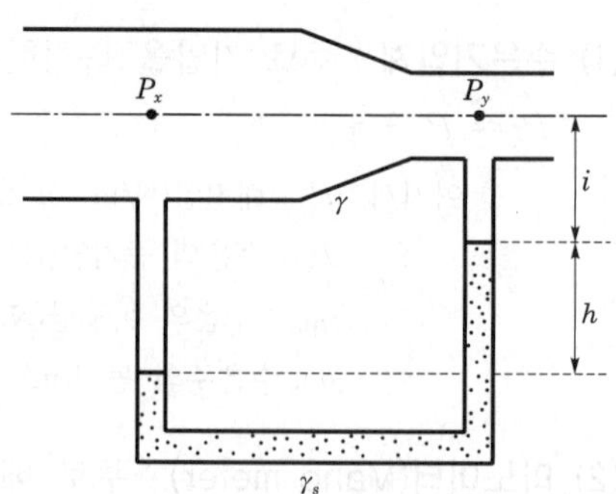

예제 1. 다음 [그림]에서 $P_x - P_y$는 몇 [kgf/cm^2]인가?

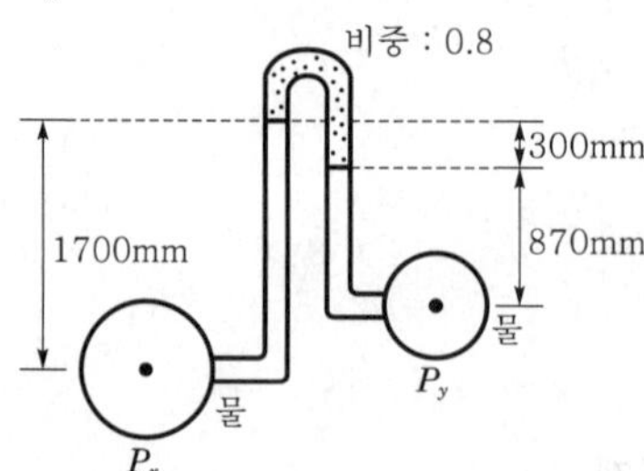

풀이 $P_x - \gamma_x h_x = P_y - \gamma_y h_y - \gamma_s h_s$ 에서

$P_x - P_y = \gamma_x h_x - \gamma_y h_y - \gamma_s h_s = 10^3 \times 1.7 - 10^3 \times 0.87 - 800 \times 0.3 = 590\text{kgf/m}^2 = 0.059\text{kgf/cm}^2$

예제 2. 다음 [그림]에서 $P_x - P_y$는 몇 [Pa]인가?

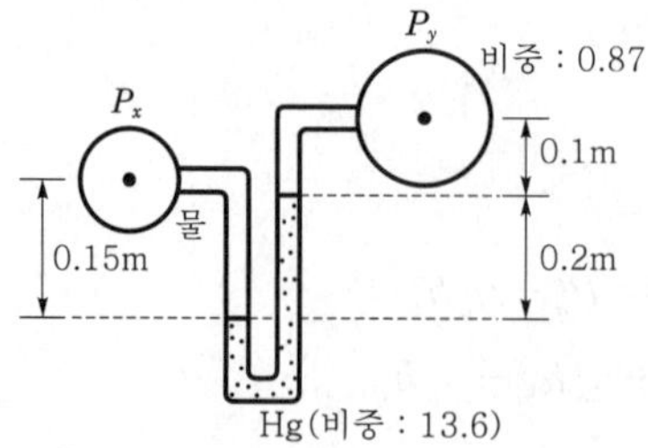

풀이 $P_x + \gamma_x h_x = P_y + \gamma_y h_y + \gamma_s h_s$ 에서

$P_x - P_y = \gamma_y h_y + \gamma_s h_s - \gamma_x h_x$

$= 0.87 \times 9800\text{N/m}^3 \times 0.1\text{m} + 13.6 \times 9800\text{N/m}^3 \times 0.2\text{m} - 9800\text{N/m}^3 \times 0.15\text{m}$

$= 26039\text{Pa}$

예제 3. 다음 [그림]에서 A점의 절대압력은 몇 [mmHg]인가?

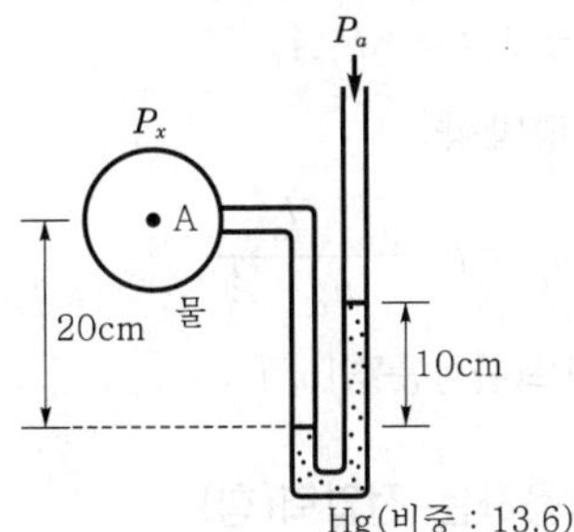

풀이 $P_x + \gamma_x h_x = P_a + \gamma_s h_s$ 에서

$$P_x = P_a + \gamma_s h_s - \gamma_x h_x$$
$$= 101325\text{N/m}^2 + 13.6 \times 9800\text{N/m}^3 \times 0.1\text{m} - 9800\text{N/m}^3 \times 0.2\text{m}$$
$$= 112693\text{N/m}^2$$
$$\therefore\ 112693\text{N/m}^2 \times \frac{760\text{mmHg}}{101325\text{N/m}^2} = 845.27\text{mmHg}$$

예제 4. 다음 [그림]에서 P_x의 계기압력은 몇 [psi]인가?

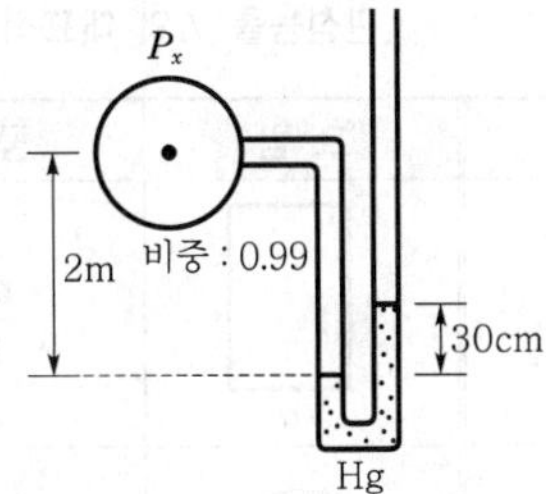

풀이 $P_x + \gamma_x h_x = \gamma_s h_s$ 에서

$$P_x = \gamma_s h_s - \gamma_x h_x = 13.6 \times 9800\text{N/m}^3 \times 0.3\text{m} - 0.99 \times 9800\text{N/m}^3 \times 2\text{m} = 20508\text{N/m}^2$$
$$\therefore\ 20508\text{N/m}^2 \times \frac{14.7\text{psi}}{101325\text{N/m}^2} = 2.99\text{psi}$$

03 평면에 미치는 유체의 전압력

(1) 수평면의 한쪽면에 작용하는 전압력(압력에 의한 힘[N · s]을 의미)

① 전압력(힘)의 크기 : $F = PA = \gamma h A$

② 전압력(힘)의 방향 : 수직방향

③ 전압력(힘)의 작용점 : 평면의 도심(도형학상의 중심)

$$y_p = h_c$$

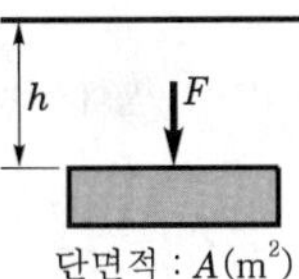

단면적 : $A(\text{m}^2)$

(2) 수직면의 한쪽면에 작용하는 전압력(힘)

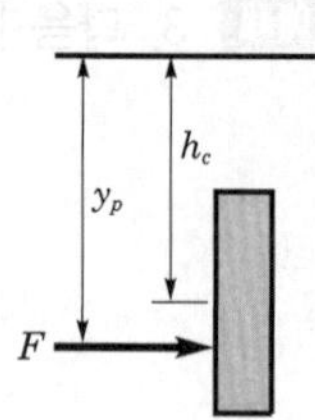

① 전압력(힘)의 크기 : $F = PA = \gamma h_c A$

② 전압력(힘)의 방향 : 수평방향

③ 전압력(힘)의 작용점 : $y_p = h_c + \dfrac{I_c}{h_c \cdot A}$

여기서, I_c : 단면 2차 모멘트(관성능률)[m^4]

(3) 경사진 평면의 한쪽면에 작용하는 전압력(힘)

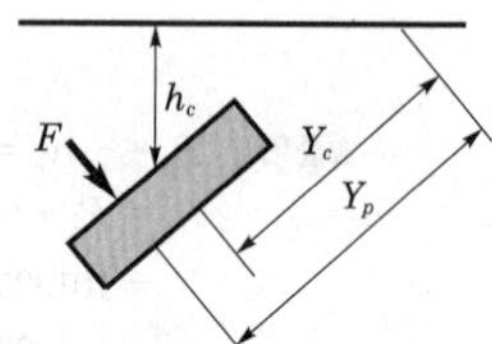

① 전압력(힘)의 크기 : $F = PA = \gamma h_c A$

② 전압력(힘)의 방향 : 면에 대하여 수직방향

③ 전압력(힘)의 작용점 : $Y_p = Y_c + \dfrac{I_c}{Y_c \cdot A}$

여기서, I_c : 단면 2차 모멘트(관성능률)[m^4]

〈관성능률 I_c의 대표적인 값〉

그 림	공 식	그 림	공 식	그 림	공 식
a, a	$\dfrac{a^4}{12}$	b, a	$\dfrac{ab^3}{12}$	b, a	$\dfrac{ab^3}{36}$
D	$\dfrac{\pi D^4}{64}$	D, d	$\dfrac{\pi(D^4 - d^4)}{64}$	A, a, B, b	$\dfrac{AB^3 - ab^3}{12}$

예제 1. 다음 [그림]과 같은 물속의 평판에 작용하는 전압력을 [N]으로 구하시오.

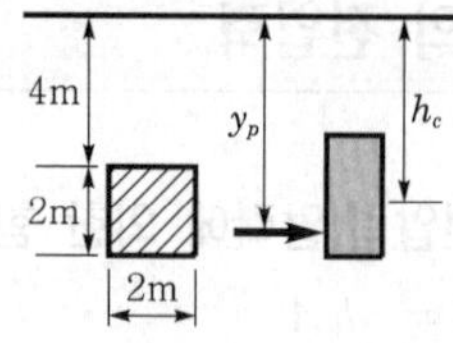

풀이 전압력 $F = \gamma h_c A$

$= 9800 N/m^3 \times 5m \times 4m^2$

$= 196000N$

예제 2. 다음 [그림]과 같은 물속의 종공원형 평판에 작용하는 전압력을 [kN]으로 구하시오.

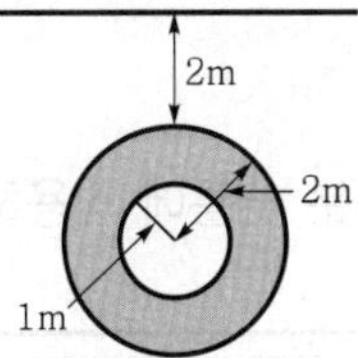

풀이 전압력 $F=\gamma h_c A = 9.8\text{kN/m}^3 \times \dfrac{\pi(2^2-1^2)}{4} = 92.37\text{kN}$

예제 3. 다음 [그림]과 같은 수문에 걸리는 전압력을 [kgf]로 구하시오.

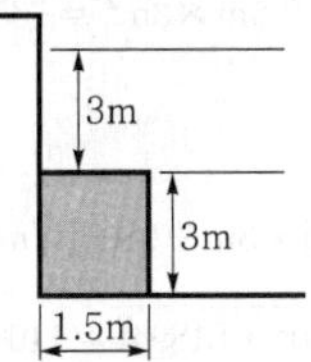

풀이 전압력 $F=\gamma h_c A = 10^3\text{kg/m}^3 \times 4.5\text{m} \times 4.5\text{m}^2 = 20250\text{kgf}$

예제 4. 어떤 액체의 수심 30m 지점에서 계기압이 270kPa일 때 이 액체의 비중은 얼마인가?

풀이 $P=\gamma h = \gamma_w \cdot s \cdot h$에서

$$\therefore\ s = \frac{P}{\gamma_w \cdot h} = \frac{270\text{kN/m}^2}{9.8\text{kN/m}^3 \times 30\text{m}} = 0.918$$

04 곡면의 한쪽면에 미치는 유체의 전압력

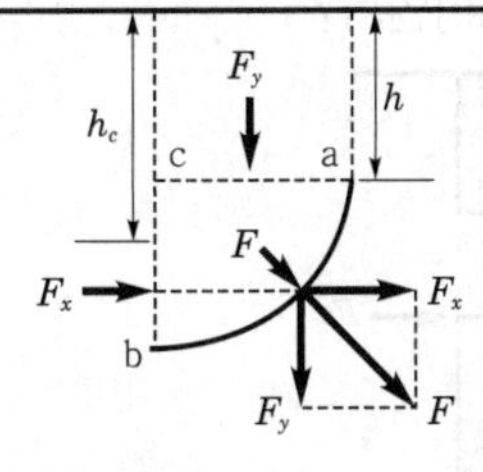

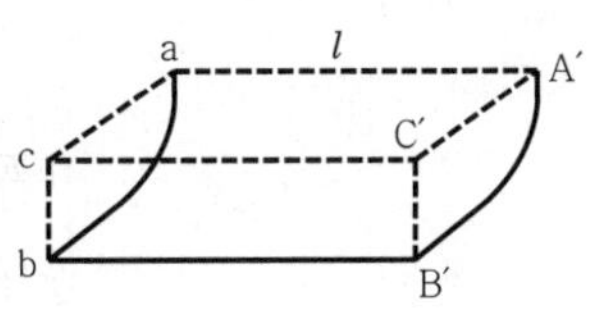

① 수평분력

F_x =곡면 ab를 수평투영시켰을 때 bc면에 작용하는 힘(곡면의 수평투영면적에 작용하는 압력)

$$F_x = \gamma h_c A = \gamma h_c (\overline{\text{bc}} \cdot l)$$

② 수직분력

F_y =곡면 ab의 연직상방향에 있는 유체의 무게(곡면의 연직상방에 있는 유체의 무게)

$$F_y = \gamma h \overline{\text{ac}} \cdot l + \gamma \frac{\pi r^2 l}{4}$$

③ 합성력

$$F = \sqrt{F_x^{\ 2} + F_y^{\ 2}}$$

예제 1. 다음 [그림]과 같은 물속의 4분 원통에 작용하는 전압력을 [N]으로 구하시오.

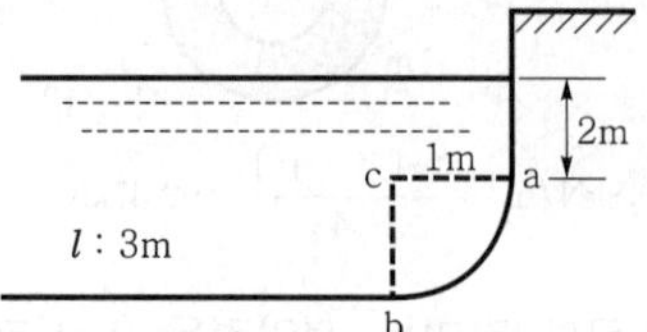

풀이 ① $F_x = \gamma h_c A = 9800\text{N/m}^3 \times 2.5\text{m} \times 3\text{m}^2 = 73500\text{N}$

② $F_y = \gamma h \overline{ac} l + \gamma \cdot \dfrac{\pi r^2 l}{4}$

$= 9800\text{N/m}^3 \times 2\text{m} \times 1\text{m} \times 3\text{m} + 9800\text{N/m}^3 \times \dfrac{\pi \times (1\text{m})^2 \times 3\text{m}}{4} = 81894\text{N}$

③ $F = \sqrt{F_x^{\ 2} + F_y^{\ 2}} = \sqrt{73500^2 + 81894^2} = 110040\text{N}$

예제 2. 다음 [그림]과 같은 물속의 4분 원통에 작용하는 전압력을 [kgf]로 구하시오.

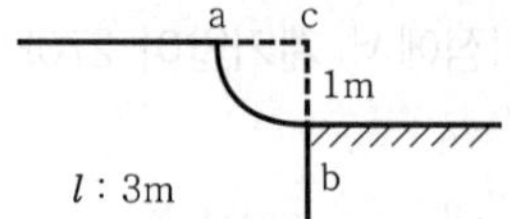

풀이 ① $F_x = \gamma h_c A = 10^3 \times 0.5\text{m} \times 3\text{m}^2 = 1500\text{kgf}$

② $F_y = \gamma h \overline{ac} l + \gamma \cdot \dfrac{\pi r^2 l}{4} = 10^3 \times 0 \times 1 \times 3 + 10^3 \times \dfrac{\pi \times 1^2 \times 3}{4} = 2356\text{kgf}$

③ $F = \sqrt{F_x^{\ 2} + F_y^{\ 2}} = \sqrt{1500^2 + 2356^2} = 2793\text{kgf}$

예제 3. 다음 [그림]과 같은 수문이 수압을 받고 있다. 수문의 상단이 힌지로 되어 있을 때 수문을 열기 위해 하단에 주어야 할 힘은 몇 [dyne]인가?

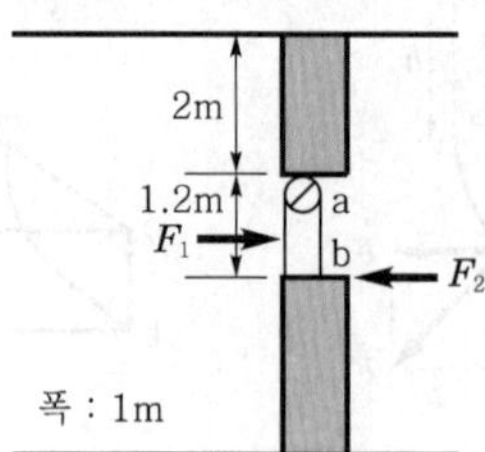

풀이 전압력 $F_x = \gamma h_c A$

$= 9.8 \times 10^8 \text{dyne/m}^3 \times 2.6\text{m} \times 1.2\text{m}^2$

$= 3.06 \times 10^9 \text{dyne}$

참고 $1\text{N} = 10^5 \text{dyne}$

05 부력

(1) 아르키메데스의 원리

수중에서 물체는 그 물체가 수중에 잠긴 부피만큼의 물의 무게만큼 가벼워진다.

(2) 부력의 작용점은 유체 속에 잠긴 물체의 도심점(동심)이다.

(3) 부력의 작용방향은 연직상방향이다.

(4) 부력 공식

① 잠수 공식(물체가 가라앉음)

$$G=\gamma V=\gamma_1 V+W=\gamma_1 \frac{G}{\gamma}+W$$

② 부양 공식(물체가 뜸)

$$G=\gamma V=\gamma_1 V_1=\gamma_1(V-V_o)$$

㉠ 물체가 뜨면 $W=W_1=W_2=0$이므로 $G=\gamma V=B=\gamma_1 V_1=\gamma_2 V_2$

㉡ 물체가 완전히 잠기면 $V_1=V_2=V$이므로

$G=\gamma V=B+W=\gamma_1 V+W_1=\gamma_2 V+W_2$

여기서, G : 물체의 원래 무게(N)
γ : 물체의 비중량(N/m^3)
V : 물체의 부피(m^3)
γ_1 : 유체의 비중량(N/m^3)
V_1 : 유체 속에 잠긴 부피(m^3)
W : 유체 속에서의 무게(N)
V_o : 공기 중 노출된 부피(m^3)

아르키메데스의 부력의 원리

1. 띄운 경우(=대기와 접한 경우)

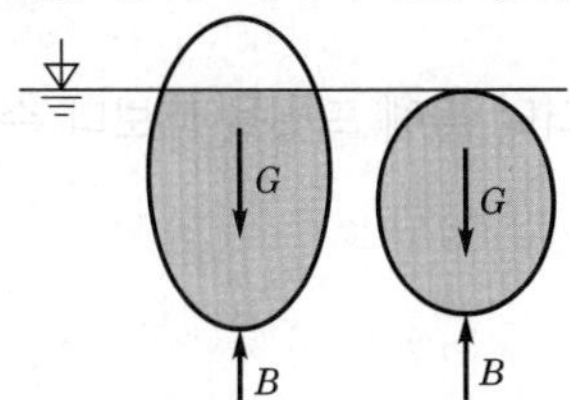

부력(B)=공기 중에서 물체의 무게(G)

2. 잠긴 경우

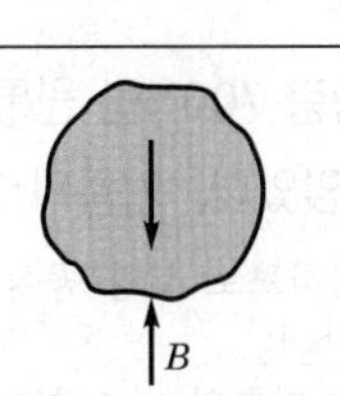

공기 중에서 물체의 무게(G)
=부력(B)+액체 속에서 물체의 무게
∴ 부력(B)=공기 중 물체 무게−액체 중 물체 무게

참고 1. 물체가 완전히 가라 앉으면 : $V=V_1$
2. 물체가 뜨면 : $V_1 = V - V_o$, $W=0$

예제 1. 가로, 세로, 높이가 각각 5m×4m×3m인 상자의 무게가 294000N이다. 이 상자를 물에 띄웠을 때 수면 밑으로 얼마나 가라앉겠는가?

풀이 상자의 부양 여부 판단→ 물체의 비중량

$$\gamma=\frac{294000\text{N}}{5\times4\times3}=4900\text{N/m}^3$$

물의 비중량 9800N/m^3보다 작으므로 부양한다.

부양 공식 적용 : $G=\gamma V=\gamma_1 V_1(W=0)$

$$\therefore\ V_1=\frac{G}{\gamma_1}=\frac{294000\text{N}}{9800\text{N/m}^3}=30\text{m}^3$$

∴ 잠긴 부피가 30m^3이므로 잠긴 길이$=\dfrac{30\text{m}^3}{5\times4}=1.5\text{m}$

예제 2. [예제 1]에서 상자를 완전히 물속에 가라앉게 하려면 얼마의 무게를 주어야 하는가?

풀이 일정 무게를 주어 잠수 공식 적용(물속 무게의 조건이 없으므로 $W=0$) 더하는 무게를 G'라 하면 $G+G'=\gamma_1 V+W_1$에서

$$\therefore\ G'=\gamma_1 V_1+W_1-G=9800\text{N/m}^3\times(5\times4\times3)\text{m}^3+0-294000\text{N}=294000\text{N}$$

예제 3. 어떤 돌의 중량이 400kgf이고 수중에서 222kgf이었다. 이 돌의 체적과 비중은 각각 얼마인가?

풀이 수중 무게가 있으므로 잠수 공식 적용

$G=\gamma V=\gamma_1 V_1+W(V=V_1)$

$$V=\frac{G-W}{\gamma_1}=\frac{(400-222)}{1000}=0.178\text{m}^3$$

$$\gamma=\frac{G}{V}=\frac{400}{0.178}=2247.19\text{kgf/m}^3$$

$$\therefore\ S=\frac{\gamma}{\gamma_w}=\frac{2247.19}{1000}=2.247$$

예제 4. 어떤 물체의 물속 무게가 53.9kN, 비중이 0.7인 기름 속에 63.7kN이었다. 이 물체의 체적은 몇 [m³]인가?

풀이 물속, 기름 속에서 무게가 있으므로 잠수

잠수 공식 적용 : $G=\gamma V=\gamma_1 V_1+W_1=\gamma_2 V_2+W_2$ ⋯ (유체가 2종)

필요한 식은 $\gamma_1 V+W_1=\gamma_2 V+W_2$

$$\therefore\ V=\frac{W_2-W_1}{\gamma_1-\gamma_2}=\frac{63.7\text{kN}-53.9\text{kN}}{9.8\text{kN/m}^3-0.7\times9.8\text{kN/m}^3}=3.33\text{m}^3$$

예제 5. 직경 40cm, 중량 700N인 원통형 용기를 기름에 띄웠더니 물에 띄웠을 때보다 수직으로 10cm 더 가라앉았다. 기름의 비중은 얼마인가?

풀이 용기가 부양하므로 부양 공식 적용(유체가 2종이므로)

$G=\gamma_1 V_1=\gamma_2 V_2$

여기서, γ_2 : 기름의 비중량(N/m^3), V_2 : 기름 속에 잠긴 부피(m^3)

$$\gamma_2=\frac{G}{V_2}=\frac{G}{V_1+\Delta V}=\frac{G}{\dfrac{G}{\gamma_1}+\Delta V}=\frac{700\text{N}}{\dfrac{700\text{N}}{9800\text{N/m}^3}+\left(\dfrac{\pi}{4}0.4^2\times0.1\right)\text{m}^3}=8333.8\text{N/m}^3$$

예제 6. 가로, 세로, 높이가 각각 2m인 어떤 물체가 물에서는 부양하고, 비중 0.8인 기름에서는 가라앉아 980N의 무게를 나타내었다. 이 물체가 물 위에서 공기 중으로 노출된 부피는 얼마인가?

풀이 물 : 부양 공식 $G=\gamma V=\gamma_1 V_1=\gamma_1(V-V_o)$
기름 : 잠수 공식 $G=\gamma V=\gamma_2 V+W$]두 공식 혼합

$G=\gamma_1(V-V_o)=\gamma_2 V+W$에서

$\gamma_1 V-\gamma_2 V-W=\gamma_1 V_o$

$$\therefore\ V_o=\frac{\gamma_1 V-\gamma_2 V-W}{\gamma_1}$$

$$=\frac{9.8\text{kN/m}^3\times 8\text{m}^3-9.8\times 0.8\text{kN/m}^3\times 8\text{m}^3-0.98\text{kN}}{9.8\text{kN/m}^3}=1.5\text{m}^3$$

06 부양체의 안정

(1) 경심고

$$h=GM=\overline{\text{BM}}-\overline{\text{BG}}=\frac{I_C}{V}-\overline{\text{BG}}$$

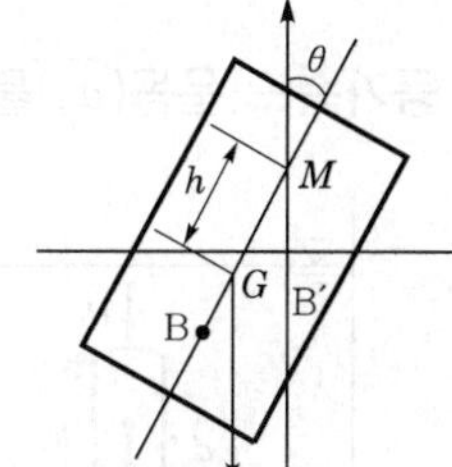

(2) 부양체의 안정조건

① 안정 : $h>0$

② 불안정 : $h<0$

(3) 복원 모멘트

$$M_o=G\cdot h\sin\theta(\text{kgf}\cdot\text{m})$$

여기서, G : 물체의 무게중심
B : 부력의 중심(부심)
B′ : 이동된 부심
M : 경심(메타센터 : B′의 수직선과 중심선이 만나는 곳)
h : 경심고(메타센터의 높이) : $\overline{\text{GM}}$
I_C : 잠긴 물체의 평면 관성능률(바닥면)
V : 잠긴 물체의 체적

TiP 참고사항입니다.

1. 물체의 무게중심이 밑으로 갈수록 경심고가 길어지므로 배의 복원 모멘트가 커지므로 안정
2. 경심이 무게중심보다 위쪽에 있어야 안정

07 상태적 평형

(1) 수평등가속도 운동 (a_x)을 받는 유체

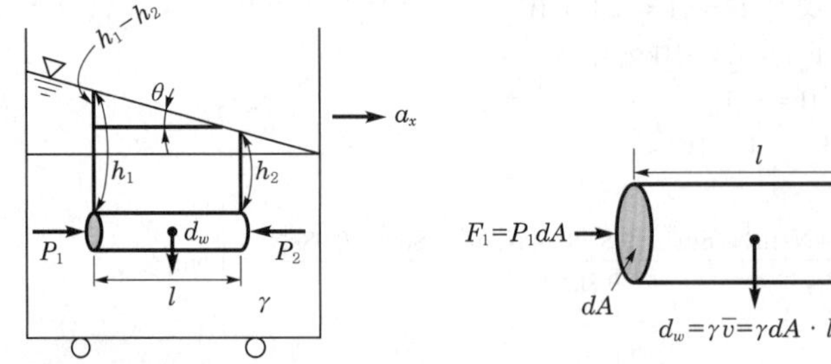

$$\therefore\ \tan\theta = \frac{h_1 - h_2}{l} = \frac{a_x}{g}$$

$$\theta = \tan^{-1}\frac{a_x}{g}\text{(적용 시 중앙점에서 적용)}$$

(2) 연직방향의 등가속도 운동($\overline{a_y}$)를 받는 유체

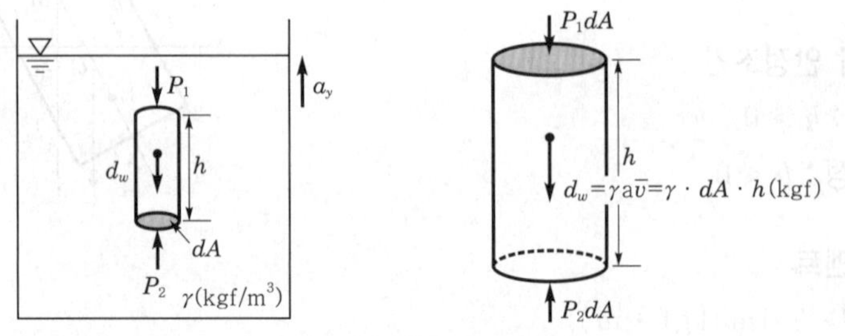

| 자유 물체도 |

$$P_2 - P_1 = \gamma h\left(1 + \frac{a_y}{g}\right)$$

※ P_1을 대기압으로 놓는 경우가 많다. 그러므로 문제풀이 시 P_1은 무시하는 경우가 많음.

$$\therefore\ P_1\text{을 무시하면 } P_2 = \gamma h\left(1 + \frac{a_y}{g}\right)$$

TIP 참고사항입니다.

자유물체도에서 y방향의 힘의 성분은
$P_1 dA \downarrow \ominus$
$P_2 dA \uparrow \oplus$
미소자 중 $d_w = \gamma \cdot dA \cdot h \downarrow \ominus$
$\ominus \oplus$
$\Sigma \downarrow \uparrow = d_m \cdot a_y$

$$P_2 \cdot dA - P_1 \cdot dA - \gamma \cdot dA \cdot h = \frac{d_w}{g} \cdot a_y = \frac{\gamma \cdot dA \cdot h}{g} \cdot a_y$$

$$P_2 - P_1 = \gamma h + \frac{\gamma h}{g} \cdot a_y$$

(3) 등속회전운동을 받는 경우

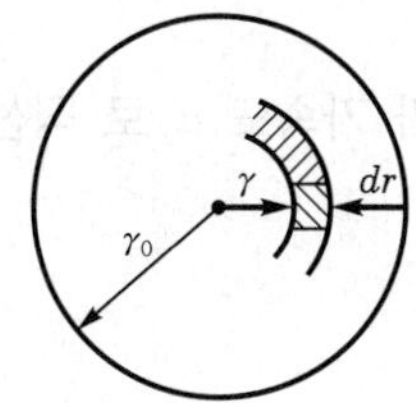

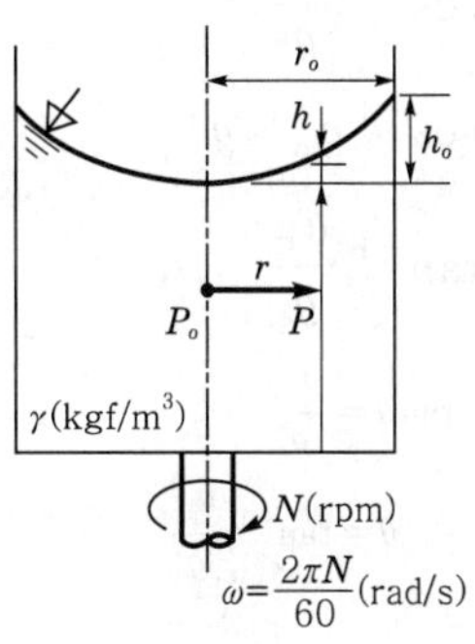

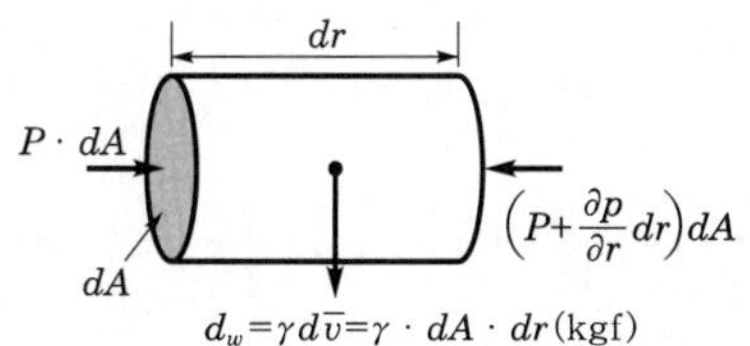

여기서, N : 회전수(rpm)

$r \rightarrow r_o$이면 $h \rightarrow h_o$

$$h_o = \frac{{r_o}^2 \omega^2}{2g}$$

h : 임의의 반경 r에서의 액면상승높이, ω : 각속도, $\frac{2\pi N}{60}$(rad/s)

$$P = P_o + \gamma h = P_o + \gamma \frac{r^2 \omega^2}{2g}, \ \gamma h = \gamma \frac{r^2 \omega^2}{2g}$$

$$\therefore \ h = \frac{r^2 \omega^2}{2g}$$

참고사항입니다.

$$P = P_o + \gamma h = P_o + \gamma \cdot \frac{r^2\omega^2}{2g}$$

$u = \sqrt{2gh}$ 에서

$h = \frac{u^2}{2g} = \frac{r^2\omega^2}{2g}$ (여기서, u : 원주속도$= r\omega$)

예제 1. 액체가 일정 각속도로 연직축 주위를 회전운동 시 유체의 압력관계가 옳은 것은?

① 반지름의 제곱에 비례하여 변한다. ② 지름의 제곱에 비례하여 변한다.

③ 반지름에 비례하여 변한다. ④ 지름에 비례하여 변한다.

풀이 $P = P_o + \gamma \frac{r^2\omega^2}{2g}$ (r^2의 제곱에 비례)

답 ①

예제 2. 다음 [그림]과 같이 용기가 가속도 a_x로 직선운동을 할 때 액체표면 경사각(θ)은?

① $\sin^{-1}\frac{a_x}{g}$

② $\cos^{-1}\frac{a_x}{g}$

③ $\cos^{-1} a_x \times g$

④ $\tan^{-1}\frac{a_x}{g}$

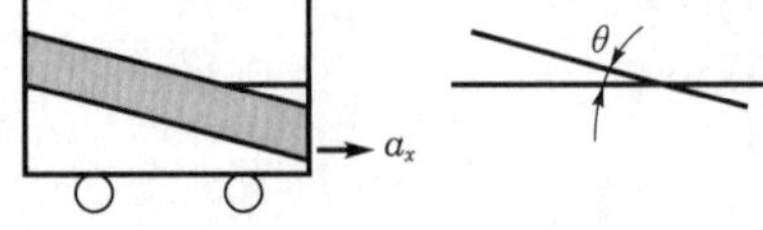

풀이 $\tan\theta = \frac{a_x}{g}$

$\therefore \theta = \tan^{-1}\frac{a_x}{g}$

답 ④

예제 3. 반지름 60cm 원통 속에 물을 담아 30rpm으로 회전 시 수면상승높이는 몇 [m]인가? (단, 중심점과 벽면의 수면차를 말한다.)

① 0.18m ② 0.2m

③ 0.02m ④ 2m

풀이 $\Delta h = \frac{r^2\omega^2}{2g}$

여기서 $r = 0.6\text{m}$

$\omega = \frac{2\pi N}{60} = \frac{2 \times 3.14 \times 30}{60} = 3.14\text{rad/s}$

$\therefore \Delta h = \frac{0.6^2 \times 3.14^2}{2 \times 9.8} = 0.18\text{m}$

답 ①

예제 4. 일정가속도 8m/s²으로 달리는 물그릇의 수면이 이루는 각도는?

풀이 $\tan\theta = \frac{a_x}{g}$ 에서

$\therefore\ \theta = \tan^{-1}\frac{8\text{m/s}^2}{9.8\text{m/s}^2} = 41.63°$

예제 5. 3m×3m×3m인 정육면체 용기에 물을 $\frac{1}{2}$ 채우고 수평등가속도 6.6m/s²으로 달릴 때 용기의 뒤측판이 받는 전압력은 몇 [kN]인가?

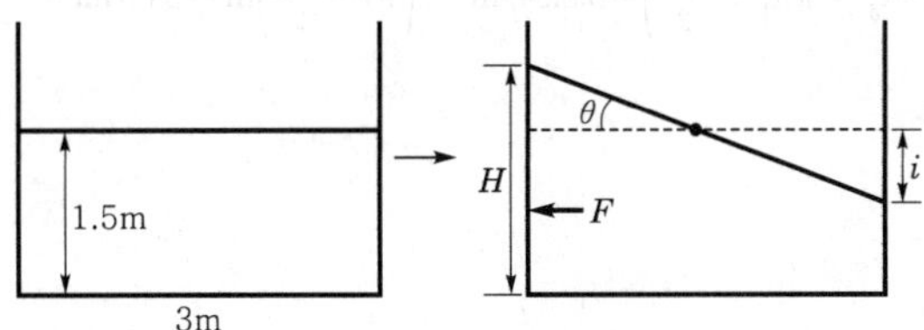

풀이 ① 기울어지는 각도 : $\theta = \tan^{-1}\frac{6.6}{9.8} = 34°$

② 처음보다 올라간 높이 : $i = 1.5\tan 34° = 1.01\text{m}$

③ 뒤측판의 수면높이 : $H = 1.5 + 1.01 = 2.51\text{m}$

$\therefore\ F = \gamma hA$

$= 9.8\text{kN/m}^3 \times \frac{2.51}{2}\text{m} \times (2.51\times 3)\text{m}^2 = 92.6\text{kN}$ $\left(h\text{는 } H\text{의 중심점이므로 } h = \frac{H}{2}\right)$

예제 6. 가로 2m, 세로 3m, 높이 4m인 용기에 비중 0.9인 액체를 가득 채우고 연직상방향으로 5m/s²의 등가속도로 운동할 때 용기 하부에 작용하는 압력은 몇 [kPa]인가?

풀이 연직상방향 운동 유체의 압력

$P = \gamma h\left(1 + \frac{a_x}{g}\right)$

$= 0.9 \times 9.8\text{kN/m}^3 \times 4\left(1 + \frac{5}{9.8}\right)\text{m}$

$= 53.28\text{kN/m}^2 = 53.28\text{kPa}$

[주의] 전압력을 구하는 문제가 아니므로 면적은 곱하지 않는다.

참고 1. 정지 유체의 압력 : $P = \gamma h$

2. 연직하방 운동 유체의 압력 : $P = \gamma h\left(1 - \frac{a_x}{g}\right)$

예제 7. 지름 1m, 높이 10m인 원통용기 속에 물이 4m 높이로 채워져 있다. 이 용기를 150rpm으로 일정하게 회전시킬 경우 용기바닥의 중심부와 벽면부에 작용하는 압력을 각각 구하시오.

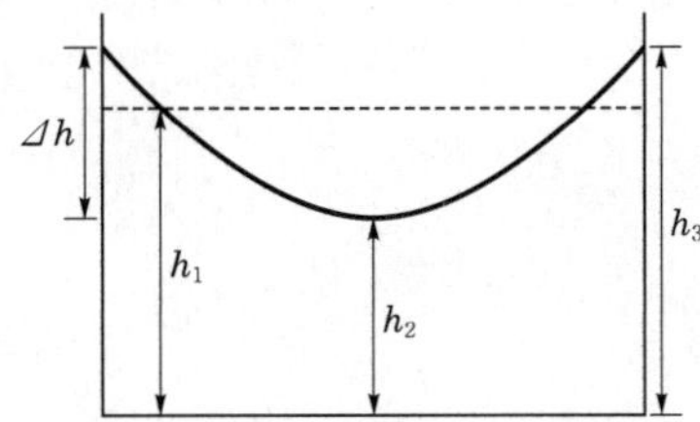

풀이 수면의 처음 높이를 h_1, 중심부 높이를 h_2, 벽면부 높이를 h_3, 벽면부와 중심부의 높이차를 Δh 라 했을 때 $h_2 = h_1 - \frac{\Delta h}{2}$, $h_3 = h_1 + \frac{\Delta h}{2}$ 이 된다.

$$\Delta h = \frac{\gamma^2\omega^2}{2g} = \frac{\gamma^2\left(\frac{2\pi N}{60}\right)^2}{2g} = \frac{0.5^2\left(\frac{2\pi 150}{60}\right)^2}{2\times 9.8} = 3.15\text{m}$$

① 중심부 압력

$$P_2 = \gamma h_2 = \gamma\left(h_1 - \frac{\Delta h}{2}\right) = 9.8\text{kN/m}^3 \times \left(4 - \frac{3.15}{2}\right)\text{m} = 23.77\text{kPa}$$

② 벽면부 압력

$$P_3 = \gamma h_3 = \gamma\left(h_1 + \frac{\Delta h}{2}\right) = 9.8\text{kN/m}^3 \times \left(4 + \frac{3.15}{2}\right)\text{m} = 54.64\text{kPa}$$

출 / 제 / 예 / 상 / 문 / 제

01 반지름이 30cm인 원형 속에 물을 담아 30rpm으로 회전시킬 때 수면의 상승높이는 몇 m인가?

① 0.015m ② 0.030m
③ 0.045m ④ 0.060m

해설

등속 원운동을 받는 유체

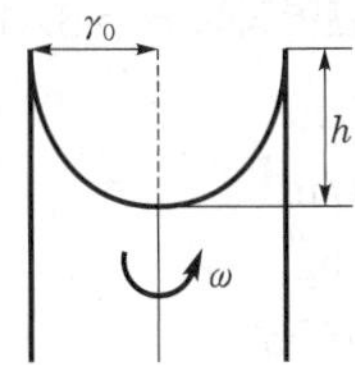

$$h=\frac{\gamma_0{}^2\omega^2}{2g}=\frac{0.3^2\times 3.14^2}{2\times 9.8}=0.045\text{m}$$

$\because\ \gamma_0=0.3\text{m}$

$$\omega=\frac{2\pi N}{60}=\frac{2\times 3.14\times 30}{60}=3.14$$

02 유체에 잠겨 있는 곡면에 작용하는 전압력의 수평분력에 대한 설명으로 가장 올바른 것은?

① 전압력의 수평성분방향에 수직인 연직면에 투영한 투영면의 압력중심의 압력과 투영면을 곱한 값과 같다.
② 전압력의 수평성분방향에 수직인 연직면에 투영한 투영면의 도심의 압력과 곡면의 면적을 곱한 값과 같다.
③ 수평면에 투영한 투영면에 작용하는 전압력과 같다.
④ 전압력의 수평성분방향에 수직인 연직면에 투영한 투영면의 도심의 압력과 투영면의 면적을 곱한 값과 같다.

해설

유체 속 곡면의 분력

- 수평분력
  $F_x=\gamma h A_1$(여기서, A_1 : 수평투영면적)
- 수직분력
  $F_y=\gamma h_c A_2+\gamma\cdot\frac{\pi\gamma^2 l}{4}$

03 지름이 d이고, 구형방울 안과 밖의 압력차가 ΔP인 물방울의 표면장력(δ)을 옳게 나타낸 것은?

① $\Delta Pd/4$ ② $\Delta P/\pi d$
③ $\pi d/4\Delta P$ ④ $\Delta Pd/2$

해설

표면장력

- 물방울의 내 · 외부 압력차 : $\Delta P=\frac{4\sigma}{D}$
- 물방울의 크기 변화와 일 : $\Delta W=\sigma(A_2-A_1)$

즉, $\sigma=\frac{\Delta PD}{4}=\frac{\Delta W}{A_2-A_1}$

04 내경이 1m인 배관을 통해 부탄이 펌핑되고 있다. 25℃의 등온흐름 조건에서 음속은 몇 m/s인가?

① 329.7 ② 318.4
③ 277.2 ④ 206.7

해설

$U_a=\sqrt{kRT}=\sqrt{\frac{E}{\rho}}$ (단열)$=\sqrt{\frac{P}{\rho}}$ (등온)

$P=\rho RT$

$=\frac{58\text{kg}}{22.4\text{m}^3}\times\frac{8314}{58}(\text{N}\cdot\text{m/kg}\cdot\text{K})\times 298\text{K}$

$=110606\text{N/m}^2$

$\therefore\ U_a=\sqrt{\frac{110606\text{N/m}^2}{\frac{58}{22.4}\text{N}\cdot\text{s}^2/\text{m}^4}}=206.7\text{m/s}$

정답 01.③ 02.④ 03.① 04.④

05 점도 $\mu = 0.077$kg/m · s인 기름이 평면 위를 $u = 30y - 120y^2$(m/s)의 속도분포를 가지고 흐른다. 경계면에 작용하는 전단응력은 kgf/m²으로 얼마인가? (단, y는 평면으로부터 m 단위로 잰 수직거리이다.)

① 0.7287　　② 0.9424
③ 0.4365　　④ 0.2357

해설

$\tau = \mu\left(\frac{du}{dy}\right)$에서

$u = 30y - 120y^2$, $y = 0$이면 $\left(\frac{du}{dy}\right)_{y=0} = 30$

$\therefore\ \tau = 0.077\text{kg/m} \cdot \text{s} \times 30/\text{s}$
$= 2.3\text{kg/m} \cdot \text{s}^2$
$= 0.2357\text{kgf/m}^2$
$\because\ 1\text{kgf} = 9.8\text{kg} \cdot \text{m/s}^2$

06 다음 비중이 0.9인 액체가 나타내는 압력이 1.8kgf/cm²일 때 이것은 수두로 몇 m 높이에 해당하는가?

① 10m　　② 20m
③ 30m　　④ 40m

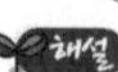

$P = \gamma h = \gamma_w sh$이므로

$\therefore\ h = \frac{P}{\gamma_w \cdot s} = \frac{1.8 \times 10^4}{1000 \times 0.9} = 20\text{m}$

07 모세관 현상과 표면장력에 대한 설명으로 옳지 않은 것은?

① 모세관 현상은 액체의 부착력에 의해 발생한다.
② 모세관 현상에서 상승(또는 하강)하는 높이는 모세관의 지름에 비례한다.
③ 표면장력은 액체분자 상호간의 응집력 때문에 발생한다.
④ 표면장력은 만곡면의 지름에 비례한다.

해설

모세관의 상승 또는 하강 하는 높이

$\gamma \frac{\pi}{4} D^2 h = \sigma \pi D \cos\theta$에서 $h = \frac{4\sigma\cos\theta}{\gamma D}$ 모세관의 높이 h는 표면장력에 비례, 비중량과 직경에 반비례한다.

08 메탄이 주성분인 천연가스가 290K의 등온에서 펌프되고 있다. 이 조건에서 구할 수 있는 최대속도는 얼마인가? (단, 기체상수 값은 8314.34N · m/kg · mol · K이며, 메탄의 몰질량은 16kg/kg · mol이다.)

① 288m/s　　② 388m/s
③ 488m/s　　④ 588m/s

해설

등온압축의 최대유동속도

$u = \sqrt{C_p T}$

$= \sqrt{\frac{R}{M} T} = \sqrt{\frac{8314}{16} \times 290} = 388\text{m/s}$

09 지름 5mm인 물방울의 내부압력 kgf/m²은? (단, 물의 표면장력 $\sigma = 8 \times 10^{-3}$kgf/m²이다.)

① 1.6kgf/m²
② 6.4kgf/m²
③ 10kgf/m²
④ 14.5kgf/m²

해설

표면장력 공식

- $PD = 4\sigma$
- $(P_i - P_o)D = 4\sigma$ … P_o는 대기압력

$\therefore\ P = \frac{4\sigma}{D}$

$= \frac{4 \times 8 \times 10^{-3}\text{kgf/m}}{5 \times 10^{-3}\text{m}}$

$= 6.4\text{kgf/m}^2$

10 어떤 추의 무게가 대기 중에서는 700gf이고, 어떤 액체 속에서는 500gf이었다. 추의 체적이 210cm³이면 이 액체의 비중은?

① 0.769　　② 0.826
③ 0.952　　④ 1.043

해설

- 부력의 감수 공식 : $G = \gamma v = \gamma_1 v + w$
- 부력의 부양 공식 : $G = \gamma v - \gamma_1 v_1 = \gamma_1 (v - v_1)$

(물체가 가라앉아 물속 무게가 있으므로)

$\gamma_1 = \frac{G - w}{v} = \frac{700 - 500}{210} = 0.9523\text{g/cm}^3$

$\therefore\ s = 0.9523$

정답 05.④ 06.② 07.② 08.② 09.② 10.③

11 유체의 물성 또는 힘에 대한 설명으로 옳지 않은 것은?

① 밀도는 단위체적당 유체의 질량이다.
② 부력은 물체가 정지하고 있는 유체 속에 잠겨있든가 또는 액면에 떠 있을 때 유체로부터 받는 힘이다.
③ 비중은 4℃일 때 수은의 밀도와 측정하려는 유체의 밀도비이다.
④ 전단응력은 점성에 의한 속도구배에 기인한 압력이다.

③ 비중은 4℃일 때의 물과의 밀도(중량)비이다.

12 표면장력에 대한 관성력의 비를 나타내는 무차원의 수는?

① Reynolds수　　② Froude수
③ 모세관수　　④ Weber수

① 레이놀드수(Re)=관성력/점성력
② 프로드수(Fr)=관성력/중력
③ 모세관수(모세관의 길이) : $h = 4\sigma\cos\theta/\gamma d$
④ 웨베수(We)=관성력/표면장력

13 한 면의 길이가 50cm인 정사각형을 밑면으로 하고 높이가 80cm인 육면체에 물을 가득 채웠을 경우 한 측면에 미치는 유체의 힘은 얼마인가?

① 100kg　　② 120kg
③ 140kg　　④ 160kg

해설

$F = \gamma A H_c = 160\text{kgf}$

$\because\ \gamma = 1000\text{kgf/m}^3$

$A = 0.8 \times 0.5\text{m}^2$

$H_c = 0.8 \times \frac{1}{2}\text{m}$

정답 11.③ 12.④ 13.④

chapter 3 유체 동역학

유체 동역학 부분에 대하여 학습방법을 설명해주세요.

제3장은 유체 동역학의 유체의 흐름공정, 유체의 유동부분을 학습하시면 됩니다.

01 유체흐름의 분류

(1) 유체입자들의 규칙성에 따라

① **층류** : 유체입자들이 층상을 이루며, 미끄러지는 운동, 뉴톤의 점성 법칙을 만족

$$\tau = \mu \frac{du}{dy}$$

② **난류** : 유체입자들의 불규칙한 운동, 속도가 대체로 빠를 때

$$\tau = (\mu + \eta)\frac{du}{dy}$$

여기서, du : 평균속도

η : 와점성계수

(2) 한 점에서 시간에 따른 유동특성의 변화에 따라

① **정상류** : 유동장의 한 점에서 유동특성이 시간에 따라 변화하지 않는 유동

$$\frac{\partial u}{\partial t} = 0,\ \frac{\partial p}{\partial t} = 0,\ \frac{\partial \rho}{\partial t} = 0,\ \frac{\partial T}{\partial t} = 0$$

② **비정상류** : 유동장의 한 점에서 유동특성이 시간에 따라 한 가지라도 변화하는 유동

위 식 중 하나라도 : $\frac{\partial}{\partial t} \neq 0$

(3) 일정영역에서 어떤 한 순간 모든 점의 속도변화에 따라

① **등류(균속도)** : 일정영역 내에서 어떤 한 순간 모든 점의 속도가 일정한 유동

$$\frac{\partial u}{\partial s} = 0 \ (s : 순간)$$

② 비등류(비균속도) : 일정영역 내에서 어떤 한 순간 위치에 따라 속도변화가 있는 유동

$$\frac{\partial u}{\partial s} \neq 0$$

02 유체흐름의 형상

(1) 유선(Stream Line)

① 유동장에서 어느 한 순간에 각 점에서의 속도방향과 접선방향이 일치하는 선

② 정상류의 유선은 시간이 경과해도 유선의 모양이 변치않는다.

③ 유선방정식 : $u \times d_s = 0$

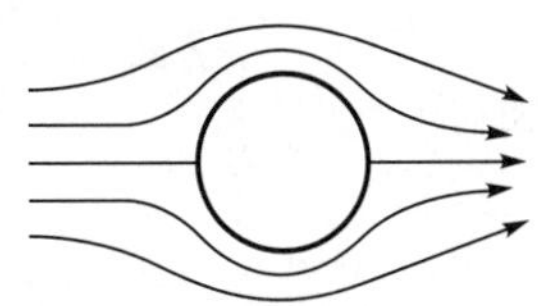

$$\frac{d_x}{U_x} = \frac{d_y}{U_y} = \frac{d_z}{U_z}$$

여기서, u : 속도벡터

d_s : 유선 위의 미소벡터

U_x, U_y, U_z : x, y, z 방향의 속도벡터

d_x, d_y, d_z : x, y, z 방향의 입자변위벡터

(2) 유관(Stream Tube)

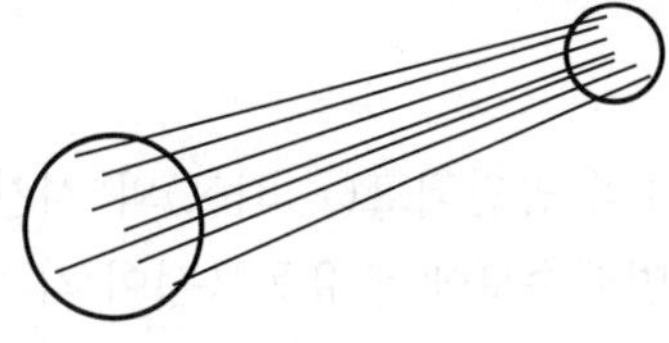

① 유선으로 둘러싸인 유체의 관이다.

② 미소단면적의 유관은 하나의 유선과 같다.

③ 유관에 직각방향의 유동성분은 없다.

(3) 유적선(Path Line)

일정한 시간 내에 유체입자가 흘러간 경로

(4) 유맥선(Streak Line)

유동장을 통과하는 모든 유체가 어느 한 순간에 점유하는 위치를 나타내는 궤적

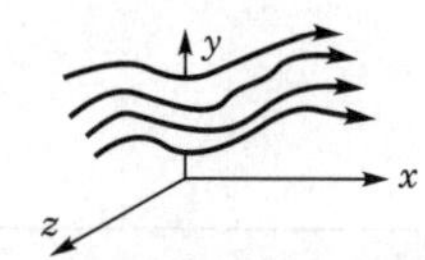

▌한 순간의 유체입자들의 궤적▐

예제 1. 단면이 균일한 관로를 흐르는 유량이 시간이 경과함에 따라 감소하는 유동의 종류를 표현하시오.

풀이 ① 단면이 균일하므로 한 순간 모든 점의 속도가 일정

$\frac{\partial u}{\partial s}=0$ → 등류

② 유량이 시간이 지남에 따라 감소

$\frac{\partial Q}{\partial t}\neq 0$ → 비정상류

예제 2. 유선방정식을 적으시오.

풀이 $\frac{dx}{u}=\frac{dy}{v}=\frac{dz}{w}$

03 유체흐름의 차원

(1) 1차원 유동

유체의 유동특성이 하나의 공간좌표(x 좌표)와 시간의 함수로 표시된다.

예 원관이나 임의의 단면폐수로에서 유동특성이 각 단면에서의 평균값으로 같은 경우의 흐름

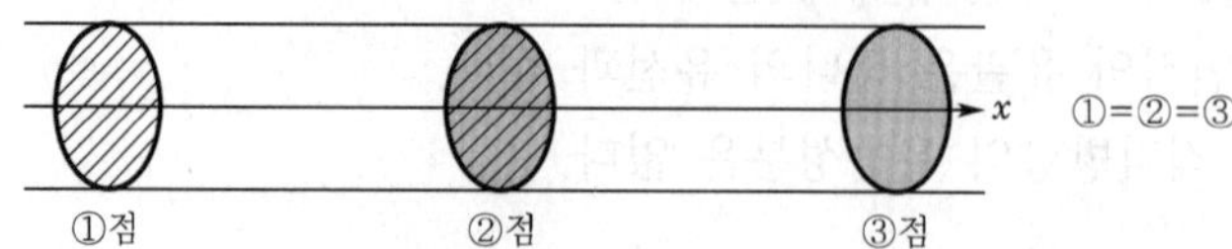

(2) 2차원 유동

유체의 유동특성이 2개의 공간좌표 (x, y좌표)와 시간 t의 함수로 표시될 수 있는 유동

예 ① 단면이 일정하고 길이가 무한한 날개 주위의 유동

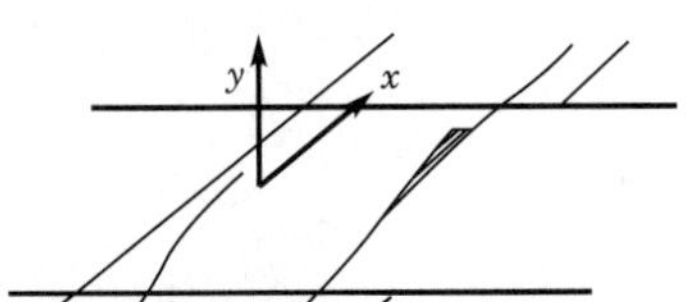

② 단면이 일정하고 길이가 무한한 댐위를 넘쳐흐르는 유동

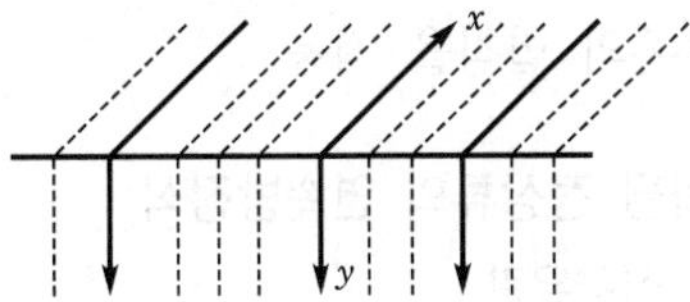

③ 두 평행평판 사이의 점성유동

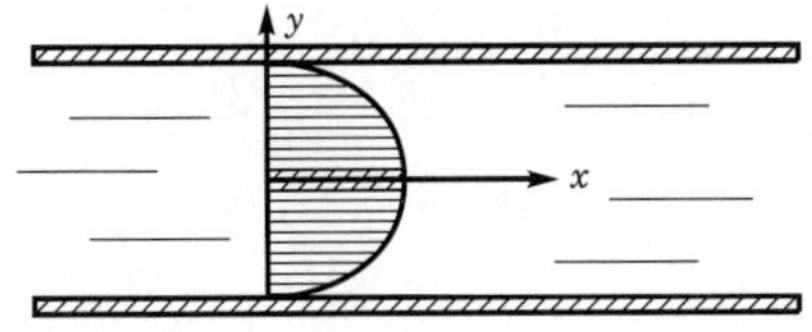

(3) 3차원 유동

유체의 유동특성이 3개의 공간좌표(x, y, z좌표)와 시간 t의 함수로 표시될 수 있는 유동

예 ① 관류 입구에서의 유동

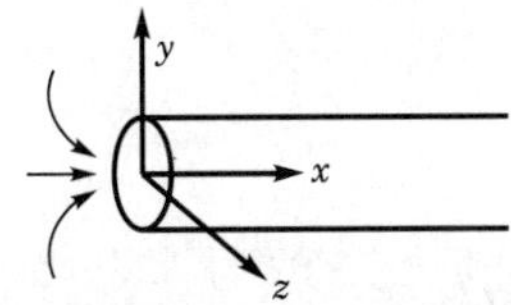

② 날개 끝부분에서의 유동

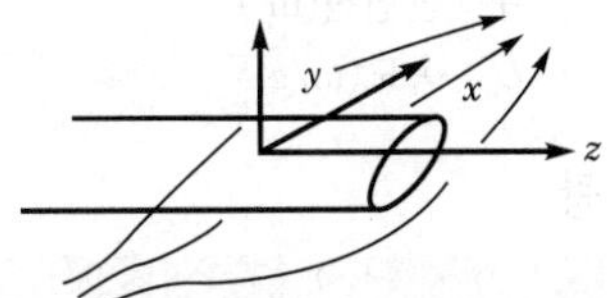

③ 유동특성을 평균값으로 생각하지 않는 경우 원관 내의 점성유동

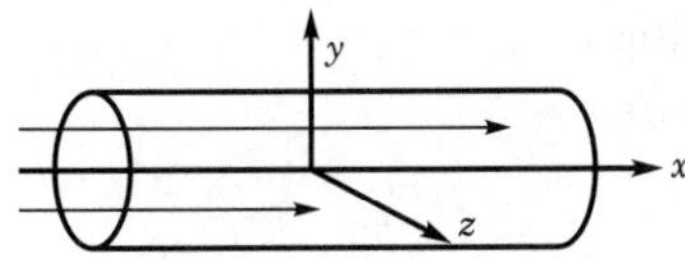

04 연속방정식

질량보존의 법칙을 적용

(1) 1차원 정상류의 연속방정식

① 질량유량

$$Q_m = \rho_1 A_1 U_1 = \rho_2 A_2 U_2$$

여기서, Q_m : 질량유량(kg/s)
ρ : 밀도(kg/m^3)
A : 단면적(m^2)
U : 속도(m/s)

② 중량유량

$$Q_g = \gamma_1 A_1 U_1 = \gamma_2 A_2 U_2$$

여기서, Q_g : 중량유량(kgf/s or N/s)
γ : 비중량(kgf/m^3 or N/m^3)
A : 단면적(m^2)
U : 속도(m/s)

③ 체적유량

$$Q = A_1 U_1 = A_2 U_2$$

여기서, Q : 체적유량(m^3/s)
A : 단면적(m^2)
U : 속도(m/s)

예제 1. 유량 30kgf/s의 물이 직경 100mm인 관과 직경 200mm인 관속을 흐른다. 각각의 유속을 구하여라.

풀이 ① $G = \gamma A_1 U_1$에서

$$U_1 = \frac{G}{\gamma_1 A_1} = \frac{30\text{kgf/s}}{1000\text{kgf/m}^3 \times \frac{\pi}{4} \times (0.1)^2} = 3.82\text{m/s}$$

② $G = \gamma_2 A_2 U_2$에서

$$U_2 = \frac{G}{\gamma_2 A_2} = \frac{30\text{kgf/s}}{1000\text{kgf/m}^3 \times \frac{\pi}{4} \times (0.2)^2} = 0.95\text{m/s}$$

예제 2. 어떤 기체가 29.4N/s로 직경 40cm의 파이프 속을 흐른다. 이때 압력은 0.392kPa, $R=$ 196J/kg · K, $t=27$℃일 때 평균속도는 몇 [m/s]인가?

풀이 $G=\gamma AU$에서

$U=\dfrac{G}{\gamma A}$, $P=\gamma RT$에서 $\gamma=\dfrac{P}{RT}$

$$\therefore\ U=\frac{G}{\dfrac{P}{RT}\cdot A}=\frac{29.4\text{N/S}}{\dfrac{392\text{N/m}^2}{20\text{N}\cdot\text{m/N}\cdot\text{K}\times 300\text{K}}\times\dfrac{\pi}{4}\times(0.4\text{m}^2)^2}=3580.98\text{m/s}$$

참고 기체상수 $R=196\text{J/kg}\cdot\text{K}=196\text{J/kgf}\cdot\text{K}=196\text{N}\cdot\text{m}/9.8\text{N}\cdot\text{K}=20\text{N}\cdot\text{m/N}\cdot\text{K}$

예제 3. 직경이 10cm인 관에 물이 10m/s의 속도로 흐르고 있다. 이 관에 출구 직경이 4cm인 노즐을 장치한다면 노즐에서의 물의 분출속도는 몇 [m/s]인가?

풀이 $Q=A_1U_1=A_2U_2$에서

$$\therefore\ U_2=\frac{A_1U_1}{A_2}=\frac{\dfrac{\pi}{4}\times(0.1)^2\times 10}{\dfrac{\pi}{4}\times(0.04)^2}=62.5\text{m/s}$$

예제 4. 직경 0.2m인 관속을 공기가 계기압력 2bar, 유속 3m/s, 온도 27℃로 흐르고 있다. 이 때의 질량유량은 몇 [kg/s]인가? (단, 기체상수 $R=287\text{N}\cdot\text{m/kg}\cdot\text{K}$이다.)

풀이 질량유량

$$Q_m=\rho Au=\frac{P}{RT}\times\frac{\pi}{4}d^2\times u=\frac{(2+1.01325)\times10^5\text{N/m}^2}{287\text{N}\cdot\text{m/kg}\cdot\text{K}\times300\text{K}}\times\frac{\pi}{4}\times0.2^2\text{m}^2\times3\text{m/s}=0.33\text{kg/s}$$

(2) 일반적 연속방정식

x, y, z의 각 방향으로 들어간 질량과 나온 질량의 차이는 그 일정 체적 내에서의 시간의 변화에 따른 질량변화량이다.

① 원식 : $\dfrac{\partial(\rho u)}{\partial x}+\dfrac{\partial(\rho v)}{\partial y}+\dfrac{\partial(\rho w)}{\partial z}=-\dfrac{\partial(\rho)}{\partial t}$

여기서, ρu, ρv, ρw : x, y, z 방향의 질량유량

② 정상류의 경우 : $\dfrac{\partial(\rho u)}{\partial x}+\dfrac{\partial(\rho v)}{\partial y}+\dfrac{\partial(\rho w)}{\partial z}=0$

(시간에 따른 질량변화가 없음)

③ 정상류이면서 비압축성의 경우 : $\dfrac{\partial u}{\partial x}+\dfrac{\partial v}{\partial y}+\dfrac{\partial w}{\partial z}=0$

(x, y, z 방향의 밀도가 일정)

④ 정상류이면서 비압축성, 2차원 흐름일 경우 : $\dfrac{\partial u}{\partial x}+\dfrac{\partial v}{\partial y}=0$

(z방향의 속도성분인 w가 없음)

05 오일러(Eular)의 운동방정식

비점성 유체에 뉴튼의 제2 운동 법칙을 적용하여 얻은 미분방정식

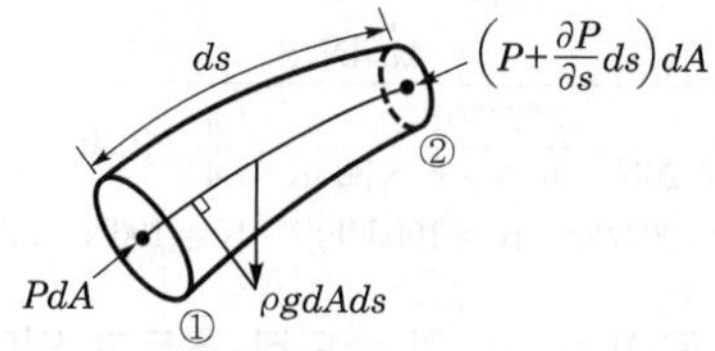

(1) 비정상류의 힘의 방정식

① 지점의 힘－(② 지점의 힘＋유동장의 자체중량)＝유동장이 진행하는 힘

$$PdA-\left\{\left(P+\frac{\partial P}{\partial s}ds\right)dA+\rho gdAds\sin\theta\right\}=\rho dA\cdot\left(ds\frac{\partial u}{\partial s}u+\frac{\partial u}{\partial t}\right)$$ ………… 힘의 항

(2) 비정상류의 단위질량의 방정식

위 식에서 각 항에 질량 $\rho dAds$를 나눈 식

$$\frac{\partial u}{\partial s}\cdot u+\frac{1}{\rho}\cdot\frac{\partial p}{\partial s}+g\frac{\partial z}{\partial s}=\frac{\partial u}{\partial t}$$ ………… 가속도의 항

(3) 정상류의 단위질량의 방정식

$$\frac{\partial u}{\partial t}=0$$

$$\frac{du}{ds}\cdot u+\frac{1}{\rho}\cdot\frac{dp}{ds}+g\frac{dz}{ds}=0$$ ………… 가속도의 항

(4) 정상류의 단위중량의 방정식

위 식에서 각 항에 $\frac{1}{g}\cdot ds$를 곱해 줌

$$\frac{udu}{g}+\frac{1}{\rho}\cdot\frac{dp}{g}+dz=0$$ ………… 길이의 항

06 베르누이 방정식

오일러의 운동방정식을 유선(변위 s)에 대해 적분한 식

(1) 베르누이 방정식의 구분

① 압축성 유체

$$\frac{u^2}{2g} + \int \frac{dp}{\rho g} + Z = \text{const} \quad \cdots\cdots \quad (\rho\text{가 } P\text{의 함수})$$

② 비압축성 유체

㉠ 점성이 없는 경우

$$\frac{{u_1}^2}{2g} + \frac{P_1}{\gamma} + Z_1 = \frac{{u_2}^2}{2g} + \frac{P_2}{\gamma} + Z_2 = H$$

여기서, u : 유체의 속도(m/s)
P : 유체의 압력(kgf/m^2)
Z : 유체의 위치(m)

㉡ 점성을 고려한 경우

$$\frac{{u_1}^2}{2g} + \frac{P_1}{\gamma} + Z_1 = \frac{{u_2}^2}{2g} + \frac{P_2}{\gamma} + Z_2 + h_L = H$$

여기서, h_L : 점성 손실수두(m)

③ 유체기계를 설치한 경우

$$\frac{{u_1}^2}{2g} + \frac{P_1}{\gamma} + Z_1 + E_P = \frac{{u_2}^2}{2g} + \frac{P_2}{\gamma} + Z_2 + E_T + h_L = H$$

여기서, E_P : 펌프 에너지(m) ⊕, E_T : 터빈 에너지(m) ⊖

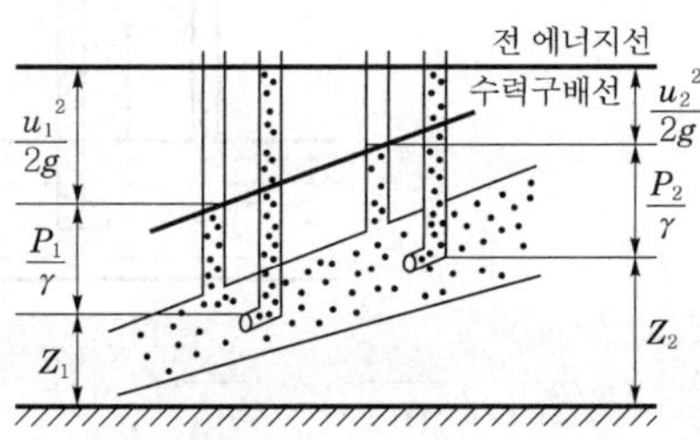

▶ 전 에너지선은 수력구배선(동수경사선)보다 속도수두 $\frac{{u_2}^2}{2g}$ 만큼 위에 있다.

(2) 베르누이 방정식의 응용

① 오리피스

㉠ 정압이 없는 경우

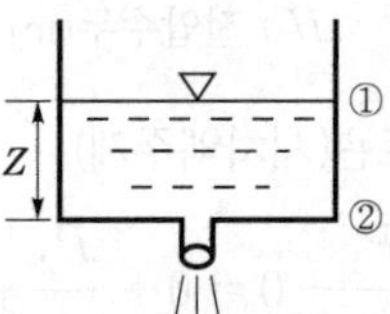

$$0 + 0 + Z_1 = \frac{{u_2}^2}{2g} + 0 + 0 \text{에서}$$

$$u_2 = \sqrt{2gZ_1}$$

여기서, u_2 : 유체의 분출속도(m/s)

g : 중력가속도 9.8(m/s^2)

Z_1 : 위치압(m)

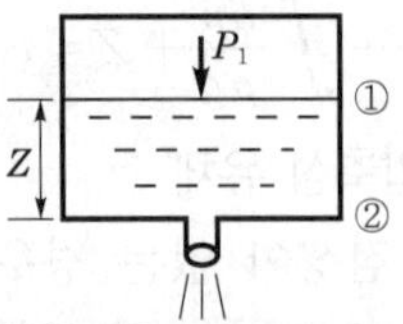

㉡ 정압이 있는 경우

$0+\dfrac{P_1}{\gamma}+Z_1=\dfrac{{u_2}^2}{2g}+0+0$에서

$$u_2=\sqrt{2g\left(\frac{P_1}{\gamma}+Z_1\right)}$$

여기서, P_1 : 유체를 누르는 압(kgf/m^2 or N/m^2)

①점에서의 정압

γ : 유체의 비중량(kgf/m^3 or N/m^3)

② 1자 피토관

㉠ 정압이 없는 경우(개수로)

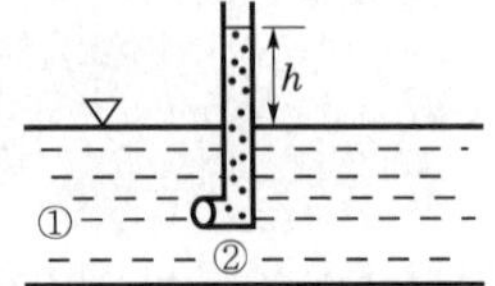

$\dfrac{{u_1}^2}{2g}+0+0=0+\dfrac{P_2}{\gamma}+0$에서

$$u_1=\sqrt{2g\frac{P_2}{\gamma}}=\sqrt{2gh}$$

여기서, P_2 : ①점의 동압이 전부 정압으로 바뀐 압력(kgf/m^2 or N/m^2)

h : 수면 위 피토관 위로 상승한 유체높이(m)

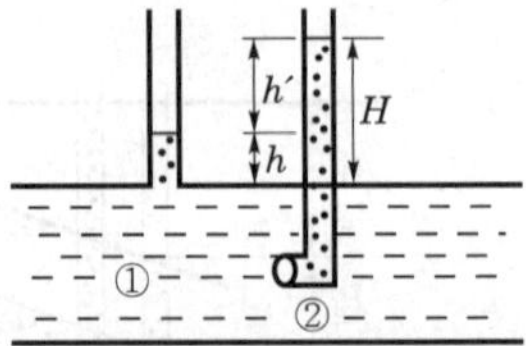

㉡ 정압이 있는 경우

$\dfrac{{u_1}^2}{2g}+\dfrac{P_1}{\gamma}+0=0+\dfrac{P_2}{\gamma}+0$에서

$$u_1=\sqrt{2g\left(\frac{P_2-P_1}{\gamma}\right)}=\sqrt{2g(H-h)}=\sqrt{2gh'}$$

여기서, h : 정압수두(m)

h' : 동압수두(m)

H : 전압수두(m)

③ U자 피토관(시차액주계)

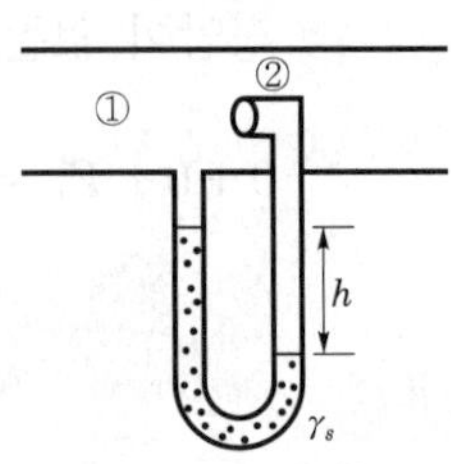

$$\frac{{u_1}^2}{2g}+\frac{P_1}{\gamma}+0=0+\frac{P_2}{\gamma}+0$$

$$u_1=\sqrt{2g\left(\frac{P_2-P_1}{\gamma}\right)}=\sqrt{2g\left(\frac{\gamma_s h-\gamma h}{\gamma}\right)}=\sqrt{2gh\left(\frac{\gamma_s}{\gamma}-1\right)}$$

여기서, γ_s : 피토관 속의 유체비중량(kgf/m^3 or N/m^3)

①점 : 정압+동압

②점 : 전압

④ 1자 벤투리미터

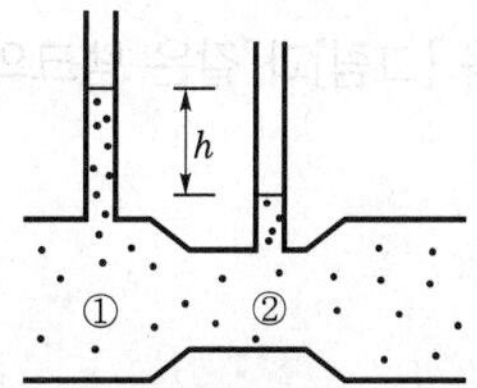

$$\frac{u_1^2}{2g}+\frac{P_1}{\gamma}+0=\frac{{u_2}^2}{2g}+\frac{P_2}{\gamma}+0 \text{에서}$$

$$\frac{{u_2}^2-{u_1}^2}{2g}=\frac{P_1-P_2}{\gamma}$$

$$U_2=\sqrt{\frac{2g\left(\frac{P_1-P_2}{\gamma}\right)}{1-\left(\frac{A_2}{A_1}\right)^2}}=\sqrt{\frac{2gh}{1-\left(\frac{D_2}{D_1}\right)^4}}$$

여기서, A_1 : ①지점의 관단면적(m^2)

A_2 : ②지점의 관단면적(m^2)

D_1 : ①지점의 관직경(m)

D_2 : ②지점의 관직경(m)

①점 : 정압+동압

②점 : 전압

⑤ U자 벤투리미터

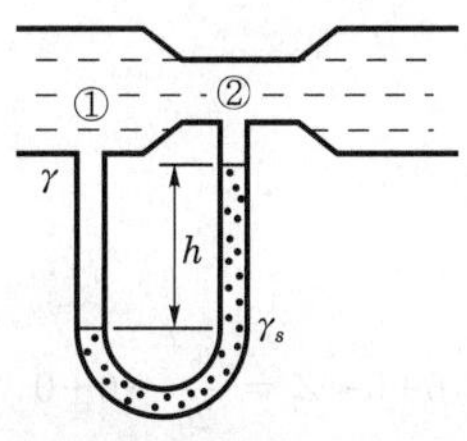

$$\frac{{u_1}^2}{2g}+\frac{P_1}{\gamma}+0=\frac{{u_2}^2}{2g}+\frac{P_2}{\gamma}+0 \text{에서}$$

$$\frac{{u_2}^2-{u_1}^2}{2g}=\frac{P_1-P_2}{\gamma}$$

$$U_2=\sqrt{\frac{2g\left(\frac{P_1-P_2}{\gamma}\right)}{1-\left(\frac{A_2}{A_1}\right)^2}}=\sqrt{\frac{2g\left(\frac{\gamma_s h-\gamma h}{\gamma}\right)}{1-\left(\frac{D_2}{D_1}\right)^4}}=\sqrt{\frac{2gh\left(\frac{\gamma_s}{\gamma}-1\right)}{1-\left(\frac{D_2}{D_1}\right)^4}}$$

예제 1. 다음 [그림]과 같이 물이 들어 있는 탱크 아래 노즐의 분출속도는 얼마인가?

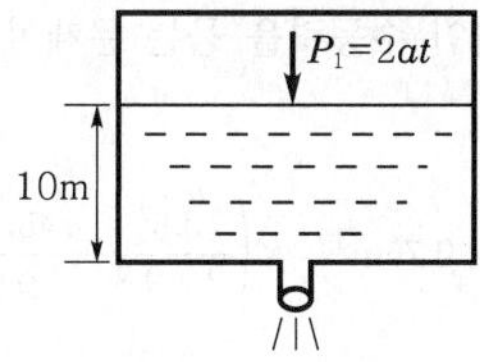

풀이 $0+\frac{P_1}{\gamma}+Z_1=\frac{{u_2}^2}{2g}+0+0$에서

$$u_2=\sqrt{2g\left(\frac{P_1}{\gamma}+Z_1\right)}=\sqrt{2\times 9.8\left(\frac{2\times 10^4}{1000}+10\right)}=24.248\text{m/s}$$

예제 2. 다음 [그림]과 같은 탱크의 물의 분출속도는 얼마인가?

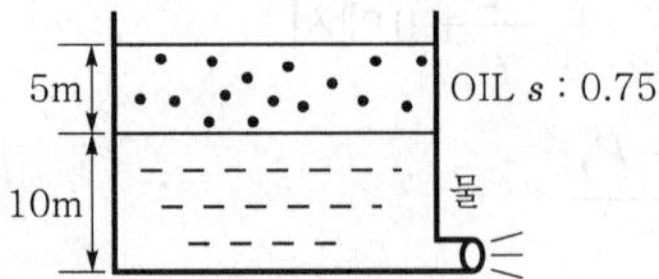

풀이 $0+0+Z_1=\frac{{u_2}^2}{2g}+0+0$에서

$u_2=\sqrt{2gZ_1}$

비중이 다른 유체의 물 상당높이

$Z_1=\left(\frac{\gamma}{\gamma_w}\times h_o+h_w\right)=\left(\frac{750}{1000}\times 5+10\right)=13.75\text{m}$

$U_2=\sqrt{2\times 9.8\times 13.75}=16.42\text{m/s}$

예제 3. 다음 [그림]과 같은 사이펀에서 흐를 수 있는 물의 유량은 몇 [L/min]인가? (단, 사이펀 관경은 5cm이며, 계산 중 소수점은 3자리까지 유효하다.)

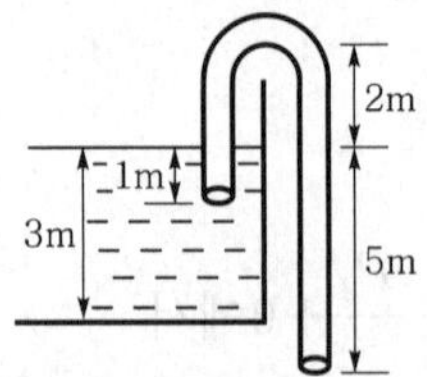

풀이 $0+0+Z_1=\frac{{u_2}^2}{2g}+0+0$

$u_2=\sqrt{2gZ_1}=\sqrt{2\times 9.8\times 5}=9.89\text{m/s}$

$Q=Au=\frac{\pi}{4}\times(0.05)^2\times 9.89=0.019\text{m}^3/\text{s}=1140\text{L/min}$

예제 4. 수평원관 속에 물이 45.11kPa의 압력을 가지고 3.5m/s의 속도로 흐르고 있다. 이 관의 유량이 0.75m^3/s일 때 동력은 얼마인가? (단, 물의 손실수두는 무시한다.)

풀이 ① 수동력 : $L=\gamma QH$

② 축동력 : $L=\gamma QH/E$

③ 전동력 : $L=\gamma QHK/E$

여기서, E : 효율, K : 전달계수

본 문제는 이론동력인 수동력을 묻는 문제이므로

$L(\text{kW})=\gamma QH$

$=9.8QH$

$=9.8\text{kN/m}^3\times 0.75\text{m}^3/\text{s}\times\left(\frac{3.5^2}{2\times 9.8}+\frac{45.11\text{kN/m}^2}{9.8\text{kN/m}^3}+0\right)=38.43\text{kN}\cdot\text{m/s}=38.43\text{kW}$

참고 • 중력가속도 g의 값 : 9.8m/s^2
• 물의 비중량 γ_w의 값 : 9.8kN/m^3
• 압력(P) : [kPa]=[kN/m²]
• 동력(L) : [kN · m/s]=[kW]
• 조립단위를 계산할 때는 풀어서 계산할 것 : 즉 [J] → [N · m], [Pa] → [N/m²], [W] → [N · m/s]

예제 5. 다음 [그림]과 같은 배관 속에 흐르는 물의 속도는 몇 [m/s]인가?

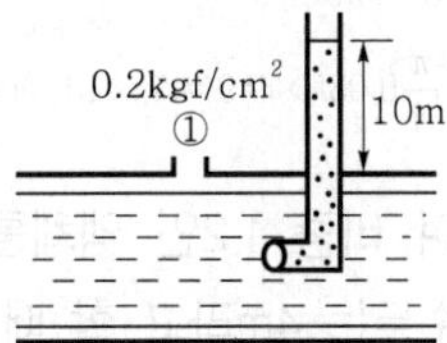

풀이 $\dfrac{u_1^{\,2}}{2g}+\dfrac{P_1}{\gamma}+0=0+\dfrac{P_2}{\gamma}+0$에서

$$u_1=\sqrt{\left(\frac{P_2-P_1}{\gamma}\right)2g}=\sqrt{2g(H-h)}=\sqrt{2\times9.8\times(10-2)}=12.52\text{m/s}$$

예제 6. 다음 [그림]과 같은 관 속에 공기가 흐르고 있다. U자관의 수은주가 480mmHg라면 관 속 공기의 속도는 얼마인가? (단, 수은의 비중은 13.6이다.)

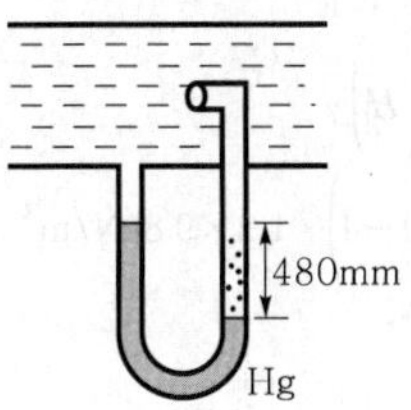

풀이 $\dfrac{u_1^{\,2}}{2g}+\dfrac{P_1}{\gamma}=0+\dfrac{P_2}{\gamma}$ 에서

$$u_1=\sqrt{\left(\frac{P_2-P_1}{\gamma}\right)2g}=\sqrt{\left(\frac{\gamma_s h-\gamma h}{\gamma}\right)2g}$$

$$=\sqrt{2gh\left(\frac{\gamma_s}{\gamma}-1\right)}=\sqrt{2\times9.8\times0.48\times\left(\frac{13600}{1.295}-1\right)}=314.31\text{m/s}$$

※ 공기비중량$=\dfrac{29\text{kgf}}{22.4\text{m}^3}=1.295\text{kgf/m}^3$

예제 7. 다음 [그림]과 같은 사이펀에서 A점의 유량은 몇 [m³/min]인가? (단, 사이펀 직경은 3cm 이다.)

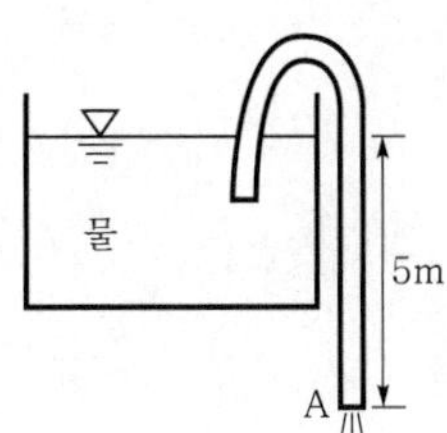

풀이 수면과 A점에 대한 베르누이 방정식

$$\frac{P_1}{\gamma}+\frac{u_1^{\,2}}{2g}+Z_1=\frac{P_A}{\gamma}+\frac{u_A^{\,2}}{2g}+Z_A \text{에서}$$

$P_1=P_A=0$

$u_1=0,\ Z_A=0$

$\therefore\ 0+0+5=0+\dfrac{U_A^{\,2}}{2g}+0$가 된다.

$U_A=\sqrt{2\times9.8\times5}=9.9\text{m/s}$

$\therefore$ 유량$(Q)=AU=\dfrac{\pi}{4}0.03^2\times9.9=7\times10^{-3}\text{m}^3/\text{s}=0.42\text{m}^3/\text{min}$

예제 8. 어떤 펌프를 이용하여 비중 1.2인 액체를 20m 상부로 송출하려고 한다. 송출유속은 3m/s이고, 마찰손실수두는 4m라고 할 때 펌프의 전압력은 몇 [kPa]이 되겠는가?

풀이 펌프의 위치를 ①, 송출구 위치를 ②라 했을 때 양쪽에 베르누이 방정식을 세우면

$\dfrac{P_1}{\gamma}+\dfrac{U_1^{\,2}}{2g}+Z_1=\dfrac{P_2}{\gamma}+\dfrac{U_2^{\,2}}{2g}+Z_2+H_l$의 식이

$\dfrac{P_1}{\gamma}+0+0=0+\dfrac{U_2^{\,2}}{2g}+Z_2+H_l$이 된다.

$\therefore$ 펌프쪽은 송출 전이므로 속도수두와 위치수두가 0이고, 송출구쪽은 액체가 방출되므로 압력수두가 0이다.

$$\therefore\ P_1=\left(\frac{U_2^{\,2}}{2g}+Z_2+H_l\right)\gamma$$
$$=\left(\frac{3^2}{2\times9.8}+20+4\right)\times1.2\times9.8\text{kN/m}^3$$
$$=287.64\text{kN/m}^2$$
$$=287.64\text{kPa}$$

07 공동(Cavitation) 현상

유체에 작용하는 정압이 그 유체의 증기압 이하가 되면 유체는 기화한다. 즉, 공동현상이 발생한다. 이때의 압력은 절대압력이다. $\frac{u_1^{\,2}}{2g}+\frac{P_1}{\gamma}=\frac{u_2^{\,2}}{2g}+\frac{P_2}{\gamma}$ 에서 ($P_2 \leq$ 증기압)일 경우 그 지점에서 공동현상이 발생한다.

예제 다음 [그림]과 같은 관 속에 물이 9800N/s로 흐르고 있다. ②점에서 공동현상이 발생하였다면 ①점의 압력(kPa)은 얼마 이하인가? (단, 물의 증기압은 58.235mmHg(abs)이다.)

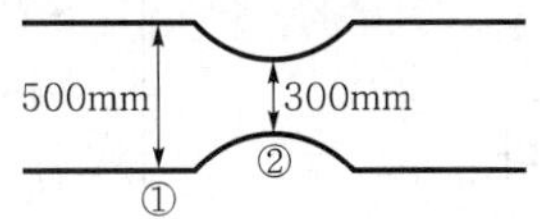

풀이 $\frac{u_1^{\,2}}{2g}+\frac{P_1}{\gamma}=\frac{u_2^{\,2}}{2g}+\frac{P_2}{\gamma}$ 에서

$$P_1=\left(\frac{u_2^{\,2}-u_1^{\,2}}{2g}+\frac{P_2}{\gamma}\right)\gamma$$

$$u_2=\frac{Q}{A_2}=\frac{1\text{m}^3/\text{s}}{\frac{\pi}{4}\times(0.3)^2\text{m}^2}=14.147\text{m/s}$$

$$u_1=\frac{Q}{A_1}=\frac{1\text{m}^3/\text{s}}{\frac{\pi}{4}\times(0.5)^2\text{m}^2}=5.09\text{m/s}$$

물 $9800\text{N/s}=1000\text{kg/s}=1\text{m}^3/\text{s}$

②지점에서 공동현상이 생기므로 그 때의 정압 P_2는 증기압 이하이다.

$$P_2=58.3235\text{mmHg}\times\frac{101.325\text{kPa}}{760\text{mmHg}}=7.76\text{kPa}$$

$$P_1=\left(\frac{14.147^2\times5.09^2}{2\times9.8}+\frac{7.76\text{kN/m}^2}{9.8\text{kN/m}^3}\right)\times9.8\text{kN/m}^3=94848\text{kN/m}^2=94.8\text{kPa}$$

Chapter 3 ••• 유체 동역학

출/제/예/상/문/제

01 베르누이 방정식이 적용되는 조건이 아닌 것은?

① 베르누이 정리가 적용되는 임의의 두 점은 같은 유선상에 있다.
② 정상상태의 흐름이다.
③ 마찰이 없는 흐름이다.
④ 압축성 유체의 흐름이다.

해설

베르누이 방정식의 적용조건
㉠ 정상류일 것
㉡ 같은 유선상일 것
㉢ 점성 및 마찰손실이 없을 것
㉣ 비압축성일 것
㉤ 입구와 출구의 에너지변화가 없을 것

02 Isentropic flow를 잘 나타낸 것은?

① 비가역단열흐름 ② 이상기체흐름
③ 가역단열흐름 ④ 이상유체흐름

03 다음 [그림]에서와 같이 관 속으로 물이 흐르고 있다. A점과 B점에서의 유속은 몇 m/s인가? (단, u_A : A점에서의 유속, u_B : B점에서의 유속)

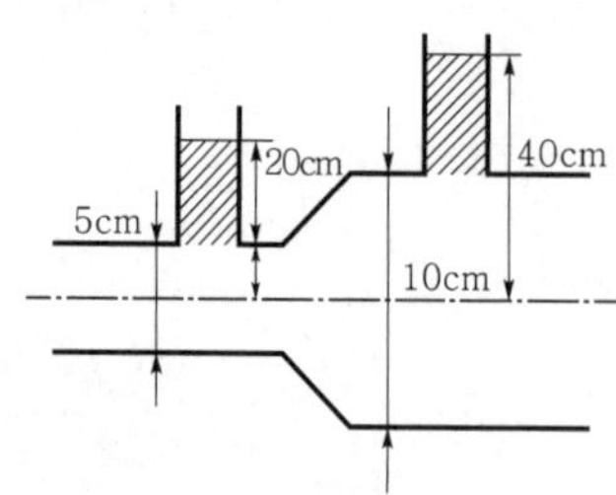

① $u_A = 2.045$, $u_B = 1.022$
② $u_A = 2.045$, $u_B = 0.511$
③ $u_A = 7.919$, $u_B = 1.980$
④ $u_A = 3.960$, $u_B = 1.980$

해설

베르누이 정리

$\frac{P_A}{\gamma} + \frac{{V_A}^2}{2g} + Z_A = \frac{P_B}{\gamma} + \frac{{V_B}^2}{2g} + Z_B$에서 $(Z_A = Z_B)$

• $Z_A = Z_B$ • $P_A = 200\text{kg/m}^2\,(20\text{cm})$
• $P_B = 400\text{kg/m}^2\,(40\text{cm})$ • $\gamma = 1000\text{kg/m}^3$

에서 ${V_A}^2 - {V_B}^2 = 3.92$이므로

$(Q_A = Q_B) = V_A \cdot \frac{\pi}{4} \times (0.05)^2 = V_B \cdot \frac{\pi}{4} \times (0.1)^2$

$\therefore \ {V_A}^2 = \left(\frac{0.1^2}{0.05^2}\right)^2 \cdot ({V_A}^2 - 3.92)$에서

$V_A = 2.0448 = 2.045\text{m/s}, \ V_B = 0.511\text{m/s}$

04 비압축성 유체에 적용되는 관계식을 가장 잘 나타낸 것은? (단, A : 단면적, u : 유속, ρ : 밀도, γ : 비중량)

① $\gamma_1 A_1 u_1 = \gamma_2 A_2 u_2$
② $\rho_1 A_1 u_1 = \rho_2 A_2 u_2$
③ $\frac{au}{u} + \frac{aA}{A} + \frac{a\rho}{\rho} = 0$
④ $A_1 u_2 = A_2 u_2$

해설

비압축성 : 압력의 변화에 대하여 변화를 무시할 수 있음

$\frac{d\rho}{dp} = 0$ $\frac{dv}{dp} = 0$ $\frac{d\gamma}{dp} = 0$

여기서, ρ : 밀도, v : 체적, γ : 비중량

비압축성 1차원 유동에 대한 연속방정식은

$A_1 u_1 = A_2 u_2$

①, ② : 압축성 유체적용, ③ : 정상류 운동방정식

05 다음 중 정상유동과 관계있는 식은? (단, V = 속도벡터, s = 임의 방향좌표, t = 시간이다.)

① $\frac{\delta V}{\delta t} = 0$ ② $\frac{\delta V}{\delta s} = 0$
③ $\frac{\delta V}{\delta t} \neq 0$ ④ $\frac{\delta V}{\delta s} \neq 0$

정답 01.④ 02.③ 03.② 04.④ 05.①

해설

- 정상류(Steady flow) : 유동장 내 임의의 한 점에 작용하는 유체 입자의 특성이 시간에 관계없이 일정
  $\frac{\delta p}{\delta t}=0,\ \frac{\delta v}{\delta t}=0,\ \frac{\delta T}{\delta t}=0,\ \frac{\delta \rho}{\delta t}=0$
  (여기서, ρ : 압력, v : 속도, T : 온도, ρ : 밀도)
- 비정상류 : 흐름의 특성이 변화하는 흐름
  $\frac{\delta p}{\delta t}\neq 0,\ \frac{\delta v}{\delta t}\neq 0$ 등

06 베르누이 방정식을 나타낸 것은?

① $\frac{P}{\rho^2}+\frac{V^2}{2}+gZ=$상수

② $\frac{P}{\rho^2}+\frac{V^2}{2}+g^2Z=$상수

③ $\frac{P}{\rho}+\frac{V^2}{2}+gZ=$상수

④ $\frac{P^2}{\rho}+\frac{V^2}{2}+gZ=$상수

해설

$\frac{P}{\gamma}$(압력수두)$+\frac{V^2}{2g}$(속도수두)$+Z$(위치수두)$=C$(상수)에서 중력가속도를 곱하면

$\frac{P}{\rho g}+\frac{V^2}{2g}+Z=$상수 $\rightarrow \frac{P}{\rho}+\frac{V^2}{2}+gZ$

07 기준면으로부터 10m인 곳에 5m/s로 물이 흐르고 있다. 이때 압력을 재어보니 0.6kg/cm^{2}이었다. 전 수두는 몇 m가 되는가?

① 6.28 ② 10.46
③ 15.48 ④ 17.28

해설

$H=h+\frac{P}{\gamma}+\frac{V^2}{2g}=10+6+\frac{5^2}{2\times 9.8}=17.275\text{m}$

08 질량보존의 법칙을 유체유동에 적용한 방정식은?

① 오일러 방정식 ② 달시 방정식
③ 운동량 방정식 ④ 연속 방정식

해설

연속방정식 : 흐르는 유체에 질량보존의 법칙을 적용하여 얻는 방정식

1차원 연속방정식
㉠ 질량유량(M) : 단위시간에 통과하는 유체의 질량 (kg/sec) · $M=\rho AV$
㉡ 중량유량(G) : 단위시간에 통과하는 유체의 중량 (kgf/sec) · $G=\gamma AV$
㉢ 체적유량(Q) : 단위시간당 통과하는 유체의 체적 (m^3/sec) · $Q=AV$,
1, 2 단면에 적용 시 $A_1V_1=A_2V_2$

09 베르누이 방정식 $\left(\frac{P}{\gamma}+\frac{V^2}{2g}+Z=H\right)$이 적용되는 조건으로 짝지어진 것은?

㉠ 정상상태의 흐름
㉡ 이상유체의 흐름
㉢ 압축성 유체의 흐름
㉣ 동일 유선상의 유체

① ㉠, ㉡, ㉣
② ㉡, ㉣
③ ㉠, ㉢
④ ㉡, ㉢, ㉣

해설

$\frac{P}{\gamma}+\frac{V^2}{2g}+Z=H$(비압축성 유체)

10 유선(Stream line)에 대한 설명 중 가장 거리가 먼 것은?

① 유체흐름에 있어서 모든 점에서 유체흐름의 속도벡터의 방향을 갖는 연속적인 가상곡선이다.
② 유체흐름 중의 한 입자가 지나간 궤적을 말한다. 즉, 유선을 가로지르는 흐름에 관한 것이다.
③ x, y, z에 대한 속도분포를 각각 u, v, w라고 할 때 유선의 미분방정식이다.
④ 정상유동에서 유선과 유적선은 일치한다.

해설

유적선(Pathline) : 유체의 한 입자가 흘러간 궤적, 경로

정답 06.③ 07.④ 08.④ 09.① 10.②

11 안지름 200mm인 관 속을 흐르고 있는 공기의 평균풍속이 20m/sec이면 공기는 매초 몇 kg이 흐르겠는가? (단, 관 속의 정압은 $2kg/cm^2$(abs), 온도는 15℃, 공기의 기체상수 $R=29.27kg \cdot m/kg \cdot k$이다.)

① 1.49kg/sec ② 2.25kg/sec
③ 3.37kg/sec ④ 4.30kg/sec

$$G=\gamma AV$$
$$=\frac{2\times10^4}{29.27\times(273+15)}\times\frac{\pi}{4}\times(0.2)^2\times20=1.49\text{kg/sec}$$

12 밀도가 $892kg/m^3$인 원유를 [그림]과 같이 A관을 통하여 $1.388\times10^{-3}m^3/s$로 들어가서 B관으로 분할되어 나갈 때 B관에서 유속은? (단, A관 단면적은 $2.165\times10^{-3}m^3/s$이고, B관 단면적은 $1.314\times10^{-3}m^3/s$이다.)

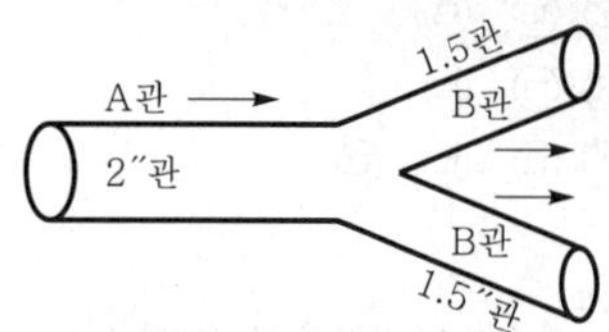

① 0.641m/s ② 1.036m/s
③ 0.619m/s ④ 0.528m/s

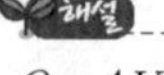

$$Q=AV$$
$$\therefore V=\frac{Q}{A}=\frac{1.388\times10^{-3}\times\frac{1}{2}}{1.314\times10^{-3}}=0.528\text{m/s}$$

13 안지름이 0.2m인 실린더 속에 물이 가득 채워져 있고, 바깥지름이 0.18m인 피스톤이 0.05m/sec의 속도로 주입되고 있다. 이때 실린더와 피스톤 사이의 틈으로 역류하는 물의 속도는?

① 0.113m/sec ② 0.213m/sec
③ 0.313m/sec ④ 0.413m/sec

해설

$$Q=AV$$
$$\frac{\frac{\pi}{4}\times(0.18)^2\times0.05}{\frac{\pi}{4}\times(0.2^2-0.18^2)}=0.213\text{cm/s}$$

14 내경이 0.15m인 관 사이에 0.05m의 구멍을 가진 Orifice을 설치하였다. 이 관에 밀도가 $900kg/m^3$, 점도가 4cP인 기름이 흐르고 있다. 오리피스를 통한 압력차는 $90.1kN/m^2$로 측정하였다. 공경을 통하는 유속(m/sec)는? (단, $C_o=0.61$이다.)

① 8.6m/s ② 9.1m/s
③ 9.4m/s ④ 0.9m/s

해설

$$V=C_o\times\sqrt{\frac{2gH}{1-m^4}}$$
$$=0.61\times\sqrt{\frac{2\times9.8\times10.2154}{1-\left(\frac{0.05}{0.15}\right)^4}}=8.68\text{m/s}$$

$$C_o=0.61$$
$$H=\frac{P}{\gamma}=\frac{90.1\times10^3\text{kg}\cdot\text{m/s}^2/\text{m}^2}{900\text{kg/m}^3\times9.8\text{m/s}^2}=10.2154\text{m}$$
$$m^4=\left(\frac{d_2}{d_1}\right)^4=\left(\frac{0.05}{0.15}\right)^4=0.0123456$$

15 이산화탄소 기체가 75mm 관 속을 5m/s의 속도로 흐르고 있다. A지점에서의 압력 P_A : 2bar, 온도 T_A : 20℃이었으며, B지점에서의 압력 P_B : 1.4bar, 온도 T_B : 30℃이었다. 이 때의 대기압은 1.03bar이었다. B지점에서의 유속(m/s)은? (단, CO_2 기체의 R값은 187.8J/kg · K이다.)

① 7.55 ② 4.27
③ 6.45 ④ 5.51

해설

$$PV=GRT$$
$$V=\frac{GRT}{P}=\frac{0.1195\times187.8\times303}{\frac{1.03+1.4}{1.03}\times101325}=0.02844\text{m}^3/\text{s}$$
$$\therefore \text{유속}=\frac{Q}{A}=\frac{0.02844}{\frac{\pi}{4}\times0.075^2}=6.45\text{m/s}$$

$$G=\frac{PV}{RT}$$
$$=\frac{\left(\frac{1.03+2}{1.03}\times101.325\right)\text{N/m}^2\times\frac{\pi}{4}\times(0.075)^2\times5\text{m/s}}{187.8\text{N}\cdot\text{m/kg}\cdot\text{K}\times293\text{K}}$$
$$=0.1195\text{kg/sec}$$

정답 11.① 12.④ 13.② 14.① 15.③

16 벤투리관에 대한 설명으로 옳지 않은 것은?

① 유체는 벤투리관 입구 부분에서 속도가 증가하며 압력에너지의 일부가 속도에너지로 바뀐다.

② 실제유체에서는 점성 등에 의한 손실이 발생하므로 유량계수를 사용하여 보정해 준다.

③ 유량계수는 벤투리관의 치수, 형태 및 관내벽의 표면상태에 따라 달라진다.

④ 벤투리 유량계는 확대부의 각도를 20~30°, 수축부의 각도를 6~30°로 하여 압력손실이 적다.

벤투리관의 형상
- 수축부 각도 : 21°
- 확대부 각도 : 5~7°

17 단면이 균일한 관로를 흐르는 유량이 시간에 따라 증가하고 있을 때의 흐름은?

① 등속류, 정상류

② 부등속류, 정상류

③ 등속류, 비정상류

④ 부등속류, 비정상류

해설

- 정상유동 : 흐름의 특성이 시간에 따라 변하지 않음
  $\frac{\partial v}{\partial t}=0,\ \frac{\partial e}{\partial t}=0,\ \frac{\partial p}{\partial t}=0,\ \frac{\partial T}{\partial t}=0$
- 비정상 유동 : 흐름의 특성이 시간에 따라 변함
  $\frac{\partial v}{\partial t}\neq 0,\ \frac{\partial e}{\partial t}\neq 0,\ \frac{\partial p}{\partial t}\neq 0,\ \frac{\partial T}{\partial t}\neq 0$
- 균속도(등속도) : 속도가 일정한 흐름
  $\frac{\partial v}{\partial s}=0$
- 비균속도(비등속류) : 속도가 위치에 따라 변하는 흐름
  $\frac{\partial v}{\partial s}\neq 0$
- 단면이 균일(등속)유량이 변하므로 비정상류이다.

정답 16.④ 17.③

chapter 4 운동량의 원리

제4장의 출제기준을 알려주세요.

제4장은 한국산업인력공단 출제기준 중 유체 동역학의 운동량 이론 부분입니다.

01 운동량의 개념

(1) 운동량의 표현

물리량	기 호	단 위
질량	m	• m : [kg]
힘(중량)	$F=m\cdot a$	• F : [kg · m/s²], [N] • m : [kg] • a : 가속도[m/s²]
일(열)	$W=F\cdot l$	• W : [kg · m²/s²], [N · m] • l : 거리[m]
동력(일률)	$L=\dfrac{W}{t}=F\cdot u$	• W : [kg · m²/s³], [N · m/s], [J/s], [W] • t : 시간[s]
운동량	$C=m\cdot u=F\cdot t$	• C : [kg · m/s], [N · s] • u : 속도[m/s]
모멘트	$M=F\cdot l$	• M : [N · m]

(2) 운동량 방정식

일정시간 동안 물체에 작용한 힘이 그 물체의 운동량 변화이다.

$$\Sigma C=\Sigma F\cdot t=m(u_2-u_1)$$

(3) 충격력(힘)

운동량 변화에 시간을 나눈 값으로 질량유량의 변화량이다.

$$\Sigma F = \frac{\Delta C}{t} = \frac{m\Delta u}{t} = \frac{m(u_2 - u_1)}{t} = \rho Q(u_2 - u_1)$$

$$\rho Q(u_2 - u_1) = \pm P_1 A_1 \pm P_2 A_2 \pm R_x \pm R_y$$

(4) 힘의 방향과 부호

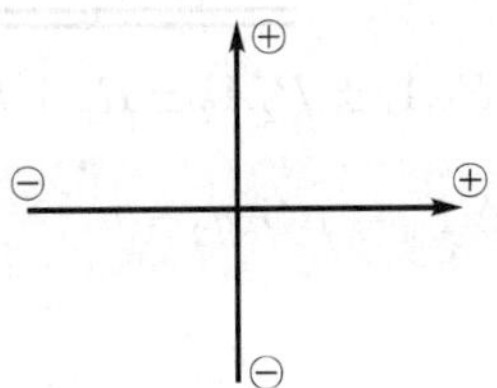

여기서, 우측 및 상방향 : ⊕
좌측 및 하방향 : ⊖

▸ 운동량을 논하는 방정식은 주로 절대단위를 많이 사용한다.

예제 1. 질량 0.3kg, 속도 30m/s인 공을 배트로 쳐서 60m/s로 날아갔을 때 이 볼의 운동량 변화량은 얼마인가?

풀이 $\Sigma C = \Sigma F \cdot t = m(u_2 - u_1) = 0.360 - (-30) = 27\text{kg} \cdot \text{m/s} = 27\text{N} \cdot \text{S}$

참고 속도 u_1의 방향이 반대가 되므로 (−)부호

예제 2. 위 문제에서 배트로 충격한 시간이 0.2sec라면 배트가 볼에 준 충격력은 몇 [N]인가?

풀이 $F = \frac{m(u_2 - u_1)}{t} = \frac{0.3\{60 - (-30)\}}{0.2} = 135\text{kg} \cdot \text{m/s}^2 = 135\text{N}$

예제 3. 정지하고 있는 0.5kg의 볼에 0.1초 사이에 평균력 60N을 가했을 때 이 볼의 속도는 얼마인가?

풀이 $F = \frac{m(u_2 - u_1)}{t}$

$$u_2 = \frac{F \cdot t}{m} + u_1 = \frac{60\text{kg} \cdot \text{m/s}^2 \times 0.1\text{s}}{0.5\text{kg}} + 0 = 12\text{m/s}$$

예제 4. 질량 6kg의 물체가 12m/s로 운동할 때의 운동량은 몇 [kg · m/s]인가?

풀이 $C = \mu = 6\text{kg} \times 12\text{m/s} = 72\text{kg} \cdot \text{m/s} = 72\text{N} \cdot \text{s}$

예제 5. 운동량의 차원을 표시하시오.

풀이 $C = \mu = F \cdot t$에서 MLT^{-1}, $\text{F} \cdot \text{T}$

02 관에 작용하는 힘

(1) 직관에 작용하는 힘

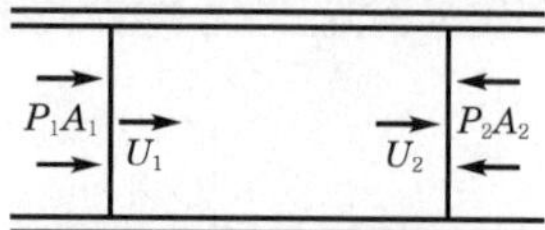

$$\Sigma F = \rho Q(u_2 - u_1) = \pm P_1A_1 \pm P_2A_2 \pm R_x \pm R_y$$

$$\Sigma F_x = \rho Q(u_2 - u_1) = P_1A_1 - P_2A_2 - R_x$$

$\because$ y 성분이 없음

여기서, ΣF : 관에 작용하는 힘(kg · m/s², N, kgf)
ρ : 유체의 밀도(kg/m³, kgf · s²/m⁴, N · s²/m⁴)
Q : 체적유량(m³/s)
u_2 : 나중 속도(m/s)
u_1 : 처음 속도(m/s)
R : 반력(kg · m/s², kgf, N)

(2) 곡관에 작용하는 힘

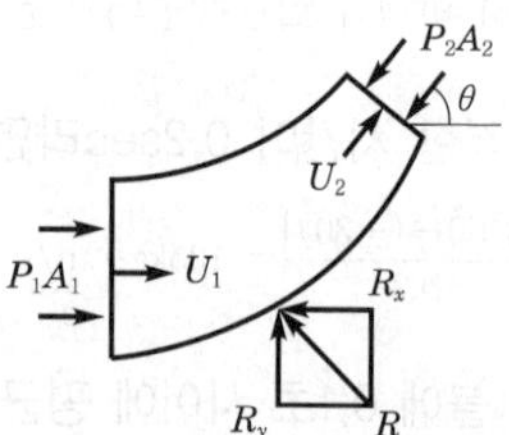

$$\Sigma F = \rho Q(u_2 - u_1) = \pm P_1A_1 \pm P_2A_2 \pm R_x \pm R_y$$

① $\Sigma F_x = \rho Q(u_2 \cos\theta - u_1) = P_1A_1 - P_2A_2\cos\theta - R_x$

② $\Sigma F_y = \rho Q(u_2 \sin\theta - 0) = 0 - P_2A_2 \sin\theta + R_y - w$

P_1A_1은 x방향이므로 $0 - P_2A_2\sin\theta + R_y - w$

③ 총 반력

$R = \sqrt{{R_x}^2 + {R_y}^2}$ $(u_1 \cos\theta_1 = u_1\cos 0 = u_1)$

①의 지점에서

$\begin{cases} x\text{방향 힘} : \Sigma F_x = P_1A_1 \\ y\text{방향 힘} : \Sigma F_y = \text{없음} \end{cases}$ $\begin{cases} x\text{방향 속도} : u_1 \\ y\text{방향 속도} : \text{없음} \end{cases}$

②의 지점에서

$\begin{cases} x\text{방향 힘} : -P_2A_2\cos\theta \\ y\text{방향 힘} : -P_2A_2\sin\theta \end{cases}$ $\begin{cases} x\text{방향 속도} : u_2\cos\theta \\ y\text{방향 속도} : u_2\sin\theta \end{cases}$

(3) 엘보에 작용하는 힘

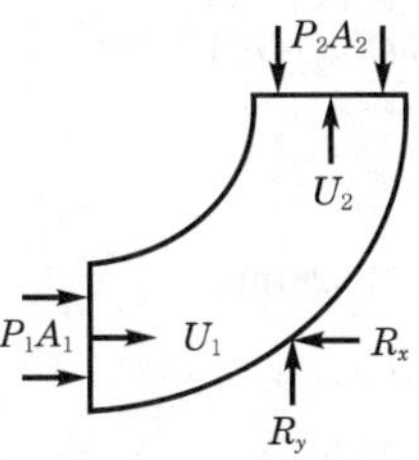

$$\Sigma F = \rho Q(u_2 - u_1) = \pm P_1A_1 + P_2A_2 \pm R_x \pm R_y$$

$$① \ \Sigma F_x = \rho Q(0 - u_1) = P_1A_1 - R_x$$

$$② \ \Sigma F_y = \rho Q(u_2 - 0) = (-P_2A_2) + R_y$$

③ 총반력 $R = \sqrt{{R_x}^2 + {R_y}^2}$

※ 물의 밀도

$\rho = 1000\text{kg/m}^3 = 1000\text{N} \cdot \text{s}^2/\text{m}^4 = 102\text{kgf} \cdot \text{s}^2/\text{m}^4 = 1\text{kN} \cdot \text{s}^2/\text{m}^4$

예제 1. 다음 [그림]과 같은 직경 50mm인 수평원관 속을 물이 흐르고 있을 때 ①점에서의 압력이 30Pa, ②점에서의 압력이 20Pa일 때 유체가 관벽에 미치는 반력은 몇 [N]인가? (단, 흐름은 정상류이다.)

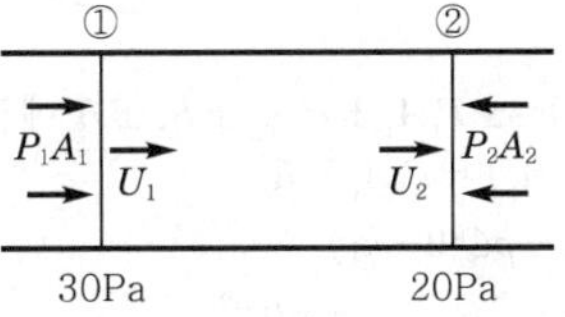

풀이 $\Sigma F = \rho Q(u_2 - u_1) = \pm P_1A_1 \pm P_2A_2 \pm R_x \pm R_y$에서 수평원관이므로 y성분이 없다.

$F_x = \rho Q(u_2 - u_1) = P_1A_1 - P_2A_2 - R_x$

$\therefore$ 반력 $R_x = P_1A_1 - P_2A_2 - \rho Q(u_2 - u_1)$, $A_1 = A_2$, $u_1 = u_2$이므로

반력 $R_x = A(P_1 - P_2) - 0 = \frac{\pi}{4} \times (0.05)^2\text{m}^2 \times (30-20)\text{N/m}^2 - 0 = 0.0196\text{N}$

예제 2. 다음 [그림]과 같은 수평점차 축소관에 30L/s의 물이 정상류로 흐르고 있다. ①점에서의 압력이 300kPa이라면 관의 수축부가 받는 힘은 몇 [N]인가? (단, $\pi = 3.14$이다.)

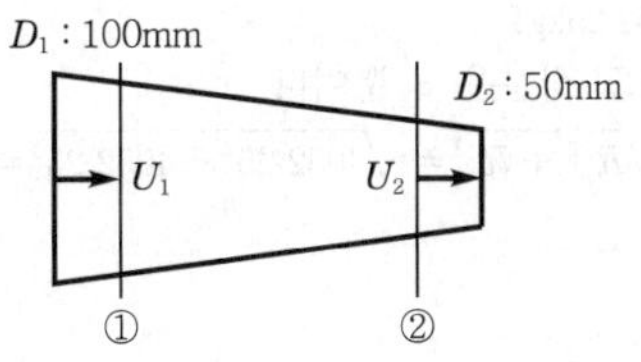

풀이 $\Sigma F = \rho Q(u_2 - u_1) = \pm P_1A_1 \pm P_2A_2 \pm R_x \pm R_y$에서 y성분이 없으므로

$F = \rho Q(u_2 - u_1) = P_1A_1 - P_2A_2 - R_x$

$\therefore\ R_x = P_1A_1 - P_2A_2 - \rho Q(u_2 - u_1)$

- $\rho = 1000\text{kg/m}^3$
- $Q = 0.03\text{m}^3/\text{s}$
- $U_2 = \dfrac{Q}{A_2} = \dfrac{0.03}{\dfrac{\pi \times 0.05^2}{4}} = 15.287\text{m/s}$
- $U_1 = \dfrac{Q}{A_1} = \dfrac{0.03}{\dfrac{\pi \times 0.1^2}{4}} = 3.82\text{m/s}$
- $P_1 = 300\text{kPa} = 3 \times 10^5\text{N/m}^2$
- $P_2 = \left(\dfrac{{u_1}^2 - {u_2}^2}{2g} + \dfrac{P_1}{\gamma}\right)\gamma$

$= \left(\dfrac{3.822^2 - 15.287^2}{2 \times 9.8} + \dfrac{3 \times 10^5}{9800}\right) \times 9800\text{N/m}^3 = 190457.66\text{N/m}^2$

$\therefore\ R_x = 300000 \times \dfrac{\pi \times 0.1^2}{4} - 190457.66 \times \dfrac{\pi \times 0.05^2}{4} - 1000 \times 0.03(15.287 - 3.82) = 1637.22\text{N}$

예제 3. 다음 [그림]과 같은 엘보를 고정하는 데 필요한 힘은 몇 [kgf]인가? (단, 압력 $P_1 = P_2 = 5\text{kgf/cm}^2$, $D = 30\text{cm}$, $Q = 0.6\text{m}^3/\text{s}$, $\pi = 3.14$이다.)

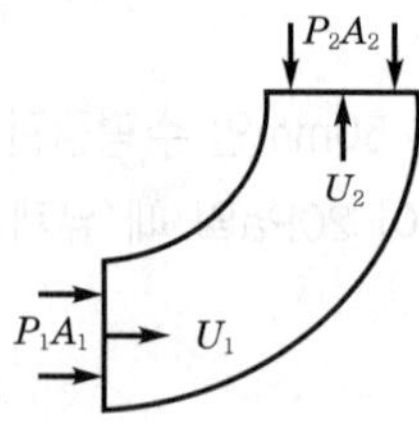

풀이 $\Sigma F = \rho Q(u_2 - u_1) = \pm P_1A_1 \pm P_2A_2 \pm R_x \pm R_y$에서

① $\Sigma F_x = \rho Q(0 - u_1) = P_1A_1 - R_x$

$\therefore\ R_x = P_1A_1 - \rho Q(0 - u_1)$

$= 5 \times 10^4\text{kgf/m}^2 \times \dfrac{\pi \times 0.3^2}{4}\text{m}^2 - 102\text{kgf} \cdot \text{s}^2/\text{m}^4 \times 0.6\text{m}^3/\text{s} \times \left(0 - \dfrac{0.6}{\dfrac{\pi \times 0.3^2}{4}}\right)$

$= 4052.25\text{kgf}$

※ x방향속도 성분은 u_1뿐이다.

② $\Sigma F_y = \rho Q(u_2 - 0) = -P_2A_2 + R_y$

$\therefore\ R_y = \rho Q u_2 + P_2A_2$

$= 102 \times 0.6 \times \dfrac{0.6}{\dfrac{\pi \times 0.3^2}{4}} + 5 \times 10^4 \times \dfrac{\pi \times 0.3^2}{4}$

$= 4052.25\text{kgf}$

※ y방향속도 성분은 u_2뿐이다.

③ 항력 $R = \sqrt{{R_x}^2 + {R_y}^2} = \sqrt{4052.25^2 + 4052.25^2} = 5730.75\text{kgf}$

03 분류가 판에 작용하는 힘

(1) 수직 고정평판에 작용하는 힘

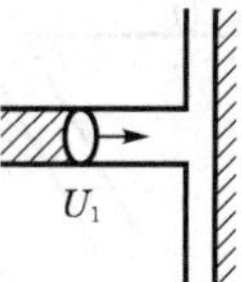

$\Sigma F = \rho Q(u_1 - u_2) = \pm P_1A_1 \pm P_2A_2 \pm R_x \pm R_y$에서 분류는 내부압력이 없으므로 P_1A_1 및 P_2A_2는 0이다. 또, 고정평판이므로 $u_2 = 0$이다.

TiP 유체 운동량 법칙에 작영되는 속도성분 u_0, u_1, u_2의 구분

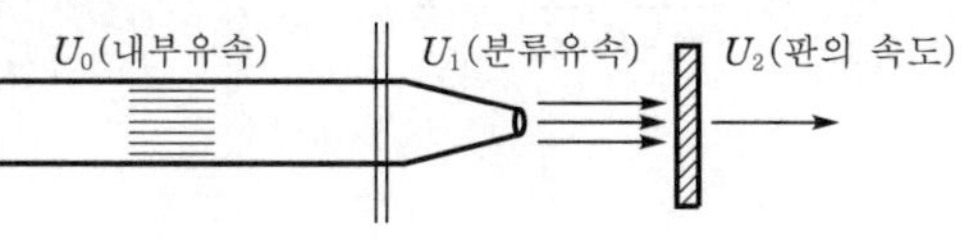

$$F_x = \rho Qu = \rho Au^2 = -R_x$$

여기서, ΣF : 전 힘(kg · m/s^2, N, kgf)
ρ : 유체밀도(kg/m^3, kgf · s^2/m^4, N · s^2/m^4)
Q : 유량(m^3/s)
u : 유체의 분류속도(m/s)
R_x : 반력, 저항력(kg · m/s^2, N, kgf)

- R_x를 [kgf]로 구할 때 → 물의 $\rho = 102$kgf · s^2/m^4
- R_x를 [kg · m/s^2] 또는 [N]으로 구할 때 → 물의 $\rho = 1000$kg/m^3 또는 1000N · s^2/m^4

(2) 수직 이동평판에 작용하는 힘

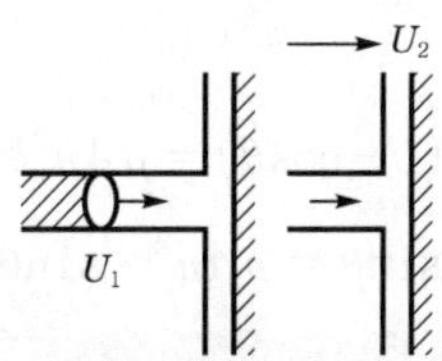

$$F_x = \rho Q(u_1 - u_2)\rho A(u_1 - u_2)^2$$

(3) 경사 고정평판에 작용하는 힘

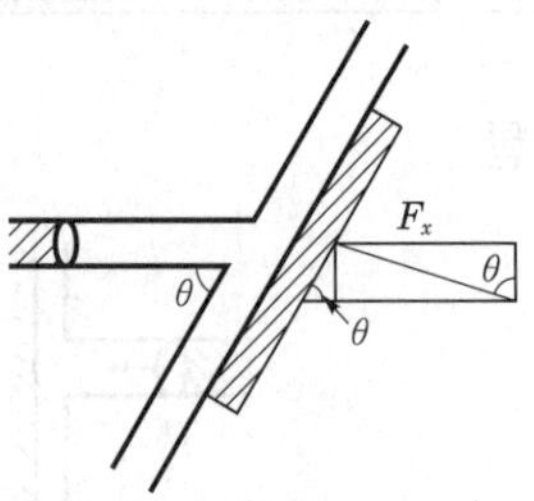

$$F_P = \rho Qu \cdot \sin\theta$$

$$F_x = \rho Qu(\sin\theta)^2$$

$$F_y = \rho Qu \cdot \sin\theta \cdot \cos\theta$$

$$Q_1 = \frac{Q}{2}(1+\cos\theta)$$

$$Q_2 = \frac{Q}{2}(1-\cos\theta)$$

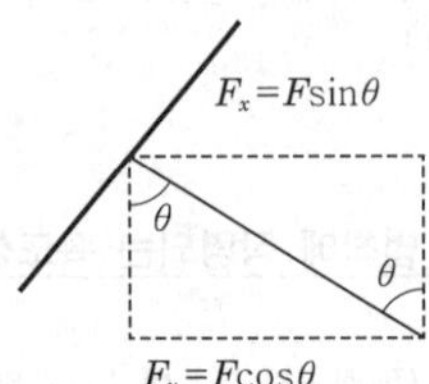

(4) 경사 이동평판에 작용하는 힘

$$F_P = \rho Q(u_1 - u_2) \cdot \sin\theta = \rho A(u_1 - u_2)^2 \cdot \sin\theta$$

$$F_x = \rho Q(u_1 - u_2)(\sin\theta)^2 = \rho A(u_1 - u_2)^2 \cdot (\sin\theta)^2$$

$$F_y = \rho Q(u_1 - u_2)\sin\theta \cdot \cos\theta = \rho A(u_1 - u_2)^2 \cdot \sin\theta \cdot \cos\theta$$

(5) 고정 곡면판에 작용하는 힘

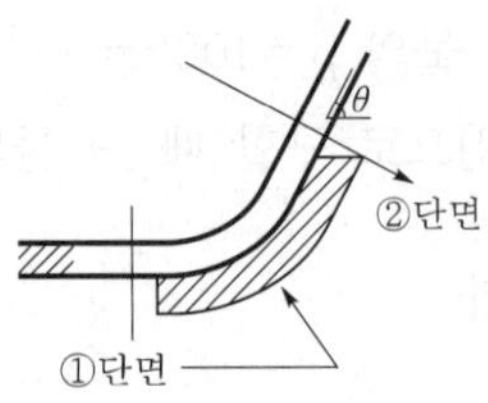

$$F_x = \rho Q(u_1x - u_2x) = \rho Qu(1-\cos\theta) = \rho Au^2(1-\cos\theta)$$

$$F_y = \rho Q(u_1y - u_2y) = \rho Qu\sin\theta = \rho Au^2 \cdot \sin\theta$$

$$\theta_1 = 0,\ u_1 = u_2 = u$$

$$\theta_2 = 0$$

(6) 이동 곡면판에 작용하는 힘

$$F_x = \rho Q(u_1 - u_2)(1-\cos\theta) = \rho A(u_1 - u_2)^2(1-\cos\theta)$$

$$F_y = \rho Q(u_1 - u_2)\sin\theta = -\rho A(u_1 - u_2)^2\sin\theta$$

예제 1. 다음 [그림]과 같은 수직고정판을 지지하는 데 필요한 힘은 몇 [kN]인가? (단, $\pi = 3.14$ $\rho = 1\text{kN}\cdot\text{s}^2/\text{m}^4$이다.)

D_1 15cm

U_1 5m/s

풀이 $F_x = \rho Q(u_1 - u_2) = \rho A u_1(u_1 - u_2) = -R_x$

$R_x = 1\text{kN}\cdot\text{s}^2/\text{m}^4 \times \frac{\pi}{4}0.15^2 \times 5 \times (5-0) = 0.442\text{kN}$

참고 분류의 x방향 힘을 F_x라 한다면 평판의 지지력을 R_x라 한다.
즉 $F_x = R_x$이며 방향은 반대이다.

예제 2. 다음 [그림]과 같은 수직 이동평판이 4m/s로 움직이고 있다. 평판이 받는 힘은 몇 [N]인가? (단, 분류속도는 10m/s이다.)

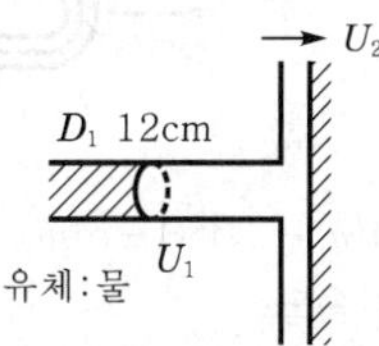

풀이 $F_x = \rho Q(u_1 - u_2) = \rho A(u_1 - u_2)(u_1 - u_2) = 1000 \times \frac{\pi}{4}0.12^2 \times (10-4)^2 = 407.15\text{N}$

예제 3. 다음 [그림]과 같이 노즐에서 물이 방출되고 있다. 내부 수압이 500kPa라면 ① 호스 내 유속 u_1, ② 노즐 분출유속 u_2를 각각 구하시오.

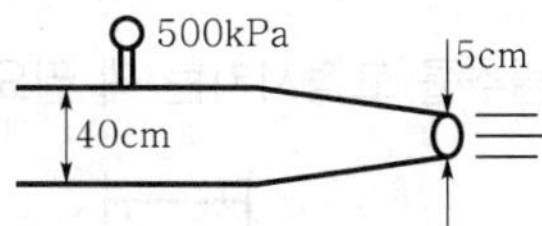

풀이 ① $u_1 = \sqrt{\dfrac{2gH}{\left(\dfrac{d_1}{d_2}\right)^4 - 1}} = \sqrt{\dfrac{2\times 9.8\times 51}{\left(\dfrac{40}{5}\right)^4 - 1}} = 0.49\text{m/s}$

$\left(\because H = \dfrac{P}{\gamma} = \dfrac{500\text{kN/m}^2}{9.8\text{kN/m}^3} = 51\text{m}\right)$

② $u_2 = \sqrt{\dfrac{2gH}{1-\left(\dfrac{d_2}{d_1}\right)^4}} = \sqrt{\dfrac{2\times 9.8\times 51}{1-\left(\dfrac{5}{40}\right)^4}} = 31.6\text{m/s}$

참고 호스 내부에 작용하는 힘(R_x)

$$R_x = P_1A_1 - \rho Q(u_2-u_1) = \gamma\left(\frac{u_2^2-u_1^2}{2g}\right)A_1 - \rho A_1u_1(u_2-u_1)$$

예제 4. 다음 [그림]과 같은 수평 고정평판에 60°의 각도로 물이 분사될 때 판에 작용하는 힘은 몇 [kgf]인가? (단, 노즐의 직경은 4cm이고, 분사속도는 20m/s이다.)

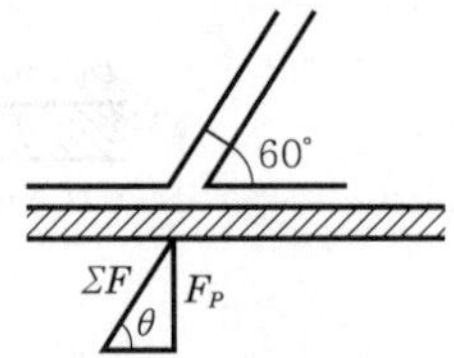

풀이 판에 작용하는 힘 F_P는 $\Sigma F\cdot\sin\theta = \rho Qu\cdot\sin\theta$이다. 즉 F_P는 판에 직각인 성분이 된다.

$\therefore\ F_P = \rho Qu\sin\theta = \rho Au^2\sin\theta = 102\text{kgf}\cdot\text{s}^2/\text{m}^4 \times \dfrac{\pi}{4}0.04^2\text{m}^2 \times (20\text{m/s})^2 \times \sin 60° = 44.4\text{kgf}$

예제 5. 다음 [그림]과 같은 곡면 이동판에 $d=4$cm, $u=20$m/s의 물분류를 받고 15m/s의 속도로 되돌아 온다면 이 판이 받는 힘은 몇 [kN]인가?

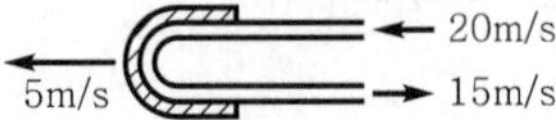

풀이 운동량 방정식

$F_x = \rho Q(u_3-u_4) = \rho A(u_1-u_2)^2(1-\cos\theta)$

여기서, u_1 : 처음 분류속도

u_2 : 판의 이동속도

u_3 : 분류의 충돌속도(u_1-u_2)

u_4 : 분류의 충돌 후 변화된 속도(방향성을 가지며, 되돌아오는 경우 $u_3=-u_4$가 된다.)

① $F_x = \rho Q(u_3-u_4) = \rho A(u_1-u_2)(u_3-u_4) = 1\times\dfrac{\pi}{4}0.04^2(20-5)\{(20-5)-(-15)\} = 0.565\text{kN}$

② $F_x = \rho A(u_1-u_2)^2(1-\cos\theta) = 1\times\dfrac{\pi}{4}0.04^2(20-5)^2(1-\cos 180°) = 0.565\text{kN}$

예제 6. 다음 [그림]과 같은 원추를 고정시키는 데 필요한 힘은 몇 [N]인가? (단, $\rho=1000\text{kg/m}^3$)

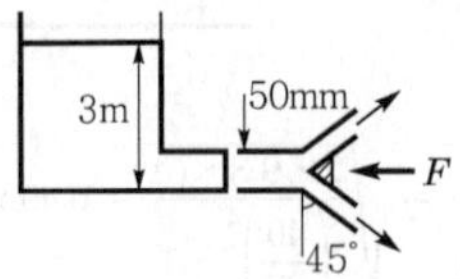

풀이 $F_x = \rho A(u_1-u_2)^2(1-\cos\theta) = 1000\times\dfrac{\pi}{4}0.05^2(7.67-0)^2(1-\cos 45°) = 33.8\text{N}$

예제 7. 다음 [그림]과 같은 고정 곡면판에 작용하는 전 힘은 몇 [kN]인가?

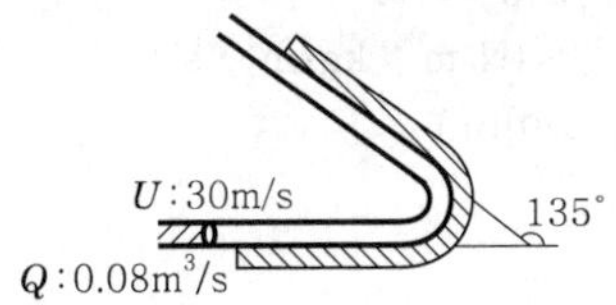

풀이 $F_x = \rho A u^2 (1-\cos\theta) = 1 \times \dfrac{0.08}{30} \times 30^2 (1-\cos 135°) = 4.1\text{kN}$

$F_y = \rho A u^2 \cdot \sin\theta = 1 \times \dfrac{0.08}{30} \times 30^2 \times \sin 135° = 1.7\text{kN}$

$\Sigma F = \sqrt{{F_x}^2 + {F_y}^2} = \sqrt{4.1^2 + 1.7^2} = 4.44\text{kN}$

$$\rho = 1000\text{kg/m}^3 = 1$$
$$\therefore\ Au^2 = \text{ton/m}^3 \times \text{m}^2 \times \text{m}^2/\text{s}^2 = \text{ton} \times \text{m/s}^2 = \text{kN}$$

예제 8. 다음 [그림]과 같은 이동날개에서 얻는 동력은 몇 [kW]인가?

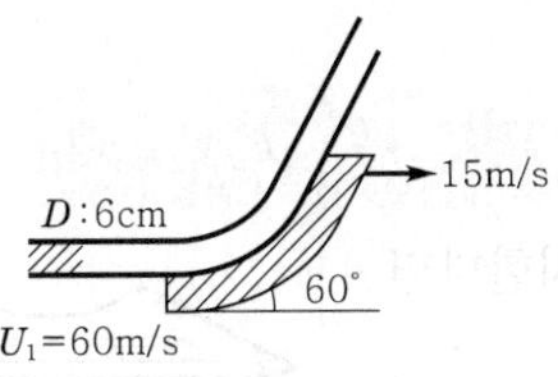

풀이 동력 $L(\text{kW}) = F_x(\text{kN}) \times u_2(\text{m/s})$

$F_x = \rho A (u_1 - u_2)^2 (1-\cos\theta) = 1 \times \dfrac{\pi}{4} 0.06^2 \times (60-15)^2 \times (1-\cos 60°) = 2.862\text{kN}$

$L(\text{kW}) = 2.862 \times 15 = 42.93\text{kW}$

04 기타의 운동량 방정식

(1) 분사추진

① 탱크의 노즐추진

❙탱크추력❙

$$F_t = \rho Q u = \rho A u \cdot u = \rho A(2gh) = 2\gamma A h$$

여기서, F_t : 탱크추력(N)

ρ : 유체밀도($\text{N} \cdot \text{s}^2/\text{m}^4$, kg/m^3)

u : 유체의 분사속도(m/s)
Q : 유체의 유량(m^3/s)
γ : 유체비중량(N/m^3, $kg/m^2 \cdot s^2$)
h : 유체의 높이(m)

② 로켓추진

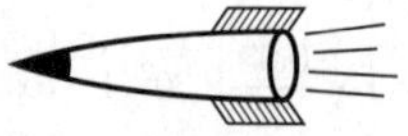

$$F_R = \rho Q u$$

여기서, F_R : 로켓추력(N, $kg \cdot m/s^2$)
ρ : 연소가스의 밀도($N \cdot s^2/m^4$, kg/m^3)
Q : 연소가스의 유량(m^3/s)
u : 연소가스의 분출속도(m/s)

③ 제트추진

$$F_J = \rho_2 Q_2 u_2 - \rho_1 Q_1 u_1$$

연료의 변화를 무시한다면
$F_J = \rho Q(u_2 - u_1)$

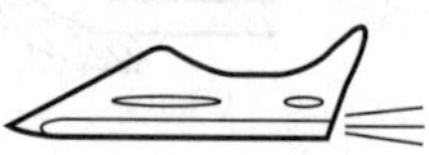

❙ 제트추력 ❙

$L_J = F_J \cdot u$

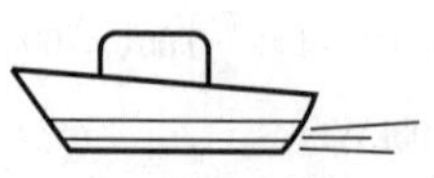

❙ 추진동력 ❙

여기서, F_J : 제트추력(N, $kg \cdot m/s^2$)
ρ_2, ρ_1 : 유체밀도($N \cdot s^2/m^4$)
Q_1 : 흡입유량(m^3/s)
Q_2 : 분출유량
u_1 : 흡입속도(m/s)
u_2 : 분출속도
u : 제트선의 진행속도
L_J : 추진동력($N \cdot m/s$, W)

(2) 프로펠러

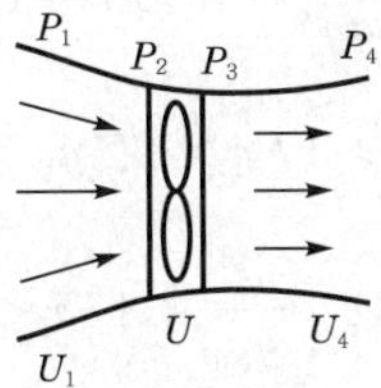

① 프로펠러가 유체에 준 힘 : $F_P = \rho Q(u_4 - u_1)$

② 프로펠러 입력(구동력) : $L_J = F_P \cdot u = \rho Q(u_4 - u_1)u$

③ 프로펠러 출력

$$L_0 = F_P \cdot u_1 = \rho Q(u_4 - u_1)u_1$$

여기서, u_1 : 유체의 흡입속도(m/s)

u : 프로펠러 통과 시의 유체속도(m/s)

u_4 : 프로펠러를 지난 유속$=2u-u_1$(m/s)

$u = \dfrac{Q}{A} = \dfrac{u_1 + u_4}{2}$

(3) 수력도약

개수로에서 빠른 유속이 느린 유속으로 바뀔 때 수면이 상승하는 현상

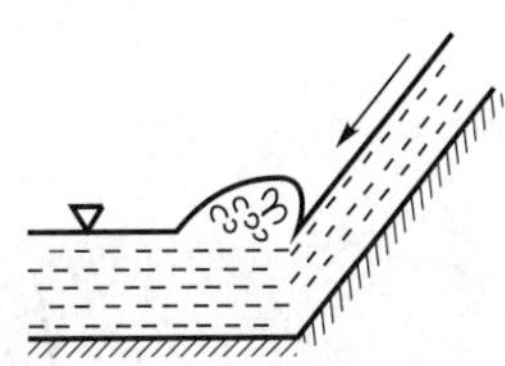

① 수력도약 후의 깊이 : $y_2 = \dfrac{y_1}{2}\left(\sqrt{1+\dfrac{8u_1^2}{gy_1}} - 1\right)$

② 수력도약 후의 손실수두 : $h_L = \dfrac{(y_2 - y_1)^3}{4y_1 y_2}$

여기서, y_1 : 수력도약 전 깊이(m)

u_1 : 유체속도(m/s)

g : 중력가속도(m/s^2)

$$\frac{u^2}{gy_1} = 1 - Fr = 1,\ y_1 = y_2 : \text{등류}$$

$$\frac{u^2}{gy_1} > 1Fr > 1,\ y_1 < y_2 : \text{수력도약 발생}$$

$$\frac{u^2}{gy_1} < 1Fr < 1,\ y_1 > y_2$$

③ 수력도약이 일어날 수 있는 조건$(y_1 < y_2)$

프로드수 $Fr > 1$인 경우이다.

여기서, $Fr = \frac{{u_1}^2}{gy_1}$

(4) 수정계수

운동 및 운동량의 계산 시 평균속도로 계산하므로서 생기는 오차를 보정해 준다.

① 운동에너지의 수정계수

$$\alpha = \frac{1}{AV^3}\int_A U^3 dA$$

여기서, V : 평균속도
u : 실제속도
A : 유동단면적

② 운동량 수정계수

$$\beta = \frac{1}{AV^2}\int_A U^2 dA$$

예제 1. 다음 [그림]과 같은 수조탱크차가 받는 추력은 몇 [N]인가? (단, $\pi = 3.14$이다. 탱크차의 속도는 무시한다.)

3m
D=15cm

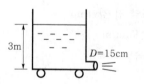

풀이 $F_t = \rho Qu = \rho Auu = \rho Au^2 = \rho A2gh$

$= 1000\text{N} \cdot \text{s}^2/\text{m}^4 \times \frac{\pi \times 0.15^2}{4}\text{m}^2 \times 2 \times 9.8\text{m/s}^2 \times 3\text{m} = 1038.56\text{N}$

예제 2. 프로펠러로 추진되는 배가 6m/s로 달릴 때 프로펠러의 후류속도는 8m/s이다. 프로펠러의 직경이 1m이면 이 배의 추력은 몇 [kgf]인가? (단, $\pi = 3.14$이다.)

풀이 $F_P = \rho Q(u_4 - u_1) = \rho A u(u_4 - u_1)$

- $u_1 = 6\text{m/s}$ ⋯ 배가 앞으로 달리므로 u_1은 배의 속도와 같다.
- $u_4 = 6 + 8 = 14\text{m/s}$ ⋯ 배의 달리는 속도와 후류속도의 합이다.

$u(\text{평균속도}) = \dfrac{u_1 + u_4}{2} = \dfrac{6+14}{2} = 10\text{m/s}$

$F_P = 102\text{kgf} \cdot \text{s}^2/\text{m}^4 \times \dfrac{\pi \times 1^2}{4}\text{m}^2 \times 10\text{m/s} \times (14-6)\text{m/s} = 6405.6\text{kgf}$

예제 3. 다음 [그림]과 같은 터빈의 노즐에서 각 $0.01\text{m}^3/\text{s}$의 유량으로 물이 분출되고 있다. 노즐의 회전수가 120rpm, 노즐 구경이 3cm, 노즐의 한쪽 길이가 50cm일 경우 얻어지는 동력은 몇 [kW]인가?

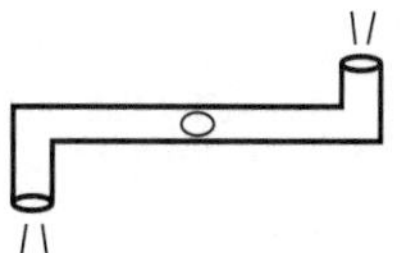

풀이 동력 : $L_{\text{kW}} = \rho Q u \omega n$

여기서, ω : 노즐의 회전각속도(rad/s)

n : 노즐의 수량

u : 물의 분출속도(m/s)

$= 1\text{kN} \cdot \text{s}^2/\text{m}^4 \times 0.01\text{m}^3/\text{s} \times \dfrac{0.01}{\frac{\pi}{4}0.03^2}\text{m/s} \times \dfrac{2\pi 120}{60}\text{rad/s} \times 2$

$= 3.56\text{kW}$((rad/s)의 단위는 (m/s)로 해석된다. 1rad/s는 1초에 원주를 따라 반지름의 길이만큼 회전하였다는 뜻이다.

예제 4. 매초 연료를 30kg/s로 소비하는 제트 비행기로부터 500N의 추력을 얻고자 한다면 연료가스의 분출속도는 얼마가 되어야 하는가? (단, 비행기의 속도는 190m/s이다.)

풀이 $F = \rho Q(u_2 - u_1) = Q_m(u_2 - u_1) \cdots$

Q_m : 질량유량($\rho \times Q$)(kg/s)

$\therefore$ $500\text{N} = 500\text{kg} \cdot \text{m/s}^2 = 30\text{kg/s} \times (u_2 - 190)\text{m/s}$에서

$u_2 = 206.67\text{m/s}$ ⋯ (비행기로부터의 후류속도는 206.67m/s이다.)

예제 5. 어떤 제트 비행기의 속도가 1000km/hr, 흡입 공기량의 질량유량이 80kg/s 연소가스의 분출 질량유량이 85kg/s, 분출속도(비행기로부터의 속도)는 30m/s이다. 이 비행기의 추진력은 몇 [kN]인가?

풀이 $F = \rho_2 Q_2 u_2 - \rho_1 Q_1 u_1 = Qm_2 u_2 - Qm_1 u_1$

여기서, Q_{m2} : 85kg/s

u_2 : $(1000 \times 10^3/3600) + 30 = 277.8\text{m/s} + 30\text{m/s} = 307.8\text{m/s}$

Q_{m1} : 80kg/s

u_1 : 277.8m/s

$\therefore$ $F = 85\text{kg/s} \times 307.8\text{m/s} - 80\text{kg/s} \times 277.8\text{m/s} = 3939\text{kg} \cdot \text{m/s}^2 = 3.93\text{kN}$

예제 6. $y_1 = 5\text{m}$, $u_1 = 1\text{m/s}$일 때 수력도약의 발생유무를 판단하시오.

풀이 $\dfrac{{u_1}^2}{gy_1} = \dfrac{1^2}{9.8 \times 5\text{m}} = 0.02 \cdots 1$ 이하이므로 발생하지 않는다.

예제 7. 흡입구 직경 5m, 토출구 직경 3m인 제트기가 400m/s로 비행할 때 연료가스의 분출속도(상대속도)가 700m/s라면 이 제트기의 추진력은 몇 [kN]인가? (단, 기류온도는 27℃, 기류압력은 0.8bar이며, 연료의 질량변화량은 무시한다.)

풀이 $F_j = \rho_2 Q_2 u_2 - \rho_1 Q_1 u_1$에서 연료의 질량변화는 무시하므로 $F_j = \rho Q(u_2 - u_1)$이 된다.

여기서, $\rho = \dfrac{P}{RT} = \dfrac{0.8 \times 100000}{\dfrac{8314}{29} \times 300} = 0.93\text{kg/m}^3$

$\therefore\ F_j = 0.93\text{N} \cdot \text{s}^2/\text{m}^4 \times \dfrac{\pi}{4} 3^2 \times 700 \times (700 - 400) = 1380732\text{N} = 1380\text{N}$

Chapter 4 ••• 운동량의 원리

출/제/예/상/문/제

01 다음 제트엔진이 300m/sec에서 작동하여 30kg/sec의 공기를 소비한다. 1000kg의 추진력을 만들기 위해 배출되는 연소가스의 속도는 몇 m/sec인가?

① 424.7　② 547.6
③ 626.7　④ 745.6

해설

비행기 추진력

$F=\rho Q(V_2-V_1)$

$V_2-V_1=\dfrac{F}{\rho Q}$

$\therefore\ V_2=\dfrac{F}{\rho Q}+V_1=\dfrac{1000}{\frac{30}{9.8}}+300=626.7\text{m/s}$

02 [그림]과 같이 지름 0.04m인 관이 분기되었다가 C지점에서 만난다. A지점의 유체(물)가 60m/sec의 속도로 움직여서 B지점에서 30m/sec 유입되는 본류와 C지점에서 충돌했을 때 고정평판이 받는 힘은? (단, $g=10\text{m/s}^2$이다.)

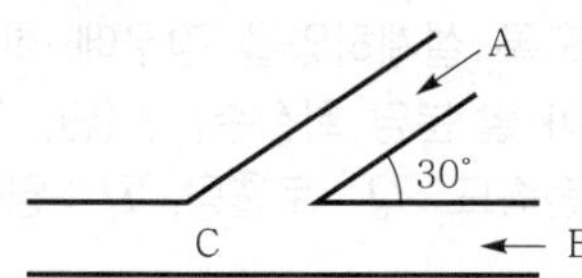

① 56.7kg　② 113.3kg
③ 156.5kg　④ 203.9kg

해설

- $F_A=\rho QV_1\sin\theta$

$=1000\times\dfrac{\pi}{4}\times(0.04)^2\times60\times60\sin30°$

$=2261.945\text{kg}\cdot\text{m/s}^2$

- $F_B=\rho QV_2$

$=1000\times\dfrac{\pi}{4}\times(0.04)^2\times30\times30$

$=1130.973\text{kg}\cdot\text{m/s}^2$

- $F_A-F_B=2261.946-1130.973$

$=1130.973\text{kg}\cdot\text{m/s}^2$

$\therefore\ \dfrac{1130.973\text{kg}\cdot\text{m/s}^2}{10\text{kg}\cdot\text{m/s}^2/\text{kgf}}=113.09\text{kgf}$

03 왕복 펌프를 다른 형의 펌프와 비교할 때 가장 큰 특징이 되는 것은?

① 펌프효율이 우수하다.
② 고압을 얻을 수 있고, 송수량 가감이 가능하다.
③ 동일 유량에 대하여 펌프체적이 적다.
④ 저속운전이므로 공동현상이 다른 펌프에 비해 발생하지 않는다.

해설

왕복 펌프의 특징

㉠ 타펌프에 비해 같은 유량의 경우 대형이 된다.
㉡ 저유량 고양정 펌프이다.
㉢ 분당 송출량은 $Q=ALNE$이다. (A : 피스톤 단면적, L : 행정, N : rpm, E : 효율)
㉣ 종류는 피스톤식, 플런저식, 버킷식 등이 있다.

04 축류 펌프에서 양정을 만드는 힘은?

① 원심력
② 항력
③ 양력
④ 점성력

해설

축류 펌프의 특징

㉠ 유체 진행방향은 축방향
㉡ 깃의 양력(운동방향의 직각방향으로 발생하는 힘)이 압력에너지임
㉢ 고유량, 저양정
㉣ 유체손실이 가장 적다. 즉, 양정 : 끌어올리는 힘, 수직방향 y이므로 양력=비행기가 뜨는 힘
항력(D) : 수직방향×(비행기가 전진하는 힘)

정답 01.③ 02.② 03.④ 04.③

05 원심 펌프에서 서징(surging)을 일으킬 수 있는 깃 출구각은?

① 90°보다 클 때
② 90°일 때
③ 90°보다 작을 때
④ 45°보다 작을 때

06 물이나 다른 액체를 넣은 타원형 용기를 회전하여 유독성 기체를 수송하는 데 사용하는 수송장치는 무엇인가?

① 터보 송풍기 ② 로브 펌프
③ 나쉬 펌프 ④ 프로펠러 펌프

07 비리알 방정식(Virial equation)은 무엇에 관한 것인가?

① 유체의 흐름 ② 유체의 점성
③ 유체의 수송 ④ 유체의 상태

08 수압관을 거쳐 노즐에서 분류된 물줄기가 회전자 둘레의 버킷에 충돌하여 회전력을 전달하는 수차는?

① 펠톤 수차 ② 프란시스 수차
③ 중력 수차 ④ 반동 수차

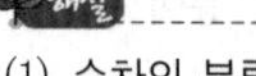

(1) 수차의 분류
㉠ 중력수차 : 일명 "물레방아"라고도 하며, 효율이 낮고 회전속도가 느리다.
㉡ 충격수차 : 분류가 수차의 접선방향으로 작용하며, 효율이 좋다. "펠튼 수차"라고도 한다.
㉢ 반동수차 : 분류가 수차의 축방향으로 작용하며, "프란시스 수차"와 "프로펠러 수차"가 있다.
(2) 수차가 받는 전수

$$H=\frac{P_1-P_2}{r}+\frac{U_1^2-U_2^2}{2g}+dz(dz : \text{수차의 폭})$$

09 용적형 펌프 중 회전 펌프의 특징으로 옳지 않은 것은?

① 고점도액에 사용이 가능하다.
② 토출압력이 높다.
③ 흡입양정이 크다.
④ 소음이 크다.

해설

(1) 회전 펌프의 종류
㉠ 기어 펌프
㉡ 베인 펌프
㉢ 나사 펌프
(2) 회전 펌프의 특징
㉠ 저유량, 고양정
㉡ 고점도 유체의 송출에 적당
㉢ 맥동이 없다.
㉣ 구조 간단, 취급 용이
※ 흡입양정은 펌프의 특징과는 무관하다.
맥동(서징) : 펌프가 운전 중 한숨을 쉬는 듯 유량, 변동 등 압력계의 지침이 흔들리는 현상

10 원심 펌프의 유효흡입양정(NPSH)를 나타낸 것은?

① 배출부 전체두 − 흡입부 전체두
② 흡입부 전체두 − 배출부 전체두
③ 흡입부 전체두 − 증기압두
④ 흡입부 전체두 + 배출부 전체두

유효흡입양정(NPSH) : 펌프 흡입구에 흡입되는 최종 연성압력을 말한다. 펌프의 흡입력은 대기압이며, 이를 감소시키는 힘은 흡입관의 낙차, 관마찰손실, 증기압 등이다.
NPSH = 대기압 − 낙차 − 마찰손실 − 증기압 = 흡입부 전체수두 − 증기압 NPSH는 펌프 흡입측의 유속과 유량을 알 수 있는 자료가 된다.

11 펌프의 토출량이 $1m^3/min$, 양정 1m가 발생하도록 설계하였을 경우에 회전차에 주어져야 할 분당 회전수는? (단, N : 임펠러의 회전속도, Q : 토출량, H : 양정)

① $(N\times\sqrt{Q})H^{\frac{4}{3}}$
② $(N\times\sqrt{Q})H^{\frac{3}{4}}$
③ $(N\times\sqrt{Q})H^{\frac{1}{4}}$
④ $(N\times\sqrt{Q})H^{\frac{2}{4}}$

해설

펌프의 비교회전도 : 유량 $1m^3/min$, 양정 1m가 발생하게 하는 펌프의 회전수를 말한다.

$$N_s=Q^{\frac{1}{2}}/H^{\frac{3}{4}}$$

정답 05.③ 06.② 07.④ 08.① 09.③ 10.③ 11.②

12 다음 송풍기 중 원심 송풍기가 아닌 것은?

① 프로펠러 송풍기
② 다익 송풍기
③ 레이디얼 송풍기
④ 익형(airfoil) 송풍기

해설

송풍기의 종류
(1) 원심 송풍기
㉠ 다익 송풍기 : 덕트 송풍에 적합, 저압, 소형
㉡ 터보 송풍기 : 공업용, 고속, 고압
㉢ 익형 송풍기
㉣ 레이디얼 송풍기
㉤ 리미트로드 송풍기
㉥ 사일런트팬 : 방음작용
(2) 축류 송풍기
㉠ 프로펠러 송풍기 : 증기 형상이 나선형
㉡ 원통케이싱 송풍기 : 증기 형상이 직선형
㉢ 가이드밴 송풍기 : 환풍기

13 왕복식 펌프 운전 시에만 특징적으로 나타나는 현상은?

① 에어바인딩　② 캐비테이션
③ 수격 현상　④ 맥동 현상

해설

① 에어바인딩 : 유체 속에 공기가 혼입되어 흐름을 방해하는 현상
② 캐비테이션 : 유체정압이 그때의 증기압보다 낮아 유체가 기화되어 흐름을 방해하는 현상
③ 수격 현상 : 유체흐름의 급폐쇄 시 운동에너지가 충격에너지로 변하는 현상, 심한 소음, 진동 발생
④ 맥동 현상 : 주기적인 소음과 진동 현상, 왕복 펌프는 흡입과 토출이 단속적으로 이루어지므로 특징적으로 발생한다. 유량과 양정의 조절로 상당량 줄일 수 있다.

14 다음 수력기계 중 충격식 수차에 해당하는 것은?

① 펠톤 수차　② 프란시스 수차
③ 프로펠러 수차　④ 카플란 수차

해설

수차의 분류
㉠ 중력 수차 : 물의 중력을 이용
㉡ 충격 수차 : 물의 속도에너지를 이용(펠톤 수차)
㉢ 반동 수차 : 물의 압력과 속도에너지를 이용(프란시스 수차, 프로펠러 수차)

15 축류 펌프의 날개수가 증가할 때 펌프 성능에 주는 영향은?

① 유량이 일정하고, 양정이 증가
② 양정이 일정하고, 유량이 증가
③ 양정이 감소하고, 유량이 증가
④ 유량과 양정 모두 증가

16 유체의 흐름방향을 변화시킬 수 있고, 섬세한 유량조절이 가능한 밸브로 가장 적당한 것은?

① 게이트밸브　② 글로브밸브
③ 체크밸브　④ 코크밸브

해설

밸브류
㉠ 게이트밸브 : 일명 슬루스밸브, 유체저항이 가장 적다.
㉡ 글로브밸브 : 유체저항이 크며, 유량조절이 용이하다.
㉢ 체크밸브 : 역류를 방지한다. 스윙형, 리프트형, 웨이퍼형, 스모렌스형 등이 있다.
㉣ 코크밸브 : 소형 볼밸브(보통 20A 이하)를 말한다. 핸들을 90° 회전함으로써 유로를 전개 또는 전폐할 수 있다.

정답 12.① 13.④ 14.① 15.② 16.②

chapter 5 점성유체의 유동

제5장 점성유체의 유동 부분에서의 핵심요점을 알려주세요.

점성유체 부분은 층류 · 난류를 구분, 유체의 경계층, 특히 경계층 두께에서 Re에 비례하는 정도를 숙지하여야 합니다.

01 층류와 난류의 구분

(1) 층류

① 유체의 유동 시 유체층 입자 교환 없이 미끄러지는 질서정연한 흐름이다.

② Newton의 점성 법칙을 성립한다.

③ 전단응력

$$\tau = \mu \frac{du}{dy}$$

(2) 난류

① 유체의 유동 시 유체층 사이에 입자 교환이 심한 난동을 일으키는 흐름이다.

② 동일 직경 관 속에서 유체속도가 층류보다 빠를 때 일어난다.

③ 전단응력은 층류보다 크고 유체입자의 운동량이 응집력보다 크게 작용한다.

④ Newton의 점성 법칙이 그대로 성립하지 않는다.

⑤ 전단응력

$$\tau = (\eta + \mu) \frac{du}{dy}$$

여기서, η : 와점성계수($kgf \cdot s/m^2$), 유체의 밀도와 난류도에 따른 계수

02 레이놀즈 수(Re)

층류와 난류를 구분하는 척도가 되는 무차원 수(점성력과 관성력의 비)

(1) 수평원관의 경우

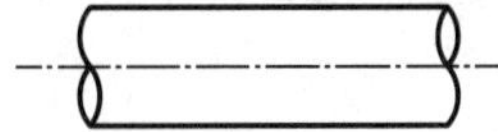

① 레이놀즈 수

$$Re = \frac{\rho u D}{\mu} = \frac{uD}{\nu}$$

여기서, ρ : 유체의 밀도($N \cdot s^2/m^4$)
u : 유체의 속도(m/s)
D : 관의 직경(m)
μ : 점성계수($N \cdot s/m^2$, $Pa \cdot s$)
ν : 동점성계수(m^2/s)

② 층류 : $2100 >$ 유체의 Re

③ 난류 : $4000 <$ 유체의 Re

④ 천이구역 : $2100 <$ 유체의 $Re < 4000$

⑤ 상임계 $\boldsymbol{Re}$: 층류 → 난류 $Re = 4000$

⑥ 하임계 $\boldsymbol{Re}$: 난류 → 층류 $Re = 2100$

⑦ 점성계수

㉠ 절대점도 : $1N \cdot s/m^2 = 1kg/m \cdot s = 0.102kgf \cdot s/m^2 = 10poise = 1000cP$

㉡ 동점도 : $1m^2/s = 10^4 stokes$

(2) 평판의 경우

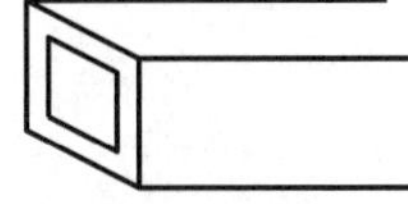

h : 선단으로부터의 거리(m)

① 레이놀즈 수 : $Re = \frac{\rho u h}{\mu} = \frac{uh}{\nu}$

② 층류 : $5 \times 10^5 >$ 유체의 Re

③ 난류 : $5 \times 10^5 <$ 유체의 Re

④ 임계 $\boldsymbol{Re}$수 : 5×10^5 … 천이구역이 없고 상임계, 하임계 구분이 없다.

예제 1. 비중 0.8, 동점성계수가 $0.9\times10^{-4}m^2/s$인 기름이 10cm인 원관을 평균속도 2m/s로 흐를 때의 유동을 파악하라.

풀이 $Re=\dfrac{\rho uD}{\mu}=\dfrac{uD}{\nu}=\dfrac{2m/s\times0.1m}{0.9\times10^{-4}m^2/s}=2222.22$ ⋯ 천이구역의 유동

예제 2. 밀도가 $1.3kg/m^3$, 점성계수가 $2.5\times10^{-5}kg/m\cdot s$인 유체가 직경 3cm인 원관 속을 층류로 흐를 수 있는 최대 속도는 얼마인가?

풀이 $\rho=1.3kg/m^3$
$\mu=2.5\times10^{-5}kg/m\cdot s$
$D=0.03m$
층류의 한계 $Re=2100$
$Re=\dfrac{\rho uD}{\mu}=2100$
$\therefore\ u=\dfrac{Re\cdot\mu}{\rho\cdot D}=\dfrac{2100\times2.5\times10^{-5}kg/m\cdot s}{1.3kg/m^3\times0.03m}=1.346m/s$

03 층류

(1) 평행평판 사이의 층류

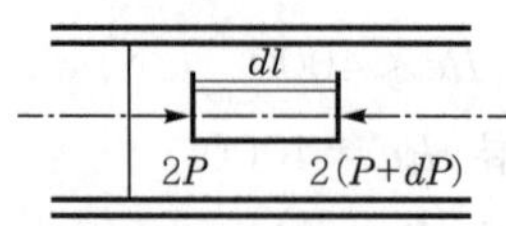

- 상하 평행한 2개의 평판(폭을 b라 함)
- 사이에 층류가 흐를 때의 경우

① 최대속도 : $u_{max}=1.5u$

② 압력강하 : $\Delta P=\dfrac{3\mu lQ}{2bh^3}=\dfrac{3\nu\rho lQ}{2bh^3}$

여기서, u : 평판 속의 평균속도(m/s)
ΔP : 압력강하(N/m^2, Pa)
μ : 점성계수($N\cdot s/m^2$)
l : 판의 길이(m)
Q : 유량(m^3/s)
b : 판의 폭(m)
h : 유체중심과 판과의 거리(m)

(2) 원관 속의 층류

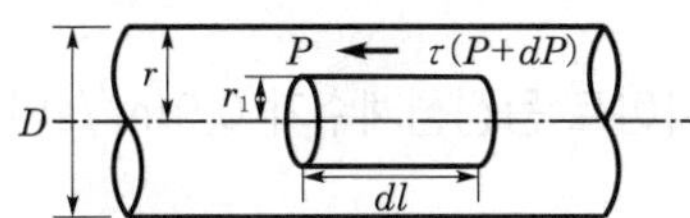

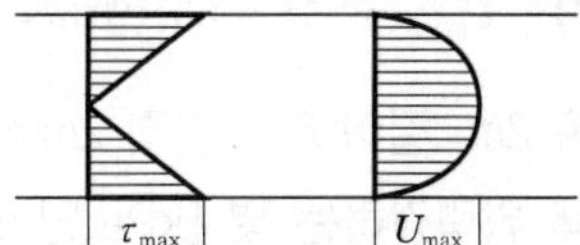

- 전단응력은 벽면에서 최대, 중심에서 0이다.
- 유속은 중심에서 최대, 벽면에서 0이다.

① 힘의 평형방정식 : $P\pi r^2 - (P+dP)\pi r^2 - \tau \cdot 2\pi r dl = 0$

② 전단응력 : $\tau = \dfrac{\Delta PD}{4l}$

③ 속도 : $u_1 = \dfrac{\Delta P(r^2 - {r_1}^2)}{4\mu l}$

④ 유량 : $Q = \dfrac{\Delta P\pi D^4}{128\mu l}$

⑤ 평균속도 : $u = \dfrac{\Delta PD^2}{32\mu l}$

⑥ 손실수두 : $h_L = \dfrac{\Delta P}{\gamma}$

⑦ 수송동력 : $L_f = Q\gamma h_L = Q\Delta P$

⑧ 최대속도 : $U_{\max} = 2U$

여기서, τ : 관벽에 작용하는 전단응력
D : 관직경(m)
ΔP : 압력강하(N/m^2)
l : 관 길이(m)
r : 관의 반경(m)
r_1 : 관중심으로부터의 거리(m)
μ : 점성계수($N \cdot s/m^2$)
u_r : 관중심에 r만큼 떨어진 장소의 속도(m/s)
u : 관 속의 평균속도(m/s)
h : 손실수두(m)
γ : 유체 비중량(N/m^3)
L : 수송동력(N · m/s, W)
Q : 유량(m^3/s)
$U_{\max}$: 최대속도(관중심)(m/s)

⑨ 종합 공식(하겐-포아젤 방정식)

$$\Delta P = \gamma h_L = \frac{L_f}{Q} = \frac{4l\tau}{D} = \frac{32\mu l u}{D^2} = \frac{128\mu l Q}{\pi D^4} = \frac{4\mu l u_1}{(r^2 - {r_1}^2)}$$

예제 1. 평행평판 층류에서 평균속도가 20m/s일 때 최대속도는 몇 [m/s]인가?

풀이 $U_{max} = 1.5U = 1.5 \times 20\text{m/s} = 30\text{m/s}$

예제 2. 폭 2m, 길이 6m, 간격 2mm의 평판 사이로 동점성계수가 $0.01\text{m}^2/\text{s}$인 물이 7L/s로 흐를 때 압력강하는 몇 [kPa]인가?

- $b = 2\text{m}$
- $l = 6\text{m}$
- $h = 2 \times 10^{-3}\text{m}$
- $\nu = 0.01\text{m}^2/\text{s}$
- $Q = 7 \times 10^{-3}\text{m}^3/\text{s}$
- $\Delta P = ?$

풀이 $\Delta P = \dfrac{3\mu l Q}{2bh^3} = \dfrac{3\nu\rho l Q}{2bh^3}$

$= \dfrac{3 \times 0.01\text{m}^2/\text{s} \times 1000\text{kg/m}^3 \times 6\text{m} \times 7 \times 10^{-3}\text{m}^3/\text{s}}{2 \times 2\text{m} \times (2 \times 10^{-3}\text{m})^3}$

$= 3.94 \times 10^7\text{kg/m} \cdot \text{s}^2 = 3.94 \times 10^7\text{N/m}^2 = 3.94 \times 10^4\text{kPa}$

예제 3. 원관 속을 흐르는 층류에 관한 힘의 평형방정식을 나타내시오. (단, 관의 시작점 단면적을 A_1, 끝점 단면적을 A_2로 표시한다.)

풀이 $P\pi r^2 = (P + dP)\pi r^2 - \tau \cdot 2\pi r \cdot dl = 0$에서

$P_1 A_1 = (P + dP)\pi r^2 + \tau \cdot 2\pi r \cdot dl \; (P\pi r^2 = P \cdot A)$

예제 4. 직경 300mm인 수평원관 속에 물이 층류로 흐른다. 길이 50m에 대해 압력강하가 100kPa이라면 관벽에서의 전단응력은 몇 $[\text{N/m}^2]$인가?

- $D = 0.3\text{m}$
- $l = 50\text{m}$
- $\Delta P = 100 \times 10^3\text{N/m}^2$
- $\tau = ?$

풀이 $\Delta P = \dfrac{4l\tau}{D}$에서

$\tau = \dfrac{\Delta P \cdot D}{4l} = \dfrac{100000\text{N/m}^2 \times 0.3\text{m}}{4 \times 50\text{m}} = 150\text{N/m}^2 = 0.15\text{kPa}$

TiP 참고사항입니다.

1. 물질의 밀도 ρ(S=비중)
   - ㉠ $1000S(\text{kg/m}^3)$ … 기본유도단위
   - ㉡ $1000S(\text{N} \cdot \text{s}^2/\text{m}^4)$ … 조립유도단위
   - ㉢ $1S(\text{kN} \cdot \text{s}^2/\text{m}^4)$ … 조립유도단위(킬로단위)
   - ㉣ $102S(\text{kgf} \cdot \text{s}^2/\text{m}^4)$ … 중력단위
2. 물질 비중량 γ
   - ㉠ $9800S(\text{kg/m}^2 \cdot \text{s}^2)$ … 기본유도단위
   - ㉡ $9800S(\text{N/m}^3)$ … 조립유도단위
   - ㉢ $9.8S(\text{kN/m}^3)$ … 조립유도단위(킬로단위)
   - ㉣ $1000S(\text{kgf/m}^3)$ … 중력단위

예제 5. 직경 10cm, 관길이 30m인 수평원관 속을 비중이 0.75인 기름이 3L/s의 유량으로 흐르고 있다. 압력강하가 4kgf/cm^{2}이라면 이 기름의 점성계수는 몇 [kgf · s/m^2]인가? (단, $\pi=3.14$이다.)

- $D=0.1\text{m}$
- $l=30\text{m}$
- $\gamma=750\text{kgf/m}^3$
- $Q=3\times10^{-3}\text{m}^3/\text{s}$
- $\Delta P=4\times10^4\text{kgf/m}^2$

풀이 $\Delta P=\dfrac{128\mu l Q}{\pi D^4}$에서

$$\therefore\ \mu=\frac{\Delta P\cdot\pi D^4}{128\cdot l\cdot Q}=\frac{4\times10^4\text{kgf/m}^2\times\pi\times(0.1\text{m})^4}{128\times30\text{m}\times3\times10^{-3}\text{m}^3/\text{s}}=1.09\text{kgf}\cdot\text{s/m}^2$$

예제 6. 동점성계수가 2.5×10^{-4}m^2/s, 비중이 0.9인 오일을 600m 떨어진 곳에 직경 90mm인 수평원관을 통하여 수송하고자 할 때 유량이 0.04m^3/s라 한다면 수송동력은 몇 [kW]인가? (단, $\pi=3.14$이다.)

- $\nu=2.5\times10^{-4}\text{m}^2/\text{s}$
- $s=0.9$
- $\rho=900\text{N}\cdot\text{s}^2/\text{m}^4$
- $l=600\text{m}$
- $D=90\times10^{-3}\text{m}$
- $Q=0.04\text{m}^3/\text{s}$

풀이 $\dfrac{L_f}{Q}=\dfrac{128\mu l Q}{\pi D^4}$에서

$$\therefore\ L_f=\frac{128\mu l Q^2}{\pi D^4}=\frac{128\nu\rho l Q^2}{\pi D^4}$$

$$=\frac{128\times2.5\times10^{-4}\text{m}^2/\text{s}\times0.9\text{kN}\cdot\text{s}^2/\text{m}^4\times600\text{m}\times0.04^2\text{m}^3/\text{s}}{\pi(90\times10^{-3}\text{m})^4}$$

$$=134.2\text{kN}\cdot\text{m/s}=134.2\text{kW}$$

$$\gamma=\rho g=\frac{1}{V_s}=\gamma_w\cdot s\text{에서}$$

$$\rho=\frac{\gamma_w\cdot s}{g}=\frac{9.8\text{kN/m}^3\times0.9}{9.8\text{m/s}^2}=0.9\text{kN}\cdot\text{s}^2/\text{m}^4$$

예제 7. [예제 6]에서 이 오일이 관벽에 미치는 전단응력은 몇 [kPa]인가?

풀이 $\dfrac{L_f}{Q}=\dfrac{4l\tau}{D}$에서

$$\therefore\ \tau=\frac{L_f\cdot D}{Q\cdot4\cdot l}=\frac{134.2\text{kN}\cdot\text{m/s}\times0.09\text{m}}{0.04\text{m}^3/\text{s}\times4\times600\text{m}}=0.126\text{kN/m}^2=0.126\text{kPa}$$

04 난류

(1) 난류의 유체속도 표시

① x방향 속도 : u'

② y방향 속도 : v'

③ 평균값 : $\overline{u'v'}$

난류는 흐름이 불규칙하여 흐르는 방향을 x, y성분으로 구분한다.

(2) 난류의 전단응력(τ_a)

① 관벽에서의 난류전단응력

τ_a = 층류전단응력 + 레이놀즈영역

$$= \mu\frac{du}{dy} + (-\rho\overline{u'v'}) = \mu\frac{du}{dy} + \eta\frac{du}{dy} = (\mu+\eta)\frac{du}{dy}$$

여기서, η : 와점성계수(N · s/m²)

② 관벽을 제외한 부분의 난류전단응력

$\tau_a = \eta\frac{du}{dy} = -(\rho\overline{u'v'})$ 레이놀즈 응력만으로 표시한다.

(3) 원관 속의 속도분포

$$u_y = u_{\max}\left(\frac{y}{r}\right)^{\frac{1}{7}} = u_x\left(2.5\ln\frac{u_x \cdot y}{\nu} + 5.5\right)$$

$$u_x = \sqrt{\frac{\tau_0}{\rho}} = k \cdot y\frac{du}{dy}$$

여기서, u_y : y점에서의 속도(m/s)

$u_{\max}$: 관중심에서의 최대속도(m/s)

y : 관벽으로부터 떨어진 거리(m)

r : 관의 반지름(m)

u_x : 마찰속도(m/s), 마찰계수

τ_0 : 관벽에서의 전단응력(N/m², Pa)

예제 1. 직경(내경) 300mm인 원관 속을 난류로 물이 흐를 때 중심의 최대속도가 18m/s라면 관벽에서 30mm 떨어진 곳의 속도는 몇 [m/s]인가?

풀이 $U_y = U_{\max}\left(\frac{y}{r}\right)^{\frac{1}{7}} = 18\text{m/s}\times\left(\frac{0.03}{0.15}\right)^{\frac{1}{7}} = 14.3\text{m/s}$

예제 2. 관벽에서 전단응력이 1.5×10⁵Pa인 수관의 마찰속도는 얼마인가?

풀이 마찰속도$(U_x)=\sqrt{\frac{\tau_o}{\rho}}=\frac{1.5\times10^5\text{N/m}^2}{1000\text{N}\cdot\text{s}^2/\text{m}^4}=12.25\text{m/s}$

예제 3. 동점성계수가 1.6×10^{-6}m²/s인 오일이 난류를 흐를 때 관벽에서 4cm 떨어진 곳의 유속은 몇 [m/s]인가? (단, 마찰속도는 0.3m/s라고 한다.)

풀이 $U_y=U_x\left(2.5\ln\frac{U_x\cdot Y}{\nu}+5.5\right)=0.3\times\left(2.5\times\ln\frac{0.3\times0.04}{1.6\times10^{-6}}+5.5\right)=8.342\text{m/s}$

05 유체경계층

(1) 유체경계층의 정의

① 평판 위에 유체가 흐를 때 점성력의 영향을 받는 부분이 경계층이다.

② 경계층 밖에서는 비점성 유동을 한다.

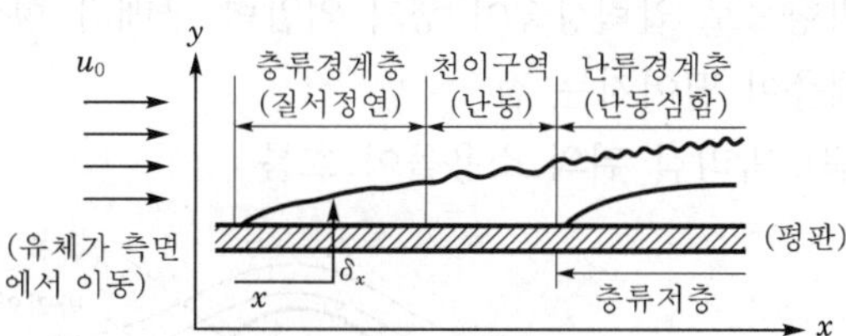

• 순서 : 층류경계층 – 천이구역 – 난류경계층

x : 선단으로부터 떨어진 거리

δ_x : 경계층 두께(자유흐름속도 u_0의 99%가 되는 점)

층류저층 : 난류경계층 경계면에 인접 층류막

(2) 속도와의 관계

$$u=0.99u_0$$

여기서, u : 경계층 내에서의 최대속도(m/s)

u_0 : 경계층 밖의 자유흐름속도(m/s)

(3) 평판에서의 x만큼 떨어진 레이놀즈수(Re)

① $Rex=\frac{\rho u_0 x}{\mu}=\frac{u_0 x}{\nu}$

여기서, ρ : 유체밀도(kg/m³, kgf·s²/m⁴, N·s²/m⁴)

x : 선단으로부터 떨어진 거리(m)

μ : 점성계수(kgf·s/m², N·s/m²)

ν : 동점성계수(m²/s)

② 층류 : 유체의 $Re < 5\times10^5$

③ 난류 : 유체의 $Re > 5\times10^5$

평판의 임계 $Re = 5\times10^5$(천이구역 없음)

(4) 경계층 두께(δ)

자유흐름속도(u_0)의 99%가 되는 점

① 층류 : $\delta_{층} = \dfrac{4.64x}{\sqrt{Rex}} \doteqdot \dfrac{5x}{\sqrt{Rex}}$ → 층류경계층 두께는 $Re^{-\frac{1}{2}}$에 비례, $x^{\frac{1}{2}}$에 비례

② 난류 : $\delta_{난} = \dfrac{0.376x}{\sqrt[5]{Rex}}$ → 난류경계층 두께는 $Re^{-\frac{1}{5}}$에 비례, $x^{\frac{4}{5}}$에 비례

(5) 경계층의 박리 현상

① 현상 : 유체가 고체의 곡면을 따라 흐르는 경우 하류방향으로 들어설 때 어느 점에서 고체표면으로부터 경계층이 떨어지게 되며, 그 뒤에 박리역과 후류가 발생한다.

② 원인 : 하류방향으로 압력상승이 생겨 역압력 구배가 형성된다.

③ 박리점 : 경계층이 떨어지는 점

④ 박리역과 후류 : 박리점 뒤의 소용돌이 흐름

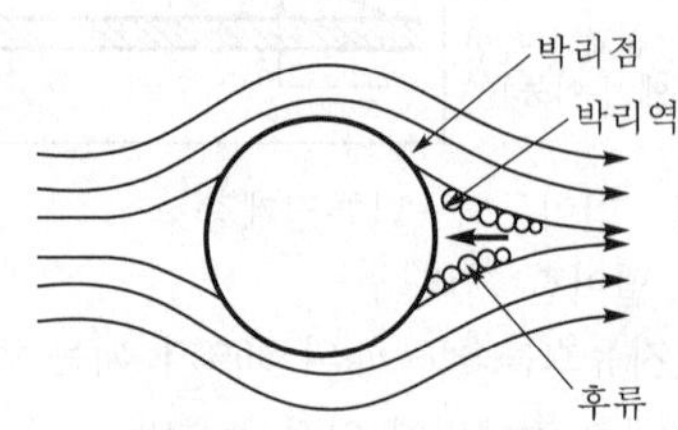

예제 1. 경계층 밖의 자유흐름속도가 15m/s일 때 경계층 내에서의 최대속도는 몇 [m/s]인가?

풀이 $u = 0.99u_o = 0.99\times15\text{m/s} = 14.85\text{m/s}$

예제 2. 동점성계수가 $1.1\times10^{-6}\text{m}^2/\text{s}$인 물이 평판 위를 20m/s로 흐른다. 선단으로부터 50cm인 곳의 경계층의 두께는 몇 [cm]인가?

풀이 먼저 층류와 난류를 구분

$$Rex = \frac{\rho u_o x}{\mu} = \frac{u_o x}{\nu} = \frac{20\text{m/s}\times0.5\text{m}}{1.1\times10^{-6}\text{m}^2/\text{s}} = 9.09\times10^6 \cdots (5\times10^5\text{보다 크므로 난류})$$

$$\therefore\ \delta_{난류} = \frac{0.376x}{\sqrt[5]{Rex}} = \frac{0.376\times0.5}{\sqrt[5]{9090909}} = 0.00763\text{m} = 0.763\text{m}$$

06 항력과 양력

(1) 정의

유동하고 있는 유체 속에 물체를 놓았을 때 물체에 작용하는 힘을 2차원으로 분류하여 놓은 힘

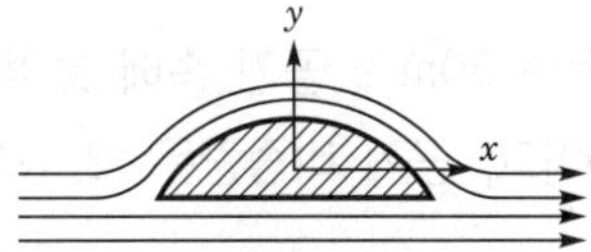

(2) 항력

① 위 그림의 x방향의 힘. 즉, 유체의 유동방향으로 작용하는 힘

② 항력

$$D_R = C_D \frac{\rho A U^2}{2} = C_R \frac{\gamma A U^2}{2g}$$

여기서, D_R : 항력(kgf, N, kg · m/s²)

C_D : 항력계수

ρ : 유체의 밀도(kg/m³, kgf · s²/m⁴, N · s²/m⁴)

A : 물체의 투영면적(m²)

u : 유체의 속도(m/s)

γ : 유체의 비중량(kgf/m³, N/m³, kg/m²s²)

(3) 양력

① 위 그림의 y방향의 힘. 즉, 유체의 유동과 직각방향으로 작용하는 힘

② 양력

$$LI = C_L \frac{\rho A U^2}{2} = C_F \frac{\gamma A U^2}{2g}$$

여기서, C_L : 양력계수

(4) Stokes의 법칙

구에 점성, 비압축성 유체의 유동이 작용할 때 $Re \leq 1$이라는 조건하에서의 법칙

$$\text{항력}(D) = 3\pi \mu u d$$

여기서, d : 구의 지름(m)

μ : 유체의 점성계수(N · s/m²)

u : 구의 상대(낙하)속도(m/s)

(5) 동력과의 관계

동력 $P(\text{kgf}\cdot\text{m/s})=$항력 $R(\text{kgf})\times$속도 $u(\text{m/s})$

$$P(\text{W})=\text{항력 } R(\text{N})\times\text{속도 } u(\text{m/s})=F(\text{N})\times(\text{m/s})\times\alpha \ \cdots \ \alpha=\frac{\text{항력}}{\text{양력}}$$

예제 1. 직경 15mm인 구가 풍속 30m/s 공기 속에 놓여있을 때 구가 받는 항력은 몇 [N]인가? (단, 항력계수는 0.55이고, 공기 비중량은 12.1N/m^3, $\pi=3.14$이다.)

풀이 항력 $D_R=C_D\dfrac{\rho A u^2}{2}=C_D\dfrac{\gamma A u^2}{2g}=0.55\times\dfrac{12.1\text{N/m}^3\times\dfrac{\pi\times0.015^2}{4}\times30^2}{2\times9.8\text{m/s}^2}=0.054\text{N}$

예제 2. 위의 구의 항력에 대한 동력은 몇 kW인가?

풀이 $L_w=D_{R(\text{N})}\times u=0.054\text{N}\times30\text{m/s}=1.62\text{N}\cdot\text{m/s}=1.62\text{W}=1.62\times10^{-3}\text{kW}$

예제 3. 길이 1.5m, 폭 2m인 평판이 공기 속을 10m/s로 날고 있다. 항력계수는 0.15, 양력계수를 0.68이라고 할 때 판에 작용하는 합력 N과 합력의 작용방향을 구하시오. (단, 공기의 밀도는 1.29kg/m^{3}이다.)

풀이
- 항력 $D_R=C_D\dfrac{\rho A u^2}{2}=0.15\times\dfrac{1.29\times(1.5\times2)\times10^2}{2}=29\text{N}$
- 양력 $L_l=C_L\dfrac{\rho A u^2}{2}=0.68\times\dfrac{1.29\times(1.5\times2)\times10^2}{2}=131.6\text{N}$

① 합력 $F=\sqrt{{D_R}^2+{L_l}^2}=\sqrt{29^2+131.6^2}=134.8\text{N}$

② 방향 $\theta=\tan^{-1}=\tan^{-1}\dfrac{131.6}{29}=77.6°$

예제 4. [예제 3]의 손실동력은 몇 PS인가?

풀이 손실력=항력이므로 손실동력 항력×속도가 된다.

∴ 손실동력

$F_L=29\text{N}\times10\text{m/s}=290\text{N}\cdot\text{m/s}=290\text{N}\cdot\text{m/s}=0.29\text{kW}$

$F_L(\text{PS})=0.29\times1.36\text{PS/kW}=0.394\text{PS}$

참고 동력의 환산

$1\text{kW}=1\text{kJ/s}=1\text{kN}\cdot\text{m/s}=102\text{kgf}\cdot\text{m/s}=0.24\text{kcal/s}=1.36\text{PS}=0.95\text{BTU/s}$

예제 5. 중량 15000kgf의 비행기가 300km/h의 속도로 비행할 때의 소요동력은 몇 [kW]인가? (단, 이때 양력과 항력의 비는 5이다.)

풀이 $L(\text{kW})=F\cdot u\cdot\alpha=D_R\cdot u\cdots$

여기서, F : 비행물체의 중량(kN)

u : 비행속도(m/s)

α : $\dfrac{\text{항력}}{\text{양력}}$

D_R : 항력(kN)

∴ $L(\text{kW})=\dfrac{15000}{102}\text{kN}\times300\times10^3/3600\times\dfrac{1}{5}=2451\text{kW}$

Chapter 5 ••• 점성유체의 유동

출/제/예/상/문/제

01 두 개의 평행평판 사이에 유체가 층류로 흐를 때 전단응력은?

① 중심에서 0이고 전단응력의 분포는 포물선 형태를 갖는다.
② 단면 전체에 걸쳐 일정하다.
③ 평판의 벽에서 0이고 중심까지의 거리에 비례하여 증가한다.
④ 중심에서 0이고 중심에서 평판까지의 거리에 비례하여 증가한다.

• 전단응력의 분포

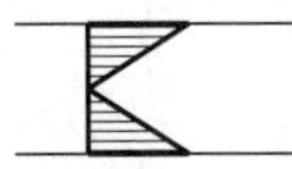

중심에서 0, 벽면에서 최대

• 속도분포

중심에서 최대 $U_{\max}=2u$, 벽면에서 0

02 유체유동에서 마찰로 일어난 에너지손실은?

① 유체의 내부에너지 증가와 계로부터 열전달에 의해 제거되는 열량의 합이다.
② 유체의 내부에너지와 운동에너지의 합의 증가로 된다.
③ 포텐셜에너지와 압축일의 합이 된다.
④ 엔탈피의 증가가 된다.

해설

관벽에서 발생된 마찰열은 안쪽으로는 유체의 내부에너지 증가(온도 증가), 외부로는 관으로의 열손실로 소모된다.

03 배관에 기체가 흐를 때 일어날 수 있는 과정이 아닌 것은?

① 등엔트로피 팽창 (Isentropic expansion)
② 단열마찰흐름 (Adiabatic friction flow)
③ 등압마찰흐름 (Isobaric friction flow)
④ 등온마찰흐름 (Isothermal friction flow)

해설

유체의 유동은 압력의 고저차에 의해 발생되므로 등압마찰흐름은 불가능하다.

04 비중이 0.85, 점도가 5cP인 유체가 인입유속 10cm/sec로 평판에 접근할 때 평판의 입구로부터 20cm인 지점에서 형성된 경계층의 두께는 몇 cm인가?(단, 층류흐름으로 가정하고 상수값은 5로 한다.)

① 1.25cm ② 1.71cm
③ 2.24cm ④ 2.78cm

평판경계층의 두께(δ)

층류 : $\dfrac{5x}{\sqrt{Rex}}$, 난류 : $\dfrac{1.16x}{\sqrt[5]{Rex}}$

여기서, x = 평판으로부터의 거리 : 0.2m

Rex = 평판의 레이놀즈 수 : $\dfrac{\rho ux}{\mu}$

$$\rho=\frac{\gamma_w\cdot s}{g}=\frac{9800\text{N/m}^3\times 0.85}{9.8\text{m/s}^2}=850\text{N}\cdot\text{s}^2/\text{m}^4$$

$u=10\text{cm/s}=0.1\text{m/s}$

$$\mu=5\text{cP}\Rightarrow 5\text{cP}\times\frac{1\text{Ns/m}^2}{1000\text{cP}}=0.005\text{Ns/m}^2$$

$$\therefore\ \delta=\frac{5x}{\sqrt{Rex}}=\frac{5x}{\sqrt{\frac{\rho ux}{\mu}}}=\frac{5\times0.2}{\sqrt{\frac{850\times0.1\times0.2}{0.005}}}=0.0171\text{m}=1.17\text{cm}$$

정답 01.④ 02.① 03.③ 04.②

05 내경이 10cm 원관을 비중이 0.8, 점도가 50cP인 비압축성 유체가 3.14kg/sec로 흐른다면 이 유체의 유속을 측정하기 위해서 유량계는 관입구에서 얼마 떨어진 곳에 설치해야 하는가?

① 1.5m ② 2m
③ 3m ④ 4m

해설

유량계의 측정위치

l=층류의 경우 : $0.05ReD$

난류의 경우 : 40~50D 우선 층

난류를 판단 $Re=\frac{\rho uD}{\mu}$에서

ρ=비중이 0.8이므로 800kg/m^3

D=0.1m

$u=\frac{Q}{\rho A}$ ⋯ Q는 질량유량(kg/s)

$=\frac{3.14}{800\times\frac{\pi}{4}0.1^2}=0.5\text{m/s}$

$\mu=50\text{cP}=0.05\text{kg/m}\cdot\text{s}$

$\therefore Re=\frac{800\times0.1\times0.5}{0.05}=800$ ⋯

2100 미만이므로 층류이다.

∴ 층류의 유량 측정거리

$l=0.05Re=0.05\times800\times0.1=4\text{m}$

참고 본 문제는 유량이 질량유량(3.14kg/s)으로 주어졌으므로 각 조건을 전부 절대단위로 통일하여 풀어야 원활하다.

1. 유체의 밀도(ρ)
   - SI MKS 단위계 : $\rho=1000s(\text{kg/m}^3)$
   - SI 조립단위계 : $\rho=\frac{9800s}{g}(\text{N}\cdot\text{s}^2/\text{m}^4)$
   - 중력 단위계 : $\rho=\frac{1000s}{g}(\text{kgf}\cdot\text{s}^2/\text{m}^4)$
2. 점성계수 μ : $1\text{kg/m}\cdot\text{s}=(\text{N}\cdot\text{s/m}^2)$
   $=0.102\text{kgf/s}\cdot\text{m}^2$
3. 유량
   - 체적유량 : $Q=Au$
   - 질량유량 : $Q=\rho Au$
   - 중량유량 : $Q=\gamma Au$

06 경계층에 대한 설명으로 옳지 않은 것은?

① 경계층 바깥층으로 흐름은 포텐셜 흐름으로 가정할 수 있다.
② 경계층의 형성은 압력 기울기, 표면조도, 열전도 등의 영향을 받는다.
③ 경계층 내에서는 점성의 영향이 크게 작용한다.
④ 경계층 내에서는 속도구배가 크기 때문에 마찰응력이 감소한다.

해설

- 경계층이란 유체의 점성력으로 인하여 마찰응력이 크게 발생되는 부분을 말한다.
- 경계층은 속도구배가 크고, 경계층 외부는 비점성 유체의 흐름(포텐셜 흐름)을 이룬다.
- 경계층은 층류경계층, 천이영역, 난류경계층으로 나눈다.
- 경계층의 두께 $\delta=(0.99u)y$이다.

07 뉴톤 유체(Newtonian fluid)가 원관 내를 층류흐름으로 흐르고 있다. 관 내의 최대속도 U_{max}와 평균속도 V와의 관계 $\frac{V}{U_{max}}$는?

① 2 ② 1
③ 0.5 ④ 0.1

해설

층류의 평균속도 U와 최대속도 U_{max}의 관계

U_{max} ─ 원관 : $2U$, 평판 : $1.5U$

난류의 $U_{max}=\frac{U_y}{\left(\frac{y}{r}\right)^{\frac{1}{7}}}$

여기서, y : 관벽으로부터의 거리(m)

U_y : y점에서의 속도(m/s)

08 어떤 내경이 10cm인 원관에 기름이($s=0.85$, $\nu=1.27\times10^{-4}\text{m}^2/\text{s}$), 유량은 0.01m^3/s으로 흐를 때 마찰계수는?

① 0.064 ② 0.64
③ 0.016 ④ 0.16

해설

관마찰계수(f)

층류 : $\frac{64}{Re}$, 난류 : $0.3164Re^{-\frac{1}{4}}$

우선층 난류 판단

$Re=\frac{\rho Du}{\mu}=\frac{Du}{\nu}=\frac{D\frac{Q}{A}}{\nu}$

$=\frac{\left(\frac{4\times0.01}{\pi0.1^2}\right)\times0.1}{1.27\times10^{-4}}=1003$ ⋯ 층류

$\therefore f=\frac{64}{Re}=\frac{64}{1003}=0.064$

정답 05.④ 06.④ 07.③ 08.①

09 25℃ 대기압에서 공기가 평판상을 25m/s의 속도로 흐를 때, 선단으로부터 2cm인 곳의 경계층의 두께는 얼마인가? (단, 공기의 동점성계수는 15.68×10^{-6}m²/s이고, 상수값은 4.65로 한다.)

① 0.32mm
② 0.52mm
③ 3.20mm
④ 5.20mm

해설

경계층 두께는 층류와 난류가 각각 다르므로 우선 층류, 난류로 구분한다.

$$Re=\frac{\rho ux}{\mu}=\frac{ux}{\nu}$$
$$=\frac{25\text{m/s}\times0.02\text{m}}{15.68\times10^{-6}\text{m}^2/\text{s}}=31887$$

평판의 임계 Re수인 5×10^5보다 작으므로 "층류"이다.

∴ 층류의 경계층 두께

$$\delta_1=4.65xRe^{-\frac{1}{2}}$$
$$=4.65\times0.02\times31887^{-\frac{1}{2}}$$
$$=5.2\times10^{-4}\text{m}=0.52\text{mm}$$

참고 난류의 경계층 두께 : $\delta_2=0.376xRe^{-\frac{1}{5}}$

10 비압축성 유체가 원형관에서 난류로 흐를 때 마찰계수와 레이놀즈 수의 관계는? (단, $Re=3\times10^3$ 이내일 때)

① 마찰계수는 레이놀즈 수에 비례한다.
② 마찰계수는 레이놀즈 수에 반비례한다.
③ 마찰계수는 레이놀즈 수의 $\frac{1}{4}$승에 비례한다.
④ 마찰계수는 레이놀즈 수의 $\frac{1}{4}$승에 반비례한다.

해설

관마찰계수(λ)

㉠ 층류의 경우 : $\lambda=\frac{64}{Re}$

㉡ 난류의 경우 : $\lambda=0.3164Re^{-\frac{1}{4}}$ … Re의 $\frac{1}{4}$승에 반비례한다.

11 물이 평균속도 4.2m/s로 100mm 지름 관로에서 흐르고 있다. 이 관의 길이 20m에서 손실된 헤드를 실험적으로 측정하였더니 4.8m이었다. 관의 마찰속도는?

① 0.20m/s ② 0.24m/s
③ 0.26m/s ④ 0.28m/s

해설

원관 속의 속도분포에서

마찰속도 $u_x=\sqrt{\frac{\tau_0}{\rho}}$

여기서, τ_0 : 관벽에서의 전단응력

$$\tau_0=\frac{\gamma\Delta hD}{4l}$$
$$=\frac{1000\times4.8\times0.1}{4\times20}=6\text{kgf/m}^2$$

ρ : 물의 밀도 102kgf·s²/m⁴

$$\therefore\ u_x=\sqrt{\frac{6}{102}}=0.243\text{m/s}$$

참고 원관 속의 종류

$$\Delta P=\gamma\Delta h=\frac{4l\tau_o}{D}=\frac{32\mu lu}{D^2}=\frac{128\mu lQ}{\pi D^4}$$

여기서, l : 관의 길이
τ_0 : 관벽에서의 전단응력(N/m², kgf/m²)
D : 관경(m)
μ : 점성계수(N·s/m², kgf·s/m²)
u : 평균속도(m/s)
Q : 유량(m³/s)

12 유체는 분자들 간의 응집력으로 인하여 하나로 연결되어 있어서 연속물질로 취급하여 전체의 평균적 성질을 취급하는 경우가 많다. 이와 같이 유체를 연속체로 취급할 수 있는 조건은? (단, l은 유동을 특정짓는 대표길이, λ는 분자의 평균자유행로이다.)

① $l\ll\lambda$
② $l\gg\lambda$
③ $l=\lambda$
④ l과 λ는 무관하다.

해설

연속체의 조건
- 분자 충돌시간이 매우 짧은 기체
- 분자간 응집력이 매우 큰 기체
- 평균 유동길이 $l\gg$분자간 자유행로 λ인 기체
- 대부분의 액체

정답 09.② 10.④ 11.② 12.②

13 평판에서 발생하는 층류 경계층의 두께 δ는 평판선단으로부터의 거리 x와 어떤 관계가 있는가?

① x에 반비례한다.

② $x^{\frac{1}{2}}$에 반비례한다.

③ $x^{\frac{1}{2}}$에 비례한다.

④ $x^{\frac{1}{3}}$에 비례한다.

해설

평판에서 경계층 두께(δ)

㉠ 층류

$$\delta = \frac{4.65x}{Rex^{\frac{1}{2}}} \alpha \frac{x}{x^{\frac{1}{2}}} = x^1 x^{-\frac{1}{2}} = x^{\frac{1}{2}} \text{ 에 비례}$$

㉡ 난류

$$\delta = \frac{0.376x}{Rex^{\frac{1}{5}}} \alpha \frac{x}{x^{\frac{1}{5}}} = x^1 x^{-\frac{1}{5}} = x^{\frac{4}{5}} \text{ 에 비례}$$

14 평균 풍속 10m/sec인 바람 속에 매끈한 평판을 바람과 평행으로 놓았을 때 평판의 선단으로부터 5cm 되는 곳에서의 레이놀즈 수는? (단, 동점성계수는 $0.156 \times 10^{-4} m^2/sec$이다.)

① 3.2×10^4 ② 6.4×10^8
③ 1.8×10^4 ④ 9.8×10^5

해설

$$Rex = \frac{10m/s \times 0.05m}{0.156 \times 10^{-4} m^2/s} = 32051 = 3.2 \times 10^4$$

15 경계층에 대한 설명으로 옳은 것은?

① 경계층 내의 속도구배는 경계층 밖에서의 속도구배보다 적다.

② 층류층의 두께는 $Re^{\frac{1}{5}}$에 비례한다.

③ 경계층 밖에서의 비점성유동이다.

④ 평판의 임계 레이놀즈 수는 2100과 4000이다.

해설

경계층

㉠ 점성력의 영향을 받는 관벽에 근접한 부분이다.

㉡ 종류는 층류경계층, 천이구역, 난류경계층이 있다.

㉢ 경계층의 두께는 층류 $\delta = 4.64xRe^{-\frac{1}{2}}$, 난류 $\delta = 0.376xRe^{-\frac{1}{5}}$

㉣ 경계층 내의 속도구배는 경계층 바깥보다 작다.

㉤ 경계층 밖에서는 비점성유동이다.

㉥ 평판의 임계 Re는 상임계, 하임계 구분없이 5×10^5이다.

16 상임계 레이놀즈 수란?

① 층류에서 난류로 변하는 레이놀즈 수

② 난류에서 층류로 변하는 레이놀즈 수

③ 등류에서 비등류로 변하는 레이놀즈 수

④ 비등류에서 등류로 변하는 레이놀즈 수

해설

- 상임계 $Re = 4000$, 층류 → 난류
- 하임계 $Re = 2100$, 난류 → 층류

정답 13.③ 14.① 15.③ 16.①

chapter 6 관로유동

제6장 관로유동 부분에서 중요 내용을 알려주세요.

제6장은 한국산업인력공단 출제기준의 유체 동역학의 두 손실(원형관, 비원형관, 부차적 손실, 기타 관로) 부분입니다.

01 원형관로의 압력손실

(1) 달시 방정식

① 곧고 긴 원관에서의 압력손실은 속도수두에 비례한다.

② 곧고 긴 원관에서의 압력손실은 관경에 반비례한다.

③ 압력손실

$$H_L = \lambda \frac{l}{D} \cdot \frac{u^2}{2g} = k \cdot \frac{u^2}{2g}$$

여기서, H_L : 압력손실(m)

k : 손실계수

λ : 관마찰계수

D : 관의 직경(m)

l : 관의 길이(l)

(2) 관마찰계수(λ)

① λ는 레이놀즈 수 Re와 상대조도(거칠기) $\frac{e}{D}$와의 함수이다.

② λ의 값

㉠ 층류의 경우($Re < 2100$) → $\lambda = \frac{64}{Re}$

㉡ 천이영역의 경우 → $\lambda = F\left(Re, \frac{e}{D}\right)$

㉢ 난류의 경우

- 매끄러운 관 → $\lambda = 0.3164Re^{-\frac{1}{4}}$
- 거친 관 → $\lambda = F\left(\frac{e}{D}\right)$

(3) 무디선도(표)

① 관의 종류(거칠기)와 직경 D로서 상대조도 $\frac{e}{D}$를 구한다.

② $\left(\frac{e}{D}\right)$와 Re로서 λ를 구한다.

(4) 종합 공식

① 달시 방정식

$$H_L = \lambda \frac{l}{D} \cdot \frac{u^2}{2g} = \lambda \frac{l}{D} \cdot \frac{\left(\frac{Q}{A}\right)^2}{2g} = \lambda \frac{l}{D} \cdot \frac{\left(\frac{Re \cdot \mu}{\rho D}\right)^2}{2g} = \lambda \frac{l}{D} \cdot \frac{\left(\frac{Re \cdot \nu}{D}\right)^2}{2g}$$

여기서, H_L : 관마찰손실수두(m)
λ : 관마찰계수(단위 없음)
l : 관 길이(m)
D : 관 직경(m)
u : 유속(m/s)
g : 중력가속도(9.8m/s^2)
Q : 유량(m^3/s)
A : 관 단면적(m^2)
Re : 레이놀즈 수(단위 없음)
μ : 점성계수(N · s/m^2, Pa · s, kg/m · s)
ρ : 밀도(N · s^2/m^4, kg/m^3)
ν : 동점성계수(m^2/s)

② 하겐-포아젤 방정식

$$\Delta P = \gamma h = \frac{L}{Q} = \frac{4l\tau}{D} = \frac{32\mu l u}{D^2} = \frac{128\mu l Q}{\pi D^4} = \frac{4\mu l u_r}{r^2 - dr^2}$$

여기서, ΔP : 관마찰손실(N/m^2, Pa)
γ : 유체 비중량(N/m^3)
h : 손실수두(m)
L : 동력(N · m/s, J/s, W)
τ : 전단응력(N/m^2, Pa)
r : 관 반경(m)
dr : 관중심에서의 이격거리(m)

u_r : dr 이격거리에서의 유속(m/s)
u : 평균유속(m/s)

③ 하겐-윌리엄 방정식

$$\Delta P = \frac{6.174 \times 10^5 \times Q^{1.85} \times l}{C^{1.85} \times D^{4.87}}$$

여기서, ΔP : 관마찰손실(kgf/cm²)
Q : 유량(L/min)
l : 관 길이(m)
C : 조도계수(단위 없음)
D : 관 직경(mm)

※ 하겐-윌리엄 방정식은 단위계수 변환 공식이므로 단위계산이 되지 않는다.

예제 1. 직경 12cm인 관 속에 비중 0.8, 동점성계수 1.25×10^{-4}인 기름이 0.011m³/s로 흐를 때 관마찰계수(λ)는 얼마인가? (단, $\pi = 3.14$이다.)

- $D = 0.12\text{m}$
- $s = 0.8$
- $\nu = 1.25 \times 10^{-4}\text{m}^2/\text{s}$
- $Q = 0.011\text{m}^3/\text{s}$
- $\lambda = ?$

풀이 먼저 Re를 구하여 층, 난류를 구분한다.

$$Re = \frac{uD}{\nu} = \frac{\left(\frac{Q}{A}\right) \cdot D}{\nu} = \frac{\left(\frac{Q}{\pi r^2}\right) \cdot D}{\nu} = \frac{\left(\frac{0.011}{\pi \times 0.06^2}\right) \cdot 0.12}{1.25 \times 10^{-4}} = 934.18$$

$934 < 2100 \cdots$ 층류이므로

$$\therefore \lambda = \frac{64}{Re} = \frac{64}{934.18} = 0.0685$$

예제 2. 직경 5cm인 매끈한 관에 $\nu = 1.5 \times 10^{-5}\text{m}^2/\text{s}$인 공기가 0.5m/s로 흐른다. 관 100m에 대한 손실수두는 몇 [m]인가?

- $D = 0.05\text{m}$
- $\nu = 1.5 \times 10^{-5}\text{m}^2/\text{s}$
- $u = 0.5\text{m/s}$
- $l = 100\text{m}$
- $h_L = ?$

풀이 먼저 층류, 난류를 판단한다.

$$Re = \frac{uD}{\nu} = \frac{0.5 \times 0.05}{1.5 \times 10^{-5}} = 1667 \cdots 2100 \text{ 이하이므로 층류}$$

$$\lambda = \frac{64}{1667}$$

$$\therefore \text{손실수두 } H_L = \lambda \frac{l}{D} \cdot \frac{u^2}{2g} = \frac{64}{1667} \times \frac{100}{0.05} \times \frac{0.5^2}{2 \times 9.8} = 0.98\text{m}$$

예제 3. 직경 6cm인 매끈한 관에 동점성계수가 $1.2\times10^{-6}m^2/s$인 공기가 1.5m/s로 흐른다. 길이 130m에 대한 손실수두는 얼마인가?

- $D=0.06m$
- $\nu=1.2\times10^{-6}m^2/s$
- $u=1.5m/s$
- $l=130m$
- $H_L=?$

풀이 층 · 난류 판단

$$Re=\frac{uD}{\nu}=\frac{1.5\times0.06}{1.2\times10^{-6}}=75000 \cdots\ 4000\ \text{이상이므로 난류}$$

$$\lambda=0.3164\,Re^{-\frac{1}{4}}=0.3164\times75000^{-\frac{1}{4}}=0.0191$$

$$\therefore\ H_L=\lambda\frac{l}{D}\cdot\frac{u^2}{2g}=0.0191\times\frac{130}{0.06}\times\frac{1.5^2}{2\times9.8}=4.75m$$

예제 4. 직경 30cm, 길이 3000m의 관 속을 점성계수가 $1.05\times10^{-2}kg/ms$, 비중 0.85인 기름이 $1.6\times10^{-2}m^3/s$로 흐를 때의 압력손실은 몇 $[kg/m\cdot s^2]$인가? (단, $\pi=3.14$이다.)

- $D=0.3m$
- $l=3000m$
- $\mu=1.05\times10^{-2}kg/m\cdot s$
- $s=0.85$
- $Q=1.6\times10^{-2}m^2/s$
- $H_L=?$

풀이 층 · 난류 판단

$$Re=\frac{\rho uD}{\mu}=\frac{850kg/m^3\times\left(\dfrac{1.6\times10^{-2}m^3/s}{\pi/4\times0.3^2m^2}\right)\times0.3m}{1.05\times10^{-2}kg/m\cdot s}=5496\ \cdots\ 4000\ \text{이상이므로 난류}$$

$$\therefore\ \text{압력손실}\ H_l=\frac{P}{\gamma}=\lambda\frac{l}{D}\cdot\frac{u^2}{2g}\ \text{에서}$$

$$\therefore\ P=\lambda\frac{l}{D}\cdot\frac{u^2}{2g}\cdot\gamma=0.3164\times5496^{-\frac{1}{4}}\times\frac{3000}{0.3}\times\frac{\left(\dfrac{1.6\times10^{-2}}{4^{-1}\pi0.3^2}\right)^2}{2\times9.8}\times8330=8000kg/m\cdot s^2$$

참고 $[kg/m\cdot s^2]$ … 압력의 기본유도단위, $1kg/m\cdot s^2=1P$

예제 5. 내경 6mm인 원관 속을 점성계수 70cP, 비중 0.8인 기름이 흐르고 있다. $Re=240$일 때, 관길이 1m당 압력손실은 몇 [kPa]인가?

- $D=0.006m$
- $\mu=70cP=0.7P=0.07N\cdot s/m^2$
- $s=0.8$
- $\rho=800N\cdot s^2/m^4$
- $Re=240$
- $l=1m$
- $\Delta P=?$

풀이 $\therefore$ 압력손실 $\Delta P=\gamma h=\gamma\cdot\lambda\frac{l}{D}\cdot\frac{u^2}{2g}$

여기서, $\gamma=9800\times0.8N/m^3$

$$\lambda=\frac{64}{240}=0.267\left(\because\ \text{층류의}\ \lambda=\frac{64}{Re}\right)$$

$$u=\frac{Re\cdot\mu}{\rho D}=\frac{240\times0.07N\cdot s/m^2}{800N\cdot s^2/m^4\times6\times10^{-3}m}=3.5m/s$$

$$=9800\times0.8\times0.267\times\frac{1}{6\times10^{-3}}\times\frac{3.5^2}{2\times9.8}=218050N/m^2=218.05kPa$$

예제 6. [그림]과 같은 관 속에 물이 흐를 때 유량이 0.5m³/s, 관의 직경이 35cm이라면 P_2의 압력은 몇 [kPa]인가? (단, 관마찰계수는 0.02이며, $\pi=3.14$이다.)

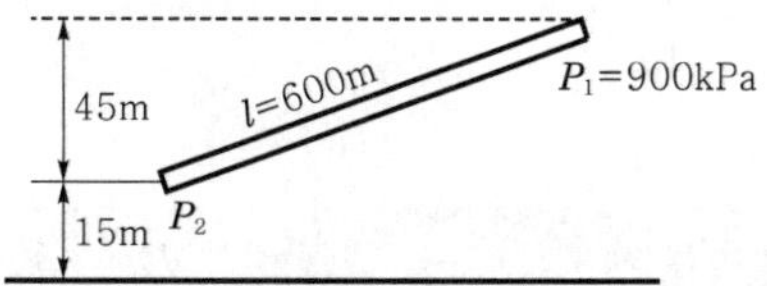

- $Q=0.5\text{m}^3/\text{s}$
- $D=0.35\text{m}$
- $\lambda=0.02$
- $l=600\text{m}$
- $P_1=900\text{kPa}$
- $P_2=?$

풀이 압력손실

$$H_L=\lambda\frac{l}{D}\cdot\frac{u^2}{2g}=\lambda\frac{l}{D}\cdot\frac{\left(\frac{Q}{A}\right)^2}{2g}=0.02\times\frac{600}{0.35}\times\frac{\left(\frac{0.5}{\pi/4\times0.35^2}\right)^2}{2\times9.8}=47.29\text{m}$$

P_1점과 P_2점의 높이 차이가 있으므로 베르누이 방정식 이용

$$\frac{{u_1}^2}{2g}+\frac{P_1}{\gamma}+Z_1=\frac{{u_2}^2}{2g}+\frac{P_2}{\gamma}+Z_2+H_L \text{에서}$$

$$\therefore\ P_2=\left\{\left(\frac{{u_1}^2-{u_2}^2}{2g}\right)+\frac{P_1}{\gamma}+(Z_1-Z_2)-H_L\right\}\cdot\gamma$$

$$=\left(\frac{P_1}{\gamma}+Z_1-Z_2-H_L\right)\gamma\cdots\ (\because u_1=u_2)$$

$$=\left(\frac{900\text{kN/m}^2}{9.8\text{kN/m}^3}+60-15-47.29\right)\times9.8\text{kN/m}^3$$

$$=877.558\text{kN/m}^2=877.558\text{kPa}$$

02 비원형관의 압력손실

비원형관의 압력손실 계산 시 원형관의 직경 D 대신 대입할 수 있는 것으로서 수력반경 R_h를 사용한다.(R_h는 관의 단면적과 관둘레의 비이다.)

(1) 수력반경(R_h)

① 원형관의 $R_h=\dfrac{\frac{\pi D^2}{4}}{\pi D}=\dfrac{D}{4}$

여기서, D : 원형관의 직경(m)
a : 직사각형의 가로길이(m)
b : 직사각형의 세로길이(m)
a : 정사각형의 한 변의 길이(m)

② 직사각형의 $R_h = \dfrac{ab}{2(a+b)}$

③ 정사각형의 $R_h = \dfrac{a^2}{4a}$

④ 종합정리

$$\text{수력반경 } R_h = \frac{D}{4} = \frac{a}{4} = \frac{ab}{2(a+b)}$$

(2) 달시 방정식과의 관계

$$H_L = \lambda \frac{l}{D} \cdot \frac{u^2}{2g} = \lambda \frac{l}{4R_h} \cdot \frac{u^2}{2g}$$

여기서, H_L : 압력손실(m)

λ : 관마찰계수

(3) Re와의 관계

$$Re = \frac{\rho u D}{\mu} = \frac{\rho u \cdot 4R_h}{\mu} = \frac{u \cdot 4R_h}{\nu}$$

(4) 상대조도와의 관계

$$\frac{e}{D} = \frac{e}{4R_h}$$

여기서, e : 절대조도(m)

D : 관직경(m)

예제 1. 한 변이 5cm인 정사각형 관에서 절대조도가 7mm라면 상대조도는 얼마인가?

풀이 $\dfrac{e}{D} = \dfrac{e}{a} = \dfrac{0.007\text{m}}{0.05\text{m}} = 0.14$

예제 2. 한 변이 40cm인 정사각형 관 속을 비중 0.9인 오일이 6m/s로 흐른다. 120m당 압력손실은 몇 [kPa]인가? (단, 관마찰계수는 10.020이라고 한다.)

- $a = 0.4\text{m}$
- $s = 0.9$
- $u = 6\text{m/s}$
- $l = 120\text{m}$
- $\lambda = 0.02$
- $\Delta P = ?$

풀이 압력손실$(H_L) = \lambda \dfrac{l}{D} \cdot \dfrac{u^2}{2g} = \dfrac{\Delta P}{\gamma}$에서

$$\Delta P = \lambda \frac{l}{D} \cdot \frac{u^2}{2g} \cdot \gamma$$

D 대신 a를 사용하면

$$\therefore \ \Delta P = \lambda \frac{l}{a} \cdot \frac{u^2}{2g} \cdot \gamma = 0.02 \times \frac{120}{0.4} \times \frac{6^2}{2 \times 9.8} \times 9.8 \times 0.9 = 97.2\text{kPa}$$

예제 3. 단면적이 같은 원형관과 정사각형관에서 같은 압력구배로 물이 흐를 때 원형관과 정사각형관의 유량비는 얼마인가?

풀이 $\dfrac{Q_2}{Q_1}=\dfrac{A_2u_2}{A_1u_1}$ 에서 $A_1=A_2$이므로 $\dfrac{Q_2}{Q_1}=\dfrac{u_2}{u_1}$

압력손실$(H_L)=\lambda\dfrac{l}{D}\cdot\dfrac{u_1^2}{2g}=\lambda\dfrac{l}{a}\cdot\dfrac{u_2^2}{2g}$ 에서

$$\frac{u_2}{u_1}=\left(\frac{a}{D}\right)^{\frac{1}{2}}=\left(\frac{\sqrt{A}}{\sqrt{\frac{4A}{\pi}}}\right)^{\frac{1}{2}}=\left(\frac{\pi}{4}\right)^{\frac{1}{4}}=0.9413 \ \cdots \ \text{속도비}$$

즉, 원형관과 정사각형관의 유량비는 1 : 0.9413이다.

예제 4. 압력이 110kPa, 온도는 20℃인 공기가 3m/s로 50cm×40cm의 사각관 속을 400m 지날 때 Re는 얼마인가? (단, 공기의 점성계수는 18.5×10^{-6}kg/m · s이다.)

- $P=110\text{kPa}=1.1\times10^5\text{N/m}^2$
- $T=20°\text{C}=293\text{K}$
- $u=3\text{m/s}$
- $a=0.5\text{m}$
- $b=0.4\text{m}$
- $l=400\text{m}$
- $\mu=18.5\times10^{-6}\text{kg/m}\cdot\text{s}$

풀이 $Re=\dfrac{\rho uD}{\mu}=\dfrac{\rho u\left(\frac{2ab}{a+b}\right)}{\mu}$

$P=\rho gRT$ 에서

$$\rho=\frac{P}{gRT}=\frac{1.1\times10^5\text{N/m}^2}{9.8\text{m/s}^2\times\frac{848}{29}\text{N}\cdot\text{m/N}\cdot\text{K}\times293\text{K}}=1.31\text{N}\cdot\text{s}^2/\text{m}^4=1.31\text{kg/m}^3$$

$$\therefore\ Re=\frac{1.31\text{kg/m}^3\times3\text{m/s}\times\left(\frac{2\times0.5\times0.4}{0.5+0.4}\right)\text{m}}{18.5\times10^{-6}\text{kg/m}\cdot\text{s}}=94414$$

예제 5. 위 문제에서 관마찰계수 $\lambda=1.98\times10^{-2}$이라면 손실수두는 얼마인가?

풀이 $H_L=\lambda\dfrac{l}{D}\cdot\dfrac{u^2}{2g}=\lambda\dfrac{l}{\frac{2ab}{a+b}}\cdot\dfrac{u^2}{2g}=1.98\times10^{-2}\times\dfrac{400}{\frac{2\times0.5\times0.4}{0.5+0.4}}\times\dfrac{3^2}{2\times9.8}=8.18\text{m}$

03 부차적 손실

배관의 유체유동에 있어서 단면변화나 각도변화 등이 있을 때 생기는 압력손실을 통틀어 부차적 손실이라 하며, 부차적 압력손실 $H_L=k\cdot\dfrac{u^2}{2g}$으로 표시하고 k를 부차적 손실계수라 한다.

(1) 돌연확대관의 손실

2개의 유속수두 차이이다.

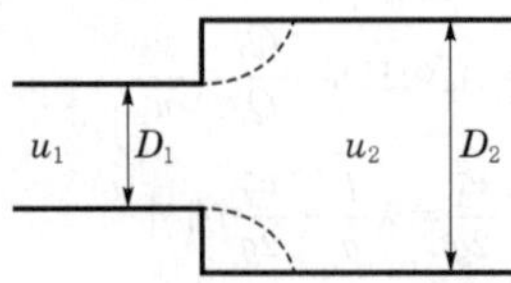

$$H_L = k\frac{u_1^2}{2g} = \frac{(u_1 - u_2)^2}{2g} = \left\{1 - \left(\frac{D_1}{D_2}\right)^2\right\}^2 \cdot \frac{u_1^2}{2g}$$

여기서, $k = \left\{1 - \left(\frac{D_1}{D_2}\right)^2\right\}^2$ 을 "돌연확대관 손실계수"라 한다.

TiP 참고사항입니다.

$A_1 u_1 = A_2 u_2$ 에서

$u_2 = \left(\frac{A_1}{A_2}\right)u_1 = \left(\frac{D_1}{D_2}\right)^2 u_1$

$\left(\because \ \frac{(u_1 - u_2)^2}{2g} = \frac{\left[u_1 - \left(\frac{D_1}{D_2}\right)^2 u_1\right]^2}{2g} = \frac{\left\{u_1\left[1 - \left(\frac{D_1}{D_2}\right)^2\right]\right\}^2}{2g} = \frac{{u_1}^2\left[1 - \left(\frac{D_1}{D_2}\right)^2\right]^2}{2g}\right)$

(2) 돌연축소관의 손실

유체축소부와 축소관에서의 유속수두 차이이다.

$U_c \cdot A_c$

$U_1 \cdot A_1$　　$U_2 \cdot A_2$

$$H_L = k\frac{{u_2}^2}{2g} = \frac{(u_c - u_2)^2}{2g} = \left(\frac{1}{\frac{A_c}{A_2}} - 1\right)^2 \cdot \frac{{u_2}^2}{2g} = \left(\frac{1}{C_c} - 1\right)^2 \cdot \frac{{u_2}^2}{2g}$$

여기서, $k = \left(\frac{1}{\frac{A_c}{A_2}} - 1\right)^2 = \left(\frac{1}{C_c} - 1\right)^2$ 을 "돌연축소관 손실계수"라 한다.

또 C_c를 수축계수라 한다.

TIP 참고사항입니다.

$A_c U_c = A_2 U_2$ 에서

$$U_c = \frac{A_2 \cdot u_2}{A_c}$$

$$H_L = \frac{(u_c - u_2)^2}{2g} = \frac{\left(\frac{A_2 u_2}{A_c} - u_2\right)^2}{2g} = \frac{\left[\frac{(A_2 - A_c)u_2}{A_c}\right]^2}{2g}$$

$$= \frac{\left(\frac{A_2}{A_c} - 1\right)^2 {u_2}^2}{2g} = \left(\frac{A_2}{A_c} - 1\right)^2 \cdot \frac{u_2^2}{2g} = \left(\frac{1}{\frac{A_c}{A_2}} - 1\right)^2 \cdot \frac{{u_2}^2}{2g}\left(\frac{1}{C_c} - 1\right)^2 \cdot \frac{{u_2}^2}{2g}$$

(3) 관의 상당길이(l_e)

$$H_L = \lambda \frac{l}{D} \cdot \frac{u^2}{2g} = k \cdot \frac{u^2}{2g}$$

$$l_e = \frac{k \cdot D}{\lambda}$$

여기서, l_e : 부차적 손실에서 이것과 같은 양의 손실을 갖는 직관의 길이로서 환산한 값

TIP 가볍게 읽어보세요.

l_e : 임의의 부차적 손실수두 $H_L = \lambda \frac{l}{D} \cdot \frac{u^2}{2g}$ 과 관마찰손실수두 $H_L = k \cdot \frac{u^2}{2g}$ 을 같다고 가정했을 때 그때의 관길이 l를 l_e라 하고 관상당길이라 정의한다.

예제 1. 직경 75mm에서 100mm로 확대되는 관 속을 물이 0.04m³/s의 유량으로 흐르고 있다. 돌연확대 손실수두는 몇 [m]인가? (단, π = 3.14이다.)

- $D_1 = 0.075\text{m}$
- $D_2 = 0.1\text{m}$
- $Q = 0.04\text{m}^3/\text{s}$

풀이 $\therefore H_L = \left[1 - \left(\frac{D_1}{D_2}\right)^2\right]^2 \cdot \frac{{u_1}^2}{2g} = \left[1 - \left(\frac{D_1}{D_2}\right)^2\right]^2 \cdot \frac{\left(\frac{Q}{A_1}\right)^2}{2g}$

$$= \left[1 - \left(\frac{0.075}{0.1}\right)^2\right]^2 \times \frac{\left(\frac{0.04}{\pi \cdot 0.075^2/4}\right)^2}{2 \times 9.8} = 0.8014\text{m}$$

예제 2. 단면적이 0.4m^{2}에서 0.2m^{2}으로 돌연축소하는 관의 수축계수가 0.715이고 유량이 0.6m^3/s 라면 돌연축소 손실수두는 몇 [m]인가?

- $A_1 = 0.4\text{m}^2$
- $A_2 = 0.2\text{m}^2$
- $C_c = 0.715$
- $Q = 0.6\text{m}^3/\text{s}$

풀이 $\therefore\ H_L = \left(\dfrac{1}{C_c} - 1\right)^2 \cdot \dfrac{{u_2}^2}{2g} = \left(\dfrac{1}{C_c} - 1\right)^2 \cdot \dfrac{\left(\dfrac{Q}{A_2}\right)^2}{2g} = \left(\dfrac{1}{0.715} - 1\right)^2 \times \dfrac{\left(\dfrac{0.6}{0.2}\right)^2}{2 \times 9.8} = 0.0729\text{m}$

예제 3. 8.8m/s의 속도로 흐르는 관 속의 물이 확대손실계수가 9인 돌연확대관으로 진입할 때의 압력손실수두는 몇 [m]인가?

- $U_1 = 8.8\text{m/s}$
- $k = 9$

풀이 $\therefore\ H_L = k \cdot \dfrac{{u_1}^2}{2g} = 9 \times \dfrac{8.8^2}{2 \times 9.8} = 35.5591\text{m}$

예제 4. 직경이 10cm인 관 속에서 직경 25cm의 관으로 돌연확대될 때의 손실수두는 얼마인가? (단, 유량은 0.05m^3/s이며, 단, $\pi = 3.14$이다.)

- $D_1 = 0.1\text{m}$
- $D_2 = 0.25\text{m}$
- $Q = 0.05\text{m}^3/\text{s}$

풀이 $\therefore\ H_L = \left[1 - \left(\dfrac{D_1}{D_2}\right)^2\right]^2 \cdot \dfrac{{u_1}^2}{2g} = \left[1 - \left(\dfrac{0.1}{0.25}\right)^2\right]^2 \times \dfrac{\left(\dfrac{0.05}{\pi 0.1^2/4}\right)^2}{2 \times 9.8} = 1.4605\text{m}$

예제 5. 축소계수가 0.72인 유체가 단면적이 0.4m^{2}에서 0.25m^{2}으로 돌연축소한다고 할 때 유체의 축소부 단면적 A_c는 얼마인가?

- $C_c = 0.72$
- $A_1 = 0.4\text{m}^2$
- $A_2 = 0.25\text{m}^2$
- $A_c = ?$

풀이 축소계수 $C_c = \dfrac{A_c}{A_2}$ 이므로

$\therefore\ A_c = C_c \times A_2 = 0.72 \times 0.25 = 0.18\text{m}^2$

예제 6. 단면적이 0.5m^{2}에서 0.3m^{2}으로 돌연축소할 때 손실수두는 얼마인가? (단, 유량은 0.6m^3/s 이고, 축소계수는 0.69이다.)

- $A_1 = 0.5\text{m}^2$
- $A_2 = 0.3\text{m}^2$
- $Q = 0.6\text{m}^3/\text{s}$
- $C_c = 0.69$

풀이 $\therefore\ H_L = \left(\dfrac{1}{C_c} - 1\right)^2 \cdot \dfrac{{u_2}^2}{2g} = \left(\dfrac{1}{C_c} - 1\right)^2 \cdot \dfrac{\left(\dfrac{Q}{A_2}\right)^2}{2g} = \left(\dfrac{1}{0.69} - 1\right)^2 \times \dfrac{\left(\dfrac{0.6}{0.3}\right)^2}{2 \times 9.8} = 0.0412\text{m}$

예제 7. 부차적 손실계수 $k=5$인 밸브를 관마찰계수 $\lambda=0.033$이고, 직경이 4cm인 관으로 환산하면 관의 상당길이는 얼마인가?

- $k=5$
- $\lambda=0.033$
- $D=0.04\text{m}$

풀이 $k=\lambda\dfrac{l}{D}$ 에서

$$\therefore\ l=\frac{kD}{\lambda}=\frac{5\times0.04}{0.033}=6.06\text{m}$$

04 기타의 관로압력손실

(1) 점차확대관

U_1 α U_2

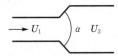

① 유체의 속도는 감소하고, 정압은 증가하는 관이다.

② 압력손실

$$H_L=k\cdot\frac{(u_1-u_2)^2}{2g}$$

③ 점차확대 손실계수 k는 α의 각에 따라 변한다.

④ $\alpha=180°$일 때 $k=1$이 되어 돌연확대관이 된다.

⑤ 최대손실각은 $\alpha=62°$이다.

⑥ 최소손실각은 $\alpha=5\sim7°$이다.

(2) 점차축소관

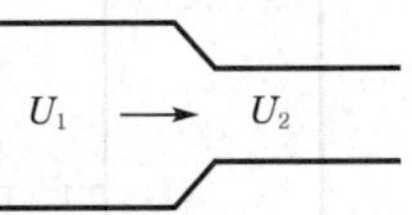

① 유체의 속도는 증가하고, 정압은 감소하는 관이다.

② 압력손실

$$H_L=k\cdot\frac{{u_2}^2}{2g}$$

③ 점차 축소손실계수 $k=0.04\sim0.09$이다.

(3) 분기(병렬)관로

분기된 후 다시 합쳐지는 각 관로의 압력손실은 같다.

$$H_{L1} = \lambda_1 \frac{l_1}{D_1} \cdot \frac{{u_1}^2}{2g}, \quad H_{L2} = \lambda_2 \frac{l_2}{D_2} \cdot \frac{{u_2}^2}{2g}$$

$$Q = Q_1 + Q_2, \quad H_{L1} = H_{L2}$$

달시 방정식 외의 압력손실 공식도 동일하게 적용된다.

(4) 관로의 총 손실

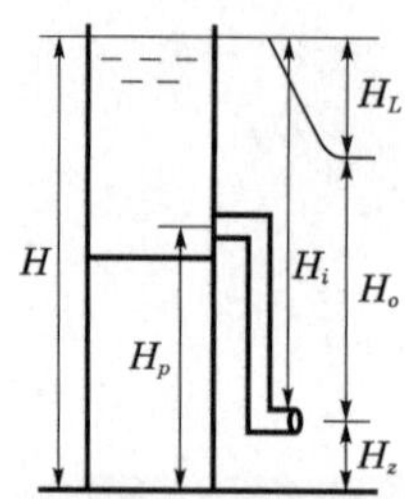

여기서, H : 전수두
H_i : 입구수두$(H_0 + H_L)$
H_o : 출구수두$\left(\frac{{u_2}^2}{2g}\right)$
H_L : 손실수두
H_p : 동력수두
H_z : 출구위치수두

$\Sigma k \cdot \frac{{u_2}^2}{2g}$ = 부차적 손실의 합계

$$\text{동력} : L = Q\gamma(H - H_L)$$

예제 1. 수면차가 10m인 두 물탱크를 직경 200mm, 길이 1200m인 원관으로 연결하고 있다. 관로의 도중에 곡관이 6개 붙어 있을 때 관로를 흐르는 물은 몇 [m³/s]인가? (단, 관마찰계수 $\lambda = 0.03$, 입구손실계수 $k_i = 0.42$, 곡관손실계수 $k_B = 0.15$이다.)

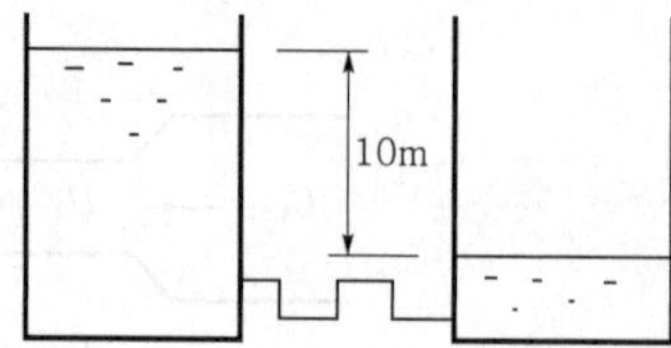

- 수면차 = 입구수두 $H_i = 10\text{m}$
- $D = 0.2\text{m}$
- $l = 1200\text{m}$
- $\lambda = 0.03$
- $k_i = 0.42$
- $k_B = 0.15$
- Bend = 6EA
- $Q = ?[\text{m}^3/\text{s}]$

풀이 입구수두(H_i)=출구수두(H_o)+손실수두(H_L)

=출구수두(H_o)+(직관손실수두(H_L)+관부속물 손실수두(H_L))

$$=\frac{u^2}{2g}+\left(\lambda\frac{l}{D}\cdot\frac{u^2}{2g}+\Sigma k\frac{u^2}{2g}\right)=\frac{u^2}{2g}\left(1+\lambda\frac{l}{D}+\Sigma k\right)=10$$

$$u=\sqrt{\frac{10\times 2g}{1+\lambda\dfrac{l}{D}+\Sigma R}}=\sqrt{\frac{10\times 2\times 9.8}{1+0.03\times\dfrac{1200}{0.2}+(0.42+0.15\times 6)}}=1.037\text{m/s}$$

$$\therefore\ Q=AU=\frac{\pi\times 0.2^2}{4}\times 1.037=0.0323\text{m}^3\text{/s}$$

예제 2. [그림]과 같은 분기관로에서 Q_1과 Q_2의 유량을 구하시오. (단, 관경은 같으며, 관로 1의 총 길이는 22m이고 관로 2의 총길이는 18m이다.) (달시 방정식을 이용하여라.)

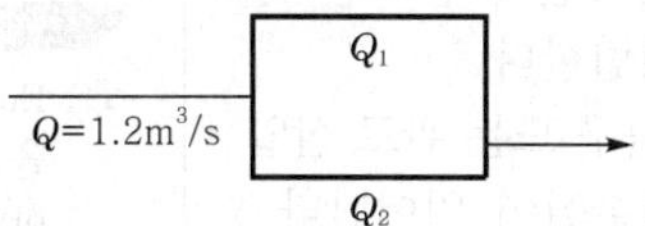

풀이 두 관로의 압력손실은 같으므로

$$H_{L1}=\lambda_1\frac{l_1}{D_1}\cdot\frac{{u_1}^2}{2g}=\lambda_2\frac{l_2}{D_2}\cdot\frac{{u_2}^2}{2g}\text{에서}$$

$\lambda_1=\lambda_2$, $D_1=D_2$, $2g$=동일 적용이므로

$$l_1{Q_1}^2=l_2{Q_2}^2$$

$$Q_1=\sqrt{\frac{l_2}{l_1}}\,Q_2=\sqrt{\frac{18}{22}}\,Q_2=0.9Q_2$$

$$\therefore\ Q_1+Q_2=0.9Q_2+Q_2=1.2\text{m}^3\text{/s}$$

$$Q_2=0.63\text{m}^3\text{/s},\quad Q_1=0.57\text{m}^3\text{/s}$$

Chapter 6 ••• 관로유동

출 / 제 / 예 / 상 / 문 / 제

01 관로의 에너지손실에 대한 설명으로 옳지 않은 것은?

① 관로 안을 유체가 흐를 때 기계적 에너지는 하류로 내려가면서 감소한다.
② 베르누이 정리가 성립한다.
③ 관로에서는 입구나 출구 또는 관로 삽입기구에 의해 에너지손실이 일어난다.
④ 유체의 마찰손실은 압력강하로 표시된다.

해설

관로의 에너지손실
① 기계적 에너지(위치에너지+운동에너지)는 마찰손실로 인하여 하류로 갈수록 감소한다.
② 베르누이 방정식의 가정은 마찰손실이 없는 경우에 성립한다.
③ 유체의 마찰손실은 압력강하로 표시된다.
④ 부차적 손실이란 입구손실, 출구손실, 관부속품 손실 등이 있다.

02 Hagen–Poiseuille식이 유도될 때 설정된 가정이 아닌 것은?

① 비압축성 유체의 층류흐름
② 압축성 유체의 난류흐름
③ 밀도가 일정한 뉴톤성 유체의 흐름
④ 원형관 내에서의 정상상태흐름

해설

하겐–포아젤 방정식

$$\Delta P = \frac{128\mu l Q}{\pi D^4}$$

㉠ 비압축성
㉡ 층류
㉢ 정상류
㉣ 압력손실, 전단응력, 동력 등을 구한다.

03 유체가 가지는 에너지와 이것이 하는 일의 관계를 표시한 방정식(또는 법칙)은 어느 것인가?

① Euler 방정식
② Beroulli 방정식
③ Hagen–Posieulli의 법칙
④ Stokes의 법칙

해설

① Euler 방정식(=에너지 방정식) : 유체입자가 유선을 따라 움직일 때 Newton의 운동 제2법칙을 적용하여 얻는 미분방정식(오일러 운동방정식의 가정)
• 유체입자는 유선을 따라 움직인다.
• 유체입자는 마찰이 없다.(비점성 유체)
• 정상류이다.
② Beroulli 방정식 : 모든 단면에서 압력수두, 속도수두, 위치수두의 합은 일정하다.

$$\frac{P_1}{\gamma} + \frac{V_1^2}{2g} + Z_1 = \frac{P_2}{\gamma} + \frac{V_2^2}{2g} + Z_2$$

여기서, $\frac{P}{\gamma}$: 압력수두, $\frac{V^2}{2g}$: 속도수두, Z : 위치수두

③ Hagen–Posieulli의 법칙 : 수평원관 속에 점성유체가 층류상태에서 정상유동을 할 때 전단응력은 관중심에서 0이고 반지름에 비례하면서 관벽까지 직선적으로 증가한다.

$$Q = \frac{\Delta P \pi r^4}{8\mu L} = \frac{\Delta P \pi d^4}{128\mu L}$$

④ Stokes의 법칙 : 점성계수를 측정하기 위하여 구를 액체 속에서 항력 실험을 할 것

04 일정한 유량의 물이 원관에 층류로 흐를 때 지름을 2배로 하면 손실수두는 몇 배가 되는가?

① $\frac{1}{4}$
② $\frac{1}{8}$
③ $\frac{1}{16}$
④ $\frac{1}{32}$

정답 01.② 02.② 03.② 04.④

해설

마찰손실수두

$$H_l=\lambda\frac{l}{D}\cdot\frac{u^2}{2g}=\lambda\frac{l}{D}\cdot\frac{\left(\frac{Q}{A}\right)^2}{2g}=\lambda\frac{l}{D}\cdot\frac{\left(\frac{4Q}{\pi D^2}\right)^2}{2g}$$

여기서, D 대신 $2D$를 대입하면

$$\therefore\ H_l=\lambda\frac{l}{2D}\cdot\frac{u^2}{2g}$$

$$=\lambda\frac{l}{D}\cdot\frac{\left(\frac{4Q}{\pi(2D)^2}\right)^2}{2g}=\lambda\frac{l}{D}\cdot\frac{\left(\frac{4Q}{\pi D^2}\right)^2}{2g}\cdot\frac{1}{32}$$

05 지름 50mm, 길이 800m인 매끈한 파이프를 매분 135리터의 기름을 수송할 때 펌프의 압력은 몇 kgf/cm^{2}인가? (단, 기름의 비중은 0.92이고 점성계수는 0.56poise이다.)

① 0.19　② 6.7
③ 0.94　④ 58.49

원관 속의 압력 $P=\frac{128\mu lQ}{\pi D^4}$

여기서, $\mu=0.56\text{poise}=0.056\text{N}\cdot\text{s/m}^2$
$Q=135\text{L/min}=0.135/60\text{m}^3/\text{s}$

$$\therefore\ P=\frac{128\times0.056\times800\times0.135/60}{3.14\times0.05^4}$$
$$=657447.135\text{N/m}^2=6.7\text{kgf/cm}^2$$

06 내경 100mm인 수평원관으로 1500m 떨어진 곳에 원유를 0.12m^3/min의 유량으로 수송 시 손실수두(H)는? (단, 점성계수 $\mu=$ 0.02N · s/m^2, 비중 $s=0.86$이다.)

① 2.9m　② 3.7m
③ 4.5m　④ 5.3m

해설

$$\text{손실두수}(H)=\lambda\cdot\frac{L}{D}\cdot\frac{u^2}{2g}$$
$$=0.0584\times\frac{1500}{0.1}\times\frac{2.546^2}{2\times9.8}=2.89=2.9\text{m}$$

$$u=\frac{(0.12/60)}{\pi/4\times0.1^2}=2.546\text{m/s}$$

$$Re=\frac{\rho Du}{\mu}=\frac{860\text{N}\cdot\text{s/m}^4\times0.1\times2.546}{0.02\text{N}\cdot\text{s/m}^2}=1095$$

$$\lambda=\frac{64}{Re}=\frac{64}{1095}=0.0584$$

07 층류속도분포를 Hagen－Poiseuille 유동이라고 한다. 이 흐름에서 일정한 유량의 물이 원관에서 흐를 때 지름을 2배로 하면 손실수두는 몇 배가 되는가?

① 16　② 4
③ $\frac{1}{4}$　④ $\frac{1}{16}$

해설

하겐－포아젤 방정식(Hagen－Poiseuille)

$$\Delta P=\gamma\Delta h=\frac{l}{\Delta Q}=\frac{4l\tau}{D}$$
$$=\frac{32\mu lu}{D^2}=\frac{128\mu lQ}{\pi D^4}=\frac{\Delta\mu lu_1}{{r_2}^2-{r_1}^2}$$

공식 중 일정유량이므로

$\Delta P=\frac{128\mu lQ}{\pi D^4}$ 적용

$$\therefore\ \frac{\Delta P_2}{\Delta P_1}=\frac{\frac{128\mu lQ}{\pi\times(2D)^4}}{\frac{128\mu lQ}{\pi D^4}}=\frac{1}{16}$$

08 원주 확대관의 손실계수를 최대로 하는 각은?

① 손실계수는 확대각 θ에 무관하고 일정하다.
② θ＝20° 전후에서 최대이다.
③ θ＝60° 전후에서 최대이다.
④ θ＝90°에서 최대이다.

해설

원주(점차) 확대관
• 최대 손실각 : 60°
• 최소 손실각 : 6°

09 직경 10cm의 원관 내의 10cm/s로 흐르던 물이 직경 25cm의 큰 관 속으로 흐른다. 확대마찰손실계수(K_e)는?

① 0.36　② 0.60
③ 0.71　④ 0.84

해설

돌연확대관의 손실계수

$$K_e=\left\{1-\left(\frac{D_1}{D_2}\right)^2\right\}^2=\left\{1-\left(\frac{10}{25}\right)^2\right\}^2=0.7256$$

$D_1=10\text{cm}$
$D_2=25\text{cm}$

정답 05.② 06.① 07.④ 08.③ 09.③

10 유체가 지름 40mm의 관과 50mm 관으로 구성된 이중관 사이로 흐를 때의 수력학적 상당직경(hydraulic mean diameter) dh은?

① 10mm ② 20mm
③ 25mm ④ 45mm

수력학적 상당직경=수력반경×4=2.5×4=10mm

$$수력반경=\frac{단면적}{젖은\ 둘레}=\frac{\frac{\pi}{4}(50^2-40^2)}{\pi\times40+\pi\times50}=2.5\text{mm}$$

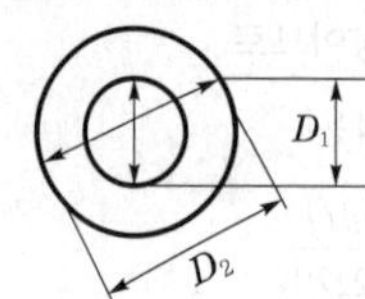

11 다음 내경 0.0526m인 철관 내를 점도가 0.01N · s/m²이고 밀도가 1200kg/m³인 액체가 1.16m/s의 속도로 흐른다. 이 경우의 Reynold 수는?

① 3661 ② 14644
③ 732.2 ④ 7322

$$Re=\frac{\rho dv}{\mu}=\frac{1200\times1.16\times0.0526}{0.01}=7321.92$$

단위 확인

$$\frac{(\text{kg/m}^3)\times(\text{m})\times(\text{m/s})}{(\text{kg}\cdot\text{m/s}^2)\cdot(\text{s/m}^2)}\ (무차원)$$

12 내경이 20cm에서 10cm로 돌연축소되는 관에 물이 체적유량(Q) 0.04m³/s로 흐를 때 돌연축소관에 의한 손실수두(H)를 구하면? (단, 저항계수 $K=0.62$)

① 0.82m ② 0.72m
③ 0.63m ④ 0.42m

축소관 손실수두

$$H_L=K\frac{{V_2}^2}{2g}\left(\because\ V_2=\frac{0.04}{\frac{\pi}{4}\times(0.1\text{m})^2}=5.092\right)$$

$$=0.62\times\frac{5.092^2}{2\times9.8}=0.82\text{m}$$

13 마찰계수와 마찰저항에 대한 설명으로 옳지 않은 것은?

① 관마찰계수는 레이놀즈 수와 상대조도의 함수로 나타낸다.
② 평판상의 층류흐름에서 점성에 의한 마찰계수는 레이놀즈 수의 제곱근에 정비례한다.
③ 층상운동에서의 마찰저항은 온도의 영향을 받으며, 유체의 점성계수에 정비례한다.
④ 난류운동에서 마찰저항은 평균유속의 제곱에 정비례한다.

정답 10.① 11.④ 12.① 13.②

chapter 7 개수로 유동

제7장 개수로 유동 부분에서는 중요내용을 알려주세요.

제7장은 한국산업인력공단 출제기준의 유체 동역학의 개수로 유동으로서 유동의 정의와 흐름 등을 숙지해야 합니다.

01 개수로 유동의 정의

(1) 개수로 유동의 특성

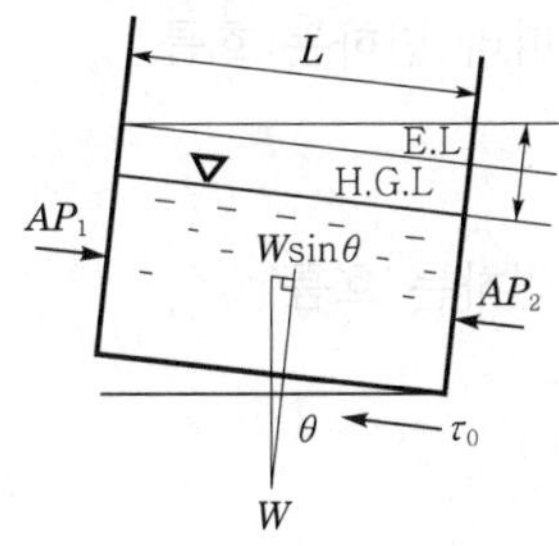

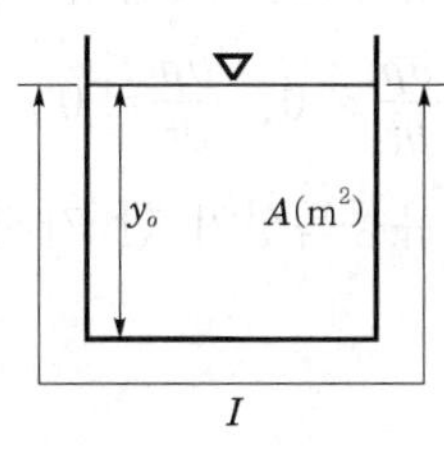

① 유체의 자유표면은 대기와 접해 있다.

② 수력구배선(H.G.L)은 항상 유체의 자유표면과 일치한다.

③ 에너지선(E.L)은 유체의 자유표면보다 속도수두 $\left(\dfrac{u^2}{2g}\right)$만큼 위에 있다.

④ 손실수두(H_L)은 수평면과 에너지선(E.L)과의 차이이다.

⑤ 개수로의 기울기 $S=\dfrac{H_L}{L}$이다.

⑥ 유동의 원인은 압력차가 아니고 중력 차이이다.

$$\text{E.L}=\text{H.G.L}+\frac{u^2}{2g}$$

여기서, 유동의 힘 $F=\sin\theta$

(2) 층류와 난류

① Re 수$= \dfrac{u \cdot R_h}{\nu} = \dfrac{u \cdot \left(\dfrac{A}{I}\right)}{\nu}$

여기서, u : 유동속도(m/s)
ν : 동점성계수(m^2/s)
R_h : 수력반경(m)
A : 개수로의 단면적(m^2)
I : 개수로의 둘레(m)

② 구분

㉠ 층류 : $Re < 500$

㉡ 천이구역 : $500 < Re < 2000$

㉢ 난류 : $Re > 2000$

(3) 정상류와 비정상류

① 정상류 : 유체흐름 특성이 시간에 따라 변하지 않는 흐름

$$\frac{\partial u}{\partial t} = 0, \ \frac{\partial p}{\partial t} = 0, \ \frac{\partial \rho}{\partial t} = 0$$

② 비정상류 : 유체흐름 특성이 시간에 따라 변하는 흐름

$$\frac{\partial u}{\partial t} \neq 0, \ \frac{\partial p}{\partial t} \neq 0, \ \frac{\partial \rho}{\partial t} \neq 0$$

③ 비정상류 : 유동특성이 한 가지라도 변하는 흐름

$$\frac{\partial}{\partial t} \neq 0$$

(4) 상류와 사류

① 상류 : 수면구배가 급하지 않은 흐름 $F < 1$ … F는 "프루드 수"이다.

② 사류 : 수면구배가 급한 유동 $F > 1$

㉠ 상류 : $Y > Y_c$(아임계 흐름)

㉡ 사류 : $Y < Y_c$(초임계 흐름)

여기서, Y_c : 임계 깊이

(5) 등류와 비등류

① 등류 : 깊이는 변화가 없고 장소에 따라 유속이 일정한 흐름($Y_1 = Y_2$)
(임계 흐름이며 $\overline{H} = 1$)

② 비등류 : 깊이의 변화가 있고 장소에 따라 유속이 일정치 않은 흐름($Y_1 \neq Y_2$)

02 등류흐름

(1) 운동량 방정식

$$P_1A_1 - P_2A_2 + W\sin\theta - \tau_0 \cdot I \cdot L = 0$$

$$\tau_0 \cdot I \cdot L = W\sin\theta = \gamma \cdot A \cdot L \cdot S$$

$$\therefore\ \tau_0 = \frac{\gamma \cdot A \cdot L \cdot S}{I \cdot L} = \gamma \cdot \frac{A}{I} \cdot S = \gamma \cdot R_h \cdot S$$

여기서, τ_0 : 전단응력(kgf/m^2)
I : 접수길이(m)
A : 단면적(m^2)
L : 개수로의 길이(m)
W : 개수로의 중력(kgf)
γ : 유체의 비중량(kgf/m^3)
R_h : 수력반경(m)
S : 기울기($\tan\theta \fallingdotseq \sin\theta$)

(2) 유속

① 체지 방정식 : $U = C\sqrt{R_h \cdot S} = \sqrt{\frac{2g}{\lambda}} \cdot \sqrt{R_h \cdot S}$

여기서, C : 체지상수(m$^{0.5}$/s)
g : 중력가속도(m/s^2)
λ : 관마찰계수
n : 조도계수(s/m)

② 만닝 방정식 : $U = C\sqrt{R_h \cdot S} = \frac{R_h^{\frac{1}{6}}}{n} \cdot \sqrt{R_h \cdot S}$

※ 만닝식을 주로 사용

(3) 유량

① $Q = A \cdot C\sqrt{R_h \cdot S} = A \cdot \sqrt{\frac{2g}{\lambda}} \cdot \sqrt{R_h \cdot S}$

② $Q = A \cdot C\sqrt{R_h \cdot S} = A \cdot \frac{R_h^{\frac{1}{6}}}{n} \cdot \sqrt{R_h \cdot S}$

(4) 개수로의 유량측정

① 사각위어

유량 $Q = \frac{2}{3}C\sqrt{2g}\,BH^{\frac{3}{2}} = KBH^{\frac{3}{2}}$

여기서, C : 유량계수
B : 위어의 폭(m)
H : 물의 높이(m)
K : 상수

② 삼각위어

$$\text{유량 } Q = \frac{8}{15} C\sqrt{2g}\tan\theta H^{\frac{5}{2}} = KH^{\frac{5}{2}}$$

여기서, C : 유량계수
θ : 노치의 각도
H : 물의 높이(m)
K : 상수

예제 1. 폭 10m, 수심 1.5m, 기울기 $\frac{1}{400}$ 인 직사각형 콘크리트 단면 개수로의 평균유속은 얼마인가? (단, 조도계수는 0.011이다.)

- $b = 10\text{m}$
- $y = 1.5\text{m}$
- $s = 1/400$
- $n = 0.011$

풀이 조도계수가 주어졌으므로 만닝 방정식 사용

$$u = \frac{R_h^{\frac{1}{6}}}{n} \cdot \sqrt{R_h \cdot S} = \frac{\left(\frac{by}{b+2y}\right)^{\frac{1}{6}}}{n} \cdot \sqrt{R_h \cdot S}$$

$$= \frac{\left(\frac{10\times1.5}{10+2\times1.5}\right)^{\frac{1}{6}}}{0.011} \times \sqrt{\left(\frac{10\times1.5}{10+2\times1.5}\right)\times\frac{1}{400}} = 5.0\text{m/s}$$

예제 2. 폭 2m, 깊이 1.5m인 직사각형 수로의 체지상수가 70이다. 조도계수의 값은 얼마인가?

- $b = 2\text{m}$
- $y = 1.5\text{m}$
- $c = 70$

풀이 $u = C\sqrt{R_h \cdot S} = \sqrt{\frac{2g}{\lambda}} \cdot \sqrt{R_h \cdot S} = \frac{R_h^{\frac{1}{6}}}{n} \cdot \sqrt{R_h \cdot S}$ 에서 $C = \frac{R_h^{\frac{1}{6}}}{n}$

$$\therefore\ n = \frac{R_h^{\frac{1}{6}}}{C} = \frac{\left(\frac{2\times1.5}{2+3}\right)^{\frac{1}{6}}}{70} = 0.0131$$

예제 3. 체지상수가 $120\text{m}^{0.5}/\text{s}$인 개수로가 있다. 폭 2m, 깊이 2m, 기울기가 $\frac{1}{200}$ 일 때의 유량은 몇 $[\text{m}^3/\text{s}]$인가?

풀이 $Q = CA\sqrt{R_h \cdot S} = 120\times(2\times2)\times\sqrt{4/6\times\frac{1}{200}} = 27.7\text{m}^3/\text{s}$

예제 4. 폭이 b이고 깊이가 y인 개수로의 최적 수력단면을 나타내는 식을 쓰시오.

풀이 $b = 2y$

예제 5. 폭이 5m인 사각형 수로의 유량이 20m³/s일 때의 임계속도를 구하시오.

풀이 임계속도 $u_c = \sqrt{g \cdot y_c}$ … y_c : 임계깊이[m]

$$y_c = 3\sqrt{\frac{q^2}{g}}$$ … q : 단위폭당 유량$\left(\frac{Q}{b}\right)$[m³/s]

$$= 3\sqrt{\frac{(20/5)^2}{9.8}} = 1.28\text{m}$$

$$\therefore\ u_c = \sqrt{g \cdot y_c} = \sqrt{9.8 \times 1.28} = 3.54\text{m/s}$$

Chapter 7 ••• 개수로 유동

출 / 제 / 예 / 상 / 문 / 제

01 원관에서 유체의 천이흐름에 대한 설명으로 옳지 않은 것은?

① 층류와 난류 사이에서 진동한다.
② 압력강하가 한 값에서 다른 값으로 진동한다.
③ 측정이 쉽고, 흐름의 특성이 뚜렷하다.
④ Reynolds 수가 2100 이상 4000 미만으로 알려져 있다.

천이구역
㉠ 층류와 난류 사이의 흐름
㉡ Re수 2100 이상 4000 미만 사이의 흐름
㉢ 흐름 특성이 불분명하며 정확한 측정이 어렵다.

02 지름이 일정한 수평원관을 흐르는 정상류의 손실수두는?

① 유체온도의 상승으로 나타난다.
② 속도분포의 변화로 나타난다.
③ 압력강하로 나타난다.
④ 속도수두의 감소로 나타난다.

03 유체의 흐름에 대한 설명으로 다음 중 옳은 것은?

> ㉠ 난류의 전단응력은 레이놀즈 응력만으로 표시할 수 있다.
> ㉡ 후류는 박리가 일어나는 경계로부터 하류구역을 뜻한다.
> ㉢ 유체와 고체벽 사이에는 전단응력이 작용하지 않는다.

① ㉠, ㉢
② ㉡
③ ㉠, ㉡
④ ㉢

04 안지름 40cm인 관 속을 동점도 4stokes인 유체가 15cm/sec의 속도로 흐른다. 이때 흐름의 종류는?

① 층류
② 난류
③ 플러그 흐름
④ 천이영역

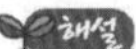

$Re = \frac{Vd}{\nu} = \frac{15\times40}{4} = 150$ → 2100보다 작으므로 층류

> $V = 15\text{cm/s}$
> $d = 40\text{cm}$
> $\nu = 4\text{cm}^2/\text{s}$

05 밀도가 0.5g/cm^3, 점도 1cP인 비압축유체가 5cm/s의 유속으로 마찰계수 0.016인 원관을 층류로 통과할 때 이 원관의 내경은 몇 cm인가?

① 2.6 ② 16.0
③ 5.5 ④ 1.7

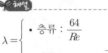

$$\lambda = \begin{cases} \bullet\ \text{층류}: \frac{64}{Re} \\ \bullet\ \text{난류}: 0.3164Re^{-\frac{1}{4}} \end{cases}$$

$$Re = \frac{64}{\lambda} = \frac{64}{0.016} = 4000$$

$Re = \frac{\rho UD}{\mu}$ 에서

$$\therefore D = \frac{Re\cdot\mu}{\rho U}$$

$$= \frac{4000\times1\text{cP}\times\left(\frac{1\text{kg/m}\cdot\text{s}}{1000\text{cP}}\right)}{500\text{kg/m}^3\times0.05}$$

$$= 0.16\text{m} = 16\text{cm}$$

정답 01.③ 02.③ 03.③ 04.① 05.②

06 550K 공기가 15m/sec의 속도로 매끈한 평판 위를 흐르고 있다. 경계층이 층류에서 난류로 천이하는 위치는 선단에서 거리가 얼마인가? (단, 동점성계수는 $4.2\times10^{-5}m^2/sec$)

① 0.7m　② 1.4m
③ 2.1m　④ 2.8m

$$Rex = \frac{ux}{\nu}$$

$$\therefore\ x = \frac{Rex\cdot\nu}{u} = \frac{5\times10^5\times4.2\times10^{-5}}{15} = 1.4\text{m}$$

07 완전히 난류구역에 있는 거친 관에서의 손실수두는? (단, f는 관마찰계수, V는 평균유속, Re는 레이놀즈 수, P는 압력, μ는 점성계수, ρ는 밀도이다.)

① 단지 Re에 좌우된다.
② 주로 f, V에 좌우된다.
③ 주로 μ, ρ에 좌우된다.
④ 단지 P에 좌우된다.

해설

- 층류의 손실수두는 μ와 V에 의해 좌우
- 난류의 손실수두는 f와 V에 의해 좌우

08 지름이 20mm인 관 내부를 유체(물)가 층류로 흐를 수 있는 최대평균속도 m/sec는? (단, 물의 $\mu=1.173\times10^{-4}kgf\cdot s/m^2$이고, 임계 $N_{Re}=2320$이다.)

① 133.4m/s　② 13.34m/s
③ 1.334m/s　④ 0.1334m/s

해설

$$Re = \frac{\rho\cdot d\cdot v}{\mu}$$

$$\therefore\ V = \frac{Re\cdot\mu}{\rho\cdot d} = \frac{2320\times1.173\times10^{-4}}{102\times0.02} = 0.1334$$

09 산소 100L가 용기의 구멍을 통해 빠져나오는 데 20분 걸렸다면, 같은 조건에서 이산화탄소 100L가 빠져나오는 데 걸리는 시간은?

① 23.5분　② 33.5분
③ 43.5분　④ 55.5분

해설

기체확산속도 u, 분자량 M, 확산시간 T일 때

$\frac{u_2}{u_1} = \frac{T_1}{T_2} = \sqrt{\frac{M_1}{M_2}}$ 에서

$$\therefore\ T_2 = \frac{T_1}{\sqrt{\frac{M_1}{M_2}}} = \frac{20}{\sqrt{\frac{32}{44}}} = 23.45\text{분}$$

정답 06.② 07.② 08.④ 09.①

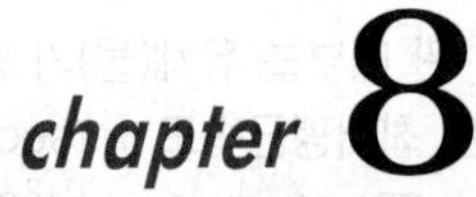

chapter 8 차원 해석과 상사 법칙

제8장의 차원 해석과 상사 법칙의 중요내용을 설명해주세요.

제8장은 한국산업인력공단 출제기준 유체의 기초(단위 차원, 동차성의 원리, 상사 법칙) 부분으로서 버킹엄의 정리, 상사 법칙 무차원 수의 정의와 종류 부분을 숙지 하셔야 합니다.

01 동차성의 원리

물리량을 나타내는 방정식에서 좌변과 우변의 차원은 같다.

02 π 정리

$$\pi = n - m$$

여기서, π : 무차원의 변수

n : 물리량의 수

m : 기본차원의 수

예제 1. 물리적량이 다음과 같은 함수관계를 가질 때 무차원 수는 몇 개나 있는가? (단, $F(d \cdot u \cdot \nu \cdot g) = 0$이다.)

풀이 ① 물리량의 수=4

② 기본차원 $\begin{cases} d = (\mathrm{m})\mathrm{L} \\ u = (\mathrm{m/s})\mathrm{LT}^{-1} \\ \nu = (\mathrm{m^2/s})\mathrm{L^2T}^{-1} \\ g = (\mathrm{m/s^2})\mathrm{LT}^{-2} \end{cases}$ L과 T로써 2개

∴ 무차원의 변수 $\pi = n - m = 4 - 2 = 2$개

예제 2. 유량 Q는 단위길이당 압력강하 $\Delta P/l$, 관직경 D 및 점성계수 μ에 관계된다고 할 때 이 유동의 무차원 수는?

풀이 ① 물리량의 수 $n=4$개

② 기본차원 $m=\begin{cases} Q=(\text{m}^3/\text{s})\,\text{L}^3\text{T}^{-1} \\ \Delta P/l=(\text{N}/\text{m}^2/\text{m})]\,\text{FL}^{-3} \\ D=(\text{m})\,\text{L} \\ \mu=(\text{N}\cdot\text{s}/\text{m}^2)\,\text{FTL}^{-2} \end{cases}$ F, L, T로써 3개

$\therefore\ \pi=n-m=4-3=1$

예제 3. 압력 P, 밀도 ρ, 길이 l, 유량 Q에서 얻을 수 있는 무차원식을 구하시오.

풀이 ① 물리량의 수 $n=4$

② 기본차원 $m=\begin{cases} \Delta P=(\text{N}/\text{m}^2)\,\text{FL}^{-2} \\ \rho=(\text{N}\cdot\text{s}^2/\text{m}^4)\,\text{FL}^{-4}\text{T}^2 \\ l=(\text{m})\,\text{L} \\ Q=(\text{m}^3/\text{s})\,\text{L}^3\text{T}^{-1} \end{cases}$ F, L, T로써 (반복변수의 수가 3개)

$\therefore\ \pi=4-3=1$

$\pi=(\text{FL}^{-2})^a(\text{FL}^{-4}\text{T}^2)^b(\text{L})^c(\text{L}^3\text{T}^{-1})\ \begin{cases} \text{F}\rightarrow 1a+1b=0 \\ \text{L}\rightarrow -2a-4b+c+3=0 \\ \text{T}\rightarrow 2b-1=0 \end{cases}$

연립으로 풀면 $a=-\dfrac{1}{2},\ b=\dfrac{1}{2},\ c=-2$

$$\therefore\ \pi=(\text{FL}^{-2})^{-\frac{1}{2}}\times(\text{FL}^{-4}\text{T}^2)^{\frac{1}{2}}\times(\text{L})^{-2}\times(\text{L}^3\text{T}^{-1})$$

$$=\Delta P^{-\frac{1}{2}}\times\rho^{\frac{1}{2}}\times l^{-2}\times Q$$

$$=\frac{\rho^{\frac{1}{2}}\cdot Q}{\Delta P^{\frac{1}{2}}\cdot l^2}$$

참고 $\pi=P'\rho^a l^b Q^c$로 놓고 풀어도 되며, 이때의 무차원식은 $\dfrac{Pl^4}{\rho Q}$가 된다.

예제 4. 기체의 음파속도 u_a의 단위는 m/s이다. u_a에 관계되는 물리량을 체적탄성계수 E, 밀도 ρ, 점성계수 μ라 했을 때 u_a를 구하는 식을 차원해석법으로 구하시오.

풀이 차원의 표시기호 M, L, T 또는 F, L, T로 구해도 되고 단위를 사용하여 직접 구해도 된다.
음파속도 $u_a=(\text{ms}^{-1})=E\cdot\rho\cdot\mu=(\text{Nm}^{-2})^a\cdot(\text{N}\cdot\text{s}^2\text{m}^{-4})^b\cdot(\text{Nsm}^{-2})^c$ … 임의의 지수 $a,\ b,\ c$
(N) : $a+b+c=0$ … a의 단위(ms^{-1})에 (N)이 없으므로 0가 된다.
(m) : $-2a-4b-2c=1$ … a의 단위(ms^{-1})에 (m)이 1승이므로 1이 된다.
(s) : $2b+c=-1$ … a의 단위(ms^{-1})에 (s)가 (−1)승이므로 (−1)이 된다.
$a,\ b,\ c$를 연립으로 풀면 $a=\dfrac{1}{2},\ b=-\dfrac{1}{2},\ c=0$

$$\therefore\ u_a=E^{\frac{1}{2}}\cdot\rho^{-\frac{1}{2}}\cdot\mu^0=\sqrt{E}\cdot\sqrt{\frac{1}{\rho}}=\sqrt{\frac{E}{\rho}}$$

03 상사 법칙

실형과 모형에 관계되는 일정한 비례 법칙

(1) 기하학적 상사

① 길이 : $\frac{L_m}{L_p} = L_r$

② 넓이 : $\frac{L_m^{\ 2}}{L_p^{\ 2}} = L_r^{\ 2}$

③ 부피 : $\frac{L_m^{\ 3}}{L_p^{\ 3}} = L_r^{\ 3}$

(2) 운동학적 상사

① 속도 : $\frac{U_m}{U_p} = \frac{L_m / T_m}{L_p / T_p} = \frac{L_r}{T_r}$

② 가속도 : $\frac{a_m}{a_p} = \frac{L_m / T_m^{\ 2}}{L_p / T_p^{\ 2}} = \frac{L_r}{T_r^{\ 2}}$

③ 유량 : $\frac{Q_m}{Q_p} = \frac{L_m^{\ 3} / T_m}{L_p^{\ 3} / T_p} = \frac{L_r^{\ 3}}{T_r}$

(3) 역학적 상사

완전한 역학적 상사는 각종 무차원 함수와 힘의 관계가 고려되어야 한다.

(4) 무차원 수

명 칭	무차원 함수	물리적 의미
레이놀즈 수	$Re = \frac{\rho UD}{\mu} = \frac{\rho Uil}{\mu}$	$\frac{\text{관성력}}{\text{점성력}}$
프로우드 수	$Fr = \frac{u^2}{gl} = \frac{u}{\sqrt{gl}}$	$\frac{\text{관성력}}{\text{중력}}$
오일러의 수	$Eu = \frac{P}{\rho u^2}$	$\frac{\text{압축력}}{\text{관성력}}$
코우시의 수	$Cu = \frac{\rho u^2}{E}$	$\frac{\text{관성력}}{\text{탄성력}}$
웨베의 수	$We = \frac{\rho l u^2}{\sigma}$	$\frac{\text{관성력}}{\text{표면장력}}$
마하수	$Ma = \frac{u}{a}$	$\frac{\text{속도}}{\text{음속}}\left(\frac{\text{관성력}}{\text{탄성력}}\right)^{\frac{1}{2}}$
압력계수	$C_P = \frac{\Delta P}{\rho u^2/2}$	$\frac{\text{정압}}{\text{동압}}$

(5) 문제에 관련한 무차원 수

$(Re)_p = (Re)_m$ … 관로

- 관로유동
- 잠수함
- 경계층
- 비행기의 양력과 항력
- 압축성 유체의 흐름(유동속도가 $M < 0.3$)

$(Fr)_p = (Fr)_m$ … 자유표면

- 개수로
- 수력도약
- 수면 위의 배의 조파저항

$(Re)_p = (Re)_m$

- 풍동문제
- 유체기계(압축성을 무시할 경우 Re만 고려)

$(M)_p = (M)_m$

예제 1. 길이 150m인 배를 1 : 100의 모형 시험을 할 때 배가 80km/h로 항해한다면 모형 배의 속도는 얼마인가? (단, 점성마찰은 무시한다.)

- $L_p = 150\text{m}$
- $u_p = 80\text{km/h}$
- $\dfrac{L_m}{L_p} = \dfrac{1}{100}$

풀이 자유표면을 갖는 배의 문제이므로 Fr 수를 고려하여야 한다.

$(Fr)_p = (Fr)_m$은 $\dfrac{{u_p}^2}{gLp} = \dfrac{{u_m}^2}{gLm}$이므로

$$\therefore\ U_m = \sqrt{\frac{{u_p}^2 \cdot gL_m}{gL_p}} = \sqrt{\frac{80^2 \times 1}{100}} = 8\text{km/h}$$

예제 2. 직사각형 단면의 개수로가 있다. 실형의 1/60인 모형 개수로의 폭이 0.4m이고 실형의 높이가 8m일 때 모형의 높이는 몇 [m]인가?

- $\dfrac{L_m}{L_p} = \dfrac{1}{60}$
- $L_{mb} = 0.4\text{m}$
- $L_{ph} = 8\text{m}$
- $L_{mh} = ?$

풀이 기하학적 상사 법칙 중 길이(1차원)의 문제이므로

$$\frac{L_m}{L_p} = L_r = \frac{L_{mh}}{L_{ph}}$$

$$\therefore\ L_{mh} = \frac{L_m}{L_p} \times L_{ph} = \frac{1}{60} \times 8 = 0.133\text{m}$$

예제 3. 직경 12cm인 관에 물이 7m/s로 흐른다. 직경이 6cm인 관에 기름이 흐를 때 역학적 상사가 되기 위한 유속은 얼마인가? (단, 물의 동점성계수 $\nu=1.08\times10^{-6}\text{m}^2/\text{s}$, 기름의 $\nu=2.7\times10^{-6}\text{m}^2/\text{s}$이다.)

- $D_p=0.12\text{m}$
- $U_p=7\text{m/s}$
- $\nu_p=1.08\times10^{-6}\text{m}^2/\text{s}$
- $D_m=0.06\text{m}$
- $\nu_m=2.7\times10^{-6}\text{m}^2/\text{s}$
- $U_m=?$

풀이 관로유동이므로 Re가 고려되어야 한다.

$$(Re)_p=(Re)_m \Rightarrow \frac{U_pD_p}{\nu_p}=\frac{U_mD_m}{\nu_m}$$

$$\therefore\ U_m=\frac{U_pD_p\cdot\nu_m}{\nu_p\cdot D_m}=\frac{7\times0.12\times2.7\times10^{-6}}{1.08\times10^{-6}\times0.06}=35\text{m/s}$$

예제 4. 잠수함이 20km/h로 잠함하는 경우에 대해 길이가 1/30인 모형으로 실험하고자 할 때 잠수함의 속도는 얼마인가?

- $U_p=20\text{km/h}$
- $\dfrac{L_m}{L_p}=\dfrac{1}{30}$
- $U_m=?$

풀이 물속 실험이므로 Re를 고려

$$(Re)_p=(Re)_m \Rightarrow \frac{U_pD_m}{\nu_p}=\frac{U_mD_m}{\nu_m}$$

$$\therefore\ U_m=\frac{U_pD_p\cdot\nu_m}{\nu_p\cdot D_m}=\frac{20\times30}{1}=600\text{km/h}$$

Chapter 8 ··· 차원 해석과 상사 법칙

출/제/예/상/문/제

01 유속 : V, 관경 : D, 중력가속도 : g로 이루어진 Fr(Froude) 수에 관한 설명 중 옳은 것은?

① Fr 수는 관성력과 점성력의 비이다.
② Fr 수는 관성력과 중력의 비이다.
③ $Fr=\dfrac{D^2}{g\cdot v}$
④ $Fr=\dfrac{D\cdot v}{g}$

해설

- Re(레이놀즈 수) $=\dfrac{\rho dv}{\mu}\left(\dfrac{관성력}{점성력}\right)$
- Fr(프루드 수) $=\dfrac{u^2}{g_L}\left(\dfrac{관성력}{중력}\right)$
- Eu(오일러 수) $=\dfrac{P}{\rho u^2}\left(\dfrac{압축력}{관성력}\right)$

02 압력의 차원을 절대단위계로 바르게 나타낸 것은?

① MLT^{-2}　② $ML^{-1}T^2$
③ $ML^{-2}T^{-2}$　④ $ML^{-1}T^2$

해설

압력의 차원
- 절대단위계 : $ML^{-1}T^{-2}$ ⋯ (kg/ms^2)
- 중력단위계 : FL^{-2} ⋯ (N/m^2, kgf/m^2)

03 어느 물리량의 함수관계가 $F(\rho,\ h,\ l,\ g)=0$으로 주어졌을 때 무차원 수는? (단, ρ : 밀도, h : 깊이, l : 길이, g : 중력가속도이다.)

① 1　② 2
③ 3　④ 4

해설

무차원 수=물리량 수－기본차원 수=4－3=1

04 무차원 파라미터를 물리적으로 해석한 것 중 옳지 않은 것은?

① 마하수는 유속과 음속의 비이다.
② 레이놀즈 수는 관성력과 점성력의 비이다.
③ 압력계수는 압력과 표면장력의 비이다.
④ 프루드 수는 관성력과 중력의 비이다.

해설

압력계수(오일러 수)

$E_u=\dfrac{P}{\rho U^2}$ (관성력과 압력의 비)

05 점성력에 대한 관성력의 상대적인 비를 나타내는 무차원의 수는?

① Reynolds 수
② Froude 수
③ 모세관 수
④ Weber 수

해설

- 레이놀즈 수(Re) $=\dfrac{\rho dv}{\mu}\left(\dfrac{관성력}{점성력}\right)$
- 프루드 수(Fr) $=\dfrac{v}{\sqrt{gl}}\left(\dfrac{관성력}{중력}\right)$
- 웨베 수(We) $=\dfrac{\rho l u^2}{\gamma}\left(\dfrac{관성력}{표면장력}\right)$

06 무차원의 수인 Peclet 수(Pe)를 정의한 것으로 옳은 것은?

① 대류속도/확산속도
② 확산속도/대류속도
③ 반응속도/대류속도
④ 대류속도/반응속도

정답 01.② 02.④ 03.① 04.③ 05.① 06.①

07 완전기체에서 정압비열 C_p, 정적비열 C_v로 표시할 때 엔탈피의 변화 dh는 어떻게 표시되는가?

① $dh = C_p dT$

② $dh = C_v dT$

③ $dh = \frac{C_p}{C_v} dT$

④ $dh = (C_p - C_v) dT$

정답 07.①

chapter 9 압축성 유체의 흐름

제9장 압축성 유체의 흐름에 대한 학습요점을 설명해주세요.

제9장은 한국산업인력공단 출제기준의 유체 동역학의 압축성 유체의 물질수지, 에너지수지 부분으로서 에너지 방정식에 따라 엔탈피, 엔트로피의 변화, 음속, 축소확대노즐, 임계상태 등을 숙지하여야 합니다.

01 에너지 방정식

(1) 에너지의 단위

1kN · m=1kJ=1kW · s=102kgf · m=0.24kcal=1000kg · m^2/s^2
=1.36PS · s=1.34HP · s=0.95BTU

$\frac{1}{75}$PS · s= $\frac{1}{102}$kW · s= $\frac{1}{427}$kcal

(2) 동력의 단위

1kN · m/s=1kJ/s=1kW=102kgf · m/s=0.24kcal/s
=1000kg · m^2/s^3=1.36PS=1.34HP=0.95BTU/s

(3) 열역학 제1법칙

① 에너지보존의 법칙 : 열은 일로, 일은 열로 바꿀 수 있다.

$Q=AW,\ W=JQ$

② 계의 외부와의 열교환

$dQ=dU_E+PdV$

$Q=\Delta U_E+AP\Delta V$ … 에너지 단위의 항

③ 열량의 가감

㉠ 방출, 부피 감소 → ⊖값

㉡ 흡수, 부피 증가 → ⊕값

여기서, Q : 열량방출열, 손실열(kcal, kg · m^2/s^2)

A : 일의 열당량, 0.24kcal/kN · m, $\frac{1}{427}$ kcal/kgf · m

w : 일(kN · m, kJ)

J : 열의 일당량, 4.17kN · m/kcal, 427kgf · m/kcal

dU_E : 내부에너지 증가

PdV : 외부에너지 증가

(4) 엔탈피, 엔트로피

① 엔탈피 : 어떤 물체가 가지는 내부에너지와 외부에너지의 합

$$dh = dU_E + PdV + VdP = dQ + VdP$$

$$h = U_E + APV = \frac{{u_1}^2 - {u_2}^2}{2} \cdots \text{ 에너지 단위 항}$$

② 엔트로피 : 어떤 물체가 일정온도에서 얻은 열량을 그때의 절대온도로 나눈 값 즉, 온도 1K당 열량의 변화량이다.

$$ds = \frac{dQ}{T},\ \Delta s = \frac{Q}{T}$$

여기서, h : 엔탈피(kcal, kJ)

U_E : 내부에너지(kcal, kJ)

u_1 : 처음 속도(m/s)

u_2 : 나중 속도(m/s)

s : 엔트로피(kcal/K, kJ/K)

Q : 열량(kcal, kJ)

T : 절대온도(K)

(5) 비열

단위중량(질량)의 온도를 1℃ 올리는 데 필요한 열량

$$dQ = CGdT$$
$$Q = CG(T_2 - T_1)$$

① 정압비열(C_p) : 체적변화가 있으므로 외부에너지 변화 있음

엔탈피변화와 온도변화의 함수

$C_p = \left(\frac{dh}{dT}\right)_p$ 이므로

$$\begin{cases} dh = C_p dT \\ \Delta h = C_p \cdot G(T_2 - T_1) \end{cases}$$

② 정적비열(C_v) : 체적변화가 없으므로 외부에너지 변화 없음

내부에너지와 온도변화의 함수

$C_v = \left(\dfrac{dU_E}{dT}\right)_v$ 이므로

$$\begin{cases} dU_E = C_v dT \\ \Delta U_E = C_v \cdot G(T_2 - T_1) \end{cases}$$

③ 관계식

$$R = \frac{k-1}{k} C_p = C_p - C_v = kC_v - C_v = C_p - \frac{C_p}{k}$$

여기서, h : 엔탈피(kcal, kJ)
C_p : 정압비열(kJ/kg · K, m^2/s^2 · K)
G : 질량(kg), 중량(kN, kgf)
U_E : 내부에너지(kcal, kJ)
C_v : 정적비열(kJ/kg · K, m^2/s^2 · K)
k : 비열비
A : 일의 열당량 1/427(kcal/kgf · m, 0.24kcal/kN · m)
R : 기체상수 848/M(kgf · m/kg · K, kN · m/kN · K)

※ 비열 및 기체상수의 단위는 같다.

• 종류 : kJ/kg · K, kN · m/kg · K, m^2/s^2 · K, kcal/kg · K, kJ/kN · K, kN · m/kN · K, m/K …

(6) 에너지 방정식

① 일반식(동력단위)

$$Q + \left(\frac{P_1}{\rho_1} + \frac{{u_1}^2}{2} + gZ_1 + U_{E1}\right)\rho_1 u_1 A_1 = W_s + \left(\frac{P_2}{\rho_2} + \frac{{u_2}^2}{2} + gZ_2 + U_{E2}\right)\rho_2 u_2 A_2$$

② $h = U + PV_s = U_E + \dfrac{P}{\rho}$를 대입할 경우(동력단위)

$$Q + \left(h_1 + \frac{{u_1}^2}{2} + gZ_1\right)\dot{m}_1 = W_s + \left(h_2 + \frac{{u_2}^2}{2} + gZ_2\right)\dot{m}_2$$

③ 동일 유체, 동일 관로이고 위치에너지 Z를 무시할 때

$$Q + \left(h_1 + \frac{{u_1}^2}{2}\right) = W_s + \left(h_2 + \frac{{u_2}^2}{2}\right)$$

④ 열의 출입이 없을 경우 : $h_1 + \dfrac{{u_1}^2}{2} = h_2 + \dfrac{{u_2}^2}{2}$

⑤ 단위질량당 엔탈피 변화식

$dh = C_p dT = \left(\frac{k}{k-1}AR\right) \times (T_2 - T_1)$을 대입할 경우

$$h_2 - h_1 = \frac{{u_1}^2 - {u_2}^2}{2} = C_p dT = \left(\frac{k}{k-1}AR\right)(T_2 - T_1)$$

여기서, $-Q$: 열손실(kcal/s, kN · m/s, kg · m^2/s^3)
$+Q$: 열보충, 흡수, 공급열량
P_1 : 입구압력(kN/m^2, kg/m · s^2)
ρ_1 : 입구 유체밀도(kN · s^2/m^2, kg/m^3)
u_1 : 입구 유체속도(m/s)
Z_1 : 입구 유체의 높이(m)
g : 중력가속도(m/s^2)
U_{E1} : 입구 유체의 내부에너지(질량당)
(kcal/kg)=(kN · m/kg, kg · m/s^2 · m/kg)=(m^2/s^2)
$\dot{m}$: 입구 유체의 질량유량(kg/s)
h_1 : 입구 유체의 엔탈피(kcal/kg, m^2/s^2)
W_s : 동력(kcal/s, kN · m/s), 출력(kcal/s, kN · m/s), 첨자 1은 입구, 2는 출구임

- 문제에서 보통 [kgf]와 [kg]을 정확히 구분하지 않고 혼용해서 쓰고 있으므로 주의 요망, 그 이유는 질량 1kg은 중량 1kgf이므로 그 계수값이 같기 때문이다.
질량 1kg은 중량 1N이 아니고 9.8N이다.
즉, 질량 1kg=질량 1N · s^2/m=질량 0.102kgf · s^2/m=중량 9.8kg · m/s^2=중량 9.8N=중량 1kgf … 전부 같은 크기의 값이다.

예제 1. 실린더 속에 들어 있는 가스를 압축하는 데 39.2kJ의 일이 필요하다면 외부에 방출한 열량은 얼마인가? (단, 내부에너지 증가는 8.33kJ이었다.)

풀이 ① 가스의 압축 : $-PdV = 39.2$kJ
② 내부에너지 증가 : $dU_E = 8.33$kJ
∴ 체적의 감소 : $dQ = dU_E + (-PdV) = 8.33\text{kJ} + (-39.2\text{kJ}) = -30.9\text{kJ}$

예제 2. 100℃의 물($s = 0.98$) 1kg을 100℃ 1기압에서의 수증기($s = 0.00063$)로 변화시킬 때 내부일 때문에 소비되는 열량은 얼마인가? (단, 압력은 1기압, 물의 기화열은 2260kJ/kg이다.)

풀이 $dQ = dU_E + PdV$에서 dU_E를 묻는 문제
Q=기화열=기화잠열×질량=2260kJ/kg×1kg=2260kJ=2260000N · m
P=1기압=101325N/m^2
$V_1 = \frac{1}{980}\text{m}^3 \cdots \left(\because \gamma = \rho g = \frac{1}{V_s} = \gamma_w \cdot s = G/V\text{에서 } V = \frac{G}{\gamma_w \cdot s} = \frac{1\text{kgf}}{1000 \times 0.98}\right)$
$V_2 = \frac{1}{0.63}\text{m}^3 \cdots \left(\because V = \frac{1}{1000 \times 0.00063}\right)$

$\therefore\ dQ = dU_E + PdV = \Delta U_E + P(V_2 - V_1)$에서

$\Delta U_E = Q - P(V_2 - V_1)$

$= 2260000\text{N}\cdot\text{m} - 101325\left(\dfrac{1}{0.63} - \dfrac{1}{980}\right) = 2099270.06\text{N}\cdot\text{m} = 2099.27\text{kJ}$

예제 3. 압력 400kPa 하에서 비체적이 0.25m³/kgf인 가스 29.4N의 내부에너지를 1000kJ라고 하면, 이 가스의 엔탈피는 얼마인가?

- $P = 400\text{kPa}$
- $V_s = 0.25\text{m}^2/\text{kgf}$
- $G = 3\text{kgf}$
- $U_E = 1000\text{kJ}$
- $h = ?$

풀이 $\Delta h = U_E + APV$

여기서, $V = G\cdot V_s = 29.4\text{N} \times \dfrac{0.25}{9.8}\text{m}^3/\text{N} = 0.75\text{m}^3$

$\therefore\ \Delta h = 1000\text{kJ} + 400\text{kN/m}^2 \times 0.75\text{m}^3 = 1294\text{kJ}$

예제 4. 질소의 비열비는 1.41이다. 정압비열은 얼마인가?

풀이 $C_p = \dfrac{k}{k-1}AR = \dfrac{1.41}{1.41-1} \times \dfrac{848}{28}\text{m/K} = 104.15\text{N}\cdot\text{m/N}\cdot\text{K} = 1021\text{J/kg}\cdot\text{K}$

예제 5. 어떤 완전가스 2kgf을 일정한 체적하에서 10℃에서 20℃까지 가열하는 데 필요한 열량이 10kcal이라면 C_p는 얼마인가? (단, 분자량은 6이다.)

- $G = 2\text{kgf}$
- $\Delta T = 10\text{K}$
- $Q = \Delta U_E = 10\text{kcal}$
- $M = 6$

풀이 $C_p = C_v + AR$

$\Delta U_E = GC_v(T_2 - T_1)$에서 $C_v = \dfrac{\Delta U_E}{G(T_2 - T_1)}$

$\therefore\ C_p = \dfrac{\Delta U_E}{G(T_2 - T_1)} + AR = \dfrac{10}{2\times 10} + \dfrac{1}{427} \times \dfrac{848}{6} = 0.83\text{kcal/kgf}\cdot\text{K}$

예제 6. 온도가 50℃이고 절대압력이 2×10⁴N/m²인 완전기체의 밀도가 150.5N · s²/m⁴이다. 기체상수의 값 R은 몇 [N · m/kg · K]인가? 또 몇 [N · m/N · K]인가?

- $T = 323\text{K}$
- $P = 2\times 10^4\text{N/m}^2$
- $\rho = 150.5\text{kg/m}^3$
- $R = ?$

풀이 기체상태 방정식에서 ① 밀도 ρ의 단위가 $(\text{N}\cdot\text{s}^2/\text{m}^4)$일 경우 식은 $P = \rho gRT$ … 이 때 R 단위는 (N · m/N · K), ② 밀도 ρ의 단위가 (kg/m^3)일 경우 식은 $P = \rho RT$ …이며 R 단위는 (N · m/kg · K)이다.

① $R = \dfrac{P}{\rho g T}$

$= \dfrac{2\times 10^4\text{N/m}^2}{150.5\text{N}\cdot\text{s}^2/\text{m}^4 \times 9.8\text{m/s}^2 \times 323\text{K}} = 0.042\text{N}\cdot\text{m/N}\cdot\text{K}$

② $R = \dfrac{P}{\rho T}$

$= \dfrac{2\times 10^4\text{N/m}^2}{150.5\text{kg/m}^3 \times 323\text{K}} = 0.411\text{N}\cdot\text{m/kg}\cdot\text{K}$

예제 7. 산소 6kg이 $P_1=140$kPa(abs), $T_1=50$℃에서 $P_2=550$kPa(abs), $T_2=90$℃로 변할 때 엔탈피변화는 몇 [kJ]인가? (단, $C_v=0.15$, $C_p=0.24$이다.)

- $G=6\text{kg}$
- $P_1=140\text{kPa}$
- $T_1=50$℃
- $P_2=550\text{kPa}$
- $T_2=90$℃
- $C_v=0.15$
- $C_p=0.24$
- $\Delta h=?$

풀이 엔탈피변화

$\Delta h=C_p G\Delta T=0.24\text{kJ/kg}\cdot\text{K}\times 6\text{kg}\times(90-50)\text{K}=57.6\text{kJ}$

예제 8. 분자량이 48인 어떤 기체의 정압비열은 2kJ/kg · k이다. 이 기체의 정적비열과 비열비를 구하시오.

풀이 $R=\dfrac{k-1}{k}C_p=C_p-C_v=kC_v-C_v=C_p-\dfrac{C_p}{k}$

① 정적비열

$$C_v=C_p-R=C_p-\frac{8.314}{M}\text{kN}\cdot\text{m/kg}\cdot\text{K}=2\text{kJ/kg}\cdot\text{K}-\frac{8.314}{48}\text{kJ/kg}\cdot\text{K}=1.83\text{kJ/kg}\cdot\text{K}$$

② 비열비

$$k=\frac{C_p}{C_v}=\frac{2}{1.83}=1.09$$

참고 기체상수 $R=\dfrac{848}{M}(\text{N}\cdot\text{m/N}\cdot\text{K})=\dfrac{848}{M}(\text{kgf}\cdot\text{m/kg}\cdot\text{K})$

$$=\frac{8314}{M}(\text{N}\cdot\text{m/kg}\cdot\text{K})=\frac{8.314}{M}(\text{kN}\cdot\text{m/kg}\cdot\text{K})$$

질량(kg)=중량 9.8N이므로 $1\text{N}\cdot\text{m/kg}\cdot\text{K}=\dfrac{1}{9.8}\text{N}\cdot\text{m/N}\cdot\text{K}$

예제 9. $P_1=120$Pa(abs), $T_1=25$℃인 공기 6kg이 등엔트로피 변화하여 80kcal의 열량을 방출하고 190℃로 되었다면 최종압력 P_2는 몇 [kPa(abs)]인가? (단, 비열비는 1.4이다.)

- $P_1=120\text{kPa(abs)}$
- $T_1=298\text{K}$
- $G=6\text{kgf}$
- $Q=80\text{kcal}$
- $T_2=463\text{K}$
- $P_2=?$
- $k=1.4$

풀이 $\dfrac{T_2}{T_1}=\left(\dfrac{V_2}{V_1}\right)^{1-k}=\left(\dfrac{P_2}{P_1}\right)^{1-\frac{1}{k}}=\left(\dfrac{\rho_2}{\rho_1}\right)^{k-1}$ 에서

$$\therefore\ P_2=\left(\frac{T_2}{T_1}\right)^{\frac{1}{1-\frac{1}{k}}}\times P_1=\left(\frac{463}{298}\right)^{\frac{1}{1-\frac{1}{1.4}}}\times 120=560.99\text{kPa(abs)}$$

예제 10. 어떤 증기터빈의 질량 유동률이 $m=2.0$kg/s이고 열손실이 9.2kW이다. 터빈의 입구와 출구의 증기엔탈피는 각 3140kJ/kg, 2580kJ/kg이고 속도는 각 60m/s, 220m/s일 때 터빈의 출력은 몇 [kW]인가? (단, 입구와 출구의 높이는 각각 7m와 4m이다.)

- $\dot{m}=20\text{kg/s}$
- $Q=-9.2\text{kW}=-9200\text{N}\cdot\text{m/s}$
- $h_1=3140\text{kJ/kg}=3140000\text{N}\cdot\text{m/kg}$
- $h_2=2580\text{kJ/kg}=2580000\text{N}\cdot\text{m/kg}$
- $u_1=60\text{m/s}$
- $u_2=220\text{m/s}$
- $z_1=7\text{m}$
- $z_2=4\text{m}$
- $W_s=?$

풀이 엔탈피 h_1, h_2가 주어지므로 에너지 방정식의 적용 공식

$$Q+\left(h_1+\frac{{u_1}^2}{2}+gZ_1\right)\dot{m}=W_s+\left(h_2+\frac{{u_2}^2}{2}+gZ_2\right)\dot{m}$$

$$\therefore \text{ 출력 } W_s=Q+\left[(h_1-h_2)+\left(\frac{{u_1}^2-{u_2}^2}{2}\right)+g(Z_1-Z_2)\right]\dot{m}$$

$$=-9200+\left[(3140000-2580000)+\left(\frac{60^2-220^2}{2}\right)+9.8(7-4)\right]\times 2.0$$

$$=1066058.8\text{N}\cdot\text{m/s}=11066.0588\text{kJ/s}=11066.0588\text{kW}$$

TIP 가볍게 읽어보세요.

[N · m], [J], [W · s], [kg · m^2/s^2]은 같은 크기의 단위이다.

예제 11. 유체가 20m/s의 속도로 노즐로 들어가고 400m/s의 속도로 노즐에서 나올 때 엔탈피변화는 얼마인가? (단, 마찰 및 열교환은 무시한다.)

- $u_1=20\text{m/s}$
- $u_2=400\text{m/s}$

풀이 $Q=0$, $W_s=0$, $Z_1=Z_2$이므로 식은

$$\left(h_1+\frac{{u_1}^2}{2}\right)=\left(h_2+\frac{{u_2}^2}{2}\right) \text{에서}$$

$$\Delta h=h_2-h_1=\frac{{u_1}^2-{u_2}^2}{2}=\frac{20^2-400^2}{2}=-79800\text{m}^2/\text{s}^2$$

단위를 환산하면,

① $-79800\text{m}^2/\text{s}^2\times\dfrac{1\text{kJ/kg}}{1000\text{m}^2/\text{s}^2}=-79.8\text{kJ/kg}$

② $-79800\text{m}^2/\text{s}^2\times\dfrac{0.24\text{kcal/kg}}{1000\text{m}^2/\text{s}^2}=-19.15\text{kcal/kg}$

참고 엔탈피 : $1\text{kJ/kg}=1\text{kN}\cdot\text{m/kg}=1000\text{m}^2/\text{s}^2=0.24\text{kcal/kg}$

예제 12. 수직으로 세워진 노즐로부터 물이 20m/s의 속도로 뿜어진다면 몇 m까지 상승하는가? (단, 모든 마찰손실과 기타의 손실은 무시한다. 온도변화가 없으므로 내부에너지, 엔탈피, 열손실 등이 모두 0이다. 에너지 방정식을 세우면 $\dfrac{{u_1}^2}{2}=gz_1=\dfrac{{u_2}^2}{2}+gz_2$가 된다.)

풀이 $\therefore\ z_2=\left(\dfrac{{u_1}^2-{u_2}^2}{2}+gz_1\right)/g=\left(\dfrac{20^2-0}{2}+0\right)/9.8=20.4\text{m}$

02 압축성 유체의 기타 성질

(1) 음파의 속도

$$a=\sqrt{\frac{E}{\rho}}=\sqrt{\frac{k\cdot P}{\rho}}=\sqrt{kR'T}=\sqrt{kgRT}$$

여기서, a : 음속(m/s)
E : 체적탄성계수(N/m^2)
ρ : 음파매체의 밀도(N · s^2/m^4)
P : 음파매체의 압력(N/m^2)
R' : 기체상수(질량상수)(J/kg · K or N · m/kg · K or m^2/s^2 · K)
R : 기체상수(중량상수)(N · m/N · K or kgf · m/kg · K)
T : 음파매체의 절대온도(K)

(2) 마하수, 마하각

① 마하수 : 속도의 음속의 비

$$M=\frac{u}{a}=\frac{u}{\sqrt{kR'T}}$$

여기서, 아음속 : $m<1$, 초음속 : $m>1$

② 마하각 : 초음속의 경우 중심선과 음파가 이루는 각

$$\sin\alpha=\frac{1}{M}=\frac{a}{u}$$

(3) 축소, 확대 노즐에서의 흐름

① 아음속의 축소노즐=초음속 확대노즐
아음속의 확대노즐=초음속 축소노즐

② 초음속을 얻으려면 축소-확대 노즐을 지나야 한다.

구 분	$M<1$ … 아음속		$M>1$ … 초음속	
	축소노즐	확대노즐	축소노즐	확대노즐
M	증	감	감	증
u	증	감	감	증
P	감	증	증	감
T	감	증	증	감
ρ	감	증	증	감

(4) 등엔트로피 흐름

① 등엔트로피 흐름의 에너지 방정식

• 단위질량 $\begin{cases} h_1 + \dfrac{{u_1}^2}{2} = h_2 + \dfrac{{u_2}^2}{2} \\ C_p T_1 + \dfrac{{u_1}^2}{2} = C_p T_2 + \dfrac{{u_2}^2}{2} \end{cases}$

• 단위중량 $\begin{cases} h_1 + \dfrac{{u_1}^2}{2g} = h_2 + \dfrac{{u_2}^2}{2g} \\ C_p T_1 + \dfrac{{u_1}^2}{2g} = C_p T_2 + \dfrac{{u_2}^2}{2g} \end{cases}$

② 정체온도, 정체압력, 정체밀도

• 정체온도 : $T_0 = T\left(1 + \dfrac{k-1}{2}M^2\right)$

• 정체압력 : $P_0 = P\left(1 + \dfrac{k-1}{2}M^2\right)^{\frac{k}{k-1}}$

• 정체밀도 : $\rho_0 = \rho\left(1 + \dfrac{k-1}{2}M^2\right)^{\frac{k}{k-1}}$

③ 임계상태

• 임계온도(T_c) : $\dfrac{T_c}{T_0} = \left(\dfrac{2}{k+1}\right)$

• 임계밀도(ρ_c) : $\dfrac{\rho_c}{\rho_0} = \left(\dfrac{2}{k+1}\right)^{\frac{1}{k-1}}$

• 임계압력(P_c) : $\dfrac{P_c}{P_0} = \left(\dfrac{2}{k+1}\right)^{\frac{k}{k-1}}$

④ 물체 표면 이론 온도증가(ΔT)

• $(\Delta T) = \dfrac{k-1}{KR} \cdot \dfrac{V^2}{2} (R : \mathrm{N \cdot m/kg \cdot K}) = \dfrac{k-1}{KR} \cdot \dfrac{V^2}{2g} (R : \mathrm{kgf \cdot m/kg \cdot K})$

(5) 수격작용

유체가 흐르고 있는 배관의 밸브를 급격히 닫았을 때 속도에너지가 압력에너지로 바뀌어 급격한 압력상승과 진동이 배관 내 주기적으로 일어나는 현상

① 압력파의 주기 : $t_c = \dfrac{2l}{a}$

② 급폐쇄 시 압력상승 : $\Delta P_{\max} = \rho a u$

$$\left(\frac{t_s}{t_c} < 1\right)$$

여기서, l : 배관길이(m)

a : 압력파의 속도(배관 속의 음속)(m/s)

t_c : 압력파의 주기(s)

t_s : 폐쇄시간(s)

u : 도관 속의 유체속도(m/s)

(6) 충격파

유체의 유동이 초음속에서 아음속으로 급격히 변할 때 P, T, ρ, h 등이 급격히 상승하면서 파장이 발생한다. 이때 엔트로피도 증가하므로 비가역 과정이다.

① 충격파 후면의 마하수

$$Ma_2^{\,2} = \frac{2+(k-1)\times Ma_1^{\,2}}{2kMa_1-(k-1)}$$

여기서, Ma_2 : 충격파 발생 후면의 마하수

k : 비열비

Ma_1 : 충격파 전면의 마하수

충격파가 발생 시 P, T, ρ, s 등이 급격히 증가하여 압축파로 나타나며 V, Ma는 감소하며, 비가역 과정이다.

예제 1. 체적탄성계수가 2.06×10^5kN/m²인 물속에서의 음속은 몇 [m/s]인가?

풀이 $a=\sqrt{\dfrac{E}{\rho}}=\sqrt{\dfrac{2.06\times10^5\text{kN/m}^2}{1\text{kN}\cdot\text{s}^2/\text{m}^4}}=453.7426\text{m/s}$

예제 2. 온도가 30℃, 기체상수가 286.85J/kg · K인 공기 속의 음속은?

풀이 ① 기체상수 R이 J/kg · K, m²/s² · K, N · m/kg · K 등으로 주어지면

음속 $a=\sqrt{kRT}=\sqrt{1.4\times286.85\text{J/kg}\cdot\text{K}\times303\text{K}}=348.83\text{m/s}$

② 기체상수 R이, J/N · K, m/K 등으로 주어지면

음속 $a=\sqrt{kgRT}=\sqrt{1.4\times9.8\text{m/s}^2\times29.27\text{J/N}\cdot\text{K}\times303\text{K}}=348.83\text{m/s}$

∴ 문제의 기체상수 286.85J/kg · K=29.27kgf · m/kg · K=29.27J/N · K이므로

①식은 기체상수 R에 중력가속도(9.8m/s²)이 포함되어 있고

②식은 g를 별도로 곱하므로 결과치는 같다.

참고 R : 1kgf · m/kg · K=1J/N · K=1N · m/N · K=1m/K

=9.8J/kg · K=9.8N · m/kg · K=9.8m²/s² · K

예제 3. 음속이 340m/s인 공기 속을 달리는 물체의 마하각이 330°일 때 물체의 속도는?

풀이 $\sin x=\dfrac{1}{M}=\dfrac{a}{u}$에서

$u=\dfrac{a}{\sin x}=\dfrac{340}{\sin 30°}=680\text{m/s}$

예제 4. 공기온도 15℃, 기체상수는 280J/kg · K, $k=1.4$일 때 물체속도 600m/s의 마하수는 얼마인가?

풀이 $Ma=\frac{u}{a}=\frac{u}{\sqrt{kR'T}}=\frac{600}{\sqrt{1.4\times 280\times 288}}=1.7857$

예제 5. 절대압력 400kPa, 온도 25℃, 유속 320m/s인 공기유동에서 정체압력은 몇 [kPa]인가? (단, 공기의 기체상수는 0.29kJ/kg · K, 비열비는 1.4이다.)

- $P(\text{abs})=400\text{kPa}$
- $T=298\text{K}$
- $u=320\text{m/s}$
- $R=0.29\text{kJ/kg}\cdot\text{K}$
- $k=1.4$
- $P_o=?$

풀이 $P_o=P\left(1+\frac{k-1}{2}M^2\right)^{\frac{k}{k-1}}$

여기서 $M=\frac{u}{a}=\frac{u}{\sqrt{kRT}}=\frac{320\text{m/s}}{\sqrt{1.4\times 290\text{m}^2/\text{s}^2\cdot\text{K}\times 298\text{K}}}=0.92$

$\therefore\ P_o=400\left(1+\frac{1.4-1}{2}\times 0.92^2\right)^{\frac{1.4}{1.4-1}}=691.5\text{kPa}$

예제 6. 비열비가 1.4인 공기 속을 400m/s로 운동하는 물체표면의 온도 증가는 얼마인가?

- $k=1.4$
- $u=400\text{m/s}$

풀이 온도 증가는 정체온도와 유동온도와 차이이다.

$\Delta T=T_o-T,\ T_o=T+\frac{k-1}{kR}\cdot\frac{u^2}{2}$ 에서

온도 증가 $T_o-T=\frac{k-1}{KR}\cdot\frac{u^2}{2}$

여기서 $R=\frac{8314}{M}(\text{J/kg}\cdot\text{K})=\frac{8314}{29}\text{J/kg}\cdot\text{K}=286.6\text{m}^2/\text{s}^2\cdot\text{K}$

$\therefore\ T_o-T=\frac{1.4-1}{1.4\times 286.6}\times\frac{400^2}{2}=79.766\text{K}$

예제 7. 20℃인 질소가 흐르는 관 속의 온도가 35℃이면 질소의 유동속도는 얼마인가? (단, 질소의 정압비열은 0.25kcal/kg · K이다.)

- $T=20℃=293\text{K}$
- $T_o=35℃=308\text{K}$
- $C_p=0.25\text{kcal/kg}\cdot\text{K}$

풀이 온도 증가는 정체온도와 유동온도의 차이이다.

$\Delta T=T_o-T,\ T_o=T+\frac{k-1}{kR}\cdot\frac{u^2}{2}$ 에서

이 공식 적용 시에 사용되는 정압비열 C_p의 단위는 $(\text{m}^2/\text{s}^2\cdot\text{K})$가 되어야 한다.

$C_p=0.25\text{kcal/kg}\cdot\text{K}\times\left(\frac{1000\text{J}}{0.24\text{kcal}}\right)=1042\text{J/kg}\cdot\text{K}=1042\text{m}^2/\text{s}^2\cdot\text{K}$

$\therefore\ u=\sqrt{2\times 1042\text{m}^2/\text{s}^2\cdot\text{K}\times(308-293)\text{K}}=176.8\text{m/s}$

예제 8. 길이 600m인 관 속을 4m/s의 속도로 물이 흐를 때 관의 출구밸브를 0.9초 동안에 닫으면 압력상승은 몇 [kgf/cm^2]인가? (단, 관 속의 음속은 1100m/s이다.)

- $L = 600\text{m}$
- $u = 4\text{m/s}$
- $T_s = 0.9\text{s}$
- $a = 1100\text{m/s}$

풀이 급폐쇄 인지를 확인한다.

$$\frac{t_s}{t_c} = \frac{t_s}{\frac{2l}{a}} = \frac{0.9}{\frac{2\times 600}{1100}} = 0.825$$

0.825<1이므로 급폐쇄이다.

$\therefore\ \Delta P = \rho a u = 1\text{kN}\cdot\text{s}^2/\text{m}^4 \times 1100\text{m/s} \times 4\text{m/s} = 4400\text{kN/m}^2 = 4400\text{kPa}$

예제 9. 30℃인 공기 속을 1200m/s로 비행하는 비행기의 정체온도는 몇 [℃]인가?

풀이 $T_o = T\left(1 + \frac{k-1}{2}M^2\right)$

여기서, K : 공기이므로 1.4

$M : \frac{u}{a} = \frac{1200}{\sqrt{1.4\times 8314/29\times 303}} = 3.44$

$\therefore\ T_o = 303\left(1 + \frac{1.4-1}{2}\times 3.44^2\right) = 1020\text{K} = 747℃$

예제 10. 정압비열 0.3kcal/kg · K, 정적비열 0.2kcal/kg · K인 기체의 임계압력비는 얼마인가? (단, $K = \frac{0.3}{0.2} = 1.5$)

풀이 $\frac{P}{P_o} = \left(\frac{2}{k+1}\right)^{\frac{k}{k-1}}$

$\therefore\ \frac{P}{P_o} = \left(\frac{2}{1.5+1}\right)^{\frac{1.5}{1.5-1}} = 0.512$

Chapter 9 ··· 압축성 유체의 흐름

출 / 제 / 예 / 상 / 문 / 제

01 가스의 임계압력(P^*)을 바르게 나타낸 것은? (단, 비열비는 k, 정체압력은 P_0이다.)

① $P^* = P_0\left(\frac{2}{k+1}\right)$

② $P^* = P_0\left(\frac{2}{k+1}\right)^{\frac{k}{k-1}}$

③ $P^* = P_0\left(\frac{2}{k+1}\right)^{\frac{1}{k-1}}$

④ $P^* = P_0\left(\frac{2}{k+1}\right)^{\frac{1}{k}}$

해설

- 임계상태 : 유체의 속도가 목에서 음속에 도달한 상태
- 임계압력 : $P_c = P_0\left(\frac{2}{k+1}\right)^{\frac{k}{k-1}}$
- 임계온도 : $T_c = T_0\left(\frac{2}{k+1}\right)$

02 실험실의 풍동(draft)에서 20℃의 공기로 실험을 할 때 마하각이 30°이면 풍속은 몇 m/s가 되는가? (단, 공기의 비열비 $k=1.4$이다.)

① 278　② 364
③ 512　④ 686

해설

$\sin\theta = \frac{1}{M} = \frac{U_a}{U} = \frac{\sqrt{kRT}}{U}$

마하수

$$\therefore U = \frac{\sqrt{kgRT}}{\sin\theta}$$

$$= \sqrt{\frac{1.4\times9.8\times\frac{848}{29}\times293}{\sin30°}}$$

$= 685.70\text{m/s}$

03 압력 20kgf/cm^2(abs), 온도 100℃의 탱크 내의 공기가 단면적 19.6cm^{2}의 목을 갖는 축소확대 노즐을 통하여 분출한다. 목에서 마하수 $M=1$일 때 목에서의 압력 P는?

① 10.57kgf/cm^2(abs)
② 11.64kgf/cm^2(abs)
③ 9.72kgf/cm^2(abs)
④ 12.72kgf/cm^2(abs)

해설

$$P_o = P\times\left(1+\frac{k-1}{2}M^2\right)^{\frac{k}{k-1}}$$

여기서, P_o : 정체압력
P : 유체압력
M : 마하수

$$\therefore P = \frac{P_o}{\left(1+\frac{k-1}{2}\cdot M^2\right)^{\frac{k}{k-1}}}$$

$$= \frac{20}{\left(1+\frac{1.4-1}{2}\times1^2\right)^{\frac{1.4}{0.4}}} = 10.5656 = 10.57\text{kgf/cm}^2$$

04 어떤 물체가 400m/s의 속도로 상온의 공기 속을 지나갈 때 물체 표면의 온도 증가는 이론상 약 몇 K인가? (단, 공기의 기체상수 R은 29.27kg · m/kg · K, 비열비 K는 1.4이다.)

① 68.4　② 79.7
③ 92.4　④ 122.5

해설

$$\Delta T = \frac{k-1}{kR}\times\frac{U^2}{2}$$

$$= \frac{1.4-1}{1.4\times286.85\text{m}^2/\text{s}^2\cdot\text{K}}\times\frac{400^2}{2}(\text{m/s})^2 = 79.7\text{K}$$

참고 기체상수 29.27kg · m/kg · K = 286.85N · m/kg · K
= 286.85m^2/s^2 · K

정답 01.② 02.④ 03.① 04.②

05 압력을 P, 온도를 T, 밀도를 ρ, Mach수를 M이라고 할 때 충격파 전, 후 상태량의 관계식으로 옳은 것은?

① $P_2 = (P_1)\dfrac{2kM_2^{\ 2} - (k+1)}{k-1}$

② $P_2 = (P_1)\dfrac{2kM_1^{\ 2} - (k-1)}{k+1}$

③ $\rho_2 = (\rho_1)\dfrac{(k-1)M_2^{\ 2}}{2+(k-1)M_1^{\ 2}}$

④ $\rho_2 = (\rho_1)\dfrac{(k+1)M_1^{\ 2}}{2+(k-1)M_2^{\ 2}}$

해설

충격파 전후의 변화

① 마하수 $M_2^{\ 2} = \dfrac{2+(k-1)M_1^{\ 2}}{2kM_1^{\ 2}-(k-1)}$

② 압력 $\dfrac{P_2}{P_1} = \dfrac{1+kM_1^{\ 2}}{1+kM_2^{\ 2}}$
$= \dfrac{2kM_1^{\ 2}-(k-1)}{k+1}$

③ 온도 $\dfrac{T_2}{T_1} = \left(\dfrac{P_2}{P_1}\right)^2\left(\dfrac{M_2}{M_1}\right)^2$
$= \dfrac{[2kM_1^{\ 2}-(k-1)][2+(k-1)M_1^{\ 2}]}{(k-1)^2 M_1^{\ 2}}$

④ 부피 $\dfrac{V_2}{V_1} = \dfrac{2+(k-1)M_1^{\ 2}}{(k+1)M_1^{\ 2}}$

06 어떤 기체가 충격파 전의 음속이 300m/s이었고 속도는 600m/s이었다. 충격파 뒤의 음속이 400m/s라 하면 충격파 뒤의 속도는 몇 m/s인가? (단, 이 기체의 비열비는 k=1.4이다.)

① 132　　② 544
③ 231　　④ 444

해설

$Ma = \dfrac{V(\text{속도})}{a(\text{음속})}$ 이므로

$\therefore\ Ma_1 = \dfrac{600}{300} = 2\text{m/s}$

$\therefore\ Ma_2 = \dfrac{V_2}{400}$

$V_2 = 0.57777 \times 400 = 231.1\text{m/s}$

$$Ma_2^{\ 2} = \dfrac{2+(k-1)\times Ma_1^{\ 2}}{2kMa_1^{\ 2}-(k-1)}$$
$$= \dfrac{2+(1.4-1\times 2^2)}{2\times 1.4\times 2^2-(1.4-1)} = 0.3333$$

$\therefore\ Ma_2 = 0.5777$

07 수직충격파(normal shock wave)에 대한 설명 중 옳지 않은 것은?

① 수직충격파는 아음속 유동에서 초음속 유동으로 바뀌어 갈 때 발생한다.
② 비가역 단열과정에서 엔트로피가 항상 증가되기 때문에 일어난다.
③ 수직충격파 발생 직후 유동조건은 $H-s$ 선도로 나타낼 수 있다.
④ 1차원 유동에서 일어날 수 있는 충격파는 오직 수직충격파뿐이다.

해설

① 수직충격파는 초음속에서 아음속으로 급변할 때 발생한다. 이 때 P, T, ρ, h 등이 상승하며 비가역 과정이다. 충격파의 종류는 수직충격파와 경사충격파가 있다.

08 면적이 변하는 도관에서의 흐름에 관한 다음 [그림]에 대한 설명으로 옳지 않은 것은?

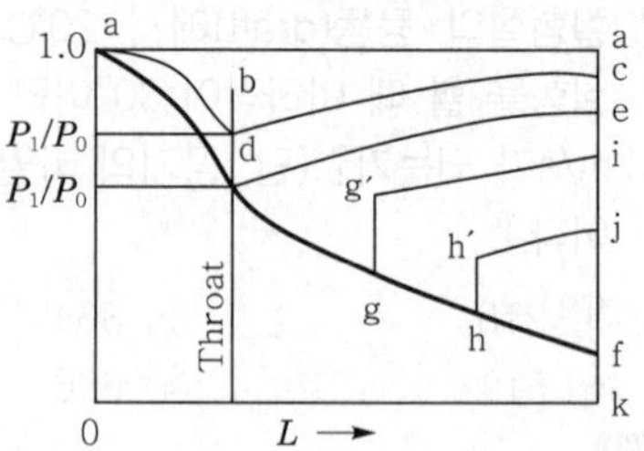

① d점에서의 압력비를 임계압력비라 한다.
② gg′ 및 hh′는 파동(wave motion)과 충격(shock)을 나타낸다.
③ 선 ade의 모든 점에서의 흐름은 아음속이다.
④ 초음속인 경우 노즐의 확대부의 단면적이 증가하면 속도는 감소한다.

해설

초음속 확대부는 마하수, 유속증가, 압력온도는 감소

정답 05.② 06.③ 07.① 08.④

09 다음은 압축에 필요한 일(work) W를 나타내는 식이다. $W=\dfrac{R}{(\gamma-1)}(T_2-T_1)$ 이 식은 다음 중 어떤 형태의 압축시 성립하는가? (단, P_1, T_1 =가스의 처음 상태, P_2, T_2 =압축 후의 상태, $\gamma=C_p/C_v$, R=기체상수이다.)

① 등온압축
② 등엔탈피 압축
③ 단열압축
④ 폴리트로픽 압축

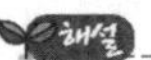

절대일(W)
㉠ 정압변화 : $R(T_2-T_1)$
㉡ 정적변화 : 0
㉢ 정온변화 : $RT\ln\left(\dfrac{P_1}{P_2}\right)$
㉣ 단열변화 : $\dfrac{1}{k-1}(P_1V_{s1}-P_2V_{s2})=\dfrac{R}{k-1}(T_2-T_1)$

10 압축성 흐름 프로세서에서 [그림]에 대한 설명으로 옳지 않은 것은?

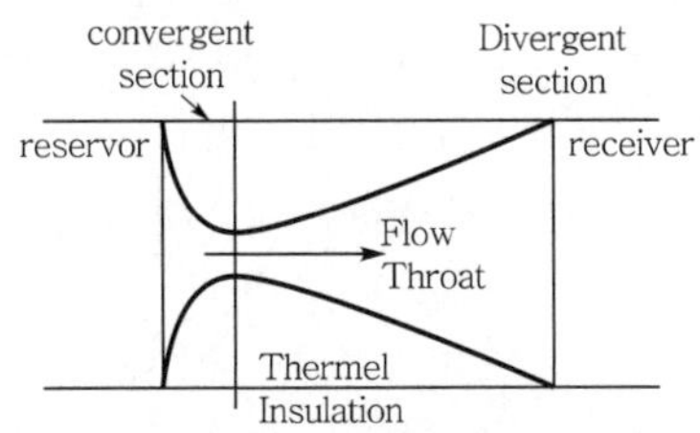

① 등엔트로피 팽창과정이다.
② 이 과정은 면적변화과정이다.
③ 이 과정은 비가역과정이다.
④ 정체온도는 도관에서 변하지 않는다.

해설

이상기체의 흐름 프로세서
㉠ 단열흐름(Thermal Insulation)은 등엔트로피 흐름이다.
㉡ 등엔트로피 흐름은 가역과정이다.
㉢ 초음속을 얻기 위해서는 축소-확대 노즐을 거쳐야 한다.
㉣ 정체온도(전온도)는 변화가 없다.

11 [그림]과 같은 관에서 유체가 유동할 때 마하수는 $Ma<1$이라 한다. 이때 압력과 속도의 변화에 대해서 맞게 설명한 것은? (단, 압력은 P, 속도는 v로 표시)

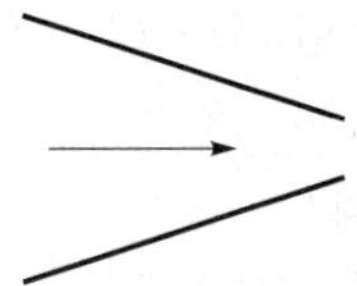

① dv : 증가, dP : 감소
② dv : 증가, dP : 증가
③ dv : 감소, dP : 감소
④ dv : 감소, dP : 증가

• 아음속($Ma<1$)

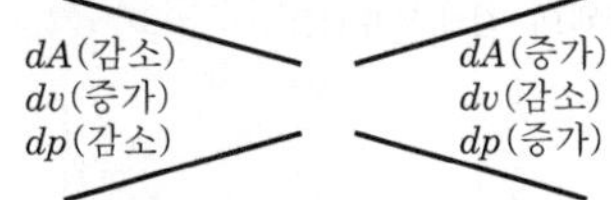

• 초음속($Ma>1$)

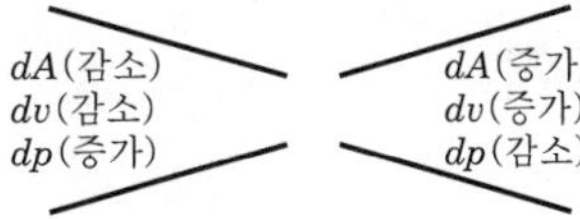

12 압축성 유체가 유동할 때에 대한 현상으로 옳지 않은 것은?

① 압축성 유체가 축소 유로를 등엔트로피 유동할 때 얻을 수 있는 최대유속은 음속이다.
② 압축성 유체가 초음속을 얻으려면 유로에 반드시 확대부를 가져야 한다.
③ 압축성 유체가 초음속으로 유동할 때의 특성을 임계특성이라 하고 일반적으로 표(P^*, T^*)로 나타낸다.
④ 유체가 갖는 엔탈피를 운동에너지로 효율적으로 바꾸게끔 설계된 유로를 노즐이라 한다.

해설

③ 유체의 속도가 음속에 도달했을 때의 특성을 임계특성이라 한다.

정답 09. ③ 10. ③ 11. ① 12. ③

13 마하각 α를 속도 V와 음속 C 및 마하수 M으로 옳게 표현한 것은?

① $\alpha = \sin\dfrac{V}{C}$　② $\alpha = \sin\dfrac{C}{M}$

③ $\alpha = \sin M \cdot C$　④ $\alpha = \sin^{-1}\dfrac{C}{V}$

해설

마하수와 마하각

$M = \dfrac{u}{a} = \dfrac{u}{\sqrt{kgRT}} = \sin^{-1}\dfrac{1}{a}$

$\alpha = \sin^{-1}\dfrac{1}{M} = \sin^{-1}\dfrac{a}{u}$

여기서, M : 마하수(무차원)
u : 유체속도(m/s)
a : 음속(m/s)
k : 비열비
R : 기체상수(kgf · m/kg · K)
T : 음파매체의 절대온도(K)
α : 마하각

정답 13.④

chapter 10 유체계측

유체의 계측 파트는 어떻게 공부하여야 합니까?

제10장은 한국산업인력공단 출제기준 유체의 정역학 기본방식(비중, 비중량, 점성계수 측정) 부분으로서 비중측정 방법과 각 점도계에서 점성계수 계산방법을 공부하셔야 합니다.

01 비중, 비중량 측정

(1) 비중병의 이용

$$\gamma = \frac{W_2 - W_1}{V}$$

여기서, γ : 유체의 비중량(N/m^3)
W_2 : (유체+비중병)의 중량(N)
W_1 : 빈 비중병의 중량(N)
V : 비중병의 내용적(m^3)

(2) 추의 이용(부력 이용)

$G = B + W = \gamma V + W$에서

$$\gamma = \frac{G - W}{V}$$

여기서, G : 추의 원래 무게(N)
B : 부력(N)
W : 추의 유체 속 무게(N)
V : 추의 체적(m^3)

(3) U자관

섞이지 않는 비교 유체의 사용

$\gamma h = \gamma_s h_s$에서

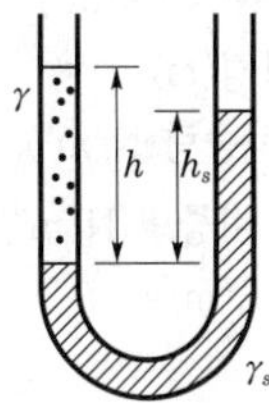

$$\gamma = \frac{\gamma_s h_s}{h}$$

여기서, γ : 측정 유체의 비중량(N/m^3)
h : 측정 유체의 높이(m)
γ_s : 비교유체(기준유체)의 비중량(N/m^3)
h_s : 비교유체의 높이(m)

예제 1. 빈 비중병 무게 0.3N, 유체를 채웠을 때 0.9N, 내용적 0.6L일 때 이 유체의 비중량은?

풀이 $\gamma = \frac{W_2 - W_1}{V} = \frac{0.9 - 0.3}{0.6 \times 10^{-3}} = 1000N/m^3$

예제 2. 무게 5N의 추가 액체 속에서 3.24N, 체적이 $1.36 \times 10^{-4} m^3$일 때 액체의 비중은 얼마인가?

풀이 비중 $S = \frac{\gamma}{\gamma_w} = \frac{\frac{5 - 3.24N}{1.36 \times 10^{-4} m^3}}{9800N/m^3} = 1.32$

예제 3. U자관에서 액체높이 32cm와 수은높이 8cm가 평행일 때 액체의 비중은 얼마인가?

풀이 $\gamma h = \gamma_s h_s$ 에서

$$\gamma = \frac{\gamma_s h_s}{h} = \frac{13.6 \times 9800N/m^3 \times 8cm}{32cm} = 33320N/m^3$$

$$\therefore S = \frac{\gamma}{\gamma_w} = \frac{33320}{9800} = 3.4$$

02 점성계수의 측정

(1) 낙구식 점도계

① 스토크스 법칙(Stokes' law) 이용
② 피측정 유체 속에서 구가 낙하하는 속도를 측정하여 점성계수를 측정

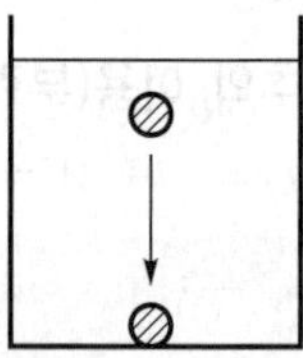

$$\mu = \frac{d^2(\gamma_s - \gamma)}{18u}$$

여기서, μ : 점성계수($N \cdot s/m^2$)
d : 구의 직경(m)
γ_s : 구의 비중량(N/m^3)
γ : 유체의 비중량(N/m^3)
u : 낙하속도(m/s)

(2) 오스트왈드 점도계

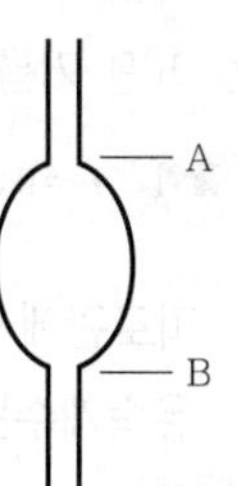

① 하겐-포아젤 법칙 적용

② A~B 사이에 유체를 흘려 걸리는 시간을 측정

$$\mu = \mu_0 \frac{\rho t}{\rho_0 t_0} \qquad \nu = \nu_0 \frac{t}{t_0}$$

여기서, μ : 피측정 유체의 점성계수($N \cdot s/m^2$)

μ_0 : 표준 유체의 점성계수($N \cdot s/m^2$)

ρ : 피측정 유체밀도($N \cdot s^2/m^4$)

ρ_0 : 표준 유체밀도($N \cdot s^2/m^4$)

t : 피측정 유체의 통과시간(s)

t_0 : 표준 유체 통과시간(s)

ν : 피측정 유체의 동점성계수(m^2/s)

ν_0 : 표준 유체의 동점성계수(m^2/s)

(3) 세이볼트 점도계

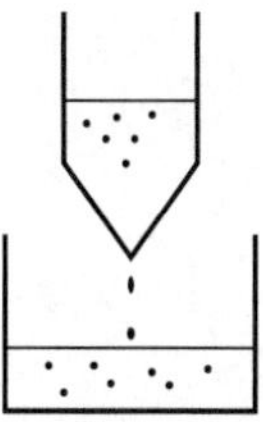

① 하겐-포아젤의 법칙 이용

② 피측정 유체가 아래 용기의 일정한 양을 채울 때까지 걸리는 시간을 측정

$$\nu = 0.0022t - \frac{1.8}{t}$$

여기서, ν : 동점성계수(Stokes)

$1m^2/s = 10^4$stokes

t : 시간(s)

예제 1. 직경 8cm인 강구 (s =9.5)가 (s =0.8)인 기름 속에서 0.05m/s의 일정한 속도로 낙하하고 있을 때, 이 기름의 점성계수는 몇 [$N \cdot s/m^2$]인가?

- $d = 0.08$m
- $\gamma_s = 9.5 \times 9800 = 93100 N/m^3$
- $\gamma = 0.8 \times 9800 = 7840 N/m^3$
- $u = 0.04$m/s
- $\mu = ?$

풀이 $\therefore \ \mu = \dfrac{d^2(\gamma_s - \gamma)}{18u} = \dfrac{0.08^2(93100-7840)}{18 \times 0.04} = 757.8667 N \cdot s/m^2$

예제 2. 어떤 기름이 세이볼트 통과시간이 158s일 때 동점성계수(ν)는 얼마인가?

풀이 $\nu = 0.0022t - \frac{1.8}{t} = 0.0022 \times 158 - \frac{1.8}{158} = 0.3362\text{m}^2/\text{s}$

예제 3. 피토관에서 정체압수두(전압수두)가 5m, 정압수두가 2m일 때 유속은 몇 [m/s]인가? (단, 유속계수는 0.98이다.)

풀이 $u = c\sqrt{2gh} = 0.98 \times \sqrt{2 \times 9.8 \times (5-2)} = 7.5\text{m/s}$

예제 4. 직경 20cm인 관의 내부에 직경 6cm인 노즐이 부착되어 있다. 노즐의 양단에 설치된 마노미터의 수위차가 12mm일 때 배관 내부의 공기의 유량은 얼마인가? (단, 공기의 비중량은 1.2kg/m³, 유속계수는 0.95라고 한다.)

풀이 $Q = CA_2\sqrt{\dfrac{2gh\left(\dfrac{\gamma_s}{\gamma}-1\right)}{1-\left(\dfrac{d_2}{d_1}\right)^4}} = 0.95 \times \dfrac{\pi}{4}0.06^2 \times \sqrt{\dfrac{2 \times 9.8 \times \left(\dfrac{1000}{1.2}-1\right)}{1-\left(\dfrac{6}{20}\right)^4}} = 0.031\text{m}^3/\text{s}$

Chapter 10 ••• 유체계측

출/제/예/상/문/제

01 기체의 온도와 점도의 관계는 다음 식으로 표시하는 데 일반적인 근사값인 n값의 범위는? (단, μ = 절대온도 T에서의 점도, μ_o = 0°에서의 점도)

$$\frac{\mu}{\mu_o} = \left(\frac{T}{273}\right)^n$$

① 0~0.48　② 0.35~0.52
③ 0.65~1.0　④ 1.02~1.70

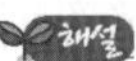

- 액체의 점도 : 온도에 반비례
- 기체의 점도 : 온도에 비례

$$\frac{\mu}{\mu_o} = \left(\frac{T}{273}\right)^{0.65\sim1}$$

기체 중 Ne의 점도가 최대, H_2의 점도가 최저

02 오리피스와 노즐에 대한 설명이 바르지 못한 것은?

① 내벽을 따라서 흘러온 유체입자는 개구부에 도달했을 때 관성력 때문에 급격히 구부러지지 않고 반지름 방향의 속도성분을 가진다.
② 반지름 방향의 속도성분은 개구부에서 유출에 따라 점점 작아져서 분류가 평형류가 된 지점에서는 0이 된다.
③ 유량계수는 축류계수와 속도계수의 합이며 유로의 기하학적 치수, 관성력 및 점성력과 관계가 있다.
④ 분류의 단면적이 개구부의 단면적 보다 항상 작아지며 분류속도는 유체의 마찰에 의해 그 값이 작아진다.

③ 유량계수는 축류와 속도계수의 곱이다.

03 직경 10mm, 비중 9.5인 추가 동점성계수(Kinematic viscosity) 0.0025m²/s, 비중 1.25인 액체 속으로 등속 낙하하고 있을 때 낙하속도는 몇 [m/s]인가?

① 0.144m/s
② 0.288m/s
③ 0.352m/s
④ 0.576m/s

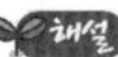

낙구식 점도계 : 유체 속에서 구가 낙하하는 속도를 측정하여 유체의 점도를 측정

낙하속도 $u = \dfrac{d^2(\gamma_s - \gamma)}{18\mu} = \dfrac{d^2(\gamma_s - \gamma)}{18\nu\rho}$

여기서, d : 구의 직경(0.01m)
γ_s : 구의 비중량 ($9.5 \times 9800\text{N/m}^3 = 93100\text{N/m}^3$)
γ : 유체의 비중량 ($1.25 \times 9800\text{N/m}^3 = 12250\text{N/m}^3$)
ν : 동점성계수($0.0025\text{m}^2/\text{s}$)
ρ : 유체의 밀도$\left(\dfrac{12250\text{N/m}^3}{9.8\text{m/s}^2} = 1250\text{N}\cdot\text{s}^2/\text{m}^4\right)$

$$\therefore u = \frac{0.01^2(93100 - 12250)}{18 \times 0.0025 \times 1250} = 0.1437\text{m/s}$$

04 Ostwald 점도계를 사용하여 어떤 액체의 점도 μ를 측정한다. 이 액체는 Ostwald 점도계를 통과하는 시간이 13초가 소요되었고 같은 온도에서 물의 경우에는 2.5초가 소요되었다. 이때 이 액체시료의 점도 μ[cP]는 얼마인가? (단, 이 온도에서 물의 점도는 1cP 이었다.)

① 2.5　② 5.2
③ 6.5　④ 13

정답 01.③ 02.③ 03.① 04.②

해설

오스트왈드 점도계에서 점도는 시간에 반비례

$\frac{\mu}{\mu_o} = \frac{\rho t}{\rho_o t_o}$

여기서, μ : 피측정 유체의 점성계수
μ_o : 표준 유체의 점성계수
ρ : 피측정 유체의 밀도
ρ_o : 표준 유체의 밀도
t_o : 표준 유체의 통과시간
t : 피측정 유체의 통과시간

$\therefore \mu = \mu_o \times \frac{t}{t_o} = 1 \times \frac{13}{2.5} = 5.2\text{cP}$

05 경험적으로 낙하거리 s는 물체의 질량 m, 낙하시간 t 및 중력가속도 g와 관계가 있다. 차원해석을 통해 이들에 관한 관계식을 옳게 나타낸 것은? (단, k는 비례상수이다.)

① $s = kgt$　　② $s = kgt^2$
③ $s = kmgt$　　④ $s = kmgt^2$

낙하거리 $l = \frac{1}{2}gt^2$, 낙하속도 $u = \sqrt{2gh}$ 즉, 낙하거리와 낙하속도는 물체의 질량과는 무관하다.

06 관 속을 흐르는 유체의 유량을 측정하는 데 사용되는 벤투리미터(Venturi meter)는 오리피스미터(Orifice meter)를 개선한 형태의 유량측정장치이다. 다음 중 오리피스미터의 어떤 점을 개선한 것인가?

① 측정이 번거롭다.
② 설치하기가 어렵다.
③ 가격이 비싸다.
④ 영구 마찰손실이 크다.

정답 05.② 06.④

부록

과년도 출제문제

부록에서는 최근 출제된 시험문제를 상세하게 풀이하였습니다. 기출문제에서 반드시 알아야 할 필수이론을 '핵심이론정리집'으로 요약 · 정리하여 수록하였으니, 꼭 별책부록과 함께 공부하세요~

가스기사 필기

부록. 과년도 출제문제

국가기술자격 시험문제

2017년 기사 제1회 필기시험(1부) (2017년 3월 5일 시행)

자격종목	시험시간	문제수	문제형별
가스기사	**2시간30분**	**100**	**B**

수험번호		성 명	

제1과목 가스유체역학

01 지름이 25cm인 원형관 속을 5.7m/s의 평균속도로 물이 흐르고 있다. 40m에 걸친 수두 손실이 5m라면 이때의 Darcy 마찰계수는 어느 것인가?

① 0.0189 ② 0.1547
③ 0.2089 ④ 0.2621

$h_f = \lambda \frac{L}{D} \cdot \frac{V^2}{2g}$

$\lambda = \frac{h_f \cdot D \cdot 2g}{L \cdot V^2} = \frac{5 \times 0.25 \times 2 \times 9.8}{40 \times 5.7^2}$

$= 0.0189$

02 두 피스톤의 지름이 각각 25cm와 5cm이다. 직경이 큰 피스톤을 2cm만큼 움직이면 작은 피스톤은 몇 cm 움직이는가? (단, 누설량과 압축은 무시한다.)

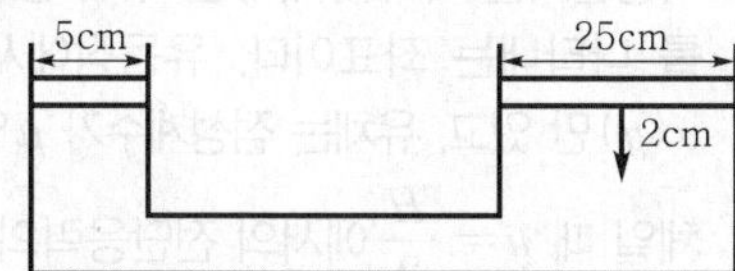

① 5cm ② 10cm
③ 25cm ④ 50cm

$A_1 \times S_1 = A_2 \times S_2$

$S_2 = \frac{A_1 \times S_1}{A_2} = \frac{\frac{\pi}{4} \times (25)^2 \times 2}{\frac{\pi}{4} \times 5^2} = 50\text{cm}$

03 [그림]은 수축노즐을 갖는 고압용기에서 기체가 분출될 때 질량유량($\dot{m}$)과 배압(Pb)과 용기내부압력(Pr)의 비의 관계를 도시한 것이다. 다음 중 질식된(choking) 상태만 모은 것은?

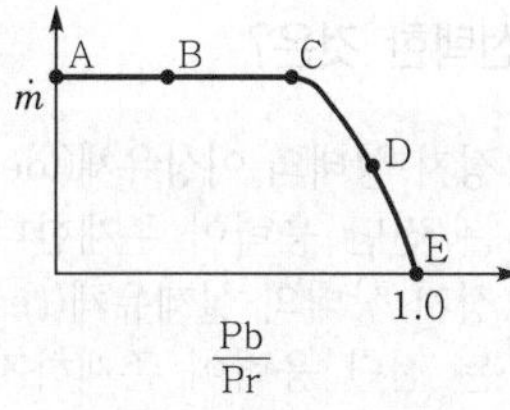

① A, E ② B, D
③ D, E ④ A, B

04 수은-물 마노메타로 압력차를 측정하였더니 50cmHg였다. 이 압력차를 mH_2O로 표시하면 약 얼마인가?

① 0.5 ② 5.0
③ 6.8 ④ 7.3

$50\text{cmHg} : x(\text{mH}_2\text{O}) = 76\text{cmHg} : 10.33\text{mH}_2\text{O}$

$x = \frac{50 \times 10.33}{76} = 6.79 = 6.8\text{mH}_2\text{O}$

05 웨버(Weber) 수의 물리적 의미는?

① 압축력/관성력
② 관성력/점성력
③ 관성력/탄성력
④ 관성력/표면장력

정답 01.① 02.④ 03.④ 04.③ 05.④

해설

웨버수 $=\dfrac{\text{관성력}}{\text{표면장력}}$

㉠ 오일러수
㉡ 레이놀드수
㉢ 코시수

06 중력 단위계에서 1kgf와 같은 것은?

① $980\text{kg}\cdot\text{m/s}^2$
② $980\text{kg}\cdot\text{m}^2/\text{s}^2$
③ $9.8\text{kg}\cdot\text{m/s}^2$
④ $9.8\text{kg}\cdot\text{m}^2/\text{s}^2$

해설

$1\text{kgf}=1\text{kg}\times 9.8\text{m/s}^2$
$=9.8\text{kg}\cdot\text{m/s}^2$

07 유체에 관한 다음 설명 중 옳은 내용을 모두 선택한 것은?

> ㉠ 정지 상태의 이상유체(ideal fluid)에서는 전단 응력이 존재한다.
> ㉡ 정지 상태의 실제유체(real fluid)에서는 전단 응력이 존재하지 않는다.
> ㉢ 전단 응력을 유체에 가하면 연속적인 변형이 일어난다.

① ㉠, ㉡
② ㉠, ㉢
③ ㉡, ㉢
④ ㉠, ㉡, ㉢

08 상온의 공기 속을 260m/s의 속도로 비행하고 있는 비행체의 선단에서의 온도 증가는 약 얼마인가? (단, 기체의 흐름을 등엔트로피 흐름으로 간주하고 공기의 기체상수는 287J/kg · K이고 비열비는 1.4이다.)

① 24.5℃ ② 33.6℃
③ 44.6℃ ④ 45.1℃

해설

$T_o=T+\dfrac{1}{R}\cdot\dfrac{K-1}{K}\cdot\dfrac{V^2}{2}$

$T_o-T(\Delta T)=\dfrac{1}{R}\cdot\dfrac{K-1}{K}\cdot\dfrac{V^2}{2}$

$\dfrac{1}{287}\times\dfrac{1.4-1}{1.4}\times\dfrac{260^2}{2}=33.6℃$

T_o : 전온, T : 정온, ΔT : 표면온도 증가값

$\dfrac{K-1}{KR}\times\dfrac{V^2}{2g}$: 동온

관련문제

(1) 상온의 공기속을 10m/s 속도로 비행하고 있는 표면의 이론온도증가는?

$(K=1.4,\ R=29.27\text{kgf}\cdot\text{m/kg}\cdot\text{K})$

$\Delta T=\dfrac{1.4-1}{1.4\times 29.27}\cdot\dfrac{10^2}{2\times 9.8}=0.049\text{K}$

(2) 물체 1000m/s 속도로 공기속을 지날 때 표면온도증가(K)값 (기체상수값 29.27m/K 비열비는 1.4)

$\Delta T=T_o-T=\dfrac{K-1}{KR}\times\dfrac{V^2}{2g}$

$=\dfrac{1.4-1}{1.4\times 29.27}\times\dfrac{1000^2}{2\times 9.8}=498\text{K}$

ΔT값은 온도증가값이므로 ℃나 K값이 같다.

물체표면의 이론온도증가(ΔT)

$\Delta T=\dfrac{K-1}{KR}\cdot\dfrac{V^2}{2}(℃)(\text{R}=\text{N}\cdot\text{m/kg}\cdot\text{K, J/kg}\cdot\text{K})$

$\Delta T=\dfrac{K-1}{KR}\cdot\dfrac{V^2}{2g}(℃)(\text{R}=\text{kgf}\cdot\text{m/kg}\cdot\text{K})$

09 2개의 무한 수평 평판 사이에서의 층류 유동의 속도 분포가 $u(y)=U\left[1-\left(\dfrac{y}{H}\right)^2\right]$로 주어지는 유동장(Poiseuille flow)이 있다. 여기에서 U와 H는 각각 유동장의 특성속도와 특성길이를 나타내며, y는 수직 방향의 위치를 나타내는 좌표이다. 유동장에서는 속도 $u(y)$만 있고, 유체는 점성계수가 μ인 뉴톤유체일 때 $y=\dfrac{H}{2}$에서의 전단응력의 크기는?

① $\dfrac{\mu U}{H^2}$ ② $\dfrac{\mu U}{2H^2}$
③ $\dfrac{\mu U}{H}$ ④ $\dfrac{8\mu U}{2H}$

정답 06.③ 07.③ 08.② 09.③

10 안지름이 150mm인 관 속에 20℃의 물이 4m/s로 흐른다. 안지름이 75mm인 관 속에 40℃의 암모니아가 흐르는 경우 역학적 상사를 이루려면 암모니아의 유속은 얼마가 되어야 하는가? (단, 물의 동점성계수는 $1.006\times10^{-6}m^2/s$이고 암모니아의 동점성계수는 $0.34\times10^{-6}m^2/s$이다.)

① 0.27m/s ② 2.7m/s
③ 3m/s ④ 5.68m/s

역학적 상사 $Re_1 = Re_2$라고 하면

$$\frac{V_1D_1}{\nu_1} = \frac{V_2D_2}{\nu_2}$$

$$V_2 = \frac{V_1D_1\nu_2}{\nu_1D_2} = \frac{4\times150\times0.34\times10^{-6}}{1.006\times10^{-6}\times75} = 2.7\text{m/s}$$

11 어떤 유체의 액면 아래 10m인 지점의 계기 압력이 $2.16kgf/cm^2$일 때 이 액체의 비중량은 몇 kgf/m^3인가?

① 2160 ② 216
③ 21.6 ④ 0.216

$P = \gamma H$

$$\gamma = \frac{P}{H} = \frac{2.16\times10^4\text{kgf/m}^2}{10\text{m}} = 2160\text{kg/m}^3$$

12 Mach 수를 의미하는 것은?

① $\frac{\text{실제 유동속도}}{\text{음속}}$

② $\frac{\text{초음속}}{\text{아음속}}$

③ $\frac{\text{음속}}{\text{실제 유동속도}}$

④ $\frac{\text{아음속}}{\text{초음속}}$

$$Ma = \frac{V}{A}$$

V : 실제유동속도

a : 음속$=\sqrt{KgRT}$

13 구형입자가 유체 속으로 자유 낙하할 때의 현상으로 틀린 것은? (단, μ는 점성계수, d는 구의 지름, U는 속도이다.)

① 속도가 매우 느릴 때 항력(drag force)은 $3\pi\mu dU$이다.

② 입자에 작용하는 힘을 중력, 항력, 부력으로 구분할 수 있다.

③ 항력계수(C_D)는 레이놀즈수가 증가할수록 커진다.

④ 종말속도는 가속도가 감소되어 일정한 속도에 도달한 것이다.

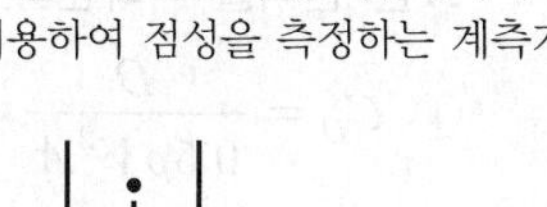

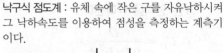

낙구식 점도계 : 유체 속에 작은 구를 자유낙하시켜 그 낙하속도를 이용하여 점성을 측정하는 계측기이다.

(1) 층류상태 구의 $Re = \frac{Vd}{\nu}$

(2) Stokes 저항력 $D = 3\pi\mu Vd$

(3) $\mu = \frac{d^2(\gamma_s - \gamma_o)}{18V}$

V : 유속

ν : 동점성계수

γ_s : 구의 비중량

γ_o : 액체의 비중량

∴ Re가 커지면 유속 V가 커지며 항력계수 C_D는 항력에 비례하므로

$D = C_D \cdot 3\pi\mu Vd$라고 한다면

V가 커질수록 C_D는 작아야 한다.

따라서 Re가 증가할수록 항력계수는 작아야 한다.

14 압축성 유체가 축소-확대 노즐의 확대부에서 초음속으로 흐를 때, 다음 중 확대부에서 감소하는 것을 옳게 나타낸 것은? (단, 이상기체의 등엔트로피 흐름이라고 가정한다.)

① 속도, 온도
② 속도, 밀도
③ 압력, 속도
④ 압력, 밀도

정답 10.② 11.① 12.① 13.③ 14.④

해설
축소확대노즐

속도별 구분	$M>1$(초음속)		$M<1$(아음속)	
	확대부	축소부	확대부	축소부
증가	속도, 마하수	압력, 온도, 밀도	압력, 온도, 밀도	마하수, 속도
감소	압력, 온도, 밀도	속도, 마하수	마하수, 속도	압력, 온도, 밀도

15 항력계수를 옳게 나타낸 식은? (단, C_D는 항력계수, D는 항력, ρ는 밀도, V는 유속, A는 면적을 나타낸다.)

① $C_D = \dfrac{D}{0.5\rho V^2 A}$

② $C_D = \dfrac{D^2}{0.5\rho VA}$

③ $C_D = \dfrac{0.5\rho V^2 A}{D}$

④ $C_D = \dfrac{0.5\rho V^2 A}{D^2}$

해설

$$D = C_D \frac{\gamma \cdot V^2}{2g} \cdot A = C_D \frac{\rho V^2}{2} \cdot A$$

$$\therefore\ C_D = \frac{2D}{\rho V^2 A} = \frac{D}{0.5\rho V^2 A}$$

$$\gamma = \rho g,\quad \frac{1}{0.5} = 2$$

참고 양력(L) C_L : 양력계수
ρ(밀도), V(유속), A(면적)

$$L = C_L \cdot \frac{\gamma \cdot V^2}{2g} \cdot A = C_L \cdot \frac{\rho V^2}{2} \cdot A$$

$$C_L = \frac{2L}{\rho V^2 A} = \frac{L}{0.5\rho V^2 A}$$

16 내경이 10cm인 원관 속을 비중 0.85인 액체가 10cm/s의 속도로 흐른다. 액체의 점도가 5cP라면 이 유동의 레이놀즈수는?

① 1400 ② 1700
③ 2100 ④ 2300

$$Re = \frac{\rho DV}{\mu} = \frac{0.85 \times 10 \times 10}{5 \times 10^{-2}} = 1700$$

17 출구의 지름이 20cm인 송풍기의 배출유량이 3m³/min일 때 평균유속은 약 몇 m/s인가?

① 1.2m/s ② 1.6m/s
③ 3.2m/s ④ 4.8m/s

$$Q = \frac{\pi}{4} d^2 \cdot V$$

$$V = \frac{4Q}{\pi d^2} = \frac{4 \times (3/60)}{\pi \times (0.2)^2} = 1.59 = 1.6\text{m/s}$$

18 탱크 안의 액체의 비중량은 700kgf/m³이며 압력은 3kgf/cm²이다. 압력을 수두로 나타내면 몇 m인가?

① 0.429m ② 4.286m
③ 42.86m ④ 428.6m

$$H = \frac{P}{\gamma} = \frac{3 \times 10^4 (\text{kgf/m}^2)}{700 (\text{kgf/m}^3)} = 42.857 = 42.86\text{m}$$

19 2차원 직각좌표계 $(x,\ y)$상에서 x방향의 속도를 u, y방향의 속도를 v라고 한다. 어떤 이상유체의 2차원 정상 유동에서 $v = -Ay$일 때 다음 중 x방향의 속도 u가 될 수 있는 것은? (단, A는 상수이고 $A>0$이다.)

① Ax ② $-Ax$
③ Ay ④ $-2Ax$

해설
2차원 직각 좌표계$(x,\ y)$에서 x방향속도를 u, y방향속도를 v라 할 때, $v=-Ay$라면 u의 속도는
(1) 2차원 유동의 형상

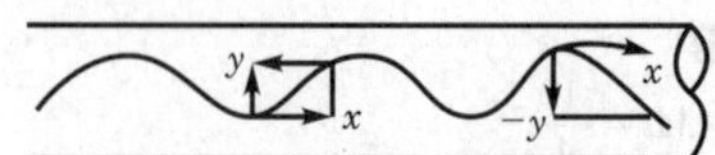

정답 15.① 16.② 17.② 18.③ 19.①

(2) 좌표

① $v = Ay$일 경우 … 상방향

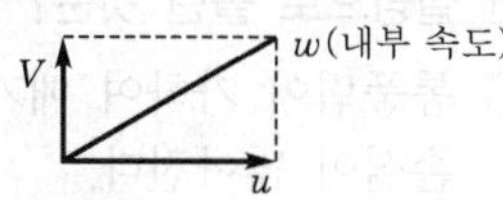

x방향의 속도

$u = \sqrt{w^2 - V^2} = \sqrt{w^2 - Ay^2}$

② $v = -Ay$일 경우 … 하방향

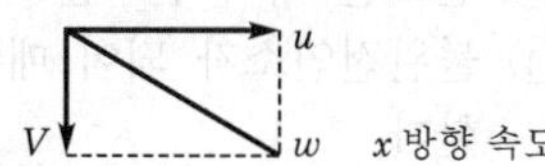

$$u = \sqrt{w^2 - V^2}$$
$$= \sqrt{w^2 - (-Ay)^2}$$
$$= \sqrt{w^2 - Ay^2}$$

③ 즉 y방향속도의 부호에 무관하게 x방향의 속도는 양의 값을 가지며 수평속도는 일정(①의 u =②의 u)

∴ $u = Ax$

참고 $v = Ay$일 때 $u = Ax$
$v = -Ay$일 때 $u = Ax$이며 $u = -Ax$는 역류현상이라 볼 수 있다.

20 간격이 좁은 2개의 연직 평판을 물속에 세웠을 때 모세관현상의 관계식으로 맞는 것은? (단, 두 개의 연직 평판의 간격 : t, 표면장력 : σ, 접촉각 : β, 물의 비중량 : γ, 평판의 길이 : l, 액면의 상승높이 : h_c이다.)

① $h_c = \dfrac{4\sigma\cos\beta}{\gamma t}$　② $h_c = \dfrac{4\sigma\sin\beta}{\gamma t}$

③ $h_c = \dfrac{2\sigma\cos\beta}{\gamma t}$　④ $h_c = \dfrac{2\sigma\sin\beta}{\gamma t}$

해설

$$W = \gamma \cdot V = \gamma \cdot Ah = \gamma \cdot \frac{\pi}{4}d^2 \cdot h$$
$$\sigma\cos\beta \cdot \pi d - \gamma \cdot \frac{\pi d^2}{4} \cdot h$$
$$h = \frac{4\sigma\cos\beta}{\gamma d}$$

제2과목 연소공학

21 증기운 폭발의 특징에 대한 설명으로 틀린 것은?

① 폭발보다 화재가 많다.

② 점화위치가 방출점에서 가까울수록 폭발위력이 크다.

③ 증기운의 크기가 클수록 점화될 가능성이 커진다.

④ 연소에너지의 약 20%만 폭풍파로 변한다.

해설

증기운 폭발(UVCE)

(1) 정의 : 대기 중 다량의 가연성 가스 또는 액체의 유출로 발생한 증기가 공기와 혼합 가연성 혼합 기체를 형성 발화원에 의해 발생하는 폭발

(2) 영향인자

㉠ 방출물질의 양

㉡ 점화원의 위치

㉢ 증발물질의 분율

22 연소범위에 대한 일반적인 설명으로 틀린 것은?

① 압력이 높아지면 연소범위는 넓어진다.

② 온도가 올라가면 연소범위는 넓어진다.

③ 산소농도가 증가하면 연소범위는 넓어진다.

④ 불활성 가스의 양이 증가하면 연소범위는 넓어진다.

23 미분탄 연소의 특징으로 틀린 것은?

① 가스화 속도가 낮다.

② 2상류 상태에서 연소한다.

③ 완전연소에 시간과 거리가 필요하다.

④ 화염이 연소실 전체에 퍼지지 않는다.

해설

미분탄연소 장단점

장 점	단 점
㉠ 적은 공기량으로 완전연소가 가능하다. ㉡ 자동제어가 가능하다. ㉢ 부하변동에 대응하기 쉽다. ㉣ 연소율이 크다. ㉤ 화염이 연소실 전체에 확산된다.	㉠ 연소실이 커야 한다. ㉡ 타연료에 비하여 연소시간이 길다. ㉢ 화염길이가 길어진다. ㉣ 가스화속도가 낮다. ㉤ 완전연소에 거리와 시간이 필요하다. ㉥ 2상류 상태에서 연소한다.

정답 20.③ 21.② 22.④ 23.④

24 일정한 체적 하에서 포화증기의 압력을 높이면 무엇이 되는가?

① 포화액
② 과열증기
③ 압축액
④ 습증기

포화증기에서 압력(P) 상승 시 과열증기가 된다.

증기압축기 기준 냉동 사이클 P-I 선도

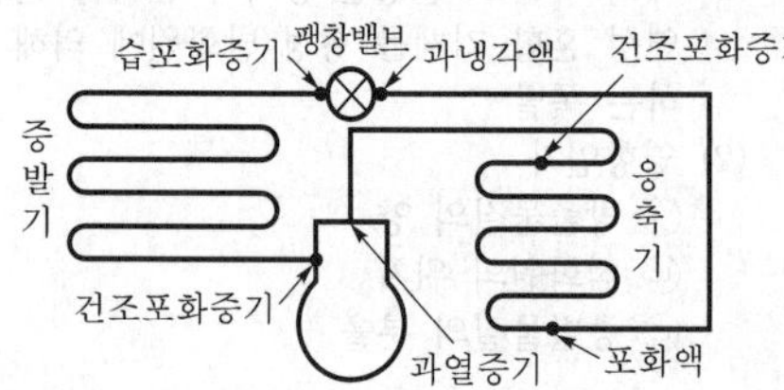

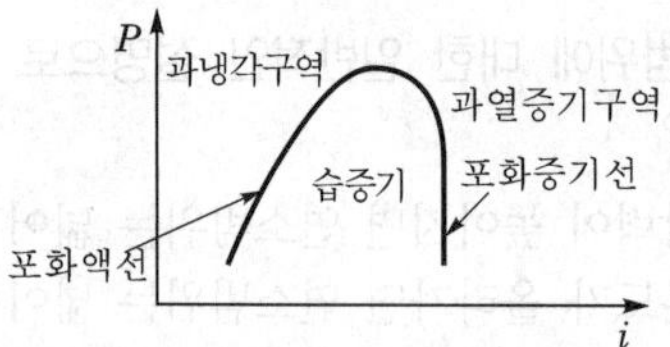

25 아세틸렌(C_2H_2)에 대한 설명 중 틀린 것은?

① 산소와 혼합하여 3300℃까지의 고온을 얻을 수 있으므로 용접에 사용된다.
② 가연성 가스 중 폭발한계가 가장 적은 가스이다.
③ 열이나 충격에 의해 분해폭발이 일어날 수 있다.
④ 용기에 충전할 때에 단족으로 가압 충전할 수 없으며 용해 충전한다.

C_2H_2 : 2.5~81%로 가장 폭발범위가 넓다.

26 연소 반응이 완료되지 않아 연소가스 중에 반응의 중간 생성물이 들어있는 현상을 무엇이라 하는가?

① 열해리
② 순반응
③ 역화반응
④ 연쇄분자반응

27 공기비가 클 경우 연소에 미치는 영향에 대한 설명으로 틀린 것은? **[연소공학 15]**

① 통풍력이 가하여 배기가스에 의한 열손실이 많아진다.
② 연소가스 중 NOx의 양이 많아져 저온부식이 된다.
③ 연소실 내의 연소온도가 저하한다.
④ 불완전연소가 되어 매연이 많이 발생한다.

28 천연가스의 비중측정 방법은?

① 분젤실링법
② soap bubble 법
③ 라이트법
④ 분젠버너법

29 연소의 열역학에서 몰엔탈피를 H_j, 몰엔트로피를 S_j라 할 때 Gibbs 자유에너지 F_j와의 관계를 올바르게 나타낸 것은?

① $F_j = H_j - TS_j$
② $F_j = H_j + TS_j$
③ $F_j = S_j - TH_j$
④ $F_j = S_j + TH_j$

30 프로판을 완전연소시키는 데 필요한 이론공기량은 메탄의 몇 배인가? (단, 공기 중 산소의 비율은 21v%이다.)

① 1.5
② 2.0
③ 2.5
④ 3.0

$C_3H_8 + 5O_2 \rightarrow 3CO_2 + 4H_2O$

$CH_4 + 2O_2 \rightarrow CO_2 + 2H_2O$

$$\frac{C_3H_8\text{의 공기}}{CH_4\text{의 공기}} = \frac{5 \times \frac{1}{0.21}}{2 \times \frac{1}{0.21}} = 2.5\text{배}$$

정답 24.② 25.② 26.① 27.④ 28.① 29.① 30.③

31 방폭에 대한 설명으로 틀린 것은?

① 분진처리시설에서 호흡을 하는 경우 분진을 제거하는 장치가 필요하다.
② 분해 폭발을 일으키는 가스에 비활성 기체를 혼합하는 이유는 화염온도를 낮추고 화염 전파능력을 소멸시키기 위함이다.
③ 방폭 대책은 크게 예방, 긴급대책 등 2가지로 나누어진다.
④ 분진을 다루는 압력을 대기압보다 낮게 하는 것도 분진 대책 중 하나이다.

③ 예방, 국소화, 억제, 긴급대책 등으로 이루어진다.

32 가연성 혼합가스에 불활성 가스를 주입하여 산소의 농도를 최소산소농도(MOC) 이하로 낮게 하는 공정은? **[연소 19]**

① 릴리프(relief)
② 벤트(vent)
③ 이너팅(inerting)
④ 리프팅(lifting)

33 다음은 간단한 수증기사이클을 나타낸 [그림]이다. 여기서 랭킨(Rankine)사이클의 경로를 옳게 나타낸 것은?

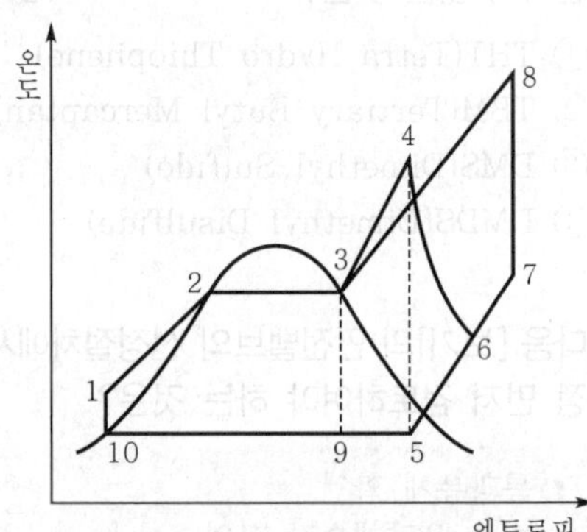

① 1→2→3→9→10→1
② 1→2→3→4→5→9→10→1
③ 1→2→3→4→6→5→9→10→1
④ 1→2→3→8→7→5→9→10→1

34 화격자 연소방식 중 하입식 연소에 대한 설명으로 옳은 것은?

① 산화층에서는 코크스화한 석탄입자표면에 충분한 산소가 공급되어 표면연소에 의한 탄산가스가 발생한다.
② 코크스화한 석탄은 환원층에서 아래 산화층에서 발생한 탄산가스를 일산화탄소로 환원한다.
③ 석탄층은 연소가스에 직접 접하지 않고 상부의 고온 산화층으로부터 전도와 복사에 의해 가열된다.
④ 휘발분과 일산화탄소는 석탄층 위쪽에서 2차 공기와 혼합하여 기상연소한다.

35 다음 가스와 그 폭발한계가 틀린 것은?

① 수소 : 4~75%
② 암모니아 : 15~28%
③ 메탄 : 5~15.4%
④ 프로판 : 2.5~40%

④ C_3H_8 : 2.1~9.5%

36 공기 중의 산소 농도가 높아질 때 연소의 변화에 대한 설명으로 틀린 것은? **[연소 35]**

① 연소속도가 빨라진다.
② 화염온도가 높아진다.
③ 발화온도가 높아진다.
④ 폭발이 더 잘 일어난다.

37 폭발억제장치의 구성이 아닌 것은?

① 폭발검출기구
② 활성제
③ 살포기구
④ 제어기구

38 열역학적 상태량이 아닌 것은?

① 정압비열 ② 압력
③ 기체상수 ④ 엔트로피

정답 31.③ 32.③ 33.② 34.③ 35.④ 36.③ 37.② 38.③

열역학적 상태량	
종량성 상태량	강도성 상태량
체적	온도, 비체적, 압력 정압·정적비열, 엔트로피

39 배기가스의 온도가 120℃인 굴뚝에서 통풍력 12mmH₂O를 얻기 위하여 필요한 굴뚝의 높이는 약 몇 m인가? (단, 대기의 온도는 20℃이다.)

① 24 ② 32
③ 39 ④ 47

연돌의 통풍력

$$z = 273H\left(\frac{\gamma_o}{273+t_o} - \frac{\gamma_g}{273+t_g}\right)$$

$$H = \frac{z}{273\times\left(\frac{\gamma_o}{273+t_o} - \frac{\gamma_g}{273+t_g}\right)}$$

$$= \frac{12}{273\times\left(\frac{1.295}{273+20} - \frac{1.295}{273+120}\right)} = 39\text{m}$$

z : 연돌의 통풍력(mmH_2O)
H : 연돌의 높이(m)
γ_o : 대기의 비중량
γ_g : 가스의 비중량
t_o : 대기의 온도
t_g : 가스의 온도
※ 공기비중량 $29kg/22.4m^3 ≒ 1.295kg/m^3$
가스비중량이 주어지지 않았으므로 대기와 같다고 간주하여 $\gamma_g = 1.295$이다.

40 800℃의 고열원과 300℃의 저열원 사이에서 작동하는 카르노사이클 열기관의 열효율은? **[연소 16]**

① 31.3%
② 46.6%
③ 68.8%
④ 87.3%

$$\eta = \frac{T_1 - T_2}{T_1} = \frac{(800-300)}{(273+800)} = 0.465 = 46.6\%$$

제3과목 가스설비

41 역카르노 사이클로 작동되는 냉동기가 20kW의 일을 받아서 저온체에서 20kcal/s의 열을 흡수한다면 고온체로 방출하는 열량은 약 몇 kcal/s인가?

① 14.8 ② 24.8
③ 34.8 ④ 44.8

20kcal/s − 20kW × 860kcal/3600s(kW)

$Q_1 = Q_2 + Aw$
$= 20kcal/s \times 860kcal/3600s(kW) + 20kcal/s$
$= 24.77 ≒ 24.8kcal/s$

42 4극 3상 전동기를 펌프와 직결하여 운전할 때 전원주파수가 60Hz이면 펌프의 회전수는 몇 rpm인가? (단, 미끄럼률은 2%이다.)

① 1562 ② 1663
③ 1764 ④ 1865

$$N = \frac{120f}{P}\left(1 - \frac{S}{100}\right)$$

$$= \frac{120\times 60}{4}\times\left(1 - \frac{2}{100}\right)$$

$$= 1764\text{rpm}$$

43 천연가스에 첨가하는 부취제의 성분으로 적합하지 않은 것은? **[설비 19]**

① THT(Tetra Hydro Thiophene)
② TBM(Tertiary Butyl Mercaptan)
③ DMS(Dimethyl Sulfide)
④ DMDS(Dimethyl Disulfide)

44 다음 [보기]의 안전밸브의 선정절차에서 가장 먼저 검토하여야 하는 것은?

- 통과유체 확인
- 밸브 용량계수값 확인
- 해당 메이커의 자료 확인
- 기타 밸브구동기 선정

① 기타 밸브구동기 선정
② 해당 메이커의 자료 확인

정답 39.③ 40.② 41.② 42.③ 43.④ 44.④

③ 밸브 용량계수값 확인
④ 통과유체 확인

45 고압가스 탱크의 수리를 위하여 내부 가스를 배출하고 불활성 가스로 치환하여 다시 공기로 치환하였다. 내부의 가스를 분석한 결과 탱크 안에서 용접작업을 해도 되는 경우는?

① 산소 20%
② 질소 85%
③ 수소 5%
④ 일산화탄소 4000ppm

설비 내 작업 가능 농도

가스별	농 도
산소	18% 이상 22% 이하
가연성	폭발하한계의 1/4 이하
독성	TLV-TWA 허용농도 이하

46 정상운전 중에 가연성 가스의 점화원이 될 전기불꽃, 아크 또는 고온부분 등의 발생을 방지하기 위하여 기계적·전기적 구조상 또는 온도상승에 대하여 안전도를 증가시킨 방폭 구조는? [안전 13]

① 내압방폭구조
② 압력방폭구조
③ 유입방폭구조
④ 안전증방폭구조

47 염소가스(Cl_2) 고압용기의 지름을 4배, 재료의 강도를 2배로 하면 용기의 두께는 얼마가 되는가?

① 0.5 ② 1배
③ 2배 ④ 4배

$\sigma_t = \dfrac{PD}{2t_1}$ 에서

$t_1 = \dfrac{PD}{\sigma_t \cdot 2}$ 이므로

$t_2 = \dfrac{P \cdot 4D}{2\sigma_t \cdot 2} = \dfrac{4}{2} = 2$배

48 수소 가스를 충전하는데 가장 적합한 용기의 재료는?

① Cr강 ② Cu
③ Mo강 ④ Al

해설

수소의 부식 방지법
5~6%의 Cr강에 W, Mo, Ti, V 등을 첨가

49 습식 아세틸렌 제조법 중 투입식의 특징이 아닌 것은? [설비 58]

① 온도상승이 느리다.
② 불순가스 발생이 적다.
③ 대량 생산이 용이하다.
④ 주수량의 가감으로 양을 조정할 수 있다.

50 일반용 LPG 2단 감압식 1차용 압력조정기의 최대폐쇄압력으로 옳은 것은? [안전 17]

① 3.3kPa 이하
② 3.5kPa 이하
③ 95kPa 이하
④ 조정압력의 1.25배 이하

51 정압기를 평가, 선정할 경우 정특성에 해당되는 것은? [설비 22]

① 유량과 2차압력과의 관계
② 1차 압력과 2차 압력과의 관계
③ 유량과 작동 차압과의 관계
④ 메인밸브의 열림과 유량과의 관계

52 공업용 수소의 가장 일반적인 제조방법은?

① 소금물 분해
② 물의 전기분해
③ 황산과 아연 반응
④ 천연가스, 석유, 석탄 등의 열분해

53 화염에서 백-파이어(back-fire)가 생기는 주된 원인은? [연소 22]

① 버너의 과열
② 가스의 과량공급

정답 45.① 46.④ 47.③ 48.① 49.④ 50.③ 51.① 52.④ 53.①

③ 가스압력의 상승
④ 1차 공기량의 감소

54 다음 중 동관(copper pipe)의 용도로서 가장 거리가 먼 것은?

① 열교환기용 튜브
② 압력계 도입관
③ 냉매가스용
④ 배수관용

55 도시가스의 원료 중 탈황 등의 정제장치를 필요로 하는 것은?

① NG　　② SNG
③ LPG　　④ LNG

해설

NG(천연가스) : 지하에서 채취한 1차 연료로서 제진, 탈황, 탈습, 탈탄산 등의 전처리가 필요하다.

56 인장시험방법에 해당하는 것은?

① 올센법
② 샤르피법
③ 아이조드법
④ 파우더법

57 고압가스설비는 상용압력의 몇 배 이상의 압력에서 항복을 일으키지 않는 두께를 갖도록 설계해야 하는가?

① 2배　　② 10배
③ 20배　　④ 100배

해설

항복 = 상용압력 × 2
　　= 최고사용압력 × 1.7

58 용기내장형 가스난방기에 대한 설명으로 옳지 않은 것은?

① 난방기는 용기와 직결되는 구조로 한다.
② 난방기의 콕은 항상 열림 상태를 유지하는 구조로 한다.
③ 난방기는 버너 후면에 용기를 내장할 수 있는 공간이 있는 것으로 한다.
④ 난방기 통기구의 면적은 용기 내장실 바닥면적에 대하여 하부는 5%, 상부는 1% 이상으로 한다.

해설

난방기는 용기와 직결되지 않는 구조로 한다.

59 1000rpm으로 회전하고 있는 펌프의 회전수를 2000rpm으로 하면 펌프의 양정과 소요동력은 각각 몇 배가 되는가? **[설비 36]**

① 4배, 16배
② 2배, 4배
③ 4배, 2배
④ 4배, 8배

$$H_2 = H_1 \times \left(\frac{N_2}{N_1}\right)^2 = H_1 \times \left(\frac{2000}{1000}\right)^2 = 4H_1$$

$$P_2 = P_1 \times \left(\frac{N_2}{N_1}\right)^3 = P_1 \times \left(\frac{2000}{1000}\right)^3 = 8P_1$$

60 다음 배관 중 반드시 역류방지 밸브를 설치할 필요가 없는 곳은? **[안전 91]**

① 가연성 가스를 압축하는 압축기와 오토클레이브와의 사이
② 암모니아의 합성탑과 압축기 사이
③ 가연성 가스를 압축하는 압축기와 충전용 주관과의 사이
④ 아세틸렌을 압축하는 압축기의 유분리기와 고압건조기와의 사이

제4과목 가스안전관리

61 다음 특정설비 중 재검사 대상에 해당하는 것은? **[안전 162]**

① 평저형 저온저장탱크
② 초저온용 대기식 기화장치
③ 저장탱크에 부착된 안전밸브
④ 특정고압가스용 실린더캐비넷

정답 54.④ 55.① 56.① 57.① 58.① 59.④ 60.① 61.③

62 가연성 가스가 폭발할 위험이 있는 농도에 도달할 우려가 있는 장소로서 "2종 장소"에 해당되지 않는 것은? **[안전 13]**

① 상용의 상태에서 가연성 가스의 농도가 연속해서 폭발하한계 이상으로 되는 장소
② 밀폐된 용기가 그 용기의 사고로 인해 파손될 경우에만 가스가 누출할 위험이 있는 장소
③ 환기장치에 이상이나 사고가 발생한 경우에는 가연성 가스가 체류하여 위험하게 될 우려가 있는 장소
④ 1종 장소의 주변에서 위험한 농도의 가연성 가스가 종종 침입할 우려가 있는 장소

63 지상에 일반도시가스 배관을 설치(공업지역 제외)한 도시가스사업자가 유지하여야 할 상용압력에 따른 공지의 폭으로 적합하지 않은 것은? **[안전 160]**

① 5.0MPa – 19m
② 2.0MPa – 16m
③ 0.5MPa – 8m
④ 0.1MPa – 6m

해설

배관 지상설치 시 상용압력에 따른 유지하여야 하는 공지의 폭

상용압력	공지의 폭
0.2MPa 미만	5m 이상
0.2MPa 이상 1MPa 미만	9m 이상
1MPa 이상	15m 이상

64 고압가스 특정설비 제조자의 수리범위에 해당하지 않는 것은? **[안전 75]**

① 단열재 교체
② 특정설비 몸체의 용접
③ 특정설비의 부속품 가공
④ 아세틸렌 용기 내의 다공물질 교체

65 다음 각 가스의 특징에 대한 설명 중 옳은 것은?

① 암모니아 가스는 갈색을 띤다.
② 일산화탄소는 산화성이 강하다.
③ 황화수소는 갈색의 무취 기체이다.
④ 염소 자체는 폭발성이나 인화성이 없다.

해설

① 암모니아 : 무색
② 일산화탄소 : 독성, 가연성
③ 황화수소 : 독성, 자극적 냄새

66 니켈(Ni) 금속을 포함하고 있는 촉매를 사용하는 공정에서 주로 발생할 수 있는 맹독성 가스는?

① 산화니켈(NiO)
② 니켈카르보닐($Ni(CO)_4$)
③ 니켈클로라이드($NiCl_2$)
④ 니켈염

67 차량에 고정된 탱크의 안전운행기준으로 운행을 완료하고 점검하여야 할 사항이 아닌 것은? **[안전 161]**

① 밸브의 이완상태
② 부속품 등의 볼트 연결 상태
③ 자동차 운행등록허가증 확인
④ 경계표지 및 휴대품 등의 손상 유무

68 일반도시가스사업 정압기 시설에서 지하 정압기실의 바닥면 둘레가 35m일 때 가스누출경보기 검지부의 설치 개수는?

① 1개　　② 2개
③ 3개　　④ 4개

20m당 검지부 1개이므로,
35m÷20=1.75=2개

69 불화수소(HF)가스를 물에 흡수시킨 물질을 저장하는 용기로 사용하기에 가장 부적절한 것은?

① 납 용기　　② 강철 용기
③ 유리 용기　　④ 스테인리스 용기

정답 62.① 63.③ 64.④ 65.④ 66.② 67.③ 68.② 69.③

해설

HF(플루오르화수소) 수용액은 석영, 유리, SiO_2를 녹이므로 유리병에 보관할 수 있고 납병, 폴리에틸렌병에 보관한다.

70 도시가스 배관을 지하에 매설할 때 배관에 작용하는 하중을 수직방향 및 횡방향에서 지지하고 하중을 기초 아래로 분산시키기 위한 침상재료는 배관 하단에서 배관 상단 몇 cm까지 포설하여야 하는가? [안전 122]

① 10 ② 20
③ 30 ④ 50

해설

도시가스 배관 매설 시 포설하는 재료

재료의 종류	배관으로부터 포설하는 높이
되메움	침상 재료 상부
침상재료	배관상부 30cm
배관	–
기초재료	배관하부 10cm

71 공기액화장치에 아세틸렌 가스가 혼입되면 안 되는 주된 이유는? [설비 5]

① 배관에서 동결되어 배관을 막아 버리므로
② 질소와 산소의 분리를 어렵게 하므로
③ 분리된 산소가 순도를 나빠지게 하므로
④ 분리기 내 액체산소탱크에 들어가 폭발하기 때문에

72 염소와 동일 차량에 적재하여 운반하여도 무방한 것은? [안전 34]

① 산소 ② 아세틸렌
③ 암모니아 ④ 수소

73 가연성 가스 충전용기의 보관실에 등화용으로 휴대할 수 있는 것은?

① 휴대용 손전등(방폭형)
② 석유등
③ 촛불
④ 가스등

74 도시가스의 누출 시 그 누출을 조기에 발견하기 위해 첨가하는 부취제의 구비조건이 아닌 것은? [안전 19]

① 배관 내의 상용의 온도에서 응축하지 않을 것
② 물에 잘 녹고 토양에 대한 흡수가 잘 될 것
③ 완전히 연소하고 연소 후에 유해한 성질이나 냄새가 남지 않을 것
④ 독성이 없고 가스관이나 가스미터에 흡착되지 않을 것

75 탱크 주밸브가 돌출된 저장탱크는 조작상자 내에 설치하여야 한다. 이 경우 조작상자와 차량의 뒷범퍼와의 수평거리는 얼마 이상 이격하여야 하는가? [안전 33]

① 20cm ② 30cm
③ 40cm ④ 50cm

76 고압가스 특정제조의 시설기준 중 배관의 도로 밑 매설 기준으로 틀린 것은? [안전 154]

① 배관의 외면으로부터 도로의 경계까지 1m 이상의 수평거리를 유지한다.
② 배관은 그 외면으로부터 도로 밑의 다른 시설물과 0.3m 이상의 거리를 유지한다.
③ 시가지의 도로 노면 밑 매설하는 배관의 노면과의 거리는 1.2m 이상으로 한다.
④ 포장되어 있는 차도에 매설하는 경우에는 그 포장 부분의 노반 밑에 매설하고 배관의 외면과 노반의 최하부와의 거리는 0.5m 이상으로 한다.

77 안전성 평가기법 중 공정 및 설비의 고장형태 및 영향, 고장형태별 위험도 순위 등을 결정하는 기법은? [연소 12]

① 위험과 운전분석(HAZOP)
② 이상위험도분석(FMECA)

정답 70.③ 71.④ 72.① 73.① 74.② 75.① 76.③ 77.②

③ 상대위험순위결정분석(Dow And Mond Indices)
④ 원인결과분석(CCA)

78 고압가스용 냉동기 제조시설에서 냉동기의 설비에 실시하는 기밀시험과 내압시험(시험유체 : 물)의 압력기준은 각각 얼마인가?

① 설계압력 이상, 설계압력의 1.3배 이상
② 설계압력의 1.5배 이상, 설계압력 이상
③ 설계압력의 1.1배 이상, 설계압력의 1.1배 이상
④ 설계압력의 1.5배 이상, 설계압력의 1.3배 이상

해설

냉동기 설비의 Ap와 Tp

구분		내용
Ap(기밀시험압력)		설계압력 이상
Tp (내압 시험압력)	물로 시험	설계압력의 1.3배 이상
	공기질소로 시험	설계압력의 1.1배 이상

79 아세틸렌 용기에 충전하는 다공질물의 다공도는? [안전 20]

① 25% 이상, 50% 미만
② 35% 이상, 62% 미만
③ 54% 이상, 79% 미만
④ 75% 이상, 92% 미만

80 용기에 의한 고압가스의 운반기준으로 틀린 것은? [안전 34]

① 운반 중 도난당하거나 분실한 때에는 즉시 그 내용을 경찰서에 신고한다.
② 충전용기 등을 적재한 차량은 제1종 보호시설에서 15m 이상 떨어진 안전한 장소에 주 · 정차한다.
③ 액화가스 충전용기를 차량에 적재하는 때에는 적재함에 세워서 적재한다.
④ 충전용기를 운반하는 모든 운반전용 차량의 적재함에는 리프트를 설치한다.

제5과목 가스계측

81 기체 크로마토그래피에서 사용되는 캐리어 가스에 대한 설명으로 틀린 것은? [계측 10]

① 헬륨, 질소가 주로 사용된다.
② 기체 확산이 가능한 큰 것이어야 한다.
③ 시료에 대하여 불활성이어야 한다.
④ 사용하는 검출기에 적합하여야 한다.

82 임펠러식(impeller type) 유량계의 특징에 대한 설명으로 틀린 것은? [계측 32]

① 구조가 간단하다.
② 직관 부분이 필요 없다.
③ 측정 정도는 약 ±0.5%이다.
④ 부식성이 강한 액체에도 사용할 수 있다.

83 계량기의 검정기준에서 정하는 가스미터의 사용오차의 값은? [계측 18]

① 최대허용오차의 1배의 값으로 한다.
② 최대허용오차의 1.2배의 값으로 한다.
③ 최대허용오차의 1.5배의 값으로 한다.
④ 최대허용오차의 2배의 값으로 한다.

84 밸브를 완전히 닫힌 상태로부터 완전히 열린 상태로 움직이는 데 필요한 오차의 크기를 의미하는 것은?

① 잔류편차
② 비례대
③ 보정
④ 조작량

85 절대습도(絶對濕度)에 대하여 가장 바르게 나타낸 것은? [계측 25]

① 건공기 1kg에 대한 수증기의 중량
② 건공기 $1m^3$에 대한 수증기의 중량
③ 건공기 1kg에 대한 수증기의 체적
④ 건공기 $1m^3$에 대한 수증기의 체적

정답 78.① 79.④ 80.④ 81.② 82.② 83.④ 84.② 85.①

86 미리 정해 놓은 순서에 따라서 단계별로 진행시키는 제어방식에 해당하는 것은? **[계측 12]**

① 수동 제어(manual control)
② 프로그램 제어(program control)
③ 시퀀스 제어(sequence control)
④ 피드백 제어(feedback control)

87 가스미터가 규정된 사용공차를 초과할 때의 고장을 무엇이라고 하는가? **[계측 5]**

① 부동 ② 불통
③ 기차불량 ④ 감도불량

88 제어 오차가 변화하는 속도에 비례하는 제어동작으로, 오차의 변화를 감소시켜 제어 시스템이 빨리 안정될 수 있게 하는 동작은? **[계측 4]**

① 비례 동작
② 미분 동작
③ 적분 동작
④ 뱅뱅 동작

89 캐리어 가스와 시료 성분 가스의 열전도도의 차이를 금속 필라멘트 또는 서미스터의 저항변화로 검출하는 가스 크로마토그래피 검출기는? **[계측 13]**

① TCD ② FID
③ ECD ④ FPD

90 시험지에 의한 가스검지법 중 시험지별 검지가스가 바르지 않게 연결된 것은? **[계측 15]**

① KI전분지 - NO_2
② 염화제1동 착염지 - C_2H_2
③ 염화파라듐지 - CO
④ 연당지 - HCN

91 염화파라듐지로 일산화탄소의 누출유무를 확인할 경우 누출이 되었다면 이 시험지는 무슨 색으로 변하는가? **[계측 15]**

① 검은색
② 청색
③ 적색
④ 오렌지색

92 경사각(θ)이 30°인 경사관식 압력계의 눈금(x)을 읽었더니 60cm가 상승하였다. 이때 양단의 차압(P_1-P_2)은 약 몇 kgf/cm^{2}인가? (단, 액체의 비중은 0.8인 기름이다.)

① 0.001
② 0.014
③ 0.024
④ 0.034

해설

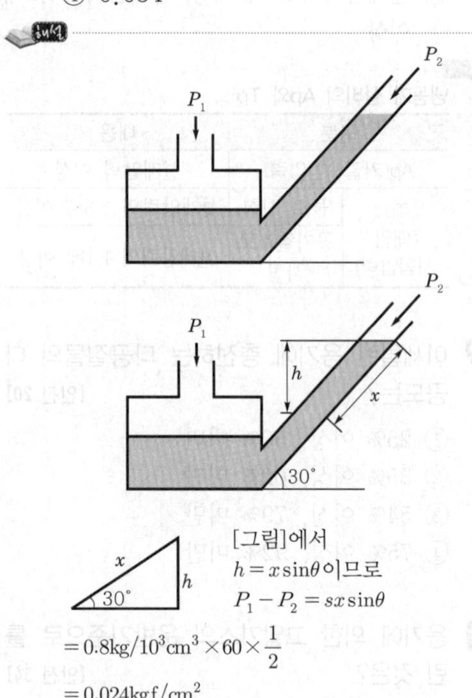

[그림]에서
$h = x\sin\theta$이므로
$P_1 - P_2 = sx\sin\theta$

$= 0.8\text{kg}/10^3\text{cm}^3 \times 60 \times \frac{1}{2}$

$= 0.024\text{kgf/cm}^2$

93 2종의 금속선 양끝에 접점을 만들어주어 온도차를 주면 기전력이 발생하는데 이 기전력을 이용하여 온도를 표시하는 온도계는? **[계측 9]**

① 열전대 온도계
② 방사 온도계
③ 색 온도계
④ 제겔콘 온도계

정답 86.③ 87.③ 88.② 89.① 90.④ 91.① 92.③ 93.①

94 변화되는 목표치를 측정하면서 제어량을 목표치에 맞추는 자동제어 방식이 아닌 것은? **[계측 12]**

① 추종 제어
② 비율 제어
③ 프로그램 제어
④ 정치 제어

95 어떤 가스의 유량을 막식 가스미터로 측정하였더니 65L였다. 표준 가스미터로 측정하였더니 71L였다면 이 가스미터의 기차는 약 몇 %인가? **[계측 18]**

① −8.4% ② −9.2%
③ −10.9% ④ −12.5%

$$기차 = \frac{시험미터\ 지시량 - 기준미터\ 지시량}{시험미터\ 지시량} \times 100$$
$$= \frac{65-71}{65} \times 100$$
$$= -9.23\%$$

96 물탱크의 크기가 높이 3m, 폭 2.5m일 때, 물탱크 한쪽 벽면에 작용하는 전압력은 약 몇 kgf인가?

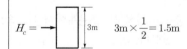

① 2813 ② 5625
③ 11250 ④ 22500

$$P = \gamma A H_c = 1000\text{kgf/m}^3 \times 3 \times 2.5\text{m}^2 \times 1.5\text{m}$$
$$= 11250\text{kgf}$$

H_c = → [3m] $3\text{m} \times \frac{1}{2} = 1.5\text{m}$

97 관에 흐르는 유체흐름이 전압과 정압의 차이를 측정하는 유속을 구하는 장치는?

① 로터미터
② 피토관
③ 벤투리미터
④ 오리피스미터

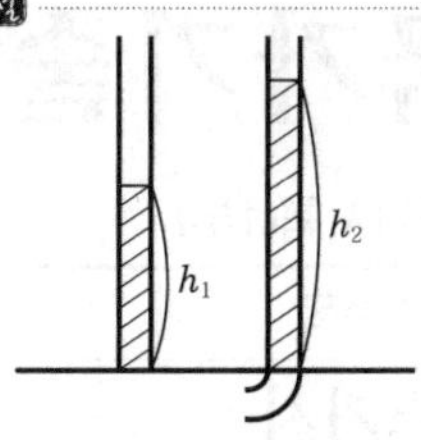

h_2(전압) − h_1(정압) = 동압
피토관 (V) = $\sqrt{2gH}$ (H : 동압)

98 가스크로마토그래피의 캐리어 가스로 사용하지 않는 것은? **[계측 10]**

① He ② N_2
③ Ar ④ O_2

99 가스분석계 중 O_2(산소)를 분석하기에 적합하지 않은 것은?

① 자기식 가스분석계
② 적외선 가스분석계
③ 세라믹식 가스분석계
④ 갈바니 전기식 가스분석계

적외선 가스분석계 : 대칭 이원자분자(O_2, N_2, H_2)와 단원자분자(He, Ne, Ar) 등은 분석이 안 된다.

100 유리관 등을 이용하여 액위를 직접 판독할 수 있는 액위계는?

① 직관식 액위계
② 검척식 액위계
③ 퍼지식 액위계
④ 프로트식 액위계

정답 94.④ 95.② 96.③ 97.② 98.④ 99.② 100.①

국가기술자격 시험문제

2017년 기사 제2회 필기시험(1부)

(2017년 5월 7일 시행)

자격종목	시험시간	문제수	문제형별
가스기사	**2시간30분**	**100**	**A**

수험번호		성 명	

제1과목 가스유체역학

01 다음 보기 중 Newton의 점성법칙에서 전단응력과 관련 있는 항으로만 되어 있는 것은?

㉠ 온도기울기 ㉡ 점성계수
㉢ 속도기울기 ㉣ 압력기울기

① ㉠, ㉡ ② ㉠, ㉣
③ ㉡, ㉢ ④ ㉢, ㉣

Newton 점성법칙

$\tau = \mu \frac{du}{dy}$

여기서, τ : 전단응력

μ : 점성계수

$\frac{du}{dy}$: (전단변형률=속도기울기=각변형율)

02 어떤 유체의 운동문제에 8개의 변수가 관계되고 있다. 이 8개의 변수에 포함되는 기본 차원이 질량 M, 길이 L, 시간 T일 때 π 정리로서 차원해석을 한다면 몇 개의 독립적인 무차원량 π를 얻을 수 있는가?

① 3개
② 5개
③ 8개
④ 11개

버킹엄의 π 정리

무차원수=물리량-기본차원수

$= 8 - 3 = 5$

03 절대압력이 $4\times10^4 kgf/m^2$이고, 온도가 15℃인 공기의 밀도는 약 몇 kg/m^3인가? (단, 공기의 기체상수는 29.27kgf · m/kg · K이다.)

① 2.75 ② 3.75
③ 4.75 ④ 5.75

$PV = GRT$

$P = G/V \times R \times T$

$G/V = \frac{P}{RT}$

$= \frac{4\times10^4}{29.27\times(273+15)} = 4.745$

$\fallingdotseq 4.75 kg/m^3$

04 충격파(shock wave)에 대한 설명 중 옳지 않은 것은?

① 열역학 제2법칙에 따라 엔트로피가 감소한다.
② 초음속 노즐에서는 충격파가 생겨날 수 있다.
③ 충격파 생성 시, 초음속에서 아음속으로 급변한다.
④ 열역학적으로 비가역적인 현상이다.

충격파

구분		내용
정 의		초음속 흐름이 아음속으로 변하게 되는 경우 발생되는 불연속면
종류	수 직	충격파가 흐름에 수직하게 작용
	경 사	충격파가 흐름에 경사지게 작용
영향	증 가	밀도, 비중량, 압력, 엔트로피, 온도
	현 상	속도 감소, 마찰열 발생으로 비가역 현상

정답 01.③ 02.② 03.③ 04.①

05 송풍기의 공기 유량이 $3m^3/s$일 때, 흡입쪽의 전압이 110kPa, 출구쪽의 정압이 115kPa이고 속도가 30m/s이다. 송풍기에 공급하여야 하는 축동력은 얼마인가? (단, 공기의 밀도는 $1.2kg/m^3$이고, 송풍기의 전효율은 0.8이다.)

① 10.45kW ② 13.99kW
③ 16.62kW ④ 20.78kW

출구 동압$(P_{v2})=\dfrac{\rho V^2}{2}=\dfrac{1.2\times30^2}{2}$

$=540\text{Pa}=0.54\text{kPa}$

$P_t=P_{t2}-P_{t1}=P_{s2}+P_{v2}-P_{t1}$

$=(115+0.54)-110=5.54\text{kPa}$

∴ 축동력(L_{kW})

$=\dfrac{P_t\cdot Q}{\eta_t}=\dfrac{5.54\times3}{0.8}=20.78\text{kW}$

06 펌프에서 전체 양정 10m, 유량 $15m^3/min$, 회전수 700rpm을 기준으로 한 비속도는?

① 271 ② 482
③ 858 ④ 1050

$$Ns=\frac{N\sqrt{Q}}{\left(\frac{H}{n}\right)^{\frac{3}{4}}}$$

$$=\frac{700\times\sqrt{15}}{(10)^{\frac{3}{4}}}=482.10$$

07 비중 0.9인 액체가 지름 10cm인 원관 속을 매분 50kg의 질량유량으로 흐를 때, 평균 속도는 얼마인가?

① 0.118m/s
② 0.145m/s
③ 7.08m/s
④ 8.70m/s

해설

$G=\gamma AV$

$$\therefore V=\frac{G}{\gamma A}=\frac{50\text{kg}/60\text{sec}}{0.9\times10^3\times\frac{\pi}{4}\times(0.1)^2}$$

$=0.1178=0.118\text{m/s}$

08 중량 10000kgf의 비행기가 270km/h의 속도로 수평 비행할 대동력은? (단, 양력(L)과 항력(D)의 비 $L/D=5$이다.)

① 1400PS ② 2000PS
③ 2600PS ④ 3000PS

해설

$$P=\frac{D\cdot V}{75}(\text{PS})$$

$$=\frac{10000(\text{kgf})\times270\times10^3(\text{m})\times\frac{1}{3600}/\text{sec}}{75}\times\frac{1}{5}$$

$=2000\text{PS}$

09 유체역학에서 다음과 같은 베르누이 방정식이 적용되는 조건이 아닌 것은?

$$\frac{P}{r}+\frac{V^2}{2g}+Z=\text{일정}$$

① 적용되는 임의의 두 점은 같은 유선상에 있다.
② 정상상태의 흐름이다.
③ 마찰이 없는 흐름이다.
④ 유체흐름 중 내부 에너지 손실이 있는 흐름이다.

해설

베르누이 방정식

$$\frac{P}{\gamma}+\frac{V^2}{2g}+Z=C$$

㉠ 유체입자는 유선을 따라 움직인다.
㉡ 마찰이 없는 비점성 유체이다.
㉢ 비압축성이다.
㉣ 정상류이다.
㉤ 적용되는 임의의 두 점은 같은 유선상에 있다.

10 정상유동에 대한 설명 중 잘못된 것은? **[유체 24]**

① 주어진 한 점에서의 압력은 항상 일정하다.
② 주어진 한 점에서의 속도는 항상 일정하다.
③ 유체입자의 가속도는 항상 0이다.
④ 유선, 유적선 및 유맥선은 모두 같다.

정답 05.④ 06.② 07.① 08.② 09.④ 10.③

정상유동과 비정상유동

구 분		내 용
정상 유동	정의	유체의 유동에서 주어진 한점에서의 여러 특성 중 한 개의 특성도 시간의 경과와 관계없이 변하지 않음
	수식	$\frac{\partial V}{\partial t}=0,\ \frac{\partial T}{\partial t}=0,\ \frac{\partial P}{\partial t}=0$
비정상 유동	정의	유체의 유동에서 주어진 한 점에서의 여러 특성 중 어느 한 개의 특성이 시간의 경과와 변화함
	수식	$\frac{\partial V}{\partial t}\neq 0,\ \frac{\partial T}{\partial t}\neq 0,\ \frac{\partial P}{\partial t}\neq 0$

관련 용어

유 선	유체 흐름의 공간에서 어느 순간에 각 점에서의 속도방향과 접선방향이 일치되는 연속적인 가상곡선
유적선	한 유체입자가 일정한 기간 내 움직인 경로
유 관	유동을 한정하는 일련의 유선으로 둘러싸인 관형공간
유맥선	유동장 내 어느 점을 통과하는 모든 유체가 어느 순간에 점유하는 위치

11 원심펌프 중 회전차 바깥둘레에 안내깃이 없는 펌프는? [설비 33]

① 벌류트 펌프
② 터빈 펌프
③ 베인 펌프
④ 사류 펌프

12 지름 20cm인 원관이 한 변의 길이가 20cm인 정사각형 단면을 가지는 덕트와 연결되어 있다. 원관에서 물의 평균속도가 2m/s일 때, 덕트에서 물의 평균속도는 얼마인가?

① 0.78m/s ② 1m/s
③ 1.57m/s ④ 2m/s

$A_1V_1=A_2V_2$

$V_2=\frac{A_1V_1}{A_2}=\frac{\frac{\pi}{4}\times(0.2)^2\times 2}{0.2\times 0.2}$

$=1.57\text{m/s}$

13 지름이 3m 원형 기름 탱크의 지붕이 평평하고 수평이다. 대기압이 1atm일 때 대기가 지붕에 미치는 힘은 몇 kgf인가?

① 7.3×10^2 ② 7.3×10^3
③ 7.3×10^4 ④ 7.3×10^5

$W=PA$

$=1.033\text{kg/cm}^2\times\frac{\pi}{4}\times(300\text{cm})^2$

$=730.18\text{kgf}$

$=7.3\times10^4\text{kgf}$

14 밀도가 1000kg/m^3인 액체가 수평으로 놓인 축소관을 마찰 없이 흐르고 있다. 단면 1에서의 면적과 유속은 각각 40cm^2, 2m/s이고 단면2의 면적은 10cm^2일 때 두 지점의 압력차이(P_1-P_2)는 몇 kPa인가?

① 10 ② 20
③ 30 ④ 40

$A_1V_1=A_2V_2$

$V_2=\frac{A_1V_1}{A_2}=\frac{40\times 2}{10}=8\text{m/s}$

$\frac{P_1}{\gamma}+\frac{V_1^2}{2g}+Z_1=\frac{P_2}{\gamma}+\frac{V_2^2}{2g}+Z_2$

$(Z_1=Z_2)$이므로

$\frac{(P_1-P_2)}{\gamma}=\frac{V_2^2-V_1^2}{2g}$

$P_1-P_2=\gamma\left\{\frac{V_2^2-V_1^2}{2g}\right\}$

$\rho g\times\frac{V_2^2-V_1^2}{2g}$

$=\frac{\rho(V_2^2-V_1^2)}{2}=\frac{1000(\text{kg/m}^3)\times\{(8^2)-(2)^2\}(\text{m}^2/\text{s}^2)}{2}$

$=30000\text{kg/m}\cdot\text{s}^2$

$=30000\text{N}\cdot\text{s}^2/\text{m}\times\frac{1}{\text{m}\cdot\text{s}^2}$

$=30000\text{N/m}^2(\text{Pa})$

$=30\text{kPa}$

※ 단위 해설
$1\text{kgf}=1\text{kg}\times 9.8\text{m/s}^2$
$1\text{kg}=\frac{1\text{kgf}}{9.8\text{m/s}^2}$

정답 11.① 12.③ 13.③ 14.③

(1kgf=9.8N)
$= \frac{9.8N}{9.8m/s^2} = 1N \cdot s^2/m$
$\therefore$ 30000(kg/m · s²) = 30000N/m²(Pa)

15 정적비열이 1000J/kg · K이고, 정압비열이 1200J/kg · K인 이상기체가 압력 200kPa에서 등엔트로피 과정으로 압력이 400kPa로 바뀐다면, 바뀐 후의 밀도는 원래 밀도의 몇 배가 되는가?

① 1.41 ② 1.64
③ 1.78 ④ 2

$$K = \frac{C_p}{C_v} = \frac{1200}{1000} = 1.2$$

등엔트로피(단열) 흐름에서

$$\frac{T_2}{T_1} = \left(\frac{V_2}{V_1}\right)^{1-K} = \left(\frac{P_2}{P_1}\right)^{\frac{K-1}{K}} = \left(\frac{\rho_2}{\rho_1}\right)^{K-1}$$ 이므로

$$\therefore \left(\frac{\rho_2}{\rho_1}\right) = \left(\frac{P_2}{P_1}\right)^{\frac{K-1}{K} \times \frac{1}{K-1}} = \left(\frac{P_2}{P_1}\right)^{\frac{1}{K}}$$
$$= \left\{\frac{(400)}{(200)}\right\}^{\frac{1}{1.2}} = 1.78$$

16 Stokes 법칙이 적용되는 범위에서 항력계수(drag coefficient) C_D를 옳게 나타낸 것은?

① $C_D = \frac{16}{Re}$ ② $C_D = \frac{24}{Re}$
③ $C_D = \frac{64}{Re}$ ④ C_D=0.44

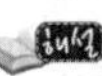

Stokes 항력
점성계수를 측정하기 위하여 구를 액체 속에서 항력실험을 한 것
$D = 3\pi\mu Vd$
(V : 구의 낙하속도, d : 구의 직경, μ : 점성계수)
또한 항력 $D = C_D \cdot \frac{\gamma V^2}{2g} \cdot A = C_D \cdot \frac{\rho V^2}{2} \cdot A$에서

$$C_D = \frac{D}{\frac{\rho V^2}{2} \cdot \frac{\pi}{4} d^2} = \frac{3\pi\mu Vd}{\frac{\rho V^2}{2} \cdot \frac{\pi}{4} d^2} = \frac{24}{Re}$$

이 식은 $Re < 0.1$의 범위에서 실험값과 일치함

17 기체 수송 장치 중 일반적으로 압력이 가장 높은 것은?

① 팬 ② 송풍기
③ 압축기 ④ 진공펌프

기체 수송 장치

종 류	토출압력
압축기	1kg/cm² 이상
송풍기(블로어)	0.1kg/cm² 이상 1kg/cm² 미만
통풍기(팬)	0.1kg/cm² 미만

18 [그림]과 같이 비중이 0.85인 기름과 물이 층을 이루며 뚜껑이 열린 용기에 채워져 있다. 물의 가장 낮은 밑바닥에서의 받는 게이지 압력은 얼마인가? (단, 물의 밀도는 1000kg/m³이다.)

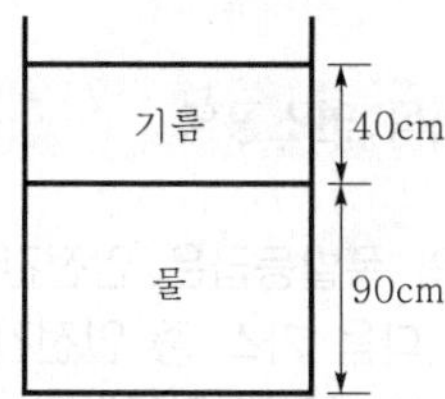

① 3.33kPa
② 7.45kPa
③ 10.8kPa
④ 12.2kPa

$P = \gamma_1 H_1 + \gamma_2 H_2$
$= 0.85 \times 10^3 \times 0.4 + 1000 \times 0.9$
$= 1240 \text{kg/m}^2$
$\therefore \frac{1240}{10332} \times 101.325 = 12.16 = 12.2\text{kPa}$

19 온도가 일정할 때 압력이 10kgf/cm² abs인 이상기체의 압축률은 몇 cm²/kgf인가?

① 0.1 ② 0.5
③ 1 ④ 5

$$\beta = \left(\frac{1}{P}\right) = \left(\frac{1}{10}\right) = 0.1\text{cm}^2/\text{kgf}$$

정답 15.③ 16.② 17.③ 18.④ 19.①

20 공기 중의 소리속도 C는 $C^2=\left(\frac{\partial P}{\partial \rho}\right)_s$로 주어진다. 이때 소리의 속도와 온도의 관계는? (단, T는 공기의 절대온도이다.)

① $C\propto\sqrt{T}$ ② $C\propto T^2$
③ $C\propto T^3$ ④ $C\propto\frac{1}{T}$

해설

음속(C)

공 식	기 호
$\sqrt{K\cdot g\cdot R_1 T}$	K : 비열비 g : 중력가속도
$\sqrt{K\cdot R_2\cdot T}$	R_1 : kgf · m/kg · K R_2 : N · m/kg · K T : 절대온도
소리의 속도(음속) C는 절대온도의 평방근에 비례한다.($C\propto\sqrt{T}$)	

제2과목 연소공학

21 가스의 폭발등급은 안전간격에 따라 분류한다. 다음 가스 중 안전간격이 넓은 것부터 옳게 나열된 것은? **[안전 30]**

① 수소 > 에틸렌 > 프로판
② 에틸렌 > 수소 > 프로판
③ 수소 > 프로판 > 에틸렌
④ 프로판 > 에틸렌 > 수소

22 발생로 가스의 가스분석 결과 CO_2 3.2%, CO 26.2%, CH_4 4%, H_2 12.8%, N_2 53.8%이었다. 또한 가스 1Nm^3 중에 수분이 50g이 포함되어 있다면 이 발생로 가스 1Nm^{3}을 완전연소시키는 데 필요한 공기량은 약 몇 Nm^{3}인가?

① 1.023 ② 1.228
③ 1.324 ④ 1.423

(1) 가스 중 수분의 양(Nm^3)

$\frac{50g}{18g}\times 22.4\times 10^{-3}=0.0622\text{Nm}^3$

∴ 전체 가스량 : $1-0.062=0.9377\text{Nm}^3$

(2) 각각의 연소반응식 중 산소의 몰수

$CO+\frac{1}{2}O_2\rightarrow CO_2$

$CH_4+2O_2\rightarrow CO_2+2H_2O$

$H_2+\frac{1}{2}O_2\rightarrow H_2O$에서 $\left(\frac{1}{2},\ 2,\ \frac{1}{2}\right)$이므로

(3) 연소 시 필요공기량(A_o)

$\left\{\left(\frac{1}{2}\times 0.262\right)+(2\times 0.04)+\frac{1}{2}\times 0.128\right\}\times 0.9377\times\frac{1}{0.21}$

$=1.228\text{Nm}^3$

23 프로판 가스 10kg을 완전연소시키는 데 필요한 공기의 양은 약 얼마인가?

① 12.1m^3
② 121m^3
③ 44.8m^3
④ 448m^3

$C_3H_8+5O_2\rightarrow 3CO_2+4H_2O$

44kg : $5\times 22.4\text{Nm}^3$

10kg : x(Nm^3)

$x=\frac{10\times 5\times 22.4}{44}=25.45\text{Nm}^3$

∴ 공기량$=25.45\times\frac{1}{0.21}=121.21\text{Nm}^3$

24 연소범위는 다음 중 무엇에 의해 주로 결정되는가?

① 온도, 압력
② 온도, 부피
③ 부피, 비중
④ 압력, 비중

25 수소를 함유한 연료가 연소할 경우 발열량의 관계식 중 올바른 것은? **[연소 11]**

① 총발열량=진발열량
② 총발열량=진발열량/생성된 물의 증발잠열
③ 총발열량=진발열량+생성된 물의 증발잠열
④ 총발열량=진발열량−생성된 물의 증발잠열

정답 20.① 21.④ 22.② 23.② 24.① 25.③

26 무연탄이나 코크스와 같이 탄소를 함유한 물질을 가열하여 수증기를 통과시켜 얻는 H_2와 CO를 주성분으로 하는 기체 연료는?

① 발생로가스
② 수성가스
③ 도시가스
④ 합성가스

27 가스버너의 연소 중 화염이 꺼지는 현상과 거리가 먼 것은?

① 공기량의 변동이 크다.
② 점화에너지가 부족하다.
③ 연료 공급라인이 불안정하다.
④ 공기연료비가 정상범위를 벗어났다.

28 다음 중 비엔트로피의 단위는?

① kJ/kg · m
② kg/kJ · K
③ kJ/kPa
④ kJ/kg · K

29 다음 중 내연기관의 화염으로 가장 적당한 것은?

① 층류, 정상 확산 화염이다.
② 층류, 비정상 화산 화염이다.
③ 난류, 정상 예혼합 화염이다.
④ 난류, 비정상 예혼합 화염이다.

30 오토사이클에서 압축비(ε)가 8일 때 열효율은 약 몇 %인가? (단, 비열비[k]는 1.4이다.)

① 56.5 ② 58.2
③ 60.5 ④ 62.2

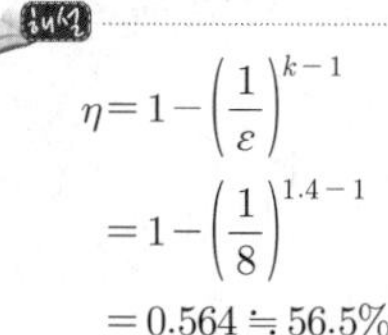

$$\eta = 1-\left(\frac{1}{\varepsilon}\right)^{k-1}$$
$$= 1-\left(\frac{1}{8}\right)^{1.4-1}$$
$$= 0.564 \fallingdotseq 56.5\%$$

31 15℃의 공기 2L를 $2kg/cm^2$에서 $10kg/cm^2$로 단열압축시킨다면 1단 압축의 경우 압축 후의 배출가스의 온도는 약 몇 ℃인가? (단, 공기의 단열지수는 1.4이다.)

① 154 ② 183
③ 215 ④ 246

$$T_2 = T_1 \times \left(\frac{P_2}{P_1}\right)^{\frac{K-1}{K}}$$
$$= (273+15) \times \left(\frac{10}{2}\right)^{\frac{1.4-1}{1.4}}$$
$$= 456.14K$$
$$\therefore\ 456.14-273 = 183℃$$

32 다음과 같은 반응에서 A의 농도는 그대로 하고 B의 농도를 처음의 2배로 해주면 반응속도는 처음의 몇 배가 되겠는가?

2A + 3B → 3C + 4D

① 2배 ② 4배
③ 8배 ④ 16배

2A + 3B → 3C + 4D

처음 반응속도 $V_1 = K[A]^2[B]^3$에서

$$V_2 = K[A]^2[2B]^3$$
$$= 8K[A]^2[B]^3$$

∴ 8배

33 포화증기를 일정 체적하에서 압력을 상승시키면 어떻게 되는가?

① 포화액이 된다.
② 압축액이 된다.
③ 과열증기가 된다.
④ 습증기가 된다.

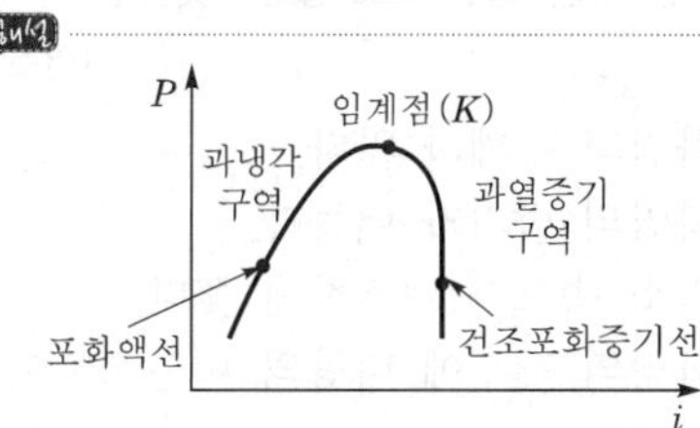

34 가스폭발의 방지대책으로 가장 거리가 먼 것은?

① 내부 폭발을 유발하는 연소성 혼합물을 피한다.
② 반응성 화합물에 대해 폭굉으로의 전이를 고려한다.
③ 안전밸브나 파열판을 설계에 반영한다.
④ 용기의 내압을 아주 약하게 설계한다.

35 다음 확산화염의 여러 가지 형태 중 대향분류(對向噴流) 확산화염에 해당하는 것은?

①
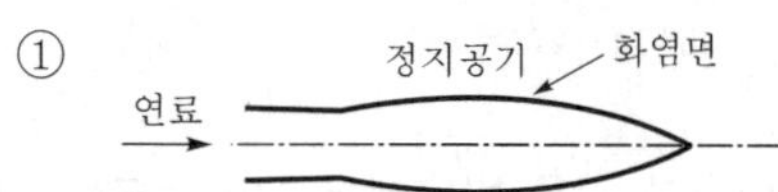

②
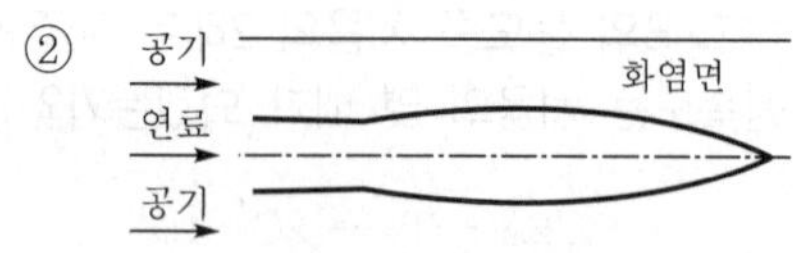

③
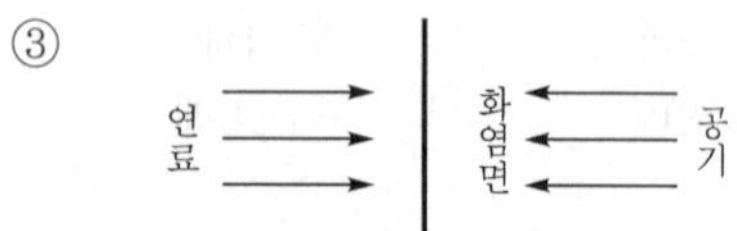

④
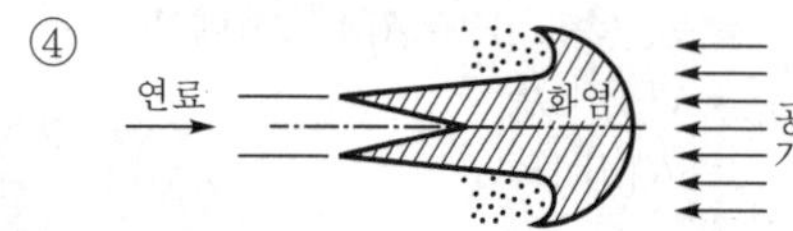

해설
확산화염의 형태
① 동축류
② 경계층
③ 자유분류
④ 대항분류

36 층류예혼합화염과 비교한 난류예혼합화염의 특징에 대한 설명으로 옳은 것은? [연소 37]

① 화염의 두께가 얇다.
② 화염의 밝기가 어둡다.
③ 연소 속도가 현저하게 늦다.
④ 화염의 배후에 다량의 미연소분이 존재한다.

37 가스압이 이상 저하한다든지 노즐과 콕 등이 막혀 가스량이 극히 적게 될 경우 발생하는 현상은? [연소 22]

① 불완전 연소　② 리프팅
③ 역화　④ 황염

38 방폭전기기기의 구조별 표시방법 중 틀린 것은? [안전 13]

① 내압방폭구조(d)
② 안전증 방폭구조(s)
③ 유입방폭구조(o)
④ 본질안전 방폭구조(ia 또는 ib)

39 파라핀계 탄화수소의 탄소수 증가에 따른 일반적인 성질 변화로 옳지 않은 것은?

① 인화점이 높아진다.
② 착화점이 높아진다.
③ 연소범위가 좁아진다.
④ 발열량($kcal/m^3$)이 커진다.

해설
파라핀계 탄화수소

일반식	C_nH_{2n+2}
종 류	CH_4, C_2H_6, C_3H_8, C_4H_{10}
탄소수 증가 시 현상	㉠ 연소범위 좁아진다. ㉡ 폭발하한 낮아진다. ㉢ 인화점이 높아진다. ㉣ 발열량 커진다. ㉤ 착화점 낮아진다. ㉥ 비등점이 높아진다.

40 프로판(C_3H_8)의 연소반응식은 다음과 같다. 프로판(C_3H_8)의 화학양론계수는?

$$C_3H_8 + 5O_2 \rightarrow 3CO_2 + 4H_2O$$

① 1　② 1/5
③ 6/7　④ −1

$C_3H_8 + 5O_2 \rightarrow 3CO_2 + 4H_2O$
화학양론계수(반응몰－생성몰)=6－7=－1

정답 34.④ 35.④ 36.④ 37.③ 38.② 39.② 40.④

제3과목 가스설비

41 LP가스 탱크로리의 하역종료 후 처리할 작업순서로 가장 옳은 것은?

㉠ 호스를 제거한다.
㉡ 밸브에 캡을 부착한다.
㉢ 어스선(접지선)을 제거한다.
㉣ 차량 및 설비의 각 밸브를 잠근다.

① ㉣ → ㉠ → ㉡ → ㉢
② ㉣ → ㉠ → ㉢ → ㉡
③ ㉠ → ㉡ → ㉢ → ㉣
④ ㉢ → ㉠ → ㉡ → ㉣

42 LP가스 사용 시의 특징에 대한 설명으로 틀린 것은?

① 연소기는 LP가스에 맞는 구조이어야 한다.
② 발열량이 커서 단시간에 온도상승이 가능하다.
③ 배관이 거의 필요 없어 입지적 제약을 받지 않는다.
④ 예비용기는 필요 없지만 특별한 가압장치가 필요하다.

④ 공급을 중단시키지 않기 위하여 예비용기가 필요하다.

LPG, 도시가스의 특징

LPG	㉠ 연소기는 LP가스에 알맞는 구조 ㉡ 발열량이 커서 단시간 온도 상승이 가능하다. ㉢ 공급을 중단시키지 않기 위하여 예비용기가 필요하다. ㉣ 어디서나 사용이 가능하다(입지적 제약이 없다).
도시가스	㉠ 연소기는 도시가스의 열량에 알맞는 구조이어야 한다. ㉡ 발열량이 LP가스보다 낮다. ㉢ 천재지변 등을 제외하고는 공급중단의 우려가 없다. ㉣ 배관망이 설치되지 않은 곳은 사용이 불가능하다.

43 압력조정기의 구성이 아닌 것은?

① 캡
② 로드
③ 슬릿
④ 다이어프램

44 LPG 배관에 직경 0.5mm의 구멍이 뚫려 LP가스가 5시간 유출되었다. LP가스의 비중이 1.55라고 하고, 압력은 280mmH_2O 공급되었다고 가정하면 LPG의 유출량은 약 몇 L인가? **[안전 4]**

① 131　② 151
③ 171　④ 191

$$Q = 0.009D^2\sqrt{\frac{h}{d}}$$
$$= 0.009 \times (0.5)^2 \sqrt{\frac{280}{1.55}}$$
$$= 0.0302\text{m}^3/\text{hr}$$
$$\therefore\ 0.0302 \times 10^3 \times 5 = 151.20\text{L}$$

45 다음 중 산소 가스의 용도가 아닌 것은?

① 의료용
② 가스 용접 및 절단
③ 고압가스 장치의 퍼지용
④ 폭약 제조 및 로켓 추진용

③ 고압장치의 퍼지용 : N_2, CO_2

46 탄화수소에서 아세틸렌 가스를 제조할 경우의 반응에 대한 설명으로 옳은 것은?

① 통상 메탄 또는 나프타를 열분해함으로써 얻을 수 있다.
② 탄화수소 분해반응 온도는 보통 500~1000℃이고 고온일수록 아세틸렌이 적게 생성된다.
③ 반응압력은 저압일수록 아세틸렌이 적게 생성된다.
④ 중축합반응을 촉진시켜 아세틸렌 수율을 높인다.

정답 41.① 42.④ 43.③ 44.② 45.③ 46.①

47 원유, 등유, 나프타 등 분자량이 큰 탄화수소 원료를 고온(800~900℃)으로 분해하여 10000kcal/m^3 정도의 고열량 가스를 제조하는 방법은? [설비 3]

① 열분해공정
② 접촉분해공정
③ 부분연소공정
④ 대체천연가스공정

48 금속재료에 대한 일반적인 설명으로 옳지 않은 것은?

① 황동은 구리와 아연의 합금이다.
② 뜨임의 목적은 담금질 후 경화된 재료에 인성을 증대시키는 등 기계적 성질의 개선을 꾀하는 것이다.
③ 철에 크롬과 니켈을 첨가한 것은 스테인리스강이다.
④ 청동은 강도는 크나 주조성과 내식성은 좋지 않다.

49 산소제조 장치에서 수분제거용 건조제가 아닌 것은?

① SiO_2
② Al_2O_3
③ $NaOH$
④ Na_2CO_3

50 다음 각 가스의 폭발에 대한 설명으로 틀린 것은? [설비 18]

① 아세틸렌은 조연성 가스와 공존하지 않아도 폭발할 수 있다.
② 일산화탄소는 가연성이므로 공기와 공존하면 폭발할 수 있다.
③ 가연성 고체 가루가 공기 중에서 산소분자와 접촉하면 폭발할 수 있다.
④ 이산화황은 산소가 없어도 자기분해 폭발을 일으킬 수 있다.

해설

④ 자기분해 폭발성 물질은 N_2H_4, C_2H_2, C_2H_4O이다.

51 냉동장치에서 냉매가 갖추어야 할 성질로서 가장 거리가 먼 것은? [설비 37]

① 증발열이 적은 것
② 응고점이 낮은 것
③ 가스의 비체적이 적은 것
④ 단위냉동량당 소요동력이 적은 것

52 고압가스 제조장치의 재료에 대한 설명으로 틀린 것은?

① 상온 건조 상태의 염소가스에 대하여는 보통강을 사용해도 된다.
② 암모니아, 아세틸렌의 배관 재료에는 구리를 사용해도 된다.
③ 저온에서는 고탄소강보다 저탄소강이 사용된다.
④ 암모니아 합성탑 내부의 재료에는 18-8 스테인리스강을 사용한다.

해설

구리 사용 금지 가스
㉠ 암모니아 : 착이온생성으로 부식
㉡ 황화수소 : 부식
㉢ 아세틸렌 : 동아세틸라이트 생성으로 폭발

53 외경과 내경의 비가 1.2 이상인 산소가스 배관 두께를 구하는 식은

$$t = \frac{D}{2}\left(\sqrt{\frac{\frac{f}{s}+P}{\frac{f}{s}-P}}-1\right)+C$$이다.

D는 무엇을 의미하는가? [안전 158]

① 배관의 내경
② 배관의 외경
③ 배관의 상용압력
④ 내경에서 부식여유에 상당하는 부분을 뺀 부분의 수치

54 전양정 20m, 유량 1.8m^3/min, 펌프의 효율이 70%인 경우 펌프의 축동력(L)은 약 몇 마력(PS)인가?

① 11.4 ② 13.4
③ 15.5 ④ 17.5

정답 47.① 48.④ 49.④ 50.④ 51.① 52.② 53.④ 54.①

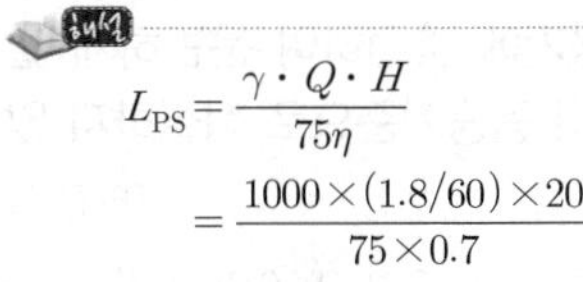

$$L_{PS} = \frac{\gamma \cdot Q \cdot H}{75\eta}$$
$$= \frac{1000 \times (1.8/60) \times 20}{75 \times 0.7}$$
$$= 11.42\text{PS}$$

55 프로판의 탄소와 수소의 중량비(C/H)는 얼마인가?

① 0.375
② 2.67
③ 4.50
④ 6.40

$C_3H_8(C_3=36,\ H_8=8)$

$\therefore\ \frac{36}{8}=4.5$

56 정압기 특성 중 정상상태에서 유량과 2차 압력과의 관계를 나타내는 특성을 무엇이라 하는가? [설비 22]

① 정특성
② 동특성
③ 유량특성
④ 작동최소차압

57 LP가스 사용시설에 강제기화기를 사용할 때의 장점이 아닌 것은? [설비 24]

① 기화량의 증감이 쉽다.
② 가스 조성이 일정하다.
③ 한냉 시 가스공급이 순조롭다.
④ 비교적 소량 소비 시에 적당하다.

④ 대량 소비 시 기화기를 사용한다.

58 왕복식 압축기의 연속적인 용량제어방법으로 가장 거리가 먼 것은? [설비 26]

① 바이패스 밸브에 의한 조정
② 회전수를 변경하는 방법
③ 흡입 밸브를 폐쇄하는 방법
④ 베인 컨트롤에 의한 방법

왕복 압축 이용량 조정방법

구 분	방 법
연속적 용량조정	㉠ 회전수 변경법 ㉡ 바이패스 밸브에 의한 방법 ㉢ 흡입 주밸브 폐쇄법 ㉣ 클리어런스 밸브에 의한 방법
단속적 용량조정	㉠ 타임드 밸브에 의한 방법 ㉡ 흡입 주밸브 강제개방법

59 다음 [그림]은 가정용 LP가스 사용시설이다. R_1에 사용되는 조정기의 종류는? [안전 65]

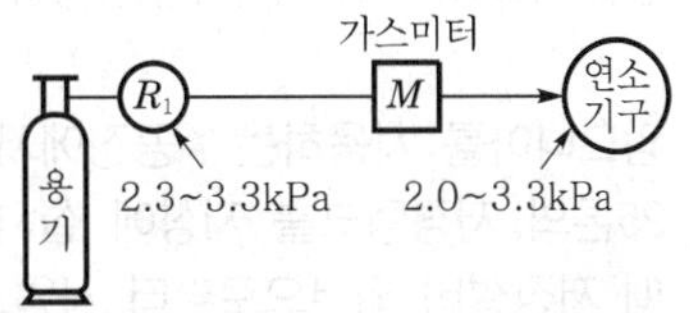

① 1단 감압식 저압조정기
② 1단 감압식 중압조정기
③ 1단 감압식 고압조정기
④ 2단 감압식 저압조정기

60 고압가스시설에 설치한 전기방식시설의 유지관리 방법으로 옳은 것은?

① 관대지 전위 등은 2년에 1회 이상 점검하였다.
② 외부전원법에 의한 전기방식시설은 외부전원점 관대지전위, 정류기의 출력, 전압, 전류, 배선의 접속은 3개월에 1회 이상 점검하였다.
③ 배류법에 의한 전기방식시설은 배류점 관대지전위, 배류기출력, 전압, 전류, 배선 등은 6개월에 1회 이상 점검하였다.
④ 절연부속품, 역전류방지장치, 결선 등은 1년에 1회 이상 점검하였다.

정답 55.③ 56.① 57.④ 58.④ 59.① 60.②

제4과목 가스안전관리

61 온수기나 보일러를 겨울철에 장시간 사용하지 않거나 실온에 설치하였을 때 물이 얼어 연소기구가 파손될 우려가 있으므로 이를 방지하기 위하여 설치하는 것은? **[안전 9]**

① 퓨즈 메탈(fuse metal) 장치
② 드레인(drain) 장치
③ 프레임 로드(flame rod) 장치
④ 물 거버너(water governor)

해설
드레인 장치 : 내부에 존재하는 물질(물, 불순물, 잔류 이물질) 등을 배출시키는 장치

62 암모니아를 사용하는 A공장에서 저장능력 25톤의 저장탱크를 지상에 설치하고자 할 때 저장설비 외면으로부터 사업소 외의 주택까지 안전거리는 얼마 이상을 유지하여야 하는가? (단, A공장의 지역은 전용공업지역 아님)

① 20m ② 18m
③ 16m ④ 14m

독성 가스 주택(2종) 안전거리

저장능력	이격거리	
	1종	2종
10000kg 이하	17m	12m
10000kg 초과 20000kg 이하	21m	14m
20000kg 초과 30000kg 이하	24m	16m

63 −162℃의 LNG(메탄 : 90%, 에탄 : 10%, 액비중 : 0.46)를 1atm, 30℃로 기화시켰을 때 부피의 배수(倍數)로 맞는 것은? (단, 기화된 천연가스는 이상기체로 간주한다.)

① 457배 ② 557배
③ 657배 ④ 757배

해설

$$\frac{460}{16\times0.9+30\times0.1}\times22.4\times\frac{(273+30)}{273}$$
$=657.25 \fallingdotseq 657$

64 독성 가스를 용기에 충전하여 운반하게 할 때 운반책임자의 동승기준으로 적절하지 않은 것은? **[안전 5]**

① 압축가스 허용농도가 100만분의 200 초과 100만분의 5000 이하 : 가스량 $1000m^3$ 이상
② 압축가스 허용농도가 100만분의 200 이하 : 가스량 $10m^3$ 이상
③ 액화가스 허용농도가 100만분의 200 초과 100만분의 5000 이하 : 가스량 1000kg 이상
④ 액화가스 허용농도가 100만분의 200 이하 : 가스량 100kg 이상

65 고압가스 운반 시에 준수하여야 할 사항으로 옳지 않은 것은? **[안전 34]**

① 밸브가 돌출한 충전용기는 캡을 씌운다.
② 운반 중 충전용기의 온도는 40℃ 이하로 유지한다.
③ 오토바이에 20kg LPG 용기 3개까지는 적재할 수 있다.
④ 염소와 수소는 동일 차량에 적재 운반을 금한다.

66 고압가스안전관리법에 의한 산업통상자원부령이 정하는 고압가스 관련 설비에 해당되지 않는 것은? **[안전 15]**

① 정압기
② 안전밸브
③ 기화장치
④ 독성 가스 배관용 밸브

67 독성 가스 저장탱크에 부착된 배관에는 그 외면으로부터 일정거리 이상 떨어진 곳에서 조작할 수 있는 긴급차단장치를 설치하여야 한다. 그러나 액상의 독성 가스를 이입하기 위해 설치된 배관에는 어느 것으로 갈음할 수 있는가?

① 역화방지장치

정답 61.② 62.③ 63.③ 64.① 65.③ 66.① 67.③

② 독성 가스 배관용 밸브
③ 역류방지밸브
④ 인터록 기구

68 가스 폭발의 위험도를 옳게 나타낸 식은? **[안전 44]**

① 위험도 $= \dfrac{\text{폭발상한값(\%)}}{\text{폭발하한값(\%)}}$

② 위험도 $= \dfrac{\text{폭발상한값(\%)} - \text{폭발하한값(\%)}}{\text{폭발하한값(\%)}}$

③ 위험도 $= \dfrac{\text{폭발하한값(\%)}}{\text{폭발상한값(\%)}}$

④ 위험도 $= 1 - \dfrac{\text{폭발하한값(\%)}}{\text{폭발상한값(\%)}}$

69 다음 연소기의 분류 중 전가스 소비량의 범위가 업무용 대형 연소기에 속하는 것은?

① 전가스 소비량이 6000kcal/h인 그릴
② 전가스 소비량이 7000kcal/h인 밥솥
③ 전가스 소비량이 5000kcal/h인 오븐
④ 전가스 소비량이 14400kcal/h인 가스 렌지

해설

가스사용 업무용 대형 연소기 제조의 시설기준 검사기준(SPW)

(1) 연소기의 전가스 소비량이 232.6kW(20만kcal/h) 이하이고, 가스사용압력이 30kPa 이하인 튀김기, 국솥, 그리들, 브로일러, 소독조, 다단식 취반기 등 업무용으로 사용하는 대형 연소기
(2) 연소기의 전가스 소비량 또는 버너 1개의 가스 소비량이 표에 해당하고, 가스사용압력이 30kPa 이하인 레인지, 오븐, 그릴, 오븐레인지 또는 밥솥

연소기의 종류별 가스소비량

종 류	가스 소비량	
	전가스 소비량	버너 1개의 소비량
레인지	16.7kW (14400kcal/h) 초과 232.6kW (20만kcal/h) 이하	5.8kW (5000kcal/h) 초과
오븐	5.8kW (5000kcal/h) 초과 232.6kW (20만kcal/h) 이하	5.8kW (5000kcal/h) 초과
그릴	7.0kW(7.0kcal/h) 초과 232.6kW (20만kcal/h) 이하	4.2kW (3600kcal/h) 초과
오븐 레인지	22.6kW (19400kcal/h) 초과 232.6kW (20만kcal/h) 이하 [오븐부는 5.8kW (5000kcal/h) 초과]	4.2kW (3600kcal/h) 초과 [오븐부는 5.8kW (5000kcal/h) 초과]
밥솥	5.6kW (4800kcal/h) 초과 232.6kW (20만kcal/h) 이하	5.6kW (4800kcal/h) 초과

70 용기에 의한 액화석유가스 저장소의 자연환기설비에서 1개소 환기구의 면적은 몇 cm^2 이하로 하여야 하는가? **[안전 123]**

① $2000cm^2$ ② $2200cm^2$
③ $2400cm^2$ ④ $2600cm^2$

71 산소를 취급할 때 주의사항으로 틀린 것은?

① 산소가스 용기는 가연성 가스나 독성 가스 용기와 분리 저장한다.
② 각종 기기의 기밀시험에 사용할 수 없다.
③ 산소용기 기구류에는 기름, 그리스를 사용하지 않는다.
④ 공기액화분리기 안에 설치된 액화산소통 안의 액화산소는 1개월에 1회 이상 분석한다.

해설

④ 공기액화분리기 내 액화산소통 안의 액화산소는 1일 1회 이상 분석

72 다음 중 독성 가스가 아닌 것은?

① 아크릴로니트릴
② 아크릴알데히드
③ 아황산가스
④ 아세트알데히드

정답 68.② 69.② 70.③ 71.④ 72.④

73 최소 발화에너지에 영향을 주는 요인으로 가장 거리가 먼 것은?

① 온도 ② 압력
③ 열량 ④ 농도

74 액화석유가스 충전소의 용기 보관 장소에 충전용기를 보관하는 때의 기준으로 옳지 않은 것은?

① 용기 보관 장소의 주위 8m 이내에는 석유, 휘발유를 보관하여서는 아니 된다.
② 충전 용기는 항상 40℃ 이하를 유지하여야 한다.
③ 용기가 너무 냉각되지 않도록 겨울철에는 직사광선을 받도록 조치하여야 한다.
④ 충전용기와 잔가스용기는 각각 구분하여 놓아야 한다.

③ 용기보관장소는 직사광선과 빗물이 침투하지 않는 통풍이 양호한 장소에 보관한다.

75 암모니아 가스 장치에 주로 사용될 수 있는 재료는?

① 탄소강
② 동
③ 동합금
④ 알루미늄합금

76 다음 가스 중 압력을 가하거나 온도를 낮추면 가장 쉽게 액화하는 것은?

① 산소
② 헬륨
③ 질소
④ 프로판

비등점
① O_2 : −183℃
② He : −269℃
③ N_2 : −196℃
④ C_3H_8 : −42℃
비등점이 높을수록 쉽게 액화 가능하다.

77 독성 가스인 염소 500kg을 운반할 때 보호구를 차량의 승무원수에 상당한 수량을 휴대하여야 한다. 다음 중 휴대하지 않아도 되는 보호구는? **[안전 166]**

① 방독마스크 ② 공기호흡기
③ 보호의 ④ 보호장갑

78 액화석유가스 자동차에 고정된 탱크충전시설에서 자동차에 고정된 탱크는 저장탱크의 외면으로부터 얼마 이상 떨어져서 정지하여야 하는가?

① 1m ② 2m
③ 3m ④ 5m

79 정전기 제거설비를 정상상태로 유지하기 위한 검사항목이 아닌 것은?

① 지상에서 접지저항치
② 지상에서의 접속부의 접속상태
③ 지상에서의 접지접속선의 절연여부
④ 지상에서의 절선 그밖에 손상 부분의 유무

80 염소의 제독제로 적당하지 않은 것은? **[안전 44]**

① 물
② 소석회
③ 가성소다 수용액
④ 탄산소다 수용액

제5과목 가스계측

81 가스미터의 설치장소로 적당하지 않은 것은?

① 수직, 수평으로 설치한다.
② 환기가 양호한 곳에 설치한다.
③ 검침, 교체가 용이한 곳에 설치한다.
④ 높이가 200cm 이상인 위치에 설치한다.

가스미터 설치 높이 : 1.6m 이상 2m 이내(수직, 수평으로 설치)

정답 73.③ 74.③ 75.① 76.④ 77.② 78.③ 79.③ 80.① 81.④

82 오르자트 분석기에 의한 배기가스 각 성분 계산법 중 CO의 성분 % 계산법은? [계측 1]

① $100(CO_2\% + N_2\% + O_2\%)$

② $\frac{\text{KOH30\% 용액흡수량}}{\text{시료채취량}} \times 100$

③ $\frac{\text{알칼리성 피로갈롤 용액흡수량}}{\text{시료채취량}} \times 100$

④ $\frac{\text{암모니아성 염화제1구리 용액흡수량}}{\text{시료채취량}} \times 100$

② CO_2 계산법

③ O_2의 계산법

④ CO 계산법

참고 $N_2 = 100 - (CO_2 + O_2 + CO)$

83 에탄올, 헵탄, 벤젠, 에틸아세테이트로 된 4성분 혼합물을 TCD를 이용하여 정량분석하려고 한다. 다음 데이터를 이용하여 각 성분(에탄올 : 헵탄 : 벤젠 : 에틸아세테이트)의 중량분율(wt%)을 구하면?

가 스	면적(cm^2)	중량인자
에탄올	5.0	0.64
헵탄	9.0	0.70
벤젠	4.0	0.78
에틸아세테이트	7.0	0.79

① 20 : 36 : 16 : 28

② 22.5 : 37.1 : 14.8 : 25.6

③ 22.0 : 24.1 : 26.8 : 27.1

④ 17.6 : 34.7 : 17.2 : 30.5

전체값 $= 5.0 \times 0.64 + 9 \times 0.70 + 4.0 \times 0.78 + 7.0 \times 0.79 = 18.15$

㉠ 에탄올(%) $= \frac{5.0 \times 0.64}{18.15} \times 100 = 17.6\%$

㉡ 헵탄(%) $= \frac{9 \times 0.70}{18.15} \times 100 = 34.7\%$

㉢ 벤젠(%) $= \frac{4.0 \times 0.78}{18.15} \times 100 = 17.2\%$

㉣ 에틸아세테이트(%) $= \frac{7 \times 0.79}{18.15} \times 100 = 30.5\%$

84 실내 공기의 온도는 15℃이고, 이 공기의 노점은 5℃로 측정되었다. 이 공기의 상대습도는 약 몇 %인가? (단, 5℃, 10℃ 및 15℃의 포화수증기압은 각각 6.54mmHg, 9.21mmHg 및 12.79mmHg이다.)

① 46.6

② 51.1

③ 71.0

④ 72.0

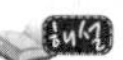

상대습도 $= \frac{\text{수증기분압}}{\text{포화증기압}} \times 100\%$

$\frac{6.54}{12.79} \times 100 = 51.1\%$

85 배관의 모든 조건이 같을 때 지름을 2배로 하면 체적유량은 약 몇 배가 되는가?

① 2배 ② 4배

③ 6배 ④ 8배

해설

$Q_1 = \frac{\pi}{4} d^2 \cdot V$

$Q_2 = \frac{\pi}{4} (2d)^2 V = \pi d^2 \cdot V$

$\therefore \frac{Q_2}{Q_1} = 4\text{배}$

86 유독가스인 시안화수소의 누출탐지에 사용되는 시험지는? [계측 15]

① 연당지

② 초산벤지딘지

③ 하리슨씨 시험지

④ 염화제1구리 착염지

87 유도단위는 어느 단위에서 유도되는가? [계측 36]

① 절대단위

② 중력단위

③ 특수단위

④ 기본단위

정답 82.④ 83.④ 84.② 85.② 86.② 87.④

88 로터리 피스톤형 유량계에서 중량유량을 구하는 식은? (단, C : 유량계수, A : 유출구의 단면적, W : 유체 중의 피스톤 중량, a : 피스톤의 단면적이다.)

① $G = CA\sqrt{\frac{a}{2g\gamma W}}$

② $G = CA\sqrt{\frac{\gamma a}{2gW}}$

③ $G = CA\sqrt{\frac{2g\gamma W}{a}}$

④ $G = CA\sqrt{\frac{2gW}{\gamma a}}$

89 가스 크로마토그래피 분석기에서 FID(Flame Ionization Detector) 검출기의 특성에 대한 설명으로 옳은 것은? **[계측 13]**

① 시료를 파괴하지 않는다.
② 대상 감도는 탄소수에 반비례한다.
③ 미량의 탄화수소를 검출할 수 있다
④ 연소성 기체에 대하여 감응하지 않는다.

90 액주식 압력계에 봉입되는 액체로서 가장 부적당한 것은?

① 윤활유
② 수은
③ 물
④ 석유

91 접촉식 온도계의 측정 방법이 아닌 것은? **[계측 24]**

① 열팽창 이용법
② 전기저항 변화법
③ 물질상태 변화법
④ 연복사의 에너지 및 강도 측정

92 연소 분석법에 대한 설명으로 틀린 것은? **[계측 17]**

① 폭발법은 대체로 가스 조성이 일정할 때 사용하는 것이 안전하다.
② 완만 연소법은 질소 산화물 생성을 방지할 수 있다.
③ 분별 연소법에서 사용되는 촉매는 파라듐, 백금 등이 있다.
④ 완만 연소법은 지름 0.5mm 정도의 백금선을 사용한다.

93 고속회전이 가능하므로 소형으로 대용량 계량이 가능하고 주로 대수용기의 가스 측정에 적당한 계기는? **[계측 8]**

① 루트 미터
② 막식가스 미터
③ 습식가스 미터
④ 오리피스 미터

94 제어의 최종 신호 값이 이 신호의 원인이 되었던 전달 요소로 되돌려지는 제어방식은? **[계측 12]**

① open-loop 제어계
② closed-loop 제어계
③ forward 제어계
④ feed forward 제어계

95 목표값이 미리 정해진 변화를 하거나 제어순서 등을 지정하는 제어로서 금속이나 유리 등의 열처리에 응용하면 좋은 제어방식은? **[계측 12]**

① 프로그램 제어
② 비율제어
③ 캐스케이드 제어
④ 타력제어

96 기준가스미터 교정주기는 얼마인가? **[계측 7]**

① 1년
② 2년
③ 3년
④ 5년

정답 88.③ 89.③ 90.① 91.④ 92.① 93.① 94.② 95.① 96.②

97 물체의 탄성 변위량을 이용한 압력계가 아닌 것은?

① 부르동관 압력계
② 벨로즈 압력계
③ 다이어프램 압력계
④ 링밸런스식 압력계

탄성식	부르동관, 벨로즈, 다이어프램
액주식	U자관, 경사관식, 링밸런스식
전기식	전기저항, 피에조전기

98 광전관식 노점계에 대한 설명으로 틀린 것은?

① 기구가 복잡하다.
② 냉각장치가 필요 없다.
③ 저습도의 측정이 가능하다.
④ 상온 또는 저온에서 상점의 정도가 우수하다.

99 속도분포식 $U=4y^{2/3}$일 때 경계면에서 0.3m 지점의 속도구배(s^{-1})는? (단, U와 y의 단위는 각각 m/s, m이다.)

① 2.76 ② 3.38
③ 3.98 ④ 4.56

$u=4y^{\frac{2}{3}}$

$\frac{du}{dy}=4\times\frac{2}{3}y^{-\frac{1}{3}}=4\times\frac{2}{3}\times(0.3)^{-\frac{1}{3}}=3.98$

100 Stokes의 법칙을 이용한 점도계는?

① Ostwald 점도계
② falling ball type 점도계
③ saybolt 점도계
④ rotation type 점도계

㉠ Stokes 법칙 이용 : 낙구식 점도계(falling ball type)
㉡ Newton 점성법칙 이용 : Machmichael, stomer 점도계
㉢ 하겐 포아젤 방정식 이용 : Ostwald, saybolt 점도계

정답 97.④ 98.② 99.③ 100.②

국가기술자격 시험문제

2017년 기사 제3회 필기시험(1부) (2017년 8월 26일 시행)

자격종목	시험시간	문제수	문제형별
가스기사	2시간30분	100	B

수험번호		성 명	

제1과목 가스유체역학

01 표면이 매끈한 원관인 경우 일반적으로 레이놀즈수가 어떤 값일 때 층류가 되는가?

① 4000 보다 클 때
② 4000^2일 때
③ 2100 보다 작을 때
④ 2100^2일 때

해설

구 분	Re수
층 류	$Re<2100$
천이구역	$2100<Re<4000$
난류	$Re>4000$

02 한 변의 길이가 a인 정삼각형 모양의 단면을 갖는 파이프 내로 유체가 흐른다. 이 파이프의 수력반경(hydraulic radius)은?

① $\frac{\sqrt{3}}{4}a$ ② $\frac{\sqrt{3}}{8}a$

③ $\frac{\sqrt{3}}{12}a$ ④ $\frac{\sqrt{3}}{16}a$

해설

수력반경(HR) $\left(=\frac{\text{단면적}}{\text{젖은둘레}}\right)$

원형관	$\frac{\pi D^2/4}{\pi D}=\frac{D}{4}$
정사각형	$\frac{a^2}{4a}=\frac{a}{4}$
직사각형	$\frac{ab}{2(a+b)}$
정삼각형	$\frac{\frac{\sqrt{3}}{4}a^2}{3a}=\frac{\sqrt{3}}{12}a$

03 다음 중 정상유동과 관계있는 식은? (단, V=속도벡터, s=임의방향좌표, t=시간이다.)

① $\frac{\partial V}{\partial t}=0$

② $\frac{\partial V}{\partial s}\neq 0$

③ $\frac{\partial V}{\partial t}\neq 0$

④ $\frac{\partial V}{\partial s}=0$

해설

정상유동 : 유동장 내 임의의 한 점에 있어 흐름의 특성이 시간에 따라 변하지 않는 흐름

P(압력) U(속도) ρ(밀도) T(온도)

$\frac{\alpha P}{\alpha t}=0$ $\frac{\alpha U}{\alpha t}=0$ $\frac{\alpha \rho}{\alpha t}=0$ $\frac{\alpha T}{\alpha t}=0$

04 터보팬의 전압이 250mmAq, 축동력이 0.5PS, 전압효율이 45%라면 유량은 약 몇 m^3/min인가?

① 7.1
② 6.1
③ 5.1
④ 4.1

해설

$$(PS)=\frac{P\times Q}{75\eta}$$

$$\therefore Q=\frac{(PS)\times 75\times\eta}{P}=\frac{0.5\times 75\times 0.45}{250}$$

$$=0.0675m^3/s=0.0675\times 60=4.05m^3/min$$

정답 01.③ 02.③ 03.① 04.④

05 유체의 흐름에 대한 설명으로 다음 중 옳은 것을 모두 나타내면?

> ㉮ 난류 전단응력은 레이놀즈 응력으로 표시할 수 있다.
> ㉯ 후류는 박리가 일어나는 경계로부터 하류구역을 뜻한다.
> ㉰ 유체와 고체벽 사이에는 전단응력이 작용하지 않는다.

① ㉮ ② ㉮, ㉰
③ ㉮, ㉯ ④ ㉮, ㉯, ㉰

06 측정기기에 대한 설명으로 옳지 않은 것은?

① piezometer : 탱크나 관 속의 작은 유압을 측정하는 액주계
② micromanometer : 작은 압력차를 측정할 수 있는 압력계
③ mercury barometer : 물을 이용하여 대기 절대압력을 측정하는 장치
④ inclined-tube manometer : 액주를 경감시켜 계측의 감도를 높인 압력계

mercury barometer(수은기압계)
수은을 이용하여 기압을 측정하는 장치

07 5.165mH₂O는 다음 중 어느 것과 같은가?

① 760mmHg
② 0.5atm
③ 0.7bar
④ 1013mmHg

$$5.165\text{mH}_2\text{O} = \frac{5.165}{10.332} = 0.5\text{atm}$$

08 Hagen – Poiseuille 식은 $-\dfrac{dP}{dx} = \dfrac{32\mu V_{avg}}{D^2}$ 로 표현한다. 이 식을 유체에 적용시키기 위한 가정이 아닌 것은?

① 뉴턴유체 ② 압축성
③ 층류 ④ 정상상태

09 구가 유체 속을 자유낙하할 때 받는 항력 F가 점성계수 μ, 지름 D, 속도 V의 함수로 주어진다. 이 물리량들 사이의 관계식을 무차원으로 나타내고자 할 때 차원해석에 의하면 몇 개의 무차원수로 나타낼 수 있는가?

① 1 ② 2
③ 3 ④ 4

물리량	기본차원
F	MLT^{-2}
μ(g/m · s)	$ML^{-1}T^{-1}$
D(m)	L
V(m/s)	LT^{-1}
물리량(4)	기본차원(3)

∴ 무차원수 = 4 − 3 = 1

10 다음 중 차원 표시가 틀린 것은? (단, M : 질량, L : 길이, T : 시간, F : 힘이다.)

① 절대 점성계수 : $\mu = [FL^{-1}T]$
② 동점성계수 : $\nu = [L^2T^{-1}]$
③ 압력 : $P = [FL^{-2}]$
④ 힘 : $F = [MLT^{-2}]$

해설

절대 점성계수(μ)

단 위	차 원
g/cm · s	$ML^{-1}T^{-1}$
kgf · s/m²	$FL^{-2}T$

11 압력 100kPa abs, 온도 20℃의 공기 5kg이 등엔트로피가 변화하여 온도 160℃로 되었다면 최종압력은 몇 kPa abs인가? (단, 공기의 비열비 $k = 1.4$이다.)

① 392 ② 265
③ 112 ④ 462

해설

$$\frac{P_2}{P_1} = \left(\frac{T_2}{T_1}\right)^{\frac{k}{k-1}}$$

$$\therefore P_2 = P_1 \times \left(\frac{T_2}{T_1}\right)^{\frac{k}{k-1}} = 100 \times \left(\frac{273+160}{273+20}\right)^{\frac{1.4}{0.4}}$$

$$= 392\text{kPa}$$

정답 05.③ 06.③ 07.② 08.② 09.① 10.① 11.①

12 내경 0.1m인 수평 원관으로 물이 흐르고 있다. A단면에 미치는 압력이 100Pa, B단면에 미치는 압력이 50Pa이라고 하면 A, B 두 단면 사이의 관 벽에 미치는 마찰력은 몇 N인가?

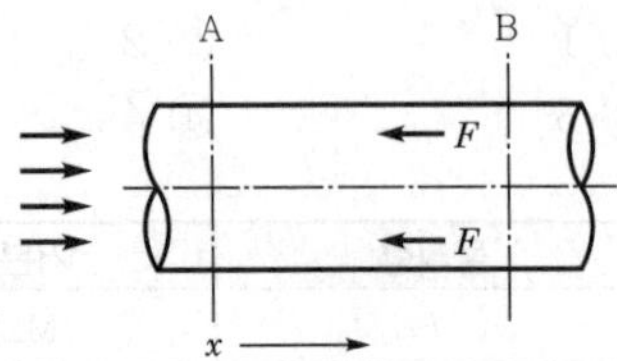

① 0.393　　② 1.57
③ 3.93　　④ 15.7

$(P_1 - P_2)A - F_f = 0$

$F_f = (P_1 - P_2)A$

$= (100-50) \times \dfrac{\pi(0.1)^2}{4} = 0.393\text{N}$

13 부력에 대한 설명 중 틀린 것은?

① 부력은 유체에 잠겨있을 때 물체에 대하여 수직 위로 작용한다.
② 부력의 중심을 부심이라 하고 유체의 잠긴 체적의 중심이다.
③ 부력의 크기는 물체가 유체 속에 잠김 체적에 해당하는 유체의 무게와 같다.
④ 물체가 액체 위에 떠 있을 때는 부력이 수직 아래로 작용한다.

④ 부력의 작용방향은 연직 상방향

14 [그림]에서 수은주의 높이 차이 h가 80cm를 가리킬 때 B지점의 압력이 1.25kgf/cm^{2}이라면 A지점의 압력은 약 몇 kgf/cm^{2}인가? (단, 수은의 비중은 13.6이다.)

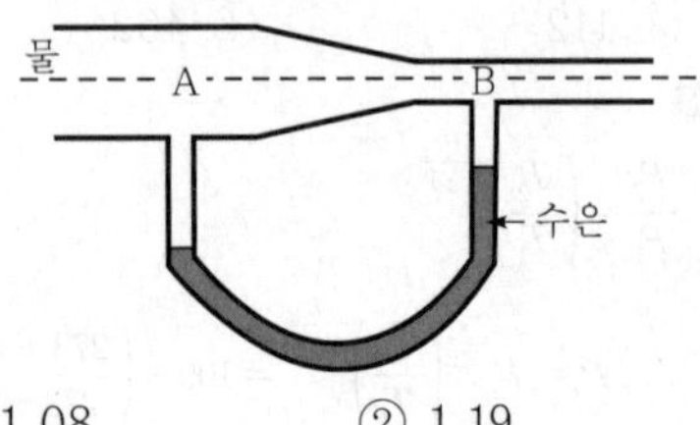

① 1.08　　② 1.19
③ 2.26　　④ 3.19

해설

$P_A - P_B = 80\text{cmHg}$

$P_A = P_B + 80\text{cmHg}$

$1.25(\text{kg/cm}^2) + 13.6\text{kg}/10^3\text{cm}^3 \times 80\text{cm} = 2.33\text{kg/cm}^2$

15 다음의 압축성 유체의 흐름 과정 중 등엔트로피 과정인 것은?

① 가역단열 과정
② 가역등온 과정
③ 마찰이 있는 단열 과정
④ 마찰이 없는 비가역 과정

16 베르누이의 방정식에 쓰이지 않는 head(수두)는?

① 압력수두　　② 밀도수두
③ 위치수두　　④ 속도수두

해설

㉠ 압력수두 : $\dfrac{P}{\gamma}$

㉡ 속도수두 : $\dfrac{V^2}{2g}$

㉢ 위치수두 : h

17 다음 중 의소성 유체(pseudo plastics)에 속하는 것은?

① 고분자 용액　　② 점토 현탁액
③ 치약　　④ 공업용수

18 평판을 지나는 경계층 유동에 관한 설명으로 옳은 것은? (단, x는 평판 앞쪽 끝으로부터의 거리를 나타낸다.)

① 평판 유동에서 층류 경계층의 두께는 $x^{\frac{1}{2}}$에 비례한다.
② 경계층에서 두께는 물체의 표면부터 측정한 속도가 경계층의 외부 속도의 80%가 되는 점까지의 거리이다.
③ 평판에 형성되는 난류 경계층의 두께는 x에 비례한다.
④ 평판 위의 층류 경계층의 두께는 거리의 제곱에 비례한다.

정답 12.① 13.④ 14.③ 15.① 16.② 17.① 18.①

① 층류경계층 두께 $R_e^{-\frac{1}{2}}$에 비례 $x^{\frac{1}{2}}$에 비례
② 경계층 두께는 자유흐름속도의 99%가 되는 점
③ 난류경계층 두께는 $R_e^{-\frac{1}{5}}$에 비례 $x^{\frac{4}{5}}$에 비례

19 축류펌프의 특징에 대해 잘못 설명한 것은?

① 가동익(가동날개)의 설치각도를 크게 하면 유량을 감소시킬 수 있다.
② 비속도가 높은 영역에서는 원심펌프보다 효율이 높다.
③ 깃의 수를 많이 하면 양정이 증가한다.
④ 체절상태로 운전은 불가능하다.

20 표준기압, 25℃인 공기 속에서 어떤 물체가 910m/s의 속도로 움직인다. 이때 음속과 물체의 마하수는 각각 얼마인가? (단, 공기의 비열비는 1.4, 기체상수는 287J/kg · K이다.)

① 326m/s, 2.79
② 346m/s, 2.63
③ 359m/s, 2.53
④ 367m/s, 2.48

$$a = \sqrt{KRT} = \sqrt{1.4 \times 287 \times (273+25)} = 340\text{m/s}$$

$$Ma = \frac{V}{a} = \frac{910}{346} = 2.629 = 2.63$$

제2과목 연소공학

21 분자량이 30인 어떤 가스의 정압비열이 0.516kJ/kg · K이라고 가정할 때 이 가스의 비열비 k는 약 얼마인가?

① 1.0 ② 1.4
③ 1.8 ④ 2.2

$$C_P - C_V = R$$

$$C_V = C_P - R = 0.516 - \frac{8.314}{30} = 0.238$$

$$\therefore\ k = \frac{C_P}{C_V} = \frac{0.516}{0.238} = 2.16$$

22 연소온도를 높이는 방법으로 가장 거리가 먼 것은?

① 연료 또는 공기를 예열한다.
② 발열량이 높은 연료를 사용한다.
③ 연소용 공기의 산소농도를 높인다.
④ 복사전열을 줄이기 위해 연소속도를 늦춘다.

23 공기흐름이 난류일 때 가스연료의 연소현상에 대한 설명으로 옳은 것은? **[연소 36]**

① 화염이 뚜렷하게 나타난다.
② 연소가 양호하여 화염이 짧아진다.
③ 불완전연소에 의해 열효율이 감소한다.
④ 화염이 길어지면서 완전연소가 일어난다.

24 액체연료를 미세한 기름방울로 잘게 부수어 단위 질량당의 표면적을 증가시키고 기름방울을 분산, 주위 공기와의 혼합을 적당히 하는 것을 미립화라고 한다. 다음 중 원판, 컵 등의 외주에서 원심력에 의해 액체를 분산시키는 방법에 의해 미립화하는 분무기는?

① 회전체 분무기
② 충돌식 분무기
③ 초음파 분무기
④ 정전식 분무기

25 다음 중 공기비에 관한 설명으로 틀린 것은? **[연소 15]**

① 이론공기량에 대한 실제공기량의 비이다.
② 무연탄보다 중유 연소 시 이론공기량이 더 적다.
③ 부하율이 변동될 때의 공기비를 턴다운(turn down)비라고 한다.
④ 공기비를 낮추면 불완전 연소 성분이 증가한다.

정답 19.① 20.② 21.④ 22.④ 23.② 24.① 25.②

26 메탄의 탄화수소(C/H) 비는 얼마인가?

① 0.25 ② 1
③ 3 ④ 4

$CH_4 = \frac{12}{4} = 3$

27 다음과 같은 조성을 갖는 혼합가스의 분자량은? (단, 혼합가스의 체적비는 CO_2(13.1%), O_2(7.7%), N_2(79.2%)이다.)

① 22.81 ② 24.94
③ 28.67 ④ 30.40

$44 \times 0.131 + 32 \times 0.077 + 28 \times 0.792 = 30.36$

28 메탄가스 1m^3를 완전 연소시키는 데 필요한 공기량은 몇 m^3인가? (단, 공기 중 산소는 20% 함유되어 있다.)

① 5 ② 10
③ 15 ④ 20

$CH_4 + 2O_2 \rightarrow CO_2 + 2H_2O$

1 : 2

$\therefore 2 \times \frac{1}{0.2} = 10m^3$

29 폭발형태 중 가스 용기나 저장탱크가 직화에 노출되어 가열되고 용기 또는 저장탱크의 강도를 상실한 부분을 통한 급격한 파단에 의해 내부 비등액체가 일시에 유출되어 화구(fire ball) 현상을 동반하며 폭발하는 현상은? [연소 23]

① BLEVE ② VCE
③ jet fire ④ flash over

30 수증기 1mol이 100℃, 1atm에서 물로 가역적으로 응축될 때 엔트로피의 변화는 약 몇 cal/mol · K인가? (단, 물의 증발열은 539cal/g, 수증기는 이상기체라고 가정한다.)

① 26 ② 540
③ 1700 ④ 2200

$\Delta S = \frac{dQ}{T} = \frac{(539 \times 18)\text{g/mol}}{(273+100)\text{K}} = 26\text{cal/mol} \cdot \text{K}$

31 고발열량에 대한 설명 중 틀린 것은? [연소 11]

① 총발열량이다.
② 진발열량이라고도 한다.
③ 연료가 연소될 때 연소가스 중에 수증기의 응축잠열을 포함한 열량이다.
④ $H_h = H_L + H_S + H_L + 600(9H + W)$로 나타낼 수 있다.

② 진발열량 = 저위발열량

32 내압(耐壓) 방폭구조로 방폭전기 기기를 설계할 때 가장 중요하게 고려할 사항은? [안전 13]

① 가연성 가스의 연소열
② 가연성 가스의 안전간극
③ 가연성 가스의 발화점(발화도)
④ 가연성 가스의 최소점화에너지

33 폭굉유도거리에 대한 설명 중 옳은 것은? [연소 9]

① 압력이 높을수록 짧아진다.
② 관 속에 방해물이 있으면 길어진다.
③ 층류 연소속도가 작을수록 짧아진다.
④ 점화원의 에너지가 강할수록 길어진다.

34 프로판 가스의 연소과정에서 발생한 열량이 13000kcal/kg, 연소할 때 발생된 수증기의 잠열이 2000kcal/kg일 경우, 프로판 가스의 연소효율은 얼마인가? (단, 프로판 가스의 진발열량은 11000kcal/kg이다.)

① 50% ② 100%
③ 150% ④ 200%

$\eta = \frac{13000 - 2000}{11000} \times 100 = 100\%$

정답 26.③ 27.④ 28.② 29.① 30.① 31.② 32.② 33.① 34.②

35 연소의 3요소가 아닌 것은?

① 가연성 물질　② 산소공급원
③ 발화점　④ 점화원

36 착화온도에 대한 설명 중 틀린 것은?

① 압력이 높을수록 낮아진다.
② 발열량이 클수록 낮아진다.
③ 반응활성도가 클수록 높아진다.
④ 산소량이 증가할수록 낮아진다.

③ 반응활성도가 클수록 착화점은 낮아진다.

37 다음 중 1kWh의 열당량은?

① 376kcal　② 427kcal
③ 632kcal　④ 860kcal

38 프로판가스 $1Sm^3$을 완전연소시켰을 때의 건조연소가스량은 약 몇 Sm^3인가? (단, 공기 중의 산소는 21v%이다.)

① 10　② 16
③ 22　④ 30

$C_3H_8 + 5O_2 \rightarrow 3CO_2 + 4H_2O$
$1Sm^3$　$5Nm^3$　$3Nm^3$

㉠ $N_2 : 5 \times \frac{0.79}{0.21} = 18.81Nm^3$

㉡ $CO_2 : 3Nm^3$

$\therefore\ N_2 + CO_2 = 21.81Nm^3$

39 옥탄(g)의 연소 엔탈피는 반응물 중의 수증기가 응축되어 물이 되었을 때 25℃에서 -48220kJ/kg이다. 이 상태에서 옥탄(g)의 저위발열량은 약 몇 kJ/kg인가? (단, 25℃ 물의 증발엔탈피[(h_{fg})]는 2441.8kJ/kg이다.)

① 40750　② 42320
③ 44750　④ 45778

$C_8H_{18} + 12.5O_2 \rightarrow 8CO_2 + 9H_2O + Q$

H_L(저위발열량)$= H_H$(고위발열량)$-$물의 증발잠열

$= 48220 - \frac{2441.8 \times 9 \times 18}{114} = 44750.073$

$= 44750.07kJ/kg$

※ $C_8H_{18} = 114kg$

40 밀폐된 용기 또는 그 설비 안에 밀봉된 가스가 그 용기 또는 설비의 사고로 인하여 파손되거나 오조작의 경우에만 누출될 위험이 있는 장소는 위험장소의 등급 중 어디에 해당하는가? **[연소 14]**

① 0종　② 1종
③ 2종　④ 3종

제3과목 가스설비

41 다음 중 압력배관용 탄소강관을 나타내는 것은? **[설비 59]**

① SPHT　② SPPH
③ SPP　④ SPPS

42 펌프의 효율에 대한 설명으로 옳은 것으로만 짝지어진 것은?

> ㉠ 축동력에 대한 수동력의 비를 뜻한다.
> ㉡ 펌프의 효율은 펌프의 구조, 크기 등에 따라 다르다.
> ㉢ 펌프의 효율이 좋다는 것은 각종 손실동력이 적고 축동력이 적은 동력으로 구동한다는 뜻이다.

① ㉠
② ㉠, ㉡
③ ㉠, ㉢
④ ㉠, ㉡, ㉢

43 수소가스 집합장치의 설계 매니폴드 지관에서 감압밸브는 상용압력이 14MPa인 경우 내압시험압력은 얼마 이상인가?

① 14MPa
② 21MPa
③ 25MPa
④ 28MPa

$T_P =$ 상용압력 $\times 1.5 = 14 \times 1.5 = 21MPa$

정답 35.③ 36.③ 37.④ 38.③ 39.③ 40.③ 41.④ 42.④ 43.②

44 왕복형 압축기의 특징에 대한 설명으로 옳은 것은? [설비 35]

① 압축효율이 낮다.
② 쉽게 고압이 얻어진다.
③ 기초 설치 면적이 작다.
④ 접촉부가 적어 보수가 쉽다.

45 가연성 가스의 위험도가 가장 높은 가스는? [설비 44]

① 일산화탄소 ② 메탄
③ 산화에틸렌 ④ 수소

① CO(12.5 ~ 74%) $\frac{74-12.5}{12.5}=4.92$

② CH_4(5 ~ 15%) $\frac{15-5}{5}=2$

③ C_2H_4O(3 ~ 80%) $\frac{80-3}{3}=25.67$

④ H_2(4 ~ 75%) $\frac{75-4}{4}=17.75$

46 압력 2MPa 이하의 고압가스 배관 설비로서 곡관을 사용하기가 곤란한 경우 가장 적정한 신축이음매는?

① 벨로즈형 신축이음매
② 루프형 신축이음매
③ 슬리브형 신축이음매
④ 스위블형 신축이음매

47 도시가스의 발열량이 10400kcal/m^{3}이고 비중이 0.5일 때 웨버지수(WI)는 얼마인가? [안전 57]

① 14142 ② 14708
③ 18257 ④ 27386

해설

$WI=\frac{H}{\sqrt{d}}=\frac{10400}{\sqrt{0.5}}=14707$

48 아세틸렌은 금속과 접촉반응하여 폭발성 물질을 생성한다. 다음 금속 중 이에 해당하지 않는 것은? [설비 42]

① 금 ② 은
③ 동 ④ 수은

49 가스 연소기에서 발생할 수 있는 역화(flash back)현상의 발생 원인으로 가장 거리가 먼 것은? [연소 22]

① 분출속도가 연소속도보다 빠른 경우
② 노즐, 기구밸브 등이 막혀 가스량이 극히 적게 된 경우
③ 연소속도가 일정하고 분출속도가 느린 경우
④ 버너가 오래되어 부식에 의해 염공이 크게 된 경우

50 콕 및 호스에 대한 설명으로 옳은 것은? [안전 97]

① 고압고무호스 중 투윈호스는 차압 100kPa 이하에서 정상적으로 작동하는 체크밸브를 부착하여 제작한다.
② 용기밸브 및 조정기에 연결하는 이음쇠의 나사는 오른나사로서 W22.5×14T, 나사부의 길이는 20mm 이상으로 한다.
③ 상자콕은 과류차단안전기구가 부착된 것으로서 배관과 카플러를 연결하는 구조이고, 주물황동을 사용할 수 있다.
④ 콕은 70kPa 이상의 공기압을 10분간 가했을 때 누출이 없는 것으로 한다.

51 액화천연가스(메탄기준)를 도시가스 원료로 사용할 때 액화천연가스의 특징을 옳게 설명한 것은?

① 천연가스의 C/H 질량비가 3이고 기화설비가 필요하다.
② 천연가스의 C/H 질량비가 4이고 기화설비가 필요 없다.
③ 천연가스의 C/H 질량비가 3이고 가스제조 및 정제설비가 필요하다.
④ 천연가스의 C/H 질량비가 4이고 개질설비가 필요하다.

정답 44.② 45.③ 46.① 47.② 48.① 49.① 50.③ 51.①

$CH_4 : \frac{12}{4} = 3$

52 내용적 50L의 LPG 용기에 상온에서 액화 프로판 15kg를 충전하면 이 용기 내 안전 공간은 약 몇 % 정도인가? (단, LPG의 비중은 0.50이다.)

① 10%
② 20%
③ 30%
④ 40%

15kg÷0.5(kg/L)=30L

$\therefore \frac{50-30}{50} \times 100 = 40\%$

53 고압가스 제조 장치의 재료에 대한 설명으로 옳지 않은 것은?

① 상온 건조 상태의 염소가스에 대하여는 보통강을 사용할 수 있다.
② 암모니아, 아세틸렌의 배관 재료에는 구리 및 구리합금이 적당하다.
③ 고압의 이산화탄소 세정장치 등에는 내산강을 사용하는 것이 좋다.
④ 암모니아 합성탑 내통의 재료에는 18-8 스테인리스강을 사용한다.

② 구리 사용을 금지해야 하는 가스이다.
㉠ C_2H_2 : 폭발
㉡ NH_3 : 부식
㉢ H_2S : 부식

54 어떤 냉동기에서 0℃의 물로 0℃의 얼음 3톤을 만드는 데 100kW/h의 일이 소요되었다면 이 냉동기의 성능계수는? (단, 물의 응고열은 80kcal/kg이다.)

① 1.72 ② 2.79
③ 3.72 ④ 4.73

3000kg×80kcal/kg = 240000kcal

$\therefore \frac{240000}{100 \times 860} = 2.79$

55 용기용 밸브는 가스 충전구의 형식에 따라 A형, B형, C형의 3종류가 있다. 가스 충전구가 암나사로 되어 있는 것은? **[안전 32]**

① A형 ② B형
③ A, B형 ④ C형

56 안전밸브에 대한 설명으로 틀린 것은?

① 가용전식은 Cl_2, C_2H_2 등에 사용된다.
② 파열판식은 구조가 간단하며, 취급이 용이하다.
③ 파열판식은 부식성, 괴상물질을 함유한 유체에 적합하다.
④ 피스톤식이 가장 일반적으로 널리 사용된다.

안전밸브의 종류
스프링식, 가용전식, 파열판식, 중추식

57 가스 누출을 조기에 발견하기 위하여 사용되는 냄새가 나는 물질(부취제)이 아닌 것은? **[안전 19]**

① T.H.T
② T.B.M
③ D.M.S
④ T.E.A

58 발열량 5000kcal/m³, 비중 0.61, 공급표준압력 100mmH₂O인 가스에서 발열량 11000 kcal/m³, 비중 0.66, 공급표준압력이 200mm H₂O인 천연가스로 변경할 경우 노즐변경률은 얼마인가?

① 0.49 ② 0.58
③ 0.71 ④ 0.82

$$\frac{D_2}{D_1} = \sqrt{\frac{WI_1\sqrt{P_1}}{WI_2\sqrt{P_2}}} = \sqrt{\frac{\frac{5000}{\sqrt{0.61}}\sqrt{100}}{\frac{11000}{\sqrt{0.66}}\sqrt{200}}} = 0.58$$

59 다음 중 공기액화 분리장치의 폭발 원인이 아닌 것은? **[설비 5]**

① 액체 공기 중 산소(O_2)의 혼입
② 공기 취입구로부터 아세틸렌 혼입
③ 공기 중 질소화합물(NO, NO_2)의 혼입
④ 압축기용 윤활유 분해에 따른 탄화수소의 생성

60 다음 [보기]의 비파괴 검사방법은? **[설비 4]**

- 내부 결함 또는 불균일 층의 검사를 할 수 있다.
- 용입 부족 및 용입부의 검사를 할 수 있다.
- 검사비용이 비교적 저렴하다.
- 탐지되는 결함의 형태가 명확하지 않다.

① 방사선 투과검사
② 침투탐상검사
③ 초음파 탐상검사
④ 자분탐상검사

제4과목 가스안전관리

61 내부 용적이 35,000L인 액화산소 저장탱크의 저장능력은 얼마인가? (단, 비중은 1.2이다.)

① 24,780kg
② 26,460kg
③ 27,520kg
④ 37,800kg

$W = 0.9dV = 0.9 \times 1.2 \times 35000 = 37800$

62 밀폐된 목욕탕에서 도시가스 순간온수기를 사용하던 중 쓰러져서 의식을 잃었다. 사고원인으로 추정할 수 있는 것은?

① 가스누출에 의한 중독
② 부취제에 의한 중독
③ 산소결핍에 의한 질식
④ 질소과잉으로 인한 중독

63 2단 감압식 1차용 조정기의 최대폐쇄압력은 얼마인가?

① 3.5kPa 이하
② 50kPa 이하
③ 95kPa 이하
④ 조정압력의 1.25배 이하

조정기의 최대폐쇄압력

종 류	폐쇄압력
1단 감압식 저압	3.5kPa 이하
2단 감압식 2차	
자동절체식 일체형 저압	
2단 감압식 1차	95kPa 이하
1단 감압식 준저압	조정압력의 1.25배 이하
자동절체식일체형 준저압	
그 밖의 조정기	

64 고압가스 특정제조시설에서 배관을 지하에 매설할 경우 지하도로 및 터널과 최소 몇 m 이상의 수평거리를 유지하여야 하는가? **[안전 154]**

① 1.5m
② 5m
③ 8m
④ 10m

65 공기나 산소가 섞이지 않더라도 분해폭발을 일으킬 수 있는 가스는? **[안전 18]**

① CO
② CO_2
③ H_2
④ C_2H_2

분해폭발성 가스 : C_2H_2, C_2H_4O, N_2H_4

정답 59.① 60.③ 61.④ 62.③ 63.③ 64.④ 65.④

66 유해물질이 인체에 나쁜 영향을 주지 않는다고 판단하고 일정한 기준 이하로 정한 농도를 무엇이라고 하는가?

① 한계농도
② 안전농도
③ 위험농도
④ 허용농도

67 다음 중 독성가스는?

① 수소
② 염소
③ 아세틸렌
④ 메탄

68 고압가스용 차량에 고정된 탱크의 설계기준으로 틀린 것은?

① 탱크의 길이이음 및 원주이음은 맞대기 양면용접으로 한다.
② 용접하는 부분의 탄소강은 탄소함유량이 1.0% 미만으로 한다.
③ 탱크에는 지름 375mm 이상의 원형 맨홀 또는 긴 지름 375mm, 이상 짧은 지름 275mm 이상의 타원형 맨홀을 1개 이상 설치한다.
④ 탱크의 내부에는 차량의 진행방향과 직각이 되도록 방파판을 설치한다.

② 용접하는 부분의 탄소강은 탄소함유량이 0.35% 미만으로 한다.

69 고압가스 특정제조허가의 대상 시설로서 옳은 것은?

① 석유정제업자의 석유정제시설 또는 그 부대시설에서 고압가스를 제조하는 것으로서 그 저장능력이 10톤 이상인 것
② 석유화학공업자의 석유화학공업시설 또는 그 부대시설에서 고압가스를 제조하는 것으로서 그 저장능력이 10톤 이상인 것
③ 석유화학공업자의 석유화학공업시설 또는 그 부대시설에서 고압가스를 제조하는 것으로서 그 처리능력이 1천세제곱미터 이상인 것
④ 철강공업자의 철강공업시설 또는 그 부대시설에서 고압가스를 제조하는 것으로서 그 처리능력이 10만세제곱미터 이상인 것

해설

특정제조허가 대상

사업자 구분	용 량
석유정제업자의 석유정제시설 또는 그 부대시설	저장능력 100t 이상
석유화학공업자의 석유화학공업시설 또는 그 부대시설	저장능력 100t 이상, 처리능력 10000m^3 이상
철강공업자의 철강공업시설 또는 그 부대시설	저장능력 100t 이상, 처리능력 100000m^3 이상

70 액화염소가스를 5톤 운반차량으로 운반하려고 할 때 응급조치에 필요한 제독제 및 수량은? **[안전 69]**

① 소석회 – 20kg 이상
② 소석회 – 40kg 이상
③ 가성소다 – 20kg 이상
④ 가성소다 – 40kg 이상

71 실제 사용하는 도시가스의 열량이 9500kcal/m^{3}이고 가스 사용시설의 법적 사용량은 5200m^{3}일 때 도시가스 사용량은 약 몇 m^{3}인가? (단, 도시가스의 월사용예정량을 구할 때의 열량을 기준으로 한다.)

① 4,490
② 6,020
③ 7,020
④ 8,020

$$Q = X \times \frac{A}{11000} = 5200 \times \frac{9500}{11000} = 4490$$

정답 66.④ 67.② 68.② 69.④ 70.② 71.①

72 구조, 재료, 용량 및 성능 등에서 구별되는 제품의 단위를 무엇이라고 하는가?

① 공정
② 형식
③ 로트
④ 셀

73 산화에틸렌의 충전에 대한 설명으로 옳은 것은?

① 산화에틸렌의 저장탱크에는 45℃에서 그 내부가스의 압력이 0.3MPa 이상이 되도록 질소가스를 충전한다.
② 산화에틸렌의 저장탱크에는 45℃에서 그 내부가스의 압력이 0.4MPa 이상이 되도록 질소가스를 충전한다.
③ 산화에틸렌의 저장탱크에는 60℃에서 그 내부가스의 압력이 0.3MPa 이상이 되도록 질소가스를 충전한다.
④ 산화에틸렌의 저장탱크에는 60℃에서 그 내부가스의 압력이 0.4MPa 이상이 되도록 질소가스를 충전한다.

74 고압가스 일반제조시설에서 몇 m^3 이상의 가스를 저장하는 것에 가스방출장치를 설치하여야 하는가?

① 5
② 10
③ 20
④ 50

75 도시가스 공급시설 또는 그 시설에 속하는 계기를 장치하는 회로에 설치하는 것으로서 온도 및 압력과 그 시설의 상황에 따라 안전확보를 위한 주요부분에 설비가 잘못 조작되거나 이상이 발생하는 경우에 자동으로 가스의 발생을 차단시키는 장치를 무엇이라 하는가?

① 벤트스택
② 안전밸브
③ 인터록 기구
④ 가스누출검지 통보설비

76 고압가스 저온저장탱크의 내부 압력이 외부 압력보다 낮아져 저장탱크가 파괴되는 것을 방지하기 위해 설치하여야 할 설비로 가장 거리가 먼 것은? **[안전 85]**

① 압력계
② 압력경보설비
③ 진공안전밸브
④ 역류방지밸브

77 독성가스는 허용농도 얼마 이하의 가스를 뜻하는가? (단, 해당가스를 성숙한 흰쥐 집단에게 대기 중에서 1시간 동안 계속하여 노출시킨 경우 14일 이내에 그 흰쥐의 1/2 이상이 죽게 되는 가스의 농도를 말한다.) **[안전 50]**

① $\frac{100}{1000000}$
② $\frac{200}{1000000}$
③ $\frac{500}{1000000}$
④ $\frac{5000}{1000000}$

78 액화석유가스 저장소의 저장탱크는 항상 얼마 이하의 온도를 유지하여야 하는가?

① 30℃
② 40℃
③ 50℃
④ 60℃

79 고압가스를 운반하기 위하여 동일한 차량에 혼합 적재 가능한 것은? **[안전 34]**

① 염소 – 아세틸렌
② 염소 – 암모니아
③ 염소 – LPG
④ 염소 – 수소

정답 72.② 73.② 74.① 75.③ 76.④ 77.④ 78.② 79.③

80 "액화석유가스 충전사업"의 용어 정의에 대하여 가장 바르게 설명한 것은?

① 저장시설에 저장된 액화석유가스를 용기 또는 차량에 고정된 탱크에 충전하여 공급하는 사업
② 액화석유가스를 일반의 수요에 따라 배관을 통하여 연료로 공급하는 사업
③ 대량수요자에게 액화한 천연가스를 공급하는 사업
④ 수요자에게 연료용 가스를 공급하는 사업

제5과목 가스계측

81 방사고온계는 다음 중 어느 이론을 이용한 것인가?

① 제백 효과
② 펠티에 효과
③ 윈-플랑크의 법칙
④ 스테판-볼츠만 법칙

방사온도계 : 스테판-볼츠만의 법칙을 이용

82 가연성 가스 검출기의 형식이 아닌 것은? **[계측 20]**

① 안전등형
② 간섭계형
③ 열선형
④ 서포트형

83 습식가스미터에 대한 설명으로 틀린 것은? **[계측 8]**

① 추량식이다.
② 설치공간이 크다.
③ 정확한 계량이 가능하다.
④ 일정 시간 동안의 회전수로 유량을 측정한다.

84 가스조정기(regulator)의 주된 역할에 대한 설명으로 옳은 것은?

① 가스의 불순물을 정제한다.
② 용기 내로의 역화를 방지한다.
③ 공기의 혼입량을 일정하게 유지해 준다.
④ 가스의 공급압력을 일정하게 유지해 준다.

85 안지름이 14cm인 관에 물이 가득 차서 흐를 때 피토관으로 측정한 동압이 7m/sec이었다면 이때의 유량은 약 몇 kg/sec인가?

① 39
② 180
③ 433
④ 1077.2

$$Q = A \cdot V$$
$$= \frac{\pi}{4} D^2 \sqrt{2gH}$$
$$= \frac{\pi}{4} \times (0.14\text{m})^2 \sqrt{2 \times 9.8 \times 7} = 0.1803\text{m}^3/\text{s}$$
$$\therefore \ G = \gamma A V$$
$$= 1000\text{kg/m}^3 \times 0.1803\text{m}^3/\text{s} = 180.31\text{kg/s}$$

86 염화 제1구리 착염지를 이용하여 어떤 가스의 누출 여부를 검지한 결과 착염지가 적색으로 변하였다. 이때 누출된 가스는? **[계측 15]**

① 아세틸렌
② 수소
③ 염소
④ 황화수소

87 보일러에서 여러 대의 버너를 사용하여 연소실의 부하를 조절하는 경우 버너의 특성 변화에 따라 버너의 대수를 수시로 바꾸는데, 이때 사용하는 제어방식으로 가장 적당한 것은? **[계측 12]**

① 다변수 제어
② 병렬 제어
③ 캐스케이드 제어
④ 비율 제어

정답 80.① 81.④ 82.④ 83.① 84.④ 85.② 86.① 87.③

88 피토관(pitot tube)의 주된 용도는? [계측 23]

① 압력을 측정하는 데 사용된다.
② 유속을 측정하는 데 사용된다.
③ 온도를 측정하는 데 사용된다.
④ 액체의 점도를 측정하는 데 사용된다.

89 열기전력이 작으며, 산화분위기에 강하나 환원분위기에는 약하고, 고온 측정에는 적당한 열전대 온도계의 단자 구성으로 옳은 것은? [계측 9]

① 양극 : 철, 음극 : 콘스탄탄
② 양극 : 구리, 음극 : 콘스탄탄
③ 양극 : 크로멜, 음극 : 알루멜
④ 양극 : 백금-로듐, 음극 : 백금

90 흡수법에 의한 가스분석법 중 각 성분과 가스 흡수액을 옳지 않게 짝지은 것은? [계측 1]

① 중탄화수소 흡수액 - 발연황산
② 이산화탄소 흡수액 - 염화나트륨 수용액
③ 산소 흡수액 - (수산화칼륨+ 피로카롤) 수용액
④ 일산화탄소 흡수액 - (염화암모늄+ 염화제1구리)의 분해용액에 암모니아수를 가한 용액

91 오리피스 유량계의 적용 원리는? [계측 23]

① 부력의 법칙
② 토리첼리의 법칙
③ 베르누이 법칙
④ Gibbs의 법칙

92 가스미터 선정 시 주의사항으로 가장 거리가 먼 것은?

① 내구성
② 내관 검사
③ 오차의 유무
④ 사용 가스의 적정성

93 고압 밀폐탱크의 액면 측정용으로 주로 사용되는 것은?

① 편위식 액면계
② 차압식 액면계
③ 부자식 액면계
④ 기포식 액면계

94 직접식 액면계에 속하지 않는 것은? [계측 26]

① 직관식
② 차압식
③ 플로트식
④ 검척식

95 차압식 유량계로 유량을 측정하였더니 오리피스 전후의 차압이 1936mmH_2O일 때 유량은 22m^3/h이었다. 차압이 1024mmH_2O이면 유량은 얼마가 되는가?

① 12m^3/h ② 14m^3/h
③ 16m^3/h ④ 18m^3/h

$Q=\frac{\pi}{4}\sqrt{2gH}$

유량은 차압의 평방근에 비례

• $22 : \sqrt{1936}$
• $x : \sqrt{1024}$

$\therefore\ x=\frac{\sqrt{1024}}{\sqrt{1936}}\times 22=16\text{m}^3/\text{hr}$

96 적외선 가스분석계로 분석하기가 어려운 가스는?

① Ne ② N_2
③ CO_2 ④ SO_2

단원자 분자 및 대칭 2원자 분자는 적외선 분석법으로 분석이 불가능하다.

97 가스 크로마토그래피의 구성이 아닌 것은? [계측 10]

① 캐리어 가스 ② 검출기
③ 분광기 ④ 컬럼

정답 88.② 89.④ 90.② 91.③ 92.② 93.② 94.② 95.③ 96.② 97.③

98 1kmol의 가스가 0℃, 1기압에서 22.4m^{3}의 부피를 갖고 있을 때 기체상수는 얼마인가?

① 1.98kg · m/kmol · K
② 848kg · m/kmol · K
③ 8.314kg · m/kmol · K
④ 0.082kg · m/kmol · K

$PV = GRT$

$$R = \frac{PV}{GT} = \frac{1 \times 10332\text{kg/m}^2 \times 22.4\text{m}^3}{1\text{kmol} \times 273\text{K}}$$

$= 847.75 = 848\text{kg} \cdot \text{m/kmol} \cdot \text{K}$

99 열전도형 검출기(TCD)의 특성에 대한 설명으로 틀린 것은? **[계측 13]**

① 고농도의 가스를 측정할 수 있다.
② 가열된 서미스터에 가스를 접촉시키는 방식이다.
③ 공기와의 열전도도 차가 적을수록 감도가 좋다.
④ 가연성 가스 이외의 가스도 측정할 수 있다.

100 불연속적인 제어이므로 제어량이 목표값을 중심으로 일정한 폭의 상하 진동을 하게 되는 현상, 즉 뱅뱅현상이 일어나는 제어는 어느 것인가? **[계측 12]**

① 비례제어
② 비례미분제어
③ 비례적분제어
④ 온 · 오프제어

정답 98.② 99.③ 100.④

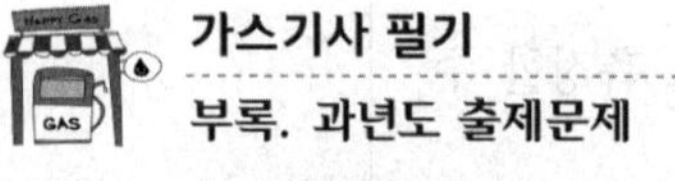
가스기사 필기
부록. 과년도 출제문제

국가기술자격 시험문제

2018년 기사 제1회 필기시험(1부) (2018년 3월 4일 시행)

자격종목	시험시간	문제수	문제형별
가스기사	2시간30분	100	A

수험번호		성 명	

제1과목 가스유체역학

01 일반적으로 다음 장치에서 발생하는 압력차가 작은 것부터 큰 순서대로 옳게 나열한 것은?

① 블로어 < 팬 < 압축기
② 압축기 < 팬 < 블로어
③ 팬 < 블로어 < 압축기
④ 블로어 < 압축기 < 팬

해설
작동압력에 따른 압축기 분류
㉠ 통풍기(팬) : 토출압력 10kPag 미만
㉡ 송풍기(블로어) : 토출압력 10kPa 이상~0.1MPa 미만
㉢ 압축기 : 토출압력 0.1MPa(1kg/cm²g) 이상

02 노점(dew point)에 대한 설명으로 틀린 것은?

① 액체와 기체의 비체적이 같아지는 온도이다.
② 등압과정에서 응축이 시작되는 온도이다.
③ 대기 중 수증기의 분압이 그 온도에서 포화수증기압과 같아지는 온도이다.
④ 상대습도가 100%가 되는 온도이다.

해설
노점 : 공기가 수증기로 가득차 더 이상 함유할 수 없는 온도. 이때는 상대습도가 100%이다.

03 덕트 내 압축성 유동에 대한 에너지 방정식과 직접적으로 관련되지 않는 변수는?

① 위치에너지
② 운동에너지
③ 엔트로피
④ 엔탈피

해설
압축성 유체의 에너지 방정식
엔트로피의 경우는 등엔트로피의 흐름이 된다.

$$q+h_1+\frac{V_1^{\,2}}{2}+gZ_1=h_2+\frac{V_2^{\,2}}{2}+gZ_2+W_m$$

$$q=0,\ \ W_m=0,\ \ Z_1=Z_2$$

$$h_1+\frac{V_1^{\,2}}{2}=h_2+\frac{V_2^{\,2}}{2}$$

$h_1-h_2=\frac{1}{2}(V_2^{\,2}-V_1^{\,2})$이 된다.

04 뉴턴의 점성법칙을 옳게 나타낸 것은? (단, 전단응력은 τ, 유체속도는 u, 점성계수는 μ, 벽면으로부터의 거리는 y로 나타낸다.)

① $\tau=\frac{1}{\mu}\frac{dy}{du}$
② $\tau=\mu\frac{du}{dy}$
③ $\tau=\frac{1}{\mu}\frac{du}{dy}$
④ $\tau=\mu\frac{dy}{du}$

$$\tau=\frac{F}{A}=\mu\frac{du}{dy}$$

정답 01.③ 02.① 03.③ 04.②

05 그림과 같은 단열덕트 내의 유동에서 마하수 $M>1$일 때 압축성 유체의 속도와 압력의 변화를 옳게 나타낸 것은? **[유체 3]**

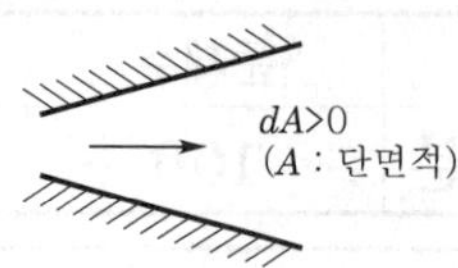

① 속도 증가, 압력 증가
② 속도 감소, 압력 감소
③ 속도 증가, 압력 감소
④ 속도 감소, 압력 증가

등엔트로피 흐름 축소(유체 핵심 3) 참조

06 서징(surging)현상의 발생원인으로 거리가 가장 먼 것은? **[설비 17]**

① 펌프의 유량-양정곡선이 우향상승 구배곡선일 때
② 배관 중에 수조나 공기조가 있을 때
③ 유량조절밸브가 수조나 공기조의 뒤쪽에 있을 때
④ 관 속을 흐르는 유체의 유속이 급격히 변화될 때

원심 펌프에서 발생되는 이상현상(설비 핵심 17) 참조

07 100kPa, 25℃에 있는 이상기체를 등엔트로피 과정으로 135kPa까지 압축하였다. 압축 후의 온도는 약 몇 ℃인가? (단, 이 기체의 정압비열 C_P는 1.213kJ/kg · K이고, 정적비열 C_V는 0.821kJ/kg · K이다.)

① 45.5　② 55.5
③ 65.5　④ 75.5

단열압축 후 온도

$$T_2 = T_1\left(\frac{P_2}{P_1}\right)^{\frac{k-1}{k}}$$

$k = \frac{C_P}{C_V} = \frac{1.213}{0.821} = 1.477$이므로

$$T_2 = (273+25)\times\left(\frac{135}{100}\right)^{\frac{1.477-1}{1.477}} = 328.32\text{K}$$

$\therefore\ 328.32 - 273 = 55.32 ≒ 55.5℃$

08 유체 속 한 점에서의 압력이 방향에 관계없이 동일한 값을 갖는 경우로 틀린 것은?

① 유체가 정지한 경우
② 비점성 유체가 유동하는 경우
③ 유체층 사이에 상대운동이 없이 유동하는 경우
④ 유체가 층류로 유동하는 경우

09 급격확대관에서 확대에 따른 손실수두를 나타내는 식은? (단, V_a는 확대 전 평균유속, V_b는 확대 후 평균유속, g는 중력가속도이다.)

① $(V_a - V_b)^3$　② $(V_a - V_b)$
③ $\dfrac{(V_a - V_b)^2}{2g}$　④ $\dfrac{(V_a - V_b)}{2g}$

돌연확대 · 축소관의 손실수두(H_L)

확대관	축소관	기 호
$H_L = \dfrac{(u_1-u_2)^2}{2g} = K\cdot\dfrac{{u_1}^2}{2g}$ $K = \left(1-\dfrac{A_1}{A_2}\right)^2$	$H_L = \dfrac{(u_o-u_2)^2}{2g} = K\cdot\dfrac{{u_2}^2}{2g}$ $K = \left(\dfrac{1}{C_C}-1\right)^2$	u_o : 축맥부 유속 u_1 : 단면 1의 유속 u_2 : 단면 2의 유속

10 관 속 흐름에서 임계 레이놀즈수를 2100으로 할 때 지름이 10cm인 관에 16℃의 물이 흐르는 경우의 임계속도는? (단, 16℃ 물의 동점성계수는 $1.12\times10^{-6}\text{m}^2/\text{s}$이다.)

① 0.024m/s
② 0.42m/s
③ 2.1m/s
④ 21.1m/s

$$Re = \frac{VD}{\nu}$$

$$V = \frac{Re\cdot\nu}{D} = \frac{2100\times1.12\times10^{-6}}{0.1} = 0.02352 = 0.024\text{m/s}$$

정답 05.③ 06.④ 07.② 08.④ 09.③ 10.①

11 난류에서 전단응력(shear stress) τ_t를 다음 식으로 나타낼 때 η는 무엇을 나타낸 것인가? $\left(\text{단, } \frac{du}{dy}\text{는 속도구배를 나타낸다.}\right)$

$$\tau_t = \eta\left(\frac{du}{dy}\right)$$

① 절대점도 ② 비교점도
③ 에디점도 ④ 중력점도

전단응력(τ)

구 분		공 식
층류		$\tau = \mu\frac{du}{dy}$ (μ : 일정)
난류	겉보기 전단응력	$\tau = \eta\left(\frac{du}{dy}\right)$
	Newton 유체가 2차원난류유동 시 전단응력	$\tau = (\mu + \eta)\frac{du}{dy}$
	η : 와점성계수=에디점도=난류확산계수 =운동와점성계수 난류의 정도 유체 밀도에 따라 변함	

12 비열비가 1.2이고 기체상수가 200J/kg · K인 기체에서의 음속이 400m/s이다. 이때, 기체의 온도는 약 얼마인가?

① 253℃ ② 394℃
③ 520℃ ④ 667℃

$a = \sqrt{K \cdot R \cdot T}$

$a^2 = K \cdot R \cdot T$

$T = \frac{a^2}{K \cdot R} = \frac{400^2}{1.2 \times 200} = 666.66\text{K}$

$\therefore\ 666.666 - 273 = 393.67 = 394℃$

13 다음 중 증기의 분류로 액체를 수송하는 펌프는?

① 피스톤펌프 ② 제트펌프
③ 기어펌프 ④ 수격펌프

14 분류에 수직으로 놓여진 평판이 분류와 같은 방향으로 U의 속도로 움직일 때 분류가 V의 속도로 평판에 충돌한다면 평판에 작용하는 힘은 얼마인가? (단, ρ는 유체 밀도, A는 분류의 면적이고, $V > U$이다.)

① $\rho A(V-U)^2$ ② $\rho A(V+U)^2$
③ $\rho A(V-U)$ ④ $\rho A(V+U)$

㉠ 정지평판 힘 $F = \rho A V^2$
㉡ 이동평판 힘 $F = \rho Q(V-U) = \rho A(V-U)^2$

15 도플러 효과(doppler effect)를 이용한 유량계는?

① 에뉴바 유량계 ② 초음파 유량계
③ 오벌 유량계 ④ 열선 유량계

16 수평원관 내에서의 유체흐름을 설명하는 Hagen–Poiseuille 식을 얻기 위해 필요한 가정이 아닌 것은?

① 완전히 발달된 흐름
② 정상상태 흐름
③ 층류
④ 포텐셜 흐름

하겐-포아젤 식은 실제 유동에서의 수평원관의 층류흐름식이며, 포텐셜 흐름은 비점성(이상) 유체이다.

$$\Delta P = \frac{4l\tau}{D} = \frac{32\mu l u}{D^2} = \frac{128\mu l Q}{\pi D^4} = \frac{4\mu l u}{r^2 - {r_1}^2}$$

17 다음 유체에 관한 설명 중 옳은 것을 모두 나타낸 것은?

㉠ 유체는 물질 내부에 전단응력이 생기면 정지상태로 있을 수 없다.
㉡ 유동장에서 속도벡터에 접하는 선을 유선이라 한다.

① ㉠ ② ㉡
③ ㉠, ㉡ ④ 모두 틀림

정답 11.③ 12.② 13.② 14.① 15.② 16.④ 17.③

18 성능이 동일한 n대의 펌프를 서로 병렬로 연결하고 원래와 같은 양정에서 작동시킬 때 유체의 토출량은?

① $\frac{1}{n}$로 감소한다. ② n배로 증가한다.
③ 원래와 동일하다. ④ $\frac{1}{2n}$로 감소한다.

해설

펌프의 연결
㉠ 직렬 : 양정 증가, 유량 불변
㉡ 병렬 : 유량 증가, 양정 불변

19 피토관을 이용하여 유속을 측정하는 것과 관련된 설명으로 틀린 것은?

① 피토관의 입구에는 동압과 정압의 합인 정체압이 작용한다.
② 측정원리는 베르누이 정리이다.
③ 측정된 유속은 정체압과 정압 차이의 제곱근에 비례한다.
④ 동압과 정압의 차를 측정한다.

해설

피토관

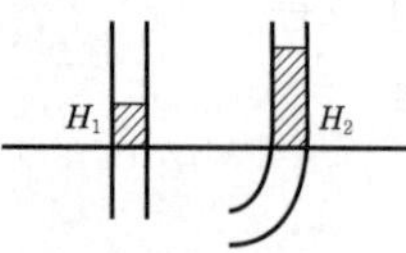

H_2(전압) $-$ H_1(정압) $=$ 동압
전압과 정압의 차를 측정

20 반지름 40cm인 원통 속에 물을 담아 30rpm으로 회전시킬 때 수면의 가장 높은 부분과 가장 낮은 부분의 높이 차는 약 몇 m인가? **[유체 8]**

① 0.002 ② 0.02
③ 0.04 ④ 0.08

해설

등속 원운동을 받는 유체의 수면상승 높이(유체 핵심 8) 참조

$$h = \frac{r^2 w^2}{2g}$$

$$w = \frac{2\pi N}{60} = \frac{2 \times \pi \times 30}{60} = \pi$$

$$\therefore\ h = \frac{(0.4\text{m})^2 \times \pi^2}{2 \times 9.8} = 0.08\text{m}$$

제2과목 연소공학

21 폭굉(detonation)에서 유도거리가 짧아질 수 있는 경우가 아닌 것은? **[연소 1]**

① 압력이 높을수록
② 관경이 굵을수록
③ 점화원의 에너지가 클수록
④ 관 속에 방해물이 많을수록

해설

폭굉(데토네이션), 폭굉유도거리(DID)(연소 핵심 1) 참조

22 전기기기의 불꽃, 아크가 발생하는 부분을 절연유에 격납하여 폭발가스에 점화되지 않도록 한 방폭구조는? **[안전 13]**

① 유입방폭구조
② 내압방폭구조
③ 안전증방폭구조
④ 본질안전방폭구조

해설

위험장소 분류, 가스시설 전기방폭기준(안전 핵심 13) 참조

23 다음 [그림]은 오토사이클 선도이다. 계로부터 열이 방출되는 과정은?

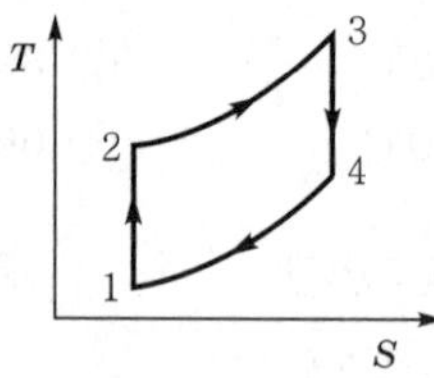

① 1 → 2 과정 ② 2 → 3 과정
③ 3 → 4 과정 ④ 4 → 1 과정

해설

오토사이클 : 정적 연소사이클
구성
- (1–2) 단열압축
- (2–3) 등적연소(흡수)
- (3–4) 단열팽창
- (4–1) 등적배기(방열)

정답 18.② 19.④ 20.④ 21.② 22.① 23.④

24 다음 [그림]은 프로판-산소, 수소-공기, 에틸렌-공기, 일산화탄소-공기의 층류 연소 속도를 나타낸 것이다. 이 중 프로판-산소 혼합기의 층류 연소속도를 나타낸 것은?

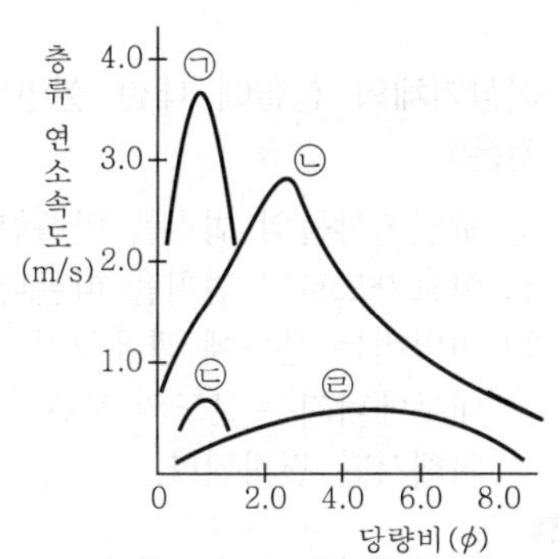

① ㉠ ② ㉡
③ ㉢ ④ ㉣

25 비열에 대한 설명으로 옳지 않은 것은?

① 정압비열은 정적비열보다 항상 크다.
② 물질의 비열은 물질의 종류와 온도에 따라 달라진다.
③ 비열비가 큰 물질일수록 압축 후의 온도가 더 높다.
④ 물은 비열이 적어 공기보다 온도를 증가시키기 어렵고 열용량도 적다.

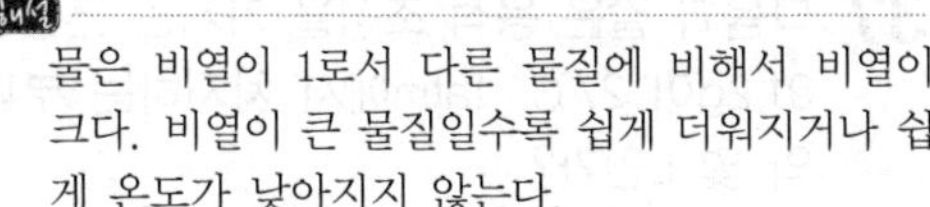
물은 비열이 1로서 다른 물질에 비해서 비열이 크다. 비열이 큰 물질일수록 쉽게 더워지거나 쉽게 온도가 낮아지지 않는다.

26 과잉공기가 너무 많은 경우의 현상이 아닌 것은? **[연소 15]**

① 열효율을 감소시킨다.
② 연소온도가 증가한다.
③ 배기가스의 열손실을 증대시킨다.
④ 연소가스량이 증가하여 통풍을 저해한다.

공기비(연소 핵심 15) 참조

27 산소의 성질, 취급 등에 대한 설명으로 틀린 것은?

① 산화력이 아주 크다.
② 임계압력이 25MPa이다.
③ 공기액화분리기 내에 아세틸렌이나 탄화수소가 축적되면 방출시켜야 한다.
④ 고압에서 유기물과 접촉시키면 위험하다.

산소의 임계압력은 50.1atm이다.

28 안전성 평가기법 중 시스템을 하위 시스템으로 점점 좁혀가고 고장에 대해 그 영향을 기록하여 평가하는 방법으로, 서브시스템 위험분석이나 시스템 위험분석을 위하여 일반적으로 사용되는 전형적인 정성적, 귀납적 분석기법으로 시스템에 영향을 미치는 모든 요소의 고장을 형태별로 분석하여 그 영향을 검토하는 기법은? **[연소 12]**

① 결함수분석(FTA)
② 원인결과분석(CCA)
③ 고장형태영향분석(FMEA)
④ 위험 및 운전성 검토(HAZOP)

안전성 평가기법(연소 핵심 12) 참조

29 이상기체에 대한 단열온도 상승은 열역학 단열압축식으로 계산될 수 있다. 다음 중 열역학 단열압축식이 바르게 표현된 것은? (단, T_f는 최종 절대온도, T_i는 처음 절대온도, P_f는 최종 절대압력, P_i는 처음 절대압력, r은 비열비이다.)

① $T_i = T_f \left(\frac{P_f}{P_i} \right)^{\frac{(r-1)}{r}}$

② $T_i = T_f \left(\frac{P_f}{P_i} \right)^{\frac{r}{(1-r)}}$

③ $T_f = T_i \left(\frac{P_f}{P_i} \right)^{\frac{r}{(r-1)}}$

④ $T_f = T_i \left(\frac{P_f}{P_i} \right)^{\frac{(r-1)}{r}}$

정답 24.① 25.④ 26.② 27.② 28.③ 29.④

단열압축 후 온도

$$T_2 = T_1 \times \left(\frac{P_2}{P_1}\right)^{\frac{k-1}{k}}$$

30 과잉공기계수가 1일 때 $224Nm^3$의 공기로 탄소는 약 몇 kg을 완전연소시킬 수 있는가?

① 20.1 ② 23.4
③ 25.2 ④ 27.3

$$\underline{C} + \underline{O_2} \rightarrow CO_2$$

12kg $22.4Nm^3 \times \frac{1}{0.21}$

x(kg) $224Nm^3$

$$\therefore x = \frac{12 \times 224}{22.4 \times \frac{1}{0.21}} = 25.2\text{kg}$$

31 다음 중 단위질량당 방출되는 화학적 에너지인 연소열(kJ/g)이 가장 낮은 것은?

① 메탄 ② 프로판
③ 일산화탄소 ④ 에탄올

32 조성이 $C_6H_{10}O_5$인 어떤 물질 1.0kmol을 완전연소시킬 때 연소가스 중의 질소의 양은 약 몇 kg인가? (단, 공기 중의 산소는 23wt%, 질소는 77wt%이다.)

① 543 ② 643
③ 57.35 ④ 67.35

$$C_6H_{10}O_5 + 6O_2 \rightarrow 6CO_2 + 5H_2O$$

1kmol 산소 6×32kg이므로

∴ 질소량은 $6 \times 32 \times \frac{77}{23} = 642.7 \fallingdotseq 643\text{kg}$

33 헬륨을 냉매로 하는 극저온용 가스냉동기의 기본 사이클은?

① 역르누아 사이클
② 역아트킨슨 사이클
③ 역에릭슨 사이클
④ 역스털링 사이클

34 "어떠한 방법으로든 물체의 온도를 절대영도로 내릴 수는 없다."라고 표현한 사람은?

① Kelvin ② Planck
③ Nernst ④ Carnot

35 이상기체의 성질에 대한 설명으로 틀린 것은? **[연소 3]**

① 보일 · 샤를의 법칙을 만족한다.
② 아보가드로의 법칙을 따른다.
③ 비열비는 온도에 관계없이 일정하다.
④ 내부에너지는 온도와 무관하며 압력에 의해서만 결정된다.

이상기체(완전가스)(연소 핵심 3) 참조

36 202.65kPa, 25℃의 공기를 10.1325kPa로 단열팽창시키면 온도는 약 몇 K인가? (단, 공기의 비열비는 1.4로 한다.)

① 126 ② 154
③ 168 ④ 176

$$T_2 = T_1 \times \left(\frac{P_2}{P_1}\right)^{\frac{k-1}{k}}$$

$$= (273+25) \times \left(\frac{10.1325}{202.65}\right)^{\frac{1.4-1}{1.4}} = 127 \fallingdotseq 126\text{K}$$

37 다음과 같은 용적 조성을 가지는 혼합기체 91.2g이 27℃, 1atm에서 차지하는 부피는 약 몇 L인가?

CO_2 : 13.1%, O_2 : 7.7%, N_2 : 79.2%

① 49.2 ② 54.2
③ 64.8 ④ 73.8

혼합분자량(M)

$= 44 \times 0.131 + 32 \times 0.077 + 28 \times 0.792$

$= 30.404\text{g}$

$$PV = \frac{W}{M}RT$$

$$V = \frac{WRT}{PM} = \frac{91.2 \times 0.082 \times (273+27)}{1 \times 30.44}$$

$= 73.70 \fallingdotseq 73.8\text{L}$

정답 30.③ 31.③ 32.② 33.④ 34.③ 35.④ 36.① 37.④

38 다음은 air-standard Otto cycle의 $P-V$ diagram이다. 이 cycle의 효율(η)을 옳게 나타낸 것은? (단, 정적 열용량은 일정하다.)

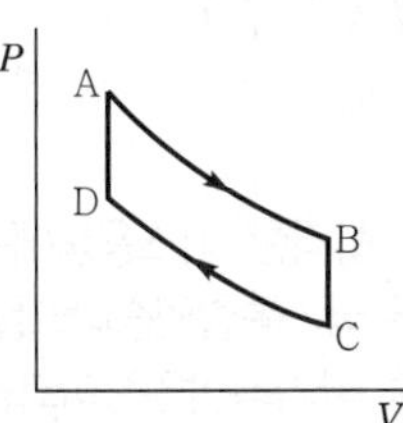

① $\eta = 1 - \left(\dfrac{T_B - T_V}{T_A - T_D}\right)$

② $\eta = 1 - \left(\dfrac{T_D - T_C}{T_A - T_B}\right)$

③ $\eta = 1 - \left(\dfrac{T_A - T_D}{T_B - T_C}\right)$

④ $\eta = 1 - \left(\dfrac{T_A - T_B}{T_D - T_C}\right)$

해설

오토사이클 효율

$$\eta_{\text{tho}} = 1 - \frac{q_2}{q_1} = 1 - \frac{C_v(T_B - T_C)}{C_v(T_A - T_D)} = 1 - \frac{(T_B - T_C)}{(T_A - T_D)}$$

39 액체 프로판이 298K, 0.1MPa에서 이론공기를 이용하여 연소하고 있을 때 고발열량은 약 몇 MJ/kg인가? (단, 연료의 증발엔탈피는 370kJ/kg이고, 기체상태 C_3H_8의 생성엔탈피는 –103909kJ/kmol, CO_2의 생성엔탈피는 –393757kJ/kmol, 액체 및 기체 상태 H_2O의 생성엔탈피는 각각 –286010kJ/kmol, –241971kJ/kmol이다.)

① 44　② 46
③ 50　④ 2205

해설

$C_3H_8 + 5O_2 \rightarrow 3CO_2 + 4H_2O + Q$

$-103909 = -3 \times 393757 - 4 \times 286010 + Q$

$Q = 3 \times 393757 + 4 \times 286010 - 103909 = 2221402$

$\therefore$ 2221402kJ/kmol × 1kmol/44kg

= 50486.40kJ/kg

= 50.486MJ/kg

≒ 50MJ/kg

40 Carnot 기관이 12.6kJ의 열을 공급받고 5.2kJ의 열을 배출한다면 동력기관의 효율은 약 몇 %인가?

① 33.2　② 43.2
③ 58.7　④ 68.4

$$\text{효율} = \frac{Q_1 - Q_2}{Q_1} = \frac{12.6 - 5.2}{12.6} = 0.5873 = 58.73\%$$

제3과목 가스설비

41 가연성 가스용기의 도색 표시가 잘못된 것은? (단, 용기는 공업용이다.) [안전 59]

① 액화염소 : 갈색
② 아세틸렌 : 황색
③ 액화탄산가스 : 청색
④ 액화암모니아 : 회색

용기의 도색 표시(안전 핵심 59) 참조

④ 암모니아–백색

42 공기액화분리장치에 아세틸렌가스가 혼입되면 안 되는 이유로 가장 옳은 것은 어느 것인가? [설비 5]

① 산소의 순도가 저하
② 파이프 내부가 동결되어 막힘
③ 질소와 산소의 분리작용에 방해
④ 응고되어 있다가 구리와 접촉하여 산소 중에서 폭발

공기액화분리장치(설비 핵심 5) 참조

43 가스보일러에 설치되어 있지 않은 안전장치는? [안전 168]

① 전도안전장치　② 과열방지장치
③ 헛불방지장치　④ 과압방지장치

가스보일러, 온수기, 난방기에 설치되는 안전장치 종류(안전 핵심 168) 참조

정답 38.① 39.③ 40.③ 41.④ 42.④ 43.①

44 펌프를 운전할 때 펌프 내에 액이 충만하지 않으면 공회전하여 펌핑이 이루어지지 않는다. 이러한 현상을 방지하기 위하여 펌프 내에 액을 충만시키는 것을 무엇이라 하는가?

① 맥동 ② 캐비테이션
③ 서징 ④ 프라이밍

45 LPG(액체) 1kg이 기화했을 때 표준상태에서의 체적은 약 몇 L가 되는가? (단, LPG의 조성은 프로판 80wt%, 부탄 20wt%이다.)

① 387 ② 485
③ 584 ④ 783

부피(%) $C_3H_3 = \dfrac{\dfrac{84}{44}}{\dfrac{80}{44}+\dfrac{20}{58}} = 0.84$

부탄(%) $= 1 - 0.84 = 0.16$

$\dfrac{1000}{44 \times 0.84 + 58 \times 0.16} \times 22.4 = 484.42 \fallingdotseq 485\text{L}$

별해 $PV = \dfrac{W}{M}RT$

$V = \dfrac{WRT}{PM} = \dfrac{1000 \times 0.082 \times 273}{1 \times (44 \times 0.8 + 58 \times 0.2)}$

$= 478.33\text{L}$

46 LNG에 대한 설명으로 틀린 것은?

① 대량의 천연가스를 액화하려면 3원 캐스케이드 액화 사이클을 채택한다.
② LNG 저장탱크는 일반적으로 2중 탱크로 구성된다.
③ 액화 전의 전처리로 제진, 탈수, 탈탄산가스 등의 공정은 필요하지 않다.
④ 주성분인 메탄은 비점이 약 −163℃이다.

47 고압가스저장설비에서 수소와 산소가 동일한 조건에서 대기 중에 누출되었다면 확산속도는 어떻게 되겠는가?

① 수소가 산소보다 2배 빠르다.
② 수소가 산소보다 4배 빠르다.
③ 수소가 산소보다 8배 빠르다.
④ 수소가 산소보다 16배 빠르다.

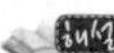

그레이엄의 법칙
확산속도는 분자량의 제곱근에 반비례

$\dfrac{u_H}{u_o} = \sqrt{\dfrac{32}{2}} = \sqrt{\dfrac{16}{1}} = \dfrac{4}{1}$

$\therefore u_H : u_o = 4 : 1$

48 검사에 합격한 가스용품에는 국가표준기본법에 따른 국가통합인증마크를 부착하여야 한다. 다음 중 국가통합인증마크를 의미하는 것은?

① KA ② KE
③ KS ④ KC

49 공기액화분리장치에서 내부 세정제로 사용되는 것은? **[설비 5]**

① CCl_4 ② H_2SO_4
③ NaOH ④ KOH

공기액화분리장치(설비 핵심 5) 참조

50 오토클레이브(autoclave)의 종류가 아닌 것은 어느 것인가? **[설비 19]**

① 교반형 ② 가스교반형
③ 피스톤형 ④ 진탕형

오토클레이브(설비 핵심 19) 참조

51 다음 중 특수고압가스가 아닌 것은 어느 것인가? **[안전 76]**

① 포스겐 ② 액화알진
③ 디실란 ④ 세렌화수소

사용신고대상가스 · 특정고압가스 · 특수고압가스(안전 핵심 76) 참조

52 도시가스의 누출 시 감지할 수 있도록 첨가하는 것으로서 냄새가 나는 물질(부취제)에 대한 설명으로 옳은 것은?

① THT는 경구투여 시에는 독성이 강하다.
② THT는 TBM에 비해 취기강도가 크다.
③ THT는 TBM에 비해 토양 투과성이 좋다.
④ THT는 TBM에 비해 화학적으로 안정하다.

정답 44.④ 45.② 46.③ 47.② 48.④ 49.① 50.③ 51.① 52.④

부취제

종류 \ 특성	TBM (터시어리 부틸 메르카부탄)	THT (테트라 하이드로 티오펜)	DMS (디메틸 설파이드)
냄새 종류	양파 썩는 냄새	석탄가스 냄새	마늘 냄새
강도	강함	보통	약간 약함
안정성	불안정	매우 안정	안정
혼합사용 여부	혼합 사용	단독 사용	혼합 사용
토양의 투과성	우수	보통	매우 우수

53 고압가스용 스프링식 안전밸브의 구조에 대한 설명으로 틀린 것은?

① 밸브 시트는 이탈되지 않도록 밸브 몸통에 부착되어야 한다.
② 안전밸브는 압력을 마음대로 조정할 수 없도록 봉인된 구조로 한다.
③ 가연성 가스 또는 독성 가스용의 안전밸브는 개방형으로 한다.
④ 안전밸브는 그 일부가 파손되어도 충분한 분출량을 얻어야 한다.

가연성, 독성 가스용 안전밸브는 밀폐형으로 한다.

54 액화염소 사용시설 중 저장설비는 저장능력이 몇 kg 이상일 때 안전거리를 유지하여야 하는가?

① 300kg ② 500kg
③ 1000kg ④ 5000kg

55 전양정이 20m, 송출량이 1.5m^3/min, 효율이 72%인 펌프의 축동력은 약 몇 kW인가?

① 5.8kW ② 6.8kW
③ 7.8kW ④ 8.8kW

$$L(\text{kW}) = \frac{\gamma \cdot Q \cdot H}{102\eta} = \frac{1000\text{kg/m}^3 \times 1.5(\text{m}^3/60\text{sec}) \times 20\text{m}}{102 \times 0.72} = 6.8\text{kW}$$

56 액화석유가스를 이송할 때 펌프를 이용하는 방법에 비하여 압축기를 이용할 때의 장점에 해당하지 않는 것은? **[설비 23]**

① 베이퍼록 현상이 없다.
② 잔가스 회수가 가능하다.
③ 서징(surging) 현상이 없다.
④ 충전작업시간이 단축된다.

LP가스 이송방법(설비 핵심 23) 참조

57 액화천연가스 중 가장 많이 함유되어 있는 것은?

① 메탄 ② 에탄
③ 프로판 ④ 일산화탄소

58 0.1MPa · abs, 20℃의 공기를 1.5MPa · abs까지 2단 압축할 경우 중간 압력 P_m은 약 몇 MPa · abs인가? **[설비 41]**

① 0.29 ② 0.39
③ 0.49 ④ 0.59

압축비, 각 단의 토출압력, 2단 압축에서 중간압력 계산법(설비 핵심 41) 참조

$P_m = \sqrt{P_1 \times P_2} = \sqrt{0.1 \times 1.5} = 0.387 = 0.39$

59 나프타(naphtha)에 대한 설명으로 틀린 것은 어느 것인가?

① 비점 200℃ 이하의 유분이다.
② 헤비 나프타가 옥탄가가 높다.
③ 도시가스의 증열용으로 이용된다.
④ 파라핀계 탄화수소의 함량이 높은 것이 좋다.

② 경질 나프타가 옥탄가가 높다.

나프타

(1) 정의 : 원유의 상압증류에 의해 생산되는 비점 200℃ 이하 유분
(2) 구분
㉠ 경질 나프타(라이트 나프타) : 비점 130℃ 이하 경질 유분
㉡ 중질 나프타(헤비 나프타) : 비점 130℃ 이상 중질 유분

정답 53.③ 54.② 55.② 56.③ 57.① 58.② 59.②

60 저압배관의 관 지름 설계 시에는 Pole식을 주로 이용한다. 배관의 내경이 2배가 되면 유량은 약 몇 배로 되는가?

① 2.00 ② 4.00
③ 5.66 ④ 6.28

$Q_1 = k\sqrt{\dfrac{D^5 H}{SL}}$ 에서 $Q_2 = k\sqrt{\dfrac{(2D)^5 H}{SL}}$

$\therefore \sqrt{2^5} = 5.656 = 5.66$

제4과목 가스안전관리

61 다음 중 독성 가스가 아닌 것은?

① 아황산가스 ② 염소가스
③ 질소가스 ④ 시안화수소

62 용기 각인 시 내압시험압력의 기호와 단위를 옳게 표시한 것은? **[안전 22]**

① 기호 : FP, 단위 : kg
② 기호 : TP, 단위 : kg
③ 기호 : FP, 단위 : MPa
④ 기호 : TP, 단위 : MPa

용기의 각인사항(안전 핵심 22) 참조

63 부탄가스용 연소기의 구조에 대한 설명으로 틀린 것은?

① 연소기는 용기와 직결한다.
② 회전식 밸브의 핸들의 열림방향은 시계반대방향으로 한다.
③ 용기 장착부 이외에는 용기가 들어가지 아니하는 구조로 한다.
④ 파일럿버너가 있는 연소기는 파일럿버너가 점화되지 아니하면 메인버너의 가스통로가 열리지 아니하는 것으로 한다.

연소기는 용기와 직결시키지 않는다.

64 다음 중 용기 보관장소에 대한 설명으로 틀린 것은? **[안전 111]**

① 용기 보관장소의 주위 2m 이내에 화기 또는 인화성 물질 등을 치웠다.
② 수소용기 보관장소에는 겨울철 실내온도가 내려가므로 상부의 통풍구를 막았다.
③ 가연성 가스의 충전용기 보관실은 불연재료를 사용하였다.
④ 가연성 가스와 산소의 용기 보관실을 각각 구분하여 설치하였다.

용기보관실 및 용기집합설비 설치(안전 핵심 111) 참조

65 아세틸렌을 충전하기 위한 기술기준으로 옳은 것은? **[안전 20]**

① 아세틸렌 용기에 다공물질을 고루 채워 다공도가 70% 이상 95% 미만이 되도록 한다.
② 습식 아세틸렌발생기의 표면 부근에 용접작업을 할 때에는 70℃ 이하의 온도로 유지하여야 한다.
③ 아세틸렌을 2.5MPa의 압력으로 압축할 때에는 질소 · 메탄 · 일산화탄소 또는 에틸렌 등의 희석제를 첨가한다.
④ 아세틸렌을 용기에 충전할 때 충전 중의 압력은 3.5MPa 이하로 하고, 충전 후에는 압력이 15℃에서 2.5MPa 이하로 될 때까지 정치하여 둔다.

다공도(안전 핵심 20) 참조
다공도
75% 이상~92% 미만

66 고정식 압축도시가스 자동차 충전시설에 설치하는 긴급분리장치에 대한 설명 중 틀린 것은? **[안전 142]**

① 유연성을 확보하기 위하여 고정 설치하지 아니한다.
② 각 충전설비마다 설치한다.
③ 수평방향으로 당길 때 666.4N 미만의 힘에 의하여 분리되어야 한다.
④ 긴급분리장치와 충전설비 사이에는 충전자가 접근하기 쉬운 위치에 90° 회전의 수동밸브를 설치한다.

정답 60.③ 61.③ 62.④ 63.① 64.② 65.③ 66.①

고정식 압축도시가스 자동차 충전시설 기준(안전 핵심 142) 참조

67 LPG 사용시설 중 배관의 설치방법으로 옳지 않은 것은?

① 건축물 내의 배관은 단독 피트 내에 설치하거나 노출하여 설치한다.
② 건축물의 기초 밑 또는 환기가 잘 되는 곳에 설치한다.
③ 지하매몰 배관은 붉은색 또는 노란색으로 표시한다.
④ 배관이음부와 전기계량기와의 거리는 60cm 이상 거리를 유지한다.

건축물의 기초 및 환기가 잘 되는 장소에는 설치하지 않는다.

68 가스의 성질에 대한 설명으로 틀린 것은?

① 메탄, 아세틸렌 등의 가연성 가스의 농도는 천장 부근이 가장 높다.
② 벤젠, 가솔린 등의 인화성 액체의 증기농도는 바닥의 오목한 곳이 가장 높다.
③ 가연성 가스의 농도 측정은 사람이 낮은 자세의 높이에서 한다.
④ 액체산소의 증발에 의해 발생한 산소가스는 증발 직후 낮은 곳에 정체하기 쉽다.

69 2개 이상의 탱크를 동일한 차량에 고정하여 운반하는 경우의 기준에 대한 설명으로 틀린 것은? **[안전 24]**

① 충전관에는 유량계를 설치한다.
② 충전관에는 안전밸브를 설치한다.
③ 탱크마다 탱크의 주밸브를 설치한다.
④ 탱크와 차량과의 사이를 단단하게 부착하는 조치를 한다.

차량고정탱크 운반기준(안전 핵심 24) 참조

70 기계가 복잡하게 연결되어 있는 경우 및 배관 등으로 연속되어 있는 경우에 이용되는 정전기 제거조치용 본딩용 접속선 및 접지 접속선의 단면적은 몇 mm^2 이상이어야 하는가? (단, 단선은 제외한다.)

① $3.5mm^2$ ② $4.5mm^2$
③ $5.5mm^2$ ④ $6.5mm^2$

71 가스 위험성 평가기법 중 정량적 안전성 평가기법에 해당하는 것은? **[연소 12]**

① 작업자실수분석(HEA) 기법
② 체크리스트(Checklist) 기법
③ 위험과 운전분석(HAZOP) 기법
④ 사고예상질문분석(WHAT-IF) 기법

안전성 평가기법(연소 핵심 12) 참조

72 어떤 용기의 체적이 $0.5m^3$이고, 이 때 온도가 25℃이다. 용기 내에 분자량 24인 이상기체 10kg이 들어있을 때 이 용기의 압력은 약 몇 kg/cm^2인가? (단, 대기압은 $1.033kg/cm^2$로 한다.)

① 10.5 ② 15.5
③ 20.5 ④ 25.5

$$P=\frac{GRT}{V}=\frac{10\times\frac{848}{24}\times(273+25)}{0.5}$$

$=210586.66kg/m^2=21.0586kg/cm^2$

∴ 용기 내 압력 $21.0586-1.033=20.02kg/cm^2$

73 액화가스저장탱크의 저장능력 산정기준식으로 옳은 것은? (단, Q 및 W는 저장능력, P는 최고충전압력, V_1, V_2는 내용적, d는 비중, C는 상수이다.) **[안전 36]**

① $Q=(10P+1)V_1$ ② $W=0.9dV_2$
③ $W=\frac{V_2}{C}$ ④ $W=\frac{C}{V_2}$

저장능력 계산(안전 핵심 36) 참조

정답 67.② 68.③ 69.① 70.③ 71.① 72.③ 73.②

74 액화석유가스 집단공급시설에 설치하는 가스누출자동차단장치의 검지부에 대한 설명으로 틀린 것은? **[안전 80]**

① 연소기의 폐가스에 접촉하기 쉬운 장소에 설치한다.
② 출입구 부근 등 외부의 기류가 유동하는 장소에는 설치하지 아니한다.
③ 연소기 버너의 중심부분으로부터 수평거리 4m 이내에 검지부를 1개 이상 설치한다.
④ 공기가 들어오는 곳으로부터 1.5m 이내의 장소에는 설치하지 아니한다.

해설

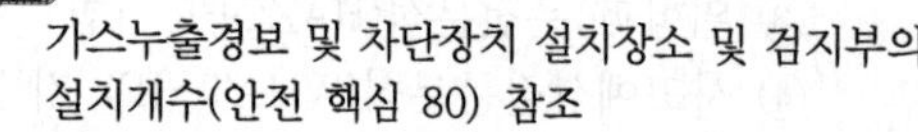

가스누출경보 및 차단장치 설치장소 및 검지부의 설치개수(안전 핵심 80) 참조

75 저장탱크에 의한 액화석유가스 사용시설에서 지반조사의 기준에 대한 설명으로 틀린 것은?

① 저장 및 가스 설비에 대하여 제1차 지반조사를 한다.
② 제1차 지반조사 방법은 드릴링을 실시하는 것을 원칙으로 한다.
③ 지반조사 위치는 저장설비 외면으로부터 10m 이내에서 2곳 이상 실시한다.
④ 표준관입시험은 표준관입시험방법에 따라 N값을 구한다.

해설

LPG 사용시설의 지반조사

㉠ 3톤 미만 제외 저장설비 · 가스설비 설치 시 부등침하 원인유무에 대하여 1차 지반조사를 실시한다.
㉡ 1차 지반조사 방법은 보링을 실시하는 것을 원칙으로 한다.
㉢ 엔지니어링사 토질 및 기초 기술사 등 전문가 · 전문기관에서 실시한다.
㉣ 저장설비 · 가스설비 외면으로부터 10m 내 2곳 이상 실시한다.
㉤ 1차 지반조사 결과 습윤토지, 연약토지, 붕괴우려토지 등은 성토 · 지반 개량, 옹벽 설치 등의 조치를 강구한다.
㉥ 표준관입시험은 표준관입시험방법에 따라 N값을 구한다.
㉦ 베인시험은 베인시험용 베인을 흙속으로 밀어 넣고 이를 회전시켜 최대 토크 또는 모멘트를 구한다.

76 차량에 고정된 탱크 운반차량의 기준으로 옳지 않은 것은?

① 이입작업 시 차바퀴 전후를 차바퀴 고정목 등으로 확실하게 고정시킨다.
② 저온 및 초저온 가스의 경우에는 면장갑을 끼고 작업한다.
③ 탱크운전자는 이입작업이 종료될 때까지 탱크로리 차량의 긴급차단장치 부근에 위치한다.
④ 이입작업은 그 사업소의 안전관리자 책임하에 차량의 운전자가 한다.

해설

저온 및 초저온 가스의 경우 고무장갑(보호장갑)을 끼고 작업을 한다.

77 용기저장실에서 가스로 인한 폭발사고가 발생되었을 때 그 원인으로 가장 거리가 먼 것은?

① 누출경보기의 미작동
② 드레인밸브의 작동
③ 통풍구의 환기능력 부족
④ 배관이음매 부분의 결함

78 시안화수소 충전작업에 대한 설명으로 틀린 것은?

① 1일 1회 이상 질산구리벤젠 등의 시험지로 가스누출을 검사한다.
② 시안화수소 저장은 용기에 충전한 후 90일을 경과하지 않아야 한다.
③ 순도가 98% 이상으로서 착색되지 않은 것은 다른 용기에 옮겨 충전하지 않을 수 있다.
④ 폭발을 일으킬 우려가 있으므로 안정제를 첨가한다.

해설

용기에 충전 후 60일을 경과하지 않아야 한다.

정답 74.① 75.② 76.② 77.② 78.②

79 LP가스 집단공급시설의 안전밸브 중 압축기의 최종단에 설치한 것은 1년에 몇 회 이상 작동 조정을 해야 하는가?

① 1회 ② 2회
③ 3회 ④ 4회

안전밸브 작동 조정주기
㉠ 압축기의 최종단 안전밸브 : 1년에 1회 이상
㉡ 그 밖의 안전밸브 : 2년에 1회 이상

80 액화석유가스 충전사업자는 거래상황기록부를 작성하여 한국가스안전공사에 보고하여야 한다. 보고기한의 기준으로 옳은 것은?

① 매달 다음달 10일
② 매분기 다음달 15일
③ 매반기 다음달 15일
④ 매년 1월 15일

제5과목 가스계측

81 기체 크로마토그래피에서 분리도(resolution)와 칼럼 길이의 상관관계는?

① 분리도는 칼럼 길이에 비례한다.
② 분리도는 칼럼 길이의 2승에 비례한다.
③ 분리도는 칼럼 길이의 3승에 비례한다.
④ 분리도는 칼럼 길이의 제곱근에 비례한다.

분리도$(R) = \dfrac{2(t_2 - t_1)}{W_1 + W_2}$

$R \propto \sqrt{L}$ (여기서, L : 칼럼의 길이)
분리도는 칼럼 길이의 제곱근에 비례

82 가스 크로마토그래피에 대한 설명으로 가장 옳은 것은?

① 운반가스로는 일반적으로 O_2, CO_2가 이용된다.
② 각 성분의 머무름시간은 분석조건이 일정하면 조성에 관계없이 거의 일정하다.
③ 분석시료는 반드시 LP가스의 기체부분에서 채취해야 한다.
④ 분석순서는 가장 먼저 분석시료를 도입하고 그 다음에 운반가스를 흘려보낸다.

83 다음 중 건식 가스미터(gasmeter)는 어느 것인가? **[계측 6]**

① venturi식 ② roots식
③ orifice식 ④ turbine식

실측식 · 추량식 계량기 분류(계측 핵심 6) 참조

84 연속제어동작의 비례(P)동작에 대한 설명 중 틀린 것은?

① 사이클링을 제거할 수 있다.
② 부하변화가 적은 프로세스의 제어에 이용된다.
③ 외란이 큰 자동제어에는 부적당하다.
④ 잔류편차(off-set)가 생기지 않는다.

85 압력계측기기 중 직접 압력을 측정하는 1차 압력계에 해당하는 것은? **[계측 33]**

① 액주계 압력계 ② 부르동관 압력계
③ 벨로스 압력계 ④ 전기저항 압력계

압력계 구분(계측 핵심 33) 참조

86 빈병의 질량이 414g인 비중병이 있다. 물을 채웠을 때의 질량이 999g, 어느 액체를 채웠을 때의 질량이 874g일 때 이 액체의 밀도는 얼마인가? (단, 물의 밀도 : 0.998g/cm³, 공기의 밀도 : 0.00120g/cm³이다.)

① 0.785g/cm³ ② 0.998g/cm³
③ 7.85g/cm³ ④ 9.98g/cm³

물의 무게 : $999 - 414 = 585\text{g}$
액체의 무게 : $874 - 414 = 460\text{g}$
병의 부피$(x) = 585\text{g}/x(\text{cm}^3) = 0.998\text{g/cm}^3$

$x = \dfrac{585}{0.998} = 586.17\text{cm}^3$ 이므로

$\therefore$ 밀도$= \dfrac{460\text{g}}{586.17\text{cm}^3} = 0.7847\text{g/cm}^3$

87 가스 크로마토그래피에서 사용되는 검출기가 아닌 것은? **[계측 13]**

① FID(Flame Ionization Detector)
② ECD(Electron Capture Detector)
③ NDIR(Non-Dispersive Infra-Red)
④ TCD(Thermal Conductivity Detector)

G/C 검출기 종류 및 특징(계측 핵심 13) 참조

88 차압식 유량계에서 유량과 압력차와의 관계는?

① 차압에 비례한다.
② 차압의 제곱에 비례한다.
③ 차압의 5승에 비례한다.
④ 차압의 제곱근에 비례한다.

차압식 유량계

$$Q = C \cdot \frac{\pi}{4} d_2^{\,2} \sqrt{\frac{2gH}{1-m^4}\left(\frac{S_m}{S}-1\right)}$$

여기서, Q : 유량, C : 유량계수
H : 압력차, S : 주관의 비중
S_m : 마노미터의 비중

89 국제단위계(SI단위계)(The International System of Unit)의 기본단위가 아닌 것은 어느 것인가? **[계측 36]**

① 길이[m]　② 압력[Pa]
③ 시간[s]　④ 광도[cd]

단위 및 단위계(계측 핵심 36) 참조

90 열전대를 사용하는 온도계 중 가장 고온을 측정할 수 있는 것은? **[계측 9]**

① R형　② K형
③ E형　④ J형

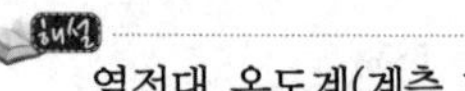

열전대 온도계(계측 핵심 9) 참조

91 온도가 21℃에서 상대습도 60%의 공기를 압력은 변화하지 않고 온도를 22.5℃로 할 때, 공기의 상대습도는 약 얼마인가?

온도(℃)	물의 포화증기압(mmHg)
20	16.54
21	17.83
22	19.12
23	20.41

① 52.41%　② 53.63%
③ 54.13%　④ 55.95%

22.5℃ 포화증기압

$\frac{19.12+20.41}{2} = 19.765\text{mmHg}$

$\therefore$ 상대습도 $= \frac{\text{습공기 중의 수증기분압}}{\text{포화공기 중의 수증기분압}}$

$= \frac{P_w(\phi P_s)}{P_s} \times 100 = \frac{17.83 \times 0.6}{19.765} \times 100$

$= 54.125 = 54.13\%$

92 게겔법에 의한 아세틸렌(C_2H_2)의 흡수액으로 옳은 것은? **[계측 1]**

① 87% H_2SO_4 용액
② 요오드수은칼륨 용액
③ 알칼리성 피로갈롤 용액
④ 암모니아성 염화제일구리 용액

흡수분석법(계측 핵심 1) 참조

93 가스미터에 의한 압력손실이 적어 사용 중 기압차의 변동이 거의 없고, 유량이 정확하게 계량되는 계측기는? **[계측 8]**

① 루트미터
② 습식 가스미터
③ 막식 가스미터
④ 로터리피스톤식 미터

막식, 습식, 루트식 가스미터 장·단점(계측 핵심 8) 참조

94 가스를 일정용적의 통 속에 넣어 충만시킨 후 배출하여 그 횟수를 용적단위로 환산하는 방법의 가스미터는?

① 막식　② 루트식
③ 로터리식　④ 와류식

정답 87.③ 88.④ 89.② 90.① 91.③ 92.② 93.② 94.①

95 다음 중 검지관에 의한 프로판의 측정농도 범위와 검지한도를 각각 바르게 나타낸 것은 어느 것인가? [계측 21]

① 0~0.3%, 10ppm
② 0~1.5%, 250ppm
③ 0~5%, 100ppm
④ 0~30%, 1000ppm

해설
검지관에 의한 측정농도 및 검지한도(계측 핵심 21) 참조

96 광학분광법은 여러 가지 현상에 바탕을 두고 있다. 이에 해당하지 않는 것은?

① 흡수 ② 형광
③ 방출 ④ 분배

97 유수형 열량계로 5L의 기체연료를 연소시킬 때 냉각수량이 2500g이었다. 기체연료의 온도가 20℃, 전체압이 750mmHg, 발열량이 5437.6kcal/Nm^{3}일 때 유수 상승온도는 약 몇 ℃인가?

① 8℃ ② 10℃
③ 12℃ ④ 14℃

98 계측기기 구비조건으로 가장 거리가 먼 것은?

① 정확도가 있고, 견고하며, 신뢰할 수 있어야 한다.
② 구조가 단순하고, 취급이 용이하여야 한다.
③ 연속적이고, 원격지시, 기록이 가능하여야 한다.
④ 구성은 전자화되고, 기능은 자동화되어야 한다.

99 다음 [보기]의 온도계에 대한 설명 중 옳은 것을 모두 나열한 것은?

> ㉠ 온도계의 검출단은 열용량이 작은 것이 좋다.
> ㉡ 일반적으로 열전대는 수은온도계보다 온도변화에 대한 응답속도가 늦다.
> ㉢ 방사온도계는 고온의 화염온도 측정에 적합하다.

① ㉠ ② ㉡, ㉢
③ ㉠, ㉢ ④ ㉠, ㉡, ㉢

100 계측기기의 감도에 대한 설명 중 틀린 것은?

① 감도가 좋으면 측정시간이 길어지고 측정범위는 좁아진다.
② 계측기기가 측정량의 변화에 민감한 정도를 말한다.
③ 측정량의 변화에 대한 지시량의 변화 비율을 말한다.
④ 측정결과에 대한 신뢰도를 나타내는 척도이다.

정답 95.③ 96.④ 97.② 98.④ 99.③ 100.④

국가기술자격 시험문제

2018년 기사 제2회 필기시험(1부) (2018년 4월 28일 시행)

자격종목	시험시간	문제수	문제형별
가스기사	2시간30분	100	B

수험번호		성 명	

제1과목 가스유체역학

01 파이프 내 점성흐름에서 길이방향으로 속도 분포가 변하지 않는 흐름을 가리키는 것은?

① 플러그 흐름(plug flow)
② 완전발달된 흐름(fully developed flow)
③ 층류(laminar flow)
④ 난류(turbulent flow)

해설
① 플러그 흐름 : 유수의 모든 부분에서 유속은 일정하고, 흐름방향은 수평인 상태의 흐름
③ 층류 : 유체입자가 질서 있게 미끄러지면서 흐르는 유동상태
④ 난류 : 유체입자들이 무질서하게 난동을 일으키며 흐르는 유동상태

02 충격파의 유동특성을 나타내는 Fanno 선도에 대한 설명 중 옳지 않은 것은?

① Fanno 선도는 에너지방정식, 연속방정식, 운동량방정식, 상태방정식으로부터 얻을 수 있다.
② 질량유량이 일정하고 정체 엔탈피가 일정한 경우에 적용된다.
③ Fanno 선도는 정상상태에서 일정단면 유로를 압축성 유체가 외부와 열교환하면서 마찰 없이 흐를 때 적용된다.
④ 일정질량유량에 대하여 Mach수를 parameter로 하여 작도한다.

해설
Fanno 식
단면적 A의 관을 통과하는 기체유량을 m이라 하면 $M=\dfrac{V}{\sqrt{KRT}}$ 일 때,

$\dfrac{m}{A}=\dfrac{P}{\sqrt{T_0}}\cdot\sqrt{\dfrac{K}{R}}\cdot M\cdot\sqrt{1+\dfrac{K-1}{2}\cdot M^2}$ 이므로 Fanno 선도는 마찰을 일으키는 흐름이다.

03 관 내부에서 유체가 흐를 때 흐름이 완전난류라면 수두손실은 어떻게 되겠는가?

① 대략적으로 속도의 제곱에 반비례한다.
② 대략적으로 직경의 제곱에 반비례하고 속도에 정비례한다.
③ 대략적으로 속도의 제곱에 비례한다.
④ 대략적으로 속도에 정비례한다.

해설
$h_f=f\cdot\dfrac{L}{d}\cdot\dfrac{V^2}{2g}$ 에서 수두손실은 속도의 제곱에 비례한다.

04 그림과 같은 관에서 유체가 등엔트로피 유동할 때 마하수 $M_a<1$이라 한다. 이때 유동방향에 따른 속도와 압력의 변화를 옳게 나타낸 것은? **[유체 3]**

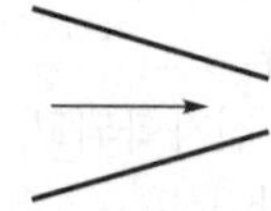

① 속도 – 증가, 압력 – 감소
② 속도 – 증가, 압력 – 증가
③ 속도 – 감소, 압력 – 감소
④ 속도 – 감소, 압력 – 증가

해설
등엔트로피 흐름 축소(유체 핵심 3) 참조
$M<1$
㉠ 증가 : 마하수, 속도
㉡ 감소 : 압력, 온도, 밀도, 면적

정답 01.② 02.③ 03.③ 04.①

05 비압축성 유체가 수평 원형관에서 층류로 흐를 때 평균유속과 마찰계수 또는 마찰로 인한 압력차의 관계를 옳게 설명한 것은?

① 마찰계수는 평균유속에 비례한다.
② 마찰계수는 평균유속에 반비례한다.
③ 압력차는 평균유속의 제곱에 비례한다.
④ 압력차는 평균유속의 제곱에 반비례한다.

층류의 Re는 $f=\frac{64}{Re}$이고 $Re=\frac{\rho DV}{\mu}$이므로 $f=\frac{64}{\frac{\rho DV}{\mu}}$이므로 마찰손실계수는 유속에 반비례한다.

06 제트엔진 비행기가 400m/s로 비행하는데 30kg/s의 공기를 소비한다. 4900N의 추진력을 만들 때 배출되는 가스의 비행기에 대한 상대속도는 약 몇 m/s인가? (단, 연료의 소비량은 무시한다.)

① 563 ② 583
③ 603 ④ 623

$F=\rho Q(u_2-u_1)=(u_2-u_1)=\frac{F}{\rho Q}$

$\therefore\ u_2=\frac{F}{\rho Q}+u_1=\frac{4900\text{kg}\cdot\text{m/s}^2}{30\text{kg/s}}+400\text{m/s}$

$=563.33\text{m/s}$

N=kg · m/s² $\rho\times Q$=질량유량[kg/s]

07 다음 중 마하수(Mach number)를 옳게 나타낸 것은?

① 유속을 음속으로 나눈 값
② 유속을 광속으로 나눈 값
③ 유속을 기체분자의 절대속도 값으로 나눈 값
④ 유속을 전자속도로 나눈 값

$Ma=\frac{v}{a}$

여기서, v : 유속, a : 음속($\sqrt{KRT}$)

08 그림과 같은 사이펀을 통하여 나오는 물의 질량유량은 약 몇 kg/s인가? (단, 수면은 항상 일정하다.)

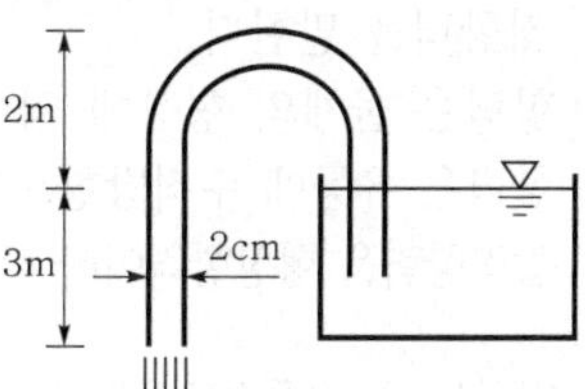

① 1.21 ② 2.41
③ 3.61 ④ 4.83

질량유량

$M=\rho AV$

$=1000\text{kg/m}^3\times\frac{\pi}{4}\times(0.02\text{m})^2\times\sqrt{2\times9.8\times3}$

$=2.409\text{kg/s}$

09 다음 중 동점성계수와 가장 관련이 없는 것은? (단, μ는 점성계수, ρ는 밀도, F는 힘의 차원, T는 시간의 차원, L은 길이의 차원을 나타낸다.)

① $\frac{\mu}{\rho}$ ② Stokes
③ cm^2/s ④ FTL^{-2}

동점성계수

$\nu=\frac{\mu(\text{점성계수})}{\rho(\text{밀도})}$

$\frac{\mu(\text{g/cm}\cdot\text{s})}{\rho(\text{g/cm}^3)}=\text{cm}^2/\text{s}=\text{Stokes}=\text{L}^2\text{T}^{-1}$

10 등엔트로피 과정하에서 완전기체 중의 음속을 옳게 나타낸 것은? (단, E는 체적탄성계수, R은 기체상수, T는 기체의 절대온도, P는 압력, k는 비열비이다.)

① $\sqrt{PE}$ ② $\sqrt{kRT}$
③ RT ④ PT

음속

$a=\sqrt{k\cdot g\cdot R\cdot T}$ (R : kgf · m/kg · K)

$=\sqrt{k\cdot R'T}$ (R' : N · m/kg · K)

정답 05.② 06.① 07.① 08.② 09.④ 10.②

11 항력(drag force)에 대한 설명 중 틀린 것은 어느 것인가?

① 물체가 유체 내에서 운동할 때 받는 저항력을 말한다.
② 항력은 물체의 형상에 영향을 받는다.
③ 항력은 유동에 수직방향으로 작용한다.
④ 압력항력을 형상항력이라 부르기도 한다.

해설
㉠ 항력(drag) : 유동속도의 방향과 수평방향의 힘의 성분
㉡ 양력(lift) : 유동속도의 방향과 수직방향의 힘의 성분

12 원관 내 유체의 흐름에 대한 설명 중 틀린 것은? **[유체 13]**

① 일반적으로 층류는 레이놀즈수가 약 2100 이하인 흐름이다.
② 일반적으로 난류는 레이놀즈수가 약 4000 이상인 흐름이다.
③ 일반적으로 관 중심부의 유속은 평균 유속보다 빠르다.
④ 일반적으로 최대속도에 대한 평균속도의 비는 난류가 층류보다 작다.

해설
원관 내 유체흐름의 최대속도와 평균속도(유체 핵심 13) 참조
$U_{\max} = 2V$
(층류일 경우 최대속도는 평균속도의 2배)
난류인 경우 최대속도에 대한 평균속도의 비가 층류보다 훨씬 크다.

13 축류펌프의 특성이 아닌 것은?

① 체절상태로 운전하면 양정이 일정해진다.
② 비속도가 크기 때문에 회전속도를 크게 할 수 있다.
③ 유량이 크고 양정이 낮은 경우에 적합하다.
④ 유체는 임펠러를 지나서 축방향으로 유출된다.

해설
축류펌프의 특징
㉠ 비교회전도가 크고 저양정에 적합하다.
㉡ 유량에 비해 형태가 작아 설치면적이 작고 기초공사가 쉽다.
㉢ 구조가 간단하고 유로의 단면적 변화가 적어 유체 손실이 적다.
㉣ 가동익형으로 하면 넓은 범위의 유량에 대해 고효율을 얻을 수 있다.

14 동일한 펌프로 동력을 변화시킬 때 상사조건이 되려면 동력은 회전수와 어떤 관계가 성립하여야 하는가?

① 회전수의 $\frac{1}{2}$승에 비례
② 회전수와 1대 1로 비례
③ 회전수의 2승에 비례
④ 회전수의 3승에 비례

해설
$$P_2 = P_1 \times \left(\frac{N_2}{N_1}\right)^3 \left(\frac{D_2}{D_1}\right)^5$$

15 어떤 액체의 점도가 20g/cm · s라면 이것은 몇 Pa · s에 해당하는가?

① 0.02　　② 0.2
③ 2　　④ 20

해설
$\text{Pa} \cdot \text{s} = \text{N/m}^2 \cdot \text{s}$ 이므로
$1\text{N} = 1\text{kg} \cdot \text{m/s}^2$
$1\text{kg} = 1\text{N} \cdot \text{s}^2/\text{m}$
$1\text{g} = \dfrac{1\text{N} \cdot \text{s}^2/\text{m}}{10^3}$
$$\begin{aligned} \therefore\ 20\text{g/cm} \cdot \text{s} &= 20 \times 10^{-3}\text{N} \cdot \text{s}^2/\text{m} \cdot \text{cm} \cdot \text{s} \\ &= 20 \times 10^{-3}\text{N} \cdot \text{s}^2/\text{m} \cdot 10^{-2}\text{m} \cdot \text{s} \\ &= 20 \times 10^{-1}\text{N/m}^2 \cdot \text{s} \\ &= 2\text{Pa} \cdot \text{s} \end{aligned}$$

16 축류펌프의 날개 수가 증가할 때 펌프의 성능은?

① 양정은 일정하고, 유량은 증가
② 유량과 양정 모두 증가
③ 양정은 감소하고, 유량은 증가
④ 유량은 일정하고, 양정은 증가

정답 11.③ 12.④ 13.① 14.④ 15.③ 16.④

17 지름이 2m인 관 속을 7200m³/h로 흐르는 유체의 평균유속은 약 몇 m/s인가?

① 0.64 ② 2.47
③ 4.78 ④ 5.36

$$V = \frac{Q}{A} = \frac{7200\text{m}^3/3600\text{s}}{\frac{\pi}{4}\times(2\text{m})^2} = 0.66 ≒ 0.64\text{m/s}$$

18 동점성계수가 각각 $1.1\times10^{-6}\text{m}^2/\text{s}$, $1.5\times10^{-5}\text{m}^2/\text{s}$인 물과 공기가 지름 10cm인 원형관 속을 10cm/s의 속도로 각각 흐르고 있을 때, 물과 공기의 유동을 옳게 나타낸 것은?

① 물 : 층류, 공기 : 층류
② 물 : 층류, 공기 : 난류
③ 물 : 난류, 공기 : 층류
④ 물 : 난류, 공기 : 난류

(물) $Re = \frac{VD}{\nu} = \frac{0.1\times0.1}{1.1\times10^{-6}} = 9070$(난류)

(공기) $Re = \frac{VD}{\nu} = \frac{0.1\times0.1}{1.5\times10^{-5}} = 666.66$(층류)

- $Re < 2100$: 층류
- $Re > 4000$: 난류
- $2100 < Re < 4000$: 천이구역

19 유체 유동에서 마찰로 일어난 에너지 손실은?

① 유체의 내부에너지 증가와 계로부터 열전달에 의해 제거되는 열량의 합이다.
② 유체의 내부에너지와 운동에너지의 합의 증가로 된다.
③ 포텐셜 에너지와 압축일의 합이 된다.
④ 엔탈피의 증가가 된다.

20 내경이 50mm인 강철관에 공기가 흐르고 있다. 한 단면에서의 압력은 5atm, 온도는 20℃, 평균유속은 50m/s이었다. 이 관의 하류에서 내경이 75mm인 강철관이 접속되어 있고 여기에서의 압력은 3atm, 온도는 40℃이다. 이때 평균유속을 구하면 약 얼마인가? (단, 공기는 이상기체라고 가정한다.)

① 40m/s ② 50m/s
③ 60m/s ④ 70m/s

$\rho_1 Q_1 V_1 = \rho_2 Q_2 V_2$에서

$$V_2 = \frac{\rho_1 Q_1 V_1}{\rho_2 Q_2} = \frac{0.011849947\times50}{0.014975228} = 39.56 ≒ 40\text{m/s}$$

$$w_1 = \frac{P_1 V_1 M_1}{RT_1} = \rho_1 Q_1 = \frac{5\times\frac{\pi}{4}\times(0.05)^2\times29}{0.082\times293} = 0.011849947$$

$$w_2 = \frac{P_2 V_2 M_2}{RT_2} = \rho_2 Q_2 = \frac{3\times\frac{\pi}{4}\times(0.075)^2\times29}{0.082\times313} = 0.014975228$$

제2과목 연소공학

21 분진폭발의 발생 조건으로 가장 거리가 먼 것은?

① 분진이 가연성이어야 한다.
② 분진 농도가 폭발범위 내에서는 폭발하지 않는다.
③ 분진이 화염을 전파할 수 있는 크기 분포를 가져야 한다.
④ 착화원, 가연물, 산소가 있어야 발생한다.

22 고발열량(HHV)과 저발열량(LHV)을 바르게 나타낸 것은? (단, n은 H_2O의 생성몰수, ΔH_V는 물의 증발잠열이다.) [연소 11]

① $LHV = HHV + \Delta H_V$
② $LHV = HHV + n\Delta H_V$
③ $HHV = LHV + \Delta H_V$
④ $HHV = LHV + n\Delta H_V$

고위, 저위 발열량의 관계(연소 핵심 11) 참조

고발열량=저발열량+물의 증발잠열(물의 생성몰수)

정답 17.① 18.③ 19.① 20.① 21.② 22.④

23 다음 [보기]는 액체연료를 미립화시키는 방법을 설명한 것이다. 옳은 것을 모두 고른 것은?

> ㉠ 연료를 노즐에서 고압으로 분출시키는 방법
> ㉡ 고압의 정전기에 의해 액체를 분열시키는 방법
> ㉢ 초음파에 의해 액체연료를 촉진시키는 방법

① ㉠ ② ㉠, ㉡
③ ㉡, ㉢ ④ ㉠, ㉡, ㉢

액체연료의 미립화 방법
㉠, ㉡, ㉢ 이외에 공기나 증기 등의 기체를 분무매체로 분출시키는 방법도 있다.
참고 미립화(무화)의 목적
- 연소효율 증대
- 연소실 열부하 증대
- 연료 단위중량당 표면적 증대
- 연료와 공기의 원활한 혼합

24 산소(O_2)의 기본특성에 대한 설명 중 틀린 것은?
① 오일과 혼합하면 산화력의 증가로 강력히 연소한다.
② 자신은 스스로 연소하는 가연성이다.
③ 순산소 중에서는 철, 알루미늄 등도 연소되며 금속산화물을 만든다.
④ 가연성 물질과 반응하여 폭발할 수 있다.

② 산소는 조연성이다.

25 이상 오토사이클의 열효율이 56.6%라면 압축비는 약 얼마인가? (단, 유체의 비열비는 1.4로 일정하다.)
① 2 ② 4
③ 6 ④ 8

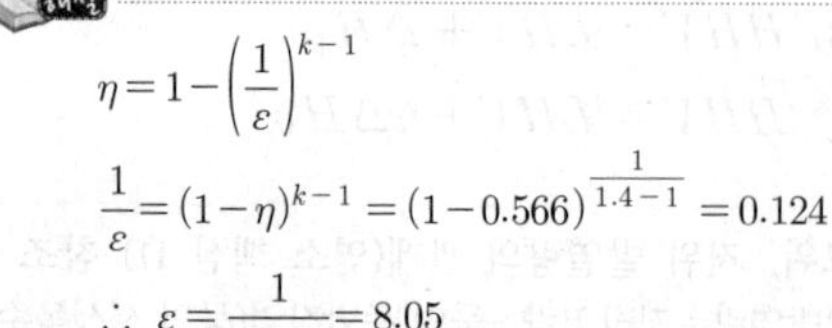

$$\eta = 1-\left(\frac{1}{\varepsilon}\right)^{k-1}$$
$$\frac{1}{\varepsilon} = (1-\eta)^{k-1} = (1-0.566)^{\frac{1}{1.4-1}} = 0.124$$
$$\therefore \varepsilon = \frac{1}{0.124} = 8.05$$

26 가스가 노즐로부터 일정한 압력으로 분출하는 힘을 이용하여 연소에 필요한 공기를 흡인하고, 혼합관에서 혼합한 후 화염공에서 분출시켜 예혼합연소시키는 버너는 어느 것인가? **[연소 8]**
① 분젠식 ② 전 1차 공기식
③ 블라스트식 ④ 적화식

1차, 2차 공기에 의한 연소의 방법(연소 핵심 8) 참조

27 연소범위에 대한 설명으로 틀린 것은?
① LFL(연소하한계)는 온도가 100℃ 증가할 때마다 8% 정도 감소한다.
② UFL(연소상한계)는 온도가 증가하여도 거의 변화가 없다.
③ 대단히 낮은 압력(<50mmHg)을 제외하고 압력은 LFL(연소하한계)에 거의 영향을 주지 않는다.
④ UFL(연소상한계)는 압력이 증가할 때 현격히 증가된다.

온도 증가 시 연소상한계 증가

28 압력이 287kPa일 때 체적 $1m^3$의 기체질량이 2kg이었다. 이때 기체의 온도는 약 몇 ℃가 되는가? (단, 기체상수는 287J/kg·K이다.)
① 127 ② 227
③ 447 ④ 547

$$PV = GRT$$
$$T = \frac{PV}{GR} = \frac{287\times10^3 \text{N/m}^2 \times 1\text{m}^3}{2\text{kg}\times287\text{N}\cdot\text{m/kg}\cdot\text{K}}$$
$$= 500\text{K} = 500-273 = 227℃$$

29 오토사이클(Otto cycle)의 선도에서 정적가열과정은?
① 1→2
② 2→3
③ 3→4
④ 4→1

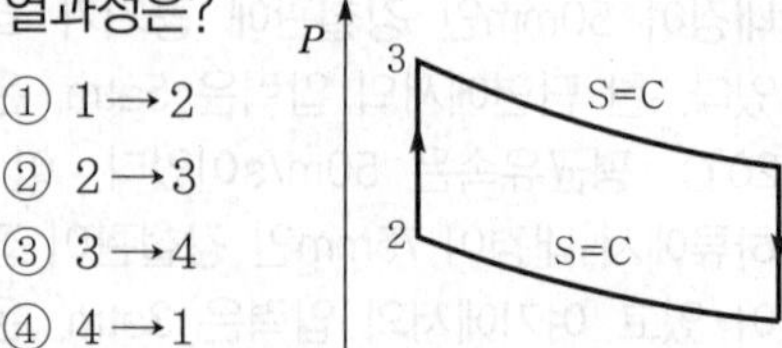

정답 23.④ 24.② 25.④ 26.① 27.② 28.② 29.②

- 1 → 2 : 단열압축
- 2 → 3 : 정적가열
- 3 → 4 : 단열팽창
- 4 → 1 : 정적방열

30 다음 중 기체연료의 연소 형태는? [연소 2]

① 표면연소
② 분해연소
③ 등심연소
④ 확산연소

연소의 종류(연소 핵심 2) 참조

31 기체동력 사이클 중 2개의 단열과정과 2개의 등압과정으로 이루어진 가스터빈의 이상적인 사이클은?

① 오토 사이클(Otto cycle)
② 카르노 사이클(Carnot cycle)
③ 사바테 사이클(Sabathe cycle)
④ 브레이튼 사이클(Brayton cycle)

열역학적 사이클

구 분	내 용
오토	고속 가솔린 기본사이클. 2개의 정적, 2개의 단열로 이루어져 있다.
카르노	열기관의 이상 사이클. 2개의 등온(압축팽창), 2개의 단열(압축팽창)로 이루어졌다.
사바테	오토, 디젤을 합성한 사이클. 정압-정적 사이클로 이중연소사이클이라 한다.

32 이상기체에서 등온과정의 설명으로 옳은 것은?

① 열의 출입이 없다.
② 부피의 변화가 없다.
③ 엔트로피의 변화가 없다.
④ 내부에너지의 변화가 없다.

㉠ 내부에너지의 변화가 없다. : 등온
㉡ 열의 출입이 없다. : 단열

33 정상 및 사고(단선, 단락, 지락 등) 시에 발생하는 전기불꽃, 아크 또는 고온부에 의하여 가연성 가스가 점화되지 않는 것이 점화시험, 기타 방법에 의하여 확인된 방폭구조의 종류는? [안전 13]

① 본질안전방폭구조
② 내압방폭구조
③ 압력방폭구조
④ 안전증방폭구조

위험장소 분류, 가스시설 전기방폭기준(안전 핵심 13) 참조

34 열역학 제1법칙에 대하여 옳게 설명한 것은? [설비 40]

① 열평형에 관한 법칙이다.
② 이상기체에만 적용되는 법칙이다.
③ 클라시우스의 표현으로 정의되는 법칙이다.
④ 에너지 보존법칙 중 열과 일의 관계를 설명한 것이다.

열역학의 법칙(설비 핵심 40) 참조

35 고체연료에서 탄화도가 높은 경우에 대한 설명으로 틀린 것은? [연소 28]

① 수분이 감소한다.
② 발열량이 증가한다.
③ 착화온도가 낮아진다.
④ 연소속도가 느려진다.

탄화도(연소 핵심 28) 참조
③ 착화온도가 높아진다.

36 1mol의 이상기체$\left(C_V = \dfrac{3R}{2}\right)$가 40℃, 35atm으로부터 1atm까지 단열가역적으로 팽창하였다. 최종 온도는 약 몇 ℃인가?

① −100℃ ② −185℃
③ −200℃ ④ −285℃

정답 30.④ 31.④ 32.④ 33.① 34.④ 35.③ 36.③

$$T_2 = T_1 \times \left(\frac{P_2}{P_1}\right)^{\frac{k-1}{k}}$$

$$= (273+40) \times \left(\frac{1}{35}\right)^{\frac{1.67-1}{1.67}}$$

$$= 75.17\text{K} = -197.83 \fallingdotseq -200℃$$

$$k = \frac{C_P}{C_V}$$

$$R = C_P - C_V = C_P - \frac{3}{2}R$$

$$C_P = R + \frac{3}{2}R = \frac{5}{2}R$$

$$\therefore\ k = \frac{\frac{5}{2}R}{\frac{3}{2}R} = \frac{5}{3} = 1.666 = 1.67$$

37 탄화수소(C_mH_n) 1mol이 완전연소될 때 발생하는 이산화탄소의 몰(mol) 수는 얼마인가?

① $\frac{1}{2}m$ ② m

③ $m + \frac{1}{4}n$ ④ $\frac{1}{4}m$

$$C_mH_n + \left(m + \frac{n}{4}\right)O_2 \rightarrow mCO_2 + \frac{n}{2}H_2O$$

38 내압방폭구조로 전기기기를 설계할 때 가장 중요하게 고려해야 할 사항은?

① 가연성 가스의 연소열
② 가연성 가스의 발화열
③ 가연성 가스의 안전간극
④ 가연성 가스의 최소점화에너지

39 부탄(C_4H_{10}) 2Nm³를 완전연소시키기 위하여 약 몇 Nm³의 산소가 필요한가?

① 5.8 ② 8.9
③ 10.8 ④ 13.0

$C_4H_{10} + 6.5O_2 \rightarrow 4CO_2 + 5H_2O$

1 : 6.5 = 2 : x

$\therefore\ x = 13\text{Nm}^3$

40 공기비가 작을 때 연소에 미치는 영향이 아닌 것은? **[연소 15]**

① 연소실 내의 연소온도가 저하한다.
② 미연소에 의한 열손실이 증가한다.
③ 불완전연소가 되어 매연 발생이 심해진다.
④ 미연소 가스로 인한 폭발사고가 일어나기 쉽다.

공기비(연소 핵심 15) 참조

제3과목 가스설비

41 액화천연가스(LNG)의 유출 시 발생되는 현상으로 가장 옳은 것은?

① 메탄가스의 비중은 상온에서는 공기보다 작지만 온도가 낮으면 공기보다 크게 되어 땅 위에 체류한다.
② 메탄가스의 비중은 공기보다 크므로 증발된 가스는 항상 땅 위에 체류한다.
③ 메탄가스의 비중은 상온에서는 공기보다 크지만 온도가 낮게 되면 공기보다 가볍게 되어 땅 위에 체류하는 일이 없다.
④ 메탄가스의 비중은 공기보다 작으므로 증발된 가스는 위쪽으로 확산되어 땅 위에 체류하는 일이 없다.

CH_4의 비중은 $\frac{16}{29} = 0.55$이다.

그러나 온도가 낮아지면 비중이 커져서 유출 시 낮은 곳에 체류한다.

42 가스미터의 성능에 대한 설명으로 옳은 것은?

① 사용공차의 허용치는 ±10% 범위이다.
② 막식 가스미터에서는 유량에 맥동성이 있으므로 선편(先編)이 발생하기 쉽다.
③ 감도유량은 가스미터가 작동하는 최대유량을 말한다.
④ 공차는 기기공차와 사용공차가 있으며 클수록 좋다.

정답 37.② 38.③ 39.④ 40.① 41.① 42.②

③ 강도유량 : 가스미터가 작동하는 최소유량
④ 공차는 작을수록 좋다.

43 유량계의 입구에 고정된 터빈형태의 가이드 바디(guide body)가 와류현상을 일으켜 발생한 고유의 주파수가 piezo sensor에 의해 검출되어 유량을 적산하는 방법으로서 고점도 유량 측정에 적합한 가스미터는?

① vortex 가스미터
② turbine 가스미터
③ roots 가스미터
④ swirl 가스미터

44 구리 및 구리합금을 고압장치의 재료로 사용하기에 가장 적당한 가스는?

① 아세틸렌　② 황화수소
③ 암모니아　④ 산소

구리 사용금지 가스
㉠ 아세틸렌(C_2H_2) : 폭발
㉡ 황화수소(H_2S), 암모니아(NH_3) : 부식

45 다음 [보기]에서 설명하는 암모니아 합성탑의 종류는?

- 합성탑에는 철계통의 촉매를 사용한다.
- 촉매층 온도는 약 500~600℃이다.
- 합성 압력은 약 300~400atm이다.

① 파우서법　② 하버-보시법
③ 클라우드법　④ 우데법

암모니아 합성탑
(1) 정의 : 내압용기에 촉매를 유지하고 반응과 열교환을 하기 위한 내부 구조물로 되어 있다.
(2) 장치 재료 : 18-8STS 및 특수합금
(3) 합성촉매 : 산화철에 Al_2O_3, K_2O를 첨가
(4) 종류

구 분	특 징
하버-보시법	• 예열혼합가스는 전기가열기를 거쳐 400~450℃로 되어 상부 촉매관으로 들어가 NH_3를 생성한다.
신파우서법	• 촉매는 여러 단으로 충전하며, 합성능률이 크고, 고농도의 NH_3(15%)를 얻을 수 있다. • NH_3 1ton당 수증기 0.8~0.9ton을 회수하며, 촉매관의 재료는 18-8 STS강이 사용된다.
클라우드법	• 합성압력은 300~400atm 정도이고, 1000atm 이상에서도 압축이 가능하다. • 촉매층 온도는 500~600℃ 정도이며, 반응률 40% 정도의 암모니아를 생성한다.
우데법	• 합성압력 80~150atm, 온도 400℃에서 NH_3를 합성한다.
켈로그법	• 촉매층의 온도조절법으로 냉가스를 적당량 혼입시켜 사용하는 방법이다.
CCC법	• 압력 300~360atm, 온도 400~500℃를 사용한다. • 합성탑 내 촉매층의 최고온도를 자동조절하게 되어 있다.

46 가스의 호환성 측정을 위하여 사용되는 웨버지수의 계산식을 옳게 나타낸 것은? (단, WI는 웨버지수, H_g는 가스의 발열량 [kcal/m^3], d는 가스의 비중이다.) **[안전 57]**

① $WI=\dfrac{H_g}{d}$　② $WI=\dfrac{H_g}{\sqrt{d}}$
③ $WI=\dfrac{d}{H_g}$　④ $WI=\sqrt{\dfrac{d}{H_g}}$

도시가스의 연소성을 판단하는 지수(안전 핵심 57) 참조

47 용기용 밸브는 가스 충전구의 형식에 따라 A형, B형, C형의 3종류가 있다. 가스 충전구가 암나사로 되어 있는 것은? **[안전 32]**

① A형　② B형
③ A형, B형　④ C형

용기밸브 나사의 종류, 용기밸브 충전구나사(안전 핵심 32) 참조

정답 43.① 44.④ 45.③ 46.② 47.②

48 다음 중 아세틸렌(C_2H_2)에 대한 설명으로 틀린 것은?

① 아세틸렌은 아세톤을 함유한 다공물질에 용해시켜 저장한다.
② 아세틸렌 제조방법으로는 크게 주수식과 흡수식 2가지 방법이 있다.
③ 순수한 아세틸렌은 에테르 향기가 나지만 불순물이 섞여 있으면 악취 발생의 원인이 된다.
④ 아세틸렌의 고압건조기와 충전용 교체밸브 사이의 배관, 충전용 지관에는 역화방지기를 설치한다.

아세틸렌 제조방법은 발생 형식에 따라 주수식, 투입식, 침지식이 있다.

49 다음 중 부취제의 구비조건으로 틀린 것은 어느 것인가? **[안전 19]**

① 배관을 부식하지 않을 것
② 토양에 대한 투과성이 클 것
③ 연소 후에도 냄새가 있을 것
④ 낮은 농도에서도 알 수 있을 것

부취제(안전 핵심 19) 참조

50 가스의 공업적 제조법에 대한 설명으로 옳은 것은?

① 메탄올은 일산화탄소와 수증기로부터 고압하에서 제조한다.
② 프레온가스는 불화수소와 아세톤으로 제조한다.
③ 암모니아는 질소와 수소로부터 전기로에서 구리촉매를 사용하여 저압에서 제조한다.
④ 포스겐은 일산화탄소와 염소로부터 제조한다.

① $CO+2H_2 \rightarrow CH_3OH$
② 프레온 : 탄소+염소+불소로 제조
③ $N_2+3H_2 \rightarrow 2NH_3$(고압, 저온)
④ $CO+Cl_2 \rightarrow COCl_2$(포스겐)

51 양정 20m, 송수량 $3m^3$/min일 때 축동력 15PS를 필요로 하는 원심펌프의 효율은 약 몇 %인가?

① 59% ② 75%
③ 89% ④ 92%

$$L_{PS} = \frac{\gamma \cdot Q \cdot H}{75\eta}$$

$$\eta = \frac{\gamma \cdot Q \cdot H}{L_{PS} \times 75} = \frac{1000 \times (3/60) \times 20}{15 \times 75} = 0.888 = 89\%$$

52 고압가스 제조장치의 재료에 대한 설명으로 틀린 것은?

① 상온 상압에서 건조상태의 염소가스에 탄소강을 사용한다.
② 아세틸렌은 철, 니켈 등의 철족의 금속과 반응하여 금속 카르보닐을 생성한다.
③ 9% 니켈강은 액화 천연가스에 대하여 저온취성에 강하다.
④ 상온 상압에서 수증기가 포함된 탄산가스 배관에 18-8스테인리스강을 사용한다.

㉠ 상온 상압에서는 부식성이 없으므로 탄소강을 사용한다.
㉡ 고온 고압에서는 특수강을 사용한다.

53 흡입밸브 압력이 6MPa인 3단 압축기가 있다. 각 단의 토출압력은? (단, 각 단의 압축비는 3이다.)

① 18MPa, 54MPa, 162MPa
② 12MPa, 36MPa, 108MPa
③ 4MPa, 16MPa, 64MPa
④ 3MPa, 15MPa, 63MPa

$P_1 = 6\text{MPa}$, $a = 3$
㉠ 1단 토출 $P_{01} = a \times P_1 = 3 \times 6 = 18\text{MPa}$
㉡ 2단 토출 $P_{02} = a \times a \times P_1 = 3 \times 3 \times 6 = 54\text{MPa}$
㉢ 3단 토출 $P_{03} = a \times a \times a \times P_1 = 3 \times 3 \times 3 \times 6 = 162\text{MPa}$

정답 48.② 49.③ 50.④ 51.③ 52.② 53.①

54 합성천연가스(SNG) 제조 시 나프타를 원료로 하는 메탄합성 공정과 관련이 적은 설비는?

① 탈황장치 ② 반응기
③ 수첨분해탑 ④ CO변성로

해설
SNG 공정
탈황, 저온수증기 개질, 수첨분해, 메탄 합성, 탈탄산, 열회수, 냉각공정으로 구성

55 어느 가스탱크에 10℃, 0.5MPa의 공기 10kg이 채워져 있다. 온도가 37℃로 상승한 경우 탱크의 체적변화가 없다면 공기의 압력 증가는 약 몇 kPa인가?

① 48 ② 148
③ 448 ④ 548

해설

$$\frac{P_1}{T_1}=\frac{P_2}{T_2}$$

$$P_2=\frac{P_1T_2}{T_1}=\frac{0.5\times(273+37)}{283}=0.547\text{MPa}$$

$$\therefore\ 0.547-0.5=0.0477\text{MPa}$$
$$=47.7\text{kPa}$$
$$\fallingdotseq 48\text{kPa}$$

별해 처음 체적 $V=\frac{GRT_1}{P}$

$$=\frac{10\times\frac{8.314}{29}\times 283}{500}$$

$$=1.622\text{m}^3$$

$$P_2=\frac{GRT_2}{V}$$

$$=\frac{10\times\frac{8.314}{29}\times(273+37)}{1.622}$$

$$=547.70\text{kPa}$$

$$\therefore\ 547.70-500\text{kPa}=47.7\fallingdotseq 48\text{kPa}$$

56 가스용기 저장소의 충전용기는 항상 몇 ℃ 이하를 유지하여야 하는가?

① -10℃ ② 0℃
③ 40℃ ④ 60℃

57 가스조정기(regulator)의 역할에 해당되는 것은 어느 것인가?

① 용기 내 노의 역화를 방지한다.
② 가스를 정제하고, 유량을 조절한다.
③ 공급되는 가스의 조성을 일정하게 한다.
④ 용기 내의 가스 압력과 관계없이 연소기에서 완전연소에 필요한 최적의 압력으로 감압한다.

58 고압가스 기화장치의 검사에 대한 설명 중 옳지 않은 것은?

① 온수가열 방식의 과열방지 성능은 그 온수의 온도가 80℃이다.
② 안전장치는 최고허용압력 이하의 압력에서 작동하는 것으로 한다.
③ 기밀시험은 설계압력 이상의 압력으로 행하여 누출이 없어야 한다.
④ 내압시험은 물을 사용하여 상용압력의 2배 이상으로 행한다.

내압시험압력=상용압력×1.5배

59 접촉분해 공정으로 도시가스를 제조하는 공정에서 발열반응을 일으키는 온도로서 가장 적당한 것은? (단, 반응압력은 10기압이다.) [설비 3]

① 350℃ 이하 ② 500℃ 이하
③ 750℃ 이하 ④ 850℃ 이하

도시가스 프로세스(설비 핵심 3) 참조
접촉분해 공정 : 사용온도 400~800℃에서 탄화수소와 수증기를 반응시키는 공정

60 저압식 액화산소분리장치에 대한 설명이 아닌 것은?

① 충동식 팽창 터빈을 채택하고 있다.
② 일정주기가 되면 1조의 축냉기에서의 원료공기와 불순 질소류는 교체된다.
③ 순수한 산소는 축냉기 내부에 있는 사관에서 상온이 되어 채취된다.
④ 공기 중 탄산가스로 가성소다 용액(약 8%)에 흡수하여 제거된다.

정답 54.④ 55.① 56.③ 57.④ 58.④ 59.② 60.④

해설

저압식 공기액화분리장치의 특징

①, ②, ③ 이외에

㉠ Frankl이 발명한 계기적인 축냉기를 채택한다.

㉡ 원료공기량 10000~20000m^3/h 정도의 대형장치가 있다.

㉢ 원료공기 여과기에서 여과된 후 터보식 공기 압축기에서 약 5atm으로 압축된다.

제4과목 가스안전관리

61 LPG 용기 저장에 대한 설명으로 옳지 않은 것은?

① 용기보관실은 사무실과 구분하여 동일한 부지에 설치한다.

② 충전용기는 항상 40℃ 이하를 유지하여야 한다.

③ 용기보관실의 저장설비는 용기집합식으로 한다.

④ 내용적 30L 미만의 용기는 2단으로 쌓을 수 있다.

해설

LPG 판매, 충전 시설의 용기보관실의 규정(KGS FS231)

㉠ 용기보관실의 벽은 방호벽으로 하고, 용기보관실은 불연성 재료를 사용하며, 그 지붕은 불연성 재료를 사용한 가벼운 지붕을 설치한다.

㉡ 용기보관실은 용기보관실에서 누출된 가스가 사무실로 유입되지 아니하는 구조(동일 실내에 설치할 경우 용기보관실과 사무실 사이에 불연성 재료로 칸막이를 설치하여 구분한다. 이 경우 틈새가 없는 밀폐구조로 하여 누출된 가스가 사무실로 유입되지 않도록 한다)로 하고, 용기보관실의 면적은 19m^2 이상으로 한다.

㉢ 용기보관실의 용기는 그 용기보관실의 안전을 위하여 용기집합식으로 하지 않는다.

㉣ 용기보관실과 사무실은 동일한 부지에 구분하여 설치하되, 해상에서 가스판매업을 하려는 판매업소의 용기보관실은 해상구조물이나 선박에 설치할 수 있다.

62 품질유지 대상인 고압가스가 아닌 것은?

① 메탄

② 프로판

③ 프레온 22

④ 연료전지용으로 사용되는 수소가스

해설

품질유지 대상 고압가스

(1) 냉매로 사용되는 가스

㉠ 프레온 22

㉡ 프레온 134a

㉢ 프레온 404a

㉣ 프레온 407c

㉤ 프레온 410a

㉥ 프레온 507a

㉦ 프레온 4yf

㉧ 프로판

㉨ 이소부탄

(2) 연료전지용으로 사용되는 수소가스

63 차량에 고정된 탱크에서 저장탱크로 가스 이송작업 시의 기준에 대한 설명이 아닌 것은?

① 탱크의 설계압력 이상으로 가스를 충전하지 아니한다.

② LPG충전소 내에서는 동시에 2대 이상의 차량에 고정된 탱크에서 저장설비로 이송작업을 하지 아니한다.

③ 플로트식 액면계로 가스의 양을 측정 시에는 액면계 바로 위에 얼굴을 내밀고 조작하지 아니한다.

④ 이송전후에 밸브의 누출여부를 점검하고 개폐는 서서히 행한다.

64 도시가스 사용시설에 대한 설명으로 틀린 것은? [안전 117]

① 배관이 움직이지 않도록 고정 부착하는 조치로 관경이 13mm 미만의 것은 1m마다, 13mm 이상 33mm 미만의 것은 2m마다, 33mm 이상은 3m마다 고정장치를 설치한다.

② 최고사용압력이 중압 이상인 노출배관은 원칙적으로 용접시공방법으로 접합한다.

③ 지상에 설치하는 배관은 배관의 부식방지와 검사 및 보수를 위하여 지면으로부터 30cm 이상의 거리를 유지한다.

④ 철도의 횡단부 지하에는 지면으로부터 1m 이상인 깊이에 매설하고 또한 강제의 케이싱을 사용하여 보호한다.

정답 61.③ 62.① 63.③ 64.④

해설
고압가스 제조 배관의 매몰설치(안전 핵심 117) 참조
④ 1.2m 이상, 강제 케이싱으로 보호

65 다음 중 포스겐의 제독제로 가장 적당한 것은 어느 것인가? [안전 44]

① 물, 가성소다수 용액
② 물, 탄산소다수 용액
③ 가성소다수 용액, 소석회
④ 가성소다수 용액, 탄산소다수 용액

해설
독성 가스 제독제와 보유량(안전 핵심 44) 참조

66 내용적이 50L 이상 125L 미만인 LPG용 용접용기의 스커트 통기 면적의 기준으로 옳은 것은?

① $100mm^2$ 이상 ② $300mm^2$ 이상
③ $500mm^2$ 이상 ④ $1000mm^2$ 이상

해설
LPG용기의 통기 면적과 물빼기 면적

용기 내용적	통기 면적(mm^2)	물빼기 면적(mm^2)
20L 이상 25L 미만	300	50
25L 이상 50L 미만	500	100
50L 이상 125L 미만	1000	150

67 액화석유가스 저장시설을 지하에 설치하는 경우에 대한 설명으로 틀린 것은? [안전 49]

① 저장 탱크실의 벽면 두께는 30cm 이상의 철근콘크리트로 한다.
② 저장탱크 주위에는 손으로 만졌을 때 물이 손에서 흘러내리지 않는 상태의 모래를 채운다.
③ 저장탱크를 2개 이상 인접하여 설치하는 경우에는 상호간에 0.5m 이상의 거리를 유지한다.
④ 저장탱크실 상부 윗면으로부터 저장탱크 상부까지의 깊이는 60cm 이상으로 한다.

해설
LPG 저장탱크 지하설치 기준(안전 핵심 49) 참조
③ 인접설치 시 상호간 1m 이상

68 저장탱크에 의한 액화석유가스 저장소의 이·충전 설비 정전기 제거조치에 대한 설명으로 틀린 것은?

① 접지저항 총합이 100Ω 이하의 것은 정전기 제거조치를 하지 않아도 된다.
② 피뢰설비가 설치된 것의 접지저항값이 50Ω 이하의 것은 정전기 제거조치를 하지 않아도 된다.
③ 접지접속선 단면적은 $5.5mm^2$ 이상의 것을 사용한다.
④ 충전용으로 사용하는 저장탱크 및 충전설비는 반드시 접지한다.

해설
② 피뢰설비 설치 시 10Ω 이하일 때는 정전기 제거조치를 하지 않아도 된다.

69 액화석유가스 자동차에 고정된 용기충전시설에서 충전기의 시설기준에 대한 설명으로 옳은 것은?

① 배관이 캐노피 내부를 통과하는 경우에는 2개 이상의 점검구를 설치한다.
② 캐노피 내부의 배관으로서 점검이 곤란한 장소에 설치하는 배관은 플랜지 접합으로 한다.
③ 충전기 주위에는 가스누출자동차단장치를 설치한다.
④ 충전기 상부에는 캐노피를 설치하고 그 면적은 공지면적의 2분의 1 이하로 한다.

해설
충전기와 보호대 간의 거리[(KGS FP332) LPG 자동차에 고정된 용기충전시설]
보호대가 파손되어 전도되어도 파손된 보호대가 충전기를 안전하게 유지할 수 있는 거리로 한다.
㉠ 충전기 상부에는 캐노피를 설치하고, 그 면적은 공지면적의 2분의 1 이하로 한다.
㉡ 배관이 캐노피 내부를 통과하는 경우에는 1개 이상의 점검구를 설치한다.
㉢ 캐노피 내부의 배관으로서 점검이 곤란한 장소에 설치하는 배관은 용접이음으로 한다.
㉣ 충전기 주위에는 정전기 방지를 위하여 충전 이외의 필요 없는 장비는 시설을 금지한다.
㉤ 저장탱크실 상부에는 충전기를 설치하지 않는다.

정답 65.③ 66.④ 67.③ 68.② 69.④

70 가스관련 사고의 원인으로 가장 많이 발생한 경우는? (단, 2017년 사고통계 기준이다.)

① 타공사
② 제품 노후, 고장
③ 사용자 취급부주의
④ 공급자 취급부주의

71 공기액화분리기에 설치된 액화산소통 내의 액화산소 5L 중 아세틸렌의 질량이 몇 mg을 넘을 때에는 그 공기액화분리기의 운전을 중지하고 액화산소를 방출하여야 하는가? **[설비 5]**

① 5mg　② 50mg
③ 100mg　④ 500mg

해설 공기액화분리장치(설비 핵심 5) 참조

72 신규검사 후 17년이 경과한 차량에 고정된 탱크의 법정 재검사 주기는? **[안전 21]**

① 1년마다　② 2년마다
③ 3년마다　④ 5년마다

해설 용기 및 특정설비의 재검사기간(안전 핵심 21) 참조

73 고압가스 충전용기(비독성)의 차량운반 시 "운반책임자"가 동승해야 하는 기준으로 틀린 것은? **[안전 5]**

① 압축 가연성 가스 – 용적 $300m^3$ 이상
② 압축 조연성 가스 – 용적 $600m^3$ 이상
③ 액화 가연성 가스 – 질량 3000kg 이상
④ 액화 조연성 가스 – 질량 5000kg 이상

해설 운반책임자 동승기준(안전 핵심 5) 참조

74 액화석유가스 집단공급시설에서 배관을 차량이 통행하는 폭 10m의 도로 밑에 매설할 경우 몇 m 이상의 깊이를 유지하여야 하는가?

① 0.6m　② 1m
③ 1.2m　④ 1.5m

㉠ 도로 폭이 8m 이상 : 1.2m 이상 깊이 유지
㉡ 도로 폭이 8m 미만 : 1m 이상 깊이 유지

75 산업통상자원부령으로 정하는 고압가스 관련 설비가 아닌 것은? **[안전 15]**

① 안전밸브
② 세척설비
③ 기화장치
④ 독성가스 배관용 밸브

해설 산업통상자원부령으로 정하는 고압가스 관련 설비(안전 핵심 15) 참조

76 액화석유가스 저장탱크라 함은 액화석유가스를 저장하기 위하여 지상 및 지하에 고정 설치된 탱크를 말한다. 탱크의 저장능력은 얼마 이상인가?

① 1톤　② 2톤
③ 3톤　④ 5톤

LPG충전시설 용어 정의(KGS FS332)
㉠ "저장설비"란 액화석유가스를 저장하기 위한 설비로서 저장탱크 · 마운드형 저장탱크 · 소형 저장탱크 및 용기(용기집합설비와 충전용기보관실을 포함한다. 이하 같다)를 말한다.
㉡ "저장탱크"란 액화석유가스를 저장하기 위하여 지상 또는 지하에 고정 설치된 탱크로서 그 저장능력이 3톤 이상인 탱크를 말한다.
㉢ "소형 저장탱크"란 액화석유가스를 저장하기 위하여 지상이나 지하에 고정 설치된 탱크로서 그 저장능력이 3톤 미만인 탱크를 말한다.
㉣ "자동차에 고정된 탱크"란 액화석유가스의 수송 · 운반을 위하여 자동차에 고정 설치된 탱크를 말한다.

77 가연성 가스이면서 독성 가스인 것은?

① 산화에틸렌　② 염소
③ 불소　④ 프로판

독성 · 가연성 가스
아크릴로니트릴, 벤젠, 시안화수소, 일산화탄소, 산화에틸렌, 염화메탄, 황화수소, 이황화탄소, 석탄가스, 암모니아, 브롬화메탄

정답 70.③ 71.① 72.② 73.④ 74.③ 75.② 76.③ 77.①

78 가스 안전성 평가기법에 대한 설명으로 틀린 것은? **[연소 12]**

① 체크리스트 기법은 설비의 오류, 결함상태, 위험상황 등을 목록화한 형태로 작성하여 경험적으로 비교함으로써 위험성을 정성적으로 파악하는 기법이다.
② 작업자 실수 분석기법은 사고를 일으키는 장치의 이상이나 운전자 실수의 조합을 연역적으로 분석하는 정량적 기법이다.
③ 사건수 분석기법은 초기사건으로 알려진 특정한 장치의 이상이나 운전자의 실수로부터 발생되는 잠재적인 사고결과를 평가하는 정량적 기법이다.
④ 위험과 운전 분석기법은 공정에 존재하는 위험요소들과 공정의 효율을 떨어뜨릴 수 있는 운전상의 문제점을 찾아내어 그 원인을 제거하는 정성적 기법이다.

안전성 평가기법(연소 핵심 12) 참조

79 아세틸렌의 충전작업에 대한 설명으로 옳은 것은? **[설비 25, 58]**

① 충전 후 24시간 정치한다.
② 충전 중의 압력은 2.5MPa 이하로 한다.
③ 충전은 누출이 되기 전에 빠르게 하고, 2~3회 걸쳐서 한다.
④ 충전 후의 압력은 15℃에서 2.05MPa 이하로 한다.

C_2H_2의 폭발성(설비 핵심 25), C_2H_2 발생기 및 C_2H_2 특징(설비 핵심 58) 참조

80 저장탱크에 의한 액화석유가스 사용시설에서 저장설비, 감압설비의 외면으로부터 화기를 취급하는 장소와의 사이에는 몇 m 이상을 유지해야 하는가?

① 2m ② 3m
③ 5m ④ 8m

제5과목 가스계측

81 강(steel)으로 만들어진 자(rule)로 길이를 잴 때 자가온도의 영향을 받아 팽창, 수축함으로써 발생하는 오차를 무슨 오차라 하는가?

① 우연 오차
② 계통적 오차
③ 과오에 의한 오차
④ 측정자의 부주의로 생기는 오차

82 오르자트(Orsat) 가스분석기의 특징으로 틀린 것은?

① 연속측정이 불가능하다.
② 구조가 간단하고, 취급이 용이하다.
③ 수분을 포함한 습식 배기가스의 성분분석이 용이하다.
④ 가스의 흡수에 따른 흡수제가 정해져 있다.

83 액주형 압력계의 일반적인 특징에 대한 설명으로 옳은 것은?

① 고장이 많다.
② 온도에 민감하다.
③ 구조가 복잡하다.
④ 액체와 유리관의 오염으로 인한 오차가 발생하지 않는다.

84 다음 중 온도에 대한 설명으로 틀린 것은 어느 것인가?

① 물의 삼중점(0.01℃)은 273.16K으로 정의하였다.
② 온도는 일반적으로 온도변화에 따른 물질의 물리적 변화를 가지고 측정한다.
③ 기체온도계는 대표적인 2차 온도계이다.
④ 온도란 열, 즉 에너지와는 다른 개념이다.

정답 78.② 79.② 80.④ 81.② 82.③ 83.② 84.③

85 모발습도계에 대한 설명으로 틀린 것은?

① 재현성이 좋다.
② 히스테리시스가 없다.
③ 구조가 간단하고, 취급이 용이하다.
④ 한랭지역에서 사용하기가 편리하다.

86 가스 성분 중 탄화수소에 대하여 감응이 가장 좋은 검출기는? **[계측 13]**

① TCD　② ECD
③ TGA　④ FID

G/C 검출기 종류 및 특징(계측 핵심 13) 참조

87 수분흡수법에 의한 습도 측정에 사용되는 흡수제가 아닌 것은?

① 염화칼슘　② 황산
③ 오산화인　④ 과망간산칼륨

88 오르자트(Orsat) 가스분석기의 가스 분석 순서를 옳게 나타낸 것은? **[계측 1]**

① $CO_2 \rightarrow O_2 \rightarrow CO$
② $O_2 \rightarrow CO \rightarrow CO_2$
③ $O_2 \rightarrow CO_2 \rightarrow CO$
④ $CO \rightarrow CO_2 \rightarrow O_2$

흡수분석법(계측 핵심 1) 참조

89 가스미터에 다음과 같이 표시되어 있다. 이 표시가 의미하는 내용으로 옳은 것은?

> 0.5[L/rev], MAX 2.5[m^3/h]

① 계량실 1주기 체적이 0.5m^3이고, 시간당 사용 최대유량이 2.5m^3이다.
② 계량실 1주기 체적이 0.5L이고, 시간당 사용 최대유량이 2.5m^3이다.
③ 계량실 전체 체적이 0.5m^3이고, 시간당 사용 최소유량이 2.5m^3이다.
④ 계량실 전체 체적이 0.5L이고, 시간당 사용 최소유량이 2.5m^3이다.

90 LPG의 정량분석에서 흡광도의 원리를 이용한 가스 분석법은?

① 저온 분류법
② 질량 분석법
③ 적외선 흡수법
④ 가스 크로마토그래피법

91 제어회로에 사용되는 기본논리가 아닌 것은?

① OR　② NOT
③ AND　④ FOR

92 가스미터를 통과하는 동일량의 프로판가스의 온도를 겨울에 0℃, 여름에 32℃로 유지한다고 했을 때 여름철 프로판가스의 체적은 겨울철의 얼마 정도인가? (단, 여름철 프로판가스의 체적 : V_1, 겨울철 프로판가스의 체적 : V_2이다.)

① $V_1 = 0.80\,V_2$　② $V_1 = 0.90\,V_2$
③ $V_1 = 1.12\,V_2$　④ $V_1 = 1.22\,V_2$

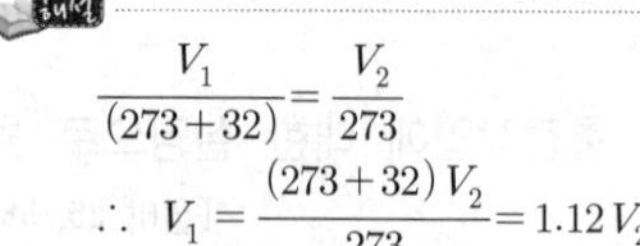

$$\frac{V_1}{(273+32)} = \frac{V_2}{273}$$

$$\therefore V_1 = \frac{(273+32)\,V_2}{273} = 1.12\,V_2$$

93 냉동용 암모니아 탱크의 연결부위에서 암모니아의 누출 여부를 확인하려 한다. 가장 적절한 방법은?

① 리트머스시험지로 청색으로 변하는가 확인한다.
② 초산용액을 발라 청색으로 변하는가 확인한다.
③ KI-전분지로 청갈색으로 변하는가 확인한다.
④ 염화팔라듐지로 흑색으로 변하는가 확인한다.

암모니아 검출법
㉠ 취기
㉡ 적색리트머스시험지 : 청변
㉢ 네슬러시약 : 황갈색 변색
㉣ 염산과 반응 : 흰연기($NH_3 + HCl \rightarrow NH_4Cl$)

정답 85.② 86.④ 87.④ 88.① 89.② 90.③ 91.④ 92.③ 93.①

94 서미스터 등을 사용하고 응답이 빠르며 저온도에서 중온도 범위 계측에 정도가 우수한 온도계는? **[계측 22]**

① 열전대 온도계
② 전기저항식 온도계
③ 바이메탈 온도계
④ 압력식 온도계

전기저항 온도계(계측 핵심 22) 참조

95 계측기의 기차(instrument error)에 대하여 가장 바르게 나타낸 것은?

① 계측기가 가지고 있는 고유의 오차
② 계측기의 측정값과 참값과의 차이
③ 계측기 검정 시 계량점에서 허용하는 최소 오차한도
④ 계측기 사용 시 계량점에서 허용하는 최대 오차한도

96 응답이 빠르고 일반 기체에 부식되지 않는 장점을 가지며 급격한 압력변화를 측정하는 데 가장 적절한 압력계는? **[계측 33]**

① 피에조 전기압력계
② 아네로이드 압력계
③ 벨로스 압력계
④ 격막식 압력계

압력계 구분(계측 핵심 33) 참조

97 다음 중 편차의 크기에 단순비례하여 조절요소에 보내는 신호의 주기가 변하는 제어동작은? **[계측 4]**

① on-off동작 ② P동작
③ PI동작 ④ PID동작

해설

동작신호와 신호의 전송법(계측 핵심 4) 참조

98 열전대 사용상의 주의사항 중 오차의 종류는 열적 오차와 전기적인 오차로 구분할 수 있다. 다음 중 열적 오차에 해당되지 않는 것은?

① 삽입전이의 영향
② 열복사의 영향
③ 전자유도의 영향
④ 열저항 증가에 의한 영향

99 주로 탄광 내 CH_4가스의 농도를 측정하는 데 사용되는 방법은?

① 질량분석법
② 안전등형
③ 시험지법
④ 검지관법

100 4개의 실로 나누어진 습식 가스미터의 드럼이 10회전 했을 때 통과유량이 100L였다면 각 실의 용량은 얼마인가?

① 1L ② 2.5L
③ 10L ④ 25L

$$\frac{100\text{L}}{10\times4}=2.5\text{L}$$

정답 94.② 95.① 96.① 97.② 98.③ 99.② 100.②

국가기술자격 시험문제

2018년 기사 제3회 필기시험(1부) (2018년 8월 19일 시행)

자격종목	시험시간	문제수	문제형별
가스기사	**2시간30분**	**100**	**B**

수험번호		성 명	

제1과목 가스유체역학

01 2차원 직각좌표계(x, y)상에서 속도 포텐셜(ϕ, velocity potential)이 $\phi = Ux$로 주어지는 유동장이 있다. 이 유동장의 흐름함수(Ψ, stream function)에 대한 표현식으로 옳은 것은? (단, U는 상수이다.)

① $U(x+y)$ ② $U(-x+y)$
③ Uy ④ $2Ux$

2차원 흐름은 유체의 제반성질을 x, y 좌표와 시간의 함수로 표현하는 흐름을 말한다. 단면이 일정하고 길이가 무한인 긴 날개흐름 등으로 댐 위의 흐름, 두 개의 평행평판 사이의 점성유동 등이 있다.

2차원 유동의 유선방정식 $\dfrac{dx}{dy} = \dfrac{dy}{\nu}$

2차원 유동의 함수 흐름의 진행방향이 y방향인 경우 $\Psi = Uy$로 표현된다.

02 유선(stream line)에 대한 설명 중 잘못된 내용은?

① 유체흐름 내 모든 점에서 유체흐름의 속도벡터의 방향을 갖는 연속적인 가상곡선이다.
② 유체흐름 중의 한 입자가 지나간 궤적을 말한다.
③ x, y, z 방향에 대한 속도성분을 각각 u, v, w라고 할 때 유선의 미분방정식은 $\dfrac{dx}{u} = \dfrac{dy}{v} = \dfrac{dz}{w}$이다.
④ 정상유동에서 유선과 유적선은 일치한다.

㉠ 유선 : 임의의 유동장 내에서 유체입자가 곡선을 따라 움직일 때 곡선이 갖는 접선과 유체입자가 갖는 속도벡터의 방향이 일치하도록 운동해석을 할 때의 곡선을 말한다.
㉡ 유관 : 유선으로 둘러싸인 유체의 관
㉢ 유적선 : 주어진 시간 동안에 유체의 입자가 유선을 따라 진행한 경로
㉣ 유선, 유적선은 일치하지 않으나 정상유동에서는 일치

03 지름이 10cm인 파이프 안으로 비중이 0.8인 기름을 40kg/min의 질량유속으로 수송하면 파이프 안에서 기름이 흐르는 평균속도는 약 몇 m/min인가?

① 6.37 ② 17.46
③ 20.46 ④ 27.46

$G = \gamma A V$

$V = \dfrac{G}{\gamma A} = \dfrac{40(\text{kg/min})}{0.8 \times 10^3(\text{kg/m}^3) \times \dfrac{\pi}{4} \times (0.1\text{m})^2}$

$= 6.36 = 6.37\text{m/min}$

04 지름이 0.1m인 관에 유체가 흐르고 있다. 임계 레이놀즈수가 2100이고, 이에 대응하는 임계유속이 0.25m/s이다. 이 유체의 동점성계수는 약 몇 cm^2/s인가?

① 0.095 ② 0.119
③ 0.354 ④ 0.454

$Re = \dfrac{VD}{\nu}$

$\therefore \nu = \dfrac{VD}{Re} = \dfrac{0.25 \times 100 \times 10}{2100} = 0.119\text{cm}^2/\text{s}$

정답 01.③ 02.② 03.① 04.②

05 그림과 같은 물 딱총 피스톤을 미는 단위 면적당 힘의 세기가 P[N/m²]일 때 물이 분출되는 속도 V는 몇 m/s인가? (단, 물의 밀도는 ρ[kg/m³]이고, 피스톤의 속도와 손실은 무시한다.)

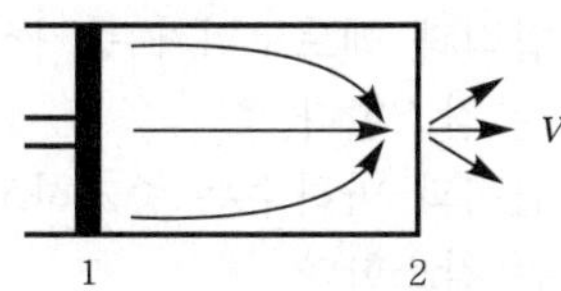

① $\sqrt{2P}$　② $\sqrt{\frac{2g}{\rho}}$

③ $\sqrt{\frac{2P}{g\rho}}$　④ $\sqrt{\frac{2P}{\rho}}$

압력수두가 전부 속도수두로 변하므로

$\frac{P}{\gamma}=\frac{V^2}{2g}$ 에서

$\therefore\ V=\sqrt{\frac{2gP}{\gamma}}=\sqrt{\frac{2gP}{\rho g}}=\sqrt{\frac{2P}{\rho}}$

06 내경 25mm인 원관 속을 평균유속 29.4m/min으로 물이 흐르고 있다면 원관의 길이 20m에 대한 손실수두는 약 몇 m가 되겠는가? (단, 관 마찰계수는 0.0125이다.)

① 0.123　② 0.250

③ 0.500　④ 1.225

$h_f=f\frac{l}{d}\cdot\frac{V^2}{2g}$

$=0.0125\times\frac{20}{0.025}\times\frac{(29.4/60)^2}{2\times 9.8}$

$=0.1225=0.123$

07 베르누이 방정식에 관한 일반적인 설명으로 옳은 것은?

① 같은 유선상이 아니더라도 언제나 임의의 점에 대하여 적용된다.

② 주로 비정상류 상태의 흐름에 대하여 적용된다.

③ 유체의 마찰효과를 고려한 식이다.

④ 압력수두, 속도수두, 위치수두의 합은 일정하다.

베르누이 방정식

오일러의 운동방정식을 적분한 값

㉠ $\frac{P}{\gamma}+\frac{V^2}{2g}+h=C$

(압력, 속도, 위치, 수두의 값은 일정)

㉡ 유체입자는 유선을 따라 움직임

㉢ 마찰이 없는 비점성 유체

㉣ 정상류

㉤ 비압축성

08 큰 탱크에 정지하고 있던 압축성 유체가 등엔트로피 과정으로 수축-확대 노즐을 지나면서 노즐의 출구에서 초음속으로 흐른다. 다음 중 옳은 것을 모두 고른 것은?

> ㉮ 노즐의 수축부분에서의 속도는 초음속이다.
> ㉯ 노즐의 목에서의 속도는 초음속이다.
> ㉰ 노즐의 확대부분에서의 속도는 초음속이다.

① ㉮　② ㉯

③ ㉰　④ ㉯, ㉰

축소-확대 노즐

㉠ 축소부분 : 아음속

㉡ 확대부분 : 초음속

㉢ 노즐의 목 : 음속, 아음속

09 다음 무차원수의 물리적인 의미로 옳은 것은 어느 것인가? **[유체19]**

① Weber No. : $\frac{\text{관성력}}{\text{표면장력의 힘}}$

② Euler No. : $\frac{\text{관성력}}{\text{압력}^2}$

③ Reynolds No. : $\frac{\text{점성력}}{\text{관성력}}$

④ Mach No. : $\frac{\text{점성력}}{\text{관성력}}$

버킹엄의 정의(유체 핵심 19) 참조

무차원수=물리량수-기본차원수

정답 05.④ 06.① 07.④ 08.③ 09.①

10 압축성 계수 β를 온도 T, 압력 P, 부피 V의 함수로 옳게 나타낸 것은?

① $\beta=\frac{1}{V}\left(\frac{\partial V}{\partial P}\right)_T$

② $\beta=\frac{1}{P}\left(\frac{\partial P}{\partial V}\right)_T$

③ $\beta=-\frac{1}{P}\left(\frac{\partial P}{\partial V}\right)_T$

④ $\beta=-\frac{1}{V}\left(\frac{\partial V}{\partial P}\right)_T$

해설

㉠ 압축성 계수(β) : 체적탄성계수의 역수

㉡ 체적탄성 계수(K) : 체적의 변화율에 대한 압력변화의 비

$$K=\frac{dP}{-\frac{dV}{V}}=\frac{dP}{\frac{d\rho}{\rho}}=\frac{dP}{\frac{d\gamma}{\gamma}}=-V\times\frac{dP}{dV}$$

$$\therefore\ \beta=\frac{1}{K}=-\frac{1}{V}\left(\frac{\partial V}{\partial P}\right)_T$$

11 매끄러운 원관에서 유량 Q, 관의 길이 L, 직경 D, 동점성계수 ν가 주어졌을 때 손실수두 h_f를 구하는 순서로 옳은 것은? (단, f는 마찰계수, Re는 Reynolds수, V는 속도이다.)

① Moody 선도에서 f를 가정한 후 Re를 계산하고 h_f를 구한다.

② h_f를 가정하고 f를 구해 확인한 후 Moody 선도에서 Re로 검증한다.

③ Re를 계산하고 Moody 선도에서 f를 구한 후 h_f를 구한다.

④ Re를 가정하고 V를 계산하고 Moody 선도에서 f를 구한 후 h_f를 계산한다.

해설

㉠ 관 마찰계수(f)는 레이놀즈수(Re) 상대조도$\left(\frac{e}{d}\right)$의 함수

$$f=\frac{64}{Re}$$

㉡ 무디선도는 $(Re)\left(\frac{e}{d}\right)(f)$의 함수이므로 Re를 계산하고 무디선도에서 f를 구한 후 h_f를 계산한다.

12 다음 중 수직 충격파가 발생될 때 나타나는 현상은?

① 압력, 마하수, 엔트로피가 증가한다.

② 압력은 증가하고, 엔트로피와 마하수는 감소한다.

③ 압력과 엔트로피가 증가하고, 마하수는 감소한다.

④ 압력과 마하수는 증가하고, 엔트로피는 감소한다.

해설

충격파

㉠ 초음속흐름이 아음속으로 변하게 되는 경우 이때 발생하는 불연속면

㉡ 수직 충격파는 충격파가 흐름에 대해 수직으로 작용하는 경우

㉢ 밀도, 비중량, 압력, 엔트로피 증가

㉣ 속도, 마하수 감소

㉤ 마찰열 발생

13 U자관 마노미터를 사용하여 오리피스 유량계에 걸리는 압력차를 측정하였다. 오리피스를 통하여 흐르는 유체는 비중이 1인 물이고, 마노미터 속의 액체는 비중이 13.6인 수은이다. 마노미터 읽음이 4cm일 때 오리피스에 걸리는 압력차는 약 몇 Pa인가?

① 2470 ② 4940

③ 7410 ④ 9880

해설

$$(13.6-1)\text{kg}/10^3\text{cm}^3\times4\text{cm}=0.0504\text{kg/cm}^2$$

$$\therefore\ \frac{0.0504}{1.033}\times101325=4943\text{Pa}$$

14 유체가 흐르는 배관 내에서 갑자기 밸브를 닫았더니 급격한 압력변화가 일어났다. 이때 발생할 수 있는 현상은? **[설비 17]**

① 공동 현상 ② 서징 현상

③ 워터해머 현상 ④ 숏피닝 현상

해설

원심펌프에서 발생되는 이상현상(설비 핵심 17) 참조

워터해머(수격)

관로 내를 흐르는 대형 송수관에서 일어나는 현상으로 급격한 속도변화에 따른 압력변화가 일어나는 현상

정답 10.④ 11.③ 12.③ 13.② 14.③

15 어떤 비행체의 마하각을 측정하였더니 45°를 얻었다. 이 비행체가 날고 있는 대기 중에서 음파의 전파속도가 310m/s일 때 비행체의 속도는 얼마인가?

① 340.2m/s
② 438.4m/s
③ 568.4m/s
④ 338.9m/s

$$\alpha = \sin^{-1} \cdot \frac{C}{V}$$

$$\therefore \sin\alpha = \frac{C}{V}$$

$$V = \frac{C}{\sin\alpha} = \frac{310}{\sin 45} = 438.4\text{m/s}$$

16 점도 6cP를 Pa · s로 환산하면 얼마인가?

① 0.0006 ② 0.006
③ 0.06 ④ 0.6

$$6\text{cP} = 0.06\text{P} = 0.06\text{g/cm} \cdot \text{s}$$
$$= 0.06 \times \frac{1}{10^5}\text{N} \cdot \text{s}^2/\text{cm} \times \frac{1}{\text{cm} \cdot \text{s}}$$
$$= 0.06 \times \frac{1}{10^5}\text{N} \cdot \text{s/cm}^2$$
$$= 0.06 \times \frac{1}{10^5}\text{N} \cdot \text{s/cm}^2 \times 10^4\text{cm}^2/\text{m}^2$$
$$= 0.06 \times \frac{1}{10}\text{N/m}^2 \cdot \text{s}$$
$$= 0.006\text{Pa} \cdot \text{s}$$

$1\text{kgf} = 9.8\text{N},\ 1\text{N} = 10^5\text{g} \cdot \text{cm/s}^2$

$1\text{g} = \frac{1}{10^5}\text{N} \cdot \text{s}^2/\text{cm}$

17 음속을 C, 물체의 속도를 V라고 할 때, Mach수는?

① $\frac{V}{C}$ ② $\frac{V}{C^2}$
③ $\frac{C}{V}$ ④ $\frac{C^2}{V}$

$$Ma = \frac{V(\text{속도})}{C(\text{음속})}$$

18 온도 20℃, 압력 5kgf/cm²인 이상기체 10cm³를 등온조건에서 5cm³까지 압축시키면 압력은 약 몇 kgf/cm²인가?

① 2.5 ② 5
③ 10 ④ 20

$$P_1V_1 = P_2V_2$$

$$\therefore P_2 = \frac{P_1V_1}{V_2} = \frac{5\times10}{5} = 10\text{kgf/cm}^2$$

19 펌프작용이 단속적이라서 맥동이 일어나기 쉬우므로 이를 완화하기 위하여 공기실을 필요로 하는 펌프는?

① 원심펌프 ② 기어펌프
③ 수격펌프 ④ 왕복펌프

20 충격파와 에너지선에 대한 설명으로 옳은 것은?

① 충격파는 아음속흐름에서 갑자기 초음속흐름으로 변할 때에만 발생한다.
② 충격파가 발생하면 압력, 온도, 밀도 등이 연속적으로 변한다.
③ 에너지선은 수력구배선보다 속도수두 만큼 위에 있다.
④ 에너지선은 항상 상향기울기를 갖는다.

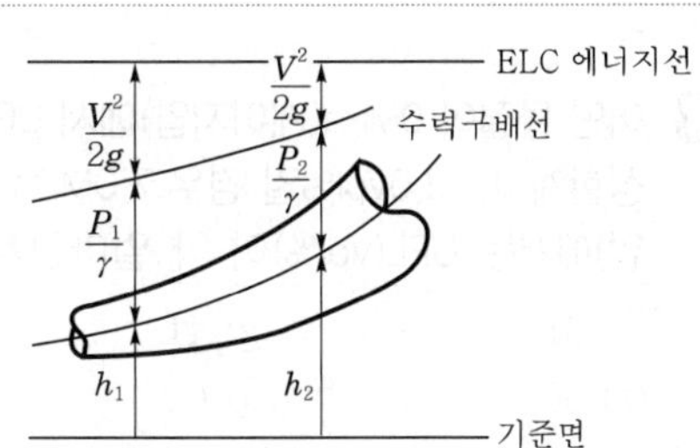

여기서, h : 위치수두

$\frac{P}{\gamma}$: 압력수두

$\frac{V^2}{2g}$: 속도수두

※ 에너지선은 수력구배선보다 속도수두$\left(\frac{V^2}{2g}\right)$만큼 위에 있다.

정답 15.② 16.② 17.① 18.③ 19.④ 20.③

제2과목 연소공학

21 기체상태의 평형이동에 영향을 미치는 변수와 가장 거리가 먼 것은?

① 온도 ② 압력
③ pH ④ 농도

22 다음 [보기]에서 비등액체팽창증기폭발(BLEVE) 발생의 단계를 순서에 맞게 나열한 것은?

A. 탱크가 파열되고 그 내용물이 폭발적으로 증발한다.
B. 액체가 들어있는 탱크의 주위에서 화재가 발생한다.
C. 화재로 인한 열에 의하여 탱크의 벽이 가열된다.
D. 화염이 열을 제거시킬 액은 없고 증기만 존재하는 탱크의 벽이나 천장(roof)에 도달하면 화염과 접촉하는 부위의 금속의 온도는 상승하여 탱크는 구조적 강도를 잃게 된다.
E. 액위 이하의 탱크 벽은 액에 의하여 냉각되나, 액의 온도는 올라가고, 탱크 내의 압력이 증가한다.

① E−D−C−A−B
② E−D−C−B−A
③ B−C−E−D−A
④ B−C−D−E−A

23 어떤 물질이 0MPa(게이지압)에서 UFL(연소상한계)이 12.0vol%일 경우 7.0MPa(게이지압)에서는 UFL(vol%)이 약 얼마인가?

① 31 ② 41
③ 50 ④ 60

해설

압력상승 시 분자간 평균거리가 축소되어 열전달이 용이하고 연소범위가 넓어진다.
압력의 함수로서 증가에 대한 방정식
$\text{UFL}(P)=\text{UFL}+20.6(\log P+1)$
$=12+20.6(\log 7+1)=50\%$

- $\text{UFL}(P)$: 어느 압력에서 폭발범위 상한 값
- UFL : 대기압에서 폭발범위 상한 값

24 상온, 상압하에서 가연성 가스의 폭발에 대한 일반적인 설명으로 틀린 것은?

① 폭발범위가 클수록 위험하다.
② 인화점이 높을수록 위험하다.
③ 연소속도가 클수록 위험하다.
④ 착화점이 높을수록 안전하다.

해설

인화점이 높으면 연소가 느려지므로 안전하다.

25 열역학 제2법칙에 대한 설명이 아닌 것은?

① 엔트로피는 열의 흐름을 수반한다.
② 계의 엔트로피는 계가 열을 흡수하거나 방출해야만 변화한다.
③ 자발적인 과정이 일어날 때는 전체(계와 주위)의 엔트로피는 감소하지 않는다.
④ 계의 엔트로피는 증가할 수도 있고 감소할 수도 있다.

해설

열역학 2법칙
(1) 비가역적 법칙
㉠ 엔트로피의 정의를 밝힌 법칙
㉡ 열의 흐름을 수반
(2) 열을 공급 받을 시 자연계에 아무런 변화도 남기지 않고 계속적으로 열은 일로 전환할 수 없다.
(3) 100% 효율의 열기관은 존재할 수 없다.

26 열기관의 효율을 길이의 비로 나타낼 수 있는 선도는?

① $P-T$선도 ② $T-S$선도
③ $H-S$선도 ④ $P-V$선도

해설

$H-S$선도(증기선도=몰리에르선도)
㉠ 포화수 엔탈피는 알 수 없으나, 열기관의 효율을 길이의 비로 나타낼 수 있다.
㉡ 증기의 교축변화를 해설할 때 이용한다.

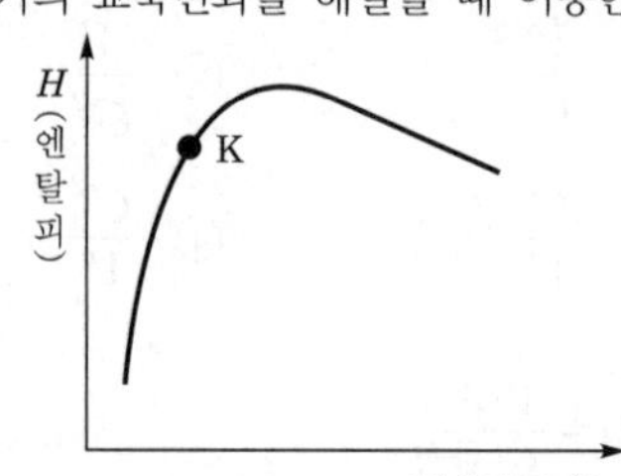

정답 21.③ 22.③ 23.③ 24.② 25.② 26.③

27 엔탈피에 대한 설명 중 옳지 않은 것은?

① 열량을 일정한 온도로 나눈 값이다.
② 경로에 따라 변화하지 않는 상태함수이다.
③ 엔탈피의 측정에는 흐름열량계를 사용한다.
④ 내부에너지와 유동일(흐름일)의 합으로 나타낸다.

엔탈피(kcal/kg)
단위중량당 열량(열량을 중량으로 나눈 값)

28 체적이 0.8m³인 용기 내에 분자량이 20인 이상기체 10kg이 들어 있다. 용기 내의 온도가 30℃라면 압력은 약 몇 MPa인가?

① 1.57 ② 2.45
③ 3.37 ④ 4.35

$$PV=\frac{w}{M}RT$$

$$P=\frac{wRT}{VM}=\frac{10\times 8.314\times(273+30)}{0.8\times 20}$$
$$=1574.46\text{kPa}=1.57\text{MPa}$$

$$R=\frac{8.314}{M}(\text{kJ/kg}\cdot\text{K})$$
$$P=\text{kPa}(\text{kN/m}^2)$$

29 밀폐된 용기 내에 1atm, 37℃로 프로판과 산소의 비율이 2 : 8로 혼합되어 있으며 그것이 연소하여 아래와 같은 반응을 하고 화염온도는 3000K이 되었다면, 이 용기 내에 발생하는 압력은 약 몇 atm인가?

$$2C_3H_8+8O_2 \rightarrow 6H_2O+4CO_2+2CO+2H_2$$

① 13.5 ② 15.5
③ 16.5 ④ 19.5

$$P_1V_1=\eta_1R_1T_1$$
$$P_2V_2=\eta_2R_2T_2$$
$$V_1=V_2=\frac{\eta_1R_1T_1}{P_1}=\frac{\eta_2R_2T_2}{P_2}$$
$(R_1=R_2)$이므로
$$\therefore\ P_2=\frac{P_1\eta_2T_2}{\eta_1T_1}=\frac{1\times 14\times 3000}{10\times(273+37)}=13.5\text{atm}$$

30 내압방폭구조의 폭발등급 분류 중 가연성 가스의 폭발등급 A에 해당하는 최대안전 틈새의 범위(mm)는? **[안전 13]**

① 0.9 이하
② 0.5 초과 0.9 미만
③ 0.5 이하
④ 0.9 이상

위험장소 분류, 가스시설 전기방폭기준(안전 핵심 13) 참조

31 기체연료의 연소속도에 대한 설명으로 틀린 것은?

① 보통의 탄화수소와 공기의 혼합기체 연소속도는 약 400~500cm/s 정도로 매우 빠른 편이다.
② 연소속도는 가연한계 내에서 혼합기체의 농도에 영향을 크게 받는다.
③ 연소속도는 메탄의 경우 당량비 농도 근처에서 최고가 된다.
④ 혼합기체의 초기온도가 올라갈수록 연소속도도 빨라진다.

탄화수소와 공기의 혼합기체 연소속도
10~1000cm/s

32 집진효율이 가장 우수한 집진장치는?

① 여과 집진장치 ② 세정 집진장치
③ 전기 집진장치 ④ 원심력 집진장치

33 이상기체에 대한 설명으로 틀린 것은?

① 압축인자 $Z=1$이 된다.
② 상태방정식 $PV=nRT$를 만족한다.
③ 비리얼방정식에서 V가 무한대가 되는 것이다.
④ 내부 에너지는 압력에 무관하고 단지 부피와 온도만의 함수이다.

내부 에너지는 온도만의 함수

정답 27.① 28.① 29.① 30.④ 31.① 32.③ 33.④

34 연료와 공기를 미리 혼합시킨 후 연소시키는 것으로 고온의 화염면(반응면)이 형성되어 자력으로 전파되어 일어나는 연소형태는 어느 것인가? **[연소 2]**

① 확산연소　② 분무연소
③ 예혼합연소　④ 증발연소

연소의 종류(연소 핵심 2) 참조

35 오토사이클에 대한 일반적인 설명으로 틀린 것은?

① 열효율은 압축비에 대한 함수이다.
② 압축비가 커지면 열효율은 작아진다.
③ 열효율은 공기표준 사이클보다 낮다.
④ 이상연소에 의해 열효율은 크게 제한을 받는다.

해설

오토사이클(정적 사이클)

$\eta = 1 - \left(\frac{1}{\varepsilon}\right)^{k-1}$

압축비(ε)가 클수록 효율은 좋아진다.

36 과잉공기계수가 1.3일 때 230Nm³의 공기로 탄소(C) 약 몇 kg을 완전연소시킬 수 있는가?

① 4.8kg　② 10.5kg
③ 19.9kg　④ 25.6kg

해설

$C + O_2 \rightarrow CO_2$

12kg　22.4Nm²

1kg　x

$x = \frac{1 \times 22.4}{12} = 18.66$

공기량$(A_o) = 1.866 \times \frac{1}{0.21} = 8.89\text{Nm}^3/\text{kg}$이므로

$A = mA_o$에서

필요이론공기량 $A_o = \frac{A}{m} = \frac{230}{1.3} = 176.92$이므로

$\frac{176.92\text{Nm}^2}{8.89\text{Nm}^3/\text{kg}} = 19.9\text{kg}$

37 다음 중 층류 연소속도의 측정법이 아닌 것은 어느 것인가? **[연소 25]**

① 분젠버너법
② 슬롯버너법
③ 다공버너법
④ 비눗방울법

38 압력 0.2MPa, 온도 333K의 공기 2kg이 이상적인 폴리트로픽 과정으로 압축되어 압력 2MPa, 온도 523K으로 변화하였을 때 그 과정에서의 일량은 약 몇 kJ인가?

① −447　② −547
③ −647　④ −667

해설

폴리트로픽 변화의 일량(W_a)

$$W_a = \frac{1}{n-1}(P_1V_1 - P_2V_2)$$
$$= \frac{1}{n-1}\left[P_1V_1 - P_1V_1\left(\frac{T_2}{T_1}\right)\right]$$
$$= \frac{1}{n-1}(P_1V_1)\left(1 - \frac{T_2}{T_1}\right)$$
$$= \frac{GR}{n-1}(T_1 - T_2)$$

㉠ 폴리트로픽 지수 n을 구함

폴리트로픽 변화

$\frac{T_2}{T_1} = \left(\frac{P_2}{P_1}\right)^{\frac{n-1}{n}}$에서

$$\frac{n-1}{n} = \frac{\log\left(\frac{T_2}{T_1}\right)}{\log\left(\frac{P_2}{P_1}\right)} = \frac{\log\left(\frac{523}{333}\right)}{\log\left(\frac{2}{0.2}\right)} = 0.196$$

$\therefore n = 1.244$

㉡ V_1을 구함

$P_V = GRT$에서

$$V_1 = \frac{GRT}{P_1} = \frac{2 \times \frac{8314}{29} \times 333}{0.2 \times 10^6} = 0.955\text{m}^3$$

$$\therefore W_a = \frac{1}{1.244 - 1}(0.2 \times 10^6 \times 0.955)\left(1 - \frac{523}{333}\right) = -446635\text{N}\cdot\text{m} = -447\text{kJ}$$

정답 34.③ 35.② 36.③ 37.③ 38.①

39 불활성화에 대한 설명으로 틀린 것은 어느 것인가? **[연소 19]**

① 가연성 혼합가스 중의 산소농도를 최소산소농도(MOC) 이하로 낮게 하여 폭발을 방지하는 것이다.
② 일반적으로 실시되는 산소농도의 제어점은 최소산소농도(MOC)보다 약 4% 낮은 농도이다.
③ 이너트 가스로는 질소, 이산화탄소, 수증기가 사용된다.
④ 일반적으로 가스의 최소산소농도(MOC)는 보통 10% 정도이고 분진인 경우에는 1% 정도로 낮다.

해설
불활성화 방법(연소 핵심 19) 참조

40 공기비가 클 경우 연소에 미치는 현상으로 가장 거리가 먼 것은? **[연소 15]**

① 연소실 내의 연소온도가 내려간다.
② 연소가스 중에 CO_2가 많아져 대기오염을 유발한다.
③ 연소가스 중에 SO_x가 많아져 저온 부식이 촉진된다.
④ 통풍력이 강하여 배기가스에 의한 열손실이 많아진다.

해설
공기비(연소 핵심 15) 참조
연소가스 중 NO, NO_2가 많아져 대기오염을 유발

제3과목 가스설비

41 압축기의 실린더를 냉각하는 이유로서 가장 거리가 먼 것은? **[설비 47]**

① 체적효율 증대 ② 압축효율 증대
③ 윤활기능 향상 ④ 토출량 감소

해설
압축비와 실린더 냉각의 목적(설비 핵심 47) 참조

42 펌프의 이상현상에 대한 설명 중 틀린 것은 어느 것인가? **[설비 17]**

① 수격작용이란 유속이 급변하여 심한 압력변화를 갖게 되는 작용이다.
② 서징(surging)의 방지법으로 유량조정 밸브를 펌프 송출측 직후에 배치시킨다.
③ 캐비테이션 방지법으로 관경과 유속을 모두 크게 한다.
④ 베이퍼록은 저비점 액체를 이송시킬 때 입구쪽에서 발생되는 액체비등 현상이다.

해설
원심펌프에서 발생하는 이상현상(설비 핵심 17) 참조
③ 관경은 크게, 유속은 낮게

43 정압기의 운전특성 중 정상상태에서의 유량과 2차 압력과의 관계를 나타내는 것은 어느 것인가? **[설비 22]**

① 정특성 ② 동특성
③ 사용최대차압 ④ 작동최소차압

해설
정압기의 특성(설비 핵심 22) 참조

44 헬륨가스의 기체상수는 약 몇 kJ/kg · K인가?

① 0.287 ② 2
③ 28 ④ 212

해설
He=4g이므로

$R = \frac{848}{M}$ kgf · m/kg · K에서

$\frac{848}{4} \times 9.8$N · m/kg · K

$= \frac{848}{4} \times 9.8 \times 10^{-3}$kN · m/kg · K

$= 2.0$kN · m/kg · K $= 2.0$kJ/kg · K(kN · m = kJ)

45 토출량 $5m^3$/min, 전양정 30m, 비교회전수 90rpm · m^3/min · m인 3단 원심펌프의 회전수는 약 몇 rpm인가?

① 226 ② 255
③ 326 ④ 343

정답 39.④ 40.② 41.④ 42.③ 43.① 44.② 45.①

$$Ns = \frac{N\sqrt{Q}}{\left(\frac{H}{n}\right)^{\frac{3}{4}}}$$

$$\therefore N = \frac{Ns \cdot \left(\frac{H}{n}\right)^{\frac{3}{4}}}{\sqrt{Q}} = \frac{90 \times \left(\frac{30}{3}\right)^{\frac{3}{4}}}{\sqrt{5}} = 226.33\text{rpm}$$

46 원심압축기의 특징이 아닌 것은? **[설비 35]**

① 설치면적이 적다.
② 압축이 단속적이다.
③ 용량조정이 어렵다.
④ 윤활유가 불필요하다.

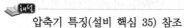

압축기 특징(설비 핵심 35) 참조

47 하버-보시법에 의한 암모니아 합성 시 사용되는 촉매는 주촉매로 산화철(Fe_3O_4)에 보조촉매를 사용한다. 보조촉매의 종류가 아닌 것은?

① K_2O ② MgO
③ Al_2O_3 ④ MnO

암모니아 합성 시 촉매
암모니아 합성촉매는 주로 산화철(Fe_3O_4)에 Al_2O_3, K_2O를 첨가하고, 그 밖의 촉진제로 CaO, MgO, SiO_2 등이 사용된다.

48 스테인리스강을 조직학적으로 구분하였을 때 이에 속하지 않는 것은?

① 오스테나이트계 ② 보크사이트계
③ 페라이트계 ④ 마텐자이트계

49 펌프의 특성곡선상 체절운전(체절양정)이란 무엇인가?

① 유량이 0일 때의 양정
② 유량이 최대일 때의 양정
③ 유량이 이론값일 때의 양정
④ 유량이 평균값일 때의 양정

50 배관의 전기방식 중 희생양극법에서 저전위 금속으로 주로 사용되는 것은?

① 철 ② 구리
③ 칼슘 ④ 마그네슘

저전위 금속 : Mg, Zn

51 LP가스 충전설비 중 압축기를 이용하는 방법의 특징이 아닌 것은? **[설비 23]**

① 잔류가스 회수가 가능하다.
② 베이퍼록 현상 우려가 있다.
③ 펌프에 비해 충전시간이 짧다.
④ 압축기 오일이 탱크에 들어가 드레인의 원인이 된다.

LP가스 이송방법(설비 핵심 23) 참조

52 가스화의 용이함을 나타내는 지수로서 C/H비가 이용된다. 다음 중 C/H비가 가장 낮은 것은?

① propane ② naphtha
③ methane ④ LPG

methane(CH_4)

$\frac{12}{4} = 3$

53 용기 속의 잔류가스를 배출시키려 할 때 다음 중 가장 적정한 방법은?

① 큰 통에 넣어 보관한다.
② 주위에 화기가 없으면 소화기를 준비할 필요가 없다.
③ 잔가스는 내압이 없으므로 밸브를 신속히 연다.
④ 통풍이 있는 옥외에서 실시하고, 조금씩 배출한다.

54 다음 중 용기밸브의 충전구가 왼나사 구조인 것은? **[안전 32]**

① 브롬화메탄 ② 암모니아
③ 산소 ④ 에틸렌

용기밸브 나사의 종류, 용기밸브 충전구나사(안전 핵심 32) 참조

정답 46.② 47.④ 48.② 49.① 50.④ 51.② 52.③ 53.④ 54.④

55 도시가스 원료로서 나프타(naphtha)가 갖추어야 할 조건으로 틀린 것은?

① 황분이 적을 것
② 카본 석출이 적을 것
③ 탄화물성 경향이 클 것
④ 파라핀계 탄화수소가 많을 것

해설
탄화물성 경향이 작을 것

56 석유화학 공장 등에 설치되는 플레어스택에서 역화 및 공기 등과의 혼합폭발을 방지하기 위하여 가스 종류 및 시설 구조에 따라 갖추어야 하는 것에 포함되지 않는 것은?

① vacuum breaker
② flame arrestor
③ vapor seal
④ molecular seal

플레어스택에 포함되어야 할 시설
②, ③, ④ 이외에 purge gas의 지속적 주입, liquid seal 시설

57 2단 감압방식의 장점에 대한 설명이 아닌 것은? **[설비 55]**

① 공급압력이 안정적이다.
② 재액화에 대한 문제가 없다.
③ 배관 입상에 의한 압력손실을 보정할 수 있다.
④ 연소기구에 맞는 압력으로 공급이 가능하다.

조정기(설비 핵심 55) 참조
② 재액화에 문제가 있다.

58 LP가스의 일반적인 성질에 대한 설명 중 옳은 것은? **[설비 56]**

① 증발잠열이 작다.
② LP가스는 공기보다 가볍다.
③ 가압하거나 상압에서 냉각하면 쉽게 액화한다.
④ 주성분은 고급 탄화수소의 화합물이다.

해설
LP가스의 특징(설비 핵심 56) 참조
LP가스의 특성
㉠ 증발잠열이 크다.
㉡ 공기보다 무겁다.
㉢ 저급 탄화수소의 화합물이다.

59 고압가스장치 재료에 대한 설명으로 틀린 것은?

① 고압가스장치에는 스테인리스강 또는 크롬강이 적당하다.
② 초저온장치에는 구리, 알루미늄이 사용된다.
③ LPG 및 아세틸렌 용기 재료로는 Mn강을 주로 사용한다.
④ 산소, 수소 용기에는 Cr강이 적당하다.

③ LPG C_2H_2 용기 재료 : 탄소강

60 다음 부취제 주입방식 중 액체 주입식이 아닌 것은? **[안전 19]**

① 펌프 주입방식
② 적하 주입방식
③ 바이패스 증발식
④ 미터 연결 바이패스 방식

해설
부취제(안전 핵심 19) 참조

제4과목 가스안전관리

61 액화석유가스 고압설비를 기밀시험 하려고 할 때 가장 부적당한 가스는?

① 산소　　② 공기
③ 이산화탄소　　④ 질소

해설
산소는 조연성으로 기밀시험에 부적합하다.

62 다음 중 역화방지장치를 설치하지 않아도 되는 곳은? **[안전 91]**

① 아세틸렌 충전용 지관
② 가연성 가스를 압축하는 압축기와 오토클레이브 사이의 배관
③ 가연성 가스를 압축하는 압축기와 충전용 주관과의 사이
④ 아세틸렌 고압건조기와 충전용 교체밸브 사이 배관

정답 55.③ 56.① 57.② 58.③ 59.③ 60.③ 61.① 62.③

역류방지밸브, 역화방지장치 설치기준(안전 핵심 91) 참조

63 공기액화분리기의 액화공기 탱크와 액화산소 증발기와의 사이에는 석유류, 유지류, 그 밖의 탄화수소를 여과, 분리하기 위한 여과기를 설치해야 한다. 이때 1시간의 공기 압축량이 몇 m^3 이하의 것은 제외하는가? **[설비 5]**

① $100m^3$ ② $1000m^3$
③ $5000m^3$ ④ $10000m^3$

공기액화분리장치(설비 핵심 5) 참조

64 내용적이 3000L인 차량에 고정된 탱크에 최고 충전압력 2.1MPa로 액화가스를 충전하고자 할 때 탱크의 저장능력은 얼마가 되는가? (단, 가스의 충전정수는 2.1MPa에서 2.35MPa이다.)

① 1277kg ② 142kg
③ 705kg ④ 630kg

$$W = \frac{V}{C} = \frac{3000}{2.35} = 1276.59\text{kg}$$

65 가연성 가스의 검지경보장치 중 방폭구조로 하지 않아도 되는 가연성 가스는? **[안전 13]**

① 아세틸렌 ② 프로판
③ 브롬화메탄 ④ 에틸에테르

위험장소 분류, 가스시설 전기방폭기준(안전 핵심 13) 참조

66 고압가스 충전용기 등의 적재, 취급, 하역 운반요령에 대한 설명으로 가장 옳은 것은 어느 것인가? **[안전 71]**

① 교통량이 많은 장소에서는 엔진을 켜고 용기 하역작업을 한다.
② 경사진 곳에서는 주차 브레이크를 걸어놓고 하역작업을 한다.
③ 충전용기를 적재한 차량은 제1종 보호시설과 10m 이상의 거리를 유지한다.
④ 차량의 고장 등으로 인하여 정차하는 경우는 적색표지판 등을 설치하여 다른 차와의 충돌을 피하기 위한 조치를 한다.

차량 고정탱크 및 용기에 의한 운반·주차 시의 기준(안전 핵심 71) 참조

67 가스용기의 도색으로 옳지 않은 것은? (단, 의료용 가스용기는 제외한다.) **[안전 59]**

① O_2 : 녹색
② H_2 : 주황색
③ C_2H_2 : 황색
④ 액화암모니아 : 회색

용기의 도색 표시(안전 핵심 59) 참조
④ 암모니아 : 백색

68 공급자의 안전점검 기준 및 방법과 관련하여 틀린 것은?

① 충전용기의 설치위치
② 역류방지장치의 설치여부
③ 가스공급 시 마다 점검 실시
④ 독성가스의 경우 흡수장치·제해장치 및 보호구 등에 대한 적합여부

69 액화석유가스 외의 액화가스를 충전하는 용기의 부속품을 표시하는 기호는? **[안전 64]**

① AG ② PG
③ LG ④ LPG

용기 종류별 부속품의 기호(안전 핵심 64) 참조

70 암모니아를 실내에서 사용할 경우 가스누출 검지경보장치의 경보농도는? **[안전 67]**

① 25ppm ② 50ppm
③ 100pp ④ 200ppm

가스누출경보기 및 자동차단장치 설치(안전 핵심 67) 참조

정답 63.② 64.① 65.③ 66.④ 67.④ 68.② 69.③ 70.②

71 이동식 부탄연소기(카세트식)의 구조에 대한 설명으로 옳은 것은?

① 용기장착부 이외에 용기가 들어가는 구조이어야 한다.
② 연소기는 50% 이상 충전된 용기가 연결된 상태에서 어느 방향으로 기울여도 20° 이내에서는 넘어지지 아니하여야 한다.
③ 연소기는 2가지 용도로 동시에 사용할 수 없는 구조로 한다.
④ 연소기에 용기를 연결할 때 용기 아랫부분을 스프링의 힘으로 직접 밀어서 연결하는 방법 또는 자석에 의하여 연결하는 방법이어야 한다.

해설

이동식 부탄연소기(카세트식)

㉠ 용기 연결레버가 있는 것은 다음 구조에 적합하게 한다.
㉡ 용기 연결레버는 연소기 몸체에 견고하게 부착되어 있고, 작동이 원활하고 확실한 것으로 한다.
㉢ 용기를 반복 탈착하는 경우에 용기가 정위치에서 이탈되지 아니하도록 용기장착 가드 홈 등을 설치한다.
㉣ 용기를 장착하는 경우에 용기 밑면을 미는 구조인 것은 용기를 미는 부분의 면적이 용기 밑면적의 1/3 이상으로 한다. 다만, 판스프링을 사용하여 용기를 미는 부분의 높이를 용기 지름의 1/2 이상으로 한 것은 그러하지 아니하다.
㉤ 연소기는 2가지 용도로 동시에 사용할 수 없는 구조로 한다.
㉥ 삼발이를 뒤집어 놓을 수 있는 것은 삼발이를 뒤집어 놓았을 때 용기가 연결되지 아니하거나 가스통로가 열리지 아니하는 구조로 한다. 다만, 삼발이를 뒤집어 놓았을 때 취사용구를 올려놓을 수 없는 구조 및 그릴은 그러하지 아니하다.
㉦ 연소기는 콕이 닫힌 상태에서 예비적 동작 없이는 열리지 아니하는 구조로 한다. 다만, 콕이 닫힌 상태에서 용기가 탈착되는 구조나 소화안전장치가 부착된 것은 그러하지 아니하다.(개정 15.11.4.)
㉧ 연소기는 용기 연결가드를 부착하고, 거버너의 용기 연결가드 중심과 용기 홈부 중심이 일치하는 경우에만 용기가 장착되는 구조로서 용기를 연결하는 경우에는 가스누출이 없는 것으로 한다.
㉨ 콕이 열린 상태에서는 용기가 연소기에 연결되지 아니하는 것으로 한다.
㉩ 연소기에 용기를 연결할 때 용기 아랫부분을 스프링의 힘으로 직접 밀어서 연결하는 방법이 아닌 구조로 한다. 다만, 자석으로 연결하는 연소기는 비자성 용기를 사용할 수 없음을 표시해야 한다.
㉪ 용기장착부의 양 옆면과 아랫면에는 통풍구가 있고, 연소기 밑면이 바닥에 직접 닿지 아니하는 구조로 한다.
㉫ 조리용 연소기 메인버너의 최상부는 국물받이 바닥면보다 20mm 이상 높게 한다. 다만, 그릴은 그러하지 아니하다.
㉬ 용기로부터 연소기에 공급되는 가스는 기체 상태이어야 한다.
㉭ 안전장치 작동부(용기탈착 기계적 작동장치)는 외부 영향으로부터 방해 받지 않아야 한다.

72 공기압축기의 내부 윤활유로 사용할 수 있는 것은?

① 잔류탄소의 질량이 전 질량의 1% 이하이며 인화점이 200℃ 이상으로서 170℃에서 8시간 이상 교반하여 분해되지 않는 것
② 잔류탄소의 질량이 전 질량의 1% 이하이며 인화점이 270℃ 이상으로서 170℃에서 12시간 이상 교반하여 분해되지 않는 것
③ 잔류탄소의 질량이 1% 초과 1.5% 이하이며 인화점이 200℃ 이상으로서 170℃에서 8시간 이상 교반하여 분해되지 않는 것
④ 잔류탄소의 질량이 1% 초과 1.5% 이하이며 인화점이 270℃ 이상으로서 170℃에서 12시간 이상 교반하여 분해되지 않는 것

해설

공기압축기의 내부 윤활유

잔류 탄소의 질량	인화점	교반분해 시 온도	교반분해 되지 않는 시간
전 질량의 1% 이하	200℃ 이상	170℃	8시간
전 질량의 1% 초과 1.5% 이하	230℃ 이상	170℃	12시간

정답 71.③ 72.①

73 용기에 의한 액화석유가스 사용시설에 설치하는 기화장치에 대한 설명으로 틀린 것은?

① 최대 가스소비량 이상의 용량이 되는 기화장치를 설치한다.
② 기화장치의 출구배관에는 고무호스를 직접 연결하여 열차단이 되게 하는 조치를 한다.
③ 기화장치의 출구측 압력은 1MPa 미만이 되도록 하는 기능을 갖거나, 1MPa 미만에서 사용한다.
④ 용기는 그 외면으로부터 기화장치까지 3m 이상의 우회거리를 유지한다.

용기에 의한 액화석유가스 사용시설 기화장치 설치 (KGS FU431)
㉠ 용량 : 최대가스소비량 이상의 용량
㉡ 전원 : 비상전력 보유
예비용기를 포함한 용기집합설비 기상부에 별도의 예비 기체라인을 설치할 것
㉢ 출구측 압력 : 1MPa 미만이 되도록 하는 기능을 갖거나 1MPa 미만에서 사용
㉣ 가열방식이 액화석유가스 연소에 의한 방식인 경우 파일럿 버너가 꺼지는 경우 가스공급이 자동차단되는 자동안전장치 부착
㉤ 콘크리트 기초 위에 고정 설치
㉥ 옥외에 설치
옥내 설치 시 불연성 재료 사용, 통풍이 잘되는 구조
㉦ 용기의 면에서 기화장치까지 3m 이상 우회거리 유지
㉧ 기화장치 출구 배관에는 고무호스를 직접 연결하지 아니할 것
㉨ 기화장치에는 정전기 제거조치를 할 것

74 염소가스 운반차량에 반드시 비치하지 않아도 되는 것은? **[안전 166]**

① 방독마스크 ② 안전장갑
③ 제독제 ④ 소화기

독성 가스 운반 시 보호장비(안전 핵심 166) 참조

75 가스사고를 사용처별로 구분했을 때 가장 빈도가 높은 곳은?

① 공장 ② 주택
③ 공급시설 ④ 식품접객업소

76 고압가스 저장탱크에 아황산가스를 충전할 때 그 가스의 용량이 그 저장탱크 내용적의 몇 %를 초과하는 것을 방지하기 위한 과충전 방지조치를 강구하여야 하는가? **[안전 37]**

① 80% ② 85%
③ 90% ④ 95%

저장탱크 및 용기에 충전(안전 핵심 37) 참조

77 다음 중 가연성 가스이지만 독성이 없는 가스는?

① NH_3 ② CO
③ HCN ④ C_3H_6

가스명	허용농도 (TLV-TWA)	연소범위
NH_3	25ppm	15~28%
CO	50ppm	12.5~74%
HCN	10ppm	6~41%
C_3H_6	–	2.4~10.3%

78 고압가스의 운반기준에 대한 설명 중 틀린 것은? **[안전 33, 34]**

① 차량 앞뒤에 경계표지를 할 것
② 충전탱크의 온도는 40℃ 이하를 유지할 것
③ 액화가스를 충전하는 탱크에는 그 내부에 방파판 등을 설치할 것
④ 2개 이상 탱크를 동일차량에 고정하여 운반하지 말 것

차량 고정탱크 운반기준(안전 핵심 33), 고압가스 용기에 의한 운반기준(안전 핵심 34) 참조
④ 2개 이상의 탱크를 동일차량에 운반 시의 규정

79 시안화수소(HCN)가스의 취급 시 주의사항으로 가장 거리가 먼 것은?

① 금속부식주의 ② 노출주의
③ 독성주의 ④ 중합폭발주의

정답 73.② 74.④ 75.② 76.③ 77.④ 78.④ 79.①

80 다음 중 고유의 색깔을 가지는 가스는?

① 염소 ② 황화수소
③ 암모니아 ④ 산화에틸렌

염소 : 황록색의 기체

제5과목 가스계측

81 다음 중 연당지로 검지할 수 있는 가스는 어느 것인가? **[계측 15]**

① $COCl_2$ ② CO
③ H_2S ④ HCN

독성 가스 누설검지 시험지와 변색상태(계측 핵심 15) 참조

82 산소(O_2)는 다른 가스에 비하여 강한 상자성체이므로 자장에 대하여 흡인되는 특성을 이용하여 분석하는 가스분석계는?

① 세라믹식 O_2계 ② 자기식 O_2계
③ 연소식 O_2계 ④ 밀도식 O_2계

83 루트 가스미터의 고장에 대한 설명으로 틀린 것은? **[계측 5]**

① 부동－회전자는 회전하고 있으나, 미터의 지침이 움직이지 않는 고장
② 떨림－회전자 베어링의 마모에 의한 회전자 접촉 등에 의해 일어나는 고장
③ 기차불량－회전자 베어링의 마모에 의한 간격 증대 등에 의해 일어나는 고장
④ 불통－회전자의 회전이 정지하여 가스가 통과하지 못하는 고장

가스미터의 고장(계측 핵심 5) 참조

84 경사관 압력계에서 P_1의 압력을 구하는 식은? (단, γ : 액체의 비중량, P_2 : 가는 관의 압력, θ : 경사각, X : 경사관 압력계의 눈금이다.)

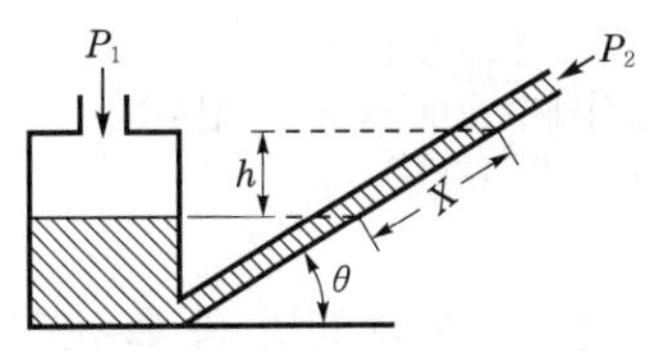

① $P_1 = P_2 / \sin\theta$
② $P_1 = P_2 \gamma \cos\theta$
③ $P_1 = P_2 + \gamma X \cos\theta$
④ $P_1 = P_2 + \gamma X \sin\theta$

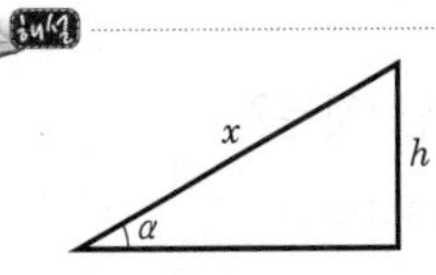

$h = x\sin\theta$
$P_1 = P_2 + \gamma h = P_2 + \gamma x \sin\theta$

85 가스계량기의 설치장소에 대한 설명으로 틀린 것은?

① 화기와 습기에서 멀리 떨어지고 통풍이 양호한 위치
② 가능한 배관의 길이가 길고 꺾인 위치
③ 바닥으로부터 1.6m 이상 2.0m 이내에 수직, 수평으로 설치
④ 전기공작물과 일정거리 이상 떨어진 위치

86 부르동관 재질 중 일반적으로 저압에서 사용하지 않는 것은? **[계측 33]**

① 황동 ② 청동
③ 인청동 ④ 니켈강

압력계 구분(계측 핵심 33) 참조
부르동관 압력계 재질
㉠ 고압용 : 강
㉡ 저압용 : 동

87 점도의 차원은? (단, 차원기호는 M : 질량, L : 길이, T : 시간이다.)

① MLT^{-1} ② $ML^{-1}T^{-1}$
③ $M^{-1}LT^{-1}$ ④ $M^{-1}L^{-1}T$

정답 80.① 81.③ 82.② 83.② 84.④ 85.② 86.④ 87.②

해설
점성계수 μ(g/cm · s) (단위)
$ML^{-1}T^{-1}$(차원)

88 다음 가스분석 방법 중 흡수분석법이 아닌 것은? **[계측 1]**

① 헴펠법 ② 적정법
③ 오르자트법 ④ 게겔법

해설
흡수분석법(계측 핵심 1) 참조

89 압력계측 장치가 아닌 것은?

① 마노미터(manometer)
② 벤투리 미터(venturi meter)
③ 부르동 게이지(Bourdon gauge)
④ 격막식 게이지(diaphragm gauge)

해설
② 벤투리 미터 : 차압식 유량계

90 가스 크로마토그래피에서 운반가스의 구비 조건으로 옳지 않은 것은? **[계측 10]**

① 사용하는 검출기에 적합해야 한다.
② 순도가 높고, 구입이 용이해야 한다.
③ 기체확산이 가능한 큰 것이어야 한다.
④ 시료와 반응성이 낮은 불활성 기체이어야 한다.

해설
G/C(가스 크로마토그래피) 측정원리와 특성(계측 핵심 10) 참조

91 교통 신호등은 어떤 제어를 기본으로 하는가?

① 피드백 제어 ② 시퀀스 제어
③ 캐스케이드 제어 ④ 추종 제어

92 회전수가 비교적 적기 때문에 일반적으로 $100m^3/h$ 이하의 소용량 가스계량에 적합하며, 독립내기식과 그로바식으로 구분되는 가스미터는? **[계측 8]**

① 막식 ② 루트미터
③ 로터리피스톤식 ④ 습식

해설
막식, 습식, 루트식 가스미터 장 · 단점(계측 핵심 8) 참조

93 구리-콘스탄탄 열전대의 (-)극에 주로 사용되는 금속은? **[계측 9]**

① Ni-Al ② Cu-Ni
③ Mn-Si ④ Ni-Pt

해설
열전대 온도계(계측 핵심 9) 참조

94 다이어프램 압력계의 특징에 대한 설명 중 옳은 것은? **[계측 27]**

① 감도는 높으나, 응답성이 좋지 않다.
② 부식성 유체의 측정이 불가능하다.
③ 미소한 압력을 측정하기 위한 압력계이다.
④ 과잉압력으로 파손되면 그 위험성은 커진다.

해설
다이어프램 압력계(계측 핵심 27) 참조

95 안전등형 가스검출기에서 청색 불꽃의 길이로 농도를 알 수 있는 가스는? **[계측 20]**

① 수소 ② 메탄
③ 프로판 ④ 산소

해설
가연성 가스 검출기 종류(계측 핵심 20) 참조

96 불꽃이온화검출기(FID)에 대한 설명 중 옳지 않은 것은? **[계측 13]**

① 감도가 아주 우수하다.
② FID에 의한 탄화수소의 상대감도는 탄소수에 거의 반비례한다.
③ 구성요소로는 시료가스, 노즐, 컬렉터 전극, 증폭부, 농도지시계 등이 있다.
④ 수소불꽃 속에 탄화수소가 들어가면 불꽃의 전기전도도가 증대하는 현상을 이용한 것이다.

정답 88.② 89.② 90.③ 91.② 92.① 93.② 94.③ 95.② 96.②

G/C 검출기 종류 및 특징(계측 핵심 13) 참조

② 탄화수소의 상대감도는 탄소수에 비례

97 계측기의 감도에 대하여 바르게 나타낸 것은?

① $\dfrac{\text{지시량의 변화}}{\text{측정량의 변화}}$

② $\dfrac{\text{측정량의 변화}}{\text{지시량의 변화}}$

③ 지시량의 변화－측정량의 변화

④ 측정량의 변화－지시량의 변화

98 습한 공기 205kg 중 수증기가 35kg 포함되어 있다고 할 때 절대습도(kg/kg)는? (단, 공기와 수증기의 분자량은 각각 29, 18로 한다.) **[계측 25]**

① 0.106 ② 0.128

③ 0.171 ④ 0.206

습도(계측 핵심 25) 참조

$$x = \frac{35}{205-35} = 0.2058\text{kg/kg}$$

99 열전대 온도계의 특징에 대한 설명으로 틀린 것은? **[계측 9]**

① 냉접점이 있다.

② 보상 도선을 사용한다.

③ 원격 측정용으로 적합하다.

④ 접촉식 온도계 중 가장 낮은 온도에 사용된다.

열전대 온도계(계측 핵심 9) 참조

100 제어계 오차가 검출될 때 오차가 변화하는 속도에 비례하여 조작량을 가감하도록 하는 동작은? **[계측 4]**

① 미분동작 ② 적분동작

③ 온－오프동작 ④ 비례동작

동작신호와 신호의 전송법(계측 핵심 4) 참조

정답 97.① 98.④ 99.④ 100.①

가스기사 필기

부록. 과년도 출제문제

국가기술자격 시험문제

2019년 기사 제1회 필기시험(1부) (2019년 3월 3일 시행)

자격종목	시험시간	문제수	문제형별
가스기사	**2시간30분**	**100**	**B**

수험번호		성 명	

제1과목 가스유체역학

01 수면의 높이가 10m로 일정한 탱크의 바닥에 5mm의 구멍이 났을 경우 이 구멍을 통한 유체의 유속은 얼마인가?

① 14m/s
② 19.6m/s
③ 98m/s
④ 196m/s

$V=\sqrt{2gH}=\sqrt{2\times 9.8\times 10}=14\text{m/s}$

02 수직으로 세워진 노즐에서 물이 10m/s의 속도로 뿜어 올려진다. 마찰손실을 포함한 모든 손실이 무시된다면 물은 약 몇 m 높이까지 올라갈 수 있는가?

① 5.1m ② 10.4m
③ 15.6m ④ 19.2m

$H=\frac{V^2}{2g}=\frac{10^2}{2\times 9.8}=5.1\text{m}$

03 이상기체가 초음속으로 단면적이 줄어드는 노즐로 유입되어 흐를 때 감소하는 것은? (단, 유동은 등엔트로피 유동이다.) **[유체 3]**

① 온도 ② 속도
③ 밀도 ④ 압력

해설

등엔트로피 흐름(유체 핵심 3) 참조
축소부에서 감소 : V(속도), M(마하수), A(면적)

04 다음 중 온도 27℃의 이산화탄소 3kg이 체적 0.30m^3의 용기에 가득 차 있을 때 용기 내의 압력(kgf/cm^2)은? (단, 일반 기체상수는 848kgf · m/kmol · K이고, 이산화탄소의 분자량은 44이다.)

① 5.79 ② 24.3
③ 100 ④ 270

$$P=\frac{GRT}{V}=\frac{3\times\left(\frac{848}{44}\right)\times(273+27)}{0.30}$$
$$=57818.18(\text{kgf/m}^2)$$
$$=5.781 ≒ 5.79(\text{kgf/cm}^2)$$

05 [그림]과 같은 확대 유로를 통하여 a지점에서 b지점으로 비압축성 유체가 흐른다. 정상상태에서 일어나는 현상에 대한 설명으로 옳은 것은?

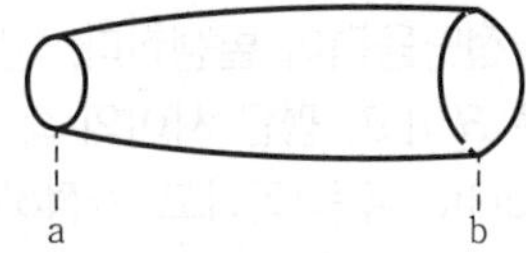

① a지점에서의 평균속도가 b지점에서의 평균속도보다 느리다.
② a지점에서의 밀도가 b지점에서의 밀도보다 크다.
③ a지점에서의 질량플럭스(mass flux)가 b지점에서의 질량플럭스보다 크다.
④ a지점에서의 질량유량이 b지점에서의 질량유량보다 크다.

정답 01.① 02.① 03.② 04.① 05.③

① 질량유량 $G=\rho_1 A_1 V_1=\rho_2 A_2 V_2$이면 면적이 작은 쪽이 유속이 빠르다.
② 동일 유체인 경우 밀도는 같다.
④ 연속의 법칙에 의해 유량은 동일하다.

06 다음의 펌프 종류 중에서 터보형이 아닌 것은? [설비 33]

① 원심식
② 축류식
③ 왕복식
④ 경사류식

펌프의 분류(설비 핵심 33) 참조
③ 왕복식 : 용적형 펌프

07 레이놀즈수를 옳게 나타낸 것은? [유체 19]

① 점성력에 대한 관성력의 비
② 점성력에 대한 중력의 비
③ 탄성력에 대한 압력의 비
④ 표면장력에 대한 관성력의 비

버킹엄의 정의(유체 핵심 19) 참조

$Re=\frac{\text{관성력}}{\text{점성력}}$(점성력에 대한 관성력의 비)

08 두 개의 무한히 큰 수평 평판 사이에 유체가 채워져 있다. 아래 평판을 고정하고 위 평판을 V의 일정한 속도로 움직일 때 평판에는 τ의 전단응력이 발생한다. 평판 사이의 간격은 H이고, 평판 사이의 속도분포는 선형(Couette 유동)이라고 가정하여 유체의 점성계수 μ를 구하면?

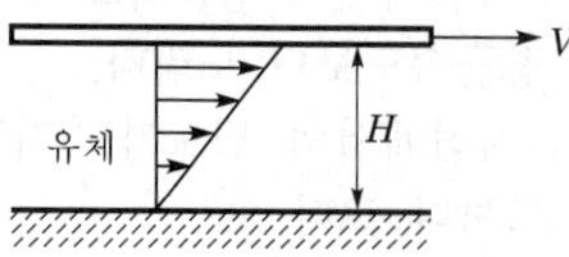

① $\frac{\tau V}{H}$　② $\frac{\tau H}{V}$
③ $\frac{VH}{\tau}$　④ $\frac{\tau V}{H^2}$

$\tau=\frac{V}{A}=\mu\frac{du}{dy}=\mu\frac{V}{H}$

$\therefore\ \mu=\frac{\tau H}{V}$

09 [그림]과 같이 60° 기울어진 4m×8m의 수문이 A지점에서 힌지(hinge)로 연결되어 있을 때, 이 수문에 작용하는 물에 의한 정수력의 크기는 약 몇 kN인가?

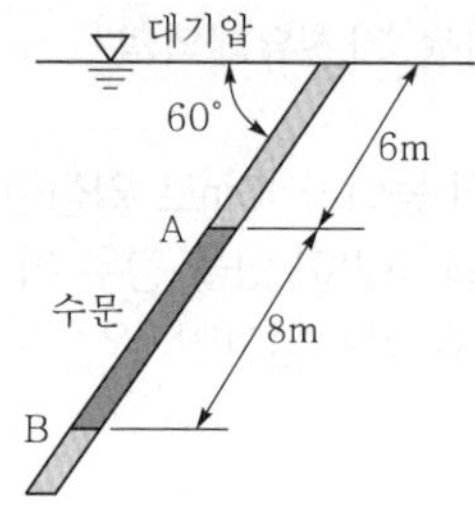

① 2.7　② 1568
③ 2716　④ 3136

$F=\gamma\bar{h}A=9800\times10\sin60\times(4\times8)$
$=2715856\text{N}=2715.856\text{kN}$

참고 수문을 열기 위한 힘(F)은

$$y_P=\bar{y}+\frac{I_G}{A\bar{y}}=10+\frac{\frac{4\times8^2}{12}}{(4\times8)\times10}=10.553\text{m}$$

$8\times F=(y_P-6)\times F_P$에서

$F=\frac{1}{8}\times4.533\times2715.856$
$=1538.87\text{kN}$

10 유체의 흐름에 관한 다음 설명 중 옳은 것을 모두 나타낸 것은? [유체 21]

㉠ 유관은 어떤 폐곡선을 통과하는 여러 개의 유선으로 이루어지는 것을 뜻한다.
㉡ 유적선은 한 유체입자가 공간을 운동할 때 그 입자의 운동궤적이다.

① ㉠　② ㉡
③ ㉠, ㉡　④ 모두 틀림

유체의 흐름현상(유체 핵심 21) 참조

정답 06.③ 07.① 08.② 09.③ 10.③

11 깊이 1000m인 해저의 수압은 계기압력으로 몇 kgf/cm^2인가? (단, 해수의 비중량은 $1025kgf/m^3$이다.)

① 100
② 102.5
③ 1000
④ 1025

$$P = \gamma H = 1025\text{kgf/m}^3 \times 1000\text{m}$$
$$= 1025000\text{kgf/m}^2 = 102.5\text{kgf/cm}^2$$

12 유체를 연속체로 가정할 수 있는 경우는 어느 것인가? **[유체 11]**

① 유동시스템의 특성길이가 분자평균자유행로에 비해 충분히 크고, 분자들 사이의 충돌시간은 충분히 짧은 경우
② 유동시스템의 특성길이가 분자평균자유행로에 비해 충분히 작고, 분자들 사이의 충돌시간은 충분히 짧은 경우
③ 유동시스템의 특성길이가 분자평균자유행로에 비해 충분히 크고, 분자들 사이의 충돌시간은 충분히 긴 경우
④ 유동시스템의 특성길이가 분자평균자유행로에 비해 충분히 작고, 분자들 사이의 충돌시간은 충분히 긴 경우

유체의 연속체(유체 핵심 11) 참조

13 압력 $1.4kgf/cm^2abs$, 온도 96℃의 공기가 속도 90m/s로 흐를 때, 정체온도(K)는 얼마인가? (단, 공기의 $C_p = 0.24kcal/kg \cdot K$이다.)

① 397 ② 382
③ 373 ④ 369

$$T_o = T + \frac{k-1}{kR} \cdot \frac{V^2}{2}$$
$$= (273+96) + \frac{1.4-1}{1.4 \times 287} \times \frac{90^2}{2}$$
$$= 373.03\text{K}$$

14 다음 유량계 중 용적형 유량계가 아닌 것은?

① 가스미터(gas meter)
② 오벌 유량계
③ 선회 피스톤형 유량계
④ 로터미터

④ 로터미터 : 면적식 유량계

15 다음 중 비중이 0.9인 액체가 나타내는 압력이 $1.8kgf/cm^2$일 때 이것은 수두로 몇 m 높이에 해당하는가?

① 10 ② 20
③ 30 ④ 40

$$H = \frac{P}{\gamma} = \frac{1.8 \times 10^4 \text{kgf/m}^2}{0.9 \times 10^3 \text{kgf/m}^3} = 20\text{m}$$

16 절대압이 $2kgf/cm^2$이고, 40℃인 이상기체 2kg이 가역과정으로 단열압축되어 절대압이 $4kgf/cm^2$가 되었다. 최종온도는 약 몇 ℃인가? (단, 비열비 k는 1.4이다.)

① 43 ② 64
③ 85 ④ 109

$$\frac{T_2}{T_1} = \left(\frac{P_2}{P_1}\right)^{\frac{k-1}{k}} = \left(\frac{V_1}{V_2}\right)^{k-1}$$
$$\therefore \; T_2 = T_1 \times \left(\frac{P_2}{P_1}\right)^{\frac{k-1}{k}} = (273+40) \times \left(\frac{4}{2}\right)^{\frac{1.4-1}{1.4}}$$
$$= 381.551\text{K} = 108.55 \fallingdotseq 109℃$$

17 내경이 0.0526m인 철관에 비압축성 유체가 $9.085m^3/h$로 흐를 때의 평균유속은 약 몇 m/s인가? (단, 유체의 밀도는 $1200kg/m^3$이다.)

① 1.16 ② 3.26
③ 4.68 ④ 11.6

$$Q = AV$$
$$\therefore \; V = \frac{Q}{A} = \frac{9.085(\text{m}^3/3600\text{s})}{\frac{\pi}{4} \times (0.0526\text{m})^2} = 1.16\text{m/s}$$

(비압축성이므로 밀도와 무관)

정답 11.② 12.① 13.③ 14.④ 15.② 16.④ 17.①

18 100PS는 약 몇 kW인가?

① 7.36　　② 7.46
③ 73.6　　④ 74.6

$1\text{kW} = 102\text{kg} \cdot \text{m/s}$
$1\text{PS} = 75\text{kg} \cdot \text{m/s}$

$1\text{kg} \cdot \text{m/s} = \frac{1}{102}\text{kW} = \frac{1}{75}\text{PS}$

$\therefore\ 1\text{PS} = \frac{\frac{1}{102}}{\frac{1}{75}}\text{kW} = \frac{75}{102}\text{kW}$이므로,

$100\text{PS} = 100 \times \frac{75}{102}\text{kW} = 73.52 \fallingdotseq 73.6\text{kW}$

19 이상기체 속에서의 음속을 옳게 나타낸 식은? (단, ρ = 밀도, P = 압력, k = 비열비, $\overline{R}$ = 일반기체상수, M = 분자량이다.)

① $\sqrt{\frac{k}{\rho}}$　　② $\sqrt{\frac{d\rho}{dP}}$
③ $\sqrt{\frac{\rho}{kP}}$　　④ $\sqrt{\frac{k\overline{R}T}{M}}$

a(음속)

㉠ 액체 속(등온) $a = \sqrt{\frac{k}{\rho}} = \sqrt{\frac{k}{d\rho}}$ (m/s)

㉡ 기체 속(단열) $a = \sqrt{kgRT}$ (R: kg · m/kg · k)
$= \sqrt{kRT}$ (R: N · m/kg · k)
$\left(R = \frac{\overline{R}}{M}\right)$

20 중력에 대한 관성력의 상대적인 크기와 관련된 무차원의 수는 무엇인가? **[유체 19]**

① Reynolds수
② Froude수
③ 모세관수
④ Weber수

버킹엄의 정의(유체 핵심 19) 참조

프로우드수(Fr) = $\frac{\text{관성력}}{\text{중력}}$

제2과목 연소공학

21 운전과 위험분석(HAZOP) 기법에서 변수의 양이나 질을 표현하는 간단한 용어는?

① parameter
② cause
③ consequence
④ guide words

22 열역학 제2법칙을 잘못 설명한 것은 어느 것인가? **[설비 40]**

① 열은 고온에서 저온으로 흐른다.
② 전체 우주의 엔트로피는 감소하는 법이 없다.
③ 일과 열은 전량 상호 변환할 수 있다.
④ 외부로부터 일을 받으면 저온에서 고온으로 열을 이동시킬 수 있다.

③ 일과 열은 상호 변환 : 열역학 제1법칙

23 프로판가스 44kg을 완전연소시키는 데 필요한 이론공기량은 약 몇 Nm³인가?

① 460
② 530
③ 570
④ 610

$\underset{44\text{kg}}{\underline{C_3H_8}} + \underset{5\times 22.4\text{Nm}^3}{\underline{5O_2}} \rightarrow 3CO_2 + 4H_2O$

$\therefore$ 공기량 $5 \times 22.4 \times \frac{100}{21} = 533.33 \fallingdotseq 530\text{Nm}^3$

24 소화안전장치(화염감시장치)의 종류가 아닌 것은? **[설비 49]**

① 열전대식
② 플레임로드식
③ 자외선 광전관식
④ 방사선식

연소안전장치(설비 핵심 49) 참조

정답 18.③ 19.④ 20.② 21.④ 22.③ 23.② 24.④

25 1atm, 15℃ 공기를 0.5atm까지 단열팽창시키면 그때 온도는 몇 ℃인가? (단, 공기의 $C_p / C_v = 1.4$이다.)

① −18.7℃ ② −20.5℃
③ −28.5℃ ④ −36.7℃

$$\frac{T_2}{T_1} = \left(\frac{P_2}{P_1}\right)^{\frac{k-1}{k}}$$

$$T_2 = T_1 \times \left(\frac{P_2}{P_1}\right)^{\frac{k-1}{k}}$$

$$= (273+15) \times \left(\frac{0.5}{1}\right)^{\frac{1.4-1}{1.4}}$$

$$= 236.256\text{K} = -36.7℃$$

26 연소속도에 영향을 주는 요인으로서 가장 거리가 먼 것은?

① 산소와의 혼합비 ② 반응계의 온도
③ 발열량 ④ 촉매

27 다음 중 연소의 3요소로만 옳게 나열된 것은?

① 공기비, 산소농도, 점화원
② 가연성 물질, 산소공급원, 점화원
③ 연료의 저열발열량, 공기비, 산소농도
④ 인화점, 활성화에너지, 산소농도

28 다음 중 폭발범위의 하한값이 가장 낮은 것은 어느 것인가?

① 메탄 ② 아세틸렌
③ 부탄 ④ 일산화탄소

폭발범위
① 메탄(CH_4) : 5~15%
② 아세틸렌(C_2H_2) : 2.5~81%
③ 부탄(C_4H_{10}) : 1.8~8.4%
④ 일산화탄소(CO) : 12.5~74%

29 어떤 과정이 가역적으로 되기 위한 조건은 어느 것인가? **[연소 38]**

① 마찰로 인한 에너지 변화가 있다.
② 외계로부터 열을 흡수 또는 방출한다.
③ 작용물체는 전 과정을 통하여 항상 평형이 이루어지지 않는다.
④ 외부조건에 미소한 변화가 생기면 어느 지점에서라도 역전시킬 수 있다.

가역 · 비가역(연소 핵심 38) 참조

30 가연성 가스와 공기를 혼합하였을 때 폭굉범위는 일반적으로 어떻게 되는가?

① 폭발범위와 동일한 값을 가진다.
② 가연성 가스의 폭발상한계값보다 큰 값을 가진다.
③ 가연성 가스의 폭발하한계값보다 작은 값을 가진다.
④ 가연성 가스의 폭발하한계와 상한계값 사이에 존재한다.

폭발범위 중 가장 격렬한 폭발을 일으키는 범위가 폭굉범위이다.

31 실제기체가 완전기체(ideal gas)에 가깝게 될 조건은? **[연소 3]**

① 압력이 높고, 온도가 낮을 때
② 압력, 온도 모두 낮을 때
③ 압력이 낮고, 온도가 높을 때
④ 압력, 온도 모두 높을 때

이상기체(연소 핵심 3) 참조

32 프로판 20v%, 부탄 80v%인 혼합가스 1L가 완전연소하는 데 필요한 산소는 약 몇 L인가?

① 3.0L
② 4.2L
③ 5.0L
④ 6.2L

해설

(1) 연소식
㉠ $C_3H_8 + 5O_2 \rightarrow 3CO_2 + 4H_2O$
㉡ $C_4H_{10} + 6.5O_2 \rightarrow 4CO_2 + 5H_2O$
(2) 산소량
5×0.2+6.5×0.8=6.2L

정답 25.④ 26.③ 27.② 28.③ 29.④ 30.④ 31.③ 32.④

33 어느 온도에서 $A(g)+B(g) \rightleftarrows C(g)+D(g)$와 같은 가역반응이 평형상태에 도달하여 D가 1/4mol 생성되었다. 이 반응의 평형상수는? (단, A와 B를 각각 1mol씩 반응시켰다.)

① $\dfrac{16}{9}$　② $\dfrac{1}{3}$

③ $\dfrac{1}{9}$　④ $\dfrac{1}{16}$

해설

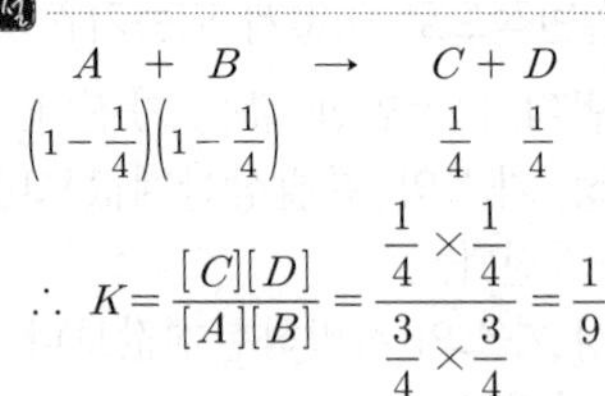

$A + B \rightarrow C + D$

$\left(1-\frac{1}{4}\right)\left(1-\frac{1}{4}\right)$　$\frac{1}{4}$　$\frac{1}{4}$

$$\therefore K=\frac{[C][D]}{[A][B]}=\frac{\frac{1}{4}\times\frac{1}{4}}{\frac{3}{4}\times\frac{3}{4}}=\frac{1}{9}$$

34 발열량이 24000kcal/m³인 LPG 1m³에 공기 3m³를 혼합하여 희석하였을 때 혼합기체 1m³당 발열량은 몇 kcal인가?

① 5000　② 6000

③ 8000　④ 16000

해설

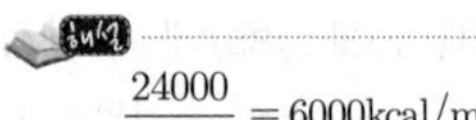

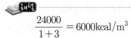

$$\frac{24000}{1+3}=6000\text{kcal/m}^3$$

35 다음은 정압연소 사이클의 대표적인 브레이튼 사이클(Brayton cycle)의 $T-S$선도이다. 이 [그림]에 대한 설명으로 옳지 않은 것은?

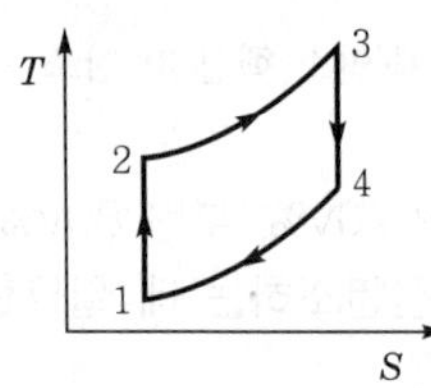

① 1−2의 과정은 가역단열압축 과정이다.

② 2−3의 과정은 가역정압가열 과정이다.

③ 3−4의 과정은 가역정압팽창 과정이다.

④ 4−1의 과정은 가역정압배기 과정이다.

③ 3−4 : 단열팽창

㉠ (1−2) 단열압축 : 일의 흡수

㉡ (2−3) 정압가열 : 열의 흡수

㉢ (3−4) 단열압축 : 열의 방출

㉣ (4−1) 정압방열 : 열의 방출

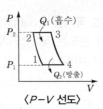

〈P−V 선도〉

36 공기의 확산에 의하여 반응하는 연소가 아닌 것은? **[연소 2]**

① 표면연소　② 분해연소

③ 증발연소　④ 확산연소

연소의 종류(연소 핵심 2) 참조

37 발열량에 대한 설명으로 틀린 것은 어느 것인가? **[연소 11]**

① 연료의 발열량은 연료단위량이 완전연소했을 때 발생한 열량이다.

② 발열량에는 고위발열량과 저위발열량이 있다.

③ 저위발열량은 고위발열량에서 수증기의 잠열을 뺀 발열량이다.

④ 발열량은 열량계로는 측정할 수 없어 계산식을 이용한다.

고위, 저위 발열량의 관계(연소 핵심 11) 참조

38 연료에 고정탄소가 많이 함유되어 있을 때 발생하는 현상으로 옳은 것은?

① 매연 발생이 많다.

② 발열량이 높아진다.

③ 연소효과가 나쁘다.

④ 열손실을 초래한다.

39 폭발범위에 대한 설명으로 틀린 것은?

① 일반적으로 폭발범위는 고압일수록 넓다.

② 일산화탄소는 공기와 혼합 시 고압이 되면 폭발범위가 좁아진다.

③ 혼합가스의 폭발범위는 그 가스의 폭굉범위보다 좁다.

④ 상온에 비해 온도가 높을수록 폭발범위가 넓다.

폭발범위는 폭굉범위보다 넓다.

정답 33.③ 34.② 35.③ 36.① 37.④ 38.② 39.③

40 298.15K, 0.1MPa 상태의 일산화탄소(CO)를 같은 온도의 이론공기량으로 정상유동 과정으로 연소시킬 때 생성물의 단열화염 온도를 주어진 표를 이용하여 구하면 약 몇 K인가? (단, 이 조건에서 CO 및 CO_2의 생성엔탈피는 각각 −110529kJ/kmol, −393522kJ/kmol이다.)

[CO_2의 기준상태에서 각각의 온도까지 엔탈피 차]

온도(K)	엔탈피 차(kJ/kmol)
4800	266500
5000	279295
5200	292123

① 4835 ② 5058
③ 5194 ④ 5293

$C + \frac{1}{2}O_2 \rightarrow CO$

$CO + \frac{1}{2}O_2 \rightarrow CO_2$ 에서의 엔탈피 차이

$393522 - 110529 = 282993$

도표에서 엔탈피 차이값은 279295와 292123 사이의 값이고 $292123 - 279295 = 12828$의 온도 차이는 200K이며

$\therefore 282993 - 279295 = 3698$이므로

$12828 : 200 = 3698 : x$

$x = \frac{3698 \times 200}{12828} = 57.65 = 58K$

$\therefore 5000 + 58 = 5058K$

제3과목 가스설비

41 다음 중 기어펌프는 어느 형식의 펌프에 해당하는가? [설비 33]

① 축류펌프 ② 원심펌프
③ 왕복식 펌프 ④ 회전펌프

펌프의 분류(설비 핵심 33) 참조
회전펌프(기어, 나사, 베인)

42 공기액화사이클 중 압축기에서 압축된 가스가 열교환기로 들어가 팽창기에서 일을 하면서 단열팽창하여 가스를 액화시키는 사이클은 어느 것인가? [설비 57]

① 필립스 액화사이클
② 캐스케이드 액화사이클
③ 클라우드 액화사이클
④ 린데 액화사이클

가스 액화사이클(설비 핵심 57) 참조

43 탄소강에 자경성을 주며 이 성분을 다량으로 첨가한 강은 공기 중에서 냉각하여도 쉽게 오스테나이트 조직으로 된다. 이 성분은?

① Ni ② Mn
③ Cr ④ Si

44 배관이 열팽창할 경우에 응력이 경감되도록 미리 늘어날 여유를 두는 것을 무엇이라 하는가?

① 루핑 ② 핫 멜팅
③ 콜드 스프링 ④ 팩레싱

① 루핑 : 루프이음
③ 상온(콜드) 스프링 : 배관의 열팽창을 미리 계산하여 관을 짧게 절단함으로써 신축을 흡수하는 방법
④ 팩레싱 : 벨로스이음

45 부탄가스 공급 또는 이송 시 가스 재액화 현상에 대한 대비가 필요한 방법(식)은 어느 것인가? [설비 23]

① 공기혼합 공급방식
② 액송펌프를 이용한 이송법
③ 압축기를 이용한 이송법
④ 변성 가스 공급방식

LP가스 이송방법(설비 핵심 23) 참조
LP가스 이송방법의 장단점

구 분	장 점	단 점
압축기	• 충전시간이 짧다. • 잔가스 회수가 용이하다. • 베이퍼록의 우려가 없다.	• 재액화 우려가 있다. • 드레인 우려가 있다.
펌 프	• 재액화 우려가 없다. • 드레인 우려가 없다.	• 충전시간이 길다. • 잔가스 회수가 불가능하다. • 베이퍼록의 우려가 있다.

∴ 압축기로 이송 시 재액화의 우려가 있다.

정답 40.② 41.④ 42.③ 43.② 44.③ 45.③

46 냉동능력에서 1RT를 kcal/h로 환산하면 어느 것인가? **[설비 37]**

① 1660kcal/h ② 3320kcal/h
③ 39840kcal/h ④ 79680kcal/h

냉동톤 · 냉매가스의 구비조건(설비 핵심 37) 참조

47 터보압축기에서 누출이 주로 생기는 부분에 해당되지 않는 것은?

① 임펠러 출구
② 다이어프램 부위
③ 밸런스피스톤 부분
④ 축이 케이싱을 관통하는 부분

48 접촉분해(수증기 개질)에서 카본 생성을 방지하는 방법으로 알맞은 것은? **[설비 3]**

① 고온, 고압, 고수증기
② 고온, 저압, 고수증기
③ 고온, 고압, 저수증기
④ 저온, 저압, 저수증기

도시가스 프로세스(설비 핵심 3) 참조
$2CO \rightarrow CO_2 + C$에서
카본 생성을 방지 시
㉠ 반응온도는 높게 함
㉡ 반응압력은 낮게 함
㉢ 수증기비는 증가시킴

49 고압가스 용접용기에 대한 내압검사 시 전증가량이 250mL일 때 이 용기가 내압시험에 합격하려면 영구증가량은 얼마 이하가 되어야 하는가?

① 12.5mL ② 25.0mL
③ 37.5mL ④ 50.0mL

영구증가율이 10% 이하가 되어야 하므로 25mL

50 전기방식시설의 유지관리를 위해 배관을 따라 전위측정용 터미널을 설치할 때 얼마 이내의 간격으로 하는가?

① 50m 이내 ② 100m 이내
③ 200m 이내 ④ 300m 이내

외부전원법은 500m 이내 간격, 희생양극법, 배류법은 300m 이내 간격이므로 최소 300m 이내 간격으로 설치

51 고무호스가 노후되어 직경 1mm의 구멍이 뚫려 280mmH₂O의 압력으로 LP가스가 대기 중으로 2시간 유출되었을 때 분출된 가스의 양은 약 몇 L인가? (단, 가스의 비중은 1.6이다.)

① 140L ② 238L
③ 348L ④ 672L

노즐에서의 가스분출량

$Q = 0.009 \times D^2 \times \sqrt{\frac{h}{d}}\ (\mathrm{m^3/hr})$

$= 0.009 \times (1\mathrm{mm})^2 \times \sqrt{\frac{280}{1.6}}$

$= 0.119\mathrm{m^3/hr}$

$\therefore\ 0.119 \times 10^3 \times 2 = 238.117 \fallingdotseq 238\mathrm{L}$

52 용접결함 중 접합부의 일부분이 녹지 않아 간극이 생긴 현상은?

① 용입불량
② 융합불량
③ 언더컷
④ 슬러그

용접결함의 종류와 원인

결함의 종류	내 용
용입불량	접합부의 일부분이 녹지 않아 깊이 용착이 안 되므로 간극이 생긴 현상
오버랩	용융금속이 모재와 융합되어 모재 위에 겹쳐지는 상태
언더컷	용접선 끝에 생기는 작은 결함
기공	용착금속 속에 남아 있는 가스로 인하여 생기는 구멍
슬래그혼입	녹은 피복제로 인하여 용착금속 표면에 떠 있거나 용착금속에 남아있는 현상

정답 46.② 47.① 48.② 49.② 50.④ 51.② 52.①

53 분자량이 큰 탄화수소를 원료로 10000kcal/Nm^3 정도의 고열량 가스를 제조하는 방법은 어느 것인가? **[설비 3]**

① 부분연소 프로세스
② 사이클링식 접촉분해 프로세스
③ 수소화분해 프로세스
④ 열분해 프로세스

도시가스 프로세스(설비 핵심 3) 참조

54 금속의 표면결함을 탐지하는 데 주로 사용되는 비파괴검사법은? **[설비 4]**

① 초음파탐상법
② 방사선 투과시험법
③ 중성자 투과시험법
④ 침투탐상법

비파괴검사(설비 핵심 4) 참조
④ 침투탐상법 : 시험체 표면에 침투액을 뿌려 표면결함을 검출

55 도시가스설비에 대한 전기방식(防飾)의 방법이 아닌 것은? **[안전 38]**

① 희생양극법
② 외부전원법
③ 배류법
④ 압착전원법

전기방식법(안전 핵심 38) 참조

56 압력조정기를 설치하는 주된 목적은 어느 것인가? **[설비 55]**

① 유량 조절
② 발열량 조절
③ 가스의 유속 조절
④ 일정한 공급압력 유지

조정기(설비 핵심 55) 참조

57 저압배관의 관경 결정(Pole式)시 고려할 조건이 아닌 것은? **[설비 7]**

① 유량 ② 배관길이
③ 중력가속도 ④ 압력손실

배관의 유량식(설비 핵심 7) 참조

$$Q = K\sqrt{\frac{D^5 H}{SL}}$$

(1) 저압배관 결정의 4요소
㉠ 관경
㉡ 관길이
㉢ 가스유량
㉣ 압력손실

(2) 관경 결정의 4요소
㉠ 관길이
㉡ 가스유량
㉢ 가스비중
㉣ 압력손실

58 LPG 압력조정기 중 1단 감압식 준저압조정기의 조정압력은? **[안전 17]**

① 2.3~3.3kPa
② 2.55~3.3kPa
③ 57.0~83kPa
④ 5.0~30.0kPa 이내에서 제조자가 설정한 기준압력의 ±20%

압력조정기(안전 핵심 17) 참조

59 PE배관의 매설위치를 지상에서 탐지할 수 있는 로케팅와이어 전선의 굵기(mm^2)로 맞는 것은?

① 3 ② 4
③ 5 ④ 6

60 가스 중에 포화수분이 있거나 가스배관의 부식구멍 등으로 지하수가 침입 또는 공사 중에 물이 침입하는 경우를 대비해 관로의 저부에 설치하는 것은?

① 에어밸브 ② 수취기
③ 콕 ④ 체크밸브

정답 53.④ 54.④ 55.④ 56.④ 57.③ 58.④ 59.④ 60.②

제4과목 가스안전관리

61 아세틸렌을 2.5MPa의 압력으로 압축할 때에는 희석제를 첨가하여야 한다. 희석제로 적당하지 않은 것은? [설비 58]

① 일산화탄소 ② 산소
③ 메탄 ④ 질소

해설
C_2H_2 발생기 및 C_2H_2 특징(설비 핵심 58) 참조

62 충전질량이 1000kg 이상인 LPG 소형 저장탱크 부근에 설치하여야 하는 분말소화기의 능력단위로 옳은 것은? [안전 103]

① BC용 B−10 이상
② BC용 B−12 이상
③ ABC용 B−10 이상
④ ABC용 B−12 이상

해설
소형 저장탱크 설치방법(안전 핵심 103) 참조

63 용기에 의한 액화석유가스 사용시설에서 용기집합설비의 설치기준으로 틀린 것은 어느 것인가? [안전 111]

① 용기집합설비의 양단 마감 조치 시에는 캡 또는 플랜지로 마감한다.
② 용기를 3개 이상 집합하여 사용하는 경우에는 용기집합장치로 설치한다.
③ 내용적 30L 미만인 용기로 LPG를 사용하는 경우에는 용기집합설비를 설치하지 않을 수 있다.
④ 용기와 소형 저장탱크를 혼용 설치하는 경우에는 트윈호스로 마감한다.

해설
용기보관실 및 용기집합설비 설치(안전 핵심 111) 참조

64 산소, 아세틸렌, 수소 제조 시 품질검사의 실시 횟수로 옳은 것은? [안전 11]

① 매시간마다 ② 6시간에 1회 이상
③ 1일 1회 이상 ④ 가스 제조 시마다

해설
산소, 수소, 아세틸렌 품질검사(안전 핵심 11) 참조

65 1일간 저장능력이 35000m^{3}인 일산화탄소 저장설비의 외면과 학교와는 몇 m 이상의 안전거리를 유지하여야 하는가? [안전 9]

① 17m ② 18m
③ 24m ④ 27m

해설
보호시설과 유지하여야 할 안전거리(안전 핵심 9) 참조
학교 1종, CO(독성) : 3만 초과 4만 이하와 이격거리 27m

66 이동식 프로판 연소기용 용접용기에 액화석유가스를 충전하기 위한 압력 및 가스성분의 기준은? (단, 충전하는 가스의 압력은 40℃ 기준이다.)

① 1.52MPa 이하, 프로판 90mol% 이상
② 1.53MPa 이하, 프로판 90mol% 이상
③ 1.52MPa 이하, 프로판+프로필렌 90mol% 이상
④ 1.53MPa 이하, 프로판+프로필렌 90mol% 이상

67 액화석유가스의 충전용기는 항상 몇 ℃ 이하로 유지하여야 하는가?

① 15℃ ② 25℃
③ 30℃ ④ 40℃

68 차량에 고정된 탱크 운반차량의 운반기준 중 다음 (　　)에 옳은 것은? [안전 6]

> 가연성 가스(액화석유가스를 제외한다) 및 산소탱크의 내용적은 (㉠)L, 독성가스(액화암모니아를 제외한다)의 탱크의 내용적은 (㉡)L를 초과하지 않을 것

① ㉠ 20000, ㉡ 15000
② ㉠ 20000, ㉡ 10000
③ ㉠ 18000, ㉡ 12000
④ ㉠ 16000, ㉡ 14000

해설
차량 고정탱크의 내용적 한계(안전 핵심 6) 참조

정답 61.② 62.④ 63.④ 64.③ 65.④ 66.④ 67.④ 68.③

69 20kg(내용적 : 47L) 용기에 프로판이 2kg 들어있을 때, 액체프로판의 중량은 약 얼마인가? (단, 프로판의 온도는 15℃이며, 15℃에서 포화액체프로판 및 포화가스프로판의 비용적은 각각 1.976cm^3/g, 62cm^3/g이다.)

① 1.08kg ② 1.28kg
③ 1.48kg ④ 1.68kg

2kg 중 액체가 $x$kg이면, 기체는 $(2-x)$kg이므로

$x(\text{kg})\times1.976(\text{L/kg})+(2-x)(\text{kg})\times62(\text{L/kg})=47$

$\therefore\ 1.976x+(2\times62)-62x=47$

$(62-1.976)x=2\times62-47$

$x=\dfrac{2\times62-47}{(62-1.976)}=1.28\text{kg}$

70 지름이 각각 5m와 7m인 LPG 지상 저장탱크 사이에 유지해야 하는 최소 거리는 얼마인가? (단, 탱크 사이에는 물분무장치를 하지 않고 있다.) **[안전 3]**

① 1m ② 2m
③ 3m ④ 4m

물분무장치(안전 핵심 3) 참조

$(5+7)\times\dfrac{1}{4}=3\text{m}$

71 아세틸렌을 용기에 충전할 때에는 미리 용기에 다공질물을 고루 채워야 하는데, 이때 다공도는 몇 % 이상이어야 하는가? **[안전 20]**

① 62% 이상 ② 75% 이상
③ 92% 이상 ④ 95% 이상

다공도(안전 핵심 20) 참조

72 가스용 염화비닐호스의 안지름 치수 규격으로 옳은 것은? **[안전 169]**

① 1종 : 6.3±0.7mm
② 2종 : 9.5±0.9mm
③ 3종 : 12.7±1.2mm
④ 4종 : 25.4±1.27mm

염화비닐호스 규격 및 검사방법(안전 핵심 169) 참조

73 가연성 가스 제조소에서 화재의 원인이 될 수 있는 착화원이 모두 바르게 나열된 것은?

> ㉠ 정전기
> ㉡ 베릴륨 합금제 공구에 의한 충격
> ㉢ 안전증방폭구조의 전기기기
> ㉣ 촉매의 접촉작용
> ㉤ 밸브의 급격한 조작

① ㉠, ㉣, ㉤ ② ㉠, ㉡, ㉢
③ ㉠, ㉢, ㉣ ④ ㉡, ㉢, ㉤

74 가연성 가스의 폭발범위가 적절하게 표기된 것은? **[안전 106]**

① 아세틸렌 : 2.5~81%
② 암모니아 : 16~35%
③ 메탄 : 1.8~8.4%
④ 프로판 : 2.1~11.0%

중요 가스 폭발범위(안전 핵심 106) 참조

75 고압가스 냉동제조시설에서 냉동능력 20ton 이상의 냉동설비에 설치하는 압력계의 설치기준으로 틀린 것은?

① 압축기의 토출압력 및 흡입압력을 표시하는 압력계를 보기 쉬운 곳에 설치한다.
② 강제윤활방식인 경우에는 윤활압력을 표시하는 압력계를 설치한다.
③ 강제윤활방식인 것은 윤활유압력에 대한 보호장치가 설치되어 있는 경우 압력계를 설치한다.
④ 발생기에는 냉매가스의 압력을 표시하는 압력계를 설치한다.

KGS FP113
냉동능력 20톤 이상의 냉동설비에 설치하는 압력계는 다음 기준에 따라 부착한다.

정답 69.② 70.③ 71.② 72.① 73.① 74.① 75.③

㉠ 압축기의 토출압력 및 흡입압력을 표시하는 압력계를 보기 쉬운 위치에 설치한다.
㉡ 압축기가 강제윤활방식인 경우에는 윤활유압력을 표시하는 압력계를 부착한다. 다만, 윤활유압력에 대한 보호장치가 있는 경우에는 압력계를 설치하지 아니할 수 있다.
㉢ 발생기에는 냉매가스의 압력을 표시하는 압력계를 설치한다.
㉣ 압력계는 KS B 5305(부르동관 압력계) 또는 이와 동등 이상의 성능을 갖는 것을 사용하고, 냉매가스, 흡수용액 및 윤활유의 화학작용에 견디는 것으로 한다.
㉤ 압력계 눈금판의 최고눈금 수치는 해당 압력계의 설치장소에 따른 시설의 기밀시험압력 이상이고 그 압력의 2배 이하(다만, 정밀한 측정범위를 갖춘 압력계에 대하여는 그러하지 아니한다)로 한다.

76 저장시설로부터 차량에 고정된 탱크에 가스를 주입하는 작업을 할 경우 차량운전자는 작업기준을 준수하여 작업하여야 한다. 다음 중 틀린 것은?

① 차량이 앞뒤로 움직이지 않도록 차바퀴의 전후를 차바퀴 고정목 등으로 확실하게 고정시킨다.
② 「이입작업중(충전중) 화기엄금」의 표시판이 눈에 잘 띄는 곳에 세워져 있는가를 확인한다.
③ 정전기 제거용의 접지코드를 기지(基地)의 접지탭에 접속하여야 한다.
④ 운전자는 이입작업이 종료될 때까지 운전석에 위치하여 만일의 사태가 발생하였을 때 즉시 엔진을 정지할 수 있도록 대비하여야 한다.

해설

차량에 고정된 탱크에 이입 · 이송작업(KGS GC207)

(1) 이입작업
이입(移入)작업을 할 경우에는 그 사업소의 안전관리자 책임하에 차량운전자가 다음의 기준에 따라 작업을 한다.
㉠ 차를 소정의 위치에 정차시키고 주차브레이크를 확실히 건 다음, 엔진을 끄고(엔진구동 방식의 것은 제외한다.) 메인스위치 그 밖의 전기장치를 완전히 차단하여 스파크가 발생하지 아니하도록 하고, 커플링을 분리하지 아니한 상태에서는 엔진을 사용할 수 없도록 적절한 조치를 강구한다.
㉡ 차량이 앞뒤로 움직이지 아니하도록 차바퀴의 전후를 차바퀴 고정목 등으로 확실하게 고정시킨다.
㉢ 정전기 제거용의 접지코드를 기지(基地)의 접지탭에 접속한다.
㉣ 부근에 화기가 없는가를 확인한다.
㉤ 「이입작업중(충전중) 화기엄금」의 표시판이 눈에 잘 띄는 곳에 세워져 있는가를 확인한다.
㉥ 만일의 화재에 대비하여 소화기를 즉시 사용할 수 있도록 한다.
㉦ 저온 및 초저온 가스의 경우에는 가죽장갑 등을 끼고 작업을 한다.
㉧ 만일 가스누출을 발견한 경우에는 긴급차단장치를 작동시키는 등의 신속한 누출방지조치를 한다.
㉨ 이입(移入)작업이 끝난 후에는 차량 및 수입시설 쪽에 있는 각 밸브의 잠금, 호스의 분리, 각 밸브에 캡 부착 등을 끝내고, 접지코드를 제거한 후 각 부분의 가스누출을 점검하고, 밸브상자의 뚜껑을 닫은 후 차량 부근에 가스가 체류되어 있는지 여부를 점검하고 이상이 없음을 확인한 후 차량운전자에게 차량이동을 지시한다.
㉩ 차량에 고정된 탱크의 운전자는 이입작업이 종료될 때까지 탱크로리차량의 긴급차단장치 부근에 위치하며, 가스누출 등 긴급사태 발생 시 안전관리자의 지시에 따라 신속하게 차량의 긴급차단장치를 작동하거나 차량이동 등의 조치를 취한다.
㉪ 고압가스를 차량에 고정된 탱크에 충전한 사업소의 안전관리자는 가스가 충전된 탱크에 대하여 고압가스의 누출여부 등 안전여부를 반드시 확인한 후 그 결과를 기록 · 보존한다.

(2) 이송작업
㉠ 이입작업 중(㉠~㉧)까지 기준을 동일 적용한다.
㉡ 이송 전후에 밸브의 누출유무를 점검하고 개폐는 서서히 행한다.
㉢ 탱크의 설계압력 이상의 압력으로 가스를 충전하지 아니한다.
㉣ 저울, 액면계 또는 유량계를 사용하여 과충전에 주의한다.
㉤ 가스 속에 수분이 혼입되지 아니하도록 하고 슬립튜브식 액면계의 계량 시에는 액면계의 바로 위에 얼굴이나 몸을 내밀고 조작하지 아니한다.

정답 76.④

ⓑ 액화석유가스충전소 내에서는 동시에 2대 이상의 차량에 고정된 탱크에서 저장설비로 이송작업을 하지 아니한다.
ⓢ 충전장 내에는 동시에 2대 이상의 차량에 고정된 탱크를 주정차시키지 아니한다. 다만, 충전가스가 없는 차량에 고정된 탱크의 경우에는 그러하지 아니하다.

77 고압가스 용기에 대한 설명으로 틀린 것은?

① 아세틸렌 용기는 황색으로 도색하여야 한다.
② 압축가스를 충전하는 용기의 최고충전압력은 TP로 표시한다.
③ 신규검사 후 경과연수가 20년 이상인 용접용기는 1년마다 재검사를 하여야 한다.
④ 독성가스 용기의 그림문자는 흰색바탕에 검정색 해골모양으로 한다.

해설
② 압축가스의 최고충전압력 : Fp

78 고압가스 일반제조의 시설에서 사업소 밖의 배관 매몰 설치 시 다른 매설물과의 최소이격거리를 바르게 나타낸 것은? **[안전 154]**

① 배관은 그 외면으로부터 지하의 다른 시설물과 0.5m 이상
② 독성가스의 배관은 수도시설로부터 100m 이상
③ 터널과는 5m 이상
④ 건축물과는 1.5m 이상

해설
가스도매사업 고압가스 특정 제조 배관의 설치기준(안전 핵심 154) 참조
① 시설물 : 0.3m 이상
② 수도시설 : 300m 이상
③ 지하가 · 터널 : 10m 이상

79 액화석유가스의 적절한 품질을 확보하기 위하여 정해진 품질기준에 맞도록 품질을 유지하여야 하는 자에 해당하지 않는 것은?

① 액화석유가스 충전사업자
② 액화석유가스 특정사용자
③ 액화석유가스 판매사업자
④ 액화석유가스 집단공급사업자

80 도시가스 배관용 볼밸브 제조의 시설 및 기술 기준으로 틀린 것은?

① 밸브의 오링과 패킹은 마모 등 이상이 없는 것으로 한다.
② 개폐용 핸들의 열림방향은 시계방향으로 한다.
③ 볼밸브는 핸들 끝에서 294.2N 이하의 힘을 가해서 90° 회전할 때 완전히 개폐하는 구조로 한다.
④ 나사식 밸브 양끝의 나사축선에 대한 어긋남은 양끝면의 나사중심을 연결하는 직선에 대하여 끝면으로부터 300mm 거리에서 2.0mm를 초과하지 아니하는 것으로 한다.

② 개폐용 핸들의 열림방향은 시곗바늘 반대방향으로 한다.

제5과목 가스계측

81 다음 중 파라듐관 연소법과 관련이 없는 것은? **[계측 17]**

① 가스뷰렛 ② 봉액
③ 촉매 ④ 과염소산

연소분석법(계측 핵심 17) 참조

82 검지가스와 누출확인시험지가 옳게 연결된 것은 어느 것인가? **[계측 15]**

① 포스겐 – 하리슨 시약
② 할로겐 – 염화제일구리착염지
③ CO – KI 전분지
④ H_2S – 질산구리벤젠지

독성 가스 누설검지 시험지와 변색상태(계측 핵심 15) 참조

정답 77.② 78.④ 79.② 80.② 81.④ 82.①

83 탄화수소 성분에 대하여 감도가 좋고, 노이즈가 적으며 사용이 편리한 장점이 있는 가스 검출기는? **[계측 13]**

① 접촉연소식 ② 반도체식
③ 불꽃이온화식 ④ 검지관식

해설 G/C 검출기 종류 및 특징(계측 핵심 13) 참조

84 천연가스의 성분이 메탄(CH_4) 85%, 에탄(C_2H_6) 13%, 프로판(C_3H_8)이 2%일 때 이 천연가스의 총 발열량은 약 몇 kcal/m^{3}인가? (단, 조성은 용량백분율이며, 각 성분에 대한 총 발열량은 다음과 같다.)

성 분	메탄	에탄	프로판
총발열량 (kcal/m^3)	9520	16850	24160

① 10766 ② 12741
③ 13215 ④ 14621

$9520 \times 0.85 + 16850 \times 0.13 + 24160 \times 0.02$
$= 10765.7 = 10766\text{kcal/m}^3$

85 가스미터의 크기 선정 시 1개의 가스기구가 가스미터의 최대통과량의 80%를 초과한 경우의 조치로서 가장 옳은 것은?

① 1등급 큰 미터를 선정한다.
② 1등급 적은 미터를 선정한다.
③ 상기 시 가스량 이상의 통과능력을 가진 미터 중 최대의 미터를 선정한다.
④ 상기 시 가스량 이상의 통과능력을 가진 미터 중 최소의 미터를 선정한다.

86 스프링식 저울의 경우 측정하고자 하는 물체의 무게가 작용하여 스프링의 변위가 생기고 이에 따라 바늘의 변위가 생겨 지시하는 양으로 물체의 무게를 알 수 있다. 이와 같은 측정방법은? **[계측 11]**

① 편위법 ② 영위법
③ 치환법 ④ 보상법

해설 계측의 측정방법(계측 핵심 11) 참조

87 적분동작이 좋은 결과를 얻을 수 있는 경우가 아닌 것은? **[계측 4]**

① 측정지연 및 조절지연이 작은 경우
② 제어대상이 자기평형성을 가진 경우
③ 제어대상의 속응도(速應度)가 작은 경우
④ 전달지연과 불감시간(不感時間)이 작은 경우

해설 동작신호와 신호의 전송법(계측 핵심 4) 참조

88 습도에 대한 설명으로 틀린 것은? **[계측 25]**

① 절대습도는 비습도라고도 하며 %로 나타낸다.
② 상대습도는 현재의 온도상태에서 포함할 수 있는 포화수증기 최대량에 대한 현재 공기가 포함하고 있는 수증기의 양을 %로 표시한 것이다.
③ 이슬점은 상대습도가 100%일 때의 온도이며 노점온도라고도 한다.
④ 포화공기는 더 이상 수분을 포함할 수 없는 상태의 공기이다.

해설 습도(계측 핵심 25) 참조

89 가스 크로마토그래피의 구성 장치가 아닌 것은? **[계측 10]**

① 분광부 ② 유속조절기
③ 칼럼 ④ 시료주입기

해설 G/C 측정원리와 특성(계측 핵심 10) 참조

90 탄광 내에서 CH_4 가스의 발생을 검출하는데 가장 적당한 방법은? **[계측 20]**

① 시험지법
② 검지관법
③ 질량분석법
④ 안전등형 가연성 가스 검출법

가연성 가스 검출기 종류(계측 핵심 20) 참조

정답 83.③ 84.① 85.① 86.① 87.③ 88.① 89.① 90.④

91 초저온 영역에서 사용될 수 있는 온도계로 가장 적당한 것은? **[계측 22]**

① 광전관식 온도계
② 백금측온 저항체 온도계
③ 크로멜 – 알루멜 열전대 온도계
④ 백금 – 백금 · 로듐 열전대 온도계

전기저항 온도계(계측 핵심 22) 참조
② 백금측온 저항온도계 측정범위(−200~850℃)

92 경사각이 30°인 경사관식 압력계의 눈금을 읽었더니 50cm였다. 이때 양단의 압력차이는 약 몇 kgf/cm²인가? (단, 비중이 0.8인 기름을 사용하였다.)

① 0.02　　② 0.2
③ 20　　④ 200

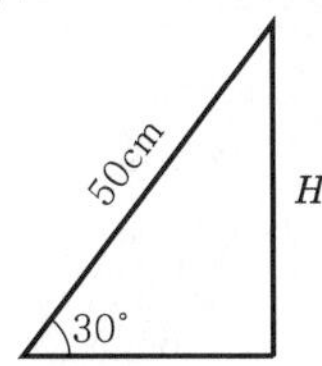

$H = 50 \times \sin 30° = 25$

$P_1 - P_2 = SH$에서

$P_1 - P_2 = 0.85(\text{kg}/10^3\text{cm}^3) \times 25\text{cm} = 0.02\text{kg/cm}^2$

93 선팽창계수가 다른 2종의 금속을 결합시켜 온도 변화에 따라 굽히는 정도가 다른 특성을 이용한 온도계는? **[계측 31]**

① 유리제 온도계
② 바이메탈 온도계
③ 압력식 온도계
④ 전기저항식 온도계

바이메탈 온도계(계측 핵심 31) 참조

94 유리제 온도계 중 모세관 상부에 보조 구부를 설치하고 사용온도에 따라 수은량을 조절하여 미세한 온도차의 측정이 가능한 것은?

① 수은 온도계　　② 알코올 온도계
③ 베크만 온도계　　④ 유점 온도계

베크만 온도계
수은을 이용하였으며 U자관을 구부려 5~6℃ 사이를 0.01℃까지 측정 가능한 초정밀용 온도계

95 제어량이 목표값을 중심으로 일정한 폭의 상하 진동을 하게 되는 현상을 무엇이라고 하는가?

① 오프셋
② 오버슈트
③ 오버잇
④ 뱅뱅

96 가스미터 설치장소 선정 시 유의사항으로 틀린 것은?

① 진동을 받지 않는 곳이어야 한다.
② 부착 및 교환 작업이 용이하여야 한다.
③ 직사일광에 노출되지 않는 곳이어야 한다.
④ 가능한 한 통풍이 잘 되지 않는 곳이어야 한다.

97 2차 지연형 계측기에서 제동비를 ξ로 나타낼 때 대수감쇄율을 구하는 식은?

① $\dfrac{2\pi\xi}{\sqrt{1+\xi^2}}$　　② $\dfrac{2\pi\xi}{\sqrt{1-\xi^2}}$

③ $\dfrac{2\pi\xi}{\sqrt{1+\xi}}$　　④ $\dfrac{2\pi\xi}{\sqrt{1-\xi}}$

98 유체의 운동방정식(베르누이의 원리)을 적용하는 유량계는? **[계측 23]**

① 오벌기어식
② 로터리베인식
③ 터빈유량계
④ 오리피스식

차압식 유량계(계측 핵심 23) 참조

정답 91.② 92.① 93.② 94.③ 95.④ 96.④ 97.② 98.④

99 크로마토그래피에서 분리도를 2배로 증가시키기 위한 칼럼의 단수(N)는?

① 단수(N)를 $\sqrt{2}$ 배 증가시킨다.
② 단수(N)를 2배 증가시킨다.
③ 단수(N)를 4배 증가시킨다.
④ 단수(N)를 8배 증가시킨다.

분리도(R)는 칼럼단수(N)의 제곱근에 비례하므로, $\sqrt{4}=2$

100 막식 가스미터에서 가스가 미터를 통과하지 않는 고장은? **[계측 5]**

① 부동
② 불통
③ 기차불량
④ 감도불량

해설

가스미터의 고장(계측 핵심 5) 참조

정답 99.③ 100.②

국가기술자격 시험문제

2019년 기사 제2회 필기시험(1부) (2019년 4월 27일 시행)

자격종목	시험시간	문제수	문제형별
가스기사	**2시간30분**	**100**	**B**

수험번호		성 명	

제1과목 가스유체역학

01 기체수송에 사용되는 기계들이 줄 수 있는 압력차를 크기 순서대로 옳게 나타낸 것은?

① 팬(fan) < 압축기 < 송풍기(blower)
② 송풍기(blower) < 팬(fan) < 압축기
③ 팬(fan) < 송풍기(blower) < 압축기
④ 송풍기(blower) < 압축기 < 팬(fan)

해설

㉠ 압축기 : 토출압력 $1kg/cm^2g$ 이상
㉡ 송풍기(블로어) : 토출압력 $0.1kg/cm^2g$(1000mmAq) 이상 $1kg/cm^2g$ 미만
㉢ 통풍기(팬) : 토출압력 $0.1kg/cm^2g$(1000mmAq) 미만

02 진공압력이 $0.10kgf/cm^2$이고, 온도가 20℃인 기체가 계기압력 $7kgf/cm^2$로 등온압축되었다. 이때 압축 전 체적(V_1)에 대한 압축 후의 체적(V_2) 비는 얼마인가? (단, 대기압은 720mmHg이다.)

① 0.11
② 0.14
③ 0.98
④ 1.41

해설

등온압축

$P_1V_1 = P_2V_2$에서 $\frac{V_2}{V_1} = \frac{P_1}{P_2} = \frac{0.87863}{7.97863} = 0.11$

- P_1 = 대기 − 진공 $= \frac{720}{760} \times 1.033 - 0.10 = 0.8763$
- P_2 = 대기 + 게이지 $= \frac{720}{760} \times 1.033 + 7 = 7.97863$

03 압력 P_1에서 체적 V_1을 갖는 어떤 액체가 있다. 압력을 P_2로 변화시키고 체적이 V_2가 될 때, 압력 차이($P_2 - P_1$)를 구하면? (단, 액체의 체적탄성계수는 K로 일정하고, 체적변화는 아주 작다.)

① $-K\left(1 - \frac{V_2}{V_1 - V_2}\right)$

② $K\left(1 - \frac{V_2}{V_1 - V_2}\right)$

③ $-K\left(1 - \frac{V_2}{V_1}\right)$

④ $K\left(1 - \frac{V_2}{V_1}\right)$

해설

체적탄성계수 $K(kgf/cm^2)$: 체적변화율에 대한 압력변화의 비

$$K = \frac{dP}{-\frac{dV}{V}}$$

$$\therefore dP(P_1 - P_2) = K \times (-)\frac{dV}{V} = -K \cdot \frac{V_1 - V_2}{V_1} = -K\left(1 - \frac{V_2}{V_1}\right)$$

$$\therefore P_2 - P_1 = K\left(1 - \frac{V_2}{V_1}\right)$$

정답 01.③ 02.① 03.④

04 [그림]과 같이 비중량이 γ_1, γ_2, γ_3인 세 가지의 유체로 채워진 마노미터에서 A위치와 B위치의 압력 차이($P_B - P_A$)는?

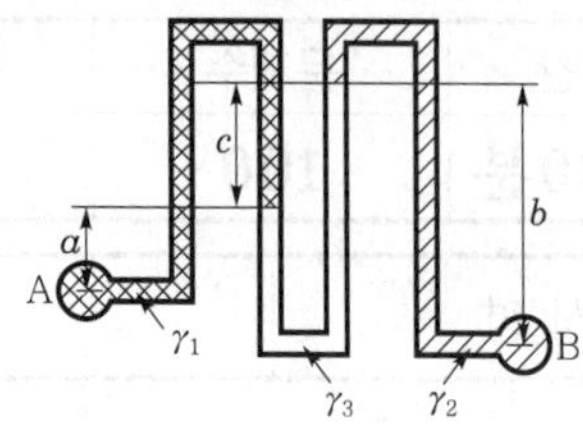

① $-a\gamma_1 - b\gamma_2 + c\gamma_3$
② $-a\gamma_1 + b\gamma_2 - c\gamma_3$
③ $a\gamma_1 - b\gamma_2 - c\gamma_3$
④ $a\gamma_1 - b\gamma_2 + c\gamma_3$

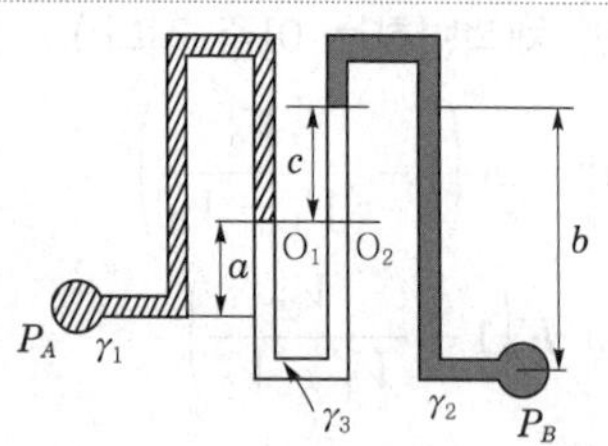

그림에서 수평이 일치하는 O_1점과 O_2점의 압력이 같으므로

㉠ O_1점의 압력 $= P_A - \gamma_1 a$
㉡ O_2점의 압력 $= P_B - \gamma_2 b + \gamma_3 c$
㉢ 두 식을 같게 놓으면 $P_A - \gamma_1 a = P_B - \gamma_2 b + \gamma_3 c$
$\therefore P_B - P_A = -\gamma_1 a + \gamma_2 b - \gamma_3 c$

05 왕복펌프의 특징으로 옳지 않은 것은?

① 저속운전에 적합하다.
② 같은 유량을 내는 원심펌프에 비하면 일반적으로 대형이다.
③ 유량은 적어도 되지만 양정이 원심펌프로 미칠 수 없을 만큼 고압을 요구하는 경우에는 왕복펌프가 적합하지 않다.
④ 왕복펌프는 양수작용에 따라 분류하면 단동식과 복동식 및 차동식으로 구분된다.

왕복펌프는 고압력에 적합하다.

06 비중량이 30kN/m³인 물체가 물속에서 줄(lope)에 매달려 있다. 줄의 장력이 4kN이라고 할 때 물속에 있는 이 물체의 체적은 얼마인가?

① 0.198m³ ② 0.218m³
③ 0.225m³ ④ 0.246m³

비중량이 30kN/m³인 물체가 물속에 있으므로 물의 비중량(9.8kN/m³)을 뺀 20.2kN/m³가 줄에 힘이 가해지고

$30\text{kN/m}^3 - \underbrace{9.8\text{kN/m}^3}_{\text{물의 비중량}} = 20.2\text{kN/m}^3$

$\frac{4\text{kN}}{x(\text{m}^3)} = 20.2\text{kN/m}^3$

$\therefore x = \frac{4\text{kN}}{20.2\text{kN/m}^3} = 0.198\text{m}^3$

07 내경이 0.05m인 강관 속으로 공기가 흐르고 있다. 한쪽 단면에서의 온도는 293K, 압력은 4atm, 평균유속은 75m/s였다. 이 관의 하부에는 내경 0.08m의 강관이 접속되어 있는데 이곳의 온도는 303K, 압력은 2atm이라고 하면 이곳에서의 평균유속은 몇 m/s인가? (단, 공기는 이상기체이고, 정상유동이라 간주한다.)

① 14.2 ② 60.6
③ 92.8 ④ 397.4

$\rho_1 Q_1 U_1 = \rho_2 Q_2 U_2$에서

$V_2 = \frac{\rho_1 Q_1 V_1}{\rho_2 Q_2}$

$= \frac{0.00947995 \times 75}{0.01173387}$

$= 60.59 \fallingdotseq 60.6\text{m/s}$

• $W_1 = \frac{P_1 V_1 M_1}{R_1 T_1} = \rho_1 Q_1$

$= \frac{4 \times \frac{\pi}{4} \times (0.05)^2 \times 29}{0.082 \times 293} = 0.00947995$

• $W_2 = \frac{P_2 V_2 M_2}{R_2 T_2} = \rho_2 Q_2$

$= \frac{2 \times \frac{\pi}{4} \times (0.08)^2 \times 29}{0.082 \times 303} = 0.01173387$

정답 04.② 05.③ 06.① 07.②

08 [그림]과 같은 덕트에서의 유동이 아음속유동일 때 속도 및 압력의 유동방향 변화를 옳게 나타낸 것은? **[유체 3]**

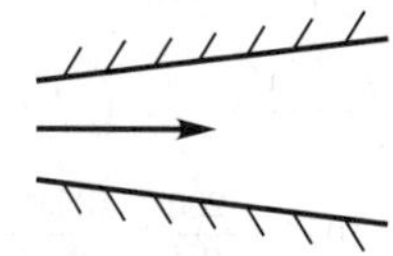

① 속도감소, 압력감소
② 속도증가, 압력증가
③ 속도증가, 압력감소
④ 속도감소, 압력증가

등엔트로피 흐름(유체 핵심 3) 참조

09 관 내 유체의 급격한 압력 강하에 따라 수중에서 기포가 분리되는 현상은?

① 공기바인딩 ② 감압화
③ 에어리프트 ④ 캐비테이션

캐비테이션(공동현상) : 증기압보다 낮은 부분이 생기면 기포가 발생하는 현상
① 공기(에어)바인딩 : 유체 속에 공기가 혼입되어 흐름을 방해하는 현상

10 비중이 0.9인 유체를 10ton/h의 속도로 20m 높이의 저장탱크에 수송한다. 지름이 일정한 관을 사용할 때 펌프가 유체에 가해준 일은 몇 kgf · m/kg인가? (단, 마찰손실은 무시한다.)

① 10 ② 20
③ 30 ④ 40

비중 0.9, 총량 유량 10ton/h 양정 20m이므로

엔탈피 $H=\dfrac{u_2{}^2-u_1{}^2}{2}+(gZ_2-gZ_1)(\text{m}^2/\text{s}^2)$

$u_1=u_2$이므로

$H=gZ_2-gZ_1=9.8\times(20-0)=196\text{m}^2/\text{s}^2$

$\therefore\ 196\text{m/s}^2\cdot\text{m}=196\text{m}\times\dfrac{1}{9.8\text{kg}}\text{kgf}$

$=20\text{kgf}\cdot\text{m/kg}$

- $1\text{kgf}=1\text{kg}\times9.8\text{m/s}^2$
- $1\text{m/s}^2=\dfrac{1\text{kgf}}{9.8\text{kg}}$

참고
- 비압축성 유체의 경우 1kgf=1kg으로 보고 단위를 정리하면 (m)만 남게 되고, 이것은 수두이므로 조건에 주어진 수두가 바로 답이 된다.
- 일량(W) $=\gamma\cdot H\cdot\nu$로 계산 시

$0.9\times10^3\text{kgf/m}^3\times20\text{m}\times\dfrac{1}{0.9\times10^3}\text{m}^3/\text{kgf}$

$=20\text{kgf}\cdot\text{m}$

여기서, γ : 비중량(kgf · m/kg)
H : 양정(m)
ν : 비체적(m^3/kgf)

11 공기 속을 초음속으로 날아가는 물체의 마하각(Machangle)이 35°일 때, 그 물체의 속도는 약 몇 m/s인가? (단, 음속은 340m/s이다.)

① 581
② 593
③ 696
④ 900

$Ma=\dfrac{V}{a}$

$\therefore\ V=Ma\times a$

$V=\dfrac{a}{\sin\alpha}=\dfrac{340}{\sin35}=592.77\fallingdotseq593\text{m/s}$

12 다음은 면적이 변하는 도관에서의 흐름에 관한 [그림]이다. [그림]에 대한 설명으로 옳지 않은 것은?

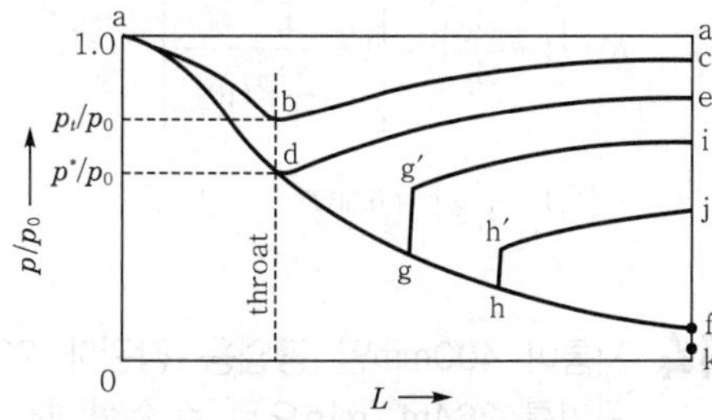

① d점에서의 압력비를 임계압력비라고 한다.
② gg′ 및 hh′는 충격파를 나타낸다.
③ 선 abc상의 다른 모든 점에서의 흐름은 아음속이다.
④ 초음속인 경우 노즐 확산부의 단면적이 증가하면 속도는 감소한다.

정답 08.④ 09.④ 10.② 11.② 12.④

해설

항목 \ 속도	아음속		초음속	
	축소부	확대부	축소부	확대부
M(마하수)	증	감	감	증
U(속도)	증	감	감	증
P(압력)	감	증	증	감
T(온도)	감	증	증	감
ρ(밀도)	감	증	증	감
A(면적)	감	증	감	증

④ 초음속인 경우 단면적 증가 시 속도 증가

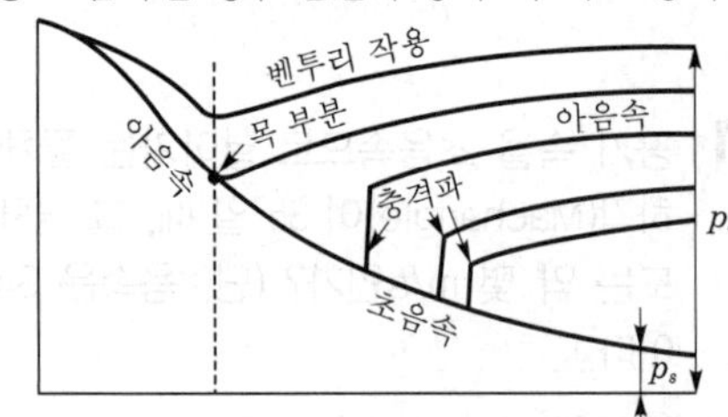

※ d점 노즐의 목에서의 압력비는 임계압력비

13 지름 5cm의 관 속을 15cm/s로 흐르던 물이 지름 10cm로 급격히 확대되는 관 속으로 흐른다. 이때 확대에 의한 마찰손실계수는 얼마인가?

① 0.25　　② 0.56
③ 0.65　　④ 0.75

해설

확대관

$$H_L = \frac{(u_1 - u_2)^2}{2g} = K \cdot \frac{{u_1}^2}{2g}$$

$$K = \left(1 - \frac{A_1}{A_2}\right)^2 = \left[1 - \frac{\frac{\pi}{4}\times(5)^2}{\frac{\pi}{4}\times(10)^2}\right]^2$$

$$= \left(1 - \frac{5^2}{10^2}\right)^2 = 0.5625$$

14 지름이 400mm인 공업용 강관에 20℃의 공기를 264m^3/min으로 수송할 때, 길이 200m에 대한 손실수두는 약 몇 cm인가? (단, Darcy-Weisbach식의 관마찰계수는 0.1×10^{-3}이다.)

① 22　　② 37
③ 51　　④ 313

해설

$Q = AV$에서

$$V = \frac{Q}{A} = \frac{264(\text{m}^3/60\text{sec})}{\frac{\pi}{4}\times(0.4\text{m})^2} = 35.014\text{m/s}$$

$$h_f = f \cdot \frac{L}{D} \cdot \frac{V^2}{2g}$$

$$= 0.1\times10^{-3}\times\frac{200}{0.4}\times\frac{(35.014)^2}{2\times9.8}$$

$$= 3.127\text{m} = 312.7\text{cm} ≒ 313\text{cm}$$

15 다음 중 등엔트로피과정은?

① 가역단열과정
② 비가역등온과정
③ 수축과 확대 과정
④ 마찰이 있는 가역적 과정

해설

㉠ 가역단열 : 엔트로피 불변(등엔트로피)
㉡ 비가역단열 : 엔트로피 증가

16 유체의 점성과 관련된 설명 중 잘못된 것은?

① poise는 점도의 단위이다.
② 점도란 흐름에 대한 저항력의 척도이다.
③ 동점성계수는 점도/밀도와 같다.
④ 20℃에서 물의 점도는 1poise이다.

해설

④ 20℃ 물의 점도는 1cP이다.

17 단면적이 변하는 수평관로에 밀도가 ρ인 이상유체가 흐르고 있다. 단면적이 A_1인 곳에서의 압력은 P_1, 단면적이 A_2인 곳에서의 압력은 P_2이다. $A_2 = \frac{A_1}{2}$이면 단면적이 A_2인 곳에서의 평균유속은?

① $\sqrt{\frac{4(P_1 - P_2)}{3\rho}}$

② $\sqrt{\frac{4(P_1 - P_2)}{15\rho}}$

③ $\sqrt{\frac{8(P_1 - P_2)}{3\rho}}$

④ $\sqrt{\frac{8(P_1 - P_2)}{15\rho}}$

정답 13.② 14.④ 15.① 16.④ 17.③

① A_1 A_2 ②

①~② 단면에 베르누이 방정식 적용

$$\frac{P_1}{\gamma_1}+\frac{V_1^2}{2g}+Z_1=\frac{P_2}{\gamma}+\frac{V_2^2}{2g}+Z_2(Z_1=Z_2)$$

$$\frac{P_1}{\gamma}+\frac{V_1^2}{2g}=\frac{P_2}{\gamma}+\frac{V_2^2}{2g}$$

$$\therefore \frac{P_1-P_2}{\gamma}=\frac{V_2^2-V_1^2}{2g}=\frac{V_2^2}{2g}\left[1-\left(\frac{V_1}{V_2}\right)^2\right]$$

$$Q=AV$$

$$Q_1=A_1V_1$$

$$Q_2=A_2V_2$$

$$A_1V_1=A_2V_2$$

$$\frac{V_1}{V_2}=\frac{A_2}{A_1}$$

$$\frac{P_1-P_2}{\gamma}=\frac{V_2^2}{2g}\left[1-\left(\frac{A_2}{A_1}\right)^2\right]$$

$$\therefore V_2=\frac{1}{\sqrt{1-\left(\frac{A_2}{A_1}\right)^2}}\sqrt{\frac{2g}{\gamma}(P_1-P_2)}$$

(여기서, $A_2=\frac{A_1}{2}$ 이므로 $\gamma=\rho g$)

$$=\frac{1}{\sqrt{1-\left(\frac{\frac{A_1}{2}}{A_1}\right)^2}}\sqrt{\frac{2g}{\rho g}(P_1-P_2)}$$

$$=\frac{1}{\sqrt{1-\left(\frac{1}{4}\right)}}\sqrt{\frac{2}{\rho}(P_1-P_2)}$$

$$=\sqrt{\frac{8(P_1-P_2)}{3\rho}}$$

18 전단응력(shear stress)과 속도구배와의 관계를 나타낸 다음 [그림]에서 빙햄플라스틱유체(Bingham plastic fluid)를 나타내는 것은?

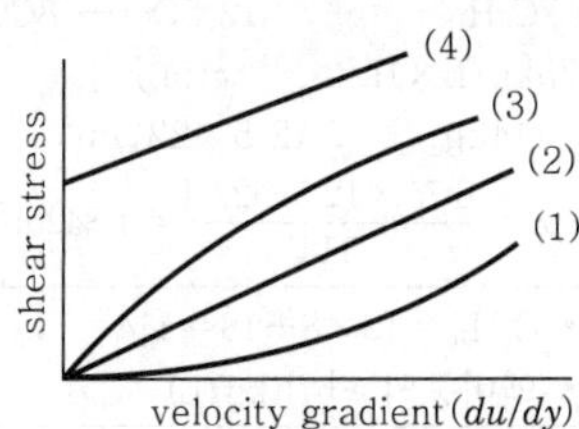

① (1) ② (2)
③ (3) ④ (4)

해설

(1) 다일란트유체(전단농화유체) : 아스팔트
(2) 뉴턴유체 : 물
(3) 전단박화유체(비뉴턴유체)
(4) 빙햄플라스틱유체

19 완전발달흐름(fully developed flow)에 대한 내용으로 옳은 것은?

① 속도분포가 축을 따라 변하지 않는 흐름
② 천이영역의 흐름
③ 완전난류의 흐름
④ 정상상태의 유체흐름

큰 용기에서 원관에 유체가 유입 시 관 입구 유속은 균속도이며 관벽에 생성하는 경계층은 관입구에서 하류로 흐를 때, 어느 거리를 지나면 경계층으로 성장하며 관 입구에서 경계층이 관 중심에 도달하는 점까지의 거리를 입구길이라 한다. 입구길이 이후의 영역은 완전히 발달된 영역이며 이것은 속도분포가 축을 따라 변하지 않는 흐름을 말한다.

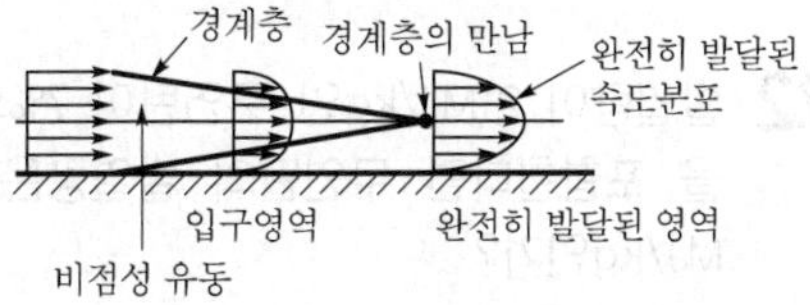

20 유체를 연속체로 취급할 수 있는 조건은 어느 것인가? **[유체 11]**

① 유체가 순전히 외력에 의하여 연속적으로 운동을 한다.
② 항상 일정한 전단력을 가진다.
③ 비압축성이며 탄성계수가 적다.
④ 물체의 특성길이가 분자 간의 평균자유행로보다 훨씬 크다.

연속체(continuum)

물체의 대표길이(l)가 자유경로(λ)보다 훨씬 큰 것($l \gg \lambda$)

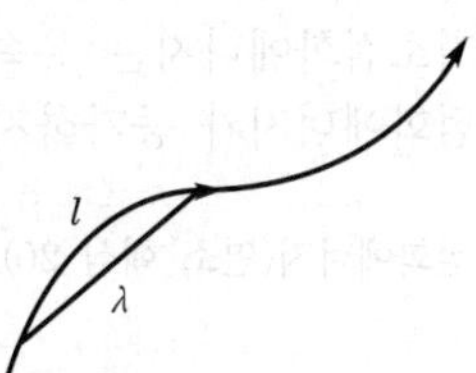

정답 18.④ 19.① 20.④

제2과목 연소공학

21 다음 [그림]은 카르노 사이클(Carnot cycle)의 과정을 도식으로 나타낸 것이다. 열효율 η를 나타내는 식은? **[연소 16]**

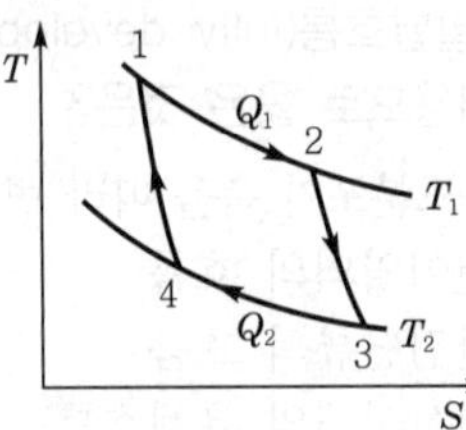

① $\eta = \dfrac{Q_1 - Q_2}{Q_1}$ ② $\eta = \dfrac{Q_2 - Q_1}{Q_1}$

③ $\eta = \dfrac{T_1}{T_1 - T_2}$ ④ $\eta = \dfrac{T_2 - T_1}{T_1}$

해설

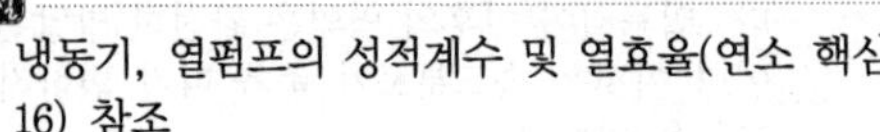
냉동기, 열펌프의 성적계수 및 열효율(연소 핵심 16) 참조

22 발열량이 21MJ/kg인 무연탄이 7%의 습분을 포함한다면 무연탄의 발열량은 약 몇 MJ/kg인가?

① 16.43 ② 17.85
③ 19.53 ④ 21.12

해설

$21-(21\times0.07)=19.53\text{MJ/kg}$

23 최소점화에너지에 대한 설명으로 옳은 것은 어느 것인가? **[연소 20]**

① 최소점화에너지는 유속이 증가할수록 작아진다.
② 최소점화에너지는 혼합기 온도가 상승함에 따라 작아진다.
③ 최소점화에너지의 상승은 혼합기 온도 및 유속과는 무관하다.
④ 최소점화에너지는 유속 20m/s까지는 점화에너지가 증가하지 않는다.

해설

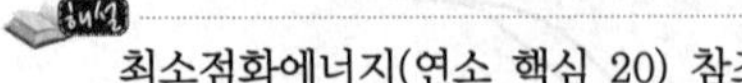
최소점화에너지(연소 핵심 20) 참조

24 압력엔탈피 선도에서 등엔트로피 선의 기울기는 어느 것인가?

① 부피
② 온도
③ 밀도
④ 압력

해설

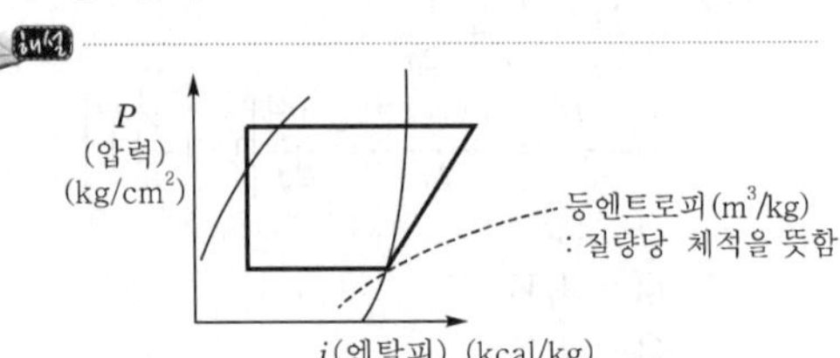

25 줄-톰슨 효과를 참조하여 교축과정(throttling process)에서 생기는 현상과 관계없는 것은?

① 엔탈피 불변
② 압력 강하
③ 온도 강하
④ 엔트로피 불변

교축(스로틀링, 조름팽창) : 등엔탈피변화 비가역 정상류과정 비가역이므로 엔트로피는 증가. 유체가 좁은 통로를 흐를 때 마찰난류 등으로 압력이 급격히 저하. 온도가 저하 이것을 줄-톰슨 효과라 한다.

26 다음 중 비중이 0.75인 휘발유(C_8H_{18}) 1L를 완전연소시키는 데 필요한 이론산소량은 약 몇 L인가?

① 1510 ② 1842
③ 2486 ④ 2814

C_8H_{18} + $12.5O_2 \rightarrow 8CO_2 + 9H_2O$
0.75kg/L×1L : $x(\text{m}^3)$
114kg : $12.5\times22.4\text{m}^3$

$\therefore\ x = \dfrac{0.75\times12.5\times22.4}{114} = 1.842\text{m}^3 = 1842\text{L}$

- $C_8H_{18} = 12\times8+18 = 114$
- 액비중의 단위(kg/L)

정답 21.① 22.③ 23.② 24.① 25.④ 26.②

27 1kmol의 일산화탄소와 2kmol의 산소로 충전된 용기가 있다. 연소 전 온도는 298K, 압력은 0.1MPa이고 연소 후 생성물은 냉각되어 1300K로 되었다. 정상상태에서 완전연소가 일어났다고 가정했을 때 열전달량은 약 몇 kJ인가? (단, 반응물 및 생성물의 총 엔탈피는 각각 −110529kJ, −293338kJ이다.)

① −202397
② −230323
③ −340238
④ −403867

열전달량(Q)=생성물 총 엔탈피(H_2)

−(반응물 총 엔탈피(H_1)$+n\overline{R}T$)

$=-293338-(110529+2\times8.314\times1300)$

$=-204425$kJ

28 기체가 168kJ의 열을 흡수하면서 동시에 외부로부터 20kJ의 일을 받으면 내부에너지의 변화는 약 몇 kJ인가?

① 20
② 148
③ 168
④ 188

$168+20=188$kJ

29 열화학반응 시 온도변화의 열전도범위에 비해 속도변화의 전도범위가 크다는 것을 나타내는 무차원수는?

① 루이스수(Lewis number)
② 러셀수(Nesselt number)
③ 프란틀수(Prandtl number)
④ 그라쇼프수(Grashof number)

프란틀수(Prandtl number)$=\dfrac{V}{\alpha}=\dfrac{C_p\cdot\mu}{K}$

여기서, α : 열확산계수

$C_p\cdot\mu$: 운동량확산계수

K : 유체의 열전도계수(열역학적인 결과를 일반화시키기 위해 사용되는 무차원수)

30 산소의 기체상수(R)값은 약 얼마인가?

① 260J/kg · K ② 650J/kg · K
③ 910J/kg · K ④ 1074J/kg · K

$R=\dfrac{848}{32}$kgf · m/kg · K$=26.5\times9.8$N · m/kg · K

$=259.7$N · m/kg · K ≒ 260J/kg · K

- 1kgf=9.8N
- N · m=J

31 가연성 가스의 폭발범위에 대한 설명으로 옳지 않은 것은?

① 일반적으로 압력이 높을수록 폭발범위가 넓어진다.
② 가연성 혼합가스의 폭발범위는 고압에서는 상압에 비해 훨씬 넓어진다.
③ 프로판과 공기의 혼합가스에 불연성 가스를 첨가하는 경우 폭발범위는 넓어진다.
④ 수소와 공기의 혼합가스는 고온에 있어서는 폭발범위가 상온에 비해 훨씬 넓어진다.

③ 불연성 가스 첨가 시 폭발범위는 좁아진다.

32 압력이 1기압이고 과열도가 10℃인 수증기의 엔탈피는 약 몇 kcal/kg인가?
(단, 100℃ 물의 증발잠열이 539kcal/kg이고, 물의 비열은 1kcal/kg · ℃, 수증기의 비열은 0.45kcal/kg · ℃, 기준상태는 0℃와 1atm으로 한다.)

① 539 ② 639
③ 643.5 ④ 653.5

과열도가 10℃이면 110℃까지 과열증기이므로

0℃ 물 $\xrightarrow{Q_1}$ 100℃ 물 $\xrightarrow{Q_2}$ 100℃ 수증기 $\xrightarrow{Q_3}$ 110℃ 수증기

㉠ $Q_1=1\times1\times(100-0)=100$kcal
㉡ $Q_2=1\times539=539$kcal
㉢ $Q_3=1\times0.45\times10=4.5$kcal
$\therefore Q=Q_1+Q_2+Q_3=643.5$kcal

정답 27.① 28.④ 29.③ 30.① 31.③ 32.③

33 다음 중 가스의 비열비($k = C_P / C_V$) 값은 어느 것인가? **[연소 3]**

① 항상 1보다 크다.
② 항상 0보다 작다.
③ 항상 0이다.
④ 항상 1보다 작다.

이상기체(연소 핵심 3) 참조

34 어떤 고체연료의 조성은 탄소 71%, 산소 10%, 수소 3.8%, 황 3%, 수분 3%, 기타 성분 9.2%로 되어 있다. 이 연료의 고위발열량(kcal/kg)은 얼마인가?

① 6698
② 6782
③ 7103
④ 7398

$$Hh = 8100\text{C} + 34000\left(\text{H} - \frac{\text{O}}{8}\right) + 2500\text{S}$$
$$= 8100 \times 0.71 + 34000\left(0.038 - \frac{0.1}{8}\right) + 2500 \times 0.03$$
$$= 6693\text{kcal/kg}$$

35 다음 중 대기오염 방지기기로 이용되는 것은?

① 링겔만
② 플레임로드
③ 레드우드
④ 스크러버

36 가스 혼합물을 분석한 결과 N_2 70%, CO_2 15%, O_2 11%, CO 4%의 체적비를 얻었다. 이 혼합물을 10kPa, 20℃, 0.2m^{3}인 초기상태에서 0.1m^{3}로 실린더 내에서 가역단열 압축할 때 최종상태의 온도는 약 몇 K인가? (단, 이 혼합가스의 정적비열은 0.7157kJ/kg · K이다.)

① 300
② 380
③ 460
④ 540

해설

혼합기체 분자량$(M) = \Sigma M_i \dfrac{V_i}{V}$

$$= 28 \times 0.7 + 44 \times 0.15 + 32 \times 0.11 + 28 \times 0.04 = 30.84\text{kg/kmol}$$

$MR = \overline{R} = 8.314\text{kJ/kmol} \cdot \text{K}$

$$\text{기체상수}(R) = \frac{\text{공통기체상수}(\overline{R})}{\text{분자량}(M)} = \frac{8.314}{30.84} = 0.2696\text{kJ/kg} \cdot \text{K}$$

$C_P - C_V = R$에서

$C_P = C_V + R = 0.7157 + 0.2696 = 0.9853\text{kJ/kg} \cdot \text{K}$

$$\text{비열비}(k) = \frac{C_P}{C_V} = \frac{0.9853}{0.7157} = 1.3767$$

가역단열 변화이므로 $TV^{k-1} = C$

$T_1 V_1^{\,k-1} = T_2 V_2^{\,k-1}$에서

$$T_2 = T_1 \times \left(\frac{V_1}{V_2}\right)^{k-1} = (20+273) \times \left(\frac{0.2}{0.1}\right)^{1.3767-1}$$
$$= 380.42\text{K}(≒ 380\text{K})$$

37 종합적 안전관리대상자가 실시하는 가스안전성 평가의 기준에서 정량적 위험성 평가기법에 해당하지 않는 것은? **[연소 12]**

① FTA(Fault Tree Analysis)
② ETA(Event Tree Analysis)
③ CCA(Cause Consequence Analysis)
④ HAZOP
(Hazard and Operability Studies)

해설

안전성 평가기법(연소 핵심 12) 참조
④ HAZOP(정성적 평가기법)

38 수소(H_2)의 기본특성에 대한 설명 중 틀린 것은?

① 가벼워서 확산하기 쉬우며 작은 틈새로 잘 발산된다.
② 고온, 고압에서 강재 등의 금속을 투과한다.
③ 산소 또는 공기와 혼합하여 격렬하게 폭발한다.
④ 생물체의 호흡에 필수적이며 연료의 연소에 필요하다.

정답 33.① 34.① 35.④ 36.② 37.④ 38.④

39 다음 [보기]에서 설명하는 연소형태로 가장 적절한 것은? **[연소 10]**

> ㉠ 연소실부하율을 높게 얻을 수 있다.
> ㉡ 연소실의 체적이나 길이가 짧아도 된다.
> ㉢ 화염면이 자력으로 전파되어 간다.
> ㉣ 버너에서 상류의 혼합기로 역화를 일으킬 염려가 있다.

① 증발연소
② 등심연소
③ 확산연소
④ 예혼합연소

기체물질연소(확산 · 예혼합)의 비교(연소 핵심 10) 참조

40 탄소 1kg을 이론공기량으로 완전연소시켰을 때 발생하는 연소가스량은 약 몇 Nm^3인가?

① 8.9
② 10.8
③ 11.2
④ 22.4

$\underline{C} + O_2 \rightarrow \underline{CO_2} + (N_2)$

12kg 22.4 : $22.4Nm^3$

1kg y : $x(Nm^3)$

㉠ x는 $CO_2 = \frac{1 \times 22.4}{12} = 1.87Nm^3$

㉡ y는 $N_2 = \frac{1 \times 22.4}{12} \times \frac{(1-0.21)}{0.21} = 7.02Nm^3$

$\therefore x + y = 8.89 = 8.9Nm^3$

제3과목 가스설비

41 냉동용 특정설비 제조시설에서 발생기란 흡수식 냉동설비에 사용하는 발생기에 관계되는 설계온도가 몇 ℃를 넘는 열교환기 및 이들과 유사한 것을 말하는가?

① 105℃
② 150℃
③ 200℃
④ 250℃

42 아세틸렌에 대한 설명으로 틀린 것은?

① 반응성이 대단히 크고 분해 시 발열반응을 한다.
② 탄화칼슘에 물을 가하여 만든다.
③ 액체 아세틸렌보다 고체 아세틸렌이 안정하다.
④ 폭발범위가 넓은 가연성 기체이다.

① 분해 시 흡열반응
$C_2H_2 \rightarrow 2C + H_2$
② $CaC_2 + 2H_2O \rightarrow C_2H_2 + Ca(OH)_2$
④ 폭발범위 : 2.5~81%

43 스프링 직동식과 비교한 파일럿식 정압기에 대한 설명으로 틀린 것은?

① 오프셋이 적다.
② 1차 압력변화의 영향이 적다.
③ 로크업을 적게 할 수 있다.
④ 구조 및 신호계통이 단순하다.

44 이음매 없는 용기의 제조법 중 이음매 없는 강관을 재료로 사용하는 제조방식은?

① 웰딩식 ② 만네스만식
③ 에르하르트식 ④ 딥드로잉식

(1) 이음매 없는 용기의 제조방법
　㉠ 만네스 방식 : 이음매 없는 강관을 재료로 하는 방식
　㉡ 에르하르트식 : 각강편을 재료로 하는 방식
　㉢ 딥드로잉식 : 강판을 재료로 하는 방식
(2) 용접용기 제조방법
　㉠ 심교축 용기
　㉡ 동체부에 종방향의 용접포인트가 있는 것

45 신규용기의 내압시험 시 전증가량이 $100cm^3$였다. 이 용기가 검사에 합격하려면 영구 증가량은 몇 cm^3 이하이어야 하는가?

① 5 ② 10
③ 15 ④ 20

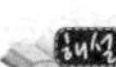

영구증가율 10% 이하가 합격이므로, 전증가량이 $100cm^3$이면 영구증가량은 $10cm^3$ 이하이어야 한다.

정답 39.④ 40.① 41.③ 42.① 43.④ 44.② 45.②

46 금속재료에 대한 설명으로 틀린 것은?

① 강에 P(인)의 함유량이 많으면 신율, 충격치는 저하된다.
② 18% Cr, 8% Ni을 함유한 강을 18－8 스테인리스강이라 한다.
③ 금속가공 중에 생긴 잔류응력을 제거할 때에는 열처리를 한다.
④ 구리와 주석의 합금은 황동이고, 구리와 아연의 합금은 청동이다.

④ 구리+주석=청동
구리+아연=황동

47 대체천연가스(SNG)공정에 대한 설명으로 틀린 것은?

① 원료는 각종 탄화수소이다.
② 저온수증기 개질방식을 채택한다.
③ 천연가스를 대체할 수 있는 제조가스이다.
④ 메탄을 원료로 하여 공기 중에서 부분연소로 수소 및 일산화탄소의 주성분을 만드는 공정이다.

48 부식방지방법에 대한 설명으로 틀린 것은?

① 금속을 피복한다.
② 선택배류기를 접속시킨다.
③ 이종의 금속을 접촉시킨다.
④ 금속표면의 불균일을 없앤다.

③ 이종금속의 접촉을 피한다.

49 압력용기란 그 내용물이 액화가스인 경우 35℃에서의 압력 또는 설계압력이 얼마 이상인 용기를 말하는가?

① 0.1MPa ② 0.2MPa
③ 1MPa ④ 2MPa

50 냄새가 나는 물질(부취제)에 대한 설명으로 틀린 것은? **[안전 19]**

① D.M.S는 토양투과성이 아주 우수하다.
② T.B.M은 충격(impact)에 가장 약하다.
③ T.B.M은 메르캅탄류 중에서 내산화성이 우수하다.
④ T.H.T의 LD_{50}은 6400mg/kg 정도로 거의 무해하다.

해설

부취제(안전 핵심 19) 참조
충격 강도 : TBM > THT > DMS

51 펌프에서 송출압력과 송출유량 사이에 주기적인 변동이 일어나는 현상을 무엇이라 하는가? **[설비 17]**

① 공동현상 ② 수격현상
③ 서징현상 ④ 캐비테이션현상

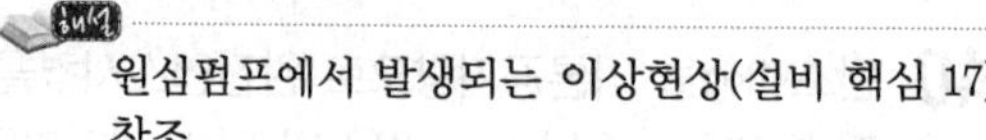

원심펌프에서 발생되는 이상현상(설비 핵심 17) 참조

52 다음 중 가스 액화사이클이 아닌 것은 어느 것인가? **[설비 57]**

① 린데사이클 ② 클라우드사이클
③ 필립스사이클 ④ 오토사이클

해설

가스 액화사이클(설비 핵심 57) 참조

53 35℃에서 최고충전압력이 15MPa로 충전된 산소용기의 안전밸브가 작동하기 시작하였다면 이때 산소용기 내의 온도는 약 몇 ℃인가?

① 137℃ ② 142℃
③ 150℃ ④ 165℃

해설

안전밸브 작동압력 $= F_P \times \frac{5}{3} \times \frac{8}{10}$

$= 15 \times \frac{5}{3} \times \frac{8}{10}$

$= 20\text{MPa}$

$\frac{P_1}{T_1} = \frac{P_2}{T_2}$ 에서

$T_2 = \frac{T_1 \times P_2}{P_1} = \frac{(273+35) \times 20}{15}$

$= 410.666\text{K} = 410.666 - 273 = 137.66 = 137.66℃$

정답 46.④ 47.④ 48.③ 49.② 50.② 51.③ 52.④ 53.①

54 중간매체방식의 LNG 기화장치에서 중간 열매체로 사용되는 것은? **[설비 14]**

① 폐수 ② 프로판
③ 해수 ④ 온수

LNG 기화장치 종류 특징(설비 핵심 14) 참조

55 다음 중 고압가스설비의 두께는 상용압력의 몇 배 이상의 압력에서 항복을 일으키지 않아야 하는가?

① 1.5배 ② 2배
③ 2.5배 ④ 3배

56 다음 [보기]에서 설명하는 안전밸브의 종류는 어느 것인가?

> ㉠ 구조가 간단하고, 취급이 용이하다.
> ㉡ 토출용량이 높아 압력상승이 급격하게 변하는 곳에 적당하다.
> ㉢ 밸브시트의 누출이 없다.
> ㉣ 슬러지 함유, 부식성 유체에도 사용이 가능하다.

① 가용전식
② 중추식
③ 스프링식
④ 파열판식

57 고온고압에서 수소가스설비에 탄소강을 사용하면 수소취성을 일으키게 되므로 이것을 방지하기 위하여 첨가하는 금속원소로 적당하지 않은 것은?

① 몰리브덴
② 크립톤
③ 텅스텐
④ 바나듐

수소취성 방지법 : 5~6% Cr강에 W, Mo, Ti, V 등을 첨가한다.

58 고압식 액화산소 분리장치의 제조과정에 대한 설명으로 옳은 것은? **[설비 5]**

① 원료공기는 1.5~2.0MPa로 압축된다.
② 공기 중의 탄산가스는 실리카겔 등의 흡착제로 제거한다.
③ 공기압축기 내부윤활유를 광유로 하고 광유는 건조로에서 제거한다.
④ 액체질소와 액화공기는 상부탑에 이송되나 이때 아세틸렌 흡착기에서 액체공기 중 아세틸렌과 탄화수소가 제거된다.

공기액화 분리장치(설비 핵심 5) 참조
① 15~20MPa로 압축
② 탄산가스는 CO_2 흡수탑에서 가성소다 용액에 의해 제거
③ 윤활유는 양질의 광유이고 제거는 유분리기에 의해 제거

59 펌프의 양수량이 $2m^3$/min이고 배관에서의 전 손실수두가 5m인 펌프로 20m 위로 양수하고자 할 때 펌프의 축동력은 약 몇 kW인가? (단, 펌프의 효율은 0.87이다.)

① 7.4 ② 9.4
③ 11.4 ④ 13.4

$$L_{kW} = \frac{\gamma \cdot Q \cdot H}{102\eta}$$
$$= \frac{1000 \times (2/60) \times 25}{102 \times 0.87} = 9.39 \fallingdotseq 9.4kW$$

60 고압가스저장시설에서 가연성 가스설비를 수리할 때 가스설비 내를 대기압 이하까지 가스치환을 생략하여도 무방한 경우는?

① 가스설비의 내용적이 $3m^3$일 때
② 사람이 그 설비의 안에서 작업할 때
③ 화기를 사용하는 작업일 때
④ 가스켓의 교환 등 경미한 작업을 할 때

가스치환생략
㉠ 설비내용적이 $1m^3$ 이하일 때
㉡ 설비 밖에서 작업을 할 때
㉢ 화기를 사용하지 않는 작업일 때
㉣ 가스켓의 교환 등 경미한 작업일 때
㉤ 설비 $5m^3$ 사이에 밸브가 2개 이상 설치되어 있을 때

정답 54.② 55.② 56.④ 57.② 58.④ 59.② 60.④

제4과목 가스안전관리

61 저장탱크에 의한 액화석유가스 사용시설에서 배관설비 신축흡수조치기준에 대한 설명으로 틀린 것은?

① 건축물에 노출하여 설치하는 배관의 분기관의 길이는 30cm 이상으로 한다.
② 분기관에는 90° 엘보 1개 이상을 포함하는 굴곡부를 설치한다.
③ 분기관이 창문을 관통하는 부분에 사용하는 보호관의 내경은 분기관 외경의 1.2배 이상으로 한다.
④ 11층 이상 20층 이하 건축물의 배관에는 1개소 이상의 곡관을 설치한다.

해설

배관의 신축흡수조치

(1) 지상에 설치하는 배관 : 굽힘관, 루프, 벨로즈형 신축이음매, 슬라이드형 신축이음에 사용하여 신축흡수조치를 한다.
(2) 입상관의 신축흡수
㉠ 분기관에는 90° 엘보 1개 이상을 포함하는 굴곡부를 설치한다.
㉡ 분기관이 외벽, 베란다 또는 창문을 관통하는 경우에 사용하는 보호관의 내경은 분기관 외경의 1.2배 이상으로 한다.
㉢ 건축물에 노출하여 설치하는 배관의 분기관의 길이는 50cm 이상으로 한다(단, 50cm 이상으로 하지 않아도 되는 경우).
• 분기관에 90° 엘보 2개 이상을 포함하는 굴곡부를 설치하는 경우
• 건축물 외벽 관통 시 사용하는 보호관의 내경을 분기관 외경의 1.5배 이상으로 하는 경우
㉣ 11층 이상 20층 이하 건축물 배관에는 1개소 이상 곡관을 설치하고 20층 이상 건축물의 배관에는 2개소 이상의 곡관을 설치한다.

62 부취제 혼합설비의 이입작업안전기준에 대한 설명으로 틀린 것은?

① 운반차량으로부터 저장탱크에 이입 시 보호의 및 보안경 등의 보호장비를 착용한 후 작업한다.
② 부취제가 누출될 수 있는 주변에는 방류둑을 설치한다.
③ 운반차량은 저장탱크의 외면과 3m 이상 이격거리를 유지한다.
④ 이입작업 시에는 안전관리자가 상주하여 이를 확인한다.

63 고압가스 특정제조시설에서 플레어스택의 설치 위치 및 높이는 플레어스택 바로 밑의 지표면에 미치는 복사열이 몇 kcal/m^2 · h 이하로 되도록 하여야 하는가? **[안전 26]**

① 2000
② 4000
③ 6000
④ 8000

해설

긴급이송설비(안전 핵심 26) 참조

64 저장탱크에 액화석유가스를 충전하려면 정전기를 제거한 후 저장탱크 내용적의 몇 %를 넘지 않도록 충전하여야 하는가?

① 80% ② 85%
③ 90% ④ 95%

65 2개 이상의 탱크를 동일차량에 고정할 때의 기준으로 틀린 것은? **[안전 24]**

① 탱크의 주밸브는 1개만 설치한다.
② 충전관에는 긴급탈압밸브를 설치한다.
③ 충전관에는 안전밸브, 압력계를 설치한다.
④ 탱크와 차량과의 사이를 단단하게 부착하는 조치를 한다.

해설

차량고정탱크 운반기준(안전 핵심 24) 참조

66 지하에 설치하는 액화석유가스 저장탱크실 재료의 규격으로 옳은 것은?

① 설계강도 : 25MPa 이상
② 물－결합재비 : 25% 이하
③ 슬럼프(slump) : 50~150mm
④ 굵은 골재의 최대치수 : 25mm

정답 61.① 62.② 63.② 64.③ 65.① 66.④

LPG 저장탱크의 지하 설치 시 저장탱크실 재료규격
저장탱크실의 재료는 법규에서 정한 규격을 가진 레디믹스트 콘크리트(ready-mixed concrete)로 하고, 저장탱크실의 시공은 수밀(水密)콘크리트로 한다.

항 목	규 격
굵은 골재의 최대치수	25mm
설계강도	21MPa 이상
슬럼프(slump)	120~150mm
공기량	4% 이하
물-결합재비	50% 이하
그 밖의 사항	KS F 4009 (레디믹스트 콘크리트)에 따른 규정
[비고] 수밀콘크리트 시공기준은 국토교통부가 제정한 "콘크리트표준 시방서"를 준용	

67 독성가스 배관을 2중관으로 하여야 하는 독성가스가 아닌 것은? **[안전 113]**

① 포스겐　② 염소
③ 브롬화메탄　④ 산화에틸렌

독성가스 배관 중 이중관의 설치규정(안전 핵심 113) 참조

68 고압가스용기의 보관장소에 용기를 보관할 경우의 준수할 사항 중 틀린 것은 어느 것인가? **[안전 111]**

① 충전용기와 잔가스용기는 각각 구분하여 용기보관장소에 놓는다.
② 용기보관장소에는 계량기 등 작업에 필요한 물건 외에는 두지 아니한다.
③ 용기보관장소의 주위 2m 이내에는 화기 또는 인화성 물질이나 발화성 물질을 두지 아니한다.
④ 가연성 가스 용기보관장소에는 비방폭형 손전등을 사용한다.

용기보관실 및 용기집합설비 설치(안전 핵심 111) 참조

69 다음 중 특정설비가 아닌 것은? **[안전 15]**

① 조정기　② 저장탱크
③ 안전밸브　④ 긴급차단장치

산업통상자원부령으로 정하는 고압가스 관련 설비(안전 핵심 15) 참조

70 압축가스의 저장탱크 및 용기 저장능력의 산정식을 옳게 나타낸 것은 어느 것인가? [단, Q : 설비의 저장능력(m^3), P : 35℃에서의 최고충전압력(MPa), V_1 : 설비의 내용적(m^3)이다.] **[안전 36]**

① $Q=\dfrac{(10P-1)}{V_1}$
② $Q=1.5PV_1$
③ $Q=(1-P)V_1$
④ $Q=(10P+1)V_1$

저장능력 계산(안전 핵심 36) 참조

71 액화석유가스에 첨가하는 냄새가 나는 물질의 측정방법이 아닌 것은? **[안전 61]**

① 오더미터법　② 에지법
③ 주사기법　④ 냄새주머니법

고압 · LPG · 도시가스의 냄새나는 물질의 첨가(안전 핵심 61) 참조

72 산소, 아세틸렌 및 수소가스를 제조할 경우의 품질검사방법으로 옳지 않은 것은 어느 것인가? **[안전 11]**

① 검사는 1일 1회 이상 가스제조장에서 실시한다.
② 검사는 안전관리부총괄자가 실시한다.
③ 액체산소를 기화시켜 용기에 충전하는 경우에는 품질검사를 아니할 수 있다.
④ 검사결과는 안전관리부총괄자와 안전관리책임자가 함께 확인하고 서명날인한다.

산소, 수소, 아세틸렌 품질검사(안전 핵심 11) 참조

정답 67.③ 68.④ 69.① 70.④ 71.② 72.②

73 고압가스 운반차량에 대한 설명으로 틀린 것은?

① 액화가스를 충전하는 탱크에는 요동을 방지하기 위한 방파판 등을 설치한다.
② 허용농도가 200ppm 이하인 독성가스는 전용차량으로 운반한다.
③ 가스운반 중 누출 등 위해우려가 있는 경우에는 소방서 및 경찰서에 신고한다.
④ 질소를 운반하는 차량에는 소화설비를 반드시 휴대하여야 한다.

④ 질소는 불연성이므로 소화설비를 휴대하지 않아도 된다.

74 동절기에 습도가 낮은 날 아세틸렌 용기밸브를 급히 개방할 경우 발생할 가능성이 가장 높은 것은?

① 아세톤 증발
② 역화방지기 고장
③ 중합에 의한 폭발
④ 정전기에 의한 착화위험

75 일반도시가스사업자시설의 정압기에 설치되는 안전밸브 분출부의 크기기준으로 옳은 것은 어느 것인가? **[안전 109]**

① 정압기 입구측 압력이 0.5MPa 이상인 것은 50A 이상
② 정압기 입구 압력에 관계없이 80A 이상
③ 정압기 입구측 압력이 0.5MPa 미만인 것으로서 설계유량이 $1000Nm^3/h$ 이상인 것은 32A 이상
④ 정압기 입구측 압력이 0.5MPa 미만인 것으로서 설계유량이 $1000Nm^3/h$ 미만인 것은 32A 이상

해설
도시가스 정압기실 안전밸브 분출부의 크기(안전 핵심 109) 참조

76 가연성 가스를 운반하는 차량의 고정된 탱크에 적재하여 운반하는 경우 비치하여야 하는 분말소화제는? **[안전 8]**

① BC용, B−3 이상
② BC용, B−10 이상
③ ABC용, B−3 이상
④ ABC용, B−10 이상

소화설비의 비치(안전 핵심 8) 참조

77 장치운전 중 고압반응기의 플랜지부에서 가연성 가스가 누출되기 시작했을 때 취해야 할 일반적인 대책으로 가장 적절하지 않은 것은?

① 화기사용 금지
② 일상점검 및 운전
③ 가스공급의 즉시 정지
④ 장치 내를 불활성 가스로 치환

78 다음 중 1종 보호시설이 아닌 것은 어느 것인가? **[안전 9]**

① 주택
② 수용능력 300인 이상의 극장
③ 국보 제1호인 남대문
④ 호텔

보호시설과 유지하여야 할 안전거리(안전 핵심 9) 참조

79 폭발에 대한 설명으로 옳은 것은?

① 폭발은 급격한 압력의 발생 등으로 강한 소음을 내며, 팽창하는 현상으로 화학적인 원인으로만 발생한다.
② 발화에는 전기불꽃, 마찰, 정전기 등의 외부발화원이 반드시 필요하다.
③ 최소발화에너지가 큰 혼합가스는 안전간격이 작다.
④ 아세틸렌, 산화에틸렌, 수소는 산소 중에서 폭굉이 발생하기 쉽다.

정답 73.④ 74.④ 75.① 76.② 77.② 78.① 79.④

80 내용적이 40L인 고압용기에 0℃, 100기압의 산소가 충전되어 있다. 이 가스 4kg을 사용하였다면 전압력은 약 몇 기압(atm)이 되겠는가?

① 20 ② 30
③ 40 ④ 50

해설

㉠ 40L, 0℃, 100atm의 질량

$$W=\frac{PVM}{RT}=\frac{100\times0.04\times32}{0.082\times273}=5.717\text{kg}$$

㉡ 4kg 사용 후의 압력(P)

$$PV=\frac{W}{M}RT$$

$$P=\frac{WRT}{VM}$$

$$=\frac{(5.71-4)\times0.082\times273}{0.04\times32}=30.04\fallingdotseq30\text{atm}$$

제5과목 가스계측

81 가스크로마토그램 분석 결과 노르말헵탄의 피크높이가 12.0cm, 반높이선 나비가 0.48cm이고 벤젠의 피크높이가 9.0cm, 반높이선 나비가 0.62cm였다면 노르말헵탄의 농도는 얼마인가?

① 49.20%
② 50.79%
③ 56.47%
④ 77.42%

해설

㉠ 노르말헵탄의 반높이선 면적 :
$6.0\times0.48=2.88\text{cm}^2$

㉡ 벤젠의 반높이선 면적 :
$4.5\times0.62=2.79\text{cm}^2$

∴ 노르말헵탄의 농도 $=\frac{2.88}{2.88+2.79}\times100$
$=50.79\%$

참고 반높이선이므로 결과는 같으나 2차 주관식으로 풀이 시 아래 풀이로 하면 틀리게 됩니다.
$12\times0.48=5.76$
$9\times0.62=5.58$
$\frac{5.76}{5.76+5.58}\times100=50.79\%$

82 25℃ 습공기의 노점온도가 19℃일 때 공기의 상대습도는? (단, 포화증기압 및 수증기분압은 각각 23.76mmHg, 16.47mmHg이다.)

① 69% ② 79%
③ 83% ④ 89%

해설

상대습도(ϕ)

$$=\frac{\text{습공기 중 수증기분압}}{\text{포화공기 중 수증기분압}}\times100(\%)$$

$$=\frac{16.47}{23.76}\times100(\%)$$

$=69.3\%$

83 헴펠식 분석법에서 흡수, 분리되는 성분이 아닌 것은? [계측 1]

① CO_2 ② H_2
③ C_mH_n ④ O_2

해설

흡수분석법(계측 핵심 1) 참조

84 가스미터의 필요 구비조건이 아닌 것은?

① 감도가 예민할 것
② 구조가 간단할 것
③ 소형이고 용량이 작을 것
④ 정확하게 계량할 수 있을 것

③ 소형이고 계량용량이 클 것
그 밖에 가격이 저렴하고 내구력이 있을 것

85 피스톤형 압력계 중 분동식 압력계에 사용되는 다음 액체 중 약 3000kg/cm² 이상의 고압측정에 사용되는 것은?

① 모빌유
② 스핀들유
③ 피마자유
④ 경유

해설

분동식(피스톤식) 압력계의 압력전달오일
① 모빌유 : 3000kg/cm^2
③ 피마자유 : $100\sim1000\text{kg/cm}^2$
④ 경유 : $40\sim100\text{kg/cm}^2$

정답 80.② 81.② 82.① 83.② 84.③ 85.①

86 연소식 O_2계에서 산소측정용 촉매로 주로 사용되는 것은?

① 팔라듐 ② 탄소
③ 구리 ④ 니켈

87 가스미터의 종류별 특징을 연결한 것 중 옳지 않은 것은? **[계측 8]**

① 습식 가스미터－유량측정이 정확하다.
② 막식 가스미터－소용량의 계량에 적합하고 가격이 저렴하다.
③ 루트미터－대용량의 가스측정에 쓰인다.
④ 오리피스미터－유량측정이 정확하고 압력손실도 거의 없으며 내구성이 좋다.

해설
막식, 습식, 루트식 가스미터의 장단점(계측 핵심 8) 참조

88 가스의 폭발 등 급속한 압력변화를 측정하거나 엔진의 지시계로 사용하는 압력계는 어느 것인가? **[계측 23]**

① 피에조 전기압력계
② 경사관식 압력계
③ 침종식 압력계
④ 벨로즈식 압력계

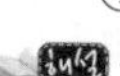
차압식 유량계(계측 핵심 23) 참조

89 다음 중 기본단위는? **[계측 36]**

① 에너지 ② 물질량
③ 압력 ④ 주파수

해설
단위 및 단위계(계측 핵심 36) 참조

90 가스의 화학반응을 이용한 분석계는 어느 것인가? **[계측 3]**

① 세라믹 O_2계
② 가스크로마토그래피
③ 오르자트 가스분석계
④ 용액전도율식 분석계

해설
가스분석계의 분류(계측 핵심 3) 참조

91 가스크로마토그램에서 A, B 두 성분의 보유시간은 각각 1분 50초와 2분 20초이고 피크 폭은 다 같이 30초였다. 이 경우 분리도는 얼마인가?

① 0.5 ② 1.0
③ 1.5 ④ 2.0

해설
분리도

$$R=\frac{2(t_2-t_1)}{W_1+W_2}=\frac{2(140-110)}{30+30}=1$$

92 막식 가스미터의 선정 시 고려해야 할 사항으로 가장 거리가 먼 것은?

① 사용최대유량
② 감도유량
③ 사용가스의 종류
④ 설치높이

93 오프셋(잔류편차)이 있는 제어는?

① I 제어 ② P 제어
③ D 제어 ④ PID 제어

94 고온 · 고압의 액체나 고점도의 부식성 액체의 저장탱크에 가장 적합한 간접식 액면계는?

① 유리관식
② 방사선식
③ 플로트식
④ 검척식

95 실온 22℃, 습도 45%, 기압 765mmHg인 공기의 증기분압(P_w)은 약 몇 mmHg인가? (단, 공기의 가스상수는 29.27kg · m/kg · K, 22℃에서 포화압력(P_s)은 18.66mmHg이다.)

① 4.1 ② 8.4
③ 14.3 ④ 16.7

해설
포화압력(P_s) 18.66mmHg, 습도 45%인 경우
$P_w=18.66\times0.45=8.39\fallingdotseq 8.4$mmHg

정답 86.① 87.④ 88.① 89.② 90.③ 91.② 92.④ 93.② 94.② 95.②

96 응답이 목표값에 처음으로 도달하는 데 걸리는 시간을 나타내는 것은?

① 상승시간 ② 응답시간
③ 시간지연 ④ 오버슈트

97 일반적인 열전대온도계의 종류가 아닌 것은 어느 것인가? **[계측 9]**

① 백금－백금 · 로듐
② 크로멜－알루멜
③ 철－콘스탄탄
④ 백금－알루멜

열전대온도계(계측 핵심 9) 참조

98 열전대온도계의 작동원리는? **[계측 9]**

① 열기전력 ② 전기저항
③ 방사에너지 ④ 압력팽창

열전대온도계(계측 핵심 9) 참조

99 제어계의 과도응답에 대한 설명으로 가장 옳은 것은?

① 입력신호에 대한 출력신호의 시간적 변화이다.
② 입력신호에 대한 출력신호가 목표치보다 크게 나타나는 것이다.
③ 입력신호에 대한 출력신호가 목표치보다 작게 나타나는 것이다.
④ 입력신호에 대한 출력신호가 과도하게 지연되어 나타나는 것이다.

100 적외선 가스분석기의 특징에 대한 설명으로 틀린 것은?

① 선택성이 우수하다.
② 연속분석이 가능하다.
③ 측정농도 범위가 넓다.
④ 대칭 2원자 분자의 분석에 적합하다.

④ 적외선 가스분석기는 대칭 이원자 분자(O_2, H_2, N_2) 및 단원자 분자 등은 분석이 안 된다.

정답 96.① 97.④ 98.① 99.① 100.④

국가기술자격 시험문제

2019년 기사 제3회 필기시험(1부) (2019년 8월 4일 시행)

자격종목	시험시간	문제수	문제형별
가스기사	2시간30분	100	B

수험번호		성 명	

제1과목 가스유체역학

01 이상기체의 등온, 정압, 정적 과정과 무관한 것은?

① $P_1V_1 = P_2V_2$
② $P_1/T_1 = P_2/T_2$
③ $V_1/T_1 = V_2/T_2$
④ $P_1V_1/T_1 = P_2(V_1+V_2)/T_1$

해설

T(절대온도), P(절대압력), V(부피)에서 이상기체의 부피는 절대압력에 반비례, 절대온도에 비례하므로,

$\frac{P_1V_1}{T_1} = \frac{P_2V_2}{T_2}$에서

등온(온도 일정 시) $P_1V_1 = P_2V_2$ ($T_1 = T_2$이므로)

등압(압력 일정 시) $\frac{V_1}{T_1} = \frac{V_2}{T_2}$ ($P_1 = P_2$이므로)

등적(정적)(체적 일정 시) $\frac{P_1}{T_1} = \frac{P_2}{T_2}$ ($V_1 = V_2$이므로)

02 유체의 흐름상태에서 표면장력에 대한 관성력의 상대적인 크기를 나타내는 무차원의 수는? **[유체 19]**

① Reynolds수
② Froude수
③ Euler수
④ Weber수

해설

버킹엄의 무차원수(유체 핵심 19) 참조

We(웨버수) $= \frac{\text{관성력}}{\text{표면장력}}$

03 캐비테이션 발생에 따른 현상으로 가장 거리가 먼 것은? **[설비 17]**

① 소음과 진동 발생
② 양정곡선의 상승
③ 효율곡선의 저하
④ 깃의 침식

해설

원심 펌프에서 발생되는 이상현상(설비 핵심 17) 참조
캐비테이션 발생에 따른 현상
② 양정곡선의 상승 → 양정 · 효율 곡선 저하

04 안지름이 10cm인 원관으로 1시간에 10m^{3}의 물을 수송하려고 한다. 이때 물의 평균유속은 약 몇 m/s이어야 하는가?

① 0.0027 ② 0.0354
③ 0.277 ④ 0.354

해설

$Q = \frac{\pi}{4}D^2 \cdot V$

$\therefore V = \frac{4Q}{\pi D^2} = \frac{4 \times (10\text{m}^3/3600\text{s})}{\pi \times (0.1\text{m})^2} = 0.3536\text{m/s}$

05 양정 25m, 송출량 0.15m^3/min으로 물을 송출하는 펌프가 있다. 효율 65%일 때 펌프의 축동력은 몇 kW인가?

① 0.94 ② 0.83
③ 0.74 ④ 0.68

해설

$L_{\text{kW}} = \frac{\gamma \cdot Q \cdot H}{120\eta}$

$= \frac{1000 \times (0.15\text{m}^3/60\text{sec}) \times 25}{102 \times 0.65} = 0.94\text{kW}$

정답 01.④ 02.④ 03.② 04.④ 05.①

06 30℃ 공기 중에서의 음속은 몇 m/s인가? (단, 비열비는 1.4이고 기체상수는 287J/kg · K이다.)

① 216 ② 241
③ 307 ④ 349

음속

$a = \sqrt{K \cdot R \cdot T}$

$= \sqrt{1.4 \times 287 \times (273+30)} = 348.9 = 349\text{m/s}$

07 어떤 매끄러운 수평원관에 유체가 흐를 때 완전난류유동(완전히 거친 난류유동)영역이었고, 이때 손실수두가 10m이었다. 속도가 2배가 되면 손실수두는?

① 20m ② 40m
③ 80m ④ 160m

$h_f = f \cdot \frac{L}{D} \cdot \frac{V^2}{2g}$

손실수두(h_f)는 유속의 2승에 비례하므로,

$10 \times 2^2 = 40\text{m}$

08 개수로 유동(open channel flow)에 관한 설명으로 옳지 않은 것은?

① 수력구배선은 자유표면과 일치한다.
② 에너지선은 수면 위로 속도수두만큼 위에 있다.
③ 에너지선의 높이가 유동방향으로 하강하는 것은 손실 때문이다.
④ 개수로에서 바닥면의 압력은 항상 일정하다.

개수로 유동의 특징

㉠ 수력구배선(HGL)은 항상 수면(자유표면)과 일치
㉡ 에너지선(EL)은 수면보다 속도수두만큼 위에 있다.
㉢ 에너지선의 높이가 유동방향으로 하강하는 것은 손실 때문이다.
㉣ 에너지선 기울기(S) $= \frac{\text{손실수두}(H_L)}{\text{개수로를 따르는 길이}(L)}$이다.
㉤ 등류에서는 수면의 기울기, 수로바닥 기울기, 에너지선의 기울기는 모두 같다.

09 유체가 반지름 150mm, 길이가 500m인 주철관을 통하여 유속 2.5m/s로 흐를 때 마찰에 의한 손실수두는 몇 m인가? (단, 관마찰계수 $f = 0.03$이다.)

① 5.47 ② 13.6
③ 15.9 ④ 31.9

$h_f = f \cdot \frac{L}{D} \cdot \frac{V^2}{2g}$

$= 0.03 \times \frac{500}{0.3} \times \frac{2.5^2}{2 \times 9.8}$

$= 15.94\text{m}$

10 [그림]과 같이 물을 이용하여 기체압력을 측정하는 경사마노미터에서 압력차($P_1 - P_2$)는 몇 cmH₂O인가?
(단, $\theta = 30°$, 면적 $A_1 \gg$ 면적 A_2이고, $R = 30\text{cm}$이다.)

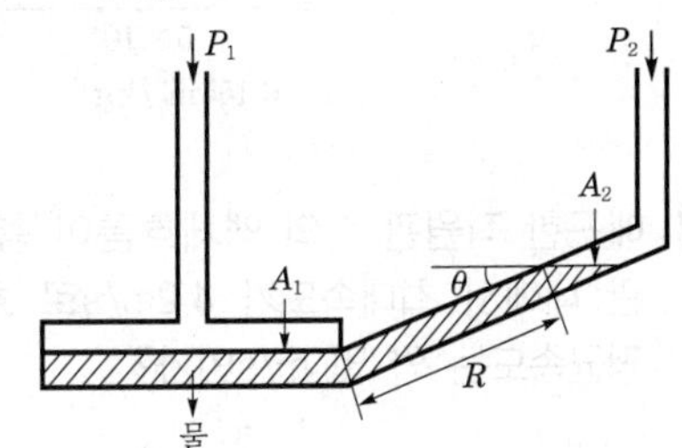

① 15 ② 30
③ 45 ④ 90

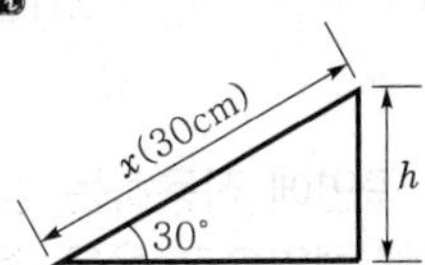

경사관식 압력계에서 $P_1 - P_2 = Sh$이고,

$h = x\sin Q$이므로

$P_1 - P_2 = Sx\sin Q = 30\sin 30° = 15\text{cm}$

> S는 물이므로, $S = 1$이다.

11 일반적인 원관 내 유동에서 하임계 레이놀즈수에 가장 가까운 값은?

① 2100 ② 4000
③ 21000 ④ 40000

정답 06.④ 07.② 08.④ 09.③ 10.① 11.①

해설

Re(레이놀즈수) : 층류, 난류를 구분하는 수

㉠ Re : 2100(하임계 레이놀즈수)

㉡ Re : 4000(상임계 레이놀즈수)

㉢ $Re<2100$(층류)

㉣ $2100<Re<4000$(천이구역)

㉤ $Re>4000$(난류)

12 온도 20℃, 절대압력이 5kgf/cm²인 산소의 비체적은 몇 m³/kg인가? (단, 산소의 분자량은 32이고, 일반기체상수는 848kgf · m/kmol · K이다.)

① 0.551 ② 0.155
③ 0.515 ④ 0.605

해설

$PV=GRT$에서

$$\text{비체적 } V/G(\text{m}^3/\text{kg})=\frac{RT}{P}=\frac{\frac{848}{32}\times(273+20)}{5\times10^4}=0.155\text{m}^3/\text{kg}$$

13 매끈한 직원관 속의 액체흐름이 층류이고 관 내에서 최대속도가 4.2m/s로 흐를 때 평균속도는 약 몇 m/s인가?

① 4.2 ② 3.5
③ 2.1 ④ 1.75

해설

$V_{max}=2V$이므로 $V=\frac{V_{max}}{2}=\frac{4.2}{2}=2.1\text{m/s}$

14 유체에 잠겨 있는 곡면에 작용하는 정수력의 수평분력에 대한 설명으로 옳은 것은?

① 연직면에 투영한 투영면의 압력중심의 압력과 투영면을 곱한 값과 같다.
② 연직면에 투영한 투영면의 도심의 압력과 곡면의 면적을 곱한 값과 같다.
③ 수평면에 투영한 투영면에 작용하는 정수력과 같다.
④ 연직면에 투영한 투영면의 도심의 압력과 투영면의 면적을 곱한 값과 같다.

해설

곡면에 작용하는 유체의 전압력

㉠ 수평성분 : 곡면을 x방향으로 투영시킨 다음 투영면의 도심점 압력과 곡면의 x방향 투영면적과의 곱한 값과 같다.

㉡ 연직(수직)성분 : 곡면의 연직 상방향에 실린 액체의 가상무게와 같다.

15 다음 중 압축성 유체에 대한 설명으로 가장 올바른 것은?

① 가역과정 동안 마찰로 인한 손실이 일어난다.
② 이상기체의 음속은 온도의 함수이다.
③ 유체의 유속이 아음속(subsonic)일 때, Mach수는 1보다 크다.
④ 온도가 일정할 때 이상기체의 압력은 밀도에 반비례한다.

해설

① 가역과정 마찰로 인한 손실이 생기지 않는다.

② $a=\sqrt{KRT}$ (음속은 온도의 함수)

③ 아음속의 Ma 수는 1보다 작다.
초음속의 Ma 수는 1보다 크다.

④ 온도 일정 시 압력은 밀도에 비례

16 20℃ 공기 속을 1000m/s로 비행하는 비행기의 주위 유동에서 정체온도는 몇 ℃인가? (단, $K=1.4$, $R=287$N · m/kg · K이며, 등엔트로피유동이다.)

① 518 ② 545
③ 574 ④ 598

해설

$$\frac{T_0}{T}=\left(1+\frac{K-1}{2}M^2\right)$$

$$\therefore T_0=T\left(1+\frac{K-1}{2}M^2\right)=293\times\left(1+\frac{1.4-1}{2}\times2.914^2\right)=790.76\text{K}=790.76-273=517.76℃$$

$$Ma=\frac{V}{a}=\frac{V}{\sqrt{KRT}}=\frac{1000}{\sqrt{1.4\times287\times293}}=2.914\text{m/s}$$

정답 12.② 13.③ 14.④ 15.② 16.①

17 물체 주위의 유동과 관련하여 다음 중 옳은 내용을 모두 나타낸 것은?

> ㉮ 속도가 빠를수록 경계층 두께는 얇아진다.
> ㉯ 경계층 내부유동은 비점성유동으로 취급할 수 있다.
> ㉰ 동점성계수가 커질수록 경계층 두께는 두꺼워진다.

① ㉮ ② ㉮, ㉯
③ ㉮, ㉰ ④ ㉯, ㉰

㉯ 경계층 내부유동은 점성 마찰력이 작용하므로 점성유동

$Re_x = \dfrac{U_\infty x}{\nu}$

여기서, Re_x : 평판선단으로부터 x만큼 떨어진 위치의 레이놀즈수
U_∞ : 자유흐름속도
δ_x : 자유흐름속도 99% 지점의 수직두께 (경계층 두께)

㉠ 층류 : $\delta_x = \dfrac{4.65x}{Re_x^{\frac{1}{2}}}$

㉡ 난류 : $\delta_x = \dfrac{0.376x}{Re_x^{\frac{1}{5}}}$ 이므로

㉮ 속도가 빠를수록 $Re_x = \dfrac{U_\infty \cdot x}{\nu}$ 에서 Re_x가 커지고 Re_x 커지면 경계층 두께가 δ_x가 작아지고,
㉰ 동점성계수가 커지면 Re_x가 작아지고 Re_x가 작아지면 경계층 두께(δ_x)는 커진다.

18 유체의 점성계수와 동점성계수에 관한 설명 중 옳은 것은? (단, M, L, T는 각각 질량, 길이, 시간을 나타낸다.)

① 상온에서의 공기의 점성계수는 물의 점성계수보다 크다.
② 점성계수의 차원은 $ML^{-1}T^{-1}$이다.
③ 동점성계수의 차원은 L^2T^{-2}이다.
④ 동점성계수의 단위에는 poise가 있다.

① 물의 점성계수가 공기의 점성계수보다 크다.
② g/cm · s에서 $ML^{-1}T^{-1}$
③ cm^2/s에서 L^2T^{-1}
④ 점성계수 μ(g/cm · s)=poise
동점성계수 $\nu(cm^2/s)$=stokes

19 원심펌프에 대한 설명으로 옳지 않은 것은?

① 액체를 비교적 균일한 압력으로 수송할 수 있다.
② 토출유동의 맥동이 적다.
③ 원심펌프 중 벌류트펌프는 안내깃을 갖지 않는다.
④ 양정거리가 크고 수송량이 적을 때 사용된다.

④ 양정거리가 크고 수송량이 적을 때는 왕복펌프를 사용한다.

20 이상기체에 대한 설명으로 옳은 것은?

① 포화상태에 있는 포화증기를 뜻한다.
② 이상기체의 상태방정식을 만족시키는 기체이다.
③ 체적탄성계수가 100인 기체이다.
④ 높은 압력하의 기체를 뜻한다.

제2과목 연소공학

21 액체연료의 연소형태가 아닌 것은 어느 것인가? **[연소 2]**

① 등심연소(wick combustion)
② 증발연소(vaporizing combustion)
③ 분무연소(spray combustion)
④ 확산연소(diffusive combustion)

해설

연소의 종류(연소 핵심 2) 참조
④ 확산(기체의 연소)

22 50℃, 30℃, 15℃인 3종류의 액체 A, B, C가 있다. A와 B를 같은 질량으로 혼합하였더니 40℃가 되었고, A와 C를 같은 질량으로 혼합하였더니 20℃가 되었다고 하면 B와 C를 같은 질량으로 혼합하면 온도는 약 몇 ℃가 되겠는가?

① 17.1 ② 19.5
③ 20.5 ④ 21.1

정답 17.③ 18.② 19.④ 20.② 21.④ 22.①

해설

㉠ 50℃, 30℃ 혼합 시 40℃이므로,

$GC_1(T-t_1)+GC_2(T-t_2)=0$

$T=\dfrac{GC_1t_1+GC_2t_2}{GC_1+GC_2}=40℃$ (G를 약분)

$(C_1+C_2)\times 40=C_1t_1+C_2t_2$

$=C_1\times 50+C_2\times 30$

$\therefore\ 40C_1+40C_2=50C_1+30C_2$

$10C_1=10C_2$

$C_1=C_2$이다.

㉡ 50℃, 15℃ 혼합 시 20℃이므로,

$T=\dfrac{GC_1t_1+GC_3t_3}{GC_1+GC_3}=20℃$ (G를 약분)

$20(C_1+C_3)=50C_1+15C_3$

$20C_1+20C_3=50C_1+15C_3$

$\therefore\ 30C_1=5C_3$

$6C_1=C_3$ 또는 $6C_2=C_3$이므로,

㉢ 30℃, 15℃ 혼합 시

$$T=\frac{GC_2t_2+GC_3t_3}{GC_2+GC_3}=\frac{30C_2+15C_3}{C_2+C_3}=\frac{30C_2+15\times 6C_2}{C_2+6C_2}=\frac{120C_2}{7C_2}=17.1℃$$

23 다음 중 파열물의 가열에 사용된 유효열량이 7000kcal/kg, 전입열량이 12000kcal/kg일 때 열효율은 약 얼마인가?

① 49.2% ② 58.3%
③ 67.4% ④ 76.5%

해설

$\dfrac{7000}{12000}\times 100(\%)=58.3\%$

24 가스화재 시 밸브 및 콕을 잠그는 경우 어떤 소화효과를 기대할 수 있는가? **[연소 17]**

① 질식소화
② 제거소화
③ 냉각소화
④ 억제소화

해설

소화의 종류(연소 핵심 17) 참조

25 다음 중 엔트로피의 증가에 대한 설명으로 옳은 것은?

① 비가역과정의 경우 계와 외계의 에너지의 총합은 일정하고, 엔트로피의 총합은 증가한다.
② 비가역과정의 경우 계와 외계의 에너지의 총합과 엔트로피의 총합이 함께 증가한다.
③ 비가역과정의 경우 물체의 엔트로피와 열원의 엔트로피의 합은 불변이다.
④ 비가역과정의 경우 계와 외계의 에너지의 총합과 엔트로피의 총합은 불변이다.

해설

㉠ 가역 : 엔트로피 총합은 불변
㉡ 비가역 : 엔트로피 총합은 증가

26 저발열량이 41860kJ/kg인 연료를 3kg 연소시켰을 때 연소가스의 열용량이 62.8kJ/℃였다면 이때의 이론연소온도는 약 몇 ℃인가?

① 1000℃
② 2000℃
③ 3000℃
④ 4000℃

해설

$$t(℃)=\frac{41860\text{kJ/kg}\times 3\text{kg}}{62.8\text{kJ/℃}}=1999.68℃\fallingdotseq 2000℃$$

27 연소반응 시 불꽃의 상태가 환원염으로 나타났다. 이때 환원염은 어떤 상태인가?

① 수소가 파란불꽃을 내며 연소하는 화염
② 공기가 충분하여 완전연소상태의 화염
③ 과잉의 산소를 내포하여 연소가스 중 산소를 포함한 상태의 화염
④ 산소의 부족으로 일산화탄소와 같은 미연분을 포함한 상태의 화염

정답 23.② 24.② 25.① 26.② 27.④

28 다음 중 연료의 발화점(착화점)이 낮아지는 경우가 아닌 것은?

① 산소농도가 높을수록
② 발열량이 높을수록
③ 분자구조가 단순할수록
④ 압력이 높을수록

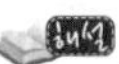

③ 분자구조가 복잡할수록 착화점이 낮아진다.

29 오토(otto)사이클의 효율을 η_1, 디젤(diesel)사이클의 효율을 η_2, 사바테(Sabathe)사이클의 효율을 η_3이라 할 때 공급열량과 압축비가 같을 경우 효율의 크기는?

① $\eta_1 > \eta_2 > \eta_3$ ② $\eta_1 > \eta_3 > \eta_2$
③ $\eta_2 > \eta_1 > \eta_3$ ④ $\eta_2 > \eta_3 > \eta_1$

㉠ 최저온도, 압력, 공급열량, 압축비가 같은 경우 : 오토>사바테>디젤
㉡ 최저온도, 압력, 공급열량, 최고압력이 같은 경우 : 디젤>사바테>오토

30 CH_4, CO_2, H_2O의 생성열이 각각 75kJ/kmol, 394kJ/kmol, 242kJ/kmol일 때 CH_4의 완전연소 발열량은 약 몇 kJ인가?

① 803 ② 786
③ 711 ④ 636

$CH_4 + 2O_2 \rightarrow CO_2 + 2H_2O + Q$에서
$-75 = -394 - (2\times242) + Q$
$\therefore\ Q = 394 + (2\times242) - 75 = 803\text{kJ/kmol}$

31 열역학 제0법칙에 대하여 설명한 것은 어느 것인가? **[설비 40]**

① 저온체에서 고온체로 아무 일도 없이 열을 전달할 수 없다.
② 절대온도 0에서 모든 완전결정체의 절대 엔트로피의 값은 0이다.
③ 기계가 일을 하기 위해서는 반드시 다른 에너지를 소비해야 하고 어떤 에너지도 소비하지 않고 계속 일을 하는 기계는 존재하지 않는다.
④ 온도가 서로 다른 물체를 접촉시키면 높은 온도를 지닌 물체의 온도는 내려가고, 낮은 온도를 지닌 물체의 온도는 올라가서 두 물체의 온도 차이는 없어진다.

열역학의 법칙(설비 핵심 40) 참조

32 유독물질의 대기확산에 영향을 주게 되는 매개변수로서 가장 거리가 먼 것은?

① 토양의 종류 ② 바람의 속도
③ 대기안정도 ④ 누출지점의 높이

33 연료가 완전연소할 때 이론상 필요한 공기량을 M_o(m³), 실제로 사용한 공기량을 M(m³)라 하면 과잉공기 백분율을 바르게 표시한 식은? **[연소 15]**

① $\dfrac{M}{M_o}\times100$ ② $\dfrac{M_o}{M}\times100$
③ $\dfrac{M-M_o}{M}\times100$ ④ $\dfrac{M-M_o}{M_o}\times100$

공기비(연소 핵심 15) 참조

34 체적 2m³의 용기 내에서 압력 0.4MPa, 온도 50℃인 혼합기체의 체적분율이 메탄(CH_4) 35%, 수소(H_2) 40%, 질소(N_2) 25%이다. 이 혼합기체의 질량은 약 몇 kg인가?

① 2 ② 3
③ 4 ④ 5

$PV = GRT$

$\therefore\ G = \dfrac{PV}{RT}$

$$= \frac{\dfrac{0.4}{0.101325}\times10332\times2}{\dfrac{848}{(16\times0.35+2\times0.4+28\times0.25)}\times(273+50)}$$

$= 3.99 \fallingdotseq 4\text{kg}$

35 폭발범위의 하한값이 가장 큰 가스는 어느 것인가? **[안전 106]**

① C_2H_4 ② C_2H_2
③ C_2H_4O ④ H_2

정답 28.③ 29.② 30.① 31.④ 32.① 33.④ 34.③ 35.④

해설

중요 가스 폭발범위(안전 핵심 106) 참조

① 2.7~36%
② 2.5~81%
③ 3~80%
④ 4~75%

36 전실화재(flashover)와 역화(back draft)에 대한 설명으로 틀린 것은? **[연소 9]**

① flashover는 급격한 가연성 가스의 착화로서 폭풍과 충격파를 동반한다.
② flashover는 화재성장기(제1단계)에서 발생한다.
③ back draft는 최성기(제2단계)에서 발생한다.
④ flashover는 열의 공급이 요인이다.

폭발과 화재(연소 핵심 9) 참조

① 폭풍과 충격파의 동반은 폭굉을 뜻한다. 전실화재는 폭굉이 아니고 연소이다.

전실화재 : 가연성 가스가 가득차 이 가스가 급속하게 발화하여 연소하는 현상

37 어떤 계에 42kJ을 공급했다. 만약 이 계가 외부에 대하여 17000N · m의 일을 하였다면 내부에너지의 증가량은 약 몇 kJ인가?

① 25　② 50
③ 100　④ 200

해설

$i = u + APV$

$u = i - APV = 42\text{kJ} - 17\text{kJ} = 25\text{kJ}$

38 수증기와 CO의 물 혼합물을 반응시켰을 때 1000℃, 1기압에서의 평형조성이 CO, H_2O가 각각 28mol%, H_2, CO_2가 각각 22mol%라 하면, 정압평형정수(K_P)는 약 얼마인가?

① 0.2　② 0.6
③ 0.9　④ 1.3

$CO + H_2O \rightarrow CO_2 + H_2$

$K_P = \dfrac{[CO_2][H_2]}{[CO][H_2O]} = \dfrac{22 \times 22}{28 \times 28} = 0.6$

39 다음 중 등엔트로피과정은?

① 가역단열과정
② 비가역단열과정
③ polytropic 과정
④ Joule－Thomson 과정

㉠ 가역단열 : 엔트로피 불변
㉡ 비가역단열 : 엔트로피 증가

40 도시가스의 조성을 조사해 보니 부피조성으로 H_2 30%, CO 14%, CH_4 49%, CO_2 5%, O_2 2%를 얻었다. 이 도시가스를 연소시키기 위한 이론산소량(Nm^3)은?

① 1.18　② 2.18
③ 3.18　④ 4.18

해설

$H_2 + \frac{1}{2}O_2 \rightarrow H_2O$

$CO + \frac{1}{2}O_2 \rightarrow CO_2$

$CH_4 + 2O_2 \rightarrow CO_2 + 2H_2O$

∴ 필요산소량

$\left(\frac{1}{2} \times 0.3 + \frac{1}{2} \times 0.14 + 2 \times 0.49 - 0.02\right)$

$= 1.18\text{Nm}^3$

제3과목 가스설비

41 정압기에 관한 특성 중 변동에 대한 응답속도 및 안정성의 관계를 나타내는 것은 어느 것인가? **[설비 22]**

① 동특성　② 정특성
③ 작동최대차압　④ 사용최대차압

정압기의 특성(설비 핵심 22) 참조

42 석유정제공정의 상압증류 및 가솔린생산을 위한 접촉개질처리 등에서와 석유화학의 나프타분해공정 중 에틸렌, 벤젠 등을 제조하는 공정에서 주로 생산되는 가스는?

① off 가스　② cracking 가스
③ reforming 가스　④ topping 가스

정답 36.① 37.① 38.② 39.① 40.① 41.① 42.①

해설

② cracking gas : 석유정제에서 무거운 탄화수소에 압력을 가하거나 촉매를 사용하거나 또는 가열하여 가벼운 분자로 분해하는 공정

③ reforming gas : 옥탄가가 낮은 나프타성분을 변화시켜 고옥탄가의 가솔린으로 개질하는 방법

④ topping : 등유, 경유, 가솔린 등을 상압증류탑을 통해 끓는점 차이를 이용하여 분별증류하여 얻는 가스

43 도시가스 원료 중에 함유되어 있는 황을 제거하기 위한 건식탈황법의 탈황제로서 일반적으로 사용되는 것은?

① 탄산나트륨
② 산화철
③ 암모니아 수용액
④ 염화암모늄

해설

탈황법

㉠ 건식탈황 : 흡착제로 산화철(Fe_2O_3)을 이용하여 H_2S를 제거하는 방법이다.

$Fe_2O_3 \cdot 3H_2O + 3H_2S \rightarrow Fe_2S_3 + 6H_2O$

㉡ 습식탈황 : 탄산나트륨(Na_2CO_3)이나 암모니아 수용액(NH_4OH) 알칼리를 이용하여 H_2S를 제거하는 방법이다.

44 연소 시 발생할 수 있는 여러 문제 중 리프팅(lifting)현상의 주된 원인은? **[연소 22]**

① 노즐의 축소
② 가스압력의 감소
③ 1차 공기의 과소
④ 배기 불충분

해설

연소의 이상현상(연소 핵심 22) 참조

45 도시가스 공급시설에 설치하는 공기보다 무거운 가스를 사용하는 지역정압기실 개구부와 RTU(Remote Terminal Unit)박스는 얼마 이상의 거리를 유지하여야 하는가? **[안전 13]**

① 2m ② 3m
③ 4.5m ④ 5.5m

해설

위험장소 분류, 가스시설 전기방폭기준 (5) (안전 핵심 13) 참조

46 배관에서 지름이 다른 강관을 연결하는 목적으로 주로 사용하는 것은?

① 티 ② 플랜지
③ 엘보 ④ 리듀서

47 다음 중 발열량이 13000kcal/m³이고, 비중이 1.3, 공급압력이 200mmH_2O인 가스의 웨버지수는?

① 10000 ② 11402
③ 13000 ④ 16900

해설

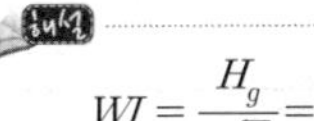

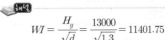

$$WI = \frac{H_g}{\sqrt{d}} = \frac{13000}{\sqrt{1.3}} = 11401.75$$

48 1000rpm으로 회전하는 펌프를 2000rpm으로 변경하였다. 이 경우 펌프의 양정과 소요동력은 각각 얼마씩 변화하는가?

① 양정 : 2배, 소요동력 : 2배
② 양정 : 4배, 소요동력 : 2배
③ 양정 : 8배, 소요동력 : 4배
④ 양정 : 4배, 소요동력 : 8배

해설

$$H_2 = H_1 \times \left(\frac{N_2}{N_1}\right)^2 = H_1 \times \left(\frac{2000}{1000}\right)^2 = 4H_1$$

$$P_2 = P_1 \times \left(\frac{N_2}{N_1}\right)^3 = P_1 \times \left(\frac{2000}{1000}\right)^3 = 8P_1$$

49 회전펌프에 해당하는 것은? **[설비 33]**

① 플랜지펌프 ② 피스톤펌프
③ 기어펌프 ④ 다이어프램펌프

해설

펌프의 분류(설비 핵심 33) 참조

50 산소가 없어도 자기분해폭발을 일으킬 수 있는 가스가 아닌 것은?

① C_2H_2 ② N_2H_4
③ H_2 ④ C_2H_4O

해설

분해폭발성 가스 : C_2H_2, N_2H_4, C_2H_4O

정답 43.② 44.① 45.③ 46.④ 47.② 48.④ 49.③ 50.③

51 실린더 안지름이 20cm, 피스톤행정이 15cm, 매분회전수가 300, 효율이 90%인 수평1단 단동압축기가 있다. 지시평균유효압력을 0.2MPa로 하면 압축기에 필요한 전동기의 마력은 약 몇 PS인가? (단, 1MPa은 10kgf/cm²로 한다.)

① 6　　② 7
③ 8　　④ 9

$$PP_s = \frac{P \times Q}{75\eta}$$

$$= \frac{0.2 \times 10 \times 10^4 (\text{kg/m}^2) \times (1.4137\text{m}^3/60\text{s})}{75 \times 0.9}$$

$$= 6.98 = 7\text{PS}$$

$$Q = \frac{\pi}{4} \times D^2 \times L \times N \times \eta_v$$

$$= \frac{\pi}{4} \times (0.2\text{m})^2 \times 0.15\text{m} \times 300$$

$$= 1.4137\text{m}^3/\text{min}$$

52 도시가스 저압배관의 설계 시 관경을 결정하고자 할 때 사용되는 식은? **[설비 7]**

① Fan식
② Oliphant식
③ Coxe식
④ Pole식

배관의 유량식(설비 핵심 7) 참조

53 가스보일러 물탱크의 수위를 다이어프램에 의해 압력변화로 검출하여 전기접점에 의해 가스회로를 차단하는 안전장치는 어느 것인가? **[안전 168]**

① 헛불방지장치　　② 동결방지장치
③ 소화안전장치　　④ 과열방지장치

가스보일러, 온수기, 난방기에 설치되는 안전장치 종류(안전 핵심 168) 참조

54 가스온수기에 반드시 부착하여야 할 안전장치가 아닌 것은?

① 소화안전장치　　② 역풍방지장치
③ 전도안전장치　　④ 정전안전장치

55 나프타를 접촉분해법에서 개질온도를 705℃로 유지하고 개질압력을 1기압에서 10기압으로 점진적으로 가압할 때 가스의 조성변화는 어느 것인가? **[설비 3]**

① H_2와 CO_2가 감소하고 CH_4와 CO가 증가한다.
② H_2와 CO_2가 증가하고 CH_4와 CO가 감소한다.
③ H_2와 CO가 감소하고 CH_4와 CO_2가 증가한다.
④ H_2와 CO가 증가하고 CH_4와 CO_2가 감소한다.

도시가스 프로세스(설비 핵심 3) 참조

56 LPG를 사용하는 식당에서 연소기의 최대가스소비량이 3.56kg/h이었다. 자동절체식 조정기를 사용하는 경우 20kg 용기를 최소 몇 개를 설치하여야 자연기화방식으로 원활하게 사용할 수 있겠는가? (단, 20kg 용기 1개의 가스발생능력은 1.8kg/h이다.)

① 2개　　② 4개
③ 6개　　④ 8개

$$\text{용기 수} = \frac{\text{최대가스소비량}}{\text{용기 1개당 가스발생량}} = \frac{3.56}{1.8} = 1.97 = 2\text{개}$$

자동절체식 조정기 사용 시 : 용기 수×2이므로, 2×2=4개

57 찜질방의 가열로실 구조에 대한 설명으로 틀린 것은?

① 가열로의 배기통은 금속 이외의 불연성 재료로 단열조치를 한다.
② 가열로실과 찜질실 사이의 출입문은 유리재로 설치한다.
③ 가열로의 배기통 재료는 스테인리스를 사용한다.
④ 가열로의 배기통에는 댐퍼를 설치하지 아니한다.

② 가열로실과 찜질실 사이의 출입문은 유리재로 설치하지 않는다.

정답 51.② 52.④ 53.① 54.③ 55.③ 56.② 57.②

58 LNG 저장탱크에서 사용하는 잠액식 펌프의 윤활 및 냉각을 위해 주로 사용하는 것은?

① 물 ② LNG
③ 그리스 ④ 황산

59 차단성능이 좋고 유량조정이 용이하나 압력손실이 커서 고압의 대구경밸브에는 부적당한 밸브는? [설비 45]

① 글로브밸브
② 플러그밸브
③ 게이트밸브
④ 버터플라이밸브

밸브의 종류에 따른 특징(설비 핵심 45) 참조

60 다기능가스안전계량기(마이컴미터)의 작동성능이 아닌 것은?

① 유량차단성능
② 과열방지차단성능
③ 압력저하차단성능
④ 연속사용시간차단성능

다기능가스안전계량기의 성능
㉠ 미소유량차단기능
㉡ 연속사용차단기능
㉢ 압력저하차단기능
㉣ 합계유량차단기능

제4과목 가스안전관리

61 아세틸렌의 임계압력으로 가장 가까운 것은?

① 3.5MPa
② 5.0MPa
③ 6.2MPa
④ 7.3MPa

C_2H_2
㉠ 임계압력 : 6.2MPa
㉡ 임계온도 : 36℃

62 LPG 용기보관실의 바닥면적이 40m^{2}라면 환기구의 최소 통풍가능 면적은?

① 10000cm^2 ② 11000cm^2
③ 12000cm^2 ④ 13000cm^2

$40 \times 10^4 cm^2 \times 0.03 = 12000 cm^2$

63 고압가스제조장치의 내부에 작업원이 들어가 수리를 하고자 한다. 이때 가스치환작업으로 가장 부적합한 경우는?

① 질소제조장치에서 공기로 치환한 후 즉시 작업을 하였다.
② 아황산가스인 경우 불활성 가스로 치환한 후 다시 공기로 치환하여 작업을 하였다.
③ 수소제조장치에서 불활성 가스로 치환한 후 즉시 작업을 하였다.
④ 암모니아인 경우 불활성 가스로 치환하고 다시 공기로 치환한 후 작업을 하였다.

해설
가스의 치환
(1) 독성, 가연성
㉠ 불연성 가스로 치환
㉡ 독성, 가연성의 농도 확인
㉢ 공기로 치환
㉣ 공기 중 산소의 농도 확인
(2) 불연성
㉠ 공기로 치환
㉡ 공기 중 산소의 농도 확인

64 의료용 산소용기의 도색 및 표시가 바르게 된 것은?

① 백색으로 도색 후 흑색글씨로 산소라고 표시한다.
② 녹색으로 도색 후 백색글씨로 산소라고 표시한다.
③ 백색으로 도색 후 녹색글씨로 산소라고 표시한다.
④ 녹색으로 도색 후 흑색글씨로 산소라고 표시한다.

정답 58.② 59.① 60.② 61.③ 62.③ 63.③ 64.③

65 고압가스저장시설에서 가연성 가스 용기보관실과 독성가스의 용기보관실은 어떻게 설치하여야 하는가?

① 기준이 없다.
② 각각 구분하여 설치한다.
③ 하나의 저장실에 혼합 저장한다.
④ 저장실은 하나로 하되 용기는 구분 저장한다.

66 액화석유가스를 차량에 고정된 내용적 V(L)인 탱크에 충전할 때 충전량 산정식은? (단, W : 저장능력(kg), P : 최고충전압력(MPa), d : 비중(kg/L), C : 가스의 종류에 따른 정수이다.) [안전 36]

① $W=\frac{V}{C}$ ② $W=C(V+1)$
③ $W=0.9dV$ ④ $W=(10P+1)V$

저장능력 계산(안전 핵심 36) 참조

67 이동식 부탄연소기(220g 납붙임용기삽입형)를 사용하는 음식점에서 부탄연소기의 본체보다 큰 주물불판을 사용하여 오랜 시간 조리를 하다가 폭발사고가 있어났다. 사고의 원인으로 추정되는 것은?

① 가스누출
② 납붙임용기의 불량
③ 납붙임용기의 오장착
④ 용기내부의 압력 급상승

68 냉동설비와 1일 냉동능력 1톤의 산정기준에 대한 연결이 바르게 된 것은? [설비 37]

① 원심식 압축기 사용 냉동설비 – 압축기의 원동기 정격출력 1.2kW
② 원심식 압축기 사용 냉동설비 – 발생기를 가열하는 1시간의 입열량 3320kcal
③ 흡수식 냉동설비 – 압축기의 원동기 정격출력 2.4kW
④ 흡수식 냉동설비 – 발생기를 가열하는 1시간의 입열량 7740kcal

냉동톤 · 냉매가스 구비조건(설비 핵심 37) 참조

69 고압가스용 납붙임 또는 접합용기의 두께는 그 용기의 안전성을 확보하기 위하여 몇 mm 이상으로 하여야 하는가? [안전 70]

① 0.115 ② 0.125
③ 0.215 ④ 0.225

에어졸 제조시설(안전 핵심 70) 참조

70 용기의 제조등록을 한 자가 수리할 수 있는 용기의 수리범위에 해당되는 것으로만 모두 짝지어진 것은? [안전 75]

> ㉠ 용기몸체의 용접
> ㉡ 용기부속품의 부품 교체
> ㉢ 초저온용기의 단열재 교체

① ㉠ ② ㉠, ㉡
③ ㉡, ㉢ ④ ㉠, ㉡, ㉢

수리자격자별 수리범위(안전 핵심 75) 참조

71 아세틸렌용 용접용기를 제조하고자 하는 자가 갖추어야 할 시설기준의 설비가 아닌 것은?

① 성형설비
② 세척설비
③ 필라멘트와인딩설비
④ 자동부식방지도장설비

아세틸렌용기 제조설비의 시설기준설비
㉠ 단조설비, 성형설비
㉡ 아랫부분 접합설비
㉢ 열처리로
㉣ 세척설비
㉤ 숏블라스팅 및 도장설비
㉥ 밸브 탈부착기
㉦ 용기내부 건조설비 및 진공흡입설비
㉧ 용접설비
㉨ 넥크링 가공설비
㉩ 원료혼합기
㉪ 건조로
㉫ 원료충전기
㉬ 자동부식방지도장설비
㉭ 아세톤, DMF 충전설비

정답 65.② 66.① 67.④ 68.① 69.② 70.④ 71.③

72 가연성 가스 설비 내부에서 수리 또는 청소 작업을 할 때에는 설비내부의 가스농도가 폭발하한계의 몇 % 이하가 될 때까지 치환하여야 하는가?

① 1 ② 5
③ 10 ④ 25

가연성 : 폭발하한계의 $\frac{1}{4}$ 이하

$\frac{1}{4}$ = 25% 이하

73 초저온용기에 대한 정의를 가장 바르게 나타낸 것은? **[안전 50]**

① 섭씨 영하 50℃ 이하의 액화가스를 충전하기 위한 용기로서 단열재를 씌우거나 냉동설비로 냉각시키는 등의 방법으로 용기 내의 가스온도가 상용온도를 초과하지 않도록 한 용기
② 액화가스를 충전하기 위한 용기로서 단열재로 피복하여 용기 내의 가스온도가 상용온도를 초과하지 않도록 한 용기
③ 대기압에서 비점이 0℃ 이하인 가스를 상용압력이 0.1MPa 이하의 액체상태로 저장하기 위한 용기로서 단열재로 피복하여 가스온도가 상승온도를 초과하지 않도록 한 용기
④ 액화가스를 냉동설비로 냉각하여 용기 내의 가스의 온도가 섭씨 영하 70℃ 이하로 유지하도록 한 용기

고압가스법 시행규칙 제2조 정의(안전 핵심 50) 참조

74 아세틸렌가스를 2.5MPa의 압력으로 압축할 때 첨가하는 희석제가 아닌 것은 어느 것인가? **[설비 58]**

① 질소 ② 메탄
③ 일산화탄소 ④ 아세톤

C_2H_2 발생기 및 C_2H_2 특징(설비 핵심 58) 참조

75 고압가스용 용접용기의 내압시험방법 중 팽창측정시험의 경우 용기가 완전히 팽창한 후 적어도 얼마 이상의 시간을 유지하여야 하는가?

① 30초 ② 1분
③ 3분 ④ 5분

76 차량에 고정된 탱크로 가연성 가스를 적재하여 운반할 때 휴대하여야 할 소화설비의 기준으로 옳은 것은?

① BC용, B-10 이상 분말소화제를 2개 이상 비치
② BC용, B-8 이상 분말소화제를 2개 이상 비치
③ ABC용, B-10 이상 포말소화제를 1개 이상 비치
④ ABC용, B-8 이상 포말소화제를 1개 이상 비치

차량에 고정된 탱크로 가연성, 산소를 적재운반 시 휴대하는 소화설비

가스의 구분	소화기의 종류		비치개수
	소화약제의 종류	소화기의 능력단위	
가연성 가스	분말소화제	BC용, B-10 이상 또는 ABC용, B-12 이상	차량 좌우에 각각 1개 이상
산소	분말소화제	BC용, B-8 이상 또는 ABC용, B-10 이상	차량 좌우에 각각 1개 이상

77 가스폭발에 대한 설명으로 틀린 것은?

① 폭발한계는 일반적으로 폭발성 분위기 중 폭발성 가스의 용적비로 표시된다.
② 발화온도는 폭발성 가스와 공기 중 혼합가스의 온도를 높였을 때에 폭발을 일으킬 수 있는 최고의 온도이다.
③ 폭발한계는 가스의 종류에 따라 달라진다.
④ 폭발성 분위기란 폭발성 가스가 공기와 혼합하여 폭발한계 내에 있는 상태의 분위기를 뜻한다.

정답 72.④ 73.① 74.④ 75.① 76.① 77.②

② 발화온도 : 점화원이 없이 스스로 연소하는 최저온도

78 가스난로를 사용하다가 부주의로 점화되지 않은 상태에서 콕을 전부 열었다. 이때 노즐로부터 분출되는 생가스의 양은 약 몇 m^3/h인가? (단, 유량계수 : 0.8, 노즐지름 : 2.5mm, 가스압력 : 200mmH₂O, 가스비중 : 0.5로 한다.)

① $0.5m^3/h$　② $1.1m^3/h$
③ $1.5m^3/h$　④ $2.1m^3/h$

$$Q=0.009\,D^2\sqrt{\frac{h}{d}}$$
$$=0.009\times(2.5)^2\sqrt{\frac{200}{0.5}}$$
$$=1.125m^3/hr \fallingdotseq 1.1m^3/h$$

79 초저온가스용 용기제조기술기준에 대한 설명으로 틀린 것은?

① 용기동판의 최대두께와 최소두께와의 차이는 평균두께의 10% 이하로 한다.
② "최고충전압력"은 상용압력 중 최고압력을 말한다.
③ 용기의 외조에 외조를 보호할 수 있는 플러그 또는 파열판 등의 압력방출장치를 설치한다.
④ 초저온용기는 오스테나이트계 스테인리스강 또는 티타늄합금으로 제조한다.

④ 초저온용기는 그 안전성을 확보하기 위하여 오스테나이트계 스테인리스강 또는 알루미늄합금으로 제조한다.

80 증기가 전기스파크나 화염에 의해 분해폭발을 일으키는 가스는?

① 수소　② 프로판
③ LNG　④ 산화에틸렌

분해폭발성 가스 : C_2H_2, N_2H_4, C_2H_4O

제5과목 가스계측

81 다음 중 가스크로마토그래피로 가스를 분석할 때 사용하는 캐리어가스로서 가장 부적당한 것은 어느 것인가? [계측 10]

① H_2　② CO_2
③ N_2　④ Ar

G/C 측정원리와 특성(계측 핵심 10) 참조

82 램버트-비어의 법칙을 이용한 것으로 미량분석에 유용한 화학분석법은?

① 중화적정법　② 중량법
③ 분광광도법　④ 요오드적정법

흡광광도(분광광도)법
램버트-비어법칙 : 시료가스를 발색시켜 흡광도의 측정을 정량분석
$E=\varepsilon d$
여기서, E : 흡광도
ε : 흡광계수
c : 농도
l : 빛이 통하는 액층의 깊이

83 내경 10cm인 관 속으로 유체가 흐를 때 피토관의 마노미터 수주가 40cm이었다면 이때의 유량은 약 몇 m^3/s인가?

① 2.2×10^{-3}　② 2.2×10^{-2}
③ 0.22　④ 2.2

$$Q=\frac{\pi}{4}D^2\times V$$
$$=\frac{\pi}{4}\times(0.1m)^2\times\sqrt{2\times9.8\times0.4}$$
$$=0.02199\fallingdotseq 2.2\times10^{-2}m^3/s$$

84 22℃의 1기압 공기(밀도는 $1.21kg/m^3$)가 덕트를 흐르고 있다. 피토관을 덕트 중심부에 설치하고 물을 봉액으로 한 U자관 마노미터의 눈금이 4.0cm이었다. 이 덕트 중심부의 유속은 약 몇 m/s인가?

① 25.5　② 30.8
③ 56.9　④ 97.4

정답 78.② 79.④ 80.④ 81.② 82.③ 83.② 84.①

해설

$$V=\sqrt{2\times g\times h\times\frac{\gamma_m-\gamma}{\gamma}}$$
$$=\sqrt{2\times9.8\times0.04\times\frac{1000-1.21}{1.21}}$$
$$=25.439\text{m/s}\fallingdotseq25.5\text{m/s}$$

85 습식가스미터는 어떤 형태에 해당하는가?

① 오벌형 ② 드럼형
③ 다이어프램형 ④ 로터리피스톤형

해설

습식가스미터 : 드럼형

86 가스크로마토그래피에서 일반적으로 사용되지 않는 검출기(detector)는? **[계측 13]**

① TCD ② FID
③ ECD ④ RID

해설

G/C 검출기 종류 및 특징(계측 핵심 13) 참조

87 가스크로마토그래피(gas chromatography)에서 캐리어가스 유량이 5mL/s이고 기록지 속도가 3mm/s일 때 어떤 시료가스를 주입하니 지속용량이 250mL이었다. 이때 주입점에서 성분의 피크까지 거리는 약 몇 mm인가?

① 50 ② 100
③ 150 ④ 200

해설

$$\text{피크거리}=\frac{\text{지속용량}\times\text{기록지속}}{\text{캐리어가스 유속}}$$
$$=\frac{250\text{mL}\times3\text{mm/s}}{5\text{m/s}}=150\text{mm}$$

88 측정제어라고도 하며, 2개의 제어계를 조합하여 1차 제어장치가 제어량을 측정하여 제어명령을 내리고, 2차 제어장치가 이 명령을 바탕으로 제어량을 조절하는 제어를 무엇이라 하는가? **[계측 12]**

① 정치(正値)제어
② 추종(追從)제어
③ 비율(比律)제어
④ 캐스케이드(cascade)제어

해설

자동제어계의 분류(계측 핵심 12) 참조

89 배기가스 중 이산화탄소를 정량분석하고자 할 때 가장 적합한 방법은?

① 적정법 ② 완만연소법
③ 중량법 ④ 오르자트법

90 10^{-12}은 계량단위의 접두어로 무엇인가?

① 아토(atto) ② 젭토(zepto)
③ 펨토(femto) ④ 피코(pico)

해설

접두어의 자릿수와 발음

자릿수	발음	자릿수	발음
10^1	데카	10^{-1}	데시
10^2	헥토	10^{-2}	센티
10^3	킬로	10^{-3}	미리
10^6	메가	10^{-6}	마이크로
10^9	기가	10^{-9}	나노
10^{12}	테라	10^{-12}	피코

91 가스미터의 구비조건으로 가장 거리가 먼 것은 어느 것인가?

① 기계오차의 조정이 쉬울 것
② 소형이며 계량용량이 클 것
③ 감도는 적으나 정밀성이 높을 것
④ 사용가스량을 정확하게 지시할 수 있을 것

92 고속, 고압 및 레이놀즈수가 높은 경우에 사용하기 가장 적정한 유량계는?

① 벤투리미터 ② 플로노즐
③ 오리피스미터 ④ 피토관

해설

플로노즐 : 고온 · 고압에 사용

93 액면측정장치가 아닌 것은?

① 유리관식 액면계
② 임펠러식 액면계
③ 부자식 액면계
④ 퍼지식 액면계

② 임펠러식 유량계

정답 85.② 86.④ 87.③ 88.④ 89.④ 90.④ 91.③ 92.② 93.②

94 연소기기에 대한 배기가스분석의 목적으로 가장 거리가 먼 것은?

① 연소상태를 파악하기 위하여
② 배기가스 조성을 알기 위해서
③ 열정산의 자료를 얻기 위하여
④ 시료가스 채취장치의 작동상태를 파악하기 위해

95 전력, 전류, 전압, 주파수 등을 제어량으로 하며 이것을 일정하게 유지하는 것을 목적으로 하는 제어방식은? **[계측 12]**

① 자동조정
② 서보기구
③ 추치제어
④ 정치제어

자동제어계의 분류(계측 핵심 12) 참조

96 전자유량계는 어떤 유체의 측정에 유용한가?

① 순수한 물
② 과열된 증기
③ 도전성 유체
④ 비전도성 유체

97 습식가스미터의 수면이 너무 낮을 때 발생하는 현상은?

① 가스가 그냥 지나친다.
② 밸브의 마모가 심해진다.
③ 가스가 유입되지 않는다.
④ 드럼의 회전이 원활하지 못하다.

98 열전대온도계에서 열전대의 구비조건이 아닌 것은 어느 것인가?

① 재생도가 높고 가공이 용이할 것
② 열기전력이 크고 온도상승에 따라 연속적으로 상승할 것
③ 내열성이 크고 고온가스에 대한 내식성이 좋을 것
④ 전기저항 및 온도계수, 열전도율이 클 것

열전대 구비조건
㉠ 기전력이 강하고 안정되며 내열, 내식성이 클 것
㉡ 열전도율, 전기저항이 작고 가공이 쉬울 것
㉢ 열기전력이 크고 온도상승에 따라 연속으로 상승할 것
㉣ 경제적이고 구입이 용이, 기계적 강도가 클 것

99 다음의 특징을 가지는 액면계는?

㉠ 설치, 보수가 용이하다.
㉡ 온도, 압력 등의 사용범위가 넓다.
㉢ 액체 및 분체에 사용이 가능하다.
㉣ 대상물질의 유전율 변화에 따라 오차가 발생한다.

① 압력식 ② 플로트식
③ 정전용량식 ④ 부력식

100 우연오차에 대한 설명으로 옳은 것은?

① 원인 규명이 명확하다.
② 완전한 제거가 가능하다.
③ 산포에 의해 일어나는 오차를 말한다.
④ 정, 부의 오차가 다른 분포상태를 가진다.

우연오차 : 산포에 의해 일어나는 오차로서 원인을 알 수 없다.

정답 94.④ 95.① 96.③ 97.① 98.④ 99.③ 100.③

국가기술자격 시험문제

2020년 기사 제1,2회 통합 필기시험(1부) (2020년 6월 6일 시행)

자격종목	시험시간	문제수	문제형별
가스기사	**2시간30분**	**100**	**B**

수험번호		성 명	

제1과목 가스유체역학

01 200℃의 공기가 흐를 때 정압이 200kPa, 동압이 1kPa이면 공기의 속도(m/s)는? (단, 공기의 기체상수는 287J/kg · K이다.)

① 23.9 ② 36.9
③ 42.5 ④ 52.6

$\rho = \dfrac{P(\text{정압})}{RT} = \dfrac{200000\text{Pa}}{287 \times 473} = 1.4733\text{kg/m}^3$

$P_{\text{동압}} = \dfrac{1}{2}\rho V^2$

$V^2 = 2 \times P_{\text{동압}}/\rho$

$\fallingdotseq 2 \times 1000/1.4733$

$= 1357.5(\text{m}^2/\text{s}^2)$

$\therefore\ V = \sqrt{1357.5} = 36.84\text{m/s}$

> $\text{Pa}(\text{N/m}^2)$, $\text{kg/m}^3(\text{N}\cdot\text{s}^2/\text{m}^4)$
> 또는 $\text{N}(\text{kg}\cdot\text{m/s}^2)$이므로
>
> $\dfrac{\dfrac{\text{kg}\cdot\text{m}}{\text{m}^2\cdot\text{s}^2}}{\text{kg/m}^3} = \text{m}^2/\text{s}^2$
>
> 베르누이 방정식에서
>
> $P_1(\text{정압}) + \dfrac{\gamma\cdot V^2}{2g}(\text{동압}) = P_s(\text{전압})$
>
> $\text{동압} = \dfrac{\gamma\cdot V^2}{2g} = \dfrac{\rho\cdot g\cdot V^2}{2g} = P$
>
> $\therefore\ V^2 = \dfrac{2\cdot P}{\rho}$

02 밀도 1.2kg/m^3의 기체가 직경 10cm인 관 속을 20m/s로 흐르고 있다. 관의 마찰계수가 0.02라면 1m당 압력손실은 약 몇 Pa인가?

① 24 ② 36
③ 48 ④ 54

해설

• 1m당 압력손실(m)

$h_f = f\cdot\dfrac{L}{D}\cdot\dfrac{V^2}{2g}$

$= 0.02 \times \dfrac{1}{0.1} \times \dfrac{20^2}{2\times 9.8}$

$= 4.0816$

• 1m당 압력강하

$P = \gamma\cdot h_f = 1.2\text{kg/m}^3 \times 4.0816\text{m}$

$= 4.897959\text{kg/m}^2$

$\therefore\ P = \dfrac{4.897959}{10332} \times 101325\text{Pa} = 48.03\text{Pa}$

03 반지름 200mm, 높이 250mm인 실린더 내에 20kg의 유체가 차 있다. 유체의 밀도는 약 몇 kg/m^3인가?

① 6.366 ② 63.66
③ 636.6 ④ 6366

$\text{밀도}(\rho) = w(\text{kg})/V(\text{m}^3)$이므로

$w = 20\text{kg}$

$V = \dfrac{\pi}{4}d^2\cdot h = \dfrac{\pi}{4}\times(0.4\text{m})^2\times 0.25\text{m}$이므로

$\rho = \dfrac{w}{V} = 636.6\text{kg/m}^3$

04 물이 내경 2cm인 원형관을 평균유속 5cm/s로 흐르고 있다. 같은 유량이 내경 1cm인 관을 흐르면 평균유속은?

① $\dfrac{1}{2}$ 만큼 감소
② 2배로 증가
③ 4배로 증가
④ 변함없다.

정답 01.② 02.③ 03.③ 04.③

해설

$Q = A_1V_1 = A_2V_2$ 에서

$$V_2 = \frac{A_1V_1}{A_2} = \frac{\frac{\pi}{4}\times(2\text{cm})^2\times5\text{cm/s}}{\frac{\pi}{4}\times(1\text{cm})^2}$$

$= 20\text{cm/s}$

이므로 4배 증가

05 압축성 유체가 그림과 같이 확산기를 통해 흐를 때 속도와 압력은 어떻게 되겠는가? (단, M_a는 마하수이다.) **[유체 3]**

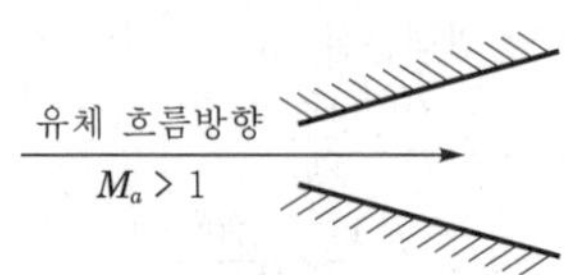

① 속도 증가, 압력 감소
② 속도 감소, 압력 증가
③ 속도 감소, 압력 불변
④ 속도 불변, 압력 증가

해설

등엔트로피 흐름(유체 핵심 3) 참조

$M>1$일 때 확대부에서

- 증가 : V(속도), M(마하수), A(면적)
- 감소 : P(압력), T(온도), ρ(밀도)

06 수직충격파는 다음 중 어떤 과정에 가장 가까운가? **[유체 20]**

① 비가역 과정
② 등엔트로피 과정
③ 가역 과정
④ 등압 및 등엔탈피 과정

해설

충격파(유체 핵심 20) 참조

수직충격파 : 엔트로피 증가(비가역 과정)

07 왕복펌프 중 산, 알칼리액을 수송하는 데 사용되는 펌프는?

① 격막 펌프　② 기어 펌프
③ 플랜지 펌프　④ 피스톤 펌프

해설

격막(다이어 프램) 펌프

부식성 유체 등 산·알칼리 등을 수송하는 데 적합한 펌프

08 다음 중 대기압을 측정하는 계기는?

① 수은기압계　② 오리피스미터
③ 로터미터　④ 둑(weir)

해설

②, ③, ④는 유량계

09 체적효율을 η_v, 피스톤 단면적을 A[m²], 행정을 S[m], 회전수를 n[rpm]이라 할 때 실제 송출량 Q[m³/s]를 구하는 식은?

① $Q = \dfrac{ASn}{60\eta_v}$　② $Q = \eta_v\dfrac{ASn}{60}$

③ $Q = \dfrac{AS\pi n}{60\eta_v}$　④ $Q = \eta_v\dfrac{AS\pi n}{60}$

해설

$Q = A\cdot S\cdot n\cdot \eta_v$ 에서

n(rpm) : 분당 회전수이므로

$Q(\text{m}^3/\text{sec})$가 되기 위해 60으로 나눔

$Q = (A\cdot S\cdot n\cdot \eta_v/60)(\text{m}^3/\text{sec})$

10 아음속 등엔트로피 흐름의 확대노즐에서의 변화로 옳은 것은? **[유체 3]**

① 압력 및 밀도는 감소한다.
② 속도 및 밀도는 증가한다.
③ 속도는 증가하고, 밀도는 감소한다.
④ 압력은 증가하고, 속도는 감소한다.

해설

등엔트로피 흐름(유체 핵심 3) 참조

아음속 $M<1$ 확대부 참조

P, T, ρ, A(증가), M, V(감소)

11 다음 그림에서와 같이 관 속으로 물이 흐르고 있다. A점과 B점에서의 유속은 몇 m/s인가?

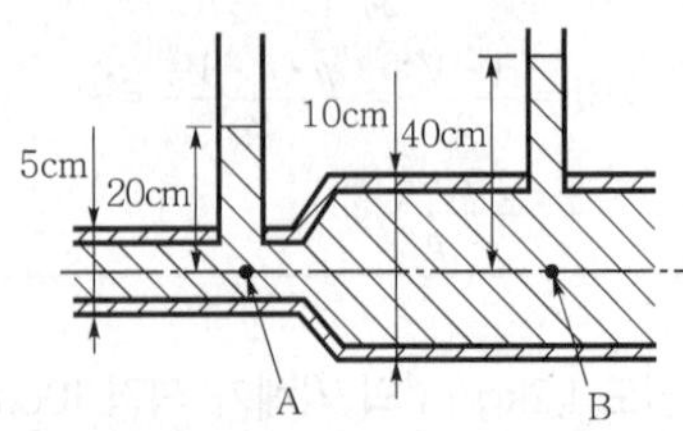

① $V_A = 2.045$, $V_B = 1.022$
② $V_A = 2.045$, $V_B = 0.511$
③ $V_A = 7.919$, $V_B = 1.980$
④ $V_A = 3.960$, $V_B = 1.980$

정답 05.① 06.① 07.① 08.① 09.② 10.④ 11.②

해설

베르누이 정리

$$\frac{P_A}{\gamma}+\frac{{V_A}^2}{2g}+Z_A=\frac{P_B}{\gamma}+\frac{{V_B}^2}{2g}+Z_B(Z_A=Z_B)$$

- P_A : 20cm(200kg/m^2)
- P_B : 40cm(400kg/m^2)
- γ : 1000kg/m^{3}에서

${V_A}^2-{V_B}^2=3.92$이므로

$Q_A=Q_B=V_A\cdot\frac{\pi}{4}\times(0.05)^2$

$=V_B\cdot\frac{\pi}{4}\times(0.1)^2$

${V_A}^2=\left(\frac{0.1^2}{0.05^2}\right)^2\times({V_A}^2-3.92)$에서

$\therefore\ V_A=2.0448=2.045$

$V_B=0.511$m/s

$$\frac{{V_A}^2}{2g}-\frac{{V_B}^2}{2g}=\frac{P_B}{\gamma}-\frac{P_A}{\gamma}$$
$$\therefore\ {V_A}^2-{V_B}^2=2g\left(\frac{P_B-P_A}{\gamma}\right)$$
$$=2\times9.8\times\left(\frac{400-200}{1000}\right)$$
$$=3.92$$

12 안지름 80cm인 관 속을 동점성계수 4Stokes인 유체가 4m/s의 평균속도로 흐른다. 이때 흐름의 종류는?

① 층류
② 난류
③ 플러그 흐름
④ 천이영역 흐름

해설

$Re=\frac{V\cdot D}{\nu}=\frac{400\times80}{4}=8000$

$Re>4000$이므로 난류

13 압축률이 5×10^{-5}cm^2/kgf인 물속에서의 음속은 몇 m/s인가?

① 1400
② 1500
③ 1600
④ 1700

해설

액체 속의 음속

$a=\sqrt{\frac{K}{\rho}}$

$K=\frac{1}{\beta}$이므로

$=\sqrt{\frac{1}{\beta\rho}}$

$=\sqrt{\frac{1}{5\times10^{-9}\text{m}^2/\text{kgf}\times102\text{kgf}\cdot\text{s}^2/\text{m}^4}}$

$=1400$m/s

5×10^{-5}cm^2/kgf$=5\times10^{-9}$m^2/kgf 물의 밀도(ρ)= 102kgf · s^2/m^4

14 다음 중 기체수송에 사용되는 기계로 가장 거리가 먼 것은?

① 팬　② 송풍기
③ 압축기　④ 펌프

15 원관 중의 흐름이 층류일 경우 유량이 반경의 4제곱과 압력기울기 $(P_1-P_2)/L$에 비례하고 점도에 반비례한다는 법칙은?

① Hagen－Poiseuille 법칙
② Reynolds 법칙
③ Newton 법칙
④ Fourier 법칙

해설

Hagen－Poiseuille(하겐－푸아죄유)(층류에서만 적용)

$Q=\frac{\Delta P\pi d^4}{128\mu L}$

여기서, Q : 유량
ΔP : 압력차
d : 원관의 직경
μ : 점성계수
L : 관 길이

16 프란틀의 혼합길이(Prandtl mixing length)에 대한 설명으로 옳지 않은 것은?

① 난류 유동에 관련된다.
② 전단응력과 밀접한 관련이 있다.
③ 벽면에서는 0이다.
④ 항상 일정한 값을 갖는다.

정답 12.② 13.① 14.④ 15.① 16.④

프란틀의 혼합거리
$l = ky$에서
$y=0$(관 벽에서 0이 되는 지점)에서는 0
① 난류 유동
② 전단응력
③ 벽면에서 0

17 그림과 같이 물이 흐르는 관에 U자 수은관을 설치하고, A지점과 B지점 사이의 수은 높이 차(h)를 측정하였더니 0.7m였다. 이때 A점과 B점 사이의 압력차는 약 몇 kPa인가? (단, 수은의 비중은 13.6이다.)

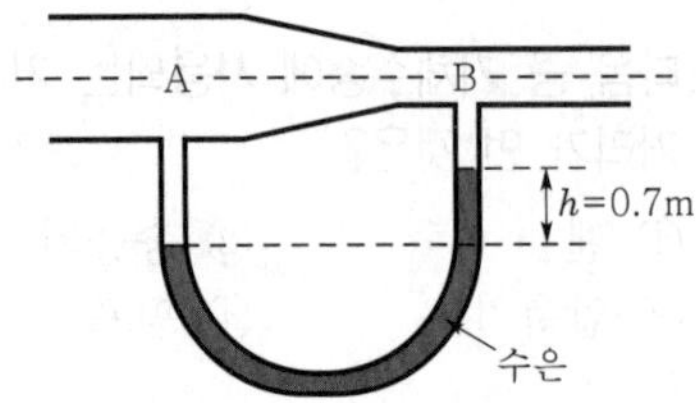

① 8.64 ② 9.33
③ 86.4 ④ 93.3

$P=(S_1-S_2)\times H$
$=(13.6-1)\text{kg/L}\times 0.7\text{m}$
$=12.6\text{kg/cm}^3\times 70\text{cm}$
$=12.6\times 70\text{kg/cm}^2$
$\therefore \dfrac{12.6\times 70}{1.0332}\times 101.325\text{kPa}=86.4\text{kPa}$

18 실험실의 풍동에서 20℃의 공기로 실험을 할 때 마하각이 30°이면 풍속은 몇 m/s가 되는가? (단, 공기의 비열비는 1.4이다.)

① 278
② 364
③ 512
④ 686

$\sin\alpha=\dfrac{a}{V}$

$V=\dfrac{a}{\sin\alpha}=\dfrac{\sqrt{1.4\times 29.27\times 9.8\times 293}}{\sin 30}=686\text{m/s}$

$a=\sqrt{K\cdot g\cdot R\cdot T}$
공기 $R=29.27\text{kgf}\cdot\text{m/kg}\cdot\text{K}$

19 다음 중 SI 기본단위에 해당하지 않는 것은 어느 것인가? **[계측 36]**

① kg ② m
③ W ④ K

단위 단위계(계측 핵심 36) 참조

20 안지름이 20cm의 관에 평균속도 20m/s로 물이 흐르고 있다. 이때 유량은 얼마인가?

① $0.628\text{m}^3/\text{s}$
② 6.280m/s^3
③ $2.512\text{m}^3/\text{s}$
④ $0.251\text{m}^3/\text{s}$

$Q=A\times V$
$=\dfrac{\pi}{4}\times(0.2\text{m})^2\times 20\text{m/s}$
$=0.628\text{m}^3/\text{s}$

제2과목 연소공학

21 기체연료를 미리 공기와 혼합시켜 놓고, 점화해서 연소하는 것으로 연소실 부하율을 높게 얻을 수 있는 연소방식은? **[연소 2]**

① 확산연소
② 예혼합연소
③ 증발연소
④ 분해연소

연소의 종류 (3) 기체물질의 연소(연소 핵심 2) 참조

22 다음 중 기체연료의 연소형태에 해당하는 것은? **[연소 2]**

① 확산연소, 증발연소
② 예혼합연소, 증발연소
③ 예혼합연소, 확산연소
④ 예혼합연소, 분해연소

연소의 종류 (3) 기체물질의 연소(연소 핵심 2) 참조

정답 17.③ 18.④ 19.③ 20.① 21.② 22.③

23 저위발열량 93766kJ/Sm^{3}의 C_3H_8을 공기비 1.2로 연소시킬 때의 이론연소온도는 약 몇 K인가? (단, 배기가스의 평균비열은 1.653kJ/Sm^3 · K이고, 다른 조건은 무시한다.)

① 1735
② 1856
③ 1919
④ 2083

$C_3H_8+5O_2 \rightarrow 3CO_2+4H_2O$에서

연소가스량(G)$=CO_2+H_2O+(N_2+$과잉공기$)$

$$=3+4+5\times\frac{(1.2-0.21)}{0.21}$$

$$=30.57Sm^3$$

$$t=\frac{Hl}{G\cdot C_p}$$

$$=\frac{93766kJ/Sm^3}{30.57\times1.653kJ/Sm^3\cdot K}$$

$$=1855.48K$$

별해 연소가스량

$=CO_2+H_2O+N_2+$과잉공기

$$=3+4+5\times\frac{0.79}{0.21}+(1.2-1)\times5\times\frac{1}{0.21}$$

$$=30.57Sm^3$$

24 다음 중 확산연소에 대한 설명으로 옳지 않은 것은? **[연소 2]**

① 조작이 용이하다.
② 연소 부하율이 크다.
③ 역화의 위험성이 적다.
④ 화염의 안정범위가 넓다.

연소의 종류 (3) 기체물질의 연소(연소 핵심 2) 참조

25 공기비가 클 경우 연소에 미치는 영향이 아닌 것은? **[연소 15]**

① 연소실 온도가 낮아진다.
② 배기가스에 의한 열손실이 커진다.
③ 연소가스 중의 질소산화물이 증가한다.
④ 불완전연소에 의한 매연의 발생이 증가한다.

공기비(연소 핵심 15) 참조

26 사고를 일으키는 장치의 이상이나 운전자의 조합을 연역적으로 분석하는 정량적인 위험성평가방법은? **[연소 12]**

① 결함수 분석법(FTA)
② 사건수 분석법(ETA)
③ 위험과 운전 분석법(HAZOP)
④ 작업자 실수 분석법(HEA)

안전성평가기법(연소 핵심 12) 참조

결함수(FTA) : 연역적

27 분진폭발의 위험성을 방지하기 위한 조건으로 틀린 것은?

① 환기장치는 공동집진기를 사용한다.
② 분진이 발생하는 곳에 습식 스크러버를 설치한다.
③ 분진취급 공정을 습식으로 운영한다.
④ 정기적으로 분진 퇴적물을 제거한다.

28 돌턴(Dalton)의 분압법칙에 대하여 옳게 표현한 것은? **[연소 29]**

① 혼합기체의 온도는 일정하다.
② 혼합기체의 체적은 각 성분의 체적의 합과 같다.
③ 혼합기체의 기체상수는 각 성분의 기체상수의 합과 같다.
④ 혼합기체의 압력은 각 성분(기체)의 분압의 합과 같다.

이상기체의 관련 법칙에서 돌턴의 분압법칙(연소 핵심 29) 참조

혼합기체의 전압력은 각 성분기체의 분압의 합과 같다.

$$P=\frac{P_1V_1+P_2V_2}{V}$$

여기서, P : 전압

P_1, P_2 : 분압

V : 전 부피

V_1, V_2 : 성분부피

정답 23.② 24.② 25.④ 26.① 27.① 28.④

29 다음 중 공기와 혼합기체를 만들었을 때 최대연소속도가 가장 빠른 기체연료는?

① 아세틸렌
② 메틸알코올
③ 톨루엔
④ 등유

C_2H_2 : 연소범위 2.5~81%로 연소속도가 빠르다.

30 프로판가스 1m³를 완전연소시키는 데 필요한 이론공기량은 약 몇 m³인가? (단, 산소는 공기 중에 20% 함유한다.)

① 10　② 15
③ 20　④ 25

$C_3H_8+5O_2 \rightarrow 3CO_2+4H_2O$

1 : 5

공기량 : $5\times\frac{1}{0.2}=25m^3$

31 제1종 영구기관을 바르게 표현한 것은?

① 외부로부터 에너지원을 공급받지 않고 영구히 일을 할 수 있는 기관
② 공급된 에너지보다 더 많은 에너지를 낼 수 있는 기관
③ 지금까지 개발된 기관 중에서 효율이 가장 좋은 기관
④ 열역학 제2법칙에 위배되는 기관

32 프로판가스의 연소과정에서 발생한 열량은 50232MJ/kg이었다. 연소 시 발생한 수증기의 잠열이 8372MJ/kg이면 프로판가스의 저발열량 기준 연소효율은 약 몇 %인가? (단, 연소에 사용된 프로판가스의 저발열량은 46046MJ/kg이다.)

① 87　② 91
③ 93　④ 96

$\eta=\frac{50232-8372}{46046}\times100=90.9=91\%$

33 다음 중 난류예혼합화염과 층류예혼합화염에 대한 특징을 설명한 것으로 옳지 않은 것은? **[연소 36]**

① 난류예혼합화염의 연소속도는 층류예혼합화염의 수배 내지 수십배에 달한다.
② 난류예혼합화염의 두께는 수밀리미터에서 수십밀리미터에 달하는 경우가 있다.
③ 난류예혼합화염은 층류예혼합화염에 비하여 화염의 휘도가 낮다.
④ 난류예혼합화염의 경우 그 배후에 다량의 미연소분이 잔존한다.

해설

난류예혼합화염과 층류예혼합화염(연소 핵심 36) 참조

34 인화(pilot ignition)에 대한 설명으로 틀린 것은? **[연소 5]**

① 점화원이 있는 조건하에서 점화되어 연소를 시작하는 것이다.
② 물체가 착화원 없이 불이 붙어 연소하는 것을 말한다.
③ 연소를 시작하는 가장 낮은 온도를 인화점(flash point)이라 한다.
④ 인화점은 공기 중에서 가연성 액체의 액면 가까이 생기는 가연성 증기가 작은 불꽃에 의하여 연소될 때의 가연성 물체의 최저온도이다.

해설

인화점, 발화점(연소 핵심 5) 참조

35 오토 사이클의 열효율을 나타낸 식은? (단, η는 열효율, r는 압축비, k는 비열비이다.)

① $\eta=1-\left(\frac{1}{r}\right)^{k+1}$　② $\eta=1-\left(\frac{1}{r}\right)^{k}$
③ $\eta=1-\frac{1}{r}$　④ $\eta=1-\left(\frac{1}{r}\right)^{k-1}$

정답 29.① 30.④ 31.① 32.② 33.③ 34.② 35.④

36 Fire ball에 의한 피해로 가장 거리가 먼 것은?

① 공기팽창에 의한 피해
② 탱크파열에 의한 피해
③ 폭풍압에 의한 피해
④ 복사열에 의한 피해

해설

Fire ball(파이어볼)의 피해

- 공기팽창에 의한 피해
- 폭풍압에 의한 피해
- 복사열에 의한 피해

37 다음 중 차원이 같은 것끼리 나열된 것은?

㉮ 열전도율	㉯ 점성계수
㉰ 저항계수	㉱ 확산계수
㉲ 열전달률	㉳ 동점성계수

① ㉮, ㉯　　② ㉰, ㉲
③ ㉱, ㉳　　④ ㉲, ㉳

- 열전도율(kcal/mh℃)
- 점성계수(g/cm·s)
- 저항계수 $C_p = \frac{24}{Re}$(층류)(무차원)
- 확산계수(cm^2/s)
- 열전달률(kcal/m^2h℃)
- 동점성계수(cm^2/s)

∴ 동차원 : 확산계수, 동점성계수

38 C_3H_8을 공기와 혼합하여 완전연소시킬 때 혼합기체 중 C_3H_8의 최대농도는 약 얼마인가? (단, 공기 중 산소는 20.9%이다.)

① 3vol%　　② 4vol%
③ 5vol%　　④ 6vol%

해설

$C_3H_8 + 5O_2 \rightarrow 3CO_2 + 4H_2O$
1 : 5

$$C_3H_8 = \frac{1}{1+5\times\frac{1}{0.209}} \times 100 \fallingdotseq 4\text{vol\%}$$

39 최대안전틈새의 범위가 가장 작은 가연성 가스의 폭발등급은? **[안전 13]**

① A　　② B
③ C　　④ D

해설

위험장소 분류, 가스시설 전기방폭기준의 (3) 방폭기기 선정에서 최대안전틈새 범위(내압방폭구조의 폭발등급)(안전 핵심 13) 참조

A : 0.9mm 이상
B : 0.45mm 이상 0.9mm 이하
C : 0.45mm 미만

40 분자량이 30인 어떤 가스의 정압비열이 0.75kJ/kg·K이라고 가정할 때 이 가스의 비열비(K)는 약 얼마인가?

① 0.28　　② 0.47
③ 1.59　　④ 2.38

$K = \frac{C_p}{C_v}$ 이고 $R = C_p - C_v$ 이므로

$$C_v = C_p - R = 0.75 - \frac{8.314}{30} = 0.472$$

$$\therefore K = \frac{0.75}{0.472} = 1.586 = 1.59$$

$R = 8.314$kJ/kg·K

제3과목 가스설비

41 다음 그림은 어떤 종류의 압축기인가?

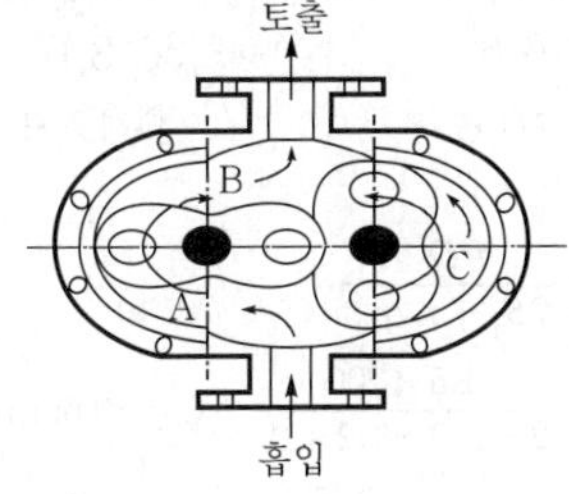

① 가동날개식　　② 루트식
③ 플런저식　　④ 나사식

42 수소에 대한 설명으로 틀린 것은?

① 암모니아 합성의 원료로 사용된다.
② 열전달률이 적고 열에 불안정하다.
③ 염소와의 혼합기체에 일광을 쬐면 폭발한다.
④ 모든 가스 중 가장 가벼워 확산속도도 가장 빠르다.

정답　36.②　37.③　38.②　39.③　40.③　41.②　42.②

해설

① $N_2+3H_2 \rightarrow 2NH_3$
② 수소는 열전달률이 빠르다.
③ $H_2+Cl_2 \rightarrow 2HCl$
④ 확산속도가 가장 빠르다.

43 가스조정기 중 2단 감압식 조정기의 장점이 아닌 것은? [설비 55]

① 조정기의 개수가 적어도 된다.
② 연소기구에 적합한 압력으로 공급할 수 있다.
③ 배관의 관경을 비교적 작게 할 수 있다.
④ 입상배관에 의한 압력강하를 보정할 수 있다.

조정기(설비 핵심 55) 참조

44 다음 수치를 가진 고압가스용 용접용기의 동판 두께는 약 몇 mm인가?

- 최고충전압력 : 15MPa
- 동체의 내경 : 200mm
- 재료의 허용응력 : $150N/mm^2$
- 용접효율 : 1.00
- 부식여유 두께 : 고려하지 않음

① 6.6 ② 8.6
③ 10.6 ④ 12.6

$$t=\frac{PD}{2S_n-1.2p}+C$$
$$=\frac{1.5\times200}{2\times150-1.2\times15}+O=10.6\text{mm}$$

45 인장시험 방법에 해당하는 것은?

① 올센법 ② 샤르피법
③ 아이조드법 ④ 파우더법

46 대기압에서 1.5MPa · g까지 2단 압축기로 압축하는 경우 압축동력을 최소로 하기 위해서는 중간압력을 얼마로 하는 것이 좋은가?

① 0.2MPa · g ② 0.3MPa · g
③ 0.5MPa · g ④ 0.75MPa · g

해설

$$P_o=\sqrt{P_1\times P_2}$$
$$=\sqrt{0.1\times(1.5+0.1)}$$
$$=0.4\text{MPa}$$
$$\therefore\ 0.4-0.1=0.3\text{MPa(g)}$$

47 가연성 가스로서 폭발범위가 넓은 것부터 좁은 것의 순으로 바르게 나열된 것은 어느 것인가?

① 아세틸렌-수소-일산화탄소-산화에틸렌
② 아세틸렌-산화에틸렌-수소-일산화탄소
③ 아세틸렌-수소-산화에틸렌-일산화탄소
④ 아세틸렌-일산화탄소-수소-산화에틸렌

해설

- C_2H_2(2.5~81%)
- H_2(4~75%)
- C_2H_4O(3~80%)
- CO(12.5~74%)

48 접촉분해 프로세스에서 다음 반응식에 의해 카본이 생성될 때 카본 생성을 방지하는 방법은? [설비 3]

$$CH_4 \rightleftarrows 2H_2+C$$

① 반응온도를 낮게 반응압력을 높게 한다.
② 반응온도를 높게 반응압력을 낮게 한다.
③ 반응온도와 반응압력을 모두 낮게 한다.
④ 반응온도와 반응압력을 모두 높게 한다.

도시가스 프로세스의 (2) 수증기 개질 공정의 반응온도 · 압력, 수증기 변화에 따른 가스량 변화의 관계(설비 핵심 3) 참조

정답 43.① 44.③ 45.① 46.② 47.② 48.①

49 다음 중 왕복식 압축기의 특징이 아닌 것은 어느 것인가? [설비 35]

① 용적형이다.
② 압축효율이 높다.
③ 용량조정의 범위가 넓다.
④ 점검이 쉽고 설치면적이 적다.

압축기 특징(설비 핵심 35) 참조

50 금속재료에 대한 설명으로 옳은 것으로만 짝지어진 것은?

㉠ 염소는 상온에서 건조하여도 연강을 침식시킨다.
㉡ 고온, 고압의 수소는 강에 대하여 탈탄작용을 한다.
㉢ 암모니아는 동, 동합금에 대하여 심한 부식성이 있다.

① ㉠ ② ㉠, ㉡
③ ㉡, ㉢ ④ ㉠, ㉡, ㉢

염소는 건조상태에서 부식성이 있다.

51 압력용기에 해당하는 것은?

① 설계압력(MPa)과 내용적(m^3)을 곱한 수치가 0.05인 용기
② 완충기 및 완충장치에 속하는 용기와 자동차에어백용 가스충전용기
③ 압력에 관계없이 안지름, 폭, 길이 또는 단면의 지름이 100mm인 용기
④ 펌프, 압축장치 및 축압기의 본체와 그 본체와 분리되지 아니하는 일체형 용기

52 천연가스에 첨가하는 부취제의 성분으로 적합하지 않은 것은? [안전 19]

① THT(Tetra Hydro Thiophene)
② TBM(Tertiary Butyl Mercaptan)
③ DMS(DiMethyl Sulfide)
④ DMDS(DiMethyl DiSulfide)

부취제(안전 핵심 19) 참조

53 지하매설물 탐사방법 중 주로 가스배관을 탐사하는 기법으로 전도체에 전기가 흐르면 도체 주변에 자장이 형성되는 원리를 이용한 탐사법은?

① 전자유도탐사법
② 레이더탐사법
③ 음파탐사법
④ 전기탐사법

54 다음 중 고압가스의 상태에 따른 분류가 아닌 것은?

① 압축가스
② 용해가스
③ 액화가스
④ 혼합가스

55 다음 중 LP가스장치에서 자동교체식 조정기를 사용할 경우의 장점에 해당되지 않는 것은? [설비 55]

① 잔액이 거의 없어질 때까지 소비된다.
② 용기교환주기의 폭을 좁힐 수 있어, 가스발생량이 적어진다.
③ 전체 용기수량이 수동교체식의 경우보다 적어도 된다.
④ 가스소비 시의 압력변동이 적다.

조정기(설비 핵심 55) 참조

56 용해 아세틸렌가스 정제장치는 어떤 가스를 주로 흡수, 제거하기 위하여 설치하는가?

① CO_2, SO_2
② H_2S, PH_3
③ H_2O, SiH_4
④ NH_3, $COCl_2$

- C_2H_2 중의 불순물의 종류 PH_3, SiH_4, H_2S, N_2, NH_3 등
- 불순물은 청정제로 제거
(청정제의 종류－카타리솔, 리가솔, 에퓨렌)

정답 49.④ 50.③ 51.① 52.④ 53.① 54.④ 55.② 56.②

57 고압가스 용기의 재료에 사용되는 강의 성분 중 탄소, 인, 황의 함유량은 제한되어 있다. 이에 대한 설명으로 옳은 것은?

① 황은 적열취성의 원인이 된다.
② 인(P)은 될수록 많은 것이 좋다.
③ 탄소량은 증가하면 인장강도와 충격치가 감소한다.
④ 탄소량이 많으면 인장강도는 감소하고 충격치는 증가한다.

- S(황) : 적열취성의 원인
- P(인) : 상온취성의 원인
- 탄소량 증가 시 인장강도 증가, 충격치는 감소

58 액화 프로판 15L를 대기 중에 방출하였을 경우 약 몇 L의 기체가 되는가? (단, 액화 프로판의 액 밀도는 0.5kg/L이다.)

① 300L ② 750L
③ 1500L ④ 3800L

$15L \times 0.5kg/L = 7.5kg$

$\therefore \frac{7.5}{44} \times 22.4m^3 = 3.818m^3$

$= 3818L$

59 LNG Bunkering이란?

① LNG를 지하시설에 저장하는 기술 및 설비
② LNG 운반선에서 LNG 인수기지로 급유하는 기술 및 설비
③ LNG 인수기지에서 가스홀더로 이송하는 기술 및 설비
④ LNG를 해상 선박에 급유하는 기술 및 설비

60 염소가스(Cl_2) 고압용기의 지름을 4배, 재료의 강도를 2배로 하면 용기의 두께는 얼마가 되는가?

① 0.5배 ② 1배
③ 2배 ④ 4배

$\sigma_t = \frac{PD}{2}$ 에서

$t_1 = \frac{PD}{2\sigma_t}$

$t_2 = \frac{P \times 4D}{2 \times 2\sigma_t} = \frac{PD}{\sigma_t}$

∴ 2배가 두꺼워진다.

제4과목 가스안전관리

61 가연성이면서 독성가스가 아닌 것은?

① 염화메탄 ② 산화프로필렌
③ 벤젠 ④ 시안화수소

독가연가스

①, ③, ④ 및 CO, C_2H_4O, H_2S, CS_2, NH_3, CH_3Br

62 독성가스인 염소 500kg을 운반할 때 보호구를 차량의 승무원수에 상당한 수량을 휴대하여야 한다. 다음 중 휴대하지 않아도 되는 보호구는? **[안전 166]**

① 방독마스크 ② 공기호흡기
③ 보호의 ④ 보호장갑

독성가스 운반 시 보호장비(안전 핵심 166) 참조

63 액화석유가스 저장탱크 지하설치 시의 시설기준으로 틀린 것은? **[안전 49]**

① 저장탱크 주위 빈 공간에는 세립분을 포함한 마른모래를 채운다.
② 저장탱크를 2개 이상 인접하여 설치하는 경우에는 상호 간에 1m 이상의 거리를 유지한다.
③ 점검구는 저장능력이 20톤 초과인 경우에는 2개소로 한다.
④ 검지관은 직경 40A 이상으로 4개소 이상 설치한다.

LPG 저장탱크 지하설치 기준(안전 핵심 49) 참조

① 세립분을 포함하지 아니한 마른모래를 채운다.

정답 57.① 58.④ 59.④ 60.③ 61.② 62.② 63.①

64 가스난방기는 상용압력의 1.5배 이상의 압력으로 실시하는 기밀시험에서 가스차단밸브를 통한 누출량이 얼마 이하가 되어야 하는가?

① 30mL/h ② 50mL/h
③ 70mL/h ④ 90mL/h

65 고압가스 특정제조시설의 내부반응 감시장치에 속하지 않는 것은? **[안전 127]**

① 온도감시장치 ② 압력감시장치
③ 유량감시장치 ④ 농도감시장치

해설
내부반응 감시장치나 특수반응설비(안전 핵심 127) 참조

66 액화석유가스 저장탱크에 설치하는 폭발방지장치와 관련이 없는 것은?

① 비드
② 후프링
③ 방파판
④ 다공성 알루미늄 박판

67 가스도매사업자의 공급관에 대한 설명으로 맞는 것은? **[안전 66]**

① 정압기지에서 대량수요자의 가스사용시설까지 이르는 배관
② 인수기지 부지경계에서 정압기까지 이르는 배관
③ 인수기지 내에 설치되어 있는 배관
④ 대량수요자 부지 내에 설치된 배관

해설
도시가스 배관의 종류(안전 핵심 66) 참조

68 액화석유가스용 강제용기 스커트의 재료를 고압가스용기용 강판 및 강대 SG 295 이상의 재료로 제조하는 경우에는 내용적이 25L 이상, 50L 미만인 용기는 스커트의 두께를 얼마 이상으로 할 수 있는가?

① 2mm ② 3mm
③ 3.6mm ④ 5mm

69 가연성 가스가 폭발할 위험이 있는 농도에 도달할 우려가 있는 장소로서 "2종 장소"에 해당하지 않는 것은? **[안전 13]**

① 상용의 상태에서 가연성 가스의 농도가 연속해서 폭발하한계 이상으로 되는 장소
② 밀폐된 용기가 그 용기의 사고로 인해 파손될 경우에만 가스가 누출할 위험이 있는 장소
③ 환기장치에 이상이나 사고가 발생한 경우에 가연성 가스가 체류하여 위험하게 될 우려가 있는 장소
④ 1종 장소의 주변에서 위험한 농도의 가연성 가스가 종종 침입할 우려가 있는 장소

해설
위험장소의 분류(안전 핵심 13) 참조

70 다음 중 고정식 압축도시가스 자동차 충전시설에서 가스누출검지경보장치의 검지경보장치 설치수량의 기준으로 틀린 것은 어느 것인가? **[안전 142]**

① 펌프 주변에 1개 이상
② 압축가스설비 주변에 1개
③ 충전설비 내부에 1개 이상
④ 배관접속부마다 10m 이내에 1개

해설
고정식 압축도시가스 자동차 충전시설 기준(안전 핵심 142) 참조

71 가연성 가스의 제조설비 중 전기설비가 방폭성능 구조를 갖추지 아니하여도 되는 가연성 가스는?

① 암모니아
② 아세틸렌
③ 염화에탄
④ 아크릴알데히드

해설
방폭성능이 필요 없는 가스
NH_3, CH_3Br

정답 64.③ 65.④ 66.① 67.① 68.② 69.① 70.② 71.①

72 특정설비에 설치하는 플랜지 이음매로 허브플랜지를 사용하지 않아도 되는 것은?

① 설계압력이 2.5MPa인 특정설비
② 설계압력이 3.0MPa인 특정설비
③ 설계압력이 2.0MPa이고 플랜지의 호칭 내경이 260mm인 특정설비
④ 설계압력이 1.0MPa이고 플랜지의 호칭 내경이 300mm인 특정설비

73 고압가스 특정제조시설에서 준내화구조 액화가스 저장탱크 온도상승 방지설비 설치와 관련한 물분무살수장치 설치기준으로 적합한 것은?

① 표면적 $1m^2$당 2.5L/분 이상
② 표면적 $1m^2$당 3.5L/분 이상
③ 표면적 $1m^2$당 5L/분 이상
④ 표면적 $1m^2$당 8L/분 이상

해설

액화가스 저장탱크의 온도상승 방지 기준 시 물분무살수장치 기준

저장탱크 전 표면 분무량 : 5L/min
단, 준내화 저장탱크의 경우 : 2.5L/min

참고 가연성 저장탱크와 가연성 저장탱크 또는 산소 저장탱크 설치 시 물분무장치 설치기준 분무량

탱크상호	전 표면	준내화구조	내화구조
1m 또는 최대직경 1/4 길이 중 큰 폭과 거리를 유지하지 않은 경우	8L/min	6.5L/min	4L/min
저장탱크 최대직경의 1/4보다 적은 경우	7L/min	4.5L/min	2L/min

74 고압가스용 안전밸브 구조의 기준으로 틀린 것은?

① 안전밸브는 그 일부가 파손되었을 때 분출되지 않는 구조로 한다.
② 스프링의 조정나사는 자유로이 헐거워지지 않는 구조로 한다.
③ 안전밸브는 압력을 마음대로 조정할 수 없도록 봉인할 수 있는 구조로 한다.
④ 가연성 또는 독성 가스용의 안전밸브는 개방형을 사용하지 않는다.

75 용기의 도색 및 표시에 대한 설명으로 틀린 것은?

① 가연성 가스 용기는 빨간색 테두리에 검정색 불꽃모양으로 표시한다.
② 내용적 2L 미만의 용기는 제조자가 정하는 바에 의한다.
③ 독성 가스 용기는 빨간색 테두리에 검정색 해골모양으로 표시한다.
④ 선박용 LPG 용기는 용기의 하단부에 2cm의 백색 띠를 한 줄로 표시한다.

해설

선박용 LPG 용기 표시방법

① 용기 상단부에 폭 2cm의 백색 띠를 두 줄로 표시
② 백색 띠의 하단과 가스 명칭 사이에 백색글자로 가로 세로 5cm의 크기로 선박용으로 표시

76 고압가스설비 중 플레어스택의 설치높이는 플레어스택 바로 밑의 지표면에 미치는 복사열이 얼마 이하가 되도록 하여야 하는가? [안전 26]

① 2000kcal/m^2 · h
② 3000kcal/m^2 · h
③ 4000kcal/m^2 · h
④ 5000kcal/m^2 · h

긴급이송설비(안전 핵심 26) 참조

77 고압가스제조시설 사업소에서 안전관리자가 상주하는 현장사무소 상호 간에 설치하는 통신설비가 아닌 것은? [안전 174]

① 인터폰 ② 페이징설비
③ 휴대용 확성기 ④ 구내방송설비

통신시설(안전 핵심 174) 참조

78 불화수소에 대한 설명으로 틀린 것은?

① 강산이다.
② 황색 기체이다.
③ 불연성 기체이다.
④ 자극적 냄새가 난다.

정답 72.④ 73.① 74.① 75.④ 76.③ 77.③ 78.②

HF(불화수소) : 무색

79 액화 조연성 가스를 차량에 적재 운반하려고 한다. 운반책임자를 동승시켜야 할 기준은? **[안전 5]**

① 1000kg 이상 ② 3000kg 이상
③ 6000kg 이상 ④ 12000kg 이상

운반책임자 동승기준(안전 핵심 5) 참조

80 고압가스 운반 중에 사고가 발생한 경우의 응급조치의 기준으로 틀린 것은?

① 부근의 화기를 없앤다.
② 독성가스가 누출된 경우에는 가스를 제독한다.
③ 비상연락망에 따라 관계업소에 원조를 의뢰한다.
④ 착화된 경우 용기 파열 등의 위험이 있다고 인정될 때는 소화한다.

제5과목 가스계측

81 단위계의 종류가 아닌 것은?

① 절대단위계
② 실제단위계
③ 중력단위계
④ 공학단위계

단위계
㉠ 절대단위
㉡ 공학(중력)단위
㉢ SI단위(국제단위)

82 $5kgf/cm^2$는 약 몇 mAq인가?

① 0.5 ② 5
③ 50 ④ 500

$5kgf/cm^2$

$$\frac{5}{1.033} \times 10.33 = 50mAq$$

83 열팽창계수가 다른 두 금속을 붙여서 온도에 따라 휘어지는 정도의 차이로 온도를 측정하는 온도계는?

① 저항온도계
② 바이메탈온도계
③ 열전대온도계
④ 광고온계

바이메탈온도계 측정원리 : 열팽창계수

84 다음 중 온도계측기에 대한 설명으로 틀린 것은? **[계측 24]**

① 기체온도계는 대표적인 1차 온도계이다.
② 접촉식의 온도 계측에는 열팽창, 전기저항 변화 및 열기전력 등을 이용한다.
③ 비접촉식 온도계는 방사온도계, 광온도계, 바이메탈온도계 등이 있다.
④ 유리온도계는 수은을 봉입한 것과 유기성 액체를 봉입한 것 등으로 구분한다.

접촉식, 비접촉식 온도계(계측 핵심 24) 참조
비접촉식 온도계(광고, 광전관, 색, 복사)

85 20℃에서 어떤 액체의 밀도를 측정하였다. 측정용기의 무게가 11.6125g, 증류수를 채웠을 때가 13.1682g, 시료 용액을 채웠을 때가 12.8749g이라면 이 시료액체의 밀도는 약 몇 g/cm^3인가? (단, 20℃에서 물의 밀도는 $0.99823g/cm^3$이다.)

① 0.791
② 0.801
③ 0.810
④ 0.820

- 용기 무게 : 11.6125g
- 증류수 무게 : 13.1682−11.6125=1.5557g
- 시료 무게 : 12.8749−11.6125=1.2624g

$1.5557g \div 0.99823g/cm^3 = 1.55845cm^3$

∴ 시료의 밀도 : $1.2624g/1.55845cm^3 = 0.81g/cm^3$

정답 79.③ 80.④ 81.② 82.③ 83.② 84.③ 85.③

86 시험지에 의한 가스검지법 중 시험지별 검지가스가 바르지 않게 연결된 것은 어느 것인가? **[계측 15]**

① 연당지 − HCN
② KI전분지 − NO_2
③ 염화파라듐지 − CO
④ 염화제일동착염지 − C_2H_2

독성가스 누설검지 시험지와 변색상태(계측 핵심 15) 참조

87 물체의 탄성 변위량을 이용한 압력계가 아닌 것은? **[계측 33]**

① 부르동관 압력계
② 벨로스 압력계
③ 다이어프램 압력계
④ 링밸런스식 압력계

압력계 구분(계측 핵심 33) 참조

88 자동조절계의 제어동작에 대한 설명으로 틀린 것은?

① 비례동작에 의한 조작신호의 변화를 적분동작만으로 일어나는 데 필요한 시간을 적분시간이라고 한다.
② 조작신호가 동작신호의 미분값에 비례하는 것을 레이트 동작(rate action)이라고 한다.
③ 매분당 미분동작에 의한 변화를 비례동작에 의한 변화로 나눈 값을 리셋률이라고 한다.
④ 미분동작에 의한 조작신호의 변화가 비례동작에 의한 변화와 같아질 때까지의 시간을 미분시간이라고 한다.

PI(비례적분) 동작에서

$$y = K_p\left(e + \frac{1}{T_1}\int edt\right)$$

여기서, T_1 : 리셋시간(적분시간)

$\frac{1}{T_1}$: 리셋률

89 가스미터에 대한 설명 중 틀린 것은 어느 것인가? **[계측 8]**

① 습식 가스미터는 측정이 정확하다.
② 다이어프램식 가스미터는 일반 가정용 측정에 적당하다.
③ 루트미터는 회전자식으로 고속회전이 가능하다.
④ 오리피스미터는 압력손실이 없어 가스량 측정이 정확하다.

막식, 습식, 루트식 가스미터의 장·단점(계측 핵심 8) 참조

90 가스계량기의 설치장소에 대한 설명으로 틀린 것은?

① 습도가 낮은 곳에 부착한다.
② 진동이 적은 장소에 설치한다.
③ 화기와 2m 이상 떨어진 곳에 설치한다.
④ 바닥으로부터 2.5m 이상에 수직 및 수평으로 설치한다.

바닥에서 1.6m 이상 2m 이내 수직, 수평으로 설치한다.

91 다음 막식 가스미터의 고장에 대한 설명을 옳게 나열한 것은? **[계측 5]**

> ㉮ 부동 − 가스가 미터를 통과하나 지침이 움직이지 않는 고장
> ㉯ 누설 − 계량막 밸브와 밸브시트 사이, 패킹부 등에서의 누설이 원인

① ㉮　　② ㉯
③ ㉮, ㉯　　④ 모두 틀림

가스미터의 고장(계측 핵심 5) 참조

92 열전대온도계에 적용되는 원리(효과)가 아닌 것은?

① 제백효과　　② 틴들효과
③ 톰슨효과　　④ 펠티에효과

정답 86.① 87.④ 88.③ 89.④ 90.④ 91.① 92.②

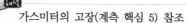

93 물리적 가스분석계 중 가스의 상자성(常磁性)체에 있어서 자장에 대해 흡인되는 성질을 이용한 것은?

① SO_2 가스계
② O_2 가스계
③ CO_2 가스계
④ 기체 크로마토그래피

94 오프셋(Off-set)이 발생하기 때문에 부하변화가 작은 프로세스에 주로 적용되는 제어동작은? **[계측 4]**

① 미분동작
② 비례동작
③ 적분동작
④ 뱅뱅동작

동작신호와 신호의 전송법(계측 핵심 4) 참조

95 오르자트법에 의한 기체분석에서 O_2의 흡수제로 주로 사용되는 것은? **[계측 1]**

① KOH 용액
② 암모니아성 $CuCl_2$ 용액
③ 알칼리성 피로갈롤 용액
④ H_2SO_4 산성 $FeSO_4$ 용액

흡수분석법(계측 핵심 1) 참조

96 다음 중 밀도와 비중에 대한 설명으로 틀린 것은?

① 밀도는 단위체적당 물질의 질량으로 정의한다.
② 비중은 두 물질의 밀도비로서 무차원수이다.
③ 표준물질인 순수한 물은 0℃, 1기압에서 비중이 1이다.
④ 밀도의 단위는 $N \cdot s^2/m^4$이다.

물의 비중 4℃, 1atm에서 측정하여 비중은 1이다.

97 열전도도검출기의 측정 시 주의사항으로 옳지 않은 것은?

① 운반기체 흐름속도에 민감하므로 흐름속도를 일정하게 유지한다.
② 필라멘트에 전류를 공급하기 전에 일정량의 운반기체를 먼저 흘려 보낸다.
③ 감도를 위해 필라멘트와 검출실 내벽온도를 적정하게 유지한다.
④ 운반기체의 흐름속도가 클수록 감도가 증가하므로, 높은 흐름속도를 유지한다.

98 정오차(static error)에 대하여 바르게 나타낸 것은?

① 측정의 전력에 따라 동일 측정량에 대한 지시값에 차가 생기는 현상
② 측정량이 변동될 때 어느 순간에 지시값과 참값에 차가 생기는 현상
③ 측정량이 변동하지 않을 때의 계측기의 오차
④ 입력신호 변화에 대해 출력신호가 즉시 따라가지 못하는 현상

99 패러데이(Faraday) 법칙의 원리를 이용한 기기분석 방법은?

① 전기량법
② 질량분석법
③ 저온정밀증류법
④ 적외선분광광도법

100 기체 크로마토그래피의 분리관에 사용되는 충전담체에 대한 설명으로 틀린 것은?

① 화학적으로 활성을 띠는 물질이 좋다.
② 큰 표면적을 가진 미세한 분말이 좋다.
③ 입자크기가 균등하면 분리작용이 좋다.
④ 충전하기 전에 비휘발성 액체로 피복한다.

정답 93.② 94.② 95.③ 96.③ 97.④ 98.③ 99.① 100.①

국가기술자격 시험문제

2020년 기사 제3회 필기시험(1부) (2020년 8월 22일 시행)

자격종목	시험시간	문제수	문제형별
가스기사	2시간30분	100	A

수험번호		성 명	

제1과목 가스유체역학

01 다음 중 포텐셜 흐름(potential flow)이 될 수 있는 것은?

① 고체 벽에 인접한 유체층에서의 흐름
② 회전 흐름
③ 마찰이 없는 흐름
④ 파이프 내 완전발달 유동

해설

포텐셜 흐름
유체의 흐름에서 물체의 앞쪽에서 커졌다가 중앙으로 갈수록 작아졌다가 중앙을 지나면서 다시 커져 물체의 뒤쪽 압력이 앞쪽과 같은 크기가 되는 흐름으로 비점성, 비압축성, 비회전성이며 마찰이 존재하지 않는 흐름이다.

02 100℃, 2기압의 어떤 이상기체의 밀도는 200℃, 1기압일 때의 몇 배인가?

① 0.39 ② 1
③ 2 ④ 2.54

해설

밀도(ρ)(kg/m^3)

$PV = GRT$

$\frac{G}{V} = \frac{P}{RT}$에서 밀도는 압력에 비례, 온도에 반비례하므로 100℃, 2atm의 밀도가 x이고 200℃, 1atm의 밀도가 1이라고 하면

$2 \times \frac{1}{373} : x = 1 \times \frac{1}{473} : 1$

$\therefore x = \frac{2 \times \frac{1}{373} \times 1}{1 \times \frac{1}{473}}$

$= \frac{2 \times 473}{373 \times 1}$

$= 2.536 = 2.54$배

03 다음 중 동점성 계수의 단위를 옳게 나타낸 것은?

① kg/m^2 ② kg/m · s
③ m^2/s ④ m^2/kg

동점성 계수
ν(cm^2/s)(m^2/s)

04 베르누이 방정식을 실제유체에 적용할 때 보정해 주기 위해 도입하는 항이 아닌 것은?

① W_p(펌프일)
② h_f(마찰손실)
③ ΔP(압력차)
④ W_t(터빈일)

베르누이 방정식 응용

(1) 펌프일

$\frac{P_1}{\gamma} + \frac{V_1^2}{2g} + Z_1 + H_P$(펌프구동에너지를 수두로 환산)

$= \frac{P_2}{\gamma} + \frac{V_2^2}{2g} + Z_2 + H_L$(손실수두)

(2) 터빈의 경우

$\frac{P_1}{\gamma} + \frac{V_1^2}{2g} + Z_1$

$= \frac{P_2}{\gamma} + \frac{V_2^2}{2g} + Z_2 + H_T + H_L$(손실수두)

여기서, H_T : 터빈 출력을 수두로 환산

05 중량 10000kgf의 비행기가 270km/h의 속도로 수평 비행할 때 동력은? (단, 양력(L)과 항력(D)의 비 $L/D = 5$이다.)

① 1400PS ② 2000PS
③ 2600PS ④ 3000PS

정답 01.③ 02.④ 03.③ 04.③ 05.②

$10000\text{kgf} \times 270 \times 10^3\text{m}/3600\text{s} = 750000\text{kg} \cdot \text{m/s}$

$750000 \div 75 = 10000\text{PS}$

$(1\text{PS} = 75\text{kg} \cdot \text{m/s})$

$\therefore\ 10000 \times \frac{1}{5} = 2000\text{PS}$

06 비중 0.8, 점도 2Poise인 기름에 대해 내경 42mm인 관에서의 유동이 층류일 때 최대 가능 속도는 몇 m/s인가? (단, 임계 레이놀즈수=2100이다.)

① 12.5　② 14.5
③ 19.8　④ 23.5

$R_e = \frac{\rho d \cdot V}{\mu}$

$\therefore\ V = \frac{R_e \cdot \mu}{\rho d} = \frac{2100 \times 2}{0.8 \times 4.2} = 1250\text{cm/s} = 12.5\text{m/s}$

07 물이 평균속도 4.5m/s로 안지름 100mm인 관을 흐르고 있다. 이 관의 길이 20m에서 손실된 헤드를 실험적으로 측정하였더니 4.8m이었다. 관마찰계수는?

① 0.0116　② 0.0232
③ 0.0464　④ 0.2280

$h_f = f \cdot \frac{l}{d} \cdot \frac{V^2}{2g}$

$\therefore\ f = \frac{h_f \cdot d \cdot 2g}{l \cdot V^2} = \frac{4.8 \times 0.1 \times 2 \times 9.8}{20 \times 4.5^2} = 0.0232$

08 압축성 유체가 축소-확대 노즐의 확대부에서 초음속으로 흐를 때, 다음 중 확대부에서 감소하는 것을 옳게 나타낸 것은? (단, 이상기체의 등엔트로피 흐름이라고 가정한다.) [유체 3]

① 속도, 온도　② 속도, 밀도
③ 압력, 속도　④ 압력, 밀도

등엔트로피 흐름(유체 핵심 3) 참조

초음속 확대부

- 증가 : V, M, A
- 감소 : P, T, ρ

09 유체의 흐름에서 유선이란 무엇인가? [유체 21]

① 유체 흐름의 모든 점에서 접선방향이 그 점의 속도방향과 일치하는 연속적인 선
② 유체 흐름의 모든 점에서 속도벡터에 평행하지 않는 선
③ 유체 흐름의 모든 점에서 속도벡터에 수직한 선
④ 유체 흐름의 모든 점에서 유동단면의 중심을 연결한 선

유체의 흐름현상(유체 핵심 21) 참조

10 비중이 0.9인 액체가 탱크에 있다. 이때 나타난 압력은 절대압으로 2kgf/cm^2이다. 이것을 수두(Head)로 환산하면 몇 m인가?

① 22.2　② 18
③ 15　④ 12.5

압력수두

$\frac{P}{\gamma} = \frac{2 \times 10^4\,\text{kg/m}^2}{0.9 \times 10^3\,\text{kg/m}^3} = 22.2$

11 다음 압축성 흐름 중 정체온도가 변할 수 있는 것은?

① 등엔트로피 팽창과정인 경우
② 단면이 일정한 도관에서 단열마찰흐름인 경우
③ 단면이 일정한 도관에서 등온마찰흐름인 경우
④ 수직 충격파 전후 유동의 경우

정체온도(T_0)

$\frac{T_0}{T} = \left(1 + \frac{k-1}{2} M^2\right)$

밀폐탱크에서 노즐을 통해 기체를 분출 시 주위에 열, 일 등의 출입이 없으면 등엔트로피 흐름(단열변화)에서 T_0(정체온도)는 변화가 없으며 등온마찰흐름에서 변화가 있다.

$\frac{T_0}{T} = \left(\frac{\rho_0}{\rho}\right)^{k-1}$

정답 06.① 07.② 08.④ 09.① 10.① 11.③

12 기체 수송장치 중 일반적으로 상승압력이 가장 높은 것은?

① 팬
② 송풍기
③ 압축기
④ 진공펌프

① 팬(통풍기) : 토출압력 10kPa(1000mmH_2O) 미만
② 송풍기(블로어) : 토출압력 10kPa~0.1MPa (1000mmH_2O~1kg/cm^2) 미만
③ 압축기 : 토출압력 0.1MPa(1kg/cm^2) 이상

13 완전 난류구역에 있는 거친 관에서의 관마찰계수는?

① 레이놀즈수와 상대조도의 함수이다.
② 상대조도의 함수이다.
③ 레이놀즈수의 함수이다.
④ 레이놀즈수, 상대조도 모두와 무관하다.

f(관마찰계수)
(1) 일반적 함수관계
레이놀즈수와 상대조도의 함수
(2) 층류인 경우
층류에서는 R_e(레이놀즈수)의 함수이다.
단, 천이구역에서는 R_e(레이놀즈수)
$\frac{e}{d}$(상대조도)의 함수
(3) 난류
① 매끈한 관에서는 R_e(레이놀즈수)의 함수
② 거친 관에서는 $\frac{e}{d}$(상대조도)의 함수

14 Hagen-Poiseuille 식이 적용되는 관 내 층류 유동에서 최대속도 V_{max}=6cm/s일 때 평균속도 V_{avg}는 몇 cm/s인가?

① 2　② 3
③ 4　④ 5

해설

V_{max}(최대속도) $= 2V$(평균속도)

$V = \frac{V_{max}}{2} = \frac{6}{2} = 3\text{cm/s}$

15 전양정 30m, 송출량 7.5m^3/min, 펌프의 효율 0.8인 펌프의 수동력은 약 몇 kW인가? (단, 물의 밀도는 1000kg/m^{3}이다.)

① 29.4　② 36.8
③ 42.8　④ 46.8

해설

$$L_{kW} = \frac{\gamma \cdot Q \cdot H}{102} = \frac{1000 \times (7.5/60\text{sec}) \times 30}{102}$$
$$= 36.76\text{kW}$$

참고 • 수동력(L_{kW}) $= \frac{\gamma \cdot Q \cdot H}{102}$

• 축동력(L_{kW}) $= \frac{\gamma \cdot Q \cdot H}{102\eta}$

$$= \frac{1000 \times (7.5/60) \times 30}{102 \times 0.8}$$
$$= 45.96\text{kW}$$

16 운동부분과 고정부분이 밀착되어 있어서 배출공간에서부터 흡입공간으로의 역류가 최소화되며, 경질 윤활유와 같은 유체수송에 적합하고 배출압력을 200atm 이상 얻을 수 있는 펌프는?

① 왕복펌프　② 회전펌프
③ 원심펌프　④ 격막펌프

17 다음 중 30cmHg인 진공압력은 절대압력으로 몇 kgf/cm^{2}인가? (단, 대기압은 표준대기압이다.)

① 0.160　② 0.545
③ 0.625　④ 0.840

해설

절대압력 = 대기압력 − 진공압력
= 76cmHg − 30cmHg
= 46cmHg

$\therefore \frac{46}{76} \times 1.0332\text{kg/cm}^2 = 0.625\text{kgf/cm}^2$

18 수직 충격파가 발생할 때 나타나는 현상으로 옳은 것은? **[유체 20]**

① 마하수가 감소하고, 압력과 엔트로피도 감소한다.
② 마하수가 감소하고, 압력과 엔트로피는 증가한다.
③ 마하수가 증가하고, 압력과 엔트로피는 감소한다.
④ 마하수가 증가하고, 압력과 엔트로피도 증가한다.

정답 12.③ 13.② 14.② 15.② 16.② 17.③ 18.②

해설

충격파(수직 · 경사)의 영향(유체 핵심 20) 참조
- 밀도 · 비중량 · 압력 · 온도 · 엔트로피 증가
- 속도 · 마하수 감소
- 마찰열 발생

19 정적비열이 1000J/kg · K이고, 정압비열이 1200J/kg · K인 이상기체가 압력 200kPa에서 등엔트로피 과정으로 압력이 400kPa로 바뀐다면, 바뀐 후의 밀도는 원래 밀도의 몇 배가 되는가?

① 1.41 ② 1.64
③ 1.78 ④ 2

해설

$$\frac{T_2}{T_1}=\left(\frac{V_2}{V_1}\right)^{1-k}=\left(\frac{P_2}{P_1}\right)^{\frac{k-1}{k}}=\left(\frac{\rho_2}{\rho_1}\right)^{k-1}$$

$$k=\frac{C_P}{C_V}=\frac{1200}{1000}=1.2$$

$$\therefore\ \frac{\rho_2}{\rho_1}=\left(\frac{P_2}{P_1}\right)^{\left(\frac{k-1}{k}\times\frac{1}{k-1}\right)}$$

$$=\frac{\rho_2}{\rho_1}=\left(\frac{P_2}{P_1}\right)^{\frac{1}{k}}=\left(\frac{400}{200}\right)^{\frac{1}{1.2}}=1.78$$

20 다음 중 음속(Sonic Velocity) a의 정의는? (단, g : 중력가속도, ρ : 밀도, P : 압력, s : 엔트로피이다.)

① $a=\sqrt{\left(\frac{dP}{d\rho}\right)_s}$

② $a=\sqrt{\left(\frac{dP}{d\rho}\right)_s/\rho}$

③ $a=\sqrt{g\left(\frac{dP}{d\rho}\right)_s}$

④ $a=\sqrt{\left(\frac{dP}{d\rho}\right)_s/g}$

해설

음속(a)
액체 속의 음속(등온변화)

$$a=\sqrt{\frac{dP}{d\rho}}$$

$$=\sqrt{\frac{g\cdot dP}{d\gamma}}=\sqrt{\frac{g\cdot K}{\gamma}}$$

$$=\sqrt{\frac{K}{\rho}}=\sqrt{\frac{1}{\beta\cdot\rho}}$$

단, $K=\dfrac{dP}{\left(\dfrac{d\gamma}{\gamma}\right)}=\dfrac{\gamma\cdot dP}{d\gamma}$에서 $\dfrac{dP}{d\gamma}=\dfrac{K}{\gamma}$이므로

$K=P$이다.
(여기서, a : 음속, K : 체적탄성계수, β : 압축률)

제2과목 연소공학

21 체적이 2m³인 일정 용기 안에서 압력 200kPa, 온도 0℃의 공기가 들어 있다. 이 공기를 40℃까지 가열하는 데 필요한 열량은 약 몇 kJ인가? (단, 공기의 R은 287J/kg · K이고, C_v는 718J/kg · K이다.)

① 47 ② 147
③ 247 ④ 347

해설

처음의 질량값(G)

$$G=\frac{PV}{RT}$$

$$=\frac{200\times10^3\ \mathrm{N/m^2}\times 2\mathrm{m^3}}{287\times273}$$

$$=5.10\,\mathrm{kg}$$

$$\therefore\ Q=GC\Delta t$$

$$=5.10\times718\times(40-0)$$

$$=146622.25\,\mathrm{J}$$

$$=146.62\,\mathrm{kJ}\fallingdotseq 147\,\mathrm{kJ}$$

22 다음 중 이론 연소가스량을 올바르게 설명한 것은?

① 단위량의 연료를 포함한 이론 혼합기가 완전반응을 하였을 때 발생하는 산소량
② 단위량의 연료를 포함한 이론 혼합기가 불완전반응을 하였을 때 발생하는 산소량
③ 단위량의 연료를 포함한 이론 혼합기가 완전반응을 하였을 때 발생하는 연소가스량
④ 단위량의 연료를 포함한 이론 혼합기가 불완전반응을 하였을 때 발생하는 연소가스량

정답 19.③ 20.① 21.② 22.③

23 연소에 대한 설명 중 옳지 않은 것은?

① 연료가 한번 착화하면 고온으로 되어 빠른 속도로 연소한다.
② 환원반응이란 공기의 과잉상태에서 생기는 것으로 이때의 화염을 환원염이라 한다.
③ 고체, 액체 연료는 고온의 가스분위기 중에서 먼저 가스화가 일어난다.
④ 연소에 있어서는 산화반응뿐만 아니라 열분해반응도 일어난다.

환원염
공기의 부족상태에서 생기는 화염

24 공기 1kg이 100℃인 상태에서 일정 체적하에서 300℃의 상태로 변했을 때 엔트로피의 변화량은 약 몇 J/kg · K인가? (단, 공기의 C_P는 717J/kg · K이다.)

① 108 ② 208
③ 308 ④ 408

엔트로피 변화량

$$\Delta S = \frac{dQ}{T}$$

$$= GC_V \ln\frac{T_2}{T_1}$$

$$= 1 \times 717 \ln\left(\frac{273+300}{273+100}\right)$$

$$= 307.8 = 308 \text{J/kg} \cdot \text{K}$$

참고 등적변화(ΔS)

$$= GC_V \ln\frac{T_2}{T_1} = GC_V \ln\frac{P_2}{P_1}$$

25 혼합기체의 연소범위가 완전히 없어져 버리는 첨가기체의 농도를 피크농도라 하는데 이에 대한 설명으로 잘못된 것은?

① 질소(N_2)의 피크농도는 약 37vol%이다.
② 이산화탄소(CO_2)의 피크농도는 약 23vol%이다.
③ 피크농도는 비열이 작을수록 작아진다.
④ 피크농도는 열전달률이 클수록 작아진다.

피크농도는 비열과 무관하다.

26 연소기에서 발생할 수 있는 역화를 방지하는 방법에 대한 설명 중 옳지 않은 것은 어느 것인가? **[연소 22]**

① 연료 분출구를 적게 한다.
② 버너의 온도를 높게 유지한다.
③ 연료의 분출속도를 크게 한다.
④ 1차 공기를 착화범위보다 적게 한다.

연소의 이상현상(연소 핵심 22) 참조
버너의 온도를 높게 유지 시 역화 발생 우려 증가

27 다음 그림은 층류예혼합화염의 구조도이다. 온도곡선의 변곡점인 T_i를 무엇이라 하는가?

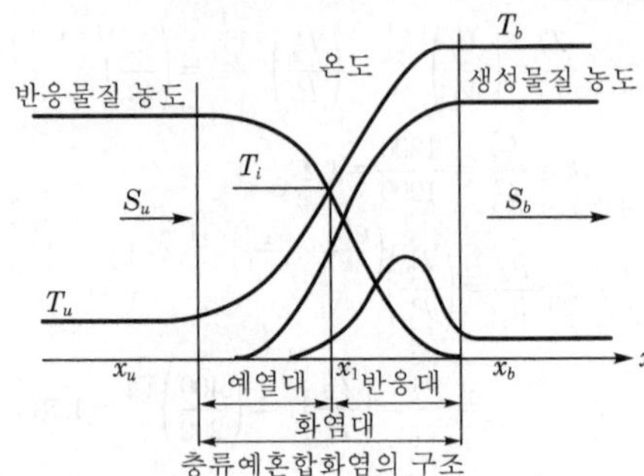

층류예혼합화염의 구조

① 착화온도
② 반전온도
③ 화염평균온도
④ 예혼합화염온도

28 반응기 속에 1kg의 기체가 있고 기체를 반응기 속에 압축시키는 데 1500kgf · m의 일을 하였다. 이때 5kcal의 열량이 용기 밖으로 방출했다면 기체 1kg당 내부에너지 변화량은 약 몇 kcal인가?

① 1.3
② 1.5
③ 1.7
④ 1.9

$$\Delta u = I - APV$$

$$= 5\text{kcal} - 1 \times 1500\text{kg} \cdot \text{m} \times \frac{1}{427}\text{kcal/kg} \cdot \text{m}$$

$$= 1.487 \fallingdotseq 1.5\text{kcal}$$

정답 23.② 24.③ 25.③ 26.② 27.① 28.②

29 다음 중 Flash fire에 대한 설명으로 옳은 것은? **[연소 9]**

① 느린 폭연으로 중대한 과압이 발생하지 않는 가스운에서 발생한다.
② 고압의 증기압 물질을 가진 용기가 고장으로 인해 액체의 flashing에 의해 발생된다.
③ 누출된 물질이 연료라면 BLEVE는 매우 큰 화구가 뒤따른다.
④ Flash fire는 공정지역 또는 offshore 모듈에서는 발생할 수 없다.

폭발과 화재(연소 핵심 9) 참조
(2) 화재 부분

30 다음 중 중유의 경우 저발열량과 고발열량의 차이는 중유 1kg당 얼마가 되는가? (단, h : 중유 1kg당 함유된 수소의 중량(kg), W : 중유 1kg당 함유된 수분의 중량(kg)이다.) **[연소 11]**

① $600(9h+W)$
② $600(9W+h)$
③ $539(9h+W)$
④ $539(9W+h)$

고위, 저위 발열량의 관계(연소 핵심 11) 참조
$H_h = H_l + 600(9H+W)$

31 효율이 가장 좋은 이상 사이클로서 다른 기관의 효율을 비교하는 데 표준이 되는 사이클은?

① 재열사이클
② 재생사이클
③ 냉동사이클
④ 카르노사이클

① 재열사이클 : 터빈 출구의 건도가 1보다 작아 생기는 습도로 인한 터빈날개의 부식 방지 및 기계적 마모를 방지하기 위하여 고안한 열효율을 향상시킨 사이클(등압가열－가역단열팽창－등압가열－가역단열팽창－등압방열－가역단열압축)이다.
② 재생사이클 : 공급 열량을 적게 하여 열효율을 증대시키고자 한 사이클로서 효율 증가에 따른 에너지 절약효과가 있다.
③ 냉동사이클(역카르노사이클) : 단열팽창－등온팽창－단열압축－등온압축의 순환과정으로 이루어진 사이클이다.
④ 카르노사이클 : 타 기관의 효율을 비교하는 데 기준이 되며 효율이 가장 좋은 이상 사이클로서 등온팽창－단열팽창－등온압축－단열압축의 순환과정으로 이루어진다.

32 다음 가스 중 연소의 상한과 하한의 범위가 가장 넓은 것은? **[안전 106]**

① 산화에틸렌 ② 수소
③ 일산화탄소 ④ 암모니아

중요가스 폭발범위(안전 핵심 106) 참조
① 3~80%
② 4~75%
③ 12.5~74%
④ 15~38%

33 층류예혼합화염과 비교한 난류예혼합화염의 특징에 대한 설명으로 옳은 것은? **[연소 36]**

① 화염의 두께가 얇다.
② 화염의 밝기가 어둡다.
③ 연소속도가 현저하게 늦다.
④ 화염의 배후에 다량의 미연소분이 존재한다.

난류예혼합화염과 층류예혼합화염의 비교(연소 핵심 36) 참조

34 프로판(C_3H_8)의 연소반응식은 다음과 같다. 프로판(C_3H_8)의 화학양론계수는?

$$C_3H_8 + 5O_2 \rightarrow 3CO_2 + 4H_2O$$

① 1 ② 1/5
③ 6/7 ④ －1

$C_3H_8 + 5O_2 \rightarrow 3CO_2 + 4H_2O$
화학양론계수＝반응몰－생성몰
＝(1＋5)－(3＋4)
＝－1

정답 29.① 30.① 31.④ 32.① 33.④ 34.④

35 100kPa, 20℃ 상태인 배기가스 $0.3m^3$를 분석한 결과 N_2 70%, CO_2 15%, O_2 11%, CO 4%의 체적률을 얻었다. 이 혼합가스를 150℃인 상태로 정적가열할 때 필요한 열전달량은 약 몇 kJ인가? (단, N_2, CO_2, O_2, CO의 정적비열[kJ/kg · K]은 각각 0.7448, 0.6529, 0.6618, 0.7445이다.)

① 35　② 39
③ 41　④ 43

해설

(1) 정적가열 시 열전달량 $Q = GC_V(T_2 - T_1)$에서

① 혼합기체 정적비열

$$C_V = 0.7 \times 0.7448 + 0.15 \times 0.6529 + 0.11 \times 0.6618 + 0.04 \times 0.7445 = 0.7219\,\text{kJ/kg} \cdot \text{K} \fallingdotseq 0.722\,\text{kJ/kg}$$

② 혼합기체 상수

$$R = 0.7 \times \frac{8.314}{28} + 0.15 \times \frac{8.314}{44} + 0.11 \times \frac{8.314}{32} + 0.04 \times \frac{8.314}{28} = 0.276\,\text{kJ/kg} \cdot \text{K}$$

③ 혼합기체 질량

$$G = \frac{PV}{RT} = \frac{100 \times 0.3}{0.276 \times 293} = 0.37\,\text{kg}$$

(2) $Q = 0.37 \times 0.722 \times (150 - 20) = 34.72 = 35\,\text{kJ}$

36 연소온도를 높이는 방법이 아닌 것은?

① 발열량이 높은 연료 사용
② 완전연소
③ 연소속도를 천천히 할 것
④ 연료 또는 공기를 예열

37 미분탄연소의 특징에 대한 설명으로 틀린 것은? **[연소 2]**

① 가스화속도가 빠르고 연소실의 공간을 유효하게 이용할 수 있다.
② 화격자연소보다 낮은 공기비로써 높은 연소효율을 얻을 수 있다.
③ 명료한 화염이 형성되지 않고 화염이 연소실 전체에 퍼진다.
④ 연료 완료시간은 표면연소속도에 의해 결정된다.

해설

연소의 종류(연소 핵심 2) 참조
(1) 고체물질의 연소

38 탄갱(炭坑)에서 주로 발생하는 폭발사고의 형태는?

① 분진폭발
② 증기폭발
③ 분해폭발
④ 혼합위험에 의한 폭발

39 기체연료의 연소 특성에 대해 바르게 설명한 것은? **[연소 2]**

① 예혼합연소는 미리 공기와 연료가 충분히 혼합된 상태에서 연소하므로 별도의 확산과정이 필요하지 않다.
② 확산연소는 예혼합연소에 비해 조작이 상대적으로 어렵다.
③ 확산연소의 역화 위험성은 예혼합연소보다 크다.
④ 가연성 기체와 산화제의 확산에 의해 화염을 유지하는 것을 예혼합연소라 한다.

해설

연소의 종류(연소 핵심 2) 참조
(3) 기체물질의 연소

40 프로판과 부탄의 체적비가 40 : 60인 혼합가스 $10m^3$를 완전연소하는 데 필요한 이론공기량은 약 몇 m^3인가? (단, 공기의 체적비는 산소 : 질소=21 : 79이다.)

① 96
② 181
③ 206
④ 281

$C_3H_8 + 5O_2 \rightarrow 3CO_2 + 4H_2O$
$C_4H_{10} + 6.5O_2 \rightarrow 4CO_2 + 5H_2O$
$10m^3$(C_3H_8 $4m^3$, C_4H_{10} $6m^3$)

$$\therefore (4 \times 5 + 6 \times 6.5) \times \frac{1}{0.21} = 280.95 \fallingdotseq 281$$

정답 35.① 36.③ 37.① 38.① 39.① 40.④

제3과목 가스설비

41 이상적인 냉동사이클의 기본 사이클은?

① 카르노사이클
② 랭킨사이클
③ 역카르노사이클
④ 브레이튼사이클

이상적인 냉동사이클의 기본 사이클
역카르노사이클(단열팽창 − 등온팽창 − 단열압축 − 등온압축)

42 고압가스 시설에서 전기방식 시설의 유지관리를 위하여 T/B를 반드시 설치해야 하는 곳이 아닌 것은? [안전 65]

① 강재보호관 부분의 배관과 강재보호관
② 배관과 철근콘크리트 구조물 사이
③ 다른 금속구조물과 근접교차 부분
④ 직류전철 횡단부 주위

전기방식(안전 핵심 65) 참조
전위 측정용 터미널 설치장소

43 LP가스 탱크로리에서 하역작업 종료 후 처리할 작업순서로 가장 옳은 것은?

ⓐ 호스를 제거한다.
ⓑ 밸브에 캡을 부착한다.
ⓒ 어스선(접지선)을 제거한다.
ⓓ 차량 및 설비의 각 밸브를 잠근다.

① ⓓ → ⓐ → ⓑ → ⓒ
② ⓓ → ⓐ → ⓒ → ⓑ
③ ⓐ → ⓑ → ⓒ → ⓓ
④ ⓒ → ⓐ → ⓑ → ⓓ

44 다음 중 불꽃의 주위, 특히 불꽃의 기저부에 대한 공기의 움직임이 세지면 불꽃이 노즐에 정착하지 않고 떨어지게 되어 꺼지는 현상은? [연소 22]

① 블로오프(blow − off)
② 백 − 파이어(back − fire)
③ 리프트(lift)
④ 불완전연소

연소 이상현상(연소 핵심 22) 참조

45 벽에 설치하여 가스를 사용할 때에만 퀵커플러로 연결하여 난로와 같은 이동식 연소기에 사용할 수 있는 구조로 되어 있는 콕은 어느 것인가? [안전 97]

① 호스콕
② 상자콕
③ 퓨즈콕
④ 노즐콕

가스용 콕 제조시설 검사기준(안전 핵심 97) 참조

46 회전펌프의 특징에 대한 설명으로 옳지 않은 것은? [설비 64]

① 회전운동을 하는 회전체와 케이싱으로 구성된다.
② 점성이 큰 액체의 이송에 적합하다.
③ 토출액의 맥동이 다른 펌프보다 크다.
④ 고압유체펌프로 널리 사용된다.

회전펌프의 특징(설비 핵심 64) 참조

47 다음 중 수소취성에 대한 설명으로 가장 옳은 것은?

① 탄소강은 수소취성을 일으키지 않는다.
② 수소는 환원성 가스로 상온에서도 부식을 일으킨다.
③ 수소는 고온, 고압하에서 철과 화합하며 이것이 수소취성의 원인이 된다.
④ 수소는 고온, 고압에서 강 중의 탄소와 화합하여 메탄을 생성하여 이것이 수소취성의 원인이 된다.

수소취성
$Fe_3C + 2H_2 \rightarrow CH_4 + 3Fe$
㉠ 강제 중의 탄소와 반응하여 메탄을 생성
㉡ 강이 유리되는 반응

정답 41.③ 42.② 43.① 44.① 45.② 46.③ 47.④

48 도시가스 지하매설에 사용되는 배관으로 가장 적합한 것은?

① 폴리에틸렌 피복강관
② 압력배관용 탄소강관
③ 연료가스배관용 탄소강관
④ 배관용 아크용접 탄소강관

지하매설용 배관의 종류
㉠ 가스용 폴리에틸렌관
㉡ 폴리에틸렌 피복강관
㉢ 분말 용착식 폴리에틸렌 피복강관

49 다음 초저온액화가스 중 액체 1L가 기화되었을 때 부피가 가장 큰 가스는?

① 산소
② 질소
③ 헬륨
④ 이산화탄소

액비중
① O_2(1.14)
② N_2(0.81)
③ He(0.15)
④ CO_2(1.11)
액비중이 가장 큰 O_2 1L 기화 시 부피가 가장 크다.
1.14kg/L이므로 1L=1.14kg
1.14×10^3g : x(L)
32g : 22.4L
$\therefore x=\dfrac{1.14\times10^3\times22.4}{32}=298\text{L}$

50 펌프 임펠러의 형상을 나타내는 척도인 비속도(비교회전도)의 단위는?

① rpm · m^3/min · m
② rpm · m^3/min
③ rpm · kgf/min · m
④ rpm · kgf/min

비교회전도(N_S)

$$N_S=\frac{N\sqrt{Q}}{\left(\frac{H}{m}\right)^{\frac{3}{4}}}$$

여기서, N : rpm, Q : m^3/min, H : m이므로
(rpm · m^3/min · m)

51 입구에 사용 측과 예비 측의 용기가 각각 접속되어 있어 사용 측의 압력이 낮아지는 경우 예비 측의 용기로부터 가스가 공급되는 조정기는?

① 자동교체식 조정기
② 1단식 감압식 조정기
③ 1단식 감압용 저압조정기
④ 1단식 감압용 준저압조정기

52 단열을 한 배관 중에 작은 구멍을 내고 이 관에 압력이 있는 유체를 흐르게 하면 유체가 작은 구멍을 통할 때 유체의 압력이 하강함과 동시에 온도가 변화하는 현상을 무엇이라고 하는가?

① 토리첼리 효과
② 줄-톰슨 효과
③ 베르누이 효과
④ 도플러 효과

줄-톰슨효과
압축가스를 단열팽창 시키면 온도와 압력이 강하하는 현상

53 진한 황산은 어느 가스압축기의 윤활유로 사용되는가? **[설비 32]**

① 산소
② 아세틸렌
③ 염소
④ 수소

압축기에 사용되는 윤활유(설비 핵심 32) 참조

54 부탄가스 30kg을 충전하기 위해 필요한 용기의 최소 부피는 약 몇 L인가? (단, 충전상수는 2.05이고, 액비중은 0.5이다.)

① 60 ② 61.5
③ 120 ④ 123

$G=\dfrac{V}{C}$
$\therefore V=G\times C=30\times2.05=61.5\text{L}$

정답 48.① 49.① 50.① 51.① 52.② 53.③ 54.②

55 5L들이 용기에 9기압의 기체가 들어있고, 또 다른 10L들이 용기에 6기압의 같은 기체가 들어있다. 이 용기를 연결하여 양쪽의 기체가 서로 섞여 평형에 도달하였을 때 기체의 압력은 약 몇 기압이 되는가?

① 6.5기압 ② 7.0기압
③ 7.5기압 ④ 8.0기압

$$P=\frac{P_1V_1+P_2V_2}{V}$$
$$=\frac{9\times5+6\times10}{5+10}=7\text{atm}$$

56 일반 도시가스 공급시설의 최고사용압력이 고압, 중압인 가스홀더에 대한 안전조치 사항이 아닌 것은?

① 가스방출장치를 설치한다.
② 맨홀이나 검사구를 설치한다.
③ 응축액을 외부로 뽑을 수 있는 장치를 설치한다.
④ 관의 입구와 출구에는 온도나 압력의 변화에 따른 신축을 흡수하는 조치를 한다.

일반 도시가스 공급시설의 최고사용압력이 고압 또는 중압의 가스홀더는 다음의 각호에 적합한 것이어야 한다.
㉠ 관의 입구 및 출구에는 온도 또는 압력의 변화에 의한 신축을 흡수하는 조치를 할 것
㉡ 응축액을 외부로 뽑을 수 있는 장치를 설치할 것
㉢ 응축액의 동결을 방지하는 조치를 할 것
㉣ 맨홀 또는 검사구를 설치할 것
㉤ 고압가스안전관리법의 규정에 의한 검사를 받은 것일 것
㉥ 저장능력이 300m^3 이상의 가스홀더와 다른 가스홀더 사이에는 두 가스홀더의 최대지름을 합산한 길이의 $\frac{1}{4}$ 이상에 해당하는 거리를 유지(단, 두 가스홀더의 최대지름을 합산한 길이의 $\frac{1}{4}$이 1m 미만인 경우에는 1m 이상)할 것

57 용기 밸브의 구성이 아닌 것은?

① 스템 ② O링
③ 퓨즈 ④ 밸브시트

58 "응력(stress)과 스트레인(strain)은 변형이 적은 범위에서는 비례관계에 있다"는 법칙은?

① Euler의 법칙 ② Wein의 법칙
③ Hooke의 법칙 ④ Trouton의 법칙

59 액셜 플로(Axial Flow)식 정압기의 특징에 대한 설명으로 틀린 것은? [설비 6]

① 변칙 unloading형이다.
② 정특성, 동특성 모두 좋다.
③ 저차압이 될수록 특성이 좋다.
④ 아주 간단한 작동방식을 가지고 있다.

정압기의 2차 압력 상승 및 저하 원인, 정압기 특성(설비 핵심 6) 참조

60 압력조정기의 구성부품이 아닌 것은?

① 다이어프램 ② 스프링
③ 밸브 ④ 피스톤

제4과목 가스안전관리

61 고압가스안전관리법의 적용을 받는 고압가스의 종류 및 범위에 대한 내용 중 옳은 것은? (단, 압력은 게이지압력이다.) [안전 157]

① 상용의 온도에서 압력이 1MPa 이상이 되는 압축가스로서 실제로 그 압력이 1MPa 이상이 되는 것 또는 섭씨 25도의 온도에서 압력이 1MPa 이상이 되는 압축가스
② 섭씨 35도의 온도에서 압력이 1Pa을 초과하는 아세틸렌가스
③ 상용의 온도에서 압력이 0.1MPa 이상이 되는 액화가스로서 실제로 그 압력이 0.1MPa 이상이 되는 것 또는 압력이 0.1MPa이 되는 액화가스
④ 섭씨 35도의 온도에서 압력이 0Pa을 초과하는 액화시안화수소

적용 고압가스 · 적용되지 않는 고압가스의 종류와 범위(안전 핵심 157) 참조

정답 55.② 56.① 57.③ 58.③ 59.③ 60.④ 61.④

62 다음 중 도시가스 사용시설에 사용하는 배관 재료 선정기준에 대한 설명으로 틀린 것은 어느 것인가? **[설비 65]**

① 배관의 재료는 배관 내의 가스흐름이 원활한 것으로 한다.
② 배관의 재료는 내부의 가스압력과 외부로부터의 하중 및 충격하중 등에 견디는 강도를 갖는 것으로 한다.
③ 배관의 재료는 배관의 접합이 용이하고 가스의 누출을 방지할 수 있는 것으로 한다.
④ 배관의 재료는 절단, 가공을 어렵게 하여 임의로 고칠 수 없도록 한다.

배관 재료의 구비조건(설비 핵심 65) 참조
④ 절단가공이 용이할 것

63 LPG 저장설비를 설치 시 실시하는 지반조사에 대한 설명으로 틀린 것은?

① 1차 지반조사 방법은 이너팅을 실시하는 것을 원칙으로 한다.
② 표준관입시험은 N값을 구하는 방법이다.
③ 베인(Vane)시험은 최대 토크 또는 모멘트를 구하는 방법이다.
④ 평판재하시험은 항복하중 및 극한하중을 구하는 방법이다.

1차 지반조사 방법은 보링을 실시하는 것을 원칙으로 한다.

참고 • 지반조사 위치 : 저장설비, 가스설비 외면 10m 이내인 곳 2곳 이상 실시
• 파일재하시험 : 수직으로 박은 파일에 수직정하중을 걸어 그때의 하중과 침하량을 측정하는 방법으로 시험하여 항복하중 및 극한하중을 구한다.

64 정전기를 억제하기 위한 방법이 아닌 것은?

① 습도를 높여준다.
② 접지(Grounding)한다.
③ 접촉 전위차가 큰 재료를 선택한다.
④ 정전기의 중화 및 전기가 잘 통하는 물질을 사용한다.

65 품질유지 대상인 고압가스의 종류에 해당하지 않는 것은? **[안전 176]**

① 이소부탄
② 암모니아
③ 프로판
④ 연료전지용으로 사용되는 수소가스

품질유지 대상 고압가스의 종류(안전 핵심 176) 참조

66 다음 가스가 공기 중에 누출되고 있다고 할 경우 가장 빨리 폭발할 수 있는 가스는? (단, 점화원 및 주위환경 등 모든 조건은 동일하다고 가정한다.)

① CH_4 ② C_3H_8
③ C_4H_{10} ④ H_2

① CH_4(5~15%)
② C_3H_8(2.1~9.5%)
③ C_4H_{10}(1.8~8.4%)
④ H_2(4~75%)
폭발하한이 가장 낮은 C_4H_{10}이 가장 빨리 폭발할 수 있다.

67 안전관리상 동일 차량으로 적재 운반할 수 없는 것은? **[안전 34]**

① 질소와 수소
② 산소와 암모니아
③ 염소와 아세틸렌
④ LPG와 염소

고압가스용기에 의한 운반기준(안전 핵심 34) 참조

68 가연성 가스설비의 재치환작업 시 공기로 재치환한 결과를 산소측정기로 측정하여 산소의 농도가 몇 %가 확인될 때까지 공기로 반복하여 치환하여야 하는가?

① 18~22%
② 20~28%
③ 22~35%
④ 23~42%

정답 62.④ 63.① 64.③ 65.② 66.③ 67.③ 68.①

69 다음 중 액화석유가스 저장시설에서 긴급차단장치의 차단조작기구는 해당 저장탱크로부터 몇 m 이상 떨어진 곳에 설치하여야 하는가? [안전 110]

① 2m ② 3m
③ 5m ④ 8m

해설

긴급차단장치(안전 핵심 110) 참조

70 저장탱크에 의한 액화석유가스(LPG)저장소의 저장설비는 그 외면으로부터 화기를 취급하는 장소까지 몇 m 이상의 우회거리를 두어야 하는가? [안전 102]

① 2m
② 5m
③ 8m
④ 10m

해설

고압가스 저장(가연성 유동 방지시설)(안전 핵심 102) 참조

71 지하에 설치하는 액화석유가스 저장탱크의 재료인 레디믹스트콘크리트의 규격으로 틀린 것은? [안전 177]

① 굵은 골재의 최대치수 : 25mm
② 설계강도 : 21MPa 이상
③ 슬럼프(slump) : 120~150mm
④ 물-결합재비 : 83% 이하

해설

저장탱크 지하 설치 시 저장탱크실의 재료 규격(안전 핵심 177) 참조

72 수소의 일반적 성질에 대한 설명으로 틀린 것은?

① 열에 대하여 안정하다.
② 가스 중 비중이 가장 작다.
③ 무색, 무미, 무취의 기체이다.
④ 가벼워서 기체 중 확산속도가 가장 느리다.

가벼운 가스는 확산속도가 가장 빠르다.

73 고압가스 특정제조시설에서 분출원인이 화재인 경우 안전밸브의 축적압력은 안전밸브의 수량과 관계없이 최고허용압력의 몇 % 이하로 하여야 하는가? [안전 79]

① 105% ② 110%
③ 116% ④ 121%

과압안전장치(안정 핵심 79) 참조
(6) 과압안전장치(안전밸브, 파열판, 릴리프밸브)의 축정압력(KGS FP111 2.6.1.5)

설치 개수 / 분출 원인	안전밸브 1개 설치	안전밸브 2개 설치
화재가 아닌 경우	최고허용압력의 110% 이하	최고허용압력의 116% 이하
화재인 경우	최고허용압력의 121% 이하	

74 다음 중 고압가스를 차량에 적재하여 운반하는 때에 운반책임자를 동승시키지 않아도 되는 것은? [안전 5]

① 수소 $400m^3$
② 산소 $400m^3$
③ 액화석유가스 3500kg
④ 암모니아 3500kg

해설

운반책임자 동승기준(안전 핵심 5) 참조
② 산소 $600m^3$ 이상 운반책임자 동승

75 니켈(Ni) 금속을 포함하고 있는 촉매를 사용하는 공정에서 주로 발생할 수 있는 맹독성 가스는?

① 산화니켈(NiO)
② 니켈카르보닐[$Ni(CO)_4$]
③ 니켈클로라이드($NiCl_2$)
④ 니켈염(Nickel salt)

해설

고온고압에서 CO를 사용 시
$Ni+4CO \rightarrow Ni(CO)_4$ (니켈카르보닐)
$Fe+5CO \rightarrow Fe(CO)_5$ (철카르보닐)
을 생성한다.

정답 69.③ 70.③ 71.④ 72.④ 73.④ 74.② 75.②

76 특정설비인 고압가스용 기화장치 제조시설에서 반드시 갖추지 않아도 되는 제조설비는 어느 것인가?

① 성형설비 ② 단조설비
③ 용접설비 ④ 제관설비

고압가스용 기화장치 제조시설에 갖추어야 하는 설비
성형설비, 용접설비, 세척설비, 제관설비, 전처리설비 및 부식도장설비, 유량계

참고 기화기 제조 시 검사설비
- 초음파 두께측정기, 두께측정기, 나사, 게이지, 버니어 캘리퍼스
- 내압 · 기밀 시험설비
- 표준 압력계 · 온도계

77 고압가스 충전용기를 운반할 때의 기준으로 틀린 것은? **[안전 34]**

① 충전용기와 등유는 동일 차량에 적재하여 운반하지 않는다.
② 충전량이 30kg 이하이고, 용기 수가 2개를 초과하지 않는 경우에는 오토바이에 적재하여 운반할 수 있다.
③ 충전용기 운반차량은 "위험고압가스"라는 경계표시를 하여야 한다.
④ 충전용기 운반차량에는 운반기준 위반행위를 신고할 수 있도록 안내문을 부착하여야 한다.

고압가스 용기에 의한 운반 기준(안전 핵심 34) 참조
② 충전량 20kg 이하 2개를 초과하지 않는 독성가스가 아닌 용기의 경우 오토바이에 적재하여 운반할 수 있다.

78 내용적이 3000L인 용기에 액화암모니아를 저장하려고 한다. 용기의 저장능력은 약 몇 kg인가? (단, 액화암모니아 정수는 1.86이다.)

① 1613
② 2324
③ 2796
④ 5580

$$G=\frac{V}{C}=\frac{3000}{1.86}=1612.9=1613\text{kg}$$

79 산화에틸렌의 저장탱크에는 45℃에서 그 내부가스의 압력이 몇 MPa 이상이 되도록 질소가스를 충전하여야 하는가?

① 0.1 ② 0.3
③ 0.4 ④ 1

80 고압가스 특정제조시설에서 하천 또는 수로를 횡단하여 배관을 매설할 경우 2중관으로 하여야 하는 가스는? **[안전 113]**

① 염소
② 암모니아
③ 염화메탄
④ 산화에틸렌

독성가스 배관 중 이중관의 설치 규정(안전 핵심 113) 참조

제5과목 가스계측

81 접촉식 온도계에 대한 설명으로 틀린 것은?

① 열전대 온도계는 열전대로서 서미스터를 사용하여 온도를 측정한다.
② 저항 온도계의 경우 측정회로로서 일반적으로 휘트스톤브리지가 채택되고 있다.
③ 압력식 온도계는 감온부, 도압부, 감압부로 구성되어 있다.
④ 봉상 온도계에서 측정오차를 최소화하려면 가급적 온도계 전체를 측정하는 물체에 접촉시키는 것이 좋다.

열전대 온도계의 열전대 종류
PR, CA, IC, CC

82 계량계측기기는 정확, 정밀하여야 한다. 이를 확보하기 위한 제도 중 계량법상 강제 규정이 아닌 것은?

① 검정
② 정기검사
③ 수시검사
④ 비교검사

정답 76.② 77.② 78.① 79.③ 80.① 81.① 82.④

83 다음 중 탄화수소에 대한 감도는 좋으나 H_2O, CO_2에 대하여는 감응하지 않는 검출기는? **[계측 13]**

① 불꽃이온화검출기(FID)
② 열전도도검출기(TCD)
③ 전자포획검출기(ECD)
④ 불꽃광도법검출기(FPD)

G/C 검출기 종류, 특징(계측 핵심 13) 참조

84 가스 성분에 대하여 일반적으로 적용하는 화학분석법이 옳게 짝지어진 것은?

① 황화수소 – 요오드적정법
② 수분 – 중화적정법
③ 암모니아 – 기체 크로마토그래피법
④ 나프탈렌 – 흡수평량법

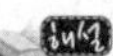

가스 성분	분석방법
황화수소	흡광광도법(메틸렌블루법), 용량법, 요오드적정법
암모니아	인도페놀법, 중화적정법
수분	노점법
나프탈렌	기기분석법

85 다음 계측기기와 관련된 내용을 짝지은 것 중 틀린 것은?

① 열전대 온도계 – 제백효과
② 모발 습도계 – 히스테리시스
③ 차압식 유량계 – 베르누이식의 적용
④ 초음파 유량계 – 램버트 비어의 법칙

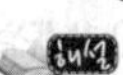

흡광광도법(램버트 – 비어 법칙)

$E = \varepsilon Cl$

여기서, E : 흡광도
ε : 흡광계수
C : 농도
l : 빛이 통하는 액층 길이

86 시험용 미터인 루트가스미터로 측정한 유량이 $5m^3/h$이다. 기준용 가스미터로 측정한 유량이 $4.75m^3/h$이라면 이 가스미터의 기차는 약 몇 %인가? **[계측 18]**

① 2.5% ② 3%
③ 5% ④ 10%

가스미터의 기차(계측 핵심 18) 참조

$$기차 = \frac{시험미터의\ 지시량 - 기준미터의\ 지시량}{시험미터의\ 지시량}$$

$$= \frac{5 - 4.75}{5} \times 100$$

$$= 5\%$$

87 계측기의 선정 시 고려사항으로 가장 거리가 먼 것은?

① 정확도와 정밀도
② 감도
③ 견고성 및 내구성
④ 지시방식

88 적외선 가스분석기에서 분석 가능한 기체는?

① Cl_2 ② SO_2
③ N_2 ④ O_2

해설

적외선 가스분석기

대칭 이원자분자(O_2, N_2, Cl_2) 및 단원자분자(He, Ne, Hr)는 분석 불가능

89 다음 중 게겔(Gockel)법에 의한 저급탄화수소 분석 시 분석가스와 흡수액이 옳게 짝지어진 것은? **[계측 1]**

① 프로필렌 – 황산
② 에틸렌 – 옥소수은칼륨 용액
③ 아세틸렌 – 알칼리성 피로갈롤 용액
④ 이산화탄소 – 암모니아성 염화제1구리 용액

해설

흡수 분석법(계측 핵심 1) 참조

② C_2H_4(에틸렌) : 취수소
③ C_2H_2(아세틸렌) : 옥소수은칼륨 용액
④ CO_2(이산화탄소) : 33% KOH

90 액화산소 등을 저장하는 초저온저장탱크의 액면 측정용으로 가장 적합한 액면계는?

① 직관식 ② 부자식
③ 차압식 ④ 기포식

정답 83.① 84.① 85.④ 86.③ 87.④ 88.② 89.① 90.③

91 막식 가스미터의 부동현상에 대한 설명으로 가장 옳은 것은? **[계측 5]**

① 가스가 누출되고 있는 고장이다.
② 가스가 미터를 통과하지 못하는 고장이다.
③ 가스가 미터를 통과하지만 지침이 움직이지 않는 고장이다.
④ 가스가 통과될 때 미터가 이상음을 내는 고장이다.

가스미터의 고장(계측 핵심 5) 참조

92 건조공기 120kg에 6kg의 수증기를 포함한 습공기가 있다. 온도가 49℃이고, 전체 압력이 750mmHg일 때의 비교습도는 약 얼마인가? (단, 49℃에서의 포화수증기압은 89mmHg이고, 공기의 분자량은 29로 한다.)

① 30%　② 40%
③ 50%　④ 60%

$$x(\text{절대습도}) = \frac{6}{120} = 0.05$$

$$\phi(\text{상대습도}) = \frac{x \times P}{P_S(0.622 + x)} = \frac{0.05 \times 750}{89 \times (0.622 + 0.05)} = 0.627$$

여기서, P : 전체 압력 750mmHg
P_S : 포화습공기의 수증기 분압 89mmHg

$$\therefore \text{포화도(비교습도)} = \phi \times \frac{P - P_S}{P - \phi P_S} = 0.627 \times \frac{750 - 89}{750 - 0.627 \times 89} = 0.597 = 0.6 ≒ 60\%$$

93 두 금속의 열팽창계수의 차이를 이용한 온도계는?

① 서미스터 온도계
② 베크만 온도계
③ 바이메탈 온도계
④ 광고 온도계

바이메탈 온도계
두 금속의 열팽창계수의 차이

94 소형 가스미터의 경우 가스사용량이 가스미터 용량의 몇 % 정도가 되도록 선정하는 것이 가장 바람직한가?

① 40%　② 60%
③ 80%　④ 100%

95 액주식 압력계에 해당하는 것은?

① 벨로즈 압력계
② 분동식 압력계
③ 침종식 압력계
④ 링밸런스식 압력계

액주식 압력계
U자관, 경사관식, 링밸런스식

96 기체 크로마토그래피를 통하여 가장 먼저 피크가 나타나는 물질은?

① 메탄　② 에탄
③ 이소부탄　④ 노르말부탄

97 기체 크로마토그래피에 의해 가스의 조성을 알고 있을 때에는 계산에 의해서 그 비중을 알 수 있다. 이때 비중 계산과의 관계가 가장 먼 인자는?

① 성분의 함량비
② 분자량
③ 수분
④ 증발온도

98 도시가스사용시설에서 최고사용압력이 0.1MPa 미만인 도시가스공급관을 설치하고 내용적을 계산하였더니 8m³이었다. 전기식 다이어프램형 압력계로 기밀시험을 할 경우 최소유지시간은 얼마인가? **[안전 68]**

① 4분　② 10분
③ 24분　④ 40분

가스배관(안전 핵심 68) 참조
압력 측정기구별 기밀시험 유지시간
전기식 다이어프램 압력계 1m³ 이상 10m³ 미만 : 40분

정답 91.③ 92.④ 93.③ 94.② 95.④ 96.① 97.④ 98.④

99 가스공급용 저장탱크의 가스저장량을 일정하게 유지하기 위하여 탱크 내부의 압력을 측정하고 측정된 압력과 설정압력(목표압력)을 비교하여 탱크에 유입되는 가스의 양을 조절하는 자동제어계가 있다. 탱크 내부의 압력을 측정하는 동작은 다음 중 어디에 해당하는가?

① 비교 ② 판단
③ 조작 ④ 검출

100 열전대 온도계의 특징에 대한 설명으로 틀린 것은?

① 원격측정이 가능하다.
② 고온의 측정에 적합하다.
③ 보상도선에 의한 오차가 발생할 수 있다.
④ 장기간 사용하여도 재질이 변하지 않는다.

정답 99.④ 100.④

국가기술자격 시험문제

2020년 기사 제4회 필기시험(1부) (2020년 9월 26일 시행)

자격종목	시험시간	문제수	문제형별
가스기사	2시간30분	100	A

수험번호		성 명	

제1과목 가스유체역학

01 레이놀즈수가 10^6이고 상대조도가 0.005인 원관의 마찰계수 f는 0.03이다. 이 원관에 부차손실계수가 6.6인 글로브 밸브를 설치하였을 때, 이 밸브의 등가길이(또는 상당길이)는 관 지름의 몇 배인가?

① 25 ② 55
③ 220 ④ 440

$h_L = f \cdot \frac{L_e}{D}\frac{V^2}{2g} = K \cdot \frac{V^2}{2g}$ 에서

등가길이 $L_e = \frac{K \cdot D}{f}$ 이므로

$= \frac{6.6 \times D}{0.03} = 220\,D = 220$배

02 압축성 유체의 기계적 에너지수지식에서 고려하지 않는 것은?

① 내부에너지 ② 위치에너지
③ 엔트로피 ④ 엔탈피

03 압축성 이상기체(compressible ideal gas)의 운동을 지배하는 기본 방정식이 아닌 것은?

① 에너지방정식
② 연속방정식
③ 차원방정식
④ 운동량방정식

해설

압축성 이상유체의 운동을 지배하는 기본방정식의 종류
에너지방정식, 연속방정식, 운동량방정식, 상태방정식

04 LPG 이송 시 탱크로리 상부를 가압하여 액을 저장탱크로 이송시킬 때 사용되는 동력장치는 무엇인가?

① 원심펌프
② 압축기
③ 기어펌프
④ 송풍기

해설

LP가스 이송법 중 상부에 기체압으로 가압하여 탱크로리에서 저장탱크로 가스를 이송하는 방법은 압축기에 의한 이송이다.

05 마하수는 어느 힘의 비를 사용하여 정의되는가?

① 점성력과 관성력
② 관성력과 압축성 힘
③ 중력과 압축성 힘
④ 관성력과 압력

해설

마하수 $= \frac{\text{관성력}}{\text{탄성력(압축성 힘)}}$

06 수은-물 마노미터로 압력차를 측정하였더니 50cmHg였다. 이 압력차를 mH_2O로 표시하면 약 얼마인가?

① 0.5
② 5.0
③ 6.8
④ 7.3

해설

$\frac{50\text{cmHg}}{76\text{cmHg}} \times 10.332\,mH_2O = 6.797 = 6.8\,mH_2O$

정답 01.③ 02.③ 03.③ 04.② 05.② 06.③

07 산소와 질소의 체적비가 1 : 4인 조성의 공기가 있다. 표준상태(0℃, 1기압)에서의 밀도는 약 몇 kg/m^{3}인가?

① 0.54 ② 0.96
③ 1.29 ④ 1.51

해설

$PV = GRT$에서

$P = \frac{G}{V} \cdot RT$

$\therefore \frac{G}{V}(\text{밀도}) = \frac{P}{RT} = \frac{1.0332 \times 10^4 \text{kg/m}^2}{\frac{848}{28.8} \times 273}$

$= 1.285 ≒ 1.29\text{kg/m}^3$

$M = 32 \times 0.2 + 28 \times 0.8 = 28.8$

08 다음 단위 간의 관계가 옳은 것은?

① $1\text{N} = 9.8\text{kg} \cdot \text{m/s}^2$
② $1\text{J} = 9.8\text{kg} \cdot \text{m}^2/\text{s}^2$
③ $1\text{W} = 1\text{kg} \cdot \text{m}^2/\text{s}^3$
④ $1\text{Pa} = 10^5\text{kg/m} \cdot \text{s}^2$

해설

① $1\text{N} = 1\text{kg} \cdot \text{m/s}^2$
② $1\text{J} = 1\text{N} \cdot \text{m} = 1\text{kg} \cdot \text{m/s}^2 \cdot \text{m} = 1\text{kg} \cdot \text{m}^2/\text{s}^2$
③ $1\text{W} = 1\text{J/s} = 1\text{N} \cdot \text{m/s} = 1\text{kg} \cdot \text{m/s}^2 \cdot \text{m/s} = 1\text{kg} \cdot \text{m}^2/\text{s}^3$
④ $1\text{Pa} = 1\text{N/m}^2 = 1\text{kg} \cdot \text{m/s}^2 \cdot 1/\text{m}^2 = 1\text{kg/m} \cdot \text{s}^2$

09 송풍기의 공기 유량이 3m^3/s일 때, 흡입 쪽의 전압이 110kPa, 출구 쪽의 정압이 115kPa이고, 속도가 30m/s이다. 송풍기에 공급하여야 하는 축동력은 얼마인가? (단, 공기의 밀도는 1.2kg/m^{3}이고, 송풍기의 전효율은 0.8이다.)

① 10.45kW ② 13.99kW
③ 16.62kW ④ 20.78kW

해설

$P_1 = 110\text{kPa},\ P_2 = 115\text{kPa}$

$P_t = P_2 + \frac{\rho V^2}{2} = 115 + \frac{1.2 \times 30^2}{2} \times 10^{-3}$

$= 115.54\text{kPa}$

$\therefore \text{kW} = \frac{\Delta P_t \cdot Q}{\eta} = \frac{(115.54 - 110) \times 3}{0.8} = 20.781$

10 평판에서 발생하는 층류 경계층의 두께는 평판 선단으로부터의 거리 x와 어떤 관계가 있는가? **[유체 2]**

① x에 반비례한다. ② $x^{\frac{1}{2}}$에 반비례한다.
③ $x^{\frac{1}{2}}$에 비례한다. ④ $x^{\frac{1}{3}}$에 비례한다.

해설

평판에서 경계층 두께(δ)(유체 핵심 2) 참조

δ(경계층 두께)가 층류인 경우

$\delta = \frac{4.65x}{Rex^{\frac{1}{2}}} = x^1 \cdot x^{-\frac{1}{2}} = x^{\frac{1}{2}}$

11 관 내의 압축성 유체의 경우 단면적 A와 마하수 M, 속도 V 사이에 다음과 같은 관계가 성립한다고 한다. 마하수가 2일 때 속도를 0.2% 감소시키기 위해서는 단면적을 몇 % 변화시켜야 하는가?

$$dA/A = (M^2 - 1) \times dV/V$$

① 0.6% 증가 ② 0.6% 감소
③ 0.4% 증가 ④ 0.4% 감소

해설

$\frac{dA}{A} = (M^2 - 1) \times \frac{dV}{V}$

$= (2^2 - 1) \times (-0.2) = -0.6\%$

※ 감소이므로 (−)값을 부여한다.

12 정체온도 T_s, 임계온도 T_c, 비열비를 k라 할 때 이들의 관계를 옳게 나타낸 것은 어느 것인가? **[유체 5]**

① $\frac{T_c}{T_s} = \left(\frac{2}{k+1}\right)^{k-1}$

② $\frac{T_c}{T_s} = \left(\frac{1}{k-1}\right)^{k-1}$

③ $\frac{T_c}{T_s} = \frac{2}{k+1}$

④ $\frac{T_c}{T_s} = \frac{1}{k-1}$

해설

정체상태, 임계상태(유체 핵심 5) 참조

정답 07.③ 08.③ 09.④ 10.③ 11.② 12.③

13 유체 속에 잠긴 경사면에 작용하는 정수력의 작용점은?

① 면의 도심보다 위에 있다.
② 면의 도심에 있다.
③ 면의 도심보다 아래에 있다.
④ 면의 도심과는 상관없다.

경사면에 작용하는 전압력의 크기는 면적의 평면 중심에서 압력을 곱한 것과 같으며, 작용점은 면의 도심보다 아래에 있다.

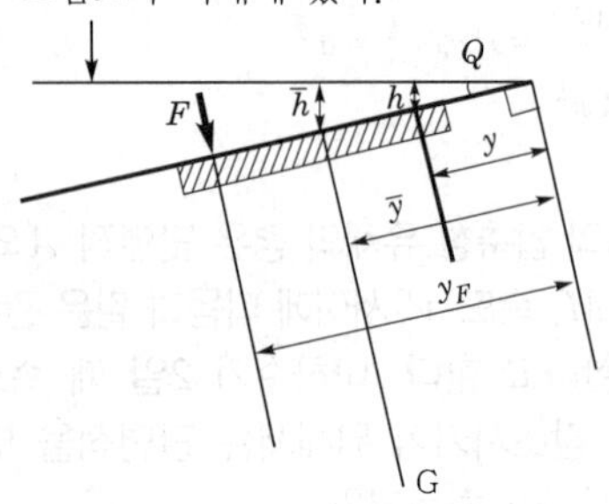

14 관 속을 충만하게 흐르고 있는 액체의 속도를 급격히 변화시키면 어떤 현상이 일어나는가?

① 수격 현상
② 서징 현상
③ 캐비테이션 현상
④ 펌프효율향상 현상

15 점성력에 대한 관성력의 상대적인 비를 나타내는 무차원의 수는? **[유체 19]**

① Reynolds수 ② Froude수
③ 모세관수 ④ Weber수

버킹엄의 정의(유체 핵심 19) 참조

16 직각좌표계에 적용되는 가장 일반적인 연속방정식은 다음과 같이 주어진다. 다음 중 정상상태(steady state)의 유동에 적용되는 연속방정식은?

$$\frac{\partial \rho}{\partial t}+\frac{\partial(\rho u)}{\partial x}+\frac{\partial(\rho v)}{\partial y}+\frac{\partial(\rho w)}{\partial z}=0$$

① $\frac{\partial \rho}{\partial t}+\frac{\partial(\rho u)}{\partial x}+\frac{\partial(\rho v)}{\partial y}+\frac{\partial(\rho w)}{\partial z}=0$

② $\frac{\partial(\rho u)}{\partial x}+\frac{\partial(\rho v)}{\partial y}+\frac{\partial(\rho w)}{\partial z}=0$

③ $\frac{\partial u}{\partial x}+\frac{\partial v}{\partial y}+\frac{\partial w}{\partial z}=0$

④ $\frac{\partial \rho}{\partial t}+\rho\frac{\partial u}{\partial x}+\rho\frac{\partial v}{\partial y}+P\frac{\partial w}{\partial z}=0$

(1) 비정상류 연속방정식

$$\frac{\partial}{\partial x}\rho u+\frac{\partial}{\partial y}\rho v+\frac{\partial}{\partial z}\rho w+\frac{\partial}{\partial t}\rho=0$$

(2) 정상류 연속방정식

$$\frac{\partial}{\partial x}\rho u+\frac{\partial}{\partial y}\rho v+\frac{\partial}{\partial z}\rho w=0$$

17 수압기에서 피스톤의 지름이 각각 20cm와 10cm이다. 작은 피스톤에 1kgf의 하중을 가하면 큰 피스톤에는 몇 kgf의 하중이 가해지는가?

① 1
② 2
③ 4
④ 8

파스칼의 원리

$$\frac{F_1}{A_1}=\frac{F_2}{A_2}$$

$$F_2=\frac{A_2}{A_1}\times F_1=\frac{\frac{\pi}{4}\times(20)^2}{\frac{\pi}{4}\times(10)^2}\times 1=4\text{kgf}$$

18 축동력을 L, 기계의 손실동력을 L_m이라고 할 때 기계효율 η_m을 옳게 나타낸 것은?

① $\eta_m=\frac{L-L_m}{L_m}$

② $\eta_m=\frac{L-L_m}{L}$

③ $\eta_m=\frac{L_m-L}{L}$

④ $\eta_m=\frac{L_m-L}{L_m}$

정답 13.③ 14.① 15.① 16.② 17.③ 18.②

19 뉴턴의 점성법칙과 관련 있는 변수가 아닌 것은?

① 전단응력　② 압력
③ 점성계수　④ 속도기울기

뉴턴의 점성법칙

$\tau = \mu \frac{du}{dy}$

여기서, τ : 전단응력
μ : 점성계수
$\frac{du}{dy}$: 속도기울기

20 다음 중 에너지의 단위는?

① dyn(dyne)　② N(newton)
③ J(joule)　④ W(watt)

① dyne : 힘의 단위
② N : 힘의 단위
④ W : 일의 단위

제2과목 연소공학

21 15℃, 50atm인 산소 실린더의 밸브를 순간적으로 열어 내부 압력을 25atm까지 단열팽창시키고 닫았다면 나중 온도는 약 몇 ℃가 되는가? (단, 산소의 비열비는 1.4이다.)

① −28.5℃　② −36.8℃
③ −78.1℃　④ −157.5℃

$\frac{T_2}{T_1} = \left(\frac{P_2}{P_1}\right)^{\frac{k-1}{k}} = \left(\frac{V_1}{V_2}\right)^{k-1}$ 관계에서

$T_2 = T_1 \times \left(\frac{P_2}{P_1}\right)^{\frac{k-1}{k}}$

$= (273+15) \times \left(\frac{25}{50}\right)^{\frac{1.4-1}{1.4}}$

$= 236.256\text{K}$

$= -36.74℃ ≒ -36.8℃$

22 폭발억제장치의 구성이 아닌 것은 어느 것인가?

① 폭발검출기구　② 활성제
③ 살포기구　④ 제어기구

23 초기사건으로 알려진 특정한 장치의 이상이나 운전자의 실수로부터 발생되는 잠재적인 사고결과를 평가하는 정량적 안전성 평가기법은? **[연소 12]**

① 사건수 분석(ETA)
② 결함수 분석(FTA)
③ 원인결과 분석(CCA)
④ 위험과 운전 분석(HAZOP)

안정성 평가기법(연소 핵심 12) 참조

24 발열량 10500kcal/kg인 어떤 연료 2kg을 2분 동안 완전연소 시켰을 때 발생한 열량을 모두 동력으로 변환시키면 약 몇 kW인가?

① 735　② 935
③ 1103　④ 1303

$2\text{kg} \times (10500\text{kcal/kg}) \times \frac{60}{2}\frac{1}{\text{hr}}$

$= 630000\text{kcal/hr}$

$\therefore 630000\text{kcal/hr} \div 860\text{kcal/hr(kW)}$

$= 732.55\text{kW} ≒ 735\text{kW}$

25 프로판과 부탄이 혼합된 경우로서 부탄의 함유량이 많아지면 발열량은?

① 커진다.
② 줄어든다.
③ 일정하다.
④ 커지다가 줄어든다.

C_3H_8 : 24000kcal/m^3, C_4H_{10} : 31000kcal/m^{3}이므로 C_4H_{10}의 함유량이 많아지면 발열량이 커진다.

26 다음 중 가연물의 구비조건이 아닌 것은 어느 것인가?

① 반응열이 클 것
② 표면적이 클 것
③ 열전도도가 클 것
④ 산소와 친화력이 클 것

③ 열전도도가 작을 것

정답 19.② 20.③ 21.② 22.② 23.① 24.① 25.① 26.③

27 액체연료의 연소용 공기 공급방식에서 2차 공기란 어떤 공기를 말하는가?

① 연료를 분사시키기 위해 필요한 공기
② 완전연소에 필요한 부족한 공기를 보충하는 공기
③ 연료를 안개처럼 만들어 연소를 돕는 공기
④ 연소된 가스를 굴뚝으로 보내기 위해 고압, 송풍하는 공기

28 TNT당량은 어떤 물질이 폭발할 때 방출하는 에너지와 동일한 에너지를 방출하는 TNT의 질량을 말한다. LPG 1톤이 폭발할 때 방출하는 에너지는 TNT당량으로 약 몇 kg인가? (단, 폭발한 LPG의 발열량은 15000kcal/kg이며, LPG의 폭발계수는 0.1, TNT가 폭발 시 방출하는 당량 에너지는 1125kcal/kg이다.)

① 133
② 1333
③ 2333
④ 4333

$$\frac{15000\text{kcal/kg} \times 1000\text{kg} \times 0.1}{1125\text{kcal/kg}} = 1333\text{TNT(kg)}$$

29 다음 중 질소 10kg이 일정 압력상태에서 체적이 1.5m^3에서 0.3m^3로 감소될 때까지 냉각되었을 때 질소의 엔트로피 변화량의 크기는 약 몇 kJ/K인가? (단, C_P는 14kJ/kg · K으로 한다.)

① 25
② 125
③ 225
④ 325

정압 변화의 엔트로피

$$\Delta S = GC_P \ln\frac{T_2}{T_1}$$

$$= GC_P \ln\frac{V_2}{V_1}$$

$$= 10\text{kg} \times 14\text{kJ/kg} \cdot \text{K} \times \ln\frac{0.3}{1.5}$$

$$= 225.32\text{kJ/K}$$

30 다음 중 Van der Waals 식 $\left(P+\frac{an^2}{V^2}\right)(V-nb)=nRT$에 대한 설명으로 틀린 것은?

① a의 단위는 $\text{atm} \cdot \text{L}^2/\text{mol}^2$이다.
② b의 단위는 L/mol이다.
③ a의 값은 기체분자가 서로 어떻게 강하게 끌어당기는가를 나타낸 값이다.
④ a는 부피에 대한 보정항의 비례상수이다.

해설

실제 기체상태식

$$\left(P+\frac{n^2a}{V^2}\right)(V-nb)=nRT$$

여기서, $\frac{a}{V^2}$: 기체분자 간 인력

b : 기체분자 자신이 차지하는 부피

31 연료와 공기 혼합물에서 최대연소속도가 되기 위한 조건은?

① 연료와 양론혼합물이 같은 양일 때
② 연료가 양론혼합물보다 약간 적을 때
③ 연료가 양론혼합물보다 약간 많을 때
④ 연료가 양론혼합물보다 아주 많을 때

32 다음은 간단한 수증기사이클을 나타낸 그림이다. 여기서 랭킨(Rankine)사이클의 경로를 옳게 나타낸 것은?

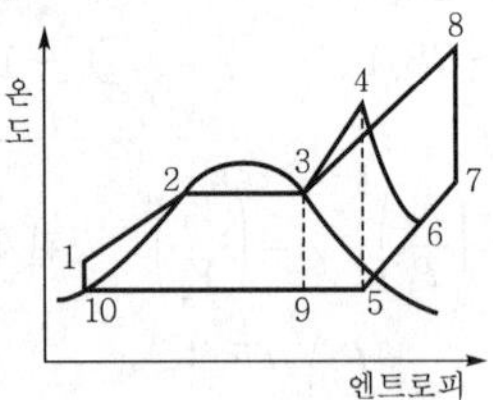

① 1 → 2 → 3 → 9 → 10 → 1
② 1 → 2 → 3 → 4 → 5 → 9 → 10 → 1
③ 1 → 2 → 3 → 4 → 6 → 5 → 9 → 10 → 1
④ 1 → 2 → 3 → 8 → 7 → 5 → 9 → 10 → 1

해설

랭킨사이클

2개의 정압변화와 2개의 단열변화로 구성된 증기원동소의 이상 사이클

정답 27.② 28.② 29.③ 30.④ 31.③ 32.②

33 충격파가 반응 매질 속으로 음속보다 느린 속도로 이동할 때를 무엇이라 하는가? **[연소 9]**

① 폭굉 ② 폭연
③ 폭음 ④ 정상연소

폭발과 화재 (1) 폭발(연소 핵심 9) 참조

34 방폭에 대한 설명으로 틀린 것은? **[연소 9]**

① 분진폭발은 연소시간이 길고 발생에너지가 크기 때문에 파괴력과 연소 정도가 크다는 특징이 있다.
② 분해폭발을 일으키는 가스에 비활성 기체를 혼합하는 이유는 화염온도를 낮추고 화염전파능력을 소멸시키기 위함이다.
③ 방폭 대책은 크게 예방, 긴급 대책으로 나누어진다.
④ 분진을 다루는 압력을 대기압보다 낮게 하는 것도 분진대책 중 하나이다.

폭발과 화재 (1) 폭발(연소 핵심 9) 참조
폭발 방지의 단계
봉쇄－차단－불꽃방지기 사용－폭발 억제－폭발 배출

35 프로판 가스 $1Sm^3$를 완전연소 시켰을 때의 건조연소 가스량은 약 몇 Sm^3인가? (단, 공기 중의 산소는 21v%이다.)

① 10 ② 16
③ 22 ④ 30

$C_3H_8+5O_2 \rightarrow 3CO_2+4H_2O$
건조연소 가스량(N_2+CO_2)이므로
C_3H_8 : $1Sm^3$
N_2 : $5\times\frac{0.79}{0.21}=18.81Sm^3$
CO_2 : $3Sm^3$
$\therefore$ $18.81+3=21.8 \fallingdotseq 22Sm^3$

36 공기가 산소 20v%, 질소 80v%의 혼합기체라고 가정할 때 표준상태(0℃, 101.325kPa)에서 공기의 기체상수는 약 몇 kJ/kg · K 인가?

① 0.269 ② 0.279
③ 0.289 ④ 0.299

$M=32\times0.2+28\times0.8=28.8$
$R=\frac{8.314}{M}=\frac{8.314}{28.8}=0.289\text{kJ/kg}\cdot\text{K}$

37 열역학 특성식으로 $P_1V_1^n=P_2V_2^n$이 있다. 이때 n값에 따른 상태변화를 옳게 나타낸 것은? (단, k는 비열비이다.)

① $n=0$: 등온 ② $n=1$: 단열
③ $n=\pm\infty$: 정적 ④ $n=k$: 등압

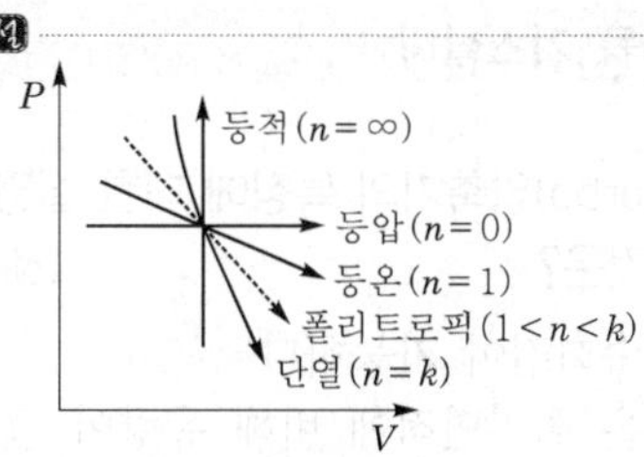

38 표준상태에서 고발열량과 저발열량의 차는 얼마인가?

① 9700cal/gmol ② 539cal/gmol
③ 619cal/g ④ 80cal/g

물의 증발잠열 : 539kcal/kg
$539\text{kcal/g}=539\text{cal}/\frac{1}{18}\text{gmol}$
$=539\times18\text{cal/gmol}$
$=9702\text{cal/gmol}$

39 기체연료의 확산연소에 대한 설명으로 틀린 것은? **[연소 2]**

① 연료와 공기가 혼합하면서 연소한다.
② 일반적으로 확산과정은 확산에 의한 혼합속도가 연소속도를 지배한다.
③ 혼합에 시간이 걸리며 화염이 길게 늘어난다.
④ 연소기 내부에서 연료와 공기의 혼합비가 변하지 않고 연소된다.

연소의 종류(연소 핵심 2) 참조
(3) 기체물질의 연소

정답 33.② 34.③ 35.③ 36.③ 37.③ 38.① 39.④

40 다음 중 연료의 구비조건이 아닌 것은 어느 것인가?

① 저장 및 운반이 편리할 것
② 점화 및 연소가 용이할 것
③ 연소가스 발생량이 많을 것
④ 단위용적당 발열량이 높을 것

해설
연료의 구비조건
• ①, ②, ④ 및 조달이 편리할 것
• 유해성이 없고, 경제적일 것

제3과목 가스설비

41 터보(turbo)압축기의 특징에 대한 설명으로 틀린 것은? **[설비 35]**

① 고속회전이 가능하다.
② 작은 설치면적에 비해 유량이 크다.
③ 케이싱 내부를 급유해야 하므로 기름의 혼입에 주의해야 한다.
④ 용량조정 범위가 비교적 좁다.

해설
압축기 특징(설비 핵심 35) 참조
③ 급유해야 하므로 → 무급유식

42 호칭지름이 동일한 외경의 강관에 있어서 스케줄 번호가 다음과 같을 때 두께가 가장 두꺼운 것은?

① XXS
② XS
③ Sch 20
④ Sch 40

43 과류차단 안전기구가 부착된 것으로서 가스유로를 볼로 개폐하고 배관과 호스 또는 배관과 커플러를 연결하는 구조의 콕은 어느 것인가? **[안전 97]**

① 호스콕 ② 퓨즈콕
③ 상자콕 ④ 노즐콕

해설
가스용 콕의 제조시설 검사기준(안전 핵심 97) 참조

44 저온장치에 사용되는 진공 단열법의 종류가 아닌 것은? **[설비 21]**

① 고진공 단열법
② 다층진공 단열법
③ 분말진공 단열법
④ 다공단층진공 단열법

저온장치 단열법(설비 핵심 21) 참조

45 교반형 오토클레이브의 장점에 해당되지 않는 것은? **[설비 19]**

① 가스 누출의 우려가 없다.
② 기액반응으로 기체를 계속 유통시킬 수 있다.
③ 교반효과는 진탕형에 비하여 더 좋다.
④ 특수 라이닝을 하지 않아도 된다.

오토클레이브(설비 핵심 19) 참조

46 다음 중 원심펌프의 특징에 대한 설명으로 틀린 것은?

① 저양정에 적합하다.
② 펌프에 충분히 액을 채워야 한다.
③ 원심력에 의하여 액체를 이송한다.
④ 용량에 비하여 설치면적이 작고 소형이다.

원심펌프는 고양정에 적합하다.

47 가스폭발 위험성에 대한 설명으로 틀린 것은 어느 것인가?

① 아세틸렌은 공기가 공존하지 않아도 폭발 위험성이 있다.
② 일산화탄소는 공기가 공존하여도 폭발 위험성이 없다.
③ 액화석유가스가 누출되면 낮은 곳으로 모여 폭발 위험성이 있다.
④ 가연성의 고체 미분이 공기 중에 부유 시 분진폭발의 위험성이 있다.

CO는 가연성으로 공기 공존 시 폭발 위험이 있다.

정답 40.③ 41.③ 42.① 43.② 44.④ 45.① 46.① 47.②

48 LPG 공급방식에서 강제기화방식의 특징이 아닌 것은? **[설비 24]**

① 기화량을 가감할 수 있다.
② 설치면적이 작아도 된다.
③ 한랭 시에는 연속적인 가스 공급이 어렵다.
④ 공급 가스의 조성을 일정하게 유지할 수 있다.

기화장치(설비 핵심 24) 참조
(2) 기화기 사용 시 장점

49 최대지름이 10m인 가연성 가스 저장탱크 2기가 상호 인접하여 있을 때 탱크 간에 유지하여야 할 거리는?

① 1m
② 2m
③ 5m
④ 10m

$(10\text{m}+10\text{m})\times\frac{1}{4}=5\text{m}$

50 탄소강에서 생기는 취성(메짐)의 종류가 아닌 것은?

① 적열취성
② 풀림취성
③ 청열취성
④ 상온취성

(1) 탄소강에 생기는 취성의 종류
적열취성, 청열취성, 상온취성, 냉간취성
(2) 강의 열처리의 방법
㉠ 담금질(소입)
㉡ 풀림(소둔)
㉢ 뜨임(소려)
㉣ 불림(소준)

51 다음 중 LPG와 나프타를 원료로 한 대체천연가스(SNG) 프로세스의 공정에 속하지 않는 것은?

① 수소화탈황 공정
② 저온수증기개질 공정
③ 열분해 공정
④ 메탄합성 공정

SNG 프로세스

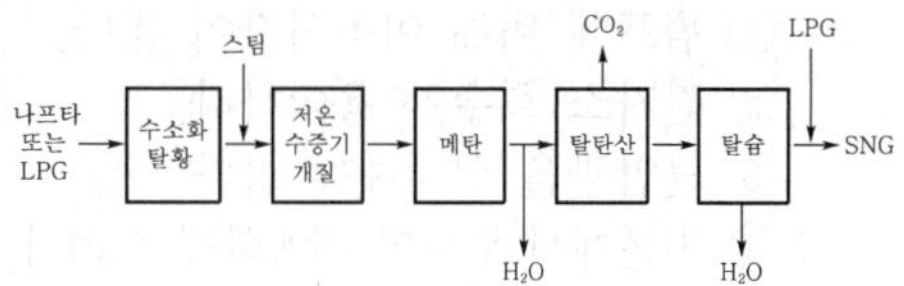

52 다음 중 LP가스 1단 감압식 저압조정기의 입구 압력은? **[안전 17]**

① 0.025~0.35MPa
② 0.025~1.56MPa
③ 0.07~0.35MPa
④ 0.07~1.56MPa

압력조정기(안전 핵심 17) 참조

53 토양의 금속부식을 확인하기 위해 시험편을 이용하여 실험하였다. 이에 대한 설명으로 틀린 것은?

① 전기저항이 낮은 토양 중의 부식속도는 빠르다.
② 배수가 불량한 점토 중의 부식속도는 빠르다.
③ 염기성 세균이 번식하는 토양 중의 부식속도는 빠르다.
④ 통기성이 좋은 토양에서 부식속도는 점차 빨라진다.

통기성이 좋은 토양에서의 부식속도는 느려진다.

54 다음 가스 배관의 접합 시공방법 중 원칙적으로 규정된 접합 시공방법은 어느 것인가?

① 기계적 접합
② 나사 접합
③ 플랜지 접합
④ 용접 접합

가스 배관의 접합 시 용접 시공을 원칙으로 하며, 용접이 부적당 시 플랜지 접합으로 할 수 있다.

정답 48.③ 49.③ 50.② 51.③ 52.④ 53.④ 54.④

55 탱크로리에서 저정탱크로 LP가스를 압축기에 의한 이송하는 방법의 특징으로 틀린 것은 어느 것인가? **[설비 23]**

① 펌프에 비해 이송시간이 짧다.
② 잔가스 회수가 용이하다.
③ 균압관을 설치해야 한다.
④ 저온에서 부탄이 재액화될 우려가 있다.

해설
LP가스 이송방법(설비 핵심 23) 참조
(2) 이송방법의 장 · 단점

56 아세틸렌(C_2H_2)에 대한 설명으로 틀린 것은?

① 동과 직접 접촉하여 폭발성의 아세틸라이드를 만든다.
② 비점과 융점이 비슷하여 고체 아세틸렌은 융해한다.
③ 아세틸렌가스의 충전제로 규조토, 목탄 등의 다공성 물질을 사용한다.
④ 흡열 화합물이므로 압축하면 분해폭발할 수 있다.

해설
② 비점과 융점이 비슷하여 고체 아세틸렌은 (융해→승화)한다.

57 LPG 기화장치 중 열교환기에 LPG를 송입하여 여기에서 기화된 가스를 LPG용 조정기에 의하여 감압하는 방식은? **[설비 24]**

① 가온감압방식 ② 자연기화방식
③ 감압가온방식 ④ 대기온이온방식

해설
기화장치(설비 핵심 24) 참조

58 수소에 대한 설명으로 틀린 것은?

① 압축가스로 취급한다.
② 충전구의 나사는 왼나사이다.
③ 용접용기에 충전하여 사용한다.
④ 용기의 도색은 주황색이다.

해설
수소는 압축가스이므로 무이음용기에 충전한다.

59 기포펌프로서 유량이 $0.5m^3/min$인 물을 흡수면보다 50m 높은 곳으로 양수하고자 한다. 축동력이 15PS 소요되었다고 할 때 펌프의 효율은 약 몇 %인가?

① 32 ② 37
③ 42 ④ 47

해설

$$L_{PS} = \frac{\gamma \cdot Q \cdot H}{75\eta}$$

$$\therefore \eta = \frac{\gamma \cdot Q \cdot H}{75 \times L_{PS}} = \frac{1000 \times (0.5/60) \times 50}{75 \times 15} = 0.37 = 37\%$$

60 어떤 연소기구에 접속된 고무관이 노후화되어 0.6mm의 구멍이 뚫려 $280mmH_2O$의 압력으로 LP가스가 5시간 누출되었을 경우 가스 분출량은 약 몇 L인가? (단, LP가스의 비중은 1.7이다.)

① 52 ② 104
③ 208 ④ 416

해설

$$Q = 0.009D^2\sqrt{\frac{h}{d}} = 0.009 \times (0.6)^2\sqrt{\frac{280}{1.7}} = 0.0415m^3/hr$$

$$\therefore 0.0415 \times 10^3 \times 5 = 207.90 = 208L$$

제4과목 가스안전관리

61 가스사고를 원인별로 분류했을 때 가장 많은 비율을 차지하는 사고 원인은 다음 중 어느 것인가?

① 제품 노후(고장)
② 시설 미비
③ 고의 사고
④ 사용자 취급 부주의

62 산업재해 발생 및 그 위험요인에 대하여 짝지어진 것 중 틀린 것은?

① 화재, 폭발－가연성, 폭발성 물질
② 중독－독성가스, 유독물질
③ 난청－누전, 배선불량
④ 화상, 동상－고온, 저온 물질

정답 55.③ 56.② 57.① 58.③ 59.② 60.③ 61.④ 62.③

63 고압가스용 안전밸브 중 공칭밸브의 크기가 80A일 때 최소내압시험 유지시간은?

① 60초 ② 180초
③ 300초 ④ 540초

(1) 안전밸브의 내압성능(KGS AA319)
안전밸브 몸통 내부는 호칭압력의 1.5배의 압력으로 수압시험을 실시했을 때 변형과 누출 등이 없는 것으로 한다.

(2) 밸브 몸통의 내압시간

공칭밸브의 크기	최소내압시험 유지시간
50A 이하	15초
65A 이상 200A 이하	60초
250A 이상	180초

64 고압가스용 저장탱크 및 압력용기(설계압력 20.6MPa 이하) 제조에 대한 내압시험압력 계산식$\left(Pt = \mu P\left(\frac{\sigma_t}{\sigma_d}\right)\right)$에서 계수 μ의 값은?

① 설계압력의 1.25배
② 설계압력의 1.3배
③ 설계압력의 1.5배
④ 설계압력의 2.0배

내압시험압력KGS AC111)

$P_t = \mu P\left(\frac{\sigma_t}{\sigma_d}\right)$

여기서,
P_t : 내압시험압력(MPa)
P : 설계압력(MPa)
σ_t : 수압시험온도에서의 재료의 허용응력(N/mm^2)
σ_d : 설계온도에서의 재료의 허용응력(N/mm^2)
μ : 압력용기 등의 설계압력에 따라 아래 표에 기재한 값

내압시험압력

압력용기 등의 설계압력범위	μ
20.6MPa 이하	1.3
20.6MPa 초과 98MPa 이하	1.25
98MPa 초과	$1.1 \le \mu \le 1.25$의 범위에서 사용자와 제조자가 합의하여 결정한다.

65 차량에 고정된 탱크의 안전운행기준으로 운행을 완료하고 점검하여야 할 사항이 아닌 것은?

① 밸브의 이완상태
② 부속품 등의 볼트 연결상태
③ 자동차운행등록허가증 확인
④ 경계표지 및 휴대품 등의 손상유무

해설

차량에 고정된 탱크 운행 종료 후 점검사항
㉠ 밸브의 이완이 없어야 한다.
㉡ 경계표시 및 휴대품의 손상이 없어야 한다.
㉢ 부속품 등의 볼트 연결상태가 양호하도록 한다.
㉣ 높이검지봉과 부속배관 등이 적절히 부착되어 있도록 한다.
㉤ 가스누출 등의 이상유무를 점검하여 이상 시에는 보수 및 위험방지조치를 한다.
㉥ 휴대품은 매월 1회 점검하여 항상 정상상태를 유지한다.

참고 운행 전 조치사항
사전에 차량 및 탑재기기, 탱크와 그 부속품 및 휴대품 등을 점검하여 이상이 없을 때 운행하며, 아래의 서류를 점검한다.
㉠ 고압가스이동계획서
㉡ 운전면허증
㉢ 탱크테이블(용량환산표)
㉣ 차량운행일지
㉤ 차량등록증

66 고압가스를 차량에 적재·운반할 때 몇 km 이상의 거리를 운행할 때 중간에 충분한 휴식을 취한 후 운행하여야 하는가?

① 100
② 200
③ 300
④ 400

67 다음 [보기]에서 임계온도가 0℃에서 40℃ 사이인 것으로만 나열된 것은?

㉠ 산소 ㉡ 이산화탄소
㉢ 프로판 ㉣ 에틸렌

① ㉠, ㉡ ② ㉡, ㉢
③ ㉡, ㉣ ④ ㉢, ㉣

정답 63.① 64.② 65.③ 66.② 67.③

해설
임계온도
㉠ O_2(−118.4℃)
㉡ CO_2(31℃)
㉢ C_3H_8(96.8℃)
㉣ C_2H_4(9.2℃)

68 독성가스 냉매를 사용하는 압축기 설치장소에는 냉매누출 시 체류하지 않도록 환기구를 설치하여야 한다. 냉동능력 1ton당 환기구 설치면적 기준은?

① 0.05m^2 이상　② 0.1m^2 이상
③ 0.15m^2 이상　④ 0.2m^2 이상

해설
(1) 독성가스를 냉매로 사용하는 시설의 자연환기
냉동능력 0.05m^2/ton 이상의 면적을 갖는 환기구 설치
(2) 강제환기
자연환기 부족 시 냉동능력 1ton당 2m^3/min의 강제통풍능력을 가진 환기장치 설치

69 시안화수소의 안전성에 대한 설명으로 틀린 것은?

① 순도 98% 이상으로서 착색된 것은 60일을 경과할 수 있다.
② 안정제로는 아황산, 황산 등을 사용한다.
③ 맹독성 가스이므로 흡수장치나 재해방지장치를 설치한다.
④ 1일 1회 이상 질산구리벤젠지로 누출을 검지한다.

해설
① 순도 98% 이상으로 착색되지 않은 것은 60일을 경과할 수 있다.

70 고압가스 제조설비의 기밀시험이나 시운전 시 가압용 고압가스로 부적당한 것은?

① 질소　② 아르곤
③ 공기　④ 수소

71 도시가스 사용시설에 설치되는 정압기의 분해점검주기는? [안전 1]

① 6개월에 1회 이상
② 1년에 1회 이상
③ 2년에 1회 이상
④ 설치 후 3년까지는 1회 이상, 그 이후에는 4년에 1회 이상

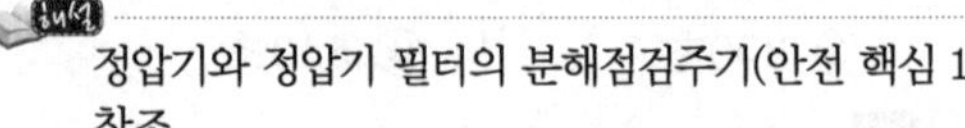
해설
정압기와 정압기 필터의 분해점검주기(안전 핵심 1) 참조

72 차량에 고정된 후부취출식 저장탱크에 의하여 고압가스를 이송하려 한다. 저장탱크 주밸브 및 긴급차단장치에 속하는 밸브와 차량의 뒤 범퍼와의 수평거리가 몇 cm 이상 떨어지도록 차량에 고정시켜야 하는가? [안전 24]

① 20　② 30
③ 40　④ 60

해설
차량고정탱크 운반기준(안전 핵심 24) 참조

73 일반도시가스사업 제조소에서 도시가스 지하매설 배관에 사용되는 폴리에틸렌관의 최고사용압력은? [안전 173]

① 0.1MPa 이하　② 0.4MPa 이하
③ 1MPa 이하　④ 4MPa 이하

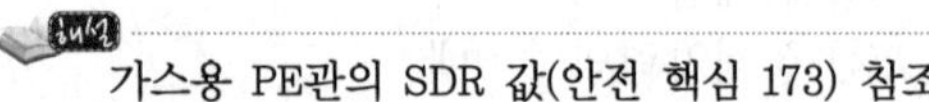
해설
가스용 PE관의 SDR 값(안전 핵심 173) 참조

74 아세틸렌을 용기에 충전한 후 압력이 몇 ℃에서 몇 MPa 이하가 되도록 정치하여야 하는가?

① 15℃에서 2.5MPa
② 35℃에서 2.5MPa
③ 15℃에서 1.5MPa
④ 35℃에서 1.5MPa

75 다음 특정설비 중 재검사 대상에 해당하는 것은? [안전 162]

① 평저형 저온저장탱크
② 대기식 기화장식
③ 저장탱크에 부착된 안전밸브
④ 고압가스용 실린더 캐비닛

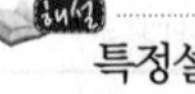
해설
특정설비 중 재검사 대상 제외 항목(안전 핵심 162) 참조

정답 68.① 69.① 70.④ 71.④ 72.③ 73.② 74.③ 75.③

76 가스 저장탱크 상호 간에 유지하여야 하는 최소한의 거리는? **[안전 3]**

① 60cm ② 1m
③ 2m ④ 3m

해설
물분무장치(안전 핵심 3) 참조

77 도시가스시설에서 가스 사고가 발생한 경우 사고의 종류별 통보방법과 통보기한의 기준으로 틀린 것은?

① 사람이 사망한 사고 : 속보(즉시), 상보(사고발생 후 20일 이내)
② 사람이 부상당하거나 중독된 사고 : 속보(즉시), 상보(사고발생 후 15일 이내)
③ 가스 누출에 의한 폭발 또는 화재 사고(사람이 사망·부상 중독된 사고 제외) : 속보(즉시)
④ LNG 인수기지의 LNG 저장탱크에서 가스가 누출된 사고(사람이 사망·부상·중독되거나 폭발·화재 사고 등 제외) : 속보(즉시)

해설
사고의 종류별 통보 방법 및 기한

사고의 종류	통보방법	통보기한	
		속보	상보
가. 사람이 사망한 사고	전화 또는 팩스를 이용한 통보(이하 "속보"라 한다.) 및 서면으로 제출하는 상세한 통보(이하 "상보"라 한다.)	즉시	사고 발생 후 20일 이내
나. 사람이 부상당하거나 중독된 사고	속보와 상보	즉시	사고 발생 후 10일 이내
다. 가스누출에 의한 폭발 또는 화재사고(가목 및 나목의 경우는 제외한다.)	속보	즉시	
라. 가스시설이 파손되거나 가스누출로 인하여 인명대피나 공급중단이 발생한 사고(가목 및 나목의 경우는 제외한다.)	속보	즉시	
마. 사업자 등의 저장탱크에서 가스가 누출된 사고(가목부터 라목까지의 경우는 제외한다.)	속보	즉시	

78 다음 중 지상에 설치하는 저장탱크 주위에 방류둑을 설치하지 않아도 되는 경우는 어느 것인가? **[안전 53]**

① 저장능력 10톤의 염소탱크
② 저장능력 2000톤의 액화산소탱크
③ 저장능력 1000톤의 부탄탱크
④ 저장능력 5000톤의 액화질소탱크

해설
방류둑 설치기준(안전 핵심 53) 참조

79 가스누출경보 및 자동차단장치의 기능에 대한 설명으로 틀린 것은? **[안전 67]**

① 독성가스의 경보농도는 TLV-TWA 기준농도 이하로 한다.
② 경보농도 설정치는 독성가스용에서는 ±30% 이하로 한다.
③ 가연성 가스 경보기는 모든 가스에 감응하는 구조로 한다.
④ 검지에서 발신까지 걸리는 시간은 경보농도의 1.6배 농도에서 보통 30초 이내로 한다.

해설
가스누출경보기 및 자동차단장치 설치(안전 핵심 67) 참조

정답 76.② 77.② 78.④ 79.③

80 가스안전성 평가기준에서 정한 정량적인 위험성 평가기법이 아닌 것은? **[연소 12]**

① 결함수 분석
② 위험과 운전 분석
③ 작업자 실수 분석
④ 원인－결과 분석

안정성 평가기법(연소 핵심 12) 참조

제5과목 가스계측

81 1차 지연형 계측기의 스텝 응답에서 전 변화의 80%까지 변화하는 데 걸리는 시간은 시정수의 얼마인가?

① 0.8배 ② 1.6배
③ 2.0배 ④ 2.8배

$y=1-e^{-\left(\frac{t}{T}\right)}$

$0.8=1-e^{-\left(\frac{t}{T}\right)}$

$-0.2=-e^{-\left(\frac{t}{T}\right)}$

$-\left(\frac{t}{T}\right)=\ln 0.2=-1.609$

$\frac{t}{T}=1.60$

$\therefore\ t=1.6\,T$

82 가스미터의 특징에 대한 설명으로 옳은 것은 어느 것인가? **[계측 8]**

① 막식 가스미터는 비교적 값이 싸고 용량에 비하여 설치면적이 작은 장점이 있다.
② 루트미터는 대유량의 가스 측정에 적합하고 설치면적이 작고 대수용가에 사용한다.
③ 습식 가스미터는 사용 중에 기차의 변동이 큰 단점이 있다.
④ 습식 가스미터는 계량이 정확하고 설치면적이 작은 장점이 있다.

막식, 습식, 루트식 가스미터의 장・단점(계측 핵심 8) 참조

83 오프셋을 제거하고, 리셋시간도 단축되는 제어방식으로서 쓸모없는 시간이나 전달느림이 있는 경우에도 사이클링을 일으키지 않아 넓은 범위의 특성 프로세스에 적용할 수 있는 제어는? **[계측 4]**

① 비례적분미분 제어기
② 비례미분 제어기
③ 비례적분 제어기
④ 비례 제어기

동작신호와 신호의 전송법(계측 핵심 4) 참조

84 제어량의 응답에 계단변화가 도입된 후에 얻게 될 궁극적인 값을 얼마나 초과하게 되는가를 나타내는 척도를 무엇이라 하는가?

① 상승시간(rise time)
② 응답시간(response time)
③ 오버슈트(over shoot)
④ 진동주기(period of oscillation)

① 상승시간(rise time) : 목표값이 10%에서 90%까지 도달하는 데 요하는 시간
② 응답시간(response time) : 응답이 요구하는 오차 이내로 되는 데 요하는 시간
③ 오버슈트(over shoot) : 과도기간 중 응답이 목표값을 넘어감(궁극적인 값을 초과하게 되는가를 나타내는 척도)
④ 진동주기(period of oscillation) : 진동의 완전 순환에 필요한 시간

85 막식 가스미터의 부동현상에 대한 설명으로 가장 옳은 것은? **[계측 5]**

① 가스가 미터를 통과하지만 지침이 움직이지 않는 고장
② 가스가 미터를 통과하지 못하는 고장
③ 가스가 누출되고 있는 고장
④ 가스가 통과될 때 미터가 이상음을 내는 고장

가스미터의 고장(계측 핵심 5) 참조

정답 80.② 81.② 82.② 83.① 84.③ 85.①

86 다음 열전대 중 사용온도 범위가 가장 좁은 것은? **[계측 9]**

① PR ② CA
③ IC ④ CC

해설
열전대온도계(계측 핵심 9) 참조

87 캐리어가스의 유량이 60mL/min이고, 기록지의 속도가 3cm/min일 때 어떤 성분시료를 주입하였더니 주입점에서 성분피크까지의 길이가 15cm이었다. 지속용량은 약 몇 mL인가?

① 100 ② 200
③ 300 ④ 400

해설
지속용량 $= \dfrac{60\text{mL/min} \times 15\text{cm}}{3\text{cm/min}} = 300\text{mL}$

88 전기저항식 습도계와 저항온도계식 건습구 습도계의 공통적인 특징으로 가장 옳은 것은?

① 정도가 좋다.
② 물이 필요하다.
③ 고습도에서 장기간 방치가 가능하다.
④ 연속기록, 원격측정, 자동제어에 이용된다.

해설

구 분	특 징
저항식 습도계	㉠ 염화리튬을 이용하여 습도를 측정한다. ㉡ 전기저항의 변화에 의해 측정이 쉽다. ㉢ 연속기록, 원격전송, 자동제어에 용이하다.
건습구 습도계	㉠ 습도 측정을 위해 3~5m/s의 통풍이 필요하다. ㉡ 구조가 간단하고 휴대 및 취급이 편리하다. ㉢ 연속기록, 원격전송, 자동제어에 이용된다.

89 적외선 분광분석법에 대한 설명으로 틀린 것은?

① 적외선을 흡수하기 위해서는 쌍극자모멘트의 알짜변화를 일으켜야 한다.
② 고체, 액체, 기체 상의 시료를 모두 측정할 수 있다.
③ 열 검출기와 광자 검출기가 주로 사용된다.
④ 적외선 분광기기로 사용되는 물질은 적외선에 잘 흡수되는 석영을 주로 사용한다.

해설
적외선 분광기기에 사용되는 광원의 종류
ZrO_2, CeO_2, ThO_2 등

90 연료가스의 헴펠식(Hempel) 분석방법에 대한 설명으로 틀린 것은? **[계측 1]**

① 중탄화수소, 산소, 일산화탄소, 이산화탄소 등의 성분을 분석한다.
② 흡수법과 연소법을 조합한 분석방법이다.
③ 흡수순서는 일산화탄소, 이산화탄소, 중탄화수소, 산소의 순이다.
④ 질소 성분은 흡수되지 않은 나머지로 각 성분의 용량 %의 합을 100에서 뺀 값이다.

해설
흡수분석법(계측 핵심 1) 참조
헴펠법 분석순서
$CO_2 \rightarrow C_mH_n \rightarrow O_2 \rightarrow CO$

91 액주형 압력계 사용 시 유의해야 할 사항이 아닌 것은?

① 액체의 점도가 클 것
② 경계면이 명확한 액체일 것
③ 온도에 따른 액체의 밀도 변화가 적을 것
④ 모세관현상에 의한 액주의 변화가 없을 것

해설
① 액체의 점도가 작을 것

92 습식 가스미터의 특징에 대한 설명으로 틀린 것은? **[계측 8]**

① 계량이 정확하다.
② 설치공간이 크게 요구된다.
③ 사용 중에 기차(器差)의 변동이 크다.
④ 사용 중에 수위조정 등의 관리가 필요하다.

해설
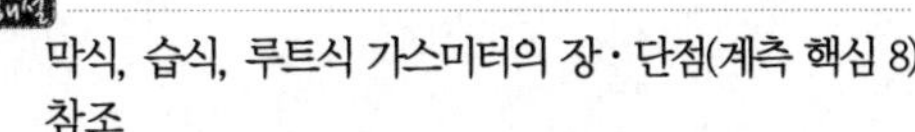
막식, 습식, 루트식 가스미터의 장·단점(계측 핵심 8) 참조

정답 86.④ 87.③ 88.④ 89.④ 90.③ 91.① 92.③

93 마이크로파식 레벨측정기의 특징에 대한 설명 중 틀린 것은?

① 초음파식보다 정도(精度)가 낮다.
② 진공용기에서의 측정이 가능하다.
③ 측정면에 비접촉으로 측정할 수 있다.
④ 고온, 고압의 환경에서도 사용이 가능하다.

해설
① 초음파식보다 정도가 높다.

94 채취된 가스를 분석기 내부의 성분 흡수제에 흡수시켜 체적변화를 측정하는 가스 분석방법은?

① 오르자트 분석법
② 적외선 흡수법
③ 불꽃이온화 분석법
④ 화학발광 분석법

95 독성가스나 가연성 가스 저장소에서 가스 누출로 인한 폭발 및 가스중독을 방지하기 위하여 현장에서 누출여부를 확인하는 방법으로 가장 거리가 먼 것은?

① 검지관법
② 시험지법
③ 가연성 가스 검출기법
④ 기체 크로마토그래피법

96 다음 중 간접계측 방법에 해당하는 것은?

① 압력을 분동식 압력계로 측정
② 질량을 천칭으로 측정
③ 길이를 줄자로 측정
④ 압력을 부르동관 압력계로 측정

해설
간접계측
측정하려는 양과 일정한 관계를 가지고 있는 다른 양을 측정 계산으로 그 양의 측정값을 구하는 방법으로 부르동관을 이용하여 압력을 측정하는 방법 등이 있다.

97 기체 크로마토그래피의 주된 측정원리는?

① 흡착　② 증류
③ 추출　④ 결정화

98 다음 압력계 중 압력측정 범위가 가장 큰 것은 어느 것인가? **[계측 33]**

① U자형 압력계
② 링밸런스식 압력계
③ 부르동관 압력계
④ 분동식 압력계

해설
- 분동식(기체식) : 1.5kPa~100MPa
- 분동식(액체식) : 0.1~500MPa

99 다음 중 1차 압력계는? **[계측 33]**

① 부르동관 압력계
② U자 마노미터
③ 전기저항 압력계
④ 벨로즈 압력계

해설
압력계 구분(계측 핵심 33) 참조
U자관 마노미터는 1차 압력계이다.

100 차압식 유량계로 유량을 측정하였더니 오리피스 전·후의 차압이 $1936mmH_2O$일 때 유량은 $22m^3/hr$이었다. 차압이 $1024mmH_2O$이면 유량은 약 몇 m^3/hr이 되는가?

① 6　② 12
③ 16　④ 18

해설
$Q=A\sqrt{2gH}$에서 유량은 차압의 평방근에 비례하므로

$\sqrt{1936} : 22 = \sqrt{1024}\,n : x$

$\therefore\ x = \dfrac{\sqrt{1024}}{\sqrt{1936}} \times 22 = 16m^3/hr$

정답 93.① 94.① 95.④ 96.④ 97.① 98.④ 99.② 100.③

국가기술자격 시험문제

2021년 기사 제1회 필기시험(1부) (2021년 3월 7일 시행)

자격종목	시험시간	문제수	문제형별
가스기사	2시간30분	100	B

수험번호		성 명	

제1과목 가스유체역학

01 2kgf은 몇 N인가?

① 2 ② 4.9
③ 9.8 ④ 19.6

$2kgf = 2kg \times 9.8m/s^2 = 19.6kg \cdot m/s^2 = 19.6N$

02 2차원 직각좌표계 (x, y)상에서 속도 포텐셜(ϕ, velocity potential)이 $\phi = U_x$로 주어지는 유동장이 있다. 이 유동장의 흐름함수(Ψ, stream function)에 대한 표현식으로 옳은 것은? (단, U는 상수이다.)

① $U(x+y)$
② $U(-x+y)$
③ U_y
④ $2U_x$

해설

2차원 흐름은 유체의 제반 성질을 x, y 좌표와 시간의 함수로 표현하는 흐름을 말한다. 단면이 일정하고 길이가 무한인 긴 날개의 흐름 등으로 댐 위의 흐름 두 개의 평행평판 사이의 점성유동 등이 있다.

2차원 유동의 유선방정식은 $\frac{dx}{dy} = \frac{dy}{\nu}$이고,

2차원 유동의 함수 흐름의 진행방향이 y방향인 경우 $\Psi = U_y$로 표현한다.

03 펌프작용이 단속적이라서 맥동이 일어나기 쉬우므로 이를 완화하기 위하여 공기실을 필요로 하는 펌프는?

① 원심펌프 ② 기어펌프
③ 수격펌프 ④ 왕복펌프

04 매끄러운 원관에서 유량 Q, 관의 길이 L, 직경 D, 동점성계수 v가 주어졌을 때 손실수두 h_f를 구하는 순서로 옳은 것은? (단, f는 마찰계수, Re는 Reynolds수, V는 속도이다.)

① Moody선도에서 f를 가정한 후 Re를 계산하고 h_f를 구한다.
② h_f를 가정하고 f를 구해 확인한 후 Moody선도에서 Re로 검증한다.
③ Re를 계산하고 Moody선도에서 f를 구한 후 h_f를 구한다.
④ Re를 가정하고 V를 계산하고 Moody선도에서 f를 구한 후 h_f를 계산한다.

해설

무디선도는 Re수와 상대조도$\left(\frac{e}{d}\right)$, 관마찰계수(f)의 함수이므로, 먼저 Reynolds수(Re)를 구하고 → Moody선도에서 관마찰계수(f)를 구하고 → 손실수두(h_f)를 구한다.

05 내경이 300mm, 길이가 300m인 관을 통하여 평균유속 3m/s로 흐를 때 압력손실수두는 몇 m인가? (단, Darcy-Weisbach 식에서의 관마찰계수는 0.03이다.)

① 12.6 ② 13.8
③ 14.9 ④ 15.6

$$h_f = f\frac{L}{D} \cdot \frac{V^2}{2g}$$
$$= 0.03 \times \frac{300}{0.3} \times \frac{3^2}{2 \times 9.8}$$
$$= 13.77 = 13.8m$$

정답 01.④ 02.③ 03.④ 04.③ 05.②

06 다음 중 압력 0.1MPa, 온도 20℃에서 공기의 밀도는 몇 kg/m^3인가? (단, 공기의 기체상수는 287J/kg · K이다.)

① 1.189 ② 1.314
③ 0.1288 ④ 0.6756

$P = \rho RT$

$\rho = \dfrac{P}{RT} = \dfrac{0.1\times10^6}{287\times293}$

$= 1.189$

$0.1\text{MPa} = 0.1\times10^6\text{N/m}^2$

07 동점도의 단위로 옳은 것은?

① m/s^2 ② m/s
③ m^2/s ④ $m^2/kg \cdot s^2$

① m/s^2 : 가속도
② m/s : 속도
③ m^2/s : 동점도

08 공기를 이상기체로 가정하였을 때 25℃에서 공기의 음속은 몇 m/s인가? (단, 비열비 $k=1.4$, 기체상수 $R=29.27$kgf · m/kg · K이다.)

① 342 ② 346
③ 425 ④ 456

$a = \sqrt{k\cdot g\cdot RT}$

$= \sqrt{1.4\times9.8\times29.27\times298}$

$\fallingdotseq 346\text{m/s}$

09 지름 8cm인 원관 속을 동점성계수가 $1.5\times10^{-6}m^2/s$인 물이 $0.002m^3/s$의 유량으로 흐르고 있다. 이때 레이놀즈수는 약 얼마인가?

① 20000 ② 21221
③ 21731 ④ 22333

$V = \dfrac{Q}{A} = \dfrac{0.002}{\dfrac{\pi}{4}\times(0.08)^2} = 0.39788\text{m/s}$

$\therefore Re = \dfrac{V\cdot D}{\nu} = \dfrac{0.39788\times0.08}{1.5\times10^{-6}}$

$= 21220.26 \fallingdotseq 21221$

10 마찰계수와 마찰저항에 대한 설명으로 옳지 않은 것은?

① 관마찰계수는 레이놀즈수와 상대조도의 함수로 나타낸다.
② 평판상의 층류흐름에서 점성에 의한 마찰계수는 레이놀즈수의 제곱근에 비례한다.
③ 원관에서의 층류운동에서 마찰저항은 유체의 점성계수에 비례한다.
④ 원관에서의 완전 난류운동에서 마찰저항은 평균유속의 제곱에 비례한다.

$f = \left(Re,\ \dfrac{e}{d}\right)$

- 관마찰계수는 레이놀즈수와 상대조도의 함수
- 조도 : 거칠기
- 상대조도$\left(\dfrac{e}{d}\right)$: 모래알 직경(e)과 관의 직경(d)의 비
- 절대조도(e) : 모래알 조도 실험 시 사용되는 모래알의 평균직경

h_f(마찰저항)$= f\dfrac{L}{D}\cdot\dfrac{V^2}{2g}$ (층류, 난류 모두 적용)

층류에서 $f = \dfrac{64}{Re} = \dfrac{64}{\dfrac{\rho dv}{\mu}}$ $f = \dfrac{64\mu}{\rho dv}$ (원관에서 마찰저항은 점성계수에 비례)

11 20℃, $1.03kgf/cm^2$abs의 공기가 단열가역 압축되어 50%의 체적 감소가 생겼다. 압축 후의 온도는? (단, 기체 상수 R은 29.27kgf · m/kg · K이며, $C_P/C_V = 1.4$이다.)

① 42℃ ② 68℃
③ 83℃ ④ 114℃

가역단열 변화

$\dfrac{T_2}{T_1} = \left(\dfrac{V_1}{V_2}\right)^{k-1} = \left(\dfrac{P_2}{P_1}\right)^{\frac{k-1}{k}} = \left(\dfrac{\rho_2}{\rho_1}\right)^{k-1}$

$T_2 = T_1\times\left(\dfrac{V_1}{V_2}\right)^{k-1}$

$= (273+20)\times\left(\dfrac{1}{0.5}\right)^{1.4-1}$

$= 386.615\text{K}$

$\therefore 386.615 - 273 = 113.6℃$

정답 06.① 07.③ 08.② 09.② 10.② 11.④

12 내경이 10cm인 원관 속을 비중 0.85인 액체가 10cm/s의 속도로 흐른다. 액체의 점도가 5cP라면 이 유동의 레이놀즈수는?

① 1400 ② 1700
③ 2100 ④ 2300

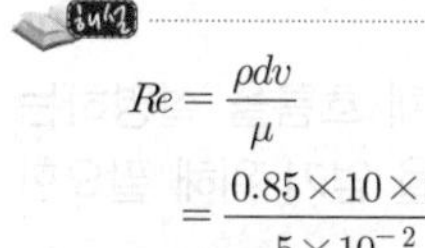

$$Re = \frac{\rho dv}{\mu} = \frac{0.85 \times 10 \times 10}{5 \times 10^{-2}} = 1700$$

13 그림과 같이 윗변과 아랫변이 각각 a, b이고 높이가 h인 사다리꼴형 평면 수문이 수로에 수직으로 설치되어 있다. 비중량 γ인 물의 압력에 의해 수문이 받는 전체 힘은?

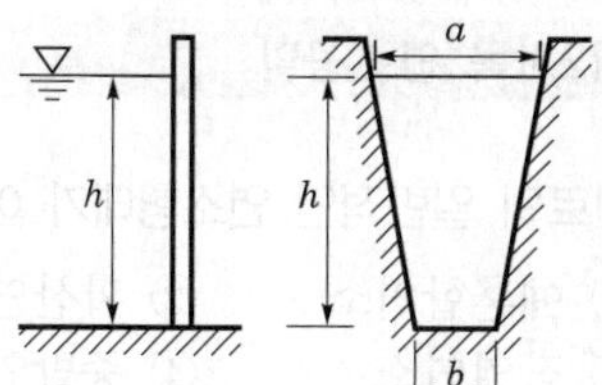

① $\frac{\gamma h^2(a-2b)}{6}$ ② $\frac{\gamma h^2(a-2b)}{3}$
③ $\frac{\gamma h^2(a+2b)}{6}$ ④ $\frac{\gamma h^2(a+2b)}{3}$

수문이 받는 힘

㉠ 정(직)사각형인 경우

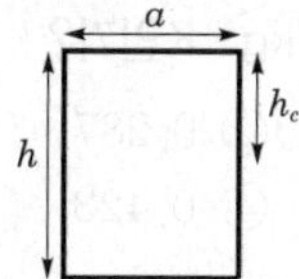

힘 $f = AP = A\gamma h_c$

여기서, A : 문의 면적(m^2)
P : 작용압력(Pa)
γ : 유체의 비중량(N/m^3)
h_c : 도심점(m)

$h_c = \frac{h}{2}$ 이므로

$$\therefore f = A\gamma h_c = (ah) \times \gamma \times \frac{h}{2} = \frac{a\gamma h^2}{2}$$

㉡ 사다리꼴인 경우

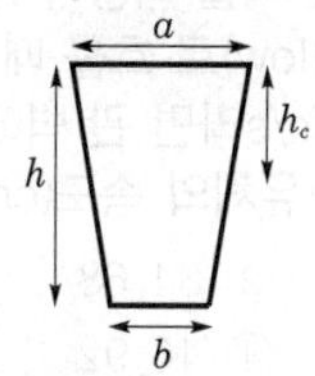

힘 $f = A\gamma h_c$

여기서, $A = \frac{(a+b)h}{2}$

$h_c = \frac{(a+2b)h}{3(a+b)}$

$$\therefore f = \left[\frac{(a+b)h}{2}\right] \times \gamma \times \frac{(a+2b)h}{3(a+b)} = \frac{(a+b)h \times \gamma \times (a+2b)h}{6(a+b)} = \frac{(a+2b)\gamma h^2}{6}$$

14. 다음 중 압축성 유체의 1차원 유동에서 수직충격파 구간을 지나는 기체 성질의 변화로 옳은 것은? **[유체 20]**

① 속도, 압력, 밀도가 증가한다.
② 속도, 온도, 밀도가 증가한다.
③ 압력, 밀도, 온도가 증가한다.
④ 압력, 밀도, 운동량 플럭스가 증가한다.

충격파(유체 핵심 20) 참조
충격파의 영향
㉠ 증가 : 밀도, 비중량, 압력, 온도, 엔트로피
㉡ 감소 : 속도

15 대기의 온도가 일정하다고 가정할 때 공중에 높이 떠 있는 고무풍선이 차지하는 부피(a)와 그 풍선이 땅에 내렸을 때의 부피(b)를 옳게 비교한 것은?

① a는 b보다 크다.
② a와 b는 같다.
③ a는 b보다 작다.
④ 비교할 수 없다.

공중에 떠 있을 경우의 대기압력(P_1)은 땅에 접해 있는 대기압력(P_2)보다 작다. 즉, $P_2 > P_1$이므로 부피는 a(떠 있는 경우)가 땅에 있는 b보다 크다.

정답 12.② 13.③ 14.③ 15.①

16 안지름 20cm의 원관 속을 비중이 0.83인 유체가 층류(laminar flow)로 흐를 때 관 중심에서의 유속이 48cm/s라면 관 벽에서 7cm 떨어진 지점에서의 유체의 속도(cm/s)는?

① 25.52 ② 34.68
③ 43.68 ④ 46.92

$u = u_{\max} \times \left(1 - \frac{r^2}{{r_o}^2}\right)$에서 $r_o = 20 \times \frac{1}{2} = 10\text{cm}$

r=관 벽에서 7cm 떨어진 것은
관 중심 10cm−7cm=3cm
관 중심에서 3cm 떨어진 장소이므로

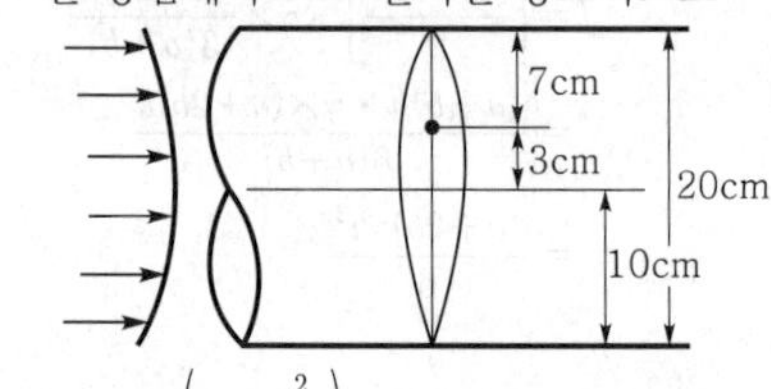

$u = u_{\max} \times \left(1 - \frac{r^2}{{r_o}^2}\right)$에서

$48 \times \left(1 - \frac{3^2}{10^2}\right) = 43.68\text{cm/s}$

17 일반적으로 원관 내부 유동에서 층류만이 일어날 수 있는 레이놀즈수(Reynolds number)의 영역은?

① 2100 이상 ② 2100 이하
③ 21000 이상 ④ 21000 이하

18 베르누이 방정식에 관한 일반적인 설명으로 옳은 것은?

① 같은 유선상이 아니더라도 언제나 임의의 점에 대하여 적용된다.
② 주로 비정상류 상태의 흐름에 대하여 적용된다.
③ 유체의 마찰효과를 고려한 식이다.
④ 압력수두, 속도수두, 위치수두의 합은 유선을 따라 일정하다.

베르누이 방정식

$h + \frac{P}{\gamma} + \frac{V^2}{2g} = C$

위치수두, 압력수두, 속도수두는 일정

19 다음 중 원심 송풍기가 아닌 것은?

① 프로펠러 송풍기
② 다익 송풍기
③ 레이디얼 송풍기
④ 익형(airfoil) 송풍기

20 수평원관 내에서의 유체 흐름을 설명하는 Hagen−Poiseuille 식을 얻기 위해 필요한 가정이 아닌 것은?

① 완전히 발달된 흐름
② 정상상태 흐름
③ 층류
④ 포텐셜 흐름

제2과목 연소공학

21 연료의 일반적인 연소형태가 아닌 것은?

① 예혼합연소 ② 확산연소
③ 잠열연소 ④ 증발연소

해설

① 예혼합 : 기체물질의 연소
② 확산 : 기체물질의 연소
④ 증발 : 액체물질의 연소

22 이상기체 10kg을 240K만큼 온도를 상승시키는 데 필요한 열량이 정압인 경우와 정적인 경우에 그 차가 415kJ이었다. 이 기체의 가스 상수는 몇 kJ/kg · K인가?

① 0.173 ② 0.287
③ 0.381 ④ 0.423

해설

정압 변화 가열량 Q_1, 정적 변화 가열량 Q_2이면

$Q_1 - Q_2 = GC_p(T_2 - T_1) - GC_v(T_2 - T_1) = 415$

$G(T_2 - T_1)(C_p - C_v) = 415$

$\therefore C_p - C_v = \frac{415}{G(T_2 - T_1)} = \frac{415}{10 \times 240} = 0.1729 = 0.173\text{kJ/kg} \cdot \text{K}$

$R = C_p - C_v$

정답 16.③ 17.② 18.④ 19.① 20.④ 21.③ 22.①

23 연소에서 공기비가 적을 때의 현상이 아닌 것은? **[연소 15]**

① 매연의 발생이 심해진다.
② 미연소에 의한 열손실이 증가한다.
③ 배출가스 중의 NO_2의 발생이 증가한다.
④ 미연소가스에 의한 역화의 위험성이 증가한다.

공기비(연소 핵심 15) 참조

24 다음과 같은 조성을 갖는 혼합가스의 분자량은? (단, 혼합가스의 체적비는 CO_2(13.1%), O_2(7.7%), N_2(79.2%)이다.)

① 27.81 ② 28.94
③ 29.67 ④ 30.41

$44\times0.131+32\times0.077+28\times0.792=30.404$
$=30.41$

25 다음은 Air-standard otto cycle의 $P-V$ diagram이다. 이 cycle의 효율(η)을 옳게 나타낸 것은? (단, 정적 열용량은 일정하다.)

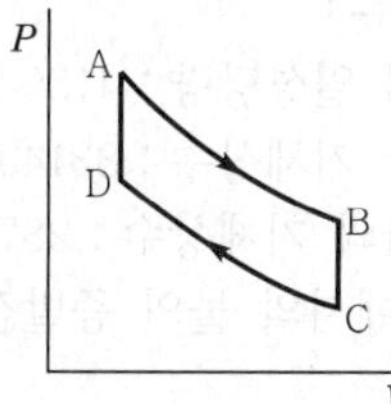

① $\eta=1-\left(\dfrac{T_B-T_C}{T_A-T_D}\right)$

② $\eta=1-\left(\dfrac{T_D-T_C}{T_A-T_B}\right)$

③ $\eta=1-\left(\dfrac{T_A-T_D}{T_B-T_C}\right)$

④ $\eta=1-\left(\dfrac{T_A-T_B}{T_D-T_C}\right)$

오토 사이클
정적 연소 사이클, 가솔린 기관의 기본 사이클
(A → B) : 단열팽창, (B → C) : 등적배기
(C → D) : 단열압축, (D → A) : 등적연소

$\eta=1-\dfrac{q_1}{q_2}=1-\dfrac{(T_B-T_C)}{(T_A-T_D)}$

26 가스 폭발의 용어 중 DID의 정의에 대하여 가장 올바르게 나타낸 것은? **[연소 1]**

① 격렬한 폭발이 완만한 연소로 넘어갈 때까지의 시간
② 어느 온도에서 가열하기 시작하여 발화에 이르기까지의 시간
③ 폭발 등급을 나타내는 것으로서 가연성 물질의 위험성의 척도
④ 최초의 완만한 연소로부터 격렬한 폭굉으로 발전할 때까지의 거리

폭굉, 폭굉유도거리(연소 핵심 1) 참조

27 위험장소 분류 중 상용의 상태에서 가연성 가스가 체류해 위험하게 될 우려가 있는 장소, 정비·보수 또는 누출 등으로 인하여 종종 가연성 가스가 체류하여 위험하게 될 우려가 있는 장소는? **[연소 14]**

① 제0종 위험장소 ② 제1종 위험장소
③ 제2종 위험장소 ④ 제3종 위험장소

위험장소(연소 핵심 14) 참조

28 공기와 연료의 혼합기체의 표시에 대한 설명 중 옳은 것은? **[연소 45]**

① 공기비(excess air ratio)는 연공비의 역수와 같다.
② 당량비(equivalence ratio)는 실제의 연공비와 이론 연공비의 비로 정의된다.
③ 연공비(fuel air ratio)라 함은 가연 혼합기 중의 공기와 연료의 질량비로 정의된다.
④ 공연비(air fuel ratio)라 함은 가연 혼합기 중의 연료와 공기의 질량비로 정의된다.

공연비와 연공비·당량비·공기비의 관계(연소 핵심 45) 참조
① 공기비는 당량비의 역수
③ 연공비는 가연성 혼합기의 연료와 공기의 질량비
④ 공연비는 가연성 혼합기의 공기와 연료의 질량비

정답 23.③ 24.④ 25.① 26.④ 27.② 28.②

29 1kWh의 열당량은?

① 860kcal ② 632kcal
③ 427kcal ④ 376kcal

• 1kW=860kcal/hr • 1PS=632.5kcal/hr

30 메탄가스 $1Nm^3$를 완전 연소시키는 데 필요한 이론공기량은 약 몇 Nm^3인가?

① $2.0Nm^3$ ② $4.0Nm^3$
③ $4.76Nm^3$ ④ $9.5Nm^3$

$CH_4 + 2O_2 \rightarrow CO_2 + 2H_2O$
$1Nm^3$는 산소량 $2Nm^3$이므로

$\therefore$ 이론공기량 $= 2 \times \frac{100}{21} = 9.52Nm^3$

31 전실 화재(Flash Over)의 방지대책으로 가장 거리가 먼 것은?

① 천장의 불연화 ② 폭발력의 억제
③ 가연물량의 제한 ④ 화원의 억제

전실 화재
연소 가능한 전체가 화재로 모두 연소되어 버리는 화재로서 방지책으로는 천장의 불연화, 가연물량의 제한, 화원의 억제 등이 있다.

32 이상기체의 구비조건이 아닌 것은? **[연소 3]**

① 내부에너지는 온도와 무관하며 체적에 의해서만 결정된다.
② 아보가드로의 법칙을 따른다.
③ 분자의 충돌은 완전탄성체로 이루어진다.
④ 비열비는 온도에 관계없이 일정하다.

이상기체(연소 핵심 3) 참조
이상기체
내부에너지는 온도만의 함수이다.

33 상온, 상압하에서 가연성 가스의 폭발에 대한 일반적인 설명 중 틀린 것은?

① 폭발범위가 클수록 위험하다.
② 인화점이 높을수록 위험하다.
③ 연소속도가 클수록 위험하다.
④ 착화점이 높을수록 안전하다.

34 옥탄(g)의 연소 엔탈피는 반응물 중의 수증기가 응축되어 물이 되었을 때 25℃에서 −48220 kJ/kg이다. 이 상태에서 옥탄(g)의 저위발열량은 약 몇 kJ/kg인가? (단, 25℃ 물의 증발 엔탈피(h_{fg})는 2441.8kJ/kg이다.)

① 40750 ② 42320
③ 44750 ④ 45778

$C_8H_{18} + 12.5O_2 \rightarrow 8CO_2 + 9H_2O + Q$
H_L(저위) = H_L(고위) − 물의 증발잠열
$= 48220\text{kJ/kg} - \frac{2441.8 \times 9 \times 18}{114\text{kg}}$
$= 44750.07\text{kJ/kg}$

35 다음 중 연소의 3요소를 옳게 나열한 것은?

① 가연물, 빛, 열
② 가연물, 공기, 산소
③ 가연물, 산소, 점화원
④ 가연물, 질소, 단열압축

36 열역학 및 연소에서 사용되는 상수와 그 값이 틀린 것은?

① 열의 일상당량 : 4186J/kcal
② 일반 기체상수 : 8314J/kmol · K
③ 공기의 기체상수 : 287J/kg · K
④ 0℃에서의 물의 증발잠열 : 539kJ/kg

0℃에서의 물의 증발잠열
539kcal/kg = 539×4.2kJ/kg = 2263.8kJ/kg

37 분자량이 30인 어떤 가스의 정압비열이 0.516 kJ/kg · K이라고 가정할 때 이 가스의 비열비 k는 약 얼마인가?

① 1.0 ② 1.4
③ 1.8 ④ 2.2

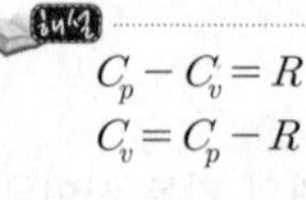

$C_p - C_v = R$
$C_v = C_p - R$
$= 0.516 - \frac{8.314}{30}$
$= 0.23886\text{kJ/kg} \cdot \text{K}$
$\therefore k = \frac{C_p}{C_v} = \frac{0.516}{0.23886} = 2.16 \fallingdotseq 2.2$

정답 29.① 30.④ 31.② 32.① 33.② 34.③ 35.③ 36.④ 37.④

38 다음 확산화염의 여러 가지 형태 중 대향분류(對向噴流)의 확산화염에 해당하는 것은 어느 것인가?

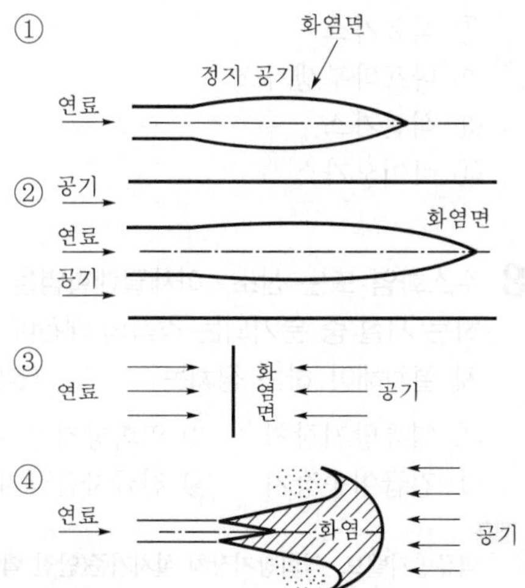

해설
① 동축류
② 경계층
③ 자유분류
④ 대향분류

39 액체 프로판이 298K, 0.1MPa에서 이론공기를 이용하여 연소하고 있을 때 고발열량은 약 몇 MJ/kg인가? (단, 연료의 증발 엔탈피는 370kJ/kg이고, 기체상태의 생성 엔탈피는 각각 C_3H_8 −103909kJ/kmol, CO_2 −393757 kJ/kmol, 액체 및 기체 상태의 H_2O는 각각 −286010kJ/kmol, −241971kJ/kmol이다.)

① 44
② 46
③ 50
④ 2205

해설
프로판의 연소방응식

$C_3H_8+5O_2 \rightarrow 3CO_2+4H_2O+Q$

$Q=(3\times393757+4\times286010-103909)\div44\text{kg}$
$=50486.409\text{kJ/kg}=50.486\text{MJ/kg}$

370kJ/kg : C_3H_8의 증발 엔탈피는 저위발열량 계산 시 적용

40 다음 반응 중 폭굉(detonation) 속도가 가장 빠른 것은?

① $2H_2+O_2$ ② CH_4+2O_2
③ $C_3H_8+3O_2$ ④ $C_3H_8+6O_2$

해설
폭굉속도
㉠ 일반가스 : 1,000~3,500m/s
㉡ 수소 : 1,400~3,500m/s

제3과목 가스설비

41 다음 그림에서 보여주는 관 이음재의 명칭은?

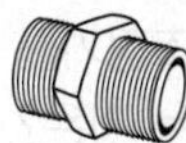

① 소켓 ② 니플
③ 부싱 ④ 캡

42 결정 조직이 거칠은 것을 미세화하여 조직을 균일하게 하고 조직의 변형을 제거하기 위하여 균일하게 가열한 후 공기 중에서 냉각하는 열처리 방법은? **[설비 20]**

① 퀀칭 ② 노멀라이징
③ 어닐링 ④ 템퍼링

해설
열처리 종류 및 특성(설비 핵심 20) 참조

43 고압가스 제조장치의 재료에 대한 설명으로 틀린 것은?

① 상온, 건조 상태의 염소가스에는 보통강을 사용한다.
② 암모니아, 아세틸렌의 배관 재료에는 구리를 사용한다.
③ 저온에서 사용되는 비철금속 재료는 동, 니켈 강을 사용한다.
④ 암모니아 합성탑 내부의 재료에는 18−8 스테인리스강을 사용한다.

해설
구리 사용금지 가스
C_2H_2, NH_3

정답 38.④ 39.③ 40.① 41.② 42.② 43.②

44 다음 가스액화분리장치의 구성기기 중 왕복동식 팽창기의 특징에 대한 설명으로 틀린 것은? [설비 28]

① 고압식 액체산소분리장치, 수소액화장치, 헬륨액화기 등에 사용된다.
② 흡입압력은 저압에서 고압(20MPa)까지 범위가 넓다.
③ 팽창기의 효율은 85~90%로 높다.
④ 처리가스량이 $1000m^3/h$ 이상의 대량이면 다기통이 된다.

공기액화분리장치의 팽창기(설비 핵심 28) 참조

45 자동절체식 조정기를 사용할 때의 장점에 해당하지 않는 것은? [설비 55]

① 잔류액이 거의 없어질 때까지 가스를 소비할 수 있다.
② 전체 용기의 개수가 수동절체식보다 적게 소요된다.
③ 용기 교환주기를 길게 할 수 있다.
④ 일체형을 사용하면 다단 감압식보다 배관의 압력손실을 크게 해도 된다.

조정기(설비 핵심 55) 참조

46 피스톤 행정 용량 $0.00248m^3$, 회전수 175rpm의 압축기로 1시간에 토출구로 92kg/h의 가스가 통과하고 있을 때 가스의 토출효율은 약 몇 %인가? (단, 토출가스 1kg을 흡입한 상태로 환산한 체적은 $0.189m^3$이다.)

① 66.8
② 70.2
③ 76.8
④ 82.2

$$효율(\eta) = \frac{실제가스흡입량}{이론가스흡입량} \times 100$$
$$= \frac{92kg/hr \times 0.189m^3/kg}{0.00248 \times 175 \times 60m^3/hr} \times 100$$
$$= 66.77 = 66.8\%$$

47 도시가스사업법에서 정의한 가스를 제조하여 배관을 통하여 공급하는 도시가스가 아닌 것은?

① 석유가스
② 나프타부생가스
③ 석탄가스
④ 바이오가스

48 수소화염 또는 산소 · 아세틸렌화염을 사용하는 시설 중 분기되는 각각의 배관에 반드시 설치해야 하는 장치는? [안전 91]

① 역류방지장치 ② 역화방지장치
③ 긴급이송장치 ④ 긴급차단장치

역류방지밸브, 역화방지장치 설치기준(안전 핵심 91) 참조

49 다음 중 가스액화사이클의 종류가 아닌 것은 어느 것인가?

① 클라우드식
② 필립스식
③ 크라시우스식
④ 린데식

50 왕복식 압축기의 연속적인 용량제어 방법으로 가장 거리가 먼 것은? [설비 57]

① 바이패스밸브에 의한 조정
② 회전수를 변경하는 방법
③ 흡입 주밸브를 폐쇄하는 방법
④ 베인 컨트롤에 의한 방법

가스액화사이클(설비 핵심 57) 참조

(1) **왕복압축기 연속용량조정 방법**
① 회전수 변경
② 바이패스법
③ 타임드밸브에 의한 방법
④ 흡입 주밸브를 폐쇄하는 방법

(2) **단계적 용량조정 방법**
① 클리어런스밸브에 의한 방법
② 흡입밸브를 개방하여 흡입하지 못하도록 하는 방법

정답 44.③ 45.④ 46.① 47.③ 48.② 49.③ 50.④

51 적화식 버너의 특징으로 틀린 것은? **[연소 8]**

① 불완전연소가 되기 쉽다.
② 고온을 얻기 힘들다.
③ 넓은 연소실이 필요하다.
④ 1차 공기를 취할 때 역화 우려가 있다.

해설

1차, 2차 공기에 의한 연소의 방법(연소 핵심 8) 참조
적화식
2차 공기만으로 연소하는 방법

52 도시가스 배관에서 가스 공급이 불량하게 되는 원인으로 가장 거리가 먼 것은?

① 배관의 파손
② Terminal Box의 불량
③ 정압기의 고장 또는 능력 부족
④ 배관 내의 물의 고임, 녹으로 인한 폐쇄

53 고압가스의 분출 시 정전기가 발생하기 가장 쉬운 경우는?

① 다성분의 혼합가스인 경우
② 가스의 분자량이 작은 경우
③ 가스가 건조해 있을 경우
④ 가스 중에 액체나 고체의 미립자가 섞여있는 경우

54 1호당 1일 평균 가스 소비량이 1.44kg/day이고 소비자 호수가 50호라면 피크 시의 평균 가스 소비량은? (단, 피크 시의 평균 가스 소비율은 17%이다.)

① 10.18kg/h ② 12.24kg/h
③ 13.42kg/h ④ 14.36kg/h

$Q = q \times N \times \eta = 1.44 \times 50 \times 0.17 = 12.24\text{kg/h}$

55 다음 중 LPG를 이용한 가스 공급방식이 아닌 것은?

① 변성혼입방식
② 공기혼합방식
③ 직접혼입방식
④ 가압혼입방식

56 전기방식법 중 외부전원법의 특징이 아닌 것은? **[안전 38]**

① 전압, 전류의 조정이 용이하다.
② 전식에 대해서도 방식이 가능하다.
③ 효과범위가 넓다.
④ 다른 매설 금속체의 장해가 없다.

전기방식법(안전 핵심 38) 참조

57 고압가스탱크의 수리를 위하여 내부 가스를 배출하고 불활성 가스로 치환하여 다시 공기로 치환하였다. 내부의 가스를 분석한 결과 탱크 안에서 용접작업을 해도 되는 경우는 다음 중 어느 것인가?

① 산소 20%
② 질소 85%
③ 수소 5%
④ 일산화탄소 4000ppm

치환 후 설비 내 유지농도
㉠ 산소 : 18% 이상 22% 이하
㉡ 가연성 : 폭발하한의 1/4 이하
수소 $4 \times \frac{1}{4} = 1\%$ 이하
㉢ 독성 : TLV−TWA 기준농도 이하
CO : 50ppm 이하

58 성능계수가 3.2인 냉동기가 10ton의 냉동을 위하여 공급하여야 할 동력은 약 몇 kW인가?

① 8
② 12
③ 16
④ 20

해설

$$\text{COP} = \frac{\text{냉동효과}}{\text{압축일량}}$$

$$\text{압축일량} = \frac{\text{냉동효과}}{\text{COP}} = \frac{10 \times 3320}{3.2} = 10375\text{kcal/hr}$$

$10375\text{kcal/hr} \div 860\text{kcal/hr(kW)}$
$\therefore \text{kW} = 12.05\text{kW}$

1ton=3320kcal/hr

정답 51.④ 52.② 53.④ 54.② 55.④ 56.④ 57.① 58.②

59 가스의 연소기구가 아닌 것은? **[연소 8]**

① 피셔식 버너
② 적화식 버너
③ 분젠식 버너
④ 전1차공기식 버너

해설
1차, 2차 공기에 의한 연소의 방법(연소 핵심 8) 참조

60 용기내장형 액화석유가스 난방기용 용접용기에서 최고 충전압력이란 몇 MPa을 말하는가?

① 1.25MPa ② 1.5MPa
③ 2MPa ④ 2.6MPa

제4과목 가스안전관리

61 고압가스 충전용기를 차량에 적재 운반할 때의 기준으로 틀린 것은? **[안전 34]**

① 충돌을 예방하기 위하여 고무링을 씌운다.
② 모든 충전용기는 적재함에 넣어 세워서 적재한다.
③ 충격을 방지하기 위하여 완충판 등을 갖추고 사용한다.
④ 독성가스 중 가연성 가스와 조연성 가스는 동일 차량 적재함에 운반하지 않는다.

해설
고압가스 용기에 의한 운반기준(안전 핵심 34) 참조

62 아세틸렌을 용기에 충전할 때에는 미리 용기에 다공질물을 고루 채워야 하는데, 이때 다공질물의 다공도 상한값은?

① 72% 미만 ② 85% 미만
③ 92% 미만 ④ 98% 미만

해설
다공도 75% 이상 92% 미만

63 액화산소 저장탱크의 저장능력이 $2000m^3$일 때 방류둑의 용량은 얼마 이상으로 하여야 하는가? **[안전 53]**

① $1200m^3$ ② $1800m^3$
③ $2000m^3$ ④ $2200m^3$

해설
방류둑 설치기준(안전 핵심 53) 참조
방류둑의 용량
㉠ 독성 · 가연성 : 저장능력 상당용적
㉡ 산소 : 저장능력 상당용적의 60% 이상
$2000m^3 \times 0.6 = 1200m^3$ 이상

64 초저온용기의 신규검사 시 다른 용접용기의 검사 항목과 달리 특별히 시험하여야 하는 검사 항목은?

① 압궤시험 ② 인장시험
③ 굽힘시험 ④ 단열성능시험

해설
초저온용기(액화산소, 액화아르곤, 액화질소)에 실시하는 검사는 단열성능시험이다.

65 압력을 가하거나 온도를 낮추면 가장 쉽게 액화하는 가스는?

① 산소 ② 천연가스
③ 질소 ④ 프로판

해설
비등점이 높을수록 쉽게 액화된다.
O_2(−183℃), 천연가스(−162℃), N_2(−196℃), 프로판(−42℃)

66 액화석유가스용 소형 저장탱크의 설치장소 기준으로 틀린 것은? **[안전 103]**

① 지상설치식으로 한다.
② 액화석유가스가 누출된 경우 체류하지 않도록 통풍이 잘 되는 장소에 설치한다.
③ 전용 탱크실로 하여 옥외에 설치한다.
④ 건축물이나 사람이 통행하는 구조물의 하부에 설치하지 아니한다.

해설
소형 저장탱크 설치방법(안전 핵심 103) 참조
전용탱크실에 설치하는 경우 옥외에 설치할 필요가 없다.

정답 59.① 60.② 61.② 62.③ 63.① 64.④ 65.④ 66.③

67 염소와 동일 차량에 적재하여 운반하여도 무방한 것은? **[안전 34]**

① 산소
② 아세틸렌
③ 암모니아
④ 수소

고압가스 용기에 의한 운반기준(안전 핵심 34) 참조

68 폭발 상한값은 수소, 폭발 하한값은 암모니아와 가장 유사한 가스는?

① 에탄
② 일산화탄소
③ 산화프로필렌
④ 메틸아민

H_2(4~75%), NH_3(15~28%), CO(12.5~74%)이다.

69 도시가스사업법에서 요구하는 전문교육 대상자가 아닌 것은? **[안전 72]**

① 도시가스사업자의 안전관리책임자
② 특정가스사용시설의 안전관리책임자
③ 도시가스사업자의 안전점검원
④ 도시가스사업자의 사용시설점검원

안전교육(안전 핵심 72) 참조
④ 사용시설점검원은 특별교육대상자

70 독성가스 배관용 밸브 제조의 기준 중 고압가스안전관리법의 적용대상 밸브 종류가 아닌 것은?

① 니들밸브
② 게이트밸브
③ 체크밸브
④ 볼밸브

독성가스 배관용 밸브 제조 기준 중 고압가스안전관리법 적용대상 밸브(KGS AA318)
볼밸브, 글로브밸브, 게이트밸브, 체크밸브, 콕

71 용기에 의한 액화석유가스 저장소에서 액화석유가스의 충전용기 보관실에 설치하는 환기구의 통풍 가능 면적의 합계는 바닥면적 $1m^2$마다 몇 cm^2 이상이어야 하는가?

① $250cm^2$
② $300cm^2$
③ $400cm^2$
④ $650cm^2$

LP가스 환기설비(안전 핵심 123) 참조
자연통풍구의 크기
바닥면적의 3% 이상, $1m^3$당 $300cm^2$ 이상

72 저장탱크에 가스를 충전할 때 저장탱크 내용적의 90%를 넘지 않도록 충전해야 하는 이유는?

① 액의 요동을 방지하기 위하여
② 충격을 흡수하기 위하여
③ 온도에 따른 액 팽창이 현저히 커지므로 안전공간을 유지하기 위하여
④ 추가로 충전할 때를 대비하기 위하여

73 독성가스를 차량으로 운반할 때에는 보호장비를 비치하여야 한다. 압축가스의 용적이 몇 m^3 이상일 때 공기호흡기를 갖추어야 하는가? **[안전 166]**

① $50m^3$
② $100m^3$
③ $500m^3$
④ $1000m^3$

독성가스 운반 시 보호장비(안전 핵심 166) 참조

74 가스안전 위험성 평가기법 중 정량적 평가에 해당되는 것은? **[연소 12]**

① 체크리스트 기법
② 위험과 운전 분석기법
③ 작업자실수 분석기법
④ 사고예상질문 분석기법

안전성 평가기법(연소 핵심 12) 참조

정답 67.① 68.② 69.④ 70.① 71.② 72.③ 73.② 74.③

75 고압가스 특정제조시설에서 에어졸 제조의 기준으로 틀린 것은? **[안전 70]**

① 에어졸 제조는 그 성분 배합비 및 1일에 제조하는 최대수량을 정하고 이를 준수한다.
② 금속제의 용기는 그 두께가 0.125mm 이상이고 내용물로 인한 부식을 방지할 수 있는 조치를 한다.
③ 용기는 40℃에서 용기 안의 가스압력의 1.2배의 압력을 가할 때 과열되지 않는 것으로 한다.
④ 내용적이 100cm^2를 초과하는 용기는 그 용기의 제조자의 명칭 또는 기호가 표시되어 있는 것으로 한다.

에어졸 제조시설(안전 핵심 70) 참조

76 일반도시가스 공급시설에 설치된 압력조정기는 매 6개월에 1회 이상 안전점검을 실시한다. 압력조정기의 점검기준으로 틀린 것은?

① 입구압력을 측정하고 입구압력이 명판에 표시된 입구압력 범위 이내인지 여부
② 격납상자 내부에 설치된 압력조정기는 격납상자의 견고한 고정 여부
③ 조정기의 몸체와 연결부의 가스누출 유무
④ 필터 또는 스트레이너의 청소 및 손상 유무

77 용기에 의한 액화석유가스 저장소의 저장설비 설치기준으로 틀린 것은?

① 용기보관실 설치 시 저장설비는 용기집합식으로 하지 아니한다.
② 용기보관실은 사무실과 구분하여 동일한 부지에 설치한다.
③ 실외저장소 설치 시 충전용기와 잔가스용기의 보관장소는 1.5m 이상의 거리를 두어 구분하여 보관한다.
④ 실외저장소 설치 시 바닥으로부터 2m 이내의 배수시설이 있을 경우에는 방수재료로 이중으로 덮는다.

78 불화수소(HF)가스를 물에 흡수시킨 물질을 저장하는 용기로 사용하기에 가장 부적절한 것은?

① 납용기
② 유리용기
③ 강용기
④ 스테인리스용기

79 고압가스용 용접용기의 반타원체형 경판의 두께 계산식은 다음과 같다. m을 올바르게 설명한 것은? **[안전 172]**

$t=\dfrac{PDV}{2S\eta-0.2P}+C$에서 V는 $\dfrac{2+m^2}{6}$이다.

① 동체의 내경과 외경비
② 강판 중앙 단곡부의 내경과 경판 둘레의 단곡부 내경비
③ 반타원체형 내면의 장축부와 단축부의 길이의 비
④ 경판 내경과 경판 장축부의 길이의 비

고압가스용 용접용기 두께(안전 핵심 172) 참조

80 일반 용기의 도색이 잘못 연결된 것은?

① 액화염소 – 갈색
② 아세틸렌 – 황색
③ 액화탄산가스 – 회색
④ 액화암모니아 – 백색

액화탄산가스 : 청색

제5과목 가스계측

81 다음 중 측온 저항체의 종류가 아닌 것은 어느 것인가? **[계측 22]**

① Hg ② Ni
③ Cu ④ Pt

전기저항 온도계(계측 핵심 22) 참조

정답 75.③ 76.① 77.④ 78.② 79.③ 80.③ 81.①

82 기체 크로마토그래피법의 검출기에 대한 설명으로 옳은 것은?

① 불꽃이온화 검출기는 감도가 낮다.
② 전자포획 검출기는 선형 감응범위가 아주 우수하다.
③ 열전도도 검출기는 유기 및 무기 화학종에 모두 감응하고 용질이 파괴되지 않는다.
④ 불꽃광도 검출기는 모든 물질에 적용된다.

- FID는 감응이 최고
- ECD는 할로겐, 산소 화합물에 감응이 최고, 탄화수소에는 감응이 떨어진다.

83 다음 [보기]에서 설명하는 가스미터는 어느 것인가? **[계측 8]**

- 설치공간을 적게 차지한다.
- 대용량의 가스 측정에 적당하다.
- 설치 후의 유지관리가 필요하다.
- 가스의 압력이 높아도 사용이 가능하다.

① 막식 가스미터 ② 루트미터
③ 습식 가스미터 ④ 오리피스미터

해설

막식, 습식, 루트식 가스미터 장 · 단점(계측 핵심 8) 참조

84 다음 [보기]에서 설명하는 열전대 온도계(Thermo electric thermometer)의 종류는 어느 것인가? **[계측 9]**

- 기전력 특성이 우수하다.
- 환원성 분위기에 강하나 수분을 포함한 산화성 분위기에는 약하다.
- 값이 비교적 저렴하다.
- 수소와 일산화탄소 등에 사용이 가능하다.

① 백금－백금 · 로듐
② 크로멜－알루멜
③ 철－콘스탄탄
④ 구리－콘스탄탄

해설

열전대 온도계(계측 핵심 9) 참조

85 내경 70mm의 배관으로 어떤 양의 물을 보냈더니 배관 내 유속이 3m/s였다. 같은 양의 물을 내경 50mm의 배관으로 보내면 배관 내 유속은 약 몇 m/s가 되는가?

① 2.56 ② 3.67
③ 4.20 ④ 5.88

해설

연속의 법칙

$A_1 V_1 = A_2 V_2$

$$\therefore V_2 = \frac{A_1 V_1}{A_2} = \frac{\frac{\pi}{4} \times (70)^2 \times 3}{\frac{\pi}{4} \times (50)^2} = 5.88\text{m/s}$$

86 용량범위가 1.5~200m^3/h로 일반 수용가에 널리 사용되는 가스미터는? **[계측 8]**

① 루트미터
② 습식 가스미터
③ 델타미터
④ 막식 가스미터

막식, 습식, 루트식 가스미터 장 · 단점(계측 핵심 8) 참조

87 진동이 일어나는 장치의 진동을 억제하는 데 가장 효과적인 제어동작은? **[계측 4]**

① 뱅뱅동작
② 비례동작
③ 적분동작
④ 미분동작

동작신호와 신호의 전송방법(계측 핵심 4) 참조

88 변화되는 목표치를 측정하면서 제어량을 목표치에 맞추는 자동제어 방식이 아닌 것은 어느 것인가? **[계측 12]**

① 추종제어
② 비율제어
③ 프로그램제어
④ 정치제어

자동제어계의 분류(계측 핵심 12) 참조

정답 82.③ 83.② 84.③ 85.④ 86.④ 87.④ 88.④

89 다음 중 스프링식 저울에 물체의 무게가 작용되어 스프링의 변위가 생기고 이에 따라 바늘의 변위가 생겨 물체의 무게를 지시하는 눈금으로 무게를 측정하는 방법을 무엇이라 하는가? **[계측 11]**

① 영위법 ② 치환법
③ 편위법 ④ 보상법

해설

계측의 측정방법(계측 핵심 11) 참조

90 막식 가스미터에서 발생할 수 있는 고장의 형태 중 가스미터에 감도 유량을 흘렸을 때, 미터 지침의 시도(示度)에 변화가 나타나지 않는 고장을 의미하는 것은? **[계측 5]**

① 감도 불량 ② 부동
③ 불통 ④ 기차 불량

해설

가스미터의 고장(계측 핵심 5) 참조

91 화학분석법 중 요오드(I)적정법은 주로 어떤 가스를 정량하는 데 사용되는가?

① 일산화탄소
② 아황산가스
③ 황화수소
④ 메탄

요오드 적정법은 황화수소 정량에 사용된다.

92 측정치가 일정하지 않고 분포현상을 일으키는 흩어짐(dispersion)이 원인이 되는 오차는?

① 개인오차 ② 환경오차
③ 이론오차 ④ 우연오차

해설

계통오차(계측 핵심 2) 참조
우연오차
측정치가 일정하지 않고 산포의 원인이 되는 오차

93 다음 중 액면 측정방법이 아닌 것은?

① 플로트식 ② 압력식
③ 정전용량식 ④ 박막식

94 부르동(bourdon)관 압력계에 대한 설명으로 틀린 것은?

① 높은 압력은 측정할 수 있지만 정도는 좋지 않다.
② 고압용 부르동관의 재질은 니켈강이 사용된다.
③ 탄성을 이용하는 압력계이다.
④ 부르동관의 선단은 압력이 상승하면 수축되고, 낮아지면 팽창한다.

부르동관 압력계
압력상승 시 선단이 팽창, 낮아지면 수축

95 수소의 품질검사에 이용되는 분석방법은 어느 것인가? **[안전 11]**

① 오르자트법
② 산화연소법
③ 인화법
④ 파라듐블랙에 의한 흡수법

산소, 수소, 아세틸렌 품질검사(안전 핵심 11) 참조

96 상대습도가 30%이고, 압력과 온도가 각각 1.1bar, 75℃인 습공기가 $100m^3/h$로 공정에 유입될 때 몰습도(mol H_2O/mol dry air)는? (단, 75℃에서 포화수증기압은 289mmHg이다.)

① 0.017
② 0.117
③ 0.129
④ 0.317

$$\text{몰습도} = \frac{H_2O\ \text{몰질량}}{\text{Air 몰질량}} = \frac{P_{H_2O}(P_w)}{P - P_{H_2O}(P_w)}$$

$$\phi = \frac{\text{수증기분압}(P_w)}{t℃\ \text{포화수증기압}(P_s)}\ \text{이므로}$$

$$P_w = \phi P_s = 0.3 \times 289 = 86.7\text{mmHg}$$

$$P(\text{습공기 전압력}) = \frac{1.1}{1.01325} \times 760 = 825.067\text{mmHg}$$

$$\therefore\ \text{몰습도} = \frac{(86.7)}{825.067 - 86.7} = 0.117(\text{mol } H_2O/\text{mol dry air})$$

정답 89.③ 90.① 91.③ 92.④ 93.④ 94.④ 95.① 96.②

97 다음 가스 분석방법 중 성질이 다른 하나는 어느 것인가?

① 자동화학식
② 열전도율법
③ 밀도법
④ 기체 크로마토그래피법

①: 화학적 분석법
②, ③, ④: 물리적 분석법

98 제백(seebeck)효과의 원리를 이용한 온도계는 어느 것인가? **[계측 9]**

① 열전대 온도계
② 서미스터 온도계
③ 팽창식 온도계
④ 광전관 온도계

열전대 온도계(계측 핵심 9) 참조

99 머무른 시간 407초, 길이 12.2m인 컬럼에서의 띠너비를 바닥에서 측정하였을 때 13초였다. 이때 단 높이는 몇 mm인가?

① 0.58 ② 0.68
③ 0.78 ④ 0.88

$$N=16\times\left(\frac{K}{B}\right)^2=16\times\left(\frac{407}{13}\right)^2=15682.74556$$

$$\therefore \text{ 이론단 높이(HETp)}=\frac{L}{N}=\frac{12.2\times10^3}{15682.74556}=0.777\fallingdotseq0.78$$

100 헴펠식 가스분석법에서 흡수 · 분리되지 않는 성분은? **[계측 1]**

① 이산화탄소 ② 수소
③ 중탄화수소 ④ 산소

흡수분석법(계측 핵심 1) 참조

정답 97.① 98.① 99.③ 100.②

국가기술자격 시험문제

2021년 기사 제2회 필기시험(1부) (2021년 5월 15일 시행)

자격종목	시험시간	문제수	문제형별
가스기사	2시간30분	100	A

수험번호		성 명	

제1과목 가스유체역학

01 다음과 같은 일반적인 베르누이의 정리에 적용되는 조건이 아닌 것은?

$$\frac{P}{\rho g}+\frac{V^2}{2g}+Z=\text{constant}$$

① 정상상태의 흐름이다.
② 마찰이 없는 흐름이다.
③ 직선관에서만의 흐름이다.
④ 같은 유선상에 있는 흐름이다.

베르누이 방정식의 가정 조건
㉠ 정상 유동
㉡ 비압축성 유동, 비점성 유동
㉢ 마찰이 없는 유동
㉣ 유선을 따르는 유동

02 냇물을 건널 때 안전을 위하여 일반적으로 물의 폭이 넓은 곳으로 건너간다. 그 이유는 폭이 넓은 곳에서는 유속이 느리기 때문이다. 이는 다음 중 어느 원리와 가장 관계가 깊은가?

① 연속방정식
② 운동량방정식
③ 베르누이의 방정식
④ 오일러의 운동방정식

연속의 법칙
$A_1V_1=A_2V_2$이므로 면적이 큰 것은 유속이 느리고, 면적이 작은 것은 유속이 빠르다.

03 압력계의 눈금이 1.2MPa을 나타내고 있으며 대기압이 720mmHg일 때 절대압력은 몇 kPa인가?

① 720 ② 1200
③ 1296 ④ 1301

절대압력=대기압력+게이지압력
$=720\text{mmHg}+1.2\text{MPa}$
$=\frac{720}{760}\times101.325\text{kPa}+(1.2\times10^3)\text{kPa}$
$=1295.992\fallingdotseq1296\text{kPa(a)}$

04 수차의 효율을 η, 수차의 실제 출력을 L(PS), 수량을 Q(m³/s)라 할 때 유효낙차 H(m)를 구하는 식은?

① $H=\frac{L}{13.3\eta Q}$[m]

② $H=\frac{QL}{13.3\eta}$[m]

③ $H=\frac{L\eta}{13.3Q}$[m]

④ $H=\frac{\eta}{L\times13.3Q}$[m]

수차
물이 가지고 있는 에너지를 기계적 에너지로 변환시키는 기계
$L_{PS}=1000H\cdot Q(\text{kg}\cdot\text{m/s})=13.3\eta HQ(\text{PS})$
$\therefore H=\frac{L_{PS}}{13.3\eta Q}$(m)

참고 $L_{kW}=9.8\eta QH(\text{kW})$
$H=\frac{L_{kW}}{9.8\eta Q}$

정답 01.③ 02.① 03.③ 04.①

05 펌프의 회전수를 N(rpm), 유량을 Q(m³/min), 양정을 H(m)라 할 때 펌프의 비교회전도 N_s를 구하는 식은?

① $N_s = NQ^{\frac{1}{2}}H^{-\frac{3}{4}}$

② $N_s = NQ^{-\frac{1}{2}}H^{\frac{3}{4}}$

③ $N_s = NQ^{-\frac{1}{2}}H^{-\frac{3}{4}}$

④ $N_s = NQ^{\frac{1}{2}}H^{\frac{3}{4}}$

비교회전도(N_s)

$$N_s = \frac{N\sqrt{Q}}{\left(\frac{H}{n}\right)^{\frac{3}{4}}} = N\times(Q)^{\frac{1}{2}}\times\left(\frac{H}{n}\right)^{-\frac{3}{4}}$$ (단수가 1단일 때는 n을 삭제)

여기서, N_s : 비교회전도(m³/min · m · rpm)
N : 회전수(rpm)
H : 양정(m)
n : 단수
Q : 유량(m³/min)

06 원관 내 유체의 흐름에 대한 설명 중 틀린 것은?

① 일반적으로 층류는 레이놀즈수가 약 2100 이하인 흐름이다.
② 일반적으로 난류는 레이놀즈수가 약 4000 이상인 흐름이다.
③ 일반적으로 관 중심부의 유속은 평균 유속보다 빠르다.
④ 일반적으로 최대속도에 대한 평균속도의 비는 난류가 층류보다 작다.

Re(레이놀즈수)
㉠ $Re < 2100$(층류)
㉡ $Re > 4000$(난류)
㉢ $U_{\max} = 2U$($U_{\max}$: 최대유속, U : 평균유속)
㉣ 관 중심부의 유속은 평균유속보다 빠르다.
㉤ 최대속도($U_{\max}$)에 대한 평균속도(U)의 비는 난류가 층류보다 크다.

07 내경이 2.5×10^{-3}m인 원관에 0.3m/s의 평균속도로 유체가 흐를 때 유량은 약 몇 m³/s인가?

① 1.06×10^{-6} ② 1.47×10^{-6}
③ 2.47×10^{-6} ④ 5.23×10^{-6}

$$Q = \frac{\pi}{4}D^2\times V$$
$$= \frac{\pi}{4}\times(2.5\times10^{-3})^2\times0.3 = 1.47\times10^{-6}\text{m}^3/\text{s}$$

08 간격이 좁은 2개의 연직 평판을 물속에 세웠을 때 모세관현상의 관계식으로 맞는 것은? (단, 두 개의 연직 평판의 간격 : t, 표면장력 : σ, 접촉각 : β, 물의 비중량 : γ, 액면의 상승높이 : h_c이다.)

① $h_c = \dfrac{4\sigma\cos\beta}{\gamma t}$ ② $h_c = \dfrac{4\sigma\sin\beta}{\gamma t}$
③ $h_c = \dfrac{2\sigma\cos\beta}{\gamma t}$ ④ $h_c = \dfrac{2\sigma\sin\beta}{\gamma t}$

모세관현상
㉠ 평판 : $h_c = \dfrac{2\sigma\cos\beta}{\gamma t}$
㉡ 원관 : $h_c = \dfrac{4\sigma\cos\beta}{\gamma d}$

참고 (1) $\sum_{+\,-}^{\uparrow\,\downarrow} = 0$
$\sigma\cos\beta 2l(\uparrow)$
w(자중)$=\gamma t l h_c$
$\sigma\cos\beta 2l - \gamma t l h_c = 0$
$\therefore\ h_c = \dfrac{2\sigma\cos\beta}{\gamma t}$

(2) $\sigma\cos\beta\cdot\pi d(\uparrow) = \gamma\cdot\dfrac{\pi d^2}{4}\cdot h_c(\downarrow)$
$\therefore\ h_c = \dfrac{4\sigma\cos\beta}{\gamma d}$

09 표준대기에서 개방된 탱크에 물이 채워져 있다. 수면에서 2m 깊이의 지점에서 받는 절대압력은 몇 kgf/cm²인가?

① 0.03 ② 1.033
③ 1.23 ④ 1.92

$P = \gamma H = 1000\text{kg/m}^3\times2\text{m}$
$2000\text{kg/m}^2 = 0.2\text{kg/cm}^2$
절대압력$=1.0332+0.2=1.23\text{kgf/cm}^2$

정답 05.① 06.④ 07.② 08.③ 09.③

10 원관을 통하여 계량수조에 10분 동안 2000kg의 물을 이송한다. 원관의 내경을 500mm로 할 때 평균유속은 약 몇 m/s인가? (단, 물의 비중은 1.00이다.)

① 0.27　② 0.027
③ 0.17　④ 0.017

$Q=2000\text{kg}/10\text{min}$
$=0.2\text{t/min}$
$=0.2\text{m}^3/60\text{s}$

$$V=\frac{Q}{A}=\frac{0.2/60}{\frac{\pi}{4}\times(0.5\text{m})^2}=0.0169=0.017\text{m/s}$$

물은 비중이 1이므로 (kg=L), (t=m^3)이다.

11 다음 중 수직 충격파가 발생될 때 나타나는 현상은? **[유체 20]**

① 압력, 마하수, 엔트로피가 증가한다.
② 압력은 증가하고 엔트로피와 마하수는 감소한다.
③ 압력과 엔트로피가 증가하고 마하수는 감소한다.
④ 압력과 마하수는 증가하고 엔트로피는 감소한다.

충격파(유체 핵심 20) 참조
충격파의 영향
㉠ 증가 : 밀도, 비중량, 압력, 온도, 엔트로피
㉡ 감소 : 속도, 마하수
㉢ 마찰열 발생

12 구가 유체 속을 자유낙하할 때 받는 항력 F가 점성계수 μ, 지름 D, 속도 V의 함수로 주어진다. 이 물리량들 사이의 관계식을 무차원으로 나타내고자 할 때 차원해석에 의하면 몇 개의 무차원수로 나타낼 수 있는가?

① 1　② 2
③ 3　④ 4

무차원수$=n-m$
여기서, n : 물리량수
m : 기본차원수(MLT)
$\therefore\ 4-3=1$

풀이 항력 $F=3\pi\mu VD$
여기서, F : kg(M)
μ : $\text{g/cm}\cdot\text{s}(\text{ML}^{-1}\text{T}^{-1})$
V : $\text{m/s}(\text{LT}^{-1})$
D : m(L)

- 항력 : 유동속도의 방향과 수평방향의 힘의 성분
- 양력 : 유동속도의 방향과 수직방향의 힘의 성분

13 단면적이 변하는 관로를 비압축성 유체가 흐르고 있다. 지름이 15cm인 단면에서의 평균속도가 4m/s이면 지름이 20cm인 단면에서의 평균속도는 몇 m/s인가?

① 1.05　② 1.25
③ 2.05　④ 2.25

$A_1V_1=A_2V_2$

$$V_2=\frac{A_1V_1}{A_2}=\frac{\frac{\pi}{4}\times15^2\times4}{\frac{\pi}{4}\times20^2}=2.25\text{m/s}$$

14 강관 속을 물이 흐를 때 넓이 250cm^2에 걸리는 전단력이 2N이라면 전단응력은 몇 $\text{kg/m}\cdot\text{s}^2$인가?

① 0.4　② 0.8
③ 40　④ 80

$$\tau=\frac{F}{A}=\frac{2\text{N}}{250\text{cm}^2}$$
$$=\frac{2\text{kg}\cdot\text{m/s}^2}{0.025\text{m}^2}=80\text{kg/m}\cdot\text{s}^2$$

15 전양정 15m, 송출량 $0.02\text{m}^3/\text{s}$, 효율 85%인 펌프로 물을 수송할 때 축동력은 몇 마력인가?

① 2.8PS　② 3.5PS
③ 4.7PS　④ 5.4PS

$$L_{\text{PS}}=\frac{\gamma\cdot Q\cdot H}{75\eta}$$
$$=\frac{1000\times0.02\times15}{75\times0.85}$$
$=4.7\text{PS}$

정답 10.④ 11.③ 12.① 13.④ 14.④ 15.③

16 어떤 유체의 운동문제에 8개의 변수가 관계되고 있다. 이 8개의 변수에 포함되는 기본차원이 질량 M, 길이 L, 시간 T일 때 π정리로서 차원해석을 한다면 몇 개의 독립적인 무차원량 π를 얻을 수 있는가?

① 3개　② 5개
③ 8개　④ 11개

무차원수 = 물리량수 − 기본차원수 = 8 − 3 = 5

17 그림은 회전수가 일정할 경우 펌프의 특성곡선이다. 효율곡선에 해당하는 것은?

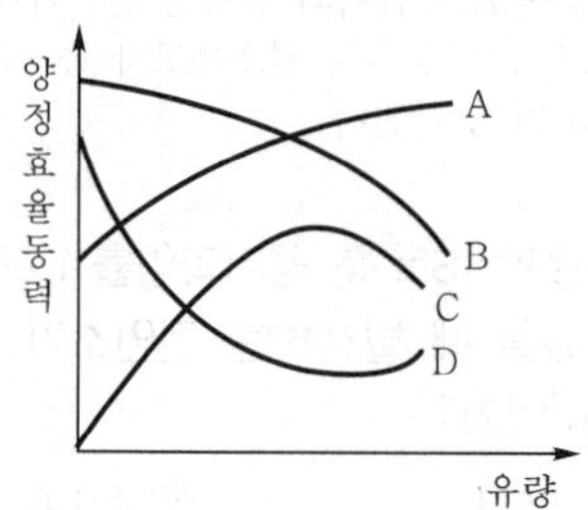

① A　② B
③ C　④ D

A : 축동력선
B : 양정곡선
C : 효율곡선

18 그림과 같이 비중이 0.85인 기름과 물이 층을 이루며 뚜껑이 열린 용기에 채워져 있다. 물의 가장 낮은 밑바닥에서 받는 게이지압력은 얼마인가? (단, 물의 밀도는 1000kg/m³이다.)

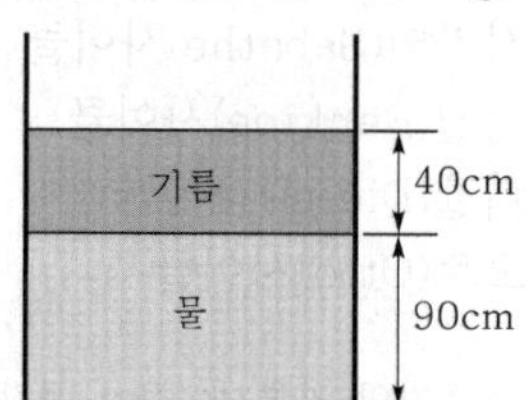

① 3.33kPa　② 7.45kPa
③ 10.8kPa　④ 12.2kPa

$P = P_1 + P_2$
$= (0.85 \times 10^3)\text{kg/m}^3 \times 0.4\text{m} + 1000\text{kg/m}^3 \times 0.9\text{m}$
$= 1240\text{kg/m}^2$

$\therefore \dfrac{1240}{10332} \times 101.325\text{kPa} = 12.16\text{kPa} \fallingdotseq 12.2\text{kPa}$

19 압력이 100kPa이고 온도가 30℃인 질소(R=0.26kJ/kg · K)의 밀도(kg/m³)는?

① 1.02　② 1.27
③ 1.42　④ 1.64

$\rho = \dfrac{P}{RT}$

$= \dfrac{100\text{kN/m}^2}{0.26\text{kN} \cdot \text{m/kg} \cdot \text{K} \times 303\text{K}}$

$= 1.269 = 1.27\text{kg/m}^3$

- $\text{kPa} = \text{kN/m}^2$
- $\text{kJ} = \text{kN} \cdot \text{m}$

20 온도 20℃의 이상기체가 수평으로 놓인 관 내부를 흐르고 있다. 유동 중에 놓인 작은 물체의 코에서의 정체온도(stagnation temperature)가 T_s=40℃이면 관에서의 기체의 속도(m/s)는? (단, 기체의 정압비열 C_p=1040J/kg · K이고, 등엔트로피 유동이라고 가정한다.) **[유체 5]**

① 204　② 217
③ 237　④ 253

정체상태, 임계상태(유체 핵심 5) 참조

제2과목 연소공학

21 다음 [보기]에서 설명하는 가스폭발 위험성 평가기법은? **[연소 12]**

- 사상의 안전도를 사용하여 시스템의 안전도를 나타내는 모델이다.
- 귀납적이기는 하나 정량적 분석기법이다.
- 재해의 확대요인 분석에 적합하다.

① FHA(Fault Hazard Analysis)
② JSA(Job Safety Analysis)
③ EVP(Extreme Value Projection)
④ ETA(Event Tree Analysis)

안전성 평가기법(연소 핵심 12) 참조

정답 16.② 17.③ 18.④ 19.② 20.① 21.④

22 랭킨사이클의 과정은?

① 정압가열 → 단열팽창 → 정압방열 → 단열압축
② 정압가열 → 단열압축 → 정압방열 → 단열팽창
③ 등온팽창 → 단열팽창 → 등온압축 → 단열압축
④ 등온팽창 → 단열압축 → 등온압축 → 단열팽창

해설

랭킨사이클의 과정

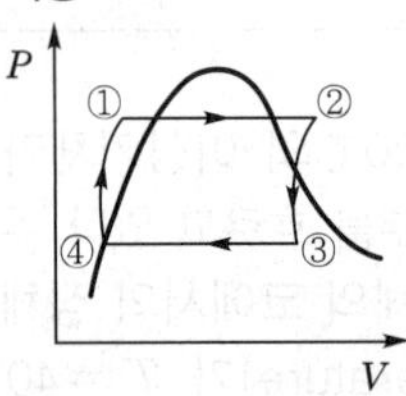

정압(등압)가열(①→②) → 단열팽창(②→③) → 등압방열(③→④) → 단열압축(④→①)(등적)
(①→②) : 보일러, (②→③) : 터빈
(③→④) : 응축기, (④→①) : 급수펌프

23 에틸렌(ethylene) 1Sm³를 완전 연소시키는 데 필요한 공기의 양은 약 몇 Sm³인가? (단, 공기 중 산소 및 질소의 함량은 21v%, 79v%이다.)

① 9.5 ② 11.9
③ 14.3 ④ 19.0

해설

$C_2H_4 + 3O_2 \rightarrow 2CO_2 + 2H_2O$
1Sm³ : 3Sm³(산소량)

$\therefore$ 공기량$= 3\text{Sm}^3 \times \dfrac{1}{0.21} = 14.285 ≒ 14.3\text{Sm}^3$

24 418.6kJ/kg의 내부에너지를 갖는 20℃의 공기 10kg이 탱크 안에 들어있다. 공기의 내부에너지가 502.3kJ/kg으로 증가할 때까지 가열하였을 경우 이때의 열량 변화는 약 몇 kJ인가?

① 775 ② 793
③ 837 ④ 893

$(502.3 - 418.6)\text{kJ/kg} \times 10\text{kg} = 837\text{kJ}$

25 가스의 연소속도에 영향을 미치는 인자에 대한 설명 중 틀린 것은?

① 연소속도는 일반적으로 이론혼합비보다 약간 과농한 혼합비에서 최대가 된다.
② 층류연소속도는 초기온도의 상승에 따라 증가한다.
③ 연소속도의 압력의존성이 매우 커 고압에서 급격한 연소가 일어난다.
④ 이산화탄소를 첨가하면 연소범위가 좁아진다.

연소속도는 압력의 영향을 받으나 의존도는 크지 않고, 고압일수록 연소속도가 증가하나 CO, H_2는 오히려 낮아진다.

26 프로판 1Sm³를 공기과잉률 1.2로 완전 연소시켰을 때 발생하는 건연소가스량은 약 몇 Sm³인가?

① 28.8 ② 26.6
③ 24.5 ④ 21.1

$C_3H_8 + 5O_2 \rightarrow 3CO_2 + 4H_2O$
1Sm³ 5Sm³ 3Sm³

건조연소가스량 $N_2 + (m-1)A_0 + CO_2$이므로

$5 \times \dfrac{0.79}{0.21} + (1.2-1) \times 5 \times \dfrac{1}{0.21} + 3$

$= 26.57 ≒ 26.6\text{Sm}^3$

27 증기원동기의 가장 기본이 되는 동력사이클은?

① 사바테(Sabathe)사이클
② 랭킨(Rankine)사이클
③ 디젤(Diesel)사이클
④ 오토(Otto)사이클

증기원동기의 기본사이클 = 랭킨사이클

28 가연물이 되기 쉬운 조건이 아닌 것은?

① 열전도율이 작다.
② 활성화에너지가 크다.
③ 산소의 친화력이 크다.
④ 가연물의 표면적이 크다.

정답 22.① 23.③ 24.③ 25.③ 26.② 27.② 28.②

② 활성화에너지가 적을 것

29 순수한 물질에서 압력을 일정하게 유지하면서 엔트로피를 증가시킬 때 엔탈피는 어떻게 되는가?

① 증가한다.
② 감소한다.
③ 변함없다.
④ 경우에 따라 다르다.

㉠ 엔트로피(kcal/kg · K) : 단위중량당의 열량을 절대온도로 나눈 값으로 무질서도를 나타내는 상태량이다. 물체에 열을 가하면 엔트로피가 증가하고, 냉각 시에는 감소한다.
㉡ 엔탈피(kcal/kg) : 단위중량당의 열량이다. 유체 1kg이 가지는 열에너지로서, 압력이 일정한 조건에서 엔트로피가 증가 시 같이 증가한다.

30 다음 중 가역과정이라고 할 수 있는 것은 어느 것인가? **[연소 38]**

① Carnot 순환
② 연료의 완전 연소
③ 관 내 유체의 흐름
④ 실린더 내에서의 급격한 팽창

가역 · 비가역(연소 핵심 38) 참조
가역과 비가역의 예시
㉠ 가역 : 노즐에서 팽창, Carnot 순환, 마찰이 없는 관 내 흐름
㉡ 비가역 : 연료의 완전 연소, 실린더 내의 급격한 팽창, 관 내 유체 흐름

31 임계압력을 가장 잘 표현한 것은?

① 액체가 증발하기 시작할 때의 압력을 말한다.
② 액체가 비등점에 도달했을 때의 압력을 말한다.
③ 액체, 기체, 고체가 공존할 수 있는 최소 압력을 말한다.
④ 임계온도에서 기체를 액화시키는 데 필요한 최저의 압력을 말한다.

㉠ 임계온도 : 액화할 수 있는 최고의 온도
㉡ 임계압력 : 액화할 수 있는 최소의 압력

32 최소산소농도(MOC)와 이너팅(inerting)에 대한 설명으로 틀린 것은? **[연소 19]**

① LFL(연소하한계)은 공기 중의 산소량을 기준으로 한다.
② 화염을 전파하기 위해서는 최소한의 산소농도가 요구된다.
③ 폭발 및 화재는 연료의 농도에 관계없이 산소의 농도를 감소시킴으로써 방지할 수 있다.
④ MOC값은 연속반응식 중 산소의 양론계수와 LFL(연소하한계)의 곱을 이용하여 추산할 수 있다.

불활성화 방법(이너팅)(연소 핵심 19) 참조
① 연소하한계(LEL)는 혼합가스 중 가스가 차지하는 최저농도

33 파라핀계 탄화수소의 탄소수 증가에 따른 일반적인 성질 변화로 옳지 않은 것은?

① 인화점이 높아진다.
② 착화점이 높아진다.
③ 연소범위가 좁아진다.
④ 발열량(kcal/m^3)이 커진다.

파라핀계 탄화수소 : C_mH_{2n+2}
(CH_4, C_2H_6, C_3H_8, C_4H_{10} 등)
탄소(C) 수가 증가할수록,
㉠ 발열량이 커진다.
㉡ 폭발하한이 낮아진다.
㉢ 연소범위가 좁아진다.
㉣ 착화점이 낮아진다.

34 어느 카르노사이클이 103℃와 −23℃에서 작동이 되고 있을 때 열펌프의 성적계수는 약 얼마인가?

① 3.5　② 3
③ 2　④ 0.5

$$\text{열펌프의 성적계수} = \frac{T_1}{T_1 - T_2} = \frac{(273+103)}{(273+103)-(273-23)} = 2.984 \fallingdotseq 3$$

정답 29.① 30.① 31.④ 32.① 33.② 34.②

35 다음 중 표면연소에 대하여 가장 옳게 설명한 것은? [연소 2]

① 오일이 표면에서 연소하는 상태
② 고체 연료가 화염을 길게 내면서 연소하는 상태
③ 화염의 외부 표면에 산소가 접촉하여 연소하는 상태
④ 적열된 코크스 또는 숯의 표면에 산소가 접촉하여 연소하는 상태

연소의 종류(연소 핵심 2) 참조

36 자연상태의 물질을 어떤 과정(process)을 통해 화학적으로 변형시킨 상태의 연료를 2차 연료라고 한다. 다음 중 2차 연료에 해당하는 것은? [연소 43]

① 석탄
② 원유
③ 천연가스
④ LPG

1차 · 2차 연료(연소 핵심 43) 참조
㉠ 1차 : 목재, 무연탄, 석탄, 천연가스
㉡ 2차 : 목탄, 코크스, LPG, LNG

37 다음 [보기]에서 열역학에 대한 설명으로 옳은 것을 모두 나열한 것은?

> ㉠ 기체에 기계적 일을 가하여 단열압축시키면 일은 내부에너지로 기체 내에 축적되어 온도가 상승한다.
> ㉡ 엔트로피는 가역이면 항상 증가하고 비가역이면 항상 감소한다.
> ㉢ 가스를 등온팽창시키면 내부에너지의 변화는 없다.

① ㉠ ② ㉡
③ ㉠, ㉢ ④ ㉡, ㉢

㉠ 비가역 단열 : 엔트로피 증가
㉡ 가역 단열 : 엔트로피 불변

38 폭발위험 예방원칙으로 고려하여야 할 사항에 대한 설명으로 틀린 것은?

① 비일상적 유지관리활동은 별도의 안전관리시스템에 따라 수행되므로 폭발위험장소를 구분하는 때에는 일상적인 유지관리활동만을 고려하여 수행한다.
② 가연성 가스를 취급하는 시설을 설계하거나 운전절차서를 작성하는 때에는 0종 장소 또는 1종 장소의 수와 범위가 최대가 되도록 한다.
③ 폭발성 가스 분위기가 존재할 가능성이 있는 경우에는 점화원 주위에서 폭발성 가스 분위기가 형성될 가능성 또는 점화원을 제거한다.
④ 공정설비가 비정상적으로 운전되는 경우에도 대기로 누출되는 가연성 가스의 양이 최소화되도록 한다.

39 연소범위에 대한 일반적인 설명으로 틀린 것은?

① 압력이 높아지면 연소범위는 넓어진다.
② 온도가 올라가면 연소범위는 넓어진다.
③ 산소농도가 증가하면 연소범위는 넓어진다.
④ 불활성 가스의 양이 증가하면 연소범위는 넓어진다.

④ 불활성 가스가 증가 시 연소범위는 좁아진다.

40 증기운폭발(VCE)의 특성에 대한 설명 중 틀린 것은?

① 증기운의 크기가 증가하면 점화확률이 커진다.
② 증기운에 의한 재해는 폭발보다는 화재가 일반적이다.
③ 폭발효율이 커서 연소에너지의 대부분이 폭풍파로 전환된다.
④ 누출된 가연성 증기가 양론비에 가까운 조성의 가연성 혼합기체를 형성하면 폭굉의 가능성이 높아진다.

정답 35.④ 36.④ 37.③ 38.② 39.④ 40.③

증기운폭발(VCE)의 특성
㉠ 폭발효율이 작고, 연소에너지의 20% 정도는 폭풍파로 전환된다.
㉡ 증기운의 크기가 증가 시 점화될 확률도 증가한다.
㉢ 증기운의 재해는 폭발력보다 화재가 보통이다.
㉣ 증기와 공기의 난류혼합은 폭발력을 증가시킨다.
㉤ 증기의 누출점으로부터 먼 지점에서의 착화는 폭발의 충격을 증가시킨다.

제3과목 가스설비

41 용기용 밸브는 가스 충전구의 형식에 따라 A형, B형, C형의 3종류가 있다. 가스 충전구가 암나사로 되어 있는 것은? **[안전 32]**

① A형
② B형
③ A형, B형
④ C형

용기밸브 나사의 종류(안전 핵심 32) 참조

42 비교회전도(비속도, n_s)가 가장 작은 펌프는?

① 축류펌프
② 터빈펌프
③ 벌류트펌프
④ 사류펌프

각 보기의 비교회전도 값(m^3/min · m · rpm)은 다음과 같다.
① 축류펌프 : 1200~2000
② 터빈펌프 : 100~600
③ 벌류트펌프 : 비속도 없음
④ 사류펌프 : 500~1300

43 고압가스 제조시설의 플레어스택에서 처리가스의 액체 성분을 제거하기 위한 설비는?

① Knock-out drum
② Seal drum
③ Flame arrestor
④ Pilot burner

44 고압가스 제조장치 재료에 대한 설명으로 틀린 것은?

① 상온, 상압에서 건조상태의 염소가스에 탄소강을 사용한다.
② 아세틸렌은 철, 니켈 등의 철족의 금속과 반응하여 금속 카르보닐을 생성한다.
③ 9% 니켈강은 액화 천연가스에 대하여 저온취성에 강하다.
④ 상온, 상압에서 수증기가 포함된 탄산가스 배관에 18-8스테인리스강을 사용한다.

② 철, 니켈 등의 철족의 금속과 반응하여 금속 카르보닐을 생성하는 것은 CO이다.

45 흡입구경이 100mm, 송출구경이 90mm인 원심펌프의 올바른 표시는?

① 100×90 원심펌프
② 90×100 원심펌프
③ 100-90 원심펌프
④ 90-100 원심펌프

46 액화석유가스를 사용하고 있던 가스레인지를 도시가스로 전환하려고 한다. 다음 조건으로 도시가스를 사용할 경우 노즐 구경은 약 몇 mm인가? **[설비 8]**

- LPG 총 발열량(H_1) : 24000kcal/m^3
- LNG 총 발열량(H_2) : 6000kcal/m^3
- LPG 공기에 대한 비중(d_1) : 1.55
- LNG 공기에 대한 비중(d_2) : 0.65
- LPG 사용압력(p_1) : 2.8kPa
- LNG 사용압력(p_2) : 1.0kPa
- LPG를 사용하고 있을 때의 노즐 구경(D_1) : 0.3mm

① 0.2　② 0.4
③ 0.5　④ 0.6

정답 41.② 42.② 43.① 44.② 45.① 46.④

해설

배관의 압력손실 요인(설비 핵심 8) 참조

①, ②, ③ 및 가스미터에 의한 손실

$$\frac{D_2}{D_1} = \sqrt{\frac{WI_1\sqrt{P_1}}{WI_2\sqrt{P_2}}}$$

$$\therefore D_2 = D_1 \times \sqrt{\frac{WI_1\sqrt{P_1}}{WI_2\sqrt{P_2}}}$$

$$= 0.3 \times \sqrt{\frac{19277.26\sqrt{2.8}}{7442.08\sqrt{1.0}}} = 0.62 \fallingdotseq 0.6$$

참고

- $WI_1 = \frac{H_1}{\sqrt{d_1}} = \frac{24000}{\sqrt{1.55}} = 19277.26$
- $WI_2 = \frac{H_2}{\sqrt{d_2}} = \frac{6000}{\sqrt{0.65}} = 7442.08$

47 저압배관에서 압력손실의 원인으로 가장 거리가 먼 것은?

① 마찰저항에 의한 손실
② 배관의 입상에 의한 손실
③ 밸브 및 엘보 등 배관 부속품에 의한 손실
④ 압력계, 유량계 등 계측기 불량에 의한 손실

48 고압가스 이음매 없는 용기의 밸브 부착부 나사의 치수 측정방법은?

① 링게이지로 측정한다.
② 평형수준기로 측정한다.
③ 플러그게이지로 측정한다.
④ 버니어 캘리퍼스로 측정한다.

49 다음 중 압축기의 윤활유에 대한 설명으로 틀린 것은? [설비 32]

① 공기압축기에는 양질의 광유가 사용된다.
② 산소압축기에는 물 또는 15% 이상의 글리세린수가 사용된다.
③ 염소압축기에는 진한 황산이 사용된다.
④ 염화메탄의 압축기에는 화이트유가 사용된다.

해설

압축기에 사용되는 윤활유(설비 핵심 32) 참조

② 산소압축기에는 물 또는 10% 이하의 글리세린수가 사용된다.

50 이음매 없는 용기와 용접용기의 비교 설명으로 틀린 것은?

① 이음매가 없으면 고압에서 견딜 수 있다.
② 용접용기는 용접으로 인하여 고가이다.
③ 만네스만법, 에르하르트식 등이 이음매 없는 용기의 제조법이다.
④ 용접용기는 두께공차가 작다.

해설

(1) 용접용기의 장점
- 경제적이다.
- 모양, 치수가 자유롭다.
- 두께공차가 적다.

(2) 무이음용기의 장점
- 고압에 견딜 수 있다.
- 응력분포가 균일하다.

(3) 무이음용기의 제조법
만네스만식, 에르하르트식, 디프드로잉식

51 LNG, 액화산소, 액화질소 저장탱크 설비에 사용되는 단열재의 구비조건에 해당되지 않는 것은? [설비 38]

① 밀도가 클 것
② 열전도도가 작을 것
③ 불연성 또는 난연성일 것
④ 화학적으로 안정되고 반응성이 작을 것

해설

단열재 구비조건(설비 핵심 38) 참조

① 밀도가 작을 것

52 액화석유가스에 대하여 경고성 냄새가 나는 물질(부취제)의 비율은 공기 중 용량으로 얼마의 상태에서 감지할 수 있도록 혼합하여야 하는가? [안전 19]

① $\frac{1}{100}$　② $\frac{1}{200}$
③ $\frac{1}{500}$　④ $\frac{1}{1000}$

부취제(안전 핵심 19) 참조

정답 47.④ 48.③ 49.② 50.② 51.① 52.④

53 배관용 강관 중 압력배관용 탄소강관의 기호는? [설비 59]

① SPPH
② SPPS
③ SPH
④ SPHH

강관의 종류(설비 핵심 59) 참조

54 LP가스의 일반적 특성에 대한 설명으로 틀린 것은? [설비 56]

① 증발잠열이 크다.
② 물에 대한 용해성이 크다.
③ LP가스는 공기보다 무겁다.
④ 액상의 LP가스는 물보다 가볍다.

LP가스의 특성(설비 핵심 56) 참조

55 중압식 공기분리장치에서 겔 또는 몰레큘러-시브(Molecular Sieve)에 의하여 주로 제거할 수 있는 가스는?

① 아세틸렌 ② 염소
③ 이산화탄소 ④ 암모니아

(1) 공기액화분리장치의 불순물 종류
- CO_2
- H_2O
- C_2H_2

(2) 불순물 제거방법
- CO_2 : 소다건조제(가성소다), 겔건조제(몰레큘러 시브, 실리카겔, 알루미나, 소바비드)
- H_2O : 겔건조제(몰레큘러 시브, 실리카겔, 알루미나, 소바비드)
- C_2H_2 : C_2H_2 흡착기에서 C_2H_2 및 탄화수소류를 흡착 제거

참고 소다건조제는 CO_2만 제거, 겔건조제는 CO_2 및 H_2O 제거

56 저온장치용 재료로서 가장 부적당한 것은?

① 구리
② 니켈강
③ 알루미늄합금
④ 탄소강

저온장치용 금속재료
18-8STS, 9% Ni, Cu 및 Cu합금, Al 및 A1합금

57 펌프의 서징(surging) 현상을 바르게 설명한 것은? [설비 17]

① 유체가 배관 속을 흐르고 있을 때 부분적으로 증기가 발생하는 현상
② 펌프 내의 온도변화에 따라 유체가 성분의 변화를 일으켜 펌프에 장애가 생기는 현상
③ 배관을 흐르고 있는 액체의 속도를 급격하게 변화시키면 액체에 심한 압력변화가 생기는 현상
④ 송출압력과 송출유량 사이에 주기적인 변동이 일어나는 현상

원심 펌프에서 발생되는 이상현상(설비 핵심 17) 참조

58 끓는점이 약 -162℃로서 초저온 저장설비가 필요하며 관리가 다소 복잡한 도시가스의 연료는?

① SNG
② LNG
③ LPG
④ 나프타

59 T_P(내압시험압력)가 25MPa인 압축가스(질소) 용기의 경우 최고충전압력과 안전밸브 작동압력이 옳게 짝지어진 것은?

① 20MPa, 15MPa
② 15MPa, 20MPa
③ 20MPa, 25MPa
④ 25MPa, 20MPa

- $T_P = F_P \times \frac{5}{3}$
- $F_P = T_P \times \frac{3}{5}$

안전밸브의 작동압력$= T_P \times \frac{8}{10} = 25 \times \frac{8}{10} = 20\text{MPa}$

최고충전압력 $F_P = 25 \times \frac{3}{5} = 15\text{MPa}$

정답 53.② 54.② 55.③ 56.④ 57.④ 58.② 59.②

60 도시가스 설비 중 압송기의 종류가 아닌 것은 어느 것인가?

① 터보형
② 회전형
③ 피스톤형
④ 막식형

제4과목 가스안전관리

61 고압가스용 가스히트펌프 제조 시 사용하는 재료의 허용전단응력을 설계온도에서 허용인장응력값의 몇 %로 하여야 하는가?

① 80% ② 90%
③ 110% ④ 120%

고압가스용 가스히트펌프 재료의 허용전단응력(KGS AA112)
재료의 허용전단응력은 설계온도에서 허용응력값의 80%(탄소강 강제는 85%)로 한다.

62 고압가스 운반차량에 설치하는 다공성 벌집형 알루미늄합금 박판(폭발방지제)의 기준은?

① 두께는 84mm 이상으로 하고, 2~3% 압축하여 설치한다.
② 두께는 84mm 이상으로 하고, 3~4% 압축하여 설치한다.
③ 두께는 114mm 이상으로 하고, 2~3% 압축하여 설치한다.
④ 두께는 114mm 이상으로 하고, 3~4% 압축하여 설치한다.

폭발방지제 설치(KGS FP333)
㉠ 설치대상 : 저장능력 10t 이상의 탱크 및 LPG 차량 고정탱크(단, 탱크를 지하에 설치 시에는 제외)
㉡ 재료 : 다공성 벌집형 알루미늄 박판
㉢ 그 밖의 사항
- 지지구조물 지붕의 최저인장강도 : $294N/mm^2$
- 폭발방지제 두께 : 114mm 이상으로 하고, 2~3% 압축하여 설치
- 폭발방지제 설치 글자 크기 : 가스 명칭 크기의 1/2 이상

63 자동차 용기 충전시설에서 충전기 상부에는 닫집 모양의 캐노피를 설치하고 그 면적은 공지면적의 얼마로 하는가? **[안전 114]**

① $\frac{1}{2}$ 이하 ② $\frac{1}{2}$ 이상
③ $\frac{1}{3}$ 이하 ④ $\frac{1}{3}$ 이상

액화석유가스 자동차에 고정된 충전시설 가스설비 설치기준(안전 핵심 114) 참조

64 최고충전압력의 정의로서 틀린 것은 어느 것인가? **[안전 52]**

① 압축가스 충전용기(아세틸렌가스 제외)의 경우 35℃에서 용기에 충전할 수 있는 가스의 압력 중 최고압력
② 초저온용기의 경우 상용압력 중 최고압력
③ 아세틸렌가스 충전용기의 경우 25℃에서 용기에 충전할 수 있는 가스의 압력 중 최고압력
④ 저온용기 외의 용기로서 액화가스를 충전하는 용기의 경우 내압시험압력의 3/5배 압력

T_P(내압시험압력), F_P(최고충전압력), A_P(기밀시험압력), 상용압력, 안전밸브 작동압력(안전 핵심 52) 참조
③ C_2H_2의 경우 15℃에서 용기에 충전할 수 있는 최고의 압력으로서 1.5MPa이다.

65 가연성 가스가 대기 중으로 누출되어 공기와 적절히 혼합된 후 점화가 되어 폭발하는 가스사고의 유형으로, 주로 폭발압력에 의해 구조물이나 인체에 피해를 주며, 대구 지하철 공사장 폭발사고를 예로 들 수 있는 폭발의 형태는? **[연소 23]**

① BLEVE(Boiling Liquid expanding Vapor Explosion)
② 증기운폭발(vapor cloud explosion)
③ 분해폭발(decomposition explosion)
④ 분진폭발(dust explosion)

폭발 · 화재의 이상현상(연소 핵심 23) 참조

정답 60.④ 61.① 62.③ 63.① 64.③ 65.②

66 저장탱크에 의한 LPG 사용시설에서 실시하는 기밀시험에 대한 설명으로 틀린 것은?

① 상용압력 이상의 기체의 압력으로 실시한다.
② 지하매설 배관은 3년마다 기밀시험을 실시한다.
③ 기밀시험에 필요한 조치는 안전관리총괄자가 한다.
④ 가스누출검지기로 시험하여 누출이 검지되지 않은 경우 합격으로 한다.

③ 안전관리총괄자 → 안전관리책임자

67 내용적이 100L인 LPG용 용접용기의 스커트 통기면적의 기준은?

① 100mm^2 이상
② 300mm^2 이상
③ 500mm^2 이상
④ 1000mm^2 이상

액화석유가스 강제 용기 스커트 상단 중간부 통기를 위하여 필요한 면적을 가진 통기구멍을 3개소 이상 설치 및 하단 굴곡부 및 물 빼는 구멍을 3개소 이상 설치 내용적에 따른 통기면적, 물빼기면적

내용적	통기면적	물빼기면적
20L 이상 ~25L 미만	300mm^2 이상	50mm^2 이상
25L 이상 ~50L 미만	500mm^2 이상	100mm^2 이상
50L 이상 ~125L 미만	1000mm^2 이상	150mm^2 이상

68 고압가스 제조 시 산소 중 프로판가스의 용량이 전체 용량의 몇 % 이상인 경우 압축하지 않는가? **[안전 58]**

① 1%
② 2%
③ 3%
④ 4%

(가스혼합 시) 압축금지가스(안전 핵심 58) 참조

69 지하에 설치하는 지역정압기에는 시설의 조작을 안전하고 확실하게 하기 위하여 안전조작에 필요한 장소의 조도를 몇 럭스 이상이 되도록 설치하여야 하는가?

① 100럭스
② 150럭스
③ 200럭스
④ 250럭스

70 동 · 암모니아 시약을 사용한 오르자트법에서 산소의 순도는 몇 % 이상이어야 하는가? **[안전 11]**

① 98% ② 98.5%
③ 99% ④ 99.5%

산소, 수소, 아세틸렌 품질검사(안전 핵심 11) 참조

71 고압가스설비를 이음쇠에 의하여 접속할 때에는 상용압력이 몇 MPa 이상이 되는 곳의 나사는 나사게이지로 검사한 것이어야 하는가?

① 9.8MPa 이상
② 12.8MPa 이상
③ 19.6MPa 이상
④ 23.6MPa 이상

72 염소가스의 제독제로 적당하지 않은 것은 어느 것인가? **[안전 44]**

① 가성소다수용액
② 탄산소다수용액
③ 소석회
④ 물

독성 가스 제독제와 보유량(안전 핵심 44) 참조

73 다음 중 발화원이 될 수 없는 것은?

① 단열압축
② 액체의 감압
③ 액체의 유동
④ 가스의 분출

정답 66.③ 67.④ 68.④ 69.② 70.④ 71.③ 72.④ 73.②

74 고압가스 저장탱크를 지하에 설치 시 저장탱크실에 사용하는 레디믹스트콘크리트의 설계강도 범위의 상한값은? [안전 176]

① 20.6MPa
② 21.6MPa
③ 22.5MPa
④ 23.5MPa

해설

고압가스 저장탱크 재료 규격

항 목	규 격
굵은골재 최대치수	25mm
설계강도	20.6~23.5MPa (LPG는 21MPa 이상)
슬럼프	12~15cm
공기량	4%
물시멘트비	53% 이하 (LPG는 결합재비 50% 이하)

75 금속 플렉시블 호스 제조자가 갖추지 않아도 되는 검사설비는?

① 염수분무시험설비
② 출구압력측정시험설비
③ 내압시험설비
④ 내구시험설비

해설

금속 플렉시블 호스의 검사설비

㉠ 버니어 캘리퍼스 · 마이크로미터 · 나사게이지 등 치수측정설비
㉡ 액화석유가스액 또는 도시가스침적설비
㉢ 염수분무설비
㉣ 내압 · 기밀 · 내구시험설비
㉤ 유량측정설비
㉥ 인장 · 비틀림시험설비
㉦ 굽힘시험장치
㉧ 충격시험기
㉨ 내열시험설비
㉩ 내응력, 부식, 균열 시험설비
㉪ 내용액시험설비
㉫ 냉열시험설비
㉬ 반복부착시험설비
㉭ 난연성 시험설비

76 액화석유가스 용기 충전기준 중 로딩암을 실내에 설치하는 경우 환기구 면적의 합계 기준은? [안전 114]

① 바닥면적의 3% 이상
② 바닥면적의 4% 이상
③ 바닥면적의 5% 이상
④ 바닥면적의 6% 이상

액화석유가스 자동차에 고정된 충전시설 가스설비 설치기준(안전 핵심 114) 참조

77 다음 중 도시가스 제조소의 가스누출통보설비로서 가스경보기 검지부의 설치장소로 옳은 곳은? [안전 67]

① 증기, 물방울, 기름 섞인 연기 등의 접촉부위
② 주위의 온도 또는 복사열에 의한 열이 40도 이하가 되는 곳
③ 설비 등에 가려져 누출가스의 유통이 원활하지 못한 곳
④ 차량 또는 작업 등으로 인한 파손 우려가 있는 곳

가스누출경보기 및 자동차단장치 설치(안전 핵심 67) 참조

78 독성가스의 운반기준으로 틀린 것은 어느 것인가? [안전 34, 5]

① 독성가스 중 가연성 가스와 조연성 가스는 동일 차량 적재함에 운반하지 아니한다.
② 차량의 앞뒤에 붉은 글씨로 "위험고압가스", "독성가스"라는 경계표시를 한다.
③ 허용농도가 100만분의 200 이하인 압축 독성가스 $10m^3$ 이상을 운반할 때는 운반책임자를 동승시켜야 한다.
④ 허용농도가 100만분의 200 이하인 액화 독성가스 10kg 이상을 운반할 때는 운반책임자를 동승시켜야 한다.

고압가스 용기에 의한 운반기준(안전 핵심 34) 참조
운반책임자 동승기준(안전 핵심 5) 참조
④ 허용농도가 100만분의 200 이하인 액화 독성가스 100kg 이상을 운반할 때는 운반책임자를 동승시켜야 한다.

정답 74.④ 75.② 76.④ 77.② 78.④

79 100kPa의 대기압 하에서 용기 속 기체의 진공압력이 15kPa이었다. 이 용기 속 기체의 절대압력은 몇 kPa인가?

① 85　② 90
③ 95　④ 115

절대압력=대기압력－진공압력
=100－15=85kPa

80 다음 ( ) 안에 순서대로 들어갈 알맞은 수치는?

> "초저온 용기의 충격시험은 3개의 시험편 온도를 ( )℃ 이하로 하여 그 충격치의 최저가 ( )J/cm² 이상이고 평균 ( )J/cm² 이상의 경우를 적합한 것으로 한다."

① －100, 10, 20
② －100, 20, 30
③ －150, 10, 20
④ －150, 20, 30

제5과목 가스계측

81 다음은 기체 크로마토그래프의 크로마토그램이다. t, t_1, t_2는 무엇을 나타내는가? **[계측 13]**

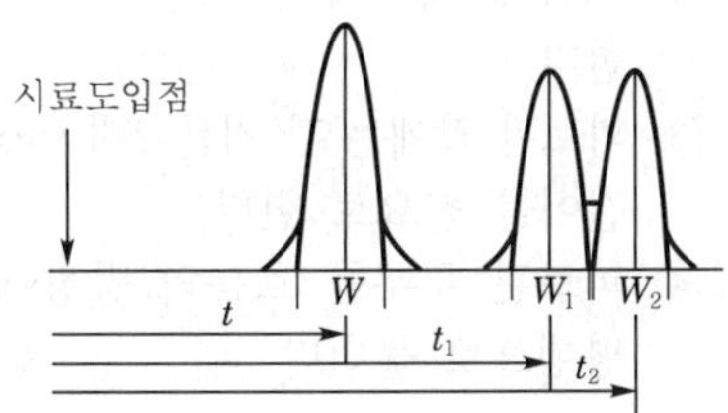

① 이론단수
② 체류시간
③ 분리관의 효율
④ 피크의 좌우 변곡점 길이

해설
G/C 검출기 종류 및 특성(계측 핵심 13) 참조

82 기체 크로마토그래피 분석법에서 자유전자 포착성질을 이용하여 전자친화력이 있는 화합물에만 감응하는 원리를 적용하여 환경물질 분석에 널리 이용되는 검출기는?

① TCD　② FPD
③ ECD　④ FID

83 다음 중 가장 저온에 대하여 연속 사용할 수 있는 열전대 온도계의 형식은? **[계측 9]**

① T　② R
③ S　④ L

해설
열전대 온도계(계측 핵심 9) 참조
열전대 온도계의 종류
PR(R형), CA(K형), IC(J형), CC(T형)

84 직접 체적유량을 측정하는 적산유량계로서 정도(精度)가 높고 고점도의 유체에 적합한 유량계는?

① 용적식 유량계　② 유속식 유량계
③ 전자식 유량계　④ 면적식 유량계

85 절대습도(absolute humidity)를 가장 바르게 나타낸 것은? **[계측 25]**

① 습공기 중에 함유되어 있는 건공기 1kg에 대한 수증기의 중량
② 습공기 중에 함유되어 있는 습공기 1m³에 대한 수증기의 체적
③ 기체의 절대온도와 그것과 같은 온도에서의 수증기로 포화된 기체의 습도비
④ 존재하는 수증기의 압력과 그것과 같은 온도의 포화수증기압과의 비

해설
습도(계측 핵심 25) 참조

86 가스계량기는 실측식과 추량식으로 분류된다. 다음 중 실측식이 아닌 것은? **[계측 6]**

① 건식　② 회전식
③ 습식　④ 벤투리식

해설
실측식·추량식 계량기 분류(계측 핵심 6) 참조

정답 79.① 80.④ 81.② 82.③ 83.① 84.① 85.① 86.④

87 압력센서인 스트레인게이지의 응용원리는?

① 전압의 변화
② 저항의 변화
③ 금속선의 무게 변화
④ 금속선의 온도 변화

88 반도체식 가스누출검지기의 특징에 대한 설명으로 옳은 것은?

① 안정성은 떨어지지만 수명이 길다.
② 가연성 가스 이외의 가스는 검지할 수 없다.
③ 소형 · 경량화가 가능하며, 응답속도가 빠르다.
④ 미량가스에 대한 출력이 낮으므로 감도는 좋지 않다.

89 비례제어기로 60~80℃ 사이의 범위로 온도를 제어하고자 한다. 목표값이 일정한 값으로 고정된 상태에서 측정된 온도가 73~76℃로 변할 때 비례대역은 약 몇 %인가?

① 10% ② 15%
③ 20% ④ 25%

해설

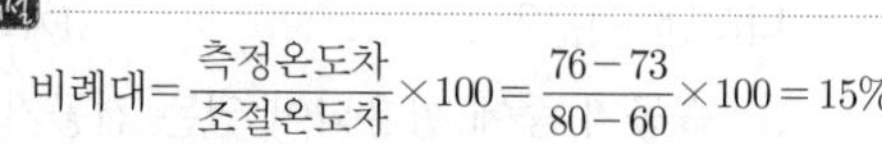

$$\text{비례대}=\frac{\text{측정온도차}}{\text{조절온도차}}\times 100=\frac{76-73}{80-60}\times 100=15\%$$

90 원형 오리피스를 수면에서 10m인 곳에 설치하여 매분 0.6m^{3}의 물을 분출시킬 때 유량계수 0.6인 오리피스의 지름은 약 몇 cm인가?

① 2.9 ② 3.9
③ 4.9 ④ 5.9

해설

$$Q=KA\sqrt{2gH}$$

$$Q=K\cdot\frac{\pi}{4}D^2\sqrt{2gH}$$

$$D^2=\frac{4Q}{K\cdot\pi\sqrt{2gH}}=\frac{4\times 0.6(\text{m}^3/60\text{s})}{0.6\times\pi\times\sqrt{2\times 9.8\times 10}}=1.51576\times 10^{-3}$$

$$\therefore D=\sqrt{1.51576\times 10^{-3}}=0.0389\text{m}=3.89\text{cm}\fallingdotseq 3.9\text{cm}$$

91 오르자트 가스분석기의 구성이 아닌 것은?

① 컬럼 ② 뷰렛
③ 피펫 ④ 수준병

92 다음 중 습식 가스미터에 대한 설명으로 틀린 것은? **[계측 8]**

① 계량이 정확하다.
② 설치공간이 크다.
③ 일반 가정용에 주로 사용한다.
④ 수위조정 등 관리가 필요하다.

해설

막식, 습식, 루트식 가스미터 장 · 단점(계측 핵심 8) 참조

③ 일반가정용 → 기준 가스미터용, 실험실용

93 국제표준규격에서 다루고 있는 파이프(pipe) 안에 삽입되는 차압 1차 장치(primary device)에 속하지 않는 것은?

① Nozzle(노즐)
② Thermo well(서모 웰)
③ Venturi nozzle(벤투리 노즐)
④ Orifice plate(오리피스 플레이트)

94 피토관은 측정이 간단하지만 사용방법에 따라 오차가 발생하기 쉬우므로 주의가 필요하다. 이에 대한 설명으로 틀린 것은?

① 5m/s 이하인 기체에는 적용하기 곤란하다.
② 흐름에 대하여 충분한 강도를 가져야 한다.
③ 피토관 앞에는 관 지름 2배 이상의 직관 길이를 필요로 한다.
④ 피토관 두부를 흐름의 방향에 대하여 평행으로 붙인다.

95 가스미터가 규정된 사용공차를 초과할 때의 고장을 무엇이라고 하는가? **[계측 5]**

① 부동 ② 불통
③ 기차불량 ④ 감도불량

해설

가스미터의 고장(계측 핵심 5) 참조

정답 87.② 88.③ 89.② 90.② 91.① 92.③ 93.② 94.③ 95.③

96 순간적으로 무한대의 입력에 대한 변동하는 출력을 의미하는 응답은?

① 스텝응답
② 직선응답
③ 정현응답
④ 충격응답

97 석유제품에 주로 사용하는 비중 표시방법은?

① Alcohol도
② API도
③ Baume도
④ Twaddell도

$$API도 = \frac{141.5}{비중(60°F/60°F)} - 131.5$$

참고 $Be(보메도) = 144.3 - \frac{144.3}{비중(60°F/60°F)}$

98 초산납 10g을 물 90mL에 용해하여 만드는 시험지와 그 검지가스가 바르게 연결된 것은?

① 염화파라듐지 – H_2S
② 염화파라듐지 – CO
③ 연당지 – H_2S
④ 연당지 – CO

99 헴펠식 가스분석법에서 수소나 메탄은 어떤 방법으로 성분을 분석하는가?

① 흡수법 ② 연소법
③ 분해법 ④ 증류법

100 다음 중 열선식 유량계에 해당하는 것은?

① 델타식 ② 에뉴바식
③ 스웰식 ④ 토마스식

정답 96.④ 97.② 98.③ 99.② 100.④

국가기술자격 시험문제

2021년 기사 제3회 필기시험(1부) (2021년 8월 14일 시행)

자격종목	시험시간	문제수	문제형별
가스기사	**2시간30분**	**100**	**A**

수험번호		성 명	

제1과목 가스유체역학

01 직경이 10cm인 90° 엘보에 계기압력 2kgf/cm^{2}의 물이 3m/s로 흘러든다. 엘보를 고정시키는 데 필요한 x방향의 힘은 약 몇 kgf인가?

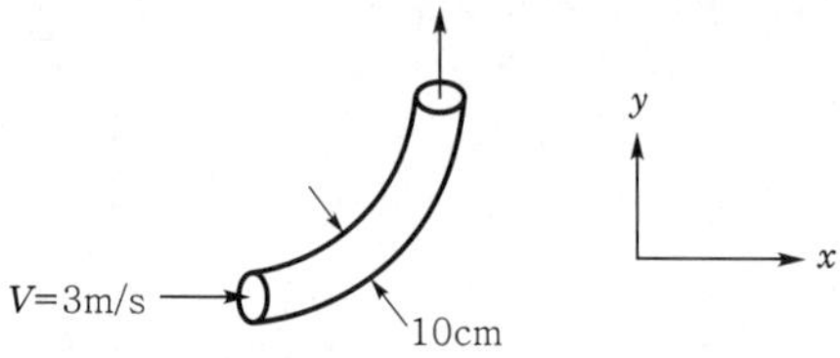

① 157 ② 164
③ 171 ④ 179

해설

$P_1A_1 + R_x = -\rho Q V_1(1-\cos\theta)$

$\therefore R_x = -P_1A_1 - \rho QV_1(1-\cos\theta)$

$= -(2\times10^4)\text{kgf/m}^2 \times \frac{\pi}{4}\times(0.1\text{m})^2$

$-\frac{1000\text{kgf/m}^3}{9.8\text{m/s}^2}\times\frac{\pi}{4}\times(0.1\text{m})^2$

$\times3\times3(\text{m}^2/\text{s}^2)(1-\cos90)$

$= -164.2\text{kgf}$

(고정시키는 힘은 역방향이므로 −이다.)

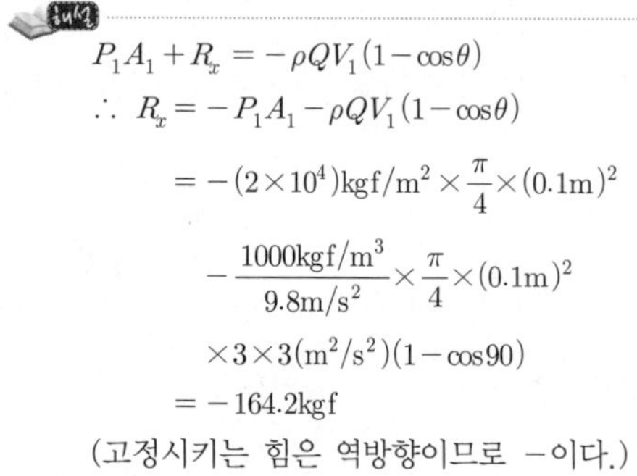
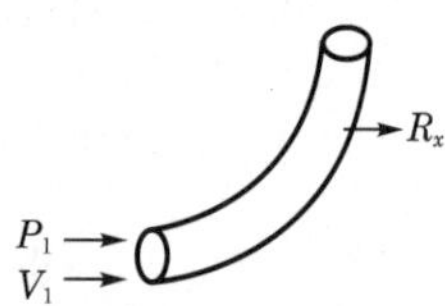

02 다음은 유체의 흐름에 대한 설명이다. 옳은 것을 모두 고르면?

> ㉮ 난류 전단응력은 레이놀즈 응력으로 표시할 수 있다.
> ㉯ 박리가 일어나는 경계로부터 후류가 형성된다.
> ㉰ 유체와 고체벽 사이에는 전단응력이 작용하지 않는다.

① ㉮ ② ㉮, ㉰
③ ㉮, ㉯ ④ ㉮, ㉯, ㉰

해설

㉮ $\tau = \frac{dF}{dA} = \frac{\rho U' dA V'}{dA} = \rho U' V'$

여기서, τ : 레이놀즈 응력(=난류의 전단응력)

U' : 유체입자의 진행방향에 대한 수직방향 난동속도

V' : 유체입자의 진행방향에 대한 난동속도

㉯ 박리(떨어져 나가는 현상)

유선을 따라 움직일 때 유체입자의 속도가 감소하고 압력 증가 시 유선을 이탈하는 현상으로 후류가 형성되는데 이것이 압력 항력이 생기는 주원인이다.

* 박리가 일어나는 조건

속도 감소 · 압력 증가 $\frac{du}{dy}=0$이다.

03 수면의 높이차가 20m인 매우 큰 두 저수지 사이에 분당 60m^{3}로 펌프가 물을 아래에서 위로 이송하고 있다. 이때 전체 손실수두는 5m이다. 펌프의 효율이 0.9일 때 펌프에 공급해 주어야 하는 동력은 얼마인가?

① 163.3kW ② 220.5kW
③ 245.0kW ④ 272.2kW

정답 01.② 02.③ 03.④

$$L_{kW} = \frac{\gamma \cdot Q \cdot H}{102\eta} = \frac{1000 \times (60/60) \times 25}{102 \times 0.9} = 272.33\text{kW}$$

04 다음과 같은 베르누이 방정식이 적용되는 조건을 모두 나열한 것은?

$$\frac{P}{\gamma} + \frac{V^2}{2g} + Z = \text{일정}$$

㉮ 정상상태의 흐름
㉯ 이상유체의 흐름
㉰ 압축성 유체의 흐름
㉱ 동일 유선상의 유체

① ㉮, ㉯, ㉱　② ㉯, ㉱
③ ㉮, ㉰　④ ㉯, ㉰, ㉱

베르누이 방정식의 가정
㉠ 유체입자는 유선을 따라 움직인다.
㉡ 마찰이 없다(비점성 유체).
㉢ 정상류
㉣ 비압축성

참고 오일러 운동 방정식의 가정
- 유체입자는 유선을 따라 움직인다.
- 마찰이 없다(비점성 유체).
- 정상류

05 실린더 내에 압축된 액체가 압력 100MPa에서 $0.5m^3$의 부피를 가지며, 압력 101MPa에서는 $0.495m^3$의 부피를 갖는다. 이 액체의 체적탄성계수는 약 몇 MPa인가?

① 1
② 10
③ 100
④ 1000

$$K = \frac{dp}{-\frac{dv}{v}} = \frac{101-100}{-\frac{(0.5-0.495)}{0.5}} = 100$$

06 두 평판 사이에 유체가 있을 때 이동평판을 일정한 속도 u로 운동시키는 데 필요한 힘 F에 대한 설명으로 틀린 것은?

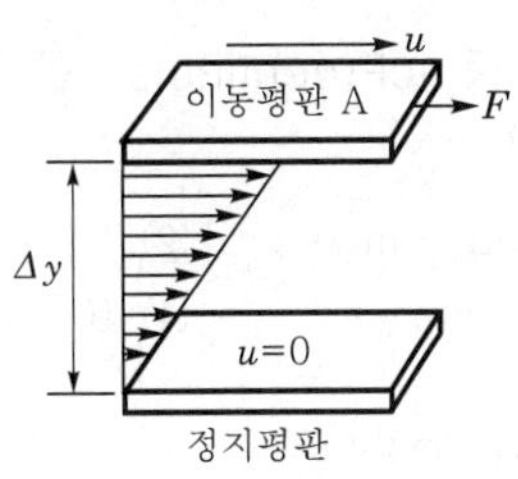

① 평판의 면적이 클수록 크다.
② 이동속도 u가 클수록 크다.
③ 두 평판의 간격 Δy가 클수록 크다.
④ 평판 사이에 점도가 큰 유체가 존재할 수록 크다.

$$F = \mu \frac{du}{dy} \cdot A$$

③ Δy가 작을수록 크다.

07 동점도(Kinematic Viscosity) ν가 4Stokes인 유체가 안지름 10cm인 관 속을 80cm/s의 평균속도로 흐를 때 이 유체의 흐름에 해당하는 것은?

① 플러그 흐름
② 층류
③ 전이영역의 흐름
④ 난류

$$Re = \frac{VD}{\nu} = \frac{80 \times 10}{4} = 200$$

∴ $Re < 2100$이므로 층류

08 압축성 이상기체의 흐름에 대한 설명으로 옳은 것은?

① 무마찰, 등온흐름이면 압력과 부피의 곱은 일정하다.
② 무마찰, 단열흐름이면 압력과 온도의 곱은 일정하다.
③ 무마찰, 단열흐름이면 엔트로피는 증가한다.
④ 무마찰, 등온흐름이면 정체온도는 일정하다.

이상기체, 등온, 보일의 법칙
$PV = K$(일정)

정답 04.① 05.③ 06.③ 07.② 08.①

09 다음 중 1cP(centiPoise)를 옳게 나타낸 것은?

① $10\text{kg}\cdot\text{m}^2/\text{s}$　② $10^{-2}\text{dyne}\cdot\text{cm}^2/\text{s}$
③ $1\text{N/cm}\cdot\text{s}$　④ $10^{-2}\text{dyne}\cdot\text{s/cm}^2$

해설

$1\text{P} = 1\text{g/cm}\cdot\text{s}$이므로
$1\text{cP} = 0.01\text{g/cm}\cdot\text{s}$
$1\text{dyne} = 1\text{g}\cdot\text{cm/s}^2$이고
$1\text{g} = \dfrac{\text{s}^2}{\text{cm}}\text{dyne}$이므로
∴ $1\text{cP} = 0.01\text{g/cm}\cdot\text{s}$의 g 대신에 $\text{s}^2\cdot\text{dyne/cm}$를 대입

$$1\text{cP} = 0.01\times\text{s}^2\times\text{dyne/cm}^2\cdot\text{s} = 0.01\times\text{s}\times\text{dyne/cm}^2 = 10^{-2}\text{dyne}\cdot\text{s/cm}^2$$

10 등엔트로피 과정하에서 완전기체 중의 음속을 옳게 나타낸 것은? (단, E는 체적탄성계수, R은 기체상수, T는 기체의 절대온도, P는 압력, k는 비열비이다.)

① $\sqrt{PE}$　② $\sqrt{kRT}$
③ RT　④ PT

해설

음속(a)
㉠ 액체 속의 음속
$$a = \sqrt{\frac{k}{\rho}}$$
여기서, k : 체적탄성계수
ρ : 밀도
㉡ 기체 속의 음속(단열변화 등엔트로피)
$a = \sqrt{kgRT}$　(R= kgf · m/kg · K)
$= \sqrt{kRT}$ (R= N · m/kg · K)

11 공기가 79vol% N_2와 21vol% O_2로 이루어진 이상기체 혼합물이라 할 때, 25℃, 750mmHg에서 밀도는 약 몇 kg/m^3인가?

① 1.16　② 1.42
③ 1.56　④ 2.26

해설

$$PV = \frac{w}{M}RT,\quad P = \frac{wRT}{VM}$$
$$\therefore w/V = \frac{PM}{RT} = \frac{\frac{750}{760}\times(28\times0.79+32\times0.21)}{0.082\times(273+25)} = 1.16\text{g/L} = 1.16\text{kg/m}^3$$

12 그림은 수축노즐을 갖는 고압용기에서 기체가 분출될 때 질량유량($\dot{m}$)과 배압(P_b)과 용기 내부압력(P_r)의 비의 관계를 도시한 것이다. 다음 중 질식된(choking) 상태만 모은 것은?

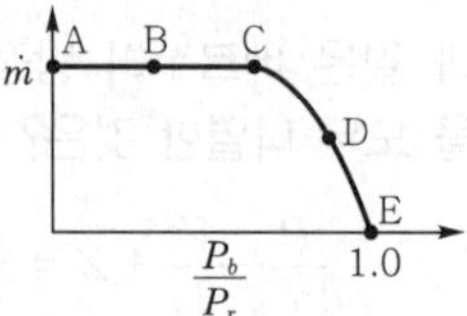

① A, E　② B, D
③ D, E　④ A, B

13 지름 20cm인 원형관이 한 변의 길이가 20cm인 정사각형 단면을 가지는 덕트와 연결되어 있다. 원형관에서 물의 평균속도가 2m/s일 때, 덕트에서 물의 평균속도는 얼마인가?

① 0.78m/s　② 1m/s
③ 1.57m/s　④ 2m/s

$$A_1V_1 = A_2V_2$$
$$V_2 = \frac{A_1V_1}{A_2} = \frac{\frac{\pi}{4}\times(20)^2\times2}{20\times20} = 1.57\text{m/s}$$

14 지름 1cm의 원통관에 5℃의 물이 흐르고 있다. 평균속도가 1.2m/s일 때 이 흐름에 해당하는 것은? (단, 5℃ 물의 동점성계수 ν는 $1.788\times10^{-6}\text{m}^2/\text{s}$이다.)

① 천이구간　② 층류
③ 퍼텐셜유동　④ 난류

$$Re = \frac{VD}{\nu} = \frac{1.2\times0.01}{1.788\times10^{-6}} = 6711.40$$
∴ $Re > 4000$이므로 난류

15 원형관에서 완전난류 유동일 때 손실수두는?

① 속도수두에 비례한다.
② 속도수두에 반비례한다.
③ 속도수두에 관계없으며, 관의 지름에 비례한다.
④ 속도에 비례하고, 관의 길이에 반비례한다.

정답 09.④ 10.② 11.① 12.④ 13.③ 14.④ 15.①

$h_f = f \cdot \frac{L}{D} \cdot \frac{V^2}{2g}$ 이므로

여기서, $\left(\frac{V^2}{2g}\right)$: 속도수두에 비례

L : 관 길이에 비례

D : 관 내경에 손실수두는 반비례

16 펌프의 흡입부 압력이 유체의 증기압보다 낮을 때 유체 내부에서 기포가 발생하는 현상을 무엇이라고 하는가?

① 캐비테이션
② 이온화현상
③ 서징현상
④ 에어바인딩

17 구형입자가 유체 속으로 자유낙하할 때의 현상으로 틀린 것은? (단, μ는 점성계수, d는 구의 지름, U는 속도이다.)

① 속도가 매우 느릴 때 항력(drag force)은 $3\pi\mu dU$이다.
② 입자에 작용하는 힘을 중력, 항력, 부력으로 구분할 수 있다.
③ 항력계수(C_D)는 레이놀즈수가 증가할 수록 커진다.
④ 종말속도는 가속도가 감소되어 일정한 속도에 도달한 것이다.

스토크스의 법칙

점성계수를 측정하기 위해 구를 액체 속에 항력 실험을 한 것

- 항력 $D = 3\pi\mu Ud$(실험식)

$$D = C_D \cdot \frac{\gamma U^2}{2g} \cdot A$$

$$= C_D \cdot \frac{\rho U^2}{2} \cdot A$$

- 항력은 속도 U에 비례하므로 항력계수 C_D는 Re수에 역비례

18 관 내를 흐르고 있는 액체의 유속이 급격히 감소할 때 일어날 수 있는 현상은?

① 수격현상 ② 서징현상
③ 캐비테이션 ④ 수직충격파

19 다음은 축소-확대 노즐을 통해 흐르는 등엔트로피 흐름에서 노즐거리에 대한 압력분포 곡선이다. 노즐 출구에서의 압력을 낮출 때 노즐목에서 처음으로 음속흐름(sonic flow)이 일어나기 시작하는 선을 나타낸 것은?

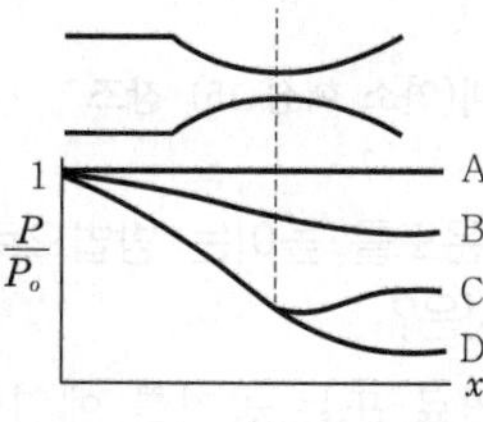

① A ② B
③ C ④ D

축소-확대 노즐에서 노즐 내 충격파가 발생하는 경우는 노즐의 목에서 확대부분에 발생하므로 압력곡선이 C와 D 사이이므로 시작하는 부분은 C이다.

20 뉴턴의 점성법칙과 관련성이 가장 먼 것은?

① 전단응력 ② 점성계수
③ 비중 ④ 속도구배

$F = \mu \cdot \frac{dv}{\Delta y} \cdot A$

$\tau = \mu \frac{dv}{dy}$

여기서, τ : 전단응력

μ : 점성계수

$\frac{dv}{dy}$: 속도구배

제2과목 연소공학

21 공기흐름이 난류일 때 가스연료의 연소현상에 대한 설명으로 옳은 것은? **[연소 36]**

① 화염이 뚜렷하게 나타난다.
② 연소가 양호하여 화염이 짧아진다.
③ 불완전연소에 의해 열효율이 감소한다.
④ 화염이 길어지면서 완전연소가 일어난다.

난류예혼합화염과 층류예혼합화염의 비교(연소핵심 36) 참조

정답 16.① 17.③ 18.① 19.③ 20.③ 21.②

22 연소 시 실제로 사용된 공기량을 이론적으로 필요한 공기량으로 나눈 것을 무엇이라 하는가? **[연소 15]**

① 공기비 ② 당량비
③ 혼합비 ④ 연료비

공기비(연소 핵심 15) 참조

23 연소온도를 높이는 방법으로 가장 거리가 먼 것은?

① 연료 또는 공기를 예열한다.
② 발열량이 높은 연료를 사용한다.
③ 연소용 공기의 산소농도를 높인다.
④ 복사전열을 줄이기 위해 연소속도를 늦춘다.

24 메탄 80v%, 에탄 15v%, 프로판 4v%, 부탄 1v%인 혼합가스의 공기 중 폭발하한계 값은 약 몇 %인가? (단, 각 성분의 하한계 값은 메탄 5%, 에탄 3%, 프로판 2.1%, 부탄 1.8%이다.)

① 2.3 ② 4.3
③ 6.3 ④ 8.3

해설

$$\frac{100}{L}=\frac{80}{5}+\frac{15}{3}+\frac{4}{2.1}+\frac{1}{1.8}$$

$$L=\frac{100}{\frac{80}{5}+\frac{15}{3}+\frac{4}{2.1}+\frac{1}{1.8}}=4.262 \fallingdotseq 4.3\%$$

25 다음 중 가역단열과정에 해당하는 것은?

① 정온과정 ② 정적과정
③ 등엔탈피과정 ④ 등엔트로피과정

해설

- 가역단열 : 엔트로피 불변
- 비가역단열 : 엔트로피 증가

26 가로 4m, 세로 4.5m, 높이 2.5m인 공간에 아세틸렌이 누출되고 있을 때 표준상태에서 약 몇 kg이 누출되면 폭발이 가능한가?

① 1.3 ② 1.0
③ 0.7 ④ 0.4

해설

공기량 : $4\text{m}\times4.5\text{m}\times2.5\text{m}=45\text{m}^3$
아세틸렌 양 : $x(\text{m}^3)$
폭발하한이 2.5%이므로

$$C_2H_2\% = \frac{x}{x+45}=0.025$$

$$x=0.025(x+45)$$
$$=0.025x+0.025\times45$$
$$x-0.025x=0.025\times45$$
$$x(1-0.025)=0.025\times45$$
$$\therefore\ x=\frac{0.025\times45}{1-0.025}=1.1538 \fallingdotseq 1.2\text{m}^3$$

27 Diesel cycle의 효율이 좋아지기 위한 조건은? (단, 압축비를 ε, 단절비(cut-off ratio)를 σ라 한다.)

① ε과 σ가 클수록
② ε이 크고 σ가 작을수록
③ ε이 크고 σ가 일정할수록
④ ε이 일정하고 σ가 클수록

해설

디젤사이클

$$\eta_d=\frac{w}{q}=1-\frac{1}{\varepsilon^{k-1}}\cdot\frac{\sigma^k-1}{k(\sigma-1)}$$

열효율은 압축비(ε)와 단절비(σ)의 함수이며, 압축비가 클수록 높아지고 단절비가 클수록 감소한다.

28 가장 미세한 입자까지 집진할 수 있는 집진장치는?

① 사이클론
② 중력집진기
③ 여과집진기
④ 스크러버

29 메탄가스 1m^3를 완전연소시키는 데 필요한 공기량은 약 몇 Sm^3인가? (단, 공기 중 산소는 21%이다.)

① 6.3 ② 7.5
③ 9.5 ④ 12.5

$$CH_4+2O_2 \rightarrow CO_2+2H_2O$$
1SNm^3 2SNm^3

$$\therefore\ 2\times\frac{1}{0.21}=9.52\text{Sm}^3$$

정답 22.① 23.④ 24.② 25.④ 26.① 27.② 28.③ 29.③

30 흑체의 온도가 20℃에서 100℃로 되었다면 방사하는 복사에너지는 몇 배가 되는가?

① 1.6　　② 2.0
③ 2.3　　④ 2.6

슈테판－볼츠만의 법칙
물체에 방사되는 전 방사에너지는 절대온도 4승에 비례

$Q = 4.88\varepsilon\left(\frac{T}{100}\right)^4$ 이므로

$\frac{Q_2}{Q_1} = \frac{\left(\frac{373}{100}\right)^4}{\left(\frac{293}{100}\right)^4} = 2.6$ 배

31 지구온난화를 유발하는 6대 온실가스가 아닌 것은?

① 이산화탄소　　② 메탄
③ 염화불화탄소　　④ 이산화질소

지구온난화 유발가스
㉠ 수소육불화탄소　㉡ 과불화탄소
㉢ 육불화황　㉣ 이산화탄소
㉤ 메탄　㉥ 이산화질소

32 산소(O_2)의 기본특성에 대한 설명 중 틀린 것은?

① 오일과 혼합하면 산화력의 증가로 강력히 연소한다.
② 자신은 스스로 연소하는 가연성이다.
③ 순산소 중에서는 철, 알루미늄 등도 연소되며 금속산화물을 만든다.
④ 가연성 물질과 반응하여 폭발할 수 있다.

② 연소를 도와주는 조연성

33 과잉공기량이 지나치게 많을 때 나타나는 현상으로 틀린 것은?

① 연소실 온도 저하
② 연료 소비량 증가
③ 배기가스 온도의 상승
④ 배기가스에 의한 열손실 증가

③ 배기가스 온도의 저하

34 Propane가스의 연소에 의한 발열량이 11780 kcal/kg이고 연소할 때 발생된 수증기의 잠열이 1900kcal/kg이라면 Propane가스의 연소효율은 약 몇 %인가? (단, 진발열량은 11500kcal/kg이다.)

① 66　　② 76
③ 86　　④ 96

$\eta = \frac{11780 - 1900}{11500} \times 100 = 85.9 \fallingdotseq 86\%$

35 혼합기체의 특성에 대한 설명으로 틀린 것은?

① 압력비와 몰비는 같다.
② 몰비는 질량비와 같다.
③ 분압은 전압에 부피분율을 곱한 값이다.
④ 분압은 전압에 어느 성분의 몰분율을 곱한 값이다.

압력비 = 몰비

$\text{분압} = \text{전압} \times \frac{\text{성분몰}}{\text{전 몰}} = \text{전압} \times \frac{\text{성분부피}}{\text{전 부피}}$

$= \text{전압} \times \text{몰분율}$

몰분율 : $\left(\frac{\text{성분몰}}{\text{전 몰}}\right)$

36 "혼합가스의 압력은 각 기체가 단독으로 확산할 때의 분압의 합과 같다."라는 것은 누구의 법칙인가?

① Boyle－Charles의 법칙
② Dalton의 법칙
③ Graham의 법칙
④ Avogadro의 법칙

37 이상기체에 대한 설명으로 틀린 것은?

① 보일 · 샤를의 법칙을 만족한다.
② 아보가드로의 법칙에 따른다.
③ 비열비$\left(k = \frac{C_P}{C_V}\right)$는 온도에 관계없이 일정하다.
④ 내부에너지는 체적과 관계있고 온도와는 무관하다.

정답 30.④ 31.③ 32.② 33.③ 34.③ 35.② 36.② 37.④

해설

내부에너지는 온도만의 함수이다.

38 다음 중 착화온도가 가장 낮은 물질은?

① 목탄　　② 무연탄
③ 수소　　④ 메탄

해설

착화온도
① 목탄(320~370℃)
② 무연탄(440~500℃)
③ 수소(580~600℃)
④ 메탄(650~750℃)

39 분진 폭발의 발생 조건으로 가장 거리가 먼 것은?

① 분진이 가연성이어야 한다.
② 분진 농도가 폭발범위 내에서는 폭발하지 않는다.
③ 분진이 화염을 전파할 수 있는 크기 분포를 가져야 한다.
④ 착화원, 가연물, 산소가 있어야 발생한다.

② 폭발범위 내에서는 폭발을 일으킨다.

40 연소범위에 대한 설명으로 옳은 것은?

① N_2를 가연성 가스에 혼합하면 연소범위는 넓어진다.
② CO_2를 가연성 가스에 혼합하면 연소범위가 넓어진다.
③ 가연성 가스는 온도가 일정하고 압력이 내려가면 연소범위가 넓어진다.
④ 가연성 가스는 온도가 일정하고 압력이 올라가면 연소범위가 넓어진다.

제3과목 가스설비

41 분젠식 버너의 구성이 아닌 것은?

① 블러스트　　② 노즐
③ 댐퍼　　④ 혼합관

42 공동주택에 압력조정기를 설치할 경우 설치기준으로 맞는 것은?

① 공동주택 등에 공급되는 가스압력이 중압 이상으로서 전 세대수가 200세대 미만인 경우 설치할 수 있다.
② 공동주택 등에 공급되는 가스압력이 저압으로서 전 세대수가 250세대 미만인 경우 설치할 수 있다.
③ 공동주택 등에 공급되는 가스압력이 중압 이상으로서 전 세대수가 300세대 미만인 경우 설치할 수 있다.
④ 공동주택 등에 공급되는 가스압력이 저압으로서 전 세대수가 350세대 미만인 경우 설치할 수 있다.

중압 이상인 경우 150세대 미만일 때 설치할 수 있다.

43 AFV식 정압기의 작동상황에 대한 설명으로 옳은 것은?

① 가스 사용량이 증가하면 파일럿밸브의 열림이 감소한다.
② 가스 사용량이 증가하면 구동압력은 저하한다.
③ 가스 사용량이 감소하면 2차 압력이 감소한다.
④ 가스 사용량이 감소하면 고무슬리브의 개도는 증대된다.

44 압력 2MPa 이하의 고압가스 배관설비로서 곡관을 사용하기가 곤란한 경우 가장 적정한 신축이음매는?

① 벨로스형 신축이음매
② 루프형 신축이음매
③ 슬리브형 신축이음매
④ 스위블형 신축이음매

45 탄소강이 약 200~300℃에서 인장강도는 커지나 연신율이 갑자기 감소되어 취약하게 되는 성질을 무엇이라 하는가?

① 적열취성　　② 청열취성
③ 상온취성　　④ 수소취성

정답 38.① 39.② 40.④ 41.① 42.② 43.③ 44.① 45.②

① 적열취성(메짐) : S이 많은 강에서 800~900℃에서 취성이 일어나는 것
③ 상온취성 : 인 존재 시 상온에서 취성이 일어나는 것
④ 수소취성 : 고온고압에서 수소가 강재 중 탄소와 작용하여 강을 취하시키는 현상

46 도시가스의 제조공정 중 부분연소법의 원리를 바르게 설명한 것은? **[설비 3]**

① 메탄에서 원유까지의 탄화수소를 원료로 하여 산소 또는 공기 및 수증기를 이용하여 메탄, 수소, 일산화탄소, 이산화탄소로 변환시키는 방법이다.
② 메탄을 원료로 사용하는 방법으로 산소 또는 공기 및 수증기를 이용하여 수소, 일산화탄소만을 제조하는 방법이다.
③ 에탄만을 원료로 하여 산소 또는 공기 및 수증기를 이용하여 메탄만을 생성시키는 방법이다.
④ 코크스만을 사용하여 산소 또는 공기 및 수증기를 이용하여 수소와 일산화탄소만을 제조하는 방법이다.

도시가스 프로세스(설비 핵심 3) 참조

47 발열량 5000kcal/m^3, 비중 0.61, 공급표준압력 100mmH_2O인 가스에서 발열량 11000kcal/m^3, 비중 0.66, 공급표준압력 200mmH_2O인 천연가스로 변경할 경우 노즐 변경률은 얼마인가?

① 0.49 ② 0.58
③ 0.71 ④ 0.82

$$\frac{D_2}{D_1} = \sqrt{\frac{WI_1\sqrt{P_1}}{WI_2\sqrt{P_2}}} = \sqrt{\frac{\frac{5000}{\sqrt{0.61}}\sqrt{100}}{\frac{11000}{\sqrt{0.66}}\sqrt{200}}}$$

$$= 0.578 \fallingdotseq 0.58$$

48 용기 밸브의 구성이 아닌 것은?

① 스템 ② O링
③ 스핀들 ④ 행거

49 액화천연가스(메탄 기준)를 도시가스 원료로 사용할 때 액화천연가스의 특징을 바르게 설명한 것은?

① C/H 질량비가 3이고, 기화설비가 필요하다.
② C/H 질량비가 4이고, 기화설비가 필요 없다.
③ C/H 질량비가 3이고, 가스 제조 및 정제 설비가 필요하다.
④ C/H 질량비가 4이고, 개질설비가 필요하다.

CH_4(메탄)
㉠ C/H=12/4=3
㉡ LNG는 기화설비가 필요하다.

50 LPG수송관의 이음부분에 사용할 수 있는 패킹재료로 가장 적합한 것은?

① 목재 ② 천연고무
③ 납 ④ 실리콘고무

51 아세틸렌 압축 시 분해폭발의 위험을 줄이기 위한 반응장치는? **[설비 63]**

① 겔로그반응장치
② LG반응장치
③ 파우서반응장치
④ 레페반응장치

레페반응장치(설비 핵심 63) 참조

52 다음 중 화염에서 백-파이어(back-fire)가 가장 발생하기 쉬운 원인은? **[연소 22]**

① 버너의 과열
② 가스의 과량 공급
③ 가스압력의 상승
④ 1차 공기량의 감소

연소의 이상현상(연소 핵심 22) 참조

정답 46.① 47.② 48.④ 49.① 50.④ 51.④ 52.①

53 공기액화분리장치의 폭발 방지대책으로 옳지 않은 것은? **[설비 5]**

① 장치 내에 여과기를 설치한다.
② 유분리기는 설치해서는 안 된다.
③ 흡입구 부근에서 아세틸렌 용접은 하지 않는다.
④ 압축기의 윤활유는 양질유를 사용한다.

공기액화분리장치(설비 핵심 5) 참조

54 다음 중 LP가스 판매사업의 용기보관실의 면적은? **[안전 130]**

① $9m^2$ 이상　② $10m^2$ 이상
③ $12m^2$ 이상　④ $19m^2$ 이상

판매시설 용기보관실 면적(안전 핵심 130) 참조

55 전기방식법 중 효과범위가 넓고 전압, 전류의 조정이 쉬우며 장거리 배관에는 설치개수가 적어지는 장점이 있고 초기 투자가 많은 단점이 있는 방법은? **[안전 38]**

① 희생양극법　② 외부전원법
③ 선택배류법　④ 강제배류법

전기방식법(안전 핵심 38) 참조

56 양정 20m, 송수량 $3m^3/min$일 때 축동력 15PS을 필요로 하는 원심펌프의 효율은 약 몇 %인가?

① 59%　② 75%
③ 89%　④ 92%

$$L_{PS}=\frac{\gamma\cdot Q\cdot H}{75\eta}$$

$$\eta=\frac{\gamma\cdot Q\cdot H}{L_{PS}\times 75}=\frac{1000\times(3/60)\times 20}{15\times 75}$$

$$=0.888=0.89=89\%$$

57 토출량이 $5m^3/min$이고, 펌프 송출구의 안지름이 30cm일 때 유속은 약 몇 m/s인가?

① 0.8　② 1.2
③ 1.6　④ 2.0

$$Q=\frac{\pi}{4}D^2\cdot V$$

$$V=\frac{4Q}{\pi D^2}=\frac{4\times(5m^3/60s)}{\pi\times(0.3m)^2}=1.17=1.2m/s$$

58 연소방식 중 급·배기 방식에 의한 분류로서 연소에 필요한 공기를 실내에서 취하고 연소 후 배기가스는 배기통으로 옥외로 방출하는 형식은? **[안전 93]**

① 노출식　② 개방식
③ 반밀폐식　④ 밀폐식

가스보일러의 급·배기 방식(안전 핵심 93) 참조

59 탄소강에 소량씩 함유하고 있는 원소의 영향에 대한 설명으로 틀린 것은?

① 인(P)은 상온에서 충격치를 떨어뜨려 상온메짐의 원인이 된다.
② 규소(Si)는 경도는 증가시키나 단접성은 감소시킨다.
③ 구리(Cu)는 인장강도와 탄성계수를 높이나 내식성은 감소시킨다.
④ 황(S)은 Mn과 결합하여 MnS를 만들고 남은 것이 있으면 FeS를 만들어 고온메짐의 원인이 된다.

- P(인) : 상온취성의 원인이 된다.
- Si(규소) : 경도는 증가시키고, 단접성은 감소시킨다.
- Cu(구리) : 인장강도와 탄성계수는 감소시키고, 내식성은 증대시킨다.
- S(황) : 적열취성(고온메짐)의 원인이다.
- Mn(망간) : S(황)과 결합하여 황의 악영향을 완화시킨다.
- Ni(니켈) : 저온취성을 개선시킨다.

60 액화천연가스 중 가장 많이 함유되어 있는 것은?

① 메탄　② 에탄
③ 프로판　④ 일산화탄소

정답 53.② 54.④ 55.② 56.③ 57.② 58.③ 59.③ 60.①

제4과목 가스안전관리

61 고압가스 충전용기 운반 시 동일차량에 적재하여 운반할 수 있는 것은? **[안전 34]**

① 염소와 아세틸렌
② 염소와 암모니아
③ 염소와 질소
④ 염소와 수소

고압가스 용기에 의한 운반기준(안전 핵심 34) 참조

62 고온, 고압하의 수소에서는 수소원자가 발생되어 금속조직으로 침투하여 carbon 결합, CH_4 등의 gas를 생성하여 용기가 파열하는 원인이 될 수 있는 현상은?

① 금속조직에서 탄소의 추출
② 금속조직에서 아연의 추출
③ 금속조직에서 구리의 추출
④ 금속조직에서 스테인리스강의 추출

63 고압가스 저장탱크 실내 설치의 기준으로 틀린 것은?

① 가연성 가스 저장탱크실에는 가스누출검지경보장치를 설치한다.
② 저장탱크실은 각각 구분하여 설치하고 자연환기시설을 갖춘다.
③ 저장탱크에 설치한 안전밸브는 지상 5m 이상의 높이에 방출구가 있는 가스방출관을 설치한다.
④ 저장탱크의 정상부와 저장탱크실 천장과의 거리는 60cm 이상으로 한다.

② 저장탱크실은 구분하여 설치하고 강제통풍장치를 갖춘다.

64 고압가스 냉동제조설비의 냉매설비에 설치하는 자동제어장치 설치기준으로 틀린 것은? **[안전 108]**

① 압축기의 고압 측 압력이 상용압력을 초과하는 때에 압축기의 운전을 정지하는 고압차단장치를 설치한다.
② 개방형 압축기에서 저압 측 압력이 상용압력보다 이상저하할 때 압축기의 운전을 정지하는 저압차단장치를 설치한다.
③ 압축기를 구동하는 동력장치에 과열방지장치를 설치한다.
④ 셸형 액체냉각기에 동결방지장치를 설치한다.

냉동설비의 과압차단장치, 자동제어장치(안전 핵심 108) 참조

③ 압축기를 구동하는 동력장치에 과부하보호장치를 설치한다.

65 독성 고압가스의 배관 중 2중관의 외층관 내경은 내층관 외경의 몇 배 이상을 표준으로 하여야 하는가?

① 1.2배　　② 1.25배
③ 1.5배　　④ 2.0배

66 정전기 발생에 대한 설명으로 옳지 않은 것은?

① 물질의 표면상태가 원활하면 발생이 적어진다.
② 물질표면이 기름 등에 의해 오염되었을 때는 산화, 부식에 의해 정전기가 발생할 수 있다.
③ 정전기의 발생은 처음 접촉, 분리가 일어났을 때 최대가 된다.
④ 분리속도가 빠를수록 정전기의 발생량은 적어진다.

④ 분리속도가 빠를수록 정전기의 발생량은 증가한다.

67 염소가스의 제독제가 아닌 것은? **[안전 44]**

① 가성소다수용액
② 물
③ 탄산소다수용액
④ 소석회

독성 가스 제독제와 보유량(안전 핵심 44) 참조

정답 61.③ 62.① 63.② 64.③ 65.① 66.④ 67.②

68 도시가스 시설의 완성검사대상에 해당하지 않는 것은?

① 가스사용량의 증가로 특정가스사용시설로 전환되는 가스 사용시설 변경공사
② 특정가스 사용시설로서 호칭지름 50mm의 강관을 25m 교체하는 변경공사
③ 특정가스 사용시설의 압력조정기를 증설하는 변경공사
④ 특정가스 사용시설에서 배관 변경을 수반하지 않고 월사용예정량 550m³를 이설하는 변경공사

해설

도시가스 시설의 완성검사대상 항목

㉠ 도시가스 사용량의 증가로 인하여 특정가스 사용시설로 전환되는 가스 사용시설의 변경공사
㉡ 특정가스 사용시설로서 호칭지름 50mm 이상인 배관을 증설·교체 또는 이설(移設)하는 것으로서 그 전체 길이가 20m 이상인 변경공사
㉢ 특정가스 사용시설의 배관을 변경하는 공사로서 월 사용예정량을 500m³ 이상 증설하거나 월 사용예정량이 500m³ 이상인 시설을 이설하는 변경공사
㉣ 특정가스 사용시설의 정압기나 압력조정기를 증설·교체(동일 유량으로 교체하는 경우는 제외한다) 또는 이설하는 변경공사

69 시안화수소(HCN)를 용기에 충전할 경우에 대한 설명으로 옳지 않은 것은?

① 순도는 98% 이상으로 한다.
② 아황산가스 또는 황산 등의 안정제를 첨가한다.
③ 충전한 용기는 충전 후 12시간 이상 정치한다.
④ 일정시간 정치한 후 1일 1회 이상 질산, 구리, 벤젠 등의 시험지로 누출을 검사한다.

③ 충전 후 24시간 정치

70 용기에 의한 액화석유가스 사용시설에서 기화장치의 설치기준에 대한 설명으로 틀린 것은?

① 기화장치의 출구 측 압력은 1MPa 미만이 되도록 하는 기능을 갖거나 1MPa 미만에서 사용한다.
② 용기는 그 외면으로부터 기화장치까지 3m 이상의 우회거리를 유지한다.
③ 기화장치의 출구 배관에는 고무호스를 직접 연결하지 아니한다.
④ 기화장치의 설치장소에는 배수구나 집수구로 통하는 도랑을 설치한다.

해설

액화석유가스 사용시설 기화장치 설치

㉠ 기화장치를 전원으로 조작하는 경우에는 비상전력을 보유하거나 예비용기를 포함한 용기집합설비의 기상부에 별도의 예비 기체라인을 설치하여 정전 시 사용할 수 있도록 조치하여야 한다. 다만, 한국가스안전공사가 안전관리에 지장이 없다고 인정하는 경우에는 그러하지 않다.
㉡ 기화장치의 출구 측 압력은 1MPa 미만이 되도록 하는 기능을 갖거나, 1MPa 미만에서 사용한다.
㉢ 가열방식이 액화석유가스 연소에 따른 방식인 경우에는 파일럿버너가 꺼지는 경우 버너에 액화석유가스 공급이 자동적으로 차단되는 자동안전장치를 부착한다.
㉣ 기화장치는 콘크리트기초 등에 고정하여 설치한다.
㉤ 기화장치는 옥외에 설치한다. 다만 옥내에 설치하는 경우 건축물의 바닥 및 천장 등은 불연성 재료를 사용하고 통풍이 잘 되는 구조로 한다.
㉥ 용기는 그 외면으로부터 기화장치까지 3m 이상의 우회거리를 유지한다. 다만, 기화장치를 방폭형으로 설치하는 경우에는 3m 이내로 유지할 수 있다.
㉦ 기화장치의 출구 배관에는 고무호스를 직접 연결하지 않는다.
㉧ 기화장치의 설치장소에는 배수구나 집수구로 통하는 도랑이 없어야 한다.
㉨ 기화장치에는 정전기 제거 조치를 하여야 한다.

71 안전관리규정의 작성기준에서 다음 [보기] 중 종합적 안전관리규정에 포함되어야 할 항목을 모두 나열한 것은?

㉠ 경영이념	㉡ 안전관리투자
㉢ 안전관리목표	㉣ 안전문화

① ㉠, ㉡, ㉢　② ㉠, ㉡, ㉣
③ ㉠, ㉢, ㉣　④ ㉠, ㉡, ㉢, ㉣

정답 68.④ 69.③ 70.④ 71.④

72 액화가스의 저장탱크 압력이 이상상승하였을 때 조치사항으로 옳지 않은 것은?

① 방출밸브를 열어 가스를 방출시킨다.
② 살수장치를 작동시켜 저장탱크를 냉각시킨다.
③ 액 이입 펌프를 정지시킨다.
④ 출구 측의 긴급차단밸브를 작동시킨다.

유입 측의 밸브를 차단하여야 더 이상의 압력 상승을 방지할 수 있다.

73 내용적이 59L인 LPG용기에 프로판을 충전할 때 최대충전량은 약 몇 kg으로 하면 되는가? (단, 프로판의 정수는 2.35이다.)

① 20kg ② 25kg
③ 30kg ④ 35kg

$W = \frac{V}{C} = \frac{59}{2.35} = 25.1\text{kg}$

74 고압가스용기 보관장소의 주위 몇 m 이내에는 화기 또는 인화성 물질이나 발화성 물질을 두지 않아야 하는가?

① 1m ② 2m
③ 5m ④ 8m

75 가스누출경보 차단장치의 성능시험 방법으로 틀린 것은?

① 가스를 검지한 상태에서 연소경보를 울린 후 30초 이내에 가스를 차단하는 것으로 한다.
② 교류전원을 사용하는 차단장치는 전압이 정격전압의 90% 이상 110% 이하일 때 사용에 지장이 없는 것으로 한다.
③ 내한성능에서 제어부는 −25℃ 이하에서 1시간 이상 유지한 후 5분 이내에 작동시험을 실시하여 이상이 없어야 한다.
④ 전자밸브식 차단부는 35kPa 이상의 압력으로 기밀시험을 실시하여 외부누출이 없어야 한다.

③ 내한성능에서 제어부는 −10℃ 이하에서 1시간 이상 유지한 후 10분 이내에 작동시험을 실시하여 이상이 없는 것으로 한다.

76 매몰형 폴리에틸렌 볼밸브의 사용압력 기준은? **[안전 173]**

① 0.4MPa 이하
② 0.6MPa 이하
③ 0.8MPa 이하
④ 1MPa 이하

가스용 PE관의 SDR 값(안전 핵심 173) 참조

77 고압가스를 운반하는 차량에 경계표지의 크기는 어떻게 정하는가? **[안전 116]**

① 직사각형인 경우 가로 치수는 차체 폭의 20% 이상, 세로 치수는 가로 치수의 30% 이상, 정사각형인 경우는 그 면적을 400cm^2 이상으로 한다.
② 직사각형인 경우 가로 치수는 차체 폭의 30% 이상, 세로 치수는 가로 치수의 20% 이상, 정사각형인 경우는 그 면적을 400cm^2 이상으로 한다.
③ 직사각형인 경우 가로 치수는 차체 폭의 20% 이상, 세로 치수는 가로 치수의 30% 이상, 정사각형인 경우는 그 면적을 600cm^2 이상으로 한다.
④ 직사각형인 경우 가로 치수는 차체 폭의 30% 이상, 세로 치수는 가로 치수의 20% 이상, 정사각형인 경우는 그 면적을 600cm^2 이상으로 한다.

고압가스 운반차량의 경계표지(안전 핵심 116) 참조

78 고압가스 제조시설에서 아세틸렌을 충전하기 위한 설비 중 충전용 지관에는 탄소 함유량이 얼마 이하인 강을 사용하여야 하는가?

① 0.1% ② 0.2%
③ 0.33% ④ 0.5%

정답 72.④ 73.② 74.② 75.③ 76.① 77.④ 78.①

79 CO 15v%, H_2 30v%, CH_4 55v%인 가연성 혼합가스의 공기 중 폭발하한계는 약 몇 v%인가? (단, 각 가스의 폭발하한계는 CO 12.5v%, H_2 4.0v%, CH_4 5.3v%이다.)

① 5.2 ② 5.8
③ 6.4 ④ 7.0

$$\frac{100}{L}=\frac{15}{12.5}+\frac{30}{4.0}+\frac{55}{5.3}=19.077$$

$\therefore\ L=100\div 19.077=5.24\%$

80 액화석유가스용 차량에 고정된 저장탱크 외벽이 화염에 의하여 국부적으로 가열될 경우를 대비하여 폭발방지장치를 설치한다. 이때 재료로 사용되는 금속은? **[안전 82]**

① 아연 ② 알루미늄
③ 주철 ④ 스테인리스

폭발방지장치의 설치 규정(안전 핵심 82) 참조

제5과목 가스계측

81 베크만온도계는 어떤 종류의 온도계에 해당하는가?

① 바이메탈온도계
② 유리온도계
③ 저항온도계
④ 열전대온도계

베크만온도계
수은온도계의 일종으로 5~6℃ 사이를 0.01℃까지 측정이 가능한 초정밀용으로 유리제 온도계에 해당한다.

82 입력과 출력이 그림과 같을 때 제어동작은?

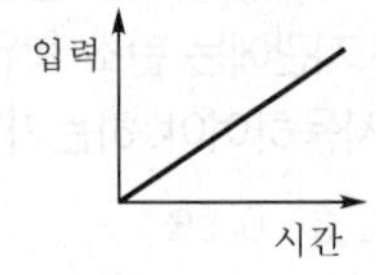

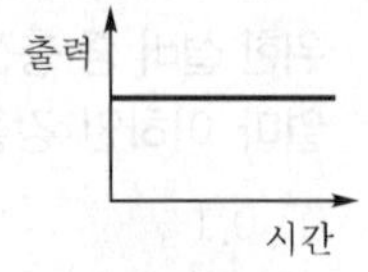

① 비례동작 ② 미분동작
③ 적분동작 ④ 비례적분동작

미분동작(D)
제어편차가 생길 때 편차가 변화하는 속도의 미분값에 비례하여 조작량을 가감하는 동작

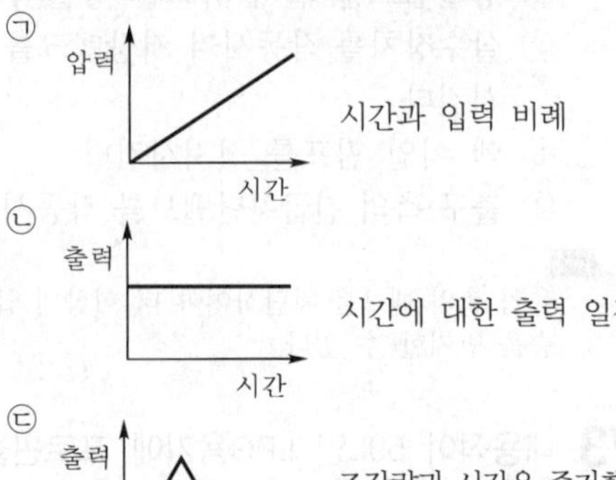

83 기체 크로마토그래피에서 사용되는 캐리어가스(carrier gas)에 대한 설명으로 옳은 것은? **[계측 10]**

① 가격이 저렴한 공기를 사용해도 무방하다.
② 검출기의 종류에 관계없이 구입이 용이한 것을 사용한다.
③ 주입된 시료를 컬럼과 검출기로 이동시켜 주는 운반기체 역할을 한다.
④ 캐리어가스는 산소, 질소, 아르곤 등이 주로 사용된다.

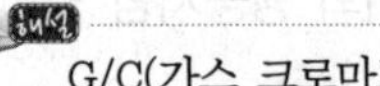

G/C(가스 크로마토그래피) 측정원리와 특성(계측 핵심 10) 참조

84 경사각(θ)이 30°인 경사관식 압력계의 눈금(x)을 읽었더니 60cm가 상승하였다. 이때 양단의 차압(P_1-P_2)은 약 몇 kgf/cm² 인가? (단, 액체의 비중은 0.8인 기름이다.)

① 0.001 ② 0.014
③ 0.024 ④ 0.034

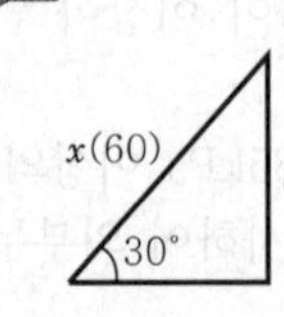

$h=x\sin\theta$이므로

$P_1-P_2=sh=sx\sin\theta$
$=0.8(\text{kg}/10^3\text{cm}^3)\times 60\text{cm}\sin 30$
$=0.024$

정답 79.① 80.② 81.② 82.② 83.③ 84.③

85 어느 수용가에 설치되어 있는 가스미터의 기차를 측정하기 위하여 기준기로 지시량을 측정하였더니 150m³를 나타내었다. 그 결과 기차가 4%로 계산되었다면 이 가스미터의 지시량은 몇 m³인가?

① 149.96m³ ② 150m³
③ 156m³ ④ 156.25m³

$$기차 = \frac{시험미터\ 지시량 - 기준미터\ 지시량}{시험미터\ 지시량}$$

$0.04 = \frac{x-150}{x}$, $0.04x = x - 150$

$x(1-0.04) = 150$

$\therefore\ x = \frac{150}{1-0.04} = 156.25\text{m}^3$

86 차압식 유량계에서 교축 상류 및 하류의 압력이 각각 P_1, P_2일 때 체적유량이 Q_1이라 한다. 압력이 2배 만큼 증가하면 유량 Q는 얼마가 되는가?

① $2Q_1$ ② $\sqrt{2}\,Q_1$
③ $\frac{1}{2}Q_1$ ④ $\frac{Q_1}{\sqrt{2}}$

$Q_1 = A\sqrt{2gP}$, $Q = A\sqrt{2g2P}$ 이므로

$\therefore\ Q = \sqrt{2}\,Q_1$

87 기체 크로마토그래피에 의한 분석방법은 어떤 성질을 이용한 것인가? **[계측 10]**

① 비열의 차이 ② 비중의 차이
③ 연소성의 차이 ④ 이동속도의 차이

C/G(가스 크로마토그래피) 측정원리와 특성(계측 핵심 10) 참조

88 태엽의 힘으로 통풍하는 통풍형 건습구습도계로서 휴대가 편리하고 필요 풍속이 약 3m/s인 습도계는?

① 아스만습도계
② 모발습도계
③ 간이건습구습도계
④ Dewcel식 노점계

89 막식 가스미터에서 크랭크축이 녹슬거나 밸브와 밸브시트가 타르나 수분 등에 의해 접착 또는 고착되어 가스가 미터를 통과하지 않는 고장의 형태는? **[계측 5]**

① 부동
② 기어불량
③ 떨림
④ 불통

가스미터의 고장(계측 핵심 5) 참조

90 소형 가스미터(15호 이하)의 크기는 1개의 가스기구가 당해 가스미터에서 최대통과량의 얼마를 통과할 때 한 등급 큰 계량기를 선택하는 것이 가장 적당한가?

① 90% ② 80%
③ 70% ④ 60%

91 기체 크로마토그래피의 조작과정이 다음과 같을 때 조작순서가 가장 올바르게 나열된 것은?

Ⓐ 크로마토그래피 조정
Ⓑ 표준가스 도입
Ⓒ 성분 확인
Ⓓ 크로마토그래피 안정성 확인
Ⓔ 피크 면적 계산
Ⓕ 시료가스 도입

① Ⓐ－Ⓓ－Ⓑ－Ⓕ－Ⓒ－Ⓔ
② Ⓐ－Ⓑ－Ⓒ－Ⓓ－Ⓔ－Ⓕ
③ Ⓓ－Ⓐ－Ⓕ－Ⓑ－Ⓒ－Ⓔ
④ Ⓐ－Ⓑ－Ⓓ－Ⓒ－Ⓕ－Ⓔ

92 산소(O_2)는 다른 가스에 비하여 강한 상자성체이므로 자장에 대하여 흡인되는 특성을 이용하여 분석하는 가스분석계는?

① 세라믹식 O_2계
② 자기식 O_2계
③ 연소식 O_2계
④ 밀도식 O_2계

정답 85.④ 86.② 87.④ 88.① 89.④ 90.② 91.① 92.②

93 측정자 자신의 산포 및 관측자의 오차와 시차 등 산포에 의하여 발생하는 오차는?

① 이론오차 ② 개인오차
③ 환경오차 ④ 우연오차

94 부르동관 압력계를 용도로 구분할 때 사용하는 기호로 내진(耐震)형에 해당하는 것은?

① M ② H
③ V ④ C

부르동관 압력계의 내충격 시험에서 내진형 V는 50cm에서 낙하하여도 이상이 없어야 하며, 보통형, 내열형은 30cm에서 낙하하여도 이상이 없어야 한다.

95 되먹임제어와 비교한 시퀀스제어의 특성으로 틀린 것은?

① 정성적 제어 ② 디지털신호
③ 열린 회로 ④ 비교제어

96 용액에 시료가스를 흡수시키면 측정성분에 따라 도전율이 변하는 것을 이용한 용액도전율식 분석계에서 측정가스와 그 반응용액이 틀린 것은?

① CO_2 − NaOH 용액
② SO_2 − CH_3COOH 용액
③ Cl_2 − $AgNO_3$ 용액
④ NH_3 − H_2SO_4 용액

② SO_2 − H_2O_2(과산화수소) 용액

97 다음 [보기]에서 설명하는 가장 적합한 압력계는?

- 정도가 아주 좋다.
- 자동계측이나 제어가 용이하다.
- 장치가 비교적 소형이므로 가볍다.
- 기록장치와의 조합이 용이하다.

① 전기식 압력계
② 부르동관식 압력계
③ 벨로스식 압력계
④ 다이어프램식 압력계

98 서미스터(thermistor) 저항체 온도계의 특징에 대한 설명으로 옳은 것은?

① 온도계수가 적으며, 균일성이 좋다.
② 저항변화가 적으며, 재현성이 좋다.
③ 온도상승에 따라 저항치가 감소한다.
④ 수분 흡수 시에도 오차가 발생하지 않는다.

서미스터 온도계

Ni+Cu+Mn+Fe+Co 등을 압축 소결시켜 만든 온도계

㉠ 저항계수가 백금의 10배이다.
㉡ 응답이 빠르고, 경년변화가 있다.
㉢ 수분이 흡수되면 오차가 발생한다.
㉣ 온도상승 시 저항치는 감소한다.

99 염소가스를 검출하는 검출시험지에 대한 설명으로 옳은 것은?

① 연당지를 사용하며, 염소가스와 접촉하면 흑색으로 변한다.
② KI−녹말종이를 사용하며, 염소가스와 접촉하면 청색으로 변한다.
③ 하리슨씨 시약을 사용하며, 염소가스와 접촉하면 심등색으로 변한다.
④ 리트머스시험지를 사용하며, 염소가스와 접촉하면 청색으로 변한다.

100 다음 [보기]에서 자동제어의 일반적인 동작순서를 바르게 나열한 것은?

㉠ 목표값으로 이미 정한 물리량과 비교한다.
㉡ 조작량을 조작기에서 증감한다.
㉢ 결과에 따른 편차가 있으면 판단하여 조절한다.
㉣ 제어대상을 계측기를 사용하여 검출한다.

① ㉣→㉠→㉢→㉡
② ㉣→㉡→㉠→㉢
③ ㉡→㉠→㉣→㉢
④ ㉡→㉠→㉢→㉣

정답 93.④ 94.③ 95.④ 96.② 97.① 98.③ 99.② 100.①

국가기술자격 시험문제

2022년 기사 제1회 필기시험(1부)　　(2022년 3월 5일 시행)

자격종목	시험시간	문제수	문제형별
가스기사	**2시간30분**	**100**	**A**

수험번호		성 명	

제1과목 가스유체역학

01 관 내부에서 유체가 흐를 때 흐름이 완전난류라면 수두손실은 어떻게 되겠는가?

① 대략적으로 속도의 제곱에 반비례한다.
② 대략적으로 직경의 제곱에 반비례하고 속도에 정비례한다.
③ 대략적으로 속도의 제곱에 비례한다.
④ 대략적으로 속도에 정비례한다.

달시바하 방정식

$h_f = f \cdot \frac{L}{D} \cdot \frac{V^2}{2g}$ (층류, 난류 모두 적용)

수두손실은 관마찰계수(f), 관길이(L), 속도의 제곱(V^2)에 비례, 관경(D), g(중력가속도)에 반비례한다.

02 다음 중 정상유동과 관계있는 식은? (단, V = 속도벡터, s = 임의 방향좌표, t = 시간이다.)

① $\frac{\partial V}{\partial t} = 0$　　② $\frac{\partial V}{\partial s} \neq 0$

③ $\frac{\partial V}{\partial t} \neq 0$　　④ $\frac{\partial V}{\partial s} = 0$

해설

정상류(정상유동)

$\frac{\partial P}{\partial t} = 0,\ \frac{\partial V}{\partial t} = 0$

$\frac{\partial T}{\partial t} = 0,\ \frac{\partial \rho}{\partial t} = 0$

으로서, 유동장 내의 임의의 한 점에서 작용하는 유체입자들의 변수(P, V, T, ρ)가 시간에 관계없이 항상 일정하다.

03 물이 23m/s의 속도로 노즐에서 수직상방으로 분사될 때 손실을 무시하면 약 몇 m까지 물이 상승하는가?

① 13　　② 20
③ 27　　④ 54

속도수두 $\frac{V^2}{2g} = \frac{23^2}{2 \times 9.8} = 26.98 \fallingdotseq 27\text{m}$

04 기체가 0.1kg/s로 직경 40cm인 관 내부를 등온으로 흐를 때 압력이 30kgf/m^{2}abs, R = 20kgf · m/kg · K, T = 27℃라면 평균속도는 몇 m/s인가?

① 5.6　　② 67.2
③ 98.7　　④ 159.2

해설

기체의 비중량

$\gamma = \frac{P}{RT} = \frac{30\text{kgf/m}^2}{20\text{kgf} \cdot \text{m/kg} \cdot \text{K} \times (273+27)\text{K}}$

$= 5 \times 10^{-3}\text{kgf/m}^3$

$G = \gamma A \cdot V$

$V = \frac{G}{\gamma \cdot A} = \frac{0.1}{5 \times 10^{-3} \times \frac{\pi}{4} \times (0.4\text{m})^2} = 159.15\text{m/s}$

05 내경 0.0526m인 철관 내를 점도가 0.01kg/m · s이고, 밀도가 1200kg/m^{3}인 액체가 1.16m/s의 평균속도로 흐를 때 Reynolds 수는 약 얼마인가?

① 36.61　　② 3661
③ 732.2　　④ 7322

정답 01.③ 02.① 03.③ 04.④ 05.④

해설

$$Re = \frac{\rho \cdot d \cdot V}{\mu}$$
$$= \frac{1200\text{kg/m}^3 \times 0.0526\text{m} \times 1.16\text{m/s}}{0.01\text{kg/m} \cdot \text{s}}$$
$$= 7321.92 ≒ 7322$$

06 어떤 유체의 비중량이 20kN/m^{3}이고, 점성계수가 0.1N · s/m^{2}이다. 동점성계수는 m^2/s 단위로 얼마인가?

① 2.0×10^{-2} ② 4.9×10^{-2}
③ 2.0×10^{-5} ④ 4.9×10^{-5}

해설

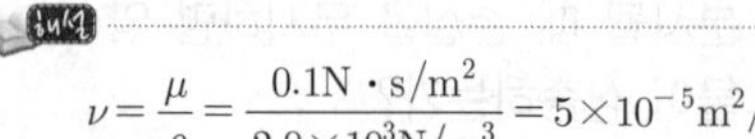

$$\nu = \frac{\mu}{\rho} = \frac{0.1\text{N} \cdot \text{s/m}^2}{2.0 \times 10^3\text{N/m}^3} = 5 \times 10^{-5}\text{m}^2/\text{s}$$

07 성능이 동일한 n대의 펌프를 서로 병렬로 연결하고, 원래와 같은 양정에서 작동시킬 때 유체의 토출량은?

① $\frac{1}{n}$로 감소한다.
② n배로 증가한다.
③ 원래와 동일하다.
④ $\frac{1}{2n}$로 감소한다.

펌프를 병렬로 연결 시 유량은 증가, 양정은 불변이므로 펌프의 설치수만큼 유량은 증가한다.

08 직각좌표계 상에서 Euler 기술법으로 유동을 기술할 때 $F = \nabla \cdot \vec{V}$, $G = \nabla \cdot (\rho \vec{V})$로 정의되는 두 함수에 대한 설명 중 틀린 것은? (단, $\vec{V}$는 유체의 속도, ρ는 유체의 밀도를 나타낸다.)

① 밀도가 일정한 유체의 정상유동(steady flow)에서는 $F = 0$이다.
② 압축성(compressible) 유체의 정상유동(steady flow)에서는 $G = 0$이다.
③ 밀도가 일정한 유체의 비정상유동(unsteady flow)에서는 $F \neq 0$이다.
④ 압축성(compressible) 유체의 비정상유동(unsteady flow)에서는 $G \neq 0$이다.

09 하수 슬러리(slurry)와 같이 일정한 온도와 압력 조건에서 임계 전단응력 이상이 되어야만 흐르는 유체는?

① 뉴턴유체(Newtonian fluid)
② 팽창유체(Dilatant fluid)
③ 빙햄가소성유체(Bingham plastics fluid)
④ 의가소성유체(Pseudoplastic fluid)

해설

Non-Newton유체

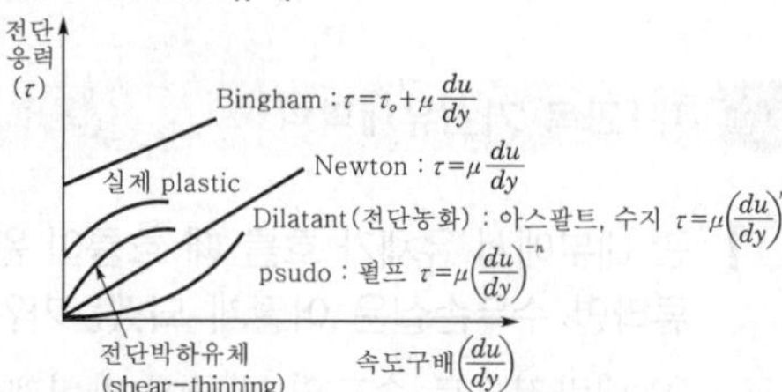

유체의 종류

구 분	내 용
뉴턴유체	뉴턴의 점성법칙을 만족하며, 끈기가 없는 유형(물, 공기, 오일, 사염화탄소, 알코올)
비뉴턴유체, 빙햄플라스틱	뉴턴의 점성법칙을 따르지 않으며, 끈기가 있는 유체(플라스틱, 타르, 페인트, 치약, 진흙)
빙햄 가소성유체	임계전단응력 이상이 되어야 흐르는 유체(하수, 슬러리)
실제플라스틱	펌프
다일런트유체	아스팔트

10 1차원 유동에서 수직충격파가 발생하게 되면 어떻게 되는가? **[유체 20]**

① 속도, 압력, 밀도가 증가한다.
② 압력, 밀도, 온도가 증가한다.
③ 속도, 온도, 밀도가 증가한다.
④ 압력은 감소하고, 엔트로피가 일정하게 된다.

해설

충격파(유체 핵심 20) 참조

11 유체 수송장치의 캐비테이션 방지대책으로 옳은 것은? **[설비 17]**

① 펌프의 설치 위치를 높인다.
② 펌프의 회전수를 크게 한다.
③ 흡입관 지름을 크게 한다.
④ 양 흡입을 단 흡입으로 바꾼다.

정답 06.④ 07.② 08.③ 09.③ 10.② 11.③

원심펌프에서 발생하는 현상, 캐비테이션 방지법 (설비 핵심 17) 참조

12 내경 5cm 파이프 내에서 비압축성 유체의 평균유속이 5m/s이면 내경을 2.5cm로 축소하였을 때의 평균유속은?

① 5m/s
② 10m/s
③ 20m/s
④ 50m/s

연속의 법칙

$A_1V_1 = A_2V_2$

$$V_2 = \frac{A_1V_1}{A_2} = \frac{\frac{\pi}{4}\times 5^2 \times 5}{\frac{\pi}{4}\times 2.5^2} = 20\text{m/s}$$

13 잠겨있는 물체에 작용하는 부력은 물체가 밀어낸 액체의 무게와 같다고 하는 원리(법칙)와 관련이 있는 것은?

① 뉴턴의 점성법칙
② 아르키메데스 원리
③ 하겐-포와젤 원리
④ 맥레오드 원리

14 온도 $T_0=300$K, Mach 수 $M=0.8$인 1차원 공기 유동의 정체온도(stagnation temperature)는 약 몇 K인가? (단, 공기는 이상기체이며, 등엔트로피 유동이고, 비열비 k는 1.4이다.)

① 324
② 338
③ 346
④ 364

해설

$$\frac{T_2}{T_1} = \left(1+\frac{k-1}{2}M^2\right)$$

$$T_2 = T_1 \times \left(1+\frac{k-1}{2}M^2\right)$$

$$= 300 \times \left(1+\frac{1.4-1}{2}\times 0.8^2\right)$$

$$= 338.4\text{K}$$

15 질량보존의 법칙을 유체유동에 적용한 방정식은?

① 오일러 방정식 ② 달시 방정식
③ 운동량 방정식 ④ 연속 방정식

㉠ 오일러 방정식(=에너지 방정식)
유체입자가 유선을 따라 움직일 때 Newton의 운동 제2법칙을 적용하여 얻는 미분방정식
$\frac{dP}{\rho}+vdv+g\cdot dz=0$ 또는 $\frac{dP}{\gamma}+\frac{vdv}{g}+dz=0$

㉡ 달시 방정식
원관 속의 압력손실
$h_f = f\cdot\frac{L}{D}\cdot\frac{V^2}{2g}$의 값

㉢ 운동량 방정식
관속을 흐르는 유체가 정상유동일 때 단면 1, 2에서 유입질량 $\rho_1Q_1\Delta t$, 유출질량 $\rho_2Q_2\Delta t$이면 $F\Delta t = \rho_2Q_2\Delta t - \rho_1Q_1\Delta t$
$\therefore F=\rho_2Q_2-\rho_1Q_1$이다.

㉣ 연속 방정식
질량보존의 법칙을 유체에 적용한 법칙
단면 1, 2에 있어 속도, 밀도, 단면적을 V_1V_2, $\rho_1\rho_2$, A_1A_2일 때 단위시간에 단면을 통과하는 질량은 같다.
$\rho_1A_1V_1=\rho_2A_2V_2$이며, 비압축성유체이면 밀도변화가 없어 $A_1V_1=A_2V_2=Q$(유량)이다.

16 100kPa, 25℃에 있는 이상기체를 등엔트로피 과정으로 135kPa까지 압축하였다. 압축 후의 온도는 약 몇 ℃인가? (단, 이 기체의 정압비열 C_P는 1.213kJ/kg·K이고, 정적비열 C_V는 0.821kJ/kg·K이다.)

① 45.5 ② 55.5
③ 65.5 ④ 75.5

해설

$$\frac{T_2}{T_1} = \left(\frac{V_1}{V_2}\right)^{K-1} = \left(\frac{P_2}{P_1}\right)^{\frac{K-1}{K}}$$

$$K = \frac{C_P}{C_V} = \frac{1.213}{0.821} = 1.477466$$

$$T_2 = T_1 \times \left(\frac{P_2}{P_1}\right)^{\frac{K-1}{K}}$$

$$= (273+25)\times\left(\frac{135}{100}\right)^{\frac{1.477466-1}{1.477466}}$$

$$= 328.3489\text{K}$$

$\therefore$ 328.3489 − 273 = 55.348 ≒ 55.5 ℃

정답 12.③ 13.② 14.② 15.④ 16.②

17 이상기체에서 정압비열을 C_P, 정적비열을 C_V로 표시할 때 비엔탈피의 변화 dh는 어떻게 표시되는가?

① $dh = C_P dT$
② $dh = C_V dT$
③ $dh = \frac{C_P}{C_V} dT$
④ $dh = (C_P - C_V) dT$

$dh = C_p dT$에서

㉠ 정적변화, 정압변화
$\int dh = k\Delta u$

㉡ 등온변화
$\int dh = 0$ (엔탈피 변화없음)

㉢ 단열변화
$\int dh = C_P(T_2 - T_1)$

㉣ 폴리트로픽변화
$\int dh = \frac{KAR}{K-1}(T_2 - T_1)$

18 지름이 0.1m인 관에 유체가 흐르고 있다. 임계 레이놀즈수가 2100이고, 이에 대응하는 임계유속이 0.25m/s이다. 이 유체의 동점성 계수는 약 몇 cm²/s인가?

① 0.095 ② 0.119
③ 0.354 ④ 0.454

해설

$R_e = \frac{vD}{\nu}$

$\nu = \frac{vD}{R_e} = \frac{0.25 \times 0.1}{2100} = 1.190 \times 10^{-5} \text{m}^2/\text{s}$
$= 0.119 \text{cm}^2/\text{s}$

19 공기 중의 음속 C는 $C^2 = \left(\frac{\partial P}{\partial \rho}\right)_s$로 주어진다. 이때 음속과 온도의 관계는? (단, T는 주위 공기의 절대온도이다.)

① $C \propto \sqrt{T}$ ② $C \propto T^2$
③ $C \propto T^3$ ④ $C \propto \frac{1}{T}$

공기 중 음속
$C = \sqrt{k \cdot gRT}$ (R=kgf · m/kg)
$= \sqrt{k \cdot RT}$ (R=N · m/kg)이므로
음속 $C \propto \sqrt{T}$ 관계가 성립

20 그림에서와 같이 파이프 내로 비압축성 유체가 층류로 흐르고 있다. A점에서의 유속이 1m/s라면 R점에서의 유속은 몇 m/s인가? (단, 관의 직경은 10cm이다.)

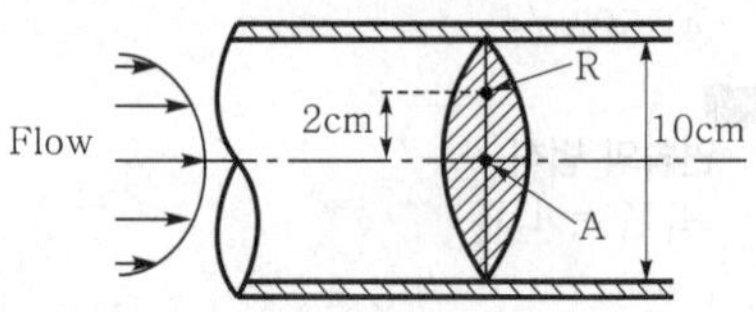

① 0.36 ② 0.60
③ 0.84 ④ 1.00

$U = U_{\max} \times \left(1 - \frac{r^2}{r_o^{\ 2}}\right)$에서

$r_o = 10 \times \frac{1}{2} = 5\text{cm}$

r은 관중심에서 2cm에서 떨어진 장소이므로
$r = 2\text{cm}$

$U = 1\text{m/s} \times \left(1 - \frac{2^2}{5^2}\right) = 0.84\text{m/s}$

제2과목 연소공학

21 교축과정에서 변하지 않은 열역학 특성치는?

① 압력
② 내부에너지
③ 엔탈피
④ 엔트로피

해설

교축과정(조름팽창)
등엔탈피변화 비가역정상류과정으로, 유체가 콕 · 밸브 등의 좁은 통로를 통과 시 마찰 난류 등으로 압력이 급격히 저하하는 현상이다.
${}_1Q_2 = 0$
$A\omega = 0$
압력저하 시 온도가 내려가며, 이러한 현상을 주울톰슨 효과라 한다.

정답 17.① 18.② 19.① 20.③ 21.③

22 위험장소의 등급분류 중 2종 장소에 해당하지 않는 것은? **[연소 14]**

① 밀폐된 설비 안에 밀봉된 가연성가스가 그 설비의 사고로 인하여 파손되거나 오조작의 경우에만 누출할 위험이 있는 장소
② 확실한 기계적 환기조치에 따라 가연성가스가 체류하지 아니하도록 되어 있으나, 환기장치에 이상이나 사고가 발생한 경우에는 가연성가스가 체류하여 위험하게 될 우려가 있는 장소
③ 상용상태에서 가연성가스가 체류하여 위험하게 될 우려가 있는 장소, 정비보수 또는 누출 등으로 인하여 종종 가연성가스가 체류하여 위험하게 될 우려가 있는 장소
④ 인접한 실내에서 위험한 농도의 가연성가스가 종종 침입할 우려가 있는 장소

해설
위험장소의 분류(연소 핵심 14) 참조

23 연소에 의한 고온체의 색깔이 가장 고온인 것은? **[연소 6]**

① 휘적색 ② 황적색
③ 휘백색 ④ 백적색

해설
연소에 의한 빛의 색 및 온도(연소 핵심 6) 참조
휘백색 : 1500℃

24 연소반응이 완료되지 않아 연소가스 중에 반응의 중간생성물이 들어있는 현상을 무엇이라 하는가?

① 열해리 ② 순반응
③ 역화반응 ④ 연쇄분자반응

25 프로판가스에 대한 최소산소농도값(MOC)을 추산하면 얼마인가? (단, C_3H_8의 폭발하한치는 2.1v%이다.)

① 8.5% ② 9.5%
③ 10.5% ④ 11.5%

MOC=산소몰수×폭발하한계
$C_3H_8+5O_2 \rightarrow 3CO_2+4H_2O$
$\therefore\ 5\times2.1=10.5\%$

26 도시가스의 조성을 조사해보니 부피조성으로 H_2 35%, CO 24%, CH_4 13%, N_2 20%, O_2 8%이었다. 이 도시가스 $1Sm^3$를 완전연소시키기 위하여 필요한 이론공기량은 약 몇 Sm^3인가?

① 1.3 ② 2.3
③ 3.3 ④ 4.3

$H_2+\frac{1}{2}O_2 \rightarrow H_2O$
$CO+\frac{1}{2}O_2 \rightarrow CO_2$
$CH_4+2O_2 \rightarrow CO_2+2H_2O$
공기량은 총필요산소량$\times\frac{1}{0.21}$ 이므로
$\left(\frac{1}{2}\times0.35+\frac{1}{2}\times0.24+2\times0.13-0.08\right)\times\frac{1}{0.21}$
$=2.26 \doteqdot 2.3Sm^3$

27 125℃, 10atm에서 압축계수(Z)가 0.98일 때 $NH_3(g)$ 34kg의 부피는 약 몇 Sm^3인가? (단, N의 원자량 14, H의 원자량은 1이다.)

① 2.8 ② 4.3
③ 6.4 ④ 8.5

해설
$PV=Z\cdot\frac{W}{M}RT$
$\therefore\ V=\frac{Z\cdot W\cdot RT}{PM}$
$=\frac{0.98\times34\times0.082\times398}{10\times17}$
$=6.396 \doteqdot 6.4m^3$

28 착화온도에 대한 설명 중 틀린 것은?

① 압력이 높을수록 낮아진다.
② 발열량이 클수록 낮아진다.
③ 산소량이 증가할수록 낮아진다.
④ 반응활성도가 클수록 높아진다.

착화온도는 반응활성도가 클수록 낮아진다.

정답 22.③ 23.③ 24.① 25.③ 26.② 27.③ 28.④

29 2개의 단열과정과 2개의 정압과정으로 이루어진 가스 터빈의 이상 사이클은?

① 에릭슨 사이클
② 브레이튼 사이클
③ 스털링 사이클
④ 아트킨슨 사이클

브레이튼 사이클

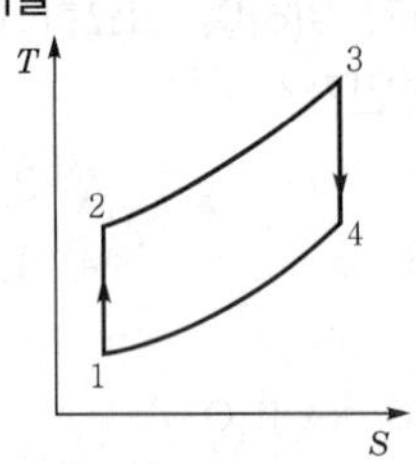

- 1 → 2 : 가역단열압축
- 2 → 3 : 가역정압가열
- 3 → 4 : 가역단열팽창
- 4 → 1 : 가역정압배기

30 고발열량(告發熱量)과 저발열량(低發熱量)의 값이 가장 가까운 연료는?

① LPG ② 가솔린
③ 메탄 ④ 목탄

Hh(고위발열량)$= Hl + 600(9H + W)$
수증기의 양이 적을수록 $Hh = Hl$이 된다.

31 다음 중 BLEVE와 관련이 없는 것은?

① Bomb ② Liquid
③ Expending ④ Vapor

BLEVE(비등액체 증기 폭발)
- 비등(Boiling)
- 액체(Liquid)
- 증기(Vapor)
- 폭발(Expending)

(참고) Bomb : 폭탄

32 기체상수 R의 단위가 J/mol · K일 때의 값은? **[연소 4]**

① 8.314 ② 1.987
③ 848 ④ 0.082

이상기체 상태방정식(연소 핵심 4) 참조

33 메탄가스 $1m^3$를 완전 연소시키는 데 필요한 공기량은 약 몇 Sm^3인가? (단, 공기 중 산소는 20% 함유되어 있다.)

① 5 ② 10
③ 15 ④ 20

$CH_4 + 2O_2 \rightarrow CO_2 + 2H_2O$

$2 \times \frac{1}{0.2} = 10Sm^3$

34 정적비열이 0.682kcal/kmol · ℃인 어떤 가스의 정압비열은 약 몇 kcal/kmol · ℃인가?

① 1.3 ② 1.4
③ 2.7 ④ 2.9

$K = \frac{C_P}{C_V}$에서

$C_P = K \cdot C_V = 1.4 \times 0.682 = 0.9548$

$\frac{C_P}{C_V} = K$

$C_P - C_V = R$이므로 정압비열을 계산하기 위하여 K(비열비) 또는 R(기체상수) 값이 주어져야 계산이 될 수 있다고 사료된다.

35 가스가 노즐로부터 일정한 압력으로 분출하는 힘을 이용하여 연소에 필요한 공기를 흡인하고, 혼합관에서 혼합한 후 화염공에서 분출시켜 예혼합연소시키는 버너는? **[연소 8]**

① 분젠식
② 전 1차 공기식
③ 블라스트식
④ 적화식

1차, 2차 공기에 의한 연소방법(연소 핵심 8) 참조

36 최소점화에너지(MIE)의 값이 수소와 가장 가까운 가연성 액체는?

① 메탄 ② 부탄
③ 암모니아 ④ 이황화탄소

정답 29.② 30.④ 31.① 32.① 33.② 34.③ 35.① 36.④

㉠ 최소점화(착화) 에너지(Minimum Ignition Energy) : 가연성 혼합가스를 착화원으로 점화 시 발화하기 위해 필요한 최소한의 에너지를 말한다.

$E = \frac{1}{2}CV^2$

(E : 최소에너지, E : 콘덴서(패럿), V : 볼트)

㉡ 최소착화에너지 값

- 수소(H_2) : 0.019mJ
- 메탄(CH_4) : 0.28mJ
- 부탄(C_4H_{10}) : 0.25mJ
- 이황화탄소(CS_2) : 0.019mJ
- 프로판(C_3H_8) : 0.26mJ
- 에탄(C_2H_6) : 0.25mJ

37 이상기체에 대한 설명으로 틀린 것은?

① 기체의 분자력과 크기가 무시된다.
② 저온으로 하면 액화된다.
③ 절대온도 0도에서 기체로서의 부피는 0으로 된다.
④ 보일-샤를의 법칙이나 이상기체상태 방정식을 만족한다.

이상기체는 액화하지 않는다.

38 실제기체가 이상기체 상태방정식을 만족할 수 있는 조건이 아닌 것은? **[연소 3]**

① 압력이 높을수록
② 분자량이 작을수록
③ 온도가 높을수록
④ 비체적이 클수록

이상기체(연소 핵심 3) 참조

39 공기 1kg을 일정한 압력 하에서 20℃에서 200℃까지 가열할 때 엔트로피 변화는 약 몇 kJ/K인가? (단, C_P는 1kJ/kg · K이다.)

① 0.28　② 0.38
③ 0.48　④ 0.62

정압변화의 엔트로피(ΔS)

$\Delta S = C_P \ln\frac{T_2}{T_1} = C_P \ln\frac{V_2}{V_1}$

$= 1 \times \ln\frac{473}{293}$

$= 0.478 \doteqdot 0.48$

40 프로판을 연소할 때 이론단열 불꽃온도가 가장 높을 때는?

① 20%의 과잉공기로 연소하였을 때
② 100%의 과잉공기로 연소하였을 때
③ 이론량의 공기로 연소하였을 때
④ 이론량의 순수산소로 연소하였을 때

제3과목 가스설비

41 저온장치에 사용되는 팽창기에 대한 설명으로 틀린 것은? **[설비 28]**

① 왕복동식은 팽창비가 40 정도로 커서 팽창기의 효율이 우수하다.
② 고압식 액체산소 분리장치, 헬륨 액화기 등에 사용된다.
③ 처리가스량이 $1000m^3/h$ 이상이 되면 다기통이 된다.
④ 기통 내의 윤활에 오일이 사용되므로 오일제거에 유의하여야 한다.

공기액화분리장치의 팽창기

① 팽창효율 60~65% 정도로 터보식 80~85%에 비하여 효율이 떨어진다.

42 LP가스 설비 중 강제기화기 사용 시의 장점에 대한 설명으로 가장 거리가 먼 것은? **[설비 24]**

① 설치장소가 적게 소요된다.
② 한냉 시에도 충분히 기화된다.
③ 공급가스 조성이 일정하다.
④ 용기압력을 가감, 조절할 수 있다.

④ 기화량을 가감할 수 있다.

43 수소의 공업적 제법이 아닌 것은?

① 수성가스법
② 석유 분해법
③ 천연가스 분해법
④ 공기액화 분리법

정답 37.② 38.① 39.③ 40.④ 41.① 42.④ 43.④

해설

공기액화분리법 : 산소, 아르곤, 질소의 제조법

44 액화가스의 기화기 중 액화가스와 해수 및 하천수 등을 열교환시켜 기화하는 형식은? **[설비 14]**

① Air Fin식
② 직화가열식
③ Open Rack식
④ Submerged Combustion식

해설

LNG 기화장치 종류와 특징(설비 핵심 14) 참조

45 원심압축기의 특징이 아닌 것은? **[설비 35]**

① 설치면적이 적다.
② 압축이 단속적이다.
③ 용량조정이 어렵다.
④ 윤활유가 불필요하다.

해설

압축기 특징(설비 핵심 35) 참조
② 압축이 단속적이다. → 연속적이다.

46 가스시설의 전기방식 공사 시 매설배관 주위에 기준전극을 매설하는 경우 기준전극은 배관으로부터 얼마 이내에 설치하여야 하는가?

① 30cm　　② 50cm
③ 60cm　　④ 100cm

47 다음 [보기]에서 설명하는 가스는?

> [보기]
> • 자극성 냄새를 가진 무색의 기체로서 물에 잘 녹는다.
> • 가압, 냉각에 의해 액화가 용이하다.
> • 공업적 제법으로는 클라우드법, 카자레법이 있다.

① 암모니아　　② 염소
③ 일산화탄소　　④ 황화수소

48 독성가스 배관용 밸브의 압력구분을 호칭하기 위한 표시가 아닌 것은?

① Class　　② S
③ PN　　④ K

독성가스 배관용 밸브(KGS AA318)
㉠ 호칭압력이란 밸브의 압력구분을 호칭하기 위한 것으로서, Class PN K로 표시하며, Class는 ASME B 16.34, PN은 EN 1333, K는 KSB2308을 따른다.
㉡ 호칭지름이란 밸브의 크기를 표시하는 숫자로, NPS는 인치계, DN은 미터계 표시를 말한다.

49 송출 유량(Q)이 0.3m³/min, 양정(H)이 16m, 비교회전도(N_s)가 110일 때 펌프의 회전속도(N)는 약 몇 rpm인가?

① 1507
② 1607
③ 1707
④ 1807

$$N_S = \frac{N\sqrt{Q}}{H^{\frac{3}{4}}}$$

$$\therefore N = \frac{N_S \times H^{\frac{3}{4}}}{\sqrt{Q}} = \frac{110 \times (16)^{\frac{3}{4}}}{\sqrt{0.3}} = 1606.65$$

$$= 1607\text{rpm}$$

50 고압가스저장설비에서 수소와 산소가 동일한 조건에서 대기 중에 누출되었다면 확산속도는 어떻게 되겠는가?

① 수소가 산소보다 2배 빠르다.
② 수소가 산소보다 4배 빠르다.
③ 수소가 산소보다 8배 빠르다.
④ 수소가 산소보다 16배 빠르다.

$$\frac{U_H}{U_O} = \sqrt{\frac{M_O}{M_H}}$$

$$\frac{U_H}{U_O} = \sqrt{\frac{32}{2}} = \frac{4}{1}$$

∴ 수소가 산소보다 확산속도가 4배 빠르다.

정답 44.③ 45.② 46.② 47.① 48.② 49.② 50.②

51 압축기에 사용되는 윤활유의 구비조건으로 옳은 것은? **[설비 32]**

① 인화점과 응고점이 높을 것
② 정제도가 낮아 잔류탄소가 증발해서 줄어드는 양이 많을 것
③ 점도가 적당하고 항유화성이 적을 것
④ 열안정성이 좋아 쉽게 열분해하지 않을 것

압축기에 사용되는 윤활유(설비 핵심 32) 참조

52 액화석유가스용 용기잔류가스 회수장치의 구성이 아닌 것은?

① 열교환기
② 압축기
③ 연소설비
④ 질소퍼지장치

액화석유가스용 잔류가스 회수장치(KGS AA914)
잔류가스 회수장치는 압축기(액분리기 포함) 또는 펌프 · 잔류가스 회수탱크 또는 압력용기 연소설비, 질소퍼지장치 등으로 구성한다.

53 어느 용기에 액체를 넣어 밀폐하고 압력을 가해주면 액체의 비등점은 어떻게 되는가?

① 상승한다.
② 저하한다.
③ 변하지 않는다.
④ 이 조건으로 알 수 없다.

54 흡입밸브 압력이 0.8MPa · g인 3단 압축기의 최종단의 토출압력은 약 몇 MPa · g인가? (단, 압축비는 3이며, 1MPa은 10kg/cm^{2}로 한다.)

① 16.1 ② 21.6
③ 24.2 ④ 28.7

$a=\sqrt[3]{\frac{P_2}{P_1}}$

$\therefore\ P_2=a^3\times P_1=3^3\times(0.8+0.1)=24.3\text{MPa}$

$\therefore\ 24.3-0.1=24.2\text{MPa(g)}$

55 가스홀더의 기능에 대한 설명으로 가장 거리가 먼 것은? **[설비 30]**

① 가스수요의 시간적 변동에 대하여 제조가스량을 안정되게 공급하고 남는 가스를 저장한다.
② 정전, 배관공사 등의 공사로 가스공급의 일시 중단 시 공급량을 계속 확보한다.
③ 조성이 다른 제조가스를 저장, 혼합하여 성분, 열량 등을 일정하게 한다.
④ 소비지역에서 먼 곳에 설치하여 사용피크 시 배관의 수송량을 증대한다.

가스홀더 분류 및 특징(설비 핵심 30) 참조

56 LP가스 고압장치가 상용압력이 2.5MPa일 경우 안전밸브의 최고작동압력은?

① 2.5MPa ② 3.0MPa
③ 3.75MPa ④ 5.0MPa

$$\text{안전밸브 작동압력}=\text{상용압력}\times1.5\times\frac{8}{10}=2.5\times1.5\times\frac{8}{10}=3\text{MPa}$$

57 지하에 매설하는 배관의 이음방법으로 가장 부적합한 것은?

① 링조인트 접합
② 용접 접합
③ 전기융착 접합
④ 열융착 접합

58 압축기에 사용하는 윤활유와 사용가스의 연결로 부적당한 것은? **[설비 32]**

① 수소 : 순광물성 기름
② 산소 : 디젤엔진유
③ 아세틸렌 : 양질의 광유
④ LPG : 식물성유

압축기에 사용되는 윤활유(설비 핵심 32) 참조

정답 51.④ 52.① 53.① 54.③ 55.④ 56.② 57.① 58.②

59 배관의 전기방식 중 희생양극법의 장점이 아닌 것은? **[안전 38]**

① 전류조절이 쉽다.
② 과방식의 우려가 없다.
③ 단거리의 파이프라인에는 저렴하다.
④ 다른 매설금속체로의 장애(간섭)가 거의 없다.

희생(유전)양극법(안전 핵심 38) 참조

60 안전밸브의 선정절차에서 가장 먼저 검토하여야 하는 것은?

① 기타 밸브구동기 선정
② 해당 메이커의 자료 확인
③ 밸브 용량계수 값 확인
④ 통과 유체 확인

제4과목 가스안전관리

61 액화가연성가스 접합용기를 차량에 적재하여 운반할 때 몇 kg 이상일 때 운반책임자를 동승시켜야 하는가? **[안전 5]**

① 1000kg ② 2000kg
③ 3000kg ④ 6000kg

운반책임자 동승기준(안전 핵심 5) 참조
가연성 액화가스용기 중 납붙임, 접합용기는 2000kg 이상 운반책임자 동승

62 고압가스 특정제조시설의 긴급용 벤트스택 방출구는 작업원이 항시 통행하는 장소로부터 몇 m 이상 떨어진 곳에 설치하는가? **[안전 26]**

① 5m ② 10m
③ 15m ④ 20m

긴급이송설비(벤트스택)(안전 핵심 26) 참조

63 공기보다 무거워 누출 시 체류하기 쉬운 가스가 아닌 것은?

① 산소 ② 염소
③ 암모니아 ④ 프로판

분자량
- O_2 : 32g
- Cl_2 : 71g
- NH_3 : 17g
- C_3H_8 : 44g

64 산화에틸렌에 대한 설명으로 틀린 것은 어느 것인가?

① 배관으로 수송할 경우에 2중관으로 한다.
② 제독제로서 다량의 물을 비치한다.
③ 저장탱크에는 45℃에서 그 내부가스의 압력이 0.4MPa 이상이 되도록 탄산가스를 충전한다.
④ 용기에 충전하는 때에는 미리 그 내부가스를 아황산 등의 산으로 치환하여 안정화시킨다.

산화에틸렌 충전(KGS FP112)
㉠ 산화에틸렌의 저장탱크는 그 내부의 질소가스·탄산가스 및 산화에틸렌가스의 분위기가스를 질소가스 또는 탄산가스로 치환하고 5℃ 이하로 유지한다.
㉡ 산화에틸렌을 저장탱크 또는 용기에 충전하는 때에는 미리 그 내부가스를 질소가스 또는 탄산가스로 바꾼 후에 산 또는 알칼리를 함유하지 아니하는 상태로 충전한다.
㉢ 산화에틸렌의 저장탱크 및 충전용기에는 45℃에서 그 내부가스의 압력이 0.4MPa 이상이 되도록 질소가스 또는 탄산가스를 충전한다.
㉣ 이중관으로 하여야 하는 독성가스의 종류 : 아황산, 암모니아, 염소, 염화메탄, 산화에틸렌, 시안화수소, 포스겐, 황화수소

65 방폭전기기기 설치에 사용되는 정션 박스(junction box), 풀 박스(pull box)는 어떤 방폭구조로 하여야 하는가? **[안전 13]**

① 압력방폭구조(p)
② 내압방폭구조(d)
③ 유입방폭구조(o)
④ 특수방폭구조(s)

위험장소 분류(안전 핵심 13) 참조
기타방폭전기기기 설치에 관한 사항

정답 59.① 60.④ 61.② 62.② 63.③ 64.④ 65.②

66 다음 중 불소가스에 대한 설명으로 옳은 것은?

① 무색의 가스이다.
② 냄새가 없다.
③ 강산화제이다.
④ 물과 반응하지 않는다.

해설

F_2(불소)
- 독성(LC_{50} : 185ppm)
- 엷은 황색, 자극적인 냄새가 있다.
- 물과 반응하여 불화수소를 생성한다.

67 다음 중 냉동기의 제품성능의 기준으로 틀린 것은?

① 주름관을 사용한 방진조치
② 냉매설비 중 돌출부위에 대한 적절한 방호조치
③ 냉매가스가 누출될 우려가 있는 부분에 대한 부식 방지 조치
④ 냉매설비 중 냉매가스가 누출될 우려가 있는 곳에 차단밸브 설치

해설

냉동기의 제품성능
㉠ 진동에 의하여 냉매가스가 누출할 우려가 있는 부분에 대하여는 주름관을 사용하는 방진조치를 한다.
㉡ 냉매설비의 돌출부 등 충격에 의하여 쉽게 파손되어 냉매가스가 누출될 우려가 있는 부분에 대하여는 방호조치를 한다.
㉢ 냉매설비의 외면의 부식에 의하여 냉매가스가 누출될 우려가 있는 부분에 대하여는 부식방지조치를 한다.

68 액화석유가스자동차에 고정된 탱크 충전시설 중 저장설비는 그 외면으로부터 사업소 경계와의 거리 이상을 유지하여야 한다. 저장능력과 사업소경계와의 거리의 기준을 바르게 연결한 것은? **[안전 148]**

① 10톤 이하 – 20m
② 10톤 초과 20톤 이하 – 22m
③ 20톤 초과 30톤 이하 – 30m
④ 30톤 초과 40톤 이하 – 32m

해설

LPG 충전시설의 사업소와 경계거리(안전 핵심 148) 참조

69 다음 중 고압가스 일반제조시설에서 긴급차단장치를 반드시 설치하지 않아도 되는 설비는?

① 염소가스 정체량이 40톤인 고압가스 설비
② 연소열량이 5×10^7인 고압가스 설비
③ 특수 반응설비
④ 산소가스 정체량이 150톤인 고압가스 설비

해설

저장탱크 외의 설비에 긴급차단장치 설치
㉮ 긴급차단장치의 부착위치 · 조작기구 · 차단성능 등은(역류방지밸브에 관한 것은 제외) 아래 기준에 따른다.
  ㉠ 시가지 · 주요하천 · 호수 등을 횡단하는 배관(불활성가스에 속하는 가스는 제외)으로서 횡단거리가 500m 이상인 배관에는 그 배관 횡단부의 양 끝으로부터 가까운 거리에 설치한다.
  ㉡ 위의 배관 중 독성 또는 가연성가스 배관에 대하여 배관이 4km 연장되는 구간마다 긴급차단장치를 추가로 설치한다.
㉯ 긴급차단장치의 차단조작 위치는 수송되는 가스의 대량유출에 따라 충분히 안전한 장소로 한다.
㉰ 긴급차단장치 설치위치는 다음 기준에 적합한 위치로 한다.
  ㉠ 특수 반응설비 또는 연소열량의 수치가 연소열량이 6×10^7kcal 이상의 고압가스설비(연소열량이 6×10^7kcal 미만인 고압가스 설비라도 정체량이 100톤 이상인 고압가스 설비에서는 100톤 이상의 고압가스 설비)에, 독성가스의 고압가스설비에서는 정체량이 30톤 이상인 것에, 산소의 고압가스 설비에서는 정체량이 100톤 이상인 것에 긴급차단장치를 설치한다. 다만, 긴급차단장치를 이들 설비에 설치함으로써 안전확보에 지장을 미칠 우려가 있는 경우에는 안전한 위치로서 이들 설비의 가장 가까운 위치에 긴급차단장치를 설치할 수 있다.
  ㉡ 염소는 독성이므로 30톤 이상에 설치, 산소는 100톤 이상에 설치

정답 66.③ 67.④ 68.③ 69.②

70 탱크주밸브, 긴급차단장치에 속하는 밸브, 그 밖의 중요한 부속품이 돌출된 저장탱크는 그 부속품을 차량의 좌측면이 아닌 곳에 설치한 단단한 조작상자 내에 설치한다. 이 경우 조작상자와 차량의 뒷범퍼와의 수평거리는 얼마 이상 이격하여야 하는가? **[안전 24]**

① 20cm ② 30cm
③ 40cm ④ 50cm

차량고정탱크 운반기준(안전 핵심 24) 참조

71 긴급이송설비에 부속된 처리설비는 이송되는 설비 내의 내용물을 안전하게 처리하여야 한다. 처리방법으로 옳은 것은?

① 플레어스택에서 배출시킨다.
② 안전한 장소에 설치되어 있는 저장탱크에 임시 이송한다.
③ 밴트스택에서 연소시킨다.
④ 독성가스는 제독 후 사용한다.

72 고압가스 냉동기 제조의 시설에서 냉매가스가 통하는 부분의 설계압력 설정에 대한 설명으로 틀린 것은?

① 보통의 운전상태에서 응축온도가 65℃를 초과하는 냉동설비는 그 응축온도에 대한 포화증기 압력을 그 냉동설비의 고압부 설계압력으로 한다.
② 냉매설비의 저압부가 항상 저온으로 유지되고 또한 냉매가스의 압력이 0.4MPa 이하인 경우에는 그 저압부의 설계압력을 0.8MPa로 할 수 있다.
③ 보통의 상태에서 내부가 대기압 이하로 되는 부분에는 압력이 0.1MPa을 외압으로 하여 걸리는 설계압력으로 한다.
④ 냉매설비의 주위온도가 항상 40℃를 초과하는 냉매설비 등의 저압부 설계압력은 그 주위 온도의 최고온도에서의 냉매가스의 평균압력 이상으로 한다.

냉동기 제조시설에서 냉매가스가 통하는 부분의 설계

㉠ 보통의 운전상태에서 응축온도가 65℃를 초과하는 냉동설비에는 그 응축온도에 대한 포화증기압력을 그 냉동설비의 고압부 설계압력으로 한다.
㉡ 냉매설비의 냉매가스량을 제한하여 충전함으로서 그 냉동설비의 정지 중에 냉매가스가 상온에 증발을 완료한 때 냉매설비 안의 압력이 일정치(이하 이때의 압력을 "제한충전압력"이라 함) 이상으로 상승하지 아니하도록 한 경우는 그 냉매설비 저압부의 설계압력은 규정값에 관계없이 제한충전압력 이상의 압력으로 할 수 있다.
㉢ 냉동설비를 사용할 때 냉매설비의 주위온도가 항상 40℃를 초과하는 냉매설비(crane cab cooler) 등의 저압부 설계압력은 규정값에 관계없이 <u>그 주위 온도의 최고 온도에서의 냉매가스의 포화압력 이상으로 한다.</u>
㉣ 냉매설비가 국부에 열영향을 받아 충전된 냉매가스의 압력이 상승하는 냉매설비에서는 해당 냉매 설비의 설계압력은 규정값에 관계없이 열영향을 최대로 받을 때의 냉매가스의 평균압력 이상의 압력으로 한다.
㉤ 냉매설비의 저압부가 항상 저온으로 유지되고 (제빙장치의 브라인탱크 등) 또한 냉매가스 압력이 0.4MPa 이하인 경우에는 그 저압부의 설계압력을 0.8MPa로 할 수 있다. 다만, 휴지기간 중 압력이 상승하여 설계압력을 초과할 우려가 있는 것은 그 상태에 도달할 때 자동적으로 해당 부분 압력을 설계압력 이하로 유지할 수 있는 구조로 한다.
㉥ 보통의 사용상태에서 내부가 대기압 이하로 되는 부분에는 압력 0.1MPa을 외압으로 하여 걸리는 설계압력으로 한다. 이 경우 액두압 또는 펌프압 등의 외압이 걸리는 냉매설비는 해당 부분에 대응하는 내압으로 하여 압력이 가장 낮은 상태에서의 압력과 외압과의 차이를 가지고 그 부분에 설계압력으로 한다.

73 소형저장탱크에 의한 액화석유가스 사용시설에서 벌크로리 측의 호스어셈블리에 의한 충전 시 충전작업자는 길이 몇 m 이상의 충전호스를 사용하여 충전하는 경우에 별도의 충전보조원에게 충전작업 중 충전호스를 감시하게 하여야 하는가?

① 5m ② 8m
③ 10m ④ 20m

정답 70.① 71.② 72.④ 73.③

74 다음 중 충전용기 적재에 관한 기준으로 옳은 것은?

① 충전용기를 적재한 차량은 제1종 보호시설과 15m 이상 떨어진 곳에 주차하여야 한다.
② 충전량이 15kg 이하이고, 적재수가 2개를 초과하지 아니한 LPG는 이륜차에 적재하여 운반할 수 있다.
③ 용량 15kg의 LPG 충전용기는 2단으로 적재하여 운반할 수 있다.
④ 운반차량 뒷면에는 두께가 3mm 이상, 폭 50mm 이상의 범퍼를 설치한다.

② 충전량이 20kg 이하
③ 충전용기 등을 목재, 플라스틱이나 강철로 만든 팔레트 내부에 넣어 안전하게 적재하는 경우와 용량 10kg 미만의 액화석유가스 충전용기를 적재할 경우를 제외하고 모든 충전용기는 1단으로 쌓는다.
④ 운반차량 뒷면에는 두께 5mm 이상 폭 100mm 이상의 범퍼 또는 이와 동등 이상의 효과를 갖는 완충장치를 설치한다.

75 고압가스 용기 및 차량에 고정된 탱크충전시설에 설치하는 제독설비의 기준으로 틀린 것은?

① 가압식, 동력식 등에 따라 작동하는 수도직결식의 제독제 살포장치 또는 살수장치를 설치한다.
② 물(중화제)인 중화조를 주위온도가 4℃ 미만인 동결 우려가 있는 장소에 설치시 동결방지장치를 설치한다.
③ 물(중화제) 중화조에는 자동급수장치를 설치한다.
④ 살수장치는 정전 등에 의해 전자밸브가 작동하지 않을 경우에 대비하여 수동 바이패스 배관을 추가로 설치한다.

해설

고압가스 용기 · 차량고정탱크 충전시설의 제독설비 설치

㉮ 제독설비는 누출된 가스의 확산을 적절히 방지할 수 있는 것으로서 제조시설 등의 상황 및 가스의 종류에 따라 다음의 설비 또는 이와 동등 이상의 기능을 가진 것을 설치한다.
  ㉠ 가압식, 동력식 등에 따라 작동하는 제독제 살포장치 또는 살수장치(수도직결식을 설치하지 않는다)
  ㉡ 가스를 흡인하여 이를 흡수 · 중화제와 접속시키는 장치
  ㉢ 중화제가 물인 중화조를 주위 온도가 4℃ 미만이 되어 동결의 우려가 있는 장소에 설치하는 경우에는 중화조에 동결방지장치를 설치한다.
  ㉣ 중화제가 물인 중화조에는 자동급수장치를 설치한다.
㉯ 살수장치는 정전 등에 의해 전자밸브가 작동하지 않을 경우 수동으로 작동할 수 있는 바이패스 배관을 추가로 설치한다.
㉰ 가스누출 검지경보장치와 연동 작동하도록 한다.
㉱ 제독조치
제독조치는 다음의 방법이나 이와 동등이상의 작용을 하는 조치 중 한 가지 또는 두 가지 이상인 것을 선택하여야 한다.
  ㉠ 물이나 흡수제로 흡수 또는 중화하는 조치
  ㉡ 흡착제로 흡착 제거하는 조치
  ㉢ 저장탱크 주위에 설치된 유도구로 집액구 · 피트 등으로 고인 액화가스를 펌프 등의 이송설비로 안전하게 제조설비로 반송하는 조치
  ㉣ 연소설비(플레어스택, 보일러 등)에서 안전하게 연소시키는 조치

76 가스보일러에 의한 가스 사고를 예방하기 위한 방법이 아닌 것은?

① 가스보일러는 전용보일러실에 설치한다.
② 가스보일러의 배기통은 한국가스안전공사의 성능인증을 받은 것을 사용한다.
③ 가스보일러는 가스보일러 시공자가 설치한다.
④ 가스보일러의 배기톱은 풍압대 내에 설치한다.

정답 74.① 75.① 76.④

가스보일러의 배기톱 설치

㉠ 배기톱의 위치는 풍압대를 피하여 바람이 잘 통하는 곳에 설치한다.

㉡ 배기톱의 옥상 돌출부는 지붕면으로부터 수직거리로 0.9m 이상으로 하고, 배기톱 상단으로부터 수평거리 1m 이내에 건축물이 있는 경우에는 타건물의 처마로부터 0.9m 이상 높게 설치한다.

㉢ 배기톱의 모양은 모든 방향의 바람에 관계없이 배기가스를 잘 배출하는 구조로 다익형, H형, 경사H형, P형 등으로 한다.

77 액화가스 충전용기의 내용적을 V(L), 저장능력을 W(kg), 가스의 종류에 따르는 정수를 C로 했을 때, 이에 대한 설명으로 틀린 것은? **[안전 31]**

① 프로판의 C값은 2.35이다.
② 액화가스와 압축가스가 섞여 있을 경우에는 액화가스 10kg을 $1m^3$으로 본다.
③ 용기의 어깨에 C값이 각인되어 있다.
④ 열대지방과 한대지방의 C값은 다를 수 있다.

용기의 각인사항(안전 핵심 31) 참조
충전상수는 각인하지 않는다.

78 가스 제조 시 첨가하는 냄새가 나는 물질(부취제)에 대한 설명으로 옳지 않은 것은? **[안전 19]**

① 독성이 없을 것
② 극히 낮은 농도에서도 냄새가 확인될 수 있을 것
③ 가스관이나 Gas meter에 흡착될 수 있을 것
④ 배관 내의 상용온도에서 응축하지 않고 배관을 부식시키지 않을 것

부취제(안전 핵심 19) 참조

79 일반도시가스사업 예비 정압기에 설치되는 긴급차단장치의 설정압력은?

① 3.2kPa 이하　② 3.6kPa 이하
③ 4.0kPa 이하　④ 4.4kPa 이하

도시가스 정압기실에 설치되는 설비의 설정압력

구 분		상용압력 2.5kPa	기 타
주정압기의 긴급차단장치		3.6kPa	상용압력 1.2배 이하
예비정압기에 설치하는 긴급차단장치		4.4kPa	상용압력 1.5배 이하
안전밸브		4.0kPa	상용압력 1.4배 이하
이상압력 통보설비	상한값	3.2kPa	상용압력 1.1배 이하
	하한값	1.2kPa	상용압력 0.7배 이하

80 다음 [보기]에서 가스용 퀵카플러에 대한 설명으로 옳은 것으로 모두 나열된 것은?

[보기]
㉠ 퀵카플러는 사용형태에 따라 호스접속형과 호스엔드 접속형으로 구분한다.
㉡ 4.2kPa 이상의 압력으로 기밀시험을 하였을 때 가스누출이 없어야 한다.
㉢ 탈착조작은 분당 10~20회의 속도로 6000회 실시한 후 작동시험에서 이상이 없어야 한다.

① ㉠　② ㉠, ㉡
③ ㉡, ㉢　④ ㉠, ㉡, ㉢

퀵카플러

㉠ 종류

종류	사용의 형태
호스접속형	퀵카플러의 한쪽에 호스를 접속할 수 있도록 한 것
호스엔드 접속형	퀵카플러의 한쪽에 호스엔드를 접속할 수 있도록 한 것

㉡ 기밀 성능
퀵카플러는 4.2kPa 이상의 압력으로 기밀시험을 하여 퀵카플러의 외부누출이 없고, 플러그 안전 기구는 가스누출량이 0.55L/h 이하인 것으로 한다.

㉢ 내구 성능
퀵카플러는 (10~20)회/min의 속도로 6000회 탈착조작을 한 후 작동시험 및 기밀시험을 하여 이상이 없는 것으로 한다.

정답 77.③ 78.③ 79.④ 80.④

㉣ 내열 성능
플러그와 소켓을 접속한 것과 분리한 것을 각각 (120±2)℃의 항온조에 넣어 30분간 유지한 후 꺼내어 상온으로 된 상태에서 작동시험 및 기밀시험을 실시하여 이상이 없는 것으로 한다.

㉤ 내한 성능
플로그와 소켓을 접속한 것과 분리한 것을 각각 (-10±2)℃의 항온조에 넣어 30분간 유지한 후 꺼내어 상온으로 된 상태에서 작동시험 및 기밀시험을 실시하여 이상이 없는 것으로 한다.

㉥ 내가스 성능
가스가 통하는 부분에 사용되는 고무패킹 및 밸브류는 온도 (5~25)℃의 n-pentane액 중에서 72시간 이상 침적한 후 공기 중에서 24시간 이상 방치하였을 때 체적변화율이 20% 이하이고, 사용에 지장이 있는 연화 및 취화 등 이상이 없는 것으로 한다.

제5과목 가스계측

81 대기압이 750mmHg일 때 탱크 내의 기체 압력이 게이지압으로 1.98kg/cm²이었다. 탱크 내 기체의 절대압력은 약 몇 kg/cm²인가? (단, 1기압은 1.0336kg/cm²이다.)

① 1　② 2
③ 3　④ 4

절대압력=대기압력+게이지압력

$$= 750\text{mmHg} + 1.98\text{kg/cm}^2$$

$$= \frac{750}{760} \times 1.0336\text{kg/cm}^2 + 1.98\text{kg/cm}^2$$

$$= 2.99 \fallingdotseq 3\text{kg/cm}^2$$

82 질소용 mass flow controller에 헬륨을 사용하였다. 예측 가능한 결과는?

① 질량유량에는 변화가 있으나, 부피 유량에는 변화가 없다.
② 지시계는 변화가 없으나, 부피유량은 증가한다.
③ 입구압력을 약간 낮춰주면 동일한 유량을 얻을 수 있다.
④ 변화를 예측할 수 없다.

mass flow controller(질량유량조절기)
질소와 헬륨은 분자량이 달라 질소는 28kg : 22.4m³, 헬륨은 4kg : 22.4m³이므로 같은 질량을 보냈을 때 부피가 증가한다.

83 측정방법에 따른 액면계의 분류 중 간접법이 아닌 것은?

① 음향을 이용하는 방법
② 방사선을 이용하는 방법
③ 압력계, 차압계를 이용하는 방법
④ 플로트에 의한 방법

플로트식=직접식

84 가스시료 분석에 널리 사용되는 기체크로마토그래피(gas chromatography)의 원리는?

① 이온화
② 흡착 치환
③ 확산 유출
④ 열전도

85 60℉에서 100℉까지 온도를 제어하는데 비례제어기가 사용된다. 측정온도가 71℉에서 75℉로 변할 때 출력압력이 3psi에서 5psi까지 도달하도록 조정된다. 비례대(%)는?

① 5%　② 10%
③ 15%　④ 20%

해설

$$\text{비례대} = \frac{\text{측정온도차}}{\text{조절온도차}} \times 100$$

$$= \frac{75-71}{100-60} \times 100(\%)$$

$$= 10\%$$

86 다음 중 계량의 기준이 되는 기본단위가 아닌 것은? **[계측 36]**

① 길이　② 온도
③ 면적　④ 광도

단위 및 단위계(계측 핵심 36) 참조

87 다음 중 기체크로마토그래피의 구성이 아닌 것은? **[계측 10]**

① 캐리어 가스
② 검출기
③ 분광기
④ 컬럼

해설
가스크라마토그래피 측정원리와 특성(계측 핵심 10) 참조

88 적외선가스분석계로 분석하기가 가장 어려운 가스는?

① H_2O ② N_2
③ HF ④ CO

해설
적외선가스분석계 : 단원자분자 및 이원자분자 검출 불가능(He, Ne, Ar, O_2, N_2, H_2 등)

89 용적식 유량계에 해당되지 않는 것은?

① 로터미터
② Oval식 유량계
③ 루트 유량계
④ 로터리피스톤식 유량계

해설
㉠ 용적식 유량계 : 가스미터, 오벌식, 루트식, 로터리피스톤식
㉡ 면적식 유량계 : 로터미터

90 시정수(time constant)가 5초인 1차 지연형 계측기의 스텝 응답(step response)에서 전 변화의 95%까지 변화하는 데 걸리는 시간은?

① 10초 ② 15초
③ 20초 ④ 30초

해설
$y=1-e^{-\left(\frac{t}{T}\right)}$

$0.95=1-(e)^{-\left(\frac{t}{T}\right)}$

$-0.05=-(e)^{-\left(\frac{t}{T}\right)}$

$-\left(\frac{t}{T}\right)=\ell n0.05=-2.995$

$\therefore t=5\times2.995=14.97 \fallingdotseq 15$초

91 가연성가스 검출기로 주로 사용되지 않는 것은? **[계측 20]**

① 중화적정형
② 안전등형
③ 간섭계형
④ 열선형

해설
가연성가스 검출기의 종류(계측 핵심 20) 참조

92 다음 [보기]에서 설명하는 가스미터는 어느 것인가? **[계측 8]**

> [보기]
> • 계량이 정확하고 사용 중 기차(器差)의 변동이 거의 없다.
> • 설치공간이 크고 수위 조절 등의 관리가 필요하다.

① 막식가스미터
② 습식가스미터
③ 루트(Roots)미터
④ 벤투리미터

해설
막식, 습식, 루트식 가스미터의 장·단점(계측 핵심 8) 참조

93 다음 열전대 온도계 중 측정범위가 가장 넓은 것은? **[계측 9]**

① 백금-백금·로듐
② 구리-콘스탄탄
③ 철-콘스탄탄
④ 크로멜-알루멜

해설
열전대 온도계의 측정온도 범위와 특성(계측 핵심 9) 참조

94 최대 유량이 $10m^3/h$ 이하인 가스미터의 검정·재검정 유효기간으로 옳은 것은?

① 3년, 3년
② 3년, 5년
③ 5년, 3년
④ 5년, 5년

정답 87.③ 88.② 89.① 90.② 91.① 92.② 93.① 94.④

가스계량기 검정유효기간

종류	검정 및 재검정 유효기간	
기준가스계량기	2년	2년
LPG계량기	3년	3년
최대유량 $10m^3/hr$ 이하	5년	5년
그 밖의 가스계량기	8년	8년

95 연소가스 중 CO와 H_2의 분석에 사용되는 가스분석계는?

① 탄산가스계
② 질소가스계
③ 미연소가스계
④ 수소가스계

96 방사선식 액면계에 대한 설명으로 틀린 것은?

① 방사선원은 코발트 60(^{60}Co)이 사용된다.
② 종류로는 조사식, 투과식, 가반식이 있다.
③ 방사선 선원을 탱크 상부에 설치한다.
④ 고온, 고압 또는 내부에 측정자를 넣을 수 없는 경우에 사용된다.

방사선 선원을 상부에 설치 시 액면상부로 노출 선원은 액면상부에 노출되어서는 안 된다.

97 저압용의 부르동관 압력계 재질로 옳은 것은? **[계측 33]**

① 니켈강 ② 특수강
③ 인발강관 ④ 황동

압력계의 구분 부르동관 압력계 재질(계측 핵심 33) 참조

• 고압용 : 강
• 저압용 : 동

98 게겔법에서 C_3H_6를 분석하기 위한 흡수액으로 사용되는 것은? **[계측 1]**

① 33% KOH 용액
② 알칼리성 피로갈롤 용액
③ 암모니아성 염화 제1구리 용액
④ 87% H_2SO_4

흡수분석법(계측 핵심 1) 참조

99 제어동작에 대한 설명으로 옳은 것은 어느 것인가? **[계측 4]**

① 비례동작은 제어오차가 변화하는 속도에 비례하는 동작이다.
② 미분동작은 편차에 비례한다.
③ 적분동작은 오프셋을 제거할 수 있다.
④ 미분동작은 오버슈트가 많고 응답이 느리다.

동작신호와 신호의 전송법
오프셋=잔류편차

100 루트식 가스미터는 적은 유량 시 작동하지 않을 우려가 있는데, 보통 얼마 이하일 때 이러한 현상이 나타나는가? **[계측 8]**

① $0.5m^3/h$ ② $2m^3/h$
③ $5m^3/h$ ④ $10m^3/h$

막식, 습식, 루트식 가스미터의 장·단점(계측 핵심 8) 참조

정답 95.③ 96.③ 97.④ 98.④ 99.③ 100.①

국가기술자격 시험문제

2022년 기사 제2회 필기시험(1부) (2022년 4월 24일 시행)

자격종목	시험시간	문제수	문제형별
가스기사	2시간30분	100	A

수험번호		성 명	

제1과목 가스유체역학

01 관로의 유동에서 여러 가지 손실수두를 나타낸 것으로 틀린 것은? (단, f: 마찰계수, d: 관의 지름, $\left(\dfrac{V^2}{2g}\right)$: 속도수두, $\left(\dfrac{{V_1}^2}{2g}\right)$: 입구관 속도 수두, $\left(\dfrac{{V_2}^2}{2g}\right)$: 출구관 속도수두, R_h: 수력반지름, L: 관의 길이, A: 관의 단면적, C_c: 단면적 축소계수이다.) **[유체 16, 17]**

① 원형관 속의 손실수두 :

$$h_L = f\frac{L}{d}\frac{V^2}{2g}$$

② 비원형관 속의 손실수두 :

$$h_L = f\frac{4R_h}{L}\frac{V^2}{2g}$$

③ 돌연확대관 손실수두 :

$$h_L = \left(1-\frac{A_1}{A_2}\right)^2\frac{{V_1}^2}{2g}$$

④ 돌연축소관 손실수두 :

$$h_L = \left(\frac{1}{C_c}-1\right)^2\frac{{V_2}^2}{2g}$$

해설

원관의 손실수두, 수력반경, 수력학적 상당길이 (유체 핵심 16, 17) 참조

② 비원형관의 손실수두

$$h_L = f\cdot\frac{L}{4R_h}\cdot\frac{V^2}{2g}$$

$$R_h(\text{수력반경}) = \frac{\text{단면적}}{\text{접수길이}}$$

02 980cSt의 동점도(kinematic viscosity)는 몇 m^2/s인가?

① 10^{-4} ② 9.8×10^{-4}
③ 1 ④ 9.8

해설

980cSt

$= 980\times10^{-2}\text{cm}^2/\text{s}$ 이므로,

$= 980\times10^{-2}\text{cm}^2/\text{s}\times\dfrac{1}{10^4\text{cm}^2}\text{m}^2/\text{s}$

$= 980\times10^{-2}\times10^{-4}\text{m}^2/\text{s}$

$= 9.8\times10^{-4}\text{m}^2/\text{s}$

$1\text{m}^2 = 10^4\text{cm}^2$

03 안지름 100mm인 관 속을 압력 5kgf/cm^2, 온도 15℃인 공기가 2kg/s로 흐를 때 평균 유속은 몇 m/s인가? (단, 공기의 기체상수는 29.27kgf·m/kg·K이다.)

① 4.28m/s ② 5.81m/s
③ 42.9m/s ④ 55.8m/s

해설

중량유량

$G=\gamma AV$에서

$V=\dfrac{G}{\gamma A}$

그리고 $P=\gamma RT$에서

$\gamma=\dfrac{P}{RT}$

$=\dfrac{5\times10^4\text{kg/m}^2}{29.27\text{kgf}\cdot\text{m/kg}\cdot\text{K}\times(273+15)\text{K}}$

$=5.93\text{kgf/m}^3$

$\therefore V=\dfrac{2}{5.93\times\dfrac{\pi}{4}\times(0.1\text{m})^2}=42.9\text{m/s}$

정답 01.② 02.② 03.③

04 다음 중 실제유체와 이상유체에 모두 적용되는 것은?

① 뉴턴의 점성법칙
② 압축성
③ 점착조건(no slip condition)
④ 에너지보존의 법칙

실제유체와 이상유체

구분	정의	해당유체
실제유체	점성유체	압축성유체 뉴턴의 점성법칙
이상유체	마찰이 없고 비점성 비압축성유체	완전유체(비점성 비압축성유체)

※ 에너지보존의 법칙(열역학 제1법칙) : 열량은 일량으로, 일량은 열량으로 환산 가능함을 밝힌 법칙

05 진공압력이 0.10kgf/cm^2이고, 온도가 20℃인 기체가 계기압력 7kgf/cm^2로 등온압축되었다. 이때 압축 전 체적(V_1)에 대한 압축 후 체적(V_2)의 비는 얼마인가? (단, 대기압은 720mmHg이다.)

① 0.11 ② 0.14
③ 0.98 ④ 1.41

$P_1V_1 = P_2V_2$

$V_2 = \frac{P_1}{P_2}V_1 = \frac{0.87863}{7.97863}V_1 = 0.11V_1$

[절대압력 환산]

P_1 : 절대 = 대기 − 진공

$= 720\text{mmHg} - 0.10\text{kg/cm}^2$

$= \frac{720}{760} \times 1.033 - 0.10$

$= 0.87863\text{kg/cm}^2\text{a}$

P_2 : 절대 = 대기 + 게이지

$= 720\text{mmHg} + 7\text{kg/cm}^2$

$= \frac{720}{760} \times 1.033 + 7$

$= 7.97863$

06 표면장력계수의 차원을 옳게 나타낸 것은? (단, M은 질량, L은 길이, T는 시간의 차원이다.)

① MLT^{-2} ② MT^{-2}
③ LT^{-1} ④ $ML^{-1}T^{-2}$

표면장력(σ) : 단위길이당 작용하는 힘(kgf/m)으로, 차원은 FL^{-1}이고 $F = MLT^{-2}$이므로, $MLT^{-2} \cdot L^{-1} = MT^{-2}$

07 초음속 흐름이 갑자기 아음속 흐름으로 변할 때 얇은 불연속 면의 충격파가 생긴다. 이 불연속 면에서의 변화로 옳은 것은? **[유체 20]**

① 압력은 감소하고, 밀도는 증가한다.
② 압력은 증가하고, 밀도는 감소한다.
③ 온도와 엔트로피가 증가한다.
④ 온도와 엔트로피가 감소한다.

충격파(유체 핵심 20) 참조

08 비중이 0.887인 원유가 관의 단면적이 0.0022m^2인 관에서 체적유량이 $10.0\text{m}^3/\text{h}$일 때 관의 단위면적당 질량유량($\text{kg/m}^2 \cdot \text{s}$)은?

① 1120 ② 1220
③ 1320 ④ 1420

$G = \gamma Q/A$

$= 0.887 \times 10^3\text{kg/m}^3 \times 10.0\text{m}^3/\text{h} \times \frac{1}{0.0022\text{m}^2}$

$= 0.887 \times 10^3\text{kg/m}^3 \times 10.0\text{m}^3/3600\text{s} \times \frac{1}{0.0022\text{m}^2}$

$= 1119.94 \fallingdotseq 1120\text{kg/m}^2 \cdot \text{s}$

09 온도 27℃의 이산화탄소 3kg이 체적 0.30m^3의 용기에 가득 차 있을 때 용기 내의 압력은 몇 kgf/cm^2인가? (단, 일반기체상수는 848kgf · m/kmol · K이고, 이산화탄소의 분자량은 44이다.)

① 5.79 ② 24.3
③ 100 ④ 270

$PV = GRT$

$P = \frac{GRT}{V} = \frac{3 \times \frac{848}{44} \times (273+27)}{0.30}$

$= 57818.18\text{kg/m}^2$

$= 5.7818\text{kg/cm}^2$

$\fallingdotseq 5.79\text{kg/cm}^2$

정답 04.④ 05.① 06.② 07.③ 08.① 09.①

10 물이나 다른 액체를 넣은 타원형 용기를 회전하고 그 용적변화를 이용하여 기체를 수송하는 장치로 유독성 가스를 수송하는 데 적합한 것은?

① 로베(lobe) 펌프
② 터보(turbo) 압축기
③ 내시(nash) 펌프
④ 팬(fan)

11 내경이 0.0526m인 철관에 비압축성유체가 9.085m^3/h로 흐를 때의 평균유속은 약 몇 m/s 인가? (단, 유체의 밀도는 1200kg/m^{3}이다.)

① 1.16 ② 3.26
③ 4.68 ④ 11.6

$Q = A \cdot V$

$$V = \frac{Q}{A} = \frac{9.085\text{m}^3/3600\text{s}}{\frac{\pi}{4}\times(0.0526\text{m})^2} = 1.16\text{m/s}$$

12 수직 충격파(normal shock wave)에 대한 설명 중 옳지 않은 것은? **[유체 20]**

① 수직 충격파는 아음속 유동에서 초음속 유동으로 바뀌어 갈 때 발생한다.
② 충격파를 가로지르는 유동은 등엔트로피 과정이 아니다.
③ 수직 충격파 발생 직후의 유동조건은 $h-s$ 선도로 나타낼 수 있다.
④ 1차원 유동에서 일어날 수 있는 충격파는 수직 충격파뿐이다.

충격파(유체 핵심 20) 참조
수직 충격파 : 초음속 흐름이 갑자기 아음속 흐름으로 변하게 되는 경우 이때 발생되는 불연속면의 충격파 흐름에 대하여 수직으로 작용되는 경우의 충격파

13 어떤 유체의 액면 아래 10m인 지점의 계기 압력이 2.16kgf/cm^{2}일 때 이 액체의 비중량은 몇 kgf/m^{3}인가?

① 2160 ② 216
③ 21.6 ④ 0.216

해설

$P = \gamma H$

$$\gamma = \frac{P}{H} = \frac{2.16\times10^4\text{kgf/m}^2}{10\text{m}} = 2160\text{kgf/m}^3$$

14 뉴턴 유체(Newtonian fluid)가 원관 내를 완전발달된 층류 흐름으로 흐르고 있다. 관 내의 평균유속 V와 최대속도 U_{max}의 비 $\frac{V}{U_{max}}$는?

① 2 ② 1
③ 0.5 ④ 0.1

해설

원관에서 최대속도 $U_{max} = \frac{dp\cdot r_0^2}{4\mu dl}$

평균속도 $V = \frac{dp\cdot r_0^2}{8\mu dl}$ 이므로,

$\therefore \frac{V}{U_{max}} = 0.5$

※ 평판일 경우 $\frac{V}{U_{max}} = \frac{1}{1.5}$

15 지름이 4cm인 매끈한 관에 동점성계수가 1.57 ×10^{-5}m^2/s인 공기가 0.7m/s의 속도로 흐르고, 관의 길이가 70m이다. 이에 대한 손실수두는 몇 m인가?

① 1.27 ② 1.37
③ 1.47 ④ 1.57

해설

$$R_e = \frac{VD}{\nu} = \frac{0.7\times0.04}{1.57\times10^{-5}} = 1783.43949$$

$$f = \frac{64}{R_e} = \frac{64}{1783.43949} = 0.035885714$$

$$h_f = f\cdot\frac{L}{D}\cdot\frac{V^2}{2g} = 0.035885714\times\frac{70}{0.04}\times\frac{0.7^2}{2\times9.8} = 1.57\text{m}$$

16 도플러효과(doppler effect)를 이용한 유량계는?

① 에뉴바 유량계 ② 초음파 유량계
③ 오벌 유량계 ④ 열선 유량계

초음파 유량계 : 유체에 포함되어 있는 고형물이나 기포에 초음파를 보내 그때 발생하는 도플러효과를 이용하는 방법

정답 10.③ 11.① 12.① 13.① 14.③ 15.④ 16.②

17 압축성 유체의 유속 계산에 사용되는 Mach 수의 표현으로 옳은 것은?

① $\dfrac{\text{음속}}{\text{유체의 속도}}$

② $\dfrac{\text{유체의 속도}}{\text{음속}}$

③ $(\text{음속})^2$

④ 유체의 속도×음속

18 지름이 3m인 원형 기름탱크의 지붕이 평평하고 수평이다. 대기압이 1atm일 때 대기가 지붕에 미치는 힘은 몇 kgf인가?

① 7.3×10^2　② 7.3×10^3

③ 7.3×10^4　④ 7.3×10^5

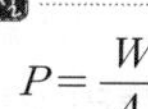

$P=\dfrac{W}{A}$

$\therefore\ W=PA=1.033\times10^4\text{kgf/m}^2\times\dfrac{\pi}{4}\times(3\text{m})^2$

$=7.3\times10^4\,\text{kgf}$

19 온도 20℃, 압력 5kgf/cm²인 이상기체 10cm³를 등온조건에서 5cm³까지 압축하면 압력은 약 몇 kgf/cm²인가?

① 2.5　② 5

③ 10　④ 20

해설

$P_1V_1=P_2V_2$

$P_2=\dfrac{P_1V_1}{V_2}=\dfrac{5\times10}{5}=10\text{kgf/cm}^2$

20 기체효율을 η_m, 수력효율을 η_h, 체적효율을 η_v라 할 때 펌프의 총 효율은?

① $\dfrac{\eta_m\times\eta_h}{\eta_v}$

② $\dfrac{\eta_m\times\eta_v}{\eta_h}$

③ $\eta_m\times\eta_h\times\eta_v$

④ $\dfrac{\eta_v\times\eta_h}{\eta_m}$

제2과목 연소공학

21 카르노 사이클에서 열효율과 열량, 온도와의 관계가 옳은 것은? (단, $Q_1>Q_2$, $T_1>T_2$) **[연소 16]**

① $\eta=\dfrac{Q_1-Q_2}{Q_1}=\dfrac{T_1-T_2}{T_1}$

② $\eta=\dfrac{Q_1-Q_2}{Q_2}=\dfrac{T_1-T_2}{T_2}$

③ $\eta=\dfrac{Q_1}{Q_1-Q_2}=\dfrac{T_2}{T_1-T_2}$

④ $\eta=\dfrac{Q_2}{Q_1-Q_2}=\dfrac{T_1}{T_1-T_2}$

해설

냉동기, 열펌프의 성적계수 및 열효율(연소 핵심 16) 참조

22 기체 연소 시 소염현상의 원인이 아닌 것은?

① 산소농도가 증가할 경우

② 가연성기체, 산화제가 화염 반응대에서 공급이 불충분할 경우

③ 가연성가스가 연소범위를 벗어날 경우

④ 가연성가스에 불활성기체가 포함될 경우

해설

소염 : 연소가 소멸되는 현상으로, 산소의 농도가 증가 시 연소가 활성화되는 경우이다.

23 확산연소에 대한 설명으로 틀린 것은?

① 확산연소 과정은 연료와 산화제의 혼합속도에 의존한다.

② 연료와 산화제의 경계면이 생겨 서로 반대 측 면에서 경계면으로 연료와 산화제가 확산해 온다.

③ 가스라이터의 연소는 전형적인 기체연료의 확산화염이다.

④ 연료와 산화제가 적당 비율로 혼합되어 가연혼합기를 통과할 때 확산화염이 나타난다.

해설

확산연소 : 연료가스와 공기가 혼합하면서 연소하는 현상으로, 연료가스와 공기 중의 산소와 혼합하여 화염이 형성된다.

④ 가연혼합기를 통과할 때 → 가연혼합기로 된 장소의

정답 17.② 18.③ 19.③ 20.③ 21.① 22.① 23.④

24 과잉공기가 너무 많은 경우의 현상이 아닌 것은? **[연소 15]**

① 열효율을 감소시킨다.
② 연소온도가 증가한다.
③ 배기가스의 열손실을 증대시킨다.
④ 연소가스량이 증가하여 통풍을 저해한다.

공기비(연소 핵심 15) 참조
② 과잉공기가 많으면 질소산화물이 많이 생겨 연소온도가 내려간다.

25 다음 중 층류예혼합화염과 비교한 난류예혼합화염의 특징에 대한 설명으로 틀린 것은 어느 것인가? **[연소 36]**

① 연소속도가 빨라진다.
② 화염의 두께가 두꺼워진다.
③ 휘도가 높아진다.
④ 화염의 배후에 미연소분이 남지 않는다.

난류예혼합화염과 층류예혼합화염의 비교(연소 핵심 36) 참조
④ 화염의 배후에 다량의 미연소분이 존재

26 다음 중 수소(H_2, 폭발범위 : 4.0~75vol%)의 위험도는?

① 0.95 ② 17.75
③ 18.75 ④ 71

$$H = \frac{U-L}{L} = \frac{75-4}{4} = 17.75$$

27 이산화탄소의 기체상수(R) 값과 가장 가까운 기체는?

① 프로판 ② 수소
③ 산소 ④ 질소

$R = \frac{848}{M}$kgf·m/kg·K이므로, 분자량이 같으면 상속의 R 값이 같다.
CO_2의 분자량은 44g으로, 프로판과 같다.
① $C_3H_8 = 44g$
② $H_2 = 2g$
③ $O_2 = 32g$
④ $N_2 = 28g$

28 −5℃ 얼음 10g을 16℃의 물로 만드는 데 필요한 열량은 약 몇 kJ인가? (단, 얼음의 비열은 2.1J/g·K, 융해열은 335J/g, 물의 비열은 4.2J/g·K이다.)

① 3.4 ② 4.2
③ 5.2 ④ 6.4

㉠ −5℃ 얼음 → 0℃ 얼음
$Q_1 = Gc\Delta t = 10 \times 2.1 \times 5 = 105J$
㉡ 0℃ 얼음 → 0℃ 물
$Q_2 = G\gamma = 10 \times 335 = 3350J$
㉢ 0℃ 물 → 16℃ 물
$Q_3 = Gc\Delta t = 10 \times 4.2 \times 16 = 672J$

$$\therefore Q = Q_1 + Q_2 + Q_3 = 105 + 3350 + 672 = 4127J = 4.127kJ$$

29 증기의 성질에 대한 설명으로 틀린 것은?

① 증기의 압력이 높아지면 엔탈피가 커진다.
② 증기의 압력이 높아지면 현열이 커진다.
③ 증기의 압력이 높아지면 포화온도가 높아진다.
④ 증기의 압력이 높아지면 증발열이 커진다.

④ 증기의 압력이 높아지면 증발열은 낮아진다.

30 산화염과 환원염에 대한 설명으로 가장 옳은 것은?

① 산화염은 이론공기량으로 완전연소시켰을 때의 화염을 말한다.
② 산화염은 공기비를 아주 크게 하여 연소가스 중 산소가 포함된 화염을 말한다.
③ 환원염은 이론공기량으로 완전연소시켰을 때의 화염을 말한다.
④ 환원염은 공기비를 아주 크게 하여 연소가스 중 산소가 포함된 화염을 말한다.

- **산화염** : 공기비를 크게 하여 불꽃 중에 과잉산소가 포함된 화염
- **환원염** : 산소의 부족으로 CO 등 미연소분을 포함한 화염

정답 24.② 25.④ 26.② 27.① 28.② 29.④ 30.②

31 본질안전 방폭구조의 정의로 옳은 것은 어느 것인가? **[안전 13]**

① 가연성가스에 점화를 방지할 수 있다는 것이 시험, 그 밖의 방법으로 확인된 구조
② 정상 시 및 사고 시에 발생하는 전기불꽃, 고온부로 인하여 가연성가스가 점화되지 않는 것이 점화시험, 그 밖의 방법에 의해 확인된 구조
③ 정상운전 중에 전기불꽃 및 고온이 생겨서는 안 되는 부분에 점화가 생기는 것을 방지하도록 구조상 및 온도상승에 대비하여 특별히 안전성을 높이는 구조
④ 용기 내부에서 가연성가스의 폭발이 일어났을 때 용기가 압력에 본질적으로 견디고 외부의 폭발성가스에 인화할 우려가 없도록 한 구조

위험장소 분류 가스시설 전기방폭기준(안전 핵심 13) 참조

32 천연가스의 비중 측정방법은?

① 분젠실링법 ② Soap bubble법
③ 라이트법 ④ 윤켈스법

분젠실링법 : 시료가스를 세공에서 유출시키고 동일한 방법으로 공기를 유출하여 비중을 산출

$$S=\left(\frac{T_s}{T_a}\right)^2$$

여기서, S : 비중
T_s : 시료가스 유출시간
T_a : 공기 유출시간

33 비열에 대한 설명으로 옳지 않은 것은?

① 정압비열은 정적비열보다 항상 크다.
② 물질의 비열은 물질의 종류와 온도에 따라 달라진다.
③ 비열비가 큰 물질일수록 압축 후의 온도가 더 높다.
④ 물은 비열이 작아 공기보다 온도를 증가시키기 어렵고 열용량도 적다.

④ 물의 비열은 1kcal/kg · ℃이고, 공기의 비열은 0.297 kcal/kg · ℃로서 물의 비열이 더 높다.

34 고발열량과 저발열량의 값이 다르게 되는 것은 다음 중 주로 어떤 성분 때문인가?

① C ② H
③ O ④ S

$Hh = Hl + (600 + 9H + W)$

여기서, Hh : 고위발열량
Hl : 저위발열량
H : 수소의 성분
W : 수분

35 폭굉(detonation)에 대한 설명으로 가장 옳은 것은?

① 가연성기체와 공기가 혼합하는 경우에 넓은 공간에서 주로 발생한다.
② 화재로의 파급효과가 적다.
③ 에너지 방출속도는 물질전달속도의 영향을 받는다.
④ 연소파를 수반하고 난류확산의 영향을 받는다.

폭굉(데토네이션) 발생조건

㉠ 좁은 공간, 밀폐 공간일 때 주로 발생한다.
㉡ 폭굉을 화재로 파급되는 효과가 적다.
㉢ 에너지 방출속도는 물질의 전달속도와 무관하다.
㉣ 폭굉파를 수반한다.

36 불활성화 방법 중 용기의 한 개구부로 불활성가스를 주입하고 다른 개구부로부터 대기 또는 스크레버로 혼합가스를 방출하는 퍼지 방법은? **[연소 19]**

① 진공퍼지 ② 압력퍼지
③ 스위프퍼지 ④ 사이펀퍼지

불활성화 방법(이너팅)(연소 핵심 19) 참조

37 고체연료의 고정층을 만들고 공기를 통하여 연소시키는 방법은? **[연소 2]**

① 화격자 연소 ② 유동층 연소
③ 미분탄 연소 ④ 훈연 연소

연소의 종류 (1) 고체물질의 연소(연소 핵심 2) 참조

정답 31.② 32.① 33.④ 34.② 35.② 36.③ 37.①

38 이상기체와 실제기체에 대한 설명으로 틀린 것은? **[연소 3]**

① 이상기체는 기체 분자간 인력이나 반발력이 작용하지 않는다고 가정한 가상적인 기체이다.
② 실제기체는 실제로 존재하는 모든 기체로 이상기체 상태방정식이 그대로 적용되지 않는다.
③ 이상기체는 저장용기의 벽에 충돌하여도 탄성을 잃지 않는다.
④ 이상기체 상태방정식은 실제기체에서는 높은 온도, 높은 압력에서 잘 적용된다.

해설

이상기체(완전가스)(연소 핵심 3) 참조
④ 실제기체에서는 낮은 온도, 높은 압력에서 잘 적용된다.

39 연소범위는 다음 중 무엇에 의해 주로 결정되는가?

① 온도, 부피 ② 부피, 비중
③ 온도, 압력 ④ 압력, 비중

40 부탄(C_4H_{10}) 2Sm^3를 완전연소시키기 위하여 약 몇 Sm^3의 산소가 필요한가?

① 5.8 ② 8.9
③ 10.8 ④ 13.0

$C_4H_{10}+6.5O_2 \rightarrow 4CO_2+5H_2O$
부탄 : 산소=1 : 6.5이므로,
2Sm^3은 2×6.5Sm^3
∴ 2×6.5=13Sm^3

제3과목 가스설비

41 액화석유가스충전사업자는 액화석유가스를 자동차에 고정된 용기에 충전하는 경우에 허용오차를 벗어나 정량을 미달되게 공급해서는 아니 된다. 이때, 허용오차의 기준은?

① 0.5% ② 1%
③ 1.5% ④ 2%

42 브롬화메틸 30톤(T=110℃)과 펩탄 50톤(T=120℃), 시안화수소 20톤(T=100℃)이 저장되어 있는 고압가스 특정제조시설의 안전구역 내 고압가스 설비의 연소열량은 약 몇 kcal인가? (단, T는 상용온도를 말한다.)

〈상용온도에 따른 K의 수치〉

상용온도(℃)	40 이상 70 미만	70 이상 100 미만	100 이상 130 미만	130 이상 160 미만
브롬화메틸	12000	23000	32000	42000
펩탄	84000	240000	401000	550000
시안화수소	59000	124000	178000	255000

① 6.2×10^7 ② 5.2×10^7
③ 4.9×10^6 ④ 2.5×10^6

해설

특정제조시설의 안전구역 내 고압가스 연소 열량

$$Q=K\cdot W$$
$$=\left(\frac{K_A\cdot W_A}{Z}\right)\times\sqrt{Z}+\left(\frac{K_B\cdot W_B}{Z}\right)\times\sqrt{Z}+\left(\frac{K_C\cdot W_C}{Z}\right)\times\sqrt{Z}$$
$$=\left(\frac{32000\times30}{100}\right)\times\sqrt{100}+\left(\frac{401000\times50}{100}\right)\times\sqrt{100}+\left(\frac{178000\times20}{100}\right)\times\sqrt{100}$$
$$=2457000 \fallingdotseq 2.5\times10^6$$

여기서, Q : 연소 열량의 수치(가스의 단위중량인 전반열량의 수)
K : 가스의 종류 및 상용의 온도에 따라 표의 정한 수치
W : 저장설비 또는 처리설비에 따라 정한 수치($8=W_A+W_B+W_C$ $=30+50+20=100$톤)

저장설비 안에 2종류 이상의 가스가 있는 경우에는 각각의 가스량(통)을 합산한 양의 평방근 수치에 각각의 가스량에 해당 합계량에 대한 비율을 곱하여 얻은 수치와 각각의 가스에 관계되는 K를 곱하여 $K\cdot W$를 구한다.

43 왕복식 압축기에서 체적효율에 영향을 주는 요소로서 가장 거리가 먼 것은?

① 클리어런스 ② 냉각
③ 토출밸브 ④ 가스 누설

정답 38.④ 39.③ 40.④ 41.③ 42.④ 43.③

왕복압축기의 체적효율에 영향을 주는 요소
㉠ 클리어런스에 의한 영향
㉡ 밸브의 하중과 가스의 마찰에 의한 영향
㉢ 불완전냉각에 의한 영향
㉣ 가스 누설에 의한 영향
③의 토출밸브가 가장 거리가 먼 항목임.

44 온도 T_2 인 저온체에서 흡수한 열량을 q_2, 온도 T_1 인 고온체에서 버린 열량을 q_1 이라 할 때 냉동기의 성능계수는? **[연소 16]**

① $\dfrac{q_1-q_2}{q_1}$ ② $\dfrac{q_2}{q_1-q_2}$

③ $\dfrac{T_1-T_2}{T_1}$ ④ $\dfrac{T_1}{T_1-T_2}$

냉동기, 열펌프의 성적계수 및 열효율(연소 16) 참조

45 아세틸렌 제조설비에서 제조공정 순서로서 옳은 것은?

① 가스청정기 → 수분제거기 → 유분제거기 → 저장탱크 → 충전장치
② 가스발생로 → 쿨러 → 가스청정기 → 압축기 → 충전장치
③ 가스반응로 → 압축기 → 가스청정기 → 역화방지기 → 충전장치
④ 가스발생로 → 압축기 → 쿨러 → 건조기 → 역화방지기 → 충전장치

C_2H_2 제조공정

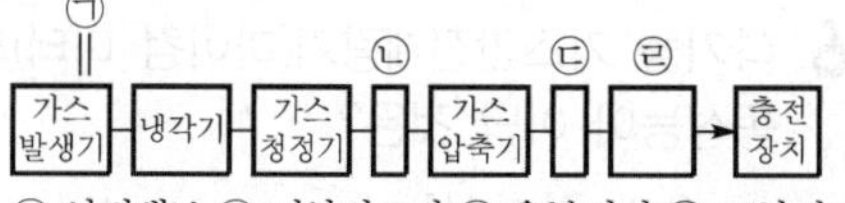

㉠ 안전밸브 ㉡ 저압건조기 ㉢ 유분리기 ㉣ 고압건조기

46 매몰 용접형 가스용 볼밸브 중 퍼지관을 부착하지 아니한 구조의 볼밸브는?

① 짧은 몸통형
② 일체형 긴 몸통형
③ 용접형 긴 몸통형
④ 소코렛(sokolet)식 긴 몸통형

매몰 용접형 가스용 볼밸브의 퍼지관 부착 여부

종 류	퍼지관 부착 여부
짧은 몸통형 (short pattern)	볼밸브에 퍼지관을 부착하지 아니한 것
긴 몸통형 (long pattern)	볼밸브에 퍼지관을 부착한 것 (일체형과 용접형으로 구분)

[비고]
㉠ "일체형"이란 볼밸브의 몸통(덮개)에 퍼지관을 부착한 구조를 말한다.
㉡ "용접형"이란 볼밸브의 몸통(덮개)에 배관을 용접하여 퍼지관을 부착한 구조를 말한다.

47 차량에 고정된 탱크의 저장능력을 구하는 식은? (단, V : 내용적, P : 최고충전압력, C : 가스 종류에 따른 정수, d : 상용온도에서의 액비중이다.)

① $10PV$ ② $(10P+1)V$

③ $\dfrac{V}{C}$ ④ $0.9dV$

차량에 고정된 탱크=이동이 가능한 용기의 저장능력식은 $W=\dfrac{V}{C}$ 이다.

48 수소를 공업적으로 제조하는 방법이 아닌 것은?

① 수전해법 ② 수성가스법
③ LPG 분해법 ④ 석유 분해법

수소의 공업적 제법
㉠ 수전해법(물의 전기분해법)
㉡ 석탄 또는 코크스의 가스화(수성가스법, 석탄의 가스화법)
㉢ 천연가스 분해
㉣ 석유의 분해
㉤ 일산화탄소 전화법

49 펌프의 특성곡선상 체절운전(체절양정)이란 무엇인가?

① 유량이 0일 때의 양정
② 유량이 최대일 때의 양정
③ 유량이 이론값일 때의 양정
④ 유량이 평균값일 때의 양정

정답 44.② 45.② 46.① 47.③ 48.③ 49.①

해설

펌프의 성능(특성)곡선

㉠ 정의 : 펌프에서는 회전차의 회전수를 일정하게 하고 횡축에는 유량, 종축에는 양정, 효율, 축동력을 잡고, 최고의 효율점을 100%로 하여 무차원이 되도록 백분율로 나타낸 선도를 말한다.

㉡ 체절양정 : 일반적 성능곡선을 유량-양정, 유량-축동력, 유량-효율 곡선으로 표시. 이것은 회전수를 일정하게 유지, 펌프의 송출밸브를 조정하여 관로에 저항을 줌으로써 계산한다. 유량과 이동정곡선의 교점, 즉 Q(유량)$=0$일 때 양정을 H_0로 표시하고, 이것을 체절이라 한다.

50 고압으로 수송하기 위해 압송기가 필요한 프로세스는?

① 사이클링식 접촉분해 프로세스
② 수소화 분해 프로세스
③ 대체천연가스 프로세스
④ 저온 수증기개질 프로세스

해설

사이클링식 접촉분해 프로세스

㉠ 반응온도는 700~800℃
㉡ 반응압력은 구조상 저압이므로, 고압으로, 수송하기 위하여는 압송기가 필요하다.

51 부식방지 방법에 대한 설명으로 틀린 것은?

① 금속을 피복한다.
② 선택배류기를 접속시킨다.
③ 이종의 금속을 접촉시킨다.
④ 금속표면의 불균일을 없앤다.

52 피셔(fisher)식 정압기에 대한 설명으로 틀린 것은?

① 파일럿 로딩형 정압기와 작동원리가 같다.
② 사용량이 증가하면 2차 압력이 상승하고 구동압력은 저하한다.
③ 정특성 및 동특성이 양호하고 비교적 간단하다.
④ 닫힘 방향의 응답성을 향상시킨 것이다.

해설

피셔식 정압기

사용량 증가 시 2차 압력이 저하하여 구동압력이 상승하고, 사용량 저하 시 2차 압력이 상승하여 구동압력이 저하한다.

53 가스레인지의 열효율을 측정하기 위하여 주전자에 순수 1000g을 넣고 10분간 가열하였더니 처음에 15℃였던 물의 온도가 70℃가 되었다. 이 가스레인지의 열효율은 약 몇 %인가? (단, 물의 비열은 1kcal/kg · ℃, 가스 사용량은 0.008m^3, 가스 발열량은 13000 kcal/m^{3}이며, 온도 및 압력에 대한 보정치는 고려하지 않는다.)

① 38 ② 43
③ 48 ④ 53

해설

$$\text{열효율} = \frac{\text{실제전달열량}}{\text{전체 열량}} \times 100\%$$
$$= \frac{1\text{kg} \times 1\text{kcal/kg℃} \times (70-15)}{0.008\text{m}^3 \times 13000\text{kcal/m}^3} \times 100$$
$$= 52.884 \fallingdotseq 53\%$$

54 도시가스에 냄새가 나는 부취제를 첨가할 때에는, 공기 중 혼합비율의 용량으로 얼마의 상태에서 감지할 수 있도록 첨가하고 있는가?

① 1/1000 ② 1/2000
③ 1/3000 ④ 1/5000

55 다음 [보기]에서 설명하는 합금원소는?

• 담금질 깊이를 깊게 한다.
• 크리프 저항과 내식성을 증가시킨다.
• 뜨임 메짐을 방지한다.

① Cr ② Si
③ Mo ④ Ni

56 다기능 가스안전계량기(마이컴 미터)의 작동성능이 아닌 것은?

① 유량 차단성능
② 과열 차단성능
③ 압력저하 차단성능
④ 연속사용시간 차단성능

해설

다기능 가스안전계량기 작동성능

①, ③, ④ 및 미소유량 검지성능, 증가유량 차단성능, 합계유량 차단성능, 미소누출 검지기능

정답 50.① 51.③ 52.② 53.④ 54.① 55.③ 56.②

57 수소 압축가스 설비란 압축기로부터 압축된 수소가스를 저장하기 위한 것으로서 설계압력이 얼마를 초과하는 압력용기를 말하는가?

① 9.8MPa ② 41MPa
③ 49MPa ④ 98MPa

58 시동하기 전에 프라이밍이 필요한 펌프는?

① 터빈펌프
② 기어펌프
③ 플린저펌프
④ 피스톤펌프

시동 전 프라이밍(시운전)이 필요한 펌프는 원심펌프이다.
㉠ 안내 깃이 있는 것 : 터빈펌프
㉡ 안내 깃이 없는 것 : 벌류트펌프

59 다음 금속재료에 대한 설명으로 틀린 것은?

① 강에 P(인)의 함유량이 많으면 신율, 충격치는 저하된다.
② 18% Cr, 8% Ni을 함유한 강을 18-8 스테인리스강이라 한다.
③ 금속가공 중에 생긴 잔류응력을 제거할 때에는 열처리를 한다.
④ 구리와 주석의 합금은 황동이고, 구리와 아연의 합금은 청동이다.

• Cu+Sn=청동
• Cu+Zn=황동

60 염화수소(HCl)에 대한 설명으로 틀린 것은?

① 폐가스는 대량의 물로 처리한다.
② 누출된 가스는 암모니아수로 알 수 있다.
③ 황색의 자극성 냄새를 갖는 가연성 기체이다.
④ 건조 상태에서는 금속을 거의 부식시키지 않는다.

HCl(염화수소)
㉠ 자극성 냄새가 나는 무색의 기체
㉡ 독성, 불연성
㉢ 암모니아와 반응하여 흰 연기 발생

제4과목 가스안전관리

61 가스의 종류와 용기 도색의 구분이 잘못된 것은?

① 액화암모니아 : 백색
② 액화염소 : 갈색
③ 헬륨(의료용) : 자색
④ 질소(의료용) : 흑색

헬륨 : 갈색

62 가스시설과 관련하여 사람이 사망한 사고 발생 시 규정상 도시가스사업자는 한국가스안전공사에 사고발생 후 얼마 이내에 서면으로 통보하여야 하는가?

① 즉시 ② 7일 이내
③ 10일 이내 ④ 20일 이내

사고종류별 통보 방법(기한)과 통보내용에 포함될 사항
(고압가스 안전관리법 시행규칙 별표 34)

사고 종류	통보 방법	통보 기한	
		속보	상보
㉮ 사람이 사망한 사고	속보와 상보	즉시	사고발생 후 20일 이내
㉯ 부상 및 중독사고	속보와 상보	즉시	사고발생 후 20일 이내
㉰ ㉮, ㉯를 제외한 누출 및 폭발과 화재사고	속보	즉시	
㉱ 시설 파손되거나 누출로 인한 인명 대피 공급 중단사고 (㉮, ㉯는 제외)	속보	즉시	
㉲ 저장탱크에서 가스누출사고 (㉮~㉱는 제외)	속보	즉시	
※ 사고의 통보 내용에 포함되어야 하는 사항	㉠ 통보자의 소속, 직위, 성명, 연락처 ㉡ 사고발생 일시 ㉢ 사고발생 장소 ㉣ 사고내용(가스의 종류, 양, 확산거리 포함) ㉤ 시설 현황(시설의 종류, 위치 포함) ㉥ 피해 현황(인명, 재산)		

정답 57.② 58.① 59.④ 60.③ 61.③ 62.④

63 독성가스 운반차량의 뒷면에 완충장치로 설치하는 범퍼의 설치기준은?

① 두께 3mm 이상, 폭 100mm 이상
② 두께 3mm 이상, 폭 200mm 이상
③ 두께 5mm 이상, 폭 100mm 이상
④ 두께 5mm 이상, 폭 200mm 이상

해설

독성가스 용기 운반차량의 적재

㉠ 독성가스 충전용기를 차량에 적재하여 운반하는 때에는 고압가스 운반차량에 세워서 운반한다.
㉡ 차량의 최대적재량을 초과하여 적재하지 않는다.
㉢ 차량의 적재함을 초과하여 적재하지 않는다.
㉣ 충전용기를 차량에 적재할 때에는 차량운행 중의 동요로 인하여 용기가 충돌하지 아니하도록 고무링을 씌우거나, 적재함에 넣어 세워서 적재한다. 다만, 압축가스의 충전용기 중 그 형태나 운반차량의 구조상 세워서 적재하기 곤란한 때에는 적재함 높이 이내로 눕혀서 적재할 수 있다.
㉤ 충전용기 등을 목재 · 플라스틱이나 강철제로 만든 팔레트(견고한 상자 또는 틀) 내부에 넣어 안전하게 적재하는 경우와 용량 10kg 미만의 액화석유가스 충전용기를 적재할 경우를 제외하고 모든 충전용기는 1단으로 쌓는다.
㉥ 충전용기 등은 짐이 무너지거나, 떨어지거나 차량의 충돌 등으로 인한 충격과 밸브의 손상 등을 방지하기 위하여 차량의 짐받이에 바싹 대고 로프, 짐을 조이는 공구 또는 구물 등(이하 "로프등"이라 함)을 사용하여 확실하게 묶어서 적재하며, 운반차량 뒷면에는 두께가 5mm 이상, 폭 100mm 이상의 범퍼(SS400 또는 이와 동등 이상의 강도를 갖는 강재를 사용한 것에만 적용. 이하 같음) 또는 이와 동등 이상의 효과를 갖는 완충장치를 설치한다.
㉦ 차량에 충전용기 등을 적재하고, 그 차량의 측판과 뒤판을 정상적인 상태로 닫은 후 확실하게 걸게쇠로 걸어 잠근다.

64 특수고압가스가 아닌 것은? **[안전 76]**

① 디실란
② 삼불화인
③ 포스겐
④ 액화알진

특정고압가스 · 특수고압가스(안전 핵심 76) 참조

65 저장탱크에 의한 LPG 저장소에서 액화석유가스 저장탱크의 저장능력은 몇 ℃에서의 액비중을 기준으로 계산하는가?

① 0℃ ② 4℃
③ 15℃ ④ 40℃

66 안전관리 수준평가의 분야별 평가항목이 아닌 것은?

① 안전사고
② 비상사태 대비
③ 안전교육 훈련 및 홍보
④ 안전관리 리더십 및 조직

67 산소 제조 및 충전의 기준에 대한 설명으로 틀린 것은?

① 공기액화분리장치기에 설치된 액화산소통 안의 액화산소 5L 중 탄화수소의 탄소 질량이 500mg 이상이면 액화산소를 방출한다.
② 용기와 밸브 사이에는 가연성 패킹을 사용하지 않는다.
③ 피로갈롤 시약을 사용한 오르자트법 시험결과 순도가 99% 이상이어야 한다.
④ 밀폐형의 수전해조에는 액면계와 자동급수장치를 설치한다.

해설

산소 : 동암모니아 시약을 사용한 오르자트법에서 순도는 99.5% 이상이어야 한다.

68 에틸렌에 대한 설명으로 틀린 것은?

① 3중 결합을 가지므로 첨가반응을 일으킨다.
② 물에는 거의 용해되지 않지만 알코올, 에테르에는 용해된다.
③ 방향을 가지는 무색의 가연성 가스이다.
④ 가장 간단한 올레핀계 탄화수소이다.

해설

C_2H_4(에틸렌)

```
H−C=C−H
   |  |
   H  H
```

불포화탄화수소 이중결합을 가지는 첨가반응을 하는 탄화수소이다.

정답 63.③ 64.③ 65.④ 66.① 67.③ 68.①

69 액화석유가스를 용기에 의하여 가스소비자에게 공급할 때의 기준으로 옳지 않은 것은?

① 공급설비를 가스공급자의 부담으로 설치한 경우 최초의 안전공급 계약기간은 주택은 2년 이상으로 한다.
② 다른 가스공급자와 안전공급계약이 체결된 가스소비자에게는 액화석유가스를 공급할 수 없다.
③ 안전공급계약을 체결한 가스공급자는 가스소비자에게 지체 없이 소비설비 안전점검표를 발급하여야 한다.
④ 동일 건축물 내 여러 가스소비자에게 하나의 공급설비로 액화석유가스를 공급하는 가스공급자는 그 가스 소비자의 대표자와 안전공급계약을 체결할 수 있다.

70 가스안전사고 원인을 정확히 분석하여야 하는 가장 주된 이유는?

① 산재보험금 처리
② 사고의 책임소재 명확화
③ 부당한 보상금의 지급 방지
④ 사고에 대한 정확한 예방대책 수립

71 독성가스 충전용기 운반 시 설치하는 경계표시는 차량구조상 정사각형으로 표시할 경우 그 면적을 몇 cm^2 이상으로 하여야 하는가? **[안전 34]**

① 300 ② 400
③ 500 ④ 600

해설

고압가스 용기에 의한 운반기준(안전 핵심 34) 참조

72 고압가스 저장시설에서 사업소 밖의 지역에 고압의 독성가스 배관을 노출하여 설치하는 경우 학교와 안전확보를 위하여 필요한 유지거리의 기준은?

① 40m ② 45m
③ 72m ④ 100m

해설

사업소 밖의 배관 노출설치

사업소 외의 지역에 배관을 노출해 설치하는 경우에는 다음 기준에 따라 설치한다.

㉮ 배관은 고압가스의 종류에 따라 주택, 학교, 병원, 철도 및 그 밖에 이와 유사한 시설과 다음 기준에 따라 안전확보상 필요한 거리를 유지한다.
㉯ 주택, 학교, 병원, 철도 및 그 밖에 이와 유사한 시설은 아래 표에 열거한 시설로 하고, 시설의 종류에 따라 안전확보상 필요한 수평거리는 같은 표에 열거한 거리 이상의 거리로 한다. 다만, 교량에 설치하는 배관으로서 적절한 보강을 하였을 때는 그 거리를 적용하지 않을 수 있다.

주택 등 시설과 지상배관의 수평거리

번호	시설	가연성 가스 (m)	독성 가스 (m)
1	철도(화물 수송용으로만 쓰이는 것을 제외)	25	40
2	도로(전용공업지역 안에 있는 도로를 제외)	25	40
3	학교, 유치원, 새마을유아원, 시설강습소	45	72
4	아동복지시설 또는 심신장애자복지시설로서 수용능력이 20인 이상인 건축물	45	72
5	병원(의원을 포함)	45	72
6	공공공지(도시계획시설에 한정) 또는 도시공원(전용공업지역 안에 있는 도시공원을 제외)	45	72
7	극장, 교회, 공회당, 그 밖에 이와 유사한 시설로서 수용능력이 300인 이상을 수용할 수 있는 곳	45	72
8	백화점, 공중목욕탕, 호텔, 여관, 그 밖에 사람을 수용하는 건축물(가설건축물을 제외)로서 사실상 독립된 부분의 연면적이 $1000m^2$ 이상인 곳	45	72
9	「문화재보호법」에 따라 지정문화재로 지정된 건축물	65	100
10	수도시설로서 고압가스가 혼입될 우려가 있는 곳	300	300
11	주택(1부터 10까지 열거한 것 또는 가설건축물을 제외) 또는 1부터 10까지 열거한 시설과 유사한 시설로서 다수인이 출입하거나 근무하고 있는 곳	25	40

정답 69.② 70.④ 71.④ 72.③

73 지상에 설치하는 액화석유가스의 저장탱크 안전밸브에 가스방출관을 설치하고자 한다. 저장탱크의 정상부가 지상에서 8m일 경우 방출구의 높이는 지면에서 몇 m 이상이어야 하는가? [안전 41]

① 8 ② 10
③ 12 ④ 14

LPG 저장탱크, 도시가스 정압기실, 안전밸브 가스방출관의 방출구 설치위치(안전 핵심 41) 참조
지면에서 5m 이상 또는 탱크 정상부에서 2m 이상 중 높은 위치
∴ 지면에서 8m+2m=10m 이상

74 납붙임 용기 또는 접합 용기에 고압가스를 충전하여 차량에 적재할 때에는 용기의 이탈을 막을 수 있도록 어떠한 조치를 취하여야 하는가?

① 용기에 고무링을 씌운다.
② 목재 칸막이를 한다.
③ 보호망을 적재함 위에 씌운다.
④ 용기 사이에 패킹을 한다.

75 내용적이 50L인 아세틸렌 용기의 다공도가 75% 이상, 80% 미만일 때 디메틸포름아미드의 최대충전량은?

① 36.3% 이하 ② 37.8% 이하
③ 38.7% 이하 ④ 40.3% 이하

다공도에 따른 디메틸포름아미드, 아세톤의 최대충전량

구분	용기구분 / 다공도(%)	내용적 10L 이하	내용적 10L 초과
디메틸포름아미드	90 이상 92 이하	43.5 이하	43.7 이하
	85 이상 90 미만	41.1 이하	42.8 이하
	80 이상 85 미만	38.7 이하	40.3 이하
	75 이상 80 미만	36.3 이하	37.8 이하
아세톤	90 이상 92 이하	41.8 이하	43.4 이하
	87 이상 90 미만	–	42.0 이하
	83 이상 90 미만	38.5 이하	–
	80 이상 83 미만	37.1 이하	–
	75 이상 87 미만	–	40.0 이하
	75 이상 80 미만	34.8 이하	–

76 액화석유가스 용기용 밸브의 기밀시험에 사용되는 기체로서 가장 부적당한 것은?

① 헬륨 ② 암모니아
③ 질소 ④ 공기

77 고압가스 충전시설에서 2개 이상의 저장탱크에 설치하는 집합 방류둑의 용량이 [보기]와 같을 때 칸막이로 분리된 방류둑의 용량(m^3)은?

- 집합 방류둑의 총 용량 : $1000m^3$
- 각 저장탱크별 저장탱크 상당용적 : $300m^3$
- 집합 방류둑 안에 설치된 저장탱크의 저장능력 상당능력 총합 : $800m^3$

① 300 ② 325
③ 350 ④ 375

$$V = A \times \frac{B}{C} = 1000 \times \frac{300}{800} = 375\text{m}^3$$

저장탱크 종류에 따른 방류둑 용량

저장탱크의 종류	용량
㉮ 액화산소의 저장탱크	저장능력 상당용적의 60%
㉯ 2기 이상의 저장탱크를 집합 방류둑 안에 설치한 저장탱크(저장탱크마다 칸막이를 설치한 경우에 한정. 다만, 가연성 가스가 아닌 독성가스로서 같은 밀폐 건축물 안에 설치된 저장탱크에 있어서는 그렇지 않음.)	저장탱크 중 최대저장탱크의 저장능력 상당용적(단, ㉮에 해당하는 저장탱크일 때에는 ㉮에 표시한 용적을 기준함. 이하 같음)에 잔여 저장탱크 총 저장능력 상당용적의 10% 용적을 가한할 것

[비고]
㉠ ㉯에 따라 칸막이를 설치하는 경우, 칸막이로 구분된 방류둑의 용량은 다음 식에 따라 계산한 것으로 한다.

$$V = A \times \frac{B}{C}$$

여기서, V : 칸막이로 분리된 방류둑의 용량(m^3)
A : 집합 방류둑의 총 용량(m^3)
B : 각 저장탱크별 저장탱크 상당용적(m^3)
C : 집합 방류둑 안에 설치된 저장탱크의 저장능력 상당능력 총합(m^3)

㉡ 칸막이의 높이는 방류둑보다 최소 10cm 이상 낮게 한다.

정답 73.② 74.③ 75.② 76.② 77.④

78 액화석유가스 저장탱크를 지상에 설치하는 경우 저장능력이 몇 톤 이상일 때 방류둑을 설치해야 하는가? **[안전 53]**

① 1000 ② 2000
③ 3000 ④ 5000

방류둑 설치기준(안전 핵심 53) 참조

79 고압가스 제조시설에서 초고압이란?

① 압력을 받는 금속부의 온도가 −50℃ 이상 350℃ 이하인 고압가스 설비의 상용압력 19.6MPa을 말한다.
② 압력을 받는 금속부의 온도가 −50℃ 이상 350℃ 이하인 고압가스 설비의 상용압력 98MPa을 말한다.
③ 압력을 받는 금속부의 온도가 −50℃ 이상 450℃ 이하인 고압가스 설비의 상용압력 19.6MPa을 말한다.
④ 압력을 받는 금속부의 온도가 −50℃ 이상 450℃ 이하인 고압가스 설비의 상용압력 98MPa을 말한다.

가스설비 기능(KGS FP112 2.4.5.1)

㉮ 고압가스설비는 상용압력의 1.5배(그 구조상 물로 실시하는 내압시험이 곤란하여 공기·질소 등의 기체로 내압시험을 실시하는 경우 및 압력용기 및 그 압력용기에 직접 연결되어 있는 배관의 경우에는 1.25배) 이상의 압력(이하 "내압시험압력"이라 함)으로 내압시험을 실시하여 이상이 없어야 한다. 다만, 다음에 해당하는 고압가스설비는 내압시험을 실시하지 않을 수 있다.
  ㉠ 법 제17조에 따라 검사에 합격한 용기 등
  ㉡ 「수소경제 육성 및 수소 안전관리에 관한 법률」 제44조에 따른 검사에 합격한 수소용품
  ㉢ 「산업안전보건법」 제84조에 따른 안전인증을 받은 압력용기
  ㉣ 고압가스설비 중 수소를 소비하는 설비로서 그 구조상 가압이 곤란한 부분

㉯ 초고압(압력을 받는 금속부의 온도가 −50℃ 이상 350℃ 이하인 고압가스설비의 상용압력이 98MPa 이상인 것을 말함. 이하 같음)의 고압가스설비와 초고압의 배관에 대하여는 1.25배(운전압력이 충분히 제어될 수 있는 경우에는 공기 등의 기체로 상용압력의 1.1배) 이상의 압력으로 실시할 수 있다.

80 액화석유가스 사용시설에 설치되는 조정압력 3.3kPa 이하인 조정기의 안전장치 작동정지 압력의 기준은? **[안전 17]**

① 7kPa
② 5.6~8.4kPa
③ 5.04~8.4kPa
④ 9.9kPa

압력조정기 (3) 조정압력이 3.3kPa 이하인 안전장치 작동압력(안전 핵심 17) 참조

제5과목 가스계측

81 물이 흐르고 있는 관 속에 피토관(pitot tube)을 수은이 든 U자 관에 연결하여 전압과 정압을 측정하였더니 75mm의 액면 차이가 생겼다. 피토관 위치에서의 유속은 약 몇 m/s인가?

① 3.1 ② 3.5
③ 3.9 ④ 4.3

$$V=\sqrt{2gH\times\left(\frac{s_m}{s}-1\right)}$$
$$=\sqrt{2\times9.8\times0.075\times\left(\frac{13.6}{1}-1\right)}$$
$$=4.3\text{m/s}$$

82 람베르트–비어의 법칙을 이용한 것으로 미량 분석에 유용한 화학 분석법은?

① 적정법 ② GC법
③ 분광광도법 ④ ICP법

흡광광도법(분광광도법)

시료가스를 타물질과 반응으로 발색시켜 광전광도계 또는 광전분광광도계를 이용, 흡광도의 측정에서 함량을 구하는 분석방법

㉠ 람베르트–비어(Lambert–Beer)의 법칙을 이용
$E=\varepsilon cl$
여기서, E : 흡광도, ε : 흡광계수, c : 농도, l : 빛이 통과하는 액층의 길이

㉡ 농도를 알고 있는 몇 종류의 표준액에 대하여 흡광도를 측정 검량선을 작성하여 흡광계수를 구하지 않고, 목적성분의 농도가 계상되며, 미량성분 분석에 적당하다.

정답 78.① 79.② 80.③ 81.④ 82.③

83 오르자트 가스분석 장치로 가스를 측정할 때의 순서로 옳은 것은? **[계측 1]**

① 산소 → 일산화탄소 → 이산화탄소
② 이산화탄소 → 산소 → 일산화탄소
③ 이산화탄소 → 일산화탄소 → 산소
④ 일산화탄소 → 산소 → 이산화탄소

해설
흡수분석법(계측 핵심 1) 참조

84 가스계량기의 설치에 대한 설명으로 옳은 것은?

① 가스계량기는 화기와 1m 이상의 우회거리를 유지한다.
② 설치높이는 바닥으로부터 계량기 지시장치의 중심까지 1.6m 이상 2.0m 이내에 수직·수평으로 설치한다.
③ 보호상자 내에 설치할 경우 바닥으로부터 1.6m 이상 2.0m 이내에 수직·수평으로 설치한다.
④ 사람이 거처하는 곳에 설치할 경우에는 격납상자에 설치한다.

① 화기와 2m 우회거리
③ 보호상자 내 설치 시 바닥으로부터 2m 이내에 설치가능
④ 가스계량기는 사람이 거처하는 장소를 피하여 설치

85 연소기기에 대한 배기가스 분석의 목적으로 가장 거리가 먼 것은?

① 연소상태를 파악하기 위하여
② 배기가스 조성을 알기 위해서
③ 열정산의 자료를 얻기 위하여
④ 시료가스 채취장치의 작동상태를 파악하기 위해

86 액체의 정압과 공기 압력을 비교하여 액면의 높이를 측정하는 액면계는?

① 기포관식 액면계
② 차동변압식 액면계
③ 정전용량식 액면계
④ 공진식 액면계

87 압력 계측기기 중 직접 압력을 측정하는 1차 압력계에 해당하는 것은? **[계측 33]**

① 부르동관 압력계 ② 벨로스 압력계
③ 액주식 압력계 ④ 전기저항 압력계

해설
압력계 구분(계측 핵심 33) 참조

88 다음 중 루트(roots) 가스미터의 특징에 해당되지 않는 것은? **[계측 8]**

① 여과기 설치가 필요하다.
② 설치면적이 크다.
③ 대유량 가스 측정에 적합하다.
④ 중압가스의 계량이 가능하다.

해설
막식, 습식, 루트식 가스미터 장·단점(계측 핵심 8) 참조

89 가스미터의 구비조건으로 거리가 먼 것은?

① 소형으로 용량이 작을 것
② 기차의 변화가 없을 것
③ 감도가 예민할 것
④ 구조가 간단할 것

해설
① 소형으로 용량이 클 것

90 온도 21℃에서 상대습도 60%의 공기를 압력은 변화하지 않고 온도를 22.5℃로 할 때, 공기의 상대습도는 약 얼마인가?

온도(℃)	물의 포화증기압(mmHg)
20	16.54
21	17.83
22	19.12
23	20.41

① 52.30% ② 53.63%
③ 54.13% ④ 55.95%

해설
$$22.5℃의\ 포화증기압 = \frac{19.12+20.41}{23-21} = 19.765\text{mmHg}$$

$$상대습도(\phi) = \frac{습공기\ 중\ 수증기분압}{포화공기\ 중\ 수증기분압} = \frac{17.83\times0.6}{19.765}\times100\% = 54.125 \fallingdotseq 54.13\%$$

정답 83.② 84.② 85.④ 86.① 87.③ 88.② 89.① 90.③

91 다음 중 잔류편차(off-set)가 없고 응답상태가 빠른 조절동작을 위하여 사용하는 제어방식은? **[계측 4]**

① 비례(P)동작
② 비례적분(PI)동작
③ 비례미분(PD)동작
④ 비례적분미분(PID)동작

동작신호와 신호의 전송법(계측 핵심 4) 참조

92 NO_X를 분석하기 위한 화학발광검지기는 캐리어(carrier)가스가 고온으로 유지된 반응관 내에 시료를 주입시키면, 시료 중의 질소화합물은 열분해된 후 O_2가스에 의해 산화되어 NO상태로 된다. 생성된 NO Gas를 무슨 가스와 반응시켜 화학발광을 일으키는가?

① H_2　② O_2
③ O_3　④ N_2

93 액체산소, 액체질소 등과 같이 초저온 저장탱크에 주로 사용되는 액면계는?

① 마그네틱 액면계
② 햄프슨식 액면계
③ 벨로스식 액면계
④ 슬립튜브식 액면계

햄프슨식(차압식) 액면계 : 초저온 측정 액면계

94 기체 크로마토그래피에서 사용되는 캐리어가스에 대한 설명으로 틀린 것은?

① 헬륨, 질소가 주로 사용된다.
② 시료분자의 확산을 가능한 크게 하여 분리도를 높게 한다.
③ 시료에 대하여 불활성이어야 한다.
④ 사용하는 검출기에 적합하여야 한다.

운반가스(carrier gas)의 구비조건
㉠ 사용하는 검출기에 적합할 것
㉡ 기체의 확산은 최소한으로 할 것
㉢ 시료가스와 반응하지 않는 불활성일 것
㉣ 사용가스의 종류는 He, H_2, Ar, N_2 등
㉤ 경제적, 고순도, 구입이 용이할 것

95 1차 제어장치가 제어량을 측정하고 2차 조절계의 목푯값을 설정하는 것으로서 외란의 영향이나 낭비시간 지연이 큰 프로세서에 적용되는 제어방식은? **[계측 12]**

① 캐스케이드제어
② 정치제어
③ 추치제어
④ 비율제어

자동제어계의 분류 (3) 기타 자동제어(계측 핵심 12) 참조

96 광고온계의 특징에 대한 설명으로 틀린 것은?

① 비접촉식으로는 아주 정확하다.
② 약 3000℃까지 측정이 가능하다.
③ 방사온도계에 비해 방사율에 의한 보정량이 적다.
④ 측정 시 사람의 손이 필요 없어 개인오차가 적다.

97 0℃에서 저항이 120Ω이고 저항온도계수가 0.0025인 저항온도계를 어떤 노 안에 삽입하였을 때 저항이 216Ω이 되었다면 노 안의 온도는 약 몇 ℃인가?

① 125　② 200
③ 320　④ 534

$R = R_0(1+at)$

$$t = \left(\frac{R}{R_0} - 1\right) \times \frac{1}{a} = \left(\frac{216}{120} - 1\right) \times \frac{1}{0.0025} = 320\,℃$$

98 벤젠, 톨루엔, 메탄의 혼합물을 기체 크로마토그래피에 주입하였다. 머무름이 없는 메탄은 42초에 뾰족한 피크를 보이고 벤젠은 251초, 톨루엔은 335초에 용리되었다. 두 용질의 상대 머무름은 약 얼마인가?

① 1.1　② 1.2
③ 1.3　④ 1.4

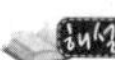
벤젠에 대한 톨루엔의 머무름 $= \dfrac{335-42}{251-42} = 1.4$

정답 91.④ 92.③ 93.② 94.② 95.① 96.④ 97.③ 98.④

99 기체 크로마토그래피에 사용되는 모세관 컬럼 중 모세관 내부를 규조토와 같은 고체 지지체 물질로 얇은 막으로 입히고 그 위에 액체 정지상이 흡착되어 있는 것은?

① FSOT ② 충전컬럼
③ WCOT ④ SCOT

열린모세관의 형태

㉠ FSOT(용융실리카 모세관, fused-silica open tubular columns) : 금속산화물을 포함하지 않도록 특별히 정제한 실리카를 이용, 유리관보다 훨씬 얇은 기벽을 가진 모세관

㉡ WCOT(벽도포모세관, wall-coated open tubular) : 관 내부를 정지상으로 얇게 도포한 단순모세관

㉢ SCOT(지지체도포모세관, support-coated open tubular) : 모세관 내부 표면에 규조토와 같은 지지체를 얇은 막(30μm)으로 입힌 모세관. 벽도포관보다 큰 시료 용량을 가지고 있으며, 효율은 벽도포관보다 떨어지나 충전관보다는 훨씬 크다.

100 10^{15}을 의미하는 계량단위 접두어는?

① 요타 ② 제타
③ 엑사 ④ 페타

- 테라 : 10^{12}
- 페타 : 10^{15}
- 엑사 : 10^{18}
- 제타 : 10^{21}
- 요타 : 10^{24}

정답 99.④ 100. ④

CBT 기출복원문제

2022년 기사 제3회 필기시험 (2022년 7월 2일 시행)

01 가스기사	수험번호 : 수험자명 :	※ 제한시간 : 150분 ※ 남은시간 :
글자 크기 100% 150% 200% 화면 배치	전체 문제 수 : 안 푼 문제 수 :	답안 표기란 ① ② ③ ④

제1과목 가스유체역학

01 피토관에 대한 설명으로 틀린 것은?

① 피토관의 입구에는 동압과 정압의 합인 정체압이 작용한다.
② 측정원리는 베르누이 정리이다.
③ 측정된 유속은 정체압과 정압 차이의 제곱근에 비례한다.
④ 동압과 정압의 차를 측정한다.

피토관
전압과 정압의 차를 측정하면 동압이 계산되어 유량을 측정하는 기구

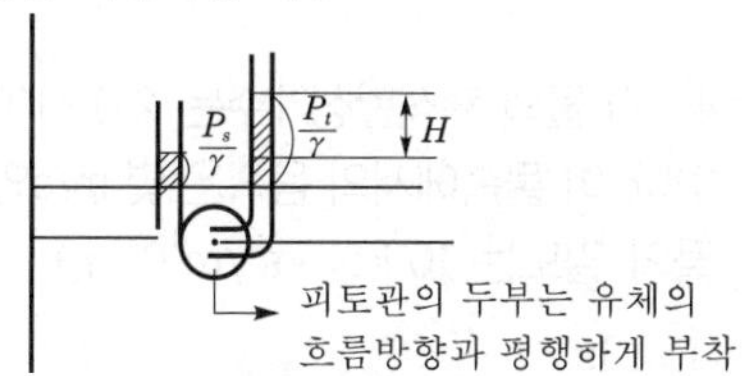

㉠ H(동압)$=\frac{P_t}{\gamma}$(전압)$-\frac{P_s}{\gamma}$(정압)
㉡ 피토관은 동압을 측정하여 유속에 대한 유량을 측정

02 다음 중 체적탄성계수에 대한 설명으로 틀린 것은 어느 것인가? (단, k는 비열비이고, P는 압력이다.)

① 유체의 압축성에 반비례한다.
② 압력과 동일한 차원을 갖는다.
③ 압력과 점성에 무관하다.
④ 가역단열변화에서는 체적탄성계수의 $K=kP$ 관계가 있다.

해설

체적탄성계수(E)
유체의 체적변화율에 대한 압력변화의 비로서 압축률(β)의 역수 압력과 같은 차원

$$E=\frac{dP}{-\frac{dV}{V}}=\frac{1}{\beta}$$

여기서, dP : 압력의 변화
$-\frac{dV}{V}$: 체적의 감소율

- 액체 속의 음속에서 체적탄성계수
  $E=P$(등온변화)
- 공기 중에서 음속의 체적탄성계수
  $E=kP$(단열변화)
  여기서, K : 비열비

03 가로와 세로의 길이가 모두 80cm인 정사각형을 밑면으로 하고 높이가 120cm인 수직 직육면체의 개방된 저장탱크에 물을 가득 채웠다면 한 측면에 미치는 유체의 힘은 몇 kgf인가?

① 451
② 576
③ 616
④ 708

수직면의 한쪽 면에 작용하는 전압력(힘)

$\therefore F=\gamma Ahc$
$=1000\text{kgf/m}^3\times(0.8\times1.2)\times0.6\text{m}^3$
$=576\text{kgf}$

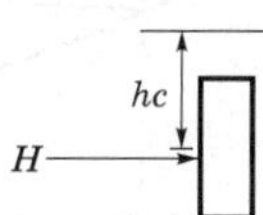

정답 01.④ 02.③ 03.②

04 [그림]과 같은 덕트에서의 유동이 아음속 유동일 때 속도 및 압력의 관계를 옳게 표시한 것은? **[유체 3]**

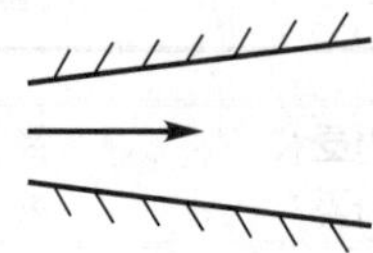

① 속도 감소, 압력 감소
② 속도 증가, 압력 증가
③ 속도 증가, 압력 감소
④ 속도 감소, 압력 증가

해설

아음속 흐름의 확대노즐
㉠ 감소 : 마하수(M), 점도(μ), 속도(V)
㉡ 증가 : 압력(P), 온도(T), 밀도(ρ)

05 관 내의 압축성 유체의 경우 단면적 A와 마하수 M, 속도 V 사이에 다음과 같은 관계가 성립한다고 한다. 마하수가 2일 때 속도를 2% 감소시키기 위해서는 단면적 몇 % 변화시켜야 하는가?

$$\frac{dA}{A}=(M^2-1)\times\frac{dV}{V}$$

① 6% 증가 ② 6% 감소
③ 4% 증가 ④ 4% 감소

해설

$\frac{dA}{A}=(M^2-1)\times\frac{dV}{V}$
$=(2^2-1)\times 2\%=6\%$
∴ 단위 면적은 6% 감소

06 [그림]은 축소-확대 노즐의 각 위치에서 압력(P)을 도시한 것이다. 노즐 내에서 충격파가 발생하는 경우는? (단, 그림 중 P_r은 용기 내부압력이다.)

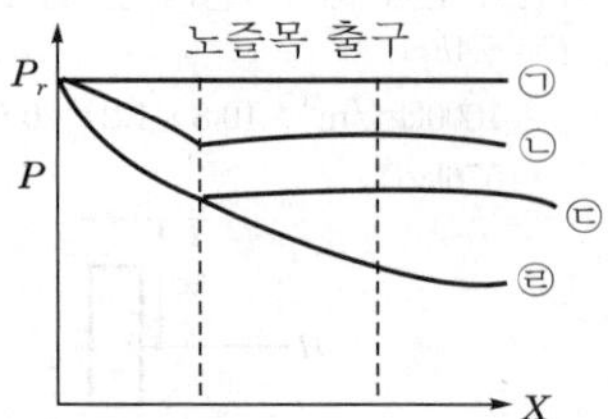

① 압력곡선이 ㉠과 ㉡의 사이인 경우
② 압력곡선이 ㉡과 ㉢의 사이인 경우
③ 압력곡선이 ㉢과 ㉣의 사이인 경우
④ 압력곡선이 ㉣의 아래인 경우

해설

충격파
초음속흐름이 갑자기 아음속흐름으로 변하게 되는 경우 발생하는 불연속면으로서 축소·확대 노즐에서 노즐의 목에서 확대 부분에서 발생한다. 충격파가 흐름에 수직으로 작용하는 수직충격파와 충격파가 흐름에 경사지게 작용하는 경사충격파가 있다.

07 원관 내에 유체의 흐름형태(층류, 난류)를 결정하는 데, 다음 중 가장 관련이 있는 힘은 어느 것인가?

① 압력과 중력
② 점성력과 압력
③ 관성력과 압력
④ 관성력과 점성력

해설

Re(레이놀즈수)$=\frac{\text{관성력}}{\text{점성력}}$
㉠ $Re<2100$(층류)
㉡ $2100<Re<4000$(천이 구역)
㉢ $Re>4000$(난류)

08 4℃의 물의 체적탄성계수는 2.0×10^4kgf/cm^{2}이다. 이 물속에서의 음속은 몇 m/s인가? (단, 물의 밀도는 10^2kgf · s^2/m^{4}이다.)

① 139
② 340
③ 1400
④ 14000

해설

$a=\sqrt{\frac{K}{\rho}}$
$=\sqrt{\frac{2.0\times10^4\times10^4\text{kgf/m}^2}{10^2\text{kgf}\cdot\text{s}^2/\text{m}^4}}$
$=1400$m/s

※ 체적탄성계수
$K=2.0\times10^4\text{kg/cm}^2=2.0\times10^4\times10^4\text{kgf/m}^2$

정답 04.④ 05.② 06.③ 07.④ 08.③

09 관 속으로 흐르는 유체의 흐름에서 평균유속(average velocity)을 나타낸 것은? (단, $\bar{u}$는 평균유속, s는 단면적, ρ는 유체의 밀도, u는 선속도를 나타낸다.)

① $\bar{u} = \rho \int_s u ds$

② $\bar{u} = \int_s u ds$

③ $\bar{u} = \frac{1}{s} \int_s u ds$

④ $\bar{u} = \frac{1}{\rho} \int_s u ds$

10 다음 중 비압축성 유체의 흐름에 가장 가까운 것은?

① 달리는 고속열차 주위의 기류
② 초음속으로 나는 비행기 주위의 기류
③ 관 속에서 수격작용을 일으키는 유동
④ 물속을 주행하는 잠수함 주위의 수류

해설

압축성 유체	비압축성 유체
• 보통의 기체 • 수압관속의 수격작용 • 디젤기관 연료배관 내 충격파 • 음속보다 빠른 비행물체 주위의 기류	• 보통의 액체 • 저속의 물체(차량, 기차, 비행기) 주위의 기류 • 정지물체 주위를 흐르는 기류 • 잠수함 주위의 수류

11 수축노즐에서의 압축성 유체의 등엔트로피 유동에 대한 임계 압력비(P^*/P_0)는? (단, k는 비열비이다.) **[유체 5]**

① $\sqrt{kgRT}$ ② $\left(\frac{2}{k+1}\right)^{\frac{k}{k-1}}$

③ $\left(\frac{2}{k+1}\right)$ ④ $\left(\frac{2}{k+1}\right)^{\frac{1}{k-1}}$

해설

㉠ 임계온도 : $\frac{T^*}{T_0} = \left(\frac{2}{k+1}\right)$

㉡ 임계밀도 : $\frac{\rho^*}{\rho_0} = \left(\frac{2}{k+1}\right)^{\frac{1}{k-1}}$

㉢ 임계압력 : $\frac{P^*}{P_0} = \left(\frac{2}{k+1}\right)^{\frac{k}{k-1}}$

12 [그림]과 같이 윗변과 아랫변이 각각 a, b이고 높이가 H인 사다리꼴형 평면 수문이 수로에 수직으로 설치되어 있다. 비중량 γ인 물의 압력에 의해 수문이 받는 전체 힘은?

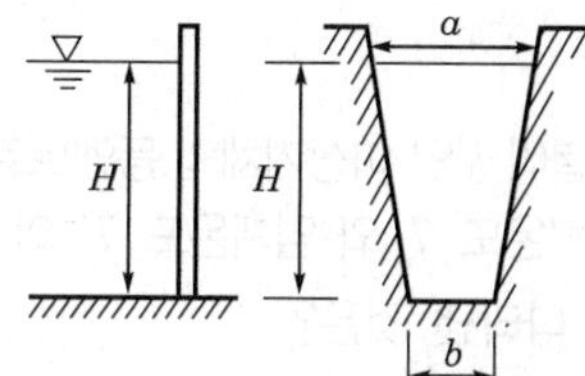

① $\frac{\gamma H^2(a-2b)}{6}$ ② $\frac{\gamma H^2(a-2b)}{3}$

③ $\frac{\gamma H^2(a+2b)}{6}$ ④ $\frac{\gamma H^2(a+2b)}{3}$

해설

수문이 받는 힘

㉠ 정(직)사각형일 경우

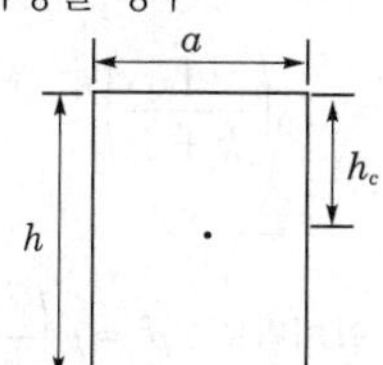

힘 $F = AP = Arh_c$

여기서, A : 문의 면적(m^2)
P : 작용압력(Pa)
r : 유체비중량(N/m^3)
h_c : 도심점(m)

$h_c = \frac{h}{2}$ 이므로

$\therefore F = Arh_c = (ah) \times r \times \left(\frac{h}{2}\right) = \frac{arh^2}{2}$

㉡ 사다리꼴일 경우

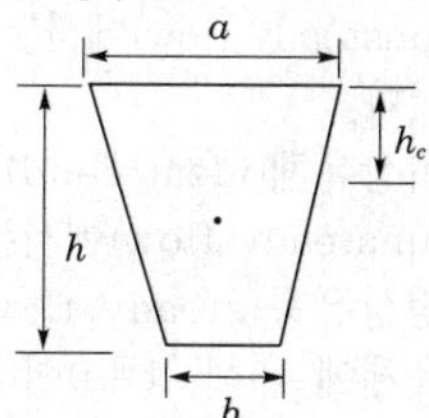

힘 $F = Arh_c$

여기서, $A = \frac{(a+b)h}{2}$

$h_c = \frac{(a+2b)h}{3(a+b)}$ ※ 이것은 암기사항이므로 외워두자.

$$\therefore F = \left[\frac{(a+b)h}{2}\right] \times r \times \frac{(a+2b)h}{3(a+b)}$$
$$= \frac{(a+b)h \times r \times (a+2b)h}{6(a+b)}$$
$$= \frac{(a+2b)rh^2}{6}$$

13 비열비 k인 이상기체의 등엔트로피 유동에서 정체온도 T_0와 임계온도 T^*의 관계식을 옳게 나타낸 것은? **[유체 5]**

① $T^* = T_0\left(\frac{2}{k+1}\right)^{\frac{1}{k+1}}$

② $T^* = T_0\left(\frac{2}{k+1}\right)^{\frac{k}{k-1}}$

③ $T^* = T_0\left(\frac{2}{k+1}\right)$

④ $T^* = T_0\left(\frac{1}{k+1}\right)^{\frac{1}{k}}$

해설

참고 ㉠ 임계밀도 : $\rho^* = \rho_c\left(\frac{2}{k+1}\right)^{\frac{1}{k-1}}$

㉡ 임계압력 : $P^* = P_c\left(\frac{2}{k+1}\right)^{\frac{k}{k-1}}$

14 유동장 내의 속도(u)와 압력(p)의 시간 변화율을 각각 $\frac{\alpha u}{\alpha t} = A$, $\frac{\alpha p}{\alpha t} = B$라고 할 때, 다음 중 옳은 것을 모두 고르면? **[유체 10]**

> ㉠ 실제유체(real fluid)의 비정상유동(unsteady flow)에서는 $A \neq 0$, $B \neq 0$이다.
> ㉡ 이상유체(ideal fluid)의 비정상유동(unsteady flow)에서는 $A = 0$이다.
> ㉢ 정상유동(steady flow)에서는 모든 유체에 대해 $A = 0$이다.

① ㉠, ㉡
② ㉠, ㉢
③ ㉡, ㉢
④ ㉠, ㉡, ㉢

해설

유동장의 정상류와 비정상류

(1) 정상류 : 임의의 한 점에서 시간변화에 따라 유동특성이 변함없는 흐름

$\frac{\alpha u}{\alpha t} = 0 \quad \frac{\alpha \rho}{\alpha t} = 0 \quad \frac{\alpha p}{\alpha t} = 0$

(2) 비정상류 : 임의의 한 점에서 시간변화에 따라 유동특성이 하나라도 변함이 있는 흐름

$\frac{\alpha u}{\alpha t} \neq 0 \quad \frac{\alpha \rho}{\alpha t} \neq 0 \quad \frac{\alpha p}{\alpha t} \neq 0$

(3) 정상류와 비정상류는 이상유체와 실제유체를 구분하지 않으므로
㉠ 실제유체와 비정상유동 $A \neq 0$, $B \neq 0$는 옳음
㉡ 이상유체의 비정상유동 $A \neq 0$은 틀림
㉢ 정상유동에서는 모든 유체에 대해 $A = 0$은 옳음

> ※ 이상유체 : 점성을 무시하는 유체
> 실제유체 : 점성을 고려하는 유체

15 공기의 기체상수 R값은 287m²/s² · K이다. 온도 40℃, 압력 5kg/cm² · abs에서의 밀도는 몇 kg/m³인가?

① 0.557 ② 2135
③ 5.455 ④ 8572

$P = \gamma RT$

$$\therefore \gamma = \frac{P}{RT} = \frac{5 \times 10^4 \text{kgf/m}^2}{287\text{m}^2/\text{s}^2 \cdot \text{K} \times 313\text{K}}$$
$$= 0.5566\text{kgf} \cdot \text{s}^2/\text{m}^4$$
$$= 0.5566\text{kg} \cdot \text{s}^2/\text{m}^4 \times 9.8\text{m/s}^2 = 5.45\text{kg/m}^3$$

> ※ $f = 9.8\text{m/s}^2$

16 [그림]에서 피스톤 A_1의 반지름이 A_2의 반지름의 4배가 될 때, 힘 F_1과 F_2의 관계를 옳게 나타낸 것은?

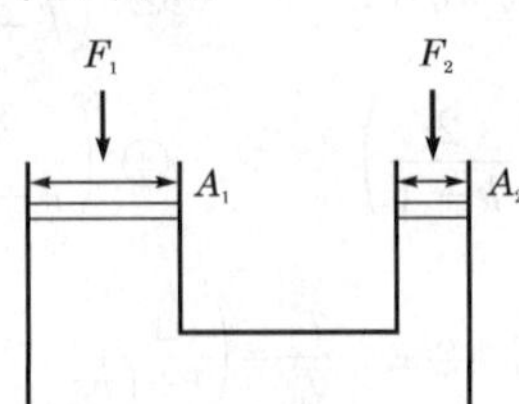

① $F_1 = 4F_2$ ② $F_1 = \frac{1}{4}F_2$

③ $F_1 = 16F_2$ ④ $F_1 = \frac{1}{16}F_2$

정답 13.③ 14.② 15.③ 16.③

해설

- $A_1 = 4D$
- $A_2 = D$
- $\frac{F_1}{A_1} = \frac{F_2}{A_2}$

$\therefore F_1 = \frac{A_1}{A_2} F_2 = \frac{\frac{\pi}{4}(4D)^2}{\frac{\pi}{4}D^2} \cdot F_2 = 16F_2$

17 반지름이 R이고 안과 밖의 압력차가 ΔP인 비눗방울의 표면 장력을 옳게 나타낸 것은?

① $\Delta PR/4$ ② $\Delta P/\pi R$
③ $\pi R/4\Delta P$ ④ $\Delta PR/2$

해설

$\Delta P \cdot \frac{\pi}{4}d^2 = \sigma\pi d$

$\therefore \sigma = \frac{\Delta Pd}{4} = \frac{\Delta P \cdot 2R}{4} = \frac{\Delta P \cdot R}{2}$

18 압력강하 ΔP, 밀도 ρ, 길이 l, 체적유량 Q에서 얻을 수 있는 무차원수는?

① $\frac{\rho Q}{\Delta P l^2}$ ② $\sqrt{\frac{\rho}{\Delta P}} \cdot \frac{Q}{l^2}$
③ $\frac{\rho l}{\Delta P Q^2}$ ④ $\frac{\Delta P l Q}{\rho}$

해설

단위가 없으면 무차원수이므로

② $\sqrt{\frac{\rho}{\Delta P}} \cdot \frac{Q}{l^2}$

• $\rho[\text{kgf} \cdot \text{s}^2/\text{m}^4]$	• $\Delta P[\text{kgf/m}^2]$
• $Q[\text{m}^3/\text{s}]$	• $l^2[\text{m}^2]$

$\therefore \sqrt{\frac{\text{kgf} \cdot \text{s}^2/\text{m}^4}{\text{kgf/m}^2}} \cdot \frac{\text{m}^3/\text{s}}{\text{m}^2} = \text{s/m} \cdot \frac{\text{m}^3/\text{s}}{\text{m}^2}$

$= 무차원$

19 유체 속에 잠겨진 경사면에 작용하는 전압력의 작용점은?

① 면의 도심보다 위에 있다.
② 면의 도심에 있다.
③ 면의 도심보다 아래에 있다.
④ 면의 도심과는 상관 없다.

해설

경사면에 작용하는 유체

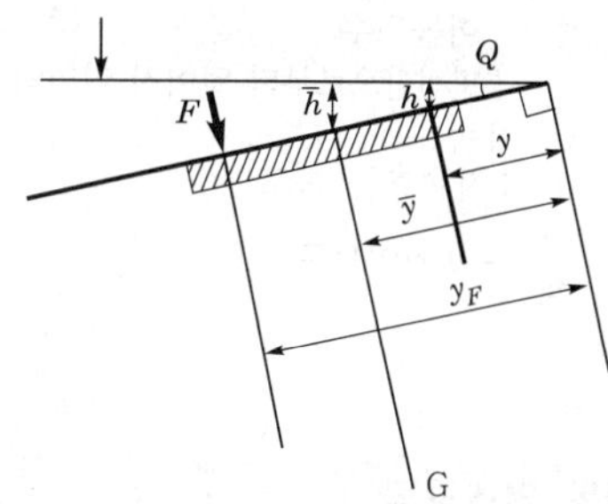

y_F(작용점의 위치)$= \bar{y} + \frac{I_G}{A\bar{y}}$

여기서, $\bar{y}$: 도심점
I_G : 도심축을 통과하는 단면 2차 모멘트

20 비중이 0.85, 점도가 5cP인 유체가 입구속도 10cm/s로 평판에 접근할 때 평판의 입구로부터 20cm인 지점에서 형성된 경계층의 두께는 몇 cm인가? (단, 층류흐름으로 가정한다.)

① 1.25
② 1.71
③ 2.24
④ 2.78

해설

층류 경계층 두께(δ)

$\frac{\delta}{x} = \frac{5}{Re_x^{\frac{1}{2}}}$

$\therefore \delta = \frac{5x}{Re_x^{\frac{1}{2}}} = \frac{5 \times 20}{(3434.3434)^{\frac{1}{2}}} = 1.706$

$$Re_x = \frac{u_\infty x}{\upsilon} = \frac{\left(\frac{10}{0.99}\right) \times 20}{\frac{0.05}{0.85}} = 3434.3434$$

$$\frac{u}{u_\infty} = 0.99,\ u_\infty = \frac{u}{0.99}$$

참고 유체의 경계층

- 평판의 임계 레이놀즈수 $Re = 5 \times 10^5$
- 경계층 두께가 난류인 경우 : $\frac{\delta}{x} = \frac{0.376}{Re_x^{\frac{1}{5}}}$

$\therefore \delta = \frac{0.376x}{Re_x^{\frac{1}{5}}} = \frac{0.376x}{\left(\frac{u_\infty x}{\nu}\right)^{\frac{1}{5}}}$

정답 17.④ 18.② 19.③ 20.②

여기서, δ : 경계층 두께

Re_x : 평판선단으로부터 x만큼 떨어진 레이놀즈수

x : 평판선단으로부터 떨어진 임의의 거리

u : 유속

u_∞ : 자유흐름 속도

$\frac{u}{u_\infty} = 0.99$이므로 $u_\infty = \frac{u}{0.99}$

제2과목 연소공학

21 연료 1kg에 대한 이론산소량(Nm^3/kg)을 구하는 식은?

① $2.67C + 7.6H - \left(\frac{O}{8} - S\right)$

② $8.89C + 26.67\left(H - \frac{O}{8}\right) + 3.33S$

③ $11.49C + 34.5\left(H - \frac{O}{8}\right) + 4.3S$

④ $1.87C + 5.6\left(H - \frac{O}{8}\right) + 0.7S$

22 임계온도가 높은 순서에서 낮은 순으로 바르게 나열된 것은?

① $Cl_2 > C_3H_8 > CH_4 > O_2$

② $C_3H_8 > CH_4 > O_2 > Cl_2$

③ $CH_4 > O_2 > Cl_2 > C_3H_8$

④ $O_2 > Cl_2 > C_3H_8 > CH_4$

해설

임계온도

㉠ Cl_2 : 144℃　㉡ C_3H_8 : 97℃

㉢ CH_4 : −82℃　㉣ O_2 : −118℃

23 액체상태의 프로판이 이론공기연료비로 연소하고 있을 때 저발열량은 약 몇 kJ/kg인가? (단, 이때 온도는 25℃이고, 이 연료의 증발엔탈피는 360kJ/kg이다. 또한 기체상태의 C_3H_8의 형성엔탈피는 −103909kJ/kmol, CO_2의 형성엔탈피는 −393757kJ/kmol, 기체상태의 H_2O의 형성엔탈피는 −241971kJ/kmol이다.)

① 23501　② 46017

③ 50002　④ 2149155

해설

$C_3H_8 + 5O_2 \rightarrow 3CO_2 + 4H_2O + Q$

$Q = \frac{(3 \times 393757) + (4 \times 241971) - 103909}{44}$

$= 46482.86kJ/kg$

$\therefore 46482.86 - 360 = 46122.86kJ/kg$

(근사값 : 46017kJ/kg)

24 다음 중 엔트로피의 증가에 대한 설명으로 옳은 것은?

① 비가역과정의 경우 계와 외계의 에너지의 총합은 일정하고, 엔트로피의 총합은 증가한다.

② 비가역과정의 경우 계와 외계의 에너지의 총합과 엔트로피의 총합이 함께 증가한다.

③ 비가역과정의 경우 물체의 엔트로피와 열원의 엔트로피의 합은 불변이다.

④ 비가역과정의 경우 계와 외계의 에너지의 총합과 엔트로피의 총합은 불변이다.

해설

㉠ 비가역단열 : 엔트로피 증가

㉡ 가역단열 : 엔트로피 일정

25 카르노사이클(Carnot cycle)이 ㉠ 100℃와 200℃ 사이에서 작동하는 것과 ㉡ 300℃와 400℃ 사이에서 작동하는 것이 있을 때, 이 경우 열효율은 다음 중 어떤 관계에 있는가?

① ㉠은 ㉡보다 열효율이 크다.

② ㉠은 ㉡보다 열효율이 작다.

③ ㉠과 ㉡의 열효율은 같다.

④ ㉡은 ㉠의 열효율 제곱과 같다.

해설

열효율

$\frac{T_1 - T_2}{T_1}$

㉠ $\frac{(273+200)-(273+100)}{(273+200)} = 0.2114$

㉡ $\frac{(273+400)-(273+300)}{(273+400)} = 0.1485$

정답 21.④ 22.① 23.② 24.① 25.①

26 산화염과 환원염에 대한 설명으로 가장 옳은 것은?

① 산화염은 이론공기량으로 완전연소시켰을 때의 화염을 말한다.
② 산화염은 공기비를 너무 크게 하여 연소가스 중 산소가 포함된 화염을 말한다.
③ 환원염은 이론공기량으로 완전연소시켰을 때의 화염을 말한다.
④ 환원염은 공기비를 너무 크게 하여 연소가스 중 산소가 포함된 화염을 말한다.

환원염
불완전연소에 의한 CO가 포함된 화염을 말한다.

27 압력 3000kPa, 체적 $0.06m^3$의 가스를 일정한 압력 하에서 가열팽창시켜 체적이 $0.09m^3$으로 되었을 때 절대일은 약 몇 kJ인가?

① 90 ② 180
③ 270 ④ 377

$W = P(V_2 - V_1)$
$= 3000\text{kN/m}^2(0.09\text{m}^3 - 0.06\text{m}^3)$
$(1\text{kPa} = 1\text{kN/m}^2)$
$= 90\text{kN}\cdot\text{m} = 90\text{kJ}$

28 기체연료의 공기비(m)는 얼마가 가장 적당한가? **[연소 15]**

① 1.1~1.3
② 1.3~1.5
③ 1.4~2.0
④ 2.1~2.4

공기비
㉠ 기체연료 : 1.1~1.3
㉡ 액체연료 : 1.2~1.4
㉢ 고체연료 : 1.4~2.0

29 오토(otto) 사이클의 효율을 η_1, 디젤(diesel) 사이클의 효율을 η_2, 사바테(Sabathe) 사이클의 효율을 η_3이라 할 때 공급열량과 압축비가 같은 경우 효율의 크기는? **[연소 40]**

① $\eta_1 > \eta_2 > \eta_3$
② $\eta_1 > \eta_3 > \eta_2$
③ $\eta_2 > \eta_1 > \eta_3$
④ $\eta_2 > \eta_3 > \eta_1$

㉠ 오토 사이클의 열효율
$\eta_0 = 1 - \frac{1}{\varepsilon^{k-1}}$ (여기서, ε : 압축비)
압축비가 클수록 효율이 좋아짐
㉡ 디젤 사이클의 열효율
$\eta_d = 1 - \frac{1}{\varepsilon^{k-1}} \cdot \frac{\sigma^k - 1}{k(\sigma - 1)}$ (여기서, σ : 체절비)
체절비가 적을수록, 압축비가 클수록 효율은 좋아짐
㉢ 사바테 사이클의 열효율
$\eta_s = 1 - \frac{1}{\varepsilon^{k-1}} \times \frac{\alpha\sigma^k - 1}{(\alpha - 1) + k\alpha(\sigma - 1)}$

※ 열효율의 비교
- 가열량 압축비가 일정할 경우
  $\eta_0 > \eta_s > \eta_d$
- 가열량 최고압력이 일정할 경우
  $\eta_d > \eta_s > \eta_0$

30 다음은 정압연소 사이클의 대표적인 브레이턴 사이클(Brayton cycle)의 $T-S$ 선도이다. 이 [그림]에 대한 설명 중 옳지 않은 것은?

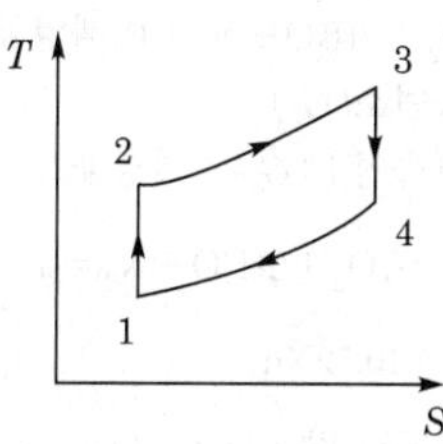

① 1-2의 과정은 가역단열압축 과정이다.
② 2-3의 과정은 가역정압가열 과정이다.
③ 3-4의 과정은 가역정압팽창 과정이다.
④ 4-1의 과정은 가역정압배기 과정이다.

브레이턴 사이클
- 3-4 : 단열팽창과정

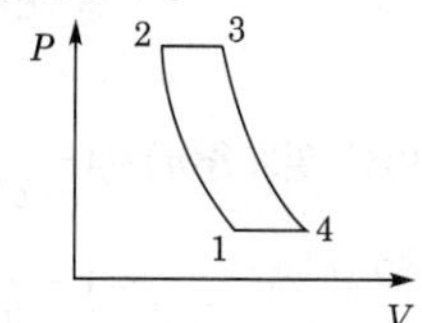

[브레이턴 사이클의 $P-V$ 선도]

정답 26.② 27.① 28.① 29.② 30.③

31 옥탄(g)의 연소엔탈피는 반응물 중의 수증기가 응축되어 물이 되었을 때 25℃에서 −48220kJ/kg이다. 이 상태에서 옥탄(g)의 저위발열량은 약 몇 kJ/kg인가? (단, 25℃ 물의 증발엔탈피$[h_{fg}]$는 2441.8kJ/kg이다.)

① 40750 ② 42320
③ 44750 ④ 45778

$$C_8H_{18}+\frac{25}{2}O_2 \rightarrow 8CO_2+9H_2O$$

$\therefore$ $Hl = Hh -$ 물의 증발잠열

$$= 48220\text{kJ/kg} - \left(\frac{2441.8\times162}{114}\right)$$

$$= 44750\text{kJ/kg}$$

- $C_8H_{18} = 12\times8+18 = 114$
- $9H_2O = 9\times18 = 162$

32 메탄가스 1Nm³를 10%의 과잉공기량으로 완전연소시켰을 때의 습연소 가스량은 약 몇 Nm³인가?

① 5.2 ② 7.3
③ 9.4 ④ 11.6

$CH_4+2O_2+N_2+P$(과잉공기량)
$\rightarrow CO_2+2H_2O+N_2+P$(과잉공기량)
실제습연소(G_s)
= 이론습연소(G_o) + 과잉공기량$((m-1)A_o)$

- $G_o = CO_2+2H_2O+N_2 = 1+2+2\times\frac{0.79}{0.21}$
  $= 10.52\text{Nm}^3$
- 과잉공기량 $= (1.1-1)\times2\times\frac{1}{0.21} = 0.952\text{Nm}^3$

$\therefore$ $G_s = 10.52+0.952 = 11.476\text{Nm}^3$

33 오토사이클에서 압축비(ε)가 10일 때 열효율은 약 몇 %인가? (단, 비열비(k)는 1.4이다.)

① 60.2 ② 62.5
③ 64.5 ④ 66.5

오토사이클 열효율$(\eta) = 1-\frac{1}{\varepsilon^{k-1}}$

$$= 1-\frac{1}{10^{1.4-1}}$$

$$= 0.6018 = 60.18\%$$

34 압력이 0.1MPa, 체적이 3m³인 273.15K의 공기가 이상적으로 단열압축되어 그 체적이 1/3로 감소되었다. 엔탈피변화량은 약 몇 kJ인가? (단, 공기의 기체상수는 0.287kJ/kg·K, 비열비는 1.4이다.)

① 560 ② 570
③ 580 ④ 590

단열압축에서 엔탈피변화량

$$\Delta h = h_2 - h_1 = GC_p(T_2-T_1)$$

$$= 3.82682\times\frac{1.4}{1.4-1}\times0.287\times(423.8866-273.15)$$

$$= 579.43\text{kJ} = 580\text{kJ}$$

35 반응기 속에 1kg의 기체가 있고 기체를 반응기 속에 압축시키는데 1500kgf·m의 일을 하였다. 이때 5kcal의 열량이 용기 밖으로 방출했다면 기체 1kg당 내부 에너지 변화량은 약 몇 kcal인가?

① 1.44 ② 1.49
③ 1.69 ④ 2.10

$i = u + APV$이므로

$\therefore$ $u = i - APV$

$$= 5\text{kcal} - 1500\text{kgf}\cdot\text{m}\times\frac{1}{427}\text{kcal/kgf}\cdot\text{m}$$

$$= 1.487 \fallingdotseq 1.49\text{kcal}$$

36 다음 중 차원이 같은 것끼리 나열된 것은?

㉠ 열전도율 ㉡ 점성계수
㉢ 저항계수 ㉣ 확산계수
㉤ 열전달률 ㉥ 동점성계수

① ㉠, ㉡ ② ㉢, ㉤
③ ㉣, ㉥ ④ ㉤, ㉥

㉠ 열전도율(kcal/m·h·℃)
㉡ 점성계수(kg/m·s)
㉢ 저항계수(cd)
㉣ 확산계수(m²/s)
㉤ 열전달률(kcal/m²·h·℃)
㉥ 동점성계수(m²/s)

정답 31.③ 32.④ 33.① 34.③ 35.② 36.③

37 프로판 가스 $1Nm^3$을 연소시켰을 때 건연소 가스량은 약 몇 Nm^3인가? (단, 공기비는 1.1이다.)

① 22.2
② 24.2
③ 26.2
④ 28.2

$G_{sd} = G_{od} + (m-1)A_o$
(실제 건조연소가스량 = 이론 건조연소가스량 + 과잉공기량)
$C_3H_8 + 5O_2 + N_2 + P$
$\rightarrow 3CO_2 + 4H_2O + (N_2) + P[(m-1)A_o]$에서
$CO_2 + N_2 + (m-1)A_o$이므로
$\therefore (3) + \left(5 \times \frac{0.79}{0.21}\right) + \left[(1.1-1) \times 5 \times \frac{1}{0.21}\right]$
$= 24.19Nm^3$

38 어떤 경우에는 실험 데이터가 없어 연소한계를 추산해야 할 필요가 있다. 존스(Johes)는 많은 탄화수소 증기의 연소하한계(LFL)와 연소상한계(UFL)는 연료의 양론 농도(C_{st})의 함수라는 것을 발견하였다. 다음 중 존스(Johes) 연소하한계(LFL) 관계식을 옳게 나타낸 것은?

① $LFL = 0.55C_{st}$
② $LFL = 1.55C_{st}$
③ $LFL = 2.50C_{st}$
④ $LFL = 3.50C_{st}$

참고 상한값$(UHL) = 4.8 \times (C_{st})^{\frac{1}{2}}$

39 가스가 노즐로부터 일정한 압력으로 분출하는 힘을 이용하여 연소에 필요한 공기를 흡인하고, 혼합관 중에서 혼합한 후 화염공에서 분출시켜 예혼합연소시키는 버너는 어느 것인가? **[연소 8]**

① 전1차 공기식
② 블라스트식
③ 적화식
④ 분젠식

40 1kg의 기체가 압력 50kPa, 체적 $2.5m^3$의 상태에서 압력 1.2MPa, 체적 $0.2m^3$의 상태로 변화하였다. 이 과정 중에 내부 에너지가 일정하다고 할 때 엔탈피의 변화량은 약 몇 kJ인가?

① 100 ② 105
③ 110 ④ 115

- $\Delta h_2 = P_2 V_2$
- $\Delta h_1 = P_1 V_1$

엔탈피 변화값
$\Delta h = \Delta h_2 - \Delta h_1$
$= 1.2 \times 10^3 kN/m^2 \times 0.2m^3 - 50kN/m^2 \times 2.5m^3$
$= 115kN \cdot m = 115kJ$

제3과목 가스설비

41 압축가스별 압축기의 특징에 대한 설명으로 틀린 것은?

① 아세틸렌압축기는 높은 압축비를 유지하여 금속아세틸라이드의 발생을 방지한다.
② 산소압축기는 윤활유의 사용이 불가능하다.
③ 산소압축기는 물이 크랭크실로 들어가지 않는 구조로 한다.
④ 수소압축기는 누설이 되기 쉬우므로 누설되면 가스를 흡입측으로 되돌리는 구조로 한다.

C_2H_2 : 압축 시 2.5MPa 이하로 압축

42 AFV식 정압기의 작동상황에 대한 설명으로 옳은 것은?

① 가스사용량이 감소하면 고무슬리브의 개도는 증대된다.
② 2차 압력이 저하하면 구동압력은 상승한다.
③ 가스사용량이 증가하면 구동압력은 저하한다.
④ 구동압력은 2차측 압력보다 항상 낮다.

정답 37.② 38.① 39.④ 40.④ 41.① 42.③

해설

① 개도 감소
② 구동압력 저하
④ 구동압력은 2차 압력보다 높다.

43 다음 중 비점이 점차 낮은 냉매를 사용하여 저비점의 기체를 액화하는 사이클을 무엇이라 하는가? [설비 57]

① 캐스케이드 액화사이클
② 린데 액화사이클
③ 필립스 액화사이클
④ 클라우드 액화사이클

44 가스액화분리장치용 구성기기 중 왕복동식 팽창기의 특징에 대한 설명으로 틀린 것은?

① 고압식 액체산소분리장치, 수소액화장치, 헬륨액화기 등에 사용된다.
② 흡입압력은 저압에서 고압(20MPa)까지 범위가 넓다.
③ 왕복동식 팽창기의 효율은 85~90%로 높다.
④ 처리가스량이 1000m^3/h 이상의 대량이면 다기통이 된다.

해설

㉠ 왕복동식 팽창기 : 팽창비가 높으며, 효율은 60~65% 정도 처리가스량 1000m^3/hr 정도이고 다기통이다.
㉡ 터보 팽창기 : 가스에 윤활유가 혼입되지 않는 특징이 있으며, 회전수 10000~20000rpm 정도이다. 처리가스량은 10000m^3/hr, 팽창비는 5이며, 효율은 80~85% 정도이다.

45 정압기를 평가, 선정할 경우 정특성에 해당되는 것은? [설비 22]

① 유량과 2차 압력과의 관계
② 1차 압력과 2차 압력과의 관계
③ 유량과 작동 차압과의 관계
④ 메인밸브의 열림과 유량과의 관계

해설

㉠ 사용 최대차압 : 1차 압력과 2차 압력과의 관계
㉡ 유량 특성 : 메인밸브의 열림과 유량과의 관계
㉢ 동특성 : 응답속도 및 안정성

46 금속재료의 열처리 방법에 대한 설명으로 틀린 것은? [설비 20]

① 담금질 : 강의 경도나 강도를 증가시키기 위하여 적당히 가열한 후 급냉을 시킨다.
② 뜨임 : 인성을 증가시키기 위해 담금질 온도보다 조금 낮게 가열한 후 급냉을 시킨다.
③ 불림 : 소성가공 등으로 거칠어진 조직을 미세화하거나 정상상태로 하기 위해 가열 후 공냉시킨다.
④ 풀림 : 잔류응력을 제거하거나 냉간가공을 용이하게 하기 위하여 뜨임보다 약간 가열하여 노 중에서 서냉시킨다.

뜨임
인성을 증가시키기 위해 담금질 온도보다 조금 낮게 가열한 후 공기 중에서 서냉시킨다.

47 30℃의 액체 5000L를 2시간 동안에 5℃로 냉각시키는 데 소요되는 열량은 약 몇 냉동톤(RT)에 해당하는가? (단, 액체의 비중과 비열은 각각 0.8cal/g · ℃와 0.6cal/g · ℃이다.)

① 1.5RT ② 9RT
③ 13.5RT ④ 18RT

해설

$RT = \frac{Q}{3320}$ 이므로 $Q = Gc\Delta t$

$= \frac{5000L \times 0.8kg/L \times 0.6kcal/kg \cdot ℃ \times (30-5)℃}{2hr}$

$= 30000kcal/hr$

$1RT = 3320kcal/hr$ 이므로

$\therefore \frac{30000}{3320} = 9.036 \fallingdotseq 9RT$

48 왕복형 압축기의 특징에 대한 설명으로 옳은 것은? [설비 35]

① 회전형이며, 압축효율이 낮다.
② 압축 시 맥동이 생기지 않는다.
③ 용량조정의 범위가 좁다.
④ 쉽게 고압을 얻을 수 있다.

정답 43.① 44.③ 45.① 46.② 47.② 48.④

왕복형 압축기의 특징

㉠ 용적형이다.
㉡ 오일급유 또는 무급유식 압축이 단속적 쉽게 고압을 얻을 수 있다.
㉢ 용량조정이 쉽고, 범위가 넓다.
㉣ 압축효율이 높다.
㉤ 설치면적이 크다.
㉥ 소음 · 진동이 크다.

49 LP가스의 발열량이 26000kcal/m^3이다. 발열량 6000kcal/m^3로 희석하려면 약 몇 m^3의 공기를 희석하여야 하는가?

① 2.2m^3 ② 3.3m^3
③ 4.3m^3 ④ 5.2m^3

$\frac{26000}{1+x}=6000 \quad \therefore x=3.3\text{m}^3$

50 가스레인지에 연결된 호스에 직경 1.0mm의 구멍이 뚫려 250mmH_2O 압력으로 LP가스가 3시간 동안 누출되었다면 LP가스의 분출량은 약 몇 L인가? (단, LP가스의 비중은 1.2이다.)

① 360 ② 390
③ 420 ④ 450

$$Q=0.009D^2\sqrt{\frac{h}{d}}$$
$$=0.009\times(1)^2\sqrt{\frac{250}{1.2}}=0.1299\text{m}^3/\text{hr}$$
$$\therefore 0.1299\times10^3\times3=389.71\text{L}\fallingdotseq390\text{L}$$

51 저온취성을 막기 위하여 사용되는 저온장치용 재료로서 가장 거리가 먼 것은?

① 9% 니켈강
② 18-8 스테인리스강
③ 구리 및 구리합금
④ 연강 및 니켈강

저온용 재료

18-8 STS, 9% Ni, 동 및 동합금, 알루미늄 및 알루미늄합금

52 염화비닐 호스의 안층의 재료는 70℃에서 48시간 공기가열 노화시험을 한 후 인장강도 저하율이 몇 % 이하이어야 하는가?

① 5% ② 10%
③ 20% ④ 25%

염화비닐 호스

㉠ 호스는 안층, 보강층, 바깥층의 구조, 안지름과 두께가 균일한 것으로 굽힘성이 좋고 흠, 기포, 균열 등 결점이 없어야 한다.
㉡ 호스의 안지름 치수

구 분	안지름(mm)	허용차(mm)
1종	6.3	±0.7
2종	9.5	
3종	12.7	

㉢ 내압성능 : 1m 호스 3.0MPa
㉣ 파열성능 : 1m 호스 4.0MPa
㉤ 기밀성능 : 1m 호스 2.0MPa에서 3분간 누출이 없고, 2.0MPa 압력에서 3분간 누출이 없을 것
㉥ 내인장성능 : 안층의 인장강도 73.6N/5mm
㉦ 호스의 안층은 (70±1)℃에서 48시간 공기가열 노화시험을 한 후 인장강도 저하율이 20% 이하

$$\Delta T(\%)=\frac{T_1-T_2}{T_1}\times100$$

여기서, ΔT : 인장강도 저하율(%)
T_1 : 공기가열 전 인장강도(N/5mm)
T_2 : 공기가열 후 인장강도(N/5mm)

㉧ 호스의 안층은 이소옥탄에 (40±1)℃로 22시간 담근 후 질량변화율이 ±5% 이내인 것으로 한다.

$$\Delta W(\%)=\frac{W_1-W_2}{W_1}\times100$$

여기서, ΔW : 질량변화율
W_1 : 담그기 전 질량(mg)
W_2 : 담근 후 1시간 방치한 질량(mg)

53 암모니아 취급 및 저장 시 주의사항으로 틀린 것은?

① 암모니아용의 장치나 계기에는 직접 동이나 황동을 사용할 수 없다.
② 암모니아 건조제는 알칼리성이므로 진한황산 등을 쓸 수 없고, 소다석회를 사용한다.
③ 액체암모니아는 할로겐, 강산과 접촉하면 심하게 반응하여 폭발, 비산하는 경우가 있으므로 주의한다.
④ 고온, 고압 하에서 암모니아장치의 재료는 알루미늄합금을 사용한다.

정답 49.② 50.② 51.④ 52.③ 53.④

해설

암모니아장치 재료에 Cu, Al 사용 시 착이온 생성으로 부식된다.

54 증기압축식 냉동사이클에 해당되지 않는 것은?

① 습증기 압축사이클
② 건증기 압축사이클
③ 과냉각사이클
④ 카르노 냉동사이클

해설

증기압축기 기준 냉동사이클 $P-I$ 선도

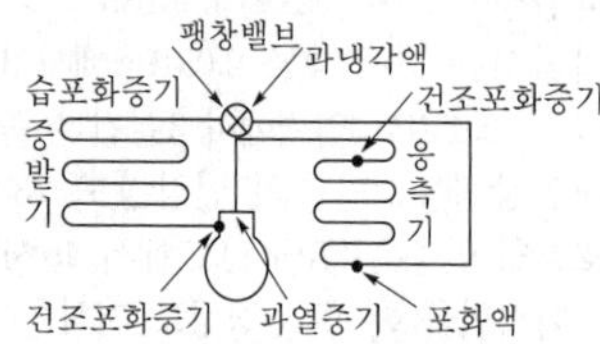

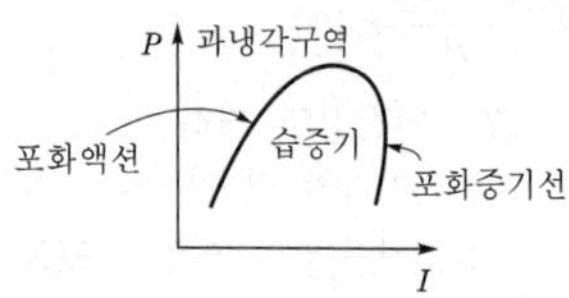

55 내용적이 190L인 초저온 용기에 대하여 단열성능시험을 위해 24시간 방치한 결과 70kg이 되었다. 이 용기의 단열성능시험 결과를 판정한 것으로 옳은 것은? (단, 외기온도는 25℃, 액화질소의 끓는점은 −196℃, 기화잠열은 48kcal/kg으로 한다.)

① 계산결과 0.00333(kcal/hr · ℃ · L)이므로 단열성능이 양호하다.
② 계산결과 0.00333(kcal/hr · ℃ · L)이므로 단열성능이 불량하다.
③ 계산결과 0.00334(kcal/hr · ℃ · L)이므로 단열성능이 양호하다.
④ 계산결과 0.00334(kcal/hr · ℃ · L)이므로 단열성능이 불량하다.

해설

$$Q=\frac{W\cdot g}{H\cdot V\cdot \Delta T}$$
$$=\frac{70\times 48}{24\times 190\times (25+196)}$$
$$=0.003334\text{kcal/hr}\cdot ℃\cdot \text{L}$$

내용적 1000L 미만인 용기는 단열성능시험 결과, 침입열량이 0.0005kcal/hr · ℃ 이하이어야 하므로 단열성능이 불량하다.

참고 초저온 용기 단열성능시험기준(법규 변경)

- V : 1000L 미만인 경우
  0.0005kcal/h · ℃ · L → 2.09J/h · ℃ · L 이하가 합격
- V : 1000L 이상인 경우
  0.002kcal/h · ℃ · L → 8.37J/h · ℃ · L 이하가 합격

56 저온 수증기 개질에 의한 SNG(대체천연가스) 제조 프로세스의 순서로 옳은 것은 어느 것인가?

① LPG → 수소화 탈황 → 저온 수증기 개질 → 메탄화 → 탈탄산 → 탈습 → SNG
② LPG → 수소화 탈황 → 저온 수증기 개질 → 탈습 → 탈탄산 → 메탄화 → SNG
③ LPG → 저온 수증기 개질 → 수소화 탈황 → 탈습 → 탈탄산 → 메탄화 → SNG
④ LPG → 저온 수증기 개질 → 탈습 → 수소화 탈황 → 탈탄산 → 메탄화 → SNG

해설

SNG(대체천연가스) 제조의 프로세스

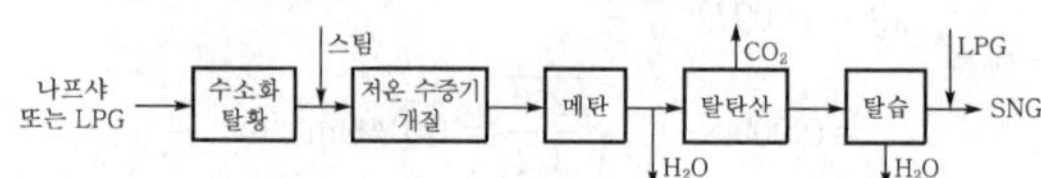

57 펌프의 송출압력과 송출유량 사이의 주기적인 변동이 일어나는 현상을 무엇이라 하는가? **[설비 17]**

① 공동 현상
② 수격 현상
③ 서징 현상
④ 캐비테이션 현상

해설

서징(맥동) 현상

(1) 펌프를 운전 중 주기적으로 운동, 양정, 토출량이 규칙 바르게 변동하는 현상
(2) 발생원인
㉠ 펌프의 양정곡선이 산고곡선이고 곡선의 산고 상승부에서 운전했을 때
㉡ 유량조절밸브가 탱크 뒤쪽에 있을 때
㉢ 배관 중에 물탱크나 공기탱크가 있을 때

정답 54.④ 55.② 56.① 57.③

58 가스홀더 유효가동량이 1일 송출량의 15%이고 송출량이 제조량보다 많아지는 17~23시의 송출 비율이 45%일 때 필요제조능력(1일 환산)을 구하는 식은? (단, s = 가스 최대공급량이다.)

① $1.2S$ ② $1.5S$
③ $1.8S$ ④ $2.1S$

가스홀더의 활동량

$$S \times a = \frac{t}{24} \times M + \Delta H$$

$$\therefore M = [(S \times a) - \Delta H] \times \frac{24}{t}$$

$$= [0.45S - 0.15S] \times \frac{24}{6} = 1.2S$$

여기서, M : 최대 제조능력(m^3/day)
S : 최대 공급량(m^3/day)
a : t시간의 공급률(%)
ΔH : 가스홀더의 가동용량
t : 시간당 공급량이 제조능력보다 많은 시간대

59 부탄가스 공급 또는 이송 시 가스 재액화 현상에 대한 대비가 필요한 방법(식)은 어느 것인가? **[설비 23]**

① 공기혼합 공급방식
② 액송펌프를 이용한 이송법
③ 압축기를 이용한 이송법
④ 변성 가스 공급방식

60 도시가스 공급설비에서 저압배관 부분의 압력손실을 구하는 식은? (단, H : 기점과 종점과의 압력차(mmH_2O), Q : 가스유량(m^3/hr), D : 구경(cm), S : 가스의 비중, L : 배관 길이(m), K : 유량계수이다.)

① $H = \left(\frac{Q}{K}\right)^2 \cdot \frac{SL}{D^5}$

② $H = \left(\frac{Q}{K^2}\right) \cdot \frac{D^5}{SL}$

③ $H = \left(\frac{Q}{K}\right) \cdot \left(\frac{SL}{D^2}\right)$

④ $H = \left(\frac{Q}{K}\right) \cdot \frac{D^5}{SL}$

$Q = K\sqrt{\frac{D^5 H}{SL}}$ 이므로

$$\therefore H = \frac{Q^2 \cdot S \cdot L}{K^2 \cdot D^5} = \left(\frac{Q}{K}\right)^2 \cdot \frac{S \cdot L}{D^5}$$

제4과목 가스안전관리

61 차량에 고정된 탱크로 일정량 이상의 메탄 운반 시 분말소화제를 갖추고자 할 때 소화기의 능력단위로 옳은 것은? **[안전 8]**

① BC용 B－8 이상
② BC용 B－10 이상
③ ABC용 B－8 이상
④ ABC용 B－10 이상

62 이동식 부탄연소기(카세트식)의 구조를 바르게 설명한 것은?

① 용기장착부 이외에 용기가 들어가는 구조이어야 한다.
② 연소기는 50% 이상 충전된 용기가 연결된 상태에서 어느 방향으로 기울여도 20° 이내에서는 넘어지지 아니하고, 부속품의 위치가 변하지 아니하여야 한다.
③ 용기 연결레버가 없는 것은 콕이 닫힌 상태에서 예비적 동작없이는 열리지 아니하는 구조로 한다. 다만, 소화안전장치가 부착된 것은 그러하지 아니한다.
④ 연소기에 용기를 연결할 때 용기 아랫부분을 스프링의 힘으로 직접 밀어서 연결하는 방법 또는 자석에 의하여 연결하는 방법이어야 한다.

해설

KGS AB 336(이동식 부탄연소기)
(1) 연소기의 연결방법 분류
㉠ 카세트식 : 거버너가 부착된 연소기 안에 수평으로 장착시키는 구조
㉡ 직결식 : 연소기에 접합용기 또는 최대충전량 3kg 이하인 용접용기를 직접 연결하는 구조
㉢ 분리식 : 연소기에 접합용기 또는 최대충전량 20kg 이하인 용접용기를 호스 등으로 연결하는 구조

정답 58.① 59.③ 60.① 61.② 62.③

(2) 각 구조별 특성

㉠ 공통사항

- 연소기는 용기와 직결되지 않는 구조(단, 야외용으로 최대충전량 3kg 이하는 직결 구조 가능)
- 가스 또는 물의 회전식 개폐 콕이나 회전식 밸브의 핸들 열림방향은 시계바늘 반대방향(단, 열림방향이 양방향으로 되어 있는 다기능 회전식 개폐 콕은 예외)
- 점화플러그 노즐 가스배관은 연소기 몸체에 견고하게 고정
- 삼발이 위에 49N 하중을 5분간 가했을 때 변형이 없는 것으로 한다(난로 등화용 연소기는 제외).
- 연소기는 50% 이상 충전용기가 연결상태에서 어느 방향으로 15° 이내에서 넘어지지 아니하고 부속품의 위치가 변하지 아니하는 것으로 한다.
- 용기 장착부 외는 용기가 들어가지 아니하는 구조로 한다(단, 그릴의 경우 상시 내부 공간이 확인되는 구조).
- 난로 및 등화용 연소기는 내용적 1L 이하 접합용기를 사용할 수 있는 구조로 한다(단, 연소기에 야외용임을 명확히 표시한 경우 제외).

㉡ 카세트식

- 용기 연결레버는 연소기 몸체에 견고히 부착되어 있고 작동이 원활하고 확실한 것
- 빈 용기를 반복 탈착하는 경우 용기 장착가이드홈을 설치
- 연소기는 2가지 용도로 사용금지
- 용기 연결레버가 없는 것은 콕이 닫힌 상태에서 예비적 동작이 없이는 열리지 않는 구조(단, 안전장치가 부착된 것은 그러하지 아니하다.)
- 연소기를 용기에 연결할 때 용기 아랫부분을 스프링 힘으로 직접 밀어서 연결하는 방법 또는 자석으로 연결하는 방법이 아닌 구조로 한다.

63 아세틸렌을 용기에 충전하는 때의 충전 중의 압력은 몇 MPa 이하로 하고, 충전 후에는 압력이 몇 ℃에서 몇 MPa 이하가 되도록 정치하여야 하는가? **[설비 42]**

① 3.5MPa, 15℃에서 2.5MPa
② 3.5MPa, 35℃에서 2.5MPa
③ 2.5MPa, 15℃에서 1.5MPa
④ 2.5MPa, 35℃에서 1.5MPa

64 압축천연가스 충전시설의 고정식 자동차충전소 시설기준 중 안전거리에 대한 설명으로 옳은 것은?

① 처리설비 · 압축가스설비 및 충전설비는 사업소 경계까지 20m 이상의 안전거리를 유지한다.
② 저장설비 · 처리설비 · 압축가스설비 및 충전설비는 인화성 물질 또는 가연성 물질의 저장소로부터 8m 이상의 거리를 유지한다.
③ 충전설비는 도로 경계까지 10m 이상의 거리를 유지한다.
④ 저장설비 · 압축가스설비 및 충전설비는 철도까지 20m 이상의 거리를 유지한다.

해설

① 저장 · 처리 · 압축가스설비 및 충전설비는 사업소 경계까지 10m 이상 안전거리를 유지할 것
③ 충전설비는 도로 경계로부터 5m 이상 거리를 유지할 것
④ 저장 · 처리 · 압축가스설비 및 충전설비는 철도에서부터 30m 이상 거리를 유지할 것

65 독성 가스의 배관은 주위의 상황에 따라 안전한 구조를 갖도록 하기 위하여 2중관 구조로 한다. 다음 중 반드시 2중관으로 하여야 하는 가스는? **[안전 113]**

① 염화메탄
② 벤젠
③ 일산화탄소
④ 이황화탄소

해설

이중관으로 시공하는 독성 가스
아황산, 암모니아, 염소, 염화메탄, 산화에틸렌, 시안화수소, 포스겐, 황화수소

66 LPG 용기 보관실의 바닥면적이 $40m^2$라면 통풍구의 크기는 최소 얼마로 하여야 하는가?

① $10000cm^2$ ② $11000cm^2$
③ $12000cm^2$ ④ $13000cm^2$

$40m^2 = 40 \times 10^4 cm^2$
$\therefore\ 40 \times 10^4 \times 0.03 = 12000cm^2$

정답 63.③ 64.② 65.① 66.③

67 지하에 설치하는 액화석유가스 저장탱크의 재료인 레디믹스 콘크리트의 규격이 잘못 짝지어진 것은?

① 굵은 골재의 최대치수 : 25mm
② 설계강도 : 21~24MPa
③ 슬럼프(slump) : 12~15cm
④ 물-시멘트비 : 83% 이하

LPG 저장탱크 설치기준(KGS FS 331)
저장탱크실은 다음의 규격을 가진 레디믹스 콘크리트(ready-mixed concrete)를 사용하여 수밀(水密) 콘크리트로 시공하여야 한다.

항 목	규 격
굵은 골재의 최대치수	25mm
설계강도	21MPa 이상
슬럼프(slump)	120~150mm
공기량	4%
물-시멘트비	50% 이하
기타	KS F 4009 레디믹스 콘크리트에 의한 규정

※ 수밀 콘크리트의 시공기준은 국토교통부가 제정한 「콘크리트 표준시방서」를 준용한다.

- 지하수위가 높은 곳 또는 누수의 우려가 있는 경우에는 콘크리트를 친 후 저장탱크실의 내면에 무기질계 침투성 도포방수제로 방수한다.
- 저장탱크실의 콘크리트제 천장으로부터 맨홀, 돔, 노즐 등(이하 "돌기물"이라 한다.)을 돌출시키기 위한 구멍부분은 콘크리트제 천장과 돌기물이 접함으로써 저장탱크 본체와의 부착부에 응력집중이 발생하지 아니하도록 돌기물의 주위에 돌기물의 부식방지 조치를 한 외면(이하 "외면보호면"이라 한다)으로부터 10mm 이상의 간격을 두고 강판 등으로 만든 프로텍터를 설치한다. 또한, 프로텍터와 돌기물의 외면보호면과의 사이는 빗물의 침입을 방지하기 위하여 피치, 아스팔트 등으로 채워야 한다.
- 저장탱크실에 물이 침입한 경우 및 기온변화에 의해 생성된 이슬방울의 굄 등에 대하여 저장탱크실의 바닥은 물이 빠지도록 구배를 가지게 하고 집수구를 설치하여야 한다. 이 경우 집수구에 고인물은 쉽게 배수할 수 있도록 하여야 한다.
- 지면과 거의 같은 높이에 있는 가스검지관, 집수관 등에 대하여는 빗물 및 지면에 고인물 등이 저장탱크 실내로 침입하지 아니하도록 뚜껑을 설치하여야 한다.

68 다음 연소기 중 가스레인지로 볼 수 없는 것은? (단, 사용압력은 3.3kPa 이하로 한다.)

① 전가스소비량이 9000kcal/hr인 3구 버너를 가진 연소기
② 전가스소비량이 11000kcal/hr인 4구 버너를 가진 연소기
③ 전가스소비량이 13000kcal/hr인 6구 버너를 가진 연소기
④ 전가스소비량이 15000kcal/hr인 4구 버너를 가진 연소기

가스레인지 사용압력 3.3kPa 이하

전가스소비량	버너 1개의 소비량
16.7kW(14400kcal/hr) 이하	5.8kW(5000kcal/hr) 이하

∴ 전가스소비량이 14400kcal/hr 이하이므로 정답은 ④항이다.

69 초저온 용기에 대한 신규검사 시 단열성능시험을 실시할 경우 내용적에 대한 침입열량 기준으로 옳은 것은?

① 내용적 500L 이상－0.002kcal/hr·℃·L 이하
② 내용적 1000L 이상－0.002kcal/hr·℃·L 이하
③ 내용적 1500L 이상－0.003kcal/hr·℃·L 이하
④ 내용적 2000L 이상－0.005kcal/hr·℃·L 이하

침입열량 합격기준
㉠ 1000L 이상 : 0.002kcal/hr·℃·L, 8.37J/h·℃·L 이하가 합격
㉡ 1000L 미만 : 0.0005kcal/hr·℃·L, 2.09J/h·℃·L 이하가 합격

70 공기액화분리기를 운전하는 과정에서 안전대책상 운전을 중지하고 액화산소를 방출해야 하는 경우는? (단, 액화산소통 내의 액화산소 5L 중의 기준이다.) **[설비 5]**

① 아세틸렌이 0.1mg을 넘을 때
② 아세틸렌이 0.5mg을 넘을 때
③ 탄화수소에서 탄소의 질량이 50mg을 넘을 때
④ 탄화수소에서 탄소의 질량이 500mg을 넘을 때

정답 67.④ 68.④ 69.② 70.④

71 고압가스 제조소 내 매몰배관 중간검사대상 지정개소의 기준으로 옳은 것은 어느 것인가?

① 검사대상 배관길이 100m마다 1개소 지정
② 검사대상 배관길이 500m마다 1개소 지정
③ 검사대상으로 지정한 부분의 길이 합은 검사대상 총 배관길이의 5% 이상
④ 검사대상으로 지정한 부분의 길이 합은 검사대상 총 배관길이의 7% 이상

㉠ 사업소 안의 배관 중간검사 : 대상의 지정개소는 검사대상 배관길이 500m마다 1개소 이상으로 하고 지정한 부분의 길이의 합은 검사대상 배관길이의 10% 이상이 되도록 한다.
㉡ ㉠ 이외에 해당하는 검사대상 배관의 경우 중간검사대상의 지정개소는 검사대상 배관길이 500m마다 1개소 이상으로 하고 지정한 부분의 길이의 합은 검사대상 배관길이의 20% 이상이 되도록 한다.

72 산화에틸렌의 저장탱크에는 45℃에서 그 내부의 가스압력이 몇 MPa 이상이 되도록 질소가스 또는 탄산가스를 충전하여야 하는가?

① 0.1
② 0.3
③ 0.4
④ 1

해설

산화에틸렌 충전 시 기준

㉠ 저장탱크 내부에 질소가스, 탄산가스 및 산화에틸렌 분위기 가스를 질소·탄산가스로 치환하고 5℃ 이하로 유지한다.
㉡ 저장탱크 또는 용기에 충전 시 질소·탄산가스로 치환 후 산·알칼리를 함유하지 않는 상태로 충전한다.
㉢ 저장탱크 충전용기에는 45℃에서 내부의 가스압력이 0.4MPa 이상이 되도록 N_2, CO_2를 충전한다.

73 다음 ( ) 안에 들어갈 것으로 올바르게 순서대로 연결된 것은?

> 도시가스사업자 안전점검원의 선임기준이 되는 배관의 길이를 산정할 때 ( ) 과 ( )은 포함하지 아니하며, 하나의 차로에 2개 이상의 배관이 나란히 설치되어 있고 그 배관 외면 간의 거리가 ( )m 미만인 것은 하나의 배관으로 산정한다.

① 본관, 공급관, 10
② 공급관, 내관, 5
③ 사용자 공급관, 내관, 5
④ 사용자 공급관, 내관, 3

74 반밀폐형 강제배기식 가스보일러를 공동배기방식으로 설치하고자 할 때의 기준으로 틀린 것은? **[안전 112]**

① 공동배기구 단면형태는 원형 또는 정사각형에 가깝도록 한다.
② 동일 층에서 공동배기구로 연결되는 연료전지의 수는 2대 이하로 한다.
③ 공동배기구에는 방화댐퍼를 설치해야 한다.
④ 공동배기구 톱은 풍압대 밖에 있어야 한다.

③ 공동배기구에는 방화댐퍼를 설치하지 아니한다.

75 다음 중 반드시 역화방지장치를 설치하여야 하는 곳은? **[안전 91]**

① 천연가스를 압축하는 압축기와 충전기 사이의 배관
② 아세틸렌의 고압건조기와 충전용 교체밸브 사이의 배관
③ 가연성 가스를 압축하는 압축기와 충전용 교체밸브 사이의 배관
④ 암모니아 합성탑과 압축기와의 사이의 배관

정답 71.② 72.③ 73.④ 74.③ 75.②

76 운반하는 액화염소의 질량이 500kg인 경우 갖추지 않아도 되는 보호구는?

① 방독마스크
② 공기호흡기
③ 보호의
④ 보호장화

해설

독성 가스 보호구

운반하는 독성 가스의 양 압축가스($100m^3$), 액화가스(1000kg)	
미만	이상
이상의 보호구 중 공기호흡기 제외	공기호흡기, 방독마스크, 보호의, 보호장갑, 보호장화

77 도시가스시설 공사계획의 승인 · 신고 사항에 해당하는 것은?

① 본관을 10m 설치하는 공사
② 최고사용압력이 0.4MPa인 공급관을 1000m 설치하는 것으로 승인을 얻었으나 계획이 변경되어 1010m를 설치하는 공사
③ 호칭지름이 50mm이고 최고사용압력이 2.5kPa인 공급관에 연결된 사용자 공급관을 100m 설치하는 공사
④ 제조소 내 중압배관으로서 호칭지름 15mm인 배관을 30m 설치하는 공사

해설

공사계획의 승인대상 – 제조소

(1) 제조소의 신규 설치공사와 다음의 어느 해당하는 설비의 설치공사
㉠ 가스발생설비
㉡ 가스홀더
㉢ 배송기 또는 압송기
㉣ 액화가스용 저장탱크 또는 펌프
㉤ 최고사용압력이 고압인 열교환기
㉥ 가스압축기, 공기압축기 또는 송풍기
㉦ 냉동설비(유분리기 · 응축기 및 수액기만을 말한다.)
㉧ 배관(최고사용압력이 중압 또는 고압인 배관으로서 호칭지름이 150mm 이상인 것만을 말한다.)

(2) 다음 어느 하나에 해당하는 변경공사
㉠ 가스발생설비
• 종류 또는 형식의 변경
• 원료의 변경에 따른 설비의 변경
• 가스혼합기의 능력변경 또는 제어방식의 변경
㉡ 가스홀더
• 형식의 변경
• 최고사용압력의 변경에 따른 설비의 변경
㉢ 배송기 또는 압송기 : 최고사용압력의 변경을 수반하는 것으로서 변경된 후의 최고사용압력이 고압 또는 중압으로 되는 것

78 도시가스시설의 완성검사대상에 해당하지 않는 것은?

① 가스사용량의 증가로 특정 가스사용시설로 전환되는 가스사용시설 변경공사
② 특정 가스사용시설로 호칭지름 50mm의 강관을 25m 교체하는 변경공사
③ 특정 가스사용시설의 압력조정기를 증설하는 변경공사
④ 배관 변경을 수반하지 않고 월사용예정량 $550m^3$를 증설하는 변경공사

해설

완성검사대상이 되는 도시가스 사용시설의 설치 · 변경공사

(1) 특정 가스사용시설의 설치공사
(2) 다음의 어느 하나에 해당하는 변경공사
㉠ 가스사용량의 증가로 인하여 특정 가스사용시설로 전환되는 가스사용시설의 변경공사
㉡ 특정 가스사용시설로서 호칭지름 50mm 이상인 배관을 20m 이상 증설 · 교체 또는 이설(移設)하는 변경공사
㉢ 특정 가스사용시설의 배관을 변경하는 공사로서 월사용예정량을 $500m^3$ 이상 증설하거나 월사용예정량이 $500m^3$이상인 시설을 이설하는 변경공사
㉣ 특정 가스사용시설의 정압기나 압력조정기를 증설 · 교체(동일 유량으로 교체하는 경우는 제외한다) 또는 이설하는 변경공사
• 제2항에 따른 특정 가스사용시설의 설치공사나 변경공사를 하려는 자는 그 공사계획에 대하여 미리 한국가스안전공사의 기술검토를 받아야 한다. 다만, 특정 가스사용시설 중 월사용예정량이 $500m^3$ 미만인 시설의 설치공사나 변경공사는 그러하지 아니하다.
(3) 가스충전시설의 설치공사

정답 76.② 77.④ 78.④

79 내용적이 3000L인 용기에 액화암모니아를 저장하려고 한다. 용기의 저장능력은 몇 kg인가? (단, 암모니아 정수는 1.86이다.)

① 1613　　② 2324
③ 2796　　④ 5580

$$G=\frac{V}{C}=\frac{3000}{1.86}=1613\text{kg}$$

80 도시가스 공급관의 접합은 용접을 원칙으로 한다. 다음 중 비파괴시험을 반드시 실시하여야 하는 것은? **[안전 115]**

① 건축물 외부에 저압으로 노출된 호칭지름 100mm인 사용자 공급관
② 가스용 폴리에틸렌(PE)배관
③ 건축물 내부에 설치된 저압으로 호칭지름 50mm인 사용자 공급관(단, 환기가 불량하며, 가스누출경보기가 설치되어 있지 않음)
④ 새시가 없는 개방된 복도식 아파트의 복도에 설치된 저압으로 호칭지름 32mm인 사용자 공급관

제5과목 가스계측

81 탄화수소에 대한 감도는 좋으나 O_2, H_2O, CO_2에 대하여는 감도가 전혀 없는 검출기는? **[계측 13]**

① 수소이온화검출기(FID)
② 열전도형검출기(TCD)
③ 전자포획이온화검출기(ECD)
④ 염광광도검출기(FPD)

82 황화수소(H_2S)의 가스 누출 시 검지하는 시험지와 변색 상태가 바르게 연결된 것은 어느 것인가? **[계측 15]**

① KI 전분지 – 청갈색
② 염화파라듐지 – 흑색
③ 연당지 – 흑색
④ 초산벤젠지 – 청색

해설
① KI 전분지(염소–청변)
② 염화파라듐지(CO–흑변)
④ 초산벤젠지(HCN–청변)

83 물체의 탄성 변위량을 이용한 압력계가 아닌 것은?

① 부르동관 압력계
② 벨로즈 압력계
③ 다이어프램 압력계
④ 링밸런스식 압력계

링밸런스식 압력계 : 액주식 압력계

84 습식 가스미터의 특징에 대한 설명으로 틀린 것은? **[계측 8]**

① 계량이 정확하여 실험용으로 쓰인다.
② 사용 중에 기차의 변동이 거의 없다.
③ 건식에 비해 설치공간을 크게 필요로 하지 않는다.
④ 사용 중에 수위조정 등의 관리가 필요하다.

습식 가스미터 : 설치공간이 많이 필요

85 가스미터의 검정에서 피시험미터의 지시량이 1m^3이고 기준기의 지시량이 750L일 때 기차는 약 몇 %인가?

① 2.5　　② 3.3
③ 25.0　　④ 33.3

해설

$$기차=\frac{시험미터\ 지시량-기준미터\ 지시량}{시험미터\ 지시량}\times 100$$
$$=\frac{1000-750}{1000}\times 100$$
$$=25\%$$

86 열전대를 사용하는 온도계 중 가장 고온을 측정할 수 있는 것은? **[계측 9]**

① R형　　② K형
③ E형　　④ J형

정답 79.① 80.③ 81.① 82.③ 83.④ 84.③ 85.③ 86.①

87 반도체식 가스검지기의 반도체 재료로 가장 적당한 것은?

① 산화니켈(NiO)
② 산화알루미늄(Al_2O_3)
③ 산화주석(SnO_2)
④ 이산화망간(MnO_2)

반도체 재료 : SnO_2, ZnO

88 압력계의 읽음이 5kg/cm²일 때 이 압력을 수은주로 환산하면 약 얼마인가?

① 367.8mmHg
② 3678mmHg
③ 6800mmHg
④ 68000mmHg

$$\frac{5\text{kg/cm}^2}{1.033\text{kg/cm}^2}\times 760\text{mmHg} = 3678\text{mmHg}$$

89 분광법에 의한 기기분석법에서 흡광도는 매질을 통과하는 길이와 용액의 농도에 비례한다는 법칙은?

① Beer의 법칙
② Debye-Hukel의 법칙
③ Kirchhoff의 법칙
④ Charles의 법칙

해설

램베르트-비어 법칙

$E = \varepsilon cl$

여기서, E : 흡광도, ε : 흡광계수
c : 농도, l : 빛이 통하는 액층의 길이

90 입력과 출력이 [그림]과 같을 때 제어동작은?

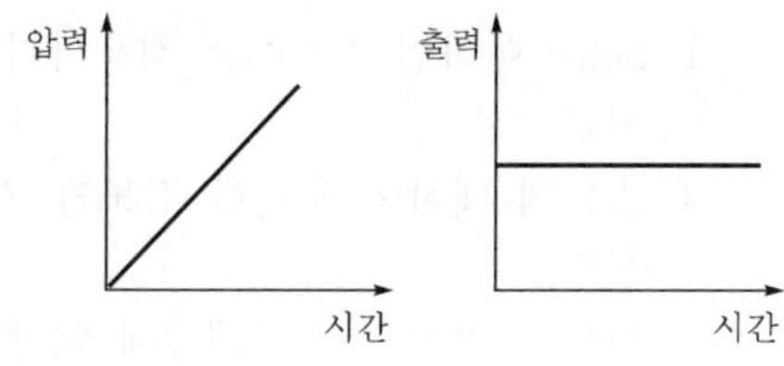

① 비례동작 ② 미분동작
③ 적분동작 ④ 비례적분동작

91 자동조절계의 비례적분동작에서 적분시간에 대한 설명으로 옳은 것은? **[계측 4]**

① P동작에 의한 조작신호의 변화가 I동작만으로 일어나는 데 필요한 시간
② P동작에 의한 조작신호의 변화가 PI 동작만으로 일어나는 데 필요한 시간
③ I동작에 의한 조작신호의 변화가 PI동작만으로 일어나는 데 필요한 시간
④ I동작에 의한 조작신호의 변화가 P동작만으로 일어나는 데 필요한 시간

92 상대습도가 30%이고, 압력과 온도가 각각 1.1bar, 75℃인 습공기가 100m³/hr로 공정에 유입될 때 몰습도(mol H_2O/mol Dry Air)는? (단, 75℃에서 포화수증기압은 289mmHg이다.)

① 0.017
② 0.117
③ 0.129
④ 0.317

$$\text{몰습도} = \frac{\text{순수한 수증기(물)의 증기압}}{\text{건조공기 증기압}} = \frac{289\times 0.3}{825.068-(289\times 0.3)} = 0.117242$$

93 부유 피스톤형 압력계에 있어서 실린더 직경 2cm, 피스톤 무게 합계가 20kg일 때 이 압력계에 접속된 부르동관 압력계의 읽음이 7kg/cm²를 나타내었다. 이 부르동관 압력계의 오차는 약 몇 %인가?

① 0.5% ② 1%
③ 5% ④ 10%

해설

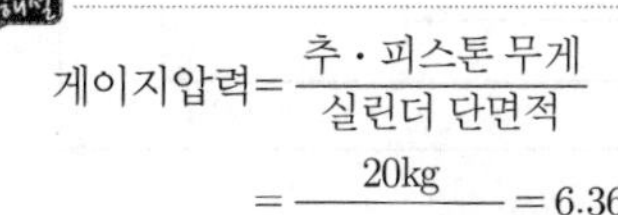

$$\text{게이지압력} = \frac{\text{추·피스톤 무게}}{\text{실린더 단면적}} = \frac{20\text{kg}}{\frac{\pi}{4}\times(2\text{cm})^2} = 6.36\text{kg}\cdot\text{cm}^2$$

$$\therefore \text{오차값} = \frac{\text{큰 값}-\text{작은 값}}{\text{게이지압력}} = \frac{7-6.36}{6.36}\times 100 = 9.96 \fallingdotseq 10\%$$

94 목표치에 따른 자동제어의 분류 중 계 전체의 지연을 적게 하는 데 유효하기 때문에 출력측에 낭비시간이나 시간 지연이 큰 프로세스제어에 적합한 제어방법은? **[계측 12]**

① 정치제어
② 추치제어
③ 시퀀스제어
④ 캐스케이드제어

95 다음 제어동작 중 오프셋(off set)이 발생하기 때문에 부하변화가 작은 프로세스에 주로 적용되는 동작은? **[계측 4]**

① 미분동작 ② 비례동작
③ 적분동작 ④ 뱅뱅동작

96 어떤 비례제어기가 80℃에서 100℃ 사이에 온도를 조절하는 데 사용되고 있다. 이 제어기에서 측정된 온도가 81℃에서 89℃로 될 때 비례대(proportional band)는 얼마인가?

① 10% ② 20%
③ 30% ④ 40%

해설

비례대

$$\frac{\text{측정온도차}}{\text{조절온도차}} = \frac{89-81}{100-80} \times 100 = 40\%$$

97 다음 [그림]은 가스 크로마토그래프의 크로마토그램이다. t, t_1, t_2는 무엇을 나타내는가?

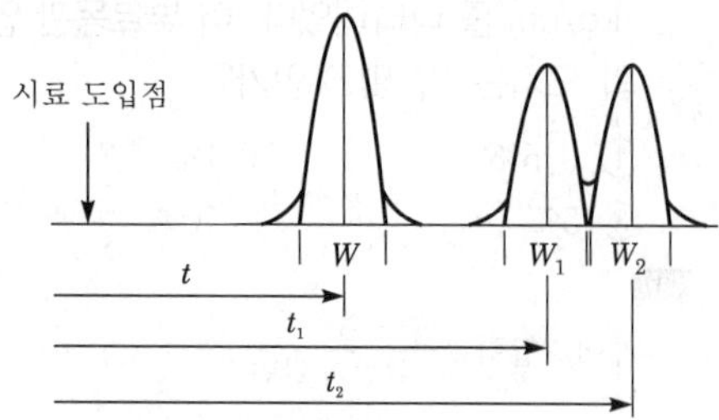

① 이론단수
② 체류시간
③ 분리관의 효율
④ 피크의 좌우 변곡점 길이

해설

㉠ t, t_1, t_2 : 시료 도입점으로부터 최고점까지 길이(보유시간)
㉡ W, W_1, W_2 : 피크의 좌우 변곡점에서 접선이 자르는 바탕선의 길이

98 가스미터는 측정방식에 따라 실측식과 추량식으로 구분된다. 다음 중 추량식이 아닌 것은? **[계측 6]**

① 회전자식(roots형)
② delta형
③ turbine형
④ 벤투리형

해설

추량식 가스미터
②, ③, ④항 이외에 오리피스, 선근차식 등이 있다.

99 게겔법에 의한 아세틸렌(C_2H_2)의 흡수액으로 옳은 것은? **[계측 1]**

① 87% H_2SO_4 용액
② 알칼리성 피로갈롤 용액
③ 요오드수은칼륨 용액
④ 암모니아성 염화제1구리 용액

해설

게겔법 분석순서 및 흡수액

분석가스	흡수제
CO_2	33% KOH 용액
C_2H_2	옥소수은칼륨 용액
C_3H_6과 노르말 부탄	87% H_2SO_4 용액
C_2H_4	취수소
O_2	알칼리성 피로카롤 용액
CO	암모니아성 염화제1동 용액

100 피토관은 측정이 간단하지만 사용방법에 따라 오차가 발생하기 쉬우므로 주의가 필요하다. 이에 대한 설명으로 틀린 것은? **[계측 7]**

① 5m/s 이하인 기체에는 적용하기 곤란하다.
② 흐름에 대하여 충분한 강도를 가져야 한다.
③ 피토관 앞에는 관지름 2배 이상의 직관길이를 필요로 한다.
④ 피토관 두부를 흐름의 방향에 대하여 평행으로 붙인다.

정답 94.④ 95.② 96.④ 97.② 98.① 99.③ 100.③

CBT 기출복원문제

2023년 기사 제1회 필기시험 (2023년 3월 1일 시행)

01 가스기사	수험번호 : 수험자명 :	※ 제한시간 : 150분 ※ 남은시간 :
글자 크기 100% 150% 200% 화면 배치	전체 문제 수 : 안 푼 문제 수 :	답안 표기란 ① ② ③ ④

제1과목 가스유체역학

01 압축성 유체가 [그림]과 같이 확산기를 통해 흐를 때 속도와 압력은 어떻게 되겠는가? (단, Ma는 마하수이다.) **[유체 3]**

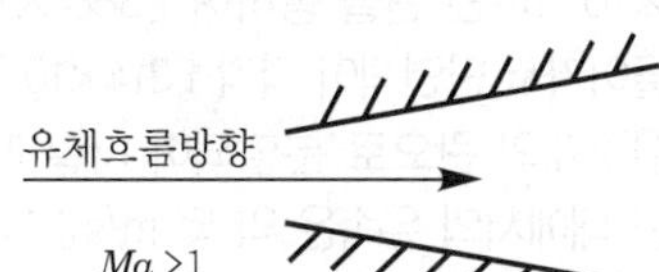

① $dP < 0,\ dV > 0$
② $dP > 0,\ dV < 0$
③ $dP = 0,\ dV = 0$
④ $dP = 0,\ dV > 0$

초음속 $M > 1$에서

㉠

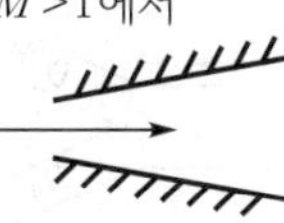

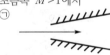

증가(dA, dV, M), 감소(dP, $d\rho$, dT)

㉡

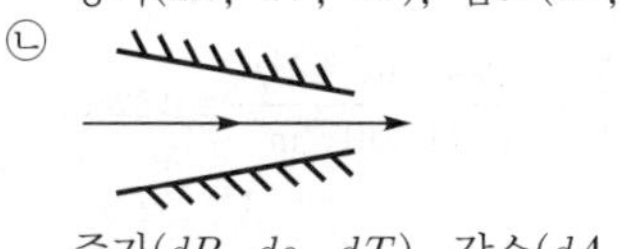

증가(dP, $d\rho$, dT), 감소(dA, dV, M)

02 원관 중의 흐름이 층류일 경우 유량이 반경의 4제곱과 압력기울기$(P_1 - P_2)/l$에 비례하고 점도에 반비례한다는 법칙은?

① Hagen-Poiseuille 법칙
② Reynolds 법칙
③ Newton 법칙
④ Fourier 법칙

하겐 – 푸아죄유 방정식

$$Q = \frac{\Delta P \cdot \pi d^4}{128 \mu l} \text{(층류 유동에만 적용)}$$

여기서, Q : 유량(m^3/s)
d : 원관의 직경(m)
μ : 점성계수($N \cdot s/m^2$)
l : 관길이(m)

03 비중 0.8, 점도 5cP인 유체를 평균속도 10cm/s로 내경 5cm인 관을 사용하여 2km 수송할 때 수반되는 손실수두는 약 몇 m인가?

① 0.163 ② 0.816
③ 1.63 ④ 8.16

$$h_f = f\frac{l}{d} \cdot \frac{V^2}{2g} = 0.08 \times \frac{2000}{0.05} \times \frac{(0.1)^2}{2 \times 9.8} = 1.63\,\text{m}$$

- $h_f = ?$
- $f = \dfrac{64}{Re} = \dfrac{64}{\dfrac{\rho D V}{\mu}} = \dfrac{64}{\dfrac{0.8 \times 5 \times 10}{0.05}} = 0.08$
- $l = 2\text{km} = 2000\text{m}$
- $d = 5\text{cm} = 0.05\text{m}$
- $V = 10\text{cm/s} = 0.1\text{m/s}$
- $g = 9.8\text{m/s}^2$

04 부력에 대한 설명 중 틀린 것은?

① 부력은 유체에 잠겨 있을 때 물체에 대하여 수직 위로 작용한다.
② 부력의 중심을 부심이라 하고 유체의 잠김 체적의 중심이다.
③ 부력의 크기는 물체가 유체 속에 잠긴 체적에 해당하는 유체의 무게와 같다.
④ 물체가 액체 위에 떠 있을 때는 부력이 수직 아래로 작용한다.

정답 01.① 02.① 03.③ 04.④

해설

부력(F_B)

유체 속에 잠겨 있거나 떠있는 물체가 유체로부터 받는 연직 상방향의 힘

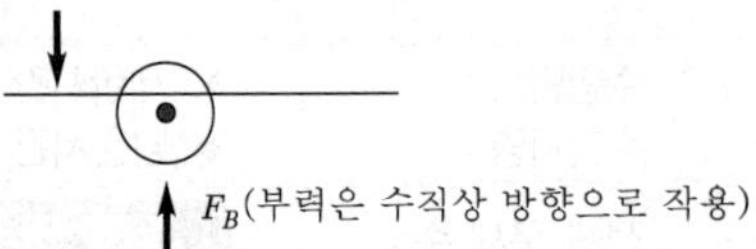

05 진공압력이 0.10kgf/cm²이고, 온도가 20℃인 기체가 계기압력 7kgf/cm²로 등온 압축되었다. 이때 압축 전 체적(V_1)에 대한 압축 후의 체적(V_2) 비는 얼마인가? (단, 대기압은 720mmHg이다.)

① 0.11　② 0.14
③ 0.98　④ 1.41

해설

등온압축

$P_1V_1 = P_2V_2$이므로

$\therefore \frac{V_2}{V_1} = \frac{P_1}{P_2} = \frac{0.87863}{7.97863} = 0.11$

- P_1 = 대기 − 진공
  $= \frac{720}{760} \times 1.033 - 0.10 = 0.87863$
- P_2 = 대기 + 게이지
  $= \frac{720}{760} \times 1.033 + 7 = 7.97863$

06 단면적이 45cm²인 원통형의 물체를 물 위에 놓았더니 [그림]과 같이 떠 있었다. 물체의 질량은 몇 kg인가?

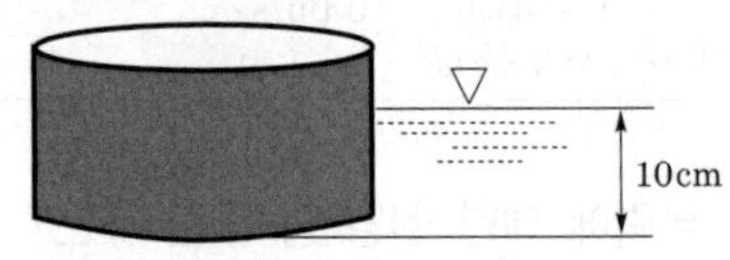

① 0.45　② 4.5
③ 0.9　④ 9

해설

부력(F_B)

$W = F_B = \gamma V$

$= \frac{1000\text{kg}}{10^6\text{cm}^3} \times 45\text{cm}^2 \times 10\text{cm} = 0.45\text{kg}$

참고 • 떠 있을 때

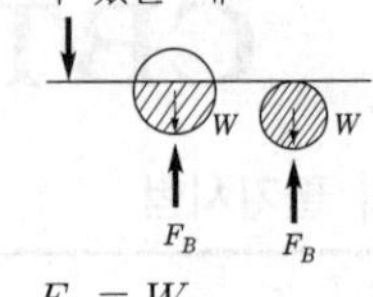

$F_B = W$

여기서, F_B : 부력
W : 물체의 무게
γ : 비중량

• 잠겨 있을 때

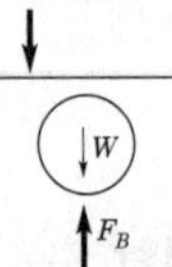

물체무게(W)
=액체 속의 물체무게(W_1)+부력(F_B)

07 밀도가 892kg/m³인 원유가 단면적이 2.165 ×10⁻³m²인 관을 통하여 1.388 ×10⁻³m³/s로 들어가서 단면적이 각각 1.314×10⁻³m²로 동일한 2개의 관으로 분할되어 나갈 때 분할되는 관 내에서의 유속은 약 몇 m/s인가? (단, 분할되는 2개 관에서의 평균유속은 같다.)

① 1.036
② 0.841
③ 0.619
④ 0.528

해설

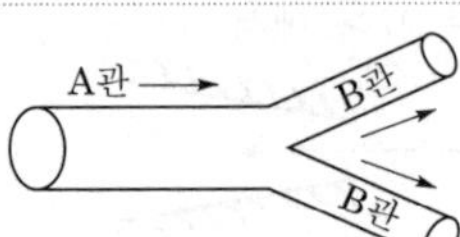

$Q = A \cdot V$

$\therefore V = \frac{Q}{A} = \frac{1.388 \times 10^{-3}\text{m}^3/\text{s}}{1.314 \times 10^{-3}\text{m}^2} = 0.528\text{m/s}$

08 유체의 점성계수와 동점성계수에 관한 설명 중 옳은 것은? (단, M, L, T는 각각 질량, 길이, 시간을 나타낸다.)

① 상온에서의 공기의 점성계수는 물의 점성계수보다 크다.
② 점성계수의 차원은 $ML^{-1}T^{-1}$이다.
③ 동점성계수의 차원은 L^2T^{-2}이다.
④ 동점성계수의 단위에는 poise가 있다.

정답 05.① 06.① 07.④ 08.②

해설

단위와 차원

물리량	SI 단위		차 원	
	기본 유도 단위	조립 유도 단위	MLT계	FLT계
점성 계수	kg/m · s	N · s/m^2	$ML^{-1}T^{-1}$	$FL^{-2}T$
동점성 계수	m^2/s	N · s/m^2	L^2T^{-1}	L^2T^{-1}

동점성계수 단위 SI(Stokes)

1Stokes = 1cm^2/s

$Q(\text{m}^3/\text{min}) = A \cdot S \cdot n \cdot n_V$이므로

$\therefore\ Q(\text{m}^3/\text{s}) = \dfrac{A \cdot S \cdot n \cdot n_V}{60}$

09 두 평판 사이에 유치가 있을 때 이동 평판을 일정한 속도 u로 운동시키는 데 필요한 힘 F에 대한 설명으로 틀린 것은?

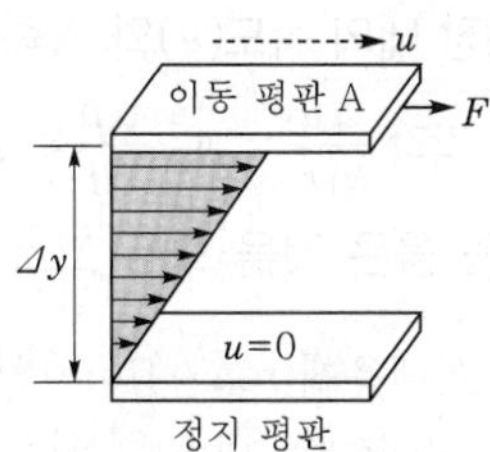

① 평판의 면적이 클수록 크다.
② 이동속도 u가 클수록 크다.
③ 두 평판의 간격 Δy가 클수록 크다.
④ 평판 사이에 점도가 큰 유체가 존재할수록 크다.

해설

Newton의 점성 법칙

$F = \mu \dfrac{du}{dy}$ 이므로

$\therefore$ dy 간격이 클수록 F는 감소한다.

10 압력(p)이 높이(y)만의 함수일 때 높이에 따른 기체의 압력을 구하는 미분방정식은 $\dfrac{dp}{dy} = -\gamma$ 로 주어진다. 일정온도 $T=300$K을 유지하는 이상기체에서 $y=0$에서의 압력이 1bar이면 $y=600$m에서의 압력은 몇 bar인가? (단, γ는 기체의 비중량을 나타내고, 기체상수 $R=287$J/kg · K이다.)

① 0.917
② 0.934
③ 0.952
④ 0.971

해설

$\dfrac{dp}{dy} = -\gamma$

$P_{600} = P_0 - \Delta P$

$\Delta P = r \times y = \dfrac{Pg}{RT} \times y$

> P가(kg, N) 단위에서
> $p = \rho RT$이므로
> $p = \dfrac{\gamma}{g}RT,\ \gamma = \dfrac{p \cdot g}{RT}$

$$= \frac{1\text{bar} \times \dfrac{101325\text{N/m}^2 \times 9.8\text{m/s}^2}{1.01325\text{bar}}}{287\text{N} \cdot \text{m/kg} \cdot \text{K} \times 300\text{K}} \times 600\text{m}$$

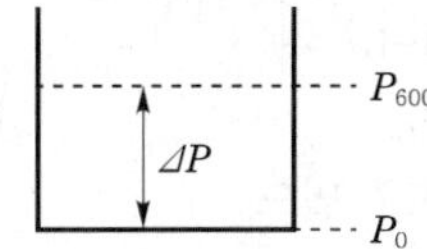

$\therefore\ P_{600} = P_0 - \Delta P$

$= 1\text{bar} - 6829.26\text{kg/m} \cdot \text{s}^2 \times \dfrac{1.01325\text{bar}}{101325\text{kg/m} \cdot \text{s}^2} = 0.932\text{bar}$

> $1\text{kg/m} \cdot \text{s}^2 = 1\text{Pa(N/m}^2)$

11 수차의 효율을 η, 수차의 실제출력을 L(PS), 수량을 Q(m^3/s)라 할 때 유효낙차 H(m)를 구하는 식은?

① $H(\text{m}) = \dfrac{L}{13.3\eta Q}$
② $H(\text{m}) = \dfrac{QL}{13.3\eta}$
③ $H(\text{m}) = \dfrac{L\eta}{13.3Q}$
④ $H(\text{m}) = \dfrac{\eta}{L \times 13.3Q}$

해설

수차 이론출력

$L = 1000QH(\text{kg} \cdot \text{m/s}) = 9.8HQ(\text{kW}) = 13.3HQ(\text{PS})$

에서, $H(\text{m}) = \dfrac{L}{13.3Q}$ 이므로 수차의 실제출력은 효율(η)를 감안하면 $H(\text{m}) = \dfrac{L}{13.3\eta Q}$ 이다.

정답 09.③ 10.② 11.①

12 한 변의 길이가 a인 정삼각형 모양의 단면을 갖는 파이프 내로 유체가 흐른다. 이 파이프의 수력반경(hydraulicradius)은?

① $\frac{\sqrt{3}}{4}a$　② $\frac{\sqrt{3}}{8}a$
③ $\frac{\sqrt{3}}{12}a$　④ $\frac{\sqrt{3}}{16}a$

$$\text{수력반경} = \frac{\text{단면적}}{\text{젖은 둘레}} = \frac{\frac{\sqrt{3}}{4}a^2}{3a} = \frac{\sqrt{3}}{12}a$$

13 축소 – 확대 노즐의 확대부에서 흐름이 초음속이라면 확대부에서 증가하는 것을 옳게 나타낸 것은? (단, 이상기체의 단열흐름이라고 가정한다.) **[유체 3]**

① 속도
② 속도, 밀도
③ 압력
④ 압력, 밀도

해설

축소 – 확대 노즐

속도별 / 항목	$M>1$(초음속)		$M<1$(아음속)	
	확대부	축소부	확대부	축소부
증가	속도, 마하수	압력, 온도, 밀도	압력, 온도, 밀도	마하수, 속도
감소	압력, 온도, 밀도	속도, 마하수	마하수, 속도	압력, 온도, 밀도

14 유체는 분자들 간의 응집력으로 인하여 하나로 연결되어 있어서 연속물질로 취급하여 전체의 평균적 성질을 취급하는 경우가 많다. 이와 같이 유체를 연속체로 취급할 수 있는 조건은? (단, l은 유동을 특정지어 주는 대표 길이, λ는 분자의 평균 자유경로이다.)

① $l \ll \lambda$　② $l \gg \lambda$
③ $l = \lambda$　④ $l^2 = \lambda$

해설

연속체

물체의 대표 길이(l)가 자유경로(λ)보다 훨씬 큰 것($l \gg \lambda$)

15 물을 사용하는 원심펌프의 설계점에서의 전양정이 30m이고, 유량은 1.2m³/min이다. 이 펌프의 전효율이 80%라면 이 펌프를 1200rpm의 설계점에서 운전할 때 필요한 축동력을 공급하기 위한 토크는 약 몇 N · m인가?

① 46.7
② 58.5
③ 467
④ 585

해설

$$L_{PS} = \frac{\gamma \cdot Q \cdot H}{75\eta} = \frac{1000 \times (1.2/60) \times 30}{75 \times 0.8} = 10\text{PS}$$

$$\therefore\ T(\text{N} \cdot \text{m}) = 7018.76 \times \frac{P(\text{동력})}{N} = 7018.76 \times \frac{10}{1200} = 58.489\text{N} \cdot \text{m}$$

16 유동장 내의 속도(u)와 압력(p)의 시간변화율은 각각 $\frac{\alpha u}{\alpha t} = A$, $\frac{\alpha p}{\alpha t} = B$라고 할 때, 다음 중 옳은 것을 모두 고르면? **[유체 10]**

㉠ 실제유체(real fluid)의 비정상유동(unsteady flow)에서는 $A \neq 0$, $B \neq 0$이다.
㉡ 이상유체(ideal fluid)의 비정상유동(unsteady flow)에서는 $A = 0$이다.
㉢ 정상유동(steady flow)에서는 모든 유체에 대해 $A = 0$이다.

① ㉠, ㉡　② ㉠, ㉢
③ ㉡, ㉢　④ ㉠, ㉡, ㉢

해설

㉠ 정상유동
어떤 유체유동에서 주어진 한 점에서 여러 특성 중 한 개라도 시간이 경과할 때 변하지 않는 유동
조건 : $\frac{\alpha u}{\alpha t} = 0$, $\frac{\alpha \rho}{\alpha t} = 0$, $\frac{\alpha p}{\alpha t} = 0$

㉡ 비정상유동
어떤 유체유동에서 주어진 한 점에서 시간의 경과에 따라 변화가 있는 유동
조건 : $\frac{\alpha u}{\alpha t} \neq 0$, $\frac{\alpha \rho}{\alpha t} \neq 0$, $\frac{\alpha p}{\alpha t} \neq 0$
여기서, L : 비정상유동, $A \neq 0$

정답 12.③ 13.① 14.② 15.② 16.②

참고 S가 임의 방향의 좌표일 때 유동장영역에서 어떤 순간 모든 점의 속도가 위치에 관계없이 동일할 때를 균속도라고 하고, $\frac{\alpha u}{\alpha s}=0$, $\frac{\alpha t}{\alpha s}=0$, $\frac{\alpha p}{\alpha t}=0$, $\frac{\alpha \rho}{\alpha t}=0$로 표현

비균속도 또는 비등류는 $\frac{\alpha u}{\alpha s}\neq 0$, $\frac{\alpha t}{\alpha s}\neq 0$, $\frac{\alpha p}{\alpha t}\neq 0$, $\frac{\alpha \rho}{\alpha t}\neq 0$로 표현

17 밀도가 ρ(kg/m)인 액체가 수평의 축소관을 흐르고 있다. 2지점에서 단면적은 각각 A_1, A_2(m^2)이고 그 지점에서 압력은 각각 P_1, P_2(N/m^2)이며, 속도는 V_1, V_2(m/s)일 때 마찰손실이 없다면 압력차(P_1-P_2)는 얼마인가?

① $\rho V_1^2[(A_1/A_2)^2-1]/2$
② $\rho V_2^2[(A_1/A_2)^2-1]/2$
③ $\rho V_1^2[(A_2/A_1)^2-1]/2$
④ $\rho V_2^2[(A_2/A_1)^2-1]$

해설

베르누이 방정식

$$\frac{P_1}{\gamma}+\frac{V_1^2}{2g}+h_1=\frac{P_2}{\gamma}+\frac{V_2^2}{2g}+h_2$$

(수평관 $h_1=h_2$)

$$\frac{P_1-P_2}{\gamma}=\frac{V_2^2-V_1^2}{2g}$$

$\because\ \gamma=\rho g$, $A_1V_1=A_2V_2$에서 $V_2=\frac{A_1}{A_2}V_1$

$$P_1-P_2=\gamma\frac{\left(\frac{A_1}{A_2}V_1\right)^2-V_1^2}{2g}$$

$$=\rho g\times\frac{V_1^{\ 2}\left\{\left(\frac{A_1}{A_2}\right)^2-1\right\}}{2g}$$

$$=\frac{\rho V_1^{\ 2}\left\{\left(\frac{A_1}{A_2}\right)^2-1\right\}}{2}$$

18 다음 중 수직충격파가 발생하였을 때의 변화는? **[유체 21]**

① 압력과 마하수가 증가한다.
② 압력은 증가하고, 마하수는 감소한다.
③ 압력은 감소하고, 마하수는 증가한다.
④ 압력과 마하수가 감소한다.

충격파

초음속흐름이 갑자기 아음속흐름으로 변하게 되는 경우, 이때 발생하는 불연속면

(1) 종류
  ㉠ 수직충격파 : 충격파가 흐름에 대하여 수직하게 작용하는 것
  ㉡ 경사충격파 : 충격파가 흐름에 대하여 경사지게 작용하는 것

(2) 영향
  ㉠ 밀도, 비중량, 압력 증가
  ㉡ 마하수, 속도 감소
  ㉢ 비가역 현상으로 엔트로피 증가

19 파이프 내 정성호흡에서 길이방향으로 속도분포가 변하지 않는 흐름을 가리키는 것은 어느 것인가?

① 플러그흐름(plug flow)
② 완전 발달된 흐름(fully developed flow)
③ 층류(laminar flow)
④ 난류(turbulent flow)

㉠ 완전히 발달된 흐름 : 원형 관내를 유체가 흐르고 있을 때 경계층이 완전히 성장하여 일정한 속도 분포를 유지하면서 흐르는 흐름
㉡ 플러그흐름 : 유수의 모든 부분에서 유속은 일정흐름은 수평인 상태

20 유체를 거시적인 연속체로 볼 수 있는 요인으로서 가장 적합한 것은? **[유체 11]**

① 유체입자의 크기가 분자 평균자유행로에 비해 충분히 크고, 충돌시간은 충분히 짧을 것
② 유체입자의 크기가 분자 평균자유행로에 비해 충분히 작고, 충돌시간은 충분히 짧을 것
③ 유체입자의 크기가 분자 평균자유행로에 비해 충분히 크고, 충돌시간은 충분히 길 것
④ 유체입자의 크기가 분자 평균자유행로에 비해 충분히 작고, 충돌시간은 충분히 길 것

정답 17.① 18.② 19.② 20.①

해설

연속체(continuum)의 조건

㉠ 물체의 대표길이(l)가 자유경로(λ)보다 훨씬 클 것($l \gg \lambda$)

㉡ 분자충돌시간이 매우 짧은 기체

㉢ 분자 간의 응집력이 매우 큰 기체

㉣ 대부분의 액체

제2과목 연소공학

21 1kmol의 일산화탄소와 2kmol의 산소로 충전된 용기가 있다. 연소 전 온도는 298K, 압력은 0.1MPa이고 연소 후 생성물은 냉각되어 1300K로 되었다. 정상상태에서 완전 연소가 일어났다고 가정했을 때 열전달량은 약 몇 kJ인가? (단, 반응물 및 생성물의 총 엔탈피는 각각 −110529kJ, −293338kJ이다.)

① −202397 ② −230323
③ −340238 ④ −403867

열전달량(Q)

$=$생성물 총 엔탈피(H_2)−(반응물 총 엔탈피(H_1) $+n\overline{R}T$)

$= -293338 - (-110529 + 2 \times 8.314 \times 1300)$

$= -204425\text{kJ}$

22 어떤 고체연료의 조성은 탄소 71%, 산소 10%, 수소 3.8%, 황 3%, 수분 3%, 기타 성분 9.2%로 되어 있다. 이 연료의 고위발열량(kcal/kg)은 얼마인가?

① 6698 ② 6782
③ 7103 ④ 7398

㉠ $Hh = Hl + 600(9\text{H} + W)$

$= 6555.3 + 600(9 \times 0.038 + 0.03)$

$= 6778.5(\text{kcal/kg})$

$\therefore Hl = 8100\text{C} + 28600\left(\text{H} - \frac{\text{O}}{8}\right) + 2500\text{S}$

$= 8100 \times 0.71 + 28600\left(0.038 - \frac{0.1}{8}\right) + 2500 \times 0.03$

$= 6555.3\text{kcal/kg}$

㉡ $Hh = 8100\text{C} + 34000\left(\text{H} - \frac{\text{O}}{8}\right) + 2500\text{S}$

$= 8100 \times 0.71 + 34000\left(0.038 - \frac{0.1}{8}\right) + 2500 \times 0.03$

$= 6693\text{kcal/kg}$

※ $Hl = 8100\text{C} + 28600\left(\text{H} - \frac{\text{O}}{8}\right) + 2500\text{S}$

$Hh = 8100\text{C} + 34000\left(\text{H} - \frac{\text{O}}{8}\right) + 2500\text{S}$

$= Hl + 600(9\text{H} + W)$

식에서 문제와 같이 수소와 수분이 주어졌을 때 $Hh = Hl + 600(9\text{H} + W)$로 계산해야 옳으나 출제공단의 정답이 6698인 관계로 ㉡의 해설을 첨부한다.

23 다음 중 비가역과정이라고 할 수 있는 것은?

① Carnot 순환
② 노즐에서의 팽창
③ 마찰이 없는 관내의 흐름
④ 실린더 내에서의 급격한 팽창과정

해설

㉠ 가역 : 어떤 과정을 수행 후 영향이 없음

㉡ 비가역 : 어떤 과정을 수행 시 영향이 남아 있음
→ 비가역과 가역 제2종 영구기관의 존재 가능성은 열역학 2법칙과 밀접한 관계가 있으며, 보통 일상에서 경험하는 것은 비가역으로 본다.

[비가역이 되는 이유]

- 온도차로 생기는 열전달
- 압축 및 자유팽창
- 마찰
- 혼합 및 화학반응
- 확산 및 삼투압 현상
- 전기적 저항

※ 비가역의 열효율은 가역의 열효율보다 작다(카르노사이클의 열효율은 100%이다).

참고
- 가역 : 열역학 1법칙
- 비가역 : 열역학 2법칙
- 과정(process) : 물질이 연속상태의 변화 경로, 즉 가역과정은 열적, 화학적 모든 평형이 유지되는 것이며 운동 후 어떤 변화도 남기지 말아야 한다. 실제로는 가역과정이란 것은 불가능하다.

정답 21.① 22.① 23.④

24 이상기체에 대한 단열온도 상승은 열역학 단열압축식으로부터 계산될 수 있다. 다음 중 열역학 단열압축식이 바르게 표현된 것은? (단, T_f는 최종 절대온도, T_i는 처음 절대온도, P_f는 최종 절대압력, P_i는 처음 절대압력, r은 압축비이다.)

① $T_i = T_f(P_f/P_i)^{(r-1)/r}$
② $T_i = T_f(P_f/P_i)^{r/(1-r)}$
③ $T_f = T_i(P_f/P_i)^{r/(r-1)}$
④ $T_f = T_i(P_f/P_i)^{(r-1)/r}$

25 다음 프로판 및 메탄의 폭발하한계는 각각 2.5v%, 5.0v%이다. 프로판과 메탄이 4:1의 체적비로 있는 혼합가스의 폭발하한계는 약 몇 v%인가?

① 2.16 ② 2.56
③ 2.78 ④ 3.18

$$\frac{100}{L} = \frac{80}{2.5} + \frac{20}{5}$$

$\therefore L = 2.78\text{v\%}$

26 폭발범위가 큰 것에서 작은 순서로 옳게 나열된 것은? **[안전 106]**

① 수소 > 산화에틸렌 > 메탄 > 부탄
② 산화에틸렌 > 수소 > 메탄 > 부탄
③ 수소 > 산화에틸렌 > 부탄 > 메탄
④ 산화에틸렌 > 수소 > 부탄 > 메탄

폭발범위

㉠ 산화에틸렌(3~80%)
㉡ 수소(4~75%)
㉢ 메탄(5~15%)
㉣ 부탄(1.8~8.4%)

27 등심연소의 화염높이에 대하여 옳게 설명한 것은? **[연소 2]**

① 공기유속이 낮을수록 화염의 높이는 커진다.
② 공기온도가 낮을수록 화염의 높이는 커진다.
③ 공기유속이 낮을수록 화염의 높이는 낮아진다.
④ 공기유속이 높고, 공기온도가 높을수록 화염의 높이는 커진다.

등심연소

일명 심지연소라고 하며, 램프 등과 같이 연료를 심지로 빨아올려 심지 표면에서 연소시키는 것으로 공기온도가 높을수록, 유속이 낮을수록 화염의 높이는 커진다.

28 고압가스 안전관리기준에 의한 안전간격 측정방법은 다음과 같다. ㉠, ㉡에 들어갈 적당한 말은?

> 최대안전틈새는 내용적이 (㉠)이고 틈새깊이가 (㉡)인 표준용기 안에서 가스가 폭발할 때 발생한 화염이 용기 밖으로 전파하여 가연성 가스에 점화되지 아니하는 최대값

① ㉠ : 8L, ㉡ : 15mm
② ㉠ : 8L, ㉡ : 25mm
③ ㉠ : 16L, ㉡ : 15mm
④ ㉠ : 16L, ㉡ : 25mm

29 압력이 1기압이고, 과열도가 10℃인 수증기의 엔탈피는 약 몇 kcal/kg인가? (단, 100℃ 때의 물의 증발잠열은 539kcal/kg이고, 물의 비열 1kcal/kg·℃, 수증기의 비열 0.45kcal/kg·℃, 기준상태는 0℃와 1atm으로 한다.)

① 539
② 639
③ 643.5
④ 653.5

㉠ $Q_1 = 1\text{kg} \times 1\text{kcal/kg}\cdot℃ \times 100℃$
㉡ $Q_2 = 1\text{kg} \times 539\text{kcal/kg}$
㉢ $Q_3 = 1\text{kg} \times 0.45\text{kcal/kg}\cdot℃ \times 10℃$
∴ $Q = Q_1 + Q_2 + Q_3 = 643.5\text{kcal/kg}$

정답 24.④ 25.③ 26.② 27.① 28.② 29.③

30 습증기의 엔트로피가 압력 2026.5kPa에서 3.22kJ/kg · K이고 이 압력에서 포화수 및 포화증기의 엔트로피가 각각 2.44kJ/kg · K 및 6.35kJ/kg · K이라면, 이 습증기의 습도는 약 몇 %인가?

① 56
② 68
③ 75
④ 80

해설

습증기의 습도

$$\frac{\text{포화증기엔트로피} - \text{습증기엔트로피}}{\text{포화증기엔트로피} - \text{포화수엔트로피}}$$

$$= \frac{6.35 - 3.22}{6.35 - 2.44} \times 100 = 80\%$$

참고 x(건조도)

$$= \frac{\text{습증기엔트로피} - \text{포화수엔트로피}}{\text{포화증기엔트로피} - \text{포화수엔트로피}}$$

또는 $x = 1 - \text{습도}(y)$

31 다음 [그림]에 해당하는 기관은?

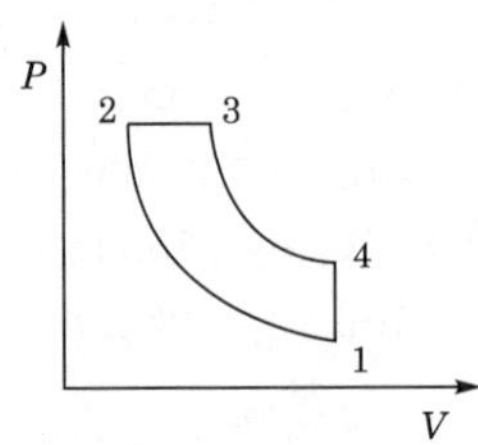

① 랭킨사이클 ② 오토사이클
③ 디젤사이클 ④ 카르노사이클

해설

디젤사이클

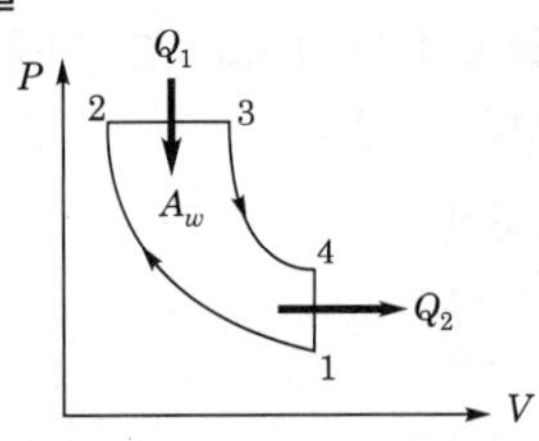

- (1-2) 단열압축
- (2-3) 정압가열
- (3-4) 단열팽창
- (4-1) 정적방열

압축비$\left(\varepsilon = \frac{V_1}{V_2} = \frac{V_4}{V_2}\right)$

32 카르노사이클에서 열량의 흡수는 어느 과정에서 이루어지는가?

① 단열압축 ② 등온압축
③ 단열팽창 ④ 등온팽창

해설

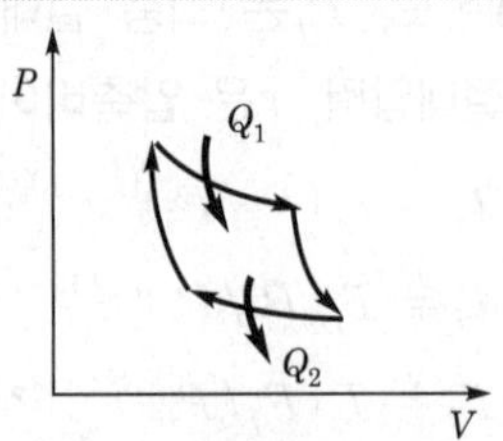

㉠ 열량 흡수(Q_1) : 등온팽창
㉡ 열량 방출(Q_2) : 등온압축

33 다음 발열량 24000kcal/m^{3}인 액화석유가스 1m^{3}에 공기 3m^{3}를 혼합하면 혼합가스의 발열량은 얼마가 되는가?

① 6000kcal/m^3
② 7000kcal/m^3
③ 8000kcal/m^3
④ 9000kcal/m^3

해설

$$\frac{24000\text{kcal}}{(1+3)\text{m}^3} = 6000\text{kcal/m}^3$$

34 자연발화온도(AIT)는 외부에서 착화원을 부여하지 않고 증기가 주위의 에너지로부터 자발적으로 발화하는 최저온도이다. 다음 설명 중 틀린 것은?

① 산소 농도가 클수록 AIT는 낮아진다.
② 계의 압력이 높을수록 AIT는 낮아진다.
③ 부피가 클수록 AIT는 낮아진다.
④ 포화탄화수소 중 iso－화합물이 n－화합물보다 AIT가 낮다.

해설

④ 노르말(n) 화합물이 AIT가 낮다.

35 가스 화재 시 밸브 및 콕을 잠그는 경우 어떤 소화효과를 기대할 수 있는가?

① 질식소화 ② 제거소화
③ 냉각소화 ④ 억제소화

정답 30.④ 31.③ 32.④ 33.① 34.④ 35.②

36 체적 300L의 탱크 속에 습증기 58kg이 들어 있다. 온도 350℃일 때 증기의 건도는 얼마인가? (단, 350℃ 온도 기준 포화증기표에서 $v' = 1.7468 \times 10^{-3}m^3/kg$, $v'' = 8.811 \times 10^{-3}m^3/kg$이다.)

① 0.485　② 0.585
③ 0.693　④ 0.793

탱크 체적이 $0.3m^3$이므로
$v = v' + x(v'' - v')$에서

$$\text{습포화증기 비체적}(v) = \frac{V(\text{탱크 체적})}{G(\text{습증기 질량})}$$

$$\therefore x = \frac{\frac{V}{G} - v'}{v'' - v'} = \frac{\frac{0.3}{58} - 1.7468 \times 10^{-3}}{8.811 \times 10^{-3} - 1.7468 \times 10^{-3}} = 0.4849 = 0.485$$

- x : 건조도
- v : 습포화증기 비체적
- v' : 포화수 비체적
- v'' : 포화증기 비체적
- V : 탱크 체적

37 프로판 가스 $1Sm^3$을 완전연소시켰을 때의 건조연소가스량은 약 몇 Sm^3인가? (단, 공기 중의 산소는 21v%이다.)

① 10　② 16
③ 22　④ 30

$C_3H_8 + 5O_2 \rightarrow 3CO_2 + 4H_2O$

$1Sm^3 \ : \ 5 \times \frac{0.79}{0.21} \ : \ 3$

건조가스량 $= N_2 + CO_2$이므로

$\therefore 5 \times \frac{0.79}{0.21} + 3 = 21.80 = 22Sm^3$

38 밀폐된 공간에서 flashover(전실화재) 후 계속해서 연소를 하려고 해도 산소가 부족하여 연소가 잠재적으로 진행되고 있다가 소방대가 소화활동을 위하여 화재실의 문을 개방할 때 신선한 공기가 유입되어 실내에 축적되었던 가연성 가스가 단시간에 폭발적으로 연소함으로서 화재가 폭풍을 일으키며 실외로 분출되는 현상은? **[연소 23]**

① back draft　② roll over
③ boil off　④ slop over

39 에탄올(C_2H_5OH)이 이론산소량의 150%와 함께 정상적으로 연소된다. 반응물은 298K으로 연소실에 들어가고 생성물은 냉각되어 338K, 0.1MPa 상태로 연소실을 나간다. 이때 생성물 중 액체상태의 물(H_2O)은 몇 kmol이 생성되는가? (단, 338K, 0.1MPa일 때 H_2O의 증기압은 25.03kPa이다.)

① 1.924　② 1.831
③ 1.169　④ 1.031

㉠ C_2H_5OH가 산소량 150%로 연소 시 연소반응식
$C_2H_5OH + 4.5O_2\begin{pmatrix} 3O_2 \\ 1.5O_2 \end{pmatrix} \rightarrow 2CO_2 + 3H_2O + 1.5O_2$
산소량 $3O_2$는 연소하여 $2CO_2$, $3H_2O$가 되고 과잉산소 $1.5O_2$는 생성물로 배출

㉡ 상기 연소반응식은 표준상태 0℃, 1atm에서 물의 몰수가 3몰이므로 생성물의 압력 0.1MPa=100kPa 338K의 생성물 몰수를 계산하면 $PV = \eta RT$
$\therefore \eta = \frac{PV}{RT}$
(몰수는 압력에 비례, 온도에 반비례하므로)

몰수(η)	압력(P)	온도(T)
3	101.325kPa	273K
x	(100−25.03)kPa	338K

에서

$\therefore x = 3 \times \frac{(100-25.03)}{101.325} \times \frac{273}{338} = 1.79 ≒ 1.8$

40 가스터빈장치의 이상사이클을 Brayton 사이클이라고도 한다. 이 사이클의 효율을 증대시킬 수 있는 방법이 아닌 것은?

① 터빈에 다단팽창을 이용한다.
② 기관에 부딪치는 공기가 운동에너지를 갖게 하므로 압력을 확산기에서 증가시킨다.
③ 터빈을 나가는 연소기체류와 압축기를 나가는 공기류 사이에 열교환기를 설치한다.
④ 공기를 압축하는 데 필요한 일은 압축과정을 몇 단계로 나누고, 각 단 사이에 중간 냉각기를 설치한다.

브레이턴 사이클
2개의 단열과정과 2개의 정압과정으로 이루어진 가스터빈의 이상사이클로서, 열효율은 압력비만의 함수이고 압력비가 높을수록 효율이 높으며 확산기를 통과하면 압력이 낮아진다.

정답 36.① 37.③ 38.① 39.② 40.②

제3과목 가스설비

41 접촉분해 프로세스에서 다음 반응식에 의해 카본이 생성될 때 카본생성을 방지하는 방법은? [설비 3]

$$CH_4 \leftrightarrows 2H_2 + C$$

① 반응온도를 낮게, 반응압력을 높게 한다.
② 반응온도를 높게, 반응압력을 낮게 한다.
③ 반응온도와 반응압력을 모두 낮게 한다.
④ 반응온도와 반응압력을 모두 높게 한다.

42 다음 반응으로 진행되는 접촉분해반응 중 카본 생성을 방지하는 방법으로 옳은 것은? [설비 3]

$$2CO \rightarrow CO_2 + C$$

① 반응온도 : 낮게, 반응압력 : 높게
② 반응온도 : 높게, 반응압력 : 낮게
③ 반응온도 : 낮게, 반응압력 : 낮게
④ 반응온도 : 높게, 반응압력 : 높게

(1) 나프타 접촉분해법에서 온도압력에 따른 증감요소
㉠ 압력상승 온도하강 시
(감소 : H_2, CO) (증가 : CH_4, CO_2)
㉡ 압력하강 온도상승 시
(감소 : CH_4, CO_2) (증가 : H_2, CO)
(2) 접촉분해반응에서 카본 생성방지법
㉠ $2CO \rightarrow CO_2 + C$ (발열)
반응온도 높게, 반응압력 낮게
㉡ $CH_4 \rightarrow 2H_2 + C$ (흡열)
반응온도 낮게, 반응압력 높게
㉢ $CO + H_2 \rightarrow C + H_2O + Q$
압력 높게, 온도 낮게

43 다음 중 펌프의 실양정(actual head)을 가장 바르게 나타낸 것은?

① 흡입 실양정+송출 실양정
② 흡입 실양정+송출 실양정+총 손실수두
③ 흡입 실양정+송출 실양정+속도수두
④ 흡입 실양정+송출 실양정+전양정

펌프의 양정

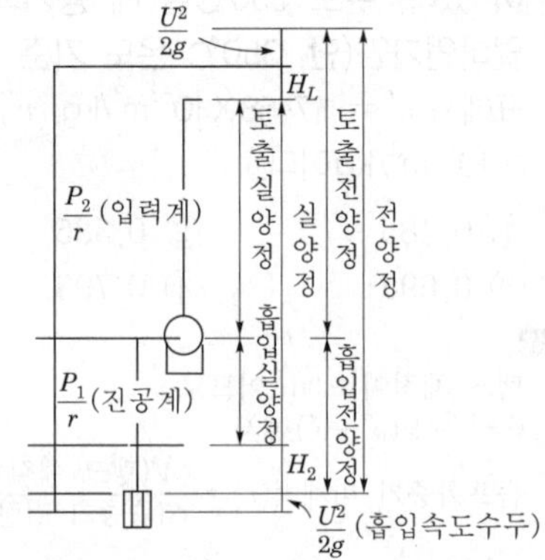

㉠ 흡입 실양정 : 액면에서 펌프 중심까지의 거리
㉡ 토출 실양정 : 펌프 중심에서 최대방출면까지의 거리
㉢ 흡입 전양정 : 흡입 실양정+H_L(흡입측 손실수두)
㉣ 토출 전양정 : 토출 실양정+H_L(토출측 손실수두)
㉤ 실양정 : 흡입 실양정+토출 실양정
㉥ 전양정 : 토출 전양정+흡입 전양정

44 전양정 20m, 유량 1.8m³/min, 펌프의 효율이 70%인 경우 펌프의 축동력(L)은 약 몇 마력(PS)인가?

① 11.4 ② 13.4
③ 15.5 ④ 17.5

$$L_{PS} = \frac{\gamma \cdot Q \cdot H}{75\eta} = \frac{1000 \times 1.8 \times 20}{75 \times 60 \times 0.7} = 11.4\text{PS}$$

45 터보 팽창기는 처리가스에 윤활유가 혼입되지 않으며 처리가스량이 10000m³/h 정도로 크다. 터보 팽창기의 종류에 해당하지 않는 것은?

① 왕복동식 ② 충동식
③ 반동식 ④ 반경류 반동식

팽창기
(1) 왕복동식
㉠ 팽창비가 커서 약 40 정도인 것도 있으며 효율은 60~65% 정도이다.
㉡ 처리가스량이 1000m³/h 정도이면 다기통이 된다.

정답 41.① 42.② 43.① 44.① 45.①

㉢ 고압식 액체분리장치, 수소액화장치, 헬륨액화기 등에 사용된다.

(2) 터보 팽창기 : 회전수는 10000~20000rpm 정도, 팽창비는 5 정도이며, 충동식, 반동식, 반경류 반동식이 있지만 반동식이 효율이 높아 80~85% 정도이다.

46 4극 3상 전동기를 펌프와 직결하여 운전할 때 전원주파수가 60Hz이면 펌프의 회전수는 몇 rpm인가? (단, 미끄럼률은 2%이다.)

① 1562 ② 1663
③ 1764 ④ 1865

$$N=\frac{120f}{p}\left(1-\frac{s}{100}\right)$$
$$=\frac{120\times 60}{4}\left(1-\frac{2}{100}\right)=1764\text{rpm}$$

47 다음 중 최고사용압력이 고압인 배관(액화가스의 경우는 0.2MPa 이상)에서 사용하는 배관은?

① KS D 3514(가스용 폴리에틸렌관)
② KS D 3562(압력배관용 탄소강관)
③ KS D 3583(배관용 아크용접 탄소강관)
④ KS D 3589(폴리에틸렌 피복강관)

해설

배관의 사용재료[최고사용압력이 고압인 배관(액화가스인 경우 0.2MPa 이상) 사용배관]
㉠ KS D 3562(압력배관용 탄소강관)
㉡ KS D 3563(보일러 및 열교환기용 탄소강관)
㉢ KS D 3564(고압배관용 탄소강관)
㉣ KS D 3570(고온배관용 탄소강관)
㉤ KS D 3572(보일러 열교환기용 합금강관)
㉥ KS D 3573(배관용 합금강관)
㉦ KS D 3576(배관용 스테인리스 강관)
㉧ KS D 3577(보일러 열교환기용 스테인리스 강관)

48 10℃에서 절대압력이 0.9MPa인 기체상태의 질소가스가 있다. 이 가스가 법적으로 고압가스에 해당되는지의 여부를 판단한 것으로 옳은 것은?

① 0.88MPa(g)로서 고압가스가 아니다.
② 0.88MPa(g)로서 고압가스이다.
③ 1.08MPa(g)로서 고압가스가 아니다.
④ 1.08MPa(g)로서 고압가스이다.

해설

$$\frac{P_1}{T_1}=\frac{P_2}{T_2}$$
$$P_2=\frac{P_1T_2}{T_1}=\frac{0.9\times(273+35)}{(273+10)}=0.97\text{MPa(a)}$$
$\therefore$ $0.97-0.101325=0.878=0.88\text{MPa(g)}$
1MPa 이하이므로 고압가스가 아니다.

49 다음 중 LNG 냉열 이용에 대한 설명으로 틀린 것은?

① LNG를 기화시킬 때 발생하는 한냉을 이용하는 것이다.
② LNG 냉열로 전기를 생산하는 발전에 이용할 수 있다.
③ LNG는 온도가 낮을수록 냉열 이용량은 증가한다.
④ 국내에서는 LNG 냉열을 이용하기 위한 타당성 조사가 활발하게 진행 중이며, 실제 적용한 실적은 아직 없다.

50 다음 [보기]에서 설명하는 암모니아 합성탑의 종류는?

- 합성탑에는 철계통의 촉매를 사용한다.
- 촉매층 온도는 약 500~600℃이다.
- 합성압력은 약 300~400atm이다.

① 파우더법
② 하버-보시법
③ 클라우드법
④ 우데법

51 단열을 한 배관 중에 작은 구멍을 내고 이 관에 압력이 있는 유체를 흐르게 하면 유체가 작은 구멍을 통할 때 유체의 압력이 하강함과 동시에 온도가 변화하는 현상을 무엇이라고 하는가?

① 토리첼리 효과
② 줄-톰슨 효과
③ 베르누이 효과
④ 도플러 효과

정답 46.③ 47.② 48.① 49.④ 50.③ 51.②

52 린데식 공기액화분리장치에 해당하지 않는 것은?

① 터보식 공기압축기 사용
② 피스톤식 팽창기 사용
③ 축냉기 사용
④ 줄-톰슨 효과 이용

해설

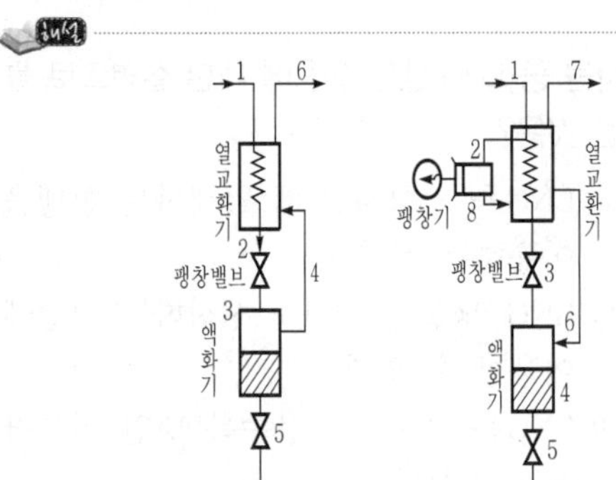

[린데식 액화장치] [클라우드식 액화장치]

53 브롬화메틸 30톤(T=110℃), 펩탄 50톤(T=120℃), 시안화수소 20톤(T=100℃)이 저장되어 있는 고압가스 특정제조시설의 안전구역 내 고압가스 설비의 연소열량을 구하면? (단, T는 사용온도이며, $K=4.1(T-T_0)\times10^3$로 산정)

[상용온도에 따른 K의 수치]

상용온도(K)	40 미만	40 이상 70 미만	70 이상 100 미만	100 이상 130 미만	130 이상 160 미만
브롬화메틸	7	12	23	32	42
펩탄	65	84	240	401	550
시안화수소	46	59	124	178	255

① 2457 ② 4910
③ 5222 ④ 6254

특정제조시설의 안전구역 내 고압가스 연소열량

$$Q=K\cdot W$$
$$=\left(\frac{K_A\cdot W_A}{Z}\right)\times\sqrt{Z}+\left(\frac{K_B\cdot W_B}{Z}\right)\times\sqrt{Z}+\left(\frac{K_C\cdot W_C}{Z}\right)\times\sqrt{Z}$$
$$=\left(\frac{32\times30}{100}\right)\times\sqrt{100}+\left(\frac{401\times50}{100}\right)\times\sqrt{100}+\left(\frac{178\times20}{100}\right)\times\sqrt{100}=2457$$

여기서,
Q : 연소열량의 수치(가스의 단위 중량인 진발열량의 수)
K : 가스의 종류 및 상용의 온도에 따라 표에서 정한 수치
W : 저장설비 또는 처리설비에 따라 정한 수치
($\because$ $Z=W_A+W_B+W_C=30+50+20=100$톤)

저장설비 안에 2종류 이상의 가스가 있는 경우에는 각각의 가스량(톤)을 합산한 양의 평방근 수치에 각각의 가스량에 해당 합계량에 대한 비율을 곱하여 얻은 수치와 각각의 가스에 관계되는 K를 곱해 $K\cdot W$를 구한다.

54 수소의 공업적 제조법 중 다음 반응식과 관계있는 것은?

$$C_mH_n+mH_2O\rightarrow mCO+\frac{(2m+n)}{2}H_2$$

① 일산화탄소 전화법
② 부분산화법
③ 수증기개질법
④ 천연가스 분해법

55 가스공급설비 설치를 위하여 지반조사 시 최대토크 또는 모멘트를 구하기 위한 시험은?

① 표준관입시험
② 표준허용시험
③ 베인(vane)시험
④ 토질시험

해설

가스공급설비의 지반조사

(1) 고압가스 설비(1ton 100m^3 이상 설비)
설치 시 유해한 영향을 미치는 부등침하 원인 유무에 대하여 1차 지반조사 실시
(2) 지반의 허용응력 지지도 기초 파일 첨단의 허용응력 지지도를 위하여 2차 지반조사 실시
㉠ 표준관입시험 : 흙의 표준관입시험 방법에 따라 시값 계산
㉡ 토질시험 : 지반의 점착력, 단위체적당 중량에 따라 압축강도를 구하거나 압축시험에 따라 점착력, 내부 마찰력 구함
㉢ 베인시험 : 지반조사 시 최대토크 또는 모멘트를 구하는 시험

정답 52.② 53.① 54.③ 55.③

56 특정설비 재검사 대상으로 맞는 것은 어느 것인가? **[안전 15]**

① 역화방지장치
② 차량에 고정된 탱크
③ 자동차용 가스자동주입기
④ 특정고압가스용 실린더 캐비닛

해설

특정설비 종류

(1) 저장탱크, 안전밸브, 긴급차단장치, 역화방지장치, 기화장치, 압력용기, 자동차용 가스자동주입기, 독성 가스 배관용 밸브, 냉동설비를 구성하는 압축기, 응축기, 증발기 또는 압력용기, 특정고압가스용 실린더 캐비닛, 자동차용 압축천연가스 완속충전설비(처리능력 18.5m^3/h 미만인 경우), 액화석유가스 용기 잔류가스 회수장치

(2) 재검사 대상에서 제외되는 특정설비
㉠ 평저형 및 이중각 진공 단열형 저온저장탱크
㉡ 역화방지장치
㉢ 독성 가스 배관용 밸브
㉣ 자동차용 가스자동주입기
㉤ 냉동용 특정설비
㉥ 초저온 가스용 대기식 기화장치
㉦ 저장탱크 또는 차량에 고정된 탱크에 부착되지 않은 안전밸브 및 긴급차단밸브
㉧ 저장탱크 및 압력용기 중 초저온저장탱크, 초저온압력용기, 분리할 수 없는 이중관식 열교환기
㉨ 특정고압가스용 실린더 캐비닛
㉩ 자동차용 압축 천연가스 완속충전설비
㉪ 액화석유가스용 용기 잔류가스 회수장치

57 나프타를 접촉분해법에서 개질온도 705℃의 조건에서 개질압력을 1기압보다 높일 때 가스의 조성변화는? **[설비 3]**

① 가스의 조성은 H_2와 CO가 증가하고 CH_4와 CO_2가 감소한다.
② 가스의 조성은 H_2와 CO가 감소하고 CH_4와 CO_2가 증가한다.
③ 가스의 조성은 H_2와 CO_2가 증가하고 CH_4와 CO가 증가한다.
④ 가스의 조성은 CH_4와 CO가 증가하고 CH_4와 CO_2가 감소한다.

58 내경이 492.2mm이고, 외경이 508.0mm인 배관을 맞대기 용접하는 경우 평행한 용접이음매의 간격은 얼마로 하여야 하는가?

① 75mm
② 95mm
③ 115mm
④ 135mm

해설

가스도매사업

배관을 맞대기 용접 시 평행한 용접이음매 간격은 다음 계산식으로 계산한다(단, 최소간격은 50mm로 한다).

$D = 2.5\sqrt{(R_m \cdot t)}$

여기서, D : 용접이음매 간격(mm)

R_m : 두께중심반경(mm)

$= 492.2 \times \frac{1}{2} + 7.9 \times \frac{1}{2} = 250$

t : 관의 두께

$= (508.0 - 492.2) \times \frac{1}{2} = 7.9$

$D = 2.5\sqrt{(250 \times 7.9)} = 111.10\text{mm}$

∴ 큰 쪽을 선택하여 115mm D_0

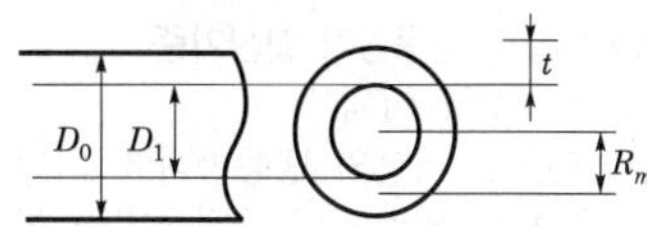

59 다음 압력 중 가장 높은 압력은? **[안전 17]**

① 1단 감압식 저압조정기의 조정압력(2.3 ~ 3.3kPa)
② 자동절체식 저압조정기의 출구쪽 기밀시험압력 : 5.5kPa
③ 1단 감압식 저압조정기의 최대폐쇄압력 : 3.5kPa
④ 자동절체식 일체형 저압조정기의 최대폐쇄압력 : 3.5kPa

① 1단 감압식 저압조정기의 조정압력 : 2.30 ~ 3.30kPa
② 자동절체식 저압조정기의 출구측 기밀시험압력 : 5.5kPa
③ 1단 감압식 저압조정기의 최대폐쇄압력 : 3.5kPa
④ 2단 감압식 2차용 저압조정기, 자동절체식 일체형 저압조정기의 최대폐쇄압력 : 3.5kPa

정답 56.② 57.② 58.③ 59.②

60 다음 중 아세틸렌의 압축 시 분해폭발의 위험을 최소로 줄이기 위한 반응장치는?

① 접촉반응장치 ② IG반응장치
③ 겔로그반응장치 ④ 레페반응장치

제4과목 가스안전관리

61 고압가스 냉동시설에서 냉동능력의 합산기준으로 틀린 것은?

① 냉매가스가 배관에 의하여 공통으로 되어 있는 냉동설비
② 냉매계통을 달리하는 2개 이상의 설비가 1개의 규격품으로 인정되는 설비 내에 조립되어 있는 것
③ 1원(元) 이상의 냉동방식에 의한 냉동설비
④ brine을 공통으로 하고 있는 2 이상의 냉동설비

해설
냉동시설의 냉동능력 합산기준
①, ②, ④항 이외에
㉠ 2원(元) 이상의 냉동방식에 의한 냉동설비
㉡ 모터 등 압축기의 동력설비를 공통으로 하고 있는 냉동설비

62 다음 ( ) 안에 들어갈 것으로 알맞은 것은?

> 도시가스시설 중 본관 또는 최고사용압력이 중압 이상인 공급관을 (　　) 이상 설치하는 공사는 공사계획의 승인을 받아야 한다.

① 10m ② 20m
③ 50m ④ 100m

63 저장능력이 500kg 이상인 액화염소 사용시설의 저장설비는 그 외면으로부터 제1종 보호시설까지 몇 m 이상의 거리를 유지하여야 하는가?

① 12 ② 15
③ 17 ④ 19

해설
저장능력 500kg 이상 액화염소 사용시설
㉠ 1종 : 17m 이상
㉡ 2종 : 12m 이상

64 도시가스 제조소의 가스누출 통보설비로서 가스경보기 검지부의 설치장소로 옳은 곳은? [안전 67]

① 증기, 물방울, 기름 섞인 연기 등의 접촉부위
② 주위의 온도 또는 복사열에 의한 열이 40° 이하가 되는 곳
③ 설비 등에 가려져 누출가스의 유동이 원활하지 못한 곳
④ 차량 또는 작업 등으로 인한 파손 우려가 있는 곳

해설
(1) 검지부 설치장소(②항을 포함하여)
㉠ 누출된 가스가 체류하기 쉬운 구조인 배관 부분
㉡ 슬리브관, 이중관 등에 의하여 밀폐되어 설치된 배관의 부분
㉢ 긴급차단장치 부분
(2) 검지부를 설치하지 않아야 할 장소
①, ②, ③항 이외 주위온도나 복사열로 온도가 40℃ 이상되는 곳

65 액화석유가스를 사용하는 가스배관의 이음부와 전기설비와의 이격거리를 나타낸 것 중 바르게 연결된 것은? (단, 배관이음부는 용접이음매를 제외한다.) [안전 14]

① 전기계량기 – 60cm 이상
② 전기접속기 – 20cm 이상
③ 전기개폐기 – 30cm 이상
④ 절연조치 하지 않는 전선 – 10cm 이상

66 도시가스사업자는 공급하는 도시가스의 유해성분, 열량, 압력 및 연소열을 측정하여야 하는데 이 중 열량을 측정할 때의 시간 및 압력 측정의 위치가 각각 바르게 짝지어진 것은?

정답 60.④ 61.③ 62.② 63.③ 64.② 65.① 66.①

① 6시 30분부터 9시 사이 – 가스공급시설 끝부분의 배관
② 매 2시간마다 – 가스홀더 출구
③ 6시 30분부터 20시 30분 사이 – 정압기 출구
④ 17시부터 20시 30분 사이 – 배송기 출구

해설

도시가스 측정항목 및 장소

열 량		압 력	
시간	측정장소	시간	측정장소
06:30~ 09:00 17:00~ 23:30	· 제조소 출구 · 배송기 · 압송기 · 출구에서 자동열량 측정기로 측정	1~2.5kPa 이내 자기 압력계로 측정	· 가스홀더 출구 · 정압기 출구 · 가스공급시설 끝부분
연소성		**유해성분**	
시간	측정장소	시간	측정장소
06:30~ 09:00 17:00~ 23:30	· 가스홀더 출구 · 압송기 출구	매주 1회	가스홀더 출구
연소속도 웨버지수 측정 웨버지수는 표준 웨버지수의 ±4.5% 이내		건조한 도시가스 $1m^3$당 0℃, 101.325kPa에서 황 0.5g, 황화수소 0.02g, 암모니아 0.2g 초과금지	

67 아세틸렌을 충전하기 위한 기술기준으로 옳은 것은? **[설비 42, 58]**

① 아세틸렌을 2.5MPa의 압력으로 압축할 때에는 질소·메탄·일산화탄소 또는 에틸렌 등의 희석제를 첨가한다.
② 습식 아세틸렌 발생기의 표면의 부근에 용접작업을 할 때에는 70℃ 이하의 온도로 유지하여야 한다.
③ 아세틸렌 용기에 다공물질을 고루 채워 다공도가 70℃ 이상 95% 미만이 되도록 한다.
④ 아세틸렌을 용기에 충전할 때 충전 중의 압력은 3.5MPa 이하로 하고, 충전 후에는 압력이 15℃에서 2.5MPa 이하로 될 때까지 정치하여 둔다.

해설

② 습식 아세틸렌의 표면온도는 용접작업과 관계없이 70℃ 이하
③ 다공도 75% 이상 92% 미만
④ 충전 중 압력 2.5MPa, 충전 후 압력 1.5MPa 이하

68 독성 가스인 염소 500kg을 운반할 때 보호구를 차량의 승무원수에 상당한 수량을 휴대하여야 한다. 다음 중 휴대하지 않아도 되는 보호구는? **[안전 166]**

① 방독마스크
② 공기호흡기
③ 보호의
④ 보호장갑

독성 가스의 보호구

운반하는 독성 가스의 양	
압축가스($100m^3$) 이상	액화가스(1000kg) 미만
· 공기호흡기 · 방독마스크 · 보호의 · 보호장갑 · 보호장화	· 방독마스크 · 보호의 · 보호장갑 · 보호장화

69 차량에 고정된 탱크에는 차량의 진행방향과 직각이 되도록 방파판을 설치하여야 한다. 방파판의 면적은 탱크 횡단면적의 몇 % 이상이 되어야 하는가? **[안전 35]**

① 30
② 40
③ 50
④ 60

해설

방파판의 설치기준

㉠ 면적 : 탱크 횡단면적의 40% 이상
㉡ 위치 : 상부 원호부의 면적이 탱크 횡단면의 20% 이하의 위치
㉢ 방파판의 두께 : 3.2mm 이상
㉣ 설치개수 : 탱크의 내용적 $5m^3$마다 1개씩

정답 67.① 68.② 69.②

70 다음 중 용기 제조자가 수리할 수 있는 용기의 수리범위에 해당되는 것으로만 짝지어진 것은? **[안전 75]**

> ㉠ 용기 몸체의 용접
> ㉡ 용기 부속품의 부품 교체
> ㉢ 초저온 용기의 단열재 교체

① ㉠ ② ㉠, ㉡
③ ㉡, ㉢ ④ ㉠, ㉡, ㉢

해설

용기 제조자의 수리범위
㉠ 용기 몸체의 용접
㉡ 아세틸렌 용기 내의 다공질물 교체
㉢ 용기의 스커트 프로텍터 및 네크링의 교체 및 가공
㉣ 용기 부속품의 부품 교체
㉤ 저온 또는 초저온 용기의 단열재 교체
㉥ 용기 및 용기 부속품의 수리

71 고압가스용 이음매 없는 용기에서 부식도장을 실시하기 전에 도장 효과를 향상시키기 위한 전처리방법이 아닌 것은?

① 산세척
② 숏블라스팅
③ 마블링
④ 에칭프라이머

고압가스용 이음매 없는 용기 부식 방지도장을 위한 전처리방법 : 탈지, 피막화성처리, 산세척, 숏블라스팅, 에칭프라이머

72 액화석유가스에 첨가하는 냄새가 나는 물질의 측정방법이 아닌 것은? **[안전 19]**

① 오더미터법
② 엣지법
③ 주사기법
④ 냄새주머니법

해설

① 오더미터법 : 공기와 시험가스의 유량조절이 가능한 장비를 이용하여 시료 기체를 만들어 감지희석의 배수를 구하는 방법
③ 주사기법 : 채취용 주사기로 채취한 일정량의 시험가스를 희석용 주사기에 옮기는 방법(시료 기체를 만들어 감지희석의 배수를 구함)
④ 냄새주머니법 : 일정한 양의 공기가 들어 있는 주머니에 시험가스를 주머니로 첨가하여 시료 기체를 만들어 감지희석의 배수를 구하는 방법

73 탱크 내 작업을 하기 위하여 탱크 내 가스 치환, 세정, 환기 등을 실시하고 다음과 같은 결과를 얻었다. 이때 탱크 내에 들어가 작업하여도 되는 경우는?

① 암모니아 : 1.0%, 공기 : 99.0%
② 산소 : 80.0%, 질소 : 20.0%
③ 프로판 : 0.1%, 공기 : 99.9%
④ 질소 : 85.0%, 산소 : 15.0%

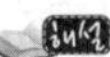

가스 치환 후 설비 내 작업가능 농도
㉠ 독성 : TLV－TWA 농도 기준 농도 이하
㉡ 가연성 : 폭발하한의 1/4 이하
㉢ 산소 : 18% 이상 22% 이하
- 암모니아 1%＝10000ppm
- C_3H_8 : $2.1 \times \frac{1}{4} = 0.525\%$ 이하 작업가능
- 산소 : $99.9 \times 0.21 = 20.97\%$

74 압축천연가스 충전시설의 고정식 자동차충전소 시설기준 중 안전거리에 대한 설명으로 옳은 것은? **[안전 153]**

① 처리설비 · 압축가스설비 및 충전설비는 사업소 경계까지 20m 이상의 안전거리를 유지한다.
② 저장설비 · 처리설비 · 압축가스설비 및 충전설비는 인화성 물질 또는 가연성 물질의 저장소로부터 8m 이상의 거리를 유지한다.
③ 충전설비는 도로 경계까지 10m 이상의 거리를 유지한다.
④ 저장설비 · 압축가스설비 및 충전설비는 철도까지 20m 이상의 거리를 유지한다.

① 10m 유지(방호벽 설치 시 5m 유지)
③ 도로 경계까지 5m 이상 유지
④ 철도까지 30m 유지

정답 70.④ 71.③ 72.② 73.③ 74.②

75 독성 가스를 용기를 이용하여 운반 시 비치하여야 하는 적색기의 규격은? **[안전 48]**

① 빨간색 포로 한 변의 길이가 30cm 이상의 정방향으로 하고, 길이가 1.2m 이상의 깃대일 것
② 빨간색 포로 한 변의 길이가 30cm 이상의 정방향으로 하고, 길이가 1.5m 이상의 깃대일 것
③ 빨간색 포로 한 변의 길이가 40cm 이상의 정방향으로 하고, 길이가 1.2m 이상의 깃대일 것
④ 빨간색 포로 한 변의 길이가 40cm 이상의 정방향으로 하고, 길이가 1.5m 이상의 깃대일 것

76 일반도시가스 사업의 공급시설에 대한 안전거리의 기준으로 옳은 것은?

① 가스 발생기는 그 외면으로부터 사업장의 경계까지 3m 이상이 되도록 한다.
② 가스 홀더는 그 외면으로부터 사업장의 경계까지 거리가 최고사용압력의 고압인 것은 20m 이상이 되도록 한다.
③ 가스 혼합기, 가스정제설비는 그 외면으로부터 사업장의 경계까지 3m 이상이 되도록 한다.
④ 배송기, 압송기 등 공급시설의 부대설비는 그 외면으로부터 사업장의 경계까지 3m 이상이 되도록 한다.

해설
㉠ 가스 발생기 및 가스 홀더 그 외면으로부터 사업장 경계까지 거리
• 최고사용압력 : 고압 20m, 중압 10m, 저압 5m 이상
㉡ 가스 혼합기, 가스정제설비, 배송기, 압송기, 그 부대설비 외면으로부터 사업장 경계까지 거리 3m 이상

77 10kg의 LPG가 누출하여 폭발할 경우 TNT 폭발위력으로 환산하면 TNT 몇 kg에 해당하는가? (단, 가스의 발열량은 12000kcal/kg, TNT의 연소열은 1100kcal/kg이고, 폭발효율은 3%이다.)

① 0.3 ② 3.3
③ 12 ④ 20

$$\frac{10\text{kg(LPG)} \times 12000\text{kcal/kg} \times 0.03}{1100\text{kcal/kg(TNT)}} = 3.27 = 3.3\text{kg}$$

78 지상에 배관을 설치(공업지역 제외)한 도시가스사업자가 유지하여야 할 상용압력별 공지의 폭으로 적합하지 않은 것은? **[안전 160]**

① 5.0MPa－19m ② 2.0MPa－16m
③ 0.5MPa－8m ④ 0.1MPa－6m

공지의 폭
㉠ 0.2MPa 미만 : 5m 이상
㉡ 0.2~1MPa 미만 : 9m 이상
㉢ 1MPa 이상 : 15m 이상

79 긴급이송설비에 부속된 처리설비는 이송되는 설비 내의 내용물을 안전하게 처리하여야 한다. 처리방법으로 틀린 것은? **[안전 26]**

① 플레어스택에서 안전하게 연소시킨다.
② 안전한 장소에 설치되어 저장탱크 등에 임시 이송할 수 있어야 한다.
③ 벤트스택에서 안전하게 연소시켜야 한다.
④ 독성 가스는 제독 후 안전하게 폐기시킨다.

80 액화석유가스를 용기 저장탱크 또는 제조설비에 이·충전 시 정전기 제거조치에 관한 내용 중 틀린 것은? **[안전 45]**

① 접지저항 총합이 100Ω 이하의 것은 정전기 제거조치를 하지 않아도 된다.
② 피뢰설비가 설치된 것의 접지저항값이 50Ω 이하의 것은 정전기 제거조치를 하지 않아도 된다.
③ 접지접속선 단면적은 5.5mm^2 이상의 것을 사용해야 한다.
④ 탱크로리 및 충전에 사용하는 배관은 반드시 충전 전에 접지해야 한다.

피뢰설비 설치 시 10Ω 이하인 것은 정전기 제거조치를 하지 않아도 된다.

정답 75.④ 76.② 77.② 78.③ 79.③ 80.②

제5과목 가스계측

81 U자관 마노미터를 사용하여 오리피스에 걸리는 압력차를 측정하였다. 마노미터 속의 유체는 비중 13.6인 수은이며 오리피스를 통하여 흐르는 유체는 비중이 1인 물이다. 마노미터의 읽음이 40cm일 때 오리피스에 걸리는 압력차는 약 몇 kgf/cm^2인가?

① 0.05 ② 0.30
③ 0.5 ④ 1.86

$$P_1 - P_2 = (13.6-1)\text{kg}/10^3\text{cm}^3 \times 40\text{cm} = 0.504 = 0.5\text{kgf/cm}^2$$

82 스프링식 저울에 물체의 무게가 작용되어 스프링의 변위가 생기고 이에 따라 바늘의 변위가 생겨 물체의 무게를 지시하는 눈금으로 무게를 측정하는 방법을 무엇이라 하는가? **[계측 11]**

① 영위법
② 치환법
③ 편위법
④ 보상법

해설
① 영위법 : 측정결과는 별도로 크기를 조정할 수 있는 같은 종류의 양을 준비하고 미리 알고 있는 양과 측정량을 평형시켜 알고 있는 양의 크기로부터 측정량을 알아내는 방법
② 치환법 : 다이얼게이지로 두께를 측정, 천칭을 이용하여 물체의 질량을 측정하는 등 지시량과 미리 알고 있는 양으로부터 측정량을 알아내는 방법
④ 보상법 : 측정량과 크기가 거의 같은 미리 알고 있는 양을 준비하여 측정량과 미리 알고 있는 양의 차이로 측정량을 알아내는 방법(치환법과 같은 원리)

83 어떤 관로의 벽에 구멍을 내고 측정한 압력이 정압으로 1000000Pa이었다. 이때 관로 내 기체의 유속이 100m/s인 지점의 전압은 약 몇 kPa인가? (단, 기체의 밀도는 $1kg/m^3$이다.)

① 1005 ② 1010
③ 1050 ④ 1100

해설

$$P_2 = \rho \times \frac{V^2}{2g} = 1\text{kg/m}^3 \times \frac{100^2}{2\times 9.8} = 510.201\text{kg/m}^2$$

$$\frac{510}{10332} \times 101.325 = 5.0\text{kPa}$$

$$\therefore \text{ 전압 } P_0 = P_1 + P_2 = 1000\text{kPa} + 5.0\text{kPa} = 1005\text{kPa}$$

84 어떤 시료 가스 크로마토그램에서 성분 A의 체류시간(t)이 10분이고, 피크폭이 10mm이었다. 이 경우 성분 A에 대한 HETP(Height Equivalent to a Theoretical Plate)는 약 몇 mm인가? (단, 분리관의 길이는 2m이고, 기록지의 속도는 10mm/min이다.)

① 0.63
② 0.8
③ 1.25
④ 2.5

해설

$$N = 16 \times \left(\frac{t_r}{W}\right)^2 = 16 \times \left(\frac{10}{1}\right)^2 = 1600$$

$$\therefore \text{HETP} = \frac{L}{N} = \frac{2000}{1600} = 1.25$$

여기서, N : 이론단수
t_r : 체류시간
W : 봉우리 너비 : $\frac{10\text{mm}}{10\text{mm/min}} = 1$
HETP : 이론단의 높이
L : 관길이

85 온도가 21℃에서 상대습도 60%의 공기를 압력은 변화하지 않고 온도를 22.5℃로 할 때, 공기의 상대습도는 약 얼마인가?

온도(℃)	물의 포화증기압(mmHg)
20	16.54
21	17.83
22	19.12
23	20.41

① 52.41% ② 53.63%
③ 54.13% ④ 55.95%

정답 81.③ 82.③ 83.① 84.③ 85.③

22.5℃의 포화증기압

$$\frac{19.12+20.41}{2}=19.765\text{mmHg}$$

$$\therefore \text{ 상대습도}=\frac{\text{습공기 중 수증기 분압}}{\text{포화공기 중 수증기 분압}}=\frac{P_w(\phi P_s)}{P_s}\times 100=\frac{17.83\times 0.6}{19.765}\times 100=54.125=54.13\%$$

86 목표값이 미리 정해진 계측에 따라 시간적 변화를 할 경우 목표값에 따라 변하도록 하는 제어는? **[계측 12]**

① 정치제어
② 추종제어
③ 캐스케이드제어
④ 프로그램제어

87 다음 중 공차(公差)에 대하여 가장 바르게 나타낸 것은?

① 계량기 고유오차의 최소허용한도
② 계량기 고유오차의 최대허용한도
③ 계량기 검정오차의 규정허용한도
④ 계량기 사용오차의 조정허용한도

공차

계량기가 가지고 있는 기차의 최대허용한도를 일종의 사회규범 또는 규정에 의하여 정한 것으로 검정공차와 사용공차가 있다.

㉠ 검정공차 : 계량기 제작의 수리 또는 수입 시 계량법으로 명시한 공차
㉡ 사용공차(허용공차) : 사용 중 계기의 기차에 대하여 계량법상 인정되는 최대허용한도
㉢ 사용공차 = 검정공차 × (1.5~2배)

88 가스미터의 기차를 측정하기 위하여 기준기로 지시량을 측정해보니 100m³를 나타내었다. 그 결과 기차가 3%로 계산되었다면 이 가스미터의 지시량은 몇 m³를 나타내고 있는가?

① 103　② 108
③ 172　④ 178

$$E=\frac{I-Q}{I}$$

$$0.03=\frac{I-100}{I}$$

$$I-100=0.03I$$

$$I-0.03I=100$$

$$I(1-0.03)=100$$

$$\therefore I=\frac{100}{1-0.03}=103\text{m}^3$$

- E : 기차
- Q : 기준미터 지시량
- I : 시험미터 지시량

89 차압식 유량계로 유량을 측정하는 경우 교축기구 전후의 차압이 20.25Pa일 때 유량이 25m³/h이었다. 차압이 10.50Pa일 때 유량은 약 몇 m³/h인가?

① 13
② 18
③ 35
④ 48

유량은 차압의 평방근에 비례

$25 : \sqrt{20.25}=x : \sqrt{10.50}$ 이므로

$$\therefore x=\frac{\sqrt{10.50}}{\sqrt{20.25}}\times 25=18\text{m}^3/\text{h}$$

90 서미스터(thermistor)의 특징을 바르게 설명한 것은? **[계측 22]**

① 온도계수가 작으며, 응답속도가 빠르다.
② 온도상승에 따라 저항치가 감소한다.
③ 감도는 크나 미소한 온도차 측정이 어렵다.
④ 수분 흡수 시에도 오차가 발생하지 않는다.

서미스터

온도에 따라 저항값이 크게 변하는 도체이며 반도체의 종류로서 망간, 니켈, 코발트의 산화물로 저항의 온도계수가 마이너스인 저항소자이다. 미소온도 변화 검출에 유리, 응답이 빠르며, 대량생산으로 경제적이다.

정답 86.④ 87.② 88.① 89.② 90.②

91 검교정설비 표준시스템에서 소닉 노즐(sonic nozzle)의 특성에 크게 영향을 주는 스월(swirl)을 줄이기 위하여 설치하는 스트레이너(strainer)의 적당한 설치위치는?

① 노즐(nozzle) 입구에서 3D 이상 지점
② 노즐(nozzle) 입구에서 5D 이상 지점
③ 노즐(nozzle) 입구에서 10D 이상 지점
④ 노즐(nozzle) 입구에서 20D 이상 지점

소닉 노즐
가스유량계 교정에 사용되는 기준. 소닉 노즐에 흐르는 유량을 계산하기 위해 임계유동인자가 필요하며, 스월을 줄이기 위해 스트레이너는 노즐 입구에서 5D 이상 지점에 설치한다.

92 다음 중 캐스케이드 제어에 대한 설명으로 옳은 것은? **[계측 12]**

① 비율제어라고도 한다.
② 단일 루프제어에 비해 내란의 영향이 없으나 계전체의 지연이 크게 된다.
③ 2개의 제어계를 조합하여 제어량을 1차 조절계로 측정하고 그 조작출력으로 2차 조절계의 목표치를 설정한다.
④ 물체의 위치, 방위, 자세 등의 기계적 변위를 제어량으로 하는 제어계이다.

93 단열형 열량계로 2g의 기체연료를 연소시켜 발열량을 구하였다. 내통의 수량이 1600g, 열량계의 수 당량이 800g, 온도 상승이 10℃이었다면 발열량은 약 몇 J/g인가? (단, 물의 비열은 4.19J/g · K로 한다.)

① 1.7×10^4 ② 3.4×10^4
③ 5.0×10^4 ④ 6.8×10^4

$$(1600+800)\text{g}\times4.19\text{J/g}\cdot\text{K}\times10℃\times\frac{1}{2\text{g}}=50280\text{J/g}$$

94 25℃, 전체 압력이 760mmHg일 때 상대습도가 40%이었다. 건조공기 500kg 안의 습한 공기의 양은 약 몇 kg인가? (단, 25℃에서의 포화수증기압은 40.3mmHg이다.)

① 13kg
② 11kg
③ 9kg
④ 7kg

$x=\dfrac{\gamma_w}{\gamma_a}=0.622\times\dfrac{\phi P_s}{P-\phi P_s}$ 이므로

$$\therefore\ \gamma_w=\gamma_a\times\left\{0.622\times\frac{\phi P_s}{P-\phi P_s}\right\}$$
$$=500\text{kg}\times\left\{0.622\times\frac{0.4\times40.3}{760-0.4\times40.3}\right\}$$
$$=6.739\fallingdotseq7\text{kg}$$

여기서, x : 절대습도
γ_w : 습공기량(kg)
γ_a : 건조공기량(kg)
P : 대기압(P_a+P_w)
ϕ : 상대습도
P_w : 습공기 중 수증기분압($P_w=\phi P_s$)
P_s : 동일온도의 포화습공기의 수증기분압

95 몇몇 종류의 결정체는 특정한 방향으로 힘을 받으면 자체 내에 전압이 유기되는 성질이 있다. 이러한 성질을 이용한 압력계는?

① 스트레인게이지 압력계
② 정전용량형 압력계
③ 전위차계형 압력계
④ 압전형 압력계

압전형(피에조전기) 압력계
수정이나 전기석로셀염 등의 결정체의 특정 방향에 압력을 가하면 표면에 전기가 일어나고, 발생한 전기량은 압력에 비례한다. 이것은 엔진의 지시계나 가스폭발 등 급격히 변화하는 압력측정에 유리하다.

96 계측기의 감도에 대하여 바르게 나타낸 것은?

① $\dfrac{\text{지시량의 변화}}{\text{측정량의 변화}}$
② $\dfrac{\text{측정량의 변화}}{\text{지시량의 변화}}$
③ 지시량의 변화 − 측정량의 변화
④ 측정량의 변화 − 지시량의 변화

정답 91.② 92.③ 93.③ 94.④ 95.④ 96.①

97 비중이 0.9인 액체가 지름 5cm인 수평관 속을 매초 0.2m³의 유량으로 흐를 때 레이놀즈수는 얼마인가? (단, 액체의 점성계수 $\mu=5\times10^{-3}$kg · s/m²이다.)

① 8.73×10^4　　② 9.35×10^4
③ 1.02×10^5　　④ 9.18×10^5

해설

$$Re=\frac{\rho DV}{\mu}$$
$$=\frac{91.836\text{kgf}\cdot\text{s}^2/\text{m}^4\times0.05\text{m}\times101.859\text{m/s}}{5\times10^{-3}\text{kg}\cdot\text{s/m}^2}$$
$$=9.35\times10^4$$

∴ $\gamma=\rho g$이므로

$$\rho=\frac{\gamma}{g}$$
$$=\frac{0.9\times10^3\text{kgf/m}^3}{9.8\text{m/s}^2}=91.836\text{kgf}\cdot\text{s}^2/\text{m}^4$$

• $V=\dfrac{Q}{A}=\dfrac{0.2\text{m}^3/\text{s}}{\frac{\pi}{4}\times(0.05\text{m})^2}=101.859\text{m/s}$

98 관성이 있는 측정기의 지나침(over shooting)과 공명현상을 방지하기 위해 취하는 행동은 무엇인가?

① 제동(damping)
② 감시경보(process monitor)
③ 동작평형(motion balance)
④ 되먹임(feedback)

99 자동조절계의 제어동작에 대한 설명으로 틀린 것은? **[계측 4]**

① 비례동작에 의한 조작신호의 변화를 적분동작만으로 일어나는 데 필요한 시간을 적분시간이라고 한다.
② 조작신호가 동작신호의 미분값에 비례하는 것을 레이트 동작(rate action)이라고 한다.
③ 매분당 미분동작에 의한 변화를 비례동작에 의한 변화로 나눈 값을 리셋률이라고 한다.
④ 미분동작에 의한 조작신호의 변화가 비례동작에 의한 변화와 같아질 때까지의 시간을 미분시간이라고 한다.

해설

$$x_0=K_p\left(x_i+\frac{1}{T_1}\int x_i dt+T_D\frac{dx_i}{dt}\right)$$

여기서, x_0 : 조작량
x_i : 편차
K_p : 비례감도
T_D : 미분시간
$\frac{1}{T_1}$: 리셋률
T_1 : 리셋시간

100 다음 중 SO_2, H_2O, CO_2에 응답하지 않는 특징을 가지는 검출기는? **[계측 13]**

① 열전도검출기(TCD)
② 염광광도검출기(FPD)
③ 수소불꽃이온검출기(FID)
④ 전자포획검출기(ECD)

정답 97.② 98.① 99.③ 100.③

CBT 기출복원문제

2023년 기사 제2회 필기시험 (2023년 5월 13일 시행)

01 가스기사	수험번호 : 수험자명 :	※ 제한시간 : 150분 ※ 남은시간 :
글자 크기 100% 150% 200% 화면 배치	전체 문제 수 : 안 푼 문제 수 :	답안 표기란 ① ② ③ ④

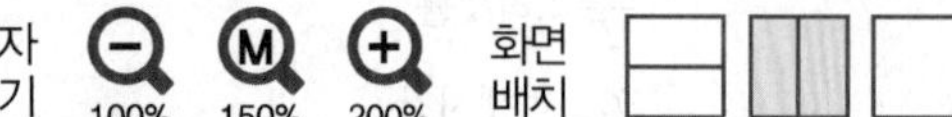

제1과목 가스유체역학

01 액체 수송에 쓰이는 펌프의 연결이 옳지 않은 것은? **[설비 33]**

① 원심펌프 – turbine 펌프
② 왕복펌프 – screw 펌프
③ 회전펌프 – gear 펌프
④ 특수펌프 – jet 펌프

펌프의 분류

(1) 터보식
　㉠ 원심(벌류트, 터빈)
　㉡ 축류
　㉢ 사류
(2) 용적식
　㉠ 왕복(피스톤, 플런저)
　㉡ 회전(기어, 베인, 나사(스크루))

02 물방울에 작용하는 표면장력의 크기는? (단, P_1은 내부압력, P_0는 외부압력, r은 반지름이다.)

① $(P_1 - P_0)\times r$
② $(P_1 - P_0)\times 2r$
③ $\{(P_1 - P_0)\times r \div 2\}$
④ $\{(P_1 - P_0)\times r \div 4\}$

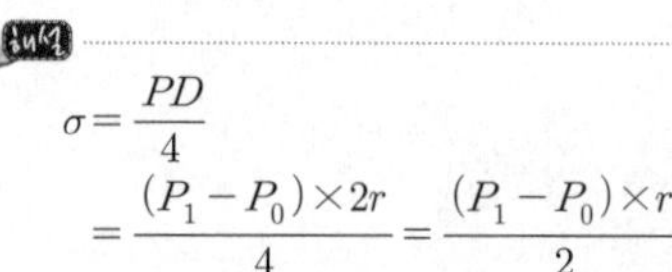

$$\sigma = \frac{PD}{4} = \frac{(P_1 - P_0)\times 2r}{4} = \frac{(P_1 - P_0)\times r}{2}$$

03 중량 10000kgf의 비행기가 270km/h의 속도로 수평 비행할 때 동력은? (단, 양력(L)과 항력(D)의 비 $L/D = 5$이다.)

① 1400PS　　② 2000PS
③ 2600PS　　④ 3000PS

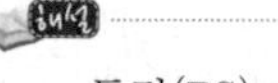

$$\text{동력(PS)} = \frac{D\cdot V}{75} = \frac{10000\text{kgf}\times 270\times 10^3\text{m}}{75\times 3600\text{s}}\times\frac{1}{5} = 2000\text{PS}$$

04 반지름 R인 원형관 내의 완전발달된 물의 층류유동 속도분포는 다음과 같이 나타낼 수 있다. 이 원형관 내의 평균속도는?

$$\frac{V}{V_{\max}} = 1 - \left(\frac{r}{R}\right)^2$$

① $\dfrac{V_{\max}}{4}$　　② $\dfrac{V_{\max}}{3}$
③ $\dfrac{V_{\max}}{2}$　　④ $\dfrac{2V_{\max}}{3}$

해설

수평원 통관 층류유동

㉠ $V_{\max} = -\dfrac{R^2}{4\mu}\dfrac{\Delta P}{L}$ ………… (a)

　속도분포 : $\dfrac{V}{V_{\max}} = 1 - \left(\dfrac{r}{R}\right)^2$

　평균속도 : $V = \dfrac{Q}{A} = \dfrac{\Delta P\pi R^4/8\mu L}{\pi R^2} = \dfrac{\Delta P\pi R^2}{8\mu L}$

㉡ $V = \dfrac{\Delta P\pi R^2}{8\mu L}$ ………… (b)

식 (b)를 식 (a)로 나누면

$$\frac{V}{V_{\max}} = \frac{\dfrac{\Delta P\pi R^2}{8\mu L}}{\dfrac{R^2\Delta P}{4\mu L}} = \frac{4}{8} = \frac{1}{2}$$

$$\therefore V = \frac{1}{2}V_{\max}$$

정답 01.② 02.③ 03.② 04.③

05 덕트 내 압축성 유동에 대한 에너지방정식과 직접적으로 관련되지 않는 변수는?

① 위치에너지 ② 운동에너지
③ 엔트로피 ④ 엔탈피

㉠ 압축성 유동에 영향을 미치는 인자 : 위치에너지, 운동에너지
㉡ 비압축성 유동을 지배하는 연속방정식, 운동량방정식, 열역학 1법칙, 엔탈피, 비열에너지 방정식, 음파의 속도, 마하수 등
㉢ 엔트로피의 경우는 등엔트로피 흐름이므로 직접 관련 인자가 아님

참고 엔트로피 : 열역학 2법칙에 의하여 양적으로 표현하기 위하여 엔트로피 개념이 필요하다. 외부에서 고립된 시스템의 엔트로피는 결코 감소하지 않는다. 흐르고 있는 유체 전체에 걸쳐 엔트로피가 일정한 값을 가질 때 그와 같은 흐름을 등엔트로피 또는 단열흐름이라고 한다.

06 안지름 200mm의 수평관에 목부분의 안지름이 100mm인 벤투리관을 설치하여 U자형 마노미터로 압력차를 측정하였더니 수은주의 높이차가 400mm였다. 유량은 몇 m^3/s인가? (단, 관 내부의 유체는 물이고 벤투리관의 유량계수는 0.984, 물과 수은의 비중은 각각 1과 13.55이다.)

① 0.053 ② 0.079
③ 0.104 ④ 0.126

$$Q = C\times\frac{\pi}{4}d^2\sqrt{\frac{2gH}{1-m^4}\left(\frac{sm}{s}-1\right)}$$

$$=0.984\times\frac{\pi}{4}\times(0.1\text{m})^2\sqrt{\frac{2\times9.8\times0.4}{1-\left(\frac{0.1}{0.2}\right)^4}\left(\frac{13.55}{1}-1\right)}$$

$$=0.079\text{m}^3/\text{s}$$

07 상온의 물이 내경 10mm인 원관 속을 10m/s의 유속으로 흐를 때 관 1m당 마찰손실은 몇 kgf/cm^2인가? (단, 관은 수평이며, 물의 점도는 0.012P이고, Fanning 마찰계수 $f=0.0056$이다.)

① 1.14 ② 11.4
③ 114 ④ 1140

패닝에 의한 마찰손실

$$H_L = 4f\cdot\frac{L}{D}\cdot\frac{V^2}{2g}$$

$$=4\times0.0056\times\frac{1}{0.01}\times\frac{10^2}{2\times9.8}$$

$$=11.4285\text{m}$$

$$\therefore \Delta P = \gamma H_L$$

$$=1000\text{kgf/m}^3\times11.4285\text{m}=11428.5\text{kgf/m}^2$$

$$=11428.5\times10^{-4}=1.14285\text{kgf/cm}^2$$

08 어떤 액체에 비중계를 띄웠더니 물에 띄웠을 때보다 축이 10cm만큼 더 가라앉았다. 이 액체의 비중은 약 얼마인가? **[유체 12]**

① 0.82 ② 0.88
③ 0.90 ④ 0.93

해설

㉠ 부양 공식 : $G=\gamma_1 v_1=\gamma_2 v_2$

액체의 비중량

$$\gamma_2=\frac{G}{V_2}=\frac{G}{V_1+\Delta V}=\frac{G}{\left(\frac{G}{\gamma_1}\right)+\Delta V}$$

$$=\frac{0.025\text{kgf}}{\left(\frac{0.025\text{kgf}}{1000\text{kgf/m}^3}\right)+\frac{\pi}{4}\times(0.005\text{m})^2\times(0.1\text{m})}$$

$$=927.179\text{kgf/m}^3$$

㉡ $\gamma=1000\times s$에서

$$\therefore s=\frac{\gamma}{1000}=\frac{927.179}{1000}=0.927=0.93$$

09 압축성 유체의 기계적 에너지수지식에서 고려하지 않는 것은?

① 내부 에너지 ② 위치에너지
③ 엔트로피 ④ 엔탈피

해설

에너지방정식

$$Q+\left(h_1+\frac{u_1^2}{2}+gz_1\right)m_1=W_s+\left(h_2+\frac{u_2^2}{2}+gz_2\right)m_2$$

여기서, Q : 흡수(손실)열량
h : 엔탈피
u : 유체의 속도
gz : 위치에너지
m : 질량유량
W_s : 동력

• 에너지방정식에서 고려가 필요없는 변수 : 엔트로피

정답 05.③ 06.② 07.① 08.④ 09.③

10 중력에 대한 관성력의 상대적인 크기와 관련된 무차원의 수는 무엇인가? **[유체 20]**

① Reynolds수 ② Froude수
③ 모세관수 ④ Weber수

유체 관련 무차원수

명 칭	의 미	공 식
레이놀즈수 (Re)	$\left(\dfrac{관성력}{점성력}\right)$	$Re=\dfrac{\rho Du}{\mu}$
프라우드수 (Fr)	$\left(\dfrac{관성력}{중력}\right)$	$Fr=\dfrac{u^2}{gl}$
마하수 (Ma)	$\left(\dfrac{관성력}{탄성력(압축력)}\right)$	$Ma=\dfrac{u}{a}$
오일러수 (Eu)	$\left(\dfrac{탄성력(압축력)}{관성력}\right)$	$Eu=\dfrac{P}{\rho u^2}$
웨버수 (We)	$\left(\dfrac{관성력}{표면장력}\right)$	$We=\dfrac{\rho l u^2}{\sigma}$
코우시수 (Cu)	$\dfrac{관성력}{탄성력}$	$Cu=\dfrac{\rho u^2}{E}$

ρ : 밀도, D : 관경, u : 속도, μ : 점성계수
a : 음속, σ : 표면장력, P : 압력

11 τ, V, d, ρ, μ로 만들 수 있는 독립적인 무차원수는 몇 개인가? (단, τ는 전단응력, V는 속도, d는 지름, ρ는 밀도, μ는 점성계수이다.)

① 1 ② 2
③ 3 ④ 4

해설

㉠ 물리량 : τ, V, d, ρ, μ(5개)
㉡ 기본차원수 : M, L, T(3개)
$\tau(\mathrm{kgf/m^2})$: $\mathrm{FL^{-2}ML^{-1}T^{-2}}$
$V(\mathrm{m/s})$: $\mathrm{LT^{-1}}$
$d(\mathrm{m})$: L
$\rho(\mathrm{kg/m^3})$: $\mathrm{ML^{-3}}$
$\mu(\mathrm{kg/ms})$: $\mathrm{ML^{-1}T^{-1}}$
∴ 무차원수 = 물리량 − 기본차원수
= 5 − 3 = 2개

12 1차원 공기유동에서 수직 충격파(normal shock wave)가 발생하였다. 충격파가 발생하기 전의 Mach수가 2이면, 충격파가 발생한 후의 Mach수는? (단, 공기는 이상기체이고, 비열비는 1.4이다.)

① 0.317 ② 0.471
③ 0.577 ④ 0.625

해설

충격파 후의 마하수(Ma_2)

$$Ma_2=\sqrt{\frac{2+(k-1)\times Ma_1^2}{2kMa_1^2-(k-1)}}$$
$$=\sqrt{\frac{2+(1.4-1)\times 2^2}{2\times 1.4\times 2^2-(1.4-1)}}$$
$$=0.577$$

13 관 내의 압축성 유체의 경우 단면적 A와 마하수 M, 속도 V 사이에 다음과 같은 관계가 성립한다고 한다. 마하수가 2일 때 속도를 2% 감소시키기 위해서는 단면적을 몇 % 변화시켜야 하는가?

$$dA/A=(M^2-1)\times dV/V$$

① 6% 증가
② 6% 감소
③ 4% 증가
④ 4% 감소

해설

$$\frac{dA}{A}=(M^2-1)\times\frac{dV}{V}=(2^2-1)\times 2\%=6\%$$
∴ 단면적 6% 감소

14 안지름 250mm인 관이 안지름 400mm인 관으로 급확대되어 있을 때 유량 230L/s가 흐르면 손실수두는?

① 0.117m
② 0.217m
③ 0.317m
④ 0.416m

해설

돌연 확대관의 손실수두

$$H=\left\{1-\left(\frac{D_1}{D_2}\right)^2\right\}^2\cdot\frac{{V_1}^2}{2g}$$
$D_1=0.25\mathrm{m}$
$D_2=0.4\mathrm{m}$
$$\therefore V_1=\frac{0.23\mathrm{m^3/s}}{\frac{\pi}{4}\times(0.25\mathrm{m})^2}=4.6852\mathrm{m/s}$$
$$\therefore H=\left\{1-\left(\frac{0.25}{0.4}\right)^2\right\}^2\times\frac{4.6852^2}{2\times 9.8}$$
$$=0.4159\mathrm{m}=0.416\mathrm{m}$$

정답 10.② 11.② 12.③ 13.② 14.④

15 안지름 D인 실린더 속에 물이 가득 채워져 있고, 바깥지름 $0.8D$인 피스톤이 0.1m/s의 속도로 주입되고 있다. 이때 실린더와 피스톤 사이로 역류하는 물의 평균 속도는 약 몇 m/s인가?

① 0.178 ② 0.213
③ 0.313 ④ 0.413

해설

$Q=A\cdot V$이므로

$$\therefore V=\frac{Q}{A}=\frac{\frac{\pi}{4}\times(0.8D)^2\times0.1}{\frac{\pi}{4}\times\{D^2-(0.8D)^2\}}$$

$$=0.177 \fallingdotseq 0.178\text{m/s}$$

16 압력 P_1에서 체적 V_1을 갖는 어떤 액체가 있다. 압력을 P_2로 변화시키고 체적이 V_2가 될 때, 압력차이(P_2-P_1)를 구하면? (단, 액체의 체적탄성계수는 K이다.)

① $-K\left(1-\dfrac{V_2}{V_1-V_2}\right)$

② $K\left(1-\dfrac{V_2}{V_1-V_2}\right)$

③ $-K\left(1-\dfrac{V_2}{V_1}\right)$

④ $K\left(1-\dfrac{V_2}{V_1}\right)$

해설

체적탄성계수 : $K=\dfrac{\Delta P}{\frac{\Delta V}{V}}\begin{pmatrix}\Delta P=P_1-P_2\\ \Delta V=V_2-V_1\end{pmatrix}$

$K=\dfrac{P_1-P_2}{\frac{V_2-V_1}{V_1}}$ 이므로

$$P_1-P_2=K\left\{\frac{V_2-V_1}{V_1}\right\}=K\left\{\frac{V_2}{V_1}-1\right\}$$

$$\therefore P_2-P_1=-K\left\{\frac{V_2}{V_1}-1\right\}=K\left\{1-\frac{V_2}{V_1}\right\}$$

17 원관 내 흐름이 층류일 경우 유량이 반경의 4제곱과 압력기울기 $\dfrac{(P_1-P_2)}{L}$에 비례하고, 점도에 반비례한다는 법칙은?

① Hagen–Poiseuille 법칙
② Reynolds 법칙
③ Newton 법칙
④ Fourier 법칙

해설

원관 속의 층류

$$Q=\frac{\Delta P\cdot\pi\cdot r^4}{8\mu l}=\frac{\Delta P\pi\left(\frac{d}{2}\right)^4}{8\mu l}$$

$=\dfrac{\Delta P\cdot\pi\cdot d^4}{128\mu l}$ (하겐-푸아죄유 방정식)

※ 층류에만 적용

18 유체역학에서 다음과 같은 베르누이 방정식이 적용되는 조건이 아닌 것은?

$$\frac{P}{\gamma}+\frac{V^2}{2g}+Z=\text{일정}$$

① 적용되는 임의의 두 점은 같은 유선상에 있다.
② 정상상태의 흐름이다.
③ 마찰이 없는 흐름이다.
④ 유체흐름 중 내부 에너지 손실이 있는 흐름이다.

해설

내부 에너지 손실이 존재하려면

$$\frac{P_1}{\gamma}+\frac{{V_1}^2}{2g}+Z_1=\frac{P_2}{\gamma}+\frac{{V_2}^2}{2g}+Z_Z+H_L$$

손실 H_L이 존재(수정 베르누이 방정식)

19 6cm×12cm인 직사각형 단면의 관에 물이 가득차 흐를 때 수력반지름은 몇 cm인가?

① 3/2 ② 2
③ 3 ④ 6

해설

수력반경$(R_h)=\dfrac{\text{단면적}}{\text{젖은 둘레}}$

㉠ 원형관 $=\dfrac{D}{4}$

㉡ 직사각형$=\dfrac{ab}{2(a+b)}$

㉢ 정사각형$=\dfrac{a^2}{4a}$

$$\therefore \frac{6\times12}{2(6+12)}=\frac{72}{36}=2$$

정답 15.① 16.④ 17.① 18.④ 19.②

20 공기가 79vol% N_2와 21vol% O_2로 이루어진 이상기체 혼합물이라 할 때 25℃, 750 mmHg에서 밀도는 약 몇 kg/m³인가?

① 1.16 ② 1.42
③ 1.56 ④ 2.26

$P=\frac{w}{v}\times\frac{1}{M}\times RT$이므로

$\therefore\ w/v(\mathrm{g/L})(\mathrm{kg/m^3})$

$=\frac{PM}{RT}=\frac{\left(\frac{750}{760}\right)\times(28\times0.79+32\times0.21)}{0.082\times(273+25)}$

$=1.16\mathrm{kg/m^3}$

제2과목 연소공학

21 가스설비의 정성적 위험성 평가방법으로 주로 사용되는 HAZOP 기법에 대한 설명으로 틀린 것은? **[연소 12]**

① 공정을 이해하는 데 도움이 된다.
② 공정의 상호작용을 완전히 분석할 수 있다.
③ 정확한 상세도면 및 데이터가 필요하지 않다.
④ 여러 가지 공정형식(연속식, 회분식)에 적용 가능하다.

HAZOP 위험과 운전분석
공정에 존재하는 위험요소들과 공정의 효율을 떨어뜨릴 수 있는 운전상의 문제점을 찾아내 그 원인을 제거하는 분석기법이다.

22 Fireball에 의한 피해가 아닌 것은?

① 공기팽창에 의한 피해
② 탱크파열에 의한 피해
③ 폭풍압에 의한 피해
④ 복사열에 의한 피해

Fireball
인화성 증기가 확산하여 공기와의 혼합비가 폭발범위에 도달했을 때 착화, 커다란 공의 형태로 화염을 발생시키는 현상이다. 즉, 파이어볼이란 탱크가 파열 후 공기팽창, 폭풍압, 복사열 등을 유발하여 공모양으로 되고 더욱 피해가 확산 시 버섯모양으로 변한다.

23 다음 중 비열에 대한 설명으로 옳지 않은 것은? **[연소 3]**

① 정압비열은 정적비열보다 항상 크다.
② 물질의 비열은 물질의 종류와 온도에 따라 달라진다.
③ 정적비열에 대한 정압비열의 비(비열비)가 큰 물질일수록 압축 후의 온도가 더 높다.
④ 물질의 비열이 크면 그 물질의 온도를 변화시키기 쉽고, 비열이 크면 열용량도 크다.

④ 비열이 큰 물질일수록 쉽게 온도가 올라가거나 내려가지 않으며, 비열비가 크면 압축 후 토출가스 온도가 높다.

24 환경오염을 방지하기 위한 NO_x 저감방법이 아닌 것은?

① 공기비를 높여 충분한 공기를 공급한다.
② 연소실을 크게 하여 연소실 부하를 낮춘다.
③ 고온영역에서의 체류시간을 짧게 한다.
④ 박막연소를 통해 연소온도를 낮춘다.

공기비를 높이면 공기 중 질소의 성분으로 질소산화물의 발생이 증가한다. 질소산화물(NO_x)의 저감방법은 ②, ③, ④항 이외에
㉠ 연소온도를 낮게 연소가스 중 산소농도를 낮게 유지
㉡ 연소가스 중 질소산화물이 적게 발생되도록 적정 공기비를 유지

25 수증기 1mol이 100℃, 1atm에서 물로 가역적으로 응축될 때 엔트로피의 변화는 약 몇 cal/mol · K인가? (단, 물의 증발열은 539 cal/g, 수증기는 이상기체라고 가정한다.)

① 26 ② 540
③ 1700 ④ 2200

정답 20.① 21.③ 22.② 23.④ 24.① 25.①

해설

$$\Delta S = \frac{dQ}{T} = \frac{539\times 18}{373\times 1} = \frac{539\text{cal}/(1\text{g}/18\text{g}/\text{mol})}{373}$$
$$= \frac{539\times 18}{373}\text{cal}/\text{mol}\cdot\text{K}$$
$$= 26\text{cal}/\text{mol}\cdot\text{K}$$

26 다음 중 증기원동기의 가장 기본이 되는 동력사이클은?

① 오토(otto)사이클
② 디젤(diesel)사이클
③ 랭킨(rankine)사이클
④ 사바테(sabathe)사이클

① 오토사이클 : 전기점화기관의 이상사이클 일정체적 하에 동작유체의 열공급 방출이 이루어져 정적사이클이라 한다.
② 디젤사이클 : 압축착화기관의 기본사이클이며, 정압사이클이다.
④ 사바테사이클 : 고속디젤기관의 기본사이클이다.

27 다음은 디젤기관 사이클이다. 압축비를 구하면? (단, 비열비 k는 1.4이다.)

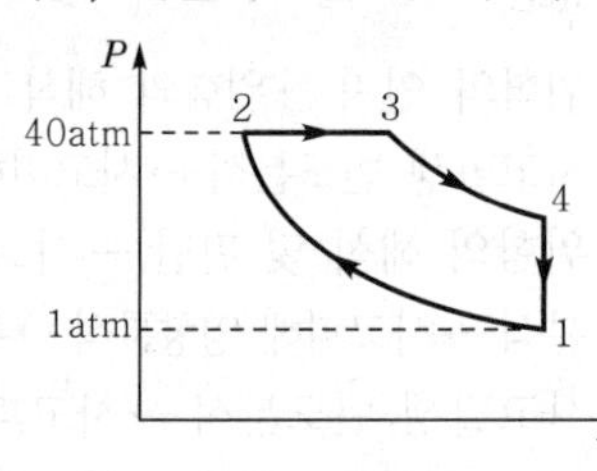

① 8.74 ② 11.50
③ 13.94 ④ 12.83

해설

압축비

$$\Sigma = \frac{V_1}{V_2} = \left(\frac{P_2}{P_1}\right)^{\frac{1}{1.4}} = \left(\frac{40}{1}\right)^{\frac{1}{1.4}} = 13.94$$

28 다음 무차원수 중 열확산계수에 대한 운동량 확산계수의 비에 해당하는 것은?

① Lewis number
② Nusselt number
③ Grashof number
④ Prandtl number

해설

$$\text{프란틀수}(Pr) = \frac{V}{\alpha} = \frac{C_p\mu}{K}$$

여기서,
V : 부피
α : 열확산계수
$C_p \cdot \mu$: 운동량 확산계수
K : 유체의 열전도계수(열역학적인 결과를 일반화시키기 위해 사용되는 무차원수)

29 다음의 단계로 진행되는 폭발 현상을 설명한 것은? **[연소 23]**

> ㉠ 액화가스 저장탱크 주변의 화재발생으로 저장탱크가 가열
> ㉡ 저장탱크 내 액화가스가 비등하여 급격히 증발
> ㉢ 기화된 가스가 안전밸브를 통해 분출
> ㉣ 처음에는 액화가스의 기화열로 저장탱크를 식혀 줌
> ㉤ 액화가스의 기화, 분출에 따른 저장탱크 내 기상부가 확대
> ㉥ 저장탱크 내 기상부의 강도가 약화
> ㉦ 저장탱크 파열과 동시에 끓고 있던 액상의 가스가 착화되어 화구를 형성

① VCE
② BLEVE
③ jet fire
④ flash fire

(1) 블래비(BLEVE) : 비등액체증기폭발비점 이상의 압력으로 유지되는 액체가 들어있는 탱크가 파열될 때 일어나는 액화가스의 폭발
(2) 블래비(BLEVE) 발생조건
  ㉠ 가연액화가스탱크 주변화재 발생 시
  ㉡ 화재에 의한 탱크벽 가열
  ㉢ 액면 이하 벽체는 액의 온도에 의해 냉각 액면 상부 압력이 급격히 증가
  ㉣ 고압에 의해 탱크 파열, 고압의 액화가스가 누출, 급격히 기화, 증기운 발생, 착화되어 대형 폭발을 일으킴
(3) 증기운폭발(VCE, Vapor Cloud Explosion)
저온의 액화가스탱크 또는 액화가연성용기 파괴 시 다량의 가연증기가 대기 중으로 방출, 공기 중에서 분산되어 있는 것이 증기운이며 착화 시 폭발하여 파이어볼을 형성, 이를 증기운 폭발이라고 한다.

정답 26.③ 27.③ 28.④ 29.②

30 다음은 간단한 수증기사이클을 나타낸 그림이다. 여기서 랭킨(Rankine)사이클의 경로를 옳게 나타낸 것은?

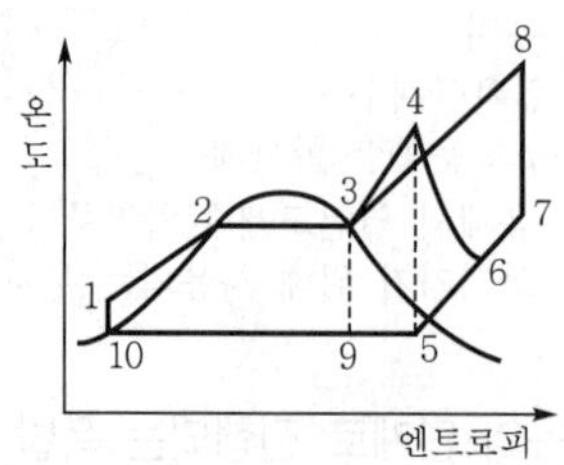

① 1→2→3→4→5→9→10→1
② 1→2→3→9→10→1
③ 1→2→3→4→6→5→9→10→1
④ 1→2→3→8→7→5→9→10→1

해설

랭킨사이클
증기 원동소의 이상사이클이며, 2개의 정압, 2개의 단열과정으로 구성
(도면 설명)
㉠ 4－5 : 가역단열과정
㉡ 1－2－3－7 : 물이 끓는점 이하로 보일러에 들어가 증발하면서 가열되는 과정이며, 다른 과정에 비하여 압력변화가 적으므로 정압과정으로 볼 수 있음
㉢ 4－6 : 보일러에서 나가는 고온수증기의 에너지 일부가 터빈 또는 수증기 기관으로 들어가는 과정

31 압력 0.2MPa, 온도 333K의 공기 2kg이 이상적인 폴리트로픽과정으로 압축되어 압력 2MPa, 온도 523K으로 변화하였을 때 이 과정 동안의 일량은 약 몇 kJ인가?

① －447 ② －547
③ －647 ④ －667

해설

폴리트로픽과정 일량

$W=\dfrac{RT_1}{\eta-1}\left[1-\left(\dfrac{P_2}{P_1}\right)^{\frac{n-1}{n}}\right]$ 에서

공기 $R=8.314\text{kJ/kg}\cdot\text{mol}\cdot\text{K}$이므로

$\dfrac{2}{29}\text{kmol}\times\dfrac{8.314(\text{kJ/kg}\cdot\text{mol}\cdot\text{K})\times 333\text{K}}{1.3-1}$

$\times\left[1-\left(\dfrac{2}{0.2}\right)^{\frac{1.3-1}{1.3}}\right]=-446.314\text{kJ}$

32 무게조성으로 프로판 66%, 탄소 24%인 어떤 연료 100g을 완전연소하는 데 필요한 이론산소량은 약 몇 g인가? (단, C, O, H의 원자량은 각각 12, 16, 1이다.)

① 256 ② 288
③ 304 ④ 320

해설

100g $\begin{cases} ㉠\ C_3H_8 : 66\text{g} \\ ㉡\ C : 24\text{g} \end{cases}$

$C_3H_8+5O_2\rightarrow 3CO_2+4H_2O$
44g : 5×32g
66g : x(g)
$C+O_2\rightarrow CO_2$에서
12g : 32g
24g : y(g)

총 산소량 : $(x+y)\text{g}=\left(\dfrac{66\times5\times32}{44}+\dfrac{24\times32}{12}\right)\text{g}$
$=240+64=304\text{g}$

33 액화천연가스 인수기지에 대하여 위험성평가를 할 때 절차로 옳은 것은?

① 위험의 인지→사고발생 빈도분석→사고피해 영향분석→위험의 해석 및 판단
② 위험의 인지→위험의 해석 및 판단→사고발생 빈도분석→사고피해 영향분석
③ 위험의 해석 및 판단→사고발생 빈도분석→사고피해 영향분석→위험의 인지
④ 사고발생 빈도분석→사고피해 영향분석→위험의 인지→위험의 해석 및 판단

해설

도시가스 안전성 평가(KGS GC 251)
(1) 평가대상 : 액화천연가스 인수기지
(2) 평가시기
㉠ 액화천연가스 인수기지 설치공사 시공감리증명서 받기 전과 받은 날로부터 매 5년이 지난 날이 속하는 해
㉡ 인수기지에 저장탱크를 설치할 경우 설치공사의 시공감리증명서를 받은 날로부터 매 5년이 지난 날이 속하는 해
(3) 평가기준
위험성 인지, 사고발생 빈도분석, 사고피해 영향분석, 위험의 해석 및 판단의 평가항목에 대하여 실시

정답 30.① 31.① 32.③ 33.①

34 어떤 기관의 출력은 100kW이며 매 시간당 30kg의 연료를 소모한다. 연료의 발열량이 8000kcal/kg이라면 이 기관의 열효율은 약 얼마인가?

① 0.15
② 0.36
③ 0.69
④ 0.91

해설

$$\eta = \frac{AW}{Q_1} = \frac{100\text{kW} \times 860\text{kcal/hr} \cdot \text{kW}}{30\text{kg} \times 8000\text{kcal/kg}} = 0.358$$

35 층류 예혼합화염과 비교한 난류 예혼합화염의 특징에 대한 설명으로 옳은 것은 어느 것인가? **[연소 37]**

① 화염의 두께가 얇다.
② 화염의 밝기가 어둡다.
③ 연소속도가 현저하게 늦다.
④ 화염의 배후에 다량의 미연소분이 존재한다.

난류 예혼합화염	층류 예혼합화염
• 연소속도가 수십 배 빠르다. • 화염의 두께가 두껍다. • 연소 시 다량의 미연소분이 존재한다.	• 연소속도가 느리다. • 층류보다 화염의 두께가 얇다. • 난류보다 휘도가 낮다.

36 엔트로피의 증가에 대한 설명으로 옳은 것은?

① 비가역과정의 경우 계와 외계의 에너지의 총합은 일정하고, 엔트로피의 총합은 증가한다.
② 비가역과정의 경우 계와 외계의 에너지의 총합과 엔트로피의 총합이 함께 증가한다.
③ 비가역과정의 경우 물체의 엔트로피와 열원의 엔트로피의 합은 불변이다.
④ 비가역과정의 경우 계와 외계의 에너지의 총합과 엔트로피의 총합은 불변이다.

37 CO_2 가스 8kmol을 101.3kPa에서 303.15K으로부터 723.15K까지 가열한다. 이때 가열열량은 얼마인가? (단, CO_2의 정압몰열량 C_{pm} [kJ/kmol · K]은 다음 식으로 주어진다.)

$$C_{pm} = 26.748 + 42.258 \times 10^{-3}T - 14.247 \times 10^{-6}T^2$$

① 2.237×10^3kJ
② 3.154×10^4kJ
③ 1.494×10^5kJ
④ 1.496×10^6kJ

해설

열량 : $Q = GC_{pm}\Delta T$ 에서

G : 8kmol

C_{pm} : (?)

ΔT : (723.15 − 303.15)K

C_{pm}을 온도에 대한 적분값을 계산하여 상수를 구하면

$$C_{pm} = \frac{1}{\Delta T}\int_{T1}^{T2}(26.748 + 42.258 \times 10^{-3}T - 14.247 \times 10^{-6}T^2)dT$$

$$= \frac{1}{\Delta T_1{}^2}\left[\left\{26.748T_{12} + \left\{\frac{1}{2}(42.258 \times 10^{-3}) \times T_{12}{}^2\right\} - \left\{\frac{1}{3}(14.247 \times 10^{-6}) \times T_{12}{}^3\right\}\right\}\right]$$

$$= \frac{1}{723.15 - 303.15} \times [\{26.748 \times (723.15 - 303.15)\} + \left\{\frac{1}{2}(42.258 \times 10^{-3}) \times (723.15^2 - 303.15^2)\right\} - \left\{\frac{1}{3}(14.247 \times 10^{-6}) \times (723.15^3 - 303.15^3)\right\}]$$

$$= (2.380 \times 10^{-3}) \times (11234.16 + 9107.5709 - 1663.6168)$$

$$= 44.4717\text{kJ/kmol} \cdot \text{K}$$

$$\therefore\ Q = 8\text{kmol} \times 44.4717\text{kJ/kmol} \cdot \text{K} \times (723.15 - 303.15)\text{K} = 149424.9128\text{kJ} \doteq 1.494 \times 10^5\text{kJ}$$

정답 34.② 35.④ 36.① 37.③

38 화격자 연소방식 중 하입식 연소에 대한 설명으로 옳은 것은?

① 산화층에서 코크스화한 석탄 입자표면에 충분한 산소가 공급되어 표면연소에 의한 탄산가스가 발생한다.
② 코크스화한 석탄은 환원층에서 아래 산화층에서 발생한 탄산가스를 일산화탄소로 환원한다.
③ 석탄층은 연소가스에 직접 전하지 않고 상부의 고온화층으로부터 전도와 복사에 의해 가열된다.
④ 휘발분과 일산화탄소는 석탄층 위쪽에서 2차 공기와 합하여 기상연소한다.

해설

화격자 연소방식의 하입식 연소

보일러 노 안에 화격자를 설치, 위에 석탄을 공급하여 화격자 하부에서 보내주는 1차 공기에 의해 연소, 발생한 가연성 가스는 상부 연소실에서 나머지 1차 공기와 연소실로 직접 보내지는 2차 공기에 의해 연소하는데 이때 화격자 하부 틈을 통하여 공기를 보내 연소하는 것을 하입식 연소라 하며 석탄층, 산화층, 환원층 등의 층을 이루며 석탄층은 화격자 면에 접하여 있는 층으로 연소가스에 직접 접하지 않고 상부의 고온 산화층으로부터 전도, 복사에 의하여 가열된다.

39 자연상태의 물질을 어떤 과정(process)을 통해 화학적으로 변형시킨 상태의 연료를 2차 연료라고 한다. 다음 중 2차 연료에 해당하는 것은?

① 석탄 ② 원유
③ 천연가스 ④ LPG

해설

㉠ 1차 연료 : 자연에서 채취한 그대로 사용할 수 있는 연료(목재, 무연탄, 석탄, 천연가스, 역청탄)
㉡ 2차 연료 : 1차 연료를 가공한 연료(목탄, 코크스, LPG, LNG)

40 다음 중 폭발방호(explosion protection)의 대책이 아닌 것은? **[연소 42]**

① venting
② suppression
③ containment
④ adiabatic compression

해설

① venting(환기)
② suppression(억제)
③ containment(봉쇄)
④ adiabatic compression(단열압축)

제3과목 가스설비

41 도시가스 배관의 내진설계 시 성능 평가항목이 아닌 것은?

① 지진파에 의해 발생하는 지반진동
② 지반의 영구변형
③ 위험도계수
④ 도시가스 배관에 발생한 응력과 변형

해설

KGS GC 204 가스배관 내진설계기준(2.5.6) 내진성능 평가항목

①, ②, ④항 이외에
㉠ 가스누출방지 기능
㉡ 연결부의 취성파괴 가능성
㉢ 배관과 지반 사이의 미끄러짐을 고려한 상호작용
㉣ 사면의 안정성
㉤ 액상화 잠재성

42 분자량이 큰 탄화수소를 원료로 하며, 고온(800～900℃)에서 분해하여 고칼로리의 가스를 제조하는 공정은? **[설비 3]**

① 수소화 분해공정 ② 부분연소공정
③ 접촉분해공정 ④ 열분해공정

43 단열헤드 15014m, 흡입공기량 1.0kg/s를 내는 터보 압축기의 축동력이 191kW일 때의 전단열효율은?

① 76.1% ② 77.1%
③ 78.1% ④ 79.1%

$$\text{전단열효율}(\eta) = \frac{\text{단열공기동력}}{\text{축동력}} = \frac{147.196}{191} \times 100 = 77.1\%$$

$$\because \text{ 단열공기동력} = \frac{1.0 \times 15014}{102} = 147.196\text{kW}$$

정답 38.③ 39.④ 40.④ 41.③ 42.④ 43.②

44 실린더 안지름 20cm, 피스톤 행정 15cm, 매분 회전수 300, 효율 80%인 수평 1단 단동압축기가 있다. 지시 평균유효 압력을 0.2MPa로 하면 압축기에 필요한 전동기의 마력은 약 몇 PS인가? (단, 1MPa은 $10kgf/cm^2$로 한다.)

① 5.0 ② 7.8
③ 9.7 ④ 13.2

해설

피스톤 압출량

$$Q=\frac{\pi}{4}D^2\cdot L\cdot N\cdot n$$
$$=\frac{\pi}{4}\times(0.2\text{m})^2\times(0.15\text{m})\times 300\times\frac{1}{60}$$
$$=0.02356\text{m}^3/\text{s}$$

∴ 전동기 마력(PS)

$$\text{PS}=\frac{P\times Q}{75\eta}$$
$$=\frac{0.2\times10\times10^4\text{kgf/m}^2\times0.02356\text{m}^3/\text{s}}{75\times0.8}$$
$$=7.85\text{PS}$$

45 LPG(액체) 1kg이 기화했을 때 표준상태에서의 체적은 약 몇 L가 되는가? (단, LPG의 조성은 프로판 80wt%, 부탄 20wt%이다.)

① 387 ② 485
③ 584 ④ 783

해설

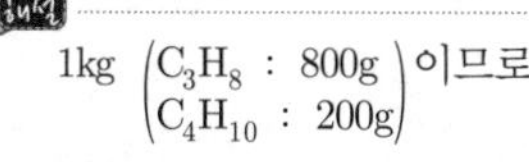

1kg $\begin{pmatrix} C_3H_8 : 800g \\ C_4H_{10} : 200g \end{pmatrix}$ 이므로

$$\frac{800}{44}\times22.4+\frac{200}{58}\times22.4=484.51\text{L}$$

46 압력계에 눈금을 표시하기 위하여 자유피스톤형 압력계를 설치하였다. 이때 표시압력(P)을 구하는 식으로 옳은 것은? (단, A_1=피스톤의 단면적, A_2=추의 단면적, W_1=추의 무게, W_2=피스톤의 무게, P_A=대기압이고 마찰 및 피스톤의 변경오차는 무시된다.)

① $P=\dfrac{A_1}{W_1+W_2}+P_A$

② $P=\dfrac{W_1+W_2}{A_1}+P_A$

③ $P=\dfrac{A_1}{W_1+W_2}-P_A$

④ $P=\dfrac{W_1+W_2}{A_2}-P_A$

47 공기액화분리장치에서 이산화탄소 1kg을 제거하기 위해 필요한 NaOH는 약 몇 kg인가? (단, 반응률은 60%이고, NaOH의 분자량은 40이다.)

① 0.9
② 1.8
③ 2.3
④ 3.0

$$2NaOH+CO_2\rightarrow Na_2CO_3+H_2O$$
$$2\times40\text{g} : 44\text{g}\times0.6$$
$$x(\text{kg}) : 1\text{kg}$$
$$\therefore\ x=\frac{2\times40\times1}{44\times0.6}=3.03\text{kg}$$

48 다음 중 펌프의 이상현상에 대한 설명으로 틀린 것은? **[설비 17]**

① 수격작용이란 유속이 급변하여 심한 압력변화를 갖게 되는 작용이다.
② 서징(surging)의 방지법으로 유량조정 밸브를 펌프 송출측 직후에 배치시킨다.
③ 캐비테이션방지법으로 관경과 유속을 모두 크게 한다.
④ 베이퍼록은 저비점 액체를 이송시킬 때 입구 쪽에서 발생되는 액체비등현상이다.

③ 유속은 낮게 한다.

49 왕복식 압축기에서 실린더를 냉각시켜 얻을 수 있는 냉각효과가 아닌 것은?

① 체적효율의 증가
② 압축효율의 증가(동력 감소)
③ 윤활기능의 유지 향상
④ 윤활유의 질화방지

④ 윤활유의 열화, 탄화방지

정답 44.② 45.② 46.② 47.④ 48.③ 49.④

50 공기압축기에서 초기압력 2kg/cm^{2}의 공기를 8kg/cm^{2}까지 압축하는 공기의 잔류가스 팽창이 등온팽창 시 체적효율은 약 몇 %인가? (단, 실린더의 간극비(ε_0)는 0.06, 공기의 단열지수(r)는 1.4로 한다.)

① 24%
② 40%
③ 48%
④ 82%

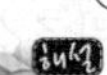

등온팽창 시의 체적효율(η_v)

$$\eta_v = 1 - \left\{\varepsilon_0\left(\frac{P_2}{P_1}\right) - 1\right\}$$
$$= 1 - 0.06\left(\frac{8}{2} - 1\right)$$
$$= 0.82$$
$$= 82\%$$

51 아세틸렌의 압축 시 분해폭발의 위험을 줄이기 위한 반응장치는? **[설비 63]**

① 겔로그 반응장치
② IG 반응장치
③ 파우더 반응장치
④ 레페 반응장치

레페 반응장치

(1) 정의
C_2H_2을 압축하는 것은 극히 위험하므로 레페(W. Reppe)는 20년간 연구하여 종래 합성되지 않았던 극히 힘든 화합물의 제조를 가능하게 한 신반응을 이루었는데 이것을 '레페반응'이라 한다.

(2) 종류
㉠ 비닐화
㉡ 에티닐산
㉢ 환중합
㉣ 카르보닐화

(3) 반응온도 : 100~200℃
(4) 반응압력 : 30atm 이하

52 고압가스 특정제조시설에서 가스설비 공사 시 지반의 종류가 암반일 때의 허용지지력도는? **[안전 171]**

① 0.1MPa ② 0.2MPa
③ 0.5MPa ④ 1MPa

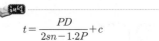

지반의 종류에 따른 허용응력 지지도(KGS Fp 111)

지반의 종류	허용응력 지지도 (MPa)	지반의 종류	허용응력 지지도 (MPa)
암반	1	조밀한 모래질 지반	0.2
단단히 응결된 모래층	0.5	단단한 점토질 지반	0.1
		점토질 지반	0.02
황토흙	0.3	단단한 롬(loam)층	0.1
조밀한 자갈층	0.3		
모래질 지반	0.05	롬(loam)층	0.005

53 최고충전압력이 7.3MPa, 동체의 내경이 236mm, 허용응력 240N/mm^{2}인 용접용기 동판의 두께는 얼마인가? (단, 용접효율은 1, 부식여유는 고려하지 않는다.)

① 3mm
② 4mm
③ 5mm
④ 6mm

$$t = \frac{PD}{2sn - 1.2P} + c$$
$$= \frac{7.3 \times 326}{2 \times 240 \times 1 - 1.2 \times 7.3} + c = 5.05\text{mm}$$

54 압력 2MPa 이하의 고압가스 배관설비로서 곡관을 사용하기가 곤란한 경우 가장 적정한 신축이음매는?

① 벨로즈형 신축이음매
② 루프형 신축이음매
③ 슬리브형 신축이음매
④ 스위블형 신축이음매

배관의 신축 흡수 조치(KGS FS 551)

곡관(bent pipe)을 사용한다. 다만, 압력이 2MPa 이하인 배관으로서 곡관을 사용하기가 곤란한 곳은 검사기관으로부터 성능을 인정받은 벨로즈형이나 슬라이드형 신축이음매를 사용할 수 있다.

정답 50.④ 51.④ 52.④ 53.③ 54.①

55 35℃에서 최고충전압력이 15MPa로 충전된 산소용기의 안전밸브가 작동하기 시작하였다면 이때 산소용기 내의 온도는 약 몇 ℃인가?

① 137℃ ② 142℃
③ 150℃ ④ 165℃

$\frac{P_1}{T_1}=\frac{P_2}{T_2}$

여기서, P_1 : 15MPa

P_2 : 안전밸브작동압력 $15\times\frac{5}{3}\times\frac{8}{10}$MPa

T_1 : (273+35)K

$\therefore\ T_2=\frac{T_1P_2}{P_1}$

$=\frac{(273+35)\times\left(15\times\frac{5}{3}\times\frac{8}{10}\right)}{15}-273$

$=137.66$℃

56 LNG 저장탱크에서 주로 사용되는 보냉재가 아닌 것은?

① 폴리우레탄폼(PUF)
② PIR폼
③ PVC폼
④ 펄라이트

57 가스배관에 대한 설명 중 옳은 것은?

① SDR 21 이하의 PE 배관은 0.25MPa 이상 0.4MPa 미만의 압력에 사용할 수 있다.
② 배관의 규격 중 관의 두께는 스케줄 번호로 표시하는데 스케줄수 40은 살두께가 두꺼운 관을 말하고, 160 이상은 살두께가 가는 관을 나타낸다.
③ 강괴는 내재하는 수축공, 국부적으로 접합한 기포나 편석 등의 개재물이 압착되지 않고 층상이 균열로 남아 있어 강에 영향을 주는 현상을 라미네이션이라 한다.
④ 재료가 일정온도 이하의 저온에서 하중을 변화시키지 않아도 시간이 경과함에 따라 변형이 일어나고 끝내 파단에 이르는 것을 크리프현상이라 하고, 한계온도는 -20℃ 이하이다.

㉠ 가스용 PE관 SDR값

SDR	압 력
11 이하(1호)	0.4MPa 이하
17 이하(2호)	0.25MPa 이하
21 이하(3호)	0.2MPa 이하

SDR= D/T (D : 외경, T : 두께)

㉡ SCH(스케줄 번호) : 숫자가 클수록 두께가 두꺼운 관
㉢ 크리프현상 : 재료가 어느 온도 이상(350℃)에서 시간과 더불어 변형이 증대되는 현상

58 수소가스의 용기에 의한 공급방법으로 가장 적절한 것은?

① 수소용기 → 압력계 → 압력조정기 → 압력계 → 안전밸브 → 차단밸브
② 수소용기 → 체크밸브 → 차단밸브 → 압력계 → 압력조정기 → 압력계
③ 수소용기 → 압력조정기 → 압력계 → 차단밸브 → 압력계 → 안전밸브
④ 수소용기 → 안전밸브 → 압력계 → 압력조정기 → 체크밸브 → 압력계

59 합성천연가스(SNG) 제조 시 납사를 원료로 하는 메탄의 합성 공정과 관련이 적은 설비는 어느 것인가?

① 탈황장치
② 반응기
③ 수첨분해탑
④ CO 변성로

대체천연가스(SNG) 공정
수소, 산소, 수분을 원료 탄화수소와 반응기에서 반응시켜 수증기 개질부분연소 수첨분해 등에 의해 가스화하고 메탄 합성(메타네이션), 탈황, 탈탄소 등의 공정과 병용, 천연가스의 성상과 거의 일치하게끔 가스를 제조하는 공정

정답 55.① 56.② 57.③ 58.① 59.④

60 내용적 120L의 LP가스 용기에 50kg의 프로판을 충전하였다. 이 용기 내부가 액으로 충만될 때의 온도를 [그림]에서 구한 것은?

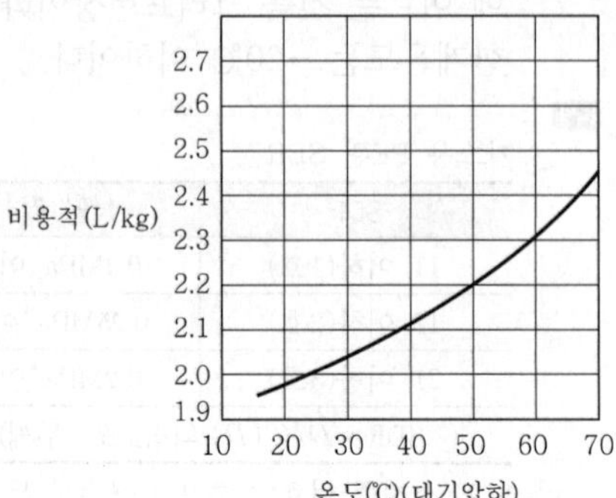

① 37℃ ② 47℃
③ 57℃ ④ 67℃

비용적 $= \dfrac{120\text{L}}{50\text{kg}} = 2.4\text{L/kg}$

∴ 2.4와 연결온도 67℃

제4과목 가스안전관리

61 보일러의 파일럿(pilot)버너 또는 메인(main)버너의 불꽃이 접촉할 수 있는 부분에 부착하여 불이 꺼졌을 때 가스가 누출되는 것을 방지하는 안전장치의 방식이 아닌 것은 어느 것인가? **[설비 49]**

① 바이메탈(bimetal)식
② 열전대(thermocouple)식
③ 플레임로드(flame rod)식
④ 퓨즈메탈(fuse metal)식

연소 시 불꽃이 꺼졌을 때 가스가 누출되는 것이 방지되는 소화안전장치의 형식에는 열전대식, 바이메탈식, 플레임로드식이 있다.

62 가스누출자동차단기의 제조에 대한 설명으로 옳지 않은 것은?

① 고압부 몸통의 재료는 단조용 황동봉을 사용한다.
② 관 이음부의 나사치수는 KSB 0222(관용 테이퍼나사)에 따른다.
③ 저압부 몸통의 재료는 아연합금 또는 알루미늄합금 다이캐스팅을 사용한다.
④ 과류차단 성능은 유량이 표시유량의 1.5배 범위 이내일 때 차단되어야 한다.

해설

가스누출자동차단기(KGS AA 633)
가스누출자동차단기의 과류차단 성능은 차단장치를 시험장치에 연결하고 유량이 표시유량의 1.1배 범위 이내일 때 차단되는 것으로 하고 가스계량기 출구측 밸브를 일시에 완전 개방하여 10회 이상 작동하였을 때 누출량이 매회 200mL 이하인 것으로 한다.

63 차량에 고정된 탱크의 안전운행기준으로 운행을 완료하고 점검하여야 할 사항이 아닌 것은?

① 밸브의 이완상태
② 경계표지 및 휴대품 등의 손상유무
③ 부속품 등의 볼트 연결상태
④ 자동차 운행등록허가증 확인

해설

차량에 고정된 탱크의 안전운행기준(KGS GC 206)
(1) 운행 전 조치사항
차량에 고정된 탱크를 운행하고자 할 경우에는 사전에 차량 및 탑재기기 탱크와 그 부속품, 휴대품 등을 점검하여 이상이 없을 때 운행한다.
(2) 운행 중 조치사항
㉠ 적재할 가스의 특성으로 차량의 구조 탱크 및 부속품의 종류와 성능 정비점검의 요령 운행 및 주차 시의 안전조치와 재해발생 시에 취해야 할 조치를 잘 알아둔다.
㉡ 도로교통법을 준수하고, 운행경로는 이동통로표에 따라 번화가 사람이 많은 곳을 피하여 운전한다.
㉢ 운행 중, 정차 시에도 허용장소 이외에는 담배를 피우거나 그 밖의 화기를 사용하지 아니한다.
(3) 운행 종료 시 조치사항
㉠ 밸브 등의 이완이 없도록 한다.
㉡ 경계표지와 휴대품 등의 손상이 없도록 한다.
㉢ 부속품 등의 볼트의 연결상태가 양호하도록 한다.
㉣ 높이 검지봉과 부속배관이 적절하게 부착되어 있도록 한다.
㉤ 가스의 누출 등 이상유무를 점검하고 이상 시는 보수를 하거나 위험을 방지하는 조치를 한다.

정답 60.④ 61.④ 62.④ 63.④

64 차량에 고정된 탱크에 의하여 고압가스를 운반할 때 설치하여야 하는 소화설비의 기준 중 틀린 것은? **[안전 8]**

① 가연성 가스는 분말소화제 사용
② 산소는 분말소화제 사용
③ 가연성 가스의 소화기 능력단위는 BC용 B－10 이상
④ 산소의 소화기 능력단위는 ABC용 B－12 이상

65 다음 중 가연성 가스이면서 독성 가스가 아닌 것은?

① 수소
② 시안화수소
③ 황화수소
④ 일산화탄소

독성 · 가연성 가스
아크릴로니트릴, 벤젠, 시안화수소, CO, NH_3, C_2H_4O, CH_3Cl, H_2S, CS_2, 석탄가스, CH_3Br

66 도시가스용 압력조정기에 표시하여야 할 사항이 아닌 것은?

① 제조자명 또는 그 약호
② 입구 압력범위
③ 품질보증기관
④ 가스의 공급방향

도시가스용 압력조정기에 표시하는 사항 (KGS AA 431)
㉠ 형식 모델명
㉡ 사용가스
㉢ 제조자명, 수입자명, 그 약호
㉣ 제조년월 또는 제조(로트)번호
㉤ 입구 압력범위(단위 : MPa)
㉥ 출구 압력범위 및 설정압력(단위 : kPa 또는 MPa)
㉦ 최대표시유량(단위 : Nm^3/h)
㉧ 안전장치 작동압력(단위 : MPa 또는 kPa)
㉨ 관 연결부 호칭지름
㉩ 품질보증기간
㉪ 가스의 공급방향

67 매몰형 폴리에틸렌 볼밸브의 사용압력으로 옳은 것은? **[안전 174]**

① 0.4MPa 이하
② 0.6MPa 이하
③ 0.8MPa 이하
④ 1MPa 이하

68 가연성 가스가 폭발할 위험이 있는 농도에 도달할 우려가 있는 장소로서 "2종 장소"에 해당되지 않는 것은? **[연소 14]**

① 상용의 상태에서 가연성 가스의 농도가 연속해서 폭발하한계 이상으로 되는 장소
② 밀폐된 용기가 그 용기의 사고로 인해 파손될 경우에만 가스가 누출할 위험이 있는 장소
③ 환기장치에 이상이나 사고가 발생한 경우에는 가연성 가스가 체류하여 위험하게 될 우려가 있는 장소
④ 1종 장소의 주변에서 위험한 농도의 가연성 가스가 종종 침입할 우려가 있는 장소

① 0종 장소에 대한 설명이다.

69 고압가스 용기제조 기술기준에 대한 설명으로 옳지 않은 것은?

① 용기는 열처리(비열처리 재료로 제조한 용기의 경우에는 열가공)를 한 후 세척하여 스케일 · 석유류 그 밖의 이물질을 제거할 것
② 용접용기 동판의 최대두께와 최소두께의 차이는 평균두께의 20% 이하로 할 것
③ 열처리 재료로 제조하는 용기는 열가공을 한 후 그 재료 및 두께에 따라서 적당한 열처리를 한 것
④ 초저온용기는 오스테나이트계 스테인리스강 또는 티타늄합금으로 제조할 것

정답 64.④ 65.① 66.③ 67.① 68.① 69.④

해설

고압가스 용기제조 기술기준

㉠ 고압가스 용접용기 동판의 최대두께와 최소두께의 차이는 평균두께의 10% 이하(KGS AC 211)로 할 것
㉡ 고압가스 이음매 없는 동체의 최대두께와 최소두께의 차이는 평균두께의 20%이다.
㉢ 초저온용기는 오스테나이트계 스테인리스강 또는 알루미늄합금으로 제조할 것

70 고압가스용 안전밸브 중 공칭밸브의 크기가 80A일 때 최소내압시험 유지시간은 얼마인가?

① 60초
② 180초
③ 300초
④ 540초

해설

고압가스용 안전밸브의 공칭밸브 크기에 따른 내압시험 유지시간(KGS AA 319)(p6)

공칭밸브의 크기	최소시험 유지시간(초)
50A 이하	15
65A 이상 200A 이하	60
250A 이상	180

71 독성 가스 제조시설의 시설기준에 대한 설명으로 틀린 것은? **[안전 53]**

① 독성 가스 제조설비에는 그 가스가 누출될 때 이를 흡수 또는 중화할 수 있는 장치를 설치한다.
② 독성 가스 제조시설에는 풍향계를 설치한다.
③ 저장능력이 1천톤 이상인 독성 가스의 저장탱크 주위에는 방류둑을 설치한다.
④ 독성 가스 저장탱크에는 가스충전량이 그 저장탱크 내용적의 90%를 초과하는 것을 방지한다.

해설

저장능력별 방류둑 설치기준

고압가스안전관리법				액화석유가스안전관리법	냉동제조	도시가스안전관리법	
독성	가연성		산소			가스도매사업	일반도시가스사업
	특정제조	일반제조					
5t 이상	500t 이상	1000t 이상	1000t 이상	1000t 이상	수액기 용량 10000L 이상	500t 이상	1000t 이상

72 가스누출경보 및 자동차단장치의 기능에 대한 설명으로 옳은 것은? **[안전 67]**

① 경보 농도는 가연성 가스의 폭발하한계 이하, 독성 가스는 TLV-TWA 기준 농도 이하로 한다.
② 경보를 발신한 후에는 원칙적으로 분위기가스 중 가스 농도가 변화하여도 계속 경보를 울리고 대책을 강구함에 따라 정지되는 것으로 한다.
③ 경보기의 정밀도는 경보 농도 설정치에 대하여 가연성 가스용에서는 10% 이하, 독성 가스용에서는 ±20% 이하로 한다.
④ 검지에서 발신까지 걸리는 시간은 경보 농도의 1.2배 농도에서 20초 이내로 한다.

73 액화석유가스용 강제 용기 스커트의 재료를 KSD 3533 SG 295 이상의 재료로 제조하는 경우에는 내용적이 25L 이상 50L 미만인 용기는 스커트의 두께를 얼마 이상으로 할 수 있는가?

① 2mm
② 3mm
③ 3.6mm
④ 5mm

정답 70.① 71.③ 72.② 73.②

고압가스 용접용기의 검사기준(KGS AC 211)
(액화석유가스 강제 용기 스커트의 두께)

㉠ 스커트를 KSD 3533 SG 295 이상의 강도 성질을 갖는 재료로 제조 시 내용적에 따른 스커트 두께

내용적	두 께
20L 이상 50L 미만	3.0mm 이상
50L 이상 125L 미만	4.0mm 이상

㉡ 그 이외의 용기 종류에 따른 스커트 직경, 두께, 아랫면 간격

<table>
<tr><th>용기의 내용적</th><th>직 경</th><th>두 께</th><th>아랫면 간격</th></tr>
<tr><td>20L 이상 25L 미만</td><td rowspan="3">용기동체 직경의 80% 이상</td><td>3mm 이상</td><td>10mm 이상</td></tr>
<tr><td>25L 이상 50L 미만</td><td>3.6mm 이상</td><td>15mm 이상</td></tr>
<tr><td>50L 이상 125L 미만</td><td>5mm 이상</td><td>15mm 이상</td></tr>
</table>

74 2단 감압식 1차용 조정기의 최대폐쇄압력은 얼마인가? **[안전 17]**

① 3.5kPa 이하
② 50kPa 이하
③ 95kPa 이하
④ 조정압력의 1.25배 이하

조정기의 최대폐쇄압력(KGS AA 434)

조정기 종류	폐쇄압력
1단 감압식 저압, 2단 감압식 2차용 자동절체식 일체형 저압	3.5kPa 이하
2단 감압식 1차용	95kPa 이하
1단 감압식 준저압, 자동절체식 일체형 준저압 및 그 밖의 조정기	조정압력의 1.25배 이하

75 가스누출 경보차단장치의 성능시험 방법으로 틀린 것은?

① 경보차단장치는 가스를 검지한 상태에서 연속경보를 울린 후 30초 이내에 가스를 차단하는 것으로 한다.
② 교류전원을 사용하는 경보차단장치는 전압이 정격전압의 90% 이상 110% 이하일 때 사용에 지장이 없는 것으로 한다.
③ 내한시험 시 제어부는 −25℃ 이하에서 1시간 이상 유지한 후 5분 이내에 작동시험을 실시하여 이상이 없어야 한다.
④ 전자밸브식 차단부는 35kPa 이상의 압력으로 기밀시험을 실시하여 외부 누출이 없어야 한다.

가스누출 경보차단장치 성능시험(KGS AA 632)(3.8.1.8.1)
내한성능 : 제어부는 −10℃ 이하(상대습도 90% 이상)에서 1시간 이상 유지한 후 10분 이내에 작동시험을 실시하여 이상이 없는 것으로 한다.

76 액화석유가스 용기 저장소의 바닥면적이 $25m^2$라 할 때 적당한 강제환기설비의 통풍능력은? **[안전 123]**

① $2.5m^3/min$ 이상
② $12.5m^3/min$ 이상
③ $25.0m^3/min$ 이상
④ $50.0m^3/min$ 이상

강제환기시설 통풍능력 $1m^2$당 $0.5m^3/min$이므로 $25m^2 \times 0.5m^3/min(m^2) = 12.5m^3/min$이다.

77 가연성 가스와 산소의 혼합가스에 불활성 가스를 혼합하여 산소 농도를 감소해가면 어떤 산소 농도 이하에서는 점화하여도 발화되지 않는다. 이때의 산소 농도를 한계 산소 농도라 한다. 아세틸렌과 같이 폭발범위가 넓은 가스의 경우 한계산소농도는 약 몇 %인가?

① 2.5%
② 4%
③ 32.4%
④ 81%

폭발범위가 넓은 가스의 한계산소농도는 4% 이하

정답 74.③ 75.③ 76.② 77.②

78 가스누출경보 및 자동차단장치의 기능에 대한 설명으로 틀린 것은? **[안전 67]**

① 독성 가스의 경보 농도는 TLV-TWA 기준 농도 이하로 한다.

② 경보 농도 설정치는 독성 가스용에서는 ±30% 이하로 한다.

③ 가연성 가스 경보기는 모든 가스에 감응하는 구조로 한다.

④ 검지에서 발신까지 걸리는 시간은 경보 농도의 1.6배 농도에서 보통 30초 이내로 한다.

79 액화석유가스 용기의 안전점검기준 중 내용적 얼마 이하의 용기의 경우에 '실내 보관금지' 표시여부를 확인하는가?

① 1L ② 10L
③ 15L ④ 20L

용기의 안전점검기준(액화석유가스 시행규칙 별표 14)

㉠ 용기 내외면 점검 부식금 주름이 있는지 확인
㉡ 용기에 도색 및 표시가 되어 있는지 확인
㉢ 용기에 스커트에 찌그러짐이 있는 적정 간격을 유지하고 있는지 확인
㉣ 유통 중 열영향을 받았는지 열영향을 받은 용기는 재검사 실시
㉤ 캡이나 프로텍터 부착여부 확인
㉥ 재검사 기간 도래여부 확인
㉦ 아랫부분 부식상태 확인
㉧ 밸브 몸통 충전구나사 안전밸브 등이 홈주름 스트링 부식여부 확인
㉨ 밸브 그랜드 너트에 고정핀을 수용했는지 확인
㉩ 내용적 15L 이하 용기(용기내장형 난방용기는 1L 이하 이동식 부탄용기 제외)에 실내 보관금지 표시 확인

80 다음 중 최고충전압력의 정의로서 틀린 것은 어느 것인가? **[안전 52]**

① 압축가스 충전용기(아세틸렌가스 제외)의 경우 35℃에서 용기에 충전할 수 있는 가스의 압력 중 최고압력

② 초저온용기의 경우 상용압력 중 최고압력

③ 아세틸렌가스 충전용기의 경우 25℃에서 용기에 충전할 수 있는 가스의 압력 중 최고압력

④ 저온용기 외의 용기로서 액화가스를 충전하는 용기의 경우 내압시험압력의 3/5배의 압력

③ 아세틸렌의 경우 15℃에서 용기에 충전할 수 있는 가스의 압력 중 최고의 압력

제5과목 가스계측

81 다음 중 계량의 기준이 되는 기본단위가 아닌 것은? **[계측 36]**

① 길이 ② 온도
③ 면적 ④ 광도

기본단위

길이(m), 질량(kg), 시간(s), 전류(A), 물질량(mol), 온도(K), 광도(cd)

82 건조공기 120kg에 6kg의 수증기를 포함한 습공기가 있다. 온도가 49℃이고, 전체 압력이 750mmHg일 때의 비교습도는 약 얼마인가? (단, 49℃에서의 포화수증기압은 88.02mmHg이다.)

① 30% ② 40%
③ 50% ④ 60%

$$x=\frac{\gamma_w}{\gamma_a}=\frac{P_w/R_wT}{P_a/R_aT}=\frac{P_w/47.06}{(P-P_w)/29.27}$$

$$\therefore x=0.622\times\frac{P_w}{P-P_w}(P_w=\phi P_s)$$

여기서, P_w : 수증기분압
P : 대기압
x : 절대습도

$$\therefore \frac{6}{120}=0.622\times\frac{P_w}{P-P_w} \text{에서}$$

$$P_w\times120\times0.622=6P-6P_w$$

$$\therefore P_w=\frac{6P}{120\times0.622+6}\ (P=750)$$

$$=55.80\text{mmHg}$$

정답 78.③ 79.③ 80.③ 81.③ 82.④

$$\phi = \frac{P_w}{P_s} = \frac{55.80}{88.02} \fallingdotseq 0.634$$

(P_s : 동일온도 포화습공기의 수증기 분압)

∴ ψ(포화도)

$$= \phi \frac{P - P_s}{P - \phi P_s}$$

$$= 0.634 \times \frac{750 - 88.02}{750 - 55.80} (P_w = \phi P_s)$$

$$= 0.604 \fallingdotseq 60\%$$

83 다음 중 열선식 유량계에 해당하는 것은?

① 델타식 ② 에뉴바식
③ 스웰식 ④ 토마스식

열선식 유량계(= 토마스식 유량계)
유체를 가열한 물체에 접촉시키면 유체는 물체에 열에너지를 빼앗아 온도가 올라가는 원리를 이용
단위시간에 이동하는 열량
=질량유량×정압비열×온도차

84 금속(bimetal) 온도계의 특징에 대한 설명으로 옳지 않은 것은?

① 온도 지시를 바로 읽을 수 있다.
② 구조가 간단하고, 보수가 쉽다.
③ 히스테리시스 발생의 우려가 없다.
④ 보호판을 내압구조로 하면 압력용기 내의 온도를 측정할 수 있다.

바이메탈 온도계
열팽창계수가 다른 금속판을 이용, 측정물체를 접촉하여 열팽창계수에 따라 휘어지는 정도를 눈금으로 표시
(1) 측정원리 : 열팽창계수
(2) 특징
㉠ 구조가 간단하다.
㉡ 보수가 용이하고, 내구성이 있다.
㉢ 온도값을 직독할 수 있다.
㉣ 오차(히스테리시스) 발생의 우려가 있다.

85 화학발광검지기(Chemiluminescence detector)는 Ar gas가 carrier 역할을 하는 고온(800~900℃)으로 유지된 반응관 내에 시료를 주입시키면, 시료 중의 화합물이 열분해된 후 O_2가스로 산화된다. 이때 시료 중의 화합물은?

① 수소 ② 이산화탄소
③ 질소 ④ 헬륨

86 내경이 25cm인 원관에 지름이 15cm인 오리피스를 붙였을 때, 오리피스 전후의 압력수두차가 1kgf/m^{2}이었다. 이때 유량은 약 몇 m^3/s인가? (단, 유량계수는 0.85이다.)

① 0.021 ② 0.047
③ 0.067 ④ 0.084

87 측정치가 일정하지 않고 분포현상을 일으키는 흩어짐(dispersion)이 원인이 되는 오차는?

① 개인오차 ② 환경오차
③ 이론오차 ④ 우연오차

① 개인오차(판단오차) : 개인의 버릇, 판단으로 생긴 오차
② 환경오차 : 온도, 압력, 습도 등 측정환경의 변화에 의하여 측정기나 측정량이 규칙적으로 변하기 때문에 생기는 오차
③ 이론오차(방법오차) : 사용하는 공식이나 근사계산 등으로 생기는 오차
④ 우연오차 : 우연하고도 필연적으로 생기는 오차, 노력하여도 소용이 없으며 상대적 분포현상을 가진 측정값을 나타낸다. 이러한 분포현상을 산포라 하고 산포로 생기는 오차

88 가스보일러의 자동연소제어에서 조작량에 해당되지 않는 것은?

① 연료량 ② 증기압력
③ 연소가스량 ④ 공기량

조작량
제어량을 조정하기 위해 제어장치가 제어대상으로 주는 양

보일러의 자동제어

제어장치 명칭	제어량	조작량
급수제어(FWC)	보일러 수위	급수량
연소제어(ACC)	증기압력, 노 내의 압력	연료량, 공기량, 연소가스량
과열증기 온도제어(STC)	증기온도	전열량

정답 83.④ 84.③ 85.③ 86.③ 87.④ 88.②

89 배기가스 100mL를 채취하여 KOH 30% 용액에 흡수된 양이 15mL이었고, 알칼리성 피로카롤 용액을 통과 후 70mL가 남았으며, 암모니아성 염화제1구리에 흡수된 양은 1mL이었다. 이때 가스 중 CO_2, CO, O_2는 각각 몇 %인가? [계측 1]

① CO_2 : 15%, CO : 5%, O_2 : 1%
② CO_2 : 1%, CO : 15%, O_2 : 15%
③ CO_2 : 15%, CO : 1%, O_2 : 15%
④ CO_2 : 15%, CO : 15%, O_2 : 1%

해설

㉠ $CO_2 = \frac{100-85}{100} \times 100 = 15\%$

㉡ $O_2 = \frac{85-70}{100} \times 100 = 15\%$

㉢ $CO = \frac{70-69}{100} \times 100 = 1\%$

참고 오르자트법 가스의 흡수액
- CO_2 : 30% KOH 용액
- O_2 : 알칼리성 피로카롤 용액
- CO : 암모니아성 염화제1동 용액

90 밸브를 완전히 닫힌 상태로부터 완전히 열린 상태로 움직이는 데 필요한 오차의 크기를 의미하는 것은?

① 잔류편차 ② 비례대
③ 보정 ④ 조작량

91 다음 분석법 중 LPG의 성분 분석에 이용될 수 있는 것을 모두 나열한 것은?

> ㉠ 가스 크로마토그래피법
> ㉡ 저온정밀 증류법
> ㉢ 적외선 분광분석법

① ㉠ ② ㉠, ㉡
③ ㉡, ㉢ ④ ㉠, ㉡, ㉢

92 계량 관련법에서 정한 최대유량 $10m^3/h$ 이하인 가스미터의 검정유효기간은?

① 1년 ② 2년
③ 3년 ④ 5년

해설

가스미터 검정유효기간
㉠ 기준 가스미터 : 2년
㉡ LPG 가스미터 : 3년
㉢ 최대유량 $10m^3/h$ 이하 가스미터 : 5년
㉣ 그 밖의 가스미터 : 8년

93 가스 정량분석을 통해 표준상태의 체적을 구하는 식은? (단, V_0 : 표준 상태의 체적, V : 측정 시 가스의 체적, P_0 : 대기압, P_1 : t(℃)의 증기압이다.)

① $V_0 = \frac{760 \times (273+t)}{V(P_1 - P_0) \times 273}$

② $V_0 = \frac{V(273+t) \times 273}{760 \times (P_1 - P_0)}$

③ $V_0 = \frac{V(P_1 - P_0) \times 273}{760 \times (273+t)}$

④ $V_0 = \frac{V(P_1 - P_0) \times 760}{273 \times (273+t)}$

해설

(1) 정량분석
㉠ 분석결과는 체적백분율(%)로 나타냄
㉡ 0℃, 760mmHg에서 분석
㉢ $V_0 = \frac{V(P_1 - P_0) \times 273}{760 \times (273+t)}$
여기서, V_0 : 표준상태 체적
V : 측정 시 가스체적
P_1 : t(℃) 증기압
P_0 : 대기압

(2) 정성분석 : 미량의 유독가스 존재, 공장에서 가스누설 단일가스 중 미량의 불순가스 혼입 시 가스특성을 이용하여 검출하는 방법
㉠ 색, 냄새로 판별
㉡ 흡수법, 연소법의 정량법은 그대로 정성분석에 이용
㉢ 유독가스의 검지에는 시험지 사용

94 전자유량계의 특징에 대한 설명 중 가장 거리가 먼 내용은?

① 액체의 온도, 압력, 밀도, 점도의 영향을 거의 받지 않으며, 체적유량의 측정이 가능하다.
② 측정관 내에 장애물이 없으며, 압력 손실이 거의 없다.
③ 유량계 출력은 유량에 비례한다.
④ 기체의 유량측정이 가능하다.

정답 89.③ 90.② 91.④ 92.④ 93.③ 94.④

전자유량계

(1) 자계 속에 도전성 액체가 흐를 때 그 액체 내에 기전력이 발생된다는 패러데이 전자유도법칙에 의해 유량을 측정

(2) 특징

㉠ 도전성 액체의 유량측정에 사용한다.
㉡ 압력손실이 없다.
㉢ 내식성이 좋다.
㉣ 압력, 온도, 밀도, 점도의 영향이 없다.
㉤ 정도 ±1%이다.
㉥ 미소한 측정 전압에는 고성능 증폭기가 필요하다.

95 습한 공기 205kg 중 수증기가 35kg 포함되어 있다고 할 때 절대습도는 약 얼마인가? (단, 공기와 수증기의 분자량은 각각 29, 18이다.)

① 0.106 ② 0.128
③ 0.171 ④ 0.206

$$x = \frac{35}{205-35} = 0.206$$

96 다음 [그림]이 나타내는 제어동작은?

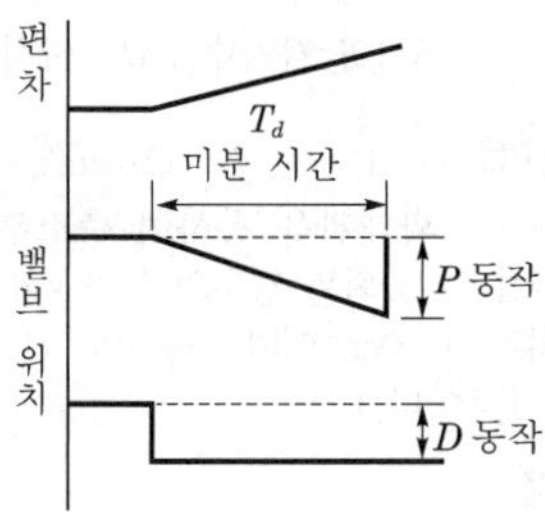

① 비례미분동작
② 비례적분미분동작
③ 미분동작
④ 비례적분동작

P(비례), D(미분) 동작

97 LPG 저장탱크 내 액화가스의 높이가 2.0m일 때, 바닥에서 받는 압력은 약 몇 kPa인가? (단, 액화석유가스 밀도는 0.5g/cm³이다.)

① 1.96 ② 3.92
③ 4.90 ④ 9.80

$$P = 0.5\times10^{-3}\text{kg/cm}^3\times200\text{cm} = 0.1\text{kg/cm}^2$$

$$\therefore \frac{0.1}{1.033}\times101.325\text{kPa} = 9.8\text{kPa}$$

98 와류유량계(vortex flow meter)의 특성에 해당하지 않는 것은?

① 계량기 내에서 와류를 발생시켜 초음파로 측정하여 계량하는 방식
② 구조가 간단하여 설치, 관리가 쉬움
③ 유체의 압력이나 밀도에 관계없이 사용 가능
④ 가격이 경제적이나, 압력손실이 큰 단점이 있음

와류유량계

소용돌이(와류)를 이용하여 그때 발생되는 주파수의 특성이 유속과 비례하는 원리로 유량을 측정한다. 가격이 고가이며 압력손실이 작다. 정도가 높고 유량측정범위가 넓다. 점도가 높은 유체 및 슬러지 발생이 많은 유체에 사용이 불가능하다.

99 부유 피스톤압력계로 측정한 압력이 20kg/cm²였다. 이 압력계의 피스톤 지름이 2cm, 실린더 지름이 4cm일 때 추와 피스톤의 무게는 약 몇 kg인가?

① 52.6 ② 62.8
③ 72.6 ④ 82.8

$$P = \frac{w}{A}$$

$$\therefore w = PA = 20\text{kg/cm}^2\times\frac{\pi}{4}\times(2\text{cm})^2 = 62.83\text{kg}$$

100 22℃의 1기압 공기(밀도 1.21kg/m³)가 덕트를 흐르고 있다. 피토관을 덕트 중심부에 설치하고 물을 봉액으로 한 U자관 마노미터의 눈금이 4.0cm였다면, 이 덕트 중심부의 풍속은 약 몇 m/s인가?

① 25.5 ② 30.8
③ 56.9 ④ 97.4

$$V = \sqrt{2gh}$$

$$= \sqrt{2\times9.8\times0.04\times\left(\frac{1000-1.21}{1.21}\right)} \fallingdotseq 25.5\text{m/s}$$

정답 95.④ 96.① 97.④ 98.④ 99.② 100.①

CBT 기출복원문제

2023년 기사 제3회 필기시험 (2023년 7월 8일 시행)

01 가스기사	수험번호 :	※ 제한시간 : 150분
글자 크기 100% 150% 200% / 화면 배치	수험자명 :	※ 남은시간 :
	전체 문제 수 : / 안 푼 문제 수 :	답안 표기란 ① ② ③ ④

제1과목 가스유체역학

01 동점성계수가 각각 $1.1\times10^{-6}m^2/s$, $1.5\times10^{-5}m^2/s$인 물과 공기가 지름 10cm인 원형 관 속을 10cm/s의 속도로 각각 흐르고 있을 때, 물과 공기의 유동을 옳게 나타낸 것은?

① 물 : 층류, 공기 : 층류
② 물 : 층류, 공기 : 난류
③ 물 : 난류, 공기 : 층류
④ 물 : 난류, 공기 : 난류

㉠ $Re_1 = \dfrac{VD}{\nu_1} = \dfrac{0.1\times0.1}{1.1\times10^{-6}} = 9090$

(2100보다 크므로 난류)

㉡ $Re_2 = \dfrac{VD}{\nu_2} = \dfrac{0.1\times0.1}{1.5\times10^{-5}} = 666.66$

(2100보다 적으므로 층류)

02 충격파의 유동 특성을 나타내는 Fanno 선도에 대한 설명 중 옳지 않은 것은?

① Fanno 선도는 열역학 제1법칙, 연속방정식, 상태방정식으로부터 얻을 수 있다.
② 질량 유량이 일정하고 정체 엔탈피가 일정한 경우에 적용된다.
③ Fanno 선도는 정상상태에서 일정 단면 유로를 압축성 유체가 외부와 열교환하면서 마찰없이 흐를 때 적용된다.
④ 일정 질량유량에 대하여 Mach수를 parameter로 하여 작도한다.

해설

Fanno의 방정식

단면적 A인 관을 통과 시 질량유량이 $m=\rho AV$이므로

$$\frac{m}{A}=\rho V=\frac{P}{RT}V$$

$$\rho=\frac{P}{RT}=\frac{P}{\sqrt{T_o}}\sqrt{\frac{K}{R}}\times\frac{V}{\sqrt{KRT}}\times\sqrt{\frac{T_o}{T}}$$

$$\frac{m}{A}=\frac{P}{\sqrt{T_o}}\sqrt{\frac{K}{R}}\times M\times\sqrt{1+\frac{K-1}{2}M^2}$$

$$M=\frac{V}{\sqrt{KRT}}$$

여기서, P : 압력, T_o : 처음온도, R : 기체상수, K : 단열지수, M : 마하수

참고문제 $V=0$, $P=7\text{N/cm}^2$, $t=40℃$의 공기를 축소 확대관을 통하여 축소부 ①, 확대부 ②의 M1=1가 되는 경우의 유량(kgf/s)은? (단, A의 면적은 1000cm^2이며, 공기의 $R=287\text{Nm/kg}\cdot\text{K}$, $K=1.4$이다.)

풀이

$$m=A\times\left[\frac{P}{\sqrt{T_o}}\cdot\sqrt{\frac{K}{R}}\times M\times\sqrt{1+\frac{K-1}{2}\times M^2}\right]$$

$$=1000\times10^{-4}\left[\frac{7\times10^4}{\sqrt{(273+40)}}\sqrt{\frac{1.4}{287}}\times\sqrt{1+\frac{1.4-1}{2}\times1^2}\right]$$

$$=30.27\text{kgf/s}$$

03 기체수송에 사용되는 기계들이 줄 수 있는 압력차를 크기 순서로 옳게 나타낸 것은?

① 팬(fan) < 압축기 < 송풍기(blower)
② 송풍기(blower) < 팬(fan) < 압축기
③ 팬(fan) < 송풍기(blower) < 압축기
④ 송풍기(blower) < 압축기 < 팬(fan)

정답 01.③ 02.③ 03.③

해설
㉠ 팬(fan) : 1000mmHg 미만
㉡ 송풍기(blower) : 1000mmH_2O~1kg/cm^2 · g 미만
㉢ 압축기(compressure) : 1kg/cm^2 · g 이상

04 [그림]과 같이 유체의 흐름방향을 따라서 단면적이 감소하는 영역(Ⅰ)과 증가하는 영역(Ⅱ)이 있다. 단면적의 변화에 따른 유속의 변화에 대한 설명으로 옳은 것을 모두 나타낸 것은? (단, 유동은 마찰이 없는 1차원 유동이라고 가정한다.)

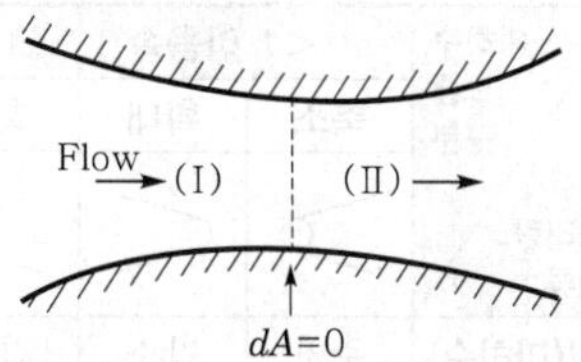

㉠ 비압축성 유체인 경우 영역(Ⅰ)에서는 유속이 증가하고, (Ⅱ)에서는 감소한다.
㉡ 압축성 유체의 아음속 유동(subsonic flow)에서는 영역(Ⅰ)에서 유속이 증가한다.
㉢ 압축성 유체의 초음속 유동(supersonic flow)에서는 영역(Ⅱ)에서 유속이 증가한다.

① ㉠, ㉡ ② ㉠, ㉢
③ ㉡, ㉢ ④ ㉠, ㉡, ㉢

05 [그림]과 같은 사이펀을 통하여 나오는 물의 질량유량은 약 몇 kg/s인가? (단, 수면은 항상 일정하다.)

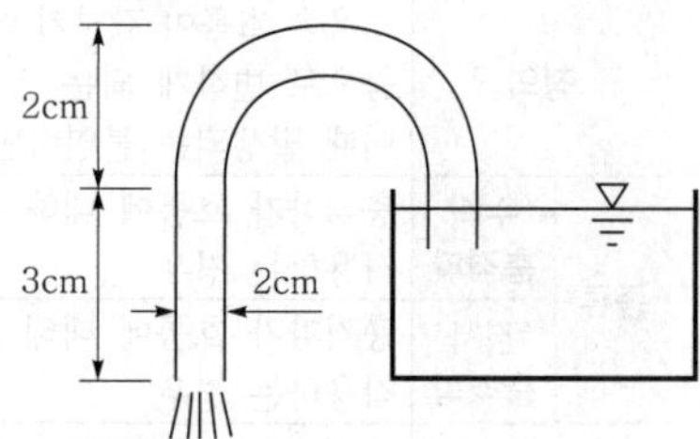

① 1.21 ② 2.41
③ 3.61 ④ 4.83

해설
$G=\gamma A V$
$=1000\text{kgf/m}^3\times\frac{\pi}{4}\times(0.02\text{m})^2\times\sqrt{2\times9.8\times3}$
$=2.41\text{kgf/s}$
$=2.41\text{kg/s}$

06 안지름 20cm의 원관 속을 비중이 0.83인 유체가 층류(laminar flow)로 흐를 때 관중심에서의 유속이 48cm/s라면 관벽에서 7cm 떨어진 지점에서의 유체의 속도(cm/s)는 어느 것인가?

① 25.52
② 34.68
③ 43.68
④ 46.92

해설
$u=u_{\max}\times\left(1-\frac{r^2}{r_o^{\,2}}\right)$에서

$r_o=20\times\frac{1}{2}=10\text{cm}$

r=관벽에서 7cm 떨어진 것은
관중심 10cm − 7cm = 3cm
관중심에서 3cm 떨어진 장소이므로

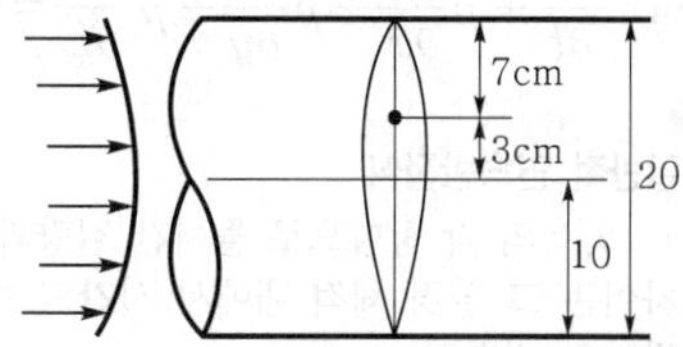

$u=u_{\max}\times\left(1-\frac{r^2}{r_o^{\,2}}\right)$

$48\times\left(1-\frac{3^2}{10^2}\right)=43.68\text{cm/s}$

07 비점성 유체에 대한 설명으로 옳은 것은?

① 유체유동 시 마찰저항이 존재하는 유체이다.
② 실제유체를 뜻한다.
③ 유체유동 시 마찰저항이 유발되지 않는 유체를 뜻한다.
④ 전단응력이 존재하는 유체흐름을 뜻한다.

정답 04.④ 05.② 06.③ 07.③

해설

유체의 점성에 의한 분류

이상유체(비점성)	실제유체(점성)
• 점성이 없거나 0에 가까운 유체 • 편의상 가정된 유체 • $PV_s = RT$를 만족하는 유체	• 점성이 있는 대부분의 실존유체 • Newton 유체와 비Newton 유체

08 직각좌표계에 적용되는 가장 일반적인 연속방정식은 $\frac{\partial \rho}{\partial t} + \frac{\partial(\rho u)}{\partial x} + \frac{\partial(\rho v)}{\partial y} + \frac{\partial(\omega w)}{\partial z} = 0$으로 주어진다. 다음 중 정상상태(steady state)의 유동에 적용되는 연속방정식은?

① $\frac{\partial \rho}{\partial t} + \frac{\partial(\rho u)}{\partial x} + \frac{\partial(\rho v)}{\partial y} + \frac{\partial(\rho w)}{\partial z} = 0$

② $\frac{\partial(\rho u)}{\partial x} + \frac{\partial(\rho v)}{\partial y} + \frac{\partial(\rho w)}{\partial z} = 0$

③ $\frac{\partial u}{\partial x} + \frac{\partial v}{\partial y} + \frac{\partial w}{\partial z} = 0$

④ $\frac{\partial \rho}{\partial t} + \rho\frac{\partial u}{\partial x} + \rho\frac{\partial v}{\partial y} + \rho\frac{\partial w}{\partial z} = 0$

해설

일반적 연속방정식

x, y, z의 각 방향으로 들어간 질량과 나온 질량 차이는 그 일정 체적 내에서 시간의 변화에 따른 질량의 변화량

㉠ 원식

$$\frac{\partial(\rho u)}{\partial x} + \frac{\partial(\rho v)}{\partial y} + \frac{\partial(\rho w)}{\partial z} = -\frac{\partial(\rho)}{\partial t}$$

ρu, ρv, ρw : x, y, z방향의 질량유량

㉡ 정상류의 경우

$$\frac{\partial(\rho u)}{\partial x} + \frac{\partial(\rho v)}{\partial y} + \frac{\partial(\rho w)}{\partial z} = 0$$

(시간에 따른 질량변화 없음)

㉢ 정상류이면서 비압축성의 경우

$$\frac{\partial u}{\partial x} + \frac{\partial v}{\partial y} + \frac{\partial w}{\partial z} = 0$$

(x, y, z방향의 밀도가 일정)

㉣ 정상류이면서 비압축성 2차원 흐름일 경우

$$\frac{\partial u}{\partial x} + \frac{\partial v}{\partial y} = 0$$

(z방향의 속도성분 w가 없음)

09 아음속 등엔트로피 흐름의 축소-확대 노즐에서 확대되는 부분에서의 변화로 옳은 것은? [유체 3]

① 속도는 증가하고, 밀도는 감소한다.
② 압력 및 밀도는 감소한다.
③ 속도 및 밀도는 증가한다.
④ 압력은 증가하고, 속도는 감소한다.

해설

축소-확대 노즐에서의 흐름

아음속의 축소노즐=초음속 확대노즐
(아음속 확대노즐=초음속 축소노즐)

마하수 / 노즐 구분 / 물리량 종류	M<1 아음속		M>1 초음속	
	축소	확대	축소	확대
M(마하수)	증가	감소	감소	증가
u(속도)	증가	감소	감소	증가
p(압력)	감소	증가	증가	감소
T(온도)	감소	증가	증가	감소
ρ(밀도)	감소	증가	증가	감소

10 압축성 유체의 1차원 유동에서 수직충격파 구간을 지나는 기체 성질의 변화로 옳은 것은 어느 것인가? [유체 21]

① 속도, 압력, 밀도가 증가한다.
② 속도, 온도, 밀도가 증가한다.
③ 압력, 밀도, 온도가 증가한다.
④ 압력, 밀도, 단위시간당 운동량이 증가한다.

해설

충격파

정의		초음속 흐름이 갑자기 아음속 흐름으로 변하게 되는 경우 이때 발생되는 불연속면
종류	수직 충격파	충격파가 흐름에 대해 수직하게 작용하는 경우
	경사 충격파	충격파가 흐름에 대해 경사지게 작용하는 경우
영향		• 밀도, 비중량, 압력, 온도 증가 • 속도 감소 • 마찰열 발생 • 엔트로피 증가

정답 08.② 09.④ 10.③

11 공기압축기의 입구온도는 21℃이며 대기압 상태에서 공기를 흡입하고, 절대압력 350kPa, 38.6℃로 압축하여 송출구로 평균속도 30m/s, 질량유량 10kg/s로 배출한다. 압축기에 가해진 입력동력이 450kW이고, 입구측의 흡입속도를 무시하면 압축기에서의 열전달량은 몇 kW인가? (단, 정압비열 $C_p = 1000\dfrac{\mathrm{J}}{\mathrm{kg \cdot K}}$이다.)

① 270kW로 열이 압축기로부터 방출된다.
② 450kW로 열이 압축기로부터 방출된다.
③ 270kW로 열이 압축기로 흡수된다.
④ 450kW로 열이 압축기로 흡수된다.

해설

토출동력(Q)

$Q = GC_p(T_2 - T_1)$에서

$= 10\text{kg/s} \times 1000\text{J/kg} \cdot \text{K}$
$\times \{(273+38.6)-(273+21)\}\text{K}$
$= 176000\text{J/s (W)}$
$= 176\text{kW}$

입력동력이 450kW이므로
전달동력은 450−176≒274kW
입력동력이 450kW이므로 배출동력이 176kW로서 차이는 274kW로 열이 압축기로부터 방출된다.

12 관로의 유동에서 각각의 경우에 대한 손실수두를 나타낸 것이다. 이 중 틀린 것은? (단, f : 마찰계수, d : 관의 지름, $\dfrac{V^2}{2g}$: 속도수두, R_h : 수력반지름, k : 손실계수, L : 관의 길이, A : 관의 단면적, C_c : 단면적 축소계수이다.)

① 원형관 속의 손실수두
$$h_L = \frac{\Delta P}{\gamma} = f\frac{L}{d}\frac{V^2}{2g}$$
② 비원형관 속의 손실수두
$$h_L = f\frac{4R_h}{L}\frac{V^2}{2g}$$
③ 돌연확대관 손실수두
$$h_L = \left(1 - \frac{A_1}{A_2}\right)^2\frac{V_1^2}{2g}$$
④ 돌연축소관 손실수두
$$h_L = \left(\frac{1}{C_c} - 1\right)^2\frac{V_2^2}{2g}$$

해설

손실수두(h_L)

구 분	공 식
원형관	$h_L = f\dfrac{L}{D}\dfrac{V^2}{2g}$
비원형관	$h_L = f\dfrac{L}{4R_h}\dfrac{V^2}{2g}$
돌연확대관	$h_L = \left(1-\dfrac{A_1}{A_2}\right)^2\dfrac{V_1^2}{2g}$
돌연축소관	$h_L = \left(\dfrac{1}{C_c}-1\right)^2\dfrac{V_2^2}{2g}$

기 호	내 용
f	관마찰계수
D	관지름
$\dfrac{V^2}{2g}$	속도수두
R_h, K, L, A, C_c	수력반경, 손실계수, 관길이, 관단면적, 축소계수
V_1	돌연확대관의 작은 관경 유속
V_2	돌연축소관의 작은 관경 유속

13 다음 중 유적선(path line)을 가장 옳게 설명한 것은? **[유체 22]**

① 곡선의 접선방향과 그 점의 속도방향이 일치하는 선
② 속도벡터의 방향을 갖는 연속적인 가상의 선
③ 유체입자가 주어진 시간동안 통과한 경로
④ 모든 유체입자의 순간적인 궤적

유체의 흐름현상

구 분	정 의
유선	• 유동장에서 어느 한 순간 각 점에서 속도방향과 접선방향이 일치하는 선
유관	• 유선으로 둘러싸인 유체의 관 • 미소단면적의 유관은 하나의 유선과 같다. • 유관에 직각방향의 유동성분은 없다.
유적선	일정시간 내 유체입자가 흘러간 경로
유맥선	유동장을 통과하는 모든 유체가 어느 한 순간 점유하는 위치를 나타내는 체적

정답 11.① 12.② 13.③

14 일정한 온도와 압력조건에서 하수 슬러리(slurry)와 같이 임계 전단응력 이상이 되어야만 흐르는 유체는?

① 뉴턴유체(Newtonian fluid)
② 팽창유체(dilatant fluid)
③ 빙햄가소성 유체(Bingham plastics fluid)
④ 의가소성 유체(pseudoplastic fluid)

해설

유체의 종류

구 분	내 용
뉴턴유체	뉴턴의 점성법칙을 만족하며 끈기가 없는 유형(물, 공기, 오일, 사염화탄소, 알코올)
비뉴턴유체, 빙햄플라스틱	뉴턴의 점성법칙을 따르지 않으며 끈기가 있는 유체(플라스틱, 타르, 페인트, 치약, 진흙)
빙햄가소성 유체	임계 전단응력 이상이 되어야 흐르는 유체(하수, 슬러리)
실제 플라스틱 (전단박화) 유체	펄프류
다일런트유체	아스팔트

15 550K인 공기가 15m/s의 속도로 매끈한 평판 위를 흐르고 있다. 평판 선단으로부터의 거리가 몇 m인 지점에서 층류에서 난류로의 천이가 일어나는가? (단, 천이레이놀즈수는 5×10^5이고, 동점성계수는 4.2×10^{-5}m²/s 이다.)

① 0.7　② 1.4
③ 2.1　④ 2.8

해설

$$Re_x = \frac{U_\infty x}{\nu}$$

여기서, Re_x : 평단 선단으로부터 x만큼 떨어진 위치의 레이놀즈수
U_∞ : 자유흐름속도
x : 평단선단으로 떨어진 임의의 거리
ν : 동점성계수

$$\therefore\ x = \frac{Re_x \cdot \nu}{U_\infty} = \frac{5\times10^5\times4.2\times10^{-5}}{15} = 1.4\text{m}$$

16 비중 0.9인 유체를 10ton/hr의 속도로 20m 높이의 저장탱크에 수송한다. 지름이 일정한 관을 사용할 때 펌프가 유체에 가해준 일은 몇 kgf · m/kg인가? (단, 마찰손실은 무시한다.)

① 10　② 20
③ 30　④ 40

해설

비중 0.9, 총량 유량 10ton/hr, 양정 20m이므로

엔탈피 $H = \frac{u_2^{\,2} - u_1^{\,2}}{2} + (gZ_2 - gZ_1)(\text{m}^2/\text{s}^2)$

$u_1 = u_2$이므로

$H = gZ_2 - gZ_1 = 9.8\times(20-0) = 196\text{m}^2/\text{s}^2$

$\therefore\ 196(\text{m}^2/\text{s})\cdot\text{m} = 196\text{m}\times\frac{1}{9.8\text{kg}}\text{kgf}$
$= 20\text{kgf}\cdot\text{m/kg}$

- $1\text{kgf} = 1\text{kg}\times9.8\text{m/s}^2$
- $1\text{m/s}^2 = \frac{1\text{kgf}}{9.8\text{kg}}$

참고
- 비압축성 유체의 경우 1kgf=1kg으로 보고 단위를 정리하면 (m)만 남게 되고, 이것은 수두이므로 조건에 주어진 수두가 바로 답이 된다.
- 일량(W)$=\gamma\cdot H\cdot\nu$로 계산 시
  $0.9\times10^3\text{kgf/m}^3\times20\text{m}\times\frac{1}{0.9\times10^3}\text{m}^3/\text{kgf}$
  $= 20\text{kgf}\cdot\text{m}$

여기서, γ : 비중량(kgf · m/kg)
H : 양정(m)
ν : 비체적(m³/kgf)

17 밀도가 892kg/m³인 원유가 단면적이 2.165×10^{-3}m²인 관을 통하여 1.388×10^{-3}m³/s로 들어가서 단면적이 각각 1.314×10^{-3}m²로 동일한 2개의 관으로 분할되어 나갈 때 분할되는 관내에서의 유속은 약 몇 m/s인가? (단, 분할되는 2개 관에서의 평균유속은 같다.)

① 1.06　② 0.841
③ 0.619　④ 0.528

해설

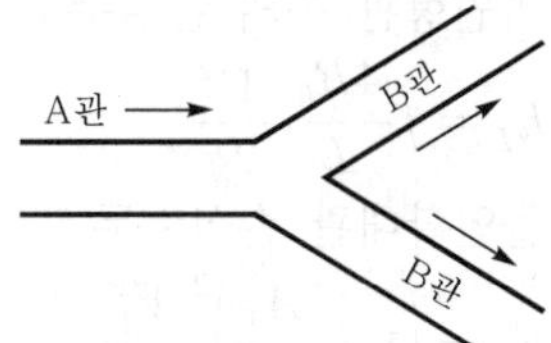

$Q = AV$이므로

$$V = \frac{Q}{A} = \frac{1.388\times10^{-3}\text{m}^3/\text{s}}{1.314\times10^{-3}\text{m}^2} = 1.0563\text{m/s}$$

2개의 관으로 분할되므로 $1.0563\div2 = 0.528$m/s

정답 14.③ 15.② 16.② 17.④

18 레이놀즈수가 10^6이고 상대조도가 0.005인 원관의 마찰계수 f는 0.030이다. 이 원관에 부차손실계수가 6.6인 글로브밸브를 설치하였을 때, 이 밸브의 등가길이(또는 상당길이)는 관 지름의 몇 배인가?

① 25 ② 55
③ 220 ④ 440

관 상당길이(l_e)

$$H_L = \lambda\frac{l_e}{D}\frac{V^2}{2g} = K\frac{V^2}{2g}$$

$$\therefore\ l_e = \frac{K \cdot D}{\lambda} = \frac{6.6\times D}{0.03} = 220D$$

임의의 부착적 손실수두 $H_L = \lambda\frac{l_e}{D}\frac{V^2}{2g}$과 관마찰 손실수두 $H_L = K\frac{V^2}{2g}$을 같다고 가정 시 그때의 관길이 l을 l_e라고 하고, 관 상당길이라 정의한다.

19 비중이 0.887인 원유가 관의 단면적이 $0.0022m^2$인 관에서 체적유량이 $10.0m^3/h$일 때 관의 단위면적당 질량유량($kg/m^2 \cdot s$)은?

① 1120 ② 1220
③ 1320 ④ 1420

$$G = \gamma A V = \gamma Q$$
$$= 0.887\times10^3 kg/m^3 \times 10.0m^3/3600s = 2.46kg/s$$
$$\therefore\ 2.46/0.0022 = 1119.9kg/m^2\cdot s \fallingdotseq 1120kg/m^2\cdot s$$

20 펌프를 사용하여 지름이 일정한 관을 통하여 물을 이송하고 있다. 출구는 입구보다 3m 위에 있고 입구압력은 $1kgf/cm^2$, 출구압력은 $1.75kgf/cm^2$이다. 펌프수두가 15m일 때 마찰에 의한 손실수두는?

① 1.5m ② 2.5m
③ 3.5m ④ 4.5m

$$전수두(H) = h(위치) + \frac{P}{\gamma}(압력) + \frac{V^2}{2g}(속도) + H_L(마찰손실)이므로$$

$$H_L = H - \left\{h + \frac{V^2}{2g} + \frac{P}{\gamma}\right\}에서$$

$$(V_2 - V_1 = 0,\ h_1 = 0,\ h_2 = 3)$$

$$= 15 - \left(3 + \frac{(1.75-1)\times10^4}{1000}\right)$$

$$= 4.5m$$

제2과목 연소공학

21 최소산소농도(MOC)와 이너팅(inertig)에 대한 설명으로 틀린 것은? [연소 19]

① LFL(연소하한계)은 공기 중의 산소량을 기준으로 한다.
② 화염을 전파하기 위해서는 최소한의 산소농도가 요구된다.
③ 폭발 및 화재는 연료의 농도에 관계없이 산소의 농도를 감소시킴으로서 방지할 수 있다.
④ MOC값은 연소반응식 중 산소의 양론계수와 LFL(연소하한계)의 곱을 이용하여 추산할 수 있다.

① 연소하한계는 공기 중 연료의 양을 기준으로 한다.

22 어떤 연도가스의 조성을 분석하였더니 CO_2 : 11.9%, CO : 1.6%, O_2 : 4.1%, N_2 : 82.4%이었다. 이때 과잉공기의 백분율은 얼마인가? (단, 공기 중 질소와 산소의 부피비는 79 : 21이다.)

① 17.7%
② 21.9%
③ 33.5%
④ 46.0%

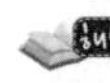

$$m = \frac{N_2}{N_2 - 3.76(O_2 - 0.5CO)}$$
$$= \frac{82.4}{82.4 - 3.76(4.1 - 0.5\times1.6)} = 1.1772$$
$$\therefore\ 과잉공기율 = (m-1)\times100$$
$$= (1.1772-1)\times100 = 17.7\%$$

23 다음 중 폭발 시 화염중심으로부터 압력이 전파되는 반경거리(R)를 구하는 식은? (단, W : TNT당량, k : 반경거리 R에서 압력을 나타내는 상수이다.)

① $R = kW^{1/2}$
② $R = kW^{1/3}$
③ $R = kW^{1/4}$
④ $R = kW^{1/5}$

정답 18.③ 19.① 20.④ 21.① 22.① 23.②

24 메탄가스를 과잉공기를 이용하여 완전연소 시켰다. 생성된 H_2O는 흡수탑에서 흡수, 제거시키고 나온 가스를 분석하였더니 그 조성은 CO_2 9.6v%, O_2 3.8v%, N_2 86.6v%이었다. 이때 과잉공기량은 약 몇 %인가?

① 10%
② 20%
③ 30%
④ 40%

해설

$$m = \frac{N_2}{N_2 - 3.76O_2} = \frac{86.6}{86.6-(3.76\times3.8)} = 1.197$$

$$\therefore (m-1)\times100 = (1.197-1)\times100 = 19.75 ≒ 20\%$$

25 기체의 연소반응 중 다음 [보기]의 과정에 해당하는 것은? **[연소 7]**

> $OH+H_2 \rightarrow H_2O+H$
> $O+HO_2 \rightarrow O_2+OH$

① 개시(initiation)반응
② 전화(propagation)반응
③ 가지(branching)반응
④ 종말(termination)반응

26 LNG의 유출사고 시 메탄가스의 거동에 관한 다음 설명 중 가장 옳은 것은?

① 메탄가스의 비중은 공기보다 크므로 증발된 가스는 지상에 체류한다.
② 메탄가스의 비중은 공기보다 작으므로 증발된 가스는 위로 확산되어 지상에 체류한다.
③ 메탄가스의 비중은 상온에서 공기보다 작으나 온도가 매우 낮으면 공기보다 커지기 때문에 지상에 체류한다.
④ 메탄가스의 비중은 상온에서 공기보다 크나 온도가 낮으면 공기보다 작아지기 때문에 지상에 체류하는 일이 없다.

27 저위발열량 93766kJ/Sm^{3}의 C_3H_8을 공기비 1.2로 연소시킬 때의 이론연소온도는 약 몇 K인가? (단, 배기가스의 평균비열은 1.653kJ/Sm^3·K이고 다른 조건은 무시한다.)

① 1735 ② 1856
③ 1919 ④ 2083

해설

㉠ C_3H_8의 연소 시 연소가스량(Sm^3) 값

$C_3H_8+5O_2+(N_2)$

$\rightarrow 3CO_2+4H_2O+N_2+$ 과잉공기$(m-1)A_o$

연소가스량

$CO_2+H_2O+N_2+(m-1)A_o$

$$3+4+5\times\frac{0.79}{0.21}+(1.2-1)\times5\times\frac{1}{0.21} = 30.5714Sm^3$$

㉡ 이론연소온도 $t_2 = \dfrac{H_L}{G\cdot C_p}$에서

$$\therefore t_2 = \frac{93766}{30.5714\times1.653} = 1855.48 = 1856K$$

28 다음 중 화재의 성장 3요소로 가장 부적합한 것은?

① 연료 ② 점화
③ 연소속도 ④ 화염확산

해설

㉠ 정의 : 사람의 의도에 반하여 발생소화를 하여야 할 연소현상으로 인명과 재산상의 손실을 일으킴
㉡ 성장의 단계 : 연소가 일어나고 연소에 의하여 발생한 열이 전도, 대류복사 등이 일어나며 이들의 결합으로 확대가 되며 폭발·폭굉 등도 일으킬 수 있고 성장의 3요소로는 점화, 연소, 화염확산 등이 해당됨

29 전실화재(flash over)와 역화(back draft)에 대한 설명으로 틀린 것은?

① flash over는 급격한 가연성 가스의 착화로서 폭풍과 충격파를 동반한다.
② flash over는 화재성장기(제1단계)에서 발생한다.
③ back draft는 최성기(제2단계)에서 발생한다.
④ flash over는 열의 공급이 요인이다.

정답 24.② 25.② 26.③ 27.② 28.① 29.①

해설

㉠ 전실화재(flash over) : 화재실 내부 온도상승으로 가연물의 모든 노출 표면에 가열이 계속되면 가연물의 모든 노출 표면에서 빠르게 열분해가 일어나 가연성 가스가 충만하여 빠르게 발화하면 그때부터 가연물이 격렬하게 타기 시작할 때 이와 같은 급격한 변화현상을 플래시오버라 한다.

㉡ 백드래프트(back draft) : 플래시 오버 이후 산소가 부족하면 연소는 잠재적인 진행을 하게 된다. 이때 실내 공간은 발열에 의한 가연성 증기로 포화상태를 이루는데 이때 갑자기 문을 열어 공기공급이 되면 가연성 증기와 공기가 폭발적인 반응을 하게 되는 현상

㉢ flash over와 back draft의 차이점

구분	플래시 오버	백드래프트
폭풍 또는 충격파	급격한 가연성 가스의 착화로서 폭풍이나 충격파는 없다.	진행이 빠른 화학반응으로써 대기의 급격한 온도상승, 팽창, 압력상승을 일으키고 폭풍 혹은 충격파를 일으킨다.
화재 발생 단계	화재성장기(제1단계)에서 발생	화재최성기(제2단계)에서 발생, 가끔 감쇠기(제3단계)로 보는 견해도 있음
공급 요인	열의 공급이 요인	산소의 공급이 요인

30 어느 온도에서 $A(g)+B(g) \rightleftarrows C(g)+D(g)$와 같은 가역반응이 평형상태에 도달하여 D가 1/4mol 생성되었다. 이 반응의 평형상수는? (단, A와 B를 각각 1mol씩 반응시켰다.)

① $\frac{1}{16}$ ② $\frac{1}{9}$

③ $\frac{1}{3}$ ④ $\frac{16}{9}$

해설

$$A \ + \ B \rightarrow C + D$$

$$\left(1-\frac{1}{4}\right)\left(1-\frac{1}{4}\right)\ \left(\frac{1}{4}\right)\ \left(\frac{1}{4}\right)$$

$$\therefore K_c = \frac{[C][D]}{[A][B]} = \frac{\frac{1}{4}\times\frac{1}{4}}{\frac{3}{4}\times\frac{3}{4}} = \frac{\frac{1}{16}}{\frac{9}{16}} = \frac{1}{9}$$

31 가스압이 이상 저하한다든지 노즐과 콕 등이 막혀 가스량이 극히 적게 될 경우 발생하는 현상은? **[연소 22]**

① 불완전연소 ② 리프팅

③ 역화 ④ 황염

연소기구에서 연소 시 이상 현상

구 분	정 의	원 인
선화 (리프팅)	가스의 염공에서 가스가 유출 시 유출속도가 연소속도보다 커서 염공에 접하지 않고 염공을 떠나 공간에서 연소하는 현상	• 버너의 염공에 먼지 등이 부착 염공이 작아졌을 때 • 가스의 공급압력이 높을 때 • 배기 또는 환기가 불충분할 때 • 공기조절장치가 과도하게 열렸을 때
역화 (백파이어)	가스의 연소속도가 유출속도보다 커 화염이 염공의 버너 내부로 침입하여 연소기 내부에서 연소하는 현상	• 부식에 의해 염공이 크게 되었을 때 • 가스의 공급압력이 저하되었을 때 • 버너가 과열되어 혼합기의 온도상승 시 • 노즐에 먼지 등이 막혀 구경이 작게 된 경우
황염 (옐로팁)	염의 선단이 적황색으로 되어 타고 있는 현상	• 1차 공기가 부족 시 • 주물 하부에 철가루가 존재 시

32 에너지보존의 법칙을 공식으로 표현하면 $Q - W = \Delta H$이며, 엔탈피는 열역학함수의 하나로 $H = U + PV$로 정의된다. Q와 U의 의미를 올바르게 나열한 것은?

① Q = 열량, U = 속도

② Q = 내부 에너지 + 외부 에너지, U = 속도

③ Q = 열량, U = 내부 에너지

④ Q = 내부 에너지 + 외부 에너지, U = 내부 에너지

33 폭발의 영향범위는 스켈링(Scaling) 법칙을 이용한다. 다음 중 옳게 표현한 것은? (단, W_{TNT} : 당량(kg), ΔH_C : 연소열, 1100 : 저위발열량(kcal/kg), W_C : 누출된 가스 등의 질량(kg), η : 폭발효율이다.)

① $W_{TNT} = (\Delta H_C \times W_C \times 1100)/\eta$

② $W_{TNT} = (1100 \times W_C \times \eta)/\Delta H_C$

③ $W_{TNT} = (\Delta H_C \times W_C \times \eta)/1100$

④ $W_{TNT} = (\Delta H_C \times W_C)\eta$

정답 30.② 31.③ 32.③ 33.③

34 다음 중 내연기관의 화염으로 가장 적당한 것은?

① 층류, 정상 확산화염이다.
② 층류, 비정상 확산화염이다.
③ 난류, 정상 예혼합화염이다.
④ 난류, 비정상 예혼합화염이다.

35 브레이턴 사이클에서 열은 어느 과정을 통해 흡수되는가?

① 정적과정 ② 등온과정
③ 정압과정 ④ 단열과정

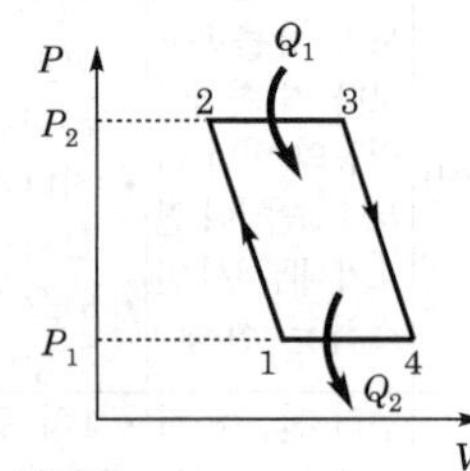

브레이턴 사이클
㉠ 1→2(단열압축)
㉡ 2→3(정압가열)
⇒ 열을 흡수
㉢ 3→4(단열팽창)
㉣ 4→1(정압방열)
⇒ 열의 방출

36 다음 1mol의 이상기체($C_V = 3/2R$)가 40℃, 35atm으로부터 1atm까지 단열가역적으로 팽창하였다. 최종온도는 얼마인가?

① 97K ② 88K
③ 75K ④ 60K

$$C_P - C_V = R$$

$$C_P = R + C_V = R + \frac{3}{2}R = \frac{5}{2}R$$

$$\therefore\ K = \frac{C_P}{C_V} = \frac{\frac{5}{2}R}{\frac{3}{2}R} = \frac{5}{3} = 1.67$$

단열변화

$$\frac{T_2}{T_1} = \left(\frac{P_2}{P_1}\right)^{\frac{k-1}{k}} = \left(\frac{V_1}{V_2}\right)^{k-1}$$

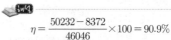

$$\therefore\ T_2 = T_1 \times \left(\frac{P_2}{P_1}\right)^{\frac{k-1}{k}}$$

$$= (273+40) \times \left(\frac{1}{35}\right)^{\frac{1.67-1}{1.67}}$$

$$= 75\text{K}$$

37 프로판 가스의 연소과정에서 발생한 열량은 50232MJ/kg이었다. 연소 시 발생한 수증기의 잠열이 8372MJ/kg이면 프로판 가스의 저발열량 기준 연소 효율은 약 몇 %인가? (단, 연소에 사용된 프로판 가스의 저발열량은 46046MJ/kg이다.)

① 87 ② 91
③ 93 ④ 96

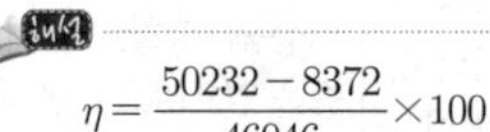

$$\eta = \frac{50232 - 8372}{46046} \times 100 = 90.9\%$$

38 1kg의 기체가 압력 50kPa, 체적 2.5m³의 상태에서 압력 1.2MPa, 체적 0.2m³의 상태로 변화하였다. 이 과정에서 내부 에너지가 일정하다면, 엔탈피의 변화량은 약 몇 kJ인가?

① 100
② 105
③ 110
④ 115

$$\Delta h = (u_2 - u_1) + (P_2V_2 - P_1V_1)$$

내부 에너지 u는 일정($u_1 = u_2$)

$$\therefore\ 1.2 \times 10^3\text{kPa} \times 0.2\text{m}^3 - 50\text{kPa} \times 2.5\text{m}^3$$

$$1.2 \times 10^3 \times 0.2\text{kN/m}^2 \times \text{m}^3 - 50 \times 2.5\text{kN/m}^2 \times \text{m}^3$$

$$= 115\text{kN} \cdot \text{m}$$

$$= 115\text{kJ}$$

39 단위량의 연료를 포함한 이론혼합기가 완전반응을 하였을 때 발생하는 연소가스량을 무엇이라 하는가?

① 이론연소가스량
② 이론건조가스량
③ 이론습윤가스량
④ 이론건조연소가스량

정답 34.④ 35.③ 36.③ 37.② 38.④ 39.①

40 600℃의 고열원과 300℃의 저열원 사이에 작동하고 있는 카르노 사이클(Carnot cycle)의 최대효율은?

① 34.36% ② 50.00%
③ 52.35% ④ 74.67%

$$\eta = \frac{T_1 - T_2}{T_1}$$
$$= \frac{(273+600)-(273+300)}{(273+600)} = 0.3436 = 34.36\%$$

제3과목 가스설비

41 나프타 접촉 개질장치의 주요 구성이 아닌 것은?

① 증류탑
② 예열로
③ 기액분리기
④ 반응기

42 역카르노사이클의 경로로서 옳은 것은?

① 등온팽창－단열압축－등온압축－단열팽창
② 등온팽창－단열압축－단열팽창－등온압축
③ 단열압축－등온팽창－등온압축－단열팽창
④ 단열압축－단열팽창－등온팽창－등온압축

역카르노사이클

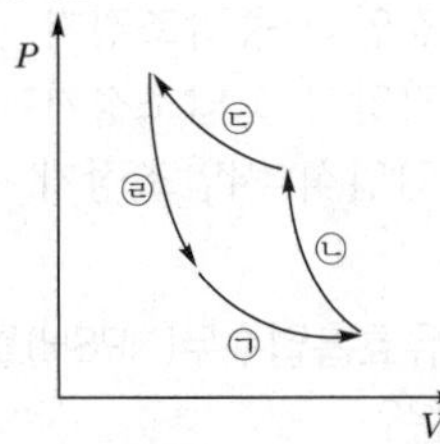

㉠ 등온팽창, ㉡ 단열압축, ㉢ 등온압축, ㉣ 단열팽창

43 수소가스 집합장치의 설계 매니폴드 지관에서 감압밸브의 상용압력이 14MPa인 경우 내압시험압력은 얼마인가?

① 14MPa ② 21MPa
③ 25MPa ④ 28MPa

T_P(내압시험압력) = 상용압력 × 1.5
= 14 × 1.5
= 21MPa

44 외경과 내경의 비가 1.2 이상인 산소가스 배관두께를 구하는 식은 다음과 같다. D는 무엇을 의미하는가? **[안전 158]**

$$t = \frac{D}{2}\left(\sqrt{\frac{\frac{f}{s}+P}{\frac{f}{s}-P}} - 1\right) + C$$

① 배관의 내경
② 내경에서 부식여유의 상당부분을 뺀 부분의 수치
③ 배관의 상용압력
④ 배관의 지름

㉠ 외경 내경의 비가 1.2 이상인 경우 배관두께(t)(mm)

$$t = \frac{D}{2}\left(\sqrt{\frac{\frac{f}{s}+P}{\frac{f}{s}-P}} - 1\right) + C$$

여기서, t : 배관두께(mm)
P : 상용압력(MPa)
D : 내경에서 부식여유에 상당하는 부분을 뺀 부분(mm)
f : 재료인장강도(N/mm²) 규격 최소치이거나 항복점 규격 최소치 1.6배
C : 부식여유치(mm)
s : 안전율

㉡ 외경과 내경의 비가 1.2 미만인 경우 배관두께(mm)

$$t = \frac{PD}{2 \cdot \frac{f}{s} - P} + C$$

45 LPG를 지상의 탱크로리에서 지상의 저장탱크로 이송하는 방법으로 가장 부적절한 것은? **[설비 23]**

① 위치에너지를 이용한 자연충전방법
② 차압에 의한 충전방법
③ 액펌프를 이용한 충전방법
④ 압축기를 이용한 충전방법

정답 40.① 41.① 42.① 43.② 44.② 45.①

46 가스보일러에 설치되어 있지 않은 안전장치는?

① 과열방지장치 ② 헛불방지장치
③ 전도안전장치 ④ 과압방지장치

해설

(KGS AB 133) 보일러의 안전장치(LPG 용품)

일반안전장치	반드시 갖추어야 할 장치
정전안전장치 역풍방지장치 소화안전장치	조절 서모스탯 및 과열방지안전장치, 점화장치, 물빼기장치, 가스거버너, 자동차단밸브, 온도계 순환펌프, 동결방지장치, 난방수여과장치

난방식 순환방식 구조	
대기차단식	대기개방식
압력계, 압력팽창탱크, 헛불방지장치, 과압방지용 안전장치, 공기자동빼기장치	저수위 안전장치

47 역카르노사이클로 작동되는 냉동기가 20kW의 일을 받아서 저온체에서 20kcal/s의 열을 흡수한다면 고온체로 방출하는 열량은 약 몇 kcal/s인가?

① 14.8 ② 24.8
③ 34.8 ④ 44.8

$$20\times860\times\frac{1}{3600}+20=24.77=24.8\text{kcal/s}$$

48 다음에 따라 연소기를 설치할 때 적정 용기 설치 개수는? (단, 표준가스 발생능력은 1.5kg/h이다.)

- 가스레인지 1대 : 0.15kg/h
- 순간온수기 1대 : 0.65kg/h
- 가스보일러 1대 : 2.50kg/h

① 20kg 용기 : 2개
② 20kg 용기 : 3개
③ 20kg 용기 : 4개
④ 20kg 용기 : 7개

$$\text{용기수}=\frac{\text{피크 시 사용량}}{\text{용기 1개당 가스발생량}}=\frac{0.15+0.65+2.5}{1.5}=2.2=3\text{개}$$

49 액화석유가스용 염화비닐 호스의 안지름 치수가 12.7mm인 경우 제 몇 종으로 분류되는가? **[안전 169]**

① 1
② 2
③ 3
④ 4

해설

염화비닐 호스(KGS AA 534)(3.41 구조 및 치수)

㉠ 호스의 안지름 치수

구 분	안지름(mm)	허용차(mm)
1종	6.3	±0.7
2종	9.5	
3종	12.7	

㉡ 호스는 안층, 보강층, 바깥층의 구조로 하고 안지름과 두께가 균일한 것으로 굽힘성이 좋고 흠, 기포, 균열 등 결점이 없어야 한다.
㉢ 호스는 안층과 바깥층이 잘 접착되어 있는 것으로 한다(단, 자바라 보강층의 경우는 그러하지 아니하다).

50 다음 [그림]은 가정용 LP가스 소비시설이다. R_1에 사용되는 조정기의 종류는?

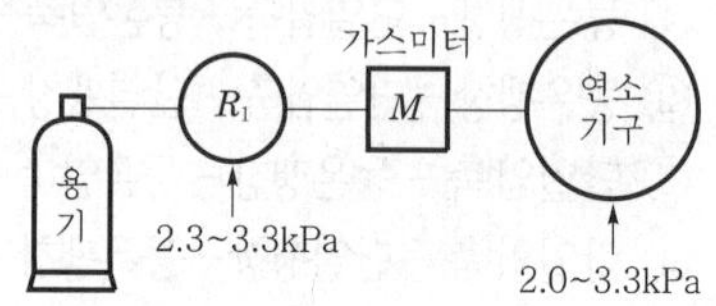

① 1단 감압식 저압조정기
② 1단 감압식 중압조정기
③ 1단 감압식 고압조정기
④ 2단 감압식 저압조정기

51 펌프의 유효흡입수두(NPSH)를 가장 잘 표현한 것은?

① 펌프가 흡입할 수 있는 전흡입수두로 펌프의 특성을 나타낸다.
② 펌프의 동력을 나타내는 척도이다.
③ 공동현상을 일으키지 않을 한도의 최대흡입양정을 말한다.
④ 공동현상 발생조건을 나타내는 척도이다.

정답 46.③ 47.② 48.② 49.③ 50.① 51.③

흡입수두

(1) (*Av*)NPSH(유효흡입수두) : 펌프 흡입구에서 전압력이 그 수온에 상당하는 증기압력에서 어느 정도 높은가를 표시하는 것이며, 펌프를 운전 중 공동현상이 발생하는데 이 공동현상으로부터 얼마나 안정된 상태로 운전되는가를 나타내는 척도

(2) (*Re*)NPSH(필요흡입수두) : 펌프가 공동현상을 일으키기 위해 이것만은 꼭 필요하다고 하는 수두

㉠ (*Av*)NPSH=(*Re*)NPSH
(공동현상 발생 한계점)

㉡ (*Av*)NPSH<(*Re*)NPSH
(공동현상이 일어나지 않음)

㉢ (*Av*)NPSH>(*Re*)NPSH
(공동현상 발생)

52 펌프의 실양정(m)을 h, 흡입 실양정을 h_1, 송출 실양정을 h_2라 할 때 펌프의 실양정 계산식을 옳게 표시한 것은?

① $h=h_2-h_1$　② $h=\dfrac{h_2-h_1}{2}$

③ $h=h_2+h_1$　④ $h=\dfrac{h_2+h_1}{2}$

펌프의 양정

구 분	정 의
흡입실양정	액면에서 펌프중심까지의 거리
토출실양정	펌프중심에서 최대방출면까지의 거리
흡입전양정	흡입실양정+H_L(흡입측 손실수두)
토출전양정	토출실양정+H_L(토출측 손실수두)
실양정	흡입실양정+토출실양정
전양정	토출전양정+흡입전양정

53 액화천연가스(메탄기준)를 도시가스 원료로 사용할 때 액화천연가스의 특징을 바르게 설명한 것은?

① C/H 질량비가 3이고, 기화설비가 필요하다.
② C/H 질량비가 4이고, 기화설비가 필요없다.
③ C/H 질량비가 3이고, 가스제조 및 정제설비가 필요하다.
④ C/H 질량비가 4이고, 개질설비가 필요하다.

CH_4=(C : 12g, H_4 : 4g)
C/H=12/4=3
비등점 −162℃이므로 도시가스 원료로 사용 시 기화설비가 필요하다.

54 압력용기라 함은 그 내용물이 액화가스인 경우 35℃에서의 압력 또는 설계압력이 얼마 이상인 용기를 말하는가?

① 0.1MPa
② 0.2MPa
③ 1MPa
④ 2MPa

압력용기
㉠ 액화가스 : 35℃, 압력 0.2MPa 이상
㉡ 압축가스 : 35℃, 압력 1MPa 이상

55 터보형 압축기에 대한 설명으로 옳은 것은?

① 기체흐름이 축방향으로 흐를 때, 깃에 발생하는 양력으로 에너지를 부여하는 방식이다.
② 기체흐름이 축방향과 반지름방향의 중간적 흐름의 것을 말한다.
③ 기체흐름이 축방향에서 반지름방향으로 흐를 때, 원심력에 의하여 에너지를 부여하는 방식이다.
④ 한 쌍의 특수한 형상의 회전체의 틈의 변화에 의하여 압력에너지를 부여하는 방식이다.

56 펌프의 이상현상인 베이퍼록(vapor-rock)을 방지하기 위한 방법으로 가장 거리가 먼 것은? **[설비 17]**

① 흡입배관을 단열처리한다.
② 흡입관의 지름을 크게 한다.
③ 실린더라이너의 외부를 냉각한다.
④ 저장탱크와 펌프의 액면차를 충분히 작게 한다.

정답 52.③ 53.① 54.② 55.③ 56.④

57 다음 중 이론적 압축일량이 큰 순서로 나열된 것은? **[설비 27]**

① 등온압축 > 단열압축 > 폴리트로픽압축
② 단열압축 > 폴리트로픽압축 > 등온압축
③ 폴리트로픽압축 > 등온압축 > 단열압축
④ 등온압축 > 폴리트로픽압축 > 단열압축

58 관지름 50A인 SPPS가 최고사용압력이 5MPa, 인장강도가 500N/mm²일 때 SCH No.는? (단, 안전율은 4이다.) **[설비 13]**

① 40
② 60
③ 80
④ 100

$MPa = N/mm^2$
단위가 같을 때

$$SCH = 1000 \times \frac{P}{S} = 1000 \times \frac{5}{500 \times \frac{1}{4}} = 40$$

59 흡입압력 105kPa, 토출압력 480kPa, 흡입공기량 3m³/min인 공기압축기의 등온압축일은 약 몇 kW인가?

① 2　　② 4
③ 6　　④ 8

$$등온압축일량(W) = P_1 V_1 \ln\frac{P_1}{P_2}$$
$$= 105kN/m^2 \times (3m^3/60)\ln\frac{105}{480}$$
$$= 7.97kN \cdot m/s$$
$$= 7.97kJ/s = 7.97kW$$

• W = J/s	• kW = kJ/s

60 나사 이음에 대한 설명으로 틀린 것은?

① 유니언 : 관과 관의 접합에 이용되며, 분해가 쉽다.
② 부싱 : 관 지름이 다른 접속부에 사용된다.
③ 니플 : 관과 관의 접합에 사용되며, 암나사로 되어 있다.
④ 벤드 : 관의 완만한 굴곡에 이용된다.

해설

니플 : 수나사로 되어 있다.

제4과목 가스안전관리

61 아세틸렌을 용기에 충전하는 작업에 대한 내용으로 틀린 것은? **[설비 58]**

① 아세틸렌을 2.5MPa의 압력으로 압축할 때에는 질소, 메탄, 일산화탄소 또는 에틸렌 등의 희석제를 첨가할 것
② 습식 아세틸렌 발생기의 표면은 70℃ 이하의 온도로 유지하여야 하며, 그 부근에서는 불꽃이 튀는 작업을 하지 아니할 것
③ 아세틸렌을 용기에 충전할 때에는 미리 용기에 다공성 물질을 고루 채워 다공도가 80% 이상 92% 미만이 되도록 한 후 아세톤 또는 디메틸포름아미드를 고루 침윤시키고 충전할 것
④ 아세틸렌을 용기에 충전할 때의 충전 중 압력은 2.5MPa 이하로 하고, 충전 후에는 압력이 15℃에서 1.5MPa 이하로 될 때까지 정치하여 둘 것

해설

다공도 : 75% 이상 92% 미만

62 고압가스 저온 저장탱크의 내부압력이 외부압력보다 낮아져 저장탱크가 파괴되는 것을 방지하기 위한 조치로 설치하여야 할 설비로 가장 거리가 먼 것은? **[안전 85]**

① 압력계
② 압력경보설비
③ 진공안전밸브
④ 역류방지밸브

정답 57.② 58.① 59.④ 60.③ 61.③ 62.④

63 15℃에서 아세틸렌 용기의 최고충전압력이 1.5MPa일 때, 내압시험압력 및 기밀시험압력은 각각 얼마인가? [안전 52]

① 4.65MPa, 1.71MPa
② 2.58MPa, 1.55MPa
③ 2.58MPa, 1.71MPa
④ 4.5MPa, 2.7MPa

해설

C_2H_2 용기
㉠ $Tp = Fp \times 3 = 1.5 \times 3 = 4.5$MPa
㉡ $Ap = Fp \times 1.8 = 1.5 \times 1.8 = 2.7$MPa

64 고압가스 제조시설 사업소에서 안전관리자가 상주하는 사무소와 현장사무소 사이 또는 현장사무소 상호간에 신속히 통보할 수 있도록 통신시설을 갖추어야 하는데, 이에 해당되지 않는 것은? [안전 175]

① 구내 방송설비
② 메가폰
③ 인터폰
④ 페이징 설비

해설

통신시설

통보범위	통보설비
• 안전관리자가 상주하는 사무소와 현장사무소 사이 • 현장사무소 상호간	• 구내 전화 • 구내 방송설비 • 인터폰 • 페이징 설비
사업소 전체	• 구내 방송설비 • 사이렌 • 휴대용 확성기 • 페이징 설비 • 메가폰
종업원 상호간	• 페이징 설비 • 휴대용 확성기 • 트란시버 • 메가폰

[비고] 메가폰은 1500m^2 이하에 한한다.

65 콕 제조기술기준에 대한 설명으로 틀린 것은?

① 1개의 핸들로 1개의 유로를 개폐하는 구조로 한다.
② 완전히 열었을 때 핸들의 방향은 유로의 방향과 직각인 것으로 한다.
③ 닫힌상태에서 예비적 동작이 없이는 열리지 아니하는 구조로 한다.
④ 핸들의 회전각도를 90°나 180°로 규제하는 스토퍼를 갖추어야 한다.

해설

가스용 콕의 제조기술기준(KGS AA 334)
㉠ 콕의 표면은 매끈하고 사용상 지장을 주는 부식, 균열, 주름 등이 없는 것으로 한다.
㉡ 퓨즈콕은 가스유로를 볼로 개폐하고 과류차단 안전기구가 부착된 것으로 배관과 호스, 호스와 호스, 배관과 배관, 배관과 카플러를 연결하는 구조로 한다.
㉢ 상자콕은 가스유로를 핸들, 누름, 당김 등 조작으로 개폐하고 과류차단 안전기구가 부착된 것으로 밸브 핸들이 반개방상태에서도 가스를 차단하여야 하며, 배관과 카플러를 연결하는 구조로 한다.
㉣ 주물연소기용 노즐콕은 주물연소기 부품으로 사용하는 것으로 볼로 개폐하는 구조로 한다.
㉤ 콕은 1개의 핸들 등으로 1개의 유로를 개폐하는 구조로 한다.
㉥ 콕의 핸들 등을 회전하여 조작하는 것은 핸들의 회전각도를 90°나 180°로 규제하는 스토퍼를 갖추어야 하며 또한 핸들, 누름, 당김, 이동 등 조작을 하는 것은 조작범위를 규제하는 스토퍼를 갖추어야 한다.
㉦ 콕의 핸들 등은 개폐상태가 눈으로 확인할 수 있는 구조로 하고 핸들 등이 회전하는 구조의 것은 회전각도가 90°의 것을 원칙으로 열림 방향은 시계바늘 반대방향인 구조로 한다. 단, 주물연소기용 노즐콕의 핸들 열림방향은 그러하지 아니하다.
㉧ 완전히 열었을 때 핸들의 방향은 유로의 방향과 평행인 것으로 하고 볼 또는 플러그의 구멍과 유로와는 어긋나지 아니하는 것으로 한다.
㉨ 콕의 플러그 및 플러그와 접촉하는 몸통부분 테이퍼는 1/5부터 1/15까지이고 몸통과 플러그와의 표면은 밀착되도록 다듬질하며 회전이 원활한 것으로 한다.
㉩ 콕은 닫힌상태에서 예비적 동작이 없이는 열리지 아니하는 구조로 한다.
㉪ 상자콕은 카플러를 연결하지 아니하여 핸들 등을 열림위치로 조작하지 못하는 구조로 하고 핸들 등을 카플러가 빠지는 구조로 한다.
㉫ 콕에 과류차단 안전기구가 부착된 것은 과류차단되었을 때 간단하게 복원되도록 하는 기구를 부착한다.
㉬ 상자콕의 몸체는 상자를 벗기지 않고 교체할 수 있는 것이어야 한다.
㉭ 상자콕은 상자 내 조립 시 출구쪽의 가스 접속부는 상자 끝으로부터 돌출되지 않아야 한다.

정답 63.④ 64.② 65.②

66 액화석유가스 충전시설의 안전유지기준에 대한 설명으로 틀린 것은?

① 저장탱크의 안전을 위하여 1년에 1회 이상 정기적으로 침하상태를 측정한다.
② 소형 저장탱크 주위에 있는 밸브류의 조작은 원칙적으로 자동조작으로 한다.
③ 소형 저장탱크의 세이프티커플링의 주 밸브는 액봉방지를 위하여 항상 열어 둔다.
④ 가스누출검지기와 휴대용 손전등은 방폭형으로 한다.

㉠ 소형 저장탱크 밸브류 조작은 원칙적으로 수동조작으로 한다.
㉡ 소형 저장탱크 주위 5m 이내는 화기의 사용을 금지하고 인화 발화성 물질을 쌓아두지 아니한다.

67 정전기를 억제하기 위한 방법이 아닌 것은?

① 접지(grounding)한다.
② 접촉 전위차가 큰 재료를 선택한다.
③ 정전기의 중화 및 전기가 잘 통하는 물질을 사용한다.
④ 습도를 높여준다.

68 내용적이 50L 이상 125L 미만인 LPG용 용접용기의 스커트 통기면적은?

① $100mm^2$ 이상
② $300mm^2$ 이상
③ $500mm^2$ 이상
④ $1000mm^2$ 이상

해설

용기의 통기구멍수 및 통기면적, 물빼기면적(KGS Ac 211 P12)

㉠ 액화석유가스용 강제용기 스커트 상단부 또는 중간부에 용기 종류에 따른 통기를 위하여 필요한 면적을 가진 통기구멍을 3개소 이상 설치한다.
㉡ 용기 종류에 따른 통기를 위하여 필요한 면적 및 물빼기를 위하여 필요한 면적

용기의 종류 (내용적 L)	필요 통기면적	필요 물빼기면적
20L 이상 25L 미만	$300mm^2$ 이상	$50mm^2$ 이상
25L 이상 50L 미만	$500mm^2$ 이상	$100mm^2$ 이상
50L 이상 125L 미만	$1000mm^2$ 이상	$150mm^2$ 이상

69 고압가스 냉동제조시설에서 냉동능력 20ton 이상의 냉동설비에 설치하는 압력계의 설치기준으로 옳지 않은 것은?

① 압축기의 토출압력 및 흡입압력을 표시하는 압력계를 보기 쉬운 곳에 설치한다.
② 강제윤활방식인 경우에는 윤활유 압력을 표시하는 압력계를 설치한다.
③ 강제윤활방식인 것은 윤활유 압력에 대한 보호장치가 설치되어 있는 경우 압력계를 설치한다.
④ 발생기에는 냉매가스의 압력을 표시하는 압력계를 설치한다.

해설

냉동능력 20t 이상 냉동설비에 설치하는 압력계 설치기준(KGS Fp 113)(2.8.1.1.1)

㉠ 압축기의 토출압력 및 흡입압력을 표시하는 압력계를 보기 쉬운 위치에 설치한다.
㉡ 압축기가 강제윤활방식인 경우에는 윤활유 압력을 표시하는 압력계를 부착(단, 윤활유 압력에 보호장치가 있는 경우에는 압력계를 설치하지 아니할 수 있음)한다.
㉢ 발생기에는 냉매가스의 압력을 표시하는 압력계를 설치한다.

70 다음 (   ) 안에 들어갈 알맞은 수치는?

> 초저온 용기의 충격시험은 3개의 시험편 온도를 (   )℃ 이하로 하여 그 충격치의 최저가 (   )J/cm^2 이상이고, 평균 (   )J/cm^2 이상의 경우를 적합한 것으로 한다.

① 100, 30, 20 ② −100, 20, 30
③ 150, 30, 20 ④ −150, 20, 30

정답 66.② 67.② 68.④ 69.③ 70.④

71 용기의 용접에 대한 설명으로 틀린 것은?

① 이음매 없는 용기 제조 시 압궤시험을 실시한다.
② 용접용기의 측면 굽힘시험은 시편을 180°로 굽혀서 3mm 이상의 금이 생기지 아니하여야 한다.
③ 용접용기는 용접부에 대한 안내 굽힘시험을 실시한다.
④ 용접용기의 방사선 투과시험은 3급 이상을 합격으로 한다.

④ 용접용기의 방사선 투과시험은 2급 이상을 합격으로 한다.

72 고압가스용 이음매 없는 용기 재검사 기준에서 정한 용기의 상태에 따른 등급 분류 중 3급에 해당하는 것은?

① 깊이가 0.1mm 미만이라고 판단되는 흠
② 깊이가 0.3mm 미만이라고 판단되는 흠
③ 깊이가 0.5mm 미만이라고 판단되는 흠
④ 깊이가 1mm 미만이라고 판단되는 흠

해설

고압가스 이음매 없는 용기 재검사 등급판정기준 (KGS 218)

등 급	용기상태
1급	사용상 지장이 없는 것으로 2급, 3급, 4급에 속하지 않는 것
2급	깊이가 1mm 이하 우그러짐이 있는 것 중 사용상 지장여부를 판단하기 곤란한 것
3급	• 깊이가 0.3mm 미만이라고 판단되는 흠이 있는 것 • 깊이가 0.5mm 미만이라고 판단되는 부식이 있는 것
4급	• 부식 • 점부식 : 깊이 0.5mm 초과 • 선부식 : 길이 100mm 이하 깊이 0.3mm 초과, 길이 100mm 초과 깊이 0.25mm 초과 • 일반부식 : 깊이 0.25mm 초과 • 우그러짐 및 손상

73 독성 가스 중 다량의 가연성 가스를 차량에 적재하여 운반하는 경우 휴대하여야 하는 소화기는? **[안전 8]**

① BC용, B-3 이상
② BC용, B-10 이상
③ ABC용, B-3 이상
④ ABC용, B-10 이상

74 가연성 가스 제조소에서 화재의 원인이 될 수 있는 착화원이 모두 나열된 것은?

㉠ 정전기
㉡ 베릴륨 합금제 공구에 의한 타격
㉢ 안전증 방폭구조의 전기기기 사용
㉣ 사용 촉매의 접촉작용
㉤ 밸브의 급격한 조작

① ㉠, ㉣, ㉤　② ㉠, ㉡, ㉢
③ ㉠, ㉢, ㉣　④ ㉡, ㉢, ㉤

75 나프타(naphtha)에 대한 설명으로 틀린 것은?

① 비점 200℃ 이하의 유분이다.
② 파라핀계 탄화수소의 함량이 높은 것이 좋다.
③ 도시가스의 증열용으로 이용된다.
④ 헤비 나프타가 옥탄가가 높다.

해설

나프타(naphtha)

(1) 정의 : 원유를 상압 증류할 때 얻어지는 비점 200℃ 이하 유분
(2) 종류
㉠ 라이트 나프타 : 경질의 것
㉡ 헤비 나프타 : 중질의 것
∴ 라이트 나프타가 옥탄가가 높다.

76 저장탱크에 의한 액화석유가스 저장소에서 지반조사 시 지반조사의 실시 기준은?

① 저장설비와 가스설비 외면으로부터 10m 내에서 2곳 이상 실시한다.
② 저장설비와 가스설비 외면으로부터 10m 내에서 3곳 이상 실시한다.
③ 저장설비와 가스설비 외면으로부터 20m 내에서 2곳 이상 실시한다.
④ 저장설비와 가스설비 외면으로부터 20m 내에서 3곳 이상 실시한다.

정답 71.④ 72.② 73.② 74.① 75.④ 76.①

LPG시설 지반조사(KGS FP 332)

구 분	핵심내용
조사대상	3t 이상 저장설비, 가스설비(펌프, 압축기, 기화장치 제외) 설치장소에 1차 지반조사
1차 지반조사 방법	보링
조사장소 및 조사 대상수	저장설비 가스설비 외면 10m 이내인 곳 2곳 이상
조사결과 습윤한 토지 및 연약지반 붕괴 우려, 부등침하 우려 시	성토, 지반개량 옹벽설치 강구

77 일반도시가스사업자 시설의 정압기에 설치되는 안전밸브 분출부 크기 기준으로 옳은 것은? **[안전 109]**

① 정압기 입구압력이 0.5MPa 이상인 것은 50A 이상
② 정압기 입구압력에 관계없이 80A 이상
③ 정압기 입구압력이 0.5MPa 이상인 것으로서 설계유량이 $1000m^3$ 이상인 것은 32A 이상
④ 정압기 입구압력이 0.5MPa 이상인 것으로서 설계유량이 $1000m^3$ 미만인 것은 32A 이상

78 철근콘크리트제 방호벽의 설치기준에 대한 설명 중 틀린 것은?

① 일체로 된 철근콘크리트 기초로 한다.
② 기초의 높이는 350mm 이상, 되메우기 깊이는 300mm 이상으로 한다.
③ 기초의 두께는 방호벽 최하부 두께의 120% 이상으로 한다.
④ 직경 8mm 이상의 철근을 가로, 세로 300mm 이하의 간격으로 배근한다.

④ 직경 9mm 철근을 가로, 세로 400mm 이하의 간격으로 배근 결속

79 고압가스 용접용기 중 오목부에 내압을 받는 접시형 경판의 두께를 계산하고자 한다. 다음 계산식 중 어떤 계산식 이상의 두께로 하여야 하는가? (단, P는 최고충전압력의 수치(MPa), D는 중앙만곡부 내면의 반지름(mm), W는 접시형 경판의 형상에 따른 계수, S는 재료의 허용응력 수치(N/mm^2), η는 경판 중앙부 이음매의 용접효율, C는 부식 여유두께(mm)이다.) **[안전 172]**

① $t(\text{mm}) = \dfrac{PDW}{S\eta - P} + C$

② $t(\text{mm}) = \dfrac{PDW}{S\eta - 0.5P} + C$

③ $t(\text{mm}) = \dfrac{PDW}{2S\eta - 0.2P} + C$

④ $t(\text{mm}) = \dfrac{PDW}{2S\eta - 1.2P} + C$

고압가스용 용접용기 두께(KGS AC 211)

구 분	공 식	기 호
동판	$t = \dfrac{PD}{2S\eta - 1.2P} + C$	t : 두께(mm) P : Fp(MPa) D : 동판은 내경, 접시형 경판은 중앙만곡부 내면의 반경, 반타원형체 경판은 반타원체 내면 장축부 길이에 부식여유치를 더한 값 $W = \dfrac{3+\sqrt{n}}{4}$ $V = \dfrac{2+m^2}{6}$ n : 경판 중앙만곡부 내경과 경판 둘레 단곡부 내경비 m : 반타원형체 내경의 장축부 단축부 길이의 비
접시형 경판	$t = \dfrac{PDW}{2S\eta - 0.2P} + C$	
반타원형체 경판	$t = \dfrac{PDV}{2S\eta - 0.2P}$	

정답 77.① 78.④ 79.③

80 도시가스용 압력조정기의 정의로 맞는 것은?

① 도시가스용 정압기 이외에 설치되는 압력조정기로서 입구쪽 구경이 50A 이하이고, 최대표시유량이 300Nm^3/h 이하인 것을 말한다.
② 도시가스용 정압기 이외에 설치되는 압력조정기로서 입구쪽 구경이 50A 이하이고, 최대표시유량이 500Nm^3/h 이하인 것을 말한다.
③ 도시가스용 정압기 이외에 설치되는 압력조정기로서 입구쪽 구경이 100A 이하이고, 최대표시유량이 300Nm^3/h 이하인 것을 말한다.
④ 도시가스용 정압기 이외에 설치되는 압력조정기로서 입구쪽 구경이 100A 이하이고, 최대표시유량이 500Nm^3/h 이하인 것을 말한다.

제5과목 가스계측

81 헴펠식 가스분석법에서 흡수 · 분리되지 않는 성분은? **[계측 1]**

① 이산화탄소 ② 수소
③ 중탄화수소 ④ 산소

㉠ 오르자트 분석기의 분석순서와 흡수액

분석가스명	흡수액
CO_2	33% KOH 용액
O_2	알칼리성 피로카롤 용액
CO	암모니아성 염화제1동 용액
N_2	$N_2 = 100 = (CO_2 + O_2 + CO)$ 값으로 정량

㉡ 헴펠법 분석기의 분석순서와 흡수액

분석가스명	흡수액
CO_2	33% KOH 용액
C_mH_n	발연황산
O_2	알칼리성 피로카롤 용액
CO	암모니아성 염화제1동 용액

㉢ 게겔법의 분석순서와 흡수액

분석가스명	흡수액
CO_2	33% KOH 용액
C_2H_2	옥소수은칼륨 용액
C_3H_6, $n-C_4H_{10}$	87% H_2SO_4
C_2H_4	취수소
O_2	알칼리성 피로카롤 용액
CO	암모니아성 염화제1동 용액

82 흡착형 가스 크로마토그래피에 사용하는 충전물이 아닌 것은?

① 실리콘(SE-30) ② 활성 알루미나
③ 활성탄 ④ 몰레큘러시브

가스 크로마토그래피(G/C) 충전물

품 명			
흡착형	활성탄	분배형	DMF(디메틸포름아미드)
	활성 알루미나		DMS(디메틸설포렌스)
	실리카겔		T체(Ticresyl hosphate)
	몰레큘러시브		실리콘(SE-30)
	Porapak Q		Goaly u-90(squalane)

83 50℃에서 저항이 100Ω인 저항온도계를 어떤 노 안에 삽입하였을 때 온도계의 저항이 200Ω을 가리키고 있었다. 노 안의 온도는 약 몇 ℃인가? (단, 저항온도계의 저항온도계수는 0.0025이다.)

① 100℃ ② 250℃
③ 425℃ ④ 500℃

$R_t = R_0(1+at)$

여기서, R_t : 어느 온도에서 저항
R_0 : 0℃의 저항
a : 저항온도계수
t : 어느 온도

$$R_0 = \frac{R_t}{1+at} = \frac{100}{1+0.0025\times 50} = 88.888$$

$$\therefore\ t = \left(\frac{R_t}{R_0} - 1\right) \div a = \left(\frac{200}{88.88} - 1\right) \div 0.0025 = 500℃$$

84 다음 가스 분석방법 중 성질이 다른 하나는 어느 것인가? **[계측 3]**

① 자동화학식
② 열전도율법
③ 밀도법
④ 가스 크로마토그래피법

가스 분석방법 및 특성

구 분	이용 특성
물리적 분석 방법	• 적외선 흡수를 이용한 것 • 빛의 간섭을 이용한 것 • 가스의 열전도율, 밀도, 비중, 반응성을 이용한 것 • 전기전도도를 이용한 것 • 가스 크로마토그래피(GC)를 이용한 것
화학적 분석 방법	• 가스의 연소열을 이용한 것 • 용액의 흡수제(오르자트, 헴펠, 게겔)를 이용한 것 • 고체의 흡수제를 이용한 것

85 가스 공급용 저장탱크의 가스 저장량을 일정하게 유지하기 위하여 탱크 내부의 압력을 측정하고, 측정된 압력과 설정압력(목표압력)을 비교하여 탱크에 유입되는 가스의 양을 조절하는 자동 제어계가 있다. 탱크 내부의 압력을 측정하는 동작은 다음 중 어디에 해당하는가?

① 비교
② 판단
③ 조작
④ 검출

자동제어 기본 순서

검출 → 조절 → 조작(비교 → 판단)

㉠ 검출 : 제어에 필요한 양의 신호를 보내는 부분
㉡ 조절 : 입력과 검출부의 출력의 합이 되는 신호를 받아 조작부로 전송하는 부분
㉢ 조작 : 조절부로 받은 신호를 조작량으로 바꾸어 제어대상에 보내는 부분

86 1kmol의 가스가 0℃, 1기압에서 22.4m^{3}의 부피를 갖고 있을 때 기체상수는 얼마인가?

① 0.082kg · m/kmol · K
② 848kg · m/kmol · K
③ 1.98kg · m/kmol · K
④ 8.314kg · m/kmol · K

기체상수

R = 0.082atm · L/mol · K
= 82.05atm · mL/mol · K
= 1.987cal/mol · K = 8.314J/mol · K
= 848kg · m/kmol · K = 8.314kJ/kmol · K

87 다음 중 직접식 액면측정 기기는?

① 부자식 액면계
② 벨로즈식 액면계
③ 정전용량식 액면계
④ 전기저항식 액면계

액면계의 종류

구분	직접식	간접식
정의	측정하고자 하는 액면의 높이를 직접 측정	측정하고자 하는 액면의 높이를 압력차나 초음파 방사선 등을 이용하여 간접 측정
종류	직관식, 플로트식, 검척식	다이어프램식, 방사선식, 차압식, 초음파식, 기포식

88 머무른 시간 407초, 길이 12.2m인 칼럼에서의 띠 너비를 바닥에서 측정하였을 때 13초였다. 이때 단 높이는 몇 mm인가?

① 0.58
② 0.68
③ 0.78
④ 0.88

이론단의 높이($HETP$) = $\frac{L}{N}$

여기서, L : 관 길이(m)

N : 이론단수 = $16 \times \left(\frac{t_r}{w}\right)^2$

$\therefore HETP = \frac{12.2 \times 10^3}{16 \times \left(\frac{407}{13}\right)^2} = 0.777 = 0.78$

※ t_r : 머문 시간(체류시간)
w : 봉우리 너비

정답 84.① 85.④ 86.② 87.① 88.③

89 내경이 30cm인 어떤 관 속에 내경 15cm인 오리피스를 설치하여 물의 유량을 측정하려 한다. 압력강하는 0.1kgf/cm^{2}이고, 유량계수는 0.72일 때 물의 유량은 약 몇 m^3/s인가?

① 0.028m^3/s ② 0.28m^3/s
③ 0.056m^3/s ④ 0.56m^3/s

해설

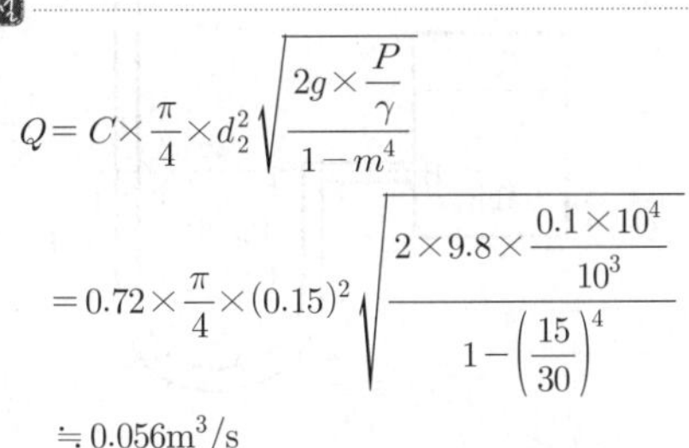

$$Q = C \times \frac{\pi}{4} \times d_2^2 \sqrt{\frac{2g \times \frac{P}{\gamma}}{1-m^4}}$$

$$= 0.72 \times \frac{\pi}{4} \times (0.15)^2 \sqrt{\frac{2 \times 9.8 \times \frac{0.1 \times 10^4}{10^3}}{1-\left(\frac{15}{30}\right)^4}}$$

$$\fallingdotseq 0.056\text{m}^3/\text{s}$$

90 대규모의 플랜트가 많은 화학공장에서 사용하는 제어방식이 아닌 것은?

① 비율제어(Ratio Control)
② 요소제어(Element Control)
③ 종속제어(Cascade Control)
④ 전치제어(Feed Forward Control)

해설

① 비율제어(Ratio Control) : 목표값이 다른 것과 일정비율 관계를 가지고 변화하는 경우의 추종제어법
② 요소제어(Element Control) : 어느 특정부분만 제어하는 방식(대규모 플랜트 화학공장에 부적합)
③ 종속제어(Cascade Control) : 두 개의 동작 조합을 수행하는 제어
④ 전치제어(Feed Forward Control) : 앞으로 일어날 징조를 계산에 의하여 예측하고 그 정보에 기준하여 제어를 행하는 방식. 예측에 따라 정보를 주고 목적에서 이탈하는 증후가 나오기 전에 제어하는 방식

91 다음 캐리어가스의 유량이 60mL/min이고, 기록지의 속도가 3cm/min일 때 어떤 성분 시료를 주입하였더니 주입점에서 성분 피크까지의 길이가 15cm였다. 지속용량은 약 몇 mL인가?

① 100 ② 200
③ 300 ④ 400

해설

$$\text{지속용량} = \frac{L \times Q}{V} = \frac{15\text{cm} \times 60\text{mL/min}}{3\text{cm/min}} = 300$$

여기서, L : 성분 피크 길이
Q : 캐리어가스 유량
V : 기록지의 속도

92 자동 조절계의 비례적분동작에서 적분 시간에 대한 설명으로 가장 적당한 것은 어느 것인가? **[계측 4]**

① P동작에 의한 조작신호의 변화가 I동작만으로 일어나는 데 필요한 시간
② P동작에 의한 조작신호의 변화가 PI동작만으로 일어나는 데 필요한 시간
③ I동작에 의한 조작신호의 변화가 PI동작만으로 일어나는 데 필요한 시간
④ I동작에 의한 조작신호의 변화가 P동작만으로 일어나는 데 필요한 시간

93 다음 중 화학적 가스분석 방법에 해당하는 것은? **[계측 3]**

① 밀도법 ② 열전도율법
③ 적외선흡수법 ④ 연소열법

해설

가스분석 방법 및 특성

구 분	특 성
물리적 분석방법	• 적외선 흡수를 이용한 것 • 빛의 간섭을 이용한 것 • 가스의 열전도율, 밀도, 비중, 반응성을 이용한 것 • 전기전도도를 이용한 것 • 가스 크로마토그래피(GC)를 이용한 것
화학적 분석방법	• 가스의 연소열을 이용한 것 • 용액의 흡수제(오르자트, 헴펠, 게겔)를 이용한 것 • 고체의 흡수제를 이용한 것

정답 89.③ 90.② 91.③ 92.① 93.④

94 진동이 일어나는 장치의 진동을 억제하는 데 가장 효과적인 제어동작은?

① 뱅뱅동작 ② 비례동작
③ 적분동작 ④ 미분동작

제어동작

동작의 종류	특 징
P(비례)	• 정상오차 수반 • 잔류편차 발생
I(적분)	• 잔류편차 제거
D(미분)	• 장치의 진동 억제 • 오차가 커지는 것 미리 방지
PD(비례미분)	• 응답의 속응성 개선
PI(비례적분)	• 잔류편차 제거 • 제어결과가 진동적으로 될 수 있음
PID(비례적분미분)	• 잔류편차 제거 • 응답의 오버슈트 감소 • 응답의 속응성 개선

95 기체 크로마토그래피에서 분리도(resolution)와 컬럼 길이의 상관관계는?

① 분리도는 컬럼 길이의 제곱근에 비례한다.
② 분리도는 컬럼 길이에 비례한다.
③ 분리도는 컬럼 길이의 2승에 비례한다.
④ 분리도는 컬럼 길이의 3승에 비례한다.

분리도$(R) = \dfrac{2(t_2 - t_1)}{W_1 + W_2}$

여기서, t_1 : 성분 1의 보유시간
t_2 : 성분 2의 보유시간
W_1 : 성분 1의 피크폭
W_2 : 성분 2의 피크폭

$R \propto \sqrt{L}$ 이므로

여기서, L : 컬럼의 길이

∴ 분리도는 컬럼 길이의 제곱근에 비례한다.

96 유압식 조절계의 제어동작에 대한 설명으로 옳은 것은?

① P동작이 기본이고 PI, PID 동작이 있다.
② I동작이 기본이고 P, PI 동작이 있다.
③ P동작이 기본이고 I, PID 동작이 있다.
④ I동작이 기본이고 PI, PID 동작이 있다.

97 [그림]과 같이 원유탱크에 원유가 채워져 있고, 원유 위의 가스압력을 측정하기 위하여 수은마노미터를 연결하였다. 주어진 조건 하에서 P_g의 압력(절대압)은? (단, 수은, 원유의 밀도는 각각 13.6g/cm^3, 0.86g/cm^3, 중력가속도는 9.8m/s^{2}이다.)

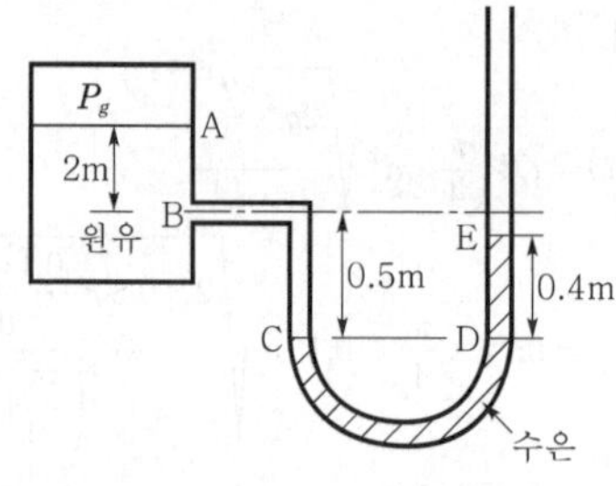

① 69.1kPa ② 101.3kPa
③ 133.5kPa ④ 175.8kPa

$P_g + \gamma_1 h_1 = P_o + \gamma_2 h_2$

$\therefore P_g = P_o + \gamma_2 h_2 - \gamma_1 h_1$

$= 101.325\text{kPa} + 13.6 \times 10^3\text{kgf/m}^3 \times 0.4\text{m} - 0.86 \times 10^3\text{kgf/m}^3 \times 2.5\text{m}$

$= 101.325\text{kPa} + 3290\text{kgf/m}^2$

$= 101.325 + \dfrac{3290}{10332} \times 101.325\text{kPa}$

$= 133.589\text{kPa}$

98 산소(O_2)는 다른 가스에 비하여 강한 상자성체이므로 자장에 대하여 흡인되는 특성을 이용하여 분석하는 가스분석계는?

① 세라믹식 O_2계
② 자기식 O_2계
③ 연소식 O_2계
④ 밀도식 O_2계

99 기준기로서 150m^3/h로 측정된 유량은 기차가 4%인 가스미터를 사용하면 지시량은 몇 m^3/h를 나타내는가?

① 144.23
② 146.23
③ 150.25
④ 156.25

정답 94.④ 95.① 96.② 97.③ 98.② 99.④

해설

$E=\frac{I-Q}{I}$ 에서

여기서, E : 기차

I : 시험미터 지시량

Q : 기준미터 지시량

$I-Q=E\times I$

$I-E\times I=Q$

$I(1-E)=Q$

$\therefore\ I=\frac{Q}{1-E}=\frac{150}{1-0.04}=156.25\text{m}^3/\text{h}$

100 다음 [그림]은 자동제어계의 특성에 대하여 나타낸 것이다. B는 입력신호의 변화에 대하여 출력신호의 변화가 즉시 따르지 않는 것을 나타낸 것으로 이를 무엇이라고 하는가?

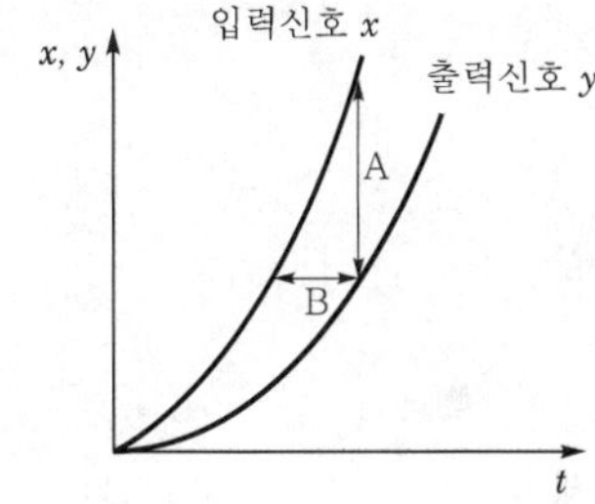

① 정오차
② 히스테리시스 오차
③ 동오차
④ 지연(遲延)

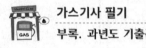

가스기사 필기
부록. 과년도 기출문제

CBT 기출복원문제

2024년 기사 제1회 필기시험 (2024년 2월 15일 시행)

01 가스기사	수험번호 : 수험자명 :	※ 제한시간 : 150분 ※ 남은시간 :
글자 크기 100% 150% 200% 화면 배치	전체 문제 수 : 안 푼 문제 수 :	답안 표기란 ① ② ③ ④

제1과목 가스유체역학

01 비중이 0.9인 어떤 물질의 비중량은 얼마인가?

① 900kgf/m^3 ② 1000kgf/m^3
③ 1100kgf/m^3 ④ 1200kgf/m^3

$\gamma = 1000 \times s = 1000 \times 0.9 = 900\text{kgf/m}^3$

02 질량 1kg이고 중력가속도가 9m/s인 어떤 물체의 중량은 지구에서 몇 kgf인가?

① 0.918kgf ② 1.098kgf
③ 9.8kgf ④ 9kgf

$W = mg = 1\text{kg} \times \dfrac{9}{9.8} = 0.918\text{kgf}$

03 점성계수 0.9 poise 밀도 $95\text{kgf} \cdot \text{s}^2/\text{m}^4$인 유체의 동점성 계수는 몇 stokes인가?

① 9.8×10^{-2} ② 9.8×10^{-3}
③ 0.966 ④ 0.724

해설

$V = \dfrac{\mu}{\varepsilon}$

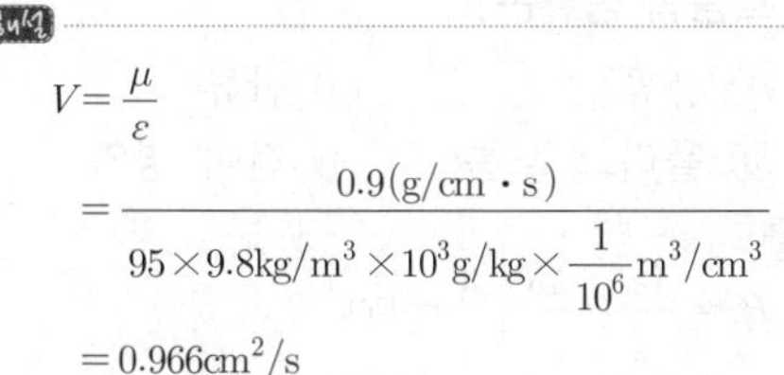

$$= \frac{0.9(\text{g/cm} \cdot \text{s})}{95 \times 9.8\text{kg/m}^3 \times 10^3\text{g/kg} \times \dfrac{1}{10^6}\text{m}^3/\text{cm}^3}$$

$= 0.966\text{cm}^2/\text{s}$

$= 0.966\text{stokes}$

04 Isentropic flow를 잘 나타낸 것은?

① 비가역단열흐름
② 이상기체흐름
③ 가역단열흐름
④ 이상유체흐름

05 두 평행판 사이로 유체가 흐른다. 전단응력이 최대가 되는 곳은?

① 윗판벽 ② 밑판벽
③ 두 판의 중심 ④ 양쪽 벽

해설

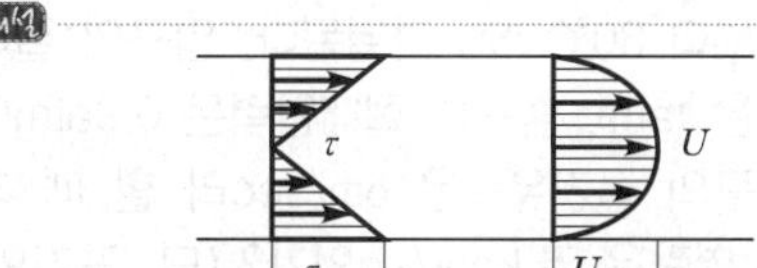

㉠ 전단응력은 벽면에서 최대, 중심에서 0이다.
㉡ 유속은 중심에서 최대, 벽면에서 0이다.

06 게이트 밸브를 설명한 것으로 맞는 것은?

① 섬세한 유량조절이 힘들다.
② 가정에서 사용하는 수도꼭지와 같다.
③ 유체가 밸브의 디스크 옆을 거쳐서 흐르게 된다.
④ 대개 완전히 열거나 닫을 수 없다.

해설

게이트 밸브
㉠ 배관용으로 많이 사용
㉡ 대유량에 사용
㉣ 유체의 저항이 심하다.

정답 01.① 02.① 03.③ 04.③ 05.④ 06.①

07 완전기체에서 정압비열 C_p, 정적비열 C_v로 표시할 때 엔탈피의 변화 dh는 어떻게 표시되는가?

① $dh = C_p dT$
② $dh = C_v dT$
③ $dh = \frac{C_p}{C_v} dT$
④ $dh = (C_p - C_v) dT$

08 물이 개방된 탱크에 채워져 있다. 액면에서 2m 깊이의 지점에서 받는 절대압은 얼마인가?

① 1.033kg/cm^2
② 1.12kg/cm^2
③ 1.92kg/cm^2
④ 1.22kg/cm^2

$\text{Pa} = 1.0332(\text{kg/cm}^2) + 0.2(\text{kg/cm}^2)$
$= 1.233(\text{kg/cm}^2)$

09 수평관에서 정상상태로 흐르는 공기가 20℃로부터 80℃까지 가열된다. 입구의 절대압력은 1atm, 출구의 절대압력은 0.9atm이며 입구의 공기유속은 6m/sec라 할 때 가하는 열량은 몇 kcal/kg인가? (단, 공기의 평균 열용량 C_p = 0.24kcal/kg · ℃이다.)

① 13.2 ② 14.4
③ 15.7 ④ 5.51

$Q = GC_p(t_1 - t_2)$
$= 1\text{kg} \times 0.24(\text{kcal/kg℃}) \times (80 - 20℃)$
$= 14.4\text{kcal}$

10 Hagen-Poiseuille식이 유도될 때 설정된 가정이 아닌 것은?

① 비압축성 유체의 층류 흐름
② 압축성 유체의 난류 흐름
③ 밀도가 일정한 뉴우톤성 유체의 흐름
④ 원형관 내에서의 정상상태 흐름

해설

하겐-포아젤 방정식(층류유동에만 적용)

$Q = \frac{\Delta p \cdot \pi \cdot d^4}{128 \mu L}$

$\tau = \frac{\Delta pd}{4l}$

11 유체 수송장치 중 왕복 펌프를 설명한 것이 아닌 것은?

① 점성이 있는 액체의 수송에 적당하다.
② 고압을 얻는 데 좋다.
③ 유량을 측정하는 데 가끔 사용된다.
④ 마모성의 고체가 섞인 유체도 사용할 수 있다.

해설

왕복 펌프의 특징
㉠ 정량수송이 용이하다.
㉡ 토출측에 진동이 있다.
㉢ 토출량이 적다.
㉣ 흡입양정이 크다.
㉤ 스트로크 조절로 수송량이 가감된다.

12 정지 유체 내의 직육면체 부피요소에 작용하는 힘에 대하여 틀린 것은?

① 전단응력에 의하여 요소가 가라앉는다.
② $PQ = \nabla P$로 압력 변화량을 표현한다.
③ 최대압력 변화량은 중력 방향이다.
④ 중력과 압력에 의하여 힘을 받는다.

정지 유체 직육면체 작용힘 $F = PA = \gamma HA$에서 압력 변화는 비중량과 높이에 비례

13 안지름 40cm인 관속을 동점도 4stokes인 유체가 15cm/sec의 속도로 흐른다. 이때 흐름의 종류는?

① 층류 ② 난류
③ 플러그 흐름 ④ 전이 영역

$Re = \frac{Vd}{v} = \frac{15 \times 40}{4} = 150$

여기서, $V = 15\text{cm/s}$
$d = 40\text{cm}$
$v = 4\text{cm}^2/\text{s}$

2100보다 작으므로 층류

정답 07.① 08.④ 09.② 10.② 11.④ 12.③ 13.①

14 내경이 100mm인 관속을 흐르고 있는 공기의 평균유속이 5m/sec이면 이 공기의 흐름은 몇 kg/sec인가? (단, 관속의 정압은 3kg/cm^2 abs, 온도 27℃, $R=29.27$kg · m/kg이다.)

① 0.134kg/sec
② 1.34kg/sec
③ 0.43kg/sec
④ 4.30kg/sec

$G=\gamma AV=3.4164\times 7.85\times 10^{-3}\times 5$
$=0.13416$kg/sec

$\gamma=\dfrac{P}{RT}=\dfrac{3\times 10^4\,\text{kg/m}^2}{29.27\times 300}=3.4164$

$A=\dfrac{\pi}{4}\times(0.1\text{m})^2=7.85\times 10^{-3}\text{m}^2$

$V=5\text{m/s}$

15 동점도의 단위는?

① m/s^2　② m/s
③ m^2/s　④ m^2/s^2

동점도는 점성계수를 밀도로 나눈 값

$v=\dfrac{\mu}{\rho}=\dfrac{\text{g/cm}\cdot\text{s}}{\text{g/cm}^3}=\text{cm}^2/\text{s}=\text{m}^2/\text{s}$

16 오리피스와 노즐에 대한 설명이 바르지 못한 것은?

① 내벽을 따라서 흘러온 유체입자는 개구부에 도달했을 때 관성력 때문에 급격히 구부러지지 않고 반지름 방향의 속도성분을 가진다.
② 반지름방향의 속도성분은 개구부에서 유출에 따라 점점 작아져서 분류가 평형류가 된 지점에서는 0이 된다.
③ 유량계수는 축류계수와 속도계수의 합이며, 유로의 기하학적 치수, 관성력 및 점성력과 관계가 있다.
④ 분류의 단면적이 개구부의 단면적보다 항상 작아지며, 분류속도는 유체의 마찰에 의해 그 값이 작아진다.

유량계수는 축류와 속도계수의 곱이다.

17 그림은 수축노즐을 갖는 고압용기에서 기체가 분출될 때 질량유량(m)과 배압(Pb)과 용기내부압력(Pr)의 비의 관계를 도시한 것이다. 다음 중 질식된(choking) 상태만 모은 것은?

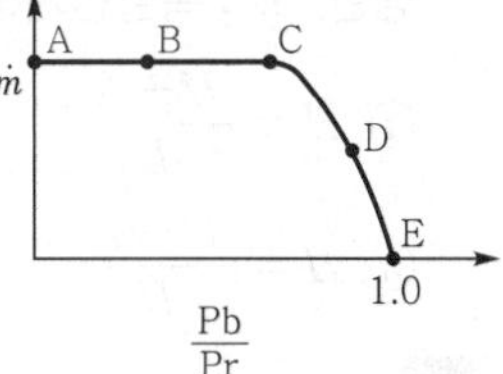

① A, E
② B, D
③ D, E
④ A, B

18 수은-물 마노메타로 압력차를 측정하였더니 50cmHg였다. 이 압력차를 mH_2O로 표시하면 약 얼마인가?

① 0.5　② 5.0
③ 6.8　④ 7.3

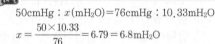

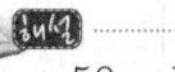

50cmHg : $x(mH_2O)$=76cmHg : 10.33mH_2O

$x=\dfrac{50\times 10.33}{76}=6.79=6.8mH_2O$

19 안지름이 90mm인 파이프를 통하여 3m/s의 속도로 흐르는 물의 유량은?

① 1.15m^3/min　② 4.83m^3/min
③ 5.15m^3/min　④ 6.48m^3/min

$Q=AV=1.15\text{m}^3/\text{min}$

$A=\dfrac{\pi}{4}\times(0.09\text{m})^2$

$V=3\text{m/s}=3\times 60(\text{m/min})$

20 마찰이 없는 압축성 기체 유동에 대한 다음 보기 중 옳은 것은?

① 확대관(pipe)에서 속도는 항상 감소한다.
② 속도는 수축-확대 노즐의 목에서 항상 음속이다.
③ 초음속 유동에서 속도가 증가하려면 단면적은 감소하여야 한다.
④ 수축-확대 노즐의 목에서 유체속도는 음속보다 클 수 없다.

축소-확대 노즐의 목에서 가지는 유속은 음속, 이 음속이므로 유체의 속도는 음속보다 클 수 없다.

정답 14.① 15.③ 16.③ 17.④ 18.③ 19.① 20.④

제2과목 연소공학

21 폭발의 위험도를 계산하는 것이 바르게 표현된 것은? (단, H : 위험도, U : 폭발한계상한, L : 폭발한계하한)

① $H=\frac{U-L}{L}$ ② $H=\frac{U}{L}$

③ $H=\frac{U-L}{U}$ ④ $H=\frac{L}{U}$

위험도$=\frac{\text{폭발상한}-\text{폭발하한}}{\text{폭발하한}}$

22 폭발에 관한 가스의 성질을 잘못 설명한 것은?

① 안전간격이 클수록 위험하다.
② 연소속도가 클수록 위험하다.
③ 폭발범위가 넓은 것이 위험하다.
④ 압력이 높아지면 일반적으로 폭발범위가 넓어진다.

안전간격이 큰 것은 안전하다.

23 다음 중 기상폭발의 발화원이 아닌 것은?

① 성냥 ② 열선
③ 화염 ④ 충격파

24 등유의 pot-burner는 어떤 연소 형태를 이용한 것인가?

① 액면연소 ② 증발연소
③ 분무연소 ④ 등심연소

① 액면연소(Combustion of Liquid Surface) : 용기에 모인 액체연료의 표면에서 연소(예 : 가정용 포트 연소, 경계층 연소 등으로 등유 pot-burner 등이 있다.)
② 증발연소 : 액체연료를 증발시켜 연소시키는 방법(예 : 석유스토브, 가스터빈)
③ 분무연소(Spray Combustion) : 액체연료를 분무기로 사용하여 미립화시켜 고부화로 연소시키는 방법
④ 등심연소(=심지연소) : 심지를 이용하여 심지의 표면에서 증발시켜 연소(예 : 석유스토브 램프)

25 탄화수소계 연료를 태워서 얻은 배기가스를 건 배기가스분석을 하여 다음과 같은 결과를 얻었다. 이 연료의 질량기준 공기 연료비는 얼마인가?

• CO_2 : 8%	• CO : 0.9%
• O_2 : 8.8%	• N_2 : 82.3%

① 18.1 ② 20.1
③ 22.1 ④ 24.1

공연비 : 가연혼합기중 연료와 공기의 질량비 $\left(=\frac{\text{공기비}}{\text{연료비}}\right)$

$$m=\frac{N_2}{N_2-3.76\times(O_2-0.5CO)}$$
$$=\frac{82.3}{82.3-3.76\times(8.8-0.5\times0.9)}$$
$$=1.6167$$

$A(\text{실제공기량})=\frac{82.3}{0.79}=104.17$

$\therefore\ m=\frac{A}{A_0}=\frac{104.17}{\text{산소량}\times\frac{1}{0.21}}$ 에서 $O_2=13.53$

반응식을 예상하면

$8.89CH_2+13.53O_2$
$\rightarrow 8CO_2+0.9CO+10.16H_2O+8.8O_2+82.3N_2$

$$\text{공연비}=\frac{1.6167\times\frac{1}{0.232}\times13.53\times32}{8.89\times(12+2)}=24.24$$

> 공연비$=\frac{\text{공기비}(mA_0)}{8.89CH_2}$
>
> $m=1.6167$
>
> $A_0=\frac{1}{0.232}\times O_2$
>
> $C=12,\ H_2=2,\ O_2=32$

26 자연 상태의 물질을 어떤 과정(Process)을 통해 화학적으로 변형시킨 상태의 연료를 2차 연료라고 한다. 다음 중 2차 연료에 해당하는 것은?

① 석탄 ② 원유
③ 천연가스 ④ 코크스

㉠ 1차 연료 : 자연에서 채취한 그대로 사용하는 연료(예 : 목재, 무연탄, 역청탄)
㉡ 2차 연료 : 1차 연료를 가공한 것(예 : 목탄, 코크스)

정답 21.① 22.① 23.① 24.① 25.④ 26.④

27 공기나 증기 등의 기체를 분무매체로 하여 연료를 무화시키는 방식은?

① 유압분무식
② 이류체무화식
③ 충돌무화식
④ 정전무화식

28 프로판을 공기와 혼합하여 완전연소시킬 때 혼합기체 중 프로판의 최대 농도는?

① 3.1vol% ② 4.0vol%
③ 5.7vol% ④ 6.0vol%

$C_3H_8 + 5O_2 \rightarrow 3CO_2 + 4H_2O$

$\therefore \dfrac{1}{1+5\times\dfrac{1}{0.21}}\times 100 = 4.03\%$

29 본질안전방폭구조의 폭발등급에 관한 설명 중 옳은 것은?

① 안전간격이 0.8mm 초과인 가스의 폭발등급은 A이다.
② 안전간격이 0.4mm 초과인 가스의 폭발등급은 C이다.
③ 안전간격이 0.2mm 초과인 가스의 폭발등급은 D이다.
④ 안전간격이 0.8~0.4mm 초과인 가스의 폭발등급은 B이다.

(1) 본질안전방폭구조의 폭발등급
㉠ A등급 : 0.8mm 초과
㉡ B등급 : 0.45~0.8mm 이하
㉢ C등급 : 0.45mm 미만
(2) 내압방폭구조의 폭발등급
㉠ A등급 : 0.9mm 이상
㉡ B등급 : 0.5mm 초과, 0.9mm 미만
㉢ C등급 : 0.5mm 이하

30 다음은 카르노(Carnot) 사이클의 순환과정을 표시한 그림이다. 이상기체가 이 과정의 매체일 때의 효율은 다음 중 어느 것인가?

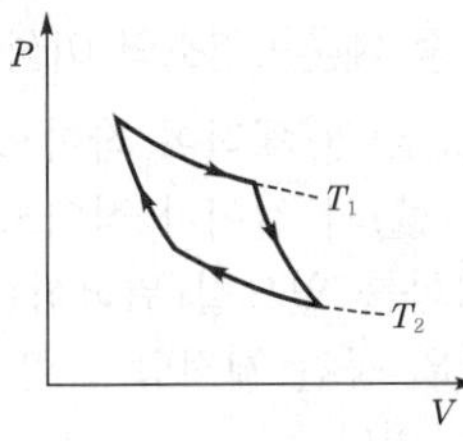

① $\dfrac{T_1 - T_2}{T_1}$ ② $\dfrac{T_1 - T_2}{T_2}$
③ $\dfrac{T_1 + T_2}{T_1}$ ④ $\dfrac{T_1 + T_2}{T_2}$

효율$(\eta) = \dfrac{T_1 - T_2}{T_1} = \dfrac{Q_1 - Q_2}{Q_1}$

여기서, T_1 : 고온, T_2 : 저온
Q_1 : 고열량, Q_2 : 저열량

31 연소범위에 대한 일반적인 설명으로 틀린 것은?

① 압력이 높아지면 연소범위는 넓어진다.
② 온도가 올라가면 연소범위는 넓어진다.
③ 산소농도가 증가하면 연소범위는 넓어진다.
④ 불활성 가스의 양이 증가하면 연소범위는 넓어진다.

32 미분탄 연소의 특징으로 틀린 것은?

① 가스화 속도가 낮다.
② 2상류 상태에서 연소한다.
③ 완전연소에 시간과 거리가 필요하다.
④ 화염이 연소실 전체에 퍼지지 않는다.

미분탄연소의 장단점

장 점	단 점
㉠ 적은 공기량으로 완전연소가 가능하다. ㉡ 자동제어가 가능하다. ㉢ 부하변동에 대응하기 쉽다. ㉣ 연소율이 크다. ㉤ 화염이 연소실 전체에 확산된다.	㉠ 연소실이 커야 한다. ㉡ 타 연료에 비하여 연소시간이 길다. ㉢ 화염길이가 길어진다. ㉣ 가스화속도가 낮다. ㉤ 완전연소에 거리와 시간이 필요하다. ㉥ 2상류 상태에서 연소한다.

정답 27.② 28.② 29.① 30.① 31.④ 32.④

33 다음 중 예혼합연소의 이점이 아닌 것은?

① 노(爐)의 체적이 작아도 된다.
② 노(爐)의 길이가 작아도 된다.
③ 역화를 일으킬 위험성이 작다.
④ 단위 공간 체적당 발열률을 높게 얻을 수 있다.

㉠ 기체연료의 연소 : 예혼합연소, 확산연소
㉡ 예혼합연소 : 역화의 위험이 크다.

34 다음 중 폭발방지를 위한 본질안전장치에 해당되지 않는 것은?

① 압력 방출장치 ② 온도 제어장치
③ 조성 억제장치 ④ 착화원 차단장치

35 증기운 폭발의 특징에 대한 설명으로 틀린 것은?

① 폭발보다 화재가 많다.
② 점화위치가 방출점에서 가까울수록 폭발위력이 크다.
③ 증기운의 크기가 클수록 점화될 가능성이 커진다.
④ 연소에너지의 약 20%만 폭풍파로 변한다.

증기운 폭발(UVCE)

(1) 정의 : 대기 중 다량의 가연성 가스 또는 액체의 유출로 발생한 증기가 공기와 혼합 가연성 혼합 기체를 형성, 발화원에 의해 발생하는 폭발
(2) 영향인자
㉠ 방출물질의 양
㉡ 점화원의 위치
㉢ 증발물질의 분율

36 수증기 1mol이 100℃, 1atm에서 물로 가역적으로 응축될 때 엔트로피의 변화는 약 몇 cal/mol · K인가? (단, 물의 증발열은 539 cal/g, 수증기는 이상기체라고 가정한다.)

① 26 ② 540
③ 1700 ④ 2200

해설

$$\Delta S = \frac{dQ}{T} = \frac{(539\times18)\text{g/mol}}{(273+100)\text{K}} = 26\text{cal/mol}\cdot\text{K}$$

37 고발열량에 대한 설명 중 틀린 것은? **[연소 11]**

① 총발열량이다.
② 진발열량이라고도 한다.
③ 연료가 연소될 때 연소가스 중에 수증기의 응축잠열을 포함한 열량이다.
④ $H_h = H_L + H_S + H_L + 600(9H + W)$로 나타낼 수 있다.

② 진발열량=저위발열량

38 다음과 같은 조성을 갖는 혼합가스의 분자량은? (단, 혼합가스의 체적비는 CO_2(13.1%), O_2(7.7%), N_2(79.2%)이다.)

① 22.81 ② 24.94
③ 28.67 ④ 30.40

$44\times0.131+32\times0.077+28\times0.792=30.36$

39 메탄가스 1m³를 완전연소시키는 데 필요한 공기량은 몇 m³인가? (단, 공기 중 산소는 20% 함유되어 있다.)

① 5 ② 10
③ 15 ④ 20

$CH_4+2O_2+CO_2+2H_2O$
1 : 2
$\therefore\ 2\times\frac{1}{0.2}=10\text{m}^3$

40 폭발형태 중 가스 용기나 저장탱크가 직화에 노출되어 가열되고 용기 또는 저장탱크의 강도를 상실한 부분을 통한 급격한 파단에 의해 내부 비등액체가 일시에 유출되어 화구(fire ball) 현상을 동반하며 폭발하는 현상은? **[연소 23]**

① BLEVE ② VCE
③ jet fire ④ flash over

정답 33.③ 34.① 35.② 36.① 37.② 38.④ 39.② 40.①

해설

BLEVE(블레비, 액체비등증기폭발) : 가연성 액화가스에서 외부 화재에 의해 탱크 내 액체가 비등하고, 증기가 팽창하면서 폭발을 일으키는 현상

제3과목 가스설비

41 고압가스의 분출 시 정전기가 가장 발생하기 쉬운 경우는?

① 다성분의 혼합가스인 경우
② 가스의 분자량이 작은 경우
③ 가스가 건조해 있을 경우
④ 가스 중에 액체나 고체의 미립자가 섞여 있는 경우

42 초저온 용기(액화질소)의 단열성능시험에 있어, 측정공식 중 옳은 것은? (단, W : 측정 중 기화 가스량, H : 측정시간, Δt : 기화가스와 외기온도차, V : 용기 내용적, g : 액화가스의 기화잠열, Q : 침입열량)

① $Q=\dfrac{W \cdot V}{H \cdot G \cdot \Delta t}$

② $Q=\dfrac{W \cdot g}{H \cdot \Delta t \cdot V}$

③ $Q=\dfrac{H \cdot V}{W \cdot g \cdot \Delta t}$

④ $Q=\dfrac{W \cdot \Delta t}{W \cdot g \cdot V}$

해설

㉠ Q : 침입열량(J/hr · cal)
W : 측정 중 기화 가스량(J/kg)
V : 용기 내용적(l)
H : 측정시간(hr)
Δt : 기화가스와 외기온도차(℃)
㉡ 합격기준
내용적 1000l 미만 : 2.09J/hr℃L 이하
내용적 1000l 이상 : 8.37J/hr℃L 이하

43 암모니아 합성용으로 사용되는 촉매는?

① $FeO - K_2O - Al_2O_3$
② $ZnO - Cr_2O_3$
③ $CuO - ZnO$
④ $Zn - Cr - Cu$

44 가스 누출을 조기에 발견하기 위하여 사용되는 냄새가 나는 물질(부취제)이 아닌 것은? **[안전 19]**

① T.H.T ② T.B.M
③ D.M.S ④ T.E.A

① T.H.T : 테트라 하이드로 티오펜
② T.B.M : 터시어리 부틸 메르카부탄
③ D.M.S : 디메틸 설파이드

45 발열량 5000kcal/m³, 비중 0.61, 공급표준압력 100mmH₂O인 가스에서 발열량 11000kcal/m³, 비중 0.66, 공급표준압력이 200mmH₂O인 천연가스로 변경할 경우 노즐변경률은 얼마인가?

① 0.49 ② 0.58
③ 0.71 ④ 0.82

$$\frac{D_2}{D_1}=\sqrt{\frac{WI_1\sqrt{P_1}}{WI_2\sqrt{P_2}}}=\sqrt{\frac{\frac{5000}{\sqrt{0.61}}\sqrt{100}}{\frac{11000}{\sqrt{0.66}}\sqrt{200}}}=0.58$$

46 염소 주입설비(Chlorinator) 중 염소누출의 재해를 막기 위해 설치되는 흡수탑에 사용되는 반응액으로 적당한 것은?

① 가성소다 용액
② 염산용액
③ 암모니아 용액
④ 벤젠용액

해설

염소의 중화액 : 가성소다 수용액, 탄산소다 수용액, 소석회

47 도시가스 원료 중 탈황 등 정제장치가 필요한 것은?

① NG ② SNG
③ LPG ④ LNG

해설

NG(천연가스) : 지하에서 채취한 1차 연료로서 제진, 탈황, 탈습, 탈탄산 등의 전처리가 필요하다.

정답 41.④ 42.② 43.① 44.④ 45.② 46.① 47.①

48 배관 내 가스 중 수분, 응축 또는 관연결 잘못으로 부식 등 지하수가 침입하여 가스 공급이 중단되는 것을 방지하기 위해 설치하는 것은?

① 압송기 ② 세척기
③ 수취기 ④ 정압기

49 바닷물과 LNG를 열교환하여 기화하는 방식의 기화기로서 해수를 열원으로 하기 때문에 운전비용이 저렴하여 기저부하용으로 주로 사용하는 기화기는?

① 오픈랙 기화기
② 서브머지드 기화기
③ 중간매체식 기화기
④ 간접가열식 기화기

② 서브머지드 기화기 : 액중 연소기술을 이용한 기화기. 대량의 연소가스를 포함한 물이 에어리프트의 원리에 의하여 열교환기 층을 격하게 상승하는 운동을 발생시킴.
③ 중간매체식 기화기 : 해수와 LNG 사이를 중간 열매체를 개입시켜 열교환시키는 형식

50 수소가스 집합장치의 설계 매니폴드 지관에서 감압밸브는 상용압력이 14MPa인 경우 내압시험압력은 얼마 이상인가?

① 14MPa ② 21MPa
③ 25MPa ④ 28MPa

T_p =상용압력×1.5=14×1.5=21MPa

51 암모니아(NH_3) 누출 시 검출방법이 아닌 것은?

① 특유의 냄새로 알 수 있다.
② 네슬러시약을 투입 시 황색이 되고, NH_3가 많으면 적갈색이 된다.
③ 적색 리트머스시험지를 청색으로 변화시킨다.
④ 진한 염산, 유황 등의 접촉 시 검은 연기가 난다.

염산과 접촉 시 흰 연기
$NH_3 + HCl \rightarrow NH_4Cl$

52 다음 부취제 주입방식 중 액체식 주입방식이 아닌 것은?

① 펌프주입식
② 적하주입식
③ 위크식
④ 미터연결 바이패스식

부취제 주입방식
㉠ 액체주입식(펌프, 적하, 미터연결 바이패스)
㉡ 증발식(위크 증발식, 바이패스 증발식)

53 펌프의 송출유량이 Q[m³/min], 양정이 H[m], 취급하는 액체의 비중량이 γ[kg/m³]일 때 펌프의 수동력 Lw[kw]을 구하는 식은?

① $Lw = \dfrac{\gamma HQ}{75 \times 60}$
② $Lw = \dfrac{\gamma HQ}{102 \times 60}$
③ $Lw = \dfrac{\gamma HQ}{550}$
④ $Lw = \dfrac{\gamma HQ}{75}$

54 아세틸렌은 금속과 접촉반응하여 폭발성 물질을 생성한다. 다음 금속 중 이에 해당하지 않는 것은? **[설비 42]**

① 금
② 은
③ 동
④ 수은

아세틸렌의 화합폭발
아세틸렌(C_2H_2)에 Cu(동), Ag(은), Hg(수은) 등 함유 시 아세틸라이드(폭발성 물질)가 생성, 폭발의 우려가 있어 아세틸렌장치에 동을 사용할 경우 동 함유량 62% 미만의 동합금만 허용이 된다.

정답 48.③ 49.① 50.② 51.④ 52.③ 53.② 54.①

55 가스 연소기에서 발생할 수 있는 역화(flash back) 현상의 발생 원인으로 가장 거리가 먼 것은? **[연소 22]**

① 분출속도가 연소속도보다 빠른 경우
② 노즐, 기구밸브 등이 막혀 가스량이 극히 적게 된 경우
③ 연소속도가 일정하고 분출속도가 느린 경우
④ 버너가 오래되어 부식에 의해 염공이 크게 된 경우

해설

역화 현상 : 가스의 연소속도가 분출속도보다 빨라 불길이 역화하여 연소기 내부에서 연소하는 현상

56 수소화염 또는 산소 · 아세틸렌 화염을 사용하는 시설 중 분기되는 각각의 배관에 반드시 설치해야 하는 장치는?

① 역류방지장치
② 역화방지장치
③ 긴급이송장치
④ 긴급차단장치

57 석유화학 공장 등에 설치되는 플레어스택에서 역화 및 공기 등과의 혼합폭발을 방지하기 위하여 가스 종류 및 시설 구조에 따라 갖추어야 하는 것에 포함되지 않는 것은?

① Vacuum Breaker
② Flame Arresstor
③ Vapor Seal
④ Molecular Seal

해설

플레어스택에서 갖추어야 하는 구조 및 시설의 종류
㉠ Flame Arresstor(화염방지기) : 연소 차단 금속판을 이용 열을 빼앗겨 착화온도 이하 유지하여 소염하는 장치
㉡ Vapor Seal(진공시일)
㉢ Molecular Seal(몰러클러시일)
㉣ Purge Gas(퍼지가스)
㉤ liquid Seal(리퀴드 시일)

58 다음 중 압력배관용 탄소강관을 나타내는 것은? **[설비 59]**

① SPHT
② SPPH
③ SPP
④ SPPS

해설

강관의 종류
① SPHT : 고온배관용 탄소강관
② SPPH : 고압배관용 탄소강관
③ SPP : 배관용 탄소강관
④ SPPS : 압력배관용 탄소강관

59 펌프의 효율에 대한 설명으로 옳은 것으로만 짝지어진 것은?

㉠ 축동력에 대한 수동력의 비를 뜻한다.
㉡ 펌프의 효율은 펌프의 구조, 크기 등에 따라 다르다.
㉢ 펌프의 효율이 좋다는 것은 각종 손실동력이 적고 축동력이 적은 동력으로 구동한다는 뜻이다.

① ㉠
② ㉠, ㉡
③ ㉠, ㉢
④ ㉠, ㉡, ㉢

60 왕복형 압축기의 특징에 대한 설명으로 옳은 것은? **[설비 35]**

① 압축 효율이 낮다.
② 쉽게 고압이 얻어진다.
③ 기초 설치 면적이 작다.
④ 접촉부가 적어 보수가 쉽다.

해설

㉠ 용적형 오일윤활식 무급유식이다.
㉡ 압축 효율이 높다.
㉢ 형태가 크고, 접촉부가 많아 소음 · 진동이 있다.
㉣ 저속 회전이며, 압축이 단속적이다.
㉤ 용량 조정범위가 넓고 쉽다.

정답 55.① 56.② 57.① 58.④ 59.④ 60.②

제4과목 가스안전관리

61 압력용기 및 저장탱크에 대한 용접부 기계시험의 항목이 아닌 것은?

① 이음매인장시험
② 표면굽힘시험
③ 방사선투과시험
④ 충격시험

해설

압력 용기물 저장탱크의 기계시험 항목
①, ②, ④ 이외에 측면 굽힘이면 굽힘시험 등이 있다.

62 냉동기의 냉매가스와 접하는 부분은 냉매가스의 종류에 따라 금속재료의 사용이 제한된다. 다음 중 사용 가능한 가스와 그 금속재료가 옳게 연결된 것은?

① 암모니아 : 동 및 동합금
② 염화메탄 : 알루미늄합금
③ 프레온 : 2% 초과 마그네슘을 함유한 알루미늄합금
④ 탄산 : 스테인리스강

63 LPG 자동차용 용기의 충전시설 점검 시 충전용 주관의 압력계는 매월 몇 회 이상 그 기능을 검사하는가?

① 1회 ② 2회
③ 3회 ④ 4회

㉠ LPG, 고압가스의 제조 부분 : 충전용 주관의 압력계는 매월 1회 이상, 그 밖의 압력계는 1년 1회 이상 국가표준기본법에 따른 교정을 받은 압력계로 그 기능을 검사한다.
㉡ 고압가스 저장 부분 : 압력계는 3월 1회 이상 표준이 되는 압력계로 그 기능을 검사한다.

64 고압가스안전관리법의 적용을 받는 고압가스의 종류 및 범위에 대한 내용 중 옳은 것은? (단, 압력은 게이지압력이다.)

① 상용의 온도에서 압력이 1MPa 이상이 되는 압축가스로서 실제로 그 압력이 1MPa 이상이 되는 것 또는 섭씨 25도의 온도에서 압력이 1MPa 이상이 되는 압축가스(아세틸렌가스 제외)
② 섭씨 35도의 온도에서 압력이 1Pa을 초과하는 아세틸렌가스
③ 상용의 온도에서 압력이 0.1MPa 이상이 되는 액화가스로서 실제로 그 압력이 0.1MPa 이상이 되는 것 또는 압력이 0.1MPa이 되는 액화가스
④ 섭씨 35도의 온도에서 압력이 0Pa을 초과하는 액화가스 중 액화시안화수소·액화브롬화메탄 및 액화산화에틸렌가스

65 구형 저장탱크의 저온용 재료로 쓰이는 것은 다음 중 어느 것인가?

① 용접용 압력강재
② 고장력강
③ 2.5% 니켈강
④ 보일러용 압력강재

66 액화석유가스의 이송 시 베이퍼록(Vapor-lock) 현상을 방지하기 위한 방법으로 가장 적절한 것은?

① 흡입배관을 크게 한다.
② 토출배관을 크게 한다.
③ 펌프의 회전수를 크게 한다.
④ 펌프의 설치 위치를 높인다.

베이퍼록 방지법
㉠ 흡입배관을 크게 하고 외부와 단열조치한다.
㉡ 실린더 라이너를 냉각시킨다.
㉢ 펌프 설치 위치를 낮춘다.
㉣ 흡입관로를 청소한다.

67 상용압력이 6MPa의 고압설비에서 안전밸브의 작동 압력은?

① 4.8MPa ② 6.0MPa
③ 7.2MPa ④ 9.0MPa

$$6 \times 1.5 \times \frac{8}{10} = 7.2$$

정답 61.③ 62.④ 63.① 64.④ 65.③ 66.① 67.③

68 수소연료 사용시설에 안전확보 정상작동을 위하여 설치되어야 하는 부속장치에 해당되지 않는 것은?

① 압력조정기
② 가스계량기
③ 중간밸브
④ 정압기

69 수소가스 설비의 T_p, A_p를 옳게 나타낸 것은?

① T_p = 상용압력 × 1.5
A_p = 상용압력
② T_p = 상용압력 × 1.2
A_p = 상용압력 × 1.1
③ T_p = 상용압력 × 1.5
A_p = 최고사용압력 × 1.1 또는 8.4kPa 중 높은 압력
④ T_p = 최고사용압력 × 1.5
A_p = 최고사용압력 × 1.1 또는 8.4kPa 중 높은 압력

70 고압가스안전관리법에 의한 산업통상자원부령이 정하는 고압가스 관련 설비에 해당되지 않는 것은? [안전 15]

① 정압기
② 안전밸브
③ 기화장치
④ 독성 가스 배관용 밸브

해설

산업통상자원부령으로 정하는 고압가스 관련 설비(특정설비)

②, ③, ④ 외에 다음의 설비가 있다.
㉠ 긴급차단장치, 역화방지장치
㉡ 압력용기, 자동차용 가스 자동주입기
㉢ 냉동설비 등

71 독성 가스 저장탱크에 부착된 배관에는 그 외면으로부터 일정거리 이상 떨어진 곳에서 조작할 수 있는 긴급차단장치를 설치하여야 한다. 그러나 액상의 독성 가스를 이입하기 위해 설치된 배관에는 어느 것으로 갈음할 수 있는가?

① 역화방지장치
② 역류방지장치
③ 자동차단장치
④ 인터록장치

72 아황산가스 500kg을 차량에 적재하여 운반할 때 휴대하여야 하는 소석회의 양은 몇 kg 이상으로 규정되어 있는가?

① 5 ② 10
③ 15 ④ 20

독성가스 운반 시 휴대하는 소석회의 양(kg)

품명	운반하는 독성 가스의 양 액화가스질량 1,000kg		비고
	미만인 경우	이상인 경우	
소석회	20kg 이상	40kg 이상	염소, 염화수소, 포스갠, 아황산가스 등 효과가 있는 액화가스에 적용된다.

73 발열량이 11,400kcal/m^{3}이고 가스비중이 0.7, 공급압력이 200mmH_2O인 나프타가스의 웨버지수는 약 얼마인가?

① 10,700
② 11,360
③ 12,950
④ 13,630

$$WI = \frac{H}{\sqrt{d}} = \frac{11400}{\sqrt{0.7}} = 13,625$$

정답 68.④ 69.③ 70.① 71.② 72.④ 73.④

74 도시가스제조소 및 공급소의 안전설비의 안전거리 기준으로 옳은 것은?

① 가스발생기 및 가스홀더는 그 외면으로부터 사업장의 경계까지의 거리는 최고사용압력이 고압인 것은 20m 이상이 되도록 한다.
② 가스발생기 및 가스홀더는 그 외면으로부터 사업장의 경계까지의 거리는 최고사용압력이 중압인 것은 15m 이상이 되도록 한다.
③ 가스발생기 및 가스홀더는 그 외면으로부터 사업장의 경계까지의 거리는 최고사용압력이 저압인 것은 5m 이상이 되도록 한다.
④ 가스정제설비는 그 외면으로부터 사업장의 경계까지의 거리는 최고사용압력이 고압인 것은 20m 이상이 되도록 한다.

해설
① 최고사용압력이 고압인 것 : 20m 이상
② 최고사용압력이 중압인 것 : 15m 이상
③ 최고사용압력이 저압인 것 : 5m 이상

75 차량에 고정된 탱크의 설계기준 중 틀린 것은?

① 탱크의 길이이음 및 원주이음은 맞대기 양면 용접으로 한다.
② 용접하는 부분의 탄소강은 탄소함유량이 1.0% 미만이어야 한다.
③ 탱크에는 지름 375mm 이상의 원형맨홀 또는 긴 지름 375mm 이상, 짧은 지름 275mm 이상의 타원형 맨홀 1개 이상 설치하여야 한다.
④ 초저온탱크의 원주이음에 있어서 맞대기 양면 용접이 곤란한 경우에는 맞대기 한면 용접을 할 수 있다.

용접하는 부분의 탄소강은 탄소함유량이 0.35% 미만이어야 한다.

76 가정용 가스보일러에서 발생하는 중독사고는 배기가스의 어떤 성분에 의하여 발생되는 것인가?

① CH_4
② CO_2
③ CO
④ C_3H_8

불완전연소 시 CO가 발생하여 독성에 의한 중독의 우려가 있다.

77 냉동장치 운전 중 수액기의 액면계 유리에 기포가 생기는 원인은?

① 수액기 내에 오일이 저장되어 있다.
② 응축기 내에 응축된 냉매액의 온도가 수액기가 설치된 기계실 온도보다 높다.
③ 냉각수 온도가 기계실 온도와 비교하여 매우 낮다.
④ 수액기 내에 공기가 혼입되어 있다.

냉각수 온도가 낮으면 응축 온도와 압력이 낮아져서 수액기 주변의 온도보다 냉매 온도가 낮아지므로 외기의 영향에 의해서 냉매액이 증발하는 현상, 즉 프래시가스가 발생한다.

78 독성가스를 저장탱크에 충전할 때 적정 충전량은?

① 저장탱크 내용적의 80% 이하
② 저장탱크 내용적의 90% 이하
③ 저장탱크 내용적의 95% 이하
④ 저장탱크 내용적의 100% 이하

79 독성가스의 재해제에 관한 다음 설명 중 잘못된 것은?

① 시안화수소의 재해제는 가성소다 수용액
② 염소의 재해제는 가성소다 수용액 또는 탄산소다 수용액
③ 아황산가스의 재해제는 가성소다 수용액
④ 황화수소의 재해제는 황산

정답 74.④ 75.② 76.③ 77.③ 78.② 79.④

황화수소는 가성소다 수용액, 탄산소다 수용액, 독성가스는 암모니아를 제외하고는 대부분 산성의 성질을 가지므로 재해제로 염기성을 사용하여야 한다.

80 LPG용기 제조 시 제조설비에 해당되지 않는 것은?

① 단조성형설비 ② 세척설비
③ 밸브탈부착기 ④ 숏블라스팅 설비

LPG용기 제조 시설 기준 중 제조설비

①, ②, ③ 이외에 진공흡입설비 경화로, 넥크링 가공설비가 있다.

제5과목 가스계측

81 가스 성분에 대하여 일반적으로 적용하는 화학분석법이 옳게 짝지어진 것은?

① 황화수소 – 요오드적정법
② 수분 – 중화적정법
③ 암모니아 – 가스크로마토그래피법
④ 나프탈렌 – 흡수평량법

가스 성분 분석방법

가스 성분	분석방법
황화수소	흡광 광도법(메틸렌 블루우법), 용량법, 요오드적정법
암모니아	인터페놀법, 중화적정법
수분	노점법
나프탈렌	기기분석법

82 다음 종류의 유량계 중 정도(精度)가 높은 측정을 할 수 있고 적산치 측정에 적당한 것은?

① 전자식 유량계
② 용적식 유량계
③ 면적식 유량계
④ 날개바퀴식 유량계

적산치 : 유출된 유량의 총량을 계측하는 유량계

83 접촉식 온도계에 대한 다음의 설명 중 틀린 것은?

① 열전대온도계의 경우 열전대로 백금선을 사용하여 온도를 측정할 수 있다.
② 저항온도계의 경우 측정회로로서 일반적으로 피스톤 브리지가 채택되고 있다.
③ 압력온도계의 경우 구성은 감온부, 금속모세관, 수압계로 되어 있다.
④ 봉상온도계의 경우 측정오차를 최소화하려면 가급적 온도계 전체를 측정하는 물체에 접촉시키는 것이 좋다.

압력식 온도계(=아네로이드형 온도계)

㉠ 감온부 : 온도를 감지
㉡ 도압부 : 감지된 온도를 감압부에 전달
㉢ 감압부 : 모세관으로 감지된 온도를 지침으로 온도를 지시

84 계량기의 검정기준에서 정하는 가스미터의 사용오차의 값은? **[계측 18]**

① 최대허용오차의 1배의 값으로 한다.
② 최대허용오차의 1.2배의 값으로 한다.
③ 최대허용오차의 1.5배의 값으로 한다.
④ 최대허용오차의 2배의 값으로 한다.

가스미터의 기차

㉠ 기차

$$= \frac{\text{시험미터지시량} - \text{기준미터지시량}}{\text{시험미터지시량}} \times 100$$

㉡ 가스미터의 사용오차 : 최대허용오차의 2배

85 실린더 직경 2cm 추와 피스톤의 무게가 20kg일 때 이 압력계에 접속된 부르동관 압력계의 읽음이 7kg/cm²를 나타내었다. 이 부르동관 압력계의 오차는 약 몇 %인가?

① 40% ② 30%
③ 20% ④ 10%

$$\text{게이지압력} = \frac{20\text{kg}}{\frac{\pi}{4} \times (2\text{cm})^2} = 6.37$$

$$\therefore \text{오차값} = \frac{7 - 6.37}{6.37} \times 10 = 9.95\%$$

정답 80.④ 81.① 82.② 83.③ 84.④ 85.④

86 유도단위는 어느 단위에서 유도되는가? **[계측 36]**

① 절대단위 ② 중력단위
③ 특수단위 ④ 기본단위

단위 및 단위계

㉠ 기본단위 : 기본량의 단위
㉡ 유도단위 : 기본단위에서 유도된 단위
㉢ 보조단위 : 정수배수 정수분으로 표현사용량 편리를 도모하기 위해 표시하는 단위
㉣ 특수단위 : 습도, 입도, 비중, 내화도, 인장강도

87 실내 공기의 온도는 15℃이고, 이 공기의 노점은 5℃로 측정되었다. 이 공기의 상대습도는 약 몇 %인가? (단, 5℃, 10℃ 및 15℃의 포화수증기압은 각각 6.54mmHg, 9.21mmHg 및 12.79mmHg이다.)

① 46.6 ② 51.1
③ 71.0 ④ 72.0

$$상대습도 = \frac{수증기분압}{포화증기압} \times 100 = \frac{6.54}{12.79} \times 100 = 51.1\%$$

88 속도분포식 $U = 4y^{2/3}$일 때 경계면에서 0.3m 지점의 속도구배(s^{-1})는? (단, U와 y의 단위는 각각 m/s, m이다.)

① 2.76 ② 3.38
③ 3.98 ④ 4.56

$$u = 4y^{\frac{2}{3}}$$

$$\frac{du}{dy} = 4 \times \frac{2}{3} y^{-\frac{1}{3}} = 4 \times \frac{2}{3} \times (0.3)^{-\frac{1}{3}} = 3.98$$

89 Stokes의 법칙을 이용한 점도계는?

① Ostwald 점도계
② falling ball type 점도계(낙구식 점도계)
③ saybolt 점도계
④ rotation type 점도계

㉠ Stokes 법칙 이용 : 낙구식 점도계(falling ball type)
㉡ Newton 점성법칙 이용 : Machmichael, stomer 점도계
㉢ 하겐 포아젤 방정식 이용 : Ostwald, saybolt 점도계

90 가스보일러의 배기가스를 오르자트 분석기를 이용하여 시료 50mL를 채취하였더니 흡수 피펫을 통과한 후 남은 시료 부피는 각각 CO_2 40mL, O_2 20mL, CO 17mL이었다. 이 가스 중 N_2의 조성은?

① 30% ② 34%
③ 64% ④ 70%

$$CO_2 = \frac{50-40}{50} \times 100 = 20\%$$

$$O_2 = \frac{40-20}{50} \times 100 = 40\%$$

$$CO = \frac{20-17}{50} \times 100 = 6\%$$

$$N_2 = 100 - (20+40+6) = 34\%$$

91 피토관(pitot tube)은 어떤 압력 차이를 측정하여 유량을 구하는가?

① 정압과 동압
② 전압과 정압
③ 대기압과 동압
④ 전압과 동압

92 어떤 관 속을 15℃ 760mmHg인 공기가 흐르고 있다. 이 속에 pitot관을 장치하여 유속을 쟀더니 전압이 대기압보다 52mmAq 높았다. 이때 풍속은? (단, 0℃에서의 공기의 비중은 1.293kg/m³이다.)

① 16.5m/sec ② 28.8m/sec
③ 32.5m/sec ④ 36.6m/sec

$$V = \sqrt{2gH \times \left(\frac{\gamma_m - \gamma}{\gamma}\right)} = \sqrt{2 \times 9.8 \times 0.052 \times \left(\frac{1.000 - 1.2256}{1.2256}\right)} = 28.81\text{m/s}$$

정답 86.④ 87.② 88.③ 89.② 90.② 91.② 92.②

15℃의 공기 비중량
$P=\gamma RT$에서
$\gamma=\dfrac{P}{RT}=\dfrac{10.332}{29.27\times288}=1.2256\text{kg/m}^3$
또는 0℃의 비중량이 1.293kg/m^3이므로, 15℃의 비중량은 $1.293\times\dfrac{273}{273+15}=1.2256\text{kg/m}^3$
※ 온도상승 시 부피가 커지므로 비중량은 적어짐.

93 제어 오차가 변화하는 속도에 비례하는 제어동작으로, 오차의 변화를 감소시켜 제어 시스템이 빨리 안정될 수 있게 하는 동작은? **[계측 4]**

① 비례 동작 ② 미분 동작
③ 적분 동작 ④ 뱅뱅 동작

동작신호
① 비례(P) 동작 : 입력의 편차에 대하여 조작량의 출력변화가 비례 관계에 있는 동작
② 미분(D) 동작 : 제어편차가 검출 시 편차가 변화하는 속도의 미분값에 비례하여 조작량을 가감하는 동작
③ 적분(I) 동작 : 제어량의 편차 발생 시 적분차를 가감, 조작단의 이동속도에 비례하는 동작

94 절대습도(絶對濕度)에 대하여 가장 바르게 나타낸 것은? **[계측 25]**

① 건공기 1kg에 대한 수증기의 중량
② 건공기 $1m^3$에 대한 수증기의 중량
③ 건공기 1kg에 대한 수증기의 체적
④ 건공기 $1m^3$에 대한 수증기의 체적

해설
절대습도 : 건조공기 1kg과 여기에 포함되어 있는 수증기량(kg)을 합한 것에 대한 수증기량

95 대용량의 유량을 측정할 수 있는 초음파 유량계는 어떤 원리를 이용한 유량계인가?

① 전자유도법칙
② 도플러효과
③ 유체의 저항변화
④ 열팽창계수 차이

96 초산납 10g을 물 90mL로 용해해서 만드는 시험지와 그 검지 가스가 바르게 연결된 것은?

① 염화파라듐지 – H_2S
② 염화파라듐지 – CO
③ 연당지 – H_2S
④ 연당지 – CO

해설
㉠ 염화파라듐지 – CO(흑변)
㉡ 연당지 – H_2S(흑변)

97 캐리어 가스와 시료 성분 가스의 열전도도의 차이를 금속 필라멘트 또는 서미스터의 저항변화로 검출하는 가스 크로마토그래피 검출기는? **[계측 13]**

① TCD ② FID
③ ECD ④ FPD

해설
G/C(가스 크로마토그래피) 검출기의 종류
① TCD : 열전도도형 검출기
② FID : 불꽃이온화 검출기
③ ECD : 전자포획이온화 검출기
④ FPD : 열광광도 검출기

98 시험지에 의한 가스검지법 중 시험지별 검지가스가 바르지 않게 연결된 것은? **[계측 15]**

① KI전분지 – NO_2
② 염화제1동 착염지 – C_2H_2
③ 염화파라듐지 – CO
④ 연당지 – HCN

해설
독성 가스 누설검지 시험지와 변색 상태

시험지	검지가스	변 색
KI-전분지	Cl_2(염소)	청색
염화제1동 착염지	C_2H_2(아세틸렌)	적색
하리슨 시험지	$COCL_2$(포스겐)	심등색(귤색)
염화파라듐지	CO(일산화탄소)	흑색
연당지	H_2S(황화수소)	흑색
초산(질산구리) 벤젠지	HCN(시안화수소)	청색

정답 93.② 94.① 95.② 96.③ 97.① 98.④

99 기체 크로마토그래피에서 사용되는 캐리어 가스에 대한 설명으로 틀린 것은? [계측 10]

① 헬륨, 질소가 주로 사용된다.
② 기체 확산이 가능한 큰 것이어야 한다.
③ 시료에 대하여 불활성이어야 한다.
④ 사용하는 검출기에 적합하여야 한다.

해설
② 기체의 확산을 최소화하여야 한다.

100 임펠러식(impeller type) 유량계의 특징에 대한 설명으로 틀린 것은? [계측 32]

① 구조가 간단하다.
② 직관 부분이 필요 없다.
③ 측정 정도는 약 ±0.5%이다.
④ 부식성이 강한 액체에도 사용할 수 있다.

해설
② 직관 부분이 필요하다.

정답 99.② 100.②

CBT 기출복원문제

2024년 기사 제2회 필기시험 (2024년 5월 9일 시행)

01 가스기사		수험번호 : 수험자명 :	※ 제한시간 : 150분 ※ 남은시간 :
글자 크기 100% 150% 200%	화면 배치	전체 문제 수 : 안 푼 문제 수 :	답안 표기란 ① ② ③ ④

제1과목 가스유체역학

01 다음 중 이상유체는?

① 점성이 없는 모든 유체
② 점성이 없는 비압축성유체
③ 비압축성인 모든 유체
④ 점성이 없고 기체상태방정식 $PV=nRT$ 에 만족하는 유체

해설
이상유체=완전유체
㉠ 점성이 완전히 없거나 0에 가까운 유체
㉡ 편의상 가정된 유체
㉢ 비압축성, 비점성유체

02 다음은 fitting의 마찰손실을 크기별로 나열한 것이다. 옳은 것은? (단, Elbow(45°), Valve는 wide open)

① Coupling < Gate valve < Elbow < Tee
② Elbow < Tee < Coupling < Gate valve
③ Coupling < Elbow < Gate valve < Tee
④ Coupling < Gate valve < Tee < Elbow

마찰손실 $hf=\lambda\frac{l}{d}\cdot\frac{v^2}{2g}$ 에서
㉠ 손실값 Tee : 1.83
㉡ Elbow(45°) : 0.4
㉢ Coupling(커플링) : 0.13
㉣ Gate valve(전면개방) : 0.2

03 1차원의 유동을 하는 유동장의 한 공간점에서 계속적으로 음파를 발산할 때에 대한 설명으로 옳지 않은 것은?

① 초음속으로 음파를 발산하면 Mash cone 외부에서는 이음파를 들을 수 없다.
② 초음속으로 음파를 발산할 때 Mash cone 내부에서는 이음파를 들을 수 있다.
③ 아음속일 경우 음파는 모든 방향으로 전파해 나간다.
④ 아음속일 경우 정역(zone of silence)이 존재할 수 있다.

04 온도 30℃인 공기 중을 나는 물체의 마하각이 25°이면 이 물체의 속도는? (단, $k=1.4$)

① 636.7m/sec
② 746.8m/sec
③ 825.4m/sec
④ 936.7m/sec

$$V=\frac{\sqrt{1.4\times9.8\times29.27\times303}}{\sin25}$$
$$=825.39\text{m/s}$$

05 액체 속에 잠겨진 곡면에 작용하는 수평분력은?

① 곡면의 수직상방의 액체의 무게
② 곡면에 의해서 지지된 액체의 무게
③ 그의 면심에서의 압력과 면적의 곱
④ 곡면의 수직 투영면의 면적

해설
㉠ 수평분력 : 곡면의 수평 투영면적에 작용하는 전압력
㉡ 수직분력 : 곡면의 연직상방에 있는 유체의 무게

정답 01.② 02.① 03.④ 04.③ 05.③

06 수직 충격파는?

① 등엔트로피 과정이다.
② 등엔탈피 과정이다.
③ 가역 과정이다.
④ 비가역 과정이다.

07 원심펌프의 적용 범위와 비속도 범위를 가장 크게 벗어난 것은? (단, 단위는 m^3/min rpm이다.)

① 고양정 100~600
② 중양정 500~1,000
③ 저양정 1200~2000
④ 전양정 1500~1800

Ns(비교회전도)

㉠ 센트리퓨우걸(원심) 펌프 : 고양정에 적합(100~600)
㉡ 사류 : 중양정에 적합(500~1,300)
㉢ 축류펌프 : 저양정에 적합(1,200~2,000)

08 베르누이 방정식을 나타낸 것은?

① $\dfrac{P}{\rho^2}+\dfrac{V^2}{2}+gz=$상수

② $\dfrac{P}{\rho^2}+\dfrac{V^2}{2}+g^2z=$상수

③ $\dfrac{P}{\rho}+\dfrac{V^2}{2}+gz=$상수

④ $\dfrac{P^2}{\rho}+\dfrac{V^2}{2}+gz=$상수

$\dfrac{P}{\gamma}$(압력수두)$+\dfrac{V^2}{2g}$(속도수두)$+Z$(위치수두)
$=C$(상수)에서 중력가속도를 곱하면
$\dfrac{P}{\rho g}+\dfrac{V^2}{2g}+Z=$상수 $\rightarrow \dfrac{P}{\rho}+\dfrac{V^2}{2}+gZ$

09 직경 10cm의 원관 내를 10cm/s로 흐르던 물이 직경 25cm의 큰 관속으로 흐른다. 확대마찰 손실계수(K_e)는?

① 0.36 ② 0.60
③ 0.71 ④ 0.84

해설

돌연확대관의 손실계수

$$K_e=\left\{1-\left(\frac{D_1}{D_2}\right)^2\right\}^2=\left\{1-\left(\frac{10}{25}\right)^2\right\}^2=0.7056$$

$D_1=10\text{cm},\ D_2=25\text{cm}$

10 Ostwald 점도계를 사용하여 어떤 액체의 점도 μ를 측정한다. 이 액체는 Ostwald 점도계를 통과하는 시간이 13초가 소요되었고 같은 온도에서 물의 경우에는 2.5초가 소요되었다. 이때 이 액체시료의 점도 μ[cp]는 얼마인가? (단, 이 온도에서 물의 점도는 1[cp]이었다.)

① 2.5 ② 5.2
③ 6.5 ④ 13

해설

오스트왈드 점도계에서 점도는 시간에 반비례

$\dfrac{\mu}{\mu_0}=\dfrac{\rho t}{\rho_0 t_0}$

여기서, μ : 피측정 유체의 점성계수
μ_0 : 표준 유체의 점성계수
ρ : 피측정 유체의 밀도
ρ_0 : 표준 유체의 밀도
t : 피측정 유체의 통과시간
t_0 : 표준 유체의 통과시간

$\mu=\mu_0\times\dfrac{t}{t_0}=1\times\dfrac{13}{2.5}=5.2C_p$

11 Stokes 법칙이 적용되는 범위에서 저항계수(drag coeffliclent) C_D를 나타내는 다음 식 중 옳은 것은?

① $C_D=\dfrac{16}{N_{Re\cdot p}}$

② $C_D=\dfrac{20}{N_{Re\cdot p}}$

③ $C_D=\dfrac{24}{N_{Re\cdot p}}$

④ $C_D=0.44$

Stokes 항력

점성계수를 측정하기 위하여 구를 액체 속에서 항력실험을 한 것

정답 06.④ 07.④ 08.③ 09.③ 10.② 11.③

$D = 3\pi\mu Vd$
(V : 구의 낙하속도, d : 구의 직경, μ : 점성계수)
또한, 항력 $D = C_D \cdot \frac{\gamma V^2}{2g} \cdot A = C_D \cdot \frac{\rho V^2}{2} \cdot A$
에서

$$C_D = \frac{D}{\frac{\rho V^2}{2} \cdot \frac{\pi}{4}d^2} = \frac{3\pi\mu Vd}{\frac{\rho V^2}{2} \cdot \frac{\pi}{4}d^2} = \frac{24}{Re}$$

이 식은 $Re < 0.1$의 범위에서 실험값과 일치함.

12 내경이 0.15m인 관 사이에 0.05m의 구멍을 가진 orifice를 설치하였다. 이 관에 밀도가 900kg/m^3, 점도가 $4C_p$인 기름이 흐르고 있다. 오리피스를 통한 압력차는 90.1kN/m^{2}로 측정하였다. 공경을 통하는 유속(m/sec)는? (단, C_o =0.61이다.)

① 8.6m/s　② 9.1m/s
③ 9.4m/s　④ 0.9m/s

$$V = C_o \times \sqrt{\frac{2gH}{1-m^4}}$$
$$= 0.61 \times \sqrt{\frac{2\times 9.8 \times 10.2154}{1-\left(\frac{0.05}{0.15}\right)^4}}$$
$$= 8.68\text{m/s}$$

$C_o = 0.61$

$$H = \frac{P}{\gamma} = \frac{90.1\times 10^3(\text{kg}\cdot\text{m/s}^2)/\text{m}^2}{900(\text{kg/m}^3)\times 9.8\text{m/s}^2}$$
$$= 10.2154\text{m}$$
$$m^4 = \left(\frac{d_2}{d_1}\right)^4 = \left(\frac{0.05}{0.15}\right)^4 = 0.0123456$$

13 기체가 관내를 흘러갈 때의 최고속도는?

① 음속 또는 아음속이다.
② 초음속이다.
③ 음속을 얻을 수 없다.
④ 초음속이 불가능하다.

㉠ 축소확대 노즐의 목 부분의 유속 : 음속, 아음속
㉡ 축소부분 : 아음속
㉢ 확대부분 : 초음속
초음속을 얻기 위하여 축소확대 노즐을 지나야 하므로 기체가 관내를 흘러갈 때 최고속도는 초음속이 불가능하다.

14 관속을 흐르는 유체의 유량을 측정하는 데 사용되는 벤투리미터(Venturi meter)는 오리피스미터(Orifice meter)를 개선한 형태의 유량 측정장치이다. 다음 중 오리피스미터의 어떤 점을 개선한 것인가?

① 측정이 번거롭다.
② 설치하기가 어렵다.
③ 가격이 비싸다.
④ 영구 마찰손실이 크다.

15 웨버(Weber) 수의 물리적 의미는?

① 압축력/관성력　② 관성력/점성력
③ 관성력/탄성력　④ 관성력/표면장력

웨버 수 $= \frac{\text{관성력}}{\text{표면장력}}$
㉠ 오일러수
㉡ 레이놀드수
㉢ 코시수

16 중력 단위계에서 1kgf와 같은 것은?

① 980kg · m/s^2　② 980kg · m^2/s^2
③ 9.8kg · m/s^2　④ 9.8kg · m^2/s^2

1kgf=1kg×9.8m/s^2=9.8kg · m/s^2

17 등엔트로피 과정하에서의 완전기체 중의 음속을 옳게 나타낸 것은? (단, E는 체적탄성계수, R은 기체상수, T는 기체의 절대온도, P는 압력, k는 비열비이다.)

① $\sqrt{PE}$　② $\sqrt{kRT}$
③ RT　④ $\sqrt{PT}$

음속(a)
㉠ 액체 속의 음속

$$a = \sqrt{\frac{k}{\rho}}$$

여기서, k : 체적탄성계수
ρ : 밀도
㉡ 기체 속의 음속(단열변화 등엔트로피)
$a = \sqrt{kgRT}$ (R=kgf · m/kg · K)
$= \sqrt{kRT}$ (R=N · m/kg · K)

정답 12.① 13.④ 14.④ 15.④ 16.③ 17.②

18 체적이 10m³이고 무게가 9000kgf인 디젤유가 있다. 이 디젤유의 비중량의 비중은?

① 비중량 : 900kgf/m³, 비중 : 0.9
② 비중량 : 950kgf/m³, 비중 : 0.09
③ 비중량 : 900kgf/m³, 비중 : 0.09
④ 비중량 : 950kgf/m³, 비중 : 0.8

해설

$\gamma = \rho, g = 1000s$

$\gamma = \frac{9000\text{kgf}}{10\text{m}^3} = 900$

$S = \frac{\gamma}{1000} = \frac{900}{1000} = 0.9$

19 물의 평균속도는 4.5m/s로서 100mm 지름 관로에서 흐르고 있다. 이 관의 길이 20m에서 손실된 헤드를 실험적으로 측정하였더니 4.8m이었다. 관의 마찰계수는?

① 0.020 ② 0.0232
③ 0.026 ④ 0.028

해설

$h_f = \lambda \frac{l}{d} \cdot \frac{V^2}{2g}$

$\lambda = \frac{h_f \cdot d \cdot 2g}{l \cdot V^2} = \frac{4.8 \times 0.1 \times 2 \times 9.8}{20 \times 4.5^2} = 0.0232$

여기서, $h_f = 4.8\text{m}$
$d = 0.3\text{m}$
$l = 20\text{m}$
$v = 4.5\text{m/s}$
$g = 9.8\text{m/s}^2$

20 유체가 지름 40mm의 관과 50mm관으로 구성된 이중관 사이로 흐를 때의 수력학적 상당직경(hydraulic mean diameter) DH은?

① 10mm ② 20mm
③ 25mm ④ 45mm

해설

수력학적 상당직경=수력반경×4
=2.5×4
=10mm

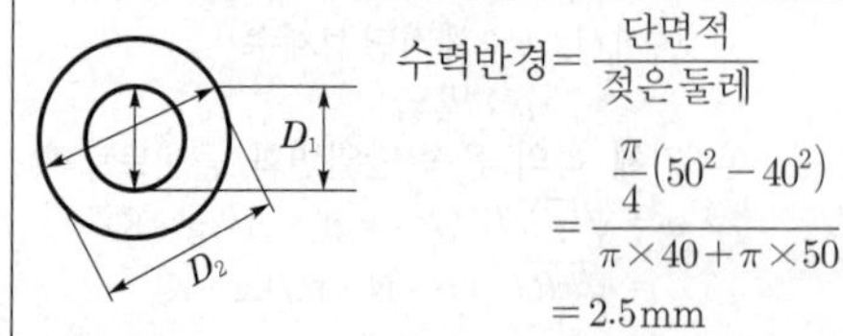

$\text{수력반경} = \frac{\text{단면적}}{\text{젖은둘레}} = \frac{\frac{\pi}{4}(50^2 - 40^2)}{\pi \times 40 + \pi \times 50} = 2.5\text{mm}$

제2과목 연소공학

21 분자량이 30인 어떤 가스의 정압비열이 0.516kJ/kg · K이라고 가정할 때 이 가스의 비열비 k는 약 얼마인가?

① 1.0
② 1.4
③ 1.8
④ 2.2

해설

$C_p - C_v = R$

$C_v = C_p - R$

$= 0.516 - \frac{8.314}{30}$

$= 0.238$

$\therefore k = \frac{C_p}{C_v} = \frac{0.516}{0.238} = 2.16$

22 프로판을 완전연소시키는 데 필요한 이론공기량은 메탄의 약 몇 배인가? (단, 공기 중 산소의 비율은 21v%이다.)

① 1.5
② 2.0
③ 2.5
④ 3.0

해설

$C_3H_8 + 5O_2 \rightarrow 3CO_2 + 4H_2O$

$CH_4 + 2O_2 \rightarrow CO_2 + 2H_2O$

$\frac{C_3H_8\text{의 공기}}{CH_4\text{의 공기}} = \frac{5 \times \frac{1}{0.21}}{2 \times \frac{1}{0.21}} = 2.5\text{배}$

23 공기비가 클 경우 연소에 미치는 영향에 대한 설명으로 틀린 것은? **[연소공학 15]**

① 통풍력이 강하여 배기가스에 의한 열손실이 많아진다.
② 연소가스 중 NOx의 양이 많아져 저온부식이 된다.
③ 연소실 내의 연소온도가 저하한다.
④ 불완전연소가 되어 매연이 많이 발생한다.

정답 18.① 19.② 20.① 21.④ 22.③ 23.④

해설

공기비가 연소에 미치는 영향

큰 경우 영향	작은 경우 영향
• 배기가스에 대한 열손실 증가 • 연소가스 중 질소산화물 증가 • 질소산화물로 인한 대기오염 우려 • 연소가스 온도 저하 • 연소가스의 황으로 인한 저온 부식 초래 • 연소가스 중 SO_3 증대	• 미연소에 의한 열손실 증가 • 미연소가스에 의한 역화(폭발) 우려 • 불완전연소 • 매연 발생

24 열역학 특성식으로 $P_1V_1^n = P_2V_2^n$ 이 있다. 이때 n값에 따른 상태변화를 옳게 나타낸 것은? (단, k는 비열비이다.)

① $n=0$: 등온 ② $n=1$: 단열
③ $n=\pm\infty$: 정적 ④ $n=k$: 등압

(등압) $\eta=1$(등온), $\eta=K$(단열)
$1<\eta<K$(폴리트로픽)

25 천연가스의 비중 측정 방법은?

① 분젠실링법 ② soap bubble법
③ 라이트법 ④ 분젠버너법

26 연소의 열역학에서 몰엔탈피를 H_j, 몰엔트로피를 S_j라 할 때 Gibbs 자유에너지 F_j와의 관계를 올바르게 나타낸 것은?

① $F_j = H_j - TS_j$
② $F_j = H_j + TS_j$
③ $F_j = S_j - TH_j$
④ $F_j = S_j + TH_j$

27 다음 반응식을 이용하여 25℃에서 $C_2H_6(g)$의 연소열(ΔHf)은 얼마인가? (단, 25℃에서의 C_2H_6, CO_2, H_2O의 표준 생성열(ΔHf°)은 −20.0, −94.0, −68.3kcal/mol이다.)

① −162.3kcal ② 162.3kcal
③ −372.9kcal ④ 372.9ckal

해설

반응식

$C_2H_6 + 3\frac{1}{2}O_2 \rightarrow 2CO_2 + 3H_2O + Q$

$-20 = -2\times94 - 3\times68.3 + Q$

$\therefore\ Q = 2\times94 - 3\times68.3 - 20 = 372.9$

$\therefore\ \Delta H = -372.9$

28 가연성 가스의 연소범위(폭발범위)의 설명으로 틀린 것은?

① 일반적으로 압력이 높을수록 폭발범위는 넓어진다.
② 가연성 혼합가스의 폭발범위는 고압에 있어서 상압에 비해 훨씬 넓어진다.
③ 프로판과 공기의 혼합가스에 질소를 첨가하는 경우 폭발범위는 넓어진다.
④ 수소와 공기의 혼합가스는 고온에 있어서 폭발범위가 상온에 비해 훨씬 넓어진다.

N_2는 불연성이므로 가연성 가스에 첨가 시 폭발범위가 좁아진다.

29 일정한 체적 하에서 포화증기의 압력을 높이면 무엇이 되는가?

① 포화액 ② 과열증기
③ 압축액 ④ 습증기

해설

포화증기에서 압력(P) 상승 시 과열증기가 된다.

증기압축기 기준 냉동 사이클 P−I 선도

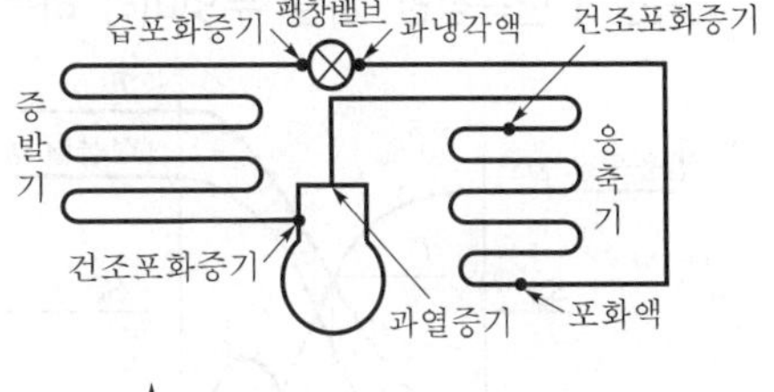

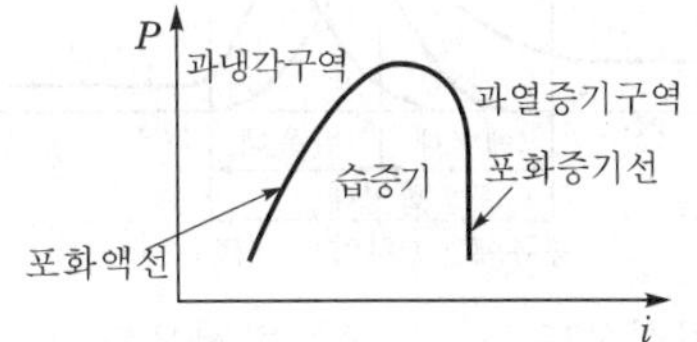

정답 24.③ 25.① 26.① 27.③ 28.③ 29.②

30 아세틸렌(C_2H_2)에 대한 설명 중 틀린 것은?

① 산소와 혼합하여 3300℃까지의 고온을 얻을 수 있으므로 용접에 사용된다.
② 가연성 가스 중 폭발한계가 가장 적은 가스이다.
③ 열이나 충격에 의해 분해폭발이 일어날 수 있다.
④ 용기에 충전할 때에 단족으로 가압 충전할 수 없으며 용해 충전한다.

C_2H_2 : 2.5~81%로 폭발범위가 가장 넓다.

31 연소 반응이 완료되지 않아 연소가스 중에 반응의 중간 생성물이 들어 있는 현상을 무엇이라 하는가?

① 열해리 ② 순반응
③ 역화반응 ④ 연쇄분자반응

32 프로판(C_3H_8) 10Nm³을 이론산소량으로 완전연소시켰을 때 건연소 가스량은?

① 10Nm³ ② 20Nm³
③ 30Nm³ ④ 40Nm³

이론산소량으로 연소 시 건연소 가스량은 반응식 $C_3H_8 + 5O_2 \rightarrow 3CO_2 + 4H_2O$에서 CO_2량만 계산하면 된다.

33 다음은 층류예혼합화염의 구조도이다. 온도곡선의 변곡점인 T_1을 무엇이라 하는가?

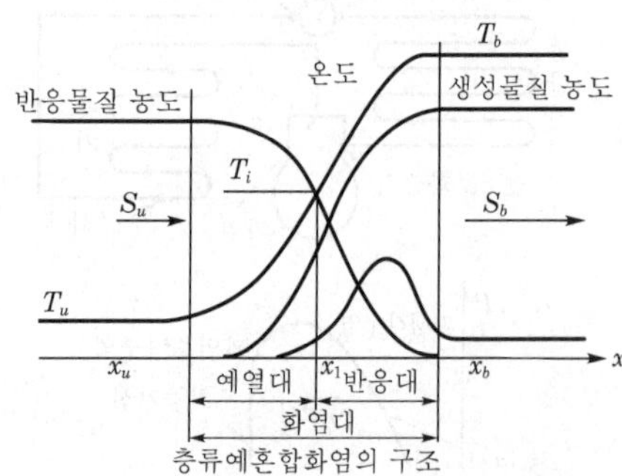

층류예혼합화염의 구조

① 착화온도 ② 반전온도
③ 화염평균온도 ④ 예혼합화염온도

발열속도와 반응속도가 평형을 이루는 점이며, 여기서부터 반응대가 시작되므로 착화온도이다.

34 내압(耐壓)방폭구조로 방폭전기 기기를 설계할 때 가장 중요하게 고려할 사항은?

[안전 13]

① 가연성 가스의 연소열
② 가연성 가스의 안전간극
③ 가연성 가스의 발화점(발화도)
④ 가연성 가스의 최소점화에너지

내압방폭구조
방폭전기기기(용기) 내부에서 가연성 가스의 폭발이 발생할 경우 그 용기가 폭발압력에 견디고, 접합면, 개구부 등을 통해 외부의 가연성 가스에 인화되지 않도록 한 구조이다. 최대안전틈새(안전간극)의 범위에 따라 내압방폭구조의 폭발등급이 구분된다.

35 폭굉유도거리에 대한 설명 중 옳은 것은?

[연소 1]

① 압력이 높을수록 짧아진다.
② 관 속에 방해물이 있으면 길어진다.
③ 층류 연소속도가 작을수록 짧아진다.
④ 점화원의 에너지가 강할수록 길어진다.

폭굉유도거리(DID) : 최초의 완만한 연소가 격렬한 폭굉으로 발전하는 거리를 말하며, 폭굉유도거리가 짧아지는 조건은 다음과 같다.
㉠ 압력이 높을수록
㉡ 관 속에 방해물이 있거나 관경이 가늘수록
㉢ 정상연소속도가 큰 혼합가스일수록
㉣ 점화원이 에너지가 클수록

36 프로판 가스의 연소과정에서 발생한 열량이 13000kcal/kg, 연소할 때 발생된 수증기의 잠열이 2000kcal/kg일 경우, 프로판 가스의 연소효율은 얼마인가? (단, 프로판 가스의 진발열량은 11000kcal/kg이다.)

① 50% ② 100%
③ 150% ④ 200%

$$\eta = \frac{13000 - 2000}{11000} \times 100 = 100\%$$

정답 30.② 31.① 32.③ 33.① 34.② 35.① 36.②

37 카르노 냉동사이클에서 내동기의 성적계수(ω)를 옳게 나타낸 것은? (단, T_A : 냉동유지온도, T_a : 열방출온도이다.)

① $\dfrac{T_a - T_A}{T_a}$ ② $\dfrac{T_a - T_A}{T_A}$

③ $\dfrac{T_A}{T_a - T_A}$ ④ $\dfrac{T_a}{T_a - T_A}$

38 난류예혼합화염과 층류예혼합화염의 특징을 비교 설명한 것 중 옳지 않은 것은?

① 난류예혼합화염의 연소속도는 층류예혼합화염의 연소속도보다 빠르다.
② 난류예혼합화염의 휘도(輝度)는 층류예혼합화염의 휘도보다 낮다.
③ 난류예혼합화염에는 다량의 미연소분이 잔존한다.
④ 난류예혼합화염의 두께가 층류예혼합화염의 두께보다 크다.

층류예혼합화염과 난류예혼합화염의 비교

항목	층류예혼합화염	난류예혼합화염
연소속도	느림	수십 배 빠름
휘도	낮음	높음
화염의 두께	얇음	두꺼움
연소 후	미연소물질이 존재하지 않음	다량의 미연소분 존재

39 착화온도에 대한 설명 중 틀린 것은?

① 압력이 높을수록 낮아진다.
② 발열량이 클수록 낮아진다.
③ 반응활성도가 클수록 높아진다.
④ 산소량이 증가할수록 낮아진다.

③ 반응활성도가 클수록 착화점은 낮아진다.

40 다음 중 1kWh의 열당량은?

① 376kcal ② 427kcal
③ 632kcal ④ 860kcal

1kW=102kg · m/s=860kcal/hr

제3과목 가스설비

41 터보압축기에서의 서징 방지책에 해당되지 않는 것은?

① 회전수 가감에 의한 방법
② 베인컨트롤에 의한 방법
③ 방출밸브에 의한 방법
④ 클리어런스 밸브에 의한 방법

서징 : 압축기와 송풍기 사이에 토출 측 저항이 커지면 풍량이 감소하고 불안정한 진동을 일으키는 현상
방지법 : ①, ②, ③ 이외에 교축밸브를 근접 설치하는 방법이 있다.

42 다음 고옥탄가 가솔린으로 개질하는 장치에서 발생하는 가스를 무엇이라고 하는가?

① OFF가스
② Cracking가스
③ Reforming가스
④ Topping가스

① OFF(오프가스) : 석유정제 석유화학공장에서 원유를 상압 정유하여 또는 나프타를 분해하여 얻어지는 부생가스
② Cracking(크래킹) : 중유를 열분해하여 얻어지는 가솔린의 중질유 분해법
③ Reforming(리포밍) : 옥탄가가 낮은 가솔린을 질이 좋은 가솔린으로 만드는 작업
④ Topping(토핑) : 석유정제공업에서 원유 등을 비점차를 이용하여 얻어지는 1단계의 추출물

43 수소와 산소의 비가 얼마일 때 폭명기라 부르는가? (단, 비는 부피비이다.)

① 2 : 1
② 3 : 2
③ 1 : 2
④ 1 : 3

$2H_2 + O_2 \rightarrow 2H_2O$

정답 37.③ 38.② 39.③ 40.④ 41.④ 42.① 43.①

44 도시가스 공급설비에서 저압배관 부분의 압력손실을 구하는 식은? [단, H : 기점과 중점과의 압력차(mmH_2O), Q : 가스유량(m^3/hr), D : 구경(cm), S : 가스의 비중, L : 배관 길이(m), K : 유량계수이다.]

① $H=\frac{Q^2}{K}\cdot\frac{SL}{D^5}$

② $H=\frac{Q}{K^2}\cdot\frac{D^5}{SL}$

③ $H=\frac{Q}{K}\cdot\frac{SL}{D^2}$

④ $H=\frac{Q}{K}\cdot\frac{D^5}{SL}$

$Q=K\cdot\sqrt{\frac{D^5H}{SL}}$ 에서

$H=\frac{Q^2\cdot S\cdot L}{K^2\cdot D^5}=\left(\frac{Q}{K}\right)^2\cdot\left(\frac{S\cdot L}{D^5}\right)$

45 다음 중 아세틸렌의 압축 시 분해폭발의 위험을 최소로 줄이기 위한 반응장치는?

① 접촉반응장치
② I.G 반응장치
③ 겔로그반응 장치
④ 레페반응장치

C_2H_2을 압축하는 것이 위험해 레페가 연구한 반응장치 비닐화, 에틸린산, 환중합 등이 있다.

46 공기액화분리장치에서 이산화탄소 1kg을 제거하기 위해 필요한 NaOH는 약 몇 kg인가? (단, 반응률은 60%이고, NaOH의 분자량은 40이다.)

① 0.9　② 1.8
③ 2.3　④ 3.0

$2NaOH+CO_2 \rightarrow Na_2CO_3+H_2O$
2×40 : 44
$x\times0.6$: 1
$\therefore x=\frac{2\times40\times1}{44\times0.6}=3.0$

47 다음 중 공기액화 분리장치의 폭발 원인이 아닌 것은? **[설비 5]**

① 액체 공기 중 산소(O_2)의 혼입
② 공기 취입구로부터 아세틸렌 혼입
③ 공기 중 질소화합물(NO, NO_2)의 혼입
④ 압축기용 윤활유 분해에 따른 탄화수소의 생성

① 액체 공기 중 오존(O_3)의 혼입

48 다음 [보기]의 비파괴 검사방법은? **[설비 4]**

- 내부 결함 또는 불균일 층의 검사를 할 수 있다.
- 용입 부족 및 용입부의 검사를 할 수 있다.
- 검사비용이 비교적 저렴하다.
- 탐지되는 결함의 형태가 명확하지 않다.

① 방사선 투과검사
② 침투탐상검사
③ 초음파 탐상검사
④ 자분탐상검사

49 1냉동톤은 0℃ 물 1톤을 24시간 동안 0℃ 얼음으로 냉동시키는 능력으로 정의된다. 1냉동톤(RT)을 환산하면 몇 kcal/h가 되는가?

① 332　② 3320
③ 2241　④ 22410

한국1냉동톤(1RT)=3320kcal/hr
흡수식 냉동설비(1RT)=6640kcal/hr
원심식 압축기(1RT)=1.2kW

50 겨울철 LPG 용기에 서릿발이 생겨 가스가 잘 나오지 않을 때 가스를 사용하기 위한 조치로 옳은 것은?

① 용기를 힘차게 흔든다.
② 연탄불을 쪼인다.
③ 40℃ 이하의 열습포로 녹인다.
④ 90℃ 정도의 물을 용기에 붓는다.

정답 44.① 45.④ 46.④ 47.① 48.③ 49.② 50.③

51 정압기의 특성 중 유량과 2차 압력과의 관계를 나타내는 것은?

① 정특성 ② 유량특성
③ 동특성 ④ 작동 최소차압

해설

정압기의 특성
① 정특성 : 정상상태에서 유량과 2차 압력과의 관계
② 동특성 : 부하의 변화가 큰 곳에 사용되며 부하 변동에 대한 응답의 안정성
③ 유량특성 : 밸브와 유량과의 관계

52 다음 설명 중 옳은 것은?

① 유리액면계에 사용하는 유리는 일반 유리를 사용하여도 좋다.
② 유리액면계는 액면 확인에 필요한 최소 면적 이외에는 금속덮개로 보호한다.
③ 액화가스 저장탱크에는 환형 유리제 액면계를 설치한다.
④ 액면계에 설치하는 상하 스톱밸브는 수동식 및 자동식을 각각 설치한다.

53 압축기에서 압축공기가 열교환기에 들어가 팽창밸브를 지나면서 단열팽창(줄-톰슨 효과)을 한다. 이때 공기는 액화되면서 액화기에 들어가는 원리를 이용한 가스액화 사이클은? **[설비 57]**

① 린데식 액화장치
② 클라우드식 액화장치
③ 다원 액화사이클
④ 캐스케이드 액화사이클

해설

가스 액화사이클
㉠ 린데 액화사이클 : 줄-톰슨 효과를 이용하여 액화하는 사이클
㉡ 클라우드 액화사이클 : 단열 팽창기를 이용하여 액화하는 사이클
㉢ 캐스케이드 액화사이클 : 비점이 점차 낮은 냉매를 사용하여 저비점의 기체를 액화하는 사이클

54 다음 그림은 펌프의 회전수가 일정할 때의 특정 곡선이다. C의 곡선은 무엇을 나타내는가?

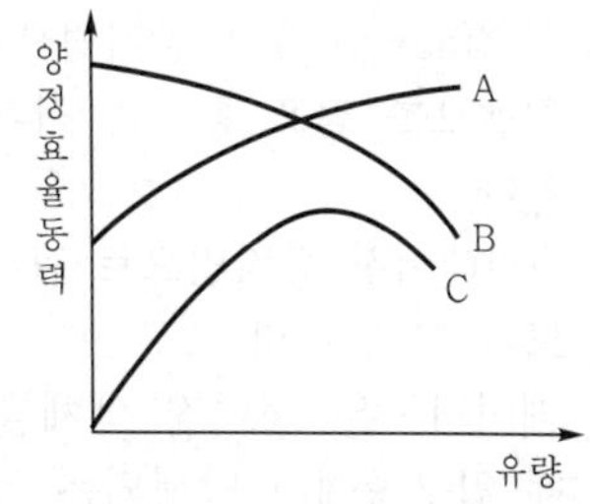

① 효율곡선 ② 양정곡선
③ 유량곡선 ④ 축동력곡선

A : 축동력곡선
B : 양정곡선
C : 효율곡선

55 용기용 밸브는 가스 충전구의 형식에 따라 A형, B형, C형의 3종류가 있다. 가스 충전구가 암나사로 되어 있는 것은? **[안전 32]**

① A형 ② B형
③ A, B형 ④ C형

용기밸브 나사
㉠ A형 : 밸브의 나사가 수나사인 것
㉡ B형 : 밸브의 나사가 암나사인 것
㉢ C형 : 밸브의 나사가 없는 것

56 안전밸브에 대한 설명으로 틀린 것은?

① 가용전식은 Cl_2, C_2H_2 등에 사용된다.
② 파열판식은 구조가 간단하며, 취급이 용이하다.
③ 파열판식은 부식성, 괴상물질을 함유한 유체에 적합하다.
④ 피스톤식이 가장 일반적으로 널리 사용된다.

안전밸브의 종류
스프링식, 가용전식, 파열판식, 중추식

정답 51.① 52.④ 53.① 54.① 55.② 56.④

57 펌프의 이상현상에 대한 설명 중 틀린 것은?

① 수격작용이란 유속이 급변하여 심한 압력변화를 갖게 되는 작용이다.
② 서징(surging)의 방지법으로 유량 조정밸브를 펌프 송출측 직후에 배치시킨다.
③ 캐비테이션 방지법으로 관경과 유속을 모두 크게 한다.
④ 베이퍼록은 저비점 액체를 이송시킬 때 입구쪽에서 발생되는 액체비등 현상이다.

관경은 크게, 유속은 낮춘다.

58 LPG 용기에 대한 설명 중 틀린 것은?

① 안전밸브는 스프링식을 사용한다.
② 충전구는 왼나사이다.
③ 무이음(seamless) 용기이다.
④ 용기의 색깔은 회색이다.

LPG 용기=용접용기

59 조정기의 감압방식 중 2단 감압방식에 대한 설명으로 틀린 것은? **[설비 55]**

① 각 연소기에 알맞은 압력으로 공급이 가능하다.
② 배관입상에 의한 압력손실을 보정할 수 있다.
③ 재액화가 불가능하여 폭발의 우려가 있다.
④ 배관의 지름이 작아도 된다.

해설

2단 감압방식 : 재액화의 우려가 있다.

60 가스제조 시 사용되는 부취제의 구비조건이 아닌 것은? **[안전 19]**

① 독성이 없을 것
② 냄새가 잘 날 것
③ 물에 잘 녹을 것
④ 관을 부식시키지 않을 것

해설

㉠ 물에 녹지 않을 것
㉡ 토양에 대한 투과성이 클 것 등

제4과목 가스안전관리

61 고압가스시설에 설치한 전기방식시설의 유지관리 방법으로 옳은 것은? **[안전 65]**

① 관대지 전위 등은 2년에 1회 이상 점검하였다.
② 외부전원법에 의한 전기방식시설은 외부전원점 관대지전위, 정류기의 출력, 전압, 전류, 배선의 접속은 3개월에 1회 이상 점검하였다.
③ 배류법에 의한 전기방식시설은 배류점관대지전위, 배류기출력, 전압, 전류, 배선 등은 6개월에 1회 이상 점검하였다.
④ 절연부속품, 역전류방지장치, 결선 등은 1년에 1회 이상 점검하였다.

① 1년에 1회 이상
③ 3개월에 1회 이상
④ 6개월에 1회 이상

62 독성가스인 시안화수소는 안전관리상 충전시킬 때 안정제를 사용한다. 시안화수소 충전용기의 안정제는?

① 아황산가스 ② 질소가스
③ 수소가스 ④ 탄산가스

HCN의 안정제(황산, 아황산, 동, 동망, 염화칼슘, 오산화인)

63 산소용기에 압축산소가 35℃에서 150kg/cm^2 (게이지 압력) 충전되어 있다가 용기온도가 0℃로 저하하면 압력(게이지 압력)은?

① 103kg/cm^2
② 113kg/cm^2
③ 123kg/cm^2
④ 133kg/cm^2

정답 57.③ 58.③ 59.③ 60.③ 61.② 62.① 63.④

$$\frac{P_1}{T_1}=\frac{P_2}{T_2}$$

$$\therefore\ P_2=\frac{T_2}{T_1}\times P_1$$

$$=\frac{273}{273+35}\times 151.033$$

$$=133.870-1.033$$

$$=132.8$$

64 가스배관용 밸브의 제조기술상 안전기준을 설명한 것 중 옳지 않은 것은?

① 각 부분은 개폐동작이 원활히 작동하는 것일 때
② 볼밸브는 핸들 끝에서 10kg 이하의 힘을 가하여 90도 회전할 때에 완전히 개폐되는 구조일 것
③ 개폐용 핸들휠은 열림 방향이 시계 반대방향일 것
④ 표면은 매끄럽고 사용상 지장이 있는 부식, 균일, 주름 등이 없을 것

볼밸브는 핸들 끝에서 30kg 이하의 힘을 가해도 90° 회전할 때 완전히 개폐되는 구조일 것

65 밀폐된 목욕탕에서 도시가스 순간온수기를 사용하던 중 쓰러져서 의식을 잃었다. 사고원인으로 추정할 수 있는 것은?

① 가스누출에 의한 중독
② 부취제에 의한 중독
③ 산소결핍에 의한 질식
④ 질소과잉으로 인한 중독

66 2단 감압식 1차용 조정기의 최대폐쇄압력은 얼마인가?

① 3.5kPa 이하
② 50kPa 이하
③ 95kPa 이하
④ 조정압력의 1.25배 이하

조정기의 최대폐쇄압력

종 류	폐쇄압력
1단 감압식 저압	3.5kPa 이하
2단 감압식 2차	
자동절체식 일체형 저압	
2단 감압식 1차	95kPa 이하
1단 감압식 준저압	조정압력의 1.25배 이하
자동절체식일체형 준저압	
그 밖의 조정기	

67 암모니아를 사용하는 A공장에서 저장능력 25톤의 저장탱크를 지상에 설치하고자 할 때 저장설비 외면으로부터 사업소 외의 주택까지 안전거리는 얼마 이상을 유지하여야 하는가? (단, A공장의 지역은 전용공업지역 아님.)

① 20m ② 18m
③ 16m ④ 14m

독성가스 주택(2종) 안전거리

저장능력	이격거리	
	1종	2종
10000kg 이하	17m	12m
10000kg 초과 20000kg 이하	21m	14m
20000kg 초과 30000kg 이하	24m	16m

68 −162℃의 LNG(메탄 : 90%, 에탄 : 10%, 액비중 : 0.46)를 1atm, 30℃로 기화시켰을 때 부피의 배수(倍數)로 맞는 것은? (단, 기화된 천연가스는 이상기체로 간주한다.)

① 457배 ② 557배
③ 657배 ④ 757배

$$\frac{460}{16\times 0.9+30\times 0.1}\times 22.4\times\frac{(273+30)}{273}$$

$$=657.25$$

$$\fallingdotseq 657$$

정답 64.② 65.③ 66.③ 67.③ 68.③

69 고압가스 특정제조시설에서 배관을 지하에 매설할 경우 지하도로 및 터널과 최소 몇 m 이상의 수평거리를 유지하여야 하는가? [안전 154]

① 1.5m ② 5m
③ 8m ④ 10m

70 공기나 산소가 섞이지 않더라도 분해폭발을 일으킬 수 있는 가스는? [안전 8]

① CO ② CO_2
③ H_2 ④ C_2H_2

분해폭발성 가스 : 아세틸렌(C_2H_2), 산화에틸렌(C_2H_4O), 히드라진(N_2H_4)

71 내용적 25000L 액화산소 저장탱크와 내용적이 3m^{3}인 압축산소용기가 배관으로 연결된 경우 배관의 저장능력은 약 몇 m^{3}인가? (단, 액화산소 비중량은 1.14kg/L이고, 35℃에서 산소의 최고충전압력은 15MPa이다.)

① 2,818 ② 2,918
③ 3,018 ④ 3,118

㉠ $G=0.9dV=0.9\times1.14\times25{,}000$
$=25{,}650\text{kg}=2{,}565\text{m}^3$

㉡ $Q=(10p+1)V=(10\times15+1)\times3=453\text{m}^3$

∴ 2,565+453=3,018m^3(액화가스 압축가스의 혼합저장능력 계산 시 압축가스 1m^{3}를 액화가스 10kg으로 계산한다.)

72 염소 저장탱크 및 처리설비를 실내에 설치하려고 한다. 다음 설치기준 중 틀린 것은?

① 저장탱크실과 처리설비실은 각각 구분하여 설치하고 강제통풍시설을 갖출 것
② 저장탱크실 및 처리설비실은 천정 · 벽 및 바닥의 두께가 30cm 이상인 철근콘크리트실로 만들 실로서 방수처리가 된 것일 것
③ 가연성가스 및 독성가스의 저장탱크실과 처리설비실에는 가스누출검지경보장치를 설치할 것
④ 저장탱크의 정상부와 저장탱크실 천정과의 거리는 30cm 이상으로 할 것

저장탱크 정상부와 천정과의 거리는 60cm 이상

73 동 · 암모니아 시약을 사용한 오르자트법에서 산소의 순도는 몇 % 이상이어야 하는가?

① 95% ② 98.5%
③ 99% ④ 99.5%

품질검사순도
㉠ O_2 : 99.5% 이상
㉡ H_2 : 98.5% 이상
㉢ C_2H_2 : 98% 이상

74 다음 중 용어에 대한 설명이 틀린 것은 어느 것인가?

① "수소 제조설비"란 수소를 제조하기 위한 것으로서 법령에 따른 수소용품 중 수전해 설비 수소 추출설비를 말한다.
② "수소 저장설비"란 수소를 충전 · 저장하기 위하여 지상 또는 지하에 고정 설치하는 저장탱크(수소의 질을 균질화하기 위한 것을 포함)를 말한다.
③ "수소가스 설비"란 수소 제조설비, 수소 저장설비 및 연료전지와 이들 설비를 연결하는 배관 및 속설비 중 수소가 통하는 부분을 말한다.
④ 수소 용품 중 "연료전지"란 수소와 전기화학적 반응을 통하여 전기와 열을 생산하는 연료 소비량이 232.6kW 이상인 고정형, 이동형 설비와 그 부대설비를 말한다.

연료전지 : 연료 소비량이 232.6kW 이하인 고정형, 이동형 설비와 그 부대설비

정답 69.④ 70.④ 71.③ 72.④ 73.④ 74.④

75 물의 전기분해에 의하여 그 물로부터 수소를 제조하는 설비는 무엇인가?

① 수소 추출설비 ② 수전해 설비
③ 연료전지 설비 ④ 수소 제조설비

76 온수기나 보일러를 겨울철에 장시간 사용하지 않거나 실온에 설치하였을 때 물이 얼어 연소기구가 파손될 우려가 있으므로 이를 방지하기 위하여 설치하는 것은? **[안전 9]**

① 퓨즈 메탈(fuse metal) 장치
② 드레인(drain) 장치
③ 프레임 로드(flame rod) 장치
④ 물 거버너(water governor)

해설
드레인 장치 : 내부에 존재하는 물질(물, 불순물, 잔류 이물질) 등을 배출시키는 장치

77 차량에 고정된 탱크 및 용기에는 안전밸브 등 필요한 부속품이 장치되어 있어야 하는데, 이 중 긴급차단장치는 그 성능이 원격조작에 의하여 작동되고 차량에 고정된 저장탱크 또는 이에 접속하는 배관 외면의 온도가 얼마일 때 자동적으로 작동하도록 되어 있는가?

① 90℃ ② 100℃
③ 110℃ ④ 120℃

78 최고충전압력 2.0MPa, 동체의 내경 65cm인 산소용 강재용접용기의 동판 두께는 약 몇 mm인가? (단, 재료의 인장강도 : 500N/mm^2, 용접효율 : 100%, 부식여유 : 1mm이다.)

① 2.30 ② 6.25
③ 8.30 ④ 10.25

해설

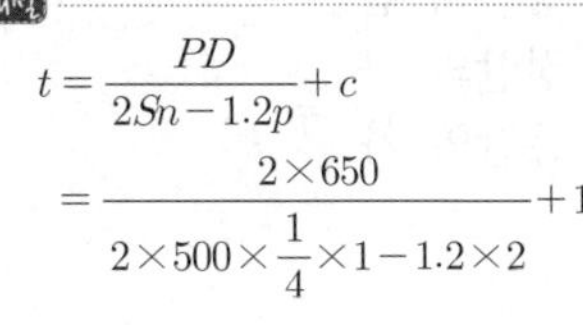

$$t = \frac{PD}{2Sn - 1.2p} + c = \frac{2\times 650}{2\times 500\times \frac{1}{4}\times 1 - 1.2\times 2} + 1 = 6.25\text{mm}$$

79 다음 중 명판에 열효율을 기재하여야 하는 가스연소기는?

① 업무용 대형연소기
② 가스렌지
③ 가스그릴
④ 가스오븐

80 철근콘크리트제 방호벽의 설치기준에 대한 설명 중 틀린 것은?

① 기초는 일체로 된 철근콘크리트 기초일 것
② 기초의 높이는 350mm 이상, 되메우기 깊이는 300mm 이상으로 할 것
③ 기초의 두께는 방호벽 최하부 두께의 120% 이상일 것
④ 방호벽의 두께는 200mm 이상, 높이 1,800mm 이상으로 할 것

해설
철근 콘크리트제 방호벽의 설치 기준
(1) 직경 9mm 철근 가로세로 400mm 이하 간격으로 배근 결속
두께 120mm 이상, 높이 2,000mm 이상
(2) 기초
㉠ 일체로 된 철근 콘크리트기초
㉡ 높이 350mm 이상, 되메우기 깊이 300mm 이상
㉢ 기초의 두께는 방호벽 최하부두께의 120% 이상

제5과목 가스계측

81 차압식 유량계에 해당되는 것은? **[계측 23]**

① 습식 가스미터
② 막식 가스미터
③ 로터미터
④ 오리피스 방식

해설
차압식 유량계 : 오리피스, 플로노즐, 벤투리

정답 75.② 76.② 77.③ 78.② 79.② 80.④ 81.④

82 가스미터의 검정검사 사항이 아닌 것은?

① 외관검사　② 구조검사
③ 기초검사　④ 용접검사

83 오르자트 가스분석 장치에서 사용되는 흡수제와 흡수가스의 연결이 바르게 된 것은? **[계측 1]**

① CO 흡수액 - 알칼리성 피로카롤 용액
② CO 흡수액 - 30% KOH 수용액
③ CO_2 흡수액 - 암모니아성 염화제일구리 용액
④ O_2 흡수액 - 알칼리성 피로카롤 용액

해설

㉠ CO : 암모니아성 염화제1동 용액
㉡ CO_2 : 33% KOH 수용액
㉢ O_2 : 알칼리성 피로카롤 용액

84 계측기기의 감도에 대한 설명 중 옳지 않은 것은?

① 계측기가 측정량의 변화에 민감한 정도를 말한다.
② 지시계의 확대율이 커지면 감도는 낮아진다.
③ 감도가 나쁘면 정밀도도 나빠진다.
④ 측정량의 변화에 대한 지시량의 변화의 비로 나타낸다.

해설

㉠ 감도$=\dfrac{\text{지시량변화}}{\text{측정량변화}}$
㉡ 감도의 표시는 지시계감도 눈금나비나 눈금량으로 표시한다.
㉢ 측정량의 변화에 민감한 정도를 나타낸다.
㉣ 지시계의 확대율이 커지면 감도는 좋아진다.

85 습한 공기 205kg 중 수증기가 35kg/kg 포함되어 있다고 할 때 절대습도는 약 얼마인가? (단, 공기와 수증기의 분자량은 각각 29, 18이다.) **[계측 25]**

① 0.106　② 0.128
③ 0.171　④ 0.206

$$\frac{35}{205-35}=0.2058\text{kg/kg}$$

$$\text{절대습도}=\frac{\text{수증기중량}}{\text{건조공기중량}}$$

86 가스에 대한 다음 측정방법 중 전기적 성질을 이용한 것은?

① 가스크로마토그래피법
② 적외선흡수식
③ 세라믹법
④ 연소열식

해설

세라믹 O_2계 : 지르코니아(Zro_2)를 주 원료로 한 특수세라믹은 온도를 상승시키면 산소(O_2) 이온만을 통과시키는 원리, 즉 세라믹 온도를 850℃ 이상 유지시키면 산소 이온통과로 기전력이 발생
㉠ 응답이 신속하다.
㉡ 연속측정 가능 측정범위가 넓다.
㉢ 지르코니아 온도를 850℃로 유지시킨다.
㉣ 측정가스 중 가연성이 있는 경우 사용할 수 없다.
㉤ 설치장소 주위의 온도 변화에 의한 영향이 적다.

87 가스미터의 구비 조건으로 가장 거리가 먼 것은?

① 기계오차의 조정이 쉬울 것
② 소형이며 계량 용량이 클 것
③ 감도는 적으나 정밀성이 높을 것
④ 사용가스량을 정확하게 지시할 수 있을 것

88 피토관으로 유속을 측정할 경우 필요한 항목은?

① 전압과 동압의 합
② 전압과 정압의 합
③ 전압과 정압의 차
④ 정압과 동압의 차

정답 82.④ 83.④ 84.② 85.④ 86.③ 87.③ 88.③

89 로터리 피스톤형 유량계에서 중량유량을 구하는 식은? (단, C : 유량계수, A : 유출구의 단면적, W : 유체 중의 피스톤 중량, a : 피스톤의 단면적이다.)

① $G = CA\sqrt{\dfrac{a}{2g\gamma W}}$

② $G = CA\sqrt{\dfrac{\gamma a}{2gW}}$

③ $G = CA\sqrt{\dfrac{2g\gamma W}{a}}$

④ $G = CA\sqrt{\dfrac{2gW}{\gamma a}}$

90 가스 크로마토그래피 분석에서 FID(Flame Ionization Detector) 검출기의 특성에 대한 설명으로 옳은 것은? **[계측 13]**

① 시료를 파괴하지 않는다.
② 대상 감도는 탄소 수에 반비례한다.
③ 미량의 탄화수소를 검출할 수 있다.
④ 연소성 기체에 대하여 감응하지 않는다.

해설

불꽃이온화 검출기(FID)
㉠ 유기화합물 분석에 적합하다.
㉡ 탄화수소에 감응이 최고이다.
㉢ H_2, O_2, CO_2, SO_2에 감응이 없다.
㉣ N_2, He 등의 캐리어가스가 사용된다.
㉤ 검지감도가 매우 높고, 정량범위가 넓다.

91 액주식 압력계에 봉입되는 액체로서 가장 부적당한 것은?

① 윤활유　　② 수은
③ 물　　④ 석유

92 배관의 모든 조건이 같을 때 지름을 2배로 하면 체적유량은 약 몇 배가 되는가?

① 2배　　② 4배
③ 6배　　④ 8배

해설

$Q_1 = \dfrac{\pi}{4}d^2 \cdot V$

$Q_2 = \dfrac{\pi}{4}(2d)^2 V = \pi d^2 \cdot V$

$\therefore \dfrac{Q_2}{Q_1} = 4$배

93 유독가스인 시안화수소의 누출탐지에 사용되는 시험지는? **[계측 15]**

① 연당지
② 초산벤젠지
③ 하리슨 시험지
④ 염화제1구리 착염지

해설

독성 가스 누설검지 시험지와 변색 상태

시험지	검지가스	변 색
KI-전분지	Cl_2(염소)	청색
염화제1동 착염지	C_2H_2 (아세틸렌)	적색
하리슨씨 시험지	$COCl_2$(포스겐)	심등색 (귤색)
염화파라듐지	CO(일산화탄소)	흑색
연당지	H_2S(황화수소)	흑색
초산(질산구리) 벤젠지	HCN (시안화수소)	청색

94 목표값이 미리 정해진 변화를 하거나 제어순서 등을 지정하는 제어로서, 금속이나 유리 등의 열처리에 응용하면 좋은 제어방식은? **[계측 12]**

① 프로그램 제어
② 비율 제어
③ 캐스케이드 제어
④ 타력 제어

① 프로그램 제어 : 미리 정해진 시간적 변화에 따라 정해진 순서대로 제어
② 비율 제어 : 비율 목표값이 다른 것과 일정비율 관계를 가지고 변화하는 추종제어
③ 캐스케이드 제어 : 2개의 제어계를 조합수행하는 제어로서 1차 제어장치는 제어량을 측정, 제어명령을 하고 2차 제어장치가 이 명령으로 제어량을 조절하는 제어

정답 89.③ 90.③ 91.① 92.② 93.② 94.①

95 기준 가스미터 교정주기는 얼마인가? **[계측 7]**

① 1년 ② 2년
③ 3년 ④ 5년

96 다음 압력이 높은 순서대로 바르게 표시된 것은? (단, 모두 절대압력이다.)

① $1bar > 1atm > 1kg/cm^2$
② $1atm > 1bar > 1kg/cm^2$
③ $1kg/cm^2 > 1bar > 1atm$
④ $1bar > 1torr > 1kg/cm^2$

$1atm = 1.0332(kg/cm^2)$

$1 = \frac{1}{1.013} \times 1.0332 = 0.9376(kg/cm^2)$

97 안전등형 가스검출기에서 청색 불꽃의 길이로 농도를 알아낼 수 있는 가스는? **[계측 20]**

① 수소 ② 메탄
③ 프로판 ④ 산소

가연성 가스 검출기
㉠ 간섭계형 : 가스의 굴절률 차이를 이용하여 농도를 측정(CH_4 일반 가연성 검출)
㉡ 안전등형 : 탄광 내에서 CH_4의 발생을 검출(청염불꽃의 길이로 CH_4의 농도를 측정)

98 가스크로마토그래피 분석기기에 있어서 인과 황화물에 대하여 선택적으로 검출하여 기체 상태의 황화물을 검출하는 데 이용되는 검출기는? **[계측 13]**

① T.C.D ② F.I.D
③ E.C.D ④ F.P.D

㉠ T.C.D(열전도 도형 검출기)
㉡ F.I.D(수소 포획 이온화 검출기)
㉢ E.C.D(전자 포획 이온화 검출기)
㉣ F.P.P(염광 광도 검출기)

99 길이 250cm인 관으로 벤젠의 기체 크로마토그램을 재었더니 기폭지에 머무른 부피가 72.2mm, 봉우리의 띠 너비가 8.0mm 이었다면 이론단의 높이(HETP)는 얼마인가? **[계측 35]**

① 0.19cm ② 0.34cm
③ 0.51cm ④ 0.79cm

이론단의 높이(HETP) $= \frac{L}{N}$

여기서, L : 관 길이(m)

N : 이론단수$= 16 \times \left(\frac{t_r}{w}\right)^2$

t_r : 머문 시간(체류시간)

w : 봉우리 너비

이론단의 높이$= \frac{L}{N} = \frac{250}{16 \times \left(\frac{72.2}{8.0}\right)^2}$

$= \frac{250}{1,303.21}$

$= 0.1918$

100 다음 연소가스 중 유황산화물의 분석 방법으로 적당하지 못한 방법은?

① 연소가스 일정량을 취하여 알칼리에 흡수시켜 그 부피 변화로 측정한다.
② 연소가스를 과산화수소수 용액에 흡수시켜 중화 후 염화바륨으로 측정한다.
③ 연소가스를 과산화수소수에 흡수시켜 전도도 변화로 측정한다.
④ 연소가스를 과산화수소수에 흡수시킨 후 염화바륨을 가하여 황산바륨으로 침전 후 중량법으로 정량한다.

유황산화물 분석방법 : 흡수법, 전도도법, 중량법

정답 95.② 96.② 97.② 98.④ 99.① 100.①

CBT 기출복원문제

2024년 기사 제3회 필기시험 (2024년 7월 5일 시행)

01 가스기사	수험번호 : 수험자명 :	※ 제한시간 : 150분 ※ 남은시간 :
글자 크기 100% 150% 200% 화면 배치	전체 문제 수 : 안 푼 문제 수 :	답안 표기란 ① ② ③ ④

제1과목 가스유체역학

01 수면으로부터 2m 낮은 위치에서 오리피스를 설치하여 매분 $1m^3$의 물을 유출할 때 유량계수 0.6인 오리피스의 지름은 몇 m로 해야 하는가?

① 0.075m ② 0.95m
③ 0.085m ④ 0.09m

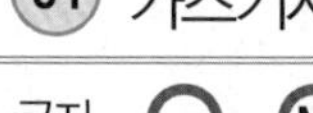

$Q = C \cdot \frac{\pi}{4} d^2 \sqrt{2gh}$

$\therefore\ d^2 = \frac{4 \cdot Q}{C \cdot \pi \sqrt{2gH}}$

$= \frac{4 \times (1m^3/60sec)}{0.6 \times \pi \sqrt{2 \times 9.8 \times 2}}$

$= 5.64 \times 10^{-3}$

$\therefore\ d = 0.075m$

02 비중이 0.9인 액체가 탱크에 있다. 이때 나타난 압력은 절대압으로 $2kg/cm^2$이다. 이것을 수두(head)로 고치면?

① 22.2m ② 18m
③ 15m ④ 12.5m

$H = \frac{P}{r}$

$= \frac{2 \times 10^4\,[kg/m^2]}{0.9 \times 10^3\,[kg/m^3]}$

$= 22.2m$

03 다음 중 점성계수의 차원에 해당하는 것은?

① $\frac{M}{LT}$ ② $\frac{ML}{T}$
③ $\frac{M}{L^2 T}$ ④ $\frac{ML}{T^2}$

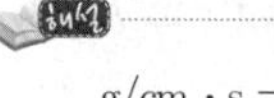

$g/cm \cdot s = \frac{M}{LT}$

04 다음은 압축에 필요한 일(work) W를 나타내는 식이다. 이 식은 다음 중 어떤 형태의 압축 시 성립하는가? (단, P_1는 입구압, P_2는 출구압, $\gamma = C_p / C_v$ 이다.)

$$W = \frac{P_1 V}{(r-1)}\left[1 - \left(\frac{P_2}{P_1}\right)^{(\gamma-1)/\gamma}\right]$$

① 등온 압축 ② 등엔탈피 압축
③ 단열 압축 ④ 폴리트로픽 압축

단열 압축의 일량

${}_1\omega_2 = \int pdv$

$= \frac{P_1 V_1}{r-1}\left[1 - \left(\frac{V_1}{V_2}\right)^{r-1}\right]$

$= \frac{P_1 V_1}{r-1}\left[1 - \left(\frac{P_2}{P_1}\right)^{\frac{r-1}{r}}\right]$

$= \frac{R}{r-1}$

정답 01.① 02.① 03.① 04.③

05 비압축성 유체가 원형관에서 난류로 흐를 때 마찰계수와 레이놀즈 수의 관계는?

① 마찰계수는 레이놀즈 수에 비례한다.
② 마찰계수는 레이놀즈 수에 반비례한다.
③ 마찰계수는 레이놀즈 수의 1/4승에 비례한다.
④ 마찰계수는 레이놀즈 수의 1/4승에 반비례한다.

해설

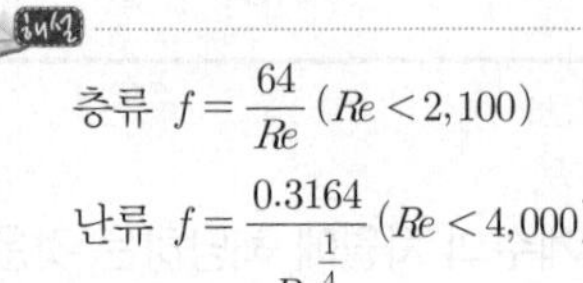

층류 $f=\frac{64}{Re}\ (Re<2{,}100)$

난류 $f=\frac{0.3164}{Re^{\frac{1}{4}}}\ (Re<4{,}000)$

06 중력 단위계에서 1kgf(혹은 1kg)란?

① $980\text{kg}\cdot\text{m/s}^2$　② $98\text{kg}\cdot\text{m/s}^2$
③ $9.8\text{kg}\cdot\text{m/s}^2$　④ $9.8\text{kg}\cdot\text{m}^2/\text{s}^2$

$1\text{kgf}=1\text{kg}\times9.8\text{m/s}^2=9.8\text{kg}\cdot\text{m/s}^2=9.8\text{N}$

07 이상기체의 흐름을 설명한 것으로 맞는 것은?

① 무마찰 등온흐름이면 압력과 온도의 곱은 일정하다.
② 무마찰 단열흐름이면 압력과 온도의 곱은 일정하다.
③ 무마찰 단열흐름이면 엔트로피는 증가한다.
④ 음속은 유속의 함수이다.

이상기체
$PV=K$(일정)

08 기준면으로부터 10m인 곳에 5m/s로 물이 흐르고 있다. 이때 압력을 재어보니 0.6kg/cm^2이었다. 전수두는 몇 m가 되는가?

① 6.28　② 10.46
③ 15.48　④ 17.28

해설

$$H=h+\frac{P}{\gamma}+\frac{V^2}{2g}=10+6+\frac{5^2}{2\times9.8}=17.275\text{m}$$

09 원심펌프에서 서징(surging)을 일으킬 수 있는 것 출구각은?

① 90°보다 클 때
② 90°일 때
③ 90°보다 작을 때
④ 45°보다 작을 때

10 그림은 유체 흐름에 있어서 전단응력(shear stress) 대 속도구배의 관계를 나타낸 것이다. 이 관계가 그림과 같이 원점을 지나는 직선으로 표시된다면 이는 어떤 유체인가?

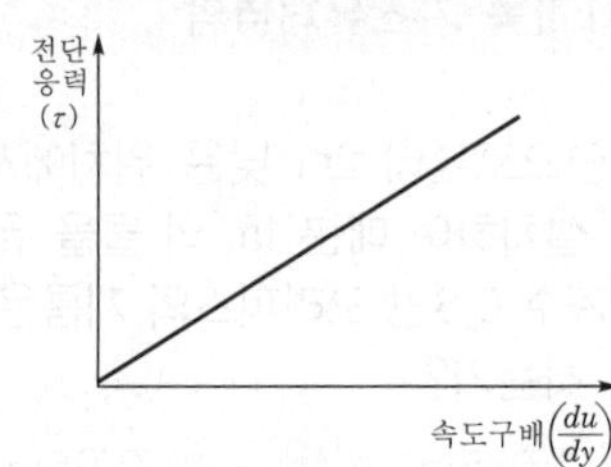

① 뉴턴유체(Newtonian fluid)
② 빙햄소성유체(Binghamplastic fluid)
③ 의가소성유체(Pseudoplastic fluid)
④ 팽창유체(Dilatant fluid)

해설

유체의 종류

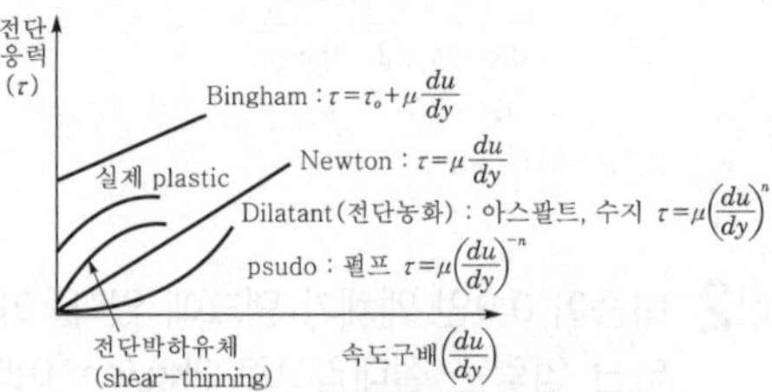

구 분	내 용
뉴턴유체	뉴턴의 점성법칙을 만족하며, 끈기가 없는 유형(물, 공기, 오일, 사염화탄소, 알코올)
비뉴턴유체, 빙햄플라스틱	뉴턴의 점성법칙을 따르지 않으며, 끈기가 있는 유체(플라스틱, 타르, 페인트, 치약, 진흙)
빙햄 가소성유체	임계전단응력 이상이 되어야 흐르는 유체(하수, 슬러리)
실제플라스틱	펌프
딜라탄트유체	아스팔트

정답 05.④ 06.③ 07.② 08.④ 09.③ 10.①

11 유속계수가 0.97인 피토우관에서 정압수두가 5m, 전체압력수두가 7m라면 유속은 몇 m/s인가?

① 5.41 ② 6.07
③ 7.85 ④ 8.59

$V=C\sqrt{2gh}=0.97\times\sqrt{2\times9.8\times(7-5)}$
$=6.07(\text{m/s})$

12 유체가 가지는 에너지와 이것이 하는 일과의 관계를 표시한 방정식(또는 법칙)은?

① Euler 방정식
② Beroulli 방정식
③ Hagen-Posieulli의 법칙
④ Stokes의 법칙

㉠ Euler 방정식(=에너지 방정식) : 유체입자가 유선을 따라 움직일 때 Newton의 운동 제2법칙을 적용하여 얻는 미분 방정식

[오일러 운동 방정식의 가정]

- 유체입자는 유선을 따라 움직인다.
- 유체입자는 마찰이 없다(비점성유체).
- 정상류이다.

㉡ Beroulli 방정식 : 모든 단면에서 압력수두, 속도수두, 위치수두의 합은 일정하다.

$$\frac{P^1}{\gamma}+\frac{V_1^2}{2g}+Z_1=\frac{P_2}{\gamma}+\frac{V_2^2}{2g}+Z_2$$

($\frac{P}{\gamma}$: 압력수두, $\frac{V^2}{2g}$: 속도수두, Z : 위치수두)

㉢ Hagen-Posieulli의 법칙 : 수평원관 속에 점성유체가 층류상태에서 정상유동을 할 때 전단응력은 관 중심에서 0이고 반지름에 비례하면서 관 벽까지 직선적으로 증가한다.

$$Q=\frac{\Delta P\pi r^4}{8\mu L}=\frac{\Delta P\pi d^4}{128\mu L}$$

㉣ Stokes 법칙 : 점성계수를 측정하기 위하여 구를 액체 속에서 항력 실험을 할 것

13 이산화탄소기체가 75mm 관 속을 5m/s의 속도로 흐르고 있다. A지점에서의 압력 P_A : 2bar, 온도 T_A : 20℃이었으며, B지점에서의 압력 P_B : 1.4bar, 온도 T_B : 30℃이었다. 이때의 대기압은 1.03bar이었다. B지점에서의 유속(m/s)을 계산하면? (단, CO_2 기체의 R값은 187.8J/kg °K이다.)

① 7.55 ② 4.27
③ 6.45 ④ 5.51

$PV=GRT$

$$V=\frac{GRT}{P}=\frac{0.1195\times187.8\times303}{\frac{1.03+1.4}{1.03}\times101325}=0.02844\text{m}^3/\text{s}$$

$$\therefore\ \text{유속}=\frac{Q}{A}=\frac{0.02844}{\frac{\pi}{4}\times0.075^2}=6.45\text{m/s}$$

$$G=\frac{PV}{RT}$$
$$=\frac{\left(\frac{1.03+2}{1.03}\times101.325\right)(\text{N/m}^2)\times\frac{\pi}{4}\times(0.075)^2\times5(\text{m}^3/\text{s})}{187.8(\text{N}\cdot\text{m/kg}^\circ\text{K})\times293(^\circ\text{K})}$$
$$=0.1195(\text{kg/sec})$$

14 반지름이 30cm인 원형 속에 물을 담아 30rpm으로 회전시킬 때 수면의 상승높이는 몇 m인가?

① 0.015m ② 0.030m
③ 0.045m ④ 0.060m

등속 원운동을 받는 유체

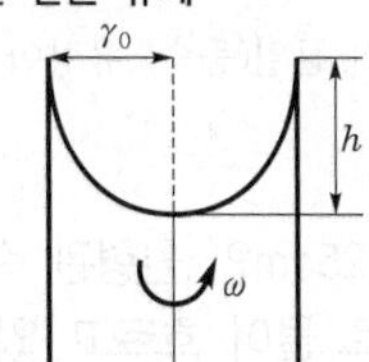

$$h=\frac{{\gamma_0}^2w^2}{2g}=\frac{0.3^2\times3.14^2}{2\times9.8}=0.045\text{m}$$

$\because\ \gamma_0=0.3m$

$$w=\frac{2\pi N}{60}=\frac{2\times3.14\times30}{60}=3.14$$

15 다음 기체 수송장치 중 가장 압력이 낮은 것은?

① 송풍기(Blower)
② 팬(fan)
③ 압축기(compressor)
④ 진공펌프(vacuum pump)

정답 11.② 12.② 13.③ 14.③ 15.②

해설

① 송풍기 : 0.01~0.1MPag
② 팬 : 0.01MPag 미만
③ 압축기 : 0.1MPag 이상
④ 진공펌프 : 기체 수송장치가 아니다.

16 단면이 균일한 관로를 흐르는 유량이 시간에 따라 증가하고 있을 때의 흐름은?

① 등속류, 정상류
② 부등속류, 정상류
③ 등속류, 비정상류
④ 부등속류, 비정상류

해설

㉠ 정상유동 : 흐름의 특성이 시간에 따라 변하지 않음

$\frac{\delta v}{\delta t}=0 \quad \frac{\delta e}{\delta t}=0 \quad \frac{\delta p}{\delta t}=0 \quad \frac{\delta T}{\delta t}=0$

㉡ 비정상유동 : 흐름의 특성이 시간에 따라 변함

$\frac{\delta v}{\delta t}\neq 0 \quad \frac{\delta e}{\delta t}\neq 0 \quad \frac{\delta p}{\delta t}\neq 0 \quad \frac{\delta T}{\delta t}\neq 0$

㉢ 균속도(등속류) : 속도가 일정한 흐름

$\frac{\delta v}{\delta s}=0$

㉣ 비균속도(비등속류) : 속도가 위치에 따라 변하는 흐름

$\frac{\delta v}{\delta s}\neq 0$

※ 단면이 균일(등속) 유량이 변하므로 비정상류이다.

17 지름이 25cm인 원형관 속을 5.7m/s의 평균속도로 물이 흐르고 있다. 40m에 걸친 수두 손실이 5m라면 이때의 Darcy 마찰계수는 어느 것인가?

① 0.0189 ② 0.1547
③ 0.2089 ④ 0.2621

해설

$h_f=\lambda\frac{L}{D}\cdot\frac{V^2}{2g}$

$\lambda=\frac{h_f\cdot D\cdot 2g}{L\cdot V^2}$

$=\frac{5\times 0.25\times 2\times 9.8}{40\times 5.7^2}$

$=0.0189$

18 두 피스톤의 지름이 각각 25cm와 5cm이다. 직경이 큰 피스톤을 2cm만큼 움직이면 작은 피스톤은 몇 cm 움직이는가? (단, 누설량과 압축은 무시한다.)

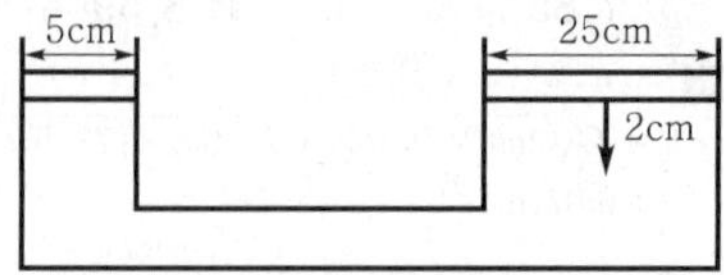

① 5cm ② 10cm
③ 25cm ④ 50cm

해설

$A_1\times S_1=A_2\times S_2$

$S_2=\frac{A_1\times S_1}{A_2}$

$=\frac{\frac{\pi}{4}\times(25)^2\times 2}{\frac{\pi}{4}\times 5^2}$

$=50\text{cm}$

19 유체 엔진 및 터빈의 효율을 정의한 것은?

① $\frac{\text{최선의 장치가 작업을 하는 데 필요한 일}}{\text{장치에서 실제로 필요한 일}}$

② $\frac{\text{유용한 일}}{\text{전체 일}}$

③ $\frac{\text{실제로 전달한 일}}{\text{가능한 최대 일}}$

④ $\frac{\text{전체 일}}{\text{유용한 일}}$

20 온도 20℃, 압력 5kgr/cm²인 이상기체 10cm³를 등온 조건에서 5cm³까지 압축시키면 압력은 약 몇 kgr/cm²인가?

① 2.5 ② 5
③ 10 ④ 20

해설

등온조건

$P_2=P_1\times\left(\frac{V_1}{V_2}\right)=5\times\left(\frac{10}{5}\right)=10\text{kg/cm}^2$

정답 16.③ 17.① 18.④ 19.③ 20.③

제2과목 연소공학

21 다음은 carnot 사이클의 PV 도표를 각 단계별로 설명한 것이다. 이 중 옳은 것은?

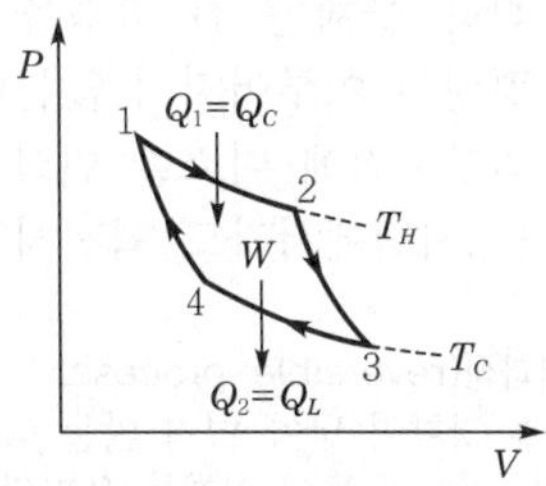

① 1~2는 Q_C의 열을 흡수하여 임의점 2까지 단열압축 과정이다.
② 2~3은 온도가 T_c로 감소할 때까지 단열팽창 과정이다.
③ 3~4는 Q_C의 열을 흡수하여 원상태로 정온팽창 과정이다.
④ 4~1은 온도가 T_C로부터 T_H까지의 정온압축 과정이다.

해설
카르노 사이클
㉠ 1→2 등온팽창
㉡ 2→3 단열팽창
㉢ 3→4 등온압축
㉣ 4→1 단열압축

22 액체연료를 미세한 기름방울로 잘게 부수어 단위 질량당의 표면적을 증가시키고 기름방울을 분산, 주위 공기와의 혼합을 적당히 하는 것을 미립화라고 한다. 다음 중 원판, 컵 등의 외주에서 원심력에 의해 액체를 분산시키는 방법에 의해 미립화하는 분무기는?

① 회전체 분무기
② 충돌식 분무기
③ 초음파 분무기
④ 정전식 분무기

23 다음 중 공기비에 관한 설명으로 틀린 것은? [연소 15]

① 이론공기량에 대한 실제공기량의 비이다.
② 무연탄보다 중유 연소 시 이론공기량이 더 적다.
③ 부하율이 변동될 때의 공기비를 턴다운(turn down)비라고 한다.
④ 공기비를 낮추면 불완전 연소 성분이 증가한다.

24 프로판가스 1Sm^{3}을 완전연소시켰을 때의 건조연소가스량은 약 몇 Sm^{3}인가? (단, 공기 중의 산소는 21v%이다.)

① 10 ② 16
③ 22 ④ 30

해설
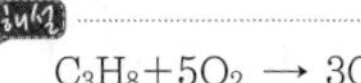
$C_3H_8 + 5O_2 \rightarrow 3CO_2 + 4H_2O$
1Sm^3 5Nm^3 3Nm^3
㉠ $N_2 : 5 \times \dfrac{0.79}{0.21} = 18.81\text{Nm}^3$
㉡ $CO_2 : 3\text{Nm}^3$
∴ $N_2 + CO_2 = 21.81\text{Nm}^3$

25 옥탄(g)의 연소 엔탈피는 반응물 중의 수증기가 응축되어 물이 되었을 때 25℃에서 −48220kJ/kg이다. 이 상태에서 옥탄(g)의 저위발열량은 약 몇 kJ/kg인가? (단, 25℃ 물의 증발엔탈피[(h_{fg})]는 2441.8kJ/kg이다.)

① 40750 ② 42320
③ 44750 ④ 45778

해설
$C_8H_{18} + 12.5O_2 \rightarrow 8CO_2 + 9H_2O + Q$
H_L(저위발열량)$= H_H$(고위발열량)$-$물의 증발잠열
$= 48220 - \dfrac{2441.8 \times 9 \times 18}{114}$
$= 44750.073 = 44750.07\text{kJ/kg}$
※ C_8H_{18}=114kg

정답 21.② 22.① 23.② 24.③ 25.③

26 연소의 3요소가 아닌 것은?

① 가연성 물질 ② 산소공급원
③ 발화점 ④ 점화원

27 고체연료를 사용하는 어느 열기관의 출력이 3000kw이고 연료소비율이 매시간 1400kg 일 때 이 열기관의 열효율은 약 몇 %인가? (단, 이 고체연료의 저위발열량은 28MJ/kg 이다.)

① 28 ② 32
③ 36 ④ 40

해설

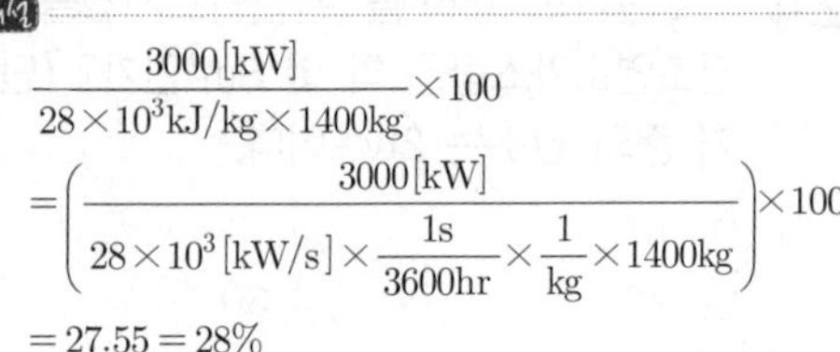

28 밀폐된 용기 또는 그 설비 안에 밀봉된 가스가 그 용기 또는 설비의 사고로 인해 파손되거나 오조작의 경우에만 누출될 위험이 있는 장소는 위험장소의 등급 중 어디에 해당하는가? [연소 14]

① 0종 ② 1종
③ 2종 ④ 3종

29 다음은 이상기체에 관한 과정들이다. 이들 중 옳지 않은 것은? (단, 하첨자 1 : 초기치, 2 : 말기치이다.)

① 정용과정(isomtric process) : $du = dQ = CvdT$

② 등온과정 : $Q = W = RTln\dfrac{P_1}{P_2}$

③ 단열과정 : $\dfrac{T_2}{T_1} = \left(\dfrac{V_1}{V_2}\right)^{\gamma}$, $\gamma \cdot \dfrac{C_P}{C_V}$

④ 정압과정 : $CpdT = CvdT + RdT$

해설

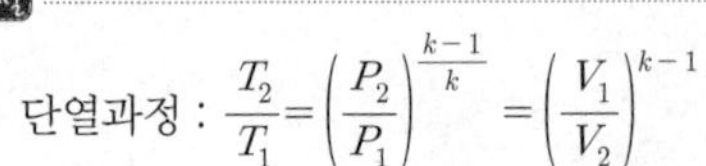

30 다음에서 어떤 과정이 가역적으로 되기 위한 조건은? [연소 38]

① 마찰로 인한 에너지 변화가 있다.
② 외계로부터 열을 흡수, 방출한다.
③ 작용 물체는 전 과정을 통하여 항상 평형이 이루어지지 않는다.
④ 외부조건에 미소한 변화가 생기면 어느 지점에서라도 역전시킬 수 있다.

해설

가역과정(reversible process) : 어떤 과정을 수행 후 영향이 남아 있지 않는 과정. 즉 역학적, 열적, 화학적 등의 평형이 유지되며 어떤 마찰도 수반되지 않은 상태 변화이며, 주위에 어떤 변화도 남지 않으며 실제로는 존재가 불가능한 열역학 1법칙을 근거로 하는 과정이다.

31 방안의 압력이 100kPa이며 온도가 30℃일 때 5m×10m×4m에 들어 있는 공기의 질량은 몇 kg인가? (단, 공기의 R= 0.287KJ/kg · K이다.)

① 233.7
② 241.5
③ 250.2
④ 263.3

해설

$$G = \frac{PV}{RT} = \frac{100 \times (5 \times 10 \times 4)}{0.287 \times 303} = 229.98\text{kg}$$

여기서, $P = 100\text{kPa} = 100\text{kN/m}^2$
$V = (5 \times 10 \times 4)\text{m}^3$
$R = 0.287\text{kN} \cdot \text{m/kg}^\circ\text{K}$
$T = 303^\circ\text{K}$
$IJ = 1\text{N} \cdot \text{m/kJ} = 1\text{kN} \cdot \text{m}$

32 저위발열량이 10000kcal/kg인 연료를 3kg 연소시켰을 때 연소가스의 열용량이 15kcal/℃였다면 이때의 이론연소온도는?

① 1000℃
② 2000℃
③ 3000℃
④ 4000℃

해설

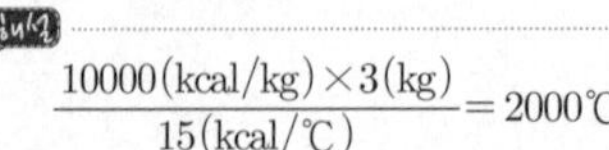

정답 26.③ 27.① 28.③ 29.③ 30.④ 31.① 32.②

33 다음 그림은 간단한 수증기 사이클을 나타낸 것이다. 이 그림의 경로에서 Rankine 사이클이 의미하는 것은?

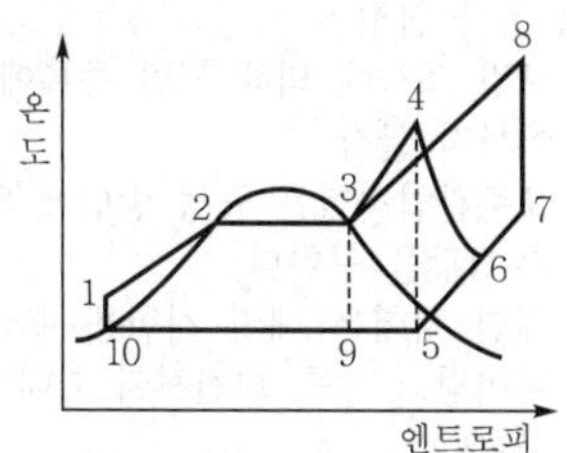

① 1→2→3→4→5→9→10→1
② 1→2→3→9→10→1
③ 1→2→3→4→6→5→9→10→1
④ 1→2→3→8→7→5→9→10→1

랭킨 사이클
증기 원동소의 이상 사이클이며, 2개의 정압변화와 2개의 단열변화로 구성
(도면 설명)
㉠ 4－5 : 가역단열과정
㉡ 1－2－3－7 : 물이 끓는점 이하로 보일러에 들어가 증발하면서 가열되는 과정이며, 다른 과정에 비하여 압력변화가 적으므로 정압과정으로 볼 수 있음.
㉢ 4－6 : 보일러에서 나가는 고온수증기의 에너지 일부가 터빈 또는 수증기 기관으로 들어가는 과정

34 유동층 연소의 연소 특성에 대한 설명이다. 틀린 것은? **[연소 2]**

① 화염층이 작다.
② 질소 산화물의 발생량이 증가한다.
③ 크링커 장애 등을 경감할 수 있다.
④ 화격자의 단위면적당의 열부하를 크게 얻을 수 있다.

유동층 연소
유동층을 형성하면서 700~900℃ 정도에서 연소
질소산화물의 발생량이 감소함

35 가연성 물질을 공기로 연소시키는 경우에 산소농도를 높이는 경우 다음 중 감소하는 것은 무엇인가?

① 점화에너지 ② 폭발한계
③ 화염속도 ④ 연소속도

연소 시 산소농도 증가
㉠ 폭발한계가 넓어진다.
㉡ 연소속도 · 화염속도가 빨라진다.
㉢ 점화에너지, 인화점 · 발화점은 감소한다.

36 다음은 공기비가 작을 경우 연소에 미치는 영향을 기술한 것이다. 틀린 것은?

① 미연소에 의한 열손실이 증가한다.
② 불완전 연소가 되어 매연이 많이 발생한다.
③ 미연소 가스로 인한 폭발 사고가 발생되기 쉽다.
④ 연소 가스 중에 NOx가 많아져 대기오염이 심하다.

공기비가 작아지면 공기 중 N_2량이 적어지므로 질소산화물의 양은 적어진다.

37 연소할 때의 실제공기량 A와 이론공기량 A_0 사이는 $A = mA_0$의 등식이 성립된다. 이 식에서 m이란? **[연소 15]**

① 과잉공기계수
② 연소효율
③ 공기의 압력계수
④ 공기의 열전도율

과잉공기계수=공기비

38 난류예혼합 화염에 대한 설명 중 옳은 것은? **[연소 36]**

① 화염의 두께가 얇다.
② 연소 속도가 현저하게 늦다.
③ 화염의 배후에 다량의 미연소분이 존재한다.
④ 층류예혼합 화염에 비하여 화염의 밝기가 낮다.

난류예혼합 화염의 특징
㉠ 화염의 휘도가 높다.
㉡ 화염면의 두께가 두껍다.
㉢ 연소 시 다량의 미연소분이 존재한다.
㉣ 화염의 밝기가 층류보다 높다.

정답 33.① 34.② 35.① 36.④ 37.① 38.③

39 착화온도에 대한 설명 중 틀린 것은?

① 압력이 높을수록 낮아진다.
② 발열량이 클수록 낮아진다.
③ 반응활성도가 클수록 높아진다.
④ 산소량이 증가할수록 낮아진다.

③ 반응활성도가 클수록 착화점은 낮아진다.

40 분자량이 30인 어느 가스의 정압비열이 0.75kJ/kg · k라고 가정할 때 이 가스의 비열비(k)는 얼마인가?

① 0.277 ② 0.473
③ 1.59 ④ 2.38

$C_P - C_V = AR$이고

$K = \frac{C_P}{C_V} = \frac{0.75}{0.471} = 1.59$

> $CP = 0.75$
> $CV = CP - AR$
> $= 0.75 - \frac{1}{427}\text{kcal/kg} \cdot \text{m} \times \frac{848}{30}\text{kg} \cdot \text{m/kg}^\circ\text{K}$
> $\times 4.2\text{kJ/kcal}$
> $= 0.471$
> $1\text{cal} = 4.2\text{J}$
> $1\text{kcal} = 4.2\text{kJ}$

제3과목 가스설비

41 기화장치 중 LP가스가 액체 상태로 열교환기 밖으로 유출되는 것을 방지하는 장치는?

① 압력조정기
② 안전밸브
③ 액면제어장치
④ 열매온도제어장치

42 가스 공급설비 설치를 위하여 지반조사 시 최대 토크 또는 모멘트를 구하기 위한 시험은?

① 표준관입시험 ② 표준허용시험
③ 배인(vane)시험 ④ 토질시험

고압가스설비 설치 시 부동침하 우려 장소에 제1차 지반조사 실시, 제1차 지반조사 결과 습윤토지 및 연약지반토지 등에 다음 방법으로 제2차 지반조사 실시

㉠ 보링 조사에 의해 지반 종류에 따라 필요 깊이까지 굴착
㉡ 표준관입시험은 규정 방법에 의해 실타격 횟수 N값을 구한다.
㉢ 배인 시험은 배인 시험용 배인을 흙 속으로 밀어넣고 이를 회전시켜 최대 토크 모멘트를 구한다.
㉣ 토질시험은 규정에 의하여 압축, 전단시험으로 지반의 점착력 내부 마찰력을 구한다.

43 내용적 50l의 용기에 수압 30kg/cm^{2}를 가해 내압시험을 하였다. 이 경우 30kg/cm^{2}의 수압을 걸었을 때 용기의 용적이 50.6l로 늘어났고, 압력을 제거하여 대기압으로 하니 용기용적은 50.03l로 되었다. 이때 영구증가율은 얼마인가?

① 0.3% ② 0.5%
③ 3% ④ 5%

$\frac{50.03 - 50}{50.6 - 50} \times 100 = 5\%$

44 산소제조 장치에서 수분제거용 건조제가 아닌 것은?

① SiO_2 ② Al_2O_3
③ $NaOH$ ④ Na_2CO_3

①, ②, ③ 이외에 소바비드가 있다.

45 어떤 냉동기에서 0℃의 물로 0℃의 얼음 3톤을 만드는 데 100kW/h의 일이 소요되었다면 이 냉동기의 성능계수는? (단, 물의 응고열은 80kcal/kg이다.)

① 1.72 ② 2.79
③ 3.72 ④ 4.73

해설

$3000\text{kg} \times 80\text{kcal/kg} = 240000\text{kcal}$

$\therefore \frac{240000}{100 \times 860} = 2.79$

정답 39.③ 40.③ 41.③ 42.③ 43.④ 44.④ 45.②

46 전양정이 14m인 펌프의 회전수를 1100rpm에서 1650rpm으로 변화시킨 경우 펌프의 전양정은 몇 m가 되는가?

① 21.5m ② 25.5m
③ 31.5m ④ 36.5m

$$H_2 = H_1 \times \left(\frac{N_2}{N_1}\right)^2 = 14 \times \left(\frac{1,650}{1,100}\right)^2 = 31.5\text{m}$$

47 내용적 50L의 LPG 용기에 상온에서 액화프로판 15kg를 충전하면 이 용기 내 안전공간은 약 몇 %인가? (단, LPG의 비중은 0.5이다.)

① 10% ② 20%
③ 30% ④ 40%

$15\text{kg} \div 0.5(\text{kg/L}) = 30\text{L}$

$\therefore \dfrac{50-30}{50} \times 100 = 40\%$

48 고압가스 제조 장치의 재료에 대한 설명으로 옳지 않은 것은?

① 상온 건조 상태의 염소가스에 대하여는 보통강을 사용할 수 있다.
② 암모니아, 아세틸렌의 배관 재료에는 구리 및 구리합금이 적당하다.
③ 고압의 이산화탄소 세정장치 등에는 내산강을 사용하는 것이 좋다.
④ 암모니아 합성탑 내통의 재료에는 18-8 스테인리스강을 사용한다.

② 구리 사용을 금지해야 하는 가스이다.
㉠ C_2H_2 : 폭발
㉡ NH_3 : 부식
㉢ H_2S : 부식

49 다음 설비 중 보통 액화석유가스 저장탱크에 설치하지 않는 것은?

① 안전밸브
② 가스누출경보기
③ 액면계
④ 긴급차단밸브

50 다음 설명 중 아르곤(Ar)에 대하여 옳은 것은?

① Ar은 공기 중에 0.9%(용량) 포함되어 있다.
② Ar은 N_2보다 화학적으로 안정되지 못하다.
③ Ar의 끓는점은 산소와 질소의 끓는점에 비교하여 매우 낮다.
④ Ar은 천연가스에서 공업적으로 제조된다.

Ar은 공기 중 약 0.93%, 비등점(−186℃)

51 콕 및 호스에 대한 설명으로 옳은 것은? **[안전 97]**

① 고압고무호스 중 투윈호스는 차압 100kPa 이하에서 정상적으로 작동하는 체크밸브를 부착하여 제작한다.
② 용기밸브 및 조정기에 연결하는 이음쇠의 나사는 오른나사로서 W22.5×14T, 나사부의 길이는 20mm 이상으로 한다.
③ 상자콕은 과류차단안전기구가 부착된 것으로서 배관과 커플러를 연결하는 구조이고, 주물황동을 사용할 수 있다.
④ 콕은 70kPa 이상의 공기압을 10분간 가했을 때 누출이 없는 것으로 한다.

52 액화천연가스(메탄 기준)를 도시가스 원료로 사용할 때 액화천연가스의 특징을 옳게 설명한 것은?

① 천연가스의 C/H 질량비가 3이고, 기화설비가 필요하다.
② 천연가스의 C/H 질량비가 4이고, 기화설비가 필요 없다.
③ 천연가스의 C/H 질량비가 3이고, 기화 제조 및 정제설비가 필요하다.
④ 천연가스의 C/H 질량비가 4이고, 개질설비가 필요하다.

정답 46.③ 47.④ 48.② 49.② 50.① 51.③ 52.①

53 용기밸브의 충전구가 왼나사 구조인 것은?

① 브롬화메탄 ② 암모니아
③ 산소 ④ 에틸렌

54 분자량이 큰 탄화수소를 원료로 10000 kcal/Nm^3 정도의 고열량 가스를 제조하는 방법은? [설비 3]

① 부분연소 프로세스
② 사이클릭식 접촉분해 프로세스
③ 수소화분해 프로세스
④ 열분해 프로세스

55 아세틸렌 제조공정에서 꼭 필요하지 않은 장치는?

① 저압 건조기 ② 유분리기
③ 역화방지기 ④ CO_2 흡수기

C_2H_2의 제조 공정 순서
가스발생기 → 냉각기 → 가스청정기 → 저압 건조기 → 역화방지기 → 가스 압축기 → 역화방지기 → 유분리기 → 고압 건조기 → 충전의 순서이다.

56 가연성 가스의 위험도가 가장 높은 가스는? [설비 44]

① 일산화탄소 ② 메탄
③ 산화에틸렌 ④ 수소

① $CO(12.5 \sim 74\%)$: $\frac{74-12.5}{12.5}=4.92$

② $CH_4(5 \sim 15\%)$: $\frac{15-5}{5}=2$

③ $C_2H_4O(3 \sim 80\%)$: $\frac{80-3}{3}=25.67$

④ $H_2(4 \sim 75\%)$: $\frac{75-4}{4}=17.75$

57 압력 2MPa 이하의 고압가스 배관 설비로서 곡관을 사용하기가 곤란한 경우 가장 적정한 신축이음매는?

① 벨로즈형 신축이음매
② 루프형 신축이음매
③ 슬리브형 신축이음매
④ 스위블형 신축이음매

58 도시가스의 발열량이 10400kcal/m^3이고 비중이 0.5일 때 웨버지수(WI)는 얼마인가? [안전 57]

① 14142 ② 14708
③ 18257 ④ 27386

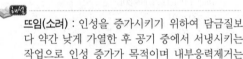

$$WI=\frac{H}{\sqrt{d}}=\frac{10400}{\sqrt{0.5}}=14707$$

59 금속재료에 관한 설명으로 옳지 않은 것은?

① 황동은 구리와 아연의 합금이다.
② 저온뜨임의 주목적은 내부응력 제거이다.
③ 탄소함유량이 0.3% 이하인 강을 저탄소강이라 한다.
④ 청동은 내식성은 좋으나 강도가 약하다.

뜨임(소려) : 인성을 증가시키기 위하여 담금질보다 약간 낮게 가열한 후 공기 중에서 서냉시키는 작업으로 인성 증가가 목적이며 내부응력제거는 풀림의 목적이다.

60 파이프의 길이가 5m이고, 선팽창계수 $\alpha=0.000015(1/℃)$일 때 온도가 20℃에서 70℃로 올라갔다면 늘어난 길이는?

① 2.74mm ② 3.75mm
③ 4.78mm ④ 5.76mm

$$\lambda=l\alpha\Delta t=5\times10^3\times0.000015\times50=3.75\text{mm}$$

제4과목 가스안전관리

61 가스의 종류와 용기 도색의 구분이 잘못된 것은?

① 액화암모니아 : 백색
② 액화염소 : 갈색
③ 헬륨(의료용) : 자색
④ 질소(의료용) : 흑색

③ 헬륨(의료용) : 갈색

정답 53.④ 54.④ 55.④ 56.③ 57.① 58.② 59.② 60.② 61.③

62 도시가스배관에 대한 설명으로 옳지 않은 것은?

① 도시가스제조사업소의 부지경계에서 정압기까지에 이르는 배관을 본관이라 한다.
② 정압기에서 가스사용자가 소유하거나 점유하고 있는 토지의 경계까지의 배관을 사용자 공급관이라 한다.
③ 가스도매사업자의 정압기에서 일반 도시가스사업자의 가스공급시설까지의 배관을 공급관이라 한다.
④ 가스사용자가 소유하거나 점유하고 있는 토지의 경계에서 연소기까지에 이르는 배관을 내관이라 한다.

사용자 공급관 : 공급관 중 가스사용자가 소유하거나 점유하고 있는 토지의 경계에서 가스사용자가 구분하여 소유하거나 점유하는 건축물의 외벽에 설치된 계량기의 전달 밸브까지에 이르는 배관

63 저장설비 또는 가스설비의 수리 및 청소 시 지켜야 할 안전사항으로 옳지 않은 것은?

① 안전관리인 중에서 작업책임자를 선정, 감독한다.
② 공기 중의 산소농도가 10% 이상이어야 한다.
③ 내부가스를 불활성가스로 치환한다.
④ 수리를 끝낸 후에 그 설비가 정상으로 작동하는 것을 확인한 후 충전작업을 한다.

② 산소의 농도가 18~22% 이하이어야 한다.

64 액화염소 142g을 기화시키면 표준상태에서 몇 L의 기체 염소가 되는가? (단, 염소의 분자량은 71이다.)

① 11.2 ② 22.4
③ 44.8 ④ 56

해설

$$\frac{142}{71} \times 22.4 = 44.8$$

65 압축천연가스충전시설에서 자동차가 충전 호스와 연결된 상태로 출발할 경우 가스의 흐름이 차단될 수 있도록 하는 장치를 긴급분리장치라고 한다. 긴급분리장치에 대한 설명 중 틀린 것은?

① 긴급분리장치는 고정 설치해서는 안 된다.
② 긴급분리장치는 각 충전설비마다 설치한다.
③ 긴급분리장치는 수평방향으로 당길 때 666.4N 미만의 힘에 의하여 분리되어야 한다.
④ 긴급분리장치와 충전설비 사이에는 충전자가 접근하기 쉬운 위치에 90° 회전의 수동밸브를 설치하여야 한다.

긴급분리장치는 지면 및 지지대에 고정하여 설치해야 한다.

66 수소 설비와 산소 설비의 이격거리는 몇 m 이상인가?

① 2m ② 3m
③ 5m ④ 8m

㉠ 수소-산소 이격거리 : 5m 이상
㉡ 수소-화기 이격거리 : 8m 이상

67 다음 [보기]는 수소 설비에 대한 내용이나 수치가 모두 잘못되었다. 맞는 수치로 나열된 것은 어느 것인가? (단, 순서는 ㉮, ㉯, ㉰의 순서대로 수정된 것으로 한다.)

> ㉮ 유동방지시설은 높이 5m 이상 내화성의 벽으로 한다.
> ㉯ 입상관과 화기의 우회거리는 8m 이상으로 한다.
> ㉰ 수소의 제조 · 저장 설비의 지반조사 대상의 용량은 중량 3ton 이상의 것에 한한다.

① 2m, 2m, 1ton ② 3m, 2m, 1ton
③ 4m, 2m, 1ton ④ 8m, 2m, 1ton

정답 62.② 63.② 64.③ 65.① 66.③ 67.①

해설

㉮ 유동방지시설 : 2m 이상 내화성의 벽
㉯ 입상관과 화기의 우회거리 : 2m 이상
㉰ 지반조사 대상 수소 설비의 중량 : 1ton 이상

참고 비지반조사는 수소 설비의 외면으로부터 10m 이내 2곳 이상에서 실시한다.

68 독성 가스를 용기에 충전하여 운반하게 할 때 운반책임자의 동승기준으로 적절하지 않은 것은? **[안전 5]**

① 압축가스 허용농도가 100만분의 200 초과 100만분의 5000 이하 : 가스량 $1000m^3$ 이상
② 압축가스 허용농도가 100만분의 200 이하 : 가스량 $10m^3$ 이상
③ 액화가스 허용농도가 100만분의 200 초과 100만분의 5000 이하 : 가스량 1000kg 이상
④ 액화가스 허용농도가 100만분의 200 이하 : 가스량 100kg 이상

해설

① 가스량 $100m^3$ 이상

69 고압가스 운반 시에 준수하여야 할 사항으로 옳지 않은 것은? **[안전 34]**

① 밸브가 도출한 충전용기는 캡을 씌운다.
② 운반 중 충전용기의 온도는 40℃ 이하로 유지한다.
③ 오토바이에 20kg LPG 용기 3개까지는 적재할 수 있다.
④ 염소와 수소는 동일 차량에 적재 운반을 금한다.

해설

차량통행 곤란지역 LPG 충전용기는 운반전용 적재함이 장착되어 있거나 20kg 이하 2개를 초과하지 않을 경우 이륜차 운반 가능

70 배관장치의 이상전류로 인하여 부식이 예상되는 장소에는 절연물질을 삽입하여야 한다. 다음 보기 중 절연물질을 삽입해야 하는 장소에 해당되지 않는 것은? **[안전 65]**

① 누전으로 인하여 전류가 흐르기 쉬운 곳
② 직류전류가 흐르고 있는 선로(線路)의 자계(磁界)로 인하여 유도전류가 발생하기 쉬운 곳
③ 흙속 또는 물속에서 미로전류(謎路電流)가 흐르기 쉬운 곳
④ 양극의 설치로 전기방식이 되어 있는 장소

71 사업소 외의 배관장치에 설치하는 안전제어장치와 관계가 없는 것은?

① 압력안전장치
② 가스누출검지경보장치
③ 긴급차단장치
④ 인터록장치

72 수소의 성질 중 폭발화재 등의 재해 발생원인이 아닌 것은?

① 가벼운 기체이므로 가스누출하기 쉽다.
② 고온, 고압에서 강에 대해 탈탄 작용을 일으킨다.
③ 공기와 혼합된 경우 폭발범위가 4~75%이다.
④ 증발잠열로 수분이 동결하여 밸브나 배관을 폐쇄시킨다.

해설

④는 폭발화재의 발생원인이 아니고 배관 폐쇄의 원인이다.

73 가연성 가스의 저장탱크는 그 외면으로부터 처리능력이 20만m^3 이상인 압축기와 몇 m 이상의 거리를 유지해야 하는가?

① 30m ② 20m
③ 17m ④ 10m

정답 68.① 69.③ 70.④ 71.④ 72.④ 73.①

74 고압가스 저장 기술기준으로 적합하지 않은 것은?

① 충전용기는 넘어짐 및 충격을 방지하는 조치를 할 것
② 충전용기는 항상 50℃ 이하의 온도를 유지할 것
③ 시안화수소를 저장할 때는 1일 1회 이상 질산구리벤젠지 시험지로 충전용기의 가스누출을 검사할 것
④ 시안화수소의 저장은 용기에 충전한 후 60일을 초과하지 아니해야 한다. (단, 순도가 98% 이상은 예외)

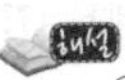
② 충전용기는 40℃ 이하

75 파일럿버너 또는 메인버너의 불꽃이 꺼지거나 연소기구 사용 중에 가스공급이 중단 혹은 불꽃 검지부에 고장이 생겼을 때 자동으로 가스밸브를 닫히게 하여 불이 꺼졌을 때 가스가 유출되는 것을 방지하는 안전장치는?

① 과열방지장치
② 산소결핍안전장치
③ 헛불방지장치
④ 소화안전장치

76 가연성 가스란 연소범위 중 하한농도가 몇 % 이하이거나, 상한과 하한의 차이가 몇 % 이상인 가스를 말하는가?

① 20, 10 ② 10, 20
③ 30, 10 ④ 20, 30

77 고압가스 안전관리법상 용기용 밸브 몸통 재료로 가장 적합한 것은?

① 쾌삭황동 ② 주철
③ 단조용 황동 ④ 아연합금

용기 밸브 몸통 재료로 NH_3, C_2H_2은 단조강, 동 함유량 62% 미만, 단조황동을 사용하고 그 외는 대부분 단조황동을 사용한다.

78 지하에 매설된 프로판–공기형 도시가스 배관의 누출부위를 수리하려 할 때 맨 먼저 조치할 사항은? (단, 굴착이 끝난 상태로 가정한다.)

① 가스 검지기로 검지해 본 다음 비눗물로 누출부위를 확인한다.
② 성냥으로 불을 켜본다.
③ 중간밸브를 잠그고 누출된 가스를 배기한다.
④ 불을 붙인 채 수리한다.

중간밸브로 가스를 차단하고 누출된 가스를 배기한다.

79 차량에 고정된 탱크를 운행할 때의 주의사항 중 잘못된 것은?

① 차를 수리할 때에는 반드시 사람의 통행이 없는 밀폐된 장소에서 한다.
② 운행 중은 물론 정차 시에도 허용된 장소 이외에서는 담배를 피우거나 화기를 쓰지 않는다.
③ 운행 시 도로교통법을 준수하고 번화가를 피하여 운행한다.
④ 화기를 사용하는 수리는 가스를 완전히 빼고 질소나 불활성가스로 치환한 후 실시한다.

밀폐장소에서 수리 시 산소 부족에 의한 질식의 우려가 있으므로 통풍이 양호한 장소에서 수리하여야 한다.

80 차량에 혼합 적재할 수 없는 가스끼리 짝지어져 있는 것은?

① 프로판, 부탄
② 염소, 아세틸렌
③ 프로필렌, 프로판
④ 시안화수소, 에탄

혼합 적재 금지 가스(염소)와 아세틸렌, 암모니아, 수소

정답 74.② 75.④ 76.② 77.③ 78.③ 79.① 80.②

제5과목 가스계측

81 습식 가스미터의 특징에 대한 설명 중 틀린 것은? **[계측 7]**

① 설치 공간이 작다.
② 실험용으로 적합하다.
③ 사용 중에 수위조정 등의 관리가 필요하다.
④ 유량이 정확하게 계량된다.

습식 가스미터는 설치 공간이 크다.

82 와(Vortex) 유량계에 대한 설명으로 옳은 것은?

① 압전소자식은 소용돌이 발생체의 전단에 형성되는 전압을 압전소자의 전화량의 변화로 검출하는 것이다.
② 유량출력은 유동유체의 평균유속에 반비례한다.
③ 슬러리 유체의 측정에는 사용할 수 없다.
④ 외란에 의해 측정에 영향을 받지 않는다.

해설

와(Vortex, 소용돌이) 유량계의 특징
㉠ 유량계의 출력은 주파수 출력
㉡ 출력은 유량에 비례하고 유량은 유속에 비례한다.
㉢ 외란에 의한 영향이 없다.
㉣ 가격이 저렴하고 구조가 간단하다.

83 가스 크로마토그래피 분석에 있어서 1.36의 1-hexanol과 1.02 1-pentanol을 함께 녹여서 분석하였을 때 각각의 상대적인 피이크의 면적이 1,460,870이었다면 내부 물질로 선택한 1-pentanol에 대한 1-hexanal의 응답인자는 얼마인가?

① 0.775 ② 1.258
③ 2.237 ④ 0.447

해설

$$\frac{1(\text{헥산})}{1(\text{펜타놀})}=\frac{1.36\times1.460}{1.02\times870}=\frac{1}{x}$$

$\therefore\ x=0.4469$

84 다음 중 반도체식 가스검지기의 반도체 재료로 적당한 것은?

① 산화니켈(NiO)
② 산화알루미늄(Al_2O_3)
③ 산화주석(SnO_2)
④ 이산화망간(MnO_2)

해설

반도체식 가스검지기
금속산화물(SnO_2, ZnO)의 소결체에서 2개의 전극 밀봉하여 가열한 것

85 연소 분석법에 대한 설명으로 틀린 것은? **[계측 17]**

① 폭발법은 대체로 가스 조성이 일정할 때 사용하는 것이 안전하다.
② 완만 연소법은 질소 산화물 생성을 방지할 수 있다.
③ 분별 연소법에서 사용되는 촉매는 파라듐, 백금 등이 있다.
④ 완만 연소법은 지름 0.5mm 정도의 백금선을 사용한다.

86 고속회전이 가능하므로 소형으로 대용량 계량이 가능하고 주로 대수용기의 가스 측정에 적당한 계기는? **[계측 8]**

① 루트 미터 ② 막식 가스미터
③ 습식 가스미터 ④ 오리피스 미터

해설

가스미터의 일반적 용도 구분
① 루트식 가스미터 : 대수용가
② 막식 가스미터 : 일반수용가
③ 습식 가스미터 : 기준 가스미터용, 실험실용

87 제어의 최종 신호 값이 이 신호의 원인이 되었던 전달 요소로 되돌려지는 제어방식은? **[계측 12]**

① open-loop 제어계
② closed-loop 제어계
③ forward 제어계
④ feed forward 제어계

정답 81.① 82.③ 83.④ 84.③ 85.① 86.① 87.②

해설
폐회로(closed-loop) 제어계 : 출력의 일부를 입력방향으로 피드백시켜 목표값과 비교되도록 폐루프를 형성하는 제어계

88 공기유속을 피토관으로 측정하였더니 차압 15mmH_2O였다. 공기 비중량이 1.2kg_f/m^3이고, 피토계수가 1일 때 유속은 약 몇 m/s인가?

① 7.8 ② 15.7
③ 23.5 ④ 31.3

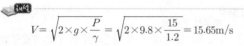

$$V=\sqrt{2\times g\times\frac{P}{\gamma}}=\sqrt{2\times 9.8\times\frac{15}{1.2}}=15.65\text{m/s}$$

89 온도 25℃, 노점 10℃인 공기의 상대습도는 얼마인가? (단, 25℃ 및 19℃에서 포화증기압은 각각 23.76mmHg 및 16.47mmHg로 한다.)

① 48% ② 58%
③ 69% ④ 79%

상대습도 : 대기중에 존재하는 최대습기량과 현존하는 습기량

$$\phi=\frac{P_w(\text{수증기분압})}{P_s(\text{습공기중수증기분압})}$$
$$=\frac{x\cdot P}{Ps(0.622+x)}$$
$$=\frac{16.47}{23.76}\times 100$$
$$=65.58\%$$

90 연소식 O_2계에서 산소측정용 촉매로서 주로 사용되는 것은?

① 팔라듐 ② 탄소
③ 구리 ④ 니켈

해설
연소식 O_2계(과잉공기계)
일정량의 측정가스와 H_2 등의 가연성을 혼합 파라듐 촉매하여 연소시킬 때 반응열이 산소농도에 비례하며, 다음의 특징이 있다.
㉠ 측정원리가 간단하다.
㉡ 온도, 유량 변동 시 오차가 발생한다.
㉢ 선택성이 좋다.
㉣ 연소를 위해 가연성 가스가 필요하다.

91 다음 중 액주형 압력계에 속하지 않는 것은?

① U자관 압력계
② 플로우트 압력계
③ 경사관 압력계
④ 부르돈관 압력계

해설
액주형 압력계 : 내부액으로 압력을 측정하는 압력계로 1차 압력계이며, ①, ②, ③ 이외에 링밸런스(환상천평식) 압력계가 있다.

92 압력계측 장치가 아닌 것은?

① 격막식 게이지(diaphragm)
② 마노미터(manometer)
③ 부르돈 게이지(Bourdon gauge)
④ 벤투리미터(Venturi meter)

해설
벤투리미터는 유량계이다.

93 가스미터기의 부동(미터기가 돌아가지 않음) 원인과 관계가 없는 것은? [계측 5]

① 막의 수축
② 밸브 파손
③ 밸브 시트에 이물질이 낌
④ 막에서의 내부누출

해설
부동 : 가스가 가스미터를 통과하나 눈금이 움직이지 않으므로 ②, ③, ④ 이외에 밸브의 탈락, 계량막 파손, 밸브 시트 누설 등의 원인이 있다.

94 다음 단위 중 유도단위가 아닌 것은? [계측 36]

① 면적과 체적
② 시간과 질량
③ 압력과 힘
④ 전압과 주파수

해설
기본단위(7종)
시간(sec), 질량(kg), 몰질량(mol), 전류(A), 길이(m), 온도(°K), 광도(cd)

정답 88.② 89.③ 90.① 91.④ 92.④ 93.① 94.②

95 오르자트 분석기에 의한 배기가스 각 성분 계산법 중 CO의 성분 % 계산법은? **[계측 1]**

① $100(CO_2\%+N_2\%+O_2\%)$

② $\frac{\text{KOH 30\% 용액흡수량}}{\text{시료채취량}}\times 100$

③ $\frac{\text{알칼리성 피로갈롤용액흡수량}}{\text{시료채취량}}\times 100$

④ $\frac{\text{암모니아성 염화제1구리 용액흡수량}}{\text{시료채취량}}$

$\times 100$

② CO_2의 계산법
③ O_2의 계산법
④ CO 계산법

참고 N_2−100−(CO_2+O_2+CO)

96 가스크로마토그래피 분석에 있어서 피크의 보정된 시간을 선형 알칸의 것과 비교하여 대수비율로 나타낸 값을 뜻하는 것은?

① Donnan 평형 ② Kovats 지수
③ H.E.T.P ④ 분배계수

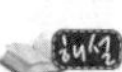

분배계수$=\frac{tR_2}{tR_1}$

여기서, tR_1 : 시료 도입점으로부터 피크 1의 최고점 길이

tR_2 : 시료 도입점으로부터 피크 2의 최고점 길이

참고 H.E.T.P(Height Equivalent to a Theoretical Plate) : 이론단수

97 LPG 자동차 용기의 액면계로 가장 적당한 것은?

① 기포식 액면계
② 변위평형식 액면계
③ 방사선식 액면계
④ 부자식 액면계

98 다음 중 실측식 가스미터가 아닌 것은?

① 오리피스식 ② 막식
③ 습식 ④ 루트(roots)식

오리피스는 추량식 가스미터이다.

99 다음 중 액주식 압력계의 종류에 해당되지 않는 것은?

① 단관식 ② 단종식
③ 경사관식 ④ U자관식

액주식 압력계

①, ③, ④ 이외에 링밸런스식 압력계, 수은주압력계 등이 있다.

100 다음 그림이 나타내는 제어동작은?

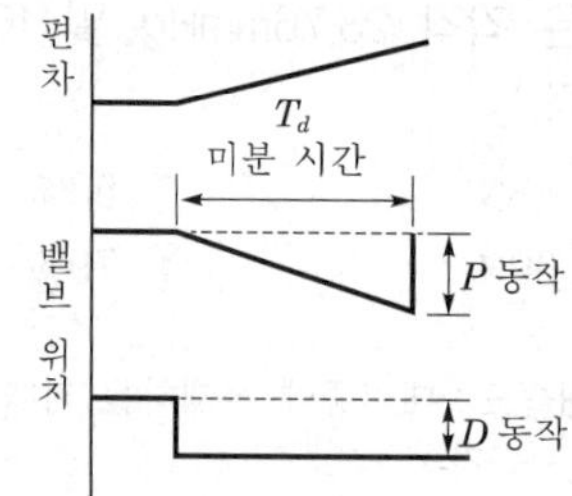

① 비례미분동작
② 비례적분미분동작
③ 미분동작
④ 비례적분동작

P(비례), D(미분) 동작

정답 95.④ 96.④ 97.④ 98.① 99.② 100.①

M · E · M · O

가스기사 필기

2018. 1. 15. 초 판 1쇄 발행
2025. 1. 22. 개정 8판 1쇄(통산 10쇄) 발행

지은이 | 양용석
펴낸이 | 이종춘
펴낸곳 | BM (주)도서출판 성안당
주소 | 04032 서울시 마포구 양화로 127 첨단빌딩 3층(출판기획 R&D 센터)
10881 경기도 파주시 문발로 112 파주 출판 문화도시(제작 및 물류)
전화 | 02) 3142-0036
031) 950-6300
팩스 | 031) 955-0510
등록 | 1973. 2. 1. 제406-2005-000046호
출판사 홈페이지 | **www.cyber.co.kr**
ISBN | 978-89-315-8481-3 (13530)
정가 | 48,000원

이 책을 만든 사람들
책임 | 최옥현
진행 | 박현수
교정·교열 | 채정화
전산편집 | 이지연
표지 디자인 | 박현정
홍보 | 김계향, 임진성, 김주승, 최정민
국제부 | 이선민, 조혜란
마케팅 | 구본철, 차정욱, 오영일, 나진호, 강호묵
마케팅 지원 | 장상범
제작 | 김유석

더 쉽게 더 빠르게 합격 플러스
더PLUS

성안당은 여러분의 합격을
기원합니다!

D+PLUS+ 더 쉽게 더 빠르게 합격플러스

가스기사 필기

별책부록

[시험에 잘 나오는]

핵심이론 정리집

양용석 지음

시험에 잘 나오는 **핵심이론정리집**은
필기시험에 자주 출제되고 중요한 핵심이론만을
선별하여 일목요연하게 정리한 것으로
필기시험의 시작과 마무리를 책임집니다!

BM (주)도서출판 성안당

| 별책부록 차례 |

별책부록의 **핵심이론 정리**는 필기시험에서 자주 출제되고 꼭 알아야 하는 중요내용을 파트 5개로 분류하여 이해하기 쉽게 구성하였습니다. 휴대성이 좋아 언제 어디서나 볼 수 있으며, 기출문제를 풀 때 해설 참고용 및 시험보기 전 시험장에서 최종 마무리용으로도 이용하실 수 있습니다.

가스기사 필기

별책 부록

[시험에 잘 나오는]

핵심이론 정리집

양용석 지음

BM (주)도서출판 성안당

■ 도서 A/S 안내

성안당에서 발행하는 모든 도서는 저자와 출판사, 그리고 독자가 함께 만들어 나갑니다.

좋은 책을 펴내기 위해 많은 노력을 기울이고 있습니다. 혹시라도 내용상의 오류나 오탈자 등이 발견되면 **"좋은 책은 나라의 보배"**로서 우리 모두가 함께 만들어 간다는 마음으로 연락주시기 바랍니다. 수정 보완하여 더 나은 책이 되도록 최선을 다하겠습니다.

성안당은 늘 독자 여러분들의 소중한 의견을 기다리고 있습니다. 좋은 의견을 보내주시는 분께는 성안당 쇼핑몰의 포인트(3,000포인트)를 적립해 드립니다.

잘못 만들어진 책이나 부록 등이 파손된 경우에는 교환해 드립니다.

저자 문의 e-mail : 3305542a@daum.net(양용석)

본서 기획자 e-mail : coh@cyber.co.kr(최옥현)

홈페이지 : http://www.cyber.co.kr 전화 : 031) 950-6300

별책부록

시험에 잘 나오는 핵심이론정리집

Part 1 연소공학
Part 2 가스설비
Part 3 안전관리
Part 4 계측기기
Part 5 유체역학

최근 출제된 기출문제를 중심으로 핵심이론을
요약 · 정리한 별책부록집입니다. '핵심이론정리집'은
필기시험에서 언제든지 출제될 수 있을 뿐 아니라,
2차(실기) 시험에서도 반드시 필요한 내용이며,
이 별책부록을 완벽히 숙지하시면 어떠한 형식으로
문제가 출제되어도 해결할 수 있습니다.

가스기사 필기

www.cyber.co.kr

연소공학 Part 1

핵심 1 ◇ 폭굉(데토네이션), 폭굉유도거리(DID)

폭 굉	
정의	가스 중 음속보다 화염전파속도(폭발속도)가 큰 경우로 파면선단에 솟구치는 압력파가 발생하여 격렬한 파괴작용을 일으키는 원인
폭굉속도	1000~3500m/s
가스의 정상연소속도	0.1~10m/s
폭굉범위와 폭발범위의 관계	폭발범위는 폭굉범위보다 넓고, 폭굉범위는 폭발범위보다 좁다.(※ 폭굉이란 폭발범위 중 어느 부분 가장 격렬한 폭발이 일어나는 부분이므로)
폭굉유도거리(DID)	
정의	최초의 완만한 연소가 격렬한 폭굉으로 발전하는 거리 ※ 연소가 → 폭굉으로 되는 거리
짧아지는 조건	① 정상연소속도가 큰 혼합가스일수록 ② 압력이 높을수록 ③ 점화원의 에너지가 클수록 ④ 관 속에 방해물이 있거나 관경이 가늘수록
참고사항	폭굉유도거리가 짧을수록 폭굉이 잘 일어나는 것을 의미하며, 위험성이 높은 것을 말한다.

☺ 이 책의 특징 : 2007년도에는 폭굉유도거리가 짧아지는 조건이 출제되었으나 폭굉에 관련된 모든 중요사항을 공부함으로써 어떠한 문제가 출제되어도 대응할 수 있으므로 반드시 합격할 수 있는 가스기사(필기) 수험서입니다.

핵심 2 ◇ 연소의 종류

(1) 고체물질의 연소

구 분		세부내용
연료 성질에 따른 분류	표면연소	고체표면에서 연소반응을 일으킴(목탄, 코크스)
	분해연소	연소물질이 완전분해를 일으키면서 연소(종이, 목재)
	증발연소	고체물질이 녹아 액으로 변한 다음 증발하면서 연소(양초, 파라핀)
	연기연소	다량의 연기를 동반하는 표면연소

구 분			세부내용
연소 방법에 따른 분류	미분탄 연소	정의	석탄을 잘게 분쇄(200mesh 이하)하여 연소되는 부분의 표면적이 커져 연소효율이 높게 되며, 연소형식에는 U형, L형, 코너형, 슬래그탭이 있고 고체물질 중 가장 연소효율이 높다.
		장점	① 적은 공기량으로 완전연소가 가능하다. ② 자동제어가 가능하다. ③ 부하변동에 대응하기 쉽다. ④ 연소율이 크다. ⑤ 화염이 연소실 전체로 퍼진다. ⑥ 화격자 연소보다 높은 연소효율을 얻을 수 있다.
		단점	① 연소실이 커야 된다. ② 타연료에 비해 연소시간이 길다. ③ 화염길이가 길어진다. ④ 가스화 속도가 낮다. ⑤ 완전연소에 거리와 시간이 필요하다. ⑥ 2상류 상태에서 연소한다. ⑦ 연소완성은 표면연소 속도에 의해 결정된다.
	유동층 연소	정의	유동층을 형성하면서 700~900℃ 정도의 저온에서 연소하는 방법
		장점	① 연소 시 활발한 교환혼합이 이루어진다. ② 증기 내 균일한 온도를 유지할 수 있다. ③ 고부하 연소율과 높은 열전달률을 얻을 수 있다. ④ 유동매체로 석회석 사용 시 탈황효과가 있다. ⑤ 질소산화물의 발생량이 감소한다. ⑥ 연소 시 화염층이 작아진다. ⑦ 석탄입자의 분쇄가 필요 없어 이에 따른 동력손실이 없다.
		단점	① 석탄입자의 비산우려가 있다. ② 공기공급 시 압력손실이 크다. ③ 송풍에 동력원이 필요하다.
	화격자 연소	정의	화격자 위에 고정층을 만들고, 공기를 불어넣어 연소하는 방법으로 하입식의 경우 석탄층은 연소가스에 직접 접하지 않고 상부의 고온 산화층으로부터 전도, 복사에 의해 가열된다.
		용어	① 화격자 연소율($kg/m^2 \cdot h$) : 시간당 단위면적당 연소하는 탄소의 양 ② 화격자 열발생률($kcal/m^3 \cdot h$) : 시간당 단위체적당 열발생률

(2) 액체물질의 연소

구 분	세부내용
증발연소	액체연료가 증발하는 성질을 이용하여 증발관에서 증발시켜 연소시키는 방법
액면연소	액체연료의 표면에서 연소시키는 방법
분무연소	액체연료를 분무시켜 미세한 액적으로 미립화시켜 연소시키는 방법(액체연료 중 연소효율이 가장 높다.)
등심연소	일명 심지연소라고 하며, 램프 등과 같이 연료를 심지로 빨아올려 심지 표면에서 연소시키는 것으로 공기온도가 높을수록, 유속이 낮을수록 화염의 높이가 커진다.

(3) 기체물질의 연소

구 분			세부내용
혼합상태에 따른 분류	예혼합연소	정의	산소공기들을 미리 혼합시켜 놓고 연소시키는 방법
		특징	① 조작이 어렵다. ② 미리 공기와 혼합 시 화염이 불안정하다. ③ 역화의 위험성이 확산연소보다 크다.

구 분			세부내용
혼합상태에 따른 분류	확산연소	정의	수소, 아세틸렌과 같이 공기보다 가벼운 기체를 확산시키면서 연소시키는 방법
		특징	① 조작이 용이하다. ② 연료와 공기가 혼합하면서 연소한다. ③ 화염이 안정하다. ④ 혼합에 시간이 걸리며 화염은 장염이다. ⑤ 역화위험이 없다. ⑥ 확산에 의한 혼합속도가 연소속도를 지배한다.
흐름상태에 따른 분류	층류연소		화염의 두께가 얇은 반응대의 화염
	난류연소		반응대에서 복잡한 형상분포를 가지는 연소형태

핵심 3 ◆ 이상기체(완전가스)

항 목	세부내용	
성질	① 냉각압축하여도 액화하지 않는다. ② 0K에서도 고체로 되지 않고, 그 기체의 부피는 0이다. ③ 기체분자간 인력이나 반발력은 없다. ④ 0K에서 부피는 0, 평균운동에너지는 절대온도에 비례한다. ⑤ 보일－샤를의 법칙을 만족한다. ⑥ 분자의 충돌로 운동에너지가 감소되지 않는 완전탄성체이다. ⑦ 내부에너지는 온도만의 함수이다.	
실제기체와 비교	이상기체	실제기체
	액화 불가능	액화 가능
참고사항	이상기체가 실제기체처럼 행동하는 온도 · 압력의 조건	실제기체가 이상기체처럼 행동하는 온도 · 압력의 조건
	저온, 고압	고온, 저압
	이상기체를 정적 하에서 가열 시 압력, 온도 증가	
C_P, C_V, K	C_P(정압비열), C_V(정적비열), K(비열비)의 관계 • $C_P - C_V = R$ • $\frac{C_P}{C_V} = K$ • $K > 1$	

핵심 4 ◆ 이상기체 상태방정식

방정식 종류	기호 설명	보충 설명
$PV = nRT$	P : 압력(atm) V : 부피(L) n : 몰수 $= \left[\frac{W(\text{질량}):\text{g}}{M(\text{분자량}):\text{g}}\right]$ R : 상수(0.082atm · L/mol · K) T : 절대온도(K)	상수 R=0.082atm · L/mol · K =1.987cal/mol · K =8.314J/mol · K

방정식 종류	기호 설명	보충 설명
$PV = GRT$	P : 압력(kg/m^2) V : 체적(m^3) G : 중량(kg) R : $\frac{848}{M}$(kg · m/kg · K) T : 절대온도(K)	상수 R값의 변화에 따른 압력단위 변화 $R = \frac{8.314}{M}$(kJ/kg · K), P : kPa(kN/m^2) $R = \frac{8314}{M}$(J/kg · K), P : Pa(N/m^2)
참고사항	(예제) 1. 5atm, 3L에서 20℃의 산소기체의 질량(g)을 구하라. $PV = nRT$로 풀이 (예제) 2. 5kg/m^2, 10m^3, 20℃의 산소기체의 질량(kg)을 구하라. $PV = GRT$로 풀이 ※ 주어진 공식의 단위를 보고 어느 공식을 적용할 것인가를 판단	

핵심 5 ◇ 인화점, 착화(발화)점

인화점	
정의	가연물을 연소 시 점화원을 가지고 연소하는 최저온도
발화(착화)점	
정의	가연물을 연소 시 점화원이 없는 상태에서 연소하는 최저온도
참고사항	위험성 척도의 기준 : 인화점

핵심 6 ◇ 연소에 의한 빛의 색 및 온도

색	적열상태	적색	백열상태	황적색	백적색	휘백색
온 도	500℃	850℃	1000℃	1100℃	1300℃	1500℃

핵심 7 ◇ 연소반응에서 수소-산소의 양론 혼합 반응식 종류

총괄 반응식		$H_2 + \frac{1}{2}O_2 \rightarrow H_2O$
소반응(연쇄반응)	연쇄분지반응	① $H + O_2 \rightarrow OH + O$ ② $O + H_2 \rightarrow OH + H$
	연쇄이동	$OH + H_2 \rightarrow H_2O + H$
	기상정지반응	$H + O_2 + M \rightarrow HO_2 + M$
	표면정지반응	H.O.OH → 안정분자

① 연쇄반응 시 화염대는 고온 H_2O가 해리하여 일어남
② M : 임의의 분자
③ 기상정지반응 : 기상반응에 의하여 활성기가 파괴, 활성이 낮은 HO_2로 변함
④ 표면정지반응 : 활성 화학종이 벽면과 충돌, 활성을 잃어 안정한 화학종으로 변함

핵심 8 ◇ 1차, 2차 공기에 의한 연소의 방법

연소 방법	개 요	특 징
분젠식 (1차, 2차 공기로 연소)	가스와 1차 공기가 혼합관 내에서 혼합 후 염공에서 분출되면서 연소하는 방법	① 불꽃주위의 확산으로 2차 공기를 취한다. ② 불꽃온도 1200~1300℃(가장 높음)
적화식 (2차 공기만으로 연소)	가스를 대기 중으로 분출, 대기 중 공기를 이용하여 연소하는 방법	① 필요공기 불꽃주변의 확산에 의해 취한다. ② 불꽃온도 1000℃ 정도
세미분젠식	적화식 · 분젠식의 중간형태의 연소 방법	① 1차 공기율은 40% 이하로 취한다. ② 불꽃온도 1000℃ 정도
전 1차 공기식 (1차 공기만으로 연소)	연소에 필요한 공기를 모두 1차 공기로만 공급하는 연소 방법	① 역화 우려가 있다. ② 불꽃온도(850~900℃)

※ 급배기 방식에 따른 연소기구(개방형, 밀폐형, 반밀폐형)

핵심 9 ◇ 폭발과 화재

화재와 폭발의 차이는 에너지 방출속도에 있다.

(1) 폭발

<table>
<tr><td colspan="3">정 의</td><td>다량의 가연성 물질이 한 번에 연소되어(급격한 물리 · 화학적 변화) 그로 인해 발생된 에너지가 외계에 기계적인 일로 전환되는 것으로 연소의 다음 단계를 말함</td></tr>
<tr><td colspan="3">폭발발생의 조건</td><td>① 연소범위 내에 가연물이 존재해야 한다.
② 공간이 밀폐되어야 한다.
③ 점화원이 있어야 한다.</td></tr>
<tr><td rowspan="2">형 태</td><td colspan="2">폭 연</td><td>① 발열반응으로 음속보다 느린 폭발(일명 폭발을 정의할 때 음속보다 느린 현상으로 정의)
② 화염의 전파속도 0.1~10m/s</td></tr>
<tr><td colspan="2">폭 굉</td><td>① 충격파로 연소의 전파속도가 음속보다 빠른 폭발
② 화염의 전파속도 가스의 경우 1000~3500m/s
③ 폭굉발생 시 파면압력은 정상연소보다 2배 크다.(폭굉의 마하수 : 3~12)</td></tr>
<tr><td rowspan="2">종 류</td><td colspan="2">물리적 폭발</td><td>용기의 파열로 내부 가스가 방출되는 폭발(보일러 폭발, LPG 탱크폭발)</td></tr>
<tr><td colspan="2">화학적 폭발</td><td>화학적 화합물의 분해 치환 등에 의한 폭발
① 산화폭발(연소범위를 가진 모든 가연성 가스)
② 분해폭발(C_2H_2, C_2H_4O, N_2H_4)
③ 중합폭발(HCN)</td></tr>
<tr><td rowspan="3">특수 폭발</td><td rowspan="3">증기운폭발 (UVCE)</td><td>정의</td><td>대기 중 다량의 가연성 가스 또는 액체의 유출로 발생한 증기가 공기와 혼합 가연성 혼합기체를 형성 발화원에 의해 발생하는 폭발</td></tr>
<tr><td>특성</td><td>① 증기운폭발은 폭연으로 간주되며 대부분 화재로 이어진다.
② 폭발효율은 낮다.
③ 증기운의 크기가 크면 점화 우려가 높다.
④ 연소에너지의 20%만 폭풍파로 변한다.
⑤ 점화위치가 방출점에서 멀수록 폭발위력이 크다.</td></tr>
<tr><td>영향인자</td><td>① 방출물질의 양
② 점화원의 위치
③ 증발물질의 분율</td></tr>
</table>

<table>
<tr><td rowspan="5">특수 폭발</td><td rowspan="5">비등액체 증기폭발 (BLEVE)</td><td rowspan="2">정의</td><td>① 가연성 액화가스에서 외부 화재로 탱크 내 액체가 비등</td></tr>
<tr><td>② 증기가 팽창하면서 폭발을 일으키는 현상</td></tr>
<tr><td rowspan="3">방지대책</td><td>① 탱크를 2중 탱크로 한다.</td></tr>
<tr><td>② 단열재로 외부를 보호한다.</td></tr>
<tr><td>③ 위험 시 물분무살수장치로 액화가스의 비등을 차단한다.</td></tr>
<tr><td colspan="3">폭발방지의 단계</td><td>봉쇄 – 차단 – 불꽃방지기 사용 – 폭발억제 – 폭발배출</td></tr>
</table>

(2) 화재

화재의 종류	정 의
액면화재(Pool fire)	저장탱크나 용기 내와 같은 액면 위에서 연소되는 석유화재
전실화재(Flash over)	① 화재 발생 시 가연물의 노출표면에서 급속하게 열분해가 발생 ② 가연성 가스가 가득차 이 가스가 급속하게 발화하여 연소되는 현상
제트화재(Jet fire)	고압의 액화석유가스가 누출 시 점화원에 의해 불기둥을 이루는 복사열에 의해 일어나는 화재
플래쉬 화재(Flash fire)	가스증기운 1차 누설 시 고여있는 상태의 화재로 느린 폭연으로 중대한 과압이 발생하지 않는 가스운에서 발생
드래프트 화재	건축물 내부 화염이 외부로 분출하는 화재(화염이 외부 산소로 취하기 위함), 그 외에 토치화재(가스가 소량 누설되어 있고 여기에 계속 화재가 발생되어 있는 상태)
토치화재	가스가 소량 누설되어 있고 여기에 계속 화재가 발생되어 있는 상태

핵심 10 ◇ 기체물질 연소(확산 · 예혼합)의 비교

종 류	특 징	
	장 점	단 점
확산연소	① 역화위험이 없다. ② 화염이 안정하다. ③ 조작이 용이하다. ④ 고온예열이 가능하다.	① 화염의 길이가 길어진다. ② 완전연소의 정도가 예혼합보다 낮다.
예혼합연소	① 화염길이가 짧다. ② 완전연소 정도가 높다.	① 역화의 위험성이 있다. ② 미리 공기와 혼합 화염이 불안정하다. ③ 조작이 어렵다. ④ 화염이 전파된다.

핵심 11 ◇ 고위(H_h), 저위(H_l) 발열량의 관계

$$H_h = H_l + 600(9\mathrm{H} + W)$$

여기서, H_h : 고위발열량

H_l : 저위발열량

$600(9\mathrm{H} + W)$: 수증기 증발잠열

핵심 12 ◇ 안전성 평가기법(KGS FP112 2.1.2.3)

구 분			간추린 핵심내용
평가 개요			보호시설 안전거리 변경 전·후의 안전도에 관하여 한국가스안전공사의 안전성 평가를 받아야 함
평가 방법의 구분	정성적 기법	체크리스트 (Check List)	공정 및 설비의 오류, 결함 상태, 위험 상황 등을 목록화 한 형태로 작성하여 경험적으로 비교함으로써 위험성을 정성적으로 파악하는 안전성 평가기법을 말한다.
		상대위험 순위 결정 (Dow And Mond Indices)	설비에 존재하는 위험에 대하여 수치적으로 상대위험 순위를 지표화하여 그 피해 정도를 나타내는 상대적 위험 순위를 정하는 안전성 평가기법을 말한다.
		사고예방질문분석 (What－if)	공정에 잠재하고 있으면서 원하지 않은 나쁜 결과를 초래할 수 있는 사고에 대하여 예상질문을 통해 사전에 확인함으로써 그 위험과 결과 및 위험을 줄이는 방법을 제시하는 정성적, 안전성 평가기법을 말한다.
		위험과 운전분석 (HAZOP)	공정에 존재하는 위험 요소들과 공정의 효율을 떨어뜨릴 수 있는 운전상의 문제점을 찾아내어 그 원인을 제거하는 정성적인 안전성 평가기법을 말한다.
		이상위험도분석 (FMECA)	공정 및 설비의 고장의 형태 및 영향, 고장형태별 위험도 순위 등을 결정하는 기법을 말한다.
	정량적 기법	결함수분석 (FTA)	사고를 일으키는 장치의 이상이나 운전자 실수의 조합을 연역적으로 분석하는 기법을 말한다.
		사건수분석 (ETA)	초기사건으로 알려진 특정한 장치의 이상이나 운전자 실수로부터 발생하는 잠재적 사고결과를 평가하는 기법을 말한다.
		원인결과분석 (CCA)	잠재된 사고의 결과와 이러한 사고의 근본적 원인을 찾아내고 사고결과와 원인의 상호관계를 예측·평가하는 기법
		작업자실수분석 (HEA)	설비의 운전원, 정비보수원 기술자 등의 작업에 영향을 미칠 만한 요소를 평가하여 그 실수의 원인을 파악하고 추적하여 정량적으로 실수의 상대적 순위를 결정하는 기법을 말한다.

핵심 13 ◇ 위험물의 분류

분 류	종 류
제1류	산화성 고체
제2류	가연성 고체
제3류	자연발화성 및 금수성 물질
제4류	인화성 액체
제5류	자기연소성 물질(질화면, 셀룰로이드, 질산에스테르, 유기과산화물, 니트로화합물)
제6류	산화성 액체

핵심 14 ◆ 위험장소

종 류	정 의	방폭전기기기 분류
0종 장소	상용의 상태에서 가연성 가스의 농도가 연속해서 폭발하한계 이상으로 되는 장소(폭발상한계를 넘는 경우에는 폭발한계 이내로 들어갈 우려가 있는 경우를 포함한다.)	본질안전 방폭구조
1종 장소	상용상태에서 가연성 가스가 체류해 위험하게 될 우려가 있는 장소, 정비보수 또는 누출 등으로 인하여 종종 가연성 가스가 체류하여 위험하게 될 우려가 있는 장소	(본질안전 · 유입 · 압력 · 내압) 방폭구조
2종 장소	① 밀폐된 용기 또는 설비 안에 밀봉된 가연성 가스가 그 용기 또는 설비의 사고로 인하여 파손되거나 오조작의 경우에만 누출할 위험이 있는 장소 ② 확실한 기계적 환기조치에 따라 가연성 가스가 체류하지 아니하도록 되어 있으나 환기장치에 이상이나 사고가 발생한 경우에는 가연성 가스가 체류해 위험하게 될 우려가 있는 장소 ③ 1종 장소의 주변 또는 인접한 실내에서 위험한 농도의 가연성 가스가 종종 침입할 우려가 있는 장소	(본질안전 · 유입 · 압력 · 내압 · 안전증) 방폭구조

핵심 15 ◆ 공기비(m)

항 목		간추린 핵심내용
공기비(m)의 정의		연료를 연소 시 이론공기량(A_o)만으로 절대연소를 시킬 수 없어 여분의 공기를 더 보내 완전연소를 시킬 때 이 여분의 공기를 과잉공기(P_1)라 하고 이론공기와 과잉공기를 합한 것을 실제공기(A)라 하는데 공기비란 A_o(이론공기)에 대한 A(실제공기)의 비를 말한다. 즉, $m=\frac{A}{A_o}$이다.
관련식		$m=\frac{A}{A_o}=\frac{A_o+P}{A_o}=1+\frac{P}{A_o}$
유사 용어		① 공기비(m)=과잉공기계수 ② 과잉공기비=($m-1$) ③ 과잉공기율(%)=($m-1$)×100
공기비	큰 경우 영향	① 연소가스 중 질소산화물 증가 ② 질소산화물로 인한 대기오염 우려 ③ 연소가스 온도 저하 ④ 연소가스의 황으로 인한 저온 부식 초래 ⑤ 배기가스에 대한 열손실 증대 ⑥ 연소가스 중 SO_3 증대
	작은 경우 영향	① 미연소에 의한 열손실 증가 ② 미연소가스에 의한 역화(폭발) 우려 ③ 불완전연소 ④ 매연 발생
연료별 공기비		기체(1.1~1.3), 액체(1.2~1.4), 고체(1.4~2.0)

핵심 16 ◆ 냉동기, 열펌프의 성적계수 및 열효율

구 분	공 식	기 호
냉동기 성적계수	$\dfrac{T_2}{T_1 - T_2}$ or $\dfrac{Q_2}{Q_1 - Q_2}$	• T_1 : 고온 • T_2 : 저온 • Q_1 : 고열량 • Q_2 : 저열량
열펌프 성적계수	$\dfrac{T_1}{T_1 - T_2}$ or $\dfrac{Q_1}{Q_1 - Q_2}$	
효율	$\dfrac{T_1 - T_2}{T_1}$ or $\dfrac{Q_1 - Q_2}{Q_1}$	

핵심 17 ◆ 소화의 종류

종 류	내 용
제거소화	연소반응이 일어나고 있는 가연물 및 주변의 가연물을 제거하여 연소반응을 중지시켜 소화하는 방법
질식소화	가연물에 공기 및 산소의 공급을 차단하여 산소의 농도를 16% 이하로 하여 소화하는 방법 ① 불연성 기체로 가연물을 덮는 방법 ② 연소실을 완전 밀폐하는 방법 ③ 불연성 포로 가연물을 덮는 방법 ④ 고체로 가연물을 덮는 방법
냉각소화	연소하고 있는 가연물의 열을 빼앗아 온도를 인화점 및 발화점 이하로 낮추어 소화하는 방법 ① 소화약제(CO_2)에 의한 방법 ② 액체를 사용하는 방법 ③ 고체를 사용하는 방법
억제소화 (부촉매효과법)	연쇄적 산화반응을 약화시켜 소화하는 방법
희석소화	산소나 가연성 가스의 농도를 연소범위 이하로 하여 소화하는 방법, 즉 가연물의 농도를 작게 하여 연소를 중지시킨다.

핵심 18 ◆ 연료비 및 고정탄소

구 분	내 용
연료비	$\dfrac{\text{고정탄소}}{\text{휘발분}}$
고정탄소	100−(수분+회분+휘발분)

핵심 19 ◆ 불활성화 방법(이너팅, Inerting)

(1) 방법 및 정의

방 법	정 의
스위퍼 퍼지	용기의 한 개구부로 이너팅 가스를 주입하여 타 개구부로부터 대기 또는 스크레버로 혼합가스를 용기에서 추출하는 방법으로 이너팅 가스를 상압에서 가하고 대기압으로 방출하는 방법이다.
압력 퍼지	일명 가압 퍼지로 용기를 가압하여 이너팅 가스를 주입하여 용기 내를 가한 가스가 충분히 확산된 후 그것을 대기로 방출하여 원하는 산소농도(MOC)를 구하는 방법이다.
진공 퍼지	일명 저압 퍼지로 용기에 일반적으로 쓰이는 방법으로 모든 반응기는 완전진공에 가깝도록 하여야 한다.
사이펀 퍼지	용기에 액체를 채운 다음 용기로부터 액체를 배출시키는 동시에 증기층으로부터 불활성 가스를 주입하여 원하는 산소농도를 구하는 퍼지 방법이다.

(2) 불활성화 정의

① 가연성 혼합가스에 불활성 가스를 주입하여 산소의 농도를 최소산소농도 이하로 낮게 하는 공정

② 이너팅 가스로는 질소, 이산화탄소 또는 수증기 사용

③ 이너팅은 산소농도를 안전한 농도로 낮추기 위하여 이너팅 가스를 용기에 주입하면서 시작

④ 일반적으로 실시되는 산소농도의 제어점은 최소산소농도보다 4% 낮은 농도

MOC(최소산소농도)=산소 몰수×폭발하한계

핵심 20 ◆ 최소점화에너지(MIE)

정 의	연소(착화)에 필요한 최소한의 에너지
최소점화에너지가 낮아지는 조건	① 압력이 높을수록 ② 산소농도가 높을수록 ③ 열전도율이 적을수록 ④ 연소속도가 빠를수록 ⑤ 온도가 높을수록

핵심 21 ◆ 자연발화온도(AIT)

항 목	감소(낮아지는) 조건
산소량	증가 시
압력	증가 시
용기의 크기	증가 시
분자량	증가 시

핵심 22 ◇ 연소의 이상현상

(1) 백파이어(역화), 리프팅(선화)의 정의와 원인

역화 (백파이어)	정의	가스의 연소속도가 유출속도보다 빨라 불길이 역화하여 연소기 내부에서 연소하는 현상
	원인	① 노즐구멍이 클 때 ② 가스 공급압력이 낮을 때 ③ 버너가 과열되었을 때 ④ 콕의 불충분 개방 시
선화 (리프팅)	정의	가스의 유출속도가 연소속도보다 커 염공을 떠나 연소하는 현상
	원인	① 노즐구멍이 작을 때 ② 염공이 작을 때 ③ 가스 공급압력이 높을 때 ④ 공기조절장치가 많이 개방되었을 때

(2) 블로오프, 옐로팁

구 분	정 의
블로오프(blow-off)	불꽃 주위 특히 불꽃 기저부에 대한 공기의 움직임이 강해지면 불꽃이 노즐에 정착하지 않고 꺼져버리는 현상
옐로팁(yellow tip)	염의 선단이 적황색이 되어 타고 있는 현상으로 연소반응의 속도가 느리다는 것을 의미하며, 1차 공기가 부족하거나 주물 밑 부분의 철가루 등이 원인

핵심 23 ◇ 폭발 · 화재의 이상현상

구 분	정 의
BLEVE(블레비) (액체비등증기폭발)	가연성 액화가스에서 외부 화재에 의해 탱크 내 액체가 비등하고, 증기가 팽창하면서 폭발을 일으키는 현상
Fire Ball (파이어볼)	액화가스 탱크가 폭발하면서 플래시 증발을 일으켜 가연성의 혼합물이 대량으로 분출 발화하면 1차 화염을 형성하고, 부력으로 주변 공기가 상승하면서 버섯모양의 화재를 만드는 것(피해 종류 : 공기팽창, 폭풍압, 복사열)
증기운폭발	대기 중 다량의 가연성 가스 및 액체가 유출되어 발생한 증기가 공기와 혼합해서 가연성 혼합기체를 형성하여 발화원에 의해 발생하는 폭발
Roll-over (롤오버)	LNG 저장탱크에서 상이한 액체밀도로 인하여 층상화된 액체의 불안정한 상태가 바로잡힐 때 생기는 LNG의 급격한 물질혼합 현상으로 상당량의 증발가스가 발생
Flash Over (플래시오버) (전실화재)	화재 시 가연물의 모든 노출표면에서 빠르게 열분해가 일어나 가연성 가스가 충만해져 이 가연성 가스가 빠르게 발화하여 격렬하게 타는 현상 〈플래시오버의 방지대책〉 ① 천장의 불연화 ② 가연물량의 제한 ③ 화원의 억제
Back Draft (백드래프트)	플래시오버 이후 연소를 계속하려고 해도 산소 부족으로 연소가 잠재적 진행을 하게 된다. 이때 가연성 증기가 포화상태를 이루는 데 갑자기 문을 열게 되면 다량의 공기가 공급되면서 폭발적인 반응을 하게 되는 현상

구 분	정 의
Boil Over (보일오버)	유류 탱크에서 탱크 바닥에 물과 기름의 에멀전이 모여있을 때 이로 인하여 화재가 발생하는 현상
Slop Over (슬롭오버)	물이 연소유(oil)의 뜨거운 표면에 들어갈 때 발생되는 over flow 현상

핵심 24 ◆ 최대탄산가스량(CO_{2max}%)

(1) 연료가 이론공기량(A_o)만으로 연소 시 전체 연소가스량이 최소가 되어 CO_2%를 계산하면 $\frac{CO_2}{\text{연소가스량}} \times 100$은 최대가 된다. 이것을 CO_{2max}%라 정의한다. 그러나 연소가 완전하지 못하여 여분의 공기가 들어갔을 때 전체 연소가스량이 많아지므로 CO_2%는 낮아진다. 따라서 CO_2%가 높고 낮음은 CO_2의 양의 증가, 감소가 아니고 연소가 원활하여 과잉공기가 적게 들어갔을 때 CO_2의 농도는 증가하고 과잉공기가 많이 들어가면 CO_2의 농도는 감소하게 되는 것이다.

(2) $m = \frac{CO_{2max}}{CO_2} = \frac{21}{21 - O_2}$ 에서

$$CO_{2max} = mCO_2 = \frac{21CO_2}{21 - O_2}$$

핵심 25 ◆ 층류의 연소속도 측정법(층류의 연소속도는 온도, 압력, 속도, 농도 분포에 의하여 결정)

종 류	세부내용
슬롯버너법 (Slot)	균일한 속도분포를 갖는 노즐을 이용, V자형의 화염을 만들고 미연소 혼합기 흐름을 화염이 둘러싸고 있어 혼합기가 화염대에 들어갈 때까지 혼합기의 유선은 직선을 유지한다.
비눗방울법 (Soap Bubble Method)	비눗방울이 연소의 진행으로 팽창되면 연소속도를 측정할 수 있다.
평면화염버너법 (Flat Flame Burner Method)	혼합기에 유속을 일정하게 하여 유속으로 연소속도를 측정한다.
분젠버너법 (Bunsen Burner Method)	버너 내부의 시간당 화염이 소비되는 체적을 이용하여 연소속도를 측정한다.

※ 층류의 연소속도가 빨라지는 조건

1. 비열 분자량이 적을수록
2. 열전도율이 클수록
3. 압력 온도가 높을수록
4. 착화온도가 낮을수록

핵심 26 ◆ 증기 속의 수분의 영향

① 건조도 감소
② 증기엔탈피 감소
③ 증기의 수격작용 발생
④ 장치의 부식
⑤ 효율 및 증기손실 증가

핵심 27 ◆ 화재의 종류

화재의 종류	기 호	색	소화제
일반화재	A급	백색	물
유류 및 가스 화재	B급	황색	분말, CO_2
전기화재	C급	청색	건조사
금속화재	D급	무색	금속화재용 소화기

핵심 28 ◆ 탄화도

정 의	천연 고체연료에 포함된 탄소, 수소의 함량이 변해가는 현상
탄화도가 클수록 인체에 미치는 영향	① 연료비가 증가한다. ② 매연 발생이 적어진다. ③ 휘발분이 감소하고, 착화온도가 높아진다. ④ 고정탄소가 많아지고, 발열량이 커진다. ⑤ 연소속도가 늦어진다.

핵심 29 ◆ 이상기체의 관련 법칙

종 류	정 의
아보가드로 법칙	모든 기체 1mol이 차지하는 체적은 22.4L, 그때는 분자량만큼의 무게를 가지며, 그때의 분자수는 6.02×10^{23}개로 한다. 1mol=22.4L=분자량=6.02×10^{23}개
헨리의 법칙 (기체 용해도의 법칙)	기체가 용해하는 질량은 압력에 비례. 용해하는 부피는 압력에 무관하다.
르 샤틀리에의 법칙	폭발성 혼합가스의 폭발한계를 구하는 법칙 $\frac{100}{L} = \frac{V_1}{L_1} + \frac{V_2}{L_2} + \frac{V_3}{L_3} + \cdots\cdots$

종 류	정 의
돌턴의 분압 법칙	혼합기체의 압력은 각 성분기체가 단독으로 나타내는 분압의 합과 같다. ① $P=\frac{P_1V_1+P_2V_2}{V}$ ② 분압 = 전압 × $\frac{\text{성분몰}}{\text{전 몰}}$ = 전압 × $\frac{\text{성분부피}}{\text{전 부피}}$

핵심 30 ◆ 자연발화온도

구 분	세부항목
정의	가연성과 공기의 혼합기체에 온도상승에 의한 에너지를 주었을 때 스스로 연소를 개시하는 온도. 이때 스스로 점화할 수 있는 최저온도를 최소자연발화온도라 하며, 가연성 증기 농도가 양론의 농도보다 약간 높을 때 가장 낮다.
영향인자	온도, 압력, 농도, 촉매, 발화지연시간, 용기의 크기 · 형태

핵심 31 ◆ 화염일주한계

폭발성 혼합가스를 금속성의 공간에 넣고 미세한 틈으로 분리, 한쪽에 점화하여 폭발할 때 그 틈으로 다른 쪽 가스가 인화 폭발시험 시 틈의 간격을 증감하면서 틈의 간격이 어느 정도 이하가 되면 한쪽이 폭발해도 다른 쪽은 폭발되지 않는 한계의 틈을 화염일주한계라 한다. 즉, 화염일주란 화염이 전파되지 않고 꺼져버리는 현상을 말한다.

핵심 32 ◆ 증기의 상태방정식

종 류	공 식
Van der Waals(반 데르 발스) 식	$\left(P+\frac{n^2a}{V^2}\right)(V-nb)=nRT$
Clausius(클라우지우스) 식	$P+\frac{a}{T(v+c)^2}(V-b)=RT$
Bethelot(베델롯) 식	$P+\frac{a}{Tv^2}(V-b)=RT$

핵심 33 ◆ 증기 속 수분의 영향

① 증기 엔탈피, 건조도 감소
② 장치 부식
③ 증기 수격작용 발생
④ 효율, 증기 손실 증가

핵심 34 ◆ 가스폭발에 영향을 주는 요인

① 온도가 높을수록 폭발범위가 넓어진다.
② 압력이 높을수록 폭발범위가 넓어진다.(단, CO는 압력이 높을수록 폭발범위가 좁아지고, H_2는 약간의 높은 압력에는 좁아지나 계속 압력이 높아지면 폭발범위가 다시 넓어진다.)
③ 가연성과 공기의 혼합(조성)정도에 따라 폭발범위가 넓어진다.
④ 폭발할 수 있는 용기의 크기가 클수록 폭발범위가 넓어진다.

핵심 35 ◆ 연소 시 공기 중 산소 농도가 높을 때

① 연소속도로 빨라진다.
② 연소범위가 넓어진다.
③ 화염온도가 높아진다.
④ 발화온도가 낮아진다.
⑤ 점화에너지가 감소한다.

핵심 36 ◆ 난류예혼합화염과 층류예혼합화염의 비교

난류예혼합화염	층류예혼합화염
① 연소속도가 수십배 빠르다. ② 화염의 두께가 두껍고, 짧아진다. ③ 연소 시 다량의 미연소분이 존재한다. ④ 층류보다 열효율이 높다.	① 연소속도가 느리다. ② 화염의 두께가 얇다. ③ 화염은 청색, 난류보다 휘도가 낮다. ④ 화염의 윤곽이 뚜렷하다.
층류예혼합화염의 연소특성을 결정하는 요소	
① 연료와 산화제의 혼합비 ② 압력 · 온도 ③ 혼합기의 물리 · 화학적 특성	

핵심 37 ◆ 연돌의 통풍력(Z)

$$Z = 237H\left(\frac{\gamma_o}{273+t_o} - \frac{\gamma_g}{273+t_g}\right)$$

여기서, Z : 연돌의 통풍력(mmH_2O)
H : 연돌의 높이(m)
γ_o : 대기의 비중량
γ_g : 가스의 비중량
t_o : 외기의 온도
t_g : 가스의 온도

핵심 38 ◆ 가역 · 비가역

구 분 / 항 목	가 역	비가역
정의	① 어떤 과정을 수행 후 영향이 없음 ② 열적 · 화학적 평형이 유지, 실제로는 불가능	어떤 과정을 수행 시 영향이 남아 있음
예시	① 노즐에서 팽창 ② Carnot 순환 ③ 마찰이 없는 관내 흐름	① 연료의 완전연소 ② 실린더 내에서 갑작스런 팽창 ③ 관 내 유체의 흐름
적용법칙	열역학 1법칙	열역학 2법칙
열효율	비가역보다 높다.	가역보다 낮다.
비가역이 되는 이유	① 온도차로 생기는 열전달 ② 압축 및 자유팽창 ③ 혼합 및 화학반응 ④ 확산 및 삼투압 현상 ⑤ 전기적 저항	

핵심 39 ◆ 압축에 필요한 일량(W)

구 분	관련식
단열	$W=\frac{R}{K-1}(T_2-T_1)$
등온	$W=RT\ln\left(\frac{P_1}{P_2}\right)$
정적	$W=0$

핵심 40 ◆ 열효율의 크기

압축비 일정 시	압력 일정 시
오토 > 사바테 > 디젤	디젤 > 사바테 > 오토

디젤사이클의 열효율은 압축비가 클수록 높아지고 단절(체절)비가 클수록 감소한다.

핵심 41 ◆ 단열압축에 의한 엔탈피 변화량

$$\Delta H=H_2-H_1=GC_p(T_2-T_1)=G\times\frac{K}{K-1}R(T_2-T_1)$$

여기서, G : 질량(kg)

R : 상수(kJ/kg · K)(kN · m/kg · K)

T_2-T_1 : 온도차

핵심 42 ◆ 폭발방호 대책

구 분	내 용
Venting(벤팅)	압력배출
Suppression(서프레션)	폭발억제
Containment(컨테인먼트)	압력봉쇄

핵심 43 ◆ 1차 · 2차 연료

구 분		세부내용
1차 연료	정의	자연에서 채취한 그대로 사용할 수 있는 연료
	종류	목재, 무연탄, 석탄, 천연가스
2차 연료	정의	1차 연료를 가공한 연료
	종류	목탄, 코크스, LPG, LNG

핵심 44 ◆ 자연발화

구 분	발화원인물질
분해열	과산화수소, 염소산칼륨 등
산화열	원면, 고무분말, 건성유
흡착열	활성탄, 목탄분말
중합열	시안화수소, 산화에틸렌, 염화비닐
미생물	먼지, 퇴비
자연발화원인	셀룰로이드 분해열, 불포화 유지의 산화열, 건초의 발효열
자연발화방지법	① 통풍을 잘 시킬 것 ② 저장실 온도를 낮출 것 ③ 습도가 높은 것을 피할 것 ④ 열이 축적되지 않게 할 것

핵심 45 ◆ 공연비와 연공비 · 당량비 · 공기비의 관계

구 분	공 식	정 의
공연비(A/F)	$\frac{\text{공기 질량}}{\text{연료 질량}}$	가연성 혼합기의 공기와 연료의 질량비
연공비(F/A)	(공연비의 역수) $\frac{\text{연료 질량}}{\text{공기 질량}}$	가연성 혼합기의 연료와 공기의 질량비
당량비	$\frac{\text{실제 연공비}}{\text{이론 연공비}}$	실제 연공비와 이론 연공비의 비
공기비	$\frac{\text{이론 연공비}}{\text{실제 연공비}}$	당량비의 역수

가스설비 Part 2

핵심 1 ◇ 압력

표준대기압	관련 공식
1atm=1.0332kg/cm^2 =10.332mH$_2$O =760mmHg =76cmHg =14.7psi =101325Pa(N/m^2) =101.325kPa =0.101325MPa	절대압력=대기압+게이지압력=대기압－진공압력 ① 절대압력 : 완전진공을 기준으로 하여 측정한 압력으로 압력값 뒤 a를 붙여 표시 ② 게이지압력 : 대기압을 기준으로 측정한 압력으로 압력값 뒤 g를 붙여 표시 ③ 진공압력 : 대기압보다 낮은 압력으로 부압(－)의 의미를 가진 압력으로 압력값 뒤 v를 붙여 표시

압력 단위환산 및 절대압력 계산

상기 대기압력을 암기한 후 같은 단위의 대기압을 나누고, 환산하고자 하는 대기압을 곱함.

ex) 1. 80cmHg를 → psi로 환산 시

① cmHg 대기압 76은 나누고

② psi 대기압 14.7은 곱함.

$\therefore \ \frac{80}{76} \times 14.7 = 15.47\text{psi}$

2. 만약 80cmHg가 게이지(g)압력일 때 절대압력(kPa)을 계산한다고 가정

① 절대압력=대기압력+게이지압력이므로 cmHg 대기압력 76을 더하여 절대로 환산한 다음

② kPa로 환산, 즉 절대압력으로 계산된 76+80에 cmHg 대기압 76을 나누고

③ kPa 대기압력 101.325를 곱한다.

$\therefore \ \frac{76+80}{76} \times 101.325 = 207.98\text{kPa(a)}$

핵심 2 ◇ 보일 · 샤를 · 보일－샤를의 법칙

구 분	정 의	공 식	
보일의 법칙	온도가 일정할 때 이상기체의 부피는 압력에 반비례한다.	$P_1V_1 = P_2V_2$	• P_1, V_1, T_1 : 처음의 압력, 부피, 온도 • P_2, V_2, T_2 : 변경 후의 압력, 부피, 온도
샤를의 법칙	압력이 일정할 때 이상기체의 부피는 절대온도에 비례한다.(0℃의 체적 $\frac{1}{273}$씩 증가)	$\frac{V_1}{T_1} = \frac{V_2}{T_2}$	
보일－샤를의 법칙	이상기체의 부피는 압력에 반비례, 절대온도에 비례한다.	$\frac{P_1V_1}{T_1} = \frac{P_2V_2}{T_2}$	

핵심 3 ◆ 도시가스 프로세스

(1) 프로세스 종류와 개요

프로세스 종류	개 요	
	원 료	온도 변환가스 제조열량
열분해	원유, 중유, 나프타(분자량이 큰 탄화수소)	① 800~900℃로 분해 ② 10000kcal/Nm^3의 고열량을 제조
부분연소	메탄에서 원유까지 탄화수소를 가스화제로 사용	① 산소, 공기, 수증기를 이용 ② CH_4, H_2, CO, CO_2로 변환하는 방법
수소화분해	C/H비가 비교적 큰 탄화수소 및 수증기 흐름 중 또는 Ni 등의 수소화 촉매를 사용, 나프타 등 비교적 C/H가 낮은 탄화수소	수증기 흐름 중 또는 Ni 등의 수소화 촉매를 사용, 나프타 등 비교적 C/H가 낮은 탄화수소를 메탄으로 변화시키는 방법 ※ 수증기 자체가 가스화제로 사용되지 않고 탄화수소를 수증기 흐름 중에 분해시키는 방법임
접촉분해(수증기개질)	사용온도, 400~800℃에서 탄화수소와 수증기를 반응시킴	수소, CO, CO_2, CH_4 등의 저급탄화수소를 변화시키는 반응
사이클링식 접촉분해	연소속도의 빠름과 열량 3000kcal/Nm^3 전후의 가스를 제조하기 위해 이용되는 저열량의 가스를 제조하는 장치	

(2) 수증기 개질(접촉분해) 공정의 반응온도 · 압력(CH_4-CO_2, H_2-CO), 수증기 변화(CH_4-CO, H_2-CO_2)에 따른 가스량 변화의 관계

온도 압력 변화 / 가스량 변화	반응온도		반응압력		수증기의 변화 / 가스량 변화	수증기비		카본 생성을 어렵게 하는 조건	
	상 승	하 강	상 승	하 강		증 가	감 소	$2CO \rightarrow CO_2+C$	$CH_4 \rightarrow 2H_2+C$
$CH_4 \cdot CO_2$	가스량 감소	가스량 증가	가스량 증가	가스량 감소	$CH_4 \cdot CO$	가스량 감소	가스량 증가	상기 반응식은 반응온도는 높게, 반응압력은 낮게 하면 카본 생성이 안 됨	상기 반응식은 반응온도는 낮게, 반응압력은 높게 하면 카본 생성이 안 됨
$H_2 \cdot CO$	가스량 증가	가스량 감소	가스량 감소	가스량 증가	$H_2 \cdot CO_2$	가스량 증가	가스량 감소		

※ 암기 방법

(1) 반응온도 상승 시 $CH_4 \cdot CO_2$의 양이 감소하는 것을 기준으로
  ① $H_2 \cdot CO$는 증가
  ② 온도 하강으로 본다면 $CH_4 \cdot CO_2$가 증가이므로 $H_2 \cdot CO$는 감소일 것임

(2) 반응압력 상승 시 $CH_4 \cdot CO_2$가 증가하는 것을 기준으로
  ① $H_2 \cdot CO$는 감소일 것이고
  ② 압력하강 시 $CH_4 \cdot CO_2$가 감소이므로 $H_2 \cdot CO$는 증가일 것임

(3) 수증기비 증가 시 $CH_4 \cdot CO$가 감소이므로
① $H_2 \cdot CO_2$는 증가일 것이고
② 수증기비 하강 시 $CH_4 \cdot CO$가 증가이므로 $H_2 \cdot CO_2$는 감소일 것임

∴ 반응온도 상승 시 : $CH_4 \cdot CO_2$ 감소를 암기하면 나머지 가스($H_2 \cdot CO$)와 온도하강 시는 각각 역으로 생각할 것
반응압력 상승 시 : $CH_4 \cdot CO_2$ 증가를 암기하고 가스량이나 하강 시는 역으로 생각하고 수증기비에서는 ($CH_4 \cdot CO$)($H_2 \cdot CO_2$)를 같이 묶어 한 개의 조로 생각하고 수증기비 증가 시 $CH_4 \cdot CO$가 감소이므로 나머지 가스나 하강 시는 각각 역으로 생각할 것

핵심 4 ◆ 비파괴검사

종 류	정 의	특 징	
		장 점	단 점
음향검사 (AE)	검사하는 물체에 사용용 망치 등으로 두드려 보고 들리는 소리를 들어 결함 유무를 판별	① 검사비용이 발생치 않아 경제성이 있다. ② 시험방법이 간단하다.	검사자의 숙련을 요하며 숙련도에 따라 오차가 생길 수 있다.
자분(탐상)검사 (MT)	시험체의 표면결함을 검출하기 위해 누설 자장으로 결함의 크기 위치를 알아내는 검사법	① 검사방법이 간단하다. ② 미세표면결함 검출 가능	결함의 길이는 알아내기 어렵다.
침투(탐상)검사 (PT)	시험체 표면에 침투액을 뿌려 결함부에 침투 시 그것을 빨아올려 결함의 위치, 모양을 검출하는 방법으로 형광침투, 염료침투법이 있다.	① 시험방법이 간단하다. ② 시험체의 크기, 형상의 영향이 없다.	① 시험체 표면에 가까이 가서 침투액을 살포하여야 한다. ② 주위온도의 영향이 있다. ③ 시험체 표면이 열려 있어야 한다.
초음파(탐상)검사 (UT)	초음파를 시험체에 보내 내부결함으로 반사된 초음파의 분석으로 결함의 크기 위치를 알아내는 검사법(종류 : 공진법, 투과법, 펄스반사법)	① 위치결함 판별이 양호하고, 건강에 위해가 없다. ② 면상의 결함도 알 수 있다. ③ 시험의 결과를 빨리 알 수 있다.	① 결함의 종류를 알 수 없다. ② 개인차가 발생한다.
방사선(투과)검사 (RT)	방사선(X선, 감마선)의 필름으로 촬영이나 투시하는 방법으로 결함여부를 검출하는 방법	① 내부결함 능력이 우수하다. ② 신뢰성이 있다. ③ 보존성이 양호하다.	① 비경계적이다. ② 방사선으로 인한 위해가 있다. ③ 표면결함 검출능력이 떨어진다.

핵심 5 ◆ 공기액화분리장치

항 목	핵심 정리사항
개요	원료공기를 압축하여 액화산소, 액화아르곤, 액화질소를 비등점 차이로 분리 제조하는 공정

항 목	핵심 정리사항		
액화순서 비등점	O_2 (−183℃)	Ar (−186℃)	N_2 (−196℃)
불순물	CO_2		H_2O
불순물의 영향	고형의 드라이아이스로 동결하여 장치 내 폐쇄		얼음이 되어 장치 내 폐쇄
불순물 제거방법	가성소다로 제거 $2NaOH+CO_2 \rightarrow Na_2CO_3+H_2O$		건조제(실리카겔, 알루미나, 소바비드, 가성소다)로 제거
분리장치의 폭발원인	① 공기 중 C_2H_2의 혼입 ② 액체공기 중 O_3의 혼입 ③ 공기 중 질소화합물의 혼입 ④ 압축기용 윤활유 분해에 따른 탄화수소 생성		
폭발원인에 대한 대책	① 장치 내 여과기를 설치한다. ② 공기 취입구를 맑은 곳에 설치한다. ③ 부근에 카바이드 작업을 피한다. ④ 연 1회 CCl_4로 세척한다. ⑤ 윤활유는 양질의 광유를 사용한다.		
참고사항	① 고압식 공기액화분리장치 압축기 종류 : 왕복피스톤식 다단압축기 ② 압력 150~200atm 정도 ③ 저압식 공기액화분리장치 압축기 종류 : 원심압축기 ④ 압력 5atm 정도		
적용범위	시간당 압축량 $1000Nm^3/h$ 초과 시 해당		
즉시 운전을 중지하고 방출하여야 하는 경우	① 액화산소 5L 중 C_2H_2이 5mg 이상 시 ② 액화산소 5L 중 탄화수소 중 C의 질량이 500mg 이상 시		

핵심 6 ◇ 정압기의 2차 압력 상승 및 저하 원인, 정압기 특성

(1) 정압기 2차 압력 상승 및 저하 원인

레이놀드 정압기		피셔식 정압기	
2차 압력 상승원인	2차 압력 저하원인	2차 압력 상승원인	2차 압력 저하원인
① 메인밸브류에 먼지가 끼어 cut-off 불량 ② 저압 보조정압기의 cut-off 불량 ③ 메인밸브 시트 부근 ④ 바이패스밸브류 누설 ⑤ 2차압 조절관 파손 ⑥ 가스 중 수분 동결 ⑦ 보조정압기 다이어프램 파손	① 정압기 능력 부족 ② 필터의 먼지류 막힘 ③ 센트스템 부족 ④ 동결 ⑤ 저압 보조정압기 열림 정도 부족	① 메인밸브류에 먼지가 끼어 cut-off 불량 ② 파일럿 서플라이밸브의 누설 ③ 센트스템과 메인밸브 접속 불량 ④ 바이패스밸브류 누설 ⑤ 가스 중 수분 동결	① 정압기 능력 부족 ② 필터의 먼지류 막힘 ③ 파일럿의 오리피스 막힘 ④ 센트스템의 작동 불량 ⑤ 스트로크 조정 불량 ⑥ 주다이어프램 파손

(2) 정압기의 종류별 특성과 이상

종 류			이상감압에 대처할 수 있는 방법
피셔식	액셀-플로우식	레이놀드식	
① 정특성, 동특성 양호 ② 비교적 콤팩트하다. ③ 로딩형이다.	① 정특성, 동특성 양호 ② 극히 콤팩트하다. ③ 변칙 언로딩형이다.	① 언로딩형이다. ② 크기가 대형이다. ③ 정특성이 좋다. ④ 안정성이 부족하다.	① 저압 배관의 Loop(루프)화 ② 2차측 압력감시장치 설치 ③ 정압기 2계열 설치

핵심 7 ◇ 배관의 유량식

압력별	공 식	기 호
저압 배관	$Q=K_1\sqrt{\dfrac{D^5H}{SL}}$	Q : 가스 유량(m^3/h), K_1 : 폴의 정수(0.707) K_2 : 콕의 정수(52.31), D : 관경(cm) H : 압력손실(mmH_2O), L : 관 길이(m) P_1 : 초압(kg/cm^2(a)), P_2 : 종압(kg/cm^2(a))
중고압 배관	$Q=K_2\sqrt{\dfrac{D^5(P_1^2-P_2^2)}{SL}}$	

핵심 8 ◇ 배관의 압력손실 요인

종 류	관련 공식		세부항목
마찰저항(직선배관)에 의한 압력손실	$h=\dfrac{Q^2\cdot S\cdot L}{K^2\cdot D^5}$	h : 압력손실 Q : 가스 유량 S : 가스 비중 L : 관 길이 D : 관 지름	① 유량의 제곱에 비례(유속의 제곱에 비례) ② 관 길이에 비례 ③ 관 내경의 5승에 반비례 ④ 가스 비중 유체의 점도에 비례
입상(수직상향)에 의한 압력손실	$h=1.293(S-1)H$	H : 입상높이(m)	
안전밸브에 의한 압력손실			
가스미터에 의한 압력손실			

핵심 9 ◇ 캐비테이션

구 분	내 용
정의	유수 중 그 수온의 증기압보다 낮은 부분이 생기면 물이 증발을 일으키고 기포를 발생하는 현상
방지법	① 펌프 회전수를 낮춘다. ② 펌프 설치위치를 낮춘다. ③ 양흡입 펌프를 사용한다. ④ 두 대 이상의 펌프를 사용한다. ⑤ 수직축 펌프를 사용, 회전차를 수중에 잠기게 한다.
발생에 따른 현상	① 양정 효율곡선 저하 ② 소음, 진동 ③ 깃의 침식

핵심 10 ◆ 온도차에 따른 신축이음의 종류와 특징

이음 종류	도시 기호	개 요
상온(콜드) 스프링	없음	배관의 자유 팽창량을 계산하여 관의 길이를 짧게 절단하는 방법으로 절단 길이는 자유 팽창량의 1/2 정도이다.
루프이음 (신축곡관)		배관의 형상을 루프 형태로 구부려 그것을 이용하여 신축을 흡수하는 이음이며, 신축이음 중 가장 큰 신축을 흡수하는 이음
벨로즈(팩레스) 이음		주름관의 형태로 만들어진 벨로즈를 부착하여 신축을 흡수하는 방법이며, 신축에 따라 슬리브와 함께 신축이 되는 이음방법
슬리브이음 (슬립온)		배관 중 슬리브 pipe를 설치, 수축 팽창 시 슬라이드하는 슬리브, 파이프 내에서 신축을 흡수하는 이음
스위블이음		배관이음 중 두 개 이상의 엘보를 이용, 엘보의 빈 공간에서 신축을 흡수하는 이음

참고사항

신축량 계산식 $\lambda = l\alpha\Delta t$

(예제) 12m 관을 상온 스프링으로 연결 시 내부 가스온도 −30℃, 외기온도 20℃일 때 절단길이(mm)는? (단, 관의 선팽창계수 $\alpha = 1.2\times10^{-5}/℃$ 이다.)

$\lambda = l\alpha\Delta t = 12\times10^3\text{mm}\times1.2\times10^{-5}/℃\times\{20-(-30)\} = 7.2\text{mm}$

$\therefore\ 7.2\times\frac{1}{2} = 3.6\text{mm}$

핵심 11 ◆ 강의 성분 중 탄소 성분이 증가 시

증 가	인장강도, 경도, 항복점
감 소	연신율, 단면수축률

핵심 12 ◆ 직동식 · 파일럿 정압기별 특징

특징별 \ 종류별	직동식 정압기	파일럿식 정압기
안정성	안정하다.	안정성이 떨어진다.
로크업	크게 된다.	적게 누를 수 있다.
용량범위	소용량 사용	대용량 사용
오프셋	커진다.	작게 된다.
2차 압력	2차 압력도 시프트 한다.	2차 압력이 시프트 하지 않도록 할 수 있다.

핵심 13 ◇ 배관의 SCH(스케줄 번호)

공식의 종류	단위 구분	
	S(허용응력)	P(사용압력)
$SCH=10\times\frac{P}{S}$	kg/mm^2	kg/cm^2
$SCH=100\times\frac{P}{S}$	kg/mm^2	MPa
$SCH=1000\times\frac{P}{S}$	kg/mm^2	kg/mm^2
S는 허용응력$\left(\text{인장강도}\times\frac{1}{4}=\text{허용응력}\right)$		

핵심 14 ◇ LNG 기화장치 종류 특징

항목별 \ 장치 종류		오픈랙(Open Rack) 기화장치	서브머지드 (SMV ; Submerged conversion) 기화장치	중간 매체(IFV)식 기화장치
가열매체		해수(수온 5℃ 정도)	가스	해수와 LNG의 중간열매체
특징	장점	① 설비가 안정되어 있다. ② 고장발생 시 수리가 용이하다. ③ 해수를 사용하므로 경제적이다.	가열매체가 가스이므로 오픈랙과 같이 겨울철 동결 우려가 없다.	부하 및 해수 온도에 대하여 해수량의 연속제어가 가능
	단점	동계에 해수가 동결되는 우려가 있다.	가열매체가 가스이므로 연소 시 비용이 발생	① 직접가열방식에 비해 2배의 전열면적이 필요 ② 수리보수가 어렵다.

핵심 15 ◇ 왕복압축기의 피스톤 압출량(m^3/h)

$$Q=\frac{\pi}{4}D^2\times L\times N\times n\times n_v\times 60$$

여기서, Q : 피스톤 압출량(m^3/h)
D : 직경(m)
L : 행정(m)
N : 회전수(rpm)
n : 기통수
n_v : 체적효율

※ m^3/min 값으로 계산 시 60을 곱할 필요가 없음.

핵심 16 ◇ 증기압축식, 흡수식 냉동기의 순환과정

종 류			세부내용
흡수식	순환과정		① 증발기 → ② 흡수기 → ③ 발생기 → ④ 응축기 ※ 순환과정이므로 흡수기부터 하면 흡수 → 발생 → 응축 → 증발기 순도 가능
	냉매와 흡수액		① 냉매가 LiBr(리튬브로마이드)일 때 흡수액은 NH_3 ② 냉매가 NH_3일 때 흡수액은 물
증기압축식	순환과정		① 증발기 → ② 압축기 → ③ 응축기 → ④ 팽창밸브 ※ 순환과정이므로 압축기부터 하면 압축 → 응축 → 팽창 → 증발기 순도 가능
	순환 과정의 역할	증발기	팽창밸브에서 토출된 저온 · 저압의 액체냉매가 증발잠열을 흡수하여 피냉동체와 열교환과정이 이루어지는 곳
		압축기	증발기에서 증발된 저온 · 저압의 기체냉매를 압축하면 온도가 상승되어 응축기에서 액화를 용이하게 만드는 곳(등엔트로피 과정이 일어남)
		응축기 (콘덴서)	압축기에서 토출된 고온 · 고압의 냉매가스를 열교환에 의해 응축액화시키는 과정(액체냉매를 일정하게 흐르게 하는 곳)
		팽창 밸브	냉매의 엔탈피가 일정한 곳으로 액체냉매를 증발기에서 증발이 쉽도록 저온 · 저압의 액체냉매로 단열팽창시켜 교축과정이 일어나게 하는 곳
		선도	P(kg/cm²) 응축 팽창 압축 증발 i(kcal/kg)

핵심 17 ◇ 원심 펌프에서 발생되는 이상현상

이상현상의 종류			핵심내용
캐비테이션 (공동현상)	정의		Pump로 물을 이송하는 관에서 유수 중 그 수온의 증기압보다 낮은 부분이 생기면 물이 증발을 일으키고 기포를 발생하는 현상
	방지법		① 흡입관경을 넓힌다. ② 양흡입 펌프를 사용한다. ③ 두 대 이상의 펌프를 설치한다. ④ 펌프 설치위치를 낮춘다. ⑤ 회전수를 낮춘다.
	발생에 따른 현상		① 양정 효율곡선 저하 ② 소음, 진동 ③ 깃의 침식
원심 펌프에서 발생되는 이상현상	베이퍼록	정의	저비등점을 가진 액화가스를 이송 시 펌프 입구에서 발생되는 현상으로 액의 끓음에 의한 동요현상을 일으킴
		방지법	① 흡입관경을 넓힌다. ② 회전수를 낮춘다. ③ 펌프 설치위치를 낮춘다. ④ 실린더라이너를 냉각시킨다. ⑤ 외부와 단열조치한다.

이상현상의 종류			핵심내용
원심 펌프에서 발생되는 이상현상	수격작용(워터해머)	정의	관속을 충만하여 흐르는 대형 송수관로에서 정전 등에 의한 심한 압력변화가 생기면 심한 속도변화를 일으켜 물이 가지고 있는 힘의 세기가 해머를 내려치는 힘과 같아 워터해머라 부름
		방지법	① 펌프에 플라이휠(관성차)을 설치한다. ② 관내 유속(1m/s 이하)을 낮춘다. ③ 조압수조를 관선에 설치한다. ④ 밸브를 송출구 가까이 설치하고, 적당히 제어한다.
	서징(맥동) 현상	정의	펌프를 운전 중 규칙바르게 양정, 유량 등이 변동하는 현상
		발생 조건	① 펌프의 양정곡선이 산고곡선이고, 그 곡선의 산고상승부에서 운전 시 ② 배관 중 물탱크나 공기탱크가 있을 때 ③ 유량조절밸브가 탱크 뒤측에 있을 때

TIP

원심압축 시의 서징

1. 정의

압축기와 송풍기 사이에 토출측 저항이 커지면 풍량이 감소하고 어느 풍량에 대하여 일정압력으로 운전되나 우상 특성의 풍량까지 감소되면 관로에 심한 공기의 맥동과 진동을 발생하여 불안정 운전이 되는 현상

2. 방지법

① 우상 특성이 없게 하는 방식
② 방출밸브에 의한 방법
③ 회전수를 변화시키는 방법
④ 교축밸브를 기계에 근접시키는 방법

※ 우상 특성 : 운전점이 오른쪽 상향부로 치우치는 현상

핵심 18 ◇ 가스 종류별 폭발성

폭발성 / 가스 종류	산화폭발	분해폭발	중합폭발
C_2H_2	○	○	
C_2H_4O	○	○	○
HCN			○
N_2H_4(히드라진)		○	

① 산화폭발 : 모든 가연성 가스가 가지고 있는 폭발
② 분해폭발 : 압력 상승 시 가스 성분이 분해되면서 일어나는 폭발
③ 중합폭발 : 수분 2% 이상 함유 시 일어나는 폭발
④ C_2H_4O은 분해와 중합폭발을 동시에 가지고 있으며, 특히 금속염화물과 반응 시는 중합폭발을 일으킨다.

핵심 19 ◇ 오토클레이브

(1) 종류 및 정의

구 분		내 용
정의		밀폐반응 가마이며, 온도상승 시 증기압이 상승 액상을 유지하면서 반응을 하는 고압반응 가마솥
종류	교반형	기체·액체의 반응으로 기체를 계속 유통할 수 있으며, 주로 전자코일을 이용하는 방법
	진탕형	횡형 오토클레이브 전체가 수평 전후 운동으로 교반하는 방법
	회전형	오토클레이브 자체를 회전시켜 교반하는 형식으로 액체에 가스를 적용시키는 데 적합하나 교반효과는 떨어진다.
	가스 교반형	레페반응장치에 이용되는 형식으로 기상부에 반응가스를 취출 액상부의 최저부에 순환 송입하는 방식 등이 있으며, 주로 가늘고 긴 수평 반응기로 유체가 순환되어 교반이 이루어진다.

(2) 부속품 및 사용압력, 온도계

구 분	내 용
부속품	압력계, 온도계, 안전밸브
재료	스테인리스강
압력 측정	부르동관 압력계로 측정
온도 측정	수은 및 열전대 온도계

핵심 20 ◇ 열처리 종류 및 특성

종 류	특 성
담금질(소입) (Quenching)	강도 및 경도 증가
불림(소준) (Normalizing)	결정조직의 미세화
풀림(소둔) (Annealing)	잔류응력 제거 및 조직의 연화강도 증가
뜨임(소려) (Tempering)	내부 응력 제거, 인장강도 및 연성 부여
심랭처리법	오스테나이트계 조직을 마텐자이트 조직으로 바꿀 목적으로 0℃ 이하로 처리하는 방법
표면경화	표면은 견고하게, 내부는 강인하게 하여 내마멸성·내충격성 향상

핵심 21 ◇ 저온장치 단열법

종 류	특 징
상압단열법	단열을 하는 공간에 분말섬유 등의 단열재를 충전하는 방법 〈주의사항〉 불연성 단열재 사용, 탱크를 기밀로 할 것
진공단열법	단열공간을 진공으로 하여 공기에 의한 전열을 제거한 단열법 〈종류〉 고진공, 분말진공, 다층진공, 단열법

핵심 22 ◇ 정압기의 특성(정압기를 평가 선정 시 고려하여야 할 사항)

특성 종류		개 요
정특성		정상상태에 있어서 유량과 2차 압력과의 관계
관련 동작	오프셋	정특성에서 기준유량 Q일 때 2차 압력 P에 설정했다고 하여 유량이 변하였을 때 2차 압력 P로부터 어긋난 것
	로크업	유량이 0으로 되었을 때 끝맺음 압력과 P의 차이
	시프트	1차 압력의 변화 등에 의하여 정압곡선이 전체적으로 어긋난 것
동특성		부하변화가 큰 곳에 사용되는 정압기에 대하여 부하변동에 대한 응답의 신속성과 안정성
유량 특성		메인밸브의 열림(스트로크-리프트)과 유량과의 관계
관련 동작	직선형	(유량)$=K\times$(열림) 관계에 있는 것(메인밸브 개구부 모양이 장방형)
	2차형	(유량)$=K\times$(열림)^2 관계에 있는 것(메인밸브 개구부 모양이 삼각형)
	평방근형	(유량)$=K\times$(열림)$^{\frac{1}{2}}$ 관계에 있는 것(메인밸브가 접시형인 경우)
사용 최대 차압		메인밸브에는 1차 압력과 2차 압력의 차압이 정압성능에 영향을 주나 이것이 실용적으로 사용할 수 있는 범위에서 최대로 되었을 때 차압
작동 최소 차압		1차 압력과 2차 압력의 차압이 어느 정도 이상이 없을 때 파일럿 정압기는 작동할 수 없게 되며, 이 최소값을 말함

핵심 23 ◇ LP가스 이송방법

(1) 이송방법의 종류

① 차압에 의한 방법
② 압축기에 의한 방법
③ 균압관이 있는 펌프 방법
④ 균압관이 없는 펌프 방법

(2) 이송방법의 장·단점

구분 \ 장·단점	장 점	단 점
압축기	① 충전시간이 짧다. ② 잔가스 회수가 용이하다. ③ 베이퍼록의 우려가 없다.	① 재액화 우려가 있다. ② 드레인 우려가 있다.
펌 프	① 재액화 우려가 없다. ② 드레인 우려가 없다.	① 충전시간이 길다. ② 잔가스 회수가 불가능하다. ③ 베이퍼록의 우려가 있다.

핵심 24 ◆ 기화장치(Vaporizer)

(1) 분류방법

장치 구성형식	증발형식
단관식, 다관식, 사관식, 열판식	순간증발식, 유입증발식

작동원리에 따른 분류			
가온감압식	열교환기에 의해 액상의 LP가스를 보내 온도를 가하고 기화된 가스를 조정기로 감압하는 방식		
감압가열(온)식	액상의 LP가스를 조정기 감압밸브로 감압하여 열교환기로 보내 온수 등으로 가열하는 방식		
작동유체에 따른 분류	① 온수가열식(온수온도 80℃ 이하) ② 증기가열식(증기온도 120℃ 이하)	3대 구성	① 기화부 ② 제어부 ③ 조압부

(2) 기화기 사용 시 장점(강제기화방식의 장점)

① 한랭 시 연속적 가스공급이 가능하다.

② 기화량을 가감할 수 있다.

③ 공급가스 조성이 일정하다.

④ 설비비, 인건비가 절감된다.

핵심 25 ◆ C_2H_2의 폭발성

폭발의 종류	반응식	강의록
분해폭발	$C_2H_2 \rightarrow 2C+H_2$	아세틸렌은 가스를 충전 시 1.5MPa 이상 압축 시 분해폭발의 위험이 있어 충전 시 2.5MPa 이하로 압축, 부득이 2.5MPa 이상으로 압축 시 안전을 기하기 위하여 N_2, CH_4, CO, C_2H_4 등의 희석제를 첨가한다.
화합폭발	$2Cu+C_2H_2 \rightarrow Cu_2C_2+H_2$	아세틸렌에 Cu(동), Ag(은), Hg(수은) 등 함유 시 아세틸라이드(폭발성 물질)가 생성되어 폭발의 우려가 있어 아세틸렌장치에 동을 사용할 경우 동 함유량 62% 미만의 동합금만 허용이 된다.
산화폭발	$C_2H_2+2.5O_2 \rightarrow 2CO_2+H_2O$	모든 가연성이 가지는 폭발로서 연소범위 이내에 혼합 시 일어나는 폭발이다.

핵심 26 ◇ 압축기 용량 조정 방법

왕 복	원 심
① 회전수 변경법 ② 바이패스 밸브에 의한 방법 ③ 흡입 주밸브 폐쇄법 ④ 타임드 밸브에 의한 방법 ⑤ 흡입밸브 강제 개방법 ⑥ 클리어런스 밸브에 의한 방법	① 속도 제어에 의한 방법 ② 바이패스에 의한 방법 ③ 안내깃(베인 콘트롤) 각도에 의한 방법 ④ 흡입밸브 조정법 ⑤ 토출밸브 조정법

핵심 27 ◇ 등온, 폴리트로픽 단열압축

압축의 종류	정 의	폴리트로픽 지수(n) 값
등온	압축 전후 온도가 같음	$n=1$
폴리트로픽	압축 후 약간의 열손실이 있는 압축	$1<n<K$
단열	외부와 열의 출입이 없는 압축	$n=K$

일량의 크기	온도변화의 크기
단열>폴리트로픽>등온	단열>폴리트로픽>등온

핵심 28 ◇ 공기액화분리장치의 팽창기

종 류		특 징
왕복동식	팽창기	40정도
	효율	60~65%
	처리가스량	1000m^3/h
터보식	회전수	10000~20000rpm
	팽창비	5
	효율	80~85%

핵심 29 ◇ 각 가스의 부식명

가스 종류	부식명	조 건	방지금속
O_2	산화	고온 · 고압	Cr, Al, Si
H_2	수소취성(강의 탈탄)	고온 · 고압	5~6% Cr강에 W, Mo, Ti, V 첨가
NH_3	질화, 수소취성	고온 · 고압	Ni 및 STS
CO	카보닐(침탄)	고온 · 고압	장치 내면 피복, Ni-Cr계 STS 사용
H_2S	황화	고온 · 고압	Cr, Al, Si
수분 존재 시 부식을 일으키는 가스 : Cl_2, $COCl_2$, CO_2, SO_2, H_2S			

핵심 30 ◆ 가스홀더 분류 및 특징

분 류	종 류		
정의	공장에서 정제된 가스를 저장, 가스의 질을 균일하게 유지, 제조량·수요량을 조절하는 탱크		
분 류			
중·고압식		저압식	
원통형	구형	유수식	무수식
종류별 특징			
구형	① 가스 수요의 시간적 변동에 대하여 제조량을 안정하게 공급하고 남는 것은 저장한다. ② 정전배관공사 공급설비의 일시적 지장에 대하여 어느 정도 공급을 확보한다. ③ 각 지역에 가스홀더를 설치 피크 시 공급과 동시 배관 수송효율을 높인다.		
유수식	① 물로 인한 기초공사비가 많이 든다. ② 물탱크의 수분으로 습기가 있다. ③ 추운 곳에 물의 동결방지 조치가 필요하다. ④ 유효 가동량이 구형에 비해 크다.		
무수식	① 대용량 저장에 사용된다. ② 물탱크가 없어 기초가 간단하고, 설치비가 적다. ③ 건조 상태로 가스가 저장된다. ④ 작업 중 압력변동이 적다.		

핵심 31 ◆ 가스 도매사업자의 공급시설 중 배관의 용접방법

항 목	내 용
용접방법	아크용접 또는 이와 동등 이상의 방법이다.
배관 상호길이 이음매	원주방향에서 원칙적으로 50mm 이상 떨어지게 한다.
배관의 용접	지그(jig)를 사용하여 가운데서부터 정확하게 위치를 맞춘다.

핵심 32 ◆ 압축기에 사용되는 윤활유

각종 가스 윤활유	O_2(산소)	물 또는 10% 이하 글리세린수
	Cl_2(염소)	진한 황산
	LP가스	식물성유
	H_2(수소)	양질의 광유
	C_2H_2(아세틸렌)	
	공기	
	염화메탄	화이트유
구비 조건	① 경제적일 것 ② 화학적으로 안정할 것 ③ 점도가 적당할 것 ④ 인화점이 높을 것 ⑤ 불순물이 적을 것 ⑥ 항유화성이 높고, 응고점이 낮을 것	

핵심 33 ◆ 펌프의 분류

용적형		터보형			
왕복	회전	원심		축류	사류
		벌류트	터빈		
피스톤, 플런저, 다이어프램	기어, 나사, 베인	안내 베인이 없는 원심펌프	안내 베인이 있는 원심펌프		

핵심 34 ◆ 폭명기

구 분	반응식
수소폭명기	$2H_2+O_2 \rightarrow 2H_2O$
염소폭명기	$H_2+Cl_2 \rightarrow 2HCl$
불소폭명기	$H_2+F_2 \rightarrow 2HF$
정의	화학반응 시 아무런 촉매 없이 햇빛 등으로 폭발적으로 반응을 일으키는 반응식

핵심 35 ◆ 압축기 특징

구 분	간추린 핵심내용
왕복	① 용적형 오일윤활식 무급유식이다. ② 압축효율이 높다. ③ 형태가 크고, 접촉부가 많아 소음 · 진동이 있다. ④ 저속회전이다. ⑤ 압축이 단속적이다. ⑥ 용량조정범위가 넓고 쉽다.
원심(터보)	① 원심형 무급유식이다. ② 압축이 연속적이다. ③ 소음 · 진동이 적다. ④ 용량조정범위가 좁고 어렵다. ⑤ 설치면적이 적다.

핵심 36 ◇ 펌프 회전수 변경 시 및 상사로 운전 시 변경(송수량, 양정, 동력값)

구 분		내 용
회전수를 $N_1 \rightarrow N_2$로 변경한 경우	송수량(Q_2)	$Q_2 = Q_1 \times \left(\frac{N_2}{N_1}\right)^1$
	양정(H_2)	$H_2 = H_1 \times \left(\frac{N_2}{N_1}\right)^2$
	동력(P_2)	$P_2 = P_1 \times \left(\frac{N_2}{N_1}\right)^3$
회전수를 $N_1 \rightarrow N_2$로 변경과 상사로 운전 시($D_1 \rightarrow D_2$ 변경)	송수량(Q_2)	$Q_2 = Q_1 \times \left(\frac{N_2}{N_1}\right)^1\left(\frac{D_2}{D_1}\right)^3$
	양정(H_2)	$H_2 = H_1 \times \left(\frac{N_2}{N_1}\right)^2\left(\frac{D_2}{D_1}\right)^2$
	동력(P_2)	$P_2 = P_1 \times \left(\frac{N_2}{N_1}\right)^3\left(\frac{D_2}{D_1}\right)^5$

기호 설명	
• Q_1, Q_2 : 처음 및 변경된 송수량	• H_1, H_2 : 처음 및 변경된 양정
• P_1, P_2 : 처음 및 변경된 동력	• N_1, N_2 : 처음 및 변경된 회전수

핵심 37 ◇ 냉동톤 · 냉매가스 구비조건

(1) 냉동톤

종 류	IRT값
한국 1냉동톤	3320kcal/hr
흡수식 냉동설비	6640kcal/hr
원심식 압축기	1.2kW(원동기 정격 출력)

(2) 냉매의 구비조건

① 임계온도가 높을 것
② 응고점이 낮을 것
③ 증발열이 크고, 액체비열이 적을 것
④ 윤활유와 작용하여 영향이 없을 것
⑤ 수분과 혼합 시 영향이 적을 것
⑥ 비열비가 적을 것
⑦ 점도가 적을 것
⑧ 냉매가스의 비중이 클 것
⑨ 인화폭발의 위험성이 없을 것(화학적 성질)
⑩ 비체적이 적을 것

핵심 38 ◆ 단열재 구비조건

① 경제적일 것
② 화학적으로 안정할 것
③ 밀도가 적을 것
④ 시공이 편리할 것
⑤ 열전도율이 적을 것
⑥ 안전사용온도 범위가 넓을 것

핵심 39 ◆ 강제기화방식, 자연기화방식

(1) 강제, 자연 기화방식

구 분		내 용
강제기화방식	개요	기화기를 사용하여 액화가스 온도를 상승시켜 가스를 기화하는 방식으로 대량 소비처에 사용
	종류	생가스 공급방식, 공기혼합가스 공급방식, 변성가스 공급방식
	특징	① 한랭 시 가스공급이 가능하다. ② 공급가스 조성이 일정하다. ③ 기화량을 가감할 수 있다. ④ 설비비, 인건비가 절감된다. ⑤ 설치면적이 작아진다.
자연기화방식	개요	대기 중의 열을 흡수하여 액가스를 자연적으로 기화하는 방식으로 소량 소비처에 사용

(2) 분류 방법

장치 구성 형식	증발 형식
단관식, 다관식, 사관식, 열판식	순간증발식, 유입증발식

작동원리에 따른 분류	
가온감압식	열교환기에 의해 액상의 LP가스를 보내 온도를 가하고, 기화된 가스를 조정기로 감압하는 방식
감압가열(온)식	액상의 LP가스를 조정기 감압밸브로 감압 열교환기로 보내 온수 등으로 가열하는 방식
작동유체에 따른 분류	① 온수가열식(온수온도 80℃ 이하) ② 증기가열식(증기온도 120℃ 이하)

TiP

LP가스를 도시가스로 공급하는 방식

1. 직접 혼입가스 공급방식
2. 변성 가스 공급방식
3. 공기혼합가스 공급방식

핵심 40 ◇ 열역학의 법칙

종 류	정 의
0법칙	온도가 서로 다른 물체를 접촉 시 일정시간 후 열평형으로 상호간 온도가 같게 됨
1법칙	일은 열로, 열은 일로 상호변환이 가능한 에너지 보존의 법칙
2법칙	열은 스스로 고온에서 저온으로 흐르며, 일과 열은 상호변환이 불가능하며, 100% 효율을 가진 열기관은 없음(제2종 영구기관 부정)
3법칙	어떤 형태로든 절대온도 0K에 이르게 할 수 없음

핵심 41 ◇ 압축비, 각 단의 토출압력, 2단 압축에서 중간압력 계산법

구 분	핵심내용
압축비(a)	$a=\sqrt[n]{\dfrac{P_2}{P_1}}$ 여기서, n : 단수, P_1 : 흡입 절대압력, P_2 : 토출 절대압력
2단 압축에서 중간압력(P_o)	P_1 → [1] → P_o → [2] → P_2 $P_o=\sqrt{P_1\times P_2}$
다단압축에서 각 단의 토출압력	P_1 → [1] → P_{01} → [2] → P_{02} → [3] → P_2 여기서, P_1 : 흡입 절대압력 P_{01} : 1단 토출압력 P_{02} : 2단 토출압력 P_2 : 토출 절대압력 또는 3단 토출압력 $a=\sqrt[n]{\dfrac{P_2}{P_1}}$ $P_{01}=a\times P_1$ $P_{02}=a\times a\times P_1$ $P_{03}=a\times a\times a\times P_1$

예제 1. 흡입압력 1kg/cm^2, 최종 토출압력 26kg/cm^2(g)인 3단 압축기의 압축비를 구하고, 각 단의 토출압력을 게이지압력으로 계산(단, 1atm=1kg/cm^2)하시오.

풀이 $a=\sqrt[3]{\frac{(26+1)}{1}}=3$

$P_{01}=a\times P_1=3\times 1=3\text{kg/cm}^2$

$\therefore\ 3-1=2\text{kg/cm}^2(\text{g})$

$P_{02}=a\times a\times P_1=3\times 3\times 1-1=8\text{kg/cm}^2(\text{g})$

$P_{03}=a\times a\times a\times P_1=3\times 3\times 3\times 1-1=26\text{kg/cm}^2(\text{g})$

예제 2. 흡입압력 1kg/cm^2, 토출압력 4kg/cm^{2}인 2단 압축기 중간 압력은 몇 kg/cm^2(g)인가? (단, 1atm=1kg/cm^{2}이다.)

풀이 $P_o=\sqrt{P_1\times P_2}=\sqrt{1\times 4}=2\text{kg/cm}^2$

$\therefore\ 2-1=1\text{kg/cm}^2(\text{g})$

핵심 42 ◆ C_2H_2의 폭발성

폭발의 종류	반응식	강의록
분해폭발	$C_2H_2 \rightarrow 2C+H_2$	아세틸렌은 가스를 충전 시 1.5MPa 이상 압축 시 분해폭발의 위험이 있어 충전 시 2.5MPa 이하로 압축, 부득이 2.5MPa 이상으로 압축 시 안전을 기하기 위하여 N_2, CH_4, CO, C_2H_4 등의 희석제를 첨가한다.
화합폭발	$2Cu+C_2H_2 \rightarrow Cu_2C_2+H_2$	아세틸렌에 Cu(동), Ag(은), Hg(수은) 등 함유 시 아세틸라이드(폭발성 물질)가 생성 폭발의 우려가 있어 아세틸렌장치에 동을 사용할 경우 동 함유량 62% 미만의 동합금만 허용이 된다.
산화폭발	$C_2H_2+2.5O_2 \rightarrow 2CO_2+H_2O$	모든 가연성이 가지는 폭발로서 연소범위 이내에 혼합 시 일어나는 폭발이다.

핵심 43 ◆ 냉동능력 합산기준

① 냉매가스가 배관에 의하여 공통으로 되어 있는 냉동설비

② 냉매계통을 달리하는 2개 이상의 설비가 1개의 규격품으로 인정되는 설비 내에 조립되어 있는 것(Unit형의 것)

③ 2원(元) 이상의 냉동방식에 의한 냉동설비

④ 모터 등 압축기의 동력설비를 공통으로 하고 있는 냉동설비

⑤ 브라인(Brine)을 공통으로 사용하고 있는 2개 이상의 냉동설비(브라인 중 물과 공기는 포함하지 아니 한다.)

핵심 44 ◇ 위험도

$$위험도(H) = \frac{U-L}{L}$$

여기서, U : 폭발상한값
L : 폭발하한값

핵심 45 ◇ 밸브의 종류에 따른 특징

종 류	특 징
체크(Check)밸브	① 유체의 역류를 막기 위해서 설치한다. ② 체크밸브는 고압배관 중에 사용된다. ③ 체크밸브는 스윙형과 리프트형의 2가지가 있다. • 스윙형 : 수평, 수직관에 사용 • 리프트형 : 수평 배관에만 사용
게이트밸브(슬루스밸브)	① 대형 관로의 개폐용 개폐에 시간이 소요된다. ② 유체의 저항이 적다.
플러그(Plug)밸브	① 용도 : 중 · 고압용 ② 장점 : 개폐 신속 ③ 단점 : 가스관 중의 불순물에 따라 차단효과 불량
글로브(Globe)밸브	① 용도 : 중 · 저압관용 유량조절용 ② 장점 : 기밀성 유지 양호, 유량조절이 용이 ③ 단점 : 볼과 밸브 몸통 접촉면의 기밀성 유지 곤란

핵심 46 ◇ 나사 펌프

원 리	특 징
나사를 서로 물리게 하여 케이싱에 봉하고 나사축을 서로 반대방향으로 하여 회전한 쪽의 나사 홈 속의 액체를 다른 쪽 나사산으로 밀려나게 되어 있는 펌프	① 수명이 길다. ② 수압이 평형이 되어 추력이 생기지 않는다. ③ 흐름의 정적, 소음 · 진동이 적다. ④ 고속회전이 가능하고 소형이며, 값이 저렴하다. ⑤ 체적효율이 좋으며, 흡입양정이 적다.

핵심 47 ◇ 압축비와 실린더 냉각의 목적

압축비가 커질 때의 영향	실린더 냉각의 목적
① 소요동력 증대 ② 실린더 내 온도상승 ③ 체적효율 저하 ④ 윤활유 열화 탄화	① 체적효율 증대 ② 압축효율 증대 ③ 윤활기능 향상 ④ 압축기 수명 연장

핵심 48 ◆ 다단압축의 목적, 압축기의 운전 전·운전 중 주의사항

다단압축의 목적	운전 전 주의사항	운전 중 주의사항
① 압축가스의 온도상승을 피한다. ② 1단 압축에 비하여 일량이 절약된다. ③ 이용효율이 증대된다. ④ 힘의 평형이 양호하다. ⑤ 체적효율이 증대된다.	① 압축기에 부착된 모든 볼트, 너트 조임상태 확인 ② 압력계, 온도계, 드레인밸브를 전개 지시압력의 이상유무 점검 ③ 윤활유 상태 점검 ④ 냉각수 상태 점검	① 압력, 온도 이상유무 점검 ② 소음·진동 유무 점검 ③ 윤활유 상태 점검 ④ 냉각수량 점검

핵심 49 ◆ 연소안전장치

구 분	정 의	
소화안전장치	불꽃이 불완전하거나 바람의 영향으로 꺼질 때 열전대가 식어 기전력을 잃고 전자밸브가 닫혀 모든 가스의 통로를 차단하여 생가스 유출을 방지하는 장치	
소화안전장치의 종류		
열전대식	플레임로스식	자외선 광전관식
공소안전장치의 종류		
바이메탈식	액체팽창식	

핵심 50 ◆ 배관 응력의 원인, 진동의 원인

응력의 원인	진동의 원인
① 열팽창에 의한 응력 ② 내압에 의한 응력 ③ 냉간 가공에 의한 응력 ④ 용접에 의한 응력	① 바람, 지진의 영향(자연의 영향) ② 안전밸브 분출에 의한 영향 ③ 관 내를 흐르는 유체의 압력변화에 의한 영향 ④ 펌프 압축기에 의한 영향 ⑤ 관의 굽힘에 의한 힘의 영향

핵심 51 ◆ 압축기의 온도 이상현상 및 원인

현 상	원 인
흡입온도 상승	① 흡입밸브 불량에 의한 역류 ② 전단냉각기 능력 저하 ③ 관로의 수열
토출온도 상승	① 토출밸브 불량에 의한 역류 ② 흡입밸브 불량에 의한 고온가스의 흡입 ③ 압축비 증가 ④ 전단냉각기 불량에 의한 고온가스의 흡입

현 상	원 인
흡입온도 저하	① 전단의 쿨러 과냉 ② 바이패스 순환량이 많음
토출온도 저하	① 흡입가스 온도 저하 ② 압축비 저하 ③ 실린더 과냉각

핵심 52 ◆ 도시가스 제조원료가 가지는 특성

① 파라핀계 탄화수소가 많다.
② C/H 비가 작다.
③ 유황분이 적다.
④ 비점이 낮다.

핵심 53 ◆ 배관설계 시 고려사항

① 가능한 옥외에 설치할 것(옥외)
② 은폐 매설을 피할 것=노출하여 시공할 것(노출)
③ 최단거리로 할 것(최단)
④ 구부러지거나 오르내림이 적을 것=굴곡을 적게 할 것=직선배관으로 할 것(직선)

핵심 54 ◆ 허용응력과 안전율

구 분	세부내용	
응력(σ)	$\sigma = \dfrac{W}{A}$	• σ : 응력 • W : 하중 • A : 단면적
안전율	$\dfrac{\text{인장강도}}{\text{허용응력}}$	
예제	• 단면적 : 600mm^2 • 하중 : 1200kg • 인장강도 : 400kg/cm^2일 때 ① 허용응력$=\dfrac{1200\text{kg}}{600\text{mm}^2}=2\text{kg/mm}^2$ ② 안전율$=\dfrac{400\text{kg/cm}^2}{200\text{kg/cm}^2}=2$ ※ $2\text{kg/mm}^2=2\times100=200\text{kg/cm}^2$	

핵심 55 ◆ 조정기

사용 목적	유출압력을 조정, 안정된 연소를 기함	
고정 시 영향	누설, 불완전연소	
종 류	장 점	단 점
1단 감압식	① 장치가 간단하다. ② 조작이 간단하다.	① 최종 압력이 부정확하다. ② 배관이 굵어진다.
2단 감압식	① 공급압력이 안정하다. ② 중간배관이 가늘어도 된다. ③ 관의 입상에 의한 압력손실이 보정된다. ④ 각 연소기구에 알맞은 압력으로 공급할 수 있다.	① 조정기가 많이 든다. ② 검사방법이 복잡하다. ③ 재액화에 문제가 있다.
자동교체 조정기 사용 시 장점	① 전체 용기 수량이 수동보다 적어도 된다. ② 분리형 사용 시 압력손실이 커도 된다. ③ 잔액을 거의 소비시킬 수 있다. ④ 용기 교환주기가 넓다.	

핵심 56 ◆ LP가스의 특성

일반적 특성	연소 특성
① 가스는 공기보다 무겁다. ② 액은 물보다 가볍다. ③ 기화, 액화가 용이하다. ④ 기화 시 체적이 커진다. ⑤ 천연고무는 용해하므로 패킹재료는 합성고무제인 실리콘고무를 사용한다.	① 연소속도가 늦다. ② 연소범위가 좁다. ③ 발열량이 크다. ④ 연소 시 다량의 공기가 필요하다. ⑤ 발화온도가 높다.

핵심 57 ◆ 가스 액화사이클

종 류	작동원리
클라우드 액화사이클	단열 팽창기를 이용하여 액화하는 사이클
린데식 액화사이클	줄-톰슨 효과를 이용하여 액화하는 사이클
필립스식 액화사이클	피스톤과 보조 피스톤이 있어 양 피스톤의 작용으로 액화하는 사이클로 압축기에서 팽창기로 냉매가 흐를 때는 냉각, 반대일 때는 가열되는 액화사이클
캐피자식 액화사이클	공기의 압축압력을 7atm 정도로 열교환에 축냉기를 사용하여 원료공기를 냉각하여 수분과 탄산가스를 제거함으로써 액화하는 사이클
캐스케이드 액화사이클	비점이 점차 낮은 냉매를 사용하여 저비점의 기체를 액화하는 사이클

핵심 58 ◆ C_2H_2 발생기 및 C_2H_2 특징

형 식	정 의	특 징
주수식	카바이드에 물을 넣는 방법	① 분해중합의 우려가 있다. ② 불순가스 발생이 많다. ③ 후기가스 발생이 있다.
투입식	물에 카바이드를 넣는 방법	① 대량 생산에 적합하다. ② 온도상승이 적다. ③ 불순가스 발생이 적다.
침지식(접촉식)	물과 카바이드를 소량식 접촉	① 발생기 온도상승이 쉽다. ② 불순물이 혼합되어 나온다. ③ 발생량을 자동 조정할 수 있다.

(1) 발생기의 표면온도 : 70℃ 이하

(2) 발생기의 최적온도 : 50~60℃

(3) 발생기 구비조건

① 구조 간단, 견고, 취급 편리

② 안전성이 있을 것

③ 가열지열 발생이 적을 것

④ 산소의 역류 역화 시 위험이 미치지 않을 것

(4) 용기의 충전 중 압력은 2.5MPa 이하이다.

(5) 최고충전압력은 15℃에서 1.5MPa 이하이다.

(6) 충전 중 2.5MPa 이상 압축 시 N_2, CH_4, CO, C_2H_4의 희석제를 첨가한다.

(7) 용기에 충전 시 다공물질의 다공도는 75% 이상, 92% 미만이다.

(8) 다공물질 종류 : 석면 · 규조토 · 목탄 · 석회 · 다공성 플라스틱

핵심 59 ◆ 강관의 종류

기 호	특 징
SPP(배관용 탄소강관)	사용압력이 낮은(0.98N/mm^2 이하) 곳에 사용
SPPS(압력배관용 탄소강관)	사용압력 0.98~9.8N/mm^2 350℃ 이하에 사용
SPPH(고압배관용 탄소강관)	사용압력 9.8N/mm^2 이상에 사용
SPHT(고온배관용 탄소강관)	350℃ 이상의 온도에 사용
SPW(배관용 아크용접 탄소강관)	사용압력 0.98N/mm^2 이하 물기를 공기 가스 등의 배관에 사용
SPA(배관용 합금강관)	주로 고온도의 배관용으로 사용
SPPW(수도용 아연도금강관)	정수두 100m 이하의 급수 배관용
SPLT(저온배관용 탄소강관)	빙점 이하의 온도에 사용

핵심 60 ◆ 전동기 직결식 원심펌프 회전수(N)

$$N=\frac{120f}{p}\left(1-\frac{S}{100}\right)$$

여기서, N : 회전수(rpm)
f : 전기주파수(60Hz)
p : 모터극수
S : 미끄럼율

핵심 61 ◆ 원심펌프 운전

운전방법	변동항목	
	양 정	유 량
병열	불변	증가
직렬	증가	불변

핵심 62 ◆ 외부전원법 시공의 직류전원장치의 연결단자

구 분	연결단자
+극	불용성 양극
-극	가스배관

핵심 63 ◆ 레페반응장치

구 분	세부내용
정의	① C_2H_2을 압축하는 것은 극히 위험하나 레페(Reppe)가 연구 ② C_2H_2 및 종래 힘들고 위험한 화합물의 제조를 가능하게 한 다수의 신 반응이 발견되었고 이 신 반응을 레페반응이라 함
종류	비닐화, 에틸린산, 환중합, 카르보닐화
반응온도와 압력	온도 : 100~200℃, 압력 : 3atm
첨가물질	N_2 : 49% 또는 CO_2 : 42%

핵심 64 ◆ 회전펌프의 특징

① 구성 : 회전체와 케이싱
② 이송 : 점성이 큰 액체
③ 사용 : 고압유체펌프

핵심 65 ◆ 배관 재료의 구비조건

① 관 내 가스유통이 원활할 것
② 내부의 가스압, 외부로부터의 하중, 충격하중에 견디는 강도를 가질 것
③ 관의 접합이 용이하고 누설이 방지될 것
④ 절단가공이 용이할 것

핵심 66 ◆ 사고의 통보방법 등

1. 사고의 종류별 통보 방법 및 기한

사고의 종류	통보방법	통보기한	
		속보	상보
가. 사람이 사망한 사고	전화 또는 팩스를 이용한 통보(이하 "속보"라 한다) 및 서면으로 제출하는 상세한 통보(이하 "상보"라 한다.)	즉시	사고발생 후 20일 이내
나. 사람이 부상당하거나 중독된 사고	속보 및 상보	즉시	사고발생 후 10일 이내
다. 가스누출에 의한 폭발 또는 화재사고(가목 및 나목의 경우는 제외한다.)	속보	즉시	
라. 가스시설이 파손되거나 가스누출로 인하여 인명 대피나 공급중단이 발생한 사고(가목 및 나목의 경우는 제외한다.)	속보	즉시	
마. 사업자 등의 저장탱크에서 가스가 누출된 사고(가목부터 라목까지의 경우는 제외한다.)	속보	즉시	

[비고] 한국가스안전공사가 법 제26조 제2항에 따라 사고조사를 한 경우에는 자세하게 보고하지 않을 수 있다.

2. 사고의 통보내용에 포함되어야 하는 사항
   가. 통보자의 소속, 지위, 성명 및 연락처
   나. 사고발생 일시
   다. 사고발생 장소
   라. 사고내용(가스 종류, 양 및 확산거리 등을 포함한다.)
   마. 시설현황(시설의 종류, 위치 등을 포함한다.)
   바. 인명 및 재산의 피해현황

안전관리 Part 3

핵심 1 ◇ 정압기와 정압기필터의 분해점검주기(KGS FU551, FP551)

<table>
<tr><th colspan="2" rowspan="2">정압기별
시설별</th><th rowspan="2">주정압기</th><th rowspan="2">주정압기 기능 상실에 사용 및 월 1회 이상 작동점검을 실시하는 예비정압기</th><th colspan="3">필 터</th></tr>
<tr><th>공급 개시</th><th colspan="2">공급 개시 다음</th></tr>
<tr><td colspan="2">공급시설</td><td>2년 1회</td><td>3년 1회</td><td>1월 이내</td><td colspan="2">1년 1회</td></tr>
<tr><td rowspan="2">사용시설</td><td>첫 번째 분해점검</td><td>3년 1회</td><td rowspan="2">–</td><td rowspan="2">1월 이내</td><td>공급 개시 다음 첫번째</td><td>3년 1회</td></tr>
<tr><td>그 이후 분해점검</td><td>4년 1회</td><td>그 이후 분해점검</td><td>4년 1회</td></tr>
<tr><td colspan="3">1주 1회 이상 점검사항</td><td colspan="4">① 정압기실 전체의 작동상황
② 정압기실 가스 누출경보장치</td></tr>
</table>

핵심 2 ◇ 액화도시가스 충전설비의 용어

용 어	정 의
설계압력	용기 등의 각 부의 계산두께 또는 기계적 강도를 결정하기 위해 설계된 압력
상용압력	내압시험압력 및 기밀시험압력의 기준이 되는 압력으로 사용상태에서 해당 설비 각 부에 작용하는 최고사용압력
설정압력	안전밸브 설계상 정한 분출압력 또는 분출 개시 압력으로서 명판에 표시된 압력
축적압력	내부 유체가 배출될 때 안전밸브에 의해서 축적되는 압력으로 그 설비 내 허용될 수 있는 최대압력
초과압력	안전밸브에서 내부 유체 배출 시 설정압력 이상으로 올라가는 압력
평형 벨로즈형 안전밸브	밸브의 토출측 배압의 변화에 따라 성능 특성에 영향을 받지 않는 안전밸브
일반형 안전밸브	토출측 배압의 변화에 따라 직접적으로 성능특성에 영향을 받는 안전밸브
배압	배출물 처리설비 등으로부터 안전밸브 토출측에 걸리는 압력

핵심 3 ◇ 가연성 저장탱크와 가연성 또는 산소저장탱크 설치 시 물분무장치

시설별 \ 구 분	저장탱크 전표면	준내화구조	내화구조
탱크 상호 1m 또는 최대 직경 1/4 길이 중 큰 쪽과 거리를 유지하지 않은 경우	8L/min	6.5L/min	4L/min
저장탱크 최대직경의 1/4보다 적은 경우	7L/min	4.5L/min	2L/min

① 조작위치 : 15m(탱크 외면 15m 이상 떨어진 위치) ② 연속분무 가능시간 : 30분
③ 소화전의 호스끝 수압 : 0.35MPa ④ 방수능력 : 400L/min

구분	조건	이격거리
물분무장치가 없을 경우 탱크의 이격거리	탱크의 직경을 각각 D_1, D_2라고 했을 때	
	$(D_1+D_2)\times\frac{1}{4}>1\text{m}$ 일 때	그 길이 유지
	$(D_1+D_2)\times\frac{1}{4}<1\text{m}$ 일 때	1m 유지
저장탱크를 지하에 설치 시	상호간 1m 이상 유지	

액화가스 저장탱크의 경우 온도상승방지 시 물분무 · 살수장치 설치 시 탱크 전 표면 방사량 : 5L/min, 준내화구조 : 2.5L/min

핵심 4 ◇ 연소기구 노즐에서 가스 분출량(m^3/hr)

공 식	기 호	예 제
$Q=0.009D^2\sqrt{\frac{h}{d}}$	Q : 가스 분출량(m^3/h) D : 노즐 직경(mm) K : 계수 h : 분출압력(mmH_2O) d : 비중	노즐 직경 0.5mm, 280mmH_2O의 압력에서 비중 1.7인 노즐에서 가스 분출량(m^3/h) $Q=0.009\times(0.5)^2\times\sqrt{\frac{280}{1.7}}=0.029\text{m}^3/\text{h}$
$Q=0.011KD^2\sqrt{\frac{h}{d}}$		상기 문제에서 계수 K값이 주어지면 $Q=0.011KD^2\sqrt{\frac{h}{d}}$ 의 식으로 계산

핵심 5 ◇ 운반책임자 동승기준

운반형태 구분	가스 종류		독성 허용농도(ppm) 기준 및 비독성의 가연성 · 조연성	적재용량(압축(m^3), 액화(kg))
용기운반	독성	압축가스	200 초과	100m^3 이상
			200 이하	10m^3 이상
		액화가스	200 초과	1000kg 이상
			200 이하	100kg 이상
	비독성	압축가스	가연성	300m^3 이상
			조연성	600m^3 이상
		액화가스	가연성	3000kg 이상※
			조연성	6000kg 이상

※ 가연성 액화가스 용기 중 납붙임용기 및 접합용기의 경우는 2000kg 이상 운반책임자 동승

운반형태 구분	가스 종류	독성 허용농도(ppm) 기준 및 비독성의 가연성 · 조연성	적재용량(압축(m^3), 액화(kg))
차량고정탱크 (운행거리 200km 초과 시에만 운반책임자 동승)	압축가스	독성	100m^3 이상
		가연성	300m^3 이상
		조연성	600m^3 이상
	액화가스	독성	1000kg 이상
		가연성	3000kg 이상
		조연성	6000kg 이상

핵심 6 ◆ 차량 고정탱크의 내용적 한계(L)

구 분	내용적(L)
독성(NH_3 제외)	12000L 초과 금지
가연성(LPG 제외)	18000L 초과 금지

핵심 7 ◆ LPG 저장소 시설기준 충전용기 집적에 의한 저장(30L 이하 용접용기)

구 분	항 목
실외 저장소 주위	경계책 설치
경계책과 용기 보관장소 이격거리	20m 이상 거리 유지
충전용기와 잔가스용기 보관장소 이격거리	1.5m 이상
용기 단위 집적량	30톤 초과 금지

핵심 8 ◆ 소화설비의 비치(KGS GC207)

(1) 차량 고정탱크 운반 시

구 분	소화약제명	비치 수	가스 종류에 따른 능력단위	
			BC용 B-10 이상 또는 ABC용 B-12 이상	BC용 B-8 이상 또는 ABC용 B-10 이상
소화제 종류	분말소화제	차량 좌우 각각 1개 이상	가연성	산소

(2) 독성 가스 중 가연성 가스를 용기로 운반 및 독성가스 이외의 충전용기 운반 시(단, 5kg 이하 운반 시는 제외) 소화제는 분말소화제 사용

운반가스량		비치 개수	분말소화제
압축액화	100m^3 이상 1000kg 이상	2개 이상	BC용 또는 ABC용 B-6(약제중량 4.5kg) 이상
	15m^3 초과 100m^3 미만 150kg 초과 1000kg 미만	1개 이상	
	15m^3 이하 150kg 이하	1개 이상	B-3 이상

핵심 9 ◆ 보호시설과 유지하여야 할 안전거리(m) (고법 시행규칙 별표 2, 별표 4, KGS FP112)

개 요	고압가스 처리 저장설비의 유지거리 규정 지하저장설비는 규정 안전거리 1/2 이상 유지 저장능력(압축가스 : m^3, 액화가스 : kg)		
구 분	저장능력	제1종 보호시설	제2종 보호시설
처리 및 저장능력		학교, 유치원, 어린이집, 놀이방, 어린이놀이터, 학원, 병원, 도서관, 청소년수련시설, 경로당, 시장, 공중목욕탕, 호텔, 여관, 극장, 교회, 공회당 300인 이상(예식장, 장례식장, 전시장), 20인 이상 수용 건축물(아동복지 장애인복지시설) 면적 $1000m^2$ 이상인 곳, 지정문화재 건축물	주택 연면적 $100m^2$ 이상 $1000m^2$ 미만
산소의 저장설비	1만 이하	12m	8m
	1만 초과 2만 이하	14m	9m
	2만 초과 3만 이하	16m	11m
	3만 초과 4만 이하	18m	13m
	4만 초과	20m	14m
독성 가스 또는 가연성 가스의 저장설비	1만 이하	17m	12m
	1만 초과 2만 이하	21m	14m
	2만 초과 3만 이하	24m	16m
	3만 초과 4만 이하	27m	18m
	4만 초과 5만 이하	30m	20m
	5만 초과 99만 이하	30m (가연성 가스 저온 저장탱크는 $\frac{3}{25}\sqrt{X+10000}\,\text{m}$)	20m (가연성 가스 저온 저장탱크는 $\frac{2}{25}\sqrt{X+10000}\,\text{m}$)
	99만 초과	30m (가연성 가스 저온 저장탱크는 120m)	20m (가연성 가스 저온 저장탱크는 80m)

핵심 10 ◆ 다중이용시설(액화석유가스 안전관리법 별표 2)

관계 법령	시설의 종류
유통산업발전법	대형 백화점, 쇼핑센터 및 도매센터
항공법	공항의 여객청사
여객자동차운수법	여객자동차터미널
국유철도특례법	철도역사
관광진흥법	① 관광호텔 관광객 이용시설 ② 종합유원지 시설 중 전문 종합휴양업 시설

관계 법령	시설의 종류
한국마사회법	경마장
청소년기본법	청소년수련시설
의료법	종합병원
항만법	종합여객시설
시·도지사 지정시설	고압가스 저장능력 100kg 초과 시설

핵심 11 ◆ 산소, 수소, 아세틸렌 품질검사(고법 시행규칙 별표 4, KGS FP112 3.2.2.9)

항 목	간추린 핵심내용		
검사장소	1일 1회 이상 가스제조장		
검사자	안전관리책임자가 실시 부총괄자와 책임자가 함께 확인 후 서명		
해당 가스 및 판정기준			
해당 가스	순 도	시약 및 방법	합격온도, 압력
산소	99.5% 이상	동암모니아 시약, 오르자트법	35℃, 11.8MPa 이상
수소	98.5% 이상	피로카롤시약, 하이드로설파이드시약, 오르자트법	35℃, 11.8MPa 이상
아세틸렌	① 발연황산 시약을 사용한 오르자트법, 브롬 시약을 사용한 뷰렛법에서 순도가 98% 이상 ② 질산은 시약을 사용한 정성시험에서 합격한 것		

핵심 12 ◆ 용기 안전점검 유지관리(고법 시행규칙 별표 18)

① 용기 내 외면을 점검하여 위험한 부식, 금, 주름 등이 있는지 여부 확인
② 용기는 도색 및 표시가 되어 있는지 여부 확인
③ 용기의 스커트에 찌그러짐이 있는지 사용할 때 위험하지 않도록 적정간격을 유지하고 있는지 확인
④ 유통 중 열영향을 받았는지 점검하고, 열영향을 받은 용기는 재검사 실시
⑤ 용기는 캡이 씌워져 있거나 프로텍터가 부착되어 있는지 여부 확인
⑥ 재검사 도래 여부 확인
⑦ 용기의 아랫부분 부식상태 확인
⑧ 밸브의 몸통 충전구나사, 안전밸브에 지장을 주는 흠, 주름, 스프링 부식 등이 있는지 확인
⑨ 밸브의 그랜드너트가 고정핀에 의하여 이탈방지 조치가 되어 있는지 여부 확인
⑩ 밸브의 개폐조작이 쉬운 핸들이 부착되어 있는지 여부 확인
⑪ 용기에는 충전가스 종류에 맞는 용기 부속품이 부착되어 있는지 여부 확인

핵심 13 ◆ 위험장소 분류, 가스시설 전기방폭기준(KGS GC201)

(1) 위험장소 분류

가연성 가스가 폭발할 위험이 있는 농도에 도달할 우려가 있는 장소(이하 "위험장소"라 한다)의 등급은 다음과 같이 분류한다.

구분	정의	[해당 사용 방폭구조]
0종 장소	상용의 상태에서 가연성 가스의 농도가 연속해서 폭발하한계 이상으로 되는 장소(폭발상한계를 넘는 경우에는 폭발한계 이내로 들어갈 우려가 있는 경우를 포함한다)	0종 : 본질안전방폭구조
1종 장소	상용상태에서 가연성 가스가 체류해 위험하게 될 우려가 있는 장소, 정비, 보수 또는 누출 등으로 인하여 종종 가연성 가스가 체류하여 위험하게 될 우려가 있는 장소	1종 : 본질안전방폭구조 유입방폭구조 압력방폭구조 내압방폭구조
2종 장소	① 밀폐된 용기 또는 설비 안에 밀봉된 가연성 가스가 그 용기 또는 설비의 사고로 인하여 파손되거나 오조작의 경우에만 누출할 위험이 있는 장소 ② 확실한 기계적 환기조치에 따라 가연성 가스가 체류하지 아니하도록 되어 있으나 환기장치에 이상이나 사고가 발생한 경우에는 가연성 가스가 체류해 위험하게 될 우려가 있는 장소 ③ 1종 장소의 주변 또는 인접한 실내에서 위험한 농도의 가연성 가스가 종종 침입할 우려가 있는 장소	2종 : 본질안전방폭구조 유입방폭구조 내압방폭구조 압력방폭구조 안전증방폭구조

(2) 가스시설 전기방폭기준

종 류	표시방법	정 의
내압방폭구조	d	방폭전기기기(이하 "용기") 내부에서 가연성 가스의 폭발이 발생할 경우 그 용기가 폭발압력에 견디고, 접합면, 개구부 등을 통해 외부의 가연성 가스에 인화되지 않도록 한 구조를 말한다.
유입방폭구조	o	용기 내부에 절연유를 주입하여 불꽃·아크 또는 고온발생부분이 기름 속에 잠기게 함으로써 기름면 위에 존재하는 가연성 가스에 인화되지 않도록 한 구조를 말한다.
압력방폭구조	p	용기 내부에 보호가스(신선한 공기 또는 불활성 가스)를 압입하여 내부압력을 유지함으로써 가연성 가스가 용기 내부로 유입되지 않도록 한 구조를 말한다.
안전증방폭구조	e	정상운전 중에 가연성 가스의 점화원이 될 전기불꽃·아크 또는 고온부분 등의 발생을 방지하기 위해 기계적, 전기적 구조상 또는 온도상승에 대해 특히 안전도를 증가시킨 구조를 말한다.
본질안전방폭구조	ia, ib	정상 시 및 사고(단선, 단락, 지락 등) 시에 발생하는 전기불꽃·아크 또는 고온부로 인하여 가연성 가스가 점화되지 않는 것이 점화시험, 그 밖의 방법에 의해 확인된 구조를 말한다.
특수방폭구조	s	상기 구조 이외의 방폭구조로서 가연성 가스에 점화를 방지할 수 있다는 것이 시험, 그 밖의 방법으로 확인된 구조를 말한다.
비점화방폭구조	n	2종 장소에 사용되는 가스증기 방폭기기 등에 적용하고, 폭발성 가스 분위기 등에 사용, 전기기기 구조시험 표시 등에 대하여 규정된 방폭구조
몰드방폭구조	m	폭발성 가스의 증기입자 잠재적 위험부위에 사용하고, 정격전압 11000V를 넘지 않는 전기제품 등에 대한 시험요건에 대하여 규정된 방폭구조

(3) 방폭기기 선정

내압방폭구조의 폭발등급			
최대안전틈새 범위(mm)	0.9 이상	0.5 초과 0.9 미만	0.5 이하
가연성 가스의 폭발등급	A	B	C
방폭전기기기의 폭발등급	II A	II B	II C

※ 최대안전틈새는 내용적이 8리터이고, 틈새깊이가 25mm인 표준용기 안에서 가스가 폭발할 때 발생한 화염이 용기 밖으로 전파하여 가연성 가스에 점화되지 않는 최대값

본질안전방폭구조의 폭발등급			
최소점화전류비의 범위(mm)	0.8 초과	0.45 이상 0.8 이하	0.45 미만
가연성 가스의 폭발등급	A	B	C
방폭전기기기의 폭발등급	II A	II B	II C

※ 최소점화전류비는 메탄가스의 최소점화전류를 기준으로 나타낸다.

가연성 가스 발화도 범위에 따른 방폭전기기기의 온도 등급	
가연성 가스의 발화도(℃) 범위	방폭전기기기의 온도 등급
450 초과	T1
300 초과 450 이하	T2
200 초과 300 이하	T3
135 초과 200 이하	T4
100 초과 135 이하	T5
85 초과 100 이하	T6

(4) 기타 방폭전기기기 설치에 관한 사항

기기 분류	간추린 핵심내용
용기	방폭 성능을 손상시킬 우려가 있는 유해한 흠, 부식, 균열, 기름 등 누출부위가 없도록 할 것
방폭전기기기 결합부의 나사류를 외부에서 조작 시 방폭성능 손상우려가 있는 것	드라이버, 스패너, 플라이어 등의 일반 공구로 조작할 수 없도록 한 자물쇠식 죄임구조로 한다.
방폭전기기기 설치에 사용되는 정션박스, 풀박스 접속함	내압방폭구조 또는 안전증방폭구조
조명기구를 천장, 벽에 매달 경우	바람, 진동에 견디도록 하고, 관의 길이를 짧게 한다.

(5) 도시가스 공급시설에 설치하는 정압기실 및 구역압력조정기실 개구부와 RTU(Remote Terminal Unit) Box와 유지거리

지구정압기 건축물 내 지역정압기 및 공기보다 무거운 가스를 사용하는 지역정압기	4.5m 이상
공기보다 가벼운 가스를 사용하는 지역정압기 및 구역압력조정기	1m 이상

핵심 14 ◆ 가스계량기, 호스이음부, 배관의 이음부 유지거리(단, 용접이음부 제외)

항목		해당법규 및 항목구분에 따른 이격거리
전기계량기, 전기개폐기		법령 및 사용, 공급 관계없이 무조건 60cm 이상
전기점멸기, 전기접속기	30cm 이상	공급시설의 배관이음부, 사용시설 가스계량기
	15cm 이상	LPG, 도시 사용시설(배관이음부, 호스이음부)
단열조치하지 않은 굴뚝	30cm 이상	① LPG공급시설(배관이음부) ② LPG, 도시 사용시설의 가스계량기
	15cm 이상	① 도시가스공급시설(배관이음부) ② LPG, 도시 사용시설(배관이음부)
절연조치하지 않은 전선	30cm 이상	LPG공급시설(배관이음부)
	15cm 이상	도시가스공급, LPG, 도시가스 사용시설(배관이음부, 가스계량기)
절연조치한 전선		항목, 법규 구분없이 10cm 이상
공급시설		배관이음부
사용시설		배관이음부, 호스이음부, 가스계량기

핵심 15 ◆ 산업통상자원부령으로 정하는 고압가스 관련 설비(특정설비)

① 안전밸브 · 긴급차단장치 · 역화방지장치
② 기화장치
③ 압력용기
④ 자동차용 가스 자동주입기
⑤ 독성 가스 배관용 밸브
⑥ 냉동설비(일체형 냉동기는 제외)를 구성하는 압축기 · 응축기 · 증발기 또는 압력용기
⑦ 특정고압가스용 실린더 캐비닛
⑧ 자동차용 압축천연가스 완속충전설비(처리능력이 시간당 18.5m^3 미만인 충전설비를 말함)
⑨ 액화석유가스용 용기 잔류가스 회수장치

핵심 16 ◇ 방호벽 적용(KGS FP111 2.7.2)

구 분	적용시설
고압가스 일반제조 중 C_2H_2가스 또는 압력이 9.8MPa 이상 압축가스 충전 시	① 압축기와 당해 충전장소 사이 ② 압축기와 당해 충전용기 보관장소 사이 ③ 당해 충전장소와 당해 가스 충전용기 보관장소 사이 및 당해 충전장소와 당해 충전용 주관밸브 사이 암기를 위한 용어(압축기를 기준으로) : ① 충전장소 ② 충전용기 보관장소 ③ 충전용 주관 밸브
고압가스 판매시설	용기보관실의 벽
특정고압가스	압축($60m^3$), 액화(300kg) 이상 사용시설의 용기보관실 벽
충전시설	저장탱크와 가스 충전장소
저장탱크	사업소 내 보호시설

핵심 17 ◇ 압력조정기

(1) 종류에 따른 입구 · 조정 압력 범위

종 류	입구압력(MPa)		조정압력(kPa)
1단 감압식 저압조정기	0.07 ~ 1.56		2.3 ~ 3.3
1단 감압식 준저압조정기	0.1 ~ 1.56		5.0 ~ 30.0 이내에서 제조자가 설정한 기준압력의 ±20%
2단 감압식 1차용 조정기	용량 100kg/h 이하	0.1 ~ 1.56	57.0 ~ 83.0
	용량 100kg/h 초과	0.3 ~ 1.56	
2단 감압식 2차용 저압조정기	0.01 ~ 0.1 또는 0.025 ~ 0.1		2.30 ~ 3.30
2단 감압식 2차용 준저압조정기	조정압력 이상 ~ 0.1		5.0 ~ 30.0 이내에서 제조자가 설정한 기준압력의 ±20%
자동절체식 일체형 저압조정기	0.1 ~ 1.56		2.55 ~ 3.3
자동절체식 일체형 준저압조정기	0.1 ~ 1.56		5.0 ~ 30.0 이내에서 제조자가 설정한 기준압력의 ±20%
그 밖의 압력조정기	조정압력 이상 ~ 1.56		5kPa를 초과하는 압력 범위에서 상기압력조정기 종류에 따른 조정압력에 해당하지 않는 것에 한하며, 제조자가 설정한 기준압력의 ±20%일 것

(2) 종류별 기밀시험압력

구분 \ 종류	1단 감압식 저압	1단 감압식 준저압	2단 감압식 1차용	2단 감압식 2차용		자동절체식		그 밖의 조정기
				저 압	준저압	저 압	준저압	
입구측 (MPa)	1.56 이상	1.56 이상	1.8 이상	0.5 이상		1.8 이상		최대입구압력 1.1배 이상
출구측 (kPa)	5.5	조정압력의 2배 이상	150 이상	5.5	조정압력의 2배 이상	5.5	조정압력의 2배 이상	조정압력의 1.5배

(3) 조정압력이 3.30kPa 이하인 안전장치 작동압력

항 목	압 력(kPa)
작동 표준	7.0
작동 개시	5.60 ~ 8.40
작동 정지	5.04 ~ 8.40

(4) 최대폐쇄압력

항 목	압 력(kPa)
1단 감압식 저압조정기	3.50 이하
2단 감압식 2차용 저압조정기	
자동 절체식 일체형 저압조정기	
2단 감압식 1차용 조정기	95.0 이하
1단 감압식 준저압 · 자동절체식	조정압력의 1.25배 이하
일체형 준저압 그 밖의 조정기	

핵심 18 ◆ 항구증가율(%)

항 목		세부 핵심내용
공식		$\frac{\text{항구증가량}}{\text{전증가량}} \times 100$
합격기준	신규검사	10% 이하
	재검사	10% 이하(질량검사 95% 이상 시)
		6% 이하(질량검사 90% 이상, 95% 미만 시)

핵심 19 ◇ 부취제

(1) 부취제 관련 핵심내용

종 류 / 특 성	TBM (터시어리부틸메르카부탄)	THT (테트라하이드로티오페)	DMS (디메틸설파이드)
냄새 종류	양파 썩는 냄새	석탄가스 냄새	마늘 냄새
강도	강함	보통	약간 약함
혼합 사용 여부	혼합 사용	단독 사용	혼합 사용
부취제 주입설비			
액체주입식	펌프주입방식, 적하주입방식, 미터연결 바이패스방식		
증발식	위크 증발식, 바이패스방식		
부취제 주입농도	$\frac{1}{1000}=0.1\%$ 정도		
토양의 투과성 순서	DMS > TBM > THT		
부취제 구비조건	① 독성이 없을 것 ② 화학적으로 안정할 것 ③ 보통 냄새와 구별될 것 ④ 토양에 대한 투과성이 클 것 ⑤ 완전연소할 것 ⑥ 물에 녹지 않을 것 ⑦ 가스관, 가스미터에 흡착되지 않을 것		

(2) 고압 · LPG · 도시가스의 냄새나는 물질의 첨가(KGS FP331 3.2.1.1)

항 목		간추린 세부 핵심내용
공기 중 혼합비율 용량(%)		1/1000(0.1%)
냄새농도 측정방법		① 오더미터법(냄새측정기법) ② 주사기법 ③ 냄새주머니법 ④ 무취실법
시료기체 희석배수 (시료기체 양÷시험가스 양)		① 500배 ② 1000배 ③ 2000배 ④ 4000배
용어설명	패널(panel)	미리 선정한 정상적인 후각을 가진 사람으로서 냄새를 판정하는 자
	시험자	냄새농도 측정에 있어서 희석조작을 하여 냄새농도를 측정하는 자
	시험가스	냄새를 측정할 수 있도록 기화시킨 가스
	시료기체	시험가스를 청정한 공기로 희석한 판정용 기체
기타 사항		① 패널은 잡담을 금지한다. ② 희석배수의 순서는 랜덤하게 한다. ③ 연속측정 시 30분마다 30분간 휴식한다.

핵심 20 ◇ 다공도

개 요	C_2H_2 용기에 가스충전 시 빈 공간으로부터 확산폭발 위험을 없애기 위하여 용기에 주입하는 안정된 물질을 다공물질이라 하며, 다공물질이 빈 공간으로부터 차지하는 부피 %를 말함		
관련 계산식	**고압가스 안전관리법의 유지하여야 하는 다공도(%)**	**다공물질의 종류**	**다공물질의 구비조건**
다공도(%) $= \frac{V-E}{V} \times 100$ V : 다공물질의 용적 E : 침윤 잔용적	75 이상 92 미만	① 규조토 ② 목탄 ③ 석회 ④ 석면 ⑤ 산화철 ⑥ 탄산마그네슘	① 화학적으로 안정할 것 ② 기계적 강도가 있을 것 ③ 고다공도일 것 ④ 가스충전이 쉬울 것 ⑤ 경제적일 것
참고 예제문제		**다공도 측정**	
다공물질의 용적 170m³, 침윤 잔용적 100m³인 다공도 계산 다공도 $= \frac{170-100}{170} \times 100 = 41.18\%$		20℃에서 아세톤 또는 물의 흡수량으로 측정	

핵심 21 ◇ 용기 및 특정설비의 재검사기간

용기 종류		신규검사 후 경과연수		
		15년 미만	15년 이상 20년 미만	20년 이상
		재검사주기		
LPG 제외 용접용기	500L 이상	5년마다	2년마다	1년마다
	500L 미만	3년마다	2년마다	1년마다
LPG 용기	500L 이상	5년마다	2년마다	1년마다
	500L 미만	5년마다		2년마다
이음매 없는 용기 및 복합재료 용기	500L 이상	5년마다		
	500L 미만	신규검사 후 10년 이하	5년마다	
		신규검사 후 10년 초과	3년마다	
LPG 복합재료 용기		5년마다		
특정설비 종류		**신규검사 후 경과연수**		
		15년 미만	**15년 이상 20년 미만**	**20년 이상**
		재검사 주기		
차량고정탱크		5년마다	2년마다	1년마다
저장탱크		5년마다(재검사 불합격 수리 시 3년 음향방출시험으로 안전한 것은 5년마다) 이동 설치 시 이동할 때마다		
안전밸브 긴급차단장치		검사 후 2년 경과 시 설치되어 있는 저장탱크의 재검사 때마다		
기화장치	저장탱크와 함께 설치	검사 후 2년 경과 해당 탱크의 재검사 때마다		
	저장탱크 없는 곳에 설치	3년마다		
	설치되지 아니한 것	2년마다		
압력용기		4년마다		

핵심 22 ◇ 용기의 각인사항

기 호	내 용	단 위
V	내용적	L
W	밸브 부속품을 포함하지 아니한 용기(분리할 수 있는 것에 한함) 질량	kg
T_w	아세틸렌용기에 있어 용기 질량에 다공물질 용제 및 밸브의 질량을 합한 질량	kg
T_P	내압시험압력	MPa
F_P	최고충전압력	MPa
t	500L 초과 용기 동판두께	mm

그 이외에 표시사항

① 용기 제조업자의 명칭 또는 약호
② 충전하는 명칭
③ 용기의 번호

핵심 23 ◇ 시설별 이격거리

시 설	이격거리
가연성 제조시설과 가연성 제조시설	5m 이상
가연성 제조시설과 산소 제조시설	10m 이상
액화석유가스 충전용기와 잔가스용기	1.5m 이상
탱크로리와 저장탱크	3m 이상

핵심 24 ◇ 차량고정탱크 운반기준

항 목	내 용
두 개 이상의 탱크를 동일차량에 운반 시	① 탱크마다 주밸브 설치 ② 탱크 상호 탱크와 차량 고정부착 조치 ③ 충전관에 안전밸브, 압력계 긴급탈압밸브 설치
LPG를 제외한 가연성 산소	18000L 이상 운반금지
NH_3를 제외한 독성	12000L 이상 운반금지
액면요동방지를 위해 하는 조치	방파판 설치
차량의 뒷범퍼와 이격거리	① 후부취출식 탱크(주밸브가 탱크 뒤쪽에 있는 것) : 40cm 이상 이격 ② 후부취출식 이외의 탱크 : 30cm 이상 이격 ③ 조작상자(공구 등 기타 필요한 것을 넣는 상자) : 20cm 이상 이격
기타	돌출 부속품에 대한 보호장치를 하고, 밸브콕 등에 개폐방향을 표시할 것

핵심 25 ◆ 가스 혼합 시 압축하여서는 안 되는 경우

혼합가스의 종류	압축 불가능 혼합(%)
가연성(C_2H_2, C_2H_4, H_2 제외) 중 산소의 함유(%)	4% 이상
산소 중 가연성(C_2H_2, C_2H_4, H_2 제외) 함유(%)	4% 이상
C_2H_2, H_2, C_2H_4 중 산소 함유(%)	2% 이상
산소 중 C_2H_2, H_2, C_2H_4	2% 이상

핵심 26 ◆ 긴급이송설비(벤트스택, 플레어스택)

가연성, 독성 고압설비 중 특수반응설비 긴급차단장치를 설치한 고압가스 설비에 이상 사태 발생 시 설비 내용물을 긴급 · 안전하게 이송시킬 수 있는 설비

<table>
<tr><th rowspan="3">항 목</th><th colspan="4">시설명</th></tr>
<tr><th colspan="2">벤트스택</th><th colspan="2" rowspan="2">플레어스택</th></tr>
<tr><th>긴급용(공급시설) 벤트스택</th><th>그 밖의 벤트스택</th></tr>
<tr><td>개요</td><td colspan="2">독성, 가연성 가스를 방출시키는 탑</td><td>개요</td><td>가연성 가스를 연소시켜 방출시키는 탑</td></tr>
<tr><td rowspan="2">착지농도</td><td colspan="2">가연성 : 폭발하한계값 미만의 높이</td><td rowspan="2">발생 복사열</td><td rowspan="2">제조시설에 나쁜 영향을 미치지 아니하도록 안전한 높이 및 위치에 설치</td></tr>
<tr><td colspan="2">독성 : TLV-TWA 기준농도값 미만이 되는 높이</td></tr>
<tr><td>독성 가스 방출 시</td><td colspan="2">제독 조치 후 방출</td><td>재료 및 구조</td><td>발생 최대열량에 장시간 견딜 수 있는 것</td></tr>
<tr><td>정전기 낙뢰의 영향</td><td colspan="2">착화방지 조치를 강구, 착화 시 즉시 소화조치 강구</td><td>파일럿 버너</td><td>항상 점화하여 폭발을 방지하기 위한 조치가 되어 있는 것</td></tr>
<tr><td>벤트스택 및 연결배관의 조치</td><td colspan="2">응축액의 고임을 제거 및 방지 조치</td><td>지표면에 미치는 복사열</td><td>4000kcal/m^2 · h 이하</td></tr>
<tr><td>액화가스가 함께 방출되거나 급랭 우려가 있는 곳</td><td>연결된 가스공급 시설과 가장 가까운 곳에 기액분리기 설치</td><td>액화가스가 함께 방출되지 아니하는 조치</td><td rowspan="2">긴급이송설비로부터 연소하여 안전하게 방출시키기 위하여 행하는 조치사항</td><td rowspan="2">① 파일럿 버너를 항상 작동할 수 있는 자동점화장치 설치 및 파일럿 버너가 꺼지지 않도록 자동점화장치 기능이 완전히 유지되도록 설치
② 역화 및 공기혼합 폭발방지를 위하여 갖추는 시설
• Liquid Seal 설치
• Flame Arrestor 설치
• Vapor Seal 설치
• Purge Gas의 지속적 주입
• Molecular 설치</td></tr>
<tr><td>방출구 위치 (작업원이 정상작업의 필요장소 및 항상 통행장소로부터 이격거리)</td><td>10m 이상</td><td>5m 이상</td></tr>
</table>

핵심 27 ◇ 액화석유가스 중량 판매기준 (액화석유가스 통합 고시 제6장 액화석유가스 공급방법 기준)

항 목		내 용
적용 범위		가스공급자가 중량 판매방법으로 공급하는 경우와 잔량가스 확인방법에 대하여 적용
중량으로 판매하는 사항	내용적	30L 미만 용기로 사용 시
	주택 제외 영업장 면적	$40m^2$ 이하인 곳 사용 시
	사용기간	6개월만 사용 시
	용도	① 산업용, 선박용, 농축산용 사용 및 그 부대시설에서 사용 ② 경로당 및 가정보육시설에서 사용 시
	기타	① 단독주택에서 사용 시 ② 체적 판매방법으로 판매 곤란 시 ③ 용기를 이동하면서 사용 시

핵심 28 ◇ 저장능력에 따른 액화석유가스 사용시설과 화기와 우회거리

저장능력	화기와 우회거리(m)
1톤 미만	2m
1톤 이상 3톤 미만	5m
3톤 이상	8m
저장설비, 감압설비 외면	8m

핵심 29 ◇ LPG 자동차에 고정된 용기충전소에 설치 가능 건축물의 종류 (액화석유가스 안전관리법 시행규칙 별표 3)

구 분	대상 건축물 또는 시설
해당 충전시설	① 작업장 ② 업무용 사무실 회의실 ③ 관계자 근무대기실 ④ 충전사업자가 운영하는 용기재검사시설 ⑤ 종사자의 숙소 ⑥ 충전소 내 면적 $100m^2$ 이하 식당 ⑦ 면적 $100m^2$ 이하 비상발전기 공구 보관을 위한 창고 ⑧ 충전소, 출입 대상자(자동판매기, 현금자동지급기, 소매점, 전시장) ⑨ 자동차세정의 세차시설
상기의 ①~⑨까지의 건축물 시설은 저장 가스설비 및 자동차에 고정된 탱크 이입 충전장소 외면으로부터 직선거리 8m 이상 이격	

핵심 30 ◇ 안전간격에 따른 폭발 등급

폭발 등급	안전간격	해당 가스
1등급	0.6mm 이상	메탄, 에탄, 프로판, 부탄, 암모니아, 일산화탄소, 아세톤, 벤젠
2등급	0.4mm 이상 0.6mm 미만	에틸렌, 석탄가스
3등급	0.4mm 미만	이황화탄소, 수소, 아세틸렌, 수성가스

핵심 31 ◇ 용기의 각인사항

기 호	내 용	단 위
V	내용적	L
W	초저온용기 이외의 용기에 밸브 부속품을 포함하지 아니한 용기 질량	kg
T_w	아세틸렌용기에 있어 용기 질량에 다공물질 용제 및 밸브의 질량을 합한 질량	kg
T_P	내압시험압력	MPa
F_P	최고충전압력	MPa
t	500L 초과 용기 동판두께	mm

그 이외에 표시사항
① 용기 제조업자의 명칭 또는 약호 ② 충전하는 명칭 ③ 용기의 번호

핵심 32 ◇ 용기밸브 나사의 종류, 용기밸브 충전구나사

구 분		핵심내용
용기밸브 나사	A형	밸브의 나사가 수나사인 것
	B형	밸브의 나사가 암나사인 것
	C형	밸브의 나사가 없는 것
용기밸브의 충전구나사	왼나사	NH_3와 CH_3Br을 제외한 모든 가연성 가스
	오른나사	NH_3, CH_3Br을 포함한 가연성이 아닌 모든 가스
전기설비의 방폭시공 여부		① NH_3, CH_3Br을 제외한 모든 가연성 가스 시설의 전기설비는 방폭구조로 시공한다. ② NH_3, CH_3Br을 포함한 가연성이 아닌 가스는 방폭구조로 시공하지 않아도 된다.

핵심 33 ◆ 차량 고정탱크(탱크로리) 운반기준

항 목	내 용
두 개 이상의 탱크를 동일차량에 운반 시	① 탱크마다 주밸브 설치 ② 탱크 상호 탱크와 차량 고정부착 조치 ③ 충전관에 안전밸브, 압력계 긴급탈압밸브 설치
LPG를 제외한 가연성 산소	18000L 이상 운반금지
NH_3를 제외한 독성	12000L 이상 운반금지
액면요동방지를 위해 하는 조치	방파판 설치
차량의 뒷범퍼와 이격거리	① 후부취출식 탱크(주밸브가 탱크 뒤쪽에 있는 것) : 40cm 이상 이격 ② 후부취출식 이외의 탱크 : 30cm 이상 이격 ③ 조작상자(공구 등 기타 필요한 것을 넣는 상자) : 20cm 이상 이격
기타	돌출 부속품에 대한 보호장치를 하고, 밸브콕 등에 개폐표시 방향을 할 것
참고사항	LPG 차량 고정탱크(탱크로리)에 가스를 이입할 수 있도록 설치되는 로딩암을 건축물 내부에 설치 시 통풍을 양호하게 하기 위하여 환기구를 설치, 이때 환기구 면적의 합계는 바닥면적의 6% 이상

☺ 수험생 여러분, 시험에는 독성 가스 12000L 이상 운반금지에 대한 것이 출제되었습니다. 하지만, 상기의 이론 내용 어느 것도 출제될 가능성이 있습니다. 12000L만 문제에서 기억하여 시험보러 가시겠습니까? 상기 모든 내용을 습득하여 합격의 영광을 가지시겠습니까?

핵심 34 ◆ 고압가스 용기에 의한 운반기준(KGS GC206)

<table>
<tr><th colspan="2">구 분</th><th>독성 가스 용기운반기준</th><th>독성 가스 용기 이외 용기운반기준</th></tr>
<tr><td rowspan="2">차량 구조</td><td>허용농도 100만분의 200 초과 시</td><td colspan="2">① 적재함에 리프트 설치
② 리프터 설치 예외 경우
• 용기보관실 바닥이 운반차량 적재함 최저 높이로 설치된 경우
• 용기 상하차 설비가 설치된 업소에서 공급하는 경우
• 적재능력 1톤 이하 차량</td></tr>
<tr><td>허용농도 100만분의 200 이하</td><td colspan="2">① 용기 승하차용 리프트와 밀폐된 구조의 적재함이 부착된 전용차량(독성 가스 전용차량)으로 운반
② 단, 내용적 1000L 이상 충전용기는 독성 가스 운반전용차량으로 운반하지 않아도 된다.</td></tr>
<tr><td colspan="2">경계표지</td><td>① 차량 앞뒤의 보기 쉬운 곳에 붉은 글씨로 위험고압가스 독성 가스 표시 상호 전화번호 운반기준, 위반행위 신고할 수 있는 허가신고 등록관청 전화번호표시, 적색상 각기 표시
② RTC 차량의 경우는 좌우에서 볼 수 있도록</td><td>독성 가스 경계표시에서 독성 가스 문구를 제외 그 밖의 표시방법은 동일</td></tr>
</table>

구 분		독성 가스 용기운반기준	독성 가스 용기 이외 용기운반기준
경계 표시규격	직사각형	① 가로 : 차폭의 30% 이상 ② 세로 : 가로의 20% 이상	
	정사각형	전체 경계면적을 600cm^2 이상	
	적색삼각기	가로 : 40cm 이상, 세로 : 30cm 이상, 바탕색 : 적색, 글자색 : 황색	
보호장비 (월 1회 이상 점검)		방독면, 고무장갑, 고무장화, 기타 보호구 및 제독제, 자재공구	가연성 또는 산소의 경우, 소화설비 재해발생방지를 위한 자재 및 공구
적재		① 충전용기는 적재함에 세워 적재 ② 차량의 최대적재량, 적재함을 초과하지 아니할 것 ③ 납붙임 접합용기의 경우 보호망을 적재함에 세워 적재한다. ④ 충전용기는 고무링을 씌우거나 적재함에 세워 적재한다. ⑤ 충전용기는 로프, 그물공구 등으로 확실하게 묶어 적재 운반차량 뒷면에 두께 5mm 이상, 폭 100mm 이상 범퍼 또는 동등 효과의 완충장치 설치 ⑥ 독성 중 가연성, 조연성을 동일차량에 적재금지 ⑦ 밸브 돌출용기는 밸브 손상방지 조치 ⑧ 충전용기 상하차 시 완충판을 이용 ⑨ 충전용기 이륜차 운반금지 ⑩ 염소와 아세틸렌, 암모니아, 수소는 동일차량 적재금지 ⑪ 가연성 산소는 충전용기 밸브가 마주보지 않도록 적재 ⑫ 충전용기와 위험물관리법의 위험물과 동일차량 적재금지	① 충전용기는 고압가스 전용 운반차량에 세워서 적재 ② 충전용기는 이륜차에 적재운반금지(단, 차량통행 곤란지역 LPG 충전용기는 운반전용 적재함이 장착되어 있거나 20kg 이하 2개를 초과하지 않을 경우 이륜차 운반 가능) 그 밖에 좌측의 ⑩, ⑪, ⑫항 동일 운반 등의 기준 적용 제외 ① 운반의 양이 13kg(압축 1.3m^3) 이하인 경우 ② 소방차 구급자동차 구조차량 등이 긴급 시에 사용 시 ③ 스킨스쿠버 목적으로 공기충전용기 2개 이하 운반 시 ④ 산업통상자원부장관이 필요하다고 인정 시

핵심 35 ◇ 방파판(KGS AC113 3.4.7)

정 의	액화가스 충전탱크 및 차량 고정탱크에 액면요동을 방지하기 위하여 설치되는 판
면 적	탱크 횡단면적의 40% 이상
부착위치	원호부 면적이 탱크 횡단면적의 20% 이하가 되는 위치
재료 및 두께	3.2mm 이상의 SS 41 또는 이와 동등 이상의 강도(단, 초저온 탱크는 2mm 이상 오스테나이트계 스테인리스강 또는 4mm 이상 알루미늄 합금판)
설치 수	내용적 5m^{3}마다 1개씩

핵심 36 ◆ 저장능력 계산

압축가스	액화가스		
	저장탱크	소형 저장탱크	용 기
$Q=(10P+1)V$ 여기서, Q : 저장능력(m^3) P : 35℃ Fp(MPa) V : 내용적(m^3)	$W=0.9dV$	$W=0.85dV$	$W=\frac{V}{C}$
	여기서, W : 저장능력(kg) d : 액비중(kg/L) V : 내용적(L) C : 충전상수		

핵심 37 ◆ 저장탱크 및 용기에 충전

설비 \ 가스	액화가스	압축가스
저장탱크	90% 이하	상용압력 이하
용 기	90% 이하	최고충전압력 이하
85% 이하로 충전하는 경우	① 소형 저장탱크 ② LPG 차량용 용기 ③ LPG 가정용 용기	

핵심 38 ◆ 전기방식법

지하매설배관의 부식을 방지하기 위하여 양전류를 보내 음전류와 상쇄하여 지하배관의 부식을 방지하는 방법

(1) 희생(유전)양극법

정 의	특 징	
	장 점	단 점
양극의 금속 Mg, Zn 등을 지하매설관에 일정간격으로 설치하면 Fe보다 (−)방향 전위를 가지고 있어 Fe이 (−)방향으로 전위변화를 일으켜 양극의 금속이 Fe 대신 소멸되어 관의 부식을 방지함	① 타 매설물의 간섭이 없다. ② 시공이 간단하다. ③ 단거리 배관에 경제적이다. ④ 과방식의 우려가 없다. ⑤ 전위구배가 적은 장소에 적당하다.	① 전류조절이 어렵다. ② 강한 전식에는 효과가 없고, 효과 범위가 좁다. ③ 양극의 보충이 필요하다.

※ 심매전극법 : 지표면의 비저항보다 깊은 곳의 비저항이 낮은 경우 적용하는 양극 설치 방법

(2) 외부전원법

정 의	특 징	
	장 점	단 점
방식 전류기를 이용 한전의 교류전원을 직류로 전환 매설배관에 전기를 공급하여 부식을 방지함	① 전압전류 조절이 쉽다. ② 방식 효과범위가 넓다. ③ 전식에 대한 방식이 가능하다. ④ 장거리 배관에 경제적이다.	① 과방식의 우려가 있다. ② 비경제적이다. ③ 타 매설물의 간섭이 있다. ④ 교류전원이 필요하다.

(3) 강제배류법

정 의	특 징	
	장 점	단 점
레일에서 멀리 떨어져 있는 경우에 외부전원장치로 가장 가까운 선택배류방법으로 전기방식하는 방법	① 전압전류 조정이 가능하다. ② 전기방식의 효과범위가 넓다. ③ 전철이 운행중지에도 방식이 가능하다.	① 과방식의 우려가 있다. ② 전원이 필요하다. ③ 타 매설물의 장애가 있다. ④ 전철의 신호장애를 고려해야 한다.

(4) 선택배류법

정 의	특 징	
	장 점	단 점
직류전철에서 누설되는 전류에 의한 전식을 방지하기 위해 배관의 직류전원 (−)선을 레일에 연결부식을 방지함	① 전철의 위치에 따라 효과범위가 넓다. ② 시공비가 저렴하다. ③ 전철의 전류를 사용 비용절감의 효과가 있다.	① 과방식의 우려가 있다. ② 전철의 운행중지 시에는 효과가 없다. ③ 타 매설물의 간섭에 유의해야 한다.

※ 전기방식법에 의한 전위측정용 터미널 간격
1. 외부전원법은 500m마다 설치
2. 희생양극법 배류법은 300m마다 설치

(5) 전위 측정용 터미널 간격

구 분	간 격
희생양극법, 배류법	300m 이내
외부전원법	500m 이내

핵심 39 ◆ 압력계 기능 검사주기, 최고 눈금의 범위

압력계 종류	기능 검사주기
충전용 주관 압력계	매월 1회 이상
그 밖의 압력계	3월 1회 이상
최고 눈금 범위	상용압력의 1.5배 이상 2배 이하

핵심 40 ◇ 배관의 감시장치에서 경보하는 경우와 이상사태가 발생한 경우

구 분	경보하는 경우	이상사태가 발생한 경우
배관 내압력	상용압력의 1.05배 초과 시(단상용 압력이 4MPa 이상 시 상용압력에 0.2MPa을 더한 압력)	상용압력의 1.1배 초과 시
압력	정상압력보다 15% 이상 강하 시	정상압력보다 30% 이상 강하 시
유량	정상유량보다 7% 이상 변동 시	정상유량보다 15% 이상 증가 시
기타	긴급차단밸브 고장 시	가스누설검지경보장치 작동 시

핵심 41 ◇ LPG 저장탱크, 도시가스 정압기실, 안전밸브 가스 방출관의 방출구 설치 위치

<table>
<tr><th colspan="3">LPG 저장탱크</th><th colspan="2">도시가스 정압기실</th><th rowspan="2">고압가스 저장탱크</th></tr>
<tr><th colspan="2">지상설치탱크</th><th>지하설치탱크</th><th>지상설치</th><th>지하설치</th></tr>
<tr><td>3t 이상 일반탱크</td><td>3t 미만 소형 저장탱크</td><td rowspan="4">지면에서 5m 이상</td><td colspan="2">지면에서 5m 이상(단, 전기시설물 접촉 등으로 사고 우려 시 3m 이상)</td><td>설치능력
5m³ 이상 탱크</td></tr>
<tr><td rowspan="3">지면에서 5m 이상, 탱크 정상부에서 2m 중 높은 위치</td><td rowspan="3">지면에서 2.5m 이상, 탱크 정상부에서 1m 중 높은 위치</td><td colspan="2">참고사항
(지하 정압기실 배기관의 배기가스 방출구)</td><td>설치위치</td></tr>
<tr><td>공기보다 무거운 도시가스</td><td>공기보다 가벼운 도시가스</td><td rowspan="2">지면에서 5m 이상, 탱크 정상부에서 2m 이상 중 높은 위치</td></tr>
<tr><td>① 지면에서 5m 이상
② 전기시설물 접촉 우려 시 3m 이상</td><td>지면에서 3m 이상</td></tr>
</table>

핵심 42 ◇ 도시가스 사용시설의 월 사용예정량

$$Q = \frac{\{(A \times 240) + (B \times 90)\}}{11000}$$

여기서, Q : 월 사용예정량(m^3)

A : 산업용으로 사용하는 연소기의 명판에 기재된 가스소비량 합계(kcal/hr)

B : 산업용이 아닌 연소기의 명판에 기재된 가스소비량 합계(kcal/hr)

핵심 43 ◇ 저장탱크 및 용기의 충전(%)

설비 \ 가스	액화가스	압축가스
저장탱크	90% 이하	상용압력 이하
용 기	90% 이하	최고충전압력 이하
85% 이하로 충전하는 경우	① 소형 저장탱크 ② LPG 차량용 용기 ③ LPG 가정용 용기	–

핵심 44 ◇ 독성 가스 제독제와 보유량

가스별	제독제	보유량
염소(Cl_2)	가성소다 수용액	670kg
	탄산소다 수용액	870kg
	소석회	620kg
포스겐($COCl_2$)	가성소다 수용액	390kg
	소석회	360kg
황화수소(H_2S)	가성소다 수용액	1140kg
	탄산소다 수용액	1500kg
시안화수소(HCN)	가성소다 수용액	250kg
아황산가스(SO_2)	가성소다 수용액	530kg
	탄산소다 수용액	700kg
	물	다량
암모니아(NH_3)	물	다량
산화에틸렌(C_2H_4O)		
염화메탄(CH_3Cl)		

핵심 45 ◇ 가스 제조설비의 정전기 제거설비 설치(KGS FP111 2.6.11)

항 목		간추린 세부 핵심내용
설치목적		가연성 제조설비에 발생한 정전기가 점화원으로 되는 것을 방지하기 위함
접지 저항치	총합	100Ω 이하
	피뢰설비가 있는 것	10Ω 이하
본딩용 접속선 접지접속선 단면적		① $5.5mm^2$ 이상(단선은 제외)을 사용 ② 경납붙임 용접, 접속금구 등으로 확실하게 접지
단독접지설비		탑류, 저장탱크 열교환기, 회전기계, 벤트스택
충전 전 접지대상설비		① 가연성 가스를 용기 · 저장탱크 · 제조설비 이충전 및 용기 등으로부터 충전 ② 충전용으로 사용하는 저장탱크 제조설비 ③ 차량에 고정된 탱크

핵심 46 ◇ 액화석유가스 판매, 충전사업자의 영업소에 설치하는 용기저장소의 시설, 기술검사기준(액화석유가스 안전관리법 별표 6)

항 목		간추린 핵심내용
사업소 부지		한면이 폭 4m 도로에 접할 것
용기보관실	화기 취급장소	2m 이상 우회거리
	재료	불연성 지붕의 경우 가벼운 불연성
	판매 용기보관실 벽	방호벽
	용기보관실 면적	$19m^2$(사무실 면적 : $9m^2$, 보관실 주위 부지확보면적 : $11.5m^2$)
	사무실과의 위치	동일 부지에 설치
	사고 예방조치	① 가스누출경보기 설치 ② 전기설비는 방폭구조 ③ 전기스위치는 보관실 밖에 설치 ④ 환기구를 갖추고 환기불량 시 강제통풍시설을 갖출 것

핵심 47 ◇ 차량 고정탱크에 휴대해야 하는 안전운행 서류

① 고압가스 이동계획서
② 관련자격증
③ 운전면허증
④ 탱크테이블(용량 환산표)
⑤ 차량 운행일지
⑥ 차량등록증

핵심 48 ◇ 운반차량의 삼각기

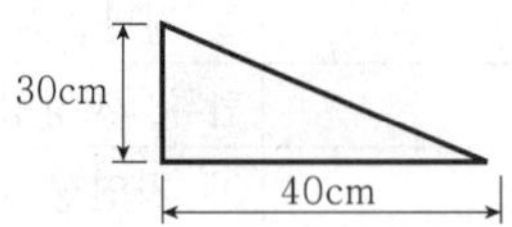

항 목	내 용
바탕색	적색
글자색	황색
규격(가로×세로)	40cm×30cm

핵심 49 ◆ LPG 저장탱크 지하설치 기준(KGS FU331)

설치 기준항목			설치 세부내용
저장 탱크실	재료(설계강도)		레드믹스콘크리트(21MPa 이상)(고압가스탱크는 20.6~23.5MPa)
	시공		수밀성 콘크리트 시공
	천장, 벽, 바닥의 재료와 두께		30cm 이상 방수조치를 한 철근콘크리트
	저장탱크와 저장탱크실의 빈 공간		세립분을 함유하지 않은 모래를 채움 ※ 고압가스 안전관리법의 저장탱크 지하설치 시는 그냥 마른 모래를 채움
	집수관		직경 : 80A 이상(바닥에 고정)
	검지관		① 직경 : 40A 이상 ② 개수 : 4개소 이상
저장 탱크	상부 윗면과 탱크실 상부와 탱크실 바닥과 탱크 하부까지 60cm		60cm 이상 유지 ※ 비교사항 1. 탱크 지상 실내 설치 시 : 탱크 정상부 탱크실 천장까지 60cm 유지 2. 고압가스 안전관리법 기준 : 지면에서 탱크 정상부까지 60cm 이상 유지
	2개 이상 인접설치 시		상호간 1m 이상 유지 ※ 비교사항 지상설치 시에는 물분무장치가 없을 때 두 탱크 직경의 1/4을 곱하여 1m 보다 크면 그 길이를, 1m 보다 작으면 1m를 유지
	탱크 묻은 곳의 지상		경계표지 설치
	점검구	설치 수	20t 이하 : 1개소
			20t 초과 : 2개소
		규격	사각형 : 0.8m×1m
			원형 : 직경 0.8m 이상
	가스방출관 설치위치		지면에서 5m 이상 가스 방출관 설치
	참고사항		지하저장탱크는 반드시 저장탱크실 내에 설치(단, 소형 저장탱크는 지하에 설치하지 않는다.)

핵심 50 ◆ 고압가스법 시행규칙 제2조(정의)

용 어		정 의
가연성 가스		① 폭발한계 하한 10% 이하 ② 폭발한계 상한과 하한의 차이가 20% 이상
독성 가스	LC_{50}	인체 유해한 독성을 가진 가스로서 허용농도 100만분의 5000 이하인 가스
		(허용농도) : 해당 가스를 성숙한 흰쥐의 집단에게 대기 중 1시간 동안 계속 노출 14일 이내 흰쥐의 1/2 이상이 죽게 되는 농도
독성 가스	TLV-TWA	인체에 유해한 독성을 가진 가스 허용농도 100만분의 200 이하인 가스
		(허용농도) : 건강한 성인 남자가 그 분위기에서 1일 8시간(주 40시간) 작업을 하여도 건강에 지장이 없는 농도

용 어	정 의
액화가스	가압 냉각에 의해 액체로 되어 있는 것으로 비점이 40℃ 또는 상용온도 이하인 것
압축가스	압력에 의하여 압축되어 있는 가스
저장설비	고압가스를 충전 저장하기 위한 저장탱크 및 충전용기 보관설비
저장탱크	고압가스를 충전 저장을 위해 지상, 지하에 고정 설치된 탱크
초저온 저장탱크	-50℃ 이하 액화가스를 저장하기 위한 탱크로서 단열재를 씌우거나 냉동설비로 냉각시키는 방법으로 탱크 내 가스온도가 상용의 온도를 초과하지 아니하도록 한 것
초저온용기	-50℃ 이하 액화가스를 충전하기 위한 용기로서 단열재를 씌우거나 냉동설비로 냉각시키는 방법으로 용기 내 가스온도가 상용온도를 초과하지 아니하도록 한 것
가연성 가스 저온저장탱크	대기압에서 비점 0℃ 이하 가연성을 0℃ 이하인 액체 또는 기상부 상용압력 0.1MPa 이하 액체상태로 저장하기 위한 탱크로서, 단열재 씌움 · 냉동설비로 냉각 등으로 탱크 내가 상용온도를 초과하지 않도록 한 것
충전용기	충전질량 또는 압력이 1/2 이상 충전되어 있는 용기
잔가스용기	충전질량 또는 압력이 1/2 미만 충전되어 있는 용기
처리설비	고압가스 제조 충전에 필요한 설비로서 펌프 압축기 기화장치
처리능력	처리 · 감압 설비에 의하여 압축 · 액화의 방법으로 1일에 처리할 수 있는 양으로서 0℃, 0Pa(g) 상태를 말한다.

핵심 51 ◇ 도시가스 배관

(1) 도시가스 배관설치기준

항 목	세부내용
중압 이하 배관 고압배관 매설 시	매설 간격 2m 이상(철근콘크리트 방호구조물 내 설치 시 1m 이상 배관의 관리주체가 같은 경우 3m 이상)
본관 공급관	기초 밑에 설치하지 말 것
천장 내부 바닥 벽 속에	공급관 설치하지 않음
공동주택 부지 안	0.6m 이상 깊이 유지
폭 8m 이상 도로	1.2m 이상 깊이 유지
폭 4m 이상 8m 미만 도로	1m 이상
배관의 기울기(도로가 평탄한 경우)	$\frac{1}{500} \sim \frac{1}{1000}$

(2) 교량에 배관설치 시

매설심도	2.5m 이상 유지
배관손상으로 위급사항 발생 시	가스를 신속하게 차단할 수 있는 차단장치 설치(단, 고압배관으로 매설구간 내 30분 내 안전한 장소로 방출할 수 있는 장치가 있을 때는 제외)
배관의 재료	강재 사용 접합은 용접
배관의 설계 설치	온도변화에 의한 열응력과 수직 · 수평 하중을 고려하여 설계
지지대 U볼트 등의 고정장치 배관	플라스틱 및 절연물질 삽입

(3) 교량 배관설치 시 지지간격

호칭경(A)	지지간격(m)
100	8
150	10
200	12
300	16
400	19
500	22
600	25

핵심 52 ◇ T_P(내압시험압력), F_P(최고충전압력), A_P(기밀시험압력), 상용압력, 안전밸브 작동압력

<table>
<tr><th colspan="5">용기 분야</th></tr>
<tr><th>압 력
용기 구분</th><th>F_p</th><th>T_p</th><th>A_p</th><th>안전밸브 작동압력</th></tr>
<tr><td>압축가스 충전용기</td><td>35℃에서 용기에 충전할 수 있는 최고압력</td><td rowspan="2">$Fp \times \frac{5}{3}$</td><td>Fp</td><td rowspan="4">$Tp \times \frac{8}{10}$ 이하</td></tr>
<tr><td>초저온, 저온용기</td><td>상용압력 중 최고압력</td><td>Fp×1.1</td></tr>
<tr><td>초저온용기 이외 압축가스 충전용기</td><td>$Tp \times \frac{3}{5}$</td><td>법규에 정한 A, B로 구분된 압력</td><td>Fp</td></tr>
<tr><td>C_2H_2 용기</td><td>15℃에서 1.5MPa</td><td>Fp(1.5)×3=4.5MPa</td><td>Fp(1.5)×1.8=2.7MPa</td></tr>
</table>

<table>
<tr><th colspan="7">용기 이외의 분야(저장탱크 및 배관 등)</th></tr>
<tr><th>압 력
설비별</th><th>상용압력</th><th colspan="2">Tp</th><th>Ap</th><th>안전밸브 작동압력</th></tr>
<tr><td>고압가스 및 액화석유가스 분야</td><td>통상설비에서 사용되는 압력</td><td colspan="2">사용압력×1.5
(단, 공기, 질소 등으로 시험 시 상용압력×1.25)</td><td>상용압력</td><td rowspan="4">$Tp \times \frac{8}{10}$ 이하
(단, 액화산소탱크의 안전밸브 작동압력 =상용압력×1.5)</td></tr>
<tr><td rowspan="2">냉동 분야</td><td rowspan="2">설계압력</td><td>냉동기 설비</td><td>설계압력×1.3
(공기 · 질소 시험 시 설계압력×1.1)</td><td rowspan="2">설계압력</td></tr>
<tr><td>냉동 제조</td><td>설계압력×1.5
(공기 · 질소 시험 시 설계압력×1.25)</td></tr>
<tr><td>도시가스 분야</td><td>최고사용압력</td><td colspan="2">최고사용압력×1.5
(단, 공기, 질소 등으로 시험 시 최고사용압력×1.25)</td><td>(공급시설)
최고사용압력×1.1
(사용시설 및 정압기 시설)
8.4kPa 또는 최고사용압력×1.1배 중 높은 압력</td></tr>
</table>

핵심 53 ◇ 방류둑 설치기준

(1) 방류둑 : 액화가스가 누설 시 한정된 범위를 벗어나지 않도록 탱크 주위를 둘러쌓은 제방

<table>
<tr><th colspan="3" rowspan="2">법령에 따른 기준</th><th>설치기준</th><th colspan="2" rowspan="2">항 목</th><th rowspan="2">세부 핵심내용</th></tr>
<tr><th>저장탱크 가스홀더 및 설비의 용량</th></tr>
<tr><td rowspan="5">고압가스 안전관리법 (KGS 111, 112)</td><td colspan="2">독성</td><td>5t 이상</td><td rowspan="4">방류둑 용량 (액화가스 누설 시 방류둑에서 차단할 수 있는 양)</td><td rowspan="2">독성 가연성</td><td rowspan="2">저장능력 상당용적</td></tr>
<tr><td colspan="2">산소</td><td>1000t 이상</td></tr>
<tr><td rowspan="2">가연성</td><td>일반제조</td><td>1000t 이상</td><td rowspan="2">산소</td><td rowspan="2">저장능력 상당용적의 60% 이상</td></tr>
<tr><td>특정제조</td><td>500t 이상</td></tr>
<tr><td colspan="2">냉동제조</td><td>수액기 용량 10000L 이상</td><td colspan="2">재료</td><td>철근콘크리트 · 철골 · 금속 · 흙 또는 이의 조합</td></tr>
<tr><td>LPG 안전관리법</td><td colspan="3">1000t 이상 (LPG는 가연성 가스임)</td><td colspan="2">성토 각도</td><td>45°</td></tr>
<tr><td rowspan="3">도시가스 안전관리법</td><td colspan="2">가스도매 사업법</td><td>500t 이상</td><td colspan="2">성토 윗부분 폭</td><td>30cm 이상</td></tr>
<tr><td colspan="2">일반도시가스 사업법</td><td>1000t 이상</td><td colspan="2">출입구 설치 수</td><td>50m 마다 1개(전 둘레 50m 미만 시 2곳을 분산 설치)</td></tr>
<tr><td colspan="3">(도시가스는 가연성 가스임)</td><td colspan="2">집합 방류둑</td><td>가연성과 조연성, 가연성, 독성 가스의 저장탱크를 혼합 배치하지 않음</td></tr>
<tr><td>참고사항</td><td colspan="6">① 방류둑 안에는 고인물을 외부로 배출할 수 있는 조치를 한다.
② 배수조치는 방류둑 밖에서 배수차단 조작을 하고 배수할 때 이외는 반드시 닫아둔다.</td></tr>
</table>

(2) 방류둑 부속설비 설치에 관한 규정

구 분	간추린 핵심내용
방류둑 외측 및 내면	10m 이내 그 저장탱크 부속설비 이외의 것을 설치하지 아니함
10m 이내 설치 가능 시설	① 해당 저장탱크의 송출 송액설비 ② 불활성 가스의 저장탱크 물분무, 살수장치 ③ 가스누출검지경보설비 ④ 조명, 배수설비 ⑤ 배관 및 파이프 래크

※ 상기 문제 출제 시에는 10m 이내 설치 가능시설의 규정이 없었으나 법 규정이 이후 변경되었음.

핵심 54 ◇ 내진설계(가스시설 내진설계기준(KGS 203))

(1) 내진설계 시설용량

법규 구분		시설 구분	
		지상저장탱크 및 가스홀더	그 밖의 시설
고압가스 안전관리법	독성, 가연성	5톤, 500m^3 이상	① 반응 · 분리 · 정제 · 증류 등을 행하는 탑류로서 동체부 5m 이상 압력용기 ② 세로방향으로 설치한 동체길이 5m 이상 원통형 응축기 ③ 내용적 5000L 이상 수액기 ④ 지상설치 사업소 밖 고압가스배관 ⑤ 상기 시설의 지지구조물 및 기초연결부
	비독성, 비가연성	10톤, 1000m^3 이상	
액화석유가스의 안전관리 및 사업법		3톤 이상	3톤 이상 지상저장탱크의 지지구조물 및 기초와 이들 연결부
도시가스 사업법	제조시설	3톤(300m^3) 이상	–
	충전시설	5톤(500m^3) 이상	① 반응 · 분리 · 정제 · 증류 등을 행하는 탑류로서 동체부 높이가 5m 이상인 압력용기 ② 지상에 설치되는 사업소 밖의 배관(사용자 공급관 배관 제외) ③ 도시가스법에 따라 설치된 시설 및 압축기, 펌프, 기화기, 열교환기, 냉동설비, 정제설비, 부취제 주입설비, 지지구조물 및 기초와 이들 연결부
	가스도매업자, 가스공급시설 설치자의 시설	① 정압기지 및 밸브기지 내(정압설비, 계량설비, 가열설비, 배관의 지지구조물 및 기초, 방산탑, 건축물) ② 사업소 밖 배관에 긴급차단장치를 설치 또는 관리하는 건축물	
	일반도시가스 사업자	철근콘크리트 구조의 정압기실(캐비닛, 매몰형 제외)	

(2) 내진 등급 분류

중요도 등급	영향도 등급	관리 등급	내진 등급
특	A	핵심시설	내진 특A
	B	–	내진 특
1	A	중요시설	
	B	–	내진 Ⅰ
2	A	일반시설	
	B	–	내진 Ⅱ

(3) 내진설계에 따른 독성가스 종류

구 분	허용농도(TLV-TWA)	종 류
제1종 독성가스	1ppm 이하	염소, 시안화수소, 이산화질소, 불소 및 포스겐
제2종 독성가스	1ppm 초과 10ppm 이하	염화수소, 삼불화붕소, 이산화유황, 불화수소, 브롬화메틸, 황화수소
제3종 독성가스	–	제1종, 제2종 독성가스 이외의 것

(4) 내진설계 등급의 용어

구 분		핵심내용
내진 특등급	시설	그 설비의 손상이나 기능 상실이 사업소 경계 밖에 있는 공공의 생명 · 재산에 막대한 피해를 초래 및 사회의 정상적인 기능 유지에 심각한 지장을 가져올 수 있는 것
	배관	배관의 손상이나 기능 상실이 사업소 경계 밖에 있는 공공의 생명 · 재산에 막대한 피해를 초래 및 사회의 정상적인 기능 유지에 심각한 지장을 가져올 수 있는 것(독성 가스를 수송하는 고압가스 배관의 중요도)
내진 1등급	시설	그 설비의 손상이나 기능 상실이 사업소 경계 밖에 있는 공공의 생명과 재산에 상당한 피해를 가져올 수 있는 것
	배관	배관의 손상이나 기능 상실이 사업소 경계 밖에 있는 공공의 생명과 재산에 상당한 피해를 가져올 수 있는 것(가연성 가스를 수송하는 고압가스 배관의 중요도)
내진 2등급	시설	그 설비의 손상이나 기능 상실이 사업소 경계 밖에 있는 공공의 생명 · 재산에 경미한 피해를 가져 올 수 있는 것
	배관	배관의 손상이나 기능 상실이 사업소 경계 밖에 있는 공공의 생명 · 재산에 경미한 피해를 가져 올 수 있는 것(독성, 가연성 이외의 가스를 수송하는 배관의 중요도)

※ 내진 등급을 4가지로 분류 시는 내진 특A등급, 내진 특등급, 내진 1등급, 내진 2등급으로 분류

(5) 도시가스 배관의 내진 등급

내진 등급	사업자 구분		관리 등급
	가스도매사업자	일반도시가스사업자	
내진 특등급	모든 배관	–	중요시설
내진 1등급	–	0.5MPa 이상 배관	–
내진 2등급	–	0.5MPa 미만 배관	–

핵심 55 ◆ 방폭전기기기의 온도 등급

가연성 가스의 발화도(℃) 범위	방폭전기기기의 온도 등급
450 초과	T1
300 초과 450 이하	T2
200 초과 300 이하	T3
135 초과 200 이하	T4
100 초과 135 이하	T5
85 초과 100 이하	T6

핵심 56 ◇ 가스용 폴리에틸렌(PE 배관)의 접합(KGS FS451 2.5.5.3)

항 목			접합방법
일반적 사항			① 눈, 우천 시 천막 등의 보호조치를 하고 융착 ② 수분, 먼지, 이물질 제거 후 접합
금속관과 접합			이형질 이음관(T/F)을 사용
공칭 외경이 상이한 경우			관이음매(피팅)를 사용
접합	열융착	맞대기	① 공칭 외경 90mm 이상 직관 연결 시 사용 ② 이음부 연결오차는 배관두께의 10% 이하
		소켓	배관 및 이음관의 접합은 일직선
		새들	새들 중 심선과 배관의 중심선은 직각 유지
	전기융착	소켓	이음부는 배관과 일직선 유지
		새들	이음매 중심선과 배관중심선 직각 유지
시공방법		일반적 시공	매몰 시공
		보호조치가 있는 경우	30cm 이하로 노출 시공 가능
		굴곡허용반경	외경의 20배 이상(단, 20배 미만 시 엘보 사용)
지상에서 탐지방법		매몰형 보호포	−
		로케팅 와이어	굵기 $6mm^2$ 이상

핵심 57 ◇ 도시가스의 연소성을 판단하는 지수

구 분	핵심내용
웨버지수(WI)	$WI=\frac{H_g}{\sqrt{d}}$ 여기서, WI : 웨버지수 H_g : 도시가스 총 발열량($kcal/m^3$) $\sqrt{d}$: 도시가스의 공기에 대한 비중
연소속도(C_P)	$C_P=K\frac{1.0H_2+0.6(CO+C_mH_n)+0.3CH_4}{\sqrt{d}}$ 여기서, C_P : 연소속도 K : 도시가스 중 산소 함유율에 따라 정하는 정수 H_2 : 도시가스 중 수소 함유율(%) CO : 도시가스 중 CO의 함유율(%) C_mH_n : 도시가스 중 메탄 이외에 탄화수소 함유율(%) CH_4 : 도시가스 중 메탄 함유율(%) d : 도시가스의 공기에 대한 비중

핵심 58 ◆ 압축금지 가스

구 분	압축금지(%)
가연성 중의 산소 및 산소 중 가연성	4% 이상
수소, 아세틸렌, 에틸렌 중 산소 및 산소 중 수소, 아세틸렌, 에틸렌	2% 이상

핵심 59 ◆ 용기의 도색 표시(고법 시행규칙 별표 24)

가연성 · 독성		의료용		그 밖의 가스	
종 류	도 색	종 류	도 색	종 류	도 색
LPG	회색	O_2	백색	O_2	녹색
H_2	주황색	액화탄산	회색	액화탄산	청색
C_2H_2	황색	He	갈색	N_2	회색
NH_3	백색	C_2H_4	자색	소방용 용기	소방법의 도색
Cl_2	갈색	N_2	흑색	그 밖의 가스	회색

의료용의 사이크로프로판 : 주황색 용기에 가연성은 화기, 독성은 해골 그림 표시

핵심 60 ◆ 방폭안전구조의 틈새범위

최대안전틈새 범위(mm)	0.9 이상	0.5 초과 0.9 미만	0.5 이하
가연성 가스의 폭발 등급	A	B	C
방폭전기기기의 폭발 등급	II A	II B	II C

최대안전틈새는 내용적이 8리터이고, 틈새깊이가 25mm인 표준용기 안에서 가스가 폭발할 때 발생한 화염이 용기 밖으로 전파되어 가연성 가스에 점화되지 않는 최대값

핵심 61 ◆ 고압 · LPG · 도시가스의 냄새나는 물질의 첨가(KGS FP331 3.2.1.1)

항 목	간추린 세부 핵심내용
공기 중 혼합비율 용량(%)	1/1000(0.1%)
냄새농도 측정방법	① 오더미터법(냄새 측정기법) ② 주사기법 ③ 냄새주머니법 ④ 무취실법
시료기체 희석배수 (시료기체 양÷시험가스 양)	① 500배 ② 1000배 ③ 2000배 ④ 4000배

항 목		간추린 세부 핵심내용
용어설명	패널(panel)	미리 선정한 정상적인 후각을 가진 사람으로서 냄새를 판정하는 자
	시험자	냄새농도 측정에 있어서 희석조작을 하여 냄새농도를 측정하는 자
	시험가스	냄새를 측정할 수 있도록 기화시킨 가스
	시료 기체	시험가스를 청정한 공기로 희석한 판정용 기체
기타 사항		① 패널은 잡담을 금지한다. ② 희석배수의 순서는 랜덤하게 한다. ③ 연속측정 시 30분마다 30분간 휴식한다.
부취제 구비조건		① 경제적일 것 ② 화학적으로 안정할 것 ③ 보통존재 냄새와 구별될 것 ④ 물에 녹지 않을 것 ⑤ 독성이 없을 것

핵심 62 ◇ 도시가스 지하 정압기실

구 분 / 항 목	공기보다 가벼움	공기보다 무거움
흡입구, 배기구 관경	100mm 이상	
환기구 방향 배기구 위치 배기가스 방출구	2방향 분산 설치 천장면에서 30cm 지면에서 3m 이상	2방향 분산 설치 지면에서 30cm 지면에서 5m 이상(전기시설물 접촉 우려 시 3m 이상)

핵심 63 ◇ 용기의 C, P, S 함유량(%)

성 분 / 용기 종류	C(%)	P(%)	S(%)
무이음용기	0.55 이하	0.04 이하	0.05 이하
용접용기	0.33 이하	0.04 이하	0.05 이하

핵심 64 ◇ 용기 종류별 부속품의 기호

기 호	내 용
AG	C_2H_2 가스를 충전하는 용기 및 그 부속품
PG	압축가스를 충전하는 용기 및 그 부속품
LG	LPG 이외의 액화가스를 충전하는 용기 및 그 부속품
LPG	액화석유가스를 충전하는 용기 및 그 부속품
LT	초저온 저온용기의 부속품

핵심 65 ◇ 전기방식(KGS FP202 2.2.2.2)

측정 및 점검주기			
관대지전위	외부전원법에 따른 외부전원점 관대지전위 정류기 출력전압 전류 배선접속 계기류 확인	배류법에 따른 배류점 관대지전위 배류기 출력전압 전류 배선접속 계기류 확인	절연부속품 역전류방지장치 결선보호 절연체 효과
1년 1회 이상	3개월 1회 이상	3개월 1회 이상	6개월 1회 이상
전기방식조치를 한 전체 배관망에 대하여 2년 1회 이상 관대지 등의 전위를 측정			

전위측정용(터미널(T/B)) 시공방법	
외부전원법	희생양극법, 배류법
500m 간격	300m 간격

전기방식 기준(자연전위 변화값 : −300mV)		
고압가스	액화석유가스	도시가스
포화황산동 기준 전극		
−5V 이상 −0.85V 이하	−0.85V 이하	−0.85V 이하
황산염 환원박테리아가 번식하는 토양		
−0.95V 이하	−0.95V 이하	−0.95V 이하

전기방식 효과를 유지하기 위하여 절연조치를 하는 장소는 다음과 같다.

① 교량횡단 배관의 양단
② 배관 등과 철근콘크리트 구조물 사이
③ 배관과 강제 보호관 사이
④ 배관과 지지물 사이
⑤ 타 시설물과 접근 교차지점
⑥ 지하에 매설된 부분과 지상에 설치된 부분의 경계
⑦ 저장탱크와 배관 사이
⑧ 고압가스 · 액화석유가스 시설과 철근콘크리트 구조물 사이

전위측정용 터미널의 설치장소는 다음과 같다.

① 직류전철 횡단부 주위
② 지중에 매설되어 있는 배관절연부의 양측
③ 다른 금속구조물의 근접 교차부분
④ 밸브스테이션
⑤ 희생양극법, 배류법에 따른 배관에는 300m 이내 간격
⑥ 외부전원법에 따른 배관에는 500m 이내 간격으로 설치

핵심 66 ◇ 도시가스 배관의 종류

배관의 종류		정 의
배관		본관, 공급관, 내관 또는 그 밖의 관
본관	가스도매사업	도시가스 제조사업소(액화천연가스의 인수기지)의 부지경계에서 정압기지의 경계까지 이르는 배관(밸브기지 안 밸브 제외)
	일반도시가스 사업	도시가스 제조사업소의 부지경계 또는 가스도매사업자의 가스시설 경계에서 정압기까지 이르는 배관
	나프타 부생 바이오가스 제조사업	해당 제조사업소의 부지경계에서 가스도매사업자 또는 일반도시가스 사업자의 가스시설 경계 또는 사업소 경계까지 이르는 배관
	합성 천연가스 제조사업	해당 제조사업소 부지경계에서 가스도매사업자의 가스시설 경계 또는 사업소 경계까지 이르는 배관
공급관	공동주택, 오피스텔, 콘도미니엄, 그 밖의 산업통상자원부 인정 건축물에 가스공급 시	정압기에서 가스사용자가 구분하여 소유하거나 점유하는 건축물의 외벽에 설치하는 계량기의 전단밸브까지 이르는 배관
	공동주택 외의 건축물 등에 도시가스 공급 시	정압기에서 가스사용자가 소유하거나 점유하고 있는 토지의 경계까지 이르는 배관
	가스도매사업의 경우	정압기지에서 일반 도시가스사업자의 가스공급 시설이나 대량수요자의 가스사용 시설에 이르는 배관
	나프타 부생가스, 바이오가스 제조사업 및 합성 천연가스 제조사업	해당 사업소의 본관 또는 부지경계에서 가스사용자가 소유하거나 점유하고 있는 토지의 경계까지 이르는 배관
사용자 공급관		공급관 중 가스사용자가 소유하거나 점유하고 있는 토지의 경계에서 가스사용자가 구분하여 소유하거나 점유하는 건축물의 외벽에 설치된 계량기의 전단밸브(계량기가 건축물 내부에 설치된 경우 그 건축물의 외벽)까지 이르는 배관
내관		① 가스사용자가 소유하거나 점유하고 있는 토지의 경계에서 연소기까지 이르는 배관 ② 공동주택 등으로 가스사용자가 구분하여 소유하거나 점유하는 건축물 외벽에 계량기 설치 시 : 계량기 전단밸브까지 이르는 배관 ③ 계량기가 건축물 내부에 설치 시 : 건축물 외벽까지 이르는 배관

핵심 67 ◇ 가스누출경보기 및 자동차단장치 설치(KGS FU211, FP211, FP111)

(1) 가스누출경보기 및 자동차단장치 설치(KGS FP111 2.6.2)

항 목	간추린 핵심 내용
설치 목적	① 독성, 공기보다 무거운 가연성 가스 누출 시 신속히 검지 ② 효과적으로 대응조치를 위하여
기능	누출검지 후 농도 지시 동시에 경보하는 기능
종류	접촉연소, 격막 갈바니전지 반도체식으로 담배연기, 잡가스 등에는 경보하지 않을 것

항 목		간추린 핵심 내용
경보농도	가연성	폭발하한의 1/4 이하
	독성	TLV-TWA의 허용농도 이하
	NH_3	실내에서 사용 시 50ppm 이하
정밀도	가연성	±25% 이하
	독성	±30% 이하
검지에서 발신까지 시간 (경보농도 1.6배 농도 기준)	NH_3, CO	1분
	그 밖의 가스	30초
지시계 눈금	가연성	0 ~ 폭발하한
	독성	TLV-TWA 허용농도 3배 값
	NH_3 실내 사용	150ppm
경보기가 작동되었을 때		가스 농도가 변화하여도 계속 경보를 울리고 확인 대책 강구 후에 정지되어야 한다.

(2) 가스누출경보 및 차단장치 설치장소 및 검지부의 설치개수(KGS FP111, FP331, FP451)

법규에 따른 항목				설치 세부내용		
				장 소	설치간격	개 수
고압가스 (KGS FP111 2.6.2.3)	제조시설	건축물 내		바닥면 둘레	10m	1개
		건축물 밖			20m	1개
		가열로 발화원의 제조설비 주위			20m	1개
		특수반응 설비			10m	1개
		그 밖의 사항		계기실 내부	1개 이상	
				방류둑 내 탱크	1개 이상	
				독성 가스 충전용 접속군	1개 이상	
	배관			경보장치의 검출부 설치장소 ① 긴급차단장치부분 ② 슬리브관, 이중관 밀폐 설치부분 ③ 누출가스 체류 쉬운 부분 ④ 방호구조물 등에 의하여 밀폐되어 설치된 배관부분		
LPG (KGS FP331 2.6.2.3)	경보기의 검지부 설치장소			① 저장탱크, 소형 저장탱크 용기 ② 충전설비 로딩암 압력용기 등 가스설비		
	설치해서는 안 되는 장소			① 증기, 물방울, 기름기 섞인 연기 등이 직접 접촉 우려가 있는 곳 ② 온도 40℃ 이상인 곳 ③ 누출가스 유동이 원활치 못한 곳 ④ 경보기 파손 우려가 있는 곳		
도시가스 사업법 (FP451 2.6.2.1)	설치개수	건축물 안	바닥면 둘레	10m마다 1개 이상		
		지하의 전용탱크 처리설비실		20m마다 1개 이상		
		정압기(지하 포함)실		20m마다 1개 이상		

(3) 설치 개요

독성 및 공기보다 무거운 가연성 가스의 저장설비에는 가스가 누출될 경우 이를 신속히 검지하여 효과적인 대응을 하기 위하여 설치

(4) 검지경보장치 기능(KGS FU211 2.6.2.1)

가스의 누출을 검지하여 그 농도를 지시함과 동시에 경보

① 접촉연소방식, 격막갈바니 전지방식, 반도체방식, 그 밖의 방식으로 검지하여 엘리먼트의 변화를 전기적 신호에 의해 설정가스 농도에서 자동적으로 울리는 기능(단, 담배연기 및 다른 잡가스에는 경보하지 않을 것)

② 경보농도

㉠ 가연성 : 폭발하한의 1/4 이하

㉡ 독성 : TLV-TWA 기준 농도 이하(NH_3는 실내에서 사용 시 50ppm 이하)

③ 경보기 정밀도

㉠ 가연성 ±25% 이하

㉡ 독성 ±30% 이하

④ 검지에서 발신까지 걸리는 시간 : 경보농도의 1.6배 농도에서 30초 이내(단, NH_3, CO는 60초 이내)

⑤ 경보 정밀도 : 전원 · 전압의 변동이 ±10% 정도일 때도 저하되지 않을 것

⑥ 지시계 눈금

㉠ 가연성 : 0~폭발하한계값

㉡ 독성 : TLV-TWA 기준농도의 3배 값(NH_3는 실내에서 사용 시 150ppm)

※ 경보를 발신 후 그 농도가 변화하더라도 계속 경보하고 대책을 강구한 후 경보가 정지하게 된다.

핵심 68 ◆ 가스배관 압력측정 기구별 기밀유지시간(KGS FS551 4.2.2.9.4)

(1) 압력측정 기구별 기밀유지시간

압력측정 기구	최고사용압력	용 적	기밀유지시간
수은주게이지	0.3MPa 미만	$1m^3$ 미만	2분
		$1m^3$ 이상 $10m^3$ 미만	10분
		$10m^3$ 이상 $300m^3$ 미만	V분(다만, 120분을 초과할 경우는 120분으로 할 수 있다)
수주게이지	저압	$1m^3$ 미만	1분
		$1m^3$ 이상 $10m^3$ 미만	5분
		$10m^3$ 이상 $300m^3$ 미만	$0.5 \times V$분(다만, 60분을 초과한 경우는 60분으로 할 수 있다)
전기식 다이어프램형 압력계	저압	$1m^3$ 미만	4분
		$1m^3$ 이상 $10m^3$ 미만	40분
		$10m^3$ 이상 $300m^3$ 미만	$4 \times V$분(다만, 240분을 초과한 경우는 240분으로 할 수 있다)

압력측정 기구	최고사용압력	용 적	기밀유지시간
압력계 또는 자기압력 기록계	저압 중압	$1m^3$ 미만	24분
		$1m^3$ 이상 $10m^3$ 미만	240분
		$10m^3$ 이상 $300m^3$ 미만	$24\times V$분(다만, 1440분을 초과한 경우는 1440분으로 할 수 있다)
	고압	$1m^3$ 미만	48분
		$1m^3$ 이상 $10m^3$ 미만	480분
		$10m^3$ 이상 $300m^3$ 미만	$48\times V$(다만, 2880분을 초과한 경우는 2880분으로 할 수 있다)

※ 1. V는 피시험부분의 용적(단위 : m^3)이다.
2. 최소기밀시험 유지시간 ① 자기압력기록계 30분, ② 전기다이어프램형 압력계 4분

(2) 기밀유지 실시 시기

대상 구분		기밀시험 실시 시기
PE 배관		설치 후 15년이 되는 해 및 그 이후 5년마다
폴리에틸렌 피복강관	1993.6.26 이후 설치	
	1993.6.25 이전 설치	설치 후 15년이 되는 해 및 그 이후 3년마다
그 밖의 배관		설치 후 15년이 되는 해 및 그 이후 1년마다
공동주택 등(다세대 제외) 부지 내 설치 배관		3년마다

핵심 69 ◆ 운반 독성 가스 양에 따른 소석회 보유량(KGS GC206)

품 명	운반하는 독성 가스 양 액화가스 질량 1000kg		적용 독성 가스
	미만의 경우	이상의 경우	
소석회	20kg 이상	40kg 이상	염소, 염화수소, 포스겐, 아황산가스

핵심 70 ◆ 에어졸 제조시설(KGS FP112)

구 조	내 용	기타 항목
내용적	1L 미만	① 정량을 충전할 수 있는 자동충전기 설치 ② 인체, 가정 사용 제조시설에는 불꽃길이 시험장치 설치 ③ 분사제는 독성이 아닐 것 ④ 인체에 사용 시 20cm 이상 떨어져 사용 ⑤ 특정부위에 장시간 사용하지 말 것
용기재료	강, 경금속	
금속제 용기두께	0.125mm 이상	
내압시험압력	0.8MPa	
가압시험압력	1.3MPa	
파열시험압력	1.5MPa	
누설시험온도	46~50℃ 미만	
화기와 우회거리	8m 이상	
불꽃길이 시험온도	24℃ 이상 26℃ 이하	
시료	충전용기 1조에서 3개 채취	

제품 기재사항	
버너와 시료간격	15cm
버너 불꽃길이	4.5cm 이상 5.5cm 이하
가연성	① 40℃ 이상 장소에 보관하지 말 것 ② 불 속에 버리지 말 것 ③ 사용 후 잔가스 제거 후 버릴 것 ④ 밀폐장소에 보관하지 말 것
가연성 이외의 것	상기 항목 이외에 ① 불꽃을 향해 사용하지 말 것 ② 화기부근에서 사용하지 말 것 ③ 밀폐실 내에서 사용 후 환기시킬 것

핵심 71 ◆ 차량 고정탱크 및 용기에 의한 운반 · 주차 시의 기준(KGS GC206)

구 분	내 용
주차 장소	① 1종 보호시설에서 15m 이상 떨어진 곳 ② 2종 보호시설이 밀집되어 있는 지역으로 육교 및 고가차도 아래는 피할 것 ③ 교통량이 적고 부근에 화기가 없는 안전하고 지반이 좋은 장소
비탈길 주차 시	주차 Break를 확실하게 걸고 차바퀴에 차바퀴 고정목으로 고정
차량운전자, 운반책임자가 차량에서 이탈한 경우	항상 눈에 띄는 장소에 있도록 한다.
기타 사항	① 장시간 운행으로 가스온도가 상승되지 않도록 한다. ② 40℃ 초과 우려 시 급유소를 이용, 탱크에 물을 뿌려 냉각한다. ③ 노상주차 시 직사광선을 피하고, 그늘에 주차하거나 탱크에 덮개를 씌운다(단, 초저온, 저온탱크는 그러하지 아니 하다). ④ 고속도로 운행 시 규정속도를 준수, 커브길에서는 신중하게 운전한다. ⑤ 200km 이상 운행 시 중간에 충분한 휴식을 한다. ⑥ 운반책임자의 자격을 가진 운전자는 운반도중 응급조치에 대한 긴급지원 요청을 위하여 주변의 제조 · 저장 판매 수입업자, 경찰서, 소방서의 위치를 파악한다. ⑦ 차량 고정탱크로 고압가스 운반 시 고압가스에 대한 주의사항을 기재한 서면을 운반책임자, 운전자에게 교부하고 운반 중 휴대시킨다.

핵심 72 ◆ 안전교육

(1) 고법

교육과정	교육대상자	교육기간
전문교육	특정고압가스 사용 신고시설의 안전관리책임자를 제외한 안전관리책임자 및 안전관리원	신규종사 후 6개월 이내 및 그 후에는 3년이 되는 해마다 1회(검사기관의 기술인력 제외)
특별교육	① 운반차량의 운전자 ② 고압가스 사용 자동차 운전자 ③ 고압가스 자동차 충전시설의 충전원 ④ 고압가스 사용 자동차 정비원	신규종사 시 1회
양성교육	(일반시설, 냉동시설, 판매시설, 사용시설의 안전관리자가 되려는 사람) • 운반책임자가 되려는 사람	

(2) 액화석유가스의 교육과정

교육과정	교육대상자	교육시기
전문교육	① 안전관리책임자와 안전관리원의 대상자는 제외 ② 액화석유가스 특정사용시설의 안전관리책임자와 안전관리원 ③ 시공관리자(제1종 가스시설 시공업자에 채용된 시공관리자만을 말한다) ④ 시공자(제2종 가스시설 시공업자의 기술능력인 시공자 양성교육 또는 가스시설 시공관리자 양성교육을 이수한 자로 한정)와 제2종 가스시설 시공업자에게 채용된 시공관리자 ⑤ 온수보일러 시공자(제3종 가스시설 시공업자의 기술능력인 온수보일러 시공자 양성교육 또는 온수보일러 시공관리자 양성교육을 이수한 자로 한정)와 제3종 가스시설 시공업자에게 채용된 온수보일러 시공 ⑥ 액화석유가스 운반책임자	신규종사 후 6개월 이내 및 그 후에는 3년이 되는 해마다 1회
특별교육	① 액화석유가스 사용자동차 운전자 ② 액화석유가스 운반자동차 운전자와 액화석유가스 배달원 ③ 액화석유가스 충전시설의 충전원 ④ 제1종 또는 제2종 가스시설 시공업자 중 자동차정비업 또는 자동차 폐차업자의 사업소에서 액화석유가스를 연료로 사용하는 자동차의 액화석유가스 연료계통 부품의 정비작업 또는 폐차직업에 종사하는 자	신규 종사 시 1회
양성교육	① 일반시설 안전관리자가 되려는 자 ② 액화석유가스 충전시설 안전관리자가 되려는 자 ③ 판매시설 안전관리자가 되려는 자 ④ 사용시설 안전관리자가 되려는 자 ⑤ 가스시설 시공관리자가 되려는 자 ⑥ 시공자가 되려는 자 ⑦ 온수보일러 시공자가 되려는 자 ⑧ 온수보일러 시공관리자가 되려는 자 ⑨ 폴리에틸렌관 융착원이 되려는 자	–

(3) 도시가스의 교육과정

교육과정	교육대상자	교육시기
전문교육	① 도시가스사업자(도시가스사업자 외의 가스공급시설 설치자를 포함한다)의 안전관리책임자 · 안전관리원 · 안전점검원 ② 가스사용시설 안전관리 업무 대행자에 채용된 기술인력 중 안전관리책임자와 안전관리원 ③ 특정 가스사용시설의 안전관리책임자 ④ 제1종 가스시설 시공자에 채용된 시공관리자 ⑤ 제2종 가스시설 시공업자의 기술인력인 시공자(양성교육이수자만을 말한다) 및 제2종 가스시설 시공업자에 채용된 시공관리자 ⑥ 제3종 가스시설 시공업자에 채용된 온수보일러 시공관리자	신규 종사 후 6개월 이내 및 그 후에는 3년이 되는 해마다 1회
특별교육	① 보수 · 유지 관리원 ② 사용시설 점검원 ③ 도기가스사용 자동차 운전자 ④ 도시가스 자동차 충전시설의 충전원 ⑤ 도시가스 사용자 자동차 정비원	신규 종사 시 1회

교육과정	교육대상자	교육시기
양성교육	① 도시가스시설, 사용시설 안전관리자가 되려는 자 ② 가스시설 시공관리자가 되려는 자 ③ 온수보일러 시공자가 되려는 자 ④ 폴리에틸렌 융착원이 되려는 자	–

핵심 73 ◇ 가스계량기, 호스이음부, 배관의 이음부 유지거리(단, 용접이음부 제외)

항목		해당법규 및 항목구분에 따른 이격거리
전기계량기, 전기개폐기		법령 및 사용, 공급 관계없이 무조건 60cm 이상
전기점멸기, 전기접속기	30cm 이상	공급시설의 배관이음부, 사용시설 가스계량기
	15cm 이상	LPG, 도시 사용시설(배관이음부, 호스이음부)
단열조치하지 않은 굴뚝	30cm 이상	① LPG공급시설(배관이음부) ② LPG, 도시 사용시설의 가스계량기
	15cm 이상	① 도시가스공급시설(배관이음부) ② LPG, 도시 사용시설(배관이음부)
절연조치하지 않은 전선	30cm 이상	LPG공급시설(배관이음부)
	15cm 이상	도시가스공급, LPG, 도시가스 사용시설(배관이음부, 가스계량기)
절연조치한 전선		항목, 법규 구분없이 10cm 이상
공급시설		배관이음부
사용시설		배관이음부, 호스이음부, 가스계량기

핵심 74 ◇ 가스용품의 생산단계 검사

생산단계 검사는 자체검사능력과 품질관리능력에 따라 구분된 다음 표의 검사의 종류 중 가스용품 제조자나 가스용품 수입자가 선택한 어느 하나의 검사를 실시한 것

검사의 종류	대 상	구성항목	주 기
제품확인	생산공정검사 또는 종합공정검사 대상 이외 품목	정기품질검사	2개월에 1회
		상시품질검사	신청 시 마다
생산공정검사	제조공정 · 자체검사공정에 대한 품질시스템의 적합성을 충족할 수 있는 품목	정기품질검사	3개월에 1회
		공정확인심사	3개월에 1회
		수시품질검사	1년에 2회 이상
종합공정검사	공정 전체(설계 · 제조 · 자체검사)에 대한 품질시스템의 적합성을 충족할 수 있는 품목	종합품질관리체계심사	6개월에 1회
		수시품질검사	1년에 1회 이상

핵심 75 ◇ 수리자격자별 수리범위

수리자격자	수리범위
용기 제조자	① 용기 몸체의 용접 ② 아세틸렌 용기 내의 다공질물 교체 ③ 용기의 스커트 · 프로텍터 및 넥크링의 교체 및 시공 ④ 용기 부속품의 부품 교체 ⑤ 저온 또는 초저온 용기의 단열재 교체, 초저온 용기 부속품의 탈 · 부착
특정설비 제조자	① 특정설비 몸체의 용접 ② 특정설비의 부속품(그 부품을 포함)의 교체 및 가공 ③ 단열재 교체
냉동기 제조자	① 냉동기 용접 부분의 용접 ② 냉동기 부속품(그 부품을 포함)의 교체 및 가공 ③ 냉동기의 단열재 교체
고압가스 제조자	① 초저온 용기 부속품의 탈부착 및 용기 부속품의 부품(안전장치 제외) 교체(용기 부속품 제조자가 그 부속품의 규격에 적합하게 제조한 부품의 교체만을 말한다.) ② 특정설비의 부품 교체 ③ 냉동기의 부품 교체 ④ 단열재 교체(고압가스 특정제조자만을 말한다) ⑤ 용접가공[고압가스 특정제조자로 한정하며, 특정설비 몸체의 용접가공은 제외. 다만 특정설비 몸체의 용접수리를 할 수 있는 능력을 갖추었다고 한국가스안전공사가 인정하는 제조자의 경우에는 특정설비(차량에 고정된 탱크는 제외) 몸체의 용접가공도 할 수 있다].
검사기관	특정설비의 부품 교체 및 용접(특정설비 몸체의 용접은 제외. 다만, 특정설비 제조자와 계약을 체결하고 해당 제조업소로 하여금 용접을 하게 하거나, 특정설비 몸체의 용접수리를 할 수 있는 용접설비기능사 또는 용접기능사 이상의 자격자를 보유하고 있는 경우에는 그러하지 아니 하다.) ① 냉동설비의 부품 교체 및 용접 ② 단열재 교체 ③ 용기의 프로텍터 · 스커트 교체 및 용접(열처리설비를 갖춘 전문 검사기관만을 말한다.) ④ 초저온 용기 부속품의 탈부착 및 용기 부속품의 부품 교체 ⑤ 액화석유가스를 액체상태로 사용하기 위한 액화석유가스 용기 액출구의 나사 사용막음 조치(막음 조치에 사용하는 나사의 규격은 KS B 6212에 적합한 경우만을 말한다.)
액화석유가스 충전사업자	액화석유가스 용기용 밸브의 부품 교체(핸들 교체 등 그 부품의 교체 시 가스누출의 우려가 없는 경우만을 말한다.)
자동차 관리사업자	자동차의 액화석유가스 용기에 부착된 용기 부속품의 수리

핵심 76 ◇ 특정고압가스 · 특수고압가스

(1)

특정고압가스	특수고압가스
수소, 산소, 액화암모니아, 액화염소, 아세틸렌, 천연가스, 압축모노실란, 압축디보레인, 액화알진 ① 포스핀, ② 셀렌화수소, ③ 게르만, ④ 디실란, ⑤ 오불화비소, ⑥ 오불화인, ⑦ 삼불화인, ⑧ 삼불화질소, ⑨ 삼불화붕소, ⑩ 사불화유황, ⑪ 사불화규소	포스핀, 압축모노실란, 디실란, 압축디보레인, 액화알진, 셀렌화수소, 게르만

※ 1. ①~⑪까지가 법상의 특정고압가스

2. box 부분도 특정고압가스이나 ①~⑪까지를 우선적으로 간주(보기에 ①~⑪까지가 나오고 box부분이 있을 때는 box부분의 가스가 아닌 보기로 될 수 있음. 법령과 시행령의 해석에 따른 차이이다.)

(2) 특정고압가스를 사용 시 사용신고를 하여야 하는 경우

구 분	저장능력 및 사용신고 조건
액화가스 저장설비	250kg 이상
압축가스 저장설비	$50m^3$ 이상
배관	배관으로 사용 시(천연가스는 제외)
자동차 연료	자동차 연료용으로 사용 시
용량에 관계없이 무조건 사용 시 신고	압축모노실란, 압축디보레인, 액화알진, 포스핀, 셀렌화수소, 게르만, 디실란, 오불화비소, 오불화인, 삼불화인, 삼불화질소, 삼불화붕소, 사불화유황, 사불화규소, 액화염소, 액화암모니아 사용 시(단, 시험용으로 사용 시는 제외)

핵심 77 ◇ 노출가스 배관에 대한 시설 설치기준

(1)

구 분		세부내용
노출 배관길이 15m 이상 점검통로 조명시설	가드레일	0.9m 이상 높이
	점검통로 폭	80cm 이상
	발판	통행상 지장이 없는 각목
	점검통로 조명	가스배관 수평거리 1m 이내 설치, 70lux 이상
노출 배관길이 20m 이상 시 가스누출 경보장치 설치기준	설치간격	20m마다 설치 근무자가 상주하는 곳에 경보음이 전달되도록
	작업장	경광등 설치(현장상황에 맞추어)

(2) 도로 굴착공사에 의한 배관손상 방지기준(KGS FS551)

구 분	세부내용
착공 전 조사사항	도면확인(가스 배관 기타 매설물 조사)
점검통로 조명시설을 하여야 하는 노출 배관길이	15m 이상
안전관리전담자 입회 시 하는 공사	배관이 있는 2m 이내에 줄파기공사 시
인력으로 굴착하여야 하는 공사	가스 배관 주위 1m 이내
배관이 하천 횡단 시 주위 흙이 사질토일 때 방호구조물 비중	물의 비중 이상의 값

핵심 78 ◇ 전기방식(KGS FP202 2.2.2.2)

측정 및 점검주기			
관대지전위	외부전원법에 따른 외부전원점 관대지전위 정류기 출력전압 전류 배선접속 계기류 확인	배류법에 따른 배류점 관대지전위 배류기 출력전압 전류 배선접속 계기류 확인	절연부속품 역전류방지장치 결선보호 절연체 효과
1년 1회 이상	3개월 1회 이상	3개월 1회 이상	6개월 1회 이상

전기방식조치를 한 전체 배관망에 대하여 2년 1회 이상 관대지 등의 전위를 측정

전위측정용(터미널(T/B)) 시공방법	
외부전원법	희생양극법, 배류법
500m 간격	300m 간격

전기방식 기준(자연전위 변화값 : −300mV)		
고압가스	액화석유가스	도시가스
포화황산동 기준 전극		
−5V 이상 −0.85V 이하	−0.85V 이하	−0.85V 이하
황산염 환원박테리아가 번식하는 토양		
−0.95V 이하	−0.95V 이하	−0.95V 이하

전기방식 효과를 유지하기 위하여 절연조치를 하는 장소는 다음과 같다.

① 교량횡단 배관의 양단
② 배관 등과 철근콘크리트 구조물 사이
③ 배관과 강제 보호관 사이
④ 배관과 지지물 사이
⑤ 타 시설물과 접근 교차지점
⑥ 지하에 매설된 부분과 지상에 설치된 부분의 경계
⑦ 저장탱크와 배관 사이
⑧ 고압가스 · 액화석유가스 시설과 철근콘크리트 구조물 사이

전위측정용 터미널의 설치장소는 다음과 같다.

① 직류전철 횡단부 주위
② 지중에 매설되어 있는 배관절연부의 양측
③ 다른 금속구조물의 근접 교차부분
④ 밸브스테이션
⑤ 희생양극법, 배류법에 따른 배관에는 300m 이내 간격
⑥ 외부전원법에 따른 배관에는 500m 이내 간격으로 설치

핵심 79 ◇ 과압안전장치(KGS FU211, KGS FP211)

(1) 설치(2.8.1)

고압가스설비에는 그 고압가스설비 내의 압력이 상용압력을 초과하는 경우 즉시 상용압력 이하로 되돌릴 수 있는 과압안전장치를 설치한다.

(2) 선정기준(2.8.1.1)

① 기체 증기의 압력상승방지를 위해 설치하는 안전밸브

② 급격한 압력의 상승, 독성 가스의 누출, 유체의 부식성 또는 반응생성물의 성상 등에 따라 안전밸브를 설치하는 것이 부적당 시 파열판

③ 펌프 배관에서 액체의 압력상승방지를 위해 설치하는 릴리프밸브 또는 안전밸브

④ 상기의 안전밸브 파열판, 릴리프밸브와 함께 병행 설치할 수 있는 자동압력제어장치

(3) 설치위치(2.8.1.2)

최고허용압력, 설계압력을 초과할 우려가 있는 아래의 장소

① 저장능력 300kg 이상 용기집합장치가 설치된 액화가스 고압가스 설비

② 내·외부 요인에 따른 압력상승이 설계압력을 초과할 우려가 있는 압력용기

③ 토출압력 막힘으로 인한 압력상승이 설계압력을 초과할 우려가 있는 압축기 및 압축기의 각 단 또는 펌프의 출구측

④ 배관 내의 액체가 2개 이상의 밸브에 의해 차단되어 외부 열원에 따른 액체의 열팽창으로 파열 우려가 있는 배관

⑤ 압력조절의 실패 : 이상반응 밸브의 막힘 등으로 인한 압력상승이 설계압력을 초과할 우려가 있는 고압가스 설비 또는 배관 등

(4) LPG 사용시설 : 저장능력 250kg 이상(자동절체기 사용 시 500kg 이상) 저장설비, 가스설비, 배관에 설치

(5) LPG 사용시설에서 장치의 설치위치 : 가스설비 등의 압력이 허용압력을 초과할 우려가 있는 고압(1MPa 이상)의 구역마다 설치

핵심 80 ◆ 가스누출경보 및 차단장치 설치장소 및 검지부의 설치개수 (KGS FP111 2.6.2.3.1)

<table>
<tr><th colspan="4" rowspan="2">법규에 따른 항목</th><th colspan="3">설치 세부내용</th></tr>
<tr><th>장 소</th><th>설치간격</th><th>개 수</th></tr>
<tr><td rowspan="9">고압
가스
(KGS
FP111)</td><td rowspan="7">제조
시설</td><td colspan="2">건축물 내</td><td rowspan="4">바닥면 둘레</td><td>10m</td><td>1개</td></tr>
<tr><td colspan="2">건축물 밖</td><td>20m</td><td>1개</td></tr>
<tr><td colspan="2">가열로 발화원의 제조설비 주위</td><td>20m</td><td>1개</td></tr>
<tr><td colspan="2">특수반응설비</td><td>10m</td><td>1개</td></tr>
<tr><td colspan="2" rowspan="3">그 밖의 사항</td><td>계기실 내부</td><td colspan="2">1개 이상</td></tr>
<tr><td>방류둑 내 탱크</td><td colspan="2">1개 이상</td></tr>
<tr><td>독성 가스 충전용 접속군</td><td colspan="2">1개 이상</td></tr>
<tr><td colspan="3" rowspan="2">배관</td><td colspan="3">경보장치의 검출부 설치장소</td></tr>
<tr><td colspan="3">① 긴급차단장치 부분
② 슬리브관, 이중관 밀폐 설치 부분
③ 누출가스 체류 쉬운 부분
④ 방호구조물 등에 의하여 밀폐되어 설치된 배관 부분</td></tr>
<tr><td rowspan="2">LPG
(KGS
FP331)</td><td colspan="3">경보기의 검지부 설치장소</td><td colspan="3">① 저장탱크, 소형 저장탱크 용기
② 충전설비 로딩암 압력용기 등 가스설비</td></tr>
<tr><td colspan="3">설치해서는 안 되는 장소</td><td colspan="3">① 증기, 물방울, 기름기 섞인 연기 등이 직접 접촉 우려가 있는 곳
② 온도 40℃ 이상인 곳
③ 누출가스 유동이 원활치 못한 곳
④ 경보기 파손 우려가 있는 곳</td></tr>
<tr><td rowspan="3">도시
가스
사업법
(KGS
FP451)</td><td colspan="2">건축물 안</td><td rowspan="3">바닥면
둘레 및
설치 개수</td><td colspan="3">10m마다 1개 이상</td></tr>
<tr><td colspan="2">지하의 전용탱크 처리설비실</td><td colspan="3">20m마다 1개 이상</td></tr>
<tr><td colspan="2">정압기(지하 포함)실</td><td colspan="3">20m마다 1개 이상</td></tr>
</table>

핵심 81 ◆ 설치장소에 따른 안전밸브 작동검사 주기 (고법 시행규칙 별표 8 저장 사용 시설 검사기준)

설치장소	검사 주기
압축기 최종단	1년 1회 조정
그 밖의 안전밸브	2년 1회 조정
특정제조 허가받은 시설에 설치	4년의 범위에서 연장 가능

핵심 82 ◆ 폭발방지장치의 설치규정

(1) 폭발방지장치

① 주거지역, 상업지역에 설치되는 저장능력 10t 이상의 LPG 저장탱크(지하에 설치 시는 제외)

② 차량에 고정된 LPG 탱크에 폭발방지장치 설치

(2) 재료 : 알루미늄 합금 박판
(3) 형태 : 다공성 벌집형

핵심 83 ◇ 고압가스 특정제조시설 · 누출확산 방지조치(KGS FP111 2.5.8.4)

시가지, 하천, 터널, 도로, 수로, 사질토, 특수성 지반(해저 제외) 배관 설치 시 고압가스 종류에 따라 안전한 방법으로 가스의 누출확산 방지조치를 한다. 이 경우 고압가스의 종류, 압력, 배관의 주위상황에 따라 배관을 2중관으로 하고, 가스누출검지 경보장치를 설치한다.

핵심 84 ◇ 가스보일러의 안전장치

① 소화안전장치
② 과열방지장치
③ 동결방지장치
④ 저가스압차단장치

핵심 85 ◇ 저장탱크 부압 파괴방지조치와 과충전방지조치(KGS FP111)

항 목		간추린 세부내용
부압 파괴방지	정의	가연성 저온저장탱크에 내부 압력이 외부 압력보다 낮아져 탱크가 파괴되는 것을 방지
	설비 종류	① 압력계 ② 압력경보설비 ③ 기타 설비 중 1 이상의 설비(진공안전밸브, 균압관 압력과 연동하는 긴급차단장치를 설치한 냉동제어설비 및 송액설비)
과충전 방지조치	해당 가스	아황산, 암모니아, 염소, 염화메탄, 산화에틸렌, 시안화수소, 포스겐, 황화수소
	설치 개요	충전 시 90% 초과 충전되는 것을 방지하기 위함
	과충전방지법	① 용량 90% 시 액면, 액두압을 검지 ② 용량 검지 시 경보장치 작동
과충전 경보는 관계자가 상주장소 및 작업장소에서 명확히 들을 수 있을 것		

핵심 86 ◇ 자분탐상시험(결함자분 모양의 길이에 따른 등급 분류(KGS GC205))

등급 분류	결함자분 모양의 길이
1급	1mm 이하
2급	1mm 초과 2mm 이하
3급	2mm 초과 4mm 이하
4급	4mm 초과

※ 등급 분류의 4급 및 표면에 균열이 있는 경우는 불합격으로 한다.

핵심 87 ◆ 전기방식 조치대상시설 및 제외대상시설

조치대상시설	제외대상시설
고압가스의 특정 · 일반 제조사업자, 충전사업자, 저장소 설치자 및 특정고압가스 사용자의 시설 중 지중, 수중에서 설치하는 강제 배관 및 저장탱크(액화석유가스 도시가스시설 동일)	① 가정용 시설 ② 기간을 임시 정하여 임시로 사용하기 위한 가스시설 ③ PE(폴리에틸렌관)

핵심 88 ◆ 배관의 지진 해석

(1) 고압가스 배관 및 도시가스 배관의 지진 해석의 적용사항

① 지반운동의 수평 2축방향 성분과 수직방향 성분을 고려한다.

② 배관 · 지반의 상호작용 해석 시 배관의 유연성과 지반의 변형성을 고려한다.

③ 지반을 통한 파의 방사조건을 적절하게 반영한다.

④ 내진설계에 필요한 지반정수들은 동적 하중조건에 적합한 값들을 선정하고, 특히 지반 변형계수와 감쇠비는 발생 변형률 크기에 알맞게 선택한다.

(2) 고압가스 배관 및 도시가스 배관의 기능 수행수준 지진 해석의 기준

① 배관의 거동은 선형으로 가정한다.

② 배관의 지진응답은 선형해석법으로 해석한다.

③ 응답스펙트럼 해석법, 모드 해석법, 주파수영역 해석법, 시간영역 해석법 등을 사용할 수 있다.

④ 상세한 수치 모델링이나 보수성이나 보수성이 입증된 단순해석법을 사용할 수 있다.

(3) 고압가스 배관 및 도시가스 배관의 누출방지수준 지진 해석의 기준

① 배관의 지진응답은 비선형 거동특성을 고려할 수 있는 해석법으로 해석하되, 일반구조물의 지진응답 해석법을 준용할 수 있다.

② 시간영역 해석법을 사용할 수 있다.

③ 상세한 수치 모델링이나 보수성이 입증된 단순해석법을 사용할 수 있다.

핵심 89 ◆ 제조설비에 따른 비상전력의 종류

설 비 \ 비상전력 등	타처 공급전력	자가발전	축전지장치	엔진구동발전	스팀터빈 구동발전
자동제어장치	○	○	○		
긴급차단장치	○	○	○		
살수장치	○	○	○	○	○
방소화설비	○	○	○	○	○
냉각수펌프	○	○	○	○	○
물분무장치	○	○	○	○	○
독성 가스 재해설비	○	○	○	○	○
비상조명설비	○	○	○		
가스누설검지 경보설비	○	○	○		

핵심 90 ◆ 시설별 독성, 가연성과 이격거리(m)

	시 설	이격거리(m)	
		가연성 가스	독성 가스
1	철도(화물, 수용용으로만 쓰이는 것은 제외)	25	40
2	도로(전용공업지역 안에 있는 도로 제외)	25	40
3	학교, 유치원, 어린이집, 시설강습소	45	72
4	아동복지시설 또는 심신장애자복지시설로서 수용능력이 20인 이상인 건축물	45	72
5	병원(의원을 포함)	45	72
6	공공공지(도시계획시설에 한정) 또는 도시공원(전용공업지 300인 이상을 수용할 수 있는 곳)	45	72
7	극장, 교회, 공회당, 그밖에 이와 유사한 시설로서 수용능력이 300인 이상을 수용할 수 있는 곳	45	72
8	백화점, 공동목욕탕, 호텔, 여관, 그 밖에 사람을 수용하는 건축물(가설건축물은 제외)로서 사실상 독립된 부분의 연면적이 1000m^2 이상인 곳	45	72
9	문화재보호법에 따라 지정문화재로 지정된 건축물	65	100
10	수도시설로서 고압가스가 혼입될 우려가 있는 곳	300	300
11	주택(1부터 10까지 열거한 것 또는 가설건축물 제외) 또는 1부터 10까지 열거한 시설과 유사한 시설로서 다수인이 출입하거나 근무하고 있는 곳	25	40

핵심 91 ◇ 역류방지밸브, 역화방지장치 설치기준(KGS FP211)

역류방지밸브(액가스가 역으로 가는 것을 방지)	역화방지장치(기체가 역으로 가는 것을 방지)
① 가연성 가스를 압축 시(압축기와 충전용 주관 사이) ② C_2H_2을 압축 시(압축기의 유분리기와 고압건조기 사이) ③ 암모니아 또는 메탄올(합성 정제탑 및 정제탑과 압축기 사이 배관) ④ 특정고압가스 사용시설의 독성 가스 감압설비와 그 반응설비 간의 배관	① 가연성 가스를 압축 시(압축기와 오토클레이브 사이 배관) ② 아세틸렌의 고압건조기와 충전용 교체밸브 사이 배관 및 충전용 지관 ③ 특정고압가스 사용시설의 산소, 수소, 아세틸렌의 화염 사용시설

핵심 92 ◇ 액화석유가스 집단공급사업 허가제외 대상(시행규칙 제5조)

① 70개소 미만의 수요자(공동주택단지는 전체 가구 수 70가구 미만인 경우)에게 공급하는 경우
② 시장, 군수, 구청장이 집단공급 사업으로 공급이 곤란하다고 인정하는 공동주택 단지에 공급하는 경우
③ 고용주가 종업원의 후생을 위하여 사원주택, 기숙사 등에 직접 공급하는 경우
④ 자치관리를 하는 공동주택의 관리 주체가 입주자 등에 직접 공급하는 경우
⑤ 관광진흥법에 따른 휴양콘도미니엄 사업자가 그 시설을 통하여 이용자에게 직접 공급하는 경우

핵심 93 ◇ 가스보일러의 급 · 배기 방식

반밀폐식		밀폐식	
CF (자연배기식)	FE (강제배기식)	BF (자연 급 · 배기식)	FF (강제 급 · 배기식)
연소용 공기는 실내, 폐가스는 자연통풍으로 옥외 배출	연소용 공기는 실내, 폐가스는 배기용 송풍기에 의해 강제로 옥외로 배출. 단독 배기통의 경우 풍압대와 관계 없이 설치 가능	급 · 배기통을 외기와 접하는 벽을 관통, 옥외로 설치하고 자연통기력에 의해 급 · 배기를 하는 방식	급 · 배기통을 외기와 접하는 벽을 관통하여 옥외로 설치하고 급 · 배기용 송풍기에 의해 강제로 급 · 배기하는 방식

핵심 94 ◇ 안전장치 분출용량 및 조정성능

(1) 조정압력이 3.3kPa 이하인 안전장치 분출용량(KGS 434)

① 노즐 직경이 3.2mm 이하일 때는 140L/h 이상

② 노즐 직경이 3.2mm를 초과할 경우 $Q=4.4D$의 식을 따른다.

여기서, Q : 안전장치 분출용량(L/h), D : 조정기 노즐 직경(mm)

(2) 조정성능

조정성능 시험에 필요한 시험용 가스는 15℃의 건조한 공기로 하고 15℃의 프로판 가스의 질량으로 환산하며, 환산식은 다음과 같다.

$$W = 1.513Q$$

여기서, W : 프로판가스의 질량(kg/h), Q : 건공기의 유량(m^3/h)

핵심 95 ◇ 독성 가스 표지 종류(KGS FU111)

표지판의 설치목적	독성 가스 시설에 일반인의 출입을 제한하여 안전을 확보하기 위함	
항 목 \ 표지 종류	식 별	위 험
보 기	독성 가스(○○) 저장소	독성 가스 누설주의 부분
문자 크기(가로×세로)	10cm×10cm	5cm×5cm
식별거리	30m 이상에서 식별 가능	10m 이상에서 식별 가능
바탕색	백색	백색
글씨색	흑색	흑색
적색표시 글자	가스 명칭(○○)	주의

핵심 96 ◇ 환상 배관망 설계

도시가스 배관 설치 후 대규모 주택 및 인구의 증가로 Peak 공급압력이 저하되는 것을 방지하기 위하여 근접 배관과 상호연결하여 압력저하를 방지하는 공급방식

핵심 97 ◇ 가스용 콕의 제조시설 검사기준(KGS AA334)

콕의 종류	작동원리
퓨즈콕	가스유로를 볼로 개폐하는 과류차단 안전기구가 부착된 것으로 배관과 호스, 호스와 호스, 배관과 배관 또는 배관과 커플러를 연결하는 구조
상자콕	가스유로를 핸들 누름, 당김 등의 조작으로 개폐하고 과류차단 안전기구가 부착된 것으로 밸브 핸들이 반개방상태에서도 가스가 차단되어야 하며 배관과 커플러를 연결하는 구조로 한다.(벽에 설치 사용 시에 퀵카플러로 연결 이동식 연소기에 사용)
주물연소기용 노즐콕	주물연소기 부품으로 사용하여, 볼로 개폐하는 구조
업무용 대형 연소기용 노즐콕	업무용 대형 연소기 부품으로 사용하는 것으로서 가스흐름은 볼로 개폐하는 구조
기타 사항	① 콕은 1개의 핸들로 1개의 유로를 개폐하는 구조 ② 콕의 핸들은 개폐상태가 눈으로 확인할 수 있는 구조로 하고 핸들이 회전하는 구조의 것은 회전각도가 90°의 것을 원칙으로 열림방향을 시계바늘 반대방향(단, 주물연소기용 노즐콕 및 업무용 대형 연소기형 노즐콕은 그러하지 아니할 수 있다.)

핵심 98 ◇ 액화가스 고압설비에 부착되어 있는 스프링식 안전밸브

설비 내 상용체적의 98%까지 팽창되는 온도에 대응하는 압력에 작동하여야 한다.

핵심 99 ◇ 안전밸브 형식 및 종류

종 류	해당 가스
가용전식	C_2H_2, Cl_2, C_2H_2O
파열판식	압축가스
스프링식	가용전식, 파열판식을 제외한 모든 가스(가장 널리 사용)
중추식	거의 사용 안함

TIP

파열판식 안전밸브의 특징

1. 한 번 작동 후 새로운 박판과 교체하여야 한다.
2. 구조 간단, 취급점검이 용이하다.
3. 부식성 유체에 적합하다.

핵심 100 ◇ 안전성 평가 관련 전문가의 구성팀(KGS GC211)

① 안전성 평가 전문가
② 설계전문가
③ 공정전문가 1인 이상 참여

핵심 101 ◇ 도시가스 배관망의 전산화 관리대상

(1) 도시가스 배관망의 전산화 및 가스설비 유지관리(KGS FS551)

① 가스설비 유지관리(3.1.3)

개 요	도시가스 사업자는 구역압력조정기의 가스누출경보, 차량추돌 비상발생 시 상황실로 전달하기 위함
안전조치사항 (①, ② 중 하나만 조치하면 된다)	① 인근 주민(2~3세대)을 모니터 요원으로 지정, 가스안전관리 업무 협약서를 작성보존 ② 조정기 출구배관 가스압력의 비정상적인 상승, 출입문 개폐여부 가스 누출여부 등을 도시가스 사업자의 안전관리자가 상주하는 곳에 통보할 수 있는 경보설비를 갖춤

② 배관망의 전산화(3.1.4.1)

개 요	가스공급시설의 효율적 관리
전산화 항목	(배관, 정압기) ① 설치도면 ② 시방서(호칭경, 재질 관련 사항) ③ 시공자, 시공연월일

(2) 도시가스 시설 현대화 항목 및 안정성 재고를 위한 과학화 항목

도시가스 시설 현대화	안정성 재고를 위한 과학화
① 배관망 전산화 ② 관리대상 시설 개선 ③ 원격감시 및 차단장치 ④ 노후배관 교체실적 ⑤ 가스사고 발생빈도	① 시공관리 실시 배관 ② 배관 순찰 차량 ③ 노출배관 ④ 주민 모니터링제 ⑤ 매설배관의 설치 위치

핵심 102 ◆ 고압가스 저장(가연성 유동방지시설)

구 분		이격거리 및 설치기준
화기와 우회거리	가연성 산소설비	8m 이상
	그 밖의 가스설비	2m 이상
유동방지시설	높이	2m 이상 내화성의 벽
	가스설비 및 화기와 우회 수평거리	8m 이상
불연성 건축물 안에서 화기 사용 시	수평거리 8m 이내에 있는 건축물 개구부	방화문 또는 망입유리로 폐쇄
	사람이 출입하는 출입문	2중문의 시공
화기와 직선거리	가연성·독성 충전용기 보관설비	2m 이상

핵심 103 ◆ 소형 저장탱크 설치방법

구 분	세부내용		
시설기준	지상 설치, 옥외 설치, 습기가 적은 장소, 통풍이 양호한 장소, 사업소 경계는 바다, 호수, 하천, 도로의 경우 토지 경계와 탱크 외면간 0.5m 이상 안전공지 유지		
전용 탱크실에 설치하는 경우	① 옥외 설치할 필요 없음 ② 환기구 설치(바닥면적 $1m^2$당 $300cm^2$의 비율로 2방향 분산 설치) ③ 전용 탱크실 외부(LPG 저장소, 화기엄금, 관계자 외 출입금지 등을 표시)		
살수장치	저장탱크 외면 5m 떨어진 장소에서 조작할 수 있도록 설치		
설치기준	① 동일장소 설치 수 : 6기 이하 ② 바닥에서 5cm 이상 콘크리트 바닥에 설치 ③ 충전질량 합계 : 5000kg 미만 ④ 충전질량 1000kg 이상은 높이 1m 이상 경계책 설치 ⑤ 화기와 거리 5m 이상 이격		
기초	지면 5cm 이상 높게 설치된 콘크리트 위에 설치		
보호대	재질		철근콘크리트, 강관재
	높이		80cm 이상
	두께	강관재	100A 이상
		철근콘크리트	12cm 이상
기화기	① 3m 이상 우회거리 유지 ② 자동안전장치 부착	소화설비	① 충전질량 1000kg 이상 ABC용 분말소화기 (B-12) 2개 이상 보유 ② 충전호스 길이 10m 이상

핵심 104 ◇ 정압기(Governor) (KGS FS552)

구 분	세부내용
정의	도시가스 압력을 사용처에 맞게 낮추는 감압기능, 2차측 압력을 허용범위 내의 압력으로 유지하는 정압기능, 가스흐름이 없을 때 밸브를 완전히 폐쇄하여 압력상승을 방지하는 폐쇄기능을 가진 기기로서 정압기용 압력조정기와 그 부속설비
정압기용 부속설비	1차측 최초 밸브로부터 2차측 말단 밸브 사이에 설치된 배관, 가스차단장치, 정압기용 필터, 긴급차단장치(slamshut valve), 안전밸브(safety valve), 압력기록장치(pressure recorder), 각종 통보설비, 연결배관 및 전선
종 류	**세부내용**
지구정압기	일반도시가스 사업자의 소유시설로 가스도매사업자로부터 공급받은 도시가스의 압력을 1차적으로 낮추기 위해 설치하는 정압기
지역정압기	일반도시가스 사업자의 소유시설로서 지구정압기 또는 가스도매사업자로부터 공급받은 도시가스의 압력을 낮추어 다수의 사용자에게 가스를 공급하기 위해 설치하는 정압기
캐비닛형 구조의 정압기	정압기 배관 및 안전장치 등이 일체로 구성된 정압기에 한하여 사용할 수 있는 정압기실로 내식성 재료의 캐비닛과 철근콘크리트 기초로 구성된 정압기실을 말한다.

핵심 105 ◇ 고압가스 제조설비의 사용 전후 점검사항(KGS FP112)

구 분	점검사항
사용 개시 전	① 계기류의 기능, 특히 인터록, 긴급용 시퀀스 경보 및 자동제어장치의 기능 ② 긴급차단 및 긴급방출장치, 통신설비, 제어설비, 정전기 방지 및 제거설비, 그 밖의 안전장치의 기능 ③ 각 배관계통에 부착된 밸브 등의 개폐상황 및 맹판의 탈부착 상황 ④ 회전기계의 윤활유 보급 상황 및 회전구동 상황 ⑤ 가스설비의 전반적인 누출 유무 ⑥ 가연성 가스, 독성 가스가 체류하기 쉬운 곳의 해당 가스 농도 ⑦ 전기, 물, 증기, 공기 등 유틸리티 시설의 준비 상황 ⑧ 안전용 불활성 가스 등의 준비 상황 ⑨ 비상전력 등의 준비 상황
사용 종료 시	① 사용 종료 직전에 각 설비의 운전 상황 ② 사용 종료 후에 가스설비에 있는 잔유물의 상황 ③ 가스설비 안의 가스액 등의 불활성 가스 치환 상황 또는 설비 내 공기의 치환 상황 ④ 개방하는 가스설비와 다른 가스설비와의 차단 상황 ⑤ 부식, 마모, 손상, 폐쇄, 결합부의 풀림, 기초의 경사침하 이상 유무

핵심 106 ◇ 중요 가스 폭발범위

가스명	폭발범위(%)	가스명	폭발범위(%)
C_2H_2	2.5~81	CH_4	5~15
C_2H_4O	3~80	C_2H_6	3~12.5
H_2	4~75	C_2H_4	2.7~36
CO	12.5~74	C_3H_8	2.1~9.5
HCN	6~41	C_4H_{10}	1.8~8.4
CS_2	1.2~44	NH_3	15~28
H_2S	4.3~45	CH_3Br	13.5~14.5

핵심 107 ◇ 내진설계기준

(1) 가스배관 내진설계

구 분	내 용
내진 특등급	막대한 피해를 초래하는 경우로서 최고사용압력 6.9MPa 이상 배관
내진 1등급	상당한 피해를 초래하는 경우로서 최고사용압력 0.5MPa 이상 배관
내진 2등급	경미한 피해를 초래하는 경우로서 특등급, 1등급 이외의 배관

(2) 가스시설 내진설계기준(KGS GC203)

항 목		간추린 핵심내용	
용어	내진설계설비	저장탱크, 가스홀더, 응축기, 수액기, 탑류 압축기, 펌프, 기화기, 열교환기, 냉동설비, 가열설비, 계량설비, 정압설비와 지지구조물	
	활성단층	현재 활동 중이거나 과거 5년 이내 전단파괴를 일으킨 흔적이 있다고 입증된 단층	
내진 등급	설비의 손상 기능 상실이 사업소 경계 밖에 있는 공공의 생명재산	막대한 피해 초래 사회의 정상적 기능유지에 심각한 지장을 가져옴	특등급
		상당한 피해 초래 경미한 피해 초래	1등급 2등급
1종 독성 가스 (허용농도 1ppm 이하)		염소, 시안화수소, 이산화질소, 불소, 포스겐	
2종 독성 가스 (허용농도 1ppm 초과 10ppm 이하)		염화수소, 삼불화붕소, 이산화유황, 불화수소, 브롬화메틸, 황화수소	

(3) 내진설계 적용 대상 시설

법령 구분		보유능력	대상 시설물
고법 적용시설	독성, 가연성	5t, 500m^3 이상	① 저장탱크(지하 제외) ② 압력용기(반응, 분리, 정제, 증류 등을 행하는 탑류) 동체부 높이 5m 이상인 것
	비독성, 비가연성	10t, 1000m^3 이상	
	세로방향 설치 동체 길이 5m 이상		원통형 응축기 및 내용적 5000L 이상 수액기와 지지구조물
액법 도법 적용시설	3t, 300m^3 이상		저장탱크 가스홀더의 연결부와 지지구조물
그 밖의 도법 적용시설	5t, 500m^3 이상		① 고정식 압축도시가스 충전시설 ② 고정식 압축도시가스 자동차 충전시설 ③ 이동식 압축도시가스 자동차 충전시설 ④ 액화도시가스 자동차 충전시설

핵심 108 ◆ 냉동설비의 과압차단장치, 자동제어장치

(1) 냉동설비의 과압차단장치

정 의	냉매설비 안 냉매가스 압력이 상용압력 초과 시 즉시 상용압력 이하로 되돌릴 수 있는 장치
종 류	고압차단장치, 안전밸브, 파열판, 용전, 압력릴리프장치

(2) 냉동제조의 자동제어장치의 종류

장치명	기 능
고압차단장치	압축기 고압측 압력이 상용압력 초과 시 압축기 운전을 정지
저압차단장치	개방형 압축기인 경우 저압측 압력이 상용압력보다 이상 저하 시 압축기 운전을 정지
과부하보호장치	압축기를 구동하는 동력장치
액체의 동결방지장치	셀형 액체냉각기의 경우 설치
과열방지장치	난방기, 전열기를 내장한 에어컨 냉동설비에서 사용

(3) 고압가스 냉동기 제조의 시설기술 검사기준의 안전장치(KGS AA111 3.4.6)

안전장치 부착의 목적	냉동설비를 안전하게 사용하기 위하여 상용압력 이하로 되돌림
종 류	① 고압차단장치 ② 안전밸브(압축기 내장형 포함) ③ 파열판 ④ 용전 및 압력 릴리프장치
안전밸브 구조	작동압력을 설정한 후 봉인될 수 있는 구조
안전밸브 가스통과 면적	안전밸브 구경면적 이상
고압차단장치	① 설정압력이 눈으로 판별할 수 있는 것 ② 원칙적으로 수동복귀방식이다(단, 냉매가 가연성·독성이 아닌 유닛형 냉동설비에서 자동 복귀되어도 위험이 없는 경우는 제외). ③ 냉매설비 고압부 압력을 바르게 검지할 수 있을 것
용 전	냉매가스 온도를 정확히 검지할 수 있고 압축기 또는 발생기의 고온 토출가스에 영향을 받지 않는 위치에 부착
파열판	냉매가스 압력이 이상 상승 시 파열 냉매가스를 방출하는 구조
강제환기장치	냉동능력 1ton당 2m^3/min 능력의 환기장치설치(환기구 면적 미확보 시)
자연환기장치	냉동능력 1ton당 0.05m^{2}의 면적의 환기구 설치

핵심 109 ◇ 도시가스 정압기실 안전밸브 분출부의 크기

입구측 압력		분출부 구경
0.5MPa 이상		50A 이상
0.5MPa 미만	유량 1000Nm^3/h 이상	50A 이상
	유량 1000Nm^3/h 미만	25A 이상

핵심 110 ◇ 긴급차단장치

구 분	내 용
기능	이상사태 발생 시 작동하여 가스 유동을 차단하여 피해 확대를 막는 장치(밸브)
적용시설	내용적 5000L 이상 저장탱크
원격조작온도	110℃
동력원(밸브를 작동하게 하는 힘)	유압, 공기압, 전기압, 스프링압
설치위치	① 탱크 내부 ② 탱크와 주밸브 사이 ③ 주밸브의 외측 ※ 단, 주밸브와 겸용으로 사용해서는 안 된다.
긴급차단장치를 작동하게 하는 조작원의 설치위치	
고압가스, 일반제조시설, LPG법 일반도시가스 사업법	① 고압가스 특정제조시설 ② 가스도매사업법
탱크 외면 5m 이상	탱크 외면 10m 이상
수압시험 방법	연 1회 이상 KS B 2304의 방법으로 누설검사

핵심 111 ◇ 용기보관실 및 용기집합설비 설치(KGS FU431)

(1)

저장능력	
100kg 이하	100kg 초과
용기가 직사광선, 빗물을 받지 않도록 조치	① 용기보관실 설치 시 용기보관실의 벽, 문, 지붕은 불연재료(지붕은 가벼운 불연재료)로 설치하고, 단층구조로 한다. ② 용기보관실 설치 곤란 시 외부인 출입을 방지하기 위하여 출입문을 설치하고 경계표시를 한다. ③ 용기집합설비의 양단 마감조치에는 캡 또는 플랜지를 설치한다. ④ 용기를 3개 이상 집합하여 사용 시 용기집합장치로 설치한다. ⑤ 용기와 연결된 측도관 트윈호스의 조정기 연결부는 조정기 이외의 설비에는 연결하지 않는다. ⑥ 용기와 소형저장탱크는 혼용하여 설치할 수 없다.

(2) 고압가스 용기의 보관(시행규칙 별표 9)

항 목	간추린 핵심내용
구분 보관	① 충전용기 잔가스 용기 ② 가연성 독성 산소 용기
충전용기	① 40℃ 이하 유지 ② 직사광선을 받지 않도록 ③ 넘어짐 및 충격 밸브손상 방지조치 난폭한 취급금지(5L 이하 제외) ④ 밸브 돌출용기 가스충전 후 넘어짐 및 밸브손상 방지조치(5L 이하 제외)
용기 보관장소	2m 이내 화기인화성, 발화성 물질을 두지 않을 것
가연성 보관장소	① 방폭형 휴대용 손전등 이외 등화를 휴대하지 않을 것 ② 보관장소는 양호한 통풍구조로 할 것
가연성, 독성 용기 보관장소	충전용기 인도 시 가스누출 여부를 인수자가 보는데서 확인
가스누출 검지경보장치 설치	① 독성 가스 ② 공기보다 무거운 가연성 가스

핵심 112 ◆ 가스보일러 설치(KGS FU551)

구 분		간추린 핵심내용
공동 설치기준		① 가스보일러는 전용보일러실에 설치 ② 전용보일러실에 설치하지 않아도 되는 종류 • 밀폐식 보일러 • 보일러를 옥외 설치 시 • 전용 급기통을 부착시키는 구조로 검사에 합격한 강제식 보일러 ③ 전용 보일러실에는 환기팬을 설치하지 않는다. ④ 보일러는 지하실, 반지하실에 설치하지 않는다.
반밀폐식	자연배기식	① 배기통 굴곡수는 4개 이하 ② 배기통 입상높이는 10m 이하, 10m 초과 시는 보온조치 ③ 배기통 가로길이는 5m 이하
	공동배기식	① 공동배기구 정상부에서 최상층 보일러 : 역풍방지장치 개구부 하단까지 거리가 4m 이상 시 공동배기구에 연결하고 그 이하는 단독배기통 방식으로 한다. ② 공동배기구 유효단면적 $A = Q \times 0.6 \times K \times F + P$ 여기서, A : 공동배기구 유효단면적(mm^2) Q : 보일러 가스소비량 합계(kcal/h) K : 형상계수 F : 보일러의 동시 사용률 P : 배기통의 수평투영면적(mm^2) ③ 동일층에서 공동배기구로 연결되는 보일러 수는 2대 이하 ④ 공동배기구 최하부에는 청소구와 수취기 설치 ⑤ 공동배기구 배기통에는 방화댐퍼를 설치하지 아니 한다.

핵심 113 ◇ 독성 가스 배관 중 이중관의 설치규정(KGS FP112)

항 목	이중관 대상가스
이중관 설치 개요	독성 가스 배관이 가스 종류, 성질, 압력, 주위 상황에 따라 안전한 구조를 갖기 위함
독성 가스 중 이중관 대상가스 (2.5.2.3.1 관련) 제조시설에서 누출 시 확산을 방지해야 하는 독성 가스	아황산, 암모니아, 염소, 염화메탄, 산화에틸렌, 시안화수소, 포스겐, 황화수소(**암기** **아암염염산시포황**)
하천수로 횡단하여 배관 매설 시 이중관	아황산, 염소, 시안화수소, 포스겐, 황화수소, 불소, 아크릴알데히드 ※ 독성 가스 중 이중관 가스에서 암모니아, 염화메탄, 산화에틸렌을 제외하고 불소와 아크릴알데히드 추가(제외 이유 : 암모니아, 염화메탄, 산화에틸렌은 물로서 중화가 가능하므로)
하천수로 횡단하여 배관매설 시 방호구조물에 설치하는 가스	하천수로 횡단 시 2중관으로 설치되는 독성 가스를 제외한 그 밖의 독성, 가연성 가스의 배관
이중관의 규격	외층관 내경＝내층관 외경×1.2배 이상 ※ 내층관과 외층관 사이에 가스누출 검지경보설비의 검지부 설치하여 누출을 검지하는 조치 강구

핵심 114 ◇ 액화석유가스 자동차에 고정된 충전시설 가스설비 설치기준 (KGS FP332 2.4)

구 분		간추린 핵심내용
로딩암 설치		충전시설 건축물 외부
로딩암을 내부 설치 시		① 환기구 2방향 설치 ② 환기구 면적은 바닥면적 6% 이상
충전기 보호대	높이	80cm 이상
	두께	① 철근콘크리트제 : 12cm 이상 ② 배관용 탄소강관 : 100A 이상 ※ 말뚝형태의 보호대는 2개 이상 설치 시 1.5m 이상의 간격을 둘 것
캐노피		충전기 상부 공지면적의 1/2 이상으로 설치
충전기 호스길이		① 5m 이내 정전기 제거장치 설치 ② 자동차 제조공정 중에 설치 시는 5m 이상 가능
가스주입기		원터치형으로 할 것
세이프티 커플러 설치		충전호스에 과도한 인장력이 가해졌을 때 충전기와 가스 주입기가 분리될 수 있는 안전장치
소형 저장탱크의 보호대	재질	철근콘크리트 및 강관제
	높이	80cm 이상
	두께	① 철근콘크리트 12cm 이상 ② 강관제 100A 이상

핵심 115 ◆ 비파괴시험 대상 및 생략 대상배관(KGS FS331 2.5.5, FS551 2.5.5)

법규 구분	비파괴시험 대상	비파괴시험 생략 대상
고법	① 중압(0.1MPa) 이상 배관 용접부 ② 저압 배관으로 호칭경 80A 이상 용접부	① 지하 매설배관 ② 저압으로 80A 미만으로 배관 용접부
LPG	① 0.1MPa 이상 액화석유가스가 통하는 배관 용접부 ② 0.1MPa 미만 액화석유가스가 통하는 호칭지름 80mm 이상 배관의 용접부	건축물 외부에 노출된 0.01MPa 미만 배관의 용접부
도시가스	① 지하 매설배관(PE관 제외) ② 최고사용압력 중압 이상인 노출 배관 ③ 최고사용압력 저압으로서 50A 이상 노출 배관	① PE 배관 ② 저압으로 노출된 사용자 공급관 ③ 호칭지름 80mm 미만인 저압의 배관
참고사항	LPG, 도시가스 배관의 용접부는 100% 비파괴시험을 실시할 경우 ① 50A 초과 배관은 맞대기 용접을 하고 맞대기 용접부는 방사선 투과시험을 실시 ② 그 이외의 용접부는 방사선투과, 초음파탐상, 자분탐상, 침투탐상 시험을 한다.	

핵심 116 ◆ 고압가스 운반차량의 경계표지(KGS GC206 2.1.1.2)

구 분		경계표지 종류
독성 가스 충전용기운반		① 붉은 글씨의 위험고압가스, 독성 가스 ② 위험을 알리는 도형, 상호, 사업자전화번호, 운반기준 위반행위를 신고할 수 있는 등록관청전화번호 안내문
독성 가스 이외 충전용기운반		상기 항목의 독성 가스 표시를 제외한 나머지는 모두 동일하게 표시
경계표지 크기	직사각형	① 가로 : 차체폭의 30% 이상 ② 세로 : 가로의 20% 이상
	정사각형	경계면적 $600cm^2$ 이상
	삼각기	바탕색 : 적색, 글자색 : 황색
그 밖의 사항		경계표지는 차량의 앞뒤에서 볼 수 있도록 위험고압가스, 필요에 따라 독성 가스라 표시, 삼각기를 외부운전석에 게시(단, RTC의 경우는 좌우에서 볼 수 있도록)

핵심 117 ◇ 고압가스 제조 배관의 매몰설치(KGS FP112)

사업소 안		사업소 밖	
항 목	매설깊이 이상	항 목	매설깊이 이상
① 지면	1m	건축물	1.5m
② 도로폭 8m 이상 공도 횡단부 지하	지면 1.2m	지하도로 터널	10m
③ 철도 횡단부 지하	1.2m 이상 (강제 케이싱으로 보호)	독성 가스 혼입 수도시설	300m
①, ②항의 매설깊이 유지곤란 시	카바플레이트 케이싱으로 보호	다른 시설물	0.3m
–	–	산 · 들	1m
–	–	그 밖의 지역	1.2m

☺ 수험생 여러분, 시험에는 독성 가스 혼입 우려 수도시설과 300m 이격부분이 출제되었으나 그와 관련 모든 이론을 습득하므로써 기출문제 풀이에 대한 단점을 보완하여 반드시 합격할 수 있도록 총체적 이론을 집대성한 부분이므로 반드시 숙지하여 합격의 영광을 누리시길 바랍니다.

핵심 118 ◇ LPG 충전시설의 표지

충전중엔진정지 (황색 바탕에 흑색 글씨)

화기엄금 (백색 바탕에 적색 글씨)

핵심 119 ◇ 도시가스 공급시설 배관의 내압 · 기밀 시험(KGS FS551)

(1) 내압시험(4.2.2.10)

항 목		간추린 핵심내용
수압으로 시행하는 경우	시험압력	최고사용압력×1.5배
공기 등의 기체로 시행하는 경우	시험압력	최고사용압력×1.25배
	공기 · 기체 시행요건	① 중압 이하 배관 ② 50m 이하 고압배관에 물을 채우기가 부적당한 경우 공기 또는 불활성 기체로 실시
	시험 전 안전상 확인사항	강관용접부 전체 길이에 방사선 투과시험 실시, 고압배관은 2급 이상 중압 이하 배관은 3급 이상을 확인

항 목	간추린 핵심내용	
공기 등의 기체로 시행하는 경우	시행절차	일시에 승압하지 않고 ① 상용압력 50%까지 승압 ② 향후 상용압력 10%씩 단계적으로 승압
공통사항	① 중압 이상 강관 양 끝부에 엔드캡, 막음 플랜지 용접 부착 후 비파괴 시험 후 실시 ② 규정압력 유지시간은 5~20분까지를 표준으로 한다. ③ 시험 감독자는 시험시간 동안 시험구간을 순회점검하고 이상 유무를 확인한다. ④ 시험에 필요한 준비는 검사 신청인이 한다.	

(2) 기밀시험(4.2.2.9.3)

항 목	간추린 핵심내용
시험 매체	공기 불활성 기체
배관을 통과하는 가스로 하는 경우	① 최고사용압력 고압 · 중압으로 길이가 15m 미만 배관 ② 부대설비가 이음부와 동일재를 동일시공 방법으로 최고사용압력×1.1배에서 누출이 없는 것을 확인하고 신규로 설치되는 본관 공급관의 기밀시험 방법으로 시험한 경우 ③ 최고사용압력이 저압인 부대설비로서 신규설치되는 본관 공급관의 기밀시험 방법으로 시험한 경우
시험압력	최고사용압력×1.1배 또는 8.4kPa 중 높은 압력
신규로 설치되는 본관 공급관의 기밀시험 방법	① 발포액을 도포, 거품의 발생 여부로 판단 ② 가스농도가 0.2% 이하에서 작동하는 검지기를 사용 검지기가 작동되지 않는 것으로 판정(이 경우 매몰배관은 12시간 경과 후 판정) ③ 최고사용압력 고압 · 중압 배관으로 용접부 방사선 투과 합격된 것은 통과가스를 사용 0.2% 이하에서 작동되는 가스 검지기 사용 검지기가 작동되지 않는 것으로 판정(매몰배관은 24시간 이후 판정)

핵심 120 ◆ 고압가스 재충전 금지 용기 기술 · 시설 기준(KGS AC216 1.7)

항 목	세부 핵심내용
충전제한	① 합격 후 3년 경과 시 충전금지 ② 가연성 독성 이외 가스 충전
재료	① 스테인리스, 알루미늄 합금 ② 탄소(0.33% 이하), 인(0.04% 이하), 황(0.05% 이하)
두께	동판의 최대 · 최소 두께 차는 평균두께의 10% 이하
구조	용기와 부속품을 분리할 수 없는 구조
치수	① 최고충전압력 수치와 내용적(L)의 곱이 100 이하 ② 최고충전압력이 22.5MPa 이하, 내용적 20L 이하 ③ 최고충전압력 3.5MPa 이상일 시 내용적 5L 이하 ④ 납붙임 부분은 용기 몸체두께 4배 이상

핵심 121 ◆ 도시가스 배관 손상 방지기준(KGS 253. (3) 공통부분)

구 분 굴착공사		간추린 핵심내용
매설배관 위치확인	확인방법	지하 매설배관 탐지장치(Pipe Locator) 등으로 확인
	시험굴착 지점	확인이 곤란한 분기점, 곡선부, 장애물 우회 지점
	인력굴착 지점	가스 배관 주위 1m 이내
	준비사항	위치표시용 페인트, 표지판, 황색 깃발
매설배관 위치표시	굴착예정지역 표시방법	흰색 페인트로 표시(표시 곤란 시는 말뚝, 표시 깃발 표지판으로 표시)
	포장도로 표시방법	페인트 / 도시가스관 매설지점
	표시 말뚝	전체 수직거리는 50cm
	깃발	도시가스관 매설지점 / 바탕색 : 황색 / 글자색 : 적색
	표지판	도시가스관 매설지점 심도, 관경, 압력 등 표시 / • 가로 : 80cm • 세로 : 40cm • 바탕색 : 황색 • 글자색 : 흑색 • 위험글씨 : 적색
파일박기 또는 빼기작업	시험굴착으로 가스배관의 위치를 정확히 파악하여야 하는 경우	배관 수평거리 2m 이내에서 파일박기를 할 경우(위치파악 후는 표지판 설치), 가스배관 수평거리 30cm 이내는 파일박기 금지, 항타기는 배관 수평거리 2m 이상 되는 곳에 설치
줄파기 작업	줄파기 심도	1.5m 이상
	줄파기 공사 후 배관 1m 이내 파일박기를 할 경우	유도관(Guide Pipe)을 먼저 설치 후 되메우기 실시

핵심 122 ◆ 도시가스 배관 매설 시 포설하는 재료 (KGS FS551 2.5.8.2.1 배관의 지하매설)

G.L

④ 되메움 재료
③ 침상재료
② (배관)
① 기초재료

재료의 종류	배관으로부터 설치장소
되메움	침상재료 상부
침상재료	배관 상부 30cm
배관	–
기초재료	배관 하부 10cm

핵심 123 ◆ LP가스 환기설비(KGS FU332 2.8.9)

항 목		세부 핵심내용
자연환기	환기구	바닥면에 접하고 외기에 면하게 설치
	통풍면적	바닥면적 $1m^2$당 $300cm^2$ 이상
	1개소 환기구 면적	① $2400cm^2$ 이하(철망 환기구 틀통의 면적은 뺀 것으로 계산) ② 강판 갤러리 부착 시 환기구 면적의 50%로 계산
	한방향 환기구	전체 환기구 필요 통풍가능 면적의 70%까지만 계산
	사방이 방호벽으로 설치 시	환기구 방향은 2방향 분산 설치
강제환기	개요	자연환기설비 설치 불가능 시 설치
	통풍능력	바다면적 $1m^2$당 $0.5m^3$/min 이상
	흡입구	바닥면 가까이 설치
	배기가스 방출구	지면에서 5m 이상 높이에 설치

핵심 124 ◆ 배관의 표지판 간격

법규 구분	설치간격(m)	
고압가스 안전관리법 (일반도시가스 사업법의 고정식 압축도시가스 충전시설, 고정식 압축도시가스 자동차 충전시설, 이동식 압축 도시가스 자동차 충전시설, 액화도시가스 자동차 충전시설)	지상배관	1000m마다
	지하배관	500m마다
가스도매사업법	500m마다	
일반도시가스 사업법	제조공급소 내	500m마다
	제조공급소 밖	200m마다

핵심 125 ◆ 고압가스 특정제조 안전구역 설정(KGS FP111 2.1.9)

구 분	간추린 핵심내용
설치 개요	재해발생 시 확대방지를 위해 가연성, 독성 가스설비를 통로 공지 등으로 구분된 안전구역 안에 설치
안전구역면적	2만m^2 이하
저장 처리설비 안에 1종류의 가스가 있는 경우 연소열량수치(Q)	$Q=K\cdot W=6\times10^8$ 이하 여기서, Q : 연소열량의 수치 K : 가스 종류 및 상용온도에 따른 수치 W : 저장설비, 처리설비에 따라 정한 수치

핵심 126 ◇ 배관의 해저 해상 설치(KGS FP111 2.5.7.5)

구 분	간추린 핵심내용
설치위치	해저면 밑에 매설(단, 닻 내림 등 손상우려가 없거나 부득이한 경우는 제외)
설치방법	① 다른 배관과 교차하지 아니할 것 ② 다른 배관과 30m 이상 수평거리 유지

핵심 127 ◇ 내부반응 감시장치와 특수반응 설비(KGS FP111 2.6.14)

항 목	간추린 핵심내용
설치 개요	① 고압설비 중 현저한 발열반응 ② 부차적으로 발생하는 2차 반응으로 인한 폭발 등의 위해 발생 방지를 위함
내부반응 감시장치	① 온도감시장치 ② 압력감시장치 ③ 유량감시장치 ④ 가스밀도조성 등의 감시장치
내부반응 감시장치의 특수반응설비	① 암모니아 2차 개질로 ② 에틸렌 제조시설의 아세틸렌 수첨탑 ③ 산화에틸렌 제조시설의 에틸렌과 산소 또는 공기와의 반응기 ④ 사이크로헥산 제조시설의 벤젠수첨 반응기 ⑤ 석유 정제에 있어서 중유 직접 수첨 탈황반응기 및 수소화 분해반응기 ⑥ 저밀도 폴리에틸렌 중합기 ⑦ 메탄올 합성 반응탑

핵심 128 ◇ 고압가스 특정 일반제조의 시설별 이격거리

시설별	이격거리
가연성 제조시설과 가연성 제조시설	5m 이상
가연성 제조시설과 산소 제조시설	10m 이상
액화석유가스 충전용기와 잔가스용기	1.5m 이상
탱크로리와 저장탱크 사이	3m 이상

핵심 129 ◇ 특정고압가스 사용시설·기술 기준(고법 시행규칙 별표 8)

항 목		간추린 핵심내용
화기와의 거리	가연성설비, 저장설비	우회거리 8m
	산소	이내거리 5m
저장능력 500kg 이상 액화염소저장시설 안전거리	1종	17m 이상
	2종	12m 이상
가연성·산소 충전용기보관실 벽		불연재료 사용
가연성 충전용기보관실 지붕		가벼운 불연재료 또는 난연재료 사용 (단, 암모니아는 가벼운 재료를 하지 않아도 된다.)
독성 가스 감압설비 그 반응설비 간의 배관		역류방지장치 설치
수소·산소·아세틸렌·화염 사용시설		역화방지장치 설치
방호벽 설치 저장용량	액화가스	300kg 이상
	압축가스	$60m^3$ 이상

핵심 130 ◇ 판매시설 용기보관실 면적(KGS FS111 2.3.1)

(1) 판매시설 용기보관실 면적(m^2)

법규 구분	용기보관실	사무실 면적	용기보관실 주위 부지 확보 면적 및 주차장 면적
고압가스 안전관리법 (산소, 독성, 가연성)	$10m^2$ 이상	$9m^2$ 이상	$11.5m^2$ 이상
액화석유가스 안전관리법	$19m^2$ 이상	$9m^2$ 이상	$11.5m^2$ 이상

(2) 저장설비 재료 및 설치기준

항 목	간추린 핵심내용
충전용기보관실	불연재료 사용
충전용기보관실 지붕	불연성, 난연성 재료의 가벼운 것
용기보관실 사무실	동일 부지에 설치
가연성, 독성, 산소 저장실	구분하여 설치
누출가스가 혼합 후 폭발성 가스나 독성 가스의 생성 우려가 있는 경우	가스의 용기보관실을 분리하여 설치

핵심 131 ◇ 도시가스 시설의 설치공사, 변경공사 시 시공감리 기준(KGS GC252)

구 분	항 목
전공정 감리대상	① 일반도시가스 사업자의 공급시설 중 본관, 공급관 및 사용자 공급관(부속설비 포함) ② 도시가스사업자 외의 가스공급시설 설치자의 가스공급시설 중 배관
일부공정 감리대상	① 가스도매사업자의 가스공급시설 ② 일반도시가스 사업자 및 도시가스사업자 외의 가스공급 설치자의 제조소 및 정압기 ③ 시공감리 대상시설(가스도매사업의 가스공급시설, 사용자 공급관, 일반도시가스 사업자 및 도시가스사업자 외의 가스공급시설 설치자의 가스공급시설)
주요공정시공 감리대상	① 일반도시가스사업자 및 도시가스사업자 외의 가스공급 설치자의 배관 ② 나프타, 부생가스, 바이오 제조 사업자 및 합성천연가스 제조 사업자의 배관

핵심 132 ◆ 액화천연가스 사업소 경계와 거리(KGS FP451 2.1.4)

구 분	핵심 내용
개요	액화천연가스의 저장 · 처리 설비(1일 처리능력 52500m^3 이하인 펌프, 압축기, 기화장치 제외)는 그 외면으로부터 사업소 경계까지의 계산식(계산 값이 50m 이하인 경우는 50m 이상 유지)
공식	$L = C^3\sqrt{143000\,W}$ 여기서, L : 사업소 경계까지 유지거리 C : 저압지하식 저장탱크는 0.240, 그 밖의 가스저장처리설비는 0.576 W : 저장탱크는 저장능력(톤)의 제곱근, 그 밖의 것은 그 시설 안의 액화천연가스 질량(톤)

핵심 133 ◆ 도시가스 사업법에 의한 용어의 정의(법 제2조)

용 어	정 의
도시가스	천연가스(액화 포함), 배관을 통하여 공급되는 석유가스, 나프타 부생가스, 바이오 또는 합성천연가스로서 대통령령으로 정하는 것
가스도매사업	일반도시가스사업자 및 나프타 부생가스 · 바이오가스 제조사업자 외의 자가 일반도시가스사업자, 도시가스충전사업자 또는 대량 수요자에게 도시가스를 공급하는 사업
일반도시가스 사업	가스도매사업자 등으로부터 공급받은 도시가스 또는 스스로 제조한 석유, 나프타 부생 · 바이오가스를 수요에 따라 배관을 통하여 공급하는 사업
천연가스	액화를 포함한 지하에서 자연적으로 생성되는 가연성 가스로서 메탄을 주성분으로 하는 가스
석유가스	액화석유가스 및 기타석유가스를 공기와 혼합하여 제조한 가스
나프타 부생가스	나프타 분해공정을 통해 에틸렌 · 프로필렌 등을 제조하는 과정에서 부산물로 생성되는 가스로서, 메탄이 주성분인 가스 및 이를 다른 도시가스와 혼합하여 제조한 가스
바이오가스	유기성 폐기물 등 바이오매스로부터 생성된 기체를 정제한 가스로서, 메탄이 주성분인 가스 및 이를 다른 도시가스와 혼합하여 제조한 가스
합성천연가스	석탄을 주원료로 하여 고온 · 고압의 가스화 공정을 거쳐 생산한 가스로서, 메탄이 주성분인 가스 및 이를 다른 도시가스와 혼합하여 제조한 가스

핵심 134 ◆ 독성 가스의 누출가스 확산방지 조치(KGS FP112 2.5.8.41)

구 분	간추린 핵심내용
개요	시가지, 하천, 터널, 도로, 수로 및 사질토 등의 특수성 지반(해저 제외) 중에 배관 설치할 경우 고압가스 종류에 따라 누출가스의 확산방지 조치를 하여야 한다.
확산조치방법	이중관 및 가스누출검지 경보장치 설치

이중관의 가스 종류 및 설치장소		
가스 종류	주위상황	
	지상설치(하천, 수로 위 포함)	지하설치
염소, 포스겐, 불소, 아크릴알데히드	주택 및 배관설치 시 정한 수평거리의 2배(500m 초과 시는 500m로 함) 미만의 거리에 배관설치 구간	사업소 밖 배관 매몰설치에서 정한 수평거리 미만인 거리에 배관을 설치하는 구간
아황산, 시안화수소, 황화수소	주택 및 배관설치 시 수평거리의 1.5배 미만의 거리에 배관설치 구간	
독성 가스 제조설비에서 누출 시 확산방지 조치하는 독성 가스		아황산, 암모니아, 염소, 염화메탄, 산화에틸렌, 시안화수소, 포스겐

핵심 135 ◆ 가스누출 자동차단장치 설치대상(KGS FU551) 및 제외대상

설치대상	세부내용	설치 제외대상	세부내용
특정가스 사용시설(식품위생법)	영업장 면적 $100m^2$ 이상	연소기가 연결된 퓨즈콕, 상자콕 및 소화안전장치 부착 시	월 사용예정량 $2000m^3$ 미만 시
지하의 가스 사용시설	가정용은 제외	공급이 불시에 중지 시	막대한 손실 재해 우려 시
		다기능 안전계량기 설치 시	누출경보기 연동차단 기능이 탑재

핵심 136 ◆ 비파괴시험 대상 및 생략 대상배관(KGS FS331 2.5.5.1, FS551 2.5.5.1)

법규 구분	비파괴시험 대상	비파괴시험 생략 대상
고법	① 중압(0.1MPa) 이상 배관 용접부 ② 저압 배관으로 호칭경 80A 이상 용접부	① 지하 매설배관 ② 저압으로 80A 미만으로 배관 용접부
LPG	① 0.1MPa 이상 액화석유가스가 통하는 배관 용접부 ② 0.1MPa 미만 액화석유가스가 통하는 호칭지름 80mm 이상 배관의 용접부	건축물 외부에 노출된 0.01MPa 미만 배관의 용접부
도시가스	① 지하 매설배관(PE관 제외) ② 최고사용압력 중압 이상인 노출 배관 ③ 최고사용압력 저압으로서 50A 이상 노출 배관	① PE 배관 ② 저압으로 노출된 사용자 공급관 ③ 호칭지름 80mm 미만인 저압의 배관
참고사항	LPG, 도시가스 배관의 용접부는 100% 비파괴시험을 실시할 경우 ① 50A 초과 배관은 맞대기 용접을 하고 맞대기 용접부는 방사선 투과시험을 실시 ② 그 이외의 용접부는 방사선투과, 초음파탐상, 자분탐상, 침투탐상시험을 한다.	

핵심 137 ◆ 반밀폐 자연배기식 보일러 설치기준(KGS FU551 2.7.3.1)

항 목	내 용
배기통 굴곡 수	4개 이하
배기통 입상높이	10m 이하(10m 초과 시는 보온조치)
배기통 가로길이	5m 이하
급기구, 상부 환기구 유효단면적	배기통 단면적 이상
배기통의 끝	옥외로 뽑아냄

핵심 138 ◆ 도시가스 사업자의 안전점검원 선임기준 배관(KGS FS551 3.1.4.3.3)

구 분	간추린 핵심내용
선임대상 배관	공공도로 내의 공급관(단, 사용자 공급관, 사용자 소유 본관, 내관은 제외)
선임 시 고려사항	① 배관 매설지역(도심, 시외곽 지역 등) ② 시설의 특성 ③ 배관의 노출 유무, 굴착공사 빈도 등 ④ 안전장치 설치 유무(원격 차단밸브, 전기방식 등)
선임기준이 되는 배관길이	60km 이하 범위, 15km를 기준으로 1명씩 선임된 자를 배관 안전점검원이라 함

핵심 139 ◆ 가스용 폴리에틸렌(PE 배관)의 접합(KGS FS451 2.5.5.3)

항 목			접합방법
일반적 사항			① 눈, 우천 시 천막 등의 보호조치를 하고 융착 ② 수분, 먼지, 이물질 제거 후 접합
금속관과 접합			이형질 이음관(T/F)을 사용
공칭 외경이 상이한 경우			관이음매(피팅)를 사용
접합	열융착	맞대기	① 공칭외경 90mm 이상 직관 연결 시 사용 ② 이음부 연결오차는 배관두께의 10% 이하
		소켓	배관 및 이음관의 접합은 일직선
		새들	새들 중 심선과 배관의 중심선은 직각 유지
	전기융착	소켓	이음부는 배관과 일직선 유지
		새들	이음매 중심선과 배관중심선 직각 유지
시공방법		일반적 시공	매몰시공
		보호조치가 있는 경우	30cm 이하로 노출시공 가능
		굴곡허용반경	외경의 20배 이상(단, 20배 미만 시 엘보 사용)
지상에서 탐지방법		매몰형 보호포	–
		로케팅 와이어	굵기 $6mm^2$ 이상

핵심 140 ◇ 고압가스 특정제조시설, 고압가스 배관의 해저·해상 설치 기준 (KGS FP111 2.5.7.1)

항 목	핵심내용
설치	해저면 밑에 매설, 닻 내림 등으로 손상우려가 없거나 부득이한 경우에는 매설하지 아니할 수 있다.
다른 배관의 관계	① 교차하지 아니 한다. ② 수평거리 30m 이상 유지한다. ③ 입상부에는 방호시설물을 설치한다.
두 개 이상의 배관 설치 시	① 두 개 이상의 배관을 형광등으로 매거나 구조물에 조립설치 ② 충분한 간격을 두고 부설 ③ 부설 후 적정간격이 되도록 이동시켜 매설

핵심 141 ◇ 일반도시가스 공급시설의 배관에 설치되는 긴급차단장치 및 가스공급차단장치(KGS FS551 2.8.6)

긴급차단장치 설치		
항 목		핵심내용
긴급차단장치 설치개요		공급권역에 설치하는 배관에는 지진, 대형 가스누출로 인한 긴급사태에 대비하여 구역별로 가스공급을 차단할 수 있는 원격조작에 의한 긴급차단장치 및 동등 효과의 가스차단장치 설치
설치사항	긴급차단장치가 설치된 가스도매사업자의 배관	일반도시가스 사업자에게 전용으로 공급하기 위한 것으로서 긴급차단장치로 차단되는 구역의 수요자 수가 20만 이하일 것
	가스누출 등으로 인한 긴급차단 시	사업자 상호간 공용으로 긴급차단장치를 사용할 수 있도록 사용계약과 상호 협의체계가 문서로 구축되어 있을 것
	연락 가능사항	양사간 유·무선으로 2개 이상의 통신망 사용
	비상, 훈련 합동 점검사항	6월 1회 이상 실시
	가스공급을 차단할 수 있는 구역	수요자가구 20만 이하(단, 구역 설정 후 수요가구 증가 시는 25만 미만으로 할 수 있다.)

가스공급차단장치	
항 목	핵심내용
고압·중압 배관에서 분기되는 배관	분기점 부근 및 필요장소에 위급 시 신속히 차단할 수 있는 장치 설치(단, 관길이 50m 이하인 것으로 도로와 평행 매몰되어 있는 규정에 따라 차단장치가 있는 경우는 제외)
도로와 평행하여 매설되어 있는 배관으로부터 가스사용자가 소유하거나 점유한 토지에 이르는 배관	호칭지름 65mm(가스용 폴리에틸렌관은 공칭외경 75mm) 초과하는 배관에 가스차단장치 설치

핵심 142 ◇ 고정식 압축도시가스 자동차 충전시설 기준(KGS FP651 2.6.2)

항 목		세부 핵심내용	
가스누출 경보장치	설치장소	① 압축설비 주변 ② 압축가스설비 주변 ③ 개별충전설비 본체 내부 ④ 밀폐형 피트 내부에 설치된 배관접속부(용접부 제외) 주위 ⑤ 펌프 주변	
	설치개수	1개 이상	① 압축설비 주변 ② 충전설비 내부 ③ 펌프 주변 ④ 배관접속부 10m마다
		2개 이상	압축가스 설비 주변
긴급 분리장치	설치개요	충전호스에는 충전 중 자동차의 오발진으로 인한 충전기 및 충전호스의 파손 방지를 위하여	
	설치장소	각 충전설비마다	
	분리되는 힘	수평방향으로 당길 때 666.4N(68kgf) 미만의 힘	
방호벽	설치장소	① 저장설비와 사업소 안 보호시설 사이 ② 압축장치와 충전설비 사이 및 압축가스 설비와 충전설비 사이	
자동차 충전기	충전 호스길이	8m 이하	

핵심 143 ◇ 불합격 용기 및 특정설비 파기방법

신규 용기 및 특정설비	재검사 용기 및 특정설비
① 절단 등의 방법으로 파기, 원형으로 가공할 수 없도록 할 것 ② 파기는 검사장소에서 검사원 입회하에 용기 및 특정설비 제조자로 하여금 실시하게 할 것	① 절단 등의 방법으로 파기, 원형으로 가공할 수 없도록 할 것 ② 잔가스를 전부 제거한 후 절단할 것 ③ 검사신청인에게 파기의 사유, 일시, 장소, 인수시한 등을 통지하고 파기할 것 ④ 파기 시 검사장소에서 검사원으로 하여금 직접하게 하거나 검사원 입회하에 용기·특정설비 사용자로 하여금 실시하게 할 것 ⑤ 파기한 물품은 검사신청인이 인수시한(통지한 날로부터 1월 이내) 내에 인수치 않을 경우 검사기관으로 하여금 임의로 매각 처분하게 할 것

핵심 144 ◇ 일반도시가스 제조공급소 밖, 하천구역 배관매설(KGS FS551 2.5.8.2.3)

구 분	핵심내용(설치 및 매설깊이)
하천 횡단매설	① 교량 설치 ② 교량 설치 불가능 시 하천 밑 횡단매설
하천수로 횡단매설	2중관 또는 방호구조물 안에 설치
배관매설깊이 기준	하상변동, 패임, 닻 내림 등 영향이 없는 곳에 매설(단, 한국가스안전공사의 평가 시 평가제시거리 이상으로 하되 최소깊이는 1.2m 이상)

구 분	핵심내용(설치 및 매설깊이)
하천구역깊이	4m 이상, 단폭이 20m 이하 중압 이하 배관을 하천매설 시 하상폭 양끝단에서 보호시설까지 $L = 220\sqrt{P} \cdot d$ 산출식 이상인 경우 2.5m 이상으로 할 수 있다.
소화전 수로	2.5m 이상
그 밖의 좁은 수로	1.2m 이상

핵심 145 ◇ 배관의 하천 병행 매설(KGS FP112 2.5.7.7)

구 분	내 용
설치지역	하상이 아닌 곳
설치위치	방호구조물 안
매설심도	배관 외면 2.5m 이상 유지
위급상황 시	신속히 차단할 수 있는 장치 설치 (단, 30분 이내 화기가 없는 안전장소로 방출이 가능한 벤트스택, 플레어스택을 설치한 경우는 제외)

핵심 146 ◇ 가스사용 시설에서 PE관을 노출 배관으로 사용할 수 있는 경우 (KGS FU551 1.7.1)

지상 배관과 연결을 위하여 금속관을 사용하여 보호조치를 한 경우로 지면에서 30cm 이하로 노출하여 시공하는 경우

핵심 147 ◇ 도시가스 배관

(1) 도시가스 배관 설치 기준

항 목	세부 내용
중압 이하 배관 고압배관 매설 시	매설 간격 2m 이상 (철근콘크리트 방호구조물 내 설치 시 1m 이상 배관의 관리주체가 같은 경우 3m 이상)
본관 공급관	기초 밑에 설치하지 말 것
천장 내부 바닥 벽 속에	공급관 설치하지 않음
공동주택 부지 안	0.6m 이상 깊이 유지
폭 8m 이상 도로	1.2m 이상 깊이 유지
폭 4m 이상 8m 미만 도로	1m 이상
배관의 기울기(도로가 평탄한 경우)	$\frac{1}{500} \sim \frac{1}{1000}$
도로경계	1m 이상 유지
다른 시설물	0.3m 이상 유지

(2) 교량에 배관설치 시

매설심도	2.5m 이상 유지
배관손상으로 위급사항 발생 시	가스를 신속하게 차단할 수 있는 차단장치 설치(단, 고압배관으로 매설구간 내 30분 내 안전한 장소로 방출할 수 있는 장치가 있을 때는 제외)
배관의 재료	강재 사용 접합은 용접
배관의 설계 설치	온도변화에 의한 열응력과 수직 · 수평 하중을 고려하여 설계
지지대 U볼트 등의 고정장치 배관	플라스틱 및 절연물질 삽입

(3) 교량 배관설치 시 지지간격

호칭경(A)	지지간격(m)
100	8
150	10
200	12
300	16
400	19
500	22
600	25

핵심 148 ◆ LPG 충전시설의 사업소 경계와 거리(KGS FP331 2.1.4)

시설별		사업소 경계거리
충전설비		24m
저장설비	저장능력	사업소 경계거리
	10톤 이하	24m
	10톤 초과 20톤 이하	27m
	20톤 초과 30톤 이하	30m
	30톤 초과 40톤 이하	33m
	40톤 초과 200톤 이하	36m
	200톤 초과	39m

핵심 149 ◆ 굴착공사 시 협의서를 작성하는 경우

구 분	세부내용
배관길이	100m 이상인 굴착공사
압력 배관	중압 이상 배관이 100m 이상 노출이 예상되는 굴착공사
긴급굴착공사	① 천재지변 사고로 인한 긴급굴착공사 ② 급수를 위한 길이 100m, 너비 3m 이하 굴착공사 시 현장에서 도시가스사업자와 공동으로 협의, 안전점검원 입회하에 공사 가능

핵심 150 ◇ 도시가스 공급시설 계기실의 구조

구 분	시공하여야 하는 구조
출입문, 창문	내화성(창문은 망입유리 및 안전유리로 시공)
계기실 구조	내화구조
내장재	불연성(단, 바닥은 불연성 및 난연성)
출입구 장소	2곳 이상
출입문	방화문 시공(그 중 하나는 위험장소로 향하지 않도록 설치) 계기실 출입문은 2중문으로

핵심 151 ◇ 특정가스 사용시설의 종류(도법 시행규칙 제20조)

가스 사용시설	월 사용예정량 2000m^3 이상 시 (1종 보호시설 내는 1000m^3 이상)
월 사용예정량 2000m^3 미만 (1층은 1000m^3 미만) 사용시설	① 내관 및 그 부속시설이 바닥, 벽 등에 매립 또는 매몰 설치 사용시설 ② 다중이용시설로서 시 · 도지사가 안전관리를 위해 필요하다고 인정하는 사용시설
자동차의 가스 사용시설	도시가스를 연료로 사용하는 경우
자동차에 충전하는 가스 사용시설	자동차용 압축천연가스 완속 충전설비를 갖춘 경우
천연가스를 사용하는 가스 사용시설	액화천연가스 저장탱크를 설치한 경우
특정가스 사용시설에서 제외되는 경우	
① 전기사업법의 전기설비 중 도시가스를 사용하여 전기를 발생시키는 발전설비 안의 가스 사용시설 ② 에너지 사용 합리화법에 따른 검사 대상기기에 해당하는 가스 사용시설	

핵심 152 ◇ 경계책(KGS FP112 2.9.3)

항 목	세부내용
설치높이	1.5m 이상 철책, 철망 등으로 일반인의 출입 통제
경계책을 설치한 것으로 보는 경우	① 철근콘크리트 및 콘크리트 블록재로 지상에 설치된 고압가스 저장실 및 도시가스 정압기실 ② 도로의 지하 또는 도로와 인접설치되어 사람과 차량의 통행에 영향을 주는 장소로서 경계책 설치가 부적당한 고압가스 저장실 및 도시가스 정압기실 ③ 건축물 내에 설치되어 설치공간이 없는 도시가스 정압기실, 고압가스 저장실 ④ 차량통행 등 조업시행이 곤란하여 위해요인 가중 우려 시 ⑤ 상부 덮개에 시건조치를 한 매몰형 정압기 ⑥ 공원지역, 녹지지역에 설치된 정압기실
경계표지	경계책 주위에는 외부 사람의 무단출입을 금하는 내용의 경계표지를 보기 쉬운 장소에 부착
발화 · 인화물질 휴대사항	경계책 안에는 누구도 발화, 인화 우려 물질을 휴대하고 들어가지 아니 한다(단, 당해 설비의 수리, 정비 불가피한 사유 발생 시 안전관리책임자 감독하에 휴대가능).

핵심 153 ◇ 고정식 압축도시가스 자동차 충전시설 기술 기준(KGS FP651) (2)

항 목		이격거리 및 세부내용
(저장, 처리, 충전, 압축가스) 설비	고압전선 (직류 750V 초과 교류 600V 초과)	수평거리 5m 이상 이격
	저압전선 (직류 750V 이하 교류 600V 이하)	수평거리 1m 이상 이격
	화기취급장소 우회거리, 인화성 가연성 물질 저장소 수평거리	8m 이상
	철도	30m 이상 유지
처리설비 압축가스설비	30m 이내 보호시설이 있는 경우	방호벽 설치(단, 처리설비 주위 방류둑 설치 경우 방호벽을 설치하지 않아도 된다.)
유동방지시설	내화성 벽	높이 2m 이상으로 설치
	화기취급장소 우회거리	8m 이상
사업소 경계	압축, 충전설비 외면	10m 이상 유지(단, 처리 압축가설비 주위 방호벽 설치 시 5m 이상 유지)
도로경계	충전설비	5m 이상 유지
충전설비 주위	충전기 주위 보호구조물	높이 30cm 이상 두께 12cm 이상 철근콘크리트 구조물 설치
방류둑	수용 용량	최대저장용량 110% 이상의 용량
긴급분리장치	분리되는 힘	수평방향으로 당길 때 666.4N(68kgf) 미만
수동긴급 분리장치	충전설비 근처 및 충전설비로부터	5m 이상 떨어진 장소에 설치
역류방지밸브	설치장소	압축장치 입구측 배관
내진설계 기준 저장능력	압축	$500m^3$ 이상
	액화	5톤 이상 저장탱크 및 압력용기에 적용
압축가스설비	밸브와 배관부속품 주위	1m 이상 공간 확보 (단, 밀폐형 구조물 내에 설치 시는 제외)
펌프 및 압축장치	직렬로 설치 병렬로 설치	차단밸브 설치 토출 배관에 역류방지밸브 설치
강제기화장치	열원차단장치 설치	열원차단장치는 15m 이상 위치에 원격조작이 가능할 것
대기식 및 강제기화장치	저장탱크로부터 15m 이내 설치 시	기화장치에서 3m 이상 떨어진 위치에 액배관에 자동차단밸브 설치

핵심 154 ◇ 가스도매사업 고압가스 특정 제조 배관의 설치기준

구 분								
지하 매설				시가지의 도로 노면		시가지 외 도로 노면	철도 부지에 매설	
건축물	타 시설물	산들	산들 이외 그 밖의 지역	배관 외면	방호구조물 내 설치 시	배관 외면	궤도 중심	철도 부지 경계
1.5m 이상	0.3m 이상	1m 이상	1.2m 이상	1.5m 이상	1.2m 이상	1.2m 이상	4m 이상	1m 이상

※ 고압가스 안전관리법(특정 제조시설) 규정에 의한 배관을 지하매설 시 독성 가스 배관으로 수도시설에 혼입 우려가 있을 때는 300m 이상 간격

핵심 155 ◆ 예비정압기를 설치하여야 하는 경우

① 캐비닛형 구조의 정압기실에 설치된 경우
② 바이패스관이 설치되어 있는 경우
③ 공동 사용자에게 가스를 공급하는 경우

핵심 156 ◆ 도시가스 배관의 보호판 및 보호포 설치기준(KGS FS451)

(1) 보호판(KGS FS451)

<table>
<tr><th colspan="3">규 격</th><th>설치기준</th></tr>
<tr><td rowspan="2">두께</td><td>중압 이하 배관</td><td>4mm 이상</td><td rowspan="4">① 배관 정상부에서 30cm 이상(보호판에서 보호포까지 30cm 이상)
② 직경 30mm 이상 50mm 이하 구멍을 3m 간격으로 뚫어 누출가스가 지면으로 확산되도록 한다.</td></tr>
<tr><td>고압 배관</td><td>6mm 이상</td></tr>
<tr><td>곡률반경</td><td colspan="2">5~10mm</td></tr>
<tr><td>길이</td><td colspan="2">1500mm 이상</td></tr>
<tr><td colspan="3">보호관으로 보호 곤란 시, 보호관으로 보호 조치 후, 보호관에 하는 표시문구</td><td>도시가스 배관 보호관, 최고사용압력 (○○)MPa(kPa)</td></tr>
<tr><td colspan="3">보호판 설치가 필요한 경우</td><td>① 중압 이상 배관 설치 시
② 배관의 매설심도를 확보할 수 없는 경우
③ 타시설물과 이격거리를 유지하지 못했을 때</td></tr>
</table>

(2) 보호포(KGS FS551)

<table>
<tr><th colspan="2">항 목</th><th>핵심 정리내용</th></tr>
<tr><td colspan="2">종류</td><td>일반형, 탐지형</td></tr>
<tr><td colspan="2">재질, 두께</td><td>폴리에틸렌수지, 폴리프로필렌수지, 0.2mm 이상</td></tr>
<tr><td colspan="2">폭</td><td>① 도시가스 제조소공급소 밖 및 도시가스 사용시설 : 15cm 이상
② 제조소공급소의 : 15~35cm</td></tr>
<tr><td rowspan="2">색상</td><td>저압관</td><td>황색</td></tr>
<tr><td>중압 이상</td><td>적색</td></tr>
<tr><td colspan="2">표시사항</td><td>가스명, 사용압력, 공급자명 등을 표시
도시가스(주) 도시가스.중.압, ○○ 도시가스(주), 도시가스
← 20cm 간격
액화석유가스 0.1MPa 미만 | 액화석유가스 0.1MPa 미만
20cm</td></tr>
<tr><td rowspan="4">설치위치</td><td>중압</td><td>보호판 상부 30cm 이상</td></tr>
<tr><td>저압</td><td>① 매설깊이 1m 이상 : 배관 정상부 60cm 이상
② 매설깊이 1m 미만 : 배관 정상부 40cm 이상</td></tr>
<tr><td>공통주택 부지 안 및 사용시설</td><td>배관 정상부에서 40cm 이상</td></tr>
<tr><td>설치기준, 폭</td><td>호칭경에 10cm 더한 폭
2열 설치 시 보호포 간격은 보호폭 이내</td></tr>
</table>

핵심 157 ◆ 적용 고압가스 · 적용되지 않는 고압가스의 종류와 범위

구 분		간추린 핵심내용
적용되는 고압가스 종류 범위	압축가스	① 상용온도에서 압력 1MPa(g) 이상되는 것으로 실제로 1MPa(g) 이상되는 것으로서 실제로 그 압력이 1MPa(g) 이상되는 것 ② 35℃에서 1MPa(g) 이상되는 것(C_2H_2 제외)
	액화가스	① 상용온도에서 압력 0.2MPa(g) 이상되는 것으로 실제로 0.2MPa 이상되는 것 ② 압력이 0.2MPa가 되는 경우 온도가 35℃ 이하인 것
	아세틸렌	15℃에서 0Pa를 초과하는 것
	액화(HCN, CH_3Br, C_2H_4O)	35℃에서 0Pa를 초과하는 것
적용 범위에서 제외되는 고압가스	에너지 이용 합리화법 적용	보일러 안과 그 도관 안의 고압증기
	철도차량	에어컨디셔너 안의 고압가스
	선박안전법	선박 안의 고압가스
	광산법, 항공법	광업을 위한 설비 안의 고압가스, 항공기 안의 고압가스
	기타	① 전기사업법에 의한 전기설비 내 고압가스 ② 수소, 아세틸렌 염화비닐을 제외한 오토클레이브 내 고압가스 ③ 원자력법에 의한 원자로 · 부속설비 내 고압가스 ④ 등화용 아세틸렌 ⑤ 액화브롬화메탄 제조설비 외에 있는 액화브롬화메틸 ⑥ 청량음료수 과실주 발포성 주류 고압가스 ⑦ 냉동능력 35 미만의 고압가스 ⑧ 내용적 1L 이하 소화용기의 고압가스

핵심 158 ◆ 배관의 두께 계산식 및 고압에 사용하는 배관의 종류

구 분	공 식	기 호
외경, 내경의 비가 1.2 미만	$t=\dfrac{PD}{2\cdot\dfrac{f}{s}-p}+C$	t : 배관두께(mm) P : 상용압력(MPa) D : 내경에서 부식여유에 상당하는 부분을 뺀 부분(mm) f : 재료인장강도(N/mm^2) 규격 최소치이거나 항복점 규격 최소치의 1.6배 C : 부식 여유치(mm) s : 안전율
외경, 내경의 비가 1.2 이상	$t=\dfrac{D}{2}\left[\sqrt{\dfrac{\dfrac{f}{s}+p}{\dfrac{f}{s}-p}}-1\right]+C$	
최고사용압력이 고압인 배관의 종류	① 압력배관용 탄소강관 ② 보일러 및 열교환기용 탄소강관 ③ 고압배관용 탄소강관	

핵심 159 ◆ 도시가스 시설의 Tp · Ap

구 분		내 용
Tp	시험압력(물)	최고사용압력×1.5
	시험압력(공기, 질소)	최고사용압력×1.25
Ap		최고사용압력의 1.1배 또는 8.4kPa 중 높은 압력

핵심 160 ◆ 배관을 지상설치 시 상용압력에 따라 유지하여야 하는 공지의 폭

상용압력	공지의 폭
0.2MPa 미만	5m 이상
0.2 이상 1MPa 미만	9m 이상
1MPa 이상	15m 이상

핵심 161 ◆ 충전용기 · 차량고정탱크 운행 중 재해방지 조치사항(KGS GC206)

항 목 / 구 분	재해방지를 위해 차량비치 내용	
	가스의 명칭 및 물성	운반 중 주의사항
용기 및 차량고정탱크 공통부분	① 가스의 명칭 ② 가스의 특성(온도 압력과의 관계, 비중, 색깔, 냄새) ③ 화재 폭발의 유무 ④ 인체에 의한 독성유무	① 점검부분과 방법 ② 휴대품의 종류와 수량 ③ 경계표지부착 ④ 온도상승방지조치 ⑤ 주차 시 주의 ⑥ 안전운전요령
차량고정탱크	운행 종료 시 조치사항 ① 밸브 등의 이완이 없도록 한다. ② 경계표지와 휴대품의 손상이 없도록 한다. ③ 부속품 등의 볼트 연결 상태가 양호하도록 한다. ④ 높이검지봉과 부속배관 등이 적절하게 부착되어 있도록 한다. ⑤ 가스 누출 등 이상유무를 점검하고 이상 시 보수를 하거나 위험방지조치를 한다.	
기타사항	① 차량고장으로 정차 시 적색 표지판 설치 ② 현저하게 우회하는 도로(이동거리가 2배 이상되는 경우) ③ 번화가 : 도로 중심부 번화한 상점(차량너비 +3.5m 더한 너비 이하) ④ 운반 중 누출 우려 시(즉시 운행중지 경찰서, 소방서 신고) ⑤ 운반 중 도난 분실 시(즉시 경찰서 신고)	

핵심 162 ◆ 특정설비 중 재검사 대상 제외 항목(고법 시행규칙 별표 22)

① 평저형 및 이중각 진공 단열형 저온저장탱크
② 역화방지장치
③ 독성가스 배관용 밸브
④ 자동차용 가스자동주입기
⑤ 냉동용 특정설비
⑥ 대기식 기화장치
⑦ 저장탱크에 부착되지 않은 안전밸브 및 긴급차단밸브
⑧ 초저온 저장탱크, 초저온 압력용기
⑨ 분리 불가능한 이중관식 열교환기
⑩ 특정고압가스용 실린더 캐비닛
⑪ 자동차용 압축 천연가스 완속충전설비
⑫ 액화석유가스용 용기잔류가스 회수장치

핵심 163 ◆ 재료에 따른 초음파 탐상검사대상

재 료	두께(mm)
탄소강	50mm 이상
저합금강	38mm 이상
최소인장강도 $568.4N/mm^2$ 이상인 강	19mm 이상
0℃ 미만 저온에서 사용하는 강	19mm 이상(알미늄으로 탈산처리한 것 제외)
2.5% 또는 3.5% 니켈강	13mm 이상
9% 니켈강	6mm 이상

핵심 164 ◆ 퀵카플러

구 분	세부내용
사용형태	호스접속형, 호스엔드접속형
기밀시험압력	4.2kPa
탈착조작	분당 10~20회의 속도로 6000회 실시 후 작동시험에서 이상이 없어야 한다.

핵심 165 ◇ 초저온용기의 단열성능시험

시험용 가스	
종류	비점(℃)
액화질소	−196
액화산소	−183
액화아르곤	−186
침투열량에 따른 합격기준	
내용적(L)	열량
1000L 이상	0.002kcal/hr℃ · L 이하
1000L 미만	0.0005kcal/hr℃ · L 이하
침입열량 계산식	

$$Q=\frac{W\cdot q}{H\cdot \Delta t\cdot V}$$

여기서, Q : 침입열량(kcal/hr℃ · L)
W : 기화 가스량(kg)
q : 시험가스의 기화잠열(kcal/kg)
H : 측정시간(hr)
Δt : 가스비점과 대기온도차(℃)
V : 내용적(L)

핵심 166 ◇ 독성 가스 운반 시 보호장비(KGS GC206 2.1.1.3)

품 명	규격	운반하는 독성 가스의 양 압축가스 용적 100m³ 또는 액화가스 질량 1000kg 미만인 경우	운반하는 독성 가스의 양 압축가스 용적 100m³ 또는 액화가스 질량 1000kg 이상인 경우	비 고
방독마스크	독성 가스의 종류에 적합한 격리식 방독마스크(전면형, 고농도용의 것)	○	○	공기호흡기를 휴대한 경우는 제외
공기호흡기	압축공기의 호흡기(전면형의 것)	–	○	빨리 착용할 수 있도록 준비된 경우는 제외
보호의	비닐피복제 또는 고무피복제의 상의 등의 신속히 작용할 수 있는 것	○	○	압축가스의 독성 가스인 경우는 제외
보호장갑	고무제 또는 비닐피복제의 것(저온가스의 경우는 가죽제의 것)	○	○	압축가스의 독성 가스인 경우는 제외
보호장화	고무제의 장화	○	○	압축가스의 독성 가스인 경우는 제외

핵심 167 ◇ 도시가스용 압력조정기, 정압기용 압력조정기

항 목 \ 구 분		내 용
도시가스용 압력조정기		도시가스 정압기 이외에 설치되는 압력조정기로서 입구측 호칭지름이 50A 이하 최대표시유량 300Nm^3/hr 이하인 것
정압기용 압력조정기	정의	도시가스 정압기에 설치되는 압력조정기
	종류	• 중압 : 출구압력 0.1~1.0MPa 미만 • 준저압 : 출구압력 4~100kPa 미만 • 저압 : 1~4kPa 미만

핵심 168 ◇ 가스보일러, 온수기, 난방기에 설치되는 안전장치 종류

설비별	반드시 설치 안전장치	그 밖의 안전장치
가스보일러	① 점화장치 ② 가스 거버너 ③ 동결방지장치 ④ 물빼기장치 ⑤ 난방수 여과장치 ⑥ 과열방지 안전장치	① 정전안전장치 ② 소화안전장치 ③ 역풍방지장치 ④ 공기조절장치 ⑤ 공기감시장치
가스온수기 · 가스난방기	① 정전안전장치 ② 역풍방지장치 ③ 소화안전장치	① 거버너 ② 불완전연소 방지장치 ③ 전도 안전장치 ④ 배기폐쇄안전장치 ⑤ 과열방지장치 ⑥ 과대풍압안전장치 ⑦ 저온차단장치
용기내장형 가스난방기	① 정전안전장치 ② 소화안전장치	① 거버너 ② 불완전연소 방지장치 ③ 전도 안전장치 ④ 저온차단장치

핵심 169 ◇ 염화비닐호스 규격 및 검사방법

구 분	세부내용		
호스의 구조 및 치수	호스는 안층, 보강층, 바깥층의 구조 안지름과 두께가 균일한 것으로 굽힘성이 좋고 흠, 기포, 균열 등 결점이 없을 것(안층재료 염화비닐)		
호스의 안지름 치수	종류	안지름(mm)	허용차(mm)
	1종	6.3	±0.7
	2종	9.5	
	3종	12.7	
내압성능	1m 호스를 3MPa에서 5분간 실시하는 내압시험에서 누출이 없으며 파열, 국부적인 팽창이 없을 것		
파열성능	1m 호스를 4MPa 이상의 압력에서 파열되는 것으로 한다.		
기밀성능	1m 호스를 2MPa 압력에서 실시하는 기밀시험에서 3분간 누출이 없고 국부적인 팽창이 없을 것		
내인장성능	호스의 안층 인장강도는 73.6N/5mm 폭 이상		

핵심 170 ◇ 지반의 종류에 따른 허용지지력도(KGS FP112 2.2.1.5) 및 지반의 분류

(1)

지반의 종류	허용지지력도(MPa)	지반의 종류	허용지지력도(MPa)
암반	1	조밀한 모래질 지반	0.2
단단히 응결된 모래층	0.5	단단한 점토질 지반	0.1
황토흙	0.3	점토질 지반	0.02
조밀한 자갈층	0.3	단단한 롬(loam)층	0.1
모래질 지반	0.05	롬(loam)층	0.05

(2) 지반의 분류

지반은 기반암의 깊이(H)와 기반암 상부 토층의 평균 전단파속도($V_{S,\ Soil}$)에 근거하여 표와 같이 S_1, S_2, S_3, S_4, S_5, S_6의 6종류로 분류한다.

지반분류	지반분류의 호칭	분류기준	
		기반암 깊이, H(m)	토층 평균 전단파속도 $V_{S,\ Soil}$(m/s)
S_1	암반 지반	1 미만	–
S_2	얕고 단단한 지반	1~20 이하	260 이상
S_3	얕고 연약한 지반		260 미만
S_4	깊고 단단한 지반	20 초과	180 이상
S_5	깊고 연약한 지반		180 미만
S_6	부지 고유의 특성 평가 및 지반응답해석이 요구되는 지반		

[비고] 1. 기반암 : 전단파속도 760m/s 이상을 나타내는 지층
2. 기반암 깊이와 무관하게 토층 평균 전단파속도가 120m/s 이하인 지반은 S_5지반으로 분류

핵심 171 ◇ 방호벽

종 류	높 이(mm)	두 께(mm)
철근콘크리트	2000	120
설치기준		
(1) 두께 9mm 이상 철근을 400mm×400mm 이하 간격으로 배근 결속 (2) 기준 ① 일체로 된 철근콘크리트 기초 ② 기초의 높이 350mm 이상 되메우기 깊이 300mm 이상 ③ 기초 두께는 방호벽 최하부 두께의 120% 이상		
콘크리트 블록	2000	150

설치기준		
(1) 두께 150mm 이상 3200mm 이하 보조벽을 본체와 직각으로 설치 (2) 보조벽은 방호벽면으로부터 400mm 이상 돌출 그 높이는 방호벽 높이 400mm 이상 아래에 있지 않게 한다.		
후강판	2000	6
박강판	2000	3.2
설치기준		
30mm×30mm의 앵글강을 가로, 세로 400mm 이하 간격으로 용접보강한 강판을 1800mm 이하의 간격으로 세운 지주와 용접 결속		

핵심 172 ◆ 고압가스용 용접용기 두께(KGS AC211)

구 분	공 식	기 호
동판	$t=\frac{PD}{2Sn-1.2P}+C$	t : 두께(mm) P : Fp(MPa) D : 동판은 내경, 접시형 경판은 중앙만곡부 내면의 반경, 반타원형체 경판은 반타원체 내면장축부 길이에 부식여유치를 더한 값 $W=\frac{3+\sqrt{n}}{4}$ $V=\frac{2+m^2}{6}$ n : 경판 중앙만곡부 내경과 경판 둘레 단곡부 내경비 m : 반타원형체 내경의 장축부 단축부 길이의 비
접시형 경판	$t=\frac{PDW}{2Sn-0.2P}+C$	
반타원형체 경판	$t=\frac{PDV}{2Sn-0.2P}$	

핵심 173 ◆ 가스용 PE SDR 값

SDR	압력
11 이하(1호)	0.4MPa
17 이하(2호)	0.25MPa
21 이하(3호)	0.2MPa

핵심 174 ◆ 통신시설

통보 범위	통보 설비
① 안전관리자가 상주하는 사무소와 현장사무소 사이 ② 현장사무소 상호 간	• 구내 전화 • 구내 방송설비 • 인터폰 • 페이징 설비

통보 범위	통보 설비
사업소 전체	• 구내 방송설비 • 사이렌 • 휴대용 확성기 • 페이징 설비 • 메가폰
종업원 상호 간	• 페이징 설비 • 휴대용 확성기 • 트란시바 • 메가폰
비고	메가폰은 1500m^2 이하에 한한다.

핵심 175 ◇ 차량에 고정된 탱크로 가연성, 산소를 적재운반 시 휴대하는 소화설비

가스의 구분	소화기의 종류		비치개수
	소화약제의 종류	소화기의 능력단위	
가연성 가스	분말소화제	BC용, B－10 이상 또는 ABC용, B－12 이상	차량 좌우에 각각 1개 이상
산소	분말소화제	BC용, B－8 이상 또는 ABC용, B－10 이상	차량 좌우에 각각 1개 이상

핵심 176 ◇ 품질유지 고압가스 종류

① 냉매(프레온, 프로판, 이소부탄)
② 연료전지용으로 사용되는 수소가스

핵심 177 ◇ 저장탱크 지하 설치 시 저장탱크실의 재료 규격

구 분	고압가스 저장탱크	LPG 저장탱크
굵은 골재 최대치수	25mm	25mm
설계강도	20.6~23.5MPa	21MPa 이상
슬럼프	12~15cm	12~15cm(120~150mm)
공기량	4%	4% 이하
물－시멘트비	53% 이하	50% 이하
시공방법	• 레디믹스트콘크리트를 사용 • 수밀성 콘크리트로 시공	

핵심 178 ◇ 저장탱크 종류에 따른 방류둑 용량 및 칸막이로 분리된 방류둑 용량

저장탱크의 종류	용량
(1) 액화산소의 저장탱크	저장능력 상당용적의 60%
(2) 2기 이상의 저장탱크를 집합 방류둑 안에 설치한 저장탱크(저장탱크마다 칸막이를 설치한 경우에 한정한다. 다만, 가연성 가스가 아닌 독성가스로서 같은 밀폐 건축물 안에 설치된 저장탱크에 있어서는 그렇지 않다.)	저장탱크 중 최대저장탱크의 저장능력 상당용량[단, (1)에 해당하는 저장탱크일 때에는 (1)에 표시한 용적을 기준한다. 이하 같다.]에 관여 저장탱크 중 저장능력 상당용적의 10% 용적을 가산할 것

[비고] 1. (2)에 따라 칸막이를 설치하는 경우, 칸막이로 구분된 방류둑의 용량은 다음 식에 따라 계산한 것으로 한다.

$$V = A \times \frac{B}{C}$$

여기에서

V : 칸막이로 분리된 방류둑의 용량(m^3)

A : 집합방류둑의 총 용량(m^3)

B : 각 저장탱크별 저장탱크 상당용적(m^3)

C : 집합방류둑 안에 설치된 저장탱크의 저장능력 상당능력 총합(m^3)

2. 칸막이의 높이는 방류둑보다 최소 10cm 이상 낮게 한다.

핵심 179 ◇ 사고의 통보 방법(고압가스안전관리법 시행규칙 별표 34) (법 제54조 ①항 관련)

사고 종류별 통보 방법 및 기한(통보 내용에 포함사항)

사고 종류	통보 방법	통보 기한	
		속보	상보
① 사람이 사망한 사고	속보와 상보	즉시	사고발생 후 20일 이내
② 부상 및 중독사고	속보와 상보	즉시	사고발생 후 10일 이내
③ ①, ②를 제외한 누출 및 폭발과 화재사고	속보	즉시	
④ 시설이 파손되거나 누출로 인한 인명 대피 공급 중단 사고(①, ②는 제외)	속보	즉시	
저장탱크에서 가스누출 사고 (①, ②, ③, ④는 제외)	속보	즉시	
사고의 통보 내용에 포함되어야 하는 사항	① 통보자의 소속, 직위, 성명, 연락처 ② 사고 발생 일시 ③ 사고 발생 장소 ④ 사고 내용(가스의 종류, 양, 확산거리 포함) ⑤ 시설 현황(시설의 종류, 위치 포함) ⑥ 피해 현황(인명, 재산)		

계측기기 Part 4

핵심 1 ◆ 흡수분석법

종 류	분석순서					
오르자트법	CO_2		O_2	CO		
헴펠법	CO_2		C_mH_n	O_2		CO
게겔법	CO_2	C_2H_2	C_3H_6, $n-C_4H_{10}$	C_2H_4	O_2	CO

분석가스에 대한 흡수액			
CO_2	C_mH_n	O_2	CO
33% KOH	발연황산	알칼리성 피로카롤 용액	암모니아성 염화제1동 용액
C_2H_2		C_3H_6, $n-C_4H_{10}$	C_2H_4
옥소수은칼륨 용액		87% H_2SO_4	취수소

핵심 2 ◆ 계통오차 : 측정자의 쏠림에 의하여 발생하는 오차

종 류	환경오차	계기오차	개인(판단) 오차	이론(방법) 오차
정의	측정환경의 변화(온도 압력)에 의하여 생김	측정기의 불안전 설치의 영향 등으로 생김	개인 판단에 의하여 생김	공식 계산의 오류로 생김
계통오차의 제거방법	① 제작 시에 생긴 기차를 보정한다. ② 외부의 진동충격을 제거한다. ③ 외부조건을 표준조건으로 유지한다.			
특징	① 편위로서 정확도를 표시 ② 측정 조건변화에 따라 규칙적으로 발생 ③ 원인을 알 수도 있고, 제거가 가능 ④ 참값에 대하여 정(+), 부(−) 한쪽으로 치우침			

핵심 3 ◇ 가스분석계의 분류

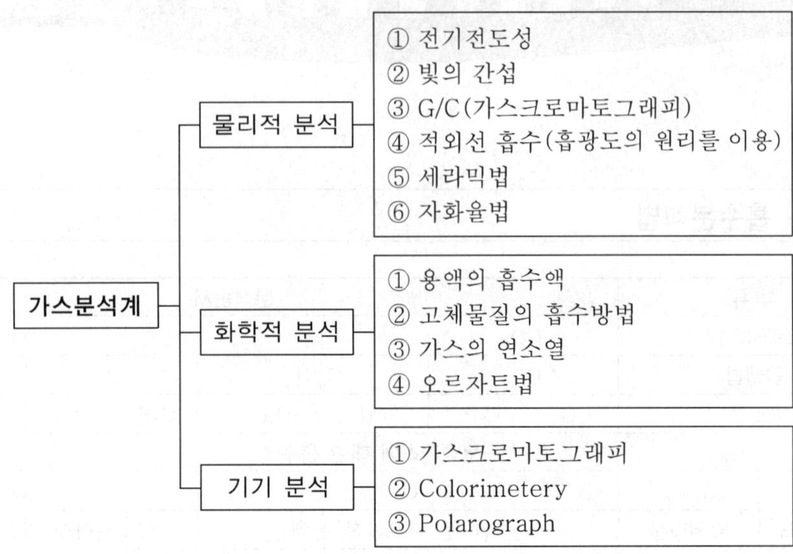

※ G/C는 물리적 분석방법인 동시에 기기분석법에도 해당

핵심 4 ◇ 동작신호와 신호의 전송법

(1) 동작신호

구분 (항목)		정의	특징	수식
연속동작	비례(P) 동작	입력의 편차에 대하여 조작량의 출력변화가 비례 관계에 있는 동작	① 동작신호에 의하여 조작량이 정해야 잔류편차가 남는다. ② 부하변화가 크지 않은 곳에 사용하며, 사이클링(cycling)을 제거할 수 있다. ③ 정상오차를 수반한다. ④ 외관이 큰 자동제어에는 부적합	$y = K_p x_1$ y : 조작량 K_p : 비례정수 x_1 : 동작신호
	적분(I) 동작	제어량의 편차 발생 시 적분차를 가감 조작단의 이동속도에 비례하는 동작	① P동작과 조합하여 사용하며, 안정성이 떨어진다. ② 잔류편차를 제거한다. ③ 진동하는 경향이 있다.	$y = \frac{1}{T_1}\int x_1 dt$ y : 조작량 T_1 : 적분시간
	미분(D) 동작	제어편차가 검출 시 편차가 변화하는 속도의 미분값에 비례하여 조작량을 가감하는 동작	① 조작량이 동작신호의 미분값에 비례 ② 진동이 제어되고, 안정속도가 빠르다. ③ 오차가 커지는 것을 미리 방지	$y = K_d \frac{dx}{dt}$ y : 조작량 K_d : 미분동작계수

<table>
<tr><th colspan="2">항 목 / 구 분</th><th>정 의</th><th>특 징</th><th>수 식</th></tr>
<tr><td rowspan="3">연속동작</td><td>비례적분(PI)동작</td><td>잔류편차(오프셋)을 소멸시키기 위하여 적분동작을 부가시킨 제어동작</td><td>① 잔류편차 제거
② 제어결과가 진동적으로 될 수 있다.
③ 오차가 커지는 것을 미리 방지</td><td>$y = K_P\left(x_i + \frac{1}{T_1}\int x_i\,dt\right)$
y : 조작량
T_1 : 적분시간
$\frac{1}{T_1}$: 리셋률</td></tr>
<tr><td>비례미분(PD)동작</td><td>제어결과에 속응성이 있게끔 미분동작을 부가한 것</td><td>응답의 속응성을 개선</td><td>$y = K_P\left(x_i + T_D\frac{dx}{dt}\right)$
y : 조작량
T_D : 미분시간</td></tr>
<tr><td>비례미분적분(PID)동작</td><td>제어결과의 단점을 보완하기 위하여 비례미분적분동작을 조합시킨 동작으로서 온도 농도 제어에 사용</td><td>① 잔류편차 제거
② 응답의 오버슈터 감소
③ 응답의 속응성 개선</td><td>$y = K_P\left(x_i + \frac{1}{T_1}\int x_i\,dt + T_D\frac{dx_i}{dt}\right)$</td></tr>
<tr><td>불연속동작</td><td>on-off(2위치 동작)</td><td>조작량이 정해진 두 값 중 하나를 취함</td><td colspan="2">제어량이 목표치를 중심으로 그 상하의 한계점에서 on-off 동작을 지령 제어결과가 사이클링 또는 off set을 일으킴</td></tr>
</table>

(2) 전송방법

종 류	개 요	장 점	단 점
전기식	DC 전류를 신호로 사용하며 전송거리가 길어도 전송에 지연이 없다.	① 전송거리가 길다(300~1000m). ② 조작력이 용이하다. ③ 복잡한 신호에 용이, 대규모 장치 이용이 가능하다. ④ 신호전달에 지연이 없다.	① 수리 · 보수가 어렵다. ② 조작속도가 빠른 경우 비례 조작부를 만들기가 곤란하다.
유압식	전송거리 300m 정도로 오일을 사용하며 전송지연이 적고 조작력이 크다.	① 조작력이 강하고, 조작속도가 크다. ② 전송지연이 적다. ③ 응답속도가 빠르고, 희망특성을 만들기 쉽다.	① 오일로 인한 인화의 우려 ② 오일 누유로 인한 환경문제를 고려하여야 한다.
공기압식	전송거리가 가장 짧고(100~150m) 석유화학단지 등의 위험성이 있는 곳에 주로 사용되는 방법이다.	① 위험성이 없다. ② 수리보수가 용이하다. ③ 배관시공이 용이하다.	① 조작에 지연 ② 신호전달에 지연 ③ 희망특성을 살리기 어렵다.

핵심 5 ◇ 가스미터의 고장

구 분		정 의	고장의 원인
막식 가스 미터	부동	가스가 가스미터는 통과하나 눈금이 움직이지 않는 고장	① 계량막 파손 ② 밸브 탈락 ③ 밸브와 밸브시트 사이 누설 ④ 지시장치 기어 불량
	불통	가스가 가스미터를 통과하지 않는 고장	① 크랭크축 녹슴 ② 밸브와 밸브시트가 타르 수분 등에 의한 점착, 고착 ③ 날개조절장치 납땜의 떨어짐 등 회전장치 부분 고장
	기차 불량	기차가 변하여 계량법에 규정된 사용공차를 넘는 경우의 고장	① 계량막 신축으로 계량실의 부피변동으로 막에서 누설 ② 밸브와 밸브시트 사이에 패킹 누설
	누설	가스계량기 연결부위 가스누설	날개축 평축이 각 격벽을 관통하는 시일 부분의 기밀 파손
	감도 불량	감도유량을 보냈을 때 지침의 시도에 변화가 나타나지 않는 고장	계량막과 밸브와 밸브시트 사이에 패킹 누설
	이물질에 의한 불량	크랭크축 이물질 침투로 인한 고장	① 크랭크축 이물질 침투 ② 밸브와 밸브시트 사이 유분 등 점성 물질 침투
루터 미터	부동	회전자의 회전미터 지침이 작동하지 않는 고장	① 마그넷 커플링 장치의 슬립 ② 감속 또는 지시 장치의 기어물림 불량
	불통	회전자의 회전정지로 가스가 통과하지 못하는 고장	① 회전자 베어링 마모에 의한 회전자 접촉 ② 설치공사 불량에 의한 먼지 시일제 등의 이물질 끼어듦
	기차 불량	기차부품의 마모 등에 의하여 계량법에 규정된 사용공차를 넘어서는 고장	① 회전자 베어링의 마모 등에 의한 간격 증대 ② 회전부분의 마찰저항 증가 등에 의한 진동 발생

핵심 6 ◇ 실측식 · 추량식 계량기 분류

실측식			추량식(추측식)
건 식		습 식	① 오리피스식 ② 벤투리식 ③ 터빈식 ④ 와류식 ⑤ 선근차식
막식	회전자식	–	
독립내기식 클로버식	루트식 로터리 피스톤식 오벌식		

핵심 7 ◆ 가스계량기의 검정 유효기간(개량법 시행령 별표 13)

계량기의 종류	검정 유효기간
기준 가스계량기	2년
LPG 가스계량기	3년
최대유량 $10m^3/h$ 이하	5년
기타 가스계량기	8년

핵심 8 ◆ 막식, 습식, 루트식 가스미터 장 · 단점

종류 \ 항목	장 점	단 점	일반적 용도	용량범위 (m^3/h)
막식 가스미터	① 미터 가격이 저렴하다. ② 설치 후 유지관리에 시간을 요하지 않는다.	대용량의 경우 설치면적이 크다.	일반수용가	1.5~200
습식 가스미터	① 계량값이 정확하다. ② 사용 중에 기차변동이 없다. ③ 드럼 타입으로 계량된다.	① 설치면적이 크다. ② 사용 중 수위조정이 필요하다.	① 기준 가스미터용 ② 실험실용	0.2~3000
루트식 가스미터	① 설치면적이 작다. ② 중압의 계량이 가능하다. ③ 대유량의 가스측정에 적합하다.	① 스트레나 설치 및 설치 후의 유지관리가 필요하다. ② $0.5m^3/h$ 이하의 소유량에서는 부동의 우려가 있다.	대수용가	100~5000

핵심 9 ◆ 열전대 온도계(측정원리 : 열기전력, 효과 : 제베크, 톰슨, 펠티에)

(1) 열전대 온도계의 측정온도 범위와 특성

종 류	온도 범위	특 성
PR(R형)(백금-백금 · 로듐) P(-), R(+)	0~1600℃	산에 강하고, 환원성이 약하다(산강환약).
CA(K형)(크로멜-알루멜) C(+), A(-)	-20~1200℃	환원성에 강하고, 산화성에 약하다(환강산약).
IC(J형)(철-콘스탄탄) I(+), C(-)	-20~800℃	환원성에 강하고, 산화성에 약하다(환강산약).
CC(T형)(동-콘스탄탄) C(+), C(-)	-200~400℃	보상도선이 갈색이고 열기전력이 크며, 저항 온도계수가 작고 수분에 의한 부식에 강하다.

성 분

- P : Pt(백금)
- C : Ni+Cr(크로멜)
- I : (철)
- C : (동)
- R : Rh(백금로듐)
- A : Ni+Al, Mn, Si(알루멜)
- C : (콘스탄탄) (Cu+Ni)
- C : (콘스탄탄)

(2) 열전대의 열기전력 법칙

종 류	정 의
균일회로의 법칙	단일한 균일재료로 되어 있는 금속선은 형상, 온도분포에 상관 없이 열기전력이 발생하지 않는다는 법칙
중간금속의 법칙	열전대가 회로의 임의의 위치에 다른 금속선을 봉입해도 이 봉입 금속선의 양단 온도가 같은 경우 이 열전대의 기전력은 변화하지 않는다는 법칙
중간온도의 법칙	두 가지 열전대를 직렬로 접속할 때 얻을 수 있는 열기전력은 두 가지 열전대에 발생하는 열기전력의 합을 나타내며, 이 두 가지의 열전대는 같은 종류이든 다른 종류이든 관계가 없다는 법칙
측정 원리 및 효과	① 측정 원리 : 열기전력(측온접점－기준접점) ② 효과 : 제베크 효과 ③ 구성요소 : 열접점, 냉접점, 보상도선, 열전선, 보호관 등

핵심 10 ◆ G/C(가스 크로마토그래피) 측정원리와 특성

구 분 / 항 목	핵심내용
측정원리	① 흡착제를 충전한 관 속에 혼합시료를 넣어 용제를 유동 ② 흡수력 이동속도 차이에 성분 분석이 일어남. 기기분석법에 해당
3대 요소	분리관, 검출기, 기록계
캐리어가스 (운반가스)	He, H_2, Ar, N_2(가장 많이 사용 : He, H_2)
구비조건	① 운반가스는 불활성 고순도이며, 구입이 용이하여야 한다. ② 기체의 확산을 최소화하여야 한다. ③ 사용 검출기에 적합하여야 한다. ④ 시료가스에 대하여 불활성이어야 한다.

핵심 11 ◆ 계측의 측정방법

종 류	특 징	관련 기기
편위법	측정량과 관계 있는 다른 양으로 변환시켜 측정하는 방법. 정도는 낮지만 측정이 간단하다.	전류계, 스프링저울, 부르동관 압력계
영위법	측정하고자 하는 상태량과 비교하여 측정하는 방법	블록게이지 천칭의 질량측정법
치환법	지시량과 미리 알고 있는 다른 양으로 측정량을 나타내는 방법	화학 천칭
보상법	측정량과 크기가 거의 같은 미리 알고 있는 양을 준비하여 미리 알고 있는 양의 차이로 측정량을 알아내는 방법	

핵심 12 ◇ 자동제어계의 분류

(1) 목표값(제어목적)에 의한 분류

분류의 구분	개 요	
정치제어	목표값이 시간에 관계 없이 항상 일정한 제어(프로세스, 자동 조정)	
추치제어	목표값의 위치 크기가 시간에 따라 변화하는 제어	
	추종	제어량의 분류 중 서보기구에 해당하는 값을 제어하며, 미지의 임의 시간적 변화를 하는 목표값에 제어량을 추종시키는 제어
	프로그램	미리 정해진 시간적 변화에 따라 정해진 순서대로 제어(무인자판기, 무인열차 등)
	비율	목표값이 다른 것과 일정비율 관계를 가지고 변화하는 추종제어

(2) 제어량에 의한 분류

분류의 구분	개 요
서보기구	제어량의 기계적인 추치제어로서 물체의 위치, 방위 등이 목표값이 임의의 변화에 추종하도록 한 제어
프로세스(공칭)	제어량이 피드백 제어계로서 정치제어에 해당하며 온도, 유량, 압력, 액위, 농도 등의 플랜트 또는 화학공장의 원료를 사용하여 제품생산을 제어하는 데 이용
자동 조정	정치제어에 해당. 주로 전압, 주파수 속도 등의 전기적, 기계적 양을 제어하는 데 이용

(3) 기타 자동제어

구 분		간추린 핵심내용
캐스케이드 제어		2개의 제어계를 조합수행하는 제어로써 1차 제어장치는 제어량을 측정, 제어명령을 하고 2차 제어장치가 미명령으로 제어량을 조절하는 제어
개회로(open loop control system) 제어	정의	귀환요소가 없는 제어로서 가장 간편하며 출력과 관계 없이 신호의 통로가 열려 있다.
	장점	① 제어시스템이 간단하다. ② 설치비가 저렴하다.
	단점	① 제어오차가 크다. ② 오차교정이 어렵다.
폐회로(closed loop control system) 제어(피드백 제어)	정의	출력의 일부를 입력방향으로 피드백시켜 목표값과 비교되도록 폐루프를 형성하는 제어계
	장점	① 생산량 증대, 생산수명이 연장된다. ② 동력이 절감되며, 인건비가 절감된다. ③ 생산품질이 향상되고 감대폭, 정확성이 증가된다.
	단점	① 한 라인 공장으로 전 설비에 영향이 생긴다. ② 고도의 숙련과 기술이 필요하다. ③ 설비비가 고가이다.
	특징	① 입력·출력 장치가 필요하다. ② 신호의 전달경로는 폐회로이다. ③ 제어량과 목표값이 일치하게 하는 수정동작이 있다.

핵심 13 ◆ G/C 검출기 종류 및 특징

종 류	원 리	특 징
불꽃이온화 검출기 (FID)	시료가 이온화될 때 불꽃 중의 각 전극사이에 전기전도도가 증대하는 원리를 이용하여 검출	① 유기화합물 분석에 적합하다. ② 탄화수소에 감응이 최고이다. ③ H_2, O_2, CO_2, SO_2에 감응이 없다. ④ N_2, He 등의 캐리어가스 사용된다. ⑤ 검지감도가 매우 높고, 정량범위가 넓다.
열전도도형 검출기 (TCD)	기체가 열을 전도하는 성질을 이용, 캐리어가스와 시료성분가스의 열전도도의 차이를 측정하여 검출, 검출기 중 가장 많이 사용	① 구조가 간단하다. ② 가장 많이 사용된다. ③ 캐리어가스로는 H_2, He이 사용된다. ④ 캐리어가스 이외 모든 성분 검출이 가능하다.
전자포획 이온화 검출기 (ECD)	방사성 동위원소의 자연붕괴과정에서 발생되는 시료량을 검출하며 자유전자 포착 성질을 이용 전자친화력이 있는 화합물에만 감응하는 원리를 적용	① 할로겐(F, Cl, Br) 산소화합물에 감응이 최고, 탄화수소에는 감응이 떨어진다. ② 사용 캐리어가스 N_2, He이다. ③ 유기할로겐, 유기금속 니트로화합물을 선택적으로 검출할 수 있다.
영광광도 검출기 (FPD)	S(황), P(인)의 탄소화합물이 연소 시 일으키는 화학적 발광성분으로 시료량을 검출	① 인(P), 황(S) 화합물을 선택적으로 검출할 수 있다. ② 기체흐름 속도에 민감하게 반응한다.
알칼리성 열이온화 검출기 (FTD)	수소염이온화검출기(FID)에 알칼리 금속염을 부착하여 시료량을 검출	유기질소, 유기인 화합물을 선택적으로 검출한다.
열이온화 검출기 (TID)	특정한 알칼리 금속이온이 수소가 많은 불꽃이 존재할 때 질소, 인 화합물의 이온화율이 타 화합물보다 증가하는 원리로 시료량을 검출	질소, 인 화합물을 선택적으로 검출한다.

핵심 14 ◆ 자동제어계의 기본 블록선도 (구성요소 : 전달요소 치환, 인출점 치환, 병렬결합, 피드백 결합)

(1) 기본 순서

검출 → 조절 → 조작(조절 : 비교 → 판단)

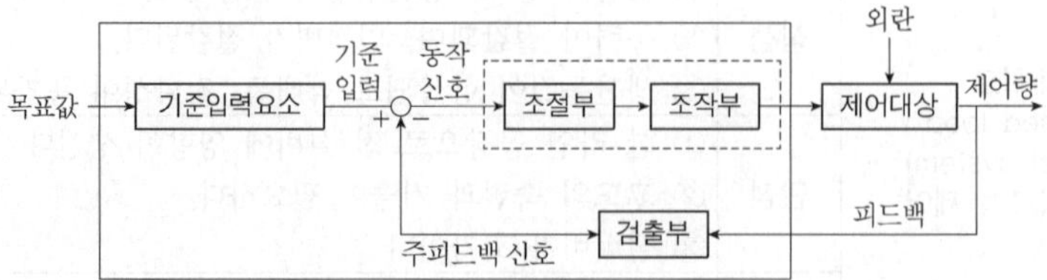

• 블록선도 : 제어신호의 전달경로를 표시하는 것으로 각 요소간 출입하는 신호연락 등을 사각으로 둘러싸 표시한 것

※ 블록선도의 등가변환 요소
1. 전달요소 치환
2. 인출점 치환
3. 병렬 결합
4. 피드백 결합

(2) 용어 해설

① 목표값 : 제어계의 설정되는 값으로서 제어계에 가해지는 입력을 의미한다.

② 기준입력 요소 : 목표값에 비례하는 신호인 기준입력 신호를 발생시키는 장치로서 제어계의 설정부를 의미한다.

③ 동작신호 : 목표값과 제어량 사이에서 나타나는 편차값으로서 제어요소의 입력신호이다.

④ 제어요소 : 조절부와 조작부로 구성되어 있으며, 동작신호를 조작량으로 변환하는 장치이다.

⑤ 조작량 : 제어장치 또는 제어요소의 출력이면서 제어대상의 입력인 신호이다.

⑥ 제어대상 : 제어기구로 제어장치를 제외한 나머지 부분을 의미한다.

⑦ 제어량 : 제어계의 출력으로서 제어대상에서 만들어지는 값이다.

⑧ 검출부 : 제어량을 검출하는 부분으로서 입력과 출력을 비교할 수 있는 비교부에 출력신호를 공급하는 장치이다.

⑨ 외란 : 제어대상에 가해지는 정상적인 입력 이외의 좋지 않은 외부 입력으로서 편차를 유도하여 제어량의 값을 목표값에서부터 멀어지게 하는 능력이다.

⑩ 제어장치 : 기준입력 요소, 제어 요소, 검출부, 비교부 등과 같은 제어동작이 이루어지는 제어계 구성 부분을 의미하며, 제어대상은 제외된다.

핵심 15 ◆ 독성 가스 누설검지 시험지와 변색상태

검지가스	시험지	변 색
NH_3	적색 리트머스지	청변
Cl_2	KI 전분지	청변
HCN	초산(질산구리)벤젠지	청변
C_2H_2	염화제1동 착염지	적변
H_2S	연당지	흑변
CO	염화파라듐지	흑변
$COCl_2$	하리슨 시험지	심등색

핵심 16 ◆ 액주계, 압력계 액의 구비조건

① 화학적으로 안정할 것
② 점도 팽창계수가 적을 것
③ 모세관현상이 없을 것
④ 온도변화에 의한 밀도변화가 적을 것

핵심 17 ◆ 연소분석법

정 의		시료가스를 공기 또는 산소 또는 산화제에 의해서 연소하고 그 결과 생긴 용적의 감소, 이산화탄소의 생성량, 산소의 소비량 등을 측정하여 목적 성분으로 산출하는 방법
종류	폭발법	일정량의 가연성 가스 시료를 뷰렛에 넣고 적량의 산소 또는 공기를 혼합폭발 피펫에 옮겨 전기 스파크로 폭발시킨다.
	완만연소법	직경 0.5mm 정도의 백금선을 3~4mm 코일로 한 적열부를 가진 완만연소피펫으로 시료가스를 연소시키는 방법
	분별연소법	2종의 동족 탄화수소와 H_2가 혼재하고 있는 시료에서는 폭발법, 완만연소법이 불가능할 때 탄화수소는 산화시키지 않고 H_2 및 CO만을 분별적으로 연소시키는 방법(종류 : 파라듐관 연소법, 산화동법) ① 파라듐관 연소분석법 : 10% 파라듐 석면을 넣은 파라듐관에 시료가스와 적당량의 O_2를 통하여 연소시켜 파라핀계 탄화수소가 변화하지 않을 때 H_2를 산출하는 방법으로 파라듐 석면, 파라듐 흑연, 실리카겔이 촉매로 사용되며, 가스뷰렛 봉액 등이 필요하다. ② 산화구리법 : 산화구리를 250℃로 가열하여 시료가스 통과 시 H_2, CO는 연소 CH_4이 남는다. 800~900℃ 가열된 산화구리에서 CH_4도 연소되므로 H_2, CO를 제거한 가스에 대하여 CH_4도 정량이 된다.

핵심 18 ◆ 가스미터의 기차

① $기차 = \frac{시험미터\ 지시량 - 기준미터\ 지시량}{시험미터\ 지시량} \times 100$

② 가스미터의 사용오차 : 최대허용오차의 2배

핵심 19 ◆ 오리피스 유량계에 사용되는 교축기구의 종류

종 류	특 징
베나탭(Vena-tap)	교축기구를 중심으로 유입은 관 내경의 거리에서 취출, 유출은 가장 낮은 압력이 되는 위치에서 취출하며 가장 많이 사용한다.
플랜지탭(Flange-tap)	교축기구로부터 25mm 전후의 위치에서 차압을 취출한다.
코넬탭(Conner-tap)	평균압력을 취출하여 교축기구 직전 전후의 차압을 취출하는 형식이다.

핵심 20 ◆ 가연성 가스 검출기 종류

구 분	내 용
간섭계형	가스의 굴절률 차이를 이용하여 농도를 측정(CH_4 및 일반 가연성 가스 검출) $x = \dfrac{Z}{n_m - n_a} \times 100$ 여기서, x : 성분 가스의 농도(%) Z : 공기의 굴절률 차에 의한 간섭무늬의 이동 n_m : 성분 가스의 굴절률 n_a : 공기의 굴절률
안전등형	① 탄광 내 CH_4의 발생을 검출하는 데 이용(사용연료는 등유) ② CH_4의 농도에 따라 청색 불꽃길이가 달라지는 것을 판단하여 CH_4의 농도(%)를 측정
열선형	브리지 회로의 편위전류로서 가스의 농도 지시 또는 자동적으로 경보하여 검출하는 방법

핵심 21 ◆ 검지관에 의한 측정농도 및 검지한도

대상가스	측정농도 범위(%)	검지한도(ppm)	대상가스	측정농도 범위(%)	검지한도(ppm)
아세틸렌	0~0.3	10	시안화수소	0~0.1	0.2
수소	0~1.5	250	황화수소	0~0.18	0.5
산화에틸렌	0~3.5	10	암모니아	0~25	5
염소	0~0.004	0.1	프로판	0~5	100
포스겐	0~0.005	0.02	브롬화메탄	0~0.05	1
일산화탄소	0~0.1	1	에틸렌	0~1.2	0.01

핵심 22 ◆ 전기저항 온도계

온도상승 시 저항이 증가하는 것을 이용한다.

(1) 측정원리

금속의 전기저항(공칭저항치의 0℃의 저항소자)

(2) 종류

종 류	특 징
백금저항 온도계	① 측정범위(-200~850℃) ② 저항계수가 크다. ③ 가격이 고가이다. ④ 정밀 특정이 가능하다. ⑤ 표준저항값으로 25Ω, 50Ω, 100Ω이 있다.

종 류	특 징
니켈저항 온도계	① 측정범위(-50~150℃) ② 가격이 저렴하다. ③ 안전성이 있다. ④ 표준저항값(500)
구리저항 온도계	① 측정범위(0~120℃) ② 가격이 저렴하다. ③ 유지관리가 쉽다.
서미스터 온도계 Ni+Cu+Mn+Fe+Co 등을 압축소결시켜 만든 온도계	① 측정범위(-50~350℃) ② 저항계수가 백금 ③ 경년변화가 있다. ④ 응답이 빠르다.
저항계수가 큰 순서	서미스터>백금>니켈>구리

핵심 23 ◇ 차압식 유량계

(1)

구 분	세부내용
측정원리	압력차로 베르누이 원리를 이용
종류	오리피스, 플로노즐, 벤투리
압력손실이 큰 순서	오리피스>플로노즐>벤투리

(2) 유량계 분류

구 분		종 류
측정방법	직접	습식 가스미터
	간접	피토관, 오리피스 벤투리, 로터미터
측정원리	차압식	오리피스, 플로노즐, 벤투리
	유속식	피토관
	면적식	로터미터

핵심 24 ◇ 접촉식, 비접촉식 온도계

접촉식		비접촉식	
열전대	① 취급이 간단하다. ② 연속기록, 자동제어가 불가능하다. ③ 원격측정이 불가능하다.	광고	① 측정온도 오차가 크다. ② 고온측정, 이동물체 측정에 적합하다. ③ 응답이 빠르고, 내구성이 좋다. ④ 접촉에 의한 열손실이 없다.
바이메탈		광전관	
유리제		색	
전기저항		복사(방사)	
		온도계	

핵심 25 ◇ 습 도

구 분	세부내용
절대습도(x)	건조공기 1kg과 여기에 포함되어 있는 수증기량(kg)을 합한 것에 대한 수증기량 (예제) 습공기 305kg, 수증기량 5kg일 때 절대습도는? $x = \frac{5}{305-5} = 0.016\text{kg/kg}$
상대습도(ϕ)	대기 중 존재할 수 있는 최대 습기량과 현존하는 습기량(습도가 0일 때 수증기가 존재하지 않음)
비교습도 (포화도)	습공기의 절대습도와 그와 동일 온도인 포화습공기의 절대습도비$= \frac{\text{실제 몰습도}}{\text{포화 몰습도}}$

참고사항

① 과열도=과열증기 온도−포화증기 온도

② $\text{건조도} = \frac{\text{습증기 중 건조포화증기 무게}}{\text{습증기 무게}} = \frac{\text{습증기 엔트로피} - \text{포화수 엔트로피}}{\text{포화증기 엔트로피} - \text{포화수 엔트로피}}$

③ $\text{습도} = \frac{(\text{포화증기} - \text{습증기})\text{엔트로피}}{(\text{포화증기} - \text{포화수})\text{엔트로피}}$

※ 습도는 주로 노점으로 측정

핵심 26 ◇ 액면계의 사용용도

용 도		종 류
인화 중독 우려가 없는 곳에 사용		슬립튜브식, 회전튜브식, 고정튜브식
LP가스 저장탱크	지상	클린카식
	지하	슬립튜브식
산소 · 불활성에만 사용 가능		환형 유리제 액면제
직접식		직관식, 검척식, 플로트식, 편위식
간접식		차압식, 기포식, 방사선식, 초음파식, 정전용량식
액면계 구비조건		① 고온 · 고압에 견딜 것 ② 연속, 원격 측정이 가능할 것 ③ 부식에 강할 것 ④ 자동제어장치에 적용 가능 ⑤ 경제성이 있고, 수리가 쉬울 것

핵심 27 ◇ 다이어프램 압력계

구 분	내 용
용도	연소로의 통풍계로 사용
정도	±1~2%
측정범위	20~5000mmH$_2$O

구 분	내 용
특징	① 감도가 좋아 저압측정에 유리하다. ② 부식성 유체점도가 높은 유체측정이 가능하다. ③ 과잉압력으로 파손 시에도 위험성이 적다. ④ 응답성이 좋다. ⑤ 격막의 재질 : 천연고무, 합성고무, 테프론 ⑥ 온도의 영향을 받는다. ⑦ 영점조절장치가 필요하다. ⑧ 직렬형은 A형, 격리형은 B형 사용한다.

핵심 28 ◇ 터빈 유량계

회전체에 대해 비스듬히 설치된 날개에 부딪치는 유체의 운동량으로 회전체를 회전시킴으로 가스유량을 측정하는 원리로 추량식에 속하며, 압력손실이 적고 측정 범위가 넓으나 스월(소용돌이)의 영향을 받으며, 유체의 에너지를 이용하여 측정하는 유량계이다.

핵심 29 ◇ 오차의 종류

종 류		정 의
과오오차		측정자 부주의로 생기는 오차
계통적 오차		측정값에 영향을 주는 원인에 의하여 생기는 오차로서 측정차의 쏠림에 의하여 발생
우연오차		상대적 분포현상을 가진 측정값을 나타내는데 이것을 산포라 부르며, 이 오차는 우연히 생기는 값으로서 오차를 없애는 방법이 없음
상대오차		참값 또는 측정값에 대한 오차의 비율을 말함
계통오차		
정의		측정값에 일정한 영향을 주는 원인에 의하여 생기는 오차 평균치를 구하였으나 진실값과 차이가 생기며, 편위(평균치－진실치)에 의하여 생기는 오차(정확도는 표시함)
종류	계기오차	측정기가 불완전하거나 내부 요인의 설치 상황에 따른 영향, 사용상 제한 등으로 생기는 오차
	개인(판단)오차	개인의 습관, 버릇 판단으로 생기는 오차
	이론(방법)오차	사용하는 공식이나 계산 등으로 생기는 오차
	환경오차	온도, 압력, 습도 등 측정환경의 변화에 의하여 측정기나 측정량이 규칙적으로 변하기 때문에 생기는 오차

핵심 30 ◇ 계량기 종류별 기호

기 호	내 용
G	전기계량기
N	전량 눈금새김탱크
K	연료유미터
H	가스미터
L	LPG미터
R	로드셀

핵심 31 ◇ 바이메탈 온도계

구 분	내 용
측정원리	선팽창계수가 다른 두 금속을 결합하여 온도에 따라 휘어지는 정도를 이용한 것
특징	• 구조가 간단, 보수가 용이하다. • 온도변화에 따른 응답이 빠르다. • 조작이 간단하다. • 유리제에 비하여 견고하고, 지시 눈금의 직독이 가능하다. • 히스테리 오차가 발생한다.
측정온도	−50~500℃
종류	나선형, 원호형, 와권형
용도	실험실용, 자동제어용, 현장지시용

핵심 32 ◇ 임펠러식(Impeller type) 유량계 특징

① 구조가 간단하다.
② 직관부분이 필요하다.
③ 측정정도는 약 ±0.5%이다.
④ 부식성이 강한 액체에도 사용할 수 있다.

핵심 33 ◇ 압력계 구분

구분 \ 항목	종 류	종류 및 특성	기타사항
1차	자유(부유) 피스톤식	부르동관 압력계의 눈금교정용, 실험실용	−

항목 구분	종 류		종류 및 특성	기타사항
1차	액주식(manometer)		u자관, 경사관식, 링밸런스식(환상천평식)으로 1차 압력계의 기본이 되는 압력계	–
2차	탄성식 : 압력변화에 따른 탄성 변위를 이용하는 방법	부르동관	① 고압측정용 ② 재질(고압용 : 강, 저압용 : 동) ③ 측정범위 0.5~3000kg/cm^2 ④ 정도 ±1~3%	① 80℃ 이상되지 않도록 할 것 ② 동결, 충격에 유의
		벨로즈	① 벨로즈의 신축을 이용 ② 용도 : 0.01~10kg/cm^2 미압 및 차압측정	주위온도오차에 충분히 주의할 것
		다이어프램	① 연소계의 통풍계로 이용 ② 부식성 유체에 적합 ③ 20~5000mmH_2O 측정	감도가 좋아 저압측정에 유리
	전기식 : 물리적 변화를 이용	전기저항 압력계	금속의 전기저항값이 변화되는 것을 이용	
		피에조전기 압력계	① 가스폭발 등 급속한 압력 변화를 측정 ② 수정, 전기식, 롯셀염 등이 결정체의 특수방향에 압력을 가하여 발생되는 전기량으로 압력을 측정	

핵심 34 ◆ 가스계량기의 표시

① MAX(m^3/hr) : 최대 유량

② L/rev : 계량실의 1주기체적

핵심 35 ◆ 이론단의 높이, 이론단수

$$\text{이론단의 높이(HETP)} = \frac{L}{N}$$

$$\text{이론단수}(N) = 16 \times \left(\frac{K}{B}\right)^2$$

여기서, L : 관 길이

N : 이론단수

K : 피크점까지 최고 길이(체류부피=머무른 부피)

B : 띠나비(봉우리 폭)

핵심 36 ◆ 단위 및 단위계

단 위	종 류
기본 단위 기본량의 단위	길이(m), 질량(kg), 시간(sec), 전류(A), 온도(°K), 광도(cd), 물질량(mol)
유도 단위 기본단위에서 유도된 단위 또는 기본단위의 조합단위	면적(m^2), 체적(m^3), 일량(kg · m), 열량(kcal(kg · ℃)), 속도(m/s), 뉴턴(N=kg · m/s)
보조 단위 정수배수 정수분으로 표현사용량 편리를 도모하기 위해 표시하는 단위	10^1(데카), 10^2(헥토), 10^3(키로), 10^9(기가), 10^{12}(테라), 10^{-1}(데시), 10^{-6}(미크로), 10^{-9}(나노)
특수 단위	습도, 입도, 비중, 내화도, 인장강도
소음측정용 단위	데시벨(dB)

핵심 37 ◆ 가스분석방법

가스명	가스분석방법
암모니아	인도페놀법, 중화적정법
일산화탄소	비분산 적외선 분석법
염소	오르토톨리딘법
황산화물	침전적정법, 중화적정법
H_2S	메틸렌블루법, 요오드적정법
HCN	질산은적정법
수분	노점법, 중량법, 전기분해법

핵심 38 ◆ 분리도

공 식	세부내용
$R = \dfrac{2(t_2 - t_1)}{W_1 + W_2}$	t_1 : 성분 1의 보유시간 t_2 : 성분 2의 보유시간 W_1 : 성분 1의 피크 폭 W_2 : 성분 2의 피크 폭
$R \infty \sqrt{L}$	L : 컬럼의 길이 ※ 분리도는 컬럼길이의 제곱근에 비례

핵심 39 ◆ 기본단위(물리량을 나타내는 기본적인 7종)

종 류	길 이	질 량	시 간	온 도	전 류	물질량	광 도
단 위	m	kg	S	K	A	mol	Cd

유체역학 Part 5

핵심 1 ◇ 수평원관 층류유동의 유속과 전단응력의 최대값(실제유체유동)

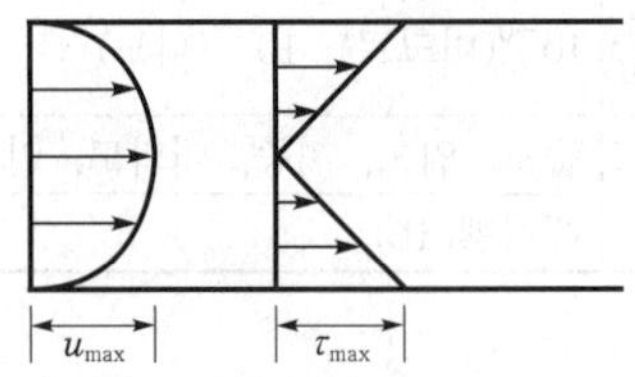

물리량	최대값	0값
유속(u)	중심	벽면
전단응력(τ)	벽면	중심

핵심 2 ◇ 평판에서 경계층 두께(δ), 평판선단거리(x)와의 관계(실제유체유동)

유체 구분	관계식	δ와 x의 관계
층류	$\delta=\dfrac{4.65x}{\sqrt{Rex}}$	$\dfrac{4.65x}{Rex^{\frac{1}{2}}}=x^1\cdot x^{-\frac{1}{2}}=x^{\frac{1}{2}}$
난류	$\delta=\dfrac{0.376x}{\sqrt[5]{Rex}}$	$=\dfrac{x}{x^{\frac{1}{5}}}=x^1\cdot x^{-\frac{1}{5}}=x^{\frac{4}{5}}$
결과치	경계층 두께 δ는 층류인 경우 $x^{\frac{1}{2}}$에 난류인 경우 $x^{\frac{4}{5}}$에 비례한다.	

x : 평판 선단으로부터 떨어진 임의의 거리(m)

Rex : 평판 선단으로부터 x만큼 떨어진 위치의 레이놀드 수

평판의 임계 레이놀드 수 $Re=5\times10^5$

경계층 두께(δ) (층류) $\dfrac{\delta}{x}=\dfrac{4.65}{Rex^{\frac{1}{2}}}$ $\quad\therefore\ \delta=\dfrac{4.65x}{Rex^{\frac{1}{2}}}=x^1\cdot x^{\frac{1}{-2}}=x^{\frac{1}{2}}$

(난류) $\dfrac{\delta}{x}=\dfrac{0.376}{Rex^{\frac{1}{5}}}$ $\quad\therefore\ \delta=\dfrac{0.376x}{Rex^{\frac{1}{5}}}=x^1\cdot x^{\frac{1}{-5}}=x^{\frac{4}{5}}$

핵심 3 ◆ 등엔트로피 흐름

아음속 초음속에 따른 변화값(압축성 유동 관련)

항목 \ 속도별	초음속 $M>1$		아음속 $M<1$	
	확대부	축소부	확대부	축소부
증가	V(속도) M(마하수) A(면적)	P(압력) T(온도) ρ(밀도)	P(압력) T(온도) ρ(밀도) A(면적)	M(마하수) V(속도)
감소	P(압력) T(온도) ρ(밀도)	V(속도) M(마하수) A(면적)	M(마하수) V(속도) μ(점도)	P(압력) T(온도) ρ(밀도) A(면적)

핵심 4 ◆ 축소 확대 노즐에서 아음속, 초음속의 흐름(압축성 유동 관련)

① 축소 노즐에서 아음속의 흐름은 음속보다 빠른 유속으로 가속시킬 수 없다.
② 아음속 흐름을 초음속으로 가속시키기 위해서는 축소확대 노즐을 사용하여야 한다.
③ 축소 확대 노즐의 목에서 얻을 수 있는 유속은 음속 또는 아음속이다.

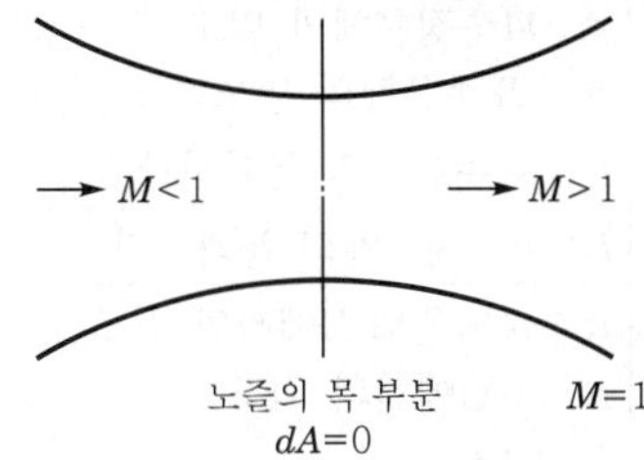

핵심 5 ◆ 정체상태, 임계상태(압축성 유동 관련)

구 분 \ 항 목	정체상태	임계상태
정체온도(T_o) 임계온도(T_c)	$\dfrac{T_o}{T}=\left(1+\dfrac{K-1}{2}M^2\right)$	$\dfrac{T_c}{T_o}=\left(\dfrac{2}{K+1}\right)$
정체밀도(ρ_o) 임계밀도(ρ_c)	$\dfrac{\rho_o}{\rho}=\left(1+\dfrac{K-1}{2}M^2\right)^{\frac{1}{K-1}}$	$\dfrac{\rho_c}{\rho_o}=\left(\dfrac{2}{K+1}\right)^{\frac{1}{K-1}}$
정체압력(P_o) 임계압력(P_c)	$\dfrac{P_o}{P}=\left(1+\dfrac{K-1}{2}M^2\right)^{\frac{K}{K-1}}$	$\dfrac{P_c}{P_o}=\left(\dfrac{2}{K+1}\right)^{\frac{K}{K-1}}$

핵심 6 ◇ 물체표면의 이론온도 증가(ΔT)

R=N · m/kg · K=J/kg · K	$\Delta T = \frac{K-1}{KR} \cdot \frac{V^2}{2}$(℃, K)
R=kg$_f$ · m/kg · K	$\Delta T = \frac{K-1}{KR} \cdot \frac{V^2}{2g}$(℃, K)

K : 비열비
R : 기체 상수
※ 온도의 증가분이므로 ℃값과 K값은 같다.

핵심 7 ◇ 낙구식 점도계 구의 낙하속도 오스트왈드 점도계의 점도와 시간의 관계

공 식	기 호	단 위
$V = \frac{d^2(\gamma_s - \gamma)}{18\mu}$	V : 낙하속도 γ_s : 구의 비중량 γ : 액체의 비중량 d : 관경 μ : 점성계수	m/s kg/m^3 kg/m^3 m kg/ms
$\frac{\mu}{\mu_o} = \frac{\rho t}{\rho_o t_o}$ (점도는 시간에 반비례, 온도에 비례)	μ : 피측정 유체의 점성계수 μ_o : 표준유체의 점성계수 ρ : 피측정유체의 밀도 ρ_o : 표준유체의 밀도 t_o : 표준유체의 통과시간 t : 피측정유체의 통과시간	※ 점도계의 종류 • 낙구식(스토크스법칙을 이용) • 오스트왈드, 세이볼트 (하겐-포아젠 방정식을 이용)
$\mu/\mu_o = (T/273)^n$ 기체 점도는 온도에 따라 증가	μ : 절대온도 K에서의 점도 μ_o : 0℃에서의 점도 n : 상수	

핵심 8 ◇ 등속 원운동을 받는 유체의 수면상승 높이 h(유체정역학)

공 식	기호설명
$h = \frac{\gamma_o^2 \omega^2}{2g}$	h : 수면 상승 높이 γ_o : 반지름 $\omega = \frac{2\pi N}{60}$(각속도)

핵심 9 ◇ 유체의 방정식(유체운동학)

종 류	정 의
Euler(에너지 방정식)	① 유체입자가 유선을 따라 움직일 때 Newton의 운동 제2법칙을 적용하여 얻는 미분방정식$\left(\frac{dP}{\gamma}+\frac{Vdv}{g}+dZ=0\right)$ ② 유체입자는 유선을 따라 움직인다. ③ 유체입자는 마찰이 없다(비점성유체, 정상류).
Bernoulli 방정식	모든 단면에 압력수두, 속도수두, 위치수두 합은 일정하다. $\frac{P_1}{\gamma}+\frac{V_1^2}{2g}+Z_1=\frac{P_2}{\gamma}+\frac{V_2^2}{2g}+Z_2$
Hagen-Posieulli 법칙	수평 원관 속에 점성유체가 정상유동 시 전단응력은 관중심에서 0 반지름에 비례하면서 관벽까지 직선적으로 증가 $Q=\frac{\Delta P\pi r^4}{8\mu L}=\frac{\Delta P\pi d^4}{128\mu L}\ (d=2r)$

핵심 10 ◇ 유체의 유동(유체정역학)

구 분	세부내용
정상유동	흐름의 특성이 시간에 따라 변하지 않음 $\frac{\partial V}{\partial t}=0,\ \frac{\partial \rho}{\partial t}=0,\ \frac{\partial T}{\partial t}=0$
비정상유동	흐름의 특성이 시간에 따라 변함 $\frac{\partial V}{\partial t}\neq 0,\ \frac{\partial \rho}{\partial t}\neq 0,\ \frac{\partial p}{\partial t}\neq 0,\ \frac{\partial T}{\partial t}\neq 0$
균속도(등속류)	속도가 일정한 흐름 $\frac{\partial V}{\partial S}=0$
비균속도(비등속류)	속도가 위치에 따라 변하는 흐름 $\frac{\partial V}{\partial S}\neq 0$
단면이 균일하면	등속류 유량변함 : 비정상류 유량불변 : 정상류

핵심 11 ◇ 유체의 연속체(유체의 정역학)

구 분	내 용
연속체 정의	문제의 대표길이(l)가 추정치(분자평균 자유경로 $\frac{l}{\lambda}$)보다 훨씬 큰 것
연속체 조건	① 분자충돌시간이 매우 짧은 기체 ② 분자간 응집력이 매우 큰 기체 ③ 평균유동길이 $l \gg$ 분자간 자유행로 λ인 기체 ④ 대부분의 액체

핵심 12 ◇ 아르키메데스의 부력(유체의 정역학)

구 분	관련식	기 호
띄운 경우 및 대기와 접한 경우 (부양)	부력(F_B)=공기 중에서 물체무게 $G=\gamma V=\gamma_1 V_1=\gamma_1(V-V_o)$	G : 공기 중 물체의 무게 γ : 비중량 V : 물체의 부피 γ_1 : 유체의 비중량 V_1 : 유체 속에 잠긴 부피 W : 유체 속에서의 무게 V_o : 공기 중 노출 부피
잠긴 경우 (잠수)	부력(F_B)=공기 중 물체무게 −액체 중 물체무게 $G=\gamma V=\gamma_1 V+W=\gamma_1 \cdot \dfrac{G}{\gamma}+W$	

예 제	
• 공기 중 무게 : 700gf • 액체 중 무게 : 500gf • 체적 : 210cm^3 • 액체의 비중(?)	액체 중 무게가 있어 잠긴 경우로 계산 $G-W=\gamma_1 V$ $\therefore\ \gamma_1=\dfrac{G-W}{V}=\dfrac{700-500}{210}=0.9523\text{g/cm}^3$

핵심 13 ◇ 원관 내 유체흐름의 최대속도와 평균속도(실제유체유동)

구 분 \ 항 목		최대속도와 평균속도의 관계	
층류	원관	$u_{max}=2u$	$u_{(max)}$: 관 중심에서 최대속도 u : 관속의 평균속도 u_y : y점에서의 속도 y : 관벽에서 떨어진 거리 r_o : 관의 반경 r : 관중심에서 떨어진 거리
	평판	$u_{max}=1.5u$	
	관의 반경에서 떨어진 지점과의 과계	$\dfrac{u}{u_{max}}=1-\left(\dfrac{r}{r_o}\right)^2$	
난류		$u_y=u_{max}\left(\dfrac{y}{r_o}\right)^{\frac{1}{7}}$	

핵심 14 ◇ 체적 탄성 계수

관계식	기 호
$K=\dfrac{\Delta P}{-\dfrac{\Delta V}{V}}=\dfrac{1}{\beta}$	K : 체적탄성계수(부피변화율에 필요한 압력) β : 압축율

핵심 15 ◇ 평판선단으로부터 떨어진 거리(유체동력학)

관련식	기 호
$x = \frac{Re_x \cdot \nu}{u_\infty}$	Re_x : 평판선단으로부터 x만큼 떨어진 위치레이놀즈수 u_∞ : 자유흐름속도 ν : 동점성계수

핵심 16 ◇ 원관의 손실수두

구 분	관련식	
확대관	$H = \frac{(V_1 - V_2)^2}{2g}$, $H = K\frac{{V_1}^2}{2g}(K=1)$	V_1 : 적은 관의 유속 V_2 : 큰 관에서의 유속
축소관	$H = \frac{(V_o - V_2)^2}{2g}$, $H = K\frac{{V_2}^2}{2g}(K=0.5)$	V_o : 적은 관의 중심 유속 V_2 : 출구지점의 유속

핵심 17 ◇ 수력반경(R_H), 수력학적 상당길이(D_H)

구 분	관련식
수력반경(R_H)	$R_H = \frac{\text{단면적}}{\text{젖은 둘레}}$
수력학적 상당길이(D_H)	$D_H = 4R_H$

핵심 18 ◇ 원심압축기의 효율

$$\eta_t = \eta \times (1 - \eta_m) \times 100$$

여기서, η_t : 전폴리트로픽 효율

η : 폴리트로픽 효율

η_m : 기계손실축동력

핵심 19 ◇ 버킹엄의 정의(무차원수)

무차원수=물리량－기본차원

명 칭	무차원 함수	물리적 의미
레이놀즈수	$Re = \frac{\rho UD}{\mu} = \frac{UD}{\nu}$	$\frac{관성력}{점성력}$
프로우드수	$Fr = \frac{u^2}{gl} = \frac{u}{\sqrt{gl}}$	$\frac{관성력}{중력}$
오일러의 수	$Eu = \frac{P}{\rho u^2}$	$\frac{압축력}{관성력}$
코우시의 수	$Cu = \frac{\rho u^2}{E}$	$\frac{관성력}{탄성력}$
웨버의 수	$We = \frac{\rho l u^2}{\sigma}$	$\frac{관성력}{표면장력}$
마하수	$Ma = \frac{u}{a}$	$\frac{속도}{음속}\left(\frac{관성력}{탄성력}\right)^{\frac{1}{2}}$, $\frac{관성력}{압축성힘}$
압력계수	$C_p = \frac{\Delta P}{\rho u^2/2}$	$\frac{정압}{동압}$

핵심 20 ◇ 충격파

정 의		초음속 흐름이 갑자기 아음속 흐름으로 변하게 되는 경우, 이때 발생되는 불연속면
종 류	수직 충격파	충격파가 흐름에 대해 수직하게 작용하는 경우
	경사 충격파	충격파가 흐름에 대해 경사지게 작용하는 경우
영 향		• 밀도, 비중량, 압력, 온도 증가 • 속도 감소 • 마하수 감소 • 마찰열 발생 • 엔트로피 증가(비가역)

핵심 21 ◇ 유체의 흐름현상

구 분	정 의
유선	• 유동장에서 어느 한 순간 각 점에서 속도방향과 접선방향이 일치하는 선
유관	• 유선으로 둘러싸인 유체의 관 • 미소단면적의 유관은 하나의 유선과 같다. • 유관에 직각방향의 유동성분은 없다. • 폐곡선을 통과하는 여러 개의 유선으로 이루어지는 것을 뜻한다.
유적선	일정시간 내 유체입자가 흘러간 경로(운동체적)
유맥선	유동장을 통과하는 모든 유체가 어느 한 순간 점유하는 위치를 나타내는 체적

핵심 22 ◇ 교축(트로틀링)(조름팽창)

개 요	유체가 밸브 등의 좁은 통로를 흐를 때 마찰이나 난류 등으로 압력이 저하하는 현상, 압력저하에 따라 동작유체가 증발하며 온도저하를 동반한다.
일어나는 현상	엔탈피 일정, 엔트로피 증가
과 정	비가역 정상류 과정

핵심 23 ◇ 정상 유동과 비정상 유동

구 분		내 용
정상 유동	정의	유체의 유동에서 주어진 한 점에서의 여러 특성 중 한 개의 특성도 시간의 경과와 관계없이 변하지 않음
	수식	$\frac{\partial V}{\partial t}=0$, $\frac{\partial T}{\partial t}=0$, $\frac{\partial P}{\partial t}=0$
비정상 유동	정의	유체의 유동에서 주어진 한 점에서의 여러 특성 중 어느 한 개의 특성이 시간의 경과와 변화함
	수식	$\frac{\partial V}{\partial t}\neq 0$, $\frac{\partial T}{\partial t}\neq 0$, $\frac{\partial P}{\partial t}\neq 0$
관련 용어		
유 선		유체 흐름의 공간에서 어느 순간에 각 점에서의 속도방향과 접선방향이 일치되는 연속적인 가상곡선
유적선		한 유체입자가 일정한 기간 내 움직인 경로
유 관		유동을 한정하는 일련의 유선으로 둘러 싸인 관형공간
유맥선		유동장 내 어느 점을 통과하는 모든 유체가 어느 순간에 점유하는 위치

핵심 24 ◇ 경계층 두께(δ) 평판 선단거리(x)와의 관계

구 분	내 용
층류	$\delta=\frac{4.65x}{Rex^{\frac{1}{2}}}=\frac{x}{x^{\frac{1}{2}}}=x^1\cdot x^{\frac{1}{-2}}=x^{\frac{1}{2}}$
난류	$\delta=\frac{0.376x}{Rex^{\frac{1}{5}}}=x\cdot x^{\frac{1}{-5}}=x^{\frac{4}{5}}$

핵심 25 ◆ 관마찰계수(f)

구 분		내 용
층류		$f\left(Re, \frac{e}{d}\right)$: Re(레이놀드 수), $\frac{e}{d}$(상대조도)의 함수
난류	매끈한 관	$f(Re)$: 매끈한 관에는 Re(레이놀드 수)의 함수
	거친 관	$f\left(\frac{e}{d}\right)$: 거친 관에는 $\frac{e}{d}$(상대조도)의 함수

M · E · M · O

M · E · M · O